DIE

STÄDTISCHE WASSERVERSORGUNG

IM

DEUTSCHEN REICHE,

SOWIE IN

EINIGEN NACHBARLÄNDERN.

Auf Anregung des Deutschen Vereins von Gas- und Wasserfachmännern

gesammelt und bearbeitet

von

E. GRAHN,

Civilingenieur in Hannover, vormals Dirigent der Gas- und Wasserwerke der Krupp'schen Gussstahlfabrik.

Erster Band:

Königreich Preussen.

München und **Leipzig.**

Druck und Verlag von R. Oldenbourg.

1. Theil.

Deutsches Reich.

Erster Band:

A. Königreich Preussen.

Vorrede.

Der Zweck meiner Arbeit: »Die städtische Wasserversorgung«, deren erster Band, welcher das Königreich Preussen umfasst, hiermit der Oeffentlichkeit übergeben wird, ist es, in erster Linie allen denen als ein Führer zu dienen, welche sich über den gegenwärtigen Zustand der Wasserversorgung in den einzelnen Orten des deutschen Reiches nach den verschiedenen Richtungen hin belehren wollen.

Es sind ausser den Städten bis zu 3000 Einwohnern abwärts und den Kreisstädten, auch wenn sie eine geringere Einwohnerzahl haben und zwar gleichgültig, in welcher Weise bei ihnen die Wasserversorgung stattfindet, in meiner Arbeit ferner alle mir bekannten Orte ohne Rücksicht auf ihre Bevölkerungszahl einbegriffen, welche sich einer künstlichen Wasserversorgung erfreuen.

Die grosse Zahl der Orte, über welche hiernach von mir zu berichten war, sowie der Wunsch, auch einen geographischen Ueberblick über den Stand der städtischen Wasserversorgungsfrage in den verschiedenen Ländern des deutschen Reiches, sowie in deren einzelnen Verwaltungsbezirken etc. im Allgemeinen zu ermöglichen, haben mich veranlasst, — ebenso wie in meiner früheren Arbeit: »Die Art der Wasserversorgung der Städte des deutschen Reiches«, 1883 — Abstand von einer alphabetischen Aneinanderreihung der Ortsnamen in der Beschreibung zu nehmen. Die Orte sind vielmehr nach den einzelnen, grösseren Verwaltungsbezirken der verschiedenen Länder zusammengefasst, und für jeden Regierungsbezirk beginnt die Beschreibung mit dem Hauptorte, an welchen sich dann die anderen Orte in alphabetischer Ordnung fortlaufend anreihen. Am Schlusse dieser einzelnen Abschnitte sind, wo mir Stoff dafür vorlag, die Wasserwerke, welche für Ortsgruppen oder einzelne Anlagen in dem resp. Regierungsbezirke dienen und Eigenthum von Gesellschaften, Privatpersonen etc. sind, aufgeführt.

Ein am Schlusse dem Buche angehängtes alphabetisches Namensregister erleichtert das Auffinden der einzelnen Orte. In diesem Verzeichnisse sind zur besseren Uebersicht die Städtenamen fettgedruckt und die Orte, welche sich bislang einer künstlichen Wasserversorgung nicht erfreuen, sind dadurch, dass ihre Namen in Klammern eingeschlossen sind, kenntlich gemacht, während der Stern bei einem Ortsnamen andeutet, dass trotz vielfachen Bemühens über diesen Ort keine Auskunft zu erlangen war.

Am Anfange des Buches gibt das Inhaltsverzeichniss die einzelnen Regierungsbezirke mit den darin liegenden Orten nach den fortlaufenden Nummern an, und am Kopfe jedes Regierungsbezirkes findet sich in alphabetischer Folge ein Verzeichniss der einzelnen Kreisstädte, die mit kleinen lateinischen Buchstaben bezeichnet sind, und anschliessend an jede Kreisstadt die gleichfalls alphabetisch geordneten Orte des Kreises, soweit sie im Buche erwähnt sind.

Wenn die Anordnung des Textes meiner jetzigen Arbeit hiernach in der äusseren Form mit meiner früheren Arbeit im Allgemeinen auch übereinstimmt, so ist der Inhalt derselben sowohl in Betreff der Zahl der erwähnten Orte als im Umfange der einzelnen Beschreibungen derselben doch wesentlich von der früheren verschieden.

Letztere beschränkte sich auf die Städte von mehr als 5000 Einwohnern und führte für Preussen deren 390 auf kaum 12 Druckbogen in Garmond an, während die vorliegende Arbeit über 801 Städte und 443 sonstige Orte, also im Ganzen über 1244 Orte in Preussen auf 67 Druckbogen in Borgis und Petit berichtet. Davon sind freilich 70 Städte und 7 sonstige Orte, also im Ganzen 77 Orte mit »Ohne Antwort« bezeichnet, und ferner sind zur Zeit noch 336 Städte und 15 sonstige Orte, also im Ganzen 351 Orte überall ohne eine künstliche Versorgung. Es bleiben somit 395 Städte und 412 sonstige Orte oder im Ganzen 816 Orte übrig, über deren künstliche Versorgung berichtet werden konnte.

Meine frühere Arbeit, die durch die hygienische Ausstellung vom Jahre 1883 veranlasst wurde, musste in weniger als 4 Monaten vom Tage des Beginnens ab herausgegeben werden. Die heutige dagegen hat, allerdings einschliesslich des für das übrige Deutschland und für einige angrenzende Länder bereits fertig liegenden Materials mich seit Ende des Jahres 1895, freilich vielfach durch andere Arbeiten unterbrochen, beschäftigt.

Während ich mich früher auf wenige Angaben über den derzeitigen Zustand und Betrieb der verschiedenen Wasserversorgungen beschränken musste, bin ich jetzt bemüht gewesen, soweit es das überall erlangbare Matrial und der leider durch die Kostspieligkeit der Herstellung erzwungene Verzicht auf die Beigabe von Zeichnungen gestatten, für die meisten Orte ein kurzes Bild der Vorgeschichte und der allmählichen Entwickelung ihrer Wasserversorgungsanlagen, sowie eine in die technischen Einzelheiten eingehende Beschreibung ihres heutigen Zustandes und ihrer qualitativen und quantitativen Leistungsfähigkeit zu geben. Ferner habe ich, soweit das möglich war, für die einzelnen Orte specielle Angaben über die Grösse der jährlichen Wasserlieferung, über deren Vertheilung für die verschiedenen Verwendungszwecke nach Art und Menge, sowie im Verhältnisse einzelner Betriebsjahre jedes Werkes zu einander und auch über die Höhe des Wassergeldes und die Art seiner

Berechnung angefügt. Weiter habe ich nicht nur die Namen der Projectanten, Erbauer und Betriebsleiter, sondern, wo es angängig war, auch die der Lieferanten für die einzelnen Objecte angegeben und endlich über die Bau- und Betriebskosten, sowie über Details des Betriebes, (Kohlenverbrauch etc.) verschiedener Werke einige Notizen hinzugefügt. Dass ich in diesen Mittheilungen nur als Berichterstatter und nicht als Kritiker erscheinen durfte, habe ich selbstverständlich für meine Pflicht gehalten, die mir mitunter freilich nicht leicht zu erfüllen war. Dagegen aber glaube ich, in manchen Fällen einer richtigen Kritik, die sich ja auf der Kenntniss der allmählichen Entwickelung und der diese beeinflussenden Umstände aufbauen sollte, durch die geschichtliche Darstellung den Weg geebnet zu haben.

Mein Bestreben ist es gewesen, das Wesentliche, was ich aus meiner jahrzehntelangen Beschäftigung mit den verschiedenen Wasserwerken kannte oder erfahren konnte, zu einem geschlossenen Bilde jedes derselben zusammenzutragen. Dass ich dabei auf eine gleichmässige Behandlung im Einzelnen verzichten musste, ist mir von vornherein ebenso klar gewesen, als dass bei meinem Versuche einer solchen Darstellung Ungenauigkeiten und Irrthümer nicht ganz zu vermeiden waren. Dadurch konnte ich mich aber umsoweniger von meinem Vorhaben abschrecken lassen, durch meine Arbeit den Grundstein zu einer Entwickelungsgeschichte unserer städtischen Wasserversorgungen zu legen, weil die rasche Ausdehnung der vorhandenen Wasserversorgungen und das zahlreiche Entstehen von neuen Anlagen der Bedeutung meiner Arbeit zeitlich so wie so rasch ein Ziel stecken wird und ich sicher hoffen darf, dass für den Um- und Fortbau derselben sich später berufene Kräfte finden werden.

Das Material, welches mir die technische und die hygienische Literatur in Lehrbüchern, in Monographien und in den verschiedenen Journalen für meine Arbeit bot, ist meistens lückenhaft und erstreckt sich auch nur auf verhältnissmässig wenige Orte. In der Regel sind in diesen Quellen Projecte oder kurz vorher in Betrieb gekommene Neubauten beschrieben, über deren dauernde Leistung natürlich noch nichts gesagt werden konnte. In unserer technischen, deutschen Journalliteratur muss es auf den ersten Blick auffallen, dass, so gern sie Beschreibungen von ausländischen und in den letzten Jahren speciell von amerikanischen Wasserwerken bringt, sie mit eingehenderen Mittheilungen über deutsche Werke doch etwas sparsam ist. Es ist der Unterschied vielleicht daraus zu erklären, dass die amerikanischen Ingenieure für diese Specialtechnik ein grösseres Allgemeininteresse als bei uns im dortigen Publikum finden und ferner, dass unsere Fachspecialisten, wahrscheinlich wegen Mangel an Zeit, nur selten eingehendere Mittheilungen über ihre Arbeiten veröffentlichen.

Erfolgreicher für meine Materialsammlung ist dagegen der unter dem Protectorate des Deutschen Vereins von Gas- und Wasserfachmännern ausgesandte Fragebogen gewesen, dessen mitunter häufig wiederkehrendem Anklopfen nur wenige Thüren dauernd verschlossen geblieben sind, so dass mein zuweilen auch über die Grenzen des Fragebogens hinausgehender Wissensdrang durch die Liebenswürdigkeit der Herren Fachgenossen in den meisten Fällen seine volle Befriedigung gefunden hat.

Eine wesentliche Unterstützung haben mir auch die Arbeiten der seit dem Jahre 1889 im Vereine bestehenden Commission für Wasserstatistik, wenn auch auf einem kleinen Umwege, geboten, letzteres weil diese Commission seit dem Jahre 1895 auf ihre jährlichen Berichte das Wort »Vertraulich« hat drucken lassen und ich mir daher von den einzelnen Materialspendern vor der Benutzung ihrer, der Commission gegebenen Zahlen erst die Erlaubnis dazu einholen musste, die mir natürlich ohne Widerspruch allseitig ertheilt ist. Die Gelegenheit dieses Anschreibens benutzte ich ferner dazu, eine von mir aufgestellte tabellarische Zusammenstellung der von jedem betreffenden Werke bislang der Commission gelieferten Zahlen mit der Bitte um deren Revision und um eine Berichtigung von unvermeidlichen Schreib- und Druckfehlern, sowie um eine Vervollständigung auch für die Jahre, über welche bislang kein Material eingeschickt war, zu übersenden, was mir eine reiche Ernte brachte und auch manchen Bericht über den Jahresabschluss verschiedener Werke zuführte.

Dieses Material, verbunden mit meinen eigenen langjährigen Sammlungen, setzte mich in den Stand, eine grosse Zahl der in dem Buche enthaltenen 460 Tabellen zusammenzustellen, über welche, mit sonstigen tabellarischen Angaben zusammengefasst, am Ende des Buches die nach den verschiedenen Materien gesonderten Inhaltsverzeichnisse einen Ueberblick über die verschiedenen Orte gestatten. Für diese Tabellen sind von mir, soweit es deren Inhalt zuliess, durchgehends gleichartige Verhältnisszahlen berechnet, welche nicht nur die Aenderungen der verschiedenen Jahre eines Ortes zu einander erkennen lassen, sondern auch einen Vergleich der Zahlen für die verschiedenen Orte zu einander erleichtern, was beides langwierig ist, wenn nur absolute Zahlen gegeben sind.

Der zweite Band, welcher übers Jahr hoffentlich in den Händen der Leser sein wird, wird in gleicher Weise die Orte der Länder des übrigen deutschen Reiches enthalten und damit den ersten Theil des Werkes: »Deutsches Reich« zum Abschlusse bringen. Daran wird sich als zweiter Theil die Beschreibung einiger Orte der Nachbarländer reihen, und mein Wunsch ist es, diesen Band mit einem dritten Theile, welcher die inzwischen nöthig gewordenen Ergänzungen, sowie ferner Zusammenstellungen aus dem ganzen Materiale, nach verschiedenen Gesichtspunkten geordnet, enthalten soll, zum Abschlusse zu bringen.

Ich erfülle zum Schlusse die angenehme Pflicht, meinen Mitarbeitern, deren Zahl sich mit der Zahl der Orte, über die berichtet ist, fast decken wird, dafür, dass sie mich dazu, als Werkzeug zur Bekanntgabe ihres Wissens dienen zu können, in den Stand gesetzt haben, und ferner dem Deutschen Vereine von Gas- und Wasserfachmännern dafür, dass die Veröffentlichung meiner Arbeit unter seiner Mithülfe hat erfolgen können, zu danken.

Hannover, im Juli 1898.

E. GRAHN.

Inhaltsverzeichniss.

(Die Zahlen bei den Ortsnamen sind die laufenden Nummern, nach welchen diese in den einzelnen Regierungsbezirken aufgeführt sind. Die fettgedruckten Namen bezeichnen die **Städte** resp. die in den Anhängen aufgeführten Werke.)

XXII. Regierungsbezirk Lüneburg. (S. 236 — S. 240.)

XXIII. Regierungsbezirk Stade. (S. 241 — S. 246.)

XXIV. Regierungsbezirk Osnabrück. (S. 246 — S. 249.)

XXV. Regierungsbezirk Aurich. (S. 249 — S. 251.)

K. Provinz Westfalen.

XXVI. Regierungsbezirk Münster. (S. 252 — S. 255.)

XXVII. Regierungsbezirk Minden. (S. 256 — 265.)

XXVIII. Regierungsbezirk Arnsberg. (S. 266 — S. 331.)

L. Provinz Hessen-Nassau.

XXIX. Regierungsbezirk Cassel. (S. 331 — S. 341.)

XXX. Regierungsbezirk Wiesbaden. (S. 342 — S. 374.)

M. Rheinprovinz.

XXXI. Regierungsbezirk Coblenz. (S. 375 — S. 390.)

XXXII. Regierungsbezirk Düsseldorf. (S. 390 — 475.)

XXXIII. Regierungsbezirk Köln. (S. 475 — S. 502.)

XXXIV. Regierungsbezirk Trier. (S. 502 — S. 521.)

XXXV. Regierungsbezirk Aachen. (S. 522 — S. 536.)

N. Hohenzollern.

XXXVI. Sigmaringen. (S. 534 — S. 536.)

1. Theil.

Deutsches Reich.

A. Königreich Preussen.

I. Regierungsbezirk Königsberg.

(Provinz Ostpreussen.)

a) Allenstein 2 (Wartenburg 27). — **b)** Braunsberg 6 (Mehlsack 16, Wormditt 29). — **c)** Eylau 7 — **d)** Fischhausen 8 (Pillau 22). — **e)** Friedland 9 (Bartenstein 3). — **f)** Gerdauen 10. **g)** Heiligenbeil 12 (Zinten 30). — **h)** Heilsberg 13 (Guttstadt 11). **i)** Pr. Holland 14. — **k)** Königsberg 1. — **l)** Labiau 15. — **m)** Memel 17. — **n)** Mohrungen 18. — **o)** Neidenburg 19 (Soldau 25). — **p)** Ortelsberg 20. — **q)** Osterode 21. — **r)** Rastenburg 23. — **s)** Rössel 24 (Bischofsburg 4, Bischofsstein 5) — **t)** Wehlau 28 (Tapiau 26).[1])

1. k. Regierungshauptstadt **Königsberg.** (E. 172391.)

a) Geschichtliches.

Die Wasserversorgung der Stadt Königsberg fand früher in der an den Armen des Pregel gelegenen Unterstadt, ausser aus dem Flusse selbst, aus einer grösseren Zahl von Flachbrunnen in stets genügender Weise statt, während die sogenannte Hochstadt, welche sich bis auf 20,0 m bis 25,0 m hoch über den Fluss erhebt, mit Wasser aus höher liegenden Teichen versorgt wurde, das in hölzernen Rohrleitungen durch natürliches Gefälle zufloss.

Diese Teiche, welche hauptsächlich für den Betrieb von Mühlen dienten, standen bis zum Jahre 1808 unter königlicher Verwaltung und gingen dann sammt den Mühlen in Privatbesitz über. Im Laufe der Jahre nahm die Oberstadt allmählich an Bevölkerung zu und ihre Versorgung wurde dadurch eine immer ungünstigere. Namentlich in den Jahren 1857 bis 1859 machte dieser Mangel sich während der anhaltenden Trockenheit stark fühlbar. Die bald darauf folgende, regnerische Zeit liess die Sorge um eine bessere Wasserversorgung in den folgenden Jahren wieder einschlafen, bis dann in der Mitte der Sechziger Jahre verschiedene Projecte für eine Aenderung des bisherigen Zustandes auftauchten.

Nach einem Projecte des derzeitigen Stadtbaurathes Cartellieri sollte das Wasser aus dem Pregel, welcher 8 km unterhalb der Stadt in das frische Haff mündet, oberhalb der Stadt bei Jerusalem durch eine Pumpmaschine entnommen und der Stadt direct zugeführt werden. Die Kosten einer solchen Anlage waren im Ganzen auf M. 3000000 veranschlagt und das Project wurde als zu theuer verworfen.

Von anderer Seite glaubte man in der Vermehrung der Flachbrunnen und in der weiteren Erschliessung von Wasser durch artesische Brunnen eine genügende und zugleich die billigste Abhülfe finden zu können. Als die natürlichste Wasserquelle für eine städtische Versorgung betrachteten dagegen die meisten Interessenten die hochgelegenen Teiche, die aus dem früher dicht bewaldeten, grossen Niederschlagsgebiete des Samlandes gespeist werden.

Der in der Stadt selbst liegende Schlossteich, welcher eine Wasserfläche von 10 ha hat, ist schon durch den deutschen Ritterorden bald nach Erbauung der Burg im Jahre 1255 durch Aufstauen des dem Pregel zufliessenden Katzbaches, der früher Löbe genannt wurde, hergestellt. Bereits im Jahre 1288 ist ferner schon des Oberteiches erwähnt, welcher nördlich von der Stadt in der Nähe des Rossgärter Thores liegt und mit seinem Staudamme, der das von dem See ausgefüllte Thal abschliesst, bis an den Schlossteich heranreicht. Die Wasserfläche dieses künstlichen Sees misst 63 ha, und es liegt ihr Spiegel 22,0 m höher als das Mittelwasser des Pregel und 10,76 m über dem des Schlossteiches.

Das Niederschlagsgebiet zur Speisung des Oberteiches hat ursprünglich 22000 ha betragen. Sein Wasserreichthum ist dann später durch die Zuleitung weiterer Wassermengen mittels künstlicher Gräben erhöht. Schon im 14. Jahrhundert ist des 17325 m langen Landgrabens erwähnt, durch welchen das Wasser aus dem Warger Kirchenteiche mit 2,1 m Gefälle dem Oberteiche zugeführt wird. In den Oberteich mündet ferner ein Graben ein, der das Wasser aus dem 10,87 m höher liegenden Pilzenteiche zuführt. In den Pilzenteich münden ferner 2 Gräben ein, von denen der eine Wasser aus dem Wiegand'schen Teiche und der andere solches aus dem Pojestieter Teiche und aus dem Karpfenteiche zuführt. Diese 3 letzteren Teiche liegen 12,64 m, 10,68 m und 6,69 m höher als der Pilzenteich.

Ferner mündet in den Oberteich der Wirrgraben ein, der ihm das Wasser aus dem Dammteiche und dem Stobbenteiche zuleitet, deren Wasserspiegel 14,37 resp. 17,02 m höher als der des Oberteiches liegen. Die Tabelle 1 gibt für diese verschiedenen Teiche die Stauhöhe über dem Fachbaum der Abflussschleuse, die Wasserfläche und den nutzbaren Inhalt, sowie die Grösse ihres Niederschlagsgebietes an.

[1]) a, b bedeutet Kreis etc.
1, 2 . bedeutet laufende Nummer im Text.

Tabelle 1.

Teiche	Stauhöhe	Wasserfläche	Inhalt	Niederschlagsgebiet
	m	ha	cbm	ha
a) für den Landgraben:				
Wiegand'scher Teich	1,73	38,2	216 000	
Pojestieter Teich	1,10	10,1	77 000	
Karpfenteich	2,35	9,8	74 000	6 200
Pilzenteich	3,60	75,1	1 493 000	
Wargener Kirchenteich	1,83	45,0	665 000	
zusammen	—	178,2	2 525 000	6 200
b) für den Wirrgraben:				
Dammteich etc. . .	2,59	186,7	2 254 000	2 600
Oberteich im Sommer	1,57	62,8	569 000	2 200
Oberteich im Winter .	0,94		208 000	
Gesammtsumme im Sommer	—	427,7	5 348 000	11 000
Gesammtsumme im Winter	—		4 987 000	

Der zur Begutachtung der Wasserversorgungsfrage damals zugezogene Sachverständige, der Oberbaurath Moore in Berlin, hielt die Möglichkeit einer dauernden täglichen Entnahme von 10 000 cbm aus dem Oberteiche für ganz zweifellos, während der gleichfalls um seinen Rath ersuchte Geh. Oberbaurath Hagen in Berlin auf Grund der von ihm angestellten Messungen und Berechnungen diese Möglichkeit anzweifelte.

Der dann im Jahre 1869 als Gutachter zugezogene Geh. Bergrath Henoch in Gotha berechnete aus der Regenhöhe vom Jahre 1858, die 325,76 mm betragen hat, und aus der Grösse der Niederschlagsgebiete unter der Annahme, dass von der ganzen Regenmenge in gewöhnlichen Jahren ein Drittel und in trockenen Jahren ein Viertel abfliesst, und dass ferner aus den Teichen eine jährliche Wasserhöhe von 680 mm verdunste, dass dem Oberteiche täglich 14 000 cbm dauernd entnommen werden können. Er empfehle aber trotzdem in seinem, im November 1869 der Stadt übergebenen Berichte, das Wasser nicht aus diesem Teiche direct, sondern aus dem Grundwasserstrome zu entnehmen, welcher sowohl den Dammteich, als auch den dem kurischen Haff zufliessenden Bach Kintau speist.

Nach seinem Berichte glaubte er mit Sicherheit, durch einen Aufschlusskanal von 6900 m Länge und 0,5 qm Querschnitt, der 1 : 2000 Gefälle erhalten sollte, vorläufig 10 000 cbm Wasser erschliessen zu können. Für diese Gesammtanlage belief sich sein Kostenanschlag auf M. 1 724 915. Dabei war jedoch vorläufig von der Herstellung eines Pumpwerkes für die oberen Etagen der Oberstadt Abstand genommen. Dieser Plan ist von der Stadt denn auch für die erste Wasserwerksanlage zu Grunde gelegt.

b) Erste Wasserwerks-Anlage.

Nachdem durch Versuchsbrunnen in dem fraglichen Grundwasserstrome festgestellt war, dass dessen Ergiebigkeit die von Henoch gemachten Annahmen weit übertraf, und dass das hier erschlossene Wasser zu Bedenken wegen seiner Qualität keinen Anlass bot, nahmen die städtischen Körperschaften seinen Entwurf zur Ausführung an und übertrugen die specielle Bauleitung dem derzeitigen Stadtbaurath Leiter. Die Arbeiten wurden bereits im Jahre 1869 in Angriff genommen und die Eröffnung dieses Werkes fand im Jahre 1874 statt.

Der projectirte Aufschlusskanal ist im Ganzen nur auf 5165 m Länge zur Ausführung gekommen und endet in einen Einsteigschacht.

Eine grössere Zahl solcher Schächte ist auch in den einzelnen Kanalstrecken mit zwischenliegenden Schieberverschlüssen zum Zwecke einer etwaigen Reinigung und Revision hergestellt. Von dem Schachte am Ende des Kanales führen 2 Rohre von je 475 mm Durchmesser zu einer Sammelstube, die bei dem Orte Dammkrug angelegt ist. Der Kanal selbst führt am östlichen Rande des Dammteiches entlang, durchschneidet diesen Teich dann an seiner nördlichen Bucht und ist schliesslich innerhalb des Stubbenteiches unter dessen Sohle in nördlicher Richtung fortgeführt.

Der Kanal ist in Mauerwerk hergestellt. Er ruht auf einer 1,35 m breiten und 0,32 m dicken Betonsohle und hat im Lichten bei 1,0 m Höhe 0,50 m bis 0,63 m Breite. In der oberen Strecke hat er ein Gefälle von 1 : 2000. In dem unteren Theile beträgt dasselbe nur 1 : 4000. Der starke Wasserandrang bei der Ausführung des Kanalbaues erhöhte die anfangs pro lfd. m auf M. 36 und später auf M. 95 veranschlagten Kosten desselben auf M. 200 pro lfd. m.

Die Sammelstube am Ende der Wassergewinnung sollte als Sandfang zum Zurückhalten von Erde etc. aus dem Wasser dienen. Sie besteht aus einem überwölbten Raume von 3,7 m im Quadrat, der 3,5 m Höhe hat. Aus derselben tritt die 8176 m lange Leitung von 650 mm Durchmesser hervor, welche bis nach dem Vertheilungsreservoire bei Hardersdorf führt. Von dieser Leitung ist der bis Anfang des Jahres 1870 ausgeführte Theil von 2250 m Länge anfänglich aus englischen Thonrohren hergestellt. Verschiedene Rohrbrüche in dieser Strecke gaben die Veranlassung, an Stelle dieser Leitung eine solche aus gusseisernen Rohren herzustellen und auch den anderen Theil der Leitung aus gleichem Materiale auszuführen. Diese Rohre haben 630 mm Durchmesser. Die Leitung sollte planmässig ein Gefälle von 1 : 2000 erhalten und sie hätte dann rechnungsmässig 13 190 cbm in 24 Stunden liefern müssen. Sie lieferte aber nur 6183 cbm wegen verschiedener Fehler, die sich in der Gefälllinie eingeschlichen hatten und die man später durch Lufthähne zu begleichen gesucht hat, allerdings ohne dass damit ein dauernder Erfolg erzielt ist.

Das Vertheilungsreservoir ist in den Jahren 1870 bis 1871 ausgeführt. Es ist in den Umfassungswänden und in den Pfeilern, sowie in der Ueberwölbung aus Mauerwerk hergestellt, und die zwischen den Pfeilern liegenden Flächen der Sohle bestehen aus Beton mit Ziegelabpflasterung. Es misst im Lichten 51,0 m im Quadrat und fasst bei 1,88 m Füllhöhe 4650 cbm. Es ist bis zur Höhe seines höchsten Wasserspiegels, die auf 26,27 m über Null liegt, in den Boden versenkt. Die Gewölbe sind in 0,94 m Stärke mit Erde überfüllt.

Von diesem Reservoire führen 2 Rohre von je 575 mm Durchmesser und 2731 m Länge nach der Stadt und speisen hier 2 getrennte Circulationsrohrnetze, welche an der Wall'schen Gasse und am Schlossberge mit einander verbunden werden können.

c) Pumpstation.

Das vorhergesehene Bedürfniss nach einer besseren Wasserversorgung auch für die oberen Stockwerke in den höheren Stadttheilen hatte schon anfangs zu dem Projecte des Stadtbauraths Leiter geführt, innerhalb der Stadtumwallung eine Pumpstation zu erbauen. Nach seinem Ausscheiden aus dem städtischen Dienste im

Herbst 1875 übernahm der Oberingenieur Feistel die Oberleitung des Wasserwerkes, und es ist damals, abweichend von Leiter's Project, nach Feistel's Project eine Pumpstation neben dem Vertheilungsbehälter bei Hardershof erbaut.

Im April 1879 ist diese Anlage in Betrieb gekommen. Das frühere Hochreservoir für die Gesammtversorgung ist seitdem nur zur directen Versorgung für die Unterstadt bestimmt, während für die Oberstadt ein schmiedeeisernes Reservoir mit flachem Boden von 13,2 m Durchmesser und 3,75 m Wasserhöhe in der zweiten Etage eines Wasserthurmes aufgestellt wurde. Die erste Etage des Thurmes dient als Wohnung für den Maschinisten und der Parterreraum dient als Maschinenraum für 2 Dampfpumpen. In dem mit dem Maschinenraume durch einen Verbindungsgang verbundenen Kesselhause sind damals 2 Dampfkessel aufgestellt und hinter dem Kesselhause liegt ein Kohlenraum.

In den Jahren 1883 bis 1885 ist die Pumpstation durch einen seitlichen Anbau an den Thurm vergrössert, in welchem 2 neue Maschinen aufgestellt sind, die am 21. April 1885 in Betrieb kamen. Gleichzeitig hat in dem Kesselhause ein dritter Kessel Platz gefunden. Im Jahre 1895 hat in dem freien Raume zwischen den beiden ersten Maschinen im Thurme eine fünfte Maschine ihren Platz gefunden, welche am 4. December d. J. in Betrieb kam.

Die 4 ersten Maschinen sind von der Maschinenfabrik Cyklop in Berlin und die fünfte ist von der Berliner Actiengesellschaft für Eisengiesserei und Maschinenfabrication, vormals J. C. Freund in Charlottenburg, geliefert. Jede der 4 ersten Maschinen fördert pro Stunde 180 cbm, und die fünfte fördert 350 cbm Wasser auf 16,0 m Höhe.

Die 4 ersten Maschinen sind eincylindrige, liegende Condensationsmaschinen mit Schwungrädern. Sie haben eine durch den Regulator verstellbare Expansion und machen 20 Umdrehungen pro Minute. Jede Maschine treibt eine mit der Kolbenstange direct gekuppelte, doppeltwirkende Plungerpumpe mit freien Ringventilen an. Die Kolben der Dampfcylinder haben 400 mm, und die Plunger haben 345 mm Durchmesser. Der gemeinschaftliche Hub beträgt 0,8 m. Die fünfte Maschine ist eine liegende Verbundmaschine mit Condensation, deren verlängerte Kolbenstangen je eine liegende, doppeltwirkende Plungerpumpe direct antreiben. Eine Lösung von zwei Schrauben gestattet, die eine der Pumpen leicht auszuschalten. Die Maschine liefert dann bei 60 Umdrehungen pro Minute die vorgenannte stündliche Wassermenge aus dem Nieder- in das Hochreservoir, während sie mit beiden Pumpen arbeitend 43 Umdrehungen pro Minute macht und pro Stunde 500 cbm Wasser auf die später zu erwähnenden Filter bei 7,6 m Hubhöhe fördert. Die Dampfcylinder haben 290 mm resp 460 mm und die Pumpen 350 mm Durchmesser. Der gemeinschaftliche Hub beträgt 0,55 m. Der Niederdruckcylinder hat Trick-Schieber; der Hochdruckcylinder hat Mayer'sche Expansion, von Hand verstellbar, und einen auf eine Drosselklappe wirkenden Regulator. Die Pumpen haben Gruppenventile mit Gummibuffern ohne Hubbegrenzung der Ventile. Für das Arbeiten mit hohem und mit niederem Drucke sind 2 Druckwindkessel mit getrennten Druckrohren vorhanden.

Von den 3 Dampfkesseln sind die beiden ersten Kessel Zweiflammrohrkessel, deren jeder 43,7 qm Heizfläche hat und für $5^1/_2$ Atm. Dampfdruck concessionirt ist. Sie haben 6,5 m Länge und 1,7 m Durchmesser in den Mänteln und 0,6 m Durchmesser in den Feuerrohren. Der dritte Kessel hat eine Tenbrink-Feuerung und 40,7 qm Heizfläche.

d) Qualitätsverbesserungen und neue Wassergewinnungen.

Nachdem im October 1873 die erste Strecke des Sammelkanals von 3150 m Länge fertig gestellt war, ist das Wasser schon in das Vertheilungsnetz eingelassen. Es zeigte sich als sehr eisenhaltig und die Hoffnung einer Besserung im Laufe der Zeit erfüllte sich nicht nur nicht, sondern das Wasser verschlechterte sich durch zahlreiche Algenentwicklungen — Erscheinungen, die später durch die Berliner Calamität ja allgemein bekannt geworden sind, — in immer grösserem Maasse.

Auf den Vorschlag des Bauraths Salbach in Dresden ist damals, um eine zeitweise Spülung zu ermöglichen, die Sammelstube in 2 Theile getrennt und mit jedem Theile ist die Hälfte eines daran angebauten Reservoires von 49 qm Grundfläche verbunden. In jeder Reservoirhälfte sind 4 zickzackförmige Kammern zur Erzielung einer Circulation des Wassers hergestellt. Gleichzeitig ist auch das Hochreservoir in 2 Kammern getheilt und jeder Theil ist wieder durch theilweises Zumauern der Oeffnungen unter den Gurtbögen so getheilt, dass auch hier eine hin- und hergehende Bewegung des Wassers stattfinden musste.

Leider blieb aber der erwartete Erfolg rücksichtlich der Qualität aus, und um dieselbe Zeit sank auch die Ergiebigkeit der Wasserfassung immer mehr hinunter, so dass im Herbst 1879 dauernd nicht mehr als 1400 cbm Wasser pro Tag zur Verfügung standen. Der Gedanke, dass man die ganze Anlage werde aufgeben müssen, griff erklärlicher Weise immer mehr um sich und wurde noch verstärkt durch den Vorschlag des zu einer Begutachtung zugezogenen Geh. Oberbauraths Wiebe aus Berlin, welcher vorschlug, demnächst das Wasser für die Stadt aus dem Kurischen Haff zu entnehmen. Sehr bald änderten sich aber dann durch den damals erfolgten Eintritt des Stadtbauraths Frühling in die städtische Verwaltung als Vorsteher der Tiefbau-Abtheilung die Anschauungen, indem dieser die Ursachen der Nothlage und in weiterer Folge davon die Schritte für ihre Beseitigung einer eingehenden Prüfung unterzog.

Feistel hatte zur Vergrösserung der disponiblen Wassermenge ein Project aufgestellt, nach welchem neben der Pumpstation ein Brunnen von 6,0 m Durchmesser hergestellt werden sollte, der nach seinen Untersuchungen 5000 cbm Grundwasser zu Tage liefern würde. Trotzdem an den Pumpen in der Pumpstation schon die Saugleitungen dafür vorgesehen waren, veranlasste Frühling, dass vor der Ausführung des definitiven Brunnens erst ein Versuchsbrunnen hergestellt wurde. Dieser erhielt 2,0 m Durchmesser und erreichte in 9,0 m Tiefe die aus feinkörnigem Sande bestehende, 4,0 m mächtige, wasserführende Schicht. Durch den dicht geschlossenen Boden des Brunnens wurden dann 2, mit Schlitzen versehene Futterrohre von 250 mm Durchmesser getrieben, welche durch die wasserführenden Schichten hindurchreichen. In diesen wurden im Innern Drahtsiebe zur Abhaltung des Sandes angebracht. Die Pumpversuche mit diesen Brunnenrohren führten schon bei 600 cbm Entnahme im Tage zu einer sehr starken Absenkung in den im Umkreise geschlagenen Bohrlöchern und das anfangs brauchbare Wasser zeigte sehr bald auch die üblen Eigenschaften des vorhandenen Wassers, so dass die Hoffnung, eine Versorgung durch Brunnen aus dem Grundwasser von hier erhalten zu können, aufgegeben wurde.

Nunmehr ging Frühling zur Prüfung der Möglichkeit über, aus dem Landgraben ein genügendes Wasserquantum zu gewinnen. Zu dem Zwecke machte er eine neue Zusammenstellung über die Ergiebigkeit des denselben speisenden Niederschlagsgebietes. Er stellte die von den Müllern wirklich gemessenen Abflussmengen in den Jahren 1857 bis 1859 zusammen und zog davon die in die Teiche gefallenen Regenmengen und eine nach den 14jährigen Augsburger Beobachtungen ermittelte Verdunstungshöhe von 1625 mm im Jahre ab. Daraus ergab sich als Ergiebigkeit des Landgrabengebiets während der trockensten Jahre nur 5300 cbm pro Tag.

Weil nun das Wasser des Landgrabens stets völlig klar und frei von Eisen und von Algen ist, so ist, nachdem die nöthigen Regelungen wegen der Mühlen getroffen waren, von Frühling im Jahre 1861 eine direkte Einleitung des Wassers aus dem Landgraben in den vorerwähnten Versuchsbrunnen bei der Pumpstation ausgeführt, nachdem die Futterrohre im Boden des Brunnens vorher geschlossen sind. Dazu ist in den Landgraben zum Anschlusse der Ableitung ein Schacht von 2,0 m im Quadrat eingebaut. Von diesem führt eine Leitung zu dem Brunnen, die mit einem Thonrohre von 338 m Länge und 630 mm Durchmesser beginnt, woran sich ein Cementrohr von 663 m Länge und 500 mm Durchmesser schliesst. Vor dem Brunnen ist ein Schieber eingebaut und die Verbindung des Grabens mit dem Oberteiche ist durch 2 Thonrohre mit Schiebern von 630 mm Durchmesser wieder hergestellt.

Für das Wasser aus dem Landgraben ist eine künstliche Filteranlage auf dem Grundstücke, das gegenüber der Pumpstation auf der anderen Seite der Chaussée liegt, erbaut. Es sind hier im Sommer 1882 2 offene Sandfilter von 1556 qm und 1558 qm Filterfläche in Betrieb gekommen. Ende des Jahres 1886 sind ferner 3 Filter von 1510, 1488 und 1721 qm Filterfläche, welche nach dem Projekte des derzeitigen Wasserwerksdirektors Lauckner erbaut sind, in Betrieb gesetzt.

Die beiden ersten Filter sind damals ohne Ueberdachung ausgeführt und haben Umfassungswände aus Beton erhalten. Diese sind in Folge der Temperaturänderungen bald zerrissen, so dass sie grosser Reparaturen bedurft haben. Die neuen Filter sind daher mit gemauerten Umfassungswänden hergestellt und mit Holzwänden umbaut, welche ein mit Dachpappe überdecktes Dachgerüst tragen. Eine Entwicklung von Algen, die sich bei den offenen Filtern gezeigt hat, ist bei den überdachten Filtern nicht beobachtet worden und es sind erstere später daher auch überdacht. Für den Filterbetrieb ist eine Sandwaschtrommel, welche von der Maschinenfabrik Cyklop in Berlin geliefert ist, in Benützung. Mit der zusammen 7825 qm betragenden Filterfläche können unter Ausschaltung eines Filters bei 2,0 m Filtergeschwindigkeit in 24 Stunden 12000 cbm Wasser filtrirt werden. Das gemauerte Hochreservoir für die untere Zone dient seitdem gleichzeitig als Reinwasserreservoir für das filtrirte Wasser.

Die gesammten Anlagen, soweit sie hier bislang beschrieben sind, haben einschliesslich des Rohrnetzes etc. bis Ende März 1887 für die Bauten M. 4453734 und an Zinsen M. 2082155, also zusammen M. 6535889 gekostet. Der bis dahin erzielte Reingewinn, abzüglich des Zuschusses zu den laufenden Unterhaltungskosten, hat M. 1159518 betragen, so dass als Differenz M. 5376371 als damaliger Buchwerth übrig bleibt. Für die Filtrationsanlagen allein sind M. 804350 verausgabt.

e) Thalsperre bei Wiekau.

Zur Beschaffung weiterer Wassermengen für die Versorgung war ausser der Entnahme aus dem Pregel noch die Möglichkeit vorhanden, andere Niederschlagsgebiete aufzusuchen und deren Wasser nach einer künstlichen Ansammlung in Teichen, womöglich mit natürlichem Gefälle, der Stadt zufliessen zu lassen.

Auf Anregung des Bürgermeisters Hoffmann wählte man für diesen Zweck das in westlicher Richtung an das Landgrabengebiet anstossende Wiekauer Gebiet. Am 22. Juli 1885 wurde der Stadt das Expropriationsrecht für den nöthigen Grunderwerb für eine hier herzustellende Stauanlage und für die nöthigen Wasserleitungen ertheilt. Mit den Bauten ist dann im Jahre 1887 begonnen und im Jahre 1891 ist die Anlage in Betrieb gekommen.

Nach dem Projecte sollen die Quellen des Greibauer Mühlenflusses, der dem frischen Haff zufliesst, aufgefangen und aufgestaut werden. Diese Quellen bilden von Ost nach West: das Girandiller Fliess, welches in dem Saarwalde entspringt, das südlich von Pertelniken entspringende Seefelder Wasser und das sich aus 2 Bächen bildende Galtgrabenwasser, von denen der eine am Ostabhange der Hügel zwischen Wernersdorf und Marienhof entspringt und der andere aus dem Bruche beim Gute Galtgraben kommt. Diese 3 Bäche vereinigen sich in der Dorflage Wiekau zu dem Greibauer Mühlenfliesse, von welchem ein Mühlgraben zum Betriebe der Wiekauer Mühle abzweigt. Beide fliessen in der Sohle eines tief eingeschnittenen, ca. 200 m breiten Thales hin und hier ist der die beiden Wasserläufe kreuzende Staudamm zur Bildung des Wiekauer Reservoirs eingebaut.

Durch einen das Thal abschneidenden Staudamm von 480 m Länge ist es gelungen, eine Wassermenge von 1860000 cbm mit einer Wasserfläche von 68 ha Grösse aus einem Niederschlagsgebiete von 3800 ha in einer bis auf 35,7 m + 0 ansteigenden Höhe abzuschneiden. Die jährlich zur Verfügung stehende Wassermenge beträgt nach den für die Landgraben-Teiche gemachten ähnlichen Annahmen bei den kleinsten Niederschlägen 1711000 cbm und im Durchschnitt 3000000 cbm.

Die grösste Höhe des Dammes beträgt 10,0 m. Seine Krone hat wegen eines überzuführenden Weges eine Breite von 6,5 m erhalten. Für die Böschung ist auf der Wasserseite eine Neigung von 1 : 3,5 und auf der Landseite von 1 : 2 gewählt. Auf der Wasserseite hat der obere Theil des Dammes in 1,1 m Breite eine Neigung von 1 : 2 und ist gegen Wellenschlag durch eine Abpflasterung geschützt. In der Mitte seiner Grundfläche hat der Damm in der ganzen Länge einen Thonkern erhalten, der in einen hierfür hergestellten Graben von 2,0 m Breite und 1,5 bis 2,5 m Tiefe bis auf den sich hier im Boden findenden Schluffmergel hinabreicht.

In diesen Damm sind als Grundablass 2 Flanschenrohre von 1000 mm Durchmesser im Abstande von 2,0 m von Mitte zu Mitte von einander mit einem Gefälle von 1 : 100 eingelegt. Sie ruhen auf einem 0,7 m hohen und 3,25 m breiten Betonbette. Wasserwärts reichen die Rohrenden durch eine 1 : 5 geböschte Bruchsteinmauer hindurch, welche auf einem 1,0 m hohen und 6,1 m breiten Betonklotze, der zwischen Spundwänden liegt, ruht. Landwärts ist eine Schieberkammer von 7,52 m Breite, 4,2 m Tiefe und 2,8 m Höhe aus Bruchsteinen hergestellt, die gleichfalls auf einem Betonbette ruht. An diese Rohre schliessen hier Schieber an, hinter denen sich ein jedes der Rohre in 2 Rohre von 700 mm Durchmesser gabelt. Jedes einzelne Rohr hat wieder einen Schieber erhalten Hinter diesen Schiebern münden die Rohre, nachdem sie durch die Wand geführt sind, mit nach unten gerichteten Knieen in einen 7,8 m langen, 2,0 m breiten und 2,6 m tiefen Sturzkessel, dessen Betonboden wieder zwischen Spundwänden liegt.

In dem Theile an der Ostseite des Dammes, wo dieser nur noch 1,65 m Höhe hat, ist ein Ueberlauf angelegt, der aus 21 rechteckigen Oeffnungen besteht, deren jede bei 0,3 m Breite eine von 0,4 m auf 0,6 m abfallende Höhe hat. Aus diesen Oeffnungen kann das Wasser sich in den Freigraben, der nach dem Greibauer Mühlenfliesse führt, ergiessen. Hinter den Schiebern von 1000 mm Durchmesser befinden sich 2, nach oben gerichtete Stutzen, welche sich zu einem Rohre von 500 mm Durchmesser vereinigen, das unter dem Freigraben hindurchgeführt ist. Dieses Rohr mündet dann in einen Graben von 1,2 m Tiefe und 1,0 m Sohlbreite mit $1^1/_2$fachen Böschungen. In demselben fliesst das Wasser mit 1 : 1200 Gefälle nach den Wargen'schen Mühlenteichen, aus denen es dann im Landgraben weiter geleitet wird. Der Leitungsgraben ist an der Stelle, wo er die Schlucht von Barseninken kreuzt, durch einen Düker aus gusseisernen Rohren von 650 mm Durchmesser und 90,0 m Länge ersetzt.

Das Wasser des Wiekauer Teichgebietes enthält nach den Untersuchungen des Dr Klein im Liter:

Abdampfrückstand	191 bis 257	mg
Glührückstand	130 » 183	»
Chlor	6,1 » 14,2	»

Ammoniak, Salpetersäure und salpetrige Säure fehlen. Zur Oxydation der organischen Substanz sind 15,1 bis 25,0 mg Kaliumpermanganat erforderlich. Die Härte schwankt zwischen 6,1 und 8,3°. Schädliche Organismen sind nicht gefunden.

Die Kosten dieser neuen Anlage haben betragen:

Staudamm incl. Bauleitung . . .	M. 108 000
Grundablass	» 56 000
Ueberfall	» 21 000
Durchlässe im Teichgebiete . . .	» 32 000
Leitungsgraben	» 77 000
Düker	» 26 000
zusammen	M. 320 000
ferner Grunderwerb nach Wiederveräusserung des Ueberflüssigen	M. 274 500
Total	M. 594 500.

Die Vorarbeiten und die Entwürfe für diese Anlagen sind von den Stadtbaumeistern Hulisch und Naumann hergestellt. Die specielle Bauleitung lag in den Händen des Regierungsbaumeisters Seidler und des Regierungsbauführers Ruthkowski.

f) Wasservertheilungsanlagen.

Die Länge der vorhandenen Rohrleitungen von 628 mm bis incl. 78 mm Durchmesser, die Zahl der vorhandenen Schieber, Hydranten, öffentlichen Spring- und Laufbrunnen und Pissoirs, sowie der privaten Springbrunnen, Strahlapparate, hydraulischen Aufzüge und Motoren gibt die folgende Tabelle 2 für das Ende von 6 verschiedenen Betriebsjahren an.

Tabelle 2.

Am 1. April	1889	1891	1892	1893	1894	1895	1896
Rohrlänge . . . . . . m	76 806	78 459	78 459	78 659	84 362	84 446	85 775
Schieber	388	396	396	398	414	468	469
Hydranten	414	430	430	431	432	472	475
Oeffentliche Springbrunnen . .	—	2	2	2	2	2	2
» Laufbrunnen . . .	—	10	16	27	32	33	26
» Pissoirs	—	11	11	11	11	12	12
Private Springbrunnen .	—	—	—	—	—	2	—
» Strahlapparate . .	—	30	30	30	—	—	—
» hydraulische Aufzüge	—	6	6	6	6	5	5
Motoren	—	—	—	—	—	3	3

Die am 1. April 1889 vorhandenen Rohrlängen setzten sich aus folgenden Durchmessern zusammen:

Rohrdurchmesser mm	628	575	549	523	471	420	466
Rohrlänge . . . m	8173	7890	100	330	706	418	727
	314	262	209	157	131	104	78
	1093	3912	6100	2501	12415	16103	16218.

Die Hydranten sind sämmtlich Unterflurhydranten und haben theilweise Selbstentwässerung. Sie stehen in ca. 100 m Abstand von einander.

Für die Zuleitungen werden Bleirohre von 20 bis 40 mm Durchmesser verwendet. Diese haben Absperrhähne am Hauptrohre. Für die Hausleitungen werden bis zu 40 mm Durchmesser Bleirohre und darüber hinaus Eisenrohr verwendet. Die am 1. April 1889 vorhanden gewesenen 2653 Anschlussleitungen hatten zusammen 28 700 m Länge, also ca. 11 m Länge für jeden Anschluss.

Am 1. April 1896 sind 1769 Wassermesser in Benutzung gewesen, welche von 4 verschiedenen Lieferanten bezogen sind. Diese haben bislang nach ihren Angaben 1947 Messer geliefert und zwar Siemens & Halske, Berlin 179, H. Meinecke, Breslau 321, Dreyer, Rosenkranz & Droop, Hannover 925 und Wolf & Schreiber, Breslau 522. Nach der Grösse vertheilen diese Messer sich im Ganzen wie folgt:

Durchmesser mm	10	12	13	15	16	20	25	30	33	40
Stückzahl . . .	5	3	54	3	2	1094	589	31	2	96
	50	75	80	100	125					
	37	20	16	3	2.					

g) Betrieb und Wasservertheilung.

Der Betrieb der sämmtlichen Wasserversorgungsanlagen liegt z. Z. in den Händen des Wasserwerkdirectors Kuck mit 2 Assistenten, den Ingenieuren Bahr und Schweiger.

Die nachfolgende Tabelle 3 gibt für die 4 Betriebsjahre 1890/91 und 1892/93 bis 1894/1895 die Grösse des Wasserquantums an, welches ohne künstliche Hebung und welches mit künstlicher Hebung zur Abgabe gelangt ist. Für letzteres ist ferner der Kohlenverbrauch (englische, schottische und schlesische) im Ganzen, sowie pro 100 cbm und pro P. S. - Stunde, und endlich die Leistung pro kg Kohle in m $\times$ kg aufgeführt.

Tabelle 3.

Jahr	1890/91	1892/93	1893/94	1894/95
Mit natürlichem Gefälle . . . cbm	203 200	92 000	203 278	506 999
oder pro 100 cbm im Ganzen	5,4	2,4	4,4	12,7
Mit künstl. Hebung cbm	3 575 151	3 815 123	4 442 720	3 496 278
oder pro 100 cbm im Ganzen	94,6	97,6	95,6	87,3
Kohlenverbrauch kg im Ganzen .	914 860	902 376	977 821	979 240
pro 100 cbm Wasser	16,5	15,8	22,0	24,5
pro PS.-Stunde . .	4,6	4,4	3,9	4,7
m $\times$ kg pro 1 kg Kohle	59 520	61 011	69 614	57 592

Die nachfolgende Tabelle 4 gibt für dieselben Jahre und für 1895/96 für den Filterbetrieb die Leistung pro Quadratmeter Filterfläche in 24 Stunden und für die Dauer und Reinigung der Filter einige Zahlen an:

Tabelle 4.

Jahr	1890/91	1892/93	1893/94	1894/95	1895/96
Wasser cbm pro qm Filter pro 24 Std.	1,95	2,03	1,63	1,01	1,04
Betriebstage eines Filters:					
längste . . .	47	33	42	74	79
kürzeste . . .	7	5	2	3	8
mittlere . . .	20	18	14	14	14
Gereinigte Filterfläche qm i. Jahre	116 814	153 291	200 385	155 580	141 421

Die Tabelle 6 (S. 7) gibt für jedes der 5 Betriebsjahre 1890/91 bis 1895/96 die gesammte Wasserabgabe im Ganzen und gegen 100 cbm des Vorjahrs, die verschiedenen Anschlüsse nach Zahl, Art und Consum, die Abgabe am Tage des mittleren, des höchsten und des geringsten Verbrauchs, sowie pro Kopf, ferner für die verschiedenen öffentlichen Verwendungszwecke, für Private mit und ohne Messer etc., sowie verschiedene Verhältnisszahlen an.

Für die Wasserabgabe für den gewöhnlichen Hausbedarf ist jährlich zu zahlen für jede Küche und jeden Raum von bis zu 10 qm Fläche 2,50 M., für Badeeinrichtungen und Closets 10 M., für Pissoirs 36 bis 72 M. etc. Für das Wasser nach Messern ist per cbm 18 Pf. zu zahlen, mindestens aber die Taxe nach dem Hausbedarf, wenn die Zahlung nach Messern im Jahre die Summe von 40 M. nicht erreicht und bei der Benutzung des Wassers für andere Zwecke mindestens pro Millimeter Messerweite 1 M. pro Jahr. Bei einem Jahresverbrauch von mehr als 2000 cbm ist ein Rabatt von 10% und für das, was über 4000 cbm verbraucht wird, ist ein Rabatt von 20% bewilligt.

h) Beschaffenheit des Wassers.

Chemische Untersuchungen werden selten vorgenommen. Folgende Zahlen geben deren Resultat für 1 l Wasser an:

	Grundwasser	Thalsperrenwasser
Abdampfrückstand . .	284 mg	156,5 mg
Glühverlust	62,3 »	65,6 »
Kalk	121 »	40,7 »
Magnesia	16,6 »	9,2 »
Chlor	12,4 »	8,9 »
Schwefelsäure	10,9 »	6,1 »
Eisenoxyd u. Thonerde	13,7 »	— »
Härte, deutsche Grade	14,4 »	5,4 »

Bacteriologische Untersuchungen werden jede Woche einmal in normalen Zeiten und täglich bei Choleragefahr vorgenommen. Ein Bild des Unterschiedes zwischen den Keimzahlen im Rohwasser und im Filtrate geben die Zahlen in Tabelle 5:

Tabelle 5.

	Rohwasser	Filtrat	Rohwasser	Filtrat
	Keime	Keime	Keime	Keime
Filter I	10 140	215	6 020	135
» II	12 750	138	6 780	65
» IV	8 760	134	5 040	69
» V	10 760	186	5 975	97
» VI	10 798	125	5 915	69
» VII	12 950	117	7 845	65
Reinwasserbehälter	gleichzeitig	194	gleichzeitig	98

2. a. Allenstein. (E. 21 554.)

Die Stadt Allenstein besitzt keine künstlichen Einrichtungen zur Wasserversorgung. Diese erfolgt durch eine grosse Zahl von gegrabenen und gesenkten Brunnen, von welchen einige bis zu 27,0 m Tiefe haben. Bauerlaubnisse werden von der Anlage eines Privatbrunnens abhängig gemacht. Für gewerbliche und allgemeine Zwecke wird das Wasser direct dem die Stadt durchfliessenden Alleflusse entnommen.

3. e. Bartenstein. (E. 6358, W. 420 mit je 15,1 B.)

Für die Wasserversorgung der Stadt Bartenstein dienen 5 öffentliche und 88 private Brunnen. Letztere, sowie 4 der öffentlichen sind Kesselbrunnen von 6,0 m Tiefe. Der eine der öffentlichen Brunnen ist ein Rohrbrunnen von ca. 90 m Tiefe. Er liefert ein stets bacterienfreies, aber sehr eisenhaltiges Wasser, so dass das Wasser der anderen Brunnen, wenn es auch weniger gut ist, doch bevorzugt wird. Es werden zur Zeit 2 neue öffentliche Kesselbrunnen hergestellt, durch welche auch 5 vorhandene öffentliche Laufbrunnen in ihrer Benutzung beschränkt werden sollen, welchen das Wasser aus einem Teiche mittels hölzerner Rohre durch natürliches Gefälle zugeführt wird, dessen Benützung für den Hausgebrauch aber nur, nachdem es gekocht ist, zulässig ist.

4. s. Bischofsburg. (E. 4349.)

Für die Wasserversorgung der Stadt Bischofsburg dienen 7 öffentliche und 40 private Brunnen. Von diesen sind 16 Brunnen, von welchen 3 öffentliche sind, mit eisernen Rohren ausgefuttert, während die übrigen gemauert sind.

5 s. Bischofstein. (E. 3160.)

Die Wasserversorgung der Stadt Bischofstein erfolgt ausschliesslich aus Brunnen im Orte. Für die öffentliche Benutzung sind deren 8 vorhanden.

6. b. **Braunsberg a. d. P.** (E. 11 954).

Die Stadt Braunsberg wird aus einer grösseren Zahl von gebohrten und gesenkten Brunnen mit Wasser versorgt, welche theils öffentliche (11) und theils private (54) sind. Die gesenkten Brunnen geben ein gutes Wasser.

Ferner findet eine Zuleitung von Quellwasser aus ca. 2 km Entfernung, theils in offenen Gräben, theils in hölzernen Rohren durch natürliches Gefälle statt. Damit werden 20 öffentliche Brunnen versorgt und für 8 Privatgrundstücke sind Zuleitungen für den Gewerbebetrieb hergestellt.

Tabelle 6.

Jahr	1891/92	1892/93	1893/94	1894/95	1895/96
Einwohnerzahl	162 000	162 000	167 000	171 000	172 391
Gesammte Abgabe im Jahr . . . cbm	3 778 351	3 907 123	4 645 998	4 003 277	4 106 353
Desgleichen gegen 100 cbm des Vorjahres	—	103,5	118,9	86,3	102,6
Liter pro Kopf pro Tag im Mittel	60	66	76	64	66
Desgleichen am Maximaltage	98	105	116	120	111
Zahl der Anschlüsse	4789	4911	5036	5250	5362
cbm pro Anschluss im Jahre	788	795	922	763	766
Tagesabgabe am					
mittleren Jahrestage . . . cbm	9 794	10 704	12 729	10 979	11 250
Maximaltage . . . »	16 000	16 958	19 300	18 875	18 875
Minimaltage . . . »	4 700	4 016	4 200	9 600	9 600
Von 100 cbm am mittleren Jahrestage am					
Maximaltage . . . »	163,3	158,4	151,6	171,9	167,8
Minimaltage . . . »	48,0	37,4	33,0	87,4	85,3
Wasser für öffentliche Zwecke . . . cbm	270 800	270 800	285 770	303 300	300 000
Davon Strassensprengen . . . »	25 000	25 000	42 500	59 000	60 500
» Springbrunnen . . . »	22 000	22 000	7 800	7 800	7 800
» Laufbrunnen . . . »	9 000	9 000	44 000	44 000	30 000
» Rinnsteinspülen . . . »	—	—	9 000	9 000	9 000
» Kanalspülen . . . »	40 700	40 700	47 300	60 000	60 000
» Bedürfnissanstalten . . . »	138 600	138 600	100 000	99 000	99 000
» Bewässern öffentlicher Anlagen »	2 500	2 500	12 500	12 500	12 500
» Feuerlöschen . . . »	2 000	2 000	2 000	2 000	1 200
» Diverses . . . »	31 000	31 000	20 670	10 000	20 000
Von 100 cbm für öffentliche Zwecke					
für Strassensprengen . . . »	9,2	9,2	14,9	19,5	20,2
» Springbrunnen . . . »	8,1	8,1	2,7	2,6	2,6
» Laufbrunnen . . . »	3,3	3,3	15,4	14,5	10,0
» Rinnsteinspülen . . . »	—	—	3,2	2,9	3,0
» Kanalspülen . . . »	15,0	15,0	16,5	19,8	20,0
» Bedürfnissanstalten . . . »	51,4	51,4	35,0	32,7	33,0
» Bewässern öffentlicher Anstalten . »	0,9	0,9	4,4	4,1	4,2
» Feuerlöschen . . . »	0,7	0,7	0,7	0,6	0,4
» Diverses . . . »	11,4	11,4	7,2	3,3	6,6
Wasser für Private . . . »	3 508 051	3 636 323	4 260 228	3 477 377	3 580 000
Davon nach Messern . . . »	461 607	613 207	686 000	886 000	1 480 000
Zahl der Messeranschlüsse	737	788	1036	1180	1769
Wasser für Private ohne Messer . . . cbm	3 046 444	3 022 616	3 574 228	2 591 277	2 100 000
Zahl der Anschlüsse ohne Messer	4052	4123	4000	4070	3593
Von 100 cbm für Private nach Messern cbm	13,2	16,8	16,1	25,5	41,4
ohne Messer . . . »	86,8	83,2	83,9	74,5	58,6
Auf 100 Anschlüsse kommen					
Messeranschlüsse	15,4	36,4	20,6	22,4	33,0
Anschlüsse ohne Messer	84,6	63,6	79,4	77,6	67,0
Wasser für das Wasserwerk					
incl. Spülen, Verlust etc. . . . cbm	—	500	100 000	222 600	226 353
Von 100 cbm Gesammtabgabe für					
öffentliche Zwecke . . . cbm	7,2	6,9	6,1	7,6	7,3
Private . . . »	92,8	93,1	91,8	86,9	86,2
Wasserwerk, Selbstverbrauch . . . »	—	—	2,1	5,5	5,5
Gesammtabgabe ohne Messer . . . »	3 316 744	3 293 916	3 959 998	3 117 177	2 626 353
Desgleichen von 100 cbm im Ganzen . »	87,8	84,3	85,2	77,9	63,9
Abgabe nach Messern v. 100 cbm im Ganzen »	12,2	15,7	14,8	22,1	36,1
Wasserabgabe pro Messer im Jahre . . »	626	778	663	750	836
Desgl. pro Anschluss ohne Messer i. Jahre »	750	733	893	636	585

7. c. **Pr. Eylau.** (E. 3413, W. 184 mit je 18,5 B.)

Für die Wasserversorgung der Stadt Pr. Eylau dienen ausser 15 gegrabenen und mit Bohlen verkleideten Brunnen, die in Privatbesitz sind, 7 öffentliche Brunnen. In 4 derselben befindet sich Grundwasser und 3 davon haben Leitungswasser.

Oestlich von der Stadt und 450 m davon entfernt ist in der sogenannten Bullenwiese eine Quelle in einem gemauerten Reservoire von 6 cbm Inhalt gesammelt, welche 510 cbm Wasser im Tage liefert. Das Wasser wird mit natürlichem Gefälle in hölzernen Rohren von 85 mm Durchmesser und ca. 1000 m Länge den 3 erwähnten Brunnen zugeführt. Das überflüssige Wasser fliesst in einem Laufbrunnen frei aus.

Es liegt die Absicht vor, die hölzernen Leitungen durch solche aus anderem Materiale zu ersetzen.

8. d. **Fischhausen.** (E. 2774, W. 155 mit je 18,0 B.)

Die Wasserversorgung der Stadt Fischhausen erfolgt ausschliesslich aus gegrabenen Brunnen, von denen 6 der allgemeinen Benützung dienen.

9. e. **Friedland.** (E. 2707.)

Die Wasserversorgung der Stadt Friedland erfolgt durch innerhalb der Stadt gegrabene Brunnen, welche ausgemauert sind. Auch aus dem Alleflusse und aus einem Mühlteiche wird Wasser direkt entnommen. 4 Brunnen, welche der allgemeinen Benützung dienen, lieferten bei einer früher vorgenommenen Untersuchung kein einwandfreies Wasser und es ist daher kürzlich in der Mitte der Stadt ein Rohrbrunnen von 111,0 m Tiefe hergestellt, der mit einem eisernen Rohre von 150 mm Durchmesser ausgefuttert ist, das oben in einem in Mauerwerk hergestellten, 6,5 m tiefen Schacht von 2,0 m Durchmesser mündet. Dieser Brunnen liefert gutes Trinkwasser.

10. f. **Gerdauen.** (E. 2960.) Ohne Antwort.

11. h. **Guttstadt.** (E. 4571).

Die Wasserversorgung der Stadt Guttstadt erfolgt aus 9 öffentlichen Brunnen im Orte. Ferner wird der Alle, welche in 2 Armen durch die Stadt fliesst, direct Wasser für Wirthschaftszwecke entnommen.

12. g. **Heiligenbeil.** (E. 4179.)

Die Stadt Heiligenbeil hat zur Wasserversorgung eine grosse Zahl von privaten und 11 öffentliche, gemauerte Brunnen mit eisernen Pumpen. Ein ferner durch Senken eines eisernen Rohres hergestellter Tiefbrunnen hat eine grosse Ergiebigkeit.

13. h. **Heilsberg.** (E. 5497.)

Die Wasserversorgung der Stadt Heilsberg erfolgt aus Brunnen im Orte, von welchen 5 für die allgemeine Benutzung dienen. Ausserdem besteht seit Jahrhunderten eine Wasserleitung aus hölzernen Rohren, welche Quellwasser mit natürlichem Gefälle aus 300 m Entfernung einem öffentlichen Laufbrunnen zuführt.

14 i. **Pr. Holland.** (E. 5087, W. 422 mit je 12,0 B.)

Für die Wasserversorgung der Stadt Pr. Holland dienen seit ca. 25 Jahren 14 öffentliche Brunnen, denen das Wasser durch eiserne Rohre von 2860 m Länge und 120 mm Durchmesser mit natürlichem Gefälle aus ca. 3 km Entfernung von dem Ort Quellnau her zugeführt wird. Die Ergiebigkeit der Quellen beträgt ca. 180 cbm pro Tag und die Anlage hat M. 30000 gekostet. Es sind 2 Hydranten an die Leitung angeschlossen und 16 Häuser haben Zuleitungen von derselben.

15. l. **Labiau.** (E. 4507.)

Die Wasserversorgung der Stadt Labiau erfolgt ausschliesslich aus Brunnen im Orte.

16. b. **Mehlsack.** (E. 4063, W. 380 mit je 16,9 B.)

Die Wasserversorgung der Stadt Mehlsack mit Wasser für Wirthschafts- und Gewerbszwecke erfolgt aus 3 Teichen, die untereinander durch offene Gräben verbunden sind. Diese liegen ca. 2 km von der Stadt entfernt und werden aus Quellen und durch Drainage aus den benachbarten Ländereien gespeist.

Das Wasser wird mit natürlichem Gefälle in hölzernen Rohren von 2500 m Länge 7 Bohlenbrunnen (sog. Röhrenteichen) in der Stadt zugeleitet und aus diesen durch Handpumpen entnommen. Versagt dieser Zufluss, so wird das Wasser direct aus dem Wehlflusse entnommen, der durch die Stadt fliesst. Das Teichwasser ist moorig und zeitweise durch Pflanzen- und Thierreste stark verunreinigt.

Kürzlich ist für das Krankenhaus ein Brunnen von 171,0 m Tiefe durch Bohrung hergestellt, der auch gutes Trinkwasser gibt und es ist die Absicht, mehrere solcher Brunnen anzulegen.

17. m. **Memel.** (E. 19207.)

Die Stadt Memel entbehrt bislang noch einer künstlichen Wasserleitung. Die Versorgung erfolgt ausser aus den offenen Wasserläufen innerhalb der Stadt ausschliesslich aus gegrabenen Flachbrunnen, welche in grosser Zahl vorhanden sind.

18. n. **Mohrungen.** (E. 3923.)

Für die Wasserversorgung der Stadt Mohrungen dienen ausser verschiedenen Privatbrunnen 2 öffentliche Schachtbrunnen und 2 Tiefbrunnen, welche in den letzten Jahren hergestellt sind. 2 gleiche Brunnen sind zur Zeit in Ausführung. Ausserdem sind 4 öffentliche Laufbrunnen vorhanden, welche durch hölzerne Leitungen aus einem ca. 300 m von der Stadt entfernt liegenden, grossen Teich gespeist werden.

19. o. **Neidenburg.** (E. 4587, W. 364 mit je 12,6 B.)

Für die Wasserversorgung der Stadt Neidenburg dienen ausschliesslich Brunnen im Ort, welche theils gesenkt und in Mauerwerk ausgeführt und theils gebohrt und mit eisernen Rohren ausgefuttert sind.

20. p. **Ortelsburg.** (E. 3200.)

Für die Wasserversorgung der Stadt Ortelsburg dienen ausser privaten Brunnen 7 gebohrte und 2 gegrabene Brunnen für die allgemeine Benutzung.

21. q. **Osterode i. P.** (E. 11279, W. 557 mit je 20,3 B.)

Ausser aus dem Flusse Drewenz erfolgt die Wasserversorgung der Stadt Osterode aus 68 privaten und 9 öffentlichen Brunnen, welche gebohrt sind und 20,0 bis 100,0 m Tiefe haben. Das Wasser genügt quantitativ, ist aber qualitativ nicht einwandfrei, so dass der Bau einer centralen Versorgung in Erwägung gezogen ist.

22. d. **Pillau.** (E. 3192, W. 209 mit je 15,2 B.)

Die Seestadt Pillau wird aus gegrabenen und gesenkten Brunnen mit Wasser versorgt. 3 solche dienen der allgemeinen Benutzung. Das Wasser entspricht den Bedürfnissen durchaus nicht.

Qualitativ ist das Wasser so, dass es nur gekocht getrunken werden dürfte. Der beste der Brunnen hat nach der letzten Untersuchung im Liter ergeben:

Abdampfrückstand . . .	1782 mg
Glührückstand	1588 »
Glühverlust	194 »
Chlor	350 »

Es war eine grosse Menge salpetriger Säure, sehr viel Salpetersäure, Spuren von Ammoniak und eine sehr grosse Zahl von Keimen vorhanden. Zur Oxydation der organischen Substanz waren 15,6 bis 29,1 mg übermangansaures Kali nöthig.

Die Anlage einer Dünenwasserleitung ist vielfach angeregt. Die bedeutenden Kosten haben das aber nicht ermöglicht.

23. r. **Rastenburg.** (E. 8066, W. 501 mit je 16,0 B.)

Die Wasserversorgung der Stadt Rastenburg erfolgt aus 10 öffentlichen und aus 53 privaten Brunnen von ca. 8,0 m Tiefe. Den Ansprüchen sind diese völlig genügend.

24. s. **Rössel.** (E. 3495).

Die Wasserversorgung der Stadt Rössel erfolgt aus 2 öffentlichen und verschiedenen Privatbrunnen im Stadtgebiete in genügender Weise Ausserdem wird seit dem 15 Jahrhundert aus dem Skatnicker See durch eine hölzerne Rohrleitung von 1100 m Länge und 90 mm Durchmesser Wasser mit natürlichem Gefälle einem öffentlichen Ventilbrunnen und 2 Privaten (Brauerei und Klosterkrankenhaus) zugeführt. Es besteht die Absicht, die Zuleitung durch Thonrohre zu ersetzen und das Wasser vor dem Eintritte in die Rohre zu filtriren.

25. o. **Soldau.** (E. 3929, W. 266 mit je 14,7 B.)

Zur allgemeinen Wasserversorgung der Stadt Soldau dienen 8 öffentliche Brunnen, von denen 5 eiserne Rohrbrunnen, einer ein gemauerter Senkbrunnen und 2 ausgebohlte, gegrabene Brunnen sind.

26. t. **Tapiau.** (E. 4061, W. 236 mit je 17,2 B.)

Für die Wasserversorgung der Stadt Tapiau dienen ausschliesslich Brunnen im Orte. 3 davon sind als Kesselbrunnen mit Holz ausgefüttert und dienen für öffentliche Zwecke. Zur Zeit wird ein eiserner Röhrenbrunnen von der Stadt hergestellt.

27. a. **Wartenburg.** (E. 4815.)

Die Wasserversorgung der Stadt Wartenburg erfolgt ausschliesslich aus hölzernen Rohrbrunnen, deren 6 für die öffentliche Benützung dienen.

28. t. **Wehlau.** (E. 5239, W. 419 mit je 12,5 B.)

Die Wasserversorgung der Stadt Wehlau erfolgt aus 8 öffentlichen und ca. 60 privaten Brunnen von 8,0 m Tiefe, die theils gegraben, theils gesenkt sind. Das Wasser ist, wenn auch quantitativ genügend, so doch nur theilweise zu Trinkwasser geeignet. Für öffentliche und gewerbliche Zwecke wird auch den die Stadt durchfliessenden Flüssen, dem Pregel und der Alle, Wasser entnommen.

29. b. **Wormditt.** (E. 5224, W. 464 mit je 11,3 B.)

Für die Wasserversorgung der Stadt Wormditt dienen 30 private und 4 öffentliche Grundbrunnen in der Stadt. Ausserdem werden 9 öffentliche Laufbrunnen durch eine 1500 m lange, hölzerne Leitung gespeist, welche mit natürlichem Gefälle Wasser aus einem dicht neben der Stadt gelegenen, 7 ha grossen See zuführt.

30. g. **Zinten.** (E. 3393.) Ohne Antwort.

II. Regierungsbezirk Gumbinnen.

(Provinz Ostpreussen.)

a) Angerburg 2. — **b)** Darkehmen 3. — **c)** Goldapp 4. — **d)** Gumbinnen 1. — **e)** Insterburg 5. — **f)** Johannisburg 6. — **g)** Lötzen 7. — **h)** Lyck 8. — **i)** Oletzko (Margrabowa 9). — **k)** Pillkallen 10. — **l)** Ragnitt 11. — **m)** Sensburg 12. — **n)** Stallupönen 13. — **o)** Tilsit 14. —

1. d. Regierungshauptstadt **Gumbinnen.** (E. 13538.)

Die Wasserversorgung der Stadt Gumbinnen erfolgt ausschliesslich aus Brunnen, die in grosser Zahl in der Stadt vorhanden sind und gutes Wasser in ausgiebiger Menge liefern.

Ein von dem Director des städtischen Gaswerkes, Taubmann, im Jahre 1895 aufgestelltes Project beabsichtigte, Wasser aus dem Rominteflusse direct zu entnehmen und nach künstlicher Filtration zur Vertheilung zu bringen. Es ist aber an seine Stelle ein anderes, von dem Oberingenieur Metzger in Bromberg und dem Ingenieur Dachsel in Dresden ausgearbeitetes und in Ausführung begriffenes Project getreten, nach welchem Grundwasser im Dorfe Gertschen durch Brunnen, 6 km von Gumbinnen entfernt, erschlossen wird und, nachdem es eine nach dem Oesten'schen System ausgeführte Enteisenungsanlage passirt hat, mit natürlichem Gefälle der Stadt zufliessen soll.

Es sind 4 Rohrbrunnen von einer zwischen 25,0 m bis 45,0 m wechselnden Tiefe ausgeführt, deren jeder ein kupfernes Filter von 150 mm Durchmesser und 20 m Länge enthält, welches mit Messinggaze umgeben ist und in einem nahe bis zur Terrainhöhe reichenden Schutzrohre von 200 mm Durchmesser steht. Jedes Saugerohr trägt oben einen Schieber in einem gemauerten Schachte, der mit einem Deckel abgedeckt ist. Das Wasser läuft mit natürlichem Gefälle zu der in der Nähe erbauten Enteisenungsanlage und fällt durch die in einem Gebäude aufgestellten Brauseköpfe auf 2 Filter. Es gelangt aus diesem zu dem daneben erbauten Hochreservoire, das 500 cbm Inhalt bei 2,2 m Wasserhöhe in zwei Abtheilungen besitzt. Es wird gemauert, überwölbt und ganz in den Boden versenkt und misst im Grundrisse 9,0 m mal 14,0 m in jeder Kammer.

Die Zuleitung hat 7000 m Länge bei 300 mm Durchmesser und die Vertheilungsleitungen haben 13000 m Länge und sind mit 96 Ueberflurhydranten verbunden.

Der Wasserpreis wird 22 Pf. pro cbm betragen. Bei einem Consum von über 2000 cbm wird 10% und über 4000 cbm 20% Rabatt gewährt.

Nach einer Untersuchung des Kgl hygienischen Institutes der Albertus-Universität in Königsberg ist das Wasser in chemischer und bakteriologischer Beziehung ein vollkommen einwandfreies Trinkwasser.

2. a. **Angerburg.** (E. 4509, W. 291 mit je 15,0 B.)

Für die Wasserversorgung der Stadt Angerburg dienen gegrabene und gebohrte Brunnen, von denen 5 öffentliche sind. Ferner ist eine künstliche Zuleitung von Wasser aus der Angerapp vorhanden. Dieses wird durch ein von einem Wasserrade getriebenes Pumpwerk, das 200 cbm pro Tag liefert, auf 12,0 m Höhe gefördert. Eine 300 m lange Rohrleitung führt es von dem 50 m vom Orte entfernt liegenden Pumpwerke 5 öffentlichen Laufbrunnen zu. Der derzeitige Anlagewerth wird auf M. 17350 angegeben. Eine Aenderung des jetzigen Zustandes ist in Aussicht genommen.

3 b. **Darkehmen.** (E. 3542).

Die Wasserversorgung der Stadt Darkehmen erfolgt aus einer grossen Zahl von Privatbrunnen. Ferner sind für öffentliche Zwecke 4 Brunnen in Benützung, von denen einer gegraben und einer gesenkt ist, während die beiden anderen gebohrt sind und 40,0 m Tiefe haben. Die Stadt hat die Absicht, 2 ähnliche Brunnen zu bohren, um dem bestehenden Mangel in der Versorgung abzuhelfen.

4. c. **Goldap.** (E. 8036, W. 416 mit je 19,3 B.)

Die Wasserversorgung der Stadt Goldap erfolgt aus 9 öffentlichen und 37 privaten Brunnen, die ein gutes und stets genügendes Wasser liefern. Eine Vermehrung der Zahl der Brunnen wird beabsichtigt.

5. e. **Insterburg.** (E. 23546, W. 1176 mit je 20,0 B.)

Die Wasserversorgung der Stadt Insterburg erfolgt bislang ausschliesslich aus gegrabenen und gesenkten Brunnen innerhalb der Stadt, welche eine Tiefe bis zu 30,0 m haben. Das Wasser ist im Allgemeinen gut; es reicht aber nicht mehr für die gewachsenen Bedürfnisse aus, so dass Untersuchungen zum Zwecke einer einheitlichen Versorgung seit einigen Jahren im Gange sind.

Diese haben 12,0 m tief unter Terrain in dem Insterthale einen starken, dem Thale folgenden Grundwasserstrom auffinden lassen. Das Wasser ist stark eisenhaltig, so dass es vor seiner Benützung enteisent werden muss. Anfangs des Jahres 1897 hat die Stadt beschlossen, den Bau einer darauf begründeten Wasserleitung gleichzeitig mit dem einer Kanalisation zur Ausführung zu bringen.

6. f. **Johannisburg.** (E. 3377).

Die Wasserversorgung der Stadt Johannisburg erfolgt fast ausschliesslich aus Pumpenbrunnen, deren 8 öffentliche vorhanden sind. Eine Brauerei, eine Färberei und der Bahnhof haben besondere Pumpwerke für ihre Versorgung, die das Wasser aus dem Kochsee direct oder durch Saugeleitungen entnehmen.

7. g. **Lötzen.** (E. 5662.)

Für die Wasserversorgung der Stadt Lötzen dienen 8 öffentliche und 74 private Brunnen, die den Ansprüchen völlig genügen.

8. h. **Lyck** (E. 11722).

Die Stadt Lyck liegt am Ufer des Lycksees entlang und kann sich aus diesem direct mit Wirthschaftswasser versorgen. Für Trinkwasser dienen 4 öffentliche und 65 private Brunnen, welche ein gutes und stets genügendes Wasser geben.

9. i. **Margrabowa.** (E. 5047.)

Für die Wasserversorgung der Stadt Margrabowa dienen 7 öffentliche und 57 private Brunnen. Dieselben sind gegraben und mit Feldsteinen ausgemauert. Sie geben gutes Wasser in stets genügender Menge.

10. k. **Pillkallen.** (E. 2880). Ohne Antwort.

11. l. **Ragnit.** (E. 4952, W. 236 mit je 21,0 B.)

Die Wasserversorgung der Stadt Ragnit erfolgt ausschliesslich aus gemauerten Brunnen, deren 7 für öffentliche Zwecke vorhanden sind.

12. m. **Sensburg.** (E. 3684). Ohne Antwort.

13. n. **Stallupönen.** (E. 5136).

Für die Wasserversorgung der Stadt Stallupönen dienen ausschliesslich Brunnen im Orte, deren 9 für öffentliche Benützung vorhanden sind.

14. n. **Tilsit.** (E. 28230, W. 830 mit je 34,3 B.)

In der Stadt Tilsit wurde früher das Trinkwasser aus Brunnen in der Stadt entnommen. Das Brauchwasser lieferte dem einen Theile der Stadt ein grosser Mühlteich und dem anderen Theile der Memelstrom. Die Brunnen litten in trockener Sommerzeit mitunter an Wassermangel. Die finanziellen Verhältnisse der Stadt gestatteten aber nicht, Aufwendungen für eine bessere Versorgung zu machen. Sie nahm daher im Jahre 1888 das Anerbieten der Königsberger Maschinenfabrik, auf ihre Kosten ein Wasserwerk zu erbauen und zu betreiben, gern an und ertheilte ihr für 50 Jahre die ausschliessliche Concession, Rohrleitungen auf städtischen Strassen zu verlegen und Wasser zu verkaufen, wogegen nach Ablauf dieser Frist sämmtliche, dann vorhandenen Anlagen last- und hypothekenfrei an die Stadt übergehen sollen.

Der Vertrag bestimmt ferner, dass das Wasser dem Memelstrome oberhalb der Stadt zu entnehmen und durch Filter zu reinigen ist; ferner dass ein Hochreservoir anzulegen ist, so dass bei Tag und Nacht das Wasser constant von den Consumenten, ausgenommen an den höchstgelegenen Zapfstellen, entnommen werden kann. Aber auch diese letzteren sollen von 6 Uhr früh bis 8 Uhr spät mindestens 5 mal je eine Stunde Wasser entnehmen können. Aus den in höchstens 100 m Entfernung in den Strassen aufzustellenden Hydranten muss direct mittelst eines Strahlrohres mit Mundstück bis auf 25,0 m Höhe über Strassenpflaster gespritzt werden können. Die tägliche Leistungsfähigkeit des Werkes soll nach dem Vertrage 2000 cbm betragen, und das Rohrnetz soll von vornherein für das doppelte Quantum angelegt werden.

Mit dem Bau des Werkes ist im Frühjahr 1889 begonnen worden. Die Baukosten haben sich auf 580000 M. oder 22 M. pro Kopf der jetzigen Bevölkerung belaufen. Die Eröffnung des Betriebes hat am 27. Januar 1890 stattgefunden. Aber schon vorher, am 21. Dezember 1889 ist die ganze Anlage mit allen Rechten und Pflichten in den Besitz der Deutschen Wasserwerksgesellschaft in Berlin übergegangen. Der jetzige Betriebsleiter des Werkes ist der Director Graubner.

Die Wasserentnahme erfolgt direct aus der Memel. Ein Rohr von 305 mm Durchmesser führt das Wasser in einen am Ufer angelegten Brunnen von 2,3 m Durchmesser und 6,0 m Tiefe, der ca. 200 m von der Stadtgrenze entfernt in dem Dorfe Preussen liegt. Aus dem Brunnen wird das Wasser durch 2 stehende Filterpumpen entnommen, die in einem vertieften Pumpenschachte aufgestellt sind, und durch eine Leitung von 200 mm Durchmesser auf die Filter gefördert.

Es sind 3 überdeckte Sandfilter, jedes von 350 qm Fläche, vorhanden. Die Filterschicht bildet eine 0,58 m dicke Schicht von Seesand, die auf mehreren, im Ganzen 2,5 m starken Trageschichten von verschiedenen Korngrössen ruht. Von jedem Filter zweigt aus dessen Sammelschachte ein Rohr von 200 mm Durchmesser ab. Die Rohre von den 3 Filtern vereinigen sich zu einem Rohre von 275 mm Durchmesser, welches in einen vor dem Maschinenhause gelegenen Reinwasserbrunnen mündet. Ausserdem hat jeder der Sammelschächte der Filter noch eine Entleerungsleitung. Durch Schieberstellung kann dem Reinwasserbrunnen hinter den Filtern auch das Rohwasser von den Filterpumpen im Nothfalle, z. B. bei Schadenfeuer, direct zugeführt werden.

In dem Maschinenhause sind 2 Verbundmaschinen mit Receivern, Condensatoren, Schwungrädern und Rid der'schen Expansionssteuerungen, jede von nominell 45 PS., aufgestellt. Deren Dampfkolben haben 230 mm und 370 mm Durchmesser und 0,4 m Hub. Sie machen 126 Doppelhübe pro Minute. Durch Räderübersetzung betreiben sie ausser den beiden Filterpumpen 2 liegende Druckpumpen, welche 20 bis 25 Doppelhübe pro Minute machen. Die Pumpen haben Ringventile. Sie sind doppeltwirkend und haben beide 0,6 m Hub. Die Kolben der Filterpumpen haben 340 mm und die der Druckpumpen 310 mm Durchmesser. Die Förderhöhe für die Filterpumpen beträgt 9,3 m beim niedrigsten Wasserstande der Memel von 1,1 + 0 und bei einer Höhe der Ausmündung über den Filtern von 10,4 + 0. Die Förderhöhe der Druckpumpen beträgt 43,0 m bei einem Wasserstande von 49,0 + 0 im Hochreservoire und von 6,0 + 0 im Reinwasserbrunnen.

Im Kesselhause liegen 2 Zweiflammrohrkessel von je 55,6 qm Heizfläche und 1,4 qm Rostfläche, die für 7 Atm. Dampfspannung concessionirt sind. Sie haben 7,4 m Länge und 1,9 m Durchmesser in den Hauptkesseln und 0,7 m Durchmesser in den Feuerrohren. Im Maschinenhause ist für die elektrische Beleuchtung der Pumpstation mit 2 Bogen- und 16 Glühlampen eine besondere Dampfmaschine von 3,5 PS. aufgestellt. Das Maschinenhaus ist mit einer Dampfwarmwasserheizung versehen. Die Maschinen und Kessel sind von der Königsberger Maschinenfabrik angefertigt.

Die Druckleitung von der Pumpstation zum Hochreservoire hat 300 mm Durchmesser und 150 m Länge. Die Fallrohrleitung bis zum Vertheilungsnetze hat einen gleichen Durchmesser und 200 m Länge. Das Hochreservoir ist von Schmiedeeisen hergestellt. Es hat 12,0 m Durchmesser und 5,0 m Höhe im Mantel. Den Boden desselben bildet eine durchhängende Calotte von 2,2 m Pfeilhöhe. Der Inhalt des Reservoirs beträgt 700 cbm. Es ist in einem gemauerten Wasserthurme, 40,0 m hoch über dem Mittelwasser des Flusses und 17,6 m hoch über Terrain, unter einem schmiedeeisernen Dache aufgestellt und ummantelt. Die Etagen unter dem Reservoir sind zu Wohnungen ausgebaut.

Das Rohrnetz ist nach dem Circulationssysteme ausgeführt. Der normale Leitungsdruck darin beträgt 30,0 m bis 40,0 m. Nach den Längen und Durchmessern setzen sich die Stadtrohrleitungen von im Ganzen 21 883 m Länge mit ihren 85 Schiebern wie folgt zusammen:

Rohrdurchmesser mm	300	200	150	125	100	80	50
Rohrlänge . . . m	1682	685	910	1365	5584	11619	43
Schieberzahl	4	4	4	9	26	37	—

182 Hydranten und 12 Spülschieber sind mit dem Rohrnetze verbunden. Die Zuleitungen für die Anschlüsse von 20 mm bis 32 mm Durchmesser sind aus Bleirohren und die grösseren aus Gussrohren hergestellt. Ausser einem Anbohrhahne hat jede Zuleitung auf dem Grundstücke noch einen Absperrhahn.

Ende des Jahres 1895 waren im Ganzen 518 Grundstücke angeschlossen und auf diesen befanden sich ca. 4000 Zapfhähne, 30 Wasserclosets (davon 7 mit Schwimmhahnkästen), 4 Pissoirstände, 40 Badeeinrichtungen und 10 Privatspringbrunnen. 8 Berkefeld'sche Hausfilter und 2 Hausreservoire mit Schwimmkugelhähnen waren in Benützung. Wassermesser waren miethweise 542 Stück aufgestellt und es waren überall geliefert 537 von Siemens & Halske, Berlin und 21 von H. Meinecke, Breslau. Nach der Grösse vertheilen sich diese wie folgt:

Durchmesser . . mm	12	13	15	20	25	30	40	50	65
Stückzahl	132	1	1	338	60	11	11	3	1.

Im Jahre 1895 sind im Ganzen 192 840 cbm oder 528 cbm pro mittleren Jahrestag oder 19 Lit. pro Kopf der jetzigen Bevölkerung abgegeben. Der Consum ist hiernach bedeutend hinter den Erwartungen zurückgeblieben. Davon sind 188 520 cbm oder 97,8 % nach Messern und 4320 cbm oder 2,2 % nach Schätzung abgegeben.

Für allgemeine Zwecke sind 4298 cbm benutzt, nämlich 1348 cbm für Strassensprengen, 2450 cbm für Feuerlöschzwecke und 500 cbm für das Spülen des Rohrnetzes. Für öffentliche Zwecke sind 1991 cbm benutzt, nämlich 300 cbm für Springbrunnen, 1263 cbm für eine Badeanstalt und 428 cbm für Freibrunnen. Für gewerbliche Zwecke sind 40 479 cbm oder 21,4 % und für den Hausgebrauch 139 848 cbm oder 74,2 % von der Wasserabgabe benutzt. Der Wasserverlust hat 6224 cbm betragen.

Als Wasserpreis ist 22 Pf. pro cbm mit einer entsprechenden Reduction des Preises bei grösserem Consum zu zahlen.

Eine bacteriologische Untersuchung des Wassers wird den vom Reichsgesundheitsamte aufgestellten Vorschriften entsprechend im Sommer täglich und im Winter 2 mal in der Woche durch den Betriebsleiter ausgeführt. Im October 1895 sind im Mittel 380 Keime im Memelwasser und 29 Keime im Filtrate bestimmt. Eine chemische Analyse vom März 1889 ergab im Liter Wasser:

Gesammtrückstand	232	mg
Glühverlust	18	»
Kalk	80,6	»
Magnesia	19,3	»
Schwefelsäure	7,5	»
Halb gebundene Kohlensäure . . .	38,0	»
Kaliumpermanganat zur Oxydation . .	44,0	»
Härte, deutsche Grade	11,0°.	

III. Regierungsbezirk Danzig.

(Provinz Westpreussen.)

a) Berent 2. — **b)** Danzig 1. — **c)** Dirschau 3. — **d)** Elbing 4 (Tolkemid 9). — **e)** Marienburg 5. — **f)** Neustadt 6 (Zoppot 10). — **g)** Putzig 7. — **h)** Pr. Stargard 8.

---

1. b. Regierungshauptstadt **Danzig.** (E. 123 325, W. 6021 mit je 20,5 B.)

Für die Wasserversorgung der Stadt Danzig mit ihren Vorstädten und Vororten dienen zur Zeit 2 getrennte Anlagen. Die eine versorgt Danzig und die Vorstädte Stadtgebiet und Schidlitz und die andere versorgt die Vororte Langfuhr, Neufahrwasser, Neuschottland, Schellmühl, Legan und Gross-Aue. Die erstere wird Prangenauer Leitung und die letztere wird Pelonker Leitung genannt.

A. Prangenauer Leitung. (E. 109 466, W. 5185 mit je 21,1 B.)

a) Geschichtliches.

Die alte Stadt Danzig wurde im Anfange der 60er Jahre dieses Jahrhunderts noch in derselben Weise wie vor Jahrhunderten durch die bereits von dem deutschen Orden geschaffenen Anlagen mit Wasser versorgt. Das Wasser wurde nämlich aus der Radaune, ohne jede vorherige Reinigung und mit Abgangsstoffen aller Art aus den von dem Flusse berührten Orten beladen, direct den Brunnen in der Stadt zugeführt und aus diesen für den Hausbedarf geschöpft. Namentlich nach jedem Regen flossen den Brunnen bedeutende Massen von organischen und anderen gesundheitsschädlichen Stoffen zu, und deren Wasser konnte dann kaum als Nutzwasser verwendet werden. Als Trinkwasser erwies es sich aber geradezu als gesundheitsgefährlich, und es war daher üblich, hierfür von ausserhalb in Wagen Wasser zur Stadt zu fahren und an die Bürger zu verkaufen.

Im Jahre 1863 fassten die städtischen Behörden deshalb den Beschluss, die Anlage sowohl einer Wasserleitung als auch einer Entwässerung für die Stadt durch eingehende Untersuchungen vorzubereiten. Sie nahmen für diese Berathungen die Mithilfe des Oberbauraths Moore in Berlin in Anspruch. Im Laufe der folgenden Jahre entstanden aus diesen Berathungen 3 verschiedene Projecte für Flusswasserversorgungen, welche darauf hinausgingen, das Wasser entweder aus der oberen Radaune bei Ellernitz oder aus der unteren Radaune bei Gischkau oder aus der Weichsel bei Bohnsack oberhalb des bei entgegenstehenden Winden aufwärts tretenden Seewassers zu entnehmen.

Gegen diese Projecte wurden grosse Bedenken nicht nur wegen ihrer Kostspieligkeit, sondern auch wegen der Beschaffenheit dieser verschiedenen Wässer laut, und es wurde vielseitig die Möglichkeit einer genügenden Reinigung der ins Auge gefassten Wässer in der projectirten Weise ernstlich bezweifelt. Auf Vorschlag des Unternehmers Alex. Aird in Berlin forderte der damalige Oberbürgermeister Winter den Geh. Bergrath Henoch in Gotha zu einer Besprechung darüber auf, ob die Möglichkeit, eine Quellwasserleitung für die Stadt herzustellen, völlig ausgeschlossen sei. Bei einer gemeinschaftlichen Begehung der Umgegend der Stadt, deren Zweck eine Untersuchung der quelligen Bergabhänge, die sich hier vorfinden, war, kam man auch zu dem Quellengebiete in den Ostroschker und Popolsker Thaleinschnitten, die bei Prangenau aufwärts an der Radaune in südwestlicher Richtung von der Stadt liegen. Das Bergland erhebt sich hier ca. 110,0 m hoch über den mittleren Wasserstand der Ostsee und ist 22,5 km Wegelänge von Danzig entfernt. Mit seinen Ausläufen reicht es in den fiscalischen Stangenwalder Forst hinein.

In einem engen Seitenthale der Radaune entdeckte man hier damals einen kleinen Bach, der sich sein Bett oben auf dem Sandboden ausgewaschen hatte. Eine oberflächliche Messung liess die Beschauer die von dem Bache abgeführte Wassermenge auf 3000 cbm in 24 Stunden schätzen. Die überraschende Erscheinung, dass der Bach oben auf der durchlässigen Sandschicht floss, wurde durch eine sofort vorgenommene Untersuchung aufgeklärt, welche ergab, dass der Sand selbst vollständig mit Wasser gesättigt war. Gestützt auf diese Beobachtungen nahm man nach dem Berichte Winter's von allen weiteren Wassermessungen und geologischen Untersuchungen Abstand. Nachdem eine chemische Untersuchung das Wasser als zweifellos gut hatte erkennen lassen, begnügte man sich mit einem ferneren praktischen Versuche seiner Brauchbarkeit, indem man mit diesem Wasser gefüllte Tonnen zur Stadt fuhr und es den Hausfrauen zur Benützung übergab.

Nachdem auch diese Probe nach aller Prüfer Urtheile sehr günstig ausgefallen war, beschloss die Stadtverwaltung am 25. Juli 1868, die Aufschlussarbeiten in diesem Quellengebiete sofort unter Oberaufsicht und unter Mitwirkung von Henoch in Regie durch die städtische Bauverwaltung ausführen zu lassen und die Herstellung der erforderlichen Rohrleitungen für das Strassenrohrnetz sowie den Bau eines Hochreservoirs der Firma J. & A. Aird in Berlin in General-Entreprise zu übertragen. Zur Sicherheit hatte die Stadt sich vorher das Expropriationsrecht für die Zuleitungen ertheilen lassen. Aber nur in wenigen Fällen war es nöthig, davon Gebrauch zu machen, weil man sich mit den Grundbesitzern über eine Entschädigung von 31 Pf. für den lfd. Meter der in ihren Aeckern verlegten Rohre in fast allen Fällen gütlich verständigen konnte.

b) Ausführung der Sammel- und Zuleitungen.

Am 25. Juli 1869 waren die sämmtlichen Aufschlussarbeiten für das Wasser bereits vollendet. Sie bestanden in einer vollständigen Drainage der Alluvial- und Diluvialschichten und in der Sammlung des dadurch erschlossenen Wassers. Es sind dafür gemauerte Kanäle von im Ganzen 2737 m Länge hergestellt, welche 0,63 m hoch und 0,32 m resp. 0,47 m weit sind und eine offene Sohle haben. Ferner sind dafür 2947 lfd. m durchlochte und 402 lfd. m geschlossene Thonrohre von 158 mm resp. 235 mm Durchmesser und 2161 lfd. m Eisenrohre von 78 mm bis 360 mm Durchmesser verlegt worden. In und zwischen diese Kanäle und die resp. Leitungen sind 34 Einsteige- und Kuppelschächte eingeschaltet.

Die sämmtlichen Wasserfassungen münden schliesslich in einen gemeinschaftlichen Sammelbrunnen, von dem aus das Wasser dann durch eine 14 750 m lange, gusseiserne Rohrleitung von 420 mm Durchmesser dem bei Prangenau hergestellten Hochreservoire zufliesst. Dessen Wasserspiegel liegt 45,0 m tiefer als die Einlaufstelle des Wassers in die Rohrleitung am Sammelbrunnen. Das Reservoir besteht aus einer einzigen Kammer, die 5000 cbm Inhalt hat, und ist zum Theil in den Boden versenkt. Es ist in Ziegelmauerwerk hergestellt, überwölbt und mit Erde überdeckt. Von ihm zweigt eine 3076 m lange Leitung von 525 mm Durchmesser bis zum Beginne des städtischen Vertheilungsnetzes ab.

Die sämmtlichen Anlagen sind, einschliesslich des damals 46 000 m langen Stadtrohrnetzes, bereits am 12. November 1869 dem Betriebe übergeben. Die Baukosten haben betragen:

für Quellenaufschlussarbeiten einschliesslich der späteren Erweiterungen im Ganzen	275 631 M
für Frucht- und Grundentschädigungen .	20 358 „
für Ankauf des Mühlen-Grundstückes in Prangenau	34 800 „
und für die Leitung zur Stadt, für das Hochreservoir und für das Stadtrohrnetz . .	1 291 269 „
mithin zusammen . .	1 622 058 M.

Bis Ende des Jahres 1895 hat die Summe der Anlagekosten sich auf 1 721 000 M. oder 15,72 M. pro Kopf erhöht.

Die aus den beobachteten Manometerständen in der Leitung berechnete Ergiebigkeit der Wasserfassung hat anfangs 14 000 cbm im Tage betragen. Dann ist sie allmählich auf 11 000 cbm hinabgesunken und hat in den nächstfolgenden Jahren stets zwischen annähernd 10 000 cbm als Tagesmaximum und 7500 cbm als Tagesminimum geschwankt. Ein Rückgang der anfänglichen Wassermenge erklärt sich leicht aus dem erst nach und nach in dem Quellgebiete hergestellten Beharrungszustande. Es klingt allerdings auffallend, dass nach einem Berichte Winter's das Uebermaass von Wasser während der Fassungsarbeiten die Techniker verleitet haben soll, beim Fortschreiten der Drainagearbeiten die vorgeschriebene Tiefenlage nicht innezuhalten. Ist die Angabe, dass der Abfluss aus dem Sammelbrunnen 45,0 m hoch über dem Reservoirwasserstande und der Anfang der Aufschlussleitungen 30,0 m hoch über dem Abflusse aus dem Sammelbrunnen liegt, richtig, so erscheint Winter's Aeusserung nicht ganz unbegründet zu sein. Die Höhenlage einer Stelle der Zuflussleitung hat es später auch ermöglicht, nachträglich noch Wasser in dieselbe mit natürlichem Gefälle einzuleiten, das in grösserer Tiefe als das anfänglich gefasste entspringt. Dadurch ist dann das Maximum im Tage auf 14 000 cbm und das Minimum auf 9300 cbm erhöht. Die Grösse des Wasserzulaufes während der 4 Jahre 1872 bis 1875 und im Jahre 1882 hat sich nach den vorliegenden Angaben, wie die folgende Tabelle 7 angibt, gestellt:

Tabelle 7.

Jahr		1872	1873	1874	1875	1882
Gesammtzulauf . . .	cbm	3 046 467	2 887 909	3 051 792	3 485 051	3 666 495
Maximum am Tage . .	»	9159	8569	9377	10 000	13 139
im Monate		April	Mai	December	April	November
Maximum am Tage .	cbm	7898	7564	7997	8998	9593
im Monate . .		October	August	Juli	Juli	October

c) Wasservertheilung.

Das Vertheilungsnetz ist ursprünglich nach dem Verästelungssysteme ausgeführt und später durch Verbinden der Enden der Rohre in ein Circulationsnetz umgewandelt. Die Abgabe des Wassers erfolgt einheitlich und constant. Der Druck über dem Pflaster beträgt in der Mitte der Stadt ca. 35,0 m.

Die Tabelle 8 gibt für das Ende des Jahres 1875 und für die Jahre 1888 bis 1895 die Länge der Rohrleitungen von 525 mm bis 75 mm Durchmesser und die Zahl der vorhandenen Schieber, Hydranten, Laufbrunnen, Pissoire und Springbrunnen an:

Tabelle 8.

Jahr	Rohrlänge m	Schieber	Hydranten	Springbrunnen	Laufbrunnen	Pissoire
1875	46 800	125	382	5	40	10
1888	52 910	162	404	4	33	16
1889	53 164	163	405	4	33	21
1890	53 164	174	405	4	27	24
1891	54 048	183	410	4	28	24
1892	54 106	183	410	4	25	24
1893	54 819	189	412	4	26	24
1894	58 564	201	421	4	30	24
1895	56 895	206	428	4	30	24

Die Hydranten stehen in einer mittleren Entfernung von 125 m. Sie sind nach dem alten englischen, nach dem sog. Dresdener und nach dem sog. Chemnitzer Modelle, theils mit, theils ohne Selbstentleerung ausgeführt. 38 Hähne sind für die Kanalspülung angebracht. Die grösseren Zuleitungen sind aus Eisenrohren und die kleineren, ebenso wie die Hausleitungen, aus Bleirohren hergestellt. Sie haben in der Regel 20 mm und 25 mm Durchmesser, einzelne aber auch bis 40 mm Durchmesser; bei grösseren Durchmessern bestehen sie auch aus Schmiedeeisen. In Benützung waren bei Privaten:

Ende des Jahres . . .	1875	1880	1888	1894
Badeeinrichtungen . . .	148	326	482	800
Closets	10904	12898	16247	19866

Ende 1894 befanden sich bei Privaten 600 Pissoirstände und 396 Spülapparate in Gebrauch.

Nach Angabe der Messerfabrikanten sind bis Ende 1895, einschliesslich der Messer für die Pelonker Leitung, geliefert: 2682 Messer von H. Meinecke, Breslau, 2048 Messer von Siemens & Halske, Berlin und 102 Messer von Wolff & Schreiber, Breslau, also im Ganzen 4832 Stück, welche sich nach den Dimensionen wie folgt vertheilen:

Durchmesser . . mm	12	13	20	25	40	50	80
Stückzahl	13	6	4553	200	28	11	2.

Für das Jahr 1875 und für die Jahre 1888 bis 1895 gibt die Tabelle 9 (S. 14) die jährlich und die im Mittel täglich vorhandene Wassermenge (d. i. Zulauf zum Hochreservoir, also incl. Ueberlaufwasser), die Zahl der Anschlüsse im Ganzen und der mit Messern, sowie deren jährliche Abgabe und die Abgabe pro Kopf nach der Einwohnerzahl an.

Tabelle 9.

Jahr	1875	1888	1889	1890	1891	1892	1893	1894	1895
Einwohnerzahl	98 179	100 787	104 131	106 707	107 085	107 462	108 000	109 466	120 000
Disponibles Wasserquantum im Jahr . . . cbm	3 485 051	3 823 629	3 771 709	3 690 418	3 955 155	4 034 591	3 865 368	4 001 884	3 940 106
Desgleichen am mittleren Jahrestag . . . »	9 550	10 476	10 333	10 111	10 836	11 023	10 590	10 964	10 795
Liter pro Kopf pro Tag im Mittel	97	104	99	95	101	103	98	99	90
Abgabe durch Wassermesser cbm	194 700	1 403 994	1 577 504	1 648 570	1 679 322	1 583 476	1 646 866	1 643 442	1 751 116
Desgleichen pro 100 cbm des disponiblen Wassers »	5,6	36,7	41,8	44,6	42,5	39,3	42,6	41,1	44,4
Zahl der aufgestellten Messer	131	3 845	3 919	3 941	3 965	3 978	4 000	4 023	4 070
Abgabe pro Messer . . . cbm	1 486	365	403	418	423	399	411	408	430
Zahl der Anschlüsse im Ganzen	—	4 059	4 130	4 159	4 187	4 207	?	?	4 332

Tabelle 10.

Jahr		1893/94		1894/95		1895/96	
Wasser für öffentliche Zwecke . . .	cbm	467 930		540 257		602 836	
Pro 100 cbm des disponiblen Quantums . . .	»	12,1		13,5		15,3	
Davon für:		im Ganzen	%	im Ganzen	%	im Ganzen	%
Strassensprengen . . .	»	9 200	2,0	37 019	6,8	39 401	6,6
Oeffentliche Springbrunnen . . .	»	55 000	11,8	56 027	10,4	51 221	8,6
Laufbrunnen . . .	»	90 250	19,5	112 054	20,8	118 203	19,6
Kanalspülen . . .	»	10 080	2,1	20 010	3,7	19 701	3,0
Bedürfnissanstalten . . .	»	300 000	64,1	312 147	57,8	315 208	52,2
Feuerlöschzwecke und Diverses . . .	»	2 400	0,5	3 000	0,5	59 102	9,8

Die Tabelle 10 gibt für die 3 Jahre 1893/94 bis 1895/96 das für öffentliche Zwecke verwendete Wasser im Ganzen und pro 100 cbm des überall disponiblen Quantums im Jahre an. Ferner ist darin angegeben, wie viel von diesem Wasser für öffentliche Zwecke auf die einzelnen Verbrauchsarten im Ganzen und von 100 cbm des überhaupt für öffentliche Zwecke verwendeten Wassers entfällt.

Die Wasserabgabe erfolgt nach dem Regulativ vom Jahre 1887 ausschliesslich nach Wassermessern zum Preise von 20 Pf. pro cbm. Als Mindestpreis ist jedoch im Jahre zu zahlen für jeden bewohnbaren Raum von 10 qm Grundfläche und mehr und für jede Küche M. 3, sowie ferner für ein Pissoir M. 24, für jedes Pferd und für jeden Wagen M. 6 etc. Die Wassermesser werden von der Stadt miethfrei geliefert und eingeschaltet, sowie kostenfrei unterhalten. Untermesser werden käuflich abgegeben, aber stadtseitig nicht controlirt. Reparaturkosten für Beschädigungen, welche durch den Consumenten verschuldet sind, sind von diesem zu vergüten.

B. Pelonker Leitung. (E. 13 859, W. 836 mit je 16,6 B.)

Die Pelonker Leitung für die Vororte Danzig's ist im Jahre 1875 in Betrieb gesetzt. Das Project für die erste Anlage wurde von der Firma J. & A. Aird in Berlin aufgestellt und ist für Rechnung der Stadt Danzig mit einem ursprünglichen Kostenaufwande von 199 233 M. ausgeführt. Im Jahre 1893 ist die Anlage nach dem Projecte des Directors Kunath durch die Erbauung einer Pumpstation und eines Hochbehälters erweitert, wodurch die Anlagekosten sich auf 250 000 M. oder 10,83 M. pro Kopf der Einwohner des jetzigen Versorgungsgebietes erhöht haben.

Das Gebiet für die Wasserfassung liegt ca. 2 km von Langfuhr, 9,5 km von Neufahrwasser und 8 km von Danzig entfernt und zwar innerhalb des Kgl. Forstreviers Oliva in der Gemeinde Pelonken. Es umfasst hier die zwischen dem VI. und VII. Gehöfte von Pelonken belegenen Terrainmulden, welche ca. 40,0 m hoch über dem Mittelwasser der Ostsee liegen.

Die Wassererschliessung erfolgte auch hier durch Drainage. Es sind dafür 1502 lfd. m gelochte Thonrohre von 300 mm und 225 mm Durchmesser und 101 lfd. m geschlossene Thonrohre von 150 mm Durchmesser verlegt. Unmittelbar am Quellgebiete ist ein Sammelbehälter aus Ziegelmauerwerk hergestellt. Dieser hat einen rechteckigen Grundriss, ist überwölbt und in den Boden versenkt und hat einen Inhalt von 250 cbm. Daneben sind 2 Filterbassins von je 100 qm Fläche erbaut, deren jedes bei 2,2 m Tiefe 220 cbm Wasser fasst. Diese sind jedoch nicht als Filter zur Benützung gekommen und dienen nur als eine Vergrösserung des auch als Hochreservoir benutzten Sammelbehälters, dessen Wasserspiegel 17,0 m resp. 30,0 m über den Marktplätzen von Langefuhr resp. von Neufahrwasser liegt.

Das in dem Quellgebiete disponible Wasserquantum beträgt ca. 360 000 cbm im Jahre. Seine Maximalergiebigkeit hat an einem Tage im August 1878 1824 cbm betragen; dagegen ist im Mai 1882 durch Messung ein Zufluss von nur 984 cbm in 24 Stunden ermittelt. Für die Zuleitung des Wassers durch natürliches Gefälle ist seiner Zeit nur eine Tageslieferung von 600 cbm in Aussicht genommen. Der zunehmende Consum, aber noch mehr der im Laufe der Zeit immer mehr ungenügende Druck für das sich immer weiter ausdehnende Versorgungsgebiet haben im Jahre 1893 zu der Erbauung einer Pumpstation und eines Hochreservoirs geführt.

Die Pumpstation ist neben dem Sammelbehälter erbaut und besteht aus 2 Dampfpumpmaschinen und

2 Kesseln. In 180 m Entfernung davon und durch eine Druckleitung von 175 mm Durchmesser damit verbunden, ist das Hochreservoir von 500 cbm Inhalt erbaut, dessen Wasserspiegel um 20,0 m höher als der des Sammelbehälters liegt. Das Reservoir ist kreisrund im Grundrisse und aus Stampfbeton, halb in die Erde versenkt, hergestellt. Es ist überwölbt und mit Erde überfüllt. Von demselben führt eine 1865 m lange Vertheilungsleitung von 200 mm Durchmesser zum Vertheilungsnetze.

Die beiden Kessel für die Pumpstation sind von F. W. Klawitter in Danzig und die beiden Maschinen von Weise & Monsky in Halle a. d. Saale geliefert. Es sind liegende, direct- und vierfachwirkende Verbund-Duplex-Dampfpumpen mit Plungern von 200 mm Durchmesser. Jede Maschine liefert bei 37 Doppelhüben pro Minute in der Stunde 90 cbm Wasser auf 20,0 m Höhe. Die Dampfkessel haben je ein Feuerrohr und 2 Gallowayrohre. Jeder der Kessel hat 20 qm Heizfläche.

Das Vertheilungsnetz ist, den örtlichen Verhältnissen entsprechend, theils nach dem Verästelungs- und theils nach dem Circulationssysteme angelegt. Es steht unter einem constanten Drucke, der in Langfuhr 30,0 m und in Neufahrwasser 35,0 m Höhe über dem Marktplatze beträgt.

Die Tabelle 11 gibt für das Ende der Jahre 1888 bis 1895 die Länge der Rohrleitungen von 200 bis 75 mm Durchmesser und die Zahl der Schieber, Hydranten etc. an.

Die Hydranten sind Unterflurhydranten, theils mit Hand- und theils mit Selbstentwässerung nach dem sog. Chemnitzer und dem sog. Dresdener Modelle. Sie stehen in 125 bis 140 m Entfernung von einander. Für die Zuleitungen gelten die für die Prangenauer Leitung angegebenen Bedingungen.

Zur Zeit sind 1055 Zapfhähne, 970 Closets, 21 Pissoirstände, 77 Badeeinrichtungen und 28 Spülapparate bei den 240 Abnehmern in Benützung, für welche 246 Wassermesser eingebaut sind.

Im Jahre 1894 sind von den Pumpen 120 900 cbm und im Jahre 1895 150 030 cbm Wasser auf 19,0 m Arbeitshöhe in 1966 resp. 1877 Betriebsstunden bei einem Verbrauch von 61 018 kg resp. 70 030 kg Kohlen gepumpt. Es entspricht das im Mittel im Tage 5,4 Arbeitsstunden und einem Verbrauche von 50,5 kg resp. 46,7 kg Kohlen pro 100 cbm Wasser und 7,1 kg resp. 6,6 kg Kohlen pro PS.-Stunde, sowie einer Leistung von 37 620 m × kg resp. 40 711 m × kg pro kg Kohlen.

Die Tabelle 12 gibt für jedes der Jahre von 1888 bis 1895 die durch Messer abgegebene Wassermenge im Ganzen und pro Tag, die Zahl der Messer und die jährliche Abgabe pro Messer, sowie die Einwohnerzahl und den Verbrauch von Liter pro Kopf pro Tag an.

Tabelle 11.

Jahr	1888	1889	1890	1891	1892	1893	1894	1895
Rohrlänge . . m	18 504	19 869	19 869	21 045	21 165	22 600	22 805	24 628
Schieber . .	33	34	34	35	37	44	45	49
Hydranten .	48	53	56	58	59	69	72	74
Oeffentliche Laufbrunnen . .	16	16	17	18	18	20	20	21
Pissoire	3	3	3	3	3	3	3	3

Tabelle 12.

Jahr	1888	1889	1890	1891	1892	1893	1894	1895
Einwohnerzahl	11 125	11 497	11 600	11 919	12 237	12 500	13 859	15 000
Gesammtabgabe nach Messern cbm	38 445	36 949	34 033	44 881	47 735	62 258	76 406	100 269
Desgl. gegen 100 cbm des Vorjahres	100,0	96,0	92,0	131,5	106,5	130,1	122,9	131,2
Desgl. pro mittleren Jahrestag cbm	105	101	93	123	131	171	209	275
Zahl der aufgestellten Messer	104	111	121	132	145	184	246	245
Abgabe pro Messer im Jahr cbm	370	333	281	340	329	338	311	409
Abgabe pro Kopf pro Tag in Lit. . .	9,5	8,8	8,0	10,3	10,7	13,7	15,1	18,2

Im Jahre 1894 resp. 1895 sind von den gepumpten 120 900 cbm resp. 150 300 cbm 76 406 cbm resp. 100 269 cbm oder 63,2 % resp. 66,6 % durch Messer abgegeben und 44 494 cbm resp. 50 031 cbm oder 36,8 % resp. 33,4 % sind ungemessen durch die Laufbrunnen etc. abgeflossen resp. als Verlust zu rechnen. Die mittlere, tägliche Förderung hat in jedem der beiden Jahre 331 cbm resp. 411 cbm und am Maximal- resp. am Minimaltage 779 cbm resp. 918 cbm und 173 cbm resp. 164 cbm oder von der Förderung am mittleren Jahrestage 235,1 % resp. 223,4 % und 52,3 % resp. 40,4 % am Maximal- resp. am Minimaltage betragen.

Das Wasser wird nur durch Wassermesser und zwar zum Preise von 20 Pf pro cbm abgegeben. Für die von der Stadt leihweise überlassenen Messer ist pro Quartal als Miethe, je nach deren Grösse, zu zahlen von.

Durchmesser	20	25	40	50	75
Mark pro Quartal	2	3	4	5	8.

c) Schluss.

Die Verwaltung der beiden Wasserversorgungsanlagen besorgt eine Wasserdeputation; Betriebsleiter ist der Director der Gas- und Wasserwerke Kunath, dem als Assistent der Inspector Jenke zur Seite steht.

Am 17. August 1897 ist der Beschluss gefasst, eine Erweiterung der Versorgungsanlagen mit einem Kostenaufwande von M. 360 000 auszuführen. In der Bastion Gertrud und an der Steinschleuse soll Grundwasser erschlossen und, nachdem es enteisent ist, mit Maschinenkraft gehoben, zugeführt werden.

Regelmässige Untersuchungen des Wassers werden nicht ausgeführt; es geschieht das nur dann, wenn eine besondere Veranlassung dazu vorliegt. In der Tabelle 13 (S. 16) sind die Resultate der Untersuchung von Wasserproben beider Leitungen vom 19. December 1895 mitgetheilt.

Tabelle 13.

Im Liter Wasser mg	Prangenauer Wasser	Pelonker Wasser
Verdampfungsrückstand 105°	320	340
Kalk und Magnesia	116,3	104,2
Chlor	3,6	2,8
Schwefelsäure	23,6	20,0
Salpetersäure	1,1	0
Eisenoxyd	0,2	0,1
Kaliumpermanganat zur Oxydation	1,8	4,4
Deutsche Härtegrade, gesammte	11,6	10,4
» » bleibende	2,2	2,2
Salpetrige Säure	0	0
Ammoniak	0	0
Phosphorsäure	0	0
Keimzahl im ccm	95	600

2. a. Berent. (E. 4544.)

Die Wasserversorgung der Stadt Berent erfolgt ausschliesslich aus Kesselbrunnen, welche aus Mauerwerk und aus Cementrohren hergestellt sind, mittels daraufstehender Pumpen. Es sind 14 öffentliche und 64 private Brunnen vorhanden. Der jetzige Zustand wird als ein genügender bezeichnet.

3. c. Dirschau. (E. 11 689, W. 681 mit je 17,2 B.)

Die Wasserversorgung der Stadt Dirschau erfolgt für gewerbliche und öffentliche Zwecke zum grössten Theile direct aus der Weichsel. Das Trinkwasser wird 15 öffentlichen und 66 privaten Brunnen entnommen, die ca. 20,0 m tief sind und einen constanten Wasserstand haben. Das Wasser fast aller Brunnen ist gelegentlich einer im Jahre 1892 vorgenommenen Untersuchung als gut befunden. Einstweilen wird eine Aenderung des jetzigen Zustandes nicht als nöthig erkannt.

4. d. Elbing. (E. 45 842, W. 2650, B. 18,3.)

Die Stadt Elbing hatte bereits zur Zeit des deutschen Ritterordens eine systematische Nutzwasserversorgung, die aus Kanälen und offenen Brunnen bestand, welche vom Hommelbache aus gespeist wurden und jetzt noch zum Theil bestehen. Schon seit Jahrhunderten wurde ferner der Stadt durch die sog. Pfeifenleitung vom Weingarten her gutes Quellwasser zu Genusszwecken zugeführt. Diese Leitung speist heute noch bei 100 cbm täglichem Ergusse einen Laufbrunnen und 4 Ventilbrunnen, welche zur freien Benützung stehen.

Im Jahre 1870 ist nach dem Projecte des Geh. Bergraths Henoch in Gotha eine centrale Grundwasserversorgung für städtische Rechnung erbaut und am 17. November desselben Jahres eröffnet worden. Diese hat in den Jahren 1879 und 1891 durch Einführung neuer Quellen und Verlassen der alten Quellen eine Aenderung und Erweiterung erfahren. Die geringste Ergiebigkeit in 24 Stunden beträgt zur Zeit 1 000 cbm. Die Anlagekosten, welche sich ursprünglich auf M. 90 000 beliefen, sind zur Zeit auf M. 482 255 oder M. 11 pro Kopf der Bevölkerung gewachsen. Der Betrieb der Anlage ist mit dem des städtischen Gaswerkes vereinigt und dem Director A. Gellendieu unterstellt.

Das Wasser wurde ursprünglich in einer 5 600 m von der Stadt entfernten Thalschlucht erschlossen. Es war aber in Folge seines sehr starken Gehaltes an Eisenocker völlig ungeniessbar und auch unzureichend in der Menge. Es gelang später, ein neues Quellengebiet, allerdings gegen Zahlung bedeutender Entschädigungen an Mühlenbesitzer, zu gewinnen, welches in Stolzenhof und Drewshof an der »wilden Hummel« ca. 6 km von der Stadt entfernt liegt. Das Wasser ist von hier nach der Hoggebank geführt und von dort aus war die Benützung der alten Leitungen möglich. Diese Arbeiten sind in den Jahren 1879 bis 1882 nach den Projecten der Stadtbauräthe Giede und Lehmann ausgeführt.

Das Wasser wird durch Filterrohre von Steingut von 50 mm bis 125 mm Durchmesser, in welche 16 gemauerte Reinigungs- und Druckausgleichbrunnen von 3,0 m bis 7,0 m Tiefe eingeschaltet sind, gesammelt und mittels einer Leitung von 225 mm Durchmesser einem Hochreservoire mit natürlichem Gefälle zugeführt, von welchem aus eine Fallrohrleitung von 250 mm Durchmesser zum Vertheilungsnetze in der Stadt führt.

Das Reservoir ist gemauert, überwölbt und in den Boden versenkt. Es hat 1 500 cbm Inhalt und liegt 3 600 m von der Gewinnungsstelle und 2 500 m von dem Versorgungsgebiete entfernt, über welchem sein Wasserspiegel sich um 26,5 m erhebt.

Die im Jahre 1891 in die Leitung eingeführte Hahnenspringquelle liegt bei Neu-Schönwald. Die Wasserfassung dafür besteht aus 7 Brunnen, welche aus Beton hergestellt sind und 2,25 m bis 3,7 m Tiefe haben.

Das Vertheilungsnetz ist nach dem Cirkulationssysteme ausgeführt und steht unter einem einheitlichen Druck. Die Länge der gesammten Rohrleitungen vom Hochreservoire ab beträgt 19 010 lfd. m und setzt sich aus folgenden Durchmessern und Schiebern zusammen:

Rohrdurchmesser mm	250	150	100	80
Rohrlänge . . . m	2 579	376	4 588	11 467
Schieberzahl . . .	2	3	28	58

Es sind damit 15 öffentliche Ventilbrunnen, 2 Spülschieber, 4 öffentliche Pissoire und 119 Unterflurhydranten verbunden. Die Zuleitungen haben 25 mm Durchmesser und bestehen, ebenso wie die Hausleitungen, aus Bleirohren. Wassermesser sind 884 Stück eingebaut, von welchen 678 Stück von Dreyer, Rosenkranz & Droop, Hannover, 39 Stück von Siemens & Halske, Berlin, 163 von H. Meinecke, Breslau und 4 von Diversen geliefert sind. Nach der Grösse vertheilen sie sich wie folgt:

Durchmesser mm	12	13	20	25	30	40	50	60
Stückzahl . . .	12	297	438	127	2	3	3	2

Der jährliche Wasserverkauf, der jetzt nur nach Messern stattfindet, hat im Jahre 1872 15 696 cbm betragen. Er ist dann bis auf 8 000 cbm gesunken und hat sich endlich nach verschiedenen Schwankungen im Jahre 1885/86 auf 38 267 cbm, im Jahre 1889/90 auf 69 219 cbm, im Jahre 1892/93 auf 105 929 cbm und im Jahre 1894/95 auf 127 333 cbm gehoben.

Die gesammte Abgabe (einschliesslich 36 000 cbm aus der Pfeifenleitung) hat im Jahre 1894/95 289 333 cbm oder 793 cbm pro mittleren Jahrestag betragen, wovon 6 000 cbm oder 2,0% für Strassensprengen, Rinnsteinspülen und Feuerlöschen, 156 000 cbm oder 53,8% für Freibrunnen und Pissoire und 127 333 cbm oder 44,2% für den Hausverbrauch nach Wassermessern entfallen.

Die Zahl der Hausanschlüsse hat sich von 359 im Jahre 1891/92 auf 713 im Jahre 1894/95 vermehrt. In den ersten 25 Jahren des Bestehens des Wasserwerkes sind im Ganzen 963 268 cbm Wasser für M. 187 350 oder für 19,45 Pf. pro 1 cbm verkauft. Der Wasserverbrauch pro Kopf pro Tag hat im Jahre 1894/95 18,44 Lit. betragen.

Der Wasserpreis pro cbm beträgt jetzt bei einer Abnahme bis 2000 cbm im Jahr 20 Pf., bis 4000 cbm 18 Pf. und darüber 15 Pf. An Messermiethe ist zu zahlen, je nach der Grösse:

Durchmesser mm	13	20	25	40	50	60	70	80
Mark pro Jahr	4	5	7	12	20	24	28	32.

5. e. **Marienburg.** (E. 10726, W. 1030 mit je 10,4 B.)

Für die Wasserversorgung der Stadt Marienburg dienen ausser verschiedenen Privatbrunnen 14 öffentliche Brunnen, von welchen 11 ausgemauert und 3 gebohrt sind. Ferner findet direct aus der Nogat eine Wasserentnahme für gewerbliche Zwecke statt.

Ausserdem besteht schon seit dem 13. Jahrhunderte eine künstliche Wasserzuleitung, die damals von den alten Rittern für die Hochmeisterresidenz hergestellt und im Jahre 1811 erneuert ist. Das Wasser von Quellen, welche 4 km von der Stadt entfernt entspringen, wird durch einen offenen Graben dem Grünsagener See und dem Becker-See zugeführt. Es dient ausser zum Betriebe von Mühlen zur Speisung von öffentlichen Brunnen, denen es früher durch hölzerne und jetzt durch eiserne Rohre zufliesst. Diese Leitung hat bei 70 mm Durchmesser ca. 1000 m Länge und liefert 600 cbm Wasser im Tage in die Stadt.

Obgleich der jetzige Zustand als ungenügend empfunden wird, liegt ein Plan zur Aenderung desselben nicht vor

6. f. **Neustadt, Wstpr.** (E. 5928, W. 351 mit je 16,9 B.)

Die Wasserversorgung der Stadt Neustadt erfolgt durch Quellwasser, welches ca. 2 km von der Stadt entfernt im Stadtwalde erschlossen und in einem 1000 m von der Stadt entfernten, gemauerten Reservoire gesammelt ist, von wo es mit natürlichem Gefälle durch gusseiserne Rohre zur Stadt geleitet und vertheilt wird.

Die Rohrleitungen haben 250 mm bis 38 mm Durchmesser. Es sind damit 17 Ventilbrunnen und 3 Ueberflur- und 4 Unterflurhydranten verbunden. Für 134 Häuser sind Anschlussleitungen hergestellt.

7. g. **Putzig.** (E. 1896.) Ohne Antwort.

8. h. **Pr. Stargard.** (E. 7731.)

Für die Wasserversorgung der Stadt Pr.-Stargard dienen 8 öffentliche und 84 Privatbrunnen.

9. d. **Tolkemid.** (E. 3084, W. 355 mit je 8,7 B.)

Die Wasserversorgung der Stadt Tolkemid erfolgt ausschliesslich aus Brunnen im Orte.

10. f. **Zoppot.** (E. 6328, W. 911 mit je 7,0 B.)

Die Wasserversorgung der Stadt Zoppot erfolgt durch 2 Quellwasserleitungen, von denen die eine im Jahre 1872 und die andere im Jahre 1895 ausgeführt ist. Die Entfernung der Quellen von der Stadt beträgt ca. 200 m. Das Wasser fliesst mit natürlichem Gefälle durch gusseiserne Rohre zu, deren im Ganzen 11000 lfd. m von 200 mm bis 40 mm Durchmesser verlegt sind. Dieselben speisen 4 öffentliche Ventilbrunnen und 25 Hydranten. 200 Privatgrundstücke sind angeschlossen.

Die Ergiebigkeit der Quellen beträgt 1200 cbm im Tage. Ein gemauertes Reservoir von 150 cbm Inhalt liegt 15,0 m bis 30,0 m hoch über dem wechselnden Strassenniveau. Die Gesammtkosten der Anlagen haben M. 90000 oder M. 14 pro Kopf betragen.

IV. Regierungsbezirk Marienwerder.

(Provinz Westpreussen.)

a) Briesen 2. — **b)** Deutsch Krone 6 (Jastrow 11). — **c)** Flatow 7 (Krojanke 13, Zempeburg 29). — **d)** Graudenz 9 (Lessen 16). — **e)** Konitz 12 — **f)** Kulm 14. — **g)** Löbau 17, **h)** Marienwerder 1. — **i)** Rosenberg 20 (Deutsch Eylau 5, Riesenburg 19). — **k)** Schlochau 21 (Pr Friedland 8, Hammerstein 10). — **l)** Schwetz 22 (Neuenburg 18). — **m)** Strassburg i. W 23 (Lautenburg 15). — **n)** Stuhm 24 (Christburg 3). — **o)** Thorn 25 (Culmsee 4) — **p)** Tuschel 26.

1. h. Regierungshauptstadt **Marienwerder.** (E. 9214. W. 610 mit je 15,1 B.)

Für die Wasserversorgung der Stadt Marienwerder dienen 25 öffentliche und 137 Privatbrunnen, welche gegraben sind und ein gutes und auch meistens genügendes Wasser liefern. Ausserdem werden 2 öffentliche Laufbrunnen durch eingeleitetes Quellwasser gespeist. Ein Bedürfniss nach einer Aenderung liegt nicht vor

2. a. **Briesen.** (E. 5245, W. 300 mit je 17,5 B.)

Die Wasserversorgung der Stadt Briesen erfolgt aus gegrabenen und gebohrten Brunnen von Mauerwerk und Eisen. 6 davon sind öffentliche.

3. n. **Christburg.** (E. 3219, W. 285 mit je 11,3 B.)

Ausser aus verschiedenen Brunnen erfolgt die Wasserversorgung der Stadt Christburg durch eine Quellwasserleitung. Das Wasser wird ca. 700 m von der Mitte der Stadt entfernt aus Quellen durch gelochte Thonrohre erschlossen und in einen Klärbrunnen geleitet. Von hier fliesst es durch eine 60 m lange Leitung in ein gemauertes Reservoir. Aus diesem wird es mit natürlichem Gefälle durch 1467 lfd. m Rohrleitungen vertheilt.

Es werden damit 7 Ventilbrunnen, 2 Hydranten und 15 Privathäuser versorgt. Die Quellen liefern ca. 380 cbm im Tage, wovon etwa die Hälfte benutzt wird, was 60 Lit. pro Kopf pro Tag entspricht. Die Anlage ist im Jahre 1874 hergestellt und hat M. 15000 oder M. 4,66 pro Kopf gekostet.

4. o. **Culmsee.** (E. 5780.) Ohne Antwort.

5. i. **Deutsch-Eylau.** (E. 6699, W. 409 mit je 16,4 B.)

Die Wasserversorgung der Stadt Deutsch-Eylau erfolgt aus 7 öffentlichen und ca. 100 privaten Brunnen. Diese sind sämmtlich gebohrt. Die Stadt liegt am Gerichsee und ist vom Eylauflusse eingeschlossen. An allen Punkten ist in der Stadt in geringer Tiefe gut filtrirtes Seewasser leicht zu gewinnen. Quellen sind mehrere Meilen im Umkreise der Stadt nicht vorhanden.

6. b. **Deutsch-Krone.** (E. 7140.)

Die Wasserversorgung der Stadt Deutsch-Krone erfolgt ausser aus gegrabenen Brunnen innerhalb der Stadt durch eine aus Thonrohren hergestellte Zuleitung aus dem nahe der Stadt gelegenen Schlossteiche. Für öffentliche Zwecke dienen 13 Brunnen mit Pumpwerk.

7. c. **Flatow.** (E. 3920, W. 417 mit je 14,0 B.)

Die Wasserversorgung der Stadt Flatow erfolgt ausschliesslich aus gegrabenen und aus gemauerten Brunnen 12 davon sind öffentliche.

8. k. **Pr. Friedland.** (E. 3713, W. 369 mit je 10,7 B.)

Die Wasserversorgung der Stadt Pr.-Friedland erfolgt ausschliesslich aus Pumpenbrunnen im Orte.

9. d. **Graudenz.** (E. 24234.)

Die Stadt Graudenz wird von der Weichsel und von dem aus ihr gespeisten Tinkekanale durchflossen. Für die Wasserversorgung dient eine grössere Zahl gesenkter Brunnen von 9,0 m bis 20,0 m Tiefe, die genügendes, aber zum Trinken nur wenig geeignetes Wasser geben.

Ferner ist eine alte städtische Wasserkunst vorhanden, in welcher ein Wasserrad ein Pumpwerk betreibt, welches das Wasser aus einem gegrabenen Brunnen entnimmt. Damit werden 3 öffentliche Brunnen versorgt und 30 Privatgrundstücke haben Zuleitungen davon.

Eine Verbesserung ist längst als Bedürfniss erkannt, ohne dass man bislang einem bestimmten Plane näher getreten wäre.

10. k. **Hammerstein.** (E. 3067, W. 268 mit je 11,4 B.)

Die Stadt Hammerstein wird ausschliesslich aus Brunnen versorgt, deren 5 für die öffentliche Benützung vorhanden sind.

11. b. **Jastrow.** (E. 5310).

Für die Wasserversorgung der Stadt Jastrow dienen ein öffentlicher und 208 Privatbrunnen von 2,0 bis 8,0 m Tiefe. Das Wasser ist gut und genügend.

12. e. **Konitz.** (E. 10525, W. 546 mit je 19,3 B.)

Die Wasserversorgung der Stadt Konitz erfolgt aus 25 öffentlichen und 30 Privatbrunnen. Das Wasser ist weder gut, noch genügend. Die finanziellen Mittel gestatten aber nach Ansicht der städtischen Behörden keine Aenderung.

13. c. **Krojanke.** (E. 3249) Ohne Antwort.

14. f. **Kulm.** (E. 10502, W. 617 mit je 17,0 B.)

Wegen der hohen Lage der Stadt Kulm (45,0 m hoch über dem Weichselspiegel) gibt es dort fast gar keine Brunnen. Bereits im Jahre 1836 ist daher von der Stadt eine künstliche Wasserversorgung hergestellt, welche im Jahre 1867 von O. Ph. Oechelhäuser in Berlin umgebaut ist. Der Betrieb der Anlage wird unter dem Decernate des Rathsherrn O. Peters von dem Maschinenmeister O. Leopold geleitet.

Zur Wassergewinnung dienen 2 gemauerte Brunnen von 1,5 m Durchmesser und 10,0 m resp 15,0 m Tiefe, die in 50 m Abstand von einander am Fusse des Berges liegen, auf welchem die Stadt erbaut ist. Sie liegen ca. 2000 m vom Weichselufer und 500 m von dem Ufer des Weichselarmes Popozoka entfernt, so dass das Wasser beim Durchfliessen der zwischenliegenden Sandschichten eine natürliche Filtration erfährt.

Mitten in der Stadt auf dem Marktplatze ist in einem gemauerten Thurme 12,0 m hoch über Terrain ein schmiedeeisernes Reservoir von 78 cbm Inhalt aufgestellt, welches 6,0 m Durchmesser hat. Das Wasser wird durch ein am Fusse des Berges erbautes Dampfpumpwerk in dieses Reservoir gefördert.

Das Pumpwerk besteht aus 2 Dampfmaschinen, von welchen eine 78 und die andere 96 Umdrehungen pro Minute macht. Jede Maschine betreibt durch Zahnradübersetzung eine Pumpe. Diese machen 19 resp. 24 Doppelhübe pro Minute und fördern zusammen 20 cbm Wasser pro Stunde auf 60,0 m Höhe. Allerdings ist die Ergiebigkeit der Brunnen bei einer täglichen Entnahme von 250 cbm schon erschöpft. Für den Betrieb sind 2 Dampfkessel vorhanden. Maschinen und Kessel sind von der Firma Schichau in Elbing geliefert.

Zwischen der Pumpstation und dem Hochreservoire liegen 2 Druckleitungen, die eine von 100 mm und die andere von 150 mm Durchmesser. Mit der Vertheilungsleitung sind 12 Schieber und 24 Hydranten, sowie 2 Strassenspüler, 16 Auslaufständer und 3 Freibrunnen verbunden. Ein in dem Thurme unterhalb des eigentlichen Hochreservoirs gelegenes, zweites Reservoir wird stets durch den Ueberfall des ersteren gefüllt gehalten und kann event. mit dem Strassenrohrnetze verbunden werden. Es ist so gross, dass daraus 6 bis 8 Stunden lang 2 bis 3 Feuerspritzen genügend mit Wasser versorgt werden können.

Am Ende des Jahres 1895 waren 182 Zuleitungen für Private mit 730 Zapfhähnen, ferner 20 Badeeinrichtungen, 6 Wasserclosets und 16 Privatspringbrunnen in Benützung. Für die Zuleitungen sind Bleirohre von 25 mm bis 50 mm Durchmesser benutzt. Für Private findet die Wasserabgabe nur durch Messer statt. Im Jahre 1895 waren deren 152 eingebaut, von welchen 67 von Siemens & Halske, Berlin, 78 von Wolff & Schreiber, Breslau, und 5 von H. Meinecke, Breslau, geliefert sind. Nach der Grösse vertheilen sich diese wie folgt:

Durchmesser mm	12	13	15	16	20	25	30	40	80	100	150
Stückzahl . . .	11	19	17	2	84	8	2	4	1	1	1.

Der Wasserverbrauch hat im Jahre 1895 im Ganzen 91237 cbm oder 250 cbm pro Tag oder 24 Lit. pro Kopf der Bevölkerung betragen. Davon sind für öffentliche Zwecke resp. für Private 50113 resp. 41124 cbm oder 54,3 % resp. 45,7 % von der Gesammtabgabe verwendet. Die Abgabe am Maximal- resp. am Minimaltage hat 277 resp. 232 cbm oder 110,8 % resp. 92,8 % von der mittleren Tagesabgabe betragen.

Der Wasserpreis beträgt für Private 25 Pf. pro cbm.

Das Wasser wird auf Grund der letzten Untersuchung vom 12. October 1894 als ein gutes, klares und geruchloses Trinkwasser bezeichnet. Es ist frei von Salpetersäure, Ammoniak und Schwefelsäure, enthält im Liter 24 mg Chlor, und 7,3 mg Kaliumpermanganat sind zur Oxydation der organischen Substanz erforderlich.

15. m. **Lautenburg.** (E. 3631.) Ohne Antwort.

16. d. **Lessen.** (E. 2388.)

Zur Wasserversorgung der Stadt Lessen ist im Jahre 1893 der Bau eines Wasserwerkes für städtische Rechnung mit einem Kostenaufwande von 25000 M. beschlossen. Am Schlossteiche sollte eine Pumpstation erbaut und das Wasser künstlich filtrirt werden. Wie weit die Ausführung gediehen ist, ist nicht bekannt.

17. g. **Löbau.** (E. 4404.) (Ohne Antwort.)

18. l. **Neuenburg.** (E. 5062, W. 463 mit je 10,9 B.)

Für die Wasserversorgung der Stadt Neuenburg dienen ausschliesslich gemauerte Pumpbrunnen. 9 davon sind für die allgemeine Benützung bestimmt.

19. i. **Riesenburg.** (E. 4681.) Ohne Antwort.

20. i **Rosenberg.** (E. 3028.) Ohne Antwort.

21. k. **Schlochau.** (E. 3358, W. 356 mit je 9,3 B)

Die Wasserversorgung der Stadt Schlochau erfolgt ausschliesslich aus gebohrten und gegrabenen Brunnen, deren 6 Stück für die allgemeine Benützung vorhanden sind.

22. l. **Schwetz.** (E. 7011.)

Für die Wasserversorgung der Stadt Schwetz dienen 8 gegrabene und gesenkte, öffentliche Brunnen und 2 öffentliche Rohrbrunnen von 22,0 resp. 10,0 m Tiefe, sowie eine grössere Zahl von Privatbrunnen. Das Wasser ist nur theilweise gut und kaum genügend. Die dortige Provinzial-Irrenanstalt hat eine mit einer Dampfpumpe ausgestattete Versorgung aus einem Brunnen.

23. m. **Strasburg i. W.** (E. 6731.)

Ausser aus dem Drewenflusse erfolgt die Wasserversorgung der Stadt Strasburg aus gegrabenen und gesenkten Brunnen, deren 30 öffentliche sind. Das Wasser ist gut und genügend.

24. n. **Stuhm.** (E. 2319.) Ohne Antwort.

25. o. **Thorn.** (E. 30 306, W. 1090 mit je 30,0 B.)

Die Wasserversorgung der Stadt Thorn erfolgte früher fast ausschliesslich aus gegrabenen und gesenkten Brunnen, die im südwestlichen Theile der Stadt freilich ein zum Trinken völlig unbrauchbares Wasser lieferten.

Ausserdem wurde durch 2 Leitungen Wasser mit natürlichem Gefälle von aussen öffentlichen Laufbrunnen zugeführt. Die eine davon lieferte Wasser aus dem Stadtgraben, das durch Kies und Kohle vorher künstlich filtrirt wurde, aber trotzdem absolut schlecht war. Durch hölzerne Rohre wurde es 5 Laufbrunnen im westlichen Theile der Stadt zugeleitet. Die zweite Leitung bestand aus gusseisernen Rohren und speiste gleichfalls 5 öffentliche Laufbrunnen. Das Wasser wurde 1000 m vor der Stadt einem Bache entnommen und war nur für Wirthschaftszwecke brauchbar.

Zur Versorgung der Defensionskaserne hat die Militärbehörde vor einigen Jahren eine Quelle mit gutem Trinkwasser erbohrt, das durch eiserne Rohre zugeleitet wird. Der Wunsch nach besserem Wasser, der schon Jahre lang bestanden hatte, ist dadurch und durch eine zeitweise auftretende, abnorme Sterblichkeit neu angeregt und hat in den 90er Jahren zu dem Beschlusse der städtischen Behörde geführt, zur gleichzeitigen Herstellung einer centralen Wasserversorgung und einer Kanalisation der Stadt eine Anleihe von 2 200 000 M. aufzunehmen. In den folgenden Jahren sind dann diese Anlagen zur Ausführung gelangt.

Der Bau des Wasserwerkes ist nach dem Projecte des Stadtbauraths Schmidt und des Oberingenieurs Metzger im Jahre 1893 begonnen. Im Jahre 1894 ist das Werk in Betrieb gekommen. Die tägliche Maximalleistung desselben beträgt 6000 cbm. Die Baukosten haben im Ganzen 1 100 000 M. oder 36 M. pro Kopf, einschliesslich der Zuleitungen zu den Häusern, betragen. Von der Aufsichtsbehörde war verlangt, dass letztere auf städtische Kosten hergestellt werden sollten, wodurch der Stadt 150 000 M. Kosten erwachsen sind. Für die bombensichere Eindeckung der Sammelbrunnen des Werkes hat der Kriegsminister M. 40 900 bewilligt. Als Betriebsleiter der Anlage fungirt der Ingenieur Zechlin, unter der Oberleitung des Stadtbauraths Schmidt.

Das Wasser wird bei Weisshof aus 6 hintereinander liegenden, gemauerten Brunnen von 3,5 m Durchmesser und 10,0 m Tiefe gewonnen, durch deren Sohle auf im Ganzen 16,0 m Tiefe Schlitzrohre von 400 mm Durchmesser hinunterreichen. Die einzelnen Brunnen sind mit einander durch Filterrohrleitungen aus Beton, welche 400 mm Durchmesser und im Ganzen 250 m Länge haben, verbunden. Vom letzten der Brunnen führt eine Fallrohrleitung von 1800 m Länge und 450 mm Durchmesser das erschlossene Grundwasser 2 gemauerten und überwölbten Reservoiren von je 400 cbm Inhalt zu, aus denen es durch Dampfpumpwerke in der ca. 20 m entfernt davon erbauten Pumpstation entnommen wird. Das Sammelgebiet für das Wasser liegt auf 67,5 m + 0, der Spiegel des abgesenkten Grundwassers auf 63,5 m + 0, die Sohle der Reservoire auf 60,5 m + 0 und deren Ueberlauf auf 62,4 m + 0.

In der Pumpstation liegen 2 Maschinen und 2 Einflammrohrkessel, jeder von 45 qm Heizfläche, die für 7 Atm. Dampfdruck concessionirt sind. Die Maschinen sind liegende Eincylindermaschinen, deren jede eine direct gekuppelte Differentialpumpe mit gesteuerten Riedler-Ventilen antreibt. Die Dampfkolben haben 350 mm und die Pumpenkolben 250 mm resp. 325 mm Durchmesser und beide 0,5 m Hub. Die Maschinen leisten bei 60 Umdrehungen eine jede 17 PS. bei einer stündlichen Lieferung von 137 cbm Wasser auf ca. 25,0 m Höhe. Die Maschinen und Kessel sind von der Firma Horstmann in Pr.-Stargard geliefert.

Die Druckleitung von den Pumpen führt auf der einen Seite der Pumpstation zur Stadt und auf der entgegengesetzten Seite zu einem 25 m entfernt davon erbauten Hochreservoire. Dieses besteht aus Schmiedeeisen und ist in einem gemauerten Thurme, mit seinem Boden 21,0 m hoch über Terrain, aufgestellt. Der Ueberlauf des Reservoirs liegt auf 91,64 m + 0, und es hat bei 5,64 m Wassertiefe einen Nutzinhalt von 400 cbm.

Die zur Stadt führende Druckleitung theilt sich in 2 Rohrstränge, deren einer 400 mm Durchmesser hat und zur Innenstadt führt, während der andere von 250 mm Durchmesser die Bromberger Vorstadt versorgt. Das Vertheilungsnetz ist mit Ausnahme einzelner Verästelungen nach dem Circulationssysteme hergestellt. Die Wasserabgabe erfolgt constant und unter einem einheitlichen Drucke, der nach der Höhenlage der Versorgungspunkte, welche zwischen 41,0 m + 0 und 62,0 m + 0 liegen, schwankt.

Die Rohrleitungen haben 24 000 m Gesammtlänge mit 165 Absperrschiebern. Das Rohrnetz ist von Born & Schütz in Mocker und von Drewitz in Thorn hergestellt. Es sind 175 Hydranten, 2 öffentliche Ventilbrunnen und 3 öffentliche Pissoire angeschlossen.

Für die Zuleitungen werden, ebenso wie für die Hausleitungen, nur Bleirohre verwendet. Der kleinste Durchmesser für erstere beträgt 13 mm. Die Wasserabgabe findet nur durch Wassermesser statt, von denen bis Ende des Jahres 1895 im Ganzen 680 Stück einschliesslich 10 Untermessern eingebaut waren. Diese sind sämmtlich von H. Meinecke, Breslau, bezogen, welcher nach seiner Angabe im Ganzen deren 826 Stück geliefert hat und zwar von folgenden Grössen:

Durchmesser . . mm	7	13	20	25	30	40	50	2
Stückzahl	1	15	631	150	14	5	9	100.

Aus den verschiedenen Privatleitungen wurden Ende des Jahres 1895 4000 Zapfhähne, 2000 Wasserclosets.

700 Pissoire, 60 Badeeinrichtungen, 20 Springbrunnen, 2 Wassermotoren und 10 Hausreservoire gespeist.

Die gesammte Wasserabgabe hat im Jahre 1895 300000 cbm oder 827 cbm pro Tag betragen, und davon entfallen für öffentliche resp. für private Zwecke 87000 cbm resp. 213000 cbm oder 29,0 % resp. 71,0 %. Im Maximalmonate resp. im Minimalmonate betrug der durchschnittliche tägliche Verbrauch 880 cbm resp. 690 cbm und am Maximal- resp. Minimalconsumtage 2047 cbm resp. 449 cbm oder vom mittleren Jahrestage 249,0 % resp. 54,6 %.

Der Anschluss an die Wasserleitung ist für die an die Kanalisation angeschlossenen Häuser obligatorisch, soweit sie nicht eine eigene, den Bestimmungen für die Kanalisation genügende Wasserleitung besitzen. Die Messer werden stadtseitig geliefert und gestellt. Die jährliche Miethe dafür beträgt 15% der Herstellungskosten; es ist pro Quartal bei einer Durchflussweite von 20 mm M. 1,50, von 25 mm M. 2,00 und von 30 mm M. 2,50 zu zahlen. Der Wasserpreis beträgt 25 Pf. pro cbm. Für jede Anschlussleitung wird von der Wasserwerksverwaltung ein Minimalquantum für 3 Monate, welches stets zu zahlen ist, fixirt, und zwar nach der Norm von M. 0,50 für jeden Raum von mindestens 5 qm Grundfläche, mit Ausnahme von Kellern, Böden, Ställen etc.; von M. 1,00 für ein Wassercloset oder eine Badeeinrichtung, von M. 0,25 für einen Pissoirstand, von M. 0,75 für ein Pferd oder Rindvieh etc.

Regelmässige monatliche Untersuchungen des Wassers werden vom 1. Januar 1896 ab gemeinschaftlich mit denen der geklärten Abwässer vorgenommen. Das Wasser ist weich, eisenfrei und enthält geringe Spuren von Salpetersäure, aber grössere Mengen von organischer Substanz. Bei einer bacteriologischen Untersuchung am 4. Januar 1894 sind in 4 Proben 220, 240, 339 und 378 Keime bestimmt. Eine chemische Untersuchung vom 21. November 1891 ergab im Liter Wasser:

Kalk	46,2 mg
Magnesia	3,5 »
Natron	3,1 »
Schwefelsäure	10,3 »
Salpetersäure	0,9 »
Chlor	11,0 »
Gebundene Kohlensäure	34,2 »
Anorganische Bestandtheile zusammen	111,9 »
Kaliumpermanganat zur Oxydation	9,65 »
entsprechend Sauerstoff	2,44 »

Gesammthärte 5,11, vorübergehende Härte 0,77, bleibende Härte 4,34 deutsche Grade.

26. p. **Tuchel.** (E. 2900, W. 262 mit je 11,0 B.)

Für die Wasserversorgung der Stadt Tuchel dienen eiserne Rohrbrunnen im Orte. Es sind davon 6 öffentliche und 42 private vorhanden.

27. c. **Zempelburg.** (E. 3692, W. 400 mit je 9,2 B.)

Für die Wasserversorgung der Stadt Zempelburg sind 8 gemauerte, öffentliche Brunnen vorhanden. Ausserdem findet das Wasser eines im Orte liegenden Sees, der durch natürliche Quellen gespeist wird, allgemeine Benützung.

V. Regierungsbezirk Stadt Berlin.

(Provinz Brandenburg.)

Reichshauptstadt **Berlin.** (E. 1703481, W. 23500 mit je 72,5 B.)

a) Geschichtliches.

I. Wasserwerksgesellschaft.

Die Stadt Berlin ist in früheren Jahrhunderten für ihre Wasserversorgung ausschliesslich auf gegrabene Brunnen angewiesen gewesen. Es fehlen wenigstens alle Nachrichten über irgendwelche künstliche Einrichtungen, die zur Versorgung der Stadt gedient haben könnten.

Die erste Kunde, welche uns von solchen Anlagen überkommen ist, stammt aus dem 16. Jahrhundert. Hiernach soll der Kurfürst Joachim II. den Versuch gemacht haben, seiner Residenz eine Wasserkunst zu schaffen. Damit hat er aber ebensowenig einen dauernden Erfolg gehabt, wie im 17. Jahrhundert der Kurfürst Friedrich II., unter dessen Regierung der Bau der Wasserkunst an der Werder'schen Mühle in Angriff genommen wurde. Es erklärt sich das vielleicht aus dem damals erfolgten Einsturze des Münzthurmes, der zur Aufstellung eines Wasserreservoirs bestimmt war.

Die günstige Lage Berlins hat den Einwohnern allerdings an jeder Stelle der Stadt mit leichter Mühe durch in das Grundwasser hinuntergeführte Hof- und Strassenbrunnen stets Trink- und Nutzwasser in überreichlicher Menge geboten. Selbst die zunehmende Verschlechterung dieses Wassers in Folge der Verdichtung der Bevölkerung und der rasch wachsenden räumlichen Ausdehnung der Stadt liess noch in der Mitte dieses Jahrhunderts in den Augen der überwiegenden Menge der Einwohner die kostspielige Einrichtung einer künstlichen Wasserversorgung, wie solche die Städte Paris, London und Hamburg bereits seit Jahren besassen, für ihre Stadt überflüssig erscheinen.

Die ersten Anregungen zu einer künstlichen Wasserversorgung der Stadt tauchten gegen das Ende der 30er Jahre dieses Jahrhunderts auf. Sie entsprangen aber keineswegs aus dem Wunsche nach einer besseren häuslichen Versorgung. Vielmehr war es der Ekel vor dem Zustande der Rinnsteine, welcher allgemeinen Spott und Hohn erregte, der diese Bestrebungen hervorrief. Die Rinnsteine dienten damals nämlich zur oberirdischen Abführung nicht nur des Regenwassers, sondern auch aller der Unreinlichkeiten aus den Häusern, welche nicht von selbst in den Gruben auf deren Höfen zurückgehalten wurden.

Im Jahre 1838 machte nämlich der Major Bayer zur Verbesserung dieses Zustandes in einer Broschüre den Vorschlag, Wasser aus der Spree mit Dampfkraft zu heben und es dann in die Rinnsteine zu deren Reinigung ausfliessen zu lassen.

Bald nachher folgte ihm der Architekt Schrammke mit einem anderen Projecte für denselben Zweck. Er wollte das Wasser des Wandlitz- und des Liepnitz-Sees, welche mit ihren Wasserspiegeln etwa 20,0 m hoch über dem Berliner Strassenniveau liegen, aus ca. 23 km Entfernung durch einen Aquaduct der Stadt zuleiten und dasselbe hier unter natürlichem Drucke für Spül- und sonstige Zwecke verwendet wissen.

Beide Vorschläge riefen lebhafte Erörterungen im Publikum und in der Presse hervor. Schon am

24. Februar 1842 machte der Geh. Oberbaurath Crelle in der Akademie der Wissenschaften darauf aufmerksam, dass die Anlage einer Wasserleitung für die Stadt nothwendig auch den Ersatz der offenen Rinnsteine durch unterirdische Entwässerungskanäle bedinge, wenn eine wirkliche Hülfe dadurch geschaffen werden sollte.

Vom Könige Friedrich Wilhelm IV. wurde in Folge dieser Anregungen zur Bearbeitung der städtischen Wasserversorgungsfrage eine besondere Commission eingesetzt, welcher auch Alexander von Humboldt angehört hat. Gleichzeitig schickte der König den Major Bayer nach Paris und nach London, um eingehende Studien der dortigen Wasserversorgungseinrichtungen zu machen. Der Versuch, den die Staatsbehörde damals machte, um die städtische Verwaltung zu einer Erklärung über die Aufbringung der erforderlichen Mittel für ein städtisches Wasserleitungsunternehmen zu veranlassen, scheiterte vollständig. Denn die Stadt wies das Ansinnen damit zurück, dass der Bau der Gasanstalten sie zur Zeit finanziell so beanspruche, dass sie von jeder Betheiligung an dem Baue eines Wasserwerkes von vornherein Abstand nehmen müsse.

Die vorerwähnte Commission unterbreitete in Folge dessen am 15. October 1846 dem Könige den Vorschlag, eine Actiengesellschaft für den Bau und den Betrieb eines an der Oberspree in Aussicht genommenen Wasserwerkes für die Stadt zu bilden. Aber das Jahr 1848 verhinderte die weitere Verfolgung dieses Planes. Der zu jener Zeit an die Spitze der Polizeiverwaltung der Stadt berufene Herr von Hinkeldey erhielt dann einige Jahre später von der Regierung den Auftrag, es zu versuchen, ob, wenn einheimisches Kapital sich für diesen Zweck nicht willig zeige, man nicht möglicherweise ausländisches Kapital dafür heranziehen könne. Es gelang Hinkeldey auch bald, sich mit englischen Kapitalisten, die durch die Ingenieure Charles Fox und Thomas Russel Crampton vertreten waren, über eine Grundlage für ein solches Unternehmen zu verständigen. In Folge dessen trat er am 11. October 1852 mit dem Verlangen an den Magistrat der Stadt heran, in kürzester Frist eine Erklärung darüber abzugeben, ob er bereit sei, für die Ausführung eines Entwurfes, den Hinkeldey in seiner Eigenschaft als Polizeipräsident habe ausarbeiten lassen, das erforderliche Kapital in der Höhe von M. 3000000 zu beschaffen.

Nach längeren Verhandlungen und nach wiederholten Beschwerden der Stadt beim Ministerium über dieses, von ihr wenig angenehm empfundene Vorgehen Hinkeldey's, erklärte sich die Stadtvertretung trotzdem am 10. December 1852 schliesslich bereit, sich mit der von Hinkeldey verlangten Summe an dem geplanten Unternehmen zu betheiligen. Aber unbekümmert darum, schloss letzterer wenige Tage später, nämlich am 14. December 1852, als »Staatscommissär« mit den vorhin genannten Unternehmern Fox & Crampton einen bindenden Vertrag über die Versorgung der Stadt Berlin mit »fliessendem Wasser« ab, nach welchem allerdings der Stadt das Recht einer materiellen Betheiligung an dem Unternehmen, aber nur mit höchstens 600000 M. eingeräumt wurde. Dabei sollte ihr aber jeder weitere Anspruch auf eine directe Mitwirkung bei der Ausführung oder bei dem späteren Betriebe des geplanten Werkes von vornherein abgeschnitten sein. Das veranlasste die Stadt denn auch, unter diesen Umständen auf jede directe materielle Betheiligung an dem Werke zu verzichten.

Hinkeldey's leitender Gedanke beim Abschlusse des Vertrages mit den Unternehmern war ausschliesslich darauf gerichtet, den Zustand der Rinnsteine in einer billigen Weise durch hineingeleitetes Wasser, das direct oder indirect Andere bezahlt hatten, zu verbessern, und dementsprechend waren auch die speciellen Bedingungen in dem Vertrage genau vorgesehen. Dem gegenüber mussten selbstredend die Unternehmer beim Vertragsabschlusse den Wunsch haben, für ihre kostenfreie Leistung eine Deckung durch den möglichst vortheilhaften Verkauf von Wasser an die Einwohner der Stadt zu erhalten. Unter diesen Verhältnissen kann man dem Bemühen der Unternehmer die volle Anerkennung dafür nicht versagen, dass sie die Anlage des Werkes in Rücksicht auf die häusliche Versorgung so vollkommen zu gestalten suchten, als es damals zur Erzielung eines qualitativ einspruchsfreien Wassers überall möglich war, so dass diese lange Jahre für In- und Ausland als mustergültig betrachtet ist.

Nach dem mit Hinkeldey abgeschlossenen Vertrage erhielten die Unternehmer das alleinige Recht, vom 1. Juli 1856 ab mittels des zu erbauenden Wasserwerkes der Stadt Berlin gegen Entgelt »fliessendes Wasser« zuzuführen. Es war das Anlagekapital auf M. 4500000 festgesetzt und der Umfang der auszuführenden Rohrleitungen auf eine Länge von 81000 m normirt.

Für Strassenreinigung und Strassensprengen, für Feuerlöschzwecke und für 5 Springbrunnen, welche die Unternehmer freilich ausserdem auf eigene Kosten herzustellen hatten, mussten sie das Wasser unentgeltlich abgeben, und der Tarif für die Wasserabgabe an Private war nach dem Vertrage so zu normiren, dass der Reingewinn aus dem Geschäfte niemals 15% übersteigen durfte.

Von dem Ueberschusse dieses Reingewinns über 10% mussten die Unternehmer ausserdem noch die Hälfte für einen Fonds abgeben, der zur späteren Erbauung von Kanälen in der Stadt dienen sollte. Dieser sog. »Kloakenfonds« war bis zum Jahre 1874 (bei der Uebergabe des Werkes an die Stadt) auf M. 456716,50 angewachsen, und dieser Betrag ist damals vom Kaufpreise des Werkes abgesetzt.

Die Unternehmer hatten ferner nach dem Vertrage M. 300000 Caution für dessen Erfüllung zu stellen und es unterlag die Anstellung ihrer Beamten der Genehmigung des Staatscommissärs. Letzterer wählte sich zu seiner Unterstützung als technischen Beirather den damaligen Branddirector Scabell, und die Unternehmer mussten auch diesen noch für seine Dienste nach einer getroffenen Vereinbarung besolden. Der Vertrag verpflichtete endlich die Unternehmer, ihre Werke nach 25 Jahren zu einem Taxwerthe, der dann festgestellt werden sollte, an den Staat oder an eine von diesem bestimmte, dritte Person abzutreten. Nach diesen Proben war der Vertrag ein Meisterwerk bureaukratischer Auffassung in Betreff der indirecten Abwälzung von geschäftlichen Verpflichtungen.

Den Unternehmern wurde durch Cabinetsordre vom 9. März 1853 zu ihrer Erleichterung das Enteignungsrecht zugesprochen und auffallender Weise mussten sie dieses Recht schon bei der Erwerbung des Grundstückes vor dem Stralauer Thore, auf welchem das Werk erbaut wurde, gegen die Stadt selbst zur Anwendung bringen. Am 21. October 1853 erfolgte dann endlich die Grundsteinlegung für das Stralauer Wasserwerk und zwar durch den damaligen Prinzen von Preussen, den späteren Kaiser Wilhelm I., in Vertretung des Königs Friedrich Wilhelm IV.

Die Bauausführungen des Werkes, bei welchem auch der spätere Director desselben, der Ingenieur Henry Gill, thätig war, erfolgten unter der Oberleitung des Civilingenieurs und späteren kgl. württ. Oberbauraths Moore aus London, und am 1. April 1856 fand die Betriebseröffnung der Anlage statt.

Für die Lieferung des Wassers an Private ist bei dem Berliner Wasserwerke zum ersten Male, statt der intermittirenden Abgabe des Wassers unter Benützung von Hausreservoiren, wie solches bislang fast ausschliesslich in England und auch in dem damals bestehenden, einzigen grösseren, deutschen Werke in Hamburg im Gebrauch war, das in Deutschland später fast überall eingeführte System der continuirlichen Wasserabgabe eingeführt, nach welchem die Wasserentnahme zu jeder Tages- und Nachtzeit aus jedem Zapfhahne ohne Hausreservoir möglich ist.

Trotz aller Anstrengungen der Wasserwerksleitung durch die Presse, durch Broschüren etc.[1]) und trotz des Angebotes einer ratenweisen Abzahlung der Installationskosten und sogar der ganz kostenfreien Herstellung der letzteren, gelang es in den ersten Jahren der Actiengesellschaft »Berlin Waterworks Company«, welche gleich nach der Betriebseröffnung in den Besitz der Werke und der Rechte und Pflichten der Unternehmer getreten war, ausschliesslich durch Einleiten des Wassers in die Waschküchen der Häuser, bei Privaten überall einen Wasserabsatz zu erzielen. Erst ganz allmählich haben nach mehreren Jahren die Leitungsrohre ihren Weg auch in die Küchen der oberen Etagen und dann allmählich immer weiter auch in andere Räume der Wohnungen gefunden.

Der nach der Eröffnung des Wasserwerkes sichtlich gebesserte Zustand der Rinnsteine verschlechterte sich leider sehr bald wieder in hohem Maasse mit der wachsenden Wasserbenützung in den Häusern. Die Wasserleitung ermöglichte die Benützung von Closets mit Wasserspülung, und das auf Discretion abgegebene, reichlich fliessende Wasser gestattete, jetzt die groben Theile aus den Häusern viel mehr als früher abzuführen, welche aber die Rinnsteine aufnehmen mussten, weil es an einer systematischen Kanalisation ja noch völlig fehlte.

Der geringe Absatz von bezahltem Wasser hatte zur Folge, dass die Gesellschaft in den ersten Jahren mit directen Verlusten arbeitete, und erst für das Betriebsjahr 1860 konnte sie den Actionären zum ersten Male 1 % Dividende zahlen. Diese stieg allerdings im Jahre 1864 bereits auf 4 %, im Jahre 1868 auf 8 % und im Jahre 1873 auf $12^1/_4$ %. Die Bedrängniss in den ersten Jahren wurde dadurch noch gesteigert, dass das im Vertrage vorgesehene Anlagekapital nicht einmal für die erste Bauausführung genügt hatte und dass die im Vertrag vorgesehene Länge des Rohrnetzes dem wirklichen Bedürfnisse der Stadt durchaus nicht entsprach. Das Gesellschaftskapital von ursprünglich 4500000 M. war schon im Jahre 1859 auf 9000000 M. erhöht, und das gesammte Rohrnetz hatte schon im Jahre 1856 mehr als die doppelte Länge erhalten, als sie im Vertrage normirt war.

Der naheliegende Versuch der Gesellschaft, als Ersatz für diese unvorhergesehenen Verhältnisse eine entsprechende Vertragsverlängerung zu erlangen, scheiterte namentlich an dem energischen Widerstande, den die Stadtverwaltung dem entgegen zu setzen verstand. Diese empfand schon nach den wenigen Jahren des Betriebes der Gesellschaft das dringende Verlangen, so schnell als möglich den Betrieb der Werke der Gesellschaft in die eigenen Hände zu bekommen. Lieber wollte sie vorläufig auf alle Vortheile für die Bevölkerung verzichten, wenn solche nur durch Concessionsverlängerungen zu erkaufen möglich waren. Seit dem Jahre 1859 liess der wachsende Anbau in der Gegend der Schönhauser Chaussee die Ausdehnung der Leitungen nach hier dringend wünschen. Die Stadt verzichtete aber auf die Erfüllung dieses Verlangens, und das Wasser musste Jahre lang am Thore aus der Leitung abgezapft und den bedürftigen Consumenten durch Unternehmer zugefahren werden. Erst nach der Uebernahme der Werke durch die Stadt wurde hier im Jahre 1877 durch die Pumpstation an der Belforter Strasse eine Abhülfe geschaffen.

In Folge wiederholter Gesuche, welche die Stadt um eine Aenderung dieser immer dringender werdenden Angelegenheit an das Ministerium am 12. Januar 1870 und am 11. Juli 1871 gerichtet hatte, wurde ihrer Bitte durch Cabinetsordre vom 11. December 1872 entsprochen, indem ihr die Rechte, welche der Staat der Gesellschaft gegenüber bislang besass, endgültig abgetreten wurden. Im Verlauf der dann folgenden, längeren Verhandlungen zwischen der Stadt und der Gesellschaft, welche von der Stadt bereits im Februar 1873 angeknüpft waren, erreichte letztere, dass der Betrieb des Wasserwerkes schon vom 1. Juli 1873 ab durch die Gesellschaft für alleinige Rechnung der Stadt stattfand und dass am 15. Februar 1874 die Stadt in den vollen Besitz der sämmtlichen Werke und Rechte der Gesellschaft trat. Der von der Stadt damals gezahlte Kaufpreis hat betragen:

für Grunderwerb	3000000 M.
» Maschinen, Rohre etc.	8280000 »
» Dividendenverlust vom 1./7. 73 bis 1./7. 81 (8 Jahre)	13845000 »
also zusammen . .	25125000 M.

Der Director Gill, welcher seit dem Jahre 1856 den Betrieb des Werkes für die Gesellschaft geleitet hatte, trat in derselben Stellung gleichzeitig in die Dienste der Stadt über, und nach seinen Plänen und unter seiner Oberleitung sind dann alle ferneren städtischen Wasserversorgungsbauten bis zu seinem, am 18. Juni 1893 erfolgten Tode ausgeführt. Zu seinem Nachfolger ist später der Bauinspector Beer berufen, welcher vorher als Oberdirigent schon längere Jahre hindurch mit Gill zusammen bei dem Ausbaue resp. Neubaue der Werke eine umfassende Thätigkeit entfaltet hatte.

2. Städtische Werke.

Im Hinblick auf die schon früh erkannte spätere Nothwendigkeit der Erbauung eigener städtischer Wasserwerke war vom Magistrate im Mai 1868 der Civilingenieur Veitmeyer in Berlin, jetzt Kgl. Geh. Baurath, mit der Vornahme von eingehenden Vorarbeiten und der Erstattung von Vorschlägen für eine demnächstige Wasserversorgung Berlins beauftragt. Im März 1870 lieferte er den ersten und im März 1873 den zweiten seiner Berichte über diese Arbeiten an den Magistrat ab.

Veitmeyer kommt nach diesen Berichten im Verlaufe seiner Arbeiten zu dem Urtheile, dass die Havel und die Spree in ihren natürlichen, oberirdischen Wasseransammlungen, sowie in ihren Grundwasserbecken zweifellos die natürlichsten und zweckmässigsten Wasserbezugsquellen für Berlin sind.

[1]) Ob das vom Polizeioberst Patzke vorgeschlagene Mittel, den Revierpolizeibeamten für jeden zugeführten Abnehmer M. 3 zu bezahlen, wirklich und mit Erfolg angewendet ist, ist actenmässig nicht festgestellt.

Als Zukunftsbevölkerung der Stadt nimmt er 1500000 Einwohner an und als nöthiges Wasserquantum setzt er pro Kopf am mittleren Jahrestage 139 Lit. und am Maximaltage 174 Lit. voraus. Daraus berechnet er als zukünftig erforderlich: am mittleren Jahrestage 208500 cbm und im Jahre 76100000 cbm, sowie am Maximaltage des Jahres 261000 cbm. Als Consum in der Maximalstunde nimmt er das $^{5}/_{3}$fache der mittleren Stunde und als nöthige Druckhöhe in der Niederstadt 44,0 m und in der Hochstadt 53,4 m resp. 56,5 m an. Für erstere setzt er 1200000 und für letztere 300000 Einwohner voraus.

Die grosse Menge des nöthigen Wassers lässt es ihn wünschenswerth erscheinen, dass für die Wassergewinnung 2 verschiedene Stationen gewählt werden. Er will daher ein Drittel des Wassers vom Tegeler See und zwei Drittel des Wassers vom Müggelsee beziehen, jedoch nicht aus diesen Seen direct, sondern aus an deren Ufern bis in das Grundwasser abgesenkten Brunnen. Dieses so erschlossene Wasser will er durch Pumpstationen nach Zwischenstationen in der Nähe der Stadt fördern und es dann von diesen aus nach nochmaliger Benützung von Pumpmaschinen und unter Anwendung von Hochreservoiren in das Rohrnetz der Stadt gelangen lassen.

Speciell am Müggelsee hatte Veitmeyer damals in grossem Umfange Pumpversuche angestellt, die ihn überzeugt haben, dass hier durch Brunnen ein genügendes Wasserquantum von entsprechender Qualität zu erschliessen sei. Daher hält er es für überflüssig, aus offenen Wasserläufen oder aus Seen direct Wasser zu entnehmen und vor dem Gebrauche zu filtriren.

Nicht ohne Interesse ist es, die Ueberschlagsumme, welche Veitmeyer im Jahre 1870 für diese beiden Wasserwerke, wie er sie sich für 70 Millionen cbm Jahresleistung gedacht hat, berechnet hat, mit den Ausgaben für die jetzigen Ausführungen am Ende dieser Beschreibung zu vergleichen. Sein Gesammtanschlag betrug M. 39000000 und zwar:

für Grunderwerb	M.	321000
» Wassergewinnung	»	1305000
» Maschinenanlagen	»	4500000
» Reservoire	»	1984000
» Leitungen zu den Reservoiren	»	7394000
» Rohrleitungen in der Stadt	»	18768000
» Insgemein	»	3828000

Diese Vorarbeiten von Veitmeyer waren natürlich zu dem Zeitpunkte der Uebernahme der Werke der Wasserwerksgesellschaft für die Stadtverwaltung als Informationsmaterial von einer grossen Bedeutung.

Das Stralauer Werk war ursprünglich für eine grösste, tägliche Leistung von 30000 cbm erbaut. Durch die Gesellschaft war das Werk im Jahre 1867 durch Ausbauten auf eine Tagesleistung von 60000 cbm gebracht. Vor der Uebergabe waren von dem Werke bereits am Maximalconsumtage 59586 cbm Wasser abgegeben.

Dabei waren aber nur 8114 Grundstücke der Stadt an das Rohrnetz angeschlossen, während die anderen, damals vorhandenen ca. 7000 Grundstücke einen Anschluss bereits seit Jahren ersehnt hatten. Die Stralauer Werke konnten weder einen höheren Leitungsdruck geben, noch eine grössere Wassermenge liefern, weil auf dem vorhandenen Bauplatze eine dementsprechende Neuanlage nicht mehr zu placiren war. Nur durch die Erbauung neuer Werke an anderer Stelle konnte daher hierfür Abhilfe geschaffen werden.

Der allmählich eingerissenen, starken Wasservergeudung bereitete der Magistrat am 1. October 1878 durch die obligatorische Einführung von Wassermessern sehr bald eine vorübergehende Schranke und ermöglichte damit, durch Ersparungen bei den Versorgten neuen Bedürftigen sofort helfen zu können.

Gestützt auf die Veitmeyer'schen Vorarbeiten konnte Gill schon im Mai 1874 der Stadt das Project zu einem neuen Wasserwerke am Tegeler See vorlegen. Ein zweites, gleichzeitig vorgelegtes Project Gill's sollte die Versorgung der hochgelegenen Stadttheile ermöglichen. Eine Pumpstation, die am Windmühlenberge in der Belforter Strasse projectirt war, sollte das Wasser vorläufig aus den Leitungen des Stralauer Werkes entnehmen und in ein für eine Hochdruckzone besonders herzustellendes Rohrnetz fördern.

Die Ausführung letzterer Anlage wurde sofort genehmigt, und am 2. Februar 1877 ist die Pumpstation Belforter Strasse in Betrieb gekommen. Dadurch konnte eine grosse Zahl von kleinen Privatpumpwerken ausser Betrieb kommen, welche, durch Heissluft- oder Gasmotoren getrieben, bis dahin einzelne Häusergruppen in der Hochstadt versorgt hatten.

Der Plan für das Tegeler Werk war für eine tägliche Lieferung von 86000 cbm Wasser berechnet und sollte vorläufig in seiner ersten Hälfte für 43000 cbm ausgeführt werden. Für die Wassergewinnung waren Brunnen am Seeufer projectirt. Schöpfmaschinen sollten das Wasser aus diesen Brunnen in Reservoire schaffen. Daneben aufgestellte Druckmaschinen sollten es aus diesen Reservoiren entnehmen und anderen Reservoiren zuführen, die bei Charlottenburg anzulegen waren. Aus diesen Reservoiren sollte es dann abermals durch Druckmaschinen in das städtische Rohrnetz für die Niederdruckzone überführt werden. Das Tiefreservoir am Windmühlenberge sollte gleichfalls daraus gespeist werden, damit aus letzterem durch neue Druckmaschinen die Hochdruckzone genügend versorgt werden konnte. Der vorläufig für diesen Zweck zur Ausführung bestimmte Theil der Anlagen in Tegel und Charlottenburg ist im Frühjahr 1875 in Angriff genommen und am 24. September 1877 in Betrieb gesetzt.

Schon in dem der Eröffnung des Tegeler Werkes folgenden Sommer stellte sich eine Calamität durch die sich in dem Wasser beim Stehen an der Luft entwickelnden Algen ein, welche darin als schwebende, röthliche Beimengungen erschienen. Nach 6 jährigen Untersuchungen, an denen sich die angesehensten, wissenschaftlichen und technischen Autoritäten betheiligten, erkannte man als Quelle dieses Uebels das Tiefbrunnenwasser, konnte aber als Mittel zur gründlichen Beseitigung desselben nur das Verlassen der Quelle empfehlen. Näher auf diese Arbeiten einzugehen, würde hier zu weit führen.

Schon am 23. September 1878 beantragte Gill für das Tegeler Werk die Erbauung von 10 künstlichen Sandfiltern, damit man statt des Brunnenwassers direct Seewasser benutzen könne, weil nachgewiesen war, dass dieses völlig frei von Keimen zur Algenbildung ist. Der Antrag wurde aber abgelehnt. Zur Verringerung des Uebels stellte er einen anderen Antrag, der am 2. December 1878 die Zustimmung fand, nämlich auf den Werken in Tegel und Charlottenburg wenigstens je ein zweites Ausgleichreservoir zu erbauen, damit man vorläufig bis zur Entscheidung der Frage über die dauernde Wasserschöpfstelle in regelmässiger Wechselwirthschaft ein Ausscheiden der Niederschläge aus dem

Wasser und einer Reinigung der Reservoire vornehmen könne.

Die wiederholten Anträge Gill's zur Erbauung von Filtern am 17. October 1879 und am 9. März 1881 wurden abermals abgelehnt, weil man immer noch hoffte, das Wasser in den Brunnen selbst von den Algen befreien, resp. aus den Brunnen algenfreies Wasser erhalten zu können. Erst sein Antrag vom 18. Januar 1882 fand bei den maassgebenden Behörden die Genehmigung zum Bau von Filtern, freilich nur für das Brunnenwasser, nachdem mehr als 3 Jahre der erfolglosen Prüfung und Berathung dieser Algenfrage gewidmet waren. Die Filter kamen dann für das Brunnenwasser Ende 1883 in Benützung, und damit verschwanden gleichzeitig die Algen aus dem Stadtrohrnetze.

Inzwischen war der wachsende Consum der Stadt am Maximaltage der damaligen durchschnittlichen Leistungsfähigkeit von 90000 cbm pro Tag, welche das Stralauer Werk mit dem Tegeler Werke zusammen besass, nahe gekommen. Gill hatte daher bereits am 11. April 1882 den Antrag zum weiteren Ausbau des Tegeler Werkes durch eine zweite Pumpstation mit überwölbten Filtern und Reinwasserreservoiren etc. gestellt. Dieser Erweiterungsbau wurde im Jahre 1883 nur für die Pumpstation, und zwar in theilweiser Ausführung, in Angriff genommen. Für die Filteranlage wurde aber die Bewilligung verweigert, weil man sich zur definitiven Entscheidung über die Frage, ob in Zukunft nur directes Seewasser benutzt werden solle, nicht entschliessen konnte und immer noch auf günstige Versuche und Gutachten in einem anderen Sinne wartete.

Das negative Resultat auch dieser letzten Hoffnungen führte endlich im April 1884 zu dem Einverständnisse mit einer directen Seewasser-Entnahme, und es wurde der Bau der für die zweite Hälfte der Tegeler Werke vorläufig nöthigen Filter sofort ausgeführt. Im April 1886 erfolgte endlich die Bewilligung auch der letzten, für die Tegeler Gesammtanlage nöthigen Maschinen und Filter. Diese kamen im März 1888 in Betrieb, und damit war die in Aussicht genommene Gesammtleistungsfähigkeit des Tegeler Werkes von täglich 86400 cbm filtrirtem Seewasser erreicht.

Fast gleichzeitig mit dieser völligen Fertigstellung des Tegeler Werkes musste man sich über die Schritte für eine fernere Vergrösserung der Wasserversorgungsanlagen entscheiden, weil das völlige Aufgeben des Stralauer Werkes in allernächster Zeit als eine absolute Nothwendigkeit erschien. Der zunehmende Verkehr auf der Spree und die wachsende Bebauung des Nachbarterrains am Wasserwerke liess das dort geschöpfte Wasser selbst in filtrirtem Zustande für die Versorgung immer weniger geeignet erscheinen.

Im Frühjahr 1888 legte Gill dem Magistrat daher das Project zu dem neuen Werke am Müggelsee vor. Mehrere Jahre vorher hatte er bereits umfassende Pumpversuche an 4 verschiedenen Punkten am Müggel- und am Langensee ausführen lassen. Diese haben ergeben, dass das Grundwasser hier sich ganz ähnlich wie das in Tegel verhält. Es ist daher in dem Projecte von vornherein auf eine Grundwasserentnahme verzichtet und angenommen, dass das Wasser direct aus dem Müggelsee geschöpft und nachher einer Filtration unterworfen wird. Als Zwischenstation zur weiteren Ueberführung dieses Wassers zur Stadt hat das Project — ähnlich wie für das Tegeler Werk Charlottenburg — für das Müggelseewerk den Ort Lichtenberg gewählt.

Das Werk am Müggelsee ist nach seinem ganzen Ausbau für eine Gesammtleistung von 172800 cbm pro Tag bestimmt. Es ist also doppelt so gross als das Tegeler Werk bemessen. Zur Erleichterung der schrittweisen Ausführung ist es in 2 gleich grosse, selbstständige Theile getheilt, von denen jeder wieder aus 2 selbstständigen Theilen besteht, so dass es eigentlich 4 fast selbstständig neben einander liegende Werke bildet. Am 19. April 1888 ist der Bau der einen Hälfte für 86400 cbm im Tage bewilligt worden. Mit der Bauausführung ist im Frühjahr 1889 begonnen. Am 28. October 1893 hat die Betriebseröffnung dieses ersten Theiles der Werke Müggelsee-Lichtenberg stattgefunden, nachdem wenige Monate vorher der Tod ihren Schöpfer ereilt hatte.

Schon ehe dieser erste Theil fertig war, nämlich am 22. Juni 1893, beschlossen die städtischen Behörden, für den Bau der ersten Hälfte des zweiten Theiles, also des dritten Viertels des Gesammtwerkes, sofort für M. 800000 Materialien zu beschaffen, damit im Frühjahr 1894 ungesäumt mit dem Weiterbaue begonnen werden könne. Die Besorgniss vor der Cholera liess das Einstellen des Betriebes des Stralauer Werkes immer dringender wünschen, und das rapide Wachsen des Consums gestattete kaum, nach der Fertigstellung der ersten Hälfte des Müggelseewerkes einen Zeitpunkt anzugeben, wann das Einstellen des Stralauer Werkes würde erfolgen können. So wird denn auch wohl das letzte Viertel der Werke dem gegen Ende des Jahres 1896 vollendeten dritten Viertel recht bald auf dem Fusse folgen müssen.

Gill hat als Gesammtleistung des Tegeler- und des Müggelseewerkes am Maximaltage 259200 cbm angenommen. Als das Bedürfniss Berlins, welches aus diesen Werken gedeckt werden soll, hat er pro Kopf am Maximaltage 103 Lit. bei 2500000 Einwohnern oder 257500 cbm pro Tag und dazu 17000 cbm pro Tag für den Selbstverbrauch der Zwischenstationen gerechnet. Veitmeyer war bei einer Annahme von 174 Lit. am Maximaltage pro Kopf und einer Bevölkerung von 1500000 Köpfen auf 261000 cbm gekommen, also fast auf dieselbe Wassermenge für eine um $^3/_5$ kleinere Kopfzahl, weil von ihm in jener Zeit vor Einführung der Wassermesser ein $^5/_3$ mal grösserer Consum pro Kopf angenommen war.

Nach Gill's Generalprojecte sollen für die Vertheilung an die Gesammtbevölkerung zwei Druckzonen dienen. Dabei hat er für die Niederdruckzone von 36,0 m + 0 auf 2029000 Einwohner mit einem Gesammtconsum am Maximaltage von 209000 cbm Wasser gerechnet. Die übrigen 471000 Einwohner verlegt er in die höheren Zonen von 52,0 m + 0 bis 54,0 m + 0, welche am Maximaltage im Ganzen 48500 cbm Wasser bedürfen werden.

Er rechnet ferner, dass von den Bewohnern der Hochdruckzone 270000 Köpfe mit einem Bedarfe von 27800 cbm am Maximaltage auf das Hochplateau westlich von der Ringbahn und 201000 Köpfe mit einem Bedarfe von 20700 cbm am Maximaltage auf dem Hochplateau östlich von der Ringbahn wohnen werden. Für die erste Gruppe ist die Station Belforter Strasse mit ihrem Hochdrucknetze in weiterem Ausbau als bleibender Ausgangspunkt bestimmt. Zur Speisung der dortigen Tiefreservoire ist jedoch eine besondere Pumpstation in Lichtenberg angenommen. Für die zweite Gruppe ist demnächst ein neues Rohrnetz für die Hochdruckzone herzustellen und dieses soll durch eine demnächst in Lichtenberg zu erbauende neue Hochdruck-Pumpstation versorgt werden.

Inzwischen hat die Bebauung des Tempelhofer Berges am linken Ufer der Spree auch noch eine dritte Hochdruckzone für dieses südliche Hochplateau gefordert. Hierfür sind 20 000 Bewohner angenommen, die am Maximaltage 2000 cbm gebrauchen werden. Die dafür bestimmte Hochdruck-Pumpstation Tempelhofer Berg wird aus der Niederdruckzone gespeist und hat ein getrenntes Vertheilungsnetz.

b) Beschreibung der einzelnen Werke.

1. Stralauer Werk.

Das Stralauer Wasserwerk lag am rechten Ufer der Spree an der Ecke der Strasse »vor dem Stralauer Thore« und der Jerusalemerstrasse. Im Jahre 1854 ist hier das erste Maschinen- und Kesselhaus mit einem angebauten Kohlenraume und im Jahre 1867/68 ist ein zweites Maschinen- und Kesselhaus mit angebautem Kohlenraume erbaut. Im Jahre 1856 sind 4 offene Filter, deren jedes 3034 qm Fläche hatte, und ein Ausgleichsbassin für das Rohwasser hergestellt. Letzteres war offen und lag mit seinem Wasserspiegel um 2,44 m höher als die Filter. Es hatte 43,0 m Breite und 107,0 m Länge und fasste 11 466 cbm Wasser. Später ist dieses Bassin durch Theilung in 2 Filter umgewandelt, deren jedes 3622 qm Fläche erhalten hat. Daneben ist ein kleines, überwölbtes Reinwasserreservoir für die Pumpen hergestellt. Im Jahre 1866 sind ferner 2 offene Filter von 4500 qm und 4400 qm Fläche erbaut. Im Jahre 1873 sind endlich noch 3 überwölbte Filter ausgeführt. Von letzteren haben 2 je 3083 qm und eines 3314 qm Fläche. Diese 11 Filter hatten hiernach zusammen 37 760 qm Fläche und es sind davon 9480 qm Fläche überwölbt und 28 280 qm Fläche offen.

In dem alten Maschinenhause standen 8 eincylindrische Balanciermaschinen, welche zu je zweien gekuppelt sind und zusammen ein gemeinschaftliches Schwungrad haben. Die Maschinen sind von A. Borsig in Berlin gebaut. Sie haben Meyer'sche Schiebersteuerung und sind mit Condensation versehen. Von den 4 Maschinenpaaren betreiben 2 je eine Druck- und eine Filterpumpe und 2 je 2 Druckpumpen, welche von verschiedener Grösse sind. Die Pumpen sind sämmtlich Differenzialpumpen, d. h. einfach wirkende Saugepumpen und doppelt wirkende Druckpumpen, jede mit einem Ventilkolben und mit einem Plungerkolben. In dem alten Kesselhause lagen 12 Dampfkessel von 9,15 m Länge und 1,47 m Durchmesser mit je einem Feuerrohre von 0,76 m Durchmesser. Diese sind für einen Dampfdruck von 2,5 Atm. concessionirt.

In dem neuen Maschinenhause wurden 2 Woolf'sche Balanciermaschinen mit Schwungrädern aufgestellt, welche die Firma Simpson & Comp. in London geliefert hat. Die Maschinen haben Ventilsteuerung und arbeiten mit Condensation. Jede Maschine betreibt eine Filterpumpe und eine Druckpumpe. Erstere hat einen Plungerkolben und ist einfachwirkend; letztere hat einen Scheibenkolben und ist doppeltwirkend. In dem neuen Kesselhause lagen 8 Einflammrohrkessel von 8,54 m Länge und 1,83 m Durchmesser mit je 4 Galloway-Rohren. Diese Kessel sind, ebenso wie die im alten Kesselhause, von A. Borsig in Berlin geliefert. Der Dampfdruck der neuen Kessel beträgt 2,8 Atm.

Für die Filterpumpen im alten Maschinenhause ist ein zur Spree führender Kanal hergestellt, der bis in die Mitte des Flusses reicht und das Wasser direct zufliessen lässt. Bei der neuen Maschinenanlage führten die Saugeleitungen bis zu einer Saugekammer, die am Ufer der Spree liegt. Jede der beiden Maschinenanlagen ist für eine tägliche Leistung von 30000 cbm bestimmt. Die Förderhöhe der Filterpumpen beträgt 5,4 m und die der Druckpumpen 37,4 m.

Im Jahre 1870 ist ein Brunnen für das Condensationswasser für die Maschinen und im Jahre 1877 ist eine Sandwäsche für die Filter hergestellt. Im Jahre 1884 ist eine Centrifugalpumpe mit einer Zwillings-Dampfmaschine aufgestellt. Sie hat eine stündliche Leistung von 1000 cbm und hat den Zweck, die Filterpumpen zu entlasten. Diese Maschine hat dieselben Dimensionen wie die auf dem Tegeler Werke aufgestellten Centrifugalpumpmaschinen.

Die Tabelle 14 gibt die Hauptdimensionen etc. der auf dem Spandauer Werke vorhandenen Pumpmaschinen an:

Tabelle 14.

Maschinenzahl	2 × 2 Maschinen	2 × 2 Maschinen	2 Maschinen	1 Centrifugalpump-Dampfmaschine
Dampfcylinder:				
mm Durchmesser				
grosser / kleiner	915	1156	1525 / 1017	2 à 340
m Hub: grosser / kleiner	1,22	1,525	2,44 / 1,627	0,25
Umdrehzahl pro Minute	25	30	12,5	240
Leistung in PS.	150	200	300	30
Filterpumpen:				
Durchmesser mm	966/686	—	838	Centrifugalpumpe
Hub m	0,81	—	2,42	
Druckpumpen:				
Durchmesser mm	535/380	610/432	762	—
Hub m	0,915	0,915	1,21	—

2. Tegeler Werk, erster Theil.

Das Tegeler Werk liegt am südlichen Ufer des nordöstlichen Theiles des Tegeler Sees in nordwestlicher Richtung von Berlin. Die für die Wassergewinnung ursprünglich benutzten 23 gemauerten Brunnen haben 1,6 m resp. 1,9 m inneren Durchmesser und reichen von 10,0 m bis 27,0 m Tiefe unter Terrain hinab. Sie stehen am Ufer des Sees entlang, 50 bis 100 m von einander entfernt und nehmen eine gesammte Länge von 1500 m ein. Diese Brunnen sind als Filterbrunnen ausgeführt, indem aussen um den eigentlichen Brunnenkörper, welcher durchlässige Wandungen hat, ein zweiter, gleichfalls durchlässiger Brunnenmantel von 4,5 m äusserem Durchmesser hergestellt ist. Der Zwischenraum zwischen beiden ist dann mit Filtermaterial ausgefüllt.

Durch 2 gemeinschaftliche Saugerohre, deren jedes an seinen Enden mit 300 mm Durchmesser beginnt und auf 600 mm Durchmesser bis vor der Vereinigung in der Mitte anwächst, sind diese Brunnen zu 2 Gruppen vereinigt. Beide Gruppen haben durch ein Rohr von 950 mm Durchmesser eine Verbindung erhalten. Wie schon früher angegeben, ist von der Benützung der Brunnen später Abstand genommen. Sowohl für den älteren Theil, als auch für den neueren Theil des Werkes sind jetzt gusseiserne Zuflussleitungen in Benützung, welche 1200 mm Durchmesser haben. Jedes derselben geht von einer der beiden, im See hergestellten Saugekammern aus und mündet in die resp. Maschinenräume ein.

Die Maschinenanlage der ersten Hälfte besteht aus 3 Schöpfmaschinen, 3 Fördermaschinen und 2 Centrifugalpumpmaschinen. Diese sind sämmtlich in einem gemeinschaftlichen Maschinenraume aufgestellt. An diesen Maschinenraum schliesst sich das Kesselhaus und das Kohlenhaus direct an.

Die Schöpfmaschinen hatten, wie bemerkt, anfänglich das Wasser aus den Brunnen am See zu entnehmen und einem Ausgleichreservoire zuzuführen. Von hier floss es den Fördermaschinen zum Ueberpumpen nach Charlottenburg zu. Jetzt entnehmen die Schöpfmaschinen das Wasser einem Rohwasserschachte im Maschinenhause und fördern es auf die Filter.

Die Schöpfmaschinen sind liegende Woolf'sche Maschinen mit hinter einander liegenden Dampfcylindern. Jede von ihnen betreibt durch eine Kunstkreuzübertragung 2 stehende, einfachwirkende Plungerpumpen, die zusammen als eine doppelt wirkende Pumpe arbeiten. Die Maschinen haben Schwungräder und Ventilsteuerung und arbeiten mit Condensation.

Die Centrifugalpumpmaschinen dienen als Reserve und zur Unterstützung der Schöpfmaschinen zur Rohwasserförderung. Die Radachsen derselben sind direct mit den Schwungradachsen der Dampfmaschinen gekuppelt. Jede der Pumpen hat Sauge- und Druckrohre von 460 mm Durchmesser. Deren Dampfmaschinen haben Schiebersteuerungen und Schwungräder und arbeiten mit Condensation.

Die 3 Fördermaschinen sind liegende Verbundmaschinen mit Receivern und Schwungrädern. Hinter den Hochdruckcylindern liegen die Förderpumpen und hinter den Niederdruckcylindern liegen die Luftpumpen für die Condensation. Die ersteren sind doppeltwirkend und haben Scheibenkolben und freie Ringventile.

Die Hauptdimensionen etc. der Maschinen gibt die Tabelle 15 an:

Tabelle 15.

Maschinenzahl	3 Schöpfmaschinen je	2 Centrifugalmaschinen je	2 Fördermaschinen je
Dampfcylinder-Durchmesser mm	800/400	2 à 340	1060/1550
Hub m	1,3	0,25	1,3
Pumpen-Durchmesser mm	710	Centrifugalpumpen	580
Hub m	1,3		1,3
Umdrehzahl pro Minute	14	240	25
Leistung in PS. je	16	30	94
Wasser pro Stunde cbm	840	1200	940
Arbeitshöhe m	5,3	6,5	28,0

Zum Betriebe sämmtlicher Maschinen dienen 8 Dampfkessel. Von diesen sind 2 Stück Cornwallkessel mit je 2 Feuerrohren, deren jedes 4 Galloway-Rohre hat. Diese Kessel haben 8,6 m Länge und 1,8 m Durchmesser im Hauptkessel und 0,61 m Durchmesser in den Feuerrohren. Jeder der Kessel hat 55,3 qm Heizfläche und 1,45 qm Rostfläche. Diese Cornwallkessel sind nachträglich zur Ergänzung der zuerst aufgestellten 6 Röhrenkessel (System Paucksch), die mit Vorfeuerung versehen sind, beschafft. Die Kessel von Paucksch haben 5,0 m Länge und 1,75 m Durchmesser. Jeder derselben hat 78 Feuerrohre von 70 mm Durchmesser. Die Rostfläche eines jeden Kessels beträgt 1,17 qm und die Heizfläche 103 qm. Die Kessel sind sämmtlich für 5 Atm. Dampfspannung concessionirt.

Von den vorgenannten Maschinen sind die Schöpfmaschinen von A. Borsig in Berlin, die Fördermaschinen von der Hannover'schen Maschinenbau-Actiengesellschaft, vormals G. Egestorff in Linden bei Hannover und die Centrifugalpumpmaschinen von Brodnitz & Seidel in Berlin gebaut. Die Kessel sind von A. Borsig in Berlin geliefert.

Das Reservoir, welches ursprünglich für den Ausgleich der Arbeit der Schöpf- und Fördermaschinen bestimmt war und jetzt als Reinwasserreservoir für die Filter dient, ist in Mauerwerk hergestellt und überwölbt. Es hat 15,8 m lichte Breite und 35,6 m lichte Länge und fasst 1800 cbm Wasser. Im Jahre 1879 ist, wie schon erwähnt, zur Ermöglichung einer zeitweisen Reservoirreinigung ein zweites solches Reservoir von gleicher Länge und von 20,9 m Breite als Ausgleichsreservoir erbaut. Dessen Fassungsraum beträgt 2250 cbm, und es dient jetzt gleichfalls als Reinwasserreservoir.

Für diesen ersten Theil der Anlage liegen die nachträglich im Jahre 1892 erbauten Filter auf dem östlichen Theile des Grundstückes. Sie sind in 2 Reihen parallel zu einander angeordnet und zwar in der einen Reihe 4 Stück und in der anderen Reihe 6 Stück. Die Sandfläche der Filter in der ersten Reihe beträgt je 2500 qm und die der anderen je 2000 qm. Alle 10 Filter haben also zusammen 22000 qm Filterfläche. Sämmtliche Filter sind überwölbt und mit Erde überfüllt.

Für die Filteranlage ist eine Sandwäsche hergestellt, welche aus einer mechanisch angetriebenen Waschtrommel besteht. Für deren Betrieb ist eine Locomobile von 6 PS. aufgestellt, die auch eine Centrifugalpumpe zur Förderung des Waschwassers betreibt. Die Waschtrommel ist 3,40 m lang und hat 1,45 m resp. 1,05 m Durchmesser. Sie macht 7 Umdrehungen pro Minute und wäscht in der Stunde 3 cbm Sand. Für jeden Cubikmeter schmutzigen Sand sind 10 bis 11 cbm Waschwasser nöthig.

Aus den beiden Reinwasserreservoiren entnehmen die Fördermaschinen das filtrirte Wasser und drücken es durch eine 7600 m lange Leitung von 910 mm Durchmesser nach der Zwischenstation Charlottenburg.

3. Tegeler Werk, zweiter Theil.

Der zweite Theil des Tegeler Werkes liegt dem ersten Theile gegenüber und ist davon durch den Bernauer Weg getrennt. Ebenso wie die erste Abtheilung ist die zweite für eine Leistung von 43200 cbm pro Tag berechnet. Die Ausführung ist, wie schon vorhin erwähnt, nach und nach erfolgt und umfasst 2 Reservoire, 11 Filter mit einer Sandwäsche und ein Maschinen-, Kessel- und Kohlenhaus.

In dem Maschinenhause waren anfangs nur 3 Schöpfmaschinen und 3 Druckmaschinen aufgestellt. Später sind noch 2 Druckmaschinen und eine Centrifugalmaschine hinzugekommen. Von den 11 Filtern sind anfangs 7 Stück und später die anderen 4 Stück ausgeführt.

Die 3 Schöpfmaschinen sowohl, als die 5 Fördermaschinen sind Woolf'sche Balancirmaschinen mit Schwungrädern, mit Condensation und mit Kolbensteuerung. Die Schöpfpumpen sind einfachwirkende, stehende Plungerpumpen. Die Centrifugalpumpmaschine hat dieselbe Construction und gleiche Dimensionen wie die beiden für den ersten Theil der Anlage. Sie dient auch hier, ebenso wie dort, zur Unterstützung der Schöpfmaschinen.

Von den 5 Druckmaschinen haben die 3 zuerst aufgestellten anders dimensionirte Dampfcylinder als die beiden zuletzt aufgestellten. Jede derselben betreibt eine stehende, doppeltwirkende Pumpe mit Liderkolben und freien Ringventilen.

Die Hauptdimensionen etc. der Maschinen sind die folgenden:

Tabelle 16.

Maschinenzahl	3 Schöpfmaschinen je	3 Fördermaschinen je	2 Fördermaschinen je	1 Centrifugalpumpmaschine
Dampfkolben-Hochdruck				
Durchmesser mm .	426	510	460	2 à 340
Hub m	1,11	1,216	1,216	0,25
desgl. Niederdruck				
Durchmesser mm .	690	820	740	—
Hub m	1,65	1,80	1,80	—
Pumpendurchmesser mm	1050	520	520	—
Hub m	1,65	1,22	1,22	—
Maschinenleistung PS. .	22	57	57	30
Wassermenge pro St cbm	1512	510	510	1200
Förderhöhe m	6,0	28,0	28,0	6,5
Umdrehzahl pr. Minute	18	18,5	18,5	240

Für die zuerst aufgestellten Maschinen sind 6 Stück Seitrohrkessel (System Fox, von Schulz, Knaudt & Comp.) aufgestellt. Diese sind 8,0 m lang und haben 2,2 m Durchmesser. Jeder Kessel hat ein Wellrohr von 1,23 m resp. 1,33 m Durchmesser. Die Heizfläche jedes Kessels beträgt 71 qm und die Rostfläche 1,5 qm. Der siebente Kessel, der gelegentlich der Aufstellung der letzten Maschinen beschafft ist, hat gleiche Dimensionen. Die Kessel sind für 6 Atm. Dampfdruck concessionirt.

Sämmtliche Maschinen und Kessel, mit Ausnahme der Centrifugalpumpmaschine, welche von Brodnitz & Seydel in Berlin bezogen ist, sind von der Actiengesellschaft Germania in Tegel geliefert.

Von den Fördermaschinen führt eine zweite Druckleitung nach Charlottenburg. Diese hat in ihrem Hauptheile einen Durchmesser von 910 mm, während sie auf eine Länge von 500 m einen Durchmesser von 1200 mm erhalten hat. Die gemeinschaftliche Saugekammer für die Schöpfmaschinen des zweiten Theiles ist weiter, als es bei dem ersten Theile der Anlage der Fall ist, in das Land hineingerückt und durch 2 gewölbte Kanäle von 1,5 m Breite und 1,5 m Höhe mit dem See verbunden.

Von dieser Kammer führen 2 Rohre von 1200 mm Durchmesser das Wasser mit natürlichem Gefälle zu einer im Maschinenhause direct unter den Pumpen hergestellten eigentlichen Saugekammer. In ähnlicher Weise ist die Saugeleitung von den Filtern, resp. von dem Reinwasserreservoire in das Maschinenhaus eingeführt. Es sind dafür 2 Rohre von je 900 mm Durchmesser gelegt, die dann zu einem Rohre von 1200 mm Durchmesser verbunden sind.

Das Reinwasserreservoir und die Sandwäsche liegen in der Mitte eines Platzes, den die Filter, welche strahlenförmig an einandergereiht sind und zusammen im Grundrisse eine hufeisenförmige Fläche bilden, umgeben. Vor der offenen Seite dieses Hufeisens liegt das Maschinenhaus mit dem anschliessenden Kessel- und Kohlenraume. Das Reinwasserreservoir ist in 2 Theile getheilt. Jede Hälfte hat 850 qm lichte Grundfläche und fasst im gefüllten Zustande 2800 cbm Wasser. Das Reservoir ist in Mauerwerk ausgeführt und ebenso wie die Filter überwölbt.

2 der Filtern haben eine Sandfläche von je 2400 qm und 9 eine solche von je 2600 qm, so dass die gesammte Sandfläche der Filter 28 200 qm beträgt.

Die Sandwäsche ist ähnlich der für den ersten Theil eingerichtet. Von dem Tegeler Werke führt ein gemauerter Hauptabflusskanal von 2240 m Länge mit einem Gefälle von 1 : 3300 nach der Spree. Derselbe hat ein eiförmiges Profil von 1,06 m grösster Breite bei 1,29 m Höhe. Der Kanal schliesst an den offenen Graben, welcher sich von der Artilleriewiese, die nördlich vom Schiffahrtskanale liegt, bis gegenüber von Fürstenbrunn hinzieht, wo er in die Spree mündet.

4. Zwischenstation Charlottenburg.

Der erste Theil der Zwischenstation Charlottenburg ist gleichzeitig mit dem ersten Theile der Tegeler Werke erbaut. Er besteht aus einem Maschinen-, einem Kessel- und einem Kohlenhause sowie aus einem gemauerten und überwölbten Ausgleichreservoire, dem im Jahre 1879 ein zweites solches Reservoir hinzugefügt ist. Für den zweiten Theil der Tegeler Anlage ist in Charlottenburg ein drittes Reservoir und ferner ein zweites Maschinen-, Kessel- und Kohlenhaus erbaut. Auch ist gleichzeitig ein Teich für die Kühlung des Condensationswassers angelegt.

In dem ersten Maschinenhause sind im Jahre 1877 4 liegende Woolf'sche Zwillingsmaschinen aufgestellt. Jede der Maschinen betreibt direct 2 doppeltwirkende Pumpen. In dem zugehörigen Kesselhause liegen 8 Dampfkessel. Diese Kessel und Maschinen sind ebenso wie die in dem zweiten Maschinenhause von der Hannover'schen Maschinenbau-Actiengesellschaft, vormals G. Egestorff in Linden bei Hannover geliefert.

In dem zweiten Maschinenhause liegen 5 Woolf'sche Balancirmaschinen, von denen 3 im Jahre 1885 und 2 im Jahre 1887 aufgestellt sind. Jede derselben betreibt 2 doppeltwirkende Pumpen. Für den Betrieb dieser Maschinen sind gleichfalls 8 Dampfkessel aufgestellt.

Die Pumpen dieser 9 Maschinen haben die auf der Tabelle 17 angegebenen Dimensionen und Leistungen.

Tabelle 17.

Maschinenzahl	4 Maschinen von 1877 je	3 Maschinen von 1885 je	2 Maschinen von 1887 je
je 2 Pumpen vom Durchmesser mm	490	415	445
Hub m	1,4	1,2	1,2
Doppelhübe pro Minute . .	16	21,5	21,5
Wasser pro Stunde cbm . .	456	376	432
Förderhöhe m	18,0	18,0	18,0
Leistung in PS.	110	90	104

Zwischen den beiden Maschinenhäusern und zu deren Längsachsen parallel liegt eine langgestreckte Saugekammer von 585 cbm Inhalt für die Saugerohre der 18 Förderpumpen, welche von den 9 Maschinen betrieben werden. In diese Saugekammer fliesst das Wasser direct aus den Leitungen von Tegel oder indirect aus den drei Ausgleichreservoiren in Charlottenburg. Letztere sind gemauert und überwölbt. Sie dienen, ausser zur allgemeinen Sicherung des Betriebes, noch speciell zum Ausgleich des in Charlottenburg dem wechselnden

Stundenkonsume der Stadt entsprechend zu fördernden Quantums gegenüber dem von Tegel aus gleichmässig während der Tagesstunden zufliessenden Wasserquantum. Von den Ausgleichsreservoiren hat das erste 11 910 cbm, das zweite 12060 cbm und das dritte 13 920 cbm Inhalt. Alle drei Reservoire zusammen fassen demnach 37 890 cbm.

Von den Pumpen der Maschinen gehen 2 Druckleitungen, deren jede 910 mm Durchmesser hat, nach Berlin ab. Für jedes dieser Rohre ist zur Sicherung vor Drucküberlastung ein offenes Standrohr von 33,0 m Höhe und 1200 mm Durchmesser auf der Pumpstation innerhalb eines gemauerten Mantels, welcher den Schornstein für die dortigen Dampfkessel umgibt, aufgestellt.

Das für die Maschinen nöthige Condensationswasser wird, ebenso wie das Speisewasser für die Kessel, von dem aus Tegel nach Charlottenburg geführten Wasser entnommen. Für die Kühlung des Abwassers von der Condensation ist, um dessen Wiederbenützung zu ermöglichen, das vorerwähnte, offene Bassin von 6800 cbm Fassungsraum hergestellt.

5. Pumpstation Belforter Strasse.

Auf dem Windmühlenberge an der Belforter Strasse war bereits im Jahre 1856 von der ersten Unternehmung der Berliner Wasserwerke zur Variation des Wasserdruckes in den Leitungen und zur Sicherung derselben vor einer möglichen Drucküberlastung durch die Maschinen auf dem Stralauer Werke in einem massiven Thurme von 34,0 m Höhe ein doppeltes Standrohr aufgestellt, das aus einem Steige- und einem Fallrohre besteht. Diese beiden Rohre haben 370 mm Durchmesser. In 7 Etagen des Thurmes sind für verschiedene Druckhöhen Schieberverbindungen zwischen ihnen hergestellt Ueber die höchste dieser Verbindungen hinaus reicht das Steigerohr noch um 6,7 m in die Höhe.

Neben diesem Thurme ist schon damals, gleichzeitig mit dem Standrohre, ein kreisrundes Niederdruckbassin hergestellt, das in den Wänden und im Boden gemauert und oben offen war. Es misst 30,5 m im Durchmesser und ist am Rande 4,70 m und in der Mitte 5,50 m tief. Es war ursprünglich dazu bestimmt, um zur Aushülfe in einem Nothfalle, z. B. bei einem etwaigen Rohrbruche etc. für die Vertheilungsleitungen noch Wasser zur Verfügung zu haben und dient jetzt als Tiefreservoir.

Das Grundstück, auf dem diese Bauten ausgeführt sind, ist im Jahre 1875 durch Zukauf entsprechend vergrössert und auf demselben ist die vorerwähnte Pumpstation für die Hochstadt hergestellt. Der erste, im Jahre 1875 begonnene Theil dieser Station besteht aus einem Maschinen-, einem Kessel- und einem Kohlenhause und ist so disponirt, dass für eine ähnliche, zweite Anlage mit einem zweiten Tiefreservoire etc. der nöthige Platz übrig blieb. Diese Vergrösserung ist im Jahre 1889 begonnen und im Jahre 1891 in Betrieb gesetzt.

Das offene Reservoir ist gelegentlich des Baues des ersten Theiles überwölbt und mit Erde überfüllt. Es hat dabei einen Fassungsraum von 2988 cbm erhalten. Neben dem Maschinenhause ist concentrisch um den für die Dampfkessel dienenden Schornstein ein Unterbau für die Aufstellung eines schmiedeeisernen, im Grundrisse ringförmigen Hochreservoirs hergestellt. Dieses Reservoir hat 1065 cbm Inhalt erhalten. Es ist ummantelt und überdacht. Sein Wasserspiegel liegt auf 55,0 m + 0. Der alte Thurm mit den Standrohren, dessen vorhin erwähnt ist, ist mit der neuen Druckleitung verbunden und dient sowohl als Sicherheitsventil für den Pumpenbetrieb, als auch für eine event. Drucksteigerung nach Ausschaltung des Hochreservoirs.

Ausser der ursprünglichen Verbindung des Tiefreservoirs mittels eines Rohres von 400 mm Durchmesser mit dem Stralauer Werke ist im Jahre 1880 eine zweite Rohrverbindung von 600 mm Durchmesser mit dem damals in der Stadt verlegten Hauptrohre vom Tegeler Werke hergestellt. Im Jahre 1892 ist endlich ein Rohr von 700 mm Durchmesser von der Zwischenstation Lichtenberg als bleibende Speiseleitung für das Reservoir verlegt. Die erste Pumpstation war anfänglich für eine Tagesleistung von 12 000 cbm ausgebaut Der volle Ausbau dieses Werkes mit beiden Pumpstationen wird aber nach dem Projecte eine Tagesabgabe von 27 800 cbm am Maximaltage ermöglichen.

In dem ersten Maschinenhause sind anfangs 3 Maschinen aufgestellt und im Jahre 1887 ist eine vierte Maschine hinzugefügt. Sämmtliche Maschinen sind von der Maschinenbauanstalt Cyclop in Berlin geliefert. Es sind liegende Verbundmaschinen mit Ventilsteuerung und Schwungrädern. Jede Maschine betreibt direct eine liegende, doppeltwirkende Pumpe mit Liderkolben.

Für diese Maschinenanlage sind 5 Kessel von 8,4 m Länge und 1,6 m Durchmesser aufgestellt. Jeder der Kessel hat 2 innere Heizrohre und es beträgt die Heizfläche eines jeden Kessels 56 qm. Der concessionirte Dampfdruck der Kessel ist 5,5 Atm.

In der zweiten Pumpstation sind 2 liegende Worthington-high-duty-Wasserhebemaschinen aufgestellt. Diese haben eine jede 2 Dampfcylinder, einen für Hochdruck und einen für Niederdruck. Von einer jeden Maschine werden durch die verlängerten Kolbenstangen 2 liegende Pumpen mit runden Klappenventilen direct angetrieben.

Für den Betrieb der Maschinen der zweiten Hälfte sind 4 Flammrohrkessel von 6,0 m Länge und 2,0 m Durchmesser vorhanden. Jeder Kessel hat ein Flammrohr von 1,1 m Durchmesser. Die Heizfläche eines jeden Kessels beträgt 40 qm und der concessionirte Dampfdruck 5 Atm.

Die Dimensionen etc. der Maschinen sind in der Tabelle 18 angegeben:

Tabelle 18.

Maschinenzahl	4 Maschinen von je	2 Maschinen von je
Durchmesser der Dampfkolben in mm		
kleine	350	425
grosse	700	838
Hub m	1,12	0,762
Pumpendurchmesser mm	1 à 395	2 à 470
Hub m	1,12	0,762
Umdrehungen pro Minute	20	25
Leistungen in PS.	45	65
cbm Wasser pro Stunde	300	760
Förderhöhe m	32,0	32,0

Das zweite Tiefreservoir hat einen Inhalt von 3000 cbm. Es ist ebenso wie das erste in Mauerwerk hergestellt und überwölbt. Das schmiedeeiserne Hochreservoir dient für beide Abtheilungen.

6. Müggelsee-Werk.

Die Werke am Müggelsee und bei Lichtenberg sind unter der speciellen Leitung des derzeitigen Oberdirigenten und jetzigen Directors Beer ausgeführt.

Das gesammte Project für die Werke am Müggelsee bei Friedrichshagen zerfällt, wie schon erwähnt, in 4 gleiche, fast völlig selbstständige Theile, deren jeder für eine Leistung von 43200 cbm pro Tag bestimmt ist. Diese 4 Theile werden sich, direct an einander gelehnt, in einer langen Reihe an dem nördlichen Ufer des Müggelsees hinziehen. Der See selbst bildet ein ca. 4000 m langes und ca. 2300 m breites Becken von ca. 8,0 m Tiefe, das von der Spree durchflossen wird. Der Inhalt des Sees beträgt ca. 40 Millionen cbm.

Das Grundstück des Wasserwerkes liegt 1600 m oberhalb des Spreeausflusses und zwar an dem Theil des Sees, in welchem dessen tiefes Wasser dem Ufer am nächsten liegt. Das Grundstück hat eine 428 m lange Wasserfront und eine gesammte Fläche von 6562 a. Es ist der Länge nach durch die Friedrichshagen-Erkner Strasse in 2 Theile von 2940 a und 3622 a Fläche getrennt. Auf dem kleineren, dem See zugekehrten Theile liegen die Stationen für die Schöpfmaschinen und auf dem anderen Theile liegen die Filter, die Reinwasserreservoire und die Stationen für die Fördermaschinen, welche das filtrirte Seewasser nach der Zwischenstation Lichtenberg drücken. Den Hauptanlagetheilen schliessen sich auf beiden Grundstücken die Gebäude für die nöthigen Nebenanlagen, sowie Bureaus, Wohnhäuser etc. an.

Für jedes einzelne Viertel des Werkes ist ein Zuflusskanal aus dem See mit einer Saugekammer hergestellt. Aus letzterer werden die Schöpfmaschinen dieses Viertels gespeisst, deren Maschinenhäuser mit ihren Kessel- und Kohlenräumen jedesmal eine selbstständige Anlage bilden. Für jedes Viertel sind ferner 11 Filter mit einer Sandwäsche, ein Reinwasserreservoir und eine in sich abgeschlossene, selbstständige Pumpstation für die Fördermaschinen mit den Kessel- und Kohlenräumen hergestellt.

Die Zuflüsse aus dem See zu den resp. Saugekammern sind in dem Theile, welcher in dem See liegt, aus einem Holzkasten gebildet, der ca. 120 m lang ist und 1,50 × 1,50 m Querschnitt hat. An diesen Kasten schliesst sich auf dem Lande ein gemauerter Kanal an, der in eine 2,75 m breite und 19,0 m lange Saugekammer mündet. Von dieser Saugekammer führt dann ein Kanal zu den Saugeschächten, welche die Kellerräume des Maschinenraumes für die Schöpfmaschinen ausfüllen.

Die Schöpfmaschinen, sowie die Fördermaschinen und die Dampfkessel (für 3 fertige Theile der Gesammtanlage) sind von A. Borsig in Berlin, von der Actiengesellschaft Cyclop in Berlin und von der Hannover'schen Maschinenbau-Actiengesellschaft, vormals G. Egestorff in Linden bei Hannover geliefert.

Eine jede der projectirten 4 Schöpfmaschinen-Stationen, von denen jetzt 3 in Betrieb sind, ist für 3 stehende Verbund-Maschinen bestimmt, deren jede 2 stehende, einfach wirkende Plungerpumpen betreibt, welche mit gesteuerten Ringventilen (System Riedler) ausgerüstet sind. Die Kolbenstangen der Dampf- und der Pumpenkolben sind direct gekuppelt.

Für jede der Schöpfmaschinenstationen sind 3 Einflammrohrkessel von 6,00 m Länge und 2,0 m Durchmesser mit je einem Flammrohre von 1,1 m Durchmesser aufgestellt. Jeder der Kessel hat 43 qm Heizfläche. Der concessionirte Dampfdruck beträgt 6 Atm.

Von jeder Schöpfmaschinenstation führt ein Rohr von 1200 mm Durchmesser über die Strasse zu der gegenüberliegenden Filtergruppe. Jedes der 11 Filter einer Abtheilung hat 2331 qm Sandfläche. Es sind also 25614 qm Sandfläche für eine Abtheilung im Ganzen bestimmt. Von diesen 11 Filtern sollen 8 für den gleichzeitigen Betrieb und 3 für die Reinigung und den Wechsel dienen. Der normale Wasserstand der Filter ist auf 38,25 m + 0 Höhe bestimmt. Jedes der einzelnen Filter bildet im Grundrisse ein Rechteck, und es liegen 6 resp. 5 Stück von ihnen in je einer Reihe neben einander. In der kürzeren Reihe und vor dem Gebäude für die Fördermaschinen liegt das Reinwasserreservoir einer jeden Abtheilung. Dasselbe hat einen Inhalt von 2500 cbm. Die Filter sind, ebenso wie das Reinwasserreservoir, in Mauerwerk hergestellt, überwölbt und mit Erde überfüllt.

Für eine jede der Abtheilungen von 11 Filtern ist eine Sandwäsche angelegt, von der das Schmutzwasser in ein Niederschlagsbassin gelangt. Der Sand wird durch Elevatoren auf die Waschtrommeln gefördert. Grosse, mit Granitplatten abgedeckte Sandlagerplätze liegen an den Filtern entlang.

In jeder der Fördermaschinenstationen sind 3 liegende Verbundmaschinen aufgestellt, deren jede 2 liegende, doppeltwirkende Plungerpumpen mit gesteuerten Ringventilen (System Riedler) direct antreibt.

Für jede Station dient eine Kesselanlage von 9 Kesseln von je 7,5 m Länge und 2,0 m Durchmesser, deren jeder ein Flammrohr von 1,1 m Durchmesser hat. Jeder Kessel hat 54 qm Heizfläche. Der concessionirte Dampfdruck beträgt 6 Atm.

Die Hauptdimensionen etc. der Schöpfmaschinen und der Fördermaschinen führt die Tabelle 19 auf:

Tabelle 19.

Maschinenzahl zur Zeit:	9 Schöpfmaschinen je	9 Förder maschinen je
Durchmesser der Dampfkolben in mm		
kleine	400	550
grosse	600 resp. 620	840
Hub m	0,8	1,1
Pumpendurchmesser mm	800	340
Hub m	0,8	1,1
Umdrehzahl pro Minute	40	50
Leistung in PS.	45	155
Wasser pro Stunde cbm	1134	932
Förderhöhe m	8,0	max. 40,0

Zur Entwässerung der sämmtlichen Anlagen ist ein Kanal von 1814 m Länge hergestellt, welcher in die Spree unterhalb der Fähre am Waldschlösschen in Friedrichshagen einmündet. Zum Kohlentransporte, sowie für sonstige Transporte auf dem Werke ist am Nordostende des Grundstückes ein Geleisanschluss an die Niederschlesisch-Märkische Eisenbahn hergestellt. Die Geleise führen zu den verschiedenen Kohlenhäusern und bis zur Ostgrenze des Grundstückes. Sie sind bis zum See verlängert, um auch die per Schiff ankommenden Kohlen damit auf dem Werke vertheilen zu können.

Von den zuerst ausgeführten 2 Fördermaschinenanlagen führt eine gemeinschaftliche Rohrleitung von 1200 mm Durchmesser nach Lichtenberg. Eine zweite solche Leitung von gleichem Durchmesser ist für die beiden anderen Fördermaschinenanlagen in Ausführung begriffen und sollte Ende October 1896 vollendet sein. Die einzelnen Strecken beider Leitungen sind durch Schieberanordnungen verbunden. Die in die Rohrleitungen von 1200 mm Durchmesser zur Absperrung eingesetzten Schieber haben nur 910 mm Durchmesser erhalten und sind mittels entsprechender Uebergangsrohre an die grossen Rohre angeschlossen. Trotz dieser Reduction der Durchmesser ist vor und hinter dem Schieber eine merkliche Druckdifferenz kaum vorhanden.

Die Druckleitungen sind zur Vermeidung der langen Wegstrecke, welche in dem sumpfigen Terrain durch die Niederung nach Lichtenberg führt, in gerader Linie direct nach dem Hochplateau bis Mahlsdorf hinüber geleitet und hier weiter geführt. Sie kreuzen dabei die Sümpfe des Dahlwitz-Münchelhover Moores nur auf eine Länge von 153 m. In diesem Theile ist für die Unterstützung der Rohre ein künstlicher Unterbau hergestellt, der aus einem Pfahlroste von 16,0 m Tiefe, resp. aus Beton- und Eisenconstructionen gebildet ist. Zur Erleichterung von etwaigen Rohrreparaturen ist darüber ein Laufkrahn aufgestellt.

Die Muffenrohre für diese, sowie für die von der Station Lichtenberg abzweigenden Leitungen sind von der Berliner Actiengesellschaft, früher J. C. Freund in Charlottenburg, von der Friedrich Wilhelmhütte in Mülheim a. d. Ruhr und von Rud. Böcking & Comp. in Halbergerhütte geliefert.

7. Zwischenstation Lichtenberg.

Die Zwischenstation Lichtenberg liegt, etwas nach Norden zu von dem Orte Lichtenberg abgerückt, auf dem höchsten Theile des dortigen Terrains und in unmittelbarer Nähe des östlichen Theiles der Stadt Berlin. Von der Mitte der Stadt ist sie ca. 5,5 km entfernt. Das für die dortigen Anlagen erworbene Terrain hat eine Fläche von 1189 a.

Die directe Versorgung der Stadt erfolgt von dieser Zwischenstation aus vorläufig nur für die untere Zone, deren Strassenniveau in der Ordinate 36,0 m + 0 und tiefer liegt. Später soll, wie früher erwähnt, von der Station aus auch eine directe Versorgung für die östliche Hochdruckzone mit einer besonderen Pumpstation eingerichtet werden. Die indirecte Versorgung der westlichen Hochdruckzone erfolgt für ihre Tiefreservoire, wie früher bemerkt, schon jetzt ausschliesslich durch die in Lichtenberg dafür hergestellte Pumpstation.

Für die Aufnahme des Wassers, welches in regelmässigem Zulaufe von dem Müggelsee-Werke kommt, sind in Lichtenberg für den vollen Ausbau 4 Ausgleichreservoire mit einem Normalwasserstand von 58,4 m + 0 und von zusammen 59664 cbm Inhalt vorgesehen, welche zum Ausgleiche der wechselnden Stundenförderung für die hier arbeitenden Fördermaschinen für die niedere Zone bestimmt sind. 3 von diesen Reservoiren sind bereits als Doppelreservoire hergestellt. Ein jedes davon fasst im Ganzen 14916 cbm, also eine jede der beiden Kammern 7458 cbm. Sie sind in Mauerwerk ausgeführt, überwölbt und mit Erde überfüllt.

Zur Förderung des Wassers, welches direct zur Speisung für die untere Zone der Stadt bestimmt ist, sind in Lichtenberg 4 Pumpstationen bestimmt. Ferner sind hier noch 2 Pumpstationen erforderlich, die eine für die Speisung der Pumpstation Belforter Strasse und die andere für die directe Speisung der östlichen Hochdruckzone der Stadt.

Vorläufig sind 3 Pumpstationen für die untere Zone und die Pumpstation für die Speisung der Pumpstation Belforter Strasse ausgeführt, und zwar letztere schon in ihrer ganzen Ausdehnung für eine Leistung von 27800 cbm in 24 Stunden oder 1158 cbm pro Stunde. Das Wasser für die Condensation der sämmtlichen Pumpmaschinen wird dem Zuflusse vom Müggelsee entnommen. Für die Kühlung des Abwassers der Condensation zur Wiederbenützung sind 2 Teiche projectirt, von denen vorläufig nur einer von 9294 cbm Inhalt hergestellt ist.

Von der Station Lichtenberg ist vorläufig nach der Stadt nur eine Leitung von 1200 mm Durchmesser zur Abgabe von 62000 cbm Wasser am Maximaltage zum Anschluss an das Rohrnetz für die Versorgung eines Theiles der unteren Zone verlegt. Eine zweite solche Leitung ist in Ausführung begriffen. Ferner ist von Lichtenberg zu dem 5900 m entfernt gelegenen Werke an der Belforter Strasse eine directe Zuleitung von 760 mm Durchmesser hergestellt.

Sämmtliche Maschinen und Kessel in den 4 Pumpstationen in Lichtenberg sind von A. Borsig und von der Gesellschaft Cyclop in Berlin geliefert. In jeder der 3 Fördermaschinenstationen für die Niederdruckzone sind 3 liegende Verbundmaschinen mit Schwungrädern aufgestellt. Jede davon betreibt direct mit den verlängerten Kolbenstangen 2 liegende, doppeltwirkende Plungerpumpen mit gesteuerten Ringventilen (System Riedler).

Für jede Pumpstation der Fördermaschinen für die untere Zone sind 6 Kessel vorhanden. Jeder von diesen hat 8,70 m Länge und 2,0 m Durchmesser und ein Feuerrohr von 1,1 m Durchmesser. Die Kessel sind für 6 Atm. Dampfdruck concessionirt und es hat ein jeder 62 qm Heizfläche.

In der Pumpstation zur Speisung der Hochdruckstation in der Belforter Strasse befinden sich 3 liegende Verbundmaschinen mit Schwungrädern. Jede derselben betreibt 2 liegende, doppeltwirkende Pumpen mit Scheibenkolben und mit gesteuerten Ringventilen. (System Riedler.)

Für diese Pumpstation sind 3 Dampfkessel von 4,5 m Länge und 1,8 m Durchmesser vorhanden. Jeder der Kessel hat ein Feuerrohr von 0,95 m Durchmesser und 30 qm Heizfläche. Die Kessel sind für 6 Atm. Dampfdruck concessionirt.

Die Hauptdimensionen etc. der Maschinen in den 4 Stationen sind in der Tabelle 20 angegeben:

Tabelle 20.

Maschinenzahl	9 für die Niederdruckzone, je	3 für Station Belforter Strasse, je
Durchmesser der Dampfcylinder in mm		
kleine	550	370
grosse	810	540
Hub m	0,9	0,7
Durchmesser der Pumpen mm	370*)	370
Hub mm	0,9	0,7
Umdrehungen pro Minute	50	50
Leistung in PS.	120	33,5
Wasser cbm pro Stunde	580	453
Förderhöhe m	28,0	11,0

*) Die Pumpen werden auf 427 mm Durchmesser umgebaut, wodurch die Leistung um ein Drittel erhöht wird, weil die Dimensionen der Dampfcylinder das gestatten.

8. Pumpstation Tempelhofer Berg.

Die Pumpstation Tempelhofer Berg ist im Jahre 1886/87 erbaut. Wie früher bemerkt, ist sie für eine Tagesleistung von 2000 cbm bestimmt. Das Wasser dafür wird aus der Niederdruckleitung entnommen.

Eine Druckpumpe, die von einer 25pferdigen Dampfmaschine betrieben wird, fördert das Wasser auf 79,0 m + 0 in ein schmiedeeisernes Hochreservoir, das in einem gemauerten Wasserthurme, 33,0 m hoch über Terrain, aufgestellt ist. Das Reservoir hat 11,4 m Durchmesser und 400 cbm Inhalt. Es ist umbaut und überdacht. 2 Dampfkessel, jeder von 30 qm Heizfläche, liefern den nöthigen Dampf.

Vorläufig wird diese Anlage noch nicht wesentlich beansprucht.

9. Zusammenstellung der städtischen Werke.

Die Zusammenstellung auf Tabelle 21 gestattet einen Ueberblick über die verschiedenen, zur Zeit vorhandenen Hauptanlagetheile für die Wasserförderung, Reinigung und Magazinirung des Wassers für die Stadt Berlin, welche auf den im Vorstehenden beschriebenen und im Betrieb befindlichen 6 Werken vorhanden sind. Das Stralauer Werk ist, weil es sich nicht mehr in Betrieb befindet, fortgelassen. Dessen Maschinen etc. sind entfernt und im Juli 1897 sind auch die Fundamente etc. durch Sprengen beseitigt. Als Wasserlieferung ist in der Tabelle 21 die Summe der stündlichen Leistung sämmtlicher Pumpen angegeben, also einschliesslich der ganzen Reserven.

Tabelle 21.

Name des Werkes	Dampfmaschinen		Pumpen		Dampfkessel		Sandfilter		Reinwasser- und Ausgleichreservoire		Hochreservoire	
	Zahl	PS.	Zahl	cbm pro Stunde	Zahl	qm Heizfläche	Zahl	qm Fläche zusammen	Zahl	cbm Inhalt	Zahl	cbm Inhalt
Tegel	17	771	23	16 026	15	1 172	21	50 200	4	9 650	—	—
Müggelsee	18	1 800	36	18 594	36	1 845	33	76 923	3	7 500	—	—
Charlottenburg	9	918	18	3 816	16	992	—	—	3	37 860	—	—
Lichtenberg	12	1 090	24	6 579	21	1 206	—	—	6	44 150	—	—
Belforterstrasse	6	310	8	2 720	9	442	—	—	2	5 976	1	1 065
Tempelhofer Berg	1	25	1	100	2	60	—	—	—	—	1	400
zusammen:	63	4 914	110	47 835	99	5 715	54	127 123	18	105 136	2	1 465

c) Vertheilungsnetz etc.

Das Vertheilungsnetz für das Wasser stand anfänglich unter einem einheitlichen und constanten Drucke, der normal ca. 30,0 m über Strassenpflaster betragen sollte. Es war in den Hauptzügen nach dem Verästelungssysteme unter gelegentlicher Verbindung einzelner Zweige ausgeführt. Später sind, wie erwähnt, einzelne Terraintheile als besondere Hochdruckzonen mit getrennten Vertheilungsnetzen ausgeschieden.

Ursprünglich war die Länge des gesammten Vertheilungsnetzes in dem mit der Wasserwerksgesellschaft vom Staate abgeschlossenen Vertrage auf 81 000 m Länge festgestellt. Am Ende des Jahres 1856 waren bereits 134 980 lfd. m Rohre von Durchmessern bis 75 mm abwärts und 36 859 lfd. m Rohre von kleineren Durchmessern verlegt und es waren damit 203 Schieber und 1031 Hydranten verbunden.

Am 31. März 1896 bestand das Rohrnetz aus 828 619 lfd. m Rohren von 75 mm Durchmesser und darüber mit 3345 Schiebern und 5202 Hydranten. In den 40 Jahren ist also die Länge der Rohre auf mehr als das 6 fache, die Zahl der Schieber auf mehr als das 16 fache und die Zahl der Hydranten auf mehr als das 5 fache angewachsen.

Im Jahre 1856 diente als Hauptzuleitungsrohr ein solches von 750 mm Durchmesser. Im Jahre 1896 waren zur Wasserzuführung bereits 2 Rohre von je 1200 mm und ferner 3 Rohre von je 900 mm Durchmesser in Benützung (zusammen gleich 2300 mm Durchmesser).

Die Tabelle 22 gibt für eine Reihe von Jahren die Länge der vorhandenen Leitungen bis von incl. 75 mm Durchmesser und die Zahl der vorhandenen Schieber, Hydranten, öffentlichen Springbrunnen und Pissoire an.

In der Tabelle 23 (S. 32) ist für einige Betriebsjahre die Vertheilung der Rohrlängen und der Zahl der Schieber nach den verschiedenen Durchmessern aufgeführt.

Die Hydranten stehen in Abständen von durchschnittlich 75 m von einander. Es sind sämmtlich Unterflurhydranten ohne Selbstentwässerung. Sie haben grösstentheils nur 62 mm Durchmesser und tiefliegende Schlüsselköpfe und eine tiefliegende Bayonattverbindung für das bewegliche Standrohr. Zum directen Spritzen finden sie beim Feuerlöschen keine Verwendung. Für die Dampfspritzen sind besondere Brunnen angelegt, welche direct im Grundwasser stehen.

Tabelle 22.

Jahr	lfd. m Rohre bis incl. 75 mm	Schieber	Hydranten	Oeffentliche Springbrunnen	Oeffentliche Pissoire
1856	134 989	203	1 031	—	—
1874	252 960	610	1 999	5	54
1879/80	487 836	1 326	3 543	5	66
1880/81	502 341	1 383	3 644	6	77
1881/82	513 506	1 438	3 762	6	84
1882/83	534 858	1 480	3 812	6	90
1883/84	561 977	1 538	3 904	6	97
1884/85	578 070	1 525	3 795	6	103
1885/86	594 163	1 532	3 687	7	109
1886/87	622 156	1 623	3 967	7	115
1887/88	650 150	1 714	4 247	8	121
1888/89	660 150	1 875	4 406	11	123
1889/90	682 218	2 083	4 543	13	126
1890/91	703 221	2 277	4 640	14	127
1891/92	716 024	2 437	4 711	14	146
1892/93	737 594	2 648	4 825	14	147
1893/94	777 216	2 936	4 924	14	150
1894/95	800 167	3 119	5 061	16	155
1895/96	828 619	3 345	5 202	20	154

Im Jahre 1880 wurden durch die Wasserleitung noch 435 000 lfd. m Rinnstein gespült Durch die damals beginnende Einführung der Kanalisation ging diese Länge schon im folgenden Jahre auf 290 000 lfd. m und dann auf 100 000 lfd. m hinunter, um 5 Jahre später ganz zu verschwinden. Im Jahre 1894/95 sind circa 950 Spülleitungen für das Rohrnetz und die Kanalisation in Benützung gewesen.

d) Betrieb der Werke

Die Aufsicht über die Verwaltung der sämmtlichen städtischen Wasserversorgungsanlagen erfolgt durch eine besondere Deputation. An der Spitze der Verwaltung steht ein Director, dessen Bureau aus einem Vorsteher, 4 Buchhaltern, 2 Calculatoren, 2 Registratoren, einem Correspondenten, 5 Bureauassistenten, 11 Diätaren und 3 Dienern, also aus 29 Personen zusammengesetzt ist.

Tabelle 23.

mm Durchmesser	1881/82		1890/91		1892/93		1894/95		1895/96	
	lfd. m Rohre	Schieber	lfd. m Rohre	Schieber	lfd. m Rohre	Schieber	lfd. m Rohre	Schieber	lfd. m Rohre	Schieber
1200	—	—	—	—	—	—	2 477	—	4 896	—
980	108	—	108	—	91	—	91	—	—	—
910	14 337	—	16 041	—	16 041	—	19 882	6	20 561	6
760	18 286	27	18 863	33	19 911	36	33 575	45	33 369	41
610	13 931	40	13 974	46	14 335	47	14 346	47	14 506	51
510	1 716	5	1 545	5	1 545	5	1 972	15	2 089	20
460	7 279	30	7 532	34	7 532	34	8 026	35	8 535	40
405	858	—	897	—	897	—	897	—	898	1
380	8 114	22	9 503	24	10 854	29	11 092	32	11 824	33
305	11 166	35	17 807	69	19 938	81	24 999	100	26 074	113
250	1 847	8	1 843	10	1 935	12	1 935	12	1 935	12
225	36 896	137	54 115	214	56 616	240	59 286	297	62 581	335
200	3 485	15	3 530	20	3 538	25	3 499	27	3 499	26
175	8 067	23	8 067	24	8 023	27	8 023	27	8 023	27
150	70 896	356	107 600	619	115 972	702	126 799	837	131 881	886
125	30 403	158	30 057	146	30 030	150	29 687	160	29 690	159
100	163 573	457	306 907	949	332 894	1 179	362 123	1 403	377 456	1 522
75	122 545	125	103 832	84	97 494	81	91 449	76	90 806	73
65	1 758	—	64	—	64	—	64	—	59	—
50	8 630	15	258	—	258	—	258	—	305	—
40	1 271	3	774	—	774	—	774	—	774	—
Zusamm.	525 166	1 456	703 317	2 277	738 742	2 648	801 254	3 119	829 761	3 345
Rückschlagventile	6		—		—		—		2	
Luftventile . . .	20		27		28		38		40	

An der Spitze des centralen Betriebsbureaus steht ein Oberingenieur mit einem Assistenten, einem Secretär, 2 Inspectoren, 5 Zeichnern, 5 Bureauassistenten, einem Diätar und einem Diener. Das technische Bureau besteht aus einem Baumeister, einem Ingenieur, einem Bauleiter und einem Diener. Es sind das zusammen 17 Personen.

Für die einzelnen Abtheilungen des Betriebes sind 114 Personen thätig, nämlich für die Abtheilung:

Rohrsystem: 1 Inspector, 1 Assistent, 19 Schossschliesser.

Wassermesser: 3 Obercontroleure, 52 Controleure.

Telegraphie: 1 Obertelegraphist, 3 Telegraphisten.

Wasserwerke: 7 Werkvorsteher, 5 Materialverwalter, 12 Maschinenführer, 1 Kesselmeister.

Werkstatt: 2 Buchhalter, 1 Assistent, 1 Diätar; 1 Inspector mit 1 Assistenten, 1 Werkführer, 1 Materialverwalter und 1 Bote.

Das ganze Verwaltungspersonal umfasst also 150 Köpfe.

Für das Verständniss des Betriebes der einzelnen Werke sind die allgemeinen Gesichtspunkte in Uebereinstimmung mit dem Vorstehenden hier nochmals kurz, wie folgt, zusammengefasst.

Bei dem Fehlen von Hochreservoiren zur Regulirung der Abgabe des Wassers — nur die Station Belforter Strasse und die Station Tempelhofer Berg haben Hochreservoire — muss die Förderung der eigentlichen Wasserabgabestationen mit dem Wasserverbrauche an den verschiedenen Tagen und in den einzelnen Consumstunden im Gleichgewicht stehen. Abgesehen von dem früheren Stralauer Werke handelt es sich hierbei um die Stationen Charlottenburg und Lichtenberg für die Niederdruckzone und um die Stationen Belforter Strasse und Tempelhofer Berg für die Hochdruckzonen.

Die 2 Stationen Tegeler See und Müggelsee sind für die Gewinnung und die qualitative Umänderung des Wassers und in Verbindung mit den 2 Stationen Charlottenburg und Lichtenberg auch zur Magazinirung des Wassers für die schwankenden Bedarfmengen der 4 Abgabestationen bestimmt. Das Stralauer Werk musste für die Gewinnung und für die qualitative Aenderung des Wassers, sowie gleichzeitig für die Abgabe dienen. Es fehlt ihm die Möglichkeit einer quantitativen Regelung, so weit das nicht event. durch die Abgabe nach dem Bassin in der Belforter Strasse stattfinden konnte. Während der Zeit des Zusammenarbeitens des Stralauer Werkes mit dem Charlottenburger Werke konnte ersteres einen gleichmässigeren Betrieb führen, weil letzteres ihm die Variationen des Consums zum grossen Theil abnehmen konnte.

e) Wasserabgabe im Ganzen.

In der Tabelle 24 (S. 33) ist für jedes Jahr mit 1857 beginnend bis zum Jahre 1895/96 die Wasserabgabe im Ganzen und für den Tag des mittleren, des grössten und des geringsten Consums angegeben. Auch sind darin Verhältnisszahlen für die Zunahme des Consums und für den grössten und kleinsten Tagesconsum gegenüber dem mittleren aufgeführt.

Im Jahre 1894/95 hat die Abgabe in der Maximalwoche 1 033 083 cbm und in der Minimalwoche 763 683 cbm betragen. Es entspricht das für den mittleren Tag dieser Wochen gegenüber dem mittleren Jahrestage 125,4 % resp. 92,7 %. In der Maximalstunde dieses Jahres ist 7829 cbm und in der Minimalstunde 2117 cbm als Verbrauch bestimmt, was 4,8 % resp. 2,5 % der ganzen Tagesabgabe am Maximal- resp. am Minimaltage dieses Jahres ausmacht.

Die bedeutende Steigerung der Abgabe im letzten Betriebsjahre gegenüber dem vorhergehenden erklärt sich nicht allein aus der wirklichen Zunahme des Consums, sondern auch aus der Einführung einer anderen Umrechnung des nach Hubzählern bestimmten theoretischen Lieferquantums der Pumpen. In den ersten Jahren ist davon als wirkliches Quantum 90% gerechnet. Vom Jahre 1879 ab sind dafür 85% angenommen und später ist dafür wieder zu 90% und zeitweise 95% angenommen. Seit 1895/96 ist aber der aus wirklichen Versuchen bestimmte Wirkungsgrad der einzelnen Pumpen in Rechnung gestellt.

Tabelle 24.

Betriebsjahr	Jahres-abgabe cbm	desgl. gegen 100 cbm des Vorjahres	Tagesabgabe				
			Durch-schnittstag cbm	Maximaltag cbm	Minimaltag cbm	pro 100 cbm am mittleren Jahrestage am Maximaltage	pro 100 cbm am mittleren Jahrestage am Minimaltage
1857	2 093 410	—	5 741	—	—	—	—
1858	2 731 726	130,5	7 475	—	—	—	—
1859	2 913 792	106,7	7 968	—	—	—	—
1860	2 497 967	85,7	6 827	13 479	3 552	197,4	52,0
1861	2 936 918	117,5	8 054	14 124	4 391	175,4	54,4
1862	2 881 849	98,1	9 137	15 509	4 955	169,7	52,2
1863	4 428 755	153,6	12 145	19 336	6 364	159,2	52,4
1864	5 299 398	119,6	14 533	20 552	8 093	141,4	55,7
1865	6 821 905	128,7	18 709	31 035	11 332	165,9	60,5
1866	7 531 204	110,3	20 653	30 299	12 967	146,7	62,8
1867	7 831 858	104,0	21 479	29 200	13 657	136,0	63,6
1868	9 576 151	122,3	26 861	42 527	16 972	158,3	63,2
1869	9 881 795	103,2	25 000	36 132	18 395	144,4	73,6
1870	10 985 959	111,1	30 127	42 518	20 024	141,1	66,4
1871	11 016 958	100,2	30 212	42 991	20 891	142,3	69,1
1872	11 860 110	107,6	32 525	46 389	20 491	142,6	63,0
1873	12 771 616	107,6	35 024	50 647	26 138	145,6	74,7
1874	13 665 577	106,9	37 476	50 528	27 204	134,8	72,6
1875	14 484 646	105,9	39 722	54 167	26 067	138,6	65,6
1876	14 906 475	102,9	40 871	53 102	28 625	130,0	70,4
1877	17 463 968	117,1	47 899	64 783	31 128	135,3	65,0
1878	18 661 679	106,8	51 177	69 300	35 261	135,4	68,9
1879 bis 1/4	—	—	51 383	66 803	37 671	130,9	73,3
1879/80	19 099 667	101,8	55 564	72 377	39 418	130,3	70,9
1880/81	20 317 641	106,3	58 240	79 067	39 445	135,7	67,7
1881/82	22 434 532	110,4	61 465	82 010	46 557	134,4	75,7
1882/83	22 596 522	100,7	61 908	82 010	44 984	132,0	73,0
1883/84	24 453 100	108,2	66 812	99 384	49 892	149,0	75,0
1884/85	25 935 936	106,0	71 057	—	—	—	—
1885/86	26 175 912	100,8	71 715	100 302	52 456	140,0	73,0
1886/87	28 576 731	109,1	79 110	—	—	—	—
1887/88	30 877 360	108,1	84 364	119 215	61 606	141,3	73,0
1888/89	31 620 750	102,4	87 670	127 593	63 783	145,5	72,8
1889/90	34 770 828	109,9	95 263	143 646	67 939	150,8	71,3
1890/91	35 411 032	101,8	97 017	129 633	68 443	133,6	70,6
1891/92	36 379 747	102,7	99 398	133 421	69 722	134,2	70,1
1892/93	40 035 922	110,5	109 687	163 976	75 645	149,5	69,0
1893/94	41 621 234	103,9	114 031	154 302	77 898	135,2	68,3
1894/95	41 947 232	100,7	117 664	165 209	83 643	140,5	71,1
1895/96	49 307 648	114,4	134 720	187 475	89 077	139,1	66,1

Die Tabelle 25 (S. 34) gibt für die Jahre 1862 bis 1882/83 den mittleren Tagesverbrauch im Monate des Maximalconsums und im Monate des Minimalconsums, sowie dessen Verhältniss zu 100 cbm Consum am mittleren Jahrestage an.

Die Zahlen für die gesammte Abgabe decken sich natürlich nicht mit den Zahlen der von den einzelnen Pumpenanlagen der verschiedenen Werke geförderten Wassermengen, weil das schliesslich zur Abgabe gelangte Wasser stets dreimal und zum Theil auch (Belforter Strasse und Tempelhofer Berg) viermal gepumpt ist. Ferner dient auch alles wirklich geförderte Wasser nicht ausschliesslich zur Versorgung der Stadt, sondern es ist daraus auch der Selbstverbrauch der Filterwerke, sowie der Verbrauch der Zwischenstationen an Speise- und Condensationswasser mit zu decken.

Ueber die Vertheilung der abgegebenen Wassermenge auf die verschiedenen Werke gibt die nachfolgende Tabelle 26 (S. 34) für einige Jahre einen Aufschluss. Es kommen hierfür nur die Werke Stralau, Charlottenburg, Belforter Strasse, Lichtenberg und Tempelhofer Berg als directe Abgabestationen in Betracht. In der Tabelle sind ferner die Abgabemengen für die niedere und für die obere Zone getrennt angegeben.

Die Tabelle 27 (S. 34) gibt diese Vertheilung in den Jahren 1894/95 und 1895/96 für die einzelnen Monate an und zwar die Zahlen für 1894/95 in Klammern.

Tabelle 25.

Jahr	cbm Tagesabgabe im		in °/o vom mittl. Jahrestage		Jahr	cbm Tagesabgabe im		in °/o vom mittl. Jahrestage	
	Max. Monat	Min. Monat	Max. Monat	Min. Monat		Max. Monat	Min. Monat	Max. Monat	Min. Monat
1862	11 529	6 562	126,5	72,0	1873	44 330	29 916	126,7	85,5
1863	15 880	8 564	130,8	70,6	1874	45 678	30 079	121,7	80,3
1864	17 607	11 136	121,3	76,5	1875	48 564	32 461	122,2	81,8
1865	—	13 516	—	72,3	1876	49 883	35 176	122,0	86,0
1866	—	16 706	—	81,0	1877	56 758	40 001	118,6	83,5
1867	25 855	17 697	120,4	82,4	1878	57 772	42 642	112,9	83,4
1868	34 113	20 292	126,9	75,5	1879	59 174	42 855	113,2	83.5
1869	31 612	23 019	126,5	92,2	1879/80	63 483	46 532	114,1	83,7
1870	36 603	23 680	121,6	78,6	1880/81	69 884	47 938	120,0	82,3
1871	38 334	23 703	126,9	78,4	1881/82	70 438	54 764	114,6	89,2
1872	40 106	25 195	123,3	77,4	1882/83	80 235	57 041	129,8	92,2

Tabelle 26.

Station		1881/82	1890/91	1892/93	1894/95	1895/96
Stralauer Thor . .	cbm	9 455 500	10 976 176	13 282 122	—	—
Charlottenburg .	»	12 442 408	24 434 846	26 753 800	21 868 278	25 288 553
Lichtenberg . .	»	—	—	—	20 078 954	23 753 381
Belforter Strasse . .	»	—	4 882 900	6 190 621	6 646 399	8 073 517
Tempelhofer Berg	»	—	137 870	194 634	264 941	380 558
Obere Zone . .	cbm	2 027 817	5 020 774	6 385 255	6 911 340	8 454 075
Untere Zone	»	19 870 091	30 390 248	33 650 667	35 035 892	40 587 859
Zusammen . . .	cbm	21 897 908	35 411 022	40 035 922	41 947 232	49 041 934

Tabelle 27.

Monat	Charlotten-burg	Lichtenberg	Belforter Strasse	Tempelhofer Berg	Obere Zone	Untere Zone	Im Ganzen
April (1894) 1895 cbm	(1 441 137) 2 338 258	(2 089 407) 1 410 188	(541 986) 617 661	(24 843) 24 796	(566 829) 642 457	(2 963 715) 3 105 989	(3 530 544) 3 748 446
Mai . . »	(1 863 076) 2 514 926	(1 975 339) 1 939 570	(587 235) 726 330	(24 989) 31 491	(612 224) 757 821	(3 226 191) 3 696 675	(3 838 415) 4 454 496
Juni . »	(1 928 224) 2 395 053	(1 806 551) 2 162 647	(582 218) 755 682	(23 761) 34 790	(605 979) 790 472	(3 128 796) 3 767 228	(3 734 775) 4 557 700
Juli »	(2 165 308) 2 487 766	(2 145 487) 2 373 293	(703 236) 811 211	(30 611) 44 078	(733 847) 855 289	(3 576 948) 4 005 770	(4 310 795) 4 861 059
August . »	(2 254 544) 2 488 829	(1 711 090) 2 319 404	(639 032) 813 286	(30 096) 41 423	(669 128) 854 709	(3 296 506) 3 953 524	(3 966 634) 4 808 233
September »	(2 165 737) 2 397 285	(1 510 032) 2 138 126	(577 457) 758 896	(21 020) 37 610	(598 477) 796 506	(3 077 292) 3 738 905	(3 675 769) 4 535 411
October . »	(1 927 737) 1 966 003	(1 601 632) 2 140 747	(552 558) 663 247	(20 539) 31 693	(173 097) 694 940	(2 956 272) 3 411 810	(3 529 369) 4 106 750
November . »	(1 560 384) 1 240 806	(1 619 111) 2 469 649	(506 960) 593 048	(17 197) 26 767	(524 157) 619 815	(2 655 338) 3 090 640	(3 179 495) 3 710 455
December . »	(1 593 635) 1 567 447	(1 537 804) 2 000 217	(498 635) 586 374	(16 829) 25 647	(515 464) 612 021	(2 615 975) 2 955 643	(3 131 439) 3 567 664
Januar (1895) 1896 »	(1 598 804) 1 805 850	(1 447 432) 1 668 903	(481 434) 581 749	(18 537) 30 273	(499 971) 612 032	(2 546 265) 2 862 721	(3 046 236) 3 474 753
Februar . »	(1 431 940) 1 838 492	(1 374 058) 1 461 734	(442 841) 549 401	(16 305) 25 687	(459 146) 575 088	(2 346 852) 2 725 138	(2 805 998) 3 300 226
März . »	(1 937 752) 2 247 338	(1 261 011) 1 668 903	(532 807) 616 622	(20 214) 26 303	(553 021) 642 925	(2 645 742) 3 273 816	(3 198 763) 3 916 741
Im Jahre zus. . cbm	(21 868 278) 25 288 553	(20 078 954) 23 753 381	(6 646 399) 8 073 517	(264 941) 380 558	(6 911 340) 8 454 075	(35 035 892) 40 587 859	(41 947 232) 49 307 648
	zusammen (41 947 232) 49 041 934		zusammen (6 910 340) 8 454 075		zusammen (41 947 232) 49 041 934		ab 265 714

Ein Vergleich der einzelnen Pumpstationen nach ihrem Kohlenverbrauche verlangt nicht nur eine Trennung des Wassers und der Kohlen nach diesen 5 Werken und nach denen in Tegel und in Müggelsee, sondern es ist auch für das geförderte Wasser ausser dessen Menge die wechselnde Arbeitshöhe der verschiedenen Pumpmaschinen zu berücksichtigen, welche z. B. für Stralau 45,0 m für Charlottenburg 51,0 bis 53,0 m, für Belforter Strasse 29,0 m und für Tempelhofer Berg 40,0 m in einem der letzten Jahre betragen hat. Einen Anhalt für die Beurtheilung des Kohlenverbrauches im Ganzen gibt die Tabelle 28, welche für die letzten 8 Betriebsjahre die Gesammtabgabe von Wasser und den gesammten Verbrauch von Kohlen, sowie diesen Verbrauch pro 100 cbm Wasser angibt.

Einen specielleren Einblick in den Kohlenverbrauch der einzelnen Werke gestattet die Tabelle 29, welche für 5 verschiedene Betriebsjahre für die einzelnen Werke und deren Abtheilungen die in den verbrauchten Kohlen

Tabelle 28.

Betriebsjahr	Zur Abgabe gefördert cbm	Totaler Kohlen verbrauch kg	kg Kohlen pro 100 cbm Wasser
1887/88	30 877 360	14 009 043	45,4
1888/89	31 620 750	14 010 632	44,4
1889/90	34 770 828	15 876 244	45,7
1890/91	35 411 022	16 517 540	46,7
1891/92	36 379 747	16 619 506	45,7
1892/93	40 035 922	18 040 349	45,1
1893/94	41 621 232	17 962 710	43,1
1894/95	41 947 232	17 549 555	41,9
1895/96	49 307 648	18 490 600	37,5

Tabelle 29.

Abtheilungen der einzelnen Werke	1881/82		1890/91		1892/93		1894/95		1895/96	
	Million m × kg	per kg 1000 m × kg	Million m × kg	per kg 1000 m × kg	Million m × kg	per kg 1000 m × kg	Million m × kg	per kg 1000 m × kg	Million m × kg	per kg 1000 m × kg
Im Ganzen	1 446 556	—	2 330 331	—	2 677 309	—	2 617 600	—	2 826 197	—
Stralau A	197 537	94,99	227 407	97,30	266 563	104,7	—	—	—	—
» B	295 457	126,92	339 035	120,60	423 454	140,3	—	—	—	—
Tegel A	616 632	131,21	529 037	138,20	558 781	130,7	497 384	134,1	512 633	132,8
» B	—	—	439 355	183,60	511 368	184,3	317 922	168,0	359 917	176,6
Charlottenburg A . .	293 680	171,61	417 345	173,60	446 438	182,3	364 681	168,0	436 532	184,9
» B . .	—	—	255 220	168,80	314 218	191,9	236 576	168,9	189 239	190,0
Belforter Strasse A .	43 249	84,48	104 442	91,50	61 666	93,9	60 395	103,9	72 415	105,8
» » B .	—	—	16 689	118,30	91 440	143,9	104 374	173,0	109 018	179,3
Tempelhofer Berg .	—	—	1 800	23,60	3 381	37,4	6 492	85,2	8 269	88,1
Müggelsee A . . .	—	—	—	—	—	—	444 569	146,2	450 819	152,9
» B . . .	—	—	—	—	—	—	306 129	148,3	365 084	155,7
Lichtenberg A . . .	—	—	—	—	—	—	39 206	98,7	34 259	102,6
» B . . .	—	—	—	—	—	—	124 950	141,0	195 088	155,5
» C . . .	—	—	—	—	—	—	114 921	142,2	92 923	142,3

Tabelle 30.

Abtheilungen der einzelnen Werke	1000 m × kg pro kg Kohle												
	(1894) 1895									(1895) 1896			(1894/95) 1895/96 im Ganzen
	April	Mai	Juni	Juli	August	Sept.	October	Nov.	Dec.	Januar	Februar	März	
Tegel Abth. A .	(125,7) 140,3	(135,0) 136,5	(133,7) 135,4	(133,2) 136,9	(136,1) 136,0	(136,3) 135,4	(135,1) 127,6	(132,0) 119,8	(134,0) 127,4	(134,5) 131,6	(135,6) 130,6	(136,7) 135,6	(134,1) 132,8
» » B .	(180,0) 175,3	(174,7) 180,0	(162,3) 180,7	(172,4) 170,0	(175,3) 185,9	(175,3) 189,1	(169,7) 181,5	(161,2) —	(159,2) 160,9	(156,8) 168,3	(157,5) 168,1	(171,3) 182,7	(168,0) 176,6
Charlottenburg Abth. A .	(146,6) 189,0	(155,4) 200,2	(166,5) 204,1	(166,8) 189,2	(164,9) 189,8	(168,3) 188,3	(169,7) 173,5	(164,4) 168,6	(172,5) 177,4	(172,1) 179,5	(179,1) 168,8	(190,2) 176,0	(168,0) 184,9
desgl. » B .	(139,0) 187,5	(157,3) 203,5	(174,3) 205,6	(175,0) 202,8	(175,2) 198,1	(185,7) 195,8	(180,0) 187,0	(162,5) —	(155,5) 153,7	(164,3) 176,2	(174,1) 181,9	(183,7) 189,8	(168,9) 190,0
Belforter Strasse Abth. A .	(102,1) 116,6	(105,4) 122,5	(100,1) 112,3	(101,0) 108,2	(99,0) 93,7	(112,8) 110,4	(104,1 97,8	(106,8) 95,5	(105,9) 92,4	(99,2) 94,0	(103,0) 94,6	(107,2) 98,9	(103,9) 105,8
desgl. » B .	(177,1) 167,0	(181,6) 168,8	(178,3) 174,4	(176,9) 178,8	(176,1) 184,6	(175,0) 187,6	(173,0) 188,1	(169,5) 177,2	(171,5) 181,0	(165,0) 181,9	(166,2) 178,2	(165,2) 186,4	(173,0) 179,3
Tempelhofer Berg	(81,6) 82,5	(85,9) 83,1	(84,1) 83,7	(90,1) 91,1	(85,7) 92,6	(82,4) 91,3	(86,2) 89,5	(84,5) 88,6	(88,0) 88,1	(85,8) 88,5	(87,3) 89,8	(81,0) 88,2	(85,2) 88,1
Müggelsee Abth. A	(150,8) 139,4	(146,6) 146,8	(152,1) 153,5	(161,7) 148,4	(150,6) 160,2	(145,7) 161,7	(149,6) 142,8	(147,8) 148,4	(138,6) 140,7	(138,7) 135,6	(139,4) 147,2	(132,8) 150,2	(146,2) 152,9
» » B	(151,7) 134,6	(157,6) 144,7	(156,8) 164,4	(155,0) 166,0	(147,3) 162,9	(146,4) 159,5	(149,6) 152,2	(153,0) 154,4	(148,4) 143,9	(144,2) 135,1	(139,6) 135,2	(129,9) 151,3	(148,3) 155,7
Lichtenberg Abth. A .	(88,8) —	(90,5) —	(90,8) 111,2	(100,3) 99,5	(95,4) 104,8	(85,7) 105,2	(102,3) 104,8	(110,0) 106,3	(92,6) 99,1	(109,0) 107,0	(109,6) 118,0	(109,7) —	(98,7) 102,6
desgl. » B .	(141,3) 162,6	(140,9) 166,2	(142,2) 142,7	(140,1) 145,3	(126,9) 191,9	(130,8) 174,2	(132,4) 139,5	(140,0) 160,6	(140,8) 138,7	(158,7) —	(143,9) —	(155,4) 132,8	(141,1) 155,0
» » C .	(173,9) 156,7	(144,3) 162,7	(149,6) 154,2	(148,3) 151,8	(119,6) 126,8	(140,7) 144,0	(144,2) 153,1	(149,0) 154,9	(109,8) 122,5	(136,1) 124,1	(144,5) 126,6	(147,0) 130,6	(142,2) 142,3

5*

als Nutzleistung entwickelten Millionen m × kg im Ganzen, sowie die Leistung von einem kg Kohlen in 1000 m × kg Nutzleistung, d. i. Wassergewicht mal Förderhöhe angibt.

In der Tab. 30 (S. 35) ist endlich für die Betriebsjahre 1894/95 (in Klammern) und 1895/96 für jeden einzelnen Monat die Leistung pro kg in den einzelnen Abtheilungen der verschiedenen Werke in 1000 m × kg aufgeführt. Diese Tabelle gibt einen interessanten Aufschluss über den Wechsel der Kohlennutzung zu verschiedenen Zeiten und auf den verschiedenen Werken.

Einen oberflächlichen Einblick in den Filtrationsbetrieb während der letzten Jahre gestattet die nachfolgende Tabelle 31. Sie gibt die durchschnittliche Lieferung eines qm Filterfläche in cbm in 24 Stunden, sowie die Thätigkeit eines Filters zwischen 2 Reinigungen in Tagen und die während eines jeden Jahres benutzte, gesammte Filterfläche in qm an.

e) Wasservertheilung in der Stadt.

Die Tabelle 32 gibt für die einzelnen Jahre, mit dem Jahre 1857 beginnend und mit dem Jahre 1895/96 endend, an, wie viele Personen durch das Wasserwerk mit Wasser versorgt sind und wie viel Liter Wasser von der Gesammtabgabe auf einen Kopf der Bevölkerung am mittleren, sowie am Maximal- und am Minimal-

Tabelle 31.

Jahr	cbm pro qm Filterfläche im Tage	Dauer eines Filters		qm Filterfläche während des Jahres in Benutzung
		längste (Tage)	kürzeste (Tage)	
1888/89	2,0	70	8	87 000 offen
1889/90	2,0	90	8	87 000 offen
1890/91	2,0	90	8	53 480 gedeckt 33 480 offen
1891/92	2,0	90	6	53 480 gedeckt 33 480 offen
1892/93	2,0	90	6	53 480 gedeckt 33 480 offen
1893/94	1,5	90	6	101 460 gedeckt
1894/95	1,5	90	6	101 460 gedeckt
1895/96	1,5	90	6	101 460 gedeckt

Tabelle 32.

Jahr	Mit Wasser versorgte Einwohner	pro Kopf von der Gesammtabgabe Liter pro Tag			Zahl der angeschlossenen Grundstücke	Zunahme gegen das Vorjahr	cbm von der Gesammtabgabe pro Grundstück pro Jahr	desgleichen gegen 100 cbm des Vorjahres
		im Mittel	am Maximaltage	am Minimaltage				
1857	—	—	—	—	669	—	3 129	—
1858	—	—	—	—	886	217	3 083	98,4
1859	—	—	—	—	1 134	248	2 569	83,4
1860	65 805	104	205	54	1 466	332	1 703	66,1
1861	80 463	98	182	53	1 822	356	1 612	94,7
1862	88 622	86	146	45	2 359	537	1 221	75,7
1863	147 963	82	137	43	3 274	915	1 352	110,9
1864	179 247	81	115	45	3 941	667	1 345	99,4
1865	211 137	88	146	53	4 686	745	1 455	108,1
1866	229 255	90	132	57	5 062	376	1 487	102,1
1867	243 829	88	120	56	5 500	438	1 424	95,7
1868	265 010	99	156	63	5 914	414	1 619	113,5
1869	342 696	79	114	58	6 283	369	1 572	97,2
1870	423 915	71	100	47	6 598	315	1 665	106,0
1871	450 492	67	95	46	6 915	317	1 593	95,6
1872	484 900	67	95	42	7 524	609	1 576	98,9
1873	522 240	67	97	50	8 114	590	1 573	99,7
1874	492 631	76	101	55	8 666	552	1 577	100,3
1875	502 329	79	109	52	9 079	413	1 595	101,2
1876	555 782	77	100	55	9 649	570	1 544	96,9
1877	712 224	77	104	50	12 365	2 716	1 412	91,1
1878	768 096	66	89	45	14 001	1 736	1 332	94,4
1879/80	842 803	63	82	45	15 616	1 615	1 223	91,8
1880/81	883 555	63	86	43	15 750	134	1 289	105,1
1881/82	954 770	64	85	48	16 576	826	1 353	105,1
1882/83	981 158	64	85	47	17 034	458	1 326	97,9
1883/84	1 065 705	64	95	47	17 654	620	1 384	104,3
1884/85	1 095 858	65	—	—	18 216	562	1 423	103,0
1885/86	1 126 012	64	90	47	18 659	443	1 407	99,0
1886/87	1 221 162	65	—	—	19 193	534	1 488	105,8
1887/88	1 316 312	65	92	47	19 775	582	1 561	105,0
1888/89	1 360 285	64	94	47	20 403	628	1 549	99,1
1889/90	1 388 530	61	104	48	21 324	921	1 630	105,2
1890/91	1 427 148	68	91	48	21 437	113	1 651	101,2
1891/92	1 606 424	62	84	43	22 180	743	1 640	99,3
1892/93	1 645 426	67	100	46	22 638	458	1 768	107,8
1893/94	1 674 221	69	93	47	23 042	404	1 806	102,2
1894/95	1 703 481	68	97	49	23 428	386	1 790	99,2
1895/96	1 719 183	79	100	52	23 912	484	2 620	146,0

jahrestage entfallen. Ferner gibt die Tabelle die Zahl der an die Wasserleitung angeschlossenen Grundstücke und deren Zunahme gegen das Vorjahr, sowie das auf jedes von ihnen im Jahre von der Gesammtabgabe entfallende Wasserquantum in cbm und dessen Verhältniss gegen 100 cbm des Vorjahres an.

Die Tabelle 33 gibt ein Bild von der Art der Vertheilung der im Ganzen abgegebenen Wassermenge für die einzelnen Jahre, gleichfalls vom Jahre 1857 bis zum Jahre 1895/96, und zwar getrennt nach dem Wasser für öffentliche Zwecke, dem Wasser, welches nach Messern abgegeben ist, und dem Wasser, welches ohne Messer abgegeben ist. Letzteres setzt sich zusammen aus dem zum Selbstverbrauch der Werke, dem zur Spülung der Leitungen und dem, welches durch Verluste etc. abgängig geworden ist. Bis zur Zeit der obligatorischen Einführung der Wassermesser ist auch das Wasser, welches den Privaten auf Discretion verabfolgt wurde, darin eingeschlossen. Nach dieser Zeit ist das Wasser für Private vollständig in dem nach Messern abgegebenen enthalten. Für jede der 3 Abgabearten ist auch das Verhältniss, wie viel Wasser davon auf 100 cbm der Gesammtabgabe im Jahre entfällt, angegeben. Ferner sind in besonderen Kolumnen die Zahl der aufgestellten Wassermesser, deren Zunahme gegen das Vorjahr, die Abgabe pro Messer pro Jahr in cbm und endlich die Veränderung dieses Quantums im Verhältniss zu 100 cbm des Vorjahres aufgeführt.

Tabelle 33.

Jahr	cbm Wasserabgabe a) für öffentliche Zwecke	cbm Wasserabgabe b) durch Wassermesser	cbm Wasserabgabe c) zum Selbstverbrauch durch Verlust auf Discretion	pro 100 cbm der Gesammtabgabe für a	pro 100 cbm der Gesammtabgabe für b	pro 100 cbm der Gesammtabgabe für c	Zahl der aufgestellt. Wassermesser	deren Zunahme geg. das Vorjahr	Abgabe pro Messer cbm	desgl. geg. 100 cbm d. Vorjahres
1857	668 026	307 522	1 117 862	32,0	14,7	53,3	97	—	3 170	—
1858	681 073	406 576	1 644 077	24,9	14,9	60,2	132	35	3 080	97,1
1859	687 937	486 975	1 738 880	23,6	16,7	59,7	138	6	3 529	114,6
1860	686 267	676 278	1 135 422	27,5	27,1	45,4	166	28	4 073	115,5
1861	688 895	819 149	1 428 864	23,5	27,9	48,6	190	24	4 311	105,9
1862	696 747	1 004 965	1 180 137	24,1	34,8	41,1	232	42	4 331	100,5
1863	924 596	1 224 031	2 280 128	20,9	27,6	51,5	312	80	3 927	90,8
1864	814 753	1 511 497	2 973 148	15,4	28,5	56,1	367	55	4 118	104,8
1865	979 101	2 018 664	3 824 140	14,3	29,6	56,1	464	97	4 350	105,5
1866	1 029 657	2 353 144	4 148 403	13,7	31,3	55,0	616	152	3 820	87,9
1867	1 062 357	2 692 586	4 076 915	13,6	34,4	52,0	742	126	3 628	95,1
1868	1 127 713	3 485 500	4 962 938	11,8	36,4	51,8	896	154	3 892	107,1
1869	1 106 350	3 887 219	4 888 226	11,2	39,4	49,4	1 038	142	3 745	96,4
1870	1 061 584	4 671 366	5 253 009	9,7	42,5	47,8	1 203	165	3 883	103,7
1871	1 002 504	5 751 376	4 263 078	9,1	52,2	38,7	2 404	1 201	2 392	61,6
1872	1 537 900	7 933 260	2 388 950	12,9	66,9	20,2	3 725	1 321	2 130	89,1
1873	2 028 050	9 656 580	1 086 986	15,9	75,6	8,5	5 297	1 572	1 821	85,5
1874	2 004 470	11 121 770	539 337	14,6	81,5	3,9	6 277	980	1 771	97,3
1875	1 393 540	11 749 590	1 341 516	9,6	81,2	9,2	6 919	642	1 698	95,7
1876	1 383 887	11 718 030	1 804 558	9,2	78,7	12,1	7 502	583	1 561	92,1
1877	1 552 719	13 052 510	2 858 939	9,0	74,7	16,3	9 705	2 203	1 344	86,2
1878	1 655 929	14 761 044	2 245 006	8,9	79,1	12,0	13 855	4 150	1 065	79,3
1879/80	1 747 478	14 979 404	2 372 785	9,1	78,5	12,4	15 544	1 689	970	91,0
1880/81	1 930 797	16 620 080	1 766 764	9,5	82,0	8,5	16 350	806	1 016	104,9
1881/82	2 273 412	18 344 048	1 817 082	10,1	81,8	8,1	16 789	439	1 092	107,2
1882/83	2 134 483	18 498 239	1 963 800	9,4	81,9	8,7	17 255	466	1 072	98,2
1883/84	2 514 470	20 253 816	1 684 814	10,2	82,9	6,9	17 679	424	1 145	106,8
1884/85	2 619 275	21 241 740	2 074 921	10,1	81,9	8,0	18 178	499	1 168	102,0
1885/86	2 724 079	22 229 665	1 222 168	10,4	85,0	4,6	18 678	500	1 190	101,9
1886/87	2 768 001	24 145 349	1 663 281	9,6	84,5	5,9	19 775	1 097	1 230	103,4
1887/88	2 811 922	26 061 033	2 004 405	9,1	84,4	6,5	19 803	28	1 316	107,0
1888/89	2 977 143	27 052 669	1 590 940	9,4	85,6	5,0	20 486	683	1 320	100,3
1889/90	3 399 306	30 154 138	1 217 384	9,8	86,7	3,5	21 031	545	1 433	108,6
1890/91	3 294 291	31 113 404	1 003 327	9,3	87,9	2,8	21 625	594	1 438	100,3
1891/92	3 362 566	32 103 844	913 337	9,2	88,3	2,5	22 302	677	1 484	103,1
1892/93	4 262 378	34 448 786	1 324 758	10,6	86,1	3,3	22 815	513	1 509	101,7
1893/94	4 547 700	35 829 620	1 243 912	10,9	86,1	3,0	23 229	414	1 546	102,6
1894/95	4 308 403	35 827 396	1 811 433	10,3	85,4	4,3	24 321	1 092	1 475	95,3
1895/96	4 581 785	40 385 354	4 340 509	9,3	81,9	8,8	25 428	1 107	1 588	107,6

Die Tabelle 34 (S. 38) gibt für jedes Jahr, mit dem Jahre 1875 beginnend und bis zum Jahre 1894/95, eine Vertheilung des Wassers für öffentliche Zwecke nach den verschiedenen Verwendungsarten, als für Strassensprengen, für öffentliche Springbrunnen, für Rinnsteinspülen, für Kanalspülen, für Bedürfnissanstalten, für die Bewässerung öffentlicher Anlagen, für Feuerlöschen und für Diverses, sowohl im ganzen Jahresverbrauche, als auch das Verhältniss jeder der Verwendungsarten gegenüber je 100 cbm des für öffentliche Zwecke überhaupt verwendeten Wassers.

Nach den Angaben der Fabrikanten waren bis Ende des Jahres 1895 an die Stadt im Ganzen an Wassermessern geliefert: 6 von C. A. Spanner, Wien-Aachen, 173 von H. Meinecke, Breslau, und 28 458 von Siemens & Halske, Berlin, also im Ganzen 28 637.

Tabelle 34.

Jahr	cbm Wasser für öffentliche Zwecke: A Strassen-sprengen	B Oeffentl. Spring-brunnen	C Rinn-stein-spülen	D Kanal-spülen	E Be-dürfniss-anstalten	F Bewäss. öffentl. Anlagen	G Feuer-löschen	H Di-verses	von 100 cbm für öffentliche Zwecke für: A	B	C	D	E	F	G	H
1875	293 734	66 591	850 500	4 574	116 891	7 470	2 800	—	21,0	4,8	60,9	0,3	8,4	0,5	0,1	0,0
1876	322 029	72 104	850 500	1 833	117 240	18 991	1 190	—	23,2	5,2	61,6	0,1	8,5	1,3	0,1	0,0
1877	378 225	101 940	888 300	696	120 777	61 405	1 283	93	24,4	6,5	57,2	0,0	7,8	4,0	0,1	0,0
1878	485 164	88 704	840 000	41 018	120 123	78 029	2 534	57	29,3	5,3	50,7	2,5	7,3	4,7	0,1	0,0
1879/80	496 860	84 546	826 000	119 200	141 533	77 067	2 200	72	28,4	4,8	47,4	6,8	8,1	4,4	0,1	0,0
1880/81	643 146	140 727	781 508	—	244 815	117 938	2 554	109	33,3	7,3	40,5	0,0	12,7	6,1	0,1	0,0
1881/82	625 436	207 221	555 684	405 233	293 751	121 667	2 177	—	27,5	9,1	24,3	17,8	12,9	5,3	0,1	0,0
1882/83	557 444	188 017	472 015	422 357	391 804	100 787	2 059	—	26,0	8,8	22,2	19,8	18,4	4,7	0,1	0,0
1883/84	729 830	185 095	512 397	519 887	427 167	134 968	4 850	276	29,2	7,3	20,4	20,6	17,0	5,3	0,2	0,0
1884/85	617 225	—	430 379	—	—	—	—	—	23,6	—	16,4	—	—	—	—	—
1885/86	672 550	—	249 820	530 876	—	—	—	—	24,7	—	9,2	20,0	—	—	—	—
1886/87	772 550	—	—	—	—	—	—	—	28,0	—	—	—	—	—	—	—
1887/88	847 455	201 457	144 775	756 749	653 753	204 433	3 232	68	30,2	7,2	5,1	26,9	23,2	7,3	0,1	0,0
1888/89	805 143	225 213	133 472	872 421	698 012	241 288	1 424	160	27,1	7,6	4,5	29,3	23,4	8,1	0,0	0,0
1889/90	958 389	230 516	148 110	1 074 710	741 569	244 288	1 480	244	28,2	6,8	4,3	31,7	21,8	7,2	0,0	0,0
1890/91	803 688	271 135	120 158	1 177 390	677 278	242 245	2 292	105	24,4	8,2	3,6	35,8	20,6	7,3	0,1	0,0
1891/92	820 605	433 180	80 497	1 115 880	724 006	167 329	2 488	18 581	24,4	12,9	2,4	33,2	21,6	5,0	0,1	0,1
1892/93	1 115 063	702 790	82 056	1 306 450	755 374	264 986	4 382	31 988	26,2	16,5	1,9	30,6	17,8	6,2	0,1	0,7
1893/94	1 143 760	724 165	69 631	1 473 390	773 244	343 523	8 408	11 579	25,2	16,0	1,5	32,5	17,0	7,5	0,1	0,2
1894/95	963 020	745 494	50 657	1 487 731	833 499	214 519	2 124	11 360	22,4	17,3	1,2	34,5	19,3	5,0	0,1	0,2
1895/96	1 165 763	629 234	23 009	1 513 390	861 400	364 637	4 856	19 496	25,1	13,7	0,5	33,1	18,9	8,0	0,1	0,4

Dieselben vertheilen sich nach den verschiedenen Grössen, wie es die folgende Tabelle 35 angibt. In der Tabelle sind ferner die 17 140 resp. 24 321 resp. 25 446 Messer, welche am 1. April 1882, 1895 und 1896 eingebaut waren, nach den verschiedenen Grössen aufgeführt.

Tabelle 35.

Durch-mess. mm	Geliefert bis Ende 1895	vorhanden am 31. März 1882	1895	1896
6	20	—	12	12
10	388	—	—	—
12	1 350	216	271	271
13	65	—	—	—
16	38	—	8	8
20	1 895	127	68	68
25	20 489	14 479	20 060	21 168
30	87	—	—	—
40	3 449	1 997	3 288	3 288
50	427	174	302	302
65	18	—	—	—
75	165	74	114	116
80	4	—	—	—
100	209	73	190	195
125	6	—	—	—
150	19	—	8	8
200	2	—	—	—
zusammen		17 140	24 321	25 446

Die Abgabe von Wasser an Private erfolgt nur durch Wassermesser und zwar gegen eine Zahlung von M. 24 für die ersten 80 cbm und darunter im Vierteljahre. Bei Mehrverbrauch im Vierteljahre ist zu zahlen für jeden cbm über 80 bis zu 200 cbm 30 Pf. und über 200 cbm pro cbm 15 Pf. Die Messer werden nur leihweise von der Stadt gestellt, und es ist dafür seit dem Jahre 1895, je nach der Grösse, als vierteljährliche Miethe zu zahlen:

Durchmesser mm	12	20	25	40	50	75	100
Mark	1,00	1,00	1,50	2,25	3,00	4,50	5,00.

Die Kosten der Nachprüfung eines Messers, welche dem Miether zur Last fallen, falls sich dabei eine unrichtige Notirung nicht zeigt, betragen einschliesslich der Kosten für Transport etc.:

Durchmesser mm	12 bis 25	40	50	75	100
Mark	6	9	12	15	18.

Zu den Zuleitungen dürfen bis 40 mm Durchmesser nur Bleirohre und darüber müssen gusseiserne Rohre verwendet werden. Schmiedeeiserne Rohre sind verboten. Die Bleirohre müssen mindestens nachfolgende Gewichte pro lfd. m haben:

Durchmesser mm . .	12	20	25	30	40
kg	2,2	3,8	6,3	7,5	11,0.

Der Hauptabsperrhahn für jede Zuleitung ist an der Stelle, wo das Rohr in das Grundstück eintritt, womöglich nicht weiter als 1,0 m von der Strassenfront entfernt zu stellen. Dampfkessel dürfen nicht direct mit der Leitung verbunden werden. Rohre zur Speisung von Reservoiren müssen über dem Wasserspiegel hoch geführt werden und dürfen nicht in das Reservoir münden. Als Regel für die Grösse der Rohre ist vorgeschrieben, wenn das horizontale Hauptrohr unter 30 m Länge und die Zapfhähne 10 bis 20 mm Durchmesser haben:

Zahl der Hähne .	1—20	20—40	40—60	über 60
Durchmesser mm .	25	30	40	50.

Dabei ist ein Closethahn oder ein Pissoirstand gleich 2 Hähnen zu rechnen. Erdrohre von mehr als 30 m Länge dürfen nicht unter 40 mm Durchmesser haben.

f) Betriebs- und Anlagekosten.

Die ausserordentlichen Verhältnisse der Berliner Wasserwerke rechtfertigen es, abweichend von dem sonst hier befolgten Gebrauche, auf der Tabelle 36 (S. 39) einen Auszug aus den Betriebsabrechnungen der Jahre 1894/95 und 1895/96 aufzunehmen, der zugleich einen speciellen Einblick in die Organisation der Verwaltung gestattet.

Tabelle 36.

Gegenstand	Abschluss am 31. März 1895	Abschluss am 31. März 1896
	ℳ	ℳ
A. Einnahmen.		
Absatz von Wasser nach Messern	6 874 930	7 136 281
desgleichen nach Pauschalsätzen	7 000	45 485
Wassermessermiethe	152 366	154 888
Hausanschlüsse	134 216	199 607
Diverse Zinsen und Miethen	5 391	6 238
Verschiedene Einnahmen	25 927	82 983
zusammen M.	7 199 830	7 625 482

B. Ausgaben.

Gegenstand		Theilsumme 31. 3. 95	Theilsumme 31. 3. 96	1895	1896
		ℳ	ℳ	ℳ	ℳ
1. Verwaltungsbureau:	Gehälter	73 040	78 951		
	Sachliche Ausgaben	31 489	30 213		
	Kassenverwaltung	74 470	73 126	178 999	182 290
2. Betriebsbureau:	Gehälter	41 785	44 913		
	Sachliche Ausgaben	2 229	1 329	44 014	46 242
3. Technisches Bureau:	Gehälter	20 853	16 428		
	Sachliche Ausgaben	483	541	21 291	16 969
4. Rohrsystem:	Gehälter	34 068	38 040		
	Unterhaltung	39 872	41 885		
	Veränderungen	8 982	11 760		
	Auswechslungen	92 415	106 690		
	Diverses	7 542	7 921	18 2879	206 296
5. Wassermesser:	Gehälter	37 498	89 218		
	Anschaffungen	21 388	56 545		
	Remontekosten	38 644	39 702		
	Diverses	11 897	10 751	159 417	196 216
6. Telegraphen:	Gehälter	8 280	7 240		
	Diverses	10 553	11 928	18 833	19 168
7. Werkbetrieb:	Gehälter	112 371	110 906		
	Betriebsmaterial: Kohlen	334 923	343 216	(360 402)	(366 599)
	Putz- und Schmiermaterial	21 326	19 976		
	Diverses	4 153	3 362		
	Betriebslöhne: Maschinen und Kessel	159 116	152 248		
	Betrieb: Filter und Reservoire etc.	43 543	37 761		
	Reparaturen. Maschinen und Kessel	33 492	39 143	(60 946)	(62 944)
	Filter und Reservoire	8 395	7 621		
	Mobilien und Werkzeuge	7 579	4 453		
	Gebäude	11 480	11 727		
	Beleuchtung	28 401	27 582		
	Heizung	9 303	8 554		
	Be- und Entwässerungsanlagen	5 496	4 030		
	Einfriedigungen, Gärten etc.	4 692	4 446		
	Diverse Arbeitslöhne	77 810	73 508		
	Steuern, Abgaben, Kranken- und Unfallkasse	64 009	52 649		
	Fahrgelder und diverse Ausgaben	8 632	5 792	934 717	907 022
8. Werkstelle:	Gehälter	23 346	32 006		
	Gebäudereparaturen	1 993	1 952		
	Mobilien und Werkzeuge	11 674	11 839		
	Löhne	16 814	16 208		
	Kassenbeiträge, Steuern etc.	6 503	7 968		
	Feuerungsmaterialien	2 623	1 118		
	Gas und Wasser	2 863	3 059		
	Diverses	3 515	3 704	69 361	77 854
9. Hausanschlüsse		—	—	96 325	146 045
10. Aussergewöhnliche Ausgaben		—	—	27 257	39 541
11. Pensionen und Unterstützungen		—	—	12 345	15 585
12. Schuldentilgungen		—	—	1 431 962	1 560 452
13 Verzinsungen		—	—	2 030 899	2 097 377
14. Reserve- und Erneuerungsfonds		—	—	100 000	100 000
15. Ueberschuss an die Stadtkasse		—	—	1 891 229	1 958 473
Zusammen M.				7 199 830	7 625 482

Die Anlagekosten des Stralauer Werkes bei Uebernahme durch die Stadt am 30. Mai 1873 haben betragen:

Grundbesitz	4 088 592 M.
Rohrsystem	11 492 706 »
Stralau: Reservoire und Filter	3 400 835 »
Maschinen und Pumpen	4 663 378 »
Erweiterungsbauten	246 529 »
Zuleitungen	992 907 »
Wassermesser	531 959 »
Utensilien	3 159 »
Mobilien	7 845 »
zusammen	25 427 910 M.

Aus dem Abschlusse am 31. März 1895 und 1896 ergeben sich als die derzeitigen Anlagekosten exclusive Abschreibungen für die einzelnen Werke und sonstigen Anlagetheile die in der Tabelle 27 aufgeführten Summen:

Tabelle 37.

Gegenstand	am 31 März 1895 M	am 31 März 1896 M
Grundbesitz	6 589 096	7 038 395
Stralauer Reservoire und Filter	1 154 405	1 113 080
Maschinen und Pumpen	1 337 329	1 337 329
Tegel	7 283 703	728 703
Charlottenburg	3 632 822	3 632 822
Druckrohrstrang Tegel-Charlottenburg	1 928 527	1 928 527
Belforter Strasse	2 286 577	2 286 577
Tempelhofer Berg	287 250	277 859
Müggelsee, 1. und 2. Viertel	11 879 101	11 979 101
Lichtenberg	5 696 667	5 810 063
Müggelsee, 3. Viertel	3 739 886	5 340 216
Werkstellengebäude (Melchiorstr.)	164 645	164 645
Rohrleitungen	7 104 571	7 463 038
Desgl von Charlottenburg	7 432 842	7 432 842
Wassermesser	1 573 201	1 629 746
Zuleitungen	560 000	560 000
Telegraphenleitungen	78 691	78 691
Utensilien	82 961	85 958
Mobilien	28 424	28 886
Werkstelleneinrichtung etc.	38 672	37 037
Zusammen M.	62 879 070	65 508 519

g) Beschaffenheit des Wassers.

Chemische und bacteriologische Untersuchungen des Wassers werden 14 tägig durch das hygienische Institut vorgenommen. Ausserdem wird das Wasser jedes Filters täglich durch die Betriebsingenieure der Hauptwerke bacteriologisch untersucht. Als Untersuchungsresultate sind für das Jahr 1895 folgende Zahlen mitgetheilt

Tabelle 38.

im Liter Wasser	unfiltrirt	filtrirt
Keimgehalt in ccm	22 bis 5950	12 bis 260
Trockenrückstand	193,0 » 220,5	170,0 » 218,0
Kalk	35,5 » 60,5	52,5 » 44,0
Chlor	22,0 » 18,0	19,0 » 22,0
Oxydirbarkeit (Kaliumpermanganat)	19,5 » 13,0	17,0 » 12,0
Ammoniak, Salpetersäure	Null	Null

VI. Regierungsbezirk Potsdam.

(Provinz Brandenburg.)

a) Angermünde 2 (Oderberg i. M. 33, Schwedt 45). — **b)** Beeskow 8. — **c)** Brandenburg 7 — **d)** Charlottenburg 9 — **e)** Jüterbog 20 (Dahme 11, Luckenwalde 27). — **f)** K. Niederbarnim (Bernau 5, Boxhagen 6, Friedrichsfelde 15, Lichtenberg-Friedrichsberg 25, Neuweissensee 32, Oranienburg 34, Pankow 35, Rummelsburg 41). — **g)** K. Oberbarnim (Eberswalde 12, Freienwalde 13, Straussberg 50, Wriezen 62). — **h)** K. Ost-Havelland (Ketzin 21, Nauen 30). — **i)** K. Ost-Prignitz (Kyritz 23, Pritzwalk 38, Wittstock 61). — **k)** Potsdam 1 — **l)** Prenzlau 37 (Strasburg 49). — **m)** K. Ruppin (Grausee 17, Neu-Ruppin 31, Wusterhausen 63). — **n)** Spandau 46. — **o)** Teltow 51 (Dahlem 10, Friedenau 14, Grunewald 18, Gross-Lichterfelde 26, Köpenick 22, Lankwitz 24, Mariendorf-Südend 28, Mittenwalde 29, Rixdorf 40, Schlachtensee 42, Schmargendorf 43, Schöneberg 44, Steglitz 47, Stralau 48, Tempelhof 52, Trebbin 54, Treptow 55, Wannsee 57, Wilmersdorf 59, Zehlendorf 65, Zossen 66). — **p)** Templin 53 (Zehdenick 64). — **q)** K. West-Havelland (Friesack 16, Rathenow 39). — **r)** K. West-Priegnitz (Havelberg 19, Perleberg 36, Wittenberge 60). — **s)** Belzig 4 (Beelitz 3, Treuenbriezen 56, Werder 58).

Anhang 67. Charlottenburger Wasserwerke. 68. Wasserwerk Ost-Vororte Berlin.

1. Regierungshauptstadt **Potsdam.** (E. 58 452, W. 2462 mit je 23,8 B.)

Die Wasserversorgung der Stadt Potsdam erfolgte früher in stets ausreichenden Mengen aus Brunnen innerhalb der Stadt, und es war das Wasser nur ausnahmsweise nicht einspruchsfrei. Trotzdem veranlasste den Magistrat im Jahre 1872 der Wunsch nach einer einheitlichen Versorgung, weil die städtischen Finanzen den Regiebau einer solchen Anlage derzeit ausschlossen, eine öffentliche Concurrenz für den Bau und Betrieb eines Wasserwerkes zur Versorgung der Stadt auszuschreiben. Aus der Zahl der Offerenten ging ein englisches Consortium als Sieger hervor, mit welchem die Stadt im Jahre 1874 einen Vertrag abschloss und das auf Grund desselben eine Actiengesellschaft mit M. 2 000 000 Actienkapital unter dem Namen: »City of Potsdam-Waterworks« gründete. Die ursprüngliche Absicht der Gesellschaft, das Unternehmen auch auf die südlichen Villenkolonien Berlins auszudehnen, ist nicht zur Ausführung gekommen.

Mit dem Bau ist am 31. März 1875 begonnen, und im August 1876 ist das Werk in Betrieb gesetzt. Der Bauleiter und anfängliche Betriebsleiter war der Oberingenieur W. H. L. Green in Berlin. Das Werk war für eine Tagesleistung von 6000 cbm bestimmt und hat ursprünglich M. 2 191 580 gekostet. Am 1. Juli 1890 ist es für M. 1020000 in den Besitz der Stadt übergegangen. Jetziger Betriebsleiter ist der städtische Ingenieur Habermann.

Das Wasser wird 4,2 km von der Stadt entfernt am Ufer des Jungfernsees durch Brunnen aus dem Grundwasser erschlossen und durch Dampfkraft einem 1200 m entfernten Hochreservoire auf dem Pfingstberge zugeführt, das ca. 3,2 km von der Stadt entfernt liegt. Anfangs waren 4 Brunnen ausgeführt. Deren Zahl ist später auf 10 ausgedehnt, und im Jahre 1894/95 waren deren 18 in Benutzung.

Die Brunnen sind eiserne Rohrbrunnen; von ihnen haben 6 einen Durchmesser von 150 mm und 12 einen solchen von 100 mm. Die ersten 8 Brunnen hatten 25,0 m Tiefe. Später sind 2 von 40,5 m Tiefe hergestellt, in welche man 6,0 m hoch groben Sand und Kies in der Hoffnung eingefüllt hat, damit die seit dem Jahre 1878 eingetretene, starke Verunreinigung durch Eisen zu beseitigen, was aber nicht gelang. Später ist eine Enteisenung durch eine Belüftung des Wassers vor dessen Eintritt in das Hochreservoir mit Erfolg eingeführt, über deren specielle Einrichtung Angaben nicht vorliegen.

Die einzelnen Brunnen waren durch eine gemeinschaftliche Saugeleitung verbunden, welche an die Druckpumpen der Maschinen angeschlossen war. Um eine für die Wassergewinnung nöthige, grössere Absenkung zu erlangen, hat man nach dem Projecte des Bauraths Thiem in Leipzig später das gemeinschaftliche Saugerohr von den Brunnen als Heberohr in einen besonderen Sammelbrunnen übergeleitet, und aus diesem wird jetzt das Wasser durch eine Centrifugalpumpe in ein Zwischenreservoir von 600 cbm Inhalt gefördert, aus dem es dann die Druckpumpen entnehmen.

Die Centrifugalpumpe ist von Brodnitz & Seydel in Berlin geliefert. Für ihren Betrieb ist eine eincylindrische Condensationsmaschine mit Rider-Steuerung aufgestellt, welche 275 mm Cylinderdurchmesser und 0,5 m Kolbenhub hat und 80 Umdrehungen pro Minute macht. Sie ist von der Firma Dinglinger in Cöthen geliefert.

Für den Betrieb der Druckpumpen sind 2 liegende eincylindrische Schwungradmaschinen mit einem Körting'schen Dampfstrahl-Condensator aufgestellt. Die Maschinen sind nach Starke's Patent sich selbst regulirende. Sie haben Cylinder von 529 mm Durchmesser und einen Kolbenhub von 0,941 m. Sie machen 25 bis 30 Umdrehungen pro Minute und haben eine Leistung von 30 PS. Jede Maschine betreibt direct durch die verlängerte Kolbenstange eine doppeltwirkende, liegende Plungerpumpe von 285 mm Plungerdurchmesser mit freien Ringventilen, welche 144 cbm Wasser pro Stunde bei 30 Doppelhüben pro Minute auf 45 m Höhe fördern.

Für die Dampferzeugung waren Anfangs 3 Kessel vorhanden; deren Zahl ist jetzt auf 4 vermehrt. Es sind Cornwallkessel mit je 2 Feuerrohren von 0,55 m Durchmesser. Die Kessel haben 7,2 m Länge und im Mantel 1,822 m Durchmesser. Jeder derselben hat 46 qm Heizfläche und ist für 4 Atm. Dampfdruck concessionirt. Die Maschinen und die ersten 3 Kessel sind von der Firma Starke & Hoffmann in Hirschberg i. Schl. geliefert.

Das Hochreservoir hat bei 5,0 m Wasserhöhe einen Inhalt von 4045 cbm. Es misst im Grundriss 30 m im Quadrat und ist aus Mauerwerk hergestellt, überwölbt, 2,0 m tief in den Boden versenkt und mit Erde überfüllt. Neben demselben ist ein Thurm mit einem Standrohr erbaut, der event. eine Drucksteigerung bis auf 50,0 m über Havelnull gestattet.

Die Druckleitung zum Hochreservoire hat 400 mm Durchmesser und 1200 m Länge. Von dem Reservoire führt ein Rohr von 400 mm Durchmesser zum Versorgungsgebiete, das schon in 500 m Entfernung von demselben beginnt. Das Vertheilungsnetz ist combinirt nach dem Circulations- und nach dem Verästelungssysteme ausgebildet. Die Versorgung erfolgt constant unter einem einheitlichen Drucke, der nach der örtlichen Terrainhöhe zwischen 35,0 m und 10,0 m variirt.

Das Rohrnetz bestand zu Ende des Betriebsjahres 1894/95 nach den verschiedenen Durchmessern aus folgenden Längen und Schiebern:

Rohrdurchmesser mm	400	300	250	200	175	150
Rohrlänge . . . m	4343	1914	2673	1942	217	6793
Schieberzahl	5	2	4	5	0	22

mm	125	100	70
m	6679	17123	15739
Zahl	26	35	11.

Die Tabelle 39 gibt für das Jahr der Betriebseröffnung und das Ende jedes der Betriebsjahre von 1891/92 bis 1895/96 die vorhandenen Rohrlängen von 400 bis 70 mm Durchmesser, sowie die Zahl der Schieber, Hydranten und öffentlichen Pissoire an:

Tabelle 39.

Jahr	1876	1891/92	1892/93	1893/94	1894/95	1895/96
Rohrlänge m	34 000	48 107	51 481	54 498	57 422	58 119
Schieber	45	81	86	100	110	110
Hydranten	240	358	363	391	395	402
Oeffentliche Pissoire	—	2	3	5	5	6

Die Hydranten sind Unterflurhydranten (Berliner Modell) und stehen ca. 100 m von einander entfernt. Für die Zuleitungen wird Bleirohr und Eisenrohr, ersteres meistens von 20 mm Durchmesser, mit Anbohrhahn und Privathahn, verwendet. Am 1. April 1895 waren 1873 Messer eingebaut, welche sämmtlich von Siemens & Halske, Berlin, bezogen sind. Nach Angabe dieser Firma hat sie im Ganzen 2401 Messer geliefert, welche sich nach der Grösse wie folgt vertheilen:

Durchmesser . . mm	12	20	25	30	40	50	75	100
Stückzahl	62	1520	705	1	47	32	29	5.

Die Tabelle 40 (S. 42) gibt für jedes der 5 letzten Betriebsjahre die geförderte Wassermenge, sowie den Kohlenverbrauch im Ganzen, pro 100 cbm Wasser und pro PS.-Stunde bei 45,6 m Arbeitshöhe, ferner die Leistung in m × kg pro kg Kohlen, die Zahl der Arbeitsstunden der Maschinen im Jahre im Ganzen und für jede der beiden Maschinen am Durchschnittstage an.

Die Tabelle 41 (S. 42) gibt für dieselben Betriebsjahre und für das Jahr 1882 die Einwohnerzahl, die Wasserabgabe im Ganzen und pro Tag und Kopf am mittleren, sowie am höchsten und niedrigsten Consumtage, ferner die Abgabe für öffentliche Zwecke, für Private und für das Wasserwerk incl. Verlust und Rohrspülung, ferner für die einzelnen Verwendungsarten des Wassers für öffentliche Zwecke etc. und endlich verschiedene Verhältnisszahlen an.

Im Jahre 1894/95 hat die mittlere Tagesabgabe im Monat des stärksten resp. des schwächsten Consums 3026 resp. 1457 cbm oder pro 100 cbm am mittleren Tage des Jahres 131,3 cbm resp. 63,2 cbm betragen.

Tabelle 40.

Gegenstand		1891/92	1892/93	1893/94	1894/95	1995/96
Wasserförderung	cbm	568 432	769 028	856 369	833 902	964 953
Kohlenverbrauch	kg	446 830	582 637	768 710	727 715	763 150
Desgl. pro 100 cbm Wasser	»	78,7	75,8	89,0	87,4	78,1
» » PS.-Stunde	»	4,66	4,49	5,26	5,16	5,08
Stunden Arbeitszeit im Jahr	»	4841	5602	5349	5525	6038
Desgl. pro Tag pro Maschine	»	6,6	7,8	7,3	7,9	8,3
Leistung pro kg Kohle m × kg	»	58 000	60 200	51 400	52 300	763 150

Tabelle 41.

Jahr		1882	1891/92	1892/93	1893/94	1894/95	1895/96
Einwohnerzahl		48 447	55 154	55 804	54 161	56 668	55 849
Gesammtabgabe im Jahre	cbm	301 426	567 390	768 947	856 453	833 875	964 953
Desgl. gegen 100 cbm des Vorjahres	»	—	—	135,2	111,5	97,2	115,7
Liter pro Kopf pro Tag im Mittel		17	65	66	70	55	47
Zahl der Anschlüsse		650	1243	1396	1559	1806	2150
cbm pro Anschluss im Jahr		464	555	550	550	461	479
Tagesabgabe am							
mittleren Jahrestage	cbm	826	1559	2107	2346	2304	2637
Maximaltage des Jahres	»	2040	3031	4711	4670	4621	5270
Minimaltage des Jahres	»	390	780	857	1124	1311	1508
Von 100 cbm am mittleren Jahrestage am							
Maximaltage des Jahres	»	247,2	194,8	223,6	199,0	200,6	200,0
Minimaltage des Jahres	»	47,3	50,1	40,7	47,9	57,0	57,1
Wasser für öffentliche Zwecke	»	27 425	60 444	107 291	106 150	59 593	83 977
Davon zum Strassensprengen	»	19 148	27 104	40 661	43 891	28 917	38 060
» Rinnstein- und Kanalspülen	»	8277	21 601	37 222	26 764	17 557	23 567
» Bedürfnissanstalten	»	—	10 164	24 754	27 807	11 249	17 191
» Bewässern öffentlicher Anlagen	»	—	1 575	4 652	7 688	1 870	5 159
Von 100 cbm für öffentliche Zwecke für							
Strassensprengen	»	69,8	44,9	37,8	41,4	48,5	45,2
Rinnstein- und Kanalspülen	»	30,2	35,7	34,8	23,1	29,5	28,0
Bedürfnissanstalten	»	—	41,4	25,2	26,2	18,9	20,4
Bewässern öffentlicher Anlagen	»	—	48,3	29,3	18,8	3,1	6,2
Wasser für Private (nur nach Messer)	»	217 820	446 930	541 510	655 560	727 715	758 010
Wasser für das Wasserwerk incl. Spülen, Verlust etc.	»	56 181	60 001	120 146	94 743	45 185	123 153
Von 100 cbm Gesammtabgabe für							
öffentliche Zwecke	»	9,1	10,6	14,0	12,4	7,2	8,7
Private	»	72,2	78,8	70,4	76,6	87,4	78,5
das Wasserwerk	»	18,7	10,6	15,6	11,0	5,4	12,8
Gesammtabgabe ohne Messer	»	83 606	120 460	186 310	94 743	106 160	161 782
Desgl. von 100 cbm der Gesammtabgabe	»	27,8	21,3	24,2	11,1	12,7	16,7
Desgl. nach Messern	»	72,2	78,7	75,8	88,9	87,3	83,3
Zahl der aufgestellten Messer		650	1243	1385	1541	1806	2216
Abgabe pro Messer im Jahr	cbm	335	359	420	495	403	362

Die Abgabe des Wassers an Private erfolgt ausschliesslich durch Wassermesser, welche vom Wasserwerk leihweise geliefert und aufgestellt werden und für welche dieses die Verbindung mit dem Strassenrohre und mit dem inneren Leitungsrohre herstellt. Die jährliche Miethe für die Messer beträgt für Messer von:

Durchmesser . . mm	12	20	25	40	50	75	100
Jahresmiethe . . M.	5,50	6,00	8,00	10,50	15,00	21,00	27,50.

Als Wassergeld ist vierteljährlich zu zahlen für die ersten 30 cbm und weniger im Ganzen M. 10,00 und für jede fernere 10 cbm über 30 cbm M. 1,50, wobei 5 cbm und mehr als 10 cbm und unter 5 cbm gar nicht gerechnet werden.

Ueber die Wasserbeschaffenheit liegt eine sehr eingehende Aeusserung vom h y g i e n i s c h e n I n s t i t u t d e r k g l. U n i v e r s i t ä t in Berlin vom 20. October 1893 vor, die durch die Anfrage des Magistrats vom 28. August 1893 hervorgerufen ist, der sich ein Urtheil darüber erbeten hatte, ob durch die Art der dortigen Wasserversorgung event. Cholerakeime würden verbreitet werden können. Die Proben für die durch den Dr. N i e m a n n ausgeführten chemischen Untersuchungen sind am 12. September und diejenigen für die durch den Dr. Wernike ausgeführten bacteriologischen Untersuchungen sind für die erste Reihe am 28. August und für die zweite Reihe am 30. September 1893 entnommen. Das Resultat dieser Untersuchungen gibt die Tabelle 42 an.

Aus diesen Untersuchungen wird der Schluss gezogen, »dass das am Jungfernsee bezogene Grundwasser an sich nicht infectionsverdächtig ist. Dagegen ist die Möglichkeit aus der Ortsbesichtigung hergeleitet, dass wegen der Mangelhaftigkeit der Lüftungsanlage nachträglich Infectionserreger

Tabelle 42.

Ort der Entnahme	See	Brunnen No. 4	Brunnen No. 13.	Windkessel	Hochreservoir	Lüftungsrinne	In der Stadt von 6 Punkten: Min.	Max.
Rückstand 110° C.	24,84	46,80	60,01	46,90	44,58	43,40	42,00	68,90
Chlor	4,10	9,6	11,45	12,36	10,7	10,00	9,23	15,05
Kalk	6,20	8,45	8,94	8,10	9,12	8,40	8,12	9,10
Schwefelsäure	5,67	3,68	4,25	3,70	3,74	3,48	3,13	4,12
Gelöstes Eisenoxyd	0,80	4,20	5,10	4,20	3,31	3,70	3,20	5,60
Oxydirbarkeit	1,41	1,23	2,04	1,26	1,28	1,40	1,06	1,26
Ammoniak	1,44	0,10	0,06	Spur	0,16	0,10	Spur	0,10
Salpetersäure	Starke Reaction (Salpetersäure und Salpetrige Säure)	Spur	Spur	-	—	—	Spur	Deutl. Reaction
Salpetrige Säure		Starke Reaction	Spur	deutl. Reaction	Starke Reaction	Starke Reaction	Spur	—
Deutsche Härtegrade	7,6	10,2	9,4	8,4	9,1	8,8	8,0	9,2
Aussehen	gelblich	gelblich	gelblich	gelblich	gelblich	gelblich	farblos	dunkelgelb
Keimzahl (28. August)	—	31	—	660	360	16	16	1826
Desgleichen (30. September)	4000	(Brunnen 1 u. 13) 10—17		—	800	—	—	—

in das Wasser gelangen können. Eine Umänderung der Lüftungsanlagen erscheint daher dringend geboten, um so mehr, als eine hohe Wahrscheinlichkeit vorhanden ist, dass die Gesammtqualität des Wassers durch ein den neuesten Erfahrungen entsprechendes Enteisenungsverfahren durchaus verbessert werden wird.«

»Als einzig wunder Punkt«, heisst es vorher, »ist die Construction der Lüftungsrinne erkannt, weil sie die Enteisenung des Wassers nicht herbeiführen kann und weil sie eine Unterbrechung in dem sonst geschlossenen Röhrensysteme der Anlage darstellt. Sie ist nur mit Brettern eingedeckt, so dass Staub und Schmutz, unter Umständen auch Krankheitserreger, durch die Spalten zwischen den Brettern hindurchdringen können; ausserdem kommt der Regen und mit demselben kommen fortgeschwemmte Theilchen der Erdoberfläche in die Rinne. Mit dem Grundwasser kann sich Oberflächenwasser, welches der Verunreinigung ausgesetzt ist, zusammen mit dem Luftstaub mischen. Damit ist eine Infectionsgefahr gegeben. Auch ist es nicht ausgeschlossen, dass das Wasser in der Lüftungsrinne unmittelbar durch Fäkalien von Menschen verunreinigt werden kann, die zufälliger Weise auf dem Hochreservoir ihre Nothdurft verrichten.«

2. a. **Angermünde.** (E. 7330.)

Die Wasserversorgung der Stadt Angermünde erfolgt ausschliesslich aus gegrabenen und gesenkten Brunnen von ca. 10,0 m Tiefe. Es sind deren 33 öffentliche und 198 private vorhanden. Das Wasser ist im Allgemeinen gut und auch immer in genügender Menge vorhanden, so dass ein Bedürfniss nach einer Aenderung nicht empfunden wird.

3. s. **Beelitz.** (E. 3159, W. 350 mit je 9,0 B.)

Die Wasserversorgung der Stadt Beelitz erfolgt ausschliesslich aus Brunnen 14 davon dienen der allgemeinen Benutzung. Davon sind 11 gemauert und gesenkt. Die beiden anderen sind eiserne Rohrbrunnen.

4. s. **Belzig.** (E. 2750, W 400 mit je 7,0 B.)

Die Wasserversorgung der Stadt Belzig erfolgte früher ausschliesslich aus gesenkten, gemauerten und gebohrten, eisernen Brunnen. Davon dienen 3 für die öffentliche Benutzung und eine grosse Zahl solcher ist in Privatbesitz.

Im Jahre 1886 ist für städtische Rechnung mit einem Kostenaufwande von M. 20000 oder M. 7 pro Kopf eine allgemeine Wasserversorgung hergestellt. Durch dieselbe werden 12 öffentliche Ventilbrunnen und 12 Hydranten gespeist, und 103 Häuser haben Anschlüsse daran. Für 11 derselben sind Wassermesser eingebaut, welche von Siemens & Halske, Berlin, geliefert sind und von welchen 2 Stück 13 mm, 7 Stück 20 mm und 1 Stück 25 mm Durchmesser haben. Der tägliche Wasserverbrauch beträgt ca. 60 cbm.

Das Wasser wird 1 km von der Stadt entfernt in der Stadtmark aus Quellen von 100 cbm täglicher Ergiebigkeit erschlossen und in einem eisernen Brunnen von 120 cbm Inhalt gesammelt, dessen Wasserspiegel 20,0 m hoch über dem Ortsniveau liegt. Mit natürlichem Gefälle wird es durch gusseiserne Rohre von 130 mm, 100 mm und 80 mm Durchmesser und 2000 m Länge der Stadt zugeführt und hier direct vertheilt.

5. f. **Bernau.** (E. 8176, W. 561 mit je 14,5 B.)

Die Wasserversorgung der Stadt Bernau erfolgt ausschliesslich aus gegrabenen und gebohrten Brunnen von 8,0 bis 9,0 m Tiefe. 40 davon dienen für öffentliche Zwecke und 319 liegen auf privaten Grundstücken Das Wasser genügt stets quantitativ. Seine Qualität ist aber eine mit den Grundwasserständen wechselnde. Verhandlungen zur Einrichtung einer centralen Versorgung haben bereits geschwebt, aber noch nicht zu einem abschliessenden Resultate geführt.

6. f. **Boxhagen.**

Die Wasserversorgung der Colonie Boxhagen erfolgt durch das Wasserwerk Ost-Vororte Berlin.

7. c. **Brandenburg a. H.** (E. 42689, W. 2525 mit je 16,9 B.)

In der Stadt Brandenburg wurde früher das Wirthschaftswasser der Havel entnommen und zur Versorgung mit Trinkwasser dienten 85 öffentliche und ca. 800 private Brunnen, welche aus dem um 2,5 m in seiner Höhe schwankenden Grundwasser in der Stadt gespeist werden.

Die hiermit verbundenen Mängel haben die Stadtverwaltung im Jahre 1893 veranlasst, den Ingenieur O. Smrecker in Mannheim zu beauftragen, Untersuchungen zur Erreichung einer besseren Wasserversorgung anzustellen. In deren weiteren Verlaufe ist dann in den Jahren 1894/95 der Bau eines Wasserwerks nach dem Projecte Smrecker's unter seiner und des Stadtbauraths Krzyzagórski Leitung ausgeführt und am 1. Januar 1896 in Betrieb gesetzt. Die Anlagekosten haben M. 900000 im Ganzen oder M. 21 pro Kopf betragen. Den Betrieb besorgt unter Leitung des Stadtbauraths ein Ingenieur mit einem entsprechenden Unterpersonale.

Das Wasser wird aus 5 Rohrbrunnen, die aus verzinktem Schmiedeeisen mit inneren Kupferfiltern bestehen, gewonnen. Sie haben eine Tiefe von 17,3 m, 23,0 m, 15,0 m, 20,1 m und 18,5 m bei 600 mm Durchmesser. Das gepumpte Wasser wird einer Enteisenung unterworfen, nachdem es durch Vorpumpen gehoben ist. Durch Druckpumpen wird es dann in ein gemauertes Hochreservoir befördert, welches sich zwischen der Pumpstation und der Stadt befindet.

In der Pumpstation sind 2 liegende Verbundmaschinen mit Condensation aufgestellt, welche bei 40 bis 60 Umdrehungen pro Minute eine Leistung von 35 PS. bis 55,5 PS. entwickeln. Die Dampfcylinder haben 360 mm resp. 550 mm Durchmesser, und deren Kolben haben 0,7 m Hub. Jede Maschine betreibt durch die Kolbenstange des Hochdruckcylinders direct eine Druckpumpe und von der des Niederdruckcylinders wird mittels eines Kunstkreuzes eine Hebepumpe in Bewegung gesetzt. Erstere ist doppeltwirkend und hat 270 mm Durchmesser; letztere ist einfachwirkend und hat 470 mm Durchmesser. Zum Betriebe der Maschinen dienen 2 Cornwallkessel von je 40 qm Heizfläche, welche für 8,5 Atm. Dampfspannung concessionirt sind.

Das Hochreservoir liegt von der Pumpstation 7300 m entfernt und ist mit ihr durch eine Druckleitung von 400 mm Durchmesser und 7500 m Länge verbunden. Es besteht aus 2 Theilen von je 750 cbm Inhalt. Sein Wasserspiegel liegt 32,0 m hoch über dem der Brunnen Es ist überwölbt und in den Boden versenkt.

Das Rohrnetz ist nach dem Circulationssysteme ausgeführt und steht unter einem einheitlichen Leitungsdrucke, welcher im Mittel 30,0 m beträgt. Die Rohrleitungen haben ca. 24000 m Länge. Mit ihnen sind 200 Schieber und 210 Unterflurhydranten mit Selbstentwässerung verbunden. Die Zuleitungen und die Hausleitungen bestehen aus Bleirohren. Erstere sind mit Bohrschellen von Bopp & Reuther in Mannheim an die Hauptrohre angeschlossen. Bei der Eröffnung des Werkes waren 400 Anschlussleitungen fertiggestellt.

Die Abgabe des Wassers soll nur durch Wassermesser erfolgen. Wassermesser waren derzeit im Ganzen 102 Stück von C. A. Spanner, Wien-Aachen, geliefert, und zwar in folgenden Grössen:

Durchmesser . . mm	10	13	15	20	25
Stückzahl	6	9	16	53	18.

8. b. **Beeskow.** (E. 4002.) Ohne Antwort.

9. d. **Charlottenburg.** (E. 132393)

Die Wasserversorgung der Stadt Charlottenburg erfolgt seit dem Jahre 1884 durch die Actiengesellschaft Charlottenburger Wasserwerke Am 1. October 1895 waren 2651 Anschlussleitungen gegen 1223 am 1. October 1889 in Benutzung. Die Länge der Rohrleitungen und die Zahl der Hydranten und Schieber auf dem Stadtgebiete hat betragen.

am 1. October 1888	60365 m	316 Schieber	331 Hydranten
» 1. » 1895	109248 »	685 »	773 »

Für die Versorgung der Stadt speciell dienen seit Herbst 1896 die beiden Pumpstationen Teufelssee und Jungfernhaide, welche zusammen in ihren Hochdruckpumpen eine Leistung von 1335 cbm pro Stunde haben.

An Wassergeld ist vierteljährlich für die ersten 50 cbm M. 15 zu zahlen Bei Mehrverbrauch kostet ein cbm über 50 bis 100 cbm 30 Pf, darüber bis 300 cbm 15 Pf. und darüber 10 Pf. Als jährliche Messermiethe ist zu zahlen je nach der Grösse:

Durchmesser bis mm	13	20	25	40	50	75	100
Wassermiethe M.	12,00	14,40	18,00	24,00	32,00	40,00	56,00

10. o. **Dahlem.** (E. 150.)

Für den Ort Dahlem ist ein Anschluss an die Wasserleitung der Charlottenburger Wasserwerke in Benutzung. Auf dem Gemeindeterrain liegen 2380 lfd. m Rohre mit 5 Schiebern und 5 Hydranten, welche Eigenthum dieser Gesellschaft sind.

11. e. **Dahme.** (E. 5593, W. 502 mit je 11,1 B.)

Für die Wasserversorgung der Stadt Dahme dienen ausschliesslich gegrabene und gebohrte Brunnen von 5,0 bis 6,0 m Tiefe. 21 davon dienen der öffentlichen Benutzung 96 befinden sich auf Privatgrundstücken. Das Wasser ist sehr gut und stets in genügender Menge vorhanden, so dass an eine Aenderung nicht gedacht wird.

12. g. **Eberswalde.** (E. 18296.)

Die Wasserversorgung der Stadt Eberswalde erfolgt hauptsächlich aus Kesselbrunnen und abyssinischen Brunnen, deren eine grosse Zahl privater und 25 für die allgemeine Benutzung vorhanden sind. Der Bahnhof entnimmt das nöthige Wasser aus dem Finower Kanal und hebt es auf 25,0 m Höhe.

Für die Stadt wird ferner das Wasser von 6 verschiedenen Quellen, die innerhalb der Stadt und in deren nächster Nähe entspringen, benutzt. Dieses Wasser wird mit natürlichem Gefälle in eisernen und bleiernen Rohren 6 öffentlichen Brunnen und 8 Privatgrundstücken zugeführt. Auch versorgen sich einige Gewerbetreibende mit Wasser aus dem die Stadt durchfliessenden Schwärzeflusse das durch offene und bedeckte Gräben zufliesst. Endlich besitzt die Stadt einen eisenhaltigen Brunnen, den Gesundbrunnen, durch welchen sie zu einem Badeorte geworden ist, obgleich Zweifel an der Heilkraft des Brunnens bestehen.

Für eine einheitliche Versorgung der Stadt ist schon seit Jahren das Grundwasser in einem mächtigen Kieslager, das unter bewaldetem Boden liegt, ins Auge gefasst. Dessen Spiegel liegt ca 30,0 m hoch über den tiefsten und 15,0 m hoch über den höchsten Theilen der Stadt. Finanzielle Bedenken haben dessen Zuleitung aber bislang unthunlich erscheinen lassen. In neuester Zeit sind jedoch die Berathungen über eine einheitliche Versorgung wieder aufgenommen.

13. g. **Freienwalde a. Od.** (E. 7615, W. 550 mit je 13,9 B.)

Die Wasserversorgung der Stadt Freienwalde erfolgte früher ausschliesslich aus gegrabenen Brunnen, deren 21 für die öffentliche Benutzung dienen.

Im Jahre 1896 ist für die Versorgung der Stadt ein Wasserwerk für Rechnung einer Gesellschaft mit beschränkter Haftpflicht »Wasserwerk Freienwalde« erbaut. Dieses führt auch den Betrieb desselben unter Leitung des Directors M. Hock auf Grund der von der Stadt ertheilten Concession. Das Project und die Bauleitung hat die Firma David Grove in Berlin besorgt. Die Leistung des Werkes ist auf 600 cbm pro Tag bemessen. Die Baukosten haben M. 250000 oder M. 32,83 pro Kopf betragen.

Das Wasser wird aus 2 schmiedeeisernen Rohrbrunnen von 925 mm Durchmesser und 28,0 resp. 38,0 m Tiefe gewonnen und nach dem Projecte von Oesten seit Juli 1896 durch Belüftung mittels Regenfall durch 16 Brausen und nachherige Kiesfiltration vor seiner Vertheilung von Eisen befreit. Die Brausen stehen 30,0 m hoch über der Wasserfläche des direct darunter befindlichen Filters, das 60 qm Kiesfläche hat und 60 cbm Wasser pro Stunde liefert. Es wird durch Spülung mit von unten in das Filter eintretendem Wasser gereinigt.

In der Pumpstation befinden sich 2 Dampfmaschinen, eine jede von 15 PS.-Leistung, welche 45 Umdrehungen pro Minute machen. Jede treibt 2 direct gekuppelte Pumpen an, von denen die eine 60 cbm Wasser pro Stunde durch ein Rohr von 150 mm Durchmesser in ein 70,0 m hoch gelegenes Hochreservoir fördert, während die andere das gleiche Quantum dem Filter zuführt. Das Hochreservoir liegt 250 m vor dem Vertheilungsnetze und ist gemauert, überwölbt und mit Erde überdeckt.

Die Wasservertheilung erfolgt durch ein Rohrnetz von ca. 9000 m Länge, mit dem 27 Schieber und 70 Unterflurhydranten mit Selbstentwässerung verbunden sind. Die Zu- und die Hausleitungen sind aus Bleirohren hergestellt. Die Wasserabgabe findet nur durch Wassermesser statt. Diese sind von Dreyer, Rosenkranz & Droop, Hannover, geliefert.

Der vierteljährliche Preis pro cbm Wasser beträgt für die ersten 50 cbm und darunter M 15, für den Mehrverbrauch bis 100 cbm pro cbm 30 Pf., von 100 bis 200 cbm 27½ Pf. und darüber 24 Pf. An vierteljährlicher Wassermessermiethe ist je nach der Grösse zu zahlen:

Durchmesser	mm	12	20	25	40	50	75	100
Wassermiethe	M.	3,00	3,60	4,50	6,00	8,00	10,0C	14,00.

Von 50 mm Durchmesser ab sind Combinationen mit kleinen Messern vorgeschrieben.

14. o. **Friedenau.** (E. 7850.)

Die Wasserversorgung des Ortes Friedenau erfolgt durch das Charlottenburger Wasserwerk. Es waren am 1. October 1895 323 Anschlussleitungen in Benutzung. Auf dem Gemeindeterrain waren 11567 lfd. m Rohre mit 68 Schiebern und 53 Hydranten verlegt.

15 f. **Friedrichsfelde.** (1891 E. 3464.)

Die Wasserversorgung des Ortes Friedrichsfelde erfolgt durch das Wasserwerk Ost-Vororte Berlin.

16. q. **Friesack.** (E. 3345, W. 364 mit je 9,2 B.)

Die Wasserversorgung der Stadt Friesack erfolgt ausschliesslich aus Brunnen innerhalb der Stadt. Für öffentliche Zwecke sind deren 18 vorhanden, von denen 4 Tiefbrunnen sind. Auf Privatgrundstücken befinden sich deren 36 Stück.

17. m. **Gransee.** (E. 4188.) (Ohne Antwort.)

18. o. **Grunewald.** (E. 1100.)

Die Einwohner in der Colonie und im Forste Grunewald erhalten das Wasser durch Anschlüsse an die Leitungen der Charlottenburger Wasserwerke. Von dieser Gesellschaft waren am 1. October 1895 in dem Forstterrain 8814 lfd. m Rohre mit 19 Schiebern und 16 Hydranten und in dem Colonieterrain 49581 lfd. m Rohre mit 251 Schiebern und 318 Hydranten verlegt.

19. r. **Havelberg.** (E. 7168, W. 750 mit je 9,6 B.)

Die Versorgung der Stadt Havelberg für den Hausgebrauch erfolgte früher aus gegrabenen Brunnen und das Brauchwasser entnahm man direct aus der Havel. Für Rechnung der Stadt erbaute im Jahre 1890 die Firma Schmidt & Schönbörner in Berlin ein Wasserwerk, welches am 5. Januar 1891 eröffnet ist. Dasselbe lieferte rohes Havelwasser, weil die Stadt die Kosten für die Filtration nicht bewilligen wollte und ausserdem verlangte, dass die Pumpstation innerhalb der Stadt angelegt werde, trotz des Widerspruches verschiedener Sachverständiger.

Der Ausbruch der Cholera im Herbst 1893 veranlasste die Regierung, die Schliessung des Werkes zu verlangen, und später ist dessen Wiedereröffnung nicht mehr gestattet. In Folge dessen wurden von den vorgenannten Unternehmern Bohrungen nach Grundwasser vorgenommen, welche auch schliesslich zu einem guten Erfolge geführt haben. Die Entnahme des Wassers findet jetzt aus 3 Rohrbrunnen von 33,0 m Tiefe statt.

Zur Wasserförderung ist eine von der Firma Möller & Bluhm in Berlin gelieferte zweicylindrische Pumpe aufgestellt, die durch einen Gasmotor von 8 PS. angetrieben wird, den die Gasmotorenfabrik Deutz in Deutz geliefert hat. Diese Pumpe fördert pro Stunde 25 cbm Wasser durch ein Druckrohr von 100 mm Durchmesser in ein eisernes Hochreservoir, das 22,0 m hoch über Terrain aufgestellt ist.

Das Wasser wird von hier durch eine gleich grosse Fallrohrleitung in das Vertheilungsnetz geführt. Dieses hat 3650 m Länge von Rohren von 100 mm bis 80 mm Durchmesser und ist mit 30 Schiebern und 34 Hydranten verbunden. Letztere sind von Bopp & Reuther in Mannheim geliefert. Die Zuleitungen und die Hausleitungen bestehen aus Bleirohren. Es sind für 330 Grundstücke Anschlussleitungen hergestellt. Die Wasserabgabe erfolgt nur nach Wassermessern. Es sind deren 301 Stück eingebaut, welche von Dreyer, Rosenkranz & Droop, Hannover, geliefert sind. Nach der Grösse vertheilen diese sich wie folgt:

Durchmesser	mm	13	20	25	50
Stückzahl		89	204	7	1.

Den Betrieb des Werkes leitet der Inspector Dröll.

Die Wasserabgabe hat im Jahre 1895 im Ganzen 11368 cbm oder 31 cbm pro Tag und 4 l pro Kopf der Gesammtbevölkerung betragen. Rechnet man pro Anschluss 10,7 Köpfe, so entfällt auf jeden derselben 11,2 l pro Tag.

Die ersten 25 cbm im Quartal kosten 50 Pf., die zweiten 40 Pf., die dritten 30 Pf., die vierten 25 Pf. und darüber 20 Pf. pro cbm.

20. e. **Jüterbog.** (E. 8241.)

Die Wasserversorgung der Stadt Jüterbog erfolgt ausschliesslich aus Brunnen innerhalb der Stadt, welche meistens gebohrt sind. 32 derselben dienen der allgemeinen Benutzung.

21. h. **Ketzin.** (E. 3514, W. 255 mit je 13,9 B.)

Die Wasserversorgung der Stadt Ketzin erfolgt ausschliesslich aus gegrabenen Brunnen, deren fast jedes Haus einen hat. Für die allgemeine Benutzung sind 3 öffentliche Brunnen vorhanden.

22. o. **Köpenick.** (E. 17388.)

Die Wasserversorgung der Stadt Köpenick erfolgt ausschliesslich aus Brunnen im Orte. Von 15 öffentlichen Brunnen sind 5 Kesselbrunnen und 10 Rohrbrunnen.

23. i. **Kyritz.** (E. 5318, W. 650 mit je 8,2 B.)

Für die Wasserversorgung der Stadt Kyritz dienen 29 öffentliche und 300 private Brunnen, welche stets genügendes und gutes Wasser liefern, so dass eine Aenderung nicht als Bedürfniss erscheint.

24. o. **Lankwitz.** (E. 2960.)

Die Wasserversorgung des Ortes Lankwitz erfolgt durch das Charlottenburger Wasserwerk. Am 1. October 1895 waren 54 Anschlussleitungen in Benutzung und 6969 lfd. m Rohrleitungen mit 57 Schiebern und 36 Hydranten auf dem Gemeindegebiete verlegt.

25. f. **Lichtenberg-Friedrichsberg.** (E. 42363.)

Die Wasserversorgung der Ortschaften Lichtenberg und Friedrichsberg erfolgt durch das Wasserwerk Ost-Vororte Berlin.

26. o. **Gross-Lichterfelde.** (E. 15960.)

Für die Wasserversorgung des Vorortes Gross-Lichterfelde und für die dortige Cadettenanstalt ist im Jahre 1877/78 für Rechnung von Wilhelm von Carstenn-Lichterfelde, später »Lichterfelder Gas-, Wasser- und Terrain-Actien-Gesellschaft«, ein Wasserwerk durch die Firma J. & A. Aird & Marc in Berlin nach dem Projecte des Ingenieurs Carl Rosenfeld erbaut. Die Anlage hat ursprünglich M. 200000 gekostet und ist im Jahre 1891 in den Besitz der Actiengesellschaft »Charlottenburger Wasserwerke« übergegangen.

Das Wasser wird durch 9 Rohrbrunnen, welche 40,0 m bis 48,0 m Tiefe haben, aus dem Grundwasser gewonnen und einem Sammelbrunnen zugeleitet. In einer daneben erbauten Pumpstation sind 4 liegende Eincylindermaschinen mit Schiebersteuerung aufgestellt, welche A. Borsig in Berlin geliefert hat. Von diesen betreiben 3 je eine stehende, doppeltwirkende Pumpe mit Scheibenkolben und Tellerventilen direct vom Kurbelzapfen aus. Die Dampfkolben haben 258 mm und die Pumpenkolben 142 mm Durchmesser und beide 0,4 m Hub. Die Pumpen machen 32 Doppelhübe pro Minute, und es fördert eine jede 22 cbm Wasser pro Stunde.

Die vierte Maschine betreibt mittels Balancier 2 liegende, doppeltwirkende Pumpen mit Scheibenkolben und Tellerventilen. Die Pumpen haben 175 mm und der Dampfcylinder hat 350 mm Durchmesser. Der Hub aller Kolben beträgt 0,6 m und die Hubzahl 30 pro Minute. Die Maschine liefert 96 cbm Wasser pro Stunde. Die Förderhöhe für sämmtliche Pumpen beträgt 42,0 m. Für die Dampfbereitung sind 3 Zweiflammrohrkessel vorhanden, deren jeder 16,75 qm Heizfläche hat. Diese sind für 5 Atm. Dampfspannung concessionirt.

In 2000 m Entfernung von der Pumpstation ist ein schmiedeeisernes Hochreservoir von 100 cbm Inhalt auf einem massiven Unterbau von 30,0 m Höhe über Terrain unter Dach und ummantelt aufgestellt. Das Reservoir hat 6,0 m Durchmesser und 4,0 m Mantelhöhe und hat einen flachen Boden. Die Zu- und Abflussleitung hat 150 mm Durchmesser.

Die Abgabe des Werkes hat im Jahre 1890 112504 cbm oder 308 cbm am mittleren Tage und im Jahre 1895 185145 cbm oder 507 cbm betragen. In dem Gemeindegebiete waren am 1. October 1895 im Ganzen 44704 lfd. m Rohre verlegt und mit 246 Schiebern und 230 Hydranten verbunden. Aus diesen wurden 840 Anschlussleitungen gespeist, was einem Jahresconsume von 220 cbm pro Anschluss entspricht.

27. e. **Luckenwalde.** (E. 19510, W. 1389 mit je 14,0 B.)

Die Wasserversorgung der Stadt Luckenwalde erfolgt ausschliesslich aus gegrabenen und gebohrten Brunnen, deren 1306 vorhanden sind, von welchen 19 der öffentlichen Benutzung dienen. Das Wasser ist im Allgemeinen gut und stets in genügender Menge vorhanden, so dass ein Bedürfniss nach einer Aenderung nicht vorliegt.

28. o. **Mariendorf-Südend.** (E. 4630.)

Die Wasserversorgung des Ortes Mariendorf-Südend erfolgt durch das Charlottenburger Wasserwerk. Am 1. October 1895 waren 94 Anschlussleitungen in Benutzung und 7758 lfd. m Rohre mit 45 Schiebern und 38 Hydranten auf dem Gemeindeterrain verlegt.

29. o. **Mittenwalde.** (E. 2907. W. 361 mit je 8,0 B.)

Die Wasserversorgung der Stadt Mittenwalde erfolgt ausschliesslich aus gemauerten Brunnen, von welchen 14 der öffentlichen Benutzung dienen.

30. h. **Nauen.** (E. 8434, W. 679 mit je 12,4 B.)

Die Wasserversorgung der Stadt Nauen erfolgt ausschliesslich aus gegrabenen Brunnen, von welchen 25 öffentliche und 300 private vorhanden sind. Diese liefern stets genügendes und gutes Wasser, so dass ein Bedürfniss nach einer Aenderung nicht vorhanden ist.

31. m. **Neu-Ruppin.** (E. 15521, W. 1027 mit je 15,1 B.)

Die Wasserversorgung der Stadt Neu-Ruppin erfolgte früher ausschliesslich aus gesenkten und gebohrten Brunnen von ca. 8,0 m Tiefe, deren 71 für die allgemeine Benutzung dienten. Das Wasser war stets gut, aber genügte den wachsenden Bedürfnissen nicht mehr, so dass die Stadt im October 1896 den Bau eines städtischen Wasserwerkes beschlossen hat. Das Project dafür ist von dem Ingenieur O. Smrecker in Mannheim für eine Tagesleistung von 1600 bis 2400 cbm aufgestellt, und ihm ist auch die Ausführung übertragen. Der Kostenvoranschlag belief sich auf M. 340000 oder M. 22 pro Kopf der Bevölkerung.

Das Wasser wird aus dem Grundwasser durch 3 Rohrbrunnen nach Smreckers Patent von 0,6 m Durchmesser und 29,0 bis 36,0 m Tiefe erschlossen. Es muss vor der Verwendung einer Enteisenung unterworfen werden, wofür eine Belüftung durch 4 Rieseler mit Cokefüllung ausgeführt wird, an welche sich Sandfilter und dann ein Reinwasserreservoir anschliessen werden.

Die Betriebskraft sollen 3 Gasmotoren, jeder von 16 PS. bilden, welche die Hebe- und die Druckpumpen betreiben und für je 80 cbm pro Stunde bestimmt sind. Sie haben das Wasser im Ganzen auf 51,0 m Höhe zu fördern. Die maschinellen Anlagen liefert A. Borsig in Berlin.

In 1960 m Entfernung von der Pumpstation wird ein schmiedeeisernes Hochreservoir von 300 cbm Inhalt auf einem 26,0 m hohen, gemauerten Unterbau ummantelt unter Dach aufgestellt, dessen Mittelwasserstand 40,0 m hoch über der Gewinnungsstelle liegt. Dasselbe liegt seitlich vom Vertheilungsnetze und wird durch eine Druckleitung von 250 mm Durchmesser und 1960 m Länge gespeist. Für die Irrenanstalt wird ein besonderes Hochreservoir hergestellt, zu welchem eine Druckleitung von 1820 m Länge und 175 mm Durchmesser führt.

Das Vertheilungsnetz ist nach dem Verästelungssysteme projectirt und soll unter einem einheitlichen und constanten Drucke von 30.0 m bis 35,0 m je nach der Ortslage stehen. Die Rohrleitungen werden 10200 lfd. m Länge von bis zu 75 mm Durchmesser abwärts erhalten. Die Zuleitungen werden aus Bleirohren hergestellt werden.

32. f. **Neu-Weissensee.** (E. 26000, W. 935 mit je 27,8 B.)

Die Wasserversorgung des Ortes Neu-Weissensee erfolgt aus den Berliner Wasserwerken durch Anschlussleitungen mit 2 Messern von je 150 mm Durchmesser. Die Vertheilungsleitungen hat der Ort bezahlt, und es haben diese Kosten M. 208200 betragen. Die täglich benutzte Wassermenge beträgt ca. 710 cbm. Die Anlage ist im Jahre 1892 hergestellt.

Die Länge der Vertheilungsrohre beträgt 31400 lfd. m von 300 mm bis 75 mm Durchmesser. Damit sind 145 Hydranten verbunden, und 859 Häuser haben Anschlussleitungen. Bis Ende 1895 waren 852 Wassermesser geliefert und zwar 33 von Siemens & Halske, Berlin und 819 von Wolff & Schreiber, Breslau. Diese vertheilen sich nach der Grösse wie folgt:

Durchmesser . . mm	13	15	20	25	40
Stückzahl	2	15	1	830	4.

33. a. **Oderberg i/M.** (E. 4083, W. 375 mit je 10,9 B.)

Die Wasserversorgung der Stadt Oderberg erfolgt ausschliesslich aus Brunnen, deren 20 öffentliche und 136 private vorhanden sind. Die Versorgung ist eine gute und genügende, und an eine Aenderung wird nicht gedacht.

34. f. **Oranienburg.** (E. 6912).

Zur Erbauung und zum Betriebe eines Wasserwerkes für die Stadt Oranienburg hat die Stadtverwaltung vor einigen Jahren der Firma Ebell & Comp. eine Concession ertheilt. Auf Grund derselben hat sich eine Genossenschaft m. b. H. als »Elektricitäts- und Wasserwerk Oranienburg« gebildet, welche mit denselben Motoren der Stadt sowohl Wasser als Elektricität liefern will und gegebenen Falles sich auch auf die umliegenden Ortschaften auszudehnen beabsichtigt.

Der Bau des Wasserwerkes ist im Jahre 1896 auf Grund eines Projectes des Civilingenieurs E. Prinz in Berlin, dem auch dessen Ausführung in Auftrag gegeben wurde, in Angriff genommen. Der Betrieb der Anlage ist am 15. April 1897 eröffnet. Das Wasserwerk ist auf M. 150000, entsprechend M. 22 pro Kopf, veranschlagt und für eine tägliche Leistung von 1800 cbm bestimmt.

Das Wasser wird aus einem mächtigen Grundwasserstrome, der sich in südöstlicher Richtung in diluvialen Geschieben nach dem Lehnitzsee zu bewegt, durch 4 gusseiserne Rohrbrunnen mit einem Mantel aus verzinntem Kupferdraht erschlossen. Die Brunnen haben 185 mm Durchmesser und 17,0 m Tiefe. Das Wasser ist eisenhaltig, und es wird daher durch eine Rieseler- und eine Filtrationsanlage vor der Abgabe gereinigt. Diese Anlagen sind vorläufig nur provisorisch für eine geringe Wasserabgabe eingerichtet. Der Rieseler hat 4,5 qm Fläche und besteht aus einer 3,0 m hohen Cokeschicht. Das Filter hat 41 qm Fläche und besteht aus einer 1,5 m mächtigen Schicht von Kies, der 4 mm bis 8 mm Korngrösse hat. Die Reinigung desselben soll durch Gegenströmung erfolgen. Für das gereinigte Wasser ist als Reinwasserreservoir ein cylindrischer Behälter von 4,0 m Durchmesser und 2,0 m Höhe in Mauerwerk hergestellt, aus welchem die Druckpumpen das Wasser entnehmen.

Sowohl für die Hebepumpen vor der Enteisenungsanlage, als auch für die Druckpumpen sind doppeltwirkende Plungerpumpen aufgestellt, welche von Vorgelegen mittels Riemen angetrieben werden. Für den Antrieb sind 2 Elektromotoren von je 12 PS. aufgestellt. Die Plunger der Pumpen haben 180 mm Durchmesser und 0,26 m Hub. Bei 50 bis 60 Doppelhüben pro Minute fördert eine jede Pumpe pro Stunde 36 cbm Wasser auf 30,0 m Höhe in ein Hochreservoir, welches ca. 160 m von der Pumpstation und ca. 100 m vom Beginne des Vertheilungsnetzes entfernt erbaut ist. Die einzelnen Pumpen haben Saugeleitungen von 125 mm und Druckleitungen von 100 mm Durchmesser.

Zum Hochreservoire führt eine Druckleitung von 200 mm Durchmesser, und von demselben geht eine Fallrohrleitung von 300 mm Durchmesser ab. Das Reservoir besteht aus Schmiedeeisen und hat 300 cbm Inhalt. Es ist 20,0 m hoch über Terrain auf einem gemauerten Unterbau unter Dach und ummantelt aufgestellt.

Das Vertheilungsnetz ist nach dem Cirkulationssysteme hergestellt und steht unter einem einheitlichen und constanten Drucke von ca. 20,0 m. Die Länge der Rohrleitungen beträgt ca. 15000 m. Es sind damit 70 Schieber und 160 Unterflur-Hydranten verbunden, welche in ca. 100 m Entfernung von einander stehen. Für die Zuleitungen und für die Hausleitungen werden Bleirohre verwendet.

Die Pumpen haben Weise & Monski in Halle a. d. Saale geliefert. Die gusseisernen Rohre sind von R. Böcking & Comp. in Halbergerhütte bezogen und vom Ingenieur C. Rosenfeld in Berlin verlegt. Die Wassermesser liefert C. A. Spanner in Wien-Aachen. Als Betriebsleiter fungirt der Director Carl Weinberg.

Das Wasser wird nur durch Wassermesser abgegeben. Es ist vierteljährlich als Minimalpreis M. 15 zu zahlen, wofür bis zu 50 cbm Wasser geliefert werden. Für etwaigen Mehrconsum im Vierteljahre ist ferner zu zahlen von über 50 cbm bis 100 cbm 30 Pf., von über 100 cbm bis 200 cbm 25 Pf. und darüber 18 Pf. pro cbm. Die vierteljährliche Wassermessermiethe beträgt je nach deren Grösse:

Durchmesser . mm	12	20	25	40	50	75	100
Messermiethe . M.	3,00	3,60	4,50	6,00	8,00	10,00	14,00.

Eine Untersuchung des Wassers vom 7. März 1896 hat im Liter Wasser folgendes Resultat ergeben:

Gesammtrückstand	210,0	mg
Glührückstand	123,10	»
Chlor	17,8	»
Schwefelsäure	4,2	»
Eisen	1,03	»
Kaliumpermanganat zur Oxydation	4,86	»
Ammoniak	0,55	»
Salpetrige Säure	0,08	»
Salpetersäure	0,00	»
Schwefelsäure	4,20	»
Gesammthärte, deutsche Grade	8°.	

35. f. **Pankow.** (E. 12000.)

Für die nördlich von Berlin gelegene Gemeinde Pankow hat die Gemeindeverwaltung den Civilingenieur O. Smrecker in Mannheim im Jahre 1892 beauftragt, Vorarbeiten für eine einheitliche Wasserversorgung auszuführen und ein Project dafür auszuarbeiten. Dasselbe wurde mit einem Kostenanschlage von M. 500000 oder M. 42 pro Kopf Ende des Jahres genehmigt und Smrecker die Bauausführung übertragen. Mit dem Bau ist im März 1893 begonnen, und es ist das Werk am 1. August desselben Jahres eröffnet. Die Leistungsfähigkeit des Werkes ist für eine zukünftige Einwohnerzahl von 30000 bemessen, und es ist als Tagesconsum pro Kopf 50 l am mittleren und 75 l am Maximaltage angenommen, was einer täglichen mittleren Leistung von 1500 cbm und einer Leistung von 2250 cbm am Maximaltage entspricht.

Das Wasser wird durch Rohrbrunnen dem Grundwasser mittels Hebepumpen entnommen und nach einer vorherigen Enteisenung mittels Druckpumpen in das Vertheilungsnetz befördert. Auf der entgegengesetzten Seite des Versorgungsgebietes ist ein Hochreservoir zum Consumausgleiche aufgestellt, dessen Wasserspiegel 25,0 m höher als der höchste Punkt des Ortes, die Kaiser Wilhelmstrasse, liegt.

Es sind 4 Rohrbrunnen hergestellt, welche das Wasser aus 12,0 bis 20,0 m Tiefe entnehmen. Der eine derselben ist direct innerhalb des gemauerten Sammelbrunnens von 3,5 m Durchmesser und 9,0 m Tiefe gebohrt, dessen Sohle er durchdringt. Die 3 anderen Brunnen sind durch eine gemeinschaftliche Heberleitung mit dem Sammelbrunnen verbunden. Für die Ausführung der Rohrbrunnen ist ein Futterrohr von 800 mm Durchmesser eingetrieben, in das der Filter von 600 mm Durchmesser eingesenkt ist. Nach Ausfüllung des verbliebenen Zwischenraumes mit gewaschenem Kies ist das Futterrohr beseitigt. Das Filterrohr besteht aus perforirtem, und verzinktem Eisenrohre, in welches beweglich ein Filterkorb aus kupfernem Tressengewebe eingesetzt ist. Ueber den Rohrbrunnen sind gemauerte Einsteigeschächte hergestellt.

Die Pumpstation besteht aus einem Maschinen- und Kesselraum, an den sich auf der einen Seite der Raum für die Enteisenung anschliesst. Vor letzterem liegt ausserhalb ein Reinwasserreservoir. Es sind hier 2 horizontale Eincylindermaschinen mit Condensation und mit Präcisionsschiebersteuerung aufgestellt. Jede Maschine betreibt eine einfachwirkende, stehende Hebepumpe, die das Wasser dem Sammelbrunnen entnimmt und zum Rieselreservoire fördert und aus einer direct mit der Kolbenstange gekuppelten, liegenden, doppeltwirkenden Plungerpumpe, welche aus dem Reinwasserreservoire saugt und das Wasser durch eine Rohrleitung von 250 mm Durchmesser nach dem Hochreservoire fördert.

Die Schöpfpumpen haben 14,0 m und die Druckpumpen 43,6 m Arbeitshöhe zu überwinden. Die Druckpumpen fördern im Mittel 75,6 cbm und in maximo 100,8 cbm pro Stunde bei 45 resp. 60 Umdrehungen pro Minute. Die Schöpfpumpen haben eine um 12,5% höhere Leistung. Die effective Leistung der Maschinen beträgt bei dem Betriebe eines Pumpensystemes 17,2 resp. 24,0 PS. und bei dem Betriebe beider Systeme 20,3 resp. 31,4 PS. Die Dampfkolben haben 325 mm Durchmesser und 0,6 m Hub. Die Plungerkolben haben 180 mm Durchmesser bei gleichem Hube und die Kolben der Hebepumpen haben 293 mm Durchmesser bei 0,5 m Hub. Es sind 2 Cornwallkessel von 7,2 m Länge und 1,7 m Durchmesser mit je einem Flammrohr von 0,8 m Durchmesser und von je 35 qm Heizfläche vorhanden. Diese sind für 7 Atm. Dampfdruck concessionirt. Der Dampfverbrauch beträgt 17,5 kg pro effective Pferdekraft. Die Kessel haben bei Benutzung von gewöhnlicher schlesischer Kohle eine 8fache Verdampfung.

Die Rieseler bestehen aus Cylindern von Eisenblech von 2,3 m Durchmesser und 3,1 m Höhe. Ueber deren Boden liegen in 0,3 m Höhe gelochte Bleche, auf welche sich die Cokefüllung von ca. 2,0 m Höhe legt, die in ihrer Mitte durch ein Sieb ein nochmaliges Auflager findet. Durch diese Cokeschicht führt in der Mitte ein gelochtes Rohr vertical hinauf. Darüber liegt in 0,3 m Höhe ein gelochter Blechboden und darüber wieder in 0,3 m Höhe ein Drahtsiebboden, auf den das Wasser aus einem Rieselreservoire ausfliesst. Ein solches Reservoir dient für 2 Rieseler und hat 2,0 × 1,0 m Grundfläche und 1,0 m Höhe. Auch in diesen Reservoiren fällt das Wasser durch 2 Siebe, welche um 0,25 m von einander entfernt sind, hinunter. An den Rieselern sind über und unter der Cokeschicht seitlich am Mantel je 12 kleine Luftrohre zum Ansaugen von Luft angebracht. Aus den letzteren tritt das Wasser auf 2 Filter von je 60 qm Fläche, welche unten grobes und oben feines Material haben.

Das Rohrnetz ist nach dem Verästelungssysteme mit theilweise verbundenen Enden ausgeführt. Das Hochreservoir hat bei 7,5 m Wasserhöhe 500 cbm Inhalt. Es ist von Schmiedeeisen nach dem System Intze hergestellt. Ein gemeinschaftliches Steige- und Fallrohr von 200 mm Durchmesser bildet die Verbindung des Reservoirs mit dem Rohrnetze.

Die Anlagekosten haben betragen für:

Wassergewinnung	M. 62300
Pumpstation, Enteisenungsanlage, Kohlenraum, Betriebsgebäude	» 151000
Hochreservoir	» 77300
Rohrleitungen, Wassermesser, Zuleitungen	» 257200
zusammen	M. 547800

oder fast M. 46 pro Kopf der derzeitigen Bevölkerung. Wassermesser waren bis Ende des Jahres 1895 537 Stück geliefert, und zwar 502 Stück von C. A. Spanner, Wien-Aachen, und 35 Stück von Siemens & Halske, Berlin. Nach der Grösse vertheilen sich diese wie folgt:

Durchmesser . mm	10	13	15	16	20	25	40	50	80
Stückzahl	7	51	110	1	168	57	27	1	3.

36. r. **Perleberg.** (E. 8180, W. 1043 mit je 7,9 B.)

Für die Wasserversorgung der Stadt Perleberg werden ausschliesslich gegrabene und gebohrte Brunnen benutzt. Davon befinden sich 235 auf privaten Grundstücken und 33 dienen der allgemeinen Benutzung. Das Wasser ist hart und nur theilweise gut als Trinkwasser. Es ist aber stets in genügender Menge vorhanden, so dass ein Bedürfniss nach einer Aenderung nicht empfunden wird.

37. l. **Prenzlau.** (E. 19689, W. 1343 mit je 14,7 B.)

Die Wasserversorgung der Stadt Prenzlau erfolgt ausschliesslich aus gegrabenen und gesenkten Brunnen, die bis zu 25,0 m Tiefe haben und einen wenig schwankenden Wasserstand von 12,0 bis 13,0 m zeigen. Es sind davon 31 öffentliche und 165 private in Benutzung. Das Wasser genügt quantitativ, ist aber als Trinkwasser nur mittelmässig. Eine Brauerei besitzt einen 90,0 m tiefen, artesischen Brunnen, dessen Wasser bis zur Terrainhöhe ansteigt.

38. i. **Pritzwalk.** (E. 6819.)

Die Wasserversorgung der Stadt Pritzwalk erfolgt ausschliesslich aus Pumpbrunnen, von denen 2 Tiefbrunnen sind.

39. q. **Rathenow.** (E. 18418, W. 1200 mit je 15,3 B.)

Die Wasserversorgung der Stadt Rathenow erfolgt ausschliesslich aus abyssinischen und aus Kesselbrunnen, deren 44 zur öffentlichen Benutzung stehen. Das Wasser ist gut und genügend, so dass eine Aenderung nicht als nöthig empfunden wird.

40. o. **Rixdorf.** (E. 59950.)

Die Wasserversorgung des Ortes Rixdorf erfolgt durch das Charlottenburger Wasserwerk. Am 1. October 1895 waren 872 Anschlussleitungen in Benutzung und 28571 lfd. m Rohre mit 124 Schiebern und 169 Hydranten auf dem Gemeindeterrain verlegt.

41. f. **Rummelsburg.**

Die Wasserversorgung der Colonie Rummelsburg erfolgt durch das Wasserwerk Ost-Vororte Berlin.

42. o. **Schlachtensee.** (E. 1400.)

Die Wasserversorgung des Ortes Schlachtensee erfolgt durch das Charlottenburger Wasserwerk. Am 1. October 1895 waren 59 Anschlussleitungen in Benutzung und auf dem Gemeindeterrain 1012 lfd. m Rohre mit 2 Schiebern und 10 Hydranten verlegt.

43. o. **Schmargendorf.** (E. 2220.)

Die Wasserversorgung des Ortes Schmargendorf erfolgt durch das Charlottenburger Wasserwerk. Am 1. October 1895 waren 78 Anschlussleitungen in Benutzung und auf dem Gemeindeterrain 6172 lfd. m Rohre mit 48 Schiebern und 37 Hydranten verlegt.

44. o. **Schöneberg.** (E. 62690.)

Die Wasserversorgung des Ortes Schöneberg erfolgt durch das Charlottenburger Wasserwerk. Es waren am 1. October 1895 910 Anschlussleitungen in Benutzung. Auf dem Gemeindeterrain waren 38393 lfd. m Rohre mit 264 Schiebern und 284 Hydranten verlegt.

45 a. **Schwedt a. d. O.** (E. 10119, W. 625 mit je 16,2 B.)

Für die Wasserversorgung der Stadt Schwedt befindet sich fast auf jedem Grundstück ein gesenkter Brunnen. Ausserdem sind deren 34 für die allgemeine Benutzung vorhanden. Das Wasser ist meistens gut und stets in genügender Menge vorhanden. Trotzdem wird ein Bedürfniss nach einer Aenderung des jetzigen Zustandes wohl empfunden. Aber die Ausführung scheitert an der Kostenfrage.

46. n. **Spandau.** (E. 55817.)

Die Wasserversorgung der Stadt Spandau erfolgt zur Zeit noch ausschliesslich aus gegrabenen und gebohrten Brunnen. Wenn gleich das Wasser früher im Allgemeinen von guter Qualität war, so ist diese doch im Laufe der Zeit beeinträchtigt, und auch das wachsende Bedürfniss hat schon lange den Wunsch nach einer einheitlichen Versorgung allgemein hervorgerufen.

Mit den Vorarbeiten für eine solche Anlage und mit der Aufstellung eines Projectes dafür ist vor einigen Jahren der Ingenieur Pfeffer in Halle a. d. Saale von der Stadt beauftragt. Nach dem ersten Projecte desselben, das zu M. 1700000 veranschlagt war, sollte das Wasser bei Dallgow erschlossen werden. Im Jahre 1894 ist von ihm ein zweites Project aufgestellt, nachdem es ihm gelungen war, auf dem Falkenhagener Felde ein gutes, eisenfreies Wasser in genügender Menge aufzufinden. Dessen Kosten hat er auf M. 1050000 veranschlagt. Ueber die jetzt im Bau begriffene Anlage fehlen zur Zeit noch nähere Angaben.

47. o. **Steglitz.** (E. 16530).

Die Wasserversorgung des Ortes Steglitz erfolgt durch das Charlottenburger Wasserwerk. Am 1. October 1895 waren 549 Anschlussleitungen in Benutzung und auf dem Gemeindeterrain 32002 lfd. m Rohre mit 164 Schiebern und 145 Hydranten verlegt.

48. o. **Stralau.** (1891 E. 1262.)

Der Vorort Stralau von Berlin wird aus den Berliner Wasserwerken mit Wasser versorgt.

49. l. **Strasburg i. d. U.** (E. 6858, W. 618 mit je 11,1 B.)

Für die Wasserversorgung von Strasburg dienen ausschliesslich Pumpenbrunnen. Von 15 öffentlichen Brunnen sind 12 gebohrt und mit eisernen Rohren ausgefüttert, während die anderen 3 gemauert und gesenkt sind.

50. g. **Strausberg.** (E. 7325, W. 442 mit je 16,6 B.)

Für die Wasserversorgung der Stadt Strausberg dienen 18 öffentliche und 215 private Brunnen, die gesenkt sind und 10,0 bis 20,0 m Tiefe bei 6,0 bis 16,0 m constantem Wasserstande haben. Das Wasser ist stets genügend und im Durchschnitt gut.

51. o. **Teltow.** (E. 3000.)

Für die Wasserversorgung der Stadt Teltow sind 200 private Brunnen in Gebrauch, welche zur Hälfte gegraben und zur Hälfte gebohrt sind. Von 9 vorhandenen öffentlichen Brunnen sind 2 Kesselbrunnen und 7 abyssinische.

52. o. **Tempelhof.** (E. 6520).

Die Wasserversorgung des Ortes Tempelhof erfolgt durch das Charlottenburger Wasserwerk. Am 1. October 1895 waren 96 Anschlussleitungen in Benutzung und 9998 lfd. m Rohre mit 40 Schiebern und 35 Hydranten auf dem Gemeindeterrain verlegt.

53. p. **Templin.** (E. 4434.) Ohne Antwort.

54. o. **Trebbin.** (E. 3161, W. 319 mit je 10,9 B.)

Die Wasserversorgung der Stadt Trebbin erfolgt ausschliesslich aus Brunnen, deren 17 öffentliche vorhanden sind. Von den Privatbrunnen sind 194 Kesselbrunnen und 53 Rohrbrunnen. Es wird die Anlage von Tiefbrunnen beabsichtigt.

55. o. **Treptow.** (E. 1780 im J. 1891.)

Die Colonie Treptow wird durch Anschlüsse an die Berliner Wasserwerke mit Wasser versorgt.

56. s. **Treuenbrietzen.** (E 5061, W. 673 mit je 7,5 B.)

Für die Wasserversorgung der Stadt Treuenbrietzen dienen ausser 3 die Stadt durchfliessenden Bächen 15 öffentliche Brunnen, von welchen einer in Mauerwerk hergestellt und 14 gebohrt und mit eisernen Rohren ausgefüttert sind. Ein Bedürfniss nach einer Aenderung liegt nicht vor.

57. o. **Wannsee.** (E. 450.)

Die Wasserversorgung des Ortes Wannsee erfolgt durch das Charlottenburger Wasserwerk. Am 1. October 1895 waren 45 Anschlussleitungen in Benutzung und auf dem Gemeindeterrain 14327 lfd. m Rohre mit 71 Schiebern und 39 Hydranten verlegt.

58. s. **Werder a. H.** (E. 6281). Ohne Antwort.

59. o. **Wilmersdorf.** (E. 14350.)

Die Wasserversorgung des Ortes Wilmersdorf erfolgt durch das Charlottenburger Wasserwerk. Es waren am 1. October 1895 323 Anschlussleitungen in Benutzung und auf dem Gemeindeterrain 47767 lfd. m Rohre mit 303 Schiebern und 292 Hydranten verlegt.

60. r. **Wittenberge.** (E. 14555.)

Die Wasserversorgung der Stadt Wittenberge erfolgt ausschliesslich aus Flachbrunnen innerhalb des Ortes, deren fast jedes Haus einen besitzt und von welchen 16 der öffentlichen Benutzung dienen. Das Wasser ist in stets genügender Menge vorhanden und von ziemlich guter Qualität.

61. i. **Wittstock.** (E. 7721, W. 715 mit je 10,8 B.)

Für die Wasserversorgung der Stadt Wittstock dienen 30 öffentliche und viele Privatbrunnen. Das Wasser ist durchschnittlich gut und in stets genügender Menge vorhanden.

62. g. **Wriezen.** (E. 7144, W. 670 mit je 10,7 B.)

Die Stadt Wriezen wird ausschliesslich aus gegrabenen und gebohrten Brunnen von durchschnittlich 12,5 m Tiefe bei 9,5 m constantem Wasserstande mit Wasser versorgt. Das Wasser genügt qualitativ und quantitativ, und ein Bedürfniss nach einer Aenderung liegt nicht vor.

63. m. **Wusterhausen.** (E. 3187.)

Die Wasserversorgung der Stadt Wusterhausen erfolgt ausschliesslich aus Brunnen innerhalb der Stadt, welchen Quellwasser mit natürlichem Gefälle zufliesst. Von diesen dienen 20 der allgemeinen Benutzung.

64. p. **Zehdenick.** (E. 3453, W. 400 mit je 8,6 B.)

Die Wasserversorgung der Stadt Zehdenick erfolgt ausschliesslich aus Kesselbrunnen, deren 11 für die öffentliche Benutzung dienen und ca. 180 sich auf Privatgrundstücken befinden.

Für eine allgemeine Wasserversorgung liegt ein Plan vor, der in kürzester Zeit zur Ausführung gelangen wird.

65 p. **Zehlendorf.** (E. 4600.)

Die Wasserversorgung des Ortes Zehlendorf erfolgt durch das Charlottenburger Wasserwerk. Am 1. October 1895 waren 201 Anschlussleitungen in Benutzung und auf dem Gemeindeterrain 33229 lfd. m Rohre mit 193 Schiebern und 151 Hydranten verlegt.

66. o. **Zossen.** (E. 3934, W. 310 mit je 12,7 B.)

Für die Wasserversorgung der Stadt Zossen dienen ausschliesslich gesenkte Brunnen mit Holzstielen. Es sind deren 7 öffentliche und ca. 30 private in Benutzung.

Anhang.

Gruppenversorgungen.

67. Actiengesellschaft „Charlottenburger Wasserwerke“.

a) Geschichtliche Entwicklung.

Die Actiengesellschaft »Charlottenburger Wasserwerke« hat sich im Jahre 1878 aus Gläubigern der Westend-Gesellschaft H. Quistorp & Comp. gebildet, nachdem die letztere Gesellschaft im September 1873 in Concurs gerathen war. Das von der Westend-Gesellschaft erbaute Wasserwerk »Teufelsee« war vor dem Ausbruche des Concurses nicht zur Vollendung gekommen, und in seinem traurigen Zustande konnte es später auch nach der Inbetriebnahme keinen Käufer finden, so dass die Gläubiger mit dem Ankaufe des Werkes die Liquidation zu beendigen und für eine spätere Verwerthung der Anlage freie Hand zu erhalten wünschten, um zu ihrem Gelde zu kommen.

Der Bau des Wasserwerks Teufelsee war von der Westend-Gesellschaft in dem Jahre 1871/72 begonnen. Die Idee, welche den Leiter dieser Gesellschaft H. Quistorp damals zu diesem Unternehmen veranlasste, hat sich nach 25 Jahren als eine völlig richtige bestätigt, wenn auch seine Gesellschaft selbst sehr bald an deren Ausführung zu Grunde gegangen ist. Mag für Quistorp auch seiner Zeit der Wunsch, das Wasserbedürfniss seiner Westendcolonie zu befriedigen, die erste Anregung zu dem Projecte gegeben haben, so war doch sein Blick sehr bald auf eine Wasserversorgung des ganzen, grossen Kreises gerichtet, der sich damals westlich von Berlin im mächtigen Beginne seiner Bebauung befand.

Ihm schwebte als das zukünftige Versorgungsgebiet nicht nur ganz Westend nebst Umgebung bis gegen den Spandauer Bock hin vor, sondern er wollte auch Charlottenburg und den westlichen Theil von Berlin mit dem Thiergarten und dem zoologischen Garten, sowie endlich das ganze, zwischen dem Kurfürstendamm und der Schöneberger Chaussee belegene Terrain als Absatzgebiet für dieses Werk gewinnen. Das jährliche Wasserbedürfniss für die Zukunft wurde damals schon von ihm auf 7000000 cbm geschätzt, welches Maass heute bereits überschritten ist. Zunächst wollte er sich auf Charlottenburg, Westend und dessen Umgegend, sowie auf die Lieferung von Spreng- und Luxuswasser für den zoologischen Garten und für den Thiergarten beschränken. Hierfür nahm er 2500000 cbm Wasser im Jahre oder 9000 cbm pro Tag als vorläufig erforderlich an.

Die Vorarbeiten für die Beschaffung des für dieses bedeutende Unternehmen nöthigen Wassers in qualitativer und quantitativer Beziehung hatte Quistorp dem Dr. Ziureck in Berlin übertragen, allerdings nachdem Quistorp selbst sich vorher schon über das dafür zu benutzende Terrain schlüssig geworden war, wobei ihn freilich wohl nicht allein die Bedürfnissfrage für die Wasserversorgung bestimmt haben wird.

Das Werk sollte nach seiner Absicht in dem Grunewalde in der Nähe des Teufelsees angelegt werden. Alle Untersuchungen und die aus den als erforderlich erachteten Vorarbeiten gezogenen Schlüsse, sowie die für die Anlage als bestimmend angenommenen Vorschläge des Dr. Ziureck lagen in einer Druckschrift bereits völlig fest, als Quistorp zur speciellen Ausarbeitung des Projectes für die Anlage den späteren Director Schmetzer in Frankfurt a. d. Oder und den Civilingenieur C. Mannes, jetzt in Weimar, berief.

Trotzdem beide Techniker gegen die Vorarbeiten im Allgemeinen und speciell in Betreff der Beschaffenheit des Wassers und der Untergrundsbeschaffenheit, sowie gegen die Art der Schätzung der disponiblen Wassermenge ernste Bedenken aussprachen und Irrthümer von grosser Tragweite in den Ziureck'schen Annahmen nachwiesen, liess die dringende Eile des Bauherrn ihnen keine Zeit zur Gewinnung von sicheren und ausreichenden Grundlagen für ihr Project, dessen specielle Bauleitung von Quistorp dann Mannes übertragen ist. Aber auch an diesen stellte Quistorp das ausschliessliche Verlangen nach Beschleunigung der Fertigstellung, so dass die Bauten sich nur in drängender Hast und in Regie von Fall zu Fall ausführen liessen.

Das Paradestück der ganzen Anlage sollte das in Westend erbaute Hochreservoir bilden. Es war das ein nach dem Projecte des Architecten Petzholt in Potsdam ausgeführter, mächtiger Kuppelbau, von 60,0 m Höhe und 60 m Durchmesser. Auf dessen Spitze sollte sich eine Colossalstatue der Germania als Schutzgöttin der neuerwachten Industrie erheben. Quistorp hatte diesem Baue den stolzen Namen »Aequaduct Germania« gegeben. Aber beim Zusammenbruche der Gesellschaft war die Germania eben so wenig an ihren Bestimmungsort gekommen, als die Bleche, welche für das Hochreservoir von 2000 cbm Inhalt bestimmt waren. Letzteres sollte 30,0 m hoch in dem hauptsächlich zu einem Restaurationslocale bestimmten Bauwerke unter dem Dache einen Unterschlupf finden. Im October 1892 hat die Concursverwaltung der Westend Gesellschaft dieses unvollendete Denkmal eines sinnlosen Gründerthums für M. 35000 verkauft. 200 kg Dynamit haben hingereicht, die 40000 Tonnen der Mauermassen desselben in einem Tage zu zerstören.

Die Actiengesellschaft »Charlottenburger Wasserwerke« hat im Jahre 1878 das Wasserwerk Teufelsee mit ca. 20 Brunnen übernommen, welche nur weniges, aber stark mit organischen Substanzen durchsetztes Wasser lieferten. Weder qualitativ, noch quantitativ konnte dieses Wasser nach der Inbetriebsetzung die damals vorhandenen 179 Abnehmer befriedigen, abgesehen davon, dass auch das Fehlen eines Hochreservoirs sich sehr störend erwies. Es zeigte sich in erster Reihe nöthig, dass neue Brunnen, deren Zahl sich dann fortwährend im Laufe der Zeit vermehrt hat, angelegt wurden, um brauchbares Wasser zu erhalten.

Im Jahre 1881/82 ist dann ferner nach dem Projecte des Bauraths Salbach in Dresden ein Hochreservoir auf dem Hochplateau von Westend erbaut, nachdem die Gesellschaft im Jahre vorher bereits 2 % Dividende hatte vertheilen können. In demselben Jahre konnte sie 3 %, dann 4 % und im Jahre 1883/84 bereits 6 ½ % Dividende vertheilen. Zur Zeit stehen ihre Actien auf ca. 280, und die Gesellschaft zahlt 10½ % Dividende.

Trotzdem die längere Zeit zwischen der Stadt Berlin und der Stadt Charlottenburg gepflogenen Verhandlungen wegen Anschluss der letzteren an die städtischen Wasserwerke Berlins schon im Jahre 1878 ihren Abschluss dadurch gefunden hatten, dass Berlin nur in einen eventuellen Anschluss des 18. Charlottenburger Stadtreviers willigte, erlangte die Gesellschaft doch erst im Jahre 1884 von der Stadt Charlottenburg die Concession zur Verlegung von Rohren und zur Wasserabgabe im Stadtbezirke. Im Jahre vorher hatte die Gesellschaft bereits einen ähnlichen Vertrag mit der Gemeinde Schöneberg abgeschlossen.

Dieses rasche Wachsen des Absatzgebietes hatte für die Gesellschaft in diesen Jahren umfassende Rohrverlegungsarbeiten zur Folge und veranlasste im Jahre 1885 bereits zur Erbauung eines zweiten Hochreservoirs auf dem Fichtenberge bei Steglitz, für welches der Regierungsbaumeister Pinkenburg in Berlin das Project entworfen hat.

Mit dem Wachsen des Wasserconsums stellten sich wieder vielfache Klagen über die Qualität des Wassers ein Anfangs gab namentlich der Schwefelwasserstoffgeruch dazu Veranlassung, und erst später wurde auch der zunehmende Eisengehalt des Wassers als lästig empfunden. Versuche, durch tiefere Bohrungen diese Uebelstände zu beseitigen, blieben ohne Erfolg.

Dagegen gaben günstige Resultate von Versuchen im Kleinen mit einer Belüftung des Wassers die Veranlassung, im Jahre 1886 auf der Pumpstation Teufelsee eine Maschine zum Betriebe einer Vorpumpe aufzustellen, die im September desselben Jahres in Betrieb kam, um eine Belüftung in grösserem Maassstabe ausführen zu können. Das Wasser wurde aus dem Schöpfbrunnen in ein hoch aufgestelltes Reservoir von 7,5 m Länge und 1,5 m Breite gepumpt und fiel durch dessen Boden aus 26000 Löchern von 5 mm Durchmesser in eine 1,7 m tief darunter angebrachte Rinne. Aus dieser floss es dann in ein Reservoir, aus dem es die Druckpumpen entnahmen. Die damit erzielten Resultate waren recht befriedigend, und man glaubte Anfangs, der Nothlage dauernd Herr geworden zu sein.

Im Jahre 1887 hat die Gesellschaft ferner mit den Gemeinden Rixdorf, Tempelhof, Mariendorf und Zehlendorf Verträge zur Wasserabgabe abgeschlossen. Diesen wachsenden Ansprüchen konnte sie mit dem Wasserwerke Teufelsee allein nicht mehr genügen, und sie entschloss sich daher zum Bau eines zweiten Wasserwerkes. Nach umfassenden Vorarbeiten in der Gemeinde Zehlendorf zeigte sich, dass hier nur ein Grundwasser von gleicher Qualität wie am Teufelsee zu finden war. Trotzdem kaufte die Gesellschaft bei Belitzhof für das neue Wasserwerk ein Grundstück von 780 a Fläche an, das zwischen dem fiscalischen Grunewalde und der Nordhausener und Wannsee-Bahn nahe an der »Wannsee« genannten Havelbucht liegt.

Die Wassergewinnung sollte auch hier aus Tiefbrunnen erfolgen. Es war aber die Möglichkeit vorgesehen, eventuell auch direct Havelwasser entnehmen zu können und dieses nach vorheriger Sandfiltration zur Abgabe zu bringen, wenn die Qualität des Grundwassers seine Benutzung im Laufe der Zeit erschweren sollte. Vorläufig wurde aber für letzteres von vornherein eine Belüftungsanlage, ähnlich wie für das Wasserwerk Teufelsee, hergestellt. Den Bau des Wasserwerkes hat der Landbauinspector Techow geleitet.

Als am 30. September 1888 die Gesellschaft die ersten 10 Jahre ihres Geschäftsbetriebes beendete, hatte sie bereits mit 12 verschiedenen Orten Verträge zur Wasserlieferung abgeschlossen. Ausser den vorgenannten Orten waren das ferner Friedenau, Wilmersdorf, Steglitz, Dahlem, Wannsee-Düppel und Mariendorf-Südend. Ihr Rohrnetz, das im Jahre 1878 21343 lfd. m Länge gehabt hatte, war auf 142898 lfd. m mit 674 Schiebern und 644 Hydranten angewachsen, und das Actienkapital bestand aus M. 2000000 von einer früheren Emission und M. 1000000 von einer Emission von 1884.

In den nächstfolgenden Jahren war die Gesellschaft im Stande, den von den verschiedenen Orten quantitativ gestellten Ansprüchen stets in vollem Umfange zu genügen. Dagegen nahmen die Klagen über die Qualität des Wassers einen in stetem Wachsen begriffenen Umfang an. Der allmählich zunehmende Eisengehalt des Grundwassers war durch die eingeführten Belüftungseinrichtungen allein nicht mehr zu beseitigen. Zum Glücke für die Gesellschaft hatte aber damals das schon seit einer Reihe von Jahren bekannte Enteisenungsverfahren, bei welchem das Wasser nach der Belüftung durch eine nachfolgende Filtration völlig von dem ausgeschiedenen Eisen befreit werden konnte, sich für den praktischen Gebrauch ohne Beeinträchtigung seiner grossen Einfachheit soweit ausgebildet, dass die Gesellschaft dieses Verfahren für ihre Werke in vollem Umfange einzuführen beschliessen konnte.

Im Jahre 1891 ist mit dem Bau einer Enteisenungsanlage für das Wasserwerk Teufelsee für eine tägliche Leistung von 15000 cbm begonnen, und seit October 1892 ist diese in ununterbrochenem Betriebe gewesen. Ein Gleiches ist auf dem Wasserwerke Belitzhof seit März 1893 mit einer Anlage für eine tägliche Leistung von 30000 cbm der Fall. Die Leistung dieser Anlagen ist stets eine vollständig befriedigende gewesen, und mit ihnen sind auch die Klagen über die Wasserqualität völlig verschwunden.

Dagegen kam aber die Gesellschaft bald in eine neue Calamität in Folge des rasch wachsenden Wasserverbrauches, der durch die bessere Qualität und die weitere Ausdehnung des Versorgungsgebietes schnell eine ungeahnte Höhe erreichte. Im Sommer 1893 trat sogar ein mehrere Monate anhaltender Wassermangel ein, welcher stürmische Aufregungen in dem Versorgungsgebiete zur Folge hatte. Die Gesellschaft hatte damals zur Erbauung eines dritten Wasserwerkes in der Nähe von Belitzhof ein westlich davon gelegenes Grundstück bereits erworben, welches direct bis an den Wannsee heranreicht. Hier ist dann in den Jahren 1893/94 eine neue selbstständige Pumpstation für eine vorläufige Leistung von 20000 cbm pro Tag, welche im Laufe der Zeit auf eine solche von 60000 cbm erhöht werden kann, erbaut. Diese Station wird zur Unterscheidung von der alten, die jetzt Belitzhof I heisst, Belitzhof II genannt. Das neue Werk hat von vornherein Enteisenungsanlagen, wie die anderen Werke, erhalten. Ferner ist in demselben Jahre auch ein neuer Wasserthurm bei Rixdorf erbaut, in welchem ein Hochreservoir von 2440 cbm Inhalt Aufnahme gefunden hat.

Nach ihrer geographischen Lage sind die beiden Wasserwerke Belitzhof I und II für die Versorgung der verschiedenen Vororte und Aussengemeinden besonders geeignet, so dass nach Vollendung des Werkes Belitzhof II das Wasserwerk Teufelsee fast ausschliesslich für die Versorgung von Charlottenburg reservirt werden konnte. Trotzdem beruhigte sich die Stadt Charlottenburg mit diesem Zustande nicht. Die bösen Erfahrungen, welche diese bei der zeitweisen Unterbrechung der Wasserversorgung gemacht hatte, und die Befürchtung des Ungenügens der vorhandenen Zuleitungen bei wachsendem Consum veranlassten den Magistrat von Charlottenburg, in seinem, sowie im Namen der übrigen betheiligten Gemeinden im Jahre 1895 an den Regierungspräsidenten die Bitte zu richten, der Charlottenburger Wasserwerksgesellschaft die Genehmigung zum Anschlusse weiterer Ortschaften zu versagen und ihr ferner die Schaffung von Einrichtungen zu einer Entlastung der Hauptrohrleitungen aufzugeben.

Das hat die Gesellschaft dann veranlasst, bald darauf den Bau eines vierten Wasserwerkes nördlich von der Spree in Aussicht zu nehmen, welches mit dem Wasserwerke Teufelsee zusammen in erster Linie für die Versorgung von Charlottenburg bestimmt ist. Schon im Jahre 1895 hatte die Generalversammlung der Gesellschaft ferner beschlossen, aus sich eine besondere Gesellschaft mit beschränkter Haftung als »Charlottenburger Wasserwerk« mit einem Kapitale von M. 12004500 auszuscheiden. Als deren Zweck ist ausschliesslich der Betrieb der zur Versorgung der Stadt Charlottenburg mit fliessendem Wasser dienenden Wasserwerke angegeben, um damit alle Ansprüche der Stadt auf die Dauer zum Schweigen zu bringen.

Im Jahre 1895 ist dann im Norden von Charlottenburg in der Jungfernhaide am Nonnendamme auf Spandauer Terrain mit dem Bau dieses vierten Werkes begonnen, das vorläufig für täglich 15000 cbm bestimmt ist, aber auf 60000 cbm pro Tag erweitert werden kann. Das Wasser wird aus dem Grundwasserstrom im Spreegebiete entnommen. Das Druckrohr, welches von der Station Jungfernhaide nach Charlottenburg führt, kreuzt die Spree durch einen schmiedeeisernen Düker von 800 mm Durchmesser und 75 m Länge, welcher am 6. Mai 1896 an der Schlossbrücke verlegt ist. Im September 1896 ist das neue Werk in Betrieb gekommen und wird mit dem Teufelsee-Werke zusammen auch der bedeutendsten Bevölkerungszunahme von Charlottenburg auf eine lange Reihe von Jahren genügen können.

Zum Schlusse ist noch zu erwähnen, dass das Wasserwerk, welches früher für Gross-Lichterfelde von einer Privatgesellschaft erbaut und betrieben wurde und unter VI, Nr. 26 beschrieben ist, seit dem Jahre 1891 auch in den Besitz der Charlottenburger Wasserwerks-Gesellschaft übergegangen ist und somit das fünfte, selbstständige Wasserwerk dieser Gesellschaft bildet.

b) Beschreibung der einzelnen Werke.

1. Brunnen und Enteisenungsanlagen.

Wie oben bereits bemerkt ist, sind die anfänglich am Ufer des Teufelsees hergestellten, gemauerten Brunnen von 3,0 m Durchmesser und 27,0 m bis 36,0 m Tiefe, die in 11 m bis 90 m Entfernung von einander standen, später aufgegeben. Im Jahre 1887 waren hier 16 Rohrbrunnen vorhanden, welche 27,0 m bis 38,0 m tief sind und durch eine in 15,0 m bis 20,0 m Tiefe unter Terrain liegende Thonschicht von 1,0 m bis 1,5 m Stärke hindurchgehen. Die Sauger der Brunnen reichen 7,0 m bis 10,0 m tief in die das Wasser führende Kiesschicht hinab. Sie sind durch 3 verschiedene Heberleitungen in 3 Gruppen getheilt, welche das Wasser einem gemeinschaftlichen Pumpenbrunnen zuführen. Die Zahl dieser Brunnen ist bereits bis zum Jahre 1895 auf 33 erhöht.

Für die beiden Belitzhofer Wasserwerke sind jetzt zusammen 91 Rohrbrunnen, die in den einzelnen Gruppen in ca. 80 m Entfernung von einander stehen, in Benutzung.

Alle diese Brunnen bestehen aus kupfernen und gusseisernen Rohren von 150 mm bis 200 mm Durchmesser und sind gruppenweise durch Heberohre von 250 mm bis 850 mm Durchmesser mit Sammelbrunnen verbunden. Für die weitere Ausdehnung dieser Brunnenanlagen sind immer grössere Terrainerwerbungen auch in Hinblick auf die Zukunft erforderlich geworden, die sich jetzt südlich bis zum Nikolaus See erstrecken, während nach Norden zu dafür im Grunewalde ein fiscalischer Waldstreifen pachtweise in Benutzung genommen ist.

Für das Wasserwerk Jungfernhaide sind 14 gusseiserne Rohrbrunnen von 150 mm Durchmesser und 22,7 m bis 32,6 m, im Mittel 27,0 m Tiefe hergestellt, die in ca. 13 m Abstand von einander stehen und mit Kupfergaze überzogene Filterkörbe haben. Heberohre von 250 mm bis 800 mm Durchmesser führen das Wasser in einen Sammelbrunnen von 3,5 m Durchmesser und 11,75 m Tiefe, aus dem die Vorpumpen saugen.

Wie schon erwähnt, haben sämmtliche Werke vollständige Enteisenungsanlagen, die aus Rieselern mit Coke- oder Steinfüllung und aus Filtern mit grobem Sand und Kies bestehen, hinter welchen Reinwasserreservoire liegen, aus denen die Druckpumpen das enteisente Wasser entnehmen, während Vorpumpen das eisenhaltige Wasser aus den Sammelbrunnen in über den Rieselern aufgestellte Reservoire heben. Die Dimensionen dieser Einzelanlagen, bei welchen die Rieseler gemauerte Schächte bilden und die Filter und die Reinwasserreservoire sämmtlich gemauert oder in Beton hergestellt, überwölbt und mit Erde überfüllt sind, sind in Tabelle 43 angegeben:

Tabelle 43.

Gegenstand	Teufelsee	Belitzhof I	Belitzhof II	Jungfernhaide	zusammen
Rohrbrunnen . . .	33	50	41	14	138
Rieselfläche . . . qm	128	256	256	120	760
Filterfläche . . . »	606	980	1 855	1 013	4 454
Zahl der Filter . .	4	4	6	4	18
Reinwasser-Reservoire Inhalt . . . cbm	2 900	2 460	11 470	4 780	21 610

2. Pumpmaschinen.

In der Pumpstation Teufelsee sind anfänglich 2 liegende Woolf'sche Dampfmaschinen in Tandem-Anordnung mit Schwungrädern und Schiebersteuerung aufgestellt, welche je eine liegende, doppeltwirkende Pumpe mit Scheibenkolben und freien Ringventilen direct durch die verlängerten Kolbenstangen antreiben. Die Maschinen haben 1,25 m Hub und machen 30 Umdrehungen pro Minute. Die Dampfkolben haben 470 mm und 1050 mm und die Pumpenkolben 400 mm Durchmesser. Letztere liefern bei jeder der Maschinen 505 cbm Wasser pro Stunde auf 55,0 m Arbeitshöhe.

Die später hinzugekommenen 2 Dampfmaschinen, welche die Vorpumpen für die Enteisenungsanlage betreiben, sind stehende Eincylindermaschinen mit Schiebersteuerung und Condensation. Jede Maschine treibt direct eine stehende, doppeltwirkende Plungerpumpe mit Tellerventilen durch die verlängerte Kolbenstange an. Die Dampfkolben haben 575 mm und die Plunger 500 mm Durchmesser, und beide haben 0,6 m Hub. Die Maschinen machen 50 Umdrehungen pro Minute, und es fördert eine jede 665 cbm Wasser pro Stunde bei 16,0 m Arbeitshöhe.

In dem Kesselhause am Teufelsee liegen 4 Zweiflammrohrkessel von je 73 qm Heizfläche mit einem concessionirten Dampfdruck von 5 Atm.

In der Pumpstation Belitzhof I sind 2 liegende Verbundmaschinen mit Receiver und Condensation aufgestellt. Die eine derselben hat eine Radovanovic-Steuerung und treibt mit ihren verlängerten Kolbenstangen direct 2 liegende, doppeltwirkende Plungerpumpen mit freien Tellerventilen für den Hochdruck an. Die Dampfkolben haben 580 mm resp. 950 mm und die Plunger 285 mm Durchmesser und 1,0 m Hub. Die Pumpen dieser Maschine fördern zusammen bei 60 Doppelhüben pro Minute pro Stunde 830 cbm Wasser bei 54,0 m Arbeitshöhe.

Die andere Maschine hat eine Fricart-Steuerung. Sie macht 50 Umdrehungen pro Minute und treibt ebenfalls 2 doppeltwirkende, liegende Plungerkolben mit Tellerventilen direct durch ihre verlängerten Kolbenstangen an. Diese Pumpen liefern zusammen pro Stunde 465 cbm Wasser bei einer gleichen Arbeitshöhe, wie die andere Maschine. Vom Kurbelzapfen der Maschine aus wird ferner eine stehende Vorpumpe mit Scheibenkolben und Tellerventilen angetrieben, welche 525 cbm Wasser pro Stunde bei 16,5 m Arbeitshöhe fördert. Die Dampfkolben dieser Maschine haben 480 mm und 800 mm, die Plunger 235 mm und der Scheibenkolben 350 mm Durchmesser. Sämmtliche Kolben haben 0,98 m Hub.

Ferner sind 2 liegende Verbundmaschinen mit Condensation, Receiver und mit Fricart-Steuerung aufgestellt, deren jede eine liegende, doppeltwirkende Plungerpumpe für Hochdruck direct durch eine der Kolbenstangen und 2 einfachwirkende, stehende Rittinger Pumpen als Vorpumpen durch ein Kunstkreuz antreibt. Die Pumpen haben freie Ringventile. Bei 60 Umdrehungen pro Minute liefern bei jeder Maschine die Druckpumpen pro Stunde 200 cbm Wasser bei 54,0 m Arbeitshöhe und die beiden Vorpumpen 240 cbm bei 16,5 m Arbeitshöhe. Die Dampfkolben haben 360 mm resp. 600 mm, die Plunger der Druckpumpen 235 mm und die Kolben der Rittinger Pumpen 295 mm Durchmesser. Die Kolben der letzteren haben 0,52 m, und die anderen Kolben haben sämmtlich 0,72 m Hub.

Es sind in der Pumpstation Belitzhof I 4 Heine-Kessel von je 75,4 qm Heizfläche für 10 Atm. und 2 combinirte Zweiflammrohrkessel von je 78,2 qm Heizfläche für 8,5 Atm. concessionirten Dampfdruck vorhanden.

In der Pumpstation Belitzhof II dienen als Vorpumpen 3 Centrifugalpumpen, deren jede durch Riemenübertragung von je einer liegenden Verbund-Receiver-Maschine mit Condensation und Schiebersteuerung angetrieben wird. Diese Maschinen machen 72 Umdrehungen pro Minute und haben Dampfkolben von 380 mm und 600 mm Durchmesser und einen Hub von 0,6 m. Jede der Centrifugalpumpen liefert bei 420 Umdrehungen pro Minute in der Stunde 625 cbm Wasser bei 17,0 m Arbeitshöhe.

Für diese Maschinen dienen 3 Zweiflammrohrkessel mit Galloway-Rohren von je 92 qm Heizfläche mit einem concessionirten Dampfdrucke von 7,5 Atm. Ferner sind 2 liegende Verbundmaschinen mit Receiver, mit Condensation und mit Radovanovic-Steuerung für die Druckpumpen aufgestellt, für welche 4 Wellrohrkessel von je 86 qm Heizfläche bei einem concessionirten Dampfdrucke von 8,5 Atm. dienen.

Jede dieser 2 Maschinen treibt 2 liegende, doppeltwirkende Plungerpumpen mit freien Gruppen-Tellerventilen durch die verlängerten Kolbenstangen direct an und liefert bei 60 Umdrehungen pro Minute in der Stunde 830 cbm Wasser bei 56,5 m Arbeitshöhe. Die Dampfkolben haben 580 mm und 950 mm und die Plunger 285 mm Durchmesser. Sämmtliche Kolben haben 1,0 m Hub.

In der Pumpstation Jungfernhaide sind 4 Verbund-Receiver-Maschinen mit Condensation aufgestellt. Davon sind 2 liegende Maschinen und mit Radovanovic-Steuerung versehen. Eine jede von diesen treibt 2 liegende, doppeltwirkende Plungerpumpen mit Gruppen-Tellerventilen direct mit den verlängerten Kolbenstangen an. Diese Pumpen dienen als Druckpumpen und haben 285 mm Durchmesser. Sie haben ebenso wie die Dampfkolben, welche 510 mm resp. 830 mm Durchmesser haben, einen Hub von 1,0 m. Sie machen 60 Doppelhübe pro Minute, und es liefert eine jede Maschine 830 cbm Wasser pro Stunde bei 56,5 m Arbeitshöhe.

Die beiden anderen Maschinen sind stehende und haben Schiebersteuerung. Jede treibt 2 stehende, doppeltwirkende Plungerpumpen mit Gruppen-Tellerventilen mit den verlängerten Kolbenstangen direct an, welche als Vorpumpen dienen. Die Maschinen machen 50 Umdrehungen pro Minute und es fördert eine jede 760 cbm Wasser pro Stunde bei 13,5 m Arbeitshöhe. Die Dampfkolben haben 350 mm resp. 550 mm und die Pumpenkolben 370 mm Durchmesser. Alle Kolben haben 0,63 m Hub.

Für Jungfernhaide sind 4 Wellrohrkessel, jeder von 86 qm Heizfläche aufgestellt, welche für 8,5 Atm. Dampfdruck concessionirt sind.

Die Dampfkessel auf allen 4 Werken sind von den Maschinenfabriken A. Borsig und Cyclop in Berlin, die Pumpmaschinen von Wöhlert, von A. Borsig in Berlin und von der Berliner Actiengesellschaft, früher J. C. Freund in Charlottenburg, die Centrifugalpumpen von Brodnitz & Seydel in Berlin und deren Betriebsmaschinen vom Eisenhüttenwerke Keula bei Muskau geliefert.

Einschliesslich des Werkes Gross-Lichterfelde verfügen die Charlottenburger Wasserwerke zur Zeit im Ganzen über 24 Dampfkessel mit 1765 qm Heizfläche und 21 Dampfmaschinen von 1603 PS. Nutzarbeit in den 35 Pumpen, von welchen 14 als Vorpumpen 5730 cbm und 21 als Druckpumpen 6187 cbm Wasser pro Stunde fördern können. Eine übersichtliche Vertheilung der Anlagen auf die Werke bietet die Tabelle 44.

3. Hochreservoire.

Das auf dem Charlottenburger Plateau in Westend erbaute Reservoir von 1000 cbm Inhalt ist von Schmiedeeisen und hat einen freihängenden Boden von 2,5 m Pfeil und eine 3,7 m hohe cylindrische Wand von 16,0 m Durchmesser. Es steht auf einem massiven Unterbau, 23,2 m hoch über Terrain, und ist ummantelt und überdacht. Sein Wasserspiegel liegt 26,7 m hoch

Tabelle 44.

Gegenstand	Teufelsee	Delitzhof I	Delitzhof II	Jungfernhaide	Lichterfelde
Dampfmaschinen	4	4	5	4	4
Zusammen P S.	281	400	465	423	34
Dampfkessel	4	6	7	4	3
Heizfläche zus. qm	292	458	621	344	50
Vorpumpen	2	6	2	4	—
Leistung pro Stunde zus cbm	1330	1005	1875	1520	—
Druckpumpen	2	6	4	4	5
Leistung pro Stunde zus. cbm	1010	1695	1660	1660	162

über dem niedrigsten Punkte von Charlottenburg. Es ist durch eine 9000 m lange Leitung von 500 mm Durchmesser mit der Pumpstation Teufelsee verbunden.

Das Hochreservoir auf dem Fichtenberge bei Steglitz ist am 1. October 1886 in Betrieb gekommen. Es besteht aus einem ähnlichen, schmiedeeisernen Reservoire wie das Charlottenburger Reservoir, hat aber 2000 cbm Inhalt. Es hat 17,5 m Durchmesser und 6,3 m Höhe im cylindrischen Theile und 4,0 m Pfeil in der Calotte. Der Druckring liegt auf einem massiven Unterbau 10,0 m hoch über Terrain. Das Thurmmauerwerk reicht auf 21,15 m Höhe über Terrain. Darüber erhebt sich noch 11,7 m hoch eine Kuppel auf eisernem Dachgerüst und über dieser 7,45 m hoch eine Laterne. Die Gesammtkosten dieser Reservoiranlage haben M. 150000 oder M. 75 pro cbm Wasser betragen, wovon M. 27300 auf das Reservoir selbst entfallen. Eine 4000 m lange Leitung von 500 mm Durchmesser dient für das Reservoir gleichzeitig als Zu- und Abfluss.

Das Hochreservoir in Rixdorf ist gleichfalls ein schmiedeeisernes Thurmreservoir mit durchhängendem Boden. Es hat 17,0 m Durchmesser und 8,8 m Mantelhöhe. Der Boden hat 3,63 m Pfeilhöhe. Es hat 2440 cbm Inhalt und steht 28,1 m hoch über Flur. Die Verbindungsleitung hat gleichfalls 500 mm Durchmesser. Die 3 Hochreservoire haben zusammen 5440 cbm Inhalt.

c) Wasservertheilung.

Ueber die Ausdehnung des Rohrnetzes der Gesellschaft in jedem der Jahre von 1878 bis 1895/96, sowie über die Zahl der damit verbundenen Schieber und Hydranten, sowie über die Zahl der angeschlossenen Grundstücke und die Grösse des auf jedes derselben durchschnittlich entfallenden Consums gibt Tab. 45 (S. 55) Auskunft, welche auch zugleich angibt, wie viel m Rohrlänge auf einen Anschluss resp. auf einen Hydranten entfällt.

Die Tabelle 46 (S. 55), wenn sie auch vom 1. October 1890 datirt, ist nicht ohne Interesse, indem sie die damalige Vertheilung der Länge der Rohrleitungen und der Zahl der Schieber, Hydranten und Grundstücksanschlüsse in den einzelnen Orten angibt, welche die Gesellschaft damals mit Wasser versorgt hat.

Später sind noch die Orte Schmargendorf, Schlachtensee, Colonie Grunewald und Lankwitz in die Versorgung einbezogen.

Die Zuleitungen von 20 mm bis 40 mm Durchmesser werden aus Bleirohren und die grösseren werden aus gusseisernen Rohren hergestellt. Für die Hausleitungen werden nur Bleirohre verwendet.

Die Zahl der von der Gesellschaft bis Ende des Jahres 1895 überall von Siemens & Halske, Berlin, welche Firma deren fast einziger Lieferant ist, gelieferten

Tabelle 45.

Jahr	Rohrlänge m	Schieber	Hydranten	Anschlüsse	Im Jahre cbm Wasser pro Anschluss	lfd m Rohrlänge	
						pro Anschluss	pro Hydrant
1878	21 543	92	135	179	—	120	160
1879	22 933	97	142	204	1 131	118	160
1880	35 812	159	207	313	957	114	173
1881	37 656	160	211	408	862	92	179
1882	39 653	178	222	482	1 119	82	179
1883	44 428	194	234	577	1 046	77	190
1884	48 157	208	250	652	1 050	74	193
1885	57 360	264	305	773	1 115	74	188
1886	81 131	412	417	995	1 021	81	194
1887/88	142 868	674	644	1 614	—	88	222
1888/89	161 351	767	760	2 233	864	72	212
1889/90	179 031	868	870	2 651	896	67	206
1890/91	247 213	1 219	1 215	3 507	814	70	203
1891/92	298 719	1 579	1 592	4 355	954	69	188
1892/93	354 058	1 946	1 944	5 369	1 040	66	182
1893/94	421 431	2 366	2 335	6 391	905	66	180
1894/95	452 493	2 631	2 583	7 181	980	63	172
1895/96	488 244	2 822	2 923	8 161	982	60	167

Tabelle 46.

Ort	Rohrlänge m	Schieber	Hydranten	Anschlüsse
Forst Grunewald	2 742	7	4	2
Charlottenburg	65 861	373	384	1 347
Schöneberg	14 771	66	77	335
Friedenau	9 781	47	39	192
Wilmersdorf	10 990	41	47	70
Steglitz	20 424	100	97	271
Gr Lichterfelde	8 286	30	38	67
Dahlem	410	1	1	—
Zehlendorf	13 849	68	33	26
Wannsee	2 503	21	14	21
Mariendorf, -Südend	6 697	33	28	29
Tempelhof	8 297	33	24	28
Rixdorf	14 360	44	84	263

Wassermesser beträgt 8303 Stück und zwar von folgenden Dimensionen:

Durchmesser . . . mm	10	12	16	20	25	30	
Stückzahl	490	548	2	3478	1623	1629	
mm	40	50	65	75	100	125	150
	312	117	11	57	29	4	3.

Ferner sind noch von Lux, Ludwigshafen, als geliefert angegeben 132 Stück und zwar 12 von 40 mm und je 40 von 20 mm, 25 mm und 30 mm Durchmesser.

Die in den Jahren von 1879 bis 1895/96 geförderte Wassermenge, der Kohlenverbrauch (schlesische Kohlen) für die Kesselfeuerung im Ganzen, pro 100 cbm Wasser und pro PS.-Stunde nach den angegebenen Arbeitshöhen und die Leistung pro kg Kohle in m × kg gibt Tabelle 47 an.

Die Tabelle 48 (S. 56) gibt für die Jahre 1888/89 bis 1895/96 die Zahl der mit Wasser versorgten Personen, die Wasserabgabe im Ganzen und pro Kopf, sowie am Tage des mittleren, grössten und geringsten Consums, die Zahl der Anschlüsse und deren Verhältniss zur Gesammtabgabe, die Abgabe ohne und mit Messern, die Zahl der letzteren (gleich der der Anschlüsse) und die Abgabe pro Messer, sowie verschiedene Verhältnisszahlen an.

Tabelle 47.

Jahr	Wasser cbm	Kohlen kg	Förderhöhe	kg Kohlen		m × kg Leistung pro kg Kohle
				pro 100 cbm	pro PS-Stunde	
1879	230 712	368 192	65	159,6	6,62	40 800
1880	299 593	393 822	65	131,4	5,45	49 400
1881	351 943	405 344	65	115,2	4,78	56 500
1882	539 307	513 810	65	95,3	3,96	68 200
1883	603 640	479 266	65	79,4	3,29	82 100
1884	684 877	508 240	65	74,2	3,08	87 700
1885	861 789	505 675	65	58,7	2,44	110 600
1886	1 015 793	601 702	65	59,2	2,46	109 700
1888/89	1 925 809	1 641 848	65	85,2	3,53	76 500
1889/90	2 374 440	1 896 664	66	80,0	3,28	83 200
1890/91	2 848 607	2 270 010	68	79,6	3,16	85 500
1891/92	4 150 836	3 245 905	72	78,2	2,93	92 200
1892/93	5 582 504	4 703 512	75	84,2	3,03	89 100
1893/94	5 781 378	3 953 691	70	68,4	2,34	115 400
1894/95	7 041 687	3 966 147	71	56,3	2,14	126 200
1895/96	7 854 925	4 360 357	72	55,5	2,09	128 990

Als Directoren der Werke sind L. Wellmann und W. Oppermann und als Oberingenieur ist A. Seyfferth thätig.

Die Wasserabgabe erfolgt nur nach Wassermessern, und es ist zu zahlen pro Vierteljahr für die ersten 50 cbm M. 15 und bei Mehrverbrauch für jeden der folgenden 50 cbm 30 Pf., für jeden der dann folgenden 200 cbm 15 Pf. und für jeden cbm über 300 cbm 10 Pf. Als Wassermiethe wird pro Jahr erhoben, je nach der Grösse

Durchmesser mm	13	20	25	40	50	75	100
Mark	12,00	14,40	18,00	24,00	32,00	40,00	56,00.

Die Beschaffenheit des Wassers wird 14 tägig durch den vereidigten Chemiker, Dr. Knöfler in Charlottenburg untersucht. Auch werden in regelmässigen Zwischenräumen bacteriologische Untersuchungen vorgenommen. Ammoniak, Salpetersäure und salpetrige Säure fehlen stets, und das Wasser ist nahezu keimfrei, sowohl auf den Werken,

Tabelle 48.

Jahr		1888/89	1889/90	1890/91	1891/92	1892/93	1893/94	1894/95	1895/96
Mit Wasser versorgte Personen . .		145 000	170 000	195 000	220 000	255 000	290 000	325 000	350 000
Gesammte Abgabe im Jahr . . .	cbm	1 925 809	2 377 740	2 848 607	4 150 836	5 582 504	5 781 378	7 041 687	7 854 925
Desgl. gegen 100 cbm des Vorjahres	»	—	123,4	120,1	145,7	134,5	103,5	121,8	111,5
Liter pro Kopf pro Tag im Mittel		36,4	38,2	40,0	51,6	60,0	54,6	59,4	61,0
Desgl. am Maximaltage		95,0	80,6	76,5	128,1	121,5	119,6	118,9	125,0
Zahl der Anschlüsse mit Messern .		2 233	2 651	3 507	4 355	5 369	6 391	7 181	7 997
cbm pro Anschluss im Jahre von der Gesammtabgabe .		864	896	814	954	1 040	905	980	982
Tagesabgabe am									
mittleren Jahrestage . . .	»	5 276	6 505	7 804	11 341	15 295	15 839	19 292	21 462
Maximaltage		13 775	13 694	14 909	28 190	30 972	34 586	38 627	43 750
Minimaltage	»	1 556	3 222	3 934	5 880	7 354	9 696	11 201	13 280
Von 100 cbm am mittleren Jahrestage am									
Maximaltage des Jahres .	»	261,1	210,1	190,1	248,2	202,4	217,9	200,1	201,6
Minimaltage des Jahres . .	»	29,5	49,6	51,9	37,6	48,2	61,1	58,2	61,4
Gesammtabgabe ohne Messer .	»	228 633	328 303	380 218	691 313	1 155 834	1 121 701	1 083 994	1 150 401
Desgl. von 100 cbm Gesammtabgabe	»	11,9	13,8	13,3	16,6	20,6	19,5	15,4	14,6
Gesammtabgabe nach Messern	»	1 697 176	2 049 437	2 468 389	3 459 523	4 426 670	4 659 677	5 957 693	6 704 524
Desgl. von 100 cbm Gesammtabgabe	»	88,1	86,2	86,7	83,4	79,4	80,5	84,6	85,4
Abgabe pro Messer im Jahre .	»	760	773	704	795	824	730	829	838

als auch im Versorgungsgebiete. Am 5. September resp. 30. August 1895 sind folgende Resultate für ein Liter Wasser nach den chemischen Analysen festgestellt:

Tabelle 49.

Pumpstation	Teufelsee	Belitzhof
	mg	mg
Abdampfrückstand (140°) . .	226,6	227,2
Glührückstand	208,4	208,8
Glühverlust	17,6	18,4
Kalk	100,6	103,2
Chlor	11,0	13,1
Eisen	1,0	1,0

68. Wasserwerke Ost-Vororte von Berlin.

Für die Wasserversorgung der Ost-Vororte von Berlin hat sich eine Actiengesellschaft mit einem Actienkapitale von M. 1 250 000 gebildet, welche in die von dem Ingenieur Smrecker in Mannheim auf 40 Jahre erlangten Concessionen zur Wasserversorgung der Ortschaften Boxhagen-Rummelsburg, Friedrichsfelde und Lichtenberg-Friedrichsberg eingetreten ist. In das Versorgungsgebiet sind im Jahre 1896 auch die Colonien Oberschönweide und Karlshorst aufgenommen.

Südlich von Friedrichsfelde ist in der Nähe von Karlshorst nach dem Projecte von Smrecker Ende April 1892 mit dem Baue einer Pumpstation begonnen, welche schon am 29. September in Betrieb gesetzt werden konnte, während der regelmässige Betrieb des Werkes erst mit dem 12. December begonnen hat. Unweit der Station Lichtenberg der Berliner Wasserwerke und 6,5 km von der Pumpstation entfernt, ist ein Hochreservoir erbaut.

Das Wasser bei Karlshorst wird aus dem sehr eisenhaltigen Grundwasser entnommen und vor der Abgabe einem Enteisenungsprocesse unterzogen. Es sind hier 4 eiserne Rohrbrunnen von 600 mm Durchmesser und 20,0 m bis 25,0 m Tiefe hergestellt. Jeder von diesen hat ein herausnehmbares Kupfersieb von 4,0 m bis 5,0 m Länge. Eine Heberleitung führt das Wasser dieser Brunnen in einen gemauerten und überwölbten Sammelbrunnen von 4,0 m Durchmesser und 10,8 m Tiefe.

Das Maschinen- und das Kesselhaus sind massiv hergestellt. An ersteres legt sich der Filterraum und an letzteres der Kohlenraum, welche beide in Fachwerk ausgeführt sind, an. Im Maschinenraum liegen 2 horizontale Eincylindermaschinen mit Condensation, deren Kolben 300 mm Durchmesser und 0,6 m Hub haben. Jede Maschine betreibt eine Schöpfpumpe und eine Druckpumpe. Erstere sind stehende, doppeltwirkende Pumpen mit Scheibenkolben von 340 mm Durchmesser und 0,25 m Hub. Die Druckpumpen sind liegende, doppeltwirkende Plungerpumpen, die durch die verlängerten Kolbenstangen der Dampfcylinder direct angetrieben werden. Die Plunger haben 180 mm Durchmesser und 0,6 m Hub. Die Ventile der Druckpumpen sind Tellerventile mit Zwangsschluss nach Patent Riedler. Die Förderpumpen haben Gummiklappen-Ventile.

Die Schöpfpumpen arbeiten mit einer Saugehöhe von 1,0 m bis 5,0 m und mit einer Druckhöhe von 7,0 m. Sie liefern bei 45 resp. 60 Doppelhüben pro Minute 86 resp. 115 cbm Wasser pro Stunde. Die Druckpumpen liefern bei gleicher Hubzahl 75 resp. 100 cbm Wasser pro Stunde auf 62,0 m Förderhöhe Die Leistung pro Maschine beträgt ca. 30 PS. Im Kesselhause befinden sich 2 Cornwallkessel mit rauchverzehrenden Feuerungen (Patent Kuhn) von je 25 qm Heizfläche und 8 Atm. concessionirtem Dampfdruck. Die Maschinen und Kessel sind von G. Kuhn in Stuttgart-Berg geliefert.

In dem erwähnten Anbau befinden sich 2 Filter von je 60 qm Fläche. Das Filtermaterial besteht aus einer 0,3 m starken Schotterschicht als Tragschicht, ferner aus 2 Kiesschichten von 0,1 m und 0,3 m Stärke und aus einer 0,4 m starken Sandschicht. Diese Anlage ist für einen Tagesconsum von 4500 cbm bestimmt, was bei Benutzung beider Filter für diese 33,3 cbm Wasser pro qm pro Tag oder einer stündlichen Geschwindigkeit von 1,39 m entspricht.

Ueber jedem Filter stehen 2 Piefke'sche Rieseler von 2,5 m Durchmesser und 3,0 m Höhe, deren Gehäuse nach dem Monier-Systeme ausgeführt sind. Der Boden und die Decke derselben haben durchlochte, schmiedeeiserne Platten mit Löchern von 10 mm und 5 mm Durchmesser. Dazwischen liegen die Cokestücke. Das Wasser fällt auf die Rieseler aus 2 Reservoiren von einer Grundfläche von 2 m im Quadrat und von 1,5 m Höhe, in welche die Schöpfpumpen das Wasser ausgiessen.

Das Reinwasserreservoir hat 8,0 m Länge und 5,0 m Breite. Bei 1,5 m Wasserhöhe fasst es 60 cbm. Es liegt im Freien, in die Erde versenkt und ist überwölbt und 0,3 m stark und mit Erde überfüllt. Das Hochreservoir hat 530 cbm Inhalt bei 7,7 m Wasserhöhe. Es ist aus Schmiedeeisen nach dem Systeme Intze hergestellt und steht auf einem 27,5 m hohen, massiven Unterbau. Das Reservoir ist mit einem achteckigen Monier-Mantel umgeben und überdacht.

Die Druckleitung zum Hochreservoire hat 6500 m Länge bei 250 mm Durchmesser. Das ganze Vertheilungsrohrnetz misst ca. 18500 lfd. m. Die Wasserabgabe erfolgt nach Wassermessern und zu gleichen Preisen, wie in Berlin. Ende 1895 waren für das Werk 992 Wassermesser von C. A. Spanner, Wien-Aachen, geliefert, welche folgende Dimensionen haben:

Durchmesser mm	7	10	13	15	20	25	30	40	50	80
Stückzahl . . .	25	32	2	328	296	207	48	38	13	3.

Die Wasserförderung und die Zahl der Anschlüsse gibt die Tabelle 50 für einige Betriebsjahre an:

Tabelle 50.

Jahr	Wasserförderung cbm im Jahre	Wasserförderung cbm im Tagesmittel	% Zunahme gegen das Vorjahr	Zahl der Anschlüsse	cbm Consum pro Anschluss
1894	281 945	772	100	—	—
1895	404 761	1 109	143,7	825	491
1896	534 363	1 460	129,8	926	577

Die gesammte Einwohnerzahl der versorgten Ortschaften beträgt ca. 50000.

VII. Regierungsbezirk Frankfurt a. O.

(Provinz Brandenburg.)

a) Arnswalde 2 (Reetz 28). **b)** Cottbus 5 (Peitz 27). — **c)** Crossen 6 (Sommerfeld 33). — **d)** Frankfurt a. O. 1. — **e)** Friedeberg i. N. 11 (Driesen 7, Woldenberg 38). — **f)** Guben 14 (Fürstenberg 12) — **g)** Kalau 15 (Lübbenau 24, Senftenberg 31, Vetschau 37). — **h)** Königsberg i. N. 17 (Baerwalde 3, Küstrin 18, Neudamm 26) — **i)** Landsberg 19 — **k)** Lebus 20 (Fürstenwalde 13, Müncheberg 25, Seelow 30). — **l)** Luckau 22 (Finsterwalde 9, Kirchhain 16) — **m)** Lübben 24. — **n)** K. Ost-Sternberg (Sonnenburg 34, Zielenzig 39). — **o)** Soldin 32 (Berlinchen 4, Lippehne 21). — **p)** Sorau 35 (Forst i. L. 10). — **q)** Spremberg 36. — **r)** K. Westerberg (Drossen 8, Reppen 28). **s)** Züllichau 40 (Schwiebus 29).

1. d. Regierungshauptstadt **Frankfurt a. O.** (E. 59049, W. 2558 mit je 23,1 B.)

Die Stadt Frankfurt a. d. Oder hat an öffentlichen und privaten Brunnen keinen Mangel. Diese haben meistens einen wenig schwankenden Wasserstand und liefern durchschnittlich gutes Wasser. Das mag mit die Veranlassung gewesen sein, dass die Stadt die Concession zum Baue und zum Betriebe einer centralen Wasserversorgung im Jahre 1871 einer Privatgesellschaft, der Continental-Actien-Gesellschaft für Gas- und Wasseranlagen in Berlin übertrug. Von dieser Gesellschaft ist in den Jahren 1872 bis 1874 nach den Plänen und unter der Leitung des Civilingenieurs F. Schmetzer das dortige Wasserwerk erbaut. Bald nach seiner Inbetriebsetzung ist dasselbe durch Kauf in die Hände einer anderen, dafür neugegründeten Actiengesellschaft: »Wasserwerk zu Frankfurt a. d. Oder« übergegangen.

Die ersten Anlagekosten haben M. 1081593 betragen, und die neue Actiengesellschaft hat das Werk für M. 750000 übernommen. Die später ausgeführten Erweiterungsbauten haben sich auf M. 253027 belaufen, so dass von der jetzigen Gesellschaft für das Werk M. 1003027 verausgabt sind, was M. 16,98 pro Kopf der jetzigen Bevölkerung entspricht. Die Leistungsfähigkeit des Werkes pro Tag beträgt zur Zeit 8000 cbm in den Maschinen und 4500 cbm in den Filtern, und es ist ferner 800 cbm Grundwasser als Reserve vorhanden. Den Betrieb des Werkes leitet der Erbauer desselben, Director Schmetzer, unter Assistenz des Oberingenieurs Volkmann und des kaufmännischen Beamten Appler.

Für die Wassergewinnung musste von der Benutzung von Quellen mit natürlichem Gefälle von vornherein Abstand genommen werden, weil solche weder in genügender Höhenlage, noch von entsprechender Leistungsfähigkeit in weitem Umkreise zu Gebote standen. Es ist daher ursprünglich für die Versorgung künstlich gehobenes Grundwasser benutzt, welches unmittelbar oberhalb der Stadt sich in einer bis zu 1,0 m Tiefe unter einer oberen Deckschicht aus Thon hinaufreichenden Kiesschicht bewegt, die in eine bedeutende Tiefe hinabreicht.

Das Wasser wird daraus 300 m von der Oder entfernt durch 3 gemauerte Brunnen mit durchlässigen Wänden von 3,0 m Durchmesser und 7,0 m Tiefe erschlossen. Diese Brunnen sind miteinander durch die beiden Hälften einer im Ganzen 100 m langen Filterleitung aus Cementgussrohren von 500 mm Durchmesser verbunden, die 2,0 m unter dem tiefsten Wasserstande der Oder und 4,0 m unter Terrain liegt. Ein vierter

Brunnen von 5,0 m Durchmesser ist als Schöpfbrunnen in Verbindung damit hergestellt.

Der tiefe Grundwasserstand veranlasste, tiefstehende Pumpen zu wählen, und es sind daher in der daneben erbauten Pumpstation 2 stehende Woolf'sche Maschinen mit Condensation und ohne Balancier aufgestellt. Deren Schwungradachsen liegen auf der Maschinenflur, und die Dampfcylinder stehen hoch darüber auf Säulen, während die Pumpen darunter in einem Schachte mit ihrer Mitte auf 3 m + 0 liegen und eine grösste Saughöhe von 5,0 m zulassen. Die Maschinenflur liegt auf 6 m + 0. Die Hauptpumpe einer jeden Maschine wird direct durch die verlängerte Kolbenstange des Kolbens des grossen Cylinders angetrieben. Beide Maschinen können sowohl miteinander durch unter 120° stehende Kurbeln gekuppelt werden, als auch einzeln arbeiten.

Die Steuerung der Dampfcylinder erfolgt für die grossen Cylinder durch Drehschieber (ähnlich denen der Corliss-Maschine) und durch 2 Ventile für die kleinen Cylinder. Die Pumpen haben Scheibenkolben und Glockenventile von Gusseisen auf Holzsitzflächen. Die Dampfcylinder haben 400 mm und 800 mm Durchmesser. Der Hub aller Kolben der Maschinen beträgt 0,96 m. Bei 8 Umdrehungen pro Minute fördert jede Maschine 240 cbm Wasser pro Stunde auf 54,0 m Höhe bei Niederdruck und auf 75,0 m Höhe bei Hochdruck. Die Leistung jeder Maschine beträgt ca. 70 PS.

In dem an das Maschinenhaus anstossenden Kesselhause, vor welchem ein Kohlenraum liegt, befinden sich 4 Cornwallkessel, jeder mit 2 Flammrohren von 0,73 m Durchmesser. Die Hauptkessel haben 6,6 m Länge und 1,9 m Durchmesser. Die Heizfläche eines jeden Kessels beträgt 53,5 qm und die Rostfläche 1,76 qm. Der concessionirte Dampfdruck ist 7 Atm. Die Maschinen und die Kessel sind von A. Borsig in Berlin geliefert.

Der grösste Theil der Stadt liegt im Oderthale auf 6,0 m bis 8,0 m + 0, und nur ein kleiner Theil ersetzt sich auf einem stark ansteigenden Plateau bis auf 30,0 m + 0. Die Versorgung ist daher in 2 verschiedene Druckzonen getrennt, deren jede ein besonderes Hochreservoir hat. Beide Reservoire bilden eine gemeinschaftliche Anlage und liegen 1400 m von der Oder und ca. 1100 m von dem Versorgungsgebiete entfernt. Das Niederdruckreservoir hat 1200 cbm Inhalt. Es ist gemauert, überwölbt, in den Boden versenkt und mit Erde überfüllt. Das Hochdruckreservoir hat 400 cbm Inhalt und besteht aus einem schmiedeeisernen Cylinder, dessen flacher Boden auf schmiedeeisernen Trägern ruht, die sich auf die Mauer eines kreisrunden, thurmartigen Unterbaues in 17,0 m Höhe über Terrain auflegen. Das Reservoir ist von den Thurmwänden eingeschlossen und überdacht. Durch dasselbe führt in einem in der Mitte eingebauten, schmiedeeisernen Cylinder eine Wendeltreppe auf das Dach. Der Boden des Niederdruckreservoirs liegt auf 44,0 m + 0 und der des Hochdruckreservoirs auf 62,5 m + 0. Das Hauptrohr für den Niederdruck hat 380 mm und das für den Hochdruck 250 mm Durchmesser.

Die ursprünglichen Baukosten für das Maschinenhaus mit Kesselhaus, Kohlenraum und Schornstein haben M. 79 800, die für das Niederdruckreservoir M. 62 000 und die für das Hochreservoir M. 108 300 betragen. Die Maschinen, die Kessel und die inneren Leitungen in der Pumpstation haben zusammen M. 147 700 gekostet, und die Kosten für die Wassergewinnung haben sich auf M. 54 000 belaufen.

Um die im Laufe der Jahre in wachsendem Maasse auftretenden Klagen über den Eisengehalt des gelieferten Wassers zu beseitigen, hat die Gesellschaft auf Drängen der Stadt im Jahre 1889 neben der Grundwassergewinnung eine Anlage für künstlich filtrirtes Oderwasser hergestellt, welche seitdem den Hauptheil des abgegebenen Wassers liefert.

Das Rohwasser wird der Oder direct durch ein in den Fluss eingeführtes Rohr entnommen, an das sich 2 Centrifugalpumpen, jede von 350 cbm stündlicher Lieferung, anschliessen, die das Wasser direct auf die Filter fördern. Die Centrifugalpumpen werden durch besonders dafür aufgestellte Dampfmaschinen betrieben. Es sind 3 offene Sandfilter von je 500 qm Filterfläche vorhanden, von welchen das Wasser in ein überdecktes Reinwasserreservoir von 850 cbm Inhalt zur späteren Entnahme durch die Druckpumpen gelangt. Die Centrifugalpumpenanlage ist mit einer Sandwäsche, welche maschinellen Betrieb hat, in einem besonderen Gebäude untergebracht. Diese ganze Anlage hat M. 142 000 gekostet.

Die beiden Vertheilungsnetze für Hoch- und für Niederdruck sind nach dem Circulationssysteme ausgeführt. Die Länge der Rohrleitungen bis 50 mm Durchmesser abwärts und die Zahl der Schieber, der Hydranten und der öffentlichen Springbrunnen und Pissoire hat am Ende der Jahre 1874, 1876 und 1888 bis 1895 betragen:

Tabelle 51.

Jahr	Rohrlänge m	Schieber	Hydranten	Oeffentliche Springbrunnen	Oeffentliche Pissoirs
1874	16 255	96	148	—	—
1876	18 520	112	159	—	—
1888	29 015	177	188	2	2
1889	29 765	172	196	2	2
1890	29 773	186	196	2	2
1891	30 159	187	198	2	2
1892	31 050	190	205	2	5
1893	31 550	194	206	2	5
1894	31 759	199	208	2	5
1895	34 063	209	239	2	5

Die Hydranten sind Unterflurhydranten, theils mit selbstthätiger und theils mit Handentleerung. Sie stehen in den bebauten Strassen ca. 63 m von einander entfernt. Die Zuleitungen von 13 bis 25 mm bestehen aus Bleirohren mit Absperrhähnen. Die grösseren Zuleitungen sind aus gusseisernen Rohren mit Schiebern hergestellt. Die bis Ende des Jahres 1894 eingebaut gewesenen 180 Wassermesser (mit Ausnahme von 7 Mustermessern) sind sämmtlich von Siemens & Halske, Berlin, bezogen. Der Grösse nach vertheilen sich die 180 Messer wie folgt:

Durchmesser . mm	10	12	20	25	30	40	50	80	100	150
Stückzahl	1	60	79	29	1	1	3	2	3	1.

Die Grösse der Wasserabgabe in den einzelnen Jahren 1888 bis 1895 gibt die Tabelle 52 im Ganzen, sowie vertheilt nach dem Gebrauche für öffentliche Zwecke, für Private mit und ohne Messer und für den Selbstverbrauch im Ganzen, sowie pro 100 cbm der Gesammtabgabe an. Ferner ist darin die Abgabe pro Tag und pro Kopf im Jahresmittel und am Maximal- und Minimaltage im Ganzen und pro 100 cbm von der des mittleren Tages, ferner die Zahl der Abnehmer im Ganzen, sowie der

Tabelle 52.

Jahr	1888	1889	1890	1891	1892	1893	1894	1895
Einwohnerzahl	54 000	54 000	54 000	55 738	55 738	55 738	56 987	59 049
Gesammte Abgabe im Jahr cbm	815 232	845 827	868 170	964 843	1 023 748	1 082 173	1 088 600	1 178 090
Desgl. gegen 100 cbm des Vorjahres	—	103,9	102,8	111,0	106,4	105,8	100,5	108,2
Liter pro Kopf pro Tag im Mittel	41	42	44	47	50	53	52	54
Desgl. am Maximaltage	65	73	63	68	91	78	80	78
Zahl der Anschlüsse	953	980	1 002	1 029	1 093	1 131	1 145	1 210
Abgabe pro Anschluss im Jahr cbm	855	863	866	937	936	956	949	974
Tagesabgabe am								
Mittleren Jahrestage cbm	2 227	2 317	2 378	2 643	2 797	2 965	2 982	3 219
Maximaltage »	3 524	3 917	3 379	3 082	5 077	4 354	4 566	4 652
Minimaltage »	1 481	1 124	1 428	1 410	1 595	1 868	1 896	1 951
Von 100 cbm am mittleren Jahrestage am								
Maximaltage des Jahres	158,2	169,0	142,0	116,6	181,5	146,8	153,0	147,9
Minimaltage » »	66,5	48,6	62,7	53,4	57,0	63,0	63,5	60,6
Wasser für öffentliche Zwecke cbm	245 798	267 011	307 951	330 766	337 449	354 020	360 806	354 301
Davon Strassensprengen »	7 245	10 701	9 349	9 551	13 594	13 903	5 489	9 282
» Rinnstein- u. Kanalspülen »	4 109	12 152	5 092	6 110	7 690	7 309	8 917	8 470
» Bedürfnissanstalten »	3 600	3 600	3 600	3 600	3 600	6 135	9 085	9 140
» Bewässern öffentl. Anlagen und Springbrunnen »	18 148	6 840	13 738	11 830	10 500	8 423	5 927	12 364
» Diverses (Eisenbahn) »	212 696	237 318	276 172	299 675	302 065	318 250	331 835	315 045
Von 100 cbm für öffentliche Zwecke								
für Strassensprengen	2,9	4,0	3,0	2,9	4,0	3,9	1,5	2,6
» Rinnstein- und Kanalspülen	1,7	4,5	1,6	1,8	2,3	2,0	2,4	2,4
» Bedürfnissanstalten	1,4	1,3	1,2	1,1	1,1	1,7	2,5	2,6
» Bewässern etc.	7,4	2,5	4,5	3,6	3,1	2,4	1,6	3,5
» Diverses	86,6	88,7	89,7	90,6	89,5	90,0	92,0	89,9
Wasser für Private cbm	539 783	543 742	524 040	628 077	680 299	711 753	719 794	817 489
Davon nach Messern »	102 244	111 701	138 772	125 392	133 744	137 521	142 002	152 444
Zahl der Messeranschlüsse	120	139	151	154	156	180	180	186
Privatabgabe ohne Messer cbm	437 539	432 041	386 268	502 685	546 555	574 232	577 792	665 045
Zahl der Anschlüsse ohne Messer	833	841	851	875	937	951	965	1 024
Von 100 cbm für Private								
nach Messern	19,0	20,5	26,5	20,0	19,6	19,3	19,8	18,6
ohne Messer	81,0	79,6	73,5	80,0	80,4	80,7	80,2	81,4
Auf 100 Anschlüsse kommen								
Messeranschlüsse	12,6	14,2	15,0	15,0	14,2	15,9	15,7	15,4
Anschlüsse ohne Messer	87,4	85,8	85,0	85,0	85,8	84,1	84,3	84,6
Wasser für das Wasserwerk								
incl. Spülen, Verlust etc. cbm	29 651	35 074	35 179	6 000	6 000	16 400	8 000	6 300
Von 100 cbm Gesammtabgabe für								
öffentliche Zwecke	30,2	31,6	35,5	34,4	33,0	32,7	33,2	30,8
Private	66,2	64,3	60,5	65,0	66,4	65,8	66,1	68,7
das Wasserwerk	3,6	4,1	4,0	0,6	0,6	1,5	0,7	0,5
Gesammtabgabe ohne Messer cbm	468 190	437 422	421 447	508 685	552 555	620 267	585 812	671 345
Desgl. von 100 cbm Gesammtabgabe	57,4	51,7	48,6	52,7	53,9	57,4	53,9	56,9
Gesammtabgabe nach Messern cbm	347 042	408 405	446 723	456 158	471 193	461 906	502 808	506 745
Desgl. von 100 cbm Gesammtabgabe	42,6	48,3	51,4	47,3	46,1	42,6	46,1	43,1
Abgabe pro Messer im Jahre cbm	2 892	2 939	2 958	2 962	3 021	2 562	2 789	2 724
Abgabe pro Anschluss ohne Messer von der Privatabgabe ohne Messer cbm	525	515	454	575	583	604	599	649

mit und ohne Messer und deren Jahresconsum, ferner die Vertheilung des öffentlichen Wassers nach den einzelnen Zwecken im Ganzen und pro 100 cbm der Gesammtmenge etc. angeführt.

Die Tabelle 53 (S. 60) stellt für das Jahr 1888 und für die Jahre 1891 bis 1895 den Verbrauch an Brennmaterial (Braunkohle und niederschlesische Steinkohle) für die Dampfkesselheizung im Ganzen und ferner den Kohlenverbrauch pro 100 cbm Wasser und für die ersten 4 Reihen getrennt nach Hochdruck (74,0 m Arbeitshöhe) und Niederdruck (54,0 m Arbeitshöhe) und pro PS.-Stunde, sowie die Leistung pro kg Kohle und für die letzten beiden Jahre für 100 cbm Wasser im Mittel an.

Ueber den Betrieb der Filter liegen Angaben auf der Tabelle 54 (S. 60) über die durchschnittliche Wassermenge in 24 Stunden pro qm Filterfläche, über die längste, die kürzeste und die mittlere Dauer eines Filters in Tagen und über die Grösse der im Jahre gereinigten Filterfläche vor.

Tabelle 53.

Jahr	Braunkohle kg	Steinkohle kg	Zusammen kg	Hochdruck pro 100 cbm	Hochdruck pro PS.-Stunde	Niederdruck pro 100 cbm	Niederdruck pro PS.-Stunde	Leistung m × kg
1888	211 680	492 800	704 480	61,8	2,26	80,3	4,01	86 755
1891	274 750	604 850	879 600	59,8	2,18	83,0	4,15	86 215
1892	591 800	448 350	1 030 150	60,8	2,22	84,1	4,20	85 950
1893	593 150	596 950	1 190 100	61,7	2,25	85,4	4,27	84 646
1894	632 900	637 300	1 270 200		pro 100 cbm	117,6 kg		—
1895	673 850	677 550	1 351 400		» » »	114,7 »		—

Tabelle 54.

Jahr	cbm pro 24 Stunden pro qm Filterfläche	Dauer der Filter in Tagen längste	mittlere	kürzeste	Gereinigte Filterfläche im Jahre qm
1890	1,59	86	20	6	27 000
1891	1,76	87	23,5	10	24 000
1892	1,80	80	19,2	7	28 500
1893	1,80	76	19	9	31 579
1894	1,99	—	16,2	—	33 809
1895	2,15	26	16,6	10	31 784

Für das Wasser für den gewöhnlichen Hausbedarf ist 5 % des Miethwerthes der Wohnung zu bezahlen. Beim Consum von mehr als 10 cbm pro Tag und für grössere industrielle Etablissements ist das Wasser nach Messern zu entnehmen und pro cbm mit 8 Pf. zu bezahlen.

Die Wasseruntersuchungen finden den Vorschriften des Reichsgesundheitsamtes entsprechend statt und die von diesem gestatteten Grenzen der Keimzahl werden meistens bei Weitem nicht erreicht und nur an wenigen Tagen überschritten.

2. a. **Arnswalde.** (E. 7909.)

Die Wasserversorgung der Stadt Arnswalde erfolgt in genügender, wenn auch qualitativ nicht stets einspruchsfreier Weise durch eingeleitetes Quellwasser und hauptsächlich aus Brunnen im Orte, deren 20 für die allgemeine Benutzung und über 200 private vorhanden sind.

3. h. **Baerwalde i. N.** (E. 3846, W. 397 mit je 9,7 B.)

Für die Wasserversorgung der Stadt Baerwalde dienen ausser verschiedenen Privatbrunnen 17 öffentliche Brunnen, die theils gesenkt und theils gebohrt sind.

4. o. **Berlinchen.** (E. 5753, W. 422 mit je 13,9 B.)

Zur Wasserversorgung der Stadt Berlinchen dienen ausser verschiedenen Privatbrunnen 28 öffentliche Brunnen, welche gesenkt sind. Ein dortiger Fabrikbesitzer hat eine Privatversorgung, für welche das Wasser durch einen hydraulischen Widder künstlich gehoben wird.

5. b. **Cottbus.** (E. 38043, W. 2039 mit je 18,6 B.)

Für die Wasserversorgung der Stadt Cottbus mit Trink- und Wirthschaftswasser sind bislang gesenkte Brunnen mit hölzernen oder eisernen Pumpen vorhanden, von denen 54 zur öffentlichen Benutzung stehen. Die Bewohner des früher von Festungsmauern eingeschlossenen, inneren Theiles der Stadt waren hauptsächlich auf letztere angewiesen, während in den äusseren Theilen fast jedes Grundstück einen Privatbrunnen hat, deren Zahl im Ganzen ca. 1500 beträgt. Einzelne Hausbesitzer haben auch unter dem Dache aufgestellte Reservoire, die mittels auf Brunnen aufgestellten Pumpen gefüllt werden, welche durch Gas- oder Heissluftmotoren betrieben werden. Wassermangel tritt nie ein. Die Qualität des Wassers ist aber in der alten Stadt durch Verjauchungen und in den anderen Theilen durch eingelagerte Braunkohlenschichten beeinträchtigt.

Für Feuerlöschzwecke wurde der Stadtgraben benutzt, der für den Zweck streckenweise aufgestaut werden kann. Für den Gewerbebetrieb wird das Wasser der Spree direct oder aus Sammelbassins, die neben dem Flusse liegen, benutzt. Die Entnahme daraus erfolgt meist durch kupferne Saugerohre von 100 mm Durchmesser und bis zu 500 m Länge. Endlich war noch ein durch Wasserkraft getriebenes Druckwerk in der Stadtmühle für Löschzwecke vorhanden.

Wegen des Ungenügens dieser Anlagen sind für eine einheitliche Versorgung der Stadt mehrjährige Vorarbeiten zur Erschliessung von Grundwasser vorgenommen, welche im Jahre 1894 zu einem günstigen Resultate in dem südwestlich von der Stadt gelegenen Sachsendorfer (Klein-Gaglower) Birkenwäldchen geführt haben, wo ein mächtiger Grundwasserstrom parallel der Spree fliesst, der sich in letztere verliert. Ein hierauf begründetes Project des Stadtbaurathes Bachsmann und des Stadtbauinspectors Knauff hat im Juni 1896 die Billigung der Stadtbehörde gefunden, und es ist diesen die Bauausführung desselben übertragen, für welche M. 929 700 oder M. 24,46 pro Kopf veranschlagt waren. Die Leistung des Werkes ist vorläufig auf 6000 cbm pro Tag angenommen. Die Inbetriebsetzung sollte im Herbst 1897 erfolgen.

Vorläufig sind 2 Systeme von Rohrbrunnen, das eine aus 3 und das andere aus 4 Brunnen bestehend, angenommen, deren Wasser sich durch ein Heberrohr in einem Hauptbrunnen vereinigen wird. Die Rohrbrunnen bestehen aus geschlitzten Kupferrohren von 360 mm Durchmesser, welche aussen mit einer 0,2 m dicken Kiesschüttung umgeben sind. In diese Rohre tauchen die mit Absperrschiebern versehenen Saugerohre ein. Die darüber gemauerten Brunnenhäupter haben 1,5 m Durchmesser. Jeder Brunnen soll 13 bis 17 Secundenliter Wasser geben. Die Brunnen haben 8,5 m bis 10,0 m Tiefe, und der wenig wechselnde Grundwasserstand liegt 2,5 m bis 3,0 m tief unter Terrain. Das Wasser hat in den oberen Schichten einen Eisengehalt von nur 0,28 mg im Liter Wasser, so dass es einer Enteisenung nicht bedürfen wird. Die das Blei lösende Eigenschaft des Wassers beabsichtigt man dagegen nach dem Verfahren des Dr. Heyer in Dessau durch Kalkspath zu beseitigen.

Neben dem Hauptbrunnen wird eine Pumpstation erbaut, in welcher vorläufig 2 liegende Verbundmaschinen mit direct gekuppelten Pumpen und 2 Wellrohrkessel aufgestellt werden. Erstere liefert die Cottbuser Maschinenfabrik und letztere, ebenso wie das Hochreservoir, die Firma G. H. Kahle in Cottbus. Jede Maschine betreibt direct 2 doppeltwirkende Pumpen, die pro Stunde 250 cbm Wasser auf 49,0 m Höhe in das 330 m entfernt liegende Hochreservoir fördern sollen. Die Pumpen haben 290 mm und die Dampfcylinder 330 mm und 525 mm Durchmesser. Der gemeinschaftliche Hub der Kolben beträgt 0,75 m. Bei 48 Umdrehungen pro Minute hat jede Maschine eine Leistung von 56 PS. (und 64 PS.). Die Kessel haben 9,0 m Länge und 1,8 m Durchmesser. Das seitlich liegende Wellrohr hat 1,05 m Durchmesser. Die Heizfläche beträgt pro Kessel 62 qm.

Das Hochreservoir besteht aus Schmiedeeisen und ist auf einem thurmartigen Unterbau 24,8 m hoch über Terrain aufgestellt, ummantelt und mit einer Kuppel mit Laterne überdeckt, welche in 36 m Höhe über Terrain auf dem Mauerwerke ruht. Das Reservoir hat 1000 cbm Inhalt bei einem 9,0 m hohen Wasserstande. Sein Durchmesser beträgt 13 m. Das Druckrohr zum und das Fallrohr vom Reservoire haben ein jedes 450 mm Durchmesser. Das Fallrohr ist in diesem Durchmesser auf 2400 m Länge fortgeführt und hat dann auf 1300 m Länge 400 mm Durchmesser erhalten. Es gabelt sich darauf in 2 Rohre von je 275 mm Durchmesser.

Das Rohrnetz ist nach dem Verästelungssysteme projectirt. Die Enden der einzelnen Zweige sollen aber unter einander verbunden werden. Der constante Leitungsdruck wird ca. 30,0 m betragen. Die Rohrleitungen werden 51 900 lfd. m Länge von 450 mm bis 50 mm Durchmesser erhalten und mit 266 Schiebern verbunden werden Nach den Grössen der Durchmesser werden sich die Rohrleitungen wie folgt zusammensetzen:

Durchmesser mm	450	400	275	250	225	200	175	150
Rohrlänge m .	2470	1306	356	194	333	675	1505	2537
mm	125	100	80	50				
m	2170	7794	31477	1083.				

Mit denselben sollen 398 Unterflurhydranten und 22 Sprenghähne für die Promenaden verbunden werden. Die Rohre liefern die Giessereien Keula, Marienhütte und Wilhelmshütte und die Schieber und Hydranten Bopp & Reuther in Mannheim. Die Rohrverlegungen sind der Firma Vieweg in Halle a. d. S. übertragen.

Eine Untersuchung des Wassers vom März 1896 durch den Dr. Heyl hat im Liter ergeben:

Glührückstand	155,5	mg,
Glühverlust	7,5	»
Organische Substanz	7,45	»
Kalk	56,1	»
Magnesia	10,1	»
Eisenoxydul	0,48	»
Eisenoxyd	0,53	»
Thonerde	0,35	»
Schwefelsäure	12,0	»
Chlor	8,95	»
Kieselsäure	11,3	»
Kohlensäure, frei	23,76	»
do. gebunden	48,9	»
Härtegrade, deutsche	7,02°	

6. c. **Crossen.** (E. 7911, W. 837 mit je 9,4 B.)

Die Wasserversorgung der Stadt Crossen erfolgt durch Quellwasser, welches 2500 m von der Stadt entfernt, in der Feldmark von Russdorf am linken Thalhange des alten Oderufers im Sandboden erschlossen ist. Das Wasser wird mit natürlichem Gefälle durch hölzerne Rohre zugeleitet und in der Stadt durch Thonrohrleitungen vertheilt. Ausser zur öffentlichen Benutzung ist es auch 5 Privatgrundstücken zugeführt. Das Wasser ist meistens gut und in stets genügender Menge vorhanden.

7. e. **Driesen.** (E. 5859.)

Die Stadt Driesen wird ausreichend aus Brunnen im Orte versorgt 24 derselben dienen der allgemeinen Benutzung.

8. r. **Drossen.** (E. 5201, W. 516 mit je 10,1 B.)

Die Wasserversorgung der Stadt Drossen erfolgt ausschliesslich aus gegrabenen Brunnen von 4,0 bis 5,0 m Tiefe. Es sind davon 27 öffentliche und 75 private vorhanden. Das Wasser ist zum grossen Theil als Trinkwasser gut und stets in genügender Menge vorhanden

9. l. **Finsterwalde.** (E. 9664).

Die Wasserversorgung der Stadt Finsterwalde erfolgt ausschliesslich aus Brunnen im Orte, deren 28 der allgemeinen Benutzung dienen

10. p. **Forst i. B.** (E. 25630, W. 1234 mit je 20,8 B.)

Die Wasserversorgung der Stadt Forst erfolgt ausser aus dem die Stadt durchfliessenden Neisse-Arme aus gegrabenen Pumpbrunnen von 4,0 bis 6,0 m Tiefe. Es sind davon 45 öffentliche und ca. 300 private Brunnen vorhanden. An Wasser ist nie Mangel. Als Trinkwasser ist dasselbe aber nur mittelmässig.

Es ist daher von der Stadtvertretung schon im Jahre 1893 für Voruntersuchungen zu einer einheitlichen Wasserversorgung die Summe von M 6000 bewilligt. Im Jahre 1898 wird nach dem Projecte der Firma Heinr. Scheven in Bochum mit dem Bau eines Werkes begonnen werden, das für eine vorläufige Leistung von 5200 cbm pro Tag bestimmt und zu ca. M 60000 veranschlagt ist.

11. e. **Friedeberg i. N.** (E. 6441.)

Die Wasserversorgung der Stadt Friedeberg erfolgt ausschliesslich und in stets ausreichender Weise aus gesenkten Brunnen, deren 21 für die allgemeine Benutzung dienen.

12. f. **Fürstenberg a. O.** (E. 5006, W. 453 mit je 11,0 B.)

Die Wasserversorgung der Stadt Fürstenberg erfolgt ausschliesslich aus gegrabenen Brunnen. Es sind 11 solcher für die öffentliche Benutzung vorhanden.

13. k. **Fürstenwalde.** (E. 13867, W. 1056 mit je 13,1 B.)

Die Wasserversorgung der Stadt Fürstenwalde erfolgt ausschliesslich aus Pumpenbrunnen von ca. 9,0 m Tiefe Es sind deren 60 öffentliche und 650 private in Benutzung. Nach der Untersuchung des Wassers ist gegen dessen Verwendung für alle Gebrauchszwecke kein Bedenken zu erheben.

Die Stadt steht zur Zeit in Unterhandlung mit einer Firma, welche ein einheitliches Wasserwerk für dieselbe erbauen will.

14. f. **Guben.** (E. 31169, W. 2315 mit je 13,4 B.)

Die Wasserversorgung der Stadt Guben erfolgte früher hauptsächlich aus gegrabenen und gesenkten Brunnen innerhalb der Stadt, deren 28 für die allgemeine Benützung dienten. Ferner bestand für die alte, innere Stadt seit langer Zeit eine Versorgung mit Brauchwasser, welche Wasser aus der Neisse in rohem Zustande lieferte, das unmittelbar am Orte durch zwei in der Stadtmühle aufgestellte Pumpen, die ein Wasserrad betreibt, in ein 8,0 m hoch aufgestelltes Blechreservoir von 33 cbm Inhalt gehoben wurde. Der Müller ist nach dem Erbpachtvertrage vom Jahre 1834 verpflichtet, 50 cbm Wasser pro Stunde mit der vorhandenen Wasserkraft für die Stadt zu fördern. Die Vertheilung dieses Wassers fand seit den Jahren 1857 und 1862 durch gusseiserne Rohre statt. Es floss an 5 Laufbrunnen und 8 Ventilbrunnen für die allgemeine Benützung aus. 8 Hydranten waren mit der Leitung verbunden, und 95 Grundstücke hatten daraus gespeiste Anschlussleitungen.

Für eine centrale Wasserversorgung haben lange Jahre 2 generelle Projecte einander bekämpft, deren eines künstlich gehobenes Grundwasser liefern wollte, während nach dem anderen aus 15 km Entfernung das Wasser eines Sees mit natürlichem Gefälle zugeleitet werden sollte. Das erstere dieser Projecte ist im Jahre 1895 von der Stadt auszuführen beschlossen und der Bau der Anlage in den Jahren 1896/97 nach dem Specialprojecte des Stadtbauraths Möhle, dem auch der Betrieb der Anlage unterstellt ist, durch den Ingenieur Carl Rosenfeld in Berlin in der Weise ausgeführt worden, dass zuerst für die untere Zone das Wasserwerk fertig gestellt und am 1. Januar 1897 eröffnet ist, während für die obere Zone, Bergzone genannt, der Bau erst im Jahre 1897 in Angriff genommen ist. Die Anlage ist für eine tägliche Leistung von 6000 cbm bestimmt und im Ganzen auf M. 460000 oder auf M. 15 pro Kopf veranschlagt.

Das Wasser wird südwestlich von der Stadt auf der Katenborner Dubran durch 9 Rohrbrunnen aus dem Grundwasser erschlossen. Die Brunnen sind durchschnittlich 11,0 m tief und von 175 mm Durchmesser. Sie haben gusseiserne Filterkörbe mit Gazeumhüllung. Eine Heberrohrleitung von 350 mm Durchmesser sammelt ihr Wasser und führt es zu einem gemeinschaftlichen Schöpfbrunnen. In der neben diesem erbauten Pumpstation sind 2 liegende Gasmotoren von je 25 PS. aufgestellt, und ein dritter Motor ist in der Aufstellung begriffen. Diese Motoren machen 200 Umdrehungen pro Minute, und ein jeder betreibt durch Riemenübertragung eine Drillingspumpe mit Plungern von 170 mm Durchmesser und 0,32 m Hub. Jede Pumpe liefert pro Stunde 104 cbm Wasser auf 40,0 m Höhe. Die Motoren und Pumpen hat die Deutzer Motorenfabrik in Deutz geliefert.

Das Wasser wird durch eine Druckleitung von 4000 m Länge und 325 mm Durchmesser einem gemauerten Hochreservoire von kreisförmigem Grundriss und von 1200 cbm Inhalt zugeführt, welches überwölbt und mit Erde überdeckt ist. Aus diesem Reservoire wird demnächst durch eine zweite Pumpstation das Wasser in ein 30,0 m höher liegendes Reservoir gefördert werden. Dieses erhält 400 cbm Inhalt und dient zur Versorgung der Bergzone. Die dafür aufzustellenden Pumpen werden durch 2 Gasmotoren, jeder von 8 PS. betrieben werden.

Die Vertheilungsleitungen sind, soweit das angängig ist, nach dem Cirkulationssysteme ausgeführt und stehen unter einem constanten Drucke von 30,0 m bis 35,0 m. Das Rohrnetz für die untere Zone hat 28000 m Länge. Nach vollständigem Ausbau für beide Zonen wird die Länge der Rohre 36000 m betragen, welche von 350 mm bis zu 80 mm Durchmesser erhalten und mit 130 Schiebern verbunden werden. Es sind für diese Leitungen 5 Düker ausgeführt, und zwar 2 aus schmiedeeisernen Rohren von 300 mm Durchmesser, welche durch die Neisse führen, ferner einer, der durch die Egelneisse und 2, die durch die Lubst führen und alle 3 aus gusseisernen Rohren bestehen. 360 Hydranten mit Selbstentleerung sind mit dem Rohrnetze verbunden. Die Zuleitungen bestehen aus Bleirohren von 20 mm bis 25 mm Durchmesser und haben Absperrungen innerhalb der Häuser. Die gusseisernen Rohre hat die Donnersmarkhütte geliefert. Die Wassermesser werden von Dreyer, Rosenkranz & Droop, Hannover, und von Wolff & Schreiber, Breslau, geliefert.

Die Wasserabgabe erfolgt nur nach Messern. Es ist für jedes angeschlossene Grundstück, auch wenn dafür kein Wasser entnommen wird, mindestens M. 20 im Jahre zu zahlen, wofür jedoch auf Verlangen bis zu 80 cbm Wasser im Jahre geliefert werden. Der Wasserpreis pro cbm beträgt für hauswirthschaftliche Zwecke:

bis zu jährl. cbm	80,	von 80—500,	von 500—1000,	über 1000
pro cbm Pf	25	20	19	18

für gewerbliche Zwecke:

bis zu jährl. cbm	1000,	von 1000—2000,	von 2000—5000,	üb. 5000
pro cbm Pf..	18	16	14	12.

Bei grösserem Verbrauche ist stets die darin eingeschlossene geringere Verbrauchsmenge nach den resp. höheren Sätzen zu bezahlen. Für beide Arten der Verwendungen sind verschiedene Messer aufzustellen. Als Messermiethe ist jährlich je nach der Grösse zu zahlen:

Durchmesser . . . mm	13	20	25
pro Jahr . . . . . M.	4,00	4,40	6,00.

Das Wasser hat 5 deutsche Härtegrade und 8° C. Temperatur. Es hat einen Eisengehalt von weniger als 0,3 mg und enthält 10 mg Schwefelsäure im Liter. Nitrite fehlen, und Nitrate sind nur in einer nicht bestimmbaren Menge darin vorhanden.

15. g. **Kalau.** (E. 2996, W. 294 mit je 10,0 B.)

Für die Stadt Kalau besteht seit dem Jahre 1888 eine Quellwasserversorgung. Das Wasser wird 1500 m von der Stadt entfernt bei Baderei künstlich gefasst und läuft mit natürlichem Gefälle zur Stadt.

Es sind dafür und für die Vertheilung 2400 lfd. m gusseiserne Rohrleitungen von 125 mm bis 80 mm Durchmesser verlegt, mit welchen 11 Ventilbrunnen und 10 Hydranten verbunden sind. 105 Häuser haben Anschlussleitungen. Die Anlagekosten haben M. 27000 im Ganzen oder M. 9,01 pro Kopf betragen.

16. b. **Kirchhain.** (E. 4068, W. 470 mit je 7,6 B.)

Die Wasserversorgung der Stadt Kirchhain erfolgt durch eine aus hölzernen und eisernen Rohren hergestellte Gravitationsleitung von 2 km Länge, die aus Quellen im städtischen Walde gespeist wird, welche 30,0 m höher als die Stadt liegen und stets so ergiebig fliessen, dass sie eine centrale Versorgung für die ganze Stadt reichlich würden speisen können. Zur Zeit versorgen sie nur 5 öffentliche Brunnen.

17. h. **Königsberg i. N.** (E. 6031, W. 490 mit je 12,3 B.)

Die Wasserversorgung der Stadt Königsberg erfolgt ausschliesslich aus gegrabenen Brunnen, deren 24 öffentliche und ca. 190 private vorhanden sind. Das Wasserquantum ist stets genügend; die Qualität einzelner Brunnen ist jedoch zeitweise schlecht.

18. h. **Küstrin.** (E. 17552.)

Für die Wasserversorgung der Stadt Küstrin dienen 37 öffentliche und ca. 300 private Brunnen, die theils gemauerte sind und theils aus Rohrbrunnen bestehen. Das

Wasser in der die alte Stadt bildenden Festung war schon seit langer Zeit so schlecht, dass die dortigen Brunnen durch ein angeschlagenes Schild als »Ungesundes Trinkwasser« gebend bezeichnet werden mussten.

Das hat veranlasst, dass in den Jahren 1891/92 für diesen Theil eine einheitliche Wasserversorgung nach dem Projecte der Firma Havestadt & Contag in Berlin von dem Stadtbaurath Tietzen auf städtische Kosten ausgeführt ist. Der dadurch versorgte Theil der Stadt hat 4600 Einwohner in 202 Wohnhäusern mit je 22,7 Bewohnern. Die Leistungsfähigkeit der Anlage beträgt 500 cbm pro Tag oder 109 l pro Tag pro Kopf und hat M. 164400 oder M. 35,74 pro Kopf gekostet. Der Betrieb ist dem Stadtbaurath unterstellt.

Das Wasser fliesst direct aus der Oder durch eine 108 m lange Holzleitung, welche unter Niedrigwasser liegt, in eine gemauerte Saugekammer, aus der es Filterpumpen entnehmen. Durch diese wird es auf 2 offene Sandfilter gefördert, deren jedes 207,7 qm Fläche hat. Hinter diesen liegt ein überwölbtes Reinwasserreservoir von 110 qm Fläche, das bei 3,0 m Wasserhöhe 300 cbm Wasser fasst.

Die Dampfmaschinen und Kessel in der Pumpstation sind von der Herzogl. Anhalt. Maschinenfabrik in Bernburg geliefert. Von den beiden vorhandenen Maschinen betreibt die eine 2 direct gekuppelte Filterpumpen und die andere 2 Druckpumpen. Die Pumpen haben Plungerkolben von 175 mm resp. 200 mm Durchmesser und 0,2 m resp. 0,25 m Hub. Bei 60 Doppelhüben pro Minute liefern sie 30 resp. 48 cbm Wasser pro Stunde. Die 2 Dampfkessel sind Locomotiv-Flammrohrkessel und haben ein jeder 30 qm Heizfläche. Als Gebäude für die Pumpstation dient eine Casematte der Festung. Die Saugerohre für die Filterpumpen haben 36 m und die Druckrohre dafür 90 m Länge. Die Saugerohre für die Druckpumpen haben 98 m Länge. Ein Hochreservoir ist nicht vorhanden. Hinter den Druckpumpen liegen über einander 2 Windkessel von 1,3 m Durchmesser und 6,0 m resp. 8,0 m Länge.

Der Druck in dem Vertheilungsnetze schwankt in der Regel zwischen 20,0 m und 40,0 m und kann ausnahmsweise auf 60,0 m gesteigert werden. Die Rohrleitungen haben 3589 m Länge mit 45 Absperrschiebern und setzen sich nach den Durchmessern wie folgt zusammen:

Rohrdurchmesser . mm	250	200	150	125	100	80
Rohrlänge . . . . . m	297	320	589	—	825	1558
Schieberzahl	2	5	5	2	9	22.

Es sind damit 48 Unterflurhydranten mit Selbstentwässerung verbunden. Die Zuleitungen von 19 mm bis 40 mm Durchmesser bestehen aus Bleirohren. Sie haben am Bürgersteig und im Keller Abschlusshähne. Die Hausleitungen bestehen aus Bleirohren. Mit letzteren sind 839 Zapfhähne, 671 Closets (Schwimmkugelhahnkasten oder Injectoren), 103 Pissoirstände, 22 Badeeinrichtungen und 3 Privatspringbrunnen verbunden. Es waren im Jahre 1895 186 Wassermesser eingebaut; davon waren 3 Untermesser. Dieselben sind von Bopp & Reuther, Mannheim, bezogen, welche bis Ende 1895 im Ganzen 228 Messer von folgenden Dimensionen geliefert hatten:

Durchmesser . mm	13	20	25	32	40	50
Stückzahl	4	83	113	24	2	2.

Der Militärfiscus bezieht das Wasser ohne Messer und bezahlt bei beliebiger Wasserentnahme die Hälfte der gesammten Betriebskosten.

Die Wasserabgabe hat im ersten Halbjahre 1895/96 50538 cbm betragen. Davon entfallen 5300 cbm oder 10,5 % für öffentliche Zwecke (4000 cbm für Strassensprengen und Rinnsteinspülen, 1000 cbm für Kanalspülen, 300 cbm für Feuerlöschen), 22500 cbm oder 44,5 % für den Militärfiscus und 19389 cbm oder 38,3 % für den Hausverbrauch, während 3349 cbm oder 10,7 % als Verlust übrig bleiben.

Das Wasser ist frei von Salpetersäure und salpetriger Säure und hat nur Spuren von Chlor, Ammoniak und organischer Substanz. Im ccm sind 58 bis 120 Keime gezählt.

19. i. **Landsberg a. W.** (E. 30485, W. 1810 mit je 17,0 B.)

Für die Wasserversorgung der Stadt Landsberg dienten früher ausschliesslich Brunnen von 7,0 m bis 8,0 m Tiefe, deren 67 öffentliche und ca. 300 private in Benützung waren. Diese lieferten stets genügendes und meistens auch gutes Wasser, mit Ausnahme der in der Vorstadt jenseits der Warthe gelegenen, deren Wasser meistens schlecht war. Trotzdem war seit einer Reihe von Jahren der Wunsch der Einwohner und ihrer Vertreter nach einer einheitlichen Versorgung ein immer dringenderer geworden.

Ende des Jahres 1894 beschloss daher die Stadtverwaltung, mit einem Kostenaufwande von M. 800000 den Bau eines Wasserwerkes nach dem Projecte des Ingenieurs W. Pfeffer in Halle a. d. Saale, nachdem dasselbe der Prüfung des Geh. Bauraths Hobrecht in Berlin unterzogen war. Dieser Beschluss kam aber nicht zur Ausführung, und es wurde statt dessen im Jahre 1895 von der Stadtverwaltung mit der Ausführung eines abweichenden Projectes begonnen, das der Stadt von der Firma Heinr. Scheven in Bochum eingereicht und zu M. 534000 veranschlagt war. Dem Projectanten ist dabei die Gesammtausführung der Anlage übertragen. Das Werk ist am 1. März 1896 eröffnet, und dessen Betriebsleitung hat der Stadtbaurath Keutel übernommen.

Das Wasser wird in einem Seitenthale des Cladowsthales in ca. 500 m Entfernung von der Stadt, dem Zanzine Thale aus Rohrbrunnen gewonnen. Es sind deren 15 Stück von 300 mm Durchmesser und 30,0 m Tiefe hergestellt, die aus verzinkten, schmiedeeisernen Rohren bestehen, und durch eine 400 m lange Heberleitung, deren Durchmesser von 200 mm bis auf 350 mm anwächst, mit einem Saugebrunnen verbunden, welcher 4,0 m Durchmesser und in 12,0 m Tiefe einen geschlossenen Boden hat. Die Heberleitung ist in einem begehbaren Kanal verlegt.

Das Wasser wird vor der Verwendung einer Enteisenung unterworfen. Es sind dafür 2 Rieseler, die mit Ziegelsteinen gefüllt sind, hergestellt. Für die nachherige Filtration dienen 4 getrennte Filterkammern, jede von 19 qm Grundfläche, in denen 192 Wormser Plattenfilter von im Ganzen 384 qm Filterfläche aufgestellt sind. Das Wasser steht in den Kammern 3,2 m hoch über deren Boden und 0,85 m hoch über dem Wasserspiegel des dahinter liegenden Reinwasserreservoirs, das in Cementbeton hergestellt ist und bei 4,0 m Wasserhöhe 240 cbm Wasser fasst.

Die Filter sind seit dem 1. April 1896 in Benützung und liefern nach einem Berichte des Bauraths Keutel vom 1. Februar 1897 pro qm Fläche im Tage 20 cbm Wasser, dessen Eisengehalt nur noch 1/20 des ursprünglich im Rohwasser enthaltenen beträgt. Eine Reinigung erfolgt ca. alle 10 Tage, und das dafür benutzte Spülwasser wird nachher als Rohwasser wieder verwendet.

Die Maschinen und Kessel für die Pumpstation hat die Firma H. Paucksch in Landsberg geliefert. Es sind 2 liegende Verbundmaschinen, jede von 40 PS Leistung bei 45 Umdrehungen pro Minute aufgestellt. Sie haben Condensation und Ridersteuerung für die kleinen und Trick'sche Schiebersteuerung für die grossen Cylinder. Die Dampfcylinder haben 535 mm und 325 mm Durchmesser und deren Kolben haben 0,5 m Hub. Jede Maschine betreibt 2 stehende Schöpfpumpen und eine liegende, doppeltwirkende Druckpumpe. Erstere liefern zusammen pro Stunde 105,5 cbm auf 12,0 m Höhe und letztere 150 cbm auf 35,0 m Höhe. Es sind für die Maschinen 2 Patentkessel von Paucksch von je 21 qm Heizfläche vorhanden.

Auf der alten Schanze über der Zantocher Vorstadt ist, 1650 m von der Wassergewinnungsstelle entfernt, ein zweitheiliges Hochreservoir hergestellt. Jede der beiden Hälften fasst 500 cbm und ist mit halbkugelförmiger Ueberdeckung und in den Boden versenkt nach dem Moniersysteme ausgeführt. Der lichte Radius derselben beträgt 6,25 m und die Wasserhöhe 5,5 m. Der Wasserspiegel dieser Reservoire liegt auf 67,0 m + 0, der des Reinwasserreservoirs auf 34,0 m + 0 und der der Brunnen auf 29,0 m + 0.

Von den Hochreservoiren geht eine Fallrohrleitung von 350 mm Durchmesser zu der 500 m entfernt liegenden Stadt und eine zweite Fallrohrleitung von 300 mm Durchmesser zweigt in einiger Entfernung vor den Hochreservoiren von der Druckleitung von 350 mm Durchmesser ab und führt gleichfalls zur Stadt. Das Vertheilungsnetz ist nach dem Cirkulationssysteme ausgeführt und steht unter einem einheitlichen, constanten Drucke, der je nach der Ortslage zwischen 30,0 m und 35,0 m schwankt. Die Rohrleitungen haben 20900 lfd. m Länge und sind mit 99 Schiebern verbunden. Sie setzen sich nach den Durchmessern wie folgt zusammen:

Rohrdurchm. mm	350	300	250	200	150	125	100	80
Rohrlänge . m	2600	1600	200	2100	3500	2900	4000	4000
Schieberzahl . .	11	5	6	6	14	—	7	50.

Unter der Warthe ist ein Düker von 134 m Länge und 250 mm Durchmesser aus gusseisernen Kugelmuffen rohren hergestellt. Das Rohrnetz ist von dem Ingenieur Scheven selbst ausgeführt. Es sind 15 Ueberflur- und 160 Unterflurhydranten mit Selbstentwässerung aufgestellt.

Die Zuleitungen bestehen aus Bleirohren von 13 mm, 20 mm und 25 mm Durchmesser und aus gusseisernen Rohren von bis zu 80 mm Durchmesser. Erstere sind mit Rohrschellen mit aufstehenden Ventilen mit den Strassenrohren verbunden und haben im Hause Haupthähne mit Selbstentwässerung. Es waren bis zum 1. December 1895 schon 700 Anschlussleitungen angemeldet. Für die Abgabe sind Wassermesser obligatorisch eingeführt. Bis Ende 1895 waren 468 Messer, und zwar 13 von Siemens & Halske, Berlin, und 455 von Wolff & Schreiber, Breslau, geliefert. Nach der Grösse vertheilen sich diese wie folgt:

Durchmesser . mm	13	20	25	40	50	65
Stückzahl	173	231	46	6	8	1.

Für die Wasserabgabe ist pro cbm zu zahlen bis 150 cbm im Jahre 20 Pf., mindestens aber im Jahre M. 12. Ferner:

von 150 cbm bis	500,	bis 1000,	bis 2000,	bis 5000,	über 5000
pro cbm . Pf.	18	16	14	12	10.

Die Messermiethe beträgt pro Vierteljahr:

für Messer von . . . mm	13	20	25	30	40	50
Mark	1,00	1,50	2,00	3,00	4,00	5,00.

Das Wasser hat 12,5 deutsche Härtegrade und enthält im Liter 335 mg Gesammtrückstand, 20,48 mg Chlor (als Kochsalz berechnet) und 1,1 mg Eisenoxydul. Als Keimzahl ist bei einer Untersuchung 52 im ccm ermittelt.

20. k. Lebus. (E. 2497).

Die Wasserversorgung der Stadt Lebus erfolgt in ausreichender Weise aus Pumpenbrunnen im Orte, deren 6 für die allgemeine Benutzung dienen.

21. o. Lippehne. (E. 4010, W. 328 mit je 12,2 B.)

Die Wasserversorgung der Stadt Lippehne erfolgt ausschliesslich aus Brunnen, deren 13 für die öffentliche Benutzung dienen.

22. b. Luckau. (E. 4548, W. 550 mit je 8,9 B.)

Die Wasserversorgung der Stadt Luckau erfolgt aus verschiedenen, in Mauerwerk hergestellten, gesenkten Brunnen, deren 15 für die allgemeine Benutzung dienen.

Ausserdem ist noch eine Zuleitung mit natürlichem Gefälle vorhanden, die aus gusseisernen Rohren von 125 mm bis 50 mm Durchmesser besteht, welche durch die Hauptstrassen der Stadt führt und 7 öffentliche Ventilbrunnen speist. Ein Anschluss der Häuser an diese Leitung ist in Aussicht genommen.

Das Wasser wird dicht vor der Stadt unterhalb der Schanze aus 8 Sammelbrunnen gewonnen, welche pro Tag ca. 100 cbm liefern. Zur Zeit werden davon durch die öffentlichen Brunnen ca. 40 cbm abgegeben.

23. m. Lübben. (E. 6481.)

Für die Wasserversorgung der Stadt Lübben dienen ausschliesslich Brunnen im Orte.

24. g. Lübbenau. (E. 3812.)

Die Wasserversorgung der Stadt Lübbenau erfolgt ausschliesslich aus gegrabenen und gemauerten Brunnen, deren 3 für die allgemeine Benutzung vorhanden sind.

25. k. Müncheberg. (E. 3634.) Ohne Nachricht.

26. h. Neudamm. (E. 7409, W. 552 mit je 13,5 B.)

Die Wasserversorgung der Stadt Neudamm erfolgt ausschliesslich aus gegrabenen Brunnen. Von diesen dienen 13 der allgemeinen Benutzung.

27 b. Peitz. (E. 3208, W. 347 mit je 9,2 B.)

Für die Wasserversorgung der Stadt Peitz bestehen 8 öffentliche, gemauerte Kesselbrunnen, und es haben die meisten der mehrstöckigen Häuser, sowie die in den 3 ackerbautreibenden Vorstädten vorhandenen einstöckigen Häuser entweder abyssinische oder Kesselbrunnen. Bei einigen Brunnen sind feste Saugerohre angebracht, an welche die Saugeschläuche der Spritzen direct angekuppelt werden können.

28 r. Reppen. (E. 4556, W. 454 mit je 10,0 B.)

Zur Wasserversorgung der Stadt Reppen dienen 10 öffentliche Brunnen, welche theils gemauert und theils Rohrbrunnen sind. Ausserdem werden wohl verschiedene Privatbrunnen vorhanden sein.

29. s. **Schwiebus.** (E. 8432.) Ohne Antwort.

30. k. **Seelow.** (E. 3183, W. 362 mit je 8,8 B.)

Für die Wasserversorgung der Stadt Seelow dienen ausser verschiedenen Privatbrunnen 13 öffentliche Brunnen, welche gesenkt und in Mauerwerk hergestellt sind.

31. g. **Senftenberg.** (E. 4973, W. 236 mit je 21,0 B.)

Die Wasserversorgung der Stadt Senftenberg erfolgt ausschliesslich aus gesenkten Brunnen, deren 11 für die allgemeine Benutzung vorhanden sind.

32. o. **Soldin.** (E. 6115.)

Die Wasserversorgung der Stadt Soldin erfolgt in stets genügender Menge aus Brunnen im Orte, deren 25 der allgemeinen Benutzung dienen. Als Trinkwasser ist deren Wasser häufig von zweifelhaftem Werthe.

33. c. **Sommerfeld.** (E, 11381, W. 953 mit je 12,0 B.)

Schon vor mehreren Jahrhunderten hat die Stadt Sommerfeld eine Wasserleitung aus hölzernen Rohren besessen, durch welche auf 2000 m Entfernung Quellwasser aus dem Dominium Dötzig mit natürlichem Gefälle zugeleitet wurde.

Diese Versorgung hat im Jahre 1866 durch den Gasmeister Umlauf und im Jahre 1881 durch den Stadtbaumeister Radloff einen Um- resp. einen Neubau erfahren, durch welche die tägliche Leistung zuerst auf 150 cbm und dann auf 500 cbm gebracht ist. Die Arbeiten im Jahre 1866 haben M. 80000 und die späteren M. 28000 gekostet, so dass die Gesammtkosten M. 108000 oder M. 9,49 pro Kopf betragen. Der Betrieb der Anlage ist dem Stadtbaumeister unterstellt.

Im Jahre 1866 sind zur Fassung der Quellen 6 neue, gemauerte Quellbrunnen von 3,5 m bis 4,0 m Durchmesser und 3,0 m bis 8,0 m Tiefe hergestellt, und es ist ferner eine gusseiserne Zuleitung zur Stadt gelegt. Im Jahre 1881 ist an anderer Stelle ein neuer Sammelbrunnen ausgeführt, in welchen 3 Filterrohrstränge aus durchlochten Thonrohren von je 40 m Länge münden, mit welchen 4 Revisionsbrunnen verbunden sind.

Das Wasser fliesst an beiden Puncten mit natürlichem Gefälle 2 gemauerten Hochreservoiren zu, welche 100 cbm resp. 400 cbm Inhalt haben und von denen das eine in den Boden versenkt ist und das andere über Terrain liegt. Der Wasserspiegel der Reservoire liegt 22,0 m tiefer als die Fassungsstelle des Wassers und ca. 16,0 m höher als das Stadtniveau. Die Entfernung bis zur Stadt beträgt 600 m und bis zu den Quellen für das eine Reservoir 1810 m und für das andere 1830 m. Die erstere Leitung hat 150 mm und die letztere 200 mm Durchmesser. Auf einer hinter der Stadt liegenden Anhöhe ist später noch ein gemauertes Reservoir als Gegenreservoir erbaut, welches einen Inhalt von 350 cbm hat.

Das Vertheilungsnetz ist zum grössten Theile nach dem Cirkulationssysteme ausgeführt und steht unter einem einheitlichen und constanten Drucke. Es hat 6260 lfd. m Länge und ist mit 32 Schiebern verbunden. Aus folgenden Durchmessern und Längen setzten sich die Leitungen zusammen:

Rohrdurchmesser. . .	mm	150	100	80	65	50
Rohrlänge	m	1510	2140	480	1270	860
Schieberzahl		10	4	7	3	5.

Es sind damit 25 Hydranten, 24 Freibrunnen und 3 öffentliche Pissoire verbunden. Die Zuleitungen und die Hausleitungen sind früher aus einfachen Bleirohren hergestellt. Seit 6 Jahren werden dazu Zinnbleirohre verwendet. Diese haben einen Absperrhahn auf der Strasse und einen ebensolchen vor dem Wassermesser. In den Häusern sind 10 Closets, 3 Pissoirstände, 5 Springbrunnen und 20 Badeeinrichtungen in Benützung.

Die Wasserabgabe für Private erfolgt nur nach Wassermessern. Ende des Jahres 1894 waren deren 215 Stück eingebaut. Von diesen sind nach den Angaben der Fabrikanten 93 Stück von H. Meinecke, Breslau, 35 von Dreyer, Rosenkranz & Droop, Hannover und 120 Stück von C. A. Spanner, Wien-Aachen, geliefert. Sie vertheilen sich nach der Grösse wie folgt:

Durchmesser . . .	mm	13	20	25
Stückzahl		1	242	5.

Der Wasserzufluss hat im Jahre 1894 im Ganzen 120000 cbm oder 329 cbm pro mittleren Jahrestag betragen. Davon sind 34858 cbm unbenutzt durch die Ueberläufe der Reservoire abgeflossen und 85142 cbm oder 70,9 % wirklich benutzt. 55100 cbm oder 64,7 % davon sind für öffentliche Zwecke (Strassensprengen 3000 cbm, Rohrspülen 5000 cbm, Rinnsteinspülen 6000 cbm, Kanalspülen 2000 cbm, Feuerlöschen 100 cbm, Freibrunnen 35000 cbm, öffentliche Pissoire 4000 cbm) und 30042 cbm oder 35,3 % für den Hausverbrauch durch Messer abgegeben.

35. n. **Sonnenberg.** (E. 6098, W. 428 mit je 14,2 B.)

Die Wasserversorgung der Stadt Sonnenberg erfolgt ausschliesslich aus Brunnen, deren 33 öffentliche und ca. 400 private vorhanden sind. Das Wasser ist als Trinkwasser gut und immer in genügender Menge vorhanden. Eine Aenderung wird nicht beabsichtigt.

35. p. **Sorau, N.-L.** (E. 14813, W. 848 mit je 17,5 B)

Für die Wasserversorgung der Stadt Sorau ist im Jahre 1864 die erste künstliche Anlage hergestellt. Dieselbe hatte ein Niederdruckbassin, das mit Wasser aus höher gelegenen Brunnen mit natürlichem Gefälle gefüllt wurde und von welchem aus Rohrleitungen das Wasser in der Stadt vertheilten.

Im Jahre 1873 ist von der Continental-Actiengesellschaft für Gas- und Wasserleitungen in Berlin für städtische Rechnung eine Hochdruckwasserleitung erbaut und am 1. März 1874 in Betrieb gesetzt. Dieselbe hat ursprünglich M. 142000 oder M. 11,00 pro Kopf der damaligen Bevölkerung gekostet. Sie ist für eine tägliche Leistung von 625 cbm hergestellt und später auf eine solche von 1500 cbm vergrössert. Der Betrieb derselben ist dem Gasanstalts-Inspector A. Lang unterstellt.

Das Wasser ist aus einem 1000 m von der Stadt entfernten, 6 ha grossen Wiesengebiete durch Brunnen erschlossen. Es sind hier 8 Quellbrunnen und 2 Sammelbrunnen angelegt. Der grosse Eisengehalt des Wassers machte dasselbe zu wirthschaftlichen und technischen Zwecken fast unbrauchbar und hat zu bedenklichen Verengungen der Rohrleitungen Veranlassung gegeben. Im Jahre 1882 war es nöthig, das Druckrohr zum Wasserthurme von 130 mm Durchmesser, welches sich fast ganz zugesetzt hatte, durch ein neues zu ersetzen, welches 210 mm Durchmesser erhalten hat Im Jahre 1893 ist zur Beseitigung dieses Uebelstandes durch den jetzigen Betriebsleiter eine Enteisenungsanlage nach dem System Piefke hergestellt, die so gut functionirt, dass das Wasser jetzt vorzüglich ist. Dieselbe hat M. 33000 gekostet und ist für 1200 cbm Wasser pro Tag bestimmt.

Sie besteht aus 2 Rieselern, 2 Filtern und einem Reinwasserreservoire.

In der Pumpstation war anfänglich eine liegende Eincylindermaschine ohne Condensation mit Meyer'scher Steuerung aufgestellt. Dieselbe hat eine Leistung von 10 bis 12 PS. bei 18 bis 20 Umdrehungen pro Minute und treibt eine doppeltwirkende Druckpumpe mit Scheibenkolben direct an. Die Dampf- resp. Pumpenkolben haben 315 mm resp. 210 mm Durchmesser und 0,6 m Hub. Die Ventile haben Gummiklappen. Später ist eine zweite Maschine von 16 PS. hinzugekommen, welche eine doppeltwirkende Pumpe mit Rädervorgelege antreibt. Diese Pumpe liefert bei 20 Doppelhüben pro Minute pro Stunde 53 cbm resp. 50 cbm Wasser bei 31,0 m Förderhöhe.

Für die Enteisenungsanlage ist eine dritte Maschine von 8 PS. aufgestellt, welche direct mit einer Pumpe gekuppelt ist, die das Wasser auf die Rieseler hebt. Es sind 2 Dampfkessel: ein Cornwallkessel von 18,5 qm und ein Cylinderkessel von 44,39 m Heizfläche vorhanden, welche für 5 resp. 6 Atm. Dampfdruck concessionirt sind.

In 1100 m Entfernung von der Pumpstation und 1000 m von der Stadt entfernt ist in einem Wasserthurme auf massivem Unterbaue ein schmiedeeisernes Reservoir von 52 cbm Inhalt mit seinem Boden 20,5 m hoch über Terrain aufgestellt. Dasselbe ist im Jahre 1891, weil es stellenweise durchgerostet war, mit einer inneren Verkleidung nach System Monier versehen. Die Oberkante des Ueberlaufrohres des Hochreservoirs liegt 30,9 m hoch über dem Boden des Reinwasserreservoirs.

Das Rohrnetz hat im Ganzen 14213 m Länge und besteht aus Rohren von 210 mm bis 38 mm Durchmesser. Es ist theils nach dem Cirkulations- und theils nach dem Verästelungssysteme hergestellt. Es steht unter einem einheitlichen und constanten Drucke, der zwischen 30,0 m und 40,0 m je nach den Niveaupunkten schwankt. Es sind damit 51 Schieber, 19 Wasserständer, 2 öffentliche Springbrunnen, ein öffentliches Pissoir und 28 Hydranten verbunden, die in ca. 100 m Entfernung von einander stehen.

Die Zuleitungen bestehen aus Gusseisen und haben meistens 32 mm Durchmesser. Die Hausleitungen sind aus Bleirohren und ein kleiner Theil aus verzinkten Eisenrohren hergestellt. Für die Wasserabgabe sind Wassermesser obligatorisch eingeführt. Es waren Ende des Jahres 1894 418 Stück davon eingebaut. Geliefert sind dieselben von H. Meinecke, Breslau, und von Siemens & Halske, Berlin, und zwar nach deren Angabe von ersterem 270 und von letzteren 171 Stück von folgenden Dimensionen:

Durchmesser . . .	mm	10	12	13	20	25	50	125
Stückzahl		74	121	173	53	18	1	1.

Die Wasserabgabe hat betragen:

Tabelle 55.

Jahr		im Ganzen	davon nach Messer
1875 (1. Betriebsjahr)	cbm	109 099	33 200
1877/78	»	149 196	—
1878/79	»	178 672	—
1881/82	»	205 430	44 525
1894	»	unbekannt	1 384 516

Im Jahre 1894 hat die durchschnittliche Tagesabgabe 379 cbm und die Abgabe am Maximal- resp. Minimaltage 469 resp. 243 cbm oder 123,7 % resp. 64,1 % vom mittleren Tagesverbrauche betragen. Der Consum pro Kopf pro Tag hat im Mittel 26 l und am Maximal- resp. Minimaltage 33 resp. 17 l betragen. Wassermesser waren im Jahre 1875 100 und im Jahre 1881/82 231 Stück eingebaut.

Der Wasserpreis beträgt 20 Pf. per cbm, jedoch mindestens M. 20 im Jahre

Die Untersuchung des Wassers aus dreien der Sammelbrunnen hat folgendes Resultat pro Liter Wasser in mgr ergeben

Tabelle 56.

Gegenstand	Brunnen Nr. I	Nr. II	Nr. III
Ammoniak . .	0,18	3,7	7,39
Eisen	0,7	0,14	0,315
Chlor .	14,2	21,3	17,7
Salpetersäure . . .	starke Spur	fehlt	fehlt
Deutsche Härtegrade	9,6	11,7	11,9

36. q. Spremberg. (E. 11122, W. 749 mit je 14,8 B.)

Die Wasserversorgung der Stadt Spremberg erfolgt ausschliesslich aus Pumpenbrunnen von 6,0 bis 7,0 m Tiefe. Es sind 24 öffentliche und ca. 300 private Brunnen vorhanden. Das Wasser ist meistens etwas eisenhaltig. Für das Gerichtsgebäude im früheren herzoglichen Schlosse ist die ursprünglich für letzteres hergestellte Quellwasserleitung noch in Benutzung, welche aus Rohren von Holz und von Blei besteht und das Wasser aus 400 m Entfernung zuführt.

37. g. Vetschau. E. 3255, W. 268 mit je 12,1 B.)

Für die Wasserversorgung der Stadt Vetschau dienen ausschliesslich gemauerte und gebohrte Brunnen. 12 derselben sind für die öffentliche Benutzung bestimmt.

38. e. Woldenberg. (E. 4667.)

Die Stadt Woldenberg liegt unmittelbar an einem grossen See und ist dadurch reichlich mit Wasser versorgt. Für allgemeine Zwecke sind ferner 12 gemauerte, gesenkte Brnnnen in der Stadt in Benutzung.

39. n. Zielenzig. (E. 6023.)

Die Wasserversorgung der Stadt Zielenzig erfolgt in stets qualitativ und quantitativ genügender Weise aus zahlreichen Brunnen im Orte, deren 31 für die allgemeine Benutzung dienen.

40. s. Züllichau. (E. 7533.)

Die Wasserversorgung der Stadt Züllichau erfolgt ausschliesslich aus Flachbrunnen und Rohrbrunnen, welche auf jedem Grundstücke und in grösserer Anzahl auf den Strassen der Stadt vorhanden sind.

VIII. Regierungsbezirk Stettin.

(Provinz Pommern.)

a) Anklam 2. — **b)** Demmin 4 (Treptow a. T. 20). — **c)** Greifenberg 8 (Treptow a. R. 19). — **d)** Greifenhagen 9 — **e)** Kammin 10 — **f)** Naugard 12 (Gollnow 6). — **g)** Pyritz 15. — **h)** K. Randow (Alt-Damm 3, Gartz a. O. 5, Grabow 7, Pölitz 14, Zülkhow 24). — **i)** Regenwalde 16 (Labes 11). — **k)** K. Saatzig (Stargard i Pom. 17). — **l)** Stettin 1. — **m)** Uckermünde 21 (Pasewalk 13). — **n)** Usedom 22 (Swinemünde 18, Wollin 23).

1. l. Regierungshauptstadt **Stettin.** (E. 140 733, W. 3500 mit je 40,2 B.)

a) Geschichtliches.

Die Wasserversorgung der Stadt Stettin hat bis in die Mitte der 60er Jahre ausschliesslich aus einer grossen Zahl von öffentlichen (285) und privaten (710) Brunnen stattgefunden, welche aber zum nicht geringen Theil rücksichtlich ihrer Qualität grosse Bedenken hervorriefen, dass bereits in dem Jahre 1863 mit dem Bau einer centralen Wasserversorgung, die sich ursprünglich auf die eigentliche Festung beschränken sollte, auf städtische Kosten begonnen wurde. Diese Anlage ist im Jahre 1866 in Betrieb gekommen. Sie war für eine tägliche Leistungsfähigkeit von 6 200 cbm bestimmt und hat in der ersten Ausdehnung M. 1 500 000 oder ca. M. 22 pro Kopf der damaligen Bevölkerung gekostet. Das Project hat der damals dort thätige Stadtbaumeister Hobrecht, jetzt Geh. Baurath in Berlin, entworfen und dessen Ausführung geleitet.

Nach der Entfestigung der Stadt hat sich das Leitungsnetz der Wasserversorgung immer mehr auch auf die äusseren Theile der Stadt ausgedehnt, so dass das Wasserwerk bereits in den Jahren 1883/84, namentlich in den maschinellen Anlagen, eine bedeutende Erweiterung nach den Projecten des derzeitigen Wasserwerks-Directors Engelbrecht erfahren hat. Die tägliche Leistungsfähigkeit in den Maschinen ist dadurch auf 25 000 cbm gewachsen. Diese Vergrösserungen haben einen Kostenaufwand von M. 500 000 veranlasst.

Eine fernere Vergrösserung hat das Werk in den Jahren 1892 bis 1894 nach den Projecten und unter der Leitung des jetzigen Wasserwerksdirectors A. Knaut namentlich in den Filteranlagen und durch die Herstellung einer neuen Zuleitung für das Rohwasser zu den Filtern erfahren. Die Kosten dieser Bauten haben M. 711 000 betragen, so dass die Anlagekosten damit im Ganzen auf M. 2 711 000 oder M. 20,86 pro Kopf angewachsen sind.

b) Wassergewinnung und Förderanlagen.

Das Wasser wird dem Oderstrome direct entnommen, aus dem es mit natürlichem Gefälle einem Saugebrunnen zufliesst, der circa 800 m vom Fluss entfernt und 1500 m oberhalb der Stadt liegt. Die Entnahmestelle befindet sich auf dem Gebiete des Dorfes Pommerensdorf und zwar auf einem Wiesengelände an der dem Flusse zugekehrten Seite einer öffentlichen Strasse, welche zur Oder parallel am Ufer derselben entlang läuft. Auf der anderen Seite dieser Strasse liegt, dem Brunnen direct gegenüber und gleichfalls in der Gemeinde Pommerensdorf, die Pumpstation mit den Filteranlagen. Von hier führen die Druckleitungen zur Versorgung der Stadt, in welche seitlich ein auf dem Kosakenberge gelegenes Hochreservoir, 1600 m von der Pumpstation entfernt und 1800 m vor dem Uebertritte in das Stadtgebiet, als Regulator eingeschaltet ist.

Als Zuleitung des Rohwassers in den Saugebrunnen für die Filterpumpen diente Anfangs ein nahe am Ufer beginnender, 825 m langer Holzkanal von 2,5 qm Querschnitt. Dieser ist später durch ein gusseisernes Rohr von 1000 mm Durchmesser ersetzt, welches so weit in den Oderstrom hineingebaut ist, dass nur schnellfliessendes Wasser mit Ausschluss des Oberflächenwassers in dasselbe eintreten kann.

Bei der ersten Anlage floss das Wasser von den Filterpumpen direct auf ein offenes Vorbassin von 950 qm Bodenfläche uud 3090 cbm Inhalt. Von hier vertheilte es sich dann auf 3 offene Filter von 708 qm, 703 qm und 797 qm Fläche. Später sind die beiden ersten Filter mit einem Wellblechdache überdeckt und es ist das Vorbassin gleichfalls zu einem Filter von 957 qm Fläche umgebaut. Im weiteren Verlaufe sind dann ferner 2 offene Filter von 773 qm und 778 qm Fläche hergestellt, und endlich sind noch in neuester Zeit 2, mit Kreuzgewölben überbaute Filter von je 1441 qm Fläche und ein offenes Filter von 1548 qm Fläche hinzugekommen. Es sind somit jetzt im Ganzen 5 offene Filter von zusammen 4852 qm und 4 überdeckte Filter von zusammen 4293 qm Fläche vorhanden.

Von den Filtern fliesst das Wasser in ein überwölbtes Reinwasserreservoir von 731 qm Bodenfläche und 2300 cbm Inhalt, aus welchem es von den Druckpumpen demnächst entnommen wird. In dem Maschinenraume der Pumpstation befanden sich anfänglich 2 gekuppelte Woolf'sche Balanciermaschinen mit Schwungrädern, mit Condensation und mit Schiebersteuerung. Später ist ein gleiches Maschinenpaar hinzugekommen. Eine jede von diesen 4 Maschinen betreibt 2 stehende und am Balancier direct aufgehängte Differentialpumpen (System Kirchweger) mit einem Ventilkolben mit Ledermanschetten-Liderung und mit einem Plungerkolben. Die Ventile der Pumpen sind Glockenventile (Holz auf Gusseisen). Eine Pumpe an jeder Maschine fördert das Rohwasser auf die Filter auf ca. 7,0 m Höhe, und die andere fördert das Wasser aus dem Reinwasserreservoire direct in die Stadt auf ca. 53,0 m Höhe. Die Höhendifferenz zwischen den Wasserständen in dem Hochreservoire und in der Oder beträgt 57,0 bis 58,0 m.

Tabelle 57.

Maschinen und Zahl	Balanciermaschinen		Dampfpumpen	
	2 Stück je	2 Stück je	1 grosse	1 kleine
Dampfcylinder-Durchmesser mm: grosser	864	760	650	408
kleiner	483	500		
Dampfkolben-Hub m: grosser	1,880	1,700	0,95	0,95
kleiner	1,499	1,337		
Pumpenkolben-Durchmesser mm: grosser	584	650	405	405
kleiner	412	460		
Pumpenkolben-Hub m: Druckpumpe	0,852	0,820	0,95	0,95
Filterpumpe	0,952	0,950		
Doppelhube pro Minute	18	18	25	25
Wasserlieferung pro Stunde	252	270	750	750

Als Reserve sind jetzt noch 2 liegende, direct und doppelt wirkende Dampfpumpen ohne Schwungräder (System Decker) und ohne Kondensation in dem Maschinenraume aufgestellt. Die eine derselben fördert Rohwasser, während die andere eine Druckpumpe für Reinwasser betreibt. Diese Pumpen haben Scheibenkolben und Ringventile. Die Hauptdimensionen der 6 Maschinen gibt die Tabelle 57 (S. 67) an.

In dem Kesselhause sind anfänglich 5 Siederohrkessel mit 9,57 m langen Oberkesseln von 1,36 m Durchmesser aufgestellt, deren jeder mit 2 gleich langen Siederohren von 0,63 m Durchmesser verbunden ist. Jeder Kessel hatte 59 qm Heizfläche und war auf 3,5 Atm. Dampfdruck concessionirt. Jetzt sind diese Kessel mit inneren Feuerungen und durch 5 Zweiflammrohrkessel mit Gallowayrohren ersetzt, welche zusammen 350 qm Heizfläche haben und auf 5,5 Atm. Dampfdruck concessionirt sind.

Jedes Paar der Balanciermaschinen hat eine gemeinschaftliche Saugeleitung für die Filterpumpen und eine gemeinschaftliche Druckleitung für die Druckpumpen. Von den beiden Druckleitungen vereinigt sich die eine mit dem Druckrohre der Reservepumpe, und es sind die Druckleitungen von allen Maschinen in einem Theilkasten zusammengefasst, aus dem dann die beiden jetzt vorhandenen Druckleitungen zur Stadt abgehen. Die Reservemaschine für das Rohwasser hat ein besonderes Saugerohr. Die anfangs vorhandene Druckleitung zur Stadt hat 400 mm Durchmesser von der Pumpstation ab und die zweite, später hergestellte Druckleitung hat 600 mm Durchmesser. In 3400 m Entfernung von der Pumpstation vereinigen sich beide Druckrohre wieder in einem Theilkasten und aus diesem führen dann 2 Rohre von je 400 mm Durchmesser weiter zur Stadt.

c) Reservoir und Vertheilungsleitungen.

Jede der beiden Druckleitungen ist durch einen Abzweig von 300 m Länge und von 400 mm resp. 600 mm Durchmesser, dem resp. Druckrohre entsprechend, mit dem Hochreservoire verbunden. Dieses ist aus Schmiedeeisen hergestellt und ruht mit seinem flachen Boden auf eisernen Trägern, welche durch gemauerte Pfeiler gestützt sind. Der Boden des Reservoirs liegt 8,3 m hoch über Terrain und 51,78 m über dem Nullpunkt des Oderpegels. Es hat 32,3 m Durchmesser und 3,8 m Höhe und einen Inhalt von 2960 cbm. Es ist durch ein polygonales Gebäude eingeschlossen und durch ein mit Dachpappe eingedecktes Holzdach überdeckt.

Das Vertheilungsnetz ist, abgesehen von einigen Ausläufern nach der Stadtgrenze zu, nach dem Circulationssysteme hergestellt. Die folgende Tabelle 58 gibt für das Ende eines jeden der Betriebsjahre von 1888/89 bis 1895/96 die gesammte Rohrlänge bis zu 65 mm Durchmesser abwärts und den Rohrinhalt, sowie ferner die Zahl der Schieber, Hydranten, öffentlichen Spring- und Laufbrunnen und öffentlichen Pissoire und Aborte, an. Auch ist darin die Zahl der im Versorgungsgebiete vorhandenen Closets mit Wasserspülung angegeben.

Tabelle 58.

Jahr	1888/89	1889/90	1890/91	1891/92	1892/93	1893/94	1894/95	1895/96
Rohrlänge m	65 590	70 061	81 620	82 659	84 911	89 459	91 133	92 842
Rohrinhalt cbm	2 450	2 494	2 519	2 531	2 556	2 584	2 602	2 628
Schieber	196	206	208	213	222	269	337	361
Hydranten	500	550	555	574	634	723	785	865
Springbrunnen	4	4	4	4	4	5	5	5
Laufbrunnen	13	13	13	14	19	19	19	19
Pissoirs	18	18	18	18	19	21	21	21
Bedürfnissanstalten	—	—	—	—	2	3	3	3
Privat-Closets	8 056	8 675	9 136	10 339	12 029	13 860	14 204	—

Von den für das Jahr 1894/95 angegebenen 785 Hydranten haben 575 einen Rohranschluss von 65 mm und 210 einen solchen von 100 mm Durchmesser. Die Hydranten sind, mit Ausnahme eines derselben, sämmtlich Unterflurhydranten. Sie stehen in ca. 90 m Entfernung von einander. Die Zuleitungen und die Hausleitungen sind bis incl. 40 mm Durchmesser aus Bleirohren hergestellt und darüber hinaus bestehen sie aus gusseisernen Rohren. Zur Absperrung der Zuleitungen dienen Metallhähne und Schieber

Als Lieferanten der verschiedenen Anlagetheile sind zu nennen für Pumpen, Maschinen und Kessel: A. Borsig in Berlin und Vulcan in Stettin; für die Sandwäsche: Cyclop in Berlin; für Rohre, Hydranten und Schieber: Hüttenwerk Gleiwitz, Fried.-Wilh.-Hütte in Mülheim a/Ruhr, Hüttenwerk Lauchhammer, Schalker Bergwerks- und Hüttenwerk, Gelsenkirchen, C. A. G. Dehne in Halle, Cyclop in Berlin und H. Breuer & Comp. in Höchst.

d) Wasserförderung und Abgabe.

Die Wasserförderung und der dafür erforderlich gewesene Kohlenverbrauch hat in den letzten 8 Jahren die in der Tabelle 59 angegebene Höhe erreicht. In

Tabelle 59.

Jahr	Wasserförderung cbm	Kohlenverbrauch kg	Desgleichen pro 100 cbm Wasser	Desgleichen pro PS.-Stunde	Leistung pro kg Kohle kgm
1888/89	4 227 424	3 084 425	73,0	3,14	86 000
1889/90	4 755 814	3 922 800	82,5	3,55	76 000
1890/91	4 846 231	3 375 400	69,6	3,00	90 000
1891/92	5 135 053	3 675 325	71,6	3,08	87 500
1892/93	5 500 773	4 357 109	79,2	3,42	79 000
1893/94	5 390 597	3 795 760	70,5	3,04	88 900
1894/95	4 280 566	3 399 840	79,3	3,42	79 000
1895/96	3 900 620	2 456 730	63,0	2,71	99 455

dieser ist ferner der Kohlenverbrauch pro 100 cbm gefördertes Wasser und pro PS.-Stunde bei einer mittleren Arbeitshöhe von 57,64 m plus 5,0 m oder 62,64 m und endlich die Leistung in m × kg pro kg der verwendeten englischen, resp. in den 3 letzten Jahren englischen und schlesischen Kohlen angegeben.

Für die Jahre 1888/89 bis 1895/96 liegen über den Filterbetrieb die in Tabelle 60 gemachten Angaben vor.

Tabelle 60.

Jahr	cbm Wasser pro 24 Std. pro qm Filterfläche	Betriebstage eines Filters Maximum	Minimum	Durchschnitt	qm Filterfläche im Jahre gereinigt
1888/89	3,53	30	—	10	77 850
1889/90	3,43	22	—	6	88 643
1890/91	3,49	20	5	11	103 904
1891/92	3,87	17	4	9,5	126 610
1892/93	4,27	43	4	11	135 185
1893/94	3,63	34	5	14	107 689
1894/95	1,325	107	8	39	107 462
1895/96	1,205	161	20	60	62 957

Die Wasserabgabe soll seit dem Jahre 1894 ausschliesslich durch Wassermesser erfolgen. Am Schluss des Betriebsjahres 1894/95 waren deren 1977 eingebaut. Nach Angabe der Fabrikanten sind bis Anfang des Jahres 1896 im Ganzen 3633 Messer geliefert gewesen. Am Schlusse des Betriebsjahres 1895/96 waren 3410 Messer eingebaut. Die vorstehend aufgeführten Messerzahlen vertheilen sich nach den verschiedenen Lieferanten wie die Tabelle 61 angibt.

Tabelle 61.

Lieferanten	1894/95 eingebaut	geliefert	1895/96 eingebaut
Siemens & Halske, Berlin	196	391	209
H. Meinecke, Breslau	1 013	1 826	1 870
C. A. Spanner, Wien-Aachen	44	58	51
Dreyer, Rosenkranz & Droop, Hannover	97	295	249
Lux, Mannheim	2	5	4
Wolff & Schreiber, Breslau	625	1 108	1 027

Nach der Grösse vertheilen sich die als geliefert aufgeführten Messer wie folgt:

Durchmesser mm	7	10	12	13	15	16	20	25	30	33
Stückzahl	4	62	47	84	32	2	1307	1271	385	45

mm	40	50	65	75	80	100	125
Zahl	134	69	26	16	17	21	1

Die Wasserabgabe in jedem einzelnen der 30 Jahre von 1866/67 bis 1895/96 pro Durchschnittstag und im Ganzen und das Verhältniss dieser Abgabe gegen jedes vorhergehende Jahr gibt die folgende Tabelle 62 an.

Tabelle 62.

Jahr	pro Tag cbm	im Jahre cbm	% gegen das Vorjahr
1866/67	1 233	450 140	—
1867/68	2 391	873 665	193,4
1868/69	3 855	1 407 252	161,2
1869/70	4 435	1 619 097	115,0
1870/71	4 180	1 525 674	94,2
1871/72	4 801	1 765 042	114,9
1872/73	6 033	2 201 017	125,7
1873/74	6 120	2 270 348	101,4
1874/75	5 771	2 112 110	94,3
1875/76	5 342	1 949 742	92,6
1876/77	5 696	2 079 132	106,5
1877/78	6 134	2 272 140	107,9
1878/79	6 630	2 423 594	108,1
1879/80	7 354	2 684 235	110,9
1880/81	7 403	2 742 075	100,7
1881/82	7 380	2 693 600	99,7
1882/83	6 915	2 524 043	93,7
1883/84	7 338	2 678 063	106,1
1884/85	8 107	2 959 100	110,5
1885/86	7 734	2 822 562	95,4
1886/87	8 868	3 236 535	114,7
1887/88	10 561	3 861 783	119,1
1888/89	11 579	4 227 424	109,6
1889/90	13 028	4 755 814	112,6
1890/91	13 277	4 846 231	101,8
1891/92	14 029	5 134 502	106,6
1892/93	15 071	5 500 749	107,1
1893/94	14 768	5 390 143	98,0
1894/95	11 728	4 280 744	79,5
1895/96	10 657	3 900 385	90,7

Tabelle 63 gibt für die 6 Jahre 1870/71 bis 1875/76 die grösste und kleinste Tagesabgabe im Ganzen und

Tabelle .63

Jahr	1870/71	1871/72	1872/73	1873/74	1874/75	1875/76
Maximaltag cbm	5 440	6 224	7 348	7 502	7 356	6 588
% vom mittleren Tage	130,1	129,6	121,8	122,5	127,4	123,3
Minimaltag	2 699	3 133	3 759	4 467	3 836	3 706
% vom mittleren Tag	64,5	65,2	62,3	72,9	66,8	69,4
Wassermesser	22	24	26	29	33	40
cbm nach Messern im Ganzen	237 154	261 071	289 737	355 984	434 643	448 495
cbm pro Messer	10 779	10 880	11 144	12 275	13 171	11 212
% von der Gesammtabgabe nach Messern	15,5	14,8	13,1	15,7	20,6	23,0
Oeffentliche Springbrunnen	1	1	1	2	3	3
„ Laufbrunnen	9	10	11	12	12	13
„ Pissoire	3	3	4	4	4	5
Angeschlossene Grundstücke	971	1 017	1 076	1 169	1 231	1 303
cbm pro Anschluss im Jahre	1 571	1 735	2 046	1 942	1 716	1 496

Tabelle 64.

Jahr	1888/89	1889/90	1890/91	1891/92	1892/93	1893/94	1894/95	1895/96
Einwohnerzahl	106 000	108 000	116 000	118 000	120 000	126 000	130 000	140 000
Liter pro Kopf pro Tag im Mittel	109	121	115	119	126	117	90	76
desgl. als Maximum	132	143	131	135	196	164	121	105
Zahl der Anschlüsse	2 393	2 398	2 483	2 581	2 709	2 808	2 946	3 035
cbm pro Anschluss im Jahr	1 766	1 983	1 951	1 989	2 030	1 919	1 450	1 285
Tagesabgabe am								
mittleren Jahrestage cbm	11 579	13 028	13 277	14 029	15 071	14 768	11 728	10 657
Maximaltage »	14 037	15 471	15 204	15 973	23 477	20 704	15 720	14 716
Minimaltage »	7 906	8 975	9 445	10 724	10 280	8 700	7 316	6 788
Von 100 cbm am mittleren Jahrestage am								
Maximaltage cbm	121,2	118,7	113,1	113,8	155,7	140,1	134,0	138,1
Minimaltage »	68,3	68,9	71,1	76,5	68,2	58,9	62,5	57,9
Wasser für öffentliche Zwecke im Ganzen cbm	305 690	310 104	307 667	350 403	409 831	461 711	239 204	229 047
Davon für Strassensprengen »	11 508	12 360	10 620	37 672	93 051	98 738	93 804	97 140
» Springbrunnen »	26 875	26 875	27 605	25 150	30 510	31 237	28 376	26 960
» Laufbrunnen »	47 031	47 131	48 531	88 394	97 958	66 781	20 320	15 430
» Rinnsteinspülen »	—	—	—	} 13 027	} 14 631	3 534	—	—
» Kanalspülen »	9 796	13 358	10 670			17 597	12 702	12 850
» Bedürfnissanstalten »	160 000	160 000	160 000	160 000	154 680	179 864	63 416	57 327
» Bewässern öffentlicher Anlagen »	10 230	10 230	12 485	22 879	15 820	16 497	12 469	6 474
» Feuerlöschen »	1 000	1 000	—	—	—	2 373	838	657
» Diverses »	39 250	39 250	37 750	3 281	3 281	45 090	7 279	12 209
Von 100 cbm für öffentliche Zwecke für								
Strassensprengen cbm	3,8	4,0	3,4	10,8	22,7	21,4	39,2	41,4
Springbrunnen »	8,8	8,6	9,0	7,2	7,5	6,8	11,9	11,3
Laufbrunnen »	15,4	15,2	15,8	25,2	23,8	14,5	8,5	6,7
Rinnsteinspülen »	—	—	—	} 3,7	} 3,6	0,7	—	—
Kanalspülen »	3,2	4,3	3,5			3,8	5,3	5,2
Bedürfnissanstalten »	52,3	51,6	52,0	45,7	37,8	38,9	26,5	25,0
Bewässern öffentlicher Anlagen »	3,4	3,3	4,0	6,5	3,8	3,6	5,2	2,8
Feuerlöschen »	0,3	0,3		—	—	0,5	0,3	0,3
Diverses »	12,8	12,7	12,3	0,9	0,8	9,8	3,1	5,3
Wasser für Private im Ganzen »	3 866 734	4 390 720	4 471 364	4 748 747	5 039 457	4 861 457	3 907 361	3 607 681
Davon nach Messern »	447 564	518 424	585 770	598 029	661 093	975 879	1 536 136	2 787 094
Zahl der Messeranschlüsse	130	172	195	203	239	1 354	1 977	?
Wasser für Private ohne Messer cbm	3 419 170	3 872 296	3 885 594	4 150 718	4 378 364	3 885 578	2 371 225	820 587
Zahl der Anschlüsse ohne Messer	2 263	2 226	2 288	2 378	2 470	1 454	969	?
Von 100 cbm für Private								
nach Messern	11,5	11,8	13,1	12,6	13,0	20,0	39,4	77,2
ohne Messer	88,5	88,2	86,9	87,4	87,0	80,0	60,6	22,8
Auf 100 Anschlüsse kommen								
Messeranschlüsse	5,4	7,2	7,8	7,9	8,8	48,2	67,1	?
Anschlüsse ohne Messer	94,6	92,8	92,2	92,1	91,2	51,8	32,9	?
Wasser für das Wasserwerk incl.								
Spülen, Verlust etc. im Ganzen cbm	55 000	55 000	58 200	35 352	51 461	66 975	134 179	63 657
Von 100 cbm Gesammtabgabe für								
öffentliche Zwecke »	7,2	6,5	6,3	6,8	7,4	8,5	5,6	5,8
Private »	91,5	92,3	92,5	92,5	91,6	90,3	91,3	92,9
das Wasserwerk »	1,3	1,2	1,2	0,7	1,0	1,2	3,1	1,6
Gesammtabgabe nach Messern »	467 894	542 528	605 935	633 381	712 554	1 153 702	1 909 519	2 976 643
Desgl von 100 cbm Gesammtabgabe »	11,1	11,4	12,5	12,3	12,9	21,4	44,5	76,3
Gesammtabgabe ohne Messer »	3 759 530	4 213 286	4 240 296	4 501 121	4 788 195	4 236 441	2 371 225	923 742
Desgl. vo 100 cbm Gesammtabgabe »	88,9	88,6	87,5	87,7	87,1	78,6	55,5	23,7
Abgabe pro Messer im Jahre »	3 599	3 153	3 110	3 120	2 980	852	964	873
Abgabe pro Anschluss ohne Messer »	1 509	1 739	1 698	1 748	1 772	2 670	2 447	?

in % des mittleren Jahrestages, die Zahl der eingebauten Wassermesser, die Wasserabgabe nach Messern im Jahre pro Messer und pro 100 cbm der Gesammtabgabe, sowie die Zahl der vorhandenen öffentlichen Springbrunnen, Freibrunnen und Pissoirs und der Grundstücksanschlüsse an.

Die Tabelle 64 (S. 70) gibt für die letzten 8 Betriebsjahre von 1888/89 bis 1895/96 die Wasserabgabe getrennt, für öffentliche Zwecke, für den Selbstverbrauch und für Private nach Messern und ohne Messer, sowie am mittleren und am Maximal- und Minimaltage im Jahre und pro Kopf pro Tag an. Ferner ist darin die Zahl der Anschlüsse, die Abgabe pro Messer und endlich die Vertheilung des Wassers für öffentliche Zwecke zu den verschiedenen Gebrauchszwecken etc. darin angeführt.

Für jedes Grundstück ist als Wassergeld für jedes Vierteljahr zu zahlen: pro cbm. Wasser für die ersten 750 cbm im Jahre 18 Pf., für die folgenden 500 cbm je 15 Pf. und für den Verbrauch über 1250 cbm je Pf. 12. Von auswärtigen Grundstücken wird pro cbm ohne Unterschied der Menge Pfg. 20 erhoben.

Die Messer werden von der Stadt gegen Erstattung der Selbstkosten geliefert, aufgestellt und reparirt. Wenn für einzelne Miether eines Grundstücks Theilmesser aufgestellt sind, so übernimmt die Stadt gegen eine Zahlung von 50 Pf. pro Vierteljahr deren regelmässige, monatliche Aufnahme und theilt das Resultat dem Antragsteller mit. Für vorübergehende Zwecke werden leihweise Messer aufgestellt. Dafür ist pro Woche M. 1, jedoch nicht unter M. 3 ohne Rücksicht auf die Dimension zu zahlen.

Im Betriebsjahr 1895/96 ist das Wasser monatlich zweimal und im September sechsmal chemisch untersucht. Bakteriologische Untersuchungen haben im April täglich viermal und von da ab an jedem zweiten Tag stattgefunden.

Von organischer Substanz ist im Durchschnitt 71,2 mgr im Liter Wasser gefunden; die geringste Menge war 46,0 mgr am 13. September und die höchste 95,5 mgr am 31. Juli. Im Jahre vorher beliefen sich diese Werthe auf: 71,0 resp. 49,0 und 107,5 mgr. Von 28 Untersuchungen ergaben 5 weniger als 50 mgr, während im Vorjahre von 24 Untersuchungen 4 weniger als 50 mgr ergeben haben.

Von den in diesem Jahre vorgenommenen 1858 bakteriologischen Untersuchungen bezogen sich 165 auf das Reinwasserreservoir. Davon ergaben 15 mehr als 100 Keime und zwar die meisten im October, wo der Keimgehalt des Rohwassers in Folge der Abwässer einer Zuckerfabrik bis auf 123000 gestiegen ist. Als Minimum sind 7 Keime am 20. März und als Maximum 2960 Keime am 15. October gezählt. Im Jahre vorher hatten von 89 Reinwasserproben 68 über 100 Keime und es war das Minimum 15 Keime und das Maximum 7500 Keime im Reinwasser. Als Maximum sind damals im Rohwasser 28500 Keime gezählt.

2. a. **Anklam.** (E. 13735, W. 1000 mit je 13,7 B.)

In der Stadt Anklam wird das Wasser für gewerbliche Zwecke der die Stadt durchfliessenden Prone entnommen. Für die Versorgung mit Trinkwasser dienen 36 öffentliche und ca. 80 gesenkte Privatbrunnen. Das Wasser ist meistens gut und stets genügend.

3. h. **Altdamm.** (E. 5741, W. 369 mit je 15,5 B.)

Für die Wasserversorgung der Stadt Altdamm dienen Abyssinierbrunnen, von denen die Hälfte der Hausbesitzer je einen besitzt. Ferner sind für die öffentliche Benützung 5 solcher Brunnen und 5 Kesselbrunnen vorhanden.

4. b. **Demmin.** (E. 11670, W. 879 mit je 13,3 B.)

Die Wasserversorgung der Stadt Demmin erfolgt hauptsächlich aus Kesselbrunnen, welche durch Sickerwasser gespeist werden und 5,0 bis 12,0 m Tiefe haben. Auch sind einige wenige Rohrbrunnen, die bis zu 35,0 m Tiefe haben, vorhanden. 31 Brunnen dienen für die allgemeine Benutzung und 220 Kesselbrunnen befinden sich auf Privatgrundstücken. Die Frage der Herstellung einer allgemeinen Wasserversorgung ist verschiedentlich besprochen, ohne dass sie bislang eine greifbare Gestalt erhalten hätte.

5. h. **Gartz a. O.** (E. 4473, W. 467 mit je 9,6 B.)

Für die Wasserversorgung der Stadt Gartz dienen ausschliesslich Brunnen und zwar 25 öffentliche und 60 private. Das Wasser ist stets iu genügender Menge vorhanden und von durchweg guter Qualität.

6. f. **Gollnow.** (E. 8181.)

Die Wasserversorgung der Stadt Gollnow erfolgt durch 22 Brunnen für den öffentlichen Gebrauch. Es sind dies Rohr- und Kesselbrunnen. Die früher bestandenen Laufbrunnen, welche durch Rohrleitungen Wasser aus einem Teiche erhielten, sind eingegangen.

7. h. **Grabow.** (E. 15787.)

Fast jedes Grundstück in der Stadt Grabow besitzt einen gegrabenen Brunnen zur Wasserversorgung. Oeffentliche Brunnen sind nicht vorhanden. Einzelne Grundstücke sind an die Settiner Wasserleitung angeschlossen.

8. c. **Greifenberg i. P.** (E. 5490.)

Die Wasserversorgung der Stadt Greifenberg findet ausschliesslich aus gegrabenen Brunnen von 3,0 m Tiefe statt. Es sind deren 21 für die öffentliche und 50 für die private Benutzung vorhanden. Ausserdem wird der die Stadt durchfliessenden Rega Wirthschaftswasser entnommen.

9. d. **Greifenhagen.** (E. 6800).

Die Wasserversorgung der Stadt Greifenhagen erfolgt ausschliesslich aus gegrabenen Brunnen. Davon dienen 19 der allgemeinen Benützung. Das Wasser ist stets gut und in genügender Menge vorhanden.

10. e. **Kammin.** (E. 5758, W. 595 mit je 9,7 B.)

Die Wasserversorgung der Stadt Kammin erfolgt ausschliesslich aus gegrabenen und gesenkten Brunnen von ca. 13,0 m Tiefe. Auser einer grossen Zahl privater Brunnen sind 15 öffentliche Brunnen vorhanden. Wassermangel tritt nie ein. Das Wasser ist in den Vorstädten gut, aber in der Stadt meist schlecht. Trotzdem wird eine Aenderung nicht beabsichtigt.

11. i. **Labes.** (E. 5185, W. 483 mit je 10,7 B.)

Die Wasserversorgung der Stadt Labes erfolgt ausschliesslich aus gegrabenen Brunnen. 12 davon dienen der allgemeinen Benützung. Das Wasser ist als Trinkwasser gut und stets in genügender Menge vorhanden, so dass an eine Aenderung nicht gedacht wird.

12. f. **Naugard.** (E. 5110, W. 379 mit je 13,4 B.)

Die Stadt Naugard wird ausschliesslich aus Brunnen in der Stadt versorgt, deren auch 75 gebohrte in Benutzung sind. Für den öffentlichen Gebrauch dienen 12 gemauerte und ein Rohrbrunnen.

13. m. **Pasewalk.** (E. 9792, W. 666 mit je 14,7 B.)

Die Wasserversorgung der Stadt Pasewalk erfolgt ausschliesslich aus gegrabenen und gesenkten Brunnen von 3,0 bis 12,0 m Tiefe. 33 davon dienen der öffentlichen Benützung und ca. 300 befinden sich auf privaten Grundstücken. Das Wasser ist als Trinkwasser mittelmässig; es ist aber in stets genügender Menge vorhanden, so dass an eine Aenderung nicht gedacht wird.

14. h. **Pölitz.** (E. 4005). Ohne Antwort.

15. g. **Pyritz.** (E. 8488, W. 633 mit je 13,4 B.)

Die Wasserversorgung der Stadt Pyritz erfolgt ausschliesslich aus gesenkten Brunnen, deren 34 für die allgemeine Benützung dienen und ca. 100 auf Privatgrundstücken vorhanden sind. Das Wasser ist in stets genügender Menge vorhanden und meistens gut. Eine Aenderung wird nicht als ein Bedürfniss erkannt.

16. i. **Regenwalde.** (E. 3358, W. 351 mit je 10 B.)

Die Wasserversorgung der Stadt Regenwalde erfolgt ausschliesslich aus Kesselbrunnen mit Handpumpen, deren 13 für die allgemeine Benützung dienen.

17. k. **Stargard i. Pom.** (E. 26 098, W. 1500 mit je 17,4 B.)

Die Wasserversorgung der Stadt Stargard erfolgte früher, ausser durch directe Entnahme aus der die Stadt durchfliessenden Ihna, aus gesenkten und gebohrten Brunnen von 10,0 m bis 30,0 m Tiefe, deren ca. 100 öffentliche und 200 private vorhanden waren. Auch waren einige artesische Brunen in Benützung.

Nachdem verschiedene Projecte für eine einheitliche Versorgung der Stadt aufgestellt und verworfen waren, forderte der Magistrat im Jahre 1896 3 Firmen zur Einreichung von solchen auf. Er entschied sich dann zur Ausführung des Projectes der Firma Heinrich Scheven in Bochum, welcher auch für städtische Rechnung die Ausführung und Lieferung sämmtlicher Materialien übertragen wurde. Die Anlage ist am 20. August 1897 dem Betriebe übergeben und wird unter Oberleitung des Stadtbauraths Sonnabend vom städtischen Gas- und Wasserwerksdirector Ehlert verwaltet. Das Wasserwerk hat M. 350 000 oder ca. M. 16 pro Kopf gekostet und ist für die Ausdehnung zu einer maximalen Leistungsfähigkeit von M. 3275 bestimmt.

Das Wasser wird aus Rohrbrunnen am linken Ufer der Ihna oberhalb der Stadt und ca. 500 m von dieser entfernt gewonnen und steht unter artesischem Drucke, so dass es sich 2,0 m hoch über Terrain erhebt. Es sind 6 Brunnen von 300 mm Durchmesser und 25 m Tiefe hergestellt, welche in ca. 30 m Abstand von einander stehen. Eine Heberleitung führt das Wasser zu einem Sammelbrunnen von 3,5 m Durchmesser und 6,0 m Tiefe.

Das Wasser ist stark eisenhaltig und bedarf daher einer Reinigung vor der Abgabe. Es sind 2 Lüfter mit Ziegelsteinpackung hergestellt, welche je 30 qm Oberfläche haben. Für die Filtration dienen 180 Wormser Plattenfilter, welche in 4 Kammern zu je 2 Batterien aufgestellt sind. Bei vollem Ausbaue können in den Behälter 288 Platten Platz finden. Im Filterhause befindet sich ein Reinwasserreservoir von 66 cbm Inhalt bei 3,15 m Wasserhöhe.

In der Pumpstation sind 2 Dampfpumpmaschinen und 2 Dampfkessel aufgestellt. Von den beiden liegenden Verbundmaschinen betreibt eine jede mit den verlängerten Kolbenstangen eine doppeltwirkende Filterpumpe und eine doppeltwirkende Druckpumpe. Beide haben freie Ringventile mit Gummibuffern und Plunger von 240 mm resp. 235 mm Durchmesser. Die Dampfkolben haben 310 mm resp. 510 mm Durchmesser und, ebenso wie die Plunger, 0,5 m Hub. Bei 50 Umdrehungen pro Minute liefert die Druckpumpe jeder Maschine 120 cbm Wasser pro Stunde. Die Dampfkessel sind Patentkessel von Paucksch. Jeder derselben hat 21 qm Heizfläche und liefert Dampf von 8 Atm. Pressung.

Die Druckleitung von 250 mm Durchmesser dient direct zur Wasserabgabe und führt zugleich zu einem 1176 m von der Pumpstation entfernten Hochreservoire, das mitten in der Stadt erbaut ist. Es hat 500 cbm Inhalt und ist aus Schmiedeeisen mit einem als Calotte durchhängendem Boden hergestellt. Es steht 30,0 m hoch auf einem künstlichen Unterbau und ist ummantelt und überdacht. Der Wasserspiegel liegt 46,4 m hoch über der Gewinnungsstelle.

Das Stadtrohrnetz bilden 2 concentrische Dreiviertelkreise, von denen der innere 200 m Durchmesser hat, welche das Druckrohr als Sehne schneidet. Der eine umschliesst das innere Stadtgebiet und in dessen Mitte steht das Hochreservoir. Der andere schliesst das äussere Stadtgebiet ein. Die Versorgung erfolgt einheitlich unter einem Druck von ca. 35,0 m. Die gesammten Rohrleitungen haben 21 582 lfd. m Länge und sind mit 88 Schiebern und 116 Hydranten verbunden, von welchen 110 Unter- und 6 Ueberflurhydranten sind. Sie stehen in 80 bis 100 m Entfernung von einander. Nach den Durchmessern getrennt, setzen sich die Rohrleitungen und Schieber wie folgt zusammen:

Rohrdurchmesser mm	325	300	275	250	225	200	175
Rohrlänge . . . m	51	67	67	1184	34	3579	34
Schieberzahl	—	—	—	2	—	6	—

mm	150	125	100	80
m	3616	1099	4370	7481
Zahl	13	9	19	39

Es sind bislang ca. 850 Zuleitungen von 13 mm, 20 mm und 25 mm Durchmesser ausgeführt, welche mit Wassermessern verbunden sind, die Wolff & Schreiber, Breslau geliefert haben.

Nach dem Regulativ wurden bis zum 1. Februar 1897 Anschlussleitungen bis zu dem mindestens 1 m Entfernung, hinter der Bau-Fluchtlinie gelegenen Anschlusse unentgeltlich gegen die Verpflichtung einer 5jährigen Wasserentnahme hergestellt und es ist dafür eine Mindestzahlung für Wasser zu leisten, welche bei Zuleitungen:

von Durchmesser mm	13	20	25	30
Mark pro Jahr . . .	12	18	24	36

beträgt. Die Wasserabgabe erfolgt nur nach Messern und es beträgt später die Mindestzahlung im Jahre M. 12. Als Wasserpreis pro cbm. gilt bei einer grösseren jährlichen Abnahme:

bis cbm	500,	bis 1000,	bis 2000.
pro cbm Pf.	25	20	15.

Die im Frühjahr 1896 von dem Professor Dr. Proskauer in Berlin ausgeführte Analyse von Wasser aus den Rohrlöchern hat im Liter Wasser ergeben:

Abdampfabstand	312,5 mgr
Chlor	14,2 »
Salpetrige Säure	0 »
Ammoniak	0,1 »
Kaliumpermanganat in Oxydation .	7,61 »
Gelöstes Eisen	1,56 »
Deutsche Härtegrade	11,48°

18. n. **Swinemünde.** (E. 9400.)

Die Wasserversorgung der Stadt Swinemünde erfolgt ausschliesslich aus gegrabenen Brunnen, deren Wasserspiegel mit dem der Ostsee schwankt Fast jedes Grundstück hat einen Brunnen und 6 davon dienen für die allgemeine Benutzung. Es ist stets genügendes und meistens auch gutes Wasser vorhanden.

19. c. **Treptow a. R.** (E. 5997.)

Die Wasserversorgung der Stadt Treptow erfolgt ausschliesslich aus Grundbrunnen im Orte.

20. b. **Treptow a. T.** (E. 4333, W. 543 mit je 8,0 B.)

Für die Wasserversorgung der Stadt Treptow dienen 127 gesenkte Brunnen, von denen 10 öffentliche und 117 private sind.

Ferner ist seit dem Jahre 1886 ein öffentlicher Laufbrunnen auf dem Marktplatze hergestellt, der an eine Quellwasserleitung angeschlossen ist, welche eine Brauerei für ihre Bedürfnisse angelegt hat. Das Wasser ist auf dem hochgelegenen Zehntfelde, 1200 m von der Stadt entfernt, erschlossen und in einem gemauerten Reservoir von 9 cbm Inhalt gesammelt. Durch natürliches Gefälle fliesst es mittels gusseiserner Rohre der 20,0 m tiefer gelegenen Stadt zu. Die Anlage hat M. 6000 gekostet und liefert 70 cbm Wasser pro Tag.

21. m. **Ueckermünde.** (E. 6129, W. 519 mit je 11,8 B.)

Ausser durch directe Entnahme vom Wasser aus der die Stadt Ueckermünde durchfliessenden Uecker erfolgt die Wasserversorgung aus 20 öffentlichen und 58 privaten Brunnen, welche theils gesenkt und theils gegraben sind. Das Wasser derselben ist grösstentheils gut und stets genügend vorhanden.

22 n. **Usedom.** (E. 1760). Ohne Antwort.

23. n. **Wollin.** (E. 4899, W. 600 mit je 8,2 B.)

Für die Wasserversorgung der Stadt Wollin dienen 14 öffentliche und 96 private Brunnen. Von den ersteren sind 6 mit der Inschrift »Kein trinkbares Wasser« bezeichnet. 6 von den übrigen öffentlichen Brunnen sind Röhrenbrunnen und liefern, ebenso wie die beiden andern öffentlichen Brunnen, stets gutes Trinkwasser. Ein Bedürfniss nach einer Aenderung des jetzigen Zustandes besteht nicht.

24. h. **Züllchow.** (E. 4795.)

Die Wasserversorgung für das Pfarrdorf Züllchow ist auf Kosten der Gemeinde durch die Unternehmer Niedermeyer & Götze in Berlin im Jahre 1895 für M. 160000 oder M. 33,33 pro Kopf hergestellt.

Das Wasser wird dem Weihenest-See, der 104,0 m über dem Meere liegt, sowohl direct als indirect mittels einer aus Cementrohren von 300 mm Durchmesser hergestellten Sickerrohrleitung von 240 m Länge entnommen, welche auf dem aus Sand bestehenden Seeboden verlegt ist. Diese Leitung ist mit Steinplatten überdeckt, über welche Kies und grober Sand gebracht ist, so dass das Rohr, von einer Schicht von 0,45 m Dicke umgeben, aus dem See filtrirtes Wasser und in den See eintretendes Grundwasser ableiten kann.

Der See hat im angestauten Zustande eine Fläche von 2,5 ha bei einer mittleren Wassertiefe von ca. 4,0 m und kann bei Bedürfniss ganz entleert werden.

Das Sickerrohr mündet am Ufer des Sees in einen Brunnen von 3,0 m Durchmesser in der Höhe von 99,0 m + 0. Von hier geht ein gusseisernes Rohr von 200 mm Durchmesser in der Höhe von 100,5 m + 0 zu einem Hochreservoire ab, dessen Wasserspiegel auf 70,0 m + 0 liegt. Die Entfernung zwischen dem Brunnen und dem Hochreservoir beträgt 2460 m. Das Reservoir ist zweitheilig und misst im Lichten 16 m im Quadrat. Seine Wasserhöhe beträgt 2,5 m. Es ist in Stampfbeton ausgeführt und in die Erde eingebaut. Es ist überwölbt und mit einer 1,0 m dicken Erdschicht überfüllt.

Die Zuleitung zum Orte hat 200 mm Durchmesser und 2460 m Länge, wovon ca. 1600 m in 3,0 m bis 7,0 m Tiefe verlegt sind. Das Vertheilungsnetz im Orte hat 2875 m Länge von Rohren von 200 mm bis 80 mm Durchmesser. Daran sind 24 Schieber und 25 Hydranten angeschlossen. Die höchsten Strassen liegen 37,0 m + 0 und der Druck in den Leitungen beträgt in den am niedrigsten gelegenen Strassen 65,0 m.

Die Wasserabgabe erfolgt an Private ausschliesslich durch Wassermesser zum Preise von 15 Pf. pro cbm. Es sind 105 Wassermesser von Siemens & Halske, Berlin, geliefert, von denen 100 Stück 20 mm und 5 Stück 25 mm Durchmesser haben.

IX. Regierungsbezirk Köslin.

(Provinz Pommern.)

a) Belgard 2 (Polzin 12). — b) Bublitz 3. — c) Bützow 4. d) Dramburg 7 (Callies 5, Falkenburg 8). — e) Köslin 1 — f) Kolberg 9 (Cörlin 6). — g) Lauenburg 10. — h) Neustettin 11 (Tempelburg 18). — i) Rummelsburg 14. — k) Schievelbein 15. — l) Schlave 16 (Rügenwalde 13). — m) Stolp 17.

---

1. e. Regierungshauptstadt **Köslin.** (E. 18 935.)

Die Wasserversorgung der Stadt Köslin erfolgte früher überwiegend aus Grundbrunnen. Während die äussere Stadt auf solche allein beschränkt war, ist für die innere Stadt schon seit mehreren hundert Jahren ausserdem eine Gravitationsleitung in Benutzung. Diese wird aus Quellen gespeist, welche 2 km von der Stadt entfernt und 23,0 m hoch über dem Stadtniveau gefasst sind. Hölzerne Leitungen führen es von hier einem in der Nähe der Stadt gelegenen, offenen Sammelbassin zu, dessen Wasserspiegel 2,0 m höher als der höchste Strassenpunkt liegt. Innerhalb der inneren Stadt floss es dann in 20 öffentliche und Privatbrunnen aus, aus denen es mittels Handpumpen entnommen wurde.

Im Jahre 1870 hat der Regierungs- und Baurath Baensch einen Um- und Neubau der Anlage mit einem Kostenaufwande von M. 33 000 ausgeführt. Die Quellen, welche in einer Schlucht des Gollenberges entspringen, sind durch ausgedehnte Drainagen weiter erschlossen und neu gefasst. Aus Vorkammern gelangt das Wasser in stehende Filter (Strainer), die aus einer 1,0 m dicken Steinschotterschicht, die zwischen Holzplatten eingebettet sind, bestehen. Von hier tritt es in ein gemauertes und überwölbtes Reservoir von 600 cbm Inhalt über, dessen Wasserspiegel 25,0 m über dem Stadtniveau liegt.

Eine 2418 m lange gusseiserne Leitung von 150 mm Durchmesser führt das Wasser von hier mit natürlichem Gefälle zur Stadt, wo es durch Rohrleitungen von 5542 lfd. m Länge vertheilt wird. Es sind damit 23 Schieber, 51 Druckständer und 50 Hydranten verbunden.

119 Grundstücke haben Anschlussleitungen. Diese wurden früher aus gusseisernen Rohren und werden jetzt, ebenso wie die Hausleitungen, aus Bleirohren hergestellt. Die Wasserabgabe findet nur durch Wassermesser und zwar zum Preise von 15 Pf. pro cbm statt. Im Jahre 1894/95 sind 26 149 cbm durch 119 Wassermesser abgegeben. Es sind deren im Ganzen 146 Stück von Siemens & Halske, Berlin, geliefert und zwar von folgenden Grössen:

Durchmesser	mm 10	12	20	25	40	50
Stückzahl . . .	2	2	2	136	2	2

Die Oberleitung über den Betrieb der Anlage führt der Gasdirector Rudolph.

2. a. **Belgard.** (E. 7399, W. 598 mit je 12,4 B.)

Die Lage der Stadt Belgard an der Persante und am Burtzeitzbache gestattet die directe Entnahme von Wirthschaftswasser aus diesen Wasserläufen. Einige Private haben für sich auch aus diesen Zuleitungen von hölzernen Rohren hergestellt. Das Trinkwasser wird aus gesenkten und gebohrten Pumpenbrunnen gewonnen, von denen 25 für die allgemeine Benutzung dienen. Das Wasser ist stets in genügender Menge vorhanden, aber von keiner guten Qualität.

3. b. **Bublitz.** (E. 4918.) Ohne Antwort.

4. c. **Bütow.** (E. 5371, W. 317 mit je 17,0 B.)

Die Wasserversorgung der Stadt Bütow erfolgt ausschliesslich aus Brunnen innerhalb der Stadt. Zum allgemeinen Gebrauch dienen 12 gemauerte und 2 gebohrte Brunnen. Erstere haben eine Tiefe von 16,0 m bis 20,0 m und letztere von 36,0 m resp. von 70,0 m. Die Herstellung der Rohrbrunnen hat M. 1000 resp. M. 5000 gekostet und ist in den beiden letzten Jahren erfolgt. Ein dritter Rohrbrunnen ist in Ausführung begriffen.

5. d. **Callies.** (E. 3771, W. 375 mit je 10 B.)

Die Wasserversorgung der Stadt Callies erfolgt ausschliesslich aus gemauerten und gebohrten Brunnen innerhalb der Stadt, von welchen 11 der öffentlichen Benutzung dienen.

6. f. **Cörlin.** (E. 3041). Ohne Antwort.

7. d. **Dramburg.** (E. 5769, W. 473 mit je 12,0 B.)

Die Wasserversorgung der Stadt Dramburg erfolgt aus gegrabenen Brunnen von ca. 5,0 m Tiefe, deren 18 öffentliche und 26 private vorhanden sind. In den letzten 2 Jahren sind ferner 4 Rohrbrunnen hergestellt. Das Wasser ist im allgemeinen gut und genügend.

8. d. **Falkenburg.** (E. 4100.) Ohne Antwort.

9. f. **Kolberg.** (E. 18 607.)

Die in der Stadt Kolberg zur Wasserversorgung vorhandenen Grundbrunnen liefern ein durch den moorigen Untergrund stark verunreinigtes Wasser. Es ist daher seit langen Jahren in der Persante, die ein sehr reines Wasser besitzt, dicht oberhalb der Stadt das Wasser auf 4,0 m bis 5,0 m Höhe gestaut, um ein Schöpfrad zu betreiben, durch welches unfiltrirtes Flusswasser in ein Bassin gehoben wurde, aus dem es durch hölzerne Rohre zur Stadt floss.

Im Jahre 1872 hat die Anlage durch den Oberbaurath Räntsch in Berlin einen Umbau erfahren, der M. 30 000 gekostet hat. Es ist damals am Goldberge ein gemauertes und überwölbtes Reservoir von 263 cbm Inhalt hergestellt, dessen Wasserspiegel 16,0 m höher als das Ortsniveau liegt. Als Förderanlage für das Wasser diente ein durch ein Wasserrad getriebenes Pumpwerk. Das Wasser durchlief zur Reinigung vor dem Pumpen ein Kiesfilter, das die Form eines Strainers hatte und dem es durch eine Drainage, die am Ufer des Flusses ausgeführt ist, zufloss. Die alten Leitungen sind gleichzeitig durch solche aus Gusseisen ersetzt und 26 öffentliche Druckständer und 30 Hydranten sind aufgestellt. Diese Anlage konnte den wachsenden Bedürfnissen jedoch auf die Dauer nicht genügen.

Nachdem die im Jahre 1883 in der Nähe des Dorfes Bullenwinkel vorgenommenen Bohrungen, durch welche man 1500 bis 2000 cbm Quellwasser erschliessen zu können hoffte, sich als erfolglos erwiesen haben, ist daher in den Jahren 1884/85 für Rechnung der Stadt durch den städtischen Baurath Bachmann eine neue einheitliche Hochdruckwasserversorgung erbaut. Diese ist für eine Tagesleistung von 3000 cbm bestimmt und hat M. 500 000 oder M. 26,86 pro Kopf gekostet. Das Wasser wird wie früher der Persante direct entnommen und fliesst durch ein sog. Grobfilter in ein

Reinwasserreservoir über, aus dem es durch Pumpen geschöpft wird. Von einer eigentlichen Filtration ist vorläufig Abstand genommen.

Für die neue Pumpstation wird als Betriebskraft die Wasserkraft an der Adlerbrücke mitbenutzt. Es ist dafür ein Ponceletrad von 28 PS. eingebaut. Als Reserve dient ferner eine liegende Woolf'sche Condensationsmaschine von einer Leistung von 35 PS. Es sind 2 doppeltwirkende Plungerpumpen mit Ringventilen aufgestellt, welche 17 Doppelhübe pro Minute machen und deren jede pro Stunde 76 cbm Wasser fördert.

Auf künstlichem Unterbau ist ein schmiedeeisernes Hochreservoir von 665 cbm Inhalt aufgestellt. Die Rohrleitungen haben 17500 m Länge von 300 mm bis 80 mm Durchmesser und es sind damit 52 Schieber, 94 Hydranten und 8 Spülschieber verbunden. Jedes Grundstück hat als Wassergeld 4 % von der Gebäudesteuer zu zahlen. Für gewerbliche Abgabe sind 54 Wassermesser eingebaut, welche H. Meinecke, Breslau, geliefert hat. Diese haben die folgenden Grössen:

Durchmesser mm	13	15	20	25	30	40	80
Stückzahl	2	2	14	22	9	1	4

10. g. **Lauenburg i. Pomm.** (E. 9036, W. 550 mit je 16,4 B.)

Die Wasserversorgung der Stadt Lauenburg erfolgt aus Grundwasserbrunnen, von welchen 28 der öffentlichen Benützung dienen und ca. 50 auf Privatgrundstücken liegen. Das Wasser ist gut und in stets genügender Menge vorhanden.

Für den Bau eines einheitlichen Wasserwerkes hat den städtischen Collegien bereits im Jahre 1890 ein Project vorgelegen, welches auf M. 127000 veranschlagt war. Die Höhe dieser Summe liess von der weiteren Verfolgung desselben Abstand nehmen. Im Jahre 1894 ist dann diese Frage, verbunden mit der Anlage einer städtischen Kanalisation, wieder an die Stadt herangetreten. Beide Anlagen waren zu ca. M. 600000 veranschlagt. Man bewilligte aber vorläufig nur M. 1000 für Vorarbeiten zur Wasserversorgung.

11. h. **Neustettin.** (E. 9225, W. 710 mit je 13,0 B.)

Die Wasserversorgung der Stadt Neustettin erfolgt ausschliesslich aus gebohrten Brunnen innerhalb der Stadt und zwar in völlig genügender Weise.

12. a. **Polzin.** (E. 4811, W. 366 mit je 13,2 B.)

Die Wasserversorgung der Stadt Polzin erfolgte früher aus gegrabenen und gebohrten Brunnen in der Stadt, deren 15 der öffentlichen Benutzung dienten. Im Jahre 1896 fasste die Stadt den Beschluss, für ihre Rechnung nach dem Projecte und unter Leitung der Firma Heinrich Scheven in Bochum eine städtische Wasserversorgung herzustellen. Die Anlage ist im Frühjahr des folgenden Jahres in Betrieb gekommen und hat M. 40000 oder ca. M. 9 pro Kopf gekostet. Sie ist der allgemeinen Stadtverwaltung unterstellt.

Die Wassergewinnung erfolgt aus dem Grundwasser durch einen Brunnen auf dem Grundstück einer Bierbrauerei, welche auch dessen Förderung durch Dampfkraft besorgt und sich verpflichtet hat, der Stadt täglich 200 cbm Wasser oder 41 Lit. pro Kopf in ein 16,0 m hoch aufgestelltes, schmiedeeisernes Reservoir von 75 cbm Inhalt zu liefern

Von diesem aus findet die Vertheilung des Wassers vorläufig nur in einem Theile der Stadt durch ein von Scheven selbst hergestelltes Rohrnetz statt, das 2793 lfd. m Länge hat und mit 14 Schiebern verbunden ist. Die Versorgung erfolgt constant unter einem je nach der Ortslage zwischen 15,0 m und 25,0 m schwankenden Drucke. Die Rohrleitungen sind nach dem Verästelungssystem ausgeführt und haben folgende Längen und Durchmesser:

Rohrdurchmesser mm	150	100	80
Rohrlänge . . . . m	381	262	2150
Schieberzahl	3	2	9

Es sind damit 17 Unterflurhydranten und 7 Freibrunnen verbunden. 84 Anschlussleitungen, von denen 62 aus Bleileitungen von 13 mm und 22 aus solchen von 20 mm Durchmesser bestehen, sind in Benutzung.

13. l. **Rügenwalde.** (E. 5383, W. 660 mit 8,0 B.)

Für die Wasserversorgung der Stadt Rügenwalde werden ausschliesslich gesenkte und gebohrte Brunnen von ca. 5,0 m Tiefe benutzt. 13 davon dienen der allgemeinen Benutzung und ca. 100 liegen auf Privatgrundstücken. Das Wasser ist gut und stets in genügender Menge vorhanden.

14. i. **Rummelsburg.** (E. 5221, W. 375 mit je 14,0 B.)

Für die Wasserversorgung der Stadt Rummelsburg dienen 13 öffentliche Brunnen von 3,0 bis 4,0 m Tiefe, die gesenkt sind. Auf Privatgrundstücken sind 32 Pumpenbrunnen und 28 Ziehbrunnen in Benutzung Das Wasser ist gut und in stets genügender Menge vorhanden.

15. k. **Schievelbein.** (E. 6398, W. 550 mit je 11,6 B.)

Die Wasserversorgung der Stadt Schievelbein erfolgt aus 23 öffentlichen und ca. 150 Privatbrunnen von 5,0 m bis zu 30,0 m Tiefe. Das Wasser ist als Trinkwasser vorzüglich und in stets genügender Menge vorhanden.

16. l. **Schlawe i. Pomm.** (E. 5647, W. 502 mit je 11,2 B.)

Für die Wasserversorgung der Stadt Schlawe dienen 3 öffentliche Brunnen von 6,0 m Tiefe und verschiedene Privatbrunnen Ausserdem besteht eine Zuleitung von Quellwasser mit natürlichem Gefälle aus gusseisernen Rohren. Dieses Wasser wird auch in 24 Privatgrundstücke für den Hausgebrauch und zum Gewerbebetriebe eingeführt. Die Quellen sind durch Leitungen aus Cementrohren gefasst und das Wasser ist in einem überwölbten Reservoire gesammelt. Für eine Schule besteht auch noch ein 45,0 m tiefer Rohrbrunnen, dessen Wasser aus einer 3,0 bis 5,0 m starken Kiesschicht fast bis zur Terrainhöhe ansteigt.

17. m. **Stolp.** (E. 24346, W. 1400 mit je 17,3 B.)

Für die Wasserversorgung der Stadt Stolp diente ausser dem Wasser, das aus 36 öffentlichen und ca. 100 privaten Brunnen von durchschnittlich 4,5 m Tiefe entnommen wurde, schon seit dem Anfange des vorigen Jahrhunderts eine Gravitationsleitung, welche das Wasser aus den 1500 m von der Stadt entfernt und 10,0 m höher als diese am sog. Siegenbrunnen liegenden Quellen zuführte.

Durch den Ingenieur Müller ist diese Anlage im Jahre 1880 umgebaut. Die Quellen sind neu gefasst und durch Anlage von 2 Tiefbrunnen ist deren Quantum auf 700 cbm im Tage erhöht. Das Wasser ist in einem gemauerten Reservoire von 200 cbm Inhalt zusammengeleitet, welches neben der Gewinnungsstelle und ca. 1 km von der Stadt entfernt liegt. Mit seinem

Wasserspiegel liegt es 12,0 m höher als das Stadtniveau. Das Wasser ist, wie aus den Niederschlägen in den Zuleitungen festgestellt ist, zwar eisenhaltig, aber als Trinkwasser recht gut. Trotzdem wird ihm das aus den Grundbrunnen geschöpfte Wasser zum Trinken vorgezogen.

Das Rohrnetz ist nach dem Verästelungssysteme hergestellt und steht unter constantem Drucke. Mit demselben sind 19 Schieber, 8 Ueberflurhydranten und 26 Ventilbrunnen verbunden. Ferner sind ein Springbrunnen, 2 öffentliche Pissoire und 52 Privatgrundstücke an die Leitungen angeschlossen. Auch werden 7 Brunnen daraus gespeist.

Obgleich ein Wassermangel eigentlich nie eintritt, ist doch schon lange das Bedürfniss nach einer besseren Versorgung erkannt. In den Jahren 1892 und 1893 sind für diesen Zweck verschiedene Bohrlöcher hergestellt und deren Wasser, sowie das Wasser aus dem Stolpstrome untersucht, ohne dass man zu weiteren Entschlüssen gelangt wäre. Erst am 13. Februar 1896 entschloss die Stadtverwaltung sich, für den Bau eines Wasserwerkes M. 500000 zu bewilligen und übertrug dann die Vorarbeiten und die Aufstellung des Projectes dafür dem Ingenieur O. Smrecker in Mannheim.

18. h. **Tempelburg.** (E. 4605, W. 501 mit je 9,2 B.)

Für die Wasserversorgung der Stadt Tempelburg sind 73 Brunnen vorhanden, nämlich 18 öffentliche, 25 private und 30 auf den Abbaugrundstücken Von diesen Brunnen sind 5 öffentliche und 8 private Rohrbrunnen, während die übrigen gesenkte sind. Für das städtische Krankenhaus ist ein 15,0 m tiefer Rohrbrunnen mit Pumpe und mit einem eisernen Wasserreservoir von 2 cbm Inhalt hergestellt.

X. Regierungsbezirk Stralsund.

(Provinz Pommern.)

a) Franzburg 4 (Barth 2). — **b)** Greifswald 5 (Wolgast 9) — **c)** Grimmen 6 (Loitz 7, Tribsees 8). — **d)** K. Rügen (Bergen a. R. 3). — **e)** Stralsund 1.

---

1. e. Regierungshauptstadt **Stralsund.** (E. 30107, W. 1883 mit je 16,0 B.)

a) Aeltere Versorgungen.

Die Wasserversorgung der Stadt Stralsund hat schon seit Ende des 13. Jahrhunderts aus 41 öffentlichen Brunnen stattgefunden, denen das Wasser mit natürlichem Gefälle durch hölzerne Rohrleitungen zufloss. Letztere wurden aus einem künstlich aufgestauten See, dem Knieper- oder Frankenteiche gespeist, in dem sich Oberflächen-Wasser ansammelte. Später hat dieser Teich einen weiteren Zufluss aus den 8 km von der Stadt entfernten Bergwall- oder Püttersee erhalten und zwar durch einen Mühlgraben, welcher von letzterem abgeleitet ist und dessen Wasser vorher zum Betriebe von 2 Mühlen gedient hatte

Im 17. Jahrhundert ist am Knieperteiche ein Göpel aufgestellt, durch welchen Pumpen getrieben wurden, die Wasser in einen hochaufgestellten, hölzernen Bottich förderten, aus dem es dann in hölzernen Leitungen unter Druck der Stadt zugeführt wurde. Ein Theil der Vorstädte entnahm auch das nöthige Wasser für gewerbliche Zwecke direct aus offenen Wasserläufen in der Stadt.

Im Jahre 1873 ist nach dem Project des Stadtbaumeisters von Haselberg am Knieperteiche eine Pumpstation mit einer Dampfmaschine und einer Pumpe erbaut. Im Jahre 1876 ist hier eine zweite Dampfmaschine mit Pumpen aufgestellt. Die eine Maschine ist eine liegende Eincylindermaschine, welche mittels Vorgelege eine Kolbenpumpe betreibt. Die andere ist eine Zwillingsmaschine. die mit directem Antriebe 2 Pumpen mit Klappenventilen bewegt. 2 Einflammrohrkessel von zusammen 86 qm Heizfläche liefern den nöthigen Dampf von 5 Atm. Pressung.

Direct über der Pumpstation ist gleichzeitig auf einem massiven Unterbau von 23,0 m Höhe ein eisernes Hochreservoir von 20 cbm Inhalt aufgestellt. Von diesem führten gusseiserne Leitungen zur Stadt, deren höchste Niveaupunkte 15,0 m unter dem Wasserspiegel des Reservoirs liegen.

Das Vertheilungsnetz in der Stadt bestand für diese erste Anlage aus einem ringförmig die alte Stadt einschliessenden Rohrstrange mit Verästelungen, an den später 2 Vorstädte durch je ein Rohr von 15,0 mm Durchmesser angeschlossen sind. Später hat das Rohrnetz verschiedene kleine Erweiterungen erfahren und ist im Jahre 1893 in grossem Umfange weiter ausgebaut. Bis dahin hatten die Rohrleitungen 25510 lfd. m Länge von .Rohren von 150 mm bis 80 mm Durchmesser.

Die Maximalleistung dieses Werkes pro Tag hat 5200 cbm betragen und die Anlagekosten beliefen sich im Jahre 1882 einschliesslich der Rohrnetzerweiterungen auf M. 211263. Nach der im Jahre 1884 erfolgten Vollendung der Kanalisation der Stadt ist der Anschluss an die Leitung, der bis dahin nur für ca. 650 Häuser bestand, ein obligatorischer geworden.

Das Wasser der Leitung war durch organische Substanzen stark verunreinigt und namentlich im Sommer gefärbt und von üblem Geruche, so dass es zum Trinken ungeeignet erschien. Eine in Aussicht genommene Filtration ist damals nicht zur Ausführung gekommen, weil man hoffte, durch Bohrungen ein geeigneteres und auch zum Trinken unverdächtiges Wasser erschliessen zu können. Man erreichte durch Bohren mit Hülfe von Wasserspülung an 4 Stellen in 50,0 m bis 59,0 m Tiefe unter dem blaugrauen Geschiebemergel, der überall ansteht, eine über der Kreide liegende Kiesschicht, aus der das Wasser bis auf wenige Meter Höhe unter Terrainoberfläche emporsteigt. Das Wasser hat 20 bis 30 Grade deutscher Härte und einen von 287,5 bis 617,7 mg im Liter wechselnden Chlorgehalt. Im Uebrigen zeigte es sich allerdings viel besser, als das dortige Brunnenwasser.

Die Bemühungen, aus näherer oder weiterer Entfernung in der Umgebung der Stadt bessere Bezugsquellen für das Wasser zu finden, wurden fortgesetzt, wenn auch das glaciale Diluvium, aus welcher Formation die dortige Gegend besteht, für die Aufschliessung von brauchbarem unterirdischen Wasser wenig versprechend war. Im Jahre 1884 hat die Stadt den Baurath Thiem in Leipzig mit weiteren Untersuchungen beauftragt, die aber auch nicht zur Auffindung von geeignetem Grundwasser geführt haben.

b) Neue Anlage.

Im Jahre 1892 ist dann nach Thiem's Projecte mit dem Bau einer neuen Stammanlage unter Verwendung von Oberflächen-Wasser begonnen worden, welche im Laufe des Jahres 1894 in Betrieb gesetzt ist. Diese ist für eine tägliche Leistung von 7200 cbm bestimmt und hat ca. M. 900 000 gekostet. Das Wasser wird aus dem ca. 7 km von der Stadt entfernt liegenden Borgwallsee entnommen, der durch eine Thalsperre eine geringe Anstauung erfahren hat. Es wird vor der Abgabe einer künstlichen Sandfiltration unterworfen. Es sind dafür 6 Filter von je 750 qm Fläche hergestellt, von welchen 3 offen und 3 bedeckt sind. Zwischen den offenen und den überdeckten Filtern liegt langgestreckt ein Reinwasserreservoir.

In der neuen Pumpstation sind 2 liegende Dampfpumpmaschinen und 2 Dampfkessel aufgestellt. Diese Anlagen sind von der Actiengesellschaft Vulcan in Bredow geliefert. Jede Maschine betreibt direct gekuppelt eine Filterpumpe und eine Druckpumpe mit freien Ringventilen und fördert pro Stunde 144 cbm Wasser auf 24,5 m Höhe. Den Dampf liefern 2 Zweiflammrohrkessel von je 54 qm Heizfläche, welche für 8 Atm. Dampfspannung concessionirt sind.

Auf dem Galgenberge in 3 km Entfernung von der Pumpstation und 4 km Entfernung von der Stadt ist, 1,5 m tief in den Boden versenkt, ein neues Hochreservoir von Cementbeton ausgeführt, das überwölbt und mit Erde überfüllt ist. Der Wasserspiegel desselben liegt 28,0 m hoch über dem mittleren Stadtniveau. Die Druckleitung zum Reservoir hat 400 mm Durchmesser und die Fallrohrleitung 550 mm resp. 500 mm Durchmesser.

c) Wasservertheilung und Abgabe.

Die Gesammtlänge der Rohrleitungen bis 80 mm abwärts hat Ende des Jahres 1895 im Ganzen 32531 lfd. m betragen. Die Länge des Stadtrohrnetzes am Ende jedes der Betriebsjahre von 1888 bis 1895, die Zahl der Schieber, Hydranten und deren Entfernung, der öffentlichen Springbrunnen und Laufbrunnen, der öffentlichen Pissoire und öffentlichen Aborte gibt die folgende Tabelle 65 an:

Tabelle 65.

Jahr	m Rohrlänge	Schieber	Hydranten	Springbrunnen	Laufbrunnen	Pissoirs	Abort	Hydrantenentfernung m
1888	16 541	91	93	1	18	3	—	178
1889	16 619	91	98	1	17	4	—	189
1890	17 335	95	105	1	17	5	1	165
1891	17 343	95	110	1	15	5	1	158
1892	17 360	95	115	1	11	5	1	145
1893	24 623	110	149	1	11	5	1	166
1894	25 510	114	160	1	11	5	1	200
1895	27 690	188	188	1	2	5	1	150

Die Hydranten sind Unterflurhydranten mit Selbstentwässerung mit Ausnahme von 7 Stück, welche Oberflurhydranten sind. Eine Reduction der Entfernung derselben, welche jetzt 150 m beträgt, auf 90 m wird angestrebt. Die Zuleitungen bestehen aus Bleirohren von 20 bis 40 mm Durchmesser und aus Gusseisen von 50 bis 80 mm Durchmesser. Die Hausleitungen bestehen aus Bleirohren und verzinkten schmiedeeisernen Rohren. Wassermesser sind seit dem 1. April 1895 obligatorisch eingeführt. Bis Ende 1895 waren im Ganzen 1680 Wassermesser geliefert und zwar 270 von Siemens & Halske, Berlin und 1410 Stück von Dreyer, Rosenkranz & Droop, Hannover. Dieselben vertheilen sich nach der Grösse wie folgt:

Durchmesser mm	12	13	15	20	25	30	40	50	65
Stückzahl	7	56	53	739	779	1	8	29	1

Durchmesser mm	75	80	100
Stückzahl	1	5	1

Die Tabelle 66 (S. 78) gibt für die 6 Jahre 1888 bis 1893 (für 1894 waren zuverlässige Zahlen nicht anzugeben) und für das Jahr 1895/96 die Wassermenge im Ganzen, sowie pro Kopf und am Durchschnitts- und am Maximal- resp. Minimaltage, ferner die verschiedenen Abgabearten und Abgabezwecke etc. und endlich entsprechende Verhältnisszahlen an.

Die Aenderungen, welche im Jahre 1895/96 gegenüber den früheren Jahren in Betreff der Wassermenge im Ganzen und für die einzelnen Zwecke entstanden sind, haben in Folge der Aenderung der Wasserqualität und der obligatorischen Einführung der Wassermesser einen ganz revolutionären Charakter angenommen, wie der Vergleich der Tabellenzahlen erkennen lässt.

Der Wasserverbrauch pro Kopf pro Tag hat im Jahre 1895/96 im Mittel 81 Lit. und am Maximal- resp. am Minimaltage 138 Lit. resp. 53 Lit. betragen. Von dem für öffentliche Zwecke verwendeten Wasser entfallen 23 000 cbm oder 19,1% für Strassensprengen, 1500 cbm oder 2,2% auf Springbrunnen, 8000 cbm oder 11,8% auf Laufbrunnen, 15 500 cbm oder 22,4% auf Kanalspülung, 18 000 cbm oder 26,6% auf Bedürfnissanstalten, 1000 cbm oder 1,5% auf Besprengen öffentlicher Anlagen, 2400 cbm oder 3,5% auf Feuerlöschen und 8400 cbm oder 12,4% auf Diverses. Von dem für das Wasserwerk als Verlust und Selbstverbrauch angegebenen Quantum entfallen 256 845 cbm oder 90,1% auf Verlust und 28 100 cbm oder 9,9% auf den wirklichen Selbstverbrauch.

Tabelle 66.

Jahr		1888	1889	1890	1891	1892	1893	1895/96
Einwohnerzahl		17 910	22 226	22 914	22 914	27 820	28 000	30 105
Gesammtabgabe im Jahr	cbm	1 234 357	1 447 354	1 417 512	1 444 991	1 586 426	1 555 009	888 170
Desgl. gegen 100 cbm des Vorjahres	»	—	117,1	97,9	102,0	109,9	98,1	57,1
Liter pro Kopf pro Tag im Mittel		163	187	178	186	156	152	81
Zahl der Anschlüsse		995	1 270	1 273	1 273	1 282	1 352	1 656
cbm pro Anschluss im Jahr		1 241	1 140	1 111	1 135	1 238	1 150	536
Tagesabgabe am								
mittleren Jahrestage	cbm	3 545	3 965	3 883	4 041	4 334	4 260	2 427
Maximaltage des Jahres	»	3 610	5 310	4 899	5 211	5 118	4 752	4 150
Minimaltage	»	3 201	2 366	3 110	3 513	3 396	3 807	1 583
Von 100 cbm am mittleren Jahrestage am								
Maximaltage	»	101,9	133,9	126,0	129,3	118,3	111,5	170,9
Minimaltage	»	90,4	59,7	80,2	86,9	88,4	89,4	65,2
Wasser für öffentliche Zwecke	»	30 000	30 000	30 000	30 000	30 000	30 000	67 850
Wasser für Private	»	1 203 557	1 416 554	1 386 712	1 413 391	1 555 626	1 525 009	535 375
Davon nach Messern	»	134 648	148 236	155 000	154 991	159 961	151 723	535 375
Zahl der Messeranschlüsse		223	233	233	233	236	243	1 656
Wasser für Private ohne Messer	cbm	1 068 909	1 268 318	1 231 712	1 258 400	1 395 665	1 373 286	—
Zahl der Anschlüsse ohne Messer		772	1 037	1 040	1 040	1 046	1 109	—
Von 100 cbm für Private								
nach Messern	cbm	11,2	10,4	11,2	10,9	10,3	9,9	100,0
ohne Messer	»	88,8	89,6	88,8	89,1	89,7	90,1	—
Auf 100 Anschlüsse kommen								
Messeranschlüsse		22,4	18,3	18,3	18,3	18,4	18,0	100,0
Anschlüsse ohne Messer		77,6	81,7	81,7	81,7	81,6	82,0	—
Wasser für das Wasserwerk und Verlust	cbm	800	800	800	800	800	800	284 945
Von 100 cbm Gesammtabgabe für								
öffentliche Zwecke	»	2,4	2,1	2,1	2,1	1,9	1,9	7,6
Private	»	97,6	97,9	97,9	97,9	98,1	98,1	60,3
das Wasserwerk	»	0,0	0,0	0,0	0,0	0,0	0,0	32,1
Gesammtabgabe ohne Messer	»	1 099 709	1 299 118	1 262 512	1 289 200	1 426 465	1 403 286	352 795
Desgl. von 100 cbm Gesammtabgabe	»	89,1	89,8	89,1	89,3	89,9	90,3	39,7
Desgl. nach Messern	»	10,9	10,2	10,9	10,7	10,1	9,7	60,3
Abgabe pro Messer im Jahr	»	604	636	665	665	678	625	601
Abgabe pro Anschluss ohne Messer von der Privatabgabe ohne Messer	»	1 381	1 223	1 188	1 210	1 334	1 241	—

Für die 6 Jahre von 1888 bis 1893 und für das Jahr 1895 96 gibt die Tabelle 67 die geförderte Wassermenge und den Kohlenverbrauch (englische Kohlen) im Ganzen, sowie pro 100 cbm und pro PS.-Stunde bei 24,13 m resp. 28,5 m Förderhöhe incl Reibung im Jahre 1895/96 und endlich die Leistung pro kg Kohle in m × kg an.

Tabelle 67.

Jahr	Wassermenge cbm	Kohlenverbrauch kg im Ganzen	Kohlenverbrauch pro 100 cbm Wasser kg	pro P. S. Stunde kg	M × kg pro kg Kohle
1888	1 234 357	519 600	42,1	4,67	57 300
1889	1 447 354	439 000	30,5	3,38	79 100
1890	1 417 512	479 900	33,9	3,76	71 200
1891	1 444 991	482 300	33,3	3,69	72 500
1892	1 586 426	505 450	31,9	3,54	75 600
1893	1 555 009	524 700	33,7	3,74	71 600
1895/96	888 170	370 700	41,7	3,95	68 285

Für das Jahr 1894 liegen wegen Inbetriebsetzung der neuen Anlage keine zuverlässigen Angaben vor. Für den Betrieb der Filter im Jahre 1895/96 ist als längste Dauer eines Filters 42 Tage, als kürzeste 8 Tage und als mittlere 25 Tage angegeben. In diesem Jahre sind im Ganzen 75 000 qm Filterfläche gereinigt und es sind im Mittel pro qm Filterfläche 0,54 cbm Wasser in 24 Stunden filtrirt.

Die Oberleitung des Betriebes führt der Stadtbaumeister von Haselberg unter Assistenz eines Betriebsingenieurs.

Als Wasserpreis ist früher pro cbm 13 Pf. und wird jetzt 22 Pf berechnet. Für den Wasserverbrauch der Schiffe war in der Hafengebühr 2,5 Pf. an Wassergeld für 4 cbm Raumgehalt der Schiffe eingeschlossen. Für jedes Grundstück mit Wasserleitung, welches an die Sielanlage angeschlossen ist, werden 30 Lit. und ohne Sielanschluss 15 Lit pro Tag pro Haushaltsangehörigen gerechnet und mindestens ist für jede Haushaltung M. 2,40 resp. M. 1,20 pro Jahr zu zahlen. Haushaltsvorstände, welche nicht mehr als M. 900 Jahreseinkommen haben, zahlen im Jahre als Wassergeld bei M. 300 bis 420 Einnahme M. 0,60 resp M. 0,30, bei M. 421 bis 660 Einnahme M 1,20 resp. M 0,60 und bei M. 661 bis 900 Einnahme M 1,80 resp. M. 0,90. Die Zahl der Personen wird alljährlich festgestellt. Der Mehrconsum über die Norm hinaus wird pro cbm. mit Pf 22 berechnet.

Ende 1895 ist von der Stadt ein chemisches und hygienisches Untersuchungsamt eingerichtet, welchem auch die Wasseruntersuchungen obliegen.

2. a. **Barth.** (E. 6230, W. 947 mit je 6,6 B.)

Das Wasser für die Versorgung der Stadt Barth wird mit natürlichem Gefälle durch eine gusseiserne Leitung von einer Quelle zugeleitet, welche 2 km von der Stadt entfernt aus einer hügelartigen Erhebung entspringt. In der Stadt gelangt es in die städtischen Pumpenbrunnen zum Ausflusse, um nach Bedarf gehoben zu werden. Das Wasser ist sehr gut und stets genügend, so dass man an eine Aenderung nicht denkt.

3. d. **Bergen a. R.** (E. 3846.)

Eine künstliche Wasserversorgung für die Stadt Bergen herzustellen, ist bislang nicht gelungen, weil alle Versuche, dafür Wasser zu erlangen, fehlgeschlagen sind.

4. a. **Franzburg.** (E. 1524.) Ohne Antwort.

5. b. **Greifswald.** (E. 23 342, W. 1659 mit je 14 B.)

Die Wasserversorgung der Stadt Greifswald erfolgte früher ausschliesslich aus Strassenbrunnen. Diese liefern aber zum Theil nur ein mittelmässiges Wasser; sie haben eine durchschnittliche Härte von 40 deutschen Graden, so dass zum Waschen etc. nur aufgefangenes Regenwasser benutzt werden konnte. In der Stadt vorgenommene Tiefbohrungen zur Erschliessung eines besseren Wassers liessen eine Soolquelle freilegen. Sie führten überall zu keinem brauchbaren Resultate, so dass eine künstliche Zuleitung von Wasser schon seit langen Jahren allgemein als ein dringendes Bedürfniss empfunden wurde.

Im Jahre 1878 sind in 3 km Entfernung von der Stadt in einem hochliegenden Moorlande zu dem Zwecke Bohrungen vorgenommen, die ein gutes Trinkwasser lieferten, dessen Menge aber zweifelhaft erschien. Im Jahre 1884 wurde der Baurath Thiem in Leipzig von der Stadt mit einer Untersuchung der Umgebung der Stadt zur Auffindung von geeigneten Bezugsquellen von Wasser für eine centrale Versorgung der Stadt beauftragt. Im Jahre 1886 schlug Thiem auf Grund seiner Arbeiten als geeigneten Bezugspunkt die Diedrichshagener Flur, welche östlich von der Stadt und 7 km davon entfernt liegt, vor. Unter einer 5,0 m mächtigen Schicht von jüngerem Geschiebelehm hatte er hier eine wasserführende Schicht von bis zu 6,0 m Mächtigkeit aufgedeckt, welche eine Breitenausdehnung von 400 m hat und auf älterem Geschiebelehm ruht. Das Wasser steht hier unter artesischer Spannung und man glaubte auf Grund von Messungen, die die Herstellung eines Versuchsbrunnens überflüssig erschienen liessen, mit Sicherheit annehmen zu dürfen, dass von hier 3888 cbm Wasser in 24 Stunden (45 Sec. Lit.) in 25,0 m Höhe über dem Ostseespiegel dauernd zu erhalten sein würden.

In Folge dessen erhielt Thiem den Auftrag zur Ausarbeitung eines Bauprojectes und zur Ausführung des Baues. Am 4. September 1890 ist das Werk in Betrieb gesetzt, dessen Tagesleistung für 2800 cbm festgesetzt war. Die Anlagekosten waren zu M. 572 600 veranschlagt und sie stellen sich einschliesslich der späteren Erweiterungen später auf ca. M. 800 000 oder M. 34,30 pro Kopf. Die Leitung des Werkes ist mit der des Gaswerkes gemeinschaftlich dem Director E. Buhe unterstellt.

Für die Wasserfassung ist ein 450 m langer und 9,0 m tiefer Einschnitt hergestellt und durch eine Spundwand ist das Wasser in der wasserführenden Schicht soweit aufgestaut, dass es mit natürlichem Gefälle zur Stadt fliessen kann. Der so geschaffene Wasservorrath war bestimmt, ein Hochreservoir zu ersetzen. Für die Ableitung des Wassers sind übereinander 2 durchlochte Thonrohre von 500 mm Durchmesser in den Einschnitt verlegt, die ein jedes 450 m Länge haben. Die Ergiebigkeit dieser Gewinnungsanlage beträgt zur Zeit nur ca. 260 cbm pro 24 Stunden oder 94 608 cbm im Jahre. Zur Gewinnung der Hauptmenge des erforderlichen Grundwassers sind daher später ferner 5 Rohrbrunnen und 14 gemauerte Tiefbrunnen von 10,0 m bis 14,0 m Tiefe ausgeführt, von welchen 10 einen Durchmesser von 2,0 m und 4 einen solchen von 1,6 m haben.

Eine 350 m lange Heberleitung von 450 mm Durchmesser führt das Wasser der Brunnen zu einer Pumpstation, in welcher ein Windmotor (System Filler) mit einem Windrade von 12,5 m Durchmesser und einer Expansionsdampfmaschine mit einem Weiss'schen Patentregulator aufgestellt sind. Ersterer betreibt 4 doppeltwirkende Pumpen mit Scheibenkolben und freien Doppelsitzventilen. Jede der Pumpen fördert bei 12 Doppelhüben pro Minute 22 cbm Wasser pro Stunde auf 8,0 m Höhe. Die Dampfmaschine betreibt 3 doppeltwirkende Plungerpumpen mit Ringventilen mit Zwangssteuerung, deren jede 27 cbm Wasser pro Minute auf 8,0 m Höhe fördert. Die 7 Pumpen, welche sämmtlich von den Motoren durch Zahnräder angetrieben werden, liefern somit zusammen pro Stunde 169 cbm Wasser. Die Dampfmaschine hat eine Leistung von 15 P. S. bei 60 Umdrehungen pro Minute. Ihr Kolben hat 250 mm Durchmesser und 0,4 m Hub. Den Dampf von 6 Atm. Pressung liefern für ihren Betrieb 2 Einflammrohrkessel, jeder von 24 qm Heizfläche und 0,8 qm Rostfläche. Die Anlage mit Dampfbetrieb ist im Jahre 1893 von der Hannoverschen Maschinenbauanstalt in Linden bei Hannover ausgeführt, während die andere Anlage von der Firma Prollius & Burmeister in Greifswald hergestellt ist.

Zu dem Vertheilungsnetze führt eine 6131 m lange Druckleitung von 450 mm Durchmesser. Ersteres steht unter einem constanten Drucke von im Mittel 35,0 m und hat im Ganzen 24 478 lfd. m Länge, die sich aus folgenden Durchmessern zusammensetzt:

Rohrdurchmesser mm	450	375	325	275	225	200
Rohrlänge m . . .	202	617	276	195	465	628

Rohrdurchmesser mm	175	150	125	100	80
Rohrlänge m . . .	1085	2434	1541	15 268	1767

Damit sind 115 Schieber, 16 Freibrunnen, 1 Springbrunnen, 7 öffentliche Pissoire und 267 Hydranten verbunden, von welchen 31 Stück Ueberflurhydranten und 236 Unterflurhydranten mit Selbstentleerung sind. Die Rohre sind von der Hallbergerhütte geliefert. Es sind 1363 Zuleitungen, meistens aus Bleirohren von 20 mm bis 32 mm Durchmesser, hergestellt, welche vor der Grundstücksgrenze Niederschraubhähne haben. Die Hausleitungen bestehen gleichfalls aus Bleirohren und es sind mit denselben 71 Badeeinrichtungen, 58 Closets und

18 Pissoirstände verbunden. Es sind 97 Zuleitungen mit Wassermessern und zwar 27 davon mit combinirten Messern von C. A. Spanner, Wien Aachen versehen, welche Firma im Ganzen 156 Stück Messer von folgenden Grössen geliefert hat:

Durchmesser mm	10	13	15	20	25	30	15	50	65
Stückzahl . . .	19	9	19	29	36	1	40	16	3

Durchmesser mm	80	100
Stückzahl . . .	6	3

Im Jahre 1895/96 sind im Ganzen 430 342 cbm Wasser oder im Durchschnitt 1176 cbm oder 52 Lit. pro Kopf pro Tag abgegeben. Der grösste resp. der kleinste Consum pro Tag war 1469 resp. 460 cbm oder 125,8% resp. 39,1% vom mittleren Tagesconsume und 64 Lit. resp. 20 Lit. pro Kopf. Von der gesammten Abgabe sind 103 891 cbm oder 24,1% durch Messer und 326 451 cbm oder 75,9% ohne Messer abgegeben. Davon sind 335 734 cbm künstlich gehoben und für die Dampfförderung sind 156 760 kg oberschlesische Kohlen verbraucht.

Für das Haus- und Wirthschaftswasser ist von jedem Grundstücke ein Zuschlag zur Gebäudesteuer zu zahlen, der 30% beträgt, wenn dieses keinen Anschluss an die Leitung hat, der 40% beträgt, wenn nur ein Hahn auf dem Hofe oder in der Hausflur zur allgemeinen Benutzung vorhanden ist und der 60% beträgt, wenn in den inneren Räumen ein oder mehrere Hähne vorhanden sind. Ferner ist zu zahlen pro Jahr für ein Badezimmer M. 6,00, für ein Closet M. 1,50, für ein Pissoir M. 3,00 bis 6,00. Für Stallungen pro Pferd, Rindvieh, Personenwagen M. 2,00 etc. Wasser für gewerbliche, Luxus- und sonstige Zwecke wird nur nach Messern, für welche 10% des Anschaffungspreises als Jahresmiethe zu zahlen ist, abgegeben, und es kostet der cbm bei einem Jahresgebrauche von

cbm	bis 1000,	bis 2000,	bis 3000,	bis 4000,	bis 5000	und darüber
Pf. pro cbm	25	24	23	22	21	20.

6. c. **Grimmen.** (E. 3584, W. 447 mit je 8,0 B.)

Die Wasserversorgung der Stadt Grimmen erfolgt ausschliesslich aus gesenkten Brunnnen, deren 19 für die öffentliche Benützung vorhanden sind.

7. c. **Loitz.** (E. 3893, W. 460 mit je 8,5 B.)

Die Wasserversorgung der Stadt Loitz erfolgt ausschliesslich aus gegrabenen Brunnen, deren 6 für die allgemeine Benutzung dienen.

8. c. **Tribsees.** (E. 3387). Ohne Antwort.

9. b. **Wolgast.** (E: 8145, W. 987 mit je 8,3 B.)

Die Wasserversorgung der Stadt Wolgast erfolgt ausschliesslich durch gesenkte und durch gebohrte Brunnen von 7,0 bis 18,0 m Tiefe. Das Wasser ist mit Ausnahme von 2 Brunnen stets gut und in genügender Menge vorhanden.

XI. Regierungsbezirk Posen.

(Provinz Posen.)

a) Adelnau 2 (Sulmierszyce 32). — **b)** Birnbaum 4. — **c)** Bomst 5 (Wollstein 33). — **d)** Fraustadt 7 — **e)** Gostyn 8. — **f)** Grätz 9 (Buk 6). — **g)** Jarotschin 10. — **h)** Kempen i. Pom. 12. — **i)** Koschmin 13. — **k)** Kosten 14. — **l)** Krotoschin 15 (Zduny 36). — **m)** Lissa 17. — **n)** Meseritz 18 (Bentschen 3). — **o)** Neutomischel 19. — **p)** Obernik 20 (Rogasen 24). — **q)** Ostrowo 21. — **r)** Pleschen 22. — **s)** Posen 1 (Jersitz 12, St. Lazarus 16, Schwersenz 31). — **t)** Rawitsch 23). — **u)** Samter 25 (Wronke 35). — **v)** Schildberg 26. — **w)** Schmiegel 27. — **x)** Schrimm 28. — **y)** Schroda 29. — **z)** Schwerin a. W. 30. — **tz)** Wreschen 34.

1. s. Regierungshauptstadt **Posen.** (E. 72 766, W. ca. 7500 mit je 48,5 B.)

a) Geschichtliches.

Schon seit Jahrhunderten wurde die Stadt ausser aus Grundbrunnen aus einem Quellgebiete mit Wasser versorgt, das auf einem nördlich von der Stadt gelegenen Höhenzuge entspringt. Das Wasser floss in hölzernen Rohrleitungen mit natürlichem Gefälle zu und gelangte in der Stadt an Quellenständern direct zum Ausflusse oder wurde für höhere Terrainpunkte mittels Handpumpen künstlich gehoben. Die alten Leitungen sind später durch gusseiserne ersetzt und das durch sie gelieferte Wasser spielt heute noch eine bedeutende Rolle für die städtische Wasserversorgung, wenn ihre frühere Ergiebigkeit auch durchaus nicht mehr genügt, um das allgemeine Bedürfniss voll zu befriedigen.

Dadurch war auch schon vor Jahrzehnten die Stadt veranlasst, einen anderen Bezugspunkt für ihre Versorgung zu suchen und das hat im Jahre 1864 zur Erbauung eines einheitlichen Wasserwerkes nach einem vom Oberbaurath Moore in Berlin aufgestellten Projecte geführt. Die tägliche Leistung dieser Anlage, welche im Jahre 1866 in Betrieb gekommen ist, war zu 3300 cbm angenommen. Die Ausführung des Werkes war Moore von der Stadt in Generalentreprise zum Preise von M. 525 574 mit Ausschluss des Grunderwerbes übertragen.

Diese Anlage hat in den Jahren 1877 bis 1880 eine wesentliche Vergrösserung durch Ergänzungen erfahren, die deren tägliche Leistung auf 6700 cbm erhöht haben und nach den Plänen und unter der Leitung des Ingenieurs Thomson erbaut sind. Nach der Vollendung dieser Bauten haben sich die Anlagekosten auf im Ganzen M. 921 964 erhöht und betrugen M. 11,30 pro Kopf.

Das Wasser wird für beide Anlagetheile, welche auf einem gemeinschaftlichen Grundstücke östlich von der Stadt und oberhalb derselben in der Nähe des städtischen Gaswerkes liegen, aus der Warthe direct entnommen und gelangt nach einer künstlichen Sandfiltration zur Vertheilung. Die Einrichtungen, sowie die Handhabung der Filtrationsanlagen haben dieses filtrirte Flusswasser gegenüber dem gleichzeitig als Trinkwasser fortlaufend benutzten Quellenwasser häufigen und auch wohl begründeten Vorwürfen ausgesetzt. Die durch fortlaufende Erschliessungsarbeiten im Laufe der Jahre vergrösserte Menge des disponibelen Quell- oder Grundwassers und die während der letzten Jahre gestiegene Agitation gegen filtrirtes Oberflächenwasser überhaupt haben stadtseitig seit dem Sommer 1892 zu sehr eingehenden Erörterungen der Frage geführt, ob für die Versorgung der

Stadt mit Trinkwasser nicht ausschliesslich Quellwasser zu erhalten sein möchte. Von dem Director der städtischen Gas- und Wasserwerke Mertens sind auf Grund einer Bewilligung von M. 30000 für Bohrungen in den folgenden Jahren eingehende Untersuchungen zu diesem Zwecke ausgeführt.

Der Erfolg derselben ist auch ein recht günstiger gewesen, so dass man auf die Benutzung von filtrirtem Flusswasser wenigstens für den Hausgebrauch in nächster Zeit wird verzichten können. Durch die Vorarbeiten von Mertens im Quellgebiete bei Fort Winiary an der Aborniker Chaussée und im Schillingsetablissement ist nämlich ein Wasserquantum nachgewiesen, das den gewöhnlichen Wasserbedarf völlig deckt. Die dort hergestellten 5 Brunnen lieferten täglich 4000 cbm und durch weitere Ausführung von Brunnen ist dieses Quantum noch wesentlich zu vergrössern. Die ferner von Mertens in Aussicht genommenen Quellen bei Naromowice und an der Wolfsmühle sollten daher umsomehr vorläufig zurückgestellt werden, weil durch den Ankauf der Kernwerksmühle auch die Benutzung der dem Wiersebache zuströmenden, zahlreichen Quellen möglich wird, so dass 5400 cbm Wasser gegenüber einem derzeitigen mittleren täglichen Consume von 3550 cbm zur Verfügung sein werden. Allerdings ist dieser Consum am Maximaltage jetzt schon bis zu 4300 cbm gewachsen.

Für eine künstliche Hebungsanlage des Wassers beabsichtigte die Stadt die Kernwerksmühle direct zu benutzen, welche eine grosse Wasserkraft und auch Dampfkraft zur Verfügung hat. Vorläufig ist jedoch nur für die Herstellung der Brunnen für das Grundwasser und für die Einrichtung einer provisorischen Pumpstation bei Fort Winiary von der Stadt die Summe von M. 50000 bewilligt und seit dem Jahre 1895 ist hier ein regelmässiger Betrieb eingerichtet. Es ist dafür eine vierfach wirkende Worthington-Compoundpumpe von einer stündlichen Leistung von 160 cbm bei 30,0 m plus 6,0 m oder 36,0 m Arbeitshöhe mit durch Federn belasteten Gruppen-Ringventilen aufgestellt. Im Jahre 1895/96 sind von hier im Ganzen zur Benützung gelangt: 400027 cbm oder durchschnittlich 1093 cbm pro Tag. Für die Dampfbereitung dient ein Wolf'scher, fahrbarer Röhrenkessel von 22,6 qm Heizfläche für 7 Atm. Dampfspannung. Darin sind in dem Jahre 1895 386100 kg Coke oder 96,5 kg pro 100 cbm Wasser in 8516 Arbeitsstunden (pro PS.-Stunde 7,24 kg und pro kg Coke 37000 m $\times$ kg) verfeuert.

Auf Grund der mehr als 1½ jährigen Beobachtungen und Prüfungen der Ergiebigkeit des Erschliessungsgebietes hatte Mertens ein Project für eine definitive Anlage zur täglichen Lieferung von 9000 bis 10000 cbm ausgearbeitet, das im Herbst 1896 den Stadtverordneten unterbreitet wurde. Der Magistrat erkannte die auf Erfahrung basirte Berechtigung des Projectes an; er wünschte aber auch eine wissenschaftliche Begründung und zog im October 1896 den Baurath Thiem in Leipzig heran, um eine solche auf inductivem und deductivem Wege durch geologische und hydrologische Untersuchungen zu erbringen. Im weiteren Verlaufe dieser Verhandlungen hat die Stadt im Frühjahr 1897 mit Thiem einen Vertrag abgeschlossen, nach welchem er in einem fest umgrenzten Gebiete Untersuchungen zur Gewinnung von Grundwasser anstellen soll, und für die Bohrungen etc. M. 40000 bewilligt. Damit ist die Ausführung der Neuanlage wohl für längere Zeit aufgeschoben, weil diese Arbeiten sich gewiss sehr umfangreich gestalten werden.

b) Flusswasserwerk und Hochreservoir.

Für die erste Anlage ist zur Wassergewinnung in das Bett der Warthe ein schmiedeeiserner Kasten eingebaggert. Von diesem aus ist ein Rohr von 314 mm Durchmesser zu einem Pumpenschachte geführt, der 8,6 m Tiefe und 3,2 qm lichten Querschnitt hat und neben dem Maschinenhause liegt. Aus diesem Schachte fördern Filterpumpen das Wasser durch ein Rohr von 235 mm Durchmesser auf 2 Sandfilter von je 750 qm Fläche, welche durch hölzerne Dächer, die mit Dachpappe eingedeckt sind, vor Frost geschützt werden. Von den Filtern fliesst das Wasser durch ein Rohr von 235 mm Durchmesser in einen Reinwasserschacht, der bei 5,0 m Tiefe 13 cbm Inhalt hat. Aus diesem entnehmen die Druckpumpen das Wasser und führen es durch ein Rohr von 235 mm Durchmesser zur Stadt. Dieses Rohr erweitert sich vor der Stadt auf 314 mm Durchmesser und führt hinter der Stadt noch in 1390 m Länge weiter zu einem 3600 m von der Pumpstation entfernt liegenden Hochreservoire.

Für die zweite Anlage ist zur Wassergewinnung in das Warthebett ein eiserner Schöpfbrunnen versenkt, welcher 2,0 m Durchmesser und 3,0 m Tiefe hat. Von diesem führt ein Rohr von 500 mm Durchmesser zu einem neben dem zweiten Maschinenhause in Mauerwerk hergestellten Rohwasserbrunnen. Für diese Anlage sind 2 neue Filter von 664 qm resp. 660 qm Fläche hergestellt, und es beträgt daher die gesammte Filterfläche jetzt 2824 qm. Die Rohrleitungen zu und von den neuen Filtern haben 420 mm Durchmesser und letztere führen zu einem zweiten Reinwasserschachte, der neben dem neuen Maschinenhause liegt und 41 cbm Inhalt hat. Von den Druckpumpen im neuen Maschinenhause führt ein Rohr von 500 mm Durchmesser und 1185 m Länge zur Stadt, mit welchem das vom alten Maschinenhause kommende Rohr vor der Stadt verbunden ist.

In dem alten Maschinenhause befindet sich eine zweicylindrische, liegende Zwillingsmaschine No. I, welche durch Räderübersetzung im Verhältnisse von 3 : 1 zwei parallel gelagerte Achsen antreibt. Mittels der beiden Kurbeln am Ende einer jeden dieser Achsen werden durch Lenkstangen 2 stehende Pumpen bewegt, von denen die eine für das Rohwasser und die andere für das Reinwasser dient. Im neuen Maschinenhause befindet sich eine liegende, eincylindrische Maschine No. II, welche durch Kurbeln gleichfalls 2 stehende Pumpen, die aber nur für Rohwasser dienen, antreibt. Ferner ist in diesem Maschinenhause eine liegende Zwillingsmaschine No. III aufgestellt, welche durch die Kupplung von 2 Woolf'schen Maschinen, deren Cylinder hinter einander liegen, gebildet ist. Jede der verlängerten Kolbenstangen dieser Maschinen bewegt direct eine liegende Pumpe für Reinwasser.

Die sämmtlichen Maschinen arbeiten mit Condensation und haben Schwungräder. Die Maschinen I und II haben Meyer'sche Schiebersteuerungen und die Maschine III hat eine Ventilsteuerung. Die 8 Pumpen sind sämmtlich doppeltwirkende und haben Scheibenkolben. Die Ventile sind bei den Pumpen von Maschine I und II Lederklappen und zwar bei der letzteren in 3 Etagen. Die Pumpen bei Maschine III haben mehrsitzige, freie Ringventile. Die Maschine I ist von Pauksch & Freund in Landsberg, die Maschine II ist vom Vulkan in Bredow und die Maschine III ist von der Firma Cegielski in Posen geliefert. Die

Hauptdimensionen der Maschinen sind auf der Tabelle 68 angegeben.

Tabelle 68.

Maschine	I	II	III
Dampfcylinder-Durchmesser mm	2 à 520	1 à 360	2 à 500 2 à 940
Hub der Dampfkolben m	0,94	1,1	1,3
Pumpen-Durchmesser mm	2 Filter à 314 2 Druck à 288	2 à 390	2 à 320
Hub der Pumpenkolben m	1,25	0,9	1,3
Doppelhübe der Pumpen pro Minute	14	20	16
Schwungradumdrehungen pro Minute	42	20	16
Wasserlieferung pro Stunde cbm	138	444	304
Jahr der Inbetriebnahme	1866	1880	1878

In dem Kesselhause der ersten Anlage sind Anfangs 2 Zweiflammrohrkessel von 6,28 m Länge und 1,88 m resp. 0,63 m Durchmesser der Hauptkessel resp. der Feuerrohre aufgestellt. Jeder der beiden Kessel hat 50 qm Heizfläche und ist für 4 Atm. Dampfdruck concessionirt. Im Jahre 1872 ist daneben ein Röhrenkessel von Pauksch in Landsberg mit 96 Rohren gestellt, der 119 qm Heizfläche hat und für 6 Atm. Dampfdruck concessionirt ist. In dem Kesselhause der zweiten Anlage liegen 2 Zweiflammrohrkessel von je 70 qm Heizfläche mit inneren Feuerungen. Sie haben 9,5 m Länge und 2,2 m resp. 0,8 m Durchmesser der Mäntel resp. der Feuerrohre und sind für 4,5 Atm. Dampfdruck concessionirt.

Die mittleren Wasserstände, sowie die Maxima und Minima der Wasserstände gegen Pegel Null für die verschiedenen Anlagetheile ergeben sich aus der Tabelle 69.

Tabelle 69.

Wasserstand	Mittel	Maximum	Minimum
Warte	1,34 + 0	3,99 + 0	0,27 + 0
Filter I und II	5,88 + 0	6,55 + 0	5,20 + 0
Filter III und IV	5,78 + 0	6,30 + 0	5,25 + 0
Reinwasserbrunnen	4,28 + 0	6,55 + 0	2,00 + 0

Das Hochreservoir liegt auf der dem Wasserwerke entgegengesetzten Seite der Stadt hinter dem Vertheilungsnetze. Es ist in Mauerwerk hergestellt, überwölbt, zur Hälfte in den Boden versenkt und 1,0 m hoch mit Erde überfüllt. Die Sohle desselben liegt auf 37,69 m + 0. Beim höchsten Wasserstande fasst es 3890 cbm Wasser. Weil der Druck selbst bei gefülltem Reservoire für die Versorgung der Stadt am Tage nicht ausreicht, so ist seit dem Jahre 1881 das Ueberfallrohr, durch welches das Wasser ins Reservoir gelangt und das früher mit 41,45 m + 0, dem höchsten Wasserstande im Reservoire, abschnitt, um 11,37 m erhöht, so dass die Pumpen jetzt auf einen Druck von 52,82 m + 0 arbeiten. Beim Stillstande der Maschinen schaltet eine selbstthätige Umgangsklappe für die Stadt den wirklichen Reservoirdruck für die Nacht ein. Der Arbeitsdruck für die Pumpen ist dadurch im Ganzen auf 62,0 m erhöht.

c) Wasservertheilung.

Die Länge der vorerwähnten Quellwasserleitungen hat am Ende des Betriebsjahres 1895/96 13 359 m, und die Länge der Leitungen für filtrirtes Flusswasser hat 35 518 lfd. m betragen. Am Ende jedes der letzten 8 Betriebsjahre von 1888/89 bis 1895/96 waren im Ganzen die in der Tabelle 70 angegebenen Rohrlängen von 500 mm bis 40 mm Durchmesser, von dem angegebenen Inhalte und mit der angegebenen Zahl von Schiebern, Hydranten, öffentlichen Springbrunnen, öffentlichen Laufbrunnen, öffentlichen Pissoiren und eingebauten Wassermessern verbunden, vorhanden.

Die Hydranten stehen in einer mittleren Entfernung von 60 m. Von den im letzten Jahre vorhandenen 376 Stück waren 280 Stück Unterflurhydranten, von welchen 212 Stück Rohranschlüsse von 45 mm und 68 solche von 100 mm hatten, und 96 Stück waren Ueberflurhydranten. Von den 85 angegebenen Laufbrunnen entfallen 78 auf die Quellwasserleitung und 7 auf das Flusswasserwerk. Bis Ende 1895 sind im Ganzen 1426 Wassermesser geliefert und zwar 1062 von H. Meinecke, Breslau, 192 von Wolff & Schreiber, Breslau und 172 von Siemens & Halske, Berlin. Diese vertheilen sich nach den Grössen wie folgt:

Durchmesser mm	10	12	13	20	25	30	33	40	50
Stückzahl	3	13	153	790	287	6	1	49	45

mm	65	75	80	100	125	150
	4	9	12	6	3	5

Tabelle 70.

Jahr	1888/89	1889/90	1890/91	1891/92	1892/93	1893/94	1894/95	1895/96
Rohrlänge m	36 935	37 285	37 733	37 965	39 100	45 744	47 146	48 877
Rohrinhalt cbm	717	720	730	750	754	761	774	784
Schieber	121	129	133	161	167	172	176	197
Hydranten	330	330	331	336	339	348	366	376
Springbrunnen	8	8	8	8	8	8	8	6
Laufbrunnen	69	74	75	87	86	92	88	85
Pissoire	1	1	1	1	1	2	4	4
Wassermesser	807	1 099	1 181	1 087	1 091	1 242	1 268	1 213

Die Tabelle 71 (S. 83) gibt für die Betriebsjahre 1888/89 bis 1895/96 die geförderte Wassermenge, sowie den Verbrauch an Kohlen und Coke für die Kesselfeuerung einzeln und im Ganzen, pro 100 cbm und bei 62,0 m Arbeitshöhe, wovon 13,0 m auf Reibungswiderstände entfallen, pro PS.-Stunde und die Leistung pro kg Brennmaterialien m × kg an.

Ueber die Wirksamkeit der Filter und deren Dauer

Tabelle 71.

Jahr	1888/89	1889/90	1890/91	1891/92	1892/93	1893/94	1894/95	1895/96
cbm Wasser gefördert	1 085 721	1 248 769	1 263 465	1 290 920	1 368 068	1 520 066	1 153 677	1 316 942
kg Kohle	52 724	116 235	—	—	—	12 025	—	—
kg Coke	838 935	883 249	1 458 558	1 481 464	1 666 336	1 834 827	—	—
zusammen	890 659	999 484	1 458 558	1 481 464	1 666 336	1 846 852	1 830 998	1 807 523
kg pro 100 cbm Wasser	82,04	80,04	115,45	114,76	121,81	121,50	158,71	137,25
kg pro PS.-Stunde	3,57	3,48	5,02	4,99	5,30	5,27	7,57	6,08
m × kg pro kg Brennmaterial	75 600	77 600	53 800	54 100	51 000	51 000	35 674	44 444

Tabelle 72.

Jahr	1890/91	1891/92	1892/93	1893/94	1894/95	1895/96
Filtrirt pro qm Filterfläche pro Tag cbm	1,66	1,27	1,35	1,29	—	1,15
Dauer eines Filters Tage: im Mittel	26	15,5	18,4	25	18,5	18
am längsten	61	37	46	38	49	40
am kürzesten	10	8	7	5	10	5
Im Jahre Filterfläche gereinigt qm	28 200	36 250	44 836	150 800	41 706	42 000

und die Grösse der jährlich gereinigten Filterflächen liegen die in Tabelle 72 zusammengestellten Angaben für die Jahre 1890/91 bis 1895/96 vor:

Tabelle 73 gibt für dieselben Jahre die Wasserabgabe excl. Quellwasser im ganzen Jahre und an einzelnen Tagen, sowie getrennt nach der Abgabe mit und ohne Messer und letztere für die verschiedenen Gebrauchszwecke, ferner die Zahl der Abnehmer und die Abgabe für je einen Wassermesser etc. an.

Bei der Wasserabgabe nach Schätzung ist für jeden bewohnbaren Raum, jede Küche, jedes Badezimmer M. 2,50, für jedes Closet M. 6,00, für jeden Meter Pissoirrinnen M. 18,00 im Jahre zu zahlen. Nach Messern kostet ein cbm. bei 3 bis 9 cbm Abgabe pro Tag 14 Pf. und darüber 12 Pf.

Täglich werden auf dem Wasserwerke bacteriologische Untersuchungen vorgenommen und monatlich zweimal findet durch den Dr. Proskauer in Berlin eine Untersuchung des Wassers statt, deren eine im Liter ergab:

Gesammtrückstand	192,5 mg
Chlor	12,4 „
Kalk	63,9 „
Ammoniak	Spur
Salpetrige und Salpetersäure	Null

Tabelle 73.

Jahr		1888/89	1889/90	1890/91	1891/92	1892/93	1893/94	1894/95	1895/96
Wasserabgabe im Ganzen	cbm	1082 379	1 249 975	1 262 136	1 290 920	1 367 580	1 519 302	1 153 677	1 316 942
Desgl. gegen 100 cbm im Vorjahre	»	—	115,3	100,7	102,3	105,9	111,7	75,9	114,1
Abgabe am mittleren Jahrestage	»	2 968	3 424	3 457	3 537	3 747	4 162	3 160	3 598
» » Maximaltage	»	6 018	6 581	5 758	5 893	6 320	5 206	5 618	5 904
» » Minimaltage	»	1 705	1 797	1 708	2 054	1 551	1 727	1 787	2 160
Gegen 100 cbm am mittleren Jahrestage am									
Maximaltage	»	202,7	192,2	166,5	166,6	168,7	120,3	177,7	163,9
Minimaltage	»	57,4	50,2	49,4	58,0	41,4	41,5	56,6	60,0
Zahl der Abnehmer		1 233	1 169	1 181	1 087	1 091	1 242	1 268	?
Abgabe nach Messern	cbm	862 754	819 261	863 139	984 105	948 781	902 504	847 165	919 900
Desgl. von 100 cbm der Gesammtabgabe	»	79,9	65,5	68,4	76,2	69,4	59,4	73,4	69,9
Desgl. pro Messer	»	1 069	1 138	1 069	1 187	1 253	1 223	?	?
Abgabe ohne Messer	»	220 725	430 714	398 997	306 815	418 799	616 798	306 512	497 042
Desgl. von 100 cbm der Gesammtabgabe	»	20,1	34,5	31,6	23,8	30,6	40,6	26,6	30,1
Abgabe für öffentliche Zwecke	»	71 000	80 000	163 300	90 298	127 618	126 591	108 272	108 329
ferner für Selbstverbrauch und Spülung	»	134 534	204 564	220 288	221 303	210 028	187 019	—	—
ferner Verlust und Diverses	»	15 191	146 150	15 409	95 214	81 153	303 198	192 629	263 590
Vom Wasser für öffentliche Zwecke:									
für Strassensprengen	»	10 341	14 695	15 472	15 094	14 387	25 805	17 079	20 046
» Springbrunnen	»	5 019	7 605	8 611	8 820	28 553	31 885	19 273	31 071
» Rinnstein- und Kanalspülung	»	19 446	17 783	14 352	20 652	44 841	31 530	19 150	17 330
» Bedürfnissanstalten	»	4 380	4 380	4 380	4 380	4 380	4 380	7 907	30 000
» Feuerlöschen	»	300	470	220	218	114	326	337	109
» Bewässern öffentlicher Anlagen	»	im Strassensprengen enthalten		10 127	13 022	10 628	7 045	14 526	9 773

2. a. **Adelnau.** (E. 2267.)

Die Stadt Adelnau besitzt für die Wasserversorgung 6 gebohrte Brunnen, welche der allgemeinen Benützung dienen.

3. n. **Bentschen.** (E. 3358, W. 228 mit je 14,8 B.)

Für die Wasserversorgung der Stadt Bentschen dienen 8 öffentliche, artesische Brunnen.

4. b. **Birnbaum.** (E. 3209, W. 304 mit je 10,5 B.)

Für die Wasserversorgung der Stadt Birnbaum dienen ausschliesslich gemauerte und gebohrte Brunnen. 6 derselben sind für den allgemeinen Gebrauch bestimmt.

5. c. **Bomst.** (E. 2078, W. 300 mit je 6,9 B.)

Die Wasserversorgung der Stadt Bomst erfolgt durchweg aus abyssinischen Brunnen, welche ein vortreffliches Wasser in stets genügender Menge geben. 15 derselben dienen für den öffentlichen Gebrauch.

6. f. **Buk.** (E. 3385, W. 284 mit je 12,0 B.)

Für die Wasserversorgung der Stadt Buk dient ausser gemauerten Brunnen, deren 4 für die allgemeine Benutzung vorhanden sind, seit dem Jahre 1896 eine künstliche Versorgung aus dem 500 m von der Stadt entfernten Basztas-Teiche. Das Wasser wird in einem Quellbrunnen gefasst und durch eine von einem Elektromotor betriebene Pumpe, welche pro Stunde 30 cbm fördert, in ein Sammelreservoir gehoben und gelangt von hier durch eine gusseiserne Rohrleitung von 1500 m Länge und 130 mm bis 80 mm Durchmesser in der Stadt zur Vertheilung. Der tägliche Consum beträgt ca. 40 cbm oder 12 Lit. pro Kopf.

7. d. **Frauenstadt.** (E. 7536, W. 660 mit je 11,4 B.)

Für die Wasserversorgung der Stadt Frauenstadt dienen 36 öffentliche und 75 private, gegrabene Brunnen. Ausserdem sind 12 gebohrte Brunnen von 14,0 bis 25,0 m Tiefe vorhanden, welche ein sehr schönes Wasser geben. Endlich wird der Stadt durch eiserne und hölzerne Rohre mit natürlichem Gefälle von mehreren Punkten aus 1 bis 2 km Entfernung Wasser zugeleitet und in einem Reservoire von 50 cbm Inhalt gesammelt, aus welchem es zum Gebrauche geschöpft wird. Durch diese Versorgungsarten werden zur Zeit alle Bedürfnisse genügend befriedigt.

8. e. **Gostyn.** (E. 3835.) Ohne Antwort.

9. f. **Grätz.** (E. 3867.) Ohne Antwort.

10. g. **Jarotschin.** (E. 3536, W. 247 mit je 14,3 B.)

Für die Wasserversorgung der Stadt Jarotschin dienen ausschliesslich Brunnen. 7 davon sind für die öffentliche Benutzung bestimmt. Einer derselben ist ein Rohrbrunnen und die andern sind gesenkte und gemauerte Brunnen.

11. s. **Jersitz.** (E. 11 716.)

Das Dorf Jersitz, welches eine Vorstadt von Posen bildet, wurde früher theilweise mit Wasser durch das Wasserwerk der Stadt Posen versorgt. Im Jahre 1895 ist dort aber von der Gemeinde ein eigenes Wasserwerk nach dem Project des Ingenieurs Hempel in Berlin durch den Ingenieur Hoffmann unter der Oberleitung des kgl. Bauraths Hirt in Posen ausgeführt.

Es sind zur Wassergewinnung 2 Kesselbrunnen von 13,0 m Tiefe hergestellt. Eine Pumpenanlage fördert das Wasser in ein 26,0 m hoch auf einem künstlichen Unterbaue aufgestelltes, schmiedeeisernes Reservoir von 250 cbm Inhalt. Von hier findet die Vertheilung statt. Die Kosten waren auf M. 250 000 oder M. 21,34 pro Kopf veranschlagt.

12. h. **Kempen i. Posen.** (E. 5761, W. 471 mit je 12,2 B.)

Die Wasserversorgung der Stadt Kempen erfolgt ausschliesslich aus gegrabenen Brunnen von 5,0 bis 6,0 m Tiefe. Davon dienen 21 der öffentlichen Benutzung und ca. 90 liegen auf Privatgrundstücken. Trotzdem das Wasser derselben nach mehreren Untersuchungen für ein schlechtes erklärt ist, wird an eine Aenderung nicht gedacht.

13. i. **Koschmin.** (E. 4701, W. 438 mit je 10,8 B.)

Die Wasserversorgung der Stadt Koschmin findet ausschliesslich aus Brunnen statt. Es sind deren 141 auf Privatgrundstücken und 11 öffentliche in Benutzung. Von letzteren sind 8 aus Ziegelsteinmauerwerk und 3 aus Cementringen hergestellt.

14. k. **Kosten.** (E. 4625, W. 287 mit je 16,1 B.)

Für die Wasserversorgung der Stadt Kosten dienen ausser der directen Entnahme aus 2, dieselbe durchfliessenden Armen des Oderkanals 8 öffentliche Brunnen, von denen 6 gesenkte und 2 gebohrte sind. Ausserdem sind 60 bis 80 Privatbrunnen vorhanden.

15. l. **Krotoschin.** (E. 11 520.)

Zur Wasserversorgung der Stadt Krotoschin dienen 26 öffentliche und ca. 60 Privatbrunnen. Dieselben haben quantitativ ein stets genügendes, aber zum Theil ein schlechtes Wasser. Ferner wird aus ca. 2 km Entfernung durch gusseiserne Rohre Quellwasser mit natürlichem Gefälle zugeführt und gelangt an 5 Stellen zur öffentlichen Benutzung. Auch 4 Gewerbetreibende haben Anschlüsse an diese Leitung. Eine Aenderung wird vorläufig nicht beabsichtigt.

16. s. **St. Lazarus.** (E. 3331, W. 62 mit je 53,7 B.)

Für die Vorstadt St. Lazarus von Posen ist im Jahre 1894 von dem Civilingenieur E. Mannes in Weimar eine Wasserversorgung erbaut, welche in ihrem maschinellen Theile zugleich für den Betrieb einer elektrischen Beleuchtungsanlage dient. Die Anlagekosten haben M. 90 000 oder M. 27,02 pro Kopf betragen. Die Tagesleistung der Wasserversorgung ist auf 360 cbm oder 108 Lit. pro Kopf bemessen.

Das Wasser wird aus 2 Brunnen entnommen, welche 50 m von einander entfernt stehen. In der Mitte zwischen ihnen ist ein 6,5 m tiefer Schacht mit der Maschinenanlage hergestellt, der durch begehbare Kanäle für die Saugerohre mit den Brunnen verbunden ist. Letztere bestehen bis zu dieser Tiefe aus gemauerten, wasserdichten Schächten, durch deren Sohle die Saugrohre in eisernen Filterrohren zu dem 10,0 m tief unter Terrain stehenden Grundwasser, das sich in einer 5,0 m starken Sand- und Kiesschicht befindet, hinabreichen.

In dem Pumpenschachte sind 2 Pumpen, jede für eine stündliche Leistung von 30 cbm bei 50,0 m Förderhöhe und 2 grosse Windkessel von 1,4 m Durchmesser und 9,0 m Höhe aufgestellt, welche zusammen 30 cbm Wasser fassen und als Reservatoren die Stelle eines Hochreservoirs vertreten sollen. Von den Pumpen wird die eine durch eine Dampfmaschine und die andere elektromotorisch angetrieben. Im Maschinenraum befinden sich, ausser einer Dampfmaschine mit Dynamo, ferner 2 elektrisch angetriebene Luftpumpen für die Reservatoren.

An den Maschinenraum lehnt sich auf der einen Seite der Dampfkesselraum mit 2 Kesseln und auf der andern Seite symmetrisch zum Kesselraume ein Accumulatorenraum an. Das Gebäude für die Gesammtanlage misst 33,0 m und 14,0 m und es kann darin noch eine zweite Dampf-Dynamomaschine und ein dritter Kessel aufgestellt werden. Die Maschinen- etc. Anlage hat die Gesellschaft Helios in Ehrenfeld, die Kessel die Firma Romorki & Comp. in Posen und die Rohre die Märkische Eisenhütte in Friedeberg geliefert.

Die Rohrleitungen haben im Ganzen 2070 lfd. m Länge, mit 9 Schiebern und bestehen aus folgenden Durchmessern:

Durchmesser mm	175	150	125	100	80
Rohrlänge m . .	260	470	380	880	80
Schieberzahl . .	—	1	1	7	—

Es sind 20 Ueberflurhydranten mit Selbstentwässerung in ca. 100 m Abstand von einander aufgestellt und 45 Privatanschlüsse mit Zuleitungen aus Bleirohr ausgeführt. 42 Wassermesser sind eingebaut, welche von Wolff & Schreiber, Breslau geliefert sind und von denen 15 einen Durchmesser von 20 mm, 26 einen solchen von 25 mm und einer einen solchen von 40 mm haben.

Im Jahre 1895 sind im Ganzen 15 000 cbm Wasser verbraucht und davon 11 000 cbm für Private und zwar 10 000 cbm nach Messern oder 238 cbm pro Messer im Jahre abgegeben. Im Monate des Maximalconsums sind 1200 cbm und in dem des Minimalconsums 800 cbm Wasser verbraucht.

Die Beleuchtungsanlage besteht aus 16 paarweise geschalteten Bogenlampen für Strassenbeleuchtung und 200 Glühlampen für Private.

17. m. **Lissa.** (E. 13 599.)

Für die Wasserversorgung der Stadt Lissa sind 20 öffentliche Brunnen von 5,0 m bis 12,0 m Tiefe vorhanden, welche theils gemauert und theils gebohrt sind.

Eine alte hölzerne Rohrleitung, welche Quellwasser mit natürlichem Gefälle aus der Nähe der Stadt zuführte, ist im Jahre 1865 mit einem Kostenaufwande von M. 36 000 umgebaut. Die Zuleitung ist durch gusseiserne Rohre ersetzt und es ist innerhalb der Stadt ein gemauertes und überwölbtes Reservoir von 126 cbm Inhalt hergestellt.

Im Jahre 1876 sind in der Nähe der Stadt 2 artesische Brunnen hergestellt, deren Wasser in Terrainhöhe ausfliesst. Für dasselbe ist ähnlich dem ersten ein zweites Reservoir von 122 cbm Inhalt angelegt.

Das Wasser beider Reservoire kommt an 29 öffentlichen Wasserständern zum Abfluss und wird in 8 Privatgrundstücke eingeleitet. Für Feuerlöschzwecke sind 46 Hydranten aufgestellt. 2 öffentliche Springbrunnen werden aus den Leitungen gespeist. Das Wasser ist eisenhaltig; es scheidet aber den Eisenocker grösstentheils in den Reservoiren aus.

18. n. **Meseritz.** (E. 5367.)

Ausser durch directe Entnahme aus den Flüssen Obra und Paklitz erfolgt die Wasserversorgung der Stadt Meseritz aus gesenkten Brunnen von denen 10 für die öffentliche Benutzung dienen und ca. 90 sich auf privaten Grundstücken befinden. Das Wasser ist nach verschiedenen Untersuchungen reich an organischen Substanzen Eine Aenderung wird jedoch nicht beabsichtigt.

19. o. **Neutomischel.** (E. 1844.)

Für die Wasserversorgung der Stadt Neutomischel dienen 10 öffentliche Brunnen mit Pumpen, die auf den Strassen aufgestellt sind.

20. p. **Obornik.** (E. 3057, W. 234 mit je 13,0 B.)

Für die Wasserversorgung der Stadt Obornik sind 180 gemauerte und 14 gebohrte Brunnen vorhanden. 7 Brunnen dienen der allgemeinen Benutzung. Ein artesischer Brunnen für das städtische Schlachtvieh hat 50,0 m Tiefe und es steigt das Wasser in demselben auf 3,0 m Höhe über Terrain.

21. q. **Ostrowo.** (E. 10 328, W. 380 mit je 27 B.)

Die Wasserversorgung der Stadt Ostrowo erfolgt ausschliesslich aus gegrabenen und gesenkten Brunnen. 28 Brunnen dienen der allgemeinen Benutzung und 90 liegen auf Privatgrundstücken. Im Jahre 1895 sind 6 Rohrbrunnen von über 30,0 m Tiefe hergestellt, welche gutes Wasser liefern, während von den andern Brunnen eine grössere Zahl bei vorgenommenen Untersuchungen ein schlechtes Wasser gaben.

22. r. **Pleschen.** (E. 6040.)

Die Wasserversorgung der Stadt Pleschen erfolgt ausschliesslich innerhalb des Stadtgebietes.

23. t. **Rawitsch.** (E. 12 360.)

Die Wasserversorgung der Stadt Rawitsch erfolgte früher ausschliesslich aus Pumpenbrunnen. Am 24. März 1896 fassten die städtischen Behörden den Beschluss, auf Grund eines Projectes des Ingenieurs Hempel in Berlin, eine centrale Wasserversorgung vorläufig für eine tägliche Abgabe von 1500 cbm oder 121 Lit. pro Kopf auszuführen, welche von Hempel zu M. 437 000 oder M. 35,36 pro Kopf veranschlagt war.

Das Wasser wird in dem Gebiete des schlesischen Dorfes Schwinaren aus einer erbohrten Quelle gewonnen und in einer neben der Quellenfassung erbauten Pumpstation mit Dampfbetrieb auf 950 m Entfernung in ein gemauertes Hochreservoir von 600 cbm Inhalt gefördert, das auf einer auf 130 m +0 Höhe liegenden Anhöhe erbaut ist. Von hier führt eine 9200 m lange Fallrohrleitung zur Stadt, in welcher ein 8060 m langes Vertheilungsnetz hergestellt ist. Der Leitungsdruck beträgt 18,0 bis 20,0 m über den höchsten Niveaupunkten.

24. p. **Rogasen.** (E. 5020.)

In der Stadt Rogasen wird das Wasser für Gewerbszwecke aus dem sich an der Stadt entlang ziehenden Rogasener See und aus dem Welna-Flusse direct entnommen. Für Trink- und Wirthschaftswasser dienen 4 öffentliche und über 200 Privatbrunnen. Das Wasser ist gut und stets reichlich vorhanden, so dass eine Aenderung zur Zeit nicht beabsichtigt wird.

25. u. **Samter.** (E. 4897, W. 330 mit je 14,8 B.)

Die Wasserversorgung der Stadt Samter erfolgt ausschliesslich aus gebohrten und gemauerten Brunnen, deren 9 für den allgemeinen Gebrauch vorhanden sind.

26. v. **Schildberg.** (E. 4240, W. 339 mit je 12,5 B.)

Die Wasserversorgung der Stadt Schildberg erfolgt ausschliesslich aus gemauerten Brunnen, von welchen 6 für die öffentliche Benutzung dienen.

27. n. **Schmiegel.** (E. 3812.) Ohne Antwort.

28. x. **Schrimm.** (E. 5803, W. 395 mit je 14,7 B.)

Die Wasserversorgung der Stadt Schrimm erfolgt ausschliesslich aus Brunnen, deren 71 für die allgemeine Benutzung und 72 auf privaten Grundstücken vorhanden sind. Das Wasser ist nach den verschiedentlichen Untersuchungen nicht als gut zu bezeichnen. Eine Aenderung vorzunehmen, liegt jedoch nicht in der Absicht der Stadt.

29. y. **Schroda.** (E. 5223.)

Die Wasserversorgung der Stadt Schroda erfolgt aus gemauerten Brunnen innerhalb der Stadt. Davon dienen 6 der öffentlichen Benutzung.

30. x. **Schwerin a. Warthe.** (E. 7207.)

Die Wasserversorgung der Stadt Schwerin erfolgt ausschliesslich aus Brunnen, von denen 37 öffentliche und 250 private sind. Mit Ausnahme von 18 Brunnen, welche gebohrt sind, sind sämmtliche Brunnen gegraben und haben eine Tiefe von ca. 6,0 m. Das Wasser ist gut und stets in genügender Menge vorhanden.

31. s. **Schwersenz.** (E. 3157, W. 320 mit je 9,9 B.)

Für die öffentliche Benutzung sind in der Stadt Schwersenz 6 gegrabene Brunnen vorhanden, welche mit Holzverkleidung versehen sind.

32. a. **Sulmierszyce.** (E. 3075, W. 325 mit je 9,5 B.)

Die Wasserversorgung der Stadt Sulmierszyce erfolgt ausschliesslich aus Brunnen innerhalb der Stadt, deren 16 für die allgemeine Benutzung dienen.

33. c. **Wollstein.** (E. 3236, W. 300 mit je 10,7 B.)

Für die Wasserversorgung der Stadt Wollstein dienen meistens gebohrte Brunnen, deren 15 zur allgemeinen Benutzung vorhanden sind.

34. tz. **Wreschen.** (E. 5160, W. 389 mit je 13,3 B.)

Die Wasserversorgung der Stadt Wreschen erfolgt ausschliesslich durch Brunnen, deren 10 öffentliche vorhanden sind.

35. u. **Wronke.** (E. 4357.)

Die Wasserversorgung der Stadt Wronke erfolgt ausschliesslich aus Brunnen, von denen 4 für den allgemeinen Gebrauch bestimmt sind.

36. l. **Zduny.** (E. 3570, W. 600 mit je 5,9 B.)

Die Wasserversorgung der Stadt Zduny erfolgt ausser aus einigen Hofbrunnen aus 21 öffentlichen, gemauerten Brunnen mit eisernen Pumpen.

XII. Regierungsbezirk Bromberg.

(Provinz Posen.)

a) Bromberg 1 (Crone a. d. Brahe 2). — **b)** Czarnikau 3 (Schönlanke 11). — **c)** Filehne 4. — **d)** Gnesen 5. — **e)** Inowrazlaw 6 — **f)** Kolmar i. P. 7 (Schneidemühl 10). — **g)** Mogilno 8 (Tremessen 14). — **h)** Schubin 12. — **i)** Strelno 13. **k)** Wirsitz 15 (Nakel 9) — **l)** Witkowo 16. — **m)** Wongrowitz 17. — **n)** Znin 18.

---

1. a. Regierungshauptstadt **Bromberg.** (E. 46413.)

Die Wasserversorgung der Stadt Bromberg erfolgte ausser durch directe Entnahme aus der die Stadt durchfliessenden Brahe aus 60 öffentlichen und ca. 150 privaten Brunnen, die gesenkt und zum Theil gebohrt sind. Erstere haben 5,0 m und letztere bis zu 20,0 m Tiefe.

Seit Jahren ist die Anlage einer einheitlichen Wasserversorgung, verbunden mit einer Stadtentwässerung geplant. Die städtischen Behörden hatten vor mehreren Jahren auch die nöthigen Geldmittel dafür schon bewilligt. Es ist aber die Ausführung der Wasserversorgung, für welche die Benutzung von Grundwasser aus dem unmittelbar an die Stadt stossenden Gebiete der königlichen Jasinicer Forste beabsichtigt ist, auf den Widerstand der königlichen Staatsregierung gestossen, weil man durch eine übermässige Senkung des Grundwasserspiegels eine Schädigung der Forste befürchtet hat.

Nach den vom Ingenieur Smrecker in Mannheim im Jahre 1892 begonnenen, umfassenden Untersuchungen ist in diesem Gebiete ein Grundwasser von vorzüglicher Beschaffenheit und in einer für die Stadt mit Einschluss der 17000 Einwohner beherbergenden Vororte für lange Zeit hinaus erforderlichen Menge zu erschliessen. Anfangs des Jahres 1897 hat der Landwirthschaftsminister seine früher erhobenen Bedenken gegen die Wasserentnahme aus dem Forste fallen lassen und es ist die generelle Genehmigung zu dem Projecte ertheilt. Nach einer Mittheilung vom August 1897 waren die speciellen Bauprojecte aber noch nicht genehmigt, sodass mit dem Baue des städtischen Wasserwerkes, dessen Kosten auf M. 1400000 oder M. 30 pro Kopf einschliesslich der Hausanschlüsse veranschlagt sind, noch nicht hat begonnen werden können. Bis dahin ist es verschoben, specielle Angaben über das Project zu machen.

2. a. **Crone a. d. Brahe.** (E. 3856, W. 380 mit je 10,1 B.)

Die Wasserversorgung der Stadt Crone erfolgt ausschliesslich aus gemauerten Brunnen, von welchen 5 für die allgemeine Benutzung dienen.

3. b. **Czarnikau.** (E. 4885, W. 448 mit je 10,9 B.)

Für die Wasserversorgung der Stadt Czarnikau dienen ausschliesslich Brunnen. Für die öffentliche Benutzung sind deren 15 Stück vorhanden, von welchen 12 gesenkt und 3 gebohrt sind.

4. c. **Filehne.** (E. 4426.)

Für die Wasserversorgung der Stadt Filehne dienen ausschliesslich gemauerte Pumpenbrunnen in der Stadt. Davon sind 9 für die öffentliche Benutzung bestimmt und 130 liegen auf Privatgrundstücken.

5. d. **Gnesen.** (E. 20 500, W. 729 mit je 28,1 B.)

Die Wasserversorgung der Stadt Gnesen erfolgte früher aus 15 öffentlichen und 22 privaten Brunnen von 7,0 m bis 25,0 m Tiefe, die gesenkt waren. Ausserdem bot der Winiarysee, an welchem die Stadt liegt, Gelegenheit zur directen Entnahme von sehr schönem Wasser. Für eine künstliche Hebung des aus dem See entnommenen Wassers und dessen einheitliche Vertheilung in der Stadt haben schon seit Jahren Projecte vorgelegen, deren Ausführung aber für die Stadt zu kostspielig erschienen.

Am 13. Juli 1887 ertheilte die Stadt daher der Königsberger Maschinenfabrik in Königsberg die Concession zum Bau und Betriebe eines Wasserwerkes und gestattete ihr die Wasserentnahme aus dem Winiarysee gegen einen dafür vereinbarten Kaufpreis, nachdem durch sachverständige Prüfung dieses Wasser als ein gutes Trinkwasser und als in reichlicher Menge vorhanden bezeichnet war. Die obige Firma hat darauf das Wasserwerk für ihre Rechnung erbaut und im Jahre 1889 in Betrieb gesetzt. Schon vor Jahresschluss ist der Besitz desselben durch Kauf an die Actiengesellschaft »Deutsche Wasserwerksgesellschaft in Berlin« übergegangen.

Nach wenigen Betriebsjahren ist der Wasserspiegel des Sees um einige Meter gesunken, so dass die Maschinenarbeit wesentlich erschwert wurde und eine Ergänzung des Werkes durch eine andere Schöpfstelle nöthig erschien. Für diesen Zweck sind dann 2 Rohrbrunnen von 280 mm Durchmesser aus verzinkten Blechrohren hergestellt, welche 50,0 m und 53,0 m Tiefe haben und gutes Grundwasser geben.

Die Anlage ist für eine tägliche Leistung von 3000 cbm bestimmt und hat Anfangs M. 350 000 oder M. 17,50 pro Kopf gekostet. Spätere Erweiterungsbauten haben ca. M. 200 000 betragen, so dass die Anlagekosten sich jetzt auf M. 550000 oder M. 26,83 pro Kopf belaufen. Den Betrieb des Werkes leitet der Director L. Jenke.

Das Wasser wird jetzt nur noch mittels zweier Centrifugalpumpen, deren jede 60 cbm pro Stunde fördert, aus den Brunnen entnommen und auf künstliche Sandfilter gehoben, deren 3 vorhanden sind. Sie sind überdacht und es misst jedes im Grundrisse 14,0 m im Quadrat. Die ganze Filterfläche beträgt also 588 qm. Von hier fliesst das Wasser in einen Reinwasserbrunnen, aus dem es die Druckpumpen entnehmen und in ein 300 m entfernt liegendes Hochreservoir fördern.

Die Centrifugalpumpen werden durch eine liegende Condensationsmaschine von 25 PS. mit Riemenübersetzung angetrieben. Eine zweite liegende Verbundmaschine mit Condensation von 50 PS. dient zum Betriebe der Druckpumpen, und als Reserve dafür ist noch eine stehende Verbund-Dampfpumpe vorhanden. Letztere ist von Weise & Monsky in Halle a. d. S. geliefert. Die beiden liegenden Maschinen sind von der Königsberger Maschinenfabrik und die Ventilatoren von Schiele & Comp. in Frankfurt a. Main geliefert. Die Pumpen haben Klappenventile und fördern pro Stunde 180 cbm auf 40,0 m Höhe. Zur Dampfbereitung sind 2 Zweiflammrohrkessel von je 31 qm Heizfläche vorhanden, welche für 6 Atm. Dampfspannung concessionirt sind.

Von den Druckpumpen führt eine 300 m lange Druckleitung von 200 mm Durchmesser zu dem Hochreservoire, das vor dem Vertheilungsnetze liegt. Das Reservoir ist aus Schmiedeeisen hergestellt und hat 400 cbm Inhalt. Es ist 20,0 m hoch über Terrain auf massivem Unterbau in einem Thurme unter Dach und ummantelt aufgestellt. Vor demselben geht eine 40 m lange Fallrohrleitung von 200 mm Durchmesser zum Vertheilungsnetze, welches unter einem constanten Drucke von 40,0 m steht. Mit dem Rohrnetze sind 57 Schieber und 142 Unterflurhydranten verbunden.

Die Zuleitungen sind, ebenso wie die Hausleitungen, aus Bleirohren hergestellt und haben 13 mm bis 33 mm Durchmesser. Es sind deren am Ende des Jahres 1895 im Ganzen 420 in Benutzung gewesen, in welche sämmtlich Wassermesser eingebaut waren. Im Ganzen sind 445 Wassermesser von Siemens & Halske, Berlin und 9 von H. Meinecke, Breslau geliefert, welche folgende Dimensionen haben:

Durchmesser . .	mm	10	12	13	20	25	30	40	50	75
Stückzahl		3	67	5	209	142	10	3	10	5

Im Jahre 1895 sind 248 684 cbm Wasser bei 153 300 kg Kohlenverbrauch gefördert, was 51,1 kg Kohlen pro 100 cbm Wasser und 2,79 kg pro PS.-Stunde entspricht. Die Leistung pro kg Kohle hat hiernach 97 847 m $\times$ kg betragen.

Die Filtergeschwindigkeit pro 24 Stunden hat zwischen 1 cbm und 2 cbm pro qm, und die Dauer eines Filters hat zwischen 120 und 60 Tagen geschwankt. Die mittlere Dauer war 90 Tage.

Von der Gesammtabgabe von 248 684 cbm im Jahre oder 681 cbm am mittleren Jahrestage sind 231 291 cbm oder 93,0% für den Hausgebrauch durch Wassermesser oder 550 cbm pro Messer abgegeben. Bei 28,1 Consumenten pro Messer entspricht das einem Consume pro Kopf pro Tag von 53,6 Lit. Die Maximal- resp. Minimalabgabe an einem Tage hat 1100 cbm resp. 500 cbm oder 161,5% resp. 73,4% vom mittleren Jahrestage betragen. Sie vertheilt sich auf den Kopf der gesammten Einwohner mit 54 Lit. resp. 24 Lit. bei 33 Lit. mittlerer Abgabe pro Tag und Kopf. Die grösste resp. die kleinste Monatsabgabe hat 25 401 cbm resp. 16 532 cbm betragen. Für Strassensprengen und als Selbstverbrauch des Wasserwerkes sind im Jahre 8700 cbm resp. 8693 cbm oder für jeden Zweck 3,5% der Gesammtabgabe verwendet.

Der Wasserpreis pro cbm beträgt bei weniger als 1000 cbm im Jahre 22 Pfg., bei 1000 bis 2000 cbm 20 Pf. und darüber 17 Pf. Kasernen zahlen 16 Pf. und die Stadt und die Eisenbahn zahlt 10 Pf. pro cbm.

Alle 14 Tage wird das Wasser durch den kgl Kreisphysikus bacteriologisch untersucht.

6. e. **Inowrazlaw.** (E. 26 687, W. 911 mit je 29,3 B.)

Die Wasserversorgung der Stadt Inowrazlaw erfolgt seit dem Jahre 1880 durch ein Wasserwerk, welches von der Breslauer Metallgiesserei in Breslau für Rechnung der Gesellschaft Schlesinger, Trier & Comp. erbaut ist. Die Anlage ist im Jahre 1890 käuflich in den Besitz der Firma Heymann in Berlin für M. 54 000 und dann in den der Actiengesellschaft »Deutsche Wasserwerksgesellschaft, Berlin« übergegangen. Im Jahre 1897 hat die Stadt es dieser Gesellschaft für M. 100 000 abgekauft.

Das Werk ist für eine tägliche Leistung von 1860 cbm bestimmt und hat M. 225 000 gekostet. Den Betrieb desselben leitet zur Zeit der Director H. Ottenbruch. Es liegt die Absicht vor, als Ergänzung eine zweite Wassergewinnungsanlage in die Nähe der Netze in dem

5000 m entfernten Montroy für eine tägliche Leistung von 1000 cbm herzustellen. Das hier gewonnene Wasser soll einer Enteisenung und Filtration unterworfen werden und wird dann dem jetzigen Reservoire zugeleitet werden.

Die jetzige Wassergewinnungsanlage liegt 1750 m von der Mitte der Stadt und 5600 m von der Netze entfernt in der Nähe eines früheren Schwefelkiesbergwerkes. Es waren hier Anfangs 2 Senkbrunnen von 2,0 m und 3,0 m Durchmesser hergestellt. Später hat man noch einen dritten Brunnen von 4,0 m Durchmesser und 2 Rohrbrunnen von 300 mm Durchmesser angelegt, weil in 600 m Entfernung von den früheren Brunnen das von einem Steinsalzbergwerke ausgepumpte Wasser durch einen Graben abgeführt wurde und aus diesem ein Zufluss von Salzwasser in die Brunnen stattfindet, der sich aber auch bei den neuen Brunnen gezeigt hat.

In einer Pumpstation befinden sich 2 liegende Eincylindermaschinen von je 25 PS. mit Schiebersteuerung, welche 60 Umdrehungen pro Minute machen. Ihre Kolben haben 260 mm Durchmesser und 0,4 m Hub. Durch Zahnradübersetzung betreiben sie 2 doppeltwirkende Plungerpumpen von 200 mm Durchmesser und 0,6 m Hub. Es sind 2 Zweiflammrohrkessel von je 20 qm Heizfläche für die Dampfbereitung vorhanden.

In einer Entfernung von 985 m von der Pumpstation ist auf einem massiven Unterbau 18,0 m hoch über Terrain ein schmiedeeisernes Reservoir von 9,0 m Durchmesser und 4,5 m Höhe im Freien aufgestellt. Dasselbe hat einen Inhalt von 280 cbm, und sein Wasserspiegel liegt 40,0 m hoch über der Gewinnungsstelle. Die Druckleitung zum Reservoire hat 200 mm Durchmesser, und eine gleich grosse Fallrohrleitung führt zu dem in 105 m Enfernung davon beginnenden Vertheilungsnetze.

Letzteres ist nach dem Circulationssysteme hergestellt und steht unter einem constanten Drucke von 30,0 m. Die Rohrleitungen haben 7871 m Länge und es sind damit 37 Unterflurhydranten ohne Selbstentleerung (Berliner Modell) in 100 m Entfernung von einander und 11 Rinnsteinspüler verbunden. Die Zuleitungen bestehen aus Bleirohren von 20 mm und 26 mm Durchmesser. Die Hausleitungen sind meistens aus geschwefelten Bleirohren hergestellt. Im Jahre 1882 waren 310 und im Jahre 1895 329 Wassermesser eingebaut,

Tabelle 74.

Jahr	1882	1895
Wasserabgabe im Ganzen . . . . cbm	55 539	64 098
Davon für öffentliche Zwecke . . »	7 268	5 050
» » gewerbliche Zwecke . »	25 341	25 325
» » häusliche Zwecke . »	22 930	33 723
oder für letztere beiden zusammen nach Messern . . . . »	48 271	59 048
Von dem Wasser für öffentliche Zwecke		
für Feuerlöschen . . . . cbm	1 568	500
für Rohrspülen . . . . . . »	1 200	50
für Strassen- und Rinnsteinspülen »	4 500	4 500
Abgegeben ist im Monate des Maximalbedarfes . . . . »	6 563	6 150
des Minimalbedarfes . . »	2 348	3 050
am Maximalconsumtage »	218	260
am Minimalconsumtage . »	95	78

welche von H. Meinecke, Breslau, bezogen sind. Diese Firma hat im Ganzen 36 Messer bis Ende 1895 geliefert, welche folgende Grössen haben:

Durchmesser . . mm	10	5	20	25	30	50	65	80	200
Stückzahl	1	13	323	23	1	3	3	1	1

Die Tabelle 74 gibt für die Betriebsjahre 1882 und 1895 einige Angaben über den Wasserverbrauch an.

Der Wasserpreis beträgt für Private pro cbm bis 1000 cbm im Jahre 30 Pf und darüber 20 Pf. und für die Stadt 15 Pf.

7. f. **Kolmar i. Pr.** (E. 3567, W. 316 mit je 11,3 B.)

Die Wasserversorgung der Stadt Kolmar erfolgt in genügender Weise aus Brunnen innerhalb der Stadt. 8 derselben, von welchen 2 artesische sind, sind für den allgemeinen Gebrauch bestimmt.

8. g. **Mogilno.** (E. 3326). Ohne Antwort.

9. k. **Nakel.** (E. 7401, W. 435 mit je 17,0 B.)

Die Wasserversorgung der Stadt Nakel erfolgt ausschliesslich aus gegrabenen Brunnen von ca. 10,0 m Tiefe. 7 davon dienen der öffentlichen Benutzung und 110 liegen auf Privatgrundstücken Das Wasser ist meistentheils als Trinkwasser gut und stets in genügender Menge vorhanden. Es ist aber die Absicht, die öffentlichen Brunnen durch eingeleitetes Quellwasser zu speisen.

10. f. **Schneidemühl.** (E. 17 058, W. 996 mit je 17,1 B.)

Die Wasserversorgung der Stadt Schneidemühl erfolgt durch 17 öffentliche und 600 private Brunnen. Zu ersteren gehören 3 artesische Brunnen. Im Jahre 1893 fand in Folge der Absenkung eines vierten artesischen Brunnens eine Senkung des umliegenden Gebietes und damit der Einsturz von 20 Häusern statt.

Die Ostbahn besitzt für ihren Bahnhof ein mit Dampfkraft betriebenes Pumpwerk, das aus einem Brunnen das Wasser entnimmt. Ein Project zur Anlage einer einheitlichen Wasserversorgung der Stadt liegt vor und wird baldigst zur Ausführung gelangen.

11. b. **Schoenlanke.** (E. 4370, W. 345 mit je 12,7 B.)

Die Wasserversorgung der Stadt Schoenlanke erfolgt ausschliesslich aus Brunnen, deren 28 für die öffentliche Benutzung vorhanden sind.

12. h. **Schubin.** (E. 3134, W. 288 mit je 10,8 B.)

Für die Wasserversorgung der Stadt Schubin dienen 6 öffentliche und verschiedene Privatbrunnen.

13. i. **Strelno.** (E. 4375, W. 348 mit je 11,6 B.)

Für die Wasserversorgung der Stadt Strelno befinden sich auf den meisten Grundstücken private, gemauerte Brunnen. Für die öffentliche Benutzung sind 3 gemauerte und ein Rohrbrunnen vorhanden.

14. g. **Tremessen.** (E. 4841, W. 362 mit je 13,4 B.)

Die Wasserversorgung der Stadt Tremessen erfolgt ausschliesslich aus gemauerten Brunnen. 9 davon dienen der allgemeinen Benutzung.

15. k. **Wirsitz.** (E. 1857.) Ohne Antwort.

16 l. **Witkowo.** (E. 1855, W. 204 mit je 9,0 B.)

Für die Wasserversorgung der Stadt Witkowo dienen ausschliesslich gemauerte Brunnen, von welchen 5 zur öffentlichen Benutzung bestimmt sind.

17. m. **Wongrowitz.** (E. 5261, W. 420 mit je 12,5 B.)

Die Wasserversorgung der Stadt Wongrowitz erfolgt ausschliesslich aus Brunnen. 10 Brunnen sind für die allgemeine Benutzung vorhanden; von diesen ist einer gebohrt und die anderen sind in Mauerwerk gesenkt ausgeführt.

18. n. **Znin.** (E. 3344, W. 249 mit je 13,4 B.)

Die Stadt Znin wurde bislang nur aus gegrabenen Brunnen mit Wasser versorgt Für die öffentliche Benutzung waren 3 gemauerte Brunnen vorhanden. Kürzlich ist auf dem Marktplatze ein artesischer Brunnen von 93,0 m Tiefe mit einem Steigerohre von 115 mm Durchmesser erbohrt, der reichliches, aber stark eisenhaltiges Wasser gibt.

Es schweben Verhandlungen darüber, dieses Wasser nach vorhergegangener Enteisenung durch ein Dampfpumpwerk in ein hoch aufgestelltes Reservoir zu fördern und durch Rohrleitungen in der Stadt zu vertheilen. Die Dampfkraft soll event. zugleich für elektrische Beleuchtungszwecke verwendet werden.

XIII. Regierungsbezirk Breslau.

(Provinz Schlesien.)

a) Breslau 1 — **b)** Brieg 3. — **c)** Frankenstein 5. — **d)** Glatz 8 (Reinertz 25). — **e)** Suhrau 10. — **f)** Habelschwerdt 11 (Landeck 13, Mittelwalde 15). — **g)** Militsch 14 (Trachenberg 30). — **h)** Münsterberg 16. — **i)** Namslau 17 — **k)** Neumarkt 18. — **l)** Neurode 10. — **m)** Nimptsch 21 — **n)** Oels 22 (Bernstadt 2). — **o)** Ohlau 23 — **p)** Reichenbach i. Schles. 24. — **q)** Schweidnitz 26 (Freiburg 6). — **r)** Steinau 27. — **s)** Strehlen 28. — **t)** Striegau 29 — **u)** Trebnitz 31 — **v)** Waldenburg 32 (Dittersbach 4, Friedland 7, Gottesberg 9, Hermsdorf 12, Niederwüstegdorf 20, Weissstein 34). — **w)** Wartenberg 33. — **x)** Wohlau 35. —

1. a. Regierungshauptstadt **Breslau.** (E. 372 687, W. 9882 mit je 37,7 B.)

a) Einleitung.

Die ersten Nachrichten über eine künstliche Wasserversorgung der Stadt Breslau reichen in das 13. Jahrhundert zurück. Bereits im Jahre 1272 verlieh der Herzog Heinrich IV. von Krakau und Breslau der Stadt die »Nutzung des Wasserleitens« und in Chroniken ist im Jahre 1380 bereits der alten grossen Kunst als »Kunstrad« oder »Wasserhaus« erwähnt. Im Jahre 1479 ist diese Kunst einem Umbaue unterworfen. Im Jahre 1538 ist sie auf dem Platze »an den Mühlen« neu aufgebaut und hier am 2. December 1539 in Betrieb gesetzt.

Sie bestand damals aus einem Schöpfrade von 13,8 m resp. 15,0 m Durchmesser, das von der Oder getrieben wurde und mittels 160, an seinen Aussenwänden angebrachten Wasserkästen das Wasser aus der Oder in 4 kupferne Kästen fördert, die in der Höhe von 7,2 m und 8,4 m aufgestellt waren. Von diesen zweigten 7 getrennte Holzleitungen ab, welche das Wasser in der Altstadt vertheilten. Die damalige Leistung der Anlage soll 1080 cbm in 24 Stunden betragen haben.

Schon im Jahre 1539 wurde zur Unterstützung dieser alten Kunst die Mathiaskunst am linken Oderufer am Ausgange der Schuhbrücke erbaut. Im Jahre 1607 erfuhr sie einen völligen Umbau. Es wurden darin 4 Pumpen von 340 mm Durchmesser und 0,6 m Hub mit Stiefeln aus Eisen und Messing aufgestellt, welche 2 Hübe pro Minute machten und mittels Balanciers und Lenkstangen von einem Wasserrade von 7,5 m resp. 8,8 m Durchmesser getrieben wurden. Die mittlere Leistung des Werkes, von welchem 3 Leitungen abzweigten, soll ca. 1150 cbm in 24 Stunden betragen haben.

Im Jahre 1588 ist als dritte Wasserkunst am Ufer der weissen Pflau das Plungerhäuschen erbaut. Im Jahre 1672 ist es ganz umgebaut und es wurde darin eine Schwengelpumpe aufgestellt, die durch Menschenkraft betrieben wurde. Im Jahre 1822 ist das Werk an die südwestliche Ecke des Augustenplatzes, dem alten Seminar gegenüber, verlegt und mit einem eigenartigen Pumpwerke versehen. Es speiste damals für 4 Brunnen in der Neustadt und lieferte 7 cbm pro Stunde.

Im Jahre 1596 wurde eine vierte Kunst auf dem jetzigen Dominikanerplatze erbaut, welche die Kätzelkunst genannt wurde. Diese hatte 2 Wasserräder, das eine von 5,9 m resp. 6,3 m Durchmesser und das andere von 3,1 m resp. 4,7 m Durchmesser. Die Räder betrieben 4 Pumpen mit Kolben von 183 mm

Durchmesser, welche das Wasser in einen in ca. 3,7 m Höhe aufgestellten, steinernen Kasten förderten, von wo es durch 5 Leitungen in der Stadt vertheilt wurde. Die Leistung des Werkes soll ca. 720 cbm in 24 Stunden betragen haben.

Ausser diesen 4 Künsten bestand noch seit dem Jahre 1531 eine Gravitationsleitung, welche das Wasser einer Quelle in Neudorf einem auf dem Fischmarkte aufgestellten Brunnen, dem Jungbrunnen, zuführte. Das Wasser war durch die hölzernen Leitungen übelschmeckend und es ist die Leitung bald wieder aufgegeben worden.

Während die Vorstädte sich früher ausschliesslich mit Wasser aus Grundbrunnen behelfen mussten, hatte die alte Stadt hiernach aus der alten grossen Kunst, der Mathiaskunst und der Kätzelkunst täglich 3000 cbm künstlich gehobenes Wasser zur Verfügung, das durch fast alle Strassen der Stadt in hölzernen Rohren geleitet wurde, welche sich bis zum Schweidnitzer Thore und bis zur Posthalterei in der Antonienstrasse erstreckten. Im Jahre 1784 hat man schon damit begonnen, die hölzernen Rohre durch solche von Eisen zu ersetzen. Wegen der Rostbildung in diesen Rohren kehrte man aber bald wieder zu hölzernen Rohren zurück und im Jahre 1825 lagen in der Stadt noch im Ganzen 13400 lfd. m hölzerne Leitungsrohre.

Das wachsende Bedürfniss nach Wasser, sowie das Verlangen, unabhängig von der wechselnden Wasserkraft zu sein, hatte schon früh den Wunsch nach einem Dampfpumpwerke angeregt und bereits im Jahre 1820 war ein Project dafür ausgearbeitet. Als daher im Jahre 1824 die Mathiaskunst durch Feuer zerstört wurde, ist hier in einem daneben erbauten Gebäude im Jahre 1827 ein Pumpwerk mit einer Dampfmaschine aufgestellt, das bis zum Jahre 1872 fortlaufend in Betrieb gewesen ist; dann ist es abgebrochen worden.

Als mit dem 1. April 1840 der Ablauf der Pachtzeit für die Vorder- und Mittelmühle heranrückte und der schlechte bauliche Zustand deren Umbau verlangte, wurde auch über den Umbau der der Vordermühle gegenüberliegenden, grossen Kunst verhandelt. Nach langen Berathungen entschied man sich dafür, an Stelle der Vordermühle eine neue grosse Kunst zu erbauen, um demnächst auf die übrigen Künste verzichten zu können. Bis zu der Herstellung der neuen Kunst wurde ein provisorisches Pumpwerk beschafft und bis zur Vollendung des Neubaues in Betrieb gehalten.

Diese neue Kunst, welche noch heute in Betrieb ist, ist unter der Leitung des Stadtbauraths Studt in den Jahren 1842 bis 1845 erbaut und am 19. August 1845 in Betrieb gesetzt. Die Leistung derselben sollte, je nach den zwischen 4,1 m und 9,2 m wechselnden Wasserständen, 13300 cbm bis 17800 cbm bei 20,4 m Förderhöhe betragen. Die maschinellen Theile dafür hat die v. Ruffer'sche Maschinenfabrik in Breslau für M. 33000 geliefert.

Trat mit der Eröffnung der neuen grossen Kunst auch eine wesentliche Verbesserung der Wasserversorgung der inneren Stadt ein, so wurde damit die eigentliche Wasserversorgungsfrage der Stadt doch nicht als erledigt betrachtet. Es wurde dadurch im Gegentheil nur das Verlangen nach einer reichlicheren Versorgung des ganzen Stadtgebietes und zwar mit einem Wasser von besserer Beschaffenheit, das sowohl als Brauch- wie als Trinkwasser zu benutzen war, angeregt.

Schon im Jahre 1847 war über die Nothwendigkeit der Schaffung einer Reserve für die neue grosse Kunst vielfach discutirt. Es wurde der Vorschlag gemacht, in der Vordermühle dafür ein der neuen grossen Kunst ähnliches Werk zu errichten oder in der Mathiaskunst für den Zweck ein entsprechendes Dampfpumpwerk aufzustellen, ohne dass es damals zu einem Beschlusse kam. Es ist erst der 28. December 1860 als der Tag zu bezeichnen, an welchem an die Vervollkommnung der Wasserversorgung, wenn auch bescheiden, herangetreten ist, indem der Magistrat damals den Antrag an die Stadtverordneten stellte, M. 2100 für Vorarbeiten dafür zu bewilligen. Die Zustimmung dazu wurde allerdings erst am 6. Mai 1861 ertheilt.

Erst gegen Ende des Jahres 1862 beauftragte dann der Magistrat in weiterem Verlaufe den Ingenieur Moore in Berlin, späteren kgl. Württembergischen Oberbaurath, ein Project zu einem neuen Wasserwerke für die Stadt aufzustellen. In Folge dessen gingen im Laufe des folgenden Jahres auch von verschiedenen anderen Seiten: vom Ingenieur Kayser in Breslau, vom Ingenieur Krassert in Berlin und von der Firma Henry Grissel & Docwra in London Projecte ein, die dann dem Stadtbaurathe Zimmermann, jetzt Baudirector in Hamburg, mit dem Moore'schen Projecte zusammen zur Prüfung überwiesen wurden.

In seinem, im November 1864 erstatteten Berichte empfahl er in den Hauptzügen das von Moore aufgestellte Project und stellte unter Berücksichtigung der von den technischen Mitgliedern der Baudeputation angeregten Abänderungen ein neues, modificirtes Project auf, das dann am 24. August 1865 den Stadtverordneten zur Prüfung zuging. Dieses modificirte Project wurde später auf Beschluss der städtischen Collegien gemeinschaftlich mit dem Moore'schen Projecte dem Geheimen Oberbaurath Hagen in Berlin zur Prüfung übersandt und dieser stimmte am 23. November 1865 dem Zimmermann'schen Projecte mit geringen Modificationen zu, indem er zugleich für die Ausführung des Werkes die Generalentreprise, welche Moore event. in's Auge gefasst hatte, verwarf. Am 3. Mai 1866 genehmigte die Stadtverordnetenversammlung die Ausführung des Werkes in Regie auf Grund eines Kostenanschlages von M. 2400000, und mit den Arbeiten wurde im Frühjahr 1867 unter directer Leitung des Stadtbauraths Zimmermann begonnen.

Die erste Anlage dieses Wasserwerkes »Neu-Holland« bestand ausser aus einem neuen städtischen Rohrnetze aus einem Klärbassin, 2 Filtern und einem Maschinengebäude mit einem darüber aufgestellten Hochreservoire, einem darunter liegenden Reinwasserbassin und einem daran angebauten Kesselhause. Die Betriebseröffnung des ganzen Werkes, welches für eine tägliche Maximalleistung von 18540 cbm bestimmt war, konnte bereits am 1. August 1871 stattfinden.

Schon im Frühjahr 1873 stellte sich das Bedürfniss nach dem Bau eines dritten Filters heraus, welches Ende December 1874 in Betrieb gekommen ist. Die wachsende Bevölkerungszahl führte ferner bereits im Jahre 1874 zu dem Beschlusse der Erbauung von 2 neuen Pumpmaschinen mit den nöthigen Kesseln. Diese Anlagen sind am 16. Mai 1879 in Betrieb gekommen. Die neuen Maschinen sind in dem alten Maschinenhause untergebracht und an dieses ist ein neues Kesselhaus angebaut. Das Reinwasserreservoir ist damals aus dem Maschinenhause entfernt und ausserhalb desselben ist ein neues Reservoir dafür hergestellt. Ferner wurde im Jahre 1879 die Anlage eines zweiten Klärbassins und eines vierten Filters in Angriff genommen und im October 1881 resp. Anfang 1882 konnten diese Theile in Betrieb gesetzt werden. Diese sämmtlichen Erweiterungsbauten sind nach Abgang des Stadtbauraths Zimmermann von dem Stadtbaurath Kaumann und nach dessen Projecten ausgeführt.

Während der Jahre 1890 bis 1894 fanden, ausser den selbstverständlich ununterbrochen fortgesetzten Erweiterungen des Rohrnetzes, nach den Plänen und unter Leitung des Directors V. Schneider, der im Jahre 1882 die Leitung der städt. Gas- und Wasserwerke übernahm, abermals bedeutendere, bauliche Erweiterungen des Werkes statt. Ausser einem fünften Filter wurde ein besonderes Gebäude für 3 Filterpumpmaschinen hergestellt. Diese sind am 14. April 1894 in Betrieb gesetzt. Ferner wurde eine fünfte Druckpumpmaschine, die noch im alten Maschinenhause aufgestellt werden konnte und am 2. Mai 1894 in Betrieb gesetzt ist, nöthig. Auch waren noch 2 Dampfkessel erforderlich, welche in den alten Kesselhäusern Unterkunft fanden. Der letzte Kessel ist am 24. April 1894 in Betrieb gekommen.

Im Jahre 1896 sind die Projecte für ein zu erbauendes, grösseres Reinwasserreservoir und für die Herstellung von Messkammern, welche für die 4 alten Filter noch nicht vorhanden waren, während das fünfte Filter eine solche hatte, ausgearbeitet und zur Ausführung genehmigt. Damit wird der Filterbetrieb allen heutigen Anforderungen entsprechend ermöglicht werden.

Allerdings hat seit einigen Jahren der Geh. Sanitätsrath Dr. Flügge in Breslau sich vom hygienischen Standpunkte entschieden gegen die fernere Verwendung von filtrirtem Flusswasser für die Versorgung der Stadt ausgesprochen. Er wünscht Grundwasser an dessen Stelle benutzt zu sehen und hatte sich, um solches aufzufinden, mit dem Baurath Thiem in Leipzig in Verbindung gesetzt. Uebrigens sind schon vor dem Baue des jetzigen Wasserwerkes Vorarbeiten zur Erschliessung von Grundwasser ausgeführt. Man hat damals grössere Mengen davon bereits stromaufwärts zwischen Oder und Ohlau aufgefunden. Der starke Eisengehalt desselben war aber die Veranlassung, dass man auf die Verwendung desselben verzichtet hat.

Auf Veranlassung von Flügge hat in neuerer Zeit auch der städtische Magistrat diese Frage wieder aufgenommen und Thiem zu Aeusserungen darüber veranlasst, ob und wo in der Nähe von Breslau brauchbares Grundwasser für eine städtische Versorgung zu finden sei. Nach den Mittheilungen Thiem's in der Versammlung des deutschen Vereins für öffentliche Gesundheitspflege in Kiel im Jahre 1896 soll, wie es schon früher bekannt war, einige Kilometer oberhalb des jetzigen Wasserwerkes in den Alluvionen der sich dort ausbreitenden und nur dünn bevölkerten Thalsohle der Oder mit aller Wahrscheinlichkeit Grundwasser in einer für Breslau hinreichenden Menge fliessen. Nach den in der Vierteljahresschrift für öffentliche Gesundheitspflege, Bd. XXIX, Heft 1 wiedergegebenen Aeusserungen Thiem's soll die Fassung dieses Wassers in einer nahezu geradlinigen Entwicklung erfolgen können. Das so gefasste Wasser würde dann zum bestehenden Wasserwerke zu leiten und hier zu enteisen sein. Die vorhandenen Maschinen würden es wie bislang in das Hochreservoir zu fördern haben. Dass die Stadt mit derartigen Ausführungen bereits begonnen hätte, ist bislang nicht bekannt geworden.

b) Die neue grosse Kunst und ihr Betrieb.

Die neue grosse Kunst besteht aus einem mittelschlächtigen Wasserrade von 7,56 m Durchmesser und 5,96 m Breite, welches 2 doppeltwirkende, stehende Pumpen mit Kolben von 418 mm Durchmesser und 1,40 m Hub durch Balanciers und Räderübersetzung betreibt. Das Wasser wird auf 20,4 m Höhe gefördert. Die Leistung der Anlage beträgt pro Stunde bei 4,1 m Gefälle 300 cbm und bei 4,7 m Gefälle 420 cbm. Bei 4 Umdrehungen des Wasserrades machen die Pumpen 10 Hübe pro Minute. Das Werk hat somit eine tägliche Leistung von 7200 bis 10000 cbm.

Gleichzeitig mit dem Neubau der Kunst sind die sämmtlichen hölzernen Rohrleitungen durch solche aus Gusseisen ersetzt. Diese Leitungen haben zur Zeit im Ganzen 25685 m Länge in Durchmessern von 228 mm bis 76 mm und bilden 8, völlig von einander getrennte Vertheilungsstränge. Das Rohrnetz setzt sich aus folgenden Durchmessern und Längen zusammen:

Rohrdurchmesser . . .	mm	238	211	185	159	133
Rohrlänge	m	1565	921	855	5336	658
	mm	107	80			
	m	12992	3358			

Im Jahre 1896 waren mit diesen Rohrleitungen 39 Schieber, 40 Schlauchschraubenständer, 76 Hydranten, 64 Rinnsteinspüler und 67 Laufbrunnen verbunden. Die Zahl der letzteren hat im Jahre 1875 noch 103 und die der Rinnsteinspüler im Jahre 1886 noch 146 betragen. Die Reduction der Zahl der letzteren ist eine Folge der fortschreitenden Kanalisation, welche das Rinnsteinspülen einschränken liess. Die Reduction der Zahl der Laufbrunnen dagegen ist, ebenso wie der Rückgang in der Zahl der Zuleitungen, welche von den Rohren dieser Wasserkunst in Grundstücke eingeführt sind und deren Zahl im Jahre 1877 noch 679 betrug, aber jetzt auf 400 hinunter gegangen ist, dem allmählichen Verdrängen des rohen Flusswassers durch das bessere Wasser des neuen Wasserwerkes zuzuschreiben. Aus gleichem Grunde hat auch die Zahl der öffentlichen Grundbrunnen, die im Jahre 1875 noch 80 betrug, sich allmählich auf 41 reducirt.

Trotzdem ist die grosse Kunst noch bis heute in regelmässigem Betriebe gehalten und sie entlastet das neue Wasserwerk wesentlich durch die Wasserabgabe für öffentliche Zwecke etc., wenn auch durch mitunter eintretende, nöthige Reparaturen die Leistung in den verschiedenen Jahren eine schwankende gewesen ist, wie die Tabelle 75 für die in den einzelnen Jahren von 1883/84 bis 1895/96 durch die grosse Kunst geförderten Wasserquantitäten erkennen lässt:

Tabelle 75.

Jahr	Förderquantum
1883/84	2 609 349 cbm
1884/85	828 154 »
1885/86	2 453 230 »
1886/87	2 107 584 »
1887/88	1 866 223 »
1888/89	2 541 410 »
1889/90	2 430 642 »
1890/91	2 300 933 »
1891/92	1 310 264 »
1892/93	2 551 391 »
1893/94	2 464 398 »
1894/95	2 238 488 »
1895/96	2 242 812 »

Der starke Abfall in den einzelnen Jahren, namentlich im Jahre 1884/85, hat seine Deckung durch die starke Steigerung in der Abgabe des neuen Wasserwerkes in demselben Jahre gefunden, wie ein Vergleich der Zahlen ergibt.

Auf Grund einer im Jahre 1882 vorgenommenen Schätzung ist der Werth der grossen Kunst mit den Rohrleitungen und allen alten Wasserwerksanlagen zusammen zu M. 188 000 festgestellt.

c) Das Wasserwerk „Neu-Holland".

Das Wasserwerk »Neu Holland« liegt am Weidendammme am linken Ufer der Oder östlich und oberhalb der Stadt und nimmt eine Gesammtfläche von 79 553 qm ein. Das Grundstück ist von diesem Flusse und der Ohlau, kurz vor deren Eintritt in die Oder, eingeschlossen. Das Wasser wird aus der Oder entnommen und durch Vorbehälter geklärt. Es wird dann auf die Filter gehoben und gelangt von den Filtern in die Reinwasserreservoire, aus denen es in das Hochreservoir gepumpt wird, um aus diesem schliesslich zur Stadt zu gelangen.

Die Höhenlage der verschiedenen Bauobjecte etc. gegen einander ergibt sich aus den folgenden Zahlen, für welche als Nullpunkt 110,766 m über N. N. des Amsterdamer Pegels gewählt ist:

Höchster Wasserstand der Oder	8,63 +°
Niedrigster » » »	3,61 +°
Höchster Wasserstand desgleichen während der letzten 10 Jahre	7,54 +°
Terrainhöhe am Wasserthurme	9,416 +°
Höchster Wasserstand im Hochreservoire	46,763 +°
Reservoirboden	40,766 +°
Höchster Wasserstand in den Filtern und im Reinwasserreservoire	7,689 +°
Obere Bordkante der Filter	8,16 +°
Krone des Schutzdeiches um die Filter	9,41 +°

Die beiden Klärbassins sind offene Teiche. Sie lassen das Oderwasser direct eintreten und arbeiten in continuirlichem Betriebe, indem das Wasser langsam durch dieselben hindurchfliesst. Der Inhalt des einen beträgt 2000 cbm und der des anderen 8000 cbm bei 1550 qm resp. 5900 qm Wasserfläche und 5,00 m bis 1,88 m Tiefe. Das alte Bassin communicirt ohne Absperrung mit der Oder, während das neue Bassin durch eine Schleusse davon abgesperrt werden kann.

Von den 5 vorhandenen Filtern sind 4 offen und eines ist mit Monier-Kappen überwölbt. Sie haben zusammen eine Filterfläche von 20 700 qm. Davon entfallen 4000 qm auf das eine überwölbte Filter und 3950 qm, 3850 qm, 4000 qm und 4900 qm auf je eins der offenen Filter. Letztere sind mit geböschten Wänden eingeschlossen, die durch einen Thonschlag gedichtet und, ebenso wie die Böden, mit Granitsteinen abgepflastert sind.

Das fünfte Filter ist durch Scheidewände in 4 Abtheilungen von je 1000 qm Fläche getheilt, um kleinere Theile desselben ausschalten zu können. Es hat auch, abweichend von den andern Filtern, eine Messkammer für jede Abtheilung erhalten. Das ganze Filter ist durch 4 Spundwände eingeschlossen. Auf diese ausgebaggerte Fläche ist eine 1,0 m starke Sandschüttung und darüber eine Betonschicht, gleichfalls von 1,0 m Stärke, gebracht. Darauf erheben sich die gemauerten Wände und Pfeiler für die Gewölbe, die 0,8 m hoch mit Erde überdeckt sind.

Das Reinwasserreservoir besteht aus 2 Abtheilungen von zusammen 2150 cbm Inhalt. Es bildet im Grundrisse ein Rechteck von 742 qm Fläche und hat, ebenso wie die Filter 2,9 m Wasserhöhe. Es ist in Mauerwerk hergestellt und überwölbt. Ueber demselben erhebt sich das Beamtenwohnhaus mit einem anstossendem Magazingebäude.

Das Maschinengebäude, welches in seiner ganzen Grundfläche als Wasserthurm hochgeführt ist, hat im Grundrisse 31,0 m und 32,0 m Seitenlängen und 40,0 m Höhe vom Terrain bis zum Hauptgesimse. Der innere Raum ist durch 2, sich rechtwinklich schneidende Mauern in 4 gleiche, nahezu quadratische Theile, die durch Thüren communiciren, getrennt. In 2 Räumen stehen die beiden älteren Maschinen, während im dritten Raume die beiden anderen und im vierten Raume die fünfte Maschine steht.

Ueber den Maschinenräumen ruht auf einem Unterbau von fischbauchförmigen, eisernen Trägern 31,35 m hoch über Terrain ein zweitheiliges, schmiedeeisernes Reservoir von 6,28 m Höhe und von rechteckigem Grundrisse, das an den Seiten umbaut und oben überdacht ist. Beide Reservoirhälften fassen zusammen bei 6,0 m Wasserhöhe, entsprechend 35,77 m Höhe über dem mittleren Wasserstand der Oder, 4125 cbm Wasser und haben 669 qm Grundfläche. Von den Maschinen aus führen 3 Steigrohre von je 38,0 m Länge zu den Reservoiren hinauf, und 2 Fallrohre von 33,0 m Länge führen von ihnen hinunter. Letztere und eines der ersteren haben je 762 mm Durchmesser, während die beiden anderen Steigerohre je 813 mm Durchmesser haben.

In Osten und in Westen legt sich an das Maschinenhaus direct je ein Kesselhaus an, und an das östlich liegende Kesselhaus ist wieder nach Osten zu direct das Maschinenhaus für die 3 Filterpumpen herangerückt. Weiter nach Osten vom Maschinenhause entfernt liegen die beiden Klärbassins und, weiter nach Westen davon entfernt, liegt das Reinwasserreservoir. Südlich von dem Maschinenhause liegen die 5 Filter von Westen nach Osten in einer Reihe nebeneinander.

Von den vorhandenen 8 Dampfmaschinen betreiben 5 die Hochdruckpumpen und 4 derselben ausserdem gleichzeitig Filterpumpen. Die anderen 3 Maschinen betreiben nur Filterpumpen. Die normale Leistung jeder der beiden ersten Maschinen beträgt 160 PS.; diejenige der beiden anderen je 150 PS. und diejenige der fünften Hochdruckpumpmaschine 270 PS. Die 3 Filterpumpmaschinen haben jede eine Leistung von 27 PS. Die Gesammtleistung der Maschinen beläuft sich somit auf 971 PS.

Die beiden ersten Maschinen sind einfachwirkende, stehende Woolf'sche Balanciermaschinen ohne Schwungrad und mit Condensation. Die beiden Maschinen vom Jahre 1879 sind gleichfalls Woolf'sche Banlanciermaschinen; sie sind aber doppeltwirkend und mit Schwungrädern versehen. Die Pumpen stehen bei ihnen zu ebener Erde. In der ersten Etage sind die Schwungradwellen mit den Kurbeln und den Schwungrädern gelagert. In der zweiten Etage stehen die Geradführungen und in der dritten Etage endlich stehen die Dampfcylinder. Die fünfte Maschine ist eine stehende Verbundmaschine mit Schwungrad und direct angetriebenen Pumpen. Die 3 kleinen Maschinen für die Filterpumpen sind liegende Verbundmaschinen mit von deren Kolbenstangen direct angetriebenen, liegenden Pumpen.

Die Hauptdimensionen etc. der verschiedenen Maschinen und Pumpen gibt Tabelle 76 (S. 93) an.

Die stündliche Leistung der sämmtlichen Filterpumpen beträgt hiernach 3240 cbm und die der Druckpumpen 3480 cbm, also die beider Arten von Pumpwerken zusammen 6720 cbm. Die beiden ersten Maschinen haben Cataractsteuerung. Die dritte und vierte Maschine haben Sulzersteuerung. Die fünfte Maschine hat eine zwangsläufige Ventilsteuerung. Die 3 kleinen Maschinen haben Schiebersteuerung.

Tabelle 76.

Art der Maschinen	Einfach wirkende Balanciermaschine	Doppelt-wirkende Balanciermaschine	Stehende Verbundmaschine	Liegende Verbundmaschine
Maschinenzahl	2	1	1	3
Hochdruckcylinder: Durchmesser mm	1050	628	810	260
» Hub m	2,432	2,511	1,200	0,600
Niederdruckcylinder: Durchmesser mm	1 700	1 255	1 150	360
» Hub m	3,452	2,511	1 200	0,600
Anzahl der einfachen Hübe pro Minute	7	—	—	—
Desgleichen der Doppelhübe pro Minute	—	12,5	40	60
Zahl der Filterpumpen pro Maschine	1	1	—	2
Kolbendurchmesser mm	1 255	667	—	450
Kolbenhub m	2,119	1,779	—	0,600
Leistung pro (Hub) und Stunde cbm	(2,627) 1 020	(1,22) 900	—	(0,372) 1 320
Mittlere Förderhöhe m	2,8	2,8	—	2,8
Druckpumpen pro Maschine	1	1	2	—
Kolbendurchmesser mm	942	615	500 u. 650	—
Kolbenhub m	3,119	1,779	1,200	—
Leistung pro (Hub) und Stunde cbm	(2,125) 900	(1,01) 780	(0,75) 1 800	—
Förderhöhe m	39.6	39,6	39,6	—

Die beiden ersten Maschinen haben stehende, einfachwirkende Plungerpumpen. Die dritte und vierte haben stehende, doppeltwirkende Pumpen. Die fünfte Maschine hat stehende Differentialpumpen. Die 3 kleinen Maschinen haben liegende, doppeltwirkende Plungerpumpen. Die Pumpen der 4 ersten Maschinen haben sämmtlich freie Etagen-Ringventile nach Fernis. Die Pumpen der 4 anderen Maschinen haben Ringventile mit Zwangssteuerung nach Riedler.

Von Dampfkesseln sind im Ganzen 12 Stück vorhanden, von denen 5 für einen Druck von $4^1/_2$ Atm. und 7 für einen solchen von 6 Atm. concessionirt sind.

Von den Kesseln bestehen 4 Stück ein jeder aus einem Ober- und einem Unterkessel, die zusammen 60 qm Heizfläche haben. 6 andere von den Kesseln bestehen ein jeder aus einem Ober- und 2 Unterkesseln, die zusammen 64 qm Heizfläche haben. Ein Kessel ist ein Root'scher Kessel und hat 170,4 qm Heizfläche. Der neueste Kessel ist wegen des beschränkten Raumes, der für die Aufstellung zur Verfügung stand, aus einem Cornwall-Unterkessel und einem Röhren-Oberkessel combinirt und in dem westlichen Kesselhause aufgestellt. Er hat 261,6 qm Heizfläche. Sämmtliche Kessel zusammen haben 1058 qm Heizfläche.

Von den Maschinen sind geliefert: die beiden ersten Maschinen von Wöhlert in Berlin, die dritte und vierte grosse Maschine und die 3 kleinen Maschinen von G. H. von Ruffer in Breslau und die fünfte grosse Maschine von der sächsischen Maschinenfabrik, vormals R. Hartmann in Chemnitz. Die Dampfkessel sind von Wöhlert, von von Ruffer und von Walther & Comp. in Kalk a. Rhein geliefert.

d) Wasservertheilung.

Die Wasserabgabe erfolgt constant und unter einem einheitlichen Drucke, der normal 30,0 m bis 35,0 m beträgt. Die Höhendifferenz der Strassen im Versorgungsgebiete schwankt um ca. 9,0 m bis 10,0 m. Das Rohrnetz war ursprünglich auf Grund des Moore'schen Planes nach dem Verästelungssysteme angelegt. Jedoch sind später die Enden der Leitungen nach und nach mit einander verbunden, so dass dasselbe jetzt ein Circulationssystem bildet.

Das Rohrnetz besteht aus dem ursprünglichen Stammrohre vom Wasserthurme von 762 mm Durchmesser, das sich von Osten nach Westen allmählich mit abnehmenden Durchmessern durch die ganze Stadt zieht, und aus einem zweiten Rohre von 760 mm Durchmesser, dem sog. Reservestrange, der am Wasserthurm beginnt, die Ohle und die Klosterstrasse überschreitet, dann die Löschstrasse und die Vorwerkstrasse durchzieht und der äusseren Promenade entlang läuft, von wo er dann über die Oder an der Königsbrücke weiter führt.

Der Bestand des ganzen Rohrnetzes von 206028 lfd. m mit 1306 Schiebern am 31. März 1896 vertheilt sich nach den Rohrlängen der verschiedenen Dimensionen und der Zahl der aufgestellten Schieber, wie sich aus folgenden Zahlen ergibt:

Durchmesser	mm	762	711	610	559	457	406	381
Länge . .	lfd. m	2447	1360	900	190	2100	1004	34
Schieber .	Stück	4	4	8	4	7	2	—
	mm	356	305	254	229	203	178	
	lfd. m	134	5815	4990	3874	4623	21006	
	Stück	2	27	16	27	36	117	
	mm	152	127	102	76			
	lfd. m	19102	66208	43378	27651			
	Stück	117	488	352	89			

Die gusseisernen Rohre sind von dem königlichen Hüttenwerk Gleiwitz, der Wilhelmshütte in Eulau bei Sprottau und früher auch von Oringsheim in Breslau geliefert. Die Schieber und Hydranten hat C. L. Strube in Magdeburg, A. L. G. Dehne in Halle a/S. und früher auch Elsner & Stumpf in Berlin geliefert. Die Wassermesser sind früher von Siemens & Halske, Berlin und H. Meinecke, Breslau und werden jetzt von Dreyer, Rosenkranz & Droop, Hannover und Wolff & Schreiber, Breslau bezogen.

Nach den Angaben der Messerfabrikanten sind der Stadt bis Ende des Jahres 1895 an Messern im Ganzen geliefert: 10178 Stück, von welchen 3691 auf H. Meinecke, 4825 auf Siemens & Halske, 1138 auf Dreyer,

Rosenkranz & Droop und 524 auf Wolff & Schreiber entfallen. Am 1. April 1896 sind im Ganzen 7505 Messer excl. Nebenmesser eingebaut gewesen. Nach der Grösse vertheilen sich diese Messer wie folgt, wobei die oberen Zahlen die gelieferten und die unteren die eingebauten Messer bezeichnen:

Durchmesser . . . mm	7	10	12	13	15	20	25
bis 1895 gelieferte Stückzahl	6	8	143	116	1	3856	3749
am 1./4. 1896 eingebaut .	—	—	—	42	—	2968	3587

mm	30	33	40	50	65	70	75	80
bis 1895 Stückzahl	576	136	214	163	13	3	32	31
am 1./4. 1896 eingebaut	714		183	109	—	58		

mm	100	125	150	200
bis 1895 Stückzahl	24	5	2	—
am 1./4. 1896 eingebaut	23	3	3	1

Die nachfolgende Tabelle 77 gibt ein Bild der allmählichen Entwicklung des Rohrnetzes für die Rohre von 762 mm bis 76 mm Durchmesser mit den Absperrschiebern etc. Die angegebenen Hydranten, von welchen 17 Ueberflurhydranten sind, stehen in mittleren Entfernungen von 80 m. Ausser der Zahl der öffentlichen Springbrunnen, Laufbrunnen, Pissoire und Aborten ist in der Tabelle auch die Zahl der vorhandenen privaten Closets und hydraulischen Aufzüge (Wassermotoren sind nicht in Gebrauch) mit aufgenommen.

In Betreff der Hydranten ist zu bemerken, dass die älteren 60 mm Anschlussweite haben und nach der auch in Berlin verwendeten englischen Construction und ohne eine genügende Entwässerung gefertigt sind. Von diesen sind z. Z. noch 1303 Stück vorhanden. 674 Stück sind von der neueren Construction mit vollständiger Entwässerung und haben 75 mm Anschlussweite. Sie sind gleichfalls Unterflurhydranten. Die 17 Ueberflurhydranten haben eine Ventilöffnung von 100 mm. Jeder derselben kann durch 3 Schlauchverschraubungen aus 3 Schläuchen pro Minute zusammen 2,4 cbm Wasser abgeben. Die Anschlussleitungen sind bis zu 50 mm Durchmesser aus Bleirohren hergestellt; grössere Anschlussleitungen bestehen aus gusseisernen Rohren.

e) Anlagekosten.

Die Baukosten des neuen Wasserwerkes in dem Umfange, wie es im Jahre 1871 in Betrieb gekommen ist, stellen sich excl. der Kosten für Grunderwerb wie folgt zusammen:

Wassereinlass	M.	41 377
Maschinen- und Kesselhaus mit Kesseleinmauerung	»	581 719
Hochreservoir mit Trägerconstructionen	»	239 018
Maschinen- und Kesselanlagen	»	312 025
Filteranlagen	»	174 509
Rohrleitungen etc. incl. der Zweigleitungen	»	1 066 812
Terrainregulirung und Allgemeines . .	»	57 706
zusammen	M.	2 473 166
Dazu kommen für im Jahre 1873 in Angriff genommene Bauten:		
3 Filter . . . . M. 181 632		
Werkstellengebäude . . . » 17 283		
Rohrnetz, Laufbrunnen . . » 256 798		
	»	455 713
zusammen Ende 1873	M.	2 928 879
Die Kosten für die Erweiterungen und Neubauten bis zum 1. April 1886 haben betragen	»	3 256 696
so dass die Anlagekosten sich stellten auf:	M.	6 185 575
Bis zum 1. April 1896 sind ferner für Neuanlagen verausgabt	»	936 462
so dass die Gesammtanlagekosten waren:	M.	7 122 037
oder pro Kopf der Bevölkerung M. 19,11		
Davon entfallen: auf das Rohrnetz . .	»	3 308 362
und auf die Hebwerksanlagen . . .	»	3 813 675
Von der obigen Bausumme am 1. April 1896 sind im Ganzen auf Abnutzung abgeschrieben	»	1 738 138
so dass als Buchwerth verbleibt	M.	5 383 899

Als Abschreibungen werden berechnet:

auf Maschinenanlagen 5 %, auf Gebäude, Filter etc. 1 %, auf Rohrnetz $4^{1}/_{2}$ %, auf Wassermesser 3 % und auf Utensilien 10 %.

Die Kosten für die neueren Anlagen auf dem Wasserwerke haben betragen:

für das fünfte Filter	M.	439 751
» die fünfte Maschine mit Fundament .	»	182 548
» die 3 Filterpumpen mit Zubehör . .	»	181 030
» deren Gebäude	»	138 953
» den fünften Dampfkessel	»	18 312
» Dampfleitungen	»	24 167
zusammen	M.	984 761

Tabelle 77.

Am 31. März	lfd. m Rohre	Inhalt derselben cbm	Schieber	Hydranten	Oeffentliche Spring- brunnen	Oeffentliche Lauf- brunnen	Oeffentliche Pissoire	Oeffentliche Aborte	Private Closets	Private Aufzüge
1875	93 435	—	—	—	5	—	—	—	3 348	—
1885	136 506	—	718	1 485	5	53	—	—	28 214	—
1886	139 712	—	741	1 519	5	53	—	—	29 031	—
1887	142 705	4 200	773	1 548	5	53	—	—	30 100	—
1888	145 551	—	804	1 569	5	53	—	—	31 700	—
1889	157 872	4 494	912	1 698	5	53	11	6	35 623	—
1890	164 937	4 656	971	1 750	5	54	12	7	38 428	—
1891	171 290	4 786	1 025	1 790	5	56	13	9	40 514	10
1892	176 280	4 976	1 062	1 831	5	56	27		42 446	13
1893	183 155	5 135	1 128	1 865	5	56	27		44 100	14
1894	191 730	5 431	1 190	1 938	5	56	29		45 955	15
1895	197 691	5 568	1 241	1 994	5	54	29		47 483	15
1896	206 028	5 752	1 306	2 057	5	55	30		48 998	22

f) Verwaltung, Betrieb und Consum.

Die Verwaltung des Wasserwerkes »Neu Holland«, sowie die der grossen Kunst liegt, wie schon vorhin erwähnt, seit dem Jahre 1882 in den Händen des Directors der Gas- und Wasserwerke V. Schneider. Die specielle Betriebsleitung des Wasserwerkes ist dem Betriebsinspector Debusmann übertragen. Auf dem Wasserwerke selbst sind ein Betriebsleiter mit einem Assistenten und 16 Betriebsarbeitern beschäftigt. Der Werkstelle steht ein Aufseher vor und es sind hier 10 Handlanger und 7 Tagelöhner beschäftigt. Für Magazinarbeiten ist ein Aufseher mit 7 Arbeitern vorhanden. Im Ganzen sind für das Wasserwerk selbst also 45 Personen in Thätigkeit. Für die Wassermesser ist eine Prüfungsanstalt und eine Werkstelle vorhanden. Für die Beaufsichtigung des Rohrnetzes sind 6 Beamte mit einer wechselnden Zahl von Hilfsarbeitern beschäftigt.

Die Wasserförderung in jedem der 21 Jahre von 1875 bis zum Jahre 1895/96, sowie die Arbeitszeit und die Arbeitshöhe der Pumpen und den Kohlenverbrauch für die Dampfkessel gibt die Tabelle 78 an. Die Steinkohlen sind aus dem oberschlesischen Reviere, meistens von der Ludwigglücks-Grube bezogen. Es ist in der Tabelle ferner angegeben, wie viel Kohlen pro 100 cbm Wasser und pro PS.-Stunde verbraucht sind und wie gross die durchschnittliche Leistung von einem kg Kohlen in m × kg und die durchschnittliche tägliche Arbeitszeit einer Maschine gewesen ist.

Der bedeutende Rückgang des Kohlenverbrauches im letzten Jahre erklärt sich aus der neuen Maschine und dem neuen Dampfkessel. Mit Ausschluss der 159 834 kg Kohlen zum Anheizen sind nur 3 670 111 kg für den Betrieb oder 32,7 kg für 100 cbm Wasser verbraucht. Von den gesammten, in's Hochreservoir im letzten Jahre geförderten 11 206 924 cbm filtrirten Wasser haben geliefert:

die Maschinen I und II:
281 289 cbm bei 132 370 Hüben in 363 Stunden,
die Maschinen III und IV
4 453 489 cbm bei 4 409 395 Umdr. in 6091 Stunden,
die Maschine V:
6 472 149 cbm bei 8 629 532 Umdr. in 3688 Stunden.

Von den im letzten Jahre geförderten 12 960 922 cbm Rohrwasser haben geliefert:

die Maschinen I und II . . . . 347 668 cbm
» » III » IV . . . . 5 379 840 »
» » VI, VII und VIII . . 7 232 414 »

bei 19 444 666 Umdrehungen in 7004 Stunden.

Die Leistung sämmtlicher 8 Maschinen hat im Laufe des Jahres 488 659 Millionen m × kg betragen und zwar:

bei den Maschinen I und II . . 12 333 Mill. m × kg
» » » III » IV . . 194 880 » m × kg
» der Maschine V . . . . . 259 565 » m × kg
» den Maschinen VI, VII u. VIII 21 881 » m × kg

Es hat im Jahresdurchschnitte betragen die mittlere, wirkliche Förderhöhe für das Rohwasser 3,025 m und für das Reinwasser 40,105 m. Die Kosten der Kohle pro 100 cbm gefördertes Wasser haben M. 0,275 im letzten Jahre gegen M. 0,306 in dem Vorjahre betragen und an Löhnen für Maschinen- und Kesselbetrieb sind M. 18007,91 gegen M. 17 948,08 im Ganzen gezahlt. Es waren 3 Maschinenwärter, 3 Kesselheizer und 3 Maschinenschmierer, mit je einem Mann in Reserve, 2 Putzer (zugleich für die Filter) und 3 Kohlenfahrer, vorübergehend mit einem Hilfsarbeiter, im letzten Jahre beschäftigt. Diese Leute stehen unter specieller Aufsicht eines Maschinenmeisters mit 2 Gehilfen.

Die Tabelle 79 (S. 96) gibt für die 20 Jahre 1876/77 bis 1895/96 das in jedem Jahre pro qm Filterfläche durchschnittlich pro Tag filtrirte Wasserquantum, d. i. die sog. Filtergeschwindigkeit, und die Grösse der im Laufe jedes Jahres gereinigten Filterfläche an. Ferner sind darin

Tabelle 78.

Jahr	Wasserförderung cbm	Förderhöhe m	Betriebsstunden für eine Maschine im Jahre zusammen	kg Kohlen im Ganzen	Vorhandene Maschinen	kg Kohlen pro		m × kg Leistung pro kg Kohlen	Tägliche Arbeitszeit pro Maschine im Jahresdurchschnitte Stunden
						100 cbm	PS.-Stunde		
1875	4 082 575	42,42	—	1 689 837	2	41,4	2,6	102 200	—
1876/77	4 656 036	42,42	6 714	1 901 850	2	40,8	2,6	103 800	9,2
1877/78	4 809 527	42,63	7 738	2 003 450	2	41,6	2,6	102 400	10,6
1878/79	5 178 149	42,68	7 711	2 104 770	2	40,7	2,6	104 800	10,6
1879/80	5 495 138	42,38	7 926	2 302 075	4	42,0	2,7	100 900	5,4
1880/81	5 766 051	42,19	8 328	2 391 543	4	43,5	2,8	96 990	5,7
1881/82	6 406 185	42,25	9 886	2 444 853	4	38,2	2,4	110 600	6,8
1882/83	7 030 031	42,27	10 189	2 591 746	4	36,8	2,3	114 900	7,0
1883/84	7 553 085	42,21	11 260	2 468 316	4	31,4	2,0	134 500	7,7
1884/85	8 261 750	42,44	11 607	2 865 584	4	34,7	2,2	122 200	8,0
1885/86	7 535 788	42,54	10 793	2 849 417	4	37,8	2,4	112 600	7,4
1886/87	7 884 836	42,74	11 105	2 944 366	4	37,4	2,4	114 400	7,6
1887/88	8 273 632	42,94	11 272	3 037 689	4	36,7	2,3	116 900	7,7
1888/89	8 407 695	43,05	11 207	3 168 588	4	37,7	2,4	114 100	7,7
1889/90	8 907 022	43,13	11 879	3 401 128	4	38,2	2,4	112 900	8,1
1890/91	9 205 352	43,01	12 386	3 541 181	4	38,5	2,4	111 900	8,5
1891/92	10 059 774	43,17	12 891	3 988 274	4	39,7	2,5	108 800	8,8
1892/93	10 327 829	43,10	13 611	4 353 086	4	42,1	2,6	102 500	9,3
1893/94	10 725 550	43,60	13 772	4 517 455	4	42,1	2,6	103 600	9,4
1894/95	10 763 953	43,59	15 125	4 024 004	5	37,0	2,3	118 000	8,3
1895/96	11 207 043	43,60	17 147	3 829 947	5	34,2	2,1	127 589	8,4

Tabelle 79.

Jahr	Filtergeschwindigkeit (cbm pro qm Filterfläche)			Tage Betriebsdauer zwischen 2 Filterreinigungen			Gereinigte Sandfläche im Jahr qm	Im Jahr gereinigte Filter
	Min.	Max.	Mittel	Min.	Max.	Mittel		
1876/77	—	—	1,92	—	—	—	92 400	22
1877/78	—	—	1,70	—	—	—	88 200	21
1878/79	—	—	1,92	—	—	—	96 600	23
1879/80	—	—	1,94	—	—	—	100 800	24
1880/81	—	—	1,61	—	—	—	105 000	25
1881/82	0,74	1,80	1,20	—	—	—	172 400	42
1882/83	0,89	3,09	1,34	—	—	—	172 200	41
1883/84	0,89	2,76	1,39	—	—	—	134 400	32
1884/85	0,96	3,00	1,54	—	—	—	134 400	32
1885/86	0,91	2,71	1,37	—	—	—	126 000	30
1886/87	0,94	2,59	1,44	—	—	—	147 000	35
1887/88	0,96	2,88	1,46	—	—	—	126 000	30
1888/89	—	—	1,58	20,0	77,0	—	125 750	30
1889/90	—	—	1,62	13,0	70,0	—	158 520	38
1890/91	—	—	2,00	10,0	70,0	34,0	145 000	34
1891/92	—	—	1,80	19,0	74,2	37,3	154 150	37
1892/93	—	—	2,00	10,3	84,5	32,0	170 950	40
1893/94	—	—	1,50	19,0	75,0	35,0	191 200	45
1894/95	1,17	2,14	1,54	13,0	100,0	35,0	183 250	43
1895/96	1,01	2,59	1,61	19,2	101,2	45,9	160 615	43

für einzelne Jahre die Maximal- und Minimal-Filtergeschwindigkeiten und die längste, die geringste, sowie die mittlere Benutzungsdauer in Tagen für ein Filter zwischen je 2 Reinigungen aufgeführt.

Von der gesammten Filterfläche von 20700 qm sind durchschnittlich pro Tag 18889 qm oder 91,3 % in Betrieb gewesen. Die Löhne zur Unterhaltung und Reinigung der Filter haben M. 28595 gegen M. 23282 im Vorjahre betragen.

Die Tabelle 80 (S. 97) gibt für die 8 Jahre von 1888/89 bis 1895/96 die Zahl der Einwohner und deren mittleren und maximalen täglichen Antheil an der Gesammtabgabe in Litern pro Kopf an; ferner die Wasserabgabe für jedes einzelne Jahr für öffentliche Zwecke, sowie getrennt nach den einzelnen Verbrauchszwecken und für Privatzwecke mit Angabe der Messerzahl und der Abgabe pro Messer im Jahre; ferner den Selbstverbrauch für das Wasserwerk, und die Spülung etc.; endlich die Abgabe nach Schätzung und nach Messern im Ganzen; auch sind verschiedene Verhältnisszahlen darin aufgeführt.

In den 8411083 cbm, welche für das Jahr 1895/96 als Privatabgabe aufgeführt sind, befinden sich 77932 cbm für städtische Gebäude und Anstalten, wovon 233931 cbm gegen Zahlung und 545398 cbm unentgeltlich abgegeben wurden, und es verbleiben somit für die eigentlichen Privaten nur 7631754 cbm. Der Verbrauch für die städtischen Gebäude vertheilt sich wie folgt:

für Schulen 320639 cbm, für Verpflegungsanstalten und Stiftungen 60144 cbm, für das Hospital zu Allerheiligen 115993 cbm, für das Armenhaus 52358 cbm, für das Arbeitshaus 32881 cbm, für den Marstall und die Feuerwehrwachen 50984 cbm, für das Polizeigefängniss 2673 cbm, für das Volksbrausebad 20976 cbm, für Bedürfnissanstalten excl. Pissoire 3202 cbm, für das Rathhaus 20792 cbm, für das Stadthaus 30372 cbm, für das Stadttheater 4978 cbm, für die Gaswerke 27314 cbm, für das Elektricitätswerk 5575 cbm, für den Schlachthof 5259 cbm und für diverse Grundstücke 13187 cbm.

Der Selbstverbrauch für das Wasserwerk beträgt für Condensationswasser 10645 cbm und für die Wassermesserstation 5580 cbm. Für Feuerlöschzwecke sind nur 208 cbm verwendet.

Von dem Wasser für öffentliche Zwecke und städtische Gebäude entfallen im Jahre 1895/96 auf den Kopf der Bevölkerung für öffentliche Gebäude und Anstalten 5,77 Lit., für Springbrunnen 0,41 Lit., für Kanalspülung 0,95 Lit., für Strassensprengen 1,75 Lit. und für sonstige öffentliche Zwecke 17,60 Lit., und es verbleiben somit für den Privatgebrauch pro Kopf 56,51 Lit. übrig.

Die Tabelle 81 (S. 98) gibt für das neue Wasserwerk die gesammte Abgabe an Wasser für jedes einzelne Jahr seit der Eröffnung des Werkes am 1. Juli 1871 bis zum Betriebsjahr 1895/96 und die Zahl der jeweilig angeschlossenen Grundstücke an. Ferner ist darin die verhältnissmässige Abgabe jedes Jahres gegen 100 cbm des Vorjahres, die durchschnittliche Abgabe für ein Grundstück im Jahre und die verhältnissmässige Abgabe gegen 100 cbm des Vorjahres, sowie die Zunahme der Anschlüsse gegen das Vorjahr angegeben. Endlich ist die Tagesabgabe am mittleren Jahrestage, sowie am Maximal- und am Minimaltage und das Verhältniss der beiden letzteren zu 100 cbm der mittleren Tagesabgabe darin aufgeführt.

Im Jahre 1894/95 kamen von der gesammten Jahresabgabe von 10763874 cbm auf den Monat der stärksten Abgabe 1069312 cbm und auf den Monat der geringsten Abgabe 818041 cbm oder auf die resp. mittleren Monatstage 34494 cbm resp. 26390 cbm. Der Consum in der Maximalwoche betrug 261027 cbm und in der Minimalwoche 177453 cbm oder an den resp. mittleren Wochentagen 37289 cbm resp. 25370 cbm. Es entspricht somit dem Consume von 100 cbm am mittleren Jahrestage ein Consum von 117,0 cbm resp. 89,2 cbm am mittleren Tage des Maximal- resp. des Minimalmonats und von 126,4 cbm resp. 85,9 cbm am mittleren Tage der Maximal- resp. der Minimalwoche, während 139,2 cbm resp. 71,4 cbm dem Consume am Maximal- resp. Minimaljahrestage entsprechen. Der grösste resp. der kleinste Stundenconsum hat in dem Jahre 1895/96 2399 cbm resp. 238 cbm betragen, und es entspricht das 5,8 % des Consums am Maximal- resp. 1,1 % des Consums am Minimaltage, während auf die mittlere Stunde dieser Tage 4,1 % des Tagesconsums entfällt.

Tabelle 79.

Jahr	1888/89	1889/90	1890/91	1891/92	1892/93	1893/94	1894/95	1895/96
Einwohnerzahl	309 000	314 400	330 000	335 000	342 000	350 000	360 000	370 000
Liter pro Kopf pro Tag im Mittel	74	77	76	82	83	84	82	88
Desgleichen am Maximaltag	104	116	104	109	124	114	114	114
Wasser für öffentliche Zwecke . . . cbm	1 109 675	1 142 373	1 140 303	1 323 563	1 293 229	1 401 856	1 458 499	847 149
Davon Strassensprengen . . . . »	173 306	162 535	113 196	125 739	158 176	205 486	180 778	246 348
» Springbrunnen . . . . . »	69 414	59 343	51 741	28 183	32 265	43 331	52 076	55 919
» Laufbrunnen und Wasserständer . . . . . . »	21 682	22 215	20 881	20 679	20 734	20 405	30 481	40 287
» Rinnsteinspülen . . . . »	6 314	9 354	23 500	24 970	23 406	23 442	27 300	27 993
» Kanalspülen . . . . . »	108 214	122 152	115 713	111 652	125 867	127 009	155 423	128 114
» Bedürfnissanstalten . . . »	56 258	86 165	73 065	125 314	118 704	152 816	164 488	194 968
» Bewässern öffentlicher Anlagen . . . . »	47 000	56 243	42 000	46 000	91 000	94 500	69 010	115 872
» diverse Zwecke . . . . »	626 487	624 366	700 207	841 026	723 077	734 867	778 943	37 653
Von 100 cbm für öffentliche Zwecke:								
Für Strassensprengen . . . . . »	15,6	14,2	9,9	9,5	12,2	14,7	12,4	30,0
» Springbrunnen . . . . . . »	6,3	5,2	4,5	2,1	2,5	3,1	3,6	6,6
» Laufbrunnen und Wasserständer . . . . »	1,9	1,9	1,8	1,5	1,6	1,4	2,1	4,8
» Rinnsteinspülen . . . . . »	0,6	0,8	2,1	1,9	1,8	1,7	1,8	3,3
» Kanalspülen . . . . »	9,8	10,7	10,1	8,4	9,7	9,1	10,7	15,5
» Bedürfnissanstalten . . . . »	5,1	7,5	6,4	9,5	9,2	10,9	11,3	21,3
» Bewässern öffentl. Anlagen . »	4,2	4,9	3,7	3,5	7,0	6,7	4,7	14,1
» diverse Zwecke . . . . . »	56,5	54,8	61,5	63,6	56,0	52,4	53,4	4,4
Wasser für Private (nur nach Messern) »	5 821 820	6 143 034	6 351 853	6 482 857	6 928 861	7 055 993	7 212 922	8 411 083
Zahl der Messeranschlüsse	6 502	6 745	6 900	7 083	7 211	7 380	7 505	7 505
Wasser für das Wasserwerk:								
incl. zum Spülen . . . . cbm	1 474 240	1 621 615	1 713 249	2 253 262	2 105 909	2 267 595	2 092 453	1 952 811
Von 100 cbm Gesammtabgabe:								
Für öffentliche Zwecke . . . . »	13,2	12,8	12,4	13,2	12,5	13,0	13,5	7,6
» Private . . . . »	69,4	69,0	69,0	64,4	67,1	65,8	67,1	75,0
» das Wasserwerk . . . . . »	17,4	18,2	18,6	22,4	20,4	21,2	19,4	17,4
Gesammtabgabe ohne Messer . . . . »	1 897 450	2 038 943	2 086 061	2 616 731	2 543 904	2 719 286	2 543 143	2 475 869
Desgl. von 100 cbm Gesammtabgabe »	22,6	22,8	22,7	26,0	24,6	25,4	23,7	22,1
Gesammtabgabe nach Messern . . . »	6 508 285	6 868 079	7 119 344	7 442 951	7 784 095	8 006 158	8 220 731	8 731 174
Desgl. von 100 cbm Gesammtabgabe »	77,4	77,2	77,3	74,0	75,4	74,6	76,3	77,9
Abgabe pro Messer von der gesammten Wasserabgabe . . . . cbm	1 001	1 018	1 031	1 050	1 079	1 084	1 094	1 163

Der Rechnungsabschluss des Wasserwerks pro 1895/96 weist in Einnahme A und Ausgabe B folgende Posten auf:

A. An Wassergeld nach Messern . . .	M.	1 168 865
» Pauschalsätzen .	»	11 794
abgegeben aus Hydranten . . .	»	162
» Druckständern . .	»	10
1. Wassergeld zusammen	M.	1 180 831
2. ferner an Miethe für Messer . . .	»	150
3. » aus Magazin und Werkstelle	»	503 911
4. » an Zinsen des Reservefonds .	»	1 122
5. » an Diverses	»	200
Gesammteinnahme	M.	1 686 214
B. 1. Für Generalbesoldungen	»	74 301
2. » Generalunkosten	»	31 005
(davon Pacht des Areals M. 10 336, Bureaubedürfnisse M. 8122, Gasbeleuchtung M. 4300, Feuerversicherung M. 1055,		
Uebertrag:	M.	105 306
Uebertrag:	M.	105 306
Krankenkasse M. 1500, Unfallkasse M. 1200, Altersversicherung M. 800, Steuern M. 51, Gebühren für Untersuchungen M. 2140, Unterstützungen und Diverses M. 1501.)		
3. Kosten der Wasserförderung . . .	»	55 217
(davon Brennmaterial M. 32 269, Schmiere, Putze und Dichtungsmaterial M. 4940, Löhne M. 18 008.)		
4. Maschinen-Unterhaltung	»	18 609
5. Unterhaltung der Filter	»	28 595
6. Unterhaltung der Gebäude . . .	»	5 965
7. Unterhaltung des Rohrnetzes	»	38 607
(davon Schieber M. 1809, Strassenschilde M. 132, Hydranten M. 4768, Druckständer M. 3091, Rohrleitungen M. 28 808.)		
Uebertrag:	M.	252 299

Tabelle 81.

Jahr	Gesammt-abgabe cbm	Desgl. gegen 100 cbm des Vorjahres	Zahl der angeschlossenen Grundstücke	Zunahme gegen das Vorjahr	cbm pro Anschluss im Jahre	Desgl. gegen 100 cbm des Vorjahres	Tagesconsum mittlerer Jahrestag cbm	Maximaltag cbm	Minimaltag cbm	von 100 cbm am mittleren Jahrestage am Maximaltage	am Minimaltage
1/2 von 1871	58 324	—	530	—	220	—	319	—	—	—	—
1872	1 869 502	—	1 234	704	1 515	—	5 120	—	—	—	—
1873	3 555 952	190,1	1 941	707	1 832	121,0	9 738	15 175	7 445	155,9	76,5
1874	3 919 786	110,2	2 691	750	1 456	79,5	10 740	15 285	7 478	142,3	69,7
1875	4 081 683	104,3	3 239	548	1 260	86,5	11 190	—	—	—	—
1876/77	4 467 914	109,5	3 569	330	1 251	99,4	12 239	—	—	—	—
1877/78	4 804 017	107,5	3 939	370	1 219	97,3	13 156	—	—	—	—
1878/79	5 181 721	107,9	4 358	419	1 189	97,6	14 197	18 764	10 337	132,3	72,9
1879/80	5 489 611	105,9	4 704	346	1 167	98,2	15 040	21 527	10 755	143,5	71,5
1880/81	5 766 063	105,2	4 875	171	1 182	101,5	15 797	22 550	11 574	143,0	73,3
1881/82	6 406 785	111,0	5 042	167	1 270	107,3	17 553	26 347	12 123	150,0	69,1
1882/83	7 029 991	109,9	5 351	309	1 313	103,5	19 260	26 349	13 695	136,9	71,1
1883/84	7 553 072	107,6	5 484	133	1 377	104,8	20 673	28 770	14 687	138,9	70,9
1884/85	8 261 723	109,4	5 667	183	1 459	106,0	22 635	32 819	15 915	145,1	70,3
1885/86	7 535 788	91,3	5 794	127	1 301	89,4	20 646	30 292	15 054	146,8	72,6
1886/87	7 884 836	104,8	5 827	33	1 352	104,0	21 602	31 234	15 129	144,5	70,1
1887/88	8 273 632	105,0	6 095	268	1 359	100,5	—	—	—	—	—
1888/89	8 405 735	101,5	6 242	147	1 348	99,4	23 029	32 296	16 847	140,4	73,3
1889/90	8 907 022	106,0	6 477	235	1 376	102,1	24 403	36 355	17 693	148,9	72,4
1890/91	9 205 405	103,3	6 626	149	1 389	100,9	25 220	34 336	19 092	136,0	75,6
1891/92	10 059 682	109,5	6 801	175	1 479	106,4	27 561	36 355	18 964	132,0	68,8
1892/93	10 327 999	102,9	6 929	128	1 491	101,0	28 296	42 242	20 457	149,2	72,4
1893/94	10 725 444	104,0	7 086	157	1 515	101,6	29 385	39 856	21 499	135,8	73,3
1894/95	10 763 874	100,5	7 201	115	1 498	98,9	29 490	41 162	21 068	139,6	71,3
1895/96	11 207 043	103,9	7 372	171	1 500	100,0	30 620	42 062	21 679	137,3	70,8

Uebertrag:		M.	252 299
8. Ergänzung der Bestände (davon Wassermesser M. 231, Utensilien M. 5582, Bibliothek M. 67.)		»	5 880
9. Erweiterung des Rohrnetzes		»	118 039
10. Magazin und Werkstelle		»	502 342
11. Amortisation		»	135 681
12. Zinsen		»	267 362
13. Bacteriologisches Laboratorium		»	3 016
14. Einmalige Ausgaben		»	8 827
15. Reservefonds		»	33 537
16. Neue grosse Kunst und Grundbrunnen		»	14 161
B. Gesammtausgabe		M.	1 341 144
Baar-Ueberschuss von A Einnahme gegen B Ausgabe		M.	345 070
Dazu die sub B. 9. angeführte Erweiterung des Rohrnetzes mit M. 118 039			
ferner die erfolgte Abzahlung der Capitalschuld mit » 135 681			
	M. 253 720		
davon ab die wirklich erfolgte Abschreibung für Maschinenanlage M. 25 668			
für Gebäude und Filter . . » 23 742			
für Rohrnetz . » 112 173	M. 161 583		
bleibt also mehr an Ueberschuss		M.	92 137
und daher als wirklicher Überschuss		M.	437 207
dazu als zum Reservefonds geschrieben		»	37 537
verbleibt als Netto-Gewinn		M.	474 744

Die Wasserabgabe findet für die öffentlichen und die Privatgebäude, ebenso wie für die Springbrunnen nur durch Wassermesser statt. Der Anschluss sämmtlicher Gebäude an die Wasserleitung ist indirect obligatorisch, weil jedes Haus obligatorisch an das Kanalnetz anzuschliessen ist und dieser Anschluss als Vorbedingung den Anschluss an die Wasserleitung voraussetzt. Die Wasserabgabe erfolgt nur nach Messern. Pro cbm Wasser sind von den Privaten 15 Pf. zu zahlen und die Stadt berechnet sich den eigenen Verbrauch seit dem Jahre 1896/97 mit 10 Pf. pro cbm.

Die Beschaffung der Wassermesser ist Sache des Grundstücksbesitzers. Die nothwendigen Reinigungen und die dabe ausgeführten, kleinen Reparaturen werden stadtseitig kostenfrei vorgenommen. Andere Reparaturen werden auf Kosten des Consumenten ausgeführt. Auch die Kosten der Nachprüfung fallen diesem zur Last.

f) Beschaffenheit des Wassers.

In Folge der vom Reichskanzler erlassenen Bestimmungen über den Betrieb der künstlichen Sandfiltration vom 24. September 1894 ist auf dem neuen Wasserwerke ein bacteriologisches Laboratorium errichtet, um hier das Filtrat täglich auf seinen Keimgehalt und in Bezug auf Farbe, Klarheit und Temperatur zu untersuchen, während die chemischen Wasseruntersuchungen durch das städtische Untersuchungsamt ausgeführt werden.

Die bacteriologischen Untersuchungen haben ergeben, dass die Keimzahl im ccm stets eine mässige gewesen ist, und krankheitserregende Keime sind niemals vorgefunden.

Ueber die chemischen und physikalischen Untersuchungen gibt die Tabelle 82 (S. 99) für die beiden letzten Jahre Aufschluss.

Die Tabelle 83 (S. 99) gibt für die einzelnen Monate des Jahres 1895/96 in Graden Celsius die mittleren Luft- und Wassertemperaturen an verschiedenen Punkten des Rohrnetzes an.

Tabelle 82.

Datum der Probenahme	2./4. 94	2./7. 94	10./10. 94	3./4. 95	5./7. 95	3./10. 95
Oderwasserstand	5,18 m + 0	5,28 m + 0	4,98 m + 0	6,88 m + 0	4,92 m + 0	4,52 m + 0
mg im Lit. Wasser:						
Gelöste Stoffe	138,9	144,0	207,0	114,9	189,7	196,0
Davon Glühverlust	35,8	25,6	68,2	30,0	17,0	48,0
» Glührest	103,1	118,4	138,8	84,9	172,7	148,0
» Chlor	13,6	15,2	31,8	15,0	21,2	16,8
» Schwefelsäure	13,9	14,5	31,6	17,7	29,7	20,3
» Kieselsäure	10,3	11,9	10,4	4,2	8,1	4,9
» Kalk	54,6	44,0	56,7	31,5	33,0	53,7
» Magnesia	9,9	8,4	10,4	7,3	8,8	8,3
Salpetersäure	0	0	0	1,07	Spur	1,3
Ammoniak und salpetrige Säure	0	0	0	0	0	0
Gesammthärte	4,50°	4,55°	5,77°	3,27°	4,10°	4,75°
Bleibende Härte	2,57°	2,96°	2,68°	2,97°	1,81°	2,00°
Für 1000 ccm sind mg Kaliumpermanganat zur Oxydation der organischen Substanz verbraucht	12,35	18,76	8,13	12,46	18,8	16,1
Physikalische Beschaffenheit	klar, schwach gelblich gefärbt, geruchlos und von schwach elektrischer Reaction	klar, schwach opalisirend, farblos, geruchlos und von neutraler Reaction	klar, farblos und von schwacher alkalischer Reaction	klar, farblos, geruchlos	klar, farblos, geruchlos	klar, farblos, geruchlos

Tabelle 83.

Monat	Luft Morgens 7 Uhr	Oderwasser am Wasserwerke	Leitungswasser in der Stadt im Osten	Westen	Süden	Norden
	° C.	° C.	° C.	° C.	° C.	° C.
April 1895	+ 6,2	+ 9,4	+ 10,8	+ 10,2	+ 10,0	+ 11,1
Mai	+ 12,0	+ 15,6	+ 17,3	+ 16,3	+ 15,6	+ 17,1
Juni	+ 14,4	+ 20,0	+ 18,2	+ 18,3	+ 17,6	+ 19,7
Juli	+ 17,0	+ 21,3	+ 21,8	+ 21,2	+ 20,4	+ 23,2
August	+ 14,8	+ 19,6	+ 19,8	+ 19,5	+ 19,0	+ 21,4
September	+ 11,1	+ 16,7	+ 14,4	+ 16,0	+ 16,0	+ 17,8
October	+ 5,8	+ 9,5	+ 9,7	+ 10,4	+ 9,9	+ 10,8
November	+ 3,0	+ 5,0	+ 6,3	+ 5,8	+ 6,5	+ 6,2
December	— 1,8	+ 1,0	+ 2,6	+ 2,1	+ 1,8	+ 2,3
Januar 1896	— 4,2	+ 0,0	+ 0,8	+ 1,1	+ 1,3	+ 1,4
Februar	— 1,2	+ 0,0	+ 1,6	+ 1,8	+ 1,8	+ 1,8
März	+ 2,8	+ 4,4	+ 6,0	+ 6,0	+ 6,1	+ 6,0

2. n. **Bernstadt i. Schl.** (E. 4337.) Ohne Antwort.

3. b. **Brieg.** (E. 21 122, W. 987 mit je 21,4 B.)

Bereits im Jahre 1864 ist für die Versorgung der Stadt Brieg für städtische Rechnung ein Wasserwerk nach dem Projecte des Gasdirectors Hornig erbaut, welches später verschiedene Umbauten und Erweiterungen erfahren hat. Das Wasser wurde der Oder oberhalb der Stadt entnommen und, nachdem es künstlich durch Sand filtrirt war, einem Hochreservoire durch ein Dampfpumpwerk zugeführt. Diese erste Anlage hat damals M. 170896 gekostet.

Bis zum Jahre 1876 sind dafür 2 gemauerte, offene Filterbassins von je 230 qm Fläche in Benutzung gewesen. In diese ist das Wasser aus der Oder direct durch eine Schleuse eingelassen. Das filtrirte Wasser ist dann hinter den Filtern direct mittels 35 m langer Saugerohre 2 liegenden, doppeltwirkenden Pumpen mit Scheibenkolben zugeführt, welche mit den sie betreibenden Dampfmaschinen und 2 Dampfkesseln in einer daneben erbauten Pumpstation aufgestellt waren.

Von der Pumpstation ca. 790 m entfernt, befand sich ein gemauertes Hochreservoir von 445 cbm Inhalt, dessen Wasserspiegel 18,5 m über dem der Filter lag. Eine Druckleitung von 209 mm Durchmesser führte zu diesem Reservoire und war in der Pumpstation zum Zwecke einer zeitweisen Druckerhöhung mit einem Standrohre von 23,0 m Höhe verbunden, bei dessen event. Benutzung das Reservoir ausgeschaltet wurde. Die beiden Maschinen waren liegende, rotirende Eincylindermaschinen und hatten direct gekuppelte Pumpen. Sie hatten folgende Dimensionen:

Tabelle 84.

Gegenstand	Dampfkolben	Pumpenkolben	Hub	Condensation
Maschine I	379 mm	274 mm	0,732 m	mit
Maschine II	262 »	230 »	0,62 »	ohne

Es waren 2 Dampfkessel von 0,94 m Durchmesser und 5,0 m Länge mit je einem Siederohr vorhanden, welche für 4 Atm. Dampfdruck concessionirt waren. Jeder Kessel hatte 20 qm Heizfläche.

Im Jahre 1876 hat die Stadt eine öffentliche Concurrenz zur Erbauung eines neuen Wasserthurmes mit Hochreservoir neben der Pumpstation, welche zugleich eine entsprechende Vergrösserung erfahren sollte, ausgeschrieben, bei welcher der Fabrikbesitzer Rehnisch in Brieg den Preis erhielt. Das nach diesem Projecte aufgestellte, schmiedeeiserne Reservoir hat bei 12,0 m Durchmesser und 5,0 m Höhe 540 cbm Inhalt. Es ist ummantelt und überdacht und steht auf einem massiven Unterbau, 35,0 m hoch über Terrain. Es ist mit demselben ein Rohr von 250 mm Durchmesser als Ein- und Ausgang verbunden.

Von den beiden, für das neue Maschinenhause projectirten Zwillingsmaschinen mit Druckpumpen ist vorläufig nur eine ausgeführt, welche eine Leistung von 27 PS. hat und mit Condensation und mit Meyer'scher Expansionsschiebersteuerung arbeitet. Sie betreibt direct 2 Kolbenpumpen mit freien Doppelsitzventilen, die 24 Doppelhübe pro Minute machen. Die Dampfcylinder haben 445 mm und die Pumpencylinder 200 mm Durchmesser; die Kolben beider haben 0,8 m Hub. Die Maschine fördert 150 cbm Wasser pro Stunde bei 45,0 m Arbeitsdruck. Sie ist von der Görlitzer Maschinenbauanstalt in Görlitz geliefert.

Ferner ist eine zweite, liegende Dampfmaschine von 10 PS. mit Präzisionssteuerung zum Betriebe einer Filterpumpe aufgestellt. Sie hat einen Dampfkolben von 326 mm und einen Pumpenkolben von 236 mm Durchmesser und 0,5 m Hub für beide. Sie liefert bei 42 Umdrehungen pro Minute 110 cbm Wasser pro Stunde auf die Filter. Diese Maschine hat die Königliche Eisengiesserei in Gleiwitz geliefert.

Der eine der alten Kessel ist gegen einen Galloway-Kessel von 52 qm Heizfläche ausgewechselt, während der andere von 20 qm Heizfläche beibehalten ist. Durch diese Bauten sind die Anlagekosten auf M. 280 000 oder M. 13,25 pro Kopf angewachsen.

Das Bedürfniss nach einer Vergrösserung der Filterfläche hat im Jahre 1886 zur Ausführung eines Projectes des Königlichen Bauraths Cramer geführt, nach welchem in eines der beiden Filter (ähnlich wie in einem Reinigerkasten der Gasanstalten) auf Trageeisen 5 verschiedene hölzerne Hordenlagen in 0,35 m Höhenabständen gelegt und einzeln mit Filtersand beschickt sind. Trotz des angeblich anfänglich günstigen Erfolges dieser Anlage sind später 2 neue offene Sandfilter von je 300 qm Fläche erbaut, so dass jetzt im Ganzen 830 qm Filterfläche für das Werk vorhanden sind.

Die Leitung des Wasserwerkes liegt in den Händen des Wasserwerksinspectors Hunhold. Vor einigen Jahren sind von der Stadt Vorarbeiten zu einer veränderten Wasserversorgungsart, welche eine Umgehung der Filtration des Flusswassers zulassen würde, dem Baurath Thiem in Leipzig und dem Ingenieur Piefke in Berlin übertragen, welche bislang noch zu keinem positiven Resultate geführt zu haben scheinen.

Das Vertheilungsnetz ist nach dem Verästelungssystem ausgeführt und hat 14 452 m Länge von Rohren von 250 mm bis 40 mm Durchmesser. Es sind damit 56 Schieber und 79 Unterflurhydranten ohne Selbstentwässerung verbunden, welche in ca. 175 m Entfernung von einander stehen. Ferner werden 3 Springbrunnen, 4 Wasserständer und 5 Pissoire für öffentliche Zwecke daraus versorgt.

Die Zuleitungen und die Hausleitungen sind aus Bleirohren hergestellt. Erstere haben 20 mm, 26 mm und 30 mm Durchmesser. Es waren am 1. April 1895 im Ganzen 645 Häuser gegen 639 im Vorjahre angeschlossen, in denen sich 1935 Zapfhähne, 25 Closets, 22 Badeeinrichtungen und 16 Springbrunnen befanden. Für sämmtliche Zuleitungen sind Wassermesser eingebaut. Von diesen sind bislang geliefert 531 Stück von H. Meinecke, Breslau, 115 Stück von Dreyer, Rosenkranz & Droop, Hannover und 39 Stück von Siemens & Halske, Berlin. Nach der Grösse vertheilen sich diese 685 Messer wie folgt:

Durchmesser mm	12	13	20	25	30	40	50	80	100	125
Stückzahl	2	7	528	107	16	8	8	4	2	3

Die Tabelle 85 gibt für einige Jahre die Wasserabgabe im Ganzen und für einzelne Tage, sowie den Kohlenverbrauch für die Dampfkessel an.

Tabelle 85.

Jahr		1871	1875	1893/94	1894/95
Gesammtabgabe . .	cbm	290 430	318 629	437 356	456 845
pro mittleren Jahrestag	»	795	873	1 198	1 252
am Maximaltage . . .	»	1 181	1 400	1 932	2 036
oder von 100 cbm am mittleren Tage	»	148,5	160,3	161,3	162,6
am Minimaltage	»	464	674	602	672
oder von 100 cbm am mittleren Tage	»	58,4	77,3	50,3	53,4
Kohlenverbrauch im Ganzen	kg	294 786	292 820	342 550	328 070
pro 100 cbm Wasser . . .	»	101,5	91,9	78,3	71,8
pro PS.-Stunde	»	11,8	10,6	5,6	4,3
Leistung pro kg Kohle	m × kg	22 890	25 438	57 647	62 874

Ueber den Betrieb der Filter liegen nur aus den beiden letzten Jahren Angaben vor. Nach diesen hat die pro qm Filter in 24 Stunden filtrirte Wassermenge im Mittel 2,76 cbm betragen. Die Betriebsdauer eines Filters währte im Mittel 12 resp. 10 Tage; die längste Dauer betrug 43 resp. 23 Tage und die kürzeste Dauer in beiden Jahren 3 Tage. Gereinigt sind im Laufe eines Jahres an Filterfläche 5455 qm resp. 6595 qm. Das Wasser wird in den letzten Jahren täglich von einem dortigen Apotheker bacteriologisch untersucht. Resultate über die Befunde sind nicht mitgetheilt.

Die Tabelle 86 (S. 101) gibt für die Jahre 1893/94 und 1894/95 die jährliche Abgabe im Ganzen und pro Durchschnittstag, sowie für den Tag des grössten und kleinsten Consums und pro Kopf, ferner die Abgabe nach Schätzung und nach Messern, sowie diejenige für Private, als Selbstverbrauch und Verlust und für öffentliche Zwecke, letztere nach der verschiedenen Verwendungsart getrennt, und endlich verschiedene Verhältnisszahlen an:

In dem Betriebsjahre 1894/95 hat die grösste resp. die kleinste Abgabe betragen:

in einem Monate .	44 034 cbm	resp.	32 334	cbm
» einer Woche . .	9 708	» »	7 687	»
» » Stunde .	145,4	» »	60,1	»

Tabelle 86.

Jahr		1893/94 im Ganzen	%	1894/95 im Ganzen	%
Gesammte Abgabe	cbm	437 356	100	456 855	100
Davon nach Messern	»	346 660	79,3	363 327	79,5
» nach Schätzung	»	90 696	20,7	93 528	20,5
Im Ganzen für öffentliche Zwecke	»	31 934	7,3	33 766	7,1
Selbstverbrauch und Verlust	»	62 654	14,3	63 651	13,9
Private nur nach Messern	»	342 768	78,4	359 438	79,0
Vom Verbrauch für öffentliche Zwecke	»	31 934	100	33 766	100
für Strassensprengen	»	4 380	13,7	5 380	15,9
» Springbrunnen	»	3 892	12,1	3 891	11,5
» Laufbrunnen	»	13 570	42,4	13 870	41,3
» Rinnsteinspülen	»	3 170	9,9	3 271	9,4
» Kanalspülen	»	1 740	5,4	1 850	5,5
» Sprengen öffentlicher Anlagen	»	1 250	3,9	1 350	4,0
» Feuerlöschen	»	1 632	5,1	1 663	4,9
» sonstige Zwecke	»	2 300	7,6	2 491	7,5
Mittlere Tagesabgabe	»	—	—	1 198	100
im Monate des grössten Consums	»	—	—	1 470	122,7
» » » kleinsten »	»	—	—	1 078	89,9
in der Woche des grössten Consums	»	—	—	1 387	115,9
» » » » kleinsten »	»	—	—	1 098	92,0
Liter pro Kopf:					
im Durchschnitt	»	57	—	59	—
am Maximaltage	»	91	—	96	—
Zahl der Wassermesser		638	—	644	—
Abgabe pro Messer im Jahre	cbm	543	—	564	—

Der Wasserpreis beträgt pro cbm 15 Pf. Diejenigen Consumenten, welche im Jahre weniger als 100 cbm abnehmen, haben ferner eine jährliche Wassermessermiethe zu zahlen, die je nach der Messergrösse beträgt:

mm Weite:	13	20	25	30	40	50	80	100	125
Mark:	1,80	2,00	2,90	3,70	4,50	6,50	10,00	14,75	20,75

4. v. Dittersbach. (E. 8281.)

Die Wasserversorgung des Ortes Dittersbach erfolgt ausser aus 20 Privatbrunnen durch 2, in den Jahren 1882/83 für Gemeinderechnung mit einem Kostenaufwande von M. 90 000 hergestellte Gravitationsleitungen. Diese werden aus 4 Quellen: der Amalienrösche, der v. Bitterquelle, der v. Dörnbergquelle und der Rosnowotyquelle, welche in 1 bis 2 km Entfernung vom Orte entspringen, gespeist. Deren Wasser wird in 2 Sammelbassins von je 200 cbm Inhalt gesammelt. Zur Zuleitung und Vertheilung des Wassers dienen 7000 lfd. m Rohre von 150 mm bis 65 mm Durchmesser. Im Orte sind auch Hydranten aufgestellt.

5. c. Frankenstein. (E. 8214, W. 478 mit je 17,2 B.)

Die Versorgung der Stadt Frankenstein erfolgte früher aus gegrabenen Brunnen und ferner durch eine Leitung, welche aus 4 km Entfernung das Wasser aus Quellen mit natürlichem Gefälle 20 öffentlichen Brunnen zuführte, das auch in 5 Privatgrundstücke eingeleitet wurde.

Für die Herstellung einer centralen Versorgung der Stadt sind im Jahre 1892 vom Baurath Thiem in Leipzig Vorarbeiten und Bohrversuche, für welche die Stadtverordneten M. 6000 bewilligt hatten, ausgeführt, auf Grund welcher er der Stadt für eine herzustellende Hochquellenwasserleitung ein Gutachten mit einem Kostenvoranschlage unterbreitete, der sich auf M. 300 000 belief. Das Wasser sollte auf dem Raudnitz-Lampersdorfer Terrain aus 5, von einander unabhängigen Bohrlöchern entnommen werden, die eine ausreichende Wassermenge liefern sollten, wenn sie durch einen Erdschlitz mit einander verbunden werden würden.

Die Stadtverwaltung beauftragte im weiterem Verlaufe der Angelegenheit am 9. December 1893 den Civilingenieur W. Pfeffer in Halle a. d. Saale mit der Aufstellung eines andern Projectes für eine Wasserversorgung, welches dann auch unter dessen Leitung für städtische Rechnung zur Ausführung gekommen ist. Am 31. Januar 1895 hat die Eröffnung dieser Anlage stattgefunden. Sie ist für eine stündliche Leistung von 90 cbm und vorläufig für eine tägliche Leistung von ca. 2000 cbm bestimmt und hat M. 215 000 oder M. 26,17 per Kopf gekostet. Die Oberleitung des Werkes führt ein Magistrats-Dezernent mit Hülfe eines Maschinenmeisters und eines Rohrmeisters.

Das Wasser wird ca. 600 m von der Stadt entfernt durch einen gemauerten Brunnen von 3,0 m Durchmesser und 13,0 m Tiefe, der im Boden und in den unteren 8,0 m seines Mantels durchlässig ist, gewonnen. Mit seinem unteren Theile steht der Brunnen in einer Schicht von feinkörnigem Quarzkies. Neben dem Brunnen ist eine Pumpstation erbaut, in welcher sich 2 Dampfpumpmaschinen und 2 Dampfkessel befinden, welche von der Firma Främbs & Freudenberg in Schweidnitz geliefert sind.

Die Maschinen sind liegende Eincylindermaschinen von je 12,5 PS. bei 50 Umdrehungen pro Minute. Jede davon betreibt 2 stehende Zwillings-Plungerpumpen von

0,25 m Hub und 165 mm Durchmesser durch Kunstkreuzübertragung. Die Dampfkolben haben 275 mm Durchmesser und 0,5 m Hub. Jede Pumpe liefert 45 cbm Wasser pro Stunde auf 50,0 m Höhe. Die Dampfkessel sind Einflammrohrkessel mit Seitenrohren. Sie haben 25 qm Heizfläche und sind für 7,5 Atm. Dampfdruck concessionirt.

In einer Entfernung von 260 m von dem Brunnen und von 750 m von dem Beginne des Vertheilungsnetzes ist ein schmiedeeisernes Hochreservoir von 180 cbm Inhalt auf einen gemauerten Unterbau von 18,0 m Höhe über Terrain unter Dach aufgestellt und ummantelt. Sein Wasserspiegel liegt ca. 45,0 m über dem Mittelwasser der Gewinnungsstelle. Das Reservoir hat 7,0 m Durchmesser und 5,0 m Höhe. Von dem Druckwindkessel in der Pumpstation, der 0,75 m Durchmesser und 3,97 m Höhe hat, führt eine Druckleitung von 175 mm Durchmesser zu diesem Reservoire, und von demselben führt eine Fallrohrleitung von 200 mm Durchmesser zum Vertheilungsnetze.

Die Wasserabgabe erfolgt constant und unter einem einheitlichen Drucke, der zwischen 50,0 m und 20,0 m über dem Strassenniveau je nach der Ortslage schwankt. Die Gesammtlänge der Rohre beträgt 7500 lfd. m. Mit denselben sind 64 Schieber, 2 Druckständer und 81 Unterflurhydranten mit Selbstentleerung verbunden. Die gusseisernen Rohre sind von der Wilhelmshütte in Eulau geliefert. Die Zuleitungen und die Hausleitungen bestehen aus Bleirohren. Mit letzteren sind 1500 Zapfhähne und 10 Badeeinrichtungen verbunden. In die Zuleitungen sind Anfangs 473 Wassermesser eingebaut, welche sämmtlich von H. Meinecke, Breslau geliefert sind und sich nach der Grösse wie folgt vertheilen:

Durchmesser mm	13	20	25	25
Stückzahl . . .	1	382	87	3

Die Zahl der gestellten Wassermesser beträgt jetzt 556. Die Wasserabgabe hat im Jahre 1895 im Ganzen 53 100 cbm oder im Durchschnitt 146 cbm pro Tag betragen. Der Maximal- resp. der Minimalverbrauch war im Monate 5081 cbm resp. 4151 cbm und im Tage 324 cbm resp. 37 cbm oder 221,9% resp. 11,4% vom mittleren Consumtage. Für öffentliche Zwecke sind 1200 cbm oder 2,3% der Gesammtabgabe verwendet. Die übrigen 51 900 cbm sind sämmtlich durch Wassermesser für den Privatgebrauch abgegeben, was pro Jahr 93 cbm pro Messer und pro Kopf pro Tag 18 Lit. ausmacht.

Der Wasserpreis pro cbm beträgt bei einer jährlichen Abnahme bis 500 cbm 25 Pf., für die folgenden 500 cbm je 22 Pf., für über 1000 bis 5000 cbm je 20 Pf., für über 5000 cbm bis 10 000 cbm je 18 Pf. und für über 10 000 cbm je 16 Pf.

Nach einer Untersuchung vom 23. Januar 1894 durch das chemische Untersuchungsamt der Stadt Breslau ist gefunden im Liter Wasser:

Gesammtrückstand	298,4	mg
Glührückstand	228,0	»
Chlor	10,6	»
Kalk	53,6	»

6. q. **Freiburg i. Schl.** (E. 9222, W. 480 mit je 19,2 B.)

Die Versorgung der Stadt Freiburg erfolgt, ausser aus gegrabenen Brunnen innerhalb des Ortes, durch Einleiten von Quellwasser mit natürlichem Gefälle in gusseisernen Leitungen von 75 mm Durchmesser aus 1000 m Entfernung von der Stadt. Das Wasser gelangt hier an 11 öffentlichen Brunnen zur allgemeinen Benutzung, wird aber den Privathäusern nicht zugeführt.

Trotzdem das Wasser als gut bezeichnet wird, hat der Wunsch nach einer centralen Versorgung schon zu verschiedenen Vorarbeiten geführt, die aber bislang kein befriedigendes Resultat ergeben haben. Vor einiger Zeit ist der Ingenieur W. Pfeffer in Halle a. d. Saale mit der Ausarbeitung eines Projectes für ein städtisches Wasserwerk beauftragt, das kürzlich von ihm vorgelegt und auf M. 250 000 veranschlagt ist. Es ist für eine vorläufige Tagesabgabe von 300 cbm berechnet.

7. v. **Friedland b. W.** (E. 4365.) Ohne Antwort.

8. d. **Glatz.** (E. 14 153.)

Während bis vor 10 Jahren die Versorgung der Stadt Glatz mit Trinkwasser noch durch gegrabene Brunnen stattfand, bestand für die Versorgung mit Brauchwasser schon seit dem Jahre 1582 ein Pumpwerk, das durch Wasserkraft betrieben wurde und das Wasser direct aus der Glatzer Neisse entnahm. Es wurde ohne weitere Reinigung abgegeben. Im Jahre 1864 ist diese Anlage einem vollständigen Umbau unterworfen. Es hat das Pumpwerk eine Leistungsfähigkeit von 300 cbm im Tage erhalten und das Flusswasser ist einer Reinigung durch künstliche Sandfiltration unterworfen worden. In 1000 m Entfernung von der Pumpstation ist damals ein gemauertes Reservoir von 20 cbm Fassungsraum hergestellt, dem das Wasser durch gusseiserne Leitungen zugeführt wurde und aus dem es an 14 Laufbrunnen zur Abgabe gelangte und in 42 Privatgrundstücke eingeführt wurde.

Im Jahre 1885 hat die Stadt, nachdem die seit längerer Zeit angestellten Versuche, für eine allgemeine Versorgung derselben ein gutes Wasser in genügender Menge aufzufinden, erfolglos geblieben waren, den Baurath Salbach in Dresden mit weiteren Untersuchungen beauftragt. Dieser hat dann oberhalb der Stadt eine Reihe von Bohrungen ausführen lassen, welche zu einer genaueren Kenntniss der Bodenschichten und der Strömungsrichtungen des Grundwassers geführt haben. Gestützt darauf, ist zuerst ein Versuchsbrunnen hergestellt, und mehrere Monate durchgeführte Pumpversuche haben die Möglichkeit der Gewinnung einer Wassermenge ergeben, wie sie für die Stadt kaum jemals nöthig werden wird. Das hier erschlossene Wasser hatte eine vorzügliche Reinheit und selbst im Hochsommer eine Temperatur von nur 9° C.

Auf Grund dieser Untersuchungen ist Salbach mit der Ausarbeitung eines Projectes beauftragt, das am 1. Februar 1886 die Genehmigung fand und dessen Ausführung ihm übertragen wurde. Von dieser Versorgung sind die entfernteren Vorstädte vorläufig ausgeschlossen und sie erstreckt sich nur auf das engere Stadtgebiet mit 11 000 Bewohnern in 484 Wohnhäusern.

Das Wasserwerk ist für eine tägliche Leistung von 2500 cbm und bei 24 stündigem Betriebe des Pumpwerkes von 3000 cbm bestimmt. Die Baukosten haben ca. M. 300 000 oder M. 27,28 pro Kopf betragen. Die Maschinen- und Kesselanlage ist durch die Firma G. Kuhn in Stuttgart-Berg geliefert. Die Lieferung der Rohre, Hydranten, Schieber etc. und deren Verlegung hat die Firma C. Mennike in Dresden besorgt. Den Betrieb des Werkes leitet ein Magistrats-Dezernent unter Assistenz eines Maschinenmeisters.

Das Wasser wird im Neissethale oberhalb der Stadt auf der sog. Quergasse durch 2 gemauerte Brunnen, welche Wandschlitze haben, aus dem Grundwasser erschlossen. Rohre von 300 mm Durchmesser verbinden diese 2 Brunnen, welche 10,0 m tief sind, mit einem dritten Brunnen, welcher 12,0 m tief ist und als Schöpfbrunnen für die Pumpen in der 400 m von diesen Sammelbrunnen entfernt erbauten Pumpstation dient.

In letzterer befinden sich 2 Eincylindermaschinen, deren jede mittels Kunstkreuz eine Hebepumpe und, an die Kolbenstange direct gekuppelt, eine doppeltwirkende Plungerpumpe mit freien Ringventilen als Druckpumpe betreibt. Letztere entnimmt das Wasser aus einem 1,5 m tiefen, gemauerten Zwischenreservoire, in welches es die Hebepumpen ausgiessen. Die stündliche Leistung der Pumpen beträgt bei 16 Doppelhüben pro Minute 104 cbm bei 50,5 m Arbeitshöhe. Für die Dampfbereitung sind 2 Cornwallkessel, jeder mit 4 Gallowayrohren und mit 31 qm Heizfläche, welche Tenbrinkfeuerungen haben, vorhanden. Sie sind für 6,5 Atm. Dampfdruck concessionirt.

Zu dem Hochreservoire, welches oberhalb des böhmischen Thores liegt, führt eine 1750 m lange Druckleitung von 250 mm Durchmesser. Das Reservoir ist auf einen Betonboden in Cementmauerwerk hergestellt, überwölbt und mit Erde überdeckt. Es besteht aus 2 Kammern von je 500 cbm Inhalt. Von hier führt eine 750 m lange Fallrohrleitung von 225 mm Durchmesser zum Vertheilungsnetze.

Die Wasserabgabe erfolgt constant und einheitlich unter einem Drucke von im Mittel 60,0 m. Die Rohrleitungen hatten im Jahr 1896 im Ganzen 13000 m Länge. Sie haben Durchmesser von 250 mm bis 40 mm und sind mit 96 Schiebern, 2 öffentlichen Springbrunnen und 92 Hydranten verbunden. Letztere haben Selbstentwässerung und stehen in ca. 90 m Entfernung von einander. Freibrunnen und öffentliche Pissoire sind nicht vorhanden.

Die Zuleitungen bestehen, ebenso wie die Hausleitungen, aus Zinnbleirohren. Es haben die ersteren 12 mm bis 40 mm Durchmesser. Es sind im Ganzen ca. 500 private Anschlussleitungen in Benutzung, mit welchen 1800 Zapfhähne verbunden sind. Für sämmtliche Zuleitungen sind Wassermesser eingebaut, welche von Siemens & Halske, Berlin, geliefert sind. Dieselben haben die folgenden Dimensionen:

Durchmesser mm .	12	16	20	25	40	50	75
Stückzahl . . .	120	190	170	13	7	1	1

Die Wasserabgabe im Jahre 1894/95 hat ca. 200 000 cbm oder 549 cbm pro Tag und im Monate des Maximal- resp. des Minimalverbrauches 20 967 cbm resp. 14 654 cbm betragen. Im Jahr 1895/96 sind 186 862 cbm Wasser mit einem Aufwande von 90 420 kg oberschlesischer Kohlen gefördert, was pro 100 cbm 48,38 kg und bei 50,5 m Arbeitshöhe 2,58 kg pro PS.-Stunde und einer Leistung pro kg Kohle von 104 650 m × kg entspricht.

Von der im Jahre 1895/96 abgegebenen Wassermenge von 186 862 cbm sind 119 100 cbm oder 63,7 % nach Messern und 67 762 cbm oder 36,3 % nach Schätzung abgegeben. Von der Gesammtabgabe entfallen 112 050 cbm für den Privatgebrauch, (ausschliesslich nach Messern) oder 60,0 %, ferner 16 912 cbm oder 9,0 % als Selbstverbrauch und Verlust und 57 900 cbm oder 31,0 % für öffentliche Zwecke. Letzteres Quantum vertheilt sich auf 3000 cbm für Strassensprengen, 6500 cbm für öffentliche Springbrunnen, 37 000 cbm für Rinnstein- und Kanalspülen, 7000 cbm für Besprengen öffentlicher Anlagen, 250 cbm für Feuerlöschzwecke und 4150 cbm für Diverses. Der durchschnittliche Verbrauch pro Tag hat 511 cbm und der grösste resp. der geringste 583 cbm resp. 460 cbm oder 114,0 % resp. 90,0 % von dem am mittleren Tage betragen. Als Tagesverbrauch pro Kopf entfallen im Mittel 43 Lit. und am Maximaltage 49 Lit. resp. an Minimaltagen 38 Lit.

Die Abgabe an Private erfolgt nur nach Messern, und es beträgt der Preis pro cbm Wasser 20 Pf.

Ueber die Beschaffenheit des Wassers liegt folgende Analyse vom August 1886 vor:

Gesammtrückstand im Liter .	195	mg
Glührückstand	16,5	»
Chlor	12,4	»
Salpetersäure	2,6	»
Schwefelsäure	11,0	»
Ammoniak und salpetrige Säure	Null.	

9. v. **Gottesberg.** (E. 8088, W. 336 mit je 24,1 B.)

Die Wasserversorgung der Stadt Gottesberg findet ausser durch Brunnen, welche früher ein genügendes und gutes Trinkwasser lieferten und deren 4 für die öffentliche Benutzung vorhanden sind, seit dem Jahre 1871 auch durch die Zuführung von Quellwasser statt, welches 1,4 km von der Stadt entfernt in der Vorstadt Kohlau erschlossen ist.

Das Wasser ist in einer Sammelkammer zusammengeleitet und wird von hier durch ein mit Dampfkraft getriebenes Pumpwerk, das eine stündliche Leistung von 18 cbm hat, mittels gusseiserner Leitungen einem 28,0 m hoch über dem Strassenniveau in der Stadt liegenden, gemauerten Reservoire von 130 cbm Inhalt zugeführt.

Die Vertheilungsleitungen haben 4612 m Länge. Mit ihnen sind 17 Druckständer und 15 Hydranten verbunden. Auch 71 Privathäuser haben Anschluss daran. Die tägliche Lieferung der Anlage beträgt 180 bis 200 cbm. Die Anlagekosten haben ursprünglich M. 45 562 oder M. 5,70 pro Kopf betragen und sind jetzt durch Abschreibungen auf M. 13 170 reducirt.

Im Jahre 1889 wurde von der Stadt der Bohringenieur Horra in Naumburg a. S. mit einer Tiefbohrung im Kohlauer Thale beauftragt. Das von diesem niedergebrachte Bohrloch ist mit 400 mm Anfangsdurchmesser begonnen und hat bei 86,0 m Tiefe noch 290 mm Durchmesser. Es ist bis 106 m Tiefe geführt und vollständig verrohrt. Durch ein Probepumpen sind demselben in 24 Stunden 421 cbm Wasser entnommen, das nach der Analyse von guter Qualität war. Ueber eine weitere Benutzung dieses Brunnens liegen Nachrichten nicht vor.

10. e. **Guhrau.** (E. 4806, W. 548 mit je 9,0 B.)

Die Wasserversorgung der Stadt Guhrau erfolgt ausschliesslich aus Brunnen, die zum grössten Theile Rohrbrunnen sind. Es sind deren 35 öffentliche und 243 private vorhanden. 9 Hydranten und 3 grosse, gemauerte Brunnen sind für Feuerlöschzwecke hergestellt.

11. f. **Habelschwerdt.** (E. 5750, W. 451 mit je 12,8 B.)

Die Wasserversorgung der Stadt Habelschwerdt erfolgte schon seit dem Jahre 1876 ausser aus Pumpenbrunnen durch ein Wasserwerk, das für städtische Rechnung von der Breslauer Metallgiesserei in Breslau für M. 100 000 hergestellt war. Das Wasser dafür wurde dicht neben der Stadt aus dem Krossenbache entnommen, durch Sand künstlich filtrirt und durch eine mit Wasserkraft betriebene Pumpe einem in der Nähe der Stadt erbauten Hochreservoire von 500 cbm Inhalt zugeführt, von wo es in der Stadt für öffentliche Zwecke und an Private als Brauch- und Trinkwasser abgegeben wurde.

Im Jahre 1893 ist nach dem Projecte des Bauraths Salbach in Dresden diese Versorgung durch eine Hochquellenleitung ersetzt, welche von der Firma Hermann Liebold in Dresden mit einem Kostenaufwande von M. 220 000 oder M. 38,26 pro Kopf für Rechnung der Stadt ausgeführt ist.

Das Wasser wird einigen Gebirgsquellen entnommen, welche auf der Feldmark Hammer im Kreise Habelschwerdt entspringen. Es fliesst mit natürlichem Gefälle durch eine 12 000 m lange Leitung aus gusseisernen Rohren einem in der Nähe der Stadt erbauten, gemauerten Hochreservoire zu, welches 500 cbm Inhalt hat. Von hier erfolgt die Vertheilung in der Stadt durch ein entsprechendes Rohrnetz, von welchem Anschlussleitungen aus Zinnbleirohren für die Häuser abzweigen.

12. v. **Hermsdorf.** (E, 7614.)

Die Wasserversorgung der Stadt Hermsdorf erfolgt durch eine Anlage, welche vor etwa 30 Jahren mit einem Kostenaufwande von ca. M. 200 000 von dem Steinkohlenbergwerke «Vereinigte Glückhilf-Friedenshoffnung« hergestellt und deren Eigenthum ist.

Das Wasser wird an 3 verschiedenen, sämmtlich ca. 1 km von der Stadt entfernten Punkten, im Weinkellerthale, am todten Graben und am goldenen Ochsenstollen erschlossen und in einem Filterbassin und in 2 Sammelbassins von 860 cbm Inhalt zusammengeleitet. Die Ergiebigkeit der Quellen ist verschieden und steigt bis zu 460 cbm pro Tag, wovon ca. 220 cbm oder ca. 30 Lit. pro Kopf täglich mit natürlichem Gefälle zufliessen.

Es sind 10 000 lfd. m gusseiserne Rohre von 127 mm bis 50 mm Durchmesser verlegt, welche 20 öffentliche Ventilbrunnen und 9 Hydranten speisen. 28 Häuser werden durch je einen Ventilbrunnen im Hofe versorgt und 25 Häuser haben Hauswasserleitungen.

13. f. **Landeck.** (E. 3403, W. 349 mit je 9,9 B.)

Für die Stadt und das Bad Landeck ist in den Jahren 1895/96 nach dem Projecte des Ingenieurs F. Salbach in Dresden für städtische Rechnung eine Wasserversorgung hergestellt, welche eine tägliche Leistungsfähigkeit von 350 cbm hat. Die Anlage hat M. 158 186 oder M. 45,19 pro Kopf gekostet und ist am 14. Juli 1896 in Betrieb gesetzt. Die Rohre sind von der Wilhelmshütte in Waldenburg und die Armaturen von A. L. G. Dehne in Halle a/Saale geliefert. Die Rohrverlegungen hat H. Liebold in Dresden besorgt.

Das Wasser wird durch 3 Quellenschächte von 5,0 m Tiefe gefasst, welche im unteren Theile aus Beton und im oberen Theile aus Ziegelmauerwerk ausgeführt sind. Das Wasser fliesst mit natürlichem Gefälle 2 Hochreservoiren, die 125,0 m resp. 1,5 m tiefer als die Quellen liegen, zu. Das eine derselben hat 500 cbm und das andere 250 cbm Inhalt. Sie sind in Cementbeton von der Firma Huber & Comp. in Breslau ausgeführt, überwölbt und in den Boden versenkt. Das eine liegt 2450 m und das andere 100 m von der Quellfassung entfernt. Die Zuleitungen zu denselben haben 100 mm Durchmesser.

Die Vertheilung des Wassers findet in 2 Zonen statt, von denen die untere Zone die eigentliche Stadt und die obere Zone das Bad umfasst. Der Druck schwankt je nach der Ortslage zwischen 30,0 m und 70,0 m. Die Rohrleitungen haben 11 000 m Länge von 150 mm bis 80 mm Durchmesser. Es sind damit 64 Schieber, ein Springbrunnen und 70 Unterflurhydranten, die in Abständen von ca. 100 m stehen, verbunden. Die Zuleitungen und die Hausleitungen sind aus Zinnbleirohren hergestellt. Erstere haben 15 mm bis 25 mm Durchmesser.

14. g. **Militsch.** (E. 3703, W. 311 mit je 11,9 B.)

Eine schon aus alter Zeit stammende Quellwasserleitung genügte den Anforderungen an die Wasserversorgung der Stadt Militsch nicht mehr und es hat daher im Jahre 1894 der Ingenieur Hempel in Berlin für Rechnung der Stadt nach seinem Projecte eine neue Wasserversorgung ausgeführt, deren Leistung 600 cbm pro Tag beträgt. Die Kosten dieser Anlage haben M. 60 000 oder M. 16,20 pro Kopf betragen.

Das Wasser wird durch die Fassung von Quellen und aus 2 Tiefbrunnen gewonnen und gelangt durch natürliches Gefälle in das 100 m von dem Gewinnungsorte entfernt erbaute Hochreservoir von 120 cbm Inhalt. Dasselbe ist zweitheilig und in Cementmauerwerk ausgeführt. Es ist überwölbt, liegt zum Theil in den Boden versenkt und ist 2,0 m hoch mit Erde überfüllt.

Die Verbindungsleitung des Reservoirs mit den Quellen und Brunnen und die der Brunnen unter sich hat 200 mm Durchmesser. Vom Reservoire geht eine Fallrohrleitung von 175 mm Durchmesser und 1500 m Länge zur Stadt. Das Vertheilungsnetz hat 2100 m Länge und ist nach dem Verästelungssysteme ausgeführt. 9 Schieber, 6 Hydranten und 16 öffentliche Wasserdruckständer sind damit verbunden.

Nur einige Häuser sind an die Leitung angeschlossen. Die Zuleitungen dafür bestehen aus geschwefelten Bleirohren. Wassermesser sind nicht vorhanden. Die Aufsicht über die Anlage führt unter der Leitung des Bürgermeisters der städtische Kasernen-Inspector Scholz.

Nach einer Untersuchung des Wassers sind im Liter enthalten:

Gesammtrückstand	170,8	mg
Organische Substanz . . .	31,2	»
Chlor	10,6	»

Ammoniak und salpetrige Säure Null.

15. f. **Mittelwalde.** (E. 3013, W. 245 mit je 11,2 B.)

Die Wasserversorgung der Stadt Mittelwalde erfolgt, ausser aus Brunnen innerhalb der Stadt, seit dem Jahre 1820 durch eine Zuleitung von hölzernen Rohren mit natürlichem Gefälle, welche aus 3 Quellen, dem Hirschbrunnen, dem Kohlbrunnen und dem Schweizerbrunnen gespeist wird, die ca. 5 km von der Stadt entfernt im Hirschwalde entspringen. Die tägliche Ergiebigkeit derselben beträgt 90 cbm und davon gelangen ca. 60 cbm oder 20 Lit. pro Kopf pro Tag an 7 öffentliche Laufbrunnen zum Ausflusse. Die Leitung hat 5655 m Länge und 50 mm Durchmesser. Es liegt die Absicht vor, die hölzernen Rohre nächstens durch gusseiserne zu ersetzen.

16. h. **Münsterberg.** (E. 6350.)

Ausser durch gegrabene Brunnen erfolgt die Wasserversorgung der Stadt Münsterberg, allerdings nur in einem geringen Theile derselben, durch Quellwasser, welches 1,5 km von

Stadt in den Röhrwiesen gesammelt und mit natürlichem Gefälle durch Rohre, theils von Holz und theils von Gusseisen, zugeleitet und zur öffentlichen Benutzung abgegeben wird. Die Versorgung ist qualitativ und quantitativ eine genügende.

17. i. **Namslau.** (E. 6334, W. 380 mit je 16,7 B.)

Die Wasserversorgung der Stadt Namslau erfolgt ausschliesslich aus gesenkten und gebohrten Brunnen innerhalb der Stadt. Das Wasser ist stets gut und genügend und ein Bedürfniss nach einer Aenderung liegt nicht vor.

18. k. **Neumarkt.** (E. 5658, W. 350 mit je 16,2 B.)

Die Versorgung der Stadt Neumarkt erfolgt durch Quellwasser, welches mittels hölzerner Rohre mit natürlichem Gefälle 8 öffentlichen Entnahmestellen zufliesst. In Privatgrundstücke wird Wasser nicht eingeleitet. Das Wasser ist gut, bei trockenem Wetter jedoch zeitweise nicht genügend.

19. l. **Neurode.** (E. 7079, W. 475 mit je 14,9 B.)

Für die Bewohner der Unterstadt der Stadt Neurode dienen verschiedene Brunnen zur Wasserversorgung. Für die Oberstadt wird Quellwasser mit natürlichem Gefälle vom Annaberge aus ca. 2 bis 3 km Entfernung durch 2 Leitungen zugeführt, welche aus gusseisernen und aus Thonrohren bestehen. Dieses Wasser wird nur öffentlich abgegeben und nicht in Privathäuser eingeleitet.

Einer zeitweisen Trübung des Quellenwassers ist durch ein künstlich hergestelltes Klärbassin abgeholfen. Zeitweiser Wassermangel lässt trotzdem die Herstellung einer anderen Versorgung wünschen, und es sind bereits seit längerer Zeit Untersuchungen zur Auffindung von besserem Wasser angeregt.

20. v. **Nieder-Wüstgedorf.** (E. 3555.) Ohne Antwort.

21. m. **Nimptsch.** (E. 2167, W. 201 mit je 10,8 B.)

Für die Wasserversorgung der Stadt Nimptsch dient seit dem Jahre 1876 eine Wasserleitung, welche durch verschiedene, in 2 km Entfernung von der Stadt an dem Schindelberge entspringende Quellen gespeist wird. Das Wasser fliesst mit natürlichem Gefälle 10 Laufbrunnen durch 6600 lfd. m lange, gusseiserne Leitungen von 75 mm Durchmesser zu. Ausserdem dient es für eine Brauerei. Die Anlage hat M. 30 250 oder M. 14 pro Kopf gekostet. Sie genügt aber den Bedürfnissen nicht, und es wird der Bau einer vollkommeneren Versorgung beabsichtigt.

22. n. **Oels.** (E. 10 300.)

Die Versorgung der Stadt Oels mit Trinkwasser erfolgt aus Brunnen innerhalb der Stadt. Für Nutzwasser ist ein Pumpwerk vorhanden, welches das Wasser aus dem Oelsbache entnimmt, das ohne vorherige Reinigung für öffentliche und private Zwecke zur Vertheilung gelangt. Die Anlage dient gleichfalls der herzoglich Oels'schen Kammer, welche auch im Jahre 1875 einen Umbau derselben hat ausführen lassen.

Das Bedürfniss nach einer Verbesserung der Versorgung der Stadt hat im Laufe der Jahre schon zu verschiedenen Projecten Veranlassung gegeben, welche aber bei stadtseitiger Prüfung stets verworfen sind. Nach den Nachrichten vom Jahre 1895 sollte ein Project des Director Schneider in Breslau zur Ausführung gelangen, nach welchem das Wasser vor dem Breslauer Thore in der Nähe der Stadt gewonnen werden sollte. Das Wasser ist als ein vorzügliches Trinkwasser bezeichnet und der Kostenaufwand sollte sich auf M. 250 000 oder M. 24,28 pro Kopf belaufen. Nach den neuesten Nachrichten jedoch soll die Stadtverordnetenversammlung ein vom Baurath Thiem in Leipzig ausgearbeitetes Project für eine Central-Wasserleitung zur Ausführung genehmigt haben.

23. o. **Ohlau.** (E. 9181, W. 474 mit je 19,4 B.)

Für die Stadt Ohlau liefern eine grössere Zahl von gegrabenen Brunnen ein Trinkwasser von guter und genügender Beschaffenheit. Ausserdem besteht eine Brauchwasserleitung, welche schon seit dem Jahre 1623 künstlich gehobenes Wasser, das der Ohlau direct entnommen ist, liefert. Im Jahre 1856 ist dafür ein durch ein Wasserrad betriebenes, neues Pumpwerk aufgestellt. Im Jahre 1874 ist daneben ferner ein zweites Pumpwerk, das von einer Dampfmaschine betrieben wird, als Reserve angelegt Die Maximalleistung dieser Anlage pro Tag beträgt 488 cbm oder 53 Lit. pro Kopf.

Das Wasser wird 400 m von der Stadt entfernt durch einen Kanal, aus dem es die Saugeleitungen der Pumpen entnehmen, aus dem Flusse abgeleitet. Durch das Wasserrad werden 3 stehende Pumpen von 225 mm Kolbendurchmesser betrieben. Die Dampfmaschine ist eine liegende Eincylindermaschine mit Schiebersteuerung von 12 PS. und betreibt mit Riemenübertragung 2 liegende, doppeltwirkende Plungerpumpem von 285 mm Durchmesser. Die Pumpen arbeiten sämmtlich in ein 17,6 m hohes Standrohr, von dem die Vertheilungsleitung abgeht. Das eine Pumpwerk liefert pro Stunde 85 cbm und das andere 150 cbm Wasser.

Ein Seitenrohrkessel von 17 qm Heizfläche, weil 4 Atm. concessionirtem Dampfdrucke liefert den Dampf für die Maschine. Diese und die Pumpen sind von E. Hoffmann & Comp. in Breslau und der Kessel ist von der Firma Fitzner in Laurahütte geliefert.

Die Wasserabgabe erfolgt nur intermittirend und, wie bemerkt, ohne Reservoir. Die Vertheilungsleitungen haben 160 mm bis 35 mm Durchmesser. Mit denselben sind 7 Schieber, 14 öffentliche Laufständer und 21 Hydranten verbunden. Durch gusseiserne Zuleitungen von 33 mm Durchmesser sind 122 Häuser angeschlossen. Die Hausleitungen bestehen aus Rohren von Blei und von Schmiedeeisen. 85 Wassermesser sind dafür eingebaut, welche von H. Meinecke, Breslau, geliefert sind und folgende Grössen haben:

Durchmesser .	mm	10	13	20	25	40
Stückzahl		10	41	24	9	1

Im Jahre 1882 wurden im Ganzen 27011 cbm Wasser an Private abgegeben. Neuere Angaben darüber fehlen. Im Jahre 1896 ist von den städtischen Behörden beschlossen, das Standrohr zu erhöhen und mit einem Reservoire zum Druckausgleiche zu versehen, weil das Wasser die höheren Stockwerke der Häuser nicht mehr erreicht. Man hält das jedoch nur für ein Provisorium und wird sich dem Neubaue einer vollkommeneren Anlage nicht mehr lange entziehen können.

24 p. **Reichenbach i. Schl.** (E. 14 058, W. 963 mit je 14,6 B.)

Die Wasserversorgung der Stadt Reichenbach erfolgte früher ausschliesslich aus gegrabenen Brunnen. Sie war seit Jahren, namentlich im Sommer, eine so ungenügende, dass die Frage einer Aenderung vielfach erörtert wurde. Im Jahre 1875 liess die Stadt daher durch die Firma J. & A. Aird & Comp. in Berlin Bohrungen vornehmen und später einen Versuchsbrunnen abteufen, welcher 1000 m von der Stadt entfernt liegt und ein gutes und nach den Pumpversuchen auch ein genügendes Quantum Wasser lieferte. Die Erbauung einer Pumpstation zur Benutzung des Wassers dieses Brunnens verzögerte sich aber bis zum Jahre 1884.

Erst dann ist nach dem Projecte des Bauraths Salbach in Dresden und unter dessen Oberleitung ein Wasserwerk für Rechnung der Stadt mit einem Kostenaufwande von M. 245000 oder M. 14 pro Kopf für die Versorgung der Oberstadt und einem Theil der Unterstadt ausgeführt. Die tägliche Leistung desselben war für 600 cbm pro Tag bestimmt. Die Oberaufsicht über den Betrieb führt der Stadtbaumeister Fredenhagen.

Der Brunnen hat 1,7 m Durchmesser und 16,0 m Tiefe und ist aus gusseisernen Ringen hergestellt. In der daneben erbauten Pumpstation befinden sich 2 liegende, eincylinderische Dampfmaschinen mit Meyer'scher Schiebersteuerung von je 15 PS. Leistung, welche 410 mm Cylinderdurchmesser und 0,6 m Hub haben. Jede derselben betreibt direct gekuppelt eine liegende, doppeltwirkende Plungerpumpe von 195 mm Durchmesser mit Metallventilen und ferner mittels eines Kunstkreuzes eine stehende Förderpumpe. Die letzteren heben das aus dem Brunnen entnommene Wasser auf 7,0 m Höhe in ein eisernes Reservoir von 1,2 m Höhe und 1,35 m mal 0,8 m Grundfläche. Aus diesem entnehmen es dann die Druckpumpen. Jede der beiden Maschinen liefert pro Stunde 46 cbm Wasser auf 40,0 m Höhe über den Gewinnungspunkt.

Für die Dampfbereitung dienen 2 Kessel mit Vorfeuerung und mit inneren Rauchrohren. Jeder derselben hat 17,6 m Heizfläche. Die Maschinen und die Kessel sind von der Firma Främbs & Freudenberg in Schweidnitz geliefert.

Das Wasser wird durch eine Rohrleitung von 175 mm Durchmesser einem 800 m von der Gewinnungsstelle entfernt liegenden, eisernen Reservoire zugeführt, welches 350 cbm Inhalt hat. Dieses liegt vor dem Vertheilungsnetze und von diesem 400 m entfernt. Es ist auf einem massiven Unterbau von 17,0 m Höhe aufgestellt, ummantelt und überdacht.

Die Versorgung erfolgt constant und unter einem einheitlichen Drucke von 35,0 m bis 40,0 m über Terrain. Das Vertheilungsnetz ist gemischt nach dem Circulations- und nach dem Verästelungssysteme hergestellt. Die gesammte Rohrlänge beträgt 20000 lfd. m von 200 mm bis 80 mm Durchmesser. Damit sind 104 Schieber und 115 Unterflurhydranten ohne Selbstentwässerung verbunden. Die Rohrverlegungen hat die Firma C. Mennicke in Berlin besorgt.

Die Anschlussleitungen bestehen, ebenso wie die Hausleitungen, aus Zinnrohren mit Bleimantel und haben 15 mm bis 30 mm Durchmesser. Sie sind mit einem Niederschraubventile, das ca. 1 m von der Grundstücksgrenze entfernt steht, und mit einem gleichen Ventile mit Entleerung, das auf dem Grundstücke selbst steht, verbunden. Es sind in den angeschlossenen Grundstücken 2000 Zapfhähne, 10 Closets, 30 Pissoirstände, 20 Badeeinrichtungen, 3 Springbrunnen und 3 Wassermotoren in Benutzung. Von den am 1. April 1896 eingebauten 166 Wassermessern sind von Siemens & Halske, Berlin 91 Stück und von H. Meinecke, Breslau 75 Stück geliefert; diese vertheilen sich nach der Grösse wie folgt:

Durchmesser . mm	13	16	16	20	25	30	40	50	80	125
Stückzahl	1	22	54	56	16	8	2	1	2	1

Der Wasserverbrauch im Jahre 1895/96 hat 100000 cbm im Ganzen oder 277 cbm am mittleren Jahrestage oder 19,7 Lit. pro Kopf der Bevölkerung betragen. Zur Dampfbereitung sind 110000 kg Kohlen oder 110 kg für 100 cbm und 7,43 kg für eine PS.-Stunde verbraucht. Mit 1 kg Kohle sind 36363 m × kg Leistung entwickelt. Im Ganzen resp. im Verhältniss zu 100 cbm am mittleren Jahrestage hat die Abgabe nach Tabelle 87 betragen:

Tabelle 87.

1895/96	Maximum	Minimum
an einem Tage im Jahre	650 cbm resp. 234,7 %	103 cbm resp. 37,2 %
am mittleren Tage eines Monats	352 » » 127,1 »	230 » » 83,0 »
am mittleren Tage einer Woche	543 » » 196,0 »	188 » » 67,9 »

In demselben Jahre sind nach Wassermessern abgegeben 35000 cbm oder 35,0% der Gesammtabgabe oder durchschnittlich 216 cbm pro Messer im Jahre. Angeschlossen an die Leitung waren 505 Grundstücke.

Als Wasserpreis ist im Jahre zu zahlen pro qm Fläche in jedem Stockwerke 6 Pf. und pro cbm Wasser nach Messern 25 Pf.

Nach der Untersuchung des Wassers durch das chemische Untersuchungsamt der Stadt Breslau im Februar 1894 ist dasselbe in chemischer Beziehung frei von Ammoniak, von salpetriger und von Salpetersäure. Chloride sind in sehr geringer Menge, und schwefelsaure Salze sind nicht in übermässiger Menge im Wasser enthalten. Die bacteriologische Untersuchung des Wassers aus einem Zapfhahne in der Stadt ergab im ccm 49 Colonien, und darunter 8, welche die Nährgelatine verflüssigen, aber von harmloser Natur sind.

25. d. **Reinertz.** (E. 3071, W. 387 mit je 7,9 B.)

Für die Stadt Reinertz ist im Jahre 1880 nach dem Projecte der Firma Aird & Marc in Berlin für städtische Rechnung eine Wasserversorgung hergestellt, welche eine Leistungsfähigkeit von ca. 700 cbm pro Tag hat. Die Anlage hat M. 65000 oder M. 21,17 pro Kopf gekostet.

Das Wasser wird durch das Zusammenleiten von 5 Quellen, die im Walde entspringen, gewonnen und mittels einer 450 m langen Thonrohrleitung von 200 mm resp. 150 mm Durchmesser einer Sammelstube zugeführt. Von hier fliesst es durch eine gusseiserne Leitung von 100 mm Durchmesser mit natürlichem Gefälle einem Hochreservoire zu, das 750 m von der Sammelstube entfernt liegt. Das Reservoir besteht aus 2 Kammern, die bei 3,4 m Wasserhöhe zusammen 332 cbm Inhalt haben. Es ist aus Sandsteinquadern gebaut, überwölbt und in den Boden versenkt.

Vom Reservoire, dessen Wasserspiegel 42,0 m hoch über dem Versorgungsgebiete liegt, führt eine Fallrohrleitung von 1600 m Länge und 125 mm Durchmesser zur Stadt. Die Versorgung erfolgt constant und unter einem einheitlichen Drucke. Die Vertheilungsleitungen in der Stadt haben 2380 m Länge mit 16 Schiebern und sind von folgenden Durchmessern:

Durchmesser . . mm	125	100	80
Länge . . . . m	300	1530	550
Schieberzahl	2	9	5

Mit denselben sind ein Springbrunnen, ein Laufständer und 33 Unterflurhydranten verbunden. Die Zuleitungen und die Hausleitungen bestehen aus Zinnbleirohren. 151 Häuser waren zu Ende des Jahres 1895 an das Rohrnetz angeschlossen. Die Anschlussleitungen speisten 274 Zapfhähne, 6 Closets, 3 Badeeinrichtungen, 2 Springbrunnen und ein Pissoir. Für 32 Zuleitungen sind Wassermesser eingebaut, welche von Wolff & Schreiber, Breslau geliefert sind. Davon haben 30 Stück 20 mm und 2 Stück 25 mm Durchmesser.

Im Jahre 1895 sind 206 575 cbm Wasser im Ganzen oder 566 cbm pro mittleren Jahrestag abgegeben und zwar 193 368 cbm oder 93,6 % nach Schätzung und 13 207 cbm oder 6,4 % nach Messern. Es entfallen pro Messer im Jahre 420 cbm Wasser. Die Gesammteinnahme für Wassergeld hat in diesem Jahre M. 1724 betragen.

Eine Notiz vom Jahre 1895, dass eine neue Wasserleitung hergestellt werden soll, lässt, wenn sie richtig ist, darauf schliessen, dass die vorhandene in ihrer Leistung zurückgeblieben ist oder dass der Druck derselben nicht mehr genügt.

26. q. **Schweidnitz.** (E. 26 129, W. 1150 mit je 22,7 B.)

Für die Versorgung des Stadt Schweidnitz mit Trinkwasser bestand eine alte Leitung, welche aus 6 km Entfernung aus der Gegend von Bögendorf das Wasser von Gebirgsquellen mit natürlichem Gefälle zuführte. Die alten, hölzernen Rohre sind im Jahre 1879 durch eine gusseiserne Zuleitung von 100 mm Durchmesser ersetzt. Das Wasser der 3 vorhandenen Quellen ist damals durch Thonrohrleitungen von 75 mm Durchmesser in einem Sammelbrunnen vereinigt, von welchem aus, nachdem die einheitliche Wasserversorgung der Stadt eingerichtet ist, das Wasser einem Hochreservoire direct zugeleitet wird. Die so erhaltene Wassermenge beträgt ca. 50 000 cbm im Jahre. Diese Umbaukosten haben M. 10 000 betragen.

Unabhängig davon ist für eine einheitliche Versorgung der Stadt in den Jahren 1875/76 ein Wasserwerk für städtische Rechnung nach dem Project des Geh. Bauraths Veitmeyer in Berlin und des Stadtbauraths Heydrich hergestellt. Den Bau leitete der Ingenieur Briesnitz. Das Werk ist im November 1876 in Betrieb gesetzt. Es ist für eine tägliche Leistung von 1400 cbm bestimmt und hat M. 376 600 im Ganzen oder M. 14,42 pro Kopf gekostet.

Das Wasser wird 900 m von der Stadt entfernt am rechten Ufer der Weistritz aus dem Grundwasser gewonnen. 4 Brunnen von 2,0 m Durchmesser und 6,5 m Tiefe sind durch Kanäle mit einem Sammelbrunnen verbunden, aus dem die Pumpen der benachbarten Pumpstation das Wasser durch Saugerohre entnehmen. Im Jahre 1891 ist zur Vergrösserung des disponibelen Wasserquantums neben der Pumpstation ein Brunnen von 136,0 m Tiefe durch den Ingenieur Morys gebohrt, welcher aber täglich nur 100 cbm bis 150 cbm Wasser lieferte. Im Jahre 1895 sind dann auf dem linken Ufer der Weistritz zur Vergrösserung des Wasserquantums umfassendere Versuchsbohrungen durch den Baumeister Seiffert in Glogau vorgenommen. Diese haben dazu geführt, dass hier 10 Rohrbrunnen hergestellt sind, welche zusammen 800 cbm Wasser im Tage liefern. Dieselben sind mit der bestehenden Pumpenanlage verbunden. Die neue Gewinnungsanlage hat M. 11 500 gekostet.

In der Pumpstation befinden sich 2 Dampfmaschinen, deren jede eine doppeltwirkende Pumpe betreibt. Die eine Maschine hat Schiebersteuerung, und die andere hat Ventilsteuerung. Jede Pumpe liefert 98 cbm Wasser pro Stunde auf 38,0 m Höhe. Die eine Pumpe hat Tellerventile und die andere hat Glockenventile. Es sind 2 Zweiflammrohrkessel von je 45 qm Heizfläche vorhanden, welche für 6 Atm. Dampfdruck concessionirt sind.

In ca. 1000 m Entfernung von der Pumpstation ist ein Wasserthurm erbaut, in welchem 2 schmiedeeiserne Reservoire übereinander aufgestellt sind. Das untere Reservoir steht 21,0 m hoch über Terrain und hat 90 cbm Inhalt. Das obere Reservoir hat 200 cbm Inhalt und steht 27,0 m hoch über Terrain. Zu dem Thurme führen 2 Druckleitungen, die eine von 290 mm und die andere von 200 mm Durchmesser.

Die Wasserabgabe erfolgt in 2 Druckzonen und der Druck in dem Versorgungsgebiete schwankt nach der Ortslage zwischen 25,0 m für die höchsten und 45,0 m für die niedrigsten Punkte der Stadt. Die Länge der Rohrleitungen von 290 mm bis 65 mm Durchmesser betrug im Jahre 1896 11 874 lfd. m mit 90 Schiebern und 115 Hydranten. 2 öffentliche Springbrunnen, 6 Freibunnen und ein öffentliches Pissoir mit Spülung waren derzeit vorhanden.

Die Zuleitungen und die Hausleitungen bestehen aus Bleirohren; erstere haben 19 mm und 25 mm Durchmesser. Von den eingebauten 878 Messern sind von H. Meinecke, Breslau 813, von Siemens & Halske, Berlin 63 und von Lux, Mannheim 2 geliefert. Nach der Grösse vertheilen sich diese Messer wie folgt:

Durchmesser . . mm	12	13	20	25	30	40	50	100
Stückzahl	7	73	737	49	2	5	2	1

In den 4 Jahren von 1892/93 bis 1895/96 hat der Kohlenverbrauch für die gepumpte Wassermenge im Ganzen, pro 100 cbm Wasser und pro PS.-Stunde bei 38,0 m Förderhöhe die Werthe in der Tabelle 88 erreicht, welche auch die Leistung pro kg Kohle im m × kg angibt.

Tabelle 88.

Jahr	1892/93	1893/94	1894/95	1895/96
cbm Wasser gepumpt .	283 263	267 437	256 993	269 258
kg Kohlen im Ganzen .	207 400	184 367	199 022	201 182
desgl. pro 100 cbm . .	73,3	68,6	77,3	74,7
» pro PS.-Stunde .	5,20	4,86	5,50	5,31
pro kg Kohle m × kg Leistung	51 800	55 400	49 300	50 850

Die Tabelle 89 (S. 108) gibt für die 5 Jahre 1881/82 und von 1892/93 bis 1895/96 den Wasserverbrauch im Ganzen und für den mittleren, den grössten und den geringsten Consumtag im Jahre, sowie pro Tag und Kopf in Lit., ferner die Zahl der Messer und die Abgabe daraus, den Wasserverbrauch für öffentliche Zwecke etc. und verschiedene Verhältnisszahlen an.

Tabelle 89.

Jahr	1881/82	1892/93	1893/94	1894/95	1895/96
Wasser mit natürlichem Gefälle . . . . cbm	—	48 175	40 806	49 958	50 000
Gesammtabgabe . . . . »	202 046	331 438	308 243	306 951	316 627
gegen 100 cbm des Vorjahres . . . . »	—	—	92,9	99,6	102,5
Abgabe am mittleren Tage . . . . . . »	554	904	844	841	867
» am Maximaltage . . . . »	714	1 628	2 067	1 560	1 560
» am Minimaltage . . . . »	410	324	426	404	404
Von 100 cbm am mittleren Tage					
am Maximaltage . . . . »	129,0	179,3	246,1	185,5	180,0
am Minimaltage . . . . »	74,0	35,7	50,5	48,0	46,6
Liter pro Kopf pro Tag im Mittel	25	36	34	34	33
am Maximaltage	32	60	83	62	59
am Minimaltage	19	10	17	15	15
cbm nach Messern	111 746	219 225	222 837	220 876	226 565
°/o von der Gesammtabgabe	55,3	66,1	72,3	72,0	7,16
Zahl der Messer	430	739	753	878	?
cbm pro Messer im Jahre	260	297	296	251	—
cbm für öffentliche Zwecke	90 000	112 213	74 781	86 075	89 092
°/o von der Gesammtabgabe	44,5	33,8	24,2	28,0	28,1
davon zum Strassensprengen . . . . . cbm	—	6 535	4 943	3 791	3 777

Die Verwaltung des Wasserwerkes liegt in dem Dezernate des Stadtrathes Francisci und erfolgt durch den Wasserwerksinspector Polenski. Die Wasserabgabe an Private erfolgt ausschliesslich durch Wassermesser.

Der Preis pro cbm Wasser von 10 Pf. in den ersten Jahren ist später auf 20 Pf. erhöht.

27. r. Steinau a. Oder. (E. 3497, W. 337 mit je 10,4 B.)

Die Wasserversorgung der Stadt Steinau erfolgt ausser aus 4 öffentlichen, gegrabenen Brunnen seit dem Jahre 1871 durch 2 Wasserleitungen, welche den ganzen Ort mit täglich 12 Lit. Wasser pro Kopf versorgen. Das Wasser fliesst mit natürlichem Gefälle durch 2 Leitungen, jede von ca. 1250 m Länge, zur Stadt, von denen die eine aus Thonrohren und die andere aus Bleirohren besteht. Zuleitungen in die Häuser sind nicht vorhanden.

28. s. Strehlen. (E. 8794, W. 592 mit je 14,9 B.)

Die Versorgung der Stadt Strehlen erfolgt hauptsächlich durch innerhalb der Stadt gelegene Brunnen. Ausserdem wird durch eiserne und hölzerne Rohre aus 2 km Entfernung mit natürlichem Gefälle Quellwasser zugeleitet, welches im Südosten der Stadt in ein Reservoir von 45 cbm Inhalt und im Nordosten der Stadt in ein solches von 20 cbm Inhalt ausfliesst. Das Wasser kommt an 3 Stellen, durch Handpumpen gehoben, zur öffentlichen Benutzung. Private haben keine Anschlüsse.

29. t. Striegau. (E. 12626).

Die Wasserversorgung der Stadt Striegau erfolgt ausschliesslich aus Brunnen im Orte. Wenn auch das Wasser immer in genügender Quantität vorhanden ist, so ist es doch von sehr verschiedener Beschaffenheit und namentlich in der inneren Stadt durchweg schlecht. Eine Aenderung des jetzigen Zustandes ist schon lange als ein dringendes Bedürfniss erkannt.

Im Jahre 1896 hat die Stadtverwaltung die Ausführung von Vorarbeiten für ein Wasserversorgungsproject beschlossen und dafür M. 7000 bewilligt. Als Bezugsort des Wassers sind die Quellen bei Hohenfriedberg-Börnchen ins Auge gefasst. Deren mehr als einjährige Messung hat zu einem sehr befriedigenden Resultate geführt, so dass Aussicht vorhanden ist, dass die Stadt bald zu einem einheitlichen Wasserwerke gelangen wird.

30 g. Trachenberg. (E. 3456, W. 281 mit je 12,3 B.)

Die Wasserversorgung der Stadt Trachenberg erfolgt ausschliesslich aus gemauerten Brunnen, deren 9 für die allgemeine Benutzung dienen.

31. u. Trebnitz. (E. 5759, W. 403 mit je 14,2 B.)

Die Wasserversorgung der Stadt Trebnitz erfolgt ausser aus 5 gegrabenen, öffentlichen Brunnen seit dem Jahre 1878 durch eine Quellwasserleitung mit natürlichem Gefälle, deren Herstellung M. 15 000 gekostet hat. Das Rohrnetz zur Vertheilung des Wassers hat ca. 3000 m Länge und ist mit 50 Laufbrunnen und 5 Hydranten verbunden. 12 Privathäuser haben Zuleitungen. Diese Anlage hat später eine Vergrösserung erfahren, welche am 13. December 1896 in Betrieb gesetzt ist.

32. v. Waldenburg. (E. 13986.)

Die Versorgung der Stadt Waldenburg mit Trinkwasser erfolgt durch Einleiten von Quellwasser mit natürlichem Gefälle aus dem Bärengrunde. Mit Brauchwasser wird die Stadt aus einer unterhalb des Bahnhofes bei Dittersbach hergestellten Teichanlage und ferner auf Grund eines bestehenden Vertrages durch eine in der Nähe liegende Steinkohlengrube versorgt. Es sind dafür Rohrleitungen von 4500 m lfd. Länge hergestellt. Das disponible Wasserquantum ist sehr verschieden und oft sehr gering, so dass seit langer Zeit eine Verbesserung angestrebt wird.

Man hoffte, durch eine Quellwasserleitung, welche zu M. 45 000 veranschlagt war, eine bessere Versorgung erreichen zu können. Die von der Stadt nachgesuchte Erlaubniss zur Vornahme von Schürf- und Bohrarbeiten dafür in dem Regierungsbezirk Liegnitz wurde ihr ertheilt. Es ist aber nicht gelungen, hier ein genügendes und geeignetes Wasserquantum zu erschliessen. Im Anfange des Jahres 1896 hat die Stadt nochmals M. 10 000 zur Fortsetzung der Untersuchungsarbeiten durch den Baurath Thiem in Leipzig bewilligt. Kürzlich sind von diesem in der Nähe von Ruhbank und Vogelsdorf 3 starke Quellen erschlossen, deren Wasser theils mit natürlichem Gefälle und theils durch künstliche Hebung den Orten Hermsdorf, Ober-Waldenburg und Altwasser gemeinschaftlich zuzuführen die Absicht vorliegt. Von den Quellenpunkten liefern 2, die durch 5 resp. 2 Rohrbrunnen von 23,0 m resp. 27,5 m Tiefe erschlossen sind, im Tage 1420 cbm resp. 1520 cbm Wasser unter einem artesischen Drucke bis zur Terrainhöhe, während der dritte Punkt ein künstlich zu heben nöthiges Grundwasser gibt, das aus 18 Rohrbrunnen von 4,5 m bis 6,5 m Tiefe in einer täglichen Menge von 1360 cbm entnommen werden kann. Hiernach würde die gesammte, vorhandene Wassermenge 4000 cbm bis 5000 cbm im Tage betragen.

33. w. **Gross-Wartenberg.** (E. 2349, W. 219 mit je 10,7 B.)

Für die Wasserversorgung der Stadt Gross-Wartenberg dienen 3 öffentliche Brunnen, die gesenkt sind. Ausserdem besteht seit mehreren Jahrhunderten eine Gravitationsleitung, welche aus Quellen, die in der Gemarkung Klein-Cosel ca. 5 km von der Stadt entfernt entspringen und 4 öffentliche Ventilbrunnen in der Stadt speisen. Die alten hölzernen Rohre von ca. 5000 m Länge sollen in nächster Zeit durch gusseiserne ersetzt werden.

34. v. **Weissstein.** (E. 7855.)

Die Wasserversorgung des Ortes Weissstein erfolgt seit dem Jahre 1886 durch künstlich zugeleitetes Quell- und Tageswasser, das ca. 1500 m vom Orte im Hochwalde, 19,0 m hoch über dem Ortsterrain, gefasst und 2 Sammelbassins zugeleitet wird. Es sind ca. 100 cbm Wasser pro Tag vorhanden und es wird bei eintretendem Wassermangel im Hochwalde aus dem Anna-Grubenfelde das nöthige Trinkwasser für den Ort mit einer Dampfpumpe gehoben und den Bassins zugeleitet.

Es sind 3700 lfd. m Rohre von 125 mm bis 65 mm Durchmesser verlegt und damit 12 Druckständer und 18 Hydranten verbunden. Es haben 56 Grundstücke Anschlussleitungen. Die Anlage ist für Rechnung des Ortes hergestellt und hat M. 36000 oder M. 4,60 pro Kopf gekostet.

35. x. **Wohlau.** (E. 2671.) Ohne Antwort.

XIV. Regierungsbezirk Liegnitz.

(Provinz Schlesien.)

a) Bolkenhain 3 — **b)** Bunzlau. — **c)** Freistadt 5 (Beuthen 2, Neusatz 21). — **d)** Glogau 6. — **e)** Görlitz 7. — **f)** Goldberg 9 (Heinau 11). — **g)** Grünberg 10. — **h)** Hirschberg 12 (Schmiedeberg 24). — **i)** Hoyerswerda 13. — **k)** Jauer 14. — **l)** Landeshut 15 (Liebau i. Schl. 17). — **m)** Lauban 16. — **n)** Liegnitz 1. — **o)** Löwenberg 18 (Greiffenberg a. Q. 8). — **p)** Lüben 19). — **q)** Rothenburg 22 (Muskau 20). — **r)** Sagan 23. — **s)** Schönau 25. — **t)** Sprottau 26.

---

1. n. Regierungshauptstadt **Liegnitz.** (E. 51517, W, 2035 mit je 25,3 B.)

a) **Erste Wasserwerksanlage.**

Schon im Jahre 1874 hatte die Stadt Liegnitz der Firma J. & A. Aird in Berlin die Vorarbeiten für eine einheitliche Wasserversorgung übertragen. Für die Wassergewinnung waren 2 Punkte, die Gegend bei Schellendorf und das Ufer der Katzbach, in's Auge gefasst. Im Jahre 1875 wurde am Katzbachufer bei Dornbusch auf der Hagenwiese ein Versuchsbrunnen von 3,0 m Durchmesser und 8,0 m Tiefe hergestellt. Weil dieser Brunnen nicht das erhoffte Resultat ergab, so glaubte man, sich vorläufig auf eine Brauchwasserleitung mit Flusswasser beschränken zu müssen, zumal das schon lange verfolgte Project, eine Quellwasserleitung aus grösserer Entfernung herzustellen, wegen der Aussichtslosigkeit, die erforderliche Wassermenge zu finden, aufgegeben werden musste.

Ein damals von der Firma Aird aufgestelltes, generelles Project für eine Flusswasserversorgung war zu M. 725400 veranschlagt. Es sollte nach demselben das Wasser einem durch die Katzbach gespeisten Mühlgraben entnommen und mit Dampfkraft in ein Reservoir auf der Siegeshöhe gepumpt werden. Der Ort für das Reservoir sollte in solcher Höhe gewählt werden, dass die höchsten Etagen der Häuser von hier aus würden versorgt werden können.

Im Jahre 1877 beauftragte die Stadt dann den Civilingenieur W. Pfeffer in Halle a/Saale mit der speciellen Ausarbeitung eines solchen Projects für filtrirtes Oberflächenwasser, welches eine tägliche Leistungsfähigkeit von 14500 cbm haben sollte, und übertrug ihm später auch die Leitung des Baues, der am 1. April 1878 begonnen wurde. Bereits am 1. November 1878 konnte die innere Stadt mit Wasser versorgt werden und am 1. Juli 1879 war die Anlage auch für die Vorstädte vollendet. Die Anlagekosten haben M. 635953 betragen. Der jetzige Buchwerth dieser Anlage beträgt, einschliesslich der späteren Erweiterungen, M. 902249 oder M. 17,51 pro Kopf. Der Betriebsleiter des Werkes ist der Director der städtischen Gas- und Wasserwerke G. Jochmann.

Aus der Katzbach zweigt südlich vor der Stadt vor einem eingebauten Wehre ein Mühlgraben ab, der einen grossen Theil der Stadt durchfliesst. Zwischen diesen beiden Wasserläufen, die kurz hinter dem Wehre 170 m von einander entfernt sind, ist auf der der Stadt gehörenden Hegerwiese, 1600 m vom Centrum der Stadt entfernt, die Pumpstation für das Wasserwerk erbaut. In einen daneben abgeteuften Schacht, aus welchem die Pumpen saugen, mündet ein Rohr von 400 mm Durchmesser, das mit seinem anderen Ende, sowohl mit einem Wasserablasse aus dem Mühlgraben, als auch mit einem solchen aus der Katzbach verbunden ist. Weil letztere in der Regel einen 3,0 m tieferen Wasserstand als der Mühlgraben hat, so wurde der Einlauf aus der Katzbach nur benutzt, wenn der Mühlgraben gereinigt werden sollte.

In der Pumpstation waren Anfangs 2 Pumpmaschinen aufgestellt, zu denen im Jahre 1886 eine dritte hinzugekommen ist. Die 3 Maschinen haben zusammen eine Leistungsfähigkeit von 160 PS. Es sind liegende Eincylindermaschinen mit Ventilsteuerung und Condensation. Sie haben Dampfkolben von 650 mm Durchmesser und 1,1 m Hub. Jede von ihnen betreibt direct eine an ihre verlängerte Kolbenstange gekuppelte, liegende, doppeltwirkende Pumpe mit Plungern von 315 mm Durchmesser. Jedes der Pumpenventile besteht aus 14 kleinen Ventilen nach dem Patente Rhien, Meinecke & Wolff (Gruppenventile). Bei 30 Doppelhüben der Pumpen pro Minute fördert jede Maschine 300 cbm Wasser in der Stunde.

Zur Dampfbereitung dienen 3 Zweiflammrohrkessel von 8,0 m Länge. Diese haben 1,9 m Durchmesser in den Hauptkesseln und 0,7 m Durchmesser in den Feuerrohren. Für beide ist ein gemeinschaftlicher Vorwärmer von 8,0 m Länge und 0,7 m Durchmesser in den Kanal für die abgehenden Rauchgase gelegt. Die concessionirte Dampfspannung für die Kessel beträgt 5 Atm. Die beiden ersten Maschinen hat die Actiengesellschaft Wilhelmshütte in Eulau-Wilhelmshütte bei Sprottau und die dritte Maschine die Firma J. E. Christoph in Nieske geliefert.

Auf der Siegeshöhe an der Chaussée nach Goldberg sind 1970 m von der Stadt und 2600 m von der Pumpstation entfernt und in ca. 38,0 m Höhe über dem Pflaster am Marktplatze die Bassins für die Klärung und Filtration, sowie das Reinwasserreservoir angelegt. Das Klärbassin für Rohwasser ist durch eine Mittelmauer in 2 Theile getheilt, deren jeder 18,0 m im Quadrat im Grundrisse misst und 3,1 m Wasserhöhe hat. Der Inhalt beider Theile beträgt zusammen 1940 cbm. Die Umfassungswände dieser offenen Bassins sind über der in Beton hergestellten Bassinsohle aus Klinkermauerwerk aufgeführt und innen geputzt. Der Wasserspiegel des Klärbassins liegt 43,05 m über dem des Mühlgrabens und 46,28 m über dem niedrigsten Wasserstande der Katzbach.

Ursprünglich waren daneben 2 offene Sandfilter hergestellt, deren jedes 36,0 m lang und 18,0 m breit ist, also 648 qm Sandfläche hat. Im Jahre 1884 ist ein drittes und ein viertes Filter und im Jahre 1889 ist ein fünftes und ein sechstes Filter erbaut. Diese 6 Filter haben sämmtlich eine gleich grosse Filterfläche und diese beträgt im Ganzen 3888 qm.

Hinter den Filtern liegt das überwölbte und mit Erde überfüllte Reinwasserreservoir von 19,85 m mal 19,2 m Grundfläche und von 1389 cbm Inhalt bei 3,5 m Wasserhöhe, das zugleich als Hochreservoir dient. Sein höchster Wasserspiegel liegt um 0,7 m höher als die Sandfläche der Filter. Von dem Reservoire führt ein Fallrohr von 400 mm Durchmesser zur Stadt.

b) Zweite Wasserwerksanlage.

Gegen die Qualität des durch die Sandfiltration gewonnenen Wassers wurden in den Jahren 1892/94 aus hygienischen Gründen Klagen in Folge des nachgewiesenen, wechselnden und zeitweise grossen Bacteriengehaltes erhoben. An den Filteranlagen vorgenommene Verbesserungen und eine sorgfältigere Leitung des Filtrationsprocesses ergab im Jahre 1894/95 eine wesentliche Verringerung des Bacteriengehaltes und eine grössere Gleichmässigkeit der Wasserbeschaffenheit. Andererseits hatten die bereits im Jahre 1894 dem Baurath Thiem in Leipzig übertragenen Untersuchungen des oberen Katzbachthales zur Auffindung von für die Versorgung geeignetem Grundwasser, wofür die Stadt M. 14000 bewilligt hatte, zu sehr erfreulichen Resultaten in ca. 5,5 km Entfernung von der Stadt bei Rudolphsbach geführt. Im Jahre 1895 wurde hier ein 2 Monate währendes Probepumpen vorgenommen, wobei täglich 7000 cbm Wasser bei 2,9 m Absenkung constatirt sind.

Nach Thiem's Erklärung war hiernach bei einer dauernden Absenkung des Grundwasserspiegels von 4,0 m bis 4,5 m auf täglich mindestens 10000 cbm Wasser mit Sicherheit zu rechnen, wenn man die Brunnenfassung nach der Neumühle hin um 100 m bis 150 m verlängern würde. Das erschlossene Wasser ist überhaupt stark eisenhaltig und es war die Einrichtung einer Enteisenungsanlage dafür jedenfalls nöthig. Der Wunsch der Stadt, ein anderes Wasser, als das filtrirte Oberflächenwasser zu erhalten und auch das Bedürfniss nach einer Vergrösserung der vorhandenen Wassserwerksanlagen hat die Stadtverwaltung zu dem Beschlusse veranlasst, die Wasserschöpfanlage aus dem Mühlgraben in der Hegerwiese demnächst aufzugeben und der dortigen Pumpstaion enteisentes Wasser von Rudolphsbach her zuzuführen. Mit den nöthigen Bauanlagen dafür ist im Mai 1895 nach den Plänen einer Commission der Stadtverordneten begonnen und einschliesslich der Vorarbeiten sind damals dafür M. 480000 bewilligt. Die Inbetriebnahme hat am 29. März 1897 stattgefunden.

Für die Wassererschliessung in Rudolphsbach sind nach dem Projecte Thiem's vorläufig 27 Rohrbrunnen hergestellt, deren Zahl später nach der Katzbach zu um 7 vermehrt werden kann. Diese Brunnen sind durch 2 Saugerohrleitungen von 310 m und 250 m Länge zu 2 Gruppen mit einander verbunden. Die ursprüngliche Absicht, die Pumpstation auf der Hegerwiese ganz aufzugeben und dafür eine neue Pumpstation in Rudolphsbach zu erbauen, welche das rohe Wasser auf die Siegeshöhe zu der hier zu erbauenden Enteisenungsanlage fördern sollte, aus welcher es dann dem Hochreservoire direct zufliessen würde, ist von der Commission aufgegeben.

Die erste Untersuchung der Maschinenanlage auf der Hegerwiese, zu welcher auch der Professor Riedler in Berlin zugezogen war, hatte deren Reparaturbedürftigkeit im Ganzen ergeben und namentlich die der von Christoph gelieferten Maschine, wofür die Kosten zu M. 30000 veranschlagt wurden. Die dauernde Brauchbarkeit der anderen Maschinen erschien aber zweifellos und Riedler hatte deshalb vorgeschlagen, schon sogleich eine neue Maschine und einen neuen Kessel zu beschaffen, wofür er M. 80000 veranschlagte. Eine nochmalige Untersuchung von anderer Seite kam aber zu dem Resultate, dass die Anlage im Ganzen noch 10 bis 12 Jahre betriebsfähig bleiben würde, so dass vorläufig Abstand von der Anschaffung einer neuen Maschine mit Kessel genommen ist.

Die Enteisenungsanlage wurde desshalb nach Rudolphsbach verlegt. Zum Heben des Rohwassers auf diese Anlage, von der es in solcher Höhe zum Abflusse gelangen muss, dass es noch mit natürlichem Gefälle die Hegerwiese erreichen kann, hatte man Anfangs die Absicht, auf letzterem Puncte mit der vorhandenen Dampfkraft der Pumpstation elektrischen Strom zu erzeugen und diesen von der Hegerwiese nach Rudolphsbach hinüberzuleiten, um die Pumpen in Rudolphsbach durch Elektromotoren zu betreiben. Auf Vorschlag Riedler's hat man davon Abstand genommen, weil er nachwies, dass der dortige Betrieb sich direct mit Dampfkraft billiger stellen würde. Es ist daher in Rudolphsbach in der Mitte zwischen den Brunnen eine Pumpstation erbaut, in welcher 2 Dampfpumpmaschinen, jede von einer stündlichen Leistung von 500 cbm bei 12,0 m Förderhöhe, und 2 Dampfkessel aufgestellt sind. Die Maschinen sind Verbundmaschinen mit Condensation von je 34 PS. Jede von ihnen betreibt 2 Pumpen.

Die Enteisenungsanlage ist nach dem Projecte des Ingenieurs Piefke in Berlin ausgeführt und war zu M. 125000 veranschlagt. Die Druckleitung von 425 mm Durchmesser führt von den Maschinen mittels Vertheilungsrohren zu 20 Rieselkammern, die 4,0 m hoch mit Coke gefüllt sind. Auf diese fällt das Wasser aus siebartigen Behältern tropfenweise hinunter. Neben den Behältern, welche unter den Cokerieselern das Wasser sammeln, liegen seitwärts die Kiesfilter, welche das Wasser von unten nach oben durchströmt. Ueber denselben fliesst das Wasser in ein Sammelbassin, das in der Mitte des Gebäudes liegt, ab. Eine gelegentliche Reinigung der Filter erfolgt durch von oben nach unten durchströmendes Wasser.

Für die Zuleitung von dem Bassin der Enteisenungsanlage in Rudolphsbach bis zum Pumpenbrunnen auf der Hegerwiese sind 9,0 m Gefälle vorhanden. Diese Leitung hat 500 mm Durchmesser und kann bei 16 stündigem Betriebe 12000 cbm Wasser liefern, so dass sie auch noch für 18000 cbm in 24 Stunden ausreichen wird.

Auf der Siegeshöhe ist eines der Filter überwölbt und in ein zweites Hochreservoir umgewandelt, wofür M. 17000 veranschlagt waren. Die übrigen 5 Filter sollen aber ferner in Benutzung bleiben. Das Wasser soll dieselben, allerdings mit grösserer Geschwindigkeit als früher, auch später noch durchfliessen, um dadurch nach dem Vorschlage Piefke's eine »Blankmachung« desselben zu erreichen. Eine Temperaturerhöhung im Sommer wird dadurch nicht befürchtet, weil nach den früheren Erfahrungen diese Schwankung überall nur 1° C. betragen hat.

c) Wasservertheilung.

An die Fallrohrleitung von 400 mm Durchmesser schliesst sich das Vertheilungsnetz, das am 1. April 1896 eine Länge von 36591 m hatte, an. Damit sind 220 Schieber, 25 Kanalspüler und 328 Unterflur- und 5 Ueberflurhydranten verbunden. Letztere stehen in 80 m bis 100 m Entfernung von einander. Die Rohre sind von der Actiengesellschaft Marienhütte in Kotzenau geliefert. Es sind 8 öffentliche Pissoire, 8 öffentliche Aborte und 7 öffentliche Springbrunnen mit der Leitung verbunden. Freibrunnen existiren nicht. Die Versorgung erfolgt einheitlich und constant.

Als Zuleitungen dienen Bleirohre und asphaltirte, gusseiserne Rohre. Der Anschluss der Häuser ist obligatorisch. Am 1. April 1896 waren 2000 Häuser angeschlossen, davon aber 57 noch nicht veranlagt, weil sie unbewohnt waren. Es waren im Ganzen in Benutzung 5745 Closets, 437 Badeeinrichtungen, 564 Pissoirstände und 75 Privatspringbrunnen. Für die Häuser mit Closets und mit Badeeinrichtungen ist die Aufstellung von Wassermessern obligatorisch. Diese Messer dienen jedoch nur zu einer möglichen Controle, weil die Zahlung des Wassergeldes nach Tarifsätzen erfolgt.

Für die am 1. April 1896 angeschlossenen 1843 Grundstücke mit 1966 Anschlussleitungen waren im Ganzen 1585 Wassermesser eingebaut. Nach Angabe der Lieferanten sind bislang 200 Messer von Siemens & Halske, Berlin, 791 Messer von Wolff & Schreiber, Breslau, 595 Messer von H. Meinecke, Breslau und 513 Messer von Dreyer, Rosenkranz & Droop, Hannover geliefert. Dieselben vertheilen sich nach der Grösse wie folgt:

Durchmesser mm	10	13	20	25	30	33	40	50
Stückzahl	1	63	1363	621	26	5	5	22

Die Wasserförderung hat im Jahre 1895/96 2277499 cbm betragen und es sind 1405000 kg Kohlen im Ganzen verfeuert, was 61,7 kg pro 100 cbm und bei 42,5 m Arbeitshöhe 3,92 kg pro PS.-Stunde ausmacht. Die Leistung pro kg Kohle beträgt demnach 43760 m × kg.

Für die Jahre 1881/82, 1894/95 und 1895/96 hat die Wasserabgabe im Ganzen, sowie am Durchschnitts- und am Maximal- resp. Minimaltage und pro Kopf die in Tabelle 90 angegebene Höhe erreicht.

Tabelle 90.

Jahr	1881/82	1894/95	1895/96
Einwohnerzahl	37 157	51 466	51 517
Wassermenge im Jahre cbm	1 002 618	2 075 669	2 277 499
am mittleren Jahrestage »	2 747	5 687	6 240
am Maximaltage . . . »	5 690	9 361	10 921
oder vom mittleren Tage %	207,1	182,2	175,0
am Minimaltage . . . cbm	2 280	3 436	3 470
oder vom mittleren Tage %	83,3	60,4	55,6
Liter pro Tag pro Kopf im Mittel	74	110	126
desgl. als Maximum . . .	153	201	212
» als Minimum . . .	61	67	67
Anschlüsse	1 594	1 826	2 019
pro Anschluss im Jahre cbm	629	1 131	1 128
Abgabe im Maximalmonate . . . . . . »	117 937	225 950	—
desgleichen im Minimalmonate . . . . . . »	63 832	139 778	—

Für Haus- und Wirthschaftswasser ist jährlich zu zahlen M. 2 für jeden Raum, der grösser als 8 qm ist, M. 5 für jedes Badezimmer, M. 1 bis M. 10 für jedes Geschäftslokal, jede Werkstelle etc., M. 6 für jedes Closet, M. 3 bis M. 6 für jedes Pissoir etc. Bei Abgabe nach Messern ist pro cbm 15 Pf. und mindestens die Raumtaxe, aber nicht unter M. 20 im Jahre zu zahlen. Bei einer jährlichen Abgabe über 2000 cbm bis 5000 cbm wird 5%, über 5000 cbm bis 10000 cbm 10% und darüber 20% Rabatt gewährt.

2. c. **Beuthen a. O.** (E. 3271.) Ohne Antwort.

3. a. **Bolkenhain.** (E. 3684.) Ohne Antwort.

4. b. **Bunzlau.** (E. 13869, W. 840 mit je 16,5 B.)

Die Wasserversorgung der Stadt Bunzlau erfolgt seit über 600 Jahren, ausser durch verschiedene Brunnen innerhalb der Stadt, durch einen sehr wasserreichen Quellbrunnen, Queck- oder Scheunenbrunnen genannt, welcher im Jahre 1190 auch die Veranlassung zur Gründung der Stadt, in deren nächster Nähe er liegt, gewesen sein soll. Später sind noch 3 benachbarte Quellen mit zur Versorgung benutzt. Die Anlage steht unter der Aufsicht des Stadtbauraths Dörich.

Der Queckbrunnen besteht jetzt aus einem gemauerten Reservoire von 13,8 m Länge, 9,4 m Breite und 1,0 m Tiefe. Für die 3 anderen Brunnen sind Sammelstuben von 1,5 mal 1,0 m Grundfläche und 1,5 m Tiefe vorhanden. Das Wasser fliesst mit natürlichem Gefälle durch hölzerne und zum Theil auch durch gusseiserne Leitung zur Stadt und gelangt an 35 öffentlichen Laufständern und auf 160 Privatgrundstücken zur Vertheilung. Die Gesammtlänge der Rohre beträgt 10 627 lfd. m. Es werden dadurch täglich 2850 cbm Wasser von vorzüglicher Qualität für den Hauptheil der Stadt zur Benutzung gestellt.

Für die Versorgung der später angebauten Obervorstadt, die höheren Theile und die Obergasse, wird durch Drainage das Wasser aus Anhöhen, die östlich von der Stadt und 1,5 km davon entfernt an dem Sand- und dem Düsselberge liegen, erschlossen und in offenen Gräben in einem Sammelbrunnen zusammengeleitet. Bei dieser Anlage entsteht zeitweise Wassermangel und es sind im Jahre 1886 der Brunnentechniker Morys in Landshut und im Jahre 1887 der Ingenieur Hempel in Berlin zu Aeusserungen darüber aufgefordert, wie eine Vermehrung des Wasserquantums zu erreichen sei.

Hempel hielt eine Wasserzuleitung aus grösserer Entfernung für zu kostspielig für die Stadt und eine Erschliessung durch einen artesischen Brunnen, dessen Herstellung Morys empfohlen hatte und welcher mindestens 100,0 m Tiefe hätte erhalten müssen, für zu unsicher. Er empfahl daher, aus dem Queckbrunnen die für die höhere Zone erforderlichen 300 cbm pro Tag, die dieser sehr wohl ohne Beeinträchtigung der unteren Zone abgeben könne, zu entnehmen und dafür eine durch einen Gasmotor betriebene Pumpe aufzustellen, welche das Wasser in ein in entsprechend hoher Lage herzustellendes Reservoir fördern sollte. Diese Anlage hatte er mit Ausschluss des Reservoirs auf M. 10 000 veranschlagt. Die Stadt nahm jedoch Abstand von deren Ausführung.

Dagegen bewilligte sie im Jahre 1894 die Summe von M. 5000 zur Anlage eines Versuchsbrunnens, um die Ausführbarkeit eines Projectes zu prüfen, nach welchem es sich nur um eine vorläufige Versorgung für den Osten und den Süden der Stadt handelte. Diese Anlage sollte mit einem Kostenaufwande von M. 72 000 ausgeführt werden können und eine spätere Ausdehnung auf die ganze Stadt gestatten. Im Jahre 1895 ist hiervon wieder Abstand genommen und man hat 2 Preise von M. 600 und M. 400 für ein geeignetes Project zur Wasserversorgung der Stadt öffentlich ausgeschrieben. Als Preisrichter wurden der Director Schneider in Breslau und der Stadtbaurath Becker in Liegnitz ernannt. Am 28. Juni 1896 ist der erste Preis dem Ingenieur F. Marsch in Leipzig und der zweite Preis dem Oberingenieur Zechlin in Thorn ertheilt. Von weiteren Schritten in dieser Angelegenheit ist vorläufig noch nichts bekannt geworden.

5. c. **Freystadt i. Schl.** (E. 4276, W. 502 mit je 8,5 B.)

Für die Wasserversorgung der Stadt Freystadt sind Brunnen innerhalb der Stadt vorhanden, von welchen 9 für die allgemeine Benutzung dienen. Ausserdem ist für den einen zusammenhängend in sich geschlossenen Stadttheil seit dem Jahre 1884 eine Gravitationsleitung in Betrieb, welche das Wasser aus Quellen, die in 1 km Entfernung von der Stadt liegen, durch gusseiserne Rohre zuführt. Die Anlage hat M. 80 000 oder M. 19,10 pro Kopf gekostet. Es sind 36 Hydranten und 36 öffentliche Ventilbrunnen damit verbunden.

6. d. **Glogau.** (E. 21 836, W. 841 mit je 26,0 B.)

a) Geschichtliches.

Schon im Jahre 1442 ist zur Versorgung der Stadt Glogau durch den Pfarrherrn Launalt Wasser durch eine Rohrleitung künstlich in die Stadt geführt. Im Jahre 1488 wurde bei der Belagerung der Stadt diese Leitung durch die Soldaten des Königs Mathias vorübergehend zerstört. Im Jahre 1520 schloss der Rath der Stadt mit den »Ehrwürdigen und Innigen Jungfrauen« des Nonnenklosters in Baumgarten einen Vertrag wegen Ableitens von Wasser aus dem Klostergrunde, dem jetzigen Paulinenhofe, der am linken Ufer der Oder und rechts vom Rauschwitz liegt, wo schon von Alters her 4 Brunnen bestanden, die auch die frühere Launalt'sche Leitung gespeist haben.

Wie sich aus einer »Instruction vor den Rohrmeister« aus dem Jahre 1673 ergibt, bestanden ausser der heute noch vorhandenen Paulinenhofer Leitung damals schon ferner die Brostauer Leitung, die Gurkauer Leitung und die Ober-Zackauer Leitung. Der fünften von den heutigen Leitungen, der Lindenruher Leitung, wird zuerst im Jahre 1744 erwähnt.

Das Wasser floss in hölzernen Rohren und getrennt nach den verschiedenen Quellen in der Stadt in einzelne, sogenannte Rohrenkästen aus und wurde dann von den höher gelegenen Kästen etagenförmig in andere, stufenweise tiefer stehende durch die Stadtleitungen überführt, so dass für die untersten Kästen nur das Wasser übrig blieb, was aus den andern Kästen nicht entnommen war. Ein starker Eisengehalt trübte das Wasser häufig und führte zu Verunreinigungen der Rohre, deren schnelle Vergänglichkeit auch sonst häufige und kostspielige Arbeiten verlangte.

Das veranlasste den Rath im Jahre 1800 zu einer allerdings nicht ausgeführten Verfügung, wonach die hölzernen Leitungen eingehen sollten, weil es nach seiner Ansicht mit der Zeit doch an Ersatz für das nöthige Holz fehlen würde. Er bestimmte, dass in Zukunft die Bewohner sich statt aus den Leitungen aus gegrabenen Brunnen versorgen sollten. Ein damals angestellter Versuch, Thonrohre an Stelle der hölzernen Rohre zu verwenden, führte zu keiner Besserung, und erst im Jahre 1839 ist mit einer streckenweisen Auswechselung der hölzernen Rohre durch gusseiserne Rohre begonnen.

Der zunehmende Wassermangel in Folge der Undichtigkeiten der Leitungen, deren Länge damals ausserhalb der Stadt allein 11 798 lfd. m betrug, und von denen nur 4746 m aus Gusseisen bestanden, führte auf den Antrag des damaligen Stadtbauraths Schmidt im Jahre 1859 zu dem Beschlusse einer völligen Umänderung der Anlagen, deren Ausführung dann auch in den folgenden Jahren erfolgt ist und M. 62 300 gekostet hat.

Die tägliche Leistung der 5 Quellen mit ihren 22 Quellbrunnen betrug nach einer Messung im Jahre 1859 im Ganzen 414 cbm. Für die einzelnen Leitungen sind dabei die in der Tabelle 91 (S. 113) angegebenen Werthe ermittelt.

Für die Hauptleitung vom Paulinenhofe sind bei dem Umbaue Rohre von 130 mm statt der früheren, von 91 mm Durchmesser gelegt. Es sind damals ferner 2, in den Boden versenkte, gemauerte Reservoire von je 24,7 cbm Inhalt ausgeführt. Das eine derselben in der Jesuitenstrasse war für den

Tabelle 91.

Leitung	Quell-brunnen	Höhenlage m von	Höhenlage m bis	Leistung cbm pro 24 Std.
Paulinerhof	10	38,6	50,0	182
Lindenruh	1	23,23	—	178
Ober-Zarkau	4	25,8	—	65
Gurkau	2	36,3	--	46
Brostau	5	30,5	31,0	43

niedrigen Theil der Stadt bestimmt und nahm auch das Wasser der Ober-Zarkauer und der Gurkauer Leitung auf. Das andere Reservoir, welches in der Nähe der evangelischen Kirche liegt, war für das Wasser der übrigen Leitungen bestimmt. Die Ableitung von dem ersteren Reservoire endete im Schlachthofe und die von dem letzteren im Bräuhause. Jede von diesen hatte die Form eines hochgeführten Standrohres, wodurch der nöthige Druck in den beiden Vertheilungsleitungen gesichert war, die ausserdem eventuell auch mit einander verbunden werden konnten. 27 eiserne Druckständer und 17 Hydranten sind damals aufgestellt. Mit Ausnahme einer kleinen Strecke sind die Leitungen sämmtlich aus Gusseisen hergestellt.

Im Jahre 1860 hat die Stadt ferner die aus 5 Quellbrunnen in Brostau gespeiste, frühere Schlossleitung erworben. Diese liefert 23 cbm im Tage. Sie ist damals direct an die Stadtleitung angeschlossen. Im Jahre 1865 ist ein drittes Reservoir in der Stadt hinter der Kirche zum Schifflein Christi zur besseren Ausgleichung des Consums erbaut. Im Jahre 1870 ist zur Vergrösserung der Wassermenge ein zweiter Brunnen in Lindenruh hergestellt. Im Jahre 1876 erwarb man für die Versorgung des damals schon projectirten, neuen Stadttheiles, der eine Verlängerung der alten Stadt in östlicher Richtung bildet, ein Terrain in der Nähe des alten Gurkauer Lindenborns für Drainagezwecke und im Jahre 1880 wurde hier endlich für den Bau eines neuen Wasserwerkes ein grösseres Terrain angekauft.

b) Neues Wasserwerk

Der Bau dieses neuen Werkes ist nach dem Projecte des Stadtbauraths Wingen in den Jahren 1881 bis 1882 ausgeführt. Das Wasser dafür wird durch eine 120 m lange Sammelleitung von durchlochten Thonrohren und durch 6 gemauerte Brunnen von 3,0 m bis 4,0 m Tiefe erschlossen und einer Schieberkammer zugeführt. In einem Vorraum zu dieser und in einem Schachte dahinter sind Vorrichtungen angebracht, welche eine reichliche Luftberührung des stark eisenhaltigen Wassers bewirken. Das Wasser tritt von hier auf 2 künstliche Sandfilter, welche überwölbt sind und deren jedes 85 qm Filterfläche hat. Von den Filtern gelangt es in ein gleichfalls überwölbtes Reinwasserreservoir, das im Grundrisse 23,7 m mal 10,0 m misst und bei 2,1 m Wasserstand 500 cbm Inhalt hat. Der höchste Wasserspiegel desselben liegt auf 33,7 m + 0, während die Wasserspiegel der Brunnen zwischen 36,4 m und 35,2 m + 0 liegen. Die vom Reservoire zur Stadt führende Fallrohrleitung hat 2500 m Länge und 225 mm Durchmesser. Die Baukosten dieser Anlage haben M. 80304 betragen und zwar:

für die Sammelanlage	M.	6098
» » Filter und das Reinwasserreservoir	»	35873
» » Rohrleitung bis zum Brostauer Thore	»	29980
» Insgemein	»	8353

Durch dieses Werk ist die Leistung des Gurkauer Werkes auf 418 cbm und damit die gesammte disponibele Wassermenge auf 1047 cbm erhöht. Die neue Anlage ist seit Februar 1882 regelmässig und ununterbrochen im Betriebe und bewirkt in sehr befriedigender Weise auch die völlige Enteisenung des Wassers.

Wenngleich das Wasser aus dem neuen Gurkauer Werke, das diese sogenannte Hochquellenleitung zuführt, auch anfänglich nur für die Neustadt bestimmt war, so hat man es doch, weil es für diese noch nicht in seiner ganzen Menge verwendbar ist, seit dem Jahre 1882 auch dem Theile der Altstadt zugeführt, der früher aus dem gleichzeitig kassirten Niederdruckreservoire in der Jesuitenstrasse gespeist wurde. Im Jahre 1884 ist für die Niederdruckzone nur noch das Reservoir hinter der Kirche zum Schifflein Christi belassen, dessen Speisung durch die Ober-Zarkauer und die Lindenruher Leitung mit 144 cbm pro Tag erfolgt, während der grösste Theil der Stadt seit dieser Zeit unter Hochdruck mit den übrigen 903 cbm pro Tag versorgt wird.

Seit Ende der 80er Jahre ist auch das Wasser der Brostauer Leitung nicht mehr direct in die Stadt geleitet, sondern durch eine Verbindung mit der Ober-Zarkauer Leitung mit natürlichem Gefälle zu dem Ursprunge der letzteren hinübergeführt. Hier ist dafür ein Reservoir von 250 cbm Inhalt hergestellt, welches das Brostauer Wasser, das jetzt 144 cbm pro Tag beträgt, und das Ober-Zarkauer Wasser, sowie das Wasser aus den Woyschkeschen Brunnen, die jetzt zusammen 254 cbm pro Tag liefern, aufnimmt.

Von diesem Reservoire führt eine Leitung das Wasser zum Gurkauer Werke und hier wird es durch eine Voit'sche Dampfpumpe mit Klappenventilen, die 30 cbm Wasser pro Stunde auf 7,0 m Höhe liefert, auf die Filter des neuen Werkes gefördert. Den beiden ersten Filtern ist ein drittes hinzugefügt, so dass die gesammte Sandfläche jetzt 280 qm beträgt.

Die Druckleitung der Pumpe hat 150 mm Durchmesser und 300 m Länge. Den Dampf für den Pumpenbetrieb liefert ein stehender Kessel mit 2 durchgehenden Quersiederohren von im Ganzen 6 qm Heizfläche, der für 4 Atm. Dampfdruck concessionirt ist. Die Maschine und der Kessel sind von C. Weiss in Glogau geliefert.

Die Stadt hat jetzt mit dem Gurkauer und dem Paulinenhofer Wasser zusammen 998 cbm Wasser pro Tag durch die Hochdruckleitung zur Verfügung, die zur Versorgung des ganzen, am linken Oderufer liegenden Theils der Stadt ausreichen. Die Kosten dieser letzten Anlagen haben M. 36000 betragen und zwar:

Für das Sammelreservoir in Ober-Zarkau	M.	9000
» die Rohrleitung zum Gurkauer Werke	»	3000
» » Maschinenanlage	»	5000
» das dritte Filter	»	14000
» Insgemein	»	5000

Für den am rechten Ufer gelegenen Theil der Stadt, der Dom genannt, ist demnächst die Lindenruher Leitung bestimmt, deren Wasser, vorläufig nach dem obersten Theile der Jesuitenstrasse geführt, nur zum Füllen von Sprengwagen benutzt wird.

Mit den im Vorstehenden geschilderten Anlagen für die Wasserversorgung der Stadt ist diese jedoch nur zu einem vorläufigen Abschlusse gebracht. Allerdings haben die neuen Einrichtungen zu wesentlichen Verbesserungen rücksichtlich der Wassermenge, der Reinheit und der

Druckverhältnisse geführt und sind auch für eine bleibende Benutzung bestimmt. Es wird sich später nur noch um Ergänzungsanlagen handeln, für welche von dem Stadtbaurath Wingen auf Grund umfassender Vorarbeiten, die jedoch noch nicht zum Abschlusse gelangt sind, ein Project ausgearbeitet wird, nach welchem auch das Quellgebiet des Rauschwitzbaches und dasjenige in Lindenruh der Stadt nutzbar gemacht werden soll.

Das gesammte Rohrnetz hat am 1. April 1896 bei 9200 m Länge 150 cbm Inhalt gehabt und besteht aus Rohren von 225 mm bis 95 mm Durchmesser. Mit demselben sind 50 Schieber, 28 Wasserständer, 3 öffentliche Pissoire und 74 Unterflurhydranten verbunden, welche in 60 m bis 100 m Entfernung von einander stehen.

Für die ausgeführten 590 Zuleitungen sind Eisen- und Bleirohre von bis zu 40 mm Durchmesser verwendet. In 578 Zuleitungen sind Wassermesser eingebaut, von denen 33 Stück von Siemens & Halske, Berlin, 83 Stück von H. Meinecke, Breslau, 40 Stück von Dreyer, Rosenkranz & Droop, Hannover, und 3 Stück von C. A. Spanner, Wien-Aachen geliefert sind. Nach der Grösse vertheilen sich dieselben wie folgt:

Durchmesser mm	10	12	13	15	20	25	33	40	50
Stückzahl	7	13	21	25	286	191	18	9	3

Für die Hausleitungen sind nur Bleirohre verwendet. Mit diesen sind 2560 Zapfhähne, 15 Closets, 3 Pissoirstände und 10 Badeeinrichtungen verbunden.

Die Wasserabgabe hat im Jahre 1894 im Ganzen 365000 cbm oder 1000 cbm am mittleren Jahrestage betragen, und es ist am meisten resp. am wenigsten während einer Stunde 58,3 cbm resp. 33,3 cbm und während eines Tages 1400 cbm resp. 800 cbm oder 140% resp. 80% von dem Consume am mittleren Jahrestage abgegeben. Die Abgabe pro Tag und Kopf hat im Mittel 46 Lit. und am Maximaltage 64 Lit. betragen. Als Abgabe für öffentliche Zwecke sind für dieses Jahr 3550 cbm oder 10,3% der Gesammtabgabe (für Strassensprengen 1300 cbm, für Feuerlöschen 50 cbm, für Freibrunnen 2000 cbm, für öffentliche Pissoire 200 cbm) geschätzt. In der Pumpstation sind 95000 cbm oder 26,0% des Gesammtverbrauches künstlich gehoben, während 270000 cbm oder 77,0% keiner künstlichen Hebung bedurften. Für den Maschinenbetrieb sind in 4500 Arbeitsstunden 130000 kg Kohlen verbraucht, was pro 100 cbm gehobenes Wasser 136,8 kg und pro PS.-Stunde 52,5 kg Kohlen sowie pro kg Kohle einer Leistung von 5115 m × kg entspricht.

Die Benutzung von Wassermessern ist für die Privatabgabe seit dem 1. October 1895 obligatorisch eingeführt. Bis dahin fand eine jährliche Abschätzung statt, und es hatte jedes Haus M. 12 bis M. 60 und jeder Garten M. 1 bis M. 5 Wassergeld zu zahlen. Jetzt beträgt der Preis 14 Pfg. pro cbm.

In dem Berichte über die Glogauer Wasserversorgung vom Jahre 1887 äussert sich Wingen über die Beschaffenheit des dortigen Wassers und eingehend über dessen Eisengehalt, und es ist der folgende Auszug daraus bei der hohen Wichtigkeit, welche das Enteisenungsverfahren heute gewonnen hat, von grossem Interesse:

»Der Untergrund der Umgegend von Glogau ist derart reich an Eisensalzen, dass man überall auf eisenhaltiges Wasser zu stossen gefasst sein muss und dass auch an der Oder bei niedrigem Wasserstand zwischen den Buhnen Tümpel mit brauner Färbung zurückbleiben. Bei der Niederdruckleitung verliert sich das Eisen durch die Inkrustation der Rohre und bei der Hochdruckleitung durch die Filtration fast vollständig. Die Ausscheidung erfolgt im Sommer schneller als im Winter und ist ausser von der Art und der Stärke der Lösung namentlich auch vom Säuregehalte des Wassers abhängig. Je nach der Beschaffenheit der vom Grundwasser berührten Erden und der Zeit dieser Berührung variiren die Eigenschaften und die Stärke der Lösung, und es zeigt das Wasser auch verschiedene Färbungen. Es ist in dicht neben einander liegenden Bohrungen oft ganz verschieden und wiederum bei demselben Bohrloche oft verschieden in verschiedenen Tiefen.«

7. e. **Görlitz.** (E. 70209, W. 2500 mit je 28,1 B.)

Die Wasserversorgung der Stadt Görlitz erfolgte früher ausser durch eine grössere Zahl von Pumpenbrunnen durch eine Zuleitung von Quellwasser mit natürlichem Gefälle, und zwar Anfangs in hölzernen und später in gusseisernen Rohren. Aus 24 verschiedenen Quellen lieferten 9 verschiedene Leitungen das nöthige Trinkwasser für die Stadt. Dieses kam hier an 30, in den Strassen vertheilt aufgestellten Rohrtrögen und an 8 öffentlichen Druckständern zum Ausflusse. Auch 61 private und 7 städtische Grundstücke wurden daraus mit Wasser versorgt.

Im Jahre 1878 ist dann eine centrale Versorgung, welche für eine tägliche Leistung von 12400 cbm bestimmt ist, in Benutzung gekommen. Diese Anlage ist auf städtische Rechnung nach dem vom Geh. Baurath Veitmeyer und vom Professor Fink in Berlin begutachteten Projecte der Firma J. & A. Aird & Comp. in Berlin ausgeführt. Im Anfange der 90er Jahre hat nach dem Projecte und unter der Leitung des Stadtbaurathes Kubale eine Erweiterung des Werkes stattgefunden. Die ursprünglichen Anlagekosten haben M. 1002860 oder M. 22,00 pro Kopf der damaligen Bevölkerung betragen; der Buchwerth der Anlagen stellte sich am 1. April 1895 auf M. 1250000 oder M. 18,00 pro Kopf der jetzigen Bevölkerung.

Die Versorgung war ursprünglich auf den am linken Ufer der Neisse und diesseits der Eisenbahn liegenden, unteren Theil der Stadt beschränkt. Die Lage des Hochreservoirs ist auch nach dem hierfür nöthigen Drucke bestimmt, weil die Bewohner am rechten Ufer früher aus dem Leisebrunnen genügend versorgt wurden.

Bei der in diesem Theile zunehmenden Bebauung genügte aber dessen Leistung bald nicht mehr, so dass im Jahre 1886 auch dieser Theil der Stadt theilweise mit Wasserleitungen versehen werden musste. Später ist dann der ganze, hochgelegene Stadttheil als besondere Hochdruckzone aus der Versorgung der übrigen Stadt, die als Niederdruckzone verblieben ist, ausgeschieden. Der Betrieb des Werkes wird unter dem Dezernate des Stadtbaurathes Kubale vom städtischen Gasanstaltsdirector Hornig geführt.

Schon im Jahre 1874 war von der Firma Aird im Auftrage der Stadt ein Versuchsbrunnen im Leschwitz-Thale in den Neissewiesen südlich von der Stadt hergestellt, der zu sehr erfreulichen Resultaten führte. Er liegt am linken Ufer der Neisse und 500 m von dieser und 3000 m von der Mitte der Stadt entfernt. Derselbe Brunnen ist später auch für den Betrieb des Wasserwerkes mitbenutzt. Im Jahre 1877 ist hier ein zweiter und im Jahre 1886/87 ein dritter Brunnen hergestellt. Endlich ist ein vierter Brunnen, der 7,0 m Durchmesser hat und 6000 cbm täglich liefert, in den Jahren 1895/96 für das Werk ausgeführt. Diese Brunnen sind sämmtlich in Mauerwerk mit offener Sohle und in dem untern Theile mit durchlässigen Seitenwänden auf eisernen

Brunnenkränzen ausgeführt und haben eine Tiefe von 10,0 m bis 13,0 m erhalten.

Die Pumpstation für das Wasser liegt in nächster Nähe der Gewinnungsstelle. In derselben sind im Jahre 1877 2 Woolf'sche Balanciermaschinen von je 54 P.S. mit Condensation und Schwungrädern, sowie mit Schiebersteuerung und Meyer'scher Expansion aufgestellt. Jede Maschine betreibt von ihrem Balancier aus eine stehende Pumpe mit Scheibenkolben und mit freien Ringventilen. Seit Januar 1891 ist zur Vergrösserung der Leistung ferner eine liegende Verbundmaschine von 106,5 P.S. mit Collmann's Ventilsteuerung in Betrieb gekommen, welche 2 liegende Differenzialpumpen mit Plungerkolben betreibt, die gesteuerte Riedler'sche Ventile haben. Die Hauptdimensionen etc. der Maschinen gibt die Tabelle 92 an.

Tabelle 92.

Maschinen	2 Balanciermaschinen, je	1 Verbundmaschine
Dampfkolben-Durchmesser mm	371 resp. 700	425 resp. 700
Hub m	1,0 » 1,35	0,8
Pumpenkolben-Durchmesser mm	325	186 resp. 252
Hub m	0,9	0,8
Doppelhübe pro Minute	24	60
Förderhöhe m	60,0	80,3
Wasserquantum pro Stunde cbm	180	270

Zur Dampfbereitung dienen 3 Kessel von 2,0 m Durchmesser und 9,3 m Länge mit je 2 Feuerrohren von 0,75 m Durchmesser. Jeder Kessel hat 80 qm Heizfläche und ist für 6 Atm. Dampfdruck concessionirt. Die Maschinen und die Kessel sind von der Görlitzer Maschinenbau-Actiengesellschaft in Görlitz geliefert.

An der Biesnitzer Strasse, in 1700 m Entfernung von der Pumpstation und in 1500 m Entfernung von der Mitte der Stadt, ist ein Hochreservoir erbaut, welches von dem am Bahnhofe liegenden Beginne des Vertheilungsnetzes 650 m entfernt liegt. Das Reservoir ist gemauert, überwölbt, zur Hälfte in den Boden versenkt und 1,0 m hoch mit Erde überfüllt. Sein Wasserspiegel liegt 60,0 m über dem Niederwasserspiegel der Brunnen, und sein Inhalt beträgt 1515 cbm. Im Jahre 1892 ist für die Hochdruckzone daneben ein zweites, schmiedeeisernes Hochreservoir von 395 cbm Inhalt in einem Thurme auf einem massiven Unterbaue aufgestellt, dessen Wasserspiegel 20,0 m höher als der des gemauerten Reservoirs liegt.

Von der Pumpstation führte Anfangs eine Druckleitung von 500 mm Durchmesser zum Niederdruckreservoire und von diesem eine Fallrohrleitung von 550 mm Durchmesser zur Stadt. Im Jahre 1891/92 ist eine zweite Druckrohrleitung von 400 mm Durchmesser ausgeführt, welche sowohl mit dem Hochdruck- als mit dem Niederdruck-Reservoire verbunden ist. Eine Verbindung an der Pumpstation gestattet die Benutzung beider Druckleitungen für sämmtliche Maschinen. Vom Hochreservoire führt eine neue Fallrohrleitung von 400 mm Durchmesser zur Versorgung der Hochdruckzone. Nach Ausschaltung des Niederdruckreservoirs kann event. die ganze Versorgung unter Hochdruck gesetzt werden.

Das Vertheilungsnetz steht unter einem constanten und in der Regel in 2 Zonen getheilten Drucke. Jede Hälfte ist nach dem Circulationssysteme ausgeführt. Die Länge der Rohre von 550 mm bis 60 mm Durchmesser hat am 1. April 1896 41 818 m betragen. Mit den Rohren sind 256 Schieber, 449 Hydranten, 5 öffentliche Springbrunnen, 37 Laufbrunnen und Wasserständer, 9 öffentliche Pissoire und 2 öffentliche Aborte verbunden. Die Hydranten sind Unterflurhydranten ohne Selbstentwässerung und stehen in ca. 80 m Abstand von einander.

Die Stutzen für die Zuleitungen an den gusseisernen Rohren haben 40 mm Durchmesser, und die Zuleitungsrohre selbst bestehen aus Eisen oder Blei. Für die Hausleitungen sind nur Bleirohre verwendet. In den Häusern waren am 1. April 1896 240 Pissoire, 569 Badeeinrichtungen und 32 Springbrunnen, aber keine an die Leitungen angeschlossene Closets vorhanden, weil deren Anschluss an die Kanalisation verboten ist.

Die von der Wasserwerks-Verwaltung beantragte, obligatorische Aufstellung von Wassermessern ist von der Stadtverwaltung im Jahre 1893 abgelehnt. Es waren daher am 1. April 1895 nur 987 Wassermesser und am 1. April 1896 nur 1001 eingebaut, von denen 652 resp. 698 von H. Meinecke, Breslau, 312 resp. 299 von Bopp & Reuther, Mannheim und 23 resp. 5 von Verschiedenen geliefert sind. Nach den Angaben der Fabrikanten sind bis Ende 1895 für die Stadt überall geliefert 1080 Messer und zwar 7 von Simens & Halske, Berlin, 10 von C. A. Spanner, Wien-Aachen, 362 von Bopp & Reuther, Mannheim und 701 von H. Meinecke, Breslau. Nach der Grösse vertheilen sich diese Messer wie folgt:

Durchmessser mm	7	12	13	16	20	25	30	40
Stückzahl	1	1	38	3	479	436	15	61

Durchmesser mm	50	65	75	80	100	150
Stückzahl	8	4	1	11	16	2

Die Tabelle 93 gibt die jährlich geförderte Wassermenge und den Verbrauch an Kohlen im Ganzen und für 100 cbm Wasser, sowie ferner pro PS.-Stunde und die Leistung in m $\times$ kg pro kg Kohlen bei Annahme von 60,0 m Arbeitshöhe, was jedoch der Wirklichkeit nicht entspricht, weil ein Theil des Wassers auf 80,0 m Höhe gefördert ist, für die 3 letzten Jahre an.

Tabelle 93.

Jahr	Wassermenge cbm	Kohlenverbrauch kg	desgl. pro 100 cbm	desgl. pro PS.-Stunde	m $\times$ kg pro kg Kohle
1892/93	1 389 065	775 850	55,85	2,51	107 600
1893/94	1 354 204	726 225	53,63	2,41	112 300
1894/95	1 434 800	740 150	51,59	2,34	115 400
1895/96	1 642 184	796 150	48,48	2,18	123 800

Für die 5 Jahre 1882/83 und von 1892/93 bis 1895/96 gibt die Tabelle 94 (S. 116) die Abgabe von Wasser im Ganzen, pro Tag im Mittel, am Maximal- und Minimaltage und in Liter pro Kopf, sowie ferner die Zahl der Anschlüsse und der Messer und den Consum pro Messer im Jahre an.

Der Wasserpreis für Hausanschlüsse wird jährlich nach den zu deckenden Ausgaben im Verhältniss zu dem Nutzungswerthe der Wohnungen festgestellt.

Tabelle 94.

Jahr	1882/83	1892/93	1893/94	1894/95	1895/96
Einwohnerzahl	50 307	62 500	65 000	68 000	70 000
Gesammte Abgabe im Jahr . . . cbm	545 567	1 389 065	1 354 200	1 434 800	1 642 184
Liter pro Kopf pro Tag im Mittel	31	61	57	58	64
Desgleichen als Maximum	65	96	88	85	94
Zahl der Anschlüsse	1 700	2 170	2 235	2 290	2 352
cbm pro Anschluss im Jahre	321	640	606	627	695
Tagesabgabe am					
mittleren Jahrestage . . . cbm	1 594	3 901	3 710	3 931	4 487
Maximaltage . . . »	3 272	6 000	5 751	5 754	6 614
Minimaltage . . . »	824	2 000	2 072	2 370	2 545
Von 100 cbm am mittleren Jahrestage am					
Maximaltage . . . »	205,2	153,9	155,0	146,5	147,4
Minimaltage . . . »	51,7	51,2	55,8	60,4	56,9
Gesammtabgabe ohne Messer . . . »	406 974	869 259	805 487	864 057	955 550
Desgl. von 100 cbm Gesammtabgabe . »	72,5	62,6	59,5	60,2	58,2
Gesammtabgabe nach Messern . . . »	138 533	519 806	548 713	570 743	686 650
Desgl. von 100 cbm Gesammtabgabe . »	27,5	37,4	40,5	39,8	41,8
Zahl der aufgestellten Messer . . . »	200	833	894	987	1 001
Abgabe pro Messer im Jahre . . . »	693	623	614	577	686

Bei der Abgabe nach Messern ist bis zu einer Jahresabgabe von 1000 cbm pro cbm 12 Pf., darüber bis 3000 cbm 10 Pf., darüber bis 5000 cbm 9 Pf. und darüber 7 Pf. zu zahlen.

Nach der letzten Wasseruntersuchung von Dr. Alex. Katz sind im Liter Wasser gefunden:

Abdampfrückstand	127 mg
Organische Substanz	13 »
Kalk	24 »
Chlor	12 »
Kali und Natron	21 »
Eisen	0,6 »
Keimezahl im ccm	14
Deutsche Härtegrade	3,48°

8. o. Greiffenberg a. Q. (E. 3250, W. 393 mit je 8,2 B.)

Die Wasserversorgung der Stadt Greiffenberg erfolgt ausschliesslich aus Brunnen, deren 30 für die öffentliche Benutzung vorhanden sind. Ausserdem haben 20 Privathäuser solche. Der jetzige Zustand wird als kein befriedigender bezeichnet.

9. f. Goldberg. (E. 6630, W. 632 mit je 10,5 B.)

Für die Wasserversorgung der Stadt Goldberg dienen hauptsächlich 14 gegrabene, öffentliche Brunnen innerhalb der Stadt.

Ferner besteht seit langen Jahren ein durch ein Wasserrad von 6 PS. betriebenes Pumpwerk, das aus einem aus der Katzbach abgeleiteten Mühlgraben Wasser in ein in einem Thurme aufgestelltes, schmiedeeisernes Reservoir pumpt. Die Leistung der Pumpe beträgt ca. 120 cbm im Tage und das Wasser gelangt durch gusseiserne Leitungen als Brauchwasser an 3 öffentlichen Wasserbassins in der Stadt zur Vertheilung.

Endlich besteht noch eine alte Quellwasserleitung, welche im Jahre 1895 durch eine neue Fassung der Quellen und die Herstellung gusseiserner Zuleitungen verbessert ist. Dieselbe wird von 2 Stellen, die 1080 m und 2000 m von der Stadt entfernt auf einer Wiese unterhalb des Wolfsberges liegen, aus Quellbrunnen gespeist. Das Wasser fliesst mit natürlichem Gefälle zu und kommt an 3 öffentlichen Laufbrunnen zum Ausflusse. Die Ergiebigkeit der Quellen beträgt ca. 170 cbm. Von gusseisernen Leitungen sind 2400 m von 80 mm bis 150 mm Durchmesser verlegt. 12 Hydranten sind damit verbunden. Hausanschlüsse existiren nicht.

Ende Juli 1897 hat die Stadtvertretung für Vorarbeiten zu einer neuen Wasserversorgung M. 10 000 bewilligt und dem Ingenieur Hempel in Berlin mit deren Ausführung beauftragt.

10. f. Grünberg. (E. 18 529, W. 1720 mit je 10,8 B.)

Früher dienten für die Wasserversorgung der Stadt Grünberg 33 öffentliche und 91 private Brunnen innerhalb der Stadt. Ausserdem bestand eine künstliche Zuleitung von Quellwasser. Im Jahre 1875 ist für städtische Rechnung von der Firma J. & A. Aird in Berlin nach deren Projecte die letztere mit einem Kostenaufwande von M. 180 000 um- und ausgebaut, so dass deren tägliche Leistung damals ca. 38 Lit. per Kopf der Bevölkerung betrug. Der Betrieb der Wasserversorgung liegt in den Händen des Stadtbauraths A. Severin.

Das Wasser floss mit natürlichem Gefälle aus 2 Quellengebieten, die in der Nähe der Stadt liegen, zu. Die eine der 3 Leitungen wurde aus 3 Brunnen, deren Wasser sich in einem Sammelbrunnen vereinigte, gespeist und diente für den niederen Theil der Stadt, den das Wasser in seinen höchsten Punkten nur noch mit einem Druck von 1,2 m über Terrain erreichte. Die andere Leitung wurde aus 6 Brunnen gespeist. Sie lieferte das Wasser für den höheren Theil der Stadt, erreichte aber die höchsten Punkte nur noch mit 9,3 m Druck über Terrain. Für diese Leitung war anfänglich ein gemauertes Hochreservoir in 200 m Entfernung von der Stadt hergestellt, das 430 cbm Wasser bei 3,0 m Wasserhöhe enthält. Später ist noch ein zweites, gleich grosses Reservoir ausgeführt und damit wurde es möglich, die frühere Versorgung in 2 Zonen, durch Aufgeben der erstgenannten Leitung für die Niederdruckzone, einheitlich zu gestalten.

Das Rohrsystem der Stadt hatte im Jahre 1875 10 181 m Länge von 150 mm Durchmesser abwärts und war mit 27 Schiebern, 66 Hydranten, 27 Druckständern und 11 Laufbrunnen, die untergestellte Wasserkästen hatten, verbunden.

In den 80er Jahren ist in der dortigen Gegend eine allgemeine Senkung des Grundwasserstandes eingetreten, und es war nöthig, in der Stadt fast sämmtliche Pumpenbrunnen zu vertiefen. Von den Brunnen für die centrale Versorgung behielt nur der eine genügendes Wasser, während die anderen 5 Brunnen versiegten. Seitdem wird das Wasser nur aus diesem einen Brunnen bei einer grösseren Absenkung entnommen und durch Dampfkraft in die Hochreservoire künstlich gehoben. Es sind dafür 2 Dampfpumpen und 2 Röhrenkessel aufgestellt. Von den Pumpen ist die eine eine horizontale, direct und vierfach wirkende Duplexdampfpumpe, während die andere eine gewöhnliche, doppeltwirkende Dampfpumpe ist. Beide können zusammen 150 cbm Wasser pro Stunde auf 6,0 m Höhe fördern. Von den beiden Kesseln hat der eine 20 qm und der andere 14 qm Heizfläche. Sie sind auf 6 Atm. Dampfdruck concessionirt. Die Pumpen sind von der Firma Weise & Monski in Halle a. S. geliefert. Der eine Kessel ist von Pauksch in Landsberg und der andere von Wolff in Buckau-Magdeburg bezogen.

Im Jahre 1895 hatte das Rohrnetz eine Länge von 13 400 m von Rohren von 150 mm bis 50 mm Durchmesser und einen Inhalt von 140 cbm. Damit waren 50 Schieber und 79 Hydranten verbunden, welche letztere in ca. 145 m Entfernung stehen. Es waren 399 Anschlussleitungen in Benutzung und mit diesen waren 61 Badeeinrichtungen und 16 Privatspringbrunnen verbunden. Die Wasserabgabe erfolgt nur nach Wassermessern, von welchen 385 eingebaut und 459 Stück überall bis Ende 1895 geliefert sind und zwar 122 von Siemens & Halske, Berlin, 225 von H. Meinecke, Breslau, 86 von Dreyer, Rosenkranz & Droop, Hannover, und 2 von Lux, Mannheim. Nach der Grösse vertheilen sich diese wie folgt:

Durchmesser mm	10	12	13	15	16	20	25	30	50
Stückzahl . . .	12	40	3	187	12	147	51	3	4

Die Wasserabgabe hat im Jahr 1894/95 im Ganzen 185 000 cbm oder 507 cbm pro mittleren Jahrestag betragen. Am Tage des stärksten resp. des schwächsten Consums sind 600 cbm resp. 400 cbm oder 118,3 % resp. 76,2 % von der Abgabe des mittleren Jahrestages abgegeben. Es entspricht das pro Tag pro Kopf am mittleren Jahrestage 28 Lit. und 33 Lit. resp. 22 Lit. am Maximal- resp. am Minimaltage. Ohne Messer wurden 135 000 cbm oder 72,9 % und nach Messern 50 000 cbm oder 27,1 % der Gesammtmenge abgegeben. Die Abgabe pro Messer hat im Mittel 130 cbm im Jahre betragen. Es sind im Jahre 1895 1500 cbm zum Strassensprengen, 130 000 cbm für Laufbrunnen, 500 cbm für einen öffentlichen Springbrunnen, 1500 cbm für öffentliche Anlagen und 1500 cbm für Feuerlöschzwecke verwendet.

Der immer mehr zunehmende Niedergang des Grundwasserstandes in der dortigen Gegend liess seit mehreren Jahren die Nothwendigkeit voraussehen, in nächster Zeit ein neues Wasserwerk erbauen zu müssen, und es ist dafür schon im Jahre 1893 südlich von der Stadt ein Grundstück jenseits der Wasserscheide im sogenannten Adlerlande zum Preise von M. 12 600 angekauft, nachdem durch Bohrungen das Vorhandensein einer genügenden Wassermenge constatirt war. Ein Project für eine hier zu errichtende Anlage, die unter Benutzung des vorhandenen Rohrnetzes aus einem Brunnen und einer Pumpstation, sowie aus einem Hochreservoire, das höher als die alten liegen wird, bestehen soll, ist von dem Ingenieur F. Salbach in Dresden aufgestellt und soll Anfangs des Jahres 1898 zur Ausführung gelangen. Die Anlage ist für eine vorläufige Tagesleistung von 800 cbm bestimmt, dem die Pumpenanlage in 10stündigem Betriebe genügen soll, und auf M. 180 000 veranschlagt.

Die wasserführende Schicht in dem Terrain besteht aus Kies. Sie hat eine Mächtigkeit von 16,3 m und liegt auf Braunkohle. Auf dem Kies liegt Steingeröll in 0,5 m, Sand in 4,7 m und Humus in 0,43 m Stärke. Das Terrain liegt 146,1 m + 0 und der Grundwasserstand lag in dem sehr trockenen Jahre 1893 um 5,0 m tiefer, also auf 141,1 m + 0. Es ist hier ein Brunnen von 18,0 m Tiefe projectirt, dessen unterer Theil in 4,2 m Höhe aus Gusseisen bestehen und 2,7 m Durchmesser haben soll, während darüber sich ein gemauerter Schacht bis auf 147,0 m + 0, entsprechend der späteren Terrainhöhe, erheben wird, der sich bis auf 1,65 m im Durchmesser verjüngt. Der gusseiserne Theil besteht aus 3, aus Segmenten zusammengesetzten Ringen mit 8 mm weiten Schlitzen, die auf einem 0,6 m hohen, conischen Vorschneideringe ruhen und auf die sich ein tellerförmiger Ring für das Aufsetzen des Mauerwerkes setzt.

Als event. nöthige Absenkung sind 8,0 m angenommen, und es liegt der obere Rand des geschlitzten Cylinders auf 139,6 m + 0. In den Brunnen treten 7,0 m über seinem Boden 2 Saugerohre von je 200 mm Durchmesser ein, welche an ihren unteren Enden abschliessbare Fussventile haben. In einem neben dem Brunnen hergestellten Pumpenschachte, dessen Sohle 7,6 m unter Terrain liegt, sollen 2 einfachwirkende, stehende Pumpen mit Plungern von Bronze aufgestellt werden, die 200 mm Durchmesser und 0,6 m Hub, sowie Gruppenventile mit Stahlfedern (je 10 kleine Bronzeventile) haben und 80 cbm Wasser pro Stunde bei 40 Hüben pro Minute liefern. Der Antrieb soll von einer Vorgelegewelle mittels um 180° versetzter Kurbeln und Lenkstangen erfolgen, die ein Baumwollenseil von 50 mm Durchmesser, das auf Seilscheiben von 0,8 m und 2,8 m Durchmesser läuft, antreibt. Die letztere Scheibe liegt mit dem Motor in dem eigentlichen Maschinenraume in Terrainhöhe und es sind die Wellen beider durch eine von Hand einrückbare Leblanc'sche Reibungskuppelung zu verbinden. Als Motor ist ein liegender Gasmotor von 20 PS. angenommen, der 140 Umdrehungen pro Minute macht.

Das neue Hochreservoir soll 1000 cbm Inhalt und einen um 20,0 m höheren Wasserspiegel als das jetzige erhalten. Es wird dieser auf 178,0 m + 0 liegen und bei 4,0 m Wasserhöhe wird der Boden des Reservoirs 2,5 m unter Terrain gesenkt werden. Es soll aus Stampfbeton, überwölbt und mit Erde überfüllt, hergestellt werden. Die Druckleitung wird 750 m Länge und 200 mm Durchmesser erhalten. Als Fallrohrleitungen sind 2 solche von je 150 mm Durchmesser angenommen, welche am Schützenhause mit den beiden alten Versorgungsleitungen verbunden werden sollen. Die Arbeitshöhe der Pumpen wird bei 45,0 m Hubhöhe und bei 0,707 m Wassergeschwindigkeit pro Secunde ca. 50,0 m betragen.

Der Wasserpreis beträgt 12 Pf. pro cbm.

11. g. **Hainau.** (E. 9660, W. 588 mit je 16,4 B.)

Die Versorgung der Stadt Hainau erfolgt seit langer Zeit durch Quellwasser, das mit natürlichem Gefälle zugeführt wird. Die früher hölzernen Rohre sind im Jahre 1867 durch gusseiserne ersetzt. Die Quellen entspringen 2,5 km von der Stadt entfernt. Sie sind durch 5 Senkbrunnen gefasst, welche durch Sammelgallerien mit einander verbunden sind, und das Wasser wird in ein gemeinschaftliches Sammelbassin überführt, aus dem es zur Stadt fliesst.

Ein im Jahre 1893 eingetretenes Zurückgehen der Wassermenge dieses Quellgebietes, verbunden mit einer Trübung des Wassers, ist nach einem Projecte des Civil-Ingenieurs Hempel in Berlin durch Vertiefen der Brunnen und durch Herstellen von später mit Kies ausgefüllten Ausschachtungen in dem Quellgebiete mit gutem Erfolge beseitigt.

Ein am Abhange des Hopfenberges jenseits der Deichsa und nahe der Stadt gelegenes, altes Reservoir, in welchem Grundwasser gesammelt und seit langen Jahren nach der Lazarethstrasse geleitet wurde, ist gleichfalls in Folge des Wassermangels im Jahre 1893 nach dem Projecte Hempel's mit einem Kostenaufwande von M. 12000 durch Erschliessung weiterer Zuflüsse viel ergiebiger geworden, so dass statt der früheren Zuleitung von 50 mm Durchmesser jetzt eine solche von 150 mm Durchmesser angelegt werden konnte.

Das Gefälle von hier zur Stadt beträgt nur 5,0 m. Trotzdem wird mit diesem Wasser ein grosser Theil der Stadt versorgt. An diese Vertheilungsleitungen sind 27 öffentliche Druckständer und 18 Hydranten angeschlossen. In 220 Privatgrundstücke wird das Wasser eingeführt. Für die Wasserabgabe sind 57 Wassermesser, und zwar 28 von H. Meinecke, Breslau und 29 von Wolff & Schreiber, Breslau beschafft, welche folgende Dimensionen haben:

Durchmesser mm	13	20	25	30	40	50
Stückzahl . . .	20	25	6	1	4	1

12. h. Hirschberg. (E. 16760, W. 1170 mit je 14,3 B.)

Die Wasserversorgung der Stadt Hirschberg erfolgte früher ausser aus gegrabenen Brunnen durch mit natürlichem Gefälle in gusseisernen Rohren zugeleitetes Wasser, das aus 2 kleineren und 2 grösseren Quellgebieten in den umliegenden Höhen entnommen wurde. Dieses Wasser diente zur allgemeinen Benutzung als Nutzwasser und wurde auch in 8 Privatgrundstücke und in eine Brauerei eingeführt.

Zur Erzielung einer besseren Versorgung sind schon im Jahre 1876 2 Projecte aufgestellt, deren eines einen Ausbau der bestehenden Zuleitung bezweckte, während das andere die Herstellung einer einheitlichen Hochdruckleitung mit künstlicher Hebung anstrebte. Die Ausführung des letzteren war zu M. 300000 veranschlagt, wenn das Pumpwerk von der Bobber mit Wasserkraft betrieben und zu M. 275000, wenn dafür Dampfkraft verwendet werden sollte. Für den Ausbau der alten Anlage waren nach dem anderen Projecte M. 115000 und event. M. 168000 veranschlagt, wenn das Rohrsystem sofort in Rücksicht auf eine spätere allgemeine Versorgung ausgeführt werden sollte.

Das zuerst erwähnte Project ist vom Geh. Bergrath Henoch in Gotha aufgestellt. Nach demselben sollten in Maiwaldau täglich 1500 cbm Wasser gewonnen werden. Weitere Vorarbeiten dafür sind im Jahr 1877 in Henoch's Auftrage durch den Ingenieur Menzner in Leipzig ausgeführt; sie haben aber zu keinem befriedigenden Resultate geführt.

Dagegen sind als provisorische Aushülfe für die alte, sogenannte Strassenwasserleitung im Jahre 1881 am Schildauer Gebiete 2 neue Sammelleitungen ausgeführt, welche eine tägliche Ergiebigkeit von 110 cbm haben. Für diese sind ferner 2 neue, gemauerte Reservoire, jedes von 29 cbm Inhalt, hergestellt und in diese sind auch die beiden alten Sammelleitungen, welche sich früher in hölzerne Bassins ergossen, eingeführt.

Die Vorarbeiten für eine einheitliche Versorgung der ganzen Stadt sind im Jahre 1889 dem Baurath Thiem in Leipzig übertragen. Für die Wassergewinnung war das Jäckel'sche Grundstück in Steinseiffen angekauft. Weil sich hier Wasser nur in ungenügender Menge vorfand, so sind im Jahre 1890 noch 2 Nachbargrundstücke in Arnsdorf, auf deren einem die Goldquelle entspringt, erworben, wodurch eine Wassermenge von 26 Secundenlitern oder von circa 2260 cbm pro Tag sichergestellt war.

Im Jahre 1891 ist die Anlage für städtische Rechnung von Thiem nach dessen Projecte ausgeführt und hat ca. M. 600000 oder M. 35,77 pro Kopf gekostet. Die Rohre dafür sind von der Wilhelmshütte in Eulau und die Schieber und Hydranten von Bopp & Reuther in Mannheim geliefert. Den Betrieb leitet der Stadtbaurath Schliebs.

Die Wasserfassung erfolgt durch 2 gemauerte Brunnen von 2,0 m Durchmesser und 7,0 m Tiefe, von denen radial Sammelrohre ausgehen, welche aus durchlochten Cementrohren von 200 mm Durchmesser bestehen. Das Wasser fliesst von hier mit natürlichem Gefälle durch eine 14000 m lange Rohrleitung von 200 mm Durchmesser nach dem in der Stadt auf dem Kavalierberge erbauten Hochreservoire, das in 2 Abtheilungen getheilt und aus Beton hergestellt ist. Es ist überwölbt und mit Erde überfüllt.

Das Vertheilungsnetz steht unter einem einheitlichen und constanten Drucke von 35,0 bis 45,0 m, je nach der Ortslage. Es ist nach dem Circulationssysteme ausgeführt und besteht aus 22774 lfd. m. Rohren und 89 Schiebern, die folgende Durchmesser haben:

Rohrdurchmesser mm	250	225	200	150
Rohrlänge m . . .	71	418	80	1632
Schieberzahl	1	1	—	8

Rohrdurchmesser mm	125	100
Rohrlänge m	1570	18362
Schieberzahl	7	89

Damit sind 243 Unterflurhydranten, die in ca. 80 m Abstand von einander stehen, sowie 10 Spülschieber und 2 öffentliche Pissoire verbunden. Für die Hausleitungen und für die Zuleitungen werden Bleirohre, letztere meistens von 20 mm bis 30 mm Durchmesser, mit Kegelhähnen verwendet. Damit sind ca. 7000 Zapfhähne, 60 Closets, 15 Pissoirstände, 70 Badeeinrichtungen und 5 Privatspringbrunnen verbunden. 125 Zuleitungen haben Wassermesser, welche von H. Meinecke, Breslau, bezogen sind, welcher bis Ende 1895 im Ganzen 139 Stück von folgenden Grössen geliefert hat:

Durchmesser mm	13	20	25	30	40	50	150
Stückzahl . . .	13	61	66	1	3	4	1

Die Zahlung des Wassergeldes erfolgt überwiegend nach der Zahl der bewohnten Räume.

Zeitweise Wasseruntersuchungen sind vom hygienischen Institute der Universität Breslau ausgeführt und haben eine völlige Keimfreiheit des Wassers ergeben.

13. i. **Hoyerswerda.** (E. 4449.)

Für die Wasserversorgung der Stadt Hoyerswerda bestehen 8 öffentliche Brunnen, welche gemauert und gesenkt sind. Weil ein Mangel an Trinkwasser sich längere Zeit schon sehr bemerkbar gemacht hatte, so ist auf Veranlassung der Stadt bereits im Jahre 1889 von dem Ingenieur Hartmann ein Project für eine Quellwasserleitung bearbeitet, welches dann im Jahre 1892 mit einem Kostenaufwande von M. 22000 oder M. 5 pro Kopf von der Stadt ausgeführt ist.

Das Wasser wird 1,5 km bis 2,5 km von der Stadt entfernt aus verschiedenen, in dem Neidaer Forste entspringenden Quellen entnommen, welche ca. 200 cbm Wasser im Tage liefern und mit natürlichem Gefälle in gusseisernen Rohren zugeleitet. Es gelangt an 15 Ventilbrunnen zum Ausflusse für den allgemeinen Gebrauch und wird 5 Hydranten zugeführt. Ein Reservoir ist nicht vorhanden; auch wird für die Privatgrundstücke vorläufig kein Wasser abgegeben. Es liegt aber der Plan zu einer weiteren Ausdehnung der Versorgung vor.

14. k. **Jauer.** (E. 12066, W. 727 mit je 16,6 B.)

Für die Versorgung der Stadt Jauer diente früher, ausser einer grösseren Zahl von Brunnen, eine Zuleitung von Quellwasser, welches mit natürlichem Gefälle an 3 öffentlichen Laufständern zum Ausflusse kam. Ferner war ein kleines Pumpwerk vorhanden, welches, durch ein Wasserrad betrieben, das Wasser in einen 6,0 m hoch aufgestellten Holzbottich förderte, aus dem es dann in der Stadt durch Rohrleitungen zur Vertheilung gelangte.

In dem Jahre 1887/88 ist für städtische Rechnung nach dem Projecte des Bauraths Salbach in Dresden ein Wasserwerk erbaut, welches eine Leistung von 1000 cbm pro Tag hat. Die erste Anlage hat M. 287000 oder M. 23,79 pro Kopf gekostet. Für spätere Erweiterungen sind ferner M. 13114 verwendet. Den Betrieb der Anlage leitet der Ingenieur F. Fischer.

Das Wasser wird aus 2 gemauerten Brunnen von 2,0 m Durchmesser und 6,0 m Tiefe gewonnen und in einer daneben liegenden Pumpstation nach einem Hochreservoire, das 600 m von ersterer entfernt in der Mitte der Stadt liegt, gefördert.

In der Pumpstation sind 2 liegende Eincylindermaschinen mit Meyer'scher Expansionssteuerung aufgestellt, deren jede eine Doppelplungerpumpe mit freien Glockenventilen direct antreibt, die bei 45 Doppelhüben pro Minute 67 cbm Wasser pro Stunde auf 42,9 m Höhe fördert. 2 Flammrohrkessel mit je 4 Gallowayrohren dienen zur Dampfbereitung. Die Heizfläche jedes Kessels beträgt 16 qm. Der concessionirte Dampfdruck beträgt 6,5 Atm. Die Kessel und die Maschinen sind von der Wilhelmshütte in Waldenburg geliefert.

Das Hochreservoir hat einen Inhalt von 400 cbm. Es ist aus Schmiedeeisen hergestellt und steht 18,0 m hoch über Terrain auf einem künstlichen Unterbaue. Die zu demselben führende Druckleitung hat 200 mm Durchmesser und 800 m Länge.

Der Versorgungsdruck beträgt im Mittel 35,0 m. Die Rohrleitungen von 200 mm bis 40 mm Durchmesser haben im Ganzen 13281 m Länge und sind mit 97 Schiebern, 4 Zapfständern und 126 Unterflurhydranten ohne Selbstentleerung verbunden, welche in 106 m mittlerer Entfernung von einander stehen.

Für die Hausleitungen und die Zuleitungen sind Zinnbleirohre verwendet. Letztere haben 15 mm bis 40 mm Durchmesser und Niederschraubhähne zur Absperrung. Mit ersteren sind 31 Closets, 21 Pissoirstände, 33 Badeeinrichtungen und 1 Springbrunnen verbunden. Am 1. April 1895 waren 17 Wassermesser eingebaut, von denen 16 von Siemens & Halske, Berlin geliefert sind. Diese haben folgende Grössen:

Durchmesser . mm	16	20	25	30	40
Stückzahl	10	4	2	2	5

Im Jahre 1894/95 hat die Gesammtabgabe an Wasser 228613 cbm oder 626 cbm am mittleren Jahrestage und 992 cbm resp. 416 cbm am Maximal- resp. am Minimalconsumtage betragen, was 158,5% resp. 66,4% vom Consum am mittleren Tage, sowie 54 Lit. und 86 Lit. resp. 36 Lit. pro Tag pro Kopf entspricht. In der Woche, sowie im Monate des stärksten resp. des schwächsten Consums sind 5812 cbm resp. 4059 cbm, sowie 23047 cbm resp. 16757 cbm abgegeben.

Von dem Gesammtconsum entfallen 4475 cbm oder 1,9% auf öffentliche Zwecke. Für die Privatabgabe mit 600 Anschlüssen verbleiben 224138 cbm oder 373 cbm pro Anschluss im Jahre. Davon sind 208733 cbm oder 93,1% nach Schätzung und 15405 cbm oder 6,0% nach Messern abgegeben. Es entspricht das pro Messer einer Abgabe von 900 cbm im Jahre.

Der Kohlenverbrauch für die Kesselfeuerung hat im Jahre 1894/95 169277 kg im Ganzen oder 74,0 kg pro 100 cbm Wasser und 4,66 kg pro PS.-Stunde bei 42,9 m Förderhöhe betragen. Die Arbeitszeit der Maschinen im Jahre betrug im Ganzen 3431 Stunden oder im Mittel 4,7 Stunden pro Maschine pro Tag. Die Leistung pro kg Kohlen war 57935 m $\times$ kg.

An Wasserzins werden M. 2,50 für jeden bewohnbaren Raum oder für jede Küche im Jahre berechnet; ferner für jedes Badezimmer M. 10, für jedes Verkaufslokal, jede Werkstelle etc. M. 1 bis 10, für jedes Closet M. 6, für jedes Pissoir M. 3 für den Privatgebrauch und M. 6 für den Wirthschaftsgebrauch etc.

Durch Wassermesser wird das Wasser nur für Gewerbszwecke entnommen und kostet pro cbm 15 Pf. Es sind aber mindestens M. 20 im Jahre zu zahlen. Bei einem Jahresverbrauche von über 2000 cbm, über 5000 cbm und über 10000 cbm tritt ein Rabatt von 5%, von 10% und von 20% ein.

15. l. **Landeshut.** (E. 7675, W. 725 mit je 10,6 B.)

Die Stadt Landeshut wurde früher, ausser aus einer grösseren Zahl von Brunnen mit Wasser von ziemlich guter Qualität, auch mit Quellwasser versorgt, das in einem in 780 m Entfernung von der Stadt liegenden, gemauerten Reservoire von 50 cbm Inhalt gesammelt wurde. Der Wasserspiegel desselben lag 40,0 m hoch über dem Stadtterrain. Gusseiserne Leitungen führten das Wasser 8 öffentlichen Druckständern zu. Zuleitungen für Private waren damals nicht vorhanden.

Im Jahre 1889 ist für Rechnung der Stadt nach dem Projecte des Ingenieurs Loeper durch die Breslauer Metallgiesserei in Breslau eine centrale Wasserversorgung für eine tägliche Leistung von 350 cbm bis 400 cbm hergestellt. Die Anlage hat M. 285000 oder M. 37,13 pro Kopf gekostet. Der Betrieb ist dem Stadtbaumeister Fisch unterstellt. Die Muffenrohre sind von der Marienhütte und die Thonrohre für die Zuleitung der Quellen aus Münsterberg bezogen.

Das Wasser wird aus 5 Quellenfassungen, die in Beton- und Klinkermauerwerk ausgeführt sind, und aus 4 erbohrten Quellen gesammelt. Thonrohrleitungen von 5730 m Länge führen es in einer Druckkammer zusammen. Von hier fliesst es mit natürlichem Gefälle in einer gusseisernen Leitung einem Hochreservoire zu, welches 200 m vor dem Vertheilungsnetze liegt. Der Wasserspiegel desselben liegt 30,0 m hoch über dem Versorgungsgebiete. Das Reservoir ist auf natürlichem Felsen, halb in den Boden eingelassen, erbaut. Es ist aus Beton hergestellt und besteht aus 2 Kammern von zusammen 300 cbm Inhalt.

Die Wasserabgabe erfolgt einheitlich und constant. Die Rohrleitungen haben 7250 m Länge von 150 mm bis 80 mm Durchmesser. Mit denselben sind 9 Rinnsteinspüler und 53 Hydranten mit Selbstentleerung (Modell Bopp & Reuther) verbunden. Letztere stehen in ca. 50 m Entfernung von einander.

Die Anschlussleitungen bestehen aus Bleirohren von 25 mm Durchmesser. Eine jede hat ausserhalb des Gebäudes und hinter dem Messer eine Absperrung. Die Hausleitungen sind aus geschwefelten Bleirohren hergestellt. Mit ihnen sind 800 Zapfhähne, 42 Closets, 17 Pissoirstände, 21 Badeeinrichtungen, 4 Springbrunnen und ein Hausreservoir verbunden. Ende des Jahres 1895 waren 468 Wassermesser eingebaut, von denen 310 von H. Meinecke, Breslau, und 158 von Wolff & Schreiber, Breslau, geliefert sind. Nach der Grösse vertheilen sich dieselben wie folgt:

Durchmesser . mm	10	13	15	20	25	40	50
Stückzahl	1	4	15	436	8	1	3

Die Wasserabgabe hat im Jahre 1895 im Ganzen 58 000 cbm oder 132 cbm am mittleren Jahrestage betragen. Davon sind 56 500 cbm oder 97,4 % durch Messer abgegeben. Auf jeden Messer entfallen 123 cbm im Jahre.

16. n. **Lauban.** (E. 12 634, W. 900 mit je 14,0 B.)

Im Jahre 1864 ist nach dem Projecte des Stadtbauraths Mende, spätern Stadtbauraths in Breslau, für Rechnung der Stadt Lauban durch die Firma J. & A. Aird in Berlin ein Wasserwerk erbaut. Dasselbe war für eine tägliche Leistung von 200 cbm bestimmt und hat M. 146 624 gekostet. Im Jahre 1869 ist dasselbe auf eine Leistung von 400 cbm oder 32 Lit. pro Kopf im Tage erweitert und die Anlage kostet jetzt M. 319 924 oder pro Kopf M. 25,32. Den Betrieb des Werkes führt unter Leitung des Stadtbauraths Abel der Aufseher Hanisch.

Das Wasser wird bei Tragsheim, ca. 4 kg von der Stadt entfernt, auf einem bewaldeten Bergrücken durch 7 gebohrte, artesische Rohrbrunnen von 11,0 m bis 14,0 m Tiefe erschlossen und einem Sammelschachte zugeführt. Von hier fliesst es mit natürlichem Gefälle in einer 3450 m langen, gusseisernen Leitung von 150 mm Durchmesser einem 300 m von der Stadt entfernt liegenden Hochreservoire zu. Letzteres ist gemauert, überwölbt und in den Boden versenkt. Es besteht aus 2 Kammern von zusammen 1000 cbm Inhalt. Sein Wasserspiegel liegt 9,0 m höher als der höchste Punkt des Versorgungsgebietes.

Die Versorgung erfolgt constant. Die Vertheilungsleitungen in der Stadt haben 7000 m Länge und sind von Keula und von der Marienhütte bezogen. Mit denselben sind 45 Schieber, 2 öffentliche Springbrunnen, 38 Laufbrunnen und 57 Hydranten, welche in ca. 300 m Entfernung von einander stehen, verbunden. 514 Privatanschlüsse mit 504 eingebauten Wassermessern waren am 1. April 1895 in Benutzung. Von letzteren sind 473 von Dreyer, Rosenkranz & Droop, Hannover, 30 von Siemens & Halske, Berlin, und 5 von H. Meinecke, Breslau, geliefert. Nach der Grösse vertheilen sie sich wie folgt:

Durchmesser . . . mm	13	20	25	30	40	50	65	100
Stückzahl	33	445	12	1	9	2	1	1

mm	150	175	200
Zahl	1	2	1

Die Wasserabgabe hat im Jahre 1894/95 94 482 cbm im Ganzen oder 260 cbm am Durchschnittstage betragen. Am Maximal- resp. Minimaltage sind 400 cbm resp. 150 cbm oder 153,8 % resp. 58,0 % vom Consume am mittleren Jahrestage abgegeben. 22 167 cbm oder 23,4 % der Gesammtabgabe sind für öffentliche Zwecke benutzt. Von den übrigen 72 315 cbm, welche Private erhalten haben, sind 1506 cbm nach Schätzung und 70 809 cbm oder 98,0 % nach Messern abgegeben. Es ergibt das eine Abgabe von 137 cbm pro Messer pro Jahr. An der Versorgung sind ca. 8000 Einwohner betheiligt. Es beträgt also die Privatabgabe ca. 25 Lit. pro Tag pro Kopf.

Die Wasserabgabe findet in der Regel durch Messer statt, welche das Wasserwerk, ebenso wie die Zuleitungen, kostenfrei auf- und herstellt und unterhält. Der Wasserpreis beträgt 20 Pf. pro cbm. Nach Schätzung berechnet, ist im Jahre zu zahlen: pro bewohnbaren Raum M. 2,50, für Läden und Werkstellen M. 1 bis M. 5 etc.

17. l. **Liebau i. Schl.** (E. 4977, W. 384 mit je 13,0 B.)

Für die Wasserversorgung der Stadt Liebau besteht seit Anfang dieses Jahrhunderts eine Quellwasserleitung aus Rohren von Holz, Thon und Gusseisen, die durch eine in der Stadt selbst in einem Wirthschaftsgarten entspringende Quelle gespeist wird. Das Wasser fliesst 7 öffentlichen Laufbrunnen mit natürlichem Gefälle zu. Einleitungen in Privathäuser bestehen vorläufig nicht. Die Versorgung ist eine völlig ausreichende.

18. o. **Löwenberg.** (E. 5010, W. 443 mit je 11,3 B.)

Die Versorgung der Stadt Löwenberg mit Trinkwasser erfolgt durch Pumpenbrunnen, von denen 14 öffentliche und 58 private vorhanden sind. Diese liefern ein gutes Trinkwasser in genügender Menge. Als Brauchwasser dient Quellwasser, das aus 1000 m Entfernung von der Stadt mit natürlichem Gefälle durch gusseiserne Rohre zugeführt wird. Dasselbe gelangt an 14 öffentlichen Laufbrunnen zum Ausflusse und wird in 28 Privatgrundstücke eingeleitet.

19. p. **Lüben i. Schl.** (E. 6087, W. 474 mit je 12,8 B.)

Für die Stadt Lüben besteht seit dem Jahre 1876 eine einheitliche Versorgung, welche für Rechnung der Stadt von dem Gasinspector Schütze nach dessen Projecte für M. 43 197 oder M. 10,00 pro Kopf der damaligen Bevölkerung hergestellt ist. Sie hat eine tägliche Leistungsfähigkeit von 400 cbm.

Das Wasser wird aus 4 verschiedenen Quellen in Brunnen gesammelt, welche 1100 m von der Stadt und 2000 m vom nächsten Wasserlaufe entfernt liegen und fliesst aus diesen mit natürlichem Gefälle einem gemauerten Hochreservoire von 240 cbm Inhalt zu, welches

980 m von der Stadt entfernt und kaum 5,0 m über dem Stadtniveau liegt, so dass nur in den unteren Stockwerken ein directer Ausfluss stattfinden kann.

Die Wasserabgabe erfolgt constant. Die Rohrleitungen haben im Ganzen 4820 m Länge, und es sind mit denselben 23 Druckständer und 12 Hydranten, von denen 2 Ueberflurhydranten sind, verbunden. 170 Häuser sind mittels Zuleitungen von Bleirohren angeschlossen.

Für Feuerlöschzwecke sind ausserdem 4 Sammelbassins in der Stadt angelegt, welche durch den Ueberlauf gespeist werden.

20. q. **Muskau.** (E. 3455.) Ohne Antwort.

21. c. **Neusalz** (E. 10581, W. 599 mit je 15,8 B.)

Die Wasserversorgung der Stadt Neusalz erfolgt fast ausschliesslich aus privaten Brunnen, von denen fast jedes Wohnhaus einen besitzt. Ausserdem sind 25 öffentliche Brunnen vorhanden, von denen die meisten gebohrt sind und 20,0 m bis 30,0 m Tiefe haben. Das Wasser ist als Trinkwasser gut und auch stets genügend; es wird aber trotzdem beabsichtigt, der Frage der Herstellung einer centralen Wasserversorgung in Kürze näher zu treten.

22. q. **Rothenburg.** (E. 1185.) Ohne Antwort.

23. r. **Sagan.** (E. 13183, W. 840 mit je 15,7 B.)

Die Wasserversorgung der Stadt Sagan erfolgte früher hauptsächlich aus gegrabenen Brunnen. Ein Theil der Stadt erhielt aber auch Wasser aus der dem Herzoge von Sagan gehörigen Quellenleitung.

Später hat die Stadt für ihre Rechnung mit einem Kostenaufwande von M. 36000 eine Gravitationsleitung hergestellt, welche aus den Niederschlägen auf den Wetterbergen an der Annenhofer Strasse gespeist wird und eine Ergiebigkeit von ca. 120 cbm im Tage hat. Das Wasser ist in einem gemauerten und überwölbten Reservoire gesammelt, welches 2 km von der Stadt entfernt liegt und 144 cbm Inhalt hat. Dessen Wasserspiegel liegt 10,0 m höher als die Stadt. Von dort wurde das Wasser durch gusseiserne Leitungen in die Stadt geführt und speiste hier 16 Hydranten, 5 öffentliche Laufbrunnen und 3 öffentliche Springbrunnen. Das Abwasser der letzteren wurde für die Strassenspülung benutzt. Aus der Leitung wurden auch 49 Grundstücke und 2 Brauereien durch Zuleitungen versorgt, die pro cbm Wasser 15 Pf. zahlten.

Schon Ende der 70er Jahre war diese Versorgung nicht mehr genügend. Eine Verstärkung ihrer Leistung erschien trotz verschiedener Verbesserungsversuche aber aussichtslos und nur die Herstellung einer Hochdruckleitung mit künstlicher Hebung konnte einen sicheren Erfolg versprechen. Dazu hatte der Ingenieur Menzner, damals in Görlitz, schon im Jahre 1877 gerathen. Aber erst im Jahre 1886 entschloss die Stadt sich nur dazu, nach dem Vorschlage des Ingenieurs W. Pfeffer in Halle M. 11000 für einige, vorläufige Verbesserungen der alten Anlage zu verwenden.

Im Jahre 1891 endlich beauftragte die Stadt den Baurath Salbach in Dresden mit der Ausarbeitung eines Projectes für ein neues Wasserwerk, welches dann auch in den Jahren 1892/93 durch diesen und den Stadtbaurath Pistorius zur Ausführung gelangt und am 9. October 1893 eröffnet ist. Die Anlage hat ca. M. 285000 oder M. 26,62 pro Kopf gekostet. Die Leitung des Werkes ist ausser einer mehrköpfigen Wasserwerksdeputation speciell dem Stadtbaurath Pistorius unterstellt.

Das Wasser wird in der Kammerau am Bahnhofe aus einem Brunnen von 20,0 m Tiefe erschlossen, der in seinem untern, 4,2 m hohen Theile aus einem gusseisernen, durchlochten Cylinder von 2,8 m Durchmesser besteht. Auf diesen setzt sich ein 7,3 m hoher, gemauerter Schacht, der sich von 2,0 m Durchmesser in seinem untern Theile in dem oberen Theile bis zur Terrainhöhe auf 4,0 m Durchmesser erweitert.

In einer daneben erbauten Pumpstation ist für die Aufstellung von 3 liegenden Gasmotoren von 16 PS. Platz vorhanden, von welchen vorläufig 2 aufgestellt sind. Ein kleiner, stehender Motor von 2 PS. dient zum Antriebe der grossen Motoren. Jeder Motor treibt durch Räderübersetzungen 2 stehende, einfach wirkende Plungerpumpen an. Durch 2 Kurbeln werden diese von einer für beide Pumpen gemeinschaftlichen Welle aus mittels Gestängen bewegt. Die Sauge- und Druckventile der Pumpen bestehen aus je 7 kleinen Ventilen von 55 mm Durchmesser mit Federbelastung. Die Pumpen stehen in einem Kellerraum, dessen Flur 7,0 m tief unter Terrain liegt.

Die Motoren machen 150 bis 160 Umdrehungen und die Pumpen machen 38 bis 42 Doppelhübe pro Minute. Die Plunger haben 175 mm Durchmesser und 0,58 m Hub. Jede Maschine liefert pro Stunde 57 cbm Wasser auf 40,0 m bis 50,0 m Höhe. Die normale Arbeitshöhe beträgt 44,0 m. Ein Hauptwindkessel von 1,2 m Höhe und 600 mm Durchmesser vereinigt die Druckleitungen der beiden Pumpen. Die Motoren, die Pumpen und die maschinellen Theile sind von den Gebrüdern Körting in Körtingsdorf bei Hannover geliefert.

In 100 m Entfernung von der Pumpstation ist ein schmiedeeisernes Hochreservoir von 600 cbm Inhalt auf einem künstlichen Unterbaue in 16,0 m Höhe über Terrain aufgestellt. Den Boden des Reservoirs bildet eine durchhängende Kugelcalotte. Der Wasserspiegel desselben liegt ca. 33,5 m hoch über der mittleren Absenkung des Brunnens. Das Reservoir ist von der Marienhütte bei Kotzenau geliefert. Die Druckleitung zum Reservoire und die Fallleitung vom Reservoire haben beide 250 mm Durchmesser.

Das Vertheilungsnetz beginnt direct hinter dem Reservoire. Es ist nach dem Circulationssysteme hergestellt und steht unter einem constanten und einheitlichen Drucke von ca. 30,0 m. Die Länge der Rohrleitungen hat am 1. April 1895 13448 m und die Zahl der Schieber 90 betragen. Nach den Durchmessern getrennt, setzen sich beide wie folgt zusammen:

Rohrdurchmesser . . .	mm	250	200	175	150	130
Rohrlänge	m	1326	426	177	4176	45
Schieberzahl		4	1	4	18	—

	mm	125	100	80
	m	1109	2935	3254
	Zahl	1	19	43

Am 1. April 1896 hatten die Leitungen einschliesslich der Rohre von 80 mm Durchmesser, 14120 m Länge und 218 cbm Inhalt und die Schieberzahl betrug 91. Es sind 118 Unterflurhydranten (Modell Salbach) von 80 mm mal 65 mm Anschlussweite ohne Selbstentwässerung in 80 m bis 120 m Entfernung von einander aufgestellt. Ferner sind 3 Druckständer, 2 öffentliche Springbrunnen und 5 Spülleitungen mit dem Rohrnetze verbunden. Die gusseisernen Rohre etc. sind von C. Mennicke in Dresden geliefert und verlegt.

Die Zuleitungen sind aus Bleirohren und zwar meistens von 15 mm und 20 mm und nur ausnahmsweise von 25 mm und 30 mm Durchmesser hergestellt. Sie haben Anbohrhähne und Niederschraubventile. Bei 50 mm und 80 mm Durchmesser bestehen sie aus gusseisernen Rohren. Die am 1. April 1895 vorhanden gewesenen 653 Anschlussleitungen, deren Zahl am 1. April 1896 682 betrug, hatten im Ganzen 5306 lfd. m Länge. Für die Hausleitungen sind gleichfalls Bleirohre verwendet. Mit ihnen sind 16 Closets, 27 Pissoirstände, 47 Badeeinrichtungen, 10 Springbrunnen, 4 Strassensprenghähne, ein Wasserstrahlapparat und ein Motor für einen Luftventilator verbunden. Am 1. April 1895 waren im Ganzen 162 und am 1. April 1896 170 Wassermesser einschliesslich eines Untermessers eingebaut. Von diesen sind 142 Stück von Wolff & Schreiber, Breslau und 28 Stück von H. Meinecke, Breslau geliefert. Im Ganzen sind bis zum Ende des Jahres 1895 nach Angabe der Fabrikanten geliefert: 198 Stück und zwar 35 von H. Meinecke, Breslau, 2 Stück von C. A. Spanner, Wien-Aachen und 161 Stück von Wolff & Schreiber, Breslau. Diese vertheilen sich nach der Grösse wie folgt:

Durchmesser mm	10	13	15	20	25	40	50	65
Stückzahl . . .	8	49	98	28	9	1	2	3

Ueber die theoretisch geförderte Wassermenge und den Gasverbrauch im Ganzen und pro 100 cbm Wasser, sowie über die effective Förderhöhe und den Gasverbrauch pro PS.-Stunde und die Leistung pro cbm Gas in m × kg gibt die Tabelle 95 für die Jahre 1893/94 vom 14. X. bis 31. III., 1894/95 und 1895/96 Auskunft.

Tabelle 95.

Jahr	1893/94	1894/95	1895/96
Geförderte Wassermenge cbm	58 728,08	157 012,57	161 995,68
Gasverbrauch im Ganzen »	9 679,88	25 150,80	25 776,40
Mittlere Förderhöhe . . m	38,57	38,39	38,75
Gasverbrauch pro 100 cbm »	16,35	16,02	15,29
desgl. pro PS.-Stunde »	1,14	1,12	1,07
pro cbm Gas m × kg .	165 100	168 500	176 600

Die Tabelle 96 gibt für die Betriebsjahre 1894/95 und 1895/96 die Gesammtabgabe, sowie die mittlere Abgabe pro Tag und am Tage des grössten und geringsten Consums und pro Kopf an. Ferner ist die Abgabe nach Messern und nach Schätzung angeführt.

Tabelle 96.

Jahr	1894/95	1895/96
Gesammte Abgabe cbm	157 066	161 996
davon nach Messern »	32 470	36 709
oder in % . . .	20,7	22,5
davon nach Schätzung . cbm	124 596	125 287
oder in % . . .	79,3	78,5
Abgabe am mittleren Tage cbm	430	443
oder Liter pro Kopf	32	33
desgl. am Maximaltage cbm	1 224	822
oder in % vom mittleren Tage . . .	284,7	187,5
oder in Liter pro Kopf.	91	61
desgl. am Minimaltage cbm	193	207
oder in % vom mittleren Tage	40,5	46,9

Im Jahre 1894/95 hat die grösste resp. die geringste Monatsabgabe 19 589 cbm resp. 8237 cbm betragen. Das Wasserwerk versorgt ausser der Stadt das Schloss Sagan, das Dominium vom Burglehn Sagan und die Rochusburg in Fischendorf.

Als Wasserzins ist zu zahlen für jeden bewohnten Raum von 7 qm bis 40 qm Fläche und für jede Kochküche M. 2, für Läden, Fabrik- und Schulräume und für jede Waschküche pro Haushaltung M. 1, für jedes Badezimmer M. 3, für jedes Closet M. 5, für jedes Pissoir M. 2, für jedes Pferd M. 3 etc. Für nicht angeschlossene Grundstücke ist ein Drittel des berechneten Pauschalwasserzinses zu zahlen.

Für die Pauschalsumme ist nur ein solches Quantum, welches einer Bezahlung von 20 Pf. pro cbm Wasser entspricht, gestattet und Mehrverbrauch über 20% ist nach diesem Preise extra zu bezahlen. Sind keine Tarifräume vorhanden, so ist pro mm Messerdurchmesser im Jahre mindestens M. 1,50 als Wassergeld zu zahlen.

Die Kauf- resp. Miethpreise der Messer betragen je nach der Grösse:

Durchmesser mm	10	13	15/16	20	25
Kaufpreis M. .	30,50	31,50	34,00	36,50	49,00
Miethpreis M .	4,00	4,00	4,50	5,00	6,50

Durchmesser mm .	33	40
Kaufpreis M. . .	59,00	69,50
Miethpreis M.	8,00	10,00

Auf die Abgabe durch Wassermesser wird von dem Preise von 20 Pf. pro cbm ein Rabatt gewährt, welcher beträgt bei einem jährlichen Verbrauche von:

cbm	500 bis 1000	bis 1500	bis 2000	bis 2500	bis 5000
% Rabatt	5	10	15	20	25

Vierteljährlich werden chemische und bacteriologische Untersuchungen des Wassers ausgeführt. Als deren Mittelresultat ist mitgetheilt pro Liter Wasser

Organische Substanz . . .	3,3 mg
Salpetersäure	1,4 »
Kohlensaurer Kalk . .	43,0 »
Schwefelsaurer Kalk . .	8,5 »
Schwefelsaure Magnesia	2,5 »
Chlornatrium . .	11,0 »
Kieselsäure	1,0 »
Eisenoxyd . . .	0,7 »
Ammoniak, salpetrige Säure .	Null
Härtegrade, deutsche .	1,6°
Temperatur . . .	10° C
Gezählte Colonien im ccm	6 bis 8.

24. h. Schmiedeberg. (E. 4818.)

Für die Wasserversorgung der Stadt Schmiedeberg dienen ausschliesslich Brunnen in der Stadt. Im Jahre 1896 hat die Stadtvertretung jedoch beschlossen, dem Baue eines Wasserwerkes, für das die Herstellung einer Thalsperre beabsichtigt wird, näher zu treten.

25. s. Schönau a. d. Katzbach. (E. 1696.)

Die Wasserversorgung der Stadt Schönau erfolgt aus 8 öffentlichen und ca. 70 Privatbrunnen, die gebohrt sind. Im Jahre 1888 ist mit einem Kostenaufwande von M. 15 000 eine gusseiserne Leitung hergestellt, welche mit natürlichem Gefälle aus einem 200 m von der Stadt entfernten Mühlgraben Wasser zuleitet. Dieses gelangt an 4 öffentlichen Brunnen zur Abgabe. Auch sind für 5 Privatgrundstücke Zuleitungen vorhanden.

26. t. Sprottau. (E. 7669, W. 552 mit je 13,9 B.)

Für die Versorgung der Stadt Sprottau mit Brauchwasser diente seit dem Jahre 1866 ein Wasserwerk, welches für städtische Rechnung nach dem Projecte des Bauinspectors Fabian mit einem Kostenaufwande von M. 90000 durch die Firma J. & A. Aird in Berlin ausgeführt ist. Zur Versorgung mit Trinkwasser ist eine grössere Zahl von öffentlichen und privaten Brunnen vorhanden, die genügendes und gutes Wasser liefern.

Das Brauchwasser ist bis zum Jahre 1894 220 m von der Stadt entfernt der Bober entnommen und durch Klärung und Sandfiltration gereinigt. Durch ein eisernes Rohr floss es mit natürlichem Gefälle nach der Schneidemühle, wo in einem Raume unter dem Sägewerke 2 liegende Pumpen aufgestellt waren, die durch Räderübersetzung von dem zum Betriebe der Mühle dienenden Wasserrade aus mit betrieben wurden.

Die Pumpen förderten 530 cbm bis 620 cbm im Tage auf 31,0 m Höhe in ein schmiedeeisernes Reservoir von 7,85 m Durchmesser und 5,0 m Höhe. Es hat 213 cbm Inhalt und ist 500 m von der Pumpstation entfernt in einem Thurme, 17,6 m hoch auf künstlichem Unterbau, aufgestellt. Ein Steigerohr von 9,0 m Höhe in Verbindung mit dem Druckrohr gestattete die Ausschaltung des Reservoirs zum Zwecke einer Drucksteigerung.

Im Jahre 1894 ist nach dem Projecte des Bauraths Salbach in Dresden ein Neu- resp. Umbau der Anlage vorgenommen. Das Wasser wird jetzt aus 3 Tiefbrunnen entnommen und durch Pumpen, welche eine tägliche Leistung von 1000 cbm haben und durch die früher benutzte Wasserkraft betrieben werden, in das Reservoir gehoben. Als Reserve ist ein Gasmotor von 8 PS. aufgestellt, welcher eine Zwillingsplungerpumpe betreibt. Die maschinellen Anlagen dafür hat die Berlin-Anhaltische Maschinenbaugesellschaft in Moabit ausgeführt. Im Jahre 1867 waren 17, im Jahre 1883 waren 34 und im Jahre 1895 waren 45 Hydranten aufgestellt.

Sämmtliche Hausgrundstücke sind jetzt an die Leitungen angeschlossen. Der Wasserzins wird nach der Zahl der Räume berechnet und bringt im Jahre im Ganzen M. 6000 ein. Nach Messern wird Wasser überall nicht abgegeben.

XV. Regierungsbezirk Oppeln.

(Provinz Schlesien.)

a) Beuthen 4 (Borbeck 8, Chropaczeow 11, Karf 19, Königshütte 25, Lippine 32, Miechowitz 34, Morgenroth 35, Morgenstern 36, Rockittnitz 46). — **b)** Falkenberg i. O.-Schl. 14. — **c)** Grottkau 16 (Ottmaschau 42). — **d)** Kattowitz 22 (Antonienhütte 3, Bittkow 6, Bogutschütz 7, Charzow 10, Domb 12, Janow 17, Josefsdorf-Hohenlohehütte 18, Klein-Dombrowka 24, Langiewink 29, Laurahütte 30, Myslewitz 37, Rosdzin 47, Schoppinitz 51, Simianowitz 52, Wenzlowitz 56). — **e)** Kosel 26. — **f)** Kreuzburg 28. — **g)** Leobschütz 31 (Kalscher 21). — **h)** Lublinitz 33. — **i)** Neisse (Patschkau 43, Ziegenhals 58). — **k)** Neustadt 39 (Ober-Glogau 41) — **l)** Oppeln 1 (Krappitz 27). — **m)** Pless 44 (Nikolai 40). — **n)** Ratibor 45. — **o)** Rosenberg 48, — **p)** Rybnik 50 (Sohrau 53). — **q)** Gross-Strehlitz 54. — **r)** Tarnowitz 55 — **s)** Tost-Gleiwitz (Gleiwitz 15). — **t)** Zabrze (Alt-Zabrze 2, Biskupitz 5, Borsigwerk 9, Doretheenhof 13, Karl-Emanuel 20, Klein-Zabrze 24, Ruda 49, Zaborze 57).

Anhang: 59 Fiskalische Wasserversorgungen im Oberschlesischen Industriebezirke. — 60. Kreiswasserleitung Kattowitz. — 61 Kreiswasserleitung Beuthen.

---

1. l. Regierungshauptstadt **Oppeln.** (E. 23014, W. 825 mit je 28,2 B.)

Ausser aus gegrabenen Brunnen mit Trinkwasser erfolgte die Wasserversorgung der Stadt Oppeln früher durch eine alte Quellwasserleitung mit natürlichem Gefälle, die aus hölzernen und gusseisernen Rohren bestand und 5 öffentliche Laufbrunnen speiste. Das Wasser versiegte im Sommer oft ganz und war von zweifelhafter Qualität. Trotz des dringend empfundenen Bedürfnisses gestatteten die städtischen Finanzverhältnisse lange Zeit keine Aenderung des völlig ungenügenden Zustandes und erst in dem Jahre 1896 konnte mit der Erbauung eines Wasserwerkes für städtische Rechnung vorgegangen werden. Diese Anlage ist am 1. Juli 1897 vorläufig unter Leitung des stellvertretenden Bauleiters Hoffmann in Betrieb gesetzt. Das Project für die Anlage ist von dem Ingenieur W. Pfeffer in Halle a. d. Saale für eine tägliche Leistung von 4000 cbm aufgestellt und es war ihm die Bauleitung auf Grund eines Kostenanschlages von M. 600000 oder M. 25,63 pro Kopf übertragen.

Das Wasser wird aus 4 Rohrbrunnen von 60,0 m bis 70,0 m Tiefe gewonnen, welche im unteren Theile 300 mm und im oberen Theile 600 mm Durchmesser haben und deren jeder ca. 3,5 qm durchlässige Filterfläche bietet. Das Wasser ist eisenhaltig und wird vor der Zuleitung einer Enteisenung unterzogen. Dafür sind 3 getrennte Rieselerkammern von je 12 qm Querschnitt und 5,0 m Höhe und 4 getrennte Filterkammern von zusammen 174 qm Fläche ausgeführt.

Das Wasser wird durch Mammutpumpen für die Rieseler auf ca. 6,0 m Höhe über Terrain gehoben. Die Druckpumpen entnehmen das gereinigte Wasser aus einem Reinwasserreservoire, das aus 2 Kammern besteht und bei 3,0 m Wasserhöhe 400 cbm Wasser fasst. Für den Pumpenbetrieb sind 2 liegende Verbundmaschinen von je 85 PS. Leistung bei 60 Umdrehungen pro Minute aufgestellt. Deren Dampfkolben haben 370 mm und 500 mm Durchmesser und 0,7 m Hub. Jede betreibt, direct gekuppelt, eine liegende, doppeltwirkende Plungerpumpe von gleichem Hube wie die Dampfkolben und von 222 mm Durchmesser. Für die Dampfbereitung sind 2 Zweiflammrohrkessel mit Gallowayrohren, jeder von 67,5 qm Heizfläche, vorhanden. Die Maschinen und die Kessel sind von A. Borsig in Berlin geliefert.

Neben der Pumpstation ist ein schmiedeeisernes Hochreservoir von 700 cbm Inhalt auf künstlichem Unterbau in einem Thurme, mit seinem Boden 29,0 m hoch über Terrain, aufgestellt. Sein Wasserspiegel liegt 47,5 m hoch über dem abgesenkten Wasserspiegel in den Brunnen. Das zu dem Reservoire von dem gemeinschaftlichen Druckwindkessel in der Pumpstation führende Druckrohr hat 300 mm Durchmesser und erreicht in 800 m Entfernung davon das Vertheilungsnetz.

Letzteres ist nach dem Circulationssysteme und mit einzelnen Endsträngen ausgeführt. Die Abgabe erfolgt constant und unter einem Drucke von 40,0 m bis 45,0 m. Die Rohrleitungen haben 21000 m Länge und es sind damit 140 Schieber verbunden. Nach den Durchmessern setzen sich die Rohrlängen wie folgt zusammen:

Rohrdurchmesser	mm	300	250	200	150	100	80
Rohrlänge . . .	m	900	450	850	4550	6000	8000

Es sind damit 45 Unterflur- und 105 Ueberflurhydranten, sowie 7 Rohrnetzspülschieber verbunden. Die Rohre hat die Donnermarkshütte und das Königliche Hüttenwerk Gleiwitz geliefert. Die Rohrverlegungen sind von der Firma Reuter & Straube in Halle a. d. Saale ausgeführt. Für die Zuleitungen der bereits ausgeführten ca. 900 Anschlüsse sind bei 20 mm bis 30 mm Durchmesser Bleirohre und bei grösseren Durchmessern verzinkte Eisenrohre und Gussrohre verwendet. Für die Hausleitungen werden geschwefelte und Zinnblei-Rohre, sowie verzinkte Eisenrohre benutzt. Für das Wasser zum Hausgebrauche sollen vorläufig Messer nicht aufgestellt werden.

Ueber die Qualität des Wassers gibt folgende, vom städtischen Untersuchungsamte ausgeführte Analyse Aufschluss. Es enthielt ein Liter Wasser:

Gesammtrückstand	251,6 mg
Glührückstand	164,0 »
Glühverlust	87,6 »
Kaliumpermanganat zur Oxydation .	1,54 »
Berechnete organ. Substanz	7,7 »
Chlor	5,3 »
Kieselsäure	12,2 »
Eisenoxyd und Thonerde	27,0 »
Kalk	94,4 »
Magnesia	11,9 »
Schwefelsäure gering	
Salpetersäure minimal	
Salpetrige Säure nicht nachweisbar	
Ammoniak desgleichen	
Gesammthärte, deutsche Grade . .	11,1°
Permanente Härte	2,0°
Temperatur	10,8° C.

2. t. Alt-Zabrze. (E. 7413).

Der Zustand der früheren Wasserversorgung des Ortes Alt-Zabrze und seiner Umgegend ergibt sich daraus, dass im Jahre 1892 im Hinblick auf die Choleragefahr auf den Stationen Zabrze, Zabrze-Cokeplatz, Zabrze-Poremba und Dorotheenhof eine Trinkwasserversorgung in der Weise eingerichtet war, dass 10 Doppeltender-Locomotiven mit 20 cbm Wasserinhalt täglich von dem Adolfsschachte bei Schwientochlowitz Wasser zuführten, das hier dann kostenfrei vertheilt wurde.

Seit dem Jahre 1895 findet die Versorgung durch die Wasserleitung Zawada-Zabrze statt.

3. d. Antonienhütte. (E. 6000.)

Die Wasserversorgung des Ortes Antonienhütte findet durch ein Wasserwerk statt, welches Eigenthum der Grube comb. Gottessegen ist und im Jahre 1888 erbaut wurde. Es hat eine tägliche Leistungsfähigkeit von 2000 cbm. Die Baukosten haben M. 74000 oder ca. M. 12 pro Kopf betragen. Den Betrieb leitet der Maschinenmeister Fritsch.

Das Wasser tritt in die Grube aus den das Kohlengebirge überdeckenden Diluvialschichten in ca. 150 m Tiefe unter Terrain ein und wird durch hölzerne Lotten und eiserne Rohre in den 180,0 m tief unter Tage liegenden Maschinensumpf übergeführt.

Durch eine hier aufgestellte Zwillingsmaschine von 200 PS. wird es mittels zweier Doppelplungerpumpen von 196 mm Durchmesser und 0,7 m Hub in ein über Tage aufgestelltes Reservoir gefördert. Die Maschine macht 17 bis 35 Doppelhübe pro Minute, was einer stündlichen Leistung von 71 cbm bis 147 cbm Wasser bei 191,0 m Förderhöhe entspricht. Die Maschine ist von C. Hoppe in Berlin geliefert und erhält den Dampf aus der Kesselanlage der Zeche, welche aus 13 Kesseln von je 65 qm Heizfläche besteht.

Als Hochreservoir dient ein rechteckiger, schmiedeeiserner Kasten von 50 cbm Inhalt, welcher auf einem künstlichen Unterbau 11,0 m hoch über Terrain in der Nähe des Schachtes unter Dach aufgestellt ist. Die Druckleitung zum Reservoire hat 300 mm Durchmesser bei ca. 300 m Länge.

Die Vertheilungsleitungen haben 6060 lfd. m Länge, und es sind damit 12 Schieber verbunden. Nach den Durchmessern getrennt haben die Rohre folgende Längen:

Durchmesser .	mm	150	80	50
Länge	m	1000	4000	1060

Der Versorgungsdruck beträgt 13,0 m bis 35,0 m Wassersäule je nach der Ortslage. Es sind 28 Ueberflurhydranten mit Selbstentleerung aufgestellt. Die Rohre sind von dem Königl. Hüttenwerke Gleiwitz geliefert.

In 69 von den Zuleitungen sind Wassermesser eingebaut, welche von H. Meinecke, Breslau geliefert sind. Die Zuleitungen und die Hausleitungen sind aus verzinkten, schmiedeeisernen Rohren hergestellt. Erstere haben 20 mm und 30 mm Durchmesser. Mit letzteren sind 230 Zapfhähne, 2 Closets, 3 Pissoire, 8 Badeeinrichtungen und 2 Springbrunnen verbunden.

Die Wasserabgabe hat im Jahre 1894 im Ganzen 625245 cbm oder am mittleren Tage 1713 cbm betragen. Davon sind 26571 cbm oder 4,2 % durch Wassermesser abgegeben.

Der Wasserpreis nach Messern beträgt 11 Pf. pro cbm.

4. a. Beuthen. (E. 42335, W. 1200 mit je 35,3 B.)

Für die Wasserversorgung der Stadt Beuthen ist im Jahre 1867 für städtische Rechnung ein Wasserwerk erbaut, welches bereits im Jahre 1875 eine Erweiterung erfahren musste. Der Kostenaufwand für die Anlage hat sich auf M. 300000 belaufen und das disponible Tagesquantum betrug damals 4500 cbm.

Das Wasser wurde aus einem Schachte entnommen, der 465 m von der Stadt entfernt im Muschelkalkgebirge abgeteuft ist. Durch Dampfpumpmaschinen gehoben, wurde es einem Hochreservoire zugeführt. Es sind dafür 2 stehende Dampfmaschinen, eine von 50 PS. und die andere von 20 PS. beschafft worden. Die kleine, ältere Maschine arbeitet einfachwirkend mit Ventilsteuerung ohne Schwungrad und ohne Condensation und betreibt durch Gestänge eine einfachwirkende Plungerpumpe, die 8 Hübe pro Minute macht. Die grosse Maschine arbeitet doppeltwirkend und gleichfalls ohne Condensation, aber mit Schwungrad und hat Schiebersteuerung. Sie betreibt eine direct gekuppelte, stehende, doppeltwirkende Pumpe mit Scheibenkolben und Doppelsitzventilen, welche 14 Doppelhübe pro Minute macht. Die Dampfkolben der Maschinen haben 350 mm resp. 600 mm Durchmesser, und die Pumpenkolben haben 315 mm Durchmesser und beide 2,5 m resp. 0,8 m Hub. Für die Dampfbereitung sind 3 Walzenkessel von 8,8 m Länge und 1,0 m Durchmesser mit je einem Siederohre von 7,0 m Länge und 0,7 m Durchmesser aufgestellt, welche je 31 qm Heizfläche haben.

Das Hochreservoir ist von Gusseisen hergestellt und steht 13,3 m hoch über Terrain überdacht auf einem gemauerten Unterbau. Es hat 2,5 m Höhe und misst im Grundrisse 6,2 m mal 5,6 m, hat also 87 cbm Inhalt.

Wegen der späteren Entziehung des Wassers aus dem Schachte in Folge des Grubenbetriebes hat diese Anlage ausser regelmässigen Betrieb gesetzt werden müssen und dient seitdem nur noch als Reserve bei einer Störung der neuen Versorgung. Das Wasser für letztere wird aus dem einen Schachte der 2500 m vom Ringe der Stadt entfernt liegenden Kohlengrube Karsten-Centrum entnommen. Dessen Sohle liegt 320,0 m unter Tage und das Wasser wird durch die Wasserhaltung der Zeche direct auf 6,0 m Höhe über Tage gehoben. Es floss bislang von hier durch die Leitung direct zur Stadt und gelangte so in das Vertheilungsnetz. Der Versorgungsdruck betrug am Ringe noch ca. 20,0 m.

Die Stadt hoffte, für die Zukunft aus der geplanten fiskalischen Wasserleitung Königshütte ihre ganzen Bedürfnisse mit befriedigen zu können und sah die vorhandene Versorgung nur als ein Provisorium an. Nachdem sich das jedoch als unerreichbar herausgestellt hat, wird der Stadt seit dem Jahre 1882 auch aus einem zweiten Schachte der Karsten-Centrumgrube, dem Vüllerschachte, das Wasser durch eine Rohrleitung zugeführt.

Zur Erlangung einer besseren Wasserqualität ist vor einigen Jahren von dem Stadtbaurath Bahr, unter dessen Oberleitung der Inspector Kalka den Betrieb der Wasserversorgung leitet, ein Project ausgearbeitet, nach welchem eine künstliche Filtration für das Wasser ausgeführt werden sollte. Gleichzeitig damit sollte die Erbauung eines neuen Hochreservoires erfolgen. Beide Anlagen sind aber nicht zur Ausführung gekommen und inzwischen wurden innerhalb der Stadt zur Trinkwasserentnahme im Anschlusse an die fiscalische Wasserleitung vorläufig 15 frostfreie Druckständer auf den Strassen der Stadt aufgestellt.

Die Wasserabgabe erfolgt aus dem städtischen Werke constant unter einem einheitlichen Drucke, der je nach der Ortslage zwischen 16,0 m und 25,0 m schwankt. Die Länge der gesammten Rohrleitungen von 350 mm bis 80 mm Durchmesser beträgt 16000 m. Damit sind 60 Schieber, 190 Unterflurhydranten, 20 Rinnsteinspüler, 5 Freibrunnen, 3 öffentliche Pissoire und 2 öffentliche Springbrunnen verbunden. Die Zuleitungen bestehen aus Bleirohren und aus verzinkten Eisenrohren. Es waren in den Häusern 50 Closets, 80 Badeeinrichtungen, 18 Springbrunnen und 20 Hausfilter in Benutzung. Wassermesser sind für den Hausgebrauch nicht eingebaut. Für Gewerbszwecke sind im Ganzen 26 Messer von H. Meinecke, Breslau, und 14 Messer von Siemens & Halske, Berlin, geliefert, welche folgende Grössen haben:

Durchmesser	mm	20	25	50	75	80	100
Stückzahl	. .	3	1	2	7	5	2

Die für die Stadt disponible Wassermenge beträgt pro Tag ca. 4320 cbm im Winter und ca. 2880 cbm im Sommer. Nach einer früheren Messung wurden pro Kopf pro Tag durchschnittlich 56 Lit., also 2370 cbm Wasser im Ganzen verbraucht. Der Wasserzins wird nach der Zahl der zu beheizenden Räume berechnet.

Im December des Jahres 1896 wurde endlich von der Stadtverordnetenversammlung zur Verbesserung des Werkes die Erbauung des Wasserthurmes mit einem Hochreservoire beschlossen, und es sind dafür M. 160000 bewilligt, während man von der Anlage eines Filterwerkes glaubte absehen zu können, weil die Qualität des Wassers aus der Karsten-Centrumgrube sich gebessert haben sollte und nach sachkundigem Urtheile innerhalb zweier Jahre völlig einwandfrei sein würde. Trotzdem bestand der Magistrat darauf, dass auch für die Filtrationsanlage, die hinter dem Aussichtsfelsen des Stadtparkes ihren Platz finden sollte, M. 100000 bewilligt würden. Die Commission, der dieser Antrag zur Berathung überwiesen wurde, schlug aber am 14. August 1897 vor, den Beschluss so lange zu vertagen, bis ein Bericht über den Befund des Wassers von der bacteriologischen Station vorliege und die Versammlung beschloss darauf die nochmalige, specielle Bearbeitung eines Projectes für Filter und für Reservoir.

Inzwischen hat der Ausbruch einer Typhusepidemie im Späthsommer 1897 die allgemeine Aufmerksamkeit auf die Wasserversorgungsverhältnisse der Stadt gelenkt, indem man die Schuld der 500 Erkrankungen innerhalb zweier Monate dem Wasser der Karsten-Centrumgrube zur Last legte. Heute steht eine Besserung der Verhältnisse gemeinschaftlich mit einem Theile der im Kreise Beuthen liegenden, sonstigen Ortschaften durch die Bildung einer Kreis-Wasserversorgung Beuthen in naher Aussicht. Als Wasserquelle soll die für die Kreiswasserversorgung Kattowitz dienende Rosaliengrube mitbenutzt werden, und es werden hier dann für Rechnung des neuen Versorgungsgebietes nur neue Druckpumpmaschinen aufgestellt, sowie neue Zuleitungen gelegt werden, weil Wasser reichlich vorhanden ist.

Schon im Jahre 1896 waren der Stadt Beuthen und einigen benachbarten Ortschaften aus der Rosaliengrube durch die Kreiswasserversorgung Kattowitz 1095000 cbm oder 3000 cbm Wasser pro Tag gegen Zahlung von 3,7 Pf. pro cbm abgegeben. Damals hoffte der Oberbürgermeister Dr. Brüning immer noch, dass für die dauernde Versorgung von Beuthen das Wasser aus der Karsten-Centrumgrube beibehalten werden würde, allerdings nachdem es vorher einer regelrechten Sandfiltration unterworfen war. Dieses Project ist jetzt aber völlig aufgegeben.

5. t. **Biskupitz.** (E. 8122.)

Die Wasserversorgung des Ortes Biskupitz erfolgt seit dem Jahre 1895 durch die Wasserleitung Zawada-Zabrze.

6. d. **Bittkow.** (E. 1978.)

Die Wasserversorgung der Gemeinde Bittkow erfolgt aus der Kreiswasserleitung Kattowitz. Der Wasserverbrauch hat im Jahre 1896 im Ganzen 28000 cbm oder pro Tag 78 cbm und 39 Lit. pro Kopf betragen und es sind dafür M. 1960 oder 7 Pf. pro cbm an den Kreis gezahlt.

7. d. **Bogutschütz.** (E. 11231.)

Die Wasserversorgung der Gemeinde Bogutschütz mit dem Schlosse Kattowitz erfolgt durch die Kreiswasserleitung Kattowitz. Im Jahre 1896 sind M. 6720,35 für 96005 cbm oder 7 Pf. pro cbm gezahlt, was im Mittel 263 cbm pro Tag im Ganzen und 23 Lit. pro Kopf entspricht.

8. a. **Borbeck.** (E. 2250.)

Die Wasserversorgung des Ortes Borbeck erfolgt seit dem Jahre 1895 durch die Wasserleitung Zawada-Zabrze.

9. t. **Borsigwerk.** (E. 3800.)

Die Wasserversorgung des Ortes Borsigwerk erfolgt seit dem Jahre 1895 durch die Wasserleitung Zawada-Zabrze.

10. d. **Charzow.** (E. 5730.)

Die Wasserversorgung des Ortes Charzow erfolgt seit dem Jahre 1885 durch das Wasserwerk Königshütte.

11. a. **Chropaczeow.** (E. 5600.)

Die Wasserversorgung des Ortes Chropaczeow erfolgt seit dem Jahre 1895 durch die Wasserleitung Zawada-Zabrze.

12. d. **Domb.** (E. 2649.)

Die Wasserversorgung des Ortes Domb erfolgt aus der Kreiswasserleitung Kattowitz. Im Jahre 1896 sind für 36600 cbm Wasser pro cbm mit 7 Pf. oder M. 2562 an den Kreis gezahlt. Es entspricht das einem täglichen, mittleren Gebrauche von 100 cbm im Ganzen oder 38 Lit. pro Kopf.

13. t. **Dorotheenhof.** (E. 6440.)

Die Wasserversorgung des Ortes Dorotheenhof erfolgt seit dem Jahre 1895 durch die Wasserleitung Zawada-Zabrze.

14. b. **Falkenberg i. O.-Schl.** (E. 2061.)

In der Stadt Falkenberg sind zur Wasserversorgung 5 öffentliche und fast auf allen Grundstücken Privatbrunnen vorhanden, deren Wasser aber meistens schlecht ist. Für die Versorgung der inneren Stadt und deren Seitenstrassen sind daher die westlich von der Stadt in ca. 2 km Entfernung liegenden Springdorfer Quellen, deren Wasser schon seit mehreren Jahrhunderten durch hölzerne Leitungen der Stadt mit natürlichem Gefälle zuflossen, im Jahr 1866 neu gefasst, und für die Zuleitung sind gusseiserne Rohre gelegt. Diese Arbeiten haben M. 39000 gekostet.

Zur Sammlung dieses Wassers dient ein gemauertes Reservoir von 860 cbm Inhalt, das 1500 m von der Stadt entfernt und mit seinem Wasserspiegel 40,0 bis 50,0 m hoch über dem Stadtniveau liegt. Die Rohrleitungen haben 3500 m Länge von 100 mm bis 55 mm Durchmesser und speisen 3 öffentliche Laufbrunnen und 3 Hydranten. Private haben keine Anschlüsse. Von dem vorhandenen täglichen Wasserquantum von 370 cbm werden ca. 280 cbm in der Stadt verbraucht.

15. s. **Gleiwitz** (E. 24978, W. 700 mit je 35,7 B.)

Die Wasserversorgung der Stadt Gleiwitz erfolgte früher hauptsächlich aus gegrabenen und gesenkten Brunnen. Ausserdem wurde Wasser mit natürlichem Gefälle durch hölzerne und eiserne Rohrleitungen aus Quellen und aus einem künstlichen Teiche, der vor der Stadt zur Ansammlung von Tageswasser angelegt war, zugeleitet.

Die Hoffnung der Stadt, eine Versorgung durch die fiscalischen Anlagen aus dem artesischen Brunnen Zawade zu erhalten, scheiterte aus verschiedenen Gründen. Die Stadt wurde dadurch zur Ausführung einer selbstständigen Versorgung gezwungen, welche allerdings auch aus diesem, ca. 17 km von der Stadt entfernt liegenden Brunnen nach dem generellen Projecte des Wasserwerksdirectors Schneider in Breslau das Wasser entnimmt. Die Ausführung des Werkes hat in den Jahren 1894/95 für Rechnung der Stadt mit einem Kostenaufwande von M. 730000 oder M. 29,23 pro Kopf nach den speciellen Plänen des Stadtbauraths Kelm, dem auch die Betriebsleitung des Werkes unterstellt ist, stattgefunden. Der Betrieb ist am 1. Juli 1895 eröffnet. Die Anlage ist für eine tägliche Leistung von 2500 cbm bis 3000 cbm bestimmt.

Das Wasser des Brunnens, der an anderer Stelle eingehend beschrieben ist, steigt frei bis ca. 1,5 m hoch über Terrain empor und es wird ein Theil davon für die Stadt durch ein von ihr aufgestelltes Dampfpumpwerk künstlich gehoben. Eine liegende Verbundmaschine mit Dampfcylindern von 310 mm resp. 500 mm Durchmesser betreibt eine direct gekuppelte, doppeltwirkende Plungerpumpe von 190 mm Durchmesser. Der Kolbenhub beträgt 0,9 m und die Zahl der Doppelhübe 56 pro Minute. Die Pumpe fördert pro Stunde 170 cbm auf 50,0 m Höhe. Die Dampfversorgung erfolgt aus einer Kesselanlage von 3 Röhrenkesseln, welche zugleich für das fiskalische Pumpwerk dient.

Von der Pumpstation führt eine Druckleitung von 14800 m Länge und 250 mm Durchmesser zu einem Hochreservoire, welches 3000 m von der Mitte der Stadt entfernt liegt. Dasselbe ist durch eine Fallrohrleitung von 300 mm Durchmesser mit dem Vertheilungsnetze verbunden. Das Reservoir ist von Schmiedeeisen hergestellt und hat 900 cbm Inhalt. Es steht auf einem 20,0 m hohen, massiven Unterbaue und ist überdacht und ummantelt.

Der Druck im Versorgungsgebiete beträgt im Mittel 60,0 m. Das Vertheilungsnetz ist nach dem Circulationssysteme ausgeführt. Die Gesammtrohrlänge in der Stadt beträgt 30000 lfd. m von Durchmessern von 250 mm bis 80 mm mit 275 Absperrschiebern und 260 Unterflurhydranten von 70 mm Durchmesser (Modell Hilpert.) Letztere stehen in ca. 80 m Entfernung von einander. Ferner sind 24 Hydrantbrunnen mit Selbstentwässerung aufgestellt.

Die Zuleitungen bestehen aus Bleirohren von 20 mm bis 40 mm Durchmesser mit Niederschraubhähnen. Die Hausleitungen sind aus Bleirohren und aus verzinkten, schmiedeeisernen Rohren hergestellt. Wassermesser waren Anfangs nur 104 geliefert und zwar 3 von H. Meinecke, Breslau, 7 von Wolff & Schreiber,

Breslau und 94 von Dreyer, Rosenkranz & Droop, Hannover. Nach der Grösse vertheilen diese sich wie folgt:

Durchmesser . mm	13	15	20	25	30	40	50	70	80	100
Stückzahl	5	10	13	24	19	13	4	10	3	1

mm	125	150	200
Zahl	1	1	1

In dem ersten halben Jahre des Betriebes sind 368000 cbm oder am mittleren Tage 2000 cbm Wasser abgegeben und zwar 154000 cbm oder 41,9 % für gewerbliche und 214000 cbm oder 58,1 % für häusliche Zwecke, erstere nach Messern und letztere nach Schätzung. Der Maximal- resp. Minimalconsum hat betragen:

in einer Stunde	112 cbm resp.	38 cbm
an einem Tage	2930 » »	449 »
oder vom mittleren Tage .	146,5 % »	22,5 %
in einer Woche	14243 cbm »	9757 cbm
in einem Monate	57483 » »	46409 »

Die Wasserversorgung soll in erster Linie den Hausbedarf befriedigen, und es sind dafür 40 Liter pro Tag und Kopf angenommen. Für alle bewohnten Grundstücke innerhalb des Rohrnetzes, soweit sie in 40 m Entfernung durch Zuleitungen zu erreichen sind, ist der Zwangsanschluss eingeführt. Als Wasserzins sind 66⅔ % der Gebäudesteuer zu zahlen. Auch kann die Zahlung nach Wassermessern zum Preise von 20 Pfg. pro cbm event. verlangt werden. Dabei ist aber mindestens der gleiche Betrag als nach der Gebäudesteuer zu entrichten und ferner sind die Kosten für die Messerstellung und 15 % des Messerpreises jährlich als Miethe von dem Hausbesitzer zu tragen. Für gewerbliche Zwecke ist vorläufig als der pro cbm zu zahlende Preis angenommen:

die ersten 300 cbm und ferner: bis 1000 cbm; bis 3000 cbm;
pro cbm mit 20 Pf. 18 Pf. 16 Pf.

bis 8000 cbm; bis 18000 cbm; bis 43000 cbm; bis 93000 cbm;
14 Pf. 12 Pf. 10 Pf. 8 Pf.

bis 193000 cbm und darüber
7 Pf. 6 Pf.

16. c. **Grottkau.** (E. 4351.) Ohne Antwort.

17. d. **Janow.** (E. 2575.)

Die Wasserversorgung des Ortes Janow erfolgt durch die Kreiswasserleitung Kattowitz. Im Jahre 1896 sind 36600 cbm oder im Mittel 100 cbm pro Tag und 39 Lit. pro Kopf bezogen und dem Kreise sind dafür M. 2562 oder 7 Pf. pro cbm gezahlt.

18. d. **Josefsdorf-Hohenlohehütte.** (E. 6516.)

Die Gemeinden Josefsdorf und Hohenlohehütte werden durch die Kreiswasserleitung Kattowitz versorgt. Im Jahre 1896 sind im Ganzen 219600 cbm Wasser mit M. 15372 oder mit 7 Pf. pro cbm dem Kreise bezahlt. Es entspricht das pro mittleren Tag 600 cbm und 91 Lit. pro Kopf. Ferner hat die fürstliche Hüttenverwaltung für ihre Beamtenhäuser auf der Georggrube 2196 cbm Wasser bezogen und dafür M. 153,72 gezahlt.

19. a. **Karf.** (E. 2098.)

Die Wasserversorgung des Ortes Karf erfolgt seit dem Jahre 1895 durch die Wasserleitung Zawada-Zabrze.

20. t. **Karl Emanuel.** (E. 1360).

Die Wasserversorgung der Colonie Karl Emanuel erfolgt seit dem Jahre 1895 durch die Wasserleitung Zawada-Zabrze.

21. g. **Katscher.** (E. 4076.)

Die Wasserversorgung der Stadt Katscher erfolgt ausschliesslich aus gegrabenen Brunnen, deren 10 für öffentliche Zwecke vorhanden sind.

22. d. **Kattowitz.** (E. 22824, W. 692 mit je 32,7 B.)

Die frühere Versorgung der Stadt Kattowitz aus gesenkten Brunnen erwies sich wegen des allgemeinen Sinkens des Grundwasserstandes durch den Bergbau schon seit langer Zeit nicht mehr als ausreichend. Man hoffte damals durch Tiefbrunnen im Norden der Stadt in dem Thale der Klodnitzquellen eine ausreichende Wassermenge erschliessen zu können. Nachdem die hier jedoch vor längeren Jahren ausgeführten Bohrungen bis auf 50,0 m Tiefe erfolglos blieben, glaubte man im Jahre 1884 aus dem Flusse Brynitza das Wasser für die Stadt entnehmen zu können, was sich aber auch als unthunlich erwies.

Im Jahre 1886 hat die Stadt dann für ihre Kosten ein Wasserwerk erbaut, für welches das Wasser aus der den Erben von Georg von Giesche gehörigen Cleophasgrube, einem Steinkohlenbergwerke, das ca. 4 km westlich von der Stadt entfernt liegt, entnommen wird. Das von der Zeche in ein Bassin von 6 cbm Inhalt über Tage geförderte Grubenwasser wurde durch stadtseitig beschaffte Dampfpumpmaschinen gehoben und durch ein entsprechendes Rohrnetz in der Stadt vertheilt. Den Betrieb der Anlage leitete der Inspector der Gasanstalt, Ingenieur L. Führig.

Es sind damals von der Stadt 2 Dampfmaschinen von je 15 PS. aufgestellt, deren jede direct mit einer doppeltwirkenden Pumpe gekuppelt ist. Jede Maschine fördert bei 40 Doppelhüben pro Minute 72 cbm Wasser pro Stunde auf 35,0 m Höhe. 2 Dampfkessel von je 28,2 qm Heizfläche mit ausziehbaren Rohren lieferten den nöthigen Dampf. Die Maschinen sind von Weise & Monski in Halle a. d. Saale und die Kessel von der Firma Koetz in Nikolai geliefert.

Hinter dem Versorgungsgebiete und 1000 m davon, sowie 3000 m von der Pumpstation entfernt ist später ein gemauertes und überwölbtes Hochreservoir als Consumregulator hergestellt. Die Wasserabgabe erfolgte constant und unter einem einheitlichen Drucke. Das Vertheilungsnetz ist nach dem Circulationssysteme hergestellt und besteht aus 9200 lfd. m Rohren von 200 mm bis 80 mm Durchmesser. Mit demselben sind 66 Unterflurhydranten verbunden, welche in durchschnittlich 100 m Entfernung von einander stehen. Die gusseisernen Rohre sind von dem Königl. Hüttenwerke Gleiwitz geliefert.

Die Zuleitungen bestehen aus gusseisernen Rohren von 40 mm Durchmesser und in dieselben sind 463 Wassermesser eingebaut, von welchen 400 von H. Meinecke, Breslau, und 63 von Wolff & Schreiber, Breslau, geliefert sind. Diese vertheilen sich nach der Grösse wie folgt:

Durchmesser mm	10	13	20	25	33	40	50	65	80	100
Stückzahl	23	100	299	54	1	5	1	2	4	1

Die Hausleitungen bestehen aus schmiedeeisernen Rohren.

Im Jahre 1894/95 sind im Ganzen 406 168 cbm oder pro mittleren Jahrestag 1113 cbm abgegeben. Davon entfallen 10500 cbm oder 2,6% für öffentliche Zwecke, und 31 103 cbm oder 7,6% sind als Verlust angenommen, so dass 364 564 cbm oder 89,8% als für Private, nach Messern abgegeben, verbleiben, was 810 cbm pro Messer im Jahre entspricht.

Der Wasserpreis pro cbm beträgt 15 Pf. und bei einem Verbrauch von 300 cbm im Monate 10 Pf.

Seit dem 1. Januar 1896, der Eröffnung der Kreiswasserleitung, Kattowitz, ist die Wassergewinnungs- und Förderanlage der Stadt ausser Betrieb gekommen, weil die Versorgung der Stadt seitdem mit durch diese Anlage aus dem Hochreservoire auf der Bittkower Höhe erfolgt. Im Jahre 1896 hat die Stadt 550 511 cbm oder 1508 cbm pro Tag vom Kreise bezogen und dafür M. 38535,77 oder 7 Pf. pro cbm gezahlt.

23. d. Klein-Dombrowka. (E. 5408.)

Die Wasserversorgung des Ortes Klein-Dombrowka erfolgt durch die Kreiswasserleitung Kattowitz. Im Jahre 1896 hat der Ort 42 734 cbm oder im Mittel 117 cbm pro Tag im Ganzen oder 22 Lit. pro Kopf bezogen und dafür M. 2991,38 oder 7 Pf. pro cbm an den Kreis gezahlt.

24. t. Klein-Zabrze. (E. 8603.)

Die Wasserversorgung des Ortes Klein-Zabrze erfolgt seit dem Jahre 1895 durch die Wasserleitung Zawada-Zabrze.

25. a. Königshütte. (E. 44 694.)

Die Wasserversorgung der Stadt Königshütte erfolgte früher ausser aus 10 Ziehbrunnen durch die künstliche Zuleitung des Wassers aus 2 Brunnenanlagen, deren eine dem Fiscus gehört und deren andere Eigenthum der Actiengesellschaft Königs- und Laurahütte ist. Ferner wurde der Stadt süsses Grubenwasser aus dem fiscalischen Freundschaftsschachte zugeführt. Die Wasserförderung an den 3 Punkten geschah durch Dampfpumpwerke und für die Zuleitung und Vertheilung des Wassers dienten im Jahre 1882 im Ganzen 17 064 lfd. m gusseiserne Rohrleitungen, welche theils Eigenthum des Fiscus resp. der Grube waren und theils der Stadt gehörten. Mit den Leitungen waren 39 öffentliche Auslaufstellen und 10 Hydranten verbunden.

Seit dem Jahre 1884 erfolgt die Versorgung der Stadt durch das fiscalische Wasserwerk Königshütte.

26. e. Kosel. (E. 6529, W. 366 mit je 17,8 B.)

Die Wasserversorgung der Stadt Kosel erfolgt aus einer grösseren Zahl von gegrabenen Pumpenbrunnen, sowie aus 2 artesischen Brunnen. Letztere haben eine Tiefe von 60,0 m resp. 70,0 m und liefern pro Stunde ca. 14 cbm Wasser. Der eine davon liegt auf dem Kasernenhofe und der andere auf der Bahnhofstrasse. Der letztere soll durch die Anlage eines hydraulischen Widders für die Anwohner nutzbar gemacht werden.

Ausserdem besteht noch eine Zuleitung von Quellwasser mittels gusseiserner Rohre mit natürlichem Gefälle, welches 2 Brunnen auf dem Kasernenhofe speist. Die Quellen entspringen 2 km von der Stadt entfernt beim Dorfe Reinschdorf. Die Versorgung ist im Ganzen eine gute und genügende.

27. l. Krappitz. (E. 2758, W. 256 mit je 10,8 B.)

Für die Stadt Krappitz besteht seit dem Jahre 1864 ein Wasserwerk, durch welches für wirthschaftliche Zwecke Wasser aus einem Arme der Hotzenplotz, einem Nebenflusse der Oder, entnommen nnd mittels eines durch Wasserkraft betriebenen Pumpwerkes gehoben wird. Den Betrieb leitet der Kunstmeister E. Wittur

Die Pumpe liefert bei 8 Doppelhüben pro Minute 93 cbm Wasser im Tage in 2 hölzerne Reservoire von je 2,5 cbm Inhalt, die auf einem 20,5 m hohen Holzgerüste offen aufgestellt sind Das Wasser wird denselben durch eine 500 m lange, eiserne Leitung von 100 mm Durchmesser zugeführt. Von hier werden 1 Hydrant, 2 Rinnsteinspüler, 1 Springbrunnen und 1 Laufbrunnen gespeist. Auch 2 Hausleitungen sind in Benutzung. Im Jahre 1895 sind von diesem Werke im Ganzen 33 638 cbm Wasser geliefert.

28. f. Kreuzburg. (E. 8725, W. 541 mit je 16,1 B.)

Die Stadt Kreuzburg wird aus 15 öffentlichen Brunnen, von denen 8 Flachbrunnen und 7 Rohrbrunnen sind, sowie aus 108 privaten Brunnen, von denen 18 Rohrbrunnen und 8 Ziehbrunnen sind, mit Wasser versorgt. Die Brunnen haben 10,0 m bis zu 99,0 m Tiefe und eine Wasserhöhe von 3,0 m bis 4,0 m. Ferner wird durch 8 verschiedene Zuleitungen verschiedenen Betrieben Wasser aus der Stober für gewerbliche Zwecke zugeführt.

Nach der Untersuchung der Wasserverhältnisse der Stadt durch den Kreisphysikus, Sanitätsrath Dr. Graber, im Juni 1894 ist die Trinkwasser-Calamität, welche vor der Herstellung der Rohrbrunnen bestand, »als völlig gehoben zu betrachten, indem die öffentlichen und die Anstaltsbrunnen ein in qualitativer und quantitativer Beziehung allen Anforderungen vollauf genügendes Trinkwasser liefern.« Es liegt nach der Ansicht des Magistrats daher kein genügender Grund vor, weitere Bohrversuche anzustellen, bezw die Zahl der Gemeindebrunnen in nächster Zeit zu vermehren.

29. d. Langiewink. (E. 880.)

Die Wasserversorgung des Ortes Langiewink erfolgt seit dem Jahre 1885 durch das Wasserwerk Königshütte.

30. d. Laurahütte. (E. 11 783.)

Die Wasserversorgung des Ortes Laurahütte erfolgt durch die Kreiswasserleitung Kattowitz. Im Jahre 1896 hat die Gemeinde M. 17 508,12 für 250 116 cbm Wasser oder 7 Pf. pro cbm gezahlt. Es entspricht das 685 cbm pro Tag und 59 Lit. pro Kopf.

Ferner hat die dortige vereinigte Königs- und Laurahütte 25 405 cbm und die Firma W. Fitzner in Laurahütte 43 224 cbm Wasser vom Kreise entnommen. Dafür hat der Kreis ferner M. 4804,03, also einschliesslich der Abgabe an den Ort M. 22 312,15 im Ganzen an Wassergeld eingenommen.

31. g. Leobschütz. (E. 12 601, W. 640 mit je 19,7 B.)

Die Versorgung der Stadt Leobschütz erfolgt ausschliesslich aus innerhalb der Stadt gelegenen Grundwasserbrunnen, die stets ein Wasser von guter Qualität geben und auch in genügender Zahl für öffentliche und private Benutzung vorhanden sind.

Im Jahre 1895 sind Verhandlungen von der Stadt mit dem Ingenieur Smrecker in Mannheim wegen Ertheilung einer Concession zum Bau und Betriebe eines Wasserwerkes gepflogen. Der Unternehmer sollte 100 Hydranten auf seine Kosten aufstellen und mit Wasser versorgen. Nach Ablauf des Vertrages, der eine Dauer von 50 Jahren haben und am 1. Januar 1897 in Kraft treten sollte, würde der Stadt das Recht zustehen, die sämmtlichen Anlagen käuflich zu erwerben. Der Vertrag ist aber nicht zum Abschlusse gelangt, weil die Stadt demnächst für eigene Rechnung zu bauen gedenkt.

32. a. **Lippine.** (E. 12830.)

Die Wasserversorgung des Ortes Lippine erfolgt seit dem Jahre 1895 durch die Wasserleitung Zawada-Zabrze.

33. n. **Lublinitz.** (E. 3390, W. 328 mit je 10,3 B.)

Für die Wasserversorgung der Stadt Lublinitz dienen 18 öffentliche, gemauerte Brunnen Ferner sind auf fast jedem Hofraume Privatbrunnen vorhanden, die meistens Rohrbrunnen sind.

34. a. **Miechowitz** (E. 4550.)

Die Wasserversorgung des Ortes Miechowitz erfolgt seit dem Jahre 1895 durch die Wasserleitung Zawada-Zabrze.

35. a. **Morgenroth.** (E. 850.)

Die Wasserversorgung des Ortes Morgenroth erfolgt seit dem Jahre 1895 durch die Wasserleitung Zawada-Zabrze.

36. a. **Morgenstern.** (E. 1730.)

Die Wasserversorgung der Colonie Morgenstern erfolgt seit dem Jahre 1895 durch die Wasserleitung Zawada-Zabrze.

37. d. **Myslowitz.** (E. 11288, W. 504 mit je 22,4 B.)

Die Stadt Myslowitz versorgte sich früher mit Trinkwasser aus Pumpenbrunnen, während Brauchwasser dem die Stadt umfliessenden Flusse Przemsa direct entnommen wurde.

Um der sich von Jahr zu Jahr steigernden Wassersnoth, deren Beseitigung man vergeblich durch ein fiscalisches Werk erwartet hatte, abzuhelfen, beschloss die Stadt im Jahre 1893, mit dem Baue eines selbstständigen Werkes vorzugehen und nahm für den Zweck eine Anleihe von M. 100000 auf. Im Jahre 1894 ist dann bei Schabelnia ein Brunnen von 4,0 m Durchmesser und 7,0 m Tiefe abgeteuft, der pro Stunde 120 cbm Wasser lieferte, das von guter Qualität war und für die Stadt genügt haben würde, so dass man mit dem Baue einer Pumpstation vorgehen wollte. Die Arbeiten wurden aber im folgenden Jahre eingestellt, weil die Stadt den Beschluss fasste, sich an die in Ausführung begriffene Kreiswasserversorgung Kattowitz anzuschliessen.

Seit dem 1. Januar 1896 erfolgt die Versorgung von hier aus, und es sind im ersten Betriebsjahre 109800 cbm oder 300 cbm pro Tag zum Preise von 7 Pf. pro cbm oder von M. 7686 im Ganzen bezogen. Die Vertheilung erfolgt durch ein städtisches Leitungsnetz, mit welchem 42 Hydranten verbunden sind. Es waren 250 Zuleitungen in Benutzung, welche, ebenso wie die Hausleitungen, aus galvanisirten Eisenrohren hergestellt sind. Von ihnen sind 213 mit Wassermessern verbunden, welche von Wolff & Schreiber, Breslau geliefert sind. 13 derselben haben 12 mm, 200 haben 15 mm und ein Messer hat 25 mm Durchmesser. Der Verkaufspreis des Wassers beträgt 20 Pf. pro cbm.

38. i. **Neisse.** (E. 24359, W. 700 mit je 34,8 B.)

Früher wurde die Stadt Neisse ausser aus Brunnen in der Stadt mit Wasser versorgt, welches aus dem Biele-Kanale entnommen und, durch ein Pumpwerk künstlich gehoben, unfiltrirt zur Vertheilung gebracht wurde. Die Anlage genügte quantitativ schon längere Zeit nicht mehr. Das Wasser war auch qualitativ nicht einwandsfrei und wurde durch die wachsende Verunreinigung der Biele für Versorgungszwecke immer ungeeigneter.

Nach eingehenden Untersuchungen der Professoren Dr. Römer und Dr. Poleck erschien eine Zuleitung von Quellwasser für die Stadt absolut ausgeschlossen, und es kam daher in erster Linie nur die Gewinnung von Grundwasser in Frage. Die städtischen Behörden traten daher schon im Jahre 1875 mit der Firma A. Aird & Marc in Berlin in Verbindung, damit diese die nöthigen Voruntersuchungen für ein solches Project ausführen sollte.

Ein dann im weiteren Verlauf von dieser Firma aufgestelltes Project für eine tägliche Leistung von 3000 cbm Grundwasser, welches durch Brunnen am Neisseufer erschlossen werden sollte, wurde damals durch den Dr. Skutsch auf Grund der bekannten Danziger Resolution in einer Broschüre heftig angegriffen, indem er in dem Wasser, das nach dem Projecte geliefert werden würde, Flusswasser vermuthete und trotz der Gegenschrift von Aird, der ihm bewies, dass nicht Wasser aus der Neisse, sondern ein dieser zufliessende Grundwasser für die Versorgung der Stadt verwendet werden solle, blieb Dr. Skutsch, allerdings in Widerspruch zu der Ansicht der städtischen Wassercommission, bei seiner Behauptung.

Die Stadtvertretung beschloss aber trotzdem am 25. Februar 1878 die Erbauung des Wasserwerkes nach dem Aird'schen Projecte mit einem Kostenaufwande von M. 450000 auszuführen und übertrug dieser Firma auch die Bauausführung. Im September desselben Jahres ist der Bau begonnen und am 1. September 1879 fand die Eröffnung des Werkes statt.

Das Wasser wird, 300 m von der Stadt entfernt, innerhalb der Festungswerke bei der Schleuse No. 16 am rechten Ufer der Neisse an einem eingebauten Ueberfallwehre von 3,0 m Spiegeldifferenz gewonnen. Es sind dafür 2 Brunnen mit durchlässigen Wänden von 3,0 m Durchmesser und 8,5 m Tiefe hergestellt, welche 35 m resp. 48 m vom Ufer und 70 m von einander entfernt sind. Sie stehen in dem wasserreichen Untergrunde, der aus reinem, scharfen Kies besteht, in einem von Südost bis Ost der Neisse zufliessenden Grundwasserstrome. Beide Brunnen sind durch eine 4,5 m unter Terrain liegende, durchlochte Thonrohrleitung mit einander verbunden, und in deren Mitte ist der Schöpfbrunnen für die Pumpen angelegt.

Am Flussufer ist an der Stelle des früheren, östlichen Schleusenhauptes die Pumpstation erbaut, in welcher 2 Turbinen und 3 Pumpen aufgestellt sind. Sie liegt innerhalb eines, sich am rechten Ufer des Flusses entlang ziehenden Walles und hat nach den Vorschriften der Festungsbehörde eine bombensichere Eindeckung erhalten. Auch ist sie mit Schiessscharten versehen.

Die Turbinen sind nach dem Patente des Professors Fink construirt. Jede derselben hat 30 PS. bei Annahme von 75 % Nutzeffect und ist normal für 1 cbm Aufschlagwasser pro Sekunde bei 3,0 m Gefälle und für eine Umdrehzahl von 44 pro Minute projectirt. Die Pumpen sind stehend und doppeltwirkend. Sie werden durch ausrückbare, conische Räder von 2 horizontalen Wellen aus mittels Lenkstangen und Kunstkreuzen angetrieben. Jede Pumpe liefert pro Stunde 60 cbm Wasser auf 60,0 m Höhe.

Durch die Neisse führt von der Pumpstation aus oberhalb des Wehres ein schmiedeeisernes Druckrohr von 140 m Länge und 275 mm Durchmesser für den am linken Ufer des Flusses gelegenen Theil des Versorgungsgebietes und zugleich für die Speisung des dort angelegten Hochreservoirs. Dieses Reservoir liegt auf der Höhe des Forts Preussen und zwar mit seiner Sohle 29,0 m hoch über dem Flussspiegel. Es ist aus Mauerwerk hergestellt, überwölbt und mit Erde überfüllt und besteht aus 2 Kammern von zusammen 1500 cbm Inhalt.

Der rechte Theil der Stadt wird direct von der Pumpstation aus versorgt, während die Versorgungsleitungen für den linken Theil von dem zum Hochreservoire führenden Druckrohre abzweigen.

Nach Mittheilung der Lieferanten sind 659 Wassermesser von H. Meinecke, Breslau und 71 von Dreyer, Rosenkranz & Droop, Hannover bis Ende 1895 geliefert, welche sich nach der Grösse wie folgt vertheilen:

Durchmesser . . mm	13	20	25	30	40	50	80
Stückzahl.	17	562	103	7	32	6	3

Ueber den Betrieb des Werkes liegen neuere Nachrichten nicht vor. Im Jahre 1882 hat der Consum 400000 cbm oder 500000 cbm betragen. Es sind 100 Hydranten, 2 Freibrunnen und 1 öffentlicher Springbrunnen vorhanden gewesen, und es waren 350 Grundstücke angeschlossen; darunter befanden sich 150 auch für Wasserabgabe zum Gewerbebetriebe.

39. k. **Neustadt i. Schl.** (E. 19244.)

Die Stadt Neustadt versorgte sich früher mit Trinkwasser aus gegrabenen Brunnen, während für Brauchwasser ein Wasserwerk vorhanden war Aus dem Flusse Prudnik wurde rohes Flusswasser durch Pumpen entnommen, die durch Dampf- und Wasserkraft betrieben wurden. Das Wasser wurde einem gusseisernen Reservoire, welches auf einem künstlichen Unterbaue 18,0 m hoch aufgestellt war, zugeführt, das 14 cbm Inhalt hatte. Die Vertheilung des Wassers erfolgte in hölzernen Rohren, welche 2 öffentliche Springbrunnen und 11 öffentliche Bassins speisten. Auch wurde das Wasser 16 privaten Grundstücken zugeführt.

Für Rechnung der Stadt ist später nach dem Projecte und unter Leitung des Ingenieurs M. Hempel in Berlin eine einheitliche Wasserversorgung hergestellt, welche am 20. October 1893 in Betrieb gesetzt ist. Das Wasser wird durch Quellfassungen gewonnen und durch ein Dampfpumpwerk einem Hochreservoir zugeführt, von dem es zur Vertheilung gelangt.

Es sind dafür 2 Eincylindermaschinen aufgestellt, und der Platz für eine dritte Maschine ist vorgesehen. Jede der Maschinen treibt direct eine Pumpe an, welche 75 cbm Wasser pro Stunde fördert. Von den beiden aufgestellten Dampfkesseln hat jeder 55 qm Heizfläche.

Eine Druckleitung von 225 mm Durchmesser führt zu einem gemauerten und überwölbten Hochreservoire von 600 cbm Inhalt, welches in 2 Kammern getheilt ist. Das Fallrohr hat 250 mm Durchmesser. Mit dem Vertheilungsnetze sind 130 Schieber und 130 Hydranten verbunden. Für die Anschlüsse sind 591 Wassermesser von Wolff & Schreiber, Breslau geliefert, welche folgende Dimensionen haben:

Durchmesser mm	13	20	25	33	40	80	100
Stückzahl . . .	2	499	27	16	41	5	1

40. m. **Nikolai** (E. 6115. W. 450 mit je 13,6 B.)

Die Wasserversorgung der Stadt Nikolai erfolgt, ausser aus einer Anzahl gegrabener Brunnen, seit dem Ende des vorigen Jahrhunderts durch mit natürlichem Gefälle zugeleitetes Wasser, das aus verschiedenen Quellen gesammelt wird, welche in Kies- und Sandschichten erschlossen sind. Das Wasser ist von vorzüglicher Güte und hat eine gleichbleibende Temperatur von 6° bis 8° C Nur bei grosser Dürre tritt zeitweise ein Mangel ein. Das Wasser wird sämmtlichen Stadteinwohnern und 4 gewerblichen Betrieben zugeleitet.

41. k. **Ober-Glogau.** (E. 5706, W. 432 mit je 13,2 B.)

Die Versorgung der Stadt Ober-Glogau mit Trinkwasser erfolgt durch öffentliche und private Brunnen. Für die Brauchwasserversorgung besteht seit dem Jahre 1597 ein Wasserwerk mit künstlicher Hebung, welches Eigenthum des Majoratsherrn vom Schlosse Ober-Glogau, des Grafen von Oppersdorff, ist.

Das Wasser wird, 1000 m von der Stadt entfernt, in der Nähe der Hotzenplotz durch ein Pumpwerk, das früher durch ein Wasserrad betrieben wurde, aus einem Wasserlaufe entnommen und ohne vorherige Reinigung in ein Reservoir gefördert, das in einem über der Pumpenanlage erbauten Thurme aufgestellt war Im Jahre 1892 ist der Thurm abgebrannt und später wieder aufgebaut. Seitdem ist eine Locomobile an die Stelle des Wasserrades getreten.

Das Wasser gelangt vom Reservoire durch Rohrleitungen innerhalb der Stadt in 3 öffentliche Bassins, sowie in dem städtischen Garnisonstalle und in einem Privathause zum Ausflusse. Ferner sind Zuflüsse davon für das Schloss auf dem Schlosshofe, in dem Schlossparke und für die Schlossbrauerei vorhanden. Für den Wasserbezug zahlt die Stadt jährlich M 384 an das Majoratsdominium.

42. c. **Ottmachau.** (E. 3650, W. 291 mit je 12,5 B.)

Für die Stadt Ottmachau ist im Jahre 1895/96 eine Quellwasserleitung für städtische Rechnung nach dem Projecte des Ingenieurs Nestel in Breslau ausgeführt, welche M. 70000 oder M. 19,20 pro Kopf gekostet hat. Die tägliche Leistung der Anlage ist für 370 cbm bestimmt.

Die Wassergewinnung liegt, 2 km von der Stadt entfernt, im herrschaftlichen Fasanengarten und erfolgt aus 3 Rohrbrunnen. Von diesen führen 3 kleinere Leitungen, die sich zu einer Hauptleitung von 120 m Länge und 150 mm Durchmesser vereinigen, das Wasser mit natürlichem Gefälle einem Hochreservoire von 370 cbm Inhalt zu. Dasselbe liegt 1125 m vom Vertheilungsnetze entfernt. Es ist gemischt aus Beton und Mauerwerk ausgeführt, überwölbt und mit Erde überdeckt. Sein Wasserspiegel liegt 7,0 m hoch über dem Ortsniveau.

Die Rohrleitungen haben im Ganzen 3140 m Länge, und es sind 60 Hydranten damit verbunden. Für 100 Häuser sind Zuleitungen hergestellt, und ein öffentlicher Laufbrunnen ist in Benützung.

Nach einer Untersuchung des Wassers am 14. September 1895 enthält es im Liter:

Gesammtrückstand	222,4 mg
Glührückstand	176,0 »
Chlor	10,6 »
Kaliumpermanganat zur Oxydation	4,6 »

Schwefelsäure und Salpetersäure fehlen ganz; von Ammoniak und salpetriger Säure sind nur Spuren vorhanden.

43. i. **Patschkau.** (E. 5867, W. 400 mit je 14,7 B.)

Die Wasserversorgung der Stadt Patschkau erfolgt durch eine grössere Zahl von öffentlichen und privaten Brunnen, die gutes und genügendes Wasser geben. Ausserdem wird als Brauchwasser das Wasser aus einem 500 m von der Stadt entfernten Bache mit natürlichem Gefälle durch gusseiserne Rohre 2 sogenannten Rohrbutten zur allgemeinen Benutzung zugeleitet. Private Zuleitungen davon existiren nicht.

44. m. **Pless.** (E. 4790, W. 350 mit je 13,7 B.)

Für die Wasserversorgung der Stadt Pless ist für städtische Rechnung im Jahre 1893 ein Wasserwerk erbaut, welches am 1. Juli 1894 eröffnet ist. Das Project hat der Kreisbaumeister Staudinger in Pless aufgestellt. Die Leistung der Anlage beträgt 300 cbm pro Tag, und die Anlagekosten haben sich auf M. 86 500 oder M. 18,00 pro Kopf belaufen. Die Betriebsleitung steht unter Aufsicht des Bürgermeisters Saalmann unter Assistenz eines Rohrmeisters.

Das Wasser wird aus einem gemauerten Tiefbrunnen entnommen, zu welchem der Zufluss durch Sammelrohre vermehrt ist. Mit Dampfkraft getriebene Pumpen, für welche 2 Kessel vorhanden sind, heben es in ein zweitheiliges Hochreservoir, dessen Wasserspiegel 30,0 m hoch über dem mittleren Stadtniveau liegt.

Das Vertheilungsrohrnetz hat 5500 m Länge und ist mit 18 Schiebern, 5 Freibrunnen und 19 Hydranten verbunden. Die Zuleitungen und die Hausleitungen bestehen aus verzinnten Bleirohren. In den Privathäusern befinden sich 195 Zapfhähne, 10 Badeeinrichtungen und 2 Springbrunnen in Benutzung. Es sind 98 Wassermesser eingebaut, welche von Wolff & Schreiber, Breslau geliefert sind und folgende Dimensionen haben:

Durchmesser mm .	13	15	20	25	33	40	50
Stückzahl , . .	1	42	44	7	2	1	1

Im Jahre 1894 sind 33 630 cbm Wasser im Ganzen oder 92 cbm pro Tag abgegeben und zwar 10 280 cbm oder 30,6 % davon durch Wassermesser, was 110 cbm Wasser pro Messer im Jahre entspricht.

Die Abgabe des Wassers an Private findet nur durch Messer statt und zwar zum Preise von 20 Pf. pro cbm bei einer Mindestzahlung von 30 % der Gebäudesteuer. Bei einer jährlichen Wasserentnahme von 2000 cbm und mehr findet eine Preisreduction statt, die von 1 Pf. bis auf 5 Pf. bei über 8000 cbm im Jahre steigt.

45. n. **Ratibor.** (R. 21 657, W. 927 mit je 23,4 B.)

Die Wasserversorgung der Stadt Ratibor erfolgte früher durch eine vom Herzoge von Ratibor unterhaltenen Gravitationsleitung, welche aus der Oberau, 5 km von der Stadt entfernt, das Wasser aus 5 Quellen mit natürlichem Drucke zuleitete. Die Ergiebigkeit dieser Quellen betrug im Mittel 340 cbm pro Tag.

Ein vom Geh. Bergrathe Henoch in Gotha im Jahre 1871 aufgestelltes Project bezweckte die Herstellung einer selbstständigen, städtischen Trinkwasserleitung. Diese sollte durch Quellen gespeist werden, die beim Dorfe Bzezie, 20,0 m höher als die Stadt gelegen, entspringen. Die Anlage war auf M. 61 500 veranschlagt; aber die Unmöglichkeit der Terrainerlangungen zwang das Project aufzugeben.

In den Jahren 1873/74 ist dann eine Brauchwasserleitung für städtische Rechnung ausgeführt, für welche Henoch gleichfalls das Project aufgestellt hatte. Das Wasser sollte Anfangs am Ufer der Oder mittels eines Brunnens aus den Kiesschichten entnommen werden. Die ockerige Beschaffenheit des Untergrundes liess aber diese Absicht aufgeben. Es wird daher direct aus der Oder entnommen und durch Sand künstlich filtrirt. Die Anlagekosten waren ursprünglich auf M. 260000 veranschlagt; sie haben aber in Folge der herzustellenden nöthigen Filteranlagen sowohl, als auch in Folge der derzeitigen Preissteigerungen M. 450 000 betragen. Für eine spätere Erweiterung der Filteranlagen sind ferner M. 40000, also im Ganzen M. 490 000 verausgabt, so dass die Kosten sich pro Kopf auf M. 22,63 stellen. Das Werk ist für eine tägliche Leistung von 3000 cbm bestimmt. Es steht unter der Leitung des Directors der städtischen Gas- und Wasserwerke Happach.

Das Wasser fliesst 860 m von der Stadt entfernt aus der Oder in einen hölzernen Kasten von 30,0 m Länge und von 5,0 m mal 5,0 m Querschnitt, der am Ufer versenkt ist und dann durch ein Rohr von 305 mm Durchmesser und 65 m Länge. Dieses führt in einen wasserdichten Brunnenschacht, aus dem das Wasser durch Filterpumpen mittels zweier Saugeleitungen von 203 mm Durchmesser und je 160 m Länge entnommen wird.

Durch 3 Leitungen von je 203 mm Durchmesser wird es auf die 3 offenen Filter von je 550 qm Sandfläche gehoben. Von diesen fliesst es dann in ein Reinwasserreservoir und aus diesem entnehmen es die Pumpen für die Druckleitungen. Das Reinwasserreservoir hat 200 qm Grundfläche und fasst bei 3,5 m Wasserstand 700 cbm. Es ist gemauert und überwölbt.

In der Pumpstation befinden sich 2 Pumpmaschinen und 3 Dampfkessel. Die Maschinen sind liegende Eincylindermaschinen mit Condensation und von je 30 PS. bei 27 Umdrehungen pro Minute. Die Dampfkolben haben 445 mm Durchmesser und 1,0 m Hub. Die Steuerung erfolgt durch Schieber mit Meyer'scher Expansion. Jede Maschine treibt durch Kurbeln und Lenkstangen 2 stehende, doppeltwirkende Pumpen mit Scheibenkolben und Klappenventilen an, von denen eine als Filterpumpe und eine als Druckpumpe arbeitet. Deren Kolben haben 260 mm Durchmesser und 0,5 m Hub. Jede Maschine liefert pro Stunde 138 cbm Wasser auf 35,0 m Höhe. Die Maschinen sind im Jahre 1874 von der Görlitzer Maschinenbauanstalt in Görlitz geliefert. Die Kessel sind Röhrenkessel von je 83 qm Heizfläche und für 6 Atm. Dampfdruck concessionirt. Sie sind von H. Pauksch in Landsberg geliefert.

In der Nähe des Maschinenhauses steht 25,0 m hoch über Terrain in einem Wasserthurme auf einem gemauerten Unterbaue ein schmiedeeisernes Hochreservoir von 465 cbm Inhalt, welches einen flachen Boden hat. Sein Wasserspiegel liegt 33,0 m höher, als der der Oder und 22,5 m höher, als der höchste Terrainpunkt der Stadt. Ein Druckrohr von 312 mm Durchmesser geht aus dem Druckwindkessel des Maschinenhauses ab und theilt sich am Wasserthurme in 2 Rohre von je 264 mm Durchmesser, deren eins zum Reservoire führt, während das andere das Versorgungsnetz, welches gleich dahinter beginnt, speist.

Die Wasserabgabe erfolgt constant und unter einem einheitlichen Drucke, der aber für die höchsten Etagen mancher Häuser nicht mehr genügt. Die Rohrleitungen haben 14 500 m Länge und setzen sich aus folgenden Durchmessern zusammen:

Durchmesser mm .	260	210	150	125	100	75
Rohrlänge m . . .	1600	500	3660	740	2350	5650

Das Rohrnetz ist nach dem Circulationssysteme hergestellt. Mit demselben sind 52 Unterflur- und 16 Ueberflurhydranten, sowie 5 öffentliche Pissoire und 4 öffentliche Springbrunnen verbunden. Die gusseisernen Rohre sind von der Königl. Hüttenverwaltung Gleiwitz geliefert. Die Zuleitungen und die Hausleitungen bestehen aus Bleirohren; erstere haben 13 mm, 20 mm und 26 mm Durchmesser. Sie haben keine Anbohrhähne, sondern nur Privathaupthähne. In jede Zuleitung ist ein Wassermesser eingebaut. Am 1. April 1895 waren davon 670 in Benutzung, welche sämmtlich von H. Meinecke, Breslau, geliefert sind. Dieselben haben folgende Dimensionen:

Durchmesser mm	7	10	13	20	25	30	40	50	80
Stückzahl . . .	1	12	206	347	80	6	9	7	2

Die Wasserförderung hat im Jahre 1894/95 im Ganzen 466 924 cbm oder pro mittleren Jahrestag 1280 cbm betragen. Davon entfallen 102 974 cbm oder 22,0 % auf Verlust, so dass nur 363 950 cbm oder 997 cbm pro Tag eine Benutzung gefunden haben. Davon sind 100 000 cbm oder 27,3 % für öffentliche Zwecke (Strassensprengen 16 000 cbm, Spülzwecke 7700 cbm, diverse städtische Anlagen 38 300 cbm) und 263 950 cbm oder 72,7 % für die Privatabgabe nach Messern verwendet, so dass durch jeden Messer im Durchschnitt im Jahre 397 cbm abgegeben sind. Die Wasserförderung hat im Monate des Maximal- resp. des Minimalconsums 79 751 cbm resp. 34 186 cbm betragen.

Von allen Hausgrundstücken, welche nicht weiter als 30 m von den Wasserrohren der Stadt entfernt liegen, ist 20 % der Gebäudesteuer als Wassergeld zu zahlen, wenn die Häuser nicht an die Leitung angeschlossen sind. Als Wasserzins wird pro cbm 17 Pfg. berechnet. Dieser Preis ermässigt sich auf 14 Pf., wenn jährlich 2000 bis 4000 cbm, auf 13 Pf., wenn 4000 bis 8000 cbm und auf 12 Pf., wenn mehr als 8000 cbm abgenommen werden. Als Messermiethe ist pro Jahr zu zahlen bei einer Messerweite von:

mm .	13	20	25	40	50	75	100
M. .	11	12	16	21	30	42	55

Wasseruntersuchungen werden täglich vorgenommen. Im Durchschnitt hat das Wasser 5 deutsche Grade Gesammthärte und 1,83 bleibende Härte. Im Liter filtrirten Wasser sind bestimmt:

Abdampfrückstand	142,0 mg
Glühverlust	42,0 »
Chlor	23,1 »
Schwefelsäure	32,7 »
Kaliumpermanganat zur Oxydation . .	12,39 »

Salpetersäure, salpetrige Säure und Ammoniak Null.

46. a. **Rockittnitz.** (E. 976.)

Die Wasserversorgung des Ortes Rockittnitz erfolgt seit dem Jahre 1894 durch die Wasserleitung Zawada-Zabrze.

47. d. **Rosdzin.** (E. 7191.)

Die Wasserversorgung des Ortes Rosdzin erfolgt durch die Kreiswasserleitung Kattowitz. Im Jahre 1896 hat der Ort M. 6405 an den Kreis für 91 500 cbm oder 251 cbm am mittleren Jahrestage bezahlt. Es entspricht das einem Tagesconsum von 35 Lit. pro Kopf.

48. o. **Rosenberg i. O.-Schl.** (E. 4368). Ohne Antwort.

49. t. **Ruda.** (E. 10 996.)

Die Wasserversorgung des Ortes Ruda erfolgt seit dem Jahre 1895 durch die Wasserleitung Zawada-Zabrze.

50. p. **Rybnik.** (E. 5964.)

Für die Wasserversorgung der Stadt Rybnik dienen ausser gegrabenen Brunnen schon seit alter Zeit 4 Zuleitungen, welche mit natürlichem Gefälle Quellwasser für den unteren Theil der Stadt zuführen. Im Jahre 1869 sind die hölzernen Leitungen derselben durch gusseiserne ersetzt und steinerne Brunnen statt der früher vorhandenen hölzernen hergestellt. Für eine Provinzial-Irrenanstalt besteht ein eigenes Hebewerk.

Die Leitungen haben 1873 m Länge und sind mit 11 Schiebern und 8 Auslaufständern verbunden. Sie speisen ferner 7 Brunnen mit darüber aufgestellten Handpumpen. In Privathäusern sind 23 Zapfhähne, 4 Closets und 4 Badeeinrichtungen in Benutzung. Den Betrieb der Anlage leitet der Gasinspector Berkefeld.

Für einen Hausanschluss ist vorläufig M. 36 im Jahr zu zahlen; für gewerbliche Benutzung wird entsprechend mehr berechnet. Für Ende des Jahres 1895 war die Einführung von Wassermessern ins Auge gefasst.

51. d. **Schoppinitz.** (E. 6693.)

Die Wasserversorgung des Ortes Schoppinitz erfolgt durch die Kreiswasserleitung Kattowitz. Im Jahre 1896 sind 21 960 cbm im Ganzen oder im Mittel 60 cbm pro Tag und 10 Lit. pro Kopf vom Kreise bezogen und dafür M. 1537,20 oder 7 Pf. pro cbm gezahlt.

52. d. **Simianowitz.** (E. 9788.)

Die Wasserversorgung der Gemeinde und des Gutes Simianowitz erfolgt durch die Kreiswasserleitung Kattowitz. Im Jahre 1896 hat die Gemeinde 99 783 cbm oder 273 cbm pro Tag und 32 Lit. pro Kopf ihrer 8492 Bewohner und das Gut 6222 cbm oder 17 cbm pro Tag und 13 Lit. pro Kopf seiner 1296 Bewohner bezogen. An den Kreis sind dafür M. 7420,35 oder 7 Pf. pro cbm gezahlt.

53. p. **Sohrau o. S.** (E. 4366, W. 361 mit je 12,1 B.)

Die Stadt Sohrau wird mit Wasser aus Brunnen versorgt, deren 16 für die allgemeine Benutzung dienen. Ferner ist aus dem Stadtwalde aus 3 km Entfernung durch eine hölzerne Rohrleitung von 3219 m Länge und 80 mm Durchmesser mit natürlichem Gefälle Quellwasser zugeleitet, das an 4 Cysternen zur öffentlichen Benutzung gestellt wird. Einleitungen in Häuser sind nicht vorhanden. Es liegt der Plan zu einer Verbesserung der Versorgung vor.

54. q. **Gross-Strehlitz.** (E. 5411, W. 242 mit je 22,4 B.)

Für die Wasserversorgung der Stadt Gross-Strehlitz dienen, ausser einer grösseren Zahl von Privatbrunnen, 13 öffentliche Brunnen, welche theils gegraben und ausgemauert und theils gebohrt sind.

55. r. **Tarnowitz.** (E. 11 282).

Die Wasserversorgung der Stadt Tarnowitz erfolgt ausser aus verschiedenen, gegrabenen Brunnen schon seit dem Jahre 1835 durch eine künstliche Förderung von Wasser aus einem Schachte, der ursprünglich für eine später verlassene Bleierzgrube hergestellt war. Der Bergfiscus, dem die Pflicht oblag, die Stadt mit Wasser zu versorgen, hat diese Anlage seiner Zeit kostenfrei an die Stadt sammt einer primitiven Druckpumpe und 2 alten Kofferkesseln abgetreten und damit und durch einmalige Zahlung einer Entschädigung von M. 24 000 seine Verpflichtung abgelöst. Die Leitung des Betriebes der Anlage wird durch einen Dezernenten des Magistrates besorgt.

Der Schacht ist ausgemauert und hat einen elliptischen Querschnitt von 2,2 m mal 1,5 m und eine Tiefe von 56,0 m. Er steht unterirdisch mit alten Stollenbauten von ca. 1500 m Länge in Verbindung, aus denen ihm stets eine mehr als ausreichende Wassermenge zufliesst. An die Stelle der alten Wasserhaltungsmaschine mit ihren 2 Kofferkesseln, die im Jahre 1837 nur 68 cbm Wasser im Tage förderte, sind im Laufe der Jahre mehrfache Neuanlagen getreten.

Schon im Jahre 1838 ist eine Balanciermaschine mit Condensation und Schwungrad aufgestellt, deren Dampfcylinder 366 mm Durchmesser hatte und die mittels Vorgelege ein Pumpwerk betrieb. Die Maschine ist von der Königl. Hütte Gleiwitz geliefert und hat M. 7377 gekostet. Im Jahre 1863 ist als Reserve ein neuer Kofferkessel für $^3/_4$ Atmosphären Ueberdruck eingebaut, welchen die Firma Kötz in Zabrze geliefert hat. Im Jahre 1872 sind die beiden ältesten Kessel durch 2 neue Walzenkessel ersetzt, welche aus Ober- und Unterkessel bestehen und je 19,6 qm Heizfläche haben. Diese lieferte die Donnermarkshütte in Zabrze. Gleichzeitig damit ist eine zweite Dampfpumpe (System Rittinger) aufgestellt, welche die Firma Hoppe in Berlin für M. 6000 geliefert hat. Im Jahre 1887 ist eine direct wirkende Dampfpumpe, welche die von Raffei'sche Fabrik in Breslau geliefert hat, in den Schacht eingebaut und die Balanciermaschine beseitigt. Im Jahre 1890 ist der letzte Kofferkessel durch einen Walzenkessel mit Siederohr ersetzt, der 30 qm Heizfläche hat und von der Königl. Hütte Gleiwitz geliefert ist.

Die heutige Maschinenanlage genügt für eine tägliche Förderung von 1250 cbm Wasser. Die liegende Eincylindermaschine von 340 mm Durchmesser und 0,31 m Hub des Dampfkolbens hat 2 Schwungräder und betreibt mittels eines Kunstkreuzes eine Rittingerpumpe von 235 mm Durchmesser und 0,315 m Hub des Kolbens, welche bei 30 Doppelhüben pro Minute pro Stunde 22,2 cbm Wasser fördert. Die stehende Maschine ist ohne Schwungrad und hat 394 mm Durchmesser und 1,4 m Hub des Dampfkolbens. Sie betreibt direct eine Plungerpumpe von 225 mm Durchmesser, welche bei 10 Doppelhüben pro Minute 30 cbm Wasser pro Stunde fördert. Die 3 Dampfkessel haben zusammen 49,6 qm Heizfläche.

Das Wasser fliesst zu Tage in einen schmiedeeisernen Behälter von 1,2 m Durchmesser und 1,2 m Höhe aus. Von hier gelangt es in 2 Monier-Reservoire, welche 2,0 m tiefer als der Behälter in den Haldensturz versenkt liegen. Dieselben haben bei 2,5 m Höhe lichte Grundflächen, das eine von 13,8 m mal 10,6 m und das andere von 11,4 m mal 9,8 m. Deren Wasserspiegel liegt 16,1 m hoch über dem Versorgungsgebiete.

Von diesen Reservoiren führt eine Leitung von 150 mm Durchmesser und 1476 m Länge und eine zweite von 200 mm Durchmesser und 1549 m Länge zum Vertheilungsnetze. Die erstere Leitung ist im Jahre 1864 und die letztere im Jahre 1893 ausgeführt. Die Vertheilungsleitungen haben 6495 m Länge und setzen sich nach ihren Durchmessern zusammen aus:

Durchmesser mm	130	100	80	65	50	40	25
Rohrlänge m . .	521	561	2163	557	2119	170	404

41 Schieber und 30 Unterflurhydranten von 65 mm Durchmesser und ohne Selbstentleerung, welche in 60 m bis 190 m Entfernung von einander stehen, sind damit verbunden. 15 Wasserständer sind für den allgemeinen Gebrauch aufgestellt. Die gusseisernen Rohre hat die Königl. Hüttenverwaltung Gleiwitz geliefert. Die Zuleitungen und die Hausleitungen sind aus schmiedeeisernen Rohren hergestellt. Erstere haben 25 mm und 30 mm Durchmesser und Kegelabsperrhähne. 20 Badeeinrichtungen mit 68 Wannen sind in Benutzung. Von Wassermessern sind 92 Stück eingebaut, von welchen 36 von H. Meinecke, Breslau, 6 von Lux, Ludwigshafen und 50 von Wolff & Schreiber, Breslau geliefert sind. Nach der Grösse vertheilen sie sich wie folgt:

Durchmesser mm	13	20	25	30	40	50
Stückzahl . . .	9	38	39	1	3	2

Die Wasserabgabe für Private hat im letzten Jahre 110 000 cbm oder 301 cbm pro Tag betragen. Davon sind 66 000 cbm oder 60% nach Schätzung und 44 000 cbm oder 40% nach Messern abgegeben, was pro Messer pro Jahr 456 cbm ergibt.

Die Wassersteuer wird unter Annahme von 8 cbm pro Person und 20 cbm pro Pferd oder Rind pro Jahr jährlich nach dem muthmasslichen Verbrauche auf Grund einer Stufenscala mit wechselndem Einheitssatze eingeschätzt, welche Scala sich wie folgt mit einem Einheitssatze zusammensetzt:

Stufe:	1	2	3	4	5	6	7	8
cbm: bis	25	50	75	100	125	150	175	200
Mark:	2,50	5,00	7,50	10,00	12,50	15,00	17,50	20,00

Stufe:	9	10
cbm: bis	250	300
Mark	25,00	30,00

Bei einem um je 50 cbm höherem Verbrauche steigt die Scala um je M. 5. Ferner ist jährlich für einen Springbrunnen M 50 bis M. 100, für jede Badewanne mit Einrichtung M. 10, ohne Einrichtung M. 4, für ein Closet M. 5 bis M. 15 etc. zu zahlen.

56. d. **Wenzlowitz.** (E. 400.)

Die Wasserversorgung des Ortes Wenzlowitz erfolgt seit dem Jahre 1895 durch das Wasserwerk Königshütte.

57. t. **Zaborze.** (E. 18395.)

Die Wasserversorgung des Ortes Zaborze erfolgt seit dem Jahr 1895 durch die Wasserleitung Zawada-Zabrze.

58. i. **Ziegenhals.** (E. 7362.)

Die Wasserversorgung der Stadt Ziegenhals erfolgt ausschliesslich aus Brunnen, die in genügender Zahl vorhanden sind und stets ausreichendes und gutes Wasser liefern, so dass der jetzige Zustand genügt.

Anhang.

59. Fiscalische Wasserversorgungen im oberschlesischen Industriebezirke.

a) Vorarbeiten.

In dem oberschlesischen Industriebezirke, der die Kreise Kattowitz, Zabrze und Beuthen umfasste, waren schon seit dem ersten Viertel dieses Jahrhunderts Klagen über Wassermangel in immer wachsender Zahl laut geworden. Die Wasserversorgung der in diesem Bezirke liegenden Orte erfolgte sowohl aus gegrabenen Brunnen, als auch durch Oberflächenwasser, das natürlichen Wasserläufen oder künstlichen Teichen entnommen wurde. In dem ganzen Gebiete ist das Steinkohlengebirge, wenn es nicht zu Tage austritt, mit klüftigen Dolomit-, Kalkstein- und Sandsteinschichten überlagert, in denen das Wasser der atmosphärischen Niederschläge schnell versickert. Die Stollen und Schächte des Steinkohlenbergbaues veranlassen, dass es von der Oberfläche bis zu den tiefsten Punkten dieser Bauten hinabsinkt und sich hier ansammelt, und der Bergwerksbetrieb verlangt, dass es von hier später als Grubenwasser wieder auf die Oberfläche gefördert und, soweit als möglich, abgeleitet wird. Daraus erklärt sich, dass in einzelnen Orten sich ein mit der Ausdehnung des Bergbaues stets wachsender Mangel an Trink- und Nutzwasser nothwendiger Weise einstellen musste.

Schon im Jahre 1826 erhob die Stadt Beuthen Klagen gegen diese Wasserentziehung durch den Bergbau, freilich ohne die Ursache mit handgreiflicher Sicherheit nachweisen zn können und wurde daher abgewiesen. Erst die im Jahre 1864 erhobenen Beschwerden von Nieder-Heyduck und anderen Ortschaften führten die Regierung zu ernsteren Erwägungen über die Beseitigung dieser wachsenden Nothlage, aus denen sich auch das Zugeständniss ergab, dass namentlich die Stadt Königshütte und die umliegenden Gemeinden zweifellos in einem recht bedenklichen Zustand durch Wassermangel gerathen wären. Wenngleich nun die Montanindustrie sich auch nicht als direct schuldig bekennen wollte, so erklärte sie sich doch eventuell wohl bereit, zu überlegen, wie durch eine künstliche Zuleitung von Wasser für einzelne Orte eine Abhülfe zu schaffen sein möchte.

Vom Jahre 1870 ab wuchsen diese Klagen dann aber in solchem Maasse, dass die Regierung am 7. April 1873 eine thatsächliche Feststellung über den Zusammenhang des Wassermangels mit dem Fortschreiten des Bergbaues anordnete. Deren Resultat war denn auch das Zugeständniss, dass ein wachsender Wassermangel namentlich im Kattowitzer Kreise bestehe, und die Annahme, dass der Bergbau die Schuld daran trage, wurde allseitig anerkannt. Ausserdem wurde dem Bergbau aber noch die Schuld an der zweifellos immer mehr zunehmenden Verunreinigung der offenen Wasserläufe durch seine Abwässer direct zugeschrieben.

Zu gleicher Zeit war der Civilingenieur Veitmeyer mit einer Prüfung der Wasserverhältnisse im alten Beuthener Kreise beauftragt. Auch dieser gelangte dazu, den zunehmenden Mangel an Wasser und die Abhängigkeit des Wassers vom Bergbau als zweifellos zu constatiren, und er kam zu dem Schlusse, dass mit der weiteren Ausdehnung des Bergbaues die Ausführung einer allgemeinen Wasserleitung für die dortige Gegend nicht zu umgehen sein würde. Als Vorarbeit für ein solches Project empfahl er die Feststellung der wasserbedürftigen Ortschaften, die Bestimmung der Niederschlagsmengen in der dortigen Gegend und die Feststellung der Wassermengen der Flüsse Klodnitz, Brinitza und Przemsa. Weiter empfahl er eingehendere Untersuchungen über die örtlichen Bodenbeschaffenheiten und Höhenverhältnisse, sowie über den für den Dampfkesselbetrieb nöthigen Wasserbedarf.

Angeregt durch die Choleraepidemie in Oberschlesien während der Jahre 1873 und 1874, vermehrten sich die Klagen in immer grösserem Maasse und das Verlangen nach einer zu schaffenden Aenderung wurde immer dringender. Das Oberbergamt entschloss sich daher, dem Verlangen Veitmeyer's Folge zu geben und erstattete am 18. October 1875 einen Bericht an das Ministerium über den Zustand der damaligen Versorgung. Nach demselben hatten 10 Orte weniger als 35 % und 20 Orte nur zwischen 35 % und 70 % des als nöthig anerkannten Wirthschaftswassers, während alle übrigen Orte mit mehr als 70 % des erforderlichen Wassers versorgt sein sollten.

Die Regierung ordnete dann am 16. März 1876 eine ärztliche Prüfung der wirklich benutzten und örtlich zu erlangenden Wasserquantitäten an. Deren Resultate lagen in dem Jahre 1877 vor und liessen auch die nach dieser Richtung selbst bei dem Industriewasser bestehenden Mängel voll erkennen, so dass die Nothwendigkeit einer besseren Versorgung als ein unabweisliches Bedürfniss von keiner Seite mehr geleugnet werden konnte.

Mit den weiteren Studien für etwaige Verbesserungs-Anlagen wurde dann im Jahre 1878 der Baurath Salbach in Dresden beauftragt. Nach den derzeitigen Erhebungen vom Jahre 1878 waren in den zu berücksichtigenden Ortschaften 237 316 Menschen, 5856 Pferde, 10 445 Stück Hornvieh uud 11 590 Stück Schwarzvieh vorhanden. Unter Annahme von 45 Litern Wasser pro Tag pro Kopf für die Ortschaften unter 2000 Einwohnern, von 100 Litern für solche von 2000 bis 5000 Einwohnern, von 120 Litern für solche über 5000 Einwohner und von 150 Litern für die Städte, sowie unter Annahme von 50 Litern pro Tag für ein Pferd, 40 Litern für ein Rind und 20 Litern für ein Schwein gelangte Salbach unter gleichzeitiger Berücksichtigung des von den Industriellen als erforderlich angegebenen täglichen Wasserbedarfes für Dampfkessel etc. zu den Zahlen in Tabelle 97 für den gesammten Tagesbedarf:

Tabelle 97.

pro Tag für	Hausbedarf:	Industriebedarf:	Total:
Kreis Beuthen:	13 180 cbm	13 645 cbm	26 825 cbm
Kreis Zabrze:	5 315 »	16 980 »	22 295 »
Kreis Kattowitz:	10 180 »	5 365 »	15 545 »
zusammen:	28 675 cbm	35 990 cbm	64 665 cbm

wofür er rund 70 000 cbm im Ganzen und davon 41 300 cbm für die Industrie als in Zukunft erforderlich annahm, indem er nach der Zahl der vorhandenen Dampfkessel die Werthe in Tabelle 98 (S. 135) berechnete.

Als Bezugsquellen für ein solches Quantum konnten nach Salbach's Berichte in erster Linie die Wasserläufe im Osten und im Süden des Bezirkes, die schwarze und die weisse Przemsa, die Brinitza und der Klodnitz in Betracht kommen.

Wenn auch für die Przemsa die Entnahme von 70 000 cbm im Tage nur 9,3 % ihrer Minimalergiebigkeit

Tabelle 98.

Kreis:	Zahl der vorhandenen Kessel	PS. im Ganzen	Speisewasser cbm pro Tag (pro PS. 0,7 cbm)
Kreis Beuthen:	789	26 290	18 403 cbm
Kreis Zabrze:	475	20 553	14 637 »
Kreis Kattowitz:	623	15 879	11 108 »
Zusammen:	1887	62 722	33 878 cbm

ausmachen würde, so wurde doch wegen des möglichen Einflusses der Wasserentnahme auf die Schifffahrt verlangt, dass nicht mehr als 4,5 % des Minimaldurchflusses derselben, also 34 000 cbm im Tage abgeleitet werden dürfe. Bei den höheren Wasserständen vom November bis April hätte man allerdings das volle Quantum von 70 000 cbm entnehmen können und für die andere Zeit hätten zum Ausgleiche bei niederen Wasserständen Stauweiher von ca. 15 Millionen cbm Inhalt geschaffen werden müssen. Das veranlasste denn, überall auf diesen Fluss zu verzichten.

Die Brinitza konnte ohne Nachtheil 40 000 cbm Wasser und die Klodnitz 20 000 cbm im Tage abgeben. Das Wasser des letzteren Flusses erwies sich aber qualitativ als völlig unbrauchbar für eine Versorgung. Es hätte nun der Versuch nahe gelegen, durch Erschliessen von Grundwasser das der Brinitza fehlende Quantum zu ergänzen. Diluviale Kies- und Sandablagerungen auf einer wasserdichten Sohle fehlen aber in diesem Distrikte fast gänzlich. Vorgenommene Bohrungen im Thalbecken der Przemsa und der Klodnitz haben bei ersterer ein eisenhaltiges Wasser und bei letzterer überall nur sehr wenig Wasser ergeben, so dass auch von Grundwassererschliessungen Abstand zu nehmen war.

Dagegen versprach die Erschliessung von Wasser aus Tiefbrunnen in dem wasserreichen Sandstein-, Dolomit- und Kalkgebirge günstige Aussichten, falls dabei eine Gefährdung durch den Bergbau, wie sie das Beuthener Becken freilich bieten musste, nicht zu befürchten war. Es waren bereits in den Jahren 1873 bis 1875 bei Zawada unweit Peiskretscham an der Drama 2 Fundbohrlöcher ausgeführt. Diese hatten die Kalk- und Buntsandsteinformation durchteuft und 12 000 cbm Wasser pro Tag erschlossen, das unter natürlichem Drucke über Tage austrat. Das Wasser hatte eine Temperatur von 10,75° C. und erwies sich als ein vorzügliches Nutz- und Trinkwasser. Weil nun nach den festgelegten Terrainprofilen die Mulde Königshütte-Deutsch-Piekar von Osten nach Westen zu fällt und bei Miechowitz eine zweite, von Norden kommende Mulde aufnimmt und das Muldentiefste bei Peiskretscham erreicht, wo es nach Süden abzuschwenken scheint, so musste zweifellos die Gegend bei Zawada für eine dauernde Wassererschliessung einen bedeutenden Werth besitzen.

Eine ergänzende Benutzung von Flusswasser, welche damals noch ins Auge gefasst war, liess im Jahre 1880 die Fertigstellung des Tief-Friedrichstollens bei Ptakowitz als völlig überflüssig erscheinen. Dieser Stollen ist für die Grubenwässer der Friedrichsgrube bei Tarnowitz hergestellt und es treten diese hier als ein nicht unbeträchtlicher Bach aus, der den unterirdischen Wasserreichthum erkennen lässt. Die ersten Messungen dort haben am Mundloche 25 cbm Wasser pro Minute oder 36 000 cbm pro Tag ergeben. Das Wasser hat eine Temperatur von 9° C. und ist nach den vorgenommenen Untersuchungen von einer für eine Versorgung sehr geeigneten Qualität.

In dieser Gegend liegt unter einem einige Meter starken Deckgebirge eine 40,0 m bis 60,0 m starke Dolomitschicht auf dem Blausohlensteine auf. Es ist das die unterste Schicht der Muschelkalkformation, welche eine Thonschicht von der Buntsandsteinformation trennt, die auf dem Steinkohlenschiefergebirge lagert. Der hier betriebene Bergbau gilt der Gewinnung von Zink-, Blei- und Eisenerzen. Deren Erschliessungsarbeiten durchdringen den Blausohlenstein nicht und es ist durch dieselben über diesem ein ausgedehntes Stollennetz in der Dolomit- und Muschelkalkformation zur Wasseransammlung geschaffen. Es ist nicht nöthig, das Wasser am Stollenmundloche abzufangen, sondern man kann es schon am Glückhilfsschachte fördern, der an der Gleiwitz-Tarnowitzer Chaussee bei Repten liegt.

In den Jahren 1880 bis 1882 sind in dem Stollen, in welchen der Adolfschacht oberhalb des Glückhilfschachts eintritt, verschiedentlich Messungen an einzelnen Stellen vorgenommen und zwar zwischen den beiden Schächten (a), unterhalb des Glückhilfschachtes (b) und am Stollenmundloche (c) selbst. Dieselben haben pro Minute die Werthe in der Tabelle 99 ergeben:

Tabelle 99.

Zeit der Beobachtung	bei a:	bei b:	bei c:
am 17. Mai 1881	14,4 cbm	17,22 cbm	21,13 cbm
am 3. August 1881	11,76 »	14,55 »	18,43 »
am 8. December 1881	11,02 »	13,37 »	15,18 »
am 22. Februar 1882	10,39 »	13,58 »	15,18 »
am 15. Januar 1882	9,77 »	12,30 »	13,42 »

Auf Grund dieser Zahlen hat nun Salbach vorgeschlagen, trotz der beobachteten Differenz von 1,12 cbm zwischen den Punkten b und c, eine etwaige Wasserentnahme, wie schon früher erwähnt, an den Glückhilfschacht zu verlegen und eventuell durch Weitertreiben des Stollens die nördlich von Tarnowitz gelegenen Werke in diesen Stollen zu entwässern, wodurch mit einem Kostenaufwande von M. 10 000 fernere 6 cbm Wasser pro Minute oder 8640 cbm im Tage zu gewinnen sein würden.

Am 29. März 1880 ertheilte das Ministerium der Regierung die Genehmigung, in der Nähe der beiden vorerwähnten Bohrungen »Hackelberg« und »Neptun« bei Sawada eine neue Bohrung vorzunehmen. Die Ausführung derselben wurde dem Bohringenieur Wodak am 6. September 1880 zu folgenden Preisen pro Meter übertragen: Vom Terrain ab für die ersten 50 m je M. 200, für die folgenden 50 m je M. 210, für die folgenden 50 m je M. 220, für die folgenden 50 m je M. 240 oder im Ganzen für 200 m Tiefe M. 43 500.

Am 6. September 1880 ist mit den Bohrarbeiten begonnen und am 27. Mai 1882 war die Tiefe von 215,0 m erreicht. Der Brunnen beginnt direct unter Terrain mit einem gemauerten Brunnenkessel von 5,0 m Durchmesser und von 2,5 m lichter Höhe. Dicht über dessen Sohle ist eine gusseiserne Schieberschleuse von 600 mm Breite und 300 mm Höhe eingebaut, welche ein völliges Entleeren dieses gemauerten Theiles gestattet. Am oberen Rande des Brunnenkessels befindet sich ein Ueberfallwehr von 1,2 m Breite, welches eine directe Wassermessung gestattet. Ein davor angelegter, wasserdicht gemauerter Graben führt das Wasser von den beiden Oeffnungen einem benachbarten Wiesenbache zu, der in die Drama mündet.

In der Mitte des Kessels ist das Bohrloch, welches mit 740 mm Durchmesser beginnt, hergestellt. Dieses nimmt an Grösse allmählich ab und sollte mit 440 mm Durchmesser enden. In dasselbe sind schmiedeeiserne Rohre eingesetzt, und der Zwischenraum zwischen den Wandungen von 2 zusammengestossenen Rohren ist mit einem Gemenge von Cement und Ziegelbrocken zum Schutz gegen seitliches Entweichen von Wasser gedichtet.

Das Bohrloch erreichte in 12,0 m Tiefe gelben Kalkstein, der noch bis auf 45,0 m Tiefe mit Lettenschichten durchsetzt ist und dem in 60,0 m Tiefe grauer Kalkstein bis auf 72,0 m Tiefe folgt. Darunter liegt bis auf 112,0 m Tiefe blauer Sohlenstein. Dem folgt bis 135,0 m Tiefe grauer, bis auf 149,0 m Tiefe gelblichgrauer und bis auf 160,0 m Tiefe grüner Kalkstein. Dann folgt blaue Lette und bis auf 177,0 m Tiefe graue Lette, welche mit Kalkstein wechselt. Darunter liegt bis auf 190,0 m Tiefe rother Thon, unter welchem die Buntsandsteinformation beginnt. Die bei den verschiedenen Tiefen der Bohrung während der Arbeit ermittelten Ausflussmengen pro Tag waren:

in 120,0 m	Tiefe	2 200 cbm
» 136,0 »	»	8 700 »
» 150,0 »	»	12 000 »
» 177,0 »	»	14 870 »
» 201,0 »	»	15 300 »

Später sind aus den Steighöhen des Wassers und den in dem Brunnenkessel ermittelten Wassermengen Werthe ermittelt, aus welchen der Zusammenhang zwischen der Absenkung des Brunnens und dem Wasserquantum rechnerisch abgeleitet worden ist. Als Mittelwerth ist dadurch gefunden, dass dem Brunnen bei einer Absenkung desselben von 8,362 m unter Terrain 30 000 cbm Wasser im Tage zu entnehmen sein werden. Auf Grund dieser Resultate hat Salbach vorgeschlagen, für eine definitive Anlage einen gemauerten Schacht von 4,0 m Durchmesser und 12,0 m Tiefe herzustellen, der bis auf das Kalksteingebirge hinunterreicht und in dessen Mitte ein Bohrloch herzustellen, das, mit 750 mm Durchmesser beginnend, bis zur Tiefe des rothen Thones hinunter- führt.

Nachdem durch die während langer Zeit periodisch ausgeführten Untersuchungen des Wassers von Zawada aus dem Sandsteingebirge, sowie des Wassers der Friedrichsgrube aus dem Kalkgebirge sich deren bleibende Brauchbarkeit für wirthschaftliche und technische Zwecke ergeben hatte, hat Salbach ein Project für die Gesammtversorgung des Industriebezirkes aufgestellt. Nach diesem sollte das Werk Friedrichsgrube in 2 Theilen, der erste für 8000 cbm und der zweite für 11 520 cbm und das Werk Zawada für 25 000 cbm mittlere Tagesabgabe ausgeführt werden. Die Gesammtanlagen sollten demnach 44 520 cbm am mittleren Jahrestage und 53 000 cbm am Maximaltage liefern. Der gesammte Kostenaufwand war von ihm auf M. 7 504 000 oder auf M. 142 pro cbm am Maximaltage berechnet.

Von einer Gesammtversorgung des ganzen Bezirkes, wie sie das Project in's Auge fasste, ist jedoch Abstand genommen. Es ist aber aus einem jeden der beiden Bezugsorte eine Versorgung für einen allerdings beschränkten Kreis hergestellt, und zwar durch:

das fiscalische Wasserwerk Königshütte und
die staatliche Wasserleitung Zawada-Zabrze.

Ueber die Art der Ausführung dieser beiden Anlagen geben die nachfolgenden Beschreibungen weitere Details.

b) Fiscalisches Wasserwerk Königshütte.

Die Wasserwerksanlage Königshütte ist nach dem Projecte des Bauraths Salbach in Dresden in den Jahren 1883/84 für Rechnung des Königlichen Bergfiscus, welcher Eigenthümer der Gewinnungsanlage und der Hauptwasserleitungen ist, erbaut, während die Nebenleitungen zum Theil Eigenthum der einzelnen Ortschaften sind. Die Baukosten haben einschliesslich der Erweiterungsbauten M. 828 465 betragen. Die Leistung des Werkes ist für 6480 cbm pro Tag bestimmt. Der Betrieb wird durch die Königliche Berginspection in Königshütte geleitet.

Die Versorgung umfasst die Grube Königshütte und die Stadt Königshütte, sowie die Orte Schwientochlowitz, Ober-, Nieder- und Neu-Heideck im Kreise Beuthen und ferner Charzow, Wenzlowitz und Langiewink im Kreise Kattowitz mit zusammen 58 294 Einwohnern (14 M. p. Kopf Anlagekosten).

Der Ort für die Wassergewinnung liegt 18 km von dem Versorgungsgebiete entfernt. Das Wasser wird durch 2 Tiefbohrlöcher von 510 mm resp. 180 mm Durchmesser und von 166,0 m resp. 261,0 m Tiefe unter Tage gewonnen. Das erste Bohrloch steht mit seiner Sohle im Muschelkalk an. Das zweite Bohrloch hat bei einer Tiefe von 168,0 m unter Tage den Buntsandstein erreicht.

Bei 54,0 m unter Tage fliessen die Wasser aus den Bohrlöchern frei in einen Maschinensumpf aus. Dieses Niveau bildet gleichzeitig das Niveau des tiefen Friedrichstollens der fiscalischen Bleierzgrube Friedrich. Aus diesem Sumpfe wird das Wasser dann durch 3 Dampfpumpwerke über Tage gehoben und sowohl bis in das in der Nähe von Königshütte in einem Wasserthurme aufgestellte Hochreservoir gefördert, als auch direct in das Versorgungsgebiet gedrückt.

Es sind 3 liegende Verbundmaschinen mit Condensation von je 65 PS. aufgestellt, deren jede direct 2 doppeltwirkende Plungerpumpen betreibt. Je 2 Plunger jeder Maschine sind unter einander mittels Uebergabelung gekuppelt und direct mit den resp. Kolbenstangen der Dampfcylinder verbunden. Die Maschinen machen 45 Umdrehungen pro Minute und jede derselben fördert dabei pro Stunde 162 cbm Wasser auf 63,63 m Höhe. Der Hub sämmtlicher Kolben beträgt 0,66 m. Die Dampfcylinder haben 380 mm resp. 680 m und die Plunger 176 mm Durchmesser. Es sind 4 Zweiflammrohrkessel von je 1,82 qm Rostfläche und 64,2 qm Heizfläche vorhanden, deren concessionirter Dampfdruck 6 Atm. beträgt. Die Maschinen und die Kessel sind von dem Königl. Hüttenwerke Gleiwitz geliefert.

Von einem gemeinschaftlichen Druckwindkessel aus führt ein Druckrohr von 350 mm Durchmesser bis zur Terrainhöhe und dann auf 16 500 m Länge bis zu dem in der Nähe von Königshütte erbauten Hochreservoire. Dieses ist mit der Leitung, die von hier ab Vertheilungsleitung wird, durch ein Rohr von 300 mm

Durchmesser als Consumregulator verbunden ist. Das Reservoir ist von Schmiedeeisen hergestellt und hat 500 cbm Inhalt. Es ist auf einem gemauerten Unterbau 19,0 m hoch über Terrain aufgestellt. Sein Wasserspiegel liegt 63,0 m hoch über dem Mittelwasser der Gewinnungsstelle.

Die Gesammtförderung hat im Jahre vom 1. October 1894 bis zum 30. September 1895 1 783 843 cbm oder pro Tag 4887 cbm im Mittel betragen. Der Maximal- resp. Minimalconsum am Tage belief sich auf 6506 cbm resp. 3082 cbm oder 133,3 % resp. 63,3 % von dem des mittleren Tages. Im Monate des grössten resp. kleinsten Consums sind 166 726 cbm resp. 128 008 cbm abgegeben.

Ueber die Qualität des Wassers liegt folgende Untersuchung pro Liter vor:

Gesammtrückstand	252 mg
Glühverlust	32 »
Kaliumpermanganat zur Oxydation	2,5 »
Organische Substanz	12,6 »
Ammoniak	0,02 »
Salpetersäure	7,0 »
Chlor	6,4 »
Schwefelsäure	23,3 »
Kalk	80,6 »
Magnesia	24,5 »
Gesammthärte, deutsche Grade	10,64°
Bleibende Härte	4 8°

c) Staatliche Wasserleitung Zawada-Zabrze.

Die staatliche Wasserleitung Zawada-Zabrze ist für die Versorgung des westlichen Theiles des oberschlesischen Industriebezirkes bestimmt. Sie bildet eine Gruppenversorgung, die von einer Centralstelle aus gespeist wird. Sie umfasst zur Zeit die 6 Orte Alt-Zabrze, Klein-Zabrze, Zaborze, Dorotheenhof, Ruda, Borsigwerk und die Colonie Karl Emanuel im Kreise Zabrze und die 7 Orte Rokittnitz, Miechowitz, Karf, Bobreck, Biskupitz, Lipine, Chropaczeow und die Colonie Morgenroth im Kreise Beuthen, sowie einen Theil der Stadt Beuthen. Die Versorgung erstreckt sich im Ganzen auf 93000 Einwohner. Ferner werden daraus die 3 Bahnhöfe Zabrze, Morgenroth und Beuthen, sowie die fiscalische Steinkohlengrube Königin Luise in Zabrze und einige Werke der Privatindustrie versorgt.

Diese Anlage ist in den Jahren 1892 bis 1895 für Rechnung des Königlich Preussischen Bergfiscus nach dem Projecte und unter der Leitung des Königlichen Bauraths Haselow in Gleiwitz mit einem Kostenaufwande von M. 1 700 000 ausgeführt und am 11. Juni 1895 in Betrieb gesetzt. Ihre tägliche Leistungsfähigkeit beträgt 9850 cbm. Die Verwaltung und der Betrieb ist der Königlichen Centralverwaltung der Steinkohlenbergwerke König und Königin Luise zu Zabrze unterstellt.

Das Wasser wird dem vom Fiscus niedergebrachten Bohrloche in Karchowitz (Zawada), welches 5 km von der Eisenbahnstation Peiskretscham an der nach Beuthen führenden Chaussée gelegen ist, entnommen und mittels durch Dampfmaschinen getriebener Pumpwerke bei einer nur geringen Saugehöhe nach einem 24 km entfernten Reservoire, das als ein Druckregulator neben der Leitung eingeschaltet ist, gedrückt, während durch Zweigleitungen die einzelnen Abgabestellen versorgt werden.

In der Pumpstation sind 3 Verbunddampfmaschinen mit Condensation und verstellbarer Expansion aufgestellt. Mit jeder der Dampfkolbenstangen jeder der Maschinen ist eine Plungerpumpe verbunden. Jede Maschine liefert bei 56 Doppelhüben pro Minute in der Stunde 246 cbm Wasser bei 151,0 m Arbeitsdruck. Die Dampfkolben haben 500 mm und 755 mm und die Plunger 185 mm Durchmesser. Der Hub aller Kolben beträgt 0,9 m. Die Leistung jeder Maschine beträgt ca. 200 PS. Für die Dampfbereitung sind 6 engröhrige, liegende Siederohrkessel mit Rohren von 100 mm Durchmesser aufgestellt. Jeder Kessel hat 2,5 qm Rostfläche und 100 qm Heizfläche.

Die Druckleitung geht von 2 Windkesseln von 1,4 m Durchmesser und 6,0 m Höhe aus. Sie hat 400 mm Durchmesser und 23 967 m Länge, in welche 10 Theilschieber von 400 mm Durchmesser eingeschaltet sind. Die eine Hälfte der Rohre hat die normale Wandstärke von 14,5 mm, und die andere Hälfte hat eine solche von 18 mm. Das schmiedeeiserne Hochreservoir hat 1100 cbm Inhalt und 18,5 m Durchmesser bei 4,5 m Höhe. Es hat einen flachen Boden und ruht auf einem Roste von eisernen Trägern, welche 13,0 m hoch über Terrain auf einem gemauerten Unterbaue liegen. Durch einen auf den Reservoirboden concentrisch aufgesetzten Cylindermantel von 9,25 m Durchmesser ist das Reservoir in 2 Theile getheilt. Der Wasserspiegel des Reservoirs liegt ca. 100,0 m höher als der Ausfluss des Wassers aus dem Bohrloche.

Die Zweigleitungen haben im Ganzen 34 443 lfd. m Länge mit 87 Schiebern von 350 mm bis 75 mm Durchmesser. Dieselben haben folgende Dimensionen:

Durchmesser .	mm	350	275	250	225	200	180	150
Länge . . .	m	2400	298	3256	340	3911	507	4286
Schieberzahl . . .		1	2	2	—	7	—	5
	mm	125	100	80	75			
	m	530	2757	11558	4600			
	Zahl	1	22	47	—			

Die Versorgung erfolgt constant und unter einem einheitlichen Drucke, der in den verschiedenen Orten nach deren Höhenlage allerdings ein sehr verschiedener ist. Es sind 21 selbstthätige Entlüftungsventile und 20 Hydranten als Schlammauslässe an der Hauptleitung angebracht. Die Hydranten und die Entlüftungsventile sind von H. Breuer & Comp. in Höchst geliefert. 129 aufgestellte, frostfreie Ventilbrunnen sind von Bopp & Reuther in Mannheim bezogen. Die sämmtlichen gusseisernen Rohre, sowie die Maschinen, Pumpen und Kessel hat das Königl. Hüttenwerk Gleiwitz und die verwendeten geschweissten Muffenrohre hat die Firma Fitzner in Laurahütte geliefert. Die Rohre nebst Zubehör sind von den Unternehmern Hempel in Berlin und Sattler in Königshütte verlegt.

Für die Hausleitungen werden Zinnbleirohre und verzinkte schmiedeeiserne Rohre verwendet. Die Zuleitungsrohre von 50 mm aufwärts bestehen aus gusseisernen Rohren. An Wassermessern, welche von Dreyer, Rosenkranz & Droop, Hannover geliefert sind, sind bislang 43 Stück eingebaut und zwar:

mit Umlaufmesser: 3/150 mm, 2/100 mm 5/50 mm
ohne » 6/40 » 27/20 »

Die Wasserabgabe hat seit Mitte Juli 1895 bis zum 29. Februar 1896 im Ganzen 800 285 cbm betragen.

Eine Untersuchung des Wassers vom 11. December 1895 hat im Liter Wasser ergeben:

Trockenrückstand	247,8 mg
Glührückstand	217,8 »
Kaliumpermanganat zur Oxydation	2,6 »
Organische Substanz	13,1 »

Salpetrige Säure, Salpetersäure, Ammoniak nicht vorhanden

Kieselsäure	3,1 mg
Eisenoxyd und Thonerde	1,5 »
Schwefelsaurer Kalk	30,6 »
Kohlensaurer Kalk	117,6 »
Kohlensaure Magnesia	55,2 »
Chlornatrium	7,0 »
Gesammthärte, deutsche Grade	11,4°
Bleibende Härte	1,2°
Temperatur	11° C.
Gezählte Keime im ccm	205

60. **Kreiswasserleitung Kattowitz.** (E. 150000.)

Im Kreise Beuthen liegt, ca. 8 km südlich von der Stadt Beuthen und ca. 10 km von der Stadt Kattowitz entfernt, die früher dem Grafen Schaffgotsch gehörende Rosaliengrube, eine alte Galmeigrube, deren Betrieb seit einigen Jahren aufgegeben war, weil der Wasserandrang hier ein so bedeutender ist, dass dessen Bewältigung sich nicht mehr rentirte. Die vorzügliche Qualität dieses Wassers veranlasste den Oberbürgermeister Schneider von Kattowitz, den Ankauf dieser Grube für die Wasserversorgung seiner Stadt in's Auge zu fassen und es gelang ihm, eine Forderung von M. 300000 dafür von dem Besitzer zu erzielen. Die Stadtverordnetenversammlung lehnte aber im Frühjahre 1894 den Kauf ab, und es bemühte sich dann später eine Bank, in den Besitz der Grube zu kommen, um daraufhin eine Wasserwerksgesellschaft zu gründen.

Die Hoffnung der Bewohner des Kreises Kattowitz, durch Anschlüsse an die fiscalischen Wasserwerksanlagen Königshütte und Zawada-Zabrze aus ihrer, seit Jahren allseitig empfundenen Wassersnoth befreit zu werden, musste durch die inzwischen ausgeführten Beschlüsse der Regierung allmählich jeden Halt verlieren, und es gelang damals der Initiative des Landraths Holtz des Kreises Kattowitz, den Kreistag zu dem am 30. August 1894 gefassten Beschlusse des Ankaufes der Rosaliengrube zu bestimmen, um von hier aus eine Kreiswasserleitung für die verschiedenen Communalbezirke herzustellen, welche erst in zweiter Linie Industriezwecken zu dienen bestimmt war. In keinem Falle sollte aber diese communale Wasserleitung dazu dienen, die Bergwerksbesitzer von ihren rechtlichen Verpflichtungen gegenüber den Besitzern der Oberfläche, welchen das Wasser durch den unterirdischen Grubenbau entzogen ist oder entzogen werden wird, zu befreien.

Der Ankauf wurde am 1. April 1895 perfect und am 1. Januar 1896 ist die Kreiswasserleitung Kattowitz in Betrieb gesetzt. Auf der Rosaliengrube befand sich ein sehr oppulent eingerichtetes Maschinenhaus mit 2 Wasserhebemaschinen, welche stündlich 2160 cbm oder pro Tag über 50000 cbm Wasser zu Tage fördern können und daneben ein Kesselhaus mit den nöthigen Dampfkesseln, sowie ein Wohnhaus für 6 Familien. Auch war eine schmalspurige Zufuhrbahn für die Kesselkohlen vorhanden. Der Schacht ist 70,0 m tief und hat 5,0 m Durchmesser und befindet sich im besten Zustande. Seine Sohle zu schliessen, war dem Vorbesitzer wegen des grossen Wasserandranges, der weit über das vorhin angegebene Maass hinausgeht, durch Einbringen ungeheurer Mengen von Beton nicht möglich gewesen.

Das Project für die ergänzenden, maschinellen und Vertheilungsanlagen ist durch eine Commission von Technikern aufgestellt und von dem Kreisbaumeister Hettmer ausgeführt, in dessen Händen auch die Betriebsleitung liegt. Die vorhin als vorhanden erwähnten beiden Wasserhaltungsmaschinen bestehen jede aus einer liegenden Woolf'schen Dampfmaschine mit Schwungrad und Ventilsteuerung in Tandem-Anordnung, deren jede mittels zweier Kunstkreuze 2 Rittinger'sche Pumpen antreibt, die 7 bis 9 Hübe pro Minute machen. Jede dieser Maschinen hat eine Leistung von 250 bis 300 PS. und fördert das Wasser bis zu Tage.

Von hier wird es durch 2 neu aufgestellte Dampfpumpmaschinen durch eine Druckleitung von 400 mm Durchmesser und 5000 m Länge in ein auf der Bittkower Höhe in Beton und Mauerwerk erbautes und überwölbtes Hochreservoir von 1500 cbm Inhalt gefördert, das in 2 Kammern getheilt und ca. 2,0 m tief in den Boden versenkt ist. Die Maschinen sind liegende Zwillingsdampfmaschinen von 50 PS. mit Schwungrädern und mit Schiebersteuerung. Jede betreibt direct eine liegende, doppeltwirkende Plungerpumpe, die 50 Hübe pro Minute macht. Für die Dampfbereitung dienen 6 Cornwallkessel, jeder von 90 qm Heizfläche.

Die Wasserabgabe erfolgt constant durch ein nach dem Verästelungssysteme ausgebildetes Vertheilungsnetz von 40000 m Länge, das am Reservoire beginnt. Es ist bestimmt, demnächst die verschiedenen Communal bezirke mit zusammen über 150000 Einwohnern zu versorgen. Zur Zeit sind 56 Wassermesser aufgestellt, welche H. Meinecke, Breslau geliefert hat.

Im Jahre 1896 sind bereits im Kreise Kattowitz die 2 Städte Kattowitz und Myslowitz und die 10 Gemeinden Bittkow, Josefsdorf-Hohenlohehütte, Domb, Bogutschütz, Laurahütte, Siemianowitz, Klein-Dombrowka, Rosdzin, Schoppinitz und Janow mit zusammen 101505 Einwohnern mit 1589516 cbm im Ganzen oder 4355 cbm am mittleren Jahrestage versorgt. Ferner sind 96305 cbm an industrielle Werke im Kreise Kattowitz und endlich 1100480 cbm an die Stadt Beuthen mit einigen der umliegenden Ortschaften abgegeben, so dass die gesammte Abgabe sich auf 2786301 cbm im Jahre oder 7634 cbm pro Tag belaufen hat. Dafür sind M. 159070,47 bei einem Preise von 7 Pf. pro cbm eingenommen mit Ausnahme der Abgabe an Beuthen mit umliegenden Ortschaften, welche 3,7 Pf. pro cbm Wasser und an einen Privaten, der 10 Pf. pro cbm Wasser gezahlt hat.

61. **Kreiswasserleitung Beuthen.**

In der ersten Hälfte des Jahres 1897 hat der Kreistag des Kreises Beuthen beschlossen, für Rechnung des Kreises und vorläufig für dessen nördlichen Theil eine Kreiswasserleitung herzustellen und den Kreisausschuss ermächtigt, dafür eine Anleihe von M. 60000 und eventuell bis zu M. 150000 aufzunehmen. Das Wasser dafür soll die Rosaliengrube liefern, und es soll das Vertheilungsnetz an die Leitung der Stadt Beuthen anschliessen, in welchem Falle die geringere Summe nöthig werden wird, eventuell soll dafür eine neue Leitung direct von der Rosaliengrube aus hergestellt werden und es wird dann die grössere Summe erforderlich werden.

Die neue Leitung wird vorläufig die 6 Orte Gross-Dombrowka, Birkenhain, Kamin, Brzezowitz, Deutsch-Piekar und Rosenberg versorgen. Dieses letzte Glied in der Kette der für die Wasserversorgung des oberschlesischen Industriebezirkes geschaffenen Anlagen hat die lange Jahre schwebende Frage der Beseitigung des so lange Zeit vorhandenen Nothstandes endlich so weit zum Abschlusse gebracht, dass für die Zukunft voraussichtlich nur noch untergeordneter Erweiterungen nöthig werden, um alle ferneren Bedürfnisse in ausreichender Weise befriedigen zu können.

XVI. Regierungsbezirk Magdeburg.

(Provinz Sachsen.)

a) Aschersleben 3 (Quedlinburg 20, Thale 29). — b) Burg a. Ihle 5 (Gommern 11). — c) Gardelegen 9 (Cloetze 6). — d) Halberstadt 14 (Dernburg 7, Osterwiek 19). — e) K. Jerichow II (Genthin 10). — f) Kalbe 15 (Aken 2, Gross-Salze 13, Schönebeck 22, Stassfurt 26) — g) Magdeburg 1. — h) Neuhaldensleben 16. — i) Oschersleben 17 (Gröningen 12, Schwanebeck 23, Wegeleben 31). — k) Osterburg 18 (Seehausen i. d. Altm. 24). — l) Salzwedel 21. — m) Stendal 27(Tangermünde 28). — n) Wanzleben (Egeln 8, Seehausen b. M. 25). — o) Werningerode 32 (Schloss Werningerode 33). — p) Wolmirstedt 34.

Anhang: 35. Pumpstation Salbke.

1. g. Regierungshauptstadt **Magdeburg.** (E. 223576 W. 6000 mit je 37,3 B.)

a) Alte Wasserwerksanlagen.

Schon im Mittelalter besass die Stadt Magdeburg für ihre Wasserversorgung ausser zahlreichen Brunnen eine städtische Wasserkunst. Dieselbe wurde im Jahre 1631 gleichzeitig mit der Stadt zerstört und ist im Jahre 1703 wieder aufgebaut. Das Wasser wurde durch ein Wasserrad mittels Pumpen aus der Elbe gefördert. Später ist auch Dampfkraft für deren Betrieb benutzt. Die Leistung der Anlage hat 2600 cbm im Tage betragen, und es kamen davon ca. 1000 cbm durch 90 sog. Kunstpfähle in den Strassen der Stadt zur allgemeinen Benutzung.

Die Leistung dieses Werkes war schon lange den wachsenden Bedürfnissen nicht mehr genügend, und es wird auch damals die Einführung der Wasserversorgung in Berlin dazu beigetragen haben, dass das Verlangen nach einer Aenderung des bestehenden, mangelhaften Zustandes in den fünfziger Jahren immer intensiver empfunden wurde. Das hat denn auch dazu geführt, dass dem Civilingenieur Moore, damals in Berlin und später kgl. württemb. Oberbaurath, von dem Magistrate der Auftrag ertheilt wurde, ein Project für eine einheitliche, städtische Wasserversorgung auszuarbeiten, das von ihm im Jahre 1855 vorgelegt wurde. Dieses Project ist dann verschiedenen Aenderungen unterworfen. Es ist jedoch im Wesentlichen auf Grund desselben in den Jahren 1856 bis 1858 von dem Stadtbaurath Grubitz ausgeführt und Anfangs des Jahres 1859 in regelmässigen Betrieb gesetzt. Die Anlage war für eine tägliche Leistung von 10000 cbm bestimmt und hat anfänglich M. 1518000 gekostet.

Dieses Werk lag an derselben Stelle, auf welcher das heutige Wasserwerk, das aus diesem ersten Werke herausgewachsen ist, sich befindet, nämlich an der Elbe, oberhalb der damals noch selbstständigen Stadt Buckau auf dem Wolfswerder. Es war die Absicht, das Wasser indirect dem Flusse durch natürliche Filtration zu entnehmen, zu welchem Zwecke ein grosser Sammelteich, dessen Wände das Elbwasser durchlassen sollten, hergestellt war. Weil diese Anlage aber ein ungenügendes Wasserquantum lieferte, so wurde später ein gemauerter Kanal von ca. 800 m Länge und 1,25 m Durchmesser bis zur Elbe hergestellt, der den Pumpen das Flusswasser direct zuführte. Diese förderten es dann ungereinigt in die Stadt.

Die damals erbaute Pumpstation, deren Gebäude noch jetzt für die Aufstellung der Filterpumpen und zum Theil der Kessel benutzt sind, liegt 5640 m von der Mitte der Stadt entfernt. Es waren hier 2 einfach wirkende Balanciermaschinen ohne Schwungräder (Cornwall-Maschinen) aufgestellt. Auf der einen Seite der Balanciers standen die Dampfcylinder von 1500 mm Durchmesser und auf der anderen Seite die einfach wirkenden Plungerpumpen von anfänglich 650 mm und später 750 mm Durchmesser. Die Dampf- und Pumpenkolben hatten einen gleichen Hub, nämlich 2,40 m. Die Maschinen machten 9 bis 10 einfache Hübe pro Minute und arbeiteten mit Expansion und Condensation. Die Pumpen hatten Doppelsitzventile mit Sitzflächen von Guttapercha. Jede Maschine konnte 460 cbm Wasser pro Stunde auf 60,0 m Höhe fördern.

4 Dampfkessel lieferten den Dampf von 3 Atm. Pressung. Sie hatten 9,0 m Länge und 1,8 m Durchmesser. Jeder Kessel hatte 2 Rauchrohre von 550 mm Durchmesser. Sie wurden mit Braunkohle auf vorgelegten Treppenrosten geheizt.

Zum Consumausgleiche diente ein offenes Hochreservoir, das auf dem Kroatenberge am äusseren Ende von Sudenburg liegt und das heute noch, vergrössert und überwölbt, in Benutzung ist. Von der Stadtmitte ist es 5600 m entfernt und mit einem Rohre für Hin- und Rücklauf seitlich in das städtische Rohrnetz eingebunden. Die Sohle des Reservoirs liegt 41,8 m über Null des Magdeburger Pegels und ca. 37,0 m hoch über den Strassen der Stadt. Im Jahre 1875 hatte das Rohrnetz 34000 m Länge und dessen stärkstes Rohr einen Durchmesser von 550 mm. 64 Schieber und 200 Hydranten, sowie 80 Laufbrunnen, 3 öffentliche Springbrunnen und 3 öffentliche Pissoire waren damit verbunden.

Der Wasserconsum der Stadt hat im Jahre 1875 5308800 cbm betragen. Davon sind an Private durch 336 Wassermesser 1546440 cbm oder 29,1 % und auf Discretion 1410690 cbm oder 26,6 % abgegeben, so dass 2351670 cbm oder 44,3 % für öffentliche Zwecke, zum Strassenreinigen etc., sowie für die Freibrunnen verblieben.

Bis zur Incorporation der Stadt Neustadt besass diese schon seit dem Jahre 1859 eine eigene, städtische Wasserversorgung, welche von dem Königl. Baumeister Clemens mit einem Kostenaufwand von M. 350650 erbaut war.

Das Wasser ist dafür Anfangs direct der Elbe entnommen. Später sind 3 Brunnen mit Sammelrohren zur Gewinnung von Grundwasser hergestellt. Ende der sechziger Jahre sind die zuerst aufgestellten Pumpmaschinen durch 2 neue, liegende Eincylindermaschinen ersetzt, deren jede direct eine liegende, doppeltwirkende Pumpe mit Scheibenkolben antrieb. Die Maschinen arbeiteten mit Condensation und hatten Schwungräder und Corliss-Steuerung. Sie sind die ersten in Deutschland erbauten Pumpmaschinen mit dieser Steuerung gewesen und damals von der Buckau-Magdeburger Dampfschifffahrts-Gesellschaft geliefert. Die Dampfcylinder hatten 550 mm und die Pumpen 285 mm Durchmesser. Der Hub beider betrug 0,94 m. 2 Cornwallkessel von 7,5 m Länge und 1,88 m Durchmesser mit Feuerrohren von 0,82 m Durchmesser lieferten den Dampf von 3 Atm. Spannung.

Für die Stadt Neustadt hat im Jahre 1875 die Wasserabgabe 835240 cbm im Ganzen oder 2288 cbm pro Tag betragen. Davon sind 455213 cbm oder 54,5 % durch 69 Wassermesser oder 6600 cbm pro Messer im Jahre abgegeben. Das Vertheilungsnetz hatte 9100 m Länge und wurde ohne Reservoir direct von den Maschinen gespeist. Nach der Eingemeindung von Neustadt ist die Pumpstation noch längere Jahre als Reserve erhalten und später ganz eingegangen.

b) Neues Wasserwerk.

Die durch das Wasserwerk auf dem Wolfswerder mit rohem Elbwasser gespeisten, städtischen Rohre waren in Folge der Unreinigkeiten desselben im Laufe der Zeit stark verschlammt, und die im Anfange der siebziger Jahre vorgenommenen Untersuchungen liessen befürchten, dass sie in absehbarer Zeit ganz untauglich werden würden. Das Werk entsprach aber auch quantitativ den gewachsenen Bedürfnissen nicht mehr. Der Maximalconsum eines Tages war im Jahre 1875 bereits auf 15435 cbm gewachsen und konnte nur dadurch befriedigt werden, dass die anfänglichen Pumpen der Station durch grössere ersetzt waren. Die Stadt beschloss daher im Jahre 1875 die Ausführung des Baues eines neuen Wasserwerkes an der alten Stelle, für welches die Pläne vom damaligen Stadtbaurath Dittrich entworfen sind und dessen Bauausführung der jetzige Stadtbaurath Beer geleitet hat. Im Jahre 1877 ist diese Anlage in Betrieb gekommen.

Das Werk ist für eine tägliche Maximalleistung von 20000 cbm bestimmt und liefert statt des rohen Elbwassers solches, das durch Sand künstlich filtrirt ist. Kannte man zu jener Zeit auch die schädliche Wirkung der Bacterien im Wasser noch nicht, so erschien dieses Wasser durch seine Klarheit und seine Freiheit von Suspensen mit Recht als eine grosse Verbesserung gegenüber den früheren Verhältnissen.

Die neuen Anlagen bestanden anfänglich aus 6 offenen Klärbassins, 6 überwölbten Sandfiltern, einem überwölbten Reinwasserreservoire und einer neuen Pumpstation. Ferner war dafür eine Erweiterung des vorhandenen Kesselhauses ausgeführt. Der alte Kanal, der von der Elbe her früher rohes Flusswasser zuführte, ist mit der neuen Pumpstation so verbunden, dass die Filterpumpen, deren Anfangs je eine von jeder der beiden dort aufgestellten, neuen Maschinen betrieben wurde, daraus das Rohwasser entnahmen und dieses durch eine Leitung von 800 mm Durchmesser auf die Klärbassins förderten. Von diesen fliesst es dann durch die Filter und gelangt durch ein geschlossenes Rohr von 900 mm Durchmesser mit Abzweigen von den Filtern zum Reinwasserreservoire, aus dem es die Druckpumpen der neuen Maschinen dann ebenso wie jetzt entnahmen und zur Stadt beförderten. Die Maschinen der alten Pumpstation sind Anfangs als Reserve zum Pumpen von Rohwasser belassen, aber später beseitigt. Anschlagmässig waren die Kosten für diese Erweiterungen wie folgt festgestellt:

Klärbassins	M.	603 000
Filterbassins	»	722 000
Reinwasserreservoir	»	51 000
Maschinengebäude	»	146 000
2 neue Maschinen	»	360 000
Verlängerung des Kesselhauses	»	17 000
7 Kessel (4 als Ersatz und 3 als Erweiterung) incl. Einmauerung	»	75 000
zusammen	M.	1 974 000

Der wachsende Wasserconsum der Stadt veranlasste im Jahre 1887 nach dem Projecte des derzeitigen Directors der Gas- und Wasserwerke Dr. Tieftrunk den Bau von 2 neuen Filtern und eine Erhöhung der Leistung der Druckmaschinen auszuführen. Letzteres ist dadurch bewirkt, dass die Filterpumpen der Maschinen in Druckpumpen von einem entsprechend geringerem Durchmesser als früher umgewandelt sind. Die Leistung einer jeden der beiden Maschinen ist dadurch auf 1333 cbm pro Stunde erhöht. Ferner sind nach der Beseitigung der alten Maschinen in deren Gebäude 2 direct wirkende Centrifugalpump-Dampfmaschinen aufgestellt, welche das Rohwasser aus dem von der Elbe kommenden Kanale in die Klärbassins fördern. Die neuen Filter haben Einrichtungen zum Messen der Menge des Filtrats erhalten. Die Anschlagssumme für diese Anlagen hat betragen:

für die neuen Filter	M.	287 500
für die Maschinenänderungen und die neuen Filterpumpen	»	77 500
zusammen	M.	365 000

Die im Jahre 1892 von dem Reichsgesundheitsamte im Hinblick auf eine mögliche Choleragefahr gestellten Forderungen in Betreff der Filtergeschwindigkeit liessen eine Erhöhung der gesammten Filterfläche des Werkes und womöglich bis zum Herbst 1893 als dringend wünschenswerth erscheinen und zwangen ferner zu eingreifenden Aenderungen der bisherigen Filtereinrichtungen, um bei deren Betriebe den an diese gestellten, neueren Ansprüchen genügen zu können.

Ein im Januar 1893 dafür von dem Civilingenieur Grahn, damals in Detmold, aufgestelltes Project ging dahin, 3 von den Klärbassins vorläufig zu 3 offenen Filtern umzubauen und für diese, sowie für die alten Filter Ein- und Austrittsregulirungen für das Wasser anzubringen und ferner Heberleitungen und Pumpen zur Entleerung der Filter, sowie zur Ableitung des ersten Filtrates herzustellen. Bereits im Herbst 1893 sind die Filter provisorisch in Betrieb gekommen. Diese Anlagen sind unter der Leitung des Kgl. Baumeisters Guirr bis zu dessen im Frühjahr 1894 erfolgtem Tode ausgeführt und unter der Leitung des inzwischen in städtische Dienste getretenen Directors der Gas- und Wasserwerke Dieckmann mit einigen Abänderungen vollendet. Der Voranschlag belief sich auf:

3 Filter ohne Ueberdachung	M.	233 700
Aenderungen an den alten Filtern und Klärbassins	»	171 100
zusammen	M.	404 800

Gleichzeitig gelangten nach Grahn's Projecte an der Schöpfstelle des Wassers an der Elbe 6 Elevatoren zur Aufstellung, um bei den in den letzten Jahren immer häufiger eintretenden, niedrigen Elbwasserständen, die das natürliche Einfliessen des Elbwassers in den Zuflusskanal nicht mehr genügend gestatteten, welche mittels eines Theiles des von den Maschinen geförderten Druckwassers betrieben wurden, das Wasser in den Kanal zu heben.

Die 6 Klärbassins sind annähernd gleich grosse, offene, gemauerte Behälter mit schwach dossirten Mauern aus Bruchsteinen von 4,0 m Tiefe. Sie haben zusammen 10960 qm Oberfläche. Von diesen sind 3 Stück von zusammen 5408 qm Fläche, wie erwähnt, später in Filter umgebaut. Die 6 Anfangs vorhanden gewesenen Filter haben ein jedes 1240 qm, also zusammen 7490 qm Fläche, und die beiden im Jahre 1887 zugebauten Filter haben ein jedes 1231 qm, also zusammen 2462 qm Fläche. Die gesammte Fläche der 11 Filter beträgt zusammen 15361 qm. Während die 8 älteren Filter sofort überwölbt hergestellt sind, zwang die Kürze der Bauzeit, die 3 neuen Filter vorläufig ohne Ueberwölbung in Betrieb zu nehmen, allerdings in der Absicht, sie später gleichfalls zu überdecken. Letztere Arbeit ist im Jahre 1896 ausgeführt. Das Reinwasserreservoir misst 15,0 m im Quadrat und hat 600 cbm Inhalt. Es ist gleichzeitig mit den ersten Filtern hergestellt, überwölbt und mit Erde überfüllt. Die anfänglich ausgeführte Zuleitung des Wassers von dem letzten Filter ab durch einen gemauerten Kanal ist bei dem Umbaue im Jahre 1893 durch eine Heberleitung ersetzt.

Für die Entleerung der Filter, sowie für die Ableitung des ersten Filtrates sind gleichfalls Heberleitungen ausgeführt, welche in einen Brunnen münden, aus dem 2 Centrifugalpump-Dampfmaschinen das Wasser beseitigen. Für die Sandwäsche sind 2 Waschtrommeln, von Cyclop in Berlin geliefert, in Benutzung, welche eine gemeinschaftliche Betriebsmaschine haben.

Die beiden Centrifugalpump-Dampfmaschinen für das Rohwasser machen, ebenso wie die direct damit gekuppelten Centrifugalpumpen, 140 Umdrehungen pro Minute. Die Maschinen sind stehende Verbundmaschinen mit Dampfcylindern von 350 mm Durchmesser, deren Kolben 0,40 m Hub haben. Die Leistung einer jeden beträgt 60 PS. Jede der beiden Centrifugalpumpen kann 2000 cbm pro Stunde bis zu 5,5 m Höhe fördern. Die Saugerohre derselben haben 750 mm Durchmesser.

Die beiden Druckpumpmaschinen sind Balanciermaschinen mit Schwungrädern, mit Condensation und mit Ventilsteuerung. Die Dampfkolben haben für den Hochdruck 920 mm Durchmesser und 1,908 m Hub und für den Niederdruck 1523 mm Durchmesser und 2,74 m Hub. Sie machen bis zu 14 Umdrehungen pro Minute. Die Druckpumpen derselben, deren jede Maschine anfänglich eine betrieb, haben 1020 mm Durchmesser und 0,915 m Hub. Jede derselben besteht aus 2 einfachwirkenden Pumpencylindern mit Ventilkolben. Von diesen steht der eine tiefer als der andere, und beide arbeiten zusammen doppeltwirkend, indem zeitweise der eine Pumpencylinder dem anderen als Druckrohr resp. als Saugerohr (System Belidor) dient. Die anfänglichen Filterpumpen waren doppeltwirkend und hatten Scheibenkolben von 647 mm Durchmesser und 2,754 m Hub, sowie Lederklappen als Ventile. Sie sind später durch Druckpumpen von gleichem Hub mit Scheibenkolben von 250 mm Durchmesser ersetzt.

c) Maschinen- und Filterbetrieb.

Die Tabelle 100 gibt die im Laufe eines jeden der letzten 15 Jahre geförderte Wassermenge in cbm, die Arbeitshöhe und die jährliche Zahl der Betriebsstunden der beiden grossen Maschinen, sowie die jährlich verfeuerte Brennmaterialmenge in kg an. Als Brennmaterial ist meistens Landbraunkohle mit 10 % Cokestaubzusatz, zeitweise auch mit Zusatz von Steinkohle, benutzt. Ferner gibt die Tabelle den Kohlenverbrauch pro 100 cbm Wasser und pro PS.-Stunde, die Leistung pro kg Kohle in m × kg und die durchschnittlichen Arbeitsstunden einer Maschine im Tage eines jeden Jahres an.

Tabelle 100.

Jahr	Wasser-förderung cbm	Kohlen kg	Förder-höhe m	Maschinen-Stunden	kg Kohlen pro 100 cbm Wasser	m × kg pro 1 kg Kohlen	kg Kohle pro PS.-Stunde	Stunden pro Tag pro Maschine
1880	4 937 050	5 047 800	39,2	8 784	102,1	38 390	7,04	12,0
1881	3 750 674	4 011 000	38,2	8 760	107,0	35 650	7,56	12,0
1882	3 692 247	3 855 000	38,2	8 723	104,5	36 600	7,39	11,9
1883/84	4 163 112	4 087 700	38,3	8 716	98,1	39 000	6,91	11,9
1884/85	4 572 888	4 638 200	38,6	8 728	99,1	38 100	6,94	11,9
1885/86	4 976 819	5 140 500	39,4	8 706	103,2	38 160	7,07	11,9
1886/87	6 061 157	5 657 900	42,7	8 705	91,7	45 800	5,80	11,9
1887/88	6 095 071	5 497 300	41,8	8 776	90,1	46 450	5,70	12,0
1888/89	6 279 285	6 112 200	42,4	8 743	97,4	43 500	6,20	12,0
1889/90	6 742 094	7 696 300	43,7	8 694	114,1	38 230	7,05	11,9
1890/91	6 608 324	7 691 400	44,5	8 743	116,2	38 230	7,06	12,0
1891/92	6 944 672	7 855 400	44,8	8 771	113,2	39 610	6,84	12,0
1892/93	7 582 571	8 217 100	54,9	8 741	108,4	50 510	5,33	12,0
1893/94	7 952 934	9 684 100	53,5	9 285	121,9	43 990	6,15	12,7
1894/95	7 115 251	8 955 400	53,2	8 733	125,8	42 250	6,37	11,9
1895/96	7 377 104	9 044 038	53,5	8 776	122,6	49 821	5,43	12,0

Die Tabelle 101 enthält für die letzten 7 Jahre einige Angaben über den Filterbetrieb und zwar die pro qm Fläche im Durchschnitte im Jahre gelieferte Wassermenge in cbm, ferner die im Laufe des Jahres gereinigte Filterfläche in qm und die Tage der längsten, der kürzesten und der mittleren Dauer eines Filters zwischen 2 Reinigungen.

Tabelle 101.

Jahr	Filter-geschwindigkeit in 24 Stunden	Dauer eines Filters Tage			gereinigte Filter-fläche qm
		längste	kürzeste	mittlere	
1888/89	2,46	20	6	—	150 215
1889/90	2,43	40	11	—	128 520
1890/91	2,51	48	7	20	120 360
1891/92	2,55	55	8	25,1	130 520
1892/93	2,65	61	4	13,5	204 565
1893/94	1,42	46	3	10	260 000
1894/95	1,85	42	8	21	191 790
1895/96	1,85	68	5	17	262 875

d) Wasservertheilung.

Das offene Hochreservoir ist im Jahre 1877 erhöht, erweitert, überwölbt und mit Erde überfüllt. Es bildet jetzt ein zweitheiliges Reservoir, das im Ganzen bei 4,5 m Wasserstand 13 500 cbm enthält. Der höchste Wasserstand desselben liegt durchschnittlich 30,0 m höher als das Versorgungsgebiet. Die Entfernung zwischen der Pumpstation und dem Reservoire misst in der Luftlinie 8000 m. Zwischen der Pumpstation und dem Reservoire liegen auf der halben Weglänge 2 Rohre von 559 mm und 450 mm Durchmesser. Das grössere derselben führt bis zum Reservoire.

Das Vertheilungsnetz ist nach dem Circulationssysteme ausgeführt. Der einheitliche Druck in demselben beträgt im Mittel 25,0 m. Die gesammte Rohrlänge hat am 1. April 1896 153 293,7 m betragen. Diese Länge setzt sich nach den verschiedenen Durchmessern und Einzellängen wie folgt zusammen:

Durchmesser .	mm	914	711	650	559	508	450
Länge . . .	m	6,5	597,5	17,5	7878,5	2444	8383
	mm	381	325	300	250	225	200
	m	2390	830	5820	2315,5	2218,9	6553,5
	mm	150	125	100	80	65	
	m	18036,5	12146	48731,2	33335,6	1589,3	

Die allmähliche Entwicklung des Rohrnetzes und der damit verbundenen öffentlichen Schieber, Hydranten etc. während der Jahre von 1880 bis 1895/96 lässt die Tabelle 102 erkennen.

Tabelle 102.

Jahr	Gesammte Rohrlänge in m	Zahl der Schieber	desgl. der Hydranten	desgl. d. Springbrunnen	desgl. der Laufbrunnen	desgl. der Pissoire
1880	68 330	187	553	3	50	33
1881	70 414	193	565	3	50	33
1882	74 649	202	602	3	50	33
1883 84	83 010	240	633	3	54	34
1884/85	83 368	292	670	3	73	50
1885/86	94 628	338	780	3	80	58
1886/87	114 364	420	810	3	96	58
1887/88	118 961	460	873	3	100	61
1888/89	123 013	524	911	3	108	21
1889/90	125 399	732	937	3	99	23
1890/91	131 649	861	983	4	97	23
1891/92	136 342	903	1 045	4	90	23
1892/93	139 048	962	1 081	4	89	26
1893/94	145 408	1 047	1 136	4	90	30
1894/95	147 070	1 110	1 181	4	93	30
1895/96	153 294	1 222	1 294	4	89	30

Von den 1294 im Jahre 1895/96 vorhandenen Hydranten sind 3 Ueberflurhydranten, und von den übrigen Unterflurhydranten haben 161 eine Durchgangsweite von 100 mm, 659 eine solche von 65 mm und 416 eine solche von 55 mm. Dieses sind sämmtlich öffentliche Hydranten, während 37 von der Gesammtzahl Privathydranten sind wovon 18 ausserhalb des Stadtgebietes stehen.

In der Stadt waren am 1. April 1896 noch von dem Wasserwerke unabhängig 113 öffentliche Pumpenbrunnen, darunter 19 auf Schulhöfen und Kirchhöfen, in Benutzung.

Die Kosten der gesammten Anlagen des Wasserwerks haben bis zum 1. April 1895 im Ganzen M. 5 433 069 oder pro Kopf der derzeitigen Bevölkerung M. 24,30 betragen.

e) Wasserabgabe.

Die Leitung des Betriebes hat früher in den Händen des Directors Dr. Tieftrunk gelegen und wird jetzt von dem Director Dieckmann besorgt. Der Ingenieur Mandel hat die specielle Aufsicht über das eigentliche Wasserwerk.

Von den 3 Tabellen 103, 104 und 105 (S. 142 u. 143) für die 16 Jahre von 1880 bis 1895/96 gibt die Tabelle 100 den Wasserverbrauch im ganzen Jahre und dessen Aenderung gegen das Vorjahr, sowie ferner den ganzen Tagesverbrauch im Mittel und am Tage des grössten und geringsten Verbrauches, letztere beiden auch in Procenten des mittleren Jahrestages und pro Kopf im Mittel und am Maximaltage an. Die Tabelle 101 gibt die Abgabe für öffentliche Zwecke, für den Selbstverbrauch und für Private im Ganzen, sowie darnach getrennt, ob sie mit oder ohne Messer erfolgt, und endlich die Gesammtabgabe ohne Messer an. Die Tabelle 102 endlich gibt letztere Werthe im Verhältnisse zu 100 cbm der Gesammtabgabe resp. der Privatabgabe und die Zahl der vorhandenen Anschlüsse und aufgestellten Messer, sowie die jährliche Abgabe in beiden Fällen an.

Die Tabelle 106 (S. 143) gibt die Vertheilung des Wassers für öffentliche Zwecke nach den verschiedenen Verwendungsarten im Ganzen sowohl, als auch im Verhältnisse von 100 cbm des gesammten, für öffentliche Zwecke abgegebenen Wassers für die 6 Jahre 1890/91 bis 1895/96 an.

Tabelle 103.

Jahr	Einwohnerzahl	Jahresabgabe im Ganzen	desgl. gegen 100 cbm des Vorjahres	Tagesabgabe			Liter pro Kopf		Von 100 cbm am mittleren Tage	
				Mittel	Maximum	Minimum	Mittel	Maximum	Maximaltag	Minimaltag
1880	—	4 938 705	—	13 494	21 470	7 045	—	—	159,2	52,2
1881	—	3 752 210	76,1	10 272	14 779	3 094	—	—	143,9	30,2
1882	—	3 688 899	98,4	10 107	12 654	6 459	—	—	125,1	63,9
1883/84	—	4 163 112	112,9	11 374	18 493	6 574	99	—	162,2	57,9
1884/85	—	4 572 888	109,9	12 517	16 918	9 546	103	—	135,0	76,2
1885/86	—	4 976 819	108,9	13 643	17 086	9 184	102	—	125,1	67,4
1886/87	—	6 061 157	122,0	13 643	21 768	11 177	100	—	159,4	81,9
1887 88	183 670	6 095 071	100,5	16 653	22 298	11 595	91	—	133 9	69,6
1888 89	193 000	6 276 564	103,1	17 203	23 928	11 901	88	123	139,0	69,2
1889/90	197 027	6 742 522	107,3	18 471	26 579	12 400	94	135	143,9	67,2
1890/91	203 899	6 603 050	98,0	18 100	22 793	12 573	89	112	125,9	69,5
1891/92	209 760	6 950 706	105,2	18 975	22 971	13 002	90	110	121,0	68,5
1892/93	213 665	7 584 947	109,1	20 774	27 808	10 440	97	130	133,8	50,3
1893/94	218 844	7 951 152	104,9	21 784	30 803	12 524	100	141	141,7	57,7
1894/95	223 576	7 114 360	89,5	19 489	26 662	12 524	87	119	137,0	64,4
1895/96	224 235	7 377 104	103,7	20 156	29 399	11 337	94	137	145,8	56,2

Tabelle 104.

Jahr	Wasser für öffentliche Zwecke	Wasser für Selbstverbrauch und Spülung	Privatabgabe im Ganzen	Privatabgabe nach Messern	Privatabgabe ohne Messer	Abgabe ohne Messer im Ganzen
1880	1 933 785	60 000	2 944 920	2 396 463	548 457	2 542 242
1881	1 131 785	54 277	2 566 148	2 482 701	83 447	1 269 509
1882	1 021 831	51 635	2 615 433	2 552 037	63 396	1 136 862
1883/84	1 122 517	48 170	2 992 425	2 942 110	50 315	1 221 002
1884/85	1 164 399	70 769	3 337 119	3 269 547	67 572	1 303 341
1885/86	1 443 585	81 576	3 451 658	3 387 514	64 144	1 589 304
1886/87	1 547 767	181 101	4 332 289	4 269 641	62 648	1 792 516
1887/88	1 412 970	113 521	4 568 580	4 557 955	10 625	1 538 116
1888/89	1 529 582	120 985	4 625 997	4 625 654	343	1 650 910
1889/90	1 556 266	135 911	5 050 353	5 047 154	3 191	1 694 940
1890/91	418 496	843 284	5 341 270	5 339 672	1 598	1 263 378
1891/92	487 739	784 365	5 678 602	5 676 320	2 282	1 274 386
1892/93	530 067	1 065 369	5 989 511	5 982 270	7 241	1 602 677
1893/94	488 794	1 396 713	6 065 645	6 062 037	3 608	1 889 115
1894/95	376 497	1 064 709	5 737 154	5 665 975	7 179	1 448 385
1895/96	390 999	1 118 073	5 868 183	5 866 217	1 966	1 071 682

Tabelle 105.

Jahr	Von 100 cbm der Gesammtabgabe für: Oeffentliche Zwecke	Selbstverbrauch	Private	Abgabe nach Messern	Abgabe ohne Messer	Von 100 cbm für Private nach Messern	ohne Messer	Zahl der Anschlüsse	pro Anschluss im Jahre	Zahl der Messer	pro Messer im Jahre
1880	39,2	1,2	59,6	48,5	51,5	81,4	18,6	2 804	1 758	2 792	858
1881	30,2	1,4	68,4	66,2	33,8	96,8	3,2	2 964	1 267	2 978	835
1882	27,7	1,4	70,9	69,2	30,8	97,6	2,4	3 164	1 166	3 131	815
1883/84	27,0	1,1	71,9	70,6	29,4	98,4	1,6	3 329	1 250	3 333	884
1884/85	25,4	1,5	73,1	71,5	28,5	98,0	2,0	3 526	1 298	3 440	950
1885/86	29,0	1,6	69,4	78,1	31,9	98,2	1,8	3 675	1 352	3 576	948
1886/87	25,5	3,0	71,5	70,4	29,6	98,6	1,4	4 370	1 389	4 233	1 008
1887/88	23,2	1,8	75,0	74,7	25,3	99,8	0,2	—	—	4 759	958
1888/89	24,4	1,9	73,7	73,7	26,3	100,0	0	—	—	5 034	920
1889/90	23,0	2,0	75,0	74,9	25,1	99,94	0,06	—	—	5 260	957
1890/91	6,3	12,8	80,9	80,9	19,1	99,97	0,03	—	—	5 406	986
1891/92	7,0	11,3	81,7	81,7	18,3	99,96	0,04	5 096	1 365	5 533	1 028
1892/93	7,0	14,0	79,0	78,9	21,1	99,9	0,1	5 199	1 461	5 646	1 062
1893/94	6,1	17,5	76,4	76,3	23,7	99,94	0,06	5 383	1 476	5 740	1 058
1894/95	5,4	14,9	79,7	79,6	20,4	99,9	0,1	5 455	1 306	5 831	972
1895/96	5,3	15,1	79,6	85,5	14,5	99,97	0,03	5 587	1 320	5 938	1 062

Tabelle 106.

Wasser für öffentliche Zwecke		1890/91	1891/92	1892/93	1893/94	1894/95	1895/96
Strassensprengen	cbm	45 742	52 444	78 293	92 531	69 373	103 758
Springbrunnen	»	29 643	23 121	34 541	30 785	30 526	33 720
Laufbrunnen und Wasserständer	»	104 713	69 751	71 254	64 888	59 739	52 414
Rinnstein- u. Kanalspülen	»	22 818	19 834	53 981	68 528	50 668	49 830
Bedürfnissanstalten	»	192 421	297 947	258 934	193 518	131 011	114 059
Bewässern öffentlicher Anlagen	»	14 386	17 167	31 588	38 135	30 897	27 923
Feuerlöschen	»	5 917	4 146	1 367	409	479	1 280
Diverses	»	2 856	3 329	109	—	3 804	8 015
Von 100 cbm für öffentliche Zwecke							
Strassensprengen	»	10,9	10,8	14,8	19,0	18,5	26,5
Springbrunnen	»	7,1	4,8	6,5	6,3	8,1	8,6
Laufbrunnen und Wasserständer	»	25,0	14,3	13,5	13,3	15,9	13,4
Rinnstein- und Kanalspülen	»	5,5	4,1	10,2	14,0	13,5	12,8
Bedürfnissanstalten	»	46,0	61,0	48,9	39,6	34,7	29,3
Bewässern öffentlicher Anlagen	»	3,4	3,5	5,9	7,8	8,2	7,1
Feuerlöschen	»	1,4	0,8	0,2	—	0,1	0,3
Diverses	»	0,7	0,7	—	—	1,0	2,0

Tabelle 107.

Abgabe nach Messern	1893/94		1894/95		1895/96	
	Ab-nehmer	cbm	Ab-nehmer	cbm	Ab-nehmer	cbm
Kgl. Eisenbahndirection	1	925 832	1	813 290	1	769 555
Städtische Gebäude	1	372 752	1	277 698	1	309 894
Schlacht- und Viehhof	—	—	1	123 177	1	41 393
Garnisonverwaltung	1	184 187	1	167 633	1	205 526
Abnehmer von mehr als						
10 000 cbm im Jahre	50	1 540 017	45	1 244 870	46	1 360 980
5 000 » » »	31	225 779	37	273 264	37	257 745
4 000 » » »	24	108 688	13	58 996	15	63 065
3 000 » » »	31	109 326	38	103 725	32	111 078
2 000 » » »	83	197 323	81	192 182	87	207 513
1 000 » » »	534	717 385	521	720 076	614	816 166
unter 1 000 » » »	4 627	1 680 748	4 716	1 690 794	4 752	1 721 700
zusammen	5 383	6 062 037	5 455	5 665 705	5 587	5 864 615

Die Tabelle 107 gibt eine Vertheilung des in den 3 Jahren 1893/94 bis 1895/96 nach Wassermessern abgegebenen Wassers nach Art und Zahl der Empfänger, sowie die jährlichen Abgabemengen jeder Abnehmerklasse an.

Die Zuleitungen für die Häuser werden für solche von 20 mm bis 50 mm Durchmesser aus Bleirohren mit Ventilen und für grössere Zuleitungen von 80 mm bis 250 mm Durchmesser aus gusseisernen Rohren mit Schiebern hergestellt. Die Abgabe des Wassers für Private erfolgt seit dem Jahre 1879 ausschliesslich durch Wassermesser, welche von den Consumenten vom Wasserwerke käuflich zu erwerben sind. Von den am 1. April 1896 eingebauten 5938 Messern waren 5441 Stück von H. Meinecke, Breslau, 492 Stück von Siemens & Halske, Berlin und 5 Stück von Verschiedenen geliefert. Untermesser für Miether werden von der Wasserwerksverwaltung nicht controlirt. Bis Ende des Jahres 1895 waren im Ganzen an Wassermessern 6296 und zwar 5604 von H. Meinecke, Breslau und 692 von Siemens & Halske, Berlin geliefert. Diese vertheilen sich nach der Grösse wie folgt:

Durchmesser . mm	12	13	16	20	25	30	40	50
Stückzahl	3	20	1	1124	3250	122	1366	259
mm	65	75	80	100	125	150	200	250
Zahl	24	60	83	43	15	9	16	1

Während des Jahres 1895/96 sind 5538 Messer zur periodischen Reinigung, 165 wegen Stillstandes und 44 aus sonstigen Gründen ausgeschaltet. Reparirt sind 19 Messer, davon 3, welche durch Frost beschädigt waren.

Der Preis des Wassers beträgt 12 Pf. für jeden abgegebenen cbm und ausserdem M. 4 für jedes Grundstück Die Zuleitungskosten hat der Grundstücksbesitzer dem Wasserwerke zu bezahlen; ebenso die Unterhaltungskosten der Leitung und die Reinigung und Instandhaltung des Wassermessers. Für letztere übernimmt das Wasserwerk diese Arbeiten nach der Grösse der Messer gegen ein jährliches Fixum von:

Durchmesser mm	13	20	25	33	40	50	65	80
Mark . . .	1,60	2,00	2,80	3,60	4,20	5,40	6,80	8,00
mm	100	125	150	200	250			
Mark	10,80	13,00	16,00	22,00	30,00.			

f) Wasserbeschaffenheit und Zukunftsversorgung.

Den Bestimmungen des Reichsgesundheitsamtes entsprechend, werden täglich durch den Betriebsingenieur Mandel alle in Benutzung befindlichen Filter bacteriologisch untersucht. Ein Beispiel dieser Resultate zeigen die folgenden Keimzahlen in ccm vom 4. November 1896:

Probe-nahme	Roh-wasser	Filter Nr 1	3	5	7	8	9	10	11	Rein-wasser
Keimzahl	9360	37	18	28	21	99	30	55	236	64

Die chemischen Untersuchungen des Wassers werden in einem Privatlaboratorium monatlich zu verschiedenen Malen ausgeführt. Die jährliche Durchschnittszahl des Resultates der Analysen von dem Elbwasser gibt die Tabelle 109 (S. 145) in mg im Liter für die Jahre von 1879 bis 1895/96 und für das Jahr 1895/96 auch für die einzelnen Monate an.

Schon vor 25 Jahren ist von der Stadt Magdeburg im Interesse ihrer Wasserversorgung ein Protest gegen die gesundheitsschädlichen Verunreinigungen der Elbe durch die Kali- und Sodafabrikation von Aschersleben und Bernburg erhoben, dem sich damals sämmtliche, in Mitleidschaft gezogenen Uferanlieger angeschlossen hatten. Das hatte aber ebensowenig einen Erfolg, als eine später an den Reichskanzler gerichtete Denkschrift, welche die nachtheiligen Wirkungen der Stassfurter Kaliindustrie auf die Beschaffenheit des Elbwassers unterhalb der Saaleeinmündung in überzeugendster Weise nachwies. Die Rücksichten auf die kräftig emporblühende Industrie von Aschersleben, Bernburg, Westeregeln, Stassfurt, Leopoldshall etc. erschienen eben wichtiger, als die Klagen der Anwohner über die Schädigung ihres Haus- und Wirthschaftswassers.

Das Einzige, was erreicht wurde, war ein im Jahre 1881 erlassene Reichsgesetz, nach welchem die Kalifabriken in die Reihe der concessionspflichtigen Gewerbe aufgenommen wurden. Ihre Verpflichtung, den Wasserlauf durch ihre Abwässer, die grosse Mengen von Kochsalz, Gyps und Chlormagnesium enthalten, nicht zu verunreinigen, wurde freilich anerkannt und auch das Project für einen Laugekanal aufgestellt, der unterhalb der Stadt in die Elbe münden sollte. Er ist aber bis heute nicht ausgeführt. Dagegen aber wurde die

Tabelle 108.

Jahr resp. Monat	Gesammte Härte	Gesammtrückstand	Glührückstand	Organische Substanz	Magnesia	Chlor gebunden	Schwefelsäure gebunden	Pegelstand an der Strombrücke cm
1879	10,7	646	478	69	34	150	30	—
1880	9,5	473	311	61	28	112	38	190
1881	9,5	525	363	39	26	118	64	180
1882	9,1	506	360	59	20	124	—	190
1883/84	10,0	393	327	40	16	101	37	180
1884/85	9,8	512	360	40	34	140	38	180
1885/86	12,3	677	512	37	59	220	90	140
1886/87	10,3	515	371	81	11	151	55	160
1887/88	9,2	547	379	53	37	166	76	140
1888/89	6,3	491	354	52	31	136	69	180
1889/90	6,9	660	493	68	31	204	65	180
1890/91	5,7	719	515	75	20	211	49	190
1891/92	8,7	779	576	102	23	261	58	180
1892/93	8,8	1 276	1 008	99	27	448	72	160
1893/94	13,89	1 343	—	88	36	569	—	89
1894/95	12,80	942	—	84	31	388	—	154
1895/96	12,66	810	—	75	28	331	—	173
1895 April	9,31	371	—	53,2	16,8	94,7	—	427
» Mai	10,08	507	—	67,6	23,6	169,2	—	265
» Juni	10,33	530	—	60,2	20,3	186,9	—	218
» Juli.	12,84	919	—	72,3	25,4	396,3	—	118
» August	14,43	1 079	—	81,2	31,7	465,0	—	99
» September	15,38	1 255	—	72,4	39,6	531,3	—	72
» October	16,13	1 303	—	103,0	37,9	550,1	—	81
» November	13,47	1 020	—	82,6	34,8	413,0	—	123
» December	12,87	743	—	74,4	24,3	278,1	—	159
1896 Januar	15,00	621	—	85,5	31,4	388,1	—	120
» Februar	11,35	740	—	63,6	28,8	276,4	—	153
» März	10,67	361	—	74,4	19,4	220,3	—	237

Stadt zur Anlage von Rieselwiesen für ihre Kanalwässer gezwungen, um diese von dem Flusse fern zu halten. Der Chlorgehalt der Elbe bei Magdeburg hat im Jahre 1870 im Liter 38,3 mg betragen. In den folgenden Jahren hat er die nachfolgend angegebene Höhe erreicht:

Jahr	1878	1879	1880	1881	1882	1883	1886	1889
Chlor mg	105	156	112	118	127 bis 240	142	196	119

Jahr	1890	1891	1892
Chlor mg	140	394	252 bis 1640

Die bedeutende Zunahme im Jahre 1892 ist aus dem Hinzutreten eines neuen Unglückes zu den vorhandenen Uebelständen zu erklären, nämlich aus dem im Winter 1891/92 erfolgten Einbruche des Beckens des salzigen Sees in die Grubenbauten der Mansfelder Kupferschiefer bauenden Gesellschaft. Die dadurch fast zu einer gesättigten Sole umgebildeten Grubenwässer mussten zur Freihaltung der Baue zu Tage gefördert werden. Sie flossen durch den Schlüsselstollen in die Schlenze, einem Nebenflusse der Saale, und kamen so in die Elbe. In diesem Flusse enthielt das Wasser im Juni und Juli 1892 im Liter 350 mg und im August 489 mg Chlor. Im December 1892 und im Januar 1893 erreichte dann der Chlorgehalt bei den nachfolgend angegebenen Wasserständen der einzelnen Tage die folgenden Werthe:

December 1892

Datum		2.—7.	12.	17.	22.	27.
Wasserstand	cm	55	50	60	106	90
Chlor	mg	669	585	661	496	326

Januar 1893

Datum		2.	7.	12.	18.	23.
Wasserstand	cm	40	24	112	128	110
Chlor	mg	765	1600	1540	894	934

Das Wasser des städtischen Wasserwerkes wurde dadurch für fast alle häuslichen und gewerblichen Zwecke nicht nur unbenutzbar, sondern sogar direct schädlich. Durch Filtration oder durch ein anderes praktisch verwendbares Reinigungsverfahren ist solches Wasser nicht zu bessern und nur durch Destillation, die natürlich nicht anwendbar ist, hätten die Salze ausgeschieden werden können.

Die Gesellschaft musste zur Erhaltung ihres Betriebs den salzigen See auf dem Wege der Enteignung ankaufen, um ihn zu entleeren. Durch einen 7 km langen Ringkanal wurden vorher die Zuflüsse zu dem See abgeschnitten, und die anliegenden Ortschaften erhielten daraus ihr Wirthschaftswasser. 2 Dampfmaschinen von je 300 PS., jede für den Betrieb einer Centrifugalpumpe von 2,5 m Flügeldurchmesser, welche pro Stunde 14400 cbm auf 8,5 m bis 12,0 m Höhe förderte, wurden aufgestellt, und die Arbeit des Auspumpens des Sees begann Anfangs 1894.

Nach der Entleerung des Sees ist eine Besserung des Wassers eingetreten. Im Jahre 1895 sind im Durchschnitt 361,4 mg und im Jahre 1896 254,0 mg Chlor im Liter Wasser bestimmt. Die Untersuchungen des Wassers der Elbe am Wasserwerke und des filtrirten Wassers an einigen Tagen im Monate August 1896 haben die Zahlen auf der Tabelle 109 (S. 146) ergeben.

Um die Stadt mit ihren Klagen vorläufig zum Schweigen zu bringen, beauftragte die Regierung im

Tabelle 109.

1896	Rohes Elbwasser 1. Aug.	10. Aug.	20. Aug.	Filtrirtes Wasser 10. Aug.
Pegel Strombrücke m	1,20	2,40	1,66	—
» Wasserwerk m	2,37	3,17	2,53	—
Gesammtrückstand mg	777,8	422,7	623,0	417,3
Glühverlust	153,3	84,7	90,0	78,7
Sauerstoff zur Oxydation der organischen Substanzen	5,68	6,0	5,76	4,08
Kalk	56,6	48,5	51,2	51,4
Magnesia	29,5	27,7	20,7	22,3
Chlor	296,4	140,4	248,5	135,2
Kochsalz	488	231	410	228
Härte, deutsche Grade	8,6	7,6	7,2	7,4
Zahl der Keime in ccm im Rohwasser	2 316	2 030	1 120	—
im Filtrat	60	23	43	—

Jahre 1892 hohe Autoritäten mit der Prüfung der Frage, ob die Verschlechterung des Wassers nicht nur eine vorübergehende sei, ob sie ihre Entstehung wirklich den vermutheten äusseren Zuflüssen verdanke und ob das Wasser nachtheilig für die Gesundheit werden müsste. Die Beantwortung fiel verschieden aus und das rechtfertigte eine Aufschiebung der Entschliessung, weil aus der allseitig als ganz zweifellos zugegebenen Schädigung des Wassers für seine technische Benutzung an maassgebender Stelle ein Anspruch auf eine Abhülfe als begründet überall nicht anerkannt wurde.

Inzwischen setzte die Stadt mit einem Kostenaufwande von M. 40000 die alten öffentlichen Brunnen wieder in Stand und liess neue Brunnen herstellen. Auch wurde das Project bearbeitet, die Schöpfstelle für das Wasser oberhalb der Mündung der Saale in 30 km Entfernung von der Stadt zu verlegen. Weil jedoch jede Garantie ausgeschlossen erschien, dass das Wasser hier für immer vor einer ähnlichen Verunreinigung geschützt bleiben würde, so gab man diesen Gedanken wieder auf. Inzwischen erhielt die Stadt im Jahre 1893 auf ihre Eingabe eine Antwort in Form eines Erlasses des Staatsministeriums, der von 6 Ministern unterzeichnet war, in welchem der Stadt gerathen wurde, endgültig Verzicht auf die Benutzung des Elbwassers zu leisten und einen Ersatz durch Errichtung einer Quellwasserleitung zu schaffen. Falls in der Nähe der Stadt ausgiebiges und brauchbares Grundwasser nicht zu finden sei, müsse man es in weiterer Entfernung suchen, hiess es darin. Uebrigens wurde eine Verpflichtung des Staates gegenüber der Stadt nicht anerkannt, aber ihr doch die Gewährung einer Unterstützung aus Billigkeitsgründen in Aussicht gestellt.

In der That fand die Stadt auch alsbald die Unterstützung der Staatsregierung dadurch, dass diese dem Landesgeologen Dr. Beyschlag in Berlin gestattete, die Stadt bei dem Suchen nach Grundwasser zu unterstützen. Nach Beyschlag's Untersuchungen würde nun wohl die Elbniederung, ein ca. 10 km breiter Geländestreifen, der von der Elbe und ihren zahlreichen, zum Theil verlassenen Nebenarmen durchzogen wird, für eine Wassergewinnung geeignet sein, wenn nicht das die alluvialen Ablagerungen tragende Grundgebirge aus Grauwacke und Rothliegendem bestände. Das sind Gesteine, die es wegen ihrer geringen Durchlässigkeit völlig ausschliessen, dass sich darin grössere Mengen von Grundwasser sammeln können.

Weiter fand Beyschlag, dass auch die tertiären Schichten in der näheren Umgebung der Stadt dafür nicht in Betracht kommen können, weil sie nur eine geringe Ausdehnung haben und weil deren chemische Zusammensetzung es fraglich erscheinen lässt, ob aus ihnen ein reines und brauchbares Trinkwasser zu entnehmen sein wird. An der Ostseite der Niederung und nur hier finden sich allerdings grosse Kies- und Schottermassen. Liessen diese nun auch auf die Aufspeicherung von grösseren Grundwassermengen schliessen, so würde dieses Wasser doch kaum verwendbar sein, weil es zum grössten Theile mit dem fliessenden Elbwasser communicirt, also auch salzhaltig sein wird.

Nach der Ansicht von Beyschlag muss ein Gebiet zur Grundwassererschliessung für Magdeburg ausser einer auch für die Zukunft ausreichenden Grösse, eine reine Infiltrationsfähigkeit für das Wasser besitzen. Es muss also aus Trümmergesteinen, Sand, Schutt, Schotter oder Geröll von möglichst gleichartiger Beschaffenheit und Korngrösse bestehen, um eine vollkommene, natürliche Filtration herbeizuführen. Ferner muss es in Folge der chemischen Beschaffenheit der wasserführenden Schichten die Lösung nur weniger Stoffe gestatten. Diese Gesichtspunkte haben ihn bei der geologischen Untersuchung der ganzen Landschaft in Magdeburg's Umgegend geleitet, welche sich auf die Börde, das Thalgebiet der Ohre und die Gegend östlich der Elbe jenseits der Elbniederung bis zum Fläming erstreckt haben.

Das letztere Gebiet ist im Jahre 1893 durch vielfache Bohrungen untersucht, die aber, ebenso wie die anderen, kein günstiges Resultat ergeben haben. Das Niveau des Grundwassers fällt von der Hochebene auf der rechten Elbseite von Pietzpuhl bis Hohenwarte steil zur Elbniederung ab, und die wasserführenden Schichten auf dem Plateau haben nur eine geringe Mächtigkeit, die sich auch von Westen nach Osten vom Rande des Plateaus aus immer mehr vermindert. In dem äusseren Plateaurande entsteht nämlich durch den wasserfreien Septarienthon, der sich beinahe bis zu Tage erhebt, ein Rand, der den Wasserabfluss nach der Elbau zu hindert.

Im Jahre 1894 hat Beyschlag dann Untersuchungen auf dem noch mehr östlich gelegenen Höhenzuge des Fläming vorgenommen, um zu ermitteln, wohin der Grundwasserstrom in den auf dem Tertiär auflagernden diluvialen Sanden und Kiesen sich bewegt, wenn sein Wasser nicht nach Westen in die Elbmulde abfliesst. Es ist dafür eine 18 km lange, reich bewaldete Strecke in's Auge gefasst, die sich von Küsel (ca. 32 km von Magdeburg) über Wüstenrogäsen, Wüstenjerichow, Drewitz, Magdeburgerforth, Schopsdorf, Dretzen bis Pramsdorf bei Ziesar (ca. 50 km von Magdeburg) hinzieht, auf welcher beträchtliche Mengen von Grundwasser als Quellen austreten. Die Bohrungen haben hier zu 18 Quellen von einer nicht geringen Ergiebigkeit geführt und den nach Norden mit erheblicher Geschwindigkeit gerichteten Strom des Grundwassers in einer Tiefe von 17,0 m unter der Erdoberfläche verfolgen lassen. Diese Tiefenlage des Wassers würde trotzdem noch genügen, dasselbe mit natürlichem Gefälle zu dem ca. 30 km entfernten, jetzigen Wasserwerke zu führen. Das Wasser, welches den dortigen Bohrlöchern entnommen ist, ist in chemischer Beziehung gut und zeigt nur zum Theil einen Eisengehalt, der sich bei einer tieferen Entnahme wohl vermeiden lassen wird.

Um die theoretischen Untersuchungen des Geologen der praktischen Prüfung eines Hydrologen zu unterbreiten und weiter verfolgen zu lassen, hat sich die Stadt an den Baurath Thiem in Leipzig in Folge des von diesem im Herbst 1896 in Kiel auf der Versammlung des Vereines für öffentliche Gesundheitspflege gehaltenen Vortrages gewandt und ihn mit diesen Arbeiten beauftragt, deren Resultat abgewartet werden muss, ehe man sich über einen Plan zu einer Aenderung der Versorgungsquelle für die Stadt ein genaueres Bild überall wird machen können.

2. f. **Aken.** (E. 7722, W. 1000 mit je 7,7 B.)

Für die Wasserversorgung der Stadt Aken bestehen 26 öffentliche und 710 private Brunnen. Von diesen sind 55 gegraben und 681 gesenkt; letztere haben 4,0 m bis 8,0 m Tiefe. Das Wasser ist quantitativ stets genügend und qualitativ gut.

3. b. **Aschersleben.** (E. 24113, W. 800 mit je 13,4 B.)

Für die Wasserversorgung der Stadt Aschersleben dienen, ausser 14 öffentlichen und einigen privaten Brunnen innerhalb der Stadt, 2 künstliche Zuleitungen, die eine für Trinkwasser und die andere für Brauchwasser. Letzteres wird ohne künstliche Hebung aus der Wipper in ungereinigtem Zustande entnommen und durch verschiedene, gemauerte Kanäle mit Schleusen auf 100 m bis 800 m Länge in den Strassen fortgeleitet.

Die Anlage für das Trinkwasser ist in den Jahren 1873/74 nach einem städtischerseits aufgestellten Projecte für städtische Rechnung von der früheren Continental-Actiengesellschaft für Gas- und Wasseranlagen in Berlin mit einem Kostenaufwande von M. 147000 ausgeführt. Die Anlagekosten belaufen sich jetzt auf M. 180000 oder M. 7,41 pro Kopf. Den Betrieb der Anlage leitet der Stadtbaurath Hesse.

Das Wasser einer Quelle wird in 2 Brunnen von 2,0 m resp. 1,8 m Durchmesser und 12,0 m resp. 17,5 m Tiefe gefasst, welche in ihren Mänteln mit offenen Fugen gemauert sind. Die Brunnen stehen in 8 m Entfernung von einander und sind durch ein in 8,0 m Tiefe verlegtes Rohr miteinander verbunden. Von hier floss das Wasser früher mit natürlichem Gefälle der ca. 1 km entfernt liegenden Stadt direct zu. Auf der anderen Seite der Stadt liegt ein gemauertes Reservoir das zum Ausgleiche dient. Später sind neben den Brunnen eine Dampfpumpe von 60 cbm Leistung pro Stunde und ein Röhrenkessel von 24,5 qm Heizfläche aufgestellt. Damit wird ein Theil des Wassers mittels eines Rohres von 200 mm Durchmesser in ein 27 m entfernt liegendes Reservoir auf 5,0 m Höhe gefördert. Dieses Reservoir hat die Form eines 11,0 m tiefen Brunnens von 4,5 m Durchmesser.

Das Rohrnetz für die Vertheilung des Wassers ist nach dem Verästelungssysteme ausgeführt und steht unter einem Drucke von bis zu 20,0 m je nach der Ortslage. Die Rohrleitungen haben 16513 lfd. m Länge und 200 mm bis 75 mm Durchmesser. Damit sind 83 Schieber und 85 Hydranten (Breslauer Modell) verbunden. Es sind 75 öffentliche Wasserständer und 2 öffentliche Pissoire in Benutzung. Die Zuleitungen und die Hausleitungen bestehen aus verzinnten Bleirohren; erstere haben 13 mm bis 26 mm Durchmesser. Die Zahl der Anschlüsse betrug im Jahre 1882 86, und es waren von diesen 10939 cbm Wasser im Laufe des Jahres verbraucht. Im Jahre 1893 sind 250 und im Jahre 1895 385 Anschlüsse vorhanden gewesen. Die Anschlussleitungen sind jetzt sämmtlich mit Wassermessern verbunden, von denen 210 von H. Meinecke, Breslau und 175 von Siemens & Halske, Berlin geliefert sind. Diese haben folgende Dimensionen:

Durchmesser . mm	12	13	16	20	25	30	40	50
Stückzahl	26	39	2	295	19	1	2	2

Die Gesammtabgabe hat im Jahre 1894/95 192454 cbm betragen, was 527 cbm oder 22 Lit. pro Kopf am mittleren Jahrestage entspricht. Am Tage des grössten resp. des geringsten Consums sind 800 cbm resp. 400 cbm oder 33 Lit. resp. 16 Lit. pro Kopf verbraucht. Nach Messern sind 48813 cbm oder 25,3 % vom Gesammtconsum abgegeben, was 127 cbm pro Messer im Jahre entspricht.

Der Wasserpreis beträgt 20 Pf. pro cbm. Hat in einem Vierteljahre ein Verbrauch von Wasser überall nicht stattgefunden, so ist für die Beaufsichtigung der Zuleitung 50 Pf. zu zahlen.

4. f. **Barby.** (E. 5924, W. 794 mit je 7,4 B.)

Für die Wasserversorgung der Stadt Barby dienen 28 öffentliche und 250 private Brunnen, welche 7,0 m bis 8,0 m Tiefe haben. Deren Wasserspiegel schwankt mit dem der Elbe und der Saale und bei deren andauernd niedrigem Wasserstande tritt mitunter ein Wassermangel ein.

5. b. **Burg a. Ihle.** (E. 19400, W. 1900 mit je 10,0 B.)

Die Wasserversorgung der Stadt Burg erfolgt aus dem Grundwasser im Orte durch 35 öffentliche Brunnen und eine grosse Zahl von Privatbrunnen. Ferner bietet die die Stadt durchfliessende Ihle Gelegenheit zur directen Entnahme von Brauchwasser. Die jetzige Versorgung genügt den Bedürfnissen.

6. c. **Cloetze.** (E. 3253, W. 445 mit je 7,3 B.)

Für die Wasserversorgung der Stadt Cloetze bestehen keine öffentlichen, sondern nur Privatbrunnen. Diese sind meistens gegraben; nur wenige sind gesenkt oder gebohrt und aus Mauerwerk oder Eisen hergestellt.

7. d. **Dernburg.** (E. 3089.) Ohne Antwort.

8. n. **Egeln.** (E. 5790, W. 478 mit je 12,1 B.)

Die Wasserversorgung der Stadt Egeln erfolgt, ausser durch directe Entnahme aus der Bode, aus 6 gegrabenen, öffentlichen Brunnen und einer grossen Zahl von Privatbrunnen. Im October 1896 fand in den consolidirten Alkaliwerken in Westeregel ein Wasserdurchbruch statt, der ein Senken des Grundwasserstandes zur Folge hatte, so dass eine Verlängerung sämmtlicher Brunnenrohre hat vorgenommen werden müssen.

9. c. **Gardelegen.** (E. 7623, W. 769 mit je 9,9 B.)

Die Wasserversorgung der Stadt Gardelegen erfolgt aus ca. 250 Brunnen, von denen 25 öffentliche sind. Das Wasser ist gut und in stets genügender Menge vorhanden.

10. e. **Genthin.** (E. 5346, W. 548 mit je 9,8 B.)

Die Wasserversorgung der Stadt Genthin erfolgt nur aus Brunnen, deren 24 für die allgemeine Benutzung dienen.

11. b. **Gommern.** (E. 4804, W. 427 mit je 11,2 B.)

Die Wasserversorgung der Stadt Gommern erfolgt ausschliesslich aus gegrabenen und gemauerten Brunnen im Orte. Jedes Gehöft hat einen solchen und 3 dienen der allgemeinen Benutzung.

12. i. **Gröningen.** (E. 3193, W. 416 mit je 7,7 B.)

Die Wasserversorgung der Stadt Gröningen erfolgt, ausser durch directe Entnahme aus der Bode, aus gemauerten Brunnen, deren 5 zur öffentlichen Benutzung vorhanden sind. Der Wunsch nach besserem Wasser hat vor einigen Jahren zu einem Projecte geführt, dessen Kosten aber auf M. 200 000 veranschlagt wurden, so dass die Ausführung unterblieben ist.

13. f. **Gross-Salze.** (E. 5903, W. 689 mit je 8,6 B.)

Der bei längerer Trockenheit eintretende Wassermangel in der Stadt Gross-Salze und in dem in deren Nähe gelegenen Soolbade Elmen veranlasste die Stadt, im Jahre 1892 Bohrungen zwischen den Dörfern Felgeleben und Gnadau, unweit der Bahnlinie Magdeburg-Halle, durch den Civilingenieur Schinzer in Halle a. d. Saale vornehmen zu lassen, welche zu einem günstigen Resultate führten. In Folge dessen wurde Schinzer im Januar 1893 die Ausarbeitung eines Projectes für ein städtisches Wasserwerk und nach dessen Genehmigung die Bauleitung dieser Anlage übertragen. Das Werk ist nach 6 monatlicher Bauzeit Ende October desselben Jahres in Betrieb gekommen und für eine tägliche Leistung von 720 cbm bestimmt. Für den Bau waren bis zu M. 200 000 bewilligt. Den Betrieb der Anlage überwacht jetzt eine städtische Wasserleitungscommission.

Das Wasser wird aus dem Grundwasser durch 3 eiserne Rohrbrunnen von 6,25 m Tiefe, welche mit Filterkörben versehen sind, und durch einen in der Sohle offenen, gemauerten Brunnen von 4,0 m Durchmesser erschlossen und mittels zweier Heberrohre einem gemauerten Sammelbrunnen von 3,0 m Durchmesser und 6,0 m Tiefe zugeführt, der 35 cbm Inhalt hat. Neben diesem ist eine Pumpstation erbaut, in der sich 2 Dampfpumpmaschinen und 2 Kessel befinden. Erstere sind von Weise & Monski in Halle a. d. Saale, letztere von Gellendien & Haffner in Halle a. d. Saale geliefert.

Die Maschinen sind eincylindrische, liegende Maschinen mit direct gekuppelten Pumpen. Sie entwickeln eine jede bei 40 Umdrehungen pro Minute eine Leistung von 15 PS. Jede der Pumpen fördert dabei pro Stunde 60 cbm Wasser auf 40,0 m Höhe. Die Kessel sind Seitenflammrohrkessel mit je 21,4 qm Heizfläche und haben Treppenroste.

Durch eine 5400 m lange Druckleitung von 225 mm Durchmesser wird das Wasser einem zweitheiligen, gemauerten Hochreservoire zugeführt, das nordöstlich von der Stadt auf dem Hummelberge liegt. Es hat bei 10,1 m Länge und 4,74 m Breite für jede Abtheilung 4,7 m Höhe und fasst im Ganzen 400 cbm Wasser. Es ist überwölbt und zur Hälfte in den Boden versenkt. Es liegt hinter dem Vertheilungsnetze, das in 2500 m Entfernung von der Gewinnungsstelle beginnt. Sein Wasserspiegel liegt über dem Stadtniveau in ca. 37,0 m Höhe.

Die Wasserabgabe erfolgt einheitlich und mit constantem Drucke. Das Vertheilungsnetz ist nach dem Verästelungssysteme hergestellt. Die Rohrleitungen haben bis incl. 80 mm Durchmesser im Ganzen 14 000 m Länge. Damit sind 63 Ueberflur- und 22 Unterflurhydranten ohne Selbstentwässerung verbunden. Die Rohre sind von E. Vieweg in Halle a. d. Saale verlegt. Für die Zuleitungen sind, ebenso wie für die Hausleitungen, Bleirohre verwendet. Erstere haben 20 mm, 25 mm und 30 mm Durchmesser und Hauptniederschraubhähne. Die Wasserabgabe für gewerbliche Zwecke muss durch Wassermesser erfolgen. Diese sind von Dreyer, Rosenkranz & Droop, Hannover bezogen, und die bis Ende 1895 gelieferten Messer vertheilen sich nach der Grösse wie folgt:

Durchmesser mm	20	25	30	50	80	100
Stückzahl	291	28	4	1	1	1

Im Jahre 1896 sind im Ganzen 150 552 cbm oder 413 cbm durchschnittlich pro Tag verbraucht und zwar 118 366 cbm oder 78,6% für gewerbliche Zwecke, 31 506 cbm oder 20,9% für den Hausverbrauch und 680 cbm oder 0,5% für öffentliche Zwecke. Von letzteren sind 500 cbm für Rinnsteinspülung, 80 cbm für einen Springbrunnen und 100 cbm für Feuerlöschzwecke benutzt. Nach Messern sind im Ganzen 114 552 cbm und ohne Messer 36 000 cbm abgegeben. Die grösste resp. die kleinste Abgabe hat betragen in einem Monate 17 845 cbm resp. 5515 cbm, in einer Woche 4165 cbm resp. 1246 cbm und in einem Tage 595 cbm resp. 178 cbm.

Das Wasser ist chemisch in dem Institute des Dr. A. Thiele in Magdeburg Anfangs vierteljährlich untersucht und wird jetzt halbjährlich untersucht. Am 18. Januar 1897 ist im Liter durch Dr. R. Müller bestimmt:

Gesammtrückstand	739,2 mg
Glührückstand	641,2 »
Davon Kieselsäure	7,6 »
Eisenoxyd und Thonerde	0,8 »
Kalk	170,4 »
Magnesia	50,7 »
Chloralkalien	192,0 »
Schwefelsäure	215,7 »
Chlor	71,0 »
Organische Stoffe	25,5 »
Gesammthärte deutsche Grade . . .	24,9°
Ammoniak	Spuren
Salpeter- und salpetrige Säure nicht nachweisbar.	

Eine bacteriologische Untersuchung durch den Dr. Stahl in Berlin am 18. März 1893 hat im ccm 106 Keime, darunter keine krankheitserregenden Arten, ergeben.

14. d. **Halberstadt.** (E. 41 321, W. 2608 mit je 15,8 B.)

Das Bedürfniss, die Wasserversorgung der Stadt Halberstadt durch künstliche Zuleitungen zu befriedigen, ist ein sehr altes gewesen. Schon vor 300 Jahren bestand eine domcapitularische Leitung, und im vorigen Jahrhundert sind dafür die Foldern'sche und die Rück'sche Leitung angelegt worden. Im Jahre 1835 hat die Stadt noch einen neuen Wasserthurm zur Completirung der alten Versorgung erbaut. Im Jahre 1873 wurde von der städtischen Verwaltung die Möglichkeit der Erbauung eines einheitlichen Wasserwerkes für die Stadt eingehend behandelt, und der dafür als Beirath zugezogene Baurath Salbach in Dresden legte der Stadtvertretung bereits im Jahre 1875 ein generelles Project für ein Wasserwerk vor, dessen Bau er auf M. 450 000 veranschlagt hatte.

Nach diesem Projecte sollte das Wasser im Holtemme-Thale, in der Nähe des Flusses Tinkelene, aus einem Grundwasserstrome durch Sammelrohre und Brunnen entnommen werden, den Salbach durch Bohrungen nachgewiesen hatte. Zweifel über die Mächtigkeit dieses Zuflusses veranlassten die Stadt, im Jahre 1877 den Baurath Hagen in Hannover und den Ingenieur Grahn, damals in Essen, darüber zu einer Begutachtung aufzufordern. Diese empfahlen die Vornahme weiterer Bohrversuche, um das, wenn auch von ihnen nicht angezweifelte, günstige Resultat, das Salbach gefunden hatte, weiter zu bestätigen. Von anderer Seite wurde jedoch die Möglichkeit der Erbohrung eines artesischen Brunnens zur Versorgung der Stadt mit Trinkwasser als sicher hingestellt, und die Stadt beschloss damals, auf dem Kanonenberge durch Bohrungen Untersuchungen für die eventuelle Herstellung eines Brunnens ausführen zu lassen.

Die Bohrproben, welche hier im Jahre 1879 gewonnen waren, wurden den Professoren Ewald, Beyrich und Dames in Halle a. d. Saale zur Beurtheilung vorgelegt und diese erklärten darauf, dass die Möglichkeit, dort genügendes Wasser erschliessen zu können, völlig ausgeschlossen erscheine. Inzwischen hatte die Deutsche Wasserwerksgesellschaft in Frankfurt a. Main bei der städtischen Wasserwerkscommission die Möglichkeit der Herstellung einer Quellwasserleitung für die Stadt angeregt und sie erhielt den Auftrag, diese Frage einem eingehenden Studium zu unterziehen. Aus deren Untersuchungen ergab sich aber die Unmöglichkeit, die von der Gesellschaft Anfangs in Aussicht genommenen Ilsequellen aus einer Entfernung von 37 km der Stadt zuzuführen, weil, abgesehen von der Wassermenge, die Entschädigungsansprüche ganz enorme geworden wären.

Im Jahre 1880 am 7. September wurde Salbach nunmehr von der Stadt die specielle Ausarbeitung eines Projectes für die Versorgung mit Grundwasser übertragen, welches er am 3. März 1881 einlieferte. Daraufhin ist dann von ihm in den Jahren 1881/82 der Bau für städtische Rechnung ausgeführt, und das Werk ist am 1. Mai 1882 in Betrieb gesetzt. Im Jahre 1893 hat diese Anlage durch den Bau eines neuen Maschinenhauses nach dem Projecte des jetzigen Betriebsleiters, des Directors der städtischen Gas- und Wasserwerke Zinck, eine Erweiterung erfahren.

Das Grundwasser wird in ca. 1 km Entfernung von der Stadt auf dem Burghardi'schen Anger durch eine Sammelrohrleitung aus gelochten Thonrohren von 350 mm Durchmesser in 15 m Entfernung von der Tinkelene aus einem 5,0 m mächtigen Kiesbette erschlossen und in einem Brunnen gesammelt, in dessen Nähe die Pumpstation an der Stadtgrenze in unbebauter Gegend liegt. Auf dem Kanonenberge, dem höchsten Theile der Stadt, ist ein Wasserthurm mit einem Hochreservoire erbaut.

In der ersten Pumpstation befinden sich 2 stehende Säulen-Zwillingsmaschinen, welche von der Maschinenbau-Actiengesellschaft Union in Essen geliefert sind. Sie haben bei 30 Umdrehungen pro Minute eine jede eine Leistung von 30 PS. Jede betreibt, direct gekuppelt, 2 stehende, doppeltwirkende Pumpen mit Scheibenkolben und Klappenventilen von Leder. Jede Maschine liefert pro Stunde 120 cbm Wasser auf 45,0 m Arbeitshöhe. In dem Neubaue ist ferner eine liegende Verbundmaschine von 45 PS. Leistung bei 60 Hüben pro Minute aufgestellt, welche von der Berliner Actiengesellschaft, J. C. Freund & Comp. in Charlottenburg geliefert ist. Sie betreibt, direct gekuppelt, 2 liegende, doppeltwirkende Plungerpumpen mit freien Bronze-Ringventilen, welche pro Stunde 100 cbm Wasser liefern. Für die 3 Maschinen sind 2 Zweiflammrohrkessel von je 36 qm Heizfläche mit einem concessionirten Dampfdrucke von 8 Atm. vorhanden.

Die Druckrohre der sämmtlichen Pumpen vereinigen sich in einem gemeinschaftlichen Windkessel von 1,0 m Durchmesser und 5,0 m Höhe, von dem 2 Leitungen von 250 mm und 200 mm Durchmesser zur Stadt führen. Diese Leitungen vereinigen sich später zu einem gemeinschaftlichen Rohre von 350 mm Durchmesser, welches zu dem 1600 m von der Pumpstation entfernten Hochreservoire führt. Das Reservoir ist von Schmiedeeisen mit flachem Boden hergestellt und ruht 9,0 m hoch über Terrain auf einem massiven Unterbaue. Es ist ummantelt und überdacht. Sein Wasserspiegel liegt 35,0 m höher als der Grundwasserspiegel.

Das Vertheilungsnetz ist nach dem Circulationssysteme hergestellt. Es steht unter einem constanten, einheitlichen Drucke, der je nach den Niveaupunkten zwischen 9,0 und 43,0 m schwankt. Die Länge der Rohrleitungen von 350 mm bis 80 mm Durchmesser betrug am 1. April 1896 33 700 m mit 175 Schiebern. Es waren damit 34 öffentliche Laufständer mit selbstthätigem Verschlusse, ein öffentlicher Springbrunnen, 4 öffentliche Pissoire und 337 Hydranten mit Selbstentleerung, die in ca 80 m Entfernung von einander stehen, verbunden. Am 1. April 1890 resp. 1882 waren 272 resp. 240 Hydranten und 62 resp. 60 Laufständer vorhanden.

Die Zuleitungen haben meistens 20 mm Durchmesser und es waren deren 1595 am 1. April 1896 in Benutzung. Sie haben am Hauptrohre einen Anbohrhahn und auf dem Bürgersteig ein Ventil und sind, ebenso wie die Hausleitungen, meistens aus Bleirohren hergestellt. Die Zahl der eingeschalteten Wassermesser hat im Jahre 1890 im Ganzen 1010 und im Jahre 1896 im Ganzen 1600 betragen. Bis Ende 1895 waren im Ganzen 1807 Wassermesser überall geliefert und zwar 4 von H. Meinecke, Breslau, 8 von Wolff & Schreiber, Breslau, 6 von Lux, Ludwigshafen und 1789 von Siemens & Halske, Berlin. Diese vertheilten sich nach der Grösse wie folgt:

Durchmesser . mm	12	13	15	20	25	30	40	50	65	75
Stückzahl	429	3	2	1215	85	14	36	5	1	10

mm	80	100	125	200
Zahl	3	2	1	1

Die Tabelle 110 gibt für die Jahre 1888/89, 1889/90, 1894/95 und 1895/96 die gesammte geförderte Wassermenge und den Verbrauch an Braunkohle, mit Steinkohle und Cokegriess gemischt, im Ganzen, pro 100 cbm gefördertes Wasser und pro PS.-Stunde für die beigeschriebene Arbeitshöhe und ferner die Leistung pro kg Kohle in m × kg an:

Tabelle 110.

Jahr	1888/89	1889/90	1894/95	1895/96
Förderung cbm .	564 918	594 605	696 842	777 522
Kohlen kg . . .	817 000	670 022	536 600	556 350
» pro 100 cbm	144,6	112,0	77,0	71,55
» pro PS.-Std.	5,92	4,58	4,62	4,29
Arbeitshöhe . . .	35 + 21	35 + 21	35 + 10	35 + 10
m × kg pro kg Kohle	45 600	59 000	58 500	556 350

Von der Förderung in den Jahren 1894/95 und 1895/96 sind für öffentliche Zwecke incl. Verlust abgegeben:

257 466 cbm oder 37,0 % und 277 868 cbm oder 35,7 %;

durch Wassermesser sind abgegeben:

439 376 cbm oder 63,0 % und 499 654 cbm oder 64,3 %;

am mittleren, grössten resp. kleinsten Consumtage:

1909 cbm, 3000 cbm resp. 1050 cbm und 2124 cbm, 2930 cbm resp. 1215 cbm;

desgleichen an diesen Tagen pro Kopf und Tag:

48 Lit., 75 Lit. resp. 25 Lit. und 51 Lit., 70 Lit. resp. 30 Lit.;

der grösste resp. kleinste Consum beträgt vom mittleren:

157,0% resp. 55,0% und 137,5% resp. 57,2%.

Der Wasserpreis pro cbm beträgt, je nach dem jährlichen Verbrauche:

bis cbm	500	1000	10000	15000	darüber	Eisenbahn
Pf. pro cbm	25	20	18	17	16	12,5.

Als Wassermiethe wird M. 6 pro Jahr für Messer bis 20 mm Durchmesser erhoben. Grössere Messer müssen die Consumenten selbst beschaffen.

Es findet alljährlich eine chemische und eine bacteriologische Untersuchung des Wassers statt. Die letzte Untersuchung hat im Liter ergeben:

Gesammtrückstand	370 mg
Kalk	113 »
Magnesia	25 »
Schwefelsäure	78 »
Chlor	19,2 »
Salpetersäure	20 »
Organische Substanz	31,5 »
Ammoniak, salpetrige Säure	Null
Gesammthärte	14,8°.

Im ccm Wasser sind 28 Kolonien gezählt.

15. f. Kalbe a. d. Saale (E. 12614.)

Die Wasserversorgung der Stadt Kalbe fand früher, ausser durch directe Entnahme aus der Saale, aus gesenkten Brunnen statt, deren 20 der öffentlichen Benutzung dienten. Das salzhaltige Wasser derselben hatte das Bedürfniss nach einer besseren Versorgung schon lange dringend empfinden lassen, und es lag bereits Anfangs der 80er Jahre ein Project für ein einheitliches Wasserwerk vor. Aber die financiellen Verhältnisse der Stadt standen dessen Ausführung entgegen.

Am 5. Juni 1894 schlossen daher die städtischen Behörden mit der »Märkischen Wasserwerks-Actiengesellschaft« in Bochum einen Concessionsvertrag für den Bau und Betrieb einer Wasserversorgung ab, die für die Stadt einschliesslich der Schlossvorstadt und der Bernburger Vorstadt bestimmt ist. Die Aufstellung des speciellen Projectes, sowie die Bauleitung und die spätere Betriebsleitung des Werkes ist dem Ingenieur Heinr. Scheven in Bochum übertragen gewesen. Die Anlage ist für eine tägliche Leistung von 1216 cbm bestimmt und hat, einschliesslich von M. 10000 für Erweiterungsbauten, M. 380000 im Ganzen oder M. 30,13 pro Kopf gekostet.

Die Wassergewinnung erfolgt aus einem Grundwasserstrome, der sich in einer 4,0 m bis 16,0 m mächtigen Kiesschicht zur Elbe hin bewegt und aus dem die Nachbarstädte Schönebeck und Gross-Salze gleichfalls gespeist werden. 4 Km vom Anfange des Wasserversorgungsgebietes entfernt (an der Kreuzung der Bahnen Magdeburg-Leipzig und Berlin-Frankfurt a. M.) sind 2 Brunnen mit offenen Böden und mit durchlässigen Wänden in 120 m Entfernung von einander abgeteuft und durch eine Heberleitung von 225 mm Durchmesser mit einander verbunden.

In der Nähe des Bahnhofes Grizehne, 3800 m von der Stadt entfernt, liegt die Pumpstation. Hier sind 2 schräg an der Wandfläche aufgestellte, stehende Verbundmaschinen vorhanden, deren jede 2 doppeltwirkende und direct gekuppelte Plungerpumpen mit freien Tellerventilen antreibt. Die Hochdruckkolben haben 275 mm, die Niederdruckkolben 450 mm und die Plunger 200 mm Durchmesser. Die sämmtlichen Kolben haben 0,5 m Hub. Die Hochdruckcylinder haben Meyersche Steuerung mit Knüttel'schen Regulatoren und die Niederdruckcylinder haben Trickschieber. Die Maschinen sind von der Berliner Actiengesellschaft, J. C. Freund & Comp. in Charlottenburg bezogen. Jede Maschine fördert bei 60 Umdrehungen pro Stunde 108 cbm Wasser auf 48,6 m Höhe in ein 5100 m entfernt liegendes Hochreservoir.

Zur Dampfbereitung sind 2 Einflammrohrkessel mit je 4 Gallowayrohren von je 30 qm Heizfläche vorhanden, welche für 8 Atm. Dampfdruck concessionirt sind. Sie haben Vorfeuerungen mit Treppenrosten für Braunkohle.

Das die Stadt in einem geschlossenen Ringe umkreisende Druckrohr von 225 mm Durchmesser hat 2900 m Länge und dient zugleich als Vertheilungsrohr. 1300 m entfernt von dem Eintritte des von der Pumpstation kommenden Rohres in diesen Ring, zweigt aus demselben ein Rohr von 300 mm Durchmesser ab, das in ein cylindrisches Hochreservoir von 7,0 m Höhe und 500 cbm Inhalt mündet. Das Reservoir ist nach dem Moniersysteme hergestellt und steht ummantelt und überdacht auf einem 25,0 m hohen, massiven Unterbaue.

Die Versorgung erfolgt einheitlich unter einem constanten Drucke von ca. 35,0 m. Die Rohrleitungen von 16325 m Länge und die 84 Schieber setzen sich nach folgenden Durchmessern zusammen:

Durchmesser .	mm	300	225	200	150	100	80
Rohrlänge . .	m	125	6700	350	1750	900	6500
Schieberzahl . . .		2	16	2	8	6	50

Es sind damit 5 Spülschieber und 93 Unterflurhydranten (Modell Reuther) verbunden. Die Zuleitungen von 13 mm, 20 mm und 25 mm Durchmesser bestehen aus Bleirohren und die von 60 mm Durchmesser und mehr aus gusseisernen Rohren. Es waren im Ganzen bis Ende November 1895 1070 Anschlussleitungen mit 3000 Zapfhähnen und 12 Badeeinrichtungen in Benutzung. Wassermesser waren 27 Stück eingebaut, welche H. Meinecke, Breslau geliefert hat. Von diesen haben 6 je 13 mm, 6 je 20 mm, 11 je 25 mm, einer 40 mm, einer 65 mm und 2 je 100 mm Durchmesser.

Während der ersten 11 Betriebsmonate sind 385000 cbm Wasser bei einem Arbeitsdrucke von 66,3 m (darin 15,8 m Reibungshöhe) gepumpt und dafür 645300 kg Braunkohle verfeuert. Es entspricht das pro 100 cbm 167,6 kg und pro PS.-Stunde 6,83 kg. Die Leistung von 1 kg Kohle ist 39557 m $\times$ kg gewesen. Von dem Wasser sind 30000 cbm oder 7,8% zur Rohrspülung benutzt. 200000 cbm oder 52,0% sind für gewerbliche, und 155000 cbm oder 40,2% sind für häusliche Zwecke verwendet.

Die Wasserabgabe soll in der Regel nach Wassermessern erfolgen und zwar zum Preise von 20 Pf. pro cbm. Mindestens ist monatlich M. 1 pro 100 qm Etagenfläche zu zahlen. Die monatliche Wassermessermiethe beträgt 35 Pf. für 10 mm, 40 Pf. für 13 mm, 50 Pf. für 20 mm und 60 Pf. für 25 mm Durchmesser der Messer.

16. h. Neuhaldensleben. (E. 9615, W. 900 mit je 10,7 B.)

Für die Wasserversorgung der Stadt Neuhaldensleben dienen ausser einer grösseren Zahl von Privatbrunnen 5 öffentliche Brunnen von 4,0 m bis 6,0 m Tiefe, die gegraben sind. Ferner sind seit einer Reihe von Jahren auch Rohrbrunnen in grösserer Anzahl für öffentliche und private Zwecke angelegt. Das Wasser ist stets gut und auch meistens in genügender Menge vorhanden.

17. i. **Oschersleben.** (E. 12464.)

Die Wasserversorgung der Stadt Oschersleben erfolgt ausschliesslich aus gesenkten Brunnen von 4,0 bis 13,0 m Tiefe, deren 8 für die öffentliche Benutzung vorhanden sind.

18. k. **Osterburg.** (E. 4565, W. 550 mit je 8,3 B.)

Die Wasserversorgung der Stadt Osterburg erfolgt aus Brunnen im Orte, welche theils gesenkt und theils gegraben sind. 25 davon sind für die öffentliche Benutzung bestimmt.

19. d. **Osterwieck a. Harz.** (E. 6377, W. 632 mit je 10,0 B.)

Für die Wasserversorgung der Stadt Osterwieck ist im Jahre 1894/95 eine Quellwasserleitung hergestellt, welche M. 135000 oder M. 21,17 pro Kopf gekostet hat. Das Wasser ist eine halbe Stunde von der Stadt entfernt am Sandborn erschlossen und fliesst mit natürlichem Gefälle einem gemauerten Reservoire zu, dessen Wasserspiegel 20,0 m hoch über den tiefsten Niveaupunkten der Stadt liegt.

Von hier gelangt es durch gusseiserne Leitungen von 200 mm bis 80 mm Durchmesser zur Vertheilung. 550 Häuser haben Zuleitungen und 50 Hydranten sind aufgestellt. Es sind 46 Wassermesser eingebaut und zwar 25 von 20 mm und einer von 50 mm Durchmesser. Diese sind von Dreyer, Rosenkranz & Droop, Hannover, geliefert. Von der disponiblen Wassermenge von 1000 cbm pro Tag werden zur Zeit ca. 600 cbm oder 94 Lit. pro Kopf verbraucht.

20. a. **Quedlinburg.** (E. 21872, W. 1890 mit je 11,6 B.)

Die Wasserversorgung der Stadt Quedlinburg fand früher aus 28 öffentlichen und 210 privaten Brunnen statt, die ca. 4,0 m Tiefe haben. Die enge Bebauung der Stadt und die stark wachsende und hohe Sterblichkeitsziffer in derselben hatten seit Jahren den Wunsch der Einwohner nach einer besseren Versorgung angeregt und es nahm die Stadt daher im April 1878 den Vorschlag des Geh. Bergrath Henoch in Gotha, zur Versorgung der Stadt eine Quellwasserleitung für eigene Rechnung herstellen und betreiben zu wollen, Anfangs mit grosser Freude auf. Diese Anlage sollte durch von ihm in der Nähe des Waldkaters zu erschliessen beabsichtigte Quellen gespeist werden.

Nachdem Henoch im folgenden Jahre ein speciell ausgearbeitetes Project mit einem Kostenanschlage von M. 400000 vorgelegt hatte, erhoben sich Bedenken nicht nur gegen diese Summe, sondern auch gegen die Möglichkeit der Gewinnung einer ausreichenden Wassermenge an der beabsichtigten Stelle. Es wurde daher von der Stadt die Firma J. & A. Aird & Comp. in Berlin beauftragt, specielle Versuchsarbeiten für eine städtische Versorgung vorzunehmen und dafür die Summe von M. 5000, von der Stadt bewilligt.

Diese Arbeiten führten scheinbar zu einem günstigen Resultate und veranlassten die Stadt, ein auf deren Grundlage von der inzwischen geänderten Firma Aird & Mark aufgestelltes Project zur Ausführung anzunehmen. Weil der Kostenanschlag sich dafür sehr billig stellte, und weil von der Firma sehr günstige Bedingungen für den jederzeitigen Ankauf des Werkes durch die Stadt mit einem nur geringen Aufschlage auf die Baukosten angeboten wurden, so entschloss man sich, der Firma vorläufig eine Concession für den Bau und den Betrieb des Werkes zu ertheilen.

Das Wasser wurde im Bodethale oberhalb Thale erschlossen und floss mit natürlichem Gefälle einem Reservoire zu, das in unmittelbarer Nähe der Stadt auf dem Strohberge erbaut ist und dessen Wasserspiegel ca. 44,0 m hoch über dem mittleren Niveau der Stadt liegt. Im Januar 1881 ist dieses Wasser zum ersten Male in die Stadt geleitet. Für die Wassergewinnung war von den Unternehmern ein Stollen von 110 m Länge im Thale der Rosstrappe ausgeführt, welcher sich neben dem Bodebette hinzieht und aus dem Grundwasser gespeist werden sollte. Diese Anlage erregte gleich Anfangs die Befürchtung, dass der Stollen directes Bodewasser ableiten würde. Vielfache Proteste gegen die Anlage führten daher bald dazu, dass eine theilweise Abmauerung des Stollens und damit des Wassers ausgeführt werden musste. Das spätere Bemühen, andere Quellen zur Speisung der Leitung von einer genügenden Ergiebigkeit zu gewinnen, blieb leider erfolglos. Als daher der Magistrat von Quedlinburg Anfangs Juni 1883 bei der Alex. Aird'schen Concursmasse einen Entschädigungsanspruch von einer Million Mark anmeldete und ausserdem die Besitzergreifung des vorhandenen Werkes beanspruchte, schloss die Firma Aird & Mark den Betrieb des Werkes am 1. October 1883 ab.

Die Stadt hat darauf im Jahre 1884 den Baurath Salbach in Dresden herangezogen, um Untersuchungen für eine andere Bezugsquelle anzustellen. Derselbe empfahl die Erschliessung von Grundwasser aus den ausgedehnten Kiesschichten am Fusse des Harzgebirges zwischen den Vorbergen und dem Flachlande, um dieses durch künstliche Hebung der Stadt zuzuführen. Das dafür von ihm ausgearbeitete Project ist dann im Jahre 1885 von ihm und dem früheren städtischen Gasdirector C. Wolff für städtische Rechnung ausgeführt und in Betrieb gekommen. Die Leitung des Werkes liegt jetzt in den Händen des Gas- und Wasserwerksdirectors Max Voss.

Durch eine 22 m lange Sammelgallerie, die aus durchlochten Thonrohren hergestellt ist und an deren Enden und in deren Mitte Sammelbrunnen von 1,0 m resp. 1,5 m Durchmesser sich befinden, sind ca. 3700 cbm Wasser pro Tag erschlossen. Von dem mittleren Brunnen führt eine 570 m lange Heberleitung von 275 mm Durchmesser zum Maschinenbrunnen der Pumpstation. Der Betrieb der Pumpen fand anfänglich durch Dampfkraft statt. Er ist aber schon nach einem Jahre in einen solchen mit Gasmotoren umgeändert.

Die Pumpstation hat eine Grundfläche von 13 m mal 10 m und es sind darin 2 liegende, eincylindrische Gasmotoren von je 16 PS. aufgestellt, welche 140 Umdrehungen pro Minute machen. Sie betreiben 2 liegende, doppeltwirkende Pumpen mit Scheibenkolben von 220 mm Durchmesser und 0,6 m Hub mit freien Ring- und Etagenventilen. Die eine der Pumpen liefert pro Stunde 90 cbm Wasser bei 35 Umdrehungen und die andere 65 cbm Wasser bei 28 Umdrehungen pro Minute auf 38,0 m Höhe. Die Uebersetzung zwischen Motor und Pumpe erfolgt durch Zahnräder (Holz und Eisen). Der Antrieb erfolgt von Hand und mit Friktionskuppelungen. Die Gasmotoren hat die Deutzer Motorenfabrik in Deutz und die Pumpen hat die Actiengesellschaft Humbolt in Kalk geliefert. Jede Pumpe hat eine Saugeleitung von 175 mm und beide zusammen haben eine Druckleitung von 275 mm Durchmesser.

Von der Druckleitung zweigt in 636 m Entfernung von der Pumpstation ein Rohr von 245 mm Durchmesser ab, das zu dem 260 m entfernt liegenden Hochreservoire führt, während das Hauptrohr den Beginn des Vertheilungsnetzes bildet. Das Hochreservoir hat 860 cbm Inhalt. Es ist in den Berg hineingerückt und in Mauerwerk mit Ueberwölbung ausgeführt.

Das Rohrnetz ist nach dem Circulationssysteme hergestellt und steht unter einem constanten und einheitlichen Drucke von im Mittel 30,0 m. Die Längen der Rohrleitungen von 350 mm bis 80 mm Durchmesser und deren Inhalt, sowie die Zahl der Schieber, Hydranten, öffentlichen Lauf- und Springbrunnen in den Jahren 1887/88, 1894/95 und 1895/96 sind auf der Tabelle 111 angegeben.

Tabelle 111.

Jahr	Rohrlänge m	Inhalt cbm	Schieber	Hydranten	Laufbrunnen	Springbrunnen
1887/88	18 922	279	89	134	6	1
1894/95	20 000	290	102	166	1	2
1895/96	23 000	310	141	181	2	2

Die Hydranten stehen in 142 m mittlerer Entfernung von einander. Es sind Unterflurhydranten mit Selbstentwässerung. Die Zuleitungen bestehen aus Bleirohren von 13 mm bis 25 mm Durchmesser und haben Niederschraubhähne in den Kellern. Am Ende des Betriebsjahres 1894/95 waren 1584 Wassermesser eingebaut. Wassermesser sind bis Ende des Jahres 1895 im Ganzen überall geliefert 1658 Stück und zwar von H. Meinecke, Breslau 308, von Siemens & Halske, Berlin 847, von Wolff & Schreiber, Breslau 140, von Dreyer, Rosenkranz & Droop, Hannover 361 und von C. A. Spanner, Wien-Aachen 2. Dieselben vertheilen sich nach der Grösse wie folgt:

Durchmesser . . . . mm	12	13	20	25	40	50	65	75	80	100
Stückzahl	545	535	466	79	5	10	12	3	1	2

Die zweite, nach Salbach's Projecte ausgeführte Anlage hat laut Bilanz des Wasserwerkes vom 1. October 1887 gekostet:

Brunnenanlage	M.	8 641
Saugrohrstrang	»	9 657
Gebäude	»	38 685
Maschinen	»	34 952
Druckrohrstrang	»	8 085
Hochreservoir	»	22 986
Stadtrohrnetz	»	118 929
Elektrische Einrichtungen	»	1 367
Zuleitungen	»	7 271
Hydranten und Freibrunnen	»	9 030
zusammen	M.	259 603
Dazu kommen ferner für Ankauf von verschiedenen Anlagetheilen aus der Aird'schen Masse	»	130 000
also als Gesammtsumme	M.	389 603

Der Buchwerth am 1. April 1896 hat noch M. 314 153 oder M. 14,36 pro Kopf der jetzigen Bevölkerung betragen.

Die Tabelle 112 gibt für 8 Jahre die Wasserförderung und den Gasverbrauch der Motoren im Ganzen, sowie letzteren pro 100 cbm Wasser und pro PS.-Stunde bei 33,0 m Arbeitshöhe an. Auch ist darin die Leistung pro cbm Gas in m × kg aufgeführt.

Tabelle 112.

Jahr	cbm Wasser	cbm Gas im Ganzen	desgl. pro 100 cbm	desgl. pro PS.-Stunde	m × kg pro cbm Gas
1887/88	130 878	18 220	13,92	1,14	236 800
1888/89	153 200	21 322	13,91	1,14	236 800
1890/91	208 662	28 106	13,47	1,10	245 400
1891/92	278 031	38 846	13,97	1,14	236 800
1892/93	279 702	39 366	14,06	1,15	234 800
1893/94	221 450	33 871	15,29	1,25	216 000
1894/95	235 823	35 348	14,98	1,22	221 300
1895/96	247 232	36 691	14,84	1,21	223 518

Die Tabelle 113 (S. 153) gibt für die Jahre 1887/88 bis 1895/96 die Wasserabgabe im Ganzen und pro Tag des mittleren, des grössten und des geringsten Verbrauches, sowie pro Tag und Kopf, ferner die Vertheilung derselben für öffentliche Zwecke, für den Selbstverbrauch und für die Abgabe mit und ohne Messer, ferner die Zahl der Anschlüsse und der Wassermesser, deren Verbrauch resp. Abgabe etc. und endlich verschiedene Verhältnisszahlen an.

Bei dem stärksten, resp. bei dem schwächsten Verbrauche im Jahre 1894/95 hat die Wasserabgabe im Monate 26 635 cbm resp. 14 204 cbm und ebenso in der Woche 6836 cbm resp. 3383 cbm betragen. Im Jahre 1895/96 sind für die Kanalspülung 4886 cbm oder 25 % des für öffentliche Zwecke benutzten Wassers verwendet.

Die Wasserabgabe erfolgt seit dem Jahre 1893 nur nach Wassermessern, und es ist sowohl nach der vierteljährlichen Höhe des Verbrauches, als auch im Sommer und im Winter ein verschiedener Preis pro cbm zu zahlen, nämlich:

bis cbm im Vierteljahre	100	200	500	1000	2000	über 2000
im Sommer pro cbm Pf.	18	16	14	12	11	10
im Winter pro cbm Pf.	16	14	12	10	9	8.

Die Mindestzahlung einschliesslich der Messermiethe beträgt je nach der Messergrösse und der Grösse des Consums vierteljährlich für bis 10 cbm bei 13 mm Messergrösse M. 3,00, bei 20 mm Messergrösse M. 3,75 und bei 25 mm Messergrösse M. 4,50. Darüber kostet jeder cbm bis zu 50 cbm 20 Pf. Die Mindestzahlung ist für Gebäude, die bis auf M. 360 Nutzungswerth eingeschätzt sind, bis auf Weiteres auf M. 2 für 10 cbm Abgabe im Vierteljahre herabgesetzt. Ferner werden für Hauseigenthümer, welche weniger als M. 9 Staatseinkommensteuer zahlen, die inneren Einrichtungen kostenfrei von der Stadt hergestellt und gegen eine Vierteljahresmiethe von 50 Pf. zur Benutzung gestellt.

Chemische und bacteriologische Untersuchungen des Wassers sind von Dr. J. Hertz in Jena, in der agriculturchemischen Versuchsstation in Halle a. d. Saale und in der Grossherzogl. Lebensmittelprüfungsanstalt in Karlsruhe verschiedentlich vorgenommen und haben ergeben, dass das Wasser stets ein gutes und gesundes Trinkwasser ist.

21. l. Salzwedel. (E. 9640, W. 1200 mit je 8 B.)

Für die Wasserversorgung der Stadt Salzwedel dienen künstliche Zuleitungen aus Holz- und Thonrohren, welche Wasser aus den Flüssen Jeetze und Dumme zuführen und schon über 300 Jahre bestehen. Das Wasser fliesst mit natürlichem Gefälle an 136 Brunnen aus und wird aus diesen mittels Handpumpen gehoben.

Tabelle 113.

Jahr	1887/88	1888/89	1890/91	1891/92	1892/93	1893/94	1894/95	1895/96
Einwohnerzahl	20 000	20 000	20 000	20 000	21 000	22 000	22 000	22 000
Gesammte Abgabe im Jahr . . . . cbm	130 878	153 200	208 345	278 031	279 702	221 450	235 823	247 232
Desgl. gegen 100 cbm des Vorjahres	—	117,2	135,8	133,8	100,4	79,1	106,5	104,8
Liter pro Kopf pro Tag im Mittel	18	21	28	38	38	28	29	31
Desgl. am Maximaltage	39	43	35	116	94	58	59	59
Zahl der Anschlüsse	764	854	1 028	1 327	1 519	1 586	1 631	1 672
Abgabe pro Anschluss im Jahr . . cbm	171	180	203	210	184	139	144	148
Tagesabgabe am								
mittleren Jahrestage . . . . . cbm	359	420	572	760	770	607	646	676
Maximaltage . . . . »	788	864	709	2 336	1 880	1 283	1 294	1 294
Minimaltage . . . . »	144	196	302	472	436	382	351	384
Von 100 cbm am mittleren Jahrestage am								
Maximaltage des Jahres	219,6	205,7	123,8	307,3	244,2	211,8	200,3	191,1
Minimaltage » »	40,1	46,7	21,6	62,1	56,6	63,0	54,3	56,7
Wasser für öffentliche Zwecke . . . cbm	21 895	23 843	32 630	38 979	34 003	23 951	19 599	19 180
Wasser für Private . . . . cbm	92 853	104 798	146 055	160 717	171 633	158 970	168 338	172 987
Davon nach Messern . . . . . »	77 476	90 714	133 240	144 545	156 826	153 483	164 912	172 912
Zahl der Messeranschlüsse	683	770	947	1 247	1 446	1 584	1 630	1 672
Wasser für Private ohne Messer . . cbm	15 377	14 084	12 815	16 172	14 807	5 487	3 426	75
Zahl der Anschlüsse ohne Messer	81	84	81	80	73	2	1	—
Von 100 cbm für Private								
nach Messern	83,5	86,6	91,2	90,0	91,4	96,7	98,0	99,96
ohne Messer	16,5	13,4	9,8	10,0	8,6	3,3	2,0	0,04
Auf 100 Anschlüsse kommen								
Messeranschlüsse	89,5	90,2	92,1	94,0	95,2	99,9	99,9	100
Anschlüsse ohne Messer	10,5	8,8	7,9	6,0	4,8	0,1	0,1	—
Wasser für das Wasserwerk								
incl. Spülen etc. . . . . cbm	16 130	24 559	29 660	78 335	74 066	38 529	51 312	55 065
Von 100 cbm Gesammtabgabe für								
öffentliche Zwecke	16,7	15,5	15,6	14,0	12,2	10,8	8,2	7,8
Private	71,0	68,5	70,2	52,8	61,3	71,8	71,5	69,9
das Wasserwerk	12,3	16,0	14,2	28,2	26,5	17,4	20,3	22,3
Gesammtabgabe ohne Messer . . . . cbm	37 608	43 550	45 116	106 529	100 103	50 861	54 738	60 126
Desgl. von 100 cbm Gesammtabgabe	28,9	28,4	21,7	38,3	35,8	22,9	23,3	24,2
Gesammtabgabe nach Messern . . . cbm	93 270	109 650	163 229	171 502	178 599	170 599	181 085	187 106
Desgl. von 100 cbm Gesammtabgabe	71,1	71,6	78,3	61,7	64,2	77,1	76,7	75,8
Zahl der aufgestellten Messer	683	770	947	1 247	1 446	1 584	1 630	1 672
Abgabe pro Messer im Jahre . . . cbm	136	142	172	138	124	108	111	112

22. f. Schönebeck. (E. 14 824, W. 1081 mit je 13,7 B.)

Die Wasserversorgung der Stadt Schönebeck erfolgte früher ausser aus Brunnen in der Stadt durch ein Wasserwerk, für welches eine unterhalb derselben an der Elbe gelegene Pumpstation diente. In dieser war ein Dampfpumpwerk aufgestellt, welches das Wasser aus einem am Flussufer abgesenkten Brunnen entnahm und auf 25,0 m Höhe einem 90 m entfernt liegenden, gusseisernen Hochreservoire von 45 cbm Inhalt zuführte, das auf einem künstlichen Unterbaue unter Dach aufgestellt war.

Die Maximalleistung dieser Anlage, welche im Jahre 1872 von der Deutschen Continental-Actiengesellschaft für Gas- und Wasseranlagen in Berlin hergestellt war, betrug 513 cbm pro Tag. Sie hatte einschliesslich des Vertheilungsnetzes M. 218 597 gekostet. Im Jahre 1882 wurden der Stadt dadurch 135 557 cbm Wasser geliefert und es waren an die Leitungen 400 Häuser angeschlossen, in denen sich 21 Badeeinrichtungen, 22 Closets und 5 Privatspringbrunnen befanden. Der Tagesconsum hatte zwischen 513 cbm und 180 cbm geschwankt.

Die allmählich eintretende, schlechte Qualität des Wassers in Folge der zunehmenden Verschmutzung der Elbe machte es für häusliche Zwecke im Laufe der Zeit immer ungeeigneter, so dass die Stadt im Jahre 1883 zur Prüfung der Möglichkeit, ein besseres Wasser zu gewinnen, in der Nähe von Zackmünde am Jähn'schen Hofe einen Versuchsbrunnen herstellen und betreiben liess, der auch genügendes und gutes Wasser lieferte.

Auf Grund eines vom Director Schmetzer in Frankfurt a. O. aufgestellten Projectes ist hier dann im Jahre 1885 eine neue Pumpstation erbaut, welche für eine tägliche Lieferung von 1500 cbm Wasser bestimmt ist. Für die Wassergewinnung sind 2 Brunnen von 3,0 m und ist ein Brunnen von 4,0 m Durchmesser in Cementmauerwerk ausgeführt, welche 5,0 m Tiefe haben. 2 horizontale, eincylindrische Dampfmaschinen ohne Condensation mit Dampfkolben von 390 mm Durchmesser und 0,78 m Hub betreiben 2 Pumpen, deren jede pro Stunde 90 cbm Wasser bei 50,0 m Arbeitsdruck fördert. Für die Dampfbereitung sind 2 Zweiflammrohrkessel mit Planrostfeuerung vorhanden, deren jeder 41,8 qm Heizfläche und 1,4 qm Rostfläche hat. Die Maschinen und die Kessel sind von R. Wolf in Buckau geliefert.

In 2300 m Entfernung von der Pumpstation ist ein Hochreservoir von 250 cbm Inhalt erbaut, dessen Wasserspiegel 27,0 m hoch über dem Mittelwasser der Brunnen liegt. Es ist aus Schmiedeeisen hergestellt und hat 7,0 m Durchmesser und 6,0 m Höhe, sowie einen calottenförmigen, freitragenden Boden. Dieser ruht in 25,7 m Höhe über Terrain auf einem massiven Unterbaue. Das Reservoir ist ummantelt und überdacht. Die Druckleitung, welche zu demselben führt, hat 200 mm Durchmesser.

Das Rohrnetz steht unter einem Drucke von 25,0 m bis 30,0 m je nach der Ortslage. Die Leitungen desselben haben 10700 lfd. m Länge mit 39 Schiebern und setzen sich aus folgenden Längen und Durchmessern zusammen:

Durchmesser	mm	200	150	130	100	80
Länge . . .	m	1220	1310	530	4640	3000

Die Rohre sind von der Firma Haniel & Lueg in Düsseldorf geliefert. Es sind 27 Strassenkunstbrunnen (Modell Reuter) und 98 Hydranten, letztere in ca. 60 m Entfernung von einander, aufgestellt. Von diesen sind 13 Stück Ueberflurhydranten und 85 Stück Unterflurhydranten. Anschlussleitungen waren Ende des Jahres 1894 im Ganzen 566 und 1896 im Ganzen 582 in Benützung. Damit sind 1530 Zapfhähne, 40 Closets, 2 Pissoirstände, 34 Badeeinrichtungen und 20 Privatspringbrunnen verbunden. Die Zuleitungen haben Anbohr- und Absperrhähne und bestehen aus Bleirohren von 20 mm und 25 mm Durchmesser. Bis Ende 1895 waren 237 Wassermesser geliefert und zwar 100 von H. Meinecke, Breslau, 29 von Siemens & Halske, Berlin und 108 von Wolff & Schreiber, Breslau. Dieselben haben folgende Grössen:

Durchmesser	mm	13	15	20	25	40	50	65	75	80
Stückzahl . . .	.	29	91	62	35	5	6	3	2	1
	mm	100	200							
	Zahl	2	1							

Im Jahre 1895/96 waren 151 Wassermesser von Wolff & Schreiber, 15 von Dreyer, Rosenkranz & Droop, 84 von H. Meinecke und 16 von Siemens & Halske eingebaut, also im Ganzen 266 Stück.

In den Jahren 1894/95 und 1895/96 hat die Wasserabgabe im Ganzen und pro Tag, sowie durch und ohne Messer die in der Tabelle 114 angegebene Grösse gehabt:

Tabelle 114.

Jahr	1894/95	1895/96
	cbm	cbm
Gesammtabgabe .	193 000	178 835
pro mittleren Jahrestag . .	529	489
Maximal- resp. Minimaltag . .	1200 resp. 323	995 resp. 267
oder in % vom mittleren Tage	226,8 resp. 61,0	203,0 resp. 54,1
Mit resp. ohne Messer . .	62 000 resp. 131 000	73 117 resp. 105 718
oder in % der Gesammtabgabe	32,1 resp. 67,9	40,8 resp. 59,2

Der Wasserpreis pro cbm beträgt 18 Pf. für Private und 16 Pf. bei grossem Consum.

Wasseruntersuchungen werden vom Handelschemiker Dr Spiegelberg in Magdeburg vorgenommen. Am 22. Mai 1895 haben 2 Proben, eine aus dem Reservoire und eine in der Stadt entnommen, die in der Tabelle 115 angegebenen Zahlen im Liter Wasser ergeben

Tabelle 115.

Entnahme der Proben	Reservoir	Stadt
	mg	mg
Gesammtrückstand	676,4	674,8
Glühverlust	35,6	36,6
Kalk	165,2	163,2
Magnesia . .	27,8	27,8
Chlor	104,1	104,1
Schwefelsäure	162,1	161,7
Salpetersäure	6,8	7,4
Organische Substanz	7,2	7,9
Ammoniak, salpetrige Säure . . .	Null	Null
Deutsche Härtegrade	20,41	20,21

23. i. **Schwanebeck.** (E. 3369, W. 567 mit je 6,0 B.)

Die Wasserversorgung der Stadt Schwanebeck erfolgt ausschliesslich aus gemauerten Brunnen im Orte.

24. k. **Seehausen i. Altm.** (E. 3874, W. 495 mit je 7,8 B.)

Für die Wasserversorgung der Stadt Seehausen dienen ca. 100 Brunnen, von welchen 20 öffentliche sind. Von den Brunnen sind 20 Stück Rohrbrunnen und 5 Stück Ziehbrunnen. Die übrigen sind gemauerte Brunnen mit hölzernen Pumpen.

25. n. **Seehausen b. M.** (E. 3016). Ohne Antwort.

26. f. **Stassfurt.** (E. 18992, W. 1056 mit je 18,0 B.)

Die Wasserversorgung der Stadt Stassfurt war schon vor langen Jahren eine völlig ungenügende und bereits in der Mitte der 60er Jahre beschäftigte man sich ernstlich mit Untersuchungen darüber, wie man zu besserem Wasser würde gelangen können. Die im Stadtgebiete vorhandenen Brunnen waren durchgängig durch Kloaken-Infiltrationen verdorben und zeigten ferner einen grossen Gehalt von mineralischen Substanzen und Salzen. Auch das Wasser der Bode, welches damals hauptsächlich für wirthschaftliche und gewerbliche Zwecke benutzt wurde, ging in der Nähe der Stadt durch die Abgänge von Fabriken, die ihren Umfang immer weiter ausdehnten und in grosser Zahl neu entstanden, sowie durch den Zufluss von salzigen Quellen oberhalb der Stadt qualitativ immer mehr zurück. Der Einfluss dieser Verhältnisse, zu denen sich noch der der wachsenden Bebauung der Stadt gesellte, trat in dem Rückgange der Gesundheitsverhältnisse deutlich in die Erscheinung und verlangte dringend eine verbesserte Wasserversorgung.

Quellen von genügender Ergiebigkeit zu erreichen, war völlig ausgeschlossen, und es blieb als einziges Auskunftsmittel die Zuflucht zur Bode in den höheren Theilen ihres Laufes übrig. Eine geeignete Stelle dafür fand sich ca. 2 km oberhalb der Stadt und das hier entnommene Flusswasser zeigte sich durch Filtration auch als Trinkwasser völlig brauchbar. Im Jahre 1871 wurde daher für städtische Rechnung nach dem Projecte und unter Leitung des Bauraths Salbach in

Dresden mit dem Baue eines Wasserwerkes begonnen, das im Anfange des Jahres 1872 in Betrieb gekommen ist. Dasselbe war für täglich 1850 cbm mit der Möglichkeit einer Steigerung bis auf 2470 cbm bestimmt. Diese Anlage hat ursprünglich M. 232827 gekostet.

Das Wasser wird der Bode direct entnommen. Von einer Reinigung vor der Vertheilung musste man wegen der Kosten Abstand nehmen, und es wurde daher den Privaten überlassen, diese Reinigung durch Hausfilter nach Bedürfniss zu bewirken. In der am Flusse erbauten Pumpstation sind 2 liegende, eincylindrische Corliss-Maschinen mit Condensation und mit Schwungrädern aufgestellt, deren verlängerte Kolbenstangen direct je eine liegende, doppeltwirkende Pumpe mit Scheibenkolben betreiben. Die Pumpenkolben haben 280 mm und die Dampfkolben 420 mm Durchmesser, und beide haben 0,8 m Hub. 2 Einflammrohrkessel mit Treppenrosten für Braunkohlenfeuerung haben 7,37 m Länge und 1,57 m resp. 0,73 m Durchmesser und arbeiten mit 6 Atm. Betriebsdruck. Jede Maschine fördert pro Stunde 78 cbm Wasser auf 30,0 m Arbeitshöhe.

Eine Druckrohrleitung von 230 mm Durchmesser und 2200 m Länge führt das Wasser zu einem vor der Stadt erbauten Hochreservoire. Dieses ist aus Schmiedeeisen hergestellt und hat 11,3 m Durchmesser und 4,7 m Wasserhöhe, also 436 cbm Inhalt. Es ist auf einem massiven Unterbaue 11,0 m hoch über Terrain ummantelt und überdacht aufgestellt. Sein Wasserspiegel liegt in 25,7 m Höhe über dem Versorgungsgebiete.

Von dem Reservoire aus findet die Vertheilung des Wassers für die Stadt an beiden Bodeufern statt. Die Länge der Rohrleitungen betrug Anfangs 8990 lfd. m. Mit ihnen waren 85 Hydranten und 23 öffentliche Brunnen verbunden.

Die zunehmende Verunreinigung der Bode machte deren Wasser für häusliche Zwecke auch hier immer weniger geeignet, und die Hausfiltration entsprach keineswegs den auf sie gesetzten Hoffnungen. Schon um der Verschlammung des Rohrnetzes vorzubeugen, erschien die Anlage einer Kiesfiltration für das Wasser vor der Förderung durch die Pumpen durchaus nöthig. Man begnügte sich später für diesen Zweck mit einem Vorfilter nach dem Systeme Walkhoff, während man es aufgab, das Bodewasser weiter als Trinkwasser zu verwenden. Für letzteres hat man seit dem 1. August 1883 eine besondere Anlage in Benützung genommen.

Für die Lieferung des Nutzwassers sind damals in einem Erweiterungsbaue neben der alten Pumpstation 2 neue, liegende Maschinen mit Schwungrädern und mit Meyer'scher Expansionssteuerung und Regulator aufgestellt. Jede derselben betreibt direct eine doppeltwirkende Pumpe mit Scheibenkolben von 380 mm Durchmesser, während die Dampfkolben 575 mm Durchmesser besitzen, haben beide 1,0 m Hub. Die Pumpen haben freie Klappenventile, und es liefert eine jede pro Stunde 150 cbm Wasser bei 34,0 m Arbeitshöhe, entsprechend 26,5 m effectiver Förderhöhe. In dem Kesselhause ist ein dritter Kessel aufgestellt. Für die Beleuchtung der Pumpstation mit 3 Bogenlampen und 32 Glühlampen wird eine Dynamomaschine durch eine Dampfmaschine von 7 P.S. betrieben, deren Abdampf den Condensatoren der Pumpmaschinen zugeleitet wird. Eine neue Druckleitung von 325 mm Durchmesser führt das Nutzwasser zu dem alten Hochreservoire.

Für die Trinkwasserversorgung wird seitdem das Wasser im Schlangenteiche am Gänsefurter Busche aus einem Brunnen genommen, dessen Wasserspiegel 5,0 m höher als das alte Maschinenhaus liegt und einem neben letzterem angelegten Reservoire durch eine 7650 m lange, gusseiserne Rohrleitung von 250 mm Durchmesser zugeführt. Das Brunnenhaus im Schlangenteiche ist aus Trockenmauerwerk ausgeführt, um die vielen dortigen Quellen eintreten zu lassen. Im Jahre 1887 hatten die Klagen über die zeitweise viel zu geringe Leistung dieser Wasserfassung bereits einen solchen Umfang angenommen, dass eine Ergänzung durch die Zuleitung von Wasser aus Teichen an der Ritterflur ausgeführt wurde, welche jedoch auf Einspruch der Anhaltischen Regierung im Jahre 1889 wieder abgeschnitten ist. Es ist später gelungen, hier durch einen 65,0 m tiefen, artesischen Brunnen von 200 mm Durchmesser, der in die Kalkschichten hineinreicht, ein weiches und reines Wasser von angenehmem Geschmacke in genügender Menge zu erschliessen, das auf 14,0 m Höhe über Terrain ansteigt und der Pumpstation durch die oben erwähnte Leitung zugeführt wird.

Das neben dem alten Maschinenraume hergestellte Reservoir für das Trinkwasser hat einen kreisförmigen Grundriss und ist überwölbt und mit Erde überfüllt. Die beiden alten Maschinen heben dieses Wasser auf 25,0 m Höhe durch das alte Druckrohr von 230 mm Durchmesser in ein neu hergestelltes Hochreservoir für Trinkwasser, welches 220 cbm Inhalt hat. Von diesem aus wird das alte Vertheilungsnetz der Stadt gespeist. Die Leistung der Trinkwasserversorgung beträgt jetzt circa 2000 cbm pro Tag, während die Nutzwasserversorgung eine doppelte Leistung besitzt.

Im Jahre 1895/96 sind im Ganzen 862720 cbm oder durchschnittlich pro Tag 2357 cbm Industriewasser abgegeben. Die Maximal- resp. Minimalabgabe an einem Tage hat 3800 cbm resp. 1200 cbm oder 161,2% resp. 50,9% von der mittleren Tagesabgabe betragen. Davon sind 611842 cbm durch Wassermesser und 250918 cbm ohne Wassermesser abgegeben, was von der Gesammtmenge 70,9% resp. 29,1% ausmacht. Ausser dem durch Messer abgegebenen Wasser sind ferner an Private 80000 cbm Wasser nach Schätzung abgegeben, so dass die Privatabgabe im Ganzen 691842 cbm oder 80,2% der Gesammtabgabe beträgt. Ferner entfallen von dem ungemessenen Wasser 38018 cbm oder 4,4% auf den Selbstverbrauch des Wasserwerkes und den Verlust und 132900 cbm oder 15,4% der Gesammtabgabe auf Wasser für öffentliche Zwecke. Von letzterem sind je 60000 cbm für Laufbrunnen und für Rinnsteinspülung, 3000 cbm für Bedürfnissanstalten, 6500 cbm für Bewässern öffentlicher Anlagen, 400 cbm für Feuerlöschzwecke und 3000 cbm für diverse Zwecke benutzt.

Für die Kesselfeuerung sind im Jahre 1895/96 im Ganzen 1473590 Kilo einer geringwerthigen Braunkohle verbraucht, was 170,8 kg pro 100 cbm, 13,6 kg pro P.S.-Stunde und 19907 m × kg pro kg Kohle entspricht.

Die Länge der Rohrleitungen bis zu 80 mm abwärts hat im Jahre 1895/96 im Ganzen 15228 lfd. m betragen. Damit waren 54 Schieber, 2 Laufbrunnen, 4 öffentliche Pissoire und 105 Hydranten verbunden. An die Trinkwasserleitung waren ferner 63 Hydranten und 33 Druckständer angeschlossen. Es waren 295 Anschlussleitungen vorhanden und mit diesen 50 Closets, 2 Springbrunnen, 5 Wasserstrahlapparate und 5 hydraulische Aufzüge verbunden. Die Wasserabgabe erfolgt nur nach Wassermessern. Ende des Jahres 1895 waren von diesen 286 Stück geliefert und zwar 254 von Dreyer, Rosenkranz & Droop, Hannover, 32 von Siemens &

Halske, Berlin und 3 von H. Meinecke, Breslau. Nach der Grösse vertheilen sich dieselben wie folgt:

Durchmesser mm	13	20	25	30	40	50	65	70	75
Stückzahl . . .	52	142	40	3	6	9	1	1	10

mm	80	100	125	150
Zahl	9	10	5	1

Der Wasserpreis pro cbm beträgt 16 Pf. und verringert sich allmählich bei grösserer Abnahme bis auf 7 Pf.

27. m. **Stendal.** (E. 20660.)

Ausser aus dem Flusse Uchte, der die Stadt Stendal durchfliesst, erfolgt die Wasserversorgung aus 17 öffentlichen und aus über 100 gesenkten und gebohrten Brunnen von 4,0 m bis 6,0 m Tiefe.

28. m. **Tangermünde.** (E. 9060.)

Die Wasserversorgung der Stadt Tangermünde erfolgt ausschliesslich aus Brunnen von ca. 15 m Tiefe. Es sind deren 15 öffentliche und 30 private vorhanden.

29. a. **Thale.** (E. 5600.)

Der Wassermangel im Dorfe Thale ist seit einigen Jahren ein so bedeutender, dass im Jahre 1893 Vorarbeiten zur Ausführung einer Wasserleitung aus dem Steinbachthale vorgenommen sind, welche einen sehr günstigen Erfolg versprachen, so dass im folgenden Jahre von dem Gemeinderathe für die Ausführung eines Wasserwerkes M. 108000 bewilligt und dessen Bau dem Ingenieur O. Smrecker in Mannheim übertragen ist.

30. n. **Wanzleben.** (E. 4005, W. 455 mit je 8,8 B.)

Die Wasserversorgung der Stadt Wanzleben erfolgt ausschliesslich aus Brunnen, deren 10 als öffentliche dienen.

31. i. **Wegeleben.** (E. 3292.) Ohne Antwort.

32. o. **Wernigerode.** (E. 10485, W. 900 mit je 11,7 B.)

Die Wasserversorgung der Stadt Wernigerode erfolgte früher aus 12 öffentlichen und ca. 400 Privatbrunnen, sowie durch künstliche Zuleitungen von Quellwasser, das mit natürlichem Gefälle theils durch gusseiserne und theils durch steinerne (askanatische) Rohre zufliesst.

Im Jahre 1866 ist nach dem Project und unter Leitung des Stadtbaumeisters Willburger in Halberstadt eine Quellwasserleitung für städtische Rechnung hergestellt, durch welche das Wasser aus 3 verschieden hoch gelegenen Reservoiren der Stadt unter einem, sich zwischen 11,0 m bis 31,0 m bewegenden Drucke in 3 getrennten Zonen mit natürlichem Gefälle zugeleitet wurde. Die Quellgebiete liegen im Zillerbachthale, im Zwölfmorgenthale und im Bollhasenthale. Die verschiedenen Sammelreservoire sind mit Klärvorrichtungen versehen und liegen 100 m bis 1000 m von der Stadt entfernt. Die 3 Zuflussleitungen hatten 150 mm, 125 mm und 100 mm Durchmesser. In der Stadt waren im Jahre 1877 30 öffentliche Wasserständer aufgestellt und 300 Private hatten Anschlussleitungen. Die gesammten Rohrlängen betrugen damals 15300 lfd. m. Ausser diesen Versorgungen besass das Gymnasium noch eine besondere Quellleitung vom Salzberge her.

Die mit der Zeit sich einstellende, ungenügende Ergiebigkeit der Quellen und das wachsende Bedürfniss nach Wasser hat in den 80er Jahren zu verschiedenen Untersuchungen geführt, um neue Wassermengen zu erschliessen, die aber lange Zeit hindurch zu keinem günstigen Resultate gelangten. In den Jahren 1889 bis 1891 ist dann endlich nach dem Projecte des Dr. Wellmann die Erschliessung von Wasser durch einen Stollen von 50 m Länge gelungen, und es hat das, sowie die ferner nöthig gewordenen Erweiterungen im Jahre 1894 zu einem Umbau der ganzen Anlage geführt, welche M. 210000 gekostet hat. Die Verwaltung derselben ist dem Stadtbaumeister Seiffert unterstellt.

Die Versorgung erfolgt jetzt in 2 Druckzonen. Es sind dafür 2, aus Cementstampfbeton hergestellte Reservoire, die in den Boden versenkt und überwölbt sind, in Benutzung. Das eine hat 260 cbm Inhalt und liegt vor der Stadt. Das andere hat 240 cbm Inhalt und ist in das Rohrnetz selbst eingeschaltet. Das eine liegt in 85,0 m und das andere in 30,0 m Höhe. Die Rohrleitungen haben 80 mm bis 200 mm Durchmesser und im Ganzen ca. 17000 m Länge. Damit sind 45 Schieber, 60 öffentliche Wasserständer und 120 Unterflurhydranten verbunden, welche letztere in ca. 90 m Entfernung von einander stehen und Selbstentwässerungen haben.

Die Zuleitungen bestehen aus Bleirohren von 13 mm, 26 mm und 33 mm Durchmesser. Sie haben Haupthähne in den Kellern. Ende des Jahres 1895 waren 570 Zuleitungen mit 1200 Zapfhähnen und 50 Badeeinrichtungen in Gebrauch. Die Abgabe des Wassers erfolgt durch Wassermesser zum Preise von 25 Pf. pro cbm. Es sind 614 Wassermesser eingebaut und bis Ende 1895 waren im Ganzen überall 607 geliefert und zwar 430 von H. Meinecke, Breslau, 113 von Wolff & Schreiber, Breslau und 64 von C. A. Spanner, Wien-Aachen. Nach der Grösse vertheilen sich diese Messer wie folgt:

Durchmesser mm	13	20	25	30	33
Stückzahl . . .	374	209	19	3	2

Durch Messer sind im Jahre 1895 im Ganzen 40000 cbm oder 65 cbm pro Messer und ferner ca. 4100 cbm für öffentliche Zwecke nach Schätzung bestimmt. Es giebt das 44100 cbm im Jahre im Ganzen oder 121 cbm pro Tag, während die Ergiebigkeit der Quellenfassungen ca. 280 cbm beträgt.

33. o. **Schloss Wernigerode.**

Für das Schloss Wernigerode mit seinen 150 Wohnhäusern ist an Stelle der alten, seit dem Jahre 1717 bestehenden Schlosswasserleitung nach dem Projecte des Oberingenieurs P. Schmick von der Deutschen Wasserwerksgesellschaft in Frankfurt a./M. im Jahre 1876 mit einem Kostenaufwande von M. 150000 eine Wasserversorgung hergestellt, welche eine tägliche Lieferung von 500 cbm hat.

Das Wasser wird aus 2 verlassenen Entwässerungsstollen von Rothenberg und von Siebenbörnen entnommen und erfährt eine Reinigung durch ein überwölbtes Sandfilter von 140 qm Fläche. Von hier fliesst es in ein gemauertes Reservoir von 240 cbm Inhalt, das nahe dem Schlosse liegt. Von dem Stollen wird das Wasser durch eine 1360 m lange Cementrohrleitung zu einer Druckkammer geführt, und von hier fliesst es durch eine 5100 m lange gusseiserne Leitung zu dem Reservoire. Beide Leitungen haben 120 mm Durchmesser, und es fliesst das Wasser in beiden mit natürlichem Gefälle.

Die Zuleitung zu dem Hochreservoire im Schlosse, dessen Wasserspiegel 30,0 m hoch über dem Schlosshofe liegt, hat 80 m Länge und 175 mm Durchmesser. Die Vertheilungsleitungen haben im Ganzen ca. 1700 m Länge von 100 mm bis 50 mm Durchmesser und sind mit 6 Schiebern von 80 mm und 12 Schiebern von 50 mm Durchmesser, sowie mit 23 Hydranten verbunden. Die Zuleitungen bestehen bei 50 mm Durchmesser aus gusseisernen Rohren und von 30 mm Durchmesser abwärts aus Bleirohren.

34. p. **Wolmirstedt.** (E. 4170, W. 402 mit je 10,4 B.)

Die Wasserversorgung der Stadt Wolmirstedt erfolgt ausschliesslich aus Brunnen, deren 10 für die öffentliche Benutzung vorhanden sind.

Anhang.

35. Pumpstation Salbke.

Die Eisenbahndirection Magdeburg bezog das für die Bahnhöfe Magdeburg und Buckau erforderliche Speisewasser für die Locomotiven etc. seit Bestehen des städtischen Wasserwerkes aus diesem, bis im Jahre 1892 das Ungenügen der Betriebsanlagen des letzteren die Stadt zwang, der Eisenbahn die Wasserlieferung zu kündigen. Das veranlasste diese zur Erbauung eines eigenen Wasserwerkes.

Die Wasserentnahme findet direct aus der Elbe in der Nähe des Dorfes Salbke oberhalb Buckau statt. Es ist hier eine Pumpstation erbaut, in welcher 4 Dampfpumpmaschinen aufgestellt sind und zwar 2 für Rohwasser und 2 für filtrirtes Wasser. Erstere haben stehende und letztere haben liegende Pumpen. Die Kolben der ersteren haben 492 mm Durchmesser und 0,3 m Hub. Sie machen 50 Hübe pro Minute und fördern 762 cbm pro Stunde auf 16,0 m Höhe auf die Filter. Die Druckpumpen haben 240 mm Durchmesser und 0,5 m Hub und fördern bei 60 Hüben pro Minute pro Stunde 648 cbm Wasser auf 40,0 m Höhe von den Filtern auf das Hochreservoir. Erstere Maschinen haben 45,2 P.S. und letztere 96 PS. Sie sind sämmtlich von der Hannoverschen Maschinenbaugesellschaft, vormals G. Egestorff in Linden bei Hannover geliefert.

Für die Filtration des Wassers sind am 1. Sept. 1892 in 4 getrennten Rohwasserkammern je 252 Wormser Plattenfilter von je 2 qm Filterfläche aufgestellt, die in 6 Batterien von je 42 Elementen in jeder Kammer zusammengefasst sind. Nach einer Mittheilung des Dr. Selig haben diese Filter pro qm pro Stunde 112,5 bis 112 Lit. filtrirtes Wasser geliefert, und es ist damit eine Reduction der Keimzahl im Rohwasser von 1940 resp. 2000 auf 30 resp. 37 Keime erreicht.

Für das filtrirte Wasser ist ein schmiedeeisernes Hochreservoir (System Intze) von 1000 cbm Inhalt auf dem Bahnhofe Salbke erbaut, das von F. A. Neumann in Aachen geliefert und auf einem massiven Unterbaue ummantelt und unter Dach aufgestellt ist.

Das Filterwerk ist wegen ungenügender Leistung am 8. October 1896 ausser Betrieb gesetzt, und das Wasser wird so lange wieder von der Stadt bezogen, bis die neue Filteranlage fertig ist, welche aus 2 Klärbassins von je 1660 cbm Inhalt zum Durchfliessen des Wassers in 20 bis 39 Stunden und 3 Sandfiltern von der sonst gebräuchlichen Art von je 578 qm Fläche bestehen wird. Bis dahin sind die Plattenfilter für den Fall eines Rohrbruches des Magdeburger Wasserwerkes in Reserve gehalten.

XVII. Regierungsbezirk Merseburg.

(Provinz Sachsen.)

a) Bitterfeld 4 (Düben 8, Gräfenhainichen 15, Zörbig 43). — **b)** Delitzsch 7 (Eilenburg 10). — **c)** Eckartsberg 9 (Cölleda 5). — **d)** Halle a. d. Saale 16. — **e)** Liebenwerda 24 (Mühlberg a. d. Elbe 28). — **f)** Mansfeld, Senk. (Alsleben 2, Eisleben 11) — **g)** Mansfeld, Gebirgsk. (Hettstedt 18, Leimbach 23, Mansfeld 27). — **h)** Merseburg 1 (Friedeburg 12, Lützen 26, Schkeuditz 33). — **i)** Naumburg 29 (Kösen 20). — **k)** Querfurt 31 (Freyburg a. d. Unstrutt 13, Nebra a. d. Unstrutt 30). — **l)** Salk (Cönnern 6, Giebichenstein 14, Kaltenmark 19, Kreuz 21, Kröllwitz 22, Löbejün 25, Trotha 38, Wettin 40). — **m)** Sangershausen 32 (Artern 3, Stollberg a. Harz 35). — **n)** Schweinitz 34 (Herzberg a. d. Elster 17). — **o)** Torgau 37. — **p)** Weissenfels a. d. Saale 39 (Teuchern 36). — **q)** Wittenberg 41. — **r)** Zeitz 42.

1. h. Regierungshauptstadt **Merseburg.** (E. 18 828, W. 1465 mit je 12,8 B.)

Die Versorgung der Stadt Merseburg mit Brauchwasser erfolgte früher meistens aus der die Stadt durchfliessenden Geisel und mit Trinkwasser ausschliesslich aus gegrabenen Brunnen von 6,0 bis 7,0 m Tiefe. Es waren davon 35 öffentliche und ca. 500 private vorhanden. Der wiederholt durch Untersuchungen festgestellte, schlechte Zustand dieser Brunnen führte schon im Jahre 1880 die Stadtvertretung vor die Frage der Herstellung einer allgemeinen Wasserversorgung.

Als im Jahre 1886 der mit Voruntersuchungen für eine solche Anlage beauftragte Civilingenieur W. Pfeffer in Halle a. d. Saale in ca. 4 km von der Stadt entfernt beim Dorfe Rösen ein gutes Wasser aufgefunden und durch einen Versuchsbrunnen nachgewiesen hatte, dass es für die Bedürfnisse der Stadt genügen werde, wurde ihm die Aufstellung eines Projectes und nach dessen Genehmigung im Jahre 1888 die Ausführung des Baues des städtischen Wasserwerkes übertragen, das am 18. Juni 1889 in Betrieb gesetzt ist.

Dasselbe ist für eine tägliche Leistung von 3960 cbm bestimmt und hat M. 527 800 im Ganzen oder M. 28,03 pro Kopf gekostet. Die Maschinen und Kessel dafür sind von der Hannover'schen Maschinenbau-Actiengesellschaft in Linden bei Hannover geliefert. Die Rohrleitungen hat die Firma Conroy in Erfurt verlegt, und die Rohre dafür sind von dem Schalker Gruben- und Bergwerksverein in Gelsenkirchen geliefert. Der Betrieb des Werkes ist dem Stadtrath Kope unter Assistenz eines Maschinen- und eines Rohrmeisters unterstellt.

Die Wassergewinnung findet 3,5 km von der Stadt entfernt aus dem Grundwasser durch 3 gemauerte Brunnen mit theils durchlässigen Wänden statt, welche in 114 m Entfernung von einander stehen. 2 derselben haben 3,0 m und einer hat 1,5 m Durchmesser. Alle 3 haben 7,5 m Tiefe. Sie sind durch eine Heberleitung von 360 m Länge und von 350 mm Durchmesser mit einander und mit einem Sammelschachte verbunden, der 96 m von dem ihm nächsten Gewinnungsbrunnen entfernt ist. In jeden der Erschliessungsbrunnen mündet, von dem Heberrohre abzweigend, ein Saugrohr von 250 mm Durchmesser und 10,0 m Länge mit einer Fussklappe ein. Der Sammelschacht hat 3,0 m Durchmesser und 8,0 m Tiefe. Er hat eine betonirte Sohle und ist wasserdicht gemauert.

In der Pumpstation befinden sich 2 liegende Eincylindermaschinen mit Condensation und Ventilsteuerung nach Recke's Patent. Die Dampfkolben haben 460 mm Durchmesser und 0,96 m Hub. Die Maschinen leisten bei 42 Umdrehungen pro Minute je 57 P.S. Jede derselben betreibt 2 Pumpen: eine Schöpfpumpe und eine Druckpumpe. Erstere sind stehende Differentialpumpen mit freien Etagenventilen, welche das Wasser aus dem Sammelbrunnen auf 22 m Höhe in ein 50 m davon entferntes Reservoir fördern, das sich im Maschinenraume befindet. Diese Pumpen werden durch Gestänge und Kunstkreuze bewegt. Sie haben 0,442 mm Durchmesser und 0,5 m Hub. Jede der Pumpen fördert 183 cbm pro Stunde. Sie haben Saugleitungen von 50 m Länge und 500 mm Durchmesser. Das Reservoir, in welches sie ausgiessen, ist gemauert und hat bei 1,5 m Tiefe 24,75 cbm Inhalt. Die Druckpumpen sind liegende, doppelt wirkende Plungerpumpen. Sie haben 230 mm Durchmesser und 0,86 m Hub und werden direct von den verlängerten Kolbenstangen der Dampfcylinder angetrieben. Jede Pumpe liefert 165 cbm Wasser pro Stunde. Sie haben freie Ringventile und fördern das Wasser auf 28,0 m Höhe in das 3472 m davon entfernt liegende Hochreservoir mittels einer Druckleitung von 350 mm Durchmesser, welche von einem gemeinschaftlichen Druckwindkessel von 1,0 m Durchmesser und 4,5 m Höhe abgeht.

Zum Betriebe der Maschinen dienen 2 Zweiflammrohrkessel mit Vorfeuerungen für Braunkohle auf Treppenrosten. Sie haben je 52 qm Heizfläche und sind für 6 Atm. Dampfdruck concessionirt.

Der Wasserspiegel des an das Vertheilungsnetz angeschlossenen Hochreservoirs liegt 46,5 m hoch über dem Mittelwasser der Gewinnungsstelle. Es fasst 750 cbm und besteht aus Schmiedeeisen (System Intze). Es ist von F. A Neumann in Aachen ausgeführt und steht mit seinem Boden 26,0 m hoch über Terrain ummantelt und überdacht auf einem massiven Unterbaue.

Das Rohrnetz ist nach dem Circulationssysteme angeordnet. Es steht unter einem constanten Drucke, der normal 27,5 m beträgt. Die gesammten Rohrleitungen hatten bis zu 80 mm Durchmesser am 1. April 1896 24 990 lfd. m Länge bei 579 cbm Inhalt und waren mit 115 Schiebern verbunden. Nach den Durchmessern vertheilt, waren vorhanden:

Durchmesser mm	350	300	250	200	150	125	100	80
Rohrlänge m . .	3472	416	118	1243	3722	1226	5388	9405
Schieberzahl . .	5	1	0	3	21	4	32	49

Die Zahl der Hydranten (Unterflurhydranten nach Modell Blanke) betrug 192. Auch waren 5 Freibrunnen und ein öffentlicher Springbrunnen an die Leitungen angeschlossen. Die Zuleitungen bestehen von 13 mm bis 30 mm Durchmesser aus Bleirohren und von 50 mm bis 80 mm Durchmesser aus Eisenrohren. Die Hausleitungen bestehen gleichfalls aus Bleirohren.

Die Tabelle 116 gibt für die 7 Jahre von 1889/90 bis 1895/96 die gesammte Wasserförderung und den Kohlenverbrauch (geringwerthige Braunkohle aus der Grube Henriette) im Ganzen, pro 100 cbm Wasser und pro P.S.-Stunde bei 54,0 m Arbeitshöhe, sowie die Leistung pro kg Kohle in m $\times$ kg an.

Die Tabelle 117 (S. 159) gibt die Vertheilung der Gesammtabgabe für dieselben Jahre nach den verschiedenen Verbrauchszwecken sowohl, als auch für die Tage des mittleren, des grössten und des kleinsten Verbrauches, ferner die Zahl der Anschlüsse und Messer und deren Abgabe etc. und endlich verschiedene Verhältnisszahlen an.

Tabelle 116.

Jahr	Wasserförderung cbm	Kohlenmenge im Ganzen kg	desgl. pro 100 cbm	desgl. pro PS-Stunde	m $\times$ kg pro kg Kohle
1889/90	132 899	424 610	319,5	15,97	16 909
1890/91	306 495	753 038	245,6	12,28	21 987
1891/92	265 457	643 733	242,5	12,15	22 222
1892/93	396 955	800 462	201,6	10,08	26 779
1893/94	325 259	718 663	221,0	11,05	24 434
1894/95	398 837	854 264	214,2	10,71	25 210
1895/96	363 164	670 000	184,49	9,18	26 269

Im letzten Betriebsjahre betrug der grösste resp. der geringste Verbrauch in einem Monat 46 130 cbm resp. 26 102 cbm und in einer Woche 14 603 cbm resp. 5311 cbm. Bis Ende des Jahres 1895 sind im Ganzen 1030 Wassermesser geliefert, von denen 6 als Untermesser dienen und zwar 923 Stück von H. Meinecke, Breslau und 107 Stück von Wolff & Schreiber, Breslau. Nach der Grösse vertheilen sie sich wie folgt:

Durchmesser mm	13	15	20	25	30	33	40	50	65	80	100
Stückzahl . . .	123	6	694	169	5	2	5	15	3	7	1

Als Wassergeld ist pro cbm 20 Pf., jedoch mindestens pro Quartal für jede angeschlossene Leitung M. 3 zu zahlen Die Verwaltung liefert die Messer und die Instandhaltung liegt dem Abnehmer ob.

Eine Wasseruntersuchung des Dr. Kaiser in Dortmund vom 12. September 1894 hat im Liter Wasser folgendes Resultat ergeben:

Gesammtrückstand	483	mg
Chlornatrium	52	»
Chlorcalcium	34	»
Schwefelsaurer Kalk	234	»
Kohlensauere Magnesia	71	»
Kohlensaueres Eisenoxydul	5	»
Kohlensauerer Kalk	87	»
Organische Substanz	11	»

Die Zahl der Keime war sehr gering Das Wasser ist hiernach rein, aber sehr hart. Es hat einen sehr hohen Gypsgehalt, wie alle dortigen Wässer

2. f. Alsleben a. d. Saale. (E. 4242, W. 637 mit je 6,6 B.)

Für die Wasserversorgung der Stadt Alsleben dienen ausschliesslich Brunnen. 72 derselben, welche gegraben und ausgemauert sind, dienen für die allgemeine Benutzung.

3. m. Artern. (E. 4881, W. 568 mit je 8,6 B.)

Für die Wasserversorgung der Stadt Artern dienen 14 öffentliche, gegrabene und gemauerte Brunnen. Auch sind verschiedene private Brunnen in Benutzung. Ferner findet eine Zuleitung von künstlich gehobenem Unstrutwasser statt. Dieses wird auf der nahe gelegenen Saline durch eine von einem Wasserrade getriebene Pumpe gehoben und durch eine gusseiserne Rohrleitung von ca. 500 m Länge und

Tabelle 117.

Jahr	1889/90	1890/91	1891/92	1892/93	1893/94	1894/95	1895/96
Einwohnerzahl	17 669	17 669	17 669	18 000	18 000	18 400	18 800
Gesammtabgabe im Jahre . . . cbm	132 899	306 495	265 457	396 955	325 259	398 837	363 164
desgl. gegen 100 cbm des Vorjahres »	—	230,9	86,5	149,9	81,9	122,9	90,6
Liter pro Kopf pro Tag im Mittel	21	51	42	60	50	60	54
desgl am Maximaltage	80	122	114	121	122	114	116
Zahl der Anschlüsse	807	866	897	941	976	998	1 016
cbm pro Anschluss im Jahr	164	354	296	422	333	400	357
Tagesabgabe am							
mittleren Jahrestage . . . cbm	364	840	727	1 088	891	1 093	992
Maximaltage »	1 206	1 632	1 781	2 171	2 203	2 053	2 135
Minimaltage »	134	136	137	555	412	412	413
Von 100 cbm am mittleren Jahrestage am							
Maximaltage . . . cbm	331,5	194,9	244,9	199,9	247,0	187,5	215,2
Minimaltage »	36,8	16,2	18,8	51,0	46,3	37,7	41,6
Wasser für öffentliche Zwecke im Ganzen cbm	26 050	30 590	31 990	33 740	34 750	38 430	38 030
Davon für Strassensprengen »	4 000	4 500	5 500	6 000	6 000	4 500	4 500
» Springbrunnen »	120	120	120	120	180	180	180
» Laufbrunnen »	12 960	16 200	16 200	16 200	16 200	21 900	20 500
» Rinnsteinspülen »	4 000	4 000	4 500	6 100	6 500	4 500	5 500
» Kanalspülen »	4 000	4 500	4 500	4 050	4 500	4 500	4 500
» Bewässern öffentlicher Anlagen »	720	720	720	720	720	1 200	1 200
» Feuerlöschen »	50	150	50	50	150	150	150
» Diverses »	200	400	500	500	500	1 500	1 500
Von 100 cbm für öffentliche Zwecke für							
Strassensprengen . cbm	15,4	14,7	17,2	17,8	17,3	11,7	11,9
Springbrunnen »	0,4	0,4	0,4	0,4	0,5	0,5	0,5
Laufbrunnen »	49,8	53,0	50,6	48,0	46,7	57,0	53,9
Rinnsteinspülen »	15,4	13,1	14,0	18,2	18,7	11,7	14,4
Kanalspülen »	15,4	14,7	14,0	11,9	13,0	11,7	12,9
Bewässern öffentlicher Anlagen »	2,7	2,3	2,2	2,1	2,1	3,1	3,1
Feuerlöschen »	0,2	0,4	0,1	0,1	0,4	0,4	0,4
Diverses »	0,7	1,4	1,5	1,5	1,4	3,9	3,9
Wasser für Private »	99 667	229 567	109 279	212 632	164 946	197 698	220 784
Davon nach Messern »	95 167	222 967	103 779	194 570	146 884	197 129	219 661
Zahl der Messeranschlüsse	807	866	897	941	976	998	1 016
Wasser für Private ohne Messer . . cbm	4 500	6 500	5 500	18 062	18 062	569	1 123
Von 100 cbm für Private							
nach Messern	95,5	97,2	95,0	91,4	89,1	99,7	100,0
ohne Messer	4,5	2,8	5,0	8,4	10,9	0,3	—
Wasser für das Wasserwerk							
incl. Spülen, Verlust etc. . . . cbm	7 182	46 438	124 188	150 583	125 563	162 709	104 350
Von 100 cbm im Ganzen für							
öffentliche Zwecke »	19,6	10,0	12,0	8,5	10,7	9,6	10,5
Private »	75,0	74,9	41,3	53,6	50,7	49,7	60,7
das Wasserwerk »	5,4	15,1	46,7	37,9	38,6	40,7	28,8
Gesammtabgabe nach Messern							
von 100 cbm Gesammtabgabe »	71,6	72,7	39,1	49,0	45,1	49,4	60,7
Gesammtabgabe ohne Messer »	37 732	83 528	161 678	202 385	178 375	201 708	143 503
Desgl. von 100 cbm Gesammtabgabe »	28,4	27,3	60,9	51,0	54,9	50,6	39,3
Abgabe pro Messer im Jahre »	118	258	116	207	150	198	216

80 mm Durchmesser in die Stadt geführt. Hier speist es 4 öffentliche Laufbrunnen und 5 Hydranten. Untersuchungen zur Auffindung eines besseren Wassers sind bislang ohne Erfolg gewesen.

4. a. **Bitterfeld.** (E. 10636, W. 869 mit je 12,2 B.)

Die Wasserversorgung der Stadt Bitterfeld erfolgte früher ausschliesslich aus gegrabenen Brunnen. Im Jahre 1895 ertheilte die Stadtvertretung dem Civilingenieur O. Smrecker in Mannheim den Auftrag zu Vorarbeiten für eine einheitliche Wasserversorgung und, nachdem dessen Project für ein städtisches Wasserwerk die Genehmigung gefunden hatte, wurde ihm dessen Erbauung übertragen. Der Bau wurde Ende April 1896 begonnen und schon am 1. December desselben Jahres ist das Werk in Betrieb gesetzt.

Die Anlage ist für eine Abgabe von 1500 cbm pro Tag bestimmt und war zu M. 320000 oder M. 28,20 pro Kopf veranschlagt. Die Maschinen, Pumpen und Kessel sind von A. Borsig in Berlin, die Gussrohre von Lauchhammer und vom Groeditzer Eisenwerke und das schmiedeeiserne Hochreservoir von der Berlin-Anhalter Maschinenbau-Actiengesellschaft in Moabit geliefert. Die Rohrverlegungen hat C. Lauterbach in Leipzig besorgt. Das Werk steht unter der directen Verwaltung des Stadtmagistrats.

Das Wasser wird durch 2 gemauerte Brunnen mit offener Sohle und gelochten Wänden von 3,0 m Durchmesser und 8,5 m Tiefe, aus einer wasserführenden Kiesschicht von 10,0 m bis 12,0 m Mächtigkeit an der Berliner Chaussee in ca. 1 km Entfernung von der Mulde und ebensoweit von der Mitte der Stadt entfernt, gewonnen. Es ist eisenhaltig und muss daher vor der Abgabe durch Lüftung und nachfolgende Sandfiltration vom Eisen befreit werden.

In dem Maschinenhause befinden sich 2 liegende Eincylindermaschinen mit Ridersteuerung und Condensation, deren jede direct mit der verlängerten Kolbenstange eine doppeltwirkende Druckpumpe und durch eine Gegenkurbel eine stehende, einfachwirkende Schöpfpumpe antreibt. Beide Pumpen haben Plungerkolben. Die Kolben der Dampfcylinder haben 325 mm und die der Druckpumpen 180 mm Durchmesser und beide 0,6 m Hub. Die Maschinen machen 45 bis 60 Umdrehungen pro Minute und es leistet dabei eine jede 16 bis 22,5 P.S. Für die Dampfbereitung sind 2 Cornwallkessel von je 35 qm Heizfläche für Braunkohlenfeuerung aufgestellt.

Von einem gemeinschaftlichen Windkessel der Druckpumpen, der 1,2 m Durchmesser und 5,0 m Höhe hat, führt ein 2200 m langes Druckrohr von 250 mm Durchmesser zu einem schmiedeeisernen Hochreservoir von 500 cbm Inhalt, das auf der anderen Seite der Stadt, unmittelbar hinter dem Vertheilungsnetze und 1210 m von dessen Beginne entfernt, erbaut ist. Es ist auf einem gemauerten Unterbaue ummantelt und überdacht aufgestellt. Sein Wasserspiegel liegt 36,0 m hoch über dem mittleren Strassenniveau.

Das Rohrnetz ist nach dem Verästelungssysteme unter Verbindung einzelner Rohrstränge hergestellt. Die gesammte Rohrlänge von 12030 lfd. m setzt sich nach den Durchmessern wie folgt zusammen:

Rohrdurchmesser mm	250	200	175	150	125	100	80
Rohrlänge m . . .	2200	160	320	1850	1000	2000	4500

Damit sind 60 Schieber, 3 öffentliche Ventilbrunnen und 75 Unterflurhydranten (Modell Hilpert) verbunden, die in 100 m bis 120 m Entfernung von einander stehen. Die Zuleitungen bestehen aus schweren, galvanisirten, schmiedeeisernen Rohren von 20 mm, 25 mm und 30 mm Durchmesser und haben Reuther'sche Anbohrschellen. In den Häusern sind Niederschraubhähne zur Absperrung angebracht.

Sämmtliche Häuser, soweit in den Strassen, an welchen sie liegen, sich Leitungen befinden, müssen an die Leitung angeschlossen werden. Als Wassergeld wird 6 % des Mieth- oder Nutzungswerthes der Gebäude gezahlt. Bei Wohnungen mit Läden, Lagerräumen und Werkstätten tritt eine Ermässigung von 30 % dieser Taxe ein. Für Grossgewerbe etc. findet die Abgabe nur nach Messern statt und es ist pro cbm zu zahlen bei einem Jahresverbrauche von 500 bis 1000 cbm 15 Pf, darüber bis zu 2000 cbm 14 Pf., darüber bis zu 3000 cbm 13 Pf. und darüber 12 Pf.

5. c. **Cölleda.** (E. 3536.) Ohne Antwort.

6. l. **Cönnern.** (E. 4195, W. 592 mit je 7,1 B.)

Die Wasserversorgung der Stadt Cönnern erfolgt ausschliesslich aus gegrabenen, gemauerten Brunnen, von denen 12 öffentliche vorhanden sind.

7. b. **Delitzsch.** (E. 9564.)

Die Wasserversorgung der Stadt Delitzsch erfolgt ausschliesslich aus gegrabenen und gesenkten Brunnen. Das Wasser ist gut und in stets genügender Menge vorhanden.

8. a. **Düben.** (E. 3232, W. 450 mit je 7,0 B.)

Für die Wasserversorgung der Stadt Düben dienen 6 öffentliche Pumpenbrunnen. Auf den Feldern in der Nähe der Stadt sind ferner kleine Sammelbrunnen angelegt, deren Wasser durch hölzerne Rohrleitungen mit natürlichem Gefälle in die Stadt geleitet wird und hier in hölzerne Wasserbehälter ausläuft.

9. c. **Eckartsberga.** (E. 1899). Ohne Antwort.

10 b. **Eilenburg.** (E. 13401, W. 1200 mit je 11,2 B.)

Die Wasserversorgung der Stadt Eilenburg erfolgt ausschliesslich aus gesenkten und gegrabenen Brunnen in der Stadt. Es sind deren 39 öffentliche und ca. 500 private vorhanden, die 5,0 m bis 40,0 m Tiefe haben. Eine bessere Versorgung ist schon seit längeren Jahren von der Stadtvertretung als wünschenswerth erkannt.

Dafür war Anfangs filtrirtes Muldewasser in Aussicht genommen. Im Jahre 1894 wurden die Vorarbeiten dazu dem Civilingenieur Schinzer in Halle a. d. Saale übertragen, welcher jedoch statt dessen die Gewinnung von Grundwasser empfahl. Im Süden der Stadt hatte er erfolgreiche Bohrungen vorgenommen, und es sind im Jahre 1895 für einen Versuchsbrunnen M. 12000 von der Stadt bewilligt. Dieser muss jedoch nicht zu einem befriedigenden Resultate geführt haben, weil nach neueren Nachrichten der Baurath Thiem in Leipzig von der Stadt mit neuen Vorarbeiten betraut ist.

11. f. **Eisleben.** (E. 23049, W. 2200 mit je 10,5 B.)

Für die Wasserversorgung der Stadt Eisleben dienten früher 31 Pumpenbrunnen von 5,0 m bis 28,0 m Tiefe. Ausserdem waren 17 Auslaufständer vorhanden, welche Quellwasser lieferten, das aus 7 Quellen durch Holz- und Thonrohre mit natürlichem Gefälle zufliesst. Diese Quellen entspringen an den umliegenden Berghängen aus dem Muschelkalke.

Seit dem Jahre 1867 ist von der Stadt mit einem Kostenaufwande von M. 100000 eine einheitliche Versorgung ausgeführt. Das Wasser wird aus einem 52,0 m tiefen Schachte bei Wimmelburg, der 260 m von der Stadt entfernt liegt und der Mannsfelder Gewerkschaft gehört, durch mit Dampfkraft getriebene Pumpen gehoben und einem dicht neben der Stadt gelegenen, gemauerten Hochreservoire von 600 cbm Inhalt zugeführt.

Durch diese Anlage sind im Jahre 1882 im Ganzen 24980 cbm oder 68 cbm pro Tag abgegeben. Davon erhielten 130 Häuser zum Hausgebrauche 14324 cbm oder jedes 305 Lit. pro Tag. Es waren damals 30 Freibrunnen und 74 Hydranten vorhanden. Neuere Nachrichten über die Versorgung liegen nicht vor.

12. h. Friedeburg. (E. 1094).

Zur Versorgung der Gemeinde Friedeburg ist im Jahre 1892 für deren Rechnung von dem Ingenieur A. Loeffler in Freiberg nach dessen Projecte eine Quellwasserleitung ausgeführt, welche M. 10000 gekostet hat. Es steht dafür nur ein sehr kleines Quellgebiet zur Verfügung, das täglich 10 bis 50 cbm liefert, was 9 bis 45 Lit. pro Kopf entspricht.

Das Wasser wird durch eine 80 m lange Sammelleitung aus gelochten Thonrohren von 150 mm Durchmesser, in welche 5 Quellenschächte von 2,5 m bis 4,0 m Tiefe eingeschaltet sind, erschlossen und in 2 Sammelschächte von 4,0 m Tiefe durch eine 47,0 m lange Leitung aus Thonrohren von 125 mm Durchmesser eingeführt.

Im Orte selbst liegt ein Hochreservoir von 10 cbm Inhalt, das aus Stampfbeton mit Ueberwölbung hergestellt ist. Demselben fliesst das Wasser von dem Sammelschachte durch eine 500 m lange Thonrohrleitung von 50 mm Durchmesser mit natürlichem Gefälle zu. Zur Vertheilung dient ein Rohrnetz von 632 m Länge, das folgende Durchmesser hat:

Rohrdurchmesser mm	80	70	60	50
Rohrlänge m . . .	307	100	133	50
Schieberzahl	5	0	0	1

13. k. Freyburg a. Unstrutt. (E. 3310, W. 359 mit je 9,2 B.)

Die Wasserversorgung der Stadt Freyburg erfolgt ausschliesslich aus gemauerten Brunnen. Davon dienen 11 für die öffentliche Benutzung.

14. l. Giebichenstein. (E. 16000.)

Nach dem Projecte des Civilingenieurs Pfeffer in Halle a. d. Saale ist für Rechnung der Gemeinde Giebichenstein im Jahre 1893 ein Wasserwerk hergestellt, welches ausser diesem Orte die Gemeinden Trotha und Kröllwitz und seit dem Jahre 1895 auch das Landesgestüt Kreuz mit Wasser versorgt. Die Anlage ist für eine Leistung von 1250 cbm pro Tag bestimmt und hat ursprünglich M. 460000 gekostet. Die angeschlossenen Gemeinden haben die Kosten ihrer Rohrleitungen selbst bezahlt, und es stellen sich diese auf M. 50000 für Trotha, auf M. 45000 für Kröllwitz und auf M. 10000 für Kreuz. Die Gesammtkosten für die im Ganzen durch das Wasserwerk versorgten 23000 Bewohner betragen mithin M. 565000 oder ca. M. 25 pro Kopf.

Das Wasser wird aus 5 Brunnen gewonnen, deren Wände bis zur Wasserhöhe geschlitzt sind und aus Mauerwerk bestehen. Diese haben 3,0 m Durchmesser und 10,0 m bis 11,0 m Tiefe. Sie liegen in der Nähe des Götsche Baches an der Halle-Bernburger Eisenbahn auf einem Grundstücke von 2,5 ha Grösse. Durch eine Heberleitung ist deren Wasser in einen Sammelschacht von 3,75 m Durchmesser und 7,5 m Wassertiefe, dessen Sohle 13,0 m unter Terrain liegt, überführt, aus dem es die Pumpen in der daneben erbauten Pumpstation entnehmen.

In der Pumpstation sind 2 liegende Eincylindermaschinen von je 40 PS. aufgestellt, welche Dampfkolben von 420 mm Durchmesser und 0,8 m Hub haben. Diese betreiben je eine direct gekuppelte, doppeltwirkende Plungerpumpe von 205 mm Durchmesser als Druckpumpe und ferner mittels Kunstkreuzen je eine in dem Sammelschachte aufgestellte, stehende, einfachwirkende Hebepumpe von 440 mm Kolbendurchmesser und 0,4 m Hub. Jede Maschine fördert bei 45 Umdrehungen pro Minute 126 cbm Wasser pro Stunde auf 60,0 m Höhe. Den Dampf liefern zwei Zweiflammrohrkessel mit Treppenrosten von je 40 qm Heizfläche und mit einem auf 6 Atm. concessionirten Dampfdrucke. Die Maschinen hat E. Leutert in Giebichenstein und die Kessel H. Seifert in Halle a. d. Saale geliefert.

Auf dem Galgenberge, 3850 m von der Gewinnungsstelle entfernt, ist ein zweitheiliges Hochreservoir von im Ganzen 800 cbm Inhalt in Mauerwerk hergestellt, zu dem eine Druckrohrleitung von 300 mm Durchmesser führt. Es liegt hinter dem Vertheilungsnetze und 400 m davon entfernt. Die Leitung für Kröllwitz zweigt schon vor dem Reservoire ab. Für Trotha ist eine besondere Leitung von dem Reservoire aus hergestellt.

Das direct an die Druckleitung anschliessende Vertheilungsnetz von Giebichenstein ist nach dem Circulationssysteme hergestellt und steht unter einem constanten Drucke von 30,0 m bis 50,0 m je nach der Ortslage. Es hat im Ganzen 16800 lfd. m Länge und ist mit 80 Schiebern, 4 Entleerungen und 125 Ueberflurhydranten verbunden. Letztere sind mit Selbstentwässerung versehen und in ca. 80 m Entfernung von einander aufgestellt. Die Zuleitungen, deren bis Ende 1896 im Ganzen 650 hergestellt waren, und die Hausleitungen bestehen aus Bleirohren, erstere von 20 mm und 25 mm Durchmesser. Die aufgestellten Wassermesser sind von Dreyer, Rosenkranz & Droop, Hannover geliefert. Es sind deren 15 Stück für Privatanschlüsse eingebaut. Für Kröllwitz und für Trotha dient je ein Centralmesser von 150 mm Durchmesser und für Kreuz ein solcher von 80 mm Durchmesser.

Mit dem Gesammtwerke waren Ende 1896 an Rohrleitungen 36675 lfd. m Rohre mit 121 Schiebern, 182 Hydranten und 18 Druckständern verbunden, und es waren 848 Anschlüsse in Benutzung, in welche 213 Wassermesser eingebaut waren. Von der gesammten Wasserabgabe im Jahre 1896 von 270000 cbm entfielen auf Giebichenstein 200000 cbm, auf Trotha 35000 cbm, auf Kröllwitz 20000 cbm und auf Kreuz 15000 cbm.

15. a. Gräfenhainchen. (E. 3169, W. 430 mit je 7,4 B.)

Die Wasserversorgung der Stadt Gräfenhainchen erfolgt ausschliesslich aus Brunnen in der Stadt. Es sind 10 Brunnen für die öffentliche Benutzung und 195 private Brunnen vorhanden.

16. d. **Halle a. d. Saale.** (E. 116207, W. 4054 mit je 28,6 B.)

a) Geschichtliches.

Seit alten Zeiten erfolgte die Wasserversorgung der Stadt Halle überwiegend aus Brunnen innerhalb der Stadt, die in grosser Zahl auf Privatgrundstücken vorhanden sind und deren 42 als öffentliche benutzt wurden. Durch den eigenartigen Untergrund der Stadt ist die Qualität des Wassers derselben immer eine sehr verschiedene und zum nicht geringen Theile auch stets eine recht schlechte gewesen. Ausserdem befand sich in der Stadt ein altes städtisches Pumpwerk, das durch ein Wasserrad getrieben wurde und mitten in der Stadt täglich ca. 700 cbm Wasser aus der Saale entnahm, um es durch hölzerne Rohrleitungen zu vertheilen. Endlich führten 6 Zuleitungen ein sehr hartes Wasser mit natürlichem Gefälle in einer Menge von täglich ca. 100 cbm in die Stadt. Davon waren 4 Leitungen, nämlich die Glauchauer, die früher Kuntze'sche vom neuen Werke, die Steinthor- und die Neumarkt-Leitung städtisches Eigenthum, während die beiden anderen, die Leveaux'sche und die Franke'sche sich in Privatbesitz befanden.

Dass daher schon vor Jahren das Bedürfniss nach einer besseren Versorgung allseitig empfunden wurde, ist wohl erklärlich. Im Jahre 1838 standen sich 2 Projecte für diesen Zweck einander gegenüber und wurden auch später noch vielfach discutirt, ohne dass jedoch eine Einigung darüber erreicht wurde. Nach dem einen Projecte sollte ein grösseres Pumpwerk für Saalewasser angelegt werden, welches oberhalb der Stadt geschöpft werden sollte. Das andere Project hatte das Grundwasser in den ausgedehnten Kiesschichten zwischen der Leipziger und Merseburger Chaussée in's Auge gefasst, von deren Wasserreichthum man durch die Wasserförderung der früheren Baldamus-Grube Kenntniss hatte. Damit glaubte man die untere Stadt mit natürlichem Gefälle genügend versorgen zu können.

Im Jahre 1864 wurde, um diese Angelegenheit zu fördern, eine städtische Wassercommission gewählt, welche in den folgenden Jahren alle für eine städtische Versorgung in Frage kommenden Verhältnisse eingehend untersuchte. Es zeigte sich dabei, dass das früher in's Auge gefasste Grundwasser weder nach Menge noch nach Beschaffenheit den zu stellenden Ansprüchen genügte. Dagegen hoffte man, an den Flussufern durch natürliche Filtration eine reichlichere Wassermenge gewinnen zu können. Aber auch hier gelangte man direct oberhalb der Stadt wegen der sehr geringen Durchlässigkeit der Bodenschichten zu keinem günstigen Resultate. Man kam bei diesen Untersuchungen an der Saale bis zu dem Eintritte der Elster in die Saale bei dem ca. 6 km in südlicher Richtung von der Stadt entfernten Dorfe Beesen an. Durch umfassende Bohrungen wurde hier constatirt, dass auf der von den beiden Flüssen eingeschlossenen Halbinsel, der sogenannten Aue, sich ein mächtiges Kieslager von ca. 100 ha Ausdehnung unter einer 1,6 m starken Deckschicht von Ziegelerde und von sandigem, blauen Thon befindet, das in einer Mächtigkeit von 4,4 m auf buntem Sandsteine lagert.

Im Jahre 1867 hat die Stadt dann den Ingenieur B. Salbach, welcher bis dahin in Berlin bei dem Oberbaurath Moore gearbeitet hatte und später in Sachsen den Titel königl. Baurath erhielt, mit speciellen Untersuchungen der Aue beauftragt. Die anfängliche Annahme, das in der Kiesschicht erschlossene Wasser sei zurückgetretenes Flusswasser, konnte er sehr bald durch praktische Versuche als unrichtig nachweisen. Ein hier hergestellter Versuchsbrunnen liess bei seinem Betriebe den Unterschied in der chemischen Beschaffenheit und in der Temperatur zwischen dem Grundwasser und dem Flusswasser klar erkennen. Auch ergab sich bei einem mehrwöchentlichen Betriebe desselben bei einer 2,8 m tiefen Absenkung trotz einer täglichen Entnahme von 980 cbm, dass nur eine Fläche von ca. 86 m im Durchmesser durch diese Wasserentnahme in Mitleidenschaft gezogen wurde, während darüber hinaus der Wasserstand ganz intact blieb. Endlich wurde von Salbach auch durch directe Versuche die völlige Undurchlässigkeit der Flussufer und damit die Unmöglichkeit, dass Flusswasser in die Kiesschichten übertreten könne, nachgewiesen.

Auf Grund seiner weiteren Studien des Untergrundes kam Salbach zu der Ueberzeugung, dass auf diesem Terrain durch eine grössere Zahl von Brunnen mit Sicherheit auf ein alle jetzigen und späteren Bedürfnisse der Stadt befriedigendes Wasserquantum zu rechnen sein würde. In der That hat auch, selbstverständlich bei einer wachsenden Ausdehnung der Erschliessungsarbeiten, die Folgezeit gelehrt, dass für eine tägliche Lieferung von 15000 cbm Wasser nur die momentan vorhandene Maschinenkraft, aber nicht der vorhandene Wasserreichthum eine Grenze gebildet hat.

Unabhängig von der Menge des disponibelen Wassers hat freilich im späteren Verlaufe des Betriebes die Wasserqualität mitunter zu vorübergehenden, ernsten Beunruhigungen geführt. Die nördliche Begrenzung der Halbinsel, auf der das Gewinnungsfeld, welches im Osten auch noch über das rechte Elsterufer hinausgeht, liegt, bildet die Elster und im Westen und Süden die Saale. Diese ganze Fläche ist ferner durch die von Südosten kommende Gerwische, die als das stille Wasser kurz vor dem Eintritte der Elster in die Saale in erstere einmündet, in 2 Hälften getheilt. Die anfängliche Annahme, dass man es hier mit einem einheitlichen Kiesbette zu thun habe, hat sich bei weiteren Untersuchungen nicht bestätigt, sondern es hat sich gezeigt, dass durch rückenförmige Erhebungen des Buntsandsteingebirges 3 getrennte Mulden gebildet sind, welche Wasser von einer verschiedenen Qualität liefern. Während das der Elster zufliessende Grundwasser sich eisenfrei erhalten hat, ist das zur Saale abfliessende Wasser zur Algenbildung geneigt und zeigt einen örtlich quantitativ wechselnden Eisengehalt. Schon im Jahre 1868 ist Salbach auf diese Eigenschaft aufmerksam gemacht worden, und er hat bereits damals Versuche im Kleinen zur Beseitigung des Eisens angestellt, die auch zu einer völligen Enteisenung des Wassers durch Belüftung und nachherige Filtration geführt haben.

Wenn es in früheren Jahren nach dem Entdecken dieser Verschiedenheit des Wassers noch möglich gewesen ist, sich vor dem Eisen durch den Abschluss des eisenhaltigen Wassers zu schützen, so hat die Nothwendigkeit der späteren Benutzung auch dieses eisenhaltigen Wassers in Folge des wachsenden Consums die Trübung des Leitungswassers durch den Eisengehalt in den 90er Jahren doch so gesteigert, dass man im Jahre 1895 dazu übergegangen ist, eine Eisenreinigung für das ganze Wasser im Grossen einzurichten, worüber später, ebenso wie über die sonstigen Erweiterungsbauten, berichtet werden wird.

b) Erste Anlage des Wasserwerkes.

Nachdem Salbach seine Untersuchungsarbeiten soweit beendet hatte, dass er den Wassergewinnungspunkt bei Beesen in Vorschlag bringen konnte, ist er von der Stadt mit der Ausarbeitung eines Projectes eines städtischen Wasserwerkes für eine tägliche Maximallieferung von 7730 cbm Wasser und dann mit der Bauausführung desselben beauftragt worden. Im August 1867 ist mit den Wassergewinnungsanlagen begonnen und Anfangs April 1869 konnten schon die Pumpmaschinen in Betrieb gesetzt werden, so dass am 10. April die erste Füllung des Hochreservoirs erfolgte. Ende September desselben Jahres waren bereits die damals vorhandenen 2500 Wohnhäuser fast sämmtlich an die Wasserleitung angeschlossen.

Die Pumpstation ist am rechten Ufer der Elster in dem früheren Garten des von der Stadt erworbenen Rittergutes Beesen erbaut. Zu derselben führte ein die Elster als Düker kreuzendes, schmiedeeisernes Saugerohr von 390 mm Durchmesser und 63 m Länge, das von einem, am anderen Ufer des Flusses abgesenkten Brunnen abging. Dieser Brunnen ist gemauert und hat 3,77 m Durchmesser und 5,0 m Tiefe unter Terrain. Er reicht 1,26 m tief unter den niedrigsten Wasserstand der Elster hinab und hat einen offenen Boden und durchlässige Seitenwände. Von Süden her ist in den Brunnen eine ca. 220 m lange Filterrohrleitung aus theilweise durchlochten Thonrohren von 470 mm Durchmesser eingeführt, die in 3,8 m bis 4,4 m Tiefe unter Terrain und in 0,74 m Tiefe unter dem niedrigsten Wasserstande der Elster liegt. Diese ist mit ihrem anderen Ende mit einem zweiten Brunnen verbunden, der gleiche Dimensionen wie der erste hat und in gleicher Weise ausgeführt ist. In diese Filterleitung sind 5 Revisionsbrunnen von 1,57 m Durchmesser eingeschaltet. In den zweiten Brunnen sind ferner 3 Filterrohrleitungen von 410 mm Durchmesser eingeführt, von denen 2 der Gerwische parallel liegen und eine auf diese normal gerichtet ist. Die ersteren Leitungen haben 150 m resp. 100 m Länge und 2 resp. einen Revisionsbrunnen; die letztere hatte Anfangs nur 30 m Länge.

Die Pumpstation bestand damals aus einem der Elster mit der Langwand zugekehrten Maschinenraume von 11,3 m und 15,0 m Grundfläche im Lichten, an welchen sich hinten ein Kesselraum von 14,1 m und 18,8 m im Lichten anschloss, welcher Platz für 4 Dampfkessel bot. In der südlichen Ecke zwischen beiden Gebäuden stand ein Kamin von 1,57 m lichtem Durchmesser und 37,7 m Höhe.

In dem Maschinenraume sind 2 liegende Eincylindermaschinen mit gegen einander gekehrten Schwungrädern, mit Condensation und mit Schiebersteuerung, jede von 60 PS. Leistung bei 21 Umdrehungen pro Minute, aufgestellt. Jede derselben betreibt eine direct mit ihrer Kolbenstange gekuppelte, doppeltwirkende Pumpe mit Scheibenkolben und Glockenventilen, die pro Stunde 180 cbm Wasser auf 35 m Höhe fördern kann. Die Dampf- resp. Pumpenkolben haben 658 mm resp. 324 mm Durchmesser und 1,098 m Hub. In dem Kesselraume sind Anfangs 3 Zweiflammrohrkessel aufgestellt gewesen, welche 9,4 m Länge und 1,88 m Durchmesser in den Hauptkesseln und 0,63 m Durchmesser in den Flammrohren hatten. Jeder Kessel hatte 72 qm Heizfläche und war für 4 Atm. Dampfspannung concessionirt. Die Kessel sind für Braunkohlenfeuerung mit vorgelegten, zweitheiligen Treppenrosten von 3,25 qm für jeden Kessel versehen gewesen.

Beide Maschinen arbeiten in einen gemeinschaftlichen Druckwindkessel von 1,1 m Durchmesser und 4,4 m Höhe, von dem ein Druckrohr von 392 mm Durchmesser und 4507 m Länge zu einem gemauerten und überwölbten Hochreservoire von 3092 cbm Inhalt führt, das für die untere Zone dient. Dasselbe liegt ca. 1890 m von dem Marktplatze der Stadt entfernt. Die Wasserhöhe darin beträgt 5,2 m, und es liegt der Wasserspiegel desselben 34,77 m hoch über dem niedrigsten Elsterwasserstande. Direct im Anschlusse daran ist ein zweites Hochreservoir aufgestellt, das aus Eisenblech besteht und einen flachen Boden von 11,3 m Durchmesser hat. Es hat eine Wasserhöhe von 4,7 m und steht auf einem massiven Unterbaue, 23,5 m hoch über Terrain. Sein Wasserspiegel liegt 19,0 m höher als der des anderen Reservoires und sein Inhalt beträgt 464 cbm. Es ist ummantelt und überdacht. Von dem Niederdruckreservoire führen 2 Fallrohrleitungen von 366 mm und 235 mm und von dem Hochdruckreservoire führt eine Fallrohrleitung von 262 mm Durchmesser zur Stadt.

Das Rohrnetz war Anfangs in der Hauptsache nach dem Circulationssysteme angelegt. Die damalige Länge der Leitungen betrug 43 311 m. Die von der Stadt kostenfrei hergestellten Anschlussleitungen für die Häuser bestehen aus Bleirohren und hatten Anfangs 12 805 m Länge. Die Zahl der Hydranten, die in ca. 90 m Entfernung von einander standen, betrug 372 und die der Schieber 178.

Die Kosten dieser ersten Anlage haben sich auf M. 1171472 gestellt und zwar:

für die Brunnen und Sammelrohre . .	M.	62 612
» die Gebäude, Maschinen und Kessel	»	150 849
» die Reservoiranlagen	»	198 540
» die gesammten Rohrleitungen . .	»	652 797
» die Anschlussleitungen	»	102 556
» Diverses	»	14 118

c) Erweiterungen der Wasserwerks- und Reservoiranlagen.

1. Wassergewinnungsanlagen.

Die Wassergewinnungsanlagen haben bis zum Jahre 1887 in verschiedenen Perioden umfassende Erweiterungen und manche Aenderungen erfahren. Sie bestehen jetzt im Ganzen aus 4744,55 lfd. m Rohrleitungen, die mit 30 Sammelbrunnen von 1,25 m bis 9,42 m Durchmesser und mit 4 Schieberbrunnen von je 2,0 m Durchmesser verbunden sind. Die Rohrleitungen setzen sich zusammen aus:

1098,18 lfd. m ungelochten Thonrohren von 240 mm bis 630 mm Durchmesser,

3398,51 lfd. m gelochten Thonrohren, gleichfalls von 240 mm bis 630 mm Durchmesser,

207,86 lfd. m schmiedeeisernen Dükerrohren von 200 mm, 570 mm und 600 mm Durchmesser und

40,00 lfd. m gusseisernen Rohren von 600 mm Durchmesser.

Mit den Rohren sind 47 Schleusen und ist ein Schieber verbunden, welcher 600 mm Durchmesser hat.

In das die Elster kreuzende Saugerohr war am rechten Ufer früher ein Windkessel eingeschaltet, mit dessen dritten Rohrstutzen eine am rechten Ufer entlang stromaufwärts geführte, ca. 100 m lange Leitung verbunden war, die aus einem dritten Hauptbrunnen abging. In diesen Brunnen führt eine Filterleitung, die in den Jahren 1869 und 1870 ausgeführt ist und sich mit 2 in dieselbe eingeschalteten Brunnen am Ufer auf ca. 230 m Länge hinaufzieht.

Im Jahre 1871 ist auf dem linken Ufer der Gerwische ein vierter Hauptbrunnen hergestellt, welcher mit 4 kleinen Schieberbrunnen umgeben ist. Von letzteren ist Anfangs der eine durch einen durch die Gerwische verlegten Düker mit dem vorerwähnten zweiten Hauptbrunnen verbunden, während sich an den gegenüberliegenden Schieberbrunnen eine ca. 270 m lange Filterleitung anschliesst, welche, nach Südwesten gerichtet, von der Gerwische ab in fast rechtwinkeliger Richtung zu einem fünften Hauptbrunnen führt. In letztere Leitung ist ein Zwischenbrunnen eingeschaltet.

Im Jahre 1872 ist von dem dritten der Schieberbrunnen, die am vierten Hauptbrunnen liegen, eine Filterleitung zum dritten Hauptbrunnen gelegt, welche die Elster durch einen Düker kreuzt; für letzteren sind an den beiden Ufern wieder Brunnen hergestellt. Diese Leitung hat im Ganzen ca. 340 m Länge, und es ist auf dem rechten Ufer der Gerwische in diese Leitung ein sechster Hauptbrunnen eingeschaltet.

Im Jahre 1873/74 ist vom fünften Hauptbrunnen aus die Filterleitung in gleicher Richtung mit dem ersten Theile derselben um ca. 300 m verlängert. Ferner ist an die Stelle des vorerwähnten Windkessels in dem Saugerohre ein überwölbter Sammelbrunnen von 9,42 m Durchmesser gekommen, mit welchem das erste Saugerohr, das vom ersten Hauptbrunnen kommt, verbunden ist. Gleichzeitig ist an die Stelle des zweiten Saugerohres, das vom dritten Hauptbrunnen herkam, ein begehbarer, gemauerter Kanal von 87,7 m Länge bei 2,0 m Breite und 1,6 m Höhe getreten, in dessen Mitte befindet sich ein Einsteigeschacht von 1,25 m Durchmesser.

Im Jahre 1878 ist vom vierten der Schieberbrunnen aus, welcher am vierten Hauptbrunnen im Beesener Holze liegt, eine rechtwinkelig auf die Saale zu gerichtete Filterleitung, welche ca. 640 m Länge hat, und mit 4 eingeschalteten Brunnen verbunden ist, hergestellt. Ferner hat auch die erste Filterleitung zwischen dem ersten und zweiten Hauptbrunnen einen Umbau erfahren, wobei gleichzeitig 3 der früheren Revisionsbrunnen beseitigt sind.

Im Jahre 1882/83 ist vom sechsten Hauptbrunnen aus eine Filterleitung hergestellt, welche die Gerwische mit einem Düker kreuzt und dann zuerst nach Süden und dann in ca. 150 m Abstand vom Flusse parallel zu diesem fortgeführt ist. Sie hat ca. 600 m Länge und ist in der gleichen Richtung in den Jahren 1886 und 1887 jedesmal um ca. 400 m mit 600 mm Durchmesser verlängert. In diese Leitung sind im Ganzen 9 Brunnen eingeschaltet.

Im Jahre 1885 ist ferner vom fünften Hauptbrunnen aus und parallel zu der im Jahre 1878 hergestellten Filterleitung, welche rechtwinkelig auf die Saale zuführt, und von dieser ca. 350 m entfernt, eine Filterleitung mit 2 eingeschalteten Brunnen ausgeführt, welche auf 212 m Länge aus gelochten und auf 151 m Länge aus geschlossenen Thonrohren von 600 mm Durchmesser besteht.

Die gesammten Grundflächen in der Aue, welche von der Stadt für das Wasserwerk erworben sind, haben eine Ausdehnung von 5620 a. Sie bestehen aus Acker- und Wiesenland, sowie theilweise aus ausgeziegeltem Boden. Im Jahre 1894 hat die Stadtvertretung die Summe von M. 20000 bewilligt, um eine eingehende Untersuchung des gesammten Wassergewinnungsterrains, welches ihr zur Verfügung steht, durch Bohrungen vornehmen zu lassen, um dadurch einen Anhalt für die Zukunft für etwaige weitere Wassererschliessungen zu gewinnen. Diese Arbeiten sind durch den Unternehmer von Hof in Bremerhaven ausgeführt. Sie haben ergeben, dass eine Erweiterung der Anlagen bei einem etwa wachsenden Wasserbedarfe auf dem der Stadt gehörigen Terrain in einer voraussichtlich noch für lange Zeit genügenden Weise erfolgen kann. Vorläufig liegt freilich ein Bedürfniss nach Erweiterungen noch nicht vor.

2. Wasserförderungsanlagen.

Der in einem ursprünglich nicht vorausgesehenem Umfange gewachsene Wasserconsum in der Stadt zwang schon im Jahre 1873/74 eine Verlängerung des Maschinenhauses in gleicher Breite und in 21 m Länge in nördlicher Richtung vorzunehmen, um Platz für die Aufstellung einer dritten Maschine zu gewinnen. Im Jahre 1880/81 ist ferner, vor dem nördlichen Giebel des alten Maschinenhauses und mit letzterem in Verbindung, ein neues Maschinenhaus, welches Platz für 2 neue Maschinen bietet, ausgeführt. In diesem ist damals eine vierte Maschine aufgestellt. Im Jahre 1896 ist dann noch die Aufstellung einer fünften Maschine in diesem Hause erfolgt.

In dem Kesselhause hat im Jahre 1876 ein vierter Kessel seinen Platz gefunden. Im Jahre 1895 ist beschlossen, das alte Kesselhaus ganz aufzugeben und ein neues Kesselhaus in 4 m Abstand vom nördlichen Giebel des Maschinenhauses auszuführen, dessen Flucht 14 m gegen die nach der Elster zu gerichtete Flucht des Maschinenhauses zurückspringt. Dieses neue Kesselhaus hat eine Grundfläche von 14 m mal 17 m, und an seinen östlichen Giebel ist ein Kohlenraum angebaut, der 20 m mal 13,5 m als lichte Grundfläche erhalten hat. Vor der nördlichen Langwand des Kesselhauses ist ferner ein neuer Kamin erbaut. Auf der Stelle des alten Kesselhauses ist dann ein Maschinenhaus für die später zu beschreibenden Schöpfmaschinen hergestellt.

Die seit 1874 in Betrieb befindliche Maschine III ist eine liegende Woolf'sche Maschine mit Schwungrad, mit Condensation und mit Schiebersteuerung. Die verlängerte Kolbenstange des einen Cylinders treibt eine liegende, doppeltwirkende Pumpe mit Scheibenkolben und freien Glockenventilen direct an. Die Dampfkolben haben 653 mm resp. 1130 mm und der Pumpenkolben hat 500 mm Durchmesser. Alle 3 Kolben haben 1,2 m Hub. Die Maschine hat bei 18 Umdrehungen pro Minute eine Leistung von 120 PS. und fördert pro Stunde 360 cbm Wasser.

Die seit dem Jahre 1881 in Betrieb befindliche Maschine IV hat eine Leistung von 150 PS. Sie ist eine liegende Verbundmaschine mit Receiver und Präcisions-Ventilsteuerung. Sie betreibt direct durch ihre verlängerten Kolbenstangen 2 liegende, doppeltwirkende Plungerpumpen mit freien Ringventilen. Die Dampfkolben haben 700 mm und 1125 mm und die Plunger haben 350 mm Durchmesser. Sämmtliche 4 Kolben haben 1,25 m Hub. Die Maschine fördert pro Stunde 500 cbm Wasser bei 66,8 m Arbeitshöhe.

Die 3 ersten Maschinen sind von den Gebr. Sachsenberg in Breslau und die vierte Maschine ist von A. Borsig in Berlin geliefert. Die beiden ersten Maschinen sind 27 Jahre und die beiden anderen 21 Jahre resp. 14 Jahre in Benutzung, so dass die Tage der Maschinen I und II, welche ebenso wie die der Maschine III sehr wenig ökonomisch arbeiten, gezählt sind und auch die Maschine IV wohl später nur noch als Aushülfe Verwendung finden wird.

Seit dem Monate August 1897 ist die Maschine V in Betrieb, welche von E. Paschke & Comp. in Freiberg i. S. geliefert ist. Es ist eine liegende Verbundmaschine mit Flachschieber-Steuerung und mit von Hand verstellbarer Expansion, mit Condensation und mit Schwungrad. Sie hat bei 60 Umdrehungen pro Minute eine Leistung von 150 PS. und treibt mit jeder der verlängerten Kolbenstangen eine einfachwirkende Pumpe mit Plungerkolben und mit gesteuerten Ringventilen, Patent Riedler, an. Die Maschine liefert pro Stunde 500 cbm Wasser auf 80,0 m Höhe. Die Dampfkolben haben 480 mm resp. 710 mm und die Plunger 340 mm Durchmesser. Sämmtliche Kolben haben 0,8 m Hub. In einem 5 m breiten Anbaue, der südlich an das Maschinengebäude angeschlossen ist, befindet sich eine Werkstätte mit Schmiede und ein Raum für eine Dynamomaschine zur Beleuchtung der ganzen Anlage.

Der vierte Kessel, welcher im Jahre 1876 neu in das Kesselhaus eingelegt ist, war für 5 Atm. Dampfdruck concessionirt und hat einen Unterkessel erhalten, wodurch seine Heizfläche auf 80 qm vergrössert ist. Ein ebensolcher Kessel ist später an Stelle eines der alten Kessel, der abgängig geworden war, gekommen, während die beiden anderen, im Jahre 1868 beschafften Kessel von je 72 qm Heizfläche bis zum Abbruche des alten Kesselhauses, also 27 Jahre in Betrieb gewesen sind. Die Kessel sind von F. Wöhlert in Berlin und von F. Schmidt und von Christ. Meyer, beide in Halle a. d. Saale, geliefert.

Weil auch die beiden zuerst erwähnten anderen Kessel bereits 18 und 15 Jahre in Benutzung gewesen sind, so hat man auf ein Umlegen der 4 alten Kessel in das neue Kesselhaus verzichtet, und es sind daher in dieses, das Platz für 5 Kessel bietet, 4 neue Kessel eingelegt, welche F. Schmidt in Halle a. d. Saale geliefert hat. Diese sind seit dem 24. September 1896 in Betrieb genommen, während die alten Kessel verkauft sind. Die neuen Kessel sind Zweiflammrohrkessel mit Gallowayrohren; jeder hat 79,18 qm Heizfläche und ist für 9 Atm. Dampfspannung concessionirt. Die Kessel haben 9,0 m Länge und 2,0 m Durchmesser in den Hauptkesseln und 0,75 m resp. 0,675 m Durchmesser in den Flammrohren.

Zur Beurtheilung der Betriebsökonomie der Pumpstation in Betreff des Brennmaterials dient die Tabelle 117. Sie gibt für die 18 Jahre von 1879/80 bis 1896/97 den Verbrauch an Braunkohle für die Kesselfeuerung im Ganzen und pro 100 cbm gefördertes Wasser, sowie pro PS-Stunde bei Annahme einer Arbeitshöhe der Pumpen von 66,84 m, was übrigens vielleicht wegen der beiden Druckzonen nicht ganz richtig sein mag, und endlich die Leistung pro kg Kohle in m × kg an.

Tabelle 117.

Jahr	kg Kohlen im Ganzen	desgl. pro 100 cbm	desgl. pro PS.-Stunde	pro kg Kohle m × kg
1879/80	6 974 648	271,5	10,96	24 600
1880/81	7 944 206	277,3	11,20	24 100
1881/82	8 023 376	272,2	10,95	24 600
1882/83	6 068 688	185,1	7,48	36 100
1883/84	5 684 159	184,3	7,44	36 090
1884/85	5 510 314	160,6	6,49	41 600
1885/86	5 716 583	173,9	7,02	38 400
1886/87	5 162 890	172,4	6,96	38 800
1887/88	5 035 330	165,8	6,69	40 360
1888/89	5 434 839	168,7	6,81	39 650
1889/90	5 637 024	171,7	6,94	38 900
1890/91	5 423 456	156,1	6,31	42 790
1891/92	6 340 912	173,9	7,02	38 460
1892/93	6 287 632	176,9	7,15	37 760
1893/94	6 133 638	169,7	6,85	39 400
1894/95	5 960 108	168,4	6,80	39 700
1895/96	5 991 262	171,3	8,08	33 400
1896/97	6 119 639	173,9	8,16	32 900

Bei dem Betriebe der Pumpstation haben sich schon seit längerer Zeit, namentlich bei niedrigen Wasserständen, die grossen Saugehöhen für die Pumpen als nachtheilig gezeigt. Die absolute Saugehöhe bei Niedrigwasser beträgt für die Maschinen I und II 8,55 m, für III 7,87 m und für IV 7,60 m, und es steigert sich die wirkliche Saugehöhe durch die Widerstände etc. auf 9,0 m und mehr. Diesem Uebelstande war nur durch die Einschaltung von Schöpfpumpen abzuhelfen. Weil nun für die im folgenden Abschnitte beschriebene Enteisenungsanlage so wie so Rohwasserpumpen erforderlich waren, welche das eisenhaltige Wasser auf die Rieseler heben, von denen es, nachdem es die Filter passirt hat, in die Reinwasserreservoire gelangt, und weil das Wasser aus diesen durch die jetzigen Dampfpumpen demnächst zu entnehmen ist, so ist bei dem Projecte für die Enteisenungsanlage die Höhenlage des Reinwasserreservoirs so gewählt, dass die früher grosse Saugehöhe für die Druckpumpen fast ganz beseitigt ist.

In dem Gebäude, welches an der Stelle des alten Kesselhauses erbaut ist, sind 3 Schöpfpumpmaschinen aufgestellt, deren Pumpen in einem 6,0 m unter Terrain hinabreichenden Schachte montirt sind. Diese saugen direct aus dem Hauptsammelbrunnen, während das Ueberfallrohr aus den Filtern in 1,8 m Höhe über Terrain in das Reinwasserreservoir eintritt, wodurch den Druckpumpen die Saugearbeit ganz abgenommen ist.

Die Schöpfmaschinen sind von der Firma J. C. Freund & Comp. in Charlottenburg geliefert und im November 1897 in Betrieb gekommen. Es sind Verbundmaschinen mit Flachschiebersteuerung und mit von Hand verstellbarer Expansion. Sie haben Condensation und Schwungräder, und es treibt eine jede mittels ihrer verlängerten Kolbenstange direct eine doppeltwirkende Plungerpumpe an, welche Gummiklappenventile mit Federbelastung hat. Die Leistung jeder Maschine beträgt 35 PS. bei 40 Umdrehungen pro Minute. Dabei werden von ihr 500 cbm Wasser pro Stunde auf 20,0 m Höhe gefördert. Die Dampfkolben haben 350 mm und die Plunger 335 mm Durchmesser. Die sämmtlichen Kolben haben 0,63 m Hub.

Die Hauptdimensionen etc. der vorhandenen 8 Dampfpumpmaschinen sind in der Tabelle 118 (S. 166) nochmals übersichtlich zusammengestellt.

3. Wasserreinigungsanlagen.

Wenngleich man Anfangs den Verunreinigungen des Leitungswassers, die sich schon in den ersten Jahren des Betriebes zeigten, wie früher bereits bemerkt ist, durch einen möglichsten Ausschluss des sich nach der Saale zu ergiessenden Grundwassers, sowie durch Einschalten vollwandiger Rohre in die Filterleitungen an den Stellen, wo eisenreiches Wasser auftrat, mit einigem Erfolge entgegentreten konnte, so zwang doch der im Laufe der Jahre zunehmende Consum dazu, dafs man in dieser Beziehung nicht mehr so wählerisch sein konnte. Die Uebelstände für den Betrieb durch die aus dem Wasser sich bildenden Niederschläge in den Rohrleitungen und die Unzufriedenheit des Publikums mit der Trübung des Wassers traten daher immer mehr zu Tage. Es veranlasste das die Betriebsleitung, seit Anfang der 90er

Tabelle 118.

Maschinenzahl	5 Druckmaschinen Nr				3 Schöpfmaschinen
	I u. II je	III	IV	V	je
System der Maschinen	Eincyl.	Woolf	Verbund	Verbund	Verbund
Dampfkolben-Durchmesser mm	658	653/1130	700/1125	480/710	350/550
Pumpenkolben-Durchmesser mm	324	500	350	340	335
Hub der Dampf- und Pumpenkolben m	1,098	1,2	1 25	0,8	0,63
Umdrehzahl pro Minute	21	18	30	60	40
Leistung in PS.	60	120	150	150	35
cbm Wasser pro Stunde gefördert	180	360	500	500	500

Jahre Untersuchungen des Wassers in grösserem Umfange in Betreff seiner Enteisenungsfähigkeit vorzunehmen. Es ist dabei als Eisengehalt 0,3 mg bis 4 mg pro Liter festgestellt. Es ist bei den Versuchen durch eine Belüftung durch Rieselung eine Reduction des Eisengehalts von 85 % und bei denen durch Regenfall eine solche von nur 52 % erreicht, so dass der Director Schreyer sich für das erstere Verfahren entschieden. Im October 1895 hat er ein für eine solche Enteisenungsanlage ausgearbeitetes Project der Wasserleitungscommission vorgelegt, welches zugleich die früher erwähnten Aenderungen und Vergrösserungsanlagen des Wasserwerkes einschloss.

Die Ausführung der Enteisenungsanlage mit Rieselern, Filtern und Reinwasserbehältern, einschliesslich der neuen Dampfkessel, der Schöpfmaschinen und der dafür nöthigen Gebäude sammt Schornstein und mit allem Zubehör waren auf M. 650000 veranschlagt. Die Genehmigung dieser Bauten durch die Stadtverordneten erfolgte im Winter 1895, so dass im Januar 1896 bereits mit den Schachtarbeiten begonnen werden konnte. Im Herbst 1897 ist die Inbetriebsetzung der Anlage erfolgt.

Die Enteisenungsanlage liegt auf einem Platze südlich von der Pumpstation, dessen Planum für die neben einander liegenden Filter und Reinwasserreservoire um 4,0 m höher und für das hinter den Filtern liegende Rieselergebäude um 6,0 m höher als das alte Planum der Pumpstation liegt.

Das Rieselergebäude misst 11 m mal 25 m in der Grundfläche und enthält, neben einander liegend, 6 gemauerte Rieselerkammern von 4,0 m mal 9,15 m Grundfläche oder zusammen 220 qm Fläche, welche auf 3,5 m Höhe mit Steinen ausgesetzt sind, über welchen die Tropfrinnen liegen. Unter jedem Rieseler ist, von gleicher Grundfläche wie dieser, ein 1,5 m tiefes Absatzbassin mit einer von vorn nach hinten stark geneigten Sohle hergestellt. Hinten liegen die Spülleitungen und von vorn findet der Austritt aus jedem Bassin durch ein Rohr von 350 mm Durchmesser statt. 3 solcher Leitungen vereinigen sich zu einem Rohre von 500 mm Durchmesser, das für je 3 Filter als Zufluss dient. Von den Schöpfpumpen führt eine Druckleitung von 750 mm Durchmesser in einen Vorbau des Rieselerhauses und erhebt sich hier vertikal als Standrohr. Aus diesem findet durch Rinnen das Ueberleiten zu den Tropfrinnen der einzelnen Rieseler statt.

Die 6 Filter haben je 6 m Breite und 25 m Länge und bilden zusammen einen geschlossenen Block von im Ganzen ca. 43 m Länge, auf dessen einer Seite sich der Länge nach in einem gemeinschaftlichen Kanale das belüftete Wasser bewegt, um von hier aus in die einzelnen Filter durch Rohrleitungen mit je 2 Ausflüssen über das Filtermaterial zu gelangen. Auf der anderen Seite tritt das Wasser unter dem Filtermateriale durch Ueberfälle, die in Schächten für je 2 Nachbarfilter zusammengelegt sind, aus, um in Leitungen von 350 mm Durchmesser und dann in einem gemeinschaftlichen Rohre abzufliessen, das zu dem Reinwasserreservoire führt. Die Filter sind in 3,0 m Höhe über dem Filtermateriale durch Gewölbe überdeckt, auf denen eine Erdschüttung liegt. Jedes Filter hat 150 qm, alle 6 zusammen haben also 900 qm Filterfläche. Die Reinigung eines Filters erfolgt durch Spülung mit Wasser, das in der umgekehrten Richtung, wie das zu reinigende Wasser das Filter passirt. Neben den Filtern ist eine Sandwäsche eingerichtet.

Das Reinwasserreservoir besteht aus 2, neben einander liegenden Kammern, von denen jede 12 m mal 33 m in der Grundfläche misst und bei 4,0 m Wasserhöhe 1500 cbm fasst. Dieses Reservoir ist überwölbt und mit Erde überfüllt. Es liegen die Eintritte für das Wasser auf der einen und die Austritte auf der anderen der beiden Schmalseiten jeder Kammer. Dafür dienen Rohre von 500 mm Durchmesser. Die beiden Austrittsrohre vereinigen sich zu einem Rohre von 750 mm Durchmesser, von dem die einzelnen Saugeleitungen für die Druckpumpen abzweigen. Letztere sind jedoch so combinirt, dass die Pumpen event. auch aus dem Hauptsammelbrunnen, sowie direct aus den zu diesem führenden Leitungen saugen können. Für das Speisewasser für die Kessel ist ein besonderer Brunnen am Ufer der Elster vorgesehen, weil dafür auf enteisentes Wasser verzichtet ist.

4. Hochreservoire, Druck- und Fallrohre.

Ausser der bereits im Jahre 1868 ausgeführten Druckleitung von 392 mm Durchmesser und 4545 m Länge zu den Reservoiren an der Thurmstrasse, ist im Jahre 1873/74 eine zweite Druckleitung von 450 mm Durchmesser und 4471 m Länge und im Jahre 1880/81 eine dritte Druckleitung von 600 mm Durchmesser und 5250 m Länge hergestellt. Von diesen Leitungen ist die von 450 mm Durchmesser gleichfalls zur Thurmstrasse und zwar zur Versorgung des Niederdruckreservoires bestimmt, während früher die alte Druckleitung hauptsächlich für das Hochdruckreservoir benutzt wurde.

Die Druckleitung von 600 mm Durchmesser führt zur Magdeburger Strasse und dient für ein hier erbautes, zweites Hochreservoir, welches nach dem Projecte und unter der Leitung des Stadtbauraths Lohausen ausgeführt ist. Diese Anlage wurde nöthig, weil in Folge der zunehmenden Bebauung in den höheren Theilen des städtischen Gebietes die früher von Salbach gemachte Annahme, dass von dem Gesammtconsume 3 Viertel auf die Niederdruckzone und ein Viertel auf die Hochdruckzone entfallen würde, nicht mehr zutraf. Bereits im Jahre 1880 hat die Hochdruckzone mehr als die Hälfte des ganzen Wassers consumirt, so dass das erste Thurmreservoir mit 464 cbm nicht mehr ausreichte. Für die Grösse des neuen Reservoirs ist damals ein Consum für den Hochdruck von 8000 cbm pro Tag und als nöthiger Reservoirinhalt ein Fünftel davon angenommen, was nach Abzug des vorhandenen Reservoirinhaltes 1200 cbm ergab.

Der Platz für das Reservoir liegt 6500 m von der Gewinnungsstelle und 2000 m von der ersten Reservoiranlage entfernt und zwar auf einem Grundstücke, das später als Stadtpark zu dienen bestimmt war. Dementsprechend ist das Bauwerk auch architectonisch behandelt. Es ist dessen Parterregeschoss zur Benutzung als Kaffeehaus bestimmt. Das Reservoir ist aus Schmiedeeisen hergestellt und hat einen freitragenden Boden in Form einer Kugelcalotte von 2,16 m Pfeil und von 13,5 m Radius. Der cylindrische Theil hat 16,64 m Durchmesser und die Wasserhöhe beträgt 7,16 m. Der Unterstützungsring liegt auf einem 14,28 m hohen, massiven Unterbau. Das Reservoir ist ummantelt und überwölbt und ist durch einen nebengelegten Treppenthurm von 21,9 m Höhe zu besteigen. Es functionirt als Gegenreservoir und hat ein gemeinschaftliches Druck- und Fallrohr von 450 mm Durchmesser. Die Lieferung und Aufstellung war F. A. Neumann in Aachen übertragen.

Seit dem Jahre 1881 stehen 1664 cbm Reservoirinhalt unter 52,6 m Druck resp. 3092 cbm unter 36,25 m Druck für die Hochdruckzone, resp. für die Niederdruckzone zur Verfügung. Seit dieser Zeit hat ein Wachsen des Consums überwiegend in der Hochdruckzone stattgefunden. Es war aber auch der früher für diese Zone genügend gewesene Druck schon seit längeren Jahren nicht mehr ausreichend, weil die Bebauung des nördlichen Stadttheiles immer mehr zugenommen hat. Anfangs der 90er Jahre plante man daher, um diesen Druckmangel, der sich sehr fühlbar machte, zu beseitigen, die Thürme, in denen die beiden Hochdruckreservoire aufgestellt sind, entsprechend zu erhöhen und die Reservoire um ebensoviel höher aufzustellen.

Weil man aber die Störungen durch eine solche Bauausführung richtig würdigte und ferner die Beobachtung gemacht hatte, dass das Wasser in dem Hochreservoire an der Magdeburger Strasse überall nicht um mehr als 1,0 m bis 1,25 m unter seinem höchsten Wasserspiegel sinken durfte, wenn die Versorgung nicht beeinträchtigt werden sollte, so entstand das Project, auf dem Rossmarkte ein neues Hochdruckreservoir von 1200 cbm Inhalt und zwar 16,0 m höher als die alten Reservoire aufzustellen und die letzteren demnächst ganz aufzugeben, weil ihr Wasserinhalt wegen der zu geringen Höhe schon jetzt überall nur zum sehr geringen Theile nutzbar zu machen war. Ein von dem Stadtbauamte ausgearbeitetes Project für ein solches, neues Thurmreservoir, das in der Achse der Acker- und Lessingstrasse liegend angenommen ist, hat im März 1897 die Billigung der städtischen Behörden gefunden, und es sind dafür als Bausumme M. 172 650 oder M. 144 pro cbm Nutzinhalt und ferner für die dafür erforderliche neue Druckleitung M. 22 650 bewilligt.

Von den vorhandenen 4 Fallrohrleitungen hat die eine für die Niederdruckzone 366 mm Durchmesser und die 3 für die Hochdruckzone haben 235 mm, 262 mm und 400 mm Durchmesser. Es sind jedoch auch directe Verbindungen der Druckleitungen mit den Fallrohr- resp. Vertheilungsleitungen hergestellt, so dass durch die Reservoire nur der Theil des Wassers geht, welcher für den Ausgleich nöthig ist.

d) Rohrnetz- und Vertheilungsanlagen.

Die Länge des gesammten Rohrnetzes bis zu 50 mm Durchmesser abwärts hat am 1. April 1897 114 089,86 m und deren Inhalt 4584 cbm betragen, und es waren mit den Rohren 846 Schieber verbunden. Die Vertheilung der Rohre und Schieber nach den einzelnen Durchmessern gibt die Tabelle 119 an.

Tabelle 119.

Durchmesser mm	Rohrlänge m	Schieberzahl
600	5 333,73	9
500	10,70	1
470	—	2
450	4 504,80	7
392/400	7 821,02	29
366	1 045,12	1
300/314	1 368,70	14
250/262	4 465,69	22
225/235	2 585,84	10
175/183	1 652,03	14
150/160	12 800,65	73
125/131	6 825,51	66
100	30 939,80	329
75/80	34 196,95	259
60	219,00	2
50	320,35	8
zusammen	114 089,86	846

Für die Jahre von 1879/80 bis 1896/97 ist auf der Tabelle 120 für das Ende jedes Jahres die Länge der gesammten Rohrleitungen und die Zahl der Schieber, Hydranten, öffentlichen Springbrunnen, Laufbrunnen, Pissoire und Aborte angegeben.

Tabelle 120.

Jahr	Gesammt-Rohrlänge	Schieber	Hydranten	Springbrunnen	Laufbrunnen	Pissoire	Aborte
1879/80	65 277	243	495	6	6	4	—
1880/81	66 416	247	507	6	6	5	—
1881/82	67 133	271	519	6	6	5	—
1882/83	68 373	281	528	6	6	5	—
1883/84	69 612	302	544	6	11	5	—
1884/85	70 825	315	565	6	22	5	—
1885/86	74 408	337	586	6	26	10	—
1886/87	78 412	384	634	6	30	10	—
1887/88	80 441	417	669	6	32	10	—
1888/89	81 885	427	691	5	33	11	—
1889/90	85 775	489	736	5	34	11	1
1890/91	87 717	509	754	5	36	14	5
1891/92	91 115	588	780	5	36	15	5
1892/93	97 926	694	821	5	39	15	5
1893/94	106 068	752	849	5	31	16	5
1894/95	107 883	764	839	5	27	12	5
1895/96	110 681	818	875	4	26	19	6
1896/97	114 090	846	905	5	27	19	6

Die sämmtlichen Hydranten sind Unterflurhydranten. Sie stehen in ca. 80 m Entfernung von einander und sind durchgängig an Rohre von 75 mm Durchmesser angeschlossen. Für die öffentlichen Anlagen sind zu deren Bewässerung 6 Sprenghähne aufgestellt. Die gusseisernen Rohre sind von der Kölnischen Maschinenbau-Gesellschaft in Bayenthal, von J. C. Freund & Comp. in Berlin, von dem Eisenhüttenwerke Lauchhammer, von der Tangerhütte, von dem Schalker Gruben- und Hüttenvereine in Gelsenkirchen und von der Friedrich-Wilhelmshütte in Mühlheim a. d. Ruhr und die Armaturen sind von A. L. S. Dehne in Halle a. d. Saale, von E. Leutert in Giebichenstein und von Kessler in Bernburg geliefert.

Für die Zuleitungen von 13 mm bis 30 mm Durchmesser sind, ebenso wie für die Hausleitungen, gewöhnliche Bleirohre und für die grösseren Zuleitungen von 50 mm bis 150 mm Durchmesser sind gusseiserne Rohre verwendet. Erstere haben zur Absperrung Kükenhähne und letztere Schieber. Die Zahl der vorhandenen Badeeinrichtungen, Closets, Pissoirstände, Privatspringbrunnen, Wassermotoren und Strahlapparate für die Privaten, sowie die Zahl der eingebauten Wassermesser und der angeschlossenen Grundstücke gibt die Tabelle 121 für die Jahre von 1870 bis 1875 und von 1887/88 bis 1896/97 an:

Tabelle 121.

Jahr	Hausanschlüsse	Wassermesser	Badeeinrichtungen	Closets	Pissoirstände	Springbrunnen	Aufzüge und Motore	Wasserstrahl-Apparate
1870	2 560	100	—	62	52	33	—	—
1871	2 615	96	—	62	52	56	—	—
1872	2 696	96	—	62	52	62	—	—
1873	2 837	103	—	66	67	70	—	—
1874	2 965	104	—	78	76	83	—	—
1875	3 008	108	—	116	97	90	—	—
1887/88	4 136	1 314	756	1 648	—	106	—	8
1888/89	4 340	1 579	903	1 807	—	116	—	7
1889/90	4 544	1 844	1 150	1 966	—	126	9	5
1890/91	4 709	2 068	1 185	2 104	—	131	13	18
1891/92	4 843	2 246	1 496	3 924	—	142	13	18
1892/93	4 929	2 365	1 550	4 280	—	147	14	21
1893/94	5 035	2 471	1 565	4 565	—	149	15	22
1894/95	5 130	2 571	1 654	4 866	1 333	151	15	23
1895/96	5 273	4 819	1 862	5 253	1 379	154	13	12
1896/97	5 391	4 977	2 036	5 897	1 474	160	32	14

Die Wassermesser sind früher ausschliesslich von Siemens & Halske, Berlin bezogen. Nachdem die obligatorische Benutzung von Wassermessern vom 1. April 1895 ab vorgeschrieben ist, hat von der Gesammtzahl von 5148 der bis Ende 1895 überall gelieferten Messer erstere Firma 2938 Stück, ferner Dreyer, Rosenkranz & Droop, Hannover 2203 Stück, H. Meinecke, Breslau und C. A. Spanner, Wien-Achen je 3 Stück und Lux, Ludwigshafen ein Stück geliefert. Nach der Grösse vertheilen sich die bis Ende 1895 gelieferten und die am 1. April 1897 eingebaut gewesenen Messer wie folgt:

Durchmesser . . . mm	10	13	20	25	30	40	50	65	75	100	125	150
bis Ende 1895 geliefert	1	370	2881	1193	285	167	36	7	74	17	7	10
am 1. April 1897 eingebaut	—	446	2776	1113	365	168	22	5	54	16	5	7

e) Anlagekosten und Betriebsleitung.

Die Kosten der sämmtlichen Erweiterungsbauten bis zum 1. April 1895 haben M. 1890577 betragen. Rechnet man dazu, wie früher angegeben, M. 1171472 für die ersten Anlagekosten, so haben sich die Baukosten bis zu diesem Termine im Ganzen auf M. 3062049 belaufen. Für die seitdem beschlossenen Neubauten sind ferner bewilligt:

Erbauung eines neuen Wasserthurmes . .	M.	175 000
Herstellung der Zuleitung dafür	»	22 650
Neue Pumpmaschine No. V	»	75 000
Enteisenungsanlage, Schöpfpumpen, neue Dampfkessel etc.	»	650 000
zusammen	M.	922 650

Die gesammten Anlagekosten wachsen dadurch auf M. 3984699 oder rund M. 4000000, was bei der Einwohnerzahl von 116 207 Köpfen pro Kopf M. 35,29 entspricht.

Es ist als Amortisation von dem jährlichen Restwerthe eine procentuale Abschreibung eingeführt von: 1 % für Grunderwerb, 3 % für Hochbauten, 4 % für Reservoire, 7½ % für Rohrnetz und Wassergewinnungsanlagen, 10 % für Maschinen, Betriebsgeräthe, Mobilien und Telegraphenanlagen und 20 % für Wassermesser
und nach dem Abschlusse vom 31. März 1897 standen die verschiedenen Anlagetheile damals zu Buche mit:

Grundstücke und alter Wasserthurm . .	M.	337 402
Hochbauten	»	71 230
Maschinen	»	33 288
Reservoire	»	221 204
Rohrleitungen	»	666 320
Wassergewinnungsanlagen	»	99 786
Telegraphenanlagen	»	3 232
Wasserleitungseinrichtungen	»	16 808
Wassermesser	»	106 368
Bohrarbeiten für Untersuchung der Aue .	»	15 954
Betriebswerkzeuge	»	5 119
Mobilien für das Bureau	»	1 269
zusammen	M.	1 577 980
dazu für Neubauten in Beesen bereits verrechnet	»	273 250
macht im Ganzen	M.	1 851 230

Die Höhe der Abschreibungen excl. der für in Ausführung begriffenen Neubauten in Beesen hat hiernach bislang ca. M. 1 484 069 betragen.

Die Verwaltung des Wasserwerkes lag bis Ende des Jahres 1870 in den Händen der Baucommission. Sie ist dann von einem selbstständigen Curatorium übernommen, wobei die specielle Leitung dem Stadtbauamte in der Person des Stadtbauraths Lohausen übertragen war. Von letzterem sind auch die Erweiterungsbauten bis zum Jahre 1885 projectirt und ausgeführt. Von diesem Termine ab ist der Betrieb des Wasserwerkes mit dem des Gaswerkes vereinigt, welch letzterem seit dem Jahre 1883 bereits der Director Schreyer vorgestanden hat. Seit jener Zeit sind alle Project- und Bauarbeiten unter Schreyer's Leitung ausgeführt.

f) Wasserförderung und Wasserabgabe.

Auf der Tabelle 122 ist für die Jahre seit der Eröffnung des Betriebes bis zum Jahre 1896/97 mit einzelnen Ausnahmen für jedes Jahr die Förderung im Ganzen, sowie am mittleren Jahrestage und am Tage der grössten und der kleinsten Abgabe unter Beifügung einiger Verhältnisszahlen angegeben.

Die Tabelle 123 gibt eine Zusammenstellung des monatlichen Förderquantums und dessen Verhältniss zu der jährlichen Förderung in den 3 letzten Betriebsjahren.

Tab. 124 (S. 170) gibt für die Jahre 1887/88 bis 1894/95 eine Zusammenstellung der Wasserabgabe im Ganzen und getrennt nach der für öffentliche Zwecke, für den Selbstverbrauch und für Private, sowie letztere nach Zahl der Abnehmer und deren Versorgung durch Messer resp. nach Schätzung und endlich verschiedene Verhältnisszahlen an.

Im Jahre 1896/97 haben sich unter den Wasserabnehmern Grossconsumenten befunden, von denen einer über 280000 cbm, einer über 105000 cbm, einer über 70000 cbm und einer über 50000 cbm bezog; ferner

Tabelle 122.

Jahr	Förderung cbm				% vom Jahrestage am		Gegen das Vorjahr betrug die Förderung mehr	
	im Ganzen	am mittleren Jahrestage	am Maximaltage	am Minimaltage	Maximaltage	Minimaltage	im Ganzen	pro 100 cbm
1868 (7 Monate)	389 107	1 835	—	—	—	—	—	—
1869	1 097 873	3 008	5 144	1 804	170,0	60,0	328 098	130,0
1870	1 378 885	3 778	6 332	1 149	165,0	30,4	281 012	125,6
1871	1 504 759	4 123	5 294	2 747	128,1	66,6	125 874	109,0
1872	1 635 541	4 481	7 288	2 373	165,5	53,0	130 782	108,6
1873	1 836 303	4 995	7 489	3 305	150,0	66,4	200 862	112,3
1874	1 967 680	5 352	8 156	1 095	152,1	20,5	131 377	107,2
1875	1 980 009	5 385	8 230	2 956	152,9	54,9	12 329	100,6
1879/80	2 569 149	7 019	9 160	4 703	130,5	67,0	—	—
1880/81	2 830 338	7 754	10 843	4 262	139,9	55,0	261 189	110,2
1881/82	2 937 849	8 046	11 971	5 117	145,3	63,6	107 511	103,7
1882/83	3 278 598	8 982	12 456	6 231	138,9	69,4	340 749	111,2
1883/84	3 084 757	8 842	13 058	5 591	147,9	63,2	193 841	94,0
1884/85	3 427 899	9 391	12 875	6 469	137,4	69,0	149 301	104,6
1885/86	3 291 067	9 017	13 128	6 182	145,8	68,6	156 832	96,1
1886/87	2 994 717	8 205	11 620	5 551	142,0	67,7	296 350	90,9
1887/88	3 008 760	8 243	11 203	5 771	135,9	70,0	14 043	100,0
1888/89	3 221 587	8 826	12 094	6 091	136,9	69,0	212 827	107,0
1889/90	3 254 486	8 916	13 702	5 537	153,6	62,0	32 899	101,0
1890/91	3 462 878	9 487	12 521	6 036	131,9	63,5	208 392	106,4
1891/92	3 635 344	9 959	12 846	6 722	128,9	67,5	172 466	105,0
1892/93	3 554 847	9 739	14 728	6 142	153,2	63,0	80 497	97,8
1893/94	3 613 446	9 900	14 825	6 390	149,7	64,5	58 599	101,7
1894/95	3 538 245	9 689	14 468	6 176	149,1	63,7	75 201	97,9
1895/96	3 505 237	9 581	13 145	5 855	147,6	61,1	39 407	98,9
1896/97	3 519 057	9 616	14 040	5 889	146,0	61,3	12 489	101,1

Tabelle 123.

Monat	1894/95		1895/96		1896/97	
	im Ganzen cbm	%	im Ganzen cbm	%	im Ganzen cbm	%
April	286 169	8,08	296 861	8,49	255 548	7,28
Mai	306 449	8,67	323 940	9,26	307 118	8,75
Juni	301 062	8,51	315 200	9,01	334 918	9,54
Juli	353 209	9,99	337 005	9,64	356 130	10,14
August	322 796	9,13	326 139	9,32	317 679	9,05
September	286 018	8,08	311 377	8,90	292 531	8,33
October	280 980	7,95	294 375	8,42	284 610	8,10
November	280 998	7,95	256 643	7,32	260 490	7,41
December	262 324	7,42	257 685	7,36	269 780	7,68
Januar	269 224	7,61	258 275	7,38	263 707	7,51
Februar	279 329	7,90	248 440	7,10	262 096	7,46
März	308 075	8,71	279 297	7,80	314 450	8,95
Total	3 536 633	100,00	3 497 226	100,00	3 509 715	100,00

Tabelle 124.

Jahr	1887/88	1889/90	1890/91	1891/92	1892/93	1893/94	1894/95	1895/96
Einwohnerzahl resp. versorgte Personen	86 802	95 111	110 000	120 000	120 000	123 000	113 420	117 500
Gesammtabgabe im Jahre . . . . . cbm	3 008 760	3 254 486	3 462 878	3 635 344	3 554 847	3 613 446	3 536 633	3 497 226
Desgl. gegen 100 cbm des Vorjahres »	—	—	106,5	105,0	97,8	101,8	97,8	98,9
Liter pro Kopf pro Tag im Mittel . . .	95	94	86	83	81	80	85	82
Desgl. als Maximum	129	144	114	107	123	121	128	112
Zahl der Anschlüsse	4 136	4 544	4 709	4 843	4 929	5 035	5 130	5 273
Abgabe pro Anschluss im Jahre . cbm	726	717	735	751	720	719	689	663
Wasser für öffentliche Zwecke . . . cbm	113 191	146 928	142 036	195 839	198 537	167 037	162 302	180 096
Davon für Strassensprengen . . »	15 061	23 886	25 064	32 186	40 222	32 394	26 378	41 720
» Springbrunnen . . . . . »	28 530	26 223	20 455	27 984	14 482	1 544	6 503	13 722
» Laufbrunnen . . . . . . »	4 244	9 588	10 474	10 150	17 774	7 657	4 678	9 065
» Rinnstein- und Kanalspülen »	15 000	3 750	6 102	2 115	16 997	16 716	19 632	24 657
» Bedürfnissanstalten . . . »	37 956	67 019	63 876	109 714	90 642	87 516	91 401	66 084
» Bewässern öffentl. Anlagen »	11 600	16 400	14 615	12 950	17 460	21 000	13 500	24 408
» Feuerlöschen . . . . . »	800	80	1 450	740	960	210	210	440
Von 100 cbm für öffentliche Zwecke								
für Strassensprengen . . . . . »	13,3	16,3	17,6	16,4	20,2	19,4	16,2	23,3
» Springbrunnen . . . . . . »	25,2	17,8	14,4	14,2	7,3	9,0	4,0	7,6
» Laufbrunnen . . . . »	3,7	6,5	7,4	5,2	9,0	4,6	2,9	5,0
» Rinnstein- und Kanalspülen . »	13,3	2,5	4,3	1,1	8,5	10,0	12,1	13,8
» Bedürfnissanstalten . . . . »	33,6	45,7	45,0	56,1	45,7	52,4	56,4	36,7
» Bewässern öffentlicher Anlagen »	10,2	11,2	10,3	6,6	8,8	12,6	8,3	13,5
» Feuerlöschen . . . . . . »	0,7	—	1,0	0,4	0,5	0,1	0,1	0,1
Wasser für Private . . . . »	2 873 569	3 078 758	3 201 712	3 370 805	3 281 610	3 382 209	3 286 581	3 258 430
Davon nach Messern . . . . . »	1 348 014	1 285 405	1 413 433	1 602 441	1 465 187	1 599 478	1 565 053	2 586 446
Zahl der Messeranschlüsse	1 314	1 844	2 068	2 246	2 365	2 471	2 571	4 819
Wasser für Private ohne Messer . cbm	1 525 555	1 793 353	1 788 279	1 768 364	1 816 423	1 782 731	1 721 528	671 984
Zahl der Anschlüsse ohne Messer . . .	2 822	2 700	2 641	2 597	2 564	2 564	2 559	454
Von 100 cbm für Private								
nach Messern . . . . cbm	47,0	41,8	44,2	47,5	44,7	47,3	47,6	79,4
ohne Messer . . . . »	53,0	58,2	55,8	52,5	55,3	52,7	52,4	20,6
Auf 100 Anschlüsse kommen auf								
Messeranschlüsse	31,8	40,6	44,0	46,6	48,0	49,0	50,1	91,4
Anschlüsse ohne Messer	68,2	59,4	56,0	53,4	52,0	51,0	49,9	8,6
Wasser für das Wasserwerk								
incl. Spülen, Verlust etc. . . . . cbm	22 000	28 800	119 130	68 700	74 700	64 200	87 750	58 700
Von 100 cbm Gesammtabgabe für								
öffentliche Zwecke . . . . »	3,8	4,5	4,1	5,4	5,6	4,6	4,6	5,2
Private . . . . »	95,5	94,6	92,5	92,7	92,3	93,6	92,9	93,1
das Wasserwerk . . . . . . »	0,7	0,9	3,4	1,9	2,1	1,8	2,5	1,7
Gesammtabgabe ohne Messer . . . . cbm	1 660 746	1 969 081	2 049 445	2 032 903	2 089 660	2 013 968	1 854 044	754 964
Desgl. von 100 cbm Gesammtabgabe »	55,1	60,5	59,1	56,0	58,7	55,8	52,4	2,16
Gesammtabgabe nach Messern . . . »	1 348 014	1 285 405	1 413 433	1 602 441	1 465 187	1 599 478	1 682 589	2 742 264
Desgl. von 100 cbm Gesammtabgabe »	44,9	39,5	40,9	44,0	41,3	44,2	47,6	78,4
Abgabe pro Messer im Jahre . . . »	1 025	697	684	714	620	647	655	569
Abgabe pro Anschluss ohne Messer von der Privatabgabe ohne Messer . . cbm	540	665	689	680	709	695	674	1 480

sind darunter 2 mit mehr als 40000 cbm, 2 desgleichen mit mehr als 30000 cbm, 6 desgleichen mit mehr als 20000 cbm, 6 desgleichen mit mehr als 15000 cbm, 9 mit mehr als 10000 cbm und 18 mit mehr als 5000 cbm gewesen.

Die Stadt hatte als Consumentengruppen mit mehr als 100000 cbm im Jahre: die Eisenbahnen mit 304273 cbm, die Maschinen- etc. Fabriken mit 234465 cbm, die Gastwirthschaften mit 230702 cbm, die Brauereien mit 223469 cbm und die Brennereien mit 100859 cbm. Ferner sind für öffentliche Gebäude 110267 cbm und für die Universität 84898 cbm verbraucht. An auswärtige Consumenten sind im Ganzen 111062 cbm, nämlich an die Gemeinden und das Rittergut Beesen, an die Provinzial-Irrenanstalt bei Nietleben, an das Landgut Gimritz und an die Peissnitz abgegeben,

Für die Wasserabgabe ist seit dem 1. April 1895 ein neuer Tarif eingeführt. Die Wasserabgabe erfolgt seitdem nur noch nach Wassermessern und es ist der Preis von 12 Pf. pro cbm auf 16 Pf. erhöht mit Ausnahme des Wassers für Brauereizwecke, welches vorläufig noch 12 Pfg kostet. Für jedes angeschlossene Grundstück ist für die ersten 25 Lit., welche pro Kopf pro Tag als Minimum berechnet werden, 2% des Miethwerthes der Wohnungen zu zahlen. Wassermessermiethe wird nur von den auf Antrag des Consumenten gestellten Zwischen- und Nebenmessern gezahlt und zwar pro Jahr je nach der Grösse.

Durchmesser mm	13	20	25	30	40	50	65	80	100	125	150
Jahresmiethe M.	4	5	7	9	11	16	22	42	45	65	86

g) Wasserbeschaffenheit.

Seit dem Jahre 1882 wird das Wasser von dem vereideten Gerichts- und Handelschemiker Dr. Drenkmann im Anfange alle 2 Monate und später meistens monatlich chemisch und mikroskopisch untersucht.

Die Tabelle 125 führt für die letzten 3 Betriebsjahre die Resultate dieser chemischen Untersuchungen in mg für ein Liter Wasser auf. Seit December 1894 lassen diese Zahlen einen grossen Wechsel in der Menge des Salzgehaltes, der in dem Wasser als Lösung nachgewiesen ist, erkennen. Wenn nun auch die nach den üblichen Annahmen als unschädlich bezeichneten Grenzzahlen bislang nicht überschritten sind, so dass danach eine schädigende Verunreinigung des Wassers nicht nachgewiesen ist, so lassen die Zahlen der Tabelle doch zweifellos erkennen, dass äussere Einflüsse auf das Grundwasser in den letzten Jahren direct eingewirkt haben, so dass es nach den maassgebenden Ansichten geboten erscheint, auf die Qualität des Wassers in der Folge in erhöhtem Maasse fortlaufend aufmerksam zu sein, um etwaige Schädigungen rechtzeitig erkennen zu können.

Von dem hygienischen Institut in Halle sind in den letzten Jahren verschiedentlich bacteriologische Untersuchungen des Wassers vorgenommen worden, bei welchen folgende Keimzahlen im ccm bestimmt sind:

Maschinenhaus Beesen	25, 7, 18
Wohnhaus Pumpstation	57, 29
Hochreservoir Thurmstrasse	5
Niederreservoir »	17
Druckrohrstrang	28
Hygienisches Institut	28, 5, 11

Die Tabelle 126 (S. 172) gibt für die einzelnen Monate der beiden letzten Betriebsjahre und im Ganzen für die 3 Betriebsjahre die grösste und die geringste Temperatur in Graden Celsius für die Luft und das Wasser der Elster, des Sammelbrunnens, sowie des Niederdruck- und des Hochdruckreservoires an.

Tabelle 125.

Datum der Probeentnahme	Verdampfungsrückstand (ohne organische Substanz)	Kohlensaurer Kalk	Schwefelsaurer Kalk	Schwefelsaure Magnesia	Chlornatrium	Chlormagnesium	Schwefelsaures Natron	Kieselsäure	Eisenoxyd	Salpetersäure	Salpetrige Säure	Ammoniak	Sauerstoff zur Oxydation der organ. Substanz
16./4. 94	588,5	180,0	127,5	96,0	179,8	—	—	1,0	—	0	0	0	3,2
27./5. »	590,2	187,5	173,8	73,7	147,3	—	—	3,2	—	0	0	0	3,7
5./7. »	581,0	186,5	175,9	75,5	143,6	—	—	2,4	—	0	0	0	3,3
20./8. »	541,5	149,5	132,5	98,5	153,0	—	—	2,0	—	0,5	Spur	0	4,8
13./10. »	508,5	165,0	129,0	84,5	121,9	—	—	2,0	—	0	0	0	3,0
19./12. »	706,0	201,5	148,5	98,3	247,1	—	—	4,3	—	1,0	0	0	1,9
27./1. 95	629,3	182,5	135,8	97,5	206,5	—	—	3,0	—	1,0	0	0	3,4
29./3. »	610,5	192,5	173,8	91,5	146,0	—	—	2,0	—	Spur	0	0	2,8
18./4. »	572,0	190,5	133,2	94,2	145,1	—	8,5	1,5	1,5	2,0	0	0	2,8
31./5. »	625,0	172,5	45,5	101,1	201,8	—	94,9	3,0	1,7	0	0	0	2,4
30./6. »	585,5	200,5	55,4	90,5	165,4	—	64,1	2,2	0,5	0	0	0	1,8
30./7. »	591,5	195,5	49,8	96,3	146,0	—	93,0	1,9	1,6	1,5	0	0	2,8
27./9. »	585,0	185,0	144,7	99,9	145,5	—	—	2,2	1,1	0	0	0	1,6
31./10. »	615,5	202,5	95,2	89,7	144,3	—	70,5	2,0	1,0	0	Spur	Spur	1,8
28./11. »	585,5	175,5	106,6	88,8	149,9	—	45,2	1,9	0,8	0	0	0	2,4
30./12. »	530,5	165,0	114,4	87,8	115,2	—	31,5	2,0	1,1	0	0	0	1,6
31./1. 96	567,0	156,0	129,0	88,8	185,8	—	—	2,1	0,9	Spur	0	0	1,6
29./2. »	525,5	175,0	107,2	86,7	138,2	10,5	6,3	2,3	1,2	0	0	0	1,8
23./3. »	575,5	150,6	136,4	72,3	189,0	—	9,5	2,4	1,1	0	0	0	1,9
29./4. »	550,5	157,5	144,5	86,8	120,9	—	2,4	1,3	0,6	fast 0	0	0	2,7
27./5. »	639,0	170,0	113,4	90,6	190,1	10,5	29,1	1,4	0,6	0	0	0	2,6
28./6. »	599,0	167,5	130,4	94,9	130,5	—	—	1,4	0,5	0	0	0	2,6
30./7. »	423,0	183,5	50,3	70,2	83,7	—	15,6	1,0	0,6	0	0	0	3,0
20./8. »	586,5	190,5	105,6	90,1	116,5	23,0	49,5	1,4	0,6	Spur	0	0	2,3
29./9. »	683,0	187,5	142,1	94,6	215,3	6,8	—	1,2	0,8	0	0	0	1,4
17./10. »	688,5	192,5	121,2	95,4	237,1	3,1	—	1,1	1,0	0	0	0	1,5
24./11. »	604,5	212,5	80,6	85,7	198,5	—	—	1,8	0,6	0	0	0	1,9
30./12. »	613,0	190,0	84,5	93,6	176,0	—	50,1	1,6	0,7	1,2	0	0	2,0
22./1. 97	620,5	196,5	101,3	98,7	177,2	—	29,3	1,3	0,7	1,1	0	0	1,8
25./2. »	539,0	187,5	127,5	79,8	115,5	11,5	—	1,5	0,6	1,7	0	0	2,2
27./3. »	565,0	182,5	98,6	93,1	136,2	—	40,5	1,2	0,2	1,6	0	0	2,0
Maximum	706,0	212,5	175,9	101,1	247,1	23,0	94,9	4,3	1,7	1,7	Spur	Spur	4,8
Minimum	423,0	149,5	45,5	70,2	83,7	3 1	2,4	1,0	0,2	0	0	0	1,4

Tabelle 126.

Monat	Luft		Fluss Elster		Haupt-sammelbrunnen		Niederdruck-reservoir Thurmstrasse		Hochdruck-reservoir Magdeburger Strasse	
	Maxim.	Minim.	Maxim.	Minim.	Maxim.	Minim.	Maxim.	Minim.	Maxim.	Minim.
April 1895	22	4	15	7	7,3	6,5	7	6	10	9
Mai »	29	8	19	13	8,3	7,3	8	7	10	10
Juni »	31	12	22	18	9,8	8,3	11	8	12	11
Juli »	32	12	23	19	11,1	10,0	12	11	13	12
August »	31	14	22	19	11,9	11,1	12	12	13	13
September »	31	5	22	15	12,3	11,1	13	12	13,2	12,8
October »	22	1	16	5	12,4	12,1	13	11	12,8	11,3
November »	17	— 4	12	2	12,2	11,3	12	10,8	11,4	9,3
December »	8	— 5	6	2	11,3	10,1	10,3	9	9,8	9
Januar 1896	6	— 8	3	2	10,7	9	8,7	8	9,8	8
Februar »	8	— 8	5	2	9	7,9	7,9	7	8,9	7
März »	19,5	0,5	12	2	7,9	6,8	7,4	6,2	7,6	7,3
April »	19	5	13	7	7,9	7,7	7,7	7,3	7,7	7,5
Mai »	25	8	19	10	9	7,9	8,6	7,7	8,7	7,8
Juni »	29,5	14	24	17	9,7	8,3	10,6	9	11,2	8,6
Juli »	32	15	24	18	11,1	9,3	11,8	10,6	12,5	11
August »	25	14	20	16	13	10,8	12,9	11,6	13	12
September »	23	9	18	14	12,5	12,2	12,9	12,4	12,8	12,5
October »	24	3	15	10	12,6	12	12,5	11,9	12,6	12,1
November »	12	— 5	11	2	12,7	11,6	11,9	10,4	12,1	9
December »	7,5	— 6	3	2	12,5	10,3	10,2	6	9,8	9
Januar 1897	6	— 6	3	2	10,3	9,4	8,9	8	9	7,5
Februar »	13	— 6	3	2	9,4	7,5	7,8	6,7	7,5	7
März »	15	1	9	3	7,6	6,8	7,2	6,4	7,2	7
Mittelzahlen:										
Jahr 1894/95	36	— 16	24	2	12,1	6,6	13	6	11	6
» 1895/96	32	— 8	23	2	12,4	6,5	13	6	13,2	7
» 1896/97	32	— 6	24	2	13	6,8	12,9	6	13	7

17. n. Herzberg a. Elster. (E. 4288, W. 463 mit je 9,3 B.)

Die Wasserversorgung der Stadt Herzberg erfolgt ausschliesslich aus Brunnen im Orte. Für die öffentliche Benutzung sind 21 gemauerte Brunnen vorhanden.

18. g. Hettstedt. (E. 8820, W. 1208 mit je 7,3 B.)

Die Wasserversorgung der Stadt Hettstedt erfolgt ausschliesslich aus 26 öffentlichen und 44 privaten Brunnen. Diese genügen den Bedürfnissen vollkommen.

19. l. Kaltenmark. (E. 450.)

Für die Wasserversorgung des Dorfes Kaltenmark ist im Jahre 1894 für dessen Rechnung nach dem Projecte des Civilingenieurs Pfeffer in Halle a. d. Saale eine Anlage von einer täglichen Leistung von 400 cbm hergestellt, welche M. 8000 im Ganzen oder M. 18 pro Kopf gekostet hat.

Das Wasser wird aus Quellen gewonnen und in einem Reservoire von 28 cbm Inhalt gesammelt. Am Ende des Ortes liegt ein zweites Reservoir von 25 cbm Inhalt zum Ausgleiche, dem das Wasser mit natürlichem Gefälle durch eine 1030 m lange Rohrleitung zufliesst. Es sind im Dorfe 3 Brunnen, 4 Druckständer und ein Unterflurhydrant aufgestellt.

20. i. Kösen. (E. 2786, W. 318 mit je 8,5 B.)

Für die Wasserversorgung des Bades Kösen dienen 14 öffentliche und verschiedene private Brunnen. Im Jahre 1896/97 ist ferner für städtische Rechnung eine einheitliche Wasserversorgung ausgeführt, welche für eine tägliche Abgabe von 600 cbm eingerichtet ist und deren Anlage M. 85000 im Ganzen oder M. 30,51 pro Kopf gekostet hat.

Das Wasser wird aus Quellen am Saalberge am Ausgange des Ortes gesammelt und durch ein durch einen Elektromotor von 10 PS. angetriebenes Pumpwerk 8,0 m hoch in ein gemauertes Reservoir von 280 cbm Inhalt gehoben, dessen Wasserspiegel ca. 50 m hoch über dem Stadtterrain liegt. Die Vertheilungsleitungen haben 125 mm bis 60 mm Durchmesser und es sind mit ihnen 50 Hydranten verbunden. 220 Häuser haben Anschlussleitungen.

21. l. Kreuz.

Die Wasserversorgung des Landesgestüts Kreuz erfolgt seit dem Jahre 1895 aus dem Wasserwerke von Giebichenstein mittels einer 875 m langen Zuleitung, in die ein Centralwassermesser von 80 mm Durchmesser eingeschaltet ist. Die Kosten des Anschlusses, einschliesslich der Vertheilungsanlagen, welche Kreuz bezahlt hat, haben M. 10000 betragen. Der Wasserverbrauch hat sich im Jahre 1896 auf 15000 cbm belaufen. Es sind zur Zeit 8 Anschlüsse in Benutzung und 4 Unterflurhydranten aufgestellt.

22. l. Kröllwitz. (E. 2500.)

Die Wasserversorgung der Gemeinde Kröllwitz erfolgt seit dem Jahre 1895 aus dem Wasserwerke von Giebichenstein durch einen Centralwassermesser von

150 mm Durchmesser und durch die für Rechnung von Kröllwitz mit einem Kostenaufwand von M. 45000 hergestellten Leitungen, die eine Länge von 2700 m haben.

Mit diesen sind 12 Schieber, 13 Druckständer und 13 Ueberflurhydranten verbunden. Ende 1896 waren 25 Anschlussleitungen in Benutzung. Für 21 derselben waren Wassermesser, welche Dreyer, Rosenkranz & Droop, Hannover geliefert haben, eingebaut. Durch den Centralmesser, der 150 mm Durchmesser hat, sind im Jahre 1896 20000 cbm oder im Mittel pro Tag 55 cbm Wasser abgegeben, was pro Anschluss im Jahre 800 cbm und pro Kopf pro Tag 22 Lit. ausmacht.

23. g. Leimbach. (E. 3484, W. 313 mit je 11,1 B.)

Die Wasserversorgung der Stadt Leimbach erfolgt ausschliesslich aus Brunnen innerhalb der Stadt, deren 10 für die öffentliche Benutzung vorhanden sind.

24. e. Liebenwerda. (E. 2857, W. 350 mit je 8,6 B.)

Die Wasserversorgung der Stadt Liebenwerda erfolgt ausschliesslich aus gemauerten Brunnen, deren 8 für die öffentliche Benutzung dienen.

25. l. Löbejün. (E. 3216.)

Die Wasserversorgung der Stadt Löbejün erfolgt in genügender Weise ausschliesslich aus gemauerten Brunnen, deren 8 für die allgemeine Benutzung dienen.

26. h. Lützen. (E. 3675, W. 402 mit je 9,1 B.)

Die Wasserversorgung der Stadt Lützen erfolgt ausschliesslich aus Brunnen. Für den allgemeinen Gebrauch sind 12 gebohrte Brunnen vorhanden, und es befinden sich ca. 100 Brunnen auf Privatgrundstücken.

27. g. Mannsfeld. (E. 2775.)

Für die Wasserversorgung der Stadt Mannsfeld dienen zur Zeit 4 gemauerte Brunnen Diese werden mit filtrirtem Bachwasser gespeist. Es liegt der Plan zu einer Versorgung der Stadt mit Quellwasser, das in ca. einer Stunde Entfernung vom Orte entspringt, zur baldigen Ausführung vor.

28. e. Mühlberg a. Elbe. (E. 3533, W. 400 mit je 8,8 B.)

Die Wasserversorgung der Stadt Mühlberg erfolgt ausschliesslich aus gemauerten Brunnen, deren 20 für die öffentliche Benutzung vorhanden sind.

29. i. Naumburg a. d. Saale. (E. 21202, W. 1851 mit je 11,4 B.)

Die Stadt Naumburg besitzt für ihre Wasserversorgung eine grössere Zahl öffentlicher (69) und privater (756) Brunnen, die gegraben sind, und eine stets genügende Wassermenge haben. Ausserdem wird 12 öffentlichen Laufbrunnen mit natürlichem Gefälle das Wasser von 2 Quellen, welche 1810 m und 1280 m von der Stadt entfernt liegen, durch 3 Leitungen, die zum Theil aus Holz, zum Theil aus Eisen bestehen, zugeführt. Eine vierte Leitung speist ferner 6 Laufbrunnen auf privatem Terrain.

Trotzdem wurde schon im Jahre 1885 der Plan einer einheitlichen Versorgung ernstlich in Erwägung gezogen und in den Jahren 1889/90 ist eine solche auch für Rechnung der Stadt nach dem Projecte des Geh. Bergraths Henoch in Gotha zur Ausführung gelangt. Sie ist für eine tägliche Leistung von 3000 cbm bestimmt und hat M. 600000 oder M. 28,58 pro Kopf gekostet. Die Verwaltung des Werkes ist mit der des Gaswerkes vereinigt und liegt in den Händen des Directors Fr. Goerisch.

Das Wasser wird aus 16 eisernen Rohrbrunnen von 250 mm Durchmesser, über denen sich oben ein Betonschacht von 1,0 m Durchmesser erhebt, erschlossen. Ferner sind dafür noch 3 gemauerte Brunnen von 8,0 m Tiefe hergestellt, von welchen 2 je 2,0 m und einer, der als Sammelbrunnen dient, 3,0 m Durchmesser haben. Die Brunnen sind sämmtlich durch Heberrohrleitungen verbunden, mittels welcher die künstliche Entnahme des Wassers erfolgt.

Zur Wasserförderung dienen 2 stehende Differentialpumpen, welche Scheibenkolben von 325 mm und Plungerkolben von 230 mm Durchmesser haben. Beide haben 0,5 m Kolbenhub. Die Pumpen sind mit freien, dreietagigen Stufen-Ringventilen versehen. Jede der Pumpen fördert bei 80 Doppelhüben pro Minute 66 cbm Wasser pro Stunde auf 75,0 m Höhe. Der Antrieb der Pumpen erfolgt durch Riemen von 2 Francis-Turbinen aus, deren jede eine Leistung von 34 PS. bei 120 Umdrehungen pro Minute hat. Als Reserve ist ferner eine Locomobile aufgestellt. Diese besteht aus einem ausziehbaren Röhrenkessel von 40,3 qm Heizfläche, und einer Verbundmaschine, die bei 80 bis 120 Umdrehungen pro Minute eine Leistung von ca. 40 PS. hat. Jede Pumpe hat einen Sauge- und einen Druckwindkessel und ein dritter Druckwindkessel dient beiden Pumpen gemeinschaftlich. Die Locomobile ist von Garett & Smith in Buckau Magdeburg und die übrigen maschinellen Anlagen sind von J. E. Christoph in Niesky geliefert.

Von der Pumpstation führt eine 1750 m lange Druckleitung von 325 mm Durchmesser zu einem Hochreservoire, welches vor dem Versorgungsgebiete liegt. Dasselbe ist in Beton hergestellt und mit Moniergewölben geschlossen. Es ist in den Boden versenkt und mit Erde überfüllt und hat 1000 cbm Inhalt. Sein Wasserspiegel liegt 81,0 m hoch über dem Mittelwasser an der Gewinnungstelle.

Von dem Reservoire führt eine 3850 m lange Fallrohrleitung von 325 mm Durchmesser, welche auch mit der Druckleitung zum Umgehen des Reservoires direct gekuppelt werden kann, zum Vertheilungsnetze Letzteres steht unter einem constanten Drucke von 60,0 m. In das Rohrnetz sind 155 Schieber eingeschaltet und in ca. 80 m Entfernung von einander sind damit 273 Unterflurhydranten von 70 mm Durchmesser mit Selbstentwässerung verbunden, welche von Bopp & Reuther in Mannheim geliefert sind.

Die Zuleitungen haben 20 mm Durchmesser und bestehen, ebenso wie die Hausleitungen, aus geschwefelten Bleirohren. Im Jahre 1895 sind 1776 Wassermesser eingebaut gewesen, und es waren bis Ende 1895 deren im Ganzen 1888 Stück und zwar 1588 von Wolff & Schreiber, Breslau, 300 von H. Meinecke, Breslau und 4 von Lux, Ludwigshafen geliefert. Nach der Grösse vertheilen sich diese Messer wie folgt:

Durchmesser mm	13	20	25	33	50	80
Stückzahl . . .	8	1362	213	1	1	3

Im Jahre 1895/96 hat die gesammte Wasserabgabe 300274 cbm oder 823 cbm im Durchschnitte pro Tag betragen, was 34 Lit. pro Kopf der Gesammtbevölkerung entspricht. Die Abgabe betrug am Maximal- resp. am Minimaltage 1344 cbm resp. 321 cbm oder 163,3 % resp. 39,0 % von der am mittleren Jahrestage. Am Durchschnittstage der Woche resp. des Monats des stärksten

Verbrauches sind 1090 cbm resp. 957 cbm und an dem des schwächsten Verbrauches 626 cbm resp. 720 cbm abgegeben.

Der Anschluss an die Wasserleitung ist obligatorisch. Als Wassergeld sind 4 % des Gebäudenutzungswerthes, mindestens aber M. 12 pro Jahr zu zahlen. Für die Abgabe nach Messern beträgt der Grundpreis pro cbm 30 Pf. und bei Mehrverbrauch über die vorstehend angegebene Minimalzahlung hinaus 25 Pf.

Das Wasser wird jährlich mindestens einmal untersucht und wird stets als ein gutes, wenn auch hartes Trinkwasser bezeichnet.

30. k. **Nebra a. d. Unstrutt.** (E. 2780, W. 313 mit je 8,9 B.)

Für die Versorgung der Stadt Nebra ist nach dem Projecte des Civilingenieurs Pfeffer in Halle a. d. Saale im Jahre 1891 für städtische Rechnung ein Wasserwerk erbaut, welches M. 63000 im Ganzen oder M. 23 pro Kopf gekostet hat.

Das Wasser wird aus einem in den Felsen gesprengten, ausgemauerten Brunnen von 2,0 m Durchmesser und 6,0 m Tiefe entnommen und durch 2 Worthington-Pumpen, jede von 6,5 PS., welche 60 Doppelhübe pro Minute machen, bei ca. 70,0 m Arbeitsdruck gefördert. Die stündliche Leistung jeder Pumpe beträgt 12 cbm. Den Dampf liefern 2 Einflammrohrkessel mit Treppenrostfeuerung, jeder von 15 qm Heizfläche. Die Maschinen und Kessel sind von C. Metzer in Halle a. d. Saale geliefert.

Hinter dem Vertheilungsnetze ist ein Hochreservoir von 300 cbm Inhalt aus Stampfbeton hergestellt, dessen Wasserspiegel 65,0 m hoch über der Gewinnungsstelle liegt. Ein Druckrohr von 900 m Länge und 100 mm resp. 80 mm Durchmesser führt zu dem Reservoire, welches in Beton hergestellt, überwölbt und mit Erde überfüllt ist und 1,5 m tief mit seiner Sohle unter Terrain liegt.

Das Vertheilungnetz ist nach dem Circulationssysteme ausgeführt und steht unter einem constanten Leitungsdrucke, der zwischen 5,0 m und 60,0 m schwankt. Es hat 4930 m Länge und Durchmesser von 100 mm, 80 mm und 60 mm. Es ist mit 32 Schiebern, 20 Druckständern und 28 Ueberflurhydranten mit Selbstentwässerung verbunden, welche in ca. 80 m Entfernung von einander stehen. Die Zuleitungen haben 20 mm bis 30 mm Durchmesser und bestehen aus Bleirohren. Die gusseisernen Rohre sind von G. Forberg in Halle a. d. Saale geliefert und verlegt.

Die Anschluss- und die Hausleitungen bestehen aus geschwefelten Bleirohren. Wassermesser sind nicht vorhanden. Die Wasserabgabe hat im Jahre 1895 im Ganzen 27888 cbm oder pro Tag 76 cbm und 27 Lit. pro Kopf betragen.

31. k. **Querfurt.** (E. 5207, W. 530 mit je 10 B.)

Die Wasserversorgung der Stadt Querfurt erfolgt ausschliesslich aus Brunnen innerhalb der Stadt, deren sehr viele private und 16 öffentliche vorhanden sind, die theils ausgemauert und theils in den Felsen gebohrt sind und von 3,0 m bis zu 30,0 m Tiefe haben.

32. m. **Sangershausen.** (E. 11450.)

Für die Wasserversorgung der Stadt Sangershausen dienen 21 öffentliche und ca. 200 private Brunnen. Ferner ist seit dem Jahre 1532 eine künstliche Zuleitung von Wasser mit natürlichem Gefälle vorhanden. Es wird dafür beim Dorfe Emselohe das aus 10 km Entfernung zufliessende Bachwasser, soweit es nicht zum Betriebe von Mühlen abgeleitet wird, durch einen 7 km langen, offenen Graben bis in die Nähe der Stadt geführt und hier in 4 Klärteiche eingeleitet. Aus diesen fliesst es dann in Rohren aus Holz und Thon in die Stadt und kommt an 11 öffentlichen Schöpfstellen, sowie auf 14 Privatgrundstücken zum Ausflusse.

Diese Anlage ist für die jetzigen Bedürfnisse durchaus ungenügend und die Frage einer besseren Vorsorgung steht seit längerer Zeit zur Discussion.

33. h. **Schkeuditz.** (E. 5387, W. 471 mit je 11,4 B.)

Die Wasserversorgung der Stadt Schkeuditz erfolgt aus 16 öffentlichen und zahlreichen privaten Brunnen.

34. n. **Schweinitz.** (E. 1200.) Ohne Antwort.

35. m. **Stolberg a. Harz.** (E. 2091.)

Seit dem Jahre 1896 erfolgt die Wasserversorgung der Stadt Stolberg durch eine Quellwasserleitung, welche nach dem Projecte und unter der Leitung des Ingenieurs Hofmann in Berlin erbaut ist. Die Quelle entspringt einem alten Bergwerksstollen im Graubachthale. Sie liegt 16,0 m hoch über dem Marktplatze. In der Nähe der Stadt und 3600 m von dem Stollen entfernt ist ein Sammelbrunnen hergestellt, dem das Wasser mit natürlichem Gefälle zufliesst. Die Rohrleitungen haben 6869 m Länge. 137 Hausanschlüsse sind hergestellt.

Die Anlagekosten für die Leitungen und für die Fassungsarbeiten haben M. 36512 oder M. 17,46 pro Kopf betragen.

36. p. **Teuchern.** (E. 5351.) Ohne Antwort.

37. o. **Torgau.** (E. 11786 W. 687 mit je 17,2 B.)

Die Wasserversorgung der Stadt Torgau erfolgte früher, ausser aus Grundbrunnen in der Stadt, durch eine Quellwasserleitung, die aus hölzernen Rohren bestand und Eigenthum des Militärfiscus war.

Im Jahre 1878 ist für Rechnung der Stadt eine allgemeine Quellwasserversorgung durch die Firma J. & A. Aird & Marc in Berlin hergestellt, welche M. 470000 oder M. 39,88 pro Kopf der jetzigen Bevölkerung gekostet hat. Durch eine später wegen Anlage des Winterhafens nöthige Umlegung der Leitung sind ferner M. 30000 Kosten entstanden, sodass die Gesammtkosten jetzt M. 500000 betragen. Die tägliche Lieferung der Anlage beträgt 1600 cbm. Der Betrieb derselben ist dem Wassermeister Schmorl unterstellt.

Die Versorgung erfolgt mit natürlichem Gefälle durch 2 völlig getrennte Zuleitungen aus gusseisernen Rohren, deren eine 900 cbm und deren andere 700 cbm pro Tag liefert Die eine dient für die obere und die andere für die untere Zone der Stadt. Der Druck in der Stadt ist in der ersteren 35,5 m + 0 und in der anderen 19,5 m + 0 des Elbpegels.

Die Länge der Leitung für die obere Zone beträgt 9000 m. Sie wird südlich von der Stadt aus der Rathshaide in der Nähe des Dorfes Mahitzschen durch das sogen. Kugelfangwasser gespeist. Die andere Leitung hat 12000 m Länge und führt das Wasser des sog. Mehderitz'schen Baches, gleichfalls östlich von der Stadt gelegen, aus der Nähe des Dorfes Mehderitz zu. Für jede dieser Leitungen besteht in der Nähe der Stadt ein Hochreservoir.

Die sämmtlichen Leitungen haben 27500 m Länge und sind mit 64 Schiebern und 77 Unterflurhydranten mit Selbstentwässerung verbunden. Die Zuleitungen für Private werden auf städtische Kosten ausgeführt und fast jedes Haus hat eine solche. Bislang sind nur in die Zuleitungen der Abnehmer für gewerbliche Zwecke Wassermesser eingebaut und es sind deren zur Zeit 98 vorhanden. Die allgemeine Einführung von Messern wird aber beabsichtigt. Geliefert sind seither 125 Messer und zwar 85 von Siemens & Halske, Berlin, 6 von C. A. Spanner, Wien-Aachen und 33 von H. Meinecke, Breslau. Nach der Grösse vertheilen sich diese wie folgt:

Durchmesser mm	10	12	20	25	30	75
Stückzahl . . .	4	9	68	41	2	1

Im Jahre 1884 sind durch 31 Messer 11123 cbm oder pro Messer 359 cbm und im Jahre 1895 durch 98 Messer 38575 cbm oder pro Messer 394 cbm abgegeben.

Als Curiosität mag hier noch eines eigenthümlichen Vorfalles erwähnt werden, der am 19. April 1888 als Wirkung eines Blitzschlages an den Leitungen beobachtet ist. Der Blitz schlug in eine Pappel, an welcher die beiden Leitungen 1,2 m tief in der Erde und 0,25 m von einander enfernt vorbeiführen. Er brachte an der von der Pappel am entferntesten liegenden Leitung einen Riss von 0,75 m Länge hervor, während die näher liegende Leitung unverletzt geblieben ist.

38. l. **Trotha.** (E. 4500.)

Die Wasserversorgung der Gemeinde Trotha erfolgt seit dem Jahre 1895 aus dem Wasserwerke von Giebichenstein mittels eines Centralwassermessers von 150 mm Durchmesser durch die für Rechnung der Gemeinde Trotha mit einem Kostenaufwande von M. 50000 oder M. 11 pro Kopf hergestellten Leitungen, die eine Länge von 6300 lfd. m haben. Mit diesen sind 23 Schieber, 4 Druckständer und 40 Unterflurhydranten verbunden. Ende 1896 waren 165 Anschlussleitungen in Benutzung, in deren jede ein von Dreyer, Rosenkranz & Droop gelieferter Messer eingebaut ist. Durch den Centralmesser von 150 mm Durchmesser sind im Jahre 1896 35000 cbm, also im Durchschnitt pro Anschluss im Jahre 212 cbm und pro Tag 96 cbm oder pro Kopf 21 Lit. abgegeben.

39. p. **Weissenfels a. d. Saale.** (E. 25946, W. 1200 mit je 21,6 B.)

Für die Wasserversorgung der Stadt Weissenfels dienten früher, ausser den in der Stadt vorhandenen, gegrabenen Brunnen, deren 18 als öffentliche benutzt wurden, 4 künstliche Zuleitungen, die theils Quellwasser mit natürlichem Gefälle aus bis zu 2 km Entfernung und theils künstlich durch mit Wasserkraft getriebene Pumpen gehobenes Wasser zuführten. Dieses kam an 9 öffentlichen Laufbrunnen zur allgemeinen Benutzung und wurde auch Privaten für den Hausgebrauch abgegeben.

In den Jahren 1885 bis 1890 ist für städtische Rechnung mit einem Kostenaufwande von M. 517945 oder M. 20 pro Kopf der jetzigen Bevölkerung nach dem Projecte und unter der Leitung des Geh. Bergraths Henoch in Gotha eine allgemeine Wasserversorgung hergestellt, welche eine tägliche Leistung von 3000 cbm hat. Der Betrieb des Werkes steht unter der Leitung des Stadtbaumeisters Menges.

Südlich von der Stadt zwischen den Ortschaften Muttlau und Wiedebach ist unter mächtigen Diluvialgebilden eine Braunkohlenmulde eingelagert, welche von der Zeche Constantin durch einen 40,0 m tiefen Schacht abgebaut wird. Durch den Buntsandstein, der unter der oberen Kiesschicht liegt und unter der Braunkohle sich fortzieht, drang Wasser unter starker Spannung in den Abbau der Zeche ein und der Zechenbetrieb verlangte daher eine bedeutende Wasserbewältigung durch Pumpenbetrieb.

Dieses Wasser war durch den Prof. Dr. E. Reichardt in Jena für ein vorzügliches Trink- und Brauchwasser erklärt. Es sind hier nun durch einen Stollen, der 1265 m Länge bei 1,2 m Breite bei 1,8 m Höhe hat und auf 142,11 m + 0 mit seinem Feldorte und auf 141,45 m + 0 mit seinem Mundloche liegt, oberhalb des Dorfes Muttlau 5000 cbm Wasser pro Tag erschlossen. Dieses Wasser fliesst 2000 m von den ersten Häusern der Stadt entfernt und 44,0 m höher als deren Strassenniveau ab. Der Stollen hat eine Betonsohle, resp. eine einen Stein starke Sohlenpflasterung erhalten. Die Zeche hat die Ausführung des Stollens für M. 45000 oder für M. 35,60 pro lfd. m für Rechnung der Stadt besorgt. Durch den Stollen ist der Spiegel des Wasserbeckens auf 6,0 m unter die derzeitige Bausohle der Zeche gesenkt. Das so gewonnene Wasser bedarf in seiner gegenwärtigen Beschaffenheit keiner vorherigen Klärung. Etwaige Niederschläge sammeln sich auf der Sohle des Stollen vor dem in ihn eingebauten Stau und können von hier erforderlichen Falls abgelassen werden. Die Anfangs aus dem Gebirge in den Stollen eingetretenen, mehr oder weniger verunreinigten Quellen sind jetzt ausgeschieden.

Im Jahre 1890 ist auf einer Anhöhe oberhalb der Stadt ein Hochreservoir von 1200 cbm Inhalt in Mauerwerk hergestellt, welches von dem Staueinbaue im Stollen 2000 m entfernt liegt. Von dem Reservoire geht das Vertheilungsnetz ab. Die Verbindungsleitung zwischen Stollen und Reservoir ist für 3000 cbm täglichen Durchfluss bestimmt. Sie hat 275 mm Durchmesser, während das im Stollen liegende Rohr 350 mm Durchmesser hat.

Das Rohrnetz ist nach dem Circulationssysteme hergestellt. Der grösste Druck im tiefsten Terrainpunkte beträgt 45,0 m. Die Rohre haben 275 mm bis 80 mm Durchmesser und im Ganzen 21000 m Länge. Damit sind 84 Schieber und 134 Unterflurhydranten verbunden, welche in ca. 100 m Abstand von einander stehen. Sie sind von Hilpert in Nürnberg geliefert. Zur Kanalspülung sind 7 Schieber von 50 mm Durchmesser eingebaut. 4 Freibrunnen sind aufgestellt. Zu den Zuleitungen und zu den Hausleitungen werden Bleirohre verwendet. Erstere haben einen Durchmesser von 13 mm bis 26 mm und Kükenhähne vor den Wassermessern.

Die Tabelle 127 gibt für die 4 Jahre von 1892/93 bis 1895/96 den gesammten und den mittleren täglichen Verbrauch in jedem Jahre von dem jährlich disponiblen Quantum von 1095000 cbm, ferner den Verbrauch für öffentliche und für private Zwecke und die Zahl der Anschlüsse, welche mit derjenigen der eingebauten Wassermesser übereinstimmt, an.

Von dem Wasser für öffentliche Zwecke entfallen im Jahre 10000 cbm auf Strassensprengen, 40000 cbm auf Freibrunnen, 5000 cbm auf Kanalspülen und 5000 cbm auf Besprengen öffentlicher Anlagen.

Bis Ende 1895 waren im Ganzen 1240 Messer geliefert und zwar 1216 von C. A. Spanner, Wien-Aachen,

Tabelle 127.

Jahr		1892/93	1893/94	1894/95	1895/96
Einwohnerzahl		24 733	25 220	25 600	25 946
Gesammtabgabe	cbm	245 610	258 244	258 075	288 700
Desgl. von 100 cbm der disponibelen Wassermenge	»	22,4	23,6	23,6	26,3
Abgabe gegen 100 cbm des Vorjahres	»	—	105,1	100,0	111,8
Abgabe pro Tag im Ganzen	»	673	708	707	789
Desgleichen pro Kopf in Liter		27	28	28	30
Abgabe für öffentliche Zwecke	cbm	60 000	60 000	60 000	60 000
Desgleichen von 100 cbm der Gesammtabgabe	»	24,4	23,2	23,2	20,7
Abgabe für Private	»	185 610	198 244	198 075	228 700
Desgleichen von 100 cbm der Gesammtabgabe	»	75,6	76,8	76,8	79,3
Zahl der Anschlüsse oder Messer		1 110	1 132	1 152	1 220
Abgabe pro Anschluss oder Messer	cbm	169	175	172	187

16 von Wolff & Schreiber, Breslau und je 4 von H. Meinecke, Breslau und von Lux, Ludwigshafen. Sie vertheilen sich nach der Grösse wie folgt:

Durchmesser mm	7	13	15	20	25	50	65
Stückzahl	3	622	15	338	255	5	2

Ein Ortsstatut schreibt den Anschluss jedes, zum Aufenthalte von Menschen bestimmten Gebäudes an die Wasserleitung vor.

Die Wasserabgabe erfolgt ausschliesslich durch Wassermesser, deren die Stadt je einen für jedes Grundstück kostenfrei aufstellt und unterhält. Der Wasserpreis beträgt 25 Pf pro cbm für den Hausgebrauch und 15 Pf. für gewerbliche Benutzung. Für jedes Grundstück wird eine jährlich zu zahlende Minimalsumme erhoben, welche zwischen M. 5,00 und M. 100,00 sich bewegt. Dieser Summe wird ein Drittel der Staats-Gebäudesteuer plus M. 0,75 pro Kopf der Grundstücksbewohner, deren Zahl jährlich zu 90% der wirklichen Bewohner wegen Zu- und Abgang angenommen wird, berechnet.

Eine im Jahre 1890 vorgenommene Untersuchung des Wassers hat ergeben im Liter:

Gesammtrückstand	337	mgr
Organische Substanz	25	»
Kalk	111,6	»
Chlor	6,9	»
Magnesia	35	»
Kaliumpermanganat zur Oxydation	47,4	»
Schwefelsäure	24	»
Salpetersäure, Ammoniak	0	»

40. l. **Wettin a. S.** (E. 2807, W. 348 mit je 63 B.)

Die Wasserversorgung der Stadt Wettin erfolgt aus gemauerten Brunnen, deren 8 öffentliche und 16 private vorhanden sind. Für die Domäne ist seit dem Jahre 1875 von dem 3 km von der Stadt entfernt liegenden Röhrenteiche her Wasser durch eine gusseiserne Leitung von 100 mm Durchmesser mit natürlichem Gefälle zugeführt. Es kommt auf der Domäne an 2 Laufbrunnen zum Ausflusse. Aus dieser Leitung werden für die Stadt 2 Bassins durch Laufhähne gespeist.

41. g. **Wittenberg.** (E. 16 461, W. 1087 mit je 15,1 B.)

Die Wasserversorgung der Stadt Wittenberg erfolgte früher aus Pumpenbrunnen, deren 13 öffentliche und viele private vorhanden waren, und ferner durch die künstliche Zuleitung von Quellwasser mit natürlichem Gefälle mittels hölzerner Rohre. Es waren 4 solcher Leitungen vorhanden, nämlich: das alte und das neue Jungfernwasser, das Rhodische Wasser und das Schlosswasser. Es wurden 3 laufende Brunnen zur allgemeinen Benutzung mit diesem Quellwasser gespeist und ausserdem wurde das Wasser auf Grundstücken, die durch einmalige Zahlung von M. 500 das Recht zum Bezuge einer »Wasserportion« erworben hatten, auf deren Hofräumen durch offene Ausläufe abgegeben.

Eine Typhusepidemie, welche im Juni 1882 unter der Garnison ausgebrochen war, veranlasste die Stadt, eine Untersuchung der sämmtlichen Brunnen etc. vornehmen zu lassen und diese führte zu einem so schlechten Resultate, dass eine sofortige Aenderung nöthig erschien. Um Unterlagen für die Erbauung einer allgemeinen Wasserleitung zu gewinnen, sind damals Verhandlungen mit der Deutschen Wasserwerksgesellschaft in Frankfurt a/M. und mit dem Geh. Bergrath Henoch in Gotha angeknüpft, welche aber zu keinem Resultate führten. Im folgenden Jahre hat dann der Ingenieur W. Pfeffer in Halle a. d. Saale ein Quellengebiet bei Brausdorf, auf das schon Henoch aufmerksam gemacht hatte, näher untersucht. Er schlug vor, dieses für eine Versorgung der Stadt zu benutzen. Dem trat dann der Ingenieur Fischer in Goslar entgegen und erklärte das von ihm bereits früher näher untersuchte Quellengebiet bei Straach für den Zweck als viel geeigneter.

Trotzdem und gestützt auf weitere Untersuchunge fasste der Gemeinderath den Beschluss, das Gebiet bei Brausdorf zu benutzen und übertrug Pfeffer die Ausführung der von diesem projectirten Anlage, welche am 23. Mai 1884 bereits in Betrieb gesetzt ist. Die Wasserfassung, welche Henoch früher durch eine gelochte Rohrleitung vornehmen wollte, ist durch 3 Brunnen erfolgt, aus denen das Wasser einem Sammelschachte zufliesst. Von hier wird es gleichfalls mit natürlichem Gefälle einem Hochreservoire, das 7 km davon entfernt liegt, zugeführt, und aus diesem gelangt es durch eine Fallrohrleitung zu dem 2 km davon entfernten Versorgungsgebiete.

Die Ergiebigkeit der Wasserfassung hat Anfangs im Tage 1700 cbm betragen. Sie hat aber im Verlaufe der folgenden 3 Jahre in solchem Maasse abgenommen, dass im Jahre 1887 ernstliche Bedenken gegen das dauernde Genügen allgemein empfunden wurden. Schon bald nach der Eröffnung der Anlage hatten 13 Mühlenbesitzer, denen der Rischenbach die Betriebskraft lieferte, wegen der Wasserentziehung durch die neue Anlage eine Klage erhoben, die sie aber wegen Unsicherheit des Erfolges nachher zurückgezogen haben. Es zeigte sich später, dass auf den der Wasserfassung naheliegenden und der Stadt nicht gehörigen Grundstücken umfassende

Drainagearbeiten vorgenommen waren, durch welche das dortige Wasser direct dem Rischenbache zugeführt und der Stadt entzogen wurde. Das hat die Stadt dann später veranlasst, bei Grabo, 3 km von Straach entfernt, Grundstücke anzukaufen und hier 2 neue Anlagen zur Wassergewinnung herzustellen. Das hier erschlossene Wasser wird seitdem dem alten Sammelschachte zugeführt und ist vorzüglicher als das frühere. Es genügt auch zur Winterzeit allein für die ganze Versorgung.

Die Anlage ist für eine tägliche Leistung von 600 cbm oder 36 Lit. pro Kopf bestimmt. Die Anlagekosten haben Anfangs M. 330000 und die der späteren Erweiterung M. 78000 betragen. Die Gesammtkosten belaufen sich jetzt also auf M. 408000 oder M. 24,18 pro Kopf. Die Leitung des Betriebes besorgt der Stadtrath Merker mit Hülfe des Wassermeisters Fricke.

Das Hochreservoir ist gemauert, überwölbt und mit Erde überdeckt. Es besteht aus 2 Kammern von je 1500 cbm Inhalt. Die Zuleitung vom Sammelschachte her hat 200 mm Durchmesser und 9900 m Länge. Die Leitung vom Reservoire bis zum Vertheilungsnetze hat 300 mm Durchmesser und 1675 m Länge. In dem Vertheilungsnetze beträgt der Druck im Mittel 25,0 m.

Am 1. April 1896 hat das Rohrnetz 14340 m Länge gehabt und war mit 90 Schiebern und 112 Unterflurhydranten mit Selbstentwässerung (Modell Magnus) verbunden, welche in ca. 150 m Entfernung von einander stehen. Ferner waren 5 Rohrnetzspüler, 4 öffentliche Springbrunnen und 4 öffentliche Pissoire an die Leitung angeschlossen. Die benutzten 482 Hausanschlüsse bestehen aus eisernen Rohren von 40 mm und 50 mm Durchmesser und haben Schieber zur Absperrung. Die Hausleitungen bestehen aus Bleirohren von 20 mm, 25 mm und 30 mm Durchmesser. Mit diesen sind 1500 Zapfhähne, 900 Closets, 14 Pissoirstände, 30 Sprenghähne, 80 Badeeinrichtungen und 10 Springbrunnen verbunden. Die gusseisernen Rohre hat die Berliner Actiengesellschaft, vormals J. C. Freund in Charlottenburg geliefert, und sie sind von der Firma Conroy in Erfurt verlegt.

Die Wasserabgabe hat im Jahre 1895/96 im Ganzen 121442 cbm oder 332 cbm am mittleren Jahrestage, entsprechend 20 Lit. pro Kopf, betragen. Der grösste tägliche Verbrauch war 344 cbm im Ganzen oder 21 Lit. pro Kopf und der geringste 261 cbm im Ganzen oder 16 Lit. pro Kopf. Für den Privatgebrauch sind 111442 cbm, für Rohrspülen 1500 cbm und für sonstige allgemeine Zwecke 8500 cbm, nämlich 2000 cbm für Strassensprengen, 1000 cbm für Rinnsteinspülen, 3000 cbm für Bedürfnissanstalten, 2000 cbm für Bewässerung öffentlicher Anlagen und 500 cbm für Feuerlöschzwecke, verwendet.

Am 1. April 1896 waren 478 Wassermesser eingebaut, unter welchen sich 4 Untermesser befanden. Geliefert waren im Ganzen 490 Messer und zwar sämmtlich von Dreyer, Rosenkranz & Droop, Hannover. Sie hatten folgende Grössen:

Durchmesser mm	13	20	25	30	40	50	60
Stückzahl	56	280	114	21	1	8	1

Der Wasserpreis betrug früher 18 Pf. pro cbm. Er ist in Folge des neuen Communalsteuergesetzes am 1. October 1894 auf 20 Pf. erhöht. Bei einer jährlichen Entnahme von über 500 cbm ist 10 %, über 100 cbm 12½ % und über 2000 cbm 15 % Rabatt bewilligt.

42. r. **Zeitz.** (E. 24809, W. 1300 mit je 19,0 B.)

Die Wasserversorgung der Stadt Zeitz erfolgte früher ausschliesslich durch das Wasser von 6 Quellen, das aus ca. 1600 m Entfernung in offenen Gerinnen mit natürlichem Gefälle zufloss. In der Stadt waren Rohre von Eisen und Thon für die Vertheilung des Wassers verlegt, das an 17 öffentlich aufgestellten Bottichen zum Ausflusse kam.

Im Jahre 1875 ist nach dem Projecte des Geh. Bergraths Henoch in Gotha eine einheitliche Versorgung, die aus demselben Quellengebiete gespeist wird, durch neue und entferntere Fassungsarbeiten und entsprechende Leitungen hergestellt. Das Wasser der Quellen wurde 4 km von der Stadt entfernt beim Dorfe Hainichen durch Sammelleitungen zusammengeführt und dann von hier mit natürlichem Gefälle in geschlossenen Leitungen 2 Hochreservoiren von 1980 cbm Inhalt aus 2600 m Entfernung zugeleitet, von wo es durch eine Fallrohrleitung zu der ca. 1600 m entfernt liegenden Stadt gelangt. Aus dem Vertheilungsnetze wurden 40 öffentliche Druckständer und mehrere öffentliche Springbrunnen gespeist. 60 Hydranten waren damit verbunden. Für die Wasserabgabe an Private waren Wassermesser obligatorisch, und es betrug der Wasserpreis 10 Pf. pro cbm. Die Kosten dieser Anlage haben Anfangs M. 76000 und die der späteren Erweiterungen M. 36000 betragen.

Den wachsenden Wasserbedürfnissen und der zunehmenden Bebauung der Stadt in der höheren Lage genügte diese Anlage im Laufe der Zeit nicht mehr, und es ist daher im Jahre 1893 nach dem Projecte des Baurath Thiem in Dresden eine Ergänzungsanlage ausgeführt, welche die Versorgung für einen Theil der Stadt durch künstliche Hebung bewirkt.

Das Wasser dafür wird 4 km von der Stadt entfernt aus 11 Rohrbrunnen gewonnen. In einer daneben erbauten Pumpstation sind 2 liegende Eincylindermaschinen mit einer vom Regulator beeinflussten Schiebersteuerung aufgestellt. Jede Maschine betreibt eine direct gekuppelte, doppeltwirkende Plungerpumpe mit freien Etagenventilen, welche 80 cbm Wasser pro Stunde auf 95,0 m Höhe bei 99,0 m Arbeitsdruck fördern kann. Für die Dampfbereitung sind 2 Zweiflammrohrkessel von je 40 qm Heizfläche vorhanden, welche für 7 Atm. Dampfdruck concessionirt sind.

Es ist ein neues Hochreservoir erbaut und durch eine Druckleitung von 300 mm Durchmesser mit der Pumpstation verbunden. Von diesem führt eine Fallrohrleitung von 200 mm Durchmesser zu den Reservoiren der alten Anlage als Ergänzung für die Versorgung der niederen Zone, welche Leitung von dem vom neuen Reservoire abgehenden Hauptfallrohre von 400 mm Durchmesser abzweigt. Das neue Reservoir hat 1100 cbm Inhalt. Sein Wasserspiegel liegt 45,0 m hoch über der oberen und 85,0 m hoch über der niederen Zone.

Jede Zone hat ein getrenntes Vertheilungsnetz erhalten. Die Länge der gesammten Rohrleitungen bis zu 65 mm Durchmesser abwärts beträgt ca. 15000 m. Es sind damit 200 Schieber, 3 öffentliche Springbrunnen, 3 öffentliche Pissoire, ein öffentlicher Abort und 210 Unterflurhydranten verbunden, welche in ca. 80 m Entfernung von einander stehen.

Der Betrieb der Wasserversorgung ist dem Stadtbaumeister Braunart unterstellt. Die Wasserabgabe hat im Jahre 1894/95 im Ganzen 250000 cbm oder 685 cbm pro mittleren Jahrestag betragen. Der grösste resp. der kleinste Consum eines Tages hat 1000 cbm resp. 600 cbm oder 146,0 % resp. 87,6 % vom mittleren Tagesconsum und 40 Lit. resp. 24 Lit. gegen 27 Lit. des mittleren Tagesconsums pro Kopf betragen. Von dieser Gesammtabgabe sind 50000 cbm durch die Gravitationsleitung und 200000 cbm durch die Hochdruckstation geliefert. In letzterer sind in dem Jahre 1894/95 700000 kg Zeitzer Knörpelkohle für die Kesselfeuerung verbraucht, was 350 kg Kohle pro 100 cbm gefördertes Wasser und 7,64 kg pro PS.-Stunde, sowie einer Leistung von 35357 m × kg pro kg Kohle entspricht.

Von der gesammten Wasserabgabe im Jahre 1894/95 sind 22500 oder 9,0% für öffentliche Zwecke (für Strassensprengen 1000 cbm, für Springbrunnen 10000 cbm, für Laufbrunnen 5000 cbm, für Rinnstein- und Kanalspülen 250 cbm, für öffentliche Pissoire 3000 cbm, für Feuerlöschen 150 cbm und für Diverses 850 cbm) und 2500 cbm oder 1,0% als Selbstverbrauch und Verlust abgegeben, so dass 225000 cbm oder 90,0% vom gesammten Consum für Private und zwar durch Wassermesser abgegeben, übrig bleiben. Die Zahl der Abnehmer ist von 420 im Jahre 1892/93 auf 1200 im Jahre 1894/95 gewachsen. Eine gleiche Steigerung hat die Zahl der Wassermesser erfahren. Bis Ende des Jahres 1895 waren von solchen überhaupt 1237 geliefert und zwar 415 von H. Meinecke, Breslau, 805 von Dreyer, Rosenkranz & Droop, Hannover, 9 von Wolff & Schreiber, Breslau, 6 von Lux, Ludwigshafen und 2 von C. A. Spanner, Wien-Aachen. Nach der Grösse vertheilen sich diese wie folgt:

Durchmesser mm	13	20	25	40	50	65
Stückzahl . . .	229	957	28	15	5	1

Der Wasserpreis pro cbm, der früher bei der Gravitationsanlage 10 Pf. betragen hat, ist seit der Eröffnung des neuen Werkes auf 15 Pfg. erhöht. Als Mindestpreis ist jährlich je nach der Gebäudesteuer zu zahlen:

Gebäudesteuer. . M.	10	15	20	30	40	darüber
Wassergeld . . . M.	4	6	8	10	12	15

43. a. **Zörbig.** (E. 3984, W. 460 mit je 8,6 B.)

Die Wasserversorgung der Stadt Zörbig erfolgt ausschliesslich aus Brunnen. Für die öffentliche Benutzung dienen deren 14, von welchen 13 gemauert und einer gebohrt ist. Das Wasser ist zu Zeiten schlecht und auch nicht immer ausreichend. Eine Aenderung des jetzigen Zustandes ist daher erwünscht.

XVIII. Regierungsbezirk Erfurt.

(Provinz Sachsen.)

a) Erfurt 1. — **b)** Heiligenstadt 6 (Dingelstädt 4). — **c)** Grafschaft Hohenstein (Bleichrode 2, Brenneckenstein 3, Ellrich 5, Sachsa 10). — **d)** Langensalza 7 (Tennstadt 14). — **e)** Mühlhausen i T. 8. — **f)** Nordhausen 9. — **g)** Schleusingen 11 (Suhl 13). — **h)** Weissensee 15 (Sömerda 12). — **i)** Worbis 16. — **k)** Ziegenrück 17

1. Regierungshauptstadt **Erfurt.** (E. 78167.)

a) Geschichtliches

Schon im Jahre 1803 entstand auf Anregung des Gerbergewerbes der Gedanke zu einer Wasserleitung für die Stadt Erfurt durch die Einleitung des vor den Thoren der Stadt als starke Quelle in der Keuperformation entspringenden Treuenbrunnens. Trotzdem die Gerber sich zu einer jährlichen Zahlung von M. 210 verpflichteten, liess die Schwierigkeit der Geldbeschaffung das Project wieder aufgeben. Im Jahre 1839 wurde der Gedanke wieder aufgenommen, weil die meisten Brunnen der Stadt ein unreines, schlecht schmeckendes, dem Einflusse von Dungstätten ausgesetztes und sehr hartes Wasser lieferten. Dieses Bemühen blieb aber gleichfalls ohne Erfolg, weil man die Kosten und die für die Wasserentziehung zu erwartenden Entschädigungsansprüche fürchtete. Im Jahre 1858 bildete sich dann ein Comité, welches die Gründung einer Actiengesellschaft für denselben Zweck beabsichtigte. Dieses löste sich aber im Jahre 1864 wieder auf, weil inzwischen von dem Dr. Trommsdorff das qualitative und von dem Geh. Baurath Wurffbein das quantitative Ungenügen der Quelle für den beabsichtigten Zweck nachgewiesen war.

In Folge des Auftretens der Cholera im Jahre 1866, welche mehr als 2% der ganzen Bevölkerung hinweggerafft hatte, sah sich der Magistrat veranlasst, ein Urtheil des Professors Dr. v. Pettenkofer in München über die örtlichen Wasserverhältnisse einzuholen Pettenkofer's Bericht ging im Jahre 1867 ein und stellte den damaligen Zustand als in schärfstem Maasse zu verdammen hin. Eine in Folge dessen von beiden Stadtbehörden zur Prüfung der Frage einer Besserung der Wasserversorgung der Stadt niedergesetzte Commission kam wieder zu keinem Erfolge und erst 2, später der Stadt eingereichte Projecte gaben der Frage eine neue Anregung.

Das eine derselben, welches von den Ingenieuren Gruner & Thiem in Basel aufgestellt war, schlug vor, filtrirtes Gerawasser auf den Cyriax-Berg zu pumpen und von hier in die Stadt zu leiten. Das andere Project war von dem Fabrikanten D. Mainz in Hochheim angeregt, und es ging darauf hinaus, zwischen der Gera und der Nesse auf der Wasserscheide Wasser zu sammeln. Beide Projecte liess man aber nach näherer Prüfung im Jahre 1869 als ungeeignet wieder fallen.

Zur selben Zeit richtete der dortige Fabrikant v. Pöppinghausen auf Grund der von ihm angestellten, eingehenden Untersuchungen aller Quellen auf 2 Meilen im Umkreise von Erfurt, die aber sämmtlich kein günstiges Resultat bei einer Benutzung für die Versorgung erwarten liessen, das Gesuch an die Stadtverwaltung, eine Actiengesellschaft bilden zu dürfen, welche sich als Aufgabe stellen sollte, Wasser aus dem Gerathale oberhalb

Hochheim aus den dortigen Kiesschichten oder event. direct aus der Gera nach der Stadt zu leiten.

Die Prüfung dieses Antrages gab im Jahre 1871 der Stadtverwaltung die Veranlassung, eine nochmalige Untersuchung aller Brunnen und der sonstigen Wässer in der Stadt vornehmen zu lassen. Im weiteren Verlaufe entwickelte sich daraus dann die Zuziehung des Baurathes Salbach in Dresden zu einer Begutachtung der von v. Pöppinghausen angeregten Erschliessung von Grundwasser zwischen Hochheim und Bischleben. Nach der sich daranschliessenden Vornahme von Versuchsarbeiten, die an dieser Stelle auf Vorschlag Salbach's ausgeführt wurden und ein günstiges Resultat ergaben, wurde letzterer im Mai 1871 mit der Ausarbeitung eines Projectes, für welches die Benutzung dieses Bezugspunktes vorgeschrieben war, beauftragt. Im Juni 1872 erledigte er sich dieser Aufgabe. Er hatte dabei angenommen, dass täglich 6000 cbm Grundwasser aus dem Gerathale unterhalb Bischleben entnommen und, durch die Wasserkraft der Gera gehoben, zur Stadt geleitet werden sollten. Die Anlagekosten dafür hatte er zu M. 820000 berechnet.

Inzwischen hatten sich am 13. Juni 1871, weil das Hochwasser der Gera kurz vorher die städtischen Brunnen abermals sehr geschädigt hatte, die sämmtlichen Aerzte von Erfurt über die Schlechtigkeit der vorhandenen Wasserversorgungsverhältnisse der Stadt und die Nothwendigkeit einer Besserung derselben abermals öffentlich ausgesprochen. Diese aus diesen Kreisen stets wiederkehrenden Anregungen, sowie die Einwendungen, welche von einigen Seiten gegen das Salbach'sche Project erhoben waren, veranlasste die Stadt dazu, weitere Gutachten über die Wasserversorgungsfrage vom Professor Dr. Reichardt in Jena, vom Prof. Dr. Frankland in London und vom Baurath Dr. Hobrecht in Berlin zu erbitten. Durch des letzteren Berufung war ein Zusammenarbeiten von Salbach mit Hobrecht ermöglicht, und es entstand daraus eine Modification des Gera-Projectes, wobei statt der Wasserkraft Dampfkraft für den Betrieb der Pumpstation angenommen wurde. Dadurch sollte allerdings eine Erhöhung der Betriebskosten, aber eine als bedeutsamer erachtete Reduction der Anlagekosten auf M. 756000 entstehen. Dem Salbach'schen Plane, eine Grundwasserversorgung mit künstlicher Hebung für die Stadt herzustellen, widersprach jedoch Reichardt in entschiedener Weise, und er wies für eine Wasserversorgung statt dessen auf eine Zuleitung durch Gravitation aus dem Niederschlagsgebiete des Thüringer Waldes hin.

Dadurch angeregt, erbot sich am 16. Februar 1874 die Deutsche Wasserwerksgesellschaft in Frankfurt a. M., ein Project für eine Quellwasserleitung mit natürlichem Gefälle aus der Gegend, welche Reichardt generell in Vorschlag gebracht hatte, aufzustellen. Die von dieser Gesellschaft dafür in's Auge gefassten Quellen im Gebiete der Apfelstädt oberhalb Tambach und die des Silbergrabens im Gebiete der Ore waren aber, wie sich nach näheren Erkundigungen bald herausstellte, überall nicht zu erlangen und damit kam diese Idee, welche übrigens auch vom Geh. Bergrath Henoch in Gotha am 1 Juni 1874 in einem eingehenden Gutachten vollständig verurtheilt wurde, ausser Betracht.

Henoch lenkte als Ersatz dafür in diesem Gutachten die Blicke auf das der Stadt näher liegende Grundwasser im oberen Thale der Apfelstädt bei Wechmar, welches, richtig erschlossen, auch mit natürlichem Gefälle würde zufliessen können. Er hob ferner hervor, dass dieses Wasser demjenigen von Bischleben gegenüber noch den ferneren Vorzug habe, dass es nicht durch einen längeren Lauf im Kalkgebirge hart geworden sei, weil das Thal der Gera und noch mehr das der Apfelstädt nicht in das Gebiet des Muschelkalkes hineinreichten, sondern in der Keuperformation lägen. Auf seine Veranlassung wurden noch im Herbste 1874 durch das Stadtbauamt in Erfurt Untersuchungsarbeiten nach dieser Richtung vorgenommen und es ergab sich als Resultat derselben, dass in dem Apfelstädtthale ein Wasser von 8 bis 11 Grad Härte in einer über alles Erwarten grossen Quantität zu Gebote stände. Daraufhin wurde Henoch von der Stadt mit der Aufstellung eines definitiven Projectes für eine tägliche Lieferung von 8000 cbm Wasser beauftragt. Am 13. November 1874 konnte er dieses Project mit einem Kostenvoranschlage von M. 1326000 vorlegen, und es wurde dasselbe von Magistrat und Stadtverordneten für die Ausführung angenommen. Gleichzeitig wurde Henoch die technische Leitung des Baues und der Firma J. & A. Aird in Berlin die Ausführung der sämmtlichen, dafür erforderlichen Lieferungen und Arbeiten in Generalentreprise übertragen.

Der Bau ist am 1. April 1875 begonnen, und die Eröffnung des Werkes hat am 1. Januar 1876 stattgefunden. In der Gegend bei Wechmar wurden 2 Sammelrohrleitungen ausgeführt, die fast rechtwinkelig gegen einander gerichtet sind. Diese führen das durch sie erschlossene Wasser in eine Sammelstube, und von dieser aus gelangte es durch eine 22000 m lange Leitung mit natürlichem Gefälle zur Stadt. Schon im Jahre 1877 und 1878 trat in dem Sammelgebiete ein zeitweises Sinken des Grundwasserstandes um ca. 1,5 m ein, und die damit erkannte Nothwendigkeit einer Erweiterung der Sammelanlagen führte auf Henoch's Vorschlag damals zu dem Beschlusse, einen Stollen am südlichen Gehänge des Seeberges in 1700 m Entfernung von der Sammelstube herzustellen. Die Arbeiten dafür sind im Jahre 1879 begonnen und im Mai 1883 beendet. Das durch diesen Stollen erschlossene Wasser ging aber auch quantitativ allmählich zurück und man sah sich im Jahre 1885 gezwungen, zur Erschliessung weiterer Wassermengen die Sammelleitungen bei Wechmar in einem Gebiete, welches in entgegengesetzter Richtung von dem Stollen liegt, zu verlängern.

Aber auch das hier zur Aushülfe erschlossene Wasser reichte nicht lange zur Befriedigung der Bedürfnisse aus, und schon im Jahre 1886 ging man dazu über, zwischen Wandersleben und Wechmar und zwar 4500 m von der Sammelstube in der Richtung nach Erfurt zu vorgeschoben, einen Brunnen abzuteufen und dessen Wasser mittels einer Centrifugalpumpe, für deren Betrieb ein Locomobilkessel den Dampf lieferte, in die zur Stadt führende, bestehende Zuleitung zu drücken. Die Ergiebigkeit dieses Brunnens ist im Jahre 1891 durch mehrere, in denselben einmündende Sammelrohre vergrössert, ohne dass freilich auch damit für längere Zeit den Bedürfnissen völlig genügt werden konnte.

Nun ging man dazu über, wirklich eine Wassererschliessung in dem Gerathale herzustellen und wählte hierfür nach langen Untersuchungen eine Stelle, die 14 km unterhalb Wechmar und oberhalb der Orte Möbisburg und Stedten liegt und nur noch 6 km von der Stadt entfernt ist. Eine hier im Jahre 1893 hergestellte, provisorische Pumpstation genügte damals, um als Aushülfe mit den anderen Anlagen zusammen eine ausreichende Versorgung für die Stadt zu ermöglichen. Es ist zur Zeit die Absicht, hier in aller nächster Zeit eine definitive Pumpstation, welche 10000 cbm im Tage liefern kann, zu erbauen. Nach dem bislang durchlaufenen Wege ist man somit der Stelle, welche Salbach und Hobrecht bei Bischleben vorgeschlagen hatten, im Laufe der Zeit immer näher gerückt und wird vielleicht, wenn auch erst in späterer Zukunft, schliesslich doch wieder auf diese Stelle zurückgreifen, um hier das Wasser für die Stadt zu erschliessen.

Das Project für die jetzt beabsichtigten Erweiterungsbauten ist von dem Stadtbaurath Kickton aufgestellt und zu M. 700000 veranschlagt. Der Herr ist der Decernent für die städtische Tiefbauverwaltung und ihm ist auch die Verwaltung des Wasserwerkes unterstellt, dessen speziellen Betrieb zur Zeit der Ingenieur Panse leitet.

b) Bauliche Ausführung der Anlagen.

In dem Thale der Apfelstädt bei Wandersleben ist das Wasser aus den Kiesschichten entnommen. Ein damals hergestellter Versuchsbrunnen lieferte bei 2,5 bis 3,0 m Absenkung ca. 1000 cbm Wasser. Bei dem Probepumpen war eine Senkung des Grundwasserstandes über den Umkreis von 36 m um den Brunnen herum nicht eingetreten. Durch die Erschliessung des Wassers auf einer Strecke von 576 m Länge mittels 8 Brunnen hoffte man hiernach, die verlangten 8000 cbm zu sichern. Henoch wählte statt dessen, weil eine Durchfahrung des Grundwasserstromes in spitzwinkeliger Richtung wegen des Grunderwerbs sich als nöthig erwies, eine 1000 m lange Aufschlussstrecke mittels eines Sammelrohres.

In offenen Gräben von 3,0 bis 4,0 m Tiefe sind von beiden Endpunkten nach der Mitte zu perforirte, glasirte Thonrohre mit dazwischen eingeschalteten Einsteigeschächten verlegt. Diese Rohre haben an den beiden Enden 300 mm Durchmeser und erweitern sich nach der Mitte zu in jedem Zweige auf 500 mm Durchmesser. Die Gräben sind dann wieder in regelmässiger Schichtenlage mit Kies von abnehmender Korngrösse verpackt und oben mit einer fetten Thonschicht abgedeckt. Auf eine Länge von 350 m führte dieser Graben durch eine vollständig trockene Bank von thonigem Kies, so dass das Wasser eigentlich aus 2 getrennten Betten des Grundwasserstromes erschlossen ist.

Die spätere Annahme Henoch's, reiche Mengen von artesischem Wasser aus den in dem Seeberge anstehenden Kiesschichten zu erlangen, hatte sich auf dessen eingehenden geognostischen Studien aufgebaut. Anfangs wurde hier auf Grund eines Credites von M. 10000, der später auf M. 70000 erhöht ist, ein Stollen angesetzt, der 21,0 m hoch über der Sammelstube bei Wechmar und mit seinem Mundloche 1300 m von dieser Sammelstube entfernt beginnt. Derselbe durchfuhr in 335 m Länge den Keupermergel und erschloss mit dem Erreichen der Sandsteinformation ein Wasser in solcher Menge und von solch ausgezeichneter Reinheit, dass im Jahre 1880 von der Stadt beschlossen wurde, den Stollen bis auf im Ganzen 500 m Länge zu bringen. Gleichzeitig wurden für das hier zu erschliessende Wasser die Anlagen zur Einleitung desselben in die Sammelstube bei Wechmar ausgeführt.

Bei dem weiteren Ausbau des Stollens ist an der Gebirgsscheide zwischen Keuper und Lias von oben bis auf den Stollen hinunter ein Schacht niedergebracht. Dieser ist in seinem, in dem Stollenprofile stehenden Theile zu einer Staumauer ausgebildet, um zeitweise das hier stollenaufwärts über Bedarf vorhandene Wasser durch Abschluss eines Schiebers magaziniren zu können. Ferner ist ein zweiter Schacht am Ende des Stollens ausgeführt, um event. eine Verlängerung desselben ohne Störung des Betriebes möglich zu machen.

Für die später folgenden weiteren Fassungsarbeiten bei Wechmar sind im Ganzen 720 lfd. m Cementrohre von 400 mm, sowie für die Zuleitung nach der Sammelkammer 734 m Cementrohre von 300 mm und 350 mm Durchmesser verlegt. Dadurch sind damals auch zeitweise 2000 cbm Wasser im Tage erhalten. Die später ausgeführte Brunnenanlage bei Wandersleben hat nach Herstellung der Sammelleitung dann bis zu 3000 cbm Wasser im Tage geliefert. Für die provisorische Pumpstation bei Stedten ist ein 10,0 m tiefer, gemauerter Brunnen hergestellt, und es werden von hier mittels einer Verbund Duplexpumpe und eines Locomobilkessels zur Zeit ca. 2000 cbm im Tag in die Leitung gepumpt.

Zwischen Hochheim und Erfurt ist ein Hochreservoir hergestellt, das ca. 60,0 m tiefer als die Sammelstube bei Wechmar liegt. Die Zuleitung zu dem Reservoire besteht aus gusseisernen Rohren von 350 mm Durchmesser. Hinter der Sammelstube durchsetzt diese Leitung einen Mühlgraben und die Apfelstädt. Sie verfolgt dann der Reihe nach die Dörfer Wandersleben, Apfelstädt und Alt- und Neu-Dietendorf, zwischen welchen sie die Apfelstädt nochmals kreuzt. Sie geht dann weiter durch Ingersleben, Stedten, Bischleben und Hochheim auf den diese Ortschaften verbindenden Strassen entlang. Schliesslich mündet sie nächst der Cyriaxburg auf der Bergkuppe am linksseitigen Geraufer in das Hochreservoir ein. Diese Leitung hat im Ganzen 20957 m Länge und ist durch Schieber in einzelne Strecken von ca. 2000 m Länge abtheilbar; für diese Strecken sind Lufthähne angebracht.

Das Hochreservoir hat bei 3,0 m Wasserhöhe einen Inhalt von 4000 cbm. Es ist in Ziegelmauerwerk ausgeführt und in das Terrain versenkt. Seine Ueberwölbung ist mit Erde überdeckt. Die vom Reservoire abgehende Fallrohrleitung zur Stadt hat 1400 m Länge und 350 mm Durchmesser. In den meisten der von der Zuleitung berührten Dörfern sind Hydranten aufgestellt, und zum Theil sind in den Dörfern auch Zapfhähne angebracht. Die gesammte Länge sämmtlicher Hauptleitungen, welche ausserhalb der Stadt liegen, incl. der Leitungen für die Dörfer, hat am 1. April 1895 23495 lfd. m betragen, und es waren damit 40 Schieber und 26 Hydranten verbunden.

Für die Pumpstation Möbisburg ist ein neues Hochreservoir projectirt, das aus Beton ausgeführt werden soll. Das Wasser wird auf 65,0 m Höhe künstlich gehoben und durch eine neue Druckleitung in das Reservoir geführt werden. Die Versorgung wird dann in zwei Zonen getrennt erfolgen, weil für die höheren Theile der Stadt der jetzige Druck nicht mehr genügend ist, so dass das neue Reservoir für die Hochdruckzone dienen soll. Die niedere Zone wird 30,0 m und die obere Zone 60,0 m mittlere Druckhöhe erhalten, während jetzt nur 30,0 m als Druckhöhe vorhanden ist. Die Kosten der Erweiterungsanlagen sind auf M. 700000 veranschlagt.

c) Rohrnetz und Wasserabgabe.

Das Vertheilungsnetz in der Stadt ist nach dem Circulationssystem ausgeführt und steht unter einem einheitlichen, constanten Drucke. Die Tabelle 128 gibt für den 1. April der Jahre 1887 bis 1896 die Länge des städtischen Rohrnetzes bis zu Rohren von 40 mm Durchmesser abwärts und die Zahl der Schieber, Hydranten, Laufbrunnen, Springbrunnen und öffentlichen Pissoire an.

Tabelle 128.

1. April	Rohrlänge m	Schieber	Hydranten	Laufbrunnen	Springbrunnen	Oeffentl. Pissoire
1887	49 075	266	420	2	8	4
1888	51 468	277	438	6	8	4
1889	54 236	293	457	8	8	4
1890	55 187	309	477	8	8	4
1891	57 135	318	484	9	9	5
1892	58 284	328	491	9	9	6
1893	58 517	329	496	17	9	6
1894	60 005	340	531	24	9	6
1895	61 025	350	542	28	9	6
1896	66 873	364	550	29	9	6

Die Hydranten sind Unterflurhydranten mit Selbstentwässerung. Sie stehen in 70 m bis 80 m Entfernung von Mitte zu Mitte. Für die Zuleitungen werden meistens Bleirohre von 13 mm, 20 mm und 25 mm Durchmesser und zu deren Absperrungen Kegelhähne verwendet. Für die Hausleitungen werden ebenfalls Bleirohre und bei grösserer Dimension Eisenrohre benutzt. Mit diesen waren Ende des Jahres 1895/96 497 Badeeinrichtungen, 65 Springbrunnen und 298 Sprenghähne verbunden. Wassermesser waren am 1. April 1896 im Ganzen 4283 Stück eingebaut. Geliefert sind überall bis Ende 1895 4445 Messer, und zwar 4251 von H. Meinecke, Breslau, 194 von Siemens & Halske, Berlin und 9 von A. C. Spanner, Aachen-Wien. Nach der Grösse vertheilen sich dieselben wie folgt:

Durchmesser mm	10	12	13	20	25	40	50
Stückzahl	1	30	1625	2007	720	10	10
mm	65	75	80	100	125		
Stückzahl	5	5	48	2	1		

Die Tabelle 129 gibt für jedes der Jahre 1889/90 bis 1895/96 die Gesammtabgabe von Wasser, die Abgabe für öffentliche Zwecke und zum Selbstverbrauche, die Abgabe für Private im Ganzen und getrennt nach den mit und ohne Messer abgegebenen Mengen, die Zahl der Anschlüsse im Ganzen, sowie die mit und ohne Messer, den durchschnittlichen, jährlichen Consum derselben und endlich verschiedene Verhältnisszahlen an.

Die gesammte Wasserabgabe nach Messern hat sich in den beiden letzten Betriebsjahren nach den verschiedenen Gebrauchszwecken, wie die Tabelle 130 (S. 182) angibt, vertheilt.

Tabelle 129.

Jahr		1889/90	1890/91	1891/92	1892/93	1893/94	1894/95	1895/96
Einwohnerzahl		67 590	69 580	71 570	73 560	75 573	76 868	78 167
Gesammtabgabe im Jahr	cbm	1 075 375	1 162 119	1 291 188	1 215 045	1 263 794	1 377 392	1 464 398
Desgl. gegen 100 cbm des Vorjahres	»	—	108,1	111,0	94,0	104,0	109,0	106,3
Liter pro Kopf pro Tag im Mittel		43	46	49	45	46	46	51
Zahl der Anschlüsse		3 864	4 001	4 108	4 180	4 250	4 258	4 343
cbm pro Anschluss im Jahr		278	290	314	291	297	323	337
Tagesabgabe am mittleren Jahrestage	cbm	2 946	3 184	3 537	3 329	3 462	3 553	4 011
Wasser für öffentliche Zwecke und Selbstverbrauch	»	135 678	180 000	200 000	211 112	220 341	277 956	321 415
Wasser für Private	»	939 697	982 119	1 091 188	1 003 933	1 043 453	1 099 436	1 142 983
Davon nach Messern	»	924 997	967 419	1 076 420	989 165	1 028 719	1 084 718	1 128 265
Zahl der Messeranschlüsse		3 840	3 976	4 082	4 155	4 225	4 233	4 283
Wasser für Private ohne Messer	cbm	14 700	14 700	14 768	14 768	14 734	14 718	14 718
Zahl der Anschlüsse ohne Messer		24	25	26	25	25	25	60
Von 100 cbm für Private								
nach Messern	cbm	98,4	98,5	98,6	98,5	98,6	98,7	98,7
ohne Messer	»	1,6	1,5	1,4	1,5	1,4	1,3	1,3
Auf 100 Anschlüsse kommen								
Messeranschlüsse		99,4	99,4	99,4	99,4	99,4	99,4	98,6
Anschlüsse ohne Messer		0,6	0,6	0,6	0,6	0,6	0,6	1,4
Von 100 cbm Gesammtabgabe für								
öffentliche Zwecke	cbm	12,6	15,5	15,5	17,4	17,4	20,2	21,9
Private	»	87,4	84,5	84,5	82,6	82,6	79,8	78,1
Gesammtabgabe ohne Messer	»	150 378	194 700	214 768	225 880	235 075	292 674	336 133
Desgl. von 100 cbm Gesammtabgabe	»	14,0	16,7	16,6	18,6	18,6	21,3	22,9
Gesammtabgabe nach Messern von 100 cbm Gesammtabgabe	»	86,0	83,3	83,4	81,4	81,4	78,7	77,1
Abgabe pro Messer im Jahr	»	241	244	264	238	243	256	269
Abgabe pro Anschluss ohne Messer	»	613	589	569	591	590	589	245

Tabelle 130.

Jahr	1894/95	1895/96
Für Badeanstalten . . . . . . cbm	14 450	15 110
» Brauereien und Mälzereien . »	12 700	8 812
» Gärtnereien . . . . . . »	43 358	52 970
» Restaurationen . . . . . »	24 604	27 426
» öffentliche Gebäude . . . »	186 904	94 197
» die Eisenbahnverwaltung . »	161 150	158 899
» Fabriken und für Motore . »	73 986	156 400
» 24 kleine Gewerbebetriebe . »	17 849	16 999
» Haus- und Wirthschaftswasser	550 291	597 452

Im Jahre 1894/95 resp. 1895/96 sind 911 000 cbm resp. 1 400 844 cbm durch Dampfbetrieb mit einem Aufwande von 206 413 kg resp. 312 872 kg Kohlen oder pro 100 cbm Wasser mit 22,6 kg resp. 22,34 kg Kohlen gehoben worden. Es sind demnach von der Gesammtabgabe nur 466 392 cbm resp. 63 554 cbm oder pro 100 cbm 33,9 cbm resp. 43,4 cbm mit natürlichem Gefälle zugeflossen und dagegen 66,1 cbm resp. 56,6 cbm für die Verwendung künstlich gehoben worden. Der Pumpenbetrieb hat im Jahre 1894/95 in Wandersleben vom 1. April bis zum 22. October und in Möbisburg vom 9. Mai bis 9. September gewährt. In Folge der reichlichen Niederschläge hat in der letzten Hälfte dieses Betriebsjahres die Sammelanlage in Wechmar allein genügt.

Die Tabelle 131 gibt eine Vertheilung des auf der Tabelle 129 zusammengefassten Wassers für öffentliche Zwecke und für den Selbstverbrauch, sowie ersteres für die verschiedenen Verbrauchszwecke getrennt, im Ganzen und pro 100 cbm des für öffentliche Zwecke überall benutzten Wassers für die 4 Jahre von 1892/93 bis 1895/96 an.

Tabelle 131.

Jahr	1892/93	1893/94	1894/95	1895/96
Wasser für öffentliche Zwecke . . . . cbm	135 642	137 696	179 506	217 234
oder pro 100 cbm des Gesammtverbrauches . »	11,1	10,9	13,0	14,8
Wasser für den Selbstgebrauch . . . . »	75 470	82 645	98 450	104 181
oder pro 100 cbm des Gesammtverbrauches . »	6,2	6,5	7,2	7,1
Von dem Wasser für öffentliche Zwecke				
für Strassensprengen . . . . »	18 228	15 078	10 681	18 474
» öffentliche Springbrunnen . . . . . . »	17 970	7 760	20 711	5 404
» » Laufbrunnen . . . . »	4 110	20 510	15 620	25 528
» Kanalspülung . . . . »	52 792	52 790	96 926	93 312
» Bedürfnissanstalten . . . . »	39 274	39 274	24 173	16 250
» Bewässern öffentlicher Anlagen . . . . »	1 000	1 000	8 000	12 800
» Feuerlöschen . . . . »	1 824	864	900	900
» sonstige Zwecke . . . . »	510	420	2 495	39 566
Desgleichen von 100 cbm				
für Strassensprengen . . . . »	13,5	10,9	6,0	8,6
» öffentliche Springbrunnen . . . . . . »	13,2	5,6	11,5	2,5
» » Laufbrunnen . . . . »	3,0	15,0	8,7	12,1
» Kanalspülung . . . . »	39,0	38,3	54,0	44,1
» Bedürfnissanstalten . . . . »	29,0	28,5	13,5	7,7
» Besprengen öffentlicher Anlagen . . . . »	0,8	0,8	4,4	6,1
» Feuerlöschen . . . . »	1,2	0,6	0,5	0,4
» Diverses . . . . »	0,3	0,3	1,4	18,6

Das Anlagekapital des Wasserwerkes wird mit $4^1/_2$ % verzinst und jährlich mit 1 % abgeschrieben. Es hatte nach den Büchern am 1. April 1895 noch die Höhe von M. 1 388 052. Der Grundbesitz des Werkes beträgt 1382,93 a und hat im Ganzen M. 121 844 gekostet.

Das Wasser wird für Private nur gegen Zahlung nach Wassermessern abgegeben. Die in der Tabelle 129 aufgeführte Abgabe ohne Messer wird sich daher wohl auf die Dörfer beziehen. Als Wasserpreis pro cbm ist zu zahlen bei einem durchschnittlichen Tagesverbrauche pro Quartal von bis einschliesslich 5 cbm 20 Pf., von 5 bis 50 cbm 15 Pf., von 50 bis 250 cbm 13 Pf. und darüber 12 Pf. Es ist jedoch vierteljährlich mindestens je nach der Höhe der Gebäudesteuer zu zahlen bei einer Gebäudesteuer:

Steuer bis M.	10	20	30	40	50	60	70	80	90	100	150	darüber
Wassergeld M.	1	2	3	4	6	8	10	12	14	16	18	20

Die Wassermesser werden von der Stadt gegen Rückerstattung der Kosten durch den Consumenten geliefert und unterhalten. Für deren Prüfung und Reinigung, sowie für kleine, unverschuldete Reparaturen und den Ersatz nach Abnutzung des Messers ist jährlich M. 1 zu zahlen.

Im Durchschnitte haben die Untersuchungen des Wassers im letzten Jahre im Liter ergeben:

Abdampfrückstand	459 mg
Organische Substanz	17,7 »
Chlor	19,7 »
Schwefelsäure	151,2 »
Kalk	140 »
Magnesia	31,9 »
Salpetersäure	starke Spur
Ammoniak, salpetrige Säure . . .	Null
Härtegrade	18,5°

Die Temperatur im Reservoire hat im Mittel 10° C betragen und zwischen 15,5° und 3° geschwankt

2. c. Bleicherode. (E. 3600, W. 430 mit je 8,4 B.)

Die Wasserversorgung der Stadt Bleicherode erfolgt seit dem Jahre 1884 durch eine Quellwasserleitung, welche für städtische Rechnung mit einem Kostenaufwande von M. 12 000 hergestellt ist. Sie liefert aber nur 60 bis 80 cbm im Tage und genügt daher nicht mehr für die jetzigen Bedürfnisse. Das Wasser fliesst durch gusseiserne Leitungen von 150 mm bis 80 mm Durchmesser von im Ganzen 950 m Länge mit natürlichem Gefälle 5 öffentlichen Brunnen zu und speist ferner 4 Hydranten. Ein Reservoir ist nicht vorhanden. Die Quellen entspringen in der Nähe eines natürlichen Teiches, des sog. Feuerteiches. Für Private bestehen keine Anschlüsse an diese Leitung.

3. c. **Brennckenstein.** (E. 3206.) Ohne Antwort.

4. b. **Dingelstädt** (E. 3616, W. 540 mit je 6,7 B.)

Die Wasserversorgung der Stadt Dingelstädt erfolgt ausschliesslich aus Brunnen, von denen 160 gegrabene und gemauerte und 4 gebohrte vorhanden sind. 15 davon dienen der allgemeinen Benutzung.

5. c. **Ellrich.** (E. 3997, W. 470 mit je 8,5 B.)

Die Wasserversorgung der Stadt Ellrich erfolgt ausschliesslich aus gemauerten Brunnen, deren 15 für die öffentliche Benutzung dienen.

6. b. **Heiligenstadt.** (E. 6707).

Für die Wasserversorgung der Stadt Heiligenstadt sind 12 öffentliche und ca. 60 private Brunnen vorhanden, welche gegraben sind und ca. 5,0 m bis 7,0 m Tiefe haben. Auch wird für einzelne Gewerbebetriebe durch Thonrohrleitungen direct aus dem die Stadt berührenden Geisledebache Wasser zugeleitet. Für die Speisung eines öffentlichen Brunnens ist ferner eine ca. 700 m lange Zuleitung zu einer ausserhalb der Stadt liegenden Quelle hergestellt. Endlich wird auch noch aus einem natürlichen Teiche Wasser durch eine Pumpe, welche ein Wasserrad betreibt, entnommen und in die Stadt eingeleitet.

7. d. **Langensalza.** (E. 11472, W. 1093 mit je 10,5 B.)

Für die Wasserversorgung der Stadt Langensalza bestehen 26 öffentliche und 235 private Brunnen, die gegraben sind und 8,0 bis 10,0 m Tiefe haben. Das Wasser der Brunnen ist hart, aber stets in genügender Menge vorhanden.

Ausserdem wird Wasser von den Quellen der Salza aus 2000 m Entfernung mit natürlichem Gefälle theils in überdeckten Gräben und theils in gusseisernen Leitungen zur Stadt geführt und gelangt an 5 öffentlichen Laufbrunnen zur Vertheilung. Auch 4 Privatgrundstücke haben eine Zuleitung von diesem Wasser.

8. e. **Mühlhausen i. Th.** (E. 30113, W. 3000 mit je 9,10 B.)

Früher erfolgte die Wasserversorgung der Stadt Mühlhausen aus Brunnen, welche aus offenen Gräben und Rinnen, welche durch die Stadt flossen, gespeist wurden. Diese erhielten das Wasser aus Quellen, welche ca. 1,5 km von der Stadt entfernt entspringen. Das Wasser der einen, der Poggendorfer Quelle, ist in die Unterstadt, und das der anderen, der Breitstürzler Quelle, ist in die Oberstadt durch Gräben eingeführt. Ausser 30 öffentlichen Brunnen war eine grosse Zahl von Privatbrunnen für den Hausgebrauch und für gewerbliche Zwecke in Benutzung, und es erhielten ferner 9 Mühlen, 45 Gerbereien, 21 Färbereien und 14 Brauereien auf diese Weise das Wasser. Dieses ist an den Quellen von guter Qualität; es wird aber während seines Laufes zur Stadt und in der Stadt stark verunreinigt und, trotzdem es stets in genügender Menge zur Verfügung steht, ist seit Jahren das Verlangen nach einer besseren Versorgung empfunden worden.

Nach einem von dem Stadtbaurath Zorn und dem Ingenieur Reiss aufgestellten Projecte ist in den Jahren 1893 bis 1896 für städtische Rechnung unter Leitung des Stadtbauraths Kampfhenkel der Bau eines Wasserwerkes für eine tägliche Leistung von 4000 cbm ausgeführt, welches ca. M. 1000000 im Ganzen und M. 33,28 pro Kopf gekostet hat. Der Betrieb desselben ist mit dem des Gaswerkes verbunden und wird von dem Director Bode geleitet.

Das Wasser wird aus 3 Tiefbrunnen gewonnen. Diese bestehen in ihrem oberen Theile aus 10,0 m tiefen, gemauerten Schächten, durch deren Böden auf 40,0 m bis 70,0 m Tiefe gusseiserne Rohrbrunnen hinunter gebracht sind, welche 400 mm Durchmesser haben. Das Wasser steigt in den Brunnen bis zu deren Ueberlauf. Die 3 Brunnen sind durch Leitungen von 300 mm Durchmesser, welche einzeln durch Schieber abstellbar sind, mit einander verbunden. Diese Anschlüsse an die Brunnen liegen 4,0 bis 6,0 m tief unter Terrain. Das Wasser ergiesst sich durch diese in ein Sammelreservoir von 600 cbm Inhalt, das in 500 m bis 800 m Entfernung von den Brunnen und in 3500 m Entfernung von dem Vertheilungsnetze liegt.

Aus diesem Reservoire findet die Versorgung der unteren Druckzone in der Stadt direct durch eine Fallrohrleitung statt. Für den höher liegenden Theil der Stadt ist eine Hochdruckzone eingerichtet. Das Wasser für diese wird in einer neben dem Sammelreservoire liegenden Pumpstation aus diesem Reservoire entnommen und in ein Hochreservoir gefördert, das 1300 m von der Pumpstation und 4800 m von der Stadt entfernt liegt. Dieses Reservoir hat 450 cbm Inhalt, und sein Wasserspiegel liegt um 25,0 m höher als der des Sammelreservoirs. Beide sind aus Mauerwerk hergestellt. Sie sind in den Boden versenkt, überwölbt und mit Erde überfüllt.

Die Pumpstation ist erst im Jahre 1895 ausgeführt. Sie besteht aus einem Raume von 8,1 m mal 14 m Grundfläche, der für zwei Pumpanlagen bestimmt ist, in welchem aber vorläufig nur eine aufgestellt wurde. Diese besteht aus einem liegenden Gasmotor von 15 PS., der 160 Umdrehungen pro Minute macht und mit Riemenübertragung eine liegende, doppeltwirkende Plungerpumpe antreibt, welche 54 Doppelhübe pro Minute macht. Ihr Plunger hat 175 mm Durchmesser und 0,3 m Hub, und sie fördert pro Stunde 46,5 cbm Wasser bei bis zu 43,0 m Arbeitshöhe. Die Maschinenanlage ist von den Gebr. Körting in Körtingsdorf bei Hannover geliefert.

Die Wasservertheilung erfolgt in zwei getrennten Rohrnetzen, welche nach dem Circulationssysteme hergestellt sind. Der Druck in dem einen beträgt 50,0 m und in dem andern 25,0 m. Die Leitungen haben im Ganzen ca. 30000 m Länge und Durchmesser zwischen 300 mm und 80 mm. Damit sind 200 Schieber und 400 Hydranten verbunden. Letztere stehen in ca. 75 m Entfernung von einander und sind von Bopp & Reuther in Mannheim geliefert. Die Zuleitungen und die Hausleitungen bestehen aus Bleirohren. Erstere haben 20 mm bis 30 mm Durchmesser mit Absperrventilen innerhalb der Häuser. Mit den Hausleitnngen sind 6000 Zapfhähne, 50 Closets und 5 Pissoirstände verbunden. Bis Ende 1895 waren im Ganzen 1262 Wassermesser geliefert, und zwar 7 von H. Meinecke, Breslau, 417 von

C. A. Spanner, Wien-Aachen, 836 von Dreyer, Rosenkranz & Droop, Hannover und 2 von Lux, Mannheim. Nach der Grösse vertheilen sich diese wie folgt:

Durchmesser mm.	7	13	15	20	25	30	40
Stückzahl . . .	1	7	900	319	30	10	1

Eine chemische Untersuchung des Wassers hat im Liter ergeben:

Kohlensaurer Kalk	298,7	mg
Schwefelsaurer Kalk	53,1	»
Schwefelsaure Magnesia	186,0	»
Chlormagnesium	56,9	»
Salpetersaures Natron	1,3	»
Organische Substanz	7,27	»
Ammoniak und salpetrige Säure .	Null	»
Salpetersäure	0,83	»
Gesammte Härte deutsche Grade .	33,6°	
desgl bleibende	17,3°	

Das Wasser ist bacterienfrei.

Der Wasserpreis beträgt pro cbm 20 Pf. bis zu einem Jahresverbrauche von 750 cbm. Der Mehrverbrauch wird mit 10 Pf. pro cbm berechnet.

9. f. **Nordhausen.** (E. 27535, W. 2220 mit je 12,4 B.)

Seit langen Jahren dienten für die Wasserversorgung der Stadt Nordhausen ausser verschiedenen Brunnen in der Stadt, die aber meistens ein schlechtes Wasser lieferten, 2 alte Wasserkünste, die Oberkunst und die Unterkunst. Sie lagen innerhalb der Stadt und bestanden aus durch Wasserräder getriebenen Pumpen, welche täglich ca. 300 cbm rohes Wasser aus der Zorge förderten, das an 150 öffentlichen Bassins zum Ausflusse gelangte und 54 Privaten zugeführt wurde. Dieses Wasser war meistens stark verunreinigt, und häufige Reparaturen an den Leitungen und Pumpen störten den regelmässigen Bezug in empfindlicher Weise.

Um zu einer besseren Versorgung zu gelangen, beauftragte der Magistrat im Jahre 1870 den Eisenbahndirector Clauss in Braunschweig, für diesen Zweck Vorarbeiten vorzunehmen. Seine Studien führten ihn zu zwei verschiedenen Projecten, welche er damals dem Magistrate unterbreitete. Nach dem ersten Projecte wollte er an der Crimderoder Chaussée in der verlängerten Linie des Gumpethales in dem Buntsandsteine einen Tiefbrunnen für die Wassergewinnung herstellen, und als Ergänzung wollte er den Gesundbrunnen benutzen, dessen Leistung durch Erschliessen weiterer natürlicher Quellen vermehrt werden sollte. Eventuell wollte er auch noch künstlich filtrirtes Wasser aus der Zorge als Aushülfe hinzuziehen. Das so gewonnene Wasser sollte durch mit Dampfkraft betriebene Pumpen in ein Hochreservoir gefördert werden, das auf dem Geiersberge in der Nähe des Lindenhofes erbaut werden und von hier durch eine Fallrohrleitung in der Stadt zur Vertheilung gelangen sollte.

Nach dem zweiten Projecte sollte das Wasser verschiedener Quellen der Stadt durch eine Gravitationsleitung zugeführt werden. Es waren dafür die zahlreichen Quellen, welche oberhalb von Ilfeld entspringen und deren Wasser durch die Behre in die Zorge fliesst, angenommen. Ferner hatte er die bei Neustadt unter dem Hohenstein in geringer Mächtigkeit entspringenden Quellen, deren Wasser die Tyra aufnimmt, in's Auge gefasst. Clauss gab ersteren Quellen den Vorzug und schlug vor, die derzeitigen Wassernutzer durch Compensation zu entschädigen. Die Quellen, welche in die Netzwiese oberhalb Ilfeld eintreten, haben ein Speisegebiet von im Ganzen 6020 ha, wovon 3890 ha auf das Behrethal bis zum Netzteiche und 2130 ha auf das Brandesbachthal und das Netzbachthal entfallen. Durch Staudämme würden nach seiner Ansicht die Netzwiesen sowohl, als das Behrethal verhältnissmässig leicht in grosse Teiche umzuwandeln sein, letzteres Thal allerdings mit grösseren Kosten. Dem ersteren wurde daher von ihm der Vorzug eingeräumt. Das Wasser sollte nach diesem Projecte durch das Altenthor zur Versorgung der Unterstadt direct eingeleitet werden, während für die Oberstadt die Speisung aus einem am Geierberge herzustellenden, offenen Bassin angenommen war, welches durch eine besondere Rohrleitung gefüllt werden sollte.

Die Kostspieligkeit der vorgeschlagenen Anlagen und die damit verbundene, grosse Verantwortlichkeit veranlasste den Magistrat, von der weiteren Verfolgung beider Projecte Abstand zu nehmen. Dagegen ertheilte er im Jahre 1872 der ehemaligen Actiengesellschaft Neptun in Berlin die Concession zum Bau und Betriebe einer städtischen Wasserversorgung. Diese Gesellschaft hat dann im Jahre 1873 eine Anlage im Tyra- oder Langenthale mit einem Kostenaufwande von M. 750000 ausgeführt und Anfangs 1874 in Betrieb gesetzt. Der inzwischen eingetretene Concurs der Gesellschaft zwang aber die Stadt, bereits im Laufe dieses Jahres das Werk für M. 672000 anzukaufen, wobei auch die für die zugesagte Leistung der Stadt gestellte Caution verfiel. Seitdem ist die Anlage auf städtische Kosten betrieben.

Die ursprüngliche Fassungsanlage für das Werk liegt unterhalb Neustadt in 3 bis 10 m Entfernung von dem Flusse Tyra im Grauwackengebirge. Es sind hier 14 Brunnen von 2,0 m Durchmesser hergestellt, deren Sohle 1,5 m tiefer als das niedrigste Wasser des Flusses liegt. Diese Brunnen sind durch gelochte Thonrohre von 250 mm Durchmesser mit einander verbunden und gemauerte Kanäle von 0,5 qm Querschnitt führen aus ihnen das Wasser einer Sammelstube zu.

Die tägliche Ergiebigkeit dieser Wassergewinnung schwankte gleich in den ersten Jahren zwischen 2200 cbm und 500 cbm und ging später noch weiter hinunter. Im Jahre 1877 schlug daher der Kreisbaumeister Nünnecke dem Magistrate vor, dicht unterhalb der Nachbarstadt Ellrich, direct im Bette der Zorge und 6 m tief unter deren Boden, ein Sammelbassin herzustellen und von hier das Wasser mittels einer 4000 m langen Heberleitung von 300 mm Durchmesser nach einer bei Nordhausen gelegenen Höhe in ein Reservoir zu überführen. Die Kosten für diese Anlage waren auf M. 280000 veranschlagt. Aerztlicher Einspruch gegen die 13 Grade betragende Härte dieses Wassers und gegen die Entnahme des Wassers unterhalb Neustadt liessen das Project scheitern.

Schon im Jahre 1876 waren der Geh. Bergrath Henoch in Gotha und der Baurath Hagen in Hannover zu einer Aeusserung über die Beschaffung neuer Wasserzuflüsse für die Stadt zugezogen, und es schlug Henoch gelegentlich der Verhandlungen vor, im Tyrathale Sammelteiche herzustellen und den Espenteich bei Ilfeld, der früher aus dem Espenbache gespeist wurde, wieder herzustellen.

Im Jahre 1878 erwarb die Stadt dann eine Wiesenfläche nördlich von Neustadt von 120a im oberen Kappelbachthale und liess hier durch den Stadtbaumeister C. Habermann weitere Untersuchungsarbeiten ausführen. Das hier erschlossene Wasser ist später aus einem Sammelbrunnen in die Hauptleitung durch eine

Zweigleitung überführt. Diese Anlagen haben einschliesslich der Abfindungen M. 48 000 gekostet, und es werden daraus gleichzeitig das gräflich Stollberg'sche Kammergut und der Ort Neustadt versorgt.

Im Jahre 1893 erklärte sich die Stadtverordnetenversammlung im Principe damit einverstanden, dass zur Gewinnung der nöthigen Ergänzung des für die Stadt erforderlichen Wasserquantums die Herstellung einer Thalsperre im Tyrathale in Aussicht genommen werde. Sie bewilligte vorläufig für die Herstellung eines Grabens, der den gewachsenen Felsen in seiner Tiefenanlage erreichen sollte, M. 3000 und nahm die spätere Bewilligung von M. 15 000 dafür in Aussicht. Weitere Nachrichten über diese Arbeiten sind nicht zu erhalten gewesen.

Ueber die alte Anlage sind noch folgende Angaben zu machen. Die Zuleitung des Wassers bis zur Stadt hat bei 250 mm Durchmesser 15 500 m Länge. Bei Neustadt ist in diese Leitung ein Zwischenreservoir eingeschaltet. Das eigentliche Hochreservoir liegt mit seinem Wasserspiegel 134,0 m niedriger als die Brunnenstube. Das Zwischenreservoir und das Hochreservoir sind in Mauerwerk ausgeführt und überwölbt. Das obere Reservoir hat 1765 cbm und das untere 2625 cbm Inhalt. Das städtische Rohrnetz hatte bereits im Jahre 1877 16 500 m Länge von Rohren von 300 mm bis abwärts zu 40 mm Durchmesser, und es waren damit 60 Schieber, 6 Freibrunnen, 2 öffentliche Springbrunnen und 170 Hydranten verbunden. Der Druck im Rohrnetze beträgt für den höchsten Terrainpunkt 60,0 m und um ebensoviel niedriger liegen die tiefsten Terrainpunkte der Stadt.

Im Jahre 1895 waren 202 Unterflur- und 5 Ueberflurhydranten und 131 Schieber vorhanden. 12 Ventilbrunnen, 5 öffentliche Springbrunnen und ein öffentliches Pissoir waren aufgestellt. 1635 Häuser waren durch Zuleitungen von Bleirohren, welche 13 mm, 20 mm und 25 mm Durchmesser haben, angeschlossen. Die aufgestellten Messer werden von der Stadt käuflich und leihweise überlassen. Nach den Angaben der Messerlieferanten sind bis Ende 1895 im Ganzen 998 Messer geliefert, und zwar 721 von H. Meinecke, Breslau, 113 von Siemens & Halske, Berlin, 30 von Wolff & Schreiber, Breslau und 34 von Lux, Ludwigshafen. Nach der Grösse vertheilen sich diese wie folgt:

Durchmesser mm	10	12	13	20	25	30	40
Stückzahl . . .	1	42	416	365	47	2	2

mm	50	75	80	100	125
Zahl	10	4	6	1	2.

Häuser, welche das Wasser nur für Haushaltungszwecke excl. Badeeinrichtungen, grössere Gärten etc. benutzen, zahlen 6% von dem für die Gebäudesteuer festgestellten Ertragswerthe, mindestens aber 18 M. pro Jahr. Solcher Consumenten sind zur Zeit 675 vorhanden, während 960 das Wasser nach Messern erhalten. Bei der Abgabe nach diesen sind für die ersten 60 cbm im Jahr 40 Pf. pro cbm, mindestens aber 24 M. zu zahlen. Bei grösserem Consum sind 20 Pf. pro cbm zu zahlen. Bei jährlich 2000 bis 3000 cbm Consum sind 18 Pf und darüber bis 8000 cbm Consum $16^2/_3$ Pf. pro cbm zu zahlen.

10. c. Sachsa. (E. 1788.)

Zur Versorgung der Stadt Sachsa ist für deren Rechnung in dem Jahre 1895/96 eine Quellwasserversorgung nach dem Projecte und unter der Leitung des Ingenieurs Carl Rosenfeld in Berlin mit einem Kostenaufwande von M. 80 000 oder M. 43,18 pro Kopf ausgeführt. Der tägliche Zufluss der Quellen beträgt 300 cbm. Die Anlage ist am 1. Mai 1896 in Betrieb gesetzt.

Das Wasser wird aus Quellen, die unterhalb des Ravenkopfes entspringen, entnommen, deren höchst gelegene 200,0 m hoch über dem Niveau der unteren Stadt liegen. Diese sind durch Sammelgallerien und Quellenschächte gefasst. Von einer Hauptsammelstube aus fliesst das Wasser mit natürlichem Gefälle in einer Rohrleitung, welche die Höhe des Katzensteins überschreitet, nach 2 Hochreservoiren. Diese liegen, der Niveaudifferenz der Stadt entsprechend, in 2 verschiedenen Höhen und sind in Monier-Construction hergestellt.

Jedes der Reservoire hat 50 cbm Inhalt. Das eine liegt 1600 m und das andere 2100 m von der Stadt entfernt. Das für die obere Zone liegt 50,0 m höher als das für die untere Zone und der Wasserdruck beträgt in jeder der beiden Zonen im Durchschnitte 60,0 m. Die Gesammtlänge der verlegten Rohrleitungen beträgt ca. 11 000 m, und es sind damit 50 Hydranten verbunden.

11. g. Schleusingen. (E. 3861, W. 410 mit je 9,3 B.)

Für die Stadt Schleusingen ist im Jahre 1893 nach dem Projecte und unter der Leitung des Civilingenieurs L. Mannes in Weimar für städtische Rechnung mit einem Kostenaufwande von M. 12 300 oder M. 31,86 pro Kopf eine Wasserversorgungsanlage ausgeführt, welche eine Leistung von 750 cbm bis 800 cbm im Tage hat. Die Leitung des Werkes liegt in den Händen des Bürgermeisters der Stadt.

Das Wasser ist durch die Fassung der Hirtenbrunnenquelle, welche 6 km von der Stadt entfernt im Buntsandstein entspringt und 67,0 m hoch über dem mittleren Strassenniveau liegt, gewonnen. Durch eine Leitung von 125 mm Durchmesser und 6500 m Länge wird es mit natürlichem Gefälle einem Hochreservoire zugeführt, das 150 cbm Inhalt hat und 450 m von der Stadt entfernt liegt. Sein Wasserspiegel liegt 43,0 m hoch über dem Strassenniveau. Es ist aus Stampfbeton hergestellt, überdeckt und in den Boden versenkt.

Die Fallrohrleitung hat 150 mm Durchmesser und bis zum Vertheilungsnetze 450 m Länge. Letzteres steht unter einheitlichem Drucke Es hat 6400 m Länge und 47 Schieber von folgenden Dimensionen:

Durchmesser mm	150	100	80
Rohrlänge . m	800	1600	4000
Schieberzahl . .	2	15	30

Damit sind 4 öffentliche Ventilbrunnen und 55 Ueberflurhydranten mit selbstthätiger Entwässerung, die in ca. 100 m Entfernung von einander stehen, verbunden. Die Zuleitungen und die Hausleitungen bestehen aus verzinkten, schmiedeeisernen Rohren. Es sind 286 Zuleitungen ausgeführt und mit 527 Zapfhähnen, 5 Closets, 4 Pissoirständen, 22 Badeeinrichtungen und 3 Privatspringbrunnen verbunden. Die gusseisernen Rohre sind von der Georg-Marienhütte bei Osnabrück und die Armaturen von J. A. Hilpert in Nürnberg geliefert. Es sind im Ganzen 16 Wassermesser und zwar 14 von 13 mm und 2 von 25 mm Durchmesser aufgestellt, welche von Lux, Ludwigshafen geliefert sind. Die Wasserabgabe beträgt im Tage ca. 300 cbm bis 400 cbm.

12. h. Sömmerda. (E. 4571, W. 725 mit je 6,3 B.)

Für die Wasserversorgung der Stadt Sömmerda dienen 11 öffentliche und ca. 100 private Brunnen. Diese liefern ein stets genügendes und gutes Trinkwasser. Ausserdem wird der Stadt seit ca. 30 Jahren Quellwasser aus 3 km Entfernung durch Thonrohre mit natürlichem Gefälle zugeleitet und an öffentlichen Laufbrunnen abgegeben. Diese letztere Anlage hat M. 8000 gekostet.

13. g. **Suhl.** (E. 11 889, W. 1280 mit je 9,3 B.)

Für die Wasserversorgung der Stadt Suhl dienten früher 29 öffentliche und ca. 50 private Brunnen im Orte. Ausserdem bestand eine künstliche Zuleitung mit natürlichem Gefälle aus hölzernen Rohren, durch welche das Wasser aus 12 verschiedenen Quellen, die an den umliegenden Bergen bis auf 1800 m Entfernung von der Stadt entspringen, in die Stadt geleitet wurde und hier an verschiedenen öffentlichen Laufständern zum Ausflusse kam. Es hatten auch 40 Privatgrundstücke Anschlüsse an diese Leitungen, welche im Ganzen ca. 10000 m Länge hatten und sich in sehr abgängigem Zustande befanden. Natürlich genügte auch das Wasserquantum den wachsenden Ansprüchen nicht mehr, so dass eine Aenderung nothwendig erschien.

Im Jahre 1889 ist daher eine neue Quellwasserleitung für städtische Rechnung nach dem Projecte und unter der Leitung des Civilingenieurs L. Mannes in Weimar ausgeführt. Diese Anlage hat M. 210000 im Ganzen und M. 18,16 pro Kopf gekostet. Sie ist für bis zu 2500 cbm Wasser pro Tag bestimmt. Die Leitung des Werkes führt unter dem Magistratsdecernenten Schlagelmilch der Inspector B. Roth.

Die Quellen, aus welchen das Wasser entnommen wird, liegen am Beerberge, ca. 21 km von der Stadt entfernt, und es wird deren Wasser mit natürlichem Gefälle einem 3 km davon entfernt liegenden Hochreservoire zugeführt. Dieses ist in die Erde versenkt und mit einem Betongewölbe geschlossen. Es hat 200 cbm Inhalt. Ein zweites Reservoir, das in gleicher Weise ausgeführt ist, hat 300 cbm Inhalt. Dieses ist in das Rohrnetz eingebunden.

Die Wasservertheilung erfolgt unter einem einheitlichen, constanten Drucke, der je nach dem Stadtniveau zwischen 30,0 m und 70,0 m schwankt. Die gesammten Rohrleitungen haben 42 610 m Länge und setzen sich nach den Durchmessern wie folgt zusammen:

Durchmesser mm	200	175	150	125	100	80	75
Rohrlänge . m	1850	1250	3650	800	5560	860	21000

Es sind damit 65 Schieber, ein Freibrunnen und 110 Hydranten mit selbstthätiger Entleerung verbunden. Für die Zuleitungen und die Hausleitungen sind verzinkte Eisenrohre verwendet. Mit letzteren sind 2500 Zapfhähne, 32 Badeeinrichtungen und 4 Privatspringbrunnen verbunden. Wassermesser sind 36 eingebaut, von denen 3 von Lux, Ludwigshafen und 33 von Dreyer, Rosenkranz & Droop, Hannover geliefert sind. Von diesen haben 6 Stück 80 mm, 1 Stück 30 mm, 11 Stück 25 mm, 17 Stück 20 mm und 1 Stück 15 mm Durchmesser.

14. d. **Tennstedt.** (E. 2839, W. 591 mit je 5,0 B.)

Für die Wasserversorgung der Stadt Tennstedt dienen 3 öffentliche, gegrabene und ausgemauerte Brunnen. Ferner ist eine künstliche Zuleitung von der sogen Bruchmühle her, die dicht neben der Stadt liegt, vorhanden Mit natürlichem Gefälle wird das Wasser durch ca. 800 lfd. m Rohre, die grösstentheils aus Gusseisen bestehen, 10 öffentlichen Laufbrunnen zugeführt. Diese Leitung ist schon über 60 Jahre alt und durchaus ungenügend, so dass eine Aenderung als ein Bedürfniss empfunden wird.

15. h. **Weissensee.** (E. 2459.) Ohne Antwort.

16. i. **Worbis.** (E. 2003, W. 230 mit je 8,7 B.)

Für die Wasserversorgung der Stadt Worbis sind 4 öffentliche Pumpenbrunnen vorhanden. Ausserdem dient dafür seit dem Jahre 1888 eine im Orte selbst entspringende Quelle, der Löwenbrunnen genannt, deren Wasser durch 400 lfd. m Steingutrohre mit natürlichem Gefälle zu 4, auf den Strassen aufgestellten Laufbrunnen geführt wird und zur allgemeinen Benützung dient. Diese Anlage hat M. 3000 gekostet, und es ist die Absicht, die Rohre durch solche aus Gusseisen zu ersetzen.

17. k. **Ziegenrück.** (E. 1172, W. 160 mit je 7,3 B.)

Die Wasserversorgung der Stadt Ziegenrück erfolgt seit dem Jahre 1895 durch eine für Rechnung der Stadt nach dem Projecte des Civilingenieurs L. Mannes in Weimar ausgeführte Anlage, welche M. 40000 oder M. 33,13 pro Kopf gekostet hat. Sie ist für 100 cbm Tagesleistung bestimmt. Die Rohre dafür sind von der Georg-Marienhütte bei Osnabrück und die Armaturen von Bopp & Reuther in Mannheim geliefert.

Das Wasser wird am Mordthale, in 2300 m Entfernung von der Stadtgrenze, aus einer Quelle gewonnen und durch Thonrohre von 150 mm Durchmesser in einen Sammelschacht geleitet, der 38,0 m höher als die Stadt liegt. In 2500 m Entfernung davon und 250 m vor der Stadt entfernt, ist ein Hochreservoir von 100 cbm Inhalt hergestellt, dem das Wasser durch eine Leitung von 100 mm Durchmesser mit natürlichem Gefälle zufliesst. Das Reservoir ist aus Stampfbeton ausgeführt, überwölbt und in den Boden versenkt.

Von hier führt eine Fallrohrleitung von 125 mm Durchmesser zum Vertheilungsnetze, das unter einem Drucke von 20,0 m bis 50,0 m je nach der Ortslage steht. Dasselbe besteht aus 1950 lfd. m Rohren mit 21 Schiebern von folgenden Dimensionen:

Durchmesser mm	125	100	80
Rohrlänge . m	350	600	1000
Schieberzahl . .	1	9	11

Mit demselben sind 18 Ueberflurhydranten mit selbstthätiger Entleerung in ca. 100 m Entfernung von einander und 3 öffentliche Laufbrunnen verbunden. Die Zuleitungen sind aus galvanisch verzinkten, schmiedeeisernen Rohren hergestellt, und es sind deren 150 mit 280 Zapfhähnen in Benützung.

XIX. Regierungsbezirk Schleswig.

(Provinz Schleswig-Holstein).

a) Altona 2 (Dockenhude 6, Gross-Flottbeck 11, Klein-Flottbeck 17, Nienstedten 23, Osdorf 25). — **b)** Apenrade 3. — **c)** Eckersförde 7. — **d)** K. Eiderstedt (Tönningen 33). — **e)** Flensburg 9. — **f)** Hadersleben 12. — **g)** Husum 14. — **h)** Kiel 16 (Neumünster 21). — **i)** Herzogthum Lauenburg (Lauenburg 18, Mölln 20, Ratzeburg 29). — **k)** K. Norddithmarschen (Heide 13). — **l)** Oldenburg i. Holst. 24 (Neustadt i. Holst. 22). — **m)** Pinneberg 26 (Barmstedt 5, Blankenese 4, Elmshorn 8, Uetersen 35). — **n)** Plön 27 (Preetz 28). — **o)** Rendsburg 30. — **p)** Schleswig 1. — **q)** Segeberg 31. — **r)** Sonderburg 32. — **s)** K. Steinburg (Glückstadt 10, Itzehoe 15, Wilster 37). — **t)** K. Stormann (Wandsbeck 36). — **u)** K. Süddithmarschen (Meldorf 19). — **v)** Tondern 34.

---

1. p. Regierungshauptstadt **Schleswig.** (E. 17 250.)

Die Wasserversorgung des einen Theiles der Stadt Schleswig, der Neustadt, erfolgt aus gegrabenen Brunnen, deren 5 öffentliche und eine sehr grosse Zahl von privaten vorhanden sind.

In dem anderen Theile der Stadt, der Altstadt, ist die Herstellung von Brunnen nicht möglich und hierfür wird Wasser mit natürlichem Gefälle durch gusseiserne Leitungen aus ca. 400 m Entfernung von der Stadt zugeführt. Es sind dort 5, theils erbohrte und theils natürlich austretende Quellen am Pfeifenteiche vorhanden, deren Wasser in einem gemauerten und überdeckten Reservoire gesammelt wird. Der Wasserspiegel desselben liegt nur 6,0 m höher als das Stadtniveau. Die Vertheilungsleitungen haben 1500 m Länge und führen das Wasser zu 9 öffentlichen Wasserpfosten. 100 Privatgrundstücke haben Zuleitungen.

Im Jahre 1896 ist beschlossen, mit einem Kostenaufwande von M. 32 000 dieses Wasser durch ein von einem Gasmotor von 6 PS. getriebenes Pumpwerk in ein 22,0 m höher gelegenes Reservoir von 300 cbm Inhalt, das aus Stampfbeton hergestellt werden soll, zu heben und von hier unter einem solchen Drucke der Stadt zuzuführen, dass es noch in den höchsten Stockwerken der Häuser zum Ausflusse kommen kann.

2. a. **Altona.** (E. 148 811.)

a) Geschichtliches.

Die frühere Wasserversorgung der Stadt Altona erfolgte aus den im Stadtgebiete liegenden Brunnen, die ein sehr hartes Wasser haben und dessen Menge auch durch die wechselnden Niederschläge stark beeinflusst wurde. Seit langen Jahren hatte sich daher das Hausiren mit Elbwasser, das, in Wasserwagen gefüllt, zum Verkauf ausgeboten wurde, in der Stadt als ein besonderes Gewerbe ausgebildet. Dieser schon lange empfundene Wassermangel erregte gelegentlich des Hamburger Brandes die Aufmerksamkeit der Stadtverwaltung in solchem Maasse, dass Schritte zu seiner Abhülfe als unaufschiebbar betrachtet wurden, wenn man nicht einer ähnlichen Katastrophe entgegengehen wollte.

Die finanziellen Verhältnisse der damals noch kleinen Stadt waren, namentlich nach der schleswigholsteinschen Erhebung im Jahre 1848, so trostlos, dass die Stadt nicht daran denken konnte, aus eigenen Mitteln Anlagen für eine Wasserversorgung zu schaffen. Weil es ihr gleichfalls noch an einer Gasanstalt fehlte, so erschien es als das geeignetste Mittel, den Bürgern Wasser und Gas zu verschaffen, wenn man die Lieferung von Gas und Wasser in die Hände einer Privatgesellschaft legte, welche aus den Ueberschüssen des Gaswerkbetriebs das Anfangs zu erwartende Manco des Wasserwerkbetriebes decken konnte und welche die nöthigen Kapitalien leichter als die arme Stadt würde beschaffen können. Die beiden Altonaer Bürger G. L. Stuhlmann und J. C. Lowe bemühten sich nun längere Jahre, eine Actiengesellschaft für diesen Zweck zu Stande zu bringen. Auf Grund einer mit den städtischen Behörden am 30. November 1853 getroffenen Vereinbarung gelang es ihnen endlich auch, am 9. August 1854 mit der Stadt einen bindenden Vertrag für die beiden geplanten Unternehmungen abzuschliessen. Für den bald darauf austretenden Gesellschafter Lowe trat E. E. Goldschmidt in Haag in die Gesellschaft ein, und es war dieser als Mitglied der Bauunternehmer-Firma York & Comp. in Paris besonders geeignet, die Ausführung des Unternehmens zu fördern.

Nach den damals festgestellten Vertragsbedingungen sollten die Anlagen für die Wasserversorgung mit denen für das Gaswerk zusammen an der Elbe an der Stelle erbaut werden, an welcher die Gasfabrik damals auch errichtet ist. Für das Wasserwerk war es beabsichtigt, hier am Ufer ein Ablagerungsbassin von 3000 cbm Inhalt herzustellen, das in den letzten Stunden der Fluth gefüllt werden sollte. Das Wasser sollte durch ein kleines Filter gereinigt und dann in einer Pumpstation mittels zweier Dampfpumpmaschinen auf 50,0 m Höhe über ordinäre Fluth gehoben werden, wofür ein in einem Thurme aufgestelltes, zweischenkeliges Standrohr als Regulator dienen sollte. Schon kurze Zeit nach dem Beginne dieses Baues, im Jahre 1855, wurden Bedenken gegen die gewählte Situation im Schoosse der Stadt laut, und der damals zur Begutachtung zugezogene Ingenieur Thomas Hawksley in London schlug in Uebereinstimmung mit Goldschmidt vor, die ganze Anlage nach Blankenese, 12 km unterhalb von Altona, zu verlegen. Der dann von der Stadt zur Prüfung des hiernach von der Gesellschaft aufgestellten neuen Planes zugezogene Ingenieur W. Lindley sen. in Hamburg stimmte diesem Vorschlage bei.

Im April 1857 ist der Specialvertrag für die Ausführung dieser veränderten Anlage mit den Unternehmern York & Comp., welchen von der Gesellschaft die Ausführung des ganzen Werkes in Generalentreprise übertragen war, auf Grund der von Hawksley ausgearbeiteten Detailpläne, welche auf Lindley's Vorschlag, der zur Ueberprüfung von der Stadt herangezogen war, einige Aenderungen erfahren hatten, abgeschlossen. Während des Baues des Werkes waren die Ingenieure E. Garey und J. Wilson als Bevollmächtigte der Unternehmer angestellt, während die Vertretung der Interessen der Gesellschaft bei der Bauausführung dem Ingenieur W. Lindley sen. übertragen war.

Am 4. August 1859 ist der Betrieb des Wasserwerkes von einer Gesellschaft eröffnet, welche als Actiengesellschaft mit dem Namen »Gas- und Wasser-Gesellschaft in Altona« von den Concessionären gebildet war. Die Leitung des Wasserwerkes lag seit Beginn gemeinschaftlich mit der des Gaswerkes in den Händen des Directors Salzenberg, jetzt in Bremen. Am 1. October 1873 ging die Direction in die Hände des Directors W. Kümmel, der vordem Gasdirector in Hildesheim war, über. Von den jeweiligen technischen Directoren der Gesellschaft sind auch die späteren Erweiterungsbauten ausgeführt. Kümmel war schon zur Zeit der Erbauung des Wasserwerkes als Lindley's

Assistent bei der Revision der ersten Bauausführung beschäftigt gewesen. Im Jahre 1891 hat er noch die Bedingungen für die spätere Uebergabe der Werke an die Stadt ausgearbeitet, und die Stadt hatte ihn dann als demnächstigen städtischen Betriebsleiter engagirt. Ehe er aber in diese Stelle eintreten konnte, ereilte ihn am 19. Juli 1893 der Tod in Chicago, so dass für den städtischen Betrieb als sein Nachfolger der jetzige Director der städtischen Gas- und Wasserwerke H. Burgmann angestellt ist.

Die Concession war der Gesellschaft auf 40 Jahre, vom Vertragsabschlusse ab gerechnet, also bis zum 9. August 1894 ertheilt. Alles auf öffentlichem Grund und Boden dann vorhandene Eigenthum der Gesellschaft sollte nach den Vertragsbestimmungen bei dessen Ablaufe sofort entfernt werden, wenn vorher ein neuer Vertrag nicht mit der Gesellschaft zu Stande gekommen sein sollte. Die Stadt konnte nach dem Vertrage zu dieser Zeit aber auch die sämmtlichen, vorhandenen Anlagen zu einer Summe ankaufen, die gleich der Kapitalisirung nach einem Zinsfusse von 5% aus dem durchschnittlichen Reinertrage der letzten 10 Jahre war. Am 9. August 1894 hat die Stadt die Gas- und Wasserwerke der Gesellschaft in Wirklichkeit zu einem durch Schätzung festgesetzten Kaufpreise von 4 Millionen M. erworben und führt seitdem unter Leitung ihres eigenen Directors den Betrieb in Regie fort.

Einen Einblick in den materiellen Erfolg, mit welchem die Altonaer Gas- und Wasser-Gesellschaft ihre Geschäfte betrieben hat, gibt die Höhe der gezahlten Dividenden. In den letzten 15 Jahren haben diese betragen:

Jahr .	1880	1881	1882	1883	1884	1885	1886	1887
Procent	$10^2/_3$	$11^7/_9$	$12^2/_9$	$12^8/_9$	$13^1/_3$	14	$12^2/_3$	$13^2/_3$
Jahr .	1888	1889	1890	1891	1892	1893	1894	
Procent	$14^4/_9$	$15^5/_9$	$17^7/_9$	17	$17^7/_9$	$17^1/_9$	17	

b) Beschreibung des Werkes.

Die erste Anlage des Wasserwerkes der Gesellschaft bestand aus einer Pumpstation mit 2 Maschinen und 4 Kesseln, die am Ufer der Elbe unterhalb Blankenese liegt. Eine Druckleitung führte von hier zu dem, sich am Ufer des Flusses erhebenden Bauersberge hinauf. Auf diesem sind damals ein Ablagerungsbassin, 4 offene Filterbassins und ein überdecktes Reinwasserreservoir hergestellt. Von letzterem führte Anfangs eine Fallrohrleitung zur Speisung des in dem Versorgungsgebiete der Stadt hergestellten Vertheilungsnetzes, mit welchem am Bahnhofe ein kleines Reservoir verbunden war.

Im Jahre 1873/74 ist an der Elbe eine neue, der ersten völlig gleiche Pumpstation erbaut. Im Jahre 1872 sind auf dem Bauersberge 2 neue Filter; in den Jahren 1879 und 1884 ist ferner je ein neues Filter und im Jahre 1889 endlich sind 2 neue Filter erbaut. Im Jahre 1874 ist eine zweite und im Jahre 1886 ist eine dritte Fallrohrleitung hergestellt.

Jede der beiden Pumpstationen liegt in ca. 150 m Entfernung von dem Ufer der Elbe und besteht aus einem Maschinenhause, einem Kesselhause und einem Kohlenraume, sowie aus verschiedenen Nebengebäuden. Zur Verbindung mit der Elbe ist für jede Pumpstation eine 165 m lange Saugeleitung von 533 mm Durchmesser mit je einem eisernen Saugekasten, der in dem Flusse selbst liegt und mit Kupfersieben umgeben ist, vorhanden. Eine 662 m lange Druckleitung von 457 mm Durchmesser führt von jeder Pumpstation zum Bauersberge hinauf.

In jedem der Kesselhäuser liegen 4 Kessel von 1,67 m Durchmesser und 8,38 m Länge mit je einem Feuerrohre von 0,84 m Durchmesser; diese sind mit Galloway-Rohren versehen. Jeder Kessel hat 52 qm Heizfläche. Die concessionirte Dampfspannung derselben beträgt bei der zweiten Anlage 2 Atm. und war auch bei der ersten Anlage ebenso gross. Bei dieser ist sie aber im Jahre 1878 gelegentlich des Einlegens von neuen Kesseln auf 3 Atm. erhöht.

Die 4 Pumpmaschinen sind stehende Woolf'sche Balanciermaschinen mit Cylindern von 508 resp. 889 mm Durchmesser und 1,549 resp. 2,136 m Hub. Sie haben Ventilsteuerung, Condensation und Schwungräder. Jede Maschine betreibt eine stehende Differenzialpumpe, die am halben Balancierarme aufgehängt ist und einen Ventilkolben von 533 mm und einen Plungerkolben von 381 mm Durchmesser, sowie Doppelsitzventile mit Rothgussglocken hat. Die Leistung jeder Pumpe beträgt pro Stunde 222 cbm bei 88,0 m bis 91,0 m Arbeitsdruck. Die Maschinen und die Kessel sind von der Firma R. & W. Hawthorn in Newcastle upon Tyne geliefert.

Die Ausgusshöhe der Druckrohre liegt auf 85,4 m + 0, entsprechend dem Wasserstande des Einlassbassins auf dem Bauersberge. Dieses hat 20,0 m Breite und 9 m Länge. Nach rechts und nach links schliesst sich daran je ein ebenso breiter und 4,6 m langer Strainer und an den Austritt eines jeden dieser Strainer schliesst sich ein ebenso breites und 33 m langes Klärbassin an. Diese 5 Bassins bilden zusammen eine ca. 90 m lange Flucht. Der höchste Wasserstand über den Filtern liegt 3,0 m niedriger als derjenige in den Klärbassins. Die letzteren haben bei dieser Wasserhöhe zusammen 1680 cbm Inhalt. Von den im Ganzen im Jahre 1894 vorhandenen 10 Filtern haben 4 je 818 qm, 3 je 828 qm, 2 je 1000 qm und eins 1080 qm Sandfläche. Alle 10 zusammen hatten sonach 8830 qm Sandfläche. Sie sind sämmtlich ohne Ueberdeckung.

Das Reinwasserreservoir hinter den Filtern ist in Mauerwerk hergestellt, überwölbt, in den Boden versenkt und mit Erde überfüllt. Es dient zugleich als Hochreservoir für die Versorgung der Stadt. Es misst im Lichten 30,5 m im Quadrat im Grundrisse und hat bei seiner grössten Wasserhöhe von 3,65 m einen Inhalt von 3050 cbm.

Die ursprüngliche Absicht, nur während der Fluthzeit Wasser aus der Elbe zu entnehmen, was vor Ausführung des Baues als Regel hingestellt war, konnte nur kurze Zeit befolgt werden, weil die durch den Consum als erforderlich vorgeschriebene Betriebszeit der Pumpen diese Einschränkung sehr bald nicht mehr gestattete. Die Strainer und die Durchflussbassins auf dem Bauersberge genügten schon seit Jahren nicht mehr zu einer genügenden Vorklärung des Elbwassers, so dass dieses, stark mit Suspensen gesättigt, die Filter erreichte und, trotzdem es damit eine langsame Filtration von selbst erzwang, diese auch noch sehr rasch verschmutzte Die erste Sorge des neuen Betriebsleiters nach Uebergang der Werke in die Hände der Stadt war daher die Anlage von Klärbassins direct an der Elbe, welche, ebenso wie alle ferneren Anlagen, nach seinem Projecte in den Jahren 1894 bis 1896 ausgeführt sind.

Es sind hart am Elbufer in einer Bauzeit von $2^1/_2$ Jahren 2 Klärbassins hergestellt, deren jedes 32000 cbm Inhalt hat. Weil der dortige Grund und Boden ausschliesslich aus Moor und Triebsand besteht, so sind die technischen Schwierigkeiten bei der Ausführung ganz ausserordentliche gewesen und wurden noch durch die in Folge wiederholter Hochfluthen eingetretenen Ueberschwemmungen der Baustelle vergrössert. Nach dem Flusse zu ist für beide Bassins ein abgepflasterter Deich angelegt, dessen Krone auf 6,03 m + 0 liegt. Die normale Fluthhöhe ist 1,6 m + 0 und bei Sturmfluth 4,67 m + 0, während der Wasserstand bei Ebbe 2,2 m — 0 beträgt. Die Sohle der Klärbassins liegt auf 3,77 m — 0.

Die Bassinböschungen haben eine Neigung von 1 : 2,5. Sie sind durch Geröll gedeckt und über dieses ist eine Rollschicht von Ziegelmauerwerk in Cementmörtel gelegt. Durch die Bassinböden ergoss sich in die Bassins eine grosse Zahl von Quellen, deren Abfangen durch Drainageleitungen, welche 50 mm bis 300 mm Durchmesser und für jedes Bassin ca. 1100 m Länge haben, erfolgt ist. Nach dem Fassen der einzelnen Quellen sind stückweise die Sohle und die Böschungen durch Schüttung von Geröllschichten in 0,2 m bis 0,6 m Stärke hergestellt und darüber ist nach Ausführung der Drainagearbeiten dann die Rollschicht als letzte Arbeit aufgebracht.

Diese Bassins werden durch schmiedeeiserne Rohre von 1500 mm Durchmesser gefüllt, welche 60 m weit in die Elbe hineinführen. Die Füllung erfolgt selbstthätig mit eingehender Fluth und verlangt für ein Bassin 2 Stunden Zeit. Sie erfolgt abwechselnd in der Weise, dass stets ein Bassin abgepumpt wird, während das andere gefüllt und zur Klärung in Ruhe ist. Beim jetzigen Betriebsumfange, der einer Abgabe von 7,25 Millionen cbm im Jahre entspricht, kann zur Klärung 30 Stunden Zeit gelassen werden. Es ist aber beobachtet, dass schon 6 bis 8 Stunden zu einer völligen Klärung genügen.

Ferner ist während des städtischen Betriebes eine neue Pumpstation an der Elbe erbaut. In dieser befinden sich 2 Dampfpumpmaschinen und 5 neue Dampfkessel von 8 Atm. concessionirtem Dampfdrucke und je 53 qm Heizfläche, sodass jetzt im Ganzen mit den 8 alten Kesseln zusammen 590 qm Heizfläche in den Kesseln vorhanden ist. Die Maschinen sind von Gebrüder Sulzer in Winterthur-Ludwigshafen geliefert. Es sind liegende Verbundmaschinen mit Sulzerscher Ventilsteuerung und Condensation. Die Dampfcylinder haben 525 mm und 800 mm Durchmesser, und die Kolben haben 1,05 m Hub. Jede Maschine betreibt direct 2 einfachwirkende Pumpen von 365 mm Kolbendurchmesser und 1,05 m Hub mit gesteuerten Ringventilen (Patent Riedler). Die Pumpen machen normal 50 Hübe pro Minute und fördern pro Stunde pro Maschine 126 cbm Wasser auf 87,6 m effective Höhe. Eine dritte Druckleitung von 700 mm Durchmesser zum Bauersberge wird in nächster Zeit, spätestens im Jahre 1899, verlegt werden.

Auf dem Bauersberge ist ferner unter städtischer Verwaltung die Filterfläche um 3606 qm vergrössert, so dass jetzt im Ganzen 12 346 qm Filterfläche vorhanden ist. Von dem Hochreservoire gehen zur Zeit 3 Fallrohrleitungen zum Versorgungsgebiete ab. Die erste dieser Leitungen hat im Ganzen 10 362 m Länge. Davon haben 6309 lfd. m einen Durchmesser von 400 mm und 4053 lfd. m einen solchen von 375 mm. Die zweite Fallrohrleitung hat 11 018 m Länge und in ihrer ganzen Länge 400 mm Durchmesser. Die dritte Fallrohrleitung endlich hat 11 270 m Länge und in ihrer ganzen Länge 600 mm Durchmesser.

Das mit der ersten Fallrohrleitung mit einem Eingangs- und mit einem Ausgangsrohre von 300 mm Durchmesser Anfangs verbundene, vorerwähnte Reservoir in der Stadt hatte 379 cbm Inhalt. Es war nur für eine mögliche Benützung bei Feuersgefahr erbaut und bestand aus einem gusseisernen Bassin von 12,24 m Durchmesser und 3,4 m Höhe, das auf einem 5,7 m hohen, gemauerten Unterbaue unter Dach und ummantelt aufgestellt war. Dasselbe ist stets unbenutzt geblieben und wurde vor mehreren Jahren beseitigt.

c) Wasservertheilung.

Die Länge der Vertheilungsleitungen am Ende der beiden Jahre 1859 und 1890, sowie deren Zugang während dieser 31 Jahre, nach den verschiedenen Durchmessern getrennt, gibt die Tabelle 132 an.

Tabelle 132.

Durchmesser mm	Länge m im Jahre 1859	Gesammter Zugang m bis zum Jahre 1890	Bestand im Jahre 1890
325	100	—	100
300	300	—	300
275	250	400	650
250	—	900	900
225	1 000	2 500	3 500
200	350	—	350
150	5 500	1 700	7 200
125	1 000	3 500	4 500
100	15 000	47 000	62 000
75	3 000	10 000	13 000
50	2 638	7 313	9 951
zusammen Vertheilungsleitungen	29 138	73 313	102 451

Das Vertheilungsnetz steht unter einem einheitlichen und constanten Drucke, der am tiefsten Punkte des Rohrnetzes 80,0 m beträgt. Die gesammte Länge der Rohrleitungen von 600 mm bis 80 mm Durchmesser im Jahre 1859 und am Ende eines jeden der Betriebsjahre von 1888/89 bis 1895/96, sowie die Zahl der Schieber, Hydranten, öffentlichen Springbrunnen und Pissoire, ferner diejenige der privaten Badeeinrichtungen und Closset ist in der Tabelle 132 (S. 190) angegeben.

Die Hydranten sind Unterflurhydranten und stehen in 60 m bis 80 m Entfernung von einander. Die Zuleitungen sind meistens aus Bleirohren hergestellt und haben einen Haupthahn an der Anbohrung und einen Hahn hinter dem Messer. Von den 2160 Messern, welche Anfangs 1895 in Gebrauch waren, sind von Siemens & Halske, Berlin 1214 Stück, von H. Meinecke, Breslau 544 Stück, von Lux, Ludwigshafen 6 Stück, von C. A. Spanner, Wien-Aachen 306 Stück und von Dreyer, Rosenkranz & Droop, Hannover 90 Stück geliefert. Nach der Grösse vertheilen sich dieselben wie folgt:

Durchmesser mm	10	12	13	20	25	30	40	50
Stückzahl . . .	863	380	230	564	72	1	8	19
mm	80	100	150					
Zahl	5	17	1					

Am Ende des Betriebsjahres 1895/96 waren 2245 Messer eingebaut.

d) Betrieb und Wasserabgabe.

Die Tabelle 134 (S. 190) gibt für 33 Jahre von 1859/60 bis 1895/96 den Kohlenverbrauch (englische Kohle) zur Förderung der auf der Tabelle 136 (S. 191) als jährlich abgegeben aufgeführten Wassermenge, den Kohlenverbrauch

Tabelle 133.

Jahr	1859	1888/89	1889/90	1890/91	1891/92	1892/93	1893/94	1894/95	1895/96
Rohrlänge m	37 527	130 977	134 476	136 431	139 760	142 535	142 872	149 796	159 539
Inhalt cbm	—	7 210	7 270	7 300	7 351	7 585	7 533	7 653	7 715
Schieber	169	—	—	421	430	450	450	450	502
Hydranten	200	572	581	592	591	522	534	630	655
Springbrunnen	—	—	2	2	3	3	3	4	4
Oeffentliche Pissoire	12	21	23	25	26	28	26	26	28
Aborte	—	5	7	7	7	6	6	7	7
Badeeinrichtungen	170	420	440	470	495	574	584	560	571
Closets	1 996	14 000	19 500	21 700	24 500	36 766	38 509	39 554	41 211

Tabelle 134.

Jahr	Gesammter Kohlen-verbrauch kg	desgl. pro 100 cbm Wasser kg	desgl. pro PS.-Stunde	pro kg Kohle m × kg	Arbeits-stunden der Maschinen im Jahre	Zahl der Maschinen	Stunden Arbeitszeit pro Tag pro Maschine im Jahresmittel.
1859/60	161 527	121,9	3,62	57 070	1 006	2	1,4
1860/61	348 834	103,5	3,07	87 940	1 751	2	2,4
1861/62	409 810	99,1	2,94	91 830	2 280	2	3,1
1862/63	332 420	67,5	2,00	135 000	2 330	2	3,2
1863/64	336 425	63,0	1,87	144 390	2 460	2	3,4
1864/65	406 325	61,4	1,82	149 170	2 879	2	3,9
1865/66	513 260	64,6	1,92	140 610	3 820	2	5,2
1866/67	547 450	65,1	1,93	139 890	3 966	2	5,4
1867/68	652 150	74,7	2,22	121 630	4 114	2	5,6
1868/69	757 350	68,5	2,03	133 000	5 210	2	7,1
1869/70	860 350	72,4	2,14	126 170	5 610	2	7,7
1870/71	985 975	72,3	2,14	126 170	6 446	2	8,8
1871/72	1 155 300	76,6	2,27	118 930	7 114	2	9,8
1872/73	1 315 633	71,0	2,11	127 950	8 719	2	12,0
1873/74	1 356 300	74,5	2,21	122 230	8 762	2	12,0
1874/75	1 401 619	70,0	2,08	129 790	10 234	4	7,0
1875/76	1 645 100	81,0	2,40	112 510	12 151	4	8,3
1876/77	1 875 370	76,0	2,25	119 990	13 197	4	9,0
1877/78	1 899 975	71,5	2,12	127 360	13 586	4	9,3
1878/79	1 590 750	64,0	1,90	142 100	12 192	4	8,3
1879/80	1 660 000	64,0	1,90	142 100	12 250	4	8,4
1880/81	1 620 005	59,1	1,75	155 170	13 095	4	8,9
1881/82	1 821 070	61,8	1,83	147 530	14 227	4	9,7
1882/83	2 012 014	65,4	1,94	139 180	14 941	4	10,5
1883/84	2 091 524	63,4	1,88	143 610	15 781	4	10,8
1888/89	2 818 210	65,0	1,93	139 890	20 890	4	14,3
1889/90	2 941 310	60,1	1,78	151 680	22 377	4	15,3
1890/91	3 413 359	64,4	1,91	141 370	24 312	4	16,6
1891/92	3 990 361	69,0	2,04	140 350	26 157	4	17,9
1892/93	4 493 141	73,0	2,16	125 010	27 532	4	18,8
1893/94	4 669 000	73,5	2,18	123 850	29 002	4	19,9
1894/95	3 467 500	56,5	1,67	171 630	14 107	6	9,7
1895/96	3 460 570	52,8	1,57	172 389	15 695	6	10,8

im Ganzen, pro 100 cbm Wasser und bei 91,0 m Arbeitshöhe pro PS.-Stunde, ferner die Leistung pro kg Kohle in m × kg, die gesammten Arbeitsstunden je einer Maschine im Jahre, die Zahl der vorhandenen Maschinen und die der täglichen Arbeitsstunden einer Maschine im Durchschnitt an.

Die Tabelle 135 (S. 191) gibt für den Betrieb der Filter in den Jahren 1888/89 bis 1895/96 die mittlere Filtergeschwindigkeit pro qm Filterfläche, die längste, die kürzeste und die mittlere Dauer eines Filters in Tagen im Jahre und die Grösse der im Jahre gereinigten Filterflächen an.

Die Tabelle 136 (S. 191) gibt für die Jahre 1859/60 bis 1883/84 und von 1888/89 bis 1894/95 die Zahl der mit Wasser versorgten Einwohner, die Jahresabgabe im Ganzen und am mittleren Jahrestage, am Minimaltage, am Maximaltage und pro Kopf, die Zahl der eingebauten Wassermesser und verschiedene Verhältnisszahlen an.

In den Jahren 1892/93 bis 1895/96 hat die Abgabe nach Messern und ohne Messer die in der Tabelle 137 (S. 191) angegebene Grösse im Ganzen und im Verhältnisse zu 100 cbm der Gesammtabgabe erreicht.

Tabelle 135.

Jahr	1888/89	1889/90	1890/91	1891/92	1892/93	1893/94	1894/95	1895/96
Filtergeschwindigkeit cbm pro qm in 24 Stunden	1,76	1,51	1,64	1,79	1,91	1,97	1,35	1,57
Betriebsdauer eines Filters in Tagen:								
Maximum	86	48	59	50	36	38	67	61
Minimum	12	15	5	10	7	10	6	7
Mittel	20	—	34	26	20	23	25	22
Filterfläche im Jahre gereinigt qm	81 130	93 816	96 228	122 350	141 628	154 948	125 554	196 458

Tabelle 136.

Jahr	Zahl der mit Wasser versorgten Einwohner	Gesammtabgabe im Jahr cbm	Desgl. gegen 100 cbm des Vorjahrs	Liter pro Kopf pro Tag im Mittel	Desgl. Liter als Maxim.	Tagesabgabe am mittleren Jahrestage cbm	Tagesabgabe am Minimaltage cbm	Tagesabgabe am Maximaltage cbm	Von 100 cbm am mittleren Jahrestage am Minim.-Tage	Von 100 cbm am mittleren Jahrestage am Maxim.-Tage	Zahl der Wassermesser
1859/60	3 870	132 425	—	94	—	363	—	—	—	—	—
1860/61	5 380	337 881	254,8	172	480	925	325	2 585	35,2	279,8	—
1861/62	6 930	417 048	123,9	165	582	1 142	455	4 036	39,8	352,5	41
1862/63	10 020	491 905	117,9	134	303	1 349	319	3 033	23,7	225,0	49
1863/64	13 630	533 483	108,3	107	201	1 460	615	2 736	42,1	187,3	49
1864/65	18 560	613 024	115,0	90	162	1 679	843	3 010	50,3	178,4	56
1865/66	24 200	793 701	129,4	90	156	2 171	1 047	3 779	48,3	174,0	76
1866/67	28 800	840 972	106,0	80	139	2 300	1 036	3 995	45,0	173,7	82
1867/68	34 300	873 380	104,0	73	114	2 391	1 147	3 918	48,0	163,8	93
1868/69	41 500	1 104 983	126,4	73	132	3 029	1 464	5 481	48,4	180,9	124
1869/70	46 700	1 186 211	107,2	70	121	3 246	1 756	5 626	54,0	173,1	145
1870/71	50 900	1 363 441	115,0	73	154	3 739	1 974	6 900	52,9	184,8	—
1871/72	53 200	1 509 936	110,5	78	144	4 132	2 669	7 653	64,6	185,1	171
1872/73	56 500	1 850 101	122,8	90	152	5 070	3 078	8 602	60,6	169,6	186
1873/74	60 300	1 822 605	98,6	83	150	5 000	1 740	9 092	34,8	181,8	402
1874/75	64 500	2 003 050	109,8	85	144	5 498	1 222	9 294	22,3	169,0	424
1875/76	69 700	2 032 386	101,5	80	139	5 558	2 727	9 706	49,1	174,8	446
1876/77	78 700	2 463 639	121,5	86	128	6 750	4 125	10 070	61,1	148,0	—
1877/78	83 900	2 650 913	107,7	87	128	7 253	4 800	10 530	66,2	145,4	—
1878/79	89 400	2 493 797	93,9	76	115	6 825	5 080	10 280	74,5	150,5	—
1879/80	94 000	2 589 155	104,0	75	116	7 100	4 448	10 950	62,6	154,4	—
1880/81	95 600	2 739 889	101,8	78	108	7 499	5 246	10 320	70,0	138,0	—
1881/82	98 700	2 946 768	107,9	82	110	8 090	6 120	10 847	75,7	134,2	—
1882/83	101 900	3 075 646	104,1	83	115	8 420	6 260	11 682	74,4	138,7	—
1883/84	107 000	3 303 513	107,2	84	126	9 048	6 960	13 486	77,0	149,0	—
1888/89	150 000	4 328 688	131,0	85	110	11 860	8 210	15 493	69,3	130,5	1679
1889/90	153 000	4 894 295	113,9	88	121	13 409	9 021	18 555	67,4	138,2	1763
1890/91	155 000	5 304 119	108,5	95	117	14 532	10 238	17 830	70,5	122,8	1880
1891/92	156 500	5 775 290	108,9	101	125	15 779	10 873	19 497	69,0	123,5	1912
1892/93	155 000	6 146 791	106,2	108	155	16 841	12 658	24 114	75,0	143,1	2164
1893/94	161 000	6 351 721	103,3	108	132	17 402	13 480	21 280	77,4	122,2	1996
1894/95	161 000	6 152 228	96,9	104	131	16 855	14 031	21 118	83,1	125,1	2238
1895/96	?	6 553 141	106,5	112	140	17 904	14 541	22 421	81,2	125,2	2245

Tabelle 137.

Jahr	Im Ganzen nach Messern	Im Ganzen ohne Messer	Von 100 cbm Gesammtabgabe nach Messern	Von 100 cbm Gesammtabgabe ohne Messer
1892/93	1 719 748	4 427 043	28,0	72,0
1893/94	1 857 121	4 494 600	29,1	70,9
1895/96	2 051 050	4 502 091	31,3	68,7

Die Tabelle 138 (S. 192) gibt den Verbrauch von Wasser für öffentliche Zwecke im Ganzen, sowie für die einzelnen Verbrauchszwecke und im Verhältniss zu 100 cbm der Gesammtabgabe für öffentliche Zwecke, sowie letztere Abgabe im Verhältnisse zu 100 cbm der Gesammtabgabe überhaupt an.

In Betreff der Benutzungsmöglichkeit der Wasserversorgung für Feuerlöschzwecke spricht der Bericht des Branddirectors Reichel vom 1. April 1894 sich ungünstig aus, weil die Wasserleitungsrohre nach dem Verästelungssysteme verlegt und zu eng sind. Die Hydranten liegen meist an Rohren von 75 mm oder 100 mm Durchmesser und stehen häufig 100 m und weiter von einander entfernt. Es wird daher angestrebt, eine Circulation in den Leitungen herzustellen, sowie eine Zahl der Hydranten zu vermehren, so dass nur noch Rohre von mindestens 150 mm Durchmesser verlegt werden, wenn Hydranten an dieselben angehängt werden sollen.

Tabelle 138.

Jahr		1888/89	1889/90	1890/91	1891/92	1892/93	1893/94	1894/95	1895/96
Wasser für öffentliche Zwecke	cbm	31 943	56 270	98 250	114 960	583 570	623 378	76 837	163 123
Davon für Strassensprengen	»	20 008	33 760	28 139	43 540	488 982	67 229	41 069	63 550
» » Springbrunnen	»	600	670	1 100	1 320	1 477	758	347	6 773
» » Kanalspülen	»	8 935	11 670	12 990	13 370	91 140	44 940	32 717	22 000
» » Bedürfnissanstalten	»	2 400	9 600	55 116	56 090	1 397	1 599	1 679	57 200
» » Bewässern öffentlicher Anlagen	»	—	570	510	430	574	800	749	7 000
Diverses	»	—	—	395	210	—	508 052	276	6 600
Von 100 cbm der Gesammtabgabe	»	0,7	1,2	1,9	2,0	9,5	9,8	1,2	2,5
Von 100 cbm für öffentliche Zwecke für									
Strassensprengen	cbm	62,6	60,0	28,6	38,0	83,7	10,8	53,5	38,9
Springbrunnen	»	1,9	1,2	1,1	1,1	0,2	0,1	0,4	4,1
Kanalspülen	»	28,0	20,7	13,2	11,6	15,7	7,2	42,5	13,5
Bedürfnissanstalten	»	7,5	17,1	56,2	48,9	0,2	0,2	2,2	35,1
Bewässern öffentlicher Anlagen	»	—	1,0	0,5	0,3	0,1	0,1	1,0	4,3
Diverses	»	—	—	0,4	0,1	—	81,6	0,4	4,2

Schon seit langen Jahren hat die frühere Gas- und Wassergesellschaft ausser der Stadt Altona auch die jetzt einverleibte Stadt Ottensen, sowie eine grössere Zahl von Elbdörfern mit Wasser versorgt. Bei der Abtretung des Werkes an die Stadt wurden ausser den vorgenannten beiden Städten mit Wasser versorgt: die jetzt mit Altona vereinigten Orte Bahrenfeld, Ottmarschen und Oevelgönne, sowie ferner die Orte Gross- und Klein-Flottbeck, Nienstedten, Osdorf, Dockenhude und Blankenese, und es war damals der Anschluss für die Orte Langenfelde, Stellingen und Lockstedt in Aussicht genommen. In der Tabelle über die Wasserabgabe sind unter den mit Wasser versorgten Einwohnern die in allen versorgten Orten wohnenden Einwohner gezählt, soweit solche Anschlüsse an die Wasserleitung in den betreffenden Jahren gehabt haben.

Im Jahre 1896 hat die Stadt Altona mit den Gemeinden Blankenese, Dockenhude, Nienstedten, Klein-Flottbeck und Gross-Flottbeck einen Vertrag abgeschlossen, welcher der Stadt Altona das Recht der Rohrverlegung in den resp. Ortsgebieten einräumt, dagegen aber auch die Stadt zu Rohrlegungen etc. in den Orten für deren Zwecke und auf städtische Kosten verpflichtet, falls die zugesagte Bruttoeinnahme 15 % der Anlagekosten beträgt. Für die Abgabe soll jeweilig ein Regulativ mit den Einzelgemeinden vereinbart werden, und es sollen die Preise die in Altona gezahlten nicht um 33⅓ % übersteigen dürfen. Dabei soll das jetzt in der Stadt bestehende, prozentuale Verhältniss zwischen den Preisfestsetzungen für ungemessenes Wasser in den Elbgemeinden nicht zu deren Ungunsten verschoben werden. Bei neuen Rohrlegungen hat die Stadt auf ihre Kosten nach den Anweisungen der zuständigen Orts-Brandpolizei-Behörde Hydranten aufzustellen und unter besonders dafür festgestellten Bedingungen den Gemeinden zur Benützung zu übergeben. Wünschen letztere die nachträgliche Aufstellung von Hydranten, so haben sie die Kosten dafür der Stadt zu ersetzen. Standrohre, Verschraubungen und Schläuche hat aber jede Gemeinde selbst zu beschaffen.

Das Wassergeld für häusliche Zwecke wird nach der Anzahl der Räume berechnet und beträgt pro Raum pro Jahr bei Wohnungen von mehr als 4 Räumen M. 3,00, bei Wohnungen von 3 und weniger Räumen M. 2,00 resp., wenn nur ein gemeinschaftlicher Hahn im Hofe angebracht ist, M 1,50. Ferner ist für ein Closet M. 12,00 und wenn mehr als eins für eine Wohnung vorhanden ist, für das zweite etc. M. 6,00, für eine Badeeinrichtung M. 9,00, für eine Douche M. 6,00, für ein Pferd M. 3,00 etc. zu zahlen.

Für Wasser, nach Messern abgegeben, ist zu zahlen pro cbm Wasser 21,3 Pf. und ferner als Messermiethe pro Jahr bei einem Durchmesser des Messers von:

Durchmesser mm	10	15	20	25	40	50
Messermiethe M.	6,00	6,50	7,50	15,00	18,00	21,00

Wer die Anschaffungskosten des Messers zurückzahlt, ist für 10 Jahre von der Miethe befreit.

3. b. Apenrade. (E. 5564.)

Die Wasserversorgung der Stadt Apenrade erfolgte früher aus verschiedenen, gegrabenen Brunnen in der Stadt. Seit dem Jahre 1858 besteht dafür eine Quellwasserleitung, welche Eigenthum einer englisch-dänischen Actiengesellschaft ist. Die Herstellung der Anlage hat M. 130 500 gekostet und ihre tägliche Maximalleistung beträgt 860 cbm.

Das Wasser wird 430 m von der Stadt entfernt am Galgenberge aus 6 Brunnen erschlossen und in einem offenen, gemauerten Bassin gesammelt, dessen Wasserspiegel 16,0 m höher als die Stadt liegt. Von hier fliesst das Wasser durch einen Kiesstrainer hindurch und gelangt dann mit natürlichem Gefälle durch gusseiserne Rohrleitungen zur Stadt. Mit den Vertheilungsrohren sind 30 Hydranten und 10 öffentliche Wasserpfosten verbunden. Durch schmiedeeiserne Zuleitungen waren im Jahre 1883 bereits 300 Grundstücke für den Hausgebrauch und 225 für diesen und für gewerbliche Zwecke mit Wasser versorgt. Wassermesser sind nicht eingeführt.

4. m. Blankenese. (E. 3717.)

Das Dorf Blankenese wird durch das Wasserwerk der Stadt Altona mit Wasser versorgt.

5. m. Barmstedt. (E. 3995.)

Die Stadt Barmstedt hat für ihre Wasserversorgung öffentliche und private Brunnen in ausreichender Zahl.

6. a. **Dockenhude.** (E. 1321.)

Das Dorf Dockenhude wird durch das Wasserwerk der Stadt Altona mit Wasser versorgt.

7. c. **Eckernförde.** (E. 6379.)

Die Wasserversorgung der Stadt Eckernförde erfolgt ausschliesslich aus gegrabenen und seit dem Jahre 1872 auch aus einigen gebohrten Brunnen.

8. m. **Elmshorn.** (E. 12 208.)

Für die Wasserversorgung der Stadt Elmshorn mit Trinkwasser dienen ausschliesslich im Orte liegende Brunnen. Brauchwasser wird aus der die Stadt durchfliessenden Kruckau entnommen.

9. e. **Flensburg.** (E. 40 852.)

Die Anregung zum Baue eines Wasserwerkes für die Stadt Flensburg hat im Jahre 1877 der Civilingenieur Hanssen gegeben. Früher wurde die Stadt durch reichlich fliessende Quellen versorgt, welche am Fusse der dieselbe umgebenden Anhöhen entspringen, und deren Wasser mit natürlichem Drucke eine Anzahl von Laufbrunnen in den Strassen und mehrere hunderte von Privatbrunnen speiste. Schon im 16. Jahrhundert bestanden in der Stadt dafür zahlreiche, von Genossenschaften hergestellte Leitungen aus hölzernen und bleiernen Rohren, die stets grosse Mengen Wasser zuführten.

Ende der 60er Jahre fingen Concurrenten verschiedentlich an, erfolgreich Tiefbohrungen vorzunehmen, und in deren Folge versiegten die Quellen allmählich. Von den neuerbohrten Brunnen entzog dann wieder der eine dem andern das Wasser, das ausserdem auch in seiner Qualität ein immer zweifelhafteres wurde. Zur Beseitigung dieses Zustandes acceptirte die Stadt im Jahre 1879 Hanssen's Anerbieten, ein Project für ein Wasserwerk, welches er zu M. 500 000 veranschlagte, auszuarbeiten und übertrug ihm dann die Ausführung des Baues für städtische Rechnung. Am 18. November 1879 ist mit den Arbeiten begonnen und am 24. December 1880 hat die Eröffnung des Werkes stattgefunden.

Das Wasser wird, ca. 1500 m von der nördlichen Vorstadt von Flensburg entfernt, aus dem quellenreichen Strandterrain neben dem Ostseebade durch 6 gemauerte und 13 gebohrte Tiefbrunnen erschlossen und durch eiserne Sammelleitungen von 60 mm bis 300 mm Durchmesser einem überwölbten, zweitheiligen Sammelreservoire zugeführt. Hier kommt es in einer solchen Höhe zum Ausflusse, dass es event. nach dem Hafen zu frei abfliessen kann. Das Wasser stellt sich in dem Reservoire auf die Höhe von 2,32 m über dem Mittelwasser der Ostsee. Es ist die Disposition der Sammelrohrleitungen so getroffen, dass neue Brunnen ohne weitere Betriebsstörungen zum Anschlusse gebracht werden können, was auch im Laufe der Jahre bei verschiedenen neuen, artesischen Brunnen geschehen ist.

In dem neben dem Reservoire erbauten Maschinenraume der Pumpstation liegen 2 Dampfpumpmaschinen und in dem Kesselraume 3 Dampfkessel. Die Maschinen sind liegende, eincylinderige Hochdruckmaschinen mit Schiebersteuerung und mit variabler, vom Regulator verstellbarer Expansion. Sie haben Condensation und Schwungräder. Jede betreibt mit ihrer verlängerten Kolbenstange eine direct gekuppelte, doppeltwirkende Pumpe mit Scheibenkolben. Der Durchmesser der Dampfcylinder beträgt 540 mm und der der Pumpen 250 mm, sowie der Hub der Kolben 0,63 m. Jede Maschine fördert bei 27,7 Umdrehungen pro Minute 96 cbm Wasser pro Stunde auf 56,6 m Höhe. Im Jahre 1887 sind die Pumpen durch solche mit Kolben von 306 mm Durchmesser ersetzt, wodurch die Lieferung bei gleicher Umdrehungszahl auf 144 cbm pro Stunde erhöht ist.

Die Kesseln haben ein jeder 5,6 m Länge und 1,26 m Durchmesser in dem Hauptkessel und je ein Feuerrohr von 0,65 m Durchmesser mit 6 Gallowayrohren. Die Heizfläche jedes Kessels beträgt 26 qm und die Rostfläche 0,85 qm. Der Dampfdruck der Kessel ist auf 5 Atm. concessionirt. Die Maschinen sind von der Firma N. Jepsen Sohn in Flensburg und die Kessel sind von der Flensburger Schiffsbaugesellschaft geliefert.

Auf dem höchsten Punkte einer Anhöhe westlich von der Stadt ist ein Hochreservoir hergestellt, welches aus 2 Abtheilungen besteht, deren jede bei 3,3 m Wasserhöhe 600 cbm Inhalt hat. Das Reservoir ist in der Sohle und in den Wänden aus Beton und in den Pfeilern und Gewölben aus Ziegelmauerwerk ausgeführt. Es ist zum Theil in den Boden versenkt und mit Erde überfüllt. Im Jahre 1893 ist ein zweites Hochreservoir von 1500 cbm Inhalt in gleicher Weise daneben erbaut.

Von der Pumpstation führt eine Druckleitung von 300 mm Durchmesser zur Stadt, welche sich hier in 2 Leitungen von 250 und 150 mm Durchmesser theilt. Die erstere ist für den westlichen und die letztere für den östlichen Theil der Stadt bestimmt. Die Leitung von 250 mm reducirt sich später auf 225 mm Durchmesser und führt dann quer durch die Stadt bis zum Hochreservoire, während sie innerhalb der Stadt weiter mit 200 mm Durchmesser verlängert ist. Die Vertheilungsleitungen sind nach dem Circulationssysteme in diese beiden Hauptleitungen eingebunden.

Bei der ersten Ausführung bestand das städtische Rohrnetz aus Rohren von den nachfolgend angegebenen Längen und Durchmessern:

Rohrdurchmesser mm	300	250	225	200	175
Rohrlänge . . . m	1613	653	1673	435	647
mm	150	125	100	80	50
m	2040	897	7792	9107	301

Die gesammte Länge der Rohre von 300 mm bis 50 mm Durchmesser abwärts und die Zahl der öffentlichen Schieber, Hydranten, Laufbrunnen und Pissoire, sowie die der privaten Badeeinrichtungen, Closets und Springbrunnen gibt die Tabelle 139 (S. 194) für das Ende der Jahre 1881 und 1888/89 bis 1895/96 an.

Die Hydranten sind Unterflurhydranten (Modell Hanssen) und stehen in ca. 75 m Entfernung von einander. Für die Zuleitungen und für die Hausleitungen sind ausschliesslich Zinnbleirohre verwendet. Die ersteren sind Anfangs für städtische Kosten hergestellt. Wassermesser sind bis Ende des Jahres 1895 im Ganzen 205 geliefert worden und zwar 20 von H. Meinecke, Breslau und 185 von Siemens & Halske, Berlin, die sich nach der Grösse wie folgt vertheilen:

Durchmesser mm	7	11	12	13	15	16	20
Stückzahl . . .	1	2	99	15	3	35	37
mm	25	30	40	50			
Zahl	7	3	1	1			

Die Rohre sind von der Friedrich-Wilhelms-Hütte in Mülheim a. d. Ruhr, die Schieber von Schäfer & Budenberg in Magdeburg und die Hydranten

Tabelle 139.

Jahr	1881	1888/89	1889/90	1890/91	1891/92	1892/93	1893/94	1894/95	1895/96
Rohrlänge m	25 158	28 000	28 000	28 500	28 500	29 000	29 000	29 000	29 500
Schieber	123	140	145	145	150	150	150	150	155
Hydranten	198	235	240	240	245	250	250	250	260
Oeffentliche Laufbrunnen	—	1	1	1	4	4	4	4	4
Oeffentliche Pissoire	—	4	4	5	5	6	6	6	6
Badeeinrichtungen	—	770	780	790	790	800	800	800	800
Closets	—	580	580	590	590	600	600	600	600
Springbrunnen	—	20	20	20	20	20	20	20	20

von H. Breuer & Comp. in Höchst a. M. geliefert. Die Rohrlegungen hat die Firma Hasen & Goos in Flensburg ausgeführt.

Die Kosten der ersten Anlage haben betragen:

für	Grunderwerb	M.	19 500
»	Platz- und Wegearbeiten	»	21 594
»	Wassererschliessungen	»	23 447
»	Maschinenhaus, Kessel und Schornstein	»	38 427
»	Dampfmaschinen	»	43 516
»	Rohrnetz	»	179 592
»	Hochreservoir	»	35 652
»	Zuleitungen	»	55 493
»	Wohnhäuser für Maschinisten etc.	»	32 117
»	Project, Bauleitung etc.	»	24 424
»	Diverses	»	15 827
	zusammen	M.	489 589

Im Mai 1897 sind von der Stadtvertretung M. 160000 zum weiteren Ausbau der nicht mehr genügenden Anlage bewilligt. Es werden 3 neue artesische Brunnen ausgeführt, welche eine Ergiebigkeit von 50 Lit. pro Secunde haben sollen. Ferner wird ein Dampfpumpwerk mit einem neuen Dampfkessel aufgestellt, welches 300 cbm Wasser pro Stunde liefert und eine neue Druckleitung von 300 mm Durchmesser zum Hochreservoire verlegt werden. Diese Anlagen sollten im Frühjahre 1898 in Betrieb kommen.

Die Tabelle 140 gibt für jedes der Jahre 1888/89 bis 1895/96 den Kohlenverbrauch für die geförderte Wassermenge im Ganzen, pro 100 cbm und pro PS.-Stunde bei Annahme einer mittleren Arbeitshöhe von 77,3 m für die Pumpen, ferner die gesammte Stundenzahl der Maschinenarbeit im Jahre, die durchschnittliche Stundenzahl pro Maschine pro Tag und die Leistungsfähigkeit in m × kg pro kg Kohle (englische West Hardleykohle) an.

Tabelle 140.

Jahr	Kohlen verbrauch kg	desgl. für 100 cbm kg	desgl. pro PS.-Stunde kg	m × k Leistung pro kg Kohle	Arbeitsstunden im Jahre	Arbeitsstunden am mittleren Tage pro Maschine
1888/89	501 310	76,3	2,66	101 300	4 380	6,0
1889/90	562 618	70,6	2,47	101 200	5 260	7,2
1890/91	663 221	76,4	2,67	101 300	5 780	7,6
1891/92	678 592	74,2	2,59	104 000	6 100	8,4
1892/93	732 130	74,3	2,60	104 000	6 570	9,0
1893/94	721 631	73,4	2,56	105 400	6 550	9,0
1894/95	748 938	77,0	2,69	107 400	6 480	8,9
1895/96	762 769	76,6	2,68	109 044	—	—

Für die Jahre 1888/89 bis 1895/96 gibt die Tabelle 141 (S. 195) Auskunft über die gesammte Wasserabgabe in jedem der Jahre, sowie über die Wassermenge für öffentliche Zwecke im Ganzen und getrennt nach den einzelnen Verwendungsarten, ferner für Private im Ganzen und getrennt, ob sie mit Messern oder ohne Messer erfolgt ist, über die Zahl der Anschlüsse im Ganzen, sowie der mit Messern und ohne Messer und deren durchschnittlichen Verbrauch, über die Abgabe am mittleren Jahrestage und am Maximal- und Minimaltage etc.

Das jährliche Wassergeld für Haushaltungszwecke wird nach dem Brandkassenwerthe der Gebäude berechnet, und es ist zu zahlen von M. 500 dieses Werthes im Jahre M. 4,00, von M. 5000 M. 16,00, von M. 50000 M. 79,00, von M. 100000 M. 93, sowie mit den entsprechenden Zwischenstufen für je M. 10000 und darüber M. 2,00. Dafür ist ein Zapfhahn frei, und für jeden ferneren Hahn ist noch M. 4,00 pro Jahr zu zahlen. Nach Wassermessern ist für den Gewerbsbetrieb pro cbm 12 Pf. zu zahlen, wenn die tarifmässige Abgabe ausserdem erfolgt, und im anderen Falle 15 Pf.

Eine Analyse des Wassers, die im agricultur-chemischen Laboratorium in Kiel von Dr. Emmerling vorgenommen ist, hat im Liter ergeben:

Kohlensaurer Kalk	118	mg
Schwefelsaurer Kalk	23	»
Chlormagnesia	9	»
Chlornatrium	3	»
Chlorkalium	1,6	»
Kohlensaures Eisenoxyd	0,5	»
Kieselsäure	58	»

10. r. **Glückstadt.** (E. 6213, W. 727 mit je 8,5 B.)

Die Wasserversorgung der Stadt Glückstadt erfolgte früher ausschliesslich mit Elbwasser, das Anfangs durch hölzerne und seit dem Jahre 1877 durch Asphaltrohre aus ca. 1000 m Entfernung 3 offenen Bassins zufloss, welche an verschiedenen Punkten am äusseren Rande der Stadt hergestellt waren. Ein mit den Bassins verbundenes Siel bewirkte durch das stete Ueberfliessen eine continuirliche Erneuerung des Wassers in den Bassins, die wasserdicht in dem gewachsenen Kleiboden ausgehoben waren. Eine weitere Reinigung erfuhr das Wasser ferner durch die in fast in jedem Hause vorhandenen Hausfilter. Die im Jahre 1876/77 vorgenommenen Reinigungs- und Erneuerungsarbeiten dieser Anlagen haben M. 60000 gekostet.

Schon im Jahre 1889 lag der Stadt ein Project der Firma Sievers & Comp. in Hamburg zur Herstellung einer Versorgung mit filtrirtem Wasser vor, dessen Ausführung auf M. 120000 veranschlagt war. Das Wasser sollte dem weissen Burggraben entnommen werden und durch einen Kies- und Sandstrainer eine Reinigung erfahren. In einer zu erbauenden Pumpstation sollte es dann gehoben und in ein Reservoir gefördert werden, das in einem Thurme ca. 20,0 m hoch auf dem Eiskellerberge aufgestellt werden sollte.

Dieses Project wurde aber von der Stadt verworfen. Dagegen fand das von dem Director Kümmel in Altona im

Tabelle 141.

Jahr	1888/89	1889/90	1890/91	1891/92	1892/93	1893/94	1894/95	1895/96
Einwohnerzahl	34 000	35 000	36 000	37 000	38 000	38 000	40 000	40 852
Gesammte Abgabe im Jahr . . . . cbm	657 428	797 703	867 344	915 044	986 323	983 323	972 897	996 067
Desgl. gegen 100 cbm des Vorjahres »	—	121,2	108,9	105,5	108,0	99,8	99,0	102,4
Liter pro Kopf pro Tag im Mittel	56	62	65	70	71	71	67	68
Desgl. am Maximaltage	72	91	96	90	84	92	91	89
Zahl der Anschlüsse	1 240	1 300	1 370	1 450	1 520	1 630	1 710	1 760
cbm pro Anschluss im Jahre . . cbm	530	614	634	630	649	603	569	566
Tagesabgabe am								
mittleren Jahrestage »	1 801	2 985	2 341	2 543	2 702	2 694	2 662	2 722
Maximaltage »	2 433	3 177	3 466	3 331	3 700	3 477	3 622	3 560
Minimaltage »	1 218	1 340	1 598	1 702	1 930	1 683	1 969	1 675
Von 100 cbm am mittleren Jahrestage am								
Maximaltage des Jahres »	135,0	106,4	148,1	130,9	137,0	129,0	136,0	130,8
Minimaltage des Jahres »	67,6	44,9	68,3	66,9	71,4	62,6	73,9	72,3
Wasser für öffentliche Zwecke . . . cbm	36 500	37 000	44 500	45 000	45 000	46 000	43 600	45 800
Davon Strassensprengen »	7 500	8 000	10 500	11 000	11 000	12 000	9 600	11 800
» Laufbrunnen »	4 000	4 000	4 000	4 000	4 000	4 000	4 000	4 000
» Kanalspülen »	2 500	2 500	2 500	2 500	2 500	2 500	2 500	2 500
» Bedürfnissanstalten »	20 000	20 000	25 000	25 000	25 000	25 000	25 000	25 000
» Feuerlöschen »	2 500	2 500	2 500	2 500	2 500	2 500	2 500	2 500
Von 100 cbm für öffentliche Zwecke:								
Für Strassensprengen »	20,5	21,6	23,6	24,4	24,4	26,1	22,0	25,8
» Laufbrunnen »	10,9	10,8	9,0	8,8	8,8	8,7	9,2	8,7
» Kanalspülen »	6,8	6,7	5,6	5,6	5,6	5,4	5,7	5,4
» Bedürfnissanstalten »	55,0	54,2	56,2	55,6	55,6	54,4	57,4	54,6
» Feuerlöschen »	6,8	6,7	5,6	5,6	5,6	5,4	5,7	5,5
Wasser für Private »	620 928	760 703	822 844	870 044	941 323	937 323	929 297	950 267
davon nach Messern »	63 950	76 800	84 500	89 100	96 030	95 731	66 590	63 500
Zahl der Messeranschlüsse	145	150	152	155	160	165	178	210
Wasser für Private ohne Messer . . cbm	556 978	683 903	738 344	780 944	845 293	841 592	862 707	886 767
Zahl der Anschlüsse ohne Messer	1 095	1 150	1 218	1 295	1 360	1 465	1 532	1 550
Von 100 cbm für Private								
nach Messern . . cbm	10,3	10,1	10,2	10,3	10,2	10,2	7,2	6,7
ohne Messer »	89,7	89,9	89,8	89,7	89,8	89,8	92,8	93,3
Auf 100 Anschlüsse kommen								
Messeranschlüsse	11,7	11,5	11,1	10,7	10,5	10,1	10,4	11,9
Anschlüsse ohne Messer	88,3	88,5	88,9	89,3	89,5	89,9	89,6	88,1
Von 100 cbm Gesammtabgabe:								
Für öffentliche Zwecke . . . . cbm	5,5	4,6	5,1	4,9	4,5	4,7	4,5	4,6
» Private »	94,5	95,4	94,9	95,1	95,5	95,3	95,5	95,4
Gesammtabgabe ohne Messer »	593 478	720 903	782 844	825 944	890 293	887 592	906 307	932 567
Desgl. von 100 cbm Gesammtabgabe »	90,3	90,4	90,3	90,3	90,3	90,3	93,2	93,6
Gesammtabgabe nach Messern								
von 100 cbm Gesammtabgabe . . »	9,7	9,6	9,7	9,7	9,7	9,7	6,8	6,4
Abgabe pro Messer im Jahre . . »	441	512	555	575	600	580	375	302
Abgabe pro Anschluss ohne Messer von der Privatabgabe ohne Messer »	509	594	606	603	621	575	563	572

Jahre 1890 vorgelegte Project, welches auf M. 180000 veranschlagt war, die Zustimmung der städtischen Behörden. Nach diesem Projecte sollte das Wasser aus der Elbe entnommen und durch eine reguläre Sandfiltration gereinigt werden, wogegen das Reservoir auf dem Eiskellerberge nach dem früheren Projecte beibehalten war. Es wurde die Erbauung des Werkes auf städtische Rechnung beschlossen und Kümmel die Bauausführung übertragen. Mit dem Baue ist im Frühjahre 1891 begonnen und das Werk ist Ende Mai 1892 in Betrieb gesetzt. Die Anlage ist für eine Tagesleistung von 960 cbm bestimmt und hat ca. M. 200000 oder M. 32,20 pro Kopf gekostet. Der Betrieb wird von einer städtischen Commission geleitet.

Das Wasser wird direct durch einen Kanal aus der Elbe auf 2 Klärbassins geleitet, aus welchen es durch Pumpen auf 2 offene Sandfilter gehoben wird, deren jedes 280 qm

Filterfläche hat. In der daneben gelegenen Pumpstation ist eine Dampfmaschine aufgestellt, welche von der hannoverschen Maschinenbau-Gesellschaft, vormals G. Egestorff in Linden bei Hannover geliefert ist. Sie betreibt direct 2 doppeltwirkende Pumpen, die bei 65 Doppelhüben pro Minute zusammen in der Stunde 40 cbm Wasser auf 23,0 m Höhe fördern und zwar die eine auf die Filter und die andere aus einem Reinwasserbrunnen von 38 cbm Inhalt, der 3,5 m Durchmesser und 3,6 m Tiefe hat, durch ein Druckrohr von 200 mm Durchmesser in ein eisernes Hochreservoir, das in 50 m Entfernung auf einem künstlichen Unterbau 15,3 m hoch über Terrain unter Dach aufgestellt ist. Das Reservoir hat 10,0 m Durchmesser und 4,75 m Höhe und somit einen Nutzinhalt von 350 cbm.

Das Vertheilungsnetz beginnt ca. 60 m hinter dem Hochreservoire und steht unter einem constanten, einheitlichen Drucke von ca. 20,0 m. Es sind damit 4 öffentliche Strassenbrunnen und 80 Hydranten verbunden. Die Zuleitungen und die Hausleitungen bestehen aus Zinnbleirohren, erstere von 20 mm und 25 mm Durchmesser und mit 2 Absperrungen versehen, eine aussen und eine im Hause. Die gusseisernen Rohre sind von der Friedrich-Wilhelmshütte in Mülheim a. d. Ruhr geliefert. Es sind 11 Wassermesser eingebaut, welche von H. Meinecke, Breslau geliefert sind. Davon haben 2 je 13 mm, 3 je 15 mm und 6 je 20 mm Durchmesser.

Im Jahre 1896/97 sind im Ganzen 105 020 cbm oder 288 cbm am mittleren Jahrestage verbraucht und zwar 10 551 cbm im Monate des stärksten und 7081 cbm im Monate des schwächsten Verbrauches. Durch Wassermesser sind 10 424 cbm und ohne Wassermesser sind 94 596 cbm abgegeben.

Als Wassergeld wird für jedes Grundstück 120 % der Staatsgebäudesteuer erhoben. Wohnen mehrere Haushaltungen auf einem Grundstücke, so tritt eine entsprechende Erhöhung ein. Ferner ist zu zahlen pro Jahr für ein Badezimmer M. 8, für ein Stück Rindvieh oder ein Pferd M. 3, für einen Wagen M. 4 etc. Bei der Abgabe nach Messern wird pro cbm berechnet je nach der Höhe des Jahresverbrauches:

bis cbm . . .	80	200	500	1000	darüber
pro cbm Pf. .	30	25	20	18	15

Wöchentlich werden 2 bis 3 mal bacteriologische Untersuchungen vorgenommen, welche immer unter 100 Keime im ccm ergeben.

11. a. **Gross-Flottbeck.** (E. 1036.)

Das Dorf Gross-Flottbeck wird durch das Wasserwerk der Stadt Altona mit Wasser versorgt.

12. f. **Hadersleben.** (E. 8657, W. 635 mit je 13,7 B.)

Die Wasserversorgung der Stadt Hadersleben erfolgt ausschliesslich aus gegrabenen Brunnen. Mehrere Tiefbohrungen haben die erhoffte Wassermenge, aber leider von wenig guter Qualität, ergeben. Im Jahre 1894 ging man mit dem Plane der Erbauung eines einheitlichen Wasserwerkes um, ohne dass bislang zur Ausführung geschritten ist.

13. k. **Heide.** (E. 7933.)

Die Wasserversorgung der Stadt Heide erfolgt ausschliesslich aus gesenkten Brunnen von 6,0 bis 9,0 m Tiefe. Das Wasser ist gut und in stets genügender Menge vorhanden.

14. g. **Husum.** (E. 7474, W. 1042 mit je 7,1 B.)

Die Wasserversorgung der Stadt Husum erfolgt ausschliesslich aus gegrabenen und gesenkten Brunnen von ca. 8,5 m Tiefe. Es sind 25 öffentliche und ca. 70 private Brunnen vorhanden.

Das Wasser ist für häusliche Zwecke gut und stets in genügender Menge vorhanden. Es liegt jedoch die Absicht vor, eine künstliche Wasserleitung herzustellen, weil die grossen Viehställe dort nicht mehr ausreichend mit Wasser versorgt werden können. Bereits im Jahre 1891 sind von einem Brunnentechniker Beier die Kosten einer dafür herzustellenden Wasserleitung zu M. 60 000 veranschlagt. Im Jahre 1895 wurde die Ausführung eines dahingehenden Projectes als bald in Aussicht stehend bezeichnet. Der Bau scheint aber bislang nicht in Angriff genommen zu sein.

15. s. **Itzehoe.** (E. 13 914.)

Für die Wasserversorgung der Stadt Itzehoe besteht schon seit dem Jahre 1857 eine Actiengesellschaft, die »Itzehoer Wasserkunst.« Das Wasser wird an den Höhen, die oberhalb der Stadt liegen, gefasst und in 5 verschiedenen, kleinen, gemauerten Reservoiren, die überwölbt sind, gesammelt. Diese liegen in 300 m bis zu 3000 m Entfernung von der Stadt. Das Wasser durchfliesst vor der Ableitung 2 Kies- und Sandfilter und erreicht die Stadt in völlig klarem Zustande und mit natürlichem Gefälle unter einem Drucke von ca. 30,0 m über dem Strassenpflaster.

Die Zuleitung erfolgt durch gusseiserne Rohrleitungen. Die Anschlussleitungen sind aus Bleirohren hergestellt. Die Wasserabgabe erfolgt für die Haushaltungen nach Schätzung und bei grösserem Consum nach Wassermessern. Im Jahre 1895 waren 250 Wassermesser eingebaut. Geliefert waren bis Ende dieses Jahres im Ganzen 281 Messer und zwar 31 von Siemens & Halske, Berlin, 30 von Lux, Ludwigshafen und 220 von Wolff & Schreiber, Breslau. Von diesen hatten 20 Stück 16 mm und 261 Stück 20 mm Durchmesser.

Im Jahre 1896 ist einem Einwohner der Stadt, auf dessen hoch gelegenem Grundstücke sich eine Quelle mit vorzüglichem und reichlichen Trinkwasser befindet, von der Stadt gleichfalls die Concession zu Rohrlegungen in den Strassen der Stadt ertheilt. Er hat das Wasser für Feuerlöschzwecke unentgeltlich abzugeben und muss auf Verlangen der Stadt nach 20 Jahren seine ganze Anlage nebst Grundstück, Rohrleitungen etc. gegen Zahlung des Werths derselben der Stadt abtreten.

Das wird der Grund sein, dass die alte »Itzehoer Wasserkunst« den Wasserpreis kürzlich um $33^1/_3$ % ermässigt hat und beabsichtigt, die Leistung ihrer Anlage durch Herstellen eines 30,0 m tiefen Brunnens zu erhöhen, dem das Wasser dann durch ein Dampfpumpwerk entnommen werden soll.

16. h. **Kiel.** (E. 85 668.)

a) Alte Gravitationsleitung.

Schon vor mehr als 200 Jahren besass die Stadt Kiel für ihre Wasserversorgung, ausser den zahlreichen Brunnen in der Stadt, eine Gravitationsleitung aus dem Galgenteiche, einem künstlich hergestellten Wasserbassin, das aus dem Ueberfallwasser eines gleichfalls künstlich hergestellten Bassins, dem Schreventeiche, gespeist wurde, welcher damals für die Versorgung des in der Stadt liegenden Schlosses diente. Dieser letztere Teich nahm das Sickerwasser aus dem umliegenden, quelligen Terrain auf und hatte eine Wasserfläche von 11,5 ha. Der Galgenteich liegt 13,8 m über Hafen-Null und lieferte durch hölzerne Rohrleitungen im Jahre ca. 46 000 cbm oder im Tage im Durchschnitt 126 cbm Wasser zur Stadt.

Das Ungenügen dieser Versorgung veranlasste schon im Jahre 1856 den Magistrat, den Ingenieur W. Lindley sen. in Hamburg um ein Gutachten darüber zu ersuchen, wie eine bessere Wasserversorgung für die Stadt zu erreichen sei. Nach Prüfung aller in der Nähe der Stadt sich befindenden Wasserläufe und Seen empfahl Lindley als Bezugspunkt des Wassers in erster Linie den in westlicher Richtung und 3,7 km von der Stadt entfernt liegenden Schulensee, durch den die Eider als ihr erweitertes Bett hindurchfliesst. Er schlug vor, zur Ueberführung des Wassers von hier zur Stadt ein Pumpwerk zu bauen. In zweiter Linie machte er auf ein Quellengebiet aufmerksam, welches in der Wasserscheide zwischen Nord- und Ostsee bei Gaarden in ca. 310 m Entfernung vom Kieler Hafen liegt und damals durch den Bau der Kiel-Altonaer Bahn angeschnitten war. Gegen die Wahl der von anderer Seite für die Versorgung vorgeschlagenen Schwentine, die sich von Osten her der Stadt gegenüber in den Kieler Hafen ergiesst, sprach er sich deshalb aus, weil, trotzdem ihr Wasser dem der Eider nur gleichwerthig sei, sich dennoch die Anlagen dafür jedenfalls theurer, als die vom Schulensee stellen würden. Den gleichfalls für denselben Zweck empfohlenen Wellsee, der 5,6 km von der Stadt entfernt und auf 32,0 m + 0 liegt, hielt er ebenfalls für ungeeignet, weil der See im Sommer mitunter ganz versiegt. Auch die Benutzung des Schreventeiches, der damals für die Versorgung des Schlosses aufgegeben war, hielt er für die Stadt nicht für geeignet.

Das Sammelgebiet dieses Teiches hatte jedoch im Jahre 1853 der Ingenieur Kröhnke in Kiel der Stadt als vorläufig für ihre Versorgung genügend empfohlen und trotz des Rathes Lindley's beschloss die Stadt, im Jahre 1861 dieses Terrain vom Staate käuflich zu erwerben. Der Teich selbst war völlig verschlammt, und es wurde nach dem Projecte des städtischen Gasdirectors Speck, dem die Verwaltung der Wasserversorgung übertragen wurde, ein neues Sammelbecken von 5,1 ha Wasserfläche und 3,45 m Tiefe in 200 m Entfernung von dem Schreventeiche hergestellt, das 164000 cbm fasste. Dessen Sohle und Seitenwände wurden mit Thonschlag ausgekleidet. Das 102 ha grosse Niederschlagsgebiet wurde regelrecht drainirt und das Wasser in den neuen Teich eingeleitet, dessen Ueberlauf dann wieder in den Galgenteich führte. Nach achtjährigen Beobachtungen war eine mittlere Regenhöhe von 605 mm ermittelt und die damals für die Stadt als genügend angenommene Versorgungsmenge von im Mittel 1100 cbm pro Tag verlangte nach dieser Berechnung noch nicht 40% der beobachteten Regenmenge.

In den folgenden Jahren von 1866 bis 1870 sind nach und nach aus den Ueberschüssen der Gasanstalt die Kosten zur Herstellung eines Vertheilungsnetzes in der Stadt, das aus eisernen Rohren besteht, bestritten. Diese Rohre haben 254 mm, 203 mm, 152 mm und 102 mm Durchmesser erhalten. Die Länge der Leitungen betrug damals 14 907 m mit 10 Schiebern und 81 Hydranten. Daraus wurden ausser den Hausanschlüssen 26 Freibrunnen und 3 öffentliche Pissoire gespeist. Diese Anlage hatte im Ganzen M. 240000 gekostet.

Während der Jahre 1871 bis 1875 wurden durch diese Wasserleitung jährlich ca. 260000 cbm bis 320000 cbm Wasser der Stadt zugeführt. Die Zahl der Haushaltungen, welche Anschlüsse an die Wasserleitung hatten, wuchs während dieser Zeit von 866 auf 1448 und die Zahl der mit Wasserleitung versehenen Wohnhäuser von 228 auf 381 an, in welchen im Ganzen 4156 resp. 6950 Personen wohnten. Diese Versorgung war qualitativ und namentlich im Sommer auch quantitativ nicht immer genügend. Der Bedarf an Trinkwasser musste nach wie vor aus öffentlichen und privaten Brunnen gedeckt werden, deren Qualität die Grenze des Erlaubten in immer wachsendem Maasse überschritt. Die damals vorgeschlagene Herstellung eines zweiten Sammelteiches neben dem ersten, um grössere Wassermengen für den Sommer aufspeichern zu können, ist nicht zur Ausführung gekommen und als im Sommer des Jahres 1874 der Schreventeich leer gelaufen war, musste man auf den seit Jahren verlassenen Galgenteich zur Wasserentnahme zurückgreifen, um wenigstens noch etwas zu haben.

In Folge dessen sind im Jahre 1875 zur Aushülfe für die Versorgung auf dem Terrain der städtischen Gasanstalt 2 Brunnen von 24,0 m resp. 27,0 m Tiefe hergestellt, aus welchen durch eine Dampfpumpe 340 cbm Wasser in 24 Stunden oder 124000 cbm im Jahre zu gewinnen waren. Diese Anlage ist auch in späteren Jahren noch häufig in Nothzeiten benutzt.

b) Wasserwerk Gaarden.

I. Einleitendes.

Nachdem die zur Gewinnung grösserer Wassermengen für die Stadt an verschiedenen Stellen vorgenommenen Bohrungen zu keinem Erfolge geführt hatten, liess die städtische Wassercommission im Jahre 1876 in der Niederung des Vollrathsbaches einen Brunnen von 3,0 m Durchmesser absenken. Dieser lieferte in 24 Stunden beim Probepumpen 960 cbm Wasser, das freilich sehr eisenhaltig war. Unter Hinzuziehung der früher bereits erwähnten Quellen am Eisenbahndamme, deren Ergiebigkeit durch jahrelange Messungen auf ca. 1000 cbm in 24 Stunden festgestellt war, glaubte man, das damals für eine Versorgung als im Laufe der Zeit für nöthig erachtete Quantum von 6000 cbm im Tage hier durch weitere Aufschlüsse gewinnen zu können, und es übertrug die Stadt dem Baurath Salbach in Dresden die weiteren, dafür nöthigen Vorarbeiten.

Im Jahre 1877 wurde ein Versuchsbrunnen von 1,2 m Durchmesser und 7,0 m Tiefe an dem Eisenbahneinschnitte hergestellt, und die im Jahre 1878 mit ihm vorgenommenen Pumpversuche ergaben als dessen Leistung 622 cbm im Tage. Durch Hinzunahme eines der Eisenbahnverwaltung gehörigen Brunnens von 3,0 m Durchmesser und 5,5 m Tiefe erhielt man aus beiden Brunnen zusammen 1086 cbm. Nach Herstellung von 2 ferneren Brunnen in der Nachbarschaft kam man auf 2200 cbm in 24 Stunden.

In der Annahme, dass durch Vermehrung der Brunnen im Eisenbahneinschnitte das noch fehlende Quantum zu gewinnen sein würde, und dass für einen später gesteigerten Consum die Zuhülfenahme des Wassers aus der Vollrathswiese ausreichen würde, ist dann in den Jahren 1879/80 der Bau des Gaardener Wasserwerkes nach dem Projecte Salbach's ausgeführt. Diese Anlage ist im Juni 1880 unter Mitbenutzung des alten städtischen Rohrnetzes in Betrieb gekommen. Die Anlagekosten dafür haben bis Ende des Jahres 1881, einschliesslich der Erweiterungen des Vertheilungsnetzes und des Baues eines Hochreservoirs, M. 393 643 betragen.

Die Zahl der am Eisenbahneinschnitte für das Werk hergestellten Brunnen belief sich zu dieser Zeit auf 9 und schon im folgenden Jahre wurde die Herstellung von neuen Brunnen in der Vollrathswiese nöthig. Es sind hier bereits im Winter 1882/83 2 Brunnen, dann im Jahre 1884 wieder 3 Brunnen und im Winter 1885/86 nochmals 3 Brunnen hergestellt, so dass im Jahre 1886 unter Zurechnung des alten Versuchsbrunnens auch hier 9 Brunnen, mithin im Ganzen 18 Brunnen für das Werk in

Benutzung gekommen waren. Aus den sämmtlichen Brunnen im Eisenbahneinschnitte waren im Sommer 1886 mit Sicherheit nur noch 2000 cbm im Tage zu gewinnen. Der Wasserconsum hatte in der Stadt im Jahre 1885 aber bereits die Höhe von 3700 cbm am Maximaltage erreicht. Nach den früheren Erfahrungen erschien es zweifelhaft, ob es dauernd möglich sein würde, aus den Brunnen in der Vollrathswiese das fehlende Quantum zu erhalten und zwar um so mehr, weil eine starke Consumzunahme in naher Zeit in der schnell wachsenden Stadt in Aussicht stand. Das Gaardener Werk war sonach in seiner Ausdehnung im Jahre 1886 auf dem Gipfel seiner möglichen Leistungsfähigkeit angelangt.

2. Pumpstation.

Die Pumpstation liegt an der nördlichen Seite der Chaussée von Kiel nach Preetz in der Nähe des Eisenbahnüberganges zwischen den beiden, vorerwähnten Brunnengebieten. Die Verbindung der 9 Brunnen am Eisenbahneinschnitte unter einander ist durch ein Heberrohr von 400 mm Durchmesser und 1000 m Länge hergestellt, an welches sich die einzelnen Brunnen mittels Rohren von 200 mm Durchmesser anschliessen, und welches in den eigentlichen Pumpbrunnen mündet.

Die Brunnen selbst sind sämmtlich mit gemauerten, dichten Wandungen auf hölzernen Brunnenkränzen gesenkt und haben 6,0 m bis 8,0 m Tiefe. Bei 3 Brunnen sind durch deren Sohle 200 mm weite und 4,0 m lange Schlitzrohre hinunter getrieben. 4 der Brunnen haben 1,2 m und die übrigen haben 2,0 m Durchmesser.

Die Wiesenbrunnen liegen zu beiden Seiten des Vollrathsbaches. Sie haben 2,0 m Durchmesser und 8,0 m Tiefe. Sie sind gleichfalls durch ein Heberrohr, dessen Durchmesser von 150 mm auf 200 mm und dann auf 300 mm wächst, mit einander verbunden. Dieses mündet in den Brunnen, der der Pumpstation am nächsten gelegen ist. Von hier wird das Wasser dann durch eine eincylindrische Dampfpumpmaschine von einer täglichen Leistung von 1500 cbm, welche den Dampf von der Hauptstation erhält, durch ein Rohr von 200 mm Durchmesser in den 9,5 m höher gelegenen, vorerwähnten Pumpenbrunnen gefördert.

Die Gebäude der Pumpstation bestehen aus einem Maschinenhause, einem Kesselhause, einem Materialschuppen, einem Kohlenraume und einem Meisterwohnhause. Im Maschinenhause sind 2 stehende Zwillingsmaschinen ohne Condensation mit Schwungrad und mit Meyer'scher Schiebersteuerung aufgestellt. Von den verlängerten Kolbenstangen der 4 Dampfcylinder werden direct 4 doppeltwirkende, stehende Pumpen mit Scheibenkolben und Lederklappen-Ventilen betrieben. Die Dampfcylinder haben 380 mm und die Pumpencylinder 210 mm Durchmesser. Der gemeinsame Hub beträgt 0,65 m. Die Maschinen machen 36 Umdrehungen, und jedes Paar derselben liefert 84 cbm Wasser pro Stunde auf 45,0 m Höhe.

Im Kesselhause liegen 2 Zweiflammrohrkessel von je 48 qm Heizfläche, welche 7,25 m Länge und einen Durchmesser von 1,8 m im Mantel und 0,65 m in den Feuerrohren haben. Die Maschinen sind von der Essener Union in Essen und die Dampfkessel sind von der Firma Petry Dereux in Kiel geliefert.

3. Hochreservoire.

Gleichzeitig mit der Pumpstation ist auf dem Studentenberge ein Hochreservoir, welches 2000 cbm Inhalt bei einem Wasserstand von 5,0 m hat, erbaut. Sein Wasserspiegel liegt 51,0 m + 0. Das Reservoir bildet im Grundrisse eine Kreisfläche von 23,6 m Durchmesser im Lichten. Es ist durch eine Quermauer in 2 Theile zerlegt und hat 5,6 m Höhe bis zu den Widerlagern der dasselbe oben abschliessenden Kappengewölbe. Es ist aus Cementmauerwerk aufgeführt und 3,18 m tief in das Terrain versenkt. Oben ist es 1,0 m hoch mit Erde überdeckt. Von der Druckleitung, die mit 300 mm Durchmesser von der Pumpstation zur Stadt führt, zweigt in 300 m Entfernung von ersterer ein gleichgrosses Rohr zu dem Reservoire als gemeinschaftlicher Zu- und Rücklauf für dasselbe ab.

Im Jahre 1886 ist für die Versorgung der hochgelegenen, östlichen Theile der Stadt ein zweites Hochreservoir erbaut. Dieses liegt auf dem Ravensberge in 5 km Entfernung von der Pumpstation. Es ist mit dem städtischen Rohrnetze durch eine Leitung von 300 mm Durchmesser verbunden. Sein Wasserspiegel liegt bei 6,0 m Füllhöhe auf 49,0 m + 0 und sein Inhalt beträgt 2500 cbm. Es hat gleichfalls einen kreisförmigen Grundriss von 23,7 m Durchmesser im Lichten und 6,8 m Höhe bis zum Widerlager der Kappengewölbe. Im Uebrigen stimmt dieses Reservoir in seiner Ausführung mit dem auf dem Studentenberge überein.

c) Wasserwerk Schulensee, erste Ausführung.

1. Einleitendes.

Im Jahre 1886 war man allseitig darüber einig, dass für das Gaardener Werk in der Nähe auf eine Vergrösserung der Wasserzuflüsse nicht zu rechnen sei, und dass sogar ein Zurückgehen des momentan vorhandenen Quantums ziemlich sicher in Aussicht stehe. Nach Prüfung aller Möglichkeiten zur Erlangung grösserer Wassermengen, entschied sich die städtische Wassercommission für die Entnahme des fehlenden Wassers aus dem Schulensee und für dessen Zuleitung zur Pumpstation bei Gaarden, damit es von hier mit dem dortigen Grundwasser gemeinschaftlich zur Stadt gepumpt werden könne. Das Seewasser sollte natürlich vorher einer künstlichen Sandfiltration unterzogen werden, und es bestanden nur noch Zweifel darüber, ob das besser gleich am Seeufer oder erst später in Gaarden geschehen würde.

Von Speck sind damals in den Grundzügen 3 generelle Projecte für die für das Seewasser event. zu schaffenden Anlagen aufgestellt. Nach dem ersten Projecte sollten durch eine Fallrohrleitung von 600 mm Durchmesser und 4000 m Länge oder durch eine etwas längere Heberleitung von 500 mm Durchmesser vom See aus mit natürlichem Gefälle täglich bis zu 10000 cbm Wasser nach Gaarden geführt, hier filtrirt und durch die demnächst zu vergrössernde Pumpstation zur Stadt gebracht werden. Nach dem zweiten Projecte sollten Filterpumpen das Wasser direct aus dem See auf die am Seeufer zu erbauenden Filter heben und von diesen sollte das Wasser, ebenso wie bei dem ersten Projecte, nach Gaarden geführt werden. Das dritte Project endlich wollte das am Schulensee filtrirte Wasser von hier direct zur Stadt gepumpt wissen und somit Gaarden ganz umgehen.

Zur Begutachtung dieser 3 Möglichkeiten wurde unter ausdrücklichem Ausschlusse der Frage, ob das Schulenseewasser überall sich zur Verwendung eigne, der Civilingenieur Grahn, damals in Coblenz, zugezogen. In Rücksicht auf die Leistungsfähigkeit der Gaardener Maschinen und wegen der örtlichen Schwierigkeit, dort Filter von entsprechender Grösse herstellen zu können, sowie wegen des zweifellos in nächster Zeit zunehmenden Wasserbedürfnisses der Stadt, sprach er sich für eine völlig selbstständige, neue Anlage am Schulensee, unter Belassung der Gaardener Anlagen in ihrem derzeitigen Zustande als Reserve, aus. Er empfahl ferner, abweichend von Speck, dieses Werk nicht an den Einlauf der Eider in den See, sondern in die Nähe des Auslaufes der Eider aus dem See zu verlegen, um den Inhalt des Sees ganz als Klärbassin benutzen zu können und damit zugleich auch das Werk der Stadt um ca. 2 km zu nähern.

Des Auftrages zur Aufstellung eines Projectes für eine tägliche Lieferung von 5000 cbm mit der Möglichkeit der schrittweisen Erweiterung auf 10000 cbm und auf 20000 cbm filtrirtes Seewasser entledigte er sich im Herbst desselben Jahres. Dieses Project fand am 18. October 1887 die Annahme der städtischen Vertretung, und es wurde Grahn das Specialproject für eine Leistung von 5000 cbm pro Tag und dessen Bauausführung unter vorläufigem Ausschlusse des Baues der Filter übertragen. Es hatte nämlich schon im Sommer 1887 in der Stadt eine solche Wassersnoth geherrscht, dass eine Aushülfe für das nächste Jahr, und wenn sie auch nur durch rohes Seewasser erreicht werden konnte, als unbedingt nöthig erschien. Filteranlagen waren in der kurzen Zeit freilich nicht auszuführen. Trotzdem sollte aber die Herstellung der Hebe- und Zuleitungsanlagen so beschleunigt werden, dass am 1. Juni des folgenden Jahres, eventuell durch Aufstellung einer provisorischen Pumpmaschine, Wasser nach der Stadt geliefert werden konnte.

Die im Herbst 1887 in der Umgebung des Sees zur Untersuchung des Bauterrains vorgenommenen Bohrungen liessen einen höher als der Seespiegel stehenden Grundwasserstand erkennen. Im See selbst ausgeführte Bohrungen, welche durch dessen, aus Schlick und aus einer mächtigen Schicht zerfallener Muscheln gebildeten, undurchlässigen Boden, unter dem sich die Kiesschichten der Ufer fortsetzen, hindurchgingen, liessen auch hier einen höher als der Seespiegel liegenden Grundwasserstand constatiren. Das veranlasste noch im Jahre 1887 dazu, am Ufer des Sees 2 Versuchsbrunnen herzustellen, um eventuell für den nächsten Sommer und vielleicht auch für die Zeit des Provisoriums bis zur Fertigstellung der Filter der Stadt Grundwasser liefern zu können. Ein damals vorgenommenes Probepumpen ergab quantitativ und die damals ausgeführten chemischen Untersuchungen des Wassers ergaben qualitativ ein für den Zweck befriedigendes Resultat.

Weil die flachen und stark mit Schilf bewachsenen Ufer des Sees es nöthig machten, mit der Entnahme des Wassers aus dem See ca. 60 m von den Ufern entfernt zu dessen tiefsten Stellen zu gehen, so ist im See selbst ein Brunnen, dessen Rand über Wasser liegt, hergestellt, der es gestattete, in ihn das tiefere Wasser aus dem See durch Heberrohre zu überführen. Der Brunnen ist aber auch durch den Seeboden bis in die Kiesschichten unter demselben hinunter geführt und lässt das hier vorhandene Grundwasser erreichen, um auch dieses vorläufig für die Versorgung allein benutzen zu können. Es war damit auch die Möglichkeit geschaffen, den Bau der Filter eventuell so lange hinauszuschieben, als die Menge dieses unter dem Seeboden zu entnehmenden Grundwassers noch genügen würde.

Zugleich war bei dieser Anordnung die Möglichkeit in's Auge gefasst, das Grundwasser unter dem Seeboden durch eine natürliche Filtration zu vermehren, also künstlich Grundwasser zu erzeugen. Im Umkreise des Seebrunnens sind verschiedene Bohrungen durch den Seeboden hindurch ausgeführt, deren Zahl man ja beliebig vergrössern konnte, um Seewasser in die unter dem Boden liegenden Kiesschichten eintreten zu lassen. Dieses Wasser trat durch das natürliche Kiesbett filtrirt in den abgesenkten Seebrunnen wieder in die Höhe, und es wäre später möglich gewesen, die Kiesschichten mit natürlichem Drucke durch den Gegenstrom zu reinigen, so lange das Pumpen aus dem Seebrunnen eingestellt wurde. Das ungeahnt rasche Wachsen des Wasserconsums in der Stadt und die zu der Zeit neu auftauchenden Anschauungen in der Beurtheilung der Wasserqualität und über den Werth der Wasserfiltration haben es verhindert, die in obigem Sinne begonnenen Untersuchungen zum Abschlusse zu bringen.

2. Bauausführung.

Die Pumpstation, welche aus Maschinenhaus, Kesselhaus und Kohlenraum besteht, ist auf der dem See entgegengesetzten Seite der Hamburger Chaussée in einer solchen Höhe angelegt, dass auf dem dahinter ansteigenden Terrain ein genügender Platz für die späteren Klär- und Filteranlagen zur Verfügung geblieben ist. Der Seespiegel liegt im Mittel auf 12,0 m + 0, die Flur des Maschinenhauses auf 18,3 m + 0, die des Kesselhauses und des Kohlenraumes auf 19,0 m + 0. Die Sohle des neben dem Kohlenraume angelegten, überwölbten späteren Reinwasserreservoirs, welches 1400 cbm Inhalt bei 3,0 m Wasserhöhe hat, liegt auf 16,8 m + 0, während die Terrainhöhe für den Filterplatz auf 24,5 m + 0 und der Platz für die Klärbassins auf 27,5 m + 0 angenommen war. Zwischen der Pumpstation und dem See ist unter der Chaussée, deren Krone auf 18,3 m + 0 liegt, ein im Lichten 2,5 m hoher Tunnel hergestellt, dessen Sohle auf 14,0 m + 0 liegt und der 4,0 m Breite hat. Er ist für die Durchführung der Heberrohrleitungen vom See her und zum Verkehre zwischen See und Pumpstation, sowie für den Aschentransport von den Kesseln und für die Ableitung des Wassers, welches zur Condensation gedient hat, bestimmt.

Der Mantel des Seebrunnens hat 22,0 m Höhe und unten 4,0 m und oben 2,0 m Durchmesser. Er ist aus 21 schmiedeeisernen, cylindrischen Ringen von nach oben staffelförmig abnehmenden Durchmessern zusammengesetzt und reicht unter den Seeboden bis auf 8,0 m — 0 hinab. In dem Brunnen hängt der Saugeschenkel eines Heberrohres von 600 mm Durchmesser, welches am Fusse mit einem abhebbaren Doppelsitz-Rückschlagventile und mit einem Saugekorbe versehen ist, auf 6,0 m Tiefe hinab. Durch 2 andere, in den Brunnen eingehängte Heberrohre von 300 mm Durchmesser, deren Saugeschenkel in den See reichten, war das Ueberheben des directen Seewassers in den Seebrunnen ermöglicht.

Das Heberrohr von 600 mm Durchmesser hat im Ganzen 160 m Länge und ist vom Brunnen bis zum Ufer über dem Seespiegel an einer Brücke aufgehängt und von einem doppelwandigen, begehbaren Kasten umgeben, durch welchen zur Heizung auch das Rohr mit dem von der Condensation kommenden Wasser hindurchgeführt ist. Es führt das Heberrohr dann am Ufer des Sees entlang und durch den vorerwähnten Tunnel zu dem Saugebrunnen für die Maschinen.

Dieser Brunnen liegt direct vor dem Maschinenhause. Er ist wasserdicht aus Cementmauerwerk hergestellt und hat eine wasserdicht geschlossene Sohle. Diese liegt auf 5,0 m + 0 und sein Durchmesser beträgt 5,0 m. Das Heberrohr reicht in diesen Brunnen hinab und hat an seinem Ende ein sich selbstthätig schliessendes Fussventil, während der höchste Punkt des Heberrohres durch eine Leitung mit den Condensatoren der Maschinen zum Absaugen und durch eine andere Leitung zum Anfüllen mit der Druckwasserleitung verbunden ist. Für jede

Maschine mündet in diesen Brunnen ein besonderes Saugerohr mit einem Fussventile ein. Der Brunnen ist überwölbt und von dessen oberen Belag, der in 5,0 m Tiefe unter Terrain liegt und über welchen der Kanal für die Aschenausfahrt der Dampfkessel hinwegführt, führt eine Wendeltreppe in die Höhe, die in Terrainhöhe auf dem Platze vor dem Maschinenhause ausmündet.

Von den 3 projectirten Maschinen sind anfänglich 2 ausgeführt. Die dritte Maschine ist im Jahre 1894 aufgestellt. Die Maschinen sind liegende Verbundmaschinen mit Condensation, Schwungrad, Receiver und Ventilsteuerung. Die kleinen Cylinder haben zwangsläufige, variable Expansionssteuerungen, die vom Regulator aus direct verstellbar sind. Die grossen Cylinder haben von Hand verstellbare Expansion. Die Dampfcylinder sind ebenso wie deren Deckel mit Dampfhemden umgeben. Sie haben Kolben von 710 mm und 400 mm Durchmesser und 1,0 m Hub.

Von der Kolbenstange des grossen Cylinders einer jeden Maschine aus wird eine liegende Druckpumpe direct bewegt, und von der Kolbenstange des kleinen Cylinders aus wird eine stehende Filterpumpe und eine stehende Differenzpumpe mittels Winkelkreuz angetrieben. Die letztere Pumpe hat einen variablen Hub und sollte das Mehr des Verbrauches von Rohwasser gegenüber der geförderten Menge von Reinwasser begleichen. Von dem Winkelkreuze wird auch die horizontale Luftpumpe angetrieben.

Die grossen Pumpen haben freie Fernis-Ringventile. Die Druckpumpen sind doppeltwirkend; sie haben Differenzial-Plungerkolben von 470 mm und 320 mm Durchmesser und jede Pumpe hat 2 Ventile. Jede Filterpumpe hat einen Plunger von 1,0 m Hub und 470 mm Durchmesser und 2 Ventile. Zur vorläufigen Belastung hatten sie Gegenplunger von 230 mm Durchmesser. Die Differenzpumpen sind einfach wirkende. Sie haben Plunger von 260 mm Durchmesser und einen zwischen 0,3 m und 0,75 m verstellbaren, variablen Hub.

Die Filterpumpen und die Differenzpumpen saugen aus dem Saugebrunnen. Sie hatten ein offenes Standrohr und drückten das Wasser Anfangs in das vorerwähnte Reinwasserreservoir, aus dem die Druckpumpen saugen und das Wasser dann durch einen Windkessel zur Stadt drücken. Nach Einrichtung der Filtration sollte das Reservoir entsprechend vergrössert als wirkliches Reinwasserreservoir dienen und die Filterpumpen hätten dann um 5,7 m bis 10,4 m höher als jetzt in ein Klärbassin zu pumpen gehabt. Für die Filter- und die Differenzpumpen jeder Maschine ist ein Schacht von 4,4 m mal 5,18 m lichtem Querschnitte hergestellt, dessen Sohle auf 11,0 m + 0 liegt. In 8,0 m Höhe über der Schachtsohle liegt die untere Flur des Maschinenraumes und über dieser Flur erhebt sich die obere Flur, auf der die Dampfmaschinen liegen, noch um 4,5 m Höhe. Die Maschinen machen normal 25 Umdrehungen pro Minute und liefern pro Stunde 235 cbm Wasser. Sie sind mit allem Zubehör von der Isselburger Hütte, vormals Johann Nehring, Bögel & Comp. in Isselburg geliefert.

In dem Kesselhause liegen 2 Seitenrohrkessel, und es ist Platz für einen dritten Kessel vorgesehen. Die Kessel haben 10,0 m Länge und 2,2 m Durchmesser. Jeder derselben hat 86 qm Heizfläche und ein Fox'sches Wellrohr von 1,25 m resp. 1,35 m Durchmesser und ist auf 6 Atm. Dampfdruck concessionirt. Die Kessel sind von E. Willmann in Dortmund geliefert.

Der Bau wurde am 16. November 1887 mit der Herstellung des Tunnels und des Pumpenbrunnens begonnen, und die Fundamente für die Maschinen etc. wurden während des Winters unter einer provisorischen Ueberbauung ausgeführt. Die Betriebserlaubniss für die Kesselanlage konnte schon am 25. Mai 1888 ertheilt werden. Die Druckleitung bis zur Stadt hat 3000 m Länge und 500 mm Durchmesser und war schon Anfangs Mai an das Vertheilungsnetz am Rondell angeschlossen. Sie ist dann weiter um 3500 m Länge bis zum Reservoire auf dem Studentenberge verlängert. Die Rohre dafür sind von der Friedrich-Wilhelmshütte in Mülheim a. d. Ruhr geliefert und deren Verlegung hat die Firma Miethe in Leipzig ausgeführt. Die erste Maschine sollte laut Vertrag am 1. Juni 1888 in Betrieb sein. Weil Anfangs Mai die Fabrik diesen Termin um einen Monat verlängern zu dürfen bat, so wurde eine von der Firma Weise & Monski in Halle a. d. Saale beschaffte Duplexpumpe provisorisch am Schulensee aufgestellt und einerseits mit den beiden dort hergestellten Versuchsbrunnen und andererseits mit der Druckleitung, die zur Stadt führte, verbunden. Das definitive Kesselhaus ist dann Ende Mai für diese provisorische Pumpe in Betrieb gesetzt und von dieser Zeit ab sind täglich bis zu 3000 cbm Wasser bis gegen Ende des Jahres 1888 für die Versorgung der Stadt von hier aus geliefert.

Der regelmässige Betrieb des Schulenseewerkes wurde am 4. Januar 1889 eröffnet, nachdem die erste der definitiven Maschinen Anfangs und die zweite Maschine Ende December zuerst in Betrieb gesetzt war. Die Baukosten dieser ersten Anlage haben M. 534 000 betragen.

d) Weitere Arbeiten für das Wasserwerk Schulensee.

I. Einleitendes.

Das während des Sommers 1888 aus den beiden Brunnen am Seeufer zur Stadt gepumpte Wasser erwies sich bald wegen seines Geruches nach Schwefelwasserstoff und seines moorigen Beigeschmackes, sowie wegen der darin sich entwickelnden Algen und wegen seines starken Eisengehaltes, die ihm bei längerem Stehen eine gelbbraune Trübung gab und Schlammablagerungen in den Leitungen erzeugte, ebenso wie das auch bei dem Gaardener Wasser, wenn auch in geringeren Mengen, immer der Fall gewesen ist, für eine dauernde Versorgung als ganz ungeeignet.

Von fast gleicher Qualität war das Grundwasser aus dem Seebrunnen, welcher aber auch nur 3000 cbm bis 3500 cbm Wasser im Tage lieferte, und das aus 2 kleineren später am Ufer hergestellten, provisorischen Brunnen. Es erschien daher nöthig, mit der Ausführung der Filtrationsanlagen für Seewasser baldigst vorzugehen, und im Sommer 1889 wurde Grahn mit der speciellen Bearbeitung des Projectes für ein tägliches Quantum von bis zu 20 000 cbm beauftragt, wovon vorläufig nur eventuell die Hälfte zur Ausführung kommen sollte.

Als dieses Project dem Magistrat im Januar 1890 zur Beschlussfassung vorlag, hatten die Veröffentlichungen des Ingenieur Piefke in Berlin und des Dr. Fränkel, jetzt Professor in Marburg, welchen es gelungen war, an einem Versuchsfilter den Durchgang von Cholerakeimen nachzuweisen, das Vertrauen zur Sandfiltration beim Vorsitzenden des Kieler Magistrats in dem Maasse erschüttert, dass beschlossen wurde, das Project vorläufig zurückzustellen und von der Benutzung künstlich filtrirten Seewassers für die Stadt so lange abzusehen, bis der Nachweis erbracht sei, dass für die Versorgung Quell- oder Grundwasser nicht zu erlangen sei. Dieses Vorgehen wurde namentlich durch das energische Auftreten des Oberstabsarztes Dr. B. Fischer, jetzt Professor der Hygiene in Kiel, gegen die Benutzung von Oberflächenwasser für städtische

Wasserversorgungen veranlasst. Fischer hatte damals die verschiedenen dortigen Wässer fortlaufend untersucht. Er fand, dass in chemischer Beziehung gegen die Verwendung des Seewassers Einwendungen nicht zu machen wären, und dass die bacteriologischen Untersuchungen das Seewasser verhältnissmässig günstig erscheinen liessen. Trotzdem liefere der See ein offenes, mancherlei Verunreinigungen ausgesetztes Wasser, in welches daher sehr wohl auch gelegentlich einmal Krankheitskeime gelangen könnten. Wenn das Wasser aus dem Brunnen im See und aus den Landbrunnen am Ufer auch wenig appetitlich sei, namentlich, weil es in Fällen hochgradiger Trübung eine schmutzige, bräunliche Flüssigkeit bilde, so bleibe sein Genuss doch ohne schädliche Folgen für die Gesundheit, weil Crenothrix und Eisenrost dem Menschen nicht nachtheilig wären. Deren Beseitigung lasse sich auch durch Circulation im Rohrnetze und durch häufiges Spülen erreichen, und durch Benutzung der gewöhnlichen Kohlenfilter lasse sich der dem Wasser anhaftende Geruch und Geschmack vertreiben.

Er verwarf hiermit den Schulensee, auf den die ganze Anlage basirt war, vollständig und empfahl mit Erfolg die ausschliessliche Benützung des dort zufällig während des Baues gefundenen Grundwassers trotz seiner Mängel. Diese sind dann auch erst nach 6 Jahren, nämlich im Januar 1895 durch die Enteisenungsanlage beseitigt. Inzwischen sind die beiden gemauerten Brunnen am Ufer durch eiserne Schachtbrunnen von 1,2 m Durchmesser ersetzt und haben bis dahin mit dem Seebrunnen gemeinschaftlich fast ausschliesslich für die Versorgung der Stadt gedient.

Im August 1890 reichte der Professor der Geologie Dr. D. Haas in Kiel auf Grund seiner Untersuchungen dem Magistrate einen umfassenden Bericht ein, in welchem die Möglichkeit nachgewiesen werden sollte, dass in der Umgebung von Kiel im Untergrunde in genügender Menge Wasser zu finden sei, um die Stadt damit versorgen zu können. Auf Grund der geologischen Verhältnisse bezeichnete er verschiedene Stellen Holstein's von ganz bedeutenden Flächenausdehnungen, in denen mit Wasser angefüllte, unterirdische Mulden vorhanden sind, wobei er freilich bemerkte, es sei bei dem absoluten Mangel eines zusammenhängenden Bildes des geologischen Aufbaues der betreffenden Areale ein Ding der Unmöglichkeit, genau Stelle und Ort, sowie Tiefe zu präcisiren, wo eine hergestellte Bohrung erfolgreich zum Wasser führen würde.

Im Jahre 1891 stellte dann im Auftrage des Magistrats der Baurath Thiem in Leipzig zahlreiche Bohrungen zur Feststellung der hydrologischen Verhältnisse in den verschiedenen, von Haas angegebenen Gegenden her, die aber fast ausschliesslich negative Resultate ergaben. Nur am östlichen Ufer desselben Schulensees und circa 150 m davon entfernt, in einer Thaleinsenkung, in der die Poppenbrugger Au, ein von Osten nach Westen fliessender Bach, der beim Hofe Petersburg in den See mündet, fand er grössere Mengen von Grundwasser, das aber von einer noch minderwerthigen Qualität als das bislang am nördlichen Ufer erschlossene Grundwasser war.

An der Poppenbrugger Au sind dann im Jahre 1892 unter Thiem's Leitung für ein Probepumpen Rohrbrunnen hergestellt und mit diesen sind längere Zeit andauernde Pumpversuche vorgenommen, welche täglich 7500 cbm bis 10000 cbm und bei einer Absenkung von bis zu 5,0 m sogar 11000 cbm ergeben haben. Trotzdem der Professor Haas auf Grund der Berechnung der Wassermenge aus Niederschlagsgebiet und Regenhöhe die dauernde Gewinnung dieser bei dem Probepumpen gemessenen Wassermenge an der Stelle bezweifelte, machte Thiem der Stadt den Vorschlag, an der Poppenbrugger Au eine Pumpstation zu erbauen, durch welche das hier zu erschliessende Wasser auf den Finkelberg gehoben werden sollte. Dort sollte es durch Belüftung und Filtration enteisent und dann zur Stadt geführt werden.

Auf den Vorschlag des Directors R. Pippig, welcher im Mai 1888 die Verwaltung der städtischen Gas- und Wasserwerke an Stelle von Speck übernommen hatte, nahm die Stadt von der Ausführung des Thiem'schen Projectes so weit Abstand, als es sich auf die Erbauung einer neuen Pumpstation und die Benützung des Finkelberges bezog. Dagegen wurde beschlossen, die Wassererschliessung an der Poppenbrugger Au nach Thiem's Project und unter dessen Leitung ausführen zu lassen und das Wasser mittels einer 800 m langen Heberleitung dem Wasserwerk Schulensee zuzuführen. Diese Arbeiten sind in der Zeit vom Februar bis August 1892 ausgeführt.

Im Jahre 1894 hat Pippig am nördlichen Ufer des Schulensees ferner eine Reihe von Brunnen hergestellt, deren äusserster ca. 400 m von dem äussersten Brunnen der Thiem'schen Erschliessungsanlage entfernt liegt, und diese mit der Heberleitung der alten Anlage verbunden, weil das Wasser von der Poppenbrugger Au einen zunehmenden Eisengehalt zeigte und für seine Zuleitung, in Folge der Höhenlage der Pumpstation Schulensee, die Einschaltung eines besonderen Pumpwerkes nöthig machte, wenn die volle Absenkung von 5,0 m erreicht werden sollte. Diese Pippig'schen Brunnen liefern mit dem alten Seebrunnen und den beiden Ufer-Brunnen zusammen 9000 cbm Wasser, so dass mit ihnen der Bedarf der Stadt vorläufig vollständig gedeckt ist und die Poppenbrugger Anlage nur in Reserve gehalten werden kann.

2. Ausführung der Brunnen- etc. Anlagen.

In dem über 400 m breiten Thale der Poppenbrugger Au sind parallel zum Seeufer in einer geraden Linie 38 Brunnen in 10,5 m Abstand von einander aus eisernen Rohren von 150 mm Durchmesser mit 3 bis 5 m langen Filterkörben angelegt, die 3,0 m bis 7,0 m tief in die Kiesschicht hinabreichen. In der Mitte der Verbindungslinie dieser Brunnen ist ein gemauerter Sammelbrunnen von 3,0 m Durchmesser und 11,5 m Tiefe hergestellt, in welchen von der einen Seite aus 18 und von der anderen Seite aus 20 Rohrbrunnen je ein Sammelrohr eintritt. Der Durchmesser dieser Rohre ist von 300 mm auf 500 mm bis zum Mittelbrunnen erweitert. An jedes dieser Sammelrohre sind die Saugerohre der einzelnen Brunnen von 100 mm Durchmesser, die mit Ventilen abschliessbar sind, angeschlossen.

Von diesem mittleren Brunnen führt ein Heberrohr von 500 mm Durchmesser und 800 m Länge zu den alten Pumpenbrunnen des Wasserwerkes. Für das Ansaugen des Heberrohres ist ein Ejector aufgestellt. In das Heberrohr ist ferner ca. 50 m vor dessen Eintritte in den Pumpenbrunnen, durch Schieber und mittels Umgang abschliessbar, mittels zweier Abzweige eine Centrifugalpumpe zu dem Zwecke eingeschaltet, um eventuell eine stärkere Absenkung der Rohrbrunnen bewirken und dadurch ein grösseres Wasserquantum dem Pumpenbrunnen zuführen zu können, als es sonst bei directem Zuflusse in Folge der Höhenlage der Saugerohre der alten Maschinen möglich sein würde. Zum Betriebe der Centrifugalpumpe ist eine stehende, 25 pferdige, eincylindrige Condensationsmaschine aufgestellt, welche die Pumpe mit Riemenübersetzung antreibt und den Dampf von der alten Kesselanlage erhält. Für die Maschine und die Pumpe ist am Seeufer ein besonderes Gebäude errichtet.

Die 16 Brunnen, welche im Jahre 1894 von Pippig am Seeufer hergestellt sind, sind von gleicher Construction wie die vorerwähnten. Sie sind auf 250 m Länge vertheilt. Die Saugerohre der einzelnen Brunnen sind durch ein gemeinmeinschaftliches Heberrohr verbunden, welches an das alte Rohr von 600 mm Durchmesser angeschlossen ist.

Die dritte Maschine in der Pumpstation Schulensee ist wie die anderen von der Isselburger Hütte geliefert und im Jahre 1893 in Betrieb gekommen. Im Kesselhause ist gleichzeitig ein dritter Kessel, dem früheren völlig gleich, aufgestellt, der gleichfalls von E. Willmann in Dortmund geliefert ist. Auch die neue Maschine ist den beiden andern fast völlig gleich. Den Ventilen der Pumpen ist ein etwas grösserer Durchmesser unter Belassung aller übrigen Maschinendimensionen gegeben, um durch eine grössere Umdrehzahl die Leistung der Maschine auf 7500 cbm im Tage steigern zu können. Die Rohwasserpumpe derselben steht 1,53 m tiefer als bei den beiden anderen Maschinen, um event. später aus einem neu herzustellenden und tiefer hinabreichenden, zweiten Pumpenbrunnen mit diesen Pumpen aus grösserer Tiefe saugen zu können, wodurch dann vielleicht eine tiefere Absenkung für einen Theil der Sammelanlagen zu ermöglichen sein wird. Die früher erwähnte Differenzpumpe ist bei der neuen Maschine fortgelassen, weil die Sandfiltration, für die sie geplant war, aufgegeben ist.

Im Frühjahr 1895 ist im Anschlusse an das erste ein zweites Reinwasserreservoir von 800 cbm Inhalt hergestellt, welches bei gleicher Breite wie das erste 20,1 m lichte Länge hat und in gleicher Weise wie das erste ausgeführt ist. Das ganze Werk ist in seinem jetzigen Zustande für eine tägliche Leistung von 15000 cbm vollkommen ausreichend.

3. Enteisenungsanlage.

Die nothwendige Benützung des am und unter dem See erschlossenen eisenhaltigen Grundwassers für die Versorgung der Stadt hat Pippig schon seit dem Jahre 1890 zu umfassenden Untersuchungen darüber veranlasst, in welcher Weise dessen Reinigung im Grossen am besten zu erreichen ist. Das Wasser hat einen Eisengehalt von durchschnittlich 2 bis 4 mg im Liter, der auch mitunter bis auf 6 mg steigt. Nachdem das im Jahre 1893 durch die Poppenbrugger Brunnenanlage erschlossene Wasser dieselben schlechten Eigenschaften des alten und zwar in noch stärkerem Maasse zeigte, fand sein bereits früher ausgearbeitetes Project für eine Enteisenungsanlage am 25. Mai 1894 die Annahme der städtischen Collegien. Der von ihm ausgeführte Bau der Enteisenungsanlage ist, wie vorerwähnt, am 4. Januar 1895 in Betrieb gesetzt. Nachdem die Reinigung der Rohrleitungen etc., welche längere Zeit in Anspruch genommen hatte, völlig durchgeführt war, sind auch alle Klagen über schlechtes oder ungenügend reines Wasser in der Stadt verstummt.

Die Anlage ist auf einem Theile des früher für die Filtration des Seewassers bestimmten Platzes ausgeführt. Sie besteht aus einem gegenüber der Langwand des Maschinenhauses aufgeführten Gebäude für die Rieseler und im Anschlusse daran aus 4 überwölbten Filtern, die mit ihren Langseiten aneinander gereiht sind. Das Rieselerhaus misst im Lichten 19 m mal 12 m. Seine Dachauflage liegt 7,1 m über Terrain und seine Flur bildet die Sohle eines 2,5 m unter Terrain hinabreichenden, zweitheiligen Absetzbassins, über welchem in 3,2 m Höhe eiserne Rosten als Böden der darüber sich erhebenden 8 Rieseler liegen. Letztere sind als gemauerte Schächte von je 25 qm lichter Fläche hochgeführt und 3,0 m hoch mit Coke gefüllt.

In dem Gebäude steigt das Druckrohr der Schöpfpumpen von 600 mm Durchmesser in die Höhe. Es tritt das Wasser daraus durch 8 Ponceletüberfälle in die 8 Zuflusskästen, jeder für einen der Rieseler, aus und ergiesst sich aus deren Mitte in eine quer über diese gelegte Vertheilungsrinne. Unter letzterer liegen, über die ganze Fläche jedes Rieselers ausgedehnt, Wellbleche, deren Wellen die Vertheilungsrinne rechtwinklich kreuzen. Jede Rinne hat in ihrem Boden und die Bleche haben in ihren Wellenthälern Löcher zum Austritte des Wassers, die so vertheilt sind, dass das Wasser gleichmässig über der ganzen Rieseleroberfläche abtropft.

Vor der einen Langwand des Rieselerhauses liegt der Länge nach ein 5 m breites, zweitheiliges, überwölbtes Vorbassin im Anschlusse an die Absetzbassins. In der Mitte vor dessen anderer Langseite liegt ein 4,5 m langes und 3,0 m breites Bassin, das mit einem Häuschen überbaut ist. Dieses Bassin ist durch eine Mittelwand, in der sich 5 Ponceletüberfälle befinden, getheilt, hinter welchen aus 5 einzelnen Schächten die Rohre von je 300 mm Durchmesser zu den 4 Filtern abgehen, während das fünfte Rohr als Reserve vorgesehen ist.

Jedes Filter hat bei 21 m Länge 15 m Breite und eine 300 qm grosse Sandfläche. Auf einer 0,48 m hohen Packlage von Kies liegt eine 0,7 m starke Sandschicht, durch die das Wasser von oben nach unten tritt. Der Eintritt des Wassers erfolgt in jedes Filter aus 4 aufrechtstehenden Rohren von 150 mm Durchmesser, die durch Rohrleitungen mit dem respectiven Rohre von 300 mm Durchmesser verbunden sind und deren Oberkante mit dem Niederwasserstande der Filter abschneidet.

Die Filterbassins sind in Cementbeton hergestellt und jedes derselben ist oben durch 3, der Länge nach geführte und sich auf 2 Reihen Gurtbögen stützende Kuppengewölbe geschlossen, deren Scheitel 2,7 m hoch über der Sandfläche liegt und die 1,0 m hoch mit Erde überdeckt sind. Die mittlere Gewölbereihe ist bei jedem Filter auf der einen, vom Maschinenhause abgewendeten Seite um 2,0 m zur Herstellung einer Einfahrt in das Filter in die Höhe gezogen und auf der anderen Seite ist je ein Schieberhäuschen von 3 m mal 3 m Grundfläche vorgesetzt, in welchem ein Ponceletüberfall für den Austritt des Wassers und ein Absperrschieber liegen. Die Rohre für das Reinwasser haben 350 mm Durchmesser und vereinigen sich in einem gemeinschaftlichen Rohre von zunehmendem Durchmesser, der bei dessen Eintritte in die Reinwasserreservoire 700 mm beträgt. Für die Reinigung des Sandes ist eine Sandwäsche eingerichtet, welche aus 7, hintereinander stehenden Strahlapparaten besteht.

e) Wasservertheilung.

Die Druckleitung von 500 mm Durchmesser vom Wasserwerk Schulensee ist, wie vorerwähnt, im Jahre 1888 in 3000 m Länge bis zum Rondel geführt. Hier ist sie mit dem Stadtrohrnetz verbunden und dann als Ringleitung um 3500 m verlängert und mit dem Hochreservoir Ravensberg verbunden. Die Wasserabgabe für die Stadt hat früher unter einem einheitlichen Drucke stattgefunden. Die ungenügende Versorgung der hochliegenden Stadttheile in nördlicher, nordwestlicher und südwestlicher Richtung verlangt aber für deren genügende

Versorgung einen höheren Druck, als ihn die beiden Hochreservoire zu geben gestatten. Es sind daher die Arbeiten zur Einrichtung einer Hochdruckzone für diesen Theil der Stadt im Jahre 1896 in Angriff genommen. Alle vorhandenen Theile des Versorgungsgebietes, soweit deren Rohre noch unter einem Drucke von 20,0 m Höhe über Strassenniveau stehen, sind dabei als Niederdruckzone belassen, und für die übrigen ist die Versorgung durch eine Hochdruckzone in Ausführung genommen, die einen um 15,0 m höheren Druck erhält.

Für den Zweck ist über dem Reservoire Ravensberg ein neues Hochreservoir aus Schmiedeeisen (System Intze) auf den erhöhten Ringmauern des alten Reservoirs aufgestellt, dessen Wasserspiegel 15,0 m höher als der des Reservoirs Ravensberg liegt. Das neue Reservoir hat 5,0 m Höhe erhalten und hat 1500 cbm Inhalt. Der zwischen beiden Reservoiren verbliebene Raum ist über den Gewölben des unteren Reservoirs zu einem Maschinenraume benutzt, in welchem vorläufig 2 Gasmotoren von je 12 PS. aufgestellt sind, während noch Platz für einen dritten Motor vorhanden ist. Diese betreiben durch Riemenübertragung je eine Pumpe, welche 120 cbm Wasser pro Stunde aus dem unteren Reservoire in das obere fördern kann. Von letzterem geht eine Fallrohrleitung von 400 mm Durchmesser für die Speisung der oberen Zone ab. Diese Anlage war zu 221 000 M. veranschlagt.

Die Länge der Rohrleitungen bis 50 mm Durchmesser abwärts und die Zahl der Schieber, Hydranten, Laufbrunnen und öffentlichen Springbrunnen, sowie diejenige der privaten Badeeinrichtungen, Closets, Privatspringbrunnen, Strahlapparate und Wassermotoren am Ende eines jeden der Betriebsjahre 1888/89 bis 1895/96 gibt die folgende Tabelle 142 an.

Tabelle 142.

Jahr	1888/89	1889/90	1890/91	1891/92	1892/93	1893/94	1894/95	1895/96
Rohrlänge m	50 276	54 414	53 418	56 450	57 600	58 760	59 500	72 090
Schieber	209	248	294	302	334	348	360	421
Hydranten	245	290	346	346	364	380	391	443
Oeffentliche Pissoire	13	13	11	13	14	15	16	18
» Springbrunnen	—	—	1	1	1	1	1	1
» Laufbrunnen	20	23	18	18	16	12	10	13
Badeeinrichtungen	179	189	356	360	423	470	608	710
Closets	72	79	72	74	72	75	131	131
Privatspringbrunnen	31	45	9	30	12	14	—	—
Strahlapparate	13	15	7	6	6	6	—	—
Wassermotoren	1	1	2	2	2	2	—	—

Die Hydranten sind in 70 bis 80 m Abstand von einander aufgestellt. Sie sind von verschiedener Construction, theils mit und meistens ohne Selbstentwässerung. Die Anschlussleitungen von 20 mm bis 40 mm Durchmesser werden aus Bleirohren hergestellt.

Vom 1. April 1896 ab ist die Wasserabgabe nach Wassermessern obligatorisch geworden. Von den heute noch benutzten, alten Messern sind 66 von Siemens & Halske, Berlin, 51 von Dreyer, Rosenkranz & Droop, Hannover, 15 von Wolff & Schreiber, Breslau und 227 von H. Meinecke, Breslau geliefert. Von den neuen Messern sind 2700 von H. Meinecke und 600 von Lux geliefert. Nach den Angaben der Lieferanten waren bis Ende 1895 im Ganzen 1262 Messer geliefert und zwar 618 von Lux, 270 von H. Meinecke, 96 von Dreyer, Rosenkranz & Droop, 13 von C. A. Spanner, Wien-Aachen, 172 von Siemens & Halske und 93 von Wolff & Schreiber. Nach der Grösse vertheilen diese sich wie folgt:

Durchmesser mm	7	10	12	13	15	16	20	25	30	33
Stückzahl	2	55	87	165	432	1	351	110	6	5

mm	40	50	75	80	100	150
	15	12	1	14	5	2

f) Betrieb und Abgabe.

Die Tabelle 143 gibt die Wasserförderung und den Kohlenverbrauch der beiden Wasserwerke Gaarden vom Jahre 1881/82 und Schulensee vom Jahre 1888/89 ab bis zum Jahre 1895/96 für jedes Jahr an. Darin ist ferner der Kohlenverbrauch pro 100 cbm Wasser und für eine PS.-Stunde aufgeführt, letzterer berechnet aus einer Arbeitshöhe von 46,0 m für Gaarden und 44,7 m für Schulensee. Auch ist die Leistung in m × kg pro kg der verbrauchten englischen Flammkohlen aufgeführt.

Tabelle 143.

Jahr		Wasser gefördert cbm	Kohlen-verbrauch kg	kg Kohlen pro 100 cbm Wasser	Desgl. pro PS.-Stunde	kgm Leistung pro kg Kohle
1881/82	G.	675 000	365 000	54	3,2	85 000
1882/83	G.	753 000	415 000	55	3,2	83 400
1883/84	G.	826 000	478 000	58	3,4	79 400
1884/85	G.	934 000	594 000	64	3,7	72 400
1885/86	G.	1 013 000	698 000	69	4,0	66 900
1886/87	G.	1 091 000	772 000	71	4,2	65 000
1887/88	G.	1 141 000	974 000	85	5,0	54 000
1888/89	G.	818 000	679 000	83	4,8	55 500
	S.	567 000	805 000	142	8,3	(Provisorium)
1889/90	G.	885 000	755 000	85	5,0	53 100
	S.	907 000	522 000	57	3,4	77 600
1890/91	G.	806 000	682 000	85	5,0	54 300
	S.	1 147 000	610 000	53	3,2	84 100
1891/92	G.	755 000	636 000	84	4,9	54 500
	S.	1 263 000	613 000	48	2,9	92 200
1892/93	G.	634 000	508 000	80	4,7	57 400
	S.	1 580 000	727 000	46	2,8	96 900
1893/94	G.	199 000	148 000	74	4,3	62 000
	S.	2 287 000	772 000	34	2,0	132 400
1894/95	G.	406 000	303 000	75	4,4	61 600
	S.	2 157 000	717 000	33	2,0	134 000
1895/96	G.	66 000	60 040	91,1	6,2	43 921
	S.	2 565 346	1 153 691	44,9	2,5	107 614

Die Tabelle 144 (S. 204) gibt die Einwohnerzahl und die Wasserabgabe im Ganzen, letztere auch gegen 100 cbm

Tabelle 144.

Jahr	Einwohnerzahl	Gesammtabgabe im Jahre cbm	Desgl. gegen 100 cbm des Vorjahres	cbm Tagesabgabe am			Von 100 cbm am mittleren Jahrestage am		Liter pro Kopf pro Tag		Zahl der Anschlüsse	cbm pro Anschluss im Jahre
				mittleren Jahrestage	Maximaltage	Minimaltage	Maximaltage	Minim.-tage	im Mittel	als Maxim.		
1871	4 156	230 000	—	630	—	—	—	—	151	—	228	1009
1872	5 000	242 600	105,5	665	—	—	—	—	133	—	274	887
1873	5 800	257 300	106,0	705	—	—	—	—	122	—	318	810
1874	6 220	241 000	93,8	660	—	—	—	—	106	—	341	706
1875	6 950	241 500	100,1	662	—	—	—	—	95	—	381	634
1881/82	23 280	675 000	—	1 850	2 112	—	114,1	—	79	90	1 327	508
1882/83	26 680	753 000	111,8	2 061	2 384	—	115,8	—	77	89	1 484	507
1883/84	30 580	826 000	109,8	2 262	2 592	—	114,5	—	74	105	1 664	491
1884/85	35 040	934 000	113,0	2 560	3 623	—	141,7	—	73	104	1 821	513
1885/86	40 140	1 013 000	108,6	2 778	3 691	—	133,0	—	69	95	1 938	523
1886/87	46 000	1 091 000	107,9	2 991	3 841	—	128,4	—	65	90	2 133	513
1887/88	52 710	1 141 000	104,5	3 130	4 225	—	135,0	—	59	81	2 279	502
1888/89	60 000	1 388 700	121,6	3 805	5 123	1 956	134,6	51,5	63	85	2 456	566
1889/90	67 000	1 791 179	129,1	4 905	6 802	2 913	138,9	59,3	91	126	2 694	664
1890/91	70 000	1 953 824	109,0	5 353	6 908	3 431	129,1	64,1	76	98	2 842	687
1891/92	72 000	2 018 323	103,2	5 514	7 852	4 001	142,2	72,5	77	109	2 974	677
1892/93	75 000	2 213 915	109,9	6 049	8 737	3 347	144,8	55,5	81	116	3 100	713
1893/94	80 000	2 485 260	112,2	6 809	9 016	4 521	132,3	66,5	85	113	3 340	744
1894/95	85 000	2 562 300	103,0	7 020	9 399	4 833	133,9	68,7	98	132	3 380	759
1895/96	86 000	2 631 346	101,5	7 189	9 725	4 888	135,2	68,0	83	113	3 519	748

des Vorjahres, ferner am mittleren Jahrestage, am Maximal- und am Minimaltage, sowie pro Kopf, ferner die Zahl der Anschlüsse, deren Zunahme, den jährlichen Consum pro Anschluss im Ganzen und gegen 100 cbm des Vorjahres für die Jahre 1871 bis 1875 und von 1881/82 bis 1895/96 an.

Die Tabelle 145 (S. 205) gibt für die Jahre 1888/89 bis 1895/96 die Wasserabgabe für öffentliche Zwecke und dessen verschiedene Verwendungsarten, für das Wasserwerk incl. Verlust, für Private im Ganzen, sowie nach Discretion und nach Messern, ferner die Zahl der Abnehmer mit und ohne Messer, deren Einzel-Consum im Mittel im Jahre, das Verhältniss der verschiedenen Abnahmen gegen 100 cbm der Gesammtabgabe, sowie für die einzelnen Zwecke der öffentlichen Abgabe gegen 100 cbm des Wassers hierfür im Ganzen etc. an.

Nach dem Tarif vom 1. April 1895 ist die Zahlung pro cbm für diejenige Menge, welche eine bestimmte Grenze überschreitet, eine reducirte, während für die Mengen darunter ein höherer Preis zu zahlen ist. Es ist hiernach zu zahlen pro cbm im Vierteljahre:

cbm bis	150	375	750	1500	2500	darüber
pro cbm Pf.	20	18	16	14	12	10

Für jeden mm des Wassermesser-Durchmessers sind M. 2 und seit 1896 M. 1,50 im Jahre als jährliches Minimalwassergeld erhoben. Die jährliche Messermiethe beträgt nach der Grösse:

Durchmesser mm	7	10	15	20	25	30
Mark	3	3	4	5	7	9

g) Wasserbeschaffenheit.

Von dem **hygienischen Institute** der Universität **Kiel** werden regelmässige und nach Umständen auch aussergewöhnliche, chemische und bacteriologische Untersuchungen des Wassers aus den Brunnenanlagen, vor und nach der Reinigung und aus verschiedenen Stellen der Leitung vorgenommen. Vom Juli 1895 ist beispielsweise folgendes Resultat anzuführen:

a) Wasser aus dem Reinwasserreservoire im Liter:

Trockenrückstand	456	mg
Chlor	17	»
Schwefelsäure	39	mg
Kalk	165	»
Kaliumpermanganat zur Oxydation	13,6	»
Salpeter- oder salpetrige Säure	0	»
Ammoniak	0	»
Eisenoxydul	0	»
Desgl. nach der Lüftung	4 bis 6	»

b) Wasser vor der Reinigung.

Gelb, trübe, stark nachtrübend, einen Bodensatz von Eisenschlamm bildend, stark tintenartiger Geschmack nach Eisen, Härte deutsche Grade 17.

c) Wasser nach der Enteisenung:

Klar, kein Geruch, kein Geschmack, kein Eisen; es entspricht allen, an ein gutes Trinkwasser zu stellenden Anforderungen.

d) Bacteriologische Ergebnisse:

Das Wasser aus den Brunnen ist fast keimfrei, nimmt bei der Lüftung eine geringe Zahl von unschädlichen Bacterien auf, die in gesundheitlicher Beziehung ohne Bedeutung sind. Die Ergebnisse der 2mal wöchentlich vorgenommenen Untersuchungen des Leitungswassers sind sehr günstig; Maximum der Keimzahl im ccm 179.

17. a. Klein-Flottbeck. (E. 1015.)

Das Dorf-Klein-Flottbeck wird durch das Wasserwerk der Stadt Altona mit Wasser versorgt.

18. i. Lauenburg a. Elbe. (E. 5213, W. 656 mit je 7,9 B.)

Ein Plan für eine künstliche Wasserversorgung der Stadt Lauenburg hat längere Jahre vorgelegen, ohne dass man wegen der für die dortigen Verhältnisse zu hohen Anlagekosten zur Ausführung übergehen konnte. Am 23. März 1892 hat der Kreistag des Herzogthums Lauenburg den Beschluss gefasst, M. 30000 für die Ausführung beizusteuern. Infolge dessen wurde der Bau unter Leitung des Directors Kümmel in Altona sofort in Angriff genommen, und das Wasserwerk ist am 18. Februar 1893 in Betrieb gekommen. Die tägliche Maximalleistung der Anlage beträgt 650 cbm, und die

Tabelle 145.

Jahr		1888/89	1889/90	1890/91	1891/92	1892/93	1893/94	1894/95	1895/96
Wasser für öffentliche Zwecke	cbm	98 200	137 775	138 283	188 270	192 430	253 862	267 200	154 070
davon Strassensprengen	»	5 000	6 580	8 235	18 587	17 197	29 473	27 500	21 889
» Springbrunnen	»	—	—	6 874	3 774	5 932	8 329	28 500	5 608
» Laufbrunnen	»	8 000	9 000	15 930	15 644	16 668	12 354	10 200	11 250
» Kanal- und Rinnsteinspülen	»	50 000	71 495	77 400	97 557	89 610	117 046	120 000	24 843
» Bedürfnissanstalten	»	31 000	45 500	27 974	51 888	61 820	85 615	80 300	88 100
» Bewässern öffentlicher Anlagen	»	3 000	3 850	360	310	990	180	—	1 770
» Feuerlöschen	»	1 200	1 350	1 510	510	213	865	700	610
» Diverses	»	—	—	—	—	—	—	—	—
Von 100 cbm für öffentliche Zwecke für									
Strassensprengen	cbm	5,1	4,7	6,3	9,9	8,9	11,6	10,3	14,2
Springbrunnen	»	—	—	5,2	2,0	3,1	3,3	10,7	3,7
Laufbrunnen	»	8,1	6,5	12,2	8,3	8,6	4,9	3,8	7,2
Kanal- und Rinnsteinspülen	»	51,0	52,0	53,6	52,0	46,6	46,2	45,0	16,1
Bedürfnissanstalten	»	31,6	33,0	21,4	27,5	32,2	33,8	30,0	57,2
Bewässern öffentlicher Anlagen	»	3,0	2,8	0,2	0,1	5,5	0,0	0,0	1,2
Feuerlöschen	»	1,2	1,0	1,1	0,2	0,1	0,2	0,2	0,4
Diverses	»	—	—	—	—	—	—	—	—
Wasser für Private	»	1 029 128	1 316 866	1 618 012	1 754 909	1 879 108	1 976 066	2 065 100	2 193 455
Davon nach Messern	»	161 780	207 129	258 312	208 712	202 708	222 066	236 800	253 519
Zahl der Messeranschlüsse		223	248	209	204	198	210	—	—
Wasser für Private ohne Messer	cbm	867 348	1 109 737	1 359 700	1 546 197	1 676 400	1 754 000	1 828 300	1 939 936
Zahl der Anschlüsse ohne Messer		2 233	2 446	2 633	2 770	2 902	3 130	—	—
Von 100 cbm für Private:									
nach Messern	cbm	15,7	15,7	16,0	11,9	10,8	11,3	11,5	11,6
ohne Messer	»	84,3	84,3	84,0	88,1	89,2	88,7	88,5	88,4
Wasser für das Wasserwerk incl. Verlust etc.	»	261 372	336 538	197 529	75 144	142 377	255 332	230 000	283 440
Von 100 cbm Gesammtabgabe für:									
öffentliche Zwecke	»	7,0	7,7	7,1	9,3	8,7	10,2	10,4	10,8
Private	»	74,2	73,5	83,8	87,0	84,9	79,5	80,6	83,2
das Wasserwerk	»	18,8	18,8	10,1	3,7	6,4	10,3	9,0	6,0
Gesammtabgabe ohne Messer	»	1 226 920	1 584 050	1 688 548	1 809 611	2 011 207	2 263 194	2 325 500	2 377 486
Desgl. von 100 cbm Gesammtabgabe	»	88,4	88,5	86,5	89,7	91,0	91,1	90,8	90,4
Gesammtabgabe nach Messern von 100 cbm Gesammtabgabe	»	11,6	11,5	13,5	10,3	9,0	8,9	9,2	9,6
Zahl der aufgestellten Messer		223	248	209	204	198	210	—	—
Abgabe pro Messer im Jahre	cbm	725	835	1 269	1 022	1 020	1 058	—	—

Anlagekosten haben sich auf M. 183 269 oder M. 35,12 pro Kopf belaufen. Die Verwaltung des Werkes besorgt Magistrat mit Hülfe des städtischen Technikers.

Das Wasser wird am westlichen Ende der Stadt durch 14 Rohrbrunnen aus dem Grundwasser gewonnen. Diese sind aus verzinkten Eisenrohren hergestellt. Die Futterrohre derselben haben 125 mm und die Saugerohre 100 mm Durchmesser. Für den Betrieb einer doppeltwirkenden Plungerpumpe mit freien Doppelsitzventilen dient eine direct damit gekuppelte, liegende Dampfmaschine mit einer Rider'schen, vom Regulator beeinflussten Expansionssteuerung. Die Maschine hat eine Leistung von 14 PS., und ein Cornwall-Kessel von 19,5 qm Heizfläche liefert den nöthigen Dampf dafür. Das Wasser wird von der Pumpstation aus in 2, in verschiedener Höhe gelegene Hochreservoire gefördert, von welchen je eine der beiden Druckzonen, in welche das Versorgungsgebiet getheilt ist, gespeist wird. Die Förderhöhe der Pumpe beträgt für das Reservoir der Hochdruckzone 67,0 m und für das der Niederdruckzone 47,0 m. Die Pumpe macht dementsprechend 67 resp. 77 Doppelhübe pro Minute. Die Maschinen und den Kessel hat die Firma Weise & Monski in Halle a. d. Saale geliefert.

Jedes der beiden Hochreservoire hat einen Inhalt von 400 cbm. Sie sind aus Mauerwerk ausgeführt, überwölbt und theils in den Boden versenkt. Das Druckrohr, welches zum höheren Reservoire führt, hat 3208 m Länge und 150 mm Durchmesser. Die Versorgung der beiden Zonen ist eine constante. Die Rohrleitungen haben im Ganzen 14022 m Länge und sind mit 42 Schiebern verbunden. Sie bestehen aus folgenden Längen und Durchmessern:

Rohrdurchmesser	mm	150	125	100	80
Rohrlänge . . .	m	3208	754	5293	4768

Die Rohre sind von der Friedrich Wilhelmshütte in Mülheim a. d. Ruhr geliefert und von der Firma Götze & Niedermeyer in Stettin verlegt. Mit den Vertheilungsnetzen sind 111 Unterflurhydranten mit Selbstentwässerung verbunden, die in ca. 110 m Entfernung von einander stehen. Ferner sind 2 öffentliche Pissoire mit Spülung und verschiedene Wasserentnahmestellen für Schiffer hergestellt.

Die Zuleitungen und die Hausleitungen bestehen aus Bleirohren. Am Ende des Betriebsjahres 1894/95 waren 589 Anschlussleitungen in Benutzung, mit welchen 6 Badeeinrichtungen, 4 Wasserstrahlapparate und 4 Springbrunnen verbunden sind. 7 davon hatten Wassermesser, die von H. Meinecke, Breslau geliefert sind und von denen 3 je 20 mm, 3 je 15 mm und einer 7 mm Durchmesser haben. Die Wasserabgabe hat in diesem Jahre 51 723 cbm im Ganzen oder pro Tag 142 cbm und 72,2 Lit. pro Kopf der Bevölkerung betragen. Davon sind durch resp. ohne Messer abgegeben 2033 cbm resp. 49 690 cbm oder pro 100 cbm der Gesammtabgabe 3,9 cbm durch resp. 96,1 cbm ohne Messer.

Der Wasserpreis nach Messern beträgt 20 Pf. bis 16 Pf. pro cbm.

Eine Untersuchung des Wassers durch das Untersuchungsamt der Stadt Kiel hat im Liter Wasser festgestellt:

Trockenrückstand	470	mg
Glührückstand	339	»
Chlor	38	»
Uebermangansaures Kali zur Oxydation	3,6	»
Gesammthärte, deutsche Grade	14,9	°
Bleibende Härte	3,9	°
Ammoniak	0	
Salpetersäure	0	
Salpetrige Säuren	0	

19. u. **Meldorf.** (E. 3670.)

Für die Wasserversorgung der Stadt Meldorf sind gegrabene und zum Theil auch Rohrbrunnen in Benützung, welche sich sämmtlich in Privatbesitz befinden. Für Feuerlöschzwecke hat die Stadt 4 Wasserreservoire herstelleu lassen, auf welchen Pumpen aufgestellt sind.

20. i. **Mölln.** (E. 4062, W. 529 mit je 7,7 B.)

Die Wasserversorgung der Stadt Mölln erfolgt ausschliesslich aus Brunnen. Es sind deren 14 öffentliche vorhanden, von denen 11 gemauert und 3 gebohrt sind.

21. h. **Neumünster.** (E. 22492, W. 1370 mit je 16,4 B.)

Die Wasserversorgung der Stadt Neumünster erfolgt ausser aus einem öffentlichen, aus einer grossen Zahl von Privatbrunnen, deren fast jedes Haus einen hat. Dieselben sind gegraben, gesenkt und gebohrt. Gebohrte Brunnen sind in neuerer Zeit mehrfach ausgeführt und zwar bis zu einer Tiefe von 86,0 m. Das Wasser steigt in ihnen bis auf 2,5 m unter Terrain in die Höhe.

Die Stadt hat bereits vor längerer Zeit der Baltischen Elektricitätsgesellschaft in Kiel eine Vorconcession für Vorarbeiten zur Erbauung einer elektrischen Centrale und eines Wasserwerkes ertheilt, und es liegen deren Projecte seit October 1897 einer städtischen Commission zur Prüfung vor, auf Grund welcher die Gesellschaft bei der Stadt die Ertheilung einer definitiven Concession zum Bau und Betrieb beider Werke beantragt hat.

22. l. **Neustadt i. Holstein.** (E. 4189.) Ohne Antwort.

23. a. **Nienstedten.** (E. 1206.)

Das Dorf Nienstedten wird durch das Wasserwerk der Stadt Altona mit Wasser versorgt.

24. l. **Oldenburg.** (E. 2486.) Ohne Antwort.

25. a. **Osdorf.** (E. 1006.)

Das Dorf Osdorf wird durch das Wasserwerk der Stadt Altona mit Wasser versorgt.

26. m. **Pinneberg.** (E. 4011.)

Die Wasserversorgung der Stadt Pinneberg erfolgt ausschliesslich aus gegrabenen und gebohrten Brunnen, deren jedes Haus einen besitzt. Oeffentliche Brunnen sind überall nicht vorhanden.

27. n. **Plön.** (E. 3464, W. 350 mit je 10 B.)

Die Stadt Plön liegt, ganz von Wasser umgeben, zwischen dem grossen und dem kleinen Plöner See, aus denen das nöthige Brauchwasser entnommen wird. Trinkwasser wir ddurch gesenkte und gebohrte Brunnen aus dem Grundwasser entnommen, das in der Höhe des Wasserspiegels der Seen überall in genügender Menge leicht zu erreichen ist. Für die allgemeine Benützung sind 7 öffentliche Brunnen vorhanden. Für das königl. Kadettenhaus, das auf einem hohen Hügel liegt, ist eine Wasserversorgung mit Maschinenbetrieb eingerichtet.

28. n. **Preetz.** (E. 4753.)

Die Wasserversorgung der Stadt Preetz erfolgt ausschliesslich aus privaten Brunnen und aus der Schwentine. Oeffentliche Brunnen sind nicht vorhanden.

29. i. **Ratzeburg.** (E. 4263.)

Die Stadt Ratzeburg liegt auf einer kleinen Insel im Ratzeburger See und hat keinen Mangel an Wasser. Es sind 10 öffentliche Brunnen vorhanden, welche theils gemauert und theils gebohrt sind.

30. o. **Rendsburg.** (E. 13 725, W. 800 mit je 17,2 B.)

a) Geschichtliches.

Schon im Jahre 1536 hat die Stadt Rendsburg eine Stadtwasserkunst besessen, welche aus der Ober-Eider, einem durch eine Schleuse abgesperrten Bassin, das Wasser entnahm. Bis vor wenigen Jahren ist dieses Wasser noch für die Altstadt benutzt. Hölzerne Rohrleitungen führten es im nordöstlichen Theile der Stadt auch verschiedenen Privaten zu, und auf dem Paradeplatze wurde ein öffentlicher Brunnen damit versorgt.

Das Wasser der in der Stadt gegrabenen Brunnen, deren 7 öffentliche und 250 private bestanden, war zum grössten Theile schlecht, wie verschiedene Untersuchungen ergeben habe. Ausser diesen Brunnen waren noch artesische Brunnen vorhanden, aus denen das Wasser frei ausfloss. Eine bessere Wasserversorgung der Stadt wäre hiernach eigentlich schon früher recht nöthig gewesen. Sie wurde aber durch den Bau des Nordostseekanals, durch welchen der Grundwasserstand in Folge einer Verlegung der Eider um 2,0 m gesenkt werden sollte, zu einem brennenden Bedürfnisse.

In erster Linie wurde damals als Versorgungsquelle der ca. 9 km von der Stadt entfernte Wittensee ins Auge gefasst. Dieser bildet eine 9 ha grosse Wasserfläche von stellenweis 25,0 m Tiefe. Im November 1887 sind darüber Verhandlungen mit der Kanalbaukommission geführt, welche aber für die Stadt zu bösen Enttäuschungen über die Höhe ihrer Ansprüche auf eine Entschädigung für die Wasserentziehung führten, indem man ihr als Compensation dafür nur den Aufstau der Wehrau und deren Durchleitung durch die Stadt anbot.

Ein der Stadt in der Frage der Wasserversorgung im Jahre 1890 erstattetes Gutachten des Wasserbauinspektors Rehder in Lübeck lenkte damals die Aufmerksamkeit für die Wassergewinnung ausser auf den Wittensee auch auf die Erlangung von Wasser durch Tiefbohrungen. Im August 1890 schrieb die Stadt infolge dessen Preise für die Erbohrung von Grundwasser in ihrer Nähe aus, die aber, trotzdem 16 Offerten einliefen, den erhofften Erfolg nicht hatten.

In der zweiten Hälfte des Jahres 1891 wurde dann von der Stadt der Ingenieur O. Smrecker in Mannheim beauftragt, Vorarbeiten für eine Wasserversorgung vorzunehmen. Der gute Erfolg derselben führte dazu, ihm den Auftrag zur Ausarbeitung eines Projectes für ein Wasserwerk zu ertheilen, welches für eine tägliche Leistung von 1000 bis 1500 cbm bemessen werden sollte. Dieses Project fand am 16. Juni 1892 nach dem Kostenanschlage von M. 540000, oder M. 39,34 pro Kopf, wovon M. 250000 durch die vom Reiche gezahlte Entschädigungssumme gedeckt wurden, die Annahme der städtischen Collegien, und der Magistrat beschloss, die sofortige Ausführung dieser Anlage unter Smrecker's Leitung. Es war damals grosse Eile nöthig, weil eine Senkung der Obereider sicher bis zum 1. April 1893 vorauszusehen war.

b) Beschreibung der Anlage.

Die Wassergewinnung erfolgt durch Brunnen aus dem Grundwasser, und es findet dessen künstliche Hebung durch Dampfkraft statt. Zur Reinigung des eisenhaltigen Wassers ist eine Anlage für eine Enteisenung und eine nachherige Filtration eingerichtet. Die Pumpstation liegt in Borgsted, und es führt die Druckleitung längs der Landstrasse über Büdelsdorf nach Rendsburg. Auf dem südlich von der Stadt gelegenen, ehemaligen Festungswalle ist ein Hochreservoir erbaut. Die Hauptanlage ist im Jahre 1893 und die Enteisenungsanlage ist im Jahre 1894 in Betrieb gekommen. Der Betrieb des Wasserwerkes wird gemeinschaftlich mit dem des Gaswerkes durch den Direktor Pichler geführt.

Vorläufig sind 6 Rohrbrunnen von 600 mm Durchmesser und circa 25,0 m Tiefe ausgeführt, denen das Wasser durch eine Heberleitung von 250 mm Durchmesser entnommen wird. Diese liegt 9,0 m unter Terrain und überführt das Wasser in einen gemauerten Brunnen von 4,0 m Durchmesser mit geschlossener Sohle. Die Rohrbrunnen haben doppelte Filter, die aussen von verzinktem Schmiedeeisen und innen von Kupfer gefertigt sind.

Für die Reinigung wird das Wasser auf 3 runde, schmiedeeiserne Behälter von 1,5 m Durchmesser und 5,0 m Höhe durch Hebepumpen gehoben und rieselt durch die in denselben enthaltene Coke hindurch. Es wird dann durch je eins von 2 Filtern von je 50 qm Fläche geleitet und gelangt hinter diesen in ein gemauertes Reinwasserreservoir von 60 cbm Inhalt, aus dem es die Saugerohre der Druckpumpen entnehmen.

Der Eisengehalt des Wassers ist sehr gering. Er beträgt nur 0,4 mg im Liter. Jeder der 3 Rieseler besteht aus 3 übereinander aufgestellten Blechringen. Der obere davon hat 2,4 m, der untere 2,6 m und der mittlere 2,5 m Durchmesser. Zwischen den einzelnen Schüssen sind ringförmige Zwischenräume zum Eintritte der Luft frei gelassen. 2 von den Rieselern sind mit faustgrossen Coketheilen angefüllt und oben mit einem Drahtsiebe abgedeckt. Der dritte Rieseler ist einfach durch eingelegte, perforirte Eisenbleche in 3 Theile getheilt, welche zum Zwecke einer nöthigen Reinigung umgedreht werden können. Die Cokerieseler werden durch kräftiges Durchspülen gereinigt und alle 3 Monate wird der Inhalt durch Mannlöcher aus den Cylindern entfernt, um gereinigt zu werden. Ein Unterschied in der Wirkung der beiden verschiedenen Arten von Rieselern ist nicht zu konstatiren gewesen. Die Filterschicht besteht aus Sand und ist 0,60 m stark. Sie ruht auf einer gleich starken Trageschicht aus Kies. Die Filter liefern pro qm Fläche pro Minute 1 cbm Wasser. Sie werden alle 4 Wochen gereinigt und 2 mal im Jahre ganz ausgetragen.

Für den Pumpenbetrieb sind 2 eincylindrige, horizontale Dampfmaschinen mit Schwungrädern ohne Condensation und mit einer Schieber-Präcisionssteuerung vorhanden. Sie haben Kolben von 300 mm Durchmesser und 0,6 m Hub und machen normal 28 Umdrehungen pro Minute, wobei eine jede eine Leistung von 15 PS. hat. Jede Maschine betreibt direct eine mit der verlängerten Kolbenstange gekuppelte, doppeltwirkende Plungerpumpe und eine stehende Kolbenpumpe, welche durch Gestänge angetrieben wird. Von den letzteren Pumpen hat eine jede 0,6 m Hub und 200 mm Kolbendurchmesser und fördert 50 cbm Wasser pro Stunde auf 20,0 m Höhe. Die Plunger der Druckpumpen haben 190 mm Durchmesser, und es fördert jede derselben bei normalem Gange pro Stunde 45 cbm Wasser auf 28,0 m Höhe. Für die Dampfbereitung sind 2 Einflammrohrkessel, jeder von 32 qm Heizfläche, vorhanden. Die Maschinen und die Kessel sind von der Carlshütte in Rendsburg geliefert.

Zu dem Hochreservoire führt von der Pumpstation aus eine ca. 6000 m lange Druckleitung von 200 mm Durchmesser, welche zugleich Consumleitung ist, weil das Reservoir 2200 m hinter dem Beginne der Vertheilungsleitung liegt. Dieses Reservoir hat einen Inhalt von 500 cbm und ist aus Schmiedeeisen (System Intze) hergestellt. Es steht umbaut und überdacht mit seinem Boden 22,0 m hoch auf einem massiven Unterbau über Terrain.

c) Wasservertheilung und Abgabe.

Die Versorgung erfolgt constant und das Vertheilungsnetz ist nach dem Circulationssysteme hergestellt. Die gesammten Rohrleitungen haben bis zu 80 mm Durchmesser ca. 13500 lfd. m Länge und 240 cbm Inhalt. Sie sind mit 143 Schiebern verbunden, die folgende Durchmesser haben:

Durchmesser mm	200	175	150	125	100	80
Stückzahl . . .	13	1	10	5	40	74

Es sind 109 Unterflurhydranten in 80 m bis 100 m Entfernung von einander aufgestellt. Ferner werden aus den Leitungen 4 öffentliche Laufbrunnen, 2 öffentliche Pissoire und ein Springbrunnen gespeist. Die Zuleitungen haben 20 mm bis 40 mm Durchmesser. Sie bestehen, ebenso wie die Hausleitungen, aus verzinkten, schmiedeeisernen Rohren. Die Hausleitungen sind aber zum Theil auch aus geschwefelten Bleirohren hergestellt. Es waren am 1. April 1895 617 und am 1. April 1896 655 Wassermesser in Benützung. Geliefert sind bis Ende 1895 im Ganzen 700 Messer und zwar 76 von H. Meinecke, Breslau, 6 von Lux, Ludwigshafen und 618 von C. A. Spanner, Wien-Aachen. Nach der Grösse vertheilen diese sich wie folgt:

Durchmesser m	7	10	13	15	20	25	50
Stückzahl . . .	20	125	336	2	196	20	1

Die Tabelle 146 gibt für die Jahre 1894/95 und 1895/96 die Grösse der Wasserförderung und des Kohlenverbrauches (Englische Kohle) und zwar letzteren im Ganzen, pro 100 cbm gefördertes Wasser und pro PS.-Stunde; ferner die Leistung in m × kg pro kg Kohle und die Arbeitszeit der Maschinen an.

Tabelle 146.

Jahr	1894/95	1895/96
cbm Wasser gefördert	11 777	152 935
kg Kohlenverbrauch im Ganzen	121 198	197 710
desgl. pro 100 cbm gefördertes Wasser	120,9	129,3
desgl. pro PS.-Stunde	6,17	7,74
m × kg pro kg Kohle	43 730	34 900
Arbeitsstunden einer Maschine	2 208	2 915
Stunden pro Maschine pro Tag	3	4

Die Tabelle 147 gibt für dieselben Jahre die Wasserabgabe im Ganzen und pro Tag an und zwar am Tage des mittleren, des grössten und des kleinsten Consums und pro Kopf, ferner die Abgabe getrennt nach der durch Messer und ohne Messer und letztere nach der zum Selbstgebrauche des Werkes und der für öffentliche Zwecke, sowie für die einzelnen Verbrauchszwecke. Im Jahre 1895 betrug die grösste, resp. die geringste Abgabe im Monate 11 698 cbm resp. 7072 cbm, in einer Woche 377 cbm resp. 252 cbm und in einer Stunde 16 cbm resp. 10 cbm.

Tabelle 147.

Jahr		1894/95	1895/96
Gesammte Abgabe im Jahre	cbm	117 777	152 935
Tagesabgabe am:			
mittleren Jahrestage	»	323	418
Maximaltage	»	377	993
Minimaltage	»	252	230
Von 100 cbm am mittleren Jahrestage			
am Maximaltage	cbm	116,8	218,8
am Minimaltage	»	78,0	55,0
Liter pro Kopf pro Tag im Mittel		22	32
desgl. am Maximaltage		56	76
Wasser für öffentliche Zwecke	cbm	6 690	11 000
davon Strassensprengen	»	2 144	2 600
» Laufbrunnen	»	900	1 100
» Springbrunnen	»	—	3 300
» Bedürfnissanstalten	»	946	1 200
» Bewässern der Anlagen	»	2 500	2 600
» Feuerlöschen	»	200	300
Von 100 cbm für öffentliche Zwecke:			
für Strassensprengen	cbm	32,1	23,7
» Laufbrunnen	»	13,4	10,0
» Springbrunnen	»	—	30,0
» Bedürfnissanstalten	»	14,0	10,9
» Bewässern der Anlagen	»	37,4	23,7
» Feuerlöschen	»	3,0	2,7
Wasser für Private nur nach Messern	»	93 014	125 320
Zahl der Anschlüsse resp. Messer		616	652
pro Messer im Durchnitt	cbm	151	192
Wasser für das Wasserwerk und Verlust	»	18 073	16 615
Wasser ohne Messer	»	24 763	27 615
Von 100 cbm Gesammtabgabe:			
für Private nur nach Messern	»	78,9	81,9
ohne Messer	»	20,9	18,1
davon für öffentliche Zwecke	»	5,6	7,2
für das Wasserwerk	»	15,3	10,9

Die Wasserabgabe an Private erfolgt nur nach Messern, und es ist pro cbm zu zahlen bei einem jährlichen Verbrauche von:

cbm bis	500	1000	2000	4000	6000	darüber
pro cbm Pfg.	20	19	18	17	16	15

Das Wasser hat eine Härte von 18 deutschen Graden.

31. q. Segeberg. (E. 4441, W. 580 mit je 6,9 B.)

Für die Wasserversorgung der Stadt Segeberg dienen ausschliesslich ca. 200 Privatbrunnen, welche stets gutes und genügendes Wasser liefern.

32. r. Sonderburg. (E. 5249, W. 663 mit je 8,2 B.)

Die Wasserversorgung der Stadt Sonderburg erfolgt ausschliesslich aus gemauerten und gesenkten Brunnen von ca. 12 m Tiefe. Es sind deren 6 öffentliche und ca. 600 private vorhanden. Eine dortige Kaserne hat 2 gebohrte Brunnen von 40,0 m Tiefe, die allen Ansprüchen genügen, während Versuche mit solchen Brunnen an anderen Stellen kein günstiges Resultat ergeben haben. Im Sommer ist in der Stadt oft Mangel an Wasser und Projecte, zu einer Aenderung haben schon länger als 10 Jahre vorgelegen.

Im Jahre 1895 hat die Stadt einen Vertrag zur Herstellung einer Wasserversorgung mit der Firma Mortensen & Galster in Aalborg abgeschlossen und damit dieser Firma für 50 Jahre die ausschliessliche Concession zur Rohrlegung und zum Wasserverkaufe eingeräumt, sich aber bei Ablauf des Vertrages das Vorkaufsrecht der dann vorhandenen Anlagen für M. 95000 gesichert.

Das Wasser soll durch einen ausserhalb der Stadt herzustellenden Brunnen erschlossen und künstlich gehoben werden. Zum Betriebe der Pumpe war vorläufig ein Windmotor angenommen, dem später zur Aushülfe ein anderer Motor hinzugefügt werden sollte. Der Bau der Anlage ist seiner Zeit auch in Angriff genommen. Wie es aber zur Zeit damit steht, hat nicht in Erfahrung gebracht werden können.

33. d. Tönningen. (E. 3095.)

Die Wasserversorgung der Stadt Tönningen erfolgt ausschliesslich aus gemauerten Brunnen. 2 derselben dienen für die allgemeine Benutzung. Für Feuerlöschzwecke sind gegrabene Tränken, in denen sich Regenwasser sammelt, in der Stadt vorhanden.

34. v. Tondern. (E. 3781.)

Für die Wasserversorgung der Stadt Tondern bestehen 30 öffentliche Brunnen, welche theils gegraben und theils gebohrt sind 3 davon werden aus der Wiedau gespeist; diese liefern also Flusswasser.

35. m. Uetersen. (E. 5601, W. 752 mit je 7,4 B.)

Die Wasserversorgung der Stadt Uetersen erfolgt ausschliesslich aus gegrabenen Brunnen, die ausgemauert sind. Nur für eine Strasse besteht ein öffentlicher Brunnen, während in den anderen Strassen alle Häuser ihre eigenen Brunnen haben. Für Feuerlöschzwecke sind 2 grosse Brunnen hergestellt.

36. t. **Wandsbeck.** (E. 21672, W. 2467 mit je 8,8 B.)

a) Geschichtliches.

Die Wasserversorgung der Stadt Wandsbeck erfolgte früher aus 24 öffentlichen und ca. 900 Privatbrunnen, die in der Stadt liegen. Das Wasser eines grossen Theiles derselben war schlecht und zeitweise trat auch ein Mangel an Wasser ein.

Im Jahre 1874 hat die Stadt daher einen misslungenen Versuch gemacht, durch einen 261,0 m tiefen artesischen Brunnen Wasser für eine centrale Versorgung zu finden. Man musste damals wegen der schlechten Qualität den unteren Theil der Bohrung aufgeben und auf eine 160 m tief liegende, wasserführende Schicht zurückgreifen, welche einen auf 0,4 m über Terrain steigenden Wasserstrahl ergab. In 1,4 m Tiefe unter Terrain waren daraus aber nur 30 Lit. Wasser pro Minute, also 43 cbm im Tage dauernd zu erhalten. Später hat man das Wasser aus dem Brunnen aus einer einige Meter grösseren Tiefe in ein Reservoir abgeleitet, aus dem dann die Zubringer der Feuerspritzen ausnahmsweise 110 cbm bis 120 cbm Wasser pro Stunde für Löschzwecke entnehmen konnten. Diese Anlage hat M. 23803 gekostet.

Nach einem von dem dortigen Stadtbaumeister Nebendahl aufgestellten Versorgungsprojecte sollte das Wasser aus der Wandse am östlichen Ende der Stadt entnommen und durch ein Pumpwerk in ein in einem Wasserthurm aufzustellendes Reservoir gehoben werden, von wo es in der Stadt zur Vertheilung gelangen sollte. Die Anlage war zu M. 690000 veranschlagt und wurde am 21. Juni 1886 von den städtischen Behörden zur Ausführung genehmigt. Letztere scheiterte aber durch die nachfolgenden Verhandlungen mit der Regierung, die ihre Zustimmung dazu versagte.

Die später geführten Unterhandlungen mit der Stadt Hamburg, für Wandsbeck einen Anschluss an das dortige Wasserwerk zu erhalten, wurden abgebrochen, weil die dafür gestellten Forderungen zu hoch erschienen. In Folge eines darauf dem Magistrate bewilligten Credits zur Erlangung von Plänen für ein Wasserwerk, welches für 60000 Einwohner täglich 120 Lit. pro Kopf liefern sollte, trat dieser mit dem Oberingenieur Schmick in Frankfurt a/M. in Verbindung. Nach Schmick's Projecte sollte das Wasser nach Wandsbeck aus dem nördlich von der Stadt, in dem Hügelgelände von Stormarm gelegenen Grossensee und dem benachbarten Lütgensee entnommen werden, und die Stadt hat daraufhin die beiden Seen für M. 27000 angekauft.

Dieses Project ist auf M. 1300000 veranschlagt, und unter Schmick's Oberleitung ist der Bau des Werkes am 1. Juni 1891 begonnen. Am 25. Juni 1892 ist der Betrieb der Anlage eröffnet. Die grösste tägliche Leistungsfähigkeit des Werkes beträgt 5400 cbm. Dessen Betriebsleitung liegt in den Händen des Stadtbaumeisters, Kgl. Baurath Kühn.

b) Beschreibung der Anlage.

Das Wasser wird aus dem Grossensee am nördlichen Ende, wo dieser am breitesten und tiefsten (19,0 m) ist, durch eine 35 m weit in denselben hineingeführte Saugeleitung mittels Hebepumpen entnommen, deren Saugekopf 11,5 m tief unter der Wasserfläche sitzt. Das Wasser wird darauf einer künstlichen Sandfiltration unterworfen und dann zur Stadt gepumpt. Der Grossensee hat eine Fläche von 74 ha und liegt in dem Trittauer Forstbezirke. Er erstreckt sich auf 2500 m Länge und ist zum Theil von steilen, bewaldeten Abhängen umgeben. Der Lütgensee soll als event. Reserve für später dienen.

In der Pumpstation befinden sich 4 liegende Verbundmaschinen, deren jede eine doppeltwirkende Pumpe direct betreibt. Davon dienen 2 Maschinen für die Filterpumpen und 2 für die Druckpumpen. Die Hauptdimensionen etc. der Pumpmaschinen sind in der Tabelle 148 angegeben.

Tabelle 148.

Maschinenzahl	2 für Rohwasser je	2 für filtrirtes Wasser je
Dampfcylinder-Durchmesser mm	165 und 225	250 und 380
Art der Steuerung	Kolbenschieber	Ventilsteuerung
Pumpendurchmesser mm	200	150
Kolbenhub m	0,30	0,50
Art der Pumpenkolben	Scheibenkolben	Plungerkolben
Art der Pumpenventile	Ringventile	Stufenventile
Umdrehzahl pro Minute	60	60
Wasserförderung pro Stunde cbm	132	112
Maschinenleistung je PS	5	20

Die grossen Maschinen arbeiten mit Condensation und die kleinen Maschinen ohne Condensation. Zum Maschinenbetriebe sind 2 Flammrohrkessel von einem auf 7 Atm. concessionirten Dampfdrucke vorhanden, von denen jeder 54 qm Heizfläche hat.

Die Filterpumpen heben das Wasser auf 2 überwölbte Sandfilter, deren jedes 263 qm Filterfläche hat. Von diesen gelangt es in ein Reinwasserreservoir von 612 qm Grundfläche, das 150 cbm Inhalt bei 2,45 m Wassertiefe hat. Im Inneren sind in diesem zickzackförmig gestellte Wände zur Erzielung der Circulation des Reinwassers hergestellt. Die Druckpumpen entnehmen daraus das Wasser und fördern es durch eine Druckleitung von 350 mm Durchmesser auf 2000 m Entfernung in eine Auslaufkammer, welche auf 83,5 m über N. N. oder 45,5 m hoch über dem Seewasserspiegel liegt.

Von hier führt längs der Strasse Siek-Altrahlstedt eine 18500 m lange Fallrohrleitung von 350 mm Durchmesser zu dem in Wandsbeck gelegenen Hochreservoire. Dieses ist aus Schmiedeeisen (System Intze) hergestellt und hat 750 cbm Inhalt bei einem Wasserstande von 50,0 m + N. N. Es steht mit seinem Boden auf einem 28,0 m hohen, massiven Unterbau und ist ummantelt und überdacht. Das Strassenniveau in der Stadt liegt zwischen 10,0 m und 20,0 m + N. N. Das Vertheilungsnetz wird aus dem Reservoire durch ein Rohr von 325 mm Durchmesser gespeist und hat einschliesslich der Zuleitung eine Gesammtlänge von 55606 m. Diese Leitungen setzen sich aus den nachfolgend angegebenen Rohrlängen und Durchmessern zusammen:

Durchmesser	mm	350	325	225	200	150
Rohrlänge	m	19251	1579	1034	933	2274
	mm	125	100			
	m	4073	26462			

Das Vertheilungsnetz ist nach dem Circulationssysteme ausgeführt und steht unter einem einheitlichen Drucke. Mit demselben sind 186 Schieber und 264 Unterflurhydranten mit Handentleerung verbunden, welche in ca. 80 m Entfernung von einander stehen. Ferner werden daraus für öffentliche Zwecke ein Dehne'scher Druckständer, ein Springbrunnen und ein Pissoir gespeist. Die Zuleitungen bestehen aus Bleirohren von 20 mm und 25 mm Durchmesser und aus gusseisernen Rohren von 50 mm bis 100 mm Durchmesser. Zu den Hausleitungen sind geschwefelte Bleirohre verwendet. In den Häusern waren am 1. April in Benützung:

	Closets	Pissoire	Bäder	Springbr.	Strahlap.
1895	193	9	193	9	4
1896	218	12	218	11	6

Die Closets und Pissoire haben Schwimmhahnkästen. Von den am 1. April 1895 aufgestellten 119 Wassermessern waren 3 von Lux, Ludwigshafen und 116 von H. Meinecke, Breslau geliefert. Ende des Jahres 1895 waren von verschiedenen Fabrikanten im Ganzen 147 Messer geliefert, welche sich nach der Grösse wie folgt vertheilen:

Durchmesser mm	7	13	20	25	50	80
Stückzahl	1	4	104	25	3	12

Die wirklichen Anlagekosten stellen sich aus folgenden Summen zusammen:

Grunderwerb	M.	55 776
Wassergewinnung	»	5 579
Pumpstation	»	265 209
Zuleitung	»	409 437
Hochbehälter	»	90 640
Stadtrohrnetz	»	329 056
Allgemeines	»	109 027
Hausanschlüsse	»	44 501
Diverses	»	2 635
im Ganzen	M.	1 311 860

oder M. 60,52 pro Kopf der jetzigen Bevölkerung.

Die Rohre sind von dem Schalker Gruben- und Hüttenwerke in Gelsenkirchen, die Schieber und Hydranten von der Deutschen Wasserwerksgesellschaft in Höchst, die Maschinen und Pumpen von der Maschinenbau-Actiengesellschaft in Nürnberg und die Dampfkessel von Jacques Piedboeuf in Düsseldorf geliefert. Das Wasserreservoir hat die Berlin-Anhaltische Maschinenbaugesellschaft in Moabit ausgeführt, und die Rohrlegungen haben die Firmen Haake & Hartwig in Hannover, Jochmus in Minden und R. Röber Nachfolger in Dresden hergestellt. Die Bauarbeiten sind von A. Carius und H. Kock in Wandsbeck und von A. Hering in Nürnberg (Schornstein und Kesseleinmauerung) ausgeführt.

c) Betrieb und Wasserabgabe.

Angaben über die Grösse der Wasserförderung und des Kohlenverbrauches (Englische Kohle) im Ganzen, pro 100 cbm gefördertes Wasser und pro PS.-Stunde, sowie über die Leistung pro kg Kohle und die Leistung und Dauer der Filter etc. sind auf der Tabelle 149 für die verflossenen Betriebsjahre zusammengestellt.

In der Tabelle 150 (S. 211) ist die Wasserabgabe in jedem derselben Jahre pro Tag des mittleren, des grössten und des geringsten Consums und pro Kopf, die gesammte Abgabe für öffentliche Zwecke und für die verschiedenen Verwendungsarten, desgleichen für Private im Ganzen und getrennt, ob durch oder ohne Messer, der Selbstverbrauch, die Zahl der Anschlüsse und die Abgabe für diese etc. aufgeführt.

Das Wassergeld für gewöhnliche häusliche Zwecke wird nach der Höhe der Jahresmiethe berechnet und beträgt bis zu M. 300 jährlich M. 2,00, darüber bis M. 500 M. 3,00, darüber bis M. 750 M. 3,50, darüber bis M. 1200 M. 4,00 und darüber M. 5,00. Für die Abgabe zum Sprengen etc. ist eine Extrazahlung zu leisten. Bei der Wasserentnahme nach Messern, welche für Fabriken etc. obligatorisch ist, ist jährlich mindestens M. 25,00 zu zahlen. Es wird pro cbm berechnet 18 Pf. bis 5000 cbm im Jahre, darüber bis 10 000 cbm 16 Pf., darüber bis 50 000 cbm 14 Pf. und in gleicher Scala weiter abnehmend bis für mehr als 150 000 cbm der Mindestpreis von 10 Pf. pro cbm eintritt. Ausser dem Wassergelde ist eine jährliche Miethe für die Messer von 20 % des Messerpreises zu zahlen, und es fallen den Consumenten auch alle Unterhaltungskosten etc. dafür zur Last.

Das Wasser wird wöchentlich einer bacteriologischen und jährlich einer chemischen Untersuchung unterworfen. Letztere hat im Jahre 1896 im Liter Wasser ergeben:

Gesammtrückstand	118,0	mg
Glührückstand	50,0	»
Kalk	36,4	»
Chlor	14,2	»
Kaliumpermanganat zur Oxydation	19,3	»
Härte, deutsche Grade	3,3	

Als Jahresdurchschnitt wird die Keimzahl pro ccm zu 39 im Rohwasser und 31 im Reinwasser angegeben.

37. s. Wilster. (E. 3074.)

Für die Wasserversorgung der Stadt Wilster ist, weil das Wasser der Holtenau durch den Kaiser Wilhelmkanal salzig geworden ist, der Plan zu einer einheitlichen

Tabelle 149.

Jahr	1892/93 ½ Jahr	1893/94	1894/95	1895/96
cbm Wasserförderung im Ganzen	118 019	374 364	379 514	400 541
kg Kohlenverbrauch im Ganzen	98 826	259 334	250 905	260 187
desgl. pro 100 cbm Wasser	84,53	69,27	52,93	52,05
desgl. pro PS.-Stunde	5,54	3,62	3,46	3,40
m × kg Leistung pro kg Kohle	48 861	74 603	78 031	79 385
Arbeitsstunden der Maschinen	4 289	19 347	19 579	20 655
Stunden pro Tag und Maschine	6	13	13	14
cbm Wasser pro qm Filterfläche pro 24 Stunden	1,2	1,92	2,3	2,4
Tage der längsten Dauer eines Filters	61	64	42	44
desgl. der kürzesten	5	5	5	4
desgl. der mittleren	24	15,5	15	17
qm Filterfläche im Jahre gereinigt	4 013	10 968	10 967	10 280

Versorgung aufgetaucht und es sind im Jahre 1895 für die Vorarbeiten die nöthigen Mittel bewilligt. Es ist die Absicht, durch die Moorschichten einen Brunnen hinunterzubringen und man hofft in 200,0 m Tiefe auf gutes Trinkwasser zu kommen, das dann, künstlich gehoben, einem Hochreservoire zur weiteren Vertheilung zugeführt werden soll.

Tabelle 150.

Jahr		1892/93 ½ Jahr	1893/94	1894/95	1895/96
Abgabe am mittleren Jahrestag	cbm	639	1 026	1 039	1 094
desgl. gegen 100 cbm des Vorjahres	»	—	160,5	101,3	105,4
Abgabe am Maximaltage	»	1 346	2 435	2 790	3 090
desgl. am Minimaltage	»	331	366	455	514
Am mittleren Jahrestage Liter pro Kopf		34	48	47	79
desgl. am Maximaltage		64	116	127	224
Von 100 cbm am mittleren Tage					
am Maximaltage	cbm	210,6	237,3	268,5	282,5
am Minimaltage	»	51,8	35,7	43,8	47,3
Zahl der Anschlüsse		746	931	1 056	1 151
Abgabe pro Anschluss	cbm	316	402	360	348
Abgabe für öffentliche Zwecke	cbm	21 785	17 957	15 379	32 218
davon Strassensprengen	»	4 340	8 655	4 810	12 500
» Springbrunnen	»	3 035	3 950	5 309	4 420
» Laufbrunnen	»	2 300	2 500	1 875	500
» Bedürfnissanstalten	»	—	—	—	1 764
» Bewässern öffentlicher Anlagen	»	540	1 667	1 700	1 670
» Feuerlöschzwecke	»	80	1 185	1 685	562
» sonstige Zwecke	»	11 490	—	—	10 800
Von 100 cbm für öffentliche Zwecke:					
für Strassensprengen	»	19,9	48,4	31,3	38,8
» Springbrunnen	»	14,0	22,0	34,5	13,7
» Laufbrunnen	»	10,5	13,9	12,2	1,5
» Bedürfnissanstalten	»	—	—	—	5,5
» Bewässern	»	2,5	9,3	11,1	5,2
» Feuerlöschzwecke	»	0,4	6,5	10,9	1,8
» sonstige Zwecke	»	52,71	—	—	33,5
Abgabe für Private	cbm	89 984	351 107	358 533	332 633
davon nach Messern	»	34 890	127 107	129 533	95 103
Zahl der Messer		72	112	119	124
Abgabe pro Messer	cbm	969	1 135	1 090	767
Abgabe ohne Messer für Private	»	55 094	224 000	229 000	237 530
Zahl der Anschlüsse ohne Messer		674	819	932	1 027
Abgabe pro Anschluss ohne Messer	cbm	164	273	246	231
Abgabe für den Selbstverbrauch	»	6 250	5 300	5 602	35 690
Gesammtabgabe ohne Messer	»	83 129	247 257	249 981	305 458
Von 100 cbm der Gesammtabgabe:					
an Private	»	76,3	93,7	94,4	83,0
davon nach Messern	»	29,3	33,9	34,1	23,7
im Ganzen ohne Messer	»	70,9	66,1	65,9	76,3
und zwar für öffentliche Zwecke	»	18,4	4,8	4,1	8,1
für den Selbstverbrauch	»	5.3	1,5	1,5	8,9
für Private	»	47,0	59,8	60,3	59,3

XX. Regierungsbezirk Hannover.

(Provinz Hannover.)

a) Diepholz 2. — **b)** Hameln 3 (Polle 7). — **c)** Hannover 1 (Ricklingen 9). — **d)** Linden 4. — **e)** Neustadt a. Rübenberge 5 (Wunstorf 11). — **f)** Nienburg 6. — **g)** Springe 10. — **h)** Stolzenau (Rehburg 8). —

1. c. Regierungshauptstadt **Hannover.** (E. 231800, W. 11737 mit je 19,8 B.)

a) Geschichtliches.

In der Stadt Hannover ist es niemals mit Schwierigkeiten verbunden gewesen, sich an jeder gewünschten Stelle mit Wasser in hinreichender Menge zu versorgen, weil bei der flachen Lage der Stadt der hohe Grundwasserstand die Herstellung von Flachbrunnen für jedes Haus mit leichter Mühe gestattet. Auch bot der in mehreren Armen die Stadt durchziehende Fluss, die Leine, an vielen Stellen eine leichte Gelegenheit zur Wasserentnahme daraus für öffentliche und private Zwecke.

Schon vor mehr als 400 Jahren war ein regelmässiger Dienst zum Wasserfahren von dem sog. Wasserhofe aus, einem Platze, der später Altenwerder, dann Mühlenplatz und heute Friderikenplatz genannt ist, organisirt. Im Jahre 1464 ist vom Rathe der Stadt ein Wasserführer Namens Heidecke angestellt, der ein Fass Leinewasser bei gewöhnlichem Wasserstande für 8 Pf. und bei niedrigem Wasserstande, wenn die Leine zum Wasserschöpfen abgedeicht werden musste, für 9 Pf. bis nach der Osterstrasse, damals der äussersten Grenze der Stadt, zu fahren hatte. Im Jahre 1512 ist diese »Wasserzucht« dem Hans v. Dörnte mit der Verpflichtung übertragen, 2 Gespanne Pferde und 3 Wagen stets dafür bereit zu halten, sowie die zur Hebung des Wassers aufgestellte Pumpe zu unterhalten, wofür der Rath ihm das Holz unentgeltlich zu liefern hatte.

Im Jahre 1526, am Donnerstage nach Trinitatis, hat der Braumeister Cord Broyhan zum ersten Male das unter dem Namen Broyhan heute noch beliebte Bier gebraut und dessen grosser Consum verlangte für alle, dieses Bier fabricirenden Brauereien einen gegen früher so bedeutend gesteigerten Wasserverbrauch, dass im folgenden Jahre 300 Brauinteressenten unter Leitung des Magistrats beschlossen, am Friderikenplatze zwischen der Klickmühle und der Sägemühle ein Kunstgebäude, die Bornkunst genannt, auf Pfählen zu errichten. Der Bau ist im Jahre 1535 vollendet und hat 80000 Gulden gekostet. Ein Wasserrad trieb mittels Daumwelle 16 einfach wirkende Pumpen mit Messingstiefeln an, die in 24 Stunden 8000 Tonnen Wasser durch 2 hölzerne Leitungen lieferten. In einer Chronik vom Jahre 1654 heisst es von dieser stattlichen Wasserkunst, »dass ein grosses Rad am Leinestrome« 16 Stampfen betreibt, durch welche das Wasser etliche Ellen hoch in die Höhe gezuckt und geführt wird, danach durch einen kupfernen Kanal herunter fällt und unter der Erde bis auf den Markt geleitet wird, da es in künstlich gehauenen, steinernen Kanälen oder Röhren in die Höhe steigt und vermittels 16 Röhren durch die ganze Stadt geführt wird.« Es sollen nach der Chronik auch Nothbrunnen in der Erde, die bei Feuersnoth geöffnet wurden, schon damals vorhanden gewesen sein.

Nach verschiedenen, an dieser alten Wasserkunst ausgeführten Reparaturen, deren Kosten nach der Chronik 15276 Thaler betragen haben, wurde im Jahre 1794 ein völliger Umbau des Inneren derselben ausgeführt, der ihre tägliche Leistung auf 14322 Tonnen erhöht hat. Ferner ist damals auf dem dritten Boden des Gebäudes ein kupfernes Wasserreservoir von 341 hannov. Cbf. Inhalt aufgestellt. Im Jahre 1793 soll nach einer anderen Quelle der erste Nothbrunnen für Feuerlöschzwecke erst damals aus der Leitung gespeist worden sein. Mit dem Jahre 1845 beginnend, sind die früheren hölzernen Rohre allmählich durch gusseiserne Rohre ersetzt. Damit ist gleichzeitig nach und nach die Zahl der Nothpfosten: »Ueberflurhydranten« auf 234 (120 grosse und 114 kleine) gewachsen, welche heute noch zur Rinnsteinspülung und für Feuerlöschzwecke dienen und früher mit Noth- oder Stellbrunnen verbunden waren. Im Jahre 1848 ist am 9. October zwischen dem Brauergilde-Collegium und dem Magistrate ein Vertrag abgeschlossen, nach welchem die bis dahin den sog. »Nachbarschaften« obliegende Unterhaltung der in den Strassen liegenden Rohrleitungen von der Stadt übernommen wurde, wogegen die Brauergilde eine jährliche Rente von 240 Thalern Courant an die Kämmereikasse zu zahlen hatte. Nach diesem Vertrage verblieb nicht nur den Eigenthümern der Brauhäuser das Recht, von den Strassenrohren nach ihren Häusern Abzweigungen zu legen und zu benutzen, sondern es ist das gleiche Recht auch allen anderen Hausbesitzern eingeräumt.

In den Jahren 1848/49 ist für städtische Rechnung neben der Klickmühle eine neue Wasserkunst für rohes Leinewasser erbaut und auch bis zum Jahre 1896 betrieben. Das Project für das Pumpwerk ist damals vom Maschinendirector Kirchweger aufgestellt. Ein Wasserrad von 15 PS. betrieb mittels Kurbeln und Lenkstangen 2 stehende Differenzialpumpen (System Kirchweger) mit Plungern von 255 mm und Ventilkolben von 360 mm Durchmesser bei 1,2 m Hub. Diese förderten pro Stunde 100 cbm Wasser direct aus der Leine in ein 14,6 m hoch über Pumpenflur aufgestelltes, schmiedeeisernes Reservoir.

Als im Jahre 1859 der Anschluss der Vorstädte an die Stadt erfolgt war, erschien diese Wasserkunst für das wachsende Bedürfniss nicht mehr genügend, und es traten 2 Projecte von Kirchweger und vom Baurath Hagen in Hannover vor die Oeffentlichkeit, welche beide die bedeutende, fiscalische Wasserkraft in Limmer für die Stadt nutzbar machen wollten. Durch dieselbe sollten Pumpwerke betrieben werden, welche das Wasser, nachdem es künstlich gereinigt war, in Hochreservoire zu fördern hatten, die auf dem Lindener Berge erbaut werden sollten, um von hier aus Hannover und Linden reichlich mit Wasser zu versorgen. Diese Projecte sind im Jahre 1860 dem damaligen Könige Ernst August vorgelegt; sie haben aber dessen Zustimmung wahrscheinlich nicht gefunden, weil später nicht mehr die Rede davon gewesen ist.

Zur Befriedigung des städtischen Wasserbedürfnisses ist ferner in den Jahren 1862 bis 1864 neben der Brückmühle nach Hagen's Projecte eine zweite, der ersten ganz ähnliche städtische Wasserkunst, um diese zu unterstützen und als Reserve erbaut, für welche das Vertheilungsnetz, das sich allmählich auch auf die westlich von der Leine gelegene Neustadt und die zwischen der Georgstrasse und der Eisenbahn gelegene Ernst-August-Stadt ausgedehnt hatte, ein gemeinschaftliches war. Die Zahl der Privatanschlüsse an die Flusswasserleitung hat sich, nachdem das neue Ricklinger Wasserwerk für Grundwasser im Jahre 1878 in Betrieb gekommen ist, immer mehr verringert. Im Jahre 1896 waren nur noch 70 private Anschlüsse in Benützung, und es konnte daher das ältere der beiden Flusswasserwerke abgebrochen und die Versorgung vorläufig durch das andere Werk allein erfolgen, bis der an der Stelle des ersten Werkes projectirte Neubau eines Flusswasserwerkes vollendet sein wird, was im Jahre 1898 der Fall sein soll.

Ausser dieser Versorgung mit künstlich gehobenem, rohen Flusswasser bestand früher für einen Theil der Stadt auch noch eine Versorgung mit natürlichem Gefälle. Diese hatte ursprünglich für die Neustadt gedient und ging bei deren Vereinigung mit der Altstadt im Jahre 1824 in den Besitz der Stadt über. Das Wasser hierfür trat früher in Linden neben dem königlichen Küchengarten aus Quellen in einem Teich frei aus und wurde durch einen offenen Graben in ein in dem sogenannten Quellgarten hergestelltes Bassin überführt, aus dem es durch hölzerne Rohrleitungen zur Speisung von Brunnen in der Stadt abfloss. Als das Quellgebiet in Folge besserer Entwässerung der Lindener Feldmark allmählich versiegte, wurde im Jahre 1836 im Küchengarten ein artesischer Brunnen gebohrt, der ein recht gutes Trinkwasser ergab. Ueber demselben wurden ein kleines und ein grosses Bassin in Mauerwerk hergestellt, und eiserne Rohrleitungen führten das Wasser aus diesen Bassins zu 14 öffentlichen Brunnen in der Calenberger Neustadt, an denen es durch Hochziehen eines Kolbens zum Ausflusse kam. In trockenen Jahren litt dieser artesische Brunnen mitunter an Wassermangel, und es ist nach der Inbetriebnahme des neuen städtischen Grundwasserwerkes diese Wasserleitung im Laufe der Jahre immer mehr vernachlässigt.

Die beiden Pumpstationen an der Klick- und an der Brückmühle konnten das Verlangen nach einer allgemeinen Versorgung mit für alle Zwecke brauchbarem Wasser nicht zum Schweigen bringen, nachdem es durch die Projecte vom Jahre 1859 geweckt war. Die weiteren Anregungen im Anfange der 60er Jahre gingen allerdings wesentlich vom hygienischen Standpunkte aus, indem der Zustand der öffentlichen und privaten Brunnen dadurch mit der Zeit immer grössere Bedenken hervorrief, dass die Kanalisationsanlagen in der Stadt sich in einem ebenso unvollkommenen Zustande, wie fast sämmtliche Abortsgruben befanden. Man glaubte freilich nur durch gleichzeitige Ausführung von Wasserversorgung und Kanalisation zu einem durchgreifenden Erfolge gelangen zu können und dafür erschienen leider die Geldmittel in den 60er Jahren noch unerschwinglich.

Von technischer Seite wurde der ökonomische und der das Wohlbefinden steigernde Werth einer centralen Wasserversorgung, welche die directe Zuleitung des Wassers unter Druck zu allen Verbrauchspunkten bietet, immer wieder hervorgehoben und wiederholt der Beweis erbracht, dass ein städtisches Wasserwerk sich wohl zu einem ganz rentablen Geschäfte würde gestalten können. Es zeigte sich auch eine Reihe von Kapitalisten bereit, auf Grund einer event. von der Stadt zu erlangenden Concession auf eigene Kosten ein solches Werk zu erbauen und zu betreiben. Unter diesen Umständen wurde die Wasserversorgungsfrage durch Erörterungen darüber, wie sie für die Stadt am besten zu lösen sei, ganz unabhängig von der städtischen Verwaltung in technischen und sonstigen Vereinen etc. mit regem Eifer fortlaufend behandelt und speciell Hagen hat sich grosse Verdienste um deren Klärung speciell in technischer Beziehung erworben.

Der damals ins Auge gefasste Wasserbezug vom Deister oder gar vom Harze oder aus sonstigen Quellen, welche in erreichbarer Entfernung von der Stadt eventuell zu finden sein möchten, wurde immer mehr als unerreichbar erkannt und nur die Leine blieb schliesslich als der mögliche Bezugspunkt übrig. Durch Hagen's Untersuchungen gelang es, den Nachweis zu liefern, dass man auf die directe Entnahme aus diesem Flusse und die andernfalls nöthige, nachherige Reinigung des Wassers wohl verzichten könne. Er deckte nämlich einen der Leine zufliessenden Grundwasserstrom oberhalb der Stadt bei dem Dorfe Ricklingen auf, der sich in 5,0 bis 6,0 m starken Kiesschichten, welche auf einer undurchlässigen Thon- und Lehmschicht lagern, bewegt und aus den Seitenthälern und Abhängen der Umgegend gespeist wird. Durch anhaltende Pumpversuche in den ausnahmsweise trockenen Monaten August bis October des Jahres 1874 stellte er fest, dass aus 2 Gräben von je 50 m Länge bei 1,0 m Absenkung das Quantum von 6000 cbm Wasser in 24 Stunden zu entnehmen war, ohne dass in 120 m Abstand davon ein Sinken des Grundwasserstandes eintrat.

Nachdem dann die als Sachverständige zugezogenen Professor von Seebach in Göttingen und Baurath Salbach in Dresden in einem, am 14. November 1874 abgegebenen Gutachten sich dahin ausgesprochen hatten, dass man aus einem quer durch dieses Kiesbett gezogenen Graben von 960 m Länge dauernd 24000 cbm Wasser in 24 Stunden unter Annahme der Hälfte des Hagenschen Resultates würde erlangen können und nachdem der Chemiker Dr. Ferd. Fischer in Hannover auf Grund seiner Wasseruntersuchungen das dort erschlossene Wasser in jeder Beziehung als gut bezeichnet und angegeben hatte, dass dessen Temperatur an der Schöpfstelle im ganzen Jahre zwischen 9° und 10° C. liegen würde, war die Frage der Wassergewinnung technisch entschieden.

Damit stand die Stadtverwaltung vor der Entscheidung darüber, ob sie ein hier zu erbauendes Wasserwerk in die Hände einer Privatgesellschaft geben oder in eigene Verwaltung nehmen wollte. Nach vielen Berathungen entschied sie sich am 1. Juli 1875 für die Erbauung auf städtische Rechnung. Für den Bau wurde dann eine Anleihe von M. 4500000 aufgenommen und beschlossen, das Werk in seinen Haupttheilen für eine Leistung von 25000 cbm in 24 Stunden herzustellen. Die Grösse der Maschinenkraft sollte aber vorläufig auf 15000 cbm Tageslieferung in 24 Stunden beschränkt werden. Zugleich wurde der im Juni 1875 als Stadtbaurath in die Dienste der Stadt getretene Oberbaurath a. D. Berg mit der Ausarbeitung eines speziellen Projectes beauftragt. Nach der Annahme dieses Projectes durch die städtischen Collegien wurde ihm im Herbst 1876 die Ausführung des Baues übertragen und am 7. November 1876 konnte das Wasserwerk Ricklingen eröffnet werden.

b) Ricklinger Wasserwerk

I. Pumpstation.

Durch den für ein Hochreservoir allein möglichen, natürlichen Höhenpunkt, den Lindener Berg, und durch die Wassergewinnungsstelle in der Nähe des schnellen Grabens war die Disposition für die Anlage von selbst fest gelegt. Die Pumpstation liegt in Ricklingen, südlich von der Altenbekener Eisenbahn. Von hier führen die Druckleitungen zu dem 2300 m davon entfernten Hochreservoire durch die Stadt Linden hindurch und das Wasser gelangt aus dem Hochreservoire wieder durch Linden nach Hannover.

Die Ricklinger Beke ist ein Bach, der der Leine parallel in circa 750 m Abstand davon und in gleicher Richtung wie diese von Süden nach Norden fliesst und sich in die Ihme ergiesst, welche im vorigen Jahrhundert als künstliche Umfluth für die Leine hergestellt war. Am oberen Theile der Ihme, der rechtwinklig von der Leine abzweigt, am schnellen Graben, wurde damals ein Wehr eingebaut, hinter welchem die Einmündung der Ricklinger Beke in die Ihme liegt. Südlich vom schnellen Graben und diesem parallel liegt die Altenbekener Bahn in ca. 150 m Abstand davon. Weiter südlich von dem Bahndamme befindet sich zwischen der Ricklinger Beke und der Leine das Terrain, wo anfänglich die Wassererschliessung von Hagen ausgeführt war.

Es ist hier nun aus geschlitzten, gusseisernen Rohren von 800 mm Durchmesser in einer Länge von 934 m eine Sammelrohrleitung hergestellt, welche in der Richtung von Südost nach Nordwest läuft und dabei unter der Ricklinger Beke hindurch geht. Diese mündet dann vor dem Maschinenhause, das westlich von diesem Bache liegt, in einen 6,0 m weiten Sammelbrunnen ein. In diese Sammelleitung sind drei Revisionsbrunnen von 2,0 m Durchmesser mit Schiebern eingeschaltet. Das Rohr liegt etwa 1,0 m über der undurchlässigen Tragschicht, auf welcher die Kiesschicht ruht, und 3,5 m unter dem angenommenen, niedrigsten Grundwasserstande. Die Einmündung der Mitte des Rohres in den Pumpenbrunnen liegt 8,1 m tief unter dem dortigen Terrain-Null.

Die Pumpstation besteht aus einem Maschinenhause für 4 Maschinen, von denen Anfangs 3 aufgestellt sind, und einem Kesselhause für 6 Kessel, von denen Anfangs 4 eingelegt sind, sowie aus einem Kohlenraume. Von der Pumpstation führen 2 Druckleitungen von je 600 mm Durchmesser zum Hochreservoire, dessen höchster Wasserstand auf 40,6 m + 0 liegt, während als tiefster Wasserstand des Pumpenbrunnens die Oberkante des Filterrohres oder 7,7 m — 0 und als mittlerer Wasserstand damals 4,5 m — 0 angenommen ist. Wenn wirklich 25 000 cbm in 22 Stunden später gepumpt werden sollten, so verlangt das 19 cbm Wasser pro Minute, oder für jede der dann arbeitenden 3 Maschinen 6,33 cbm pro Minute, entsprechend 380 cbm pro Stunde, so dass dann die vierte Maschine in Reserve bleiben konnte. Unter einer gleichen Voraussetzung genügten also auch die damals beschafften 3 Maschinen für eine tägliche Leistung von 15 700 cbm, wenn eine davon in Reserve blieb.

Die Maschinen sind liegende, doppeltwirkende Woolf'sche Maschinen in Tandem-Anordnung. Beide Cylinder sind bei jeder der Maschinen dicht zusammengerückt, und es liegt eine Geradführung vor jedem der äusseren Cylinderdeckel. Hinten auf der Seite des kleinen Cylinders liegt das Schwungrad und hinter der äusseren Seite des grossen Cylinders befindet sich ein von einer Lenkstange bewegter Winkelhebel, von dessen horizontalem Arme aus eine stehende Druckpumpe mit Scheibenkolben bewegt wird. Die Maschinen haben Ventilsteuerung und Condensation. Die Pumpen haben freie Doppelsitzventile. Die Dampfcylinder haben 990 mm und 510 mm, und die Pumpencylinder haben 500 mm Durchmesser. Der Hub der Dampfkolben beträgt 1,5 m und der der Pumpenkolben 0,75 m. Die Maschinen machen 22 bis 30 Umdrehungen pro Minute.

Die Kessel sind Zweiflammrohrkessel, deren jeder 60 qm Heizfläche und 3 qm Rostfläche hat. Sie haben 8,0 m Länge und 2,14 m resp. 0,84 m Durchmesser im Hauptkessel resp. in den Feuerrohren. Sie sind für 4,5 Atm. Dampfspannung concessionirt. Als Vorwärmer dienen Green'sche Economiser.

Die vierte Maschine und 2 fernere Kessel sind im Jahre 1890 zur Aufstellung gelangt. Viel früher zeigte sich aber schon für die viel geringere Entnahme das völlige Ungenügen der ausgeführten Wasserfassungsarbeiten. Schon in den trockenen Jahren 1882 und 1883, als das nöthige Tagesquantum auf nur 14 000 cbm stieg, konnte der Bedarf kaum gedeckt werden. Die bereits dafür nöthige, sehr grosse Absenkung des Grundwassers erzeugte zugleich eine starke Trübung des Wassers. Nach einigen Proben, welche mit Versuchsbrunnen angestellt waren, ging man schon damals dazu über, auf dem Grundstücke zwischen der Altenbekener Bahn und dem schnellen Graben und östlich und westlich von der Einmündung desselben in die Ihme, an dessen Ufern entlang und auf der anderen Seite davon Brunnen zur Fassung des hier abströmenden Grundwassers herzustellen. Für diese Brunnen glaubte man eine Absenkung von 4,5 m annehmen zu müssen, um das erwartete Wasserquantum zu erhalten. Weil für die früher hergestellte Sammelleitung und den Pumpenbrunnen nur eine Absenkung von 2,2 m angenommen war, so war es nöthig, gleichzeitig einen tieferen Pumpenbrunnen für die Maschinenpumpen anzulegen. Die tiefe Stellung der von den Maschinen bewegten Druckpumpen gestattete glücklicher Weise diese Vergrösserung der Saugehöhe. Die Pumpen stehen nämlich mit ihrer Mitte nur 2,4 m höher als der angenommene mittlere Wasserstand.

Bei der ersten, in den Jahren 1884/85 erfolgten Ausführung dieser neuen Gewinnungsanlage, die natürlich auch dem Speisegebiete des alten Sammelrohres Wasser entziehen musste, sind auf dem Grundstücke am schnellen Graben 6 Brunnen und auf dem westlichen Terrain 3 Brunnen, also im Ganzen 9 Brunnen ausgeführt. Diese bestehen ein jeder aus 5 gusseisernen Tübings von 1,2 m Höhe, welche Wandschlitzen in den 3 unteren Ringen haben. Am obersten Ringe sind Consolen angebracht, welche die Aufmauerungen für die einzelnen Brunnenmäntel bis zur Höhe des gewöhnlichen Hochwassers tragen. Jeder Brunnen hat ein Saugerohr mit Absperrschieber und ein Rückschlagventil erhalten, und die 6, resp. die 3 Brunnen sind durch je ein Heberrohr mit einander verbunden. Diese beiden Heberrohre führen in den neuen Pumpenbrunnen, welcher gleichfalls aus gusseisernen Tübings hergestellt ist und 4,5 m Durchmesser hat. Derselbe ist wieder mit dem alten Pumpenbrunnen durch ein Heberrohr zur Überleitung des Wassers aus der Sammelleitung in den neuen Brunnen verbunden.

Nach den vor der Ausführung gesammelten Erfahrungen hat man für jeden der 6 Brunnen Anfangs eine Leistung von 1500 cbm im Tage angenommen, dabei aber von vornherein ein Hinuntergehen auf 1000 cbm im Tage mit der Zeit als nicht ausgeschlossen betrachtet. Bei einer eventuellen Leistung des Sammelrohres von 12 000 cbm und der 9 Brunnen von 9000 cbm hätte die ganze Anlage im Bedarfsfalle dann immerhin noch 21 000 cbm liefern können, während, wie vorbemerkt, Anfangs dafür 25 000 cbm als zu erhalten gehofft waren. Im Jahre 1889 war die gesammte Leistung der 9 neuen Brunnen aber schon auf 7000 bis 8000 cbm hinuntergegangen und man stand abermals vor der Frage, wie eine Vergrösserung der Wassergewinnung zu erreichen sein würde.

Eine solche glaubte man auf dem Grundstücke zwischen der Eisenbahn und dem schnellen Graben in östlicher Richtung bis zur Höhe von 10 000 cbm pro Tag durch Schlitzrohre erreichen zu können. Von diesen Schlitzrohren sind auch 4 Stränge hergestellt und im Jahre 1890 an 4 von den vorhandenen 6 Brunnen angeschlossen. Dadurch ist damals die Leistungsfähigkeit allerdings auf 23 000 cbm, also um 2000 cbm pro Tag erhöht.

Die Wasserwerksverwaltung war im Jahre 1892 vom Magistrat ferner beauftragt, Untersuchungen zur Ausdehnung der Wassergewinnungsanlagen auf dem linken Leineufer und in der städtischen Ohe vorzunehmen. Nach einem Gutachten Salbach's sollten hier bis zu 6000 cbm Wasser pro Tag entnommen werden können. Die im Jahre 1893 vorgenommenen Bohrungen und qualitativen Untersuchungen des Wassers liessen einen starken Eisengehalt desselben erkennen. Dessen Beseitigung wäre natürlich ausführbar gewesen; aber die dafür erforderlichen Anlagen erschienen für das verhältnissmässig geringe Quantum von 6000 cbm pro Tag so theuer und umständlich im Betriebe, dass man darauf zu verzichten vorzog, und das umsomehr, weil das beschränkte Niederschlagsgebiet der Ohe, welches damals schon in einem gewissem Maasse von den bestehenden Gewinnungsanlagen beeinflusst war, dauernd auf eine Ergiebigkeit von 6000 cbm im Tage mit Sicherheit nicht rechnen liess.

Man gelangte daher zu der Ueberzeugung, dass die maximale Tagesleistung des Ricklinger Werkes mit 23000 cbm endgiltig ihre Grenze gefunden habe und dass ein später entstehender Mehrbedarf an anderer Stelle und in anderer Weise würde eine Deckung finden müssen.

2. Reservoir und Vertheilungsnetz.

Von der Pumpstation führen 2 direct mit einander verbundene Druckleitungen von je 600 mm Durchmesser, an welche die Druckleitungen jeder der Pumpmaschinen anschliessen, nachdem jedes einen für jede Maschine vorhandenen, schmiedeeisernen Druckwindkessel von 1,1 m Durchmesser und 5,0 m Nutzhöhe passirt hat, zum Hochreservoire. Dieses ist aus Cementmauerwerk hergestellt, überwölbt und mit einer 1,5 m hohen Erdschüttung überdeckt. Es steht völlig frei über Terrain und hat geböschte Seitenmauern von 8,0 m Höhe, welche unten 4,5 m und oben 2,25 m Dicke haben. Es ist in 2 Kammern, jede von 30 m mal 30 m lichtem Grundrisse getheilt, welche bei 6,0 m Wasserhöhe 11 140 cbm Inhalt haben.

Von dem Hochreservoire gehen 2 Fallrohrleitungen von 600 mm Durchmesser zur Stadt. Die eine kreuzt die Leine und die Ihme und tritt im Norden in die Stadt ein. Die andere Leitung kreuzt nur die Leine und tritt im Süden in die Stadt ein. Beide Rohre vereinigen sich auf der Georgstrasse vor dem königlichen Theater. Die ganze Länge dieses Ringes beträgt 7704 lfd. m. In denselben sind 13 Schieber eingeschaltet. Von den Rohren sind 150 lfd. m von Schmiedeeisen für die 3 Düker unter den Flüssen. In dem Ueberschwemmungsgebiete der Leine sind von den gusseisernen Rohren des Ringes 1542 lfd. m Flanschenrohre. Die übrigen Rohre des Vertheilungsnetzes mit Ausschluss des Ringes setzten sich Anfangs aus folgenden Durchmessern und Längen mit der angegebenen Zahl von Schiebern zusammen:

Rohrdurchmesser mm	500	300	275	250	225	200	175
Rohrlänge . . m	371	626	1890	2035	2466	4780	542
Schieberzahl . . .	1	2	6	5	6	15	1
mm	150	125	100	80			
m	5798	6530	47013	3329			
Zahl	22	29	171	4			

Das gesammte Vertheilungsnetz hatte hiernach am Tage der Inbetriebsetzung eine Länge von 82 934 lfd. m und 3150 cbm Inhalt mit 275 Schiebern. Es waren 732 Hydranten in durchschnittlich 100 m Abstand von einander aufgestellt. Die Hydranten sind Unterflurhydranten mit Selbstentleerung.

Die Tabelle 151 gibt für die Zeit von 1888/89 bis 1895/96 für das Ende eines jeden Jahres die Länge der vorhandenen Hauptleitungen von 600 mm bis 80 mm Durchmesser und die Zahl der öffentlichen Schieber, Hydranten, Springbrunnen, Laufbrunnen und Pissoire an.

Tabelle 151.

Jahr	1888/89	1889/90	1890/91	1891/92	1892/93	1893/94	1894/95	1895/96
Rohrlänge m	120 307	125 206	128 375	134 864	149 298	145 788	151 580	157 156
Schieber	539	606	610	656	698	874	952	958
Hydranten	968	1 007	1 042	1 104	1 158	1 205	1 270	1 316
Springbrunnen	5	5	6	6	6	6	6	6
Laufbrunnen	10	10	10	32	32	33	34	36
Pissoire	14	18	18	18	20	20	21	20

Die mittlere Entfernung der Hydranten ist im Laufe der Jahre auf 70 m bis 80 m reduzirt. Die Zuleitungen von 25 mm und 38 mm sind aus Bleirohr mit Kükenhähnen hergestellt. Für Zuleitungen von 50 mm, 80 mm und 100 mm Durchmesser ist Gusseisen verwendet.

3. Bauleitung, Anlagekosten, Lieferanten.

Bei der Ausführung des Baues in den Jahren 1876 bis 1878 war der städtische Oberingenieur Hemme (jetzt Director der Gas- und Wasserwerke in Elberfeld) als Vertreter des Stadtbaurathes Berg thätig. Die Ingenieure Arntzen, Halbertsma und Dressel leiteten die verschiedenen Bauabtheilungen. Der Stadtbauinspector Wilsdorff hat die architectonische Gestaltung des Hochreservoirs und der Pumpstation entworfen. Die späteren Anlagen sind unter Leitung des Stadtbaurath Bockelberg projectirt und ausgeführt, unter dessen Oberleitung auch der Betrieb des Werkes nach dem am 27. November 1883 erfolgten Tode des Stadtbauraths Berg gestanden hat, während die specielle Leitung des Werkes damals der Stadtbauinspector Bock führte. Seit dem Jahre 1895 ist das Wasserwerk und die Kanalisation als selbstständiger Zweig der städtischen Verwaltung letzterem als Director unterstellt, der zugleich den Titel Stadtbaurath erhalten hat.

Die Kosten des Wasserwerkes in seiner ersten Ausführung haben betragen:

Grunderwerb	M.	200 699
Sammelrohranlage und Pumpenbrunnen	»	251 956
Maschinen und Kessel	»	205 035
Gebäude, Einfriedigung und Wege der Pumpstation	»	301 006
Druckrohrleitungen	»	251 259
Hochreservoir	»	621 378
Rohrnetz	»	1 623 224
Vorarbeiten	»	64 016
Bureau, Insgemein etc.	»	84 551
Summa	M.	3 603 124

Die Kosten für die zweite Wassergewinnungsanlage haben für Grunderwerb M. 100000, für die Brunnen- und Heberrohre M. 159000 und für die Sammelleitungen M. 167000, also zusammen M. 326000 excl. Grunderwerb betragen. Die Kosten der vierten Maschine, sowie eines Wärterhauses haben M. 72000 betragen. Die gesammten Anlagekosten Ende März 1892 haben sich somit auf M. 4 607 984 oder M. 19,88 pro Kopf belaufen. Davon entfallen M. 606 860 für die Vergrösserung des Rohrnetzes und die Beschaffung von Wassermessern, so dass die Vergrösserungen während der Betriebszeit im Ganzen M. 1 004 860 gekostet haben.

Die Maschinen und Kessel sind von der hannoverschen Maschinenbau-Actiengesellschaft (vorm. G. Egestorff) in Linden, die Rohre von der hannoverschen Eisengiesserei in Hannover, die kleinen Schieber von Dreyer, Rosenkranz & Droop in Hannover und die grossen Schieber und die Hydranten von C. L. Strube in Buckau-Magdeburg geliefert. Die sämmtlichen Rohrverlegungen bei der ersten Anlage sind von der Firma C. Mennicke in Berlin ausgeführt. Von den bis Ende 1895 gelieferten 9113 Wassermessern haben geliefert: H. Meinecke, Breslau 95, Dreyer, Rosenkranz & Droop, Hannover 8875, Siemens & Halske, Berlin 78 und Bopp & Reuther, Mannheim 66 Stück. Nach der Grösse vertheilen sich dieselben wie folgt:

Durchmesser mm	7	2	13	15	16	20	25	30	40	50
Stückzahl . . .	4	10	154	69	1	5121	3385	98	103	74

mm	60	65	75	80
Zahl	20	2	3	34

4. Betrieb und Wasserabgabe.

Die Tabelle 152 gibt für jedes der Jahre 1888/89 bis 1895/96 die in dem Ricklinger Werke geförderte Wassermenge, die Arbeitsstunden der Maschinen im Jahre und pro Maschine pro Tag, den Kohlenverbrauch (westfälische) im Ganzen, pro 100 cbm und pro PS.-Stunde bei Annahme einer mittleren Arbeitshöhe von 47,3 m und die Leistung in m × kg pro Kilogramm Kohle an:

Tabelle 152.

Jahr	Wasserförderung cbm	Kohlenverbrauch kg	Arbeitsstunden im Jahr	Maschinenzahl	Stunden pro Maschine pro Tag	kg Kohlen pro 100 cbm Wasser	kg Kohle pro PS.-Stunde	m × kg pro kg Kohle
1888/89	4 640 337	1 530 253	13 011	3	11,9	33,0	1,88	143 600
1889/90	5 082 714	1 776 894	15 088	3	13,8	35,0	2,00	135 000
1890/91	4 885 890	1 701 300	12 907	4	8,8	34,9	1,98	136 700
1891/92	4 928 635	1 703 106	12 052	4	8,2	34,6	1,87	144 400
1892/93	4 608 347	1 590 121	10 755	4	7,4	34,5	1,86	145 100
1893/94	4 822 652	1 689 893	11 243	4	7,7	35,0	2,00	135 000
1894/95	4 877 443	1 584 135	11 578	4	7,9	32,5	1,85	145 900
1895/96	5 571 823	1 679 233	12 952	4	8,9	30,1	1,72	156 945

Durch das Ricklinger Werk wird ausser der Stadt Hannover die Stadt Linden und das Dorf Ricklingen mit Wasser versorgt. Die gesammte Wasserabgabe für die Jahre 1888/89 bis 1895/96 ergibt sich aus der Tabelle 153 (S. 217) und zwar im Ganzen und pro Tag beim mittleren, beim grössten und beim kleinsten Consum und pro Kopf der mit Wasser Versorgten, ferner für öffentliche Zwecke, für den Selbstverbrauch und für Verluste und ferner nach Messern und ohne Messer. Endlich ist darin die Zahl der Anschlüsse, die Zahl der Messer, deren Abgabe im Jahre und verschiedene Verhältnisszahlen angegeben.

Betreffs des Wassers für öffentliche Zwecke ist zu beachten, dass der grösste Theil desselben durch die alten Flusswasserwerke geliefert ist.

Die Wasserabgabe für den Hausgebrauch fand früher nach Schätzung statt. Durch Beschluss vom 8. April 1891 ist die obligatorische Verwendung von Wassermessern für jede Wasserabgabe eingeführt. Der Wasserpreis beträgt vierteljährlich M. 37,50 (für die Mindestabgabe von 250 cbm also 15 Pf. pro cbm), und für den Mehrverbrauch extra pro cbm 14 Pf.)

Das Wasser wird täglich durch den Stabsarzt Dr. Kirchner auf seinen Bacteriengehalt und 14tägig chemisch untersucht. Zwischen dem 1. und 16. April 1895 fanden sich 3 bis 9 Keime im ccm und die chemische Untersuchung ergab im Liter:

Abdampfrückstand	426	mg
Glühverlust	362	»
Chlor	42	»
Organische Substanz	9	»

c) Neues Flusswasserwerk.

Im Jahre 1878 ist für das Ricklinger Werk eine in der Zukunft als vorhanden angenommene Bevölkerung von 200000 Köpfen vorausgesetzt. Dabei war pro Kopf ein täglicher Maximalbedarf von 125 Lit. angenommen und die Maximalleistung des Werkes danach zu 25000 cbm pro Tag bestimmt. Im Jahre 1893 war diese Bevölkerungszahl bereits überschritten und auch die Maximalergiebigkeit des Werkes mit 23000 cbm pro Tag erschöpft. Freilich war letztere zeitweise schon im Jahre 1884 auf 14000 cbm gesunken und nur neue Erschliessungen hatten sie, wie vorbemerkt, später um 9000 cbm gesteigert.

Die aus der Vergangenheit festgestellte, jährliche Zunahme der Bevölkerung von 2,46% lässt im Jahre 1925 die Zahl der mit Wasser zu Versorgenden auf 480940 Köpfe berechnen. Als der mittlere, tägliche Consum pro Kopf pro Tag ergibt sich aus den 3 Jahren, in welchen die Wassermesser obligatorisch eingeführt waren, 97,6 Lit. und als Maximalconsum ist nach der Vergangenheit davon das 1,49fache oder 145,4 Lit. pro Kopf zu rechnen. Nach diesen Zahlen würden im Jahre 1925 am Maximaltage 72000 cbm Wasser nöthig sein, so dass bis dahin nach Abzug der auf dem alten Werke vorhandenen 23000 cbm noch 49000 cbm pro Tag neu zu beschaffen wären.

Eine solche Wassermenge überall in einer einheitlichen Anlage erschliessen zu können, erschien bei den örtlichen Verhältnissen und auf Grund der früheren Untersuchungen der weiteren Umgegend der Stadt als völlig ausgeschlossen. Aber auch selbst nur eine vorläufig ausreichende, geringere Menge von Grundwasser aufzufinden und für die Versorgung der Stadt dienstbar zu machen, konnte man im günstigsten Falle erst nach Ablauf mehrerer Jahre erhoffen. Daher war es unbedingt schon damals nöthig, vorsorgend für die Zukunft von dem im

Tabelle 153.

Jahr	1888/89	1889/90	1890/91	1891/92	1892/93	1893/94	1894/95	1895/96
Einwohnerzahl	105 800	178 000	189 976	189 976	189 976	220 860	231 800	246 000
Gesammte Abgabe im Jahre . . . . cbm	4 640 523	5 076 283	4 885 911	4 826 691	4 603 052	4 821 934	4 878 357	5 571 823
desgl. gegen 100 cbm des Vorjahres »	—	109,6	96,2	98,9	95,4	104,8	101,0	114,3
Liter pro Kopf pro Tag im Mittel	124	129	118	110	98	60	92	80
desgleichen am Maximaltage	197	215	171	182	165	99	139	107
Zahl der Anschlüsse	5 832	6 192	7 132	7 508	7 411	8 057	8 517	8 894
cbm pro Anschluss im Jahr . . . cbm	795	820	685	642	620	598	573	627
Tagesabgabe am								
mittleren Jahrestage »	12 713	13 908	13 386	13 188	12 611	13 211	13 365	15 219
Maximaltage »	20 161	22 704	19 362	21 696	20 594	21 837	20 142	20 388
Minimaltage »	8 809	8 660	8 600	8 504	8 136	7 612	8 353	9 537
Von 100 cbm am mittleren Jahrestage am								
Maximaltage des Jahres . . . . cbm	158,5	163,2	139,9	164,5	163,4	165,2	150,5	133,9
Minimaltage »	69,2	62,1	62,0	64,5	64,5	57,6	62,5	62,6
Wasser für öffentliche Zwecke . . . »	104 051	122 255	145 159	184 057	264 571	857 830	900 745	530 090
davon Strassensprengen »	11 895	2 196	7 282	17 626	32 982	50 000	41 183	27 256
» Springbrunnen »	12 100	18 253	20 993	22 959	22 959	90 000	90 040	90 040
» Laufbrunnen »	—	2 625	4 562	12 869	15 997	18 000	18 000	3 500
» Kanalspülen »	6 192	7 246	2 057	7 841	14 067	130 000	179 500	87 375
» Bedürfnissanstalten »	30 744	39 168	38 880	39 528	39 528	300 000	298 500	150 000
» Bewässern öffentlicher Anlagen »	400	400	1 234	2 076	9 644	23 900	24 522	15 921
» Feuerlöschen »	100	100	100	100	100	3 200	3 900	9 069
» Sonstige Zwecke (Schulen, städtische Gebäude) . . . »	42 620	52 267	70 051	81 058	129 294	242 730	245 100	146 929
Von 100 cbm für öffentliche Zwecke für								
Strassensprengen . . . . cbm	11,4	1,8	5,0	9,6	12,4	5,8	4,6	5,1
Springbrunnen »	11,6	15,0	14,4	12,4	8,7	10,5	10,0	17,0
Laufbrunnen »	—	2,2	3,1	7,0	6,0	2,1	2,0	0,7
Kanalspülen »	5,9	5,9	1,4	4,2	5,3	15,2	19,9	16,5
Bedürfnissanstalten »	29,6	32,0	26,8	21,5	15,0	35,0	33,2	28,3
Bewässern öffentlicher Anlagen »	0,4	0,3	0,9	1,1	3,6	2,8	2,7	3,0
Feuerlöschen »	0,1	0,1	—	—	—	0,3	0,4	1,7
Sonstige Zwecke »	41,0	42,7	48,4	44,2	49,0	28,3	27,2	27,7
Wasser für Private »	4 533 121	4 947 929	4 715 718	4 526 359	4 299 478	3 295 399	3 385 837	4 125 920
davon nach Messern »	847 137	844 152	822 551	1 121 711	2 613 036	3 295 399	3 385 837	4 118 620
Zahl der Messeranschlüsse	288	341	415	3 295	7 566	8 057	8 517	—
Abgabe ohne Messer . . . . . . cbm	3 685 984	4 103 777	3 893 167	3 404 648	1 686 442	—	—	—
Zahl der Anschlüsse ohne Messer	5 544	5 851	6 717	4 213	—	—	—	—
Von 100 cbm für Private								
nach Messern . . . . cbm	18,7	17,1	17,4	24,8	60,7	100,0	100,0	99,9
ohne Messer »	81,3	82,9	82,6	75,2	39,3	—	—	0,1
Auf 100 Anschlüsse kommen:								
Messeranschlüsse	4,9	5,5	5,8	43,9	100,0	100,0	100,0	—
Anschlüsse ohne Messer	95,1	94,5	94,2	56,1	—	—	—	—
Wasser für das Wasserwerk								
incl. Spülen, Verlust etc. . . . . cbm	3 351	6 099	25 034	116 527	39 006	668 705	771 275	914 042
Von 100 cbm **Gesammtabgabe** für								
öffentliche Zwecke »	2,2	2,4	2,9	3,8	5,7	17,7	18,5	9,5
Private »	97,8	97,5	96,6	93,8	93,5	68,5	69,6	74,3
das Wasserwerk »	—	0,1	0,5	2,4	0,8	13,8	15,9	16,2
Gesammtabgabe ohne Messer . . . »	3 793 386	4 232 131	4 063 360	3 702 904	1 858 600	1 526 535	1 352 897	1 322 427
desgl. von 100 cbm Gesammtabgabe »	81,8	83,4	83,2	76,7	40,3	31,6	27,7	23,7
Gesammtabgabe nach Messern . . . »	847 137	844 152	822 551	1 123 787	2 744 452	3 295 399	3 525 460	4 247 625
desgl. von 100 cbm Gesammtabgabe »	18,2	16,6	16,8	23,3	59,7	68,4	72,3	76,3
Zahl der aufgestellten Messer . . »	288	341	415	3 295	7 566	8 057	8 517	8 894
Abgabe pro Messer im Jahr . . . »	2 945	2 475	1 981	341	363	409	414	478
Abgabe pro Anschluss ohne Messer von der Privatabgabe ohne Messer »	666	701	579	807	—	—	—	—

Ganzen für die Bedürfnisse der Stadt erforderlichen Wassermenge dasjenige Quantum eventuell ausscheiden zu können, das nach der Art seiner Verwendung im Falle der Noth auch von minderwerthiger Qualität, als das direct für häusliche Zwecke verwendete Wasser sein durfte.

Diese Gesichtspunkte haben Bock bei der Aufstellung eines Projectes für ein neues Flusswasserwerk geleitet, welches am 27. April 1895 den städtischen Behörden vorgelegt wurde und mit dessen Bauausführung im Jahre 1896 begonnen ist, so dass es, wie vorhin bemerkt, im Jahre 1898 vollendet sein wird. Durch diese neue Anlage werden die beiden, im Vorstehenden erwähnten, alten Wasserkünste überflüssig gemacht. Diese vertheilten bislang durch ein Rohrnetz von 17300 lfd. m Länge bei normalem Betriebe pro Tag 2000 cbm rohes Flusswasser, das auf 30,0 m Höhe gefördert wurde. Das Wasser diente für Rinnsteinspülen, Strassensprengen etc. und versorgte gleichzeitig noch einige wenige, mit Anschlüssen versehene Grossconsumenten. Das neue Werk ist in anderer Disposition auf der Stelle der desshalb abgebrochenen alten Wasserkunst an der Klickmühle, sowie der gleichfalls beseitigten Mühle selbst erbaut, womit zugleich die Durchführung eines neuen Strassendurchbruches, der Grupenstrasse bis zur Friedrichstrasse ermöglicht wurde. Das Werk ist für eine tägliche Lieferung von 24000 cbm rohes Flusswasser bestimmt, das durch mit Wasserkraft getriebene Pumpen auf 32,0 m Höhe gefördert werden soll. Es ist ferner die Möglichkeit vorhanden, durch Einstellen des Betriebes der Brückmühle ferner eine Wasserkraft zur Verfügung zu haben, welche eine Verdoppelung des neuen Werkes oder die Erbauung eines zweiten, gleichen Werkes daneben gestattet, wodurch im Ganzen der Stadt täglich 41472 cbm rohes Flusswasser geliefert werden könnten.

Dieses rohe Flusswasser soll wie bislang, aber in viel grösseren Mengen, für Strassen- und Rinnsteinspülen, für Besprengen öffentlicher Anlagen, für die Speisung öffentlicher Springbrunnen und öffentlicher Bedürfnissanstalten etc. dienen. Es ist aber ferner auch die Möglichkeit in's Auge gefasst, falls eine ausschliessliche Versorgung der Privaten mit Grund- oder Quellwasser sich in der Zukunft als unmöglich herausstellen sollte, auch Zuleitungen für Privatgrundstücke herzustellen, durch welche dann die vorhandenen Zuleitungen für Grundwasser entlastet werden würden, weil das minderwerthige Wasser aus der Flusswasserleitung entnommen werden könnte. Bei dem Vertheilungsnetze für das Flusswasser ist Anfangs von einer Ausdehnung über das ganze Stadtgebiet, ähnlich dem Vertheilungsnetze für Grundwasser, Abstand genommen.

Nach dem vorläufig für die Vertheilung des Flusswassers aufgestellten Programme sind pro Kopf pro Maximaltag 48 Lit. Flusswasser angenommen. Für das Jahr 1925 mit 480940 Einwohnern würden danach pro Tag 23000 cbm Flusswasser Verwendung finden können und zwar annähernd:

für Kanalspülen (pro Kopf 2 Lit.)		1000	cbm
» Strassensprengen (pro K. 4,6 Lit.) . . .		4200	»
» Bedürfnissanstalten (pro K. 2,5 Lit.) . .		2400	»
» Springbrunnen (pro K. 2,3 Lit.) . . .		1200	»
» Rinnsteinspülen (pro K. 2,0 Lit.) . . .		2000	»
» Bewässern öffentlicher Anlagen (pro K. 3,6 Lit.)		3500	»
» für Privatbedürfnissanstalten . . .	7800 {	2000	»
» private Gartenanlagen		800	»
» gewerbliche und technische Zwecke .		5000	»
und zur Abrundung		900	»

Die secundliche Wassermenge der Leine schwankt zwischen 11 cbm und 1200 cbm, und die gewöhnliche Niederwassermenge des Flusses beträgt ca. 14 cbm. Davon 1,5 cbm für die Spülung der Ihme und 2,0 cbm für den Mittellandkanal in Abzug gebracht, bleiben pro Secunde 10,5 cbm mit 2,2 m Gefälle oder 300 PS. für den eventuellen Betrieb der beiden neuen Pumpwerke an der Brück- und an der Klickmühle über, von welchen vorläufig nur das letztere, nachdem die Beseitigung der Mühle stattgefunden hatte, ausgeführt wird.

Die neue Pumpstation ist für 4 Turbinen, welche ebensoviele Pumpen betreiben sollen, angelegt. Der Maschinenraum hat im Lichten 8,5 m Breite und 26 m Länge bei 6,5 m Höhe. Das Gebäude steht in der Leine und ist auf Pfahlrosten fundirt. Es sind für den Mittelbau 523 Pfähle von 0,25 m Durchmesser und 6,75 m Länge und ferner noch 100 Stück Rammpfähle erforderlich gewesen. In einem in Anschluss daran erbauten Wasserthurme wird ein Ausgleichsreservoir von 200 cbm Inhalt aufgestellt werden. Der Entwurf der Architectur war Gegenstand einer Concurrenz unter hannover'schen Architecten, in welcher der Professor H. Stier den Preis erhielt.

Die Pumpen sind doppeltwirkende Girard-Pumpen mit Ringventilen mit Federbelastung. Die Plunger haben 250 mm Durchmesser und 0,48 m Hub. Jede Pumpe liefert bei 56,7 Doppelhüben pro Minute 288 cbm Wasser pro Stunde auf 32,0 m Höhe. Je 2 Pumpen erhalten einen gemeinschaftlichen Druckwindkessel von 5,0 m Höhe und 1,1 m Durchmesser und ein Druckrohr von 750 mm Durchmesser.

Jede Turbine hat 1,94 cbm Aufschlagwasser pro Secunde bei 2,2 m Gefälle. Es sind Axialturbinen mit einem Lauf- und einem Leitrade von 2,0 m mittlerem Durchmesser mit einem Fächerschieber. Sie haben je 43 PS. bis 25 PS. bei 40 bis 24 Umdrehungen pro Minute. Als Reserve wird für den Betrieb der einen Pumpe ein zweicylindriger Gasmotor in einem Nebenraume aufgestellt.

Bei einer Abgabe von 24000 cbm pro Tag ist angenommen, dass 6000 cbm bei Nacht, 13100 cbm bei Tag, sowie 4900 cbm bei Tag und bei Nacht erforderlich sind, so dass, weil vorläufig von der Anlage eines grösseren Reservoirs zum Ausgleiche Abstand genommen ist, die Pumpen am Tage 65% und bei Nacht 35% des 24stündigen Quantums zu liefern haben. Von der Pumpstation gehen 2 Hauptleitungen, eine von 600 mm und eine von 500 mm Durchmesser ab. Das ganze Rohrnetz erhält 23430 lfd. m Länge und wird sich aus folgenden Durchmessern und Längen zusammensetzen:

Rohrdurchmesser	mm	600	500	450	300	275	250
Rohrlänge . . .	m	700	1315	1250	3825	1500	2260
	mm	200	175	150	125	100	
	m	2775	1675	3440	2000	2690.	

Die Kosten der Anlage sind auf M. 1300000 veranschlagt. Mit diesem Werke wird für die Stadt allerdings die Einheitlichkeit der Versorgung noch mehr wie früher aufgegeben und damit sowohl von diesem hygienischen Grundsatze für städtische Wasserversorgungen, als von der ebenso lautenden wirthschaftlichen Forderung abgewichen. Weil aber von vornherein Abstand davon genommen ist, das Flusswasser irgendwelcher vorherigen Reinigung zu unterziehen, so ist zu hoffen, dass dessen Einführung auf die Privatgrundstücke sich stets in sehr bescheidenen Grenzen halten wird. Dem stehen auch die hohen Kosten für solche doppelte Zuleitungen entgegen, die ja nur bei einem sehr grossen Consume und einer sehr viel billigeren Preisstellung für das schlechtere Wasser den Wunsch nach letzterem erwecken können.

e) Neue Grundwasserversorgung.

Es ist daher hoch erfreulich, dass schon im März 1897 die Stadt Hannover in die glückliche Lage gekommen ist, für ein zweites Grundwasserwerk geeignete Grundstücke ankaufen zu können. Diese liegen südlich von der Stadt in der Leineniederung und ca. 7 km von der Stadt entfernt. Sie bilden eine Fläche, die ca. 4 km Breite und ca. 7 km Länge hat und von den Ortschaften Grasdorf, Laatzen, Wülfel, Döhren, Arnum und Pattensen begrenzt ist. Die angekauften Grundstücke haben eine Grösse von 76 ha und haben M. 1110000 gekostet.

Nach den schon in den Jahren 1895/96 ausgeführten hydrologischen Untersuchungen der gesammten, weiteren Umgebung der Stadt ist dieses Gelände als das geeignetste befunden, indem hier bei einer mittleren Mächtigkeit der kiesigen Sandschichten von 6,85 m sowohl der nahezu senkrecht ins Leinethal einfallende Grundwasserstrom in einer Länge von 2 km abgefangen werden kann, als auch von dem Leineflusse her durch die zu schaffenden Gefälle nach der späteren Wassergewinnungsanlage zu eine höhere Ergiebigkeit durch natürlich filtrirtes Flusswasser erreicht werden wird.

Nach den Ergebnissen der in den 5 Monaten Juli bis November 1897 ausgeführten Pumpversuche aus 2 Brunnen von 0,6 m Durchmesser, aus welchen bei einer Absenkung von 3,4 m dauernd 3500 cbm im Tage entnommen werden konnten, erscheint es möglich, aus dem Terrain selbst bei dem niedrigsten Grundwasserstande täglich 20000 bis 24000 cbm gewinnen zu können.

Das zu erbauende Werk wird eine Pumpstation für eine Tagesleistung von 24000 cbm erhalten. Die Gewinnung des Wassers wird durch Rohrbrunnen von 0,6 m Durchmesser aus Kupferblech mit geschlitzten Wänden, welche aussen mit einer 0,35 m dicken Filterkiesschicht umgeben werden, erfolgen. Zunächst sollen 20 solcher Brunnen in ca. 100 m Entfernung von einander hergestellt werden. Diese Gewinnungslinie kann eventuell demnächst auf 3 km Länge gebracht werden. Das Wasser wird allerdings einer Enteisenung unterzogen werden müssen.

Von der Pumpstation aus soll das Wasser durch eine Druckrohrleitung von 7 km Länge einem Hochreservoire zugeführt werden, welches 8000 cbm Inhalt erhalten und auf dem Kronsberge erbaut werden soll. Der Wasserspiegel wird hier der gleiche, wie für das Hochreservoir auf dem Lindener Berge sein. Von hier soll eine Fallrohrleitung von 8 km Länge zur Stadt führen und ohne wesentliche Berührung der bebauten Gebiete namentlich die südöstlichen, östlichen und nördlichen Bauflächen der Stadterweiterung mit Wasser versorgen, wobei eventuell Theile der Ost- und der Südstadt anzuschliessen sein werden.

Sowohl die Vorarbeiten als das Project für diese neue Anlage sind unter Bock's Leitung ausgeführt, und es wird nach Genehmigung des Specialprojectes durch die städtischen Behörden im Frühjahre 1898 mit dem Baue des neuen Werkes begonnen werden können.

d) Die Kunst in Herrenhausen.

Die sogenannte Kunst, das Wasserwerk in Herrenhausen bei Limmer dient nur in sehr geringem Umfange für wirthschaftliche Zwecke, sondern fast ausschliesslich zur Speisung der Wasserkünste in dem Grossen Garten des Schlosses Herrenhausen, welches, wenn auch von dem Stadtbezirk Hannover völlig eingeschlossen, mit anderen, früher königlichen Schlössern etc. als Königl. Schloss- und Gartenbezirk dem Landrathsamte Hannover unterstellt ist. Es rechtfertigt der öffentliche Charakter dieser Anlagen, die jetzt fast nur noch ein rein städtisches Interesse haben, die Besprechung dieser Kunst hier umsomehr, weil die geschichtliche Entstehung dieser Wasserversorgung auch einen Einblick in die Entwicklungsegeschichte der Wasserweke im Allgemeinen bietet.

Der Grosse Garten ist nach dem Muster der Gärten von Versailles, St. Cloud und Fontainbleau im französisch-holländischen Geschmacke nach den Plänen des Gartenkünstlers Luôrre am Ende des 17. Jahrthunderts unter der Rgierung der Herzöge von Calenberg-Grubenhagen, Johann Friedrich und Ernst August angelegt. Für die Wasserversorgung desselben ist im Jahre 1686 hinter dem Schlosse auf einem Sandacker ein Bassin von 104 m Länge, 29 m Breite und 4,4 m Tiefe hergestellt, dessen Boden und Seitenwände mit den Füssen gestampfte Thonschichten von 1,2 m Dicke bilden, die innen mit Mauerwerk bekleidet sind. Im Jahr 1691 ist ein zweites Bassin von 64 m Länge, 29 m Breite und 2,4 m Tiefe hergestellt und durch ein Rohr mit dem ersten verbunden. Diese Bassins wurden aus einem Sammelteiche vom Lindener Berge her durch 2 hölzerne Rohrleitungen von 100 mm Bohrung und 3200 m Länge, in welche bei der Kreuzung der Leine ein Düker aus Bleirohren eingeschaltet war, mit Wasser gefüllt. Aus ihnen wurden die kleinen Springbrunnen, die Grotte und die Cascade vor und neben dem Schlosse gespeist.

Weil das Wasserquantum für eine häufige Benutzung nicht genügte, so tauchte das Project, mit dem auch Leibniz sich beschäftigt haben soll, auf, ein Schöpfrad von 14,6 m Durchmesser an der Leine aufzustellen, um mehr Wasser zu erhalten. Es wurden im Jahre 1686 Sachverständige nach Bremen geschickt, um ein solches Rad von 12 m Durchmesser und 2 m Breite zu besichtigen. Die Kostspieligkeit und andere Schwierigkeiten liessen diese Idee aber aufgeben, und es wurden zur Vergrösserung des Wasserquantums am Benther Berge 4 Teiche zur Sammlung des Wassers von dort entspringenden Quellen gegraben. 2 hölzerne Rohrleitungen, welche bis zur Leine 4700 m Länge hatten, wurden aus 1644 gebohrten Kiefernstämmen hergestellt. Für die Kreuzung der Leine wurden Bleirohre, die bis dahin in der Stadt den Brunnen auf dem Neustädter Markte gespeist hatten, aufgenommen und verwendet. Die Teiche lagen aber zu niedrig und die Leitungen waren nicht in Ordnung zu bringen und zu eng. Im Jahre 1689 wurde damals die Limmerbrücke über die Leine gebaut, um statt des Dükers auf dieser Brücke Holzrohre von 160 mm Bohrung zu verlegen. Um durch gleich grosse Rohre auch die anderen Leitungen zu ersetzen, war aber das nöthige Holz nicht zu beschaffen.

Der fürstliche Architect de Munter in Celle wurde im Jahre 1690 berufen, um das Fontainenwesen in Ordnung zu bringen. Er liess die Rohre, die von den Wasserbassins am Schlosse abgehen, durch solche von Blei ersetzen. Das Blei dafür wurde vom Harz bezogen und von hannover'schen Kannengiessern wurden in Formen, die aus Frankreich bezogen waren, die Rohre von 2,6 m Länge und 70 mm Durchmesser mit 10 mm Wandstärke gegossen. Am Benther Berge liess de Munter auf einem Unterbaue einen hölzernen Wasserkasten aufstellen durch ein Schöpfrad, welches ein mit 2 Pferden bespannter Göpel betrieb, aus den Teichen gefüllt wurde. Damals wurde auch für die Lindener Quellen zum Heben ihres Wassers eine Doppelpumpe aufgestellt. Mit diesen Anlagen wurde auch eine bessere Speisung der Herrenhäuser Bassins erreicht.

Inzwischen war die bekannte »grosse Fontaine«, die ein bleiernes Rohr von 50 mm Durchmesser speiste, entstanden und im Jahre 1705 kamen die, die grossen Fontainen umgebenden, 4 kleineren Fontainen hinzu. Die Leitung der Anlagen waren damals einem Ingenieur La Croix aus Paris als »Fontainier« übertragen, in dessen Familie dieses Amt vom Jahre 1700 ab bis 1828 verblieben ist und dann von einem Schwiegersohne des letzten Inhabers, dem verstorbenen Baurath Schuster weitergeführt wurde. Die von de Munter ausgeführten Verbesserungen genügten den im Anfange des 18. Jahrhunderts wachsenden Wasseransprüchen nicht mehr, und die Frage der Erbauung eines Schöpfrades an der Leine wurde wieder aufgenommen. An den Verhandlungen darüber, sowie über die Verbesserung der Wasserkünste dort haben ausser Leibniz ein Dr. van Stavingen in Leewarden, ein Ingenieur B. van Poelwyk in Amsterdam und ein Baumeister Schmidt in Hannover als Sachverständige Theil genommen, ohne dass man zu einem Resultate kam. Durch die Ausdehnung der Versorgung auf den Berggarten und auf viele Wirthschafts- und Stallgebäude etc., sowie auf das Schloss Montbrillant wurden die Verhältnisse immer drückender, bis es dem englischen Geistlichen J. Beuson gelang, seine neue Wassermaschine mit dem Kehrrade zu erfinden.

Am 23. Januar 1718 wurde vom Könige Georg I. von England die Anlage einer solchen Wasserkunst in Herrenhausen befohlen und durch den Vertreter von Sir Beuson, dem Mechaniker J. Andrews mit dem Zimmermeister Cleves und Sohn, sowie dem Bleigiesser Allen und 12 englischen Arbeitern der Bau bei Limmer an der Stelle ausgeführt, wo heute noch die Kunst sich befindet. Als am 25. October 1720 das Werk vollendet war und den erhofften Effect nicht ergab, wurde der Maschinendirector Bardeles aus Clausthal zugezogen, und seitdem hat diese alte Kunst unter Anbringung zeitweiliger Verbesserungen bis zum Jahre 1860 mit Erfolg gearbeitet.

Das Pumpwerk wurde durch 5 Kropfräder von 10,0 m Durchmesser und 2,5 m Breite betrieben und bestand aus 40 einfachwirkenden Pumpen, von denen je 8 Stück neben dem betreffenden Wasserrade auf beiden Seiten der verlängerten Wellenausläufe standen und damit mittels Klinkwerken mit Gewehrschloss-Mechanismen verbunden waren. Die Pumpenstiefel standen ganz unter Wasser und in ihnen bewegten sich hölzerne Stempel von 300 mm Durchmesser und 2,0 m Höhe. Jede Pumpe hatte ein Sauge- und ein Druckventil in der Form von Lederklappen und je 4 Pumpen hatten ein gemeinschaftliches Druckrohr, so dass im Ganzen 10 Druckrohre vorhanden waren. Die Plunger von je 2 nebeneinander stehenden Pumpen waren oben durch eine Kette so miteinander verbunden, so dass der Niedergang eines Plungers den Aufgang des anderen zur Folge hatte. Die Triebwerke an den Wasserradwellen bewirkten also nur den Niedergang der Plunger und zwar für jede Pumpe durch ein sogenanntes Kehrrad, eine auf der Wasserradwelle lose laufende Holzscheibe, mit welcher durch eine Kette die Plunger von je 2 Pumpen verbunden waren und die durch Klinken von der Welle so mitgenommen wurde, dass zwischen den einzelnen Hüben jeder Pumpe Pausen eintraten.

Die 10 Druckrohre vereinigten sich zu 3 Rohrsträngen und diese wieder vor dem Maschinenhause zu 2 Rohrsträngen von je 280 mm Durchmesser, welche in ca. 500 m Entfernung kurz vor der grossen Fontaine sich zu einem Rohre von 400 mm Durchmesser vereinigten. Letzteres war, ebenso wie die anderen Leitungen, aus Blei hergestellt und hatte 50 mm Wandstärke. Der Strahl der grossen Fontaine erreichte 35,0 m Höhe durch ein ringförmiges Mundstück von 267 mm innerem und 295 mm äusserem Durchmesser. Für den Betrieb der Wasserräder ist die Leine durch ein Wehr 3,5 m hoch aufgestaut. Ein 26 m breiter Kanal zweigt oberhalb des Wehrs für das Aufschlagwasser aus der Leine ab und mündet 900 m dahinter wieder in diesen Fluss ein. Dieser Kanal ist damals von Soldaten in dem festen Thonboden ausgeführt, der durch von Pferden gezogene Pflüge aufgelockert wurde. Die Kosten der Anlage haben der Zeit etwa M. 400 000 betragen, und es hat Beuson 3000 Lst. oder M. 61 000 als Honorar erhalten.

Im Jahre 1858 sind die beiden Bleirohre von je 280 mm Durchmesser durch ein gusseisernes Rohr von 438 mm Durchmesser ersetzt. Ein gleiches ist dann auch mit den anderen Bleirohren geschehen, und es sind aus dem Verkaufe dieser alten Rohre, die aus stark silberhaltigem Blei bestanden, mehr als die Kosten für den späteren Neubau der ganzen Kunst gedeckt. Dieser Neubau wurde von einer im Jahre 1858 dazu berufenen Commission, die aus dem Bergrath Jordan in Clausthal, dem vorgenannten Schuster und dem Bauinspector Auhagen in Hannover bestand, ausser wegen der stossweisen Wirkung der alten Pumpen und sonstigen Unzuträglichkeiten namentlich in Rücksicht darauf empfohlen, dass auch dem Georgengarten und dem im Bau begriffene) Welfenschlosse (jetzt technische Hochschule Wasser in grösseren Mengen zuzuführen sei. Der Hausminister von Malortie beauftragte im Jahre 1860 den Baurath Hagen in Hannover mit dem Projecte und der Bauleitung des neuen Werkes, für welches die damalige Maschinenfabrik G. Egestorff in Linden sämmtliche maschinelle Arbeiten geliefert hat.

Die neue Anlage besteht aus 2 symetrischen Theilen mit je einem Wasserrade, das an jedem Ende seiner Achse eine Kurbel von 0,47 m Radius trägt. Ueber jeder von diesen liegt 2,7 m hoch ein schmiedeeiserner, einarmiger Balancier, an den, 2,24 m von seinem Drehpunkte entfernt, eine Lenkstange von der Kurbel und, 3,26 m entfernt, von einem Watt'schen Parallelogramme geführt, die Pumpenstange einer stehenden, doppeltwirkenden Pumpe mit Liderkolben von 389 mm Durchmesser und 1,46 m Hub aufgehängt sind. Jede Pumpe hat 2 Saugerohre und ein Druckrohr von 280 mm Durchmesser. Die beiden Druckventile und das eine Saugeventil liegen übereinander, während das andere Saugeventil seitlich liegt. Die Ventile haben nach der Mitte zu aufschlagende Lederklappen. Die Pumpenstiefel haben Rothgussfutter. Das gemeinschaftliche Druckrohr der 4 Pumpen hat 437 mm Durchmesser und 535 m Länge bis zur grossen Fontäne. Die Wasserräder sind eiserne Kropfräder für 3,21 m Gefälle von 8,47 mm äusserem Durchmesser und 3,48 m Breite; jedes hat 45 gekröpften Schaufeln von 0,73 m Breite.

2. a. **Diepholz.** (E. 3007, W. 451 mit je 6,7 B.)

Die Wasserversorgung der Stadt Diepholz erfolgt ausschliesslich aus gegrabenen und gemauerten Brunnen, welche Eigenthum der einzelnen Besitzungen sind. Oeffentliche Brunnen sind nicht vorhanden.

3. b. **Hameln.** (E. 16 512, W. 1300 mit je 12,7 B.)

Die Stadt Hameln besass für ihre Wasserversorgung 16 öffentliche und zahlreiche private Brunnen mit stets genügendem und meistens gutem Wasser. Zur Erreichung einer vollkommeneren Versorgung beschloss die städtische Vertretung trotzdem schon im Jahre 1885, auf Kosten der Stadt ein Wasserwerk zu erbauen. Die Verhandlungen über die Vorfragen und namentlich über die Wahl des Gewinnungspunktes nahmen eine Reihe von Jahren in Anspruch, bis endlich ein vom Oberingenieur P. Schmick in Frankfurt a/M. ausgearbeitetes Project eine feste Grundlage bot.

Nach diesem Projecte sind 2800 cbm als tägliche Maximalleistung bis nach 25 Jahren als ausreichend erachtet. Der aufgestellte Kostenanschlag belief sich auf M. 450000. Durch verschiedene spätere Modificationen des Projectes, zu denen auch der Ersatz der Dampfmaschinen durch Gasmotoren für den Pumpen betrieb gehört, sind die Anlagekosten für die in dem Jahre 1894/95 unter Schmick's Leitung erbaute Anlage auf M. 350000 oder M. 21,20 pro Kopf reduzirt.

Das Wasser von 2 Quellen, deren eine am Rettigsgrunde und deren andere am Hühnerborn entspringt, ist in 2 Brunnen gefasst und wird durch eine Leitung einem gemauerten und überwölbten Sammelreservoire zugeführt, das unmittelbar neben der Pumpstation, nordöstlich von der Stadt und von dieser circa 2000 m entfernt, liegt. Dieses Sammelreservoir besteht aus 2 Kammern von 500 cbm Inhalt, deren Wasserspiegel ca. 6,0 m hoch über dem der Weser liegt.

In der Pumpstation befinden sich 2 liegende Gasmotoren, jeder von 25 PS. Von jedem derselben wird durch Riemenübertragung eine liegende, doppeltwirkende Plungerpumpe angetrieben. Die Pumpen haben 200 mm Durchmesser und 0,34 m Hub. Bei 50 Umdrehungen pro Minute fördert eine jede Maschine 64 cbm Wasser pro Stunde auf 64,0 m Höhe. Zum Antrieb der Motoren dient eine Luftdruckpumpe mit Windkessel. Die Motoren und Pumpen sind von den Gebr. Körting in Körtingsdorf bei Hannover geliefert. Die Bauarbeiten sind von Chr. Wagener und Ad. Kattentidt in Hameln ausgeführt.

Oestlich von der Pumpstation und ca. 1000 m davon entfernt liegt »auf der Hyde« ein Hochreservoir von 1000 cbm Inhalt. Dieses wird durch eine Druckleitung von 275 mm Durchmesser gespeist. Es ist in Mauerwerk ausgeführt, überwölbt und mit Erde überfüllt. Von dem Reservoire führt eine Fallrohrleitung von 275 mm Durchmesser zur Stadt. Zwischen der Pumpstation und dem Hochreservoir liegt ferner in der Mitte noch ein Brunnen, dessen Wasser durch das Druckwasser gleichzeitig mit angesogen und in das Hochreservoir gefördert wird.

Die Rohrleitungen von 275 mm bis 80 mm Durchmesser haben im Ganzen 21 209 m Länge. Mit denselben sind 164 Schieber und 166 Hydranten verbunden. Die Rohrverlegungen sind von der Firma Reuter & Straube in Halle a. d. Saale ausgeführt. Die Zahl der Anschlüsse an die Leitungen hat im Mai 1896 im Ganzen 668, und die Wasserabgabe hat im ersten Betriebsjahre 95 000 cbm betragen. Es sind 375 Wassermesser, welche von Dreyer, Rosenkranz & Droop, Hannover geliefert sind, aufgestellt, welche folgende Grössen haben:

Durchmesser mm	13	20	25	30	50	70	80	100
Stückzahl . . .	30	225	97	18	2	1	1	1

Für die Maschinenlieferung war vorgeschrieben, dass pro cbm Leuchtgas eine Nutzleistung von 290000 m × kg entwickelt werden sollte, was pro 100 cbm Wasser auf 64,0 m Höhe 22,08 cbm Gas und pro PS.-Stunde 0,93 cbm Gas entsprechen würde, während bei der Abnahme 350000 resp. 360000 m × kg für jeden einzelnen Motor und 365000 m × kg für beide zusammen pro cbm Gas ermittelt sein sollen. Letztere Zahl würde pro 100 cbm Wasser 17,55 cbm Gas und 0,74 cbm Gas pro PS.-Stunde entsprechen.

Die Leitung des Werkes ist mit dem des städtischen Gaswerkes verbunden und liegt in den Händen des Directors Ad. Riege.

4. d. **Linden.** (E. 35860.)

Die Wasserversorgung der Stadt Linden erfolgte früher ausschliesslich aus privaten Brunnen, die gegraben und gesenkt sind und 8,0 bis 10,0 m Tiefe haben. Ausserdem versorgten sich die Fabriken direct mit Flusswasser. Jetzt findet die Versorgung überwiegend durch das Wasserwerk der Stadt Hannover statt.

Von den beiden Fallrohrleitungen dieses Werkes von 600 mm Durchmesser, welche von dem Hochreservoire auf dem Lindener Berge zur Stadt Hannover führen, liegt die eine im Nordosten und die andere im Südosten von Linden. Beide sind durch eine Leitung von 200 mm Durchmesser, die innerhalb der Stadt liegt, verbunden. Sie führt durch deren Hauptstrassen, die Deister- und die Blumenauerstrasse. Für die Hausanschlüsse sind und werden von dem Hannoverschen Wasserwerke Zweigleitungen von diesem Rohre aus auf Antrag und für Kosten der Stadt Linden unter der Garantie einer bestimmten Wasserabnahme verlegt, welche dann als Privatleitungen kostenfrei in den Besitz des Hannoverschen Wasserwerkes übergehen. Die Stadt Linden, sowie deren Hauseigenthümer bezahlen übrigens das verbrauchte Wasser nach dem Tarif der Stadt Hannover ebenso wie Privatconsumenten in Hannover selbst.

Der Gedanke, ein selbstständiges Wasserwerk zu erbauen, ist schon verschiedentlich aufgetaucht, weil das Verhältniss mit dem Hannoverschen Wasserwerke nicht durch einen Vertrag fixirt ist.

Der nachträgliche Abschluss eines solchen ist aber in Vorbereitung begriffen.

5. e. **Neustadt a. Rübenberge.** (E. 2264, W. 271 mit je 8,4 B.)

Die Wasserversorgung der Stadt Neustadt erfolgt ausschliesslich aus Privatbrunnen. Nur ein öffentlicher Brunnen welcher gebohrt ist, ist vorhanden.

6. f. **Nienburg a. d. Weser.** (E. 9111 W. 900 mit je 10,1 B.)

Die Wasserversorgung der Stadt Nienburg erfolgt ausschliesslich aus Brunnen innerhalb der Stadt, deren 30 öffentliche und zahlreiche private vorhanden sind. Das Wasser ist durchgängig nicht gut und zum Theil sogar schlecht. Die Regierung wünscht daher schon längere Zeit dringend die Anlage einer allgemeinen Wasserversorgung. Im Jahre 1887 stand die Stadt vor der Inangriffnahme der Vorarbeiten dafür.

7. b. **Polle a. d. Weser.** (E. 1150.)

Für den Flecken Polle ist im Jahre 1897 nach dem Projecte des Regierungsbaumeisters Taaks in Hannover eine Trinkwasserleitung ausgeführt, welche M. 19 000 gekostet hat. Sie ist für eine tägliche Lieferung von 150 cbm Wasser bestimmt. Das Wasser wird aus Quellwasser durch gelochte Thonrohre gesammelt und fliesst mit natürlichem Gefälle durch eine 1220 m lange gusseiserne Leitung von 80 mm Durchmesser in den Ort und hinter demselben auf 160 m Entfernung zu einem Hochreservoire von 50 cbm Inhalt, welches, in den Boden versenkt, aus Beton hergestellt und überwölbt ist.

Die von dem Hauptrohre abzweigenden Vertheilungsleitungen im Orte haben 60 mm Durchmesser, und es sind damit 15 Schieber und 17 Freibrunnen verbunden. Die Anschlussleitungen sind aus Bleirohren von 13 mm bis 20 mm Durchmesser hergestellt, und mit den Hausleitungen sind ca. 100 Zapfhähne verbunden.

Eine im Mai 1897 ausgeführte Analyse des Wassers hat im Liter ergeben:

Trockenrückstand	421,0 mg
Glührückstand	365,0 »
Chlor	17,7 »
Sauerstoff zur Oxydation der organischen Substanz	2,5 »
Ammoniak, salpetrige und Salpetersäure	Null
Gesammthärte, deutsche Grade	18,2°
Bleibende Härte	6,6°

8. h. Rehburg. (E. 1273.)

Für die Wasserversorgung der Stadt Rehburg ist im Jahre 1889 nach dem Projecte des Regierungsbaumeisters Taaks in Hannover eine Quellwasserleitung von einer täglichen Ergiebigkeit von 70 cbm hergestellt, welche M. 15000 gekostet hat.

Durch einen 130 m langen Sammelstrang werden kleine Ueberfallquellen zusammengeleitet. Deren Wasser wird dann mit natürlichem Gefälle auf 400 m Entfernung einem Hochreservoire von 50 cbm Inhalt zugeführt, welches aus Cementmauerwerk hergestellt ist und in 1000 m Entfernung von der Stadt liegt, zu welcher eine Fallrohrleitung von 90 mm Durchmesser führt.

Die gesammte Länge der Rohre beträgt 1600 m von 90 mm Durchmesser, und es sind damit 3 Schieber, 72 Freibrunnen und 2 Spülausläufe verbunden. Zuleitungen zu den Häusern sind bislang nicht ausgeführt.

9. c. Ricklingen. (E. 546.)

Die Wasserversorgung des Dorfes Ricklingen erfolgt ausser aus Brunnen im Orte zum Theil durch das Wasserwerk der Stadt Hannover.

10. g. Springe. (E. 2932, W. 380 mit je 7,8 B.)

Für die Wasserversorgung der Stadt Springe dienen 16 öffentliche und ca. 100 private Brunnen, welche zum Theil gemauert und zum Theil aus Cementringen ausgeführt sind. Ferner wird unmittelbar vor der Stadt Wasser aus einem Bache in ein Bassin geleitet, aus dem es mit natürlichem Gefälle durch eine ca. 950 m lange Leitung aus hölzernen Rohren von 120 mm Durchmesser 7 öffentlichen Laufbrunnen zufliesst. Diese Anlage ist schon im Jahre 1785 hergestellt und hat M. 4000 gekostet. Der jetzige Zustand der Versorgung genügt den Bedürfnissen.

11. e. Wunstorf. (E. 3508, W. 379 mit je 9,2 B.)

Die Wasserversorgung der Stadt Wunstorf erfolgt ausschliesslich aus gemauerten und aus Rohrbrunnen in der Stadt. 12 derselben dienen der allgemeinen Benutzung.

XXI. Regierungsbezirk Hildesheim.

(Provinz Hannover.)

a) Alfeld 2. — **b)** Duderstadt 7. — **c)** Einbeck 8 (Dassel 6). — **d)** Göttingen 10 — **e)** Goslar 11. — **f)** Gronau 12 (Elze 9). — **g)** Hildesheim 1. — **h)** Ilfeld 14. — **i)** Marienburg (Bockenem 4). — **k)** Münden 17. — **l)** Northeim 18 (Moringen 16). — **m)** Osterode 19 (Herzberg a. H. 13). — **n)** Peine 20. — **o)** Uslar 21. — **p)** Zellerfeld 22 (St. Andreasberg 3, Clausthal 5, Lauterberg 15). —

Anhang: 23. Wasserwirthschaft des nordwestlichen Oberharzes.

---

1. g. Regierungshauptstadt Hildesheim. (E. 38985, W. 3000 mit je 13,0 B.)

a) Geschichtliches.

Die Wasserversorgung der Stadt Hildesheim erfolgte früher ausser aus einer grossen Zahl von Pumpenbrunnen, deren 50 zur öffentlichen Benutzung dienten, aus verschiedenen Laufbrunnen mittels künstlicher Zuleitung.

Am Abhange des Krähenberges, östlich von der Stadt in der Nähe der Irrenanstalt, ist schon seit mehreren hundert Jahren eine hier austretende mächtige Quelle, die Sültequelle am Osterthore zum Betriebe eines alten Wasserrades benutzt, das mittels eines Pumpwerkes Wasser aus derselben Quelle hob. Durch hölzerne Rohrleitungen und gemauerte Kanäle wurde dasselbe verschiedenen Abgabestellen in der Stadt zugeführt. In dieser alten Wasserkunst ist im Jahre 1876 nach einem Projecte des Ingenieurs Fischer in Hannover das Wasserrad durch 2 kleine Wassersäulmaschinen ersetzt, deren besserer Nutzeffect es gestattete, nicht nur mehr Wasser zu liefern, sondern dieses auch auf 9,0 m Höhe in ein Reservoir von 8,6 cbm Inhalt zu heben, aus dem es dann durch eiserne Rohrleitungen in die Altstadt geführt wurde. Dieser Umbau des alten Werkes hat damals M. 16200 gekostet.

Ferner befand sich eine alte Quelle mit natürlichem Erguss in der Stadt, die Muttergottesquelle bei der Kreuzkirche, deren Wasser jetzt direct in einen Kanal fliesst. Auch waren künstliche Zuleitungen aus Quellen, die am Galgenberge entspringen und an dessen südwestlichem Abhange gefasst sind, vorhanden. Dieses Wasser speiste den Brunnen auf dem Neustädter Markte und verschiedene andere Brunnen in der Neustadt. Eine andere Quelle, welche an dem entgegengesetzten, nordöstlichen Abhange des Galgenberges entspringt, die Ortsschlumpbachquelle, ist, ebenso wie der sehr wasserreiche Brunnen an dem früheren Altenbekener und jetzigen Staatsbahnhofe erst später für die Stadt nutzbar gemacht.

Schon Ende der 70er Jahre wurde in der Stadt der Wunsch nach einer reichlicheren Wasserversorgung für öffentliche Zwecke, zum Spülen der Strassen etc., sowie für die Privaten dringend empfunden. Der damals um Rath gefragte Professor Fischer empfahl die Erbauung einer Pumpstation an der Innerste. Er schlug vor, das Wasser in hochgelegene Reservoire zu fördern und einer Reinigung zu unterziehen. Von hier sollte es dann zur Stadt fliessen. Die Anlagekosten dafür schätzt er auf M. 1000000, weshalb das Project aufgegeben wurde.

Später hat der Magistrat den Oberingenieur Schmick in Frankfurt a/Main zu weiteren Vorstudien zugezogen und ihm auch im Jahre 1883 die Ausarbeitung eines Projectes übertragen. Als etwaige Gewinnungsstellen hatte die Stadt damals in grösserer Entfernung das Innerste-thal und nahe der Stadt die Ortsschlumpbachquelle und das Terrain des nördlich davon gelegenen Krähenberges ins Auge gefasst. In dem von Schmick im Jahre 1885 bei Vorlage seines Projectes erstatteten Berichte verwarf er auf Grund der von ihm vorgenommenen Untersuchungen diese 3 Bezugsquellen sämmtlich und empfahl statt dessen eine Zuleitung der Baddeckenstedter Quellen. Die Bohrungen im Innerstethale haben ein eisenhaltiges Wasser von 18° Härte ergeben, das ausserdem 20,0 m tief unter Terrain steht. Die Quellen des Bahnhofsbrunnen werden aus der nordöstlichen Niederung hinter dem Bahnhofe aus der Richtung von Drispenstedt und Davenstedt her, gespeisst. Sie haben 20° Härte und sind nach seiner Ansicht gleichfalls nicht brauchbar.

Die Bohrungen am Krähenberge zwischen der Sültequelle und der Ortsschlumpbachquelle haben sich nur wenig ergiebig gezeigt. Die Ortsschlumpbachquelle selbst hatte dagegen während der einen Monat dauernden Pumpversuche im December 1883 täglich 3000 cbm gegeben, ohne zu sinken. Nach Einbau einer grösseren Pumpe sind zeitweise 3800 cbm bis 4200 cbm im Tage daraus gefördert. Später ist die Lieferung wieder auf 3000 cbm im Tage gesunken. Die Quelle tritt am Zusammenstosse des weissen Jurakalks, der stark zerklüftet ist und den Galgenberg bildet, über einem starken Thonlager hervor, das von den Diluvialen des Innerstethales und von Trümmergestein des Jurakalkgebirges bedeckt ist. Schmick hielt die dauernde Ergiebigkeit wegen des raschen Abflusses des Wassers in dem klüftigen Gesteine von täglich 650 cbm für das Maximum.

Die Baddeckenstedter Quellen haben nach den Messungen im September und October 1883 täglich 4700 cbm und im December sogar 12000 cbm ergeben. Sie liegen auf 107,6 m + 0 und der Bahnhof liegt auf 96,0 m bis 98,0 m + 0, also nur 12,0 m tiefer. Eine Zuleitung des Wassers in der Gefälllinie würde ca. 25000 m Länge erhalten müssen, und es wäre im Falle einer Benutzung des Wassers der Quellen für die Stadt eine künstliche Hebung unbedingt nöthig. Schmick empfahl nun, an den Quellen selbst eine Pumpstation anzulegen, weil dann die Zuleitung 3650 m kürzer werden könne. Allerdings war dann bei Wendhausen ein Höhenpunkt von 181,0 m + 0 zu überschreiten, während das auf dem Galgenberge angenommene Hochreservoir auf 145,0 m + 0 liegen sollte. Die Anlagekosten hatte Schmick auf M. 938150 berechnet.

Im September 1886 berief die Stadt zur Prüfung der Frage den Geh. Baurath Hobrecht in Berlin, den Oberingenieur F. And. Meyer in Hamburg und den Baurath Salbach in Dresden als Obergutachter über das Schmick'sche Project. Diese sprachen sich ebensowohl gegen die anderen, ins Auge gefassten Gewinnungspunkte, als auch gegen die Benutzung der Baddeckenstedter Quellen aus und empfahlen, die Vornahme von Bohrungen an verschiedenen anderen Stellen und demnächst die Herstellung eines Versuchsbrunnens. Nach 2 Jahren gab man diese Bohrversuche, die bis dahin sehr zweifelhafte Resultate ergeben hatten, auf, weil nach den im Jahre 1887 vorgenommenen, umfassenden Versuchen an der Ortsschlumpbachquelle ein vorläufig genügendes Wasserquantum constatirt war.

Es war hier ein Versuchsbrunnen von 3,0 m Durchmesser und 10,0 m Tiefe hergestellt und aus diesem wurde das Wasser durch Pumpen entnommen, welche 2 Gasmotoren von 4 PS. und von 2 PS. betrieben, und einem provisorisch am Bergabhange in geringer Höhe über dem Brunnen aus Bruchsteinmauerwerk hergestellten Reservoire zugeführt. Im August 1887 hörten die Quellen leider ganz auf zu fliessen und lieferten erst im November 1887 wieder Wasser. Der Brunnen zeigte dann in dem folgenden Jahre immer eine dauernde Ergiebigkeit von 500 bis 600 cbm pro Tag, und das führte zu dem Entschlusse, für die provisorische Benutzung des Wassers dieser Quelle schon jetzt Leitungen zu legen, die später in ein Gesammtrohrnetz einzubeziehen sein würden. Dem bisherigen Fahren von täglich ca. 12 cbm Wasser nach der Neustadt wurde gleichzeitig durch eine provisorische Leitung von den Galgenbergquellen her abgeholfen.

Inzwischen waren die Baddeckenstedter Quellen, für deren Fassung die Stadt bereits grössere Landankäufe vorgenommen hatte, durch die Vienenburger Kalisalzwerke der Gewerkschaft Hercynia, die täglich ca. 60 Tonnen Chlorsalze der Innerste zuführten, in Folge der Versalzung des ganzen Untergrundes für eine städtische Benutzung völlig unbrauchbar geworden, und das hatte zur Folge, dass man im Jahre 1890 dem Vorschlage des Directors des städtischen Gaswerkes Wille, in dessen Hände von jetzt ab die weiteren Arbeiten für die Wasserversorgung übergingen, folgte und für die Ortschlumpbachquelle einen grösseren Quellbrunnen auszuführen beschloss.

b) Pumpstation und Hochreservoir.

Dieser Quellbrunnen hat 7,5 m Durchmesser und eine gleiche Tiefe wie der Versuchsbrunnen erhalten. Gleichzeitig ist eine Vertiefung und Reinigung des Ortsschlumpbaches selbst vorgenommen. In Folge dessen sind aus dem einen kleinen Brunnen allein während der wasserarmen Zeit im Jahre 1892 50 Tage hintereinander 1450 cbm pro Tag und in einer gleichlangen Versuchsperiode Anfangs 1893 täglich 5500 cbm aus beiden Brunnen gleichzeitig entnommen. Der Wasserspiegel des neuen Brunnens liegt in gleicher Höhe mit den Sültequellen, welche während dieser 100tägigen Versuchszeit gar nicht beeinflusst wurden. In Folge dieses günstigen Resultates ist von dem städtischen Rohrnetze im Jahre 1893 eine fernere Strecke von ca. 14000 m Länge ausgeführt, und es ist das mit dem provisorischen Pumpwerke geförderte Wasser bereits damals an Private zum Preise von 20 Pf. pro cbm zur Abgabe gelangt.

Am 12. Januar 1894 reichte Wille dem Magistrate ein Project für ein Wasserwerk ein, das er, einschliesslich der schon vorher dafür ausgeführten Anlagen, im Ganzen auf M. 1485000 veranschlagt hatte und den Bau von 3 Pumpmaschinen, von einem dritten Brunnen und von 2. Hochreservoiren, sowie die Herstellung eines Vertheilungsnetzes von 48000 m Länge und der Zuleitungen einschliesslich der Beschaffung der Wassermesser etc. umfasste. Am 29. März desselben Jahres wurde der Bau von den städtischen Collegien zur Ausführung genehmigt, nachdem zu Obergutachtern der Director Kümmel in Altona und nach dessen Tode der Director Mitgan in Braunschweig auch während der Bauausführung ernannt waren. Die theilweise Eröffnung des Werkes hat dann schon am 19. December 1894 stattgefunden.

In einer Entfernung von 32 m vom grossen Quellbrunnen ist ein Pumpenschacht von 5,0 m Durchmesser hergestellt, dessen wasserdicht geschlossene Sohle 1,5 m höher als die offene Sohle des Brunnens liegt. Der Pumpenschacht ist durch einen begehbaren Kanal, der 9,0 m tief unter Terrain liegt, mit dem Brunnen verbunden, und es ist darin die Saugeleitung von

375 mm Durchmesser verlegt. Der Kanal und der Brunnen sind aus Backsteinmauerwerk in Cementmörtel hergestellt. Die Brunnensohle liegt auf 83,23 m + 0; der Ueberlauf liegt auf 92,66 m + 0, und der Wasserspiegel der Innerste liegt auf 75,0 m + 0.

Die Maschinenanlage besteht aus 2, schräg an der Wand liegenden Verbundmaschinen mit directer Uebertragung der Bewegung von den Dampfkolben auf die Pumpenkolben. Die Maschinen haben Condensation, Schwungräder und Meyer'sche Expansionssteuerung mit Knüttel'schen Regulatoren. Jede Maschine hat eine Leistung von 26 PS. bei 55 Umdrehungen pro Minute und betreibt eine Plungerpumpe von 248 mm Durchmesser und 0,55 m Hub mit Metall-Gruppenventilen, die pro Stunde 165 cbm Wasser auf 40,0 m Höhe fördert. Die Pumpen stehen 4,0 m tief unter Maschinenflur in dem Pumpenschachte, der noch Raum für die Aufstellung einer dritten Pumpe bietet. Die Dampfcylinder haben 290 mm resp. 460 mm Durchmesser. 2 Einflammrohrkessel mit Gallowayrohren und mit Innenfeuerung haben 6,0 m Länge und 1,57 m resp. 0,8 m Durchmesser. Jeder Kessel hat 32 qm Heizfläche und ist für 8 Atm. Dampfdruck concessionirt. Die Maschinen und Kessel sind von der Berliner Actiengesellschaft für Eisengiesserei und Maschinenfabrikation, vormals J. C. Freund & Comp., in Charlottenburg geliefert.

Von der Pumpstation führt eine 648 m lange Druckleitung von 350 mm Durchmesser zum Hochreservoire. Dasselbe besteht aus 2 Kammern, jede von 2000 cbm Inhalt bei 4,3 m Wasserhöhe. Es ist von der Firma Dyckerhoff & Widmann in Biebrich aus Stampfbeton hergestellt, überwölbt, 3,0 m tief in den Boden versenkt und mit Erde überfüllt. Sein Wasserspiegel liegt 40,0 m hoch über dem Mittelwasser der Quellen und eben so hoch über dem Versorgungsgebiete. Die Fallrohrleitung bis zum Vertheilungsnetze hat 500 m Länge, wovon 216 m von 500 mm und 284 m von 400 mm Durchmesser sind.

c) Wasservertheilung.

Mit der Verlegung des Stadtrohrnetzes war bereits am 1. März 1893 begonnen. Es ist nach dem Circulationssysteme ausgeführt und besteht aus einem von Osten nach Westen die Stadt durchkreuzenden Radialstrange von 250 mm Durchmesser, der mit einem inneren und mit einem äusseren Ringstrange verbunden ist. Die Rohre sind von der hannoverschen Eisengiesserei in Hannover und die Armaturen von Bopp & Reuther in Mannheim geliefert. Das Rohrnetz hatte bis zu 40 mm Durchmesser abwärts am 1. Juli 1895 eine Länge von 36318 lfd. m mit 187 Schiebern und 366 Hydranten. Am 1. Juli 1896 hatte es 42142 lfd. m Länge mit 220 Schiebern und 419 Hydranten. Letztere Leitungen setzen sich nach den Dimensionen der Rohre und Schieber wie folgt zusammen:

Rohrdurchmesser . . mm	500	400	350	300	250
Rohrlänge . . . . . m	216	748	2256	2126	5273
Schieberzahl	2	3	9	5	22

mm	200	175	150	125	100	80	50	40
m	917	329	6432	32	21489	1738	423	163
Zahl	3	2	41	1	118	12	—	2

Die Hydranten sind Unterflurhydranten mit Selbstentwässerung und haben 70 mm Durchgang. Sie stehen in ca. 80 m Entfernung von einander. Die Zuleitungen bestehen aus Bleirohren von 20 mm bis 30 mm Durchmesser und sind mit Reuther'schen Anbohrschellen angeschlossen. In diese sind auf den Grundstücken Privathaupthähne eingeschaltet. Mit den Leitungen sind 10 öffentliche Ventilbrunnen und 6 öffentliche Pissoire verbunden. Die Zahl der Hausanschlüsse und der eingebauten Wassermesser hat am 1. Januar 1894 374 und 300, am 1. Juli 1895 2606 und 2479 und am 1. Juli 1896 2902 und 2876 betragen. Geliefert waren bis Ende 1895 im Ganzen 2810 Messer und zwar 1362 von H. Meinecke, Breslau und 1448 von Dreyer, Rosenkranz & Droop, Hannover, die sich nach der Grösse wie folgt vertheilen:

Durchmesser mm	13	20	28	30	80
Stückzahl . . .	1056	1790	56	6	2

Am 1. Juli 1896 waren 120 Badeeinrichtungen und 70 Closets in Benutzung.

Nach der Eröffnung des Wasserwerkes ist die alte Wasserkunst und die provisorische Pumpstation beseitigt. Die von ersterer früher gespeisten Laufbrunnen sind an die neue Leitung angeschlossen und das Wasser der Sültequelle dient nur noch für die Gasanstalt und die neben dieser erbaute, städtische Badeanstalt, die seit dem Jahre 1886 besteht. Die Galgenbergquellen speisen vorläufig noch einige Brunnen an der Marienburgerstrasse.

Im Herbst 1897 war die Lieferung der Ortsschlumpbachquelle in Folge der grossen Trockenheit so zurückgegangen, dass die Stadt mit einem ernstlichen Wassermangel zu kämpfen hatte. Die städtischen Behörden haben in Folge dessen vom 1. December 1897 ab den Wasserpreis so lange verdoppelt, bis durch hinreichende Niederschläge der hohe Quellenstand wieder erreicht ist. Zugleich ist beschlossen, in der Nähe der Quelle Bohrungen vorzunehmen, und, wenn diese von Erfolg begleitet sind, einen neuen und tieferen Brunnen als den jetzigen Quellbrunnen herzustellen.

Die Tabelle 154 gibt für das erste halbe Jahr 1895 und für das ganze Jahr 1895/96 die Wasserförderung und den Kohlenverbrauch im Ganzen und letzteren auch für 100 cbm Wasser und für eine PS.-Stunde an. Auch ist die Leistung pro kg Kohle in m × kg angeführt.

Tabelle 154.

Jahr	1895, 1. Halbjahr	1895/96
Wasserförderung cbm	163 073	395 489
Kohlenverbrauch kg	68 147	130 631
pro 100 cbm kg Kohlen . . .	41,8	33,0
pro PS.-Stunde Kohlen . . .	2,8	1,54
Arbeitshöhe m	40,0	40,0
pro kg Kohle m × kg . . .	99 400	175 594

Die Tabelle 155 gibt für das Jahr 1894, für das erste halbe Jahr 1895 und für das Jahr 1895/96 die Wasserabgabe

Tabelle 155.

Jahr	1894	1895, 1. Halbjahr	1895/96
Wasserabgabe im Ganzen cbm	261 423	163 073	395 439
dsgl. pro mittlerer Jahrestag	716	899	1 081
oder pro Kopf Lit.	21	26	28
am Maximaltage cbm . . .	1 666	1 672	1 738
am Minimaltage » . . .	299	327	733
von 100 cbm am mittleren Jahrestage am Maximaltage cbm	232,7	186,0	160,9
am Minimaltage cbm . . .	41,8	36,4	67,8

im Ganzen und pro Tag im Jahresdurchschnitte und am Tage des grössten und des kleinsten Verbrauches an, letztere auch gegen 100 cbm am mittleren Jahrestage.

Im Jahre 1895/96 sind 53 650 cbm Wasser für öffentliche Zwecke benutzt und zwar 6000 cbm für Strassensprengen, 22 650 cbm für Laufbrunnen, 10 000 cbm für Kanalspülung, 12 000 cbm für öffentliche Pissoire, 2000 cbm für Besprengen öffentlicher Anlagen und 1000 cbm für Feuerlöschzwecke. Nach Wassermessern sind 273 569 cbm und nach Schätzung sind 121 920 cbm abgegeben. Davon entfallen ausser dem Wasser für öffentliche Zwecke 56 270 cbm auf Verluste und 12 000 cbm auf den Selbstverbrauch des Wasserwerkes.

Der Wasserpreis pro cbm beträgt bei einer jährlichen Abnahme bis 500 cbm 20 Pf., bis 1000 cbm 18 Pf. und darüber 16 Pf. Mindestens ist für ein Haus an Wassergeld ein Viertel der Gebäudesteuer, aber nicht unter 50 Pf. pro Monat zu zahlen. An Wassermessermiethe wird jährlich, je nach der Grösse des Messers erhoben:

Durchmesser mm	10—12	20	25	30	40	50	70	80	100	125	150
M.	4	5	8	10	14	16	20	24	30	40	45

Das Wasser hatte nach einer Analyse vom April 1893 16,8 deutsche Härtegrade und enthielt keine entwicklungsfähigen Bacterien. Im Liter sind 4 mg organische Substanz und 46 mg Chlor bestimmt. Von Salpetersäure fand sich nur eine Spur, und Ammoniak und salpetrige Säure waren nicht nachzuweisen.

Von der landwirthschaftlichen Versuchsstation in Hildesheim werden wöchentlich bacteriologische Untersuchungen und wird jährlich eine chemische Untersuchung vorgenommen. Die Tabelle 156 gibt von den beiden letzten Jahren das Resultat der letzteren in mg im Liter Wasser an.

Tabelle 156.

Datum	28. März 1895	18. Febr. 1896
	mg	mg
Trockenrückstand	355,5	384,7
Glühverlust	45,5	77,7
Desgl. mineralische Substanz	—	307,0
Oxydirbarkeit	0,5	—
Chlor	35,0	31,5
Salpetersäure	7,6	—
Salpetrige Säure	Null	Null
Ammoniak	Null	Null
Deutsche Härtegrade im Ganzen	16,1°	16,8°
Bleibende Härte	5,0°	4,7°
Organische Substanz	—	14,0

2. a. **Alfeld.** (E. 4735, W. 444 mit je 10,6 B.)

Für die Wasserversorgung der Stadt Alfeld ist im Jahre 1878 eine Gravitationswasserleitung hergestellt, welche aus Quellen gespeist wird, die in 1500 m Entfernung von der Stadt beim Dorfe Langenholzen in solcher Höhe erschlossen sind, dass das Wasser mit natürlichem Gefälle die Stadt mit einem Drucke von 2,0 m bis 10,0 m je nach der Ortslage erreicht. Die Quellen haben eine Ergiebigkeit von 720 cbm bis 800 cbm im Tage.

Im Jahre 1894 ist nach dem Projecte des Regierungsbaumeister Taaks in Hannover ein Hochreservoir erbaut und sind ferner Umänderungen an der Zuleitung und im Stadtrohrnetze vorgenommen. Das Reservoir ist aus Ziegelmauerwerk mit Cementmörtel hergestellt. Es liegt im Boden versenkt und ist überwölbt. Sein Inhalt beträgt 500 cbm; es ist in 2 Kammern getheilt. Die Leitung von den Quellen zum Reservoire hat 1275 m Länge und 200 mm Durchmesser.

Die Fallrohrleitung zur Stadt, vor welcher das Reservoir liegt, hat 190 m Länge und 200 mm Durchmesser. Die gesammten Rohrleitungen haben ca. 6700 m Länge bis zu 40 mm Durchmesser abwärts. Es sind damit 39 Hydranten und 8 Ventilbrunnen verbunden. 378 Häuser haben Anschlussleitungen. Die Umbaukosten haben ca. M. 70 000 betragen. Der tägliche Consum beträgt zwischen 600 cbm und 700 cbm, und es wird ziemlich viel Wasser für Industriezwecke benutzt.

3. p. **St. Andreasberg.** (E. 3552, W. 465 mit je 7,6 B.)

Für die Wasserversorgung der Stadt St. Andreasberg dient eine künstliche Zuleitung, welche Wasser mit natürlichem Gefälle aus dem 7 km von der Stadt entfernten Oderteiche zuführt. Diese Zuleitung ist für Rechnung der Stadt im Jahre 1890 mit einem Kostenaufwande von M. 35 000 ausgeführt.

Der tägliche Zufluss beträgt ca. 720 cbm. Es sind für die Vertheilung 2 gemauerte Reservoire hergestellt, die 60 cbm resp. 40 cbm Inhalt haben. Das eine liegt vor, und das andere liegt in der Stadt. An gusseisernen Rohrleitungen sind ca. 5000 lfd. m von 150 mm bis 50 mm Durchmesser verlegt. Damit sind 42 Hydranten verbunden. Mit wenigen Ausnahmen sind sämmtliche Häuser an die Wasserleitung angeschlossen. Ein Laufbrunnen dient für die allgemeine Benutzung. Es besteht die Absicht, das jetzige Wasser demnächst durch Quellwasser zu ersetzen.

4. i. **Bockenem.** (E. 2097.)

Die Anlage einer Wasserversorgung für die Stadt Bockenem, welche im Jahre 1847 mit Ausnahme weniger Häuser durch Feuer zerstört wurde, hat seit dieser Zeit die Einwohner lebhaft beschäftigt. Aber erst im Jahre 1866 wurde man sich über den Plan einer einheitlichen Versorgung nach dem Projecte des Ingenieurs Gehrig in Duderstadt, der die Anlage auch ausgeführt hat, einig.

Das Wasser eines aus einem Seitenthale unterhalb der Stadt austretenden Baches ist in seinem oberen Laufe, 2500 m von der Stadt entfernt, durch ein eingebautes Ueberfallwehr gestaut, so dass sein Spiegel ca. 7,0 m höher als die Stadt liegt. Von hier wird es durch einen gemauerten Schlammfang geleitet, der 3,5 m Länge und 2,0 m Breite bei 1,3 m Tiefe hat. Eine 120 m lange Thonrohrleitung von 100 mm Durchmesser führt es dann mit natürlichem Gefälle weiter zu einem Klärbassin von 40,0 m mal 35,0 m Grundfläche und 1,6 m Tiefe.

In einer gusseisernen Rohrleitung von 2300 m Länge und 75 mm Durchmesser fliesst das Wasser von hier zu einem offenen Bassin, das eine elliptische Grundfläche von 19,0 m mal 9,0 m und 1,6 m Wassertiefe bei 480 cbm Inhalt hat. Von diesem führt ein Rohr von 125 mm Durchmesser zur Stadt, das aber mit dem vorerwähnten Rohre von 75 mm Durchmesser direct so verbunden ist, dass nur bei grösserem Verbrauche durch ein selbstthätiges Ventil Bassinwasser in das Rohr ausfliesst.

An gusseisernen Rohrleitungen sind 4000 lfd. m verlegt und zwar von folgenden Grössen:

Durchmesser mm	125	100	75	50
Rohrlänge . m	200	400	3200	200

Damit sind 18 Ueberflurhydranten verbunden, an welchen auch für die öffentliche Benutzung Ventilhähne angebracht sind. Die ganze Anlage hat seinerzeit M. 25 000 oder ca. M. 12 pro Kopf gekostet.

5. p. **Clausthal.** (E. 8543, W. 771 mit je 11,1 B.)

Die Wasserversorgung der Stadt Clausthal erfolgt durch 6 künstliche Zuleitungen mit natürlichem Gefälle mit Quellwasser, das in verschiedenen Richtungen und Entfernungen von der Stadt gesammelt ist. Ausserdem besteht noch eine Zuleitung von Wasser, das auf einem fiscalischen Werke durch eine Dampfpumpe auf 26,0 m Höhe gehoben wird. Aus dieser Leitung werden 44 freistehende, öffentliche Wasserpfosten gespeist.

Die früher benutzten, hölzernen Rohrleitungen sind zum grössten Theile durch gusseiserne und durch Askirnialit-Rohre ersetzt. Von den für die Versorgung benutzten Hauptquellen liegt die eine 2800 m und die andere 2570 m von der Stadt entfernt. Für 21 Grundstücke sind Anschlüsse an diese Leitungen in Benutzung. Ferner sind noch 13 öffentliche Pumpenbrunnen vorhanden und in den meisten Häusern befinden sich in den Kellern Brunnen von 3,5 m bis 7,0 m Tiefe, die in das Felsgestein gebohrt sind.

Bei grosser Trockenheit tritt mitunter ein zeitweiser Wassermangel ein. Das Wasser ist im Ganzen gut, wie eine im Jahre 1895 vorgenommene Untersuchung der sämmtlichen Entnahmestellen bestätigt hat. An eine einheitliche Versorgung kann wegen Fehlens einer geeigneten Bezugsquelle überall nicht gedacht werden.

Der Wasserpreis nach Messern beträgt 6 Pf. pro cbm. Bei der Abgabe auf Discretion ist für jedes Grundstück M. 4 bis M. 8 nach Schätzung im Jahre zu zahlen.

Das Wasser der verschiedenen Quellen enthält nach den Untersuchungen von Dr. Lang in Hannover im Liter die in der Tabelle 157 angegebenen gelösten Stoffe.

Tabelle 157.

Gelöste Stoffe mg	Quelle 1	Quelle 2	Quelle 3
Trockenrückstand	53,5	95,0	45,0
Glührückstand	44,0	30,0	39,0
Chlor	7,1	7,5	7,8
Schwefelsäure	6,0	4,8	5,2
Gesammtkalk	6,9	5,5	5,9
Gesammtmagnesia	1,2	0,8	0,9
Chloralkalien	12	10	10,5
Eisenoxydulcarbonat	Spur	Spur	Spur
Kieselsäure	4,0	2,2	2,2
Kaliumpermanganat für die Oxydation der organischen Substanz	3,5	3,2	3,1
Ammoniak, salpetrige und Salpetersäure	0	0	0
Härtegrade, deutsche	0,9	0,72	0,81

6. c. **Dassel.** (E. 1470.)

Zur Wasserversorgung der Stadt Dassel ist für deren Rechnung im Jahre 1894 eine Quellwasserleitung von einer täglichen Leistung von 300 cbm nach dem Projecte des Regierungsbaumeister Taaks in Hannover ausgeführt. Die Anlagekosten haben M. 45000 oder M. 30 pro Kopf betragen. Das Wasser ist durch 3 Quellfassungen im bunten Sandsteine erschlossen und wird durch Thon- und Eisenrohre von 100 mm und 80 mm Durchmesser und 1240 lfd. m Länge in einer Quellenstube zusammengeleitet.

Von hier fliesst es mit natürlichem Gefälle durch eine gusseiserne Rohrleitung von 150 mm Durchmesser und 687 m Länge zu einem zweitheiligen Hochreservoire von im Ganzen 250 cbm Inhalt. Das Reservoir ist von Ziegelmauerwerk in Cementmörtel hergestellt. Es ist 4,0 m tief in den Boden versenkt, überwölbt und mit Erde überfüllt. Von dem Reservoire führt eine 1520 m lange Fallrohrleitung von 175 mm Durchmesser zur Stadt.

Das Vertheilungsnetz ist nach dem Circulationssysteme hergestellt. Es steht unter einem einheitlichen und constanten Drucke, der normal 35,0 m beträgt. Die Vertheilungsleitungen haben 2020 m Länge und bestehen aus Rohren von 150 mm bis 80 mm Durchmesser. Damit sind 18 Schieber und 26 Unterflurhydranten, sowie ein Freibrunnen und ein öffentlicher Springbrunnen verbunden. Die Zuleitungen bestehen aus Bleirohren von 13 mm Durchmesser und sind mit Ventilen an den Anbohrschellen versehen. Mit den Hausleitungen sind circa 400 Zapfhähne und 5 Badeeinrichtungen verbunden. Die gusseisernen Rohre sind von der Hannoverschen Eisengiesserei in Hannover, die Schieber und Hydranten von H. Breuer & Comp. in Höchst und die Wassermesser von Dreyer, Rosenkranz & Droop, Hannover geliefert. Von letzteren sind 6 Stück, einer von 30 mm, 2 von 25 mm und 5 von 20 mm Durchmesser für grössere Consumenten aufgestellt.

Die Wasserabgabe hat im Jahre 1894 im Tage circa 50 cbm betragen; im Jahre 1897 ist sie auf ca. 100 cbm gewachsen.

7. b. **Duderstadt.** (E. 5219, W. 744 mit je 7,0 B.)

Die Wasserversorgung der Stadt Duderstadt erfolgt ausschliesslich aus gemauerten Brunnen, die innerhalb der Stadt gegraben sind. Es sind deren 21 für die allgemeine Benutzung vorhanden.

8. c. **Einbeck.** (E. 8436, W. 800 mit je 10,4 B.)

Die Wasserversorgung der Stadt Einbeck erfolgte früher durch Brunnen, die meistens schlechtes Trinkwasser hatten. Ausserdem wurde schon seit dem 14. Jahrhundert Wasser aus einem nahe bei der Stadt gelegenen Teiche, der aus der Leine gespeist wird, mit natürlichem Gefälle durch Kanäle und hölzerne Rohre in die Stadt für Brauchzwecke eingeführt. Dieses Wasser hatte sich im Laufe der Zeit so verschlechtert, dass es nur noch wenig benutzt werden konnte.

Im Jahre 1889/90 hat die Stadt daher nach dem Projecte des Regierungsbaumeister Taaks in Hannover für ihre Rechnung eine einheitliche Wasserversorgung herstellen lassen. Die tägliche Leistung des Werkes beträgt 1200 cbm, und die Anlagekosten haben sich auf M. 285000 oder M. 33,78 pro Kopf belaufen. Der Betrieb der Anlage ist dem Stadtbaumeister J. Jürgens unterstellt.

In der Nähe des Raven's Weiher, ca. 2 km von der Stadt entfernt, ist eine grössere Quellenfassung ausgeführt. Das hier erschlossene Wasser ist durch eine Thonrohrleitung mit natürlichem Gefälle einem Sammelbrunnen zugeführt, der ca. 1000 m vom Ursprunge entfernt liegt. Diesem Brunnen ist ferner Grundwasser zugeführt, das in der Nähe des Johannesbrunnens durch 9 schmiedeeiserne Rohrbrunnen erschlossen ist. Letztere Brunnen haben 0,3 m Durchmesser und 5,0 m Tiefe und sind auf einer Länge von 300 m vertheilt. Das Wasser steigt in diesen Brunnen auf 2,0 m über das Terrain in die Höhe.

Eine Thonrohrleitung von 300 mm Durchmesser führt das Wasser von hier in einen neben der Pumpstation hergestellten Schöpfbrunnen von 4,5 Durchmesser und 7,0 m Tiefe. Die Pumpstation liegt ca. 300 m von der Stadt entfernt. Es sind darin 2 Pumpen für die Wasserförderung und 2, diese betreibende Gasmotoren aufgestellt. Letztere haben ein jeder eine Leistung von 10 PS. Sie sind von der Deutzer Motorenfabrik in Deutz angefertigt und mit den Pumpen etc. zusammen von der Firma Götze & Hempel in Berlin geliefert. Jeder der liegenden Motoren treibt durch Zahnradübersetzung eine doppeltwirkende Plungerpumpe von 200 mm Durchmesser an, welche bei 35 Doppelhüben pro Minute 54 cbm Wasser pro Stunde auf 28,0 m Höhe fördert.

Von dem gemeinschaftlichen Druckwindkessel, der 0,8 m Durchmesser und 1,5 m Höhe hat, führt eine Druckleitung von 250 mm Durchmesser zu einem Hochreservoire, das 2500 m entfernt von der Gewinnungsstelle und 800 m entfernt von der Pumpstation liegt. Die Zuleitung bis zur Stadtgrenze von hier hat 1000 m Länge und gleichfalls 250 mm Durchmesser. Das Reservoir liegt »am Berge.« Es ist in 2 Kammern von je 500 cbm Fassungsraum getheilt. Es ist in den Boden versenkt, aus Backsteinmauerwerk ausgeführt, im Inneren mit Cementmörtel verputzt, überwölbt und mit Erde überfüllt. Sein Wasserspiegel liegt 27,0 m über dem Mittelwasser der Gewinnungsstelle.

Die Wasserabgabe erfolgt unter einem einheitlichen, constanten Drucke von 30,0 m. Das Rohrnetz ist nach dem Verästelungssysteme angeordnet. Die gesammte Länge der Rohre beträgt 9500 lfd. m, die sich nach den verschiedenen Durchmessern wie folgt vertheilt:

Durchmesser mm	250	200	150	125	100	80
Länge . . . m	130	420	400	1050	1950	5550

Es sind damit 70 Schieber, ein Theilkasten, ein Freibrunnen und 75 Hydranten verbunden. Letztere stehen in ca. 100 m Entfernung von einander. Es sind Unterflurhydranten mit Selbstentwässerung, die von Bopp & Reuther in Mannheim geliefert sind.

Die meisten Zuleitungen haben 20 mm Durchmesser und sind, mit Anbohrschelle und Hauptabsperrventil versehen, ebenso wie die Hausleitungen von Bleirohren hergestellt. Die am Ende des Jahres 1894 eingebauten 52 Wassermesser sind von Dreyer, Rosenkranz & Droop, Hannover geliefert. Von ihnen haben 40 Stück je 20 mm, 15 Stück je 25 mm, 3 Stück je 30 mm, 2 Stück je 60 mm und je 1 Stück 40 mm resp. 50 mm Durchmesser. Auf den Privatgrundstücken waren Ende des Jahres 1894 ca. 1500 Zapfhähne vorhanden und 3 Closets, 3 Badeeinrichtungen und 8 Springbrunnen in Benutzung.

Die Wasserabgabe hat im Jahre 1894 im Ganzen 155 500 cbm oder pro Tag im Mittel 426 cbm betragen, was 51 Lit. pro Kopf entspricht. Die Abgabe am grössten resp. am kleinsten Consumtage war 945 cbm resp. 218 cbm oder von 100 cbm Consum am mittleren Jahrestage 221,8 cbm resp. 51,2 cbm. Am mittleren Tage des Monats und der Woche des grössten resp. des kleinsten Consums erreichte die Abgabe im Ganzen resp. gegen 100 cbm des mittleren Jahrestages die in der Tabelle 158 angegebene Grösse.

Tabelle 158.

Jahr 1894	Maximal	Minimal
Monatstag	499 resp. 117,0 cbm	299 resp. 70,5 cbm
Wochentag . . .	643 » 150,2 »	274 » 64,3 »

Von der Gesammtabgabe entfallen 14 000 cbm oder 90 % auf Wasser für gewerbliche Zwecke durch 52 Wassermesser oder pro Wassermesser im Jahre 270 cbm.

Für die 5 abgelaufenen Betriebsjahre vom 1. Juli bis zum 1. Juli jedes Jahres gibt die Tabelle 159 die Wasserförderung im Ganzen, sowie gegen 100 cbm des Vorjahres, ferner den Gasverbrauch für den Betrieb der Motoren im Ganzen, pro 100 cbm Wasser und pro PS.-Stunde bei 31,0 m Arbeitshöhe und endlich die Leistung in m $\times$ kg pro cbm Gas an.

Tabelle 159.

Jahr	Wasserförderung cbm	gegen 100 cbm des Vorjahres	Gasconsum cbm im Ganzen	Gasconsum cbm pro 100 cbm Wasser	Gasconsum cbm pro PS.-Stunde	Leistung pro cbm Gas in m $\times$ kg
1891/92	125 818		21 338	16,98	1,479	182 800
1892/93	130 131	103,4	21 904	16,83	1,467	184 000
1893/94	140 955	108,2	23 900	17,00	1,480	182 300
1894/95	174 699	124,0	30 381	17,38	1,512	178 500
1895/96	190 300	109,0	33 500	17,60	1,531	176 100

Als Wassergeld ist jährlich für den Hausbedarf zu zahlen: für Wohngebäude pro Stockwerk Grundfläche bis 100 qm M. 4, darüber bis 200 qm M. 6 und darüber M. 8; ferner für ein Badezimmer oder ein Closet M. 4, für einen Springbrunnen M. 8, für ein Pissoir M. 6 etc. Für Wasser zum Gewerbebetriebe ist ferner zu zahlen: M. 4 für Händler, M. 8 für Bäcker und Wirthe, M. 12 für Schlachter, M. 16 für Destillateure etc.

Nach Wassermessern ist pro cbm 12 Pf. zu zahlen, mindestens aber M. 40 im Jahre und ferner eine Messermiethe von M. 6 bis M. 18 in ansteigender Scala je nach der Grösse der Messer von 20 mm bis 50 mm Durchmesser.

Wasseruntersuchungen sollen jährlich vom Sanitätsamte des X. Armeekorps vorgenommen werden. Eine Untersuchung vom 17. Juni 1891 ergab im Liter Wasser:

Kalk	201,6 mg
Magnesia	27,0 »
Chlor	7,1 »
Schwefelsäure	26,8 mg
Organische Substanz	0,4 »
Gesammte Härte	49,0°
Bleibende Härte	18,5°
Ammoniak	sehr geringe Spur
Salpetrige Säure	Null
Salpetersäure	Null

9. f. **Elze.** (E. 3040.) Ohne Antwort.

10. d. **Göttingen.** (E. 25 513, W. 1860 mit je 13,7 B.)

Die Wasserversorgung der Stadt Göttingen erfolgte früher ausschliesslich aus Brunnen in der Stadt. Im Jahre 1871 ist mit der Ausführung einer künstlichen Zuleitung von Quellwasser begonnen, das, 1400 m von der Stadt entfernt, am Hainberge in den Reinsbrunnen aus dem Muschelkalk frei zu Tage tritt und mit natürlichem Gefälle der Stadt mittels Rohrleitungen zufliesst. Das Project für den weiteren Ausbau dieser Versorgung ist von dem Stadtbaurath Gerber aufgestellt und in mehrjährigen Bauperioden, den disponibeln Mitteln entsprechend, schrittweise ausgeführt. Seit dem Jahre 1877 sind auch Privatanschlüsse hergestellt, während bis dahin das Wasser nur für die allgemeine Benutzung diente. Die disponible Wassermenge schwankte zwischen 750 cbm und 2000 cbm im Tage. Diese Anlage hat bis zum Jahre 1883 im Ganzen M. 302705 gekostet.

Das Wasser fliesst auf eine Entfernung von 550 m von der Quelle durch Rohre von Thon und von Gusseisen einem Reservoire von 650 cbm Inhalt zu, welches im Jahre 1876 erbaut ist und dessen Wasserspiegel 31,5 m über dem höchsten Terrainpunkte des Versorgungsgebietes liegt. Das Reservoir ist gemauert, in den Boden versenkt, überwölbt und mit Erde überdeckt. Von dem Reservoire führt eine Fallrohrleitung von 300 mm Durchmesser zur Stadt. Das Vertheilungsnetz hatte im Jahre 1877 eine Länge von 5350 m; es war dessen Vergrösserung damals auf 9200 m vorgesehen. Mit den Leitungen waren 41 Schieber, 69 Hydranten, 36 Freibrunnen und ein öffentlicher Springbrunnen verbunden.

Im Jahre 1881 hat die Zahl der Hydranten sich auf 115 und die der Freibrunnen auf 51 erhöht. Es wurden auch 2 öffentliche Springbrunnen und 2 öffentliche Pissoire aus der Leitung gespeist. Ausserdem waren 240 Häuser durch directe Anschlüsse mit Wasser versorgt. Für die Rinnsteinspülung steht der Stadt ausserdem noch Wasser aus der Leine zur Verfügung, welches durch ein Wasserrad in einen 10,0 m höher als der Fluss gelegenen Teich, den sogenannten Feuerteich, gepumpt wird und von hier direct in die Rinnsteine abfliesst.

Das allmähliche Nachlassen der Quelle einerseits und das wachsende Wasserbedürfniss andrerseits führte längere Jahre hindurch zu verschiedenen Bemühungen, neue Quellen zur Speisung des Hochreservoirs aufzufinden, die aber keinen Erfolg hatten. Man entschloss sich schliesslich dazu, nachdem durch Untersuchungen des Regierungsbaumeister Taaks in Hannover nachgewiesen war, dass oberhalb der Stadt bei der Stegemühle im Leinethale Grundwasser durch Brunnen zu erschliessen sei, dasselbe durch künstliche Hebung dem Hochreservoire zuzuführen.

Nachdem die ferner als nöthig erachteten Bohrungen an der Erschliessungsstelle mit günstigen Resultaten ausgeführt waren, ist das für diese Anlage aufgestellte Project des Stadtbauraths Gerber und des Directors H. Reinbrecht im Jahre 1891 zur Ausführung gelangt. Die erste Hälfte dieser Anlage ist am 1. Oct. 1891 in Betrieb gesetzt und im September 1893 folgte deren zweite Hälfte.

In 3 km Entfernung von der Stadt sind bei der Stegemühle an der Leine 2 gemauerte Brunnen, von denen einer 1,0 m und der andere 2,8 m Durchmesser hat und die 7,5 m resp. 7,0 m Tiefe haben, hergestellt. Beide sind im Boden und in den Seitenwänden durchlässig. In ca. 80 m Entfernung von ihnen ist eine Pumpstation erbaut, in welcher 2 liegende Gasmotoren mit Ventilsteuerung aufgestellt sind, deren jeder ein System von Pumpen durch Riemenübertragung antreibt.

Der erste Motor hat eine Leistung von 10 PS. und der zweite eine solche von 12 PS. Die Pumpen sind liegende, einfachwirkende Drillingspumpen mit freien Ringventilen. Sie machen pro Minute 75 Doppelhübe bei 180 Umdrehungen der Motoren. Die Plunger der Pumpen der ersten Anlage haben 100 mm und die der zweiten Anlage 140 mm Durchmesser und bei beiden einen Hub von 0,3 m. Erstere fördern pro Stunde 30 cbm und letztere 56,4 cbm auf 47,0 m Höhe. Die todten Punkte der 3 Pumpen jeder Gruppe sind um 120° gegen einander versetzt. Die Saugerohre haben 100 mm resp. 150 mm Durchmesser und die Druckrohre 200 mm Durchmesser. Die Gaszuleitung für die Motoren hat 125 mm Durchmesser. Sie zweigt von der städtischen Hauptleitung ab und hat 1590 m Länge, während die Entfernung der Pumpstation von dem städtischen Gaswerke 2690 m beträgt.

Die Motoren und die Pumpen sind von der Deutzer Motorenfabrik in Deutz geliefert. Die Anlage des ersten Theiles der Pumpstation hat im Ganzen M. 96100 gekostet, wovon M. 16700 auf das Grundstück und die Brunnen, M. 16000 auf das Gebäude, M. 11000 auf die Maschinen und M. 52400 auf die Rohrleitung entfallen. Die zweite Hälfte der Anlage hat M. 12492 und mithin die ganze Anlage M. 108592 gekostet. Das Anlagekapital für die ganze Wasserversorgung hat am 1. April 1896 M. 586035 oder M. 22,97 pro Kopf der jetzigen Einwohner betragen, von welcher Summe noch M. 471395 zu Buche standen. Die Betriebsleitung des Wasserwerkes ist zur Zeit mit der des Gaswerkes in den Händen des Directors Reinbrecht vereinigt.

Die in den Jahren von 1892/93 bis 1895/96 durch die Pumpstation unter Annahme eines Wirkungsgrades von 80% (?) geförderte Wassermenge, der Gasverbrauch im Ganzen, pro 100 cbm Wasser und pro PS.-Stunde bei 50,0 m Arbeitshöhe, sowie die Leistung in m × kg pro cbm Gas gibt die Tabelle 160 an.

Tabelle 160.

Jahr	cbm Wasser gefördert	cbm Gas im Ganzen	cbm Gas pro 100 cbm Wasser	pro PS.-Stunde cbm Gas	Leistung in m × kg pro cbm Gas	Arbeitsstunden
1892/93	32 820	6 842	20,85	1,126	240 300	1 094
1893/94	130 600	33 528	25,67	1,386	194 800	4 067
1894/95	47 780	15 202	31,80	1,717	170 900	1 576
1895/96	54 504	12 287	22,55	1,217	221 700	1 576

Die Länge der Rohrleitungen von 300 mm bis 80 mm Durchmesser und die Zahl der Schieber etc. am Ende jedes der 4 letzten Jahre gibt die Tabelle 161 (S. 229) an.

Für die Kanalspülung sind 40 Spülhähne angebracht. Die Hydranten sind Unterflurhydranten und stehen in 90 m bis 100 m Entfernung von einander. Die Zuleitungen und die Hausleitungen bestehen aus Bleirohren. Für die Wasserabgabe an Private ist die Benutzung von Wassermessern im Jahre 1893 obligatorisch geworden. Am 1. April 1896 waren 1692 Wassermesser eingebaut. Diese sind sämmtlich von Dreyer, Rosenkranz & Droop, Hannover bezogen, welche Firma bis Ende 1895

Tabelle 161.

Jahr	1893/94	1894/95	1895/96	1896/97
Rohrlänge m. . .	27 322	28 557	30 559	31 316
Inhalt cbm . . .	371	383	410	420
Schieber	138	142	147	150
Hydranten . . .	187	193	206	213
Laufbrunnen . .	6	6	6	6
Springbrunnen . .	2	2	2	2
Oeffentl. Pissoire .	6	6	6	6

im Ganzen 1727 Wasser lieferte, die sich nach der Grösse wie folgt vertheilen:

Durchmesser mm	13	20	25	40	50	70	80	100
Stückzahl . . .	376	1270	62	4	8	1	4	1

Die Tabelle 162 gibt für die beiden letzten Betriebsjahre die Wasserabgabe im Ganzen und am mittleren Jahrestage, und pro Kopf in Liter, ferner die Abgabe für Private nach Messern, die entstandenen Verluste etc. und für öffentliche Zwecke, sowie für die verschiedenen Verwendungsarten an.

Tabelle 162.

Jahr		1894/95	1895/96
Wasserabgabe im Ganzen	cbm	200 000	343 634
desgl. am Durchschnittstage . . .	»	574	939
desgl. pro Kopf in Lit.		19	36
Angeschlossene Häuser		1 586	1 666
Abgabe für öffentliche Zwecke . .	cbm	25 077	30 850
davon für Strassensprengen . . .	»	12 000	10 000
» für Kanalspülen	»	5 000	5 000
» für Bedürfnissanstalten . .	»	1 000	600
» für Springbrunnen	»	2 000	10 000
» für Freibrunnen	»	2 077	250
» für Feuerlöschen	»	5 000	5 000
als Verlust und zum Ausgleiche . .	»	30 000	138 212
Privatabgabe nach Messern . . .	»	142 923	174 572
Gesammtabgabe ohne Messer . . .	»	55 077	169 062

Die Wasserabgabe nach Wassermessern ist für die letzten 9 Jahre von 1887/88 bis 1895/96 in der Tabelle 163 zusammengestellt.

Tabelle 163.

Jahr	Abgabe nach Messern cbm	desgl. gegen 100 cbm des Vorjahres	Zahl der eingebauten Messer	Zunahme d. Messer gegen das Vorjahr	Abgabe p. Messer pro Jahr cbm
1887/88	35 925	—	488	—	74
1888/89	45 207	125,9	562	74	80
1889/90	64 428	142,5	674	112	96
1890/91	75 595	117,3	742	68	102
1891/92	81 228	107,5	820	78	99
1892/93	85 121	104,8	864	44	99
1893/94	117 428	137,9	1 563	699	75
1894/95	142 923	121,7	1 609	46	88
1895/96	174 572	149,0	1 692	83	103

Der Wasserpreis betrug pro cbm bis zum 1. April 1893 35 Pf. und beträgt seitdem 25 Pf. bei einer Jahresabgabe bis zu 250 cbm, $22^1/_2$ Pf. bis zu 500 cbm und bei grösserer Jahresabgabe 20 Pf. Die Eisenbahn zahlt pro cbm 12 Pf. bei einem Jahresverbrauche von 299 cbm (1894/95).

Wöchentlich wird das Wasser einmal im Institute für Hygiene (Professor Wolffhügel) untersucht. Für den Monat November 1895 liegt pro Liter Wasser folgendes Resultat vor:

Tabelle 164.

Gewinnungsort	Reinsbrunnen	Stegemühle
Gesammtrückstand	1 093 mg	564 mg
Chlor	10 »	15,2 »
Sauerstoff zur Oxydation der organischen Substanz . .	0,79 »	0,97 »
Salpetersäure	Spur	Spur
Salpetrige Säure, Ammoniak	Null	Null
Deutsche Härtegrade . . .	38,4°	22,6°
Keimzahl in ccm	7	4

11. e. **Goslar.** (E. 14866, W. 1500 mit je 10 B.)

Seit dem 1. Juli 1876 ist in der Stadt Goslar eine Quellwasserleitung in Benutzung, welche für Rechnung der Stadt in den Jahren 1874 bis 1876 von der Deutschen Wasserwerksgesellschaft in Frankfurt a. Main nach dem Projecte des Ober-Ingenieurs Schmick erbaut ist. Im Jahre 1894 hat diese Anlage verschiedene Erweiterungen in den Quellfassungen durch den Wasserwerksaufseher Meyer in Goslar, dem der Betrieb der Anlage untersteht, erfahren. Die gesammten Anlagekosten belaufen sich auf circa M. 700000 oder M. 47,11 pro Kopf der jetzigen Bevölkerung. Die tägliche Ergiebigkeit der Leitung beträgt ca. 2400 cbm.

Das Wasser wird zwischen Goslar und Oker im Thale des Gelmkebaches aus den höher als der Bach liegenden Quellen gesammelt, welche in der Grauwacke und in dem spiriforen Sandsteine dicht an und bis 25 m Entfernung von den Ufern des Baches gefasst sind. Die ergiebigste dieser Quellen ist der Kaiserbrunnen. In deren Zuleitung sind ferner die Druckthalquelle und die Braunsteinquelle eingeführt.

Der Kaiserbrunnen, ebenso wie die beiden andern Quellen sind in je einer Brunnenkammer gefasst. Von der des ersteren führt eine gusseiserne Leitung von 1420 m Länge zu einer Druckkammer. Der Durchmesser der Leitung beträgt Anfangs 100 mm; er wächst dann auf 135 mm und auf 150 mm bei der Einmündung der 318 m langen Leitung von der Sammelkammer der Druckthalquelle und bei der 785 m langen Leitung von der Sammelkammer der Braunsteinquelle. Diese beiden letzteren Zuleitungen haben eine jede 80 mm Durchmesser. In 2640 m Entfernung von der Druckkammer befindet sich eine 45,6 m tiefer als diese liegende Auslaufkammer, in welche im Jahre 1894 die, wie vorerwähnt, gefassten Quellen aus dem Thalgebiete des Doerpkebaches eingeleitet sind. In der Leitung zwischen diesen beiden Kammern befinden sich 3 Ablassschächte und 2 Luftventile.

160 m hinter der Auslaufkammer liegt ein Hochreservoir von 1500 cbm Nutzinhalt. Es ist aus Bruchsteinen gemauert, überwölbt, in den Boden versenkt und mit Erde überdeckt. Zickzackförmig gestellte Querwände bewirken zwischen Ein- und Austritt eine Circulation des Wassers. In ähnlicher Weise ist ein zweites Hochreservoir, das für die neuen Quellen hergestellt ist, ausgeführt. Letzteres ist aber aus Backsteinen gemauert und hat nur 400 cbm Nutzinhalt. Die beiden Reservoire liegen 2000 m von der Stadt entfernt. Der Wasserspiegel derselben liegt

in 39,0 m Höhe über den höchsten und in 71,5 m Höhe über den tiefsten Theilen des Versorgungsgebietes.

Die Vertheilung des Wassers erfolgt unter einem constanten und einheitlichen Drucke. Das Rohrnetz ist nach dem Circulationssysteme ausgeführt. Es besteht aus ca. 24000 lfd. m Rohren von 200 mm bis 80 mm Durchmesser und ist mit 153 Hydranten verbunden. Am Ende des Jahres 1896 waren 22 Wassermesser eingebaut, von denen 17 Stück 20 mm, 4 Stück 25 mm und 1 Stück 40 mm Durchmesser hatten und welche von Dreyer, Rosenkranz & Droop, Hannover geliefert sind. In den ca. 1500, an die Leitung angeschlossenen Häusern waren 6000 Zapfhähne, 10 Closets, 65 Badeeinrichtungen und 3 Privatspringbrunnen vorhanden. Ein öffentlicher Springbrunnen und ein öffentliches Pissoir werden aus der Leitung gespeist.

Die gesammte Wasserabgabe hat im Jahre 1896 344750 cbm oder durchschnittlich 945 cbm pro Tag und 63 Liter pro Kopf betragen. Von der Gesammtabgabe entfallen 10000 cbm oder 2,9 % auf gewerbliche und 3347500 cbm oder 97,1 % auf häusliche Verwendung. Am Maximal- resp. am Minimaltage sind 1200 cbm resp. 700 cbm oder pro Kopf 81 Lit. resp. 47 Lit. consumirt worden.

Für häusliche Zwecke ist an Wassergeld für kleine, mittlere resp. grosse Haushaltungen zu zahlen: M. 3 bis 6, M. 6 bis 9 resp. M. 9 bis 12, mindestens jedoch M. 24 für ein ganzes Wohnhaus. Ferner ist für ein Badezimmer M. 4, für ein Pissoir M. 5, für ein Stück Vieh M. 1, für einen Fischkasten M. 6 bis 12 etc. zu zahlen. Für die verschiedenen Gewerbetreibenden sind die Taxen nach Art und Umfang des Geschäftsbetriebes derselben festgestellt, z. B. für Bäcker M. 8 bis 40, für Schlachter M. 12 bis 80, für Wirthe M. 12 bis 60 etc.

12. f. **Gronau a. d. Leine.** (E. 2655.)

Die Wasserversorgung der Stadt Gronau erfolgt ausschliesslich aus Brunnen, die theils gemauert und theils gebohrt sind. 10 davon dienen der allgemeinen Benutzung, und es sind Privatbrunnen in grösserer Zahl vorhanden.

13. m. **Herzberg a. H.** (E. 3706.) Ohne Antwort.

14. h. **Ilfeld.** (E. 2983, W. 340 mit je 8,8 B.)

Die Wasserversorgung der Stadt Ilfeld erfolgt, ausser aus einigen Privatbrunnen, in der Hauptsache durch eine Quellwasserleitung mit natürlichem Gefälle, welche im Jahre 1892/93 auf städtische Rechnung für M. 55000 oder M. 18,44 pro Kopf hergestellt ist. An dieselbe haben 304 Privathäuser directen Anschluss. 3 öffentliche Laufbrunnen und 39 Hydranten sind mit derselben verbunden.

Das Wasser wird 1200 m von der Stadt entfernt im Schützenthale aus Quellen entnommen, die 45,0 m hoch über der Stadt liegen und eine tägliche Ergiebigkeit von ca. 300 cbm haben. Davon werden zur Zeit ca. 200 cbm pro Tag benutzt. Das Wasser wird in einem gemauerten Hochreservoire gesammelt, welches 325 cbm Inhalt hat und ca. 1 km von der Stadt entfernt ist. Sein Wasserspiegel liegt 40 m über dem mittleren Stadtniveau. Die gusseisernen Rohrleitungen haben ca. 6000 m Länge, und das grösste Rohr hat 150 mm Durchmesser.

15. p. **Lauterberg.** (E. 4724, W. 527 mit je 9,0 B.)

Die Wasserversorgung der Stadt Lauterberg erfolgt ausser aus 5 gemauerten Brunnen in der Stadt, welche für die allgemeine Benutzung dienen, durch eine Quellwasserleitung, welche im Jahre 1889 für städtische Rechnung mit einem Kostenaufwande von M. 24000 hergestellt ist und dessen Rohrnetz jährlich eine nach den jeweiligen Ueberschüssen der städtischen Sparkasse bemessene Vergrösserung erfährt. Zur Zeit sind etwa 2 Drittel der städtischen Strassen mit gusseisernen Rohren belegt, welche zur Zeit 125 mm und 100 mm Durchmesser und ca. 3000 m Länge haben. Mit diesen sind 15 öffentliche Ventilbrunnen und 36 Hydranten verbunden. 65 Privathäuser haben Anschlussleitungen.

Das Wasser wird in nur 150 m Entfernung von der Stadtgrenze im Kummelthale gesammelt und mit natürlichem Gefälle in ein gemauertes Reservoir von 100 cbm Inhalt geleitet, dessen Wasserspiegel 28,0 m hoch über dem mittleren Stadtniveau liegt. Die mittlere Ergiebigkeit der Quellen beträgt ca. 600 cbm im Tage. Im Sommer reichen aber ihre Zuflüsse mitunter nicht für die Versorgung aus, und es wird dann Wasser aus einem in der Stadt liegenden Brunnen durch eine von einem Wasserrade getriebene Pumpe, welche 13 cbm Wasser pro Stunde liefert, als Ergänzung dem Reservoire zugeführt.

Um für den Fall einer Feuersgefahr gesichert zu sein, ist die Wasserleitung bis zu einem 280 m von der Stadt entfernt liegenden Teiche, dessen Wasserspiegel ca. 40,0 m höher als die Stadt liegt, verlängert, und es kann jederzeit im Nothfalle durch Schieberstellungen Teichwasser mit höherem Drucke in die Leitung eingelassen werden.

16. l. **Moringen.** (E. 2467.)

Für die Wasserversorgung der Stadt Moringen liegt ein Project des Regierungsbaumeister Taaks in Hannover vor. Dieses ist für eine tägliche Wassermenge von 250 cbm bestimmt und zu M. 75000 im Ganzen oder M. 30,40 pro Kopf veranschlagt.

Das Wasser soll durch 2 Quellfassungen gewonnen werden. Die eine der Quellen liegt hoch genug, um mit natürlichem Gefälle dem projectirten Hochreservoire zuzufliessen. Sie ist aber eine nur intermittirend fliessende, sodass als Reserve eine niedriger gelegene Quelle mit benutzt werden muss. Das Wasser derselben soll durch eine Kolbenpumpe, welche ein Benzinmotor von 4 PS. betreibt, gehoben werden. Zwischen der Gewinnungsstelle und dem Vertheilungsnetze, 500 m von der Stadt entfernt, ist ein Hochreservoir von 250 cbm Inhalt angenommen, das aus 2 Kammern besteht und, in den Boden versenkt, aus Beton hergestellt wird. Es liegt ca. 20 m von der Hauptquelle entfernt und ist mit dieser durch ein Rohr von 150 mm Durchmesser verbunden. Die Fallrohrleitung zur Stadt hat 200 mm Durchmesser.

Das Vertheilungsnetz erhält 3685 lfd. m Rohre von 200 mm bis 100 mm Durchmesser und ist mit 23 Schiebern und 35 Unterflurhydranten verbunden. Es wird nach dem Circulationssysteme ausgeführt und soll unter einem constanten und einheitlichen Drucke von normal 20,0 m bis 25,0 m stehen. Für die Zuleitungen sollen Bleirohre von 20 mm Durchmesser mit Ventilhähnen benutzt werden.

Die im Juli 1896 vorgenommene Analyse des Wassers hat im Liter ergeben:

Trockenrückstand	431,0 mg
Glührückstand	315,0 »
Chlor	24,9 »
Schwefelsäure	6,5 »
Kalk	155,0 »
Magnesia	31,0 »
Kieselsäure	2,1 »

Eisenoxyd	Spur
Salpetersäure	starke Spur
Ammoniak, salpetrige Säure	0
Gesammthärte, deutsche Grade	12,7°
Bleibende Härte, deutsche Grade	4,5°

17. k. **Münden a. d. Weser.** (E. 8015, W. 900 mit je 8,9 B.)

Die Wasserversorgung der Stadt Münden erfolgt ausschliesslich aus Brunnen von 12,0 bis 13,0 m Tiefe, welche aus Felsenquellen gespeist werden. Es sind 25 öffentliche und ca. 40 private Brunnen in Benutzung. Das Wasser ist stets gut und das einzelner Brunnen sogar vorzüglich. Ein Mangel an Wasser tritt nie ein. Trotzdem wurde im Jahre 1895 der Bau einer einheitlichen Versorgung mit Grundwasser geplant. Die Anlage war auf M. 200000 veranschlagt. Mit der Ausführung soll im Jahre 1898 begonnen werden.

18. l. **Northeim.** (E. 7188, W. 705 mit je 10,2 B.)

Die Wasserversorgung der Stadt Northeim erfolgt aus Pumpenbrunnen von 4,0 bis 15,0 m Tiefe, welche aus dem kiesigen Untergrunde das vom Harzgebirge hinabfliessende Wasser entnehmen. Es sind 24 öffentliche und 50 Privatbrunnen in Gebrauch. Ferner wird in offenem Gerinne das Wasser einer eine halbe Stunde von der Stadt entspringenden Quelle in die Stadt eingeleitet und dient zum Füllen der Feuerteiche, sowie für eine Bleiche und eine Brauerei.

Im Jahre 1895 sind von dem Oberingenieur Schmick in Frankfurt a. M. Vorarbeiten für eine allgemeine Wasserversorgung gemacht, und es ist ein Project mit Kostenanschlag dafür aufgestellt. Erhebliche, sonst nothwendige Neubauten, als Schlachthaus etc. haben die Stadt veranlasst, die Ausführung desselben vorläufig zu verschieben, weil die Anlagekosten sich ziemlich hoch stellen werden.

19. m. **Osterode a. H.** (E. 6923, W. 755 mit je 9,2 B.)

a) Gravitationswasserleitungen.

Für die Wasserversorgung der Stadt Osterode bestehen ausser 2 öffentlichen Brunnen nur wenige Privatbrunnen, welche meistens gemauert und nur vereinzelt gebohrt sind. Seit dem Jahre 1871 besitzt die Stadt jedoch eine für ihre Kosten nach dem Projecte und unter der Oberleitung des Eisenbahndirectors Clauss in Braunschweig ausgeführte Gravitationswasserleitung, deren anfängliche Herstellung M. 108295 gekostet hat.

Das Wasser wird in dem Agenkenthale in 2,6 km Entfernung von der Stadt aus 3 Quellen gesammelt, welche im Kalksteine und im Thonschiefer entspringen und eine Ergiebigkeit von 150 cbm bis 360 cbm pro Tage haben. Mit natürlichem Gefälle wird es in einer Thonrohrleitung von 150 mm Durchmesser einem gemauerten Reservoire von 530 cbm Inhalt zugeführt, welches 2070 m von der Stadt entfernt liegt.

Bei Wassermangel kann in dieses Reservoir auch Wasser aus dem Agenkenbache eingeleitet werden. Dieser Bach ist eine künstliche Ableitung aus dem Rehagenbache. Vor dem Eintritte des letzteren ist eine Filtration eingerichtet, die aus einem dreitheiligen, gemauerten Bassin besteht, das oben mit Dielen abgedeckt ist. In jeder Abtheilung, welche 70 qm Fläche hat, befindet sich eine 1,0 m starke Kiesschicht mit von unten nach oben abnehmender Korngrösse. Eine 750 m lange Asphaltrohrleitung von 80 mm Durchmesser führt das Wasser aus dem Bache auf das Filter.

Das Reservoir ist aus Bruchsteinmauerwerk ausgeführt. Es ist in den Boden eingelassen, überwölbt und mit Erde bedeckt und hat im gefüllten Zustande eine Wasserhöhe von 2,6 m. Der Wasserspiegel desselben liegt 39,0 m bis 61,0 m, je nach der Ortslage, über dem Versorgungsgebiete, zu welchem eine Fallrohrleitung von 155 mm Durchmesser führt.

In der zweiten Hälfte der 80er Jahre hat die bis dahin völlig genügende Wassermenge nachgelassen, so dass verschiedene Projecte zur Vermehrung des Zuflusses im Laufe der folgenden Jahre aufgestellt sind. Von diesen ist im Jahre 1892 dasjenige des Regierungsbaumeister Taaks in Hannover ausgeführt, nach welchem Wasser mit natürlichem Gefälle aus einem Waldbache im Bremkethale zugeführt wird. Es wird in 5 km Entfernung von der Stadt aus diesem Bache in ein Hochreservoir geführt und von hier durch eine Fallrohrleitung von 200 mm Durchmesser zur Stadt geleitet. Es sind dadurch mit der Agenkenthalleitung zusammen ca. 900 cbm Wasser pro Tag disponibel. Die gesammten Anlagekosten einschliesslich des Vertheilungsnetzes betragen zur Zeit M. 205168 oder ca. M. 30 pro Kopf.

Das Vertheilungsnetz hatte im Jahre 1876 eine Länge von 4380 m und war mit 26 Schiebern, 49 Hydranten und 8 Freibrunnen verbunden. Jetzt hat das städtische Rohrnetz ca. 7600 lfd. m Länge, und es sind 65 Hydranten aufgestellt; die Gesammtlänge der Leitungen beträgt aber 14700 m. 750 Häuser haben Anschlussleitungen. Bis Ende des Jahres 1895 waren 67 Wassermesser geliefert und zwar 19 von Siemens & Halske, Berlin und 48 von Wolff & Schreiber, Breslau. Nach der Grösse vertheilen sich diese wie folgt:

Durchmesser mm	12	13	16	20	25	30	40	50	70
Stückzahl	2	25	1	20	7	5	3	2	1

b) Thalsperre.

Wenn auch nur für industrielle Anlagen bestimmt, so mag hier doch noch einer zuerst in dem Jahre 1891 aufgetauchten Idee, die dann später die Gestalt eines bestimmten Projects angenommen hat, erwähnt werden, nämlich im oberen Laufe der Göse durch eine Thalsperre einen Stauweiher herzustellen. Durch eine Sperrmauer von 13,5 m Höhe kann hier eine Wassermenge von 1300000 cbm aufgespeichert werden, welche 17 Triebwerken bei einer abfliessenden Wassermenge von 0,5 cbm pro Secunde 280 PS. liefern kann.

Die Anlage ist auf M. 280000 oder pro cbm gestautes Wasser auf 21,5 Pf. veranschlagt. Es hatte sich für die Ausführung dieses Planes ein Syndikat gebildet, das sich an das Ministerium mit dem Gesuche gewendet hat, die Heranziehung aller Nutzniesser zu den Kosten zu verfügen. Das Ministerium hat sich bereit erklärt, dem Landtage einen Gesetzentwurf vorzulegen, welcher das Gesetz über Thalsperren im Wupperthale auf den Harz ausdehnt, wenn ihm ein bestimmtes Project vorgelegt werden würde, das nur die industriellen Anlagen in's Auge fasst und durch eine bindende Erklärung von Interessenten soweit unterstützt ist, dass es technisch genügend fundirt und die Mojorität der Betheiligten gefunden hat. Wie weit die Angelegenheit gediehen ist, ist bislang nicht bekannt geworden.

20. n. **Peine.** (E. 12595, W. 1065 mit je 11,8 B.)

Für die Versorgung der Stadt Peine ist im Jahre 1887 für deren Rechnung ein Wasserwerk nach dem Projecte des Ingenieurs Walter Pfeffer in Halle a. d. Saale erbaut. Die Anlagekosten haben M. 135000 betragen.

Die Rohrleitungen sind von W. R. Konrad in Leipzig verlegt und die Rohre von dem Schalker Gruben- und Hüttenvereine in Gelsenkirchen geliefert. Von den beiden für den Pumpenbetrieb aufgestellten Gasmotoren ist der erste von der Deutzer Motorenfabrik in Deutz und der zweite im Jahre 1894 von den Gebrüdern Körting in Körtingsdorf bei Hannover geliefert. Die Pumpen sind von der Hannoverschen Maschinenbau-Actiengesellschaft, vormals G. Egestorff in Linden bei Hannover angefertigt. Dem Betriebe steht ein Magistratsmitglied vor und die speciellen Arbeiten werden vom Personale des städtischen Gaswerkes ausgeführt.

Das Wasser wird durch 2 gemauerte Brunnen von 3,0 m Durchmesser und 5,0 m Tiefe aus einer Kiesschicht entnommen. Die in der Pumpstation vorhandenen 2 Gasmotoren von je 12 PS. machen 150 bis 180 Umdrehungen pro Minute und treiben durch Riemenübersetzung je eine Pumpe von 171 mm Kolbendurchmesser und 0,5 m Hub an, welche bei 50 Doppelhüben pro Minute in der Stunde 60 cbm Wasser auf 32,0 m Höhe durch eine Druckleitung von 200 mm Durchmesser in ein Hochreservoir fördert, das 2500 m von der Pumpstation entfernt ist und vor dem Vertheilungsnetze liegt. Dasselbe besteht aus Schmiedeeisen und ist auf einem massiven Unterbau von 16,0 m Höhe ummantelt und unter Dach aufgestellt.

Das Rohrnetz ist nach dem Circulationssysteme ausgeführt, und es beträgt der Versorgungsdruck im Mittel 20,0 m. Die Länge der Rohrleitungen hat am 1. April des Jahres 1896 11342 lfd. m und im Jahre 1897 13842 lfd. m betragen. Es sind damit 7 öffentliche Ventilbrunnen und 118 Hydranten verbunden. Letztere stehen in ca. 60 m Entfernung von einander. Die Zuleitungen und die Hausleitungen bestehen aus Bleirohren. Erstere haben 20 mm und 25 mm Durchmesser. Am 1. April waren davon vorhanden 541 im Jahre 1896 und 647 im Jahre 1897. Mit den Zuleitungen waren 1950 Zapfhähne und 29 Badeeinrichtungen im Jahre 1896 verbunden.

Die Wasserabgabe erfolgt seit dem 11. April 1896 ausschliesslich nach Wassermessern, deren am 1. April 1897 647 gegen den 1. April 1896 571 eingebaut waren. Es sind bis Ende 1895 617 Wassermesser geliefert und zwar 451 von Dreyer, Rosenkranz & Droop, Hannover und 166 von Wolff & Schreiber, Breslau. Nach der Grösse vertheilt, waren vorhanden:

Durchmesser mm	20	25	30	40	200
Stückzahl . . .	583	26	1	6	1

Bis zum 1. April 1897 sind im Ganzen 661 Wassermesser angeschafft worden.

Die Wasserabgabe betrug im Jahre 1895/96 im Ganzen 89262 cbm oder 245 cbm pro Tag und im Jahre 1896/97 im Ganzen 78805 cbm oder 216 cbm pro Tag, also nur 88,2% von der des Vorjahres. Im Jahre 1895/96 war die Maximal- resp. die Minimalabgabe im Monate 9083 cbm resp. 4944 cbm, in der Woche 4200 cbm resp. 1600 cbm und an einem Tage 570 cbm resp. 123 cbm oder 234,5% resp. 50,0% von der des mittleren Tages. In demselben Jahre wurden nach Messern 51044 cbm oder 57,2% und nach Schätzung 38218 cbm oder 42,8% des Gesammtconsums abgegeben. Es entfielen von dem Gesammtconsum 63832 cbm oder 71,5% auf den Hausverbrauch, 11230 cbm oder 12,9% auf gewerblichen Verbrauch und 14200 cbm oder 15,9% auf den Verbrauch für öffentliche Zwecke. Im Jahre 1896/97 sind von der Gesammtabgabe verwendet für häusliche Zwecke 50020 cbm oder 63,5%, für öffentliche Gebäude 2503 cbm oder 3,2%, für Brau- und Brennereien 5941 cbm oder 7,6%, für Fabriken 5253 cbm oder 6,7% und für öffentliche Zwecke 15088 cbm oder 19,1%. Der Jahresverbrauch pro Einwohner hat sich auf 6,3 cbm gegen 7,43 cbm im Vorjahre gestellt.

Der Gasverbrauch für den Motorenbetrieb hat 11531 cbm im Jahre 1896/97 betragen, was 14,7 cbm pro 100 cbm gefördertes Wasser und 1,24 cbm pro PS.-Stunde bei 32,0 m Arbeitshöhe entspricht. Danach ist pro cbm Gas im Durchschnitt eine Leistung von 217700 m × kg entwickelt. Es ist von den beiden vorhandenen Gasmotoren der Deutzer Motor als der ältere und weil er einen grösseren Gasverbrauch als der Körting'sche Motor hat, der ein combinirter Gas- und Bezinmotor ist, in jedem Monate nur am 1. und am 15. in Betrieb gewesen, um ihn stets als Reserve disponibel zu halten. Uebrigens kann jede Pumpe von jedem der Motoren angetrieben werden.

Als Minimalwassergeld ist jährlich für jeden gestellten Wassermesser M. 6 zu zahlen. Der Preis pro cbm beträgt 20 Pf. bis 40 cbm Consum, 18 Pf. bis 60 cbm Consum und 16 Pf. bei mehr als 60 cbm Consum im Monat. Als jährliche Wassermiethe ist zu zahlen M. 3 bis zu 19 mm, M. 4 bis zu 25 mm und M. 5 bis zu 30 mm Durchmesser.

Nach einer im April 1896 ausgeführten Analyse enthält das Wasser im Liter:

Abdampfrückstand	152,0 mg
Glühverlust	26,4 »
Kalk	49,0 »
Magnesia	6,1 »
Chlor	17,5 »
Schwefelsäure	50,1 »
Organische Substanz	23,7 »
Sauerstoffverbrauch dafür	1,7 »
Salpetersäure	Spur
Ammoniak, salpetrige Säure	Null
Kaliumpermanganat zur Oxydation der organischen Substanz	4,7 mg
Gesammthärte, deutsche Grade . .	5,7°

21. o. Uslar. (E. 2330.)

Für die Wasserversorgung der Stadt Uslar ist ein Project des Regierungsbaumeister Taaks in Hannover in Ausführung begriffen, welches zu M. 65000 oder M. 18 pro Kopf veranschlagt ist.

Das Wasser soll aus Quellen im bunten Sandstein erschlossen und durch Thonrohre von 150 mm Durchmesser und ca. 1300 m Länge einem Vertheilungsschachte zugeführt werden. Von hier wird es demnächst mit natürlichem Gefälle durch gusseiserne Rohre von 125 mm und 150 mm Durchmesser und 3500 m Länge zu einem Hochreservoire geführt, welches hinter dem Vertheilungsnetze liegt. Das Reservoir ist in 2 Kammern getrennt, in den Boden versenkt, aus Beton hergestellt und überwölbt. Sein Fassungsraum beträgt 350 cbm.

Das Vertheilungsnetz erhält 2750 lfd. m Länge und besteht aus Rohren von 80 mm bis 150 mm Durchmesser. Der einheitliche und constante Druck in demselben wird normal 35,0 m betragen.

22. p. Zellerfeld. (E. 4332, W. 378 mit je 11,5 B.)

Für die Wasserversorgung der Stadt Zellerfeld sind 3 künstliche Zuleitungen mit natürlichem Gefälle vorhanden, welche pro Tag zusammen 2000 cbm Wasser zuleiten können.

Die eine Leitung kommt vom Kahlenberge und liefert theils Quellwasser und theils Wasser aus künstlichen Teichen, welche Sammelbassins für überschüssiges Quellwasser bilden. Das Wasser aus letzteren wird nur dann benutzt, wenn bei anhaltender Dürre das directe Quellwasser knapp wird. Die Zuleitung besteht aus asphaltirten, gusseisernen Rohren von 125 mm Durchmesser und ist 5272 m lang.

Die zweite Leitung, der sog. Spiegelstrang, kommt aus den Wiesen an der Spiegelthaler Höhe. Sie liefert gleichfalls Quellwasser und besteht aus gusseisernen Rohren von 100 mm Durchmesser und ca. 2000 m Länge.

Die dritte Leitung liefert Quellwasser aus den Abtshöfen. Sie besteht gleichfalls aus gusseisernen Rohren und hat 75 mm Durchmesser und 240 m Länge.

Die Kahlenberg-Leitung hat einen solchen Druck, dass die damit verbundenen 10 Hydranten in der Stadt zum directen Spritzen zu benutzen sind. Die öffentliche Wasserabgabe in der Stadt erfolgt aus 32 oberirdisch aufgestellten, gusseisernen Bottichen, in die das Wasser aus den Leitungen einläuft. 118 Häuser haben directen Anschluss an diese Leitungen, ebenso der Bahnhof und ferner auch für Haushaltszwecke die fiscalische Centralschmiede in Clausthal.

Die gusseisernen Leitungen sind während der Jahre von 1878 bis 1888 hergestellt und haben im Ganzen M. 60000 oder M. 14 pro Kopf gekostet. Der jetzige Zustand der Versorgung ist vollständig genügend.

Anhang:

23. Wasserwirthschaft des nordwestlichen Oberharzes.

Wenngleich die Anlagen für die Wasserwirthschaft des nordwestlichen Oberharzes ihre Entstehung und Benutzung ausschliesslich der Erfüllung technischer Aufgaben verdanken und für häusliche Wasserversorgung nur im minimalsten Maasse mitbenutzt sind, so rechtfertigt doch die wachsende Bedeutung der Stauanlagen für Oberflächenwasser auch für städtische Wasserversorgungen, hier der Anlagen zu gedenken, welche sich seit Jahrhunderten entwickelt haben, um eine Wasserwirthschaft in dem Kreise Zellerfeld zum Zwecke der Gewinnung und Verarbeitung von Erzen ins Leben zu rufen, die in solchem Umfange und in ähnlicher Vollkommenheit ihres Gleichen nicht gefunden hat, wenn auch ihre Bedeutung seit etwa 20 Jahren durch die mit der Anlage von Eisenbahnen geschaffene Möglichkeit, nach dort Steinkohlen zu führen und Dampfmaschinen aufzustellen, etwas zurückgetreten ist.

Durch verschiedene Systeme von im Ganzen ca. 110 km lange Sammelgräben wird auf dem Oberharze das von den Bergabhängen abfliessende Regenwasser gesammelt und 67 künstlich hergestellten Teichen von zusammen 235 ha Wasserfläche und von einem Fassungsraume von fast 10 Millionen cbm zugeführt, um auf 32 verschiedenen Schächten als Betriebskraft zu dienen. Offene, sowie gedeckte Aufschlaggräben und unterirdische Stollen leiten das Wasser zu 196 verschiedenen Wassermotoren über und unter Tage von zusammen 2869 PS., die zum Betriebe von Förderanlagen, Fahrkünsten, Wetterführungen, Poch- und Walzwerken, Wäschen, Mühlen etc., sowie als Wasserhaltungen für die Bewältigung der Grubenwässer dienen. Dasselbe Wasser sinkt zum Theil etagenförmig von Stauteich zu Stauteich und von einem Motor zu einem anderen tieferen Motor hinab und findet endlich mit dem Grubenwasser zusammen seinen Abfluss durch eine Reihe von Stollen, welche das Gebirge in ca. 70 km Länge als unterirdische Abflussgräben durchziehen, um die nöthige Vorfluth zu schaffen.

Die Möglichkeit, das Wasser in solchen Mengen zu sammeln, bieten in erster Linie die starken, atmosphärischen Niederschläge auf der Hochebene des Westharzes. In Clausthal beträgt nach 30jährigen Beobachtungen die Regenhöhe im Jahre durchschnittlich 1370 mm und die Zahl der Tage mit atmosphärischen Niederschlägen im Jahre 173,4.

Der rasche Abfluss dieses Regens in Gebirgsbächen verlangte aber nicht nur dessen sorgfältige Sammlung in künstlich hergestellten Sammelgräben an den Berghängen, sondern auch die Schaffung der grossen, künstlichen Teiche, um den regelmässigen Betrieb der umfangreichen Werke in wasserarmer Zeit zu ermöglichen. Die allmählich entstandenen Einrichtungen gestatten es in der That, dass selbst bei 14 Wochen anhaltender Trockenheit keine Störung des Betriebes eintritt.

Die Möglichkeit, dass dieser zweite Punkt durch menschlichen Scharfsinn so vollständig erreicht wurde, hat die natürliche Gestaltung des Clausthaler Plateaus geschaffen, welches im Nordwesten von den Höhenzügen des Bocksberges und des Kahlenberges und im Nordosten von der lang gestreckten Kette des Bruchberges und des Ackers begrenzt ist, während die Süd- und Südwestgrenze das Quellgebiet der Innerste bildet. Dieses sogenannte Plateau ist in sich selbst von mehreren, tieferen Thälern durchschnitten und setzt sich aus vielen, flachen Bergkuppen zusammen, so dass die Thäler der in einander übergehenden Erhebungen eine systematische Ausnutzung der Gefälle sowohl für die tiefer liegenden Betriebe, als auch die Anlage von Teichen selbst für die höchstgelegenen Betriebe gestatteten.

Für diese Wasserwirthschaft sind die Quellgebiete der Söse, der Innerste und der Oker, letzteres das bedeutendste, benutzt. Die Quellen der Oker und ihrer Nebenflüsse liegen hauptsächlich am Bruchberge und am Fusse des Brockens in 920,0 m Höhe, während das Mundloch des Ernst August-Stollens im Jahre 1864 einen künstlichen Ausfluss für das Plateau bei Gittelde geschaffen hat, der 628,0 m tiefer liegt. Für die Speisung der Oker bildet das Torfmoor des Brockenfeldes ein grosses, natürliches Reservoir, welches schwammartig die Feuchtigkeit schnell aufnimmt und nur sehr langsam, aber continuirlich wieder abgibt.

Dieses Brockenfeld ist von dem künstlich hergestellten Abbegraben durchschnitten, der das Wasser aus der am Fusse des Brockens sich hinschlängelnden Abbe aufnimmt. Sie ist ein Nebenfluss der Ecker, die sich unterhalb von Vienenburg mit der Radau vereinigt, um dann der Oker zuzufliessen. Nachdem das Wasser des Abbegrabens sich mit dem Kellwasser vereinigt hat, stürzt es frei die steile Wand hinab bis auf das Niveau des an der Blockschleife beginnenden Dammgrabens, der, nachdem er durch den Florishayer Graben das Wasser zwischen Brocken und Bruchberg aufgenommen hat, die Hauptzuflussader für die ganze Wasserwirthschaft bildet. Der Dammgraben zieht sich am Nordostabhange des Bruchberges hin und durchschneidet hier sämmtliche Quellgebiete der Oker.

Am Kreuzpunkte der Chausséen nach Altenau und nach Andreasberg fliesst dem Dammgraben durch den Morgenbrodsthaler Graben das Wasser der Sösequellen zu, und er überschreitet dann auf dem Sperberheider Damme an der Wasserscheide der Oker und der Söse den Thaleinschnitt zwischen dem Ifenkopfe am Bruchberge und dem Tränkeberge. Dieser Damm, für welchen bereits im Jahre 1657 ein Plan vorlag, ist im Jahre 1732 ausgeführt. Er ist ca. 1000 m lang und in der Mitte 16,0 m hoch. An der Basis hat er 40 m und in der Kronhöhe 6 mBreite. Hier ist in den Damm ein Cementkanal, der 50 cbm Wasser pro Minute abführt, eingeschnitten.

Den Lauf des 20 km langen Dammgrabens zu verfolgen, würde zu weit führen. Erwähnt werden mag jedoch noch, dass sein Wasser nicht nur zur Speisung tiefer gelegener Teiche dient, sondern dass er auch die höher als er selbst gelegenen Hirschler Teiche mit seinem Wasser füllt, indem er zugleich das Betriebswasser für die Polsterberger Hubkünste liefert, die sein Wasser damit 18,8 m hoch in den Tränkegraben heben, aus dem es dann den Hirschler Teichen zufliesst.

Während der Dammgraben die Teiche des Burgstätter Reviers mit Wasser von der Ostgrenze füllt, wird das Wasser von den nördlichen Bergen durch den oberen und unteren Schalker Graben, der 8 km Länge hat, den Teichen im Zellerfelder und Bockswieser Revier zugeführt.

Die Sammelgräben sollen das Wasser vor dem Eintritte in die Gebirgsbäche abfangen. Sie ziehen sich daher in möglichster Länge an den Bergabhängen herum und sind in regenarmer Zeit meistens ganz trocken. Sie sind in einfachster Weise an den Abhängen, deren Boden in der Regel aus Dammerde besteht, abgegraben, wobei das ausgeworfene Material die Dammbrust bildet. Sie haben Abflüsse in Freifluthen, die benutzt werden, wenn die Teiche gefüllt sind.

Dagegen sind die Aufschlaggräben immer sehr sorgfältig hergestellt, damit Wasserverluste vermieden werden und Betriebsstörungen der Werke durch ihre Reparaturen nicht eintreten. Sie haben meistens zu beiden Seiten und in der Sohle eine 0,3 m starke, gestampfte Schicht von Dammerde und an den Brüsten über der Abdichtung eine Trockenmauerung. Sie sind fast durchweg überdeckt, um vor Eis und Schneewehen geschützt zu sein. Nichtgemauerte Gräben sind meist mit Tannenzweigen gedeckt, welche auf Lagerhölzern liegen. Gemauerte Gräben sind in der Regel mit Brettern gedeckt, welche auf quer über die Gräben gelegten Schmalspurschienen ruhen. In neuerer Zeit werden für die Gräben vielfach Mauern aus Beton, die unten 0,15 m und oben 0,1 m dick sind, mit Vortheil ausgeführt, welche gleichfalls mit auf Schienen liegenden Brettern abgedeckt wreden. Diese Gräben haben in der Regel ein Gefälle von 1 : 1300 bis 1 : 1600. Die längsten Aufschlaggräben sind der Zellerfelder und der Lautenthaler Kunstgraben. Ersterer hat 5300 m und letzterer 7300 m Länge, wovon bei ersterem 500 m und bei letzterem 260 m Länge auf eine Ueberführung über einen Wasserlauf entfallen.

Die tief einschneidenden Thäler des Clausthaler Plateaus gestatten, das Wasser über Tage an vielen, untereinander liegenden Betriebsstätten zu benutzen. Es werden aber auch durch dessen Einleiten in die Stollen unter Tage damit bedeutende Betriebskräfte gewonnen. Natürlich ist es ausgeschlossen, hier die einzelnen Anlagen dieses Riesenwerkes auch nur flüchtig zu streifen. Nur noch einige Bemerkungen über die Stauweiher-Anlagen mögen hier Platz finden.

Die Wahl der Plätze für die Teiche bestimmte in erster Linie die Höhenlage des Terrains, weil die Erhaltung des Gefälles ja von der grössten Bedeutung ist. Ferner wurde der Untergrund eingehend in Bezug auf seine Wasserdichtigkeit geprüft. Namentlich liessen Zerklüftungen und Spaltungen, welche in ihrer Richtung auf den zu erbauenden Staudamm wiesen, Abstand von der Benutzung eines Terrains nehmen. Endlich musste man natürlich suchen, mit verhältnissmässig kurzen und wenig hohen Dämmen den Abschluss zu erreichen. Den höchsten Staudamm hat der Kellerhalser Teich, nämlich von 15,03 m Höhe in der Mitte; seine Länge beträgt 275 m. Die grösste Länge hat der Staudamm des Kieferholzer Teiches, nämlich 406 m, bei einer Höhe von 13,4 m in der Mitte. Trotz dieser anscheinend geringen Maassen bildet das Material der sämmtlichen Staudämme eine Erdmasse von 1 500 000 cbm.

Die Dämme sind meistens, je nach der Lage der herrschenden Windrichtung, 0,6 m bis 1,5 m höher als der höchste Wasserspiegel ausgeführt, und ihre Breite beträgt je nach der Dammhöhe 4 m bis 15 m, meistens 6 m; die Böschungen sind meistens unter 45° geneigt. Die Dämme selbst sind mit Ausnahme des Dammes des Oderteiches sämmtlich aus Erde aufgeschüttet.

Sie bestehen stets aus einem dichtenden Theile, der aus Rasen und Dammerde gestampft ist, und aus einem die Festigkeit gebenden Theile, der aus lose aufgeworfenem Erdreiche und gröberem Gerölle besteht, das oft stufenförmig aufgebracht ist. Den wasserdichten Theil, das sogenannte Rasenhaupt, hat man früher auf die Wasserseite des Dammes gestellt. Man hat ihn unten, je nach der Böschung, 3 m bis 4 m und oben 1 m breit gemacht und die schräge Fläche wasserseitig gelegt, während sich gegen die andere Fläche die Anschüttung legte. Das Rasenhaupt ist in die Thalsohle meistens eingelassen und vorsichtig schichtenweise aufgestampft.

Die Beschädigung der wasserseitigen Fläche durch Wellenschlag, Frost, Mauselöcher etc. ist im Jahre 1734 die Veranlassung gewesen, den durchbrochenen Damm des unteren Schalker Teiches in einer anderen Weise auszuführen, welche im Jahre 1714 schon in Lauterberg angewendet sein soll, weil sie sich angeblich vorher in Strassberg und Ilmenau im Stollberg'schen bewährt hatte. Das Rasenhaupt wird dabei, wie es heute auch in England für solche Dämme üblich ist, senkrecht in die Mitte des Dammes gestellt und erhält unten 2,0 m bis 2,5 m und oben 1,3 bis 1,5 m Dicke. Zu beiden Seiten kommt dagegen eine 0,3 m dicke Schüttung von Dammerde, und an diese wird die Anschüttung gleichmässig von beiden Seiten angestürzt. Nach der Wasserseite wird die Dossirung mit einer Steinschüttung oder einer regelmässigen Steindecke bis zu 1 m Stärke versehen. Der obere Theil der Dossirung wird mit einer Trockenmauer abgedeckt. Diese Bauweise ist seit jener Zeit auf dem Harze die ausschliesslich benutzte.

Von der tiefsten Stelle der Teiche sind die Striegelgerinne aus Eichen- oder Tannenholz, mit starken Bohlen überdeckt, durch den Damm hindurch geführt. Der Striegel, ein conischer Holzstöpsel, der an einer hölzernen oder eisernen Stange befestigt ist, dient zur Regulirung des Teichausflusses und passt genau in das Striegelrohr ein. Dieses stellte man früher an die Mündung des Gerinnes und baute für die Bewegungsvorrichtungen darüber das Striegelhäuschen auf hohen Bockbeinen auf. Eine Brücke führt dann vom Damme aus dahin. Man hat auch die Striegelstange schräg auf die innere Böschung und das Häuschen an deren Rand gelegt. Jetzt wird meistens vor der inneren Fläche des Rasenhauptes ein Schacht für den Striegel gelegt, in welchen die beiden Theile des Gerinnes, das eine vom Teiche und das andere zum Aufschlaggraben, münden, und das Häuschen wird oben darüber gesetzt.

Grosse Vorsicht ist stets bei der Wahl des Querschnitts des Ueberlaufes und Nothauslasses, der sogenannten Ausfluth, verwendet. Sie liegt stets an dem einen Ende des Dammes; ausnahmsweise ist auch wohl auf beiden Enden je eine Ausfluth hergestellt. Ihre Sohle liegt 0,25 m bis 1,25 m unter dem höchsten Wasserstande. Je nach der Grösse des Teiches beträgt die Breite 1 m bis 11 m. Bohlen, welche in eingemauerte Holzgevierte eingesetzt sind, geben in gewöhnlichen Zeiten den nöthigen Stau.

Zu welcher Zeit die ersten Stauteiche entstanden sind, ist nicht bekannt; wohl aber ist in einer Chronik vom Jahr 1572 schon eine Information für »Teichwärter« gefunden. Geschichtlich nachweisbar ist der älteste Teich der Ober-Eschenbacher Teich; er ist im Jahre 1602 gebaut. Ihm folgte der Schwarzenbacher Teich in den Jahren 1611 bis 1624; dann folgte der Bärenbrucher Teich im Jahre 1644, der Altenauer Hüttenteich im Jahre 1682, der kleine Okerteich im Jahre 1715 etc. Von den 67 Teichen werden 61 für fiscalische Betriebe benutzt, während 6 Teiche von 4 ha Wasserfläche und 90000 cbm Fassungsraum dem privaten Gewerbebetriebe für Mahlmühlen etc. dienen.

Der grösste der Teiche ist der Hirschler Teich. Dieser ist im Jahre 1725 einer umfangreichen Reparatur unterworfen gewesen; er hat seitdem eine Wasserfläche von 15,8 ha und 650000 cbm Fassungsraum. Sein Staudamm hat 377 m Länge und in der Mitte 11,3 m Höhe. Der nächst grösste Teich ist der Prinzen-Teich. Er hat 13,3 ha Wasserfläche und 510000 cbm Fassungsraum. Dann folgt in der Grösse der vorhin genannte Kellerhalser Teich von 7,8 ha Wasserfläche und 500000 cbm Fassungsraum. Die Grösse einzelner Teiche geht bis auf 0,76 ha Wasserfläche und 125000 cbm Fassungsraum hinunter. In einigen Fällen ist auch der Fassungsraum einzelner Teiche nachträglich durch Erhöhung des Staudammes vergrössert. So ist bei dem im Jahre 1728 erbauten Polsterthaler Teiche im Jahre 1742 der Staudamm um 4,0 m und im Jahre 1748 um 0,6 m erhöht. Der im Jahre 1722 erbaute Fortuner Teich ist im Jahre 1855 um 2,5 m erhöht und seine Wasserfläche ist damit von 5,2 ha auf 11,7 ha, sowie sein Fassungsraum von 212000 cbm auf 438000 cbm erhöht.

Die Tabelle 166 gibt einen Ueberblick über die Vertheilung der einzelnen Anlagegruppen auf die verschiedenen Reviere und ferner für jedes Revier die Zahl und Grösse der Stauteiche, die Länge der Sammel-, Aufschlag- und Abflussleitungen und die Zahl und Leistungen der verschiedenen Motoren über und unter Tage.

Tabelle 166.

No.	Revierbezeichnung	Stauteiche			Ueber Tage							Unter Tage				
		Zahl	Fläche	Inhalt	Länge der Sammelgräben	Länge der Aufschlaggräben	Länge der gedeckten Leitungen	Länge der Abflussgräben	Gesammte Grabenlänge	Wasserräder		Leitungen excl. Stollen	Wasserräder		Wassersäulmaschinen	
			ar	cbm	m	m	m	m	m	Zahl	PS.	m	Zahl	PS.	Zahl	PS.
1	Burgstädter	12	7 328	2 783 225	6 450	60 470	7 940	1800	76 660	21	318	930	5	98	—	—
2	Zellerfelder	11	2 725	896 305	13 480	6 690	550	420	21 140	11	178	420	7	122	—	—
3	Rosenhöfer	11	5 221	1 647 625	8 280	9 040	7 420	1190	26 450	28	324	—	—	—	2	60
4	Innerste Thal	5	2 083	883 975	4 930	—	—	250	5 180	19	219	—	—	—	—	—
5	Silbern-Aaler	1	31	5 925	1 910	—	—	90	2 000	9	101	340	3	66	—	—
6	Gründener	—	—	—	4 020	260	1 440	580	6 300	11	158	—	—	—	—	—
7	Spiegelthaler	8	904	590 587	3 790	3 790	—	110	7 690	11	113	—	—	—	—	—
8	Wildemänner	1	257	87 525	1 580	1 000	—	—	2 580	5	46	360	2	54	—	—
9	Pisthaler	2	927	564 700	1 070	4 940	300	40	6 350	3	59	—	—	—	—	—
10	Bockswieser	9	2 950	1 247 550	3 020	10 870	1 110	—	15 000	6	59	340	5	116	—	—
11	Lautenthaler	1	47	11 825	12 670	180	240	610	13 700	23	316	760	4	91	1	45
12	Polsterthaler	2	1 396	512 625	4 510	2 540	—	240	7 290	7	95	—	—	—	—	—
13	Altenauer	2	288	118 575	1 400	—	100	250	1 750	8	136	—	—	—	—	-
14	Schulenberger	2	356	165 925	3 750	8 580	—	210	12 520	5	95	—	—	—	—	—
	zusammen	67	24 513	9 516 367	70 860	108 360	19 100	5790	204 610	167	2217	3150	26	547	3	105

Die Tabelle 167 gibt die Länge der 6 Hauptstollen und enthält ferner eine Zusammenstellung der sämmtlichen Leitungen und Motoren.

Tabelle 167.

No.	Stollen	Länge
1	Lautenthaler Hoffnungs-Stollen	3980 m
2	Frankenscharener-Stollen	8510 »
3	19-Lachter-Stollen	8800 »
4	13-Lachter-Stollen	8890 »
5	Georg-Stollen	18240 »
6	Ernst-August-Stollen	22690 »
	Stollen zusammen	71110 m

Stollen	71110 m
Leitungen über Tage	203980 »
desgl. unter Tage	3150 »
Leitungen zusammen	278240 m
167 Wasserräder über Tage	2217 PS.
26 » unter Tage	547 »
193 Wasserräder zusammen	2764 PS.
3 Wassersäulmaschinen	105 »
196 Motoren zusammen	2869 PS.

In der Tabelle 168 (S. 236) sind die Namen der verschiedenen Stauteiche, deren Fassungsraum, Wasserfläche und nutzbare Dammhöhe und die Reviere, in welchen sie liegen, angegeben.

Tabelle 168.

Nro.	Revier	Name des Teiches	Fassungsraum cbm	Wasserfläche qm	Nutzbare Dammhöhe in m
1	Burgstätter	Hirschler	645 510	158 340	7,25
		Jägersblecker	422 200	93 860	3,0
		Oberer Pfauen	113 790	4 290	6,0
		Mittlerer »	281 360	82 960	5,0
		Unterer »	219 150	56 940	9,0
		Ob. Wasserwieser	103 790	44 590	3,25
		Johann-Friedrich	133 040	57 460	5,0
		Langer [berger	60 740	17 680	8,0
		Oberer Haus Herz-	134 560	63 440	7,5
		Unterer » »	220 980	48 100	8,5
		Ob. Eschenbacher	71 120	16 120	10,0
		Unterer »	20 570	45 110	6,75
2	Zellerfelder	Zankwieser	168 800	39 130	8,0
		Kiefhölzer	415 380	74 100	13,0
		Schröterbacher-	72 850	21 060	8,0
		Wasserläufer-	44 180	15 340	5,0
		Oberer Zechen-	40 150	15 600	6,0
		Mittlerer »	48 480	16 120	7,0
		Ober-Einersberger	139 620	35 880	8,0
		Mittlerer »	15 090	7 020	5,0
		Carls-	56 350	32 630	2,75
		Eulenspiegeler	22 900	10 660	5,0
		Hütten-	5 720	2 860	2,0
3	Rosenhöfer	AlterWasserläufer-	48 590	21 060	6,0
		Schwarzenbach-	166 640	53 560	5,0
		Pixhayer-	229 220	79 820	4,75
		Hasenbacher	143 600	36 920	9,0
		Semmelwieser	65 680	18 980	8,0
		Ob. Flammbacher	116 920	39 880	8,0
		Unterer »	30 740	—	5,25
		Ob. Nassewieser	34 700	—	6,75
		Unterer »	78 180	25 870	6,75
		Bärenbacher	23 860	61 360	9,0
		Ziegenberger	241 190	76 700	4,25
		Sumpf-	247 170	89 440	4,0
4	Innerste-Thal	Prinzen-	512 500	132 080	4,0
		Ob. Hahnenbalzer	102 630	23 790	10,0
		Unterer »	56 400	16 980	8,0
		Haderbacher	115 680	24 420	10,0
		Klein. Clausthaler	34 930	10 140	8,0
5	Silbern-Aaler	Kreuzbacher	5 920	3 120	4,25
7	Spiegelthaler	Brinkmühlen-	6 350	3 250	3,5
		Oberer Germanns-	8 930	5 980	3,25
		Unterer »	7 230	5 200	3,25
		Wegsmühlen-	3 810	2 860	3,0
		Kellerbacher	41 440	14 820	6,5
		Mittelmühlen-	7 990	4 160	4,5
		Ob. Spiegelthaler	41 230	15 860	6,0
		Unterer »	132 400	36 400	10,0
8	Wilde-männer	» Grumbacher	87 520	25 240	8,0
9	Pisthaler	Ob. Kellerhalser	61 690	14 300	10,0
		Mittlerer »	503 000	77 740	15,0
10	Bockswieser	Auerhahn-	62 340	16 120	9,0
		Neuer Grumbacher	110 570	25 740	10,0
		Oberer »	185 070	42 900	10,0
		Mittlerer »	71 170	18 330	9,0
		Oberer Floss-	12 070	6 240	4,5
		Unterer »	13 370	7 800	4,0
		Stadtweger	416 550	87 880	11,0
		Kranicher	187 600	48 360	9,0
		Kuttelbacher	188 790	39 780	11,0
11	Lautenthaler	Neuer	11 820	4 680	6,0
12	Polsterthaler	Fortuner	438 560	117 000	14,15
		Polsterthaler	74 060	21 450	8,0
13	Altenauer	Altenauer Hütten-	96 220	22 360	10,0
		Kleiner Oker-	22 320	6 240	8,5
14	Schulen-berger	In der Lange	24 190	7 020	8,0
		Unterer Schalker	141 770	28 600	11,5

XXII. Regierungsbezirk Lüneburg.

(Provinz Hannover.)

a) Burgdorf 2. — **b)** Celle 3. — **c)** Dannenberg 4. — **d)** Gifhorn 5. — **e)** Harburg 6 (Heimfeld 7, Lauenbruch 8, Neuland 10, Wilsdorf 13). — **f)** Lüchow 9. — **g)** Lüneburg 1. — **h)** Soltau 11. — **i)** Uelzen 12. — **k)** Winsen a. d. Luhe 14. —

---

1. g. Regierungshauptstadt **Lüneburg.** (E. 22330, W. 2478 mit je 8,9 B.)

Die Wasserversorgung der Stadt Lüneburg erfolgte, ausser aus 12 öffentlichen und einigen privaten Pumpenbrunnen, deren Wasser aber zum Genusse unbrauchbar ist, seit Alters her durch 6 verschiedene Wasserkunstgesellschaften, die als deutsch-rechtliche Genossenschaften mit Corporationsbefugnissen bestanden. Es sind das:

die Abtskunst, die Rathskunst, der Mönchsbrunnen, der kranke Heinrich, der Schierbrunnen und der Spitlbrunnen.

Die beiden erstgenannten Gesellschaften sind die bedeutendsten und von diesen ist die Rathskunst am 27. October 1896 in den Besitz der Stadt übergegangen. Die 4 übrigen Gesellschaften haben stets nur einen kleineren Interessentenkreis und versorgen diesen mit Quellwasser.

a) Die Schierbrunnen-Gesellschaft besteht seit dem 16. Jahrhundert. Ihr gehören 46 Interessenten an. Das Wasser wird einer im hochgelegenen Haideterrain östlich von der Stadt im Hagen entspringenden und 1,5 km von der Stadt entfernten Quelle entnommen, neben welcher ein ca. 50 ar grosser Teich mit seinem Wasserspiegel 11,0 m hoch über der Stadt liegt, der eventuell zum Ausgleiche benutzt werden kann. Eine gusseiserne Leitung von 150 mm Durchmesser führt das Wasser mit natürlichem Gefälle den Interessenten zu. Es werden damit 74 Grundstücke und 8 öffentliche Brunnen in der Stadt, sowie ein öffentlicher Springbrunnen versorgt.

b) Derselben Quelle entnimmt die Spitlbrunnen-Gesellschaft das Wasser. Deren Zuleitung bildet ein Bleirohr von 100 mm Durchmesser. 30 Grundstücke werden dadurch versorgt. Beide Leitungen, die von 150 mm und die von 100 mm Durchmesser liefern im Tage ca. 400 cbm. 7 Nothbrunnen für Feuerlöschzwecke werden aus der letzteren gespeist. Jeder Interessent hat im Jahre M. 24 Beitrag zu zahlen.

c) Die Gesellschaft Kranker Heinrich versorgt nur 12 Häuser mit Quellwasser. Dieses wird durch gusseiserne Leitungen mit natürlichem Gefälle aus einer Quelle zugeführt, die westlich von der Stadt in 2,5 km Entfernung und 5,0 m höher als die Stadt liegt.

d) Die Gesellschaft Mönchsbrunnen versorgt 8 Häuser mit Wasser, das in Brunnenschächte ausfliesst, um dann durch Handpumpen für den Verbrauch gehoben zu werden.

Die Regierung hat die Einrichtungen der 4 vorgenannten Gesellschaften rücksichtlich der Qualität des gelieferten Wassers im Sommer 1897 prüfen lassen. Es ist dabei constatirt, dass, wenn auch die Gesellschaften Schierbrunnen, Spitlbrunnen und Kranker Heinrich ursprünglich gutes Quellwasser geliefert haben, dieses jetzt durch das Leiten in offenen Gräben allen möglichen Verunreinigungen ausgesetzt ist. Es ist ihnen daher eine Aenderung der Zuleitungen aufgegeben und eine Schliessung der Anlagen angedroht, sofern sie Wasser für Genusszwecke liefern wollen. Der Mönchsbrunnen, dessen Wasser unrein und für Genusszwecke ungeeignet ist, soll nur noch Wasser für gewerbliche und sonstige Betriebszwecke abgeben dürfen.

e) Die Abtswasserkunst-Gesellschaft hat in den Jahren 1530 bis 1534 ihre Anlagen erbaut. Ihr Anlagekapital hat ursprünglich 3180 Lübsche Mark betragen. Sie liefert Wasser, das oberhalb der Stadt direct aus der Ilmenau entnommen ist. Anfangs wurde dieses durch von Wasserrädern getriebene Pumpen gehoben.

Im Jahre 1879 ist mit einem Kostenaufwande von M. 70000 nach dem Projecte des Architecten Wagner der Betrieb der Pumpen mittels einer Turbine eingerichtet. Die Turbine ist nach dem Patente Nagel & Kaemp in Hamburg construirt und gemeinschaftlich mit den Pumpen, welche durch Zahnräder angetrieben werden, von den Lüneburger Eisenwerken in Lüneburg geliefert. Die Pumpen fördern pro Stunde 120 cbm Wasser und zwar während der Betriebszeit von 6 Uhr Morgens bis 10 Uhr Abends direct in die Stadt, wobei der Ueberschuss für den Nachtconsum in ein gemauertes Hochreservoir ausfliesst, das 1100 cbm Inhalt hat und am Fusse des Kalkberges, ca. 30,0 m hoch über dem Wasserspiegel der Ilmenau liegt. Die ursprüngliche Schöpfstelle aus dem Flusse ist schon vor Jahren weiter hinauf in die obere Ilmenau, ca. 1000 m oberhalb der Wasserkunst, verlegt. Aber die zunehmende Bebauung vor dem Rothen Thore lässt das Wasser auch hier nicht mehr einwandsfrei erscheinen, weil die Klärung nur durch ein Kiesfilter von 6 qm Fläche erfolgt, so dass ein weiteres Hinausrücken der Schöpfstelle abermals nöthig geworden und bereits in Ausführung begriffen ist.

Das Rohrnetz besteht aus 8300 lfd. m gusseiserner Rohre und steht unter einem constanten Drucke von 30,0 m. Mit demselben sind 53 Schieber, eine an den Sonntagen im Sommer auf dem Marktplatze springende Fontaine, 14 Ueberflur- und 11 Unterflurhydranten, 18 Nothbrunnen mit Ventilen und 8 öffentliche Brunnen verbunden.

Im Jahre 1882 betrug der Buchwerth der Anlage noch M. 137000. Es waren 220 Grundstücke angeschlossen, die das Wasser nach Schätzung bezahlen. Den Betrieb leitet als sogenannter regierender Administrator der Senator H. Lechmann.

Bei der Prüfung der Wasserentnahmestelle dieser Gesellschaft, die im Sommer 1897 im Auftrage der Regierung stattfand, ist ihr die Anlage eines zweiten Filters zur Pflicht gemacht, weil die vorhandene Reinigungseinrichtung als ungenügend erklärt wurde, um dauernd ein einwandfreies Genuss- und Trinkwasser liefern zu können.

f) Die Rathswasserkunst-Gesellschaft besteht seit dem Jahre 1474 Im Jahre 1652 hat das alte Werk einen Umbau erfahren. Im Jahre 1873 ist dasselbe nach dem Projecte des Directors Schmetzer, jetzt in Frankfurt a. d. Oder, damals in Hamburg, und von der Firma Nagel & Kämp in Hamburg mit einem Kostenaufwande von M. 287000 vollständig neu erbaut. Die maschinellen Theile dafür haben die Lüneburger Eisenwerke in Lüneburg geliefert. Das Wasserwerk versorgt zur Zeit 700 Wohnhäuser mit circa 4000 Einwohnern und liefert pro Tag ca. 2500 cbm Wasser.

Dieses Werk lieferte früher Wasser aus der Ilmenau. Später ist das Wasser aus dem Grundwasser auf der Rothen Bleiche durch gebohrte Brunnen erschlossen. Anfänglich sind dafür 6 Rohrbrunnen aus schmiedeeisernen Rohren von 150 mm Durchmesser hergestellt, welche in ca. 1000 m Entfernung von der Pumpstation sich befanden, und aus diesen ist dann das Wasser durch Thonrohre der Pumpstation zugeführt. Bei später wachsendem Bedürfnisse hat man aber wieder auf das Ilmenauwasser zurückgegriffen, dessen Schöpfstelle freilich, ebenso wie bei der Abtswasserkunst, inzwischen völlig untauglich geworden war. Die Hamburger Choleraepidemie hat jedoch die Veranlassung dazu gegeben, dass die Grundwassererschliessungen wieder aufgenommen wurden. Es sind jetzt 18 Brunnen von 30,0 m bis 110,0 m Tiefe und von 100 mm bis 150 mm Weite mit Filterkörben in Benutzung. Das Wasser steigt in diesen 1,0 m hoch über Terrain und wird in einem gemauerten Reservoire von 1000 cbm Inhalt, dessen Boden 2,0 m unter Terrain liegt, gesammelt. Aus diesem fliesst es dann durch ein Rohr von 350 mm Durchmesser und ca. 1000 m Länge dem Pumpenbrunnen der Pumpstation mit natürlichem Gefälle zu.

In der Pumpstation ist eine Vollturbine von einer Leistung von 16 PS. bei 48 Umdrehungen pro Minute für 1,17 cbm Aufschlagwasser pro Secunde von 1,4 m Gefälle aufgestellt. Diese treibt 2 stehende, doppeltwirkende Pumpen mit Scheibenkolben und Flachventilen durch Räderübersetzung an, welche 16 Doppelhübe pro Minute machen. Die Kolben derselben haben 250 mm Durchmesser und einen Hub, der zwischen 0,75 m und 0,3 m verstellbar ist. In einem an die Pumpstation angebauten Thurme ist ein Standrohr von 300 mm Durchmesser aufgestellt, das in 40,0 m Höhe auf seinem oberen Ende zu einem kleinen Reservoire von 2,5 cbm Inhalt ausgeweitet ist.

Das Versorgungsnetz ist nach dem Circulationssysteme ausgeführt und steht unter einem einheitlichen Drucke. Die Wasserabgabe in der Stadt ist jedoch auf die Zeit des Maschinenbetriebes von 6 Uhr Morgens bis 11 Uhr Abends beschränkt. Die Druckhöhe beträgt dann im Mittel 25,0 m in der Stadt. Die Rohrleitungen haben ca. 25000 m Länge und sind mit 60 Schiebern, 11 Kanalspülern, 6 Freibrunnen und 18 Unter- und 6 Ueberflurhydranten verbunden. Die Zuleitungen und die Hausleitungen sind aus Bleirohren hergestellt und speisen ca. 4000 Zapfhähne, 50 Badeeinrichtungen, 15 Privatspringbrunnen und 50 Pissoirstände. Die Zahlung für die Wasserabgabe erfolgt nach Schätzung, und es sind im Ganzen nur 6 Wassermesser eingebaut. Von diesen sind 2 von C. A. Spanner, Wien-Aachen und 4 von H. Meinecke, Breslau geliefert; 3 davon haben 10 mm und je einer hat 13, 15 und 20 mm Durchmesser. Die im Jahre 1895 geförderte Wassermenge betrug ca. 1 Mill. cbm.

Die Verwaltung des Werkes wurde bis zum Uebergange an die Stadt ehrenamtlich durch den ersten Administrator A. Leppert und durch einen Rechnungsführer geleitet. Die Stadt hat bei der Uebernahme des Werkes die Schulden der Gesellschaft von M. 218600 und ferner an die 97 Interessenten je M. 2000, also M. 194000 gezahlt. Ausserdem erhalten 6 der Interessenten für 20 Jahre jährlich je 1000 cbm und die übrigen ein jeder bis zu 600 cbm abwärts gegen eine jährliche Zahlung von M. 36. Der Kaufpreis des Werkes ausser der Wasserabgabe hat somit M. 412600 betragen.

2. a. **Burgdorf.** (E. 3663, W. 499 mit je 7,3 B.)

Die Wasserversorgung der Stadt Burgdorf erfolgt ausschliesslich aus Brunnen im Orte.

3. b. Celle. (E. 19743, W. 1922 mit je 10,3 B.)

Die Wasserversorgung der Stadt Celle erfolgt aus 75 öffentlichen und ca 500 privaten Brunnen von 4,0 m bis 10,0 m Tiefe. Bei hohem Stande der Aller verschlechtert sich die Qualität des Wassers und bei niederem Stande derselben tritt stellenweise Wassermangel ein.

Für die frühere Altstadt und das Schloss besteht eine alte fiscalische Leitung, der ein Schöpfrad aus der Aller das Wasser zuführt. Damit sind verschiedene Laufbrunnen und 22 Nothpfosten zum Feuerlöschen verbunden. Auch findet daraus eine Rinnsteinspülung in der Stadt statt. Ferner haben einige frühere Brauhäuser gegen eine geringe Gebühr Anschluss an dieselbe. Zum Trinken kann das Wasser nicht benutzt werden.

Die Absicht, eine allgemeine Wasserversorgung auszuführen, liegt wohl vor. Einige Jahre werden aber noch vergehen, ehe man an die Ausführung herantreten wird.

4. c. Dannenberg. (E. 1925, W. 231 mit je 8,3 B.)

Die Wasserversorgung der Stadt Dannenberg erfolgt durch gegrabene und gemauerte Brunnen. Es sind deren ca. 100 private und 6 öffentliche vorhanden.

5. d. Gifhorn. (E. 3398.)

Die Wasserversorgung der Stadt Gifhorn erfolgt ausschliesslich aus Brunnen in der Stadt.

6. e. Harburg. (E. 42583, W. 238 mit je 17,8 B.)

Der Stadt Harburg dienten früher zur Wasserversorgung 28 öffentliche Pumpenbrunnen und eine nur geringe Zahl von Privatbrunnen, deren Wasser von guter Qualität war. Ausserdem war eine Trinkwasserleitung und eine Weichwasserleitung, welche der Stadt Trink- resp. Brauchwasser von aussen zuführten, vorhanden. Die Trinkwasserleitung wurde aus 5 verschiedenen Quellen gespeist, welche einzeln in Sammelkammern, Wasserhalter genannt, gefasst waren und deren Wasser mit natürlichem Gefälle durch Rohre von Thon, Holz und Eisen von im Ganzen ca. 5000 m Länge in der Stadt an 36 öffentlichen Laufbrunnen zur Abgabe gelangte. Dieses Wasser wurde auch in 28 Privatgrundstücke eingeleitet.

Die Weichwasserleitung wurde aus einem Teiche gespeist, welcher sich aus dem Seevebache füllte und so hoch liegt, dass das Wasser mit natürlichem Gefälle zur Stadt floss. Es wurde vor dem Eintritte in das Leitungsrohr einer zweimaligen, oberflächlichen Filtration unterworfen und gelangte auch stets völlig klar und rein in die Stadt. Es kam hier an 10 öffentlichen Laufbrunnen zum Ausflusse. Ausserdem versorgte es 12 Privatgrundstücke. An die beiden Leitungen waren zusammen 28 versenkte Nothbrunnen für Feuerlöschzwecke angeschlossen.

Der wachsenden Einwohnerzahl genügten diese Einrichtungen nicht mehr, so dass die Stadtvertretung in ihrer Sitzung am 15. October 1883 beschloss, der Erbauung einer centralen Wasserversorgung ernstlich näher zu treten. Nach eingehenden Vorarbeiten erhielt der Baurath Thiem in Leipzig den Auftrag zur Ausarbeitung eines speciellen Projectes, dessen Kosten er zu M. 983000 überschlagen hatte. Dasselbe ist Mitte des Jahres 1890 von der Stadtvertretung zur Ausführung angenommen und unter Thiem's Oberleitung im Jahre 1890/91 zur Ausführung gebracht. Das Werk ist für eine tägliche Leistung von 5000 cbm hergestellt und hat in seiner ersten Ausführung M. 1080000 gekostet. Für Erweiterungsbauten sind ferner bis zum 1. April 1895 M. 26344 verausgabt, so dass die Gesammtkosten sich zur Zeit auf M. 1106344 oder M. 25,98 pro Kopf belaufen. Der Betrieb des Wasserwerkes ist mit dem der Gasanstalt vereinigt und liegt in den Händen des Directors G. Wiese.

Das Wasser wird in dem königl. Forste Haake an der Chaussée Harburg-Stade, ca. 3000 m von der inneren Stadt entfernt, durch eine 400 m lange Sammelleitung aus Cement-Schlitzrohren von 500 mm Durchmesser, welche in 7,0 m Tiefe unter Terrain auf einer nach der Elbe zu abfallenden Lettenschicht liegt, aus dem Grundwasser gewonnen und einem Sammelbrunnen zugeführt.

In einer neben dem Brunnen erbauten Pumpstation befinden sich 2 Dampfpumpenschienen und 2 Dampfkessel. Die Maschinen sind liegende Verbundmaschinen, jede von 40 PS. normaler Leistung; sie haben Condensation und Meyer'sche Expansion. Jede Maschine treibt direct mit den verlängerten Kolbenstangen 2 liegende Plungerpumpen an, welche flache und freie Ringventile mit Gummipuffern haben. Bei 50 bis 60 Doppelhüben pro Minute fördert jede Maschine pro Stunde 209 cbm Wasser auf 60,0 m Höhe. Die Dampfcylinder haben 365 mm und 550 mm und die Plunger 180 mm Durchmesser. Sämmtliche Kolben haben 0,7 m Hub. Die Maschinen und die Pumpen sind von der Berliner Actiengesellschaft, vormals Freund & Cie., in Charlottenburg geliefert.

Die Kessel sind Zweiflammrohrkessel mit Galloway-Rohren. Jeder derselben hat 54 qm Holzfläche und 1,2 qm Rostfläche. Sie sind für 8 Atm. Dampfspannung concessionirt. Geliefert hat sie die Firma Christiansen & Meyer in Harburg.

Von der Pumpstation führt eine Druckleitung von 325 mm Durchmesser und 1180 m Länge zu einem Hochreservoire, welches auf dem Eisendorfer Gebiet nahe den Schiessständen in der Haake und ca. 3000 m von der inneren Stadt entfernt liegt. Es ist aus Beton hergestellt und 1,0 m tief in den Boden versenkt. Oben ist es gewölbt und 1,0 m hoch mit Erde überdeckt. Es besteht aus 2 Kammern von je 1000 cbm Inhalt. Sein Wasserspiegel liegt auf 63,0 m über Harburger Null. Von dem Reservoire geht eine Fallrohrleitung von 450 mm Durchmesser ab, an die sich schon in unmittelbarer Nähe die erste Entnahmestelle anschliesst.

Das Vertheilungsnetz gestattet eine theilweise Circulation und ist in einigen Strängen verästelt. Der normale Leitungsdruck in der Stadt beträgt 55,0 m bis 60,0 m. Die Länge der Rohrleitungen von 450 mm bis 100 mm Durchmesser und deren Inhalt, sowie die Zahl der Schieber, Hydranten und öffentlichen Springbrunnen, Laufbrunnen und Pissoire am Anfange und am Ende jedes der 3 abgelaufenen Betriebsjahre gibt die Tabelle 169 an.

Tabelle 169.

Jahr	zu Beginn	1893/94	1894/95	1895/96
Rohrlänge m	37574	39000	40000	45000
Rohrinhalt cbm	1095	1350	1450	1500
Schieber	175	196	217	283
Hydranten	317	349	380	394
Springbrunnen	2	2	3	3
Laufbrunnen	16	9	8	9
Pissoire	5	6	7	7

Die Hydranten stehen in 80 m bis 100 m Entfernung von einander. Es sind Ueberflurhydranten und von

Bopp & Reuther in Mannheim geliefert. 60 Rinnsteinspüler sind aufgestellt. Die Rohrverlegungen hat die Firma Götze & Niedermeyer in Hannover ausgeführt.

Die Zuleitungen und die Hausleitungen sind aus Bleirohren hergestellt. Erstere haben Anbohrschellen und grösstentheils 25 mm Durchmesser. Bis Ende 1895 waren im Ganzen 1716 Wassermesser geliefert und zwar 5 von H. Meinecke, Breslau, 55 vom Wolff & Schreiber, Breslau, 3 von C. A. Spanner, Wien-Aachen, 1651 von Dreyer, Rosenkranz & Droop, Hannover und 1 von Lux, Ludwigshafen. Nach der Grösse vertheilen diese sich wie folgt:

Durchmesser mm	11	13	15	20	25	30	33	40	50
Stückzahl . . .	2	3	328	942	686	25	3	17	6
Durchmesser mm	60	80	100						
Stückzahl . . .	1	5	3						

Die Baukosten der Anlage in der ersten Ausdehnung setzen sich aus folgenden Posten zusammen:

Grunderwerb	11 640 M.
Wasserfassung	119 710 »
Gebäude	79 900 »
Maschinen und Kessel	98 082 »
Hochreservoir	50 720 »
Rohrnetz und Anschlüsse	631 583 »
Wassermesser	70 541 »
Utensilien und Diverses	17 823 »
zusammen	1 080 000 M.

Die Tabelle 170 gibt für das erste halbe und für die 3 folgenden Jahre die Wasserabgabe im Ganzen, am mittleren Jahrestage, am grössten und am geringsten Consumtage und pro Tag pro Kopf, ferner die Privatabgabe durch

Tabelle 170.

Jahr		Halbjahr 1892/93	1893/94	1894/95	1895/96
Einwohnerzahl		40 000	40 000	40 000	42 500
Gesammtabgabe im Jahr	cbm	172 288	547 597	648 440	695 665
desgl. gegen 100 cbm des Vorjahres		—	159,0	118,3	107,3
Liter pro Kopf pro Tag im Mittel		29	38	44	45
Desgleichen am Maximaltage		34	68	69	72
Zahl der Anschlüsse		1 661	1 900	1 900	1 989
cbm pro Anschluss im Jahre		104	288	341	349
Tagesabgabe am					
mittleren Jahrestage	cbm	947	1 500	1 777	1 901
Maximaltage	»	1 779	2 700	2 767	3 047
Minimaltage	»	363	849	682	908
Von 100 cbm am mittleren Jahrestage am					
Maximaltage	»	187,8	180,0	156,0	160,3
Minimaltage	»	42,8	56,6	38,4	47,7
Wasser für öffentliche Zwecke	cbm	16 930	94 000	123 961	99 000
davon für Strassensprengen	»	4 400	4 000	4 000	4 000
Springbrunnen	»	4 500	5 000	4 000	4 000
Laufbrunnen	»	2 780	8 000	6 285	6 000
Rinnsteinspülen	»	1 050	60 000	85 932	60 000
Bedürfnissanstalten	»	3 000	12 000	18 144	20 000
Bewässern öffentlicher Anlagen	»	200	3 000	3 600	3 000
Feuerlöschen	»	1 000	2 000	2 000	2 000
Von 100 cbm für öffentliche Zwecke für					
Strassensprengen		26,0	4,3	3,2	4,0
Springbrunnen		26,6	5,3	3,2	4,0
Laufbrunnen		16,4	8,5	5,1	6,1
Rinnsteinspülen		6,2	63,8	69,4	60,6
Bedürfnissanstalten		17,7	12,8	14,6	20,2
Bewässern öffentlicher Anlagen		1,2	3,2	2,9	3,1
Feuerlöschen		5,9	2,1	1,6	2,0
Wasser für Private	cbm	112 810	405 700	440 124	570 272
davon nach Messern	»	119 610	405 700	438 124	570 272
Zahl der Messeranschlüsse	»	1 620	1 921	1 909	1 989
Wasser für Private ohne Messer	»	3 200	—	2 000	—
Von 100 cbm für Private					
nach Messern	»	97,4	100,0	99,6	100,0
ohne Messer	»	2,6	—	0,4	—
Wasser für das Wasserwerk incl. Spülen, Verlust etc.	»	32 548	47 897	84 359	26 393
Von 100 cbm Gesammtabgabe für öffentliche Zwecke		9,8	17,2	19,1	14,2
für Private		71,4	74,1	67,9	82,0
das für Wasserwerk		18,8	8,7	13,0	3,8
Gesammtabgabe ohne Messer	cbm	52 678	141 897	210 320	125 393
Desgl. von 100 cbm Gesammtabgabe	»	30,6	25,9	32,4	18,0
Gesammtabgabe nach Messern von 100 cbm Gesammtabgabe		69,4	74,1	67,6	82,0
Abgabe pro Messer im Jahre	cbm	74	212	230	276

und ohne Messer und die Zahl der resp. Anschlüsse, sowie den Consum dafür, ferner die Abgabe für den Selbstverbrauch und für öffentliche Zwecke, letztere nach den verschiedenen Verwendungsarten getrennt, und endlich verschiedene Verhältnisszahlen an.

Die Tabelle 171 gibt für dieselbe Zeit den jährlichen Verbrauch an Brennmaterial (Englische Kohlen) für die Dampfkessel im Ganzen, pro 100 cbm Wasser und pro PS.-Stunde bei 65,16 m Arbeitshöhe, ferner die Leistung in m × kg pro kg Kohlen und endlich die Betriebsstunden der Maschinen im Ganzen und pro Tag pro Maschine an:

Tabelle 171.

	Kohlenverbrauch			pro kg Kohle m × kg	Arbeitszeit	
	im Ganzen kg	Pro 100 cbm Wasser kg	pro PS.-Stde. kg		im Ganzen	per Tag pro Maschine
1892/93 Halbjahr . . .	123 825	71,6	2,87	90 900	—	—
1893/94	328 185	60,0	2,49	108 500	3 399	4,7
1894/95	341 700	52,7	2,18	123 500	3 374	4,6
1895/96	351 213	50,6	2,10	123 600	3 520	5,0

Die Wasserabgabe erfolgt ausser an die Stadt Harburg auch an die zur Stadt gezogenen Gemeinden Wilstorf und Heimfeld, sowie an einige Consumenten in Lauenbruch und in Neuland.

Die Abgabe an Private findet ausschliesslich durch Wassermesser zum Grundpreise von 20 Pf. pro cbm für den Hausgebrauch statt. Die Mindestzahlung im Jahre beträgt M. 1,50 pro mm Messerweite Es ermässigt sich aber der Mindestpreis pro Jahr auf die folgenden Sätze bei einer Gebäudesteuer von:

bis zu M. 200,	von 200 bis 300,	von 300 bis 400
auf M. 10	15	20

15 % des Kaufwerthes der Messer werden als jährliche Messermiethe erhoben. Für grössere Abnehmer ist als Preis pro cbm 20 Pf. bis zu 500 cbm im Jahre, für die nächsten 500 cbm bis 1000 cbm 16 Pf., für die nächsten 1000 cbm bis 2000 cbm 14 Pf. und für den Verbrauch darüber hinaus 12 Pf. zu zahlen.

7. e. Heimfeld. (E. 1330.)

Die Wasserversorgung des Dorfes Heimfeld erfolgt durch das Harburger Wasserwerk.

8. e. Lauenbruch. (E. 745.)

Die Wasserversorgung des Dorfes Lauenbruch erfolgt durch das Harburger Wasserwerk.

9. f. Lüchow. (E. 2750, W. 398 mit je 7,0 B.)

Die Wasserversorgung der Stadt Lüchow erfolgt ausschliesslich aus gegrabenen und gebohrten Brunnen innerhalb der Stadt, deren 10 der allgemeinen Benützung dienen.

Im Herbst 1897 hat der Magistrat den Ingenieur P. Hoffmann in Berlin beauftragt, ein specielles Project mit Kostenanschlag für eine einheitliche Versorgung aufzustellen. Letzterer ist auf M. 65 200 festgestellt und soll sich durch elektrischen Antrieb der Pumpen um M. 1500 vermindern lassen.

10. e. Neuland. (E. 677.)

Die Wasserversorgung des Dorfes Neuland erfolgt durch das Harburger Wasserwerk.

11. h. Soltau. (E. 4026, W. 460 mit je 8,8 B.)

In der Stadt Soltau ist für die Wasserversorgung ausser 2 öffentlichen Brunnen auf jedem Gehöfte ein Pumpenbrunnen vorhanden und zum Theil sind auch daraus gespeiste Hauswasserleitungen eingerichtet. Trotzdem liegt die Absicht vor, eine allgemeine Wasserleitung für städtische Kosten herzustellen.

12. i. Uelzen. (E. 8198, W. 800 mit je 8,0 B.)

Die Versorgung der Stadt Uelzen mit Wirthschaftswasser erfolgt direct aus dem die Stadt durchfliessenden Wasserlaufe. Ferner sind 32 öffentliche und ca. 400 private Brunnen von 5,0 bis 10,0 m Tiefe in Benutzung, in denen immer Wasser in genügender Menge vorhanden ist, das sich aber in der Qualität allmählich verschlechtert, so dass die Frage einer allgemeinen Versorgung bereits discutirt wird.

13. e. Wilsdorf. (E. 800.)

Die Wasserversorgung des Dorfes Wilsdorf erfolgt durch die Harburger Wasserwerke.

14. k. Winsen a. d. Luhe. (E. 3808.)

Die Wasserversorgung der Stadt Winsen erfolgt ausschliesslich aus Brunnen in der Stadt.

XXIII. Regierungsbezirk Stade.

(Provinz Hannover.)

a) Achim 2. — **b)** Blumenthal 3. — **c)** Bremervörde 4. — **d)** Geestemünde 6. — **e)** Lehe 7 (Wulsdorf 11). — **f)** Osterholz 8. — **g)** Rotenburg 9. — **h)** Stade 1. — **i)** Verden 10. — **k)** York (Buxtehude 5).

---

1. h. Regierungshauptstadt **Stade.** (E. 10058, W. 1223 mit je 8,3 B.)

Schon seit dem Jahre 1735 bestand für die Wasserversorgung der Stadt Stade eine Gravitationsleitung, welche 6 öffentliche Brunnen in der Stadt speiste, von denen 3 mit aufstehenden Pumpen versehen waren, die aus Brunnenschächten saugten. Dieses Wasser wurde 2 natürlichen Teichen entnommen, die, 2700 m von der Stadt entfernt, auf dem Schwarzenberge liegen. Die Quellen, welche die Teiche speisen, haben im Laufe der Jahre nachgelassen, so dass das aus ihnen zufliessende Quantum nur noch 160 cbm im Tage beträgt und man wohl mit der Zeit ganz darauf wird verzichten müssen. Anfangs waren für die Zuleitung hölzerne Rohre gelegt. Seit dem Jahre 1850 sind diese durch gusseiserne von 100 mm Durchmesser ersetzt. Dieses Wasser wird auch auf 6 Privatgrundstücken zum Gewerbebetriebe benutzt.

Die im Anfange der 70er Jahre vorgenommenen Versuche, den Schwarzenberger Teichen neue Quellen zuzuführen, blieben erfolglos. Man hat daher westlich von der Stadt in der Niederung zwischen dem Hohenwedeler und Haddorfer Höhenzuge unweit des grünen Waldes im Jahre 1874 Bohrungen zur Erschliessung von Wasser vorgenommen. Bei der Herstellung eines Versuchsbrunnens kam man hier aber auf Triebsand und gab daher die weitere Arbeit auf. Im Jahre 1876 sind von der Firma J. & A. Aird in Berlin zwischen Perleberg und Sternberg die Bohrarbeiten wieder aufgenommen. Diese haben hier in 10,0 bis 14,0 m Tiefe eine 1,0 bis 4,0 m mächtige, wasserführende Kiesschicht im Landwehrgrabenthale auffinden lassen. Im Jahre 1878 ist hier dann ein gemauerter Versuchsbrunnen gebaut, der in 13,0 m Tiefe die Kiesschicht erreicht hat.

Nachdem die damit vorgenommenen Pumpversuche qualitativ zu einem günstigen Resultate geführt hatten, aber die Nothwendigkeit der Herstellung einer grösseren Zahl von Brunnen erkennen liessen, ist von der Firma J. & A. Aird ein Project für ein hier zu erbauendes, einheitliches Wasserwerk dem Stadtmagistrate vorgelegt, welches dieser zur Ausführung angenommen hat. Unter der Leitung dieser Firma ist dasselbe in den Jahren 1883/84 für städtische Rechnung mit einem Kostenaufwande von M. 210600 oder M. 20,94 pro Kopf und für eine tägliche Leistung von 1200 cbm zur Ausführung gelangt. Der Betrieb des Werkes steht unter der Leitung des Stadtbaumeisters G. Steinbach.

Anfangs sind für die Wassergewinnung 4 Brunnen und im Jahre 1887 ist ein fünfter Brunnen hergestellt. Dieselben haben 3,0 m Durchmesser und 13,0 m bis 17,0 m Tiefe. Sie sind in Cementmauerwerk ausgeführt. Die unteren 6,0 m derselben bestehen aus einer mit Kies ausgefüllten Hohlschicht, die gegen das Brunnenmauerwerk mit Moos ausgestopft wurde. Im Jahre 1892 sind bei 4 dieser Brunnen durch deren Sohle Filterrohre hinunter getrieben. Es sind dazu verzinkte, schmiedeeiserne Rohre von 400 mm Durchmesser, die in dem unteren Theile durchlocht und mit doppelten, verzinnten Messinggeweben umwickelt waren, verwendet. Dieselben sind in ihrem durchlochten Theile mit gewaschenem Kies von Erbsen- bis Bohnengrösse ausgefüllt. In die Futterrohre sind dann Saugerohre eingehängt, welche für die sämmtlichen Brunnen durch ein Heberrohr verbunden sind. Es ist damit der frühere starke Sandauftrieb in den Brunnen beseitigt und deren Ergiebigkeit bedeutend erhöht.

Das Heberrohr mündet in einen gemauerten Schacht von 3,7 m Durchmesser und 3,0 m Tiefe ein, aus dem die Pumpen der Pumpstation das Wasser entnehmen. In letzterer sind 2 Dampfpumpmaschinen und 2 Dampfkessel aufgestellt. Die Maschinen sind liegende Eincylindermaschinen mit variabler Expansion von je 15 PS. Leistung bei einer Umdrehzahl von 30 pro Minute. Jede Maschine betreibt eine mit ihrer Kolbenstange direct gekuppelte, doppeltwirkende Pumpe mit Scheibenkolben und mit freien Tellerventilen. Jede Pumpe fördert 36 cbm Wasser pro Stunde auf 37,0 m Höhe in ein Hochreservoir. Die Dampfkolben haben 292 mm und die Pumpenkolben 183 mm Durchmesser, und beide haben 0,485 m Hub. Die Kessel sind Einflammrohrkessel von je 15 qm Heizfläche und für 5 Atm. Dampfspannung concessionirt. Maschinen und Kessel sind von der Firma Moltrecht & Comp. in Hamburg geliefert.

Das Hochreservoir liegt auf der Höhe des hohen Wedels in ca. 1000 m Entfernung von der Pumpstation und 1870 m von dem Vertheilungsnetze entfernt. Es ist aus Backsteinmauerwerk aufgeführt, überwölbt und mit Erde überdeckt. Sein Wasserspiegel liegt 34,0 m über dem Mittelwasserstande der Brunnen. Der Inhalt des Reservoirs beträgt 180 cbm. Die Druckleitung zu demselben hat 200 mm und die Fallrohrleitung von demselben 250 mm Durchmesser.

Das Vertheilungsnetz ist innerhalb der Stadt nach dem Circulationssysteme ausgeführt, während es sich ausserhalb der Stadt in einzelne Rohrstränge verästelt. Es steht unter einem constanten und einheitlichen Drucke, der je nach der Höhenlage des Terrains zwischen 17,0 m und 27,5 m schwankt. Die Tabelle 172 (S. 242) gibt für das Ende jedes der Jahre 1888 bis 1895 die Länge der Rohrleitungen von 250 mm bis 75 mm Durchmesser mit Ausnahme der Rohre bis zum Hochreservoire, ferner deren cubischen Inhalt und die Zahl der Schieber, Hydranten, öffentlichen Springbrunnen, Laufbrunnen und öffentlichen Pissoire an.

Ende des Jahres 1894 setzten sich die vorhandenen Rohre und Schieber aus folgenden Durchmessern zusammen:

Durchmesser mm	250	200	150	125	100	75
Länge . . m	2260	788	919	198	4308	5092
Schieberzahl	3	7	9	4	36	41

Die Hydranten sind Unterflurhydranten mit Selbstentwässerung. Die Rohre sind von der hannoverschen Eisengiesserei in Hannover geliefert. Ende 1894 waren bei den Privaten in Benutzung: 34 Closets, 9 Pissoirstände, 5 Springbrunnen und 7 Hausfilter (System Berkefeld), sowie mehrere Tropffilter. Von den 789 aufgestellten Wassermessern sind 741 von C. A. Spanner, Wien-Aachen, 42 von Dreyer, Rosenkranz & Droop, Hannover und 6 von Lux, Ludwigshafen geliefert, die sich nach der Grösse wie folgt vertheilen:

Durchmesser mm	7	10	13	15	20	25	30	40
Stückzahl . . .	2	155	399	4	204	21	3	1

Die Tabelle 173 (S. 242) gibt für die Jahre 1888 bis 1895 den Kohlenverbrauch der Dampfkessel im Ganzen, pro

Tabelle 172.

	1888	1889	1890	1891	1892	1893	1894	1895
Rohrlänge	12 905	12 985	13 073	13 223	13 265	13 565	13 565	13 645
Inhalt cbm	180	183	186	193	195	210	210	210
Schieber	98	98	98	98	98	99	101	103
Hydranten	107	109	111	112	112	115	115	116
Springbrunnen	1	1	1	1	1	1	1	1
Laufbrunnen	1	1	1	1	—	—	—	—
Pissoire	4	4	4	4	4	4	4	4

Tabelle 173.

Jahr	Kohlenverbrauch im Ganzen kg	Kohlenverbrauch p. 100 cbm kg	pro PS.-Stunde	Arbeitsstunden im Ganzen kg	Arbeitsstunden p. Masch. pro Tag	Leistung pro kg Kohle m × kg
1888	75 000	96,0	6,36	2 190	3,0	42 500
1889	101 000	118,5	7,85	2 394	3,3	34 400
1890	123 830	143,3	9,50	2 426	3,3	28 400
1891	111 265	125,9	8,35	2 458	3,4	32 400
1892	115 225	135,3	8,98	2 366	3,2	30 100
1893	107 570	120,3	7,98	2 500	3,4	33 900
1894	86 500	102,8	6,81	2 407	3,3	39 700
1895	101 505	104,7	5,54	2 773	3,8	48 741

100 cbm Wasser und pro PS.-Stunde bei 40,7 m Arbeitshöhe, ferner die Betriebsstunden im Jahre im Ganzen und pro Maschine pro Tag und endlich die Leistung in m × kg pro kg Kohlen an.

Die Tabelle 174 gibt für jedes der Jahre 1888 bis 1895 die Wasserabgabe im Ganzen, sowie pro Tag im Mittel und am Tage des stärksten und geringsten Verbrauches und pro Kopf, ferner die Abgabe für öffentliche Zwecke und für Private, letztere getrennt danach, ob sie durch oder ohne Messer stattgefunden hat, ferner die Zahl der Anschlüsse und deren Consum im Ganzen, sowie durch und ohne Messer, und endlich verschiedene Verhältnisszahlen an.

Tabelle 174.

Jahr	1888	1889	1890	1891	1892	1893	1894	1895
Gesammtabgabe im Jahr . . cbm	78 164	85 437	86 393	88 503	85 214	89 316	84 171	96 990
Desgl. gegen 100 cbm des Vorjahrs »	—	109,5	101,0	102,5	96,4	104,8	94,4	115,2
Liter pro Kopf pro Tag im Mittel	21	23	29	30	29	24	29	33
Desgl. am Maximaltage	36	49	58	55	49	55	89	81
Zahl der Anschlüsse	571	594	647	647	671	766	778	797
cbm pro Anschluss im Jahre . . cbm	137	144	133	137	127	116	108	134
Tagesabgabe am								
mittleren Jahrestage . . cbm	214	234	236	242	233	245	231	266
Maximaltage »	357	489	461	440	391	558	715	646
Minimaltage »	120	138	116	125	121	134	132	134
Von 100 cbm am mittleren Jahrestage am								
Maximaltage des Jahres . . cbm	166,9	209,0	195,5	182,0	167,9	227,9	310,0	242,8
Minimaltage » » »	56,1	59,0	49,1	516	52,0	54,7	57,1	50,0
Wasser für öffentliche Zwecke . . cbm	24 529	26 704	26 163	27 361	22 807	27 490	15 835	15 025
Wasser für Private »	53 635	58 733	60 230	61 142	62 407	61 826	61 795	67 001
Davon nach Messern »	47 937	54 088	57 448	59 158	59 755	61 438	61 670	66 820
» ohne Messer »	5 698	4 645	2 782	1 984	2 652	388	125	181
Von 100 cbm für Private								
nach Messern »	89,4	92,1	95,4	96,8	95,8	99,4	99,8	99,7
ohne Messer »	10,6	7,9	4,6	3,2	3,2	0,6	0,2	0,03
Wasser für das Wasserwerk, Verluste cbm	—	—	—	—	—	—	6 541	14 964
Von 100 cbm Gesammtabgabe für öffentliche Zwecke . . cbm	31,4	31,3	30,3	30,9	26,8	30,8	18,8	15,5
für Private »	68,6	68,7	69,7	69,1	73,2	69,2	73,4	69,1
für das Wasserwerk »	—	—	—	—	—	—	7,8	15,4
Gesammtabgabe ohne Messer »	30 227	31 349	26 163	29 345	25 459	27 490	22 501	30 170
Desgl. von 100 cbm Gesammtabgabe »	38,7	36,7	30,3	33,1	29,9	30,8	26,8	—
Gesammtabgabe nach Messern »	47 937	54 008	60 230	59 158	59 755	61 826	61 670	66 820
Desgl. von 100 cbm Gesammtabgabe »	61,3	63,3	69,7	66,9	70,1	69,2	73,2	68,9
Zahl der aufgestellten Messer »	608	633	666	704	729	777	790	807
Abgabe pro Messer im Jahre »	78	85	90	84	82	79	78	83

Die Wasserabgabe für Private erfolgt in der Regel durch Messer, und es ist pro Jahr eine Minimalzahlung von M. 8,00 zu leisten. Der Wasserpreis pro cbm beträgt bis 50 cbm 40 Pf., darüber bis 1000 cbm 30 Pf. und darüber 20 Pf.

Eine im Jahre 1890 vorgenommene Untersuchung des Wassers hat im Liter ergeben:

Abdampfrückstand	192	mg
Glühverlust	30	»
Kalk	59	»
Chlor	20	»
Schwefelsäure	58	»
Kaliumpermanganat zur Oxydation der organischen Substanz	2,7	»
Ammoniak, Salpeter- und salpetrige Säure	Null	

2. a. **Achim.** (E. 3058.) Ohne Antwort.

3. b. **Blumenthal.** (E. 3200.) Ohne Antwort.

4. c. **Bremervörde.** (E. 3126, W. 444 mit je 7 B.)

Die Wasserversorgung der Stadt Bremervörde erfolgt ausschliesslich aus Brunnen, deren 245 in der Stadt vorhanden sind. Es sind von diesen 125 Kesselbrunnen, 70 Ziehbrunnen und 50 Rohrbrunnen.

5. k. **Buxtehude.** (E. 3453.)

Für die Wasserversorgung der Stadt Buxtehude dienen ausschliesslich Brunnen in der Stadt. Für die öffentliche Benutzung sind 13 gebohrte Brunnen vorhanden, und im Privatbesitze befinden sich 75 Brunnen, welche mit Ausnahme von 4 gemauerten, gleichfalls gebohrt sind.

6. d. **Geestemünde.** (E. 17456, W. 1176 mit je 15,3 B.)

In dem Orte Geestendorf, aus dem die Stadt Geestemünde entstanden ist, gab es nur wenige Privatbrunnen, und die Bewohner waren für ihre Wasserversorgung hauptsächlich auf Regenwassercysternen angewiesen. Diese trockneten aber im Sommer häufig aus, wodurch dann eine grosse Wassersnoth entstand. Zur Besserung dieses Zustandes liess die Gemeinde schon im Jahre 1883 durch den Director Kümmel in Altona nach dessen Plänen eine allgemeine Wasserversorgung auf Gemeindekosten ausführen.

Das Wasser wurde an der Grenze der Gemeinde Walsdorf aus einem circa 640 m von der Weser entfernten Brunnen entnommen und durch eine Dampfmaschine in ein 17,0 m hoch in einem Thurme unter Dach aufgestelltes, schmiedeeisernes Reservoir gepumpt, welches 133 cbm Inhalt hat. Die Leistung der Pumpe betrug 215 cbm im Tage.

Diese alte Wasserleitung erwies sich aber bei der späteren Vergrösserung der Stadt Geestemünde bald als völlig ungenügend. Es ist daher im Jahre 1891 ein neues städtisches Wasserwerk erbaut, welches vorläufig für eine tägliche Leistung von 1800 cbm bei 12stündigem Betriebe bestimmt ist und event. auf 6000 cbm ausgedehnt werden kann. Es ist dieses Werk nach den Plänen und unter Leitung des Ingenieurs W. Pfeffer in Halle a. d. Saale mit einem Kostenaufwande von M. 694205 oder M. 39,19 pro Kopf für städtische Rechnung ausgeführt und am 4. Februar 1892 eröffnet. Den Betrieb desselben leitet gemeinschaftlich mit dem des Gaswerkes der Director H. Dobert.

Zur Auffindung von brauchbarem Grundwasser war das Terrain zwischen Geestemünde und Loxstedt ins Auge gefasst, und es ist durch Bohrungen bei letzterem Orte auch gelungen, ein gutes Wasser zu erschliessen. Es stellten sich aber der Benutzung desselben Schwierigkeiten entgegen, so dass man darauf verzichten musste. Bei fortgesetzten Bohrungen fand man später in der Nähe der Landwehrschenke auf einem Grundstücke der Gemeinde Bexhövede ähnliche Verhältnisse, so dass, nachdem durch einen gemauerten Versuchsbrunnen von 3,0 m Durchmesser mit 2 inneren Rohrbrunnen von 500 mm Durchmesser die völlige Sicherheit des Erfolges dauernd garantirt schien, hier später die Erschliessung des nöthigen Wassers durch 15 schmiedeeiserne Rohrbrunnen von 200 mm Durchmesser und 10,0 m bis 27,0 m Tiefe gelungen ist.

In der Pumpstation befinden sich 2 Dampfpumpmaschinen und 2 Dampfkessel. Die Maschinen sind liegende Eincylindermaschinen mit Ventilsteuerung, Condensation und Schwungrad, jede von einer Leistung von 38 PS. bei 33 Umdrehungen pro Minute. Jede Maschine betreibt, direct mit der Kolbenstange gekuppelt, eine liegende, doppeltwirkende Druckpumpe mit freien Etagen-Ringventilen und eine stehende, einfach wirkende Plungerpumpe, welche durch Kunstkreuz und Gestänge angetrieben wird und als Hebepumpe arbeitet. Die beiden Hebepumpen stehen in einem Sammelschachte, in den die Heberrohre von den Brunnen einmünden. Dieser ist aus gusseisernen Tübings von 3,8 m Durchmesser hergestellt und hat 15,0 m Tiefe bei 7,5 m nutzbarer Wasserhöhe. Die Hebepumpen giessen das Wasser in ein gemauertes Bassin von 40 cbm Inhalt aus, das über Flur steht und aus dem die Druckpumpen es dann entnehmen. Die Kolben der Dampfmaschinen und Pumpen haben die in der Tabelle 175 angegebenen Dimensionen.

Tabelle 175.

Kolben der	Durchm. mm	Hub m
Dampfmaschinen	460	0,86
Hebepumpen	442	0,50
Druckpumpen	232	0,86

Jede Maschine fördert pro Stunde 150 cbm Wasser bei 50,0 m Arbeitshöhe.

Die Kessel sind Zweiflammrohrkessel mit Gallowayrohren; jeder hat 65 qm Heizfläche und ist für 6 Atm. Dampfspannung concessionirt. Die Kessel sind von tom Möhlen & Seebech in Geestemünde und die Maschinen und Pumpen von der hannover'schen Maschinenbau-Actiengesellschaft, vormals G. Egestorff, in Linden bei Hannover geliefert.

In 8825 m Entfernung von der Pumpstation und mit dieser durch ein Rohr von 300 mm Durchmesser verbunden, ist 2000 m vor dem Beginne des Vertheilungsnetzes, hinter welchem es eingeschaltet ist, ein Hochreservoir von 500 cbm Inhalt aufgestellt. Dasselbe besteht aus Schmiedeeisen (System Intze) und ist von F. A. Neumann in Aachen geliefert. Es ist 24,0 m hoch über Terrain auf einem massiven Unterbaue aufgestellt und ummantelt und überdacht. Sein Wasserspiegel liegt auf 36,85 m Höhe über dem Mittelwasser der Gewinnungsstelle.

Das Vertheilungsnetz ist nach dem Circulationssysteme ausgeführt und steht unter einem constanten und einheitlichen Drucke. Die Länge der gesammten Rohre von 300 mm bis 70 mm Durchmesser hat am 1. April 1895 (resp. 1896) 33048 (33282) lfd. m betragen; sie waren mit

144 (147) Schiebern verbunden. Es sind 253 Hydranten, davon 143 Unterflur- und 110 Ueberflurhydranten ohne Selbstentwässerung in Entfernungen von ca. 80 m von einander aufgestellt. Die gusseisernen Rohre sind von dem Schalker Gruben- und Hüttenvereine in Gelsenkirchen geliefert und von der Firma Haake & Hartwig in Hannover verlegt.

Die Zuleitungen sind aus geschwefelten Bleirohren mit Ventilen im Trottoire und Absperrhähnen in den Häusern hergestellt. Sie haben meistens 20 mm und 25 mm Durchmesser. Am 1. April 1895 waren 50 Closets, 72 Badeeinrichtungen, 2 öffentliche Pissoire und 3 Privatspringbrunnen in Gebrauch. Von den 236 vorhandenen Wassermessern waren 25 von Siemens & Halske, Berlin, 106 von H. Meinecke, Breslau, 9 vom Wolff & Schreiber, Breslau, 3 von Lux, Ludwigshafen und 93 von Dreyer, Rosenkranz & Droop, Hannover geliefert. Dieselben vertheilen sich nach der Grösse wie folgt:

Durchmesser mm	7	12	13	20	25	40	50	65	75	80
Stückzahl . . .	1	7	115	96	2	2	6	3	2	2

Die Tabelle 176 gibt die Wasserförderung in den beiden letzten Jahren im Ganzen, sowie den Verbrauch an Brennmaterial für die Kessel (Coke und westfälische Kohlen) an. Der letzterer ist pro 100 cbm Wasser und pro PS.-Stunde und die Leistung pro kg Kohle in m × kg, sowie die Arbeitszeit der Maschinen gleichfalls darin aufgeführt.

Tabelle 176.

Jahr		1894/95	1895/96
Wasserförderung	cbm	288 989	306 937
Kohlenverbrauch	kg	313 600	317 260
desgl. pro 100 cbm Wasser	»	108,52	103,26
desgl. pro PS.-Stunde	»	5,86	5,59
pro kg Kohle Leistung in m × kg		46 074	48 373
Arbeitsstunden im Jahre		2 572	3 181
desgl. pro Maschine pro Tag		3,5	4,5

Die Tabelle 177 gibt für dieselben Jahre die Wasserabgabe am Tage des mittleren, des grössten und des kleinsten Consums und pro Kopf, ferner die Jahresabgabe nach Messern und ohne Messer, sowie für Private und für öffentliche Zwecke getrennt, und die Zahl der Messer und die Jahresabgabe pro Messer, sowie verschiedene Verhältnisszahlen an.

Tabelle 177.

Jahr		1894/95	1895/96
Wasserabgabe am mittl. Jahrestage	cbm	792	839
am Maximaltage	»	1 221	1 320
am Minimaltage	»	483	403
von 100 cbm am mittleren Tage			
am Maximaltage	»	154,2	157,3
am Minimaltage	»	61,0	48,0
pro Kopf pro Tag			
am mittleren Tage	Lit.	44	44
am Maximaltage	»	68	69
Jahresabgabe nach Messern	cbm	129 263	125 516
oder v. 100 cbm d. Gesammtabgabe	»	44,7	40,0
desgl. ohne Messer	»	159 790	181 421
oder v. 100 cbm d. Gesammtabgabe	»	55,3	60,0
desgl. an Private	»	284 493	299 972
oder v. 100 cbm d. Gesammtabgabe	»	98,4	94,3
desgl. für öffentliche Zwecke	»	4 560	6 965
oder v. 100 cbm d. Gesammtabgabe	»	1,6	5,7
Zahl der Wassermesser		220	234
Abgabe pro Messer im Jahre		588	536

Die Wasserabgabe erfolgt seit dem 1. October 1897 obligatorisch durch Wassermesser, für welche bis zu 25 mm Durchmesser eine Miethe von M. 1 pro Vierteljahr zu zahlen ist. Grössere Messer können vom Wasserwerke zum Selbstkostenpreis gekauft oder zu 10 % des Kaufpreises jährlich gemiethet werden. Der Wasserpreis pro cbm beträgt 25 Pf. Als Mindestbetrag ist von den in der Gebäudesteuer veranlagten Gebäuden ein Drittel davon, mindestens aber M. 6 pro Jahr zu zahlen. Für andere Gebäude wird der Mindestbetrag durch eine Commission festgestellt.

Das Wasser wird jährlich einer vollständigen chemischen Analyse unterworfen und ausserdem finden noch monatliche Untersuchungen statt. Eine Prüfung auf Bacterien am 28. Juni 1895 hat durchschnittlich 5 Keime im ccm ergeben.

7. e. **Lehe.** (E. 19151.)

Für die Wasserversorgung der Stadt Lehe war früher nur eine beschränkte Zahl von Privatbrunnen mit meist schlechtem Wasser vorhanden, so dass man wesentlich auf das Ansammeln von Regenwasser in Cysternen angewiesen war. Der Geestefluss, sowie die beiden in der Stadt gelegenen Wassergesellschaften von J. H. Eits Wittwe und Schwoon, Köper & Comp., welche für die Wasserversorgung von Bremerhaven bestimmt waren, boten den Bewohnern der Stadt wenig Gelegenheit, von ihnen Wasser zu entnehmen.

Nach Fertigstellung der städtischen Wasserversorgung für Bremerhaven, deren Zuleitungsrohr die Stadt durchzieht, besserten sich die Versorgungsverhältnisse in Lehe dadurch etwas, dass Bremerhaven einzelnen Privaten in der Stadt Anschlüsse gestattete, deren Benutzung freilich nur auf die Zeit, während welcher Bremerhaven Ueberfluss an Wasser hatte, beschränkt wurde. Das Angebot der Firma Schwoon, Köper & Comp., ihr inzwischen entbehrlich gewordenes Werk an die Stadt zu verkaufen, führte zu keinem Erfolge, und die Stadt beauftragte daher den Civilingenieur W. Pfeffer in Halle a. d. Saale mit der Ausarbeitung eines Projectes für eine selbstständige Versorgung der Stadt.

Im Jahre 1889 ist dann zwischen den beiden Nachbarstädten ein Vertrag abgeschlossen, nach welchem Bremerhaven an Lehe durch einen Hauptwassermesser das Wasser zum Preise von 15 Pf. pro cbm abgibt. Die Stadt Lehe hat sich daher vorläufig darauf beschränkt, ihr städtisches Rohrnetz nach dem Pfeffer'schen Projecte für eigene Kosten mit einem Aufwande von ca. M. 200000 herzustellen und den Bau einer Pumpstation etc. für spätere Zeit zurückgestellt.

Die technischen Geschäfte für die Wasserversorgung besorgt, mit denen für das Gaswerk zusammen, der Stadtbaumeister Lagershausen, während für die commerciellen Verhältnisse eine gemischte Commission des Magistrats und der Bürgervorsteher, zu deren Mitgliedern auch der Stadtbaumeister gehört, besteht.

Das Rohrnetz ist nach dem Verästelungssysteme ausgeführt und steht unter einem einheitlichen, constanten Drucke von 20,0 m bis 25,0 m. Die gesammte Länge der Rohre beträgt 14300 lfd. m. Damit sind 72 Schieber von folgenden Dimensionen:

Durchmesser . . . . mm	150	125	100	80
Stückzahl	9	5	3	45

sowie 66 Unterflurhydranten, von welchen nur ein Theil Selbstentwässerung hat, verbunden. Die Zuleitungen be-

stehen meistens aus Bleirohren von 20 mm Durchmesser mit einem Abschlusshahne vor dem Hause. Diese werden von der Stadt zu M. 50,00 für jeden Anschluss ausgeführt. Im Jahre 1896 waren 3000 Zapfhähne an den Privatanschlüssen in Benutzung. Für öffentliche Zwecke ist ein Springbrunnen und ein Pissoir vorhanden. Die Wasserabgabe erfolgt nur nach Wassermessern, und es waren deren am Ende des Jahres 1895 im Ganzen 925 Stück eingebaut, von welchen 345 Stück von Dreyer, Rosenkranz & Droop, Hannover und 580 Stück von Wolff & Schreiber, Breslau geliefert sind. Davon haben 84 je 13 mm, 10 je 15 mm, 830 je 20 mm und einer 25 mm Durchmesser.

Die Wasserabgabe hat im Jahre 1894 im Ganzen 87800 cbm oder 241 cbm pro mittleren Jahrestag und 13 Liter pro Kopf der Bevölkerung betragen. Davon entfallen im Ganzen resp. pro 100 cbm: für Private 82768 cbm resp. 94,3 cbm und für öffentliche Zwecke etc. 2971 cbm resp. 5,7 cbm. Von der Privatabgabe kommen auf einen Messer im Jahre 92 cbm. Es sind 77309 cbm oder 93,4% für den Hausverbrauch und 5459 cbm oder 6,6% für gewerbliche Zwecke vom Gesammtverbrauch für Private benutzt. Von den verbleibenden 2971 cbm sind 360 cbm für Strassensprengen, 500 cbm für den Springbrunnen und 1700 cbm für das Pissoir gebraucht. 411 cbm sind für Feuerlöschzwecke verwendet, und der Rest von 2061 cbm ist als Verlust zu betrachten.

Die von der Stadt Bremerhaven in jedem der letzten 5 Jahre bezogene Wassermenge hat sich belaufen auf:

Jahr:	1890	1891	1892	1893	1894
cbm:	35096	26100	41554	91050	87800

Als Wassergeld erhebt die Stadt pro cbm für den Hausgebrauch 25 Pf. und eine Messermiethe von M. 2,80 pro Jahr für Messer von 13 mm bis 20 mm Durchmesser und für grössere Messer 6% des Ankaufpreises. Mindestens ist pro Jahr für jeden gestellten Messer an Wassergeld zu zahlen für Häuser mit:

Haushaltungen	1	2	3	4 und mehr
M. pro Jahr	5	10	15	20

Bei Wasser für gewerbliche Zwecke tritt ein Rabatt von 10% bei einem jährlichen Verbrauche von 501 cbm bis 1500 cbm und von 15% bei einem höheren Jahresverbrauche ein.

8. f. **Osterholz.** (E. 1780.) Ohne Antwort.

9. g. **Rotenburg.** (E. 2350.) Ohne Antwort.

10. i. **Verden.** (E. 9586, W. 1172 mit je 8,2 B.)

Für die Wasserversorgung der Stadt Verden diente früher eine grosse Zahl von Brunnen innerhalb der Stadt, die stets Wasser in genügender Menge und im Ganzen auch von leidlicher Qualität lieferten. Im Jahre 1892 ist dann für Rechnung der Stadt nach dem Projecte des Regierungsbaumeister Taaks in Hannover eine centrale Wasserversorgung von einer täglichen Leistungsfähigkeit von 540 cbm erbaut, deren Anlagekosten M. 145000 oder M. 15,13 pro Kopf betragen haben. Den Betrieb des Werkes führt der Gasverwalter Kneutgen unter Oberleitung des Regierungsbaumeisters Löwe, welcher technischer Beirath der städtischen Wasserleitungscommission ist.

Die Wassergewinnung erfolgt aus einem gusseisernen Tiefbrunnen von 2,00 m Durchmesser und 10,0 m Tiefe, welcher durch den Boden eines gemauerten Schachtes von 4,5 m Durchmesser und 12,0 m Tiefe hindurch bis in das Grundwasser hinunter geführt ist. Die Wasserhöhe schwankt unter der Schachtsohle, je nach dem wechselnden Wasserstande der Aller um 2,5 m. Der mittlere Wasserspiegel des Brunnens liegt 14,0 m tief unter Terrain. Auf dem Boden des Schachtes sind 2 stehende Plungerpumpen aufgestellt, deren jede von oben durch ein Gestänge bewegt wird. In dem über dem Schachte errichteten Gebäude sind 2 eincylindrige, liegende Gasmotoren, jeder von einer nominellen Leistung von 12 PS., aufgestellt, die 150 Umdrehungen pro Minute machen. Jeder Motor treibt durch Zahnradübersetzung eine Vorgelegewelle an, die 60 Umdrehungen pro Minute macht und eine Kurbelscheibe trägt, welche das Gestänge für den Betrieb der Pumpen bewegt. Die Plunger der Pumpen haben 160 mm Durchmesser und 0,6 m Hub. Jede Pumpe liefert 39 cbm Wasser pro Stunde. Die Gasmotoren sind von Gebr. Körting und die Pumpen von der Maschinenfabrik von A. Knövenagel, beide in Hannover, geliefert.

In 30 m Entfernung von der Pumpstation ist ein schmiedeeisernes Hochreservoir von 50 cbm Inhalt auf einem 13,0 m hohen, gemauerten Unterbau, ummantelt und überdacht, aufgestellt. Zu demselben führt eine Druckleitung von 175 mm Durchmesser, die sich dann weiter bis zu dem Vertheilungsnetze fortsetzt.

Die Versorgung erfolgt constant und unter einem einheitlichen Drucke, der zwischen 20,0 m und 30,0 m je nach der Ortslage variirt. Das Vertheilungsnetz ist nach dem Circulationssysteme angelegt und besteht im Ganzen aus 8350 lfd. m Rohren von 175 mm bis 80 mm Durchmesser, die mit 50 Schiebern verbunden sind. Nach den verschiedenen Durchmessern setzt sich die Rohrlänge und die Zahl der Schieber wie folgt zusammen:

Rohrdurchmesser . . mm	175	125	100	80
Rohrlänge . . . . . . m	340	2940	1700	5370
Schieberzahl	1	10	7	32

Die Rohre sind von C. Lauterbach in Leipzig-Gohlis geliefert und verlegt. In ca. 100 m Entfernung von einander sind 90 Unterflurhydranten (Modell Hanssen) mit Selbstentwässerung aufgestellt. Die Zuleitungen sind meistens aus Bleirohren von 20 mm Durchmesser mit Anbohrhahn und Strassenabsperrhahn hergestellt. Für die Hausleitungen sind gleichfalls Bleirohre verwendet. Die Wasserabgabe findet nur durch Wassermesser statt. Diese sind von Dreyer, Rosenkranz & Droop, Hannover geliefert. Ende 1895 waren 437 Messer eingebaut und zwar von folgenden Grössen:

Durchmesser . . . . . . mm	13	20	25	30	50
Stückzahl	256	166	14	2	4

Die Wasserabgabe hat im Jahre 1894/95 im Ganzen 36200 cbm oder durchschnittlich am Tage 99 cbm oder 10,3 Liter per Kopf der Einwohner betragen. Am mittleren Tage des Maximal- resp. des Minimalmonates sind 104 cbm resp. 58 cbm consumirt. Von der Gesammtabgabe sind 29000 cbm für den Hausgebrauch durch Messer und 5400 cbm für öffentliche Zwecke verbraucht; 1300 cbm sind als Verlust angenommen. Es entspricht das pro 100 cbm der Gesammtabgabe 80,1 cbm, resp. 14,4 cbm und 5,5 cbm.

Für jedes der 3 Betriebsjahre vom 1. zum 1. October des Werkes gibt die Tabelle 178 (S. 246) die gesammte Wasserförderung und den Gasverbrauch für die Pumpstation im Ganzen, pro 100 cbm Wasser und pro PS.-Stunde bei 33,0 m Arbeitshöhe, sowie endlich die Leistung pro cbm Gas in m $\times$ kg an.

Tabelle 178.

Jahr	1892/93	1893/94	1894/95
Wasserförderung . cbm	34 200	34 000	36 200
gegen 100 cbm des Vorjahrs . . . . »	—	99,4	106,4
Gasverbrauch im Ganzen . . . . »	6 200	5 980	6 450
pro 100 cbm Wasser »	18,13	17,59	17,82
pro PS.-Stunde . . »	1,47	1,42	1,44
pro cbm Gas Leistung in m × kg	182 800	187 800	185 200

Der Wasserpreis beträgt pro cbm 20 Pf. Bei einem Jahresverbrauche von mehr als 1000 cbm werden 10 % und von mehr als 1500 cbm 15 % Rabatt gewährt.

Nach einer Analyse vom 10. April 1891 enthielt ein Liter Wasser:

Gesammtrückstand	260,0 mg
Schwefelsäure	82,0 »
Chlor	35,5 »
Kieselsäure	16,2 »
Kalk	62,5 »
Eisenoxyd	2,2 »
Organische Substanz	8,0 »
Salpetrige Säure und Ammoniak . .	Null.
Salpetersäure	starke Spuren.

Im ccm Wasser sind nach 3 tägiger Züchtung 270 Keime gezählt.

11. e. **Wulsdorf.** (E. 3000.)

Die Wasserversorgung des Ortes Wulsdorf erfolgt durch das städtische Wasserwerk von Geestemünde.

XXIV. Regierungsbezirk Osnabrück.

(Provinz Hannover.)

a) Aschdorf (Papenburg 8). — **b)** Grafschaft Bentheim (Schüttorf 9). — **c)** Bresenbrück (Bramsche 2, Fürstenau 3). — **d)** Iburg 4. — **e)** Lingen 5. — **f)** Melle 6. — **g)** Meppen 7. — **h)** Osnabrück 1. —

1. h. Regierungshauptstadt **Osnabrück.** (E. 45131, W. 2900 mit je 15,5 B.)

Die Stadt Osnabrück war für ihre Wasserversorgung ausser auf die die Stadt durchziehenden Haase und einige, sich in diese ergiessende Bäche auf Regenwassercysternen, sowie auf eine grosse Zahl von Privatbrunnen, die gegraben, gesenkt oder in den Felsen eingesprengt sind, mit wechselnden Wasserstände und von nur theilweise guter Qualität angewiesen, so dass seit Jahrzehnten das dringende Verlangen nach einer besseren und womöglich einheitlichen Versorgung wiederholt zum Ausdrucke kam. Die örtlichen Verhältnisse sind aber leider derart, dass der Baurath Salbach in Dresden, dem die Vorstudien dafür übertragen waren, erst nach mehrjähriger Arbeit zu einem definitiven Vorschlage, der sich auf zuverlässige Untersuchungen stützen konnte, gelangte.

Das von ihm vorgelegte Project mit einem Kostenanschlage von M. 1 200 000 und für eine tägliche Leistung von 5000 cbm fand im Jahre 1889 die Zustimmung der städtischen Behörden. Der für dessen Ausführung damals als nöthig erachtete Beschluss, die Gewährung des Enteignungsverfahrens für die Wasserbezugsstelle nachzusuchen, wurde bald darauf hinfällig, weil sich der freiwillige Verkauf des nöthigen Terrains, welches Eigenthum der städtischen Schützengesellschaft war, erreichen liess. Es konnte daher schon Ende des Jahres 1889 mit dem Bau unter Salbach's Oberleitung begonnen und das Werk bereits am 17. December 1890 eröffnet werden. Die Betriebsleitung desselben ist mit der des Gaswerkes vereinigt und liegt in den Händen des Directors Baumert.

Das Wasser wird in dem östlich von der Stadt gelegenen Haasethale aus Brunnen entnommen, die in 3 bis 5 km Entfernung von der Stadt zum Theil am linken Ufer am Harderberge und zum Theil am rechten Ufer am Schinkel angelegt sind. Sie liegen in den Gemeinden Schinkel, Nahne, Hickingen und Voxtrup vertheilt. Im Ganzen sind Anfangs 10 Brunnen von 13,0 bis 18,0 m Tiefe und von 1,5 m Durchmesser aus gusseisernen Tübings mit geschlitzten Wänden angelegt. Deren Wasser ist mit natürlichem Gefälle durch Heberleitungen in einem gemauerten Sammelbehälter zusammengeführt, neben welchem die Pumpstation erbaut ist.

Diese besteht aus 2 Dampfpumpmaschinen und 2 Dampfkesseln. Die Maschinen sind stehende Woolf-sche Balanciermaschinen, jede von 25 PS. Leistung, bei 20 Umdrehungen pro Minute. Sie haben Schwungräder und arbeiten mit Condensation. Jede Maschine betreibt eine stehende, doppeltwirkende Pumpe mit Scheibenkolben und freien Ringventilen. Die Pumpen sind an dem den Dampfcylindern entgegengesetzten Seite des Balanciers aufgestellt. Die Kolben für die Dampfcylinder haben 400 mm resp. 700 mm Durchmesser bei 0,9 m resp. 1,2 m Hub, und die für die Pumpen haben 335 mm Durchmesser bei 1,2 m Hub. Die Förderhöhe der Pumpen beträgt 44,0 m, und jede Maschine liefert 240 cbm pro Stunde.

Die Kessel sind Flammrohrkessel nach dem Systeme Dürr. Jeder Kessel hat 108 qm Heizfläche und ist für 8 Atm. Dampfdruck concessionirt. Die Maschinen und die Kessel sind von der Friedrich Wilhelmshütte in Mülheim a. d. Ruhr geliefert.

Auf dem Westerberge liegt hinter dem Vertheilungsnetze und ca. 4000 m von der Pumpstation entfernt, ein Hochreservoir, das mit der Pumpstation durch eine Druckleitung von 300 mm Durchmesser verbunden ist. Das Reservoir besteht aus 2 Kammern von je 1000 cbm Inhalt. Es ist über einem Betonboden aus Mauerwerk aufgeführt, überwölbt und mit Erde überfüllt. Der Boden desselben ist 1,5 m tief in das Terrain versenkt.

Die Wasserabgabe aus dem Rohrnetze findet continuirlich und unter einem normalen Drucke von 35,0 m statt. Die Tabelle 179 gibt für das Ende jedes der abgelaufenen 5 Betriebsjahre die Länge der Rohrleitungen von 300 bis 80 mm Durchmesser und deren cubischen Inhalt, sowie die Zahl der Schieber, Hydranten, Springbrunnen, Laufbrunnen und öffentlichen Pissoire an.

Die gesammte Rohrlänge setzte sich am 1. April 1895 aus den nachfolgend angegebenen Durchmessern und Längen und der angegebenen Zahl von Schiebern zusammen:

Durchmesser mm	300	200	150	125	100	80
Länge . . . m	5323	3732	2287	3980	13077	16212
Schieber . . .	13	13	17	10	51	169

Die gusseisernen Rohre sind von der Georg-Marienhütte bei Osnabrück geliefert und von der Firma C. Menicke in Berlin verlegt. Die Hydranten sind Unterflurhydranten und stehen in ca. 100 m Entfernung von einander. Die Zuleitungen haben grösstentheils 15 mm Durchmesser und bestehen, ebenso wie die Hausleitungen, bis zu 30 mm Durchmesser aus Bleirohren. Sie haben zur Absperrung Privat- und Hauptventile aus Messing. Die bis Ende 1895 gelieferten 2741 Wassermesser sind sämmtlich von Dreyer, Rosenkranz & Droop, Hannover bezogen und haben folgende Grössen:

Tabelle 179.

	1891/92	1892/93	1893/94	1894/95	1895/96
Rohrlänge m	43 862	44 474	45 431	46 611	48 550
Inhalt cbm	708	713	718	730	745
Schieber	253	256	265	275	291
Hydranten	377	381	388	401	415
Oeffentliche Springbrunnen	—	—	1	2	2
Oeffentliche Laufbrunnen	1	1	2	2	4
Oeffentliche Pissoire	11	11	11	11	11

Durchmesser mm	13	15	20	25	30	40	50	80	100
Stückzahl . . .	1076	1407	185	40	25	1	4	2	1

Die Tabelle 180 (S. 248) führt für jedes der 5 abgelaufenen Betriebsjahre 1891/92 bis 1895/96, wobei in dem ersten Jahre auch die 3 Monate des Jahres 1891 eingeschlossen sind, die Wasserabgabe im Ganzen und den mittleren Tagesconsum, sowie den Consum am Maximal- und Minimaltage und pro Kopf, ferner den Verbrauch, getrennt für öffentliche Zwecke, für das Wasserwerk und für die Privaten, ferner die Zahl der Anschlüsse und der aufgestellten Messer und deren durchschnittliche Jahresabgabe, sowie endlich verschiedene Verhältnisszahlen an.

Der Verbrauch des Wassers für öffentliche Zwecke, getrennt nach den verschiedenen Benutzungsarten, ist in der Tabelle 181 (S. 248) für die 3 letzten Jahre im Ganzen und pro 100 cbm des gesammten Wassers für öffentliche Zwecke aufgeführt.

Für die 5 Jahre 1891/92 bis 1895/96 gibt die Tab. 182 (S. 248) den Brennmaterialverbrauch für die Dampfkessel im Ganzen, pro 100 cbm Wasser und pro PS.-Stunde bei 46,93 m Arbeitshöhe, ferner die Leistung in m × kg pro kg Kohle (westfälische Kohle und Osnabrücker Anthracit) und die Arbeitszeit der Maschinen in Stunden im Jahre im Ganzen und pro Tag pro Maschine an.

Für die Wasserabgabe an Private ist die Aufstellung von Wassermessern obligatorisch Als Minimalzahlung ist die halbe Gebäudesteuer im Jahre, jedoch mindestens monatlich 50 Pf. vorgeschrieben. Der Wasserpreis pro cbm beträgt bis zu 1000 cbm im Jahre 20 Pf., darüber bis 2000 cbm 18 Pf., darüber bis 5000 cbm 16 Pf., darüber bis 10000 cbm 14 Pf. und darüber 12 Pf. Die Preise bis 2000 cbm, 5000 cbm und über 5000 cbm reduziren sich auf 16, 12 und 10 Pf. für Gewerbetreibende und für Dampfkesselbesitzer.

Die Beschaffenheit des Wassers wird als vorzüglich bezeichnet. Das Wasser wird monatlich untersucht. Als ein mittleres Resultat wird mitgetheilt im Liter Wasser

Schwefelsäure	20,0 mg
Chlor	14,2 »
Trockenrückstand . .	275,0 »
Härte Grade, deutsche .	7,70°
Salpetrige Säure, Ammoniak .	Null
Salpetersäure . . .	Spur
Organische Substanz . . .	Null

Bacterien sind im ccm nach 2 tägiger Züchtung nur sehr wenige gezählt.

2. c. Bramsche. (E. 2786, W. 325 mit je 8,6 B.)

Die Wasserversorgung der Stadt Bramsche erfolgt ausschliesslich aus gemauerten Brunnen, deren jedes Haus einen hat. 3 öffentliche Brunnen sind vorhanden.

3. c. Fürstenau. (E. 1370.)

Die Wasserversorgung der Stadt Fürstenau erfolgt seit dem 4. November 1896 durch eine künstliche Zuleitung von Quellwasser mit natürlichem Gefälle, die nach dem Projecte des Technikers Schöne-Warnefeld ausgeführt ist und zu deren Herstellungskosten die landschaftliche Brandkasse einen Beitrag von M. 1500 gezahlt hat. Die Quellen liegen ca. 50 m von der Stadt entfernt. Das Wasser ist durch Absenken von 7 Brunnen erschlossen.

Tabelle 180.

Jahr	15 Monate 1891/92	1892/93	1893/94	1894/95	1895/96
Einwohnerzahl	40 000	40 427	41 500	44 000	45 000
Gesammtabgabe im Jahre . . . cbm	295 340	383 027	498 453	520 734	658 067
desgl. gegen 100 cbm des Vorjahrs . . . »	—	129,8	130,0	104,5	126,4
Liter pro Kopf pro Tag im Mittel	19	26	33	32	40
desgl. am Maximaltage	48	50	60	53	65
Zahl der Anschlüsse	2 670	2 754	2 843	2 919	3 036
cbm pro Anschluss im Jahre	110	130	175	178	217
Tagesabgabe am					
mittleren Jahrestage . . . cbm	780	1 050	1 366	1 427	1 798
am Maximaltage des Jahres . . . »	1 949	2 034	2 475	2 358	2 920
am Minimaltage des Jahres . . . »	380	582	834	942	1 042
Von 100 cbm am mittleren Jahrestage					
am Maximaltage des Jahres . . . »	249,9	193,8	181,1	165,1	162,4
am Minimaltage des Jahres . . . »	48,7	55,5	61,0	66,0	58,0
Wasser für öffentliche Zwecke . . . »	—	91 250	30 244	39 485	90 074
Wasser für Private (nur nach Messern) . . . »	225 527	260 187	335 968	360 112	446 163
Wasser für das Wasserwerk incl. Spülen etc. . . »	69 813	122 840	132 241	121 137	121 830
Von 100 cbm Gesammtabgabe für öffentliche Zwecke	—	23,8	6,1	7,6	13,7
für Private . . . cbm	76,3	68,1	67,3	69,1	66,8
für das Wasserwerk . . . »	23,7	8,1	26,6	23,3	19,5
Gesammtabgabe ohne Messer . . . cbm	69 813	122 840	162 485	160 622	211 904
desgl. von 100 cbm Gesammtabgabe . . . »	23,6	32,1	32,7	30,8	33,2
Gesammtabgabe nach Messern von 100 cbm der Gesammtabgabe . . . cbm	76,4	67,9	67,3	69,2	66,8
Zahl der aufgestellten Messer	1 970	2 223	2 443	2 550	2 709
Abgabe pro Messer im Jahre . . . cbm	114	117	138	141	165

Tabelle 181.

Jahr		Strassensprengen cbm	Springbrunnen cbm	Laufbrunnen cbm	Kanalspülen cbm	Pissoire cbm	Oeffentliche Plätze cbm	Diverses und Feuerlöschen cbm
cbm im Ganzen	1893/94	944	6 000	500	300	18 000	500	4 000
	1894/95	2 001	10 000	800	684	20 000	2 000	4 000
	1895/96	2 000	10 000	1 000	573	22 000	2 501	5 200
pro 100 cbm	1893/94	3,1	19,9	1,6	1,0	59,6	1,6	13,2
	1894/95	5,1	25,4	2,0	1,7	50,6	5,1	10,1
	1895/96	2,2	11,1	1,1	0,6	24,4	2,8	57,8

Tabelle 182.

Jahr	Kohlenverbrauch kg	pro 100 cbm	pro PS.-Stunde	Leistung pro kg Kohle m × kg	Arbeitsstunden im Ganzen	Arbeitsstunden pro Tag pro Maschine
1891/92	259 307	87,8	5,05	53 500	1 803	2,5
1892/93	311 690	81,4	4,69	57 600	2 453	3,4
1893/94	367 900	73,7	4,24	63 500	3 581	4,9
1894/95	382 550	73,6	4,23	63 600	3 659	5,0
1895/96	450 200	68,4	3,93	68 603	4 550	6,2

4. d. **Iburg.** (E. 1020.) Ohne Antwort.

5. e. **Lingen.** (E. 6732.)

Die Wasserversorgung der Stadt Lingen erfolgt ausschliesslich aus Pumpenbrunnen von ca. 6,0 m Tiefe, von denen etwa 250 gegraben und 20 gesenkt sind. 5 derselben dienen für die öffentliche Benutzung. Das Wasser der Brunnen ist vielfach als schlecht constatirt, und es hat daher die dortige Firma Langschmidt & Sohn im Jahre 1895 Vorarbeiten für eine allgemeine Wasserleitung ausgeführt und Verhandlungen wegen des event. Anschlusses der Eisenbahnverwaltung und der Strafanstalt eingeleitet.

6. f. **Melle.** (E. 2706, W. 345 mit je 8,0 B.) .

Die Wasserversorgung der Stadt Melle erfolgt ausschliesslich aus Brunnen Fast auf jedem Grundstücke befindet sich ein solcher.

7. g. **Meppen.** (E. 3510.) Ohne Antwort.

8 a. **Papenburg.** (E. 7010)

Für die Wasserversorgung der Stadt Papenburg sind nur sehr wenige Brunnen in der Stadt vorhanden. Diese geben sämmtlich ein stark eisenhaltiges Wasser, das kaum trinkbar ist. Selbst in 25,0 m Tiefe wird das Wasser nicht besser Meistens behilft man sich deshalb mit in Cysternen (sog Regenbecken) aufgefangenem Regenwasser Auch findet das bräunliche Moorwasser aus einem die Stadt durchkreuzenden Kanale vielfach Benutzung, das, wenn es auch unappetitlich, so doch nicht ungesund ist. Bei anhaltender Trockenheit wird Wasser aus der 3/4 Stunden von der Stadt entfernten Ems zur Stadt gefahren

9. b. **Schüttorf.** (E. 3859.)

Die Wasserversorgung der Stadt Schüttorf erfolgt ausschliesslich aus gegrabenen Brunnen innerhalb der Stadt, welche sämmtlich Privateigenthum sind.

XXV. Regierungsbezirk Aurich.

(Provinz Hannover.)

a) Aurich 1 — **b)** Emden 2. — **c)** Leer 3. — **d)** Norden 4 (Norderney 5). — **e)** Weener 6. — **f)** Wittmund 8 (Wilhelmshaven 7). —

1. a. Regierungshauptstadt **Aurich.** (E. 5899, W. 650 mit je 9,0 B.)

Für die Wasserversorgung der Stadt Aurich dienen 360 gegrabene Brunnen von ca. 6,5 m Tiefe, deren Wasser von sehr verschiedener Qualität ist. 10 der Brunnen sind für die öffentliche Benutzung freigestellt. Ausserdem haben die meisten Häuser gemauerte und überwölbte Wassercysternen oder eingegrabene Fässer zur Aufbewahrung des Regenwassers, an dem es freilich häufig auch mangelt, während die Brunnen stets genügende Mengen von Wasser liefern.

2. b. **Emden.** (E. 14485, W. 2700 mit je 5,6 B.)

Die Wasserversorgung der Stadt Emden mit Wirthschaftswasser erfolgte früher aus einer grossen Zahl gegrabener und gesenkter Brunnen. Die Stadt liegt in der Marsch am Dollart und ca. 0,5 m unter dem täglichen Hochwasser, und es ist daher das Brunnenwasser als Trinkwasser nicht zu benutzen. Früher diente dafür ausschliesslich das in gemauerten Cysternen gesammelte Regenwasser. Es ist natürlich seit langer Zeit ein dringendes Bedürfniss gewesen, eine bessere Wasserversorgung zu erhalten. Jedoch konnte man Wasser von entsprechender Qualität nur aus grosser Entfernung zu erhalten hoffen, und die städtischen Finanzen schlossen die Möglichkeit, eine solche Anlage auf eigene Kosten herzustellen, völlig aus.

Im Jahre 1894 hat nun die Actiengesellschaft »Wasserwerk für das nördliche westfälische Kohlenrevier« mit der Stadt für 30 Jahre einen Vertrag abgeschlossen, der der Gesellschaft das ausschliessliche Recht der Benutzung der städtischen Strassen zum Legen von Wasserleitungen und für den Betrieb eines Wasserwerkes einräumt. Der Maximalpreis des Wassergeldes ist darin pro Anschluss für einen monatlichen Verbrauch bis zu 5 cbm auf M. 2 pro Monat und bei Mehrverbrauch auf 20 Pf. pro cbm festgesetzt. Die während der Jahre 1894/95 ausgeführten Vorarbeiten der Gesellschaft bestätigen, dass im Umkreise der Stadt ein geeignetes Wasser überall nicht zu finden ist. Selbst bis in die Gegend zwischen Tesgart und Neermoor ausgedehnte Bohrungen führten zu keinem befriedigenden Resultate. Die Gesellschaft entschloss sich daher zur Ausführung einer Wassererschliessung in 14,5 km Entfernung von der Stadt in der Nähe der Stadt Leer.

Mit dem Baue des Werkes ist Anfangs des Jahres 1896 nach dem Projecte des Directors der Gesellschaft, Max Schmitt in Schalke begonnen, und es ist die Anlage Anfangs 1897 in Betrieb gekommen. Die tägliche Leistung ist zu 1200 cbm angenommen. Die Anlagekosten sind zu M. 560000 im Ganzen oder M. 38 pro Kopf veranschlagt. Für die Wassererschliessung sind 3 Rohrbrunnen von 1,0 m Durchmesser und 19,0 m Tiefe hergestellt, welche mit kupfernen Filtern versehen sind. Heberleitungen führen von den verschiedenen Brunnen zu einem Sammelschachte. Als Motoren zum Pumpenbetriebe für die Förderung des Wassers dienen ein Windmotor, (System Halladey) von einer Leistungsfähigkeit von 18 PS. bei einer Windgeschwindigkeit von 18 m pro Secunde und 2 Benzin-Motoren. Ersterer betreibt 2 doppeltwirkende Californienpumpen; diese Anlage ist von Friedr. Filler in Hamburg-Elmsbüttel geliefert. Letztere betreiben 2 doppeltwirkende Plungerpumpen und sind von Gebr. Körting in Körtingsdorf bei Hannover geliefert. Jede der 4 Pumpen liefert pro Stunde 25 cbm Wasser.

In 14600 m Entfernung von der Gewinnungsanlage ist in der Nähe des Emden'er Bahnhofes ein schmiedeeisernes Hochreservoir von 300 cbm Inhalt auf einem 30,0 m hohen, gemauerten Unterbaue aufgestellt, von welchem aus die Wasserabgabe constant und unter einem einheitlichen Drucke von 35,0 m stattfindet. Ausser der Stadt Emden werden durch das Werk die Gemeinden Borssum (E. 534), Jarsum (E. 103), Widdelswehr (E. 113), Petkum (E. 600), Gandersum (E. 101), Oldersum (E. 1135) und Tergast (E. 307), also mit Emden zusammen 17378 Köpfe versorgt.

Die gesammten Rohrleitungen haben ca. 25000 m Länge von Durchmessern von 200 mm bis 80 mm. Damit sind 75 Schieber und 140 Hydranten verbunden. Es sind Unterflurhydranten mit Selbstentwässerung, welche von Bopp & Reuther in Mannheim geliefert sind. Die gusseisernen Rohre sind vom Schalker Gruben- und Hüttenverein in Gelsenkirchen bezogen. Die Haus- und Zuleitungen sind von Bleirohren, letztere von 20 mm und 26 mm Durchmesser und mit je einem Anbohrhahne und einem Haupthahne verbunden, hergestellt. Die Wassermesser sind von Siemens & Halske, Berlin bezogen.

3. c. **Leer.** (E. 11470.)

Die Wasserversorgung der Stadt Leer, welche an der Leda, einem Nebenfluss der Ems liegt, erfolgte früher ausschliesslich durch Zieh- und Pumpenbrunnen, die innerhalb der Stadt in sehr grosser Zahl bis in das Grundwasser gesenkt und zum Theil auch geschlagen sind. Im Jahre 1891 hat die Actiengesellschaft »Wasserwerk für das nördliche westfälische Kohlenrevier« in Gelsenkirchen auf Grund einer von der Stadt erlangten Concession für den Bau und Betrieb eines Wasserwerkes eine centrale Versorgung ausgeführt.

Das Project dazu ist von dem Director der Gesellschaft, Max Schmitt in Schalke aufgestellt. Die Anlagekosten haben M. 330000 im Ganzen oder M. 28,77 pro Kopf betragen. Die Anlage ist für eine stündliche Leistung von 64 cbm bestimmt. Die Verwaltung des Werkes erfolgt durch eine Betriebsverwaltung in Leer, welche dem Hauptbureau der Gesellschaft in Gelsenkirchen unterstellt ist.

Das Wasser wird aus 3 schmiedeeisernen Rohrbrunnen, in welchen sich kupferne Filter befinden, erschlossen und durch eine Heberleitung in einem Sammelschachte zusammengeführt, aus welchem es durch Pumpen in ein Hochreservoir gehoben wird. In der Pumpstation sind 2 Gasmotoren zum Betriebe der Pumpen aufgestellt. Es sind horizontale Zwillingsmotoren von 130 mm Durchmesser und 0,3 m Hub von je 10 PS. Maximalleistung. Dieselben sind, ebenso wie die Pumpen, von der Deutzer Motorenfabrik in Deutz geliefert.

Ein jeder Motor betreibt, von dem anderen unabhängig, durch einfache Riemenübertragung je 2 einfachwirkende, liegende Plungerpumpen, welche durch unter 180° versetzte Stirnkurbeln an einer Welle gekuppelt sind, die eine Fest- und eine Losscheibe zum Antriebe durch den Gasmotor trägt. Die Pumpen stehen in einem versenkten Theile des Maschinenraumes und ihre Mittellinien liegen 2,7 m tiefer als die der Motoren. Die Pumpen machen 72 Doppelhübe pro Minute, und es fördert jede Maschine dabei pro Stunde 32 cbm Wasser auf 60,0 m Höhe.

Neben der Pumpstation ist ein schmiedeeisernes Hochreservoir in 40,0 m Höhe auf einer eisernen Subconstruction aufgestellt, welche aus 4 schmiedeeisernen Rohren besteht. Der Inhalt des Reservoirs beträgt 200 cbm. Es ist vom Schalker Gruben- und Hüttenverein in Gelsenkirchen hergestellt.

Das Vertheilungsnetz ist nach dem Circulationssysteme ausgeführt und steht unter einem einheitlichen und constanten Drucke von im Mittel 45,0 m. Die gesammten Rohrleitungen haben 14787 m Länge. Es sind 88 Unterflurhydranten mit Selbstentwässerung aufgestellt, welche von Bopp & Reuther in Mannheim geliefert sind. Bis Ende 1895 waren 140 Wassermesser eingebaut, von welchen 100 Stück 12 mm, 31 Stück 20 mm und 9 Stück 25 mm Durchmesser haben. Sie sind von Siemens & Halske, Berlin geliefert. Die Zuleitungen und die Hausleitungen sind aus Bleirohren hergestellt, erstere meistens von 20 mm Durchmesser. Sie haben Anbohrhähne und Privathaupthähne.

Im Jahre 1895 sind im Ganzen 26722 cbm oder durchschnittlich 73,2 cbm pro Tag abgegeben, was 6 Lit. pro Kopf des Einwohners entspricht. Ausser Leer wird die Gemeinde Heisfelde (E. 1123) mit Wasser versorgt.

Die Wasserabgabe erfolgt ausschliesslich nach Wassermessern. Der Wasserpreis beträgt für die ersten 5 cbm, die als Minimalquantum pro Monat gelten, pro cbm 40 Pf. und bei Mehrverbrauch pro cbm 20 Pf.

4. d. **Norden.** (E. 6794, W. 909 mit je 7,5 B.)

Die Wasserversorgung der Stadt Norden erfolgt ausschliesslich aus gegrabenen Brunnen. 5 davon sind öffentliche und ca. 540 sind in Privatbesitz. In der Regel ist das Wasser gut; aber zeitweise tritt Mangel ein.

5. d. **Norderney.** (E. 3989 resp. im Sommer gleichzeitig anwesend bis 15000, W. 620 mit je 6,4 resp. 24,5 B.)

Für die Insel Norderney ist für Rechnung des Königlich Preussischen Domänenfiscus (Königliche Regierung in Aurich) im Jahre 1888 eine centrale Wasserversorgung für eine tägliche Leistung von 1000 cbm hergestellt. Die Baukosten haben M. 300000 betragen. Projectant und Generalunternehmer für den Bau war die Firma Börner & Herzberg in Berlin. Diese Firma führt auch für Rechnung des Fiscus den Betrieb dieses Werkes gleichzeitig mit dem der Kanalisation und des Elektricitätswerkes. Dirigent ist deren Ingenieur Gilly.

Das Wasser wird durch schmiedeeiserne Tiefbohrbrunnen von 150 mm Durchmesser gewonnen, deren Filter 45,0 m bis 50,0 m tief unter Terrain liegen. Es sind anfänglich 3 solcher Brunnen hergestellt. Im Jahre 1894 ist ein vierter Brunnen von 200 mm Durchmesser hinzugekommen. Das Wasser hat in den ersten Jahren des Betriebes unmittelbar nach der Förderung einen starken Schwefelwasserstoffgeruch gehabt, der in einem besonderen Lüftungsthurme durch Regenfall beseitigt ist. Seit etwa 2 Jahren kommt es geruchlos aus dem Boden, so dass die Belüftung nicht mehr erforderlich ist.

In der Pumpstation befinden sich 2 Dampfpumpmaschinen und 2 Dampfkessel. Die Maschinen sind liegende Eincylindermaschinen, jede von 20 PS., deren jede eine doppeltwirkende Plungerpumpe direct antreibt. Die Pumpen machen 20 bis 25 Doppelhübe pro

Minute. Sie saugen aus 4,5 m Tiefe und drücken auf 25,0 m Höhe. Die Dampfkolben haben 300 mm und die Plunger 260 mm Durchmesser, und beide haben 0,6 m Hub. Die beiden Dampfkessel sind Einflammrohrkessel von je 36 qm Heizfläche mit einem concessionirten Dampfdrucke von 6 Atm. Sie dienen zugleich für den Betrieb der Kanalisationspumpen. Die Maschinen und Kessel sind von der Berliner Actiengesellschaft, vormals Freund & Comp., in Charlottenburg geliefert.

Von der Pumpstation führt eine Druckleitung von 200 mm Durchmesser zu dem ca. 1000 m davon entfernten Hochreservoire, das auf einem Hügel an der »Giftbude« liegt. Eine Umgangsleitung gestattet, das Wasser auf den darüber sich erhebenden Lüftungsthurm zu heben. Das Hochreservoir ist aus Ziegelmauerwerk mit Cementmörtel ausgeführt. Es ist auf eisernen Trägern überwölbt und in den Boden versenkt und hat 400 cbm Nutzinhalt. Es liegt 600 m vom Vertheilungsnetze entfernt. Der Wasserspiegel desselben liegt 29,5 m über der Gewinnungsstelle des Wassers.

Das Vertheilungsnetz ist nach dem Circulationssysteme ausgeführt. Dasselbe steht unter einem einheitlichen und constanten Drucke, der normal 16,0 m beträgt. Das Rohrnetz hat 11 244 lfd. m Länge und ist mit 69 Schiebern verbunden. Es setzt sich nach den verschiedenen Durchmessern zusammen aus:

Rohrdurchmesser mm	200	150	125	100	50
Rohrlänge . . . m	1265	2750	1407	5703	120
Schieberzahl	3	13	6	15	1

69 Unterflurhydranten (Halle'sches Modell) mit Selbstentleerung und 5 öffentliche Pissoire sind mit dem Rohrnetze verbunden, Die Zuleitungen und die Hausleitungen bestehen bei 20 mm bis 32 mm Durchmesser aus Zinnrohren mit Bleimantel und bei 40 mm bis 65 mm Durchmesser aus gusseisernen Rohren. Als private Wasserabgabestellen waren Ende des Jahres 1894 vorhanden: 1150 Zapfhähne, 1290 Closets, 193 Pissoire, 3 Badeeinrichtungen, 5 Springbrunnen und 8 Hausreservoire. Die 642 eingebauten Wassermesser sind sämmtlich von der Firma Siemens & Halske, Berlin geliefert und haben folgende Grössen:

Durchmesser mm	13	20	25	32	40	50
Stückzahl . . .	151	419	54	15	2	1

Der Wasserverbrauch hat im Jahre 1894 im Ganzen 81 465 cbm oder am mittleren Jahrestage 223 cbm betragen. Der Consum hat im Ganzen resp. gegen 100 cbm des mittleren Jahrestages am Maximal- resp. am Minimaljahres-, Monats- oder Wochentage die in der Tabelle 183 angegebene Grösse erreicht.

Tabelle 183.

Tagesabgabe	Maximale		Minimale	
	cbm	% vom mittl. J.-T.	cbm	% vom mittl. J.-T.
Jahrestag . . .	630	283,5	40	18,0
Monatstag . . .	506	227,7	47	21,1
Wochentag . . .	549	247,0	51	22,9

Es sind im Jahre 1894 nach Messern 46 470 cbm resp. 57,0 cbm und ohne Messer 34 995 cbm resp. 43,0 cbm pro 100 cbm des Gesammtconsums abgegeben. Es entfallen auf den Hausverbrauch 45 060 cbm resp. 55,3 cbm und für öffentliche Zwecke 36 405 cbm resp. 44,7 cbm von 100 cbm der Gesammtabgabe. Von dem Wasser für öffentliche Zwecke sind verwendet für Sprengen 1435 cbm oder 3,9%, für Kanalspülung 34 560 cbm oder 95,0%, für Pissoire 260 cbm oder 0,7% und für Feuerlöschen 150 cbm oder 0,4%. In der Wasserabgabe für den Hausgebrauch sind 725 cbm enthalten, welche im Hafen an Schiffe verkauft sind.

Der Wasserpreis beträgt pro cbm 20 Pf. Aermere Leute zahlen nur 10 Pf., und ganz arme Leute erhalten das Wasser ohne Bezahlung.

Das Wasser wird wöchentlich vom Sanitätsrath Dr. Kruse in Verbindung mit dem Apotheker des Ortes chemisch und bacteriologisch untersucht. Es kommt bacterienfrei zu Tage. Spuren von Eisen sind nicht nachgewiesen. Vor 2 Jahren hat sich eine geringe Menge von Crenotrix gezeigt, die sich später wieder verloren hat. Der Gehalt an Chlornatrium im Liter Wasser beträgt im Winter ca. 90 mg und im Sommer bis zu 380 mg.

6. e. **Weener.** (E. 3625.) Ohne Antwort.

7. f. **Wilhelmshaven.** (E. 19 644.)

Für die Wasserversorgung der Stadt Wilhelmshaven dienten früher 2 artesische Brunnen, welche 800 m resp. 1100 m vom Jadebusen entfernt sind. Der eine ist im Jahre 1865 gebohrt und lieferte Anfangs 16 cbm Wasser im Tage. Seit dem Jahre 1872 ist seine Ergiebigkeit auf 2 cbm hinunter gegangen, die er auch jetzt noch besitzt. Der zweite Brunnen ist im Jahre 1868 gebohrt. Er ist 270,0 m tief und liefert constant 120 cbm Wasser im Tage.

Ueber jedem der Brunnen sind 2 Gasmotoren, der eine von 1/2 PS. und der andere von 2 PS., zum Betriebe von Pumpen aufgestellt, welche das Wasser in ein Reservoir fördern, aus dem es in der Stadt durch Rohrleitungen zur Vertheilung gelangte. Diese Anlagen sind im Jahre 1873 in Betrieb gekommen und dienen heute nur noch als Reserve.

Im Jahre 1878 ist ein Wasserwerk für Rechnung des Kaiserlichen Marine-Fiscus nach den Plänen der Admiralität durch den Geh. Commerzienrath Ph. O. Oechelhäuser in Berlin mit einem Kostenaufwande von M. 1 100 000 erbaut, das die Stadt und die Marineetablissements versorgt. Dasselbe war für eine tägliche Leistung von 1400 cbm bestimmt.

Das Wasser wird aus 4 gemauerten Brunnen von 16,0 m Tiefe und 4,25 m Durchmesser gewonnen, welche in der Nähe der Stadt Jever im Grossherzogthum Oldenburg bei Feldhausen, 12 km von Wilhelmshaven entfernt, liegen. Sie sammeln das Niederschlagswasser von einer grösseren Land- und Heidefläche, die an der Grenze zwischen Diluvium und Alluvium liegt. Zwischen 2 concentrischen Mänteln der Brunnen und auf deren Boden sind Kies- und Sandschichten zum Filtriren künstlich eingefüllt.

Das Wasser wird durch ein Dampfpumpwerk auf 40,0 m Höhe in ein schmiedeeisernes Hochreservoir gefördert, das in der Stadt 24,0 m hoch auf einem massiven Unterbaue in einem Thurme ummantelt und überdacht aufgestellt ist und 800 cbm Inhalt hat. Nähere Angaben über diese Anlage waren nicht zu erhalten.

8. f. **Wittmund.** (E. 1980, W. 350 mit je 5,7 B.)

Die Wasserversorgung der Stadt Wittmund erfolgt ausschliesslich aus Brunnen, die meistens mit Ziegelsteinen, aber theils auch mit Torf in ihren Wänden bekleidet sind. Es sind 3 öffentliche Brunnen vorhanden. Die meisten Brunnen haben 3,0 m Tiefe.

XXVI. Regierungsbezirk Münster.

(Provinz Westfalen.)

a) Ahaus 2 (Gronau i. W. 13). — **b)** Beckum 4 (Ahlen 3, Oelde 21). — **c)** Borken 6 (Bocholt 5). — **d)** Koesfeld 18 (Dülmen 11, Haltern 14). — **e)** Lüdinghausen 21. — **f)** Münster i. W. 1 (Greven 12). — **g)** Recklinghausen 24 (Bottrop 7, Buer 8, Dorsten 10, Henrichenburg 15, Herten 16, Horst a. d. Emscher 17, Osterfeld 23, Recklinghausen 25, Suderwick 27, Waltrop 29). — **h)** Steinfurt (Burgsteinfurt 9, Rheine 26). — **i)** Tecklenburg 28 (Ibbenbüren 18, Lengerich 20). — **k)** Warendorf 30. —

1. f. Regierungshauptstadt **Münster i. W.** (E. 57018, W. 4923 mit je 11,6 B.)

Die Stadt Münster wird seit dem Jahre 1880 durch ein auf städtische Kosten nach den Projecten und unter Leitung des Maschinenfabrikanten und Stadtraths Theissing ausgeführtes Wasserwerk einheitlich versorgt. Die erste Anlage hat M. 480000 gekostet und war in dem maschinellen Theile für eine Maximalleistung von 3000 cbm bei 12stündiger Arbeit bestimmt.

Das Wasser dafür ist anfänglich ca. 300 m von der Altstadt entfernt in einem neuen Stadttheile an der Mecklenburger Strasse durch 2 Brunnen, die in circa 200 m Entfernung von dem Flusse Aa abgesenkt sind, aus dem Grundwasser erschlossen. Später sind daneben noch 2 Brunnen angelegt. Die Nothwendigkeit, die Wassermenge zu vermehren, führte im Jahre 1888 dazu, einen neuen Brunnen an einer anderen Stelle auszuführen. Dieser liegt ca. 4500 m von der ersten Anlage entfernt. Im Jahre 1890 ist daneben noch ein zweiter Brunnen hergestellt, so dass jetzt im Ganzen 6 Brunnen für die Wasserversorgung vorhanden sind.

Aus den 4 ersten Brunnen, welche 4,0 m lichten Durchmesser haben, wird das Wasser durch die beiden, in einer Pumpstation mit Dampfbetrieb aufgestellten Pumpen gefördert. Es sind hier 2 eincylindrige, liegende Dampfmaschinen mit Condensation und Expansion von je 30 PS. aufgestellt. Jede von diesen betreibt eine direct gekuppelte Plungerpumpe mit freien Ringventilen, die bei 30 Doppelhüben pro Minute 250 cbm Wasser pro Stunde auf 27,6 m Höhe fördert. Für die Dampfbereitung sind 3 Einflammrohrkessel von je 44 qm Heizfläche vorhanden, welche für 6 Atm. Dampfdruck concessionirt sind.

Die beiden anderen Brunnen haben 3,5 m Durchmesser und sind, ebenso wie die 4 ersten, in Mauerwerk mit durchlässigen Fugen in den Mänteln hergestellt und aussen mit eingefülltem, gewaschenen Kies umgeben. Für jeden dieser Brunnen ist ein 30pferdiger, eincylindriger Motor für Dowsongas, von der Deutzer Motorenfabrik in Deutz geliefert, zum Pumpenbetriebe in Benutzung. Jeder derselben befindet sich mit dem resp. Brunnen zusammen, in einem besonderen Maschinenraume und betreibt ein im Brunnenschachte tief aufgestelltes Pumpenpaar mittels Gestänge. Von jedem der Motoren, die 140 Umdrehungen pro Minute machen, erfolgt die Uebertragung mittels zweier Riemen auf eine Welle, von welcher aus durch Zahnradübersetzung das betreffende Pumpenpaar so angetrieben wird, dass es 30 Doppelhübe pro Minute macht. Jedes Pumpenpaar ist aus 2 einfachwirkenden Plungerpumpen von 250 mm Durchmesser und 0,7 m Hub mit Ringventilen zusammengesetzt und fördert pro Stunde 114 cbm Wasser auf 45,0 m Höhe. Für die gemeinschaftliche Gasanstalt zur Fabrikation des Generatorgases ist ein isolirtes Gebäude hergestellt, in welchem sich 2 Generatoren und 2 Dampferzeuger, von denen je einer als Reserve dient, und die nöthigen Reinigungsapparate befinden. Der Gasbehälter für diese Fabrik befindet sich in einem besonderen Raume. Die vorbeschriebenen Erweiterungsanlagen des Werkes haben M. 200600 gekostet, so dass die Gesammtkosten excl. der Erweiterung der Rohrleitungen M. 680600 betragen.

Ein Hochreservoir von 500 cbm Inhalt aus Schmiedeeisen ist auf einem künstlichen Unterbaue ummantelt und unter Dach aufgestellt. Dessen Wasserspiegel liegt 27,0 m hoch über dem der Brunnen der ersten Pumpstation. Das Reservoir ist 1925 m von letzterer entfernt und liegt auf der entgegengesetzten Seite der Stadt und gleichfalls an der Grenze der Altstadt. Ein Rohr von 300 mm Durchmesser ist mit dem Reservoire verbunden und dient zugleich als Speiserohr für dieses und als Fallrohr für das Vertheilungsnetz.

Die Länge der Hauptleitungen von 300 mm bis 80 mm Durchmesser und die Zahl der vorhandenen Schieber, Hydranten, öffentlichen Springbrunnen, Laufbrunnen, Pissoire und öffentlichen Aborte am Schlusse eines jeden der letzten 7 Betriebsjahre von 1889/90 bis 1895/96 gibt die Tabelle 184 an:

Tabelle 184.

Jahr	1889/90	1890/91	1891/92	1892/93	1893/94	1894/95	1895/96
Rohrlänge m	50460	51697	54981	56970	58381	59156	60252
Schieber	156	165	185	197	205	218	223
Hydranten	305	305	331	342	350	352	353
Springbrunnen	2	2	2	2	2	3	3
Laufbrunnen	2	2	2	2	2	2	2
Oeffentliche Pissoire	7	8	9	9	9	9	9
» Aborte	5	5	5	5	5	5	5

In Gebrauch sind 3 einpferdige, oscillirende Wassermotoren von je 1 PS. und 4 hydraulische Aufzüge. Die Hydranten sind Unterflurhydranten und stehen in einem mittleren Abstande von 160 m. Für die Zuleitungen dienen Bleirohre, meistens von 20 mm Durchmesser. Bis Ende des Jahres 1895 sind im Ganzen 2432 Wassermesser und zwar 43 von H. Meinecke, Breslau, 24 von Wolff & Schreiber, Breslau, 5 von Lux, Ludwigshafen und 2360 von Dreyer, Rosenkranz & Droop, Hannover geliefert. Nach der Grösse vertheilen diese sich wie folgt:

Durchmesser mm	13	15	20	25	30	40	50	80	125
Stückzahl	732	6	1474	136	31	13	20	19	1

Tabelle 185.

Jahr	Kohlen kg	Coke kg	Anthracit kg	Zusammen kg	desgl. pro 100 cbm Wasser	desgl. pro PS.-Stunde	pro kg Kohle m × kg
1889/90	790 000	108 200	50 000	948 200	102,09	8,21	32 881
1890/91	955 940	—	—	955 940	103,99	8,97	30 290
1891/92	851 285	—	—	851 285	74,00	6,45	42 648
1892/93	960 000	39 270	130 000	1 129 270	79,00	6,78	39 890
1893/94	643 000	39 270	185 000	867 270	46,80	4,01	67 304
1894/95	775 000	44 000	190 000	1 009 000	52,84	4,53	59 614
1895/96	822 500	56 900	215 000	1 094 400	53,10	4,55	59 327

Tabelle 186.

Jahr	1881/82	1889/90	1890/91	1891/92	1892/93	1893/94	1894/95	1895/96
Einwohnerzahl	40 434	47 000	49 000	51 000	52 000	53 000	57 000	58 100
Gesammtabgabe im Jahre . . . . . cbm	405 321	989 782	918 926	1 152 490	1 430 072	1 853 059	1 909 547	2 061 180
desgl. gegen 100 cbm des Vorjahres »	—	—	92,9	125,9	124,0	129,6	102,9	107,9
Liter pro Kopf pro Tag im Mittel . . .	27	58	51	62	75	96	95	95
desgl. am Maximaltage	57	127	76	102	96	121	137	182
Zahl der Anschlüsse	819	2 299	2 418	2 549	2 741	2 940	3 094	3 288
cbm pro Anschluss im Jahr	495	431	380	452	521	630	616	627
Tagesabgabe am								
mittleren Jahrestage . . . . . cbm	1 110	2 712	2 517	3 157	3 918	5 076	5 231	5 631
Maximaltage . . . . »	2 334	5 980	3 729	5 225	5 014	6 438	7 534	9 422
Minimaltage . . . . »	686	1 170	1 010	2 512	2 474	3 068	2 986	3 520
Von 100 cbm am mittleren Jahrestage am								
Maximaltage . . . . cbm	220,0	220,4	148,1	165,5	127,9	126,8	144,0	167,2
Minimaltage . . . . »	61,9	43,1	40,2	79,6	63,2	60,4	57,1	53,0
Wasser für öffentliche Zwecke im Ganzen cbm	151 418	286 519	149 223	136 321	292 654	623 547	642 416	659 173
Wasser für Private . . . . »	253 883	703 263	769 703	900 920	994 411	1 044 206	1 076 176	1 195 889
Davon nach Messern . . . »	230 783	642 123	707 853	832 280	921 611	962 123	989 149	1 102 244
Zahl der Messeranschlüsse	742	2 003	2 097	2 093	2 253	2 395	2 526	2 693
Wasser für Private ohne Messer . . cbm	23 100	61 140	61 850	68 640	72 800	82 083	87 027	93 645
Zahl der Anschlüsse ohne Messer . . .	77	296	321	456	488	545	568	595
Von 100 cbm für Private								
nach Messern	90,9	91,3	92,0	92,4	92,7	92,1	91,9	91,1
ohne Messer	9,1	8,7	8,0	7,6	7,3	7,9	8,1	8,9
Auf 100 Anschlüsse kommen:								
Messeranschlüsse	90,6	87,1	86,7	82,1	82,2	81,5	81,6	81,9
Anschlüsse ohne Messer	9,4	12,9	13,3	17,9	17,8	18,5	18,4	18,1
Wasser für das Wasserwerk								
incl. Spülen, Verlust etc. . . . . . cbm	—	—	—	115 249	143 007	185 306	190 955	206 118
Von 100 cbm Gesammtabgabe für								
öffentliche Zwecke . . . . »	37,4	29,0	16,3	11,8	20,5	33,6	33,7	31,9
Private . . . . »	62,6	71,0	83,7	78,2	69,5	56,4	56,3	57,5
das Wasserwerk . . . . »	—	—	—	10,0	10,0	10,0	10,0	10,6
Gesammtabgabe ohne Messer . . . . »	174 538	347 659	211 073	320 210	508 461	890 936	920 398	958 936
Desgl. von 100 cbm Gesammtabgabe »	43,1	35,0	23,0	27,8	35,5	48,1	48,3	46,5
Gesammtabgabe nach Messern								
von 100 cbm Gesammtabgabe . . »	56,9	65,0	77,0	72,2	64,5	51,9	51,7	53,5
Abgabe pro Messer im Jahre . . . »	311	321	338	398	409	402	392	409
Abgabe pro Anschluss ohne Messer von der Privatabgabe ohne Messer . . cbm	300	207	193	150	149	151	153	157

Die Leitung des Betriebes liegt in den Händen des Inspectors der Gas- und Wasserwerke E. M. Köhler.

Der Verbrauch an Brennmaterial für die Dampfkessel und die Generatoren während der letzten 7 Jahre ergibt sich aus der Tabelle 185 (S. 253) im Ganzen sowohl, als pro 100 cbm Wasser und pro PS.-Stunde bei 31,5 m Arbeitshöhe und ebenfalls die Leistung pro kg Kohle in m $\times$ kg.

Die Tabelle 186 (S. 253) gibt für jedes der 8 Jahre 1881/82 und 1889/90 bis 1895/96 die Wasserabgabe im Ganzen, sowie diejenige durch und ohne Messer und für öffentliche Zwecke an, ferner die Einwohnerzahl, die Zahl der Anschlüsse im Ganzen, sowie mit Messern und ohne Messer und den jährlichen Durchschnittsverbrauch eines jeden Anschlusses, ferner die Tagesabgabe im Mittel und am Tage des grössten und des geringsten Consums im Ganzen und pro 100 cbm des Durchschnittstages, sowie pro Kopf. Endlich sind darin entsprechende Verhältnisszahlen angegeben.

Als Wassergeld wird nach Schätzung für den Hausbedarf vierteljährlich pro qm Fussbodenfläche für alle Räume excl. der Bodenräume, wenn sie nicht Mansarden sind, nach den Aussenmaassen der Häuser 2,5 Pf., für Fabriken und Werkstellen excl. des Gewerbswassers 1,0 Pf. und für Lagerräume 0,25 Pf. gezahlt, mindestens aber für 100 qm Fläche. Nach Messern ist pro cbm bei vierteljährlicher Entnahme von 51 bis 500 cbm 10 Pf. und bei höherem Consum 9 Pf., mindestens aber excl. Messermiethe pro Vierteljahr M. 5 zu zahlen. An Messermiethe wird je nach der Grösse erhoben:

Durchmesser mm	15	20	25	30	40	50	75
Mark pro Jahr	4	5	7	10	11	18	36.

2. a. **Ahaus.** (E. 3095.)

Für die Wasserversorgung der Stadt Ahaus dienen ausschliesslich Brunnen innerhalb der Stadt.

3. b. **Ahlen.** (E. 5594.) Ohne Antwort.

4. b. **Beckum.** (E. 4600.)

Die Wasserversorgung der Stadt Beckum erfolgt ausschliesslich aus Brunnen in der Stadt.

5. c. **Bocholt.** (E. 16269.)

Die Wasserversorgung der Stadt Bocholt mit Trinkwasser erfolgt ausschliesslich aus gesenkten Brunnen, die sich auf jedem Grundstücke befinden und gutes und stets genügendes Wasser liefern. Für wirthschaftliche und gewerbliche Zwecke wird das Wasser der den Ort durchfliessenden Aa entnommen.

6. c. **Borken.** (E. 4016, W. 700 mit je 5,7 B.)

Die Wasserversorgung der Stadt Borken erfolgt ausschliesslich aus gegrabenen und gebohrten Brunnen im Orte. 4 davon dienen für die allgemeine Benutzung.

7. g. **Bottrop.** (E. 20381.)

Die Wasserversorgung des Ortes Bottrop erfolgt durch das Wasserwerk des nördlichen westfälischen Kohlenreviers.

8. g. **Buer.** (E. 20738.)

Die Wasserversorgung der Gemeinde Buer erfolgt durch das Wasserwerk des nördlichen westfälischen Kohlenreviers.

9. h. **Burgsteinfurt.** (E. 5021, W. 681 mit je 7,4 B.)

Für die Wasserversorgung der Stadt Burgsteinfurt sind 385 private und 16 öffentliche Brunnen vorhanden. Es wird jedoch die Erbauung einer einheitlichen Versorgung geplant.

10. g. **Dorsten.** (E. 4234, W. 502 mit je 8,4 B.)

Die Wasserversorgung der Stadt Dorsten erfolgt nur aus Brunnen auf den Privatgrundstücken.

11. d. **Dülmen.** (E. 5533.) Ohne Antwort.

12. f. **Greven.** (E. 3670.)

Die Wasserversorgung des Ortes Greven erfolgt in stets ausreichender Weise aus Brunnen im Orte.

13. a. **Gronau i. W.** (E. 6641.)

Für eine allgemeine Wasserversorgung der Stadt Gronau sind die Vorarbeiten durch die Firma Heinr. Scheven in Bochum ausgeführt. Das Wasser soll in ca. 1500 m Entfernung von der Stadt aus Brunnen entnommen und, durch mit Dampfkraft oder mit Elektricität getriebene Pumpen gehoben, der Stadt zugeführt werden. Die Anlage ist zu M. 250000 oder M. 38 pro Kopf veranschlagt.

14. d. **Haltern.** (E. 3401.) Ohne Antwort.

15. g. **Henrichenburg.** (E. 2380.)

Die Wasserversorgung des Ortes Henrichenburg erfolgt durch das Wasserwerk des nördlichen westfälischen Kohlenreviers.

16. g. **Herten.** (E. 9000.)

Die Wasserversorgung des Ortes Herten erfolgt durch das Wasserwerk des nördlichen westfälischen Kohlenreviers.

17. g. **Horst a. d. Emscher.** (E. 7115.)

Die Wasserversorgung des Ortes Horst erfolgt durch das Wasserwerk des nördlichen westfälischen Kohlenreviers.

18. i. **Ibbenbüren.** (E. 4728, W. 585 mit je 8,1 B.)

Die Stadt Ibbenbüren ist mit ihrer Wasserversorgung ausschliesslich auf gesenkte, gemauerte Brunnen angewiesen, von denen 7 der allgemeinen Benutzung dienen.

19. d. **Koesfeld.** (E. 6438.)

Die Wasserversorgung der Stadt Koesfeld erfolgt bis jetzt ausschliesslich aus Brunnen. Ein vorliegendes Project für eine allgemeine Versorgung hat bislang noch keine Annahme gefunden.

20. i. **Lengerich.** (E. 2183, W. 220 mit je 10,0 B.)

Die Wasserversorgung der Stadt Lengerich erfolgt ausschliesslich aus gegrabenen Brunnen, deren 2 für die öffentliche Benutzung vorhanden sind.

21. e. **Lüdinghausen.** (E. 2525, W. 358 mit je 7,0 B.)

Für die Wasserversorgung der Stadt Lüdinghausen ist im Jahre 1896/97 für deren Rechnung nach dem Projecte des Gas- und Wasserwerksdirectors W. Schulze in Unna ein Wasserwerk erbaut, das M. 75000 oder M. 30 pro Kopf gekostet hat.

Das Wasser wird, 900 m von der Stadt entfernt, im Stadtfelde an der Chaussée nach Münster aus einem Brunnen gewonnen und durch Pumpen, für deren Betrieb 2 Gasmotoren von je 2 PS. in einer Pumpstation aufgestellt sind, auf 25,0 m Höhe in ein daneben erbautes Hochreservoir gefördert. Dieses ist von Schmiedeeisen hergestellt und hat einen Inhalt von 180 cbm. Die disponible Wassermenge beträgt 400 cbm und der durchschnittliche Verbrauch 120 cbm pro Tag.

Es sind für die Wasservertheilung 4796 lfd. m gusseiserne Rohre verlegt, mit welchen 31 Hydranten und 3 Ventilbrunnen (für die Schulen) verbunden sind. 182 Häuser haben Anschlussleitungen.

22. b. **Oelde.** (E. 3240.)

Für die Wasserversorgung der Stadt Oelde dienen auf privaten Grundstücken gegrabene und gebohrte Brunnen. Oeffentliche Brunnen sind nicht vorhanden.

23. g. **Osterfeld.** (E. 5385.)

Der Ort Osterfeld wird aus dem Wasserwerke der Stadt Mülheim a. d. Ruhr mit Wasser versorgt.

24. g. **Recklinghausen.** (E. 24 667.)

Die Wasserversorgung der Stadt Recklinghausen erfolgte früher ausschliesslich und auch jetzt noch zum nicht geringen Theile aus Pumpenbrunnen. Ausserdem ist durch das Wasserwerk des nördlichen westfälischen Kohlenreviers eine Versorgung für die Stadt aus ihrem Leitungsnetze hergestellt.

25. g. **Recklinghausen.** (E. 10031).

Die Wasserversorgung der Landgemeinde Recklinghausen erfolgt aus dem Wasserwerke des nördlichen westfälischen Kohlenreviers.

26. h. **Rheine.** (E. 8653.)

Für die Stadt Rheine ist seit März 1895 ein Wasserwerk in Betrieb, welches von dem Ingenieur Heinr. Scheven in Bochum nach seinem Projecte und für seine Rechnung erbaut ist und auf Grund einer von der Stadt ertheilten Concession betrieben wird. Die Anlage hat M. 256 600 oder M. 29,64 pro Kopf gekostet. Sie ist für eine Leistung von 1600 cbm pro Tag bestimmt. Die Maschinen und Kessel hat die Maschinenfabrik E. Webers & Comp. in Rheine geliefert. Die Rohrleitungen sind von dem Erbauer selbst verlegt.

Das Wasser wird 8,5 km von der Stadt entfernt bei der Station Neuenkirchen aus dem Grundwasser durch gemauerte Brunnen erschlossen, die in der Sohle und in einem Theile der Mäntel durchlässig sind. Sie haben 3,0 m Durchmesser und 8,0 m Tiefe und liegen in 200 m Entfernung von einander.

Für die Wasserförderung dienen 2 liegende Eincylindermaschinen von je 21 PS. mit Ridersteuerung, deren jede eine direct gekuppelte, doppeltwirkende, liegende Plungerpumpe betreibt, welche bei 45 Doppelhüben pro Minute 40 cbm Wasser pro Stunde auf 38,0 m Höhe liefert. Die Dampf- resp. die Pumpenkolben haben 350 mm resp. 150 mm Durchmesser und beide 0,5 m Hub. 2 Einflammrohrkessel mit Galloway-Rohren haben je 50 qm Heizfläche und sind auf 6 Atm. Dampfdruck concessionirt.

Zwischen der Pumpstation und der Stadt liegen nebeneinander auf dem Waldhügel 2 Hochreservoire von je 250 cbm Inhalt. Sie sind von der Pumpstation 6450 m und vom Beginne des Vertheilungsnetzes circa 2000 m entfernt. Diese Reservoire sind mit ihren flachen, kreisrunden Betonböden von 9,96 m Durchmesser in das Terrain versenkt und nach dem Monier-Systeme mit einer Halbkugel von 4,98 m Radius überdeckt. Die Wasserhöhe in den Reservoiren beträgt 4,35 m. Die Druckrohrleitung zu denselben hat 200 mm und die abgehende Fallrohrleitung 175 mm Durchmesser.

Die Rohrleitungen haben im Ganzen ca. 20000 lfd. m Länge und sind mit 68 Schiebern verbunden. Sie setzen sich aus folgenden Durchmessern zusammen:

Rohrdurchmesser mm	200	175	150	125	100	80	60
Rohrlänge . . m	1650	7600	800	1500	3100	4100	2600
Stückzahl	6	5	1	5	7	14	30

Es sind damit 73 Unterflurhydranten mit Selbstentwässerung und 4 Spülschieber verbunden. Erstere stehen in 80 m bis 100 m Entfernung von einander. Die vorhandenen 385 Zuleitungen sind theils aus Bleirohren von 25 mm, 20 mm und 13 mm Durchmesser und theils aus gusseisernen Rohren von 80 mm, 60 mm und 50 mm Durchmesser hergestellt. In den Häusern befinden sich 1900 Zapfhähne und 20 Badeeinrichtungen. In 49 der Zuleitungen sind Wassermesser eingebaut, welche H. Meinecke, Breslau geliefert hat. Diese haben folgende Grössen:

Durchmesser mm	10	13	20	25	40	65
Stückzahl . .	3	11	12	21	1	1

Der monatlich zu zahlende Minimalpreis für das Wasser beträgt M. 1 pro 100 qm Etagenfläche, was bei einem Wasserpreise pro cbm von 20 Pf. 5 cbm Consum entspricht. Mehrverbrauch wird nach dem gleichen Einheitspreise extra berechnet, wogegen für Minderverbrauch kein Erlass eintritt. Als Messermiethe wird ferner pro Monat je nach der Grösse erhoben:

Durchmesser mm	10	13	20	25
Mark pro Monat	0,35	0,40	0,50	0,60.

Nach einer Untersuchung des Wassers durch Professor König in Münster sind im Liter Wasser enthalten:

Gesammtrückstand	92,5 mg
Organische Substanz	9,5 »
Chlor	4,6 »

27. g. **Suderwick.** (E. 1288).

Die Wasserversorgung des Ortes Suderwick erfolgt durch das Wasserwerk des nördlichen westfälischen Kohlenreviers.

28. i. **Tecklenburg.** (E. 896.) Ohne Antwort.

29. g. **Waltrop.** (E. 4027).

Die Wasserversorgung des Ortes Waltrop erfolgt durch das Wasserwerk des nördlichen westfälischen Kohlenreviers.

30. k. **Warendorf.** (E. 5820.)

Die Wasserversorgung der Stadt Warendorf erfolgt ausschliesslich aus gegrabenen und gebohrten Brunnen innerhalb der Stadt.

XXVII. Regierungsbezirk Minden.

(Provinz Westfalen.)

a) Bielefeld 2. — **b)** Büren 5 (Lichtenau 11, Salzkotten 17). — **c)** Halle i. W. 8. — **d)** Herford 9 (Bünde 4, Vlotho 20). — **e)** Höxter 10 (Brakel 3, Driburg 6, Steinheim 19). — **f)** Lübbecke 13. — **g)** Minden 1 (Oeynhausen 14). — **h)** Paderborn 15 (Lippspringe 12). — **i)** Warburg 21 (Scherfede 18). — **k)** Wiedenbrück 22 (Gütersloh 7, Rheda 16). —

---

1. g. Regierungshauptstadt **Minden.** (E. 22321, W. 1852 mit je 12,0 B.)

Die Wasserversorgung der Stadt Minden erfolgte früher in genügender Menge durch 41 öffentliche und 740 private Brunnen von 5,0 bis 15,0 m Tiefe, wenn auch gegen die Qualität des Wassers mancher derselben ernste Bedenken bestanden. Ausserdem wurden seit dem Jahre 1873 40 Wohnhäuser durch eine private Leitung mit Wasser versorgt, welches aus Brunnen künstlich gehoben und vertheilt wurde. Trotzdem beschäftigte sich die Stadtvertretung schon im Anfange der 70er Jahre mit dem Projecte der Erbauung einer einheitlichen Versorgung für die ganze Stadt, freilich ohne die Aufbringung der Kosten für deren Herstellung mit den städtischen Mitteln in Einklang bringen zu können.

Gegen Ende des Jahres 1885 gelangte man, nachdem die ursprüngliche Idee, das Wasser aus dem Gebirge der Porta Westfalica in solcher Höhe zu gewinnen, dass es mit natürlichem Gefälle zugeführt werden könne, aufgegeben war, zur Bewilligung der Mittel für einen Versuchsbrunnen am Ufer der Weser oberhalb der Stadt. Als die damit erzielten Resultate befriedigend ausgefallen waren, wurde ein Project für ein städtisches Wasserwerk von dem Ingenieur W. Pfeffer in Halle a. d. Saale ausgearbeitet. Dieses wurde von dem als Gutachter zugezogenen Director Mitgan in Braunschweig sehr günstig beurtheilt. Auch die noch offene Frage, ob es besser sei, innerhalb der Stadt ein eisernes Thurmreservoir oder am Abhange des Wittekindberges, 4 km von der Stadt entfernt, ein gemauertes Hochreservoir herzustellen, wurde zu Gunsten des letzteren Projectes entschieden und als Bauplatz dafür eine Bergkuppe hinter dem Fredeken'schen Gasthause gewählt. In Folge dessen beschloss die Stadt am 22. September 1886, Pfeffer die Ausführung des Baues für ihre Rechnung zu übertragen.

Mit der Ausführung der Arbeiten ist im April 1887 begonnen, und die Anlage wurde im Frühjahre 1888 in Betrieb gesetzt. Die Herstellungskosten haben M. 479 937 oder M. 21,50 pro Kopf betragen. Die tägliche Leistungsfähigkeit der Anlage war zu 4000 cbm angenommen. Die Betriebsleitung des Wasserwerkes ist mit dem des Gaswerkes vereinigt und liegt zur Zeit in den Händen des Directors Schultze.

Die Wassergewinnung erfolgt am linken Ufer der Weser circa 500 m vor dem Beginne des Vertheilungsnetzes. Es sind dafür 5 Filterbrunnen ausgeführt, zwischen welchen in der Mitte das Maschinenhaus liegt. Ein Heberrohr leitet das Wasser der einzelnen Brunnen in einem Pumpenschachte zusammen, aus dem es die mit Dampfkraft betriebenen Pumpen entnehmen.

Der feine Sand des Untergrundes hat zur Anwendung von eisernen Rohrbrunnen mit Filtern veranlasst und die Tiefe des Grundwasserstandes hat dazu geführt, den oberen Theil dieser Brunnen als gemauerte Schächte herzustellen, durch deren Sohle die Brunnenrohre in die wasserführende Schicht hinunterführen. Diese Schächte haben 3,0 m Durchmesser und 9,5 m Tiefe erhalten. Die 0,34 m starken, undurchlässigen Wände derselben stehen auf einem 1,8 m hohen, gusseisernen Brunnenkranze. Der Schacht ist unten mit einer 1,5 m starken Kieslage ausgefüllt. Durch diesen Boden sind in jedem Schachte zuerst 2 Mantelrohre von 750 mm Durchmesser und 9,0 m Länge hinuntergebracht, in welche die Filterrohre von 500 mm Durchmesser mit durchlochten Wänden und mit aussen aufgelegten, doppelten Gazegeweben versenkt sind. Nachdem der Zwischenraum zwischen beiden Rohren mit feinem Kies ausgefüllt ist, sind die Mantelrohre wieder entfernt, und es sind dann die Sauger der beiden Filterrohre an die Heberleitung angeschlossen. Diese Saugerohre sind in ca. halber Tiefe in die Filterrohre eingehängt. Die Brunnenschächte sind über Terrain als Brunnenhäuschen hochgeführt und überdacht. Einer von den Brunnenschächten ist statt von Mauerwerk in seiner ganzen Tiefe aus gusseisernen Tübings hergestellt.

In der Pumpstation liegen 2 eincylindrige Dampfmaschinen mit Schwungrädern, Condensation und Recke-scher Ventilsteuerung. Jede Maschine betreibt mit der verlängerten Kolbenstange eine liegende, doppeltwirkende Plungerpumpe mit freien Etagen-Ringventilen, die als Druckpumpe dient. Mittels Winkelhebel und Gestänge bewegt sie ferner eine tief aufgestellte, stehende, einfachwirkende Hebepumpe. Jede Maschine hat bei 45 Umdrehungen pro Minute eine Leistung von 36 PS. und liefert 300 cbm Wasser pro Stunde auf 53,75 m Höhe. Die Hauptdimensionen der Maschinen sind folgende:

Tabelle 187.

Kolben der	Cylinder-durchmesser	Hub
	mm	m
Dampfmaschinen	460	0,86
Hebepumpe	426	0,5
Druckpumpe	222	0,86

Die Hebepumpen schöpfen das Wasser aus einem gemauerten, runden Pumpenschachte von 7,2 m Tiefe mit geschlossenem Boden, der 3,65 m Durchmesser hat und 16 cbm Wasser fasst und giessen es in ein 2,1 m tiefes, gemauertes Bassin von 4,2 m Durchmesser aus, welches 30 cbm Inhalt hat, aus dem es die Druckpumpen entnehmen. Ein gemeinschaftlicher Druckwindkessel für beide Pumpmaschinen hat 6,65 m Höhe und 1,1 m Durchmesser. Für die Dampfbereitung sind 2 Zweiflammrohrkessel, jeder von 65 qm Heizfläche, aufgestellt. Die Maschinen und Kessel sind von der Hannover'schen Maschinenbau-Actiengesellschaft, vormals G. Egestorff, in Linden bei Hannover, geliefert.

Das Hochreservoir liegt von der Pumpstation ca. 4200 m entfernt und ca. 4500 m vor dem Vertheilungsnetze. Es besteht aus 2 Kammern von je 11,5 m mal 8,3 m im Grundrisse und bei 4,8 m Wasserhöhe von je 450 cbm Inhalt. Es ist aus Cement-Stampfbeton von der Firma Dykerhoff & Widmann in Biebrich hergestellt. Der Wasserspiegel liegt 51,4 m über dem mittleren Brunnenwasserstande. Das Reservoir steht auf Felsen; es ist 5,0 m tief unter das Terrain versenkt, überwölbt und mit Erde überfüllt.

Die Wasserabgabe erfolgt constant und unter einem einheitlichen Drucke von im Mittel 45,0 m über dem Strassenniveau. Zu dem Reservoire führt eine Druckrohrleitung von 400 mm Durchmesser, die auch Fallrohrleitung ist, von der Pumpstation und von dieser verlängert bis zum Beginne des Vertheilungsnetzes. Dieses ist in der Hauptsache nach dem Circulationssysteme hergestellt. Die gusseisernen Rohre sind von der Hannover'schen Eisengiesserei in Hannover geliefert und von Rowald Conroy in Erfurt verlegt. Die Hydranten und die Schieber sind von J. A. Hilpert in Nürnberg bezogen.

Die Länge der Rohrleitungen von 400 mm bis 80 mm Durchmesser und die Zahl der Schieber und Hydranten am Ende jedes der Jahre 1888/89 bis 1895/96 gibt die Tabelle 188 an.

Es sind 3 öffentliche Laufbrunnen und 3 öffentliche Pissoire vorhanden. Die Hydranten stehen in ca. 80 m Abstand von einander. Es sind Unterflurhydranten mit Selbstentwässerung. Die Zuleitungen und die Hausleitungen sind aus Bleirohren hergestellt. Die bis Ende 1895 gelieferten 1093 Wassermesser, von denen 15 als Untermesser eingebaut sind, sind sämmtlich von Dreyer, Rosenkranz & Droop, Hannover bezogen. Sie haben folgende Dimensionen:

Tabelle 188.

Jahr	1888/89	1889/90	1890/91	1891/92	1892/93	1893/94	1894/95	1895/96
Rohrlänge m	23 625	27 009	29 112	30 209	31 000	31 200	31 483	33 014
Inhalt cbm	835	851	869	903	921	937	939	947
Schieber	147	156	159	170	177	182	184	189
Hydranten	184	207	215	220	223	230	233	243

Durchmesser mm	13	20	25	30	40	50	80	100
Stückzahl	44	952	52	19	11	4	20	1

Die Tabelle 189 gibt den Kohlenverbrauch für die Dampfkessel für jedes der Jahre von 1888/89 bis 1895/96 im Ganzen, und ferner pro 100 cbm Wasser und pro PS.-Stunde bei Annahme von 60,25 m mittlerer Arbeitshöhe an; ferner sind die Leistung pro kg Kohle in m $\times$ kg und die Betriebsstunden der Maschinen im Jahre im Ganzen und pro Maschine pro Tag darin aufgeführt.

Tabelle 189.

Jahr	Kohlen-verbrauch kg	desgl. pro 100 cbm Wasser kg	desgl. pro PS.-Stunde kg	Leistung pro kg Kohle kg	Arbeitsstunden im Ganzen	Arbeitsstunden pro Tag pro Maschine
1888/89	130 000	84,9	3,81	71 000	1 090	1,5
1889/90	145 000	62,7	2,81	96 000	2 079	2,8
1890/91	115 100	55,1	2,47	109 200	1 615	2,2
1891/92	168 900	60,5	2,71	99 600	1 869	2,6
1892/93	178 310	55,8	2,51	108 000	2 117	2,9
1893/94	185 000	59,8	2,68	100 800	2 305	3,2
1894/95	216 300	60,5	2,71	99 600	2 430	3,3
1895/96	205 000	60,0	2,69	100 385	2 128	3,0

Tabelle 190 (S. 258) gibt für jedes der Jahre von 1888/89 bis 1895/96 die gesammte Wasserabgabe im Jahre und pro Tag im Mittel, am Maximal- und am Minimaltage und pro Kopf, die Zahl der Anschlüsse im Ganzen, sowie mit Messern und ohne Messer, die Abgabe durch Messer im Ganzen und im Durchschnitt pro Anschluss, die Abgabe für öffentliche Zwecke im Ganzen und nach den einzelnen Verwendungsarten getrennt, den Selbstverbrauch des Wasserwerkes und endlich einige Verhältnisszahlen an.

Für das Wasser für häusliche Zwecke ist pro qm Etagenfläche (aussen gemessen) pro Jahr 12 Pf. zu zahlen; ferner für eine Badeeinrichtung M. 6,00, für ein Closet oder einen Pissoirstand M. 3,00, für ein Pferd M. 3,00, für Strassensprengen pro lfd. m Hausfront 30 Pf., für Treibhäuser pro qm 12 Pf., für Gärten pro qm 2 Pf. etc.

Die Abgabe nach Messern ist nur für gewerbliche und Bauzwecke obligatorisch; für andere Zwecke ist sie dem Ermessen anheimgestellt. Es sind zu zahlen pro Quartal mindestens M. 3,00 und zwar bei einem Monatsverbrauche bis 50 cbm pro cbm 20 Pf., ferner bis 75 cbm 18 Pf., bis 100 cbm 16 Pf., bis 200 cbm 14 Pf., bis 300 cbm 13 Pf., bis 400 cbm 12 Pf., bis 500 cbm 11 Pf. und darüber 10 Pf. Die Messer werden stadtseitig gestellt, und es ist von dem Anschaffungspreise 10% pro Jahr als Miethe zu zahlen. Diese Miethe beträgt pro Vierteljahr bei einem Durchmesser von:

mm	13	20	25	30	40	50	80
Mark	0,90	1,10	1,40	1,80	2,20	4,70	7,00.

Eine Untersuchung des Wassers im April 1894 ergab im Liter Wasser:

Abdampfrückstand	365 mg
Organische Substanz	28 »
Chlor	19 »
Kieselsäure	10 »
Eisenoxyd und Thonerde gelöst	1,1 »
Kalk	136 »
Magnesia	99 »
Salpetersäure	Spuren
Salpetrige Säure, Ammoniak	Null
Deutsche Härtegrade	14

Kolonien von Bacterien nur ganz vereinzelt und ohne pathogenen Charakter.

2. b. **Bielefeld.** (E. 47 466, W. 3400 mit je 14,0 B.)

In der Stadt Bielefeld waren früher nur 24 Häuser mit Quellwasser versorgt, welches aus ca. 600 m Entfernung von der Stadt durch hölzerne und eiserne Rohre mit natürlichem Gefälle zugeführt wird, während die Stadt im Uebrigen mit ihrer öffentlichen und privaten Versorgung auf gegrabene Brunnen, die allerdings in grosser Zahl vorhanden sind, aber meistens ein hartes Wasser geben, angewiesen war. Im Jahre 1877 fand eine Untersuchung der Brunnen statt, welche für die grosse Mehrzahl derselben zu einem recht ungünstigen Resultate führte.

Eine bessere Versorgung der Stadt dachte man zuerst durch eine grössere Zuleitung des Wassers aus der schon benutzten Lutherquelle zu erreichen. Es tauchten aber Bedenken gegen deren genügende Ergiebigkeit auf und man fasste darauf die in 6 km Entfernung von der Stadt liegenden Hillergossenquellen dafür ins Auge, die man aber auch bald wieder als ungeeignet aufgeben musste. Auf Anregung des Oberingenieurs Schmick von der Deutschen Wasserwerksgesellschaft in Frankfurt a/Main wurde dann im Jahre 1883 durch den Oberbürgermeister Bunnemann die Zuleitung des Wassers aus dem Sprungmann'schen Colonate in der Senne aus 13 km Entfernung in der Stadtvertretung ernstlich erörtert. Die Furcht vor späteren Processen wegen Wasserentziehung liess jedoch ängstlichen Gemüthern die Austragung eines etwaigen Rechtsstreites vor der weiteren Beschlussfassung zum Baue erwünscht erscheinen.

Tabelle 190.

Jahr	1888/89	1889/90	1890/91	1891/92	1892/93	1893/94	1894/95	1895/96
Einwohnerzahl	19 700	20 000	21 000	21 000	21 000	21 000	22 000	22 146
Gesammtabgabe im Jahre . . . . . cbm	153 225	231 786	209 030	278 508	319 563	309 650	358 022	341 568
Desgl. gegen 100 cbm des Vorjahres »	—	151,0	90,4	133,1	114,7	96,8	115,7	95,4
Liter pro Kopf pro Tag im Mittel	21	32	23	33	38	40	45	42
Desgl. am Maximaltage	65	71	29	44	50	82	75	93
Zahl der Anschlüsse	534	660	717	788	912	962	1 004	1 043
cbm pro Anschluss im Jahre . . . cbm	287	351	292	354	350	322	356	328
Tagesabgabe am								
mittleren Jahrestage . . . . . cbm	420	635	493	685	876	848	981	933
Maximaltage des Jahres . . . . »	1 272	1 413	613	913	1 059	1 718	1 652	2 050
Minimaltage des Jahres . . . . »	143	140	400	457	530	303	303	247
Von 100 cbm am mittleren Jahrestage am								
Maximaltage des Jahres	303,5	222,6	124,4	133,3	120,8	202,5	168,5	219,7
Minimaltage » »	34,0	22,0	81,2	66,8	60,5	35,7	30,9	26,5
Wasser für öffentliche Zwecke . . . cbm	—	11 607	38 455	66 724	99 884	16 412	12 309	10 971
Davon Strassensprengen . . . . »	—	1 073	3 000	5 584	8 000	4 351	2 095	2 571
» Laufbrunnen . . . . . »	—	—	165	200	200	120	120	120
» Rinnstein- und Kanalspülen »	—	6 582	16 000	25 500	32 484	600	810	—
» Bedürfnissanstalten . . . »	—	3 132	10 420	12 500	21 660	10 720	8 832	6 639
» Bewässern öffentlicher Anlagen . . . . »	—	—	600	800	800	152	—	200
» Feuerlöschen . . . . . »	—	820	830	1 000	940	70	300	1 311
» Sonstige Zwecke . . . . »	—	—	2 000	3 050	6 000	399	152	130
Von 100 cbm für öffentliche Zwecke für								
Strassensprengen . . . . cbm	—	9,2	7,8	8,4	8,0	26,5	17,0	23,5
Laufbrunnen . . . . »	—	—	0,4	0,3	0,2	0,7	1,0	1,1
Rinnstein- und Kanalspülen . . »	—	56,8	55,7	65,3	62,4	3,7	6,6	—
Bedürfnissanstalten . . . . . . »	—	27,0	27,2	18,7	21,7	65,4	71,8	60,4
Bewässern öffentlicher Anlagen . »	—	—	1,6	1,2	0,8	0,9	—	1,8
Feuerlöschen . . . . »	—	7,0	2,1	1,5	0,9	0,4	2,4	12,0
Sonstige Zwecke . . . . »	—	—	5,2	4,6	6,0	2,4	1,2	1,2
Wasser für Private . . . . cbm	64 467	119 405	141 545	183 276	190 116	214 694	222 410	228 844
Davon nach Messern . . . . . »	64 467	117 965	138 445	180 276	187 116	213 166	220 922	227 806
Zahl der Messeranschlüsse	515	640	684	774	874	954	999	1 038
Wasser für Private ohne Messer . cbm	—	1 440	3 100	3 000	3 000	1 528	1 488	1 489
Zahl der Anschlüsse ohne Messer	19	20	33	14	38	8	5	5
Von 100 cbm für Private								
nach Messern	—	—	97,8	98,4	98,5	99,3	99,4	99,4
ohne Messer	—	—	2,2	1,6	1,5	0,7	0,6	0,6
Wasser für das Wasserwerk								
incl. Spülen etc. . . . . cbm	—	—	29 030	28 508	29 563	78 544	123 303	101 302
Von 100 cbm im Ganzen für								
öffentliche Zwecke . . . . . . »	—	—	18,4	24,0	31,2	5,3	3,4	3,2
Private . . . . »	—	—	67,7	66,0	59,6	69,3	62,1	67,1
das Wasserwerk . . . . »	—	—	13,9	10,0	9,2	25,4	34,5	29,7
Gesammtabgabe ohne Messer . . . cbm	88 758	113 821	70 585	98 232	132 447	92 457	140 005	113 762
Desgl. von 100 cbm Gesammtabgabe »	57,9	49,1	33,8	35,3	41,4	29,9	39,1	33,3
Gesammtabgabe nach Messern								
von 100 cbm Gesammtabgabe . . cbm	42,1	50,9	66,2	64,7	58,6	70,1	60,9	66,8
Abgabe pro Messer im Jahre . . . »	125	184	203	233	214	228	218	219
Abgabe pro Anschluss ohne Messer von der Privatabgabe ohne Messer »	—	72	94	214	79	191	298	298

Die Stadt kaufte daher das fragliche Quellengebiet am Sprungbache an, um durch die Anlage eines Versuchsbrunnens die Befürchtungen der Anwohner vor einer Wasserentziehung durch eine städtische Anlage durch den directen Nachweis widerlegen zu können. Als dann aber die Rechtsfrage auch dadurch immer noch nicht genügend geklärt erschien und im Jahre 1886 das Verlangen allgemein hervortrat, lieber auf dieses Wasser, um weiteren Aufschub zu vermeiden, ganz zu verzichten und anderes Wasser in der Senne zu suchen oder zur Entnahme von

Wasser aus der Weser überzugehen, wurden die städtischen Behörden zur That gezwungen. Die Zustände in der Stadt waren damals in Betreff der Menge und der Qualität des Wassers wirklich so unhaltbar geworden, dass die schnellste Aenderung dringend nöthig war.

Im Jahre 1888 ist daher die Wasserversorgung vom Sprungbache nach dem Projecte Schmick's beschlossen und ihm die Oberleitung des Baues übertragen. Die Anlage ist im Frühjahr 1890 in Betrieb gekommen. Sie ist für eine tägliche Leistung von 3000 cbm bestimmt und hat M. 1150000 oder M. 24,24 pro Kopf gekostet. Die Leitung des Werkes liegt zur Zeit in den Händen des Stadtbaumeisters Hübner.

Das Wasser wird durch 9 Brunnen von 3,5 m und einen Brunnen von 5,0 m Durchmesser, die sämmtlich 9,0 m tief und aus Mauerwerk mit offenen Fugen durch Senken in den feinen Sand des Untergrundes hergestellt sind, erschlossen. In die Mitte der Brunnen sind gusseiserne, durchlochte Rohre von 1,2 m Durchmesser und 4,4 m Länge mit einer Fussplatte in einer solchen Tiefe aufgestellt, dass diese Platten 6,7 m unter dem mittleren Wasserstande liegen. Der Raum zwischen den Rohren und den inneren Brunnenwänden, sowie über dem Boden des Brunnens ist mit Kies verschiedener Korngrösse so ausgefüllt, dass das Material an dem Rohre am gröbsten ist und nach den Brunnenwänden und dem Boden zu immer feiner wird. In diese stehenden Filterrohre sind dann die Saugerohre versenkt, welche durch Heberrohre mit einem grossen Brunnen verbunden sind, der als Pumpenbrunnen dient.

Neben dem letzteren ist eine Pumpstation erbaut, in der sich 2 Dampfpumpmaschinen und 2 Dampfkessel befinden. Erstere sind von der Firma Riedinger in Augsburg und letztere von den Gebr. Möller in Brackwede geliefert. Die Maschinen sind liegende Verbundmaschinen mit Schwungrädern und Condensation und mit Ventilsteuerung (Recke's Patent.) Jede derselben betreibt direct eine doppeltwirkende Plungerpumpe durch die eine verlängerte Kolbenstange. Die Durchmesser der Dampfcylinder messen 300 mm und 450 mm und die der Plunger 160 mm. Der Hub beträgt für alle Kolben 0,6 m. Die Pumpen haben gesteuerte Tellerventile (Patent Riedler) und machen 60 Doppelhübe pro Minute. Jede Maschine fördert 144 cbm Wasser pro Stunde auf 54,7 m Höhe bei 57,5 m Arbeitsdruck. Die Leistung der Maschine beträgt dabei 30 PS. Für jede Maschine ist ein Sauge- und ein Druckwindkessel von 0,6 m resp. 0,3 m Durchmesser und 3,0 m resp. 1,0 m Länge vorhanden. Ferner ist ein gemeinschaftlicher Hauptdruckwindkessel von 0,9 m Durchmesser und 3,8 m Länge vor dem Beginne der gemeinschaftlichen Druckleitung aufgestellt. Die Dampfkessel sind Einflammrohrkessel mit Galloway-Rohren, deren jeder 60 qm Heizfläche hat. Sie sind für 6,5 Atm. Dampfdruck concessionirt.

Auf dem in unmittelbarer Nähe der Stadt liegenden Sparnberge ist ein gemauertes Hochreservoir, welches ca. 12 000 m von der Pumpstation entfernt und unmittelbar vor dem Vertheilungsnetze liegt, angelegt. Es besteht aus 2 Kammern von je 1500 cbm Inhalt und ist ganz aus Beton mit überwölbter Decke hergestellt. Es ruht direct auf dem Felsen und ist aussen vollständig mit Bodin umgeben. Sein Wasserspiegel liegt 44,0 m über dem abgesenkten Wasserstande der Brunnen. Zwischen dem Reservoire und der Pumpstation liegt ferner noch jenseits von Brackwede, etwa auf halbem Wege zur Stadt, für das Wasser eine kleine Auslaufkammer und zwar 10,0 m höher als das Hochreservoir, so dass das Wasser auf 54,0 m Höhe durch die Maschinen zu heben ist. Von der Auslaufkammer fliesst es dann mit natürlichem Gefälle durch eine Fallrohrleitung in das Hochreservoir. Sowohl die Zuleitung zum Reservoire, als die Ableitung von demselben zur Stadt haben 350 mm Durchmesser.

Die Wasserabgabe erfolgt constant und unter einheitlichem Drucke, der 40,0 bis 50,0 m in der Stadt beträgt. Das Vertheilungsnetz ist nach dem Circulationssysteme angelegt. Die Tabelle 191 gibt für das Ende jedes der Jahre 1890/91 bis 1895/96 die Länge der Rohrleitungen von 350 mm bis 80 mm Durchmesser und die Zahl der Schieber, Hydranten, öffentlichen Springbrunnen und Pissoire, sowie die der Privatspringbrunnen und Sprenghähne an.

Tabelle 191.

Jahr	1890/91	1891/92	1892/93	1893/94	1894/95	1895/96
Rohrlänge m	33 888	36 572	39 028	41 853	43 522	45 347
Schieber	179	180	200	216	229	254
Hydranten	303	338	367	399	422	438
Oeffentliche Springbrunnen	2	2	3	3	3	3
» Pissoire	2	5	5	5	5	5
Privatspringbrunnen	21	21	33	33	33	33
Sprenghähne	129	129	251	251	251	251

Die gusseisernen Rohre sind von dem Schalker Gruben- und Hüttenvereine in Gelsenkirchen und von der Kölnischen Maschinenbau-Actiengesellschaft in Bayenthal bei Köln geliefert. Die Hydranten sind Unterflurhydranten ohne Selbstentleerung und stehen in ca. 90 m Entfernung von einander. Die Zuleitungen sind, ebenso wie die Hausleitungen, von geschwefelten Bleirohren hergestellt und haben meistens 20 mm Durchmesser. Jede Zuleitung hat einen Absperrhahn und einen Entleerungshahn.

Anfangs Mai 1893 wurde die obligatorische Einführung von Wassermessern beschlossen. Bis Ende des Jahres 1895 sind davon 2308 Stück geliefert und zwar 776 von C. A. Spanner, Wien-Aachen, 4 von H. Meinecke, Breslau, 494 von Wolff & Schreiber, Breslau und 1034 von Dreyer, Rosenkranz & Droop, Hannover. Nach der Grösse vertheilen sich dieselben wie folgt:

Durchmesser mm	10	13	15	20	25	30	40	50	80
Stückzahl . . .	10	338	935	848	128	21	1	15	12

Am 1. April 1897 waren 988 Messer von Dreyer, Rosenkranz & Droop, 748 von C. A. Spanner, 482 von Wolff & Schreiber und 3 von H. Meinecke eingebaut.

Die Tabelle 192 (S. 260) gibt für jedes der Jahre 1890/91 bis 1895/96 den Verbrauch anwestfälischen Kohlen für die Kesselfeuerung im Ganzen, pro 100 cbm Wasser und pro PS.-Stunde bei 57,5 m mittlerer Arbeitshöhe der

Pumpen, sowie die Leistung pro kg Kohle in m × kg und die Arbeitsstunden der Maschinen im Jahre im Ganzen und pro Tag pro Maschine im Durchschnitt an.

Tabelle 192.

Jahr	Kohlen-verbrauch kg	desgl. pro 100 cbm Wasser kg	desgl. pro PS.-Stunde kg	Leistung pro kg Kohle m × kg	Arbeitsstunden im Ganzen im Jahr	Arbeitsstunden pro Tag pro Maschine
1890/91	203 030	55,6	2,61	103 200	2 852	3,9
1891/92	218 935	41,1	1,93	139 900	3 590	4,9
1892/93	254 165	40,9	1,92	140 500	4 281	5,9
1893/94	339 446	50,5	2,37	113 900	4 533	6,2
1894/95	280 950	46,0	2,16	124 900	4 128	5,6
1895/96	300 007	45,9	2,16	125 100	4 428	6,0

Tab. 193 (S. 261) gibt für die Jahre 1890/91 bis 1895/96 die Einwohnerzahl, die Wasserabgabe im Ganzen und getheilt nach derjenigen für öffentliche Zwecke (im Ganzen und für die einzelnen Verwendungen getrennt), die Abgabe für Private (im Ganzen und getrennt nach der Abgabe durch und ohne Messer) und die Abgabe für den Selbstverbrauch incl. Spülen des Rohrnetzes, Verlust etc. an. Ferner ist der tägliche Verbrauch im Jahresmittel, sowie am stärksten und schwächsten Consumtage, ferner die Zahl der Anschlüsse im Ganzen und die Zahl derjenigen mit Messern und ohne Messer, sowie der durchschnittlichen Consum derselben, und endlich eine Reihe von Verhältnisszahlen darin angegeben.

Der normale Wasserpreis pro cbm beträgt 20 Pf. Dieser Preis ermässigt sich auf 18 Pf. resp. auf 16 Pf. bei einem Vierteljahresverbrauche von über 500 cbm resp. 1200 cbm. Für die Mindestzahlung gibt die Gebäudesteuer den Maassstab, und es ist pro Quartal als Minimum zu zahlen:

Gebäudesteuer bis M.	200	400	500	600	700	800	900
Minimal-Wassergeld M.	3	5	6	7	8	9	10
Gebäudesteuer bis M.	1000	1200	1500	1800	2000	und mehr	
Minimal-Wassergeld M.	11	12	14	16	18	20.	

Dabei wird der Mehrverbrauch nur soweit verrechnet, als derselbe pro ständigen Bewohner des Grundstückes in 24 Stunden durchschnittlich mehr als 20 Lit. beträgt.

Regelmässige Untersuchungen des Wassers werden jedes Vierteljahr vorgenommen. Eine solche von August 1895 hat im Liter Wasser ergeben:

Gesammtrückstand	100,0 mg
Glührückstand	64,0 »
Glühverlust	36,0 »
Chlor	8,5 »
Kalk	35,8 »
Sauerstoff zur Oxydation erforderlich	2,8 »
Schwefelsäure, Eisen, Magnesia, Thonerde	Spuren
Keime im ccm in dem Brunnen	Null
Desgl. an einem Zapfhahne	15

3. e. **Brakel.** (E. 3342, W. 434 mit je 8,0 B.)

Die Wasserversorgung der Stadt Brakel erfolgt nur aus Brunnen im Orte, von welchen 4 Eigenthum von mehreren Interessenten sind.

4. d. **Bünde i. W.** (E. 4158, W. 436 mit je 9,5 B.)

Für seine Wasserversorgung hat fast jedes Haus in der Stadt Bünde einen Brunnen. Die Brunnen sind theils gemauert und theils gesenkt und liefern stets gutes und genügendes Wasser.

5. b. **Büren.** (E. 2235.)

Für die Wasserversorgung der Stadt Büren ist für deren Rechnung im Jahre 1881 von dem Ingenieur H. Scheven in Bochum eine Quellwasserversorgung ausgeführt.

Das Wasser fliesst mit natürlichem Gefälle einem gemauerten Reservoire zu, das nach dem Monier-Systeme ausgeführt ist, aus dem die Abgabe erfolgt. Die Ergiebigkeit des Zuflusses beträgt am Maximaltage 300 cbm, was 147 Lit. pro Kopf entspricht.

6. e. **Driburg.** (E. 2619.)

Für die Wasserversorgung der Stadt Driburg besteht seit dem Jahre 1887 eine Quellwasserleitung, deren Herstellung M. 10000 gekostet hat. Ausserdem sind 4 gebohrte und 20 gemauerte Brunnen in Benützung.

Das Quellwasser wird in der Nähe der Stadt aus einer Quelle von ca. 8 cbm täglicher Ergiebigkeit auf dem Stellberge entnommen und mit natürlichem Gefälle ohne die Benutzung eines Reservoirs zugeführt. Es kommt an 7 Pumpen in der Stadt zum Ausflusse. 2 Häuser haben Anschlussleitungen. Es sind im Ganzen ca. 1000 m Thonrohre und 2000 m Eisenrohre verlegt. Die Anlage ist für die örtlichen Ansprüche genügend.

7. c. **Halle i. W.** (E. 1758.)

Die Wasserversorgung der Stadt Halle erfolgt ausschliesslich aus Brunnen im Orte, die meistens gesenkt sind und deren 2 für die allgemeine Benutzung dienen.

8. k. **Gütersloh.** (E. 6680, W. 741 mit je 9,0 B.)

Für die Stadt Gütersloh, die früher nur aus Pumpenbrunnen mit Wasser versorgt wurde, dessen Qualität jedoch stellenweise eine ungenügende war, besteht seit dem Jahre 1888 ein städtisches Wasserwerk, welches von dem Wasserwerksdirector Disselhoff in Hagen nach dessen Projecte für eine tägliche Leistung von 2000 cbm ausgeführt ist. Die Kosten der Anlage haben anfänglich M. 261000 und die der späteren Erweiterungsbauten M. 89000, betragen so dass die Kosten der Gesammtanlage sich jetzt auf M. 350000 oder M. 52,40 pro Kopf stellen. Die Leitung des Werkes führt der Stadtbaumeister Jörgens.

Das Wasser wird in der Nähe des Bahnhofes durch 56 Rohrbrunnen, welche 50 mm Durchmesser und 23,0 m Tiefe haben, und aus verzinktem Schmiedeeisen bestehen, gewonnen. Der starke Eisengehalt des Wassers hat die spätere Herstellung einer Enteisenungsanlage nach dem Systeme Piefke nöthig gemacht. Es wird das Wasser dafür durch 4 Hebepumpen gehoben, welche 150 mm Durchmesser und 0,3 m Hub haben. Diese werden mittels Riemenübertragung durch 2 Gasmotoren von je 6 PS. Leistung angetrieben. Letztere hat die Deutzer Motorenfabrik in Deutz, und die Pumpen hat die Friedr.-Wilh.-Hütte in Mülheim a. d. Ruhr geliefert. Für die Filtration des belüfteten Wassers sind 2 überdeckte Filter von je 80 qm Fläche hergestellt.

Zur Förderung des Wassers aus dem Sammelschachte hinter den Filtern auf 40,0 m Höhe sind 2 liegende Dampfmaschinen mit Ridersteuerung aufgestellt, deren jede durch ihre verlängerte Kolbenstange mit einer doppeltwirkenden Pumpe mit freien Ringventilen direct gekuppelt ist. Die Kolben dieser Pumpe haben 180 mm Durchmesser und 0,6 m Hub. Den Dampf für den Betrieb dieser Maschinen liefern 2 Einflammrohrkessel von 45 qm

Tabelle 193.

Jahr	1890/91	1891/92	1892/93	1893/94	1894/95	1895/96
Einwohnerzahl	37 000	37 000	42 000	42 000	45 000	46 000
Gesammtabgabe im Jahre . . . . . cbm	365 779	531 530	621 396	671 871	611 102	652 968
Desgl. gegen 100 cbm des Vorjahres »	—	145,5	116,9	108,0	91,1	106,8
Liter pro Kopf pro Tag im Mittel	27	39	41	44	37	39
Desgl. am Maximaltage	—	55	74	—	60	65
Zahl der Anschlüsse	921	1 197	1 585	1 884	2 138	2 332
cbm pro Anschluss im Jahre . . cbm	397	444	392	357	286	280
Tagesabgabe am						
mittleren Jahrestage . . . . . »	1 001	1 456	1 702	1 841	1 674	1 784
Maximaltage des Jahres . . . . »	—	2 050	3 116	—	2 700	2 973
Minimaltage des Jahres . . . . »	—	—	623	—	610	650
Von 100 cbm am mittleren Jahrestage am						
Maximaltage . . . . »	—	140,9	183,1	—	161,4	166,6
Minimaltage . . . . »	—	—	36,6	—	36,5	36,4
Wasser für öffentliche Zwecke . . . cbm	13 412	19 887	34 135	27 589	31 290	29 593
Davon Strassensprengen . . . . »	955	2 287	2 655	501	1 187	3 283
» Springbrunnen . . . . . »	270	331	360	297	263	351
» Kanalspülen . . . . . »	—	471	—	918	2 450	840
» Bedürfnissanstalten . . . »	1 600	12 200	14 850	14 200	14 600	14 458
» Bewässern öffentl. Anlagen »	12	28	805	938	150	335
» Feuerlöschen . . . . . »	85	240	—	735	150	260
» Diverses . . . . »	10 490	4 300	15 465	10 000	12 490	10 066
Von 100 cbm für öffentliche Zwecke						
für Strassensprengen . . . . . »	7,1	11,5	7,8	1,8	3,8	11,1
» Springbrunnen . . . . . . »	2,0	1,7	1,0	1,1	0,8	1,2
» Kanalspülen . . . . »	—	2,4	—	3,2	7,8	2,8
» Bedürfnissanstalten . . . . »	11,9	61,5	43,6	51,5	46,7	49,0
» Bewässern öffentlicher Anlagen »	0,1	0,1	2,3	3,4	0,5	1,1
» Feuerlöschen . . . . . . »	0,6	1,2	—	2,7	0,5	0,8
» Diverses . . . . »	78,3	21,6	45,3	36,3	39,9	34,0
Wasser für Private . . . . »	340 748	499 563	584 863	643 177	577 962	548 630
Davon nach Messern . . . . . »	145 023	183 231	372 624	235 795	369 427	518 630
Zahl der Messeranschlüsse	83	72	160	314	2 023	2 221
Wasser für Private ohne Messer . cbm	195 725	316 332	212 239	407 382	208 535	30 000
Zahl der Anschlüsse ohne Messer	838	1 125	1 425	1 570	115	111
Von 100 cbm für Private						
nach Messern . . . . cbm	42,5	36,7	63,7	36,6	63,9	94,5
ohne Messer . . . . »	57,5	63,3	36,3	63,4	36,1	0,25
Auf 100 Anschlüsse kommen						
Messeranschlüsse	9,0	6,0	10,1	16,7	94,6	95,2
Anschlüsse ohne Messer	91,0	94,0	89,9	83,3	5,4	4,6
Wasser für das Wasserwerk						
incl. Spülen, Verlust etc. . . . . cbm	11 619	12 110	2 398	1 105	1 850	72 745
Von 100 cbm Gesammtabgabe für						
öffentliche Zwecke . . . . . . »	3,6	3,7	5,5	4,1	5,2	4,5
Private . . . . »	93,1	94,0	94,1	95,8	94,5	94,4
das Wasserwerk . . . . »	3,3	2,3	0,4	0,1	0,3	11,1
Gesammtabgabe ohne Messer . . . . cbm	220 756	348 299	248 772	436 076	241 675	110 003
Desgl. von 100 cbm Gesammtabgabe »	60,4	65,4	40,1	64,9	39,5	16,8
Gesammtabgabe nach Messern						
von 100 cbm Gesammtabgabe »	39,6	34,6	59,9	35,1	60,5	83,2
Abgabe pro Messer im Jahre . . . »	1 749	2 547	2 333	750	216	244
Abgabe pro Anschluss ohne Messer von der Privatabgabe ohne Messer . . cbm	233	282	149	260	1 815	276

Heizfläche. Die Maschinen, Pumpen und Kessel hat die Prinz Rudolphshütte in Dülmen geliefert.

Hinter dem Rohrnetze und 880 m von der Gewinnungsstelle entfernt, ist auf einem massiven Unterbaue ein schmiedeeisernes Hochreservoir ummantelt und unter Dach aufgestellt, dessen Wasserspiegel 37,5 m hoch über dem mittleren Ortsniveau liegt.

Das Rohrnetz ist nach dem Circulationssysteme ausgeführt. Die Gesammtlänge der Rohre von 275 mm bis 80 mm Durchmesser beträgt 13480 m. Damit sind 56 Schieber und 136 Hydranten mit Selbstentleerung verbunden. Die Zuleitungen und die Hausleitungen bestehen aus Bleirohren. Erstere haben Absperrungen auf dem Bürgersteige. 259 Stück Wassermesser sind von Dreyer, Rosenkranz & Droop, Hannover geliefert. Diese haben folgende Grössen:

Durchmesser mm	13	15	20	25	30	50
Stückzahl	5	50	143	42	14	5

Die Wasserabgabe hat im Jahre 1895 im Ganzen 291250 cbm oder pro Tag im Durchschnitt 799 cbm betragen. Im Maximal-, resp. im Minimalmonate sind pro Tag 1070 cbm, resp. 520 cbm oder 133,8 %, resp. 65,0 % des Durchschnittstages abgegeben. Für öffentliche Zwecke sind im Jahre 2650 cbm oder 0,9 %, für gewerbliche Zwecke 88600 cbm oder 30,4 % und für häusliche Zwecke 200000 cbm oder 68,7 % der Gesammtmenge verwendet. Nach Messern sind 132290 cbm oder 45,4 % und nach Schätzung 158960 cbm oder 54,6 % der Gesammtmenge abgegeben.

Als jährlicher Wasserzins ist bei der Abgabe nach Schätzung für jeden Raum von mindestens 8 qm Grundfläche M. 2,66, jedoch nicht unter M. 8 pro Familie zu zahlen; ferner für ein Closet oder Pissoir M. 3, für eine Wirthschaft M. 3 bis 15, für ein Handwerk M. 3 bis 9 etc.

Bei der Abgabe nach Messern sind mindestens jährlich M. 32 zu zahlen, wofür bis zu 200 cbm Wasser abgegeben werden. Bei grösserem Verbrauche ist pro cbm und als Minimum zu zahlen bis zu einem Jahresquantum:

von cbm	500	1000	2000	5000
pro cbm Pf. . . .	15	14	13	12
mindestens aber M.	32	75	140	260.

Als Messermiethe wird jährlich 15 % des Anschaffungspreises der Messer erhoben.

Nach einer früheren Untersuchung vor Einführung der Enteisenung enthielt das Wasser im Liter:

Trockenrückstand	196 mg
Chlor	14 »
Schwefelsäure	14 »
Salpetersäure	2 »
Salpetrige Säure, Ammoniak	Null
Eisenoxyd gelöst	12,8 mg
Desgl. nach längerem Durchleiten von Luft	12,0 »
Kaliumpermanganat für die organische Substanz	11,6 »
Deutsche Härtegrade	5,9°

Professor Dr. Gärtner in Jena hat nach einer Untersuchung des Wassers im December 1895 dasselbe als ein gutes Trink- und Gebrauchswasser erklärt, dessen Bacteriengehalt gleich Null ist und das chemisch von grosser Reinheit, von mittlerer Härte und gut enteisenet ist.

9. d. Herford. (E. 21571, W. 2225 mit je 9,7 B.)

Die Versorgung der Stadt Herford mit Trinkwasser erfolgte früher fast ausschliesslich durch gesenkte Brunnen von 5,0 bis 8,0 m Tiefe, deren sich ca. 600 Stück auf Privatgrundstücken befinden. Es ist stets genug Wasser vorhanden, welches freilich zum Theil von einer fraglichen Qualität ist. Ferner floss durch eine Thonrohrleitung aus 200 m Entfernung von der Stadt 3 öffentlichen Pumpbrunnen Quellwasser mit natürlichem Gefälle zu. Die die Stadt durchfliessenden Wasserläufe, die Werre und die Ahe, bieten stets gewerbliches Wasser in beliebiger Menge.

Im Jahre 1894 sind zum Zwecke der Herstellung einer allgemeinen Wasserversorgung der Stadt mit günstigem Erfolge von dem Wasserwerksdirector Reese in Dortmund Voruntersuchungen zur Auffindung von Grundwasser vorgenommen. Diese Arbeiten sind später von dem Civilingenieur Pfeffer in Halle a. d. Saale fortgesetzt, und ein von ihm für das Wasserwerk aufgestelltes Project ist dann für städtische Rechnung unter seiner Leitung in den Jahren 1895/96 zur Ausführung gelangt. Die Anlage ist für eine tägliche Lieferung von 2640 cbm bei 22 Betriebsstunden bestimmt. Sie ist am 1. April 1896 in Betrieb gekommen. Deren Verwaltung ist einer städtischen Gas- und Wasserwerkscommission übertragen, und als Betriebsleiter fungirt der Inspector C. Lenze. Die Anlagekosten haben M. 367000 im Ganzen oder M. 17 pro Kopf betragen.

Das Wasser wird im Süden von der Stadt und ca. 2,5 km davon entfernt in der Nähe des Flusses Werre aus 7 Rohrbrunnen gewonnen, welche 150 mm Durchmesser und 11,5 m bis 12,7 m Tiefe haben. Diese bestehen in ihren unteren Theilen aus gusseisernen Filterkörben mit Drahtgeweben von Metall, auf welche sich verzinkte Eisenrohre als Verlängerungen nach oben aufsetzen. Die Brunnen sind durch eine Heberleitung von 300 mm Durchmesser mit einander und mit einem Sammelschachte verbunden, der vor dem Maschinenhause liegt und bei 2,7 m Durchmesser 40 cbm Inhalt hat. Sein Boden liegt 7,1 m tiefer als die Pumpenflur, und er ist aus 6 gusseisernen Schachtringen von je 1,3 m Höhe zusammengesetzt.

Die Wasserförderung erfolgt durch 2 stehende Drillingspumpen mit Plungern von 160 mm Durchmesser und 0,3 m Hub, die 60 Doppelhübe pro Minute machen. Jede Pumpe kann 60 cbm Wasser pro Stunde auf 71,0 m Arbeitshöhe liefern. Der Antrieb der Pumpen erfolgt mittels Riemenübertragung durch 2 liegende, eincylindrige Gasmotoren von 20 PS., welche 180 Umdrehungen pro Minute machen. Die Motoren und die Pumpen hat die Deutzer Gasmotorenfabrik in Deutz geliefert. Die Pumpen haben gemeinschaftlich einen Saugeund einen Druckwindkessel. Von letzterem führt eine Druckleitung von 250 mm Durchmesser und 1970 m Länge zum Vertheilungsnetze und, direct vor der Stadt abzweigend, zu einem Hochreservoire.

Letzteres ist 4170 m von der Pumpstation entfernt und hat in 2 getrennten Kammern zusammen 750 cbm Inhalt. Es ist aus Beton hergestellt, überwölbt und mit Erde bedeckt. Sein Wasserspiegel liegt 61,0 m über dem mittleren Wasserspiegel des Sammelschachtes. Ausser der für das Reservoir gleichzeitig als Füll- und Fallrohr dienenden Rohrleitung von 250 mm Durchmesser ist eine zweite Fallrohrleitung von 150 mm Durchmesser zum Anschlusse an das Vertheilungsnetz ausgeführt.

Das Vertheilungsnetz ist nach dem Circulationssysteme, mit Ausnahme einiger Verästelungsstrecken, hergestellt und steht unter einem constanten Drucke, der zwischen 20,0 m und 60,0 m je nach der Ortslage wechselt. Die Gesammtlänge der Rohre beträgt 28810 lfd. m, und es sind damit 169 Schieber verbunden. Nach den Durchmessern getrennt, vertheilen sich die Rohre und Schieber wie folgt:

Rohrdurchmesser mm	250	200	175	150	125	100	80
Rohrlänge . . m	4170	387	425	996	2363	4537	15928
Schieberzahl . . .	8	5	1	3	13	28	111

Mit dem Rohrnetze sind 2 Freibrunnen und 190 Hydranten mit Selbstentwässerung verbunden. Von letzteren sind 92 Unterflur- und 98 Ueberflurhydranten. Die Rohre sind von Rud. Böcking & Comp. in Halbergerhütte und die Armaturen von J. A. Hilpert in Nürnberg geliefert. Die Zuleitungen bestehen aus innen geschwefelten Bleirohren von 25 mm und 20 mm Durchmesser. 7 von den Zuleitungen sind von Gusseisen hergestellt und haben 40 mm Durchmesser. Für die Anschlüsse an die Strassenrohre sind Ventilrohrschellen von Bopp & Reuther in Mannheim benutzt. Es sind 670 Wassermesser von Dreyer, Rosenkranz & Droop, Hannover, Wolff & Schreiber, Breslau und von Lux, Ludwigshafen geliefert. Diese haben folgende Grössen:

Durchmesser mm	40	25	20	15	13
Stückzahl . . .	7	60	113	160	330

Die Wasserabgabe hat im Jahre 1896/97 im Ganzen 107 834 cbm oder 295 cbm pro mittleren Jahrestag betragen. Der grösste resp. der geringste Consum betrug in einer Woche 3775 cbm resp. 768 cbm und in einem Monate 12 784 cbm resp. 5937 cbm. Für Strassensprengen, Rohrspülen, Feuerlöschen und Freibrunnen sind 17 965 cbm oder 16,6 %, für den Hausverbrauch sind 76 127 cbm oder 70,6 % und für gewerbliche Zwecke sind 13 742 cbm oder 12,8 % von der Gesammtabgabe verwendet. Für die Privatabgabe von 89 869 cbm waren am 1. April 1897 957 Zuleitungen vorhanden. 65 962 cbm von diesem Wasser oder 73,4 % sind durch Messer und 23 907 cbm oder 26,6 % ohne Messer abgegeben.

Die Wasserabgabe erfolgt theils nach Schätzung und Taxe, theils nach Messern. Nach ersterer ist pro Jahr pro qm aussen gemessenen Grundfläche 10 Pf. zu zahlen. Entfällt auf 100 qm Grundfläche nicht mindestens ein Bewohner, so wird die Taxe für mehr als 100 qm um je 1 Pf. ermässigt, wobei 50 qm und mehr als 100 qm angenommen werden. Ausserdem ist zu zahlen für eine Badeeinrichtung M. 6, ein Watercloset M. 3, einen Pissoirstand M. 2, ein Pferd oder Rindvieh M. 3 etc. Der Preis pro cbm nach Messern beträgt 14 Pf. bei einer Minimalzahlung der Hälfte der Grundtaxe nach Schätzung. Bei Mehrverbrauch ist zu zahlen, wenn der Verbrauch pro Quartal mehr beträgt als:

cbm	100	200	300	500	750
Pf. pro cbm .	14	13	12	11	10.

Als vierteljährliche Messermiethe und für eine verlangte Messerprüfung ist zu zahlen je nach der Grösse des Messers:

Durchmesser mm . .	13	15	20	25	40
Miethe M. pro Quartal	1,00	1,00	1,50	2,00	3,00
für jede Prüfung M.	3,00	4,00	5,00	7,00	10,00
Durchmesser mm . .	50	60	80		
Miethe M. pro Quartal	4,00	5,00	6,00		
für jede Prüfung M.	15,00	20,00	25,00		

Nach einer Analyse des Wassers vom 13. Januar 1897 war enthalten im Liter:

Glührückstand	255,0 mg
Chlor	87,4 »
Organische Substanz	31,4 »
Salpetersäure	Spur
Ammoniak und salpetrige Säure . .	Null.

10. e. **Höxter.** (E. 7246, W. 659 mit je 11,0 B.)

Die Wasserversorgung der Stadt Höxter, welche an der Mündung der Grove in die Weser liegt, erfolgte, ausser aus dem ersteren, die Stadt in verschiedenen Armen durchziehenden Wasserlaufe, aus Brunnen, deren 18 öffentliche sind und die stets genügendes und auch gutes Wasser geben. Trotzdem liess der Wunsch nach einer besseren Versorgung im Jahre 1895 eine einheitliche Anlage für städtische Rechnung nach dem Projecte des Civilingenieurs W. Pfeffer in Halle a. d. Saale entstehen, welche am 1. December desselben Jahres eröffnet wurde. Diese ist für eine Lieferung von 690 cbm pro Tag bestimmt und hat M. 164 000 oder M. 22,63 pro Kopf gekostet. Ihr Betrieb steht unter der Verwaltung des Magistrates.

Das Wasser ist durch einen, im Kalksteingebirge abgeteuften Brunnen von 1,0 m Durchmesser und 14,25 m Tiefe erschlossen und steigt durch dessen offenen Boden bis zur Terrainhöhe empor. In 3500 m Entfernung von dem Brunnen ist ein Hochreservoir von 450 cbm Inhalt aus Beton, in den Boden versenkt und überwölbt, hergestellt, dessen Wasserspiegel 10,0 m tiefer als der an der Gewinnungsstelle liegt. Das Wasser fliesst mit natürlichem Gefälle durch eine Rohrleitung von 150 mm Durchmesser und 3600 m Länge zum Reservoire und aus diesem durch eine gleich grosse Fallrohrleitung von 900 m Länge zum Vertheilungsnetze.

Letzteres ist nach dem Circulationssysteme angelegt und steht unter einem constanten, einheitlichen Drucke von im Mittel 35,0 m. Die sämmtlichen Leitungen von 150 mm bis 80 mm Durchmesser haben 15 500 m Länge und setzen sich aus folgenden Durchmessern zusammen:

Rohrdurchmesser mm	150	125	100	80
Rohrlänge . . . m	5600	650	2975	6275

Damit sind 105 Unterflurhydranten mit Selbstentleerung in 80 m bis 85 m Entfernung von einander verbunden. Die Rohre sind von Rud. Böcking & Comp. in Halbergerhütte geliefert. Für die 550 Zuleitungen sind Bleirohre, meistens von 20 mm und 25 mm Durchmesser mit Niederschraubabsperrventilen verwendet. Es sind 112 Wassermesser eingebaut, welche von Dreyer, Rosenkranz & Droop, Hannover geliefert sind. Diese haben folgende Grössen:

Durchmesser mm	20	13	40	4	150
Stückzahl . . .	34	25	2	50	1

Als Wassergeld ist für jedes Grundstück 3 % des Gebäudennutzungswerthes nach der Gebäudesteuer zu zahlen, jedoch nicht unter M. 5 pro Jahr. Ueber M. 50 des Nutzungswerthes wird als M. 100 und weniger als M. 50 wird nicht berechnet.

Ferner ist zu zahlen für Wirthschaften 50 % der Betriebssteuer, für Bäckereien und Schlächtereien pro Jahr M. 6, für ein Pferd oder ein Stück Rindvieh M. 1, für einen gewerbsmässig zum Personentransporte benutzten Wagen M. 2, für Begiessen von Gärten mittels Schläuchen pro qm 1 Pf. und für Wasser zum Bauen M. 1 pro M. 1000 der Bausumme.

Bei der Abnahme nach Messern, welche für grössere Consumenten und wenn der Consum nach Ansicht des Magistrates mehr beträgt, als das pauschale Wassergeld bei Annahme von 15 Pf. pro cbm Wasser ergiebt, erfolgen muss, ist pro cbm 15 Pf. zu zahlen, jedoch mindestens M. 5 pro Jahr.

Die Messer können vom Magistrat gekauft werden oder werden für 15 % des Anschaffungspreises als jährliche Miethe leihweise gestellt.

Das Wasser ist nach der Untersuchung des Professor König in Münster chemisch und bacteriologisch als rein und gut erklärt.

11. b. Lichtenau. (E. 1414.)

Für die Wasserversorgung des Ortes Lichtenau ist im Jahre 1890 vom Ingenieur H. Scheven in Bochum eine Quellwasserleitung ausgeführt. Das Wasser fliesst mit natürlichem Gefälle einem nach dem Monier-Systeme ausgeführten Hochreservoire zu und kommt von hier zur Vertheilung. Als tägliche Maximalleistung der Leitung sind 300 cbm angenommen, was bei der augenblicklichen Bevölkerung 214 Lit. pro Kopf entspricht.

12. h. Lippspringe. (E. 2478, W. 432 mit je 6,0 B.)

Die Wasserversorgung der Stadt Lippspringe erfolgt aus gegrabenen und gebohrten Brunnen, sowie auch durch zugeleitetes Quellwasser. Eine grössere Wasserleitung herzustellen, ist zur Zeit in Aussicht genommen.

13. f. Lübbecke. (E. 3189, W. 400 mit je 8,0 B.)

Für die Wasserversorgung der Stadt Lübbecke dienen ausschliesslich private Brunnen.

14. g. Oeynhausen. (E. 2897 und 4800 einschliesslich der Badegäste.)

Für den Bau und Betrieb einer Wasserversorgung und Kanalisation des Bades Oeynhausen hatte sich eine Commanditgesellschaft: Heinrich Scheven & Comp., Oeynhausen, gebildet. Für deren Rechnung ist im Jahre 1892 nach Scheven's Projecte ein Wasserwerk erbaut. Scheven hat auch den Betrieb desselben geleitet, bis es im Jahre 1896 sammt den Kanalisationsanlagen durch Kauf in den Besitz der Deutschen Wasserwerksgesellschaft in Berlin übergegangen ist. Das Wasserwerk ist für eine tägliche Leistung von 840 cbm bestimmt und hat ursprünglich M. 123 500 gekostet.

Das Wasser wird aus dem Grundwasser durch einen gemauerten Brunnen von 3,0 m Durchmesser und 12,1 m Tiefe entnommen, der im Boden und in einem Theile seiner Wandungen durchlässig ist. Der Wasserspiegel des Brunnens liegt ca. 8,0 m unter dem Terrain. Er befindet sich im Weserthale ca. 2 km vor der Einmündung der Werre und ist von dem Weserufer 80 m entfernt. Die Entfernung der daneben erbauten Pumpstation von der Mitte der Stadt beträgt ca. 3150 m.

Zur Wasserförderung dienen 2 stehende Eincylindermaschinen mit Meyer'scher Schiebersteuerung von 260 mm Cylinderdurchmesser und 0,45 m Kolbenhub, deren jede eine direct gekuppelte, doppeltwirkende und vertieft in einem Schachte aufgestellte Plungerpumpe mit Lederklappenventilen betreibt. Die Plunger haben 125 mm Durchmesser. Jede Pumpe liefert bei 50 Doppelhüben pro Minute 30 cbm Wasser pro Stunde auf 55,0 m Höhe. Die Maschinen und Pumpen sind von der Bochumer Eisenhütte, Heinzmann & Dreyer in Bochum geliefert. Für die Dampfbereitung sind 2 Einflammrohrkessel von 6,2 m Länge und 1,5 m Durchmesser vorhanden, welche je 30 qm Heizfläche haben und für 8 Atm. Dampfdruck concessionirt sind. Die Kessel hat die Firma Joh. Reuber in Bendorf geliefert.

Das Wasser gelangt direct aus der Druckleitung in der Stadt zur Abgabe und der Ueberschuss fliesst einem 2140 m von der Mitte der Stadt entfernt liegenden Hochreservoire zu. Die Druck- und die Fallrohrleitung dafür haben jede 125 mm Durchmesser. Das Reservoir ist auf einem Betonboden in Monier-Construction hergestellt. Es ist in das Terrain versenkt und mit einer Halbkugel überwölbt. Es hat im Boden 8,42 m Durchmesser und für die Kugelwölbung 4,21 m Radius. Der Inhalt des Reservoirs beträgt 150 cbm bei 3,7 m Wasserhöhe. Dessen Ueberlauf liegt 32,5 m hoch über dem mittleren Ortsniveau.

Das Vertheilungsnetz ist nach dem Verästelungssysteme hergestellt und steht unter einem einheitlichen und constanten Drucke. Die Rohrleitungen haben 7750 m Länge und sind mit 19 Schiebern verbunden. Sie setzen sich nach folgenden Dimensionen zusammen:

Rohrdurchmesser	mm	125	100	80	60
Rohrlänge . . .	m	530	490	1310	650
Schieberzahl . . .		4	1	6	8

Es sind damit 44 Unterflurhydranten (Modell Reuther), welche in 80 m bis 100 m Entfernung von einander stehen, sowie 2 Spülschieber und 4 Ventile für Sprengwagen verbunden. Die Leitungen sind von Scheven selbst verlegt. Die Zuleitungen von Bleirohr haben 25 mm bis 13 mm und die von Gusseisen 80 mm Durchmesser. 37 Wassermesser sind damit verbunden, welche von H. Wiesenthal & Comp., Aachen geliefert sind. Auf den an die Leitung angeschlossenen Grundstücken befanden sich Ende 1894 598 Zapfhähne, 332 Closets, 51 Pissoirstände, 23 Badeeinrichtungen und 4 Privatspringbrunnen.

Der Wasserverbrauch hat im Jahre 1894 im Ganzen 86 328 cbm oder pro mittleren Tag 245 cbm betragen. Davon sind 6600 cbm oder 7,6 % für öffentliche Zwecke verwendet und zwar 250 cbm für Strassensprengen, 500 cbm für Rohrspülen, 350 cbm für Kanalspülen und 100 cbm für Feuerlöschen. 14 365 cbm oder 16,6 % wurden für gewerbliche Zwecke und 59 419 cbm oder 68,9 % wurden für den Hausverbrauch benutzt. 5944 cbm oder 6,9 % sind an die Badeverwaltung abgegeben. Die Maximal- resp. Minimalabgabe hat im Monate 9840 cbm resp. 4212 cbm und an einem Tage 520 cbm resp. 84 cbm betragen. 66 019 cbm oder 76,5 % sind nach Schätzung und 20 309 cbm oder 24,5 % sind nach Messern abgegeben.

Das nach Messern abgegebene Wasser kostet 20 Pf. pro cbm. Als Minimalpreis ist auch ohne Aufstellung von Messern monatlich M. 1 pro 100 qm Etagenfläche zu zahlen. Als Messermiethe wird monatlich erhoben je nach der Grösse:

Durchmesser mm	10	13	20	25
Pf. pro Monat .	35	40	50	60

Das Wasser enthielt bei einer Untersuchung im Liter 289 mg Gesammtrückstand, 20,6 mg Chlor und 0,04 mg organische Substanz und hat 8 deutsche Härtegrade.

15. h. Paderborn. (E. 19904.)

Im October 1887 ist für die Stadt Paderborn eine Wasserversorgung in Betrieb gesetzt, welche auf Grund eines modificirten Projectes der Deutschen Wasserwerksgesellschaft in Frankfurt a. Main unter städtischer Bauleitung für städtische Kosten mit einem Aufwande von ca. M. 143 000 hergestellt wurde. Das Werk hat eine tägliche Leistung von 900 cbm Wasser. Dessen spätere Erweiterung hat ferner M. 37 000 gekostet, so dass die Anlagekosten jetzt M. 180 000 oder M. 9,04 pro Kopf betragen. Der Betrieb ist einer Wasserwerksdeputation unterstellt und wird durch einen Wassermeister und einen Rendanten verwaltet.

Von den 120 verschiedenen Quellen, welche unter dem Dome in der Stadt entspringen und deren Wasser in 5 Armen durch die Stadt fliesst, um sich dann zu der Pader, einem Nebenflusse der Lippe, zu vereinigen, sind 3 durch eine Rohrleitung direct am Ursprunge abgeleitet und einer in der Mitte der Stadt gelegenen Pumpstation zugeführt. Als Motor dient hier eine Turbine von 12 PS., die ihr Aufschlagwasser aus einem der Paderarme erhält und von Briegleb, Hansen & Comp. in Gotha geliefert ist. Sie betreibt eine Pumpe mit Glockenventilen, welche pro Stunde 60 cbm Wasser auf 36,0 m Höhe in ein südlich von der Stadt gelegenes, gemauertes Hochreservoir fördert, das 920 cbm Inhalt hat. Zur Vergrösserung der Leistung ist später eine zweite Pumpe aufgestellt und für deren Betrieb ein Gasmotor von 12 PS. beschafft. Dieser ist kürzlich wegen Gasmangels in dem städtischen Gaswerke durch einen Elektromotor ersetzt, welchem die Elektricität von einer benachbarten Mühle aus zugeleitet wird. Die beiden Pumpen hat die Friedr.-Wilhelms-Hütte in Mülheim a. d. Ruhr geliefert.

An die Druckleitung, die zum Hochreservoire führt, schliessen die Vertheilungsleitungen direct an. Deren Rohrnetz ist nach dem Circulationssysteme ausgeführt. Dasselbe hat 21072 lfd. m Länge von Rohren von 250 mm bis 50 mm Durchmesser und ist mit 110 Unterflurhydranten, die durchschnittlich in 150 m Entfernung von einander stehen, und 66 Schiebern, sowie mit 6 Springbrunnen, 3 Laufbrunnen und 3 Strassensprenghähnen verbunden. Die Rohre sind von der Friedr.-Wilhelms-Hütte in Mülheim a. d. Ruhr, die Hydranten und Schieber von A. L. G. Dehne in Halle a. d. Saale und die Wassermesser von Siemens & Halske, Berlin und von Lux, Ludwigshafen geliefert und zwar von ersterer Firma 973 und von letzterer 28 Stück. Der Grösse nach stellen sich diese 1001 Messer wie folgt zusammen:

Durchmesser mm	12	13	20	25	40	50	65	75
Stückzahl . . .	229	8	690	61	1	9	1	2

Die Wasserabgabe hat im Jahre 1894/95 im Ganzen 258911 cbm oder 710 cbm pro mittleren Tag des Jahres betragen, was 34 Lit. pro Kopf der Einwohner entspricht. Für das Wasser für öffentliche Zwecke zahlt die Stadt M. 2000 jährlich an die Wasserwerkskasse. Das Wasser, welches im Sommer für die 6 öffentlichen Springbrunnen benutzt wird, dient nachher als Abwasser zur Spülung der Rinnsteine in fast sämmtlichen Strassen der Stadt.

Im Jahre 1895/96 sind 307000 cbm im Ganzen oder 18,6% mehr als im Vorjahre verwendet. Die tägliche Abgabe hat 839 cbm im Mittel und 1300 cbm resp. 400 cbm am Tage des grössten resp. geringsten Consums oder 154,9% resp. 47,7% von dem am mittleren Jahrestage betragen. Pro Kopf der Bevölkerung sind pro Tag im Mittel 42 Lit. und am Tage des grössten resp. geringsten Consums 65 Lit. resp. 20 Lit. verbraucht. Von dem Gesammtconsume sind 239823 cbm oder 78,1% auf den Privatconsum und zwar ausschliesslich durch Wassermesser entfallen, während 67177 cbm oder 21,1% für öffentliche Zwecke benutzt sind und zwar 28800 cbm für öffentliche Springbrunnen, 1800 cbm für Laufbrunnen, 36000 cbm für Rinnsteinspülung, 100 cbm für Besprengen öffentlicher Anlagen, 200 cbm für Feuerlöschzwecke und 277 cbm für Diverses.

Der Wasserpreis pro cbm beträgt je nach dem jährlichen Consum:

bis zu cbm	500	1000	2000	3000	4000	5000	6000	darüber
Pf. pro cbm	15	12	10	9	8	7	6	5.

16. k. **Rheda.** (E. 3173.) Ohne Antwort.

17. b. **Salzkotten.** (E. 2208.) Ohne Antwort.

18. i. **Scherfede.** (E. 1418.)

Für die Wasserversorgung des Ortes Scherfede sind durch eine vom Ingenieur H. Scheven in Bochum für Rechnung des Ortes hergestellte Zuleitung mit natürlichem Gefälle verschiedene Quellen von einer Mächtigkeit von 500 cbm bis 2000 cbm im Tage, die im Muschelkalke entspringen, nutzbar gemacht.

Das Wasser ist durch einen Stollen von 20 m Länge erschlossen und einem Hochreservoire von 100 cbm Inhalt zugeführt, das in Monier-Construction erbaut ist und 1150 m vom Orte entfernt ist. Der Wasserspiegel desselben liegt 13,0 m bis 20,0 m hoch über dem Ortsniveau. Die Rohrleitungen haben 125 mm bis 60 mm Durchmesser und vertheilen täglich zwischen 200 cbm und 400 cbm Wasser. 150 Häuser sind an die Leitung angeschlossen.

19. e. **Steinheim.** (E. 2957.)

Die Wasserversorgung der Stadt Steinheim erfolgt ausschliesslich aus privaten Brunnen, deren ca. 300 Stück vorhanden sind.

20. d. **Vlotho.** (E. 3975, W. 436 mit je 9,1 B.)

Für die Wasserversorgung der Stadt Vlotho dienen ausschliesslich gegrabene und gemauerte Brunnen, deren 10 für den öffentlichen Gebrauch vorhanden sind.

21. i. **Warburg.** (E. 5255.) Ohne Antwort.

22. k. **Wiedenbrück.** (E. 3268.)

Die Wasserversorgung der Stadt Wiedenbrück erfolgt ausschliesslich aus Brunnen im Orte.

XXVIII. Regierungsbezirk Arnsberg.

(Provinz Westfalen).

a) Altena 6 (Evinghausen 57, Halver 91, Kleinhammer 125, Lüdenscheidt 141, Meinerzhagen 145, Plettenberg 175, Werdohl 216). — **b)** Arnsberg 1 (Affeln 2, Allagen 5, Altenhellefeld 11, Beckum 21, Belecke 23, Garbeck 75, Grevenstein 82, Hagen, Amt Allendorf 89, Küntrop 130, Neheim 154, Warstein 210). — **c)** Bochum 31 (Altenbochum 7, Bauckau 20, Bergen 24, Bladenhorst 29, Gerthe 77, Grumme 86, Hamme 93, Harpen 94, Herne 100, Hiltrop 103, Hofstede 106, Hordel 112, Horsthausen 115, Laer 132, Langendreer 134, Pöppinghausen 176, Riemke 179, Schwiesinghausen 189, Soelde 193, Sombom 196, Stiepel 197, Weitmar 214, Werne 220, Wiemelhausen 228, Witten 231). — **d)** Brilon 41 (Antfeld 14, Bigge 27, Niedermarsberg 157, Olsberg 169, Winterberg 228). — **e)** Dortmund 54 (Altenderne 8, Asselen 16, Behringhausen 22, Berghofen 25, Bodelschwing 32, Börning 35, Bövinghausen 36, Brackel 38, Brüninghausen 42, Castrop 45, Courl 46, Deininghausen 50, Deuben 51, Dingen 52, Dorstfeld 53, Eichlinghausen 57, Ellinghausen 60, Eving 66, Frohnlinde 73, Gahmen 74, Giesenberg-Sodingen 80, Grevel 81, Groppenbruch 83, Gropholthausen 84, Habinghorst 87, Holthausen 109, Hombruch 111, Horstmar 114, Horstede 116, Huckarde 117, Husen 119, Ickern 120, Kirchderne 122, Kirchlinde 124, Kley 126, Körne 128, Kruckel 129, Lindenhorst 139, Lünen 142, Lütgendortmund 143, Marten 144, Mengede 147, Merklinde 149, Nette 155, Obercastrop 161, Oespel 166, Ostrich bei Dortmund 167, Rahm 177, Rauxel 178, Rüdinghausen 181, Salingen 182, Schüren 186, Stockum 198, Wambel 209, Westerfilde 223, Wickede 227, Wischlingen 230). — **f)** Gelsenkirchen 76 (Blumke 30, Braubauerschaft 38, Orange 47, Eickel 58, Eppendorf 62, Grünnigfeld 85, Hessler 101, Höntrop 104, Holsterhausen 108, Hüllen 118, Leithe 137, Röhlinghausen 180, Schalke 183, Sevinghausen 190, Ueckendorf 203, Wattenscheid 212, Westenfeld 221). — **g)** Hagen i. W. 90 (Altenhagen-Eckesey 10, Boele 34, Bommern 37, Breckendorf 40, Dahle 48, Haspe 95, Hasslei 96, Herdecke 98, Langerfeld 135, Milspe 152, Nächsteberke 153, Silchede 192, Volmarstein 207, Vorhalle 208, Westerbauer 222, Wetter 226) — **h)** Hamm i. Westf. 92 (Afferde 3, Billmerich 28, Camen 44, Fröndeberg 72, Heeren 99, Methler 151, Südcamen 200, Unna 204). — **i)** Hattingen 97 (Altendorf a. d. Ruhr 9, Baak 18, Dahlhausen 49, Ostherbede 172, Wassercourl 210, Westherbede 225). — **k)** Hörde 105 (Annen-Wullen 13, Aplerbeck 15, Barop 19, Hacheney 88, Hobzwickede 110, Kirchhörde 123, Landstrop 133, Langschede 136, Menglinghausen 148, Niedermassen 158, Obermassen 163, Opherdicke 171, Persebeck 174, Schwerte 188, Strickherdicke 199). — **l)** Iserlohn 121 (Baak 18, Eiberg 56, Elsey 61, Evingsen 67, Freisenbruch 70, Heven 102, Hohenlimburg 107, Horst b. Steele 113, Königssteele 127, Letmathe 138, Menden 146, Oberhemer 162, Oestrich 168, Sundwig 201, Unterhemer 205, Wermingsen 219, Westing 224). — **m)** Lippstadt 140 (Gesecke 78). — **n)** Meschede 150 (Bödefelde 33, Eslohe 64, Eversberg 65, Fredeburg 69, Fretter 71, Nordenau 160, Ostwig 173, Schmallenberg 184, Schönholthausen 185, Wennholthausen 216). — **o)** Olpe 170 (Altenhunden 12, Altendorn 17, Finntrup 68). — **p)** Siegen 191 (Affholdenbach 4, Burbach 43, Dreisbach 55, Eschenbach 63, Neunkirchen 156, Niedernetphen 159, Obernau 164, Obernetphen 165, Sohlbach 195, Tiefenbach 202, Weidenau 213, Wellensberg 215). — **q)** Schwelm 187 (Gevelsberg 79, Langerfeld 135, Vörde 206). — **r)** Soest 194 (Werl 218). — **s)** K. Wittgenstein (Bergeburg 26, Laasphe 131).

Anhang: 232. Wasserwerk des nördlichen westfälischen Kohlenreviers. — 233. Gruppenversorgung Hemer-Westig. — 234. Wassergenossenschaft Kreis Hörde.

---

1. b. Regierungshauptstadt **Arnsberg.** (E. 7828, W. 400 mit je 19,5 B.)

Die Wasserversorgung der Stadt Arnsberg erfolgte, ausser aus Grundbrunnen im städtischen Terrain, schon seit alten Zeiten in der älteren Oberstadt durch Quellwasser, das die früheren Kölnischen Kurfürsten dem Schlosse, das ihnen als Sommerresidenz diente, zugeleitet hatten. Dieses Wasser fand dann auch für die im Anfange dieses Jahrhunderts entstandene Unterstadt Verwendung. Das Wasser wird einer Quelle entnommen, welche 1,5 km von der Stadt entfernt, in der Richtung nach Soest zu, liegt. Diese entspringt an einem Bergrücken an der Wiegenscheidt und in der Gosmuke und ist durch Stollen weiter erschlossen.

Die Ergiebigkeit dieser Quelle war Anfangs der 80er Jahre bei trockenem Wetter im Sommer bis auf 20 cbm im Tage zurückgegangen und zeigte bei nassem Wetter häufig Trübungen. Man hoffte im Jahre 1883 durch das Hinzunehmen eines in der Nähe gelegenen, anderen Quellengebietes, des Waldbaches Berbke, der im fiscalischen Theile des Arnsberger Waldes entspringt, Hülfe zu finden. Die Untersuchungen im Jahre 1884 ergaben hier zeitweise im Tage 615 cbm, im Februar und Juni aber nur noch 60 cbm Wasser. Das Wasser war zudem reich an organischen Substanzen. Die Hoffnung auf die Erschliessung von Grundwasser erwies sich gleichfalls aus aussichtslos. Die Stadt musste daher auf die Zuleitung von Wasser mit natürlichem Gefälle für eine ausreichende Versorgung verzichten.

Dagegen ergab ein Brunnen, der am östlichen Fusse des Schlossberges, ca. 1 km von der Ruhr entfernt, abgeteuft war und 3,0 m Durchmesser hatte, unter den ca. 5,0 m mächtigen Alluvialschichten des Ruhrthales aus den Klüften des unterliegenden Kalkes ein sehr gutes Wasser, dessen Menge selbst bei trockener Zeit noch ca. 1000 cbm im Tage betrug. Dieses Wasser hatte 16,1° Härte und zeigte im Jahre 1884 einen Kalkgehalt von 170 mg im Liter, der im Jahre 1886 nach längerer Benutzung aber auf 124 mg hinuntergegangen ist.

An dieser Stelle ist nach dem Projecte und unter der Leitung des Wasserwerksdirectors Disselhoff in Hagen für städtische Rechnung im Jahre 1888 ein städtisches Wasserwerk für eine tägliche Leistung von 1200 cbm erbaut. Die Anlagekosten haben betragen:

Für Vorarbeiten	M.	3825
» Grunderwerb	»	8701
» Wassergewinnung	»	1645
» Maschinen- und Kesselhaus und Wärterwohnung	»	16082
» Maschinen und Kessel	»	24250
» Rohrlieferung	»	26607
» Rohrverlegung	»	25880
» Schieber und Hydranten	»	6992
» Hochreservoir	»	10578
» Wasserstandsanzeiger	»	836
» Bauleitung und Beaufsichtigung	»	7225.
» Zuleitungen	»	24437
» Hausleitungen	»	4703
» Unvorhergesehene Ausgaben	»	2464
» Wassermesser	»	5730
» Die alte Wasserleitung	»	1292
» Telephonanlage	»	625
Zusammen:	M.	171872

oder M. 21,90 pro Kopf. Am Eingange zu dem neben dem Maschinenhause liegenden Brunnen befindet sich eine lateinische Inschrift, welche auf deutsch lautet:

Säubernd die Strassen, bannend den Durst und hemmend das Feuer
Steh' ich im Dienste der Stadt, sprudelnd aus reichlichem Born.

Im Maschinenhause sind 2 liegende Eincylindermaschinen, jede von 6 PS. Leistung, deren Cylinder

250 mm Durchmesser und 0,5 m Hub haben, aufgestellt. Jede treibt direct durch ihre verlängerte Kolbenstange eine doppeltwirkende Plungerpumpe von 120 mm Durchmesser an, die pro Stunde 30 cbm Wasser bei 57,0 m totaler Arbeitshöhe, welche sich aus 7,5 m Saugehöhe, 48,5 m Druckhöhe und 1,0 m Reibungshöhe zusammensetzt, fördert. Die Maschinen haben Rider'sche Expansionssteuerung mit Regulator und können mit und ohne Condensation arbeiten.

Im Kesselhause liegen 2 Kessel, deren jeder aus einem Oberkessel von 6 m Länge und 1,0 m Durchmesser und einem Unterkessel von 4,8 m Länge und 0,9 m Durchmesser besteht. Sie haben je 22 qm Heizfläche und sind für 6 Atm. Dampfdruck concessionirt. Die Maschinen und die Kessel sind von der Friedrich-Wilhelmshütte in Mülheim a. d. Ruhr geliefert.

Auf der südlichen Terrasse des Schlossberges, 1908 m von der Pumpstation entfernt, ist aus Cementbeton ein zweitheiliges Hochreservoir erbaut, das im Ganzen 320 cbm Inhalt hat. Zu diesem führt eine Druckleitung von 150 mm Durchmesser. Diesem Reservoire ist ferner durch eine Fallrohrleitung das Wasser aus dem vorerwähnten Quellengebiete zugeführt, das im Winter bei 200 cbm Zufluss pro Tag allein den Consum der Stadt fast völlig deckt. Weil dieses Quellwasser eisenhaltig ist, so ist vor dessen Eintritte in die Leitung eine Belüftung eingerichtet, welche aus einem flachen Trichter besteht, der 1,1 m oberen und 0,35 m unteren Durchmesser wie das Abflussrohr, um das sich ein ringförmiger Raum zum Ableiten des Eisenschlammes, welcher sich aus dem über den oberen Rand hinunterrieselnden Wasser niederschlägt, herumzieht, hat, während die Ableitung des reinen Wassers in der Mitte erfolgt.

Für die höchsten Häuser der Stadt ist nur ein Druck von 11,0 m vorhanden, während der Druck im übrigen Stadtgebiete mindestens noch 28,0 m beträgt. Das Rohrnetz hatte Anfangs 7600 m Länge von Rohren von 150 mm bis 80 mm Durchmesser. Die Zuleitungen hatten eine Länge von 4200 lfd. m. Mit dem Rohrnetze waren 37 Schieber, 76 Hydranten und 42 Rinnsteinspüler, sowie 2 öffentliche Springbrunnen verbunden. Bis Ende des Jahres 1895 waren im Ganzen 150 Wassermesser geliefert und zwar 3 von H. Meinecke, Breslau und 147 von Dreyer, Rosenkranz & Droop, Hannover. Diese haben folgende Grössen:

Durchmesser mm	10	13	15	20	25	30	50	60
Stückzahl . . .	1	10	24	64	11	4	4	4

Die Wasserzahlung für den Hausgebrauch erfolgt in der Höhe der Gebäudesteuer oder nach Wassermessern. In letzterem Falle ist für bis zu 20 cbm monatlich pro cbm 20 Pf. und mindestens M. 3 zu zahlen. Von 20 cbm bis 60 cbm pro Monat ist der Preis 15 Pf. pro cbm und die Mindestzahlung M. 4 und über 60 cbm ist der Preis 12,5 Pf. pro cbm und die Mindestzahlung M. 5.

2. b. **Affeln.** (E. 500, W. 80 mit je 6,2 B.)

Für das Dorf Affeln ist im Jahre 1894 für dessen Rechnung mit einem Kostenaufwande von M. 29500 oder M. 59,00 pro Kopf eine Wasserversorgung hergestellt, welche 220 cbm in 24 Stunden liefert. Die Rohre hat der Schalker Gruben- und Hüttenverein in Gelsenkirchen geliefert.

Das Wasser wird aus dem Lenneschiefer durch ca. 14 m lange Sammelanlagen erschlossen und in einen Brunnen geleitet. Eine 2150 m lange Leitung von 90 mm Durchmesser führt es von hier mit natürlichem Gefälle einem 10,0 m tiefer liegenden Hochreservoire zu. Dieses hat 120 cbm Inhalt und ist in 2 Abtheilungen getheilt. Es ist gemauert und in den Boden versenkt. Die Fallrohrleitung bis zu dem 19,0 m bis 24,0 m tiefer liegenden Dorfterrain hat 90 mm Durchmesser und 150 m Länge.

Im Dorfe sind ca. 1200 m Vertheilungsrohre verlegt, welche zur Hälfte 90 mm und zur Hälfte 80 mm Durchmesser haben. Damit sind 6 Absperrschieber und 12 Hydranten verbunden. Für die Zuleitungen dienen geschwefelte Bleirohre.

3. h. **Afferde.** (E. 483.)

In dem Dorfe Afferde sind 8 Anschlussleitungen mit Wassermessern, welche von dem Wasserwerk Unna-Königsborn gespeist werden, hergestellt.

4. p. **Afholderbach.** (E. 160.)

Das Dorf Afholderbach wird aus der Siegener Wasserleitung mit Wasser versorgt. Ausser einigen Hydranten sind öffentliche Druckständer für die allgemeine Benutzung aufgestellt.

5. b. **Allagen.** (E. 1500.)

Für die Wasserversorgung des Ortes Allagen ist im Jahre 1895/96 für dessen Rechnung vom Wasserwerksdirector Disselhoff in Hagen eine Wasserversorgung hergestellt, welche M. 9200 gekostet hat und pro Tag 75 cbm Wasser liefert.

Das Wasser wird durch eine Sammelanlage von 100 m Länge aus Schieferschichten gesammelt und mit natürlichem Gefälle in ein Hochreservoir durch eine 30 m lange Leitung von 80 mm Durchmesser geleitet, dessen Wasserspiegel 2,0 m tiefer als die Fassung liegt. Das Reservoir ist aus Mauerwerk hergestellt und hat 40 cbm Inhalt. Gleich hinter demselben beginnt das Dorf und zieht sich auf 1100 m Länge an einem ca. 39,0 m abfallenden Abhange hin. Diese Leitung hat 80 mm Durchmesser und ist mit 2 Schiebern und 7 Hydranten verbunden. Für die Zuleitungen sind geschwefelte Bleirohre benutzt.

6. a. **Altena i. W.** (E. 12108, W. 950 mit je 12,7 B.)

a. Quellwasserversorgung.

Die Wasserversorgung der Stadt Altena erfolgte früher, ausser durch directe Entnahme aus der Lenne, an deren Ufer die Stadt sich hinzieht, aus gegrabenen Brunnen von 3,0 m bis 10,0 m Tiefe. Das in der Stadt schon lange Zeit empfundene Bedürfniss nach einer besseren Wasserversorgung galt in erster Linie nicht dem Trinkwasser, sondern dem Industriewasser, wofür auch verschiedene Projecte in der Mitte der 80er Jahre auftauchten, die darauf hinausgingen, im Rahmedethale oder im Versethale Stauweiher anzulegen. Daraus erklärt es sich, dass die Stadtvertretung am 1. August 1887 gewillt war, die Concession für eine bessere Versorgung der Stadt mit Hauswasser einem Privatunternehmer zu übertragen.

Trotzdem aber hat sie im Jahre 1889 beschlossen, für ihre Kosten eine Quellwasserleitung herzustellen, für welche der Wasserwerksdirector Disselhoff in Hagen das Project aufgestellt hatte. Diese Anlage ist im Jahre 1890 in Betrieb gesetzt und hat M. 375000 oder Mark 31,00 pro Kopf gekostet. Die tägliche Leistung derselben ist auf 500 cbm festgestellt. Den Betrieb des Werkes leitet der Director der städt. Gas- und Wasserwerke A. Böhmer.

Das Wasser wird durch Quellfassungen in der Hauptsache im Thale der Brachtenbeck, ca. 5 km von der Stadt entfernt, gewonnen. Hier ist ein stollenförmiges und überwölbtes Sammelreservoir aus Cementbeton hergestellt, welches bei 90 m Länge im Querschnitt 2,0 m Höhe und 1,5 m Breite hat. Damit ist eine Filteranlage, die aus 5, mit Kies und Sand gefüllten, kleinen Filtern besteht, verbunden, welche jedoch nur zur Benutzung kommt, wenn einmal zur Aushülfe ausnahmsweise Tageswasser verwendet werden muss.

In entgegengesetzter Richtung von der Stadt sind in Greningloh, in Steinssiepen und am Linscheiderbache später noch kleinere Quellfassungen ausgeführt und 4 hochgelegene Sammelschächte von je 120 cbm Inhalt hergestellt, sodass der ganze disponibele Wasservorrath jetzt eventuell 750 cbm beträgt.

Das Wasser fliesst mit natürlichem Gefälle zur Stadt und kommt in einem Rohrnetze von 150 mm bis 80 mm Durchmesser zur Vertheilung. Dieses hat circa 24000 m Länge, und es sind damit 56 Schieber verbunden. Der Druck in der Leitung schwankt je nach dem Stadtniveau von 60,0 m bis zu 10,0 m abwärts. Es sind damit 140 Unterflurhydranten mit Handentleerung verbunden. Die Rohre sind von dem Schalker Gruben- und Hüttenverein in Gelsenkirchen geliefert.

Die Zuleitungen und die Hausleitungen sind aus geschwefelten Bleirohren hergestellt. Erstere haben 15 mm bis 30 mm Durchmesser, und es sind deren ca. 750 in Benutzung. Mit letzteren sind ca. 1600 Niederschraub-Zapfhähne, 50 Closets und 35 Badeeinrichtungen verbunden. Es sind 750 Wassermesser eingebaut, von welchen 400 von H. Meinecke, Breslau und 350 von Wiesenthal & Comp., Aachen geliefert sind, welche sich nach der Grösse wie folgt vertheilen:

Durchmesser mm	13	15	20	25
Stückzahl . . .	80	450	180	40

Die Wasserabgabe hat im Jahre 1893/94 im Ganzen 93000 cbm oder 255 cbm am mittleren, sowie 350 cbm am Maximal- und 240 cbm am Minimaltage betragen. Davon sind 6000 cbm für öffentliche Zwecke (1000 cbm für Strassensprengen, 3500 cbm für Rohr- und Kanalspülen und 1500 cbm für Feuerlöschen) nach Schätzung abgegeben. 87000 cbm oder 93,5% der Gesammtabgabe sind durch Messer abgegeben und zwar 17000 cbm für gewerbliche Zwecke und 70000 cbm für den Hausgebrauch. Die Abgabe pro Messer hat 116 cbm im Jahre betragen.

Die Wasserabgabe findet nur nach Messern statt. Die monatliche Mindestzahlung beträgt M. 1,50. Als Wasserpreis pro cbm ist zu zahlen je nach der jährlichen Verbrauchsmenge:

bis cbm	500,	von 500 bis 1000,	von 1000 bis 2000,	darüber
Pf. . .	25	20	15	12,5.

Messermiethe wird nicht gezahlt.

Als Resultat einer Wasseruntersuchung, deren jährlich mehrere durch den vereideten Chemiker Dr. Fricke in Hagen ausgeführt werden, ist vom August 1894 mitgetheilt, dass im Liter Wasser enthalten waren:

Gesammtrückstand	500	mg
Kalk	160	»
Schwefelsäure	192	»
Chlor	89	»
Organische Substanz	15,8	»
Ammoniak, Salpeter- und salpetrige Säure	Null.	

b. Stauwasserversorgung.

Im Jahre 1895 ist endlich auch die Landgemeinde Altena zur Gründung der »Fuelbecker Wasserwerksgenossenschaft« gekommen und hat die Mittel zum Bau einer Thalsperre flüssig gemacht. Die Stadt Altena hat sich mit M. 50000 Zuschuss im Interesse ihrer Wasserversorgung daran betheiligt. Vom Mai 1897 ab muss die Stadt ferner monatlich M. 200 an die Genossenschaft für die Dauer von 50 Jahren zahlen, wofür sie monatlich bis zu 6000 cbm Wasser entnehmen kann. Bei Mehrentnahme ist pro cbm 3 Pf. extra zu zahlen. Nach 50 Jahren hört die Zahlungsverpflichtung der Stadt auf.

Der Fuelbecker Stauweiher ist Ende des Jahres 1896 im Bau vollendet gewesen. Durch eine Staumauer, die eine Höhe von 26,0 m hat und im Grundrisse einen Kreisbogen von 150 m Radius bildet, ist das Wasser des Flusses Rahmede, der in die Lenne fliesst, in einer Menge von 700000 cbm aufgespeichert. Die Baukosten haben im Ganzen M. 240000 betragen. Die Mauer ist aus Grauwacke und Trassmörtel hergestellt und hat eine obere Breite von 3,5 m und eine untere Breite von 16,0 m. Im Inneren ist auf 11,0 m Höhe der Fuss der Mauer durch eine Lettenhinterfüllung in Dreiecksform gedeckt, so dass sie nur 15,0 m hoch frei im Wasser steht. Die gesammte Mauermasse beträgt 15200 cbm. Das Reservoir dient für 25 Triebwerke im Rahmedethale und für die städtische Wasserversorgung von Altena. Das Gesammtgefälle dieses Wassers beträgt 100,0 m.

7. c. **Altenbochum.** (E. 5353.)

Die Wasserversorgung des Ortes Altenbochum erfolgt durch das Bochumer Wasserwerk. Die Tabelle 194 gibt den Wasserconsum im Ganzen und getrennt nach Industrie- und Hauswasser für einige Jahre an.

Tabelle 194.

Jahr	1886/87	1894/95	1895/96	1896/97
Gesammtconsum . . cbm	11 050	259 205	259 488	244 823
davon Industriewasser . . cbm	6 281	221 059	213 142	193 125
an Abnehmer . .	13	10	9	9
davon Hauswasser . . cbm	4 769	38 146	5 353	51 698
durch Anschlüsse . . .	58	105	117	126
an Einwohner . .	3 725	5 351	5 353	5 665

8. e. **Altenderne.** (E. 1203.)

Die Wasserversorgung des Dorfes Altenderne erfolgt durch 35 directe Anschlüsse an die Leitung des Wasserwerkes Unna-Königsborn, für welche einzeln Wassermesser aufgestellt sind.

9. i. **Altendorf a. d. Ruhr.** (E. 3044, W. 254 mit je 12,0 B.)

Die Wasserversorgung der Gemeinde Altendorf erfolgt seit dem 1. September 1894 durch eine für ihre Rechnung von dem Ingenieur H. Müller in Bochum erbaute Wasserversorgung, welche eine stündliche Leistung von 50 cbm in ihrem Pumpwerke hat.

Das Wasser wird im Ruhrthale bei Ueberruhr durch einen 7,0 m tief in den Kies abgesenkten Brunnen von 3,0 m Durchmesser, der 300 m vom Ufer entfernt liegt, gewonnen. Der Brunnen ist in Mauerwerk auf einem gusseisernen Senkschuhe ausgeführt. In circa 160 m Entfernung davon ist eine Pumpstation in der Nähe der Eisenbahn erbaut, in welcher sich eine Dampfpumpmaschine und ein Cornwallkessel von 35 qm Heizfläche befinden.

Das Wasser wird von hier auf 90,0 m Höhe in ein auf der anderen Seite der Eisenbahn gelegenes Hochreservoir gefördert, welches 500 cbm Inhalt hat und in Monier-Construction ausgeführt ist. Es ist überdeckt und in den Boden versenkt. Die Länge der verlegten Leitungen beträgt 9082 lfd. m, und es sind damit 14 Schieber verbunden. Nach der Grösse getrennt, sind vorhanden:

Rohrdurchmesser	mm	175	150	100	60	50
Rohrlänge . . .	m	1063	1934	1418	3787	880
Schieberzahl		1	1	2	8	2

Es sind 25 Unterflurhydranten mit Selbstentleerung aufgestellt, und 95 Zuleitungen sind mit den Leitungen verbunden, welche theils aus Bleirohren und theils aus verzinkten Eisenrohren bestehen. Für die Hausleitungen sind geschwefelte Bleirohre verwendet. 30, von H. Meinecke, Breslau gelieferte Wassermesser sind eingebaut.

Die Maschine und den Kessel hat H. Bernighaus in Hattingen und die Rohre P. Stühlen in Deutz geliefert. H. Müller in Bochum hat die Rohre verlegt. Schieber und Hydranten sind von Bopp & Reuther in Mannheim bezogen.

Als Wassergeld ist monatlich nach Schätzung zu zahlen: für ein Haus M. 2,50, resp. M. 2,00 oder M. 1,50 bei der Bewohnung durch 2 Familien oder eine Familie, für ein Closet oder eine Badeeinrichtung M. 0,50, für ein Pferd oder ein Rindvieh M. 0,25, für ein Schwein M. 0,10 etc. Nach Messern entnommen, ist mindestens im Monate M. 2,50 für bis zu 10 cbm zu zahlen und für Mehrgebrauch wird pro cbm 20 Pf. für den Hausgebrauch berechnet. Beim Gebrauche für gewerbliche Zwecke ist mindestens M. 3,00 und pro cbm 15 Pf. zu zahlen. Als Messermiethe wird je nach deren Grösse erhoben:

Durchmesser mm	15	20	25	30	50
pro Monat M. .	0,50	0,60	0,75	1,00	1,25.

10. g. **Altenhagen-Eckesey.** (E. 1296.)

Nach einem von der Stadt Hagen mit der Gemeinde Altenhagen-Eckesey auf 50 Jahre abgeschlossenen Vertrage hat das Hagener Wasserwerk unter Ausschluss anderer Concurrenz auf Verlangen jedes Bewohners von Altenhagen-Eckesey diesem eine Zuleitung aus ihrem Wasserwerke herzustellen, wobei die Stadt die Kosten für die Strassenleitungen trägt, in deren Besitze diese Leitungen aber auch verbleiben.

Als Wasserpreis ist 5% mehr als in Hagen zu zahlen. Am 1. April waren von den Grundstücken der Gemeinde angeschlossen:

Jahr	1893	1894	1895	1896
Anschlüsse	185	217	231	250

Ausser 15 Controlewassermessern waren im letzten Jahre 32 Wassermesser eingebaut und zwar von folgenden Grössen:

Durchmesser	mm	13	20	25	50	80
Stückzahl		4	9	11	4	4

11. b. **Altenhellefeld.** (E. 250, W. 25 mit je 10,0 B.)

Für das Dorf Altenhellefeld ist für dessen Rechnung im Jahre 1893/94 eine künstliche Wasserversorgung hergestellt, welche M. 10200 im Ganzen oder M. 40,80 pro Kopf gekostet hat. Das Project und die Ausführung hat der Wasserwerksdirector Disselhoff in Hagen besorgt. Die tägliche Leistung der Anlage beträgt 140 cbm.

Das Wasser wird durch eine 20 m lange Sammelanlage aus dem Lenneschiefer erschlossen und einem 30 m entfernt liegenden Hochreservoire durch ein Rohr von 100 mm Durchmesser mit natürlichem Gefälle zugeführt. Der Wasserspiegel des Reservoirs liegt 1,0 m tiefer als die Quelle. Es besteht aus 2 Abtheilungen von je 70 cbm Inhalt und ist gemauert und in den Boden versenkt. Eine Fallrohrleitung von 250 m Länge und 100 mm Durchmesser führt zum Dorfe, dessen Terrain 25,0 m bis 68,0 m tiefer als das Reservoir liegt.

Im Dorfe wird das Wasser durch 520 m Rohre von 100 mm und 350 m Rohre von 80 mm Durchmesser vertheilt. Damit sind 3 Schieber und 9 Unterflurhydranten verbunden. Geschwefelte Bleirohre dienen für die Zuleitungen.

12. o. **Altenhundem.** (E. 1800, W. 168 mit je 10,8 B.)

Zur Wasserversorgung der Gemeinde Altenhundem ist für deren Rechnung im Jahre 1895 von dem Ingenieur H. Müller in Bochum eine Gravitationswasserleitung hergestellt, welche M. 37000 im Ganzen oder M. 20,60 pro Kopf gekostet hat und täglich 200 cbm Wasser liefert. Die Rohre hat der Schalker Gruben- und Hüttenverein in Gelsenkirchen und die Schieber und Hydranten H. Breuer & Comp. in Höchst geliefert. Die Rohrverlegungen hat der Ingenieur Müller selbst ausgeführt. Eine Gemeindecommission leitet den Betrieb der Anlage.

In ca. 1000 m Entfernung von dem Orte ist das Wasser durch 2 Stollen von zusammen 274 m Länge erschlossen, welche in den Lenneschiefer getrieben sind und im Lichten 1,0 m Breite und 1,7 m Höhe haben. Der Hauptstollen dient durch eine gusseiserne Dammthür zugleich als Reservoir. Es fliesst das Wasser von hier mit natürlichem Gefälle dem Orte zu, wo es einen normalen Druck von 50,0 m hat. Von Rohrleitungen sind 4603 lfd. m verlegt und mit 14 Schiebern verbunden, welche folgende Durchmesser haben:

Rohrdurchmesser	mm	100	80	50
Rohrlänge . . .	m	949	3322	332
Schieberzahl		3	8	3

Damit sind 22 Unterflurhydranten mit Selbstentwässerung verbunden. Die Zuleitungen, deren 130 ausgeführt sind, haben 13 mm bis 25 mm Durchmesser und bestehen theils aus geschwefelten Bleirohren und theils aus verzinkten Eisenrohren. Sie haben Strassen- und Kellerhaupthähne. Es sind 123 Wassermesser und zwar 105 von 15 mm und 18 von 20 mm Durchmesser von Dreyer, Rosenkranz & Droop, Hannover geliefert.

Für monatlich höchstens 6 cbm Wasser ist eine Mark zu zahlen und für Mehrverbrauch wird pro cbm im Winter 10 Pf. und im Sommer 30 Pf. berechnet.

13. k. **Annen-Wullen.** (E. 9172.)

Für die Gemeinde Annen-Wullen besteht seit dem Jahre 1874 eine Wasserversorgung, für welche sie das Rohrnetz etc. auf ihre Kosten hergestellt hat, während die Speisung desselben durch das Wittener Wasserwerk erfolgt.

Von dem Hochreservoire der Stadt Witten führt eine Leitung von 235 mm Durchmesser und 1995 m Länge bis zu dem vom Wittener Wasserwerke gestellten Wassermesser, hinter welchem die Gemeindeleitung beginnt. Deren Rohrnetz hatte Anfangs 6518 m Länge mit 27 Hydranten und hat M. 110165 gekostet. Für die Anschlussleitungen innerhalb der Gemeinde sind Wassermesser gestellt. Im Jahre 1882 waren schon 130 Wohnhäuser mit 2600 Bewohnern angeschlossen und verbrauchten 12000 cbm Wasser. Ferner wurden 2 Kohlenzechen und 4 Fabriken mit Wasser versorgt.

Im Jahre 1875 sind 62080 cbm, im Jahre 1882 92300 cbm, im Jahre 1894/95 150000 cbm und im Jahre 1895/96 218032 cbm Wasser von dem Wittener Wasserwerke entnommen. Messer waren der Gemeinde 263 Stück bis Ende 1895 geliefert und zwar 39 von Siemens & Halske, Berlin und 224 von Bopp & Reuther, Mannheim. Nach der Grösse getrennt, theilen sich diese Messer wie folgt:

Durchmesser mm	12	13	20	25	40	50	68	75	100	150
Stückzahl	.	2	112	116	13	1	7	2	4	3	3

14. d. **Antfeld.** (E. 600, W. 60 mit je 10,0 B.)

Die Wasserversorgung des Dorfes Antfeld erfolgt seit dem Jahre 1895 durch eine für dessen Rechnung vom Wasserwerksdirector Disselhoff in Hagen mit einem Kostenaufwande von M. 19000 oder von M. 31,66 pro Kopf hergestellte Quellwasserleitung, welche circa 150 cbm Wasser im Tage liefert.

Ein Querschlag von 20 m Länge erschliesst das Wasser aus dem Schiefergestein. Es wird dann durch eine 360 m lange Leitung von 60 mm Durchmesser einem 4,0 m tiefer gelegenen Hochreservoire mit natürlichem Gefälle zugeführt. Das Reservoir hat 60 cbm Inhalt und besteht aus 2 Abtheilungen. Es ist gemauert und in den Boden versenkt. Eine 800 m lange Fallrohrleitung von 100 mm Durchmesser führt vom Reservoire zu dem 62,0 m bis 52,0 m tiefer liegenden Dorfe.

Zur Wasservertheilung sind hier 1700 lfd. m Rohre von 80 mm Durchmesser verlegt, mit denen 5 Schieber und 10 Unterflurhydranten verbunden sind.

15. k. **Aplerbeck.** (E. 7027, W. 662 mit je 10,6 B.)

Von der Gemeinde Aplerbeck ist auf ihre Kosten ein Rohrnetz hergestellt, welches aus dem Dortmunder Wasserwerke für Rechnung der Gemeinde gespeist wird.

Die Länge der Leitungen beträgt 4600 lfd. m in Durchmessern von 125 mm bis 50 mm. Damit sind 16 Schieber und 23 Hydranten verbunden. Die Wasserabgabe hat im Jahre 1894/95 im Ganzen 48252 cbm betragen. Davon sind 34542 cbm durch Wassermesser, deren 61 Stück in Benutzung gewesen sind, und 13710 cbm nach Schätzung abgegeben.

Im Ganzen sind bis Ende 1895 146 Wassermesser geliefert und zwar 41 von H. Meinecke, Breslau, 70 von Siemens & Halske, Berlin und 35 von Wolff & Schreiber, Breslau. Nach der Grösse vertheilen sich diese wie folgt:

Durchmesser mm	12	13	20	25	40	65	75	80	100
Stückzahl	22	9	104	3	2	1	2	1	2

Für den Hausgebrauch, der sich nur auf einen Theil der Gemeinde ausdehnt, weil noch gute Brunnen in Benutzung sind, entfallen im Ganzen von obigem Quantum 23792 cbm. Von verschiedenen Kohlenzechen sind 7415 cbm und von der Irrenanstalt sind 17045 cbm im Jahre abgenommen. Ausserdem werden noch 6 Consumenten in Aplerbeck durch Anschlüsse an das Wasserwerk Unna-Königsborn versorgt, für welche dieses eine 100 m lange Leitung von 125 mm Durchmesser verlegt ist.

16. e. **Asseln.** (E. 3418, W. 342 mit je 10,0 B.)

Der Ort Asseln hat für seine Wasserversorgung ein Rohrnetz von 5000 m Länge von Rohren von 80 mm bis 40 mm Durchmesser hergestellt, welche mit 7 Schiebern und 19 Hydranten verbunden sind. Dasselbe wird durch einen Anschluss mit Centralmesser aus dem Dortmunder Wasserwerke gespeist. Ein dortiger Grossconsument hat Anschluss an die Wasserleitung von Unna-Königsborn.

17. o. **Attendorn.** (E. 3006.)

Für die Wasserversorgung der Stadt Attendorn ist vor ca. 10 Jahren eine Quellwasserleitung angelegt. Nähere Mittheilungen darüber fehlen.

18. i. **Baak.** (E. 1710.)

Die Wasserversorgung des Ortes Baak erfolgt durch das Bochumer Wasserwerk. Die Tabelle 195 gibt für die letzten Jahre die Wasserabgabe für die verschiedenen Zwecke an.

Tabelle 195.

Jahr	1894/95	1895/96	1896/97
Gesammtabgabe . . . cbm	109 611	115 850	123 007
davon Industriewasser »	105 871	112 193	119 233
an Abnehmer	1	1	1
davon Hauswasser . . cbm	3 740	3 657	3 774
durch Anschlüsse	29	32	30
an Einwohner	1 671	1 716	1 772

19. k. **Barop.** (E. 3204.)

Die Wasserversorgung des Ortes Barop erfolgte während der Jahre 1878 bis 1888 durch die Wassergenossenschaft des Kreises Hörde indirect und erfolgt seit dieser Zeit direct durch das Dortmunder Wasserwerk.

20. c. **Baukau.** (E. 5664.)

Die Wasserversorgung des Ortes Baukau erfolgt zum Theil durch das Bochumer Wasserwerk. Der andere Theil des Ortes wird ebenso, wie seine beiden industriellen Werke, von dem Wasserwerke des nördlichen westfälischen Kohlenreviers versorgt. Die Wasserabgabe hat aus dem Bochumer Werke in den letzten Jahren betragen:

Tabelle 196.

Jahr	Gesammtabgabe cbm	Anschlüsse	Einwohner
1894/95	8 581	42	4 691
1895/96	9 739	45	4 914
1896/97	10 240	51	5 132

21. b. **Beckum b. Arnsb.** (E. 400, W. 50 mit je 8,0 B.)

Für das Dorf Beckum ist im Jahre 1895 für dessen Rechnung eine Quellwasserleitung ausgeführt, welche M. 16500 oder M. 41,25 pro Kopf gekostet hat und täglich 150 cbm Wasser liefert. Project und Ausführung hat der Wasserwerksdirector Disselhoff in Hagen besorgt. Die Rohre dafür sind von P. Stühlen in Deutz geliefert.

Das Wasser ist durch einen im Kalkgebirge hergestellten und ausgemauerten Kanal erschlossen, der in einen vorgelegten Brunnen mündet. Hinter diesem liegt 1,0 m tiefer ein Hochreservoir, das aus Stampfbeton und in den Boden versenkt hergestellt ist und 50 cbm Inhalt hat. Eine Fallrohrleitung von 400 m Länge und 100 mm Durchmesser führt das Wasser mit natürlichem Gefälle zu dem Dorfe, welches mit seinen höchsten Häusern 9,0 m tiefer als das Reservoir liegt. Von hier fällt das Ortsterrain auf 700 m Länge an einem Abhange entlang um ca. 30,0 m Höhe ab.

Im Dorfe liegen 2350 lfd. m Rohre mit 6 Schiebern und 16 Unterflurhydranten. Von den Rohren haben ca. 300 m 100 mm, 1450 m haben 80 mm und 600 m 60 mm Durchmesser. Die Zuleitunngen bestehen aus geschwefelten Bleirohren von 15 mm bis 25 mm Durchmesser.

22. e. **Behringhausen.** (E. 578.)

Die Wasserversorgung des Ortes Behringhausen erfolgt durch das Wasserwerk des nördlichen westfälischen Kohlenreviers.

23. b. **Belecke.** (E. 1150, W. 120 mit je 9,6 B.)

Die Wasserversorgung des Ortes Belecke erfolgt seit dem Jahre 1889 durch eine, für seine Rechnung vom Wasserwerksdirector Disselhoff in Hagen hergestellte Wasserversorgung, welche 200 cbm im Tage liefert und M. 32000 im Ganzen oder M. 27,83 pro Kopf gekostet hat. Die Rohre hat die Friedrich-Wilhelmshütte in Mülheim a. d. Ruhr geliefert.

Das Wasser wird durch eine 110 m lange Sammelleitung erschlossen und fliesst mit natürlichem Gefälle auf 1950 m Entfernung in einem Rohre von 100 mm Durchmesser einem Hochreservoire zu, dessen Wasserspiegel 2,0 m tiefer als die Quelle liegt. Das Reservoir ist gemauert und in den Boden versenkt. Sein Inhalt beträgt 60 cbm.

Eine 250 m lange Fallrohrleitung führt von hier zum Orte, wo 1500 m Rohre von 80 mm Durchmesser das Wasser vertheilen. 10 Schieber und 20 Unterflurhydranten sind damit verbunden. Die Zuleitungen bestehen aus geschwefelten Bleirohren.

24. c. **Bergen.** (E. 102.)

Die Wasserversorgung des Ortes Bergen erfolgt durch das Wasserwerk des nördlichen westfälischen Kohlenreviers.

25. e. **Berghofen.** (E. 4502.)

Die Wasserversorgung des Ortes Berghofen erfolgt zum Theil durch die Wasserleitung der Stadt Dortmund. Die meisten Häuser werden jedoch durch eine 754 m lange Leitung von 80 mm Durchmesser mittels eines Centralmessers vom Wasserwerke Unna-Königsborn versorgt.

26. s. **Berleburg.** (E. 2051.)

Für die Wasserversorgung der Stadt Berleburg ist im Jahre 1889 auf deren Kosten eine Gravitationsleitung von dem Wasserwerksdirector Disselhoff in Hagen nach seinem Projecte ausgeführt, die in der ersten Anlage M. 90000 gekostet hat. Spätere Erweiterungen haben die Kosten auf M. 101000 erhöht, was M. 48,80 pro Kopf entspricht. Die Rohre dafür hat die Friedrich-Wilhelmshütte in Mülheim a. d. Ruhr geliefert.

Das Wasser wird durch 3 Brunnen und durch zusammen ca. 200 m lange Sammelleitungen im Thale des Litzige- und des Mennecke-Baches erschlossen und aus dem einen Thale mit natürlichem Gefälle durch eine Rohrleitung von 5300 m Länge und 100 mm Durchhmesser einem Hochreservoire, das 27,0 m tiefer liegt, zugeführt. In diese Leitung mündet eine andere Leitung von 1000 m Länge und von gleichem Durchmesser ein, welche aus dem anderen Thale das Wasser zuführt. Das Hochreservoir besteht aus 2 Abtheilungen von zusammen 120 cbm Inhalt und ist gemauert und in den Boden versenkt. Eine Fallrohrleitung von 90 mm Durchmesser führt von demselben zur Stadt, deren Niveau 23,0 m bis 55,0 m tiefer als das Reservoir liegt. Die Vertheilung des Wassers findet hier durch 3800 lfd. m Rohre statt, von denen 1100 m einen Durchmesser von 90 mm und 2700 m einen solchen von 80 mm haben. 23 Schieber und 40 Unterflurhydranten sind damit verbunden. Die Zuleitungen bestehen aus geschwefelten Bleirohren von 15 mm bis 25 mm Durchmesser.

27. d. **Bigge.** (E. 660, W. 90 mit je 7,3 B.)

Die Wasserversorgung der Gemeinde Bigge erfolgt seit dem Jahre 1893 durch eine für ihre Kosten hergestellte Quellwasserleitung, welche nach dem Projecte des Wasserwerksdirectors Disselhoff in Hagen für 300 cbm Ergiebigkeit pro Tag ausgeführt ist. Die Anlage hat M. 33000 oder M. 50 pro Kopf gekostet. Die Rohre dafür hat die Friedrich-Wilhelmshütte in Mülheim a. d. Ruhr geliefert.

Das Wasser wird aus Quellen im Lenneschiefer durch einen ausgemauerten Querschlag von 20 m Länge und durch einen nachträglich mit Steinschlag ausgepackten Stollen erschlossen. 660 m von dem Querschlage entfernt, ist ein Hochreservoir hergestellt, dessen Wasserspiegel 29,0 m tiefer liegt, und dem das Wasser mit natürlichem Gefälle durch 360 lfd. m Rohre von 60 mm und durch 300 lfd. m Rohre von 80 mm Durchmesser zufliesst. Das Reservoir besteht aus 2 Kammern von je 60 cbm Inhalt. Es ist gemauert und in den Boden versenkt.

Zu dem Orte führt von hier eine 800 m lange Fallrohrleitung von 100 mm Durchmesser. Das Terrain des Ortes liegt 36,0 m tiefer als der Wasserspiegel des Hochreservoirs. Zur Wasservertheilung sind 1400 lfd. m Rohre von 80 mm Durchmesser verlegt. Damit sind 7 Schieber und 20 Hydranten verbunden. Für die Zuleitungen werden geschwefelte Bleirohre benutzt.

28. h. **Billmerich.** (E. 1018.)

Die Wasserversorgung des Dorfes Billmerich erfolgt durch das Wasserwerk Unna-Königsborn. Die dafür nöthigen Leitungen, sowie die Stellung von 4 Wassermessern hat letzteres auf seine Kosten ausführen lassen.

29. c. **Bladenhorst.** (E. 302.)

Die Wasserversorgung des Ortes Bladenhorst erfolgt durch das Wasserwerk des nördlichen westfälischen Kohlenreviers.

30. f. **Blumke.** (E. 8394.)

Die Wasserversorgung des Ortes Blumke erfolgt durch das Wasserwerk des nördlichen westfälischen Kohlenreviers.

31. b. **Bochum.** (E. 53901.)

a) Geschichtliches.

Das Bochumer Wasserwerk ist seit dem Jahre 1871 in Betrieb. Es ist damals für Rechnung der Stadt Bochum, aber zur gleichzeitigen Versorgung der Stadt und der Werke des Bochumer Vereins für Gussstahlfabrikation mit deren Zubehör hergestellt und war Anfangs für eine tägliche Maximalleistung bis zu 10000 cbm bestimmt. Die erste Anlage ist von dem Oberbaurath Moore in Berlin projectirt und unter seiner Leitung ausgeführt.

Nachdem im Jahre 1879 der Vertrag über die Abgabe von Wasser an den Bochumer Verein in einer geänderten Fassung eine Verlängerung für eine grössere Reihe von Jahren gefunden hatte, ist die Stadt zum Bau einer zweiten, selbstständigen Pumpstation, welche neben der ersten liegt, übergegangen, die für eine Maximalleistung von 18000 cbm im Tage bestimmt und im Januar 1881 in Betrieb gekommen ist. In den Jahren 1890 und 1893 ist in dieser Station je eine neue Maschine von 10000 cbm täglicher Leistung aufgestellt, so dass die stündliche Leistungsfähigkeit beider Pumpstationen zur Zeit 2175 cbm beträgt.

Eine Abgabe von Wasser hat durch das Wasserwerk, ausser an die Stadt und an den Bochumer Verein, bereits in den ersten Betriebsjahren auch an verschiedene, auswärtige Consumenten, welche im Bereiche der Rohrleitungen des Werkes lagen, stattgefunden. Der Kreis dieser Abnehmer konnte vom Jahre 1882 ab eine beträchtliche Vergrösserung erfahren, weil das Wasserwerk damals eine bedeutende Vergrösserung seines Rohrnetzes, die fast 22 km betrug, vorgenommen hat. In den folgenden Jahren ist der Anschluss der Zechen Hannibal in Hofstede, Hannover I in Hordel und Hannover II in Günnigfeld, ferner Schamrock in Herne, Providence und Barrillon in Baukau, Victor bei Castrop und Friedrich der Grosse in Horsthausen, sowie des damaligen Köln-Mindener Bahnhofes in Herne und zweier grossen Fabriken auch in rascher Folge eingetreten.

Die Ausdehnung des Versorgungsgebietes des Werkes hat in den späteren Jahren immer mehr zugenommen, wenngleich die Concurrenz mit dem Wasserwerke des nördlichen westfälischen Kohlenreviers der auswärtigen Kundschaft des Bochumer Werkes eine Zeit lang einen etwas unsicheren Charakter verlieh. Dem hat aber am 1. April 1888 ein Vertrag zwischen der Stadt Bochum und der vorgenannten Wasserwerksgesellschaft abgeholfen, welcher eine Demarkationslinie für das Terrain festsetzte, auf dem letztere Gesellschaft für lange Jahre auf jede Wasserabgabe verzichtet hat.

Das Wasserwerk musste sich hiernach für die Stadt immer mehr zu einem Erwerbsgeschäfte entwickeln, bei dem die Versorgung der Stadt selbst nur einen Bruchtheil der gesammten Leistung ausmachte. In der That hat das Wasserwerk am 31. März 1897 im Ganzen 170105 Personen versorgt, die in 20 verschiedenen Orten mittels 4349 Anschlüssen das Wasser für ihren Privatgebrauch daraus beziehen, und davon wohnten nur 55537 Personen mit 2447 Anschlüssen in Bochum selbst. Ferner waren damals 2 Wassergenossenshaften in 2 verschiedenen Orten mit 194 Anschlüssen für verschiedene Unterabnehmer und 188 grössere Abnehmer für industrielle und gewerbliche Anlagen mit dem Rohrnetze des Wasserwerkes verbunden, so dass die Zahl der Abnehmer im Ganzen 4539 betrug.

Ausser der Stadt Bochum wurden für den Hausgebrauch versorgt: die Orte Altenbochum, Baukau, Grumme, Hamme, Herne, Hofstede, Hordel, Laer, Riemke, Stiepel, Weitmar, Westenfeld und Wiemelhausen im Landkreise Bochum; die Orte Eickel, Eppendorf, Günnigfeld, Höntrap und Sevinghausen im Kreise Gelsenkirchen und der Ort Baak im Kreise Hattingen. Die beiden Wassergenossenschaften waren in Hamme domicilirt. Von den vorbezeichneten Orten befanden sich in Baukau, Hamme und Sevinghausen keine directen Abnehmer von Industriewasser. Letzteres wurde dagegen an Werke in Dahlhausen und in Wattenscheid abgegeben, ohne dass hier eine Abgabe von Wasser für den Privatgebrauch stattfand.

Die beiden Pumpstationen liegen in geringer Entfernung von einander bei Raumdahl am Ufer der Ruhr und etwa 7 km von der Stadt Bochum entfernt. Die erste Pumpstation ist ebenso wie das erste Hochreservoir »An der Haar« ursprünglich von Moore erbaut. Die zweite Pumpstation ist im Jahre 1879 und das zweite Hochreservoir im Weitmarer Holze im Jahre 1893 erbaut. Diese und alle sonstigen Erweiterungsbauten des Werkes sind von den jeweiligen Directoren der städtischen Gas- und Wasserwerke Ledebour, Hengstenberg, Windeck, Joly, Dieckmann und Pfudel projectirt und ausgeführt.

b) Beschreibung der Anlagen.

I. Erste Pumpstation.

Die Wassergewinnungsanlage für die erste Pumpstation bestand aus einem Brunnen von 4,0 m Durchmesser, der 30,0 m vom Ufer der Ruhr entfernt und in dem unteren Theile seiner Wände durchlässig hergestellt ist. In den Brunnen mündet eine Leitung von durchlochten Thonrohren von 390 mm Durchmesser, die 100 m Länge hat und parallel zum Flussufer, 1,2 m tief unter Niederwasser, verlegt ist. Im Jahre 1875 ist eine zweite Leitung von Filterrohren von 480 mm Durchmesser und 70 m Länge in schräger Richtung auf das Ufer zu verlegt worden.

Anfangs ist in der Pumpstation nur eine liegende Zwillingsmaschine mit Ventilsteuerung und Condensation aufgestellt gewesen, welche auch als Eincylindermaschine arbeiten kann. Die verlängerte Kolbenstange eines jeden Cylinders betreibt eine liegende, doppeltwirkende Pumpe mit Liderkolben und Lederklappenventilen. Die Pumpenkolben hatten Anfangs 250 mm Durchmesser und sind später durch solche von 290 mm Durchmesser ersetzt.

Im Jahre 1876 wurde ferner als Reserve eine liegende Dampfpumpe mit Stosskolbensteuerung aufgestellt, welche einen Dampfkolben von 706 mm Durchmesser und 1,49 m Hub hatte und direct eine doppeltwirkende Pumpe mit einem Liderkolben von 225 mm Durchmesser antrieb und 100 cbm Wasser pro Stunde auf 110,0 m Höhe förderte, also eine Leistung von 40 PS. entwickelte.

Diese Maschine ist später durch eine liegende Eincylindermaschine mit Schwungrad ersetzt, welche Ventilsteuerung und Condensation, sowie eine vom Regulator verstellbare Expansion hat. Mit der verlängerten Kolbenstange derselben ist eine liegende, doppeltwirkende Plungerpumpe direct gekuppelt.

Für diese Pumpstation sind 3 Cornwallkessel (2 mit Gallowayrohren) aufgestellt. Dieselben haben 8,5 m Länge und 2,2 m Durchmesser. Jeder der Kessel hat 2 Feuerrohre von 0,84 m Durchmesser und 92,8 qm Heizfläche bei 2,87 qm Rostfläche. Der concessionirte Dampfdruck für die Kessel beträgt 4 Atm. Die 3 Pumpmaschinen sind, ebenso wie die Dampfkessel, von Heintzmann & Dreyer in Bochum geliefert.

2. Zweite Pumpstation.

Für die zweite Pumpstation sind im Sommer 1879 2 Brunnen in 32 m Entfernung von einander hergestellt, welche 4,0 m Durchmesser haben und mit der Unterkante ihrer Senkschuhe 2,53 resp. 3,34 m unter Niederwasser liegen. Die Brunnen sind ca. 50 m von der Pumpstation entfernt. Der eine derselben ist mit der im Jahre 1875 für die erste Pumpstation verlegten Filterrohrleitung von 480 mm Durchmesser verbunden. Für den anderen Brunnen ist eine 60 m lange Filterrohrleitung von 600 mm Durchmesser hergestellt, welche 2,5 m tief unter Niederwasser liegt. Später ist die Zahl der Brunnen auf 5 vermehrt, und es sind mit diesen zum Theil wieder Filterrohrleitungen von bis zu 800 mm Durchmesser verbunden. Eine Heberrohrleitung von 600 mm Durchmesser verbindet die Brunnen mit dem Saugebrunnen für die Maschinen.

In der Pumpstation befinden sich 2 Eincylindermaschinen und 2 Verbundmaschinen, beide in liegender Anordnung. Es ist die Kolbenstange eines jeden Cylinders direct mit einer liegenden, doppeltwirkenden Plungerpumpe gekuppelt. Die Pumpen haben sämmtlich, ebenso wie für die Eincylindermaschine in der ersten Pumpstation, Fernis-Ventile. Die beiden Eincylindermaschinen in der zweiten Pumpstation stimmen auch sonst ganz mit der in der ersten Pumpstation überein; sie sind ebenfalls von Heintzmann & Dreyer in Bochum geliefert.

Die Verbundmaschinen haben Ventilsteuerung, Receiver und Condensation und sind von der Isselburger Hütte in Isselburg geliefert. Die Hauptdimensionen etc. der Maschinen der beiden Pumpstationen gibt die Tabelle 197 an.

Tabelle 197.

Maschinenzahl	Alte Station 1 Zwillings-Maschine	Alte Station 1 Eincylind.-Maschine	Neue Station 2 Verbund-maschinen je	Neue Station 2 Eincylind.-maschinen je
Dampfcylinder mm Durchmesser	840	900	720 u. 1 100	900
m Hub	1,49	1,10	1,20	1,10
Pumpen-Durchmesser	290	300	200	300
Umdrehungen pro Minute	14	30	38	30
cbm pro Stunde	336	252	524	252
Leistung in PS.	136	103	212	103

Für die Dampfbereitung waren Anfangs 4 und sind jetzt 8 Dampfkessel vorhanden, welche die Gutehoffnungshütte in Oberhausen geliefert hat. Es sind Flammrohrkessel von 10,0 m Länge und 2,2 m Durchmesser. Jeder Kessel hat 2 Feuerrohre von 0,84 m Durchmesser und ist für 5,5 Atm. Dampfdruck concessionirt. Die von Wasser berührte Heizfläche beträgt bei jedem Kessel 90,7 qm, und die vom Dampfe berührte Heizfläche 15,60 qm; die Rostfläche hat 3,30 qm Grösse.

3. Hochreservoire, Druck- und Fallrohrleitungen.

Das »An der Haar« gelegene Hochreservoir ist aus Ziegelmauerwerk, und das andere im Weitmarer Holze ist aus Beton hergestellt. Beide sind in den Boden versenkt, überwölbt und mit Erde überfüllt. Ersteres fasst 2500 cbm. Letzteres ist in 2 Abtheilungen getrennt, welche zusammen 8000 cbm Inhalt haben.

Das Reservoir »An der Haar« liegt 1680 m von der Pumpstation und 5730 m von der Stadt entfernt. Anfangs war dafür eine Druckrohrleitung von 250 mm Durchmesser und eine Fallrohrleitung von 350 mm Durchmesser vorhanden. Im Jahre 1875 ist eine zweite Druckrohrleitung von 400 mm Durchmesser und eine zweite Fallrohrleitung von 375 mm Durchmesser verlegt. Im Jahre 1879 ist gleichzeitig mit dem Baue der zweiten Pumpstation eine dritte Fallrohrleitung hergestellt, und bei der Vergrösserung der zweiten Pumpstation im Jahre 1891 ist von dieser eine dritte Druckleitung zu dem Reservoire »An der Haar« verlegt.

Das Reservoir im Weitmarer Holze liegt ca. 3200 m von den Pumpstationen und ca. 5000 m von der Stadt entfernt. Bei dessen Bau im Jahre 1893 ist eine vierte Druckleitung von 500 mm Durchmesser zu demselben von der Pumpstation aus verlegt, und es sind beide Reservoire durch ein Rohr von 500 mm Durchmesser und 1895 m Länge mit einander verbunden. Ferner ist noch eine Fallrohrleitung von gleichem Durchmesser und 5060 m Länge von dem neuen Reservoire zur Stadt verlegt.

Tabelle 198.

Art d. Leitung	Leitungs-No.	lfd. m	mm Durchm.		
a) Druckrohre	erste Leitung	1680,0	250	zus. 8407,5 m	total 30681,7 m.
		50,0	275		
	zweite Leitung	1699,0	400		
	dritte Leitung und Verbindungen	1575,0	500		
		67,5	400		
		13,5	375		
		12,5	275		
		10,0	200		
	vierte Leitung	3270,0	500		
		30,0	400		
b) Fallrohre	erste Leitung	5738,6	350	zus. 22274,2 m	
	zweite Leitung	5737,2	375		
	dritte Leitung	3843,4	500		
		1895,0	450		
	vierte Leitung	5060,0	500		

Es führen sonach jetzt von der alten Pumpstation 2 und von der neuen Pumpstation eine Druckleitung zum ersten Reservoire und eine Druckleitung von letzterer zum neuen Reservoire. Von dem neuen Reservoire führt eine Fallrohrleitung zur Stadt und eine Verbindungsleitung zum alten Reservoire, und vom alten Reservoire führen 3 Fallrohrleitungen auf verschiedenen Wegen zur Stadt. Diese Leitungen setzten sich am 31. März 1897 nach ihren Durchmessern und Längen, wie in der Tabelle 198 (S. 273) angegeben ist, zusammen.

4. Vertheilungsleitungen.

Die Wasserabgabe erfolgt in dem ganzen Versorgungsgebiete unter einem einheitlichen und constanten Drucke, der in der Stadt **Bochum** ca. 80,0 m beträgt. Innerhalb der Stadt sind die Vertheilungsleitungen vollständig nach dem Circulationssysteme angeordnet, während sie zu den äusseren Bezirken sich je nach der Lage der Versorgungsplätze verästeln.

Am 31. März 1897 hatten die Vertheilungsleitungen von 450 mm bis 40 mm Durchmesser im Ganzen 125 618 lfd. m Länge, die sich nach den verschiedenen Rohrdurchmessern aus folgenden Längen zusammensetzt:

Rohrdurchmesser	mm	450	400	375	350	325
Rohrlänge . .	m	634,0	1190,0	587,7	3141,0	180,0
	mm	300	250	225	200	
	m	4278,1	11466,9	3375,0	16902,0	
	mm	175	150	125	100	
	mm	10473,5	13517,4	7697,5	15652,3	
	mm	80	70	50	40	
	m	35258,7	874,0	142,0	247,0	

Die Tabelle 199 gibt für jedes Jahr am 31. März von 1872 bis 1897 mit Ausnahme von 1873 bis 1876 die Gesammtlänge der Rohre von 500 mm bis 40 mm Durchmesser und die Zahl der Schieber und Hydranten an. In den 25 Jahren ist die Rohrlänge hiernach von 28 015 m auf 156 299 m oder fast auf das 5,6 fache, die Zahl der Schieber von 70 auf 661 oder fast auf das 9,5 fache und die Zahl der Hydranten von 250 auf 674 oder auf das 2,7 fache gewachsen.

Tabelle 199.

Jahr 31. März	Rohrlänge m	Hydranten	Schieber
1872 . . .	28 015	250	70
1877 . . .	33 463	265	93
1878 . . .	40 147	268	110
1879 . . .	40 996	276	119
1880 . . .	41 478	277	135
1881 . . .	41 966	285	146
1882 . . .	53 463	307	175
1883 . . .	64 960	330	205
1884 . . .	76 245	347	239
1885 . . .	79 418	364	273
1886 . . .	87 564	381	306
1887 . . .	91 076	401	323
1888 . . .	94 588	421	340
1889 . . .	98 100	441	358
1890 . . .	106 387	474	407
1891 . . .	116 249	522	476
1892 . . .	124 796	561	548
1893 . . .	140 504	592	594
1894 . . .	146 749	627	627
1895 . . .	153 028	664	661
1896 . . .	154 324	673	664
1897 . . .	156 299	674	661

An Einrichtungen für öffentliche Zwecke waren im letzten Jahre in der Stadt **Bochum** 2 Springbrunnen, 8 öffentliche Pissoire, 21 Rinnsteinspüler und 31 Füllständer für Strassensprengen mit dem Rohrnetze verbunden. Die Hydranten sind, mit Ausnahme von 20 Ueberflurhydranten, sämmtlich Unterflurhydranten und stehen in ca. 80 m Entfernung von einander.

Für die Zuleitungen von kleineren Dimensionen werden ebenso wie für die Hausleitungen Bleirohre und zwar für erstere meistens von 20 mm Durchmesser verwendet. Die Zahl der aufgestellten Wassermesser am Ende der einzelnen Betriebsjahre von 1885/86 bis 1896/97 hat betragen:

Jahr:	1885/86	1886/87	1887/88	1888/89	1889/90	1890/91
Zahl:	1779	1930	2070	2220	4393	2565
Jahr:	1891/92	1892/93	1893/94	1894/95	1895/96	1896/97
Zahl:	2716	2913	3385	3447	3800	4093

Von den 4093 Messern, welche am 31. März 1896/97 eingebaut gewesen sind, waren 137 Stück Eigenthum der Wasserabnehmer und 3956 Stück Eigenthum des Wasserwerkes. Von der Gesammtzahl der am 1. April 1897 eingebauten Messer sind 3368 von **H. Meinecke**, Breslau, 478 von **Siemens & Halske**, Berlin und 247 von diversen Lieferanten geliefert. Ueberall geliefert nach **Bochum** sind nach Angabe der Lieferanten bis Ende 1895 im Ganzen 4586 Messer und zwar 3650 von **H. Meinecke**, Breslau, 57 von **C. A. Spanner**, Wien-Aachen, 841 von **Siemens & Halske**, Berlin und 38 von **Dreyer, Rosenkranz & Droop**, Hannover. Nach der Grösse vertheilen sich diese wie folgt:

Durchmesser .	mm	10	12	13	15	20	25	30	40	50
Stückzahl . .	m	6	287	840	1	2821	269	10	26	81
	mm	65	75	80	100	125	150			
	m	5	41	79	67	12	40.			

c) Wasserabgabe und Betrieb.

Die Tabelle 200 (S. 275) gibt für die einzelnen Jahre von 1872 bis 1896/97 die gesammte Abgabe und deren absolute und relative Zunahme gegen jedes Vorjahr, sowie die Zahl der Abnehmer, deren Zunahme und deren durchschnittlichen Consum im Jahre und in Procenten gegen jedes Vorjahr an.

In den 25 Jahren ist die gesammte Wasserabgabe von 699 025 cbm auf 10 406 658 cbm, also fast auf das 15 fache gewachsen, und die Zahl der Abnehmer hat sich von 401 auf 4349 oder fast auf das 11 fache vermehrt, während der Jahresconsum pro Abnehmer von 1740 cbm auf 2393 cbm, also kaum auf das 1,4 fache gewachsen ist.

Die Tabelle 201 (S. 275) gibt für dieselben Betriebsjahre mit wenigen Ausnahmen den Kohlenverbrauch für den Dampfkesselbetrieb im Ganzen, für 100 cbm gefördertes Wasser und für eine PS.-Stunde bei Annahme von 110,0 m Arbeitshöhe an. Ferner ist die Leistung pro kg Kohle in m × kg darin aufgeführt.

Die Tabelle 202 (S. 275) gibt für die Jahre von 1872 bis 1896/97 an, welcher Theil von der geförderten Wassermenge nach Messern abgegeben ist, und wie gross der verbleibende Rest, also die ungemessen abgegebene Wassermenge ist. Beide Werthe sind sowohl im Ganzen, als in ihrem Verhältnisse zu 100 cbm von der Gesammtabgabe angeführt, wobei zu beachten ist, dass von dem

Tabelle 200.

Jahr	Gesammt-abgabe cbm	Zunahme gegen das Vorjahr cbm	desgleichen gegen 100 cbm des Vorjahres	Zahl der Abnehmer	Zunahme gegen das Vorjahr	cbm pro Abnehmer	desgl. gegen 100 cbm des Vorjahrs
1872	699 025	—	—	401	—	1 740	—
1873	1 173 349	474 324	168,0	576	175	2 039	117,1
1874	1 541 825	368 476	131,5	827	251	1 865	91,6
1875	1 792 358	250 533	116,2	911	84	1 970	105,7
1875/76	1 827 781	35 423	101,9	964	53	1 898	96,4
1876/77	2 214 949	387 168	121,1	1 020	56	2 170	114,5
1877/78	2 611 824	396 875	118,0	1 073	53	2 434	112,0
1878/79	2 444 090	—167 734	93,6	1 108	35	2 208	90,8
1879/80	2 779 027	334 937	113,8	1 288	180	2 156	97,5
1880/81	2 913 129	134 102	104,9	1 271	—17	2 290	106,4
1881/82	3 988 820	1 075 691	136,9	1 396	125	2 859	124,8
1882/83	4 291 988	303 168	107,6	1 475	79	2 906	101,9
1883/84	4 589 700	297 712	107,0	1 587	112	2 889	99,4
1884/85	5 217 993	628 293	113,9	1 715	128	3 041	105,1
1885/86	5 006 622	—211 371	95,7	1 838	123	2 725	89,8
1886/87	5 001 290	— 5 332	99,9	2 020	182	2 480	90,9
1887/88	5 451 788	450 498	109,1	2 243	223	2 429	98,1
1888/89	5 846 228	394 440	107,0	2 407	164	2 424	99,9
1889/90	6 330 752	484 524	108,7	2 556	149	2 479	102,0
1890/91	7 427 854	1 097 102	117,3	2 783	227	2 666	107,9
1891/92	8 318 215	890 361	112,0	3 007	224	2 769	111,9
1892/93	8 710 892	392 677	104,8	3 227	220	2 700	97,4
1893/94	9 381 553	670 661	107,8	3 591	364	2 612	96,7
1894/95	9 500 973	119 420	101,2	3 839	248	2 479	94,9
1895/96	10 026 835	525 898	105,5	3 974	35	2 779	112,1
1896/97	10 406 658	379 823	103,8	4 349	375	2 393	86,1

Tabelle 201.

Jahr	Kohlen-verbrauch kg	desgl pro 100 cbm Wasser	desgl. pro PS.-Stunde	Leistung pro kg Kohle m × kg
1873	2 042 050	173,9	4,26	63 200
1874	2 500 300	162,0	3,97	68 000
1875	3 018 700	168,3	4,13	65 400
1875/76	3 073 850	168,0	4,12	65 500
1876/77	3 294 400	148,7	3,64	74 000
1877/78	3 504 600	134,0	3,28	82 200
1878/79	3 218 100	131,6	3,22	83 600
1879/80	3 415 950	123,0	3,02	89 500
1880/81	3 930 450	134,9	3,30	81 600
1881/82	5 009 500	125,3	3,07	87 900
1885/86	5 442 900	108,9	2,67	101 200
1886/87	5 557 065	111,3	2,73	98 800
1887/88	6 319 553	116,0	2,84	94 900
1888/89	5 719 500	98,0	2,40	112 200
1889/90	6 368 350	100,7	2,46	109 200
1890/91	6 996 650	94,2	2,31	117 000
1891/92	8 904 200	107,1	2,63	102 900
1892/93	8 696 650	99,8	2,44	110 200
1893/94	8 884 594	94,7	2,32	116 100
1894/95	8 017 760	84,4	2,07	130 200
1895/96	8 499 980	84,8	2,08	129 760
1896/97	905 269	87,3	2,14	125 900

1. October 1879 ab für jede Abgabe obligatorisch Wassermesser vorgeschrieben sind. Eine Abgabe ohne Messer ist also nach dieser Zeit nur noch für öffentliche Zwecke, durch den Verlust an Wasser und durch den Verbrauch für die eigenen Betriebszwecke des Wasserwerkes erfolgt, während vor dem Monate October 1879 darin auch das nach Schätzung abgegebene Wasser für den Hausgebrauch etc. in den Zahlen mit einbegriffen ist.

Tabelle 202.

Jahr	ohne Messer cbm	von 100 cbm Gesammt-abgabe	nach Messern cbm	von 100 cbm Gesammt-abgabe
1872	101 170	14,5	597 855	85,5
1873	236 359	20,2	936 990	79,8
1874	312 771	20,3	1 229 054	79,7
1875	404 346	22,5	1 388 012	77,5
1875/76	450 487	24,6	1 377 294	75,4
1876/77	345 944	15,6	1 869 005	84,4
1877/78	414 881	15,8	2 196 947	84,2
1878/79	320 384	13,1	2 123 706	86,9
1879/80	186 970	6,7	2 592 057	93,3
1880/81	306 914	10,5	2 606 215	89,5
1881/82	535 671	13,4	3 453 149	86,6
1882/83	453 481	10,5	3 838 507	89,5
1883/84	676 940	14,7	3 912 760	85,3
1884/85	547 087	10,5	4 670 906	89,5
1885/86	540 534	10,8	4 466 088	89,2
1886/87	540 958	10,8	4 460 332	89,2
1887/88	519 818	9,5	4 931 970	90,5
1888/89	481 927	8,2	5 364 301	91,8
1889/90	454 099	7,2	5 876 653	92,8
1890/91	856 529	11,5	6 571 325	88,5
1891/92	1 148 175	13,8	7 170 040	86,2
1892/93	1 330 445	15,3	7 380 447	84,7
1893/94	1 610 236	17,2	7 771 317	82,8
1894/95	1 424 875	15,0	8 076 062	85,0
1895/96	1 477 807	14,7	8 549 028	85,3
1896/97	1 257 501	12,1	9 149 157	87,9

Die Tabelle 203 (S. 276) gibt für die Jahre von 1874 bis 1896/97 die Vertheilung des durch Messer bezogenen Wassers nach den 3 Gruppen der Consumenten getrennt an, nämlich für die Stadt Bochum, für den Bochumer Verein und für die auswärtigen Abnehmer im Ganzen sowohl, als pro 100 cbm der durch Messer überall erfolgten Gesammtabgabe.

Tabelle 203.

Jahr	Einheimische	% nach Messerabgabe	Bochumer Verein und Zubehör	% nach Messerabgabe	Auswärtige	% nach Messerabgabe
1874	435 099	36,4	498 261	40,6	295 694	24,0
1875	450 565	32,5	480 267	34,5	457 180	33,0
1875/76	436 199	31,7	420 742	30,5	520 353	37,8
1876/77	458 497	24,5	610 699	32,7	799 809	42,8
1877/78	398 560	18,2	926 831	42,1	871 556	39,7
1878/79	448 235	21,1	814 403	38,4	861 068	40,5
1879/80	466 461	18,0	1 272 349	49,1	853 247	32,9
1880/81	549 264	21,0	1 296 406	49,8	760 545	29,2
1881/82	666 099	19,3	1 560 364	45,1	1 226 686	35,6
1882/83	672 836	17,5	1 818 446	47,4	1 347 225	35,1
1883/84	643 000	16,4	1 833 760	46,9	1 436 000	36,7
1884/85	759 596	16,3	2 007 268	42,7	1 914 040	41,0
1885/86	888 604	19,9	1 524 988	34,2	2 052 496	45,9
1886/87	913 935	20,5	1 595 494	35,7	1 950 903	43,8
1887/88	1 027 848	20,8	1 644 564	33,4	2 259 562	45,8
1888/89	1 019 164	19,0	1 750 287	32,6	2 594 850	48,4
1889/90	898 749	15,3	2 225 250	37,8	2 752 654	46,9
1890/91	965 046	14,7	2 508 337	38,2	3 097 942	47,1
1891/92	1 077 154	15,4	2 444 874	35,2	3 453 851	49,4
1892/93	1 189 262	16,1	2 381 411	32,2	3 809 774	51,7
1893/94	1 255 610	16,1	2 610 294	33,6	3 905 407	50,3
1894/95	1 385 779	17,2	2 675 679	33,2	4 014 604	49,6
1895/96	1 543 228	18,0	2 813 612	33,0	4 192 188	49,0
1896/97	1 624 140	17,7	3 280 429	35,9	4 244 588	46,4

Gegen das Jahr 1874 ist der verhältnissmässige Antheil an der Gesammtabgabe im Jahre 1896/97 für die Einheimischen auf mehr als die Hälfte hinuntergegangen, während er sich für die Auswärtigen fast verdoppelt und für den Bochumer Verein nur um wenig verringert hat. In den dem letzten vorhergehenden Jahre tritt das Verhältniss noch auffallender hervor.

Die Schwankungen des Consums an den Tagen des mittleren, des grössten und des geringsten Verbrauches gibt die Tabelle 204, sowohl im Ganzen in cbm, als den der beiden letzteren in 100 cbm am mittleren Jahrestage für die Jahre von 1888/89 bis 1896/97 an.

Tabelle 204.

Jahr	Tagesconsum				
	mittlerer cbm	grösster cbm	pro 1000 cbm am mittleren	geringster cbm	pro 1000 cbm am mittleren
1888/89	16 017	19 632	122,7	10 136	63,4
1889/90	17 345	20 904	120,5	9 714	56,0
1890/91	20 351	24 487	120,4	11 198	55,0
1891/92	22 454	28 559	124,9	10 914	48,6
1892/93	23 865	30 921	129,4	13 230	55,4
1893/94	25 703	33 269	129,5	13 340	52,0
1894/95	26 030	33 751	129,6	11 592	44,6
1895/96	27 394	34 013	124,7	15 686	57,3
1896/97	28 509	36 839	129,2	19 228	67,7

Wenn man die gesammte Wasserabgabe auf die Zahl der versorgten Personen vertheilt, so erhält man für jede derselben am mittleren, sowie am grössten und am geringsten Verbrauchstage im Jahre die Zahlen in der Tabelle 205 in Litern pro Tag für die Jahre 1888/89 bis 1896/97:

Tabelle 205.

Jahr	Consum pro Tag		
	pro Kopf im Mittel	Maximum	Minimum
1888/89	133	164	84
1889/90	143	172	80
1890/91	158	189	86
1891/92	165	210	80
1892/93	170	221	95
1893/94	173	224	90
1894/95	167	216	74
1895/96	167	207	95
1896/97	168	216	113

Tabelle 206.

Monatstag cbm	1895/96				1896/97			
	Mitteltag	Maximaltag	Minimal Werktag	Minimal Sonntag	Mitteltag	Maximaltag	Minimal Werktag	Minimal Sonntag
April . . .	25 771	29 751	23 207	15 686	26 664	30 133	26 147	19 228
Mai	27 864	22 676	25 245	21 413	28 187	32 204	26 384	20 048
Juni	28 026	31 959	23 382	20 386	32 550	35 771	26 409	25 316
Juli	28 712	30 903	26 979	20 794	32 550	36 839	28 559	23 280
August . . .	29 623	34 013	27 676	23 290	29 995	34 774	27 628	22 586
September . .	30 306	33 427	28 316	23 207	29 862	32 119	28 611	24 666
October . . .	28 635	31 282	26 755	22 439	28 554	31 040	26 560	22 678
November . .	26 437	29 519	24 955	20 470	27 957	30 040	26 496	23 789
December . .	25 125	28 474	24 128	19 044	26 272	30 186	25 416	15 339
Januar . . .	25 800	28 883	2 517	18 916	26 134	28 933	24 113	18 394
Februar . . .	25 762	29 083	21 851	19 090	26 648	29 466	22 402	20 759
März	26 557	30 535	25 622	21 804	27 424	30 264	26 588	21 435

Die täglichen Schwankungen erscheinen in Folge des grossen Verbrauches des Wassers für technische Zwecke wesentlich geringer, als bei anderen Werken. Es ist interessant, diesen Unterschied auch auf die einzelnen Monate zu verfolgen und zugleich hierbei die Sonntage als Minimaltage extra hervorzuheben. Die Tabelle 206 gibt für die beiden letzten Betriebsjahre eine solche Zusammenstellung der Tagesförderung in jedem Monate am mittleren Tage, am Maximaltage, am Minimal-Werktage und am Sonntage.

Die gesammte Vertheilung des Wassers für Private, für die Wassergenossenschaften und für Industrie und Gewerbe während der 5 letzten Jahre, sowie die Zahl der Abnehmer für jeden Zweck und der Consum jedes Abnehmers ergibt sich aus der Tabelle 207.

Die Tabelle 208 endlich giebt eine Zusammenstellung für die 5 Jahre 1886/87 bis 1890/91 und für die 3 Jahre 1894/95 bis 1896/97 von dem Wasserverbrauche der Stadt Bochum allein, ohne den Bochumer Verein und ohne die auswärtigen Abnehmer. Es ist darin die Ein-

Tabelle 207.

Vertheilung nach Art der Abnehmer	1892/93	1893/94	1894/95	1895/96	1896/97
a) **Wasserabgabe für Private**					
Zahl der Abnehmer	3 084	3 441	3 659	3 974	4 349
cbm im Jahre	816 572	936 854	982 457	1 092 258	1 213 941
Desgleichen Consum pro Abnehmer . . . cbm	265	272	269	275	279
b) **Desgl. für Genossenschaften**					
Zahl der Abnehmer	93	93	110	116	?
cbm im Jahre	336 197	284 069	234 346	242 621	194 502
desgl. Consum pro Abnehmer . . . cbm	3 615	3 056	2 129	2 092	—
c) **Desgl. für Industrie**					
Zahl der Abnehmer	140	147	177	182	188
cbm im Jahre	6 227 678	6 550 394	8 067 062	7 214 149	7 740 714
Desgl. Consum pro Abnehmer . . . cbm	44 483	44 560	45 576	3 962	4 117

Tabelle 208.

Jahr	1886/87	1887/88	1888/89	1889/90	1890/91	1894/95	1895/96	1896/97
Einwohnerzahl	40 803	42 488	44 370	45 725	47 618	51 996	53 788	55 537
Gesammte Abgabe für die Stadt . . cbm	2 686 028	2 902 817	3 358 782	3 296 191	3 739 519	4 616 516	4 962 402	5 177 294
oder von 100 cbm der gesammten Förderung des Werkes . . . . »	53,7	53,3	57,4	52,1	50,0	48,6	49,6	49,8
Gesammte Abgabe am mittleren Jahrestage . . . . »	7 359	7 953	9 202	9 031	10 245	12 648	13 596	14 184
Abgabe ohne Messer . . . . »	540 958	519 814	481 927	454 099	856 529	1 424 875	1 477 807	1 257 501
oder pro 100 cbm der gesammten Abgabe für die Stadt . . . . »	20,2	17,9	14,3	13,8	22,9	30,9	29,3	24,3
Abgabe nach Messern . . . . »	2 145 070	2 382 999	2 876 855	2 842 092	2 882 990	3 191 641	3 484 595	3 919 793
oder pro 100 cbm der gesammten Messerabgabe des Werkes . . . »	48,1	45,8	53,6	48,3	43,9	39,5	40,8	42,8
oder pro 100 cbm der gesammten Abgabe für die Stadt . . . . »	79,8	82,1	85,7	86,2	77,1	69,1	70,7	75,7
Messerabgabe für häusliche Zwecke . »	350 642	365 341	362 256	407 574	418 594	549 392	596 993	619 724
oder von 100 cbm der städtischen Messerabgabe . . . . »	16,4	15,3	12,6	14,3	14,5	17,2	17,1	15,8
Zahl der Anschlüsse	1 494	1 614	1 677	1 772	1 872	2 228	2 334	2 447
Jahresabgabe pro Anschluss . . . cbm	235	226	216	230	223	246	251	253
Liter pro Tag pro Einwohner	23	24	22	24	24	29	32	31
Messerabgabe für Industriezwecke . . cbm	1 794 428	2 017 658	2 514 599	2 434 518	2 464 396	2 642 249	2 887 602	3 300 069
oder von 100 cbm der städtischen Messerabgabe . . . . »	83,6	84,7	87,4	85,7	85,5	82,8	82,9	84,2
Zahl der Anschlüsse	42	53	63	65	70	99	100	100
Jahresabgabe pro Anschluss . . cbm	42 724	38 069	39 918	37 454	35 205	26 689	28 876	33 000

wohnerzahl, die Zahl der Anschlüsse und die Grösse des für häusliche Versorgungen abgegebenen Wasserquantums, sowie die Abgabe pro Anschluss im Jahre und pro Kopf im Tage, ferner die Zahl der Grossconsumenten von Wasser in der Stadt und deren Abnahmequantum im Ganzen und einzeln im Durchschnitt angegeben. Dazu tritt die ungemessen abgegebene Wassermenge des ganzen Werkes, welche den Wasserverbrauch für öffentliche Zwecke für die Stadt allein, aber auch den Wasserverlust etc. für das ganze Werk mit umfasst, also von der Stadt als Besitzerin des Werkes, weil nichts dafür von Anderen gezahlt wird, getragen werden muss, wodurch freilich deren Gesammtconsum sich wesentlich vergrössert. Vonletzterem ist auch das Verhältniss zur Gesammtabgabe des Werkes und der Abgabe für die Stadt durch und ohne Messer in der Tabelle angegeben.

d) Anlage- und Betriebskosten, Wasserpreis.

Der Werth, den das gesammte Wasserwerk am 1. Januar 1875 gehabt hat, ist nachträglich durch Taxation zu M. 582126 festgestellt. Der jeweilige Buchwerth des Werkes mit seinen Zugängen hat fortlaufend jährliche Abschreibungen von 3% für Gebäude, 1% für Brunnen und Hochreservoire, 6% für Eisenbahn, Maschinen und Kessel, 5% für Rohre, Mobilien und Telegraphenleitungen und 10% für Wassermesser und Betriebsgeräthe erfahren.

Die Tabelle 209 gibt für die einzelnen Conten und im Ganzen die gezahlten Anlagekosten, die Summe der vorgenommenen Abschreibungen und den verbliebenen Buchwerth am 1. April 1897 an.

Die Betriebskosten des Wasserwerkes für 100 cbm gefördertes Wasser haben sich in den 3 Jahren 1875, 1876 und 1877/78 und in den 3 letzten Jahren 1894/95 bis 1896/97, wie die Tabelle 210 angiebt, gestellt.

Tabelle 209.

Conto	Taxation 1./1. 1875 M.	Anlage-kosten 31./3. 1897 M.	Ab-schreibungen bis 31./3. 1897 M.	Buchwerth 1./4. 1897 M.
1. Grundbesitz	12 000	65 836	—	65 836
2. Fabrikgebäude	20 000	175 052	56 841	118 211
3. Wohngebäude	15 600	20 056	8 958	11 098
4. Kanalanlagen	12 000	19 001	7 777	11 224
5. Hochreservoire	45 000	204 069	39 137	164 932
6. Maschinen und Kessel	100 000	454 979	218 357	236 622
7. Brunnen und Filter	9 300	139 015	31 362	107 654
8. Rohrleitungen	347 203	1 907 986	793 673	1 114 313
9. Telegraphenanlagen	4 000	11 845	5 184	6 661
10. Wassermesser	15 599	213 086	28 497	84 589
11. Betriebsgeräthe	976	11 096	7 593	3 503
12. Mobilien	508	4 955	2 176	2 779
13. Eisenbahnanlage	—	18 358	4 941	13 414
14. Strassenberieselung	—	939	49	892
zusammen M.	582 186	3 246 273	1 204 545	1 941 728

Tabelle 210.

Betriebsjahr	1875 M.	1876 M.	1877/78 M.	1894/95 M.	1895/96 M.	1896/97 M.
Kohlen	1,68	1,17	0,88	0,69	0,68	0,74
Unterhaltung des Rohrsystems	0,23	0,20	0,06	0,23	0,31	0,20
desgl. der Maschinen und Pumpen	0,12	0,17	0,13	0,11	0,14	0,13
desgl. der Strassenberieselung	0,07	0,02	—	0,01	} 0,01	} 0,02
desgl. der Hochreservoire	—	0,15	0,01	0,01		
Allgemeine Reparaturen	0,11	0,08	0,03	0,10	0,10	0,08
Gehälter	0,50	0,40	0,28	0,12	0,12	0,12
Löhne	0,43	0,48	0,37	0,26	0,26	0,27
Unkosten und Steuern	0,26	0,19	0,35	0,29	0,28	0,28
zusammen	3,40	2,86	2,11	1,82	1,90	1,84
davon ab:						
Ueberschuss und Wassermiethe	—	—	—	0,12	0,14	0,21
Gewinn an Privatverbrauch	0,48	0,07	0,15	0,21	0,21	0,19
Diverses	0,02	0,03	0,03	0,01	0,01	0,01
zusammen	0,50	0,10	0,18	0,34	0,36	0,41
bleiben Gewinnungskosten	2,90	2,76	1,93	1,48	1,54	1,43
dazu Abschreibungen				1,08	1,00	0,92
» Verzinsung				0,88	0,70	0,64
pro 100 cbm gefördertes Wasser Selbstkosten				3,44	3,24	2,99
» » » verkauftes » »				4,02	3,80	3,43
» » » verkauftes Wasser Verkaufspreis				6,69	6,74	6,72
Desgleichen unter Hinzurechnung der Gratisabgabe				5,79	5,75	5,91

Als vierteljährlicher Wasserpreis ist für jedes Grundstück mindestens für 40 cbm Wasser M. 4 für einheimische und M. 5,20. für auswärtige Abnehmer zu bezahlen. Der Wasserpreis pro cbm ist verschieden nach der vierteljährlich entnommenen Wassermenge und ferner danach, ob die Empfänger Einheimische sind oder nicht. Die Einheitspreise betragen pro cbm:

bis cbm . . .	40 bis 400	bis 1000	bis 1500	bis 2000
Einheimische Pf.	10,0	9,5	9,0	8,5
Auswärtige Pf.	13,0	13,0	13,0	13,0

bis cbm . . .	3000	bis 4500	bis 6000	bis 8000	bis 10000
Einheimische Pf.	8,5	8,5	8,5	8,0	8,0
Auswärtige Pf. .	12,5	12,0	11,5	11,0	10,5
bis cbm . . .	15000	bis 20000	bis 25000	bis 30000	bis 40000
Einheimische Pf.	8,0	8,0	8,0	7,5	7,5
Auswärtige Pf. .	10,0	9,5	9,0	8,5	8,0
bis cbm . . .	50000	bis 100000	darüber		
Einheimische Pf.	7,5	7,0	6,5		
Auswärtige Pf. .	7,5	7,0	6,5.		

An Wassermessermiethe ist pro Jahr je nach der Grösse zu zahlen:

Durchmesser mm . .	13	20	25	40	50	75
Mark	6,00	7,20	10,80	15,60	26,40	42,00
Durchmesser mm . .	100	125	150			
Mark	54,00	66,00	90,00.			

e) Wasseruntersuchungen.

Das Wasser wird allmonatlich durch das städtische Nahrungsmitteluntersuchungsamt geprüft. Das Ergebniss ist stets ein durchaus günstiges, indem das Wasser als sehr rein und von geringer Härte bezeichnet und zur Verwendung als Trink- und Nutzwasser, sowie zu allen gewerblichen Zwecken als besonders brauchbar empfohlen wird.

32. e. **Bodelschwing.** (E. 1121.)

Die Wasserversorgung des Ortes Bodelschwing erfolgt durch das Wasserwerk des nördlichen westfälischen Kohlenreviers.

33. n. **Bödefeld.** (E. 960.)

Für die Wasserversorgung der Gemeinde Freiheit Bödefeld ist für deren Rechnung im Jahre 1895 nach dem Projecte und unter Leitung des Wasserwerksdirectors Disselhoff in Hagen eine Wasserversorgung ausgeführt, welche nach dem Anschlage M. 35000 oder M. 36,46 pro Kopf kosten sollte. Die tägliche Leistung war auf ca. 700 cbm angenommen.

Das Wasser wird im Lenneschiefer durch 3 Sammelanlagen von ca. 70 m Länge erschlossen und mit natürlichem Gefälle einem 420 m entfernt und 95,0 m tiefer liegenden Hochreservoire durch eine Leitung von 60 mm Durchmesser zugeführt. Das Reservoir ist zweitheilig und hat 90 cbm Inhalt. Es ist gemauert und in die Erde versenkt. Sein Wasserspiegel liegt 37,0 m bis 59,0 m hoch über dem Ortsterrain.

Die Fallrohrleitung hat 100 mm Durchmesser und 680 m Länge. An diese schliessen 1120 m Rohre von 80 mm Durchmesser, die mit 8 Schiebern und 28 Unterflurhydranten verbunden sind. Die Zuleitungen bestehen aus geschwefelten Bleirohren.

34. g. **Boele.** (E. 4673, W. 332 mit je 14,1 B.)

Die Wasserversorgung der Gemeinde Boele erfolgt seit dem Jahre 1891 durch eine Quellwasserleitung, die von dem Ingenieur H. Müller in Bochum auf seine Kosten angelegt und Anfangs auch betrieben wurde.

Das Wasser wird ca. 2 km vom Orte entfernt am Ramberge in der Gemeinde Fley durch einen Stollen erschlossen, der 82 m Länge hat. Von diesem führt eine 58 m lange Leitung das in dem Stollen durch eine Rösche aufgestaute Wasser zu einem Hochreservoire, welches bei 7,2 m Länge und 6,0 m Breite 80 cbm Inhalt hat. Es ist in Mauerwerk ausgeführt, in den Boden versenkt, überwölbt und mit Erde überdeckt. Der Druck in den Leitungen in dem Orte variirt von 5,0 m bis 50,0 m. Das Rohrnetz hat im Ganzen 4804 m Länge und ist mit 13 Schiebern und 16 Hydranten verbunden. Nach der Grösse der Rohre setzt es sich zusammen aus:

Durchmesser mm	80	70	60	50
Rohrlänge . . m	2039	783	1499	483

Diese Anlage hat seiner Zeit im Ganzen 37100 Mk. gekostet. Der zunehmende Wasserbedarf zwang, Untersuchungen vorzunehmen, ob mehr Wasser in der Gegend des Stollens zu erschliessen sei, die aber ohne Erfolge blieben. Ebenso führten die Verhandlungen mit der Stadt Hagen, aus deren Wasserwerke Wasser zu erhalten, zu keinem Resultate. Dagegen war aber der Versuch einer Wassergewinnung am anderen Ufer der Ruhr neben und oberhalb des Hagener Wasserwerkes bei Hengstey ein sehr günstiger. Ein hier abgeteufter Brunnen von 2,0 m Durchmesser, der in 5,0 m Tiefe die Kiesschicht durchsetzt und den Schieferfelsen erreicht, gab in 24 Stunden selbst in trockener Zeit 1000 cbm Wasser.

Daraufhin hat sich eine Gesellschaft »Wasserwerk Boele« gebildet, welche in die Concession Müller's eintrat und für welche letzterer nach seinem Projecte im Jahre 1893 in ca. 160 m Entfernung von dem Brunnen eine Pumpstation zur Versorgung der Gemeinde Boele erbaut hat. In dieser ist eine liegende Eincylindermaschine mit Rider-Steuerung aufgestellt, welche mit der verlängerten Kolbenstange eine doppeltwirkende Plungerpumpe betreibt. Die Kolben der Dampfmaschine und der Pumpe haben 250 mm resp. 120 mm Durchmesser und 0,5 m Hub. Die Dampfbereitung erfolgt durch einen Cornwallkessel von 30 qm Heizfläche.

Ferner ist ein schmiedeeisernes Hochreservoir (System Intze) von 5,18 m Höhe und 200 cbm Inhalt dicht an der Grenze des Versorgungsgebietes in der Nähe des Kirchhofes auf einem 10,82 m hohen, massiven Unterbaue aufgestellt. Es ist ummantelt und überdacht und seine Höhenlage gestattet, auch das Quellwasser vom Ramberge mit natürlichem Gefälle in dasselbe überzuführen. Es wird daher von der Pumpstation nur dann Gebrauch gemacht, wenn das Quellwasser für die Versorgung nicht mehr ausreicht.

Von der Pumpstation führt zu dem Reservoire eine Druckleitung von 150 mm Durchmesser, und eine Fallrohrleitung verbindet das Reservoir mit dem alten Vertheilungsnetze. Eine zweite Fallrohrleitung von 175 mm Durchmesser führt ferner der Actienstrasse entlang nach der Gemeinde Vorhalle und nach Boelerheide, um auch diese mit Wasser zu versorgen. Die gesammten Anlagekosten haben am 1. Januar 1894 118907 Mk. betragen. Durch spätere Erweiterungen des Rohrnetzes ist dasselbe jetzt im Ganzen auf 10568 lfd. m Länge mit 26 Schiebern und 24 Hydranten gewachsen. Nach der Grösse setzt es sich wie folgt zusammen:

Rohrdurchmesser mm	175	150	80	70	60	50
Rohrlänge . . . m	2127	1184	3126	783	1707	643
Schieber	4	3	6	3	4	5

Die Wasserabgabe findet nur durch Messer statt, deren 100 von H. Meinecke, Breslau geliefert sind. Davon haben 60 einen Durchmesser von 13 mm, 39 einen solchen von 20 mm und einer einen solchen von 150 mm.

Als Wassergeld ist monatlich zu zahlen bei einem Messer von 13 mm M. 3, von 20 mm M. 3,50 und von 25 mm M. 4 incl. Miethe für eine Abgabe von bis zu 8 cbm im Monate. Der Mehrconsum wird mit 15 Pf. pro cbm berechnet. Häuser mit nur 4 Räumen zahlen als Minimalpreis M. 2 pro Monat.

35. e. **Börnig.** (E. 1282.)

Die Wasserversorgung des Ortes Börnig erfolgt durch das Wasserwerk des nördlichen westfälischen Kohlenreviers.

36. e. **Bövinghausen.** (E. 710.)

Die Wasserversorgung des Ortes Bövinghausen erfolgt durch das Wasserwerk des nördlichen westfälischen Kohlenreviers.

37. g. **Bommern.** (E. 3570.)

Die Wasserversorgung des Ortes Bommern erfolgt durch das Wasserwerk des nördlichen westfälischen Kohlenreviers.

38. f. **Braubauerschaft.** (E. 17162.)

Die Wasserversorgung des Ortes Braubauerschaft erfolgt durch das Wasserwerk des nördlichen westfälischen Kohlenreviers.

39. e. **Brackel.** (E. 3818, W. 386 mit je 9,9 B.)

Der Ort Brackel hat zu seiner Wasserversorgung für eigene Kosten eine Rohrleitung hergestellt, welche durch einen directen Anschluss mit einem Centralmesser aus dem Dortmunder Wasserwerke gespeist wird. Die Leitung hat im Ganzen 11016 lfd. m Länge und besteht aus Rohren von 80 mm bis 40 mm Durchmesser, die mit 26 Schiebern und 30 Hydranten verbunden sind.

Ausserdem erhalten 2 Consumenten im Orte das Wasser aus der Unna-Königsborner Wasserleitung.

40. g. **Breckerfeld.** (E. 1626.)

Für die Wasserversorgung der Stadt Breckerfeld ist der Bau einer Wasserversorgung nach dem Projecte des Wasserwerkdirectors Disselhoff in Hagen beschlossen.

Bei dessen Vorarbeiten ist in 2 km Entfernung von der Stadt in der Nähe von Ehringhausen in den oberen Schichtenköpfen des Lenneschiefers ein Grundwasserlauf erschlossen, der eine tägliche Ergiebigkeit von 300 bis 400 cbm hat. Das Wasser liegt so hoch, dass es mit einem natürlichen Gefälle von 2,0 bis 3,0 m einem dicht vor der Stadt anzulegenden Hochreservoire von 200 cbm Inhalt zugeführt werden wird.

41. d. **Brilon.** (E. 4537, W. 576 mit je 8,0 B.)

Für die Wasserversorgung der Stadt Brilon ist im Jahre 1891 eine Anlage auf städtische Rechnung hergestellt, welche M. 120000 oder M. 26,43 pro Kopf gekostet hat.

Das Wasser ist 5 km von der Stadt entfernt auf einer Haide aus Quellen erschlossen, welche eine Mächtigkeit von 300 bis 350 cbm im Tage haben. Es fliesst von hier mit natürlichem Gefälle einem unmittelbar vor der Stadt in Mauerwerk hergestellten Hochreservoire von 200 cbm Inhalt zu, aus dem es durch gusseiserne Rohre zur Vertheilung gelangt. Die Hausanschlüsse bestehen aus Bleirohren und sämmtliche Häuser sind mit dem Leitungsnetze verbunden. 40 Hydranten sind aufgestellt.

42. e. **Brüninghausen.** (E. 285.)

Die Wasserversorgung des Ortes Brüninghausen erfolgt durch das Wasserwerk des nördlichen westfälischen Kohlenreviers.

43. p. **Burbach.** (E. 1500, W. 240 mit je 6,2 B.)

Für den Ort Burbach hat für dessen Rechnung im Jahre 1893 der Ingenieur Max Hessemer in Ems nach seinem Projecte eine Wasserversorgung ausgeführt, welche täglich 820 cbm Wasser liefert. Die Rohre dafür haben R. Böcking & Comp. in Halbergerhütte und die Schieber H. Breuer & Comp. in Höchst geliefert.

Das Wasser wird durch 350 lfd. m Cementsickerrohre von 200 mm Durchmesser erschlossen und in einer 5,0 m tiefen Quellstube von 1,2 m mal 1,2 m Querschnitt gesammelt. Es fliesst von hier mit natürlichem Gefälle einem gemauerten Hochreservoire von 100 cbm Inhalt zu, das überwölbt und in den Boden versenkt ist und mit seinem Wasserspiegel 75,0 m unter der Gewinnungsstelle liegt.

Das Abgabegebiet liegt 1500 m von dem Reservoire entfernt und im Mittel 30,0 m tiefer als dieses. Die Rohrleitungen haben ca. 4000 m Länge und 100 mm bis 60 mm Durchmesser. Damit sind 45 Schieber, 12 Ueberflurhydranten und 8 öffentliche Ventilbrunnen verbunden. 50 Hausanschlüsse sind durch Bleirohre von 20 mm und 25 mm Durchmesser hergestellt. 10 Wassermesser von C. A. Spanner, Wien-Aachen sind eingebaut. Im Jahre 1894 sind im Ganzen 23000 cbm oder pro Tag im Durchschnitt 63 cbm Wasser verbraucht.

Der Wasserpreis beträgt 20 Pf. pro cbm.

44. h. **Camen.** (E. 7559.)

Die Wasserversorgung der Stadt Camen erfolgt seit dem Jahre 1888 durch das Wasserwerk Unna-Königsborn. Das Zuleitungsrohr von 150 mm Durchmesser, welches hinter einem an das Hauptrohr angeschlossenen Wassermesser abgeht, und die Vertheilungsleitungen sind Eigenthum der Stadt. Letztere haben 5959 lfd. m Länge und sind mit 8 Schiebern und 41 Unterflurhydranten verbunden. Diese Rohre setzen sich aus folgenden Durchmessern und Längen zusammen:

Rohrdurchmesser	mm	150	125	100	80
Rohrlänge . .	m	419	591	1088	3861.

Es sind 211 Anschlussleitungen aus Bleirohren hergestellt, und in 75 derselben sind Wassermesser eingebaut, welche von H. Meinecke, Breslau geliefert sind und folgende Dimensionen haben:

Durchmesser	mm	12	20	30	50
Stückzahl . .	m	51	20	1	3.

Im Jahre 1894/95 hat die Wasserabgabe im Ganzen 259233 cbm oder 710 cbm pro Tag betragen. Dafür sind an das Wasserwerk M. 12961,65 oder 5 Pf. pro cbm gezahlt. Der Consum belief sich im December 1894 im Ganzen auf 23537 cbm und im März 1895 auf 14373 cbm.

45. e. **Castrop.** (E. 7540.)

Die Wasserversorgung der Stadt Castrop erfolgt durch das Wasserwerk des nördlichen westfälischen Kohlenreviers.

46. e. **Courl.** (E. 815.)

Die Wasserversorgung des Ortes Courl erfolgt durch das Dortmunder Wasserwerk.

47. f. **Crange.** (E. 541.)

Die Wasserversorgung des Ortes Crange erfolgt durch das Wasserwerk des nördlichen westfälischen Kohlenreviers.

48. g. **Dahle.** (E. 1803, W. 120 mit je 15,0 B.)

Für die Wasserversorgung des Dorfes Dahle hat sich eine Genossenschaft mit beschränkter Haftpflicht gebildet. Nach dem Projecte und unter Leitung des Wasserwerksdirectors Disselhoff in Hagen ist eine Quellwasserleitung für eine tägliche Leistung von 80 cbm Wasser hergestellt, welche M. 12500 gekostet hat. Die Rohre dafür hat H. Trimpop in Hagen geliefert.

Das Wasser wird durch eine ca. 12 m lange Sammelanlage aus dem Lenneschiefer erschlossen und einem unmittelbar daneben gelegenen Hochreservoire von 60 cbm Inhalt zugeführt, das gemauert und in den Boden versenkt ist. Von hier wird es durch eine 850 m lange Leitung von 80 mm Durchmesser mit natürlichem Gefälle dem 20,0 m tiefer liegenden Orte zugeführt, wo 600 m Rohre von 80 mm und 150 m von 50 mm Durchmesser zur Vertheilung verlegt sind. Damit sind 3 Schieber und 3 Unterflurhydranten verbunden. Die Zuleitungen bestehen aus geschwefelten Bleirohren.

49. i. **Dahlhausen.** (E. 6040.)

In dem Orte Dahlhausen wird von dem Bochumer Wasserwerke nur einem industriellen Werke Wasser geliefert. Dieses hat im Jahre 1894/95 449357 cbm, im Jahre 1895/96 361478 cbm und im Jahre 1896/97 3569038 cbm erhalten, während es im Jahre 1886/87 nur 146407 cbm bezogen hatte.

50. e. **Deininghausen.** (E. 215.)

Die Wasserversorgung des Ortes Deininghausen erfolgt durch das Wasserwerk des nördlichen westfälischen Kohlenreviers.

51. e. **Deuben.** (E. 746.)

Die Wasserversorgung des Ortes Deuben erfolgt durch das Wasserwerk des nördlichen westfälischen Kohlenreviers.

52. e. **Dingen.** (E. 266.)

Die Wasserversorgung des Ortes Dingen erfolgt durch das Wasserwerk des nördlichen westfälischen Kohlenreviers.

53. e. **Dorstfeld.** (E. 7011.)

Die Wasserversorgung des Ortes Dorstfeld erfolgt durch das Wasserwerk des nördlichen westfälischen Kohlenreviers.

54. e. **Dortmund.** (E. 11276, W. 6000 mit je 18,5 B.)

a) Geschichtliches.

Der seit den 50er Jahren in den Städten Dortmund und Hörde und in ihrer Nachbarschaft rasch zunehmende Industriebetrieb, verbunden mit der schnell wachsenden Bevölkerung hatte den Vorrath des hier im Untergrunde vorhandenen, natürlichen Wassers, das ohnehin stark kalkhaltig ist, immer mehr aufgezehrt, so dass sich ein Zustand herausbildete, der ausser den ökonomischen, auch ernstliche, sanitäre Bedenken erwecken musste. Auf Anregung des damaligen Landrathes von Rynsch in Dortmund führte das Bestreben nach einer Besserung dieses Zustandes schon Anfangs der 60er Jahre eine Anzahl von Interessenten zusammen, um sich mit dem Plane einer Wasserversorgung, die beiden Städten dienen sollte, zu befassen.

Nachdem ein in der Versammlung gewähltes Comité sich die Erlaubniss der Regierung, bei Schwerte aus der Ruhr 12000 cbm Wasser im Tage entnehmen zu dürfen, gesichert, sowie durch Rundfragen festgestellt hatte, dass bei einem Preise von 6,5 Pf. pro cbm eine tägliche Wasserabgabe von 6000 cbm als zweifellos angesehen werden könne, forderte dasselbe 4 Sachverständige, nämlich den Ingenieur Docrorey in London, den Oberbaurath Moore in Berlin, den Director Kümmel in Hildesheim und den Oberingenieur Clauss in Braunschweig auf, Pläne für ein Wasserwerk von einer solchen Ausdehnung anzufertigen. Soweit von diesen Herren Material dafür einging, ergab sich, dass ein solches Werk für ca. M. 1350000 herzustellen sein würde.

Wenn auch die von dem Comité bei der Stadt Dortmund am 24. April 1866 beantragte Erlaubniss zur Ueberlassung der öffentlichen Wege der Stadt für Rohrverlegungen, sowie die weiter von der Stadt erbetene Erklärung über eine eventuelle financielle Betheiligung derselben an dem Unternehmen wohl wegen des Krieges vorläufig unerledigt blieben, so trat dasselbe doch am 30. Juli 1866 mit dem Plane zur Bildung einer Actiengesellschaft für den Bau und Betrieb eines Wasserwerkes vor eine grössere Versammlung.

Aber mehr als 3 Jahre vergingen, ohne dass die sich dem Unternehmen entgegenstellenden, schwierigen Verhandlungen einer befriedigenden Erledigung näher gelangen konnten, so dass endlich am 19. Januar 1870 der Magistrat und die Stadtverordneten der Stadt Dortmund den Beschluss fassten, das Kapital zum Bau eines durch die Stadt Dortmund auszuführenden städtischen Wasserwerkes durch eine Anleihe aufzunehmen. Das Comité stellte daraufhin seine Thätigkeit ein und überliess der Stadt seine Vorarbeiten und Pläne zur beliebigen Benutzung. Die Stadt engagirte dann später als Bauleiter für das Werk den Civilingenieur Edm. Bethge in Essen.

Das Wasserwerk war in seiner ersten Ausdehnung für eine stündliche Leistung von 900 cbm in der Maschinenkraft bestimmt, und die gesammten Anlagekosten waren auf M. 1350000 veranschlagt. Der Bau selbst wurde im Sommer 1871 in Angriff genommen, und schon im October 1872 ist der Stadt Wasser durch das Werk zugeführt. Allerdings liess die Fertigstellung aller Rohrlegungsarbeiten den regelmässigen Betrieb erst Ende des Jahres 1873 beginnen.

b) Erste Anlage.

Die erste Anlage des Wasserwerkes bildet eine heute noch bestehende Pumpstation an der Ruhr, von welcher eine Druckleitung, die die Ruhr kreuzt, zu einem am anderen Ufer liegenden Ausgleichsreservoire führt. Von diesem geht eine Fallrohrleitung zum eigentlichen Hochreservoire, und von hier führt eine Speiseleitung zum Vertheilungsnetze in der Stadt. Die Pumpstation liegt am linken Ufer der Ruhr bei dem Dorfe Villigst, der Stadt Schwerte gegenüber. Als Gebäude dafür sind damals ein Maschinen- und ein Kesselhaus und eine Arbeiterwohnung für 4 Familien ausgeführt. Das Wasser ist durch 2 Dampfpumpmaschinen aus 2 Brunnen entnommen. 7 Dampfkessel lieferten für die Maschinen den nöthigen Dampf.

Das Ausgleichsreservoir liegt 4237 m von dieser Pumpstation entfernt am Freischütz bei Schwerte. Das Hochreservoir liegt bei Berghofen in ca. 1350 m Entfernung vom Ausgleichsreservoire und in 7272 m Entfernung von Dortmund.

Die Dampfmaschinen, Pumpen und Kessel hat die Sächsische Maschinenbau-Actiengesellschaft in Chemnitz geliefert. Die Gebäude, die Brunnen und die Filteranlagen, sowie das gesammte Rohrnetz, einschliesslich der Materiallieferungen, hat die Firma J. & A. Aird in Berlin ausgeführt. Die Kosten der Anlagen haben sich Ende des Jahres 1873 annähernd auf M. 1800000 belaufen.

Die beiden ersten Maschinen sind liegende Zwillingsmaschinen, deren jede 2 direct gekuppelte, doppeltwirkende Pumpen mit Scheibenkolben und Glockenventilen, die später in Ringventile umgewandelt sind, betreibt. Die Maschinen haben Corliss-Steuerung, Schwungräder und Condensation. Sie machen 20 Umdrehungen pro Minute. Die Dampfkolben haben 870 mm und die Pumpenkolben 350 mm Durchmesser und beide haben 1,10 m Hub. Die Arbeitshöhe der Pumpen beträgt 113,0 m, und die Leistung einer jeden Maschine entspricht dabei ca. 190 PS.

Von den 7 Kesseln sind 6 Cornwallkessel von 9,42 m Länge und 2,20 m Durchmesser. Jeder derselben hat 2 Feuerrohre von 0,83 m Durchmesser und eine Heizfläche von 86 qm. Die Rostfläche jedes Kessels beträgt 1,6 qm. Sie sind für 4 Atm. Dampfdruck concessionirt. Der siebente Kessel war ein Field'scher Kessel von ca. 90 qm Heizfläche, der nur wenig benutzt ist.

Die beiden Brunnen für die Wassergewinnung haben 3,8 m Durchmesser und 4,0 m Tiefe. Sie sind nur in der Sohle, die 2,2 m tief unter dem Niedrigwasser der Ruhr liegt, durchlässig und liegen ca. 20 m von dem Flussufer entfernt. Zu ihnen wird Wasser durch Filterrohre von gebranntem Thon geführt, die ca. 260 m Länge und 400 mm Durchmesser haben. Diese sind 1,2 m tief unter dem Niedrigwasser verlegt.

Das damalige Druckrohr von den Pumpen zu dem Ausgleichsreservoire hat 520 mm Durchmesser und die beiden ersten Fallrohre, die von hier zum Hochreservoire führen, haben 260 mm Durchmesser gehabt. Das Ausgleichsreservoir hat einen Nutzinhalt von 1600 cbm und das Hochreservoir einen solchen von 7000 cbm. Ersteres liegt 108,0 m hoch über der Gewinnungsstelle auf einem natürlichen Höhenzuge, während letzteres 30,0 m tiefer, also 78,0 m hoch über der Gewinnungsstelle liegt. Schon bei dem ersten Projecte ist die Frage erörtert, ob die Herstellung eines Stollens zur Ersparung der überflüssigen 30,0 m Förderhöhe nicht vortheilhafter sein würde. Die Schwierigkeit der Ausführung des Stollens und die dafür nöthige Arbeitszeit haben aber davon vorläufig Abstand nehmen lassen, weil die schnellste Inbetriebnahme des Werkes damals als ein dringendes Bedürfniss erschien.

Beide Reservoire sind aus Mauerwerk hergestellt, überwölbt, mit Erde überdeckt und ganz in den Boden versenkt. Das Hochreservoir misst im Lichten im Grundrisse 39 m im Quadrat und hat 4,7 m Tiefe. Die erste Zuleitung nach Dortmund hat in den ersten 3551 m ihrer Länge einen Durchmesser von 470 mm und für die folgenden 3721 m Länge einen solchen von 420 mm.

Das Stadtrohrnetz in Dortmund hat Ende des Jahres 1873 im Ganzen eine Länge von 35029 lfd. m von Rohren von 420 mm bis 80 mm Durchmesser gehabt. Damit waren 86 Schieber und 133 Hydranten verbunden.

Nach den verschiedenen Dimensionen getrennt, war das Rohrnetz zusammengesetzt aus:

Durchmesser . mm	420	365	315	200	210	155	130	105	80
Rohrlänge . . m	343	576	1672	2333	1077	3326	2587	11473	11642
Schieberzahl . . .	1	1	2	5	3	11	10	25	28

Die Länge der verlegten Rohrleitungen des Wasserwerkes hat Ende des Jahres 1873 im Ganzen 50270 lfd. m betragen.

c) Weiterer Ausbau der Wasserförderung etc.

Das Bedürfniss nach einer Vergrösserung einzelner Anlagetheile stellte sich schon vor dem Beginne des regelmässigen Betriebes (Ende des Jahres 1873) ein, so dass der im October 1873 in den Dienst der Stadt eingetretene Wasserwerksdirector Reese sehr bald die Mittel für Beschaffung einer dritten Maschine mit 2 Kesseln, für eine zweite Druckleitung, für ein zweites Arbeiterwohnhaus für 5 Familien, sowie für eine Erweiterung der Wassergewinnungsanlagen etc. beantragen musste.

Seit dieser Zeit sind die Erweiterungen der Wassergewinnungs- und Förderanlagen, sowie die der Druck-, Fall- und Speiseleitungen für das sich immer weiter ausdehnende Versorgungsgebiet des Wasserwerkes continuirlich fortgesetzt. Das ist aber auch leicht erklärlich, wenn man beachtet, dass die Wasserförderung vom Jahre 1873 bis zum Jahre 1897, also innerhalb 24 Jahren, sich verzehnfacht hat.

1. Wassergewinnungsanlagen.

Neben den alten Brunnen sind im Jahre 1874 2 neue Brunnen angelegt, welche 4,0 m Durchmesser haben und deren Sohle 3,25 m tief unter das Niedrigwasser der Ruhr hinabreicht. Die Wände derselben sind in dem unteren Theile von 1,0 m Höhe durchlässig hergestellt. Zwischen den Brunnen und parallel zum Flusse ist 2,0 m tief unter dem Niedrigwasser eine 45 m lange Filterrohrleitung verlegt. Die Rohre dafür bestehen aus Gusseisen und haben 750 mm Durchmesser. Die in dieselben eingebohrten Löcher sind zum Schutze vor dem Rosten mit besonderen Thonstöpseln ausgekleidet, welche für das Wasser Löcher von 30 mm Durchmesser haben.

Ein Rohr von 750 mm Durchmesser verbindet die neuen Brunnen mit den alten Brunnen und führt ferner zu einem in unmittelbarer Nähe des Maschinenhauses hergestellten Sammelbrunnen von 6,5 m Durchmesser, aus dem die Pumpen der Maschinen saugen. Dadurch hat die ursprüngliche Länge der Saugerohre für die Maschinen sich um ca. 70 m verkürzt, und die Arbeit ist zuverlässiger geworden.

Ferner ist im Jahre 1874 auf dem rechten Flussufer ein Grundstück von 2,3 ha Fläche angekauft, um hier eine Vergrösserung der Wassergewinnungsanlagen vornehmen zu können. Mit der Ausführung dieser Arbeiten ist im Herbst 1879 begonnen. Es ist hier ein Brunnen von 6,0 m Durchmesser hergestellt. Dieser ist durch ein 60 m langes, schmiedeeisernes Rohr von 1000 mm Durchmesser, welches unter dem Flussbette als Düker durchgelegt ist, mit den alten Anlagen verbunden. Später ist auf der linken Ruhrseite noch ein Brunnen von 10,0 m Durchmesser ausgeführt und durch einen Betonkanal von 3 qm lichtem Querschnitt mit dem ersten Brunnen von 6,0 m Durchmesser verbunden.

In den Jahren 1889 bis 1892 sind abermals erhebliche Erweiterungen an den Wassergewinnungsanlagen vorgenommen. Diese bestanden in der Hauptsache aus einer ca. 600 m weiter oberhalb der ersten Anlage in der Gemeinde Schwerte angelegten Filtergallerie von

2 qm Querschnitt und ca. 300 m Länge, die parallel zu den Ufern des Flusses gelegt ist. Das Wasser, welches durch diese Gallerie erschlossen ist, fliesst einem grossen Sammelbassin von 120 m Länge und 70 m Breite zu, dessen Sohle 3,0 m unter dem Niedrigwasser liegt.

Dieses Bassin ist parallel zu seiner Längenrichtung in 6 einzelne Abtheilungen zerlegt und diese sind bis zur Höhe von 2,0 m über ihrer Sohle mit Kies von 20 mm Korngrösse gefüllt, der oben mit Sand abgedeckt ist. Das erschlossene Wasser tritt in diese Abtheilungen durch die Vermittlung von Längenkanälen ein, die in der Nähe des Bodens durchlässig sind. Das Wasser durchstreicht dann in horizontaler Richtung die 11 m langen Kiesschichten je einer der Abtheilungen, um sich dahinter wieder in einen Längenkanal zu ergiessen. Aus diesem fliesst es dann einem Reinwasserbassin zu, das eine Grundfläche von 70 m mal 16 m bei einer Tiefe von 4,5 m hat. Dieses Reinwasserbassin stösst unmittelbar an das Maschinenhaus einer auf dem rechten Ruhrufer erbauten, zweiten Pumpstation an, mittels welcher das Wasser in das Ausgleichsreservoir überführt wird.

2. Wasserförderanlagen.

An den Maschinenraum für die 2 ersten Maschinen ist im Jahre 1874 ein Anbau für eine dritte Maschine angeschlossen. Diese ist gleichfalls von der Sächsischen Maschinenfabrik in Chemnitz geliefert und stimmt mit Ausnahme der Pumpen mit den ersten Maschinen überein. Diese Maschine hat nämlich statt der Scheibenkolben Plungerkolben von 350 mm Durchmesser und etwas von den ersten abweichende Ventile erhalten.

Im Jahre 1882 ist in dieser ersten Pumpstation, welche zum Unterschiede von der am rechten Ufer, die als Reservepumpstation bezeichnet wird, Station Villigist genannt wird, eine vierte Maschine aufgestellt. Im Jahre 1893 ist hier dann noch eine fünfte Maschine aufgestellt, nachdem dafür die entsprechenden Gebäudevergrösserungen vorgenommen waren. Diese beiden Maschinen sind von der Actiengesellschaft Friedrich-Wilhelmshütte in Mühlheim a. d. Ruhr geliefert. Es sind liegende Verbundmaschinen mit Receiver, mit Ventilsteuerung, mit Condensation und mit Schwungrädern. Jede Maschine betreibt, direct mit den Kolbenstangen der Dampfkolben gekuppelt, 2 liegende, doppeltwirkende Plungerpumpen.

Im Jahre 1896/97 ist endlich noch eine sechste Maschine aufgestellt. Es ist eine liegende Verbundmaschine mit Widtmann-Steuerung, welche die Friedrich-Wilhelmshütte in Mühlheim a. d. Ruhr geliefert hat. Die verlängerten Kolbenstangen derselben betreiben direct 2 liegende, doppeltwirkende Plungerpumpen, welche freie Tellerventile, die aus einzelnen Ringen bestehen, haben. Die Maschine kann 40 bis 45 Umdrehungen pro Minute machen und hat eine Leistung von 600 PS.

Für die vierte Maschine ist gleichzeitig mit derselben der achte Kessel beschafft und im Jahre 1884 ist ein neunter Kessel eingebaut. Beide Kessel sind von gleicher Grösse wie die ersten 6 Kessel; der achte hat jedoch Wellrohr-Feuerrohre. Im Jahre 1890 ist dann weiter ein Röhrenkessel (System Steinmüller) von 212 qm Heizfläche, der für 6 Atm. Dampfspannung concessionirt ist, und im Jahre 1894 ein zweiter Röhrenkessel von 242 qm, der für 8 Atm. Dampfkraft concessionirt ist, aufgestellt. Endlich sind im Jahre 1896/97 noch zwei Röhrenkessel von je 9 Atm. concessionirtem Dampfdruck für die sechste Maschine beschafft. Die Zahl der Kessel ist somit auf 12 gewachsen, und die Ausdehnung der Station Villigist hat damit wohl ihr Ende erreicht.

Der Bau der Reservepumpstation am rechten Flussufer bei Schwerte ist im Jahre 1888/89 beschlossen, und im Jahre 1890/91 ist sie in Betrieb gekommen. Durch diese ist die Anlage eventuell unabhängig von den durch die Ruhr führenden und in deren Ueberschwemmungsgebiete liegenden Druckleitungen gemacht, und es ist damit überall möglich geworden, diese Leitungen über das Ueberschwemmungsgebiet des Flusses hinaus zu verlegen. Zugleich kam man aber damit in die Lage, die Wassergewinnungs- und Förderanlagen, dem wachsenden Consum entsprechend, fortlaufend vergrössern zu können, wozu es bei Villigist am Platze fehlte. Das Anfangs für die Reservestation angekaufte Grundstück hatte 9 ha Grundfläche.

Für diese Pumpstation ist die vorhin beschriebene Wassergewinnungsanlage hergestellt, welche allerdings erst im Jahre 1891 fertig wurde, so dass die früher nöthige Inbetriebnahme der Station die Herstellung eines Provisoriums für die Wassergewinnung verlangte. In der Pumpstation befinden sich 2 liegende Verbundmaschinen mit Ventilsteuerung, Receivern, Condensation und Schwungrädern. Von der Kolbenstange jedes der Dampfcylinder wird eine liegende, doppeltwirkende Plungerpumpe mit freien Ventilen angetrieben. Die Kesselanlage dafür besteht aus 5 Zweiflammrohrkesseln mit Wellrohrfeuerrohren von je 90 qm Heizfläche, die für einen Dampfdruck von 6 Atm. concessionirt sind.

Die nunmehr vorhandenen 8 Dampfpumpmaschinen haben die in der Tabelle 211 angegebenen Hauptdimensionen.

Tabelle 211.

Jahr der Aufstellung, Zahl der Maschinen	1872/74 3 Zwillingsmaschinen je	1882 1 Verbundmaschine	1890 2 Verbundmaschinen je	1893 1 Verbundmaschine	1896 1 Verbundmaschine
Dampfcylinder-Durchmesser kleine mm	870	900	850	850	800
Dampfcylinder-Durchmesser grosse mm		1 450	1 400	1 400	1 300
Pumpenkolben-Durchmesser mm	350	350	350	350	350
Gemeinschaftlicher Hub m	1,10	1,10	1,40	1,40	1,40
Umdrehungen pro Minute	20	20	25	30	40
Dampfspannung Atm.	4 bis 5	4 bis 5	6	7	9
cbm Wasser pro Maschine pro Stunde	450	450	750	900	1 140

Die 16 Pumpen der 8 Maschinen können möglicher Weise pro Stunde 5340 cbm fördern. Ihre Förderhöhe beträgt 105,0 m und ihre Arbeitshöhe 113,0 m, so dass die effective Arbeitsleistung der Maschinen dann zusammen 2235 PS. entsprechen würde. 15 Windkessel von 4,5 m bis 9,0 m Höhe und 1,25 m bis 2,0 m Durchmesser sind für die Pumpen im Ganzen aufgestellt. Die 17 vorhandenen Dampfkessel haben zusammen 2300 qm Heizfläche.

3. Druck-, Fall- und Speiseleitungen.

Das zweite Druckrohr zum Ausgleichsreservoire hat 550 mm Durchmesser erhalten. Von demselben sind im Jahre 1874 bereits 870 lfd. m an dem Ufer der Ruhr verlegt und mit der ersten Druckleitung verbunden. In den höheren Terraintheilen hat man von der Fortführung dieser zweiten Leitung bis zum Jahre 1881 Abstand genommen. Sie ist dann in diesem Jahre um 3157 m bis zum Ausgleichsreservoire verlängert. Im Jahre 1883 ist eine dritte Druckleitung in dem unteren Theile des Ruhrthales aus schmiedeeisernen Rohren von 550 mm Durchmesser hergestellt und als Düker unter der Ruhr hindurchgeführt. Vor dem Maschinenhause ist sie mit einem hier aufgestellten Windkessel verbunden, von welchem die 3 Druckleitungen jetzt gemeinschaftlich ausgehen.

Im Jahre 1879 ist neben den beiden ersten Fallrohrleitungen von 260 mm Durchmesser ein drittes Fallrohr von 375 mm Durchmesser zwischen dem Ausgleichs- und dem Hochreservoire hergestellt. Gleichzeitig ist von dem Hochreservoire neben der ersten Speiseleitung von 470 resp. 420 mm Durchmesser eine zweite Speiseleitung nach Dortmund ausgeführt, welche auf 3214 m Länge 500 mm, auf 2637 m Länge 450 mm und auf 1334 m Länge 400 mm Durchmesser hat.

Im Jahre 1887/88 ist eine dritte Fallrohrleitung ausgeführt, welche aus 592 lfd. m Rohren von 500 mm und aus 6059 lfd. m Rohren von 400 mm Durchmesser besteht.

Für die Reservemaschinenanlage ist zum Anschluss an das Ausgleichsreservoir eine vierte Druckrohrleitung von 700 mm Durchmesser hergestellt, welche im Jahre 1889/90 nur auf 589 m Länge bis zum Anschlusse an die vorhandenen Druckleitungen verlegt ist. In dem folgenden Jahre ist diese Station dann durch eine Verlängerung von 2699 m von den Leitungen, die von der Pumpstation Villgist ausgehen, ganz unabhängig gemacht.

d) Vertheilungsleitungen.

Das Dortmunder Wasserwerk, welches ursprünglich nur die Stadt versorgen sollte, hat in sein Versorgungsgebiet schon sehr bald nach der Eröffnung andere Orte einbezogen, und es ist dieses Gebiet seitdem räumlich immer weiter ausgedehnt.

Die Stadt Hörde ist bereits im December 1873 durch das Dortmunder Wasserwerk mit versorgt und zwar in der Weise, dass das Dortmunder Wasserwerk bei Bickfeld durch einen Wassermesser das Wasser in das von der Stadt Hörde auf ihre Kosten hergestellte Rohrnetz direct abgibt. Die Stadt Hörde besorgt von hier ab selbstständig den Vertrieb des Wassers an ihre Abnehmer. In ähnlicher Weise sind auch die Anschlüsse der meisten, später in die Versorgung eingetretenen anderen Orte ausgeführt.

Im Jahre 1876 schloss sich die Gemeinde Barop in der Nähe der Hermannshütte, der Ort Dortfeld in der Nähe der Emscher Brücke und der Ort Schüren in der Nähe von Bickfeld an die Dortmunder Leitung an, so dass bereits am Ende des Jahres 1876 im Ganzen 128000 lfd. m Rohre mit 310 Schiebern und 431 Hydranten das Wasser des Dortmunder Wasserwerkes in 3600 Häusern an 42000 Personen zur Vertheilung brachten. Auf die Stadt Dortmund selbst kamen davon 74000 lfd. m Rohre mit 161 Schiebern und 258 Hydranten und auf Hörde, Barop, Dorstfeld und Schüren 54000 m Rohre mit 149 Schiebern und 173 Hydranten.

Im Jahre 1879/80 hat das Wasserwerk sein Rohrnetz auf Kosten der Stadt Dortmund um ca. 20000 lfd. m vergrössert, nachdem durch Verträge, welche eine auf 5 resp. 10 Jahre verbindliche Garantie enthielten, die Wasserabnahme von 6 Zechen aus dem Dortmunder Wasserwerke gesichert war. Dadurch wurde wieder eine grössere Zahl der zwischenliegenden Orten in das Versorgungsgebiet einbezogen und im Jahre 1883 versorgte das Dortmunder Wasserwerk ausser der Stadt Dortmund bereits 17 verschiedene Orte mit Wasser. Es hatten die Leitungen, einschliesslich der verschiedenen, den einzelnen Orte selbst gehörigen 62758 lfd. m Rohre mit 168 Schiebern und 229 Hydranten, damals im Ganzen eine Länge von 174314 lfd. m mit 419 Schiebern und 546 Hydranten.

Durch das einige Jahre später eine rege Thätigkeit entwickelnde Wasserwerk des nördlichen westfälischen Kohlenreviers stellten sich vorübergehende Verschiebungen in dem Abgabegebiet ein, die aber ihre befriedigenden Erledigungen im Jahre 1886 durch zwischen der Stadt Dortmund und dieser Gesellschaft abgeschlossene Verträge gefunden haben. Seitdem sind durch Demarcationslinien die Absatzgebiete für das Wasser beider Werke räumlich getrennt und damit ist ihre Concurrenz beseitigt. Gleichzeitig sind auch von dem Dortmunder Wasserwerke Monopolverträge mit verschiedenen Gemeinden und Etablissements von einer 25jährigen Dauer abgeschlossen. Am Schlusse des Betriebsjahres 1896/97 versorgte das Dortmunder Wasserwerk im Ganzen ca. 180000 Personen, welche in den 3 Städten Dortmund, Hörde und Schwerte, sowie in den 14 Landgemeinden Wambel, Brackel, Asseln, Wickede, Courl, Husen, Aplerbeck, Hackeney, Berghofen, Kirchhörde, Menglinghausen, Persebeck, Eichlinghofen und Grossholthausen im Landkreise Dortmund und in den 2 Landgemeinden Barop und Kruckel im Kreise Hörde wohnen.

Die Vertheilungsnetze sind meistens nach einem gemischten Systeme ausgeführt. Sie stehen für das ganze Rohrnetz unter einem constanten und einheitlichen Drucke, der in den verschiedenen Abgabegebieten je nach ihrer Höhenlage zwischen 30,0 und 100,0 m Wassersäule schwankt. Die Tabelle 212 (S. 285) gibt für das Ende jedes der Betriebsjahre von 1873 bis 1896/97 die Rohrlänge und die Zahl der Schieber und Hydranten an.

Der Inhalt der sämmtlichen Leitungen beträgt jetzt 11234,9 cbm. Der Rückgang der Rohrlängen etc. vom 1. April 1888 trotz der stattgehabten Erweiterungen im Betriebsjahre 1887/88 erklärt sich daraus, dass an das Wasserwerk des nördlichen westfälischen Kohlenrevieres durch Uebergang der Wasserlieferung von dem Dortmunder Werke an dieses Werk in verschiedenen Gemeinden der Aemter Dorstfeld und Lütgendortmund 17683,2 lfd. m Rohre mit 15 Schiebern und 2 Hydranten übergegangen sind.

Die grosse Zunahme am 1. April 1889 in der Tabelle 212 erklärt sich daraus, dass am 1. Juli 1888 30112 lfd. m Rohre mit 83 Schiebern und 83 Hydranten aus dem Besitze der Wassergenossenschaft Barop käuflich an

Tabelle 212.

Ende resp. am 1. April des Jahres	Rohrlänge total m	Schieberzahl	Hydrantenzahl
1873	50 270	86	133
1874	61 011	120	189
1875	67 410	141	224
1876	73 959	161	258
1. April 1878	74 982	190	271
1879	75 973	193	275
1880	87 786	215	296
1881	105 898	242	307
1882	110 795	247	308
1883	111 556	251	317
1884	113 673	256	328
1885	117 249	261	332
1886	118 121	271	336
1887	138 130	307	345
1888	130 310	320	384
1889	177 446	436	481
1890	188 106	469	506
1891	193 037	499	524
1892	194 431	508	535
1893	199 204	534	559
1894	210 266	552	589
1895	212 931	571	610
1896	222 519	601	627
1897	227 848	625	657

das Dortmunder Wasserwerk übergegangen sind, so dass seit dieser Zeit die Genossenschaft sich aufgelöst hat und die Versorgung der früheren Verbandsorte durch Rohre, die dem Wasserwerke Dortmund gehören, erfolgt.

Die Hydranten stehen in Dortmund in einer mittleren Entfernung von 80 m bis 100 m. Es sind Unterflurhydranten mit Selbstentwässerung. Zu den Zuleitungen, welche im Durchmesser von 200 mm bis 13 mm variiren, und zu den Hausleitungen werden Rohre von Gusseisen und Blei verwendet. Schmiedeeiserne Rohre werden nur vereinzelt benutzt.

Die Zahl der bis Ende 1895 gelieferten Wassermesser hat nach Angabe der Fabrikanten 2881 betragen. Davon entfallen 2821 auf Siemens & Halske, Berlin, 54 auf H. Meinecke, Breslau und je 3 auf Lux, Ludwigshafen und C. A. Spanner, Wien-Aachen. Nach der Grösse vertheilen die Messer sich wie folgt:

Durchmesser mm	10	12	13	20	25	30	40	50	65	75
Stückzahl	207	1213	5	723	323	7	12	86	7	129

m	80	100	125	150	200	250
Zahl	13	50	23	17	11	5.

e) Anlagekosten.

Die Anlagekosten des Werkes am 31. Decbr. 1873, am 31. März 1882, am 31. März 1889, am 31. März 1895 und am 31. März 1897 setzen sich nach den einzelnen Conten wie die Tabelle 213 angibt, zusammen.

Tabelle 213.

Conto		Am 31. Dec. 1873	Am 31. März 1882	Am 31. März 1889	Am 31. März 1895	Am 31. März 1897
Grundbesitzerwerb	M.	65 016	184 319	249 983	260 832	344 407
Gebäude	»	88 527	275 510	280 339	332 023	383 026
Maschinen und Pumpen	»	185 919	330 328	440 914	576 636	628 559
Windkessel	»	—	—	20 121	20 122	20 122
Druckrohrleitungen	»	268 875	496 631	525 655	728 570	721 665
Rohrsystem	»	934 036	1 562 867	1 991 788	2 514 720	2 587 855
Brunnen- und Filteranlagen	»	29 567	145 765	154 371	183 302	183 206
Reservoire	»	108 141	120 084	120 084	120 084	120 084
Telegraphenleitungen	»	106	11 945	12 145	12 068	12 068
Brückenwagen	»	—	4 125	4 125	4 125	4 125
Wassermesser	»	8 679	49 436	70 870	118 387	150 766
Mobilien und Utensilien	»	1 528	6 262	6 470	8 073	8 724
Werkzeuge und Geräthe	»	595	27 560	28 969	30 243	36 471
Reservepumpstation Schwerte	»	—	—	—	768 716	761 896
Mühlenerwerbung	»	—	—	—	—	91 034
Summa	M.	1 690 989	3 214 832	3 905 834	5 677 901	6 074 008

f) Projectirte Neuanlagen.

Um die Stadt Dortmund und deren Umgebung hinsichtlich ihres Wasserbezuges innerhalb weitreichender Grenzen für alle Zeiten sicher zu stellen und andererseits, um eine Wasserkraft von ca. 600 PS. zu fassen, die in der Lage ist, mehr als die Hälfte des zur Zeit erforderlichen Wasserbedarfes im Betriebe fast kostenlos über die Wasserscheide zwischen Ruhr und Emscher nach Dortmund fördern zu können, so dass die Stadt auch bei einem eintretenden Kohlenmangel eine weitgehende Sicherheit gegen eine Störung des Betriebs ihrer Wasserversorgung besitzen wird, ist von dem Director Reese ein Project aufgestellt, im Ruhrthale bei Schwerte eine grosse Thalsperre zu errichten. Dieses Project ist dem Geh. Reg.-Rath Intze in Aachen zur Prüfung unterbreitet und hat dann hinterher die Zustimmung der Stadtvertretung zur baldigsten Ausführung gefunden.

Das Staureservoir soll in der Nähe des Dorfes Geisecke durch eine Sperrmauer von 900 m Länge abgeschlossen werden und 4 000 000 cbm Wasser oberirdisch fassen, während dadurch ferner gleichzeitig in dem unterliegenden Kiesbecken 3 500 000 cbm zurückgehalten werden können, so dass die gesammte, aufzuspeichernde Wassermenge 7 500 000 cbm betragen wird. Die Sperrmauer soll ca. 3,5 km oberhalb der Pumpstation Villigst angelegt werden und 11,0 m Höhe, vom festen Gebirge (Schieferthon) ausgerechnet, bis zu ihrer Krone erhalten. Da, wo die Ruhr auf die Sperrmauer stösst, soll ein grösseres, bewegliches Wehr eingebaut werden, welches gestattet, das Hochwasser der **Ruhr** unschädlich abzuführen.

An der Sperrmauer soll eine grössere Turbinenanlage zur Verwerthung der Wasserkraft hergestellt werden, welche in Rücksicht auf die bereits geplanten Anlagen voraussichtlich, wie oben bemerkt, ca. 600 PS. im Mittel ergeben wird. Die erzielte Nutzleistung soll, wie bereits bemerkt, zum Heben von Wasser verwendet werden, wofür unmittelbar vor der Sperrmauer eine dritte Pumpstation erbaut werden wird. Diese soll so gross angelegt werden, dass ein künftiger Mehrbedarf an Wasser ausschliesslich von hier befriedigt werden kann. Es ist dabei in Aussicht genommen, später noch andere Thalsperren im oberen **Ruhr**thale anzulegen, um den Adjacenten der unteren **Ruhr** eine Compensation für das oberhalb entnommene Wasser zu bieten. Vielleicht wird auch die Herstellung von anderen Thalsperren durch eine zu bildende Genossenschaft der **Ruhr**thal-Interessenten erfolgen, worauf augenblicklich im Gange befindliche Bestrebungen hinzudeuten scheinen.

Für die jetzt auszuführende Thalsperre und die Ausführung der Wassergewinnungsanlagen hat die Stadt den Ankauf von ca. 500 ha Land vorgesehen und bereits mehr als 300 ha wirklich angekauft. Von der dritten Pumpstation wird demnächst ein neuer Weg für die Aufnahme der Rohrleitungen angelegt werden, welcher in fast gerader Linie zum Hochreservoire in **Berghoven** führen soll. Dabei wird beabsichtigt, für die neue Leitung auf eine Länge von ca. 800 m einen Tunnel herzustellen, welcher mit dem Hochreservoire in gleichem Niveau liegt, um die schon früher erwähnte, für das Versorgungsgebiet nutzlose Förderung in das Ausgleichsreservoir und damit ca. 30,0 m Förderhöhe für das Wasser zu sparen. Es sollen demnächst die anderen 3 Druckleitungen ebenfalls durch diesen Tunnel geführt werden, wodurch die Arbeitshöhe der jetzigen beiden Stationen sich gleichfalls um ca. 30,0 m Höhe verringern wird.

Von dem Hochreservoire **Berghoven** aus ist bis nach **Dortmund** ferner die Anlage einer vierten Fallrohrleitung projectirt und zwar auf einem anderen Wege, als ihn die jetzt vorhandenen 3 Fallrohrleitungen benutzen, um eine völlige Unabhängigkeit beider Anlagen von einander zu erreichen. Diese beiden neuen Leitungen, die Druckrohr- und

Tabelle 214.

Jahr	Kohlenverbrauch kg	desgl. pro 100 cbm kg	desgl. pro PS.-Stunde kg	Leistung pro kg Kohle mkg
1873	3 857 494	261	6,24	43 300
1874	3 750 000	128	3,06	88 400
1875	3 633 564	121	2,89	93 400
1876	4 053 836	120	2,87	94 200
¼ 1877	1 065 916	115	2,75	98 300
1877/78	4 762 637	121	2,89	93 400
1878/79	4 767 567	114	2,72	99 200
1879/80	4 777 364	111	2,65	101 900
1880/81	6 605 117	121	2,89	93 400
1881/82	7 750 906	120	2,87	94 200
1882/83	8 726 186	125	2,99	90 500
1883/84	8 373 139	113	2,70	100 000
1884/85	8 908 675	116	2,77	97 500
1885/86	9 352 052	112	2,67	100 900
1886/87	7 549 632	104	2,39	108 800
1887/88	8 789 159	110	2,63	102 900
1888/89	9 469 614	107	2,56	105 600
1889/90	10 620 696	109	2,60	103 900
1890/91	9 565 506	97	2,32	116 500
1891/92	6 803 287	65	1,56	174 000
1892/93	7 077 781	60	1,43	188 500
1893/94	7 383 086	56	1,34	201 900
1894/95	6 993 128	49	1,17	230 600
1895/96	7 590 604	49	1,16	232 800
1896/97	8 009 153	51	1,20	223 100

Tabelle 215.

Jahr	Gesammtabgabe im Jahre cbm	desgl. gegen 100 cbm des Vorjahres	Zahl der Anschlüsse im Ganzen	Consum pro Anschluss von der Gesammtabgabe cbm	cbm Tagesconsum im Mittel	cbm Tagesconsum im Maximum	cbm Tagesconsum im Minimum	Von 100 cbm mittleren Tagesconsum cbm am Tage des Maximum	Von 100 cbm mittleren Tagesconsum cbm am Tage des Minimum
1873	1 478 074	—	939	1 572	—	—	—	—	—
1874	2 909 507	196,9	1 681	1 730	7 971	11 880	5 960	148,9	64,9
1875	3 009 844	103,1	2 080	1 442	8 246	12 675	6 724	153,9	81,7
1876	3 367 955	112,1	2 276	1 480	9 202	14 860	3 702	161,4	40,3
1877/78	3 930 360	116,6	2 356	1 670	10 768	14 654	5 411	136,1	50,4
1878/79	4 200 325	106,9	2 479	1 698	11 508	14 773	6 445	128,2	56,0
1879/80	4 287 161	102,0	2 542	1 686	11 714	16 053	6 381	136,5	54,5
1880/81	5 481 321	128,0	2 630	2 081	15 017	21 045	8 030	140,0	53,5
1881/82	6 450 537	117,9	2 709	2 380	17 675	23 126	9 949	131,0	56,3
1882/83	6 959 441	108,0	2 802	2 485	19 067	24 710	9 710	129,8	51,0
1883/84	7 414 286	106,8	2 910	2 550	20 257	29 856	11 469	147,6	56,5
1884/85	7 657 520	103,3	3 030	2 530	20 978	26 441	11 143	126,1	53,2
1885/86	8 384 350	109,5	3 103	2 704	22 971	32 950	10 687	143,6	46,5
1886/87	7 275 208	86,9	3 238	2 250	19 934	26 008	10 303	130,6	51,6
1887/88	8 012 600	110,0	3 398	2 362	21 890	30 999	10 055	141,3	45,9
1888/89	8 843 457	110,0	4 022	2 200	24 229	30 375	12 268	125,0	50,6
1889/90	9 729 272	110,0	4 253	2 289	26 656	34 441	13 572	129,2	50,9
1890/91	9 848 798	101,0	4 418	2 227	26 983	33 636	12 836	124,9	47,6
1891/92	10 516 416	107,0	4 588	2 300	28 733	37 932	15 500	132,0	54,0
1892/93	11 843 380	112,3	4 768	2 482	32 447	45 013	17 659	138,7	54,4
1893/94	13 286 526	112,0	5 008	2 650	36 401	45 758	14 168	125,7	38,8
1894/95	14 307 752	107,8	5 327	2 681	39 199	51 156	17 954	130,9	45,9
1895/96	15 523 681	108,5	5 651	2 747	42 415	52 457	22 037	123,7	51,9
1896/97	15 812 506	101,8	6 016	2 628	43 322	54 089	19 272	124,9	44,5

die Fallrohrleitung werden sonach mit der dritten Pumpstation an der Sperrmauer ein selbstständiges Werk bilden, welches in seinen vorläufigen Einrichtungen so gross projectirt ist, dass man damit eine Gesammtförderung von 20000000 cbm Wasser im Jahre erreichen kann.

Die Gesammtkosten der neuen Anlagen sind zu M. 5 500 000 veranschlagt und von den städtischen Behörden bereits bewilligt. Davon werden ca. M. 2 000 000 auf Grunderwerb und M. 3 500 000 auf die nöthigen Bauten und sonstigen Anlagen entfallen.

g) Wasserförderung und -Abgabe.

Die Tabelle 214 (S. 286) gibt den Kohlenverbrauch für die Dampfkessel im Ganzen, pro 100 cbm Wasser und pro PS.-Stunde bei Annahme von 113,0 m Arbeitshöhe, sowie die Leistung in m × kg pro kg Kohlen für die 25 Betriebsjahre von 1873 bis 1896/97 an.

Die Tabelle 215 (S. 286) gibt für die Betriebsjahre von 1873 bis 1896/97 die Wasserabgabe für jedes Jahr im Ganzen, sowie im Vergleich zu 100 cbm im Vorjahre, ferner am mittleren, am grössten und am geringsten Consumtage, ferner die Zahl der Anschlüsse und den durchschnittlichen Consum eines jeden derselben im Jahre und endlich verschiedene Verhältnisszahlen an.

Die Tabelle 216 gibt für dieselben Jahre die gesammte Abgabe getrennt nach derjenigen, welche nach Messern und ohne Messer erfolgt ist, die Zahl der Anschlüsse für jede Abgabeart und den durchschnittlichen Consum eines jeden Anschlusses im Jahre, das Verhältniss der beiden Abgabemengen und der Abnehmer nach beiden Abgabearten zu einander, sowie verschiedene sonstige Verhältnisszahlen an. In der Angabe der Abgabe ohne Messer ist diejenige für öffentliche Zwecke und für den Selbstverbrauch etc. mit enthalten.

Tabelle 216.

Jahr	Abgabe nach cbm Wassermessern im Ganzen	desgl. von 100 cbm der Gesammtabgabe	Zahl der Wasser-Anschl.	Abgabe pro Messer cbm	Abgabe ohne Wassermesser im Ganzen cbm	desgl. von 100 cbm der Gesammtabgabe	Zahl der Anschlüsse ohne Messer	Abgabe pro Anschluss cbm	Auf 100 Anschlüsse kommen: Anschl. mit Messern	Anschl. ohne Messer
1873	1 248 274	84,5	132	9 452	229 800	15,5	807	284	14,1	85,9
1874	2 390 762	82,1	326	7 345	518 745	17,9	1 355	383	19,4	80,6
1875	2 362 719	78,4	346	6 842	647 125	21,6	1 734	374	16,6	83,4
1876	2 828 051	84,0	380	7 449	539 904	16,0	1 876	288	16,7	82,3
1877/78	3 361 830	85,5	475	7 084	568 530	14,5	1 881	302	20,2	79,8
1878/79	3 757 477	89,5	523	7 185	442 848	10,5	1 956	226	21,1	78,9
1879/80	3 576 264	83,4	535	6 681	710 897	16,6	2 007	356	21,0	79,0
1880/81	4 530 419	82,7	564	8 045	950 902	17,3	2 066	460	21,4	78,6
1881/82	5 377 086	83,3	577	9 319	1 073 451	16,7	2 132	505	21,3	78,7
1882/83	6 049 366	86,9	600	10 082	910 075	13,1	2 202	413	21,4	78,6
1883/84	6 387 426	86,2	644	9 887	1 026 860	13,8	2 266	452	22,1	77,9
1884/85	6 581 751	86,0	675	9 750	1 075 796	14,0	2 355	457	22,3	77,7
1885/86	6 746 362	80,5	718	9 396	1 637 988	19,5	2 385	685	23,1	76,9
1886/87	6 074 100	83,5	757	8 239	1 201 108	16,5	2 481	484	23,4	76,6
1887/88	6 706 038	83,7	790	8 488	1 306 562	16,3	2 608	500	23,3	76,7
1888/89	7 113 085	80,4	903	7 877	1 730 372	19,6	3 119	556	22,5	77,5
1889/90	7 707 928	79,2	1 060	7 271	2 021 344	20,8	3 193	633	25,0	75,0
1890/91	7 836 651	79,6	1 193	6 570	2 012 147	20,4	3 225	624	27,0	73.0
1891/92	8 383 091	79,8	1 327	6 317	2 133 325	20,2	3 261	661	28,9	71,1
1892/93	9 505 024	80,3	1 476	6 439	2 338 356	19,7	3 292	713	39,3	60,7
1893/94	10 671 129	80,3	1 643	6 495	2 615 397	19,7	3 365	777	33,9	66,1
1894/95	11 046 440	77,2	1 904	5 811	3 261 312	22,8	3 423	953	35,7	64,3
1895/96	12 131 891	78,2	2 274	5 338	3 391 790	21,8	3 377	1 004	40,2	59,8
1896/97	12 577 698	79,5	2 707	4 646	3 234 988	20,5	3 309	978	45,0	55,0

Im Jahre 1895 hat in dem Monate und in der Woche des Maximal-, resp. des Minimalconsums die mittlere Abgabe pro Tag resp. im Vergleich zur Abgabe am mittleren Jahrestage, sowie die Abgabe in der Maximal-, resp. der Minimalconsumstunde die in der Tabelle 217 angegebene Grösse erreicht.

Tabelle 217.

Tag 1895	Maximum cbm	Desgl. gegen 100 cbm am mittleren Jahrestage	Minimum cbm	Desgl. gegen 100 cbm am mittleren Jahrestage
Mittlerer Monatstag	40 361	103,0	35 749	91,1
Mittl. Wochentag .	45 119	115,5	28 122	71,9
Tagesstunde . . .	2 685	6,9	529	1,4

Als Wasserzins ist für häusliche Zwecke früher jährlich gezahlt: pro Raum M. 2, jedoch pro Familie mindestens M. 6, resp., für eine Familie in einem Hause allein, M. 30; ferner für Wirthschaften M. 15, für Schmieden und Bäckereien M. 9, für ein Pissoir oder Watercloset M. 3 etc.

Im Jahre 1895 ist die obligatorische Einsetzung eines Wassermessers für jede private Wasserabgabe beschlossen worden. Bei der Abgabe nach Messern ist zu zahlen bis zu einem jährlichen Verbrauche von:

cbm . . .	2500	10000	250000	500000	800000	darüber
pro cbm Pf.	10	8	7,5	6,5	6	5.

Ferner ist als jährliche Messermiethe zu zahlen je nach dem Durchmesser:

Durchmesser mm	10	13	15	25	30	40	50
Mark	3,60	6,00	7,20	9,60	15,00	18,00	21,00

Durchmesser mm	65	75	100	125	150	200
Mark	24,00	30,00	36,00	42,00	48,00	60,00.

55. p. Dreisbach. (E. 510.)

Das Dorf Dreisbach wird aus der Siegener Wasserleitung mit Wasser versorgt. In dem Orte sind auch einige Hydranten aufgestellt.

56. l. Eiberg. (E. 1654.)

Die Wasserversorgung des Ortes Eiberg erfolgt durch das Wasserwerk des nördlichen westfälischen Kohlenreviers.

57. e. Eichlinghofen. (E. 2047.)

Die Wasserversorgung des Ortes Eichlinghofen erfolgt durch das Dortmunder Wasserwerk.

58. f. Eickel. (E. 13692.)

Die Wasserversorgung des Ortes Eickel erfolgt theils durch das Wasserwerk des nördlichen westfälischen Kohlenreviers und theils durch das Bochumer Wasserwerk. Die Abgabe des letzteren in den letzten Jahren gibt die Tabelle 218 an.

Tabelle 218.

Jahr	1886/87	1894/95	1895/96	1896/97
Gesammtabgabe . . . cbm	21 656	163 063	168 679	191 895
davon Industriewasser . . cbm	10 761	121 329	122 666	135 148
an Abnehmer . .	3	6	6	6
davon Hauswasser . . cbm	10 895	41 734	46 013	56 747
durch Anschlüsse . . .	59	176	210	257
an Einwohner . .	—	10 930	11 818	12 158

59. a. Eivinghausen. (E. 730.)

Die Wasserversorgung des Ortes Eivinghausen erfolgt seit dem Jahre 1891 durch eine Quellwasserleitung, die eine Genossenschaft mit einem Kostenaufwande von M. 25000 durch den Wasserwerksdirector Disselhoff in Hagen hat ausführen lassen.

Das Wasser wird zum Theil durch einen Stollen mit einem ausgemauerten Querschlage, der auch als Reservoir dient, und zum Theil durch eine Quellenfassung gewonnen, für welche eine ca. 1000 m lange Leitung von 100 mm Durchmesser hergestellt ist. Das Vertheilungsrohr hat 80 mm Durchmesser, und es sind 10 Hydranten damit verbunden.

60. e. Ellinghausen. (E. 200.)

Die Wasserversorgung des Ortes Ellinghausen erfolgt durch das Wasserwerk des nördlichen westfälischen Kohlenreviers.

61. l. Elsey. (E. 2900.)

Das Dorf Elsey wird aus der Quellwasserleitung der Stadt Hohenlimburg mittels eines Zuleitungsrohres von 100 mm Durchmesser mit Wasser versorgt.

62. f. Eppendorf. (E. 3138.)

Die Wasserversorgung des Ortes Eppendorf erfolgt durch das Bochumer Wasserwerk. Für die letzten Jahre gibt die Tabelle 219 die Abgabemenge im Ganzen und für die verschiedenen Zwecke an.

Tabelle 219.

Jahr	1894/95	1895/96	1896/97
Gesammtabgabe . . . cbm	163 063	122 990	138 937
davon Industriewasser »	121 329	94 712	102 421
an Abnehmer	6	4	4
davon Hauswasser . . cbm	28 858	28 278	36 516
durch Anschlüsse	29	30	31
an Einwohner	3 116	3 138	3 235

63. p. Eschenbach. (E. 215.)

Das Dorf Eschenbach wird aus der Siegener Wasserleitung mit Wasser versorgt. Ausser verschiedenen Hydranten sind öffentliche Druckständer aufgestellt, und es hat bislang nur ein Haus eine Zuleitung erhalten.

64. n. Eslohe. (E. 2045.)

Für die Wasserversorgung des Ortes Eslohe hat sich eine Genossenschaft aus den Interessenten für die Ausführung eines Projectes gebildet, das der Wasserwerksdirector Disselhoff in Hagen für eine Quellwasserleitung aufgestellt hat. Die Anlage ist in der Ausführung begriffen. Das Wasser einer hochgelegenen Quelle wird mit natürlichem Gefälle einem Hochreservoire von 50 cbm Inhalt zugeführt und kommt durch ein Rohrnetz von 1500 m Länge zur Vertheilung.

65. n. Eversberg. (E. 1400.)

Für die Wasserversorgung der Stadt Eversberg ist auf deren Kosten im Jahre 1893 von dem Wasserwerksdirector Disselhoff in Hagen eine Gravitationsleitung nach seinem Projecte ausgeführt, für welche die Friedrich-Wilhelmshütte in Mühlheim a. d. Ruhr die Rohre geliefert hat. Die tägliche Ergiebigkeit der Leitung beträgt ca. 300 cbm. Die Anlage hat M. 90000 im Ganzen oder M. 64,30 pro Kopf betragen.

Das Wasser ist Quell- und Grundwasser aus den Schieferschichten des Höhenzuges des Arnsberger Waldes am Stimmstamm nördlich von Eversberg. Es sind hier 4 Sammelanlagen von ca. 800 m Länge hergestellt. Das Wasser fliesst aus diesem mit natürlichem Gefälle auf ca. 4500 m Länge durch ein Rohr von 100 mm Durchmesser zu einem auf der anderen Seite der Stadt gelegenen Hochreservoire, soweit es nicht vorher in der Stadt zur Abnahme gelangt ist. Der Wasserspiegel des Reservoirs liegt 58,0 m unter der Sammelanlage und 22,0 m bis 52,0 m hoch über dem Versorgungsgebiete. Das Reservoir ist gemauert und in die Erde versenkt und hat 120 cbm Inhalt in 2 getrennten Abtheilungen. An die Hauptleitung schliessen ca. 2300 lfd. m Vertheilungsrohre von 80 mm Durchmesser an, mit welchen 15 Schieber und 33 Hydranten verbunden sind. Für die Zuleitungen dienen geschwefelte Bleirohre von 15 mm bis 25 mm Durchmesser.

66. e. Eving. (E. 5050.)

Die Gemeinde Eving setzt sich aus Nieder- und Ober-Eving, Evingheide, Baurenkamp und Externberg zusammen. Die Wasserversorgung dieser Ortschaften erfolgt theils aus der Wasserleitung des nördlichen westfälischen Kohlenreviers und theils aus derjenigen von Unna-Königsborn.

67. l. **Evingsen.** (E. 1100.)

In dem Dorfe Evingsen hat der Wasserwerksdirector Disselhoff in Hagen im Jahre 1884 für Rechnung eines Privatmannes eine Quellwasserleitung hergestellt, an welche auch 30 Häuser im Orte Anschluss gefunden haben

Das Wasser wird durch einen Brunnen in einem Thale gesammelt und mit natürlichem Gefälle durch eine 1000 m lange Leitung von 60 mm Durchmesser einem 56,0 m tiefer liegenden Hochreservoire zugeführt, aus dem eine Leitung von 80 mm Durchmesser zum Dorfe abgeht.

68. o. **Finnentrop.** (E. 800.)

Die Wasserversorgung des Dorfes Finnentrop erfolgt seit dem Jahre 1892 durch eine in der Gemeinde Habbecke liegende Anlage, welche nach dem Projecte des Wasserwerksdirectors Disselhoff in Hagen von diesem ausgeführt ist. Sie hat eine tägliche Leistung von 320 cbm und hat M. 14500 oder M. 18,12 pro Kopf gekostet.

Das Wasser wird aus einer Sammelanlage im Lenneschiefer gewonnen und mit natürlichem Gefälle einem 200 m entfernt liegenden Hochreservoire zugeführt. Dieses hat 70 cbm Inhalt. Es ist gemauert und in den Boden versenkt. Von demselben führt eine Fallrohrleitung von 100 mm Durchmesser bis zum Dorfe. Es sind 1000 m Rohre von 100 mm und 550 m von 80 mm Durchmesser mit 5 Schiebern und 14 Unterflurhydranten verlegt. Die Zuleitungen haben 15 mm bis 25 mm Durchmesser und bestehen aus geschwefelten Bleirohren.

69. n. **Fredeburg.** (E. 1019.)

Zur Wasserversorgung der Stadt Fredeburg ist im Jahre 1886 von dem Wasserwerksdirector Disselhoff in Hagen nach dessen Projecte für städtische Rechnung mit einem Kostenaufwande von M 32500 im Ganzen oder M. 31,90 pro Kopf eine Gravitationsleitung ausgeführt, welche täglich 200 bis 300 cbm Wasser liefert. Die Rohre dafür sind von der Friedrich-Wilhelmshütte in Mülheim a. d. Ruhr bezogen.

Das Wasser wird aus dem Thalalluvium und den zerkeilten Schieferschichtenköpfen durch Schlitzrohre von 150 m Länge und 100 mm Durchmesser erschlossen und in 2 Brunnen gesammelt. Eine 800 m lange Leitung von 70 mm Durchmesser führt es zu einem gemauerten Hochreservoire von 75 cbm Inhalt, dessen Wasserspiegel 33,0 m tiefer als die Gewinnungsstelle und 15,0 m bis 50,0 m höher als das Versorgungsgebiet liegt.

Vom Reservoire führt auf 430 m Länge eine Fallrohrleitung von 90 mm und eine zweite von 2600 m Länge und 100 mm und 80 mm Durchmesser, an welche sich 2600 lfd. m Vertheilungsleitungen von 90 mm und 80 mm Durchmesser anschliessen. Damit sind 10 Schieber und 22 Unterflurhydranten verbunden.

70. l. **Freisenbruch.** (E. 4656.)

Die Wasserversorgung des Ortes Freisenbruch erfolgt durch das Wasserwerk des nördlichen westfälischen Kohlenreviers.

71. n. **Fretter.** (E. 335, W. 33 mit je 10,0 B.)

Für die Wasserversorgung des Dorfes Fretter ist für dessen Rechnung im Jahre 1893 durch den Wasserwerksdirector Disselhoff in Hagen nach seinem Projecte eine Gravitationsleitung hergestellt, welche 70 cbm Wasser im Tage liefert und M. 10000 im Ganzen oder M. 30,00 pro Kopf gekostet hat. Die Rohre hat die Friedrich-Wilhelmshütte in Mülheim a. d. Ruhr geliefert.

Das Wasser wird durch eine ca. 50 m lange Sammelanlage aus dem Lenneschiefer erschlossen und mit natürlichem Gefälle einem gemauerten Hochreservoire von 30 cbm Inhalt zugeführt, von wo es durch eine Fallrohrleitung von 80 mm Durchmesser zum Dorfe unter einem Drucke von 35,0 m gelangt. Es sind zur Vertheilung 1400 lfd. m Rohre von 80 mm Durchmesser mit 4 Schiebern und 8 Unterflurhydranten verlegt. Die Zuleitungen bestehen aus geschwefelten Bleirohren von 15 mm bis 25 mm Durchmesser.

72. h. **Fröndenberg.** (E. 1874.)

Für die Wasserversorgung der beiden Gemeinden Dorf und Stift Fröndenberg und des Dorfes Wettick ist eine gemeinschaftliche Anlage, welche zu M. 132000 veranschlagt ist, nach dem Projecte und unter der Leitung des Wasserwerksdirectors Disselhoff in Hagen im Jahre 1897 in Ausführung genommen.

Das Wasser wird aus einem im Ruhrthale abgesenkten Brunnen von 7,0 m Tiefe gewonnen. Für die Wasserförderung dienen 2 Dampfpumpmaschinen und 2 Dampfkessel in einer neben dem Brunnen erbauten Pumpstation. Es sind liegende Eincylindermaschinen mit Condensation und mit einer vom Regulator beeinflussten Expansionssteuerung. Jede betreibt direct eine Differentialpumpe mit Ventilen mit Riedlersteuerung, welche pro Stunde 30 cbm Wasser fördert.

Das Versorgungsgebiet hat eine Höhendifferenz von 105,0 m und ist in 2 verschiedene Druckzonen getheilt, deren jede aus einem Hochreservoire mittels getrennter Leitungsnetze versorgt wird. Von der Pumpstation führt ein Druckrohr von 150 mm Durchmesser und 1600 m Länge zum Niederdruckreservoire und von 125 mm Durchmesser und 1950 m Länge zum Hochdruckreservoire. Ersteres liegt 65,0 m über dem niedrigsten und letzteres in gleicher Höhe mit dem höchsten Versorgungspunkte Die Wasserabgabe erfolgt aus den Druckrohrleitungen direct, sowie ferner aus 8000 lfd. m Vertheilungsrohren von 100 mm und 80 mm Durchmesser.

73. e. **Frohlinde.** (E. 714.)

Die Wasserversorgung des Ortes Frohlinde erfolgt durch das Wasserwerk des nördlichen westfälischen Kohlenreviers.

74. e. **Gahmen.** (E. 178.)

Das Dorf Gahmen hat für eigene Rechnung eine Wasserleitung hergestellt, welche von dem Wasserwerke Unna-Königsborn gespeist wird, wofür ein Centralmesser aufgestellt ist. Ein Consument hat ferner einen directen Anschluss an die Leitung des Werkes.

75. b. **Garbeck.** (E. 1000.)

Für das Dorf Garbeck hat der Wasserwerksdirector Disselhoff in Hagen im Jahre 1880 eine Wasserleitung ausgeführt, welche M. 10000 gekostet hat.

Das Wasser wird aus den Alluvialschichten eines Gebirgsbaches durch eine 50 m lange Sammelgallerie erschlossen, welche an ihrer oberen Seite Schlitze zum Eintritte des Wassers hat und zugleich ausgemauert als ein Reservoir von 80 cbm Inhalt dient. Das Wasser fliesst mit natürlichem Gefälle dem Dorfe zu. Es sind 1400 lfd. m Rohrleitungen verlegt und 14 Hydranten aufgestellt. 60 Häuser sind an die Leitung angeschlossen.

76. f. **Gelsenkirchen.** (E. 33 949.)

Die Stadt Gelsenkirchen ist seit dem Jahre 1873 durch das Gelsenkirchen-Schalker Gas- und Wasserwerk mit Wasser versorgt. Seit dem Uebergange dieser Gesellschaft durch Kauf in den Besitz des Wasserwerkes für das nördliche westfälische Kohlenrevier im Jahre 1887 erfolgt die Versorgung der Stadt durch diese Gesellschaft.

77. c. **Gerthe.** (E. 1730.)

Die Wasserversorgung des Ortes Gerthe erfolgt durch das Wasserwerk des nördlichen westfälischen Kohlenreviers.

78. m. **Gesecke.** (E. 4167, W. 630 mit je 6,1 B.)

Die Wasserversorgung der Stadt Gesecke erfolgt ausschliesslich aus Brunnen im Orte.

79. q. **Gevelsberg.** (E. 10 705.)

Für die Wasserversorgung der Oberstadt der Stadt Gevelsberg ist für städtische Rechnung im Jahre 1890/91 vom Wasserwerksdirector Disselhoff in Hagen nach dessen Projecte eine Anlage von einer Leistung von 70 cbm im Tage ausgeführt, die M. 25 000 gekostet hat.

Das Wasser wird aus dem Lenneschiefer durch einen Querschlag von ca. 40 m Länge erschlossen, der als Hochreservoir ausgemauert ist und 50 cbm Wasser fasst. Eine Leitung von 300 m Länge und 80 mm Durchmesser führt das Wasser mit natürlichem Gefälle direct dem 12,0 m bis 63,0 m tiefer liegenden Versorgungspunkten zu, für welche es durch 1550 m Rohre von 80 mm Durchmesser vertheilt wird. Mit diesen Rohren sind 6 Schieber und 20 Hydranten verbunden.

Das Ungenügen dieser Wassermenge für die Oberstadt und das Bedürfniss, eine Versorgung für die ganze Stadt durch eine künstliche Zuleitung zu erhalten, hat, nachdem die Möglichkeit einer anderweitigen Versorgung durch längere Untersuchungen aussichtslos erschien, im Jahre 1895 dazu geführt, dass die Stadt sich mit der Milsper Wassergenossenschaft geeinigt hat, für welche von dem Professor Intze in Aachen auf Grund eingehender Studien, die M. 5 000 gekostet hatten, ein Project einer Thalsperre im oberen Heilenbecker Thale, 8 km von Gevelsberg entfernt, bearbeitet war, um eine allgemeine Wasserversorgung für die Stadt von hier aus zu erhalten. Von Intze ist dann ein neues Project für diese gemeinschaftliche Anlage aufgestellt, dessen Ausführung bereits im November 1896 die Versorgung von Gevelsberg gestattet hat.

Die Thalsperre im Heilenbecker Thale hat ein Niederschlagsgebiet von 7,69 qkm. Die Sperrmauer hat 14,9 m Höhe und unten 11,75 m und oben 2,75 m Dicke. Sie ist aus Grauwacke und Lenneschiefer hergestellt und staut ein Wasserquantum von 360 000 cbm auf. Die Mauer kann noch um ca. 1,0 m erhöht werden, damit das Reservoir 450 000 cbm fasst. Eine Füllung desselben kann, nach der Grösse der Niederschlagsmengen zu urtheilen, im Jahre 16 mal stattfinden. Die Anlage war ursprünglich auf M. 181 000 veranschlagt. Die wirklichen Ausführungskosten sind nicht bekannt.

Die Rohrleitung bis zur Stadt hat 6800 m Länge erhalten. Das Sammelreservoir liegt 284,8 m höher als der tiefste Punkt der Stadt, sodass auch für die höchsten Punkte derselben noch ein mehr als erforderlicher Druck vorhanden ist. Vorläufig ist 300 cbm als tägliche Verbrauchsmenge für die Stadt angenommen, während das übrige Quantum für 16 Werkbesitzer in Milspe bestimmt ist. Bei einer späteren Erhöhung der Sperrmauer wird die Stadt bis zu 1500 cbm pro Tag erhalten können. Die für die städtische Versorgung projectirten Filteranlagen sind vorläufig noch nicht ausgeführt.

80. e. **Giesenberg-Södingen.** (E. 3034.)

Die Wasserversorgung der beiden Nachbarorte Giesenberg und Södingen erfolgt durch das Wasserwerk des nördlichen westfälischen Kohlenreviers.

81. e. **Grevel.** (E. 416.)

Das Dorf Grevel hat für seine Wasserversorgung ein Rohrnetz hergestellt, welches mittels eines Centralmessers durch das Wasserwerk Unna-Königsborn gespeist wird. Ferner sind noch 4 directe Anschlüsse an dessen Rohrnetz für Grosconsumenten hergestellt.

82. b. **Grevenstein.** (E. 565.)

Für die Ausführung einer künstlichen Wasserversorgung des Dorfes Grevenstein sind im November 1894 die nöthigen Arbeiten für die Summe von M. 22 000 oder M. 38,93 pro Kopf vergeben, so dass die Anlage schon längere Zeit in Benutzung sein wird.

83. e. **Groppenbruch.** (E. 249.)

Die Wasserversorgung des Ortes Groppenbruch erfolgt durch das Wasserwerk des nördlichen westfälischen Kohlenreviers.

84. e. **Grossholthausen.** (E. 466.)

Die Wasserversorgung des Ortes Grossholthausen erfolgt durch das Dortmunder Wasserwerk.

85. f. **Grünnigfeld.** (E. 3761.)

Die Wasserversorgung des Ortes Grünnigfeld erfolgt durch das Bochumer Wasserwerk. Die Abgabe von Wasser für die verschiedenen Zwecke hat sich in den 3 letzten Jahren, wie die Tabelle 220 angibt, gestellt.

Tabelle 220.

Jahr	1894/95	1895/96	1896/97
Gesammtabgabe . . . cbm	204 783	93 129	186 972
davon Industriewasser . »	202 047	89 958	183 755
an Abnehmer	1	1	1
davon Hauswasser . . cbm	2 736	3 171	3 217
durch Anschlüsse	6	7	7
an Einwohner	3 563	3 761	4 143

86. c. **Grumme.** (E. 2575.)

Die Wasserversorgung des Ortes Grumme erfolgt durch das Bochumer Wasserwerk. In den letzten

Jahren sind die in der Tabelle 221 angegebenen Wassermengen verbraucht.

Tabelle 221.

Jahr	1894/95	1895/96	1896/97
Gesammtabgabe . . . cbm	5 773	7 226	8 246
davon Industriewasser . »	3 644	3 880	4 938
an Abnehmer	2	3	3
davon Hauswasser . . cbm	2 129	3 346	3 308
durch Anschlüsse	6	10	12
an Einwohner	2 499	2 575	2 730

87. e. **Habinghorst.** (E. 2004.)

Die Wasserversorgung des Ortes Habinghorst erfolgt durch das Wasserwerk des nördlichen westfälischen Kohlenreviers.

88. k. **Hacheney.** (E. 3471.)

Die Wasserversorgung des Ortes Hacheney erfolgte während der Jahre 1878 bis 1888 durch die Wassergenossenschaft des Kreises Hörde indirect und erfolgt seit dieser Zeit direct durch das Dortmunder Wasserwerk.

89. b. **Hagen bei Allendorf.** (E. 600, W. 70 mit je 8,6 B.)

Für das Dorf Hagen ist im Jahre 1896 eine Wasserversorgung nach dem Projecte und unter Leitung des Wasserwerksdirectors Disselhoff in Hagen ausgeführt, welche für 80 cbm pro Tag bestimmt und zu M. 18000 veranschlagt war.

Das Wasser ist durch eine Sammelanlage von 75 m Länge erschlossen und auf 20 m Entfernung mit natürlichem Gefälle einem 2,0 m tiefer liegenden Hochreservoire durch eine Leitung von 100 mm Durchmesser zugeführt. Das Reservoir besteht aus 2 Theilen und hat 50 cbm Inhalt. Es ist aus Stampfbeton hergestellt und in den Boden versenkt.

Vom Reservoire 400 m entfernt, beginnt die Wasserabgabe in dem 55,0 m bis 22,0 m tiefer liegenden Versorgungsgebiete durch 700 lfd. m Rohre von 100 mm und 700 lfd. m Rohre von 80 mm Durchmesser, während die Fallrohrleitung ca. 400 m Länge und 100 mm Durchmesser hat. Es sind 4 Schieber und 14 Unterflurhydranten mit den Leitungen verbunden.

90. g. **Hagen i. W.** (E. 41824, W. 1900 mit je 22,0 B.)

a) Grundwasserversorgung.

1. Einleitung.

Das Bedürfniss nach einer regelmässigeren und ausreichenderen Wasserversorgung, wie sie die Volme und die längs der Enneper Strasse fliessende Empe den zahlreichen, an ihren Ufern liegenden, industriellen Werken bietet, war von diesen seit langen Jahren empfunden. Aber auch die Bewohner der sich so rasch aus einem unbedeutenden Orte entwickelnden Stadt Hagen verlangten für ihren Hausgebrauch nach einem besseren und vor Verunreinigungen geschützteren Wasser, als es die gegrabenen Brunnen von 4,0 m bis 15,0 m Tiefe innerhalb der Stadt boten, deren ca. 1400 Stück auf Privatgrundstücken vorhanden waren, während öffentliche Brunnen fast ganz fehlten. War auch ein eigentlicher Mangel an Wasser trotz des starken Schwankens des Wasserstandes in den Brunnen nie vorhanden, so liess doch die Qualität des Wassers in wachsendem Maasse immer mehr zu wünschen übrig.

Ein Project des Geh. Bergraths Henoch in Gotha, nach welchem für eine Versorgung der Stadt Quellwasser von den umliegenden Bergen zugeleitet werden sollte und das er im Jahre 1880 der Stadtvertretung vorlegte, wurde daher umsomehr mit Freuden begrüsst, als er sich erbot, event. eine Concession für den Bau und den Betrieb des Unternehmens zu erwerben. Die angestellten Untersuchungen müssen aber wohl die Unausführbarkeit des Projectes ergeben haben. Es ist wenigstens recht bald vergessen.

Im weiteren Verlaufe der Arbeiten einer von der Stadt gewählten Wasserleitungscommission wurde dann im Jahre 1883 der Oberingenieur Schmick in Frankfurt a. Main beauftragt, ein Project mit Kostenanschlag sowohl für eine Quellwasserleitung, als für eine Wasserleitung aus der Ruhr und event. aus der Lenne auszuarbeiten. Der Erfolg dieser Projecte war, dass im Jahre 1884 die Stadtvertretung den Beschluss fasste, für den Bau eines städtischen Wasserwerkes mit einer Pumpstation an der Ruhr nach dem Schmick'schen Projecte eine Anleihe von M. 960000 aufzunehmen und Schmick die Oberleitung des Baues zu übertragen. Der Muth der Stadt, sich damals in ein so grosses Unternehmen zu stürzen, war durch die finanziellen Erfolge einiger Nachbarstädte, welche diese mit ihren Wasserwerken erzielten, geweckt. Man hoffte derzeit auf einen grossen Absatz von Industriewasser nicht nur für die Stadt, sondern für den ganzen Landkreis Hagen, während man die häusliche Versorgung mehr als ein gleichzeitig zu machendes Nebengeschäft ansah, wie auch die damals für das Werk angenommene Leistungsfähigkeit und die Ausdehnung des Vertheilungsleitungsnetzes für das Wasser erkennen lässt. Es hat jedoch längerer Jahre bedurft, bis die Industriellen für den umfangreicheren Gebrauch des Wassers gewonnen werden konnten.

2. Pumpstation und Hochreservoir.

Das Wasserwerk ist im Jahre 1886 in Betrieb gekommen. Seine Leistungsfähigkeit war Anfangs auf 6000 cbm pro Tag angenommen. Später ist sie durch neue Maschinen auf 18000 cbm pro Tag erhöht. Augenblicklich ist abermals eine wesentliche Vergrösserung des Werkes in Ausführung begriffen. Die Anlagekosten hatten am 31. März 1896 die Höhe von M. 1260074,72 oder M. 30,12 pro Kopf erreicht. Die Betriebsleitung des Werkes ist in technischer und kaufmännischer Beziehung mit der des städtischen Gaswerkes vereinigt. Sie liegt zur Zeit unter Oberaufsicht der städtischen Verwaltungscommission in den Händen des Directors Lampach.

Die Pumpstation ist etwa 2 km oberhalb Herdecke bei dem Dorfe Hengstey unmittelbar am linken Ufer der Ruhr erbaut, während die Wassergewinnungsanlagen auf das entgegengesetzte, rechte Ufer des Flusses verlegt sind. Es ist nämlich auf Grund eingehender Vorarbeiten und längere Zeit fortgeführter Pumpversuche damals das Wasser hier als qualitativ und quantitativ geeigneter als das auf dem linken Ufer erschlossene Wasser befunden. Das Wasser wird einem Hochreservoire zugeführt, das an der Schwanenbrücke liegt und gelangt von hier zur weiteren Vertheilung.

Für die Wassergewinnung sind 3 Brunnen in durchschnittlich 30 m Entfernung von dem rechten Ufer der Ruhr hergestellt, welche in eine Schicht von gutem, durchlässigem Kies von 6,0 m Mächtigkeit hinabreichen. Die Brunnen haben 4,0 m Durchmesser und 7,5 m

Tiefe. Sie bestehen aus 1,25 m hohen, gusseisernen Ringen. Der unterste Ring eines jeden Brunnens hat vertikale Schlitze für den Wasserdurchtritt erhalten, während die übrigen Ringe in den Wänden geschlossen sind. Oben sind die Brunnen, welche im Ueberschwemmungsgebiete der Ruhr liegen, mit gusseisernen Platten abgedichtet und mit je einer Einsteigöffnung versehen. Die Brunnen liegen 75 m von einander entfernt, und es sind die beiden äusseren Brunnen durch Heberrohre von 400 mm Durchmesser mit dem mittleren Brunnen verbunden.

Aus dem mittleren Brunnen gehen die beiden Saugeleitungen, in welche negative Windkessel eingeschaltet sind, direct zu den Pumpenmaschinen nach dem anderen Ufer hinüber. Anfänglich war nur eine und zwar oberirdisch verlegte Saugeleitung von 400 mm Durchmesser und von ca. 100 m Länge hergestellt, welche von einer für diesen Zweck besonders erbauten, eisernen Laufbrücke, die über die Ruhr führt, getragen wird. Im Jahre 1895 ist nach dem Projecte des damaligen Directors Breuer ein zweites Saugerohr von 600 mm Durchmesser aus Eisenblech verlegt, welches als Düker das Ruhrbett kreuzt und gleichfalls direct an die Maschinen anschliesst. Dieser Düker ist von August Klönne in Dortmund ausgeführt und hat M. 25 000 excl. der Anschlussarbeiten, die in Regie hergestellt sind, gekostet.

Die Pumpstation besteht aus einem Maschinenraume, der für 4 Dampfpumpmaschinen eingerichtet ist, und einem Kesselraume, der Platz für 3 Kessel bieten sollte, von welchen jedoch nur 2 eingebaut sind. Im Maschinenraume sind im Jahre 1882 2 Maschinen aufgestellt, denen im Jahre 1888 eine dritte und im Jahre 1891 eine vierte Maschine gefolgt ist. Die Kessel sind von Reinshagen & Hiby in Langendreer geliefert. Von den Maschinen sind die beiden ersten von der Berliner Maschinenbau-Actiengesellschaft, vormals L. Schwarzkopff in Berlin und die beiden anderen von Nehring, Bögel & Comp., Isselburger Hütte in Isselburg geliefert.

Die Maschinen sind sämmtlich liegende Dreicylindermaschinen. Die Kolbenstange eines jeden Dampfkolben treibt direct den Plunger je einer der 3 einfachwirkenden, liegenden Plungerpumpen an, welche mit Fernis'schen Ringventilen mit Zwangssteuerung versehen sind. Die Kurbeln für die 3 Kolben einer jeden Maschine sind um 120° gegen einander versetzt. Von den Dampfcylindern ist der mittlere der Hochdruckcylinder; er hat eine vom Regulator beherrschte Expansionssteuerung. Die beiden anderen Cylinder haben dagegen eine von Hand verstellbare variable Expansionssteuerung. Bei den zuerst aufgestellten Maschinen geht der Dampf aus dem Hochdruckcylinder in 2 liegende Receiver und aus diesen in die zugehörigen Niederdruckcylinder. Bei den anderen Maschinen hat jede Maschine nur einen Receiver, der unter ihrem Hochdruckcylinder liegt. Aus diesem entnimmt jeder der beiden Niederdruckcylinder abwechselnd den Dampf. Die effective Förderhöhe der Pumpen beträgt 95,0 m und deren Arbeitshöhe 99,0 m. Die Hauptdimensionen der Maschinen gibt die Tabelle 222 an.

Tabelle 222.

Lieferant	Schwartzkopf 2 Maschinen je	Isselburg 2 Maschinen je	Sächsische Maschinenfabrik 1 Maschine
Hochdruckcylinder Durchmesser mm	1 à 480	1 à 410	1 à 620
Niederdruckcylinder Durchmesser »	2 à 480	2 à 560	1 à 1030
Plungerdurchmesser mm	3 à 180	3 à 225	2 à 440 u. 310
Gemeinschaftlicher Hub m	0,50	0,65	1,2
Umdrehzahl pro Minute	60	60	44
Wasserquantum pro Stunde cbm	136	272	800
Leistung in PS.	45	90	270

Die Dampfkessel sind Seitenrohrkessel. Sie haben 8,75 m Länge und 2,2 m Durchmesser in dem Hauptkessel und 1,25 m Durchmesser in ihren Flammrohren, welche vorn aus Wellblech und in welche hinten 11 Gallowayrohre eingesetzt sind. Jeder Kessel hat 75 qm Heizfläche und ist für 6,5 Atm. Dampfdruck concessionirt.

In einem zur Vergrösserung der Pumpstation hergestellten Anbaue ist ein Röhrenkessel, System Steinmüller, von 72,5 qm Heizfläche, der für 10 Atm. Dampfdruck concessionirt ist, und eine neue Pumpmaschine aufgestellt, welche in der Tabelle 222 mit aufgeführt wurde, und von der Sächsischen Maschinenbau-Actiengesellschaft, vormals R. Hartmann in Chemnitz geliefert ist. Es ist eine liegende Verbundmaschine, welche 2 Differenzialpumpen mit freien Pumpenventilen direct antreibt. Die Dampfcylinder haben 620 mm und 1030 mm und die Plunger 440 mm und 310 mm Durchmesser. Der Hub sämmtlicher Kolben beträgt 1,1 m. Die Steuerung erfolgt durch Doppelsitzventile, die für den kleinen Cylinder vom Regulator verstellbar sind. Die Maschine hat einen Receiver und eine stehende Luftpumpe, die durch eine Gegenkurbel angetrieben wird. Das gemeinschaftliche Saugerohr beider Pumpen hat 600 mm und das jeder Pumpe 550 mm, sowie das Druckrohr jeder Pumpe 375 mm Durchmesser. Die Maschine liefert bei 44 Umdrehungen pro Minute 800 cbm Wasser pro Stunde. Für diese und eine zweite, später aufzustellende, gleiche Maschine ist ein gemeinschaftlicher Windkessel von 2,0 m Durchmesser und 7,0 m Höhe vorhanden, in welchen für beide Maschinen gemeinschaftlich ein Druckrohr von 600 mm Durchmesser eintritt.

Das Hochreservoir liegt zwischen Helfe und Flei, nach der Lenne zu und seitlich aus der directen Verbindungslinie zwischen der Pumpstation und der Stadt hinausgerückt. Das zuerst gelegte Druckrohr zu dem Reservoire hat 375 mm Durchmesser und 3200 m Länge. Die Verlegung eines zweiten Druckrohres ist in der Ausführung begriffen. Dieses wird 4250 m Länge erhalten, wovon 2100 m von 500 mm, 1700 m von 450 mm und 550 m von 400 mm Durchmesser sein werden. Der Wasserspiegel des Reservoires liegt um 97,0 m höher als der niedrigste Wasserstand in dem Sammelbrunnen. Der Hochwasserstand der Ruhr liegt um 6,0 m höher als letzterer. Das Reservoir ist aus Ziegelsteinen in Cementmörtel gemauert, überwölbt und mit Erde überdeckt. Es ist mit seiner halben Höhe in den Boden versenkt und besteht aus 2 Kammern von zusammen 4050 cbm Inhalt.

3. Wasservertheilung und Abgabe.

Vom Hochreservoir geht eine Fallrohrleitung von 400 mm Durchmesser und 2000 m Länge zur Stadt, die in ihrer mittleren Höhenlage um ca. 65,0 m tiefer als das Hochreservoir liegt. Der Druck in der Stadt schwankt für die verschiedenen Punkte zwischen 70,0 m und 50,0 m und fällt in einzelnen Ausläufen bis auf 20,0 m und 30,0 m hinab.

Das Vertheilungsnetz ist im Wesentlichen nach dem Circulationssysteme mit gusseisernen Nebenleitungen für die Anbohrungen hergestellt. Es steht unter einem constanten Drucke. Die gusseisernen Rohre sind von Haniel & Lueg in Düsseldorf geliefert und in eigenartiger Weise mit kurzen Modellen geformt. Die Tabelle 223 gibt für die 8 Jahre 1888/89 bis 1895/96 die Gesammtlänge der Hauptrohre am Ende jedes Jahres bis incl. 80 mm Durchmesser, sowie die Zahl der Schieber und Hydranten und der öffentlichen Pissoire an. Ferner ist darin die Zahl der Badeeinrichtungen, Closets etc. in den Privathäusern aufgeführt.

Tabelle 223.

Jahr	1888/89	1889/90	1890/91	1891/92	1892/93	1893/94	1894/95	1895/96
Rohrlänge m	44 595	47 161	48 758	49 478	50 757	51 273	51 803	52 271
Schieber	174	195	205	211	216	225	227	230
Oeffentliche Pissoire	—	—	—	1	2	2	2	2
Hydranten	243	250	255	260	266	273	275	277
Badeeinrichtungen	180	210	210	232	245	268	300	350
Closets	40	54	54	72	87	102	120	150
Privatspringbrunnen	10	14	14	12	14	16	30	50
Privatsprenghähne	160	180	180	196	193	210	240	260
Strahlapparate	50	78	78	147	155	183	215	200
Wassermotoren	2	2	2	2	3	3	3	3
von PS. zusammen	2	2	2	2	4	4	4	4
Hydraulische Aufzüge	—	—	1	1	1	2	2	3

Die Hydranten sind Unterflurhydranten mit Handentleerung. Sie stehen ca. 120 m von einander entfernt und werden auch zur Spülung des Rohrnetzes, der Kanäle und der Rinnsteine benutzt. Für die Zuleitungen zum Hausgebrauche sind in der Regel Bleirohre von 20 mm Durchmesser verwendet. Dieselben haben im Inneren der Häuser Absperrhähne. Die Closets sind theils direct und theils mit Schwimmkasten angeschlossen. Von den bis Ende 1895 gelieferten 448 Messern sind 317 von C. A. Spanner, Wien-Aachen, 129 von Dreyer, Rosenkranz & Droop, Hannover und 2 von H. Meinecke, Breslau geliefert. Nach der Grösse setzen sie sich wie folgt zusammen:

Durchmesser mm	7	4	13	15	20	25	30	40	50	65	80
Stückzahl m	15	10	75	2	131	133	3	3	34	2	26

mm	100	125	150
Zahl	10	2	2.

Die Tabelle 224 gibt für die letzten 8 Jahre die geförderte Wassermenge, den Kohlenverbrauch und die Arbeitszeit in Stunden für alle Maschinen im ganzen Jahre, sowie deren Zahl und für jede die durchschnittlichen Arbeitsstunden im Tage jedes Jahres an. Ferner enthält dieselbe den Kohlenverbrauch pro 100 cbm gehobenes Wasser, die mittlere Arbeitshöhe und den Kohlenverbrauch pro PS.-Stunde, sowie die Leistung pro kg Kohlen in m × kg.

In den beiden letzten Jahren waren die beiden ersten Maschinen 1770 resp. 2080 Stunden und 317 resp. 3269 Stunden und die beiden neuen Maschinen 4903 resp. 2505 Stunden und 6337 resp. 3626 Stunden in Betrieb. Jede der letzteren Maschinen erlitt im vorletzten Jahre einen Bruch ihrer Schwungradachse; auch schon vor 3 Jahren war dieses bei einer dieser Maschinen der Fall gewesen.

Tabelle 224.

Jahr	Wasser gefördert cbm	Förderhöhe m	Kohlenverbrauch kg	desgl. pro 100 cbm Wasser	desgl pro PS.-Stde	Maschinenzahl	Arbeitsstunden im Jahr	desgl pro Maschine pro Tag	Leistung pro kg Kohle m × kg
1888/89	984 718	98,4	783 540	79,6	2,18	3	5 282	4,8	123 800
1889/90	1 453 902	98,4	1 084 832	74,5	2,04	3	5 425	5,0	132 000
1890/91	1 941 916	98,4	1 400 425	72,0	1,98	4	10 416	7,1	136 900
1891/92	2 121 713	98,4	1 575 766	74,3	2,04	4	9 963	6,8	132 200
1892/93	2 380 188	98,4	1 846 810	77,6	2,13	4	10 689	7,3	126 900
1893/94	2 355 129	99,0	1 459 062	62,0	1,70	4	9 941	6,8	159 900
1894/95	2 416 065	99,0	1 584 328	65,6	1,80	4	11 258	7,7	151 000
1895/96	3 062 019	99,0	1 924 156	62,8	1,71	4	13 549	9,3	157 544

Die Abgabe des Wassers erfolgt ausser in dem Stadtgebiete in den Nachbargemeinden Altenhagen-Eckesey, Haspe und Eppenhausen-Westerbauer. Auf die verschiedenen Orte entfallen in den letzten Jahren die auf Tabelle 225 angegebenen Anschlüsse etc.

Tabelle 225.

Jahr	1893/94	1894/95	1895/96
Zahl der Gesammtanschlüsse	1 953	2 046	2 153
davon die Stadt Hagen . .	1 608	1 678	1 746
davon die Aussengemeinden	345	368	407
Eingebaute Wassermesser im Ganzen	—	300	343
davon die Stadt Hagen . .	—	234	266
davon die Aussengemeinden	—	66	77
von den Messern sind Controllmesser	—	100	66
und wirkliche Abgabemesser	—	200	277

Die Abgabemesser vertheilen sich nach der Grösse und den Orten, wo sie aufgestellt sind wie die Tab. 226 angiebt.

Die Tabelle 228 (S. 295) gibt für die letzten 9 Betriebsjahre eine Zusammenstellung der Wasserabgabe im Ganzen; ferner am mittleren Jahrestag und am Maximal- und am Minimaltage, sowie pro Kopf der mit Wasser versorgten Bevölkerung; ferner die Zahl der Anschlüsse und deren Jahresconsum; ferner die Jahresabgabe und die Zahl der Abnehmer nach Messern und ohne Messer, sowie deren Jahresconsum; ferner die Jahresabgabe für öffentliche Zwecke und für das Wasserwerk und endlich auch entsprechende Verhältnisszahlen für die verschiedenen Abgabearten etc. an.

In dem letzten Jahre hat die grösste, resp. die geringste Abgabe betragen:

in einem Monat . .	328 680 cbm,	resp.	215 926 cbm
in einer Woche . .	80 837 »	»	48 487 »
und in einer Stunde	544 »	»	245 »

Die Wasserzahlung erfolgt für gewöhnliche häusliche Zwecke, sowie für Gärten, Höfe, Viehstand und Bauzwecke nach Schätzung. Es ist jährlich zu zahlen pro qm Grundfläche jedes Stockwerks jedes mit Wasser versorgten Gebäudes 8 Pf., mindestens aber für jede Haushaltung M. 5,00. Dieser Preis wird für Geschäftszimmer, öffentliche Gebäude etc. um 25 % und für Schulzimmer, Säle und Lagerräume um 50 % ermässigt. Ferner ist jährlich zu zahlen für eine Badeeinrichtung M. 6,00, für ein Closet M. 3,00, für einen Pissoirstand resp. pro lfd. m M. 2,00 bei vorübergehender und M. 4,00 bei continuirlicher Spülung, für Strahlpumpen für Hauswasser M. 5,00 und für Grundwasser M. 15,00, für Zimmerspringbrunnen M. 10,00, für Bierpumpen, für Kühl- und Spülvorrichtungen M. 5,00 bis 20,00, für Ventilatoren M. 10,00 bis 20,00, für Kühlwasser für Gasmotoren pro PS. M. 5,00, für Pferde und Rindvieh M. 3,00, für Esel und Schweine M. 1,00, für diverse Gewerbetreibende als Bäcker, Conditoren etc. M. 5,00 bis 10,00 Zuschlag etc. Abnehmer ausserhalb der Stadt zahlen 5 % mehr.

Tabelle 226.

Durchmesser mm	13	20	25	30	50	80	100	125	150	im Ganzen
Hagen . . . am 1. April 1895	8	25	70	3	25	17	5	1	—	154
» » » 1896	45	35	77	3	28	20	4	1	—	213
Altenhagen . . » » » 1895	1	5	7	—	4	6	—	—	—	23
» » » 1896	4	9	11	—	4	4	—	—	—	32
Haspe . . . . . » » » 1895	—	8	9	—	2	2	—	1	1	23
» » » 1896	3	12	10	—	2	2	—	1	1	31
Eppenhausen . » » » 1896	1	—	—	—	—	—	—	—	—	1
Zusammen 1/4 1895	9	38	86	3	31	25	5	2	1	200
» » 1896	53	56	98	3	34	26	4	2	1	277

Für das Wasser zu gewerblichen und technischen Zwecken, das durch Messer zu entnehmen ist, ist pro cbm zu zahlen: 14 Pf. bei bis 1000 cbm im Jahre, 12 Pf. darüber bis 2000 cbm; 11 Pf. darüber bis 5000 cbm, 10 Pf. darüber bis 10 000 cbm und darüber 9 Pf. Alle ausserhalb der Stadt Hagen Wohnenden zahlen pro cbm $^1/_2$ Pf. mehr. Als Messermiethe ist jährlich zu zahlen je nach der Grösse:

Durchmesser mm	13	20	15	30	50
Mark	7	7	9	12	20.

Ferner ist für das erstmalige Setzen und für das Auswechseln eines Messers, wenn letzteres durch Verschulden des Miethers nöthig ist, M. 3,00 zu zahlen.

Das Wasser wird alle 2 Monate durch den Chemiker Dr. Fricke in Hagen untersucht und hat im Februar 1895 und im Januar 1896 im Liter enthalten:

Tabelle 227.

Jahr	1895	1896
	mg	mg
Gesammtrückstand	108,5	95,0
Chlor	10,8	10,6
Kaliumpermanganat zur Oxydation der organischen Substanz	15,8	15,8
Deutsche Härtegrade	4°	4°

Bacterien sind in beiden Fällen nicht nachgewiesen.

b) Versorgung mit Kraftwasser.

Für die Versorgung der Industriellen mit Kraftwasser liegen für Hagen und Umgegend zur Zeit 3, vom Professor Intze in Aachen ausgearbeitete Projecte vor, nach welchen in Seitenthälern der Volme Stauweiher hergestellt werden sollen. Das eine bezieht sich auf das Jubachthal. Hier soll mit einem Kostenaufwande von M. 500 000 ein Reservoir von 1 000 000 cbm Inhalt durch eine 145 m lange und 24,0 m hohe Mauer geschaffen werden.

Tabelle 228.

Jahr	1888/89	1889/90	1890/91	1891/92	1892/93	1893/94	1894/95	1895/96	1896/97
Einwohnerzahl	33 000	40 000	50 000	51 000	52 000	53 000	55 000	60 000	—
Gesammtabgabe im Jahr . cbm	986 916	1 452 472	1 941 276	2 121 753	2 380 688	2 355 009	2 415 321	3 062 019	3 203 076
desgl. gegen 100 cbm des Vorjahrs »	—	147,5	133,9	109,2	112,1	98,9	102,5	126,8	104,6
Liter pro Kopf pro Tag im Mittel	82	99	106	114	125	117	120	140	—
desgleichen am Maximaltage	129	140	160	152	204	194	206	241	—
Zahl der Anschlüsse (Abnehmer)	1 246	1 454	1 544	1 709	1 829	1 953	2 046	2 153	—
Abgabe pro Anschluss im Jahre . cbm	791	999	1 257	1 241	1 301	1 203	1 179	1 701	—
Tagesabgabe am									
mittleren Jahrestage . . »	2 700	3 971	5 318	5 797	6 522	6 456	6 617	8 366	8 776
Maximaltage des Jahres »	4 249	5 611	8 015	7 736	10 653	11 759	11 334	14 473	12 796
Minimaltage » » »	900	1 701	1 734	3 698	4 050	3 888	3 670	4 445	5 091
Von 100 cbm am mittleren Jahrestage am									
Maximaltage des Jahres »	157,1	141,3	150,7	133,4	163,3	182,1	171,3	173,4	146,3
Minimaltage » » »	33,3	42,9	32,6	63,8	62,0	60,2	55,4	53,1	58,0
Wasser für öffentl. Zwecke »	24 359	32 563	30 500	55 000	81 854	30 016	15 557	30 000	30 000
Wasser für Private . . . »	863 691	1 274 520	1 715 220	1 841 628	1 944 070	2 077 762	2 145 731	2 713 817	2 852 894
davon nach Messern . »	371 755	625 621	793 561	1 109 252	970 532	803 652	753 945	1 051 641	—
Zahl der Wasseranschlüsse . .	116	170	170	218	236	275	300	343	—
desgl. ohne Messer . . cbm	491 936	648 899	921 659	732 376	973 538	1 274 110	1 391 786	1 662 176	—
Zahl der Anschlüsse ohne Messer	1 130	1 284	1 374	1 491	1 593	1 678	1 746	1 810	—
Von 100 cbm für Private									
nach Messern . . . . cbm	43,1	49,1	46,2	60,2	47,4	38,8	35,1	38,7	—
ohne Messer . . . . »	56,9	50,9	53,8	39,8	52,6	61,2	64,9	61,3	—
Auf 100 Anschlüsse kommen									
Messeranschlüsse	9,3	11,7	11,0	12,8	12,9	14,1	14,7	15,9	—
Anschlüsse ohne Messer . .	90,7	88,3	89,0	87,2	87,1	85,9	85,3	84,1	—
Wasser für das Wasserwerk incl. Spülen, Verlust etc. cbm	98 866	145 390	195 556	225 125	354 764	247 231	254 033	315 903	320 172
Von 100 cbm Gesammtabgabe									
für öffentliche Zwecke »	2,5	2,2	1,5	2,6	3,4	1,3	0,6	0,9	0,9
für Private . . . . . »	87,5	87,8	88,4	86,8	81,7	88,2	88,9	88,8	89,2
für das Wasserwerk . . »	10,0	10,0	10,1	10,6	14,9	10,5	10,5	10,3	9,9
Gesammtabgabe ohne Messer »	615 161	826 852	1 147 715	989 008	1 303 460	1 548 418	1 658 874	2 003 855	1 636 094
desgl. von 100 cbm Gesammtabgabe . . . »	62,3	56,9	59,1	46,6	54,9	65,8	68,7	65,4	51,1
Gesammtabgabe nach Messern »	371 755	625 620	793 561	1 132 745	1 077 228	806 591	756 447	1 058 164	1 216 810
desgl. von 100 cbm Gesammtabgabe . . . »	37,7	43,1	40,9	53,4	45,1	34,2	31,3	34,6	48,9
Abgabe pro Messer im Jahr »	3 203	3 681	4 665	5 202	4 555	2 933	2 521	3 066	—
Abgabe pro Anschluss ohne Messer v. d. Privatabgabe ohne Messer . . . . . »	436	504	671	491	680	804	797	812	—

Nach dem zweiten Projecte, dessen Ausführung im Jahre 1897 beschlossen ist, soll im Osterthale bei Plettenberg im Ebbegebirge ein Staureservoir unweit Himmelwert hergestellt werden. Eine Mauer aus Grauwacke und Lenneschiefer von 32,45 m Höhe, welche nach einem Bogen von 150 m Radius gekrümmt wird und 3,8 m obere und 15,5 m untere Dicke erhält, soll aus einem Niederschlagsgebiet von 14,3 qkm Fläche 1260000 cbm Wasser aufspeichern können. Auch bei trockenem Wetter soll die Anlage pro Stunde noch 2400 cbm Wasser abgeben können.

Das dritte Project bezieht sich auf das Glörthal bei Dahlerbrück und ist für die Triebwerksbesitzer im unteren Volmethale bestimmt. Es ist vorläufig zurückgestellt. Das Staureservoir soll hier 1 500 000 cbm Inhalt erhalten, und es sind die Herstellungskosten dafür zu M. 500000 veranschlagt.

91. a. Halver. (E. 8 362.)

Für die Wasserversorgung des Ortes Halver dienen ausschliesslich Brunnen im Orte selbst.

92. h. Hamm i. W. (E. 28602.)

Die Wasserversorgung der Stadt Hamm erfolgte früher fast ausschliesslich aus gegrabenen Brunnen in der Stadt, die einen sehr schwankenden Wasserstand haben und auch ein Wasser von recht ungleicher

Qualität geben, das aber trotzdem meistens ziemlich gut ist. Für die Versorgung des Bahnhofes und für verschiedene technische Etablissements wurde das Wasser schon früher durch künstliche Hebung direct aus der Lippe entnommen. Für eine Kaserne und für verschiedene Brauereien bestanden endlich noch künstliche Zuleitungen von Quellwasser.

Die Erkenntniss der Vortheile einer centralen Versorgung veranlasste die Stadt, am 26. März 1886 den Beschluss zu fassen, für eigene Rechnung ein Wasserwerk zu erbauen, für welches von der Deutschen Wasserwerksgesellschaft in Frankfurt a/M. durch deren Oberingenieur P. Schmik bereits früher auf Grund der von ihm vorgenommenen Vorarbeiten ein Project aufgestellt war. Diese Anlage ist unter der Oberleitung von Schmik ausgeführt und im Jahre 1887 in Betrieb gekommen. Sie ist für eine tägliche Leistung von 6000 cbm bestimmt und hat ca. M. 1000000 oder M. 38,49 pro Kopf gekostet. Die Leitung des Betriebes liegt in den Händen des Ingenieurs Fromberg, der zugleich der Dirigent des städtischen Gaswerkes ist.

Das Wasser wird südlich von Hamm und 23 km davon entfernt am linken Ufer der Ruhr zwischen Wickede und Echthausen aus dem Grundwasser unweit Wimbern durch 3 Brunnen von 3,0 m Durchmesser und 4,8 m Tiefe gewonnen. Diese bestehen aus gusseisernen Ringen mit geschlitzten Wänden und sind durch Senken hergestellt. Die Pumpstation, welche das Wasser aus ihnen zu fördern hat, liegt neben den Brunnen und die Druckleitung, welche von hier nach Hamm führt, kreuzt daher die Ruhr.

In der Pumpstation befinden sich 2 Dampfmaschinen und 2 Dampfkessel. Erstere sind liegende Dreicylinder-Verbundmaschinen mit Condensation. Bei jeder Maschine werden durch deren verlängerte Kolbenstangen 3 liegende, einfachwirkende Plungerpumpen mit Fernis-Ventilen betrieben. Jede Maschine fördert bei 65 Umdrehungen pro Minute 66 cbm Wasser pro Stunde auf 100,0 m Höhe bei einer Leistung von 25 PS. Der Durchmesser des Hochdruckcylinders einer jeden Maschine beträgt 400 mm, der der beiden Niederdruckcylinder 450 mm und der der Plunger 170 mm. Sämmtliche Kolben haben einen Hub von 0,25 m. Die Maschinen mit den Pumpen sind von der Firma Banning in Hamm geliefert.

Die Dampfkessel sind Zweiflammrohrkessel mit Galloway-Rohren. Jeder derselben hat 68 qm Heizfläche und ist für 6,5 Atm. Dampfdruck concessionirt. Geliefert sind dieselben von der Firma Caspar Berninghaus in Essen a. d. Ruhr.

Die Druckleitungen von den beiden Maschinen vereinigen sich in einem gemeinschaftlichen Druckwindkessel von 2,8 m Höhe und 1,05 m Durchmesser, von welchem eine gemeinschaftliche Druckleitung von 300 mm Durchmesser abgeht. Dieselbe mündet an dem rechten Ufer der Ruhr auf der Haar in eine Auslaufkammer, deren Wasserspiegel 100,0 m hoch über der Gewinnungsstelle liegt.

Von dieser Kammer führt eine Fallrohrleitung von 225 mm Durchmesser nach dem Hochreservoire für die Stadt Hamm, welches ca. 20000 m von der Pumpstation und ca. 3000 m von der Stadt Hamm entfernt liegt. Die Fallrohrleitung von diesem Hochreservoire bis zum Versorgungsnetze der Stadt hat 350 mm Durchmesser.

Von der Auslaufkammer geht noch eine zweite Fallrohrleitung zu einem daneben liegenden, zweiten Hochreservoire ab, welches für die Stadt Werl dient. In diese Leitung ist ein Centralwassermesser eingeschaltet. Das Reservoir für Hamm besteht aus 2 Kammern von je 1500 cbm Inhalt. Es ist aus Mauerwerk ausgeführt, in den Boden versenkt, überwölbt und mit Erde überdeckt. Sein Wasserspiegel liegt 30,0 m hoch über der Gewinnungsstelle und 70,0 m tiefer als der der Auslaufkammer.

Das Vertheilungsnetz in Hamm ist nach dem Circulationssysteme ausgeführt. Es steht unter einem einheitlichen und constanten Drucke, der im Mittel 28,0 m beträgt. Die Tabelle 229 gibt für das Ende jedes der Betriebsjahre 1888/89 bis 1895/96 die Länge der Hauptleitungen von 350 mm bis 60 mm Durchmesser und die Zahl der Schieber, Hydranten, öffentlichen Springbrunnen und Pissoire an.

Tabelle 229.

Jahr	1888/89	1889/90	1890/91	1891/92	1892/93	1893/94	1894/95	1895/96
Rohrlänge m	49 666	49 876	51 835	52 856	54 171	56 598	57 306	57 306
Schieber	172	174	179	182	188	195	202	204
Hydranten	135	137	144	148	156	170	177	180
öffentliche Springbrunnen	—	—	—	3	3	3	3	3
Pissoire	—	—	1	1	1	2	3	3

Die Hydranten stehen in ca. 120 m Abstand von einander. Es sind Unterflurhydranten ohne Selbstentleerung. Die gusseisernen Rohre sind von der Friedrich-Wilhelmshütte in Mülheim a. d. Ruhr und von dem Schalker Gruben- und Hüttenvereine in Gelsenkirchen geliefert. Die Zuleitungen haben meistens 20 mm und 25 mm Durchmesser und Durchgangshähne nach Frankfurter Modell. Die Hausleitungen sind, ebenso wie erstere, von Bleirohren hergestellt. Von den bis Ende 1895 gelieferten 593 Wassermessern sind 540 von Dreyer, Rosenkranz & Droop, Hannover, 41 von Wolff & Schreiber, Breslau, 2 von H. Meinecke, Breslau, 6 von Siemens & Halske, Berlin und 4 von Lux, Ludwigshafen geliefert. Nach der Grösse vertheilen sie sich wie folgt:

Durchmesser . mm	10	12	13	15	20	25	30	50	70	80
Stückzahl	2	2	77	9	279	194	3	14	2	2

mm	100	150
Zahl	2	7.

Die Wasserabgabe für die 8 Betriebsjahre 1888/89 bis 1895/96 ergibt sich aus der Tabelle 230 (S. 297). Dieselbe gibt die Abgabe im Jahr und am Durchschnitts-, sowie am Maximal- und am Minimaltage an, ferner die Abgabe für städtische Zwecke und für Private, letztere getrennt nach der Abgabe durch Messer und ohne Messer, ferner die Zahl der Anschlüsse und deren durchschnittlichen Consum im Ganzen und getrennt danach, ob die Abgabe durch oder ohne Messer erfolgt, und endlich verschiedene Verhältnisszahlen an.

Tabelle 230.

Jahr	1888/89	1889/90	1890/91	1891/92	1892/93	1893/94	1894/95	1895/96
Einwohnerzahl	29 000	29 000	30 000	30 000	30 000	31 000	32 000	33 000
Gesammte Abgabe im Jahre . . . . cbm	716 057	731 356	885 045	1 087 999	1 059 200	1 076 259	1 093 575	1 206 807
desgl. gegen 100 cbm des Vorjahres »	—	102,1	121,1	122,9	97,3	101,9	101,8	110,3
Liter pro Kopf pro Tag im Mittel	68	69	81	99	97	95	94	100
desgl. am Maximaltage	103	109	136	195	169	148	153	152
Zahl der Anschlüsse	—	—	1 417	1 499	1 617	1 699	1 828	1 887
Abgabe pro Anschluss im Jahre . cbm	—	—	624	725	655	627	600	640
Tagesabgabe am								
mittleren Jahrestage »	1 962	2 004	2 425	2 981	2 902	2 949	2 996	3 297
Maximaltage »	2 969	3 152	4 085	5 851	5 069	4 582	4 879	5 021
Minimaltage »	456	667	747	897	806	951	1 110	1 017
Von 100 cbm am mittleren Jahrestage am								
Maximaltage des Jahres . . . . cbm	151,2	157,4	168,4	196,2	174,6	155,3	162,8	152,3
Minimaltage des Jahres . . . . »	23,2	33,4	30,8	30,1	27,7	32,2	37,1	20,2
Wasser für öffentliche Zwecke . . . »	—	73 135	53 103	65 280	63 552	65 576	65,615	72 412
Wasser für Private »	—	658 221	831 942	1 022 719	995 648	1 010 683	1 027 960	1 134 458
davon nach Messern »	—	516 332	651 354	818 577	773 590	744 093	723 733	790 109
Zahl der Messeranschlüsse	282	361	378	396	434	505	567	616
Wasser ohne Messer . . . . . . cbm	—	141 889	180 588	204 142	222 058	266 590	304 227	344 349
Zahl der Anschlüsse ohne Messer	—	—	1 039	1 103	1 183	1 194	1 261	1 271
Von 100 cbm für Private								
nach Messern . . . . cbm	—	78,5	78,3	80,0	77,7	73,6	70,4	69,6
ohne Messer »	—	21,5	21,7	20,0	22,3	26,4	29,6	30,4
Auf 100 Anschlüsse kommen:								
Messeranschlüsse	—	—	26,7	26,4	26,8	29,7	31,0	32,7
Anschlüsse ohne Messer	—	—	73,3	73,6	73,2	70,3	69,0	67,3
Von 100 cbm Gesammtabgabe für								
öffentliche Zwecke . . . . cbm	—	10,0	6,0	6,0	6,0	6,1	6,0	—
Private »	—	90,0	94,0	94,0	94,0	93,9	94,0	—
Gesammtabgabe ohne Messer . . . »	—	215 024	233 691	269 422	285 610	332 166	369 842	416 761
desgl. von 100 cbm Gesammtabgabe »	—	29,4	26,4	24,8	27,0	30,9	33,8	34,5
Gesammtabgabe nach Messern . . . »	—	516 332	651 354	818 577	773 590	744 093	723 733	790 109
desgl. von 100 cbm Gesammtabgabe »	—	70,6	73,6	75,2	73,0	69,1	66,2	65,5
Abgabe pro Messer im Jahre . . . »	—	1 430	1 724	2 066	1 781	1 472	1 275	1 282
Abgabe pro Anschluss ohne Messer von der Privatabgabe ohne Messer »	—	—	174	185	188	224	241	271

Die Tabelle 231 gibt für dieselben Jahre den Kohlenverbrauch (Ruhrkohle und Kohlenstaub) der Dampfkessel im Ganzen, pro 100 cbm und pro PS.-Stunde bei 108,0 m Arbeitsdruck, ferner die Leistung in m × kg pro kg Kohle, und endlich die Arbeitsstunden der Maschinen im Jahre und für jede Maschine durchschnittlich pro Tag an.

Tabelle 231.

Jahr	Kohlenverbrauch im Ganzen kg	Kohlenverbrauch pro 100 cbm	Kohlenverbrauch pro PS.-Stunde	Leistung pro kg Kohle m × kg	Arbeitsstunden im Jahre	Arbeitsstunden pro Maschine pro Tag
1888/89	544 800	76,0	1,90	142 100	6 123	8,4
1889/90	548 000	75,0	1,88	144 000	6 007	8,2
1890/91	710 330	80,4	2,01	134 400	6 974	9,5
1891/92	808 180	74,4	1,86	145 100	8 072	11,0
1892/93	774 030	73,1	1,83	147 800	7 922	10,8
1893/94	762 520	70,9	1,77	152 500	7 922	10,8
1894/95	766 550	70,0	1,75	154 500	8 167	11,2
1895/96	941 900	78,0	1,95	138 382	9 043	12,4

In den beiden vorstehenden Tabellen ist die Abgabe resp. Förderung des Wassers für die Städte Hamm und Werl zusammen gefasst.

Für den Hausgebrauch ist in Hamm jährlich der Betrag der Gebäudesteuer, welcher 4% von dem Nutzungswerthe ausmacht, zu zahlen. Ausserdem ist jährlich für eine Badeeinrichtung M. 8,00, für eine Brause oder ein Closet M. 4,00, für ein Pferd M. 3,00 etc. zu zahlen. Bei der Abgabe nach Messern ist jährlich für den Hausgebrauch mindestens M. 20,00 zu zahlen. Der Preis pro cbm Wasser beträgt 15 Pf. bis 5000 cbm Jahresverbrauch und bei grösserem Verbrauche für:

bis 10000 cbm,	bis 20000 cbm,	bis 50000 cbm,
14 Pf.	13 Pf.	12 Pf.
bis 100000 cbm,	bis 200000 cbm,	darüber
11 Pf.	10 Pf.	9 Pf.

93. c. Hamme. (E. 8001.)

Die Wasserversorgung des Ortes Hamme erfolgt durch das Bochumer Wasserwerk. Die Wasserabgabe während der letzten Jahre gibt die Tabelle 232 an:

Tabelle 232.

Jahr	1894/95	1895/96	1896/97
Gesammtabgabe . . . cbm	250 061	263 750	221 212
davon Hauswasser . . »	17 677	22 893	26 710
Zahl der Anschlüsse . . .	79	94	110
desgl. Einwohner	7 097	8 001	8 690
davon an 2 Wassergenossenschaften . . cbm	232 384	240 857	194 502
Zahl der Abnehmer	103	109	—

94. c. Harpen. (E. 3168, W. 220 mit je 14,4 B.)

Die Gemeinde Harpen hat am 13. März 1894 die Bedingungen, welche das Bochumer Wasserwerk ihr für eine Wasserabgabe gestellt hat, abgelehnt und statt dessen für die Wasserlieferung einen günstigeren Vertrag mit der Gemeinde Langendreer erzielt, so dass Harpen nunmehr aus zweiter Hand durch das Wittener Wasserwerk versorgt wird. Der Vertrag ist auf 25 Jahre abgeschlossen, und es beträgt der Wasserpreis pro cbm von 8 Pf. bis zu 6 Pf. abwärts je nach dem bezogenen Jahresquantum.

Die Rohrleitungen für diese Versorgung sind für Rechnung der Gemeinde Harpen durch den Ingenieur Müller in Bochum verlegt. Das Rohrnetz hat M. 55 340 gekostet und ist für eine tägliche Abgabe von 500 cbm bestimmt. Die Rohre hat die Friedrich-Wilhelmshütte in Mülheim a. d. Ruhr, und die Hydranten H. Breuer & Comp. in Höchst geliefert.

Der Druck in Harpen beträgt 50,0 m im Mittel. Die Rohrleitungen haben 8522 lfd. m Länge und sind mit 17 Schiebern verbunden. Sie setzen sich nach den Durchmessern wie folgt zusammen:

Durchmesser	mm	150	125	100	80	50
Rohrlänge .	m	1360	1152	551	3212	2247
Schieberzahl	. .	3	1	1	9	3

Es sind 31 Unterflurhydranten mit Selbstentwässerung aufgestellt. Die Zuleitungen bestehen aus Bleirohren von 13 mm bis 25 mm Durchmesser, und es sind deren 162 in Benutzung. Es sind 160 Wassermesser, welche H. Meinecke, Breslau geliefert hat, eingebaut und zwar 2 von 150 mm, 129 von 13 mm, 26 von 20 mm und 5 von 25 mm Durchmesser.

Die Wasserabgabe erfolgt ausschliesslich durch Messer zum Preise von 20 Pf. pro cbm. Im Jahre 1894/95 sind 12073 cbm Wasser verbraucht.

95. g. Haspe. (E. 1054.)

a) Hauswasser.

Für die Wasserversorgung der Stadt Haspe ist ein 50jähriger Vertrag mit der Stadt Hagen abgeschlossen, nach welchem unter Ausschluss anderer Concurrenz auf Verlangen für jeden Hasper Bürger von dem Hagener Wasserwerke eine Anschlussleitung herzustellen ist. Die Strassenleitungen dafür sind auf Kosten des Wasserwerkes auszuführen; es ist aber für das Wasser ein um 5% höherer Wasserpreis als in Hagen zu zahlen.

Die Zahl der angeschlossenen Grundstücke hat am 1. April betragen:

1893	1894	1895	1896
104	119	128	145.

Im letzten Jahre waren ausser 5 Controllmessern 31 Wassermesser eingebaut, welche folgende Dimensionen hatten:

Durchmesser	mm	13	20	25	50	80	125	150
Stückzahl	. . .	3	12	11	2	2	1	1

b) Kraftwasser.

Schon seit dem Jahre 1887 ist in Haspe über die Idee eingehend verhandelt, im grossen Kettelbachthale und oberhalb Verneys im Hasperbachthale zwischen der Walkmühle und der Höhlenmühle durch Brunnen und Stollenanlagen Trinkwasser zu gewinnen und mit natürlichem Gefälle zur Stadt zu leiten. Im Jahre 1893 ist, nachdem das Gesetz vom 1. April 1879, betreffend die Bildung von freien und öffentlichen Genossenschaften zur Anlage von Sammelbecken, auch auf das Gebiet der Volme und deren Nebenflüsse ausgedehnt wurde, der Professor Intze in Aachen mit Aufstellung von Projecten für solche Anlagen in beiden Thälern beauftragt.

Für das Kettelbachthal sind von ihm 2 Absperrungen, die eine 191,0 m und die andere 202,0 m hoch über dem Meeresspiegel angenommen, durch welche 75 000 cbm resp. 150 000 cbm in je einem Staureservoire, also zusammen 225 000 cbm aus einem Niederschlagsgebiete von 1,8 qkm gesammelt werden können. In trockener Zeit waren im grossen Kettelbache in 24 Stunden 150 cbm und im kleinen 70 cbm Wasser gemessen. Das Wasser des kleinen Kettelbaches sollte durch Rohrleitungen dem grossen Kettelbachthale zur Abgabe zufliessen.

Ein früher im Hasperbachthale angelegter Brunnen hat in einer Tiefe von 5,6 m in 24 Stunden 18 cbm Wasser und die Bachmessungen im Jahre 1893 haben in 24 Stunden im April 1000 cbm und im Juni 775 cbm Wasser ergeben. Die Versuche mit Stollenanlagen liessen eine genügende Versorgung einer Stadt von 20 000 Einwohnern für lange Jahre mit Sicherheit annehmen. Das Niederschlagsgebiet hat eine Fläche von 11 qkm, und es ist früher dafür ein Staureservoir in 225,0 m Höhe über dem Meeresspiegel und von 3 000 000 cbm Inhalt projectirt. Später ist die Sperrmauer oberhalb des Gehöftes Cassen in dem Gebiete der Gemeinden Vörde und Waldbauer für ein Niederschlagsgebiet von 8,5 bis 9 kqm angenommen und dafür ein Sammelreservoir von 200 000 cbm Inhalt projectirt. Diese Anlage ist excl. der Rohrleitungen zu M. 1 000 000 berechnet und dadurch eine Erhöhung auf das 10- bis 15fache des bisher benutzten Wasserquantums für Triebwerke möglich, so dass damit gleichzeitig nicht nur die Stadt Hörde und die Gemeinden Vörde und Westerbauer versorgt werden könnten, sondern auch mindestens 100 PS., und 200 bis 300 PS. durch Verbesserung der jetzigen Betriebseinrichtungen zu gewinnen wären. Positive Entschlüsse zu einer Ausführung liegen zur Zeit noch nicht vor.

96. g. Hasslei. (E. 200.)

Für das Dorf Hasslei hat der Wasserwerksdirector Disselhoff in Hagen im Jahre 1893 eine Wasserversorgung nach seinem Projecte ausgeführt, welche M. 11 500 oder M. 57,50 pro Kopf gekostet hat und täglich 45 cbm liefert.

Das Wasser wird aus dem Lenneschiefer durch eine ca. 20 m lange Sammelanlage erschlossen und mit natürlichem Gefälle einem 20 m entfernten und 3,0 m tiefer liegenden Hochreservoire von 15 cbm Inhalt zugeführt, das gemauert und in den Boden versenkt ist. Von hier fliesst es durch eine 1500 m lange Leitung von 80 mm Durchmesser zu dem ca. 20,0 m tiefer liegenden Dorfe.

Die Vertheilung erfolgt hier durch 200 m Rohre von 80 mm Durchmesser, mit denen 2 Schieber und 5 Unterflurhydranten verbunden sind. Die Zuleitungen sind aus geschwefelten Bleirohren hergestellt.

97. i. **Hattingen a. d. Ruhr.** (E. 7744.)

Die Wasserversorgung der Stadt Hattingen erfolgt seit dem Jahre 1874 durch eine Actiengesellschaft »Hattinger Wasserwerk«. Die Anlage ist seiner Zeit nach dem Projecte des Ingenieurs H. Scheven in Bochum für eine tägliche Leistung von 1000 cbm gebaut und hat M. 170000 gekostet. Durch spätere Erweiterungen sind die Kosten auf M. 220000 oder M. 28,41 pro Kopf gestiegen. Den Betrieb der Anlage leitet der Maschinenmeister Stemper.

Das Wasser wird bei Winz, 1,5 km oberhalb der Stadt, durch einen Brunnen in der Nähe der Ruhr erschlossen und durch Dampfpumpmaschinen auf 67,0 m Höhe gehoben. Es war Anfangs eine liegende Zwillingsmaschine von 26 PS. mit Ventilsteuerung, die auch mit einem Cylinder allein arbeiten konnte, aufgestellt, deren Dampfkolben 360 mm Durchmesser und 0,6 m Hub haben. Sie betreibt 2 doppeltwirkende Plungerpumpen von 170 mm Kolbendurchmesser mit freien Ringventilen, welche 25 Doppelhübe pro Minute machen und zusammen 75 cbm Wasser pro Stunde liefern.

Im Jahre 1891 ist eine grössere Zwillingsmaschine von 75 PS. von der Hannoverschen Maschinenbau-Actiengesellschaft, vormals G. Egestorff in Linden bei Hannover geliefert, welche gleichfalls getheilt arbeiten kann und für jede ihrer Hälften einen besonderen Condensator hat. Diese hat Dampfcylinder von 380 mm Durchmesser und Dampfkolben von 0,7 m Hub. Die verlängerte Kolbenstange eines jeden derselben treibt eine Differentialpumpe an, deren Kolben 258 mm und 182 mm Durchmesser haben. Die Maschine macht pro Minute 50 Umdrehungen und liefert pro Stunde 210 cbm Wasser. Den Dampf liefern 2 Cornwallkessel von je 53 qm Heizfläche, welche für 7 Atm. Dampfdruck concessionirt sind. Diese sind von E. Wellmann in Bochum geliefert.

Auf der der Pumpstation entgegengesetzten Seite der Stadt und 2476 m von ersterer und 700 m von letzterer entfernt ist ein gemauertes Hochreservoir erbaut, das in den Boden versenkt und überwölbt ist. Es hat 650 cbm Nutzinhalt.

Die Rohrleitungen haben 300 mm bis 40 mm Durchmesser, und es sind mit diesen 40 Schieber und 35 Hydranten verbunden. Die Rohre hat die Firma G. & J. Jäger in Elberfeld geliefert. Bis Ende des Jahres 1859 waren für das Werk im Ganzen 385 Wassermesser bezogen, von denen Dreyer, Rosenkranz & Droop, Hannover 82, Bopp & Reuther, Mannheim 240 und Siemens & Halske, Berlin 63 Stück geliefert haben. Nach der Grösse vertheilen sich diese Messer wie folgt:

Durchmesser . mm	10	12	13	15	20	25	30	40	50	80
Stückzahl	2	1	153	2	184	29	1	1	3	9.

Die Wasserabgabe hat im Jahre 1882 im Ganzen 90938 cbm oder 250 cbm pro Tag und im Jahre 1894 360000 cbm oder 986 cbm pro Tag betragen. Von letzterem Quantum sind 275000 cbm durch Messer und 50000 cbm ohne Messer abgegeben. Im Jahre 1894 sind für den Maschinenbetrieb 360000 kg Kohlen verfeuert, was 100 kg für 100 cbm Wasser und 4,03 kg pro PS.-Stunde entspricht. Die Leistung pro kg Kohle hat hiernach 67000 m × kg betragen.

Als Wasserpreis ist 15 Pf. pro cbm zu zahlen.

98. g. **Herdecke.** (E. 4330, W. 330 mit je 13,1 B.)

Für die Wasserversorgung der Stadt Herdecke hat deren Magistrat im Juli 1892 einen Vertrag mit dem Fabrikbesitzer Dr. Hösch abgeschlossen, nach welchem dieser sich verpflichtet hat, vom 1. Januar 1893 ab das für die Versorgung der Stadt nöthige Wasser in ein Hochreservoir am Nackenberge zu liefern. Das Wasser wird auf dem Hösch'schen Grundbesitze aus einem im Ruhrthale liegenden Brunnen durch Pumpen entnommen, welche eine Turbine antreibt, und auf 50,0 m Höhe in das Reservoir durch eine 790 m lange Druckleitung von 150 mm Durchmesser gefördert. Der abgeschlossene Vertrag besteht für 17 Jahre, und die Stadt hat dem Dr. Hösch $2^1/_2$ Pf. pro cbm Wasser zu zahlen.

Die übrigen Anlagen für die Versorgung hat die Stadt auf ihre Kosten nach dem Projecte des Ingenieurs H. Müller in Bochum ausführen lassen. Sie sind für eine tägliche Leistung von 1500 cbm bestimmt und haben M. 63000 gekostet. Die Rohre hat der Schalker Gruben- und Hüttenverein in Gelsenkirchen und die Hydranten und Schieber haben Bopp & Reuther in Mannheim geliefert. Unter Vorsitz des Bürgermeisters leitet eine städtische Commission den Betrieb der Anlage.

Das Hochreservoir ist gemauert und besteht aus 2 Abtheilungen von zusammen 300 cbm Inhalt. Der Leitungsdruck beträgt im Mittel 50,0 m. An Rohren sind 5458 lfd. m verlegt, und diese sind mit 28 Schiebern verbunden. Nach dem Durchmesser getrennt, sind beide wie folgt zusammengesetzt:

Rohrdurchmesser mm	150	125	100	80	60	50
Rohrlänge . . m	1786	280	710	2440	178	64
Schieberzahl . . .	9	3	3	11	1	1.

Es sind damit 37 Hydranten verbunden. 280 Hausanschlüsse sind theils von Bleirohren, theils von verzinkten Eisenrohren hergestellt. Für die Hausleitungen sind geschwefelte Bleirohre verwendet. Es sind 40 Wassermesser eingebaut, welche von Dreyer, Rosenkranz & Droop, Hannover geliefert sind. Davon haben 3 einen Durchmesser von 13 mm, 32 von 20 mm und 5 von 25 mm.

Der jährliche Wasserpreis beträgt M. 2 für jeden Raum bis zu 40 qm Fläche und für jede ferner angefangenen 40 qm abermals M. 2. Für ein Watercloset, ein Pissoir oder eine Badeeinrichtung ist M. 6, für eine Bierpumpe oder Spülvorrichtung ist M. 5 bis 20 etc. zu zahlen. Für Messeranschlüsse für Wohnhäuser ist mindestens M. 2,50 pro Monat für jährlich bis zu 100 cbm und pro cbm Mehrverbrauch 25 Pf zu zahlen. Für gewerbliche Zwecke ist pro cbm zu zahlen: 15 Pf. bis 1000 cbm, 12 Pf. bis 5000 cbm und 10 Pf. für über 5000 cbm im Jahre. Als Wassermessermiethe ist monatlich je nach der Grösse zu zahlen:

Durchmesser mm	bis 15	20	25	30	50
Mark	0,50	0,60	0,75	1,00	1,25.

Nach der Untersuchung des Dr. Kayser in Dortmund enthält das Wasser im Liter in mg:

Organische Substanz	53 mg
Mineralische Substanz	99 »
Davon Chlornatrium	7 »
Chlorcalium	12 »
Kohlensaurer Kalk	37 »
Kohlensaure Magnesia	15 »
Schwefelsaurer Kalk	28 »
Ammoniak, salpetrige- und Salpetersäure	Null.

99. h. Heeren. (E. 774.)

Die Wasserversorgung des Dorfes Heeren erfolgt durch 14 directe Anschlüsse an die Wasserleitung des Wasserwerkes Unna-Königsborn mittels eingeschalteter Wassermesser.

100. c. Herne. (E. 22000.)

Die Wasserversorgung der Stadt Herne erfolgte früher ausschliesslich durch das Bochumer Wasserwerk, welches jetzt nur noch das Hauswasser liefert, während das Industriewasser seit einigen Jahren überwiegend durch das Wasserwerk des nördlichen westfälischen Kohlenreviers geliefert wird. Während der letzten Jahre hat das Bochumer Wasserwerk die in der Tabelle 233 angegebenen Wassermengen abgegeben.

Tabelle 233.

Jahr	1894/95	1895/96	1896/97
Gesammtabgabe . . . cbm	95 947	107 484	116 632
davon Industriewasser . »	1 680	2 055	1 568
Zahl der Abnehmer	3	3	3
davon Hauswasser . . cbm	94 267	105 429	115 064
durch Anschlüsse	359	406	460
an Einwohner	17 861	19 321	20 112

101. f. Hessler. (E. 4050.)

Die Wasserversorgung des Ortes Hessler erfolgt durch das Wasserwerk des nördlichen westfälischen Kohlenreviers.

102. l. Heven. (E. 5763.)

Die Wasserversorgung des Ortes Heven erfolgt durch das Wasserwerk des nördlichen westfälischen Kohlenreviers.

103. c. Hiltrop. (E. 1558.)

Die Wasserversorgung des Ortes Hiltrop erfolgt durch das Wasserwerk des nördlichen westfälischen Kohlenreviers.

104. f. Höntrop. (E. 4179.)

Die Wasserversorgung des Ortes Höntrop erfolgt ausschliesslich durch das Bochumer Wasserwerk. In den letzten Jahren sind für die verschiedenen Zwecke die in der Tabelle 234 angegebenen Wassermengen geliefert.

Tabelle 234.

Jahr	1894/95	1895/96	1896/97
Gesammtabgabe . . . cbm	384 271	398 655	405 045
davon Industriewasser . »	349 386	365 338	362 667
an Abnehmer	3	3	3
davon Hauswasser . . cbm	34 885	33 317	42 378
durch Anschlüsse	38	53	67
an Einwohner	4 096	4 179	4 353

105. k. Hörde. (E. 18639, W. 1070 mit je 17,4 B.)

Die Stadt Hörde erfreut sich schon seit December 1873 einer allgemeinen Wasserversorgung, für welche das Wasser in das der Stadt gehörende Rohrnetz von dem Dortmunder Wasserwerke geliefert wird und zwar durch einen bei Bickfeld aufgestellten Hauptwassermesser. Das Vertheilungsnetz ist Anfangs nach dem Projecte des Ingenieurs Bethge in Dortmund ausgeführt und hat damals M. 144000 gekostet. Der technische Betrieb der städtischen Versorgung ist dem Stadtbaumeister Schreiber unterstellt.

Das Hauptversorgungsrohr hat 210 mm Durchmesser. Die Vertheilungsleitungen von 200 mm bis 80 mm Durchmesser haben 11340 m Länge und sind mit 138 Schiebern und 110 Unterflurhydranten verbunden, welche Selbstentleerung (Modell Bopp & Reuther) haben. Die Zuleitungen und die Hausleitungen sind für die kleineren Dimensionen aus Bleirohren hergestellt. Wassermesser sind bis Ende 1895 im Ganzen 150 Stück geliefert gewesen und zwar 29 von H. Meinecke, Breslau, 30 von Dreyer, Rosenkranz & Droop, Hannover und 91 von Siemens & Halske, Berlin. Nach der Grösse vertheilen sich diese wie folgt:

Durchmesser mm	10	13	20	25	30	40	50	65
Stückzahl . . .	19	31	35	24	4	1	6	9
mm	75	80	100	125	150			
Zahl	8	2	6	3	2.			

Die Wasserabgabe hat in einigen der verflossenen Jahre die in der Tabelle 235 angegebene Höhe erreicht.

Tabelle 235.

Jahr	1876	1881	1894
Abgabe im Ganzen . . cbm	202 750	160 700	356 989
davon nach Schätzung . »	105 191	103 000	238 920
und nach Messern . . »	97 559	54 800	118 069
Eingebaute städtische Messer	35	41	69

Für das Wasser nach Messern ist bis zu 250 cbm Abgabe im Monate 12 Pf. und bei grösserer Abgabe 10 Pf. pro cbm zu zahlen. Die Abgabe für den Hausgebrauch erfolgt nach Tarif, und es ist zu zahlen für einen Raum bis 35 qm Grundfläche M. 2,60 und für grössere Räume M. 4,00, im Ganzen aber mindestens M. 6,00 pro Familie. Für Gastwirthschaften wird ein Aufschlag von 25 % und für Schenkwirthschaften von 15 % berechnet.

106. c. Hofstede. (E. 6156.)

Die Wasserversorgung des Ortes Hofstede erfolgt ausschliesslich durch das Bochumer Wasserwerk. In den letzten Jahren hat die Wasserabgabe die in der Tabelle 236 angegebene Höhe erreicht.

Tabelle 236.

Jahr	1894/95	1895/96	1896/97
Gesammtabgabe . . . cbm	298 954	330 163	407 406
davon Industriewasser . »	282 779	313 760	389 905
an Abnehmer	11	14	13
davon Hauswasser . . cbm	16 175	16 403	17 501
durch Anschlüsse	66	70	72
an Einwohner	6 005	6 156	6 163

107. l. **Hohenlimburg.** (E. 7052.)

Die Wasserversorgung der Stadt Hohenlimburg erfolgte früher, ausser durch directe Entnahme aus der Lenne, aus gegrabenen Brunnen von ca. 15,0 m Tiefe. Es waren deren 250 auf privaten Grundstücken vorhanden, die stets ein gutes und genügendes Wasser lieferten. Trotzdem trat bei den Bürgern das Verlangen nach einer einheitlichen Versorgung hervor und nachdem durch Rundfrage im Jahre 1884 eine genügende Wasserabnahme gesichert erschien, ertheilte die Stadtbehörde dem Wasserwerksdirector Disselhoff in Hagen den Auftrag zur Ausarbeitung eines Projectes, dessen Ausführung ihm dann im Jahre 1885 stadtseitig übertragen ist.

Das südlich von der Stadt gelegene Gebirge mit seinen Quellen hat die Gelegenheit zur Anlage einer Gravitationsleitung geboten. Von den 4 in Frage kommenden Thälern: dem Wesselbachthale mit einer berechneten Ergiebigkeit von 300 cbm, dem oberen Nahmerthale mit 2097 cbm, dem Nimmerthale mit 480 cbm und dem Wördnerthale mit 563 cbm pro Tag ist vorläufig das letztere wegen seiner günstigen Lage in einer grossen Waldfläche gewählt, wobei eine spätere Hinzuziehung des Wesselbachthales ins Auge gefasst ist.

Es sind hier, der Tiefe des unterirdischen Thalweges folgend, 6 wasserdicht gemauerte Brunnen von 1,0 m Durchmesser in 43 m bis 65 m Abstand von einander angelegt und durch Filterleitungen von 175 mm Durchmesser mit einander verbunden, welche vom ersten bis zum letzten Brunnen im Gefälle liegen. 10 m unterhalb jedes der Brunnen sind wasserdichte Lettendämme bis zur Thalsohle und quer zu dieser Sohle eingesenkt, um durch Schliessen der Abflüsse einzelner Brunnen das zurückgestaute Wasser für die Zeit des Bedarfes magaziniren zu können. Von dem letzten Brunnen führt eine 860 m lange Leitung mit 15,0 m Gefälle, welche 150 mm Durchmesser hat, zu einem auf dem sogenannten Predigerstuhle erbauten Hochreservoire an der oberen Nahmer, und von hier beginnt das Versorgungsgebiet.

Dieses erstreckt sich auf eine Länge von 5 km bis durch den östlichen Theil der Stadt und nach Westen bis zur angrenzenden Nachbargemeinde Elsey. Es hat meist nur eine Breite von wenigen Hundert Metern. In 3600 m Entfernung von dem ersten der beiden vorhandenen Reservoire ist in der Nähe der Stadt das zweite Reservoir angelegt, dessen Wasserspiegel 10,0 m tiefer als der des ersten liegt. Sie sind beide mit einander durch ein Rohr von 150 mm Durchmesser verbunden, welches auf eine Strecke von 700 m durch 2 Rohre von 125 mm und von 80 mm Durchmesser ersetzt ist. Vom zweiten Reservoire geht eine Fallrohrleitung von 125 mm Durchmesser ab, die sich später auf 100 mm Durchmesser reducirt. Alle übrigen Rohre des Leitungsnetzes haben 80 mm Durchmesser.

Jedes der beiden Hochreservoire besteht aus 2 Kammern, die zusammen 150 cbm Inhalt haben. Sie sind gemauert, überwölbt und in den Boden versenkt, sowie mit Erde überfüllt. Neben dem zweiten Reservoire ist ein Aussichtsthurm von 17,0 m Höhe über der Schieberkammer erbaut. Das Rohrnetz hatte im Jahre 1886 8933 m Länge und war mit 32 Schiebern und 69 Hydranten verbunden. Von den Rohren hatten 3310 m einen Durchmesser von 150 mm, 1416 einen solchen von 125 mm und 5701 einen solchen von 100 mm. Es waren daran 233 Häuser mit Zuleitungen von im Ganzen 3453 m Länge und von 30 mm bis 15 mm Durchmesser aus Bleirohren angeschlossen.

Die ursprüngliche Anschlagssumme für die Anlage hat M. 140000 betragen und zwar:

Für Wassergewinnung und Zuleitung zum Hochreservoire I	M.	23200
» Hochreservoir I	»	9000
» Zuleitung und Stadtrohrnetz	»	55135
» Hochreservoir II	»	24000
» Grundentschädigungen	»	10500
» Privatzuleitungen (120)	»	6000
» Wassermesser (120)	»	5400
» Allgemeine Kosten	»	6765

Durch grössere Landankäufe für weitere Wassergewinnungen, sowie durch Zunahme der Zahl der Anschlussleitungen hat diese Summe sich im Laufe der Zeit erhöht. Die Wasserabgabe findet nur durch Messer statt, und es waren bis Ende 1895 von Dreyer, Rosenkranz & Droop, Hannover, 528 Stück geliefert, welche folgende Grössen haben:

Durchmesser mm	12	15	20	25	30	50	80
Stückzahl . . .	211	169	115	25	5	2	1.

Vor einigen Jahren ist zur Vergrösserung des Wasserquantums im oberen Nahmerthale ein Brunnen abgeteuft, und es wird dessen Wasser durch eine von einer Locomobile getriebene Pumpe ausnahmsweise bei Wassermangel in das obere Reservoir gefördert. Auch wird seit längeren Jahren das benachbarte Dorf Elsey durch Ausdehnung des Rohrnetzes von Hohenlimburg aus mit versorgt.

Als Minimalwassergeld ist incl. Messermiethe bis 20 mm Durchmesser pro Monat M. 3, bei 25 mm Durchmesser M. 4, bei 30 mm Durchmesser M. 4,50 und bei 50 mm Durchmesser und mehr M. 5 zu zahlen. Dafür werden monatlich bis zu 8 cbm Wasser abgegeben. Der Mehrverbrauch ist mit 20 Pf. pro cbm für den Hausgebrauch und mit 15 Pf. pro cbm für gewerbliche Zwecke zu bezahlen. Für Häuser von weniger als 100 qm Wohnraum werden ausnahmsweise monatlich 6 cbm für M. 2 abgegeben.

108. f. **Holsterhausen.** (E. 4678.)

Die Wasserversorgung des Ortes Holsterhausen erfolgt durch das Wasserwerk des nördlichen westfälischen Kohlenreviers.

109. e. **Holthausen.** (E. 1827.)

Die Wasserversorgung des Ortes Holthausen erfolgt durch das Wasserwerk des nördlichen westfälischen Kohlenreviers.

110. k. **Holzwickede.** (E. 3200.)

Die Wasserversorgung des Ortes Holzwickede erfolgt durch das Wasserwerk Unna-Königsborn. Für Rechnung des letzteren ist ein Rohrnetz von 4702 lfd. m Länge hergestellt, welches sich aus folgenden Durchmessern zusammensetzt:

Rohrdurchmesser mm	150	100	80	50
Rohrlänge . . m	672	140	1140	2750.

Die Abgabe findet durch 106 Wassermesser statt.

111. e. **Hombruch.** (E. 980.)

Die Wasserversorgung des Ortes Hombruch erfolgt durch das Dortmunder Wasserwerk.

112. c. **Hordel.** (E. 3330.)

Die Wasserversorgung des Ortes Hordel erfolgt ausschliesslich durch das Bochumer Wasserwerk. Die

Wasserabgabe hat in den letzten Jahren die in der Tabelle 237 angegebene Höhe erreicht.

Tabelle 237.

Jahr	1894/95	1895/96	1896/97
Gesammtabgabe . . . cbm	296 978	365 175	288 366
davon Industriewasser . »	293 198	360 646	282 814
an Abnehmer	8	8	8
davon Hauswasser . . cbm	3 780	4 529	5 552
durch Anschlüsse	18	24	23
an Einwohner	3 214	3 330	3 330

113. l. **Horst b. Steele.** (E. 4724.)

Die Wasserversorgung des Ortes Horst erfolgt durch das Wasserwerk des nördlichen westfälischen Kohlenreviers.

114. e. **Horstmar.** (E. 473.)

Für die Wasserversorgung des Dorfes Horstmar hat dasselbe für eigene Rechnung eine Vertheilungsleitung hergestellt, welche mittels eines Centralwassermessers durch das Wasserwerk Unna-Königsborn gespeist wird.

115. c. **Horsthausen.** (E. 3014.)

Die Wasserversorgung des Ortes Horsthausen erfolgt durch das Wasserwerk des nördlichen westfälischen Kohlenreviers.

116. e. **Hostede.** (E. 1698.)

Die Wasserversorgung des Dorfes Hostede erfolgt durch directe Anschlüsse an die Leitung des Wasserwerkes Unna-Königsborn mittels 23 Wassermessern.

117. e. **Huckarde.** (E. 3860.)

Die Wasserversorgung des Ortes Huckarde erfolgt durch das Wasserwerk des nördlichen westfälischen Kohlenreviers.

118. f. **Hüllen.** (E. 4616.)

Die Wasserversorgung des Ortes Hüllen erfolgt durch das Wasserwerk des nördlichen westfälischen Kohlenreviers.

119. e. **Husen.** (E. 640.)

Die Wasserversorgung des Ortes Husen erfolgt durch das Dortmunder Wasserwerk.

120. e. **Ickern.** (E. 508.)

Die Wasserversorgung des Ortes Ickern erfolgt durch das Wasserwerk des nördlichen westfälischen Kohlenreviers.

121. l. **Iserlohn.** (E. 24 711, W. 2000 mit je 12,4 B.)

a) Jetzige Wasserversorgung.

Für die Wasserversorgung der Stadt Iserlohn dienten früher in einem Theile der Stadt zahlreiche Brunnen, deren Wasser aber als Trinkwasser kaum zu benutzen war. Seit dem vorigen Jahrhunderte war dafür ferner eine künstliche Zuleitung aus dem 1,5 km südlich von der Stadt gelegenen, engen Wermingser Thale in Gebrauch. Rohre aus Holz, Thon und Eisen führten das Wasser mit natürlichem Gefälle in der Stadt zu 40 Laufbrunnen, vor denen grosse, steinere Tröge, Kämpe genannt, aufgestellt waren. Dieses Wasser kam aus 6 übereinander liegenden Teichen, die das Tageswasser und das Quellwasser von den Höhen aufsammelten. Der Zufluss war aber trotz vielfacher Versuche, durch Stollen aus den Bergen mehr Wasser zu erchliessen, durchaus ungenügend, so dass man schon damals auch Grubenwasser aus dem Schachte der Galmeigrube Hövel in wasserarmen Zeiten durch die vorhandenen Rohrleitungen zuführte. Vielfach half man sich innerhalb der Stadt auch durch die Anlage von grossen Regenwassercysternen über die Wassersnoth hinweg.

Eine Wasserversorgung aus der Lenne für die Stadt herzustellen, die 5,6 km von ihr entfernt und 140,0 m tiefer als die höchsten Punkte der Stadt liegt, verbot sich wegen ihres stark schwankenden und oft sehr verunreinigten Wassers. Die Entnahme aus dem Ruhrthale in 13 km Entfernung mit einer künstlichen Hebung auf 150,0 m Höhe erschien zu theuer, und die Benutzung eines vorhandenen oder neu herzustellenden Tiefschachtes dafür rief auch ernste Bedenken hervor, weil man auf über 120,0 m Tiefe hätte hinabgehen müssen. Letztere Versorgungsart erschien ausserdem durch den benachbarten Bergbau unsicher in ihrem dauernden Erfolge.

Die Stadtverwaltung beauftragte daher im Jahre 1869 den späteren Wasserwerksdirector Disselhoff z. Z. in Hagen, mit der Ausführung von Vorarbeiten für eine Quellwasserversorgung, welche mehrere Jahre in Anspruch nahmen, und nach dem günstigen Verlaufe der Versuche mit der Ausführung eines städtischen Wasserwerkes. Als das geeignete Gebiet dafür erschien das südlich von der Stadt liegende Gebirge, das aus den Grauwacken- und Schieferschichten des Lenneschiefers der mitteldevonischen Zeit besteht und eine das Wasser nur langsam durchlassende Struktur hat. Diese Gebirgsschichten sind bis auf 5 km Entfernung nach Süden zu freilich durch 4 gleichartig eingelagerte Kalksteinschichten getrennt, welche vielfach zerklüftet und stark wasserdurchlassend sind.

Der Terrainabschnitt, welcher im Norden durch eine die Stadt durchschneidende Gebirgsscheide zwischen Kalk und Schiefer getrennt ist, wird im Westen durch das Grünerthal durchschnitten, welches sich auf 4,5 km Länge bis zum Dorfe Ottern erstreckt. Im Osten liegt das ca. 1,5 km lange Wermingser Thal und zwischen beiden liegt das Lägerthal, das sich auf 3,7 km Länge bis zum Dorfe Kesbern hinzieht. Zwischen dem Grünerthale und dem Lägerthale liegt der Frödenberg, dessen höchste Spitze, der Telegraph genannt, sich 400,0 m hoch über das Meer erhebt. Zwischen dem Lägerthale und dem Wermingser Thale liegt der Mühlenberg und die Hardt, und südlich von letzterem Thale liegt der Glüsingberg. Nur das Grünerthal ist von allen 4 Kalklagern durchsetzt, während das Lägerthal deren nur 2 und das Wermingser Thal nur ein solches aufweist. Das Wasser in diesen Thälern und aus deren Quellen entstammt theils dem Schiefer und ist dann weich und von wechselnder Menge, und theils kommt es aus dem Kalke und ist dann hart und von mehr gleichbleibender Menge. Die Kalkquellen liegen meist 314,0 m hoch über dem Meere, während die Schieferquellen der Höhe der wechselnden Oberfläche sich anschliessen.

Für die Wassergewinnung wurden das Wermingser Thal durch directe Quellenfassungen und das Lägerthal durch die Wasserlösung mittels eines Stollens benutzt. Im Jahre 1874 ist mit der Ausführung der Erschliessungs- und Sammelarbeiten begonnen, wobei vorläufig das erstere Thal in Angriff genommen ist, weil die Ausführung des grossen Stollen eine längere Zeit beanspruchte. In dem Wermingser Thale sind im Ganzen ca. 3000 lfd. m Filterleitungen aus Thonrohren von 80 mm bis 120 mm Durchmesser verlegt und 15 Quellfassungen mittels kurzer, ausgemauerter Querschläge ausgeführt. Das Wasser fliesst von diesen einzelnen Sammelstellen durch natürliches Gefälle in einem Rohre von 150 mm Durchmesser einer Hauptsammelstube zu, welche mit dem von den früher erwähnten 6 Teichen am tiefsten liegenden verbunden war. Dieser Teich hat Anfangs als Regulator für den Zufluss gedient, während das Wasser der anderen Teiche als Reserve für den Fall des Ungenügens der Quellen benutzt ist.

Von diesem Teiche ist das Wasser dann durch eine 1200 m lange, gusseiserne Leitung von 150 mm Durchmesser zu einem Theilschachte geführt, von dem aus eine Leitung in die Stadt führt, während eine andere Leitung von 300 m Länge für das später ausgeführte Hochreservoir auf der Hardt, dessen Wasserspiegel 285,0 m über dem Meere liegt, bestimmt war. In dieses Reservoir tritt auch das Wasser aus dem Stollen im Lägerthale, Rudolfsstollen genannt, durch eine 1700 m lange Leitung von 175 mm Durchmesser ein, nachdem es vor dem Stollenmundloche sich in eine Sammelstube ergossen hat, deren Wasserhöhe 292,0 m hoch über dem Meere liegt.

Dieser Hauptstollen führt aus dem Asbecker Thale zum Lägerthale und hat eine Länge von 787 m bei 1,7 m Höhe und 1,0 m mittlerer Breite. Er hat in der Mitte seines Profils eine Wasserrösche von 0,5 m mal 0,6 m Querschnitt. Ein eiserner Düker, der durch das Asbeckthal führt, verbindet das südliche Mundloch des Stollens mit einem durch das gegenüberliegende Querthal getriebenen Stollen von 218 m Länge, an dessen Ende sich ein Schacht von 37,0 m Tiefe anschliesst, von dem aus Querschläge, ebenso wie von den Stollenwänden aus, zur Erschliessung der wasserführenden Kalkklüfte getrieben sind. Die am 1. April 1879 fertiggestellten Sammelleitungen haben aus dem Stollen 2256 cbm und aus dem Wermingser Thale 1380 cbm, also zusammen täglich 3636 cbm oder 42 Secundenliter erschlossen.

Aber wie die meisten Quellwassererschliessungen im Lenneschiefer den Erwartungen auf ihre dauernde Leistungsfähigkeit nicht entsprochen haben, so ist es auch hier der Fall gewesen. Schon einige Jahre nach der Eröffnung liess der Wasserzufluss derart nach, dass Erweiterungen dringend nothwendig wurden. Diese sind im Jahre 1886 nach dem Projecte des Stadtbaumeisters Pieper im Lägerthale ausgeführt, und bezweckten, dem Sammelschachte alle noch irgendwie zu fassenden Quellen und Grundwasserströme zuzuführen, zu welchem Zwecke auch unterirdische Fangdämme angelegt sind. Die Kosten der ersten Anlage haben am 1. April 1877 nur M. 289 629 und am 1. April 1879 bereits M. 650000 betragen. Im Jahre 1887 hatten sie sich durch fernere Erweiterungen auf M. 840000 oder M. 34 pro Kopf erhöht. Aber trotzdem entstand in trockenen Jahreszeiten stets wieder grosser Wassermangel und der tägliche Zufluss sank mitunter auf Null hinab.

Im Jahre 1895 ist man dann dazu übergegangen, nach und nach sämmtliche Fassungen und Leitungen im Wermingser Thale tiefer zu legen, um dadurch mehr Wasser zu erhalten und sich wenigstens für die Zeit bis zur Herstellung einer neuen Versorgung thunlichst helfen zu können. Durch das Ausscheiden des früheren Hauptconsumenten »Tiefbau von Hövel« und durch eine geringere Bauthätigkeit in der Stadt ist ein directer Wassermangel in den letzten Jahren auch nicht eingetreten.

b) Wasservertheilung und Abgabe.

Das zweitheilig hergestellte Hochreservoir hat bei 2,3 m Wasserhöhe 947 cbm Inhalt. Es liegt 300 m von der Stadt entfernt und ist aus Mauerwerk ausgeführt, überwölbt, in den Boden versenkt und mit Erde überdeckt. Die Wasserabgabe hat früher in 2 Druckzonen stattgefunden. Die untere Zone wurde aus einem neben dem Reservoire hergestellten, niedriger liegenden Schachte gespeist, welcher durch einen Schwimmer gefüllt gehalten wurde. Diese Einrichtung ist später aufgegeben, und die Versorgung ist dadurch zu einer einheitlichen gemacht, dass die früher geschlossen gehaltenen Verbindungsschieber zwischen den beiden Vertheilungsleitungen jetzt stets offen sind. Der Druck variirt je nach dem Strassenniveau zwischen 10,0 m und 65,0 m.

Die Länge des Rohrnetzes und die Zahl der Schieber hat am 1. April 1877 8886 lfd. m und 65 Stück betragen und zwar nach der Grösse getrennt:

Rohrdurchmesser	mm	225	180	150	120	100	80
Rohrlänge . .	m	660	207	169	357	1181	6312
Schieberzahl . . .		3	1	2	1	5	53.

Ferner waren 7 Entleerungsschieber von 50 mm Durchmesser, 2 Theilkasten, 108 Hydranten und 10 öffentliche Brunnen vorhanden. Das Rohrnetz ist bis zum Jahre 1897 auf ca. 31 600 lfd. m Länge mit 125 Schiebern und 225 Unterflurhydranten gewachsen. Die früher vorhandenen, öffentlichen Zapfbrunnen sind beseitigt; dagegen sind jetzt 80 Rinnsteinspüler und ein öffentlicher Springbrunnen vorhanden.

Die Zuleitungen haben 15 mm bis 30 mm Durchmesser und sind, ebenso wie die Hausleitungen, aus geschwefelten Bleirohren hergestellt. 1520 Zuleitungen, von denen 50 auch für Fabriken benutzt werden, während die übrigen nur für Wohnhäuser dienen, sind für ca. 4000 Zapfhähnen, 100 Closets, 60 Badeeinrichtungen, 20 Pissoirständen und 12 Privatspringbrunnen in Benutzung. Von den bis Ende 1895 im Ganzen bezogenen 1304 Wassermessern haben geliefert Dreyer, Rosenkranz & Droop, Hannover 1092, Wolff & Schreiber, Breslau 16, Wiesenthal, Aachen 15, H. Meinecke, Breslau 118, C. A. Spanner, Wien-Aachen 9 und Siemens & Halske, Berlin 54 Stück. Nach der Grösse vertheilen sie sich wie folgt:

Durchmesser . . .	mm	7	10	12	13	15	16	20	25	40	80	100
Stückzahl	m	1	1	28	315	523	19	330	79	1	5	2.

Im Jahre 1897 sind 1316 Messer von Dreyer, Rosenkranz & Droop, Hannover, 33 von H. Meinecke, Breslau, 6 von Wolff & Schreiber, Breslau, 12 von Siemens & Halske, Berlin, 84 von Andrä, Stuttgart und 177 von Wiesenthal, Aachen in Benutzung gewesen. Die letzteren sollen demnächst durch solche von Rosenkranz ersetzt werden. Untermesser sind nicht vorhanden.

In den Betriebsjahren 1895 resp. 1896 sind im Ganzen 242 624 cbm resp. 268 000 cbm Wasser durch Messer abgegeben, und es sind davon 40 640 cbm resp. 46 000 cbm oder 16,7 % resp. 17,2 % für gewerbliche und 201 984 cbm resp. 222 000 cbm oder 83,3 % resp. 82,8 % für den Hausgebrauch benutzt. Die grösste resp. die geringste Abgabe im Jahre 1895 hat an einem Tage 1500 cbm resp. 700 cbm und in einem Monate 28000 resp. 21000 cbm betragen. Die Leitung des Betriebes liegt in den Händen des Stadtbaumeisters Falkenroth.

Der Wasserpreis pro cbm und die monatliche Mindestzahlung variiren mit der Wassermenge; sie betragen nämlich bis zum Consum von:

pro Monat cbm	100	500	1000	2000	über 2000
pro cbm Pf.	25	20	15	12 ½	10
pro Monat mindestens M.	2	25	100	150	250.

Das Resultat einer Analyse des Wassers vom 30. October 1887 war im Liter:

Organische Substanz	13	mg
Anorganische Stoffe	110	»
Davon Kalk	38	»
» Natron	15	»
» Magnesia	3	»
» Eisenoxyd	3	»
» Chlor	6	»
» Schwefelsäure	13	»
» Kohlensäure	35	»

Die Gewinnungsart des Wassers verlangt in Folge ihrer Unveränderlichkeit keine fortlaufenden Untersuchungen.

c) Projecte für eine neue Wasserversorgung.

Schon seit Anfang der 90er Jahre ist man sich darüber klar, dass die jetzige Versorgung für die Zukunft nicht aufrecht zu erhalten ist, und es sind die Vorarbeiten für 4 verschiedene Projecte zu einer neuen Wassergewinnung seit einigen Jahren bearbeitet, ohne dass bis jetzt eine positive Entscheidung erfolgt ist.

In erster Linie stand das schon früher erwähnte Project, das Wasser aus dem Grundwasserstrome des Ruhrthales zu entnehmen. Die grossen Kosten einer solchen Anlage im Bau und Betriebe in Folge der grossen Entfernung und der künstlichen Förderung des Wassers auf eine sehr bedeutende Höhe gegenüber dem verhältnissmässig nur geringen Wasserbedürfnisse der Stadt hoffte man dadurch verringern zu können, dass man einen Wasserbezug aus einer solchen Anlage auch durch verschiedene fremde Gemeinden vorher dauernd sicher zu stellen suchte. Nachdem das nicht gelungen ist, hat man das Project ganz aufgegeben.

Ein zweites Project ging dahin, einen versoffenen Tiefbauschacht, Krug von Nidda, anzukaufen und aus diesem das nöthige Wasser durch künstliche Hebung zu gewinnen Die Verhandlungen darüber haben sich aber zerschlagen, und es ist das Project gleichfalls definitiv aufgegeben.

Ein drittes Project war von dem Professor Intze in Aachen im Jahre 1896 aufgestellt und bezweckte, im Wermingser Thale einen Stauweiher von 600000 cbm Fassungsraum durch eine 25,0 m hohe Staumauer herzustellen, welches einen Wasserzufluss von 916000 cbm im Jahre erhalten und mindestens täglich 3000 cbm Wasser für die städtische Versorgung liefern konnte. Die Anlagekosten waren auf M. 380000 oder auf 63,3 Pf. für einen cbm gestautes Wasser berechnet.

In einem Berichte Intze's vom April 1897 heisst es, dass im Wermingser Thale insgesammt 600000 cbm für eine Staureservoiranlage zur Verfügung stehen werden. Die jetzigen Anlagen der Stadt im Lägerthale sichern ihr ca. 220000 cbm im Jahre, und sie bedarf bei ihrer jetzigen Einwohnerzahl von 25000 Köpfen im Jahre 450000 cbm, so dass noch 230000 cbm aus einem Staureservoire beschafft werden müssen. Es genügt dafür ein Inhalt von 300000 cbm und durch Abfliessenlassen des Ueberschusses von 370000 cbm könnte für eine fortwährende Auffrischung des Reservoirinhaltes gesorgt werden. Wenn später bei 40000 Einwohnern jährlich 750000 cbm Wasser zugeführt werden müssen, so fehlen noch 530000 cbm, welche das Wermingser Thal mit seinem Niederschlagsgebiete von 1,06 qkm zwar noch liefern kann. Es empfiehlt sich indessen, zur reichlicheren Auffrischung des Reservoirsinhaltes ihm dann den Ueberschuss aus dem Lägerthale zuzuleiten. Als grösster Inhalt des Beckens sind also 500000 cbm anzunehmen, damit es auch noch für 50000 Einwohner genügt. Vorläufig reicht ein Inhalt von 300000 bis 350000 cbm aus, wofür eine 21,0 m hohe Staumauer nöthig ist. Diese kann später um 3 m bis 4 m erhöht werden, um auf 23,1 m Stauhöhe zu kommen, die dem Inhalte von 500000 cbm entspricht. Dadurch wären vorläufig M. 60000 zu sparen. Die Mauer soll nach einem Radius von 170 m gekrümmt, 19,0 m dick in den Fundamenten und 4,0 m dick in der Krone werden. Das Grundwasser der jetzigen Erschliessungen soll später durch eine geschlossene Leitung durch das Staureservoir geführt und unterhalb desselben mit dessen Wasser gemischt werden.

Wenn auch der Bau einer solchen Thalsperre im Princip beschlossen war, so ist die Ausführung noch aufgeschoben, weil die specielle Veranschlagung eine über die frühere Schätzung weit hinausgehende Summe ergeben hat. Nach weiteren Modificationen sind dann die Kosten eines Staureservoirs für 400000 cbm Inhalt auf M. 500000 reducirt. Inzwischen ist man noch zu einem vierten Projecte gekommen, in dessen Interesse z. Z. Bohrversuche in dem Nachbarorte Wermingser an einer Stelle gemacht werden, wo der Massenkalkzug mit dem Lenneschiefer zusammentrifft. An der Grenze dieser Gebirgszüge befinden sich grosse Thoneinlagerungen, die grössere Erzlager bergen, welche früher die Ausführung von 4 Tiefbauanlagen an verschiedenen Stellen veranlasst haben. Diese Bauten haben sämmtlich mit einem grossen Wasserandrange zu kämpfen gehabt, so dass man annimmt, dass an dem vorgenannten Punkte, der zwischen dem erwähnten, versoffenen Schachte Krug von Nidda und dem nächstens auch eingehenden Schachte von Hövel an der Grenze zwischen Schiefer und Kalk liegt, in nicht zu grosser Tiefe Wasser in bedeutender Menge und von gleicher Güte, wie in dem Schachte Krug von Nidda gefunden werden wird.

Daneben wird aber gleichzeitig die Concession nach den Intze'schen Plänen nachgesucht, damit mit diesem Baue sofort begonnen werden kann, falls die Bohrungen zu keinem günstigen Ziele führen.

122. e. **Kirchderne.** (E. 1072.)

Zur Wasserversorgung des Dorfes Kirchderne hat das Wasserwerk Unna-Königsborn eine 2120 m lange Zuleitung von 80 mm Durchmesser hergestellt. Die Wasserabgabe erfolgt durch 4 Wassermesser.

123. k. **Kirchhörde.** (E. 9151.)

Während der Jahre 1878 bis 1888 erfolgte die Wasserversorgung des Ortes Kirchhörde durch die Wassergenossenschaft des Kreises Hörde indirect aus dem Dortmunder Wasserwerk. Seit dieser Zeit findet sie direct durch dieses Wasserwerk statt.

124. e. **Kirchlinde.** (E. 3247.)

Die Wasserversorgung des Ortes Kirchlinde erfolgt durch das Wasserwerk des nördlichen westfälischen Kohlenreviers.

125. a. **Kleinhammer.** (E. 150.)

Für die Wasserversorgung der Fabrik im Orte Kleinhammer und der zu dieser gehörigen Arbeiterhäuser hat der Wasserwerksdirector Disselhoff in Hagen im Jahre 1890 eine Quellwasserleitung ausgeführt, welche M. 4500 gekostet hat.

Eine im Lenneschiefer entspringende Quelle ist dafür gefasst und in einem Reservoire von 40 cbm Inhalt gesammelt. Von diesem führt eine 800 m lange Fallrohrleitung von 80 mm Durchmesser zur Fabrik und es schliessen sich daran 200 m lange Vertheilungsrohre.

126. e. **Kley.** (E. 1007.)

Die Wasserversorgung des Ortes Kley erfolgt durch das Wasserwerk des nördlichen westfälischen Kohlenreviers.

127. l. **Königssteele.** (E. 3641.)

Die Wasserversorgung des Ortes Königssteele erfolgt durch das Wasserwerk des nördlichen westfälischen Kohlenreviers.

128. e. **Körne.** (E. 1080.)

Die Wasserversorgung des Ortes Körne erfolgt durch das Dortmunder Wasserwerk.

129. e. **Kruckel.** (E. 627.)

Die Wasserversorgung des Ortes Kruckel erfolgt durch das Dortmunder Wasserwerk.

130. b. **Küntrop.** (E. 450, W. 35 mit je 13,0 B.)

Für die Gemeinde Küntrop hat der Wasserwerksdirector Disselhoff in Hagen im Jahre 1895 nach seinem Projecte eine Wasserversorgung ausgeführt, welche 70 bis 80 cbm Wasser pro Tag liefert und der Gemeinde M. 11000 oder M. 24,44 pro Kopf gekostet hat. Die Rohre hat P. Stühlen in Deutz geliefert.

Das Wasser wird durch einen in den Lenneschiefer getriebenen Stollen erschlossen und fliesst mit natürlichem Gefälle einem aus Cementstampfbeton ausgeführten Reservoire von 50 cbm Inhalt zu, das aus 2 Theilen besteht. Von hier führt eine Fallrohrleitung von 200 m Länge und 100 mm Durchmesser ins Dorf, wo die Vertheilung durch 250 m Rohre von 100 mm und 780 m Rohre von 80 mm Durchmesser bei 20,0 bis 30,0 m Druck stattfindet. 5 Schieber und 9 Unterflurhydranten sind mit den Leitungen verbunden.

131. s. **Laasphe.** (E. 2189, W. 180 mit je 12,3 B.)

Zur Wasserversorgung der Stadt Laasphe ist für deren Rechnung im Jahre 1889 eine Gravitationsleitung von dem Wasserwerksdirector Disselhoff in Hagen nach dessen Projecte ausgeführt. Diese ist für eine tägliche Leistung von 600 cbm bestimmt und hat M. 8000 im Ganzen oder M. 26,50 pro Kopf gekostet. Die Rohre hat die Friedrich-Wilhelmshütte in Mülheim a. d. Ruhr geliefert.

Das Wasser wird aus dem Grundwasser im Thale des Laasphebaches durch 2 Sammelanlagen von ca. 100 m Länge in 2 Brunnen gesammelt und fliesst von hier mit natürlichem Gefälle auf 2500 m Entfernung durch ein Rohr von 100 mm Durchmesser einem 13,0 m tiefer liegenden Hochreservoire zu, das in 2 Abtheilungen zusammen 120 cbm Inhalt hat und gemauert und in den Boden versenkt ist. Von hier führt eine 1700 m lange Fallrohrleitung von 125 mm Durchmesser zu der 53,0 m tiefer liegenden Stadt.

Die Vertheilungsleitungen haben 2200 m Länge und 80 mm Durchmesser und sind mit 15 Schiebern, 30 Unterflurhydranten, 5 Rinnsteinspülern und einem öffentlichen Springbrunnen verbunden. Die Zuleitungen bestehen aus geschwefelten Bleirohren von 15 mm bis 25 mm Durchmesser. 6 Wassermesser sind zur Abgabe von Wasser für gewerbliche Zwecke eingebaut.

132. c. **Laer.** (E. 5141.)

Die Wasserversorgung des Ortes Laer erfolgt ausschliesslich durch das Bochumer Wasserwerk. In den letzten Jahren sind daraus die in der Tabelle 238 angegebenen Wassermengen für die verschiedenen Zwecke verabfolgt.

Tabelle 238.

Jahr	1894/95	1895/96	1896/97
Gesammtabgabe . . . cbm	223 074	206 596	264 450
Davon Industriewasser »	192 317	175 287	232 347
an Abnehmer	3	3	3
Davon Hauswasser . . cbm	30 757	31 309	32 103
durch Anschluss	118	119	135
an Einwohner	4 902	5 141	5 212

133. k. **Landstrop.** (E. 847.)

Für die Wasserversorgung des Dorfes Landstrop ist von dem Wasserwerke Unna-Königsborn eine 500 m lange Rohrleitung von 50 mm Durchmesser hergestellt, von welcher 10 Anschlussleitungen für das Dorf abzweigen.

134. c. **Langendreer.** (E. 15057, W. 736 mit je 20,4 B.)

Die Wasserversorgung der Gemeinde Langendreer erfolgt seit dem Jahre 1881 durch das Wittener Wasserwerk. Das Vertheilungsnetz ist von der Gemeinde Langendreer hergestellt und später auch auf den Ort Werne ausgedehnt worden. Es ist mittels eines centralen Wassermessers an die Wittener Wasserleitung angeschlossen. Für die Verwaltung dieser Anlage ist eine Gemeindecommission eingesetzt.

Die erste Anlage des Rohrnetzes im Jahre 1881 hat M. 45000 gekostet und einschliesslich späterer Erweiterungen desselben sind bis jetzt M. 155000 verausgabt. Die meisten Leitungsarbeiten hat der Ingenieur H. Müller in Bochum ausgeführt. Die Zuleitungen haben meistens 20 mm Durchmesser und Ventilhaupthähne. Sie werden, ebenso wie die Hausleitungen, aus Bleirohren hergestellt, falls sie nicht von grösserer Dimension sind. Die Länge des Leitungsnetzes beträgt jetzt 46365 lfd. m, und dessen Rohre haben die folgenden Dimensionen:

Durchmesser mm	250	200	150	125	100	80	50	40
Rohrlänge . . m	2903	666	6624	8	19 769	1948	13 869	578.

Damit sind 131 Schieber und 90 Ueberflurhydranten verbunden. Es sind 217 Wassermesser und zwar 193 von H. Meinecke, Breslau und 24 von Siemens

& Halske, Berlin geliefert. Nach der Grösse setzen sie sich wie folgt zusammen:

Durchmesser mm	2	20	25	50	80	100
Stückzahl	12	181	9	6	1	8.

Am 1. April 1895 waren Anschlüsse für 788 Wohnhäuser und für 22 Zechen und industrielle Werke also im Ganzen 810 Anschlüsse in Benutzung. Die Wasserabgabe hat im Jahre 1894/95 im Ganzen 1 053 201 cbm oder durchschnittlich 2886 cbm pro Tag betragen. Im Monate des stärksten resp. des geringsten Verbrauches sind 104212 cbm resp. 79170 cbm oder am Durchschnittstage des Monats 3362 cbm resp. 2139 cbm verbraucht, was gegenüber dem mittleren Jahrestage 116,5 % resp. 74,1 % beträgt. Im Jahre 1895/96 sind nur 1 010 227 cbm Wasser verkauft.

Als Wasserpreis ist je nach dem monatlichen Verbrauche pro cbm zu zahlen:

bis cbm . .	200	400	666	1000	1500	2666
Pf. pro cbm	13	12½	12	11½	11	10
bis cbm . .	5000	8366	13336	darüber		
Pf. pro cbm	9	8	7	6.		

Bei Benutzung eines Messers von bis zu 20 mm Durchmesser ist pro Monat mindestens M. 3 für Wasser und ferner M. 1 als Messermiethe zu zahlen.

135. q. Langerfeld. (E. 6910.)

Die Wasserversorgung des Ortes Langerfeld erfolgt zum Theil durch das Barmer Wasserwerk.

136. k. Langschede. (E. 296.)

In dem Dorfe Langschede werden 8 Consumenten mit Wasser aus dem Wasserwerke Unna-Königsborn versorgt. Es sind dafür 455 lfd. m Rohre von 80 mm und 96 lfd. m Rohre von 50 mm Durchmesser verlegt.

137. f. Leithe. (E. 713.)

Die Wasserversorgung des Ortes Leithe erfolgt durch das Wasserwerk des nördlichen westfälischen Kohlenreviers.

138. l. Letmathe. (E. 4028.)

a) Hauswasser.

Für die Gemeinde Letmathe ist für deren Rechnung im Jahre 1893/94 von dem Wasserwerksdirector Disselhoff in Hagen eine Wasserversorgung hergestellt, welche eine minimale Leistung von täglich 300 cbm hat. Die Anlagekosten haben M. 120000 oder M. 29,20 pro Kopf betragen. Die Rohre hat die Friedrich-Wilhelmshütte in Mülheim a. d. Ruhr geliefert. Die Anlage dient zugleich für die Versorgung des Ortes Oestrich.

Das Wasser wird in 3 getrennten Thälern mittels verschiedener, annähernd gleich hochliegender Quellenfassungen gewonnen, welche aus geschlitzten Sammelrohren und Brunnen bestehen. Das Wasser von zweien dieser Sammelpunkte ist durch 2 Leitungen, die eine von 100 mm Durchmesser und 500 m Länge und die andere von 80 mm Durchmesser und 1000 m Länge, zusammengeführt und gelangt dann durch eine Leitung von 125 mm Durchmesser und 1000 m Länge weiter bis zum Zusammenflusse mit dem Wasser aus der dritten Fassung, das durch eine vierte Leitung von 100 mm Durchmesser und 1000 m Länge zugeführt wird. Eine gemeinschaftliche Leitung von 1500 m Länge und 150 mm Durchmesser führt endlich das sämmtliche Wasser bis zum Beginne des Ortes Letmathe.

Kurz vorher zweigt ein Rohr von 100 mm Durchmesser und 2000 m Länge zum Orte Oestrich ab, dessen Ortsniveau 23,0 m tiefer als die Quellen liegt, während der höchste Punkt von Letmathe 50,0 m unter dem Quellenspiegel liegt.

Hinter Letmathe ist ein Hochreservoir von 200 cbm Inhalt hergestellt, dessen Wasserspiegel 15,0 m tiefer als der der Quellen liegt. Dasselbe ist gemauert, überwölbt und in den Boden versenkt. Durch eine Leitung von 150 mm Durchmesser ist es mit der Speiseleitung verbunden.

Die Rohrleitungen haben im Ganzen eine Länge von 11000 m bei 80 mm bis 150 mm Durchmesser. Sie sind mit 30 Schiebern und 63 Unterflurhydranten verbunden. Die Zuleitungen und die Hausleitungen bestehen aus geschwefelten Bleirohren. Es sind 250 Wassermesser eingebaut, von denen Dreyer, Rosenkranz & Droop, Hannover 143 und Wiesenthal & Comp., Aachen 107 geliefert haben. Nach der Grösse vertheilen die Messer sich wie folgt:

Durchmesser mm	15	20	25	30
Stückzahl	128	99	21	2.

b) Kraftwasser.

Es mag hier noch eines seit dem Jahre 1888 vorliegenden Projectes zu einer Staureservoiranlage erwähnt werden, welche oberhalb Letmathe im Seitenthale der Lenne bei Grüne hergestellt werden soll, um das Wasser aus einem Niederschlagsgebiete von 5,7 qkm Fläche zu sammeln. Wegen des stark abfallenden Terrains ist es die Absicht, 2 Teiche übereinander herzustellen, welche zusammen 175000 cbm Inhalt erhalten sollen. Ueber die Ausführung ist bislang nichts bekannt geworden.

139. e. Lindenhorst. (E. 1420.)

Die Wasserversorgung des Ortes Lindenhorst erfolgt durch das Wasserwerk des nördlichen westfälischen Kohlenreviers.

140. m. Lippstadt. (E. 11118, W. 1200 mit je 9,3 B.)

Für die Wasserversorgung von 11 Gewerbetreibenden in der Stadt Lippstadt bestand seit langer Zeit eine Zuleitung von Flusswasser aus 5 km Entfernung durch einen offenen Graben. Innerhalb der Stadt wurde dieses Wasser in gedeckten Kanälen geleitet. Das Trinkwasser wurde ausschliesslich aus Brunnen in der Stadt entnommen und war meistens nicht einwandsfrei, so dass die Stadt schon im Jahre 1886 nach dem Projecte des Geh. Bergraths Henoch in Gotha eine Gravitationsleitung für ihre Rechnung hat ausführen lassen.

Diese erste Anlage hat M. 260000 und spätere Erweiterungen haben ferner M. 20000 gekostet, so dass die Anlagekosten jetzt M. 25,20 für den Kopf der Bevölkerung betragen. Die Leistung des Werkes beträgt pro Tag 650 cbm bis 800 cbm. Die Rohre sind von dem Schalker Gruben- und Hüttenvereine in Gelsenkirchen, von R. Böcking & Comp. in Halbergerhütte und von der Kölnischen Maschinenbau-Actiengesellschaft in Bayenthal geliefert. Die Leitung der Anlage liegt in den Händen des Stadtbaumeisters Kloeber.

Das Wasser wird aus 4 Rohrbrunnen von 1,5 m Durchmesser und 3,0 m bis 5,0 Tiefe und durch Sammelrohre von 200 mm bis 300 mm Durchmesser gewonnen und in einen Sammelbrunnen von 2,0 m Durchmesser und 4,5 m Tiefe, der aus Beton hergestellt ist, zusammengeleitet. Es fliesst von hier mit natürlichem Gefälle durch eine ca. 7 km lange Leitung von 200 mm Durchmesser der Stadt mit natürlichem Gefälle zu. Ein Reservoir ist nicht vorhanden. Das Wasser gelangt unter einem Drucke von 10,0 m bis 12,5 m zur constanten Abgabe. Die Rohrleitungen haben im Ganzen 22801 m Länge und vertheilen sich nach den Durchmessern wie folgt:

Rohrdurchmesser . .	mm	225	200	175	150	125
Rohrlänge	m	58,	6965	1024	1032	2573
	mm	100	80			
	m	1980	9169.			

Mit ihnen sind 84 Schieber, 134 Unter- und 2 Ueberflurhydranten mit Selbstentwässerung, 5 öffentliche Springbrunnen, 4 Freibrunnen und 3 Pissoire verbunden. Die Zuleitungen, deren 1060 in Benutzung sind, bestehen aus Bleirohren von 13 mm bis 30 mm und aus Eisenrohren von 40 mm bis 80 mm Durchmesser. Es sind im Ganzen 1092 Wassermesser von C. A. Spanner, Wien-Aachen bis Ende des Jahres 1895 geliefert, welche folgende Dimensionen haben:

Durchmesser .	mm	7	13	20	25	30	50	65	75	80
Stückzahl . . .		8	640	211	215	2	8	2	5	1.

Die Wasserabgabe hat im Jahre 1894/95 im Ganzen 163000 cbm betragen. Davon sind 30000 cbm oder 19,0% nach Schätzung und 133000 cbm oder 81,0% nach Messern abgegeben, was 125 cbm pro Messer pro Jahr entspricht.

Die Wasserabgabe für Private erfolgt nur nach Messern, für welche eine vierteljährliche Miethe zu zahlen ist, die je nach der Grösse beträgt:

Durchmesser mm	13	20	26	50	60	80
M. pro Quartal .	0,75	0,90	1,20	3,75	5,00	6,75.

Als Minimalpreis pro Jahr ist für das Wasser zum Hausgebrauche zu zahlen je nach dem Nutzungswerthe des Hauses:

bis zu Mark 210	210—300	300—420	420—600	über 600
Mark . . 6	10	15	20	24.

Für Industriezwecke ist als Minimalpreis M. 24 im Jahre zu zahlen und bei einem Jahresconsum, der 160 cbm übersteigt, kosten die ersten 1000 cbm 15 Pf., die folgenden 1000 cbm 12 Pf. und darüber 10 Pf. pro cbm. Die Eisenbahn zahlt 3 Pf. pro cbm unter der Bedingung, dass ihre Reservoire ausschliesslich bei Nacht gefüllt werden.

141. a. **Lüdenscheid.** (E. 21264, W. 1343 mit je 15,9 B.)

Schon seit langen Jahren war die Wasserversorgung der Stadt Lüdenscheid, welche ehemals hauptsächlich aus einigen öffentlichen und einer grösseren Zahl von Privatbrunnen erfolgte, eine völlig ungenügende, weil im Sommer stets eine grössere Zahl der Brunnen versiegte. Eine officielle Untersuchung von 134 dieser Brunnen liess 61 derselben als durchaus schlecht, 29 als noch eben brauchbar und nur 44 als normal bezeichnen, so dass auch gesundheitlich ernste Bedenken gegen das Wasser bestanden. Ausser diesem Brunnenwasser wurde das Wasser einzelner kleiner Quellen benutzt, die in unmittelbarer Nähe der Stadt gefasst sind. Dieses Wasser wurde durch Asphalt- und Bleirohre mit natürlichem Gefälle in die Stadt geführt und in einem Bassin von 510 cbm Inhalt gesammelt, von wo es an 3 verschiedenen Stellen zur öffentlichen Benutzung abgegeben wurde.

Ein Project des Geh. Bergraths Henoch in Gotha zur Herstellung einer Quellwasserleitung hat die Stadt längere Zeit beschäftigt. Es wurden dagegen aber Bedenken rücksichtlich des anhaltenden Genügens des in Aussicht genommenen Wasservorrathes laut, und das veranlasste Henoch schliesslich, die Anlage auf seine Kosten auszuführen, wobei er der Stadt das Recht einräumte, eventuell 3 Jahre nach der Betriebseröffnung das Werk mit 15% Aufschlag auf die Herstellungskosten käuflich zu erwerben.

Diese Anlage ist am 15. November 1884 eröffnet. Das Wasser ist 6 km von der Stadt entfernt in dem Homertgebirge durch einen Stollen von 3000 m Länge erschlossen und fliesst von hier mit natürlichem Gefälle zur Stadt. Die Anlagekosten haben sich Anfangs incl. 15% Aufschlag auf M. 470000 oder M. 22,10 pro Kopf gestellt. Im Sommer des Jahres 1887 trat die Stadt auch mit Henoch wegen des Ankaufes in Unterhandlungen, weil die Anlage sich im Ganzen gut bewährt hatte. Allerdings hatte in dem vorhergegangenen Sommer, der ein anhaltend trockener gewesen war, der Consum, welcher sich durch viele Neubauten wesentlich gesteigert hatte, nicht immer voll gedeckt werden können. Durch weitere Aufschlussarbeiten zum Auffangen neuer Quellen hoffte Henoch aber, den Zufluss nicht unbedeutend verstärken zu können, und es hat sich das auch später durch verschiedene, 2250 lfd. m lange, neue Quellenfassungen bestätigt.

Allerdings genügte dieses vermehrt aus dem Homertgebirge zugeführte Wasser in dem folgenden Jahre schon wieder dem schnell wachsenden Consume bei anhaltender Dürre nicht mehr vollständig, so dass Henoch sich nun genöthigt sah, zur Aushülfe an dem Ufer der Verse, einem Nebenflusse der Lenne, im Frühjahr 1889 eine Pumpstation mit Dampfbetrieb zu erbauen, für welche das Wasser durch 9, aus Cementbeton hergestellte Kesselbrunnen von 1,0 m Durchmesser und 5,0 m Tiefe am Ufer erschlossen wird.

Dieses Ergänzungswerk ist Anfangs 1889 in Betrieb gekommen. Es besteht aus einer von der Kölnischen Maschinenbau-Actiengesellschaft in Bayenthal gelieferten, liegenden Eincylindermaschine mit einer direct gekuppelten, doppeltwirkenden Pumpe mit freien Etagen-Ringventilen. Der Dampfkolben hat 450 mm und der Pumpenkolben 160 mm Durchmesser. Beide haben 0,5 Hub und machen 60 Doppelhübe pro Minute. Die Pumpe liefert 65 cbm Wasser pro Stunde auf 160,0 m Höhe. Den nöthigen Dampf liefert ein Röhrenkessel von 50 qm Heizfläche, der für 7 Atm. Dampfdruck concessionirt ist.

Vor dem Stadtrohrnetze war bereits bei der ersten Bauausführung ein Hochreservoir von 400 cbm Inhalt hergestellt. Dasselbe ist aus Ziegelsteinen in Cementmörtel gemauert, in den Boden versenkt, überwölbt und mit Erde übergedeckt. In dasselbe ergiesst sich das Wasser der Quellen mit natürlichem Gefälle und zugleich das von dem Pumpwerke künstlich auf 160,0 m Höhe gehobene Grundwasser. Neben diesem Reservoire ist im Jahre 1896 ein zweites Hochreservoir von 600 cbm Inhalt erbaut, so dass jetzt ein Reservoirinhalt von 1000 cbm vorhanden ist.

Die Besitzer der Werke an der oberen Verse glaubten sich durch diese Wasserentziehung aus den unmittelbar an dem Flusse gelegenen Brunnen geschädigt und drohten bald nach der Betriebseröffnung der Pumpstation, einen Process gegen Henoch anzustrengen. Das wird die Stadt von dem damaligen Vorhaben eines Ankaufes des Werkes abgehalten und die Veranlassung gewesen sein, dass sich Anfangs des Jahres 1890 in Gotha unter der Firma »Actiengesellschaft Lüdenscheider Wasserwerke« eine Gesellschaft mit einem Actienkapital von M. 565000 zum Zwecke der Uebernahme und des Betriebes des Lüdenscheider Werkes gebildet hat. Von den damals ausgegebenen 565 Actien soll Henoch 550 Stück, entsprechend dem derzeitigen

Werthe des Werkes von M. 550000 erhalten haben, während die übrigen 15 Stück von den Gründern übernommen sind. Diese Gesellschaft und mit ihr das Wasserwerk ist dann später, nämlich im Jahre 1895, in den Besitz der Deutschen Wasserwerks-Actiengesellschaft in Berlin übergegangen.

Das Rohrnetz in Lüdenscheid ist nach dem Circulationssysteme hergestellt. Der Wasserdruck in der Stadt schwankt je nach dem Strassenniveau zwischen 15,0 m und 80,0 m. Nach den Rohrlängen und den Durchmessern getrennt, besteht dasselbe von 25 530 lfd. m Länge mit 63 Schiebern aus:

Durchmesser mm	250	200	150	125	100	80	60
Rohrlänge . . m	1500	7700	1000	500	800	10300	3730
Schieberzahl . . .	3	5	2	1	3	43	6.

Mit den Rohren sind 120 Unterflur- und 12 Ueberflurhydranten verbunden. Diese sind von D. Magnus in Leipzig, und die Muffenrohre sind von der Kölnischen Maschinenbau-Actiengesellschaft in Bayenthal geliefert. Zu den Zuleitungen und zu den Hausleitungen sind Bleirohre von 13 mm bis 25 mm Durchmesser benutzt. Ende des Jahres 1895 waren im Ganzen 988 Wassermesser geliefert und zwar 595 von C. A. Spanner in Wien-Aachen und 393 von H. Meinecke, Breslau. Nach der Grösse vertheilen sich diese wie folgt:

Durchmesser mm:	13	20	25	40	50
Stückzahl	682	244	55	6	1.

Die gesammte Wasserabgabe hat im Jahre 1895 250000 cbm oder 685 cbm pro Tag betragen. Die jetzige tägliche Leistungsfähigkeit des Werkes ist zu ca. 1000 cbm angegeben. Im Jahre 1896 wurden ca. 1000 Häuser mit Wasser versorgt. Als Betriebsleiter des Werkes fungirt der Ingenieur Jul. Heuyer.

Als Wasserpreis wird pro cbm bei einer Abgabe von 10 bis 100 cbm pro Tag 20 Pf. und bei mehr als 100 cbm 15 Pf. berechnet.

142. e. Lünen. (E. 5685.)

Die Wasserversorgung der Stadt Lünen erfolgt durch eine Vertheilungsleitung, welche Eigenthum der Stadt ist und mittels eines eingeschalteten Centralmessers durch das Wasserwerk Unna-Königsborn gespeist wird.

143. e. Lütgendortmund. (E. 9811.)

Die Wasserversorgung des Ortes Lütgendortmund erfolgt durch das Wasserwerk des nördlichen westfälischen Kohlenreviers.

144. e. Marten. (E. 5671.)

Die Wasserversorgung des Ortes Marten erfolgt durch das Wasserwerk des nördlichen westfälischen Kohlenreviers.

145. a. Meinerzhagen. (E. 2720.)

Für die Wasserversorgung des Ortes Meinerzhagen dienen ausschliesslich Brunnen im Orte selbst.

146. l. Menden. (E. 6700.)

Die Wasserversorgung der Stadt Menden erfolgt zum grössten Theile aus gegrabenen Brunnen, deren 19 für die öffentliche Benutzung dienen. Ferner ist eine alte Quellwasserleitung vorhanden, welche aus gusseisernen Rohren besteht und mit natürlichem Gefälle einen Laufbrunnen und 4 Pumpenbrunnen, die zur allgemeinen Benutzung stehen, versorgt. Deren Abwasser ist in 3 Privatgrundstücke eingeführt.

147. e. Mengede. (E. 2358.)

Die Wasserversorgung des Ortes Mengede erfolgt durch das Wasserwerk des nördlichen westfälischen Kohlenreviers.

148. k. Menglinghausen. (E. 1538.)

Die Wasserversorgung des Ortes Menglinghausen erfolgte während der Jahre 1878 bis 1888 durch die Wassergenossenschaft des Kreises Hörde aus dem Dortmunder Wasserwerk. Seit dieser Zeit findet die Versorgung direct durch letzteres Wasserwerk statt.

149. e. Merklinde. (E. 781.)

Die Wasserversorgung des Ortes Merklinde erfolgt durch das Wasserwerk des nördlichen westfälischen Kohlenreviers.

150. n. Meschede. (E. 2983, W. 300 mit je 9,9 B.)

Für die Wasserversorgung der Stadt Meschede ist im Jahre 1895 für deren Rechnung von dem Wasserwerksdirector Disselhoff in Hagen eine Wasserversorgung für eine tägliche Leistung von 1000 cbm nach seinem Projecte erbaut. Die Anlage hat M. 127 500 oder M. 42,75 pro Kopf gekostet.

Etwa 5 km östlich von der Stadt entfernt ist eine Quelle gefasst, welche aus einer Einlagerung von Kalkstein in dem Lenneschiefer hervortritt. Die Kalkschicht streicht von Südwest nach Nordost und durchzieht ein weites Gebiet, in welchem sie die Entwässerung des südlich ansteigenden, mächtigen Schiefergebirges aufnimmt. Zur Aussaugung des Wassers aus dem dichten Gesteine ist ein Stollen von ca. 60,0 m Länge in dasselbe getrieben. Dieser ist ausgemauert und hat im Lichten einen Querschnitt von 1,0 m Breite und 2,0 m Höhe. Das Wasser wird aus demselben durch Schlitzrohre gesammelt und einem Sammelschachte zugeführt, der am Mundloche des Stollens liegt und mit Ueberlaufs- und Entleerungseinrichtungen versehen ist.

Von diesem Sammelschachte führt eine 5500 m lange Leitung, welche 175 mm Durchmesser hat, zu einem Hochreservoire, das aus 2 Hälften von je 200 cbm Inhalt besteht. Dessen Wasserspiegel liegt 7,23 m tiefer als der des Sammelschachtes und 35,0 m höher als das Versorgungsgebiet. Das Reservoir hat 3,0 m Tiefe und ist aus Ziegelmauerwerk mit Trassmörtel ausgeführt und in den Boden versenkt, überwölbt und 1,5 m hoch mit Erde überfüllt.

Von dem Reservoire führt eine Fallrohrleitung von 175 mm Durchmesser und 500 m Länge zum Anschlusse an das Vertheilungsnetz. Dieses ist nach dem Circulationssysteme ausgeführt und steht unter einem einheitlichen und constanten Drucke. Im Ganzen sind 12 214 lfd. m Rohre verlegt und mit 41 Schiebern verbunden, welche sich nach ihren Durchmessern wie folgt zusammensetzen:

Rohrdurchmesser mm	175	150	125	100	80	60	40
Rohrlänge m . . .	5553	277	495	1472	3229	380	808
Schieberzahl	8	1	2	5	16	1	8.

Es sind 62 Unterflurhydranten mit Selbstentleerung und 46 Rinnsteinspüler an das Rohrnetz angeschlossen. Die Zuleitungen bestehen, ebenso wie die Hausleitungen, aus geschwefelten Bleirohren. Erstere haben Durchm. von 30 mm bis 15 mm und innerhalb der Gebäude Absperrventile. Die Hausleitungen speisen zur Zeit 600 Zapfhähne und 50 Badeeinrichtungen. Für den Bahnhof ist ein Messer von 80 mm Durchmesser aufgestellt, welcher von Dreyer, Rosenkranz & Droop, Hannover bezogen ist.

Die Rohre sind von P. Stühlen in Deutz und die Schieber und Hydranten von Pörringer & Schindler in Zweibrücken geliefert. Die Verlegung der Rohre haben die Gebr. Rocholl in Freienohl und die Arbeiten für die Quellfassung und das Hochreservoir hat die Firma Wietfeld & Kessler in Meschede ausgeführt. Die Verwaltung des Werkes besorgt der Stadtvorstand und als Rohrmeister fungirt im Nebenamte der Büchsenmacher Oberliesen.

Der Wasserpreis ist nach der Grösse der Gebäude normirt, welche in 4 verschiedene Stufen eingeschätzt sind. Die erste Stufe zahlt M. 3, die zweite M. 6, die dritte M. 9 und die vierte M. 12 im Jahre.

151. h. **Methler.** (E. 1850.)

Zur Wasserversorgung des Dorfes Methler sind im Anschlusse an die Wasserleitung Unna-Königsborn 3 Wassermesser aufgestellt und mit Vertheilungsleitungen für die Consumenten verbunden.

152. g. **Milspe.** (E. 1500, W. 105 mit je 14,3 B.)

a) Hauswasser.

Für den Ort Milspe besteht seit dem Jahre 1890 eine Vereinigung zur Beschaffung von Wasser für die Bewohner des Ortes und der Umgegend als »Milsper Wassergenossenschaft«, deren Geschäfte der Betriebsleiter W. Güde verwaltet. Diese Gesellschaft hat eine Quellwasserleitung hergestellt, welche im Tage 140 cbm liefert und M. 45000 gekostet hat.

Deren Quellen liegen auf 2 verschiedenen Grundstücken in der Gemeinde Mühlinghausen und es wird das Wasser durch Sammelgräben gefasst und zusammen geleitet. Ein Theil des Wassers wird durch einen hydraulischen Widder in ein Reservoir gehoben, das aus Beton hergestellt ist. Von hier gelangt es durch eine Rohrleitung in einem Theile des Versorgungsgebietes zur Abgabe. Ein anderer Theil des Wassers fliesst mit natürlichem Gefälle einem zweiten Reservoire zu, von welchem aus die Versorgung der anderen Consumenten erfolgt. Die Gesammtlänge der Rohrleitungen beträgt 7200 lfd. m und es sind damit 6 Unterflurhydranten verbunden. Die Zuleitungen und die Hausleitungen bestehen aus Bleirohren. Erstere haben meistens 20 mm Durchmesser.

Die Wasserabgabe findet nur durch Wassermesser statt. Im Jahre 1895 waren davon 106 Stück eingebaut, die von H. Wiesenthal & Comp., Aachen geliefert sind. In den angeschlossenen Häusern befanden sich 465 Zapfhähne, 28 Closets, 7 Pissoirstände, 21 Badeeinrichtungen und 2 Hausreservoire. Die Wasserabgabe hat im Jahre 1894/95 im Ganzen nach Messern 10875 cbm oder ca. 30 cbm pro Tag betragen. Im Monate des grössten resp. des kleinsten Consums sind 1065 cbm resp. 840 cbm oder 117,5% resp. 92,7% des mittleren Monatsconsums von 906 cbm abgegeben.

Der Wasserpreis pro cbm beträgt 30 Pf.

b) Kraftwasser.

Im Jahre 1897 haben die Industriellen von Milspe und Umgegend beschlossen, ausser dem vorhandenen Staureservoire im Heilenbecker Thale, das zugleich für die Wasserversorgung der Stadt Gevelsberg dient, noch ein zweites Staureservoir ausschliessiich für Kraftzwecke im oberen Ennepethale herzustellen. Als geeignetester Punkt ist die Gegend »an der Waldwiese« bei Breckerfeld dafür in Aussicht genommen.

153. g. **Nächstebreck.** (E. 2528.)

Die Wasserversorgung des Ortes Nächstebreck erfolgt durch das Barmer Wasserwerk.

154. b. **Neheim.** (E. 7460.)

Für die Wasserversorgung der Stadt Neheim ist vor längeren Jahren nach dem Projecte des Geh. Bergrathes Henoch in Gotha eine Quellwasserleitung angelegt, deren Wasser jedoch qualitativ nicht allen Ansprüchen genügte. Als es auch quantitativ nicht mehr ausreichte, ist Aushilfe durch die Anlage einer Pumpstation am Möhneflusse geschaffen, dureh welche rohes Flusswasser geliefert wird.

155. e. **Nette.** (E. 658.)

Die Wasserversorgung des Ortes Nette erfolgt durch das Wasserwerk des nördlichen westfälischen Kohlenreviers.

156. p. **Neunkirchen.** (E. 1497, W. 220 mit je 6,8 B.)

Für die Wasserversorgung der Gemeinde Neunkirchen ist auf deren Kosten im Jahre 1894 von dem Ingenieur Max Hessemer in Ems nach dessen Projecte eine Gravitationsleitung ausgeführt. Diese hat M. 30000 oder M 20 pro Kopf gekostet und liefert 240 cbm Wasser im Tage. Die Rohre sind von R. Böcking & Comp. in Halbergerhütte und die Schieber und Hydranten von H. Breuer & Comp. in Höchst geliefert.

Das Wasser wird aus einem verlassenen Stollen entnommen und einem 200 m entfernten und 18,0 m tiefer liegenden gemauerten Hochreservoire, das überwölbt und in den Boden versenkt ist, mit natürlichem Gefälle zugeführt. Dieses Reservoir hat 100 cbm Inhalt und liegt 300 m von dem Versorgungsgebiete entfernt. Es sind 1500 m Rohre von 80 mm und 60 mm Durchmesser, die mit 30 Schiebern und 15 Unterflurhydranten verbunden sind, verlegt. Auch sind 12 öffentliche Ventilbrunnen aufgestellt und 100 Hausanschlüsse aus Bleirohren hergestellt. 150 Zapfhähne, 2 Closets und 2 Badeeinrichtungen sind in Benutzung. Im Jahre 1895 sind 26000 cbm im Ganzen oder 71 cbm Wasser pro Tag abgegeben.

Der Wasserpreis beträgt 20 Pf. pro cbm.

157. d. **Niedermarsburg.** (E. 3862.)

Die Stadt Niedermarsburg wird seit längeren Jahren durch eine Quellwasserleitung versorgt, welche nach dem Projecte des Geh. Bauraths Henoch in Gotha ausgeführt ist.

158. k. **Niedermassen.** (E. 1090.)

Für die Wasserversorgung des Dorfes Niedermassen ist für dessen Kosten eine Vertheilungsleitung hergestellt, welche mittels eines eingebauten Centralmessers durch das Wasserwerk Unna-Königsborn gespeist wird.

159. p. **Niedernetphen.** (E. 772.)

Das Dorf Niedernetphen wird aus der Siegener Wasserleitung mit Wasser versorgt. Ausser verschiedenen Hydranten sind einige öffentliche Druckständer aufgestellt und es haben 5 Häuser Anschlussleitungen erhalten.

160. n. **Nordenau.** (E. 164, W. 26 mit je 6,3 B.)

Die Wasserversorgung des Dorfes Nordenau, das im Sauerlande in der Nähe des kahlen Asterberges liegt, erfolgt durch eine Quellwasserleitung, die vom Wasserwerksdirector Disselhoff in Hagen im Jahre 1897 mit einem Kostenaufwande von M. 11000 oder M. 67,07 pro Kopf einschliesslich der Hausanschlüsse ausgeführt ist.

Das Wasser ist durch einen Stollen und einen ca. 30 m langen Querschlag aus den Klüften des Lenneschiefers erschlossen. Letzterer dient zugleich als Reservoir und fasst 30 cbm Wasser. Es sind 800 lfd. m Rohre von 80 mm Durchmesser verlegt und 10 Hydranten aufgestellt.

161. e. **Obercastrop.** (E. 3466.)

Die Wasserversorgung des Ortes Obercastrop erfolgt durch das Wasserwerk des nördlichen westfälischen Kohlenreviers.

162. l. **Oberhemer.** (E. 1463.)

Die Wasserversorgung des Ortes Oberhemer erfolgt durch die Gruppenversorgung Hemer-Westig.

163. k. **Obermassen.** (E. 1435.)

Für die Wasserversorgung des Dorfes Obermassen ist für dessen Kosten eine Vertheilungsleitung hergestellt, welche mittels eines Centralwassermessers von dem Wasserwerke Unna-Königsborn gespeist wird. Ferner ist ein Consument direct mittels eines Messers mit der Leitung desselben Werkes verbunden.

164. p. **Obernau.** (E. 124.)

Das Dorf Obernau wird aus der Siegener Wasserleitung mit Wasser versorgt. Ausser verschiedenen Hydranten sind einige öffentliche Druckständer aufgestellt.

165. p. **Obernetphen.** (E. 433.)

Das Dorf Obernetphen wird aus der Siegener Wasserleitung mit Wasser versorgt. Ausser verschiedenen Hydranten sind einige öffentliche Druckständer aufgestellt und 14 Häuser haben Anschlussleitungen erhalten.

166. e. **Oespel.** (E. 3235.)

Die Wasserversorgung des Ortes Oespel erfolgt durch das Wasserwerk des nördlichen westfälischen Kohlenreviers.

167. e. **Oestrich b. Dortmund.** (E. 560.)

Die Wasserversorgung des Ortes Oestrich erfolgt durch das Wasserwerk des nördlichen westfälischen Kohlenreviers.

168. l. **Oestrich b. Iserlohn.** (E. 2480.)

Das Dorf Oestrich wird durch eine ca. 2000 m lange Anschlussleitung von 100 mm Durchmesser aus der Wasserleitung der Gemeinde Letmathe mit Wasser versorgt.

169. d. **Olsberg.** (E. 1026, W. 110 mit je 9,3 B.)

Zur Wasserversorgung des Dorfes Olsberg hat für dessen Rechnung im Jahre 1893 der Wasserwerksdirector Disselhoff in Hagen nach seinem Projecte eine Wasserleitung ausgeführt, welche für eine tägliche Leistung von 300 cbm bestimmt ist und M. 62000 im Ganzen oder M. 60,62 pro Kopf gekostet hat. Die Rohre hat die Friedrich-Wilhelmshütte in Mülheim a. d. Ruhr geliefert.

Das benutzte Wasser ist Grundwasser und wird aus dem Alluvium des Gierskopfbaches am Eisenberge durch eine 80 m lange Sammelanlage erschlossen, aus der es in einen Brunnen übertritt. In 900 m Entfernung davon ist 5,0 m tiefer ein Hochreservoir hergestellt, dem das Wasser dann durch eine gusseiserne Leitung von 100 mm Durchmesser mit natürlichem Gefälle zufliesst. Das Reservoir besteht aus 2 Abtheilungen und hat im Ganzen 120 cbm Inhalt. Es ist gemauert und in den Boden versenkt.

Von hier führt eine ca. 2000 m lange Fallrohrleitung von 100 mm Durchmesser zu dem 68,0 m tiefer liegenden Dorfe. Die Vertheilung im Dorfe erfolgt durch 2600 l. m Rohre von 80 mm Durchmesser, mit welchen 15 Schieber und 35 Unterflurhydranten verbunden sind. Für die Anschlussleitungen sind geschwefelte Bleirohre von 15 mm bis 25 mm Durchmesser verwendet.

170. o. **Olpe.** (E. 3391.)

Für die Wasserversorgung der Stadt Olpe bestand eine alte Wasserleitung, deren Ergiebigkeit im Jahre 1887 von dem Wasserwerksdirector Disselhoff in Hagen durch eine neue Wassererschliessung vergrössert ist. Eine 200 m lange Sammelanlage in zerklüftetem Lenneschiefer liefert das Wasser, das durch eine Leitung mit natürlichem Gefälle einem Hochreservoire zufliesst. Dieses liegt in der Stadtmitte und von hier aus findet die Vertheilung statt.

Ein im Jahre 1891 eingetretener Wassermangel veranlasste die Stadt, durch den Ingenieur Müller in Bochum eine zweite Zuleitung von 1850 m Länge und 80 mm Durchmesser zu dem Reservoire herstellen zu lassen, die aus einem alten, verlassenen Stollen am himmlischen Berge mindestens 150 cbm Wasser im Tag liefert. Der Stollen liegt ca. 48 m höher als der Reservoirboden.

Im Jahre 1893 ist wegen der trotzdem immer noch dem Bedürfnisse nicht genügenden Wassermenge die obligatorische Einführung von Wassermessern beschlossen. Es sind damals 219 Messer von 15 mm Durchmesser, welche von Lux, Ludwigshafen geliefert sind, aufgestellt.

171. k. **Opherdicke.** (E. 426.)

Die Wasserversorgung des Dorfes Opherdicke erfolgt durch 5 directe Anschlüsse an das Wasserwerk Unna-Königsborn mittels eingebauter Wassermesser.

172. i. **Ost-Herbede.** (E. 1212.)

Die Wasserversorgung des Ortes Ost-Herbede erfolgt durch das Wasserwerk des nördlichen westfälischen Kohlenreviers.

173. n. **Ostwig.** (E. 630.)

Für die Wasserversorgung des Dorfes Ostwig hat auf dessen Kosten im Jahre 1893 der Wasserwerksdirector Disselhoff in Hagen eine Quellwasserleitung hergestellt, welche M. 13500 gekostet hat. An einen für die Wassererschliessung hergestellten Stollen schliesst sich ein Querschlag im oberdevonischen Schiefergebirge an, der zugleich als Reservoir dient. Eine 300 m lange Rohrleitung führt das Wasser zum Dorfe.

174. k. **Persebeck.** (E. 208.)

Die Wasserversorgung des Ortes Persebeck fand während der Jahre 1878 bis 1888 aus dem Dortmunder Wasserwerke durch die Wassergenossenschaft des Kreises Hörde statt. Seitdem erfolgt sie durch jenes Wasserwerk direct.

175. a. **Plettenberg.** (E. 4134, W. 380 mit je 10,7 B.)

Für die Stadt Plettenberg ist im Jahre 1887 für deren Rechnung von dem Wasserwerksdirector Disselhoff in Hagen eine Quellwasserleitung von einer täglichen Leistung von 400 cbm hergestellt, welche M. 70000 gekostet hat. Die Rohrleitungen dafür hat die Friedrich-Wilhelmshütte in Mülheim a. d. Ruhr geliefert.

Das Wasser wird im Almechethale durch eine 130 m lange Sammelgallerie aus dem Grundwasser gewonnen und durch eine Leitung von 125 mm Durchmesser und 1400 m Länge einem zweitheiligen Hochreservoire von 200 cbm Inhalt mit natürlichem Gefälle zugeführt, welches im Westen der Stadt liegt und gemauert und in den Boden versenkt ist. Sein Wasserspiegel liegt 2,0 m tiefer als der Ursprung des Wassers.

Von hier führt eine 1000 m lange Fallrohrleitung von 100 mm Durchmesser zur Stadt, deren Strassenniveau 33,0 bis 38,0 m tiefer als das Reservoir liegt. Als Vertheilungsrohre sind 500 m von 100 mm und 1600 m von 80 mm Durchmesser verlegt. 14 Schieber und 32 Unterflurhydranten sind damit verbunden. Die Zuleitungen sind aus geschwefelten Bleirohren von 15 mm bis 25 mm Durchmesser hergestellt.

Später ist mit einem Kostenaufwande von M. 16000, gleichfalls nach Disselhoff's Projecte, eine Erweiterung der Versorgung in der Weise ausgeführt, dass im Osten der Stadt ein zweiter Grundwasserlauf erschlossen ist, dessen Wasser einem zweiten Hochreservoire von 150 cbm Inhalt mit natürlichem Gefälle zugeführt wird. Der Wasserspiegel desselben liegt eben so hoch, als der des ersten Reservoirs. Das Vertheilungsnetz ist mit den beiden Reservoiren verbunden. Die gesammten Anlagekosten von M. 86000 vertheilen sich bei der jetzigen Einwohnerzahl auf M. 20,80 pro Kopf.

176. c. **Pöppinghausen.** (E. 428.)

Die Wasserversorgung des Ortes Pöppinghausen erfolgt durch das Wasserwerk des nördlichen westfälischen Kohlenreviers.

177. e. **Rahm.** (E. 577.)

Die Wasserversorgung des Ortes Rahm erfolgt durch das Wasserwerk des nördlichen westfälischen Kohlenreviers.

178. e. **Rauxel.** (E. 2568.)

Die Wasserversorgung des Ortes Rauxel erfolgt durch das Wasserwerk des nördlichen westfälischen Kohlenreviers.

179. c. **Riemke.** (E. 2679.)

Die Wasserversorgung des Ortes Riemke erfolgt ausschliesslich durch das Bochumer Wasserwerk. Für die verschiedenen Zwecke sind in den letzten Jahren die in der Tabelle 239 angegebenen Wassermengen verabfolgt.

Tabelle 239.

Jahr	1894/95	1895/96	1896/97
Gesammtabgabe . . . cbm	53 067	44 584	40 007
Davon Industriewasser »	48 089	37 995	32 892
an Abnehmer	3	3	4
Davon Hauswasser . . cbm	4 978	6 589	7 115
durch Anschlüsse	29	32	38
an Einwohner	2 597	2 679	2 950

180. f. **Röhlinghausen.** (E. 5383.)

Die Wasserversorgung des Ortes Röhlinghausen erfolgt durch das Wasserwerk des nördlichen westfälischen Kohlenreviers.

181. e. **Rüdinghausen.** (E. 2454.)

Die Wasserversorgung des Ortes Rüdinghausen erfolgt durch das Dortmunder Wasserwerk.

182. e. **Salingen.** (E. 800.)

Die Wasserversorgung des Ortes Salingen erfolgt durch das Dortmunder Wasserwerk.

183. f. **Schalke.** (E. 21605.)

Die Wasserversorgung des Ortes Schalke erfolgte anfänglich durch die Schalker Gas- und Wasserwerksgesellschaft und ist später sammt dieser Gesellschaft auf das Wasserwerk des nördlichen westfälischen Kohlenreviers übergegangen.

184. n. **Schmallenberg.** (E. 1609, W. 200 mit je 8,0 B.)

Die Wasserversorgung der Stadt Schmallenberg erfolgt durch eine Gravitationsleitung, welche für städtische Rechnung von dem Wasserwerksdirector Disselhoff in Hagen nach dessen Projecte in den Jahren 1882/83 ausgeführt ist. Die Rohre dafür hat die Friedrich-Wilhelmshütte in Mülheim a. d. Ruhr geliefert. Die tägliche Leistung beträgt 200 bis 250 cbm. Die Anlage hat M. 30000 oder M. 18,64 pro Kopf gekostet.

Das Wasser wird aus 9, im Lenneschiefer entspringenden Quellen in einen Sammelbrunnen zusammengeleitet und einem vor der Stadt liegenden, gemauerten Hochreservoire, das in 2 Abtheilungen 80 cbm Inhalt hat und in den Boden versenkt ist, mit natürlichem Gefälle zugeführt.

Von hier wird es unter einheitlichem Drucke vertheilt. Es sind 3350 lfd. m Rohre, davon 1550 m von 90 mm und 1800 m von 80 mm Durchmesser, verlegt, mit welchen 8 Schieber und 16 Unterflurhydranten verbunden sind. Die Anschlussleitungen von 15 mm bis 30 mm Durchmesser bestehen aus geschwefelten Bleirohren.

185. n. **Schönholthausen.** (E. 3394.)

Für die Wasserversorgung des Dorfes Schönholthausen hat im Jahre 1892 für dessen Kosten der Wasserwerksdirector Disselhoff in Hagen eine Quellwasserleitung hergestellt, welche M. 6000 gekostet hat. Das im Lenneschiefer gefasste Wasser fliesst mit natürlichem Gefälle durch eine 800 m lange Leitung von 80 mm Durchmesser einem gemauerten Hochreservoire zu und gelangt aus diesem durch Rohre von gleichem Durchmesser, mit denen 10 Hydranten verbunden sind, zur Vertheilung.

186. e. **Schüren.** (E. 3134.)

Die Wasserversorgung der Gemeinde Schüren erfolgt durch das Wasserwerk Unna-Königsborn. Das Vertheilungsnetz, welches von diesem Wasserwerke dafür hergestellt ist, hat 3095 m Länge und besteht aus 35 m Rohren von 125 mm, 2020 m von 100 mm und 1040 m von 80 mm Durchmesser. Ausser einem Centralmesser sind ferner noch 7 Wassermesser für directe Anschlüsse an die Wasserwerksleitung vorhanden.

187. q. **Schwelm.** (E. 14720, W. 900 mit je 16,4 B.)

Die Stadt Schwelm besitzt seit dem Jahre 1876 eine Wasserversorgung, deren anfängliche Herstellungskosten M. 180000 betragen haben. Durch spätere Erweiterungen sind diese Kosten auf M. 300000 gestiegen, und zur Zeit liegt das Project vor, eine Pumpstation zu erbauen, weil das jetzt in der nöthigen Höhenlage disponible Wasserquantum zwischen 400 cbm und 2000 cbm wechselt. Den Betrieb der Anlage leitet der Stadtbaumeister Clef unter Assistenz des Betriebsführers Litzinger.

Das Wasser wird durch 2 Stollen gewonnen, welche südlich von der Stadt in bis zu ca. 1,5 km Entfernung davon in die Grauwacke und in den grauen Sandstein getrieben sind. Die Gesammtlänge der Stollen beträgt 1200 m. Im Anschlusse an jeden derselben ist in den Felsen je ein Reservoir ausgesprengt. Diese Reservoire liegen ca. 500 m von der Stadt entfernt und haben zusammen 3000 cbm Inhalt. Ihr Wasserspiegel liegt 38,0 m hoch über dem mittleren Ortsniveau und das Wasser fliesst aus ihnen mit natürlichem Gefälle zur Stadt. Die Länge der Rohrleitungen von 200 mm bis 80 mm Durchmesser beträgt 9300 m. Damit sind 70 Schieber und 90 Unterflurhydranten verbunden. Die Zuleitungen und die Hausleitungen bestehen aus Bleirohren, erstere mit Absperrhähnen in den Bürgersteigen. Wassermesser sind im Ganzen 506 Stück und zwar 432 von H. Meinecke, Breslau, 14 von Siemens & Halske, Berlin, 6 von C. A. Spanner, Wien-Aachen, 52 von Bopp & Reuther, Mannheim und 2 von Lux, Ludwigshafen geliefert. Der Grösse nach vertheilen diese sich wie folgt:

Durchmesser mm .	10	12	13	20	25	40	50
Stückzahl . . .	3	10	398	79	11	4	1.

Die Wasserabgabe hat im Jahre 1895 im Ganzen 125000 cbm oder 343 cbm pro Tag und zwar ausschliesslich für häusliche Versorgungen betragen. Für gewerbliche Zwecke bestehen für den Wasserbezug zahlreiche private Einrichtungen.

Als Wassergeld wird 25 Pf. pro cbm erhoben und ein Rabatt gewährt, welcher je nach der Grösse der Jahresabgabe beträgt für:

cbm 250 bis 500	bis 1000	bis 2000	bis 4000	darüber
20%	25%	30%	40%	50%

188. k. **Schwerte.** (E. 9895, W. 744 mit je 13,3 B.)

Die Stadt Schwerte hatte für ihre Rechnung im Jahre 1881 eine Wasserversorgung angelegt, für welche das Wasser aus einem Brunnen am Ufer der Ruhr entnommen und durch Dampfkraft künstlich gehoben wurde. Diese Anlage hat M. 20000 gekostet.

Deren Betrieb ist später eingestellt und es wird das Leitungsnetz seitdem durch einen Anschluss mit einem eingebauten Centralwassermesser aus dem Dortmunder Wasserwerke gespeist.

Das Rohrnetz hat 10553 m Länge von 125 mm bis 40 mm Durchmesser. 47 Schieber und 55 Hydranten sind damit verbunden.

189. c. **Schwiesinghausen.** (E. 291.)

Die Wasserversorgung des Ortes Schwiesinghausen erfolgt durch das Wasserwerk des nördlichen westfälischen Kohlenreviers.

190. f. **Sevinghausen.** (E. 1107.)

Die Wasserversorgung des Ortes Sevinghausen mit Hauswasser erfolgt durch das Bochumer Wasserwerk, während eine Abgabe von Industriewasser daraus dort nicht stattfindet. Die Zahl der Anschlüsse und die Grösse der Abgabe gibt die Tabelle 240 an.

Tabelle 240.

Jahr	1894/95	1895/96	1896/97
Abgabe . . . . . . cbm	3 480	5 039	6 569
durch Anschlüsse	17	21	23
an Einwohner	1 097	1 107	1 105

191. p. **Siegen.** (E. 19241, W. 1852 mit je 10,4 B.)

Die Wasserversorgung der Stadt Siegen erfolgte früher in ihrem niedrig gelegenen Theile ausschliesslich aus gegrabenen Brunnen, während für den hochgelegenen Theil der Stadt 2 Quellwasserleitungen bestanden, welche das Wasser aus 2 km resp. 4 km Entfernung mit natürlichem Gefälle in getrennten Leitungen zuführten. Für die eine dieser Leitungen war ein Hochreservoir vorhanden, während das Wasser aus der anderen direct an 3 öffentlichen Laufbrunnen zum Ausflusse kam. Aus dem Reservoire wurden 9 öffentliche Laufbrunnen gespeist. Als Ergänzung diente ferner ein Pumpwerk, welches Brunnenwasser in einen neben dem Reservoire gelegenen Wasserkasten förderte. Eine Privatabgabe von Wasser fand überall nicht statt.

In den Jahren 1888 bis 1891 ist dann für städt. Rechnung mit einem Kostenaufwande von M. 1200000 im Ganzen oder M. 62,45 pro Kopf eine einheitliche Quellwasserversorgung hergestellt, welche nach dem Projecte des Geh. Bergraths Henoch in Gotha ausgeführt ist. Die Rohre dafür sind von der Köln. Maschinenbau-Actiengesellschaft in Bayenthal und von Rud. Böcking & Comp. in Halbergerhütte geliefert. Die Betonarbeiten dafür hat die Firma Dyckerhof & Widmann in Biebrich ausgeführt. Den Betrieb der Anlage leitet der Director des städtischen Gaswerkes C. Hermes.

Das Wasser wird aus 2 Quellgebieten, aus dem des Netphebaches und aus dem des Obernaubaches, entnommen, die nordöstlich von der Stadt und in ca. 14 km Entfernung von derselben liegen. Beide Bäche münden bei Netphen in die Sieg. Sie haben zusammen ein Niederschlagsgebiet von ca. 1400 ha. Die Quellfassungen bestehen aus Sammelleitungen von im Ganzen 14397 lfd. m Länge. Sie sind aus gelochten Cementrohren von 150 mm bis 250 mm Durchmesser hergestellt, die in 1,5 m bis 2,5 m Tiefe verlegt sind. In diese Leitungen sind 59 Revisionsbrunnen eingeschaltet.

Zur Compensation für das abgeleitete Wasser sind in dem Quellengebiete 5 künstliche Teiche durch Staudämme mit inneren Lettenkernen gebildet. Diese Reservoire haben zusammen einen Nutzinhalt von 100700 cbm bei einer Wasserfläche von 2,9 ha und bei 10,0 m grösster Wassertiefe. Wenn bei trockener Jahreszeit die Quellfassungen für die Versorgung von Siegen nicht allein ausreichen, wird auch Wasser aus diesen Teichen für die städtische Versorgung verwendet. Dasselbe wird jedoch dann vorher künstlich filtrirt und es sind dafür 3 Filter von je 50 qm Sandfläche hergestellt.

Die Verbindungsleitungen zwischen den einzelnen Quellenfassungen und den Hauptsammelstuben haben im Ganzen 5506 m Länge, und die zwischen den letzteren und dem mitten in dem Vertheilungsnetze liegenden Hochreservoire haben 19913 m Länge. Aus dem Netphethale führt eine Leitung durch die Dörfer Sohlbach, Afholderbach und Eschenbach und aus dem Obernauer Thale eine zweite Leitung durch die Dörfer Obernau, Bauersdorf und Obernetphen. Nach der Vereinigung beider in eine Hauptbrunnenstube führt eine gemeinschaftliche Leitung durch die Dörfer Niedernetphen, Dreisbach, Tiefenbach und Weidenau bis zum Hochreservoire.

Dieses hat bei 3,0 m Wasserhöhe 1000 cbm Inhalt. Seine Flur liegt 3,0 m tief in den Boden versenkt. Es ist aus Cementmauerwerk hergestellt, überwölbt und 1,0 m hoch mit Erde überfüllt. Von hier erfolgt die Vertheilung des Wassers constant und mit einem einheitlichen Drucke durch das nach dem Circulationssysteme hergestellte Vertheilungsnetz. In diesem schwankt der Druck zwischen fast 0,0 und 70,0 m je nach der Ortslage. Die Länge des Vertheilungsnetzes in der Stadt beträgt 25054 lfd. m von Rohren von 250 mm bis 80 mm Durchmesser. Anfangs waren damit 124 Schieber, 236 Unterflurhydranten mit Selbstentleerung, ein Freibrunnen, ein öffentlicher Springbrunnen, 3 öffentliche Pissoire und 2 Spülleitungen verbunden. Am 1. April 1896 hat die Gesammtlänge der Rohrleitungen von 250 mm bis 80 mm Durchmesser 65280 lfd. m betragen, und es waren damit 162 Schieber, 283 Hydranten und 41 Laufbrunnen verbunden.

Die Zuleitungen und die Hausleitungen sind meistens aus geschwefelten Bleirohren hergestellt. Erstere haben 13 mm bis 25 mm Durchmesser und Absperrhähne innerhalb der Gebäude. Wassermesser waren bis Ende des Jahres 1895 im Ganzen 1435 Stück geliefert und zwar 1397 von C. A. Spanner, Wien-Aachen, 36 von Dreyer, Rosenkranz & Droop, Hannover und 2 von Lux, Ludwigshafen. Nach der Grösse vertheilen diese sich wie folgt:

Durchmesser mm	7	10	13	20	25	40	50	80	200
Stückzahl . . .	1	1	772	524	132	1	1	1	2

Am 1. April 1896 waren 1421 Messer eingebaut und 1535 Grundstücke an die Leitung angeschlossen. Während des Jahres 1894/95 waren 1360 Messer in Benutzung, durch welche 97531 cbm im Jahre oder 267 cbm pro Tag abgegeben sind, was einer mittleren Abgabe pro Messer von 71 cbm im Jahre entspricht. Im Jahre 1895/96 sind durch Messer 104961 cbm im Jahre oder 287 cbm pro Tag abgegeben, was einer Jahresabgabe pro Messer von 73 cbm entspricht. Der gesammte Wasserverbrauch hat in diesem Jahre 284000 cbm oder 776 cbm am mittleren Jahrestage betragen, was einem Tagesverbrauche der im Ganzen aus 29324 Köpfen bestehenden, mit Wasser zu versorgenden Bevölkerung von 27 Lit. pro Kopf entspricht, wenn man zu der städtischen Bevölkerung diejenige von 9083 Köpfen der 11 Dörfer hinzu rechnet, in welchen eine Abgabe von Wasser aus der Leitung stattfindet. Es sind das Afholderbach, Bauersdorf, Dreisbach, Eschenbach, Niedernetphen, Obernau, Obernetphen, Sohlbach, Tiefenbach, Weidenau und Wellensberg. In sämmtlichen Orten befinden sich Hydranten und in 6 derselben sind öffentliche Druckständer aufgestellt. 75 Häuser in 7 der Dörfer haben auch Hausanschlüsse.

Die Wasserabgabe findet nur durch Messer statt. Die Mindestzahlung pro Quartal beträgt M. 4. Als Wasserpreis pro cbm ist 30 Pf. festgestellt. Wird mehr als 10 cbm resp. mehr als 100 cbm pro Tag im Jahresdurchschnitte abgegeben, so ist pro cbm 25 Pf. resp. 20 Pf. zu zahlen, aber stets vierteljährlich auf ganze Mark abgerundet. Die Wassermesser werden von der Stadt beschafft und kaufweise zu dem Selbstkostenpreise den Consumenten abgegeben.

192. g. **Silschede.** (E. 1186.)

Die Wasserversorgung des Ortes Silschede erfolgt durch das Barmer Wasserwerk.

193. c. **Soelde.** (E. 2030.)

Die Gemeinde Soelde wird von dem Wasserwerke Unna-Königsborn mit Wasser versorgt. Es ist dafür ein Rohrnetz hergestellt, welches 4973 m Länge hat und aus 1255 m Rohren von 100 mm, 855 m von 80 mm und 2863 m von 50 mm Durchmesser besteht. Dieses Rohrnetz ist Eigenthum des Wasserwerkes, und für die Wasserabgabe sind 6 Wassermesser aufgestellt.

194. r. **Soest.** (E. 15405, W. 1891 mit je 8,2 B.)

Für die Wasserversorgung der Stadt Soest dienten früher ausschliesslich gegrabene Brunnen, deren Tiefe zwischen 6,0 und 40,0 m variirt. Es waren davon 20 öffentliche und 1200 private in Benutzung. Ferner wurde aus dem die Stadt durchfliessenden Soestbache, der den Abfluss einer mitten in der Stadt entspringenden Quelle bildet, Wasser für gewerbliche Zwecke entnommen. Die durch Untersuchungen festgestellte schlechte Qualität des Wassers einer grösseren Zahl der Brunnen führte im Jahre 1886 zu dem Beschlusse, auf städtische Kosten eine centrale Wasserversorgung herzustellen.

Das Wasserwerk ist im Jahre 1887/88 nach dem Projecte des Wasserwerksdirectors Disselhoff in Hagen für eine Leistungsfähigkeit von 3000 cbm pro 24 Stunden erbaut. Die Anlage hat Anfangs M. 325000 und einschliesslich der späteren Erweiterungen im Ganzen M. 345000 oder M. 22,40 pro Kopf der heutigen Bevölkerung gekostet. Den Betrieb des Werkes leitet der Director der Gas- und Wasserwerke, Heinrich Wohlfromm.

Das Wasser wird aus einem ca. 200 m von der vorerwähnten Quelle entfernten und in den Mergelkalkstein hinuntergetriebenen Brunnen von 17,5 m Tiefe erschlossen. Durch dessen Sohle dringt aus einer wasserführenden Kluft das Wasser so mächtig hervor, dass das aus dem Brunnen nicht benutzte Wasser nach dem Soestbache abgeführt werden muss. Die oberen 7,5 m des Brunnens sind auf 3,0 m Durchmesser erweitert, und der untere, 3,0 m hohe Theil dieser Erweiterung ist mit gusseisernen Tübings ausgebaut, welche aussen mit Cementbeton gegen das Gebirge abgeschlossen sind. Der darüber liegende 4,5 m hohe Theil des Brunnens ist ausgemauert und oben durch ein Gewölbe geschlossen.

Zur Wasserförderung dient eine liegende Zwillingsdampfmaschine mit Condensation und Rider-Steuerung, welche direct mit ihren verlängerten Kolbenstangen 2 Plungerpumpen mit freien Ringventilen antreibt. Jede

Maschinenhälfte ist für sich allein betriebsfähig. Die Dampfkolben haben 375 mm und die Plunger 205 mm Durchmesser und beide 0,6 m Hub. Bei 50 Maschinenumdrehungen liefern die Pumpen zusammen 225 cbm Wasser pro Stunde bei 47,0 m Arbeitsdruck. Es sind 2 Doppelsiederohrkessel von je 65 qm Heizfläche aufgestellt, welche für 6 Atmosphären Dampfdruck concessionirt sind. Die Maschinen und die Kessel hat die Friedrich-Wilhelms-Hütte in Mülheim a. d. Ruhr geliefert.

In 550 m Entfernung von der Pumpstation ist ein schmiedeeisernes Hochreservoir von 310 cbm Inhalt auf einem 40,5 m hohen, massiven Unterbaue aufgestellt. Es ist mit Wellblech ummantelt und überdacht und liegt 800 m von der Mitte des Rohrnetzes entfernt, das unter einem constanten, mittleren Drucke von 30,0 m steht.

Das Rohrnetz ist nach dem Circulationssysteme ausgeführt. Die Gesammtlänge der Rohre beträgt 24 223 lfd. m, welche sich nach ihren Durchmessern, wie folgt, vertheilen:

Rohrdurchmesser mm	275	250	175	150
Rohrlänge m	530	370	600	1055
mm	125	100	80	
m	4890	2380	14398.	

Die Zahl der damit verbundenen Schieber beträgt 97. Ausser einem öffentlichen Brunnen sind ferner damit 196 Unterflurhydranten verbunden, die in 70 m bis 90 m Entfernung von einander stehen.

Die Anschlussleitungen und die Hausleitungen bestehen aus Bleirohren. Erstere haben 15 mm bis 40 mm Durchmesser und sind mit je einem aussenliegenden Haupthahne und einem Privatabsperrventile im Hause verbunden. Wassermesser werden in der Regel nur für grössere Abnehmer gestellt. Es sind davon 120 von Dreyer, Rosenkranz & Droop, Hannover, geliefert, und zwar von folgenden Grössen:

Durchmesser mm	15	20	25	30	40	80	100
Stückzahl	5	55	38	15	4	2	1.

Den Wasserconsum in den Jahren 1893 und 1895, sowie die tägliche Abgabe im Mittel und am Tage des grössten und geringsten Consums, den Consum pro Kopf in Liter am Tage des grössten und des mittleren Consums und die Abgabe mit Messern und ohne Messer gibt die Tabelle 241 an.

Tabelle 241.

Jahr	1893	1894
Einwohner	15 300	15 405
Gesammtabgabe im Jahre . . cbm	639 960	829 785
Zahl der Anschlüsse	1 365	1 365
Abgabe pro Anschlüsse im Jahre cbm	469	608
Liter pro Tag pro Kopf im Mittel	115	147
desgl. am Maximaltage	261	200
Tagesabgabe im Mittel . . . cbm	1 753	2 273
desgl. am Maximaltage . . »	4 000	3 079
oder von 100 cbm des mittleren »	228,1	135,4
desgl. am Minimaltage . . »	820	1 000
oder von 100 cbm des mittleren »	46,8	44,0
Abgabe nach Messern . . . »	260 135	300 982
oder von 100 cbm im Ganzen »	40,7	36,2
Abgabe ohne Messer . . . . »	379 825	528 803
oder von 100 cbm im Ganzen »	59,3	63,7
Abgabe pro Messer und Jahr . »	2 168	2 508

Die Tabelle 242 gibt für dieselben Jahre den Kohlenverbrauch im Ganzen, pro 100 cbm und pro PS.-Stunde, sowie die Leistung pro kg Kohle in m × kg an.

Tabelle 242.

Jahr	1893	1895
Kohlenverbrauch im Ganzen . kg	541 610	58 800
desgl. pro 100 cbm Wasser . . »	88,6	70,86
desgl. pro PS.-Stunde . . . . »	4,89	4,07
Leistung pro kg Kohle in m × kg	55 534	66 326

Nach Schätzung ist an Wassergeld im Jahre pro qm Raumfläche M. 0,80 zu zahlen. Wenn mehrere Haushaltungen in einem Hause vorhanden sind, so wird ein Zuschlag erhoben, der bei 125 qm Fläche der Räume des Hauses M. 2 beträgt und allmählich auf M. 11,50 bei 600 qm Fläche anwächst. Nach Messern ist zu zahlen je nach dem Jahresverbrauche:

bis zu cbm	500	1000	3000	5000	8000	darüber
pro cbm Pf.	15	12	10	8	7	6
Mindestzahlung M.	—	75	120	300	400	560.

An Wassermessermiethe wird ferner monatlich erhoben je nach der Grösse:

Durchmesser mm	15	20	25	30
Mark	0,50	0,60	0,75	1,00.

Nach den Untersuchungen des Wassers vom December 1895 hat sich im Liter ergeben:

Abdampfrückstand	310	mg
Chlor	17	»
Salpetersäure	17	»
Schwefelsäure	14	»
Kalk	137	»
Magnesia	3	»
Härte, deutsche Grade	14,1°	
Ammoniak und salpetrige Säure	Null	
Bacterien als Mittelzahl in ccm 95 Keime,		

Bei der Wasserversorgung dieser Stadt ist noch eines eigenartigen Vorfalles zu gedenken, welcher zeigt, welche Vorsicht auch in der Beurtheilung der Qualität des Grundwassers geboten ist. Im Jahre 1893 trat in Soest eine Typhusepidemie auf, und später vorgenommene Untersuchungen des Leitungswassers, dessen Qualität man bis dahin auf Grund seines Ursprunges für keimfrei gehalten hatte, liessen einen zu verschiedenen Zeiten zwischen 20 und 2000 Keimen im ccm schwankenden Bacteriengehalt erkennen.

Das veranlasste die Stadtvertretung im November 1893 zu dem Beschlusse, auf der Haar Bohrversuche vorzunehmen, um ein besseres Trinkwasser für die Stadt zu gewinnen. Sollte sich das als erfolglos zeigen, so wollte man zu einer künstlichen Filtration des Wassers übergehen, für welche bereits ein Project mit einem Kostenanschlage von M. 70 000 aufgestellt war. Die Untersuchungen über die Herkunft der Soestquelle liessen ihre Speisung aus dem Gebiete des Haarstranges und des Möhnethales erkennen, wo das zerklüftete Kalkgestein oft nur von einer 0,25 m dicken Humusschicht überdeckt ist, so dass das Regenwasser Ausspülungen aus dem Ackerlande direct in die Klüfte hinunterführen kann, welche dann aus der 17,0 m tief liegenden Kluft in der Brunnenhöhle hervortreten müssen.

Zeitweise fanden sich in dem Brunnen solche Mengen von allerdings ganz unschädlichen Flohkrebsen (gammarus), dass deren Abscheidung aus dem Leitungswasser schon zur Vermeidung von Verstopfungen nöthig erschien. Man hat das dadurch erreicht, dass das Wasser hinter den Pumpen durch ein Sieb, das nach Art der Rosenkranz'schen Schlammtöpfe eingerichtet ist, geleitet wird. Dieses Sieb wird nach jedem Pumpen zur Beseitigung der aufgefangenen Flohkrebse mit Druckwasser ausgespült und gereinigt. Von einer Filtration des ganzen Wassers hat man jedoch vorläufig Abstand genommen, weil man erst die Erfolge der in Bau begriffenen Kanalisation der Stadt abwarten will, und weil auch andere Wasserquellen bislang nicht aufgefunden sind. Uebrigens haben sehr häufige Untersuchungen ergeben, dass in dem Wasser nicht eine Spur von schlechten Bestandtheilen zu finden ist, und ebenso, dass die Flohkrebse gesundheitlich völlig ohne Bedeutung sind, so dass von einer Verseuchung des Grundwassers von der Anfangs überall gesprochen wurde, nicht die Rede sein kann.

195. p. **Sohlbach.** (E. 53.)

Das Dorf Sohlbach wird aus der Siegener Wasserleitung mit Wasser versorgt. Es sind verschiedene Hydranten aufgestellt, und 7 Häuser haben Anschlussleitungen erhalten.

196. c. **Somborn.** (E. 1743.)

Die Wasserversorgung des Ortes Somborn erfolgt durch das Wasserwerk des nördlichen westfälischen Kohlenreviers.

197. c. **Stiepel.** (E. 4966.)

Die Wasserversorgung des Ortes Stiepel erfolgt durch das Bochumer Wasserwerk. Die Wasserabgabe hat in den letzten 3 Jahren für die verschiedenen Zwecke die in der Tabelle 243 angegebene Höhe erreicht.

Tabelle 243.

Jahr	1894/95	1895/96	1896/97
Gesammtabgabe . . . cbm	2 286	4 125	7 883
Davon Industriewasser »	1 782	2 609	6 852
an Abnehmer	1	1	2
Davon Hauswasser . . cbm	504	1 516	1 031
durch Anschluss	5	8	11
an Einwohner	4 829	4 966	5 166

198. e. **Stockum.** (E. 628.)

Die Wasserversorgung des Ortes Stockum erfolgt durch das Dortmunder Wasserwerk.

199. h. **Strickherdicke.** (E. 436.)

Für 6 Consumenten im Dorfe Strickherdicke sind von dem Wasserwerk Unna-Königsborn Anschlussleitungen mit Wassermessern an deren Leitung hergestellt.

200. h. **Südcamen.** (E. 470.)

Die Wasserversorgung des Dorfes Südcamen erfolgt durch einen Anschluss an das Wasserwerk Unna-Königsborn.

201. l. **Sundwig.** (E. 1400, W. 90 mit je 15,5 B.)

Für die Gemeinde Sundwig ist im Jahre 1887 für deren Rechnung durch den Wasserwerksdirector Disselhoff in Hagen eine Quellwasserleitung hergestellt, welche 150 cbm pro Tag liefert und M. 15 000 gekostet hat.

Das Wasser ist durch einen Stollen erschlossen und fliesst mit natürlichem Gefälle einem Hochreservoire zu, das 75 cbm Inhalt hat. Es ist gemauert und in den Boden versenkt. Von hier führt eine Fallrohrleitung zu dem Dorfe, dessen Terrain 15,0 m bis 25,0 m tiefer als der Wasserspiegel des Reservoirs liegt.

Es sind 2300 lfd. m Rohre verlegt und zwar 1300 m von 90 mm und 1000 m von 80 mm Durchmesser. Damit sind 10 Schieber, 12 Unterflurhydranten und 5 Druckständer verbunden. Die Zuleitungen bestehen aus geschwefelten Bleirohren.

202. p. **Tiefenbach.** (E. 485.)

Das Dorf Tiefenbach wird aus der Siegener Wasserleitung mit Wasser versorgt. Es sind verschiedene Hydranten aufgestellt, und 2 Häuser haben Anschlussleitungen erhalten.

203. f. **Ueckendorf.** (E. 17 487.)

Die Wasserversorgung des Ortes Ueckendorf erfolgt durch das Wasserwerk des nördlichen westfälischen Kohlenreviers.

204. h. **Unna.** (E. 12 357, W. 1100 mit je 11,2 B.)

a) Quellwasserleitung.

Die Wasserversorgung der Stadt Unna hat ausser aus gegrabenen Brunnen, deren 9 von ca. 7,0 m Tiefe für öffentliche Zwecke dienten, seit Jahrhunderten überwiegend durch Quellwasser stattgefunden, das bei Hassloh gefasst und mit natürlichem Gefälle in Thonrohrleitungen zugeführt wurde. In der Stadt kam das Wasser an verschiedenen Laufbrunnen zum Ausflusse.

In den Jahren 1876/78 ist für städtische Rechnung eine einheitliche Quellwasserleitung nach dem Projecte der Deutschen Wasserwerksgesellschaft in Frankfurt a. Main durch die Stadt in Regie ausgeführt. Diese wird aus demselben Quellgebiete gespeist, dem auch die alte Quelle angehörte. Es sind für diese Anlage 4 Quellen im Quellengebiete des Bornkamps in 3,4 km Entfernung von der Stadt durch den späteren Wasserwerksdirector Disselhoff in Hagen gefasst. Die Vertheilungsleitungen von damals 7450 lfd. m Länge hat der dortige Director des Gas- und Wasserwerkes, W. Schulze verlegt. Die Kosten der ersten Ausführung von M. 200 000 hatten sich bis zum Jahre 1882 auf M. 220 000 oder M. 18 pro Kopf erhöht. Die Maximalergiebigkeit der Anlage hat derzeit 2400 cbm pro Tag betragen.

Die Erschliessung des Wassers ist mittels Sammelbrunnen vorgenommen. Das aus diesen in einer Sammelstube vereinigte Wasser fliesst dann einem 3000 m entfernten Hochreservoire zu, welches ca. 600 m vor der Stadt liegt. Es ist gemauert und überwölbt und hat 534 cbm Fassungsraum. Die Höhendifferenz im Versorgungsgebiete beträgt ca. 25,0 m und es ist die Wasservertheilung daher in 2 Druckzonen getrennt.

Im Jahre 1882 hat die Länge des Rohrnetzes im Ganzen ca. 9000 m betragen, und es sind damals 670 000 cbm Wasser im Ganzen im Jahre oder 1836 cbm am mittleren Jahrestage abgegeben worden. Es waren derzeit 790 Anschlussleitungen in Benutzung und davon 124 mit Wassermessern verbunden. Die Hausleitungen speisten unter anderen 25 Badeeinrichtungen, 18 Closets, 8 Pissoirstände und 20 Privatspringbrunnen.

Dem wachsenden Bedürfnisse der Stadt konnte diese Wassermenge auf die Dauer umsoweniger genügen, weil durch den Bergbau ein Sinken der Ergiebigkeit der Quellen unausbleiblich erschien. Schon im Jahre 1884 hat Schulze daher auf dem Stichmann'schen Lande, weil unter der wasserführenden Schicht, welche die damals benutzten Quellen speist, eine zweite wasserführende Schicht von den Geologen als vorhanden angenommen wurde, einen Brunnen von 3,0 m Durchmesser und 10,2 m Tiefe hergestellt. Durch den Boden dieses Brunnens ist dann ein Bohrloch von 260 mm Durchmesser auf 25,4 m Tiefe unter Terrain hinuntergetrieben und dadurch sind 400 cbm Wasser pro Tag gewonnen.

Ferner ist damals im Bornkampe innerhalb eines der dortigen Brunnen auf 40,0 m Tiefe ein Rohr von 210 mm Durchmesser durch Bohrung hinuntergebracht, welches gleichfalls 400 cbm Wasser pro Tag erschliesst.

Zur Hebung des erschlossenen Wassers ist eine Pumpe mit einer Locomobile von 10 PS. aufgestellt und ferner ist ein Pulsometer dafür benutzt. Trotzdem hat im Jahre 1888 der Zufluss zum Reservoire nur noch 36 cbm pro Stunde oder 846 cbm im Tage betragen, so dass zeitweise eine förmliche Wassersnoth eintrat.

b) Wasser aus dem Ruhrthale.

Die Nothlage, in welche die Stadt durch diese Verhältnisse gerathen war, veranlasste damals den Grossindustriellen Friedr. Grillo in Essen dazu, seiner Geburtsstadt Unna das Anerbieten zu machen, ein grosses Wasserwerk an der Ruhr zu erbauen und damit die Stadt Unna und den von ihm als Bad ins Leben gerufenen Nachbarort Königsborn, sowie andere umliegende Orte und Zechen in den Kreisen Hörde, Hamm und Dortmund mit Wasser zu versorgen. Die Verhandlungen mit der Stadt Unna führten schliesslich zu dem Resultate, dass die Stadt mit Grillo gemeinschaftlich im Jahre 1886/88 das Wasserwerk Unna-Königsborn erbaut und dann auch für gemeinschaftliche Rechnung betrieben hat. Die Kosten der Anlage waren von beiden Parteien zu gleichen Theilen getragen, und nach dem im Jahre 1889 erfolgten Tode Grillo's ist der ganze Besitz und der Betrieb des Werkes allein auf die Stadt Unna übergegangen.

Die Ausführung dieser Anlage hat in den Händen der Directoren M. Schmitt in Schalke, der auch das Project entworfen hat, und W. Schulze in Unna gelegen. Die Leistung dieses Werkes war Anfangs auf 24 500 cbm pro Tag bemessen. Das Wasser wird aus dem Grundwasserstrome im Ruhrthale bei Langschede durch Brunnen und Filterrohrleitungen gewonnen. Von ersteren sind 4 aus Mauerwerk und einer ist aus Tübings hergestellt; der letztere hat 800 mm Durchmesser.

In der Pumpstation ist Anfangs eine von der Friedr. Wilhelmshütte in Mülheim a. d. Ruhr gelieferte, liegende Zwillingsmaschine aufgestellt. Später sind nach einander noch 2 Verbundmaschinen, welche die Bochumer Eisenhütte in Bochum geliefert hat, hinzugekommen und im Jahre 1898 ist die Aufstellung einer vierten Maschine vollendet, welche die Isselburger Hütte in Isselburg ausgeführt hat. Es sind 5 Cornwallkessel von zusammen 410 qm Heizfläche vorhanden, welche zum Theil für 6, zum Theil für 8 Atm. Dampfspannung concessionirt sind. Jede der Maschinen betreibt, direct mit ihren Kolbenstangen gekuppelt, 2 liegende, doppeltwirkende Plungerpumpen mit freien Ventilen. Die erste Maschine hat Klappenventile und die 3 anderen haben Etagenventile mit Fernis-Dichtung. Die Hauptdimensionen etc. der Maschinen gibt die Tabelle 244 an.

Die Arbeitshöhe der Pumpen variirt zwischen 100,0 m und 105,0 m. Von der Pumpstation führte Anfangs eine und führen jetzt 2 Druckleitungen von 350 mm resp. 500 mm Durchmesser zu den beiden, hinter einander liegenden Hochreservoiren, die aus Cementmauerwerk,

Tabelle 244.

Tabelle	I	II	III	IV
	Zwilling-Verbundmaschinen			
Dampfcyl.-Durchm. mm	2 à 500	500 & 800	530 & 950	530 & 950
Plungerdurchmesser »	2 à 200	2 à 220	2 à 250	2 à 256
Hub m	0,8	0,8	1,25	1,25
Umdrehzahl pro Minute	40	40	42	40
Förderung pro Stde. cbm	225	270	540	600

überwölbt und in den Boden versenkt hergestellt sind. Das eine Reservoir liegt bei der Friedr. Wilhelmshütte 2500 m von der Pumpstation entfernt. Es hat 1200 cbm Inhalt. Das andere Reservoir liegt 1500 m weiter aufwärts und zwar 4000 m von der Pumpstation entfernt auf der Landwehr und hat 2500 cbm Inhalt.

Der Druck im Versorgungsgebiete schwankt zwischen 50,0 m und 100,0 m. Die Rohrleitungen haben zur Zeit im Ganzen 95 000 lfd. m Länge. Die Tabelle 245 gibt für die 3 letzten Betriebsjahre die gesammte Wasserabgabe und deren Zunahme gegen das Vorjahr und ferner getrennt danach an, wieviel Wasser künstlich gehoben resp. mit natürlichem Gefälle und wieviel nach Messern resp. ungemessen abgegeben ist.

Tabelle 245.

Jahr	1894/95	1895/96	1896/97
Gesammtabgabe . . . cbm	2 991 605	3 395 241	3 648 880
Zunahme gegen 100 cbm des Vorjahres . . . »	–	113,8	108,4
Künstlich gehoben im Ganzen	2 541 605	2 915 241	3 198 880
oder %	85,0	85,9	87,7
Mit natürlichem Gefälle cbm	450 000	450 000	450 000
oder %	15,0	14,1	12,3
Durch Wassermesser abgegeben . . . . . cbm	2 378 355	2 678 882	3 148 377
oder %	79,5	78,8	86,3
Ohne Wassermesser abgegeben . . . . . cbm	613 250	716 356	500 503
oder %	20,5	21,2	13,7

Bis Ende 1895 sind 762 Wassermesser im Ganzen geliefert und zwar 3 von C. A. Spanner, Wien-Aachen, 8 von Wolff & Schreiber, Breslau, 6 von Siemens & Halske, Berlin und 745 von H. Meinecke, Breslau. Nach der Grösse vertheilen diese sich wie folgt:

Durchmesser mm	10	10	13	20	25	30	40
Stückzahl . . .	11	4	299	313	56	3	1
mm	50	75	80	100	125	150	
Zahl	39	1	16	8	4	7.	

Die Stadt Unna selbst wird aus diesem Ruhrwasserwerke nur dann versorgt, wenn die frühere Quellwasserleitung für ihre Bedürfnisse nicht ausreicht. Dagegen versorgt das Werk ausschliesslich und in erster Linie 2 Städte und 26 Gemeinden, sowie die benachbarten Kohlenzechen und sonstigen industriellen Werke. Von diesen Orten liegen Opherdicke, Holzwickede und Landstrop im Kreise Hörde; Afferde, Billmerich, die Stadt Camen, Heeren, Langschede, Methler, Niedermassen, Obermassen, Strickherdicke, Südcamen und Wassercourl im Kreise Hamm und Altenderne, Gahmen, Grevel, Horstmar, Hostede, Kirchderne, die Stadt Lünen, Schüren, Soelde, Aplerbeck, Berghofen, Wickede, Brackel,

Asseln und Eving im Kreise Dortmund, von welchen Orten die letzten 6 auch aus dem Dortmunder Wasserwerke versorgt werden.

Die Wasserabgabe findet mit wenigen Ausnahmen nur durch Messer statt. Als Wassergeld ist monatlich die Minimalsumme M. 2,00 excl. Messermiethe zu zahlen. Letztere beträgt je nach der Grösse:

Durchmesser mm	10	13	20	26	32	40
Mark pro Jahr .	6,00	7,20	8,40	12,00	15,00	16,80
Durchmesser mm	50	80	100	125	150	
Mark pro Jahr .	24,00	40,20	54,00	66,00	72,00.	

Für den über 10 cbm im Monate hinausgehenden Consum ist pro cbm 12 Pf. zu zahlen bis zur Höhe von 30 cbm im Monate. Bei Mehrverbrauch ist zu zahlen:

im Monate bis cbm	50	100	500	1500	5000	darüber
pro cbm Pf. . . .	11	10	9	8	7	6

Ueber die Qualität des Wassers liegt eine Analyse des vereideten Gerichtschemikers W. Schulte in Bochum vom Mai 1892 vor, nach welcher im Liter Wasser gefunden sind:

Gesammtrückstand	140,0 mg
Desgl. geglüht	98,2 »
Kalk	32,9 »
Magnesia	4,8 »
Kali und Natron	11,1 »
Eisenoxyd und Thonerde	1,3 »
Kieselsäure	6,1 »
Schwefelsäure	23,2 »
Chlor	10,5 »
Kohlensäure	33,4 »
Salpetersäure	5,0 »
Salpetrige Säure	Null
Ammoniak	Spur
Permanganat zur Oxydation	3,0 mg
Härte, deutsche Grade	3,93 »

205. l. **Unterhemer.** (E. 1669.)

Die Wasserversorgung des Ortes Unterhemer erfolgt durch die Gruppenversorgung Hemer-Westig.

206. q. **Voerde.** (E. 5868.) Ohne Antwort.

207. g. **Volmarstein.** (E. 1473.)

Die Wasserversorgung des Ortes Volmarstein erfolgt durch das Barmer Wasserwerk.

208. g. **Vorhalle a. d. Ruhr.** (E. 2500, W. 155 mit je 16,1 B.)

Für Rechnung der Gemeinde Vorhalle ist nach dem Projecte des Ingenieurs H. Müller in Bochum im Jahre 1893 eine Wasserleitung ausgeführt, welche 500 cbm pro Tag liefern sollte und für die ausgeführten Rohrleitungen etc. M. 27000 gekostet hat.

Der ursprüngliche Plan, eine Versorgung durch Quellwasser herzustellen, musste ebenso wie der später beabsichtigte Anschluss an das Wasserwerk in Herdecke zur Versorgung von Vorhalle aufgegeben werden. Es wird daher auf Grund eines 20jährigen Vertrages die Leitung von der Pumpstation des Wasserwerkes Boele-Kabel seit dem 1. Januar 1893 mit Wasser versorgt. Der dafür zu zahlende Wasserpreis beträgt pro cbm 11 Pf. und je nach der Höhe der Abnahme sinkt der Preis bis zu 6 Pf. hinab. Die der Gemeinde abgegebene Wassermenge wird durch einen Hauptwassermesser bestimmt.

Die Rohre für die Rohrleitungen hat die Firma Haniel & Lueg in Düsseldorf, und die Schieber und Hydranten sind von H. Breuer & Comp. in Höchst geliefert, während die Rohrverlegungen H. Müller in Bochum besorgt hat. Das Rohrnetz hat 3195 lfd. m Länge und ist mit 10 Schiebern und 10 Hydranten verbunden. Nach der Grösse getrennt sind an Rohren und Schiebern vorhanden:

Rohrdurchmesser mm	150	125	100	80	50
Rohrlänge . . . m	370	831	449	1364	181
Schieber	1	1	2	5	1.

Zu den Zuleitungen sind Bleirohre und verzinkte schmiedeeiserne Rohre und zu den Hausleitungen geschwefelte Bleirohre verwendet. Es sind 60 Anschlüsse hergestellt, welche mit Wassermessern von H. Meinecke, Breslau verbunden sind, von welchen 25 einen Durchmesser von 13 mm, 33 von 20 mm und je einer von 25 mm und 80 mm haben. Die gesammte Abgabe hat im Jahre 1895 12000 cbm betragen.

Der von der Gemeinde erhobene Wasserpreis beträgt 30 Pf. pro cbm bei Festsetzung eines monatlichen Minimalpreises incl. Wassermessermiethe für 8 cbm Maximlabgabe von M. 3 bei einem Messer von 13 mm, von M. 3,50 bei einem Messer von 20 mm und von M. 4 bei einem Messer von 25 mm Durchmesser. Sind in einem Hause nur 4 Räume vorhanden, so wird als Minimalpreis M. 2 pro Monat erhoben.

209. e. **Wambel.** (E. 1020, W. 84 mit je 12,1 B.)

Der Ort Wambel wird durch Anschluss des für Gemeinderechnung hergestellten Rohrnetzes an das Dortmunder Wasserwerk mit Wasser versorgt. Es sind dafür 2230 lfd. m Rohre von 80 mm Durchmesser verlegt, mit denen 5 Schieber und 10 Hydranten verbunden sind.

210. b. **Warstein.** (E. 3266, W. 403 mit je 8,1 B.)

Für die Stadt Warstein ist im Jahre 1884 eine Wasserversorgung von dem Wasserwerksdirector Disselhoff in Hagen hergestellt, welche sich bislang nur auf die Unterstadt erstreckt. Die Anlage ist für 1000 cbm pro Tag bestimmt und hat M. 40000 gekostet. Die Rohre dafür sind von der Friedrich-Wilhelmshütte in Mülheim a. d. Ruhr geliefert.

Das Wasser ist durch Fassung einer im devonischen Kalke entspringenden Quelle gewonnen, deren tägliche Ergiebigkeit zwischen 120 und 250 cbm schwankt. Eine gusseiserne Leitung von 150 mm Durchmesser führt das Wasser mit natürlichem Gefälle zur Stadt. Hier wird es durch Rohrleitungen vertheilt, von welchen 130 m Länge 125 mm, 600 m Länge 100 mm und 2500 m Länge 80 mm Durchmesser haben. Mit den Gesammtleitungen von 4130 m Länge sind Anschlussleitungen für 293 Grundstücke verbunden.

Für die höher gelegenen Theile der Stadt sind vorläufig an geeigneten Stellen in gleicher Höhe mit der Quellfassung 6 gemauerte Behälter, im Boden versenkt, hergestellt, welche je 30 cbm Wasser fassen. Durch über diesen aufgestellte Handpumpen wird das Wasser von hier den höher gelegenen Häusern zugeführt. Es sind 17 Schieber und 30 Hydranten mit den Leitungen verbunden. Die Zuleitungen bestehen aus geschwefelten Bleirohren von 15 mm bis 25 mm Durchmesser. Die Wasserabgabe erfolgt unentgeltlich.

Für die Versorgung des oberen Theiles der Stadt ist eine neue Anlage nach Disselhoff's Project im Bau begriffen, deren Kosten zu M. 30000 veranschlagt sind. Das Wasser hierfür wird bei Tredenmühle aus einer Quelle, welche 24,0 m tiefer als die oben erwähnte liegt und gleichfalls im Kalkgebirge entspringt, gewonnen. Von der Quelle aus wird es mit natürlichem Gefälle einer 700 m entfernt liegenden, der Stadt gehörigen Sägemühle zugeführt und soll hier durch eine von einem Wasserrade angetriebene Pumpe in ein 64,0 m höher gelegenes Hochreservoir von 100 cbm Inhalt gehoben werden. Aus diesem wird es dann durch Rohrleitungen von ca. 2000 m Länge in den hochgelegenen Theilen der Stadt zur Vertheilung gelangen.

Das Wasser beider Quellen hat nach den Untersuchungen des Professors Dr. König in Münster folgende Zusammensetzung im Liter:

Tabelle 246.

Ursprung des Wassers		Alte Quelle.	Neue Quelle.
Gesammtrückstand	mg	473	420
Kalk	»	112	124
Chlor	»	141	119
Schwefelsäure	»	10	11
Organische Substanz	»	38	16
Ammoniak, salpetrige Säure	»	Null	Null
Salpetersäure	»	16,6	6,5

211. h. **Wassercourl.** (E. 319.)

Für die Wasserversorgung des Dorfes Wassercourl hat das Wasserwerk Unna-Königsborn eine 152 m lange Zuleitung von 80 mm Durchmesser hergestellt. Daran ist mittels eines Centralwassermessers die für Rechnung des Dorfes ausgeführte Vertheilungsleitung angeschlossen. Ausserdem werden 2 Grossconsumenten von dem Wasserwerke noch durch direct an deren Leitung angeschlossene Messer versorgt.

212. f. **Wattenscheidt.** (E. 17183.)

Die Wasserversorgung der Stadt Wattenscheidt erfolgte früher aus ca. 400 gegrabenen Brunnen von 8,0 bis 15,0 m Tiefe, die auf Privatgrundstücken lagen. Im Jahre 1881 stellte die Stadt auf ihre Kosten für M. 25000 ein Rohrnetz her, an welches 336 Häuser angeschlossen waren. Dieses ist früher durch das damalige Schalk-Gelsenkirchener und wird jetzt durch das Wasserwerk des nördlichen westfälischen Kohlenreviers gespeist. Für die Stadt sind 14 Wassermesser von Siemens & Halske, Berlin geliefert, von denen 11 von 12 mm, 2 von 20 mm und einer von 30 mm Durchmesser sind.

Ferner erhalten noch 2 industrielle Werke das Wasser durch das Bochumer Wasserwerk. Es sind von diesem abgegeben 737509 cbm im Jahre 1894/95, 697713 cbm im Jahre 1895/96 und 609121 cbm im Jahre 1896/97.

213. p. **Weidenau.** (E. 6017.)

Die Wasserversorgung des Ortes Weidenau erfolgt aus der Siegener Wasserleitung. Es sind verschiedene Hydranten aufgestellt, und 18 Häuser haben Anschlussleitungen erhalten.

214. c. **Weitmar.** (E. 10283.)

Die Wasserversorgung des Ortes Weitmar erfolgt ausschliesslich durch das Bochumer Wasserwerk. Für die verschiedenen Zwecke sind in den letzten Jahren die in der Tabelle 247 angegebenen Wassermengen abgegeben.

Tabelle 247.

Jahr		1894/95	1895/96	1896/97
Gesammtabgabe	cbm	470090	555765	560372
davon Industriewasser	»	422072	508630	511293
an Abnehmer		6	7	9
davon Hauswasser	cbm	46056	45371	49079
durch Anschlüsse		116	151	196
an Einwohner		9303	10283	10805
ferner für eine Wasser-genossenschaft	cbm	1962	1764	—
durch Anschlüsse		7	7	—

215. p. **Wellensberg.** (E. 170.)

Die Wasserversorgung des Dorfes Wellensberg erfolgt aus der Siegener Wasserleitung. Es sind verschiedene Hydranten aufgestellt, und 28 Häuser haben Anschlussleitungen.

216. n. **Wennholthausen.** (E. 673.)

Das Dorf Wennholthausen liegt in einem langgestreckten Hauptthale und einem Seitenthale, beide mit durchlässigem Untergrunde. Die Wasserversorgung erfolgt bis jetzt aus Flachbrunnen, welche in Folge ihrer Lage vielfach inficirt sind, so dass der Typhus unter den Einwohnern epidemisch ist, und die Aufsichtsbehörde auf eine Versorgung mit gutem Wasser drängt.

Hierfür liegt ein Project des Wasserwerksdirectors Disselhoff in Hagen vor, das auf M. 25000 veranschlagt ist. Das Wasser soll ca. 1 km oberhalb des Ortes aus im Kalkgebirge zu erschliessenden Quellen gesammelt werden. Diese haben eine tägliche Ergiebigkeit von ca. 120 cbm und liegen 60,0 m hoch über den höchst gelegenen Häusern, so dass die Zuleitung mit natürlichem Gefälle erfolgen kann.

217. a. **Werdohl.** (E. 5610, W. 350 mit je 16,0 B.)

a) Hauswasser.

Die Wasserversorgung des Ortes Werdohl erfolgt seit dem Jahre 1889 durch eine Quellwasserleitung, welche für Gemeinderechnung nach dem Projecte des Wasserwerksdirectors Disselhoff in Hagen ausgeführt ist. Die Anlage hat M. 50000 gekostet und lieferte 200 cbm Wasser pro Tag. Im Jahre 1894 ist das disponible Wasserquantum durch Hinzuziehung von Quellen in einem zweiten Thale vergrössert, wofür der Ingenieur H. Müller in Bochum das Project und die Ausführung besorgt hat.

Für die erste Quellfassung ist eine gemauerte Sammelgallerie hergestellt. Die zweite Fassung ist durch eine 50 m lange Leitung von Schlitzrohren von 100 mm Durchmesser, die mit einer Stollen- und Brunnenanlage verbunden ist, im Esmecker Thale bewirkt. Sie liefert 120 cbm Wasser im Tage. Dieses wird durch eine ca. 1000 m lange Leitung von 70 mm Durchmesser mit natürlichem Gefälle direct zum Orte geführt.

Die erste Quellfassung liegt 800 m von dem Beginne des Ortes und den hier liegenden höchsten Häusern entfernt, welche 46,0 m tiefer als die Quellen liegen. Der Ort erstreckt sich auf 2100 m Länge in einem um ca. 45,0 m abfallenden Terrain. Hinter der Quellfassung und 11,0 m tiefer als diese, ist ein kleiner Reductionsbehälter angelegt. Hinter diesem liegt 10,0 m tiefer ein Hochreservoir von 200 cbm Inhalt. Die Zuleitung bis hierher hat 80 mm Durchm., und die Fallrohrleitung von hier hat 100 mm resp.

80 mm Durchmesser. Das Reservoir ist gemauert, überwölbt und in den Boden versenkt.

Die Rohrleitungen haben im Ganzen ca. 3200 m Länge von 100 mm und 80 mm Durchmesser und sind mit 12 Schiebern und 25 Hydranten verbunden. Die Zuleitungen bestehen aus geschwefelten Bleirohren. Es waren bis Ende 1895 im Ganzen 180 Wassermesser von Dreyer, Rosenkranz & Droop, Hannover geliefert. von denen 73 von 15 mm, 92 von 20 mm, 12 von 25 mm und 3 von 30 mm Durchmesser sind.

b) **Kraftwasser.**

Es mag hier noch erwähnt werden, dass seit dem Jahre 1886 ein Project des Professors Intze in Aachen für einen bei Werdohl im Thale der Verse, einem Seitenflusse der Lenne, herzustellendes Staureservoir von 2000000 cbm Inhalt vorliegt. Die Staumauer ist von örtlichen Bruchsteinen auszuführen angenommen. Sie soll 200 m Länge, 24,0 m Höhe und 4,0 m obere und 20,75 m untere Breite erhalten. Die Anlage ist zu Mark 380000 veranschlagt. Das Niederschlagsgebiet beträgt 49 km und die jährliche Regenhöhe in diesem ca. 1000 mm.

218. r. **Werl.** (E. 5498, W. 660 mit je 8,0 B.)

Die Wasserversorgung der Stadt Werl erfolgt durch die Pumpstation des Wasserwerkes der Stadt Hamm, wie dort bereits angegeben ist, und zwar durch eine Ableitung des Wassers aus der auf der Haar gelegenen Auslaufkammer am rechten Ufer der Ruhr. Der Abfluss ist mit einem Centralwassermesser versehen, und das Wasser wird daraus in das Hochreservoir der Stadt Werl abgegeben. Dieses Reservoir hat 1200 cbm Inhalt und ist aus Ziegelmauerwerk hergestellt, in den Boden versenkt und überwölbt. Die speciellen Anlagen für die Stadt sind im Jahre 1887 nach dem Projecte des Directors Reese in Dortmund ausgeführt und haben M. 143000 im Ganzen oder M. 26,19 pro Kopf gekostet. Die Rohre, Schieber und Hydranten hat die Friedrich-Wilhelmshütte in Mülheim a. d. Ruhr geliefert. Den Betrieb leitet der Betriebsingenieur der Stadt W. Hohoff.

Die für die Stadt hergestellten Rohrleitungen haben 12200 lfd. m Länge von Rohren von 200 mm bis 80 mm Durchmesser. Der Versorgungsdruck in der Stadt schwankt zwischen 70,0 m und 80,0 m je nach der Ortslage. Es sind 60 Unterflurhydranten aufgestellt. Die Zuleitungen bestehen aus Bleirohren und haben 13 mm bis 25 mm Durchmesser. Die Hausleitungen bestehen aus demselben Material oder aus verzinkten Eisenrohren. Es sind 202 Wassermesser eingebaut, von welchen 93 von Wolff & Schreiber, Breslau, 23 von Dreyer, Rosenkranz & Droop, Hannover und 86 von Siemens & Halske, Berlin geliefert sind. Nach der Grösse vertheilen sich diese wie folgt:

Durchmesser mm	12	13	20	25	50	75	80	100	150
Stückzahl . . .	29	93	53	20	1	2	2	1	1.

Im Jahre 1895/96 sind 140000 cbm Wasser im Ganzen oder 383 cbm am mittleren Jahrestage abgegeben und zwar 89600 cbm oder 64,0 % nach Schätzung und 50400 cbm oder 36 % nach Messern, was pro Messer pro Jahr einer Abgabe von 251 cbm entspricht. Im Monat des Maximalverbrauches sind 18600 cbm und im Monate des Minimalverbrauches 7200 cbm abgegeben.

Als Wassergeld ist für jedes Wohnhaus M. 14 und ferner für jeden Miether M. 9 extra im Jahre als Mindestsatz zu zahlen; ferner für ein Closet M. 10, für eine Badeeinrichtung M. 15, für ein Stück Grossvieh M. 4 etc. Nach Messern ist ausser der Messermiethe mindestens M. 18 im Jahre zu zahlen. Der Preis pro cbm wechselt nach der Höhe der jährlichen Abnahme wie folgt:

bis zu cbm	200	500	1000	2000	3000	4000	5000
Pf pro cbm	17	15	13	12	11	10	9

bis zu cbm	10000	40000	60000	darüber
Pf. pro cbm	8	7	6,5	6.

219. l. **Wermingsen.** (E. 120.)

Das Gutsgebiet Wermingsen besitzt seit dem Jahre 1882 eine Quellwasserleitung, welche auf dessen Kosten vom Wasserwerksdirector Disselhoff in Hagen nach dessen Projecte ausgeführt ist. Dieselbe liefert 170 cbm Wasser in 24 Stunden und hat M. 10500 gekostet. Die Rohre hat die Friedrich-Wilhelmshütte in Mülheim a. d. Ruhr geliefert.

Das Wasser wird aus dem Alluvium des Wermingser Thales durch eine Sammelanlage erschlossen, welche aus einem unterirdischen Staudamme besteht, hinter welchem ein Stauraum liegt, der zugleich als Reservoir dient. Eine Fallrohrleitung von 550 m Länge und 80 mm Durchmesser führt mit 10,0 m natürlichem Gefälle das Wasser zu. Zur Vertheilung dienen 200 m Rohre von 80 mm und 170 m Rohre von 70 mm Durchmesser, mit denen 3 Schieber verbunden sind.

220. c. **Werne.** (E. 8058, W. 339 mit je 23,8 B.)

Die Wasserversorgung des Ortes Werne erfolgt durch die bis nach Werne verlängerte Wasserleitung von Langendreer, also indirect durch das Wasserwerk Witten.

221. f. **Westenfeld.** (E. 3053.)

Die Wasserversorgung des Ortes Westenfeld erfolgt durch das Bochumer Wasserwerk. Die Wasserabgabe für die verschiedenen Zwecke gibt Tabelle 248 an.

Tabelle 248.

Jahr	1894/95	1895/96	1896/97
Gesammtabgabe . . . cbm	286 954	259 765	158 000
davon Industriewasser . "	267 863	238 267	129 842
an Abnehmer	2	1	3
davon Hauswasser . . cbm	19 091	20 897	28 154
durch Anschlüsse	58	63	88
an Einwohner	2 879	3 053	3 174

222. g. **Westerbauer.** (E. 3095.)

Der Ort Westerbauer hat für seine Wasserversorgung mit der Stadt Hagen einen 50jährigen Vertrag abgeschlossen, nach welchem mit Ausschluss anderer Concurrenz das Hagener Wasserwerk den Ortseinwohnern auf deren Verlangen Wasser zu den um 5 % erhöhten Hagener Tarifsätzen liefern muss. Die Strassenrohre dafür sind auf Kosten des Hagener Wasserwerkes zu verlegen. Bislang sind 9 Anschlussleitungen hergestellt.

223. e. **Westerfilde.** (E. 732.)

Die Wasserversorgung des Ortes Westerfilde erfolgt durch das Wasserwerk des nördlichen westfälischen Kohlenreviers.

224. l. **Westig.** (E. 1084.)

Die Wasserversorgung des Ortes Westig erfolgt durch die Gruppenversorgung Hemer-Westig.

225. i. **West-Herbede.** (E. 2184.)

Die Wasserversorgung des Ortes West-Herbede erfolgt durch das Wasserwerk des nördlichen westfälischen Kohlenreviers.

226. g. **Wetter a. d. Ruhr.** (E. 6400, W. 384 mit je 16,7 B.)

Für den Flecken Wetter ist im Jahre 1887 für dessen Rechnung nach dem Projecte des Wasserwerksdirectors Disselhoff in Hagen ein Wasserwerk erbaut, das im Jahre 1892 durch die Aufstellung einer zweiten Maschine eine Erweiterung erfahren hat. Die erste Anlage hat M. 120000 und die Vergrösserung M. 20200, also die Gesammtanlage M. 140200 oder M. 21,91 pro Kopf gekostet. Die erste Maschine hat die Friedrich-Wilhelmshütte in Mülheim a. d. Ruhr und die zweite Maschine die Märk. Maschinenbauanstalt in Wetter gebaut. Die beiden Kessel sind von Ludw. Aackenholz in Wetter und von Wiehage in Witten geliefert. Die Rohre sind von der Köln. Maschinenbauanstalt in Bayenthal und von der Friedrich Wilhelmshütte in Mülheim a. d. Ruhr bezogen. Der Betrieb der Anlage ist dem Baubeamten der Gemeinde, Rud. Buschbaum, unterstellt.

Das Wasser wird aus einem gemauerten Brunnen von 3,0 m Durchmesser und 8,5 m Tiefe gewonnen, der nur im Boden durchlässig ist und dessen Wasserhöhe zwischen 2,5 m und 4,0 m schwankt. Der Brunnen liegt in einer grösseren Entfernung von der Ruhr und unterhalb der letzten Bebauung des Ortes. Er ist völlig von einem industriellen Werke eingeschlossen, welches das umliegende Terrain als Schlackenhalde benutzt.

Die Maschinen sind liegende Eincylindermaschinen mit Condensation, deren jede eine doppeltwirkende Plungerpumpe direct antreibt. Die ältere Maschine hat 275 mm, resp. 110 mm Durchmesser des Dampf-, resp. des Pumpenkolbens bei 0,5 m Hub. Die Maschinen leisten bei 40 Umdrehungen pro Minute 8 PS. resp. 20 PS. und können 30 cbm Wasser resp. 75 cbm Wasser pro Stunde bei 85,0 m Arbeitsdruck fördern. Die beiden Cornwallkessel haben Gallowayröhren und 24 qm resp. 40 qm Heizfläche.

Der Brunnen liegt dicht neben der Pumpstation und ein Hochreservoir von 200 cbm Inhalt liegt davon in der Luftlinie ca. 1100 m entfernt und hinter dem Vertheilungsnetze. Das Reservoir ist in 2 Kammern getheilt, aus Cementmauerwerk hergestellt, überwölbt und mit Erde überfüllt. Es liegt an einen Bergabhang angelehnt in felsigem Terrain. Sein Wasserspiegel liegt 80,0 m über dem des Brunnens und 25,0 m bis 75,0 m über den verschiedenen Terrainpuncten im Orte.

Die Rohrleitungen haben ca. 7200 m Länge und sind mit 29 Schiebern verbunden. Sie setzen sich nach der Grösse wie folgt zusammen:

Durchmesser	mm	105	125	100	80
Rohrlänge .	m	1900	100	1200	4000
Schieberzahl	. .	4	2	1	22.

Mit dem Rohrnetze sind 64 Unterflurhydranten, die 70 m bis 100 m von einander entfernt stehen, verbunden. Die Anschlussleitungen und die Zuleitungen bestehen aus geschwefelten Bleirohren. Die Wasserabgabe erfolgt seit dem 1. April 1895 ausschliesslich nach Messern. Es sind deren 345 Stück von Dreyer, Rosenkranz & Droop, Hannover geliefert; diese haben folgende Grössen:

Durchmesser mm	10	13	15	20	25	50	80
Stückzahl . . .	85	78	131	47	2	1	1.

Im Jahre 1895 sind 139074 cbm im Ganzen oder 381 cbm am mittleren Jahrestage abgegeben. Die Maximal- resp. Minimalabgabe hat im Monate 15118 cbm resp. 7604 cbm und diejenige am Tage 660 cbm resp. 104 cbm oder 173,2% resp. 27,2% von der mittleren Tagesabgabe betragen.

Als Messermiethe ist monatlich zu zahlen 30 Pf für 10 mm, 40 Pf. für 13 und 15 mm 50 Pf. für 20 mm und 75 Pf. für 25 mm Messerdurchmesser. Das Wasser für gewerbliche Zwecke kostet 20 Pf. pro cbm bis zu 500 cbm im Jahre, sowie 18 Pf. für mehr als 500 cbm bis 1000 cbm und 15 Pf. für über 1000 cbm. Für Haushaltszwecke ist pro cbm 24 Pf. zu zahlen, und zwar mindestens im Jahre für Wohnungen bis zu 4 Zimmern 40 cbm oder M. 9,60; mit 5 bis 7 Zimmern 70 cbm oder M. 16,80 und mit mehr Zimmern 100 cbm oder M. 24,00. Für Mehrverbrauch ist 20 Pf. pro cbm zu zahlen.

Wasseruntersuchungen nimmt der Kreischemiker halbjährlich vor. Deren Resultat vom 16. November 1895 im Liter Wasser ergaben:

Gesammtrückstand	278	mg
Kalk	74	»
Magnesia	17	»
Schwefelsäure	63	»
Chlor	64	»
Salpetersäure	10	»
Organische Substanz	9,5	»
Salpetrige Säure und Ammoniak . .	Null.	

Die Zahl der Keime im ccm hat 10 im Brunnen und 17 in der Leitung betragen.

227. e. **Wickede.** (E. 2960, W. 314 mit je 9,5 B.)

Der Ort Wickede hat für seine Wasserversorgung Anschluss an das Dortmunder Wasserwerk durch einen Centralmesser gefunden. Mit der Leitung sind 12 Schieber und 5 Hydranten verbunden. Ein Grossconsument hat ferner Anschluss an die Wasserleitung von Unna-Königsborn.

228. c. **Wiemelhausen.** (E. 8623.)

Die Wasserversorgung des Ortes Wiemelhausen erfolgt durch das Bochumer Wasserwerk. In den letzten 3 Jahren hat die in der Tabelle 249 angegebene Abgabe für die verschiedenen Zwecke stattgefunden.

Tabelle 249.

Jahr	1894/95	1895/96	1896/97
Gesammtabgabe . . . cbm	540515	687623	790824
davon Industriewasser . »	505027	626200	693367
an Abnehmer	11	12	13
davon Hauswasser . . cbm	35488	61423	97154
durch Anschlüsse	135	148	165
an Einwohner	7903	8623	8730

229. d. **Winterberg.** (E. 1265, W. 150 mit je 8,4 B.)

Für die Wasserversorgung der Stadt Winterberg, der höchstgelegenen Stadt des Sauerlandes (684,0 m über dem Meere), hat im Jahre 1892 für deren Rechnung der Wasserwerksdirector Disselhoff in Hagen nach seinem Projecte eine Quellwasserleitung ausgeführt, welche

M. 69000 oder M. 54,54 pro Kopf gekostet hat und 300 cbm pro Tag liefert. Die Rohre hat die Friedrich-Wilhelmshütte in Mülheim a. d. Ruhr geliefert.

Das Wasser wird vom Fusse des kahlen Astenberges aus dem Quellengebiete Sonneborn mit natürlichem Gefälle zugeführt. Für die Wasserfassung dienen 5 einzelne Brunnen, deren Wasser durch Leitungen von zusammen 1100 m Länge und 100 mm bis 60 mm Durchmesser in einem Sammelbrunnen vereinigt wird, von wo eine Leitung von 450 m Länge und 100 mm Durchmesser dasselbe mit natürlichem Gefälle einem Hochreservoir zuführt, dessen Wasserspiegel 15,0 m tiefer als der Ursprung liegt. Diesem Reservoire ist ferner noch Wasser zugeleitet, das durch eine 60 m lange Fassung aus einer anderen Quelle erschlossen ist.

Das Reservoir ist gemauert und in den Boden versenkt. Es hat 2 Abtheilungen von zusammen 120 cbm Inhalt. Von demselben führt eine 2250 m lange Leitung von 100 mm Durchmesser zur Stadt, deren Strassenniveau 39,0 m bis 54,0 m unter dem Wasserspiegel des Reservoirs liegt. In der Stadt sind 600 lfd. m Rohre von 100 mm und 2200 lfd. m von 80 mm Durchmesser verlegt; damit sind 12 Schieber und 25 Unterflurhydranten verbunden.

230. e. **Wischlingen.** (E. 198.)

Die Wasserversorgung des Ortes Wischlingen erfolgt durch das Wasserwerk des nördlichen westfälischen Kohlenreviers.

231. c. **Witten a. d. Ruhr.** (E. 28767, W. 1400 mit je 20,5 B.)

Die Wasserversorgung der Stadt Witten fand früher nur aus den in der Stadt gelegenen Brunnen statt. Einen häufigen Wassermangel in diesen Brunnen bewirkte die zunehmende Entziehung des Wassers aus dem Stadtterrain durch den sich ausdehnenden Bergbau, so dass die Stadt sich schon im Jahre 1867 zur Erbauung eines städtischen Wasserwerkes entschloss. Dieser Bau ist damals vom Gasdirector Kümmel, derzeit in Hildesheim und später in Altona, nach seinem Projecte mit einem Kostenaufwand von M. 540000 für eine tägliche Maximalleistungsfähigkeit von 4000 cbm für städtische Rechnung ausgeführt.

Das Wasser wurde durch eine am Fusse des Berges Adey erbaute Pumpstation in unmittelbarer Nähe der Stadt mittels eines 300 m langen Saugerohres von 262 mm Durchmesser aus der Ruhr entnommen und durch eine Druckleitung von 235 mm Durchmesser auf 627 m Entfernung und auf 78,0 m Höhe über dem mittleren Ruhrwasserstande auf die Bergkuppe gehoben. Am Fusse des Helenenthurmes wurden hier künstliche Sandfilter zur Reinigung des Wassers hergestellt und von diesen trat es dann in ein überwölbtes Reinwasserreservoir über, das auch als Hochreservoir für die Wasservertheilung diente.

In der Pumpstation waren 2 doppeltwirkende, liegende, eincylindrige Dampfmaschinen mit Meyer'scher Expansionssteuerung, mit Schwungrädern und ohne Condensation aufgestellt, deren jede eine doppeltwirkende, liegende Pumpe mit Scheibenkolben und Doppelsitzventilen direct antrieb. Jede Pumpe lieferte bei 25 Umdrehungen pro Minute pro Stunde 75 cbm, was einer Leistung von ca. 22 PS. entspricht. Die Dampfkolben hatten 562 mm und die Pumpenkolben 222 mm Durchmesser und beide 0,785 m Hub. Anfangs waren 2 Einflammrohrkessel von 6,28 m Länge und 1,57 m Durchmesser im Hauptkessel und 0,84 m Durchmesser in den Feuerrohren in dem Kesselhause aufgestellt, deren jeder 31,5 qm Heizfläche hatte. Später ist noch ein Bouilleurkessel von 11,3 m Länge und 1,5 m Durchmesser mit 2 Siedern von 9,5 m Länge und 0,7 m Durchmesser hinzugekommen, der 70 qm Heizfläche hatte. Die Kessel waren für 5 Atm. Dampfdruck concessionirt.

Es waren damals 2 offene Filter, jedes von 197 qm Fläche und 2,8 m Bassintiefe vorhanden. Das Reinwasserreservoir hat 245 qm Fläche und bei 3,5 m Wasserhöhe 1000 cbm Inhalt. Letzteres wird heute noch als Hochreservoir benutzt, während die beiden Filter später durch Ueberwölbung gleichfalls in 2 Hochreservoire von je 550 cbm Fassungsraum umgewandelt sind, so dass der Inhalt dieser 3 Reservoire jetzt 2100 cbm beträgt.

Die gewählte Grösse der Filter war der vollen Leistung der Maschinen nicht entsprechend und auch letztere genügten dem wachsenden Bedürfnisse nur kurze Zeit, so dass die Stadt sich bereits Ende der 70er Jahre entschloss, die alte Pumpstation mit der directen Entnahme des Wassers aus der Ruhr aufzugeben und eine neue Pumpstation, weiter Ruhr abwärts bei Bommern, 1 km von der Mitte der Stadt entfernt, zu erbauen, für welche das Wasser aus dem Grundwasser durch künstliche Filtration gewonnen werden sollte. Der vorerwähnte Umbau der Reservoire ist natürlich erst nach der Vollendung des Neubaues ausgeführt.

Das Project für diese neue Anlage ist von dem Director der städtischen Gas- und Wasserwerke G. Pahde ausgearbeitet, der auch den Bau ausgeführt hat Dieses neue Werk hat einschliesslich der Zuleitung nach Langendreer M. 300000 gekostet.

Zur Gewinnung des Wassers ist in einer an der Ruhr gelegenen Wiese im Jahre 1880 am Flussufer ein Brunnen, der aus 5 gusseisernen Ringen von 4,0 m Durchmesser und je 1,5 m Höhe besteht, also 6,0 m Tiefe hat, hergestellt. In denselben münden mit 2 Armen Filterrohrleitungen von 600 mm Durchmesser ein, welche zusammen 60 m Länge haben und deren Enden 2 gemauerte Revisionsbrunnen bilden.

Das Wasser wird aus einer Kiesschicht von ca. 5,0 m Mächtigkeit entnommen, in der sehr viel feiner Sand enthalten ist. Die für eine grössere Wasserentnahme nöthige Absenkung des Wasserstandes um fast 3,0 m führte bei niedrigen Ruhrwasserständen zu einer Saugehöhe von 8,5 m und mehr für die über Hochwasser aufgestellten Pumpen. Das hat die Veranlassung zur Absenkung von 11 ferneren Brunnen gegeben, von denen 2 gemauerte und 9 Rohrbrunnen von 1,0 m Durchmesser sind. Letztere haben 7,0 bis 8,0 m Tiefe und bestehen aus Blechrohren, welche in ihrem unteren Theile siebartig gelocht sind und nur bei niedrigen Wasserständen als Reserve benutzt werden.

In der neuen Pumpstation sind 2 eincylindrige, liegende Dampfmaschinen mit Meyer'scher Schiebersteuerung, mit Schwungrädern und mit Condensation aufgestellt, deren jede eine Doppelplungerpumpe mit freien Ringventilen direct antreibt. Die Dampfkolben der Maschinen haben 683 mm und die Plunger der Pumpen 300 mm Durchmesser und beide 1,0 m Hub. Jede Pumpe fördert pro Stunde 210 cbm Wasser bei 86,0 m Arbeitsdruck, was einer Leistung von 66 PS. entspricht. Diese neuen Maschinen sind von G. Brinkmann & Comp. in Witten und die Kessel und von der Hannoverschen Maschinenbau-Actiengesellschaft in Linden bei Hannover geliefert.

Im Jahre 1890 ist die Leistung des Pumpwerkes durch Aufstellung einer dritten, gleichfalls von G. Brinkmann & Comp. in Witten gelieferten Maschine erhöht. Es ist dafür eine liegende Verbundmaschine mit 3 Cylindern gewählt. Letztere haben 450 mm und 600 mm Durchmesser und treiben 3 einfachwirkende Plungerpumpen von 270 mm Durchmesser direct durch ihre Kolbenstangen an. Die Dampf- und die Plungerpumpen haben 0,9 m Hub. Die Pumpen haben freie Ringventile und liefern 540 cbm Wasser pro Stunde.

Zum Betrieb der Maschinen dienen 3 Zweiflammrohrkessel von je 90 qm Heizfläche und 5 Atm. concessionirtem Dampfdrucke. Für die 2 ersten Maschinen ist ein Druckwindkessel angebracht, der 3,46 m Höhe und 1,0 m Durchmesser hat. Einen zweiten Windkessel von 1,2 m Durchmesser und 3,5 m Höhe hat die neue Maschine erhalten. Vom Maschinenhause gehen 2 Druckleitungen von je 400 mm Durchmesser ab.

Zur ferneren Erhöhung der Maschinenleistung und zur Ermöglichung einer grösseren Druckhöhe ist im Jahre 1895/96 ein neues Maschinenhaus für 2 neue Pumpmaschinen erbaut, in welchem vorläufig eine Maschine aufgestellt und seit November 1896 in Betrieb ist, während die andere im Jahre 1898 aufgestellt werden soll. Diese Maschine ist von G. Kuhn in Stuttgart-Berg geliefert. Es ist eine liegende Verbundmaschine von 207 PS. mit Ventilsteuerung nach Kuchenbäcker, und sie hat 2 doppeltwirkende Plungerpumpen, welche direct mit den Kolbenstangen der Dampfcylinder gekuppelt sind und Pumpenventile mit Zwangsschluss haben. Die Dampfcylinder haben 540 mm und 820 mm und die Plunger 240 mm Durchmesser und 1,1 m Hub. Eine Uebersicht über die verschiedenen Maschinendimensionen bietet die Tabelle 250.

Ausser den 3 früher erwähnten, gemauerten Hochreservoiren von 2100 cbm Inhalt auf dem Adey-Berge ist eine vierte Reservoiranlage von 3000 cbm Inhalt in Bau begriffen. Sie besteht aus 2 schmiedeeisernen Reservoiren von je 1500 cbm Inhalt (System Intze), die in einem Wasserthurme, 14,0 m hoch über Flur, aufgestellt sind. Die Reservoire haben 8,0 m Höhe und 17,0 m Durchmesser. Ihr Wasserspiegel wird 20,0 m höher als der der alten Reservoire liegen, nämlich auf 175,0 m + 0, und dadurch auch die Versorgung der höchst gelegenen Gebäude ermöglichen. Die Wasserhöhen der Reservoire des Wasserwerks für das nördliche westfälische Kohlenrevier von 155,0 m + 0, die der Stadt Bochum von 170,0 m + 0 und die der Stadt Dortmund (Berghofen) von 173,0 m + 0 werden durch dieses Reservoir von 175,0 m + 0 Wasserhöhe übertroffen werden.

Tabelle 250.

Maschinen	Alte beseitigte Anlage	Neue Anlage		
	2 Maschinen	2 Maschinen	1 Maschine	1 Maschine
Dampfcylinderdurchmesser mm	562	je 1 à 683	3 von 450 und 600	540 und 820
Pumpendurchmesser mm	222	je 1 à 300	3 à 270 (einfachw.)	2 à 240
Hub m	0,785	1,0	0,9	1,1
Umdrehzahl pro Minute	25	25	?	50
PS.	je 22	je 70	?	207
cbm Wasser pro Stunde	je 75	je 195	540	540
Förderhöhe m	80,0	80,0	80,0	80,0 später 100,0

Die Länge der Rohrleitungen bis einschliesslich derer von 50 mm Durchmesser, soweit sie Eigenthum der Stadt Witten sind, hat betragen:

im Jahre 1872	. . .	18 298	lfd. m
» » 1876	. . .	24 960	» »
» » 1885	. . .	30 933	» »
» » 1895	. . .	44 000	» »

Für das Ende jedes der letzten 7 Betriebsjahre gibt die Tabelle 251 für jedes Jahr den Bestand an Rohren, Schiebern, Hydranten und öffentlichen Pissoiren an. Auch ist in dieser Tabelle die Zahl der Badeeinrichtungen, der Closets und der Strahlapparate aufgenommen, welche durch Privatanschlüsse in der Stadt gespeist wurden.

Tabelle 251.

Jahr	1888/89	1889/90	1890/91	1891/92	1892/93	1893/94	1894/95	1895/96
Rohrlänge m	—	37 000	38 700	39 300	39 300	41 000	44 000	44 000
Schieber	220	238	264	270	270	280	330	301
Hydranten	170	179	186	190	190	202	204	209
Oeffentliche Pissoire	1	1	6	6	6	6	6	6
Badeeinrichtungen	106	110	117	119	121	129	139	138
Closets	47	57	87	104	109	144	156	170
Strahlapparate	—	—	6	6	6	7	7	8

Die Hydranten sind Unterflurhydranten ohne Selbstentwässerung, mit Ausnahme von 7 Stück, die in den beiden letzten Jahren aufgestellt und Überflurhydranten sind. Sie stehen durchschnittlich 200 m von einander entfernt. 87 Strassensprenghähne sind in Privatbenutzung. Die Hausanschlüsse sind aus Bleirohren, meistens von 20 mm Durchmesser, hergestellt. Sie haben Haupthähne mit Entleerung. Die beschafften 374 Wassermesser, von denen zur Zeit 335 eingebaut sind, sind sämmtlich von Siemens & Halske, Berlin, bezogen. Nach der Grösse stellen sie sich zusammen wie folgt:

Durchmesser mm	12	20	25	40	50	75	100	150	200	250
Stückzahl . . .	1	270	30	11	9	11	22	12	1	1.

Für das Jahr 1876 und für die letzten 8 Jahre, von 1888/89 bis 1895/96, gibt die Tabelle 252 die geförderte Wassermenge, den Kohlenverbrauch im Ganzen, sowie pro 100 cbm Wasser und pro PS.-Stunde bei 85,0 m Arbeitshöhe in den ersten 4 Jahren und bei 86,0 m Arbeitshöhe in den letzten 4 Jahren an. Auch ist die Leistung in m × kg pro kg der verwendeten Ruhrkohle für jedes Jahr in der Tabelle angegeben.

Tabelle 252.

Jahr	Wasser gefördert cbm	Kohlen-verbrauch kg	desgl. pro 100 cbm kg	desgl. pro PS.-Stunde kg	Leistung pro kg in m × kg
1876	872 167	1 187 000	135,9	4,33	160 000
1888/89	2 117 720	1 597 350	75,5	2,40	88 800
1889/90	2 539 930	1 866 850	73,6	2,34	86 700
1890/91	2 636 160	1 917 300	72,7	2,31	85 600
1891/92	2 591 070	1 841 900	71,1	2,23	82 600
1892/93	2 693 560	2 019 850	75,0	2,35	87 300
1893/94	3 045 560	2 143 400	70,4	2,21	82 000
1894/95	3 042 160	2 107 350	69,4	2,18	80 600
1895/96	3 390 120	2 356 750	69,5	2,18	80 600

Tabelle 253 gibt für die letzten 8 Jahre die Wasserabgabe im Ganzen und getrennt nach der Abgabe durch Messer und ohne Messer, ferner die Tagesabgabe im Mittel, sowie am Maximal- und am Minimaltage, ferner die Zahl der mit Wasser versorgten Personen und deren Consum in Litern am Maximaltage und am Durchschnittstage, ferner die Zahl der Anschlüsse im Ganzen und der Anschlüsse mit Messern und ohne Messer, sowie deren Jahresconsum (letzterer einschliesslich des Wassers für öffentliche Zwecke etc.) und endlich verschiedene Verhältnisszahlen an.

Die Wasserversorgung durch das Wittener Wasserwerk erstreckt sich ausser auf die Stadtgemeinde auf die Nachbargemeinden Annen-Wullen und Langendreer, sowie auf den Bahnhof Langendreer. Diese Consumenten erhalten das Wasser durch den Anschluss der von ihnen auf ihre Kosten hergestellten Vertheilungsleitungen an die Leitungen des Wittener Wasserwerkes, welche bis zu den Gemeindebezirksgrenzen verlängert sind. Die Zahlung erfolgt durch die resp. Gemeinden auf Grund der Angaben der beim Anschlusse ihrer Leitungen gestellten Centralwassermesser.

Als Wassergeld ist in Witten nach Einschätzung für jeden bewohnten Raum oder jede Küche, Werkstelle, Ladenlokalität etc. M. 2,25, für ein Dachzimmer M. 1,20, für eine Badeeinrichtung M. 3,00, für ein Pissoir pro Stand M. 1,50 im Jahre zu zahlen. Nach Messern abgegeben, ist mindestens M. 4,50 im Monat zu zahlen. Pro cbm beträgt der Wasserpreis 8,5 Pf. bis 1000 cbm im Jahre, darüber bis 5000 cbm 6,75 Pf., darüber bis 10 000 cbm 5,75 Pf. und darüber 5 Pf. Als Messermiethe wird jährlich je nach der Grösse der Messer erhoben:

Durchmesser mm	20	25	40	50	75	100	150
Mark	6	10	15	20	30	60	80.

Tabelle 253.

Jahr	1888/89	1889/90	1890/91	1891/92	1892/93	1893/94	1894/95	1895/96
Einwohnerzahl	43 000	43 000	44 000	44 000	44 000	45 000	45 000	50 000
Gesammtabgabe im Jahre . . . . . cbm	2 117 720	2 539 950	2 636 160	2 591 070	2 693 560	3 045 560	3 043 050	3 390 150
desgl. gegen 100 cbm des Vorjahres »	—	120,0	103,9	98,4	103,9	113,1	99,9	111,4
Liter pro Kopf pro Tag im Mittel . . .	—	161	164	161	168	185	188	185
desgl. als Maximum	—	198	209	205	228	251	265	260
Zahl der Anschlüsse	1 100	1 155	1 200	1 282	1 300	1 347	1 400	1 426
Abgabe pro Anschluss . . . . . cbm	1 925	2 195	2 193	2 019	2 071	2 261	2 173	2 379
Tagesabgabe am								
mittleren Jahrestage. . . . . . . »	5 802	6 959	7 222	7 079	7 380	8 344	8 335	9 263
Maximaltage . . . . »	7 770	8 540	9 200	9 010	10 040	11 290	11 920	13 010
Minimaltage . . . . »	2 830	3 270	3 870	3 870	3 830	4 770	4 910	5 290
Von 100 cbm am mittleren Jahrestage am								
Maximaltage . . . . cbm	134,0	122,7	127,3	127,2	136,0	135,3	143,1	140,4
Minimaltage . . . . »	48,7	46,9	53,5	54,5	51,8	57,2	59,0	51,4
Gesammtabgabe ohne Messer . . . . »	595 693	700 373	849 989	882 818	930 057	906 605	847 813	1 283 454
desgl. von 100 cbm Gesammtabgabe »	28,2	27,6	32,2	34,1	34,5	29,9	27,9	37,9
Gesammtabgabe nach Messern . . . »	1 522 027	1 839 577	1 786 177	1 708 252	1 763 503	2 138 955	2 194 237	2 106 696
desgl. von 100 cbm Gesammtabgabe »	71,8	72,4	67,8	65,9	65,5	70,1	72,1	62,1
Zahl der aufgestellten Messer	225	244	271	278	282	298	330	335
Abgabe pro Messer im Jahre . . . cbm	6 770	7 545	6 598	6 149	6 255	7 168	6 651	6 288
Zahl der Anschlüsse ohne Messer . . .	875	911	929	1 004	1 018	1 049	1 070	1 091
Abgabe pro Anschluss ohne Messer cbm	681	770	914	880	914	865	792	1 176

Anhang.

232. Wasserwerk für das nördliche westfälische Kohlenrevier zu Gelsenkirchen.

a) Geschichtliches.

Im Jahre 1885 wurde zur Wasserversorgung eines Theiles des nördlichen westfälischen Kohlengebietes auf Anregung des Gewerken Friedrich Grillo in Essen in Verbindung mit der Gelsenkirchener Bergwerks-Actiengesellschaft und der Gewerkschaft Erin eine Wasserversorgungsanlage mit einer Pumpstation in Heven bei Witten a. d. Ruhr nach dem Projecte des Ingenieurs Max Schmitt in Schalke zu erbauen beschlossen, und in demselben Jahre ist bereits mit der Ausführung des Baues unter Schmitt's Leitung begonnen. Als durch dieses Werk zu versorgendes Gebiet waren damals die sämmtlichen Gemeinden der Aemter Lütgendortmund, Dorstfeld, Mengede, Waltrop, Recklinghausen, Buer, Baukau, Castrop, Ost-Herbede und West-Herbede, ferner die Städte Herne und Recklinghausen, sowie einzelne Gemeinden der Aemter Langendreer, Lünen, Eickel, Wanne und Bochum-Nord ins Auge gefasst.

Bereits Anfangs April 1886 kam das Werk theilweise in Betrieb. Mit dem weiteren Ausbau desselben wurde bis Ende des Jahres 1886 fortgefahren und im Januar 1887 ist dem Werk seitens der Betheiligten die Form einer Actien-Gesellschaft unter der Firma »Wasserwerk für das nördliche, westfälische Kohlenrevier« mit dem Sitz zu Castrop gegeben.

Diese Gesellschaft begann im Frühjahr 1887 auch mit der Herstellung der Vertheilungsanlagen für die Gemeinden Frillendorf, Stoppenberg, Katernberg, Altenessen, Karnap, Horst, sowie für einen Theil der Bürgermeisterei Borbeck im Landkreise Essen und einen Theil der Bürgermeisterei Bottrop im Kreise Recklinghausen. Damit trat das Wasserwerk für das nördliche westfälische Kohlenrevier sehr bald mit den vorhandenen Wasserwerken der Städte Dortmund, Witten, Bochum, Essen und Mülheim a. d. Ruhr in Concurrenz, welche aber im Wege des gegenseitigen Verständnisses durch Abschluss von Demarkationsverträgen später beseitigt wurde.

Nachdem das Wasserwerk für das nördliche, westfälische Kohlenrevier auch in das Versorgungsgebiet der Gelsenkirchen-Schalker Gas- und Wasserwerke einzudringen begonnen hatte, entschlossen sich die Actionäre der letzteren Gesellschaft, ihre Werke an das Wasserwerk für das nördliche westfälische Kohlenrevier zu verkaufen. Die Gelsenkirchen-Schalker Gas- und Wasserwerke gingen infolgedessen am 1. Juli 1887 in den Besitz des Wasserwerks für das nördliche westfälische Kohlenrevier über, und letzteres verlegte an diesem Tage seinen Sitz von Castrop nach Schalke und dann im Jahre 1892 nach Gelsenkirchen.

Die Gelsenkirchen-Schalker Gas- und Wasserwerke haben ihren Ursprung ebenfalls dem Gewerken Friedrich Grillo verdankt. Derselbe hatte Ende der 60er Jahre die Actiengesellschaft für Rheinisch-Westfälische Industrie, sowie eine Reihe von anderen bedeutenden, industriellen Gesellschaften zum Betriebe von Kohlenzechen, Hütten und Walzwerken, deren Mittelpunkt der heute 18382 Einwohner zählende Ort Schalke bei Gelsenkirchen ist und damals gleichzeitig entstand, ins Leben gerufen. Diese sämmtlichen Werke waren zur Befriedigung ihres Wasserbedürfnisses unbedingt auf eine künstliche Zuleitung aus dem Ruhrthale angewiesen. Auf Veranlassung von Grillo begann daher die Rheinisch-Westfälische Industrie-Actiengesellschaft Anfangs der 70er Jahre mit dem Baue eines Wasserwerkes, welches im Frühjahr 1873 in Betrieb kam. Dasselbe wurde nach dem Projecte und unter der Leitung des damaligen Baumeisters der Gesellschaft, des jetzigen Stadtbauraths Schülke in Barmen ausgeführt.

Gleichzeitig war für die genannten industriellen Werke das Bedürfniss nach einem Gaswerk für den Ort Schalke aufgetreten. Die Gesellschaft einigte sich daher mit den Besitzern des Gelsenkirchener Gaswerkes, den Gewerken Mönting und Herbert, und erbaute im Jahre 1873 ein neues Gaswerk für beide Gemeinden in Schalke. Dieses Werk und das vorerwähnte Wasserwerk sind dann Ende 1873 in den Besitz der Actiengesellschaft Gelsenkirchen-Schalker Gas- und Wasserwerke übergegangen, und bis zum Jahre 1887 unter der Leitung des Directors J. M. Schmitt, welcher 1875, durch Grillo veranlasst, aus Homburg a. d. H. zugezogen war, selbständig betrieben.

Im Jahre 1897 hat das Wasserwerk für das nördliche westfälische Kohlenrevier das Gaswerk zu Schalke an eine Kölner Gesellschaft verkauft, und es ist damit ihr Geschäft wieder ausschliesslich auf Wasserversorgungszwecke concentrirt.

Für die Versorgung des Kohlenreviers betreibt sie die Pumpstation in Heven bei Witten a. d. Ruhr seit 1885 und die Pumpstation bei Steele a. d. Ruhr seit 1887. Ferner betreibt sie das Wasserwerk in Leer, welches sie 1894, sowie die Wasserwerke in Emden und in Oldenburg, welche sie 1896 erbaut hat.

Hier mag noch erwähnt werden, dass der vielseitige Grillo im Jahre 1888 in Gemeinschaft mit der Stadt Unna auch das Wasserwerk Unna-Königsborn ausser für diese Orte gleichfalls für das nördliche westfälische Kohlenrevier erbaut hat (vergl. S. 315).

Nach diesen Mittheilungen über die historische Begründung des Wasserwerks für das nördliche westfälische Kohlenrevier ist es am Platze, einige Notizen über die technische Anlage und die Entwickelung des ersten Gelsenkirchen-Schalker Wasserwerkes einzuschalten. Dieses Werk war seinem Namen nach für die Orte Gelsenkirchen und Schalke bestimmt. Seine Anlagen wurden aber gleich Anfangs unter Aufwendung von M. 1140882 in solchen Dimensionen ausgeführt, dass seine Leistungsfähigkeit mit der Versorgung der beiden Orte und ihrer Etablissements nicht erschöpft sein konnte, sondern dass die Gesellschaft in einem viel grösseren Reviere den Absatz für ihr Wasser suchen musste, wie das ja im Laufe der Jahre auch zum Segen der dortigen Industrie und der mit ihr zusammenhängenden Orte, aber auch nicht weniger zum Vortheil der Gesellschaft, geschehen ist.

Die Pumpstation dieser Gesellschaft ist bei Steele in unmittelbarer Nähe der Ruhr erbaut. In ihr sind damals 2 liegende Eincylindermaschinen von je 30 PS. und eine Zwillingsmaschine von 60 PS. mit Schwungrädern, Condensation und Corlisssteuerung aufgestellt, welche heute wahrscheinlich durch andere Maschinen ersetzt sind. Jede der Maschinen betrieb direct eine liegende, doppeltwirkende Plungerpumpe mit freien Doppelsitzventilen. Diese entnahmen das Wasser aus 3 gemauerten Brunnen; letztere waren bis auf 2,5 m Tiefe unter den niedrigsten Flusswasserstand abgesenkt. Den erforderlichen Dampf lieferten 3 Cornwallkessel für 4 Atm. concessionirten Dampfdruck und von je 80 qm Heizfläche.

Eine Druckleitung von 1503 m Länge und 314 mm Durchmesser führt das Wasser zu einem Hochreservoire, das nördlich von Steele liegt. Es ist aus Mauerwerk hergestellt, überwölbt und mit Erde überfüllt. Sein Wasserspiegel liegt 50,2 m hoch über dem mittleren Ruhrspiegel und sein Inhalt beträgt 5000 cbm bei 4,8 m Wasserhöhe. Von dem Reservoire führt eine Fallrohrleitung von 366 mm Durchmesser nach dem Versorgungsgebiete. Die Länge der gesammten Rohrleitungen des Werkes hat im Jahre 1876 25 229 lfd. m betragen, mit denen damals 32 Hydranten verbunden waren. Im Jahre 1882 haben die Leitungen bereits eine Länge von 51 443 lfd. m von 450 mm bis 80 mm Durchmesser gehabt und sind mit 82 Hydranten verbunden gewesen. Die Wasserabgabe, welche in dem ersten vollen Betriebsjahre 1874/75 1 911 251 cbm betrug, war im Jahre 1882/83 bereits auf 2 984 373 cbm angewachsen.

Diese rasche Zunahme des Consums erklärt sich aus der ja in der Länge des Rohrnetzes zum Ausdruck kommenden, gleichzeitigen Vergrösserung des Versorgungsgebietes. Dieses bestand in der That im Jahre 1882 bereits aus den 8 Gemeinden: Gelsenkirchen, Schalke, Uekendorf, Königssteele, Freisenbruch, Wanne, Kray und Rotthausen, die damals zusammen 43 000 Einwohner hatten. Von den in diesen Orten überall vorhandenen 2500 Wohnhäusern waren damals 1650 mit Zuleitungen vom Wasserwerke versehen.

Es kann das nicht überraschen, weil zu jener Zeit in dem westfälischen Kohlenreviere die Wasserentziehung in Folge des rapiden Zunehmens des Kohlenbergbaues immer weiter um sich griff, und weil das Bedürfniss nach einer künstlichen Wasserversorgung für die grossen und für die kleinen Orte ein immer allgemeineres wurde. Selbst die Städte Dortmund, Essen, Mülheim a. d. Ruhr, Witten und Bochum, welche ihre Wasserwerke in den 60er und 70er Jahren ursprünglich nur für ihren eigenen Bedarf erbaut hatten, konnten die Wünsche von kleineren Nachbarorten oder von Orten, welche an den von der Ruhr zu den resp. Städten führenden Rohrleitungen liegen, nicht auf die Dauer abweisen, ihnen Anschlüsse an ihre Wasserleitungen zu gestatten. Nachdem die städtischen Behörden aber den materiellen Vortheil erkannt hatten, der aus einem solchen Wasserverkaufsgeschäfte zu ziehen ist, schreckten sie selbst vor einer immer weiteren Ausdehnung ihrer Pumpstationen und ihrer Rohrleitungen nicht mehr zurück, sobald sie hoffen konnten, dadurch einen materiellen Gewinn infolge der Erweiterung ihres Absatzgebietes zu erreichen.

Für das ganze Kohlenrevier mit seiner Umgebung ist die einzige, grössere Wasserquelle für Versorgungszwecke die von Osten nach Westen fliessende Ruhr, an deren rechtem Ufer dieses Terrain seine Hauptausdehnung hat. Der Fluss ist durch den sich hier entlang ziehenden Höhenzug vor den Abwässern des Industriebezirkes grösstentheils geschützt, so dass sein Wasser eine Reinheit bewahrt, welche nur nach Hochwässern eine zeitweise Trübung durch Uferauswaschungen erfährt. Wenn auch die Gegenden bis zu einer Linie über Essen, Bochum und Dortmund durch die im Jahre 1885 vorhandenen, städtischen Wasserwerke versorgt werden konnten, so musste die Befriedigung des Bedürfnisses, das sich für die weiter nördlich gelegenen Orte und Werke in immer grösserer Entfernung von der Ruhr entwickelte, doch immer schwieriger werden. Es ist daher die Gründung des Wasserwerkes des nördlichen westfälischen Kohlenreviers im Jahre 1885 als ein Unternehmen zu betrachten, das mit richtiger Erkenntniss den Bedürfnissen der Zukunft vorarbeitete. Verlockend dafür waren aber jedenfalls auch die Erfolge, welche bei der Gelsenkirchen-Schalker Gesellschaft in den wachsenden Dividenden bereits in die Erscheinung getreten waren.

Die neue Gesellschaft hatte, wie ihr Name sagt, den nördlichen Theil des westfälischen Kohlenreviers in's Auge gefasst. Durch den Ankauf des Gelsenkirchen-Schalker Wasserwerkes im Jahre 1887 konnte sie das von ihr im Landkreise Essen bereits erworbene Versorgungsgebiet mit ihren bisherigen Versorgungsgebieten in den Landkreisen Bochum, Dortmund und Recklinghausen vereinigen. Infolge dieses Ankaufes erhöhte sie freilich ihr Actien-Capital auf M. 4 500 000; aber es hat sich der Geschäftserfolg der Gesellschaft trotzdem in den folgenden Jahren durch den fortwährenden Anschluss neuer Consumenten in einer Staunen erregenden Weise entwickelt.

Die Unruhe, welche sie im Anfange ihrer Thätigkeit bei den Wasserwerken der Städte Dortmund, Bochum etc. hervorrief, weil sie das natürliche Bestreben zeigte, auch in denjenigen Gebieten einen Absatz zu gewinnen, welche die städtischen Wasserwerke bislang als vor jeder Concurrenz geschützte Monopolgebiete anzusehen sich gewöhnt hatten, ist leicht erklärlich. Diese Besorgniss wurde jedoch bald durch einen Waffenstillstand beseitigt, der auf Grund von Verträgen zwischen der Gesellschaft und den städtischen Wasserwerken aufgebaut wurde und für 25 Jahre für jedes einzelne Wasserwerk die Grenzen seines unbestrittenen Geschäftsbetriebes geographisch festlegte. Damit ist bald wieder eine Ruhe eingetreten, die für einige der Werke freilich später von Neuem durch das von Osten her erfolgte Eindringen des Wasserwerkes Unna-Königsborn bedroht ist. Aber hoffentlich wird es auch hier zu einem friedlichen Vergleiche kommen, weil der Markt ja für Alle gross genug ist und eine gesunde Concurrenz stets dem Vortheile der Consumenten dient.

Die Erweiterungen der Anlagen der Gesellschaft haben eine Erhöhung des eingezahlten Actien-Kapitals im Jahre 1892 um M. 1 625 000, 1893 um M. 375 000, 1894 um M. 125 000 und 1895 um M. 375 000 verlangt, so dass dieses Kapital Ende des Jahres 1896 im Ganzen M. 7 500 000 betragen hat. Während der Jahre von 1887 bis Ende 1896 hat die Gesellschaft ca. M. 5 822 000 Dividende, welche von Anfangs 5 % bis auf 13 % im Jahre 1896 gestiegen ist, vertheilt. Ferner sind von den Anlagekosten M. 1 966 552 bis Ende des Jahres 1896 abgeschrieben, und es ist ein Reservefonds von M. 750 000 gebildet. Es ist das ein materieller Erfolg aus dem Verkaufe von Wasser, der wohl einzig dasteht. Die obere Leitung des Geschäftes hat seit Begründung der Gesellschaft ausschliesslich in den Händen des Directors Max Schmitt gelegen, dem es stets gelungen ist, nicht nur alle technischen Schwierigkeiten, welche die Ausdehnung der Anlagen und der wachsende Betriebsumfang im Gefolge hatten, mit bestem Erfolge zu überwinden, sondern dessen rastlose und geniale Thätigkeit auch die stete Erweiterung des Absatzes und die dauernde Sicherung der Kundschaft ebenso, wie den sich materiell steigernden Erfolg der Gesellschaft zu schaffen und zu erhalten, verstanden hat.

b) Beschreibung der Anlagen.

Die Wasserförderungsanlagen haben zur Zeit zusammen eine Leistungsfähigkeit in den Pumpen von über 80000 cbm im Tage. In den beiden Pumpstationen sind 11 Dampfmaschinen mit einer Leistung von zusammen über 1370 PS. aufgestellt, welche 18 Pumpen von zusammen 3780 cbm stündlicher Lieferung betreiben und durch 10 Kessel von zusammen 866 qm Heizfläche den Dampf erhalten. Die Pumpen entnehmen das Wasser aus 12 Brunnen und fördern es durch 5 Druckrohre in 4 Hochreservoire von zusammen 12800 cbm Inhalt, von welchen 5 Fallrohrleitungen abgehen, die zusammen einen Querschnitt von fast 1 qm haben.

Die Wasserabgabe erfolgt in 3 verschiedenen Druckzonen, nämlich in der Abtheilung Schalke mit 55,0 m und mit 70,0 m, und in der Abtheilung Castrop mit 88,0 m Druck über dem Mittelwasser der Ruhr. Für erstere beide Zonen dient die Station Königssteele und für letztere die Station Heven.

1. Station Königssteele und deren Reservoire.

In der Station Königsteele befinden sich zur Zeit 7 Dampfmaschinen. Von den Maschinen sind 4 Stück Corlissmaschinen und 3 Stück Verbundmaschinen. Die Maschinen sind sämmtlich liegende; sie arbeiten mit Condensation und mit Schwungrädern. Jede Maschine betreibt, direct mit jeder ihrer Kolbenstangen gekuppelt, liegende, doppeltwirkende Pumpen, also die Verbundmaschinen je 2 und die Corlissmaschinen je eine Pumpe; zusammen sind somit 10 Pumpen vorhanden. Mit Ausnahme der beiden grösseren Corlissmaschinen, welche für die Pumpen Liderkolben haben, haben sämmtliche Pumpen Plungerkolben. Sämmtliche Pumpenventile sind ungesteuert; es sind zum Theil Ringventile und zum Theil Etagenventile. Die Hauptdimensionen etc. der Maschinen sind auf der Tabelle 254 angegeben.

Tabelle 254.

Station	Königssteele.					Heven.
	Corlissmaschinen		Verbundmaschinen			Verbundmaschinen
	2 je	2 je	1	1	1	4 je
Dampfcylinderdurchmesser mm						
grosser Kolben	470	612	900	900	900	900
kleiner »			520	520	550	520
Kolbenhub m	1,06	1,06	1,25	1,25	1,25	1,25
Pumpendurchmesser	250	315	250	250	250	250
Normale Umdrehungszahl pro m	22	25	30	40	40	40
Förderhöhe m	55,0	55,0	55,0	55,0	55,0	80,0
Wasser pro Stunde cbm	120	220	400	540	540	540
Leistung in PS.	35	64	114	157	157	228

Den Dampf liefern 6 Zweiflammenrohrkessel von zusammen 520 qm. Heizfläche, welche sämmtlich für 6 Atm. Dampfdruck concessionirt sind.

Für die Wassergewinnung dienen 7 Brunnen, welche durch Filterleitungen mit einander verbunden sind. Die Brunnen haben 10,0 m Tiefe und 3,0 m bis 5,0 m Durchmesser. Sie sind auf gusseisernen Brunnenkränzen gesenkt, mit Ausnahme von 2 Brunnen, welche ganz aus gusseisernen Brunnenringen bestehen.

Von der Pumpstation führen 3 Druckleitungen, eine von 314 mm, eine von 400 mm und eine von 700 mm Durchmesser und zwar je eine zu einem der drei Hochreservoire. Das eine davon liegt oberhalb Steele und hat 5000 cbm Inhalt. Seiner ist bereits früher erwähnt. Von den beiden andern liegt das eine bei Leithe und das andere bei Frillendorf. Sie bestehen beide aus Schmiedeeisen und sind mit ihren flachen Böden auf massiven Unterhauten überdacht aufgestellt. Das erstere hat 800 cbm und das andere 2000 cbm Inhalt. Von jedem der Reservoire geht ein Fallrohr ab und zwar von 500 mm, 600 mm und 700 mm Durchmesser.

2. Station Heven und deren Reservoire.

In der Station Heven befinden sich zur Zeit 4 Dampfmaschinen. Sie sind sämmtlich liegende Verbundmaschinen mit Condensation und Schwungrädern. Jede Maschine betreibt direct mit ihren verlängerten Kolbenstangen 2 liegende, doppeltwirkende Plungerpumpen. Die Tabelle 254 gibt die Hauptdimensionen etc. der Maschinen an.

Für die Dampfbereitung sind 4 Kessel von zusammen 346 qm Heizfläche vorhanden, welche für 6 Atm. Dampfdruck concessionirt sind.

Für die Wassergewinnung dienen 5 gemauerte Brunnen von 10,0 m Tiefe und 3,0 m bis 5,0 m Durchmesser. Die Brunnen sind mit einander durch gusseiserne Filterrohre von 800 mm Durchmesser verbunden.

Von der Pumpstation führen 2 Druckleitungen, die eine von 400 mm und die andere von 500 mm Durchmesser zu einem Hochreservoire von 5000 cbm Inhalt, das bei Krengeldanz liegt. Es ist aus Mauerwerk hergestellt, 2,6 m tief in den Boden versenkt und überwölbt. Von demselben gehen 2 Fallrohrleitungen von 500 mm und 600 mm Durchmesser zum Versorgungsgebiet ab.

Die Maschinen und Pumpen sind von der Maschinenfabrik Union in Essen und von Humboldt in Kalk, und die Kessel sind von der Kesselfabrik Orange in Bulmke geliefert.

3. Vertheilungsleitungen.

Für die einzelnen Versorgungsgebiete sind die Vertheilungsleitungen thunlichst nach dem Circulationssysteme ausgeführt und die Wasserabgabe findet constant statt. Die Tabelle 255 gibt die vorhandenen Rohrlängen von 700 mm bis 80 mm Durchmesser am Anfange der einzelnen Jahre von 1890 bis 1897, sowie die Zahl der aufgestellten Schieber und Hydranten an.

Die Hydranten sind sämmtlich Unterflurhydranten (Modell Bopp & Reuther) mit Selbstentwässerung. Die Rohre sind von dem Schalker Gruben- und Hüttenvereine in Gelsenkirchen geliefert. Die Zuleitungen und die Hausleitungen bestehen aus Bleirohren. Erstere haben meistens 20 mm Durchmesser und einen Anbohr- und einen Privathaupthahn. Bis Ende des Jahres 1895

Tabelle 255.

Anfang des Jahres	Rohrlänge m	Schieber	Hydranten
1890	217 550	389	—
1891	256 739	632	353
1892	275 089	752	421
1893	286 735	811	459
1894	313 216	916	599
1895	348 671	1 058	613
1896	407 158	1 122	820
1897	440 978	1 428	868

waren im Ganzen 5266 Wassermesser geliefert und zwar 4271 von Siemens & Halske, Berlin, 699 von H. Meinecke, Breslau und 296 von Dreyer, Rosenkranz & Droop, Hannover. Diese vertheilen sich nach den Grössen wie folgt:

Durchmesser mm	10	11	13	20	25	20	40	50	65
Stückzahl . . .	111	2566	531	1588	265	8	10	37	3

mm	75	80	100	125	150
Zahl	79	8	112	8	47.

c) Betrieb und Abgabe des Werkes.

Seit der Gründung der Gesellschaft ist, wie vorhin bemerkt, der Director Max Schmitt in Schalke ihr Vorstand. Ausser dem Hauptbureau in Gelsenkirchen bestehen 3 Betriebsverwaltungen und zwar in Ueckendorf, in Castrop und in Recklinghausen.

Die Tabelle 256 gibt für die Jahre 1889 bis 1896 für jedes Jahr die Wasserförderung im Ganzen und im Verhältnisse zu 100 cbm des Vorjahres und den Kohlenverbrauch für die Kesselfeuerung im Ganzen und für 100 cbm gefördertes Wasser an.

Tabelle 256.

Jahr	cbm Wasserförderung	gegen 100 cbm des Vorjahres	kg Kohlenverbrauch im Ganzen	kg Kohlenverbrauch pro 100 cbm Wasser
1889	9 201 550	—	5 649 450	61,9
1890	9 874 150	107,3	6 067 110	61,5
1891	12 881 483	130,5	8 754 550	68,0
1892	14 709 853	114,2	9 840 250	67,0
1893	15 852 691	107,8	8 374 250	52,9
1894	16 713 910	105,5	8 339 800	49,9
1895	19 646 393	117,5	10 049 500	51,0
1896	21 838 453	111,1	10 656 600	48,8

Für die beiden Stationen getrennt gibt die Tabelle 257 dieselben Zahlen, sowie ferner den Kohlenverbrauch pro PS.-Stunde bei Annahme von 55,0 m resp. 80,0 m Förderhöhe und die Leistung pro kg Kohle in m × kg an, und zwar für die Jahre 1894, 1895 und 1896.

Tabelle 257.

Jahr		Wasserförderung cbm	Kohlenverbrauch in kg im Ganzen	pro 100 cbm	pro PS.-Stde.	m × kg Leistung pro kg Kohle
1894	K	11 171 774	5 390 250	48,2	2,37	112 000
	H	5 542 136	2 949 550	53,2	1,8	150 370
1895	K	12 685 051	6 401 400	50,4	2,47	109 120
	H	6 961 342	3 648 100	52,4	1,76	152 670
1896	K	14 452 994	6 483 100	44,8	2,2	125 000
	H	7 385 459	4 173 500	56,5	1,9	141 540

Die Tabelle 259 (S. 328) gibt für die 7 Jahre 1889 bis 1895 die Wasserabgabe im Ganzen, sowie am Tage des mittleren, des grössten und des kleinsten Verbrauches, ferner den Consum der Privaten im Ganzen und getrennt, ob mit Messern oder ohne Messer, die Zahl der Consumenten und deren mittleren Jahresconsum und endlich verschiedene Verhältnisszahlen an.

Im Jahre 1895 hat die durchschnittliche Tagesabgabe in dem Monate des grössten resp. des geringsten Consums 57 058 cbm resp. 53 175 cbm und in der Woche des grössten resp. des geringsten Consums 57 755 cbm resp. 48 589 cbm betragen. In einer Stunde desselben Jahres betrug die grösste Abgabe 2778 cbm und die geringste 1289 cbm.

Die 91 Orte, welche von der Gesellschaft innerhalb des nördlichen westfälischen Kohlenreviers im Jahre 1897 mit Wasser versorgt sind, sind nach den verschiedenen Regierungsbezirken, Kreisen und Aemtern getrennt mit Angabe ihrer Einwohnerzahl und Flächenausdehnung auf Tabelle 260 (S. 328 und 329) angegeben.

Die Bebauung dieser Orte ist nur ausnahmsweise eine enggeschlossene für viele Köpfe. Es haben nämlich:

7	Orte	mehr als		20 000	Einwohner,
10	»	von 10 000	bis	20 000	»
3	»	von 8 000	»	10 000	»
13	»	von 5 000	»	8 000	»
20	»	von 2 000	»	5 000	»
13	»	von 1 000	»	2 000	»
14	»	von 500	»	1 000	»
11	»	von weniger als		500	»

Deutlicher noch lässt die auf der Tabelle 258 mitgetheilte Gruppirung der Orte nach der Zahl ihrer Einwohner pro qkm Grundfläche den Charakter dieser Bebauung und damit die Kostspieligkeit der resp. Vertheilungsleitungen erkennen:

Tabelle 258.

Einwohner pro qkm	Zahl der Orte	mittlere Einwohnerzahl
unter 100	9	726
bis 200	8	1 771
» 400	16	2 379
» 750	15	3 825
» 1 000	10	5 342
» 2 000	15	5 318
» 3 000	10	13 776
» 4 000	4	13 421
» 6 080	2	16 135
» 13 210	2	20 145

Von den 3 anderen, von der Gesellschaft erbauten und betriebenen Wasserwerken versorgt das für die Stadt Leer auch die Gemeinde Heisfelde und dient für 12 801 Personen. Das Werk für die Stadt Emden versorgt gleichfalls die Gemeinden Borssum, Jarsum, Widdelswehr, Petkum, Gandersum, Oldersum und Tergast, und dient für 17693 Personen. Das Werk für die Stadt Oldenburg versorgt ausser dieser Stadt die Gemeinden Dannerschwel und Osternburg und dient für 32 131 Personen. Sämmtliche Werke der Gesellschaft zusammen haben hiernach im Jahre 1897 im Ganzen 104 Gemeinden mit 573 309 Einwohnern mit Wasser versorgt.

Tabelle 259.

Jahr	1889	1890	1891	1892	1893	1894	1895
Einwohnerzahl	221 036	236 000	248 000	265 000	280 000	325 000	350 000
Gesammtabgabe im Jahre cbm	9 201 550	9 874 155	12 881 483	14 709 853	15 852 691	16 713 910	19 646 393
Desgl. gegen 100 cbm des Vorjahres »	—	107,4	130,3	114,4	107,8	105,5	117,5
Zahl der Anschlüsse	2 047	2 635	3 068	3 729	4 175	4 615	4 831
deren Zunahme gegen das Vorjahr	—	588	433	661	446	440	216
cbm pro Anschluss im Jahre cbm	4 495	3 750	4 198	3 948	3 799	3 620	4 065
Tagesabgabe am:							
mittleren Jahrestage »	25 560	27 053	35 292	40 300	43 432	45 701	53 825
Maximaltage »	31 995	—	—	—	54 112	57 677	66 707
Minimaltage »	16 760	—	—	—	24 591	27 989	30 935
Von 100 cbm am mittleren Jahrestage am:							
Maximaltage des Jahres cbm	125,0	—	—	—	124,9	126,1	124,0
Minimaltage des Jahres »	65,6	—	—	—	56,7	61,1	57,5
Wasser für öffentliche Zwecke »	2 000	2 000	2 000	3 000	3 000	4 500	5 000
Wasser für Private »	8 674 550	9 347 155	12 354 483	14 176 853	15 319 691	16 179 410	19 111 393
Davon nach Messern »	7 896 270	8 785 326	10 997 843	12 581 110	14 327 052	15 314 196	17 806 053
Zahl der Messeranschlüsse	1 410	1 712	1 854	1 990	2 386	2 725	3 307
Wasser für Private ohne Messer cbm	778 280	561 829	1 356 640	1 595 743	992 639	865 214	1 305 340
Zahl der Anschlüsse ohne Messer	637	923	1 214	1 739	1 789	1 890	1 524
Von 100 cbm für Private:							
nach Messern cbm	91,0	94,0	89,0	88,8	93,5	94,6	93,2
ohne Messer »	9,0	6,0	11,0	11,2	6,5	5,4	6,8
Auf 100 Anschlüsse kommen:							
Messeranschlüsse	68,9	65,0	60,4	53,4	57,2	59,0	68,5
Anschlüsse ohne Messer	31,1	35,0	39,6	46,6	42,8	41,0	31,5
Wasser für das Wasserwerk							
incl. Spülen, Ausgleich etc. cbm	525 000	525 000	525 000	530 000	530 000	530 000	530 000
Von 100 cbm Gesammtabgabe							
für Private »	94,3	94,7	95,9	96,4	96,7	96,8	97,3
für das Wasserwerk »	5,7	5,3	4,1	3,6	3,3	3,2	2,7
Gesammtabgabe ohne Messer »	1 305 280	1 088 829	1 883 640	2 128 743	1 525 639	1 399 714	1 840 340
Desgl. von 100 cbm Gesammtabgabe »	14,2	11,0	14,6	14,4	9,6	8,4	9,3
Gesammtabgabe nach Messern »	7 896 270	8 785 326	10 997 843	12 581 110	14 327 052	15 314 196	17 806 053
desgl. von 100 cbm Gesammtabgabe »	85,8	89,0	85,4	85,6	90,4	91,6	90,7
Zahl der aufgestellten Messer	1 410	1 712	1 854	1 990	2 386	2 725	3 307
deren Zunahme gegen das Vorjahr	—	302	142	136	396	339	582
Abgabe pro Messer cbm	5 600	5 130	5 920	6 325	6 000	5 625	5 388
Abgabe pro Anschluss ohne Messer von der Privatabgabe ohne Messer »	1 220	610	1 119	919	556	458	855

Tabelle 260.

Lfd. Nr.	Kreis	Amt oder Stadt	Ort	Einwohner	ha	Bewohner pro qkm
			Regierungsbezirk Münster.			
1	Recklinghausen	Stadt	Recklinghausen	24 667	2 647	932
2	»	Recklinghausen	Recklinghausen	10 031	6 837	147
3	»	Bottrop	Bottrop	20 381	3 688	553
4	»	Buer	Buer	20 738	6 198	335
5	»	Herten	Herten	9 000	1 505	591
6	»	»	Suderwick	1 288	873	148
7	»	Horst a. d. E.	Horst a. d. E.	7 115	495	1 437
8	»	Waltrop	Henrichenburg	1 238	783	158
9	»	»	Waltrop	4 027	4 674	86
			zusammen 9 Orte mit	98 485	27 700	356

Lfd. Nr.	Kreis	Amt oder Stadt	Ort	Einwohner	ha	Bewohner pro qkm
			Regierungsbezirk Arnsberg.			
10	Bochum	Bauckau	Bauckau	5 664	515	1 100
11	»	»	Bladenhorst	302	407	74
12	»	»	Hiltrop	1 558	378	412
13	»	»	Horsthausen	3 014	378	798
14	»	»	Pöppinghausen	428	510	83
15	»	Bochum	Bergen	102	138	74
16	»	»	Gerthe	1 730	437	396
17	»	Stadt	Herne	22 000	801	2 746
18	»	Stockum	Somborn	1 743	206	846
19	Dortmund	Castrop	Bebringhausen	578	160	361
20	»	»	Börning	1 282	341	376
21	»	»	Bövinghausen	710	220	323
22	»	»	Castrop	7 540	417	1 808
23	»	»	Frohlinde	714	288	247
24	»	»	Giesenberg-Sodingen	3 034	272	1 115
25	»	»	Habinghorst	2 004	441	455
26	»	»	Holthausen	1 827	523	350
27	»	»	Merklinde	781	166	470
28	»	»	Obercastrop	3 466	321	1 080
29	»	»	Rauxel	2 568	614	418
30	»	Dorstfeld	Dorstfeld	7 011	524	1 338
31	»	»	Huckarde	3 860	484	798
32	»	»	Marten	5 671	421	1 347
33	»	»	Rahm	577	190	303
34	»	»	Wischlingen	198	104	190
35	»	Lütgendortmund	Bövinghausen	558	235	238
36	»	»	Kirchlinde	3 247	318	1 021
37	»	»	Kley	1 007	212	475
38	»	»	Lütgendortmund	9 811	455	2 156
39	»	»	Oespel	3 235	472	685
40	»	Lünen	Eving	5 050	624	809
41	»	»	Lindenhorst	1 420	185	767
42	»	Mengede	Bodelschwing	1 121	326	344
43	»	»	Brüninghausen	285	300	95
44	»	»	Deinighausen	215	344	62
45	»	»	Deuben	746	179	417
46	»	»	Dingen	266	200	133
47	»	»	Ellinghauben	200	177	113
48	»	»	Groppenbruch	249	362	68
49	»	»	Ickern	508	664	77
50	»	»	Mengede	2 358	483	488
51	»	»	Nette	658	546	120
52	»	»	Oestrich	560	199	281
53	»	»	Schwieringhausen	291	280	104
54	»	»	Westerfilde	732	248	295
55	Gelsenkirchen	Stadt	Gelsenkirchen	33 949	257	13 209
56	»	Braubauren-schaft	Braubaurenschaft	17 162	862	2 003
57	»	»	Blumke	8 394	195	4 305
58	»	»	Hüllen	4 616	218	2 059
59	»	Eickel	Eickel	13 692	573	2 390
60	»	»	Holsterhausen	4 678	393	1 190
61	»	Schalke	Hessler	4 050	687	589
62	»	»	Schalke	21 605	355	6 086
63	»	Ueckendorf	Ueckendorf	17 487	506	3 456
64	»	Wanne	Crange	541	152	356
65	»	»	Röhlinghausen	5 383	263	2 043
66	»	»	Wanne	17 678	765	2 311
67	»	Stadt	Wattenscheidt	17 183	450	3 818
68	»	Wattenscheidt	Leithe	713	168	424
69	Hagen	Bommern	Bommern	3 570	896	400
70	Hattingen	Herbede	Eiberg	1 654	364	452
71	»	»	Heven	5 763	635	907
72	»	»	Ost-Herbede	1 212	143	847
73	»	»	West-Herbede	2 184	594	368
74	»	Königssteele	Freisenbruch	4 656	243	1 916
75	»	»	Horst a. d. R.	4 727	345	1 370
76	»	»	Königssteele	3 641	49	7 430
			zusammen 67 Orte mit	305 417	25 179	1 213

Lfd. Nr.	Kreis	Amt oder Stadt	Ort	Einwohner	ha	Bewohner pro qkm
			Regierungsbezirk Düsseldorf.			
77	Essen	Altenessen	Altenessen	22 384	1 090	2 053
78	»	»	Carnap	3 241	398	824
79	»	Stadt	Bocholt	10 619	302	3 516
80	»	Borbeck	Borbeck	6 411	327	1 960
81	»	»	Dellwig	3 448	382	903
82	»	»	Gerschede	1 789	250	716
83	»	»	Vogelheim	5 566	956	582
84	»	Stadt	Steele	10 665	242	4 407
85	»	Stoppenberg	Caternburg	11 728	537	2 184
86	»	»	Frillendorf	641	230	279
87	»	»	Kray	5 871	522	1 125
88	»	»	Leithe, Rhld.	428	434	98
89	»	»	Rotthausen	13 305	633	2 102
90	»	»	Schonnebeck	4 742	307	1 544
91	»	»	Stoppenberg	5 944	527	1 103
		zusammen	Rgb. Düsseldorf . . 15 Orte mit	106 782	7 137	1 497
		dsgl.	» Arnsberg . . 67 Orte mit	305 417	25 179	1 213
		dsgl.	» Münster . . 9 » mit	98 485	27 700	356
			Total 91 Orte mit	510 684	60 016	850

233. Gruppenversorgung Hemer-Westig.

Die 3 Dörfer Ober- und Unter-Hemer und Westig mit zusammen 4216 Einwohnern werden seit dem Jahre 1880 durch eine gemeinschaftliche Quellwasserleitung versorgt, welche auf deren gemeinschaftliche Kosten von dem Wasserwerksdirector Disselhoff in Hagen nach dessen Projecte ausgeführt ist. Die Rohre dafür hat die Friedrich-Wilhelmshütte in Mülheim a. d. Ruhr geliefert.

Das Wasser wird durch einen 120 m langen Stollen, der in den Lenneschiefer getrieben und ausgemauert ist, so dass er direct als Reservoir benutzt werden kann, gewonnen. Eine 4500 m lange Leitung von 150 mm Durchmesser führt das Wasser mit natürlichem Gefälle einem Hochreservoire zu, welches 100 cbm Inhalt hat und gemauert und in die Erde versenkt ist. Dasselbe dient als Gegenreservoir für das Stollenreservoir und liegt 10,0 m tiefer als dieses. Letzteres hat 80 cbm Inhalt.

Von der Zuleitung zu dem Reservoire zweigen die Versorgungsleitungen für die einzelnen Dörfer ab, die in verschiedenen Höhen liegen. Oberhemer liegt 20,0 m bis 30,0 m, Unterhemer 30,0 m bis 40,0 m und Westig 40,0 m bis 50,0 m unter den Quellen. Die Länge der Vertheilungsleitungen beträgt im Ganzen 4650 m und setzt sich aus folgenden Durchmessern zusammen:

Durchmesser mm	125	100	80	70
Rohrlänge . m	200	200	3900	350.

Damit sind 25 Schieber und 60 Unterflurhydranten verbunden. Die Zuleitungen bestehen aus geschwefelten Bleirohren.

234. Wassergenossenschaft Kreis Hörde.

Im Jahre 1878 hatten sich die Orte Barop, Hacheney, Kirchhörde, Menglinghausen und Persebeck im Kreise Hörde zu einer Wassergenossenschaft vereinigt. Sie hatten zu jener Zeit zusammen 10838 Einwohner in 783 Wohnhäusern und es ist damals von der Genossenschaft auf gemeinschaftliche Kosten ein Wasserrohrnetz hergestellt, welches aus dem Dortmunder Wasserwerke gespeist wurde. Das Project dafür hat der Stadtbaumeister Schreiber in Hörde aufgestellt. Diese Anlage war für 1000 cbm tägliche Abgabe berechnet und hat im Ganzen M. 200000 gekostet.

Im Jahre 1881/82 betrug die Abgabe im Ganzen 275274 cbm oder 754 cbm am Durchschnittstage und zwar 89295 cbm oder 32,4% für häusliche Zwecke nach Tarif und 185952 cbm oder 67,6% für technische Zwecke nach Messern. Wassermesser waren 44 Stück von Siemens & Halske, Berlin geliefert und zwar:

Durchmesser mm	12	20	25	30	50	75	100	125
Stückzahl . . .	11	5	1	7	12	5	1	2.

Im Juli 1888 hat sich dieser Verband aufgelöst, nachdem vorher das Dortmunder Wasserwerk dessen Rohrnetz käuflich übernommen hat. Dasselbe bestand damals aus 30112 lfd. m Rohren mit 83 Schiebern und 83 Hydranten. Seitdem erfolgt die Versorgung der Orte durch dieselben Leitungen, aber auf Grund der Einzelzahlung der respectiven Consumenten direct an das Dortmunder Wasserwerk nach einem, dem Dortmunder ähnlichen Tarife.

XXIX. Regierungsbezirk Cassel.

(Provinz Hessen-Nassau.)

a) Cassel 1 (Kirchditmold 17, Wilhelmshöhe 31). — **b)** Eschwege 4. — **c)** Frankenberg 5. — **d)** Fritzlar 6 (Gudenburg 11). — **e)** Fulda 7. — **f)** Gelnhausen 8 (Orb 24). — **g)** Gersfeld 9. — **h)** Hanau 12 (Bergen 2, Langensebold 19, Seckenbach 29). — **i)** Hersfeld 13. — **k)** Hofgeismar 14 (Grebenstein 10). — **l)** Homberg 15. — **m)** Hünfeld 16. — **n)** Kirchhain 18. — **o)** Marburg 20. — **p)** Melsungen 21. — **q)** Rinteln 25 (Obernkirchen 22, Oldendorf 23). — **r)** Rotenburg 26. — **s)** Schlüchtern 27. — **t)** Schmalkalden 28 (Brotterode 3, Steinbach-Hallenberg 30). — **u)** Witzenhausen 32. — **v)** Wolfhagen 33. — **w)** Ziegenhain 34.

---

1. a. Regierungshauptstadt **Cassel.** (E. 8174.)

Für die Wasserversorgung der Stadt Cassel diente früher, ausser den öffentlichen und privaten Pumpenbrunnen, eine im Jahre 1726 von dem Landgrafen Karl angelegte Quellwasserleitung, die Eichwasserleitung, welche in der Unterstadt 9 Laufbrunnen speist. Sie liefert täglich 53 cbm Wasser, das in dem Kauferinger Walde aus den Vorbergen des Gebirges entspringt und in einem Reservoire unter dem Fischhause in der Nähe des Eichwäldchens gesammelt wird.

Eine allgemeine Wasserversorgung der Stadt für deren Rechnung nach einem von dem Director Gill in Berlin aufgestellten Projecte in Generalentreprise von der Firma J. & A. Aird in Berlin auszuführen, ist Ende der 60 er Jahre beschlossen. Mit den Arbeiten ist im Frühjahr 1870 begonnen, und man hoffte damals, dass die Inbetriebsetzung vor Ende desselben Jahres würde erfolgen können. Die kriegerischen, sowie manche andere, unvorhergesehene Ereignisse verzögerten aber die eigentliche Eröffnung des Werkes bis zum Ende des Jahres 1872, und es ist daher als das erste, geregelte Betriebsjahr das Jahr 1873.

Nach dem mit der Unternehmerin abgeschlossenen Vertrage war die Anlage für eine tägliche Lieferung von 6200 cbm Wasser herzustellen. Die Anlagekosten waren derzeit im Ganzen auf M. 1 163 502 veranschlagt und zwar:

für Quellfassungen	M. 150 000
für die Leitung von den Quellen zu den Reservoiren	» 491 190
für 2 Hochreservoire	» 156 585
für das Rohrnetz mit Hydranten und Schiebern, sowie für die Verbindung der beiden Reservoire	» 365 727.

Als Sammelstelle für das Wasser war das von der Stadt 24 km entfernte Niestethal mit seinen unbewohnten und bewaldeten Abhängen angenommen. Die Thalmulde besteht hier aus buntem Sandstein. Das Wasser ist weich und rein und tritt in solcher Höhe aus, dass es den für die Versorgung in der Nähe der Stadt genügend hoch gelegenen Reservoiren mit natürlichem Gefälle zufliessen kann. Das Niederschlagsgebiet oberhalb des Dorfes Nieste bildet eine mit dichtem Laubholze bewachsene Fläche von ca. 3400 ha.

Für die Wassererschliessung, welche durch Drainage erfolgt, ist Anfangs ein 1250 m langer Theil des Thales oberhalb des Dorfes Nieste in Angriff genommen. Von der Sammelstube bei Buntestock aus zieht sich hier der Hauptstrang der Drainageleitung, welche aus gelochten Thonrohren von 650 mm Durchmesser, die sich bis auf 350 mm Durchmesser reduciren, besteht, thalaufwärts mit 14 eingeschalteten Revisions- und 9 Entlastungsbrunnen bis an das Habichtshorn heran. Mit den seitlich eingeführten Nebenleitungen sind hier im Ganzen ca. 6000 lfd. m Rohre, für welche 14 Bachkreuzungen hergestellt sind, verlegt.

Von der Sammelstube, welche 270 m tief unter den höchsten Wiesenflächen des Niederschlagsgebietes und 190,0 m über dem Pegelnull der Fulda bei Cassel liegt, ist eine 17 500 m lange, gusseiserne Leitung von 330 mm Durchmesser bis zu einem am Kratzenberge bei Cassel gelegenen, gemauerten Hochreservoire geführt. Dasselbe hat einen kreisförmigen Grundriss und sein Wasserspiegel liegt 60,3 m unter dem der Sammelstube bei Buntestock oder auf 78,7 m + 0. Es ist überwölbt und fasst bei 3,76 m Wasserhöhe 1900 cbm Wasser.

Wegen der grossen Höhendifferenzen innerhalb des Versorgungsgebietes ist dieses in 2 Zonen zerlegt. Die höhere Zone wird von dem Reservoire am Kratzenberge direct versorgt, und für die untere Zone ist ein zweites Reservoir an der Ecke der Kölnischen Allee und der Westendstrasse innerhalb der Stadt angelegt, welches gleichfalls gemauert, überwölbt und in den Boden versenkt ist. Dieses hat einen rechteckigen Grundriss und fasst bei 3,76 m Wasserhöhe 2150 cbm. Der Wasserspiegel desselben liegt 21,0 m tiefer als der des oberen Reservoires, also auf 57,7 m + 0.

Von dem oberen Reservoire führt ein Rohr von 368 mm Durchmesser bis zu dem unteren Reservoire, in welches es mit dem gleichen Durchmesser einmündet, um dann mit 316 mm Durchmesser zur directen Versorgung der oberen Zone weiter zu gehen. Von dem unteren Reservoire geht eine Fallrohrleitung von 420 mm Durchmesser zur Versorgung der unteren Zone ab.

In der im Vorstehenden beschriebenen Ausdehnung befand sich die Anlage am 1. Januar 1873. Es hatte damals das Stadtrohrnetz im Ganzen 33 056 m Länge und war mit 52 Schiebern, 26 Lufthähnen und 212 Unterflurhydranten, die im Inneren der Stadt in 70 m bis 100 m und in den Aussenbezirken in 150 m bis 200 m Entfernung von einander standen, verbunden. Nach den verschiedenen Durchmessern setzte sich dieses Rohrnetz aus folgenden Längen zusammen:

Rohrdurchmesser	mm	420	395	368	316	290
Rohrlänge . . .	m	1856	175	832	325	848
	mm	238	211	185	159	133
	m	657	788	699	3525	3410
	mm	107	80			
	m	7632	12 309.			

Innerhalb des Vertheilungsnetzes waren damals 1534 Häuser an die Leitungen angeschlossen und im Ganzen 1761 Zuleitungen auf Kosten der Stadt hergestellt, von denen 275 Stück 25 mm, 1012 Stück 19 m und 474 Stück 15 mm Durchmesser hatten.

Die täglichen Messungen der zufliessenden Wassermengen in der Sammelstube haben in den ersten 7 Monaten fast immer mehr als 6184 cbm und niemals weniger als 5729 cbm ergeben. In den dann folgenden Monaten sank der Zufluss jedoch wesentlich hinunter und betrug im Durchschnitt:

cbm pro Tag	4452	4143	3741	3617
im Monate . .	August	September	October	November
cbm	4313			
im Monat	December.			

In Folge davon wurden die Drainagearbeiten in dem zweiten Sammelgebiete, den Weissensteiner Wiesen, deren höchster Punkt auf 410,0 m + 0 liegt, in Angriff genommen. Dieses Terrain ist mit einem Drainagerohrnetze von ca. 4000 m Länge durchzogen, in welchem sich 3 Brunnen befinden. Von dem tiefsten Punkte desselben führt ein Rohr von 125 mm Durchmesser und 2700 m Länge zur Sammelstube bei Buntestock. Die zufliessende Wassermenge hat nach Ausführung dieser Arbeiten am Durchschnittstage eines jeden Monates des Jahres 1874 im Ganzen betragen:

	Januar	Februar	März	April	Mai	Juni	Juli
cbm	4829	5742	5485	5669	5685	5153	3990

	August	September	October	November	December
cbm	3634	3244	3094	3223	3831.

Während 26 Tagen in den Monaten October und November fiel die Zuflussmenge sogar auf 2968 cbm. War diese Wassermenge auch für die derzeitige Bevölkerungszahl immerhin noch ausreichend, so hat sich doch durch das allmähliche Wachsen der Zahl der Consumenten um ca. 50% in den folgenden Jahren ein zeitweiser Wassermangel eingestellt, den man Anfangs wohl durch Maassregeln gegen eine Wasservergeudung und durch die Erhöhung der Wasserpreise beschränken, aber auf die Dauer nicht bekämpfen konnte. Im Jahre 1880/81 musste an 55 Tagen und im Jahre 1881/82 an 137 Tagen von Abends 9 Uhr bis Morgens 6 Uhr die Wasserabgabe ganz gesperrt werden und ähnlich wird man auch in den späteren Jahren vorgegangen sein.

Im Jahre 1892 ist von der Stadt zur Steuerung dieser Noth die Summe von M. 650000 zur Ausführung eines Projectes des Stadtbaumeisters v. Noel zur Gewinnung von Grundwasser aus abgeteuften Brunnen bewilligt. In der dafür erbauten Pumpstation ist eine liegende, eincylindrige Dampfmaschine mit Schiebersteuerung aufgestellt, welche eine stehende doppeltwirkende Hebepumpe und eine liegende doppeltwirkende Druckpumpe betreibt. Beide haben freie Tellerventile und fördern pro Stunde 335 cbm Wasser auf 64,0 m resp. 82,0 m Höhe in die Reservoire. Für die Dampfbereitung sind 2 Zweiflammrohrkessel, jeder von 81 qm Heizfläche, angeschafft, welche für 7 Atm. Dampfdruck concessionirt sind. Ausser dieser Dampfmaschine dienen ferner noch 4 Turbinen zum Antriebe der Pumpen, über welche jedoch nähere Notizen nicht vorliegen.

Im Jahre 1893/94 resp. 1896/97 sind durch die Gravitationsleitung 1 558 592 cbm resp. 1 528 400 cbm oder am mittleren Jahrestage 4270 cbm 4187 cbm und durch die Pumpstation 757 633 cbm 1 009 056 cbm oder am mittleren Jahrestage 2075 cbm 2764 cbm geliefert, so dass im Ganzen pro Tag im Mittel 6345 cbm 6951 cbm Wasser disponibel waren, während in den Jahren vorher sich die Wassermenge meistens am mittleren Jahrestage um die Grenze von 4000 cbm auf- und abwärts bewegt hatte. 1896/97 sind am Maximaltage 8825 cbm abgegeben.

Die Tabelle 263 gibt für einige der früheren Betriebsjahre die Rohrlängen von 400 mm bis 75 mm Durchmesser, die Zahl der Schieber und der Hydranten, der Anschlüsse und der Wassermesser, sowie ferner die Abgabe in cbm durch diese und endlich die Zahl der Badeeinrichtungen und Closets in den Häusern an. 1897 waren 3 öffentliche Springbrunnen, 28 Laufbrunnen und 8 Pissoire und Aborte vorhanden.

Tabelle 263.

Jahr	Rohrlänge m	Schieberzahl	Hydranten	Anschlüsse	Messerzahl	Messerabgabe cbm	Badeeinrichtungen	Closets
1873	32 056	52	212	1 761	33	275 378	92	662
1874	35 373	65	231	1 935	49	281 861	212	1 026
1875	39 333	76	257	2 088	—	-	310	1 274
1881/82	—	—	—	2 287	116	163 677	440	2 154
1888/89	69 600	123	496	2 410	2 400	946 199	646	3 418
1889/90	—	133	496	2 840	2 770	1 087 213	804	3 967
1892/93	—	141	561	3 051	3 050	1 258 737	1 073	6 875
1893/94	83 263	142	598	3 349	3 349	1 441 168	1 161	7 937
1896/97	92 938	155	664	3 435	3 435	1 639 180	1 422	1 437

Ende 1895 waren im Ganzen 3636 Stück Wassermesser geliefert und zwar 515 von H. Meinecke, Breslau, 945 von Dreyer, Rosenkranz & Droop, Hannover, 1209 von Siemens & Halske, Berlin und 967 von C. A. Spanner, Wien-Aachen. Nach der Grösse vertheilen sich diese wie folgt:

Durchmesser mm	10	12	13	20	25	30	40	50	75	100
Stückzahl . . .	8	333	524	2382	330	1	3	20	25	7
mm	125	150								
Zahl	2	1.								

Der Wasserpreis für den Hausgebrauch betrug früher 10 Pf. pro cbm bis zu einem Verbrauche von täglich 40 Lit. pro Kopf der Bewohner und für das Wasser, welches mehr als 40 Lit. pro Kopf pro Tag verbraucht wurde, war und ist auch jetzt noch 20 Pf. pro cbm zu zahlen. In dem Falle, dass für Haushaltswasser der Verbrauch pro Kopf 30 Lit. pro Tag nicht erreichte, war dafür überall nichts zu zahlen. In allen Fällen wurden und werden aber Wassermesser von der Stadt bis zu 25 mm Durchmesser miethfrei aufgestellt.

Im Jahre 1894 ist dann die Zahlung von 10 Pf. pro cbm Wasser bis zu 40 Lit. pro Tag pro Bewohner aufgehoben, und es erfolgt seitdem die Zahlung für dieses Quantum nach Procenten des jährlichen Miethwerthes der Wohnungen. Dabei bleiben Wohnungen von weniger als M. 200 Miethwerth von der Zahlung von Wassergeld frei. Wohnungen von mehr als M. 200 bis M. 400 zahlen 2% und solche von einem höheren Miethwerthe zahlen 3% der Miethe als Wassergeld. Ist für mehrere Wohnungen nur ein gemeinschaftlicher Zapfhahn vorhanden, so ist nur die Hälfte zu zahlen.

Für Verkaufsläden, Gasthöfe etc. kann für ein Stockwerk pro Tag bei einem Miethwerthe bis M. 600 bis zu 100 Lit., bis M. 1500 bis zu 180 Lit., bis M. 3000 bis zu 200 Lit. und darüber, bis zu 200 Lit. Wasser pro Tag entnommen werden, und es findet die vierteljährliche Berechnung des Verbrauchquantums stets für alle Bewohner des ganzen Hauses gemeinschaftlich statt.

Für Staats- und Communalanstalten, Kasernen, Krankenhäuser, Schulen, Gefängnisse etc. ist pro cbm 15 Pf. und für Fabriken etc. 20 Pf. zu zahlen.

2. h. Bergen. (E. 3921.)

Für die Wasserversorgung des Ortes Bergen ist im Jahre 1897 für Rechnung der Continentalen Wasserwerksgesellschaft in Berlin mit dem Baue eines Wasserwerkes begonnen, welches für eine mittlere tägliche Leistung von 500 cbm und eine Steigerung auf 750 cbm für den Maximaltag bestimmt ist. Das Project dafür ist von dem Ingenieur O. Smrecker in Mannheim aufgestellt.

Das Wasser wird aus einem schmiedeeisernen Rohrbrunnen von 0,6 m Durchmesser und 24,0 m Tiefe gewonnen und in einer Pumpstation durch Dampfkraft gehoben. Es sind hier 2 stehende Eincylindermaschinen von 250 mm Kolbendurchmesser und 0,3 m Hub aufgestellt, deren jede bei 46 Umdrehungen pro Minute eine Leistung von 6 PS. hat. Jede Maschine betreibt direct mittels Gestänge eine Differentialpumpe mit Plungerkolben, welche 25 cbm Wasser pro Stunde auf 65,0 m Höhe fördert. Für die Dampfbereitung dienen 2 Einflammrohrkessel von je 20 qm Heizfläche. Die Maschinen sind von G. Kuhn in Stuttgart-Berg geliefert.

Aus einem Druckwindkessel von 0,5 m Durchmesser und 2,0 m Höhe führt ein Druckrohr von 150 mm Durchmesser und 450 m Länge zu einem Hochreservoire von 200 cbm Inhalt, das aus Beton und in den Boden versenkt hergestellt ist. Von diesem führt eine ca. 800 m lange Fallrohrleitung von gleichem Durchmesser zum Vertheilungsnetze. Die Länge der Rohrleitungen beträgt ca. 5000 m, und es sind damit 32 Schieber und 22 Unterflurhydranten verbunden. Der Druck im Orte schwankt je nach der Ortslage zwischen 20,0 m und 40,0 m. Die Zuleitungen bestehen aus verzinkten, schmiedeeisernen Rohren von 19 mm und 25 mm Durchmesser.

Die Abgabe des Wassers erfolgt durch Wassermesser, welche von C. A. Spanner, Wien-Aachen geliefert sind.

Das Wasser hat eine Härte von 22,6 deutschen Graden.

3. t. **Brotterode.** (E. 2358, W. 400 mit je 5,9 B.)

Für die Wasserversorgung der Gemeinde Brotterode ist im Jahre 1896 nach dem Projecte und unter Leitung des Ingenieurs H. Scheven in Bochum für Gemeinderechnung eine Quellwasserleitung von einer täglichen Ergiebigkeit von 250 cbm hergestellt, welche M. 65000 im Ganzen oder M. 27,56 pro Kopf gekostet hat.

Das Wasser wird aus 4 Quellen in der Bornheide und am Unterberge durch Brunnen und Sickerkanäle aus dem auf Gneis lagernden Gerölle gewonnen und einem gemauerten Sammelschachte von 1,5 m Durchmesser von 3,65 m Tiefe zugeführt, in welchem es 2,4 m hoch steht. Von hier fliesst es mit natürlichem Gefälle durch Rohrleitungen von 100 mm Durchmesser dem ca. 600 m entfernten Orte zu, und ist zum Ausgleiche dann weiter in ein unmittelbar dahinter liegendes Hochreservoir, das von der Gewinnungsstelle 1300 m entfernt ist, geführt.

Das Reservoir ist nach dem Monier-Systeme hergestellt und mit einer Halbkugel geschlossen. Es hat eine Wasserhöhe von 3,7 m, welche 10,0 m unter dem Mittelwasserstande des Sammelschachtes und je nach der Ortslage 10,0 m bis 44,0 m über dem Versorgungsgebiete liegt. Die Rohrleitungen haben im Ganzen 7235 m Länge und sind mit 48 Schiebern verbunden. Nach den Durchmessern vertheilen sich die Rohre und Schieber wie folgt:

Rohrdurchmesser mm	125	100	80	60	50
Rohrlänge . . . m	536	2843	3108	587	161
Schieberzahl	3	14	20	10	1.

Es sind damit 48 Unterflurhydranten (Modell Breuer) verbunden. Die Zuleitungen und die Hausleitungen bestehen aus Bleirohren. Von ersteren waren Ende 1897 im Ganzen 294 in Benutzung, von welchen 292 einen Durchmesser von 13 mm und nur 2 einen solchen von 20 mm hatten.

4. b. **Eschwege.** (E. 10287, W. 1113 mit je 9,2 B.)

Für die Wasserversorgung der Stadt Eschwege bestand früher eine grössere Zahl von gegrabenen Brunnen von durchschnittlich 10,0 m Tiefe, deren noch jetzt 14 für die allgemeine Benutzung dienen. Ferner wurde zur öffentlichen Abgabe aus ca. 1,3 km resp. 3 km Entfernung Quellwasser aus der sog. Springröhre und aus der Hospitalquelle mit natürlichem Gefälle durch hölzerne Rohre, sowie durch offene Rinnen und ausgemauerte Kanäle zugeleitet.

Weil sich mitunter Wassermangel einstellte, so wurde von der Stadt im Jahre 1889 die Firma Havestadt & Contag in Berlin beauftragt, Verbesserungsvorschläge für eine allgemeine Anlage zu machen. Im Jahre 1891/92 ist dann eine bessere Fassung der Quellen, welche jetzt ca. 400 cbm pro Tag liefern, während nur ca. 200 cbm im Tage verbraucht werden, ausgeführt. Auch sind eiserne Leitungen verlegt und 2 Hochreservoire hergestellt. Letztere bestehen aus Stampfbeton und fassen 400 cbm resp. 110 cbm. Ihre Wasserspiegel liegen 34,0 m resp. 21,0 m über dem Stadtterrain, und es findet die Abgabe des Wassers für alle Zwecke in 2 getrennten Druckzonen statt.

Die Rohrleitungen haben ca. 20000 m Länge von Durchmessern von 150 mm bis 80 mm. Mit denselben sind 58 Hydranten verbunden und 526 Häuser haben Anschlussleitungen. Die Abgabe erfolgt durch Wassermesser, deren im Ganzen 603 von C. A. Spanner, Wien-Aachen geliefert sind, von denen 427 von 13 mm, 168 von 20 mm und 8 von 25 mm Durchmesser sind.

Für ausserordentliche Fälle ist in der Nähe der Stadt im Jahre 1893 ferner eine Pumpstation erbaut, in welcher ein Gasmotor aufgestellt ist, der 6 PS. hat und von der Deutzer Motorenfabrik in Deutz geliefert ist. Eine von diesem getriebene Pumpe fördert pro Stunde 22 cbm Wasser auf 45,0 m Höhe. Diese Anlage ist bislang nur kurze Zeit in Betrieb gewesen. Die gesammten Anlagekosten für die jetzige Versorgung betragen M. 220000 oder M. 21,38 pro Kopf. Den Betrieb des Werkes leitet der Stadtbaumeister Engelhard.

5. c. **Frankenberg.** (E. 2793, W. 450 mit je 5,1 B.)

Für die Wasserversorgung der Stadt Frankenberg sind 4 öffentliche und 10 private, gebohrte Brunnen in Benutzung. Ausserdem wird durch ein durch Wasserkraft betriebenes Pumpwerk aus der Edder Wasser entnommen und 60 m hoch in ein kleines Reservoir von Eisenblech, welches ca. 1 cbm Inhalt hat, das in der Stadt aufgestellt ist, gehoben. Aus diesem werden 5 Laufbrunnen und 2 Ventilbrunnen für die allgemeine Benutzung gespeist.

6. d. **Fritzlar.** (E. 3296.)

Für die Wasserversorgung der Stadt Fritzlar ist nach dem Projecte des Regierungsbaumeisters R. Schmick in Frankfurt a/Main für städtische Rechnung eine Wasserversogung in der Ausführung begriffen, welche für eine tägliche Leistung von 370 cbm bestimmt ist. Die Anlage ist auf M. 165000 oder M. 50 pro Kopf veranschlagt.

Das Wasser wird durch 4 Quellenfassungen, sowie aus einem Tiefbrunnen gewonnen und durch ein Pumpwerk in ein Hochreservoir von 400 cbm Inhalt auf 86,5 m Höhe über den mittleren Grundwasserstand der Gewinnungsstelle gehoben, welches 557 m entfernt von der Pumpstation liegt. Das Reservoir ist aus Mauerwerk, überwölbt und in den Boden versenkt, hergestellt. Es liegt in 1700 m Entfernung von dem Beginne des Vertheilungsnetzes.

In der Pumpstation ist eine doppeltwirkende Plungerpumpe aufgestellt, welche bei 40 Doppelhüben pro Minute 31 cbm Wasser pro Stunde bei 92,0 m Arbeitshöhe aus einem gemauerten Sammelbehälter entnimmt. Dieser hat 150 cbm Inhalt und liegt 1625 m entfernt von den Quellen und 150 m entfernt von dem Tiefbrunnen. Zum Betriebe der Pumpe dienen 2 Turbinen (System Knop), jede von 20,3 PS. Leistung, und als Reserve dient ein Benzinmotor von Gebr. Körting in Körtingsdorf bei Hannover von 14 PS. Letzterer macht 200 Umdrehungen pro Minute und treibt die Pumpe durch Riemenübertragung an. Die Turbinen haben Räder von 1,21 m Durchmesser und machen ca. 40 Umdrehungen pro Minute.

Das Vertheilungsnetz ist nach dem Circulationssysteme ausgeführt und steht unter einem constanten Drucke von 42,2 m über dem Strassenpflaster. Es hat 9631 m Länge und setzt sich mit seinen 82 Schiebern nach folgenden Durchmessern zusammen:

Durchmesser	mm	150	100	80
Rohrlänge	m	2582	1020	6029
Schieberzahl		16	5	61.

Damit sind 52 Unterflurhydranten, die in ca. 80 m Entfernung von einander stehen, verbunden. Für die Zuleitungen und für die Hausleitungen werden geschwefelte Bleirohre verwendet.

Nach einer Untersuchung des Wassers vom 15. December 1896 durch die amtliche Stelle für Nahrungsmitteluntersuchungen für den Regierungsbezirk Cassel in Marburg enthält das Wasser im Liter:

Abdampfrückstand	233,5 mg
Chlor	12,3 »
Salpetersäure	2,9 »
Schwefelsäure	12,1 »
Kieselsäure	20,0 »
Kalk	65,2 »
Magnesia	11,4 »
Gesammte Härte deutsche Grade	8,1°
Bleibende Härte desgl.	0,8°

7. e. **Fulda.** (E. 14521.)

Die Wasserversorgung der Stadt Fulda erfolgte seit alter Zeit aus verschiedenen Quellen, welche am Fusse des Petersberges, 3000 m von der Stadt entfernt, gefasst und zusammengeleitet waren. Das Wasser wurde mit natürlichem Gefälle durch eine gusseiserne Leitung zur Stadt geführt und gelangte hier an 6 öffentlichen Laufbrunnen, neben denen grössere Wasserkasten standen, zum Ausflusse. Dieses Wasser war häufig trübe und meistens auch nicht in genügender Menge vorhanden. Später wurde noch Wasser von der anderen Seite der Stadt her aus 3 Quellen durch Steingutrohre zugeführt, welche stets ein gutes Trinkwasser gaben. Mehrere Pumpenbrunnen lieferten endlich immer reichliches, wenn auch meistens schlechtes Wasser. Der Bahnhof versorgt sich durch ein Dampfpumpwerk direct aus der Fulda.

Für eine einheitliche Versorgung der Stadt waren im Laufe der Zeit verschiedene Projecte sowohl von der Deutschen Wasserwerksgesellschaft in Frankfurt a/Main, als von der Wasserwerksgesellschaft Schalke aufgestellt, die aber beide nicht zur Ausführung gelangt sind. Im Jahre 1891 wurde dagegen ein Project des Geh. Bergraths Henoch in Gotha für eine Quellwasserleitung von der Stadt für ihre Rechnung zur Ausführung angenommen. Dasselbe ist für eine Leistung von 2000 cbm bis 3000 cbm im Tage bestimmt. Die Ausführung desselben hat M. 550000 oder M. 37,88 pro Kopf gekostet. Der Betrieb der Anlage wird von dem Rohrmeister Pudich geleitet.

Das Wasser wird aus einer Quelle im Rhöngebirge durch eine ca. 23000 m lange Leitung von 200 mm Durchmesser nach einem ca. 100 m tiefer liegenden Hochreservoire auf dem Kalvarienberge geführt, von wo es unter einem einheitlichen, constanten Drucke zur Vertheilung gelangt. Das Reservoir hat einen Inhalt von 1000 cbm. Es ist gemauert, in den Boden versenkt, überwölbt und mit Erde überdeckt.

Mit dem Vertheilungsnetze, das ca. 15000 m Länge von Rohren von 300 mm bis 80 mm Durchmesser hat, sind 110 Schieber, 185 Unterflurhydranten, 6 Laufbrunnen, 3 Springbrunnen, ein öffentliches Pissoir und 10 Rohrspülschieber verbunden. An die Leitung waren Anfangs 1008 und im Jahre 1894/95 waren 1160 Consumenten angeschlossen. Jeder Anschluss hat einen Wassermesser. Es sind im Ganzen 1172 Wassermesser von C. A. Spanner, Wien-Achen geliefert und zwar von folgenden Dimensionen:

Durchmesser	mm	13	20	25	30	50	65
Stückzahl		788	330	50	1	2	1.

Die gusseisernen Rohre sind von R. Böckinger & Comp. in Halbergerhütte, von der Hannoverschen Eisengiesserei in Hannover und von der Kölnischen Maschinenbau-Actiengesellschaft in Bayenthal geliefert.

Die Wasserabgabe hat im Jahre 1894 im Ganzen 245000 cbm und pro mittleren Jahrestag 671 cbm oder 46,2 Lit. pro Kopf der Bevölkerung betragen. Davon sind für öffentliche Zwecke nach Schätzung resp. für häusliche Zwecke nach Wassermessern 60000 cbm resp. 185000 cbm im Ganzen oder von 100 cbm der Gesammtabgabe 24,5 cbm resp. 75,5 cbm verwendet. Der Wasserconsum eines Tages hat am grössten resp. geringsten 900 cbm resp. 550 cbm betragen oder im Verhältnisse zu 100 cbm des mittleren Jahrestages 134,1 cbm resp. 81,9 cbm.

Als Wasserpreis ist pro cbm 20 Pf. zu zahlen. Bei einer jährlichen Abnahme von 1000 cbm wird 5% Rabatt gewährt. Dieser Rabattsatz steigt bis 50% bei einer jährlichen Abnahme von 50000 cbm.

Das Wasser wird jährlich ein- oder zweimal chemisch untersucht. Im Herbst 1895 ist folgendes Resultat im Liter Wasser festgestellt:

Kalk	19,1 mg
Magnesia	7,2 »
Chlornatrium	5,8 »
Schwefelsäure	2,5 »

Es wurden im ccm nur 6 Kolonien gezählt, so dass das Wasser fast völlig bacterienfrei erscheint.

8. f. **Gelnhausen.** (E. 4487, W. 566 mit je 7,9 B.)

Für die Wasserversorgung der Stadt Gelnhausen dient ausser einem gegrabenen, öffentlichen Brunnen das künstlich mit natürlichem Gefälle zugeleitete Wasser von 3 Quellen, von der Lambertusquelle innerhalb der Stadt, sowie von dem Friesenborn, der 100 m und von dem Holzborn, der 1000 m von der Stadt entfernt liegt.

Von jeder der Quellen wird das Wasser in eines von 3 verschiedenen, gemauerten Reservoiren von zusammen 174 cbm Inhalt geleitet. Deren Wasserhöhen liegen auf 187,0 m, 174,0 m und 147,0 m über N. N. Das Wasser wird nach 3 verschiedenen Druckzonen getrennt aus denselben vertheilt. Der tiefste Punkt des Ortes liegt auf 131,3 m über N. N.

Von gusseisernen Rohren sind im Ganzen 4445 lfd. m verlegt und zwar von folgenden Durchmessern und Längen:

Rohrdurchmesser	mm	150	125	100	80	50
Rohrlängen . .	m	91	407	979	1930	1038.

Mit diesen sind 10 Ventilbrunnen und 33 Hydranten verbunden. 443 Häuser haben Zuleitungen. Diese Versorgungsanlagen sind in den Jahren 1887 bis 1889 hergestellt und haben im Ganzen M. 70000 gekostet. Es liegt ein Plan vor, die Anlage für eine tägliche Abgabe von 340 cbm zu vergrössern, welches Wasserquantum die Quellen liefern können, während zur Zeit im Tage nur 80 cbm zugeleitet werden können.

9. g. **Gersfeld.** (E. 1476.) Ohne Antwort.

10. k. **Grebenstein.** (E. 2220.)

Für die Stadt Grebenstein ist der Bau eines Wasserwerkes im Jahre 1897 beschlossen. Das Wasser soll einer Quelle entnommen werden und künstlich gehoben zur Vertheilung kommen.

11. d. **Gudensberg.** (E. 1926, W. 265 mit je 7,3 B.)

Für die Stadt Gudensberg ist im Jahre 1895/96 für deren Rechnung von dem Regierungsbaumeister R. Schmick in Frankfurt a/Main nach dessen Projecte eine Quellwasserleitung für eine tägliche Lieferung von 190 cbm mit einem Kostenaufwande von M. 90000 im Ganzen oder M. 46,73 pro Kopf erbaut.

Das Wasser wird durch die Fassung von 6 Quellen gewonnen und durch eine Leitung von 5920 m Länge und 80 mm Durchmesser mit natürlichem Gefälle einem Hochreservoire von 250 cbm Inhalt zugeführt, welches aus Bruchsteinmauerwerk und 2,0 m tief in den Boden versenkt hergestellt und überwölbt ist. Sein Wasserspiegel liegt 27,5 m tiefer als der der Quellen und 80,0 m höher als das Versorgungsgebiet.

Vom Reservoire führt eine 2310 m lange Leitung von 100 mm Durchmesser zur Stadt. Das Versorgungsnetz ist nach dem Circulationssysteme hergestellt und steht unter einem constanten Drucke. Es hat 4445 m Länge und besteht aus Rohren und Schiebern von nachfolgenden Durchmessern:

Rohrdurchmesser	mm	100	80	70
Rohrlänge . . .	m	866	2020	1559
Schieberzahl . . .		11	27	30.

Mit den Rohren sind 46 Hydranten verbunden, welche in durchschnittlich 75 m Entfernung von einander stehen. Es sind Unterflurhydranten ohne Selbstentleerung. Die Rohre sind von dem Schalker Gruben- und Hüttenverein in Gelsenkirchen, die Schieber und Hydranten von Bopp & Reuther in Mannheim und die Hähne von der Deutschen Wasserwerksgesellschaft in Höchst geliefert. Die Zuleitungen und die Hausleitungen bestehen aus geschwefelten Bleirohren. Erstere haben 15 mm, 20 mm und 25 mm Durchmesser und sind mit Niederschraubventilen in den Kellern versehen. Es sind 300 Zapfhähne und 2 Badeeinrichtungen in Benutzung.

Das Wasser ist nach der Untersuchung der landwirthschaftlichen Versuchsanstalt in Cassel als vorzügliches Brauch- und Trinkwasser bezeichnet.

12. h. **Hanau.** (E. 27633, W. 1800 mit je 15,5 B.)

Wenngleich die Stadt Hanau mit Brunnen in reichlicher Zahl, die in der Regel auch gutes und genügendes Wasser geben, versehen ist, so trat doch zeitweise in der Stadt durch das Sinken des Grundwassers ein Wassermangel ein. Zu dessen Beseitigung, sowie zur Erlangung einer besseren Versorgung überhaupt, war daher die Herstellung einer einheitlichen Versorgung schon längere Zeit ein Wunsch der Bevölkerung, der durch den im Jahre 1884 dem Oberingenieure P. Schmick in Frankfurt a/Main ertheilten Auftrag zu einer Projectausarbeitung für ein Wasserwerk der Verwirklichung näher rückte.

Die Ausführung dieses Projectes ist im Jahre 1889 von den städtischen Behörden beschlossen und Schmick die Oberleitung des Baues übertragen worden. Die Eröffnung der Anlage hat am 14. October 1890 stattgefunden. Die Anlagekosten haben M. 656244 im Ganzen oder M. 23,73 pro Kopf betragen. Die tägliche Leistung des Werkes ist in seiner Wassergewinnungsanlage für 4000 cbm berechnet. Die Betriebsleitung desselben ist mit der des Gaswerkes verbunden und liegt zur Zeit in den Händen des Directors Michael v. Gössler.

Die Wassergewinnung liegt, ebenso wie die Pumpstation und das Hochreservoir, in ca. 2730 m Entfernung von der Stadt in der Gemarkung der Gemeinde Dörnigheim. Das Wasser wird durch Brunnen gewonnen, welche 80 m bis 100 m vom Main entfernt liegen. Anfangs waren deren 3 hergestellt und im Jahre 1893 ist ihre Zahl auf 6 vermehrt. Sie liegen in einer Reihe neben einander und 39 m bis 50 m von einander entfernt. Sie haben 3,0 m Durchmesser und ca. 7,0 m Tiefe. In der unteren Hälfte sind ihre Mäntel aus durchlässigen Hohlsteinen und in der oberen Hälfte sind sie wasserdicht in Cementmauerwerk hergestellt.

In ca. 12 m Abstand und parallel dieser Brunnenreihe ist ein Sammelrohr von 400 mm Durchmesser verlegt, von dem nach jedem der Brunnen ein Abzweig von 200 mm Durchmesser abgeht. An diese Abzweige schliessen die Saugerohre der Brunnen, mit Schieber und Rückschlagventil versehen, an. Von der Mitte dieses Hauptrohres führt ein Rohr von gleichem Durchmesser zu der Pumpstation, welche in 206 m Entfernung von der Mitte der Brunnenreihe liegt.

Für die Wasserförderung sind 2 Dampfpumpmaschinen und 2 Dampfkessel aufgestellt. Die Maschinen sind liegende Verbundmaschinen mit Schwungrädern, mit Ventilsteuerung und mit Condensation. Sie haben eine Leistung von je 23 PS. bei 50 Umdrehungen pro Minute. Mit jeder Kolbenstange jedes Dampfcylinders ist eine liegende, doppeltwirkende Plungerpumpe direct gekuppelt, welche freie Klappenventile hat. Die Dampfcylinder haben 250 mm und 380 mm und die Plunger 158 mm Durchmesser; der Hub aller Kolben ist 0,8 m. Die Leistung einer Maschine beträgt pro Stunde 141 cbm bei 52,0 m Arbeitshöhe. Die Maschinen und Pumpen sind von der Nürnberger Maschinenbau-Actiengesellschaft in Nürnberg geliefert.

Die Dampfkessel bestehen jeder aus 2 Vorwärmern und einem Querkessel mit eingebauter Patentfeuerung nach Kemmerich. Sie haben zusammen 80 qm Heizfläche und sind für 8 Atm. Dampfdruck concessionirt. Ewald Berninghaus in Duisburg hat dieselben geliefert. Im Jahre 1891 ist für die Kesselfeuerung ein Körting'sches Unterwindgebläse eingebaut, um auch minderwerthiges Material verfeuern zu können.

Von der Pumpstation führt ein Druckrohr von 350 mm Durchmesser nach dem 22 m davon entfernt liegenden Hochreservoire. Dasselbe ist aus Schmiedeeisen (System Intze) construirt und hat 500 cbm Nutzinhalt. Es steht auf einem massiven Unterbaue von 36,85 m Höhe, der unten 13,0 m und oben 9,5 m lichten Durchmesser bei 2,04 resp. 0,64 m Mauerstärke hat. Der höchste Wasserspiegel des Reservoirs liegt 50,0 m hoch über dem Wasserspiegel der Brunnen. Das Reservoir ist ummantelt und überdacht.

Von dem Reservoire führt eine 2723 m lange Fallrohrleitung von 350 mm Durchmesser zur Stadt und gelangt hier zum Anschlusse an das Vertheilungsnetz. Dieses ist nach dem Circulationssysteme angelegt und steht unter einem einheitlichen und constanten Drucke von ca. 35,0 m. Die gesammte Länge der Rohre von 350 mm bis 80 mm Durchmesser, sowie die Zahl der Schieber, Hydranten, öffentlichen Springbrunnen, Laufbrunnen und Pissoire gibt die Tabelle 264 für die Jahre 1890/91 bis 1895/96 an.

Tabelle 264.

Jahr	1890/91	1891/92	1892/93	1893/94	1894/95	1895/96	1896/97
Rohrlänge m	26 511	27 440	27 510	28 332	28 858	28 940	29 789
Schieber	125	133	134	200	220	323	338
Hydranten	185	195	196	200	205	206	215
Springbrunnen	—	—	—	2	3	3	3
Laufbrunnen	—	12	12	15	15	18	28
Pissoire	—	—	2	3	3	4	3

Die Rohre sind von der Firma Haake & von Hartwig in Hannover verlegt. Die Hydranten stehen in ca. 80 m Entfernung von einander. Es sind Unterflurhydranten mit Selbstentleerung (Modell Bopp & Reuther). Die Rohrleitungen setzten sich am 1. April 1895 aus den folgenden Durchmessern und Längen zusammen:

Rohrdurchmesser mm	350	250	200	175	150	125	100
Rohrlänge . . . . . m	2723	319	958	963	1153	3854	15 816.

Dazu kamen noch 982 lfd. m von 80 mm Durchmesser für die Abzweigleitungen zu den Hydranten. Für die Zuleitungen und Hausleitungen sind geschwefelte Bleirohre verwendet. An der Grundstückgrenze ist in jede Zuleitung ein städtisches Ventil und auf dem Grundstücke ein Privathahn eingeschaltet. Von den bis Ende des Jahres 1895 gelieferten 128 Wassermessern sind 117 von H. Meinecke, Breslau, 9 von Siemens & Halske, Berlin und 2 von Lux, Ludwigshafen geliefert. Nach der Grösse vertheilen sich diese wie folgt:

Durchmesser mm	10	13	15	20	25	30	40	50	75	80	100	125	150
Stückzahl . . .	2	26	12	39	28	2	6	4	3	2	1	2	1.

Die Tabelle 265 gibt für jedes der Jahre von 1890/91 bis 1895/96 den Brennmaterialverbrauch im Ganzen, pro 100 cbm Wasser und pro PS.-Stunde bei 50,44 m Arbeitshöhe, sowie die Arbeitszeit und die Leistung in m × kg pro kg Brennmaterial an.

Die gesammte Wasserabgabe in jedem der verflossenen Betriebsjahre, sowie am mittleren, grössten und kleinsten Consumtage, ferner die Abgabe für öffentliche Zwecke, für Private durch und ohne Messer etc. und verschiedene Verhältnisszahlen sind auf der Tabelle 266 (S. 337) angegeben.

Das Wassergeld für den Hausgebrauch beträgt in Procenten je nach der Höhe des Miethwerthes der Wohnungen:

Miethwerth M.	bis 144	240	300	darüber
Wassergeld %	Null	2	3	4

Tabelle 265.

Jahr	1890/91	1891/92	1892/93	1893/94	1894/95	1895/96	1896/97
Kohlen kg	81 670	103 300	—	125 700	159 830	145 238	203 780
Cokegries kg	—	146 419	—	293 480	435 160	322 840	550 000
Kohlen plus ½ Cokegries	81 670	176 510	200 000	272 440	377 410	468 078	478 780
davon pro 100 cbm Wasser	53,0	56,0	44,8	48,8	59,9	63,6	63,0
pro PS.-Stunde	2,84	3,00	2,40	2,61	3,20	3,40	3,07
Leistung pro kg wie vorstehend m × kg	95 100	90 000	112 400	103 200	84 300	87 197	8809
Arbeitsstunden im Ganzen	—	—	3 649	4 213	4 286	4 986	5369
desgl. pro Tag pro Maschine	—	—	5,0	5,8	5,9	6,8	7,4

Nach Messern abgegeben, ist pro cbm 20 Pf. zu zahlen. 15% des Ankaufspreises des Messers wird als jährliche Messermiethe erhoben.

Eine chemische Untersuchung vom 16. Mai 1895 ergab im Liter Wasser:

Gesammtrückstand	332,0	mg
Verbrauch an Kaliumpermanganat	8,6	»
Demnach organische Substanz	43,2	»
Phosphorsäure	42,1	»
Chlor	17,7	mg
Deutsche Härtegrade gesammte	13°	
» bleibende	1,8°	

Salpetrige und Salpetersäure, sowie Ammoniak fehlten. Am 23. Mai 1895 ergab eine aus der Leitung entnommene Probe im ccm 11 Kolonien; davon waren 2 verflüssigt.

Im hygienischen Interesse sind im April 1897 von dem dortigen Kreisphysikus Vorschriften für das eventuelle Begehen der Brunnen, aus denen das Wasser für die Ver-

Tabelle 266.

Jahr	½ Jahr 1890/91	1891/92	1892/93	1893/94	1894/95	1895/96
Einwohnerzahl	25 000	25 000	25 000	25 029	26 000	26 000
Gesammte Abgabe im Jahre cbm	157 896	315 337	446 804	557 867	630 524	736 218
desgl. gegen 100 cbm des Vorjahres »	—	—	141,9	124,9	113,0	116,6
Liter pro Kopf pro Tag im Mittel	35	34	50	61	66	72
desgl. am Maximaltage	70	72	110	111	122	118
Zahl der Anschlüsse	950	1 039	1 185	2 532	3 037	—
cbm pro Anschluss im Jahre cbm	166	257	377	220	208	—
Tagesabgabe am						
mittleren Jahrestage »	870	863	1 224	1 528	1 727	2 012
Maximaltage »	1 724	1 805	2 793	2 786	3 173	3 275
Minimaltage »	372	410	—	695	1 041	1 111
Von 100 cbm am mittleren Jahrestage am						
Maximaltage »	198,1	209,2	228,0	182,5	183,5	162,7
Minimaltage »	42,8	47,5	—	45,5	60,4	55,0
Wasser für öffentliche Zwecke »	—	20 100	28 454	25 377	21 458	—
Wasser für Private »	—	295 237	418 350	532 490	609 066	—
davon nach Messern »	—	59 119	62 083	69 795	121 275	186 218
Zahl der Messeranschlüsse	30	35	39	45	53	—
(von 22) ohne Messer cbm	—	236 118	356 267	462 695	487 791	—
Zahl der Anschlüsse ohne Messer	920	1 004	1 146	2 487	2 984	—
Von 100 cbm für Private						
nach Messern cbm	—	20,0	14,8	13,1	20,0	—
ohne Messer »	—	80,0	85,2	86,9	80,0	—
Auf 100 Anschlüsse kommen:						
Messeranschlüsse	3,2	3,4	3,3	1,8	1,7	—
Anschlüsse ohne Messer	96,8	96,6	96,7	98,2	98,3	—
Von 100 cbm Gesammtabgabe für:						
öffentliche Zwecke cbm	—	6,4	6,4	4,5	3,4	—
Private »	—	93,6	93,6	95,5	96,6	—
Gesammtabgabe ohne Messer »	125 047	256 218	384 720	488 072	509 249	550 000
desgl. von 100 cbm der Gesammtabgabe »	79,2	81,2	86,1	87,5	80,7	74,7
Gesammtabgabe nach Messern von 100 cbm Gesammtabgabe »	—	18,8	13,9	12,5	19,3	25,3
Abgabe pro Messer im Jahre »	—	1 690	1 590	1 550	2 290	—
Abgabe pro Anschluss ohne Messer von der Privatabgabe ohne Messer »	—	235	311	186	163	—

sorgung entnommen wird, angeregt, welche einer grösseren Zahl von Fachtechnikern später zum Meinungsaustausche mitgetheilt wurden. Wenn sie auch deren Zustimmung nur in geringem Umfange gefunden haben werden, so ist es doch von praktisch-fachlichem Interesse, die Ansichten des vorschlagenden Hygienikers hier dauernd festzulegen.

Der Schutz gegen Verunreinigung durch Infection kann nach seiner Ansicht beim Oeffnen und Nachsehen der Brunnen nur durch vollkommen desinficirte Personen und Apparate erreicht werden. Es ist leicht möglich, dass diese Arbeiten Leute verrichten, welche die Keime ansteckender Krankheiten an ihren Händen, Kleidern oder an den mitgeführten Instrumenten etc. herumtragen, falls vielleicht in deren Familien ansteckende Krankheiten, (Diphtheritis, Typhus etc.) herrschen, und dadurch ist die Gefahr des Infectus des Leitungswassers und in Folge davon der Massenerkrankung durch den Genuss des Trinkwassers eine ausserordentlich grosse.

Es soll daher die betreffende Person unmittelbar vor dem Oeffnen des Brunnens ein warmes Seifenbad nehmen oder, falls das nicht möglich, den ganzen Körper einschliesslich des Haupt- und Barthaares mit warmem Seifenwasser sorgfältig reinigen. Von den Händen soll mit einem passenden Instrumente aller Schmutz unter den Nägeln und aus dem Nagelsatze entfernt, dann die Nägel mit einer aseptischen Scheere beschnitten, dann die Hände mit Seife, Bürste und möglichst heissem Wasser längere Zeit bearbeitet, schliesslich mit reinem, warmen Wasser abgespült und mit einem frischen, reinen Handtuche abgetrocknet werden. Eine Abreibung der Hände mit Alkohol absolutus nach der Seifenreinigung wird nur dann für nöthig gehalten, wenn die Person vorher mit verdächtigen Stoffen oder Personen in directe Berührung gekommen ist.

Nach dieser Procedur soll die Person reine Kleider anlegen, am besten frischgewaschene aus weisser Leinwand. Die frischgewaschenen Socken für die Fussbekleidung dürfen erst unmittelbar vor dem Oeffnen oder Einsteigen in den Brunnen angelegt oder über schon vorher angelegte, aber reine Strümpfe gezogen werden.

Die zu brauchenden Instrumente sollen vorher eine halbe Stunde lang ausgekocht werden, am besten mit 1%iger Sodalösung, soweit es sich um Instrumente aus Metall handelt. Endlich ist auch der Deckel über der Brunnenöffnung, bevor er abgeschraubt wird, zu reinigen und zu desinficiren und zwar mit einfachem, heissen, vorher abgekochten Wasser. Die ersten Ausführungen nach dem vom Sanitätsrath Dr. Sunkel in Hanau vorgeschlagenen Modus werden nach dessen Ansicht am besten unter der Leitung eines kundigen

Arztes vorgenommen. Es ist nicht bekannt, ob diese Modus bislang Eingang in die Praxis gefunden hat.

13. i. **Hersfeld.** (E. 7385, W. 780 mit je 9,6 B.)

Die Wasserversorgung der Stadt Hersfeld erfolgte früher, ausser aus einer Anzahl von Brunnen mit stets genügendem und gutem Wasser, seit dem Jahre 1858 auch durch eine aus Thonrohren und Eisenrohren hergestellte Leitung, welche mit natürlichem Gefälle täglich ca. 300 cbm Quellwasser zuführt. Für die allgemeine Benutzung dieses Quellwassers dienten damals 15 Laufbrunnen und 3 Pumpenbrunnen. 70 Privatgrundstücke hatten im Laufe der Zeit Anschlüsse an die Leitung erhalten, die ein Wasser von stets guter Beschaffenheit lieferte.

Zur besseren Ausnutzung dieser Quellen ist im Jahre 1888 ein Hochreservoir erbaut und von diesem aus eine neue Fallrohrleitung hergestellt, welche Anlagen M. 30000 gekostet haben. Das Reservoir hat 500 cbm Inhalt und ist aus Mauerwerk, in den Boden versenkt und überwölbt, durch die Firma B. Liebold in Holzminden ausgeführt. Sein Wasserspiegel liegt im Mittel 15,0 m hoch über dem Stadtniveau. Es liegt 1200 m von der Stadt und 4000 m von den Quellen entfernt. Diese Anlagen sind von dem Stadtbauamte hergestellt, dem auch der Betrieb des Werkes unterstellt ist.

Mit dem Vertheilungsnetze, das unter einem constanten Drucke steht und nach dem Verästelungssysteme ausgeführt ist, sind jetzt 25 Schieber, 22 öffentliche Druckständer, 2 öffentliche Springbrunnen, 2 Rohrspüler und 21 Ueberflurhydranten (Modell Bopp & Reuther) verbunden. Im Jahre 1896 waren 180 Anschlussleitungen in Benutzung, welche theils aus Bleirohren und theils aus Kupferrohren bestehen. Mit 168 derselben sind Wassermesser verbunden, von welchen 25 von H. Meinecke, Breslau, und 143 von Bopp & Reuther, Mannheim, geliefert sind. Sie haben folgende Grössen:

Durchmesser mm	13	15	20	25	30
Stückzahl	135	3	25	4	1.

Es ist eine Erweiterung der Anlage in Aussicht genommen, weil in trockenen Zeiten das dann disponible Wasserquantum nicht mehr ausreicht.

14. k. **Hofgeismar.** (E. 4621, W. 450 mit je 10 B.)

Für die Wasserversorgung der Stadt Hofgeismar ist im Jahre 1897 für deren Rechnung eine Quellwasserversorgung nach dem Projecte und unter der Leitung des Regierungsbaumeisters R. Schmick in Frankfurt a. M. ausgeführt. Die Anlage ist für eine tägliche Lieferung von 648 cbm bestimmt und hat M. 188000 im Ganzen oder M. 40,68 pro Kopf gekostet. Die Rohre dafür hat der Schalker Gruben- und Hüttenverein in Gelsenkirchen geliefert.

Von der Quellenfassung 8600 m entfernt, ist ein Hochreservoir gebaut, dessen Wasserspiegel 33,0 m tiefer als das Mittelwasser der Gewinnungsstelle liegt. Dasselbe hat 661 cbm Inhalt und ist aus Beton hergestellt, in den Boden versenkt und überwölbt. Von der aus gusseisernen Rohren bestehenden Zuleitung zum Reservoire haben 3800 m einen Durchmesser von 150 mm und 4800 m einen solchen von 125 mm. Vom Reservoire führt eine Fallrohrleitung von 3800 m Länge und 150 mm Durchmesser zum Vertheilungsnetze.

Das Vertheilungsnetz hat ca. 9000 lfd. m Länge von Rohren von 125 mm bis 70 mm Durchmesser. Es sind damit 81 Schieber und 80 Unterflurhydranten verbunden, welche in ca. 75 m Entfernung von einander stehen. Das Rohrnetz steht unter einem einheitlichen, constanten Drucke von 50,0 m und ist nach dem Circulationssysteme hergestellt. Für die Zuleitungen und für die Hausleitungen werden geschwefelte Bleirohre benutzt.

Nach einer am 21. December 1895 von der amtlichen Stelle für Nahrungsmittel-Untersuchung für den Regierungsbezirk Cassel in Marburg vorgenommenen Untersuchung enthält das Wasser im Liter:

Abdampfrückstand	52,0 mg
Glühverlust	9,6 »
Chlor	8,0 »
Kaliumpermanganat zur Oxydation der organischen Substanz	11,1 »

15. l. **Homberg i. H.** (E. 3421, W. 419 mit je 8,1 B.)

Für die Wasserversorgung der Stadt Homberg ist im Jahre 1876 eine Quellwasserleitung hergestellt, welche M. 150000 im Ganzen, oder M. 43,85 pro Kopf gekostet hat. Die tägliche Ergiebigkeit der Quelle beträgt 320 cbm, wovon durchschnittlich 280 cbm benutzt werden.

Das Wasser kommt aus der Kettenbachsquelle, welche bei Mörshausen, 3 km von der Stadt entfernt, liegt. Es fliesst mit natürlichem Gefälle in ein gemauertes Hochreservoir von 82 cbm Inhalt aus, das 150 m von der Stadt entfernt ist und dessen Wasserspiegel 30,0 m über dem mittleren Ortsniveau liegt. An Rohrleitungen sind ca. 7400 lfd. m von 100 mm bis 70 mm Durchmesser verlegt, von welchen 3400 m die Vertheilungsleitungen bilden. 20 combinirte Ventilbrunnen und Hydranten sind damit verbunden und 152 Häuser sind an die Leitungen angeschlossen.

16. m. **Hünfeld.** (E. 1669.)

Für die Wasserversorgung der Stadt Hünfeld ist im Jahre 1885 von dem Ingenieur Hartung in Fulda eine Quellwasserleitung ausgeführt, welche M. 33000 oder M. 20 pro Kopf gekostet hat.

Das Wasser wird in 4 km Entfernung östlich von der Stadt gewonnen und mit natürlichem Gefälle durch eine gusseiserne Leitung zur Stadt geführt, wo es an 8 Laufbrunnen ausfliesst. Nur 2 Häuser haben bislang Zuleitungen. Es sind ca. 5000 lfd. m Rohre von 200 mm bis 40 mm Durchmesser verlegt und nur ein Hydrant ist bislang aufgestellt. Ein Reservoir ist nicht vorhanden und die jetzige Versorgung wird überhaupt als ungenügend bezeichnet.

17. a. **Kirchditmold.** (E. 1739.)

Für die Gemeinde Kirchditmold ist im Jahre 1888 eine Quellwasserleitung von dem Ingenieur Carl Rosenberg in Berlin ausgeführt.

Das Wasser wird aus 15 einzelnen Quellen durch Sammelgallerien von ca. 800 m Länge, in welche 5 Revisionsbrunnen eingeschaltet sind, gewonnen und mit natürlichem Gefälle einem Hochreservoire von 150 cbm Inhalt zugeführt, welches in den Boden versenkt und aus Stampfbeton ausgeführt ist. Die Rohrleitungen haben im Ganzen 5000 lfd. m Länge, und es sind mit denselben 16 Ueberflurhydranten und 16 Brunnenständer verbunden.

18. n. **Kirchhain a. d. O.** (E. 1958, W. 301 mit je 6,5 B.)

Für die Wasserversorgung der Stadt Kirchhain besteht seit dem Jahre 1886 eine Quellwasserleitung, welche M. 37000 im Ganzen oder M. 18,90 pro Kopf gekostet hat. Die tägliche Ergiebigkeit derselben beträgt ca. 123 cbm, und davon werden durchschnittlich pro Tag 80 cbm benutzt.

Das Wasser wird 2 Quellen entnommen, deren eine, der Weidenbrunn, 800 m entfernt und östlich von der Stadt liegt, während die andere, der Hangelberg, 1700 m entfernt und nordöstlich von der Stadt liegt. Mit natürlichem Gefälle fliesst das Wasser einem Pumpwerke zu, für dessen Betrieb sowohl eine Wasserkraft, als ein später als Reserve aufgestellter Benzinmotor dient. Das Wasser wird 25,0 m hoch in ein gemauertes Hochreservoir gehoben, welches 112 cbm Inhalt hat und mitten in der Stadt auf einem natürlichen Basaltkegel liegt. Von gusseisernen Rohrleitungen sind ca. 3600 lfd. m von 70 mm und 80 mm Durchmesser verlegt. In der Stadt sind 20 Hydrantbrunnen aufgestellt und 160 Häuser sind an die Leitungen angeschlossen.

19. h. **Langenselbold.** (E. 3800.)

Die Wasserversorgung des Ortes Langenselbold erfolgt ausschliesslich aus gemauerten und gebohrten Brunnen, von denen sich auf der Hälfte der Gehöfte je einer befindet. Ferner sind 5 öffentliche Brunnen vorhanden, von denen einer gebohrt ist, während die anderen gemauert sind.

20. o. **Marburg.** (E. 16272, W. 1210 mit je 12,6 B.)

Ausser 6 öffentlichen und einer grossen Zahl von Privatbrunnen, die aber grösstentheils kein zum Trinken geeignetes Wasser liefern, sind für die Stadt Marburg seit alten Zeiten 2 verschiedene, künstliche Wasserversorgungen benutzt. Die eine derselben lieferte direct der Lahn entnommenes Wasser, das durch eine von einem Wasserrade getriebene Pumpe auf 130,0 m Höhe auf den Schlossberg gedrückt wurde und durch Rohrleitungen an öffentlichen Laufbrunnen und in Privathäusern zum Ausfluss gelangte. Die andere dagegen liefert Quellwasser, das mit natürlichem Gefälle zufliesst und früher nur für das Schloss diente.

Im Jahre 1881 ist diese letztere Versorgung von dem Stadtbaumeister Broeg für städtische Zwecke mit einem Kostenaufwande von M. 130000 umgebaut und liefert seitdem täglich 600 cbm. Das Wasser entspringt aus 2 Quellen im rothen Sandsteine und wird in 2, in den Felsen eingesprengten Reservoiren gesammelt. Das eine davon ist ca. 2000 m von der einen Quelle und das andere ca. 7000 m von der anderen Quelle entfernt. Die Reservoire haben ein jedes 300 cbm Inhalt, und von ihnen gehen Fallrohrleitungen von 80 mm resp. 200 mm Durchmesser ab.

Die so gewonnene Wassermenge genügte jedoch in den letzten Jahren nicht mehr, und es konnten auch die höheren Theile der zunehmenden Bebauung der Stadt nicht mehr von diesem Wasser erreicht werden. Es ist daher im Jahre 1893 eine neue Wasserversorgung mit Grundwasser gleichfalls nach Broeg's Projecte ausgeführt, deren Leistung 1200 cbm im Tage beträgt.

Dafür ist im Dorfe Wehrda, ca. 2 km von Marburg entfernt, als Betriebskraft eine Wassermühle angekauft. Neben den bestehenden Wasserrädern derselben ist hier für den Pumpenbetrieb eine Turbine von 50 PS., welche die Firma Herrig in Merseburg geliefert hat, eingebaut. Weil für die Pumpen nur 23 PS. zur Zeit erforderlich sind, so wird die überschüssige Kraft demnächst zur Erzeugung von elektrischem Lichte für die Stadt benutzt werden. Die Mühle, welche mit ihren alten Wasserrädern jetzt noch 3 Mahlgänge betreiben kann, soll demnächst solange wieder verpachtet werden, bis deren Wasserkraft, vielleicht später auf eine zweite Turbine von 50 PS. übertragen, für die Stadt gleichfalls eine directe Verwendung finden kann. Es ist auch eine Reserve-Dampfmaschine für später vorgesehen.

Die Pumpenanlage ist von der Firma Weise & Monski in Halle a. S. geliefert. Sie besteht aus 2 nebeneinander liegenden, doppeltwirkenden Plungerpumpen, welche unter 90^0 an eine gemeinschaftliche Welle gekuppelt sind, die von der Turbinenwelle aus durch Zahnradübersetzung angetrieben wird. Die Turbine macht 30 Umdrehungen und die Pumpenwelle macht 28 Umdrehungen pro Minute. Die Pumpen liefern eine jede pro Stunde 42 cbm Wasser auf 124,0 m Höhe. Ihre Saugeleitungen führen zu zwei Tiefbrunnen, welche in 50 m Entfernung von der Pumpstation hergestellt sind. Diese haben in den oberen 12,0 m ihres gemauerten Mantels einen Durchmesser von 1,1 m und sind von hier ab mit einem Durchmesser von 0,6 m der eine auf 43,0 m und der andere auf 21,0 m Tiefe gebohrt.

Eine 3700 m lange Druckleitung von 175 mm Durchmesser, welche von Joos Söhne in Landau verlegt ist, führt zu einem Hochreservoire, das aus 2 neben einander liegenden Kammern besteht, dessen eine 150 cbm Inhalt hat und direct für die Versorgung bestimmt ist, während die andere, kleinere Kammer stets als Reserve- oder Feuerreservoir gefüllt gehalten wird. Das Reservoir ist gemauert, in den Boden versenkt, überwölbt und mit Erde überdeckt.

Von dem Reservoire führen 2 Fallrohrleitungen von 150 mm und 125 mm Durchmesser und 200 m Länge bis zum Vertheilungsnetze. In diesem beträgt der Druck 60,0 m über den niedrigsten Punkten der Stadt, während die alten Leitungen für diese Stadttheile nur einen Druck von 45,0 m hatten. Die Kosten der Neuanlage haben betragen:

Ankauf der Mühle	M.	25000
Brunnenanlagen	»	5000
Hochreservoir	»	18500
Turbinen- und Pumpenanlagen	»	39500
Druckrohrleitung	»	40000
Vertheilungsleitungen . . .	»	22000
Zusammen	M.	150000.

Die Verwaltung beider Anlagen liegt in den Händen des Stadtbaumeisters Broeg. In der Stadt sind 30 Laufbrunnen und 91 Unterflurhydranten aufgestellt, welche Selbstentwässerung haben. Am 1. April 1895 waren 708 Zuleitungen, welche ebenso wie die Hausleitungen aus geschwefelten Bleirohren von 13 mm bis 25 mm Durchmesser hergestellt sind, vorhanden. Von den dafür eingebauten 708 Wassermessern sind 21 von Lux, Ludwigshafen, und 687 von Bopp & Reuther, Mannheim geliefert. Diese haben folgende Grössen:

Durchmesser mm	7	13	15	20	25	30	40
Stückzahl	1	623	23	39	19	1	2.

Die Abgabe von Wasser geschieht nur durch Wassermesser. Für den Hausgebrauch sind im Jahre 1894/95 135000 cbm im Ganzen oder 370 cbm im Mittel pro Tag und 22,4 Lit. pro Tag und Kopf der Bevölkerung abgegeben.

Der Wasserpreis beträgt pro cbm 20 Pf. Je nach der Grösse der Messer sind pro Vierteljahr verschiedene Minimalzahlungen für das Wasser, sowie verschiedene Messermiethen festgestellt, welche betragen:

Durchmesser mm .	13	20	25	30
Minimalzahlung M.	5	7	9	11
Messermiethe M. .	1	2	3	4.

Am 24. März 1894 sind Untersuchungen der Wasserqualität beider Leitungen vorgenommen, und diese haben im Liter Wasser ergeben:

Tabelle 267.

Probenahme	Alte Leitung	Neue Leitung
	mg	mg
Abdampfrückstand (180° C.)	115,5	100,0
Glührückstand	109,0	94,5
Kali	2,3	12,3
Natron	8,0	6,2
Kalk	9,1	23,5
Magnesia	6,8	10,2
Schwefelsäure	7,1	3,9
Chlor	9,2	7,1
Keimzahl im ccm Wasser	27	20

21. p. **Melsungen.** (E. 3472, W. 440 mit je 8,5 B.)

Für die Wasserversorgung der Stadt Melsungen dienen gegrabene Brunnen, deren 6 öffentliche sind. Ferner ist schon seit alter Zeit eine künstliche Zuleitung zur Speisung von 10 öffentlichen Laufbrunnen vorhanden, die mit natürlichem Gefälle durch gusseiserne Rohre von 60 mm Durchmesser und 400 m Länge das Wasser der Kesselberg- und Hesselgrund-Quellen zuleitet, die eine tägliche Ergiebigkeit von ca. 480 besitzen. Zur Zeit sind Verhandlungen zur Herstellung einer vollkommeneren Anlage im Gange.

22. q. **Obernkirchen.** (E. 3282.)

Für die Wasserversorgung der Stadt Obernkirchen ist im Jahre 1885 eine Quellwasserleitung hergestellt, welche M. 20000 gekostet hat. Im Jahre 1894 hat diese eine Erweiterung erfahren, für welche M. 8000 verausgabt sind, so dass die Gesammtkosten jetzt M. 28000 oder M. 8,53 pro Kopf betragen.

Das Wasser wird aus östlich von der Stadt und ca. 800 m davon entfernt am Ahlenbruche liegenden Quellen mit natürlichem Gefälle zugeführt, welche eine tägliche Ergiebigkeit von 500 cbm haben. An den Quellen wird das Wasser in 2 Reservoiren gesammelt, deren Wasserspiegel 37,0 m hoch über dem tiefsten und 20,0 m hoch über dem höchsten Punkt in der Stadt liegt. Es sind im Ganzen 1700 lfd. m Rohre von 100 mm bis 50 mm Durchmesser für die Wasservertheilung verlegt. Aus diesen Leitungen werden 18 Ventilbrunnen und 14 Hydranten gespeist und 128 Häuser haben Anschlussleitungen.

23. q. **Oldendorf.** (E. 1680.)

Für die Stadt Oldendorf ist von den städtischen Collegien im Herbst 1897 der Bau einer Wasserleitung beschlossen und eine Commission für die Bearbeitung der Vorarbeiten niedergesetzt.

24. f. **Orb.** (E. 3440.)

Für die Wasserversorgung der Stadt Orb dient, ausser 12 öffentlichen Brunnen, eine Quellwasserleitung, welche das Wasser aus dem Limbache und der Rosshöhle, sowie aus der Altehöhle, die in 1 bis 2 km Entfernung von der Stadt liegen, ohne Einschaltung eines Reservoirs mit natürlichem Gefälle der Stadt zuführt.

Mit den Vertheilungsleitungen dafür sind 25 Hydranten verbunden. Das Wasser kommt an 12 öffentlichen Laufbrunnen zum Ausflusse und ist ausserdem in 6 Häuser eingeführt. Die Analgen sind für die derzeitigen Bedürfnisse völlig ausreichend.

25. q. **Rinteln.** (E. 4499.)

Die Wasserversorgung der Stadt Rinteln erfolgt ausschliesslich aus Brunnen im Orte.

26. r. **Rotenburg a. d. F.** (E. 3007.)

Für die Neustadt der Stadt Rotenburg ist im Jahre 1887 von dem Ingenieur Carl Rosenfeld in Berlin eine Anlage zur Wasserversorgung ausgeführt. Das durch Quellfassungen gewonnene Wasser wird einem gemauerten Reservoire von 100 cbm Inhalt zugeführt, aus dem es durch eine ca. 2000 m lange Leitung mit natürlichem Gefälle an 4 öffentlichen Brunnenständern zum Ausflusse gelangt. Es sind damit 4 Unterflurhydranten verbunden.

27. s. **Schlüchtern.** (E. 2745, W. 344 mit je 8,0 B.)

Für die Wasserversorgung der Stadt Schlüchtern bestanden früher nur gegrabene Brunnen, von denen 9 für die allgemeine Benutzung dienen. Im Jahre 1892/93 ist mit einem Kostenaufwande von M. 53570 eine Quellwasserleitung hergestellt, welche das Wasser aus der Bornwiese, 1700 m von der Stadt entfernt, mit natürlichem Gefälle zuführt, nachdem es in einem gemauerten Reservoire von 150 cbm Inhalt gesammelt ist. Der Wasserspiegel des letzteren liegt 60,0 m hoch über dem mittleren Ortsniveau. Die tägliche Ergiebigkeit der Quellen beträgt ca. 300 cbm, wovon jetzt ca. 100 cbm am Durchschnittstage verbraucht werden.

In der Stadt sind ca. 2000 m gusseiserne Rohre von 100 mm bis 60 mm Durchmesser zur Vertheilung des Wassers verlegt, und mit diesen sind 14 Hydranten verbunden. Zum allgemeinen Gebrauche dienen 14 Ventilbrunnen. Für 136 Häuser sind Anschlussleitungen hergestellt.

28. t. **Schmalkalden.** (E. 7889, W. 875 mit je 9,9 B.)

Schon seit Jahrhunderten wurde die Stadt Schmalkalden durch eine Quellwasserleitung versorgt. Im sogenannten Gespring bei Weidebrun, 1000 m vom Orte entfernt, lag ein offenes Sammelbassin, in das sich 3 Quellen ergossen, von welchem aus das Wasser mit natürlichem Gefälle durch Rohre aus Thon und Eisen zur Stadt gelangte. Hier wurde es für öffentliche Zwecke benutzt und auch an Private abgegeben. Im Jahre 1882 waren 38 Wohnhäuser an die Leitungen angeschlossen und ferner wurden für gewerbliche Zwecke 8000 cbm im Jahre durch Wassermesser entnommen.

Das Ungenügen dieser Anlage führte die städtischen Behörden im Jahre 1886 zu dem Beschlusse, einen Umbau vornehmen zu lassen und im Jahre 1887 ist dieser nach den Plänen des Oberingenieurs P. Schmick in Frankfurt a/Main ausgeführt und hat M. 75000 gekostet. Die neu hergestellte Quellensammelstube dient zugleich als Hochreservoir und liefert zur Zeit eine überreichliche Wassermenge. Das Vertheilungsnetz steht unter einem constanten Drucke von 5,0 m bis 10,0 m. Mit demselben sind 45 Schieber von 225 mm bis 80 mm Durchmesser verbunden. Die gusseisernen Rohre sind von der Hannoverschen Eisengiesserei in Hannover geliefert. In 75 m bis 100 m Entfernung von einander sind 76 Unterflurhydranten ohne Selbstentleerung aufgestellt. 25 Freibrunnen und 4 Pissoire dienen der öffentlichen Benutzung.

Die Anschlussleitungen von 20 mm bis 30 mm Durchmesser werden aus Bleirohren und von grösseren Durchmessern aus Eisenrohren hergestellt. Geschwefelte Bleirohre dienen auch für die Hausleitungen, mit denen zur Zeit 1260 Zapfhähne, 18 Closets, 3 Pissoire, 57 Badeeinrichtungen, 3 Springbrunnen und ein Reservoir für den Bahnhof verbunden sind.

Für gewerbliche Zwecke sind 60 Wassermesser eingebaut, von welchen 34 von H. Meinecke, Breslau und 26 von Dreyer, Rosenkranz & Droop, Hannover geliefert sind. Diese haben folgende Grössen:

Durchmesser mm	13	20	25	30	80
Stückzahl . . .	1	28	27	1	1.

Im Jahre 1896 sind im Ganzen 19126 cbm Wasser durch Messer oder 302 cbm pro Messer abgegeben. Den Betrieb der Anlage leitet unter der Oberaufsicht des Bürgermeisters Engel der Rohrmeister A. Herbst.

29. h. **Seckbach.** (E. 3200, W. 360 mit je 9,0 B.)

Für den Ort Seckbach hat der Ingenieur Max Hessemer in Ems im Jahre 1896 für seine eigene Rechnung mit einem Kostenaufwande von M. 130000 oder M. 40,62 pro Kopf eine Wasserversorgung für eine tägliche Leistung von 200 cbm nach seinem Projecte ausgeführt, welche er auch selbst betreibt.

Das Wasser wird theils durch 2 hochgelegene Quellfassungen und theils aus einem gemauerten Brunnen von 2,5 m Durchmesser entnommen. Das letztere wird künstlich gehoben und in ein Hochreservoir von 150 cbm Inhalt geleitet, während das erstere einem Hochreservoire von 300 cbm Inhalt durch Gravitation direct zufliesst. Die beiden Reservoire sind mit einander verbunden.

In der Pumpstation für das Brunnenwasser befinden sich 2 liegende Benzinmotoren von je 10 PS., welche von der Deutzer Gasmotorenfabrik in Deutz geliefert sind. Durch Riemenübertragung bewegt jeder von ihnen je eine liegende Plungerpumpe, welche pro Stunde 45 cbm Wasser auf 35,0 m Höhe fördert. Die Pumpen sind von A. L. G. Dehne in Halle a. d. Saale geliefert. Von einem Windkessel, welcher für beide Pumpen gemeinschaftlich dient und 0,6 m Durchmesser und 1,3 m Höhe hat, geht eine Druckleitung von 300 m Länge zum Hochreservoire, und von diesem führt eine Fallrohrleitung von 500 m Länge zum Versorgungsgebiete. Beide Leitungen haben 125 mm Durchmesser.

Das Vertheilungsnetz steht unter einem einheitlichen und constanten Drucke, der 48,0 m bis 55,0 m je nach der Ortslage beträgt. Es ist nach dem Verästelungssysteme ausgeführt und hat ca. 7000 m Länge von Durchmessern von 125 mm bis 60 mm. Damit sind 80 Schieber und 30 Unterflurhydranten verbunden. Die Rohre sind von R. Böcking & Comp. in Hallbergerhütte geliefert. Zu den Zuleitungen und zu den Hausleitungen werden geschwefelte Bleirohre benutzt. 20 Wassermesser, welche C. A. Spanner in Wien-Aachen geliefert hat, sind eingebaut.

Der Wasserpreis beträgt pro cbm 20 Pf. bis 25 Pf.

30. t. **Steinbach-Hallenberg.** (E. 3668.)

Die Wasserversorgung des Ortes Steinbach-Hallenberg erfolgt ausschliesslich aus Brunnen im Orte. Es sind 26 private und 18 öffentliche Brunnen vorhanden.

31. a. **Wilhelmshöhe.** (E. 170.)

Für Rechnung der Schlossgemeinde Wilhelmshöhe ist im Jahre 1891 von dem Ingenieur Carl Rosenfeld in Berlin mit einem Kostenaufwande von M. 80000 im Ganzen oder M. 470,60 pro Kopf eine Quellwasserleitung ausgeführt.

Das Wasser wird durch Sammelgallerien aus Thonrohren in einem Sammelschachte zusammengeleitet und mit natürlichem Gefälle einem Hochreservoir von 100 cbm Inhalt, das in 8800 m Entfernung liegt, zugeführt. Von hier gelangt es unter 30,0 m bis 50,0 m Druck durch gusseiserne Leitungen im Schlossgebiete zur Vertheilung. Die Rohrleitungen haben im Ganzen ca. 11500 lfd. m Länge, und es sind 15 Hydranten damit verbunden. Für die Hausleitungen sind Bleirohre verwendet.

Die Speisung der weltbekannten Wasserkünste der Wilhelmshöhe erfolgt ausschliesslich durch Wasser, das aus den reichlichen Niederschlägen des Habichtswaldes in den Stauteichen auf dem Winterkasten hinter den Gebäuden des Vorwerkes Siechelbach gesammelt und mit natürlichem Gefälle durch Rohrleitungen und Kanäle zu dem Teiche im Inneren des Octogons geleitet wird. Ein zweites Sammelbecken liegt nordwestlich davon und der sogenannte Unglücksteich bildet ein drittes Sammelbecken dafür. Das am Fusse der Cascaden in dem Neptunteiche gesammelte Wasser fliesst weiter zu dem Steinhöferschen Wasserfalle und von hier zur Teufelsbrücke und weiter durch den Aquaduct zur grossen Fontaine. Eine zweite Leitung speist den neuen Wasserfall.

32. w. **Witzenhausen.** (E. 3240, W. 371 mit je 8,8 B.)

Zur Wasserversorgung der Stadt Witzenhausen dienen 3 künstliche Zuleitungen aus Rohren von Thon und von Gusseisen, welche mit natürlichem Gefälle Quellwasser vom Sulzberge, von der Strenge und aus dem Steinbrückengraben zuführen. Das Wasser speist 3 öffentliche Pumpenbrunnen und genügt für die derzeitigen Bedürfnisse.

33. v. **Wolfhagen.** (E. 2932.) Ohne Antwort.

34. w. **Ziegenhain.** (E. 1867.) Ohne Antwort.

XXX. Regierungsbezirk Wiesbaden.

(Provinz Hessen-Nassau).

a) Biedenkopf 6. — **b)** Dillenburg 13 (Herborn 26). — **c)** Frankfurt am Main 17. — **d)** St. Goarshausen 21 (Assmannshausen 3, Braubach 7, Nastätten 41, Niederlahnstein 43, Oberlahnstein 46). — **e)** Höchst 28 (Hochheim 27, Rödelheim 50). — **f)** Limburg a. d. Lahn 36 (Dehm 11, Offheim 48). — **g)** Oberlahn-K. (Gräfeneck 22, Weilburg 55). — **h)** Obertaunus-K. (Cronberg 9, Homburg v. d. H. 31, Oberursel 47). — **i)** Oberwesterwald-K. (Hachenburg 24, Marienberg 38). — **k)** Rheingau-K. (Caub 8, Eltville 14, Geisenheim 19, Lorch 37, Niederwalluf 45, Rüdesheim 51). — **l)** Unterlahn-K. (Berg-Nassau-Scheuern 4, Dasenau 10, Diez 12, Ems 15, Hahnstätten 25, Kettenbach 33, Nassau 41, Niederneisen 44). — **m)** Untertaunus-K. (Hohenstein 30, Idstein 32, Langenschwalbach 34). — **n)** Unterwesterwald-K. (Arzbach 2, Grenzhausen 23, Höhr 29, Montabauer 40, Ransbach 49, Wölferlingen 54). — **o)** Usingen 53. — **p)** Wiesbaden 1 (Biebrich-Mosbach 5, Georgenborn 20, Limbach 35, Molsberg 39, Schierstein 52). —

---

1. p. Regierungshauptstadt **Wiesbaden.** (E. 74 136, W. 3550 mit je 20,8 B.)

a) Geschichtliches.

Die Stadt Wiesbaden war in früheren Zeiten für ihre Wasserversorgung wesentlich auf öffentliche und private Pumpenbrunnen angewiesen. Nur eine einzige künstliche Zuleitung war vorhanden, welche den Marktbrunnen speiste. Erst im Jahre 1821 wurden am Fusse der Platte die hier entspringenden Quellen, der grosse und der kleine Kisselborn, auf Veranlassung des Herzogs von Nassau durch den Hofbrunnenmeister Stumpf in Darmstadt gefasst und deren Wasser durch eine eiserne Leitung in eine Vertheilungskammer, die am Heidenberge liegt, übergeführt. Von hier erfolgte dann durch Rohrleitungen die Versorgung der sämmtlichen 14 öffentlichen Brunnen der damals 8000 Einwohner zählenden Stadt. Bald darauf wurden auch die nicht weit von dem Kisselborn entspringenden Stein- und Sandbornquellen derselben Sammelkammer zur Vermehrung der Wassermenge zugeleitet.

In den Jahren 1837 bis 1839 fand ferner durch den Baurath Faber die Fassung der Quelle im Dortzheimer Felde, des sog. Hollerborn, statt. Deren Wasser wurde Anfangs durch eine Leitung aus Thonrohren und später durch eine solche aus gusseisernen Rohren zur Stadt geleitet und speiste hier 4 Laufbrunnen. Im Jahre 1852 wurde die Holzbornleitung hergestellt, welche durch einige Quellen im Dambachthale gespeist wird. Sie versorgte damals 5 Brunnenausläufe in der Stadt. Sie war aber wegen ihrer geringen Wassermenge stets nur von geringer Bedeutung. Das trockene Jahr 1857 führte endlich im Jahre 1858/59 noch zu der Herstellung der neuen Gallerie- oder Faulweidenbornleitung durch den Baurath Born. Deren Sammelstube liegt 4,0 m bis 6,0 m tief in der Nähe der Brunnenkammer für den Marktbrunnen und 30 m oberhalb der Ecke der Wellritz- und Ringstrasse. Durch letztere Leitung sind damals 18 Brunnenausläufe in der Stadt gespeist.

Im Jahre 1870 bestanden überhaupt für diese 4 Quellenleitungen 37 Ausläufe an 33 verschiedenen Brunnen. Sie lieferten zusammen in normalen Jahren im Sommer nicht mehr als 700 cbm Wasser im Tage und dieses Quantum musste damals für 30000 Einwohner genügen. Das erklärt es, dass schon seit dem Ende der 50er Jahre der Gemeinderath die Möglichkeit der Herstellung einer Wasserversorgung nach dem neueren Systeme ernstlich berathen hat. Dass ein solches Unternehmen keiner Actiengesellschaft übertragen werden dürfe, sondern dass es nur in Regie ausgeführt werden könne, darüber war man sich damals schon ebenso klar, als dass für Wiesbaden als Badeort nicht Flusswasser, sondern nur Quellwasser in Frage kommen könne. Anfangs glaubte man auch, es würde nicht schwer sein, Quellwasser in ausreichender Menge und in nicht zu grosser Entfernung von der Stadt aufzufinden. Die sichtbaren Quellen konnten für eine solche Anlage freilich nicht genügen, und es war nöthig, solche dafür erst zu erschürfen.

Diesen Vorstudien unterzog sich der verstorbene Stadtbaumeister Fach während der Jahre 1864 bis 1868 in ausgedehntem Maasse. Oberhalb der Fasanerie (Pfaffenborn) gelang es ihm endlich im Jahre 1869, eine mittlere Sommerwassermenge von 2300 cbm im Tag zu erschliessen, und mit diesem Wasserquantum ist dann auch am 2. September 1870 die neue städtische Wasserversorgung von Wiesbaden eröffnet worden.

Das von Fach und von dem Baumeister E. Winter (späteren Director der städtischen Gas- und Wasserwerke, jetzigen Stadtbaudirector der Stadt und königl. Baurath) im Jahre 1868 dafür aufgestellte Project war nämlich bereits für die Quellenfassung und die Zuleitung, sowie für das Hochreservoir unter Fach's Oberleitung im Jahre 1869 ausgeführt, und die Ausführung des Vertheilungsnetzes war Anfangs des Jahres 1870 in Angriff genommen. Die Arbeiten hierfür haben dann in dem folgenden Jahre ihren vorläufigen Abschluss gefunden. Alle späteren Erweiterungsanlagen nach dem Jahre 1871 sind Anfangs allein durch Winter und seit dem Jahre 1875 von ihm unter Assistenz des Ingenieurs Muchall, des jetzigen Directors der Gas- und Wasserwerke, ausgeführt, sowie nach Winter's Abgange von Muchall allein fortgesetzt.

Trotzdem im Jahre 1873 durch weitere Quellfassungen im Adamsthale (Walkmühlbach) noch circa 400 cbm Wasser pro 24 Stunden erschlossen und zugeleitet waren, trat schon im Jahre 1874 ein zeitweisen Wassermangel ein. Auf Grund eines von dem Landesgeologen Koch damals abgegebenen Gutachtens entschloss man sich daher, die Wassergewinnungsarbeiten auf das obere Nerothal (Schwarzbach) auszudehnen und einen Tiefstollen, der in den Münzberg zur Wassererschliessung führt, anzulegen. Diese Arbeiten und speciell die Stollenanlage haben die Zeit bis zum Ende des Jahres 1888 zu ihrer Vollendung in Anspruch genommen. Man hatte gehofft, dadurch selbst in wasserarmer Zeit eine gesammte Wassermenge von täglich 9000 cbm für die Stadt zu sichern, die für eine Bevölkerung von 56000 Köpfen, wie sie damals bestand, allerdings als eine reichliche erschien.

Ende des Jahres 1895 ist aber nach der letzten Volkszählung die Bevölkerung der Stadt schon auf über 74000 Köpfe gestiegen und sie steigt vermuthlich noch weiter. Trotzdem durch die später zu beschreibenden Anlagen die jetzigen Wassergewinungsanlagen im Sommer eine Abgabe selbst bis zu 10000 cbm pro Tag gestatten, sind seit einer Reihe von Jahren bereits Vorarbeiten und Verhandlungen für weitere Erschliessungen im Gange gewesen. Diese haben schliesslich im Herbst 1896 zur Inangriffnahme des Baues des Schläferskopfstollens geführt. Um aber sicher zu sein, dass die Stadt dauernd ausschliesslich mit Quellwasser versorgt werden kann, ist auch schon das Project für einen dritten Stollen, den Kellerskopfstollen entworfen, für welchen die erforderlichen Gerechtsame bereits erworben sind, so dass dieser Stollen, sobald sich die Nothwendigkeit ergiebt, sofort in

Angriff genommen werden kann. Er wird in ca. 7500 m Abstand östlich von dem Schläferkopfstollen liegen und zwischen dem Kellerskopfe und dem Schläferskopfe liegt der Eichelberg mit dem Münzbergstollen.

b) Wassergewinnungsanlagen.

1. Pfaffenborn-Adamsthal und Hochreservoire.

Die Wasserfassungen im Thale des Pfaffenborns und im Adamsthale, aus denen der Gehrnerbach und der Walkmühlbach die natürlichen Abflussrinnen bilden, sind in der Form von Sammelgallerien, welche in der Tiefe der Gesteinschichten sich im Thale hinabziehen, hergestellt. Der Sammelkanal der Pfaffenbornleitung hat 3000 m Länge und mündet hinter der Fasanerie in eine Messkammer ein. An diesen Sammelkanal schliessen sich Seitenkanäle von im Ganzen 1900 lfd. m Länge an.

Der Kanal im Adamsthale geht von der Nonnentriftwiese bis zur künstlichen Fischzuchtanstalt und hat 1530 m Länge. Durch einen durch den Bergrücken zwischen den beiden Thälern geführten Stollen ist die Leitung dann in das Gehrnerthal hinübergeführt. Dieser Stollen hat 420 m Länge und ist durch 3 Besichtigungsschächte besteigbar. Er ist nach einem eiförmigen Profile von 1,2 m × 0,8 m ausgemauert und liegt an seinem tiefsten Punkte 18,0 m unter Terrain. An diesen Stollen schliesst sich eine gusseiserne Heberleitung von 250 mm Durchmesser an, welche auf der anderen Thalseite zu einer Messkammer führt. Von letzterer geht die Zuleitung ab, welche das Wasser des Pfaffenborns von der Fasanerie bis zu dem Hochreservoire führt, und diese nimmt auch das Wasser aus dem Adamsthale mit auf. Die Zuleitung hat im Ganzen 2460 lfd. m Länge und ist aus Cementrohren von eiförmigem Querschnitte von 0,54 m × 0,36 m hergestellt. Sie führt am Bergabhange in Tiefen von 1,8 m bis 4,2 m mit 1 : 200 Gefälle entlang. In Entfernungen von 90 m bis 100 m sind mit Platten abgedeckte Revisionsschächte in dieselbe eingeschaltet.

Das im Jahre 1869 erbaute Hochreservoir liegt auf dem Bergrücken zwischen dem Adams- und dem Nerothale, 1100 m von der Stadt entfernt. Es besteht aus 2 Kammern von zusammen 3000 cbm Inhalt und ist aus Ziegelmauerwerk hergestellt. Es ist überwölbt und bis zur Kämpferhöhe in den Boden versenkt und mit Erde überfüllt. Der höchste Wasserstand desselben liegt auf 191,5 + 0 (Amsterdamer Pegel). Der Druck des Wassers in den Strassenrohren, die von dem Reservoire aus gespeist werden, beträgt in den höheren Stadttheilen 25,0 m bis 30,0 m. In dem grösseren Theile der Stadt ist ein Druck von 70,0 m und in den tiefst gelegenen Theilen sogar ein solcher von 84,0 m vorhanden. Vor dem Reservoire liegt eine Quellkammer, in welche das Wasser der vorbeschriebenen Leitung von der einen Seite und das Wasser der später ausgeführten Fassungen von der anderen Seite eintritt. Daran angebaut sind die Schieberkammern für das Reservoir, von deren einer die Leitung zur Stadt mit 350 mm Durchmesser abgeht.

Im Jahre 1882 ist neben dem ersten Hochreservoire ein zweites von 4200 cbm Inhalt bei 4,8 m Wasserhöhe ausgeführt. Dieses ist sowohl in dem Boden und in den Seitenwänden, als auch in den Innenwänden und den Gewölben aus Cementstampfbeton durch die Firma Dyckerhoff & Widmann in Biebrich hergestellt. Der Gesammtinhalt beider Hochreservoire beträgt jetzt 7200 cbm. Im Jahre 1881 ist ferner eine zweite Fallrohrleitung von 350 mm Durchmesser zur Stadt geführt.

2. Münzberg-, Nerothal- und Schläferskopfstollen.

Eine Erweiterung der Wasserfassungen im Gehrner- und Adamsthale war durch den Terrainbesitz abgeschnitten. Dagegen ist aber für die Erschliessungsarbeiten im Neroberge vorher das Enteigenungsrecht erworben, so dafs man hier von vornherein freiere Hand in der Disposition gehabt hat. Das im Nerothale und aus dem Münzbergstollen erschürfte Wasser wird in eine Messkammer an der Leichtweisshöhle zusammengeführt, und von hier fliesst es durch eine gusseiserne Leitung von 300 mm Durchmesser und 1350 m Länge weiter durch den Höllkundweg und die Platterstrasse der Quellenkammer am Hochreservoire zu.

Von der Messkammer aus ist im oberen Nerothale die Wasserfassung mit einer 550 m langen Sammelgallerie, ähnlich der früher erwähnten, begonnen. Deren oberes Ende von 100 m Länge ist aber als ein tiefliegender Stollen ausgeführt und in ähnlicher Weise ist an 4 anderen aufwärts gelegenen Thalstrecken vorgegangen, und es hat dabei jedesmal ein Stollen von circa 200 m Länge den Abschluss der betreffenden Sammelgallerie gebildet.

Mit dieser Bauweise hat man den Zweck verfolgt, das Wasser möglichst tief zu fassen, um seine Constanz und Reinheit zu steigern. Dabei haben nicht die Oberflächen des Bodens, sondern die der Gesteinschichten die Richtung und die Tiefenlage der Sammelgallerien bestimmt. Bei den früheren Arbeiten hatte man erkannt, dass das meiste Wasser aus den Streichungsspalten, normal zu den Schichten des festen Schiefergesteins, hervortritt. Hier erscheint es dann als ein Zusammenfluss von Wasser aus unzählig vielen, aufrechtstehenden Gebirgsspalten, den sogenannten Schichtenquellen. Wasser, das sich in Querklüften, die sich nur bis zur nächsten, undurchlässigen Schicht fortsetzen, findet, kann ja nur durch Streichungsspalten zum Auslaufe gelangen.

Die weitere Bestätigung dieser Anschauungen durch die praktischen Ausführungen und die geologischen Studien Koch's haben, wie schon erwähnt, zu der Ausführung des im Jahre 1875 begonnenen Tiefstollens im Münzberge geführt. Das dortige Gebirge gehört dem vordevonischen Systeme an. Die Schichten fallen unter 60° bis 90° nach Norden und ihr Streichen ist parallel zu dem Kamme, der vom Niederwalde (W. S. W.) nach dem Feldberge zu (O. N. O.) gerichtet ist. Den Kamm dieses Gebirges (Schläferskopf, Rentmauer, Trompeter) bildet Quarzit (Grauwacke). Von Koch ist es festgestellt, dass diesem Quarzitzuge »Feldberg« ein zweiter Zug nach Norden zu folgt, den er nach dem Berge »Altkönig« benannt hat. Zwischen diesen beiden Zügen sind Phyllitschichten eingelagert. Südlich vorgelagert vor dem vorderen Quarzitzuge liegen nördlich vor der Stadt die Serecite (Neroberg, Bahnholzerkopf) und dann weiter nach Norden die Phyllite (Kellerskopf, Würzburg). Der Quarzit ist ausserordentlich wasserreich, und er scheint sein Wasser in das Mainzer Becken abzugeben. Die Serecit- und Phyllitschichten haben weniger Spalten und bilden somit einen das Wasser in dem Quarzit zurückhaltenden Damm. Daraus erklärt sich die geringe Wassermenge, welche die Bäche der südlichen Thäler abführen und die grosse Quellenarmuth der ganzen Wiesbadener Gegend.

Der Münzberg-Tiefstollen führt westlich vom Münzberge und dem Jagdschlosse Platte in fast nördlicher Richtung zum Eichelberge. Er durchschneidet, senkrecht auf das Streichen der Schichten gerichtet, diese möglichst tief, soweit es die durch die

Höhenlage des Versorgungsgebietes vorgeschriebene Auslaufhöhe in die Messkammer an der Leichtweisshöhle gestattet. Bis zum Jahre 1884, also in 9 Jahren, war der Stollen trotz Tag- und Nachtarbeit durch Handbetrieb nur auf eine Länge von 1300 m vorgetrieben und davon waren 800 m Länge ausgemauert. Am 1. März 1885 wurde die Fortsetzung der Bohrarbeiten mit Maschinenbetrieb dem Ingenieur Mutert als Unternehmer übertragen, und im August 1887 hatte der Stollen bereits eine Gesammtlänge von 2650 m erreicht. Derselbe schneidet die Quarzitschichten in möglichst grosser Tiefe an. Bei 1980 m Stollenlänge hatte er diese Schichten 165 m tief unter der Oberfläche erreicht, und bei 2650 m Stollenlänge war er bereits auf der nördlichen Seite des vorderen Quarzitzuges angelangt. Dann ist er noch bis auf eine gesammte Länge von circa 3000 m vorgetrieben. Ihn, wie es ursprünglich beabsichtigt war, auf 3500 m Länge zu bringen, scheiterte an dem Einspruche der benachbarten Gemeinden. Der Stollen hat den nördlichen Quarzitzug somit überall nicht erreicht und seine Ergiebigkeit ist daher eine wesentlich geringere geblieben, als man es ursprünglich erwarten konnte.

Er hat einen elliptischen Querschnitt und ist, soweit es erforderlich erschien, ausgemauert. Er hat 2,1 m Höhe und 1,1 m Breite und tritt in einen 14,0 m tief unter Terrain hinabreichenden Schacht in einer Höhenlage von 207,0 m + 0 aus. Er hat ein Obersteigen von 1 bis 2 %. In den Seitenwänden sind in je 100 m Entfernung Nischen zum Ausweichen hergestellt.

Der Wunsch, eine ökonomische Vertheilung des Wassers zwischen den Zeiten des grössten und geringsten Consums zu erreichen, hat veranlasst, bei dem Stollen von der bei Bergwerken gebräuchlichen Verdämmung durch den Einbau von Dammthüren Gebrauch zu machen, um zeitweilig nicht nur in dem Stollen, sondern auch in den hinter der Stauthür liegenden wasserführenden Höhenzügen das Wasser in ähnlicher Weise wieder soweit zurückzudrängen, wie es vor der Erschliessung durch den Stollen gestanden hat. Um das Gebiet für den Rückstau theilen und event. dadurch ein wechselndes Quantum aufstauen zu können, waren 3 Dammthüren, welche in entsprechenden Entfernungen hintereinander aufgestellt werden sollten, im Stollen projectirt. Es ist jedoch nur eine, 1900 m vom Stollenanfange entfernt, ausgeführt. Es sind dadurch sehr günstige Resultate erreicht, indem man damit das Wasser bis auf 160,0 m Höhe hat aufstauen können. Dadurch hat man nicht nur einen Ausgleich für die schwankenden Jahreszeiten geschaffen, sondern auch einen solchen für die verschiedenen Regenmengen einzelner auf einander folgender Jahre ermöglicht, so dass jetzt für trockene Jahre ein Vorrath während nasser Jahre angesammelt werden kann. Die Dammthür besteht, wie es üblich ist, aus Klappen von Schmiedeeisen mit Rahmen von Gusseisen, auf denen erstere mit Gummidichtungen abschliessen. Auch ist der Einbau der Rahmen in Rücksicht auf einen gesicherten und dichten Anschluss desselben an den Felsen mit besonderer Sorgfalt ausgeführt.

Der Schläferskopfstollen geht durch einen Voreinschnitt während der Bauzeit zu Tage aus. Nach Fertigstellung wird dieser Voreinschnitt wieder verfüllt werden, und der Anfang des Stollens wird dann, mit einem Schachtgebäude überbaut, 6,0 m tief unter Tage liegen. Ende des Jahres 1897 war der Stollen bereits auf ca. 500 m vorgetrieben. Der Vortrieb erfolgt mittelst maschineller Bohrung nach dem Brandt'schen Systeme. Das ausgemauerte Stollenprofil erhält einen elliptischen Querschnitt von 2,2 m Höhe und 1,8 m Breite im Lichten. Alle 100 m wird seitwärts in dem Stollen eine Nische angelegt, um als Ausweichstelle etc. zu dienen. In den Stollen wird, ähnlich wie in den Münzbergstollen, eine Dammthür eingefügt werden. Der Anfangspunkt des Stollens liegt auf 250,0 m + 0 und erhält ein Ansteigen von 1 : 3000.

c) Wasservertheilung.

Das Vertheilungsnetz ist nach dem Circulationssysteme hergestellt. Es steht unter einem constanten und einheitlichen Drucke. Die Tabelle 268 gibt für das Ende eines jeden der 12 aufgeführten Betriebsjahre die Länge der Rohrleitungen bis zu 60 mm Durchmesser abwärts und die Zahl der öffentlichen Schieber, Hydranten, Laufbrunnen, Pissoire und Aborte, sowie die der in Benutzung befindlichen hydraulischen Aufzüge an.

Tabelle 268.

Jahr	Rohrlänge m	Schieber	Oeffentl. Laufbrunnen	Hydranten	Oeffentliche Pissoire	Oeffentliche Aborte	Hydraul. Aufzüge
1871	32 725	342	14	338	10	—	—
1875	38 000	410	15	415	13	—	—
1886	49 379	490	15	527	16	4	—
1888/89	51 707	511	15	556	16	4	—
1889/90	55 935	532	15	588	16	4	—
1890/91	59 639	583	15	644	16	4	25
1891/92	61 835	633	18	675	16	4	40
1892/93	64 062	671	18	696	16	4	40
1893/94	66 434	697	18	732	17	4	47
1894/95	67 662	732	18	750	18	4	69
1895/96	68 699	757	18	762	19	4	79
1896/97	70 673	787	18	778	19	4	70

Die Hydranten sind von dem Gasapparate- und Gusswerk in Mainz geliefert. Sie stehen in 60 m bis 80 m Entfernung von einander und sind Unterflurhydranten ohne Selbstentwässerung. Sie sind durch Abzweige von dem Strassenrohre in die Bürgersteige hinausgerückt. Die gusseisernen Rohre sind von R. Böcking & Comp. in Halbergerhütte und die Schieber von der Firma Benckiser in Pforzheim geliefert. Sie sind in gemauerten Schächten aufgestellt. Ein öffentlicher Springbrunnen wird aus der Leitung gespeist.

Die Tabelle 269 gibt die Länge der Leitungen, nach den Durchmessern getrennt, für jedes der Jahre 1871, 1886 und 1897 an.

Tabelle 269.

Rohrdurchmesser mm	Rohrlänge m 1871	1886	1897
350	1 691	1 691	1 709
300	—	1 113	1 121
250	1 899	1 902	1 908
200	1 053	1 368	1 619
150	4 218	4 998	6 808
120	5 612	6 398	8 575
100	8 499	10 056	18 449
80	8 489	19 288	27 370
60	1 264	2 569	3 115

Mit den Hausleitungen waren in den Jahren 1876, 1884 und 1893 die in der Tabelle 270 angeführten Einrichtungen zur Wasserentnahme verbunden.

Tabelle 270.

Gegenstand	1876	1884	1893
Zapfhähne	8 220	13 180	22 493
Closets	1 523	3 095	12 668
Pissoirstände	87	182	705
Badeeinrichtungen	262	608	1 593
Privatspringbrunnen	107	223	163

Die Zuleitungen sind mit Ausnahme einiger grösserer, ebenso wie die meisten Hausleitungen aus geschwefelten Bleirohren mit Anbohrhähnen und aussen stehenden Haupthähnen hergestellt und haben in der Regel 19 mm und 25 mm Durchmesser.

Die Tabelle 271 gibt für die 3 letzten Jahre die Zahl der vorhandenen Anschlüsse im Ganzen und getrennt nach ihrer Bestimmung im Ganzen ob mit oder ohne Messer, sowie die Vertheilung der Messer nach den Lieferanten an.

Tabelle 271.

Jahr	1895	1896	1897
Vorhandene Zuleitungen	3 481	3 556	3 687
davon für Private	3 312	3 378	3 504
» für Vereine etc.	80	83	87
» Verwaltungen	89	95	96
davon mit Messern	3 376	3 467	3 591
» ohne Messer	44	37	31
» abgestellt	61	52	65
Aufgestellte Haupt- und Umgangsmesser	3 366	3 506	3 644
Aufgestellte Nebenmesser	131	141	143
Messer auf Lager	531	455	388
Messer zusammen	4 028	4 102	4 175
davon von Siemens & Halske	2 205	2 295	2 320
» » Faller	1 221	1 301	1 408
» » Taylor	500	400	300
» » Frost	100	100	100
» » Diversen	2	6	47

Eine Vertheilung der bis Ende 1894 gelieferten 3735 Messer nach ihrer Grösse gibt die folgende Aufstellung:

Durchmesser mm	7	10	12	20	25	30	40	50	80	100
Stückzahl	59	159	941	1753	93	1	14	64	1	4.

d) Wasserabgabe.

Die in jedem der 23 Jahre von 1874 bis 1896/97 zur Vertheilung gelangten Wassermengen im Ganzen, pro Kopf und pro Anschluss, sowie deren Steigerung gegen das Vorjahr und die versorgte Zahl der Köpfe und Anschlüsse gibt die Tabelle 272 an.

Die Tabelle 273 gibt für das Jahr 1894/95 und 1896/97 die Vertheilung der Wasserabgabe auf die verschiedenen Monate sowohl im Ganzen, als nach Messern an.

Die Tabelle 274 (S. 346) gibt für die 9 Jahre 1888/89 bis 1896/97, die Tagesabgabe im Jahresmittel, sowie am Maximal- und Minimaltage und deren Verhältniss zur mittleren Tagesabgabe, ferner die Abgabe für öffentliche Zwecke im Ganzen und für die einzelnen Verbrauchszwecke, sowie das Verhältniss zur ganzen Abgabe für öffentliche Zwecke, die Abgabe für Private im Ganzen, sowie mit Messern und ohne Messer, und deren Vertheilung auf die Zahl der Anschlüsse, ferner den Selbstverbrauch des Wasserwerkes etc. an.

Tabelle 272.

Jahr	Einwohner	Gesammtabgabe cbm	Zunahme gegen 100 cbm des Vorjahrs	Liter pro Kopf pro Tag	Anschlüsse	cbm pro Anschluss
1874	41 700	756 700	—	50	1 910	396
1875	43 800	788 000	104,1	49	2 020	390
1876	45 000	851 000	108,0	52	2 100	405
1877	46 200	898 000	105,6	53	2 160	415
1878	47 500	949 000	105,6	55	2 210	429
1879	48 800	1 074 000	113,1	60	2 240	480
1880	50 100	1 200 000	112,0	66	2 260	531
1881	51 500	1 225 000	102,0	65	2 310	530
1882	52 500	1 182 000	96,5	62	2 370	500
1883	53 500	1 398 000	118,0	71	2 420	577
1884	54 500	1 438 000	102,9	72	2 510	573
1885	55 000	1 355 000	94,2	67	2 590	524
1886	55 500	1 394 000	103,0	68	2 640	529
1887	58 000	1 490 000	106,9	70	2 700	552
1888/89	60 500	1 588 620	106,5	72	2 807	565
1889/90	62 000	1 766 110	111,1	78	2 927	604
1890/91	65 000	1 764 770	99,9	75	3 085	572
1891/92	66 000	1 894 680	107,2	78	3 205	592
1892/93	67 000	2 116 960	111,8	86	3 338	635
1893/94	69 000	2 131 310	100,8	85	3 432	621
1894/95	71 000	1 997 220	93,8	78	3 481	574
1895/96	72 500	2 373 910	118,7	88	3 556	653
1896/97	74 000	2 484 650	104,6	90	3 687	698

Tabelle 273.

Jahr	1894/95		1896/97	
	im Ganzen cbm	nach Messern cbm	im Ganzen cbm	nach Messern cbm
April	175 100	117 821	193 430	136 283
Mai	185 540	131 084	245 720	170 420
Juni	183 960	133 031	249 770	170 075
Juli	202 650	135 849	248 300	178 411
August	173 500	133 469	235 920	155 705
September	162 360	118 683	205 640	149 467
October	163 960	117 772	202 490	142 786
November	152 940	107 068	181 930	119 625
December	149 670	94 602	179 430	124 348
Januar	149 630	92 464	177 960	113 027
Februar	134 870	84 568	168 150	114 161
März	163 040	110 648	195 910	137 772
zusammen	1 997 220	1 377 059	2 484 650	1 712 080

e) Anlage- und Betriebskosten.

Die Tabelle 275 gibt für die verschiedenen Conten die Anlagesummen am Ende der Betriebsjahre 1871, 1886 und 1896/97; sowie die Höhe der bis zu letzterem Termine vorgenommenen Abschreibungen und den Buchwerth am 31. März 1897 an.

Die Gesammtkosten der baulichen Anlagen bis zum 31. März 1867 von M. 320924 sind gedeckt durch:

eine Anleihe von	M.	1 801 000
Abschreibungen von	»	542 720
Ueberschüsse von	»	863 904

Der Rest des Betrages der Abschreibungen, die im Ganzen M. 1 334 724 betrugen, von M. 792 004 ist ferner zur Tilgung der Anleihe bis zu einer Restschuld von M. 1 008 996 verwendet.

Die Securius'sche Fischzuchtanstalt ist im Frühjahr 1895 zur Erledigung eines langjährigen Processes, welchen deren Besitzer gegen die Stadt wegen angeb-

Tabelle 274.

Jahr	1888/89	1889/90	1890/91	1891/92	1892/93	1893/94	1894/95	1895/96	1896/97
Tagesabgabe am									
mittleren Jahrestage . . cbm	4 352	4 840	4 835	5 135	5 775	5 839	5 472	6 504	6 807
Maximaltage . . . . . »	6 550	7 620	7 200	7 180	9 530	9 720	8 610	9 260	9 890
Minimaltage . . . . . »	3 180	3 400	3 330	3 330	3 690	3 700	3 740	4 030	4 550
Von 100 cbm am mittleren Jahrestage am									
Maximaltage des Jahres »	151,2	157,7	148,9	140,1	165,1	166,8	157,4	142,6	141,4
Minimaltage des Jahres »	73,4	70,3	69,0	64,9	64,0	63,5	68,4	61,9	66,8
Wasser für öffentliche Zwecke »	350 000	437 500	481 500	550 000	562 000	600 000	500 000	600 000	636 000
davon für Strassensprengen »	50 000	50 000	55 000	58 000	60 000	65 000	65 000	70 000	75 000
» Springbrunnen . »	1 000	1 500	15 000	15 000	15 000	15 000	15 000	15 000	15 000
» Laufbrunnen . . »	100 000	120 000	125 000	128 000	130 000	130 000	30 000	55 000	55 000
» Rinnsteinspülen . »	—	5 000	5 500	6 000	6 000	7 000	7 000	8 000	10 000
» Kanalspülen . . »	100 000	120 000	130 000	135 000	140 000	150 000	160 000	180 000	190 000
» Bedürfnissanstalten »	70 000	75 000	75 000	80 000	80 000	90 000	90 000	100 000	100 000
» Bewässern öffentlicher Anlagen . »	15 000	20 000	25 000	50 000	50 000	50 000	50 000	50 000	60 000
» Feuerlöschen . . »	1 000	1 000	1 000	1 000	1 000	1 000	1 000	1 000	1 000
» Diverses . . . »	13 000	45 000	50 000	77 000	80 000	92 000	82 000	121 000	130 000
Von 100 cbm für öffentliche Zwecke für:									
Strassensprengen . . . »	14,3	11,4	11,4	10,5	10,7	10,8	13,0	11,7	11,8
Springbrunnen . . . . »	0,3	0,3	3,1	2,7	2,7	2,5	3,0	2,5	2,4
Laufbrunnen . . . . »	28,6	27,5	26,0	23,3	23,1	21,7	6,0	9,1	8,8
Rinnsteinspülen . . »	—	1,1	1,1	1,1	1,1	1,2	1,4	1,3	1,5
Kanalspülen . . . . . »	28,6	27,5	27,0	24,6	24,9	25,0	32,0	30,0	29,9
Bedürfnissanstalten . . »	20,0	17,1	15,6	14,5	14,2	15,0	18,0	16,7	15,7
Bewässern öffentlicher Anlagen . . . . . . »	4,2	4,6	5,2	9,1	8,9	8,3	10,0	8,3	9,4
Feuerlöschen . . . . . »	0,3	0,2	0,2	0,2	0,2	0,2	0,2	0,2	0,1
Diverses . . . . . . »	3,7	10,3	10,4	14,0	14,2	15,3	16,4	20,2	20,4
Wasser für Private . . . »	900 080	1 045 645	1 058 000	1 170 149	1 351 776	1 373 345	1 377 059	1 629 550	1 712 080
davon nach Messern . . »	885 364	1 032 645	1 044 875	1 161 011	1 342 889	1 364 590	1 369 976	1 621 832	1 706 751
» ohne Messer . . »	14 716	13 000	13 125	9 138	8 887	8 755	7 083	7 718	5 329
Von 100 cbm für Private:									
nach Messern . . . . »	98,4	98,8	98,8	99,2	99,4	99,4	99,5	99,5	99,7
ohne Messer . . . . . »	1,6	1,2	1,2	0,8	0,6	0,6	0,5	0,5	0,3
Wasser für das Wasserwerk incl. Spülen, Verlust etc. »	338 450	282 965	225 270	174 531	203 184	157 965	120 161	144 360	136 570
Von 100 cbm Gesammtabgabe für									
öffentliche Zwecke . . cbm	22,0	24,7	27,3	29,1	26,6	28,2	25,0	25,3	25,1
für Private . . . . . »	56,7	59,2	60,0	61,7	63,8	64,4	69,0	68,4	69,0
für das Wasserwerk . . »	21,3	16,1	12,7	9,2	9,6	7,4	6,0	6,3	5,9
Gesammtabgabe ohne Messer »	703 256	733 465	719 895	733 669	774 071	766 720	627 244	752 078	777 899
desgl. von 100 cbm Gesammtabgabe . . . . »	44,2	41,5	40,8	38,6	36,5	36,0	31,4	31,3	31,2
Abgabe nach Messern von 100 cbm Gesammtabgabe »	55,8	58,5	59,2	61,4	63,5	64,0	68,6	68,7	68,8
Zahl der aufgestellten Messer .	2 713	2 922	3 018	3 168	3 421	3 456	3 501	3 647	3 787
Abgabe pro Messer im Jahre cbm	326	354	346	367	393	395	391	445	451

licher Wasserentziehung durch den Münzbergstollen angestrengt hatte, angekauft und verpachtet.

Das Wasserwerk gibt das Wasser für die Stadt etc. kostenfrei ab, und die Bezahlung des Wassergeldes wird seit dem Jahre 1875 nur nach Wassermessern, welche die Stadt unentgeltlich einbaut, und zwar nur für Private berechnet. Für gewünschte Untermesser wird jedoch Miethe erhoben. Die Einnahmen des Wasserwerkes sind durch den hohen Wasserpreis bei den geringen Betriebskosten so erheblich, dass aus ihnen unter Einbezug der Amortisationsbeträge nicht nur die laufenden Neubauten gedeckt werden konnten, sondern dass am 31. März 1897 auch noch ein Reservefonds von M. 620000 für die neuen Stollenbauten disponibel gewesen ist. Die Tabelle 276 auf S. 347 gibt einen Ausweis über die laufenden Ausgaben und Einnahmen in den Betriebsjahren 1894/95 und 1896/97, worin die Zahlen in Klammern () sich auf 100 cbm Gesammtabgabe beziehen.

Tabelle 275.

Conto	Gesammtanlagekosten 1871	1886	1896/97	Gesammte Abschreibungen 1896/97	Buchwerth am 31. Mai 1897
	M.	M.	M.	M.	M.
Wassergewinnung	273 770	1 019 628	1 428 596	364 276	1 064 320
Zuleitungen	93 913	142 043	192 745	56 287	136 458
Hochreservoir	64 419	164 110	172 252	54 150	118 102
Rohrnetz	475 899	617 392	809 362	397 704	411 658
Private Zuleitungen	52 662	92 758	258 451	258 451	—
Wassermesser	—	—	127 159	127 159	—
Heiligenbornleitung	—	—	3 822	3 822	—
Entschädigungen	31 767	69 970	69 970	69 970	—
Fischzuchtanstalt	—	—	145 267	2 905	142 362
zusammen	992 430	2 105 901	3 207 624	1 334 724	1 872 900

Tabelle 276.

Jahr	1894/95	1896/97
Gesammt-Wasserabgabe	1 997 220 cbm	2 484 650 cbm
Ausgaben.		
Betriebskosten, Unterhaltung und Reparaturen	M. 34 211 (1,72)	M. 55 514 (2,23)
Verwaltungskosten, Gehälter	» 25 028 (1,45)	» 28 774 (1,16)
zusammen	M. 59 259 (2,97)	M. 84 288 (3,39)
Abschreibungen	» 26 133 (1,30)	» 24 319 (0,99)
Zinsen und Kapitaltilgungen	» 91 670 (4,59)	» 91 670 (3,68)
Gesammte Ausgaben	M. 177 062 (8,86)	M. 200 277 (8,06)
Einnahmen.		
Erhobenes Wassergeld	» 344 265 (17,24)	» 428 863 (17,22)
[Wirklich bezahlt sind mit 25 Pf. pro cbm]	[1 377 059 cbm]	[1 712 080 cbm]
Ueberschuss aus Installationen	» 1 888 (0,09)	» 4 682 (0,19)
Miethe für Nebenmesser	» 978 (0,05)	» 1 177 (0,04)
zusammen	M. 347 131 (17,38)	M. 434 722 (17,50)
Dazu Zinsen für ausstehende Kapitalien des Reservefonds	» 3 709	» 11 710
Gesammte Einnahme	M. 350 840 (17,56)	M. 446 432 (17,97)
ab gesammte Ausgabe	» 177 062 (8,86)	» 200 277 (8,06)
Ueberschuss. Differenz	M. 173 778 (8,70)	M. 246 155 (9,91)
dazu Solda vom Jahre vorher	» 8 066	» 5 629
zusammen	M. 181 877	M. 251 784
Davon sind verwendet:		
für den Reservefond	M. 30 000	M. 130 000
zum Uebertrag für das folgende Jahr	» 5 713	» 5 969
für Neuanlagen	» 146 164	» 115 815
für letztere ferner als Amortisationsbetrag	» 26 133	» 24 319
mithin für Neubauten zusammen	M. 172 297	M. 140 134
Davon sind verwendet für:		
Ankauf der Fischzuchtanstalt	» 145 000	—
Abfindung für Anlage des Wasserstollens in der Idsteiner Gemarkung	—	» 60 000
für die ersten Arbeiten am Schläferstollen	—	» 50 000
für neue Haupt- und Privatleitungen und für Wassermesserbeschaffungen	» 27 297	» 30 134

Der Wasserpreis beträgt pro cbm 25 Pf. mit Ausschluss eines jeden Rabattes. Mindestens ist pro Monat M. 1,00 Wassergeld zu zahlen. Nebenmesser von 13 mm Durchmesser kosten jährlich M. 7,20 und solche von 20 mm Durchmesser M. 8,40 Miethe.

Ueber die Zusammensetzung des Wassers liegen von 19 Untersuchungen in den Jahren 1880 bis 1886 des Wassers aus dem Pfaffenborne und von 20 Untersuchungen desjenigen aus dem Adamsthale, sowie von einer Untersuchung vom 2. Juni 1886 aus dem Münzbergstollen und einer solchen vom 28. Juli 1887 aus der städtischen Wasserleitung die Mittelzahlen (mg im Liter) in der Tabelle 277 vor, welche den Analysen des Hofraths Dr. Fresenius und des Dr. Hintz in Wiesbaden entnommen sind.

Das Leitungswasser hat 2,02° Gesammthärte, 0,03° bleibende und 1,99° vorübergehende Härte, deutsche Scala.

Nach Dr. Hueppe's bacteriologischen Untersuchungen sind am 10. August 1887 als Keimzahlen im ccm bestimmt: im Quelleneinlaufe 35, im Reservoire 42 und in der Stadt 67 resp. 48 nach längerem Auslaufe. Im Jahre 1884 sind in den Quellen selbst 1 bis 5 Keime und bei einigen bis zu 23 Keimen gezählt. Im Wasser des Reservoires sind gezählt im Januar 12, im Februar 17, im März 18, im April 10, im Mai 166, im Juni 13 im Juli 99 und im August 42 Keime. Im Jahre 1881/82 vorgenommene Temperaturmessungen haben zu den Zahlen der Tabelle 278 geführt.

Allmonatlich wird das Wasser aus den Sammelkammern einer bacteriologischen Untersuchung unterzogen. Ausserdem wird in jedem Quartale das Wasser aus verschiedenen Einzelquellen, sowie aus einzelnen Zapfstellen in der Stadt chemisch und bacteriologisch untersucht, und es sind die Resultate bezüglich der Qualität in beiden Beziehungen durchweg gute gewesen.

Im Sommer 1885 trat in der Stadt eine Typhusepidemie auf, und es wurde, wie es gewöhnlich der Fall ist, der Verdacht allgemein verbreitet, dass das Leitungswasser die Ursache dafür gewesen sei, trotzdem durch gründliche Untersuchungen von Dr. Fresenius die Grundlosigkeit solcher Vermuthungen wiederlegt wurde. Zu weiterer Klärung berief daher die Stadtverwaltung zu einer eingehenden Begutachtung der ganzen Verhältnisse eine Commission, die ausser aus Fresenius und Hueppe, aus den Professoren Bauermeister in Karlsruhe und Dr. v. Pettenkofer in München und den Aerzten v. Langenbeck, Pagenstecher, Pfeiffer, Seitz und Wibel, sämmtlich in Wiesbaden, bestand. Diese sprachen sich in einer sehr umfangreichen, schriftlichen Begründung einstimmig dahin aus, dass der Verlauf der Epidemie nicht durch das Leitungswasser bestimmt wurde und dass die städtische Wasserleitung, welche als eine vortreffliche bezeichnet wurde, ganz ohne Einfluss auf Entstehen und Verlauf der Epidemie von Abdominaltyphus gewesen sei.

Tabelle 277.

	Pfaffenborn			Adamsthal			Münsterbergstollen vom Mundloch entf.		Leitungswasser
	Max.	Min.	Mittel	Max.	Min.	Mittel	1998 m	2025 m	
Mineralische Bestandtheile	51,9	37,2	41,3	114,5	93,8	104,6	34,0	34,0	58,5
Kalk	13,2	7,3	8,8	35,8	26,7	32,1	10,5	9,2	14,2
Magnesia	6,1	2,9	4,0	8,0	5,4	6,5	—	—	4,3
Schwefelsäure	3,7	1,4	2,3	7,2	2,0	3,6	1,9	1,8	1,6
Salpetersäure	2,8	Spur	1,3	7,2	2,8	4,1	Spur	Spur	1,3
Chlor	5,2	3,6	4,4	10,6	5,0	6,9	4,0	4,2	4,2
Kaliumpermanganat zur Oxydation der organ. Substanz	—	—	—	—	—	—	1,9	1,83	1,07
entsprechend Sauerstoff	—	—	—	—	—	—	0,48	0,46	0,27

Tabelle 278.

Temperatur 0 Cels.	Mittel	Maxim.	Minim.	Grösste Differenz
Luft, Monatsmittel	9,6	19,9	0,7	19,2
Quellwasser	9,5	10,5	8,6	1,9
Einlauf in die Sammelkammer	9,6	11,0	8,3	2,7
im Rohrnetze, Mittel aus 89 Beobachtungen	10,2	13,4	6,2	7,2

2. n. **Arzbach.** (E. 1216.)

Die Wasserversorgung des Ortes Arzbach erfolgt durch eine Quellwasserleitung mit natürlichem Gefälle, welche der Ingenieur Max Hessemer in Ems hergestellt hat.

3. d. **Assmannshausen.** (E. 1060.)

Die Wasserversorgung des Ortes Assmannshausen erfolgt durch eine vom Ingenieur Max Hessemer in Ems ausgeführte Quellwasserleitung.

4. l. **Berg-Nassau-Scheuern.** (E. 1900, W. 200 mit je 9,5 B.)

Für die Wasserversorgung der Gemeinden Berg-Nassau und Scheuern ist auf deren Kosten im Jahre 1892 vom Ingenieur Max Hessemer in Ems eine Quellwasserleitung von einer täglichen Leistung von 110 cbm mit einem Kostenaufwande von M. 30000 hergestellt. Die Verwaltung der Anlage besorgt das dortige Bürgermeisteramt.

Das Wasser wird durch die Fassung von 3 Quellen gewonnen und durch eine geschlossene Leitung von 400 m Länge und 80 mm Durchmesser mit natürlichem Gefälle einem Hochreservoire zugeführt. Dieses ist gemauert, überwölbt und in den Boden versenkt und hat einen Inhalt von 100 cbm. Von demselben geht eine Fallrohrleitung von 250 m Länge und 100 mm Durchmesser zu dem Vertheilungsnetze ab, welches nach dem Verästelungssysteme ausgeführt ist und unter einem einheitlichen Drucke von 40,0 m steht.

An Rohrleitungen sind im Ganzen ca. 3200 m von 100 mm bis 60 mm Durchmesser verlegt, die mit 30 Schiebern, 18 Hydranten und 6 Ventilbrunnen verbunden sind. Die Rohre sind von R. Böcking & Comp. in Halbergerhütte geliefert. Es waren im Jahre 1895 40 Hausanschlüsse durch Bleirohre von 20 mm und 25 mm Durchmesser hergestellt. Für 10 der Anschlüsse waren 10 Wassermesser aufgestellt, welche C. A. Spanner in Wien-Aachen geliefert hat. 60 Zapfhähne dienten damals zur Wasserentnahme. Im Jahre 1894 hat die Wasserabgabe im Ganzen 18000 cbm oder 50 cbm pro Tag und 25 Lit. pro Kopf pro Tag betragen.

Die Kosten für das Wasser werden pro cbm mit 20 Pf. berechnet.

Das Wasser hat eine Härte von 6 deutschen Graden.

5. k. **Biebrich-Mosbach.** (E. 12294, W. 869 mit je 14,2 B.)

Die Wasserversorgung der Stadt Biebrich und seines Nachbarortes Mosbach erfolgte früher hauptsächlich aus gegrabenen und gesenkten Brunnen, deren auch 12 für die öffentliche Benutzung dienten. Das Wasser dieser Brunnen hat durchgängig einen grossen Chlorgehalt. Es wurde daher auch das Wasser aus 3 öffentlichen Laufständern sehr bevorzugt, welche durch von aussen künstlich zugeleitetes Quellwasser gespeist werden. Für gewerbliche Zwecke wurde vielfach das Wasser dem Ochsenbache, der durch die Stadt fliesst, direct entnommen, trotzdem in diesen zum Theil die Excremente der Stadt Wiesbaden eingeführt wurden.

Bei einer Untersuchung der für die Kaserne dienenden Brunnen zeigte sich deren Wasser als so schlecht, dass die Brunnen geschlossen wurden, und seitdem wird für die Versorgung derselben das Wasser einer aus 3 km Entfernung zugeleiteten Quelle benutzt. Dass unter diesen Umständen das Bedürfniss nach einem besseren Wasser und womöglich auch nach einer einheitlichen Versorgung von den Einwohnern schon seit langer Zeit empfunden wurde, ist erklärlich. Aber trotz vielfacher Untersuchungen der Umgegend konnte man zu keinem Plane dafür kommen. Die Hoffnung, aus den Hängen des Taunus Wasser, das mit natürlichem Gefälle zufliesst, erhalten zu können, musste aufgegeben werden, weil solches zu finden sich als unmöglich ergab. Später ist dann die Möglichkeit ins Auge gefasst, das Wasser, welches unterirdisch aus dem Taunus abfliesst, als Grundwasser für die Stadt zu gewinnen.

Nach dieser Richtung sind im Auftrage der Stadt in den Jahren 1892/93 von dem Baurath Thiem in Leipzig Untersuchungen gemacht, welche später von dem Ingenieur H. Kullmann in Nürnberg weiter verfolgt sind. Diese haben ergeben, dass zwischen den Orten Schierstein und Walluf in früheren Zeiten durch das normal zur Stromrichtung in das Rheinbett aus den Abhängen des Taunus ausgetretene Wasser bedeutende Auswaschungen gebildet sind, welche sich später mit Kies und Sand ausgefüllt haben, und es sind hier wasserführende Schichten von bis zu 8,0 m Mächtigkeit nachgewiesen.

Nach umfassenden Bohrversuchen zur Auffindung eines für die Versorgung der Stadt geeigneten Wassers, wobei der örtlich stark wechselnde Chlorgehalt des Wassers grosse Schwierigkeiten bereitete, hat Kullmann eine geeignete Stelle für die Wassergewinnung ermittelt. Ein von ihm aufgestelltes Project für ein Wasserwerk, welches für eine tägliche Lieferung von 2500 cbm Wasser bestimmt ist und von ihm zu M. 600000 oder pro Kopf zu M. 49 veranschlagt war, ist im Jahre 1896 von den städtischen Behörden zur Ausführung angenommen, und es ist diese auch ihm übertragen. Die Betriebseröffnung des Werkes hat am 6. December 1897 stattgefunden. Die Leitung des Betriebes ist dem Stadtbaumeister Thiel unterstellt.

Die 5 Brunnen, welche vorläufig zur Wassergewinnung in Ausführung genommen sind, liegen dem Rheinufer parallel und ca. 700 m davon entfernt, und zwar rheinabwärts in 6 km Entfernung von der Stadtgrenze. Es sind Rohrbrunnen von 300 mm Durchmesser, deren Wände auf 4,0 m Länge aus verzinnten und unten geschlitzten Kupferrohren bestehen, welche mit 3 Schichten Kies von verschiedenen Korngrössen umgeben sind. Die mittlere Tiefe der Brunnen beträgt 11,0 m. Sie endigen oben in einen wasserdicht gemauerten Schacht, dessen obere Fläche hochwasserfrei liegt. In die zweite der Kiesschichten ist bei jedem Brunnen ein Beobachtungsrohr von 50 mm Durchmesser, welches bis dicht unter den Schachtdeckel reicht, eingesteckt, welches gestattet, ohne in den Schacht steigen zu müssen, die Absenkung des Wassers zu messen. Eine Erweiterung der Brunnenanlage in gleicher Entwicklungsrichtung ist vorgesehen und darauf bei der Dimensionirung der Sammelrohre bereits Rücksicht genommen. Die mit Absperrschiebern in den resp. Schichten versehenen Saugerohre der einzelnen Brunnen vereinigt ein in einen Sammelbrunnen eintauchendes, gemeinschaftliches Heberohr. Aus diesem Sammelbrunnen wird das Wasser von den Pumpen in der daneben erbauten Pumpstation geschöpft.

In der Pumpstation sind 2 Gasmotoren von der Deutzer Gasmotorenfabrik in Deutz, jeder von 40 PS., aufgestellt, welche mit Generatorgasen betrieben werden. Sie machen 112 bis 160 Umdrehungen pro Minute. Jeder Motor betreibt durch Riemenübertragung 2 stehende, einfachwirkende Plungerpumpen von 0,4 m Hub und 205 mm Kolbendurchmesser, welche 40 bis 60 Hübe pro Minute machen. Jede Maschine fördert pro Stunde bis zu 90 cbm Wasser auf 65,0 m Höhe bei einem Arbeitsdrucke von 87,0 m. Bei der Maschinen-Garantie-Prüfung wurde bei maximalen Widerständen pro kg Anthracit eine Leistung von 314000 m × kg ermittelt.

In 7500 m Entfernung von der Gewinnungsstelle ist auf der zwischen Biebrich und Wiesbaden liegenden Adolfshöhe ein Hochreservoir von 1000 cbm Inhalt aus Stampfbeton hergestellt, welches aus 2 Kammern besteht. Es ist überwölbt und mit Erde überdeckt. Sein Boden liegt 60,0 m höher als die Flur der Pumpstation. Die Stadt liegt zwischen dem Reservoire und der Pumpstation, und zwar von letzterer 3200 m entfernt. Das Druckrohr hat bis zur Mitte der Stadt einen Durchmesser von 225 mm und führt dann mit 250 mm Durchmesser bis zum Reservoire. An der Stadtgrenze ist in die Druckleitung ein Windkessel eingeschaltet.

Ueber der Schieberkammer des Reservoires erhebt sich ein Thurm, dessen Parterregeschoss als ein Maschinenraum für eine Pumpe von 25 cbm stündlicher Leistung dient, welche durch einen Gasmotor von 4 PS. angetrieben wird. In diesem Thurme ist 32,0 m hoch über Terrain ein schmiedeeisernes Reservoir (System Intze) von 140 cbm Inhalt unter Dach und ummantelt aufgestellt, das durch die erwähnte Pumpe aus dem Erdreservoire mit Wasser gefüllt wird und zur Versorgung der am Adolfsberge sich bildenden Villencolonie dienen soll. Der Motor und die Pumpe sind von der Deutzer Gasmotorenfabrik in Deutz bezogen. Ersterer hat bei der gelegentlich der Abnahme vorgenommenen Probe pro cbm Gas eine Leistung von 267000 m × kg ergeben. Die Pumpe liefert pro Stunde 27 cbm Wasser, und sie ist von dieser beträchtlichen Grösse gewählt, um ihre tägliche Betriebszeit beschränken zu können.

Das Vertheilungsnetz für das Wasser ist hiernach in 2 Zonen getrennt. In dem einen ist ein Versorgungsdruck von 45,0 m, und in dem anderen ein solcher von 28,0 m bis 30,0 m über dem resp. Strassenniveau vorhanden. Das Rohrnetz ist nach dem Verästelungssysteme mit thunlichst verbundenen Enden hergestellt. Das Rohrnetz für die Niederdruckzone war auf 10600 m Länge projectirt und setzte sich, nach den Durchmessern getrennt, aus folgenden Längen zusammen:

Rohrdurchmesser mm	250	225	175	150	125	100	80
Rohrlänge m	1350	1150	500	1350	950	3200	2100.

Im Ganzen waren Ende 1897 14500 m Rohre von 250 mm bis 80 mm Durchmesser verlegt und damit 85 Schieber und 175 Hydranten verbunden, von denen 15 Ueberflurhydranten sind. Diese Hydranten stehen in ca. 60 m Entfernung von einander. Für die Zuleitungen und die Hausleitungen werden galvanisirte, schmiedeeiserne Rohre verwendet. Erstere haben meistens 20 mm Durchmesser und sind im Hause mit 2 Niederschraubventilen, eines vor und eines hinter dem Wassermesser, verbunden. Als Messer sind vorläufig zur Probe solche von C. A. Spanner, Wien-Aachen, H. Meinecke, Breslau, und Andrae, Stuttgart eingeführt, um mit letzterem Systeme gleichzeitig Studien zu machen.

Der tägliche Wasserverbrauch schwankte bislang zwischen 500 und 600 cbm.

Der Wasserpreis ist auf 25 Pf. pro cbm festgesetzt.

Eine Untersuchung des Wassers vom 16. Mai 1895, welche Dr. Fresenius und Dr. Frank vorgenommen haben, hat im Liter folgendes Resultat ergeben:

Kalk	142,7 mg
Chlor	23,6 »
Schwefelsäure	34,4 »
Magnesia	35,5 »
Salpetersäure	3,0 »
Natron	21,6 »
Kieselsäure	18,4 »
Eisenoxydul	Spur
Kaliumpermanganat zur Oxydation der organischen Substanz	1,52 »
Kohlensäure an Basen zu einfachen Carbonaten gebunden	131,7 »
Anorganische Substanz zusammen	405,6 »
Härte deutsche Grade, gesammte	19,24°
» bleibende	2,48°

Aus 4 Proben sind je 5 Colonien im ccm gezählt.

6. a. **Biedenkopf.** (E. 2811, W. 507 mit je 5,5 B.)

Für die Wasserversorgung der Stadt Biedenkopf dient eine Wasserleitung, welche mit natürlichem Gefälle aus 3 km Entfernung im Nordosten von der Stadt entspringendes Quellwasser zuführt. Diese Anlage ist im Jahre 1891 mit einem Kostenaufwande von M. 100000 im Ganzen oder M. 34,02 pro Kopf ausgeführt und liefert täglich ca. 150 cbm Wasser.

Das Wasser fliesst in ein 500 m von der Stadt entfernt liegendes, gemauertes Hochreservoir, das 300 cbm Inhalt hat und gelangt von hier durch ca. 900 m lange Rohrleitungen von 100 mm bis 60 mm Durchmesser zur Vertheilung. Es sind damit 46 Hydranten verbunden. 2 öffentliche Laufbrunnen werden daraus gespeist und 400 Häuser haben Anschlussleitungen.

Die vorhandene Wassermenge ist für die Stadt nicht genügend, und es sind zur Zeit Tiefbohrungen in Ausführung begriffen, um mehr Wasser für die Versorgung zu gewinnen.

7. d. **Braubach.** (E. 1925.)

Für die Wasserversorgung der Stadt Braubach ist eine Quellwasserleitung, welche der Ingenieur Max Hessemer in Ems hergestellt hat, vorhanden.

8. k. **Caub.** (E. 2300.)

Die Wasserversorgung der Stadt Caub erfolgt aus Brunnen in der Stadt. Es wird aber baldigst die Herstellung einer einheitlichen Anlage beabsichtigt.

9. h. **Cronberg i. Taunus.** (E. 2576, W. 397 mit je 6,2 B.)

Für die Wasserversorgung der Stadt Cronberg ist für deren Rechnung im Jahre 1888 eine Quellwasserleitung angelegt, welche M. 100000 im Ganzen oder M. 38,82 pro Kopf gekostet hat. Das Wasser wird aus Quellen vom Altkönig, 3800 m von der Stadt entfernt, gesammelt. Diese haben eine tägliche Ergiebigkeit von 450 cbm im Sommer. Das Wasser fliesst mit natürlichem Gefälle einem gemauerten Hochreservoire von 350 cbm Inhalt zu, dessen Wasserspiegel 100,0 m über dem Stadtterrain liegt und das ca. 1000 m von der Stadt entfernt ist.

Als Leitungen sind ca. 8000 lfd. m gusseiserne Rohre von 125 mm bis 60 mm Durchmesser verlegt. Damit sind 63 Hydranten und 12 öffentliche Laufbrunnen verbunden. 300 Häuser sind an die Wasserleitung angeschlossen. Der tägliche Wasserverbrauch beträgt im Mittel 365 cbm. 31 Wassermesser, welche von C. A. Spanner, Wien-Achen geliefert sind, sind aufgestellt. Diese haben folgende Dimensionen:

Durchmesser. mm	13	15	20	25	50	68	80	125
Stückzahl	4	10	10	2	2	1	1	1.

10. l. **Dausenau.** (E. 729.)

Die Wasserversorgung des Ortes Dausenau erfolgt durch eine Quellwasserleitung, welche der Ingenieur Max Hessemer in Ems hergestellt hat.

11. f. **Dehrn.** (E. 1151.)

Die Wasserversorgung des Schlosses Dehrn erfolgt durch künstlich gehobenes Grundwasser. Die Ausführung der Anlage ist von dem Ingenieur Max Hessemer in Ems nach seinem Projecte erfolgt.

12. l. **Diez.** (E. 4568, W. 420 mit je 10,9 B.)

Für die Wasserversorgung der Stadt Diez ist im Jahre 1889 für deren Rechnung durch den Maschinenfabrikanten Th. Ohl in Diez nach dessen Projecte eine Quellwasserleitung hergestellt, welche, einschliesslich des Grunderwerbes von M. 8000, im Ganzen M. 135000 oder pro Kopf M. 29,55 gekostet hat. Die Verwaltung der Anlage besorgt eine städtische Commission aus 3 Mitgliedern, deren Vorsitzender der Ingenieur Münch ist.

Die Quellen, welchen das Wasser entnommen wird, liegen 6 km von der Stadt entfernt in einem Walde der Gemeinde Holzheim. Ihre tägliche Lieferung beläuft sich auf ca. 190 cbm und der Wasserverbrauch beträgt ca. 170 cbm pro Tag. Das Wasser fliesst mit natürlichem Gefälle durch eine 6000 m lange Leitung von 120 mm Durchmesser zu einem Hochreservoire, das gemauert, überwölbt und 2,0 m tief in den Boden versenkt ist. Dieses besteht aus 2 Abtheilungen von je 300 cbm Inhalt. Es führt von hier eine 300 m lange Fallrohrleitung von 120 mm Durchmesser zum Vertheilungsnetze. Hinter diesem ist ein zweites Reservoir in gleicher Weise hergestellt, welches 150 cbm Inhalt hat und als Gegenreservoir dient.

Das Vertheilungsnetz ist nach dem Verästelungssysteme ausgeführt. Es steht constant unter einem einheitlichen Drucke, der normal 70,0 m beträgt. Die Rohrleitungen haben 120 mm bis 80 mm Durchmesser und sind mit 34 Ueberflurhydranten (Modell Bopp & Reuther) verbunden. Es sind 7 öffentliche Brunnen aufgestellt. Die Zuleitungen und die Hausleitungen bestehen aus Bleirohren. Es waren im Jahre 1897 358 Anschlussleitungen in Benutzung, und mit den Hausleitungen waren 25 Closets, 30 Badeeinrichtungen und 3 Springbrunnen verbunden. Ferner waren 86 Messer eingebaut, welche C. A. Spanner, Wien-Aachen geliefert hat und welche folgende Grössen haben:

Durchmesser mm	10	13	15	20
Stückzahl . . .	3	10	52	19.

Der Wasserverbrauch hat im letzten Jahre 65000 cbm betragen und zwar 50000 cbm für den Hausgebrauch, 12000 cbm für gewerbliche Zwecke und 3000 cbm für die öffentlichen Brunnen.

Der Wasserpreis beträgt 20 Pf. pro cbm.

13. b. **Dillenburg.** (E. 4091, W. 478 mit je 8,6 B.)

Für die Stadt Dillenburg ist nach dem Projecte des Wasserwerksdirectors Disselhoff in Hagen für städtische Rechnung eine Wasserversorgung angelegt, welche im Juli 1892 in Betrieb gekommen ist. Die Baukosten haben sich auf M. 95000 im Ganzen oder M. 23,22 pro Kopf belaufen. Die Leistungsfähigkeit der Anlage beträgt 300 cbm pro Tag. Die Verwaltung derselben wird von dem Rohrmeister Jüngst unter Aufsicht einer aus 5 Mitgliedern bestehenden, städtischen Commission besorgt.

Das Wasser wird aus 2 Quellen gewonnen und fliesst mit natürlichem Gefälle durch eine Leitung von 125 mm Durchmesser auf ca. 2000 m Entfernung einem zweitheiligen, gemauerten Hochreservoire zu, welches in den Boden versenkt ist und 200 cbm Inhalt hat. Von der Stadt liegt das Reservoir 300 m entfernt, und es fliesst das Wasser durch eine Fallrohrleitung von 125 mm Durchmesser zum Vertheilungsnetze, welches unter einem Drucke von im Mittel 45,0 m steht.

Dieses hat eine Länge von ca. 2600 lfd. m. Mit demselben sind in ca. 80 m Entfernung von einander 70 Hydranten verbunden. Die Rohrlegungen hat die Firma Bosch & Haag in Köln ausgeführt. Die 220 Wassermesser, welche am 1. April 1895 eingebaut waren und von Dreyer, Rosenkranz & Droop, Hannover geliefert sind, haben folgende Grössen:

Durchmesser mm	15	20	25	30
Stückzahl . . .	122	73	17	8.

Im Jahre 1894/95 sind im Ganzen 27042 cbm Wasser oder 74 cbm pro Tag und 18 Lit. pro Kopf und Tag abgegeben. Die grösste Abgabe im Tage betrug 86 cbm und die kleinste 65 cbm. Im Monate des grössten Consums sind 2580 cbm und in dem des kleinsten Consums 1970 cbm verbraucht. Von der Gesammtabgabe sind nach Messern resp. ohne Messer 23000 cbm resp. 4042 cbm oder 85,0% resp. 15% und für den Hausbedarf resp. für den Gewerbebetrieb sind 22759 cbm resp. 4283 cbm oder 84,2% resp. 15,8% abgegeben.

Die Wasserabgabe findet nur durch Messer statt, und es beträgt der Preis pro cbm für den Hausgebrauch bis zu 25 cbm im Monate 25 Pf. und für die ferneren 25 cbm bis zu 50 cbm 20 Pf. Für Wasser zum Gewerbebetriebe ist wenigstens für 50 cbm im Monate M. 7,50 zu zahlen. Der Mehrverbrauch kostet 15 Pf. pro cbm.

14. k. **Eltville.** (E. 3652.)

Für die Wasserversorgung der Stadt Eltville hat der Ingenieur Max Hessemer in Ems für seine Rechnung und nach seinem Projecte im Jahre 1893 eine Anlage hergestellt, welche er auch bis zum 1. Februar 1897 als Unternehmer betrieben hat. Ausser Eltville wird durch dieselbe auch der Ort Niederwalluf mit 1342 Einwohnern versorgt. Beide Orte zusammen haben 4994 E. in 480 W. mit je 10,4 B.

Die tägliche Leistung der Anlage beträgt 160 cbm und die Anlagekosten haben M. 180000 im Ganzen oder M. 36,04 pro Kopf betragen. Am 1. Februar 1897 ist das Werk für den Kaufpreis von M. 185000 in den Besitz der Stadt Eltville mit Niederwalluf als Consumenten übergegangen.

Ein Theil des Wassers wird durch die Fassung von 10 verschiedenen Quellen mittels Rohren von 150 mm Durchmesser gesammelt und mit natürlichem Gefälle einem aus Beton hergestellten, überwölbten und in die Erde versenkten Hochreservoire von 600 cbm Inhalt zugeführt, das ca. 5000 m entfernt von der Gewinnungsstelle liegt. Von diesem führt eine Fallrohrleitung von ca. 900 m Länge und 125 mm Durchmesser zum Vertheilungsnetze.

Der andere Theil des Wassers wird aus 2 Brunnen gewonnen, welche 19,0 m Tiefe haben und in dem oberen Theile von 1,0 m Durchmesser aus Mauerwerk ausgeführt und gesenkt sind. Der untere Theil der Brunnen ist gebohrt und mit schmiedeeisernen Rohren von 300 mm Durchmesser ausgefüttert. In einer daneben erbauten Pumpstation ist eine stehende Dampfmaschine aufgestellt, welche 2 stehende Plungerpumpen, die damit direct gekuppelt sind, betreibt. Sie fördert bei 50 Doppelhüben pro Minute 60 cbm Wasser pro Stunde nach dem ca. 800 m davon entfernten Hochreservoire durch eine Druckrohrleitung von 125 mm Durchmesser. Für die Dampfbereitung dient ein ausziehbarer Röhrenkessel von 30 qm Heizfläche, der von der Firma Kopp in Frankenthal geliefert ist, während A. L. G. Dehne in Halle a/Saale die Maschine geliefert hat.

Das Vertheilungsnetz steht unter einem einheitlichen, constanten Drucke von 45,0 m. Die Rohrleitungen haben ca. 16000 m Länge und bestehen aus Rohren von 150 mm bis 60 mm Durchmesser. Mit denselben sind 130 Schieber und 45 Unterflurhydranten mit Selbstentleerung verbunden. Die Rohre sind von R. Böcking & Comp. in Halbergerhütte geliefert.

Die Zuleitungen und die Hausleitungen bestehen aus geschwefelten Bleirohren von 25 mm und 20 mm Durchmesser; erstere sind mit Strassenhähnen versehen. In den im Jahre 1895 angeschlossenen 300 Häusern befanden sich 800 Zapfhähne, 20 Closets, 15 Badeeinrichtungen, 2 Springbrunnen und 2 Pissoire. Es sind 231 Wassermesser bis Ende 1895 von C. A. Spanner, Wien-Achen geliefert, von denen 127 Stück 13 mm, 76 Stück 20 mm und 28 Stück 25 mm Durchmesser haben.

Im Jahre 1894 sind im Ganzen 75000 cbm oder 206 cbm pro Tag abgegeben. Davon sind 1000 cbm zum Strassensprengen und 800 cbm zum Feuerlöschen verwendet.

Der Wasserpreis beträgt pro cbm 20 Pf.

Das Wasser hat eine Härte von 10 deutschen Graden.

15. l. **Ems.** (E. 6332.)

Für die Wasserversorgung der Stadt Ems, in welcher dafür früher nur Pumpenbrunnen von ca. 10,0 m Tiefe, von denen 14 öffentliche waren, benutzt wurden, die auch stets gutes Wasser in genügender Menge gaben, ist nach dem Projecte des Ingenieurs Dittmar in Köln durch die Firma J. & A. Aird in Berlin für städtische Rechnung im Jahre 1873 ein Wasserwerk für eine tägliche Leistung von 2100 cbm erbaut, das

M. 420256 im Ganzen oder M. 68 pro Kopf gekostet hat. Die Betriebsleitung desselben führt seit Beginn bis heute der Maschinenmeister Gilbert.

Das Wasser wurde oberhalb der Stadt am linken Ufer der Lahn Anfangs durch 6, dicht am Flusse strahlförmig verlegte, gelochte Thonrohrleitungen von 200 mm Durchmesser, die von nur geringer Länge waren, durch natürliche Filtration aus dem Flusse gesammelt und einem am Ufer in Mauerwerk hergestellten Vorbassin zugeführt, aus dem es durch eine 220 m lange Saugeleitung von 225 mm Durchmesser mittels eines Dampfpumpwerkes, das sich in einer landeinwärts hinter der Eisenbahn erbauten Pumpstation befindet, entnommen wird. Das Vorbassin hat eine Grundfläche von 2,5 m × 8,3 m. Sein wasserdichter Boden liegt 1,8 m tiefer als die Filterrohre, welche 1,0 m unter dem niedrigsten Wasserstande des Flusses verlegt sind und fast in das Bett der Lahn hineinreichen. Der höchste Wasserstand der Lahn liegt 4,2 m über deren niedrigsten Wasserstande und das Bassin ist 0,6 m hoch über ersterem durch Gewölbe oben abgeschlossen.

Die Pumpstation besteht aus einem Kesselhause von 7,0 m mal 13,0 m und einem Maschinenhause von 9,0 m mal 6,5 m lichter Fläche, in dessen oberer Etage sich die Wohnung des Maschinenmeisters befindet. Im Kesselraum liegen 2 Siederohrkessel. Die Hauptkessel haben 6,75 m Länge und 0,75 m Durchmesser. Jeder Kessel hat 46 qm Heizfläche und ist für 4,5 Atm. Dampfdruck concessionirt. Im Maschinenraume war Anfangs eine Balanciermaschine mit Schwungrad aufgestellt. Diese ist mit Schiebersteuerung versehen und arbeitet mit Condensation, für welche das Einspritzwasser früher aus der Druckleitung entnommen wurde. Der Dampfkolben hat 400 mm Durchmesser und 1,2 m Hub und macht pro Minute 27 Doppelspiele. Am Balancier hängen 3 doppeltwirkende Pumpen mit Scheibenkolben von 200 mm Durchmesser, welche in 7,3 m Tiefe unter Flur aufgestellt sind. Von diesen haben 2 je 0,6 m Hub und der der dritten Pumpe hat 0,8 m Hub. Letztere dient nur als Reserve. Die Maschine liefert pro Stunde mit den beiden Pumpen 110 cbm Wasser bei einem Arbeitsdruck von 59,0 m. Sie ist von F. A. Wever & Comp. in Barmen geliefert.

Von der Pumpstation führt eine 800 m lange Druckleitung von 235 mm Durchmesser zu einem zweitheiligen Hochreservoire auf dem Mahlberge, welches 443 cbm Nutzinhalt hat und aus Mauerwerk, überwölbt und in den Boden versenkt hergestellt ist. Von dem Hochreservoire aus führt eine 550 m lange Fallrohrleitung zum Versorgungsnetze, das unter einem constanten Drucke von ca. 50,0 m steht.

Das Wasser aus dem Vorbassin genügte qualitativ bei normalen Wasserständen der Lahn allen Ansprüchen. Bei Anschwellungen des Flusses zeigte es jedoch, ebenso wie dieser eine allerdings geringere, milchige Trübung durch starke, mineralische Verunreinigungen. Man ist desshalb im Jahre 1885 zur Herstellung von Versuchsbrunnen in weiterem Abstande vom Ufer des Flusses in der Hoffnung übergegangen, diesen Uebelstand zu beseitigen. Damit wurde aber ein befriedigendes Resultat nicht erreicht. Bohrungen, welche später am linken Ufer der Lahn stromaufwärts auf Veranlassung des Ingenieurs Grahn, damals in Coblenz, vorgenommen wurden, haben dann gezeigt, dass der Grundwasserstand hier allerdings mit den Schwankungen des Flusses variirte, aber selbst bei hoheren Wasserständen durch den Rückstein des von den Höhenzügen abfliessenden Grundwassers sich immer noch höher als der Flusswasserstand hält. Auf seinen Vorschlag ist, um dieses Grundwasser bei nur geringer Absenkung erhalten zu können, im Jahre 1890 in ca. 25 m Abstand von dem Lahnufer eine 300 m lange Leitung von gusseisernen Schlitzrohren von 400 mm Durchmesser verlegt, welche mit ihrer Rohrmitte 2,0 m tief unter dem tiefsten Wasserstande der Lahn liegt. Das eine Ende derselben mündet in das Vorbassin und das andere Ende tritt in einen aus gusseisernen Ringen von 1,2 m Durchmesser hergestellten Brunnen von 5,4 m Tiefe mit einem durch Beton geschlossenen Boden ein. Dieser Brunnen ist auch oben wasserdicht geschlossen und hat der Einmündung des Rohres von 400 mm gegenüber einen Ansatz für ein Rohr von 300 mm Durchmesser zur event. Verlängerung der Filterleitung und Vermeidung grösserer Absenkungen. Beide Eintritte der Rohre in den Brunnen sind durch Blechschieber geschlossen.

Die Verlegung der Filterrohre ist von der Firma Reuter & Straube in Halle a. d. Saale ausgeführt. Der Graben ist in 1,2 m Breite und 0,65 m tiefer als die Mitte des Rohres ausgeschachtet und später auf 1,2 m Höhe auf das sorgfältigste mit gesiebten und gewaschenen Materialien ausgefüllt. Um das Rohr herum ist auf 0,8 m Durchmesser Steinschlag von homogener Stückgrösse gepackt. Dann ist 1,5 m hoch über Grabensohle Kies und darüber 0,9 m hoch Sand schichtenweise eingebracht. Darauf liegt eine 1,2 m dicke, undurchlässige Lehmschicht und über dem darüber gebrachten Füllmateriale ist eine 0,5 m dicke Schicht von Mutterboden gebreitet. Die ganze Uferfläche ist mit Gefälle zum Flusse regelmässig planirt und mit einer Grasdecke versehen.

Weil die Balanciermaschine seit dem Jahre 1873 ohne eine grössere Reparatur bis zum Jahre 1891 also 18 Jahre fortlaufend in Betrieb gewesen war, so entschloss die Stadt sich zur Beschaffung einer Reservemaschine, welche nach Grahn's Projecte in dem Maschinenhause in den 5,3 m tiefen Hohlräumen der Fundamente der alten Maschine und an der Umfassungswand des alten Gebäudes ihren Platz gefunden hat. Es ist eine stehende Verbund-Wandmaschine mit Condensation, Receiver und Doppelschiebersteuerung. Ueber den Cylindern liegt ein Schwungrad und von ihren nach unten verlängerten Kolbenstangen werden direct 2 doppeltwirkende, stehende Differential-Plungerpumpen, deren jede 2 Ringventile hat, bewegt. Die Dampfcylinder haben 340 mm resp. 550 mm und die Plunger 230 mm resp. 170 mm Durchmesser und alle Kolben haben 0,6 m Hub. Die Maschine macht 40 Umdrehungen pro Minute und liefert 114 cbm Wasser pro Stunde. Für das Condensationswasser beider Maschinen ist ein besonderer Brunnen hergestellt. Für die Vereinigung der Druckleitungen beider Maschinen ist ein Druckwindkessel von 0,6 m Durchmesser und 2,6 m Höhe aufgestellt, von dem auch das Druckrohr der alten Maschine für beide Maschinen weiter führt.

Die Wasserabgabe für Private erfolgt seit einigen Jahren ausschliesslich durch Messer. Bis Ende 1895 waren deren 590 Stück geliefert und zwar 21 von Lux, Ludwigshafen, 2 von H. Meinecke, Breslau und 567 von C. A. Spanner, Wien-Aachen. Nach der Grösse vertheilen sich diese wie folgt:

Durchmesser mm	13	15	20	25	30	40	50
Stückzahl . . .	350	2	188	34	12	2	2.

16. h. **Eppstein.** (E. 840.)

Für die Wasserversorgung des Ortes Eppstein ist eine Quellwasserleitung nach dem Projecte des Ingenieurs Max Hessemer in Ems in Ausführung begriffen.

17. c. Frankfurt a. Main. (E. 228 750.)

a) Wasser vom Friedberger- und Knoblauchsfelde.

Bereits in den frühesten Zeiten ist in Frankfurt das Bedürfniss nach einer reichlichen und guten Wasserversorgung erkannt, und schon im Jahre 1394 und dann häufig wiederholt berichten alte Chroniken von der Aufstellung von neuen Brunnen und von neuen Zuführungen von Quellwasser zu öffentlichen Laufbrunnen etc.

Bereits im Jahre 1607 ertheilte der E. E. Rath an die Bauherren-Commission den Auftrag, eingehend zu berathen, »auf welche Weise mehr Wasser geschafft werden könnte«, nnd es ist damals in dem Friedberger Felde, welches nördlich von Frankfurt in einer sich zur Stadt senkenden Abdachung liegt, durch künstliche Drainage Wasser gesammelt. Dieses wurde Anfangs durch Bleirohre, dann durch hölzerne Rohre und schon im Jahre 1771 durch gusseiserne Rohre mit natürlichem Gefälle zur Stadt geleitet.

Im Jahre 1815 brachte der Bauinspector Hoffmann eine neue Wasserleitung aus dem Knoblauchsfelde in Vorschlag, weil durch die Demolirung der Festungswerke und durch unrationelle und regellose Vertiefung der vorhandenen Brunnen deren Ergiebigkeit gefährdet erschien. Nach seinem Projecte ist dann in den Jahren 1828 bis 1834 die Fassung im Knoblauchsfelde ausgeführt.

Die früheren Quellbrunnen im Friedberger Felde wurden dabei mit den neuen, im Knoblauchsfelde hergestellten Brunnen durch eine unterirdische Sammelgalerie von 920 m Länge in Verbindung gesetzt. Die Sammelstube auf ersterem Felde lag auf 123,0 m + 0 und auf letzterem auf 114,0 m + 0, und Rohrleitungen von 237 m Länge führten damals das Wasser zur Stadt. Hier gelangte es durch ein 17 000 m langes Vertheilungsnetz aus Rohren von 142 mm bis 97 mm Durchmesser zur Benutzung. Das Wasser hatte 14 bis 15 Härtegrade und enthielt im Liter 460 bis 550 mg feste Substanz, 23 bis 26 mg Chlor, 142 bis 150 mg Kalk und Magnesia und 34 mg organische Substanz. Es entspringt aus zerklüfteten Felsschichten, welche die zur untermiocänen Formation gehörigen, lettenartigen Schichten jener Abdachung durchsetzen.

Trotzdem man die Brunnenfassungen für diese Wassererschliessung durch nachträgliches Eintreiben von 10,0 m langen Rohren vertiefte, konnte das erwartete Wasserquantum nicht erhalten werden und bald trat sogar ein weiteres Zurückgehen des in den Quellgebieten angehäuften Wasservorrathes ein, so dass im Friedberger Felde nur noch 280 cbm und im Knoblauchsfelde nur noch 200 cbm in 24 Stunden vorhanden waren. Dabei wurde das Ungenügen der Grundwasserverhältnisse in der Stadt in qualitativer und quantitativer Beziehung immer mehr bei den hier vorhandenen gegrabenen Brunnen fühlbar. In der Mitte der 50er Jahre nahm der Wassermangel dann einen fast bedrohlichen Charakter an. Nur durch Absperrungen konnte in dem Quellgebiete überall Wasser gehalten werden, und nur wenige Stunden im Tage wurde solches in der Stadt abgegeben. Auch wurde durch Untersuchungen des Polizeiamtes constatirt, dass ein Theil der gegrabenen Brunnen überall kein Wasser enthielt und dass bei anderen Brunnen der untere Theil, in dem sich noch Wasser fand, meistens in wenigen Stunden leergepumpt war. Die Gesundheit und die Sicherheit der Einwohner erschien dadurch ernstlich bedroht, und die Aufmerksamkeit lenkte sich zur raschen Beseitigung dieses Zustandes auf die Quellen des Seehofes, welche schon in der ersten Hälfte des vorigen Jahrhunderts benutzt gewesen waren und sich eines guten Rufes erfreuten. Im Jahre 1856 am 27. Mai beschloss der Senat daher, diese Quellen zur Wasserversorgung der Stadt mit heranzuziehen.

b) Seehofspumpwerk.

Mit dem Baue des Seehofspumpwerkes, dessen Project vom Ingenieur Eckhardt unter Mitwirkung des Professors Redtenbacher ausgearbeitet und dessen Ausführung der Ingenieur W. Erhardt geleitet hat, ist am 16. Juni 1856 begonnen, und im October 1858 war das Werk nahezu vollendet. Der Voranschlag hatte sich auf M. 366 000 belaufen, und die Ausführung hat M. 623 000 gekostet. Am 13. December 1859 ist dann bei dem Fürsteneck in der Fassgasse nahe der alten Mainbrücke die neue Druckleitung mit dem alten Leitungsrohr verbunden, und seitdem wurde daraus der grösste Theil der städtischen Laufbrunnen gespeist, sowie auch die Versorgung von 400 bis 500 Hausanschlüssen mit gutem Wasser bewirkt. Allerdings schon im Jahre 1861, also 2 Jahre nach der Inbetriebnahme, wurde der Zufluss »etwas sparsam« und bald erhielten die Brunnen und die Privathäuser das Wasser nur noch während weniger Stunden des Tages.

Die Seehofsquellen liegen auf dem linken Mainufer am Uebergange des Sachsenhauser Berges in das flache Thalland und wurden früher von den Sachsenhauser Gärtnern benutzt. Das Wasser ist in einem gemauerten, früher offenen und später überwölbten Reservoire auf 107,0 m + 0 gefasst, welches 1550 cbm Inhalt hat. Durch Pumpen, welche von 2 Dampfmaschinen getrieben werden, wird es daraus mittels eines Druckrohres von 237 mm Durchmesser und 800 m Länge in ein gemauertes Hochreservoir gefördert, dessen Wasserspiegel auf 134,0 m + 0 liegt. Dieses Reservoir liegt am Hainerwege. Es hat 750 cbm Inhalt bei 3,8 m Wasserhöhe und von hier führt eine Leitung von 237 mm Durchmesser zum alten Vertheilungsnetze.

Vor der Erbauung des Pumpwerkes hatten die Quellen in den Jahren 1851 bis 1857 eine tägliche Ergiebigkeit von über 1900 cbm. In den Jahren 1858 bis 1860 sind sie aber zeitweise bis auf 630 cbm pro Tag zurückgegangen und liefern jetzt täglich nur noch 900 cbm. Gleichzeitig mit dem Baue des Seehofspumpwerkes wurde damals an der alten Mainbrücke ein durch Wasserkraft betriebenes, kleines Pumpwerk hergestellt, welches den Gärtnern rohes Mainwasser als Ersatz für das Quellwasser lieferte.

Das Seehofspumpwerk ist später zeitweise mit $^2/_3$ seiner Leistung für eine Jahresmiethe von M. 2500 an die Henninger'sche Brauerei überlassen, während das andere Drittel desselben dem städtischen Schlachthofe das Kühlwasser lieferte. Später ist das Wasser der Seehofsquelle, ebenso wie das vom Friedberger und Knoblauchsfelde, nur noch als Aushülfe beim Ungenügen der Quellwasserversorgung benutzt. Jetzt ist das Pumpwerk ganz an die Brauerei verpachtet und wird für städtische Zwecke überall nicht mehr benutzt. Das Reservoir am Hainerwege ist seitdem an die neue Flusswasserleitung angeschlossen.

c) Verschiedene Projecte der 60er Jahre.

Der vorerwähnte, sich bald nach der Inbetriebnahme des Seehofwerkes einstellende Rückgang der Leistungsfähigkeit desselben veranlasste die Stadt, den Geh. Oberbaurath Hagen in Berlin im Jahre 1861 zu einer

Aeusserung darüber aufzufordern, in welcher Weise am zweckmässigsten und erfolgreichsten dem dringenden Wasserbedürfnisse der Stadt abgeholfen werden könne. In seiner Antwort vom November desselben Jahres empfahl er, unter Verwerfung der Herstellung einer Quellwasserleitung wegen deren Unzuverlässigkeit im Allgemeinen, dafür Mainwasser zu wählen und dieses entweder durch natürliche Filtration mittels Filtergalerien am Flussufer entlang zu gewinnen, oder es direct aus dem Flusse auf künstliche Sandfilter zu heben und durch diese zu reinigen. Er sprach sich ferner dahin aus, dass eine Wasserabgabe von 23 Lit. pro Kopf pro Tag als eine ausreichende Wasserversorgung anzusehen sei.

Diese Hagen'schen Vorschläge wurden dann am 7. Februar 1862 von dem Senate geprüft und deren Annahme beschlossen. Im Jahre 1864 wurde jedoch vom Senate auf Anregung des Dr. Varrentrapp in Frankfurt und der Stadtvertretung eine aus 15 Personen bestehende Commission unter Varrentrapp's Vorsitz mit dem Auftrage berufen, festzustellen, eine wie grosse Wassermenge unter Berücksichtigung der Frankfurter Verhältnisse einer Flusswasserversorgung zu Grunde zu legen sei. Diese Commission übergab im Mai 1864 dem Senate eine Denkschrift, in welcher sie erklärte, dass der Ortsgebrauch eine tägliche Wassermenge von 138 Lit. pro Tag verlange, und dass für die Ausdehnung einer Wasserversorgung eine zukünftige Bevölkerung von 100000 Köpfen anzunehmen sei. Ein neues Werk sei daher für 13800 cbm pro Tag zu projectiren.

Um dieselbe Zeit trat der Dr. Volger in Frankfurt öffentlich als ein entschiedener Gegner gegen die Erbauung einer Mainwasserleitung auf. Er erbot sich dagegen, dem Senate »einen unterirdischen Wasserzug von völlig ausreichender, ja fast durch das höchste Bedürfniss der ganzen Gesammtstadt in unabsehbarer Zukunft nicht zu erschöpfender Ausgiebigkeit im Boden von Frankfurt nachzuweisen, dessen Vortrefflichkeit und Brauchbarkeit von keiner Quelle der ganzen Gegend übertroffen werde.« Er erklärte sich gleichzeitig gegen eine Zahlung von M. 94000 für die Anlagekosten des Brunnens und von M. 15 für jeden cbm seiner täglichen Lieferungsfähigkeit, oder gegen eine fortlaufende Zahlung von M. 7,40 für 1000 cbm des daraus entnommenen Wassers bereit, diesen Wasserzug zu öffnen.

Dem Senate wurde 3 Monate nach der Volger'schen Offerte auch von dem bekannten, französischen Bohrtechniker Kind, der den artesischen Brunnen von Passy erbohrt hat, eine Offerte gemacht, nach welcher er für M. 278000 in Frankfurt einen artesischen Brunnen herzustellen sich verpflichtete. Dieser Brunnen würde nach seiner Ueberzeugung in 24 Stunden mindestens 4000 cbm Wasser liefern können.

Am 6. November 1865 trat dann ferner noch an den Senat ein drittes, vom Ingenieur P. Schmick und vom Dr. Kerner in Frankfurt aufgestelltes Project für eine Wasserbeschaffung heran. Nach diesem sollte das Wasser von Quellen aus dem Vogelsberge mit natürlichem Gefälle der Stadt zugeleitet werden. Die Kosten dieser Anlage waren bei einer täglichen Lieferung von 13800 cbm Wasser für den Erwerb der Quellen und des Grundes, sowie für die Baukosten incl. der Zuleitung nach Frankfurt mittels eines Kanales auf M. 2638000 veranschlagt. Die Projectanten gingen in ihren Anschauungen von dem Grundsatze aus, »dass man sich nur mit dem minder Guten begnügen solle, bis die Erreichung des Besten als vollständig unmöglich erwiesen sei« und waren der Ansicht, dass die Qualität und Unveränderlichkeit des von ihnen vorgeschlagenen Wassers seit Jahrhunderten feststehe und nicht erst nachgewiesen zu werden brauche, sowie dass auch die Ergiebigkeit der Bezugsquelle über allem Zweifel erhaben sei. Der Senat stand damit vor 3 verschiedenen Projecten: Flusswasser, Brunnenwasser und Quellwasser und sonach vor einer gewiss recht schwierigen Entscheidung.

d) Brunnen am Riederspiess.

Nach vielen Verhandlungen gelangte die Offerte des Dr. Volger schliesslich in einer modificirten Form zur Annahme, und es wurde mit ihm ein förmlicher Vertrag zum Zwecke der Wasserversorgung Frankfurt's abgeschlossen. Der Gedanke an eine Mainwasserleitung, sowie an eine Vogelsbergleitung wurden vorläufig aufgegeben, und Dr. Volger hat in den folgenden Jahren seinen Brunnen im Röderwäldchen am Riederspiess erbaut.

Der Brunnen hat einen oberen Durchmesser von 6,05 m und eine Tiefe von 51,7 m. Sein oberer Rand liegt auf 102,0 m + 0. Schon im Jahre 1869 musste es nach der Art, wie Volger die Ausführung der Arbeiten vornahm, wahrscheinlich erscheinen, dass der Brunnen in absehbarer Zeit überall nicht würde in Benutzung kommen können. Er durchsenkt 8,5 m Mainkies, 6,0 m alttertiären Thon und 35,0 m rothliegenden Sandstein. Dieser hat eine gewellte Oberfläche, welche mit dem darüberliegenden Thon eingeebnet ist. Die grosse Tiefe hat er für den Brunnen gewählt, um zu demselben durch Stollen und Rohre aus möglichst weiten Entfernungen mit natürlichem Gefälle Wasser zufliessen lassen zu können.

Die Stadt hatte es übersehen, in dem Vertrage mit Volger einen Termin festzustellen, bis zu welchem der Brunnen fertiggestellt sein musste. Sie war aber nach dem Vertrage zur Uebernahme jederzeit verpflichtet, wenn eine Ergiebigkeit desselben von mindestens 2300 cbm an einem Tage nachgewiesen war. Andrerseits hatte Volger jedoch ein Interesse daran, den Brunnen zu einer möglichst grossen Lieferung zu bringen, weil die Mehrlieferung nach einem festgesetzten Einheitspreise extra bezahlt werden musste.

Es gelang der Stadt nach vielen Kämpfen, endlich eine Constatirung der momentanen Lieferung des Brunnens durch gerichtliche Sachverständige zu erreichen, und letztere kamen zu dem Resultate, dass der Brunnen am Tage des Versuches 3080 cbm Wasser geliefert habe. Die Stadt erklärte sich daher bereit, den Brunnen für M. 94000 zu übernehmen. Als sie jedoch später die baulichen Einrichtungen im und am Brunnen vornehmen lassen wollte, um ihn für den Betrieb benutzen zu können, erhob Volger eine Klage gegen die Ausführung dieser Arbeiten, weil dadurch die Ergiebigkeit des Brunnens würde leiden können und er seine Erschliessungsarbeiten noch nicht zum Abschlusse gebracht habe. Bei der Aussichtslosigkeit, in absehbarer Zeit die Angelegenheit auf dem Wege gerichtlicher Verhandlung zum Abschlusse zu bringen, einigte die Stadt sich mit Volger schliesslich dahin, dass sie ihm ausser obiger Summe M. 20000 dafür, dass er die Arbeiten am Brunnen aufgab und ferner M. 45900 für die 780 cbm tägliche Mehrlieferung zahlte, welche die Sachverständigen seiner Zeit als vorhanden constatirt hatten. Dabei hatte die Stadt aber noch einen Revers auszustellen, dass, wenn der Brunnen später beim Betriebe mehr als 3080 cbm pro Tag liefern sollte, dieses Mehr extra nach dem contractlichen Satze zu vergüten seien würde. Es ist das nicht nöthig geworden, und Volger hat daher für seinen Brunnen im Ganzen M. 159 900 erhalten.

Für städtische Rechnung konnte nun endlich die Pumpstation für den Brunnen hergestellt werden. In dieser befinden sich 2 Cornwallkessel von je 60 qm Heizfläche und für einen concessionirten Dampfdruck von 6 Atm. Ferner ist in derselben eine liegende Zwillingsmaschine mit Schwungrad und ohne Condensation aufgestellt, welche Dampfkolben von 450 mm Durchmesser und 0,7 m Hub hat. Diese macht 25 Umdrehungen pro Minute und hat eine Leistung von 72 PS. Von der Maschine kann auch die eine Hälfte allein arbeiten.

Von jeder Maschinenhälfte wird direct eine liegende, doppeltwirkende Plungerpumpe mit Glockenventilen betrieben, welche Kolben von 200 mm Durchmesser hat und 62 cbm pro Stunde liefert. Ferner betreibt jede Maschinenhälfte eine im Brunnen stehend aufgestellte, einfachwirkende Hebepumpe mittels Gestänge und Räderübersetzung. Diese Hebepumpen haben Scheibenkolben von 420 mm Durchmesser und Klappenventile und einen variablen Hub, der auf 2,19 m, resp. 1,95 m, resp. 1,64 m, resp. 1,34 m verstellbar ist. Sie giessen das Wasser in einen kleinen Sammelbehälter aus, aus dem es die Druckpumpen entnehmen.

Letztere fördern es dann durch eine ca. 3100 m lange Druckleitung von 250 mm resp. 300 mm Durchmesser nach dem Hochreservoire an der Friedberger Warte. Das Pumpwerk wird jetzt nur noch in Nothfällen benutzt. Der Brunnen liefert pro Tag 1000 cbm bis 1300 cbm Wasser, das eine Härte von 17,3° hat und im Liter 444 mg Gesammtrückstand enthält.

e) Quellwasserleitung vom Vogelsberge.

Der Misserfolg, den die Stadt mit dem Volger'schen Brunnen erlitten hatte, veranlasste verschiedene Frankfurter, unabhängig von der Stadt am 11. October 1869 zur Bildung eines Comité's zusammenzutreten, um eventuell die Durchführung des Vogelsberg-Projectes als Privatunternehmen in die Hand zu nehmen, weil dessen Ausführung in Folge der Verstaatlichung vom Jahre 1866 wesentlich erleichtert erschien.

Nach einer günstigen Begutachtung des Projectes durch den Geh. Rath Reuleaux in Berlin arbeitete der Oberingenieur Schmick dann den speciellen Bauplan aus, und am 12. Juli 1870 bildete sich nach vielen Verhandlungen eine Actiengesellschaft »Frankfurter Quellwasserleitung« für diesen Bau mit einem Kapitale von M. 3 500 000. Im October 1870 wurde mit der Ausführung der Anlage begonnen, und am 22. November 1873 fand die feierliche Eröffnung der Quellwasserleitung statt. Die specielle Bauleitung der ersten Anlage hat in den Händen Schmick's als Oberingenieur unter Assistenz der Ingenieure C. Friedrich und C. Blecken gelegen.

Durch dieses Werk sollte für eine Bevölkerung von 100 000 Einwohnern (damals hatte die Stadt 87 850 Einwohner) die nach dem früher erwähnten Commissionsberichte täglich als nöthig erachtete Wassermenge von 13 800 cbm aus dem Vogelsberge und aus dem Cassel- und Biebergrunde im Spessart erschlossen werden. Die Hauptzuleitung des Wassers zur Stadt hat eine Länge von 66 km erhalten und ist von vornherein für eine um ein Drittel höhere, tägliche Leistungsfähigkeit, nämlich für 18 400 cbm bemessen worden. Das Wasser fliesst bei Frankfurt in das Reservoir an der Friedberger Warte ab und wird von hier aus in der Stadt durch ein Rohrnetz, das Anfangs 78 km Länge hatte, vertheilt.

Weil die für die Arbeiten im Spessart nöthigen Expropriationen in Bayern sich sehr in die Länge zogen, so konnten die gesammten Fassungsarbeiten erst 2 Jahre nach der Eröffnung des Werkes völlig fertiggestellt werden, und erst am 8. December 1875 ist daher das beabsichtigte, volle tägliche Quantum von 13 800 cbm als zur Stadt fliessend constatirt. Während dieser Zeit ist auch ein zweites Hochreservoir, das Gegenreservoir in Sachsenhausen gebaut, und es haben ferner gleichzeitig auch vielfache Erweiterungen der Rohrleitungen stattgefunden.

Am 28. August 1876 ist die fertige Frankfurter Quellwasserleitung dann aus dem Besitze der Actiengesellschaft durch Kauf in den alleinigen Besitz der Stadt übergegangen. Die Leitung des Werkes wurde damals dem als städtischen Wasserwerksdirector angestellten Ingenieur Friedrich übertragen. Nach dessen Plänen und unter seiner Leitung ist auch in den Jahren 1878/79 der Bau der zweiten Abtheilung des Gegenreservoires in Sachsenhausen und die Vergrösserung des Hochreservoires an der Friedberger Warte ausgeführt.

Das rasche und nicht vorhergesehene Aufblühen der Stadt in den folgenden Jahren, verbunden mit der im Jahre 1877 erfolgten Eingemeindung Bornheim's, liessen das durch die Quellwasserleitung zur Verfügung gestellte Wasserquantum, das noch dazu schwankend war und von dem zur Zeit des grössten Bedürfnisses nur die geringste Menge zur Verfügung stand, bald als ungenügend erkennen. Dem zeitweise grössten Wassermangel in der Quellwasserleitung konnte man nur durch das Einleiten der früher erwähnten Zuflüsse vom Friedberger und vom Knoblauchsfelde und durch das Einpumpen des Wassers vom Seehof und aus dem Volger'schen Brunnen vorübergehend abhelfen. Auch eine dadurch erhoffte, Entlastung der Quellwasserleitung, dass man aus ihr den Bedarf von Wasser für Strassensprengen etc. nicht mehr entnahm und diese Versorgung ausschliesslich der vorerwähnten Mainwasser-Pumpstation mit dem alten städtischen Rohrnetze übertrug, war von keinem grossen Erfolge begleitet, obgleich in dieser Pumpstation das frühere Wasserrad, wie später mitgetheilt werden wird, durch eine Dampfmaschinenanlage ersetzt war. Es bedurfte dafür vielmehr der Erschliessung viel bedeutenderer, neuer Wasserquellen, deren weiterer Verfolgung hier jedoch eine kurze Besprechung der einzelnen Objecte der Quellwasserleitung vorhergehen soll.

1. Quellfassungen am Vogelsberge.

Die Vogelsbergquellen beim Dorfe Fischborn traten auf einer Hochebene von 19,5 ha Fläche hinter Bierstein in kleinen Thalsenkungen als 139 einzelne, kleine Wasserläufe, die in 4 Gruppen vertheilt sind, aus porösem und zerklüftetem Basalt, der auf dem undurchlässigen Basaltfelsen ruht, zu Tage. Von den 4 Gruppen bildet die erste die Quellen »am alten See« und den »Wehmersborn«. Die zweite Gruppe sind die Quellen in der »unteren Au«; die dritte Gruppe sind die in der »oberen Au«, und die vierte Gruppe endlich sind die Quellen »Aderborn«, »Lohfink«, »Born am Busch« und »Born am Wehr«. Die erste und die vierte Gruppe liegen im Westen, und die zweite und dritte Gruppe liegen im Osten vom Dorfe Reichenbach.

Von diesen 4 einzelnen Gruppen wird das Wasser durch Cementrohrleitungen in eine Kammer zusammengeführt, aus der eine Kanalleitung mit freiem Wasserspiegel von 450 mm Durchmesser zur Wasserkammer bei Bierstein führt. Für diese Leitung ist ein Zusammenfluss von 115 Sekundenliter angenommen. Die gesammte Länge der hierfür ausgeführten Kanalleitungen beträgt 3270 lfd. m, welche Durchmesser von 200 mm bis 450 mm haben. Von der Wasserkammer führt eine Druckleitung von 16 747 m Länge und 360 mm Durchmesser mit 76,0 m Gefälle auf der von Wächtersbach nach Bierstein führenden Strasse bis zum Aspenhainer Kopfe. Hier findet dann der Zusammenfluss der Quellen vom Vogelsberge und vom Spessart statt.

2. Quellfassungen am Spessart.

Die Quellen im Spessart entspringen im rothen Sandsteine auf einem Gebiete von 29 ha, das durch einen Bergrücken in 2 Thäler, den Casselgrund und den Liebergrund getheilt ist. Die Quellen traten hier als 12 einzelne, geschlossene Wasserläufe zu Tage. Diese sind einzeln in Brunnenkammern gefasst, deren jede aus einer Schieberkammer und einer Wasserkammer besteht. In die letzteren münden die Quellenkanäle ein.

Im Biebergrunde sind die Quellen Dachsborn, Unter- und Obermüller, Glasborn, kleine und obere Bieberquelle und kleiner Rossbach gefasst, und es sind dafür 4 Sammelkammern hergestellt. Im Casselgrunde sind die Quellen Giesserborn, Breiteruhborn, Langenborn, Dachsborn, Hummelsborn und Casselgrund gefasst und dafür 3 Sammelkammern hergestellt.

Die zwischenliegenden Bergrücken sind durch 2 Stollen für die Sammelleitungen durchschnitten. Der eine führt vom Schulbachthale zum Elsbachthale und der andere vom letzteren zum Büschelbachthale. Sie liegen in 100,0 m resp. 67,0 m Tiefe und haben 1022 m resp. 755 m Länge. Sie messen im Querschnitte 1,8 m im Quadrat. Das Wasser fliesst durch diese Stollen vom Biebergrunde zum Casselgrunde mittels eines Rohres von 600 mm Durchmesser, und dann weiter zur Vereinigung mit dem anderen Wasser zum Giesserborn. Von hier führt eine 7503 m lange Leitung von 533 mm Durchmesser mit 10,0 m Gefälle, die für 92 bis 115 Sekundenliter bestimmt ist, gleichfalls nach dem Aspenhainer Kopfe.

3. Zuleitung nach Frankfurt.

Auf dem Aspenhainer Kopfe ist ein überwölbtes Reservoir von quadratischem Grundrisse erbaut, das aus einem mittleren Einsteigeschachte und aus 4 über Kreuz gestellten Kammern besteht, von denen 2 als Wasserkammern und 2 als Schieberkammern dienen. Von letzteren ist die eine für den Eintritt und das zeitweise Ablassen des Wassers, und die andere für die Weiterleitung des Wassers bestimmt. Die Ablassleitung bildet ein Rohr von 1000 mm Durchmesser, welches zur Kinzig führt.

Von dem Reservoire führt die 45 314 m lange Hauptleitung von 533 mm Durchmesser mit 98,0 m Gesammtgefälle nach dem Friedberger Hochreservoire. Sie folgt streckenweise der Staatsstrasse und berührt der Reihe nach die Orte Haetz, Rothenbergen, Langenselbold, Buckingen, Hanau, Dörningheim, Mainkur und Seckbach. 19 Luftventile, 12 Absperrschieber und 21 Ablässe von 300 mm Durchmesser sind mit dieser Leitung verbunden.

Vor Langenselbold führt das Rohr über den 70,0 m hohen Berg, die Abtshecke, und auf dessen höchstem Punkte ist ein 15,0 m hoch ansteigendes, offenes Standrohr aufgestellt, das in der Höhe der Drucklinie einen Ueberfall hat. Damit ist der gleichzeitige Ablauf beider Rohrhälften, welche hierdurch zu 2 getrennten Syphons geworden sind, bei einem Rohrbruche verhindert. Dieses Standrohr ist von einem gemauerten, sechseckigen Thurme umgeben. Bei Seckbach mündet die Hauptleitung in eine Wasserkammer, und von hier aus fliesst das Wasser durch einen 720 m langen, gemauerten Kanal zu dem Hochreservoire an der Friedberger Warte.

Für die Beaufsichtigung der ganzen, vorstehend beschriebenen Fassungsanlagen und Zuleitungen sind 13 Personen: 1 Oberaufseher, 3 Aufseher und 9 Wächter angestellt.

4. Hochreservoire und Gegenreservoire.

Das Hochreservoir an der Friedberger Warte ist ursprünglich aus 2 Kammern hergestellt. Im Jahre 1879 ist eine dritte, und im Jahre 1889 ist eine vierte Kammer im Anschlusse an die beiden ersten ausgeführt. Jede der Kammern hat bei 3,84 m Wasserhöhe 6500 cbm Inhalt. Die 4 Kammern fassen also zusammen 26000 cbm bei ihren höchsten Wasserständen, die auf 144,74 m + 0 liegen. Jede Reservoirkammer bildet im Grundriss ein Rechteck und ist durch 15 Querwände, welche nur abwechselnd auf einer Seite an die Langwände anstossen, im Grundrisse so getheilt, dass das Wasser zickzackförmig durch jede Kammer hindurchfliessen muss.

Für die Wasserversorgung von Bornheim und für den hochliegenden, nordöstlichen Theil der Stadt führt von dem Reservoire aus ein 740 m langer Stollen von 1,45 m Breite und 1,97 m Höhe ab, der stellenweise 13 m tief liegt und bei Bornheim endet. Er dient auch gleichzeitig als Ueberlauf des Friedberger Reservoires, indem das Ueberlaufwasser aus dem Stollen zur Spülung in die Schwemmsiele eingeleitet ist. Von dem Stollen geht das Vertheilungsrohr für den bezeichneten Stadttheil, das 500 mm Durchmesser hat, ab.

Ein zweites Vertheilungsrohr von 600 mm Durchmesser führt direct vom Friedberger Hochreservoire in der Richtung von Nord nach Ost quer durch die Stadt und erreicht auf der linken Seite des Mains mit 500 mm Durchmesser in 1640 m Entfernung das Gegenreservoir in Sachsenhausen. Dessen Wasserspiegel liegt um 5,5 m tiefer als der des Friedberger Reservoires. Im Jahre 1875 ist von diesem Gegenreservoire die eine Hälfte und im Jahre 1878 die andere Hälfte erbaut. Beide Kammern zusammen fassen 5860 cbm und sind durch unterbrochene Quermauern, ähnlich wie das Friedberger Reservoir, zickzackförmig im Grundrisse getheilt.

Sämmtliche Reservoire sind in ihren Wänden aus Sandsteinmauerwerk und in ihren Gewölben und Böden aus Ziegelmauerwerk in Cementmörtel hergestellt und innen mit Cementmörtel geputzt. Sie sind in den Boden versenkt und oben mit Erde überdeckt.

5. Anlagekosten.

Die Anlagekosten der neuen Quellwasserversorgung haben einschliesslich des Stadtrohrnetzes mit Schiebern, Hydranten etc. M. 11 059 000, und ohne das Stadtrohrnetz M. 7 671 200 betragen. Die letztere Summe vertheilte sich auf die einzelnen Objecte wie folgt:

A. Vogelsberg.		
Erwerb und Grundankauf . . .	M. 139 300	
Mühlen- u Wiesenentschädigungen	» 504 700	
Quellfassungen und Druckleitungen bis zum Aspenhainer Kopfe . .	» 1 015 000	M. 1 659 000
B. Spessart.		
Erwerb und Grundankauf . . .	M. 76 300	
Mühlen u. Wiesenentschädigungen	» 145 700	
Quellfassungen und Druckleitung bis zum Aspenhainer Kopfe . .	» 1 249 500	M. 1 471 500
	Transport:	M 3 130 500

	Uebertrag:	M.	3130500

C. Zuleitung.

Erwerb und Grundankauf . . . M.	80700		
Mühlen etc. Entschädigungen . . »	64400		
Druckleitung und Hochbauten . . »	3201600	M.	3346700

D. Hochreservoir mit Kanal.

Grunderwerb . . . . M.	111100		
Baukosten . . . . »	810200	M.	921300

E. Gegenreservoir.

Grunderwerb . . . . M.	28300		
Baukosten . . . . »	244400	M.	272700
	Summa:	M.	7671200

6. Wasserbeschaffenheit.

Nach den durch Dr. Kerner ausgeführten chemischen Analysen enthält das Wassar im Liter:

Tabelle 279.

Quellengebiet	Vogelsberg	Spessart
	mg	mg
Chlornatrium	3,36	3,72
Kohlensaures Natron	7,99	2,32
Schwefelsauren Kalk	4,34	1,98
Kohlensauren Kalk	31,19	1,53
Kohlensaure Magnesia	33,20	0,13
Kieselsäure	29,03	6,96
Huminsubstanz	2,81	—
Salpetersäure, Eisen, Thonerde, organische Substanz	—	3,54
zusammen	111,92	20,18

im Mittel 66,05 mg

Die höchste Temperaturdifferenz an den Quellen hat 0,3° C. bei Lufttemperaturdifferenzen von — 0° bis + 22° betragen. In der Einlaufkammer des Hochreservoires ist 7,5° als Temperatur des Wassers bei — 10° der Luft und 13° des Wassers bei + 23° der Luft beobachtet.

f) Mainwasserleitung.

Bereits früher ist der alten Mainwasser-Pumpstation gedacht, welche, anfänglich mit Wasserkraft betrieben, für die Sachsenhauser Gärtner gedient hat, und welche später, mit Dampfkraft betrieben, für öffentliche Zwecke Flusswasser durch das alte städtische Rohrnetz zu liefern bestimmt wurde. Dieselbe befand sich an der alten Mainbrücke am linken Mainufer und lieferte unfiltrirtes Mainwasser. Die zunehmende Kalamität in Folge des immer weniger genügenden Quellwasserquantums liess dessen ausschliessliche Reservirung für die häuslichen Versorgungen wünschenswerth erscheinen, und das ist die Veranlassung gewesen, später für alle öffentlichen und gewerblichen Zwecke, sowie für den städtischen Schlacht- und Viehhof eine neue, grössere Pumpstation für Mainwasser zu erbauen.

Nach dem Entwurfe des Stadtbauraths W. H. Lindley ist unter Leitung des Bauinspectors Feineis mit einem Kostenaufwande von M. 300000 der Bau dieser neuen Mainwasserversorgung für eine tägliche Leistung von 6000 cbm ausgeführt. Im Mai 1884 ist diese Anlage in Betrieb gekommen. Schon im Jahre 1888 wurde sie mit einem ferneren Kostenaufwande von M. 165000 auf eine tägliche Leistungsfähigkeit von 9000 cbm erweitert. Das gleichzeitig entsprechend erweiterte Rohrnetz der alten Wasserleitung ist mittels einer Hauptdruckleitung von 400 mm mit den Pumpmaschinen verbunden.

Das Gebäude der Pumpstation liegt neben dem Schlacht- und Viehhofe und ca. 60 m vom Main entfernt. Das Wasser wird aus der Mitte des Flusses durch ein Zuflussrohr von 400 mm direct entnommen und fliesst in 2, unmittelbar am Ufer in Mauerwerk und überwölbt hergestellte Ablagerungsbassins, deren jedes 5 m × 16 m im Grundrisse misst. Von dem Innenraume dieser Reservoire ist am Kopfende ein 2,5 m breiter Theil durch einen 1,5 m hohen Ueberfall getrennt, und aus dem letzteren entnehmen die Saugerohre der Maschinenpumpen das Wasser. Die Pumpstation besteht aus einem Maschinenraume, einem Kesselraume und einem Kohlenraume. Ueber letzterem liegt die Maschinistenwohnung. In dem Maschinen- und Kesselraume sind 3 Maschinen und 4 Kessel aufgestellt, welche von der Hannover'schen Maschinenbau-Actiengesellschaft (vormals G. Egestorff) in Linden bei Hannover und von R. Wolf in Buckau geliefert sind.

Die Maschinen sind stehende Woolf'sche Condensationsmaschinen, deren Cylinder sich neben einander befinden und über denen hochliegend die Schwungradachsen gelagert sind. Die Cylinder haben 290 mm und 500 mm Durchmesser. Der Kolbenhub für beide Cylinder beträgt 0,7 m, und von jeder Kolbenstange wird direct eine untenstehende, einfachwirkende Pumpe mit einem Plunger von 260 mm Durchmesser und mit freien Ringventilen angetrieben. Jede Maschine fördert bei 30 Umdrehungen pro Minute 130 cbm pro Stunde auf eine Nutzhöhe von 41,0 m.

Von den Kesseln sind 3 Stück Einflammrohrkessel von 5,0 m Länge und 1,6 m Durchmesser. Sie haben Wellblech-Feuerrohre. Jeder Kessel hat 28 qm Heizfläche und ist für 7 Atm. Dampfdruck concessionirt. Der vierte Kessel ist ein Lokomobilkessel von 67 qm Heizfläche. Die Kesselanlage wird zugleich für die Zwecke des Schlacht- und Viehhofes mitbenutzt.

Das Wasser wird auf 4000 m Entfernung auf dem linken Mainufer dem bereits erwähnten Reservoire am Hainerwege, welches früher für das Seehofwasserwerk gedient hat, zugeführt. Auf dem rechten Mainufer ist an der Friedberger Landstrasse, 1250 m von der Pumpstation entfernt, noch ein neues Hochreservoir für dieses Wasser hergestellt, welches 1600 cbm Wasser fasst und dessen höchster Wasserstand auf 132,0 m + 0 liegt. Dieses ist aus Beton mit Backsteinpfeilern ausgeführt Es ist in den Boden versenkt, überwölbt und mit Erde überfüllt. Beide Reservoire sind durch ein Rohr von 237 mm Durchmesser mit einander verbunden.

g) Grundwasserleitung aus dem Stadtwalde.

Im Jahre 1882 hatte ein Project zur Fassung neuer Quellen für die Quellwasserleitung die Genehmigung der Stadtbehörden gefunden, durch welches die Quellfassungen im Spessart, entsprechend der Leistungsfähigkeit der vorhandenen Zuleitung, bis auf 13000 cbm pro Tag erhöht werden sollte. Der Kostenanschlag dafür belief sich auf M. 2318000. Aber die Ausführung scheiterte damals an den Schwierigkeiten, welche der Quellen- und Landerwerb und die überaus hohen Entschädigungsansprüche der Wasserberechtigten hervorriefen.

Im Jahre 1883 wurde nach dem Abgange des Directors Friedrich die Verwaltung der städtischen Wasserwerke mit der des Tiefbauamtes vereinigt, dessen technischer Leiter damals W. H. Lindley war. Nach dessen früheren Untersuchungen und directen Messungen constatirte Lindley zu jener Zeit, dass die Quellenwasserleitung, abweichend von der bisherigen allgemeinen Annahme, während der wasserbedürftigsten Zeit nicht 13 800 cbm, sondern nur etwa $^3/_4$ davon oder 10 300 cbm pro Tag geliefert hatte, und dass es daher dringend erforderlich wäre, so schnell als nur irgend möglich grössere Wassermengen zur Versorgung der Stadt zu beschaffen.

Sowohl beim Bau des Klärbeckens für die Kanalisation am »rothen Hamm« als auch bei den Schleusenbauten bei Okristel und bei Raunheim hatte man mit dem Andrange bedeutender Wassermengen zu kämpfen. Dadurch angeregt, hatte Lindley bereits in den Jahren 1883 und 1884 weitere Untersuchungen des umliegenden Terrains vorgenommen, welche einen mächtigen Grundwasserstrom, der von Südost nach Nordwest gegen die Flüsse Main und Rhein gerichtet ist, erkennen liessen. Dieser Strom erstreckt sich über eine Fläche von 200 bis 250 qkm Grösse und fällt auf dieser von 110,0 m + 0 auf 85,0 m + 0 und hat also ein Gefälle von durchschnittlich 1 : 500. Probebohrungen und mehrmonatliche Versuche liessen keinen Zweifel über die Mächtigkeit der wasserführenden Bodenschichten, sowie über deren Nachhaltigkeit zu. Die gute Beschaffenheit dieses Wassers zeigt das folgende Resultat einer ausgeführten Analyse im Liter:

Abdampfrückstand	79,8 mg
Organische Substanz	0,7 »
Chlor	5,6 »
Sauerstoffgehalt	5,4 ccm
Temperatur	9,5° C.
Deutsche Härtegrade	2,3°.

Am 15. April 1885 wurde ein die Gewinnung dieses Wassers bezweckendes Project, welches Lindley hatte ausarbeiten lassen, stadtseitig genehmigt und die erste der von ihm projectirten Fassungsanlagen, sowie eine provisorische Förderanlage dafür im Stadtwalde, südwestlich vom Oberforsthause, sofort in Angriff genommen. Hierfür, sowie für eine Druckleitung von dort bis zum Gegenreservoire bei Sachsenhausen wurde, dem Anschlage entsprechend, die Summe von M. 500 000 bewilligt. Schon nach 3 Monaten, am 16. Juli 1885 konnte diese Anlage in Betrieb gesetzt werden. Bis zum Herbst des Jahres 1885 ist sie unausgesetzt in Thätigkeit gewesen und hat während dieser Zeit pro Tag 3000 cbm Wasser und mehr in das Gegenreservoir gefördert.

Zur Wassererschliessung sind dafür schmiedeeiserne Futterrohre von 150 mm Durchmesser durch Wasserspülung auf 7,0 m bis 15,0 m Tiefe versenkt. In diese sind Brunnenrohre aus gezogenem Kupfer von 50 mm Durchmesser eingeführt, welche mit 3,0 bis 4,0 m langen Saugern verbunden sind, die aus durchlochten Wänden mit umgelegtem Kupferrepsgewebe bestehen. Diese Brunnenrohre sind aussen mit grobem, gewaschenem Kies umgeben, und darauf sind die Futterrohre wieder herausgezogen.

Die Brunnen stehen in ca. 5 m Entfernung von einander. Zu je 10 Stück verbindet sie ein gemeinschaftliches Saugerohr von 80 mm Durchmesser, aus dessen Mitte ein Rohr von 120 mm Durchmesser zum Anschlusse an das Hauptsaugerohr abzweigt. Vor dieser Verbindung ist in das Rohr ein Quecksilber-Vacuummeter, ein Absperrschieber und ein Wassermesser eingeschaltet, wofür ein gemauerter Schacht hergestellt ist. An das Hauptsaugerohr sind 14 solcher Gruppen, also im Ganzen 140 Brunnen angeschlossen. Dieses Rohr hat 700 m Länge und wächst in seinem Durchmesser von 250 mm allmählich auf 500 mm an. Dasselbe ist in der Höhe des Grundwasserstandes in einer 8 m breiten und 700 m langen schachtung von solcher Tiefe verlegt, dass das Rohr ca. 1,5 m tief unter deren Boden liegt. Zwischen je 2 Gruppen von Brunnen ist jedesmal noch ein Rohrbrunnen von 600 mm Durchmesser hergestellt, der bis auf die wasserführende Schicht hinabreicht. Diese 13 Zwischenbrunnen dienen als Reserve beim Ausschalten einzelner Gruppen.

Die gleichzeitig provisorisch hergestellte Förderanlage bestand aus 2 Lokomobilen von je 40 PS., jede durch Riemenübertragung für den Betrieb von 2 hintereinander geschalteten Centrifugalpumpen bestimmt. Damit sind damals bis zu 6000 cbm Wasser bei 700 Umdrehungen der Pumpen pro Minute auf 40,0 m Höhe durch eine 4250 m lange Druckleitung von 600 mm Durchmesser in das Ausgleichsreservoir gefördert. Die Kosten der Fassungsanlagen haben M. 203 296, die der Druckleitung M. 236 035 und die der provisorischen Förderanlage etc. M. 60 669 betragen, so dass die ganze Anlage M. 500 000 gekostet hat. Für eine definitive Pumpenanlage etc., sind später noch M. 40 000 verwendet.

Im Jahre 1887 ist, 2400 m von der Anlage am Oberforsthause entfernt und westlich von dieser gelegen, eine zweite derartige Wasserfassungsanlage im Stadtwalde im Waldbezirke Goldstein-Rauschen hergestellt. Das Hauptsaugerohr für diese liegt gleichfalls in einem 700 m langen und 8,0 m breiten Terraineinschnitte. An diesem Rohre hängen ebenfalls 140 Rohrbrunnen von der gleichen Construction, wie bei der ersten Anlage. Jeder der Brunnen ist für eine Lieferung von 0,5 bis 1,0 Secundenliter Wasser berechnet. Diese beiden Anlagen, die am Forsthause und die in Goldstein, können zusammen event. bis zu 12 000 cbm Wasser im Tage liefern.

Im Jahre 1893 ist endlich noch eine dritte Erschliessungsanlage am Hinkelsteine in Benutzung gekommen, welche 18 000 cbm pro 24 Stunden liefert. Diese besteht aus 210 Brunnen, die in 10 m Entfernung von einander liegen. Das Hauptsaugerohr derselben ist in einen gemauerten Stollen von 2100 m Länge und von 2,0 m Höhe im Lichten verlegt, der in etwa 15 m Tiefe unter Terrain und 1,5 m hoch über dem Grundwasserstande liegt. In der Mitte dieses Stollens befindet sich ein grosser, gemauerter Schacht, in dem die Pumpenanlage steht. Die Brunnen sind ähnlich wie die früheren ausgeführt. Ihre Futterrohre haben aber 250 mm Durchmesser und 14,0 m lange kupferne Saugerrohre von 70 mm Durchmesser erhalten. Von diesen bilden ca. 6 m Länge den eigentlichen Sauger.

Die Einrichtung der Pumpstationen im Jahre 1897 beim Oberforsthause, bei Goldstein und bei Hinkelstein in Betreff der Motoren, Pumpen und Kessel geht aus der Tabelle 280 (S. 359) hervor.

Zur besseren Ausnutzung der Grundwasserversorgung hat es sich als nöthig gezeigt, weil das Gegenreservoir in Sachsenhausen nur 5900 cbm fasst und das höher liegende Reservoir an der Friedberger Warte für das Grundwasser nicht ohne Weiteres benutzbar ist, am Sachsenhäuser Berge ein neues Hochreservoir herzustellen, welches aus 2 Abtheilungen von je 17 500 cbm bestehen wird und zu M. 1 842 000 veranschlagt ist. Vorläufig wurde nur die eine Hälfte davon nach dem im Jahre 1896 gefassten Beschlusse ausgeführt.

Im Sommer 1896 ist der Zulauf der Quellwasserleitung in der Zeit zwischen dem 1. Juli und dem 1. October von 14 840 cbm auf 10 380 cbm zurückgegangen, und es ist möglich gewesen, aus den Stationen im Stadtwalde bis zu 29 424 cbm pro Tag für die Versorgung zur Verfügung zu stellen, so dass der Gesammtbedarf der Stadt am Monatstage, der durchschnittlich 32 365 cbm (159 Lit p. K.) im Juli,

Tabelle 280.

Station	Oberforsthaus	Goldstein	Hinkelstein
1. Motoren.			
Zahl der Dampfmaschinen	2 Locomobilen	2 Locomobilen	2 stehende Masch.
System	eine Verbundm. eine Zwillingsm.	beide Zwillingsm.	beide Verbundm.
Cylinderdurchmesser	280 resp. 470 u. 240	300	540 resp. 820
Hub m	0,4	0,4	1,1
Umdrehungen pro Minute	110 bis 115	110 bis 116	20 bis 30
Leistung in PS.-Stde.	40 bis 50 30 bis 40	je 45 bis 55	je 80 bis 120
2. Pumpen.			
Zahl	2	2 Paare	2
System	Plungerpumpe	Centrifugalpumpe	Differentialpumpe
Kolbendurchmesser mm	260	—	254 resp. 348
Kolbenhub m	0,5	—	1,1
Doppelhübe pro Minute	30 bis 45	670 bis 720	40 bis 60
Förderhöhe m	50 bis 58	52 bis 62	65 bis 75
Leistung cbm pro Stunde	je 94 bis 135	jedes Paar 94—135	250 bis 375
3. Dampfkessel.			
Zahl	2	2	3
System	Locomobil	Locomobil	a) 2 Wellrohrkessel b) 1 Wasserrohrk.
Länge m	4,1	4,4	a) 8,5; b) 5,8
Durchmesser m	1,5	1,55	a) 2,0; b) 2,0
Heizfläche qm	43,7 resp. 42,5	je 50,3	a) 73; b) 152
Concess. Dampfdruck Atm.	7 resp. 6	7	8

31 887 cbm (157 Lit. p. K.) im August und 33 870 cbm (167 Lit. p. K.) im September betragen hat, genügend gedeckt werden konnte.

h) Bockenheimer Wasserwerk.

Durch die im Jahre 1894 erfolgte Eingemeindung der Stadt Bockenheim in den Stadtbezirk Frankfurt ist auch das dort in den Jahren 1889 bis 1891 für städtische Rechnung mit einem Kostenaufwande von M. 680 000 hergestellte Wasserwerk in den Besitz der Stadt Frankfurt übergegangen.

Nachdem eine im Jahre 1875 von der deutschen Wasserwerksgesellschaft in Frankfurt a/Main der Stadt Bockenheim gemachte Offerte für die Erbauung und den Betrieb eines dortigen Wasserwerkes von der Stadt abgelehnt war, hat Bockenheim später einen engeren Wettbewerb zur Herstellung von Projecten für eine solche Anlage ausgeschrieben. Daraus ist im Mai 1888 das von der Stadt zur Ausführung gewählte Project des Ingenieurs Gruner in Basel hervorgegangen. Die spätere Ausführung ist ohne Mitwirkung von Gruner in Regie und wesentlich abgeändert erfolgt. Für die Bauleitung wurde stadtseitig der Ingenieur G. Hoffmann in Frankfurt a/Main engagirt, der aber vor der Fertigstellung durch den Ingenieur Andrees ersetzt wurde. Der Bau ist in den Jahren 1889 bis 1891 hergestellt und hat im Ganzen M. 680 000 gekostet.

Statt der von Gruner vorgeschlagenen Wassererschliessungsstelle im Mainthale in der Nähe von Rödelheim ist eine andere, von ihm eventuell als geeignet bezeichnete Stelle gewählt, welche weiter nach Osten zu an der Nidda liegt. Die hier an dem ansteigenden, rechten Ufer des Flusses austretenden Quellen wurden von dem später zugezogenen Geh. Bergrathe Henoch in Gotha geeigneter, als eine Erschliessung bei Rödelheim gefunden. Die Wassererschliessung findet durch einen 360 m langen Stollen statt, der in den unteren Wandungen Einlassschlitze zur Sammlung des Grundwassers an seinem Sohlenkanale hat. Der Stollen ist bergmännisch ausgeführt und mit Beton durch die Firma Hüser & Comp. in Obercassel ausgebaut. Er hat einen elliptischen Querschnitt von 1,5 m Höhe und 0,8 m Breite im Lichten. Ein zweiter Stollen von 260 m Länge, der die Wassergewinnung vermehren sollte, erwies sich als ungeeignet, weil er dem ersten das Wasser entzog und ist desshalb nicht ausgemauert, sondern nur mit Steinschlag verfüllt.

Das Wasser wird aus dem Stollen in eine kleine, überbaute Sammelstube von 3,5 m Durchmesser und 4,7 m Tiefe geleitet, die mit Messeinrichtung, Ueber- und Umlauf etc. ausgerüstet ist. Es fliesst dann von hier durch ein Rohr von 300 mm Durchmesser und 35 m Länge einem wasserdichten Pumpenschachte zu, welcher aus gusseisernen Tübings von 3,9 m Durchmesser hergestellt ist. Er besteht aus 6 Ringen von je 1,5 m Höhe und ist in seinem Boden durch eine Betonschicht wasserdicht geschlossen, sowie oben durch eine eiserne Calotte überdeckt.

Die Pumpstation, welche 10 m entfernt von diesem Schachte und dem rechten Ufer der Nidda zugekehrt liegt, besteht aus einem Maschinen- und Kesselhause mit angebautem Kohlenraume. Im Maschinenraume sind 2 liegende, eincylindrige Dampfmaschinen mit Sulzer'scher Ventilsteuerung, mit Schwungrädern und mit Condensation aufgestellt. An die verlängerte Kolbenstange jeder Maschine ist direct eine liegende, Doppelplungerpumpe mit freien Ringventilen gekuppelt. Die Dampfkolben haben 510 mm Durchmesser und 0,75 m Hub. Die Pumpenplunger hatten anfänglich 225 mm Durchmesser; sie sind aber wegen des für diese Grösse ungenügenden Wasserzuflusses vorläufig durch solche von 175 mm Durchmesser ersetzt, bis eventuell mehr Wasser erschlossen ist. Die Förderhöhe für die Pumpen beträgt 42,0 m.

In dem Kesselhause liegen 2 Kessel, für welche nach dem Projecte des Lieferanten eine sehr ausgedehnte Vorwärmung für das Speisewasser ausgeführt ist. Hier ist noch Platz für einen dritten Kessel vorhanden. Die Kessel sind Einflammrohrkessel von je 30 qm Heizfläche mit Innenfeuerung. Sie haben 5,6 m Länge und 1,57 m Durchmesser im Mantel und 0,78 m Durchmesser im Feuerrohre. Sie sind von Jacques Piedebeuf in Aachen und die Maschinen sind von Gebr. Sulzer in Winterthur-Ludwigshafen geliefert. Zum Pumpenschachte führt von jeder Maschine ein Saugerrohr von 270 mm Durhmesser, und von dem gemeinschaftlichen Druckwindkessel in der Pumpstation führt ein Druckrohr von 300 mm Durchmesser und 3823 m Länge direct durch die Stadt zur Wasserabgabe mittels der sich anschliessenden Vertheilungsleitungen und dann weiter bis zu dem Hochreservoire. Das Druckrohr kreuzt gleich hinter der Pumpstation die Nidda durch einen 38 m langen, schmiedeeisernen Düker von 300 mm Durchmesser, welchen die Firma Pichler in Frankfurt a/Main verlegt hat.

Das Hochreservoir liegt an der Grenze der Gemarkung Bockenheim, nordöstlich vom Frankfurter Palmengarten. Es besteht aus einem schmiedeeisernen Reservoire (System Intze) von 700 cbm Inhalt, welches 11,2 m grössten Durchmesser und 8,4 m Gesammthöhe hat. Dasselbe ist mit Rabitz'schem Cementputz auf Drahtgewebe ummantelt und ist überdacht. Es steht auf einem 23,0 m hohen thurmartigen Unterbau, der im Lichten unten 10,5 m und oben 7,35 m Durchmesser hat. Das Reservoir ist von F. A. Neumann in Aachen geliefert und aufgestellt. Der höchste Wasserspiegel des Reservoires liegt auf 143,9 m + 0; dessen Tragering liegt auf 135,9 m + 0 und die Maschinenhausflur liegt auf 99,26 m + 0.

Die ungenügende Menge, welche die ausgefürhten Arbeiten zur Wassererschliessung ergeben hatten, hat zu weiteren Untersuchungen im Nordwesten von der Pumpstation die Veranlassung gegeben, die auch zu einem günstigen Resultate geführt haben. Durch den Einspruch der Nachbargemeinde war es aber nöthig, für deren Nutzbarmachung das Expropriationsrecht zu erwerben und die inzwischen erfolgte Eingemeindung der Stadt Bockenheim in die Stadt Frankfurt hat die Ausführung von neuen Anlagen verschoben.

i) Weitere Ausdehnung der Quellwasserleitung in den 90er Jahren.

Trotzdem die Wasserversorgung der Stadt durch den Einbezug des Grundwassers aus dem Stadtwalde vorläufig und für längere Zeit völlig gesichert erschien, sind später die Beratungen wegen eines verstärkten Zuflusses durch die Quellwasserleitung aus dem Vogelsberge nicht zum Stillstande gekommen.

Am 23. Mai 1890 ist den Stadtverordneten abermals ein Vertrag mit dem Fürsten zu Isenburg-Birstein zur Genehmigung unterbreitet. Gleichzeitig hatte der Magistrat den Antrag auf Bewilligung von M. 2300000 als Baukosten für die Fassung der Quellen des Salz- und des Brachtthales und deren Zuleitung nach Birstein und für die künstliche Hebung und Zuleitung der Quellen des Orbthales nach dem Aspenhainer Kopfe gestellt. Die zweifellos gegen diese Projecte zu erwartenden Einsprüche der Interessenten und die Besorgniss vor den Bedingungen, welche von der bayerischen Staatsregierung an die Ertheilung des dafür nöthigen Expropriationsrechtes geknüpft werden würden, hat die Stadtverordneten damals veranlasst, ihre Zustimmung zu der Vorlage zu verschieben.

Nach weiteren Verhandlungen mit den verschiedenen Regierungen, Interessenten etc. hat Lindley dann dieses Project dahin modificirt, dass für die beabsichtigte Ableitung von täglich 3000 cbm aus dem Vogelsberge das Bergwasser der Bracht am Forstkippel in einem zu einem Staureservoire auszubauenden Forstweiher oberhalb Illnhausen für die Wiesenbesitzer und für sonstige Interessenten angesammelt und ihnen als Compensation angeboten werden sollte. Den dann verbleibenden Ueberschuss von Bergwasser hat er ferner vorgeschlagen, zu filtriren und eventuell als Ergänzung zu benutzen, um der bestehenden Zuleitung nach Frankfurt davon noch soviel zuzuführen, dass das volle Quantum für ihre Leistungsfähigkeit von 23000 cbm pro Tag erlangt werden kann, um diese Möglichkeit überall ausnutzen zu können. Für eine fernere Zukunft hat er die Herstellung einer zweiten Zuleitung nach Frankfurt in's Auge gefasst, welche täglich gleichfalls 23000 cbm Wasser liefern sollte. Für diese neue Leitung wollte er dann gleichfalls Bergwasser benutzen, das durch den Ausbau des Höllenweihers zu einem Staureservoire gewonnen und vor seiner Einleitung künstlich filtrirt werden sollte.

Vor der Ausführung dieser Projecte war es jedoch nöthig, ausser dem Vertrage mit dem Fürsten Isenburg-Birstein noch einen Vertrag mit dem Fürsten Isenburg-Wächtersbach und ein Abkommen mit 33 Wiesengrundbesitzern wegen der nöthigen Ankäufe abzuschliessen. Im Juli 1894 wurden die vorstehend bezeichneten Projecte von der Stadtverwaltung im Allgemeinen genehmigt, und es ist ferner die generelle Zustimmung zu der Ratificirung der vorgelegten Verträge und zu sonstigen Abmachungen ertheilt worden. Ferner wurde als nöthig erkannt, für die Staureservoiranlagen, Filter etc. die landespolizeiliche Erlaubniss und das Expropriationsrecht einzuholen. Es sind damals auch noch M. 90000 für weitere Vorarbeiten und für die specielle Projectbearbeitung bewilligt.

Ob nach dieser Zeit die vorstehend angedeuteten Projecte in ihrer Ausführung weiter gefördert sind, hat nicht ermittelt werden können und nach einigen Andeutungen scheint die ganze Angelegenheit sogar in's Unbestimmte verschoben zu sein. Sollten die Anlagen aber wirklich in dem Umfange dereinst ausgeführt werden und dann die erhoffte Ergiebigkeit wirklich haben, so würde die Stadt Frankfurt täglich über folgende Wassermengen verfügen können:

1. Mainwasser unfiltrirt		9 000 cbm
2. Quellwasser		
a) vom Vogelsberg und Spessart jetzt	10 000 cbm	
b) desgl. zu erschliessen . .	3 000 »	
c) vom Seehof	1 200 »	14 200 cbm
3. Filtrirtes Bergwasser		
a) vorläufig beabsichtigt . .	10 000 cbm	
b) für später in Aussicht genommen	23 000 »	33 000 cbm
4. Grundwasser		
a) aus dem Stadtwalde . .	30 000 cbm	
b) vom Riederspiess . . .	1 200 »	
c) in Bockenheim	1 600 »	32 800 cbm
Es ergeben diese 8 Posten täglich zusammen		89 000 cbm.

Unter der Annahme, dass die von der vorerwähnten Varrentrapp'schen Commission vom Jahre 1864 als nöthig erachtete Wassermenge von 138 Lit. pro Kopf pro

Tag noch heute giltig ist, wird das für circa 645 000 Einwohner, also beinahe für eine Verdreifachung der jetzigen Einwohnerzahl genügen. Allerdings wird in der Zukunft zweifellos auf einige der bisherigen Bezugsquellen wohl dauernd verzichtet werden. In der That sind die Seehof- und die Riederspiessanlagen schon heute kaum mehr mitzurechnen.

k) Wasservertheilung.

Die Vertheilung des Wassers in der Stadt erfolgt durch 3 verschiedene Rohrnetze, deren eines nur für die frühere Stadt Bockenheim dient, während in der Stadt Frankfurt ein Rohrnetz für das Quellwasser und das Grundwasser und eines für das Flusswasser dient.

1. Leitungen für Mainwasser.

Die grösste von den Leitungen für das Flusswasser hat 400 mm Durchmesser. Die nachfolgende Tabelle 281 gibt für das Ende jedes der Betriebsjahre von 1888/89 bis 1895/96 die Länge der Rohre bis einschliesslich der in derselben Tabelle angegebenen Minimaldurchmesser an, ferner die Zahl der mit den Leitungen verbundenen Schieber, Hydranten, öffentlichen Springbrunnen und öffentlichen Pissoire und Aborte, sowie diejenige der Zuleitungen und Wassermesser.

Tabelle 281.

Jahr	1888/89	1889/90	1890/91	1891/92	1892/93	1893/94	1894/95	1895/96
Rohrlänge in m	9 916	10 362	32 844	34 196	37 193	43 275	46 535	47 186
bis zum Durchmesser von mm	150	150	100	100	100	50	50	50
Schieber	185	256	279	285	285	—	—	—
Hydranten	19	110	123	127	127	127	127	127
Springbrunnen	6	6	6	10	10	10	10	10
Oeffentliche Pissoire	33	33	33	33	37	40	40	33
» Aborte	—	—	—	4	5	5	7	5
Zahl der Zuleitungen	—	175	300	375	370	425	539	576
desgl. der Wassermesser	—	71	76	84	117	122	137	143

2. Leitungen für Quell- und Grundwasser.

Die Leitungen zur Vertheilung des Quell- und Grundwassers einschliesslich des Wassers, das den Reservoiren zeitweise aus dem Friedberger- und Knoblauchsfelde, sowie durch die Pumpwerke am Seehof und am Riederspiess zugeführt wird, bilden ein einheitlich über die ganze Stadt sich verzweigendes Rohrnetz mit constantem und einheitlichem Drucke, welches nach dem Circulationssysteme ausgeführt ist. Der Wasserdruck beträgt durchschnittlich 30,0 m in diesen Leitungen.

Dieses Rohrnetz hat sich bei dessen Uebernahme durch die Stadt am 1. April 1876 und 10 Jahre später am 1. April 1886 aus den in der Tabelle 282 angegebenen Durchmessern und Rohrlängen etc. zusammengesetzt.

Tabelle 282.

Durchmesser mm	m Rohrlänge ¼ 1876	¼ 1876 Zahl der Theilkästen	¼ 1876 Zahl der Schieber	m Rohrlänge ¼ 1886
600	1 641	—	—	1 641
540	675	2	3	675
500	1 488	2	3	2 517
450	—	—	—	470
400	1 677	5	9	1 677
360	779	2	4	779
300	848	2	5	854
280	892	2	3	892
250	—	—	—	1 443
200	11 419	9	36	15 694
180	2 537	2	13	2 537
160	5 018	—	16	5 032
150	572	—	14	2 399
120	9 106	—	47	9 538
100	67 021	—	575	98 346
80	320	—	32	265
50	136	—	179	318
zusammen	104 130	26	940	144 494
			Theilkästen	35
			Schieber	1 134

Die Gesammtlänge dieses Rohrnetzes von 600 mm bis 50 mm Durchmesser am Ende der verschiedenen Betriebsjahre von 1873 bis 1896/97 gibt die Tabelle 283 ebenso wie die Zahl der Schieber, Hydranten, Theilkästen, Ventilbrunnen, Pissoire und öffentlichen Aborte, welche damit verbunden waren, an.

Tabelle 283.

Jahr	Rohrlänge m	Schieber	Hydranten	Theilkästen	Oeffentl. Laufbrunnen	Oeffentl. Pissoire	Oeffentl. Aborte
1873	59 118	411	774	25	30	—	—
1874	96 535	788	1 026	27	49	—	—
1875/76	104 130	940	1 065	26	136	—	—
1878/79	120 296	1 096	1 078	30	153	—	—
1881/82	128 132	—	1 106	—	156	—	—
1885/86	144 494	1 134	1 311	35	167	—	—
1888/89	158 992	1 237	1 463	—	250	—	4
1889/90	166 780	1 300	1 500	—	180	—	4
1890/91	172 519	1 360	1 550	—	148	9	4
1891/92	175 950	1 394	1 590	—	162	12	—
1892/93	180 901	1 410	1 600	—	167	8	—
1893/94	190 615	—	1 608	—	174	14	—
1894/95	196 682	—	1 654	—	177	11	—
1895/96	202 068	—	1 724	—	179	8	1
1896/97	208 240	—	1 777	—	173	8	1

Die Entfernung der Hydranten von einander beträgt im Mittel 50 m. Die Hydranten haben je 2 Schlauchstutzen von 50 mm Durchmesser und sind zum Theil für Handentleerung und zum Theil für Selbstentleerung eingerichtet. Sie sind sämmtlich Unterflurhydranten mit Ausnahme von 57 Stück im Jahre 1896, 25 Stück im Jahre 1895 und 12 Stück im Jahre 1894, welche Ueberflurhydranten sind. Die älteren Laufbrunnen haben gemauerte Schächte, in denen die Ventile stehen. Die neueren sind direct in den Boden eingesetzt und sind von A. L. G. Dehne in Halle a. d. Saale geliefert. Die Rohre sind zum grössten Theile von der Friedrich-Wilhelmshütte in Mülheim a. d. Ruhr und von R. Böcking & Comp. in Halbergerhütte geliefert.

Die Tabelle 284 gibt für die Jahre 1873 bis 1896/97 die Zahl der Hausanschlüsse am Ende eines jeden Jahres, sowie diejenige der in dem Jahre hergestellten neuen Anschlüsse und bis zum Jahre 1885/86 auch die Länge der neuen Zuleitungen dafür an. Ferner ist darin die Zahl der benutzten Badeeinrichtungen, Closets und Privatspringbrunnen, sowie die der eingebauten Wassermesser aufgeführt.

Tabelle 284.

Jahr	Neu hergestellte Zuleitungen Zahl	Neu hergestellte Zuleitungen Länge in m	Vorhandene Zuleitungen	Badeeinrichtungen	Closets	Privatspringbrunnen	Wassermesser
1873	717	4 165	717	—	—	—	—
1874	1 214	6 501	1 931	417	4 349	98	—
1875	913	4 455	2 844	641	9 099	164	185
1876	793	3 820	3 637	—	—	—	280
1877	639	3 212	4 276	—	—	—	—
1. Quartal 1878	127	646	4 403	—	—	—	—
1878/79	492	2 322	4 895	1 167	18 365	225	—
1879/80	419	1 669	5 314	1 282	20 462	230	—
1880/81	333	1 448	5 647	—	—	—	—
1881/82	338	1 428	5 985	1 542	21 690	158	964
1882/83	263	1 097	6 248	—	—	—	—
1883/84	298	1 327	6 546	—	—	—	—
1884/85	241	944	6 787	—	—	—	—
1885/86	198	954	7 285	—	—	—	1 967
1888/89	225	—	7 500	—	31 886	—	—
1889/90	800	—	8 300	3 856	35 000	90	780
1890/91	394	—	8 694	4 680	—	109	1 082
1891/92	364	—	9 058	5 624	38 813	129	1 194
1892/93	320	—	9 378	6 864	40 964	156	1 236
1893/94	309	—	9 687	7 905	43 598	130	1 254
1894/95	281	—	9 968	8 665	46 075	121	1 785
1895/96	241	—	10 209	10 870	48 156	124	1 797
1896/97	183	—	10 392	10 092	50 082	128	1 908

3. Leitungen in Bockenheim.

Die Gesammtlänge der Leitungen von 300 bis 50 mm Durchmesser hat in Bockenheim am Ende des Jahres 1896/97 im Ganzen 18 378 m betragen. Damit waren 108 Absperrschieber und 4 Entleerungsschieber verbunden. 162 Unterflurhydranten mit Selbstentwässerung, welche, ebenso wie die Schieber, von Bopp & Reuther in Mannheim geliefert sind, waren in ca. 75 m Entfernung von einander aufgestellt. Die Rohre sind von R. Böcking & Comp. in Halbergerhütte geliefert und von H. Hermann in Nürnberg und von H. Pichler in Frankfurt a. Main verlegt.

Die am 1. April des Jahres 1897 aufgestellten 1032 Wassermesser sind sämmtlich von Wolff & Schreiber, Breslau geliefert. Es sind Trockenläufer mit feststehendem Zifferblatte. 10 Stück davon sind Untermesser für Miether.

Für die Stadt Frankfurt einschliesslich Bockenheim waren bis Ende des Jahres 1895 im Ganzen 3375 Wassermesser geliefert und zwar 777 von C. A. Spanner, Wien-Aachen, 37 von H. Meinecke, Breslau, 466 von Siemens & Halske, Berlin, 1086 von Bopp & Reuther, Mannheim, 2 von Lux, Ludwigshafen und 1007 von Wolff & Schreiber, Breslau. Nach der Grösse vertheilen diese sich wie folgt:

Durchmesser mm	7	10	12	13	15	20
Stückzahl . . .	22	290	140	669	562	1062
mm	25	30	33	40	50	68
Zahl	294	52	1	58	98	1
mm	75	80	100	125	175	200
Zahl	13	55	39	10	6	3.

Am 1. April 1897 waren von den in Frankfurt und Bockenheim eingebauten 3083 Messern 224 von Siemens & Halske, Berlin, 769 von C. A. Spanner, Wien-Aachen, 1036 von Valentin, Frankfurt, resp. Bopp & Reuther, Mannheim, 2 von Kinneyd, London, 5 von Verschiedenen und 1032 von Wolff & Schreiber, Breslau geliefert.

Die Zuleitungen sind in Frankfurt meistens aus gusseisernen Rohren von 50 mm Durchmesser hergestellt. Für Hausleitungen müssen bei Rohren von mehr als 30 mm Durchmesser solche aus Eisen verwendet werden, während bis zu dieser Grösse Bleirohre gestattet sind. In Bockenheim dagegen sind für die Zuleitungen geschwefelte Bleirohre vorgeschrieben. Nur solche von 50 mm und von grösseren Durchmessern müssen hier aus Gusseisen hergestellt werden.

l) Wasserabgabe.

Die Leitung der gesammten Wasserversorgung der Stadt war bis 1897 dem Stadtbaurath Beutel unter Assistenz des Betriebsinspektors Weber und ist seitdem dem Wasserwerksdirector Ibens unterstellt.

I. Bockenheim.

In Bockenheim ist der Anschluss an die Wasserleitung für sämmtliche Wohnhäuser obligatorisch, und es erfolgt die Abgabe von Wasser an Private ausschliesslich durch Wassermesser.

Die Tabelle 285 gibt für die beiden Jahre 1894/96 die Wasserabgabe im Ganzen und ob mit Messern oder ohne Messer erfolgt, sowie am mittleren Jahrestage und pro Kopf an.

Tabelle 285.

Jahr	1894/95	1895/96	1896/97
Gesammtabgabe . . cbm	230 018	292 570	277 689
Zunahme in % des Vorjahres	—	12,7	94,9
Abgabe am mittl. Tage cbm	630	799	761
desgl. pro Kopf . . Liter	30,7	38,0	34,6
Abgabe nach Messern cbm	200 593	231 082	239 747
in % der Gesammtabgabe	87,2	79,0	89,9
desgl. ohne Messer für öffentl Zwecke etc. cbm	29 425	61 082	27 942
in % der Gesammtabgabe	12,8	21,0	10,1

Im Jahre 1894/95 sind am Maximal- resp. am Minimaltage 1104 cbm resp. 273 cbm und pro Kopf 53,8 Lit. resp. 13,3 Lit. oder von 100 cbm der mittleren Tagesabgabe 191,1 % resp. 43,3 % abgegeben. Die Abgabe im Maximal- resp. im Minimalmonate hat betragen 24490 cbm resp. 12780 cbm.

Im Jahre 1895/96 resp. 1896/97 sind für den Kesselbetrieb 122235 kg resp. 112073 kg Ruhr-Nusskohlen verfeuert, was 44,76 kg resp. 44,0 kg für 100 cbm gefördertes Wasser und 2,81 kg resp. 2,71 kg pro PS.-Stunde ausmacht. Die Leistung pro kg Kohle hat 96008 m $\times$ kg resp. 99 741 m $\times$ kg betragen.

2. Frankfurt.

Die Versorgung von Frankfurt ohne Bockenheim erfolgt mit Quellwasser, das mit natürlichem Gefälle zufliesst, mit künstlich gehobenem Grundwasser und mit künstlich gehobenem Flusswasser. Das Verhältniss, in welchen diese 3 Arten von Wasser in den letzten 8 Jahren an der Versorgung der Stadt participirt haben, gibt die Tabelle 286 an.

Tabelle 286.

Jahr	Q Quellw mit nat. Gefälle cbm	G Künstlich gehoben Grundw. cbm	F Künstlich gehoben Flussw. cbm	S Gesammtmenge cbm	pro 100 cbm Q	pro 100 cbm G	pro 100 cbm F	im Ganzen Q + G	im Ganzen G + F
1889/90	5 329 213	1 943 644	800 000	8 072 857	66,0	24,1	9,9	90,1	34,0
1890/91	5 231 000	2 000 000	1 000 000	8 231 000	63,5	24,3	12,2	87,8	36,5
1891/92	5 645 881	2 394 727	1 270 969	9 311 577	60,6	25,8	13,6	86,4	39,4
1892/93	4 540 000	4 090 000	1 271 000	9 901 000	45,9	41,3	12,8	87,2	54,1
1893/94	5 018 694	4 240 136	1 506 215	10 765 045	46,6	39,5	13,9	86,1	53,4
1894/95	5 800 418	3 597 274	1 475 238	10 872 930	53,3	33,8	12,9	87,1	46,7
1895/96	5 211 634	5 441 285	1 542 319	12 195 238	42,7	44,6	12,7	87,3	57,3
1896/97	4 958 779	5 506 492	1 553 785	12 019 056	41,2	45,8	13,0	87,0	58,8

Die Tabelle 287 gibt für die 4 Betriebsjahre 1891/95 den Wasserverbrauch für öffentliche Zwecke im Ganzen und für die einzelnen Verwendungen, sowie Verhältnisszahlen für letztere Abgabe von der ganzen Abgabe für öffentliche Zwecke an und zwar wie vorhin getrennt nach Quell- und Grundwasser (Q + G), Flusswasser (F) und für alle 3 Arten (S) zusammen.

Tabelle 287.

Jahr		1891/92	1892/93	1893/94	1894/95
Wasser für öffentliche Zwecke . . . cbm	Q + G	100 000	—	487 014	561 163
	F	553 980	554 200	688 939	735 926
	S	653 980	554 200	1 175 953	1 297 089
desgl. von 100 cbm der Gesammtabgabe . .	Q + G	1,2	—	5,2	6,0
	F	43,5	43,6	45,6	49,9
	S	7,0	5,6	10,9	11,9
davon für Strassensprengen . . . . . cbm		179 750	180 000	220 000	217 160
» Springbrunnen . . . . »		224 230	224 200	250 000	250 000
» Bedürfnissanstalten . . . . . »		50 000	50 000	50 000	50 000
» Bewässern öffentlicher Anlagen . . . . »		—	—	100 000	100 000
» öffentliche Gebäude . . . . . »		100 000	100 000	455 953	579 929
» Rinnsteine und Kanalspülen . . . . »		100 000	—	100 000	100 000
Von 100 cbm für öffentliche Zwecke für					
Strassensprengen . . . . cbm		27,5	32,5	18,7	16,8
Springbrunnen . . . . »		34,3	40,4	21,3	19,3
Bedürfnissanstalten . . . . »		7,6	9,0	4,2	3,9
Bewässern öffentlicher Anlagen . . . . »		—	—	8,5	7,7
öffentliche Gebäude . . . . . . »		15,3	18,1	38,8	44,6
Rinnsteine und Kanalspülen . . . . . »		15,3	—	8,5	7,7

Die Tabelle 288 gibt für die letzten 9 Betriebsjahre für Frankfurt ohne Bockenheim die Wasserabgabe nach Quell- und Grundwasser (Q + G) und nach Flusswasser (F) getrennt, sowie im Ganzen (S) an und zwar für das ganze Jahr und die Tage des mittleren, des grössten und des kleinsten Consums und pro Kopf, ferner die Abgabe nach Messern und ohne Messer, sowie verschiedene Verhältnisszahlen an.

Tabelle 288.

Jahr		1888/89	1889/90	1890/91	1891/92	1892/93	1893/94	1894/95	1895/96	1896/97
Einwohnerzahl		160 000	170 000	180 000	186 000	191 000	198 000	203 000	208 000	213 000
Gesammtabgabe im Jahre cbm	Q + G	6 781 816	7 306 167	7 231 000	8 040 608	8 629 728	9 258 830	9 397 692	10 652 919	10 465 271
	F	505 350	793 500	1 000 000	1 270 969	1 257 555	1 506 215	1 475 238	1 542 319	1 553 785
	S	7 287 166	8 099 667	8 231 000	9 311 577	9 887 283	10 765 045	10 872 930	12 195 238	12 019 056
desgl. gegen 100 cbm des Vorjahres	Q + G	—	107,9	98,9	111,1	107,4	107,3	101,6	102,5	98,2
	F	—	157,0	126,0	127,1	98,8	119,8	97,9	113,4	100,7
	S	—	111,0	101,9	113,1	106,1	108,9	101,0	112,1	99,4
Tagesabgabe:										
Liter pro Kopf pro Tag im Mittel	Q + G	116	117	111	118	124	128	127	140	134
	F	9	12	14	19	18	21	20	20	20
	S	124	130	125	137	142	149	147	160	154
desgl. als Maximum	Q + G	175	165	154	172	188	189	179	192	185
	F	—	27	28	40	45	41	42	40	41
	S	—	192	182	212	233	230	221	232	226
am mittleren Jahrestage cbm	Q + G	18 580	20 000	20 023	21 969	23 643	25 367	25 747	29 106	28 609
	F	1 384	2 100	2 581	3 472	3 445	4 127	4 042	4 214	4 257
	S	19 964	22 100	22 604	25 441	27 088	29 494	29 789	33 320	32 866
am Maximaltage des Jahres cbm	Q + G	28 000	28 000	27 742	31 962	36 031	37 671	36 416	39 907	39 302
	F	—	4 650	5 059	7 436	8 616	8 206	8 596	8 371	8 729
	S	28 000	32 650	32 801	39 398	44 647	45 877	45 012	48 278	47 031
am Minimaltage des Jahres cbm	Q + G	12 000	12 000	13 043	15 350	16 710	17 538	19 216	19 957	18 764
	F	—	15	95	688	480	715	721	1 020	769
	S	12 000	12 015	13 138	16 038	17 190	18 253	19 937	20 977	19 533
Von 100 cbm am mittleren Jahrestage am:										
Maximaltage des Jahres cbm	Q + G	155,5	140,0	138,5	145,4	151,8	148,4	141,8	137,1	137,4
	F	—	221,4	196,0	214,1	250,2	198,8	212,6	194,6	205,0
	S	155,5	147,9	145,0	154,5	164,9	155,3	151,4	144,9	143,4
Minimaltage des Jahres cbm	Q + G	66,7	60,0	65,1	69,9	70,6	69,3	74,7	68,5	56,6
	F	—	0,7	3,6	19,8	13,9	17,3	17,9	24,2	17,9
	S	66,7	54,5	58,1	63,0	63,4	61,9	67,0	62,7	56,4
Mit und ohne Messer:										
Gesammtabgabe nach Messern cbm	Q + G	1 404 215	1 689 531	1 400 000	1 507 446	1 501 317	1 518 651	1 733 090	1 823 756	1 977 438
	F	109 754	190 000	208 000	377 970	257 573	239 074	315 658	313 820	240 675
	S	1 513 969	1 879 531	1 608 000	1 885 416	1 758 890	1 757 725	2 048 748	2 137 576	2 218 113
desgl. von 100 cbm Gesammtabgabe cbm	Q + G	20,7	23,1	19,4	18,8	17,3	16,4	18,5	17,1	18,9
	F	21,8	23,9	20,8	29,8	20,5	15,9	21,4	20,3	16,0
	S	20,8	23,2	19,5	20,2	17,7	16,3	18,9	17,5	18,5
Gesammtabgabe ohne Messer cbm	Q + G	5 377 601	5 616 636	5 831 000	6 533 162	7 128 411	7 740 179	7 664 602	8 829 163	8 487 833
	F	395 596	603 500	792 000	892 999	999 982	1 267 141	1 159 580	1 228 499	1 313 110
	S	5 773 197	6 220 136	6 623 000	7 426 161	8 128 393	9 007 320	8 824 182	10 057 662	9 800 943
desgl. von 100 cbm Gesammtabgabe cbm	Q + G	79,3	76,9	80,6	81,2	82,7	83,6	81,5	82,9	81,1
	F	78,2	76,1	79,2	70,2	79,5	84,1	78,6	79,7	84,0
	S	79,4	77,0	80,5	79,8	81,9	83,7	81,2	82,5	81,5

Die Tabelle 288 gibt für die letzten 7 Jahre die Zahl der Anschlüsse im Ganzen, sowie die der Anschlüsse ohne Messer und die der mit Messern getrennt nach denen für Quell- und Grundwasser (Q + G) und für Flusswasser (F) und im Ganzen (S), sowie ferner die Jahresabgabe für je einen Anschluss im Mittel an.

Tabelle 289.

	Messeranschlüsse			Anschlüsse ohne Messer			Anschlüsse im Ganzen			cbm Abgabe pro Anschl.		
	Q + G	F	S	Q + G	F	S	Q + G	F	S	Q + G	F	S
1889/90	780	71	851	7 520	104	7 624	8 300	175	8 475	881	4 539	955
1890/91	1 082	76	1 158	7 612	224	7 836	8 694	300	8 994	832	3 333	916
1891/92	1 194	84	1 278	7 864	286	8 150	9 058	370	9 428	889	3 441	989
1892/93	1 236	117	1 353	8 142	253	8 395	9 378	370	9 748	920	3 398	1 015
1893/94	1 254	115	1 369	8 433	310	8 743	9 687	425	10 112	956	3 546	1 064
1894/95	1 785	137	1 922	8 183	402	8 585	9 968	539	10 507	942	2 740	1 035
1895/96	1 797	143	1 940	8 412	433	8 845	10 209	576	10 785	1 043	2 677	1 129

Die Tabelle 290 gibt die Abgabe für Private im Ganzen, sowie nach Messern und ohne Messer und die betreffenden Verhältnisszahlen für die 4 Jahre von 1891/92 bis 1894/95, diese gleichfalls wieder getrennt nach Quell- und Grundwasser (Q + G), sowie nach Flusswasser (F) und für beide Arten (S) zusammen an.

Tabelle 290.

Jahr			1891/92	1892/93	1893/94	1894/95
Wasser für Private	cbm	Q + G	7 940 608	8 629 728	8 771 816	8 836 529
		F	716 949	716 800	817 276	936 204
		S	8 657 557	9 346 528	9 589 092	9 772 733
desgl. von 100 cbm Gesammtabgabe		Q + G	98,8	100,0	94,8	94,0
		F	56,5	56,4	54,4	50,1
		S	93,0	94,4	89,1	88,1
davon nach Messern	cbm	Q + G	1 095 659	1 100 000	1 131 637	1 271 927
		F	291 216	378 000	170 135	196 892
		S	1 386 875	1 478 000	1 301 772	1 468 819
desgl. von 100 cbm für Private		Q + G	13,8	12,7	12,9	14,4
		F	40,6	52,7	20,8	21,0
		S	16,0	15,8	13,6	15,0
für Private ohne Messer		Q + G	6 844 949	7 529 728	7 640 193	7 564 602
		F	425 733	338 800	647 141	739 312
		S	7 270 682	7 868 528	8 287 334	8 303 914
desgl. von 100 cbm für Private		Q + G	86,2	87,3	87,1	85,6
		F	59,4	47,3	79,2	79,0
		S	84,0	84,2	86,4	85,0

Die Zahlung für das Wasser zum Hausgebrauche wird in Frankfurt nach der Höhe des Miethwerthes der Wohnungen bestimmt und zwar wird M. 1 Wassergeld für je M. 25 Miethe im Jahre gezahlt, wobei Wohnungen unter M. 250 Miethe ganz frei bleiben. Für Geschäftsräume wird für je M. 100, falls der Miethwerth nicht mehr als M. 1000 beträgt, M. 1 und für das Mehr an Miethe desgleichen M. 1 für je M. 200 berechnet. Ferner ist jährlich zu zahlen für eine Badeeinrichtung M. 6, für Pissoire pro lfd. m oder pro Becken M. 10, für Höfe und Gärten M. 6 für je 100 qm bis 1000 qm und für die überschiessende Fläche M. 3 für je 100 qm etc.

Wassermesser müssen für gewerbliche Benutzung, sowie für Bauzwecke, für hydraulische Betriebe etc. aufgestellt werden, und es kostet 1 cbm Quell- oder Grundwasser 25 Pf. vom April bis September und 15 Pf. für die übrige Zeit. Messermiethe wird nicht erhoben.

Nach dem Ermessen des Tiefbauamtes kann es verlangt werden, dass für Gärten, Höfe, Springbrunnen, Pissoire, Bauzwecke, hydraulische Betriebe und sonstige geeignete, grössere und gewerbliche Zwecke Flusswasser durch Wassermesser statt des Quell- oder Grundwassers benutzt wird, und es ist für dieses Wasser, sofern davon mehr als 500 cbm im Quartal verbraucht wird, im Sommer pro cbm 15 Pf. und im Winter 10 Pf. zu zahlen. Bei vorhandenen Einrichtungen zum unmittelbaren Begiessen von Höfen und Gärten bezahlt die Stadt event. die Kosten für die verlangte Einführung des Flusswassers, wenn sie dessen Benutzung vorschreibt.

In Miethhäusern, in welchen sich offene, gemeinschaftliche Zapfstellen (Closets, Waschküchen etc.) befinden, haben sämmtliche Hausbewohner nach Maassgabe des Status das Wassergeld zu zahlen.

Jedes Grundstück, von welchem aus ein Closet oder ein Pissoir an die städtische Kanalleitung anschliesst, muss einen Anschluss an die städtische Wasserleitung haben.

18. k. Friedrichssegen. (E. 556.)

Für die Wasserversorgung des Ortes Friedrichssegen dient Quellwasser, das durch ein Pumpwerk künstlich gehoben wird. Die Anlage dafür ist von dem Ingenieur Max Hessemer in Ems ausgeführt.

19. k. Geisenheim. (E. 3390.)

Für die Wasserversorgung der Stadt Geisenheim ist im Jahre 1898 eine einheitliche Wasserversorgungsanlage für städtische Rechnung nach dem Projecte des Oberingenieurs P. Schmick und des Regierungsbaumeisters R. Schmick, beide in Frankfurt a/M., in Ausführung begriffen, welche zu M. 130000 im Ganzen, oder M. 33,78 pro Kopf veranschlagt und für eine tägliche Lieferung von 435 cbm bestimmt ist.

Das Wasser wird durch einen ca. 700 m langen Stollen im Taunusquarzit erschlossen und mit natürlichem Gefälle durch eine 2257 m lange Rohrleitung von 80 mm Durchmesser einem zweitheiligen Hochreservoire von 400 cbm Inhalt zugeführt. Dasselbe ist aus Mauerwerk hergestellt, überwölbt und in den Boden versenkt. Es liegt in 1410 m Entfernung vom Vertheilungsnetze, zu welchem eine Fallrohrleitung von 125 mm Durchmesser führt.

Das Vertheilungsnetz ist nach dem Circulationssysteme hergestellt; es steht unter einem einheitlichen, constanten Drucke von im Mittel 45,0 m. Die Gesammtlänge der Vertheilungsrohre beträgt 8765 lfd. m und setzt sich aus folgenden Längen und Durchmessern mit der angegebenen Zahl von Schiebern zusammen:

Rohrdurchmesser	mm	100	80	70
Rohrlänge	m	445	7995	325
Schieberzahl		4	36	7.

Es sind 55 Unterflurhydranten ohne Selbstentleerung in ca. 75 m Entfernung von einander aufgestellt. Die Zuleitungen werden aus geschwefelten Bleirohren hergestellt.

20. p. Georgenborn. (E. 154.)

Für die Wasserversorgung des Ortes Georgenborn liegt das Project zu einer Quellwasserleitung vor, das der Ingenieur Max Hessemer in Ems aufgestellt hat.

21. d. **St. Goarshausen.** (E. 1518, W. 202 mit je 7,4 B.)

Für die Wasserversorgung der Stadt St. Goarshausen ist im Jahre 1894 nach dem Projecte des Regierungsbaumeisters R. Schmick in Frankfurt a/M. für städtische Rechnung eine Anlage hergestellt, welche für eine tägliche Leistung von 100 cbm bestimmt ist und M. 75170 im Ganzen oder M. 49,65 pro Kopf gekostet hat. Die Verwaltung der Anlage liegt in den Händen des Bürgermeister v. Schwedler.

Das Wasser wird aus 2 Quellen gewonnen und durch Cementrohrleitungen von 100 mm Durchmesser und 300 m Länge in einem Sammelschachte zusammengeführt. Von hier fliesst es einem Hochreservoire mit natürlichem Gefälle zu, welches ca. 2000 m entfernt von den Quellen und ca. 1000 m vor der Stadt liegt. Die Zuleitung besteht aus 1300 lfd. m Cementrohren von 150 mm Durchmesser und 400 m gusseisernen Rohren von 100 mm Durchmesser. Das Reservoir liegt 60,0 m tiefer als die Quellen und 30,0 m höher als die Stadt. Es hat 100 cbm Inhalt und ist aus Bruchsteinmauerwerk ausgeführt. Es ist 3,0 m tief mit seiner Sohle in den Boden versenkt, überwölbt und mit Erde überdeckt.

Von dem Hochreservoire führt eine ca. 1000 m lange Fallrohrleitung von 100 mm Durchmesser zur Stadt. Das Stadtrohrnetz ist verästelt und besteht aus 3531 lfd. m Rohren mit 14 Schiebern von 100 mm und 106 lfd. m Rohren mit 6 Schiebern von 80 mm Durchmesser. Mit den Rohren sind 29 Unterflurhydranten von 65 mm Durchmesser mit Stöpselentleerungen verbunden. Es sind 5 Laufbrunnen aufgestellt. Die Rohre sind von P. Stühlen in Deutz geliefert.

Die Zuleitungen bestehen, ebenso wie die Hausleitungen, aus geschwefelten Bleirohren. Es waren im Jahre 1896 26 Wassermesser eingebaut, und zwar 2 von 13 mm, 4 von 15 mm, 9 von 20 mm, 10 von 25 mm und einer von 30 mm Durchmesser, welche von Dreyer, Rosenkranz & Droop, Hannover, geliefert sind. In 160 angeschlossenen Gebäuden befanden sich 294 Zapfhähne, 21 Closets und 4 Badeeinrichtungen.

Die gesammte Wasserabgabe hat im Jahre 1895 19000 cbm oder 52 cbm am mittleren Jahrestage und 35 Lit. pro Kopf pro Tag betragen. Davon sind 20% nach Messern und 80% ohne Messer abgegeben.

Der Wasserpreis nach Messern beträgt 25 Pf. pro cbm, und für den Messer ist ferner eine jährliche Miethe von M. 4 zu zahlen. Das Wasser für häusliche Zwecke wird nach Procenten der Gebäudesteuer berechnet. Ausserdem ist zu zahlen pro Jahr für ein Watercloset M. 2,50, für eine Badeeinrichtung oder einen Pissoirstand M. 5,00 etc.

22. g. **Gräfeneck.**

Die Wasserversorgung des Ortes Gräfeneck erfolgt durch eine Quellwasserleitung, welche der Ingenieur Max Hessemer in Ems ausgeführt hat.

23. k. **Grebenstein.** (E. 2220.)

Für die Wasserversorgung der Stadt Grebenstein ist eine einheitliche Anlage im Bau begriffen, für welche das Project von dem Regierungsbaumeister R. Schmick in Frankfurt a/M. aufgestellt ist. Dieselbe ist für eine tägliche Leistung von 300 cbm bestimmt und zu M. 98000 im Ganzen, oder M. 44,15 pro Kopf veranschlagt.

Das Wasser wird durch die Fassung der Quellen des Kreuzbrunnens bei Grebenstein gewonnen und durch ein Pumpwerk auf 46,3 m Höhe künstlich gehoben, welches durch Riemenübertragung von einer Knop'schen Turbine von 9 PS. Leistung bewegt wird und 25 cbm Wasser pro Stunde bei 50 Turbinenumdrehungen pro Minute liefert. Das Wasser wird aus einem Sammelbehälter von 10 cbm Inhalt entnommen und einem aus Mauerwerk hergestellten Hochreservoire, das überwölbt und in den Boden versenkt ist, zugeführt. Dasselbe hat 250 cbm Inhalt und ist in 2 Kammern getheilt. Sein Wasserspiegel liegt 41,5 m unter der Gewinnungsstelle und 260 m davon entfernt. Die Druckleitung hat, ebenso wie die Fallrohrleitung, 125 mm Durchmesser; letztere hat 440 m Länge bis zum Vertheilungsnetze.

Dieses ist nach dem Circulationssysteme hergestellt und steht unter einem einheitlichen und constanten Drucke von im Mittel 40,0 m. Die Vertheilungsleitungen haben 5745 m Länge und sind mit 46 Schiebern verbunden. Nach den Durchmessern getrennt setzen sich die Rohre und Schieber wie folgt zusammen:

Rohrdurchmesser	mm	100	80	70
Rohrlänge	m	300	3575	1870
Schieberzahl		2	27	17.

Es sind 46 Unterflurhydranten ohne Selbstentwässerung in ca. 75 m Entfernung von einander aufgestellt. Die Zuleitungen bestehen aus geschwefelten Bleirohren.

Eine chemische Untersuchung vom October 1895 hat im Lit. Wasser ergeben:

Abdampfrückstand	180,0	mg
Chlor	12,4	»
Schwefelsäure	6,8	»
Kieselsäure	9,6	»
Eisenoxyd und Thonerde	7,4	»
Kalk	59,0	»
Magnesia	2,5	»
Kali	6,5	»
Salpetersäure	Spur	
Salpetrige Säure, Ammoniak	Null	
Gesammthärte, deutsche Grade	6,2 °	
Bleibende Härte	0,48 °	

24. n. **Grenzhausen.** (E. 2000, W. 310 mit je 6,7 B.)

Für den Ort Grenzhausen ist nach dem Projecte des Ingenieurs Max Hessemer in Ems im Jahre 1893 für Rechnung der Gemeinde eine Wasserversorgung hergestellt, welche täglich 140 cbm liefert und M. 60000 im Ganzen oder M. 30,00 pro Kopf gekostet hat. Die Verwaltung dieser Anlage besorgt der Bürgermeister Corgilius.

Das Wasser wird durch Sammelrohre von Cement und in gemauerten Schächten gefasst und mittels Thonrohren in einer Sammelstube zusammen geleitet. Ca. 1000 m davon entfernt ist ein gemauertes und überwölbtes Hochreservoir von 160 cbm Inhalt erbaut, das aus 2 Kammern besteht. Dasselbe liegt ca. 800 m von der Stadt entfernt, und es erfolgt von hier aus die Vertheilung des Wassers unter einem einheitlichen und constanten Drucke von 40,0 m. Die Länge der Rohrleitungen von 125 bis 60 mm Durchmesser beträgt ca. 8000 m, und es sind mit denselben 10 Schieber und 25 Unterflurhydranten verbunden. Die Rohre sind von R. Böcking & Comp. in Halbergerhütte geliefert.

Die Zuleitungen für die Häuser haben Strassenhähne und sind aus Bleirohren von 20 mm und 25 mm Durchmesser hergestellt. Die Hausleitungen bestehen aus geschwefelten Bleirohren. Zur Zeit sind 320 Zapfhähne, 10 Closets und 5 Badeeinrichtungen in Benutzung. Das

Wasser wird durch Wassermesser abgegeben, deren 145 von C. A. Spanner, Wien-Aachen, geliefert sind. Davon haben 127 Stück 13 mm, 12 Stück 20 mm, 5 Stück 25 mm und 1 Stück 50 mm Durchmesser. Im Jahre 1894 sind im Ganzen 40000 cbm oder 110 cbm pro mittleren Jahrestag oder 55 Lit. pro Kopf pro Tag abgegeben.

Der Wasserpreis beträgt 20 Pf. pro cbm.

25. i. **Hachenburg.** (E. 1536.)

Für die Wasserversorgung der Stadt Hachenburg wird beabsichtigt, eine Hochquellenleitung herzustellen. Die Vorarbeiten dafür sind dem Kreisbaumeister Roth in Ahrweiler übertragen. Die Kosten für die Anlage werden nach einem Ueberschlage sich auf M. 75000 belaufen.

Gelegentlich der Vorarbeiten ist bei einer Aufgrabung im fiscalischen Walde in 4 km Entfernung von der Stadt eine alte Quellenfassung und eine Rohrleitung aufgefunden, die anscheinend von den Römern herrühren.

26. l. **Hahnstätten.** (E. 1076.)

Die Wasserversorgung des Ortes Hahnstätten erfolgt durch eine Quellwasserleitung, welche der Ingenieur Max Hessemer in Ems ausgeführt hat.

27. b. **Herborn.** (E. 3145, W. 410 mit je 7,7 B.)

Die Wasserversorgung der Stadt Herborn erfolgt seit dem Jahre 1890/91 durch eine für städtische Rechnung hergestellte Quellwasserleitung, welche M. 50000 im Ganzen, oder M. 16 pro Kopf gekostet hat. Das Wasser wird aus 2 Quellen, dem Kellerloche und dem Heiligenflosse, durch 6 Stollen, die in 700 m bis 1000 m Entfernung von der Stadt angelegt sind, erschlossen und fliesst mit natürlichem Gefälle zur Stadt. Die Ergiebigkeit der Quellen beträgt in der wasserärmsten Zeit 100 bis 110 cbm im Tage, und der Wasserverbrauch beträgt 90 bis 100 cbm pro Tag.

In 450 m Entfernung von der Stadt ist ein gemauertes Hochreservoir von 120 cbm Inhalt angelegt, das 28,0 m höher als das Stadtterrain liegt. Durch eine Rückstauvorrichtung am Reservoire kann auch noch Wasser in einem der Stollen in Reserve gestellt werden. Die Länge der gusseisernen Rohrleitungen beträgt ca. 2600 lfd. m von 100 mm, 80 mm und 60 mm Durchmesser. Damit sind 5 Ventilbrunnen und 30 Hydranten verbunden und 190 Häuser haben Anschlussleitungen. Von einer besonderen Zuleitung wird ferner ein Laufbrunnen gespeist.

28. e. **Hochheim.** (E. 3072, W. 480 mit je 6,4 B.)

Für die Wasserversorgung der Stadt Hochheim ist in dem Jahre 1895/96 für deren Rechnung von dem Civilingenieur Kullmann in Nürnberg nach dessen Projecte ein Wasserwerk für eine tägliche Leistung von 540 cbm erbaut. Die Anlagekosten haben M. 120000 oder pro Kopf M. 39,06 betragen. Sämmtliche Betriebsarbeiten für die Anlage besorgt ein Maschinist mit einem Hilfsarbeiter.

Das Wasser wird auf dem sich direct an den Taunus anschliessenden Plateau, auf dem auch die Stadt liegt, der sog. alten Mainterrasse, aus dem Grundwasser im Diluvialsande und Kies durch 3 Rohrbrunnen erschlossen, welche 7,0 m tief sind und in 110 m Entfernung von einander liegen. Sie haben 300 mm Durchmesser und bestehen aus geschlitzten und verzinnten Kupferrohren. Jeder der Brunnen hat einzeln 4 Secundenliter geliefert, und jetzt liefern die 3 Brunnen zusammen 6,25 Secundenliter.

Direct neben der Brunnenanlage und ca. 800 m von der Stadt entfernt ist ein Wasserthurm erbaut, in welchem ein schmiedeeisernes Hochreservoir (System Intze) von 110 cbm Inhalt so aufgestellt ist, dass dessen Wasserspiegel 36,0 m hoch über Terrain, sowie über dem Niveau der ganz eben liegenden Stadt liegt. In dem Parterregeschosse des Thurmes sind die Pumpen und in dem mittleren Geschosse sind die Motoren für die Wasserförderung aufgestellt, während das obere Geschoss unter dem Reservoire als Werkstätte und Messerprüfungsstation dient. Als Motoren dienen 2 Benzinmotoren, jeder von 4 PS., die von der Deutzer Motorenfabrik in Deutz geliefert sind. Für diese ist neben dem Thurme, in die Erde versenkt, ein Benzinraum hergestellt. Jeder Motor treibt mit Riemenübertragung 2 einfachwirkende Plungerpumpen, die gleichfalls von Deutz geliefert sind, an. Deren Kolben haben 115 mm Durchmesser und 0,3 m Hub. Jede Maschine fördert in der Stunde 22,5 cbm Wasser bei 65 Pumpenhüben pro Minute auf 42,0 m effective Höhe. Die Saugerohre der 3 Brunnen sind zu einem gemeinschaftlichen Rohre an den Pumpen vereinigt.

Von dem Druckrohre zum Reservoire zweigt das Versorgungsrohr zur Stadt direct ab. Die Vertheilungsrohre sind nach dem Verästelungssysteme mit verbundenen Endstrecken hergestellt. Der mittlere Druck im Vertheilungsnetze beträgt 30,0 m. Es sind ca. 6500 lfd. m Rohre von 175 mm bis 80 mm Durchmesser verlegt und mit 60 Unterflurhydranten und 10 öffentlichen Brunnen verbunden. Die Leitungen, sowie die Armaturen sind von der Firma H. Breuer & Comp. in Höchst fertig hergestellt. Die Zuleitungen haben einen Minimaldurchmesser von 20 mm und bestehen aus galvanisirten, schmiedeeisernen Rohren. Sie haben in den Boden eingefüllte Anbohrhähne und vor und hinter dem Wassermesser je ein Niederschraubventil. Vorläufig sind 180 Wassermesser von C. A. Spanner, Wien-Aachen, angeschafft.

Die Wasserabgabe erfolgt ausschliesslich durch der Stadt gehörige Messer, welche auch stadtseitig aufgestellt werden und für welche eine einmalige Zahlung von M. 5 bei 10 mm bis 20 mm, von M. 15 bei 25 mm bis 50 mm und von M. 30 bei grösserem Durchmesser zu leisten ist. Die Mindestzahlung für Wasser beträgt im Jahre M. 20. Dafür sind bis zu 100 cbm zu entnehmen und der Mehrverbrauch kostet 15 Pf. pro cbm.

29. e. **Höchst a. Main.** (E. 10783, W. 937 mit je 11,5 B.)

Für die Versorgung der Stadt Höchst ist am 1. December 1894 ein Wasserwerk eröffnet, welches in den Jahren 1893/94 von dem Oberingenieur P. Schmick und dem Regierungsbaumeister R. Schmick, beide in Frankfurt a/M., nach deren Projecte und für Rechnung der Stadt mit einem Kostenaufwande von M. 480000 im Ganzen oder M. 44,51 pro Kopf erbaut ist. Die tägliche Leistung der Anlage beträgt 2400 cbm bei 22stündigem Pumpenbetriebe. Die Betriebsleitung des Werkes ist unter der Controlle einer Wasserwerksdeputation, deren Vorsitzender der Bürgermeister ist, dem Ingenieur Hertwig unterstellt.

Das Wasser wird 1200 m von der Stadt entfernt am südlichen Fusse des Taunus und nahe der Mainzer Chaussee aus 2 Tiefbrunnen gewonnen, welche 3,0 m Durchmesser und 8,0 m Tiefe haben und aus Ziegelmauerwerk durch Senken hergestellt sind. Zur Wasserförderung dienen in der neben den Brunnen erbauten Pumpstation 2 liegende Verbundmaschinen, für welche 2 Kessel den nöthigen Dampf von 6 Atm. Pressung liefern.

Die Maschinen haben Ventilsteuerung und entwickeln bei 60 Umdrehungen pro Minute eine Leistung von je 20 PS. Die verlängerten Kolbenstangen einer jeden Maschine betreiben direct 2 doppeltwirkende Plungerpumpen mit freien Etagenventilen Jede Maschine fördert bei 60 Umdrehungen pro Minute 60 cbm Wasser in der Stunde auf 55,5 m Höhe. Die Dampfkolben haben 250 mm resp. 380 mm und die Plunger 150 mm Durchmesser. Der Hub sämmtlicher Kolben beträgt 0,5 m. Die Kessel sind Einflammrohrkessel von je 40 qm Heizfläche. Die Maschinen sind von der Nürnberger Maschinenbau-Actiengesellschaft in Nürnberg und die Kessel von der Firma Göhrig & Leuchs in Darmstadt geliefert.

Von dem gemeinschaftlichen Druckwindkessel beider Maschinen, der 1,1 m Durchmesser und 4,0 m Höhe hat, führt eine Druckleitung von 300 mm Durchmesser zu einem schmiedeeisernen Hochreservoire, das 150 m entfernt von den Tiefbrunnen liegt. Dasselbe ist nach dem System Intze ausgeführt. Es hat einen Inhalt von 750 cbm und steht auf einem 44,0 m hohen, gemauerten Unterbaue. Es ist ummantelt und überdacht, und sein Wasserspiegel liegt 55,5 m hoch über der Gewinnungsstelle.

Von dem Hochreservoire führt eine 1350 m lange Fallrohrleitung von 300 mm Durchmesser bis zum Vertheilungsnetze, welches nach dem Circulationssysteme angelegt ist. Es steht unter einem einheitlichen und constanten Drucke von 40,0 m. Am 1. December 1895 hatte es eine Länge von 16 190 m, die sich aus folgenden Durchmessern und Längen zusammensetzt:

Rohrdurchmesser mm	300	225	175	150	125	100	80
Rohrlänge . . . m	500	700	260	900	730	7200	5900.

Damit sind 120 Schieber und 124 Unterflurhydranten ohne Selbstentwässerung verbunden. Letztere stehen in 80 m bis 100 m Entfernung von einander. 4 öffentliche Pissoire sind mit Spülung versehen. Das ganze Rohrnetz mit allen Armaturen ist von der Firma H. Breuer & Comp. in Höchst geliefert und hergestellt.

Die Zuleitungen von 20 mm und 25 mm Durchmesser sind aus Bleirohren und die von 50 mm und 80 mm Durchmesser aus gusseisernen Rohren hergestellt. Die Hausleitungen bis zu 30 mm Durchmesser bestehen aus geschwefelten Bleirohren. Auf den Privatgrundstücken waren im Jahre 1896 ca. 1500 Zapfhähne, 200 Closets, 25 Pissoire, 50 Badeeinrichtungen, 5 Springbrunnen und 5 Hausreservoire in Benutzung. Bis Ende 1895 waren im Ganzen 92 Wassermesser, und zwar 35 von Dreyer, Rosenkranz & Droop, Hannover, und 57 von Bopp & Reuther, Mannheim, geliefert, welche folgende Grössen haben:

Durchmesser mm	15	20	25	30	40	50	65	80	100	150
Stückzahl . . .	2	37	25	7	4	3	4	5	3	2.

Die Wasserabgabe hat im Jahre 1894/95 vom 1. bis zum 1. December im Ganzen 325 000 cbm oder 890 cbm am mittleren Jahrestage betragen. Am Maximal- resp. am Minimaltage des Jahres, sowie am mittleren Tage des Monats und der Woche der Maximal- resp. der Minimalabgabe hat der Consum im Ganzen, resp. in Procenten des mittleren Jahrestages die Werthe in der Tabelle 291 gehabt.

Tabelle 291.

Jahr 1894/95	Maximum cbm	Maximum in %	Minimum cbm	Minimum in %
Jahrestag . . .	1 400	157,2	400	44,9
Monatstag . . .	1 322	149,1	450	50,6
Wochentag . . .	1 357	152,6	428	48,1
Stunde	160	18,0	25	2,8

Die Abgabe nach Messern und ohne Messer, ferner diejenige für Private und für öffentliche Zwecke, sowie letztere auch für die einzelnen Verbrauchszwecke ist im Ganzen und nach Procenten in der Tabelle 292 angegeben.

Tabelle 292.

Jahr 1894/95	im Ganzen	in %
Abgabe nach Messern . . . . cbm	312 000	96,0
» ohne Messer . . . . »	13 200	4,0
» für Private . . . . . »	293 100	90,1
» für öffentliche Zwecke . »	31 900	8,9
Von letzteren: Strassensprengen »	20 000	62,7
» » Kanalspülen . . »	10 000	31,3
» » öffentliche Pissoire »	1 200	3,8
» » Springbrunnen . »	700	2,2

Der Wasserpreis für den Hausgebrauch wird nach der Wohnungsmiethe berechnet; es ist zu zahlen für je M. 25 Miethe im Jahre M. 1,00 bis zur Höhe von M. 250 Miethe und M. 1,25 für höhere Miethen. Ferner ist zu zahlen: für eine Badeeinrichtung M. 6,00, für ein Pferd M. 3,00, für einen Pissoirstand M. 3,00 etc. Nach Wassermassen ist pro cbm zu zahlen bei einer Jahresabgabe

bis cbm .	1000	2000	5000	10 000	darüber
Pf. pro cbm	20	18	16	14	12.

Als Mindestzahlung gilt dafür die eventuelle Einschätzung nach dem Miethwerthe der Wohnungen, sowie für Gärten M. 50 und für gewerbliche Zwecke M. 25 im Jahre. Als Messermiethe werden 20 % des Anschaffungspreises der Messer im Jahre berechnet.

Jährlich findet 4 mal eine Wasseruntersuchung durch das chemische Institut von Dr. Popp und Dr. Becker in Frankfurt a/Main statt. Nach einer der Untersuchungen sind im Liter Wasser bestimmt:

Gesammtrückstand	328,6 mg
Kohlensaurer Kalk	211,3 »
Schwefelsaurer Kalk	35,6 »
Kohlensaure Magnesia	45,3 »
Chlormagnesium	4,6 »
Chlornatrium	6,9 »
Kieselsäure	12,6 »
Salpetersäure	10,2 »

Ammoniak und salpetrige Säure fehlen.

Die organische Substanz verlangte 0,7 mg Sauerstoff zur Oxydation.

Die Härte beträgt 13,26 deutsche Grade.

Im ccm sind 102 Keime gezählt.

30. n. **Höhr.** (E. 2931.)

Im Jahre 1892 ist für Rechnung der Gemeinde Höhr vom Ingenieur H. Scheven in Bochum eine Wasserversorgung ausgeführt, welche eine tägliche Maximalleistung von 400 cbm hat. Es entspricht das 142 Lit. pro Kopf der jetzigen Bevölkerung.

Es wird das Wasser einer Quelle durch eine geschlossene Leitung mit natürlichem Gefälle einem Hochreservoire zugeführt, welches nach dem Moniersysteme ausgeführt ist und von welchem aus die Vertheilung stattfindet.

31. m. **Hohenstein.** (E. 301.)

Die Wasserversorgung des Ortes Hohenstein erfolgt durch eine Quellwasserleitung, welche der Ingenieur Max Hessemer in Ems ausgeführt hat.

32. h. **Homburg v. d. Höhe.** (E. 9280, W. 881 mit je 10,5 B.)

Für die Wasserversorgung der Stadt Homburg ist schon im Jahre 1861 für städtische Rechnung von dem damaligen Stadtbaumeister Holler eine Anlage mit einem Kostenaufwande von M. 250000 hergestellt, durch welche Quellwasser künstlich zugeführt wurde. Die Quellen dieses Wassers liegen zum grossen Theile in dem Homburger Stadtwalde und in dessen nächster Umgebung. Sie sind in 3 verschiedenen Gruppen gefasst und mit natürlichem Gefälle in einer gemeinschaftlichen Sammelkammer zusammengeführt. Die 3 Leitungen sind die Wildgartenleitung, die Leitung vom Kennel- und Hesselborn und die Leitung vom Fuchsbruche mit dem Linden-, Geis- und Mausborn. In die letztere sind auch die Braumann- und die Heegwaldquelle eingeführt.

Die Ergiebigkeit dieser verschiedenen Zuleitungen hat im Jahre 1877 als Maximum 1382 cbm und als Minimum 300 cbm im Tage betragen. Etwa 1000 m von diesen Quellen entfernt liegt, 3000 m vor der Stadt und 60,0 m höher als das mittlere Stadtniveau, ein in den Boden versenktes, gemauertes Hochreservoir, welches überwölbt und mit Erde überfüllt ist und 738 cbm Inhalt hat.

Im Jahre 1888 sind die Wasserfassungen nach dem Projecte des Oberingenieurs P. Schmick in Frankfurt a/Main erweitert und die Anlagen haben zugleich einen völligen Umbau erfahren, durch welchen man 1500 cbm Wasser im Mittel pro Tag zu erhalten hoffte. Die Kosten für diese Erweiterungsbauten haben M. 132000 betragen.

Damals sind auch mehrere neue Quellenfassungen ausgeführt, sowie ferner 2 Wasseraufschlussstollen im Taunusgebirge hergestellt. Auch ist ein neues Hochreservoir, welches 1200 cbm Inhalt hat, in ähnlicher Weise wie das ältere Reservoir erbaut. Von den Aufschlussstollen führt je eine Leitung von 80 mm resp. 100 mm Durchmesser zu je einer der Sammelkammern der Quellen.

Die Leitung vom Hochreservoire zur Stadt hat 3200 m Länge und 250 mm Durchmesser. Die Versorgung erfolgt constant und unter einem normalen Drucke von 55,0 m. Das Vertheilungsnetz hat 14 850 m Länge und setzt sich aus folgenden Durchmessern zusammen:

Durchmesser mm	200	150	125	100	75
Länge . . . m	1854	2189	954	159	9694.

Die Rohre sind von der Kölnischen Maschinenbau-Actiengesellschaft in Bayenthal bei Köln geliefert. Mit denselben sind 130 Schieber und 82 Unterflurhydranten verbunden. Aus dem Rohrnetze werden ein Springbrunnen und 25 Laufbrunnen gespeist. Für die Zuleitungen, sowie für die Hausleitungen werden geschwefelte Bleirohre benutzt, und zwar für erstere von 20 mm und 30 mm Durchmesser. Es sind 620 Wassermesser eingebaut und im Ganzen waren bis Ende 1895 747 Messer geliefert und zwar 309 von Bopp & Beuther, Mannheim, 3 von C. A. Spanner, Wien-Aachen und 435 von Siemens & Halske, Berlin. Nach der Grösse vertheilen sich diese wie folgt:

Durchmesser mm	7	10	13	15	20	25	30	40	50	80	100
Stückzahl . . .	1	416	259	1	24	27	1	7	6	2	1

mm	150	200
Zahl	1	1.

Die Tabelle 293 gibt für das Jahr 1881 und für die beiden Jahre 1894 und 1895 die Wasserabgabe im Ganzen, pro Tag und am Maximal- und Minimaltage und pro Kopf, ferner die Abgabe durch und ohne Messer, die Zahl der eingebauten Messer und die mittlere Abgabe durch einen jeden, sowie einige Verhältnisszahlen an.

Tabelle 293.

Jahr	1881	1894	1895
Einwohnerzahl	8 336	8 900	9 729
Gesammte Wassermenge cbm	130 000	333 300	261 473
desgl. am Durchschnittstage »	356	913	715
am Maximaltage »	550	1 435	1 714
am Minimaltage »	210	409	610
in % des mittleren Tages:			
am Maximaltage % . cbm	154,5	157,2	240,0
am Minimaltage % . »	60,0	44,5	85,3
Lit. Abgabe pro Kopf pro Tag			
im Mittel	43	103	73
im Maximum	66	161	176
im Minimum	24	42	63
Abgabe ohne Messer cbm	30 000	155 600	81 176
» nach Messern »	100 000	177 700	180 297
Zahl der Messer	350	605	620
Abgabe pro Messer . cbm	186	294	290
von 100 cbm der Abgabe			
ohne Messer . . . cbm	33,0	46,7	31,1
nach Messern . . »	77,0	53,3	68,9

Die Wasserabgabe erfolgt ausschliesslich durch Messer bei Zahlung eines Minimalwassergeldes von M. 1,50 pro Monat. Der Wasserpreis ist verschieden für den Sommer und für den Winter und beträgt pro cbm 35 Pf. resp. 15 Pf. in Homburg selbst und 40 Pf. resp. 25 Pf. für auswärtige Abnehmer.

Nach einer am 16. und 17. September 1895 durch Dr. Micqula in Karlsruhe vorgenommenen bacteriologischen Untersuchung fehlen im Wasser pathogene Keime, welche auf eine Verunreinigung des Wassers schliessen liessen, vollständig.

33. m. **Idstein.** (E. 2790, W. 324 mit je 8,6 B.)

Für die Wasserversorgung der Stadt Idstein ist Anfangs des Jahres 1898 mit dem Baue einer Anlage nach dem Projecte und unter der Leitung des Ingenieurs H. Kullmann in Nürnberg begonnen, welche für eine tägliche Leistung von 360 cbm bestimmt ist. Der Kostenanschlag beträgt M. 128000 oder M. 45,72 pro Kopf. Die Betriebsleitung wird später dem städtischen Bautechniker übertragen werden.

Das Wasser wird im Taunusschiefer durch eine 400 m lange Sammelleitung aus geschlitzten Rohren von 175 mm Durchmesser erschlossen, welche aussen durch 3 Lagen von Kies von verschiedenen Korngrössen vor dem Eindringen von Sand geschützt sind und das Wasser in eine Sammelstube zusammen führen. 960 m entfernt von hier ist ein Hochreservoir von 250 cbm Inhalt aus Beton hergestellt, dem das Wasser mit natürlichem Gefälle zufliesst.

Von hier führt eine Fallrohrleitung von 625 m Länge zum Vertheilungsnetze, das nach dem Verästelungssysteme mit theils verbundenen Endstrecken hergestellt ist. Die Wasserabgabe erfolgt constant und einheitlich unter einem Drucke von im Mittel 40,0 m. Die Länge der Rohrleitungen von 175 mm bis 80 mm Durchmesser beträgt 4850 lfd. m. Damit sind 34 Schieber, 4 öffentliche Brunnen, 4 Spülschieber und 58 Hydranten verbunden, von welchen 40 Stück Unterflurhydranten mit Ventilsitzen von 80 mm und 18 Stück Ueberflurhydranten mit Sitzen von 100 mm Durchmesser sind. Die Zuleitungen und die Hausleitungen werden aus galvanisirten, schmiedeeisernen Rohren hergestellt.

34. l. **Kettenbach.** (E. 408.)

Die Wasserversorgung des Ortes Kettenbach erfolgt durch eine Quellwasserleitung, welche der Ingenieur Max Hessemer in Ems ausgeführt hat.

35. m. **Langenschwalbach.** (E. 2837.)

Für die Stadt und das Bad Langenschwalbach hat der Ingenieur Max Hessemer in Ems im Jahre 1895/96 nach seinem Projecte eine Wasserversorgung von 300 cbm täglicher Leistung mit einem Kostenaufwande von M. 170000 oder M. 60,00 pro Kopf ausgeführt.

Das Wasser wird durch Sammelbrunnen und Sickerrohre aus Cement und von 350 mm Durchmesser aus 5 Quellen erschlossen und durch Thonrohre von 150 mm Durchmesser in 2 Sammelkammern von je 100 cbm Inhalt zusammengeführt. Für die Ausführung der Wasserfassungsarbeiten ist zum Schutze der Mineralquellen eine Genehmigung des Oberbergamtes in Bonn erforderlich gewesen. Die Wasservertheilung findet in 2 getrennten Zonen unter verschiedenem Drucke statt, deren jede ein besonderes Hochreservoir hat.

Das Reservoir für die untere Zone hat 800 cbm Inhalt und liegt 300 m von der Gewinnungsstelle und 500 m von der Stadt entfernt. Die Zuleitung von ersterer zum Reservoire erfolgt mit natürlichem Gefälle und hat 150 mm Durchmesser. Von dem Reservoire geht eine Fallrohrleitung von 125 mm Durchmesser ab. Das Reservoir für die obere Zone hat 200 cbm Inhalt und liegt 450 m von der Gewinnungsstelle und 800 m von der Stadt entfernt. Der Durchmesser der Zuleitung zu diesem Reservoire beträgt 150 mm und der der Fallrohrleitung von demselben zur Stadt 100 mm. Beide Reservoire sind auf Böden von Beton aus Mauerwerk aufgeführt, überwölbt und in das Terrain versenkt.

Das Wasser für die obere Zone wird künstlich gehoben. Es sind dafür 2 Benzinmotoren von je 12 PS. aufgestellt, welche die Deutzer Motorenfabrik in Deutz geliefert hat. Jeder derselben treibt durch Riemenübertragung 2 stehende Doppelplungerpumpen an, deren Druckrohre in einen Windkessel von 0,6 m Durchmesser und 3,5 m Höhe münden.

Die Vertheilungsleitungen haben ca. 14000 m Länge von 150 mm bis 60 mm Durchmesser und sind mit 120 Schiebern und 50 Unterflurhydranten verbunden. Die Rohre sind von R. Böcking & Comp. in Halbergerhütte geliefert. Für die Zuleitungen und die Hausleitungen sind geschwefelte Bleirohre verwendet.

Der Wasserpreis beträgt pro cbm 20 Pf.

Das Wasser hat eine Härte von 9 deutschen Graden.

36. p. **Limbach.** (E. 256.)

Die Wasserversorgung des Ortes Limbach erfolgt durch eine vom Ingenieur Max Hessemer in Ems hergestellte Quellwasserleitung.

37. f. **Limburg a. d. Lahn.** (E. 7521, W. 600 mit je 12,5 B.)

Für die Wasserversorgung der Stadt Limburg hat der Ingenieur Max Hessemer in Ems im Jahre 1885 eine Anlage auf Grund eines stadtseitig ausgearbeiteten und von ihm ergänzten Projectes in Generalentreprise ausgeführt und bis zum 1. October 1886 auch für seine Rechnung betrieben. Das Werk ist dann für den Gesammtpreis von M. 175000 oder M. 23,26 pro Kopf in den Besitz der Stadt übergegangen. Die tägliche Leistung der Anlage beträgt 600 cbm. Den Betrieb leitet seitdem der Stadtbaumeister Kauter mit Hülfe eines Maschinisten und eines Rohrmeisters.

Das Wasser wird zum Theil durch 2 Quellfassungen auf der Offheimer Höhe gesammelt und durch Gravitation zugeführt, und zum Theil wird es am Nonnenborn durch einen gemauerten Brunnen von 7,0 m Tiefe aus dem Grundwasser durch künstliche Hebung gewonnen. In der für letzteres Wasser erbauten Pumpstation befinden sich 2 Dampfpumpmaschinen und 2 Dampfkessel. Die eine Maschine ist eine Balanciermaschine von 12 PS. mit Schwungrad. Sie macht 40 Umdrehungen pro Minute und betreibt 2 stehende, einfachwirkende Plungerpumpen, deren Kolben 200 mm Durchmesser haben. Diese Maschine fördert bei 40 Umdrehungen pro Minute in der Stunde 39 cbm Wasser auf 61,0 m Höhe. Die zweite Maschine ist eine stehende Verbundmaschine von 8 PS. Sie betreibt direct eine Zwillingsplungerpumpe von 180 mm Durchmesser, welche bei 60 Doppelhüben pro Minute 27 cbm Wasser in der Stunde fördert. Von den beiden Dampfkesseln ist der eine ein stehender Quersiederkessel von 15 qm Heizfläche und der andere ein liegender Flammrohrkessel von 12 qm Heizfläche. Die Maschinen sind von der Armaturfabrik Frankenthal und die Kessel von der Firma Köpp in Frankenthal geliefert.

Das Wasser wird einem auf dem rechten Lahnufer liegenden Hochreservoire zugeführt, welches gemauert, in den Boden versenkt und überwölbt ist. Es besteht aus 2 Kammern von je 400 cbm Nutzinhalt und liegt 850 m von der Pumpstation und 1300 m von dem Beginn der Vertheilungsleitungen, sowie 200 m bis 1300 m von den verschiedenen Quellen am Nonnenborn entfernt. Für das Quellwasser ist auf dem linken Lahnufer eine gemauerte Auslaufskammer von 5 cbm Inhalt hergestellt, welche als Gegenreservoir mit dem gegenüberliegenden Hocheservoire durch das Versorgungsnetz verbunden ist. Die Druckleitung von der Pumpstation hat 100 mm Durchmesser. Die Quellenleitungen haben 60 mm und 80 mm Durchmesser und die Fallrohrleitung hat 150 mm Durchmesser.

Das Vertheilungsnetz ist nach dem Circulationssysteme ausgeführt und steht unter einem einheitlichen, constanten Drucke, der je nach der Terrainhöhe von 1,5 m bis 50,0 m wechselt. Das Leitungsnetz ist aus folgenden Durchmessern und Längen zusammengesetzt:

Rohrdurchmesser	mm	150	120	100	80	60
Rohrlänge . . .	m	650	1160	1125	3200	2000.

Die gusseisernen Rohre sind von R. Böcking & Comp. in Halbergerhütte bezogen. Mit diesen Leitungen von zusammen 8135 lfd. m Länge sind 115 Schieber, 8 Ventilbrunnen, 40 Unterflur- und 25 Ueberflurhydranten verbunden. Trotz der angebrachten Selbstentleerung findet eine Entleerung der Hydranten mit Handpumpen statt. Die Zuleitungen bestehen aus Rohren von Gusseisen oder Blei. Sie haben von 20 mm bis 40 mm Durchmesser und auf den Strassen und in den Häusern sind in dieselben Ventile eingeschaltet. Die Hausleitungen bestehen aus geschwefelten Bleirohren. Im Jahre 1896 waren 650 Anschlussleitungen in Benutzung, mit welchen nur zum Theil Wassermesser verbunden sind, deren obligatorische Einführung jedoch beabsichtigt ist. Von den bislang bezogenen 143 Wassermessern sind 136 von C. A. Spanner, Wien-Aachen, 3 von Lux, Ludwigshafen und 4 von H. Meinecke, Breslau geliefert. Diese Messer haben folgende Grössen:

Durchmesser mm	10	13	20	25
Stückzahl . . .	3	52	68	20.

Die tägliche Wasserabgabe schwankt zwischen 350 cbm und 660 cbm. Ausser der vorstehend beschriebenen Versorgung bestand für die Stadt seit langen Jahren eine alte Quellenleitung. Im Jahre 1895 ist diese durch eine neue Zuleitung von 1100 m Länge ersetzt, welche durch die alte Quelle, die gleichzeitig neu gefasst ist, gespeist wird. Deren Wasser ergiesst sich seitdem an 4 continuirlichen Ausläufen eines öffentlichen Brunnens.

Für jede Anschlussleitung ist bei der Wasserabgabe ohne Messer mindestens im Jahre M. 12 und höchstens M. 45 zu zahlen. Es findet dafür eine Einschätzung nach der Scala von M. 3 für jede Küche und für jeden Raum über 15 qm Grundfläche und von M. 2 für jeden Raum von 8 qm bis 15 qm Grundfläche statt. Für die verschiedenen Gewerbebetriebe und für specielle Verwendungen bestehen besondere Taxen, z. B. für ein Closet, ein Pissoir oder ein Badezimmer M. 5, für einen Springbrunnen M. 30 etc. Nach Messern abgegeben, ist pro cbm 20 Pf. und mindestens M. 30 im Jahre, sowie eine jährliche Messermiethe von M. 6 bis zu 25 mm Messerdurchgang und bei grösseren Messern entsprechend mehr zu zahlen.

Das Wasser hat nach einer Untersuchung vom September 1893 456 mg Gesammtrückstand im Liter; es ist frei von Ammonverbindungen und von salpeter- und salpetrigsauren Salzen und hat 16 deutsche Härtegrade.

38. k. **Lorch.** (E. 2150.)

Schon längere Zeit ist es der Wunsch der Stadt Lorch, eine einheitliche Wasserversorgung zu erhalten, weil die Versorgung aus den Ortsbrunnen ungenügend ist. Kürzlich ist eine Einigung mit der Eisenbahnverwaltung erzielt, welche sich bereit erklärt hat, sich einem städtischen Wasserwerke als Consument anzuschliessen, so dass nun an die Verwirklichung des Planes gegangen werden kann.

39. i. **Marienberg.** (E. 831, W. 160 mit je 5,2 B.)

Für die Wasserversorgung des Ortes Marienberg ist im Jahre 1896 die Herstellung einer Wasserleitung nach dem Projecte des Ingenieurs Max Hessemer in Ems erfolgt. Die Anlage war auf M. 42000 im Ganzen oder M. 50,54 pro Kopf veranschlagt und ist für eine tägliche Leistung von 100 cbm bestimmt.

Das Wasser wird aus 5 Quellen gewonnen und durch 150 mm weite Sammelröhren in einen Sammelschacht zusammengeleitet. Von hier wird es einem aus Mauerwerk hergestellten, überwölbten und in den Boden versenkten Hochreservoire, welches 50,0 m hoch über dem Versorgungsgebiete liegt, durch eine Leitung von ca. 100 m Länge und 80 mm Durchmesser mit natürlichem Gefälle zugeführt. Von diesem führt eine ca. 300 m lange Fallrohrleitung von 100 mm Durchmesser zum Versorgungsgebiete.

Das Vertheilungsnetz besteht aus ca. 4000 lfd. m Rohren von 100 mm bis 60 mm Durchmesser, mit denen 35 Schieber und 20 Unterflurhydranten verbunden sind. Die Rohre sind von R. Böcking & Comp. in Halbergerhütte geliefert. Es sind 2 öffentliche Ventilbrunnen aufgestellt und 180 Zuleitungen von 20 mm und 25 mm Durchmesser mit Absperrhähnen auf den Strassen ausgeführt. Diese Leitungen bestehen ebenso, wie die Hausleitungen, aus geschwefelten Bleirohren. In den Häusern befinden sich 250 Zapfhähne, 3 Closets und 4 Badeeinrichtungen. Die Wasserabgabe findet nach Messern statt, die von C. A. Spanner, Wien-Aachen geliefert sind.

Der Wasserpreis beträgt 20 Pf. pro cbm.

40. p. **Molsberg.** (E. 361.)

Die Wasserversorgung des Ortes Molsberg erfolgt durch eine vom Ingenieur Max Hessemer in Ems ausgeführte Quellwasserleitung.

41. n. **Montabaur.** (E. 3301, W. 380 mit je 10,5 B.)

Für Rechnung der Stadt Montabaur hat der Ingenieur Max Hessemer in Ems im Jahre 1890 eine Wasserversorgung hergestellt, welche eine Leistung von 170 cbm pro Tag hat. Die Baukosten haben M. 110000 im Ganzen oder M. 33,32 pro Kopf betragen. Die Verwaltung der Anlage besorgt die Bürgermeisterei.

Das Wasser aus 4 Quellen wird durch Thonrohre von 150 mm und 200 mm Durchmesser in einer Sammelkammer vereinigt und von hier mit natürlichem Gefälle auf ca. 3000 m Entfernung durch Rohre von 100 mm und 80 mm Durchmesser einem Hochreservoire zugeführt, welches ca. 40,0 m hoch über dem Versorgungsgebiete liegt. Mit letzterem ist es durch eine ca. 2000 m lange Fallrohrleitung von 125 mm Durchmesser verbunden.

Die Vertheilungsrohre haben eine Länge von ca. 13000 m und Durchmesser von 125 mm bis 60 mm. Sie sind mit 80 Schiebern und 45 Hydranten verbunden. Die Rohre sind von R. Böcking & Comp. in Halbergerhütte geliefert. 350 Hausanschlüsse aus geschwefelten Bleirohren von 20 mm und 25 mm Durchmesser mit Strassenhähnen waren Ende 1894 in Benutzung. Aus gleichem Materiale sind die Hausleitungen hergestellt, mit welchen 800 Zapfhähne, 20 Closets, 10 Badeeinrichtungen, 3 Springbrunnen und 2 Pissoirstände verbunden waren. Von den Zuleitungen waren 85 mit Wassermessern, die von C. A. Spanner, Wien-Aachen geliefert sind, verbunden. Von diesen hatten 31 Stück 10 mm, 15 Stück 13 mm, 15 Stück 15 mm, 20 Stück 20 mm, 3 Stück 25 mm und ein Stück 50 mm Durchmesser. Im Jahre 1894 sind 50000 cbm im Ganzen oder 137 cbm am mittleren Jahrestage abgegeben, was 34 Litern pro Kopf entspricht.

Der Wasserpreis nach Messern beträgt 20 Pf. pro cbm. Das Wasser hat eine Härte von 6 deutschen Graden.

42. l. **Nassau a. d. Lahn.** (E. 1824.)

Die Wasserversorgung der Stadt Nassau erfolgt durch eine vom Ingenieur Max Hessemer in Ems ausgeführte Quellwasserleitung.

43. d. Nastätten. (E. 1469.)

Die Wasserversorgung der Stadt Nastätten erfolgt durch eine Quellwasserleitung, welche der Ingenieur Max Hessemer in Ems hergestellt hat.

44. d. Niederlahnstein. (E. 3418, W. 460 mit je 7,1 B.)

Die Wasserversorgung der Stadt Niederlahnstein erfolgt seit dem Jahre 1891 durch eine Anlage, welche nach dem Projecte des Ingenieurs Max Hessemer in Ems für städtische Rechnung mit einem Kostenaufwande von M. 60000 oder M. 17,56 pro Kopf und für eine tägliche Leistung von 80 cbm aufgeführt ist.

Das Wasser wird durch die Fassung von 3 Quellen gewonnen und aus einer Sammelstube durch eine Gravitationsleitung einem ca. 3000 m entfernt liegenden Hochreservoire von 300 cbm Inhalt zugeführt, welches aus Mauerwerk hergestellt, überwölbt und in den Boden versenkt ist.

Die Wasservertheilung erfolgt einheitlich und unter einem constanten Drucke von 45,0 m mittels eines Rohrnetzes von ca. 6000 lfd. m Länge, das aus Rohren von 125 mm bis 60 mm Durchmesser besteht. Damit sind 70 Schieber und 15 Hydranten mit Selbstentleerung verbunden. Im Jahre 1895 waren 160 Anschlussleitungen von 20 mm und 25 mm Durchmesser mit Strassenhähnen in Benutzung. Diese, sowie die Hausleitungen sind aus geschwefelten Bleirohren hergestellt. Mit letzteren waren 280 Zapfhähne, 20 Closets, 10 Pissoirstände, 8 Badeeinrichtungen und 3 Springbrunnen verbunden. 21 Wassermesser, von welchen 9 von C. A. Spanner, Wien-Aachen und 12 von Lux, Ludwigshafen geliefert sind, waren eingebaut. Je 10 davon hatten 13 mm resp. 20 mm und einer hatte 25 mm Durchmesser. Im Jahre 1894 sind im Ganzen 30000 cbm oder am mittleren Jahrestage 82 cbm Wasser abgegeben, was 23 Lit. pro Kopf entspricht.

Im Jahre 1896 war es die Absicht, die Versorgungsanlage durch eine neue Wassererschliessung zu vergrössern, indem durch einen schmiedeeisernen Senkbrunnen von 1,0 m Durchmesser und 8,0 m Tiefe Grundwasser erschlossen werden sollte. Dafür sollte dann eine Pumpstation und ein neues Hochreservoir erbaut werden. Für die erstere waren 2 Gasmotoren von je 10 PS. projectirt. Jeder derselben sollte durch Riemenübertragung 2 Plungerpumpen mit Kolben von 200 mm Durchmesser betreiben, welche 30 cbm Wasser pro Stunde auf 60,0 m Höhe fördern sollten. In 650 m Entfernung von dieser Pumpstation war das zweite Hochreservoir von 100 cbm Inhalt projectirt, und dieses sollte gleichfalls aus Mauerwerk, überwölbt und in den Boden versenkt hergestellt werden. Es würde in 250 m Entfernung vom Vertheilungsnetze liegen. Ob diese Bauten ausgeführt sind, ist nicht festzustellen gewesen.

Der Wasserpreis beträgt pro cbm 20 Pf.

Das Wasser hat eine Härte von 6 deutschen Härtegraden.

45. l. Niederneisen. (E. 881.)

Die Wasserversorgung des Ortes Niederneisen erfolgt durch eine vom Ingenieur Max Hessemer in Ems ausgeführte Quellwasserleitung.

46. k. Niederwalluf. (E. 1342.)

Die Wasserversorgung des Ortes Niederwalluf erfolgt seit dem Jahre 1894 durch ein Wasserwerk, welches früher Eigenthum des Ingenieurs Max Hessemer in Ems war und seit 1897 in den Besitz der Stadt Eltville übergegangen ist. Im Orte selbst sind 5 Hydranten aufgestellt.

47. d. Oberlahnstein. (E. 7037, W. 600 mit je 11,7 B.)

Für die Wasserversorgung der Stadt Oberlahnstein hat im Jahre 1891 der Ingenieur Max Hessemer in Ems für seine Kosten ein Wasserwerk erbaut und dessen Betrieb wird von ihm auf eigene Rechnung geführt. Dasselbe ist für eine tägliche Leistung von 800 cbm bestimmt, und die Herstellungskosten haben M. 180000 oder M 25,58 pro Kopf betragen.

Das Wasser wird aus dem Grundwasserstrome des Rheins an dessen rechtem Ufer oberhalb der Stadt durch einen 9,0 m tiefen, gemauerten Senkbrunnen von 1,5 m Durchmesser gewonnen und durch ein Pumpwerk einem Hochreservoire zugeführt, von wo es dann in der Stadt zur Vertheilung gelangt.

In der Pumpstation befinden sich 4 einfachwirkende, stehende Plungerpumpen von 170 mm Durchmesser und 0,50 m Hub. Deren gemeinschaftliches Saugerohr zum Brunnen hat 40 m Länge und 200 mm Durchmesser. Für den Antrieb der Pumpen sind 2 Gasmotoren von je 10 PS. aufgestellt, welche 140 Umdrehungen pro Minute machen. Ihre Bewegung wird durch Riemen und Zahnradvorgelege auf die Pumpen übertragen. Jede Maschine fördert bei 25 Pumpenhüben durch 2 Pumpen pro Minute in der Stunde 30 cbm Wasser auf 60,0 m Höhe. Die Motoren sind von der Deutzer Motorenfabrik in Deutz, und die Pumpen sind von der Maschinenbaugesellschaft Humbold in Kalk geliefert.

Das Hochreservoir liegt 1500 m von der Pumpstation und 600 m von der Stadt entfernt. Es hat einen Inhalt von 600 cbm und ist aus Mauerwerk hergestellt, in den Boden versenkt, überwölbt und mit Erde überdeckt. Die Druckleitung zum Reservoire hat 150 mm Durchmesser.

Das Vertheilungsnetz ist nach dem Circulationssysteme ausgeführt. Es steht unter einem einheitlichen Drucke von 45,0 m. Im Ganzen sind ca. 14000 lfd. m gusseiserne Rohre von 200 mm bis 60 mm Durchmesser verlegt. 80 Absperrschieber und 45 Unterflurhydranten mit Selbstentleerung sind damit verbunden. Die Rohre sind von R. Böcking & Comp. in Halbergerhütte geliefert. Die Zuleitungen, sowie die Hausleitungen bestehen aus geschwefelten Bleirohren. Erstere haben 25 mm und 20 mm Durchmesser und Strassenhähne zur Absperrung. Es waren im Jahre 1894 400 Hauszuleitungen in Benutzung, von denen 1800 Zapfhähne, 50 Closets, 20 Pissoirstände, 17 Badeeinrichtungen und 4 Privatspringbrunnen gespeist wurden. Die Wasserabgabe hat im Jahre 1894 im Ganzen 75000 cbm, oder 206 cbm am Durchschnittstage betragen. Es sind 208 Wassermesser, von denen 155 Stück 13 mm, 34 Stück 20 mm und 19 Stück 25 mm Durchmesser haben, von C. A. Spanner, Wien-Aachen, geliefert.

Der Wasserpreis beträgt 20 Pf. pro cbm.

Das Wasser hat eine Härte von 10 deutschen Graden.

48. h. Oberursel. (E. 4544.)

Die Wasserversorgung der Stadt Oberursel erfolgt seit dem Jahre 1890 durch eine einheitliche Anlage, welche die Stadt für eigene Rechnung mit einem Aufwande von M. 220000 im Ganzen oder von M. 48,42 pro Kopf hergestellt hat.

Das Wasser wird aus Quellen gesammelt, welche 5 km von der Stadt entfernt auf hochgelegenen Wiesen entspringen, und mit natürlichem Gefälle zugeführt. Die Ergiebigkeit dieser Quellen beträgt 800 cbm Wasser pro Tag, und es finden davon im Mittel nur 200 cbm Verwendung. In der Mitte zwischen den Quellen und der Stadt ist ein gemauertes Hochreservoir von 800 cbm Inhalt hergestellt, dessen Wasserspiegel 40,0 m hoch über dem Orte liegt. Die Länge der Rohrleitungen von 150 mm bis 80 mm Durchmesser beträgt ca. 8000 lfd. m, und es sind damit 3 Ventilbrunnen und 50 Hydranten verbunden. 410 Häuser haben Anschlussleitungen.

49. f. **Offheim.** (E. 669.)

Die Wasserversorgung des Ortes Offheim erfolgt durch eine von Ingenieur Max Hessemer in Ems hergestellte Quellwasserleitung.

50. n. **Ransbach.** (E. 1171.)

Die Wasserversorgung des Ortes Ransbach erfolgt durch eine von Ingenieur Max Hessemer in Ems hergestellte Quellwasserleitung.

51. e. **Rödelheim.** (E. 4887, W. 600 mit je 8,1 B.)

Für die Wasserversorgung der Stadt Rödelheim ist im Jahre 1897 mit dem Baue eines Wasserwerkes begonnen, welches für eine tägliche Leistung von 500 cbm bestimmt ist. Die Ausführung erfolgte für Rechnung des Ingenieurs Max Hessemer in Ems und nach dessen Projecte. Die Anlage war zu M. 180000 oder M. 37 pro Kopf veranschlagt.

Für die Wassergewinnung werden 2 Brunnen von 1,5 m Durchmesser und 8,0 m Tiefe, sowie ein Stollen, der mit Monier-Rohren von 1,5 m und 0,8 m Querschnitt ausgebaut ist, hergestellt. Das Wasser wird in einer Pumpstation auf ein ca. 100 m davon entferntes Hochreservoir gehoben, welches ca. 1000 m von der Stadt entfernt liegt. Es sind in ersterer 2 Gasmotoren von je 10 PS. aufgestellt, welche die Gasmotorenfabrik Deutz in Deutz geliefert hat. Jeder von ihnen betreibt eine liegende, doppeltwirkende Pumpe mit Riemenantrieb, welche pro Stunde 25 cbm Wasser liefert.

Das Hochreservoir besteht aus Schmiedeeisen und steht auf einem 35 m hohen, gemauerten Unterbau und ist ummantelt und überdacht. Dasselbe ist zweitheilig und hat 330 cbm Inhalt. Es hat 9,0 m Durchmesser und 5,0 m Höhe. Die Rohrleitungen von 250 mm bis 80 mm Durchmesser haben ca. 8000 m Länge und sind mit 40 Unterflurhydranten mit Selbstentwässerung verbunden. Die Rohre sind von R. Böcking & Comp. in Halbergerhütte geliefert und die Wassermesser werden von C. A. Spanner, Wien-Aachen, bezogen. Die Zuleitungen und die Hausleitungen werden von Bleirohren hergestellt. Von letzteren werden 1500 Zapfhähe, 20 Closets, 3 Pissoire und 5 Springbrunnen gespeist werden.

Der Wasserpreis ist auf 20 Pf. pro cbm festgestellt.

Das Wasser hat 10 bis 12 deutsche Härtegrade und ist nach der Untersuchung des Dr. Homeyer in Frankfurt tadellos.

52. k. **Rüdesheim.** (E. 4633, W. 510 mit je 9,1 B.)

Für die Wasserversorgung der Stadt Rüdesheim ist im Jahre 1895 ein Wasserwerk in Betrieb gekommen, welches für Rechnung der Stadt von dem Ingenieur Smrecker in Mannheim nach dessen Projecte und für eine tägliche Leistung von 1000 cbm ausgeführt ist. Die Anlagekosten haben M. 240000 im Ganzen oder M. 51,82 pro Kopf betragen. Der Betrieb des Werkes steht unter der Leitung des Baumeisters Hartmann.

Das Wasser wird durch 2 gemauerte Brunnen, deren Wände durchlocht sind und die 3,0 m Durchmesser bei 8,0 m Tiefe haben, aus dem Grundwasser erschlossen. In einer daneben erbauten Pumpstation sind 2 Gasmotoren von je 10 PS. aufgestellt, welche 180 Umdrehungen pro Minute machen und je eine Zwillingsplungerpumpe durch Riemenübertragung antreiben. Die Plunger haben 115 mm Durchmesser und 0,3 m Hub, und es liefert jede Maschine pro Stunde 25 cbm Wasser auf 53,0 m Höhe. Die Motoren und die Pumpen sind von der Deutzer Motorenfabrik in Deutz geliefert.

Die Druckrohrleitung hat 150 mm Durchmesser und führt direct zum Vertheilungsnetze. Hier hat sie einen Durchmesser von 200 mm erhalten und ist bis zu einem dahinter liegenden Hochreservoire verlängert. Dieses besteht aus 2 Abtheilungen, deren jede einen Inhalt von 200 cbm hat. Dasselbe ist aus Stampfbeton hergestellt, überwölbt und 2,5 m tief in den Boden versenkt. Sein Wasserspiegel liegt 40,0 m über dem Stadtniveau.

Das Rohrnetz hat 9030 m Länge und ist mit 72 Schiebern verbunden. Nach den Durchmessern getrennt, vertheilen sich die Rohre wie folgt:

Rohrdurchmesser mm	200	150	125	100	80
Rohrlänge m	509	2545	955	2150	2871

Es sind 107 Hydranten ohne Selbstentwässerung (Modell Reuther) in ca. 75 m Entfernung von einander aufgestellt. Die Zuleitungen bestehen aus galvanisirten, schmiedeeisernen Rohren. Bis Ende 1895 waren 384 Wassermesser von Dreyer, Rosenkranz & Droop, Hannover, und 2 von Lux, Ludwigshafen, geliefert, welche folgende Dimensionen haben:

Durchmesser mm	10	13	15	20	25	30	40	50	80
Stückzahl	5	183	124	57	8	3	2	1	1

Nach einer Analyse des Wassers vom Juni 1894 enthielt es im Liter:

kohlensauren Kalk	197,1 mg
schwefelsauren Kalk	77,7 »
salpetersauren Kalk	44,6 »
kohlensaure Magnesia	60,5 »
kohlensaures Eisenoxyd	0,5 »
Chlornatrium	24,7 »
Kieselsäure	13,2 »
Deutsche Härtegrade, total	11,1°
Bleibend Härtegrade	2,6°

53. p. **Schierstein.** (E. 300.)

Die Wasserversorgung des Ortes Schierstein erfolgt durch künstlich gehobenes Quellwasser nach einem Projecte des Ingenieurs Max Hessemer in Ems.

54. o. **Usingen.** (E. 1880, W. 276 mit je 6,8 B.)

Die Wasserversorgung der Stadt Usingen erfolgt in der Hauptsache aus Privatbrunnen, deren über 100 vorhanden sind. Ferner besteht für die allgemeine Benutzung eine Quellwasserleitung, welche nordwestlich von der Stadt aus 0,5 bis 2,5 km Entfernung durchschnittlich 72 cbm pro Tag mit natürlichem Gefälle zuführt, wovon ca. 60 cbm Verwendung finden. Ein Hochreservoir ist zur Zeit nicht vorhanden. Es liegt aber die Absicht vor, eine Hochdruckleitung herzustellen, weil die jetzige Versorgung nicht mehr genügt.

55. n. **Wölferlingen.** (E. 600, W. 120 mit je 5 B.)

Die Gemeinde Wölferlingen hat für ihre Rechnung durch den Ingenieur Max Hessemer in Ems im Jahre 1895 eine Wasserleitung herstellen lassen, welche eine tägliche Leistung von 100 cbm hat. Die Anlagekosten haben M. 30000 im Ganzen oder M. 50,00 pro Kopf betragen.

Das Wasser aus 2 Quellen wird auf ca. 1600 m Entfernung einem überwölbten Hochreservoire zugeführt, welches 60 cbm Inhalt hat und ca. 800 m von dem Orte entfernt liegt. Der constante Druck im Vertheilungsnetze beträgt 30,0 m. Die Leitungen bestehen aus Rohren von 100 mm bis 60 mm Durchmesser und haben ca. 4000 m Länge. Mit ihnen sind 20 Schieber und 30 Unterflurhydranten verbunden. Die Rohre sind von R. Böcking & Comp. in Halbergerhütte geliefert.

Die Hausleitungen und die Zuleitungen bestehen aus geschwefelten Bleirohren; letztere haben 20 mm und 25 mm Durchmesser. In den angeschlossenen 120 Grundstücken sind 210 Zapfhähne in Benutzung, und die Wasserabgabe hat im Jahre 1895 im Ganzen 18000 cbm oder 49 cbm pro Tag und 80 Lit. pro Kopf pro Tag betragen.

56. g. **Weilburg a. L.** (E. 3643.)

Für Rechnung der Stadt Weilburg hat der Ingenieur Max Hessemer in Ems nach seinem Projecte im Jahre 1887 eine Wasserversorgung ausgeführt, welche M. 90000 im Ganzen oder M. 24,70 pro Kopf gekostet hat und für eine Lieferung von 600 cbm pro Tag bestimmt ist.

Das Wasser wird zum Theil aus hochliegenden Quellen gesammelt und durch Gravitation einem Hochreservoire von 300 cbm Inhalt zugeführt. Es sind dafür 10 Hochquellenfassungen durch Stollen und mittels Sammelrohrleitungen von 200 mm Durchmesser hergestellt. Zum Theil wird das Wasser am Ufer eines Wasserlaufes durch einen ausgemauerten Stollen gewonnen, welcher 360 m Länge und 500 cbm Inhalt hat und von hier künstlich in ein zweites Hochreservoir von 100 cbm Inhalt gehoben. Beide Reservoire sind aus Mauerwerk hergestellt, überwölbt und in den Boden versenkt.

In der Pumpstation befindet sich eine Dampfpumpmaschine und ein ausziehbarer Röhrenkessel, letzterer von 20 qm Heizfläche. Der Kessel ist von der Firma Kopp, und die Maschine ist von der Armaturfabrik Klein, Schanzlin & Becker, beide in Frankenthal, geliefert. Die Maschine ist eine Balanciermaschine von 12 PS., welche 40 Umdrehungen pro Minute macht und vom Balancier aus 2 stehende Plungerpumpen von 150 mm Durchmesser und 0,4 m Hub bewegt. Diese liefern 24 cbm Wasser pro Stunde auf 75,0 m Höhe.

Die Versorgung erfolgt constant und unter einem einheitlichen Drucke von 70,0 m. Die Rohrleitungen haben ca. 13000 m Länge von 150 mm bis 60 mm Durchmesser. Die Rohre sind von R. Böcking & Comp. in Halbergerhütte geliefert. Mit dem Rohrnetz sind 70 Schieber und 40 Hydranten, welche theils Ueber- und theils Unterflurhydranten sind und in 60 m bis 70 m Entfernung von einander stehen, verbunden.

Für die Zuleitungen und für die Hausleitungen werden geschwefelte Bleirohre benutzt. Mit letzteren waren im Jahre 1894 1000 Zapfhähne, 40 Closets, 10 Pissoirständer, 20 Badeeinrichtungen und 4 Springbrunnen verbunden. Bis Ende 1895 sind 226 Wassermesser geliefert, und zwar 215 von C. A. Spanner, Wien-Aachen, 4 von Lux, Ludwigshafen, und 7 von Wolff & Schreiber, Breslau. Diese haben folgende Grössen:

Durchmesser mm	7	10	13	15	20	25	30	40
Stückzahl	5	27	85	40	53	14	1	1

Im Jahre 1874 sind 60000 cbm Wasser im Ganzen oder 164 cbm pro mittleren Tag und 37 Lit. pro Tag pro Kopf der Bevölkerung abgegeben.

Der Wasserpreis beträgt 20 Pf. pro cbm.

Das Wasser hat eine Härte von 8 deutschen Graden.

XXXI. Regierungsbezirk Coblenz.

(Rheinprovinz.)

a) Adenau 2. — **b)** Ahrweiler 3 (Remagen 45, Sinzig 51). — **c)** Altenkirchen 4 (Betzdorf 10, Braubach 12, Daaden 15, Dauersberg 16, Derschen 17, Freusburg 20, Friedewald 21, Herdorf 26, Kirchen 29, Mudersbach 38, Niederfischbach 41, Wissen 62). — **d)** Coblenz 1 (Bendorf 8, Ehrenbreitstein 19, Horchheim 27, Vallendar 58, Weissenthurm 59, Winningen 61). — **e)** St. Goar 22 (Bacharach 7, Boppard 11, Oberwesel 44, Steg 53). — **f)** Kochem 31 (Berterich 9, Bremm 14). — **g)** Kreuznach 32 (Kirn 30, Sobernheim 52, Stromberg 54). — **h)** Mayen 34 (Andernach 6, Münstermaifeld 39). — **i)** Meisenheim. — **k)** Neuwied 49 (Altwied 5, Dierdorf 18, Gönnersdorf 23, Heddersdorf 24, Heister 25, Linz 33, Melsbach 36, Monrepos 37, Oberbieber 43, Regensdorf 46, Rheinbreitbach 47, Rodenbach 48, Segendorf 49, Thalhausen 55, Wollendorf 63). — **l)** Simmern 50 (Kirchberg 28). — **m)** Wetzlar 60 (Braunfels 13, Niedergirmes 42). — **n)** Zell a. d. Mosel 64 (Traben a. d. Mosel 56, Trarbach 57). —

---

1. d. Regierungshauptstadt **Coblenz.** (E. 39 640, W. 1900 mit je 20,8 B.)

a) Geschichtliches.

Die Wasserversorgung der Stadt Coblenz erfolgte früher fast ausschliesslich aus innerhalb der Stadt liegenden, gegrabenen Brunnen, deren Wasser, namentlich in den niederen Theilen der Stadt, nach jedem Hochwasser des Rheins sehr verdächtig, aber auch in den höheren Theilen meistens nicht ganz zweifelsfrei war. Ausserdem war für die Versorgung eine Zuleitung aus 2 Quellen vorhanden, welche am andern Ufer der Mosel oberhalb des ca. 6 km von der Stadt entfernten Dorfes Metternich entspringen und der Gaisborn und der Herrenweiher genannt werden.

Schon in den Jahren 1750 bis 1754 sind unter der Regierung des Kurfürsten Franz Georg durch den württembergischen Obersten Neumann Arbeiten zur Fassung der einen dieser Quellen, des Gaisborns, vorgenommen, und man hat es damals versucht, aus dem Metternicher Eulenleim Thonrohre für diese Metternichleitung zu backen, aber ohne Erfolg. Erst in den Jahren 1783 bis 1786 ist unter der Regierung des Kurfürsten Ernst Wenzelslaus, dem Erbauer des Schlosses in Coblenz, durch den Kurtrier'schen Ingenieur, Hauptmann und Wasserbaudirector Gregorius Kirn die Metternichleitung, und zwar speciell für die Versorgung des Schlosses, hergestellt, wie eine noch an einem Hause erhaltene Marmortafel bezeugt, auf welcher der 21. August 1786 als der Tag der Eröffnung angegeben ist.

Das Wasser vom Gaisborn wurde damals durch eine gusseiserne Rohrleitung von 100 mm Durchmesser mit natürlichem Gefälle zum Schlosse geführt. Die Mosel überschritt diese Leitung, wie noch heute, auf der alten Moselbrücke. Der Anfangs überreichliche Zufluss von Wasser gestattete ausser 12 Ausläufen und einer Fontaine für das Schloss später auch eine Leitung zum Clemensbrunnen, zur Garnisonsbäckerei, zum Kurtrierschen Bauhofe, sowie schliesslich auch zum Pulverthurme, dem späteren Wasserthurme, herzustellen, um, wie die Chronik sagt, den Satz zu beweisen, »dass das Wasser so hoch steigt, als es fällt.« Als die Quellenergiebigkeit nachliess, wurde damals durch eine Leitung von 75 mm Durchmesser das Wasser des Herrenweihers in eine Brunnenstube des Gaisborns eingeleitet. Als später der Gaisborn wieder genügendes Wasser für das Schloss lieferte, eigneten sich die Metternicher während der französischen Occupation, die 1794 begann, das Wasser des Herrenweihers an und machten es für ihre Zwecke nutzbar. Auch in Coblenz verfügte der französische Präfect freigiebig über das Wasser. Es legte die Stadt im Jahre 1805 den Planbrunnen, und 1811 den Kastorbrunnen an, und für verschiedene Häuser: das Generalcommando, das deutsche Haus etc. wurden Zuleitungen hergestellt.

Nachdem die Franzosen Coblenz verlassen und ein preussischer General auch die Civilverwaltung übernommen hatte, erklärte dieser die ganze Wasserleitung mit ihrem Wasser als Staatseigenthum und verlangte, als im Jahre 1816 die Ergiebigkeit des Gaisborns nachliess, die Wiederherstellung des Anschlusses des Herrenweihers. Daraus entspann sich ein Streit der bisherigen Wassernutzer, nämlich des Staatsfiscus, der Militärverwaltung, der Stadt Coblenz und des Dorfes Metternich, dessen Erledigung erst im Laufe der Jahre 1818 bis 1826 durch einen Vertrag erfolgte. Nach diesen Verträgen gab das Dorf Metternich das Wassernutzungsrecht gegen eine Entschädigung auf und der Staat trat in den alleinigen Besitz. Dieser trat dann ein Viertel, resp. drei Viertel des Wassers an den Militärfiscus, resp. an die Stadt ab, welche beide die Entschädigungs- und die dauernden Unterhaltungskosten proportional übernahmen. Jetzt speist die Metternich-Leitung in der Stadt noch 5 Ausläufe, nämlich je einen im Schlosse und im Generalcommando und ferner den Clemens-, den Kastor- und den Planbrunnen.

Die Ergiebigkeit der Metternichquellen schwankte zwischen 260 cbm und 1700 cbm im Tage, und die Trennung nach dem Antheile der beiden Berechtigten hat später zu fortlaufenden Meinungsverschiedenheiten zwischen der Stadt und der Militärverwaltung geführt. Das der Stadt verbleibende Wasser wurde, wie noch jetzt, fast ausschliesslich durch die öffentlichen Brunnen abgegeben, und das Verlangen nach einer ausreichenden, centralen Versorgung der Stadt konnte dadurch nicht befriedigt, sondern nur angeregt werden. Jahrelang hat die Lösung dieser Aufgabe vielseitige Erörterungen veranlasst, und eine grössere Zahl von Technikern hat die Gelegenheit zur Aufstellung von Projecten dafür ergriffen. Die Thäler zwischen der Mosel und dem linken Rheinufer flussaufwärts und flussabwärts bis zum Laacher See, sowie die Thäler am rechten Rheinufer haben zu verschiedenen Quellwasserprojecten geführt. Andererseits riefen die ausgedehnten Sand- und Kieslager an den Rheinufern, sowie die oberhalb und unterhalb der Stadt liegenden Inseln Oberwerth und Unterwerth mannigfaltige Grundwasserprojecte hervor.

Immer mehr traten aber bei näherer Prüfung die Projecte für Quellwasser wegen ihrer Unsicherheit und grossen Kostspieligkeit gegen die für Grundwasser in den Hintergrund. Nachdem Untersuchungen für eine Wassergewinnung am linken Rheinufer oberhalb der Mosel das dortige Grundwasser als qualitativ und quantitativ wenig geeignet hatte erkennen lassen, wurde der Civilingenieur H. Gruner in Basel von der Stadt beauftragt, eingehende Studien zur Lösung der Frage vorzunehmen. Dieser erklärte dann in seinem im Jahre 1882 erstatteten Berichte als die geeignetste Gegend für die Wassererschliessung das Neuwieder Becken unterhalb Coblenz und bezeichnet als den geeignetsten Punkt das linke Rheinufer unterhalb des Ausflusses der Mosel in der Gegend zwischen Wallersheim und Kesselheim. Er wollte das Wasser von hier durch Dampfkraft in ein Reservoir heben, welches an der entgegengesetzten Seite der Stadt entweder neben der »schönen Aussicht« am östlichen Abhange der Karthause oder in der Nähe des Franzosenkirchhofes unterhalb der Feste »Kaiser Alexander« erbaut werden sollte.

Die grosse Entfernung der Anlage von der Stadt, sowie sonstige Gründe führten die städtische Wasserwerkscommission zu dem Wunsche, vor einer Entscheidung eine genauere Prüfung der Insel Oberwerth für die Zwecke einer Wassergewinnung vorgenommen zu sehen, und sie ertheilte der Rheinischen Wasserwerksgesellschaft in Bonn den Auftrag, Bohrungen für diesen Zweck vorzunehmen. Als Versuchsfeld wählte letztere die Gegend oberhalb der Eisenbahnbrücke der Moselbahn direct am östlichen Ufer der Insel und an diesem Ufer stromaufwärts, um möglichst weit von dem alten Rheinarme, der sog. Laache, welcher sich an dem westlichen Ufer der Insel hinzieht, entfernt zu bleiben. Aus den hier erhaltenen Resultaten erhielt die Commission die Anregung zur Absenkung eines grösseren Versuchsbrunnens in dieser Gegend.

In Folge davon traten damals Anerbietungen der vorgenannten Gesellschaft und des Ingenieurs H. Scheven in Bochum für die Ausführung dieser Arbeit an die Stadt heran, denen auch generelle Projecte und Kostenüberschläge für ein hierauf zu begründendes Wasserwerk für Coblenz angeschlossen waren. Die Stadt ging jedoch darauf nicht ein, sondern beauftragte im Jahre 1883 den Ingenieur Grahn, derzeit in Coblenz, mit der Vornahme dieser Vorarbeiten, sowie mit der Ausarbeitung eines Projectes, das später auch für Rechnung der Stadt unter seiner Leitung ausgeführt ist.

Der damals hergestellte Versuchsbrunnen von 3,0 m Durchmesser, der noch heute überwiegend den Wasserbedarf der ganzen Stadt deckt, liegt südlich von der Eisenbahn und in 45 m Entfernung von dem östlichen Ufer des Rheins. Die im Jahre 1884 ausgeführten, sehr umfassenden Pumpversuche und Wasseruntersuchungen haben die völlige Unabhängigkeit des Wassers aus diesem Brunnen, der mit geschlossenen Wänden bis auf 5,0 m unter Null in die Kiesschichten hineinreicht und 6,0 m tiefer als das nahe liegende Rheinbett mit seinem durchlässigen Boden liegt, von dem sichtbar fliessenden Rheinwasser in Temperatur und Qualität mit völliger Gewissheit ergeben und die 14jährige Benutzung des Brunnens hat das im vollen Umfange bestätigt. Der Brunnen wird, wie sich aus den Untersuchungen gezeigt hatte, ausschliesslich aus einem Grundwasserstrome gespeist, der sich in der mächtigen Kiesschicht, auf welcher das Rheinbett ruht und die sich unter der Insel und am anderen Ufer fortsetzt, so dass das Flussbett nur als eine kleine Rinne in ihr erscheint, ebenso wie der sichtbare Rheinstrom thalabwärts bewegt. Bislang hat daraus die regelmässige Entnahme von bis zu 6000 cbm Wasser im Tage und ausnahmsweise auch noch mehr, bei einer Absenkung von kaum einem Meter anstandslos stattgefunden.

b) Beschreibung des Wasserwerkes.

Für das in den Jahren 1885/86 ausgeführte Wasserwerk ist als Reserve ein zweiter Brunnen von gleichen Dimensionen und von dem ersten in der Flussrichtung abwärts in 160 m Entfernung hergestellt. In die Mitte zwischen beiden Brunnen ist die Pumpstation verlegt.

Nach speciellen Projecten für eine Pumpstation mit Dampfbetrieb und eine solche mit Gasmotorenbetrieb stellten sich die Kosten für das letztere etwas billiger, worauf mit von Einfluss war, dass das Terrain für die ganze Anlage wegen des Hochwassers um 2,3 m höher als das damalige Terrain gelegt werden musste. Ausschlaggebend für das Project mit Gasmotoren ist jedoch wesentlich die Vereinfachung des Betriebes und dessen Beaufsichtigung, sowie die geringe Entfernung des Wasserwerkes von dem städtischen Gaswerke gewesen, welches nur ca. 1000 m von der Pumpstation entfernt und ebenso wie letztere im Süden vor der Stadt liegt.

Von jedem der beiden Brunnen führt in einem begehbaren Betonkanale eine Saugerohrleitung von 400 mm Durchmesser zu einem in der Mitte liegenden Schachte, der 5,65 m Tiefe und 8,0 m lichten Durchmesser hat und dessen Sohle auf 4,35 m + 0 liegt. In diesem Schachte stehen die Pumpen zur Förderung des Wassers aus den beiden Brunnen, während oben über demselben die Gasmotoren aufgestellt sind. Der Schacht wird durch ein kreisrundes Gebäude von 16,0 m innerem Durchmesser, das mit einem freitragenden Zeltdache überdeckt ist, umschlossen. Ein kleiner Vorbau, der zur Aufstellung für die Gasmesser, für ein Reservoir für das für die Motoren erforderliche Kühlwasser und für den Druckwindkessel dient, bildet den Eingang dazu.

Die Maximalleistung der Anlage war auf 6000 cbm im Tage festgestellt. Es sind unter Annahme einer 20stündigen Betriebszeit im Tage dafür 3 von einander unabhängige Pumpenanlagen, von deren die eine als Reserve zu dienen bestimmt ist, angenommen. Für jede derselben ist ein liegender Gasmotor mit 2 Cylindern und von nominell 40 PS. aufgestellt, der 140 Umdrehungen pro Minute macht. Durch Zahnradübersetzung (Holz auf Eisen) treibt dieser mit einer Uebersetzung von 5 : 28 eine Achse mit 2 um 90° gegen einander versetzten Kurbeln an, deren jede durch Lenkstangen eine stehende, einfachwirkende Plungerpumpe mit Ringventilen (Leder auf Gusseisen) betreibt. Die Plunger haben 0,8 m Hub und 400 mm Durchmesser. Jedes Pumpenpaar liefert bei 95 % Nutzeffect bei 25 Doppelhuben 127 cbm Wasser pro Stunde. Die Mittellinien der 3 Pumpenanlagen bilden im Grundrisse ein gleichschenkeliges Dreieck, und die ganze Anlage gruppirt sich daher in einem Kreise um den Pumpenschacht herum.

Zum Antriebe der grossen Motoren ist ein eincylindriger, stehender Motor von 2 PS. aufgestellt, dessen Bewegung durch eine unter der Maschinenflur liegende Transmission auf die einzelnen grossen Motoren übertragen wird, und der zugleich eine im Pumpenschachte aufgestellte, kleine Doppelpumpe betreibt, deren eine Hälfte das Kühlwasser für die Motoren und deren andere Hälfte die Luft für den Hauptdruckwindkessel liefert.

Die Saugerohre, welche von den beiden Brunnen kommen, liegen mit ihren Mitten 4,3 m tief unter Terrain und münden in einen in dem Pumpenschachte aufgestellten negativen Windkessel ein, von dem die Saugerohre für die einzelnen Pumpen ausgehen. Die Druckrohre der 3 Pumpenanlagen sind in einem Rohre von 325 mm Durchmesser vereinigt, in welches ein schmiedeeiserner Druckwindkessel von 1,5 m Durchmesser und 4,3 m Höhe eingeschaltet ist. Das Gas wird durch 2 Leitungen von 125 mm Durchmesser von dem Gaswerke aus zugeführt, welche, um vor dem Hochwasser des Rheins gesichert zu sein, in einem dafür hergestellten, erhöhten Damme verlegt sind.

Ein Hochreservoir, das in ca. 2200 m Entfernung von der Pumpstation liegt, ist auf dem bereits von Gruner in's Auge gefassten Platze neben dem Wirthshause »Zur schönen Aussicht« an der Karthause erbaut. Dessen Hochwasserspiegel liegt auf 58,7 m + 0. Das Reservoir hat, bei 6,5 m Wasserhöhe in 3 Abtheilungen getheilt einen Inhalt von 2800 cbm. Es ist auf einer Betonsohle aus Cementmauerwerk aufgebaut, überwölbt und mit Erde überdeckt. Die für die Baubewilligung von der Fortification gestellte Bedingung, dass die äussere Terrainerscheinung nach der Erbauung des Reservoirs genau dieselbe, als vor der Erbauung sein müsse, zwang in dem stark abfallenden Terrain zu Ausdachungen von bis über 22,0 m Tiefe und zu Gewölbeüberfüllungen von bis zu 8,0 m Höhe.

Das Rohrnetz ist nach dem Circulationssysteme ausgeführt und steht unter einem einheitlichen, constanten Drucke von 45,0 m bis 50,0 m über dem Strassenniveau. Für den Schluss der einzelnen 9 Betriebsjahre von 1888/89 bis 1896/97 gibt die Tabelle 294 die Länge der Rohre von 350 mm bis 80 mm und die Zahl der Hydranten und der öffentlichen Springbrunnen, Laufbrunnen und Pissoire an.

Tabelle 294.

Jahr	1888/89	1889/90	1890/91	1891/92	1892/93	1893/94	1894/95	1895/96	1896/97
Rohrlänge m	27 739	28 567	28 966	29 226	37 972	41 817	44 362	45 337	46 356
Hydranten	224	228	231	233	304	320	338	346	354
Springbrunnen	3	3	3	3	4	4	4	4	4
Laufbrunnen	2	2	2	2	2	2	1	3	3
Pissoire	2	3	3	3	3	3	4	4	4

Die Hydranten sind Unterflurhydranten mit Handentleerung. Sie sind an Abzweige von 65 mm Durchmesser angeschlossen und stehen in 100 m mittlerer Entfernung von einander. Die Zahl der Schieber beträgt zur Zeit 219 Stück. Für die Rheinanlagen und für den Schlossplatz sind 58 Sprenghähne von 40 mm und 10 Sprenghähne von 30 mm Durchmesser angebracht. 30 Rinnsteinspüler sind in der Stadt in Benutzung. Die Zuleitungen sind bis zu 30 mm Durchmesser aus Bleirohren und darüber aus gusseisernen Rohren hergestellt. Die Ausführung derselben hat, ebenso wie die Wassermesserstellung für städtische Rechnung stattgefunden.

Die Gasmotoren sind von der Deutzer Motorenfabrik in Deutz bezogen und nach deren Abnahme durch Bremsversuche in Deutz von dieser Fabrik aufgestellt. Alle übrigen maschinellen Anlagen der Pumpstation, die Pumpen, Transmissionen, Windkessel, Leitungen etc. sind von der Hannover'schen Maschinenbau-Actiengesellschaft vorm. G. Egestorff in Linden bei Hannover geliefert, aufgestellt und in Betrieb gesetzt. Die gusseisernen Rohre sind von der Kölnischen Maschinenfabrik in Bayenthal, von P. Stühlen in Deutz, von der Friedrich-Wilhelmshütte in Mülheim a. d. Ruhr und von R. Böcking & Comp. in Halbergerhütte geliefert. Die 2607 Stück bis Ende 1895 bezogenen Wassermesser sind von C. A. Spanner, Wien-Aachen und zwar in folgenden Dimensionen geliefert:

Durchmesser mm	7	10	13	15	20	25	30	40	50
Stückzahl	19	501	334	326	839	370	119	42	18

mm	80	100
Zahl	29	10.

Die Schieber und die Hydranten haben Bopp & Reuther in Mannheim geliefert, und dieselbe Firma hat auch die Rohrverlegungen ausgeführt.

Die gesammten Anlagekosten haben bis Ende des Jahres 1886 betragen für:

Grunderwerb	M.	44 000
Wassergewinnung	»	41 000
Pumpstationsgebäude	»	32 000
Maschinenanlage u. Gasversorgung	»	146 000
Wegedämme	»	20 000
Hochreservoir	»	135 000
Rohrnetz	»	256 000
Diverses	»	46 000
Zuleitungen und Wassermesser	»	180 000
Summa	M.	900 000.

Diese Summe, welche M. 22,60 pro Kopf entspricht, hat sich bis zum Ende des letzten Betriebsjahres auf fast eine Million Mark erhöht. Die Leitung des Wasserwerkes liegt seit der Eröffnung desselben gemeinschaftlich mit der des Gaswerkes in den Händen des Directors Bentzen.

c) Betrieb des Wasserwerkes.

Die Tabelle 295 gibt den Gasverbrauch der Motoren für die einzelnen Jahre von 1887/88 bis 1896/97 im Ganzen und pro 100 cbm gefördertes Wasser, sowie pro PS.-Stde. bei 58,7 m mittlerer Arbeitshöhe und die entwickelte Leistung in m × kg pro cbm Gas an.

Tabelle 295.

Jahr	Gasverbrauch			m × kg pro cbm Gas
	im Ganzen	pro 100 cbm Wasser	pro PS.-Stunde	
1887/88	77 560	22,22	1,02	264 100
1888/89	106 960	22,45	1,03	261 400
1889/90	128 582	22,46	1,03	261 300
1890/91	146 091	22,35	1,03	262 600
1891/92	184 246	22,49	1,04	260 900
1892/93	222 461	22,43	1,03	261 700
1893/94	262 801	22,92	1,15	235 100
1894/95	271 547	22,42	1,03	261 400
1895/96	289 260	22,07	1,01	267 300
1896/97	311 900	22,93	1,05	235 100

Die Tabelle 296 S. 378 gibt für die 10 Jahre von 1887/88 bis 1896/97 die jährlich abgegebene Wassermenge und deren Vertheilung nach Messern für Private, sowie ohne Messer für öffentliche Zwecke und für den Selbstverbrauch der Gas- und Wasserwerke im Ganzen, ferner die tägliche Abgabe im Jahresmittel, am Maximal- und am Minimaltage im Ganzen und pro Kopf, ferner die Zahl der aufgestellten Wassermesser etc. an.

Die Wasserabgabe findet seit Eröffnung des Werkes nur nach Wassermessern statt, und es ist pro cbm (abgesehen von einigen Ausnahmen) 20 Pf. zu zahlen. Gleichfalls seit Eröffnung des Werkes ist der Zwangsanschluss aller bewohnten Gebäude durch Ortsstatut bestimmt, und als jährliches Minimalwassergeld ist die Zahlung von $^1/_8$ der Staatsgebäudesteuer vorgeschrieben.

Die jährlich häufiger vorgenommenen chemischen und bacteriologischen Untersuchungen haben stets ein ausserordentlich günstiges Resultat ergeben.

Tabelle 296.

Jahr	1887/88	1888/89	1889/90	1890/91	1891/92	1892/93	1893/94	1894/95	1895/96	1896/97
Einwohnerzahl . .	31 000	31 669	32 649	32 664	38 057	38 894	37 718	39 543	39 639	40 939
Gesammtabgabe im Jahr cbm	370 940	476 430	572 450	653 650	819 140	991 970	1 054 510	1 211 430	1 301 670	1 360 160
desgl. gegen 100 cbm des Vorjahres . .	—	128,4	120,3	110,8	125,3	121,1	106,3	114,8	107,4	104,5
Zahl der Anschlüsse .	1 500	1 590	1 617	1 639	1 666	1 852	2 257	2 363	2 424	2 502
cbm pro Anschluss von der Gesammtabgabe	241	300	354	399	492	534	467	513	537	545
Abgabe am mittleren Jahrestage . . cbm	1 016	1 305	1 568	1 791	2 244	2 718	2 881	3 316	3 569	3 726
desgl. a. Maximaltage »	—	2 412	3 118	3 109	3 852	5 476	6 731	6 479	6 516	6 300
desgl. a. Minimaltage »	—	918	1 071	715	1 188	1 983	1 962	2 268	2 272	2 520
Abgabe pro 100 cbm am mittleren Jahrestage										
a) am Maximaltage cbm	—	184,8	192,5	173,6	171,7	201,5	233,6	195,2	180,0	166,4
b) am Minimaltage »	—	70,3	68,3	39,9	52,9	73,0	68,1	67,7	65,2	67,6
Abgabe pro Tag pro Kopf am mittleren Jahrestage . . cbm	33	41	51	55	59	70	77	84	90	91
am Maximaltage »	—	76	96	95	101	140	178	164	164	154
am Minimaltage »	—	29	33	22	31	51	52	57	57	62
Abgabe nach Messern für Private . cbm	308 976	414 068	477 490	487 490	490 660	593 670	647 990	698 200	753 250	788 450
pro 100 cbm der Gesammtabgabe . cbm	83,2	86,9	83,4	74,6	59,9	59,8	61,5	57,7	57,4	57,9
Desgl. für öffentliche Zwecke oder ohne Messer . . . cbm	40 044	62 365	94 960	166 160	328 480	428 300	406 520	513 230	548 420	571 705
pro 100 cbm der Gesammtabgabe . cbm	10,8	13,1	16,6	25,4	40,1	43,2	38,6	42,4	42,6	42,1
Zahl der Messer . . .	1 500	1 590	1 617	1 639	1 666	1 852	2 257	2 363	2 424	2 502
Abgabe pro Messer pro Jahr . . . . cbm	206	260	295	297	295	321	287	295	311	315
Abgabe für die Gas- und Wasserwerke . cbm	—	6 151	2 850	2 320	2 810	2 970	3 230	2 960	3 428	2 857

2. a. **Adenau.** (E. 1674.) Ohne Antwort.

3. b. **Ahrweiler.** (E. 4776, W. 720 mit je 6,6 B.)

Für die Wasserversorgung der Stadt Ahrweiler ist seit dem Herbst 1893 eine allgemeine Anlage in Betrieb, welche für städtische Rechnung mit einem Aufwande von M. 168 000 im Ganzen, oder M. 36 pro Kopf für die Stadt und die beiden Vororte gemeinschaftlich hergestellt ist. Den Betrieb der Anlage leitet der Stadtverordnete Kolter.

Das Wasser wird aus den Quellen, welche oberhalb Walporzheim im Thale der Ahr in 1,5 bis 4 km von der Stadt entfernt entspringen und 100 bis 500 cbm Wasser im Tage liefern, entnommen. Dieses Wasser ist mit natürlichem Gefälle einem Hochreservoire zugeleitet, das 23,0 m tiefer als die Quellfassung und ca. 500 m von der Stadt entfernt liegt. Das Reservoir ist aus Cementbeton hergestellt und hat bei 3,0 m Wasserhöhe 400 cbm Inhalt.

Als Ergänzung dient ferner künstlich gehobenes Grundwasser, für welches eine Pumpstation mit Turbinenbetrieb an der Ahr eingerichtet ist, durch die das Wasser 33,0 m hoch in dasselbe Reservoir gefördert wird. Je nach der Menge des Kraftwassers kann diese Station 300 cbm bis 720 cbm Wasser im Tage liefern. Der Wasserverbrauch der Stadt beträgt ca. 380 cbm im Tage.

Es sind ca. 7000 lfd. m Rohrleitungen von 175 mm bis 80 mm Durchmesser verlegt, und damit sind innerhalb des Versorgungsgebietes in ca. 75 m Entfernung von einander Hydranten verbunden. Fast sämmtliche Häuser haben Anschlussleitungen.

4. c. **Altenkirchen.** (E. 1913, W. 250 mit je 7,7 B.)

Für die Wasserversorgung des Ortes Altenkirchen ist für dessen Rechnung im Jahre 1890 durch den Ingenieur Max Hessemer in Ems eine Anlage hergestellt, welche pro Tag 200 cbm liefert und im Ganzen M. 95 000 oder M. 49,66 pro Kopf gekostet hat.

Der eine Theil des Wassers ist durch die Fassung und Zusammenleitung von 8 kleinen Quellen mittels Thonrohren von 150 mm Durchmesser gesammelt und einem Hochreservoire von 50 cbm Inhalt mit natürlichem Gefälle zugeleitet, das für den unteren Theil der Stadt, sowie für die Versorgung des Bahnhofes dient, für welchen 3 Blechreservoire von 80 cbm Inhalt aufgestellt sind. Eine Fallrohrleitung von 100 m Länge und 80 mm Durchmesser geht von diesem Hochreservoire zur unteren Zone ab.

Für die obere Zone ist ein 25,0 m höher liegendes, gemauertes Hochreservoir von 270 cbm Inhalt ausgeführt und mit einem gleich hoch liegenden Gegenreservoire verbunden, das 75 cbm Inhalt hat. Beide Reservoire sind überwölbt und in den Boden versenkt. Zu ersterem führt eine Druckleitung von 125 mm Durchmesser, die von einer 400 m entfernt liegenden Pumpstation abgeht. Für diese ist ein Brunnen von 2,0 m Durchmesser und 8,0 m Tiefe hergestellt, welcher mit seitlich in den Felsen getriebenen Stollen verbunden ist, die im Lichten 2,0 m hoch und 1,0 m breit sind und 30 m bis 50 m Länge haben, so dass dadurch für die Pumpstation ein Wasservorrath von 270 cbm geschaffen ist.

In der Pumpstation ist eine Balancierdampfpumpe von 10 PS. aufgestellt. Der Dampfkolben hat 250 mm Durchmesser und 0,47 m Hub. Die beiden einfachwirkenden Plungerpumpen haben 210 mm Durchmesser und 0,2 m Hub. Sie machen 25 bis 40 Hübe pro Minute und liefern 12 bis 20 cbm Wasser pro Stunde auf 35,0 m Höhe. Den Dampf von 6 Atm. Spannung liefert ein ausziehbarer Röhrenkessel von 12 qm Heizfläche. Die Maschine ist von Klein, Schanzlin & Becker in Frankenthal und der Kessel von der Firma Kopp in Frankenthal geliefert.

Die Rohrleitungen haben ca. 9000 m Länge von 125 mm bis 60 mm Durchmesser und sind mit 60 Schiebern und 35 Hydranten verbunden. Die Leitungen setzen sich aus folgenden Durchmessern und Längen zusammen:

Rohrdurchmesser	mm	125	100	80	60
Rohrlänge	m	2600	2900	2120	1320

300 Häuser haben Anschlussleitungen. Letztere, sowie die Hausleitungen bestehen aus Bleirohren. Mit diesen sind 450 Zapfhähne, 20 Closets, 3 Pissoirstände, 15 Badeeinrichtungen und 2 Springbrunnen verbunden. Es sind 130 Wassermesser eingebaut, von denen 125 von C. A. Spanner, Wien-Aachen und 5 von Wolff & Schreiber, Breslau, geliefert sind. Dieselben haben folgende Grössen:

Durchmesser	mm	10	13	15	20	40
Stückzahl		30	28	40	31	1.

Im Jahre 1894 sind 60000 cbm im Ganzen, oder 164 cbm pro Tag abgegeben.

Die Zahlung erfolgt meistens nach Wassermessern zum Preise von 20 Pf. pro cbm und beträgt im Jahre M. 18 bis 42 pro Haus. Die Einnahme im Ganzen beträgt von Privaten M 4250 und von der Eisenbahn M. 2750, also total ca. Mark 7000 im Jahre.

Eine vom Dr. Fresenius in Wiesbaden ausgeführte Analyse des Wassers hat im Liter ergeben:

Gesammtrückstand	89,0 mg
Kalk	19,0 »
Magnesia	8,8 »
Chlor	5,6 »
Schwefelsäure	3,3 »
Kieselsäure	14,4 »
Eisenoxydul	6,4 »
Mangansuperoxydul zur Oxydation	3,2 »
Salpetrige Säure, Ammoniak	Null
Gesammthärte, deutsche Grade	2,8°

5. k. Altwied. (E. 447.)

Für Rechnung der Gemeinde Altwied hat der Ingenieur H. Scheven in Bochum im Jahre 1890 eine Wasserversorgung ausgeführt, welche eine Maximalleistung von 30 cbm oder 67 Lit. pro Kopf hat. Das Wasser einer Quelle wird dafür mit natürlichem Gefälle einem gemauerten Reservoire zugeleitet und von hier aus vertheilt.

6. h. Andernach. (E. 6880, W. 746 mit je 9,2 B.)

Für die Wasserversorgung der Stadt Andernach diente, abgesehen von einigen Ortsbrunnen, schon seit dem Jahre 1576 eine Quellwasserleitung, welche im Jahre 1882 einen völligen Umbau und eine Vergrösserung erfahren hat, die M. 70000 gekostet haben. Durch Erweiterungen in den folgenden Jahren sind diese Kosten bis heute auf M. 180000 oder M. 26,16 pro Kopf gewachsen.

Das Wasser wird aus 3 Quellen, welche ca. 1500 m von der Stadt entfernt liegen, gewonnen, und zwar aus der Hackenbornquelle mit 200 cbm, aus der Hasenfängerquelle mit 1100 cbm und aus der Antelquelle mit 120 cbm, also zusammen mit 1420 cbm täglicher Ergiebigkeit. Das Wasser aus der ersten und der dritten Quelle fliesst direct einem Hochreservoire von 300 cbm Inhalt zu, das gemauert und überwölbt ist und ca. 800 m von der Stadt entfernt liegt. Sein Wasserspiegel liegt ca. 18,0 m hoch über dem Stadtniveau. Für das Wasser der zweiten Quelle ist eine überwölbte Sammelstube von 500 cbm Inhalt hergestellt, deren Wasserspiegel 28,0 m hoch über der Stadt liegt. Das Wasser wird von hier durch eine 510 m lange Heberleitung in das andere Reservoir überführt.

Gusseiserne Rohrleitungen sind im Ganzen 13500 lfd. m vorhanden, welche von 225 mm bis 40 mm Durchmesser haben. Es sind damit 10 Ventilbrunnen und 43 Hydranten verbunden. 520 Häuser sind an die Leitungen angeschlossen. Ende 1895 waren 52 Wassermesser geliefert, und zwar 16 von H. Meinecke, Breslau, 3 von C. A. Spanner, Wien-Aachen und 33 von Siemens & Halske, Berlin. Nach der Grösse vertheilen diese sich wie folgt:

Durchmesser	mm	20	25	30	40	50
Stückzahl		33	4	9	3	3.

Die Leitung der Anlage ist dem Director Nachtsheim gemeinschaftlich mit der des Gaswerkes unterstellt.

7. e. Bacharach. (E. 1918.)

Für die Wasserversorgung der Stadt Bacharach wird eine Quellwasserleitung, welche von dem Ingenieur Max Hessemer in Ems projectirt ist, hergestellt.

8. d. Bendorf. (E. 5296.)

Für Rechnung der Gemeinde Bendorf ist, weil die dort früher benutzte Quellwasserleitung nicht mehr genügte, als deren Ergänzung im Jahre 1895 ein Wasserwerk nach dem Projecte des Ingenieurs O. Smrecker in Mannheim erbaut, das für eine tägliche Lieferung von 500 bis 750 cbm bestimmt ist. Die Anlage hat M. 90300 im Ganzen oder M. 17 pro Kopf gekostet. Die Maschinen dafür hat G. Kuhn in Stuttgart-Berg, die Kessel Joh. Reuber in Bendorf und die Rohre die Friedrich-Wilhelmshütte in Mülheim a. d. Ruhr geliefert.

Das Wasser wird dem Grundwasser durch 2 Rohrbrunnen von 0,6 m Durchmesser und 23,0 m Tiefe entnommen, welche Filterkörbe haben. 2 freistehende Verbundmaschinen von je 6 PS. betreiben jede eine stehende, doppeltwirkende Plungerpumpe durch Gestänge-Antrieb, und es liefert jede der Pumpen 25 cbm Wasser in der Stunde auf 62,0 m Höhe in ein daneben erbautes Hochreservoir. 2 Cornwallkessel von je 20 qm Heizfläche liefern den nöthigen Dampf.

Es sind 69 Wassermesser von C. A. Spanner, Wien-Aachen, geliefert, und zwar 3 von 15 mm, 2 von

16 mm, 41 von 20 mm, 22 von 30 mm und einer von 40 mm Durchmesser.

Nähere Mittheilungen über die Anlage zu erhalten, ist nicht möglich gewesen.

9. f. **Bertrich.** (E. 386.)

Die Wasserversorgung des Ortes und Bades Bertrich erfolgt durch eine nach dem Projecte des Ingenieurs Max Hessemer in Ems hergestellte Quellwasserleitung.

10. c. **Betzdorf.** (E. 3500, W. 370 mit je 9,4 B.)

Für Rechnung der Gemeinde Betzdorf hat im Jahre 1891 der Ingenieur Max Hessemer in Ems eine Wasserversorgung von einer täglichen Lieferungsfähigkeit von 130 cbm hergestellt. Die Anlagekosten haben im Ganzen M. 85000 oder M. 21,76 pro Kopf betragen. Die Rohre sind von R. Böcking & Comp. in Halbergerhütte geliefert. Im Jahre 1893 ist die Anlage durch eine Pumpstation erweitert, für welche die Armaturfabrik in Frankenthal die Maschine und den Kessel geliefert hat. Die Verwaltung des Werkes besorgt das Bürgermeisteramt.

Die erste Wassergewinnung ist durch die Fassung von 7 Quellen mittels Thonrohren von 150 mm und 200 mm Durchmesser erfolgt.. Das so gewonnene Wasser wird mit natürlichem Gefälle auf ca. 1500 m Entfernung einem gemauerten Hochreservoire von 200 cbm Inhalt, das überwölbt und in den Boden versenkt ist, durch ein Rohr von 80 mm Durchmesser zugeleitet. Eine Fallrohrleitung von 400 m Länge und 125 mm Durchmesser führt vom Hochreservoire zum Vertheilungsnetze für den Ort, in dem der Druck im Mittel 45,0 m über dem Ortsniveau beträgt.

Im Jahre 1893 ist an anderer Stelle für eine zweite Wassergewinnung ein ca. 20 m langer Stollen und, im Anschlusse daran, ein gemauerter Brunnen von 1,7 m Durchmesser und 9,0 m Tiefe hergestellt. In einer daneben erbauten Pumpstation befindet sich eine Dampfmaschine, die eine doppeltwirkende Plungerpumpe betreibt, welche 12 cbm Wasser pro Stunde auf 42,0 m Höhe durch eine 400 m lange Druckleitung von 125 mm Durchmesser in das Hochreservoir fördert. Der Kessel ist ein stehender Röhrenkessel von 16 qm Heizfläche.

Die Rohrleitungen haben ca. 7590 m lfd. Länge von 125 mm bis 60 mm Durchmesser und sind mit 80 Schiebern und 30 Hydranten verbunden. 300 Hausanschlüsse sind mittels Zuleitungen aus Bleirohren von 20 mm und 25 mm Durchmesser mit Strassenhähnen hergestellt. Die Hausleitungen bestehen aus geschwefelten Bleirohren. Mit ihnen sind 470 Zapfhähne, 10 Closets, 4 Pissoirstände, 20 Badeeinrichtungen und ein Springbrunnen verbunden. 45 Wassermesser, welche C. A. Spanner, Wien-Aachen, geliefert hat, sind eingebaut, und zwar 29 von 13 mm, 6 von 15 mm, 9 von 20 mm und einer von 25 mm Durchmesser. Im Jahre 1894 sind 36000 cbm Wasser im Ganzen oder ca. 100 cbm pro mittleren Tag abgegeben.

Der Wasserpreis beträgt 20 Pf. pro cbm.

Das Wasser der Quellen hat 3° bis 5° und das des Brunnens hat 10° Härte nach deutscher Scala.

11. e. **Boppard.** (E. 5965, W. 826 mit je 7,2 B.)

Für die Wasserversorgung der Stadt Boppard dienten früher gegrabene Brunnen von ca. 12,0 m Tiefe, von denen 19 öffentliche waren. Ausserdem wurde das Wasser aus 3, in der Nähe der Stadt entspringenden Quellen mit natürlichem Gefälle zugeleitet. Davon speiste die eine einen öffentlichen Laufbrunnen, während die beiden anderen von Privaten benutzt wurden. Die aufblühende Stadt verlangte aber dringend eine bessere Versorgung, und im Jahre 1893 fasste die Stadtbehörde den Beschluss, ein städtisches Wasserwerk zu erbauen.

Dieser Bau ist in den Jahren 1894 bis 1895 für städtische Rechnung nach dem Projecte des Ingenieurs Smrecker in Mannheim ausgeführt, und Ende April 1895 ist der Betrieb des Werkes eröffnet. Die Anlage ist für eine tägliche Leistung von 300 cbm bestimmt und hat, einschliesslich der Anschlussleitungen und der Wassermesser, M. 210000 im Ganzen oder M. 35,21 pro Kopf gekostet. Die Maschinen und die Kessel hat die Armaturfabrik in Frankenthal und die Rohre hat P. Stühlen in Deutz geliefert. Die Leitung des Werkes besorgt der Ingenieur Jos. Fischer.

Das Wasser wird einem gemauerten Brunnen von 3,0 m Durchmesser und von 9,0 m Tiefe und 2 Rohrbrunnen von 350 mm Durchmesser und von 10,0 m Tiefe mittels einer daneben erbauten Pumpstation entnommen. In dieser sind 2 Verbundmaschinen von je 8 PS. aufgestellt, welche Dampfkolben von 200 mm resp. 300 mm Durchmesser und 0,25 m Hub haben. Jede Maschine treibt direct 2 einfachwirkende Plungerpumpen von 130 mm Durchmesser an. Sie liefert bei 70 Hüben pro Minute damit in der Stunde 28 cbm Wasser bei 64,0 m Arbeitshöhe. Für die Dampfbereitung sind 2 Einflammrohrkessel von je 12 qm Heizfläche vorhanden.

Ein aus Beton hergestelltes Hochreservoir, welches theils in den Boden versenkt ist, hat 200 cbm Inhalt. Die Rohrleitungen haben 8425 m Länge und sind mit 157 Schiebern verbunden. Nach den Durchmessern getrennt sind vorhanden:

Durchmesser mm	200	175	150	125	100	80
Rohrlänge m	50	55	1950	900	3270	2200
Schieberzahl	2	0	5	2	26	42

Es sind 96 Unterflurhydranten mit Selbstentwässerung aufgestellt. Die Zuleitungen und die Hausleitungen bestehen aus verzinkten, schmiedeeisernen Rohren. Die Wasserabgabe findet nur durch Wassermesser statt. Bis Ende 1895 waren überall 567 Wassermesser geliefert und Ende 1896 507 eingebaut. Sie sind sämmtlich von C. A. Spanner, Wien-Aachen, bezogen; erstere hatten folgende Grössen:

Durchmesser mm	10	13	15	20	25	30
Stückzahl	301	130	95	36	2	3

Die Wasserabgabe betrug im Jahre 1895 am meisten im Monat Juli, nämlich 4792 cbm, und am wenigsten im Monat October, nämlich 3720 cbm. Von der Jahresabgabe 1895/96 von 53000 cbm sind 51000 cbm oder 96,2% nach Messern abgegeben. Die Tagesabgabe hat im Mittel 145 cbm, als Maximum 268 cbm und als Minimum 114 cbm betragen.

Der Wasserpreis beträgt bei einer jährlichen Abgabe bis:

cbm . . .	1000	2000	3000	4000	5000	darüber
pro cbm Pf.	25	20	18	17	16	15.

Nach einer im December 1893 vorgenommenen Untersuchung enthielt das Wasser im Liter:

Kalk	136	mg
Magnesia	23	»
Chlor	21	»
Schwefelsäure	36	»
Gesammte Härte, deutsche Grade	17,3°	
Bleibende Härte	6,0°	

Gezählte Kolonien in ccm 37.

12. c. **Braubach.** (E. 1012.)

Die Wasserversorgung des Ortes Braubach erfolgt durch eine vom Ingenieur Max Hessemer in Ems hergestellte Quellwasserleitung.

13. m. **Braunfels.** (E. 1498.)

Für die Wasserversorgung des Ortes Braunfels ist eine öffentliche Anlage seit dem Jahre 1894 in Benutzung, welche im Jahre 1898 einen weiteren Ausbau erfahren hat. Der erste Theil derselben ist nach dem Projecte und unter der Leitung des Ingenieurs Max Hessemer in Ems und die Erweiterungen sind vom Kreisbaumeister Panse in Wetzlar ausgeführt. Die Anlagekosten haben im Ganzen M. 80000 oder M. 53,40 pro Kopf betragen.

Das Wasser wird ca. 400 m vom Orte entfernt aus Quellen an der Obermühle gewonnen, welche eine tägliche Ergiebigkeit von über 1000 cbm haben, und dann mittels Pumpen von einer stündlichen Leistung von ca. 20 cbm, welche durch ein Wasserrad und durch einen Benzinmotor von ca. 15 PS. betrieben werden, auf 120 m Höhe in 3 gemauerte Hochreservoire von zusammen 400 cbm Inhalt gehoben, deren Wasserspiegel 5,0 m bis 30,0 m über dem Ortsterrain liegt.

Es sind ca. 6000 lfd. m Rohre von 125 mm bis 50 mm Durchmesser verlegt, und mit diesen sind 12 Unterflur- und 8 Ueberflurhydranten verbunden, welche letztere zugleich als öffentliche Zapfbrunnen dienen. 300 Wohnhäuser haben Anschlussleitungen.

14. f. **Bremm.** (E. 881.)

Die Wasserversorgung des Ortes Bremm erfolgt durch eine vom Ingenieur Max Hessemer in Ems hergestellte Quellwasserleitung.

15. c. **Daaden.** (E. 1868.)

Für die Wasserversorgung des Ortes Daaden ist von dem Ingenieur Max Hessemer in Ems eine Quellwasserleitung hergestellt.

16. c. **Dauersberg.** (E. 212.)

Die Wasserversorgung des Ortes Dauersberg erfolgt durch eine vom Ingenieur Max Hessemer in Ems hergestellte Quellwasserleitung.

17. c. **Derschen.** (E. 437.)

Die Wasserversorgung des Ortes Derschen erfolgt durch eine Quellwasserleitung, welche der Ingenieur Max Hessemer in Ems hergestellt hat.

18. k. **Dierdorf.** (E. 1485.)

Für Rechnung der Gemeinde Dierdorf hat der Ingenieur H. Scheven in Bochum im Jahre 1888 eine Wasserversorgung hergestellt. Das Wasser einer Quelle von einer täglichen Maximallieferung von 120 cbm oder 86 Lit. pro Kopf ist mit natürlichem Gefälle einem gemauerten Reservoire zugeleitet und wird von hier aus vertheilt.

19. d. **Ehrenbreitstein.** (E. 2777, W. 287 mit je 9,7 B.)

Die Wasserversorgung der Stadt Ehrenbreitstein erfolgte früher aus 2 Quellen, deren eine direct am Rande der Stadt entspringt, während die andere 4 km davon entfernt liegt. Ausser öffentlichen Brunnen wurden damit 70 Privathäuser durch Zuleitungen versorgt. Im Jahre 1894 ist für Rechnung der Stadt eine leistungsfähigere Quellwasserleitung hergestellt, welche M. 75000 im Ganzen oder M. 27,00 pro Kopf gekostet hat.

Diese Leitung führt das Wasser der Quellen des ca. 2000 m entfernt liegenden Eselsbaches mit natürlichem Gefälle zu. Diese haben eine Ergiebigkeit von 131 cbm im Tage. An den Quellen selbst ist ein Sammelbehälter von 50 cbm Inhalt hergestellt. Unmittelbar vor der Stadt befindet sich ein Hochreservoir von 300 cbm Inhalt, das, ebenso wie der Sammelbehälter, aus Stampfbeton ausgeführt ist. Der Wasserspiegel des Reservoirs liegt 58,0 m hoch über dem Stadtniveau.

Die Strassenrohre haben ca. 5800 m Länge von 100 mm bis 40 mm Durchmesser. Es sind damit 27 Hydranten verbunden, und 198 Häuser hatten im Jahre 1895 Anschlussleitungen. Es sind 201 Wassermesser von H. Meinecke, Breslau, und zwar 155 von 13 mm, 35 von 20 mm, 7 von 25 mm, einer von 30 mm, 2 von 40 mm und einer von 65 mm Durchmesser aufgestellt. Der durchschnittliche Consum beträgt zur Zeit pro Tag 72 cbm. Dem Reservoire kann bei grösserem Bedarf auch noch die Quelle des 700 m entfernten Riddelsborn, der 68 cbm im Tage liefert, zugeführt werden. Eventuell ist auch die Anlage einer Pumpstation bei grösserem Bedarfe in's Auge gefasst.

20. c. **Freusburg.** (E. 687.)

Die Wasserversorgung des Ortes Freusburg erfolgt durch eine Quellwasserleitung, welche der Ingenieur Max Hessemer in Ems ausgeführt hat.

21. c. **Friedewald.** (E. 500, W. 100 mit je 5 B)

Für die Wasserversorgung des Ortes Friedewald ist der Bau einer Quellwasserleitung beabsichtigt, welche aus 3 einzelnen Quellfassungen mit täglich 50 cbm Wasser gespeist werden soll und nach dem Projecte des Ingenieurs Max Hessemer in Ems M. 20000 kosten wird.

Das Wasser soll mit natürlichem Gefälle einem gemauerten Hochreservoire von 70 cbm Inhalt zufliessen und durch ca. 1700 lfd. m Rohre von 100 mm bis 60 mm Durchmesser unter einem Drucke von 60,0 m bis 30,0 m einheitlich zur Vertheilung gelangen. 30 Absperrschieber und 12 Unterflurhydranten sollen eingebaut werden.

22. e. **St. Goar.** (E. 1604, W. 182 mit je 8,9 B.)

Für die Wasserversorgung der Stadt St. Goar dienten ausser einigen Privatbrunnen früher 2 kleine Bleirohrleitungen, welche aus Quellen, die nahe an der Stadt liegen, gespeist wurden. Sie versorgten 5 öffentliche Ventilbrunnen und 2 Pumpen, die auf gegrabenen Cysternen aufgestellt waren, mit Wasser.

Im Jahre 1892 ist für Rechnung der Stadt mit einem Kostenaufwande von M. 50000 im Ganzen oder M. 31,17 pro Kopf eine allgemeine Quellwasserleitung hergestellt. Das Wasser wird aus 1235 m Entfernung von dem Schützenbrunnen her mit natürlichem Gefälle einem Hochreservoire zugeführt, das 500 m von der Stadt entfernt liegt. Es ist aus Mauerwerk hergestellt und hat 150 cbm Inhalt. Sein Wasserspiegel liegt 75,0 m hoch über dem Stadtterrain. An gusseisernen Leitungen, welche 100 mm und 80 mm Durchmesser haben, sind im Ganzen 3875 lfd. m verlegt. Ferner ist eine Ueberlaufleitung von 566 m Länge von dem Reservoire aus und eine Sprengleitung von 130 m Länge in der Stadt hergestellt. Auch sind 21 Hydranten aufgestellt, und es wird ein öffentlicher Springbrunnen aus der Leitung gespeist. 154 Wohnhäuser hatten im Jahre 1896 Anschlussleitungen. Der mittlere Tagesverbrauch beträgt 30 cbm oder 19 Lit. pro Kopf. Die Quelle liefert ca. 60 cbm im Tage, und es ist die Zuleitung einer zweiten Quelle zur Erhöhung des disponibelen Wasserquantums eventuell für eine geringe Summe ausführbar.

23. k. **Gönnersdorf.** (E. 429.)

Für die Wasserversorgung des Dorfes Gönnersdorf hat im Jahre 1884 der Ingenieur H. Scheven in Bochum eine Gravitationsleitung hergestellt, die aus einer Quelle von einer Maximallieferung von 200 cbm pro Tag gespeist wird. Das Hochreservoir dafür ist nach dem Moniersysteme ausgeführt.

24. k. **Heddesdorf.** (E. 4865, W. 594 mit je 8,2 B.)

Für die Wasserversorgung der Gemeinde Heddesdorf ist im Jahre 1891/92 für Rechnung derselben eine Quellwasserleitung hergestellt, welche M. 225000 im Ganzen oder M. 46,25 pro Kopf gekostet hat und eine tägliche Ergiebigkeit von bis zu 900 cbm besitzt.

Das Wasser wird aus 40 verschiedenen Quellen im Gebiete des Aubaches und in 6 bis 15 km Entfernung von Heddesdorf gesammelt und mit natürlichem Gefälle 2 Hochreservoiren zugeleitet, welche auf dem Heddesdorfer Berge, 600 m vom Orte entfernt, liegen. Diese sind nach dem Monier-Systeme ausgeführt. Das eine davon hat 600 cbm und das andere hat 250 cbm Inhalt. Deren Wasserspiegel liegen ca. 60,0 m über dem Ortsniveau.

Die Länge der gusseisernen Leitungen beträgt im Ganzen ca. 30000 m von 200 mm bis 50 mm Durchmesser. Diese grosse Länge erklärt sich aus der grossen Zahl der Quellen und deren weiter Entfernung von einander, sowie aus der bedeutenden Verzweigung des Versorgungsgebietes. Mit den Leitungen sind 2 Ventilbrunnen und 40 Hydranten verbunden. 550 Häuser haben Anschlussleitungen.

Es ist die Absicht, die Leistungsfähigkeit der Anlage durch neue Erschliessungen zu vergrössern, weil die Zunahme der Industrie, speciell die Bimsandsteinfabrikation, in trockener Zeit grosse Wassermengen verlangt.

25. k. **Heister.** (E. 144.)

Für Rechnung der Gemeinde Heister hat im Jahre 1889 der Ingenieur H. Scheven in Bochum eine Wasserversorgung für eine tägliche Maximalleistung von 20 cbm oder 133 Lit. pro Kopf ausgeführt. Die Wasserfassung bildet ein gemauerter Kanal, der zugleich als Reservoir dient und von dem aus das Wasser durch Rohre mit natürlichem Gefälle dem Dorfe zufliesst.

26. c. **Herdorf.** (E. 3000, W. 360 mit je 8,3 B.)

Für die Wasserversorgung des Ortes Herdorf liegt das Project einer Quellwasserleitung zur Beschlussfassung vor, welches von dem Ingenieur Max Hessemer in Ems aufgestellt und auf M. 100000 veranschlagt ist.

Das Wasser soll aus hochliegenden Quellen erschlossen und mit natürlichem Gefälle einem aus Beton herzustellenden Hochreservoire von 200 cbm Inhalt zugeführt werden. Es werden ca. 10000 lfd. m Rohre von 125 mm bis 60 mm Durchmesser verlegt und mit 70 Schiebern und 30 Hydranten verbunden werden. Die Aufstellung von 3 öffentlichen Ventilbrunnen ist beabsichtigt.

27. d. **Horchheim.** (E. 2000.)

Für die Wasserversorgung der Gemeinde Horchheim hat im Jahre 1888 für deren Rechnung der Ingenieur H. Scheven in Bochum eine Quellwasserleitung von einer Maximalergiebigkeit von 200 cbm im Tage hergestellt. Das Wasser fliesst mit natürlichem Gefälle einem gemauerten Hochreservoire zu, aus welchem es zur Abgabe gelangt.

28. l. **Kirberg.** (E. 1252, W. 200 mit je 6,3 B.)

Für die Gemeinde Kirberg ist im Jahre 1893 für deren Rechnung mit einem Kostenaufwande von M. 35000 im Ganzen oder M. 28,20 pro Kopf von dem Ingenieur Max Hessemer in Ems eine Wasserleitung von 120 cbm täglicher Lieferungsfähigkeit hergestellt. Die Beaufsichtigung der Anlage besorgt das Bürgermeisteramt.

Das Wasser dafür ist aus 2 Quellen gesammelt und wird durch eine Leitung von ca. 400 m Länge und 80 mm Durchmesser einem Hochreservoire zugeführt, welches einen Inhalt von 100 cbm hat. Es ist aus Mauerwerk hergestellt, überwölbt und in den Boden versenkt. Von dem Reservoire führt eine Fallrohrleitung von 100 mm Durchmesser und ca. 300 m Länge zum Versorgungsgebiete, welches ca. 30 m tiefer liegt.

Das Vertheilungsnetz hat ca. 3000 m Länge von Rohren von 125 m bis 60 mm Durchmesser und ist mit 20 Schiebern und 20 Ueberflurhydranten verbunden. Die gusseisernen Rohre sind von R. Böcking & Comp. in Halbergerhütte geliefert. An die Leitungen sind 6 öffentliche Ventilbrunnen und 30 Hausleitungen mittels Bleirohren und Strassenhähnen von 20 mm bis 40 mm Durchmesser angeschlossen. In den Häusern sind 100 Zapfhähne, 2 Closets und 3 Badeeinrichtungen vorhanden. 10 Wassermesser von C. A. Spanner, Wien-Aachen sind eingebaut. Im Jahre 1895 sind 15000 cbm oder 41 cbm am mittleren Jahrestage abgegeben, was 23 Lit. pro Kopf der Einwohner entspricht.

Der Wasserpreis beträgt 20 Pf. pro cbm.

29. c. **Kirchen.** (E. 1501, W. 190 mit je 7,9 B.)

Zur Wasserversorgung der Gemeinde Kirchen hat für deren Kosten der Ingenieur Max Hessemer in Ems im Jahre 1892 eine Anlage von einer täglichen Leistung von 100 cbm hergestellt, welche M. 60000 im Ganzen oder M. 40,00 pro Kopf gekostet hat. Die Rohre dafür sind von R. Böcking & Comp. in Halbergerhütte geliefert. Die Verwaltung besorgt das Bürgermeisteramt.

Das Wasser wird aus 4 Quellen durch Thonrohrleitungen von 150 mm und 200 mm Durchmesser gesammelt und ferner aus einem in den Felsen getriebenen Stollen gewonnen. Dieser Stollen hat eine Länge von 160,0 m und einen Querschnitt von im Lichten 1,0 m mal 2,0 m. Er ist mit einer Staumauer versehen, so dass darin als Reserve 100 cbm Wasser zurückgehalten werden können.

Ferner sind noch 2 Hochreservoire, und zwar eines für jeden der beiden Gewinnungspunkte hergestellt.

Das eine davon fasst 75 cbm und das andere 100 cbm. Beide sind aus Mauerwerk, überwölbt und in den Boden versenkt, ausgeführt. Das grössere von ihnen dient für das Quellwasser. Es liegt in 200 m Entfernung von den Quellen und in 80 m Entfernung von dem Orte. Das andere liegt in 50 m Entfernung vom Stollen und in 130 m Entfernung von dem Orte. Für beide Reservoire haben die Zuflussleitungen 80 mm und die Fallrohrleitungen 100 mm Durchmesser.

Die Wasservertheilung erfolgt in 2 getrennten Zonen, in deren einer 25,0 m und deren anderer 50,0 m Druck vorhanden ist. Die Versorgung ist eine constante. Die Vertheilungsleitungen sind verästelt, und es sind im Ganzen ca. 3500 lfd. m Gussrohre von 100 mm, 80 mm und 60 mm Durchmesser verlegt. 30 Schieber und 20 Unterflurhydranten sind damit verbunden.

Für die Zuleitungen und für die Hausleitungen sind geschwefelte Bleirohre verwendet. Erstere haben 25 mm und 20 mm Durchmesser und sind mit Strassenhähnen verbunden. 130 Häuser sind an die Leitungen angeschlossen. In diesen sind 280 Zapfhähne, 15 Closets, 10 Badeeinrichtungen und 2 Springbrunnen vorhanden. Für 30 Zuleitungen sind Wassermesser eingebaut, welche von C. A. Spanner, Wien-Aachen geliefert sind.

Im Jahre 1894 sind im Ganzen ca. 25 000 cbm Wasser verbraucht, was 68 cbm am mittleren Jahrestage und 45 Lit. pro Kopf der Einwohner pro Tag entspricht.

Der Wasserpreis beträgt 20 Pf. pro cbm.

30. g. **Kirn.** (E. 5637, W. 533 mit je 10,6 B.)

Ausser 6 öffentlichen und einer Anzahl privater Brunnen, die gegraben und in Mauerwerk hergestellt sind, besteht für die Wasserversorgung der Stadt Kirn eine Quellwasserleitung, welche im Jahre 1892 mit einem Kostenaufwande von M. 189 785, einschliesslich der bis zum 1. April 1895 ausgeführten Anschlussleitungen, oder von M. 33,67 pro Kopf ausgeführt ist. Sie hat eine Ergiebigkeit von 240 cbm pro Tag.

Das Wasser wird 4 km von der Stadt entfernt im Krebsweiler Thale aus Quellen gewonnen und mit natürlichem Gefälle einem gemauerten Hochreservoire von 300 cbm Inhalt zugeführt, das sich in unmittelbarer Nähe der Stadt befindet. Sein Wasserspiegel liegt 40,0 m über dem mittleren Strassenniveau.

Die Länge der gusseisernen Rohrleitungen von 175 mm bis 60 mm Durchmesser beträgt 12 425 m. Damit sind 65 Hydranten und 2 öffentliche Ventilbrunnen verbunden. 492 Wohnhäuser sind an das Rohrnetz angeschlossen. Es sind 486 Wassermesser, welche von Dreyer, Rosenkranz & Droop, Hannover geliefert sind, aufgestellt. Von diesen haben 430 Stück 13 mm, 47 Stück 15 mm, 8 Stück 20 mm und ein Stück 30 mm Durchmesser. Der mittlere Tagesverbrauch beträgt 200 cbm, und es ist, abgesehen von trockenen Sommermonaten, stets Wasser in genügender Menge vorhanden.

31. f. **Kochem.** (E. 3454, W. 461 mit je 7,5 B.)

Für die Wasserversorgung der Stadt Kochem ist im Jahre 1881 eine Gravitationswasserleitung hergestellt. Das Wasser wird aus Quellen, die in 1,2 bis 2 km Entfernung von der Stadt entspringen, gesammelt und fliesst ohne Einschaltung eines Reservoirs mit natürlichem Gefälle direct dem Versorgungsgebiete zu. Es sind hier 19 Hydranten aufgestellt, und 285 Häuser haben Anschlussleitungen.

32. g. **Kreuznach.** (E. 19 342, W. 2163 mit je 9,0 B.)

Die Wasserversorgung der Stadt Kreuznach erfolgte früher ausschliesslich aus Brunnen in der Stadt. Die Qualität des Wassers aus denselben hatte schon vor langer Zeit den Wunsch nach besserem Wasser wachgerufen, so dass gelegentlich der Herstellung der Soolwasserleitung in den 60er Jahren das Project auftauchte, gleichzeitig in denselben Gräben für eine Süsswasserleitung die Rohre zu verlegen. Das Wasser für diese Leitung sollte aus dem Kiesboden an der Karlshalle entnommen und in ein auf dem Hasenrech oder auf dem Kuhberge herzustellendes Hochreservoir durch künstliche Hebung gefördert werden. Eine bereits früher beabsichtigte Quellwasserleitung vom Galgenberge her wurde aufgegeben, weil sie nach den damaligen Untersuchungen zu wenig Wasser geben würde.

Im Jahre 1874 hat dann der Fabrikant E. F. Mayer in Köln der Stadt ein Project vorgelegt, nach welchem er aus Brunnen auf der in der Nahe liegenden Oranieninsel natürlich filtrirtes Wasser gewinnen wollte. Sein dafür aufgestellter Kostenanschlag belief sich auf M. 360 000. Im Jahre 1880 tauchten andere Projecte auf, nach welchen Wasser aus der Nahe zwischen Münster am Stein und Norheim und sogar bei Bingerbrück zu entnehmen und künstlich zu filtriren beabsichtigt wurde. Auch bemühte sich der Ingenieur Lindemann in Dürkheim, eine 60 jährige Concession zur Versorgung der Stadt mit Wasser zu erlangen, ohne über den beabsichtigten Bezugsort etwas Näheres anzugeben.

Nachdem die Stadt im Jahre 1882 sich durch die Entwicklung der Gasfrage, indem die Gasanstalt aus Privatbesitz an die Stadt unter günstigen Bedingungen übergegangen war, materiell freier fühlte, beschloss sie, nur auf städtische Kosten ein Wasserwerk herzustellen und forderte im Jahre 1883 den Geh. Bergrath Henoch in Gotha zu einer Ortsbesichtigung auf. Dieser empfahl für eine städtische Versorgung die Quellen in St. Catharinen und die in Sponheim zu benutzen, und es wurde ihm im weiteren Verlaufe von der Stadt der Auftrag ertheilt, ein Project mit Kostenanschlag dafür herzustellen.

Auf Grund seiner Arbeiten ist dann für Rechnung der Stadt in den Jahren 1888/90 in modificirter Form das städtische Wasserwerk für eine tägliche Leistung von 2000 cbm unter Henoch's Oberleitung erbaut. Die Anlage hat ca. M. 1 000 000 im Ganzen oder M. 51,70 pro Kopf gekostet. Die Rohre dafür sind von R. Böcking & Comp. in Halbergerhütte und die Schieber und Hydranten von J. A. Hilpert in Nürnberg geliefert. Den Betrieb des Werkes leitet der Stadtbaumeister Hartmann.

Das Wasser wird mittels Sammelleitungen durch Cementbetonrohre von 150 mm und 200 mm Durchmesser aus den Quellen gesammelt und mit natürlichem Gefälle durch eine 15 km lange Leitung von 300 mm Durchmesser einem Hochreservoire zugeführt, das sich innerhalb des Rohrnetzes befindet und dessen Wasserspiegel 35,0 m unter dem Mittelwasser der Gewinnungsstelle liegt. Das Reservoir ist aus Mauerwerk, überwölbt und in den Boden versenkt, hergestellt und hat 1000 cbm Inhalt. Der Leitungsdruck in der Stadt beträgt im Mittel 50,0 m. Das Vertheilungsnetz steht unter einem constanten Drucke und ist nach dem Circulationssysteme ausgeführt.

Die Rohrleitungen hatten am 31. März 1897 ca. 40 000 lfde. m Länge von 300 mm bis 80 mm Durchmesser und sind mit 198 Schiebern, 7 Freibrunnen, 3 öffentlichen Pissoiren und 225 Unterflurhydranten mit Selbstentleerung verbunden, die in ca. 80 m Entfernung von einander stehen. Für den Anschluss an die Leitungen sind Wassermesser obligatorisch vorgeschrieben. Es waren am 1. April 1897 2130 Zuleitungen vorhanden, welche bei 13 mm, 20 mm und 25 mm Durchmesser aus Bleirohren und bei 50 mm und 80 mm Durchmesser aus gusseisernen Rohren bestehen. Sie haben Anbohrhähne und in den Häusern vor den Messern Haupthähne. Die Hausleitungen bestehen aus geschwefelten Bleirohren. Bis Ende 1895 waren 2337 Messer, und davon 2198 von C. A. Spanner, Wien-Aachen und 148 von Siemens & Halske, Berlin, geliefert, von denen jetzt 2196 eingebaut sind. Erstere hatten folgende Grössen:

Durchmesser mm	13	20	25	30	40	50
Stückzahl . . .	1470	619	204	1	39	4.

Die Wasserabgabe hat im Jahre 1894/95 resp. 1896/97 im Ganzen 253 000 cbm resp. 296 800 cbm oder durchschnittlich pro Tag 693 cbm resp. 813 cbm und 36 Lit. resp. 42 Lit. pro Kopf pro Tag betragen. 1894/95 sind 221 500 cbm oder 87,5 % durch Wassermesser, also pro Messer ca. 100 cbm im Jahre und 31 500 cbm oder 12,5 % nach Schätzung abgegeben. Für öffentliche Zwecke sind 28 500 cbm oder 11,5 % verwandt, und zwar 10 000 cbm für Strassensprengen, 10 000 cbm für Laufbrunnen, 5000 cbm für Kanalspülung, 500 cbm für Rinnsteinspülung, 1900 cbm für Bedürfnissanstalten, 1000 cbm für öffentliche Gartenanlagen und 100 cbm für Feuerlöschzwecke. 224 500 cbm oder 88,5 % entfallen für den Hausgebrauch und davon sind 3000 cbm ohne Messer abgegeben.

Der Wasserpreis beträgt 25 Pf. pro cbm.

Das Wasser wird jährlich durch den Dr. H. Aschoff untersucht. Es hat 14,7 Härtegrade und ist stets als vorzüglich befunden.

33. k. **Linz a. Rh.** (E. 3354.)

Für die Wasserversorgung der Stadt Linz ist im Jahre 1884 für deren Rechnung durch den Ingenieur H. Scheven in Bochum eine Anlage ausgeführt, deren Maximalleistung ursprünglich zu 300 cbm pro Tag angenommen war.

Das Wasser einer Quelle ist dafür mit natürlichem Gefälle einem aus Cementbeton hergestellten Hochreservoire zugeführt, das einen Inhalt von 270 cbm hat. Die Ausführung des letzteren ist durch die Firma Dickerhoff & Widtmann in Biebrich nach deren Projecte erfolgt.

Zur Erhöhung der nicht ganz erreichten Leistung der Versorgung ist später nach dem Projecte des Wasserwerksdirectors Disselhoff in Hagen diesem Reservoire durch eine ca. 3000 m lange Leitung noch das Wasser einer zweiten Quellenfassung zugeführt, welche aus Schlitzrohren von 200 m Länge hergestellt ist.

34. h. **Mayen.** (E. 10736.)

Die Wasserversorgung der Stadt Mayen erfolgte früher aus Brunnen, deren 3 in städtischem und 22 in Besitz von Genossenschaften waren, sowie aus einigen anderen, welche Privaten gehörten. Sie lieferten fast sämmtlich schlechtes Wasser. Ferner wurde noch das Wasser einer Quelle in 2 Brandteichen von 1500 cbm Inhalt gesammelt, die 300 m von der Stadt entfernt liegen. Auch wurde von dieser Quelle, die ca. 1000 m von der Stadt entfernt liegt, direct durch eine Bleirohrleitung Wasser in die Stadt geführt, wo es 2 Laufbrunnen speiste und eine Brauerei versorgte.

Im Jahre 1886 ist für städtische Rechnung eine schon länger geplante Quellwasserleitung durch den Ingenieur König in Köln ausgeführt, welche für eine tägliche Lieferung von 650 cbm bestimmt ist. Die Anlage hat M. 143 000 gekostet, und es wird deren Betrieb von dem städtischen Gas- und Wasserwerksdirector C. Schneider geleitet. Die Rohre dafür sind von R. Böcking & Comp. in Halbergerhütte und die Schieber und die Hydranten von H. Breuer & Comp. in Höchst geliefert.

Das Wasser wird am Abhange des Hochsimmerberges mittels Stollen aus Quellen erschlossen, die im Lavagebiete entspringen. In den Jahren 1894/95 sind vom jetzigen Leiter des Werkes neue Erschliessungsarbeiten zur Vermehrung des Wassers ausgeführt. Die dafür in Aussicht genommenen Quellen liegen 26,0 m hoch über dem höchsten und 70,0 m hoch über dem niedrigsten Punkte des Versorgungsgebietes. Es sind an verschiedenen Stellen 3 Hochreservoire in 500 m bis 1000 m Entfernung von der Stadt angelegt, welche zusammen 680 cbm Inhalt haben und welche für die verschiedenen Theile der Stadt dienen. Jedes derselben besteht aus 2 Kammern. Das eine ist aus Bruchsteinen und die beiden anderen sind aus Beton, letztere von der Firma Hüser & Comp. in Obercassel, ausgeführt. Die Rohre bis zu den Reservoiren haben 125 mm Durchmesser und ca. 3400 m Gesammtlänge.

Die Vertheilungsleitungen sind nach dem Circulationssysteme ausgeführt. Bis einschliesslich der Rohre von 80 mm Durchmesser haben diese ca. 11 800 m Länge, und es sind damit 56 Schieber und 51 Unterflurhydranten verbunden. Für Zuleitungen und für Hausleitungen werden Bleirohre verwendet. Erstere haben meistens 20 mm Durchmesser. Mit letzteren sind 1653 Zapfhähne, 94 Closets, 14 Pissoirstände, 34 Badeeinrichtungen und 9 Privatspringbrunnen verbunden. 53 Wassermesser sind eingebaut, von denen 33 von H. Meinecke, Breslau und 20 von Lux, Ludwigshafen geliefert sind. Davon haben 2 Stück 13 mm, 10 Stück 15 mm, 32 Stück 20 mm, 8 Stück 25 mm und ein Stück 50 mm Durchmesser. Für gewerbliche Zwecke findet keine Wasserabgabe statt. Der Verbrauch für häusliche Zwecke beträgt täglich durchschnittlich 600 cbm.

35. i. **Meisenheim.** (E. 1738, W. 285 mit je 6,1 B.)

Für die Wasserversorgung der Stadt Meisenheim sind gegrabene und gemauerte Brunnen vorhanden, deren 13 zur allgemeinen Benutzung dienen. Der Zustand dieser Brunnen ist aber so ungenügend, dass die Ausführung einer gemeinschaftlichen Versorgung schon längere Zeit geplant ist.

36. k. **Melsbach.** (E. 486.)

Für das Dorf Melsbach ist im Jahre 1890 eine Quellwasserleitung für dessen Rechnung von dem Ingenieur H. Scheven in Bochum ausgeführt, welche eine tägliche Maximallieferung von 300 cbm hat. Ein Hochreservoir nach dem Monier-Systeme dient zum Consumausgleiche.

37. k. **Monrepos.** (E. 62.)

Für das Schloss Monrepos ist vom Ingenieur H. Scheven in Bochum für Rechnung des Fürsten Wied im Jahre 1885 eine Wasserversorgung ausgeführt, welche zugleich das Schloss Segenhaus und das Hofgut Hahnhof versorgt. Das Wasser einer Quelle von 100 cbm Maximalergiebigkeit pro Tag wird durch eine Pumpenanlage gehoben, und einem gemauerten Hochreservoire zugeführt, von dem aus die Vertheilung erfolgt.

38. c. **Mudersbach.** (E. 2099, W. 220 mit je 9,5 B.)

Die Wasserversorgung des Ortes Mudersbach erfolgt seit dem Jahre 1896 durch eine Quellwasserleitung, welche für Rechnung der Gemeinde mit einem Kostenaufwande von M. 33000 im Ganzen oder M. 16 pro Kopf nach dem Projecte und unter der Leitung des Ingenieurs Max Hessemer in Ems ausgeführt ist. Die tägliche Leistungsfähigkeit derselben beträgt 200 cbm.

Das Wasser wird durch 2 Quellfassungen, die in 800 m Entfernung vom Orte und 37,0 m höher als dieser liegen, erschlossen und einem gemauerten Hochreservoire von 100 cbm Inhalt zugeführt, von wo es durch nach dem Verästelungssysteme ausgeführte Vertheilungsleitungen constant und unter einem einheitlichen Drucke von im Mittel 35,0 m zur Abgabe gelangt. Es sind ca. 3000 lfd. m Rohre von 80 mm und 60 mm Durchmesser verlegt und mit 40 Schiebern und 10 Unterflurhydranten verbunden. 150 Zuleitungen sind aus geschwefelten Bleirohren von 20 mm und 25 mm Durchmesser hergestellt und speisen 200 Zapfhähne, 2 Badeeinrichtungen und 2 Closets. Die Rohre sind von R. Böcking & Comp. in Halbergerhütte und die gestellten Wassermesser von C. A. Spanner, Wien-Aachen geliefert.

39. h. **Münstermaifeld.** (E. 1660, W. 310 mit je 5,5 B.)

Für Rechnung der Gemeinde Münstermaifeld ist das schon lange erkannte Bedürfniss nach einer besseren Wasserversorgung im Jahre 1893 durch eine von dem Ingenieur Max Hessemer in Ems ausgeführte Anlage befriedigt, welche für eine tägliche Lieferung von 150 cbm bestimmt ist. Sie hat M. 50000 im Ganzen oder pro Kopf M. 30,12 gekostet. Die Rohre dafür sind von R. Böcking & Comp. in Halbergerhütte geliefert. Die Verwaltung des Werkes besorgt das Bürgermeisteramt.

Das Wasser wird aus einem gemauerten Brunnen von 2,5 m Durchmesser und 8,0 m Tiefe durch eine liegende, doppeltwirkende Pumpe von 100 mm Durchmesser und 0,2 m Hub entnommen, welche durch Riemenübertragung von einem liegenden Gasmotor von 4 PS. angetrieben wird. Letzteren hat die Gasmotoren-Fabrik Deutz in Deutz geliefert. Auf der entgegengesetzten Seite der Stadt ist hinter dem Vertheilungsnetze auf einem 20,0 m hohen, künstlichen Unterbaue ein schmiedeeisernes Hochreservoir (System Intze) unter Dach und ummantelt aufgestellt, welches 70 cbm Inhalt hat. Dessen Wasserspiegel liegt 50,0 m hoch über dem des Brunnens.

Eine Druckleitung von ca. 300 m Länge und 100 mm Durchmesser führt von der Pumpstation zur Stadt und ist dann weiter bis zu dem Reservoire verlängert, dessen Entfernung von der Pumpstation ca. 1200 m beträgt. Die Wasserabgabe erfolgt constant und unter einem einheitlichen Drucke, der 45,0 m im Mittel beträgt. Es sind ca. 3000 m Rohre von 100 bis 60 mm Durchmesser verlegt und mit 50 Schiebern und 15 Unterflurhydranten verbunden. 180 Zuleitungen sind von Bleirohren von 20 mm und 25 mm Durchmesser, in die Strassenhähne eingebunden sind, hergestellt. Die Hausleitungen bestehen aus geschwefelten Bleirohren, und es sind damit ca. 300 Zapfhähne, 5 Closets, ein Pissoir und 4 Springbrunnen verbunden. Es sind 40 Wassermesser von C. A. Spanner, Wien-Aachen und 10 von Lux, Ludwigshafen aufgestellt.

Der Wasserpreis beträgt 20 Pf. pro cbm.

Nach einer Untersuchung des Wassers vom Jahre 1892 sind im Liter enthalten:

Gesammtrückstand	319 mg
Chlor	31 »
Schwefelsaurer Kalk	95 »
Deutsche Härtegrade	10°

40. k. **Neuwied.** (E. 10593.)

Die Wasserversorgung der Stadt Neuwied erfolgte früher ausschliesslich aus Brunnen von 10,0 m bis 15,0 m Tiefe, von denen 18 öffentliche waren. Im Jahre 1884 hat die Stadt für ihre Rechnung ein einheitliches Wasserwerk durch den Ingenieur H. Scheven in Bochum nach dessen Projecte erbauen lassen. Die Anlage hat M. 300000 im Ganzen oder M. 28,30 pro Kopf gekostet und ist für eine Tagesleistung von 2000 cbm bestimmt. Den Betrieb des Werkes leitet der Gas- und Wasserwerksdirector Kirchweger.

Das Wasser wird in dem unteren Thale des Wiedbaches oberhalb seiner Mündung in den Rhein durch einen 180 m langen Sammelkanal erschlossen, welcher 5,7 m tief unter Terrain liegt und einen eiförmigen Querschnitt von 1,5 m mal 1,0 m hat.

Daneben und in ca. 2000 m Entfernung von der Stadt ist eine Pumpstation erbaut, in welcher sich 2 stehende Verbundmaschinen und 2 Dampfkessel befinden. Die Maschinen haben Schiebersteuerung, und bei 45 Umdrehungen pro Minute hat jede eine Leistung von 14,4 PS. Jede Maschine betreibt 2, mit den Kolbenstangen direct gekuppelte, einfachwirkende Plungerpumpen und liefert pro Stunde 50 cbm Wasser auf 66,0 m Höhe. Die Dampfkolben haben 165 mm resp. 275 mm und die Plunger 140 mm Durchmesser. Der Hub sämmtlicher Kolben beträgt 0,66 m. Das Wasser wird von den Pumpen aus einem Sammelbrunnen entnommen, der 4,0 m Durchmesser und 5,7 m Tiefe bei 2,0 m bis 3,0 m Wasserstand hat. Die Kessel sind Flammrohrkessel von je 25 qm Heizfläche; sie sind für 8 Atm. Dampfspannung concessionirt. Die Maschinen und Kessel sind von der Bochumer Eisenhütte, Heintzmann & Dreyer, in Bochum geliefert.

In 500 m Entfernung von der Pumpstation ist ein Hochreservoir von 650 cbm Inhalt bei 4,0 m Wasserhöhe erbaut und durch ein Druckrohr von 175 mm Durchmesser mit der Pumpstation verbunden. Eine Fallrohrleitung von 200 mm Durchmesser und ca. 2000 m Länge führt von hier zur Stadt, über deren mittlerem Strassenniveau der Wasserspiegel des Reservoirs 60,0 m hoch liegt. Letzteres ist aus Mauerwerk hergestellt, überwölbt und in den Boden versenkt.

Das Vertheilungsnetz ist nach dem Circulationssysteme ausgeführt. Es steht unter einem einheitlichen, constanten Drucke, der über dem Strassenpflaster im Mittel 50,0 m beträgt. Die gusseisernen Rohre sind von P. Stühlen in Deutz geliefert. Die Tabelle 297 (S. 386) gibt für verschiedene Jahre die Länge der Rohrleitungen von 200 mm bis 65 mm Durchmesser, sowie die Zahl der Schieber und Hydranten und die der vorhandenen Anschlüsse und der gestellten Wassermesser an.

Von den 90 Unterflurhydranten sind 20 durch seitliche Abgabelungen hochgeführt und in der Weise zu Ueberflurhydranten ausgebildet, dass bei Hochwasser aus ihnen das Wasser auch in einer über letzterem liegenden Höhe entnommen werden kann.

Für dieselben Jahre wie die Tabelle 297 (S. 386) gibt die Tabelle 298 (S. 386) die jährlich geförderte Wassermenge und den Kohlenverbrauch im Ganzen, pro 100 cbm gefördertes Wasser und pro PS.-Stunde bei 66,0 m Arbeitshöhe, sowie die Leistung pro kg Kohle in m $\times$ kg an.

Tabelle 297.

Jahr	1887/88	1889/90	1890/91	1892/93	1893/94	1894/95	1896/97
Rohrlänge m	15 650	16 040	16 289	16 490	17 650	17 650	18 350
Zahl der Schieber	35	36	36	36	38	40	40
» » Hydranten	82	84	85	88	89	90	90
» » Wassermesser	258	260	264	276	542	553	596
» » Anschlüsse	395	480	505	525	542	553	596

Tabelle 298.

Jahr	1887/88	1889/90	1890/91	1892/93	1893/94	1894/95	1896/97
Wasser gepumpt cbm	216 914	275 525	301 194	285 959	251 427	216 143	230 672
Kohlenverbrauch kg	175 100	230 000	250 000	230 000	240 000	170 000	167 200
desgl. pro 100 cbm	80,2	83,5	83,0	80,4	95,4	78,7	72,0
desgl. pro PS.-Stunde	3,28	3,42	3,39	3,28	3,90	3,24	2,96
pro kg Kohle m × kg	82 300	78 900	79 000	82 300	69 200	83 400	91 053

Die Tabelle 299 gibt für dieselben Jahre wie die vorstehenden Tabellen die Wasserabgabe im Ganzen und für den Tag des mittleren, des grössten und des geringsten Consums, ferner pro Kopf am mittleren und am Maximaltage, ferner die Abgabe für Private mit Messern und ohne Messer und für öffentliche Zwecke, sowie verschiedene Verhältnisszahlen an.

Wassermesser waren bis Ende 1895 im Ganzen 645 Stück, und zwar 259 von H. Meinecke, Breslau, 14 von Wolff & Schreiber, Breslau, 45 von Dreyer, Rosenkranz & Droop, Hannover und 327 von Siemens & Halske, Berlin beschafft. Nach der Grösse vertheilen sich diese wie folgt:

Tabelle 299.

Jahr		1887/88	1889/90	1890/91	1892/93	1893/94	1894/95	1896/97
Gesammte Abgabe	cbm	216 914	275 525	301 194	285 959	251 427	216 143	230 672
am mittleren Jahrestage	»	594	755	837	783	689	592	632
» **Maximaltage**	»	995	1 106	1 177	1 392	1 124	992	1 301
» Minimaltage	»	456	467	436	303	472	442	572
Von 100 cbm am mittleren Jahrestage:								
am Maximaltage	»	166,5	146,5	140,6	177,6	163,1	167,7	206,0
» Minimaltage	»	76,8	61,8	52,1	38,7	68,5	74,6	90,5
pro Kopf Verbrauch am:								
mittleren Jahrestage	Lit.	49	65	75	71	57	50	53
Maximaltage	»	83	92	106	126	94	83	109
Abgabe durch Messer	cbm	104 356	113 395	121 735	79 435	85 842	106 304	202 270
von 100 cbm total	»	48,0	41,2	40,4	27,8	34,1	49,2	87,7
Abgabe ohne Messer	»	112 558	162 130	179 459	206 524	165 585	109 839	28 402
von 100 cbm total	»	54,0	58,8	59,6	72,2	65,9	50,8	12,3
Abgabe für öffentliche Zwecke etc.	»	23 368	29 418	40 360	54 900	49 714	50 000	51 192
von 100 cbm total	»	10,7	16,8	13,3	19,2	19,8	23,1	22,2
davon für Strassensprengen	»	1 677	1 865	10 240	12 000	12 000	10 800	8 592
von 100 cbm für öffentl. Zwecke	»	7,2	6,3	25,4	21,9	24,2	21,6	16,8
Abgabe für Private	»	193 546	246 109	260 834	231 059	201 713	165 143	179 480
von 100 cbm total	»	89,3	83,2	86,7	80,8	89,0	80,2	77,8
davon ohne Messer	»	89 190	132 712	139 066	151 624	115 871	59 839	—
von 100 cbm Privatabgabe:								
ohne Messer	»	46,0	53,9	53,3	65,9	57,4	36,2	—
mit Messer	»	54,0	46,1	46,7	34,1	52,6	73,8	100,0

Durchmesser mm	10	12	13	20	25	40	50	65	75
Stückzahl	52	53	198	285	47	2	5	2	2

Die Wasserabgabe erfolgt seit dem Jahre 1894 ausschliesslich durch Messer. Es ist vierteljährlich mindestens M. 4 Wassergeld und M. 1,25 Miethe für Messer bis zu 25 mm Durchmesser zu zahlen. Für diese Summe werden bis 100 cbm Wasser im Vierteljahre abgegeben. Für Mehrverbrauch ist zu zahlen bei einem jährlichen Verbrauche

bis cbm	500	1000	2000	5000	10 000
Pf. pro cbm	16	14	12	10	8.

41. c. **Niederfischbach.** (E. 1600, W. 170 mit je 9,4 B.)

Für Rechnung der Gemeinde Niederfischbach hat im Jahre 1894 der Ingenieur Max Hessemer in Ems eine Wasserversorgung hergestellt, welche 120 cbm pro Tag liefert und M. 32000 im Ganzen oder M. 20,00 pro Kopf gekostet hat. Die Rohre dafür sind von R. Böcking & Comp. in Halbergerhütte geliefert.

Das Wasser wird durch die Fassung und Zusammenleitung von 3 Quellen mittels Thonrohren von 150 mm Durchmesser gewonnen und mit natürlichem Gefälle auf ca. 300 m Entfernung durch ein Rohr von 80 mm Durchmesser einem gemauerten Hochreservoire von 100 cbm Inhalt zugeleitet, von dem eine Fallrohrleitung von 100 mm Durchmesser und 250 m Länge zum Vertheilungsnetze führt. In dem Orte ist im Mittel in den Rohren ein Druck von 40,0 m vorhanden.

Im Ganzen sind ca. 3000 lfd. m Rohre verlegt, mit welchen 20 Unterflurhydranten und 25 Schieber verbunden sind. Es sind 20 öffentliche Ventilbrunnen aufgestellt, und 50 Häuser haben Anschlussleitungen von Bleirohren, mit welchen 120 Zapfhähne, 3 Closets und eine Badeeinrichtung verbunden sind.

Im Jahre 1894 sind im Ganzen 1825 cbm Wasser oder 50 cbm pro mittleren Jahrestag oder 31 Lit. pro Kopf verbraucht.

Der Wasserpreis beträgt 20 Pf. pro cbm.

42. m. **Niedergirmes.** (E. 1650.)

Die Wasserversorgung des Dorfes Niedergirmes erfolgt aus der Wasserleitung der Stadt Wetzlar.

43. k. **Oberbieber.** (E. 1500.)

Für den Ort Oberbieber ist im Jahre 1889/90 durch den Ingenieur H. Scheven in Bochum eine Wasserversorgung ausgeführt, welche eine tägliche Maximalergiebigkeit von 180 cbm hat. Das Wasser einer Quelle ist mit natürlichem Gefälle einem nach dem Moniersysteme hergestellten Hochreservoire zugeführt, von welchem aus die Vertheilung stattfindet.

44. e. **Oberwesel.** (E. 2666.)

Die Wasserversorgung der Stadt Oberwesel erfolgt bislang ausschliesslich aus 90 gegrabenen Brunnen, von welchen 21 für die öffentliche Benutzung dienen. Die Herstellung einer allgemeinen Wasserversorgung ist schon längere Zeit beabsichtigt; jedoch sind dafür definitive Beschlüsse noch nicht gefasst.

45. b. **Remagen.** (E. 3407, W. 450 mit je 7,5 B.)

Für die Wasserversorgung der Stadt Remagen diente in der römischen Zeit eine Quelle, der Eulenborn, die jetzt versiegt ist. Im Mittelalter ist dafür die heute noch fliessende Quelle, der Welschborn, benutzt. Sie liegt 500 m von der Stadt entfernt und tritt hier als Felsenquelle frei zu Tage aus. Sie wird nur noch wenig benutzt, seitdem im Jahre 1884 eine andere Quelle, der Elmsborn für die städtische Versorgung nutzbar gemacht ist. Die für letztere gemachte Anlage hat M. 60000 oder M. 21,75 pro Kopf der damaligen Bevölkerung gekostet.

Das Wasser der Quelle wird durch eine Leitung, die als Heber eine ca. 5,0 m hohe Erhebung überschreitet, mit natürlichem Gefälle einem gemauerten Hochreservoire zugeführt, das 100 cbm Inhalt hat und zum Theil in den Felsen eingelassen und überwölbt ist. Der Wasserspiegel des Reservoirs liegt 28,0 m hoch über dem Ortsniveau am Markte, und der Zufluss zu dem Reservoire beträgt unter normalen Verhältnissen täglich 400 cbm.

Die Vertheilung des Wassers erfolgt durch ca. 4000 lfd. m Rohrleitungen, von denen diejenigen von Gusseisen 100 mm bis 50 mm und diejenigen von Blei 20 mm Durchmesser haben. Daraus werden 11 öffentliche Ventilbrunnen und 320 Häuser mit Wasser versorgt. 14 Hydranten sind damit verbunden.

46. k. **Rengsdorf.** (E. 811.)

Für das Dorf Rengsdorf ist für dessen Rechnung im Jahre 1890 vom Ingenieur H. Scheven in Bochum eine Gravitationsleitung hergestellt, welche durch eine Quelle von 150 cbm täglicher Maximalergiebigkeit gespeist wird. Zum Consumausgleiche ist ein Hochreservoir nach dem Monier-Systeme hergestellt.

47. k. **Rheinbreitbach.** (E. 1251.)

Für die Gemeinde Rheinbreitbach hat für deren Rechnung im Jahre 1888 der Ingenieur H. Scheven in Bochum eine Wasserversorgung ausgeführt. Mit natürlichem Gefälle fliesst das Wasser einer Quelle von einer täglichen Maximallieferung von 250 cbm einem nach dem Monier-Systeme hergestellten Hochreservoire zu und wird von hier aus vertheilt.

48. k. **Rodenbach.** (E. 453.)

Für das Dorf Rodenbach hat für dessen Rechnung der Ingenieur H. Scheven in Bochum eine Wasserversorgung von einer täglichen Maximallieferung von 50 cbm ausgeführt. Das Wasser einer Quelle wird mit natürlichem Gefälle einem nach dem Monier-Systeme hergestellten Hochreservoire zugeleitet und von hier aus vertheilt.

49. k. **Segendorf.** (E. 763.)

Für das Dorf Segendorf ist im Jahre 1890 für dessen Rechnung eine Wasserversorgung von dem Ingenieur H. Scheven in Bochum hergestellt. Das Wasser wird einer Quelle entnommen und mit natürlichem Gefälle zugeführt. Die Maximalleistung der Anlage ist pro Tag zu ca. 100 cbm oder 131 Lit. pro Kopf angenommen. Für den Consumausgleich ist ein Hochreservoir nach dem Systeme Monier angelegt.

50. l. **Simmern.** (E. 2115.)

Für die Stadt Simmern ist im Jahre 1880 für deren Rechnung eine Wasserversorgungsanlage durch den Ingenieur H. Scheven in Bochum ausgeführt.

Es wird der Stadt das Wasser aus Quellen mit natürlichem Gefälle in einer täglichen Maximalmenge von 200 cbm, entsprechend einer Wassermenge von 95 Lit. pro Kopf, zugeführt. Ein nach dem Monier-Systeme hergestelltes Hochreservoir von 260 cbm Inhalt dient zum Consumausgleiche. Wassermesser sind bislang nicht verwendet.

51. b. **Sinzig.** (E. 2873.)

Die Wasserversorgung der Stadt Sinzig, welche zum grössten Theile 20,0 m hoch über der Ahr liegt, erfolgte früher aus tiefen Brunnen, deren Wasser stark kohlensäurehaltig war und die im Sommer durch das Versiegen der dort vorüberfliessenden Gebirgsbäche häufig an Wassermangel litten. Die Stadt beschloss daher im Herbst 1887, für ihre Rechnung ein Wasserwerk nach dem Projecte des Wasserwerksdirectors Thometzek in Bonn auszuführen. Als stündlich erforderliches Wasserquantum ist 30 cbm und in Rücksicht auf Feuersgefahr

60,0 m Druckhöhe dafür angenommen. Die Anlagekosten haben M. 99025 im Ganzen oder M. 34,46 pro Kopf betragen.

Das Wasser wird in der Nähe des Ufers der Ahr aus einem 7,0 m tiefen Brunnen von 3,0 m Durchmesser gewonnen, der in den Kiesablagerungen am Ausgange eines breiten Thaleinschnittes hinuntergebracht ist. Für die Wasserförderung sind 2 stehende Dampfmaschinen von je 10 PS. und von 285 mm Cylinderdurchmesser aufgestellt, deren jede eine einfachwirkende Plungerpumpe von 185 mm Durchmesser durch ihre verlängerte Kolbenstange direct antreibt. Der Hub der Kolben beträgt 0,4 m; die Pumpen haben Etagenringventile und machen 50 Doppelhübe pro Minute. Es fördert eine jede der Maschinen pro Stunde 30 cbm Wasser bei 72,4 m Arbeitshöhe. Den Dampf liefern 2 Bouilleurkessel mit Oberkesseln von 1,0 m Durchmesser und 6 m Länge und Unterkesseln von 0,8 m Durchmesser und 5 m Länge. Ober- und Unterkessel sind durch 3 Stutzen mit einander verbunden. Der concessionirte Dampfdruck beträgt 7 Atm. Jeder Kessel hat 23 qm Heizfläche.

Die Druckleitung zum Hochreservoire hat 150 mm Durchmesser. Letzteres ist zweitheilig und aus Cementbeton hergestellt. Es hat 300 cbm Inhalt. Die Rohrleitungen haben 6857 lfd. m Länge und sind mit 31 Schiebern und 34 Hydranten verbunden. Nach dem Durchmesser getrennt, setzen sie sich wie folgt zusammen:

Rohrdurchmesser mm	150	125	100	80	60
Rohrlänge . . . m	1252	500	1000	4080	25.

Es sind 16 Wassermesser, die H. Meinecke, Breslau geliefert hat, eingebaut, und von diesen haben 8 Stück 13 mm, 2 Stück 20 mm, 4 Stück 25 mm und je ein Stück 30 mm und 100 mm Durchmesser.

Im Jahre 1894 sind 82000 cbm im Ganzen gefördert und 150000 kg Kohlen verbraucht, was 182,9 kg pro 100 cbm Wasser und 7,05 kg pro PS.-Stunde entspricht. Die Nutzleistung von 1 kg Kohle hat somit 38270 m $\times$ kg betragen. Am mittleren Jahrestage sind 225 cbm und an dem Tage des stärksten resp. des geringsten Consums 600 cbm resp. 200 cbm abgegeben. Es entspricht das pro Tag pro Kopf 78 Lit. am mittleren und 207 Lit. resp. 69 Lit. am Tage des grössten und des geringsten Consums.

Der Wasserpreis beträgt 10 Pf. pro cbm.

Nach einer Untersuchung des Professors Stutzer in Bonn enthält das Wasser im Liter:

Gesammtrückstand	233 mg
Chlor	15 »
Deutsche Härtegrade	5°

52. g. Sobernheim. (E. 3100.)

Für die Wasserversorgung der Stadt Sobernheim dienen ausschliesslich gegrabene Brunnen. 18 davon sind für den allgemeinen Gebrauch bestimmt.

53. e. Steg. (E. 955.)

Für die Wasserversorgung des Ortes Steg ist eine vom Ingenieur Max Hessemer in Ems hergestellte Quellwasserleitung im Gebrauche.

54. g. Stromberg. (E. 11029.)

Die Wasserversorgung der Gemeinde Stromberg erfolgt ausschliesslich aus Brunnen im Orte.

55. k. Thalhausen. (E. 377.)

Für das Dorf Thalhausen hat für dessen Rechnung der Ingenieur H. Scheven in Bochum im Jahre 1889 eine Quellwasserleitung ausgeführt, die eine Maximallieferung von 120 cbm pro Tag hat. Ein Hochreservoir, das nach dem Systeme Monier ausgeführt ist, dient zum Consumausgleiche.

56. n. Traben a. d. Mosel. (E. 2000.)

Für die Wasserversorgung des Fleckens Traben ist im Jahre 1890 vom Ingenieur H. Scheven in Bochum eine Anlage hergestellt, für welche das Wasser am gegenüberliegenden Moselufer aus Quellen und durch einen Brunnen gewonnen wird. Ersteres Wasser fliesst mit natürlichem Gefälle einem nach dem Monier-Systeme erbauten Hochreservoire zu, während letzteres in einer Hilfspumpstation durch künstliche Hebung in das Reservoir gefördert wird. 2 Bleirohre, jedes 150 m lang, kreuzen die Mosel als Düker. Die tägliche Maximallieferung beträgt 300 cbm. Es sind 110, von Siemens & Halske, Berlin gelieferte Wassermesser aufgestellt, von welchen 80 Stück 13 mm, 17 Stück 20 mm, 12 Stück 25 mm und ein Stück 50 mm Durchmesser haben.

57. n. Trarbach. (E. 1914.)

Für die Wasserversorgung der Stadt Trarbach hat der Ingenieur H. Scheven in Bochum im Jahre 1889 für seine Rechnung eine Anlage hergestellt, welche später Eigenthum des Directors F. Lampe in Mülheim a. d. Ruhr geworden ist, der sie als Concessionar ausnutzt.

Das Wasser wird zum Theil durch Sammelgallerien im Compenthale aus Quellen gewonnen, welche täglich 100 bis 200 cbm liefern und 40,0 m hoch über der Stadt liegen. Theils wird es aus dem auf der anderen Seite der Stadt liegenden Schottbache entnommen und vor der Abgabe durch ein Sandfilter künstlich gereinigt. Ein nach dem Monier-Systeme hergestelltes Stollenreservoir von 200 cbm Inhalt nimmt dieses Wasser auf, und von hier führt es eine geschlossene Leitung der 120,0 m tiefer liegenden Stadt für die obere Zone zu, während das Quellwasser in ein aus Beton hergestelltes Hochreservoir von 40 cbm Inhalt geleitet wird und die untere Zone versorgt.

Die Rohrleitungen haben 80 mm bis 50 mm Durchmesser, und 199 Häuser sind mit Anschlüssen versehen. Es sind 41 Wassermesser, welche von Siemens & Halske, Berlin geliefert sind, aufgestellt. Von diesen haben 21 Stück 12 mm, 15 Stück 20 mm und 5 Stück 25 mm Durchmesser.

58. d. Vallendar. (E. 3800.)

Für die Wasserversorgung der Stadt Vallendar hat für deren Rechnung der Ingenieur H. Scheven in Bochum im Jahre 1891 eine Quellwasserleitung hergestellt, welche eine tägliche Maximallieferung von 400 cbm hat. Für das Wasser ist ein Hochreservoir nach dem Monier-Systeme ausgeführt, aus welchem die Vertheilung erfolgt. Für die Zuleitungen sind 41 Wassermesser von Siemens & Halske, Berlin geliefert, und zwar 20 von 12 mm, 19 von 20 mm und 2 von 25 mm Durchmesser.

59. d. Weissenthurm b. Coblenz. (E. 2000.)

Für die Wasserversorgung des Ortes Weissenthurm hat der Ingenieur H. Scheven in Bochum für seine Rechnung eine von ihm als Concessionar betriebene Anlage für eine tägliche Lieferung von 1000 cbm hergestellt, deren Kosten M. 112000 betragen haben. Den Betrieb des Werkes leitet der dortige Bauunternehmer Adams. Die Pumpmaschinen hat die Bochumer Eisenhütte in Bochum und die Dampfkessel die Firma Joh. Reuber in Bendorf geliefert; das Rohrnetz ist von H. Scheven in Bochum verlegt.

Das Wasser wird am Ufer des Rheins, 2 km oberhalb der Einmündung der Nette, aus einem gemauerten Brunnen von 3,0 m Durchmesser und 14,0 m Tiefe gewonnen, in welchem es in 8,0 m Tiefe unter Terrain steht. In einer daneben erbauten Pumpstation sind 3 stehende Dampfpumpmaschinen und 3 Dampfkessel aufgestellt. Jede der 3 Maschinen betreibt direct eine stehende, doppeltwirkende Pumpe mit Plungerkolben und Klappenventilen. Bei 2 von den Maschinen haben die Dampfcylinder 210 mm und die Plunger 105 mm Durchmesser, und bei der dritten betragen diese Durchmesser 230 mm resp. 125 mm. Der Hub der sämmtlichen Kolben beträgt 0,39 m. Von den ersteren Maschinen lieferte jede bei 45 Umdrehungen pro Minute in der Stunde 16,4 cbm und die letztere liefert 23,3 cbm in der Stunde. Von den 3 Kesseln sind 2 ausziehbare Röhrenkessel von je 11 qm Heizfläche und der dritte Kessel ist ein Einflammrohrkessel von 25 qm Heizfläche. Die Kessel sind sämmtlich für 6 Atm. Dampfdruck concessionirt.

Das vorhandene Hochreservoir ist gemauert, überwölbt und in den Boden versenkt und hat bei 3,0 m Wasserstand 200 cbm Inhalt. Es liegt auf der der Pumpstation entgegengesetzten Seite des Ortes und von der Pumpstation 970 m entfernt. Die Druckleitung zum Reservoire hat 125 mm Durchmesser und mündet entweder direct in das Reservoir oder sie tritt in ein Standrohr ein, das oben in einen Blechkasten von 6 cbm Inhalt ausläuft, aus dem ein Ueberfallrohr in das Reservoir hinunterführt. Der Wasserspiegel im Reservoire liegt 44,5 m höher als der der Gewinnungsstelle des Wassers und der Abfluss am Ueberfallrohre des Kastens auf dem Standrohr liegt 10,0 m höher als der Wasserspiegel des Reservoirs. Der Arbeitsdruck für die Pumpen beträgt 48,7 m oder 69,8 m, je nachdem in das Reservoir oder in den Kasten gearbeitet wird. Das Reservoir dient für die regelmässige Versorgung des Ortes, während der höhere Druck des Wassers aus dem Blechkasten im Sommer für die Plätze zur Schwemmsteinfabrikation nöthig ist.

Die Länge der Rohrleitungen beträgt 5538 lfd. m. Diese sind mit 17 Schiebern verbunden und die Rohre und Schieber vertheilen sich nach den Durchmessern wie folgt:

Rohrdurchmesser mm	125	100	80	65	50	40
Rohrlänge . . . m	967	791	1227	2391	28	134
Schieberzahl . . .	3	3	3	7	—	1.

Aus den Leitungen werden ca. 1000 m Zapfhähne, 13 Badeeinrichtungen und 3 Springbrunnen gespeist. 26 Hydranten sind in 80 m bis 100 m Entfernung von einander aufgestellt. 134 Wassermesser sind eingebaut, von denen 97 von Siemens & Halske, Berlin, 10 von Dreyer, Rosenkranz & Droop, Hannover, 25 von Wolff & Schreiber, Breslau und 2 von H. Meinecke, Breslau geliefert sind. Dieselben haben annähernd zur Hälfte 20 mm und 25 mm Durchmesser. 248 Anschlussleitungen sind in Benutzung.

Im Jahre 1894 resp. 1896/97 sind 95 567 cbm resp. 117 109 cbm Wasser mit 111 600 kg resp. 145 233 kg Kohlen oder 100 cbm mit 116,8 kg resp. 124 kg gefördert, was 4,52 kg resp. 4,81 kg pro PS.-Stunde entspricht. Der grösste und der kleinste Tagesconsum hat betragen: 682 cbm und 61 cbm resp. 813 cbm und 90 cbm. Nach Messern sind im Ganzen 63 179 cbm oder 66,1 % resp. 78 694 cbm oder 67,2 % und ohne Messer 32 388 cbm oder 33,9 % resp. 38 414 cbm oder 32,8 % abgegeben.

Nach Schätzung wird nur Wasser für den einfachen Hausbedarf geliefert, und es ist pro Jahr pro qm Etagenfläche 16 Pf. dafür und ausserdem für einen Wagen oder ein Stück Vieh M. 3, für Gärten und Höfe pro qm 3 Pf. etc. zu zahlen. Nach Messern ist im Jahre für die ersten 150 cbm M. 27 und für den Mehrverbrauch 17 Pf. pro cbm und ferner M. 6 als jährliche Messermiethe bis zu Messern von 25 mm Durchmesser zu zahlen.

60. m. **Wetzlar.** (E. 8350, W. 1100 mit je 7,6 B.)

Die Wasserversorgung der Stadt Wetzlar erfolgte früher durch Grundwasser, das in einem Klärbassin gesammelt und vor der Abgabe durch 8 Filterkästen gereinigt wurde. Diesem Wasser wurde ferner das Wasser aus 2 Quellen zugeleitet und damit wurden dann die öffentlichen Brunnen in der Stadt mit natürlichem Gefälle gespeist. Durch eine im Jahre 1893/94 vom Kreisbaumeister J. Panse für städtische Rechnung hergestellte Anlage hat die Stadt eine einheitliche Versorgung erhalten, welche M. 530 000 im Ganzen oder M. 63,47 pro Kopf gekostet hat.

Das Wasser wird durch 2 getrennte Leitungen zugeführt und, nach 2 verschiedenen Druckzonen getrennt, in der Oberstadt und in der Unterstadt vertheilt. Es wird aus 2 verschiedenen Quellenthälern gesammelt, deren eins bei Stoppelberg in 3 km Entfernung von der Stadt liegt. Das andere, das Dernbachthal, liegt bei Oberbiel in 8 km Entfernung von der Stadt. Die Quellen liefern am Maximaltage 1 200 cbm, wovon bislang am Durchcshnittstage ca. 700 cbm zur Abgabe kommen. Als Reserve ist ferner eine Pumpenanlage mit Dampfbetrieb eingerichtet.

Für die Oberstadt ist für das Wasser ausser einer Sammelstube von 40 cbm Inhalt ein gemauertes Reservoir von 80 cbm Inhalt in ca. 2000 m Entfernung von der Stadt hergestellt, dessen Wasserspiegel 80,0 m hoch über dem mittleren Stadtterrain liegt. Für die Unterstadt sind 2 gemauerte Reservoire, das eine mitten in der Stadt und das andere ca. 3000 m davon entfernt vorhanden, welche 600 cbm resp. 500 cbm Inhalt haben und 40,0 m hoch über dem Stadtterrain liegen.

Die Rohrleitungen haben ca. 28 000 m Gesammtlänge von 225 mm bis 80 mm Durchmesser. Mit ihnen sind 102 Hydranten und 12 öffentliche Ventilbrunnen verbunden. 1020 Häuser sind an diese Leitungen angeschlossen. Von den 307, bis Ende 1895 im Ganzen gelieferten Wassermessern sind 10 von Lux, Ludwigshafen, 142 von H. Meinecke, Breslau, 36 von Dreyer, Rosenkranz & Droop, Hannover, 107 von C. A. Spanner, Wien-Aachen und 12 von Wolff & Schreiber, Breslau bezogen. Nach der Grösse vertheilen sich diese wie folgt:

Durchmesser mm	10	13	15	20	25	30	33	40	50
Stückzahl . . .	6	65	6	176	44	3	2	4	1.

61. d. **Winningen a. d. Mosel.** (E. 2000.)

Für die Wasserversorgung des Ortes Winningen hat für dessen Rechnung der Ingenieur H. Scheven in Bochum eine Quellwasserleitung für eine tägliche Maximallieferung von 180 cbm hergestellt. Zum Ausgleiche des Consums dient ein gemauertes Hochreservoir.

62. c. **Wissen a. d. Sieg.** (E. 4913, W. 450 mit je 10,9 B.)

Für das Dorf Wissen hat im Jahre 1895 der Ingenieur Max Hessemer in Ems für seine eigene Rechnung eine Wasserversorgungsanlage hergestellt, welche 160 cbm Wasser pro Tag liefert und M. 62000 im Ganzen oder M. 13,00 pro Kopf gekostet hat. Die Rohre dafür sind von R. Böcking & Comp. in Halbergerhütte geliefert. Den Betrieb führt Hessemer als Concessionar.

Aus 3 Quellen ist das Wasser durch Thonrohre von 150 mm Durchmesser in einem Sammelschachte von 5 cbm Inhalt zusammengeleitet. Durch ein Rohr von ca. 300 m Länge und 80 mm Durchmesser wird ein Theil davon mit natürlichem Gefälle in ein gemauertes und überwölbtes Hochreservoir von 350 cbm Inhalt übergeführt. Ein anderer Theil des Wassers fliesst direct durch ein Rohr von ca. 200 m Länge und 60 mm Durchmesser zum Vertheilungsnetze. Von dem Reservoire führt ferner eine Fallrohrleitung von 170 m Länge und 125 mm Durchmesser zu diesem Netze, in welchem der Druck 37,0 m im Mittel beträgt. Hinter demselben ist noch ein Gegenreservoir von 10 cbm Inhalt hergestellt.

Die Rohrleitungen haben zusammen ca. 5000 m Länge von 125 mm bis 60 mm Durchmesser und sind mit 70 Schiebern und 17 Unterflurhydranten verbunden. 190 Hausleitungen haben Zuleitungen aus Bleirohren von 20 mm und 25 mm Durchmesser. Damit sind 280 Zapfhähne, 5 Closets, ein Pissoir, 3 Badeeinrichtungen und ein Springbrunnen verbunden. 10 Wassermesser von 13 mm und 10 von 20 mm Durchmesser, welche C. A. Spanner, Wien-Aachen geliefert hat, sind in 30 von den Zuleitungen eingebaut.

Die Abgabe von Wasser hat im ersten Jahre circa 20000 cbm oder 60 cbm pro mittleren Jahrestag betragen.

Der Wasserpreis beträgt 20 Pf. pro cbm.

Das Wasser hat eine Härte von 5 bis 6 deutschen Graden.

63. k. **Wollendorf a. Rh.** (E. 675.)

Für Rechnung der Gemeinde Wollendorf hat im Jahre 1889 der Ingenieur H. Scheven in Bochum eine Wasserversorgung ausgeführt, welche eine tägliche Maximallieferung von 150 cbm hat. Das Wasser einer Quelle fliesst dafür mit natürlichem Gefälle einem nach dem Monier-Systeme hergestellten Hochreservoire zu, von welchem aus die Abgabe stattfindet.

64. n. **Zell a. d. Mosel.** (E. 2676.)

Für die Wasserversorgung der Stadt Zell hat der Ingenieur H. Scheven in Bochum im Jahre 1890 für seine Rechnung eine Gravitationswasserleitung hergestellt, mittels welcher er als Concessionar der Stadt das nöthige Wasser liefert.

Zum Theil wird das Wasser aus Quellen gewonnen, die bei Bennt entspringen und bis zu 100 cbm pro Tag liefern. Ausserdem wird zum Ausgleiche auch Wasser aus dem Zeller Bache entnommen. Dieses wird durch Wormser Plattenfilter künstlich gereinigt und in ein Hochreservoir von 150 cbm Inhalt geleitet, während für das Quellwasser ein Reservoir von 40 cbm Inhalt vorhanden ist.

Es sind 13 Wassermesser, die von Dreyer, Rosenkranz & Droop, Hannover geliefert sind, aufgestellt, von denen 10 je 20 mm, 2 je 25 mm und einer 30 mm Durchmesser haben. Die Rohrleitungen haben 80 mm bis 65 mm Durchmesser, und der tägliche Wasserverbrauch beträgt 50 bis 100 cbm.

XXXII. Regierungsbezirk Düsseldorf.

(Rheinprovinz.)

a) Barmen 4. — **b)** Cleve 18 (Goch 33). — **c)** Crefeld 19 (Uerdingen 90). — **d)** Düsseldorf 1 (Benrath 5, Gerresheim 31, Hilden 42, Kaiserswerth 45, Mintard 59, Ratingen 70). — **e)** Duisburg 24. — **f)** Elberfeld 25. — **g)** Essen a. d. Ruhr 27 (Altendorf 2, Altenessen 3, Bocholt 7, Borbeck 8, Bredenei 9, Byfang 15, Carnap 16, Caternburg 17, Dellwig 21, Frillendorf 29, Gersschede 32, Heisingen 39, Kettwig 48, Kray 49, Kupferdreh 50, Leithe 53, Rellinghausen 72, Rotthausen 77, Rüttenscheid 78, Schonnebeck 81, Siebenhonschaften 82, Steele 85, Stoppenberg 86, Ueberruhr 89, Vogelheim 94, Werden 97). — **h)** Geldern 30. — **i)** München-Gladbach 62 (Odenkirchen 66, Rheindalen 74, Rheydt 75, Viersen 93). — **k)** Grevenbroich 35 (Wevlinghofen 100) — **l)** Kempen 47 (Dülken 23, Kaldenkirchen 46, Süchteln 88). — **m)** Lennep 54 (Hückeswagen 44, Lüttringhausen 55, Radvormwald 69, Ronsdorf 76, Wermelskirchen 98). — **n)** Mettmann 57 (Cronberg 20, Haan 36, Heiligenhaus 41, Langenberg 52, Neviges 64, Velbert 91, Vohwinkel 95, Wülfrath 102). — **o)** Mörs 60 (Xanten 103). — **p)** Mülheim a. d. Ruhr 61 (Broich 11, Heissen 40, Oberhausen 65, Saarn 80, Speldorf 83, Styrum 87, Winkelhausen 101). — **q)** Neuss 63 (Heerdt 38). — **r)** Rees 71 (Emmerich 26, Wesel 99). — **s)** Remscheidt 73 (Bliedinghausen 6, Bremen 10, Bruch 12, Büchel 13, Feld 28, Hasten 37, Menninghausen 56, Vieringhausen 92). — **t)** Ruhrort 79 (Dinslaken 22, Meiderich 58). — **u)** Solingen 84 (Burscheid 14, Gräfrath 34, Höchscheid 43, Leichlingen 51, Ohligs 67, Opladen 68, Wald 96).

Anhang: 104. Fried. Krupp, Wasserwerke Essen a. d. Ruhr. — 105. Fried. Krupp, Wasserwerk Rheinhausen. — 106. Gutehoffnungshütte, Oberhausen, Wasserwerk. — 107. Rheinische Stahlwerke, Ruhrort, Wasserwerk. — 108. Ruhrwasserwerke, Staureservoire. — 109. Thyssen & Comp., Mülheim a. d. Ruhr, Wasserwerk. — 110. Wassergenossenschaft im Wupperbezirke. —

---

1. d. Regierungshauptstadt **Düsseldorf.** (E. 176025, W. 950 mit je 18,5 B.)

a) Geschichtliches.

Wenngleich der Untergrund der Stadt Düsseldorf die Anlage zahlreicher Brunnen mit genügendem und meistens auch gutem Wasser zu einer ausreichenden Wasserversorgung der Stadt stets leicht gestattet hat und Brunnen mit schlechtem oder sehr hartem Wasser nur eine grosse Ausnahme bildeten, so erkannte die Bürgerschaft doch die Anlage einer allgemeinen Wasserversorgung schon früh als ein dringendes Bedürfniss für die Stadt an, und es fasste die Stadtverordnetenversammlung bereits im Jahre 1869 den Beschluss, für städtische Rechnung ein Wasserwerk zu erbauen.

Die Lage der Stadt liess von vornherein von einer Quellwasserleitung Abstand nehmen und die Ufer des Rheins oberhalb der Stadt als die geeignetste Gewinnungsstelle für das Wasser erkennen, indem durch eine natürliche Filtration die Qualität des hier in unbeschränkter Menge vorhandenen Wassers dauernd gesichert erschien. Der damalige Director des städtischen Gaswerkes V. Schneider, jetzt in Breslau, wurde in Verfolg des Beschlusses der Stadtverordneten vom Oberbürgermeister Dr. Hammers mit der Ausarbeitung eines Wasserwerksprojectes betraut, und es ist dieses dann später dem Ingenieur W. Lindley sen., damals in Pest, zur Begutachtung vorgelegt. Letzterer schlug vor, mit der Wassergewinnungsstelle weiter, als es Schneider beabsichtigt hatte, von der Stadt abzurücken, und zwar bis in die Nähe des Dorfes Flehe, wo der Rhein in einer Concaven seine Stromrinne in dem dem Ufer zugekehrten Theile durch natürliche Strömung dauernd rein erhält. Hier vorgenommene Bohrungen führten zwischen den Dörfern Flehe und Stoffeln auf mächtige Kies- und Sandschichten, die bis zu 10,0 m Tiefe unter den Nullpunkt des Pegels hinabreichen.

Für ein Hochreservoir ergab sich aus der Ortslage der Höhenzug bei Grafenberg als ein geeigneter Platz. Die Verbindung dieses Punktes mit dem Gewinnungspunkte des Wassers bildet die eine 8200 m lange Seite eines Dreiecks, dessen dritte Ecke die Mitte der Stadt mit den Seiten von 4650 m Länge bis zur Pumpstation und von 5400 m Länge bis zum Hochreservoir darstellt, sodass das Hochreservoir auf der angenommenen Stelle in ökonomischer Weise sowohl eine Verbindung direct mit der Pumpstation, als auch durch die verlängerte Zuleitung erhalten konnte.

Der erste Theil des Wasserwerkes ist in dem Jahre 1869/70 nach dem speciellen Projecte und unter der Oberleitung Schneider's ausgeführt und am 1. Mai 1870 in Betrieb gekommen. Später sind wegen des rasch wachsenden Wasserconsums im Jahre 1875 und im Jahre 1887 Erweiterungen der Anlage nöthig geworden, welche sich, ausser auf die fortlaufende Ausdehnung der Rohrleitungen, auf die Erbauung von 2 neuen, selbstständigen Pumpstationen neben der ersten und auf die Herstellung einer grösseren Zahl neuer Brunnen neben den alten Brunnen, sowie auf die Schaffung einer zweiten Reservoiranlage neben der ersten bezogen haben. Diese Erweiterungen sind nach den Projecten und unter der Oberleitung von Schneider's Nachfolger, des jetzigen Directors der städtischen Gas-, Wasser- und Elektricitätswerke G. Grohmann ausgeführt. Die Gesammtkosten der Anlagen haben am 31. März 1897 M. 3 428 478 im Ganzen oder M. 19,48 pro Kopf betragen.

b) Erste Pumpstation.

Die erste Anlage besteht aus einem Brunnen für die Wassergewinnung und einer daneben liegenden Pumpstation, in welcher sich 2 Dampfpumpmaschinen und 3 Dampfkessel befinden. Die Pumpstation entspricht einer maximalen Lieferung von 8700 cbm Wasser pro 24 Stunden bei einer gemeinschaftlichen Arbeit beider Maschinen. Die Druckleitung führte von der Pumpstation zur Stadt zur directen Speisung des Versorgungsnetzes, und letzteres war durch eine Zweigleitung mit dem Hochreservoire verbunden, durch welche das Wasser sowohl aus der Stadt in das Reservoir, als aus dem Reservoire zur Stadt gelangte.

Bei der Wassergewinnung glaubte Schneider nach den damaligen Anschauungen sich auf natürlich filtrirtes Rheinwasser beschränken zu müssen, und er vermied es, das Wasser aus grösserer Tiefe zu entnehmen, weil er den möglicher Weise in der Tiefe vorhandenen, grösseren Gehalt an Kalk vermeiden wollte. Die Pumpenanlage ist daher so disponirt, dass die Saugehöhe der aufgestellten Pumpen bei einem Wasserstande im Brunnen von 1,0 m unter Null erschöpft ist. Freilich hatte er die Möglichkeit vorgesehen, falls ein tieferes Absenken des Brunnens nöthig werden sollte, mit den Maschinen 2 entsprechend tiefer aufzustellende Schöpfpumpen verbinden zu können. Diese tiefer stehenden Pumpen sollten auch für den Fall, wenn man vielleicht später zur Entnahme von directem Rheinwasser sollte übergehen müssen und damit die Anlage künstlicher Filter nöthig geworden wäre, als Filterpumpen dienen, und die ersten, oberen Pumpen sollten dann als Druckpumpen für Reinwasser benutzt werden.

In 15,7 m Entfernung vom Rheinufer ist der erste Brunnen abgesenkt und schon im Jahre 1871 folgte ihm der Brunnen II weiter rheinabwärts. Beide sind auf gusseisernen Brunnenkränzen aus Cementmauerwerk und in dem unteren Theile bis auf 3,0 m Höhe mit offenen Fugen ausgeführt. Sie haben Durchmesser von 4,7 m und reichen mit ihrer Sohle auf 10,7 m unter Terrain und auf 3,7 m unter Pegel Null hinab. Weil bei einem Flusswasserstande von 2,5 m + 0 bei zunehmendem Consum in den Brunnen schon eine Absenkung von 1,0 m — 0 eintrat, so war bald die Absenkung eines Brunnens III nöthig, welcher weiter rheinaufwärts liegt. Derselbe hat 5,0 m Durchmesser erhalten und seine Sohle liegt auf 6,0 m — 0. Durch die Mitten der 3 Brunnen geht eine, dem Ufer parallele Linie von 90 m Länge.

Die beiden Maschinen sind liegende Eincylindermaschinen mit Corlisssteuerung, mit Condensation und mit Schwungrädern. Die verlängerte Kolbenstange einer jeden treibt direct eine horizontale, doppeltwirkende Pumpe mit Scheibenkolben mit Rothgussringen und mit freien Glockenventilen aus Rothguss an. Die Leistung jeder Maschine beträgt bei 18 Umdrehungen pro Minute 40 PS., und sie fördert dabei pro Stunde 183 cbm Wasser auf 60,2 m Höhe. Von jeder Maschine geht hinter ihrem horizontalen Druckwindkessel von 1,25 m Durchmesser und 3,14 m Länge ein Druckrohr von 310 mm Durchmesser ab. Beide Rohre vereinigen sich ausserhalb des Gebäudes zu einem gemeinschaftlichen Druckrohre von 416 mm Durchmesser. Die Maschinen sind von der Magdeburg-Hamburger Dampfschifffahrts-Gesellschaft in Buckau geliefert.

Das Maschinengebäude liegt 25 m von den Brunnen entfernt. Die Maschinen- und Pumpenmittel liegen auf 7,0 m + 0 und 3,0 m tief unter Terrain, während die Sohle des Maschinenkellers für die eventuelle Aufstellung der tieferen Pumpen auf 3,6 m + 0 angelegt ist. Die Pumpenmitten waren für diesen Fall auf 5,0 m + 0 angenommen. Der höchste Rheinwasserstand steigt gewöhnlich bis auf 8,8 m + 0 und ausnahmsweise auf 10,3 m + 0. Der Maschinenraum bildet daher einen 7,0 m tief unter Terrain hinabreichenden Kellerraum von 10,0 m mal 17,5 m Grundfläche, welcher von wasserdichten Wänden eingeschlossen ist und einen wasserdichten Boden erhalten hat.

Die 3 Dampfkessel sind Cornwallkessel von 9,4 m Länge und 2,2 m Durchmesser. Jeder derselben hat 2 Feuerrohre von 0,83 m Durchmesser. Sie sind für einen Dampfdruck von 4,3 Atm. concessionirt. Jeder Kessel hat 82 qm Heizfläche und 3,4 qm Rostfläche.

Die damals zur Stadt verlegte Druckleitung hat 418 mm Durchmesser und im Ganzen 10 050 m Länge, wovon 2860 m die Länge von der Pumpstation bis zur Stadt und 3520 m die Länge innerhalb der Stadt beträgt, während die Länge von der Stadt bis zum Hochreservoire 3670 m ausmacht. Das Rohrnetz der Stadt hatte Anfangs ca. 30 000 m Länge von Rohren von 152 mm, 130 mm und 104 mm Durchmesser und war mit 57 Schiebern und 160 Hydranten verbunden.

Das erste Hochreservoir besteht aus 2 Kammern von zusammen 3332 cbm Inhalt bei 3,7 m Wasserhöhe. Es ist aus Ziegeln mit Trassmörtel hergestellt, in den Boden versenkt, überwölbt und mit Erde überfüllt. Die Sohle des Reservoires liegt auf 56,5 m + 0 und sein Hochwasserspiegel liegt auf 60,2 m + 0.

c) Zweite Pumpstation.

Die zweite Pumpstation ist im Jahre 1874/75 erbaut und am 21. October 1875 in Betrieb genommen. Sie ist von der zuerst hergestellten völlig unabhängig und hat eine

Leistungsfähigkeit bei gleichzeitiger, 24stündiger Arbeit der beiden, hier aufgestellten Maschinen von 9200 cbm.

Für diese Station war Anfangs nur ein Brunnen, der am Rheine gelegene Brunnen IV, von 7,0 m Durchmesser in ähnlicher Weise, wie die früher beschriebenen Brunnen hergestellt, dessen Sohle bis auf 5,0 m — 0 hinabreicht. Später ist rheinabwärts ein Brunnen V von 5,0 m Durchmesser hinzugekommen, welcher auf 6,0 m — 0 hinabreicht. Diese Brunnen liegen in demselben Abstande vom Flussufer, wie die der ersten Pumpstation und 85 m vom letzten derselben und 50 m von einander entfernt.

Die beiden Maschinen sind liegende Eincylindermaschinen mit Sulzer'scher Ventilsteuerung, mit Condensation und mit Schwungrädern. Jede Maschine betreibt, direct an die verlängerte Kolbenstange angekuppelt, eine liegende, doppeltwirkende Plungerpumpe (System Girard) mit etagenförmig angeordneten Ringventilen (Eisen auf Leder) als Druckpumpe und ferner mittels Winkelhebelübertragung als Schöpfpumpe eine stehende, doppeltwirkende Rittinger-Pumpe mit beweglichem Pumpencylinder und mit Plunger- und Ventilkolben. Die Ventile dieser Pumpen bilden armirte Gummiklappen. Die beiden Schöpfpumpen giessen in einen unter den Druckpumpen aufgestellten Cysternenkasten aus, aus welchem die letzteren saugen. Die Druckpumpen haben ein gemeinschaftliches Druckrohr von 418 mm Durchmesser und die Sauge- und Druckrohre für jede einzelne Pumpe haben 310 mm Durchmesser. Die Maschinen machen 25 Umdrehungen pro Minute. Jede derselben hat eine Leistung von 40 PS. und liefert 192 cbm Wasser pro Stunde in's Hochreservoir.

Die Gebäude für diese Pumpstation, welche aus dem Maschinenraume, dem Kesselraume und dem Kohlenraume bestehen, liegen in gleicher Entfernung vom Rheine, wie die der ersten Pumpstation und symmetrisch zu den Räumen dieser ersten Station. Zwischen beiden Stationen ist eine lichte Entfernung von 75 m. Der Brunnen IV ist mit dem Brunnen V, ebenso wie bei der ersten Pumpstation der mittlere Brunnen I mit den beiden äusseren Brunnen II und III, durch ein Heberrohr verbunden. Jede der 4 Maschinen hat von dem resp. Saugebrunnen aus eine besondere Saugeleitung. Die Maschinen- und Pumpenmitten liegen bei der zweiten Station um 4,5 m höher als bei der ersten, also über Hochwasser. Für die Schöpfpumpen sind desshalb besondere, 8,5 m tief unter die Maschinenflur hinabreichende Schächte hergestellt. Die Maschinen und Pumpen sind von Gebr. Sulzer in Winterthur geliefert. Für deren Betrieb sind 2 Dupuit'sche Röhrenkessel von 2,75 resp. 6,3 m Länge und 1,9 m resp. 1,25 m Durchmesser aufgestellt. Jeder der Kessel hat 108,7 qm Heizfläche und 1,8 qm Rostfläche. Die concessionirte Dampfspannung für dieselben beträgt 5 Atm.

d) Dritte Pumpstation.

Die dritte Pumpstation ist während der Jahre 1887 und 1888 erbaut. Für diese sind Anfangs 2 Brunnen, die Brunnen VI und VII hergestellt, welche 60 m von einander und 140 m resp. 200 m vom Rheine entfernt liegen. In der Mitte zwischen beiden Brunnen liegt die dritte Pumpstation. Später sind für diese noch 2 fernere Brunnen, die Brunnen VIII und IX, ausgeführt. Diese liegen, der eine vom Brunnen VI rheinaufwärts und der andere vom Brunnen VII rheinabwärts in 70 m Abstand und gleich weit wie die Brunnen VI resp. VII, vom Rheine entfernt. Im Jahre 1896 sind endlich noch 3 Brunnen, die Brunnen X, XI und XII ausgeführt. Der Brunnen X liegt 70 m vom Brunnen VII entfernt, und zwar rheinaufwärts davon und vom Rheine 250 m entfernt. Der Brunnen XI liegt 70 m vom Brunnen IX entfernt und rheinabwärts davon. Seine Entfernung vom Rheine beträgt 140 m. Der Brunnen XII liegt 70 m vom Brunnen VIII rheinabwärts entfernt und in 85 m Entfernung vom Rheine. Es liegen sonach von der Pumpstation nach dem Rheine zugekehrt und in seiner Stromrichtung der Reihe nach die Brunnen VIII, VI und XII und vom Rheine abgekehrt die Brunnen X, VII, IX und XI.

Die Brunnen der dritten Pumpstation sind gemauert und haben unten 1,0 m Wandstärke. Diese reducirt sich stufenweise nach oben auf 0,91 m, 0,78 m und 0,65 m. Die Senkung der Brunnen ist pneumatisch vorgenommen. Der schmiedeeiserne Kranz jedes Brunnens hat 2,00 m Höhe erhalten, weil er als Caisson benutzt ist. Es war auf den inneren Rand desselben provisorisch eine Glocke als Caissondecke aufgesetzt, aus deren Mitte das Steigerohr mit dem pneumatischen Apparate hervortrat. Die Senkung hat bei dem ersten dieser Brunnen 34 Tage und bei den anderen 20 Tage gewährt. Es war eine Pression im Caisson von bis zu 1,2 Atm. nöthig und eine künstliche Belastung von 70000 kg bis 80000 kg ausser dem Gewicht des Apparates von 20000 kg für das Senken erforderlich. Die Herstellungskosten der Brunnen VI und VII haben sich pro Brunnen auf M. 11500 für das Senken und incl. Material auf M. 21750 belaufen.

Jeder der Brunnen VI und VII dient als Saugebrunnen für je eine der neuen Maschinen. Jeder der Brunnen VIII und XII ist mit dem Brunnen VI durch ein Heberrohr verbunden. Ebenso verbindet ein Heberrohr die Brunnen IX und XI und schliesslich sind die Brunnen X und IX wieder durch je ein Heberrohr mit dem Brunnen VII verbunden.

Die beiden Maschinen der dritten Pumpstation haben bei 24stündigem Betriebe eine Gesammtleistung von 26700 cbm. Die Maschinen liegen wasserfrei über dem Hochwasser, und die Pumpen stehen in einem Schachte, dessen Sohle auf 0,60 m + 0 liegt. Die Pumpen können das Wasser bis auf 4,5 m — 0 aus dem Brunnen absaugen. Der Pumpenschacht bildet im Lichten ein Rechteck von 14,7 m in der Länge und 4,9 m in der Breite und seine Wände haben 1,5 m Dicke. Er ist auf pneumatische Weise mittels eines Caissons gesenkt, welcher mit einer 2,0 m hohen Schneide versehen ist. Die Senkung um 4,38 m Tiefe ist in 12 Tagen ausgeführt. Diese Arbeiten sind, ebenso wie die für die Brunnen, von der Firma Harkort in Duisburg ausgeführt.

Die Maschinen sind liegende Verbundmaschinen von je 140 PS. bei 21 Umdrehungen pro Minute. Sie haben Ventilsteuerung, Reciever, Condensation und Schwungräder. Die Cylinder haben 825 mm und 1050 mm Durchmesser und 1,5 m Hub. Jede Maschine betreibt, von jeder Kolbenstange aus durch ein Kunstkreuz angetrieben, je eine stehende Differentialplungerpumpe von 350 mm und 500 mm Durchmesser und 1,5 m Hub, die einfachwirkend saugt und doppeltwirkend drückt und 2 flache, mehrsitzige Ringventile (Eisen auf Leder) hat. Die Maschinen und die Pumpen sind von der Hannoverschen Maschinenbau-Actiengesellschaft, vorm. G. Egestorff, in Linden bei Hannover geliefert. Für deren Betrieb sind 2 Cornwallkessel mit je 2 Feuerrohren aufgestellt, deren jeder 115 qm Heizfläche hat und die für 6,5 Atm. Dampfdruck concessionirt sind.

Eine übersichtliche Zusammenstellung der Hauptdimensionen der 6 Maschinen der 3 Pumpstationen gibt Tabelle 300 (S 393).

Die Gesammtleistungsfähigkeit aller 6 Maschinen in 24 Stunden beträgt hiernach 440 PS. bei einer täg-

Tabelle 300.

Art der Maschinen	2 Corliss-maschin. je	2 Sulzer-maschin. je	2 Verbund-maschin. je
Dampfcylinderdurchm. . . mm	707	540	885 & 1050
Kolbenhub m	1,067	1,05	1,50
Druckpumpen pro Maschine	1 doppltw.	1 doppltw.	2 doppltw.
Durchmesser mm	340	290	350 & 500
Hub m	1,067	1,05	1,50
Hebepumpen	—	1 doppltw.	—
Durchmesser mm	—	650	—
Hub m	—	0,5	—
Umdrehungen pro Minute .	18	25	21
Wasserlieferung pro Stunde pro Maschine cbm . . .	183	192	558
Leistung in PS.	40	40	140

lichen Förderung von 44 684 cbm auf 64,0 m Arbeitshöhe. Die 6 Kessel haben zusammen 501 qm Heizfläche.

e) Erweiterung der Rohrleitungen und des Reservoirs.

Im Jahre 1874 ist eine zweite Druckleitung von 418 mm Durchmesser in Betrieb gekommen, welche 8200 m Länge hat. Sie führt von der Pumpstation direct nach dem Hochreservoire und ist mit der ersten Leitung, wie früher angedeutet, zu einem Ringe vereinigt.

Im Jahre 1890 ist ferner eine dritte Druckleitung von 425 mm Durchmesser und 4900 m Länge in Betrieb gekommen, welche nicht in eine unmittelbare Verbindung mit dem Hochreservoire gesetzt ist. Die 3 Hauptleitungen von 418 mm und 425 mm Durchmesser haben zusammen 23 150 m Länge.

Im Jahre 1893 ist in Gravenberg das zweite Hochreservoir erbaut, welches dieselben Dimensionen etc. wie das erste und gleichfalls 3600 cbm Inhalt hat, so dass der Reservoirraum jetzt im Ganzen 7200 cbm beträgt.

Tabelle 301.

Jahr	Rohrlänge m	Rohrinhalt cbm	Schieber	Hydranten	Rinnsteinspüler	Strassensprengpfost.
1874	54 860	—	—	197	119	—
1875	68 511	—	—	211	120	13
1876/77	71 400	—	—	230	122	19
1877/78	72 213	—	—	236	123	22
1878/79	74 146	3 097	—	243	125	22
1879/80	75 864	3 115	—	252	125	24
1880/81	76 976	3 123	—	260	127	25
1881/82	81 177	3 165	152	283	127	25
1882/83	82 692	3 177	176	335	128	25
1883/84	86 956	3 214	187	376	128	26
1884/85	90 268	3 243	213	426	132	32
1885/86	93 776	3 271	228	477	132	32
1886/87	96 265	3 291	228	527	112	32
1887/88	100 818	3 332	246	591	117	38
1888/89	107 975	3 483	299	672	132	39
1889/90	122 404	4 577	366	769	122	40
1890/91	126 010	4 662	376	818	122	50
1891/92	134 660	4 766	411	892	117	58
1892/93	138 869	4 822	430	939	117	62
1893/94	148 613	4 954	475	1 030	116	65
1894/95	151 801	5 072	506	1 095	114	75
1895/96	164 620	5 277	527	1 194	105	77
1896/97	171 487	5 518	561	1 248	85	85

Die Tabelle 301 gibt für das Ende jedes der Jahre von 1874 bis 1896/97 die Länge der Rohrleitungen bis zu 80 mm Durchmesser abwärts und den Inhalt derselben, sowie die Zahl der Schieber, Hydranten, Rinnsteinspüler und Pfosten für Strassenprengwasser an.

Am 1. April 1897 hat sich das gesammte Rohrnetz aus den folgenden Rohrdimensionen und Rohrlängen zusammengesetzt:

Rohrdurchmesser mm	418	425	250	200	150
Rohrlänge . . . m	18 340	8281	6230	6375	24 367
mm	125	100	80		
m	7468	96 018	4408.		

Die Hydranten sind Unterflurhydranten und stehen in 80 m bis 100 m Entfernung von einander. Das Rohrnetz ist nach dem Circulationssysteme ausgebaut. Es steht unter einem constanten und einheitlichen Drucke, der im Mittel 45,0 m beträgt. Die Zahl der in der Stadt in verschiedenen Jahren vorhanden gewesenen öffentlichen Springbrunnen, Laufbrunnen, Pissoire und Aborte gibt die Tabelle 302 an.

Tabelle 302.

Jahr	Springbrunnen	Laufbrunnen	Pissoire	Aborte
1875	2	—	—	—
1888	4	38	10	—
1889	4	40	10	—
1890	4	45	10	—
1891	4	50	13	—
1892	4	58	17	—
1893	4	62	19	—
1894	4	65	20	1
1895	4	75	20	1
1896	4	77	23	1
1897	5	94	24	1

Von den bis Ende 1895 überall gelieferten 3871 Wassermessern entfallen 51 auf H. Meinecke, Breslau, 415 auf Siemens & Halske, Berlin, 3402 auf C. A. Spanner, Wien-Aachen und 3 auf Lux, Ludwigshafen. Nach der Grösse vertheilen sie sich wie folgt:

Durchmesser mm	12	13	15	20	25	30	40	50
Stückzahl . . .	79	432	1	2944	215	2	82	36
mm	75	80	100					
Zahl	17	35	28.					

Am 1. April 1896 waren von den 5116 aufgestellten Messern 42 von Siemens & Halske, 10 von H. Meinecke, 5027 von C. A. Spanner, 15 von

Tabelle 303.

Grösse der Messer mm	1895/96 Stückzahl städtische	1895/96 Stückzahl private	1896/97 Stückzahl städtische	1896/97 Stückzahl private
13	468	4	475	4
20	4 232	—	4 945	—
25	248	1	274	—
40	55	11	58	11
50	37	—	41	—
80	47	3	60	3
100	28	3	30	3
zusammen	5 115	22	5 883	21

Dreyer, Rosenkranz & Droop, 2 von Bopp & Reuther, 5 von Lux und 15 von Verschiedenen geliefert. Der Zuwachs von Messern bis zum 1. April 1897 ist durch 670 von C. A. Spanner und 30 von Wolff & Schreiber, Breslau entstanden. Die Tabelle 303 (S. 393) gibt für die beiden letzten Jahre die eingebaut gewesenen Messer nach Grösse und Stückzahl an.

Ueber die häuslichen Verwendungsarten des Wassers liegen nur bis zur Zeit der obligatorischen Einführung der Wassermesser Angaben vor, aus denen die Tabelle 304 einen Auszug gibt.

Tabelle 304.

Jahr	1875	1887/88	1888/89	1889/90
Badeeinrichtungen	470	714	672	646
Closets	1 041	1 536	1 485	1 420
Springbrunnen .	138	81	79	77
Sprenghähne . .	—	1 115	1 082	1 061
Strahlapparate . .	—	279	303	320
Motoren	12	6	—	4

• Zu den Zuleitungen werden, ebenso wie zu den Hausleitungen, in der Regel Bleirohre verwendet. Die Zuleitungen haben meistens 20 mm und 25 mm Durchmesser und Absperrhähne im Trottoire.

f) Anlagekosten.

Die gesammten Anlagekosten bis zum 31. Mai 1897, die Abschreibungen, welche bis dahin stattgefunden haben und den Buchwerth an diesem Termine gibt die Tabelle 305 für das Wasserwerk mit Ausnahme der dritten Pumpstation an:

Tabelle 305.

Gegenstand	Gesammtkosten	Abschreibungen	Buchwerth
	M.	M.	M.
Grundstücke . . .	72 605	—	72 605
Gebäude	179 479	108 403	71 076
Hochreservoire . .	122 494	110 685	11 809
Brunnen	98 182	82 372	15 810
Maschinen u. Kessel	228 860	228 857	3
Telegraphenanlagen	84 529	84 526	3
Rohrleitungen . .	2 176 047	1 727 659	448 388
zusammen	2 962 196	2 342 502	619 694

Die Kosten für die dritte Pumpstation haben betragen:

für Gebäude	M.	100 047
» Brunnen	»	111 857
» Maschinen und Kessel	»	221 754
» Rohrleitungen . . .	»	4 029
» allgemeine Unkosten	»	28 595
zusammen	M.	466 282.

Das Wassermesserconto beträgt M. 120 985, und für diverse Grundstückankäufe stehen ferner M. 149 333 zu Buche. Auch sind die Baukosten der städtischen Badeanstalt in der Graustrasse mit M. 502 420 und die des städtischen Brausebades in der Worringerstrasse mit M. 61 350 aus den Ueberschüssen des Wasserwerkes bestritten.

g) Betrieb und Abgabe.

Die Tabelle 306 gibt für jedes der 25 Jahre von 1872 bis 1896/97 den Verbrauch an Kohlen für die Dampfkessel im Ganzen, pro 100 cbm gefördertes Wasser und pro PS.-Stunde bei Annahme von 62,0 m Arbeitshöhe, sowie die Leistung in m $\times$ kg pro kg Kohlen an.

Tabelle 306.

Jahr	Kohlenverbrauch kg	desgl. kg pro 100 cbm	desgl kg pro PS.-Stunde	Leistung pro kg Kohle kgm
1872	385 750	55,9	2,44	111 000
1873	641 150	60,4	2,63	102 900
1874	820 000	63,5	2,76	97 600
1875	953 600	63,6	2,77	97 500
1876/77	1 073 900	65,1	2,84	95 200
1877/78	1 023 100	52,0	2,26	119 300
1878/79	1 184 200	53,6	2,33	115 800
1879/80	1 480 800	59,4	2,59	104 500
1880/81	1 701 000	54,1	2,36	114 500
1881/82	1 638 900	52,0	2,26	119 200
1882/83	1 455 900	49,0	2,14	126 600
1883/84	1 657 900	58,5	2,55	106 000
1884/85	1 579 300	48,9	2,13	126 900
1885/86	1 591 000	48,1	2,10	128 900
1886/87	1 669 200	49,1	2,14	126 200
1887/88	1 745 800	44,8	1,95	138 300
1888/89	1 830 000	45,9	2,00	135 100
1889/90	1 703 000	38,5	1,68	161 000
1890/91	1 732 000	38,5	1,68	161 000
1891/92	2 010 500	42,1	1,84	147 100
1892/93	2 297 400	42,7	1,86	145 000
1893/94	2 196 000	37,7	1,64	164 500
1894/95	2 091 500	38,3	1,67	161 900
1895/96	2 298 500	37,7	1,61	167 700
1896/97	2 538 400	41,1	1,78	151 700

Der Einfluss, den die Verbundmaschinen der dritten Pumpstation auf den gesammten Kohlenverbrauch ausgeübt haben, tritt durch die Zahlen vom Jahre 1889/90 ab klar in die Erscheinung. Es ist ferner von Interesse, auch das Verhältniss des Kohlenverbrauches der Corlissmaschinen und der Sulzermaschinen in der ersten und in der zweiten Station mit einander zu vergleichen. Die ersten Jahre 1872 bis 1875 der Tabelle 306 gelten ausschliesslich für die Corlissmaschinen. Die Tabelle 307 gibt dagegen für die folgenden 12 Jahre von 1876/77 bis 1887/88 den Kohlenverbrauch für 100 cbm gefördertes Wasser, der getrennt für diese beide Maschinengattungen gebucht ist, getrennt an.

Tabelle 307.

Jahr	kg Kohlen pro 100 cbm Wasser		Jahr	kg Kohlen pro 100 cbm Wasser	
	Corliss	Sulzer		Corliss	Sulzer
1876/77	59,5	49,2	1882/83	61,4	44,2
1877/78	57,0	45,9	1883/84	63,4	44,3
1878/79	57,7	49,1	1884/85	62,6	43,0
1879/80	64,8	54,3	1885/86	60,2	39,1
1880/81	63,7	47,1	1886/87	61,0	37,4
1881/82	64,5	48,0	1887/88	63,3	37,8

Als Mittelzahl berechnet sich für die 3 Maschinensysteme das Verhältniss des Kohlenverbrauches für 100 cbm Wasser wie folgt:

Corliss: Sulzer: Verbund = 60 : 45 : 40.

Die Tabelle 308 gibt für die Jahre 1871 bis 1896/97 die Zahl der Bewohner im Versorgungsgebiete und die Gesammtabgabe nach Messern in cbm im Ganzen, in Procenten des Vorjahres und pro Tag pro Kopf in Lit., ferner die Tagesabgabe am mittleren Jahrestage, sowie am Maximal- und am Minimaltage in cbm im Ganzen und in Procenten des mittleren Tages, ferner die Zahl der Anschlüsse und den Consum pro Anschluss und die Gesammtabgabe ohne Messer, sowie endlich die Abgabe pro 100 cbm durch Messer und ohne Messer an.

Die Tabelle 309 gibt für dieselben Jahre die Abgabe für öffentliche Zwecke und für Private im Ganzen, so-

Tabelle 308.

Jahr	Einwohnerzahl	Gesammtabgabe im Jahre cbm	Desgl. in % des Vorjahres	pro Tag pro Kopf Liter im Mittel	pro Tag pro Kopf Liter im Maxim.	Zahl der Anschlüsse	cbm pro Anschluss i. Jahre	Tagesabgabe im Mittel	Tagesabgabe im Maxim.	Tagesabgabe im Minim.	Von 100 cbm am mittleren Jahrestage am Maximaltage	Von 100 cbm am mittleren Jahrestage am Minim.-tage	Gesammtabgabe ohne Messer cbm	von 100 cbm der Gesammtabgabe mit Messern	von 100 cbm der Gesammtabgabe ohne Messer
1871	70 094	538 000	—	21	—	707	760	—	—	—	—	—	270 000	49,9	50,1
1872	72 525	690 161	128,3	26	55	1 116	529	1 902	3 986	418	209,9	22,0	362 161	47,5	52,5
1873	74 718	1 060 294	153,8	39	67	1 524	695	2 905	4 965	1 000	171,0	34,4	610 268	42,4	57,6
1874	76 979	1 292 024	122,0	42	75	1 970	657	3 540	6 352	1 432	179,5	40,5	694 304	46,3	53,7
1875	80 568	1 497 189	159,9	50	90	2 418	620	4 102	7 385	1 672	180,0	40,7	899 364	40,0	60,0
1876/77	83 261	1 648 104	110,0	54	135	2 851	578	4 503	11 225	1 737	250,0	38,6	1 016 124	38,4	61,6
1877/78	87 698	1 972 344	120,0	62	105	3 030	651	5 403	9 147	2 069	169,2	38,4	1 289 379	34,6	65,4
1878/79	90 037	2 204 137	111,8	67	115	3 222	684	6 038	11 453	3 303	190,0	54,7	1 527 032	30,8	69,2
1879/80	93 543	2 490 920	113,0	73	113	3 360	741	6 806	10 535	3 583	154,9	52,6	1 730 685	30,6	69,4
1880/81	95 907	3 146 214	126,5	90	154	3 527	892	8 620	14 780	4 403	171,5	51,1	2 127 389	32,3	67,7
1881/82	99 533	2 969 034	94,1	82	191	3 758	790	8 134	16 990	4 377	208,7	53,8	1 930 929	36,0	64,0
1882/83	103 404	2 835 821	95,5	75	115	4 020	705	7 769	12 037	4 369	154,3	56,3	1 800 006	36,6	63,4
1883/84	107 039	3 226 021	113,9	82	153	4 276	754	8 814	16 493	4 787	186,9	54,3	2 079 769	35,5	64,5
1884/85	111 224	3 314 689	102,7	82	137	4 663	728	9 081	15 130	4 124	166,9	45,4	2 065 224	37,7	62,3
1885/86	116 736	3 397 040	102,5	80	148	4 990	681	9 307	17 171	5 086	184,8	54,6	2 009 685	40,9	59,1
1886/87	123 260	3 691 291	108,7	82	130	5 278	699	10 113	16 011	4 975	158,2	49,1	2 249 915	33,7	66,3
1887/88	132 000	3 903 633	105,7	81	135	5 669	688	10 665	17 869	5 049	167,6	47,3	2 251 433	42,4	57,6
1888/89	136 000	3 395 388	102,4	80	129	6 072	657	10 946	17 563	5 793	160,2	52,9	2 359 725	41,0	59,0
1889/90	140 000	4 430 031	111,0	81	130	6 423	690	12 137	19 508	6 839	160,8	56,2	2 414 437	45,5	54,5
1890/91	146 900	4 503 016	101,8	84	129	6 752	667	12 337	17 090	6 986	154,7	56,5	2 340 376	48,0	52,0
1891/92	152 300	4 774 668	106,1	86	137	7 061	676	13 045	20 898	6 913	160,2	53,0	2 437 077	48,9	51,1
1892/93	156 600	5 382 954	112,8	95	165	7 473	720	14 748	25 571	8 175	173,3	55,4	2 754 651	48,8	51,2
1893/94	162 600	5 831 440	108,4	98	159	7 936	735	15 977	25 978	8 863	162,6	55,5	2 957 287	49,3	50,7
1894/95	166 500	5 462 099	93,8	90	158	8 327	656	14 965	26 301	8 526	175,8	57,0	2 466 329	54,9	45,1
1895/96	176 000	6 100 304	111,68	95	140	8 817	693	16 713	24 527	8 104	146,7	48,5	2 572 448	57,8	42,2
1896/97	180 000	6 169 321	101,13	93	161	9 131	676	16 903	29 361	9 361	173,2	55,4	2 234 036	63,8	36,2

Tabelle 309.

Jahr	Wasser für öffentl. Zwecke cbm	Wasser für Private: im Ganzen cbm	davon nach Messern cbm	davon ohne Messer cbm	Messeranschlüsse Zahl	Messeranschlüsse cbm pro Anschluss	Anschlüsse ohne Messer Zahl	Anschlüsse ohne Messer cbm pro Anschluss	Von 100 cbm für Private nach Messern cbm	Von 100 cbm für Private ohne Messer cbm	Auf 100 Anschlüsse kommen: nach Messern	Auf 100 Anschlüsse kommen: ohne Messer	Wasser für das Wasserwerk cbm	Von 100 cbm Gesammtabgabe für öffentl. Zwecke cbm	Von 100 cbm Gesammtabgabe für Private cbm	Von 100 cbm Gesammtabgabe für das Wasserwerk cbm
1871	41 000	497 000	268 000	229 000	—	—	—	—	53,9	46,1	—	—	—	7,6	92,4	—
1872	48 000	642 161	328 000	314 161	150	2 186	966	326	51,1	48,9	13,4	86,4	—	7,0	93,0	—
1873	52 466	1 007 827	450 025	557 802	186	2 421	1 338	417	44,7	55,3	12,2	87,8	—	4,9	95,1	—
1874	57 843	1 234 181	597 720	636 461	196	3 050	1 774	359	48,5	51,5	10,1	89,8	—	4,5	95,5	—
1875	46 195	1 450 994	597 825	853 169	226	2 542	2 192	389	41,2	68,8	9,4	90,6	—	3,1	96,9	—
1876/77	51 945	1 593 159	631 890	961 179	249	2 539	2 602	370	39,6	60,4	8,7	91,3	3 000	3,1	96,7	0,2
1877/78	85 970	1 881 774	682 965	1 198 809	205	3 330	2 825	424	36,3	63,7	6,8	93,2	4 600	4,3	95,5	0,2
1878/79	72 780	2 126 957	677 105	1 449 852	215	3 150	3 007	483	31,8	68,2	6,7	93,3	4 400	3,3	96,5	0,2
1879/80	86 570	2 398 350	760 235	1 638 115	237	3 208	3 123	525	31,7	68,3	7,0	93,0	6 000	3,5	96,3	0,2
1880/81	136 355	2 999 859	1 018 885	1 980 974	321	3 170	3 200	620	34,0	66,0	9,1	90,9	10 000	4,3	95,4	0,3
1881/82	123 670	2 548 461	1 038 105	1 510 356	458	2 169	3 300	458	40,7	59,3	12,2	87,8	296 903	4,2	85,8	10,0
1882/83	149 685	2 402 554	1 035 815	1 366 739	507	1 825	3 513	389	43,1	56,9	12,6	87,4	283 582	5,3	84,7	10,0
1883/84	219 000	2 684 419	1 146 252	1 538 167	682	1 492	3 594	428	43,9	56,1	16,0	84,0	322 602	6,8	83,2	10,0
1884/85	258 225	2 724 995	1 249 465	1 475 530	876	1 265	3 787	389	45,8	54,2	18,8	8,2	331 469	7,8	82,2	10,0
1885/86	201 815	2 855 471	1 387 355	1 468 116	997	1 251	3 993	369	48,6	51,4	20,0	80,0	339 704	5,9	84,1	10,0
1886/87	227 270	3 094 891	1 441 376	1 653 515	1 131	1 158	4 147	400	46,6	53,4	21,5	78,5	369 126	6,2	83,8	10,0
1887/88	206 085	3 307 185	1 652 200	1 654 985	1 292	1 188	4 377	378	49,9	50,1	22,8	77,2	390 363	5,3	84,7	10,0
1888/89	212 405	3 384 545	1 748 882	1 635 663	1 541	976	4 531	361	51,6	48,4	25,4	74,5	399 538	5,3	84,7	10,0
1889/90	230 895	3 756 133	2 015 594	1 740 539	1 937	971	4 486	388	53,6	46,4	30,1	69,9	443 003	5,2	84,8	10,0
1890/91	267 065	3 785 649	2 162 640	1 623 009	2 235	904	4 517	359	57,0	43,0	33,1	66,9	450 301	6,7	84,3	10,0
1891/92	313 700	3 983 501	2 337 591	1 645 910	2 611	837	4 450	370	58,6	41,4	37,0	63,0	477 467	6,5	83,5	10,0
1892/93	485 415	4 358 244	2 628 303	1 730 941	3 030	815	4 443	390	60,3	39,7	40,5	69,5	538 295	9,0	81,0	10,0
1893/94	438 000	4 810 296	2 874 153	1 936 143	3 664	784	4 272	453	59,8	40,2	36,2	53,8	583 144	7,5	82,5	10,0
1894/95	474 360	4 441 529	2 895 770	1 445 759	4 324	693	4 003	362	67,4	32,6	51,9	48,1	546 210	8,7	81,3	10,0
1895/96	445 700	5 044 574	3 527 856	1 516 718	5 137	687	3 680	412	69,9	30,1	58,2	41,8	610 030	7,3	82,7	10,0
1896/97	455 600	5 405 251	3 935 285	1 469 966	5 615	701	3 516	418	72,8	27,2	61,9	38,1	308 470	7,4	87,6	5,0

wie nach Messern und ohne Messer, ferner die Zahl der Messeranschlüsse und der Anschlüsse ohne Messer und die Abgabe im Jahre für jede Art der Anschlüsse im Durchschnitte, deren Verhältniss zu einander und das Verhältniss des Wassers, welches durch und ohne Messer abgegeben ist, ferner die Abgabe für das Wasserwerk und endlich die verhältnissmässige Vertheilung von 100 cbm der Gesammtabgabe auf die Abgabe für öffentliche Zwecke, für Private und für das Wasserwerk an.

Die Tabelle 310 gibt für die Jahre von 1873 bis 1896/97 die Vertheilung des Wassers für öffentliche Zwecke für die verschiedenen Verwendungsarten im Ganzen und pro 100 cbm der für öffentliche Zwecke erfolgten Gesammtabgabe an.

Tabelle 310.

Jahr	Strassensprengen		Springbrunnen		Rinnsteinspülen		Bedürfnissanstalten, Feuerlöschen etc.	
	cbm	in %	cbm	in %	cbm	in %	cbm	in %
1873	5 080	9,7	7 312	14,0	40 074	76,3	—	—
1874	7 205	12,5	6 188	10,7	44 450	76,8	—	—
1875	8 175	17,7	4 470	9,7	33 550	72,6	—	—
1876/77	9 065	17,5	8 900	17,2	33 980	65,3	—	—
1877/78	10 795	12,6	26 320	30,6	34 480	40,1	14 375	16,7
1878/79	13 050	17,9	17 230	23,7	37 290	51,2	5 210	7,2
1879/80	9 875	11,4	11 025	12,7	41 795	48,0	23 875	27,9
1880/81	32 795	24,0	15 280	11,2	38 580	28,3	49 700	36,5
1881/82	22 665	18,3	22 705	18,4	38 750	31,3	39 550	32,0
1882/83	11 580	7,7	51 585	34,5	40 065	26,8	46 455	31,1
1883/84	16 525	7,5	110 500	50,5	41 240	18,8	50 735	23,2
1884/85	28 915	11,2	126 785	49,1	53 930	20,9	48 595	18,8
1885/86	22 155	11,0	102 760	50,8	45 990	22,8	30 910	15,4
1886/87	24 160	10,6	121 185	53,2	49 120	21,7	32 805	14,5
1887/88	21 655	10,5	94 795	46,0	40 820	19,8	48 815	23,7
1888/89	23 700	11,2	75 855	35,7	37 200	17,5	75 650	35,6
1889/90	29 200	12,6	93 565	40,6	37 900	16,4	70 230	30,4
1890/91	31 600	10,4	140 000	46,3	44 735	14,7	86 730	28,6
1891/92	36 700	11,7	151 100	48,3	34 500	11,0	91 400	29,2
1892/93	75 800	15,6	142 505	29,4	121 500	25,0	145 610	30,0
1893/94	84 300	19,3	138 375	31,6	59 300	13,5	156 025	35,6
1894/95	42 920	9,0	151 700	32,0	108 200	22,9	171 540	36,1
1895/96	58 000	13,0	145 000	32,5	90 000	20,2	152 700	34,3
1896/97	56 600	12,4	176 580	38,8	56 600	12,4	163 120	36,6

Die Tabelle 311 gibt für die 3 letzten Betriebsjahre die Wasserabgabe für jeden einzelnen Monat im Ganzen und im Verhältniss zu 10 000 cbm im Jahr an.

Tabelle 311.

Monat	1894/95	1895/96	1896/97	pro 10 000 cbm i. Jahre 1894/95	1895/96	1896/97
	cbm	cbm	cbm	cbm	cbm	cbm
April	485 903	457 346	449 219	889	750	728
Mai	521 486	540 301	558 662	956	885	905
Juni	515 184	565 007	674 904	945	926	1 095
Juli	577 570	592 016	621 331	1 059	970	1 009
August	514 551	603 269	576 122	944	989	935
September	465 110	614 798	546 971	851	1 008	886
October	434 644	543 941	529 826	793	892	858
November	397 348	463 563	441 864	727	760	716
December	401 739	430 608	447 404	735	706	725
Januar	390 473	427 837	444 469	714	701	720
Februar	337 592	410 489	411 696	618	673	667
März	420 500	451 129	466 833	769	740	756
zusammen	5 462 099	6 100 304	6 169 321	10 000	10 000	10 000

In der Tabelle 312 ist für die letzten 3 Betriebsjahre eine Zusammenstellung der Ausgaben und Einnahmen für 1000 cbm gefördertes Wasser zusammen gestellt, wobei zu beachten ist, dass die Abgabe des Wassers für öffentliche Zwecke kostenfrei erfolgt.

Tabelle 312.

Preise in Pf. pro 1000 cbm	1894/95	1895/96	1896/97
Betriebsarbeiterlöhne . . .	371	333	342
Kohlen	353	363	424
Betriebsutensilien u. Unkosten	69	62	59
Maschinen-Unterhaltung . .	15	6	40
Putz- und Schmiermaterial .	25	37	30
Reparatur des Rohrnetzes .	308	248	250
Gebäude- u. Brunnenreparat.	25	17	57
Telegraphen-Unterhaltung .	40	71	28
Gehälter	596	556	581
General-Unkosten	191	174	208
zusammen	1 993	1 867	2 019
Einnahme	10 254	10 133	10 375
Bleibt Gewinn	8 261	8 266	8 356
Davon für Verzinsung . .	673	450	371
» für Abschreibungen .	930	869	898
» dsgl. ausserordentlich.	1 103	1 336	1 369
zusammen	2 706	2 655	2 638
bleibt Ueberschuss	5 555	5 611	5 718

Während des Jahres 1895/96 haben 59 Consumenten und während des Jahres 1896/97 58 Consumenten mehr als 5000 cbm Wasser verbraucht. Deren Gesammtabnahme hat in dem ersten Jahre 113005 cbm und in dem letzten Jahre 1210600 cbm oder von der Gesammtabgabe nach Messern 32,3 % resp. 30,8 % betragen. Die Vertheilung der Abgabe an diese Consumenten geht aus der Tabelle 313 hervor.

Tabelle 313.

Zahl der Consumenten	1895/96	1896/97
von 5 000 bis 10 000 cbm	31	25
» 10 000 » 20 000 »	16	19
» 20 000 » 30 000 »	6	8
» 30 000 » 40 000 »	2	3
» 40 000 » 100 000 »	3	2
mehr als 200 000 »	1	1

Als Wassergeld ist jährlich für den Hausbedarf zu zahlen: für jeden bewohnbaren Raum bis zu 10 Räumen M. 2,50 und für jeden Raum darüber M. 1,50, für eine Badeeinrichtung M. 10, für einen Pissoirstand M. 5, pro lfd. m Pissoirrinne M. 6, für einen Sprenghahn M. 10, für einen Elevator für Waschküchen M. 12, für einen Wagen M. 3 etc.

Nach Wassermessern abgegeben ist für die ersten 90 cbm im Vierteljahre M. 11 und darüber für jeden cbm 12 Pf. zu zahlen, jedoch mit einem Rabatt bei einem Jahresconsume:

von cbm	5000 bis 10 000,	bis 20 000,	bis 30 000
Rabatt %	5	10	15
von cbm	bis 40 000	darüber	
Rabatt %	20	25.	

Als Messermiethe ist im Jahre je nach der Grösse zu zahlen:

Durchmesser mm	13	20	25	40
Mark	6,00	7,00	8,40	12,60.

g) Beschaffenheit des Wassers.

Die Untersuchungen werden von einem Stadtchemiker ausgeführt. Eine Analyse von Wasser, aus der Stadtleitung am 6. August 1894 entnommen, ergab im Liter Wasser:

Gesammtrückstand	238,0 mg
Kalk	85,4 »
Magnesia	11,9 »
Natron	13,9 »
Eisenoxyd und Thonerde	1,1 »
Schwefelsäure	30,2 »
Kieselsäure	6,2 »
Kohlensäure total	101,3 »
Chlor	16,0 »
Salpetersäure	15,3 »
Salpetrige Säure und Ammoniak . .	Null
Phosphorsäure	Spur
Organische Substanz	70,0 mg
Härte, Deutsche Scala	10,2°.

2. g. Altendorf b. Essen. (E. 40280.)

Die Gemeinde Altendorf hat sich in wenigen Jahrzehnten in Folge ihrer directen Berührung mit dem Krupp'schen Werke aus einem kleinen Dorfe zu einem grossen Orte entwickelt, der schon Anfangs der 70er Jahre das Bedürfniss nach einer besseren Wasserversorgung empfand, weil das Versiegen der Brunnen in Folge des Bergbaues immer weiter um sich griff. Damals hat die Firma A. Aird & Marc in Berlin ein Project zur Versorgung des Ortes durch ein selbstständiges Wasserwerk an der Ruhr ausgearbeitet, dessen Ausführung aber an der Höhe der Kosten scheiterte.

Später hat der Ort längere Jahre Wasser aus dem Krupp'schen Wasserwerke durch verschiedene Centralmesser erhalten. Seit dem Jahre 1885 wird das Wasser in gleicher Weise aus dem Wasserwerke der Stadt Essen bezogen, und es hat die Gemeinde für dessen Vertheilung ein eigenes Rohrnetz hergestellt. Trotz des grossen Wassermangels schlossen sich in den ersten Jahren nur 155 Häuser an, weil für jedes Haus, gleichgültig wie gross es war, im Jahre M. 30 Wassergeld und M. 12 Messermiethe zu zahlen war, wobei der Messer nur zur Verhinderung von Mehrverbrauch diente.

Vom 1. April 1888 wurde ein neuer Tarif eingeführt, nach welchem als Zahlung M. 1,50 im Jahre pro Zimmer festgesetzt ist, und es hat sich die Zahl der angeschlossenen Häuser dadurch sofort auf 514 erhöht. Im Jahre 1895 waren 1404 Anschlüsse vorhanden. Die Wasserabgabe hat im Jahre 1894/95 686000 cbm und im Jahre 1895/96 791000 cbm betragen. Wassermesser waren bis Ende 1895 im Ganzen 196 eingebaut, von denen Dreyer, Rosenkranz & Droop, Hannover 179 und H. Meinecke, Breslau, 17 geliefert haben. Nach der Grösse vertheilen sich diese wie folgt:

Durchmesser mm	12	13	20	25	40	50	80	100	150
Stückzahl . . .	161	6	17	5	1	3	1	1	1.

3. g. Altenessen. (E. 22384.)

Für die Wasserversorgung des Ortes Altenessen hatte dessen Gemeindevertretung im April 1879 einen Vertrag auf Wasserlieferung mit der Stadt Essen abgeschlossen. Auf Grund desselben hat Altenessen von dem Essener Wasserwerke bezogen: im Jahre 1879 65692 cbm, im Jahre 1880 120427 cbm, im Jahre 1883/84 282352 cbm und im Jahre 1885/86 308670 cbm. Im October 1887 löste die Gemeinde Altenessen den Vertrag mit der Stadt Essen und trat in ein ähnliches Vertragsverhältniss zu dem Wasserwerke des nördlichen westfälischen Kohlenreviers in Verbindung mit der Gemeinde Carnap. Beide Gemeinden haben damals für ihre Rechnung ein gemeinschaftliches Rohrnetz hergestellt, welches von der Gesellschaft durch Hauptwassermesser gespeist wird. Dasselbe hat eine Länge von 42734 lfd. m und setzt sich aus folgenden Durchmessern und Längen zusammen:

Rohrdurchmesser	mm	200	150	125	100
Rohrlänge	m	6609	6988	1844	8292
	mm	80	50		
	m	10680	8321.		

Mit den Rohren sind 138 Schieber und 87 Unterflurhydranten verbunden. Für die Zuleitungen und für die Hausleitungen werden Bleirohre und verzinkte schmiedeeiserne Rohre verwendet.

Am 1. April 1895 waren 880 Anschlussleitungen in Benutzung, von denen 295 das Wasser nach Messern und 585 nach Schätzung bezogen. Es sind bis Ende 1895 im Ganzen 343 Wassermesser geliefert und zwar 234 von Siemens & Halske, Berlin, 51 von Wolff & Schreiber, Breslau, 6 von Dreyer, Rosenkranz & Droop, Hannover und 52 von H. Meinecke, Breslau. Nach der Grösse vertheilen diese sich wie folgt:

Durchmesser mm	12	13	20	25	50	75	100
Stückzahl . . .	190	50	69	20	5	1	8.

Im Jahre 1894/95 hat die Wasserabgabe im Ganzen 1108163 cbm oder 3039 cbm pro mittleren Jahrestag und am Tage des grössten resp. des geringsten Consums 3438 cbm resp. 2755 cbm oder 113 % resp. 90,6 % und am mittleren Tage des grössten resp. geringsten Monatsconsums 3328 cbm resp. 2956 cbm oder 109,4 % resp. 97,2 % desjenigen vom mittleren Jahrestage betragen.

Von dem Gesammtquantum sind 145563 cbm oder 13,2 % für den Hausgebrauch und 962000 cbm oder 86,8 % für gewerbliche Zwecke verwendet, während nur 600 cbm für öffentliche Zwecke benutzt sind. Durch Messer sind 1050000 cbm oder 94,7 % und ohne Messer 58163 cbm oder 5,4 % abgegeben.

Für das Wasser zum Hausbedarfe ist pro qm Etagenfläche jährlich 10 Pf., für eine Badeeinrichtung M. 10, für ein Closet M. 4,50, für ein Pissoir M. 3 etc. zu zahlen. Für gewerbliche etc. Zwecke ist mindestens M. 30 im Jahre zu zahlen und zwar je nach der jährlichen Gebrauchsmenge für einen cbm:

bis cbm . .	9000	20000	30000	40000	100000
pro cbm Pf.	10	9,5	9	8,5	8
bis cbm . .	200000	darüber			
pro cbm Pf.	7,5	7,2.			

Die jährliche Messermiethe beträgt je nach deren Grösse:

Durchmesser mm	16	20	25	50	75	100
M. pro Jahr . .	6,00	7,50	9,00	18,00	30,00	38,40.

4. a. **Barmen.** (E. 127006, W. 6434 mit je 19,7 B.)

a) Geschichtliche Entwicklung.

I. Barmen und Elberfeld gemeinschaftlich.

Die beiden Städte Barmen und Elberfeld stossen mit ihren westlichen resp. östlichen Ausläufen aneinander und bilden zusammen eine über 7 km lange Bebauung an den beiden Ufern der Wupper entlang, die sich nach Norden und nach Süden in wechselnder Breite ausdehnt. Beide Städte gleichen einander in Betreff des Wasserbedürfnisses, indem das Wasser ausser zu ihrer häuslichen Versorgung, wesentlich auch für ihre gleichartigen und stark entwickelten Industriebetriebe in grossen Mengen und von einer guten Qualität erforderlich ist.

In ihrer nächsten Nähe standen den beiden Städten qualitativ und quantitativ dieselben Wege zum Wasserbezuge zu Gebote, die aber für die Befriedigung der vorhandenen Bedürfnisse und erst recht für die wachsenden Anforderungen immer weniger genügten. Die eine Bezugsart bietet das Oberflächenwasser der durch Industrieabgänge in ihrem Oberlaufe stark verschmutzten und zeitweise fast ganz wasserlosen Wupper mit den daraus gespeisten Brunnen. Eine andere Bezugsart als Grundwasser bieten die Quellen an den Berghängen, gemischt mit dem Bergwasser. Dieses Wasser ist in wenig zahlreichen Brunnen von fast ausnahmslos geringer Ergiebigkeit gefasst und schwankt in Folge der geognostischen Verhältnisse unter einander von 0° bis 65° in der Härte. Dabei hat es eine immer wachsende chemische Verunreinigung erfahren. Eine Ausnahme hiervon bildet das Wasser, welches einzelne Private und unter diesen die Wassergesellschaft Copernicus, sowie die Riescheider Wasserleitung der Bergisch-Märkische Industriegesellschaft durch verschiedene, in die umliegenden Berge getriebene Stollen erschlossen haben, das von einer stets brauchbaren Qualität ist. Dieses Wasser wird aus einer Entfernung von bis zu 2 km durch gusseiserne Leitungen mit natürlichem Gefälle zugeführt. Wegen seiner verhältnissmässig geringen Menge ist es aber für die Allgemeinheit stets ohne grössere Bedeutung gewesen.

Die gleiche Noth, welche auch beide Städte während der gemeinschaftlich in beiden in den Jahren 1866 und 1867 wüthenden Cholera mit einander theilten, erklärt es, dass beide Städte in den Bemühungen zur Erlangung eines besseren Wassers, die im Jahre 1869 in Folge dieser Epidemie energischer in Angriff genommen wurden, Anfangs Hand in Hand gingen. Es schien bei oberflächlicher Betrachtung am nächsten zu liegen, die theils schon benutzten und ferner an den Bergabhängen zu beiden Seiten der Wupper noch zu erschliessen möglichen Quellen, deren Wasser sich in einer grösseren Zahl von Bächen vereinigt, die der Wupper zufliessen, für eine gemeinschaftliche Versorgung beider Städte zu benutzen. Aber das geringe Niederschlagsgebiet dieser beiden Höhenzüge liess bald erkennen, dass Abstand von einem solchen Plane genommen werden musste.

Im Jahre 1870 ertheilte man dann der Unternehmer-Firma J. & A. Aird und dem Wasserwerksdirector Gill, beide in Berlin, den Auftrag, die verschiedenen Möglichkeiten einer centralen Wasserversorgung für beide Städte eingehend zu untersuchen. Diese kamen durch ihr Studium zu 3 möglichen Bezugspunkten für das nöthige Wasser, nämlich zur Ruhr bei Herdecke, zur Ruhr am Isenberge bei Hattingen und zum Rheine bei Benrath.

Die Entfernung von Barmen bis zur Ruhr bei Herdecke und von Elberfeld bis zum Rheine bei Benrath ist annähernd dieselbe. Es liegt aber die Ruhr bei Herdecke um 40,0 m höher als der Rhein bei Benrath. Die Entfernung Elberfeld's von der Ruhr bei Hattingen ist um 6 km geringer, als von den vorgenannten Punkten. Die dabei zu überschreitende Wasserscheide zwischen Ruhr und Wupper liegt aber 45,0 m höher, als es der nöthige Versorgungsdruck verlangen würde und eine Durchtunnelung dieses Bergrückens zum Abschneiden der überflüssigen Höhe würde sehr lang und daher sehr theuer werden.

Das Gesuch um Gestattung des Wasserbezuges aus der Ruhr wurde unter Hinweis darauf, dass die Adjacenten grosse Entschädigungsansprüche stellen würden, von der Staatsregierung sofort abgewiesen, und es wurde den Städten der Rhein, in dessen Gebiete sie lägen, als Bezugsort angewiesen. Zu den 3 früher erwähnten Möglichkeiten, überall Wasser zu erhalten, war auf Vorschlag des Geh. Bauraths Henoch in Gotha noch eine vierte hinzugekommen, nämlich als Bezugsort das Quellgebiet der Wupper oberhalb Barmen's zu benutzen. Dieser Vorschlag ist jedoch damals nicht eingehender verfolgt, und erst später ist er durch den Professor Intze in Aachen wieder angeregt.

Die specielle Prüfung der einzelnen Project-Ideen wurde damals Sachverständigen, zu denen der Baurath Hobrecht und der Professor Wiebe in Berlin gehörten, übertragen und daraus entwickelte sich dann allmählich für die Rheinische Wasserwerksgesellschaft, damals in Köln, im Juni 1873 der directe Auftrag, ein Project für die Versorgung beider Städte mit 1200 cbm Wasser pro Stunde aus dem Rheine bei Benrath auszuarbeiten. Diese Arbeit wurde im Mai 1874 eingereicht. Der dafür aufgestellte Kostenanschlag belief sich auf M. 12500000. Davon waren M. 7100000 als für beide Städte gemeinschaftlich erforderlich berechnet, und ferner waren M. 2300000 speciell für die Versorgung von Elberfeld und M. 3100000 speciell für die von Barmen veranschlagt.

Durch eine Revision des Projects im Juli 1876 zu einer Zeit, als niedrigere Preise bestanden, und unter Vornahme verschiedener Vereinfachungen desselben reducirte sich die Gesammtsumme auf M. 9600000. Eine fernere Modification, nach welcher ein Werk für Elberfeld allein mit einer Leistung von 15000 cbm pro 24 Stunden in's Auge gefasst war, ergab eine Anschlagssumme von nur M. 4487000. Inzwischen hatte sich die Stadt Barmen mit der Prüfung eines anderen Projectes für ihre alleinige Versorgung beschäftigt und zog sich in Folge dessen ganz von dem Rheinthalprojecte zurück. Das veranlasste dann die Stadt Elberfeld am 31. October 1876 zu dem Beschlusse, ein Wasserwerk nach dem vorliegenden Plane für sich allein zu erbauen, über welche Anlage an anderer Stelle berichtet ist.

2. Barmen ohne Elberfeld.

Von der Stadt Barmen waren während dieser Zeit Versuche gemacht, aus Brunnen im Schwelmethale das nöthige Wasser zu gewinnen. Gleichzeitig hatte der Ingenieur Franz Brunk in Dürkheim a. d. H., später in Dortmund, den Beweis zu erbringen versucht, dass eine Entnahme des Wassers für Barmen aus der Ruhr für deren Wassermenge ganz unbedenklich sei, weil eine Thalsperre im oberen Gebiete der Ennepe für die wasserärmeren Zeiten mehr Wasser aufspeichern und der Ruhr zuführen könne, als in solchen Zeiten eventuell dem Untergrunde an der Ruhr durch das Barmer Wasserwerk würde entzogen werden müssen. Es ertheilte auch die Regierung im weiteren Verlaufe der Verhandlungen am 25. October 1877 der Stadt Barmen die nachgesuchte Concession zur täglichen Entnahme von 15000 cbm Wasser aus der Ruhr, ohne dass sie diese Erlaubniss jedoch an die Bedingung der Herstellung einer Thalsperre knüpfte.

Kurze Zeit vorher, am 16. August 1877, war der Stadtverordnete Lekebusch mit einem Versorgungsprojecte an die Stadtverwaltung herangetreten, für welches der Stadtbaurath Winchenbach das Programm entworfen hatte, und beantragte die Ertheilung einer 40jährigen Concession an eine zu bildende Handelsgesellschaft »Copernicus, Lekebusch, Westkott & Hösch« zum Legen von Wasserleitungsrohren in allen städtischen Strassen und zum Verkaufe von Wasser gegen einen jährlichen Zins für ein Haus, wenn es von einer Familie bewohnt ist, von M. 50, desgleichen, wenn von 2 bis 6 Familien, M. 60, wenn von 7 bis 12 Familien M. 75, und wenn von noch mehr Familien bewohnt, nach Verhältniss mehr. Ferner verlangte die Gesellschaft für Abgabe zur Dampfkesselspeisung pro PS. der Maschine M. 30 und für öffentliche Zwecke die Zahlung nach einer Pauschalzahlung. Die Stadt sollte das Werk nach 20 Jahren zum 20fachen, nach 30 Jahren zum 15fachen und nach 40 Jahren zum 10fachen Betrage des Betriebsüberschusse des vorhergehenden Jahres übernehmen können, sich aber auch direct mit M. 300000 am Anlagekapitale betheiligen dürfen.

Als das für die Stadt im Laufe der Jahre überall erforderliche Wasserquantum war in dem Programme, gestützt auf die Erfahrungen der Gesellschaft Copernicus, angenommen.

nach Jahren:	5	10	15	20	25
pro Tag cbm	1500	2500	3000	3500	4000,

weil nach der Ansicht der Gesellschaft ein Bedürfniss für eine häusliche Versorgung nur in den Häusern der hohen Theile der Stadt vorhanden sei und es für die Barmer Verhältnisse genüge, statt 150 Lit., wie in dem Rheinthalprojecte, für den Kopf der Bevölkerung in der Zukunft pro Tag 60 Lit. für häusliche, 20 Lit. für industrielle und 10 Lit. für öffentliche Zwecke, also zusammen 90 Lit. und im Ganzen als für die Stadt erforderlich 8000 cbm als Maximum anzunehmen.

Nur allmählich sollten nach dem Projecte die Gewinnungsanlagen mit dem zunehmenden Consume wachsen, um unnöthige Zinsen zu ersparen. Den Ausgangspunkt sollte der Stollen der Copernicus Gesellschaft am rechten Wupperufer, der angeblich damals in heissen Sommertagen 500 cbm Wasser lieferte, bilden und daran sollten sich weitere Stollenbauten anschliessen. Wenn das so zu erlangende Quantum mit der Zeit erschöpft sein würde, war es die Absicht, je nach Bedürfniss für je täglich 500 cbm bis 1000 cbm Wasser 9 bis 10 einzelne Brunnenanlagen mit ebenso vielen Pumpstationen und Hochreservoiren möglichst nahe der Stadt in den wasserreichen Seitenthälern der Flüsse Wupper und Ruhr herzustellen. Als zweckmässige Plätze dafür waren Bendahl, das Kothener Thal, das Gosenburgthal, das Schwelmer Thal, die Schimmelburg unweit Tütersburg, die nördlich am Schaumlöffel liegenden Thäler des Ruhrgebietes und endlich, wenn diese alle nicht mehr genügten, die Blombach und das Wupperthal oberhalb der Stadt in's Auge gefasst. Die für diese Anlagen aufgestellten Herstellungs-, Betriebs- und Rentabilitätskosten gibt die Tabelle 314 an:

Tabelle 314.

Betriebsperiode	1.	2.	3.	4.	5.
Tägliche Abgabe im Mittel cbm	1 200	2 500	4 000	6 000	8 000
Anlagekosten M. in jeder Periode:					
Kaufpreis für Copernicus resp. Uebertrag	140 000	475 000	775 000	1 215 000	1 435 000
Rohrnetzzugang	270 000	170 000	310 000	90 000	—
Neubau von Pumpstationen.	65 000	130 000	130 000	130 000	130 000
Zahl der vorhandenen Stationen . . .	1	3	5	7	9
Summe der Anlagekosten M.	475 000	775 000	1 215 000	1 435 000	1 565 000
Ausgaben und Einnahmen im Jahre:					
Ausgaben einschliesslich $5^1/_2$% Zinsen M.	41 500	76 000	122 000	156 000	188 000
Einnahmen (10 Pf. pro cbm Wasser). M.	43 200	90 000	144 000	216 000	288 000
Jährlicher Ueberschuss M.	1 700	14 000	22 000	60 000	100 000

Ueber dieses Project sind von dem Oberberghauptmann Dr. K. von Dechen in Bonn in Folge einer Aufforderung der Stadt am 12. October 1877 und in Folge einer Aufforderung des Stadtverordneten Lekebusch von dem Baurath Salbach in Dresden vom 8. November 1877 getrennte Gutachten abgegeben, die sich beide sowohl gegen das dauernde Genügen des angenommenen Consumquantums, als gegen die Möglichkeit, hinreichende Wasserquantitäten am linken Wupperufer überall erschliessen zu können, aussprachen und auch die Unsicherheit der Qualität des hier event. zu erhaltenden Wassers hervorhoben.

In gleichem Sinne äusserte sich dann auch der vorerwähnte Ingenieur Brunk in einer dem Oberbürgermeisteramte am 4. December 1877 gemachten Eingabe, in welcher er zugleich die Concession für den Bau und den Betrieb eines Wasserwerkes für die Stadt, für welche die Entnahme des Wassers aus dem Ruhrthale bei Volmarstein erfolgen sollte, nachsuchte. Als Verkaufspreis verlangte er 12 Pf. pro cbm im Durchschnitt oder 10 Pf. für industrielle und 13,5 Pf. für häusliche Zwecke und ferner eine Pauschalsumme von der Stadt für deren Consum, für welchen eine Wassermenge von 10 Lit. pro Kopf der jeweiligen Bevölkerung angenommen und die mit 8 Pf. pro cbm berechnet werden sollte. Die Uebergabe des Werkes sollte auf jederzeitiges Verlangen der Stadt am Ende jedes der Kündigung folgenden Betriebsjahres erfolgen können. Der Kaufpreis sollte dann das 20fache von der letzten Jahresrente sein. Wenn sich der Durchschnitt aus den 3 letzten Jahresrenten aber höher als die letzte Rente stellen sollte, so sollte von dieser Durchschnitszahl das 20-fache als Kaufpreis gelten, der mindestens jedoch stets die Höhe von 130 % des aufgewendeten Kapitales erreichen musste. In der von Brunk für das Werk aufgestellten Berechnung der Bau- und Betriebskosten für 3 Bauperioden sind die Hauptzahlen in der Tabelle 315 angegeben.

Tabelle 315.

Betriebsperiode	Bauperiode 1		Bauperiode 2		Bauperiode 3	
	Anfang	Ende	Anfang	Ende	Anfang	Ende
pro Tag Leistung . . . . . cbm	2 000	3 000	4 000	6 000	7 000	10 000
Anlagekosten . . . . M.	1 840 000	2 040 000	2 260 000	2 410 000	2 635 000	2 835 000
Ausgabe einschl. $5^1/_2$% Zinsen »	146 000	165 500	184 500	211 600	231 700	267 700
Selbstkosten pro cbm . . . Pfg.	19,47	13,22	12,30	9,44	9,27	7,65

Die Stadt ging aber weder auf diese, noch auf die spätere, von Brunk wesentlich modificirte Proposition vom 25. Februar 1878 ein, nach welcher event. der Stadt auch eine Kapitalbetheiligung eingeräumt werden sollte, und es währte in der Stadt der Kampf zwischen den beiden Parteien Lekebusch und Brunk, in welche die Bürgerschaft sich gespaltet hatte, bis zum 17. Mai 1881, an welchem Tage die Stadtverordneten-Versammlung den Beschluss fasste, eine Wasserleitung von der Ruhr her und zwar für städtische Rechnung anzulegen, wobei sie sich freilich wesentlich auf die Brunk'schen Vorarbeiten stützte. In Folge davon wurde vom Oberbürgermeisteramte der Stadtbaurath Schülke in Duisburg mit der speciellen Bearbeitung eines detaillirten Projectes für eine tägliche Lieferung von 15000 cbm Wasser beauftragt, das er dann im September 1881 mit einem Kostenanschlage von M. 2500000 einlieferte.

Die Opposition wandte sich in Folge dessen mit einer mit 2300 Unterschriften versehenen Petition später nochmals an die Stadtvertretung mit der Bitte, den Bau aufzugeben und von der Stadt Elberfeld das nöthige Wasser zu beziehen. Als aber der Oberbürgermeister von Elberfeld die Anfrage des Oberbürgermeisteramtes von Barmen, ob das dortige Wasserwerk der Stadt Barmen für 10 Jahre würde täglich bis zu 15000 cbm Wasser liefern können, im November 1881 dahin beantwortete, die Stadt Elberfeld brauche bereits selbst bis zu 12000 cbm Wasser im Tage und könne der Stadt Barmen daher überall kein Wasser abgeben, wurde nach Vornahme verschiedener Änderungen des Schülke'schen Projectes die Ausführung des Baues definitiv beschlossen und dem nach Barmen übergesiedelten Schülke der Bau selbst übertragen. Im August 1882 ist dann mit den Arbeiten begonnen und Ende des Jahres 1883 ist das Wasserwerk in Betrieb gesetzt.

b) Pumpstation.

Das Wasser wird in der weiten Thalebene zwischen Herdecke und Vollmarstein gegenüber der Stadt Wetter an der Ruhr dem Grundwasser durch Brunnen aus einer auf dem gewachsenen Kohlenschiefergebirge auflagernden, ausgedehnten Kiesschicht von 4,5 ha Fläche und von 5,0 m bis 8,0 m Mächtigkeit, die oben durch eine 1,5 m bis 3,0 m starke Schicht von Lehm und Ackererde übergedeckt ist, entnommen. Durch mit Dampfkraft betriebene Pumpen wird es nach einem Druckthurme gefördert, der hinter Vollmarstein »am Loh« auf der Grundshütte erbaut ist, von wo es mit natürlichem Gefälle durch eine fast 17,5 km lange Fallrohrleitung in das auf der rechten Wupperseite dicht bei der Stadt auf dem Oberheidt erbaute Hochreservoir fliesst. In den Jahren 1894/95 ist auch auf der linken Wupperseite am Hollenstein bei Nächstebreck, unmittelbar an die Fallrohrleitungen anschliessend, ein zweites Hochreservoir hergestellt, so dass das erste Reservoir jetzt quasi zu einem Gegenreservoire geworden ist.

Bei der ersten Ausführung sind 3 Brunnen von 4,0 m Durchmesser und 6,5 m Tiefe aus Mauerwerk auf hölzernen, mit eisernen Schuhen armirten Brunnenkränzen für die Wassergewinnung abgesenkt, deren Mäntel in den unteren 3,0 m durchlässig sind. Sie liegen mit ihren Mitten 30 m resp. 63 m von einander und ca. 15 m vom Flusse entfernt und sind zum Schutze vor dem Hochwasser bis auf 1,3 m über Terrain in die Höhe gezogen. Im Laufe der Jahre sind ferner noch 4 Brunnen von gleicher Grösse am rechten Ruhrufer ausgeführt und ausserdem ist später auch ein grösserer Brunnen von 6,0 m Durchmesser als Centralbrunnen hergestellt. Mit dem letzteren sind die 3 alten und die 4 neuen Brunnen dann durch Heberleitungen verbunden. Zwischen diesen Brunnen sind ferner noch längere Strecken von Sammelrohren aus Steingut und aus Cement von 500 mm Durchmesser zur Erschliessung grösserer Wassermengen verlegt. Für die Gewinnung von Condensationswasser für die Maschinen dient ein besonderer Brunnen, der dicht am Flusse liegt und durch eine Leitung von 200 mm Durchmesser mit dem Maschinenhause resp. mit den einzelnen Maschinen verbunden ist.

Anfangs saugten die beiden ersten Maschinen eine jede direct durch ein Saugerohr von 350 mm Durchmesser aus den einzelnen Brunnen, und später sind ihre Saugerohre mit dem Centralbrunnen verbunden. Um eine grössere Absenkung des Centralbrunnens ohne eine das zulässige Maass überschreitende Vergrösserung der Saugehöhen für die grossen Maschinen zu ermöglichen, ist später ein besonderes Schöpfwerk eingeschaltet, durch welches das Wasser aus dem Centralbrunnen entnommen und auf 6,0 m Höhe in ein Vorbassin von 450 cbm Inhalt und 2,5 m Wasserhöhe gefördert wird, das sich aussen an die Langwand des Maschinenhauses anlehnt und aus dem die einzelnen Saugerohre für die Maschinen abgehen.

Das Schöpfwerk besteht aus 2 Centrifugalpumpen mit Rohren von 500 mm Durchmesser, welche 300 Umdrehungen pro Minute machen. Jede von ihnen kann pro Stunde 1250 cbm Wasser auf 6,0 m Höhe fördern, was einer Leistung von 30 PS. entspricht. Die Pumpen sind von Brodnitz & Seydel in Berlin hergestellt und gemeinschaftlich mit deren Dampfmotoren von G. Kuhn in Stuttgart-Berg geliefert. Als Motoren dienen 2 liegende Eincylindermaschinen mit Condensation. Sie haben Dampfkolben von 300 mm Durchmesser und 0,6 m Hub und machen 120 Umdrehungen pro Minute. Jede Maschine hat ein Schwungrad von 2,5 m Durchmesser und 0,45 m Breite, welches als Riemscheibe für einen Riemen von 0,41 m Breite und 7 mm Dicke direct zum Antriebe einer der Pumpen dient. Die Schwungradachsen beider Maschinen sind jedoch so mit einander gekuppelt, dass jede Maschine für jede einzelne Pumpe benutzt werden kann.

Im Jahre 1893 ist noch ein zweites Schöpfwerk, oberhalb der Pumpstation und ca. 800 m davon entfernt, gleichfalls an dem linken Ruhrufer erbaut. Es liegt oberhalb des in den Fluss eingebauten Schönthaler Wehrs und dient dazu, bei niedrigen Grundwasserständen an der Hauptstation aus dem höheren Gebiete als Ergänzung Wasser zuführen zu können, für dessen Gewinnung 3 Brunnen von je 4,0 m Durchmesser hergestellt sind. Das Pumpwerk besteht aus 2 Centrifugalpumpen, jede mit einem Rohre von 230 mm Durchmesser und für eine Leistung von 210 cbm pro Stunde auf 8,0 m Förderhöhe bei 500 Umdrehungen pro Minute bestimmt. Eine Druckleitung von 350 mm Durchmesser führt von hier zu dem Vorbassin der eigentlichen Pumpstation. Zum Antriebe der Centrifugalpumpen, welche von Brodnitz & Seydel in Berlin angefertigt und mit deren Motoren zusammen von Gebr. Sulzer in Winterthur geliefert sind, dienen 2 liegende Eincylindermaschinen ohne Condensation mit Dampfkolben von 380 mm Durchmesser und 0,45 m Hub, welche 120 Umdrehungen pro Minute machen. Jede der Centrifugalpumpen wird von den Schwungrädern von 2,0 m Durchmesser aus mittels Riemen von 130 mm Breite und 7 mm Dicke angetrieben. Die Kuppelung der Maschinen und Pumpen ist in ähnlicher Weise wie bei der anderen Station bewirkt. Den Dampf für den Betrieb der Maschinen liefern 2 Einflammrohrkessel von je 17 qm Heizfläche, welche für 6 Atm. Dampfdruck concessionirt sind.

In dem ca. 60 m von der Ruhr entfernten Maschinen- und Kesselhause waren Anfangs 2 Maschinen und 3 Kessel aufgestellt. Bis zum Jahre 1893 ist durch fernere Erweiterungen die Zahl der Maschinen auf 5 und die der Kessel auf 8 gewachsen. Die dritte Maschine ist im Jahre 1887, die vierte im Jahre 1891 und die fünfte im Jahre 1892 aufgestellt.

Das Maschinen- und das Kesselhaus bilden zusammen eine Fläche von 47 m Länge mal 18,8 m Breite, deren Flur 1,3 m unter Hochwasser liegt und die mit einem über Terrain 1,3 m hohen und 4 m breiten Erddamme umgeben ist. Die 3,0 m tiefer als die Flur liegende Kellersohle bildet eine 0,75 m dicke Betonschicht, über der sich die Umfassungswände, welche bis auf 4,8 m Höhe ohne alle Oeffnungen zum Schutze vor dem Hochwasser sind, erheben.

Die Maschinen sind sämmtlich liegende Eincylindermaschinen mit Schwungrädern, Condensation und Ventilsteuerung. Die 2 ersten Maschinen haben Freifallsteuerungen nach System Kraft, und die 3 anderen haben Collmann-Steuerungen. Jede Maschine betreibt mit ihrer verlängerten Kolbenstange direct eine liegende, doppeltwirkende Plungerpumpe. Die Pumpen der beiden ersten Maschinen haben freie Etagenringventile und die der 3 anderen Maschinen haben gesteuerte Ventile nach Riedler. Letztere sollen 60 Doppelhübe pro Minute machen können. Die Hauptdimensionen etc. der Pumpenmaschinen gibt die Tabelle 316 an.

Tabelle 316.

Maschinen	Fördermaschinen				Schöpfmaschinen, je 2	
	I u. II je	III	IV	V	Station I	Station II
Dampfcylinderdurchmesser mm	940	940	800	880	300	380
Art der Pumpen	Kolbenpumpen				Centrifugalpumpen	
Plungerdurchmesser mm	310	282	246	280	500 mm Rohr	230 mm Rohr
Kolbenhub m	1,1	1,1	1,1	1,1	0,6	0,45
Umdrehzahl pro Minute	24	45	45	45	120 resp. 300	120 resp. 500
cbm Wasser pro Stunde	208	333	250	333	1 250	210

Die Admissionsspannung beträgt 5,5 Atm. und die effective Förderhöhe 189,0 m, sowie die Arbeitshöhe für die Pumpen 197,3 m. 3 von den 8 Dampfkesseln sind Zweiflammrohrkessel mit Gallowayrohren von je 97 qm Heizfläche und 5 sind Seitenrohrkessel mit Wellrohren von je 86 qm Heizfläche. Sämmtliche Kessel sind für 6 Atm. Dampfdruck concessionirt. Die Maschinen sind von der Hannoverschen Maschinenbau-Actiengesellschaft, vormals G. Egestorff in Linden bei Hannover geliefert. Von den Kesseln sind 3 von J. H. Becker, 2 von Siller & Jamert und 3 von Maas & Hardt, sämmtlich in Barmen, geliefert.

Die Pumpstation wird elektrisch beleuchtet, und es ist dafür eine Dynamomaschine mit einer besonderen Dampfmaschine aufgestellt. Ferner ist für die Windkessel ein mit besonderer Maschine betriebener Luftcompressor, sowie für die mit der Pumpstation verbundene Werkstelle eine besondere Betriebsmaschine vorhanden. Für die Reinigung des Speisewassers ist seit dem Jahre 1895/96 ein Dervaux-Apparat mit einer besonderen Dampfpumpe für das ungereinigte Wasser in Benutzung. Seitdem ist die Kesselreinigung wesentlich erleichtert, indem die Steinbildung in den Kesseln dadurch fast ganz beseitigt ist. Für den Kohlentransport zur Pumpstation ist eine Drahtseilbahn, die vom Bahnhofe Vollmarstein abgeht, in Benutzung.

c) Zuleitung und Vertheilung.

Von der Pumpstation führten Anfangs 2 und führen jetzt 3 Druckrohrleitungen von je ca. 2500 m Länge und 350 mm Durchmesser von den 3 Druckwindkesseln von 1,75 m Durchmesser und 9,9 m Höhe bis zu dem Druckthurme »am Loh« bei Grundschöttel. Von dem Druckthurme gehen 2 Fallrohrleitungen ab, beide von 500 mm Durchmesser, welche ca. 17500 m Länge haben und bei 34,15 m Gefälle 30000 cbm Wasser im Tage zur Stadt führen können. Diese Leitungen enden in dem Hochreservoire am Oberheidt am südlichen Bergabhange der Thalstadt jenseits der Wupper.

In dem Druckthurme »am Loh« sind 2, in verschiedener Höhe angelegte Ueberfälle zum Uebertritte des Wassers in die Fallrohrleitungen eingebaut. Von den Druckrohrleitungen steigen 2 in dem Thurme auf 16 m Höhe vertikal empor und sind mit einer der Fallrohrleitungen, die gleichfalls im Thurme in die Höhe geführt ist und am Fusse einen Windkessel hat, verbunden, während 7,0 m tiefer der zweite Ueberfall, der mit Schiebern absperrbar ist, sich befindet. Der höhere Ueberfall ist in Rücksicht auf den mit der Zeit steigenden Reibungswiderstand in den Rohren vorgesehen. Die Druckrohre sind an der tiefsten Stelle einem Drucke von 187,0 m Wassersäule ausgesetzt. Sie sind mit abnehmender Wandstärke von 26 mm, 23 mm, 19 mm und 14 mm hergestellt.

Die Fallrohrleitungen durchschneiden von dem Thurme ab auf dem möglichst geraden Wege das Gebiet von 4 verschiedenen Gemeinden und führen, dem stark wechselnden, gebirgigen Terrain entsprechend, bergauf und bergab, ohne in zu tiefe Thäler hinabzufallen oder über die Gefälllinie hinausragende Höhen zu berühren, bis sie das Wupperthal erreichen. Die Leitungen folgen auf ihrem Wege überall der natürlichen Bodenbildung und nur in Liederhausen ist für die Rohrdurchlegung ein Tunnel von 32 m Länge hergestellt. In den tiefsten Lagen erfahren die Fallrohrleitungen einen Druck von bis zu 70,0 m Wassersäule und haben auf der ganzen Strecke eine gleichbleibende Wandstärke. In den 9 Höhenpunkten der Leitungen sind selbstwirkende Lufthähne und in den 6 Tiefpunkten sind Entleerungsschieber angebracht.

Am Thalabhange zum rechten Ufer der Wupper ist 44,0 m resp. 51,0 m tiefer als die Ueberfälle im Druckthurme und 7500 m von diesem entfernt eine Schieberkammer, die mit einem Wärterhause verbunden ist, erbaut, in welcher sich die beiden Fallrohrleitungen vereinigen. Von hieraus ist Anfangs nur die eine Leitung weitergeführt, und zwar durch die Schwarzbach- und die Berliner Strasse und dann mit einem Düker unter der Wupper hindurch, um an deren linken Ufer durch die Reichs- und Sehlhofstrasse wieder bis auf 25,0 m Höhe über die Schieberkammer an dem Abhange auf dem Oberheidt zum Hochreservoire hinaufzusteigen. Der Düker besteht aus schmiedeeisernen Rohren, die mit Flanschen verbunden sind. Später ist auch die zweite Fallrohrleitung, vom rechtsseitigen Schieberhause aus, allerdings auf einem anderen Wege, bis zu dem Reservoire verlängert.

Das Hochreservoir auf dem Oberheidt ist auf einer Betonsohle in Mauerwerk hergestellt. Es ist überwölbt und mit Erde überfüllt. Anfangs war es nur zweitheilig und hatte im Ganzen bei 5,0 m Wasserhöhe 4600 cbm Inhalt. Später ist es durch einen Anbau verdoppelt, so dass es jetzt in 4 Kammern 9200 cbm Wasser fasst. Von hier nehmen die 3 Vertheilungsrohre, von denen 2 von 400 mm und eines von 300 mm Durchmesser sind, ihren Anfang. Der Druck vom Reservoire beträgt 80,0 m bis 90,0 m über dem tiefsten Strassenniveau. Für die höher über dem Reservoire gelegenen Bebauungen sind demnächst kleine Pumpstationen für eine höhere Zone in Aussicht genommen, mit deren Buu bereits der Anfang gemacht ist. Von dem ersten Fallrohrstrange ist ein Rohr von 200 mm Durchmesser für den oberen Theil von Barmen-Rittershausen am linken Wupperufer abgezweigt, und es hat ferner am linken Wupperufer das Vertheilungsnetz später durch ein Rohr von 400 mm Durchmesser mit dem Fallrohrstrange eine Nothverbindung erhalten, damit durch eine etwaige Beschädigung des Dükers die Versorgung nicht ganz gestört wird. Wie vorhin bemerkt, ist seit dem Jahre 1896 an der Nordseite der Stadt auf der rechten Seite der Wupper bei Nächstebreck am Hollenstein ein zweites Hochreservoir hergestellt, welches in 2 Kammern 5000 cbm Inhalt hat. Dessen Wasserspiegel liegt in gleicher Höhe, mit dem des anderen Reservoirs Es ist in derselben Weise wie dieses ausgeführt.

Die sämmtlichen gusseisernen Rohre sind von der Friedrich-Wilhelmshütte in Mülheim a/Ruhr geliefert, und die Rohrverlegungen hat die Firma C. Menicke in Berlin ausgeführt. Im Stadtrohrnetze variirt der Druck je nach der Ortslage zwischen 5,0 m bis 80,0 m. Die gesammten Rohrleitungen haben bereits bei der Inbetriebsetzung 81750 lfd. m Länge gehabt, wovon 22500 m auf die Druck- und Fallrohrleitungen und 59250 m mit 220 Schiebern und 530 Hydranten auf das eigentliche Stadtrohrnetz entfielen. Am 31. März 1897 haben die Rohrleitungen 148252 m Länge gehabt, wovon 38203 m auf die Druck- und Fallrohrleitungen und 110049 m auf das eigentliche Stadtrohrnetz entfallen. Diese Rohrlängen an den beiden Terminen setzen sich, nach den Durchmessern getrennt, wie folgt zusammen:

Rohrdurchmesser	mm	500	400	350	300	250	200
Rohrlänge 1893	m	17350	1940	5150	2810	1600	2790
desgl. 1897 . .	m	30545	4328	7658	5178	7135	4170

	mm	150	125	100	80
1893	m	3450	5210	21000	20450
1897	m	3771	6192	30177	49098.

Die Tabelle 317 gibt für jedes der letzten 9 Jahre von 1888/89 bis 1896/97 die Länge und den kubischen Inhalt der Rohre von 500 mm bis 80 mm Durchmesser, sowie die Zahl der öffentlichen Schieber, Hydranten, Springbrunnen, Laufbrunnen und Pissoire an. Die Hydranten stehen in ca. 100 m Entfernung von einander. Es sind Unterflurhydranten mit Selbstentwässerung mit Ausnahme von einigen Ueberflurhydranten, deren Zahl im letzten Jahre 37 betragen hat.

Als Anschlussleitungen werden von 50 mm Durchmesser aufwärts solche aus Gusseisen verwendet. Die kleineren Leitungen von 30 mm bis 13 mm abwärts bestehen, ebenso wie die Hausleitungen, aus Bleirohren. Die Wasserabgabe erfolgt für technische und gewerbliche Zwecke nach Wassermessern und für den Hausbedarf auf Discretion. Die Tabelle 318 gibt nach den für letzteren Zweck gemachten Erhebungen für jedes der 8 Jahre von 1888/89 bis 1895/96 die Zahl der von den Privaten benutzten Badeeinrichtungen, Closets, Spingbrunnen, Strassensprenghähne, Strahlapparate, Aufzüge und Motoren an.

Am 31. März 1897 waren im Ganzen 820 Wassermesser geliefert und davon 707 eingebaut. Diese vertheilen sich nach der Grösse wie folgt:

Durchmesser	mm	10	13	16	20	25	30	40	50	80	100
geliefert		34	171	2	308	131	79	3	58	24	10
eingebaut . . .		24	133	—	279	121	72	2	50	18	8.

Tabelle 317.

Jahr	1888/89	1889/90	1890/91	1891/92	1892/93	1893/94	1894/95	1895/96	1896/97
Rohrlänge 500 bis 80 mm . m	95 757	98 877	100 028	102 574	127 251	131 409	139 345	144 267	149 993
Inhalt der Rohre . . . . cbm	5 015	5 087	5 094	5 130	8 490	8 525	8 605	8 625	8 759
Zahl der Schieber	300	317	335	344	362	356	364	402	431
» der Hydranten	583	600	620	633	669	680	675	696	724
» der öffentl. Springbrunnen	1	1	1	1	1	2	2	2	2
» der öffentl. Laufbrunnen .	1	1	1	1	1	1	1	1	1
» der öffentl. Pissoire . . .	9	9	10	10	10	11	11	12	12

Tabelle 318.

Jahr	1888/89	1889/90	1890/91	1891/92	1892/93	1893/94	1894/95	1895/96
Badeeinrichtungen	428	502	556	490	567	625	645	670
Closets	713	885	898	996	1 182	1 305	1 337	1 426
Privat-Springbrunnen	47	31	69	51	66	72	73	74
Privat-Sprenghähne	1 582	1 708	1 200	1 647	1 878	1 933	1 965	2 153
Strahlapparate	86	101	126	124	131	133	149	143
Hydraulische Aufzüge	—	—	10	12	19	20	20	20
Motoren	21	28	35	43	42	50	47	51
Letztere in PS. zusammen	12	18	25	37	35	50	94	102

Die Stückzahl der von den verschiedenen Lieferanten bis zum 31. März 1897 gelieferten (resp. eingebauten) Messer hat betragen: Dreyer, Rosenkranz & Droop, Hannover 683 (606), Valentin, Frankfurt 61 (48), Bopp & Reuther, Mannheim 5 (4), Wiesenthal & Comp., Düsseldorf 15 (10), Siemens & Halske, Berlin 16 (8), C. A. Spanner, Wien-Aachen 5 (2), Stoll & Comp., Düsseldorf 1 (—).

d) Baukosten, Betrieb und Wasserabgabe.

Die Kosten der ersten Anlage haben M. 1 972 327 betragen. Für Erweiterungsbauten sind bis zum 31. März 1897 im Ganzen M. 2 384 216 aufgewendet, und die gesammten Anlagekosten sind bis dahin auf M. 4 356 543 oder M. 34,30 pro Kopf angewachsen. In den 10 Jahren 1884/85 bis 1894/95 sind zusammen M. 860 040, und im letzten Jahre sind M. 105 517 als Reingewinn erzielt, wobei zu beachten ist, dass das Wasser für öffentliche Gebäude und für öffentliche Zwecke unentgeltlich abgegeben wird. Die Buchschuld der Anlage hat am 31. März 1897 M. 2 758 457 betragen.

Die Betriebsleitung des Werkes liegt in den Händen des Stadtbaurathes Schülke und des Oberingenieurs Lüdorf.

Für die letzten 9 Jahre gibt die Tabelle 319 die geförderte Wassermenge, den Kohlenverbrauch (westfälische Steinkohlen), die Arbeitshöhe und die Zahl und Arbeitszeit der Maschinen, letztere in Stunden an. Ferner sind darin die Kohlenmengen pro 100 cbm Wasser und pro PS.-Stunde, die Leistung pro kg Kohle in m × kg und die mittlere Zahl der täglichen Arbeitsstunden je einer Maschine im Durchschnitt angeführt.

Tabelle 319.

Jahr	1888/89	1889/90	1890/91	1891/92	1892/93	1893/94	1894/95	1895/96	1896/97
Wasser gefördert cbm	3 924 403	4 494 258	5 218 620	5 506 456	5 819 239	6 075 635	6 270 820	6 622 544	7 532 840
Kohlen verbraucht kg . . .	4 261 350	5 301 350	7 029 960	7 967 000	8 459 700	8 350 000	7 215 600	7 777 220	9 440 990
Arbeitshöhe m	197,5	205,0	220,0	233,0	235,0	225,0	197,5	197,5	197,5
Zahl der Maschinen	4	4	4	4	5	5	5	5	5
Stunden Maschinenarbeit . . .	14 700	16 353	20 440	21 528	23 184	22 099	22 240	23 162	25 380
kg Kohlen pro 100 cbm Wasser	108,8	118,1	134,5	144,8	145,1	137,5	115,0	117,4	129,3
desgl. pro PS.-Stunde	1,49	1,55	1,65	1,68	1,67	1,65	1,57	1,61	1,77
pro kg Kohlen m × kg . . .	182 000	174 000	164 000	161 000	162 000	164 000	172 000	168 000	152 500
Arbeitsstunden pro Tag pro Maschine	10,1	11,2	14,0	14,7	12,7	12,1	12,2	12,7	13,9

Die Wasserförderung in den einzelnen Monaten der letzten 4 Jahre am Durchschnitts-, am Maximal- und am Minimaltage hat die in der Tabelle 320 (S. 404) angegebene Grösse gehabt.

Die Wasserabgabe im Jahre, am Durchschnitts- und am Maximal- und Minimaltage, sowie das Verhältniss der letzteren beiden zum mittleren Jahrestage und ferner pro Kopf der Bevölkerung pro Tag im Mittel und am grössten Consumtage gibt für die 13 Jahre von 1884/85 bis 1896/97 die Tabelle 321 (S. 404) an.

Die Versorgung aus dem Wasserwerke erfolgt ausser in der Stadt Barmen in der Gemeinde Vollmarstein und theilweise in den Gemeinden Sitschede, Nächstebreck und Langerfeld.

Die Wasserabgabe in den 12 Jahren 1885/86 bis 1896/97 gibt die Tabelle 322 (S. 404) und zwar im Ganzen, getrennt nach Messern und ohne Messer, letztere wieder getheilt nach der Abgabe für Private, für öffentliche Zwecke und durch Verlust etc., und endlich entsprechende Verhältnisszahlen an.

Tabelle 320.

Monatstag	1894/95 Mittel	1894/95 Maxim.	1894/95 Minim.	1895/96 Mittel	1895/96 Maxim.	1895/96 Minim.	1896/97 Mittel	1896/97 Maxim.	1896/97 Minim.
April . . . cbm	19 169	21 733	11 918	17 070	21 030	11 265	17 243	21 495	9 231
Mai . . . . »	19 151	23 531	9 639	17 944	21 795	11 228	19 491	27 348	12 469
Juni . . . . »	19 527	23 889	14 098	18 269	22 401	9 540	23 396	28 195	13 865
Juli . . . . »	19 908	24 252	12 410	19 715	22 811	11 024	23 474	28 399	11 895
August . . . »	17 925	21 055	10 592	19 156	21 749	12 021	21 928	25 132	12 340
September . »	17 114	19 930	10 250	20 853	25 261	12 994	21 575	24 632	12 582
October . . . »	16 683	20 192	11 262	19 258	24 467	11 177	20 268	23 048	13 343
November . . »	15 578	17 960	10 222	17 530	20 589	11 461	20 551	26 572	13 898
December . . »	14 275	16 475	9 159	16 311	20 506	8 391	19 233	22 941	8 035
Januar . . . »	14 900	17 273	9 970	16 409	18 173	11 583	20 496	22 583	11 666
Februar . . . »	16 128	18 369	11 160	17 326	20 212	10 177	20 101	22 839	14 023
März . . . . »	15 787	18 179	9 769	17 286	20 633	10 689	19 854	21 782	13 389

Tabelle 321.

Jahr	Gesammt-abgabe	Gegen 100 cbm des Vorjahres	Durch-schnitt pro Tag	Maximal-tag	Minimal-tag	Von 100 cbm am mittler. Jahrestage Maxim.	Von 100 cbm am mittler. Jahrestage Minim.	Einwohner	Liter pro Kopf pro Tag Mittel	Liter pro Kopf pro Tag Maxim.
1884/85	1 603 982	—	5 395	—	—	—	—	103 000	52	—
1885/86	2 425 728	151,2	6 646	9 462	2 552	142,4	38,4	104 000	64	91
1886/87	2 983 550	123,0	8 168	12 771	4 086	156,3	50,0	106 000	77	120
1887/88	3 273 561	109,7	8 968	13 873	3 681	154,7	40,1	108 000	83	129
1888/89	3 920 678	119,8	11 026	15 964	4 966	148,6	46,2	110 000	100	145
1889/90	4 497 903	114,5	12 313	17 424	6 043	141,1	48,9	112 000	110	155
1890/91	5 214 060	116,1	14 298	18 743	7 088	131,2	49,6	116 500	122	161
1891/92	5 509 012	105,6	15 086	19 127	5 444	126,7	36,1	118 500	127	161
1892/93	5 819 012	105,7	15 945	19 884	7 577	124,7	47,5	120 000	132	165
1893/94	6 072 497	104,5	16 680	21 914	2 930	131,7	17,6	125 000	134	175
1894/95	6 274 619	103,4	17 180	24 252	9 159	145,2	48,5	126 000	136	192
1895/96	6 616 737	105,5	18 094	25 261	8 391	139,2	46,4	130 000	138	194
1896/97	7 529 455	113,8	20 628	28 399	8 035	137,6	38,6	135 000	152	210

Tabelle 322.

Jahr	Gesammt-abgabe Q cbm	Abgabe nach Messern im Ganzen	Abgabe nach Messern von 100 Q	Abgabe ohne Messer im Ganzen cbm	Abgabe ohne Messer von 100 Q	Von der Abgabe ohne Messer entfallen auf: Abgabe für Private im Ganzen cbm	Abgabe für Private von 100 Q	Abgabe für öffentl. Zwecke im Ganzen cbm	Abgabe für öffentl. Zwecke von 100 Q	Verlust, Selbstverbrauch etc. i. Ganzen cbm	Verlust, Selbstverbrauch etc. von 100 Q
1885/86	2 425 728	1 119 247	46,1	1 306 481	53,9	1 081 790	82,8	89 970	6,9	144 721	11,1
1886/87	2 983 550	1 317 896	44,2	1 665 654	55,8	1 384 989	83,2	113 500	6,8	167 171	10,0
1887/88	3 273 561	1 449 061	44,3	1 824 500	55,7	1 493 848	81,9	114 500	6,3	216 152	11,8
1888/89	3 920 678	1 621 782	41,4	2 298 896	58,6	1 971 339	85,8	130 907	5,7	196 650	8,6
1889/90	4 497 903	1 724 569	38,3	2 773 834	61,7	2 153 119	77,6	170 415	6,1	449 600	16,2
1890/91	5 214 060	1 809 368	34,7	3 404 692	65,3	2 686 014	78,9	210 000	6,2	508 678	14,9
1891/92	5 509 012	1 848 145	33,6	3 660 867	66,5	2 919 922	79,8	218 045	5,9	522 900	14,3
1892/93	5 819 012	1 921 332	33,0	3 898 624	67,0	3 095 854	79,4	216 600	5,6	586 170	15,0
1893/94	6 072 497	2 014 793	33,2	4 057 704	66,8	3 243 354	79,9	207 706	5,1	606 650	14,9
1894/95	6 274 619	2 086 339	33,3	4 188 280	66,8	3 331 166	79,5	220 000	5,3	637 114	15,2
1895/96	6 616 737	2 102 791	34,4	4 513 946	65,6	3 537 698	78,4	275 000	8,1	701 248	15,5
1896/97	7 529 455	2 393 915	31,8	5 135 540	68,2	4 056 791	79,9	324 000	6,3	754 749	14,7

Die Tabelle 323 (S. 405) gibt die Wasserabgabe für Private, sowie die Zahl der Anschlüsse und die Grösse des Jahresconsums pro Anschluss an und zwar im Ganzen und getrennt, ob durch oder ohne Messer erfolgt, und das Verhältniss zwischen den beiden Mengen und Anschlusszahlen. Ferner ist darin die Zahl der Anschlüsse für städt. Gebäude, aber nicht deren Consum und die Zahl der Anschlüsse überhaupt angegeben.

Die Vertheilung des Wassers für öffentliche Zwecke nach den verschiedenen Verwendungsarten gibt die Tabelle 324 (S. 405) im Ganzen und im Verhältnisse zu 100 cbm des im Ganzen für öffentliche Zwecke abgegebenen Wassers an.

Tabelle 323.

Jahr	Privatanschlüsse im Ganzen			cbm Privatconsum von 100 cbm Gesammtabgabe	Hausanschlüsse nach Tarif			Messeranschlüsse für Gewerbe			Von 100 cbm für Privatgebrauch nach		Von 100 Anschlüssen für Private nach		Anschlüsse	
	Zahl	Consum im Ganzen	desgl. pro Anschl.		Zahl	Consum im Ganzen	desgl. pro Anschl.	Zahl	Consum im Ganzen	desgl. pro Anschl.	Schätzung	Messern	Schätzung	Messern	für städt. Gebäude	im Ganzen
1885/86	2 748	2 191 037	797	90,3	2 528	1 081 790	428	220	1 119 247	5 087	49,4	50,6	92,0	8,0	47	2 795
1886/87	3 078	2 702 879	878	90,6	2 820	1 384 989	491	258	1 317 890	5 108	51,2	48,8	91,6	8,4	50	3 128
1887/88	3 422	2 942 909	860	89,9	3 134	1 493 848	477	288	1 449 061	5 031	50,8	49,2	91,6	8,4	61	3 483
1888/89	3 879	3 593 121	927	91,7	3 463	1 971 339	569	316	1 621 782	5 132	54,9	45,1	89,3	10,7	63	3 842
1889/90	4 172	3 877 688	929	86,2	3 837	2 153 119	561	335	1 724 569	5 148	55,5	44,5	92,0	8,0	66	4 238
1890/91	4 430	4 495 382	1 015	86,2	4 085	2 686 014	658	345	1 809 368	5 274	59,8	40,2	92,2	7,8	67	4 497
1891/92	4 653	4 768 067	1 025	87,6	4 322	2 919 922	676	351	1 848 145	5 265	61,2	38,8	92,9	7,1	68	4 741
1892/93	4 949	5 017 186	1 014	86,2	4 586	3 095 854	675	363	1 921 332	5 293	61,7	38,3	92,7	7,3	70	5 019
1893/94	5 213	5 258 147	1 009	86,6	4 839	3 243 354	670	374	2 014 793	5 387	61,7	38,3	92,8	7,2	70	5 283
1894/95	5 385	5 417 505	1 006	86,3	5 004	3 331 166	666	381	2 086 339	5 476	61,5	38,5	92,9	7,1	75	5 460
1895/96	5 640	5 640 489	1 000	92,2	5 245	3 537 698	675	395	2 102 791	5 323	62,7	37,3	93,0	7,0	78	5 718
1896/97	5 883	6 450 706	1 097	85,7	5 455	4 056 791	744	428	2 393 915	5 593	72,9	37,1	92,7	7,0	80	5 963

Tabelle 324.

Jahr	1888/89	1889/90	1890/91	1891/92	1892/93	1893/94	1894/95	1895/96	1896/97
Wasser für öffentliche Zwecke cbm	130 907	170 415	210 000	218 045	216 600	207 700	220 000	275 000	324 000
davon Strassensprengen »	5 000	7 500	22 165	19 845	18 400	5 900	11 694	36 948	27 900
» Springbrunnen . . »	15 000	15 000	15 000	15 000	15 000	15 000	15 000	15 000	
» Laufbrunnen . . »	5 000	5 000	5 000	5 000	5 000	5 000	5 000	5 000	
» Rinnsteinspülen . »	—	—	3 600	3 600	3 600	3 600	3 600	5 400	
» Kanalspülen . . »	—	—	—	—	—	3 600	3 600	5 400	
» Bedürfnissanstalten »	36 000	36 000	66 000	66 000	66 000	66 000	66 000	72 750	296 100
» Bewässern öffentlich. Anlagen . . . »	3 400	2 843	4 635	5 000	5 000	5 000	5 000	5 000	
» Feuerlöschen . . »	3 600	3 600	3 600	3 600	3 600	3 600	3 600	5 400	
» sonstige Zwecke . »	62 907	100 472	90 000	100 000	100 000	100 000	106 506	124 102	
Von 100 cbm für öffentl. Zwecke									
für Strassensprengen . . .	3,8	4,4	10,6	9,1	8,5	2,8	5,3	13,4	8,6
» Springbrunnen	11,5	8,8	7,2	6,9	6,9	7,2	6,8	5,5	
» Laufbrunnen	3,8	2,9	2,4	2,3	2,3	2,4	2,3	1,8	
» Rinnsteinspülen	—	—	1,7	1,6	1,7	1,7	1,6	2,0	
» Kanalspülen	—	—	—	—	—	1,7	1,6	2,0	91,4
» Bedürfnissanstalten . . .	27,6	21,1	31,4	30,3	30,4	31,8	30,0	26,4	
» Bewässern öffentl. Anlagen	2,6	1,7	2,2	2,3	2,3	2,4	2,3	1,8	
» Feuerlöschen	2,7	2,1	1,7	1,6	1,7	1,7	1,6	2,0	
» sonstige Zwecke	48,0	59,0	42,7	45,9	46,2	48,3	48,5	45,1	

Für die beiden Betriebsjahre 1894/95 und 1895/96 gibt die Tabelle 325 (S. 406) die Ausgaben und die Einnahmen des Wasserwerksbetriebes im Ganzen und pro 100 cbm gefördertes Wasser in Pfennigen an.

Der Ueberschuss hat in den früheren Jahren betragen:

Jahr	1884/85	1885/86	1886/87	1887/88	1888/89	1889/90
M.	19 409	12 307	61 148	85 236	96 017	105039
Jahr	1890/91	1891/92	1892/93	1893/94	und 1896/97	
M.	58 049	60 209	109 390	147 335	und 105 057.	

Für das Wasser zum Hausgebrauche ist jährlich für jeden bewohnbaren Raum, sowie jede Küche etc. M. 3 und M. 1,50, letzteres, wenn kleiner als 9 qm; ferner für eine Badewanne, eine Brause ohne Wanne, ein Pissoirbecken oder pro lfd. m Pissoirstand M. 6, für ein Pferd, ein Rindvieh, einen Wagen M. 3, für einen Zimmerspringbrunnen M. 6 bis 12, für einen grösseren Springbrunnen bei 1 mm M. 24, bei 2 mm M. 48 etc., für einen Gasmotor pro PS. M. 3, für eine Strahlpumpe M. 10 etc. zu zahlen. Nach Messern ist nach der jährlichen Wassermenge zu zahlen pro cbm:

cbm im Jahre	bis 2000	mehr bis 5000	mehr bis 10 000	mehr bis 20000	mehr bis 50000	darüber
Pf. pro cbm	12	11	10	9	8	7,

wobei der reducirte Preis nur für das überschiessende Quantum gilt. Als Wassermessermiethe ist bis zu 25 % des Messerpreises pro Jahr zu zahlen.

e) Wasserbeschaffenheit.

Das Wasser wird monatlich einer chemischen und vierteljährlich einer bacteriologischen Untersuchung unterzogen. Bei einer Untersuchung die im September 1893 in Bonn ausgeführt ist, sind in den Brunnen des Werkes 13 bis 367 Kolonien und in dem Hochreservoir 52 bis 73 Kolonien im ccm Wasser nachgewiesen, während die Ruhr 27 950 Kolonien aufwies. Die Härte des Wassers schwankt, je nach der Höhe des Grundwasserstandes, zwischen 3,3 und 3,6 Grad. Die letzte Analyse hat im Liter Wasser ergeben:

Kalk	50,5 mg
Magnesia	8,8 »
Schwefelsäure	27,2 »
Chloride	21,9 »
Nitrate	3,5 »
Organische Substanz	2,5 bis 11,2 »

Tabelle 325.

Jahr	1894/95 im Ganzen M.	1894/95 Pf. pro 1000 cbm	1895/96 im Ganzen M.	1895/96 Pf pro 1000 cbm
a) **Ausgaben:**				
Kohlen	59 928	955,0	68 031	1 028,2
Löhne	27 998	446,1	28 112	421,9
Betriebsmaterialien	7 329	116,7	6 532	98,7
Mobilien	366	5,8	225	3,4
Werkzeuge	346	5,5	585	8,8
Gebäudeunterhaltung	2 675	42,6	2 395	36,2
Brunnen- »	1 442	23,0	4 823	72,9
Maschinen- und Kesselunterhaltung	8 332	132,5	7 939	120,0
Rohrleitungen u. Pflasterunterhaltung	22 413	357,2	19 597	296,2
Hochreservoire-Unterhaltung	3 971	63,3	954	14,4
Telegraphenleitungen	554	8,8	525	7,9
Seilbahn	1 161	18,5	876	13,2
Wassermesser	3 409	54,3	3 903	59,0
Speisewasserreinigung	—	—	472	7,1
Sprengwagen	3 560	56,7	11 220	169,6
Gehälter	21 360	340,4	24 036	363,3
Handlungsunkosten	4 683	74,6	5 773	87,2
Steuern, Versicherungen	3 816	60,8	3 938	59,5
Div. Miethen	2 000	31,9	2 998	33,2
zusammen	175 343	2 793,7	191 934	2 900,7
ferner Zinsen	150 580	2 399,7	167 778	2 535,7
» Abschreibungen	52 977	844,3	52 480	793,2
Summe der Ausgaben	378 900	6 037,7	413 193	6 229,6
b) **Einnahmen:**				
Wassergeld nach Messern	198 591	3 167,9	203 647	3 075,0
desgl. nach Schätzung	255 569	4 075,5	273 009	4 122,4
Messermiethe	10 778	171,8	11 672	176,3
Aus Instalationen	17 359	276,7	16 041	242,2
Diverses	2 505	39,9	2 556	38,6
Summe der Einnahmen	484 802	7 731,8	506 925	7 654,5
ab Ausgaben	378 900	6 037,7	413 192	6 229,6
bleibt Ueberschuss	105 902	1 694,1	93 733	1 424,9

f) Thalsperre im Herbringhauser Bachthale.

Die vorhandene Wasserwerksanlage der Stadt Barmen ist für eine Maximalabgabe von 30000 cbm pro Tag bestimmt. Weil die grösste Abgabe im Jahre 1896 28399 cbm und im Jahre 1897 29770 cbm an einem Tage betragen hat, so erschien es dringend geboten, die Anlagen für die Möglichkeit einer grösseren Wasserlieferung zu schaffen, und es ist daher Schülke im April 1897 mit dem Vorschlage hervorgetreten, an der Wupper im Herbinghauser Bachthale eine Stauweiheranlage herzustellen.

Er hält es nicht für richtig, das Wachsen des Wasserverbrauches dadurch zurückzuhalten, dass man das Wasser, welches für öffentliche und für Industriezwecke dient, aus einer anderen Bezugsquelle bezieht, oder dass man durch die obligatorische Einführung von Wassermessern eine Reduction des Consums zu erreichen sucht, weil das ja bei dem raschen Wachsen der Stadt nur zeitlich um einige Jahre den Termin verschieben kann, an dem neue Zuflüsse zur Verfügung stehen müssen.

Eine Vergrösserung der bestehenden Pumpstation an der jetzigen Stelle ist nach dem von Schülke erstatteten Berichte ausgeschlossen, weil es schon jetzt schwer ist, in trockener Zeit die nöthige Menge von Grundwasser zu erhalten, und weil es ihm nicht thunlich erscheint, eine dritte Rohrleitung von der Pumpstation zur Stadt zu verlegen. Die Anlage einer zweiten Pumpstation an der Ruhr mit einer von der jetzigen entfernt liegenden Entnahmestelle würde vermuthlich von der Regierung nur dann concessionirt werden, wenn die Stadt für das der Ruhr entnommene Wasser eine Compensation durch Anlage eines Staureservoirs an den höher liegenden Bächen des Flusses schaffen würde. Für eine vielleicht bei Blankenstein zu erbauende, neue Pumpstation, die ca. M. 2500000 kosten wird, kann möglicher Weise eine im Plessbachthale ausgeführte Thalsperre Ersatz für das entnommene Wasser schaffen. Aber der dort zu zahlende hohe Preis für den Grunderwerb und die Nähe des dort betriebenen Bergbaues müssen eine solche Anlage, wenn sie überhaupt möglich ist, für die Stadt unerschwinglich machen.

Die Stadt könnte weiter versuchen, von der Wassergenossenschaft im Wupperbezirke aus deren Anlagen im Beverthale bei Hückeswagen ein Quantum von täglich vielleicht 15000 cbm dauernd zu erhalten, wofür nach dem vorläufig angenommenen

Wasserpreise von 2 Pf. pro cbm jährlich allerdings M. 109500, entsprechend einem Kapitale von über M. 3000000 bei Annahme von $3^{1}/_{2}$% Zinsen, zu zahlen wäre. Es ist aber fraglich, ob die Gesellschaft überall auf eine solche Verpflichtung einzugehen im Stande ist. Bei dem disponiblen Gefälle von 53,0 m und bei der Länge der nöthigen Leitung für die Zuführung dieses Wassers zur Stadt von 31 km müsste eine solche 500 mm Durchmesser erhalten, und sie wird bei der schwierigen Trace, die dafür gewählt werden muss, ca. M. 1240000 kosten, so dass eine solche Anlage ein Kapital von M. 4,5 Millionen im Ganzen nöthig machen würde, dessen Höhe ausser Verhältniss zu dem erstrebten Zwecke steht.

Es bleibt nach Schülke's Ansicht bei dem negativen Erfolge seiner Prüfungen nur noch die Möglichkeit zu erwägen, ob nicht eines der anderen Nebenthäler der Wupper durch eine Sperrmauer für eine Wassergewinnung für die Stadt nutzbar zu machen ist. Es kommen dafür auf der linken Flussseite das Blombacher-, das Marscheider- und das Herbringhauser-Thal und auf der rechten Flussseite das Brebacher- und das Uelfe-Thal in Frage. Schülke hat sich nun für die Benutzung des Herbinghauser Thales entschieden. Die Gründe, welche ihn dazu veranlasst haben, können hier übergangen werden. Das Niederschlagsgebiet dieses Thales hat eine Fläche von 5,49 qkm, und es ist hiernach als kleinstes Jahresquantum 3600000 cbm und bei mittleren Niederschlägen sogar 4300000 cbm als nutzbar zu machen anzunehmen. Im Durchschnitte werden daher für Barmen im Tage 12000 cbm und im Höchstfalle 21500 cbm nutzbar zu machen sein, und es ist dafür ein Fassungsraum des Reservoirs von 2500000 cbm erforderlich. Unter Hinzurechnung des an der Ruhr disponibelen Wasserquantums von täglich 30000 cbm würde der Consum der Stadt unter Mitbenutzung dieses Wassers am Maximaltage eine Höhe von 51200 cbm und im Jahre ein Höhe von 14000000 cbm erreichen können. Ob und in welcher Weise dieses Thalsperrwasser für den Gebrauch in Barmen gereinigt werden muss und ob es zweifellos ist, dass in grossen Teichen in 7,0 m bis 8,0 m Tiefe Bacterien nur noch spärlich angetroffen werden, wie es Schülke annimmt, mag hier unerörtert bleiben. Nachdem die Vorarbeiten für das Project von Schülke hergestellt, hat auf seine Veranlassung sein Ingenieur Hahne auf dem Bureau des Professors Intze in Aachen dessen specielle Ausarbeitung vorgenommen. Später ist die Oberleitung des Baues von der Stadt Intze übertragen, während Schülke sich die Specialleitung der im Mai 1897 begonnenen Ausführung vorbehalten hat.

Die Sperrmauer für das bei Windgassen in der Gemeinde Lüttringhausen im Bau begriffene Reservoir wird aus Grauwark hergestellt und erhält einen Querschnitt oben von 4,0 m und unten von 24,0 m Breite bei einer Bauhöhe von 27,7 m. Die Mauer wird 190 m lang und nach einem Radius von 175 m gekrümmt. Der Inhalt des Reservoirs wird 2500000 cbm betragen und die Kosten dafür sind auf M. 1500000 oder 60 Pf. pro cbm gestautes Wasser angenommen. Für die Zuleitung des Wassers zur Stadt ist eine Rohrleitung von 450 mm Durchmesser und von ca. 8000 m Länge in Aussicht genommen.

5. d. **Benrath.** (E. 3368.)

Die Wasserversorgung des Ortes Benrath erfolgt durch die Wasserleitung der Stadt Elberfeld.

6. s. **Bliedinghausen.** (E. 1268.)

Die Wasserversorgung des Ortes Bliedinghausen erfolgt durch das Remscheider Wasserwerk.

7. g. **Bocholt.** (E. 10619.)

Die Wasserversorgung der Stadt Bocholt erfolgt durch das Wasserwerk des nördlichen westfälischen Kohlenreviers.

8. g. **Borbeck.** (E. 6411.)

Die Wasserversorgung des Ortes Borbeck erfolgt zum Theil durch das Wasserwerk des nördlichen westfälischen Kohlenreviers, zum Theil durch das Wasserwerk der Stadt Essen und zum Theil durch das Wasserwerk der Stadt Mülheim a. d. Ruhr. Die Versorgung des Bahnhofes in Borbeck geschieht durch die Stadt Essen. Von letzterer sind an Borbeck im Ganzen im Jahre 1894/95 30300 cbm und im Jahre 1895/96 34000 cbm abgegeben.

9. g. **Bredenei.** (E. 1200.)

Für die Versorgung der Gemeinde Bredenei wird das Wasser aus der Wasserleitung der Stadt Essen mittels eines Centralwassermessers in ein von der Stadt Essen hergestelltes Hochreservoir, dessen in der Beschreibung des dortigen städtischen Wasserwerkes gedacht ist, abgegeben. Das Vertheilungsnetz in Bredenei dafür hat die Gemeinde für ihre Kosten hergestellt. Es sind 83 Wassermesser von H. Meinecke, Breslau geliefert, von denen 75 von 20 mm, 7 von 25 mm und einer von 80 mm Durchmesser sind. Im Jahre 1895/96 waren ca. 90 Anschlüsse in Benutzung und die Wasserabgabe der Stadt Essen an Bredenei hat damals 8500 cbm betragen.

10. s. **Bremen.** (E. 561.)

Die Wasserversorgung des Ortes Bremen erfolgt durch das Remscheider Wasserwerk.

11. p. **Broich.** (E. 4513.)

Die Wasserversorgung des Ortes Broich erfolgt durch das Wasserwerk der Stadt Mülheim a. d. Ruhr.

12. s. **Bruch.** (E. 176.)

Die Wasserversorgung des Ortes Bruch erfolgt durch das Remscheider Wasserwerk.

13. s. **Büchel.** (E. 493.)

Die Wasserversorgung des Ortes Büchel erfolgt durch das Remscheider Wasserwerk.

14. u. **Burscheid.** (E. 6611, W. 132 mit je 5,0 B.)

Die Wasserversorgung der Stadt Burscheid erfolgt noch überwiegend aus Pumpenbrunnen. Nur für das engere Stadtgebiet, welches ca. 2000 Personen bewohnen, ist eine künstliche Versorgung zur Zeit in Benutzung, indem dafür im Jahre 1890 für städtische Rechnung ein Wasserwerk mit einem Kostenaufwande von M. 75000 hergestellt ist. Dieses ist für eine tägliche Lieferung von 288 cbm bestimmt. Der Erbauer und der jetzige Leiter der Anlage ist der Gasanstaltsdirector H. Haentjes.

Das Wasser wird im Borbachthale bei Burscheid aus einem Brunnen entnommen, der 2,0 m lichten Durchmesser und 12,0 m Tiefe hat. An diesen Brunnen schliesst sich ein Stollen von ca. 36 m Länge an und ausserdem wird noch das Wasser von 2 entfernter liegenden Quellen, welche zusammen 25 cbm Wasser pro Stunde liefern, dem Brunnen zugeführt.

Zum Heben des Wassers auf 65 m Höhe dienen 2 Pumpen, welche liegende und doppeltwirkende sind. Jede derselben liefert pro Stunde 12 cbm Wasser bei 35 Doppelhüben pro Minute. Die Pumpen werden durch Riemen von einem liegenden Gasmotor von 6 PS. angetrieben, welcher von der Deutzer Motorenfabrik in Deutz geliefert ist, während die Pumpen Julius Blanke & Comp. in Merseburg geliefert hat.

In 1000 m Entfernung von der Pumpstation ist in 12,0 m Höhe über Terrain auf einem gemauerten Sockel ein Hochreservoir aus Eisenblech von 60 cbm Inhalt aufgestellt, das oben geschlossen und mit einem Mannloche versehen ist. Von der Pumpstation führt eine Leitung von 125 mm Durchmesser direct in das Vertheilungsnetz und nur der Ueberschuss tritt in das Reservoir über. Der normale Druck im Vertheilungsnetze beträgt 30,0 m. Die Rohrleitungen hatten im Jahre 1895 ca. 8000 m Länge und waren mit 20 Schiebern verbunden. Die gusseisernen Rohre sind vom Schalker Gruben- und Hüttenvereine in Gelsenkirchen geliefert. Es waren damals 30 Unterflurhydranten mit Selbstentleerung aufgestellt und 172 Hausanschlüsse vorhanden, deren Zuleitungen theils aus Zinnbleirohren und theils aus verzinnten Eisenrohren hergestellt sind. Wassermesser sind im Ganzen 60 Stück eingebaut, welche von H. Meinecke, Breslau geliefert sind.

Im Jahre 1893/94 wurden im Ganzen 22000 cbm Wasser abgegeben. Davon entfielen auf die Abgabe durch Messer 6986 cbm oder 31,8 % und auf die Abgabe nach Schätzung 15014 cbm oder 68,2 %. Für gewerbliche Zwecke wurden 1790 cbm oder 8,2 % und für den Hausverbrauch 20210 cbm oder 91,8 % der Gesammtabgabe benutzt.

Als geringste Wasserabgabe ist bei Abgabe durch einen Messer das Quantum von 6 cbm im Monate festgestellt und es sind einschliesslich der Messermiethe monatlich mindestens M. 3,00 zu zahlen. Der Mehrconsum von Wasser für den Hausgebrauch wird mit 30 Pf. pro cbm berechnet. Wasser für gewerbliche Zwecke kostet 20 Pf. pro cbm.

15. g. **Byfang.** (E. 1991.)

Die Wasserversorgung für den Ort Byfang erfolgt durch die für Kupferdreh erbaute Pumpstation mittels der dem Orte Byfang gehörigen Rohrleitungen und Reservoire.

16. g. **Carnap.** (E. 3241.)

Die Wasserversorgung der Gemeinde Carnap erfolgt aus der Wasserleitung des nördlichen westfälischen Kohlenreviers durch eine mit der Gemeinde Altenessen auf gemeinschaftliche Kosten hergestellte Vertheilungsleitung.

17. g. **Caternburg.** (E. 11728.)

Die Wasserversorgung des Ortes Caternburg erfolgt aus dem Wasserwerke des nördlichen westfälischen Kohlenreviers.

18. b. **Cleve.** (E. 10947.)

Die Stadt Cleve wurde bis zum Jahre 1878 ausschliesslich mit Wasser aus Pumpenbrunnen versorgt. In diesem Jahre kam eine für städtische Rechnung von dem Ingenieur H. Scheven in Bochum nach dessen Projecte erbaute Wasserversorgungsanlage in Betrieb, welche für eine tägliche Leistung von 900 cbm mit einem Kostenaufwande von M. 186000 hergestellt ist. Im Jahre 1880 hat die Anlage nach den Plänen des derzeit dort thätigen Gas- und Wasserwerksdirectors Klose eine Erweiterung durch eine neue Maschinenanlage erfahren, so dass sie jetzt eine Leistungsfähigkeit von 2400 cbm pro Tag hat. Seit dem Jahre 1888 liegt die Leitung des Werkes in den Händen des Gas- und Wasserwerksdirectors Niederstein.

Das Wasser wird ca. 500 m von der Stadt entfernt in der Gemeinde Bindern aus dem Grundwasser durch 2 Brunnen erschlossen, welche 1,9 m Durchmesser und 7,5 m Tiefe haben. In einer daneben erbauten Pumpstation wird es durch Dampfkraft auf 85,0 m Höhe gehoben und einem hinter dem Vertheilungsnetze gelegenen Hochreservoire zugeführt, das ca. 2500 m von der Gewinnungsstelle und ca. 800 m von der Stadt entfernt liegt.

Die zuerst aufgestellte Maschine ist eine liegende eincylindrige Auspuffmaschine und wurde von der Firma F. A. Wever & Comp. in Barmen geliefert. Die zweite Maschine ist von der Hannoverschen Maschinenbau-Actiengesellschaft, vormals G. Egestorff in Linden bei Hannover geliefert. Sie ist gleichfalls eine liegende, eincylindrige Maschine, die jedoch mit Condensation arbeitet. Jede der Maschinen treibt eine liegende, doppeltwirkende Plungerpumpe direct mit ihrer verlängerten Kolbenstange an. Die Pumpe der ersten Maschine hat Tellerventile und die der zweiten hat freie Ringventile. Die Hauptdimensionen der Maschinen gibt die Tabelle 326 an.

Tabelle 326.

Maschine	I	II
Dampfcylinderdurchmesser mm	325	380
Plungerdurchmesser mm	135	180
Kolbenhub m	0,65	0,68
Umdrehzahl pro Minute	38	34
Wasserlieferung pro Stunde cbm	37	67

Als Dampfkessel dienen 2 Walzenkessel mit darunter liegenden Vorwärmern, jeder von 30 qm Heizfläche. Die Kessel sind für 6 Atm. Dampfdruck concessionirt.

Das Hochreservoir hat einen Inhalt von 1000 cbm. Es ist aus Ziegelmauerwerk hergestellt, mit Cementmörtel geputzt, überwölbt, zum Theil in den Boden versenkt und mit Erde überfüllt. Die Druckleitung hat 150 mm Durchmesser und ca. 2500 m Länge. Die Fallrohrleitung hat einen gleichen Durchmesser und 2490 m Länge. Sie vereinigt sich unterhalb der Stadt mit der Druckrohrleitung.

Die Wasserabgabe erfolgt unter einem einheitlichen constanten Drucke, der je nach dem Stadtniveau zwischen 45,0 und 82,0 m schwankt. Das Rohrnetz ist nach dem Circulationssysteme ausgeführt. Für das Ende eines jeden der Jahre 1890 bis 1894 ist die Länge der Rohre von 150 mm bis 80 mm Durchmesser und die Zahl der Schieber, Hydranten, Springbrunnen und öffentlichen Laufbrunnen, sowie die der angeschlossenen Badeeinrichtungen, Closets und Privatspringbrunnen in der Tabelle 327 (S. 409) aufgeführt.

Die gusseisernen Rohre sind von P. Stühlen in Deutz geliefert. Die Hydranten sind Unterflurhydranten mit Selbstentwässerung. Sie stehen in ca. 100 m Entfernung von einander. Die Zuleitungen von 13 mm, 20 mm und 25 mm Durchmesser bestehen aus verzinkten, schmiedeeisernen Rohren. Für 40 mm und grössere Durchmesser sind gusseiserne Rohre dafür verwendet. Die Hausleitungen werden gleichfalls aus ver-

Tabelle 327.

Jahr	1890	1891	1892	1894
Rohrlänge m	18 510	19 337	19 570	20 141
Schieberzahl	52	56	56	59
Hydranten	98	101	101	103
Oeffentliche Springbrunnen	2	2	2	1
Laufbrunnen	1	1	1	2
Badeeinrichtungen	60	70	75	75
Closets	35	45	53	55
Privatspringbrunnen	21	23	23	26

zinkten, schmiedeeisernen Rohren hergestellt. Ende des Jahres 1894 waren 229 Wassermesser in Benutzung. Bis Ende 1895 sind 250 Stück Messer geliefert und zwar 193 Stück von H. Meinecke, Breslau und 57 Stück von Dreyer, Rosenkranz & Droop, Hannover. Diese vertheilen sich nach der Grösse wie folgt:

Durchmesser . mm	10	13	20	25	30	40	50	70	80.
Stückzahl	1	114	86	25	1	11	6	4	2.

Die Tabelle 328 gibt für jedes der Jahre 1888 bis 1894 die gesammte Wasserabgabe, sowie die Abgabe für öffentliche Zwecke, für den Selbstverbrauch und für Private und letztere danach getrennt, ob sie mit Messern oder ohne Messer erfolgt ist; ferner die Zahl der Anschlüsse im Ganzen, sowie der mit Messern und ohne Messer und deren durchschnittliche Abgabe, ferner den Consum am Tage des mittleren, des stärksten und des schwächsten Verbrauches, sowie pro Kopf und endlich verschiedene Verhältnisszahlen an.

Tabelle 328.

Jahr	1888	1889	1890	1891	1892	1893	1894
Einwohnerzahl	10 000	10 400	10 800	10 800	10 850	11 000	11 900
Gesammtabgabe im Jahre . . . cbm	274 291	305 569	330 604	362 194	442 971	474 684	493 296
Desgl. gegen 100 cbm des Vorjahres »	—	111,2	108,2	109,8	122,1	107,0	104,1
Liter pro Kopf pro Tag im Mittel	75	80	84	92	112	118	113
desgl. am Maximaltage	127	159	130	148	203	257	195
Zahl der Anschlüsse	975	1 003	1 095	1 154	1 193	1 221	1 278
cbm pro Anschluss im Jahre . . . cbm	282	304	302	314	371	388	386
Tagesabgabe am							
mittleren Jahrestage . . . cbm	750	837	906	992	1 213	1 300	1 351
Maximaltage des Jahres . . . »	1 266	1 650	1 409	1 602	2 206	2 822	2 327
Minimaltage des Jahres . . . »	388	300	442	430	459	543	547
Von 100 cbm am mittleren Jahrestage am							
Maximaltage des Jahres . . . cbm	168,9	197,0	155,5	161,6	181,5	217,0	172,0
Minimaltage » » . . . »	51,8	35,9	48,9	43,4	37,8	41,7	40,5
Wasser für öffentliche Zwecke . . . »	3 900	3 000	4 800	5 700	7 000	6 000	6 350
Wasser für Private . . . »	269 391	301 569	324 804	355 094	434 471	467 184	485 346
davon nach Messern . . . »	53 858	59 820	78 851	106 435	226 258	229 167	266 158
Zahl der aufgestellten Messer	140	144	146	160	198	223	229
Wasser für Private ohne Messer . cbm	215 533	241 749	245 953	248 559	208 213	238 017	219 188
Zahl der Anschlüsse ohne Messer	835	859	949	994	995	998	1 049
Von 100 cbm für Private							
nach Messern . . . cbm	200	198	242	300	520	490	549
ohne Messer . . . »	800	802	758	700	480	510	451
Auf 100 Anschlüsse kommen							
Messeranschlüsse	14,4	14,3	13,3	13,9	16,6	18,3	17,9
Anschlüsse ohne Messer	85,6	85,7	86,7	86,1	83,4	81,7	82,1
Wasser für das Wasserwerk							
incl. Spülen, Verlust etc. . . . cbm	1 000	1 000	1 000	1 500	1 500	1 500	1 600
Von 100 cbm im Ganzen für							
öffentliche Zwecke . . . »	1,4	1,0	1,4	1,6	1,6	1,3	1,3
für Private . . . »	98,3	98,7	98,3	98,1	98,1	98,4	98,4
das Wasserwerk . . . »	0,3	0,3	0,3	0,3	0,3	0,3	0,3
Gesammtabgabe ohne Messer . . . cbm	220 433	245 749	251 753	255 759	216 713	245 517	227 138
desgl. von 100 cbm Gesammtabgabe »	80,4	80,3	76,1	70,6	48,8	51,9	46,1
Gesammtabgabe nach Messern . . . »	53 858	59 820	78 851	106 435	226 258	229 167	266 158
desgl. von 100 cbm Gesammtabgabe »	19,6	19,7	23,9	29,4	51,2	48,1	53,9
Zahl der aufgestellten Messer	140	144	146	160	198	223	229
Abgabe pro Messer im Jahre . . . cbm	384	415	540	666	1 145	1 026	1 162
Abgabe pro Anschluss ohne Messer von der Privatabgabe ohne Messer »	258	281	259	250	210	239	209

Die Tabelle 329 gibt für die Jahre 1890 bis 1892 und für das Jahr 1894 die Vertheilung des Wassers für öffentliche Zwecke nach den verschiedenen Verwendungsarten im Ganzen und in Procenten des für öffentliche Zwecke überhaupt verwendeten Wassers an.

Tabelle 329.

Jahr	1890	1891	1892	1894
Wasser für Strassensprengen cbm	—	1 600	2 400	2 200
» » Springbrunnen . »	1 600	1 400	1 500	500
» » Laufbrunnen . . »	1 200	1 100	1 000	1 800
» » Feuerlöschen »	500	800	600	600
» » Diverses . . . . »	1 500	800	1 500	1 250
Von 100 cbm für öffentliche Zwecke:				
Wasser für Strassensprengen »	—	28,1	34,3	34,6
» » Springbrunnen . »	33,3	24,6	21,4	7,9
» » Laufbrunnen . »	25,0	19,3	14,3	28,4
» » Feuerlöschen . »	10,4	14,0	8,6	9,5
» » Diverses . . . . »	31,3	14,0	21,4	19,6

Die Tabelle 330 gibt für die 7 Jahre 1888 bis 1894 die jährlich geförderte Wassermenge und den Kohlenverbrauch für die Kesselheizung im Ganzen, pro 100 cbm Wasser und pro PS.-Stunde bei 93,7 m Arbeitshöhe, sowie die Leistung pro kg Kohle in m $\times$ kg an.

Tabelle 330.

Jahr	Wasser gefördert cbm	kg Kohlen im Ganzen	kg Kohlen pro 100 cbm Wasser	kg Kohlen pro PS.-Stunde	m $\times$ kg pro kg Kohle
1888	274 291	372 600	136,0	3,93	69 000
1889	305 569	356 000	116,5	3,36	80 500
1890	330 604	389 200	117,9	3,39	79 600
1891	362 194	503 500	139,0	4,00	67 500
1892	442 971	575 900	130,1	3,75	72 200
1893	474 684	586 500	123,9	3,56	75 700
1894	493 296	566 000	114,9	3,31	81 700

Das jährlich zu zahlende Wassergeld beträgt für jeden Raum M. 3, für jedes Badezimmer M. 12, für ein Pissoir M. 6 bis 18, für ein Watercloset M. 9 etc. Nach Messern entnommen ist zu zahlen pro cbm bei einem monatlichen Verbrauche von:

bis zu cbm	60	1500	3000
pro cbm Pf.	15	12	10,

jedoch nicht unter M. 36 im Jahre resp. M. 3 im Monate. Als Messermiethe ist monatlich je nach der Grösse der Messer zu zahlen:

Durchmesser mm	13	20	25	40	60	80
Mark	0,50	0,95	1,00	1,50	2,00	3,00.

Eine Wasseruntersuchung im December 1894 ergab im Liter Wasser als: Gesammtrückstand 270 mg und Chlor 26 mg. Organische Substanz, Ammoniak, salpetrige Säure und Salpetersäure sind nur als geringe Spuren gefunden. Keime sind im ccm einmal 18 resp. 20 und ein anders Mal 28 resp. 32 gezählt.

19. c. **Crefeld.** (E. 107 279, W. 8000 mit je 13,4 B.)

Die Wasserversorgung der Stadt Crefeld erfolgte früher stets in reichlichster Weise ausschliesslich aus einer grossen Anzahl von in der Stadt vorhandenen Brunnen. Die Stadt liegt 75 km vom Rheine entfernt in einer ausgedehnten Ebene, welche nach dem Rheine zu schwach geneigt ist. Unter den oberen, deckenden Schichten im Stadtgebiete liegt eine wasserführende Kiesschicht, die bis zu 12,0 m Tiefe unter Terrain hinabreicht und auf einer starken Lettenschicht ruht, unter der wieder eine wasserführende Kiesschicht bis auf ca. 30,0 m unter Terrain hinabreicht. Diese obere Kiesschicht hatte bislang die städtischen Brunnen gespeist und versorgt auch heute noch die Industrie in ausgedehnter Weise. Das Wasser dieser Schicht ist aber durch die städtischen Bodenverunreinigungen im Laufe der Jahre für Genusszwecke völlig unbrauchbar geworden, so dass eine Aenderung der Versorgung schon vor Jahren dringend nöthig erschien.

a) Erste Anlage.

Nachdem die im Jahre 1874 in der Nähe der Stadt ausgeführten, umfassenden Bohrungen zum Nachweise eines qualitativ guten Wassers geführt hatten und angestellte Pumpversuche eine genügende Menge desselben ergaben, ist für städtische Rechnung nach dem Projecte des Bauraths Salbach in Dresden unter dessen Leitung in den Jahren 1877/78 ein Wasserwerk, das für eine tägliche Leistung von 7500 cbm bestimmt war, erbaut. Die ersten Baukosten haben M. 1 501 233 betragen, und die Betriebseröffnung des Werkes hat im September 1878 stattgefunden.

Die Wassergewinnung findet nordwestlich von der Stadt am sog. Hülser Berge und ca. 2,4 km von der Stadt und 12 km vom linken Ufer des Rheins entfernt am Kempener Wege statt und zwar aus 7 gemauerten Brunnen von 2,0 m Durchmesser und aus einem Hauptbrunnen von 6,3 m Durchmesser, die sämmtlich 10,0 m Tiefe haben. Diese Brunnen sind auf einer geraden Linie von ca. 800 m Länge vertheilt, in deren Mitte der grosse Brunnen liegt. Von jeder Hälfte der Brunnen führt ein Heberrohr von 400 mm Durchmesser das Wasser in den Hauptbrunnen über, und von diesem Heberrohre zweigen die einzelnen Saugeleitungen für die kleinen Brunnen mit 250 mm Durchmesser ab. Die äusseren Ende der beiden Heberrohre sind für je 2 Brunnen auf 300 mm Durchmesser reducirt. Durch die Sohle des grossen Brunnens ist später ein Rohrbrunnen auf 34,0 m Tiefe in die untere Kiesschicht hinunter getrieben.

Die Wasserhebungsanlage mit Kesselhaus schliesst direct an den grossen Brunnen an. Sie besteht aus 2 Woolf'schen Balanciermaschinen mit Schwungrädern, mit Ventilsteuerung und mit Condensation, deren Dampfcylinder 400 mm und 700 mm Durchmesser bei 0,9 m und 1,2 m Kolbenhub haben. Jede Maschine betreibt auf der Schwungradseite eine stehende, doppeltwirkende Pumpe mit Liderkolben von 380 mm Durchmesser und 1,2 m Hub, welche Etagenventile hat. Die beiden Pumpen stehen in einem 7,0 m tiefen Schachte, und es hat jede der Pumpen ein Saugerohr von 500 mm Durchmesser. Jede Maschine liefert bei 22 Hüben pro Minute pro Stunde 300 cbm Wasser unter einem Arbeitsdrucke von 45,0 m in einen gemeinschaftlichen, schmiedeeisernen Windkessel von 1,2 m Durchmesser und 4,0 m Höhe. Von hier führt eine Druckleitung von 400 mm Durchmesser und 1200 m Länge zu einem in der Nähe der Industriebahn vor der Stadt liegenden Hochreservoire, dessen Wasserspiegel 45,0 m hoch über der Gewinnungsstelle liegt.

Für die Dampfbereitung sind 2 Zweiflammrohrkessel von 2,2 m Durchmesser und 8,0 m Länge vorhanden. Die beiden Feuerrohre von 0,88 m Durchmesser vereinigen sich hinter der Feuerbrücke zu einem ovalen Rohre, in dem sich 25 Gallowayrohre in 10 Reihen von je 2 resp. 3 Stück hinter einander befinden. Die

Heizfläche jedes Kessels beträgt 45 qm und der concessionirte Dampfdruck 5,5 Atm.

Das Hochreservoir besteht aus Schmiedeeisen und hat einen flachen Boden. Es hat 6,2 m Höhe und 18,48 m Durchmesser und fasst 1600 cbm. Sein Wasserspiegel liegt 42,0 m hoch über der Gewinnungsstelle und 36,0 m hoch über dem mittleren Stadtterrain. Dieses Terrain hat nur eine Höhendifferenz von im Ganzen ca. 4,0 m. Der Reservoirboden ruht auf schmiedeeisernen Trägern, die auf einem 27,0 m hohen, gemauerten Unterbaue liegen. Das Reservoir ist unter Dach aufgestellt und ummantelt. Von demselben führt eine Fallrohrleitung von 500 mm Durchmesser zur Stadt.

Das Stadtrohrnetz ist nach dem Circulationssysteme hergestellt. Es hatte am Ende des Jahres 1879 im Ganzen 50462 m Länge und war mit 533 Schiebern, 474 Hydranten und 4429 Anschlussleitungen aus Zinnbleirohren verbunden, in welche 319 Wassermesser eingebaut waren. Nach den Durchmessern getrennt setzten sich die Rohrlängen damals wie folgt zusammen:

Rohrdurchmesser .	mm	500	400	300	250	200	150
Rohrlänge . . .	m	528	2217	745	1578	7218	6405
	mm	125	100	80			
	m	2125	6245	23401.			

Die Maschinen und Kessel hat die Friedrich-Wilhelmshütte in Mülheim a. d. Ruhr geliefert. Die Rohre, welche von derselben Fabrik bezogen sind, hat der Ingenieur C. Menicke in Berlin verlegt. Die Schieber, Hydranten und sonstigen Garnituren hat A. L. G. Dehne in Halle a. d. Saale und das Hochreservoir haben die Gebr. Moeller in Brackwede geliefert. Die ersten Anlagekosten vertheilen sich auf die einzelnen Objecte wie folgt:

Vor- und Versuchsarbeiten	M.	70 971
Brunnen- und Heberleitungen . . .	»	35 674
Pumpstation (Gebäude M. 144 513) .	»	226 702
Wasserthurm	»	233 497
Rohrnetz (Verlegung M. 148 588) . .	»	583 725
Anschlussleitungen	»	236 443
Grunderwerb und Insgemein . . .	»	112 223
zusammen	M.	1 501 233.

b) Zweite Anlage.

Der wachsende Consum von Wasser, der sich in der ersten Hälfte der achtziger Jahre entwickelte, liess das vorhandene Wasserwerk für die nächste Zukunft nicht mehr als ausreichend erscheinen und zwar um so mehr, weil in der Stadt und deren Umgegend durch die Erbauung eines zum Rheine geführten Abzugskanales eine allgemeine Senkung des Grundwassers eingetreten war, wodurch natürlich die frühere Leistungsfähigkeit des Wasserwerkes beeinträchtigt ist. Um ergiebigere Quellen für Grundwasser zu finden, sind im Jahre 1885/86 in dem südlich von der Stadt gelegenen Terrain zwischen dem Rheine und der Niers, das von der Gladbacher Landstrasse durchschnitten wird, umfassende Bohrversuche angestellt. Diese Gegend ist wenig bewohnt und zum Theil auch bewaldet. In der Tiefe von 35,0 m liegt hier eine wasserdichte Thonschicht, die nach dem Rheine zu aufsteigt und nach der entgegengesetzten Richtung etwas abfällt. Erst in stundenweiter Entfernung von hier schliesst diese Thonschicht, langsam ansteigend, an den Mergel an. Diese grosse Mulde ist mit Sand und Kies ausgefüllt und bildet ein mächtiges Grundwasserbecken, das aus grossen Entfernungen Zuflüsse erhält. Sein Wasserspiegel liegt 10,0 m bis 11,0 m höher als der mittlere Rheinwasserstand.

Die Untersuchungen in diesem Terrain sind von dem Wasserwerks-Betriebsinspector Zschau, der damals und auch heute noch den Betrieb der Anlagen leitet, ausgeführt, und es ist dann Salbach von der Stadtverwaltung mit der Ausarbeitung eines Projectes beauftragt, mit dessen Ausführung im Jahre 1892 unter seiner Oberleitung begonnen ist, während Zschau dabei die städtischen Interessen wahrzunehmen hatte. Die neue Pumpstation ist im Jahre 1893 in Betrieb gekommen, während ein zweites Hochreservoir erst in den Jahren 1896/97 von Zschau für die neue Anlage erbaut ist.

Die Pumpstation liegt an der Gladbacher Landstrasse hinter deren Kreuzung mit der nach Gladbach führenden, früheren Rheinischen Eisenbahn. Sie ist in genau südlicher Richtung ca. 4200 m von der ersten Pumpstation und fast ebensoweit vom Hauptbahnhofe entfernt.

Zur Wassergewinnung sind hier 9 gusseiserne Brunnen von 1,2 m Durchmesser und 17,0 m bis 21,0 m Tiefe hergestellt, welche in den unteren Theilen ihrer Mäntel Schlitzöffnungen haben. Sie bilden eine ca. 700 m lange Reihe an der Chaussee entlang und sind mittels zweier Heberrohre von 600 mm Durchmesser mit dem in der Mitte zwischen ihnen liegenden Pumpenbrunnen für die Maschinen verbunden.

In der Pumpstation sind 3 Dampfkessel und 2 Dampfpumpmaschinen aufgestellt, und es ist Platz für eine dritte Maschine und für 2 fernere Kessel vorgesehen. Die Maschinen sind Woolf'sche Balanciermaschinen mit Condensation und Ventilsteuerung von je 150 PS. Es betreibt eine jede eine stehende, doppeltwirkende Pumpe mit freien Klappenventilen, welche 665 mm Kolbendurchmesser und 1,8 m Hub hat. Jede Pumpe macht 12 Doppelhübe pro Minute und es fördert eine jede Maschine 750 cbm Wasser pro Stunde bei 59,0 m Arbeitshöhe, von welcher 18,0 m auf die Rohrreibung entfallen. Von den Dampfcylindern hat der kleinere 785 mm Durchmesser und 1,277 m Kolbenhub und der grössere 1145 mm Durchmesser und 1,8 m Kolbenhub. Die 3 Kessel sind Zweiflammrohrkessel mit Gallowayrohren. Sie haben je 94 qm Heizfläche und sind für 6 Atm. Dampfdruck concessionirt. Die Maschinen und die Kessel sind von der Kölnischen Maschinenbau-Actiengesellschaft in Bayenthal geliefert.

Von der Pumpstation führt eine Druckleitung von ca. 2000 m Länge und 500 mm Durchmesser bis zu dem Hochreservoire, das an der Gladbacher Strasse erbaut ist. Dieses ist aus Schmiedeeisen (System Intze) von F. A. Neumann in Eschweiler ausgeführt und hat 1870 cbm Inhalt. Das von demselben abgehende Fallrohr ist mit dem Druckrohre direct verbunden und hat 500 mm Durchmesser. Das Reservoir steht auf einem gemauerten Unterbaue von 26,8 m Höhe und hat einschliesslich des Auflagerringes 8,4 m Höhe. Der Thurm misst aussen unten 20,3 m und unter dem Ringe 15,6 m im Durchmesser, während der Durchmesser der Reservoirummantelung 19,5 m beträgt. Die Höhe des Wasserspiegels des Reservoirs ist die gleiche, wie bei dem ersten Reservoire.

Die Zahl der bis Ende 1895 gelieferten Wassermesser beträgt 972 Stück und es haben davon geliefert H. Meinecke, Breslau 305, Wolff & Schreiber, Breslau 24, C. A. Spanner, Wien-Aachen 23 und Siemens & Halske, Berlin 620 Stück. Nach der Grösse vertheilen sich diese wie folgt:

Durchmesser	mm	12	13	16	20	25	30	33
Stückzahl . . .		20	33	1	785	29	49	6

Durchmesser mm	40	50	75	80	100	125
Stückzahl . . .	1	14	21	8	4	1.

Am Schlusse des Jahres 1895/96 waren 922 Messer und am Schlusse des Jahres 1896/97 963 Messer in Betrieb. Von ersteren waren 592 von Siemens & Halske, 308 von H. Meinecke und 22 von Wolff & Schreiber geliefert.

Die zweite Anlage hat M. 780933 gekostet. Für Erweiterungen der ersten Anlage sind bislang M. 162446 verausgabt, so dass, einschliesslich der Kosten der ersten Anlage, die gesammten Baukosten M. 2444615 oder M. 22,80 pro Kopf betragen haben.

c) Wasservertheilung und Abgabe.

Die vom zweiten Reservoire abgehende Fallrohrleitung theilt sich an der Birkenstrasse in ein Rohr von 300 mm Durchmesser, das durch die Gladbacher Strasse weiter in die Stadt führt und in ein Rohr von 450 mm Durchmesser, das durch die Birkenstrasse und auf dem Ringe entlang läuft. Durch die Rossstrasse führt es dann mit 400 mm weiter und ist schliesslich mit der von dem ersten Hochreservoire zur Stadt führenden zweiten Fallrohrleitung von 300 mm Durchmesser verbunden.

Die Tabelle 331 gibt für das Ende jedes der Betriebsjahre von 1888/89 bis 1896/97 die Länge und den Inhalt der Rohrleitungen bis 80 mm Durchmesser abwärts, die Zahl der Schieber, Hydranten, Springbrunnen, Laufbrunnen und Pissoire als öffentliche Anlagen und von den Privatanlagen die Zahl der Closets, Badeeinrichtungen, Springbrunnen, Trottoirsprenghähne, Strahlapparate, hydraulischen Aufzüge und Wassermotoren an.

Tabelle 331.

Jahr	1888/89	1889/90	1890/91	1891/92	1892/93	1893/94	1894/95	1895/96	1896/97
Rohrlänge m	74 493	76 348	78 702	79 193	81 096	82 730	83 122	84 418	85 324
Inhalt cbm	2 068	2 081	2 105	2 109	2 197	2 425	2 428	2 440	2 450
Zahl der Schieber	688	704	725	728	741	761	764	775	780
» » Hydranten	647	661	689	695	709	720	724	737	747
» » Springbrunnen . .	1	2	2	2	4	4	7	7	7
» » Laufbrunnen . . .	3	3	2	2	2	2	2	2	2
» » Pissoire	9	9	11	11	11	11	11	11	11
Private Closets	1 554	1 732	1 745	1 743	1 740	1 814	1 892	1 911	1 928
» Badeeinrichtungen . .	719	723	757	800	761	788	792	802	815
» Springbrunnen	92	92	91	90	99	74	99	101	105
» Sprenghähne	3 750	3 800	3 850	3 875	3 885	3 890	3 891	3 920	3 940
» Strahlapparate	45	50	59	55	47	40	28	34	39
» Hydraulische Aufzüge .	2	2	2	2	2	2	2	3	3
» Wassermotoren . . .	3	3	2	2	2	2	2	2	2
letztere zusammen PS.	3	3	1,5	1,5	1,5	1,5	1,5	1,5	1,5

Ueber den Betrieb der Pumpstationen sind für dieselben Jahre die Angaben für den Kohlenverbrauch im Ganzen, pro 100 cbm gefördertes Wasser und pro PS.-Stunde, sowie über die Leistung in m × kg pro kg Kohlen und über die Arbeitszeit in Stunden in der Tabelle 332 zusammengestellt.

Tabelle 332.

Jahr	Wasser gefördert cbm	Kohlen verfeuert kg	desgl. pro 100 cbm kg	Arbeitshöhe m	Stunden Arbeitszeit	Kohlen pro PS.-Stde. kg	m × kg pro kg Kohle
1888/89	2 292 466	826 025	36,03	45,0	7 046	2,16	125 000
1889/90	2 449 735	894 355	33,51	45,0	8 132	2,10	128 600
1890/91	2 577 413	976 125	34,69	45,0	8 596	2,08	129 800
1891/92	2 700 712	1 011 700	37,46	45,0	8 769	2,25	120 000
1892/93	2 839 643	1 033 575	36,40	45,0	9 402	2,19	123 300
1893/94	3 192 217	1 200 558	37,61	52,0 resp. 59,0	2 838 resp. 3 479	1,78	151 700
1894/95	3 102 629	1 167 839	37,64	52,0 » 59,0	2 330 » 3 917	1,77	152 500
1895/96	3 646 979	1 394 614	38,21	47,5 » 59,0	2 665 » 4 090	1,83	147 320
1896/97	3 985 365	1 484 051	37,43	47,5 » 59,0	2 648 » 4 422	1,63	165 900

Die Wasserförderung und den Kohlenverbrauch auf die beiden Stationen vertheilt, gibt für die beiden letzten Betriebsjahre die Tabelle 333 (S. 413) mit den verschiedenen Resultaten an.

In dem neuen Wassergewinnungsgebiete, in welchem während 8 Jahren in grossem Umfange Pumpversuche vorgenommen sind, und aus dem dann seit 4 Jahren eine regelmässige Entnahme von Wasser für die Versorgung stattgefunden hat, zeigen sich Schwankungen im Grundwasserstande, sowohl im Zusammenhang mit der Höhe der Niederschläge in den verschiedenen Jahren, als auch in jedem Jahre. Gegen Jahresende sind stets die geringsten und im Frühjahre die höchsten Wasserstände beobachtet. Die Absenkung beim Pumpen beträgt in den Brunnen selbst ca. 2,5 m, und ausserhalb der Wandungen derselben ist diese nur 0,5 m. In der 12jährigen Beobachtungszeit hat der Wasserstand im Ganzen um rund 2,0 m geschwankt. Nachdem jedoch in den letzten 4 Jahren im Ganzen 11,5 Millionen cbm dem Wasserbecken entnommen sind, hat das Grundwasser 0,30 m höher als im Anfange ge-

Tabelle 333.

Station und Jahr	Station I 1895/96	Station I 1896/97	Station II 1895/96	Station II 1896/97
Wasserförderung cbm	844 945	853 440	3 646 979	3 985 365
Kohlenverbrauch: zum Anfeuern . kg	65 500	65 500	61 850	62 015
zum Betriebe . »	246 250	250 925	1 021 014	1 105 511
im Ganzen . . »	311 750	316 525	1 082 864	1 167 526
pro 100 cbm Wasser kg Kohlen zum Betriebe . . . kg	29,14	29,40	36,44	35,30
desgl. im Ganzen »	36,90	38,65	37,08	37,28
Arbeitshöhe . . m	47,5	47,5	59,0	59,0
pro kg Kohle m × kg . . .	162 984	161 917	161 566	167 148

standen. Es hat der Grundwasserstand am Schlusse der Jahre 1895/96 um 50 cm höher, als am Schlusse des Jahres 1894/95 und am Schlusse des Jahres 1896/97 um 30 cm höher, als am Schlusse des Jahres 1895/96 gestanden.

Die nachfolgende Tabelle 334 gibt für die 19 Betriebsjahre von 1878/79 bis 1896/97 die jährlich abgegebene Wassermenge im Ganzen und das Verhältniss derselben zu 100 cbm des Vorjahres, ferner die tägliche Abgabe am mittleren Jahrestage und am mittleren Tage des Maximal- resp. des Minimalmonates in dem betreffenden Jahre und endlich für jeden Jahresschluss die Zahl der vorhandenen und die der an die Leitung angeschlossen gewesenen Häuser der Stadt an

Die Tabelle 335 (S. 414) gibt für die 9 Betriebsjahre von 1888/89 bis 1896/97 den mittleren, den grössten und den kleinsten Tagesconsum pro Kopf der vorhandenen (a) und der mit Zuleitungen versehenen (b) Bevölkerung, den grössten und den kleinsten Tagesconsum im Jahre,

Tabelle 334.

Jahr	cbm Gesammtconsum im Jahre	Gegen 100 cbm des Vorjahres	Am mittleren Tage cbm im Jahre	Am mittleren Tage cbm im Maximalmonate	Am mittleren Tage cbm im Minimalmonate	Häuser am Jahresschlusse vorhanden	Häuser am Jahresschlusse angeschlossen
1. April 1878	—	—	—	—	—	5 800	677
1878/79	504 411	—	1 382	1 800	1 200	5 900	1 620
1879/80	701 363	139,1	1 922	2 500	1 700	6 000	2 120
1880/81	1 019 709	159,6	3 068	3 800	2 300	6 100	2 650
1881/82	1 183 756	105,7	3 243	5 200	2 300	6 200	3 000
1882/83	1 151 851	97,3	3 156	4 500	2 700	6 400	3 300
1883/84	1 414 465	122,8	3 875	5 000	3 500	6 600	3 600
1884/85	1 590 266	112,4	4 357	5 700	3 700	6 800	4 000
1885/86	1 726 112	108,7	4 729	5 500	4 200	7 000	4 300
1886/87	2 076 979	120,3	5 690	8 200	4 700	7 200	4 600
1887/88	2 329 831	112,2	6 383	8 500	5 300	7 500	5 100
1888/89	2 292 466	98,4	6 281	8 200	5 000	7 700	5 365
1889/90	2 449 735	107,0	6 712	8 300	5 500	7 800	5 399
1890/91	2 577 413	105,1	7 061	8 500	5 800	7 880	5 952
1891/92	2 700 712	104,9	7 379	8 700	6 500	7 900	6 108
1892/93	2 839 643	105,0	7 780	9 700	6 200	7 950	6 220
1893/94	3 192 217	112,5	8 746	11 000	7 000	7 980	6 317
1894/95	3 102 629	97,2	8 500	10 500	6 600	8 000	6 639
1895/96	3 646 979	117,5	9 964	11 550	9 000	8 011	6 693
1896/97	3 985 365	109,3	10 919	12 295	9 788'	—	6 941

die Wasserabgabe für öffentliche Zwecke im Ganzen und getrennt nach den Verwendungsarten, desgleichen für Private im Ganzen und ob mit Messern und ohne Messer, und ferner für den Selbstverbrauch und endlich die Zahl der Anschlüsse, der Wassermesser etc., sowie verschiedene Verhältnisszahlen an.

Für das Wasser zum Hausgebrauche ist nach Schätzung jährlich zu zahlen: für jeden bewohnbaren Raum von mehr als 8 qm Grundfläche, sowie für jede Küche, Werkstelle etc. M. 2, für Bäcker, Conditoren, Apotheker, Photographen ein Drittel mehr, aber mindestens M. 5, für ein Watercloset und für eine Badewanne mit Abfluss M. 6, für ein Pissoir M. 3, für ein Stück Rindvieh oder Pferd M. 4 etc.

Nach Messern entnommen, ist mindestens M. 1 pro mm Durchmesser des Messers oder die Schätzsumme zu zahlen. Je nach der Grösse der jährlichen Abnahme ist pro cbm nach Messern zu zahlen:

cbm bis	500	1000	1500	2000	3000	4000	darüber
Pf. . .	12	11	10	9	8	7	6.

Als Messermiethe wird jährlich 15 % vom Anschaffungspreise der Messer berechnet.

Die Untersuchung des Wassers durch den städtischen Chemiker erfolgte früher häufiger; jetzt aber findet sie nur noch 2 mal im Jahre statt. Das Untersuchungsresultat vom 16. September 1896 von einem Liter Wasser ist folgendes gewesen:

Verdampfungsrückstand	164,8	mg
Chlor	14,7	»
Schwefelsäure	8,4	»
Kalk	51,7	»
Magnesia	8,3	»
Sauerstoff zur Oxydation der organischen Substanz	0,2	»
Ammoniak, salpetrige Säure	Null	
Salpetersäure	Spur	
Härte, deutsche Scala	6,32°.	

Bacterien vollständig abwesend.

20. n. Cronenberg. (E. 8821.)

Für die Wasserversorgung der Stadt Cronenberg dienten früher meistens Zieh- und Pumpenbrunnen von 12,0 bis 20,0 m Tiefe, deren Ergiebigkeit man durch Einleiten von Regenwasser zu vermehren pflegte, ohne dass man dadurch stets die nöthige Wassermenge erlangen konnte. Man behalf sich dann mit dem Wasser einiger Quellen, die in 5 bis 10 Minuten Entfernung von der Stadt entspringen, deren Wasser man in Kübeln den

Tabelle 335.

Jahr	1888/89	1889/90	1890/91	1891/92	1892/93	1893/94	1894/95	1895/96	1896/97
Gesammte Einwohnerzahl (a)	104 953	105 637	105 637	105 712	106 121	106 121	106 702	107 460	114 090
davon mit Hausleitungen (b)	72 428	72 887	80 018	82 458	83 873	85 153	89 507	90 500	93 545
Abgabe pro Kopf in Liter pro Tag									
von a am mittleren Tage	60	63	66	70	73	82	80	93	99
» » am Maximaltage	108	101	93	112	118	173	139	157	147
» » am Minimaltage	29	29	34	35	35	40	39	48	49
von b am mittleren Tage	86	92	88	89	93	103	95	110	117
» » am Maximaltage	156	147	124	144	149	215	166	186	180
» » am Minimaltage	43	42	45	45	44	49	46	56	59
Gesammte Tagesabgabe am									
Maximaltage des Jahres cbm	11 354	10 754	9 959	11 863	12 541	18 331	14 883	16 892	16 769
Minimaltage » »	3 095	3 067	3 620	3 690	3 684	4 230	4 160	5 099	5 550
Von 100 cbm am mittleren Jahrestage am									
Maximaltage des Jahres »	180,9	160,2	141,0	160,7	161,2	209,1	175,1	169,7	153,6
Minimaltage » »	49,3	45,6	51,2	50,0	47,4	48,2	49,0	51,2	50,9
Wasser für öffentl. Zwecke »	54 800	76 490	56 450	85 750	99 500	101 500	114 500	115 000	116 000
Davon Strassensprengen »	10 000	13 870	10 500	18 500	20 000	20 000	20 000	20 000	20 000
» Springbrunnen »	7 000	9 600	8 500	10 500	14 500	14 500	30 000	30 000	30 000
» Laufbrunnen »	950	1 340	850	1 250	1 500	1 500	1 500	1 500	2 000
» Kanalspülen »	1 000	1 260	1 200	8 000	10 000	10 000	10 000	10 000	10 000
» Bedürfnissanstalten »	30 000	39 420	30 000	38 000	37 500	40 000	40 000	40 000	40 000
» Bewässern öffentlicher Anlagen »	450	500	600	1 500	2 000	2 000	2 000	5 000	5 000
» Feuerlöschen »	900	1 500	800	1 500	1 500	1 500	1 500	1 500	1 500
» Sonstige Zwecke »	4 500	9 000	4 000	6 500	12 500	12 000	9 500	7 000	7 500
Von 100 cbm für öffentliche Zwecke für									
Strassensprengen cbm	18,3	18,2	18,6	21,6	20,1	19,7	17,5	17,4	17,4
Springbrunnen »	12,8	12,6	15,1	12,2	14,6	14,3	26,2	26,1	26,0
Laufbrunnen »	1,7	1,7	1,5	1,5	1,5	1,5	1,3	1,3	1,7
Kanalspülen »	1,8	1,6	2,1	9,3	10,0	9,9	8,7	8,7	8,7
Bedürfnissanstalten »	54,8	51,6	53,2	44,4	37,7	39,4	35,0	34,7	34,4
Bewässern öffentlicher Anlagen »	0,8	0,6	1,0	1,7	2,0	1,9	1,7	4,4	4,4
Feuerlöschen »	1,6	1,9	1,4	1,7	1,5	1,5	1,3	1,3	1,3
Sonstige Zwecke »	8,2	11,8	7,1	7,6	12,6	11,8	8,3	6,1	6,1
Wasser für Private »	2 216 466	2 350 695	2 504 451	2 598 269	2 722 055	3 072 510	2 969 956	3 524 729	3 862 100
davon nach Messern »	545 882	611 524	571 287	674 054	705 905	629 490	554 126	954 356	1 072 710
Zahl der Messeranschlüsse	839	865	869	885	893	902	895	865	890
Privatabgabe ohne Messer cbm	1 670 584	1 739 171	1 933 164	1 924 215	2 016 150	2 443 020	2 415 830	2 570 373	2 789 390
Zahl der Anschlüsse ohne Messer	4 526	4 534	5 083	5 223	5 329	5 415	5 744	5 828	6 051
Von 100 cbm für Private									
nach Messern cbm	24,6	26,0	22,8	25,9	25,9	20,5	18,7	27,0	27,7
ohne Messer »	75,4	74,0	77,2	74,1	74,1	79,5	81,3	73,0	72,3
Auf 100 Anschlüsse kommen									
Messeranschlüsse	15,6	16,0	14,6	14,5	14,3	14,3	13,5	12,9	12,8
Anschlüsse ohne Messer	84,4	84,0	85,4	85,5	85,7	85,7	86,5	87,1	87,2
Wasser für das Wasserwerk									
incl. Spülen, Verlust etc. cbm	21 200	22 550	16 512	16 254	18 088	18 207	18 173	7 250	7 265
Von 100 cbm Gesammtabgabe									
für öffentliche Zwecke »	2,4	3,1	2,2	3,1	3,5	3,2	3,7	3,2	2,9
für Private »	96,7	96,0	97,2	96,3	95,9	96,3	95,7	96,6	96,7
für das Wasserwerk »	0,9	0,9	0,6	0,6	0,6	0,5	0,6	0,2	0,2
Gesammtabgabe ohne Messer »	1 730 084	1 820 711	1 994 916	2 014 969	2 122 533	2 551 527	2 537 323	2 681 423	2 912 655
desgl. von 100 cbm Gesammtabgabe »	75,5	74,3	77,4	74,6	74,7	80,0	81,8	73,0	73,1
Gesammtabgabe nach Messern »	562 382	629 024	582 497	685 304	717 110	640 690	565 306	965 556	1 072 710
desgl. von 100 cbm Gesammtabgabe »	24,5	25,7	22,6	25,4	25,3	20,0	18,2	27,0	26,9
Abgabe pro Messer im Jahr »	670	728	671	775	804	710	631	1 103	1 204
Abgabe pro Anschluss ohne Messer im Jahre »	369	384	380	368	378	451	421	441	461

Häusern zutrug. Letzteres Wasser stand stets in überreichlicher Menge für die geringen Ansprüche und von ausgezeichneter Qualität zur Verfügung.

Am 25. Januar 1888 fasste die Stadtvertretung den lange von den Einwohnern ersehnten Beschluss, für städtische Rechnung ein Wasserwerk zu erbauen, für welches das Wasser im Burgholzthale nach dem Projecte des Ingenieurs Ehlert in Düsseldorf erschlossen werden sollte. Die Leistung des Werkes war zu 1000 cbm pro Tag angenommen, und dasselbe ist unter Ehlert's Leitung mit einem Kostenaufwande von M. 240000 im Ganzen oder M. 27,21 pro Kopf zur Ausführung gekommen.

Für die Wassergewinnung ist ein ca. 100 m langer und zum Theil ausgemauerter Stollen von 1,5 m Höhe und 1,0 m Breite im Lichten ausgeführt, und ferner sind dafür 4 gemauerte Brunnen von 7,0 m Tiefe hergestellt, von welchen 3 je 1,5 m Durchmesser haben, während der vierte einen Durchmesser von 3,0 m hat. In einer daneben erbauten Pumpstation sind 2 liegende Eincylindermaschinen ohne Condensation von je 17 P. S. aufgestellt, deren jede eine doppeltwirkende Plungerpumpe direct antreibt. Die Dampfkolben haben 275 mm und die Plunger 88 mm Durchmesser, und beide haben einen Hub von 0,5 m. Sie machen 53 bis 70 Doppelhübe pro Minute. Jede der Pumpen fördert pro Stunde 18 bis 24 cbm Wasser auf 160 m Höhe. Die Maschinen und Pumpen sind von der Firma Ehrhardt & Sehmer in Schleifmühle und 2 Röhrenkessel von je 25 qm Heizfläche für einen concessionirten Dampfdruck von 8 Atm. sind von Dürr & Comp. in Ratingen geliefert.

Das Hochreservoir besteht aus Schmiedeeisen (System Intze) und ist von F. A. Neumann in Eschweiler geliefert. Es hat einen Inhalt von 250 cbm und steht auf einem künstlichen Unterbaue 12,0 m hoch über Terrain. Die Wasservertheilung erfolgt in 2 Druckzonen. Der mittlere Versorgungsdruck beträgt in der einen Zone 50,0 m und in der anderen 80,0 m. Das Vertheilungsnetz ist nach dem Verästelungssysteme hergestellt. Die Rohrleitungen haben ca. 16000 m Länge und setzen sich aus folgenden Durchmessern zusammen:

Rohrdurchmesser mm	200	175	150	100	80
Rohrlänge . . . m	250	1000	500	2000	12250.

Die Schieber und die Hydranten sind von H. Breuer & Comp. in Höchst und die gusseisernen Rohre von der Schalker Gruben- und Hüttenverwaltung in Gelsenkirchen geliefert. Sämmtliche Zuleitungen sind aus Bleirohren und zwar meistens von 20 mm Durchmesser hergestellt und mit Wassermessern verbunden. Von diesen sind 389 von H. Meinecke, Breslau und 56 von Dreyer, Rosenkranz & Droop, Hannover geliefert. Nach der Grösse vertheilen sie sich wie folgt:

Durchmesser mm	10	13	20	25	50	80
Stückzahl . . .	101	310	30	2	1	1.

In den letzten Jahren hat das Wasser aus dem Stollen im Burgholzthale häufig den Bedürfnissen nicht mehr genügt, und es ist daher der Plan aufgetaucht, in einem der umliegenden Thäler durch eine Sperrmauer Wasser aufzuspeichern, um dieses für die städtische Versorgung benutzen zu können. Es ist nicht bekannt, ob diese Idee zur Zeit schon durch ein Project ihrer Ausführung näher gerückt ist.

21. g. **Dellwig.** (E. 3448.)

Die Wasserversorgung des Ortes Dellwig erfolgt aus dem Wasserwerke des nördlichen westfälischen Kohlenreviers.

22. t. **Dinslaken.** (E. 3070.)

Die Wasserversorgung der Stadt Dinslaken erfolgt ausschliesslich aus Brunnen, deren 5 öffentliche vorhanden sind.

23. l. **Dülken.** (E. 8407, W. 1542 mit je 5,5 B.)

Für die Wasserversorgung der Stadt Dülken ist im Jahre 1889 für städtische Rechnung nach dem Projecte des Civilingenieurs Ehlert in Düsseldorf ein Wasserwerk für eine tägliche Leistung von 1200 cbm erbaut. Die Anlagekosten haben M. 240000 oder M. 28,54 pro Kopf betragen. Dirigent der Anlage ist der städtische Gasdirector R. Ulrich.

Das Wasser wird aus 2 Brunnen von 23,0 m Tiefe erschlossen, welche in ihrem unteren Theile aus gusseisernen Tübings und darüber aus gemauerten Schächten bestehen. Der eine Brunnen hat 900 mm und der andere 1200 mm Durchmesser. Im unteren Theile sind die Brunnenrohre mit 5,0 m langen Drahtgewebefilter von Messing umgeben. In der ca. 50 m entfernt davon erbauten Pumpstation befinden sich 2 liegende Gasmotoren von je 12 PS., welche von Benz & Comp. in Mannheim geliefert sind. Jeder derselben betreibt durch Zahnradübersetzung eine Plungerpumpe von 165 mm Durchmesser und 0,45 m Hub, welche bei 50 Doppelhüben pro Minute 50 cbm Wasser in der Stunde auf 39,0 m Höhe fördert. Die Pumpen sind von der Firma Geb. Meer in M. Gladbach geliefert.

Ueber dem Gebäude der Pumpstation erhebt sich der thurmartige Aufbau für ein Hochreservoir, welches aus Schmiedeeisen (System Intze) ausgeführt ist und 250 cbm Inhalt hat. Dasselbe steht mit seinem Boden 28,0 m hoch über Terrain auf dem gemauerten Unterbaue. Sein Wasserspiegel liegt 39,0 m hoch über dem der Brunnen. Die Druckleitung zum Reservoire hat 248 mm Durchmesser und die Saugeleitungen von den Brunnen zu den Pumpen haben 200 mm resp. 250 mm Durchmesser.

Das Versorgungsnetz steht unter einem constanten Drucke von 33,0 m. Es hat eine Länge von 11971 lfd. m und damit sind 94 Unterflurhydranten mit Selbstentwässerung verbunden, welche in 80 m bis 100 m Entfernung von einander stehen. Die Rohre hat der Schalker Gruben- und Hüttenverein in Gelsenkirchen geliefert. Die Zuleitungen und die Hausleitungen bestehen aus Bleirohren, erstere von 20 mm bis 30 mm Durchmesser; die letzteren sind innen geschwefelt. Es waren im Jahre 1896 549 Zuleitungen und 556 Wassermesser in Benutzung. Von letzteren sind 548 von H. Meinecke, Breslau und 8 von Wolff & Schreiber, Breslau geliefert. Diese Messer vertheilen sich nach der Grösse wie folgt:

Durchmesser mm	13	20	25	30
Stückzahl . . .	403	112	25	16.

Die Tabelle 336 gibt für das Jahr 1890 vom 1. März ab und für die Jahre 1891 bis 1896 die geförderte Wasser-

Tabelle 336.

Jahr	Wassermenge cbm	Gasverbrauch cbm	desgl. pro 100 cbm	desgl. pro PS.-Stunde	Leistung m × kg pro cbm Gas
1890	46 258	10 681	23,0	0,31	87 100
1891	83 015	17 701	21,3	0,29	93 100
1892	90 049	19 336	21,4	0,29	93 100
1893	117 523	24 485	20,8	0,28	96 400
1894	108 444	23 099	21,3	0,29	93 100
1895	156 121	33 327	21,3	0,29	93 100
1896	132 934	28 703	21,5	0,29	93 100

menge, den Verbrauch an Gas für den Motorenbetrieb im Ganzen, sowie pro 100 cbm Wasser und bei 20,0 m Förderhöhe pro PS.-Stunde und endlich die Leistung pro cbm Gas in m × kg an.

Im Jahre 1894/95 sind 112903 cbm Wasser im Ganzen oder 310 cbm pro mittleren Tag abgegeben. Davon entfielen 67936 cbm oder 60,17 % auf die Abgabe durch Messer oder 106 cbm pro Messer im Jahre und 44967 cbm oder 39,83 % auf die Abgabe ohne Messer. Am Maximal- resp. am Minimaltage sind 800 cbm resp. 137 cbm oder 258,1 % resp. 35,2 % vom Consume am mittleren Jahrestage abgegeben. Der grösste resp. der geringste Consum in einer Woche betrug 2956 cbm resp. 1691 cbm und in einem Monate 11795 cbm resp. 8063 cbm.

24. e. **Duisburg.** (E. 70237, W. 5226 mit je 13,5 B.)

Die Versorgung der Stadt Duisburg aus den öffentlichen und privaten Brunnen in der Stadt, deren Wasser sich immer mehr verschlechterte und die den directen Einflüssen der schwankenden Wasserstände des Rheines in hohem Maasse unterworfen sind, war schon lange Zeit als eine durchaus ungenügende allgemein erkannt. Der im Herbst 1874 gefasste Beschluss der städtischen Behörden, den dortigen Stadtbaumeister Schülke, jetzt Stadtbaurath in Barmen, mit der Ausführung eines von ihm aufgestellten Projectes zu einer centralen Wasserversorgung für die Stadt zu beauftragen, fand daher die allgemeine Zustimmung der Einwohnerschaft. Im Frühjahr 1875 wurde mit dem Bau begonnen und die Eröffnung des Werkes konnte bereits am 1. Januar 1876 erfolgen.

Die tägliche Leistungsfähigkeit des Werkes ist damals zu 9000 cbm angenommen. Die Baukosten der ersten Anlage haben M. 931000 oder M. 24,38 pro Kopf der damaligen Bevölkerung betragen. Jetzt haben sie eine Höhe von M. 1720000 oder M. 24,48 pro Kopf der jetzigen Bevölkerung erreicht. Der Betrieb des Werkes liegt seit dessen Eröffnung in den Händen des Ingenieurs Dellmann, der schon beim Bau desselben als Assistent Schülke's thätig war, und auch Betriebsdirector der städtischen Gaswerke ist.

Das Wasser wird in ca. 5 km Entfernung von der Stadt an der Ackerfähre am Ufer der Ruhr durch Brunnen gewonnen. In einer daneben erbauten Pumpstation wird es von hier aus einem 2 km von der Pumpstation und 3 km von der Stadt entfernt liegenden Hochreservoire zugeführt, neben welchem sich ein Wasserthurm mit Standrohr erhebt. Schon in ca. 1 km Entfernung vom Reservoire beginnt das eigentliche Vertheilungsnetz.

a) Wasserförderungsanlagen.

Anfangs war nur ein Brunnen für die Wassergewinnung hergestellt. Im Jahre 1881 ist ein zweiter gebaut, dem im Jahre 1890 ein dritter und im Jahre 1894 ein vierter Brunnen folgte. Letzterer liegt auf einem östlich von der Pumpstation neu erworbenen Grundstücke. Ebenso wie die beiden anderen Brunnen mit dem ersten Brunnen durch Heberrohre verbunden sind, so ist auch für den vierten ein solches von 100 m Länge und 500 mm Durchmesser, das gleichfalls zu dem ersten Brunnen führt, verlegt. Die Brunnen liegen in 30 m bis 50 m Abstand vom Flussufer. Sie sind in Mauerwerk hergestellt und sind in dem unteren, in die Kiesschicht hineinreichenden Theile, ebenso wie in den Böden, durchlässig. Die 3 neuen Brunnen haben 4,0 m und der erste hat 5,0 m Durchmesser. Die Tiefe derselben beträgt 6,0 m bis 8,0 m. Der erste Brunnen ist gelegentlich der Herstellung des vierten Brunnens als Pumpenbrunnen tiefer ausgebaggert, und es sind auch damals die Saugerohre der Maschinen verlängert, weil im Sommer das Wasser oft knapp wurde.

In der Pumpstation waren Anfangs 2 Maschinen aufgestellt. Im Jahre 1883 ist eine dritte Maschine und im Jahre 1892 eine vierte Maschine hinzugekommen. Sämmtliche Maschinen sind von der Hannoverschen Maschinenbau-Actiengesellschaft, vorm. Georg Egestorff in Linden bei Hannover geliefert. Die 3 für deren Betrieb vorhandenen Dampfkessel, welche sämmtlich gleich Anfangs angelegt sind, so dass eine spätere Vergrösserung nicht nöthig war, sind von E. Berninghaus in Duisburg geliefert.

Sämmtliche Maschinen sind liegende Eincylindermaschinen. Sie haben Ventilsteuerung mit während des Ganges verstellbarer Expansion und Schwungräder und arbeiten mit Condensation. Eine jede betreibt direct eine liegende, doppeltwirkende Pumpe. 3 Maschinen haben Pumpen mit freien Ventilen und zwar 2 mit Glockenventilen und eine mit Etagenventilen, während die Ventile der zuletzt gelieferten Maschine gesteuerte Ringventile (Patent Riedler) sind. Die Pumpen der beiden ersten Maschinen haben Scheibenkolben und die der beiden anderen haben Plungerkolben (System Girard). Die mittlere Förderhöhe der Pumpen beträgt 56,6 m. Die Hauptdimensionen der Maschinen sind in der Tabelle 337 angegeben.

Tabelle 337.

	Maschine I. u. II je	Maschine III	Maschine IV
Dampfcylinder-Durchm. mm	840	840	780
Pumpenkolben-Durchm. »	400	365	365
Hub der beiden Kolben »	1,10	1,10	1,10
Normale Umdrehzahl pro Min.	18	25	35
Wasserförderung pro Std. cbm	200	300	420
Normale Leistung in PS. . .	60	70	100

Für je 2 Maschinen ist ein gemeinschaftlicher Druckwindkessel aufgestellt. Der eine derselben hat 5,0 m Höhe und 1,63 m Durchmesser und der andere hat 6,0 m Höhe und 1,8 mm Durchmesser.

Die 3 Dampfkessel haben je 2 Feuerrohre von 0,86 m Durchmesser und 9 Gallowayrohre. Sie sind 9,5 m lang und haben im Hauptkessel 2,3 m Durchmesser. Die Heizfläche eines jeden Kessels beträgt 100 qm und die Rostfläche 3,23 qm. Der concessionirte Dampfdruck beträgt 5 Atm. Als Heizmaterial dienen westfälische Steinkohlen.

Ueber die Wasserförderung des Werkes in den verschiedenen Jahren geben die beiden Tabellen 338 (S. 417) und 339 (S. 417) Auskunft. Es ist darin die Wasserförderung gleich der Wasserabgabe angenommen. Die Tabelle 338 (S. 417) gibt die jährliche Wassermenge in jedem der 21 Jahre von 1876/77 bis 1896/97 im Ganzen, ferner am mittleren Tage und am Maximal- und am Minimaltage im Jahre und endlich am mittleren Tage im Maximal- und im Minimalmonate des resp. Jahres an.

Für die Maximal- und Minimaltage ist ausserdem das Verhältniss zu 100 cbm des mittleren Jahrestages und für die Gesammtförderung das Verhältniss zu 100 cbm des Vorjahres aufgeführt.

Tabelle 339 (S. 417) gibt für die einzelnen Jahre den Kohlenverbrauch im Ganzen, pro 100 cbm gefördertes

Tabelle 338.

Jahr	Wasserförderung cbm	desgleichen gegen 100 cbm des Vorjahr.	cbm Förderung am Durchschnitttage	Maximaltage	Minimaltage	auf 100 cbm des mittl. Jahrestages am Maximaltage	am Minimaltage	am mittleren Monatstag des Maximalmonats	Minimalmonats	auf 100 cbm des mittl. Jahrestages am Maximalmonatstage	Minimalmonatstage
1876/77	501 246	—	1 161	3 006	162	258,2	13,9	—	—	—	—
1877/78	552 852	110,3	1 536	3 451	377	224,5	24,6	2 130	1 007	138,5	65,5
1878/79	709 114	128,2	1 970	3 532	672	179,0	34,1	2 333	1 725	118,3	87,6
1879/80	845 225	119,3	2 348	3 596	778	152,9	33,1	2 507	1 884	106,8	80,1
1880/81	1 229 325	145,2	3 415	6 397	1 473	187,0	43,1	3 961	2 872	116,1	84,1
1881/82	1 427 781	116,1	3 966	7 773	1 821	195,9	46,0	5 472	3 046	138,1	76,9
1882/83	1 695 250	118,9	4 709	6 755	2 360	143,5	50,1	5 671	3 666	120,6	77,8
1883/84	1 731 875	102,2	4 732	7 917	2 087	167,5	44,1	5 684	4 103	120,0	86,8
1884/85	2 194 275	126,7	6 012	11 155	1 345	185,2	22,4	8 114	4 637	135,0	77,0
1885/86	2 333 325	106,4	6 394	11 615	2 785	182,1	43,6	8 387	5 529	131,3	86,5
1886/87	2 441 035	104,6	6 688	10 205	3 805	152,8	57,0	7 894	5 633	118,0	84,3
1887/88	2 697 540	110,5	7 369	11 780	3 784	159,5	51,4	8 920	6 307	121,2	85,6
1888/89	3 031 255	112,3	8 304	13 606	3 785	163,8	45,5	9 299	6 886	111,9	83,0
1889/90	3 557 055	117,3	9 741	13 345	4 781	137,0	49,1	11 110	8 253	114,1	84,9
1890/91	3 695 010	103,9	10 123	13 011	5 112	128,5	50,5	10 729	9 589	106,0	94,7
1891/92	3 912 340	105,9	10 689	13 488	7 507	126,1	70,2	11 713	9 987	109,8	93,5
1892/93	4 138 195	105,8	11 377	19 483	6 971	171,2	61,3	14 538	10 011	127,8	88,0
1893/94	3 874 175	93,6	10 614	17 104	5 165	161,1	48,6	12 070	8 459	113,8	79,7
1894/95	3 894 624	100,5	10 670	17 109	5 372	160,5	50,4	13 176	8 994	123,5	84,3
1895/96	3 958 270	101,6	10 815	16 675	5 513	154,2	51,0	13 475	9 410	124,6	87,0
1896/97	4 510 076	113,9	12 356	19 588	5 777	158,5	46,8	15 476	9 471	125,2	76,6

Wasser und pro Stunde pro PS.; ferner die Leistung pro kg Kohlen in m × kg, sowie die Arbeitshöhe der Pumpen, deren Zahl und Arbeitszeit im Jahre in Stunden im Ganzen und durchschnittlich pro Tag pro Maschine an

Tabelle 339.

Jahr	Jährlicher Kohlenverbrauch kg	Arbeitshöhe m	Maschinenstunden Arbeitszeit	Zahl der Maschin.	kg Kohlen pro 100 cbm Wasser	kg Kohlen pro PS.-Stunde.	Leistung pro kg Kohle m × kg	Tägl. Arbeitszeit pro Maschin. Std.
1876/77	402 200	60,0	2 007	2	80,3	3,61	74 900	2,7
1877/78	417 900	60,0	2 589	2	75,6	3,40	79 400	3,5
1878/79	493 300	60,0	3 154	2	69,6	3,13	86 250	4,3
1879/80	528 400	60,0	3 604	2	62,5	2,81	96 000	4,9
1880/81	778 900	60,0	5 038	2	63,4	2,85	94 600	6,9
1881/82	820 500	60,0	5 916	2	57,5	2,58	104 400	8,1
1882/83	1 008 500	60,0	7 716	2	59,5	2,68	100 500	10,6
1883/84	1 082 300	60,0	7 794	2	62,4	3,07	87 900	10,6
1884/85	1 133 700	60,0	8 914	3	57,7	2,60	103 700	10,7
1885/86	1 155 600	60,0	8 758	3	49,5	2,23	121 000	8,1
1886/87	1 190 500	60,0	9 165	3	48,8	2,19	122 800	8,0
1887/88	1 260 100	60,0	10 175	3	46,7	2,10	128 600	8,3
1888/89	1 457 900	60,0	11 238	3	48,1	2,16	125 100	9,3
1889/90	1 684 400	60,0	13 615	3	44,3	2,13	126 700	10,3
1890/91	1 805 700	60,0	14 129	3	48,9	2,19	123 300	12,4
1891/92	1 966 000	60,0	15 013	3	50,2	2,26	119 500	12,9
1892/93	2 141 950	63,0	16 088	4	51,8	2,22	121 600	13,7
1893/94	2 085 440	63,0	16 088	4	53,8	2,31	116 900	11,0
1894/95	2 040 450	63,0	14 356	4	52,4	2,25	120 000	11,0
1895/96	2 154 550	63,0	13 905	4	54,4	2,33	115 900	9,8
1896/97	2 425 000	63,0	15 578	4	53,8	2,31	116 900	10,7

b) Wasservertheilungsanlagen.

Das Hochreservoir liegt in dem Schülke-Parke, einer von dem Erbauer des Wasserwerkes geschaffenen, öffentlichen Anlage. Dasselbe fasst bei 4,0 m Wasserstand 5000 cbm und ist zweitheilig. Es ist aus Mauerwerk hergestellt, überwölbt und halb in den Boden versenkt. Oben ist es auf 1,4 m Höhe mit Erde überfüllt. Neben demselben erhebt sich ein aus Mauerwerk aufgeführter Wasserthurm, der zugleich als Aussichtsthurm dient. In demselben ist ein Standrohr aufgestellt, welches 25,0 m Höhe hat und es gestattet, nach Abschluss des Reservoires den Druck in dem Leitungsnetze bei Feuersgefahr entsprechend zu steigern.

Von der Pumpstation führte Anfangs eine Druckleitung von 400 mm Durchmesser und 2016 m Länge zum Hochreservoire und von hier eine Fallrohrleitung von 500 mm Durchmesser und ca. 1000 m Länge zu dem Vertheilungsnetze. Im Jahre 1881 ist vom Hochreservoire aus eine zweite Fallrohrleitung von 400 mm Durchmesser und ca. 1000 m Länge für die Consumenten in der Vorstadt Hochfeld gelegt. Im Jahre 1883 ist von dem zweiten Windkessel der Pumpstation aus eine zweite Druckleitung von 400 mm Durchmesser und ca. 1100 m Länge bis zum Dorfe Döffern, welches an der Grenze des Inundationsgebietes der Ruhr liegt, ausgeführt. Im Jahre 1886 ist endlich eine dritte Fallrohrleitung von 400 mm Durchmesser und ca. 4200 m Länge gelegt, welche vom Hochreservoire aus einen Ring, der bis zur Martinthorbrücke führt, bildet, um dadurch zugleich die Versorgung in Hochfeld zu verbessern.

Die bei der Eröffnung des Werkes und die am 31. März 1895 vorhanden gewesenen Leitungen setzen sich nach ihren verschiedenen Durchmessern aus den folgenden Längen zusammen:

Durchmesser mm	500	450	400	300 bis 200	150 bis 75
1876 Länge m	2487	641	2776	3584	18 627
1895 Länge m	2700	641	8540	10 700	63 569.

Die Länge der gesammten Rohrleitungen in lfd. m von 500 mm bis 75 mm Durchmesser und deren cubischen Inhalt, sowie die Zahl der Schieber und Hydranten am Ende der einzelnen 21 Betriebsjahre von 1877 bis 1897 (am 1. April) ergibt sich aus der Tabelle 340. In derselben ist auch die Bausumme, welche das Rohrnetz in jedem Jahre repräsentirt hat, im Ganzen und pro lfd. m Rohr angegeben.

Die Hydranten sind Unterflurhydranten mit Selbstentleerung. Sie stehen in 80 m bis 100 m Entfernung von einander. Für die Strassenreinigung zum Füllen der vorhandenen 10 Sprengwagen sind 55 und für das directe Strassensprengen und Rinnsteinspülen 60 Zapfstellen vorhanden. Ferner sind im Gebiete des städtischen Hafens 17 Brunnen und 5 Zapfstellen zum Füllen von Fässern für die Schiffe vorhanden.

Die Wasserabgabe für technische Zwecke erfolgt überwiegend nach Wassermessern. Von den bis Ende 1895 gelieferten Wassermessern waren 46 von Wolff & Schreiber, Breslau, 95 von H. Meinecke, Breslau, 20 von Dreyer, Rosenkranz & Droop, Hannover, 396 von Siemens & Halske, Berlin, 11 von Lux, Ludwigshafen und 3 von C. A. Spanner, Wien-Aachen bezogen. Nach der Grösse vertheilen sie sich wie folgt:

Durchmesser mm	7	10	12	13	20	25	30	40	50
Stückzahl	5	1	95	50	134	92	16	36	40

mm	75	80	100	125
Zahl	52	1	29	4.

Am 31. December 1896 waren von den 560 eingebauten Messern 321 von Siemens & Halske, 148 von H. Meinecke, 4 von C. A. Spanner, 20 von Dreyer,

Tabelle 340.

Jahr	Rohrlänge m	Rohrinhalt cbm	Zahl der Schieber	Zahl der Hydrant.	Bausumme M. im Ganzen	Bausumme M. pro m Rohr
1876/77	28 161	—	79	129	—	—
1877/78	32 312	—	101	173	501 033	15,51
1878/79	32 511	—	101	173	501 471	15,42
1879/80	34 308	—	108	182	501 731	14.61
1880/81	34 430	—	110	185	511 631	14,88
1881/82	35 840	—	120	199	523 731	14,89
1882/83	36 111	—	122	200	525 514	14,55
1883/84	41 989	—	151	225	609 250	14,51
1884/85	44 045	1 736	201	267	632 447	14,35
1885/86	47 581	1 766	207	295	654 069	13,74
1886/87	54 682	2 314	248	343	734 881	13,44
1887/88	58 391	2 338	275	373	779 771	13,35
1888/89	63 438	2 532	303	398	802 245	12,64
1889/90	67 287	2 665	338	429	852 532	12,67
1890/91	69 536	2 705	353	448	870 266	12,51
1891/92	73 751	2 740	364	487	896 983	12,16
1892/93	76 594	2 780	391	510	933 838	12,19
1893/94	83 947	2 880	426	561	1 082 085	12,89
1894/95	86 149	2 927	438	585	1 100 367	12,77
1895/96	90 690	2 983	461	625	1 129 349	12,45
1896/97	94 298	3 021	491	659	1 147 809	12,17

Tabelle 341.

Jahr	Bewohnte Räume und Küchen	Badeeinrichtungen	Closets	Pissoirstände	lfd. m Pissoir	Privat-Springbrunn.	Spülfässer u. Kühlapparat.	Bierpression	Strahlapparate	Hydraul. Aufzüge	Wassermotoren	Davon PS. zusammen	Hausfront lfd. m	Höfe und Gärten Fläche in a	Treibhäuser qm	Rieselapparate	Pferde	Ständer für Pferde	Rinder	Wagen	Mark nach Schätzung ausserdem
Ende 1876	6 225	71	67	23	—	25	—	—	—	—	—	—	2 868	1 280	147	—	69	—	12	39	—
am $^1/_4$ 1878	7 466	91	86	31	12	25	—	—	—	—	—	—	3 300	1 749	147	—	74	—	13	39	—
1879	8 537	98	103	32	21.8	46	—	—	—	—	—	—	3 321	1 979	147	—	74	—	16	40	1 450
1880	9 549	123	127	33	21,8	53	—	—	—	—	—	—	3 323	2 243	147	—	79	—	19	39	1 500
1881	10 321	153	155	36	27,3	62	30	—	—	—	—	—	3 166	2 257	147	—	78	8	22	35	1 970
1882	11 182	161	170	38	37,9	65	36	33	—	—	—	—	3 131	2 358	147	—	79	16	21	35	2 183
1883	12 195	176	182	38	37,9	65	40	34	77	—	—	—	3 018	2 437	147	—	76	16	19	32	2 346
1884	13 869	192	208	41	37,9	69	43	39	6	—	—	—	3 071	2 459	147	—	86	16	30	29	2 552
1885	16 289	222	246	48	37,9	71	45	42	5	—	—	—	2 925	2 735	352	—	107	16	34	34	2 628
1886	18 177	239	274	61	37	72	53	46	5	—	—	—	2 892	2 906	311	6	101	16	36	36	2 700
1887	19 868	249	309	64	37	73	61	55	5	—	—	—	2 760	2 843	311	6	130	16	34	38	2 550
1888	22 087	272	357	77	37	74	66	63	6	—	—	—	2 799	2 915	440	6	144	16	49	39	2 774
1889	23 939	293	386	78	37	78	75	72	4	—	5	5	3 093	2 990	440	6	158	16	56	44	2 790
1890	26 391	325	427	88	37	80	78	79	10	—	5	5	3 274	2 934	440	—	195	16	59	56	3 025
1891	28 710	368	483	89	37	85	81	81	13	10	5	5	3 307	3 079	440	—	230	16	62	68	3 048
1892	31 716	401	551	87	37	80	91	81	13	12	5	5	3 334	3 129	490	—	273	16	73	79	3 171
1893	33 626	430	610	94	37	77	89	77	13	14	5	5	3 192	3 039	570	—	285	8	73	78	3 127
1894	36 802	468	657	100	37	83	99	75	14	16	4	4	3 008	3 104	570	—	315	8	94	69	3 224
1895	39 506	515	718	102	37	83	105	69	—	19	5	4,5	2 783	3 151	570	—	347	8	92	78	3 305
1896	41 479	547	786	102	37	87	101	67	—	21	2	2	2 644	3 214	570	—	348	8	99	78	3 194
1897	43 809	584	850	106	37	88	99	63	—	2	2	—	2 571	3 003	570	—	353	8	118	73	3 189

Rosenkranz & Droop, 11 von Bopp & Reuther, 10 von Lux und 46 von Wolff & Schreiber geliefert.

Die Zuleitungen sowie auch die meisten Hausleitungen für die Wohnhäuser sind aus Bleirohren hergestellt. Sie haben 13 mm bis 25 mm Durchmesser und einen Anbohrhahn, sowie einen Absperrhahn im Keller des Hauses.

Die Abgabe des Wassers für den Hausbedarf erfolgt nach Discretion, und es gibt die Tabelle 341 (S. 418) einen Begriff von der Art und der Zahl der einzelnen Objecte, deren Aufnahme für die Bestimmung des Wassergeldes nach dem bestehenden Tarife in jedem der einzelnen 21 Jahre nöthig gewesen ist. Für die Strahlapparate (seit 1888) und die Aufzüge und Motoren wird das Wasser nach Messern verrechnet. Die letzte Columne gibt die eingeschätzte Extrasumme für Wasser zum Gewerbebetriebe an.

c) Anlagekosten.

Die Anlagekosten des Wasserwerkes nach der ersten Ausführung und nach dem Buchwerthe am 1. April 1895 gibt die Tabelle 342 an. Darin ist auch der Procentsatz der jährlich von der verbliebenen Bausumme erfolgten Abschreibungen angegeben.

Weil die gesammte Bausumme am 1./4. 1897 M. 1 700 000 betragen hat, so sind bis dahin im Ganzen M. 733 387 abgeschrieben.

Tabelle 342.

Gegenstand	Erste Anlage	% der Abschreibung	Buchwerth am 1./4. 1897
Grunderwerb	18 800	—	21 691
Brunnen und Sammelrohre	25 100	2	23 832
Maschinen- und Kesselhaus	67 395	2	67 297
Maschinen und Kessel	127 500	7,5	1
Wohnhaus	13 800	2	11 288
Hochreservoir	94 100	2	67 752
Wasserthurm	56 200	2	40 464
Rohrnetz, Schieber und Hydranten	516 578	4	690 655
Telegraphenanlagen	6 800	10	1
Wassermesser	4 727	10	10 632
zusammen	931 000		933 613

Seit dem Jahre 1883 hat die Stadt mit der Stadt Ruhrort einen Vertrag für die Lieferung von Wasser mittels eines Centralmessers abgeschlossen, und es sind die an diese Stadt gelieferten Wassermengen in den nachfolgend angegebenen Zahlen nicht eingeschlossen. Die Tabelle 343 gibt für jedes der 21 Jahre von 1876/77 bis 1896/97 die Wasserabgabe für die Stadt Duisburg im Ganzen und deren relative Menge gegen 100 cbm des Vorjahrs, ferner die Abgabe für öffentliche und für private Zwecke, sowie die durch und ohne Messer gelieferte Wassermenge, die Zahl der Anschlüsse im Ganzen, sowie die der mit Messern und ohne Messer und endlich die mittlere Kopfzahl für jeden Anschluss ohne Messer an.

Tabelle 343.

Jahr	Gesammtabgabe im Jahre cbm	desgl. gegen 100 cbm des Vorjahres	Wasser für öffentliche Zwecke cbm	Wasser für Private cbm	davon nach Messern cbm	davon ohne Messer cbm	Gesammtabgabe ohne Messer cbm	Zahl der Anschlüsse im Ganzen	Zahl der Anschlüsse nach Messern	Zahl der Anschlüsse ohne Messer	Kopfzahl pro Anschluss ohne Messer
1876/77	501 246	—	20 243	481 003	201 146	279 857	300 100	808	33	775	—
1877/78	552 852	110,3	30 200	522 652	278 924	243 728	273 928	966	52	914	10
1878/79	709 114	128,2	28 100	681 014	351 527	329 487	357 587	1 080	58	1 022	10
1879/80	845 225	119,3	22 100	823 125	461 196	361 929	384 029	1 158	62	1 096	10
1880/81	1 229 325	145,2	23 500	1 205 825	712 116	493 709	517 209	1 283	65	1 173	10
1881/82	1 427 781	116,1	26 100	1 401 681	872 668	592 013	555 113	1 355	70	1 285	10
1882/83	1 695 250	118,9	163 300	1 531 950	943 904	588 046	751 346	1 478	72	1 406	11
1883/84	1 731 875	102,2	40 600	1 691 275	905 212	786 063	826 663	1 708	76	1 632	11
1884/85	2 094 259	113,9	80 000	2 014 259	1 010 597	1 003 662	1 083 662	2 039	86	1 953	11,5
1885/86	2 146 504	103,8	105 500	2 040 905	1 024 938	1 015 967	1 124 467	2 256	93	2 163	11,5
1886/87	2 195 344	105,9	50 000	2 145 344	1 032 068	1 113 276	1 163 276	2 433	98	2 335	11,5
1887/88	2 434 637	110,9	49 000	2 385 637	1 094 222	1 291 415	1 340 415	2 688	125	2 563	12
1888/89	2 760 829	113,5	55 000	2 705 829	1 272 450	1 433 379	1 488 379	2 895	148	2 747	12
1889/90	3 277 651	118,8	71 000	3 206 651	1 500 886	1 705 765	1 776 765	3 106	166	2 940	12,5
1890/91	3 387 775	103,3	95 000	3 292 775	1 467 597	1 825 178	1 920 178	3 330	198	3 132	12,5
1891/92	3 576 019	105,4	150 000	3 426 019	1 326 967	2 099 052	2 249 052	3 608	208	3 400	12,2
1892/93	3 774 739	105,7	170 000	3 604 739	1 366 688	2 238 051	2 408 051	3 815	255	3 560	12,6
1893/94	3 475 377	92,0	185 000	3 290 377	1 289 342	2 001 035	2 186 035	4 150	312	3 838	12,2
1894/95	3 486 702	100,3	187 000	3 299 702	1 155 629	2 144 073	2 331 073	4 405	342	4 063	13
1895/96	3 519 134	101,6	189 000	3 330 131	1 281 337	2 048 794	2 237 794	4 613	369	4 244	13
1896/97	4 020 326	114,2	195 000	3 825 321	1 615 732	2 209 589	2 404 589	4 843	415	4 428	13

Die Tabelle 344 (S. 420) gibt für jedes der 18 Jahre von 1876/77 bis 1896/97 die jährliche Abgabe pro Anschluss im Ganzen, resp. mit Messern und ohne Messer und das Verhältniss beider zur Zahl der ersteren, ferner die Abgabe pro Tag pro Kopf von der gesammten und von der Schätzungsabgabe, endlich das Verhältniss zu 100 cbm der Gesammtabgabe durch und ohne Messer, sowie für öffentliche und Privatabgabe, letztere getheilt, ob durch oder ohne Messer, an.

Die Tabelle 345 (S. 420) gibt für verschiedene Betriebsjahre die Ausgaben und die Einnahmen für 100 cbm des in jedem der Jahre im Ganzen geförderten Wassers in Pfennigen an.

Tabelle 344.

Jahr	cbm pro Anschluss im Jahre			Liter pro Kopf im Tage		Von 100 cbm Gesammtabgabe		Von 100 cbm Gesammtabgabe		von 100 cbm Privatabgabe		Von 100 Anschlüssen	
	im Ganzen	davon nach Messern	davon ohne Messer	im Ganzen	ohne Messer	nach Messern	ohne Messer	für öffentliche Zwecke	für Privat.	nach Messern	ohne Messer	nach Messern	ohne Messer
1876/77	621	6 095	361	—	—	40,1	59,9	4,0	96,0	42,8	58,2	4,1	95,9
1877/78	572	5 362	267	—	92	50,5	49,5	5,5	94,5	53,4	46,6	5,4	94,6
1878/79	552	6 060	322	52	102	49,5	50,5	4,0	96,0	51,6	48,4	5,4	94,6
1879/80	731	7 438	330	60	99	54,5	45,5	2,6	97,4	56,0	44,0	5,3	94,7
1880/81	956	10 955	421	83	123	57,9	42,1	1,9	98,1	59,1	40,9	5,8	94,2
1881/82	1 051	12 481	412	95	120	61,1	38,9	1,8	98,2	62,3	37,7	5,2	94,8
1882/83	1 148	13 109	418	109	135	55,6	44,4	9,6	90,4	61,6	38,4	4,9	95,1
1883/84	1 014	11 910	482	107	129	52,3	47,7	2,3	97,3	53,5	46,5	4,5	95,5
1884/85	1 019	12 914	513	132	134	47,6	52,4	3,9	91,6	52,6	47,4	4,3	95,7
1885/86	954	11 021	469	136	124	47,8	52,2	4,9	95,1	50,3	49,7	4,0	96,0
1886/87	903	10 531	478	139	114	47,0	53,0	2,3	97,7	48,1	51,9	4,1	95,9
1887/88	904	8 753	504	149	122	44,9	55,1	2,0	98,0	45,9	54,1	4,6	95,4
1888/89	954	8 600	522	149	122	46,0	54,0	2,0	98,0	47,0	53,0	5,1	94,9
1889/90	1 052	9 041	581	175	133	45,7	54,3	2,2	97,8	46,8	53,2	5,7	94,3
1890/91	1 035	7 412	583	174	135	43,4	56,6	2,8	97,2	44,6	55,4	5,9	94,1
1891/92	990	6 378	617	174	148	37,1	62,9	4,2	95,2	38,7	61,3	5,7	94,3
1892/93	989	5 359	628	178	148	36,2	63,8	4,5	95,5	37,9	62,1	6,7	93,3
1893/94	837	4 132	521	167	129	37,1	62,9	4,3	95,7	39,2	60,8	7,5	92,5
1894/95	791	3 379	528	162	122	33,1	66,9	5,3	94,7	35,0	65,0	7,8	92,2
1895/96	763	3 470	483	154	118	36,4	63,6	5,4	94,6	38,5	61,5	7,5	92,5
1896/97	789	3 893	499	166	119	40,2	59,8	4,8	95,2	42,2	57,8	8,6	91,4

Tabelle 345.

Preise in Pfennigen pro 100 cbm gefördertes Wasser	Jahr					
	1876/77	1881/82	1885/86	1889/90	1893/94	1896/97
Ausgaben:						
für Kohlen	107,6	42,6	37,0	42,1	47,4	47,6
» Beleuchtung, Schmiere etc.	24,5	9,9	12,2	14,0	13,7	12,9
» Löhne	134,4	39,5	29,9	23,0	25,6	22,8
» Gehälter	127,0	40,8	16,4	10,7	12,4	12,2
» Unterhaltungskosten	43,5	22,6	31,9	26,0	48,5	26,5
» Handlungsunkosten	30,2	10,7	9,1	6,8	8,6	9,4
Betriebsausgaben zusammen	467,2	166,1	136,5	122,6	156,2	131,4
ferner Zinsen	273,6	292,4	179,7	114,2	91,0	73,3
» Abschreibungen	—	120,6	139,7	118,3	119,5	113,6
Summe der Ausgaben	740,8	579,1	455,9	355,1	366,7	318,3
Einnahmen:						
für Wasser	606,0	688,5	611,2	565,8	585,2	611,8
» Privatanlagen	133,9	28,2	55,9	34,4	32,8	24,3
» Messermiethe	—	3,9	12,9	14,9	20,5	16,6
» Diverses	0,9	9,0	2,0	0,3	—	—
Summe der Einnahmen	740,8	729,6	682,0	615,4	638,5	652,7
Ueberschuss	—	150,5	226,1	260,3	271,8	334,4

Durch Ortsstatut vom 19. December 1889 ist der Anschluss an die Wasserleitung für sämmtliche bebauten Grundstücke im Stadtbezirke, auf welchen zum dauernden Aufenthalt von Menschen bestimmte Gebäude errichtet sind, obligatorisch.

Das Wasser kostet nach Messern abgegeben pro cbm 10 Pf. Für häusliche Zwecke ist für das Wasser monatlich mindestens M. 4 zu zahlen. Für gewerbliche Zwecke ist ein Rabatt festgestellt, welcher nach der Grösse der mittleren Tagesabgabe bestimmt wird, wobei aber eine Mindestzahlung pro Tag vorgeschrieben ist. Diese Sätze sind für:

cbm pro Tag von	10 bis 25	25 bis 50	50 bis 100	100 bis 200	200 bis 350	über 350
% Rabatt	7	15	25	33	38	45
M. Mindestzahlung pro Tag	1,00	2,32	4,25	7,50	13,40	21,70.

Je nach der Messergrösse wird eine monatliche Messermiethe erhoben von:

Durchmesser mm	13 bis 16	20 bis 25	30 bis 50	75 bis 125
Mark	2	4	8	15

Bei der Abgabe des Wassers nach Discretion ist jährlich zu zahlen für jeden bewohnbaren Raum, jede Küche etc. M. 2,25, für eine Badewanne M. 6,00, für ein Closet M. 4,50, für ein Pissoir M. 9,00, für ein Pferd, Rind etc M. 3,00, für einen Zimmerspringbrunnen M. 5,00 etc.

Ueber die chemischen Untersuchungen des Wassers in den letzten Jahren aus verschiedenen der Brunnen des Werkes liegen die in der Tabelle 346 angegebenen Zahlen pro Liter Wasser in mg vor.

Tabelle 346.

Jahr	Abdampf-rückstand	Kalk	Magnesia	Schwefel-säure	Chlor	Freie Kohlensäure	Organische Substanz	Salpeter-säure	Härte, deutsche Grade
1888	126	34	13	17	30	7	Spur	Spur	4,5
1889	120	29	11	11	14	8	»	0	3,5
»	180	40	11	21	42	—	»	Spur	3,8
1890	204	43	17	17	39	8	»	»	5,0
»	220	41	11	29	42	3	»	»	3,5
1891	164	63	10	15	50	9	»	0	3,6
»	201	39	8	25	34	10	»	0	4,0
1892	225	40	9	28	27	8	»	0	3,6
1893	170	25	—	17	30	8	3,2	0	4,5
»	176	42	6	19	51	4	Spur	0	4,5
1894	112	30	—	18	25	—	0,09	Spur	2,2
1895	144	44	—	30	33	9	Spur	0	4,8
»	145	43	—	30	36	8	»	0	5,0

Die häufig ausgeführten bacteriologischen Untersuchungen haben niemals pathogene Keime erkennen lassen. Die Keimzahl ist überhaupt stets eine verhältnissmässig sehr geringe gewesen.

Diese Untersuchungen werden vierteljährlich von einem von der Stadt damit beauftragten Chemiker ausgeführt.

25. f. **Elberfeld.** (E. 139359, W. 7350 mit je 19,0 B.)

a) Erste Anlage der Pumpstationen, Reservoire etc.

Für die Stadt Elberfeld ist, wie in der geschichtlichen Einleitung für das Wasserwerk Barmen mitgetheilt wurde, am 31. October 1876 das Project der Rheinischen Wasserwerksgesellschaft für eine Rheinthalwasserversorgung von 15000 cbm täglicher Leistung auszuführen beschlossen, und der Bau der Anlage wurde dem Director V. Schneider, der bis dahin Director dieser Gesellschaft war und jetzt Director der städtischen Gas- und Wasserwerke in Breslau ist, in städtischem Dienste übertragen. Im Sommer 1877 ist mit der Ausführung begonnen, und die Eröffnung des Werkes hat am 15. October 1879 stattgefunden.

Das Wasser wird in der Nähe des Dorfes Benrath in 25 km Entfernung von Elberfeld am rechten Ufer des Rheins durch Brunnen erschlossen und durch die in der dort erbauten Pumpstation aufgestellten Schöpfpumpen einem daneben erbauten Vorreservoire zugeführt. Aus letzterem wird es durch Druckpumpen entnommen und am Schlosse Benrath vorbei längs der Benrath-Focher Provinzialstrasse und der Hilden-Vohwinkeler Bezirksstrasse nach einer zweiten Pumpstation beim Dorfe Haan geführt, wo es abermals in ein Reservoir ausfliesst. Von hier wird es dann durch die hier aufgestellten Druckpumpen in ein Ausgleichsreservoir bei Bolthausen zwischen Haan und Gräfrath weiter befördert. Von diesem Reservoire führt es die Fallrohrleitung weiter durch einen 217,5 m langen Tunnel und dann syphonartig längs der Orte Vohwinkel und Sonnborn durch das Thal am rechten Ufer der Wupper entlang und schliesslich hinauf zum Nützenberge bei Dorp, wo ein Tunnelreservoir von 705 m Länge hergestellt ist, von dem aus dann die Wasservertheilung in der Stadt Elberfeld erfolgt.

Die Länge der Leitung zwischen den Stationen Benrath und Haan beträgt ca. 11200 m und diejenige von Haan bis zum Reservoire Bolthausen ca. 5400 m. Auf jeder der beiden Pumpstationen sind 2 horizontale Druckwindkessel von 8,0 m Länge und 1,6 m Durchmesser, von denen die Druckleitungen ausgehen, aufgestellt. Die Länge der Leitung zwischen dem Reservoire Bolthausen und dem Reservoire am Nützerberge beträgt ca. 7600 m.

Als Niederwasserstand im Rhein bei Benrath gilt 31,5 + 0 und als Hochwasserstand 40,3 + 0. Das Terrain am Ufer des Rheins liegt hier auf 33,6 + 0, und die Sohle des hier erbauten Vorreservoirs liegt auf 41,5 + 0, während die Flur des Maschinen- und Kesselhauses auf 42,6 + 0 liegt. Die Sohle des Reservoires der Station Haan liegt auf 132,5 + 0, die des Reservoires Bolthausen auf 224,5 + 0 und endlich die des Tunnelreservoires am Nützenberge auf 211,5 + 0. Zwischen den beiden letzteren Reservoiren senkt sich das Terrain bis auf 137,0 + 0 und in Elberfeld liegen die Thalstrassen auf 140,0 + 0, während die höchsten Punkte, welche in die Versorgung einbezogen sind, auf 200,0 + 0 liegen.

Von den für die erste Anlage am Rheine hergestellten 4 Brunnen, welche 13 m bis 30 m vom Flusse entfernt liegen, sind 2 gemauert, während die beiden anderen aus gesenkten, gusseisernen Tübings bestehen. Für jeden der ersteren Brunnen ist zuerst ein gemauerter Schacht von 7,0 m Weite und 8,5 m Tiefe als Ausbau der Baugrube hergestellt und innerhalb dieses Mantels ist dann der eigentliche Brunnen von 4,0 m Durchmesser bis auf 26,4 + 0 Tiefe abgesenkt. Die eisernen Brunnen haben 3,81 m Durchmesser und reichen bis auf 25,4 + 0 resp. 26,0 + 0 Tiefe hinab. Die sämmtlichen Brunnen stehen in einer Reihe und in ca. 45 m Entfernung von einander. Ihre Saugerohre, welche in begehbaren Kanälen verlegt sind, vereinigen sich in einem gemeinschaftlichen, negativen Windkessel, der in einem 9,0 m tiefen Schachte innerhalb des Maschinenraumes aufgestellt ist.

Aus diesem Windkessel saugen 2 Schöpfpumpen-Paare, deren jedes in einem ähnlichen Schachte wie der Windkessel steht und von einer liegenden Maschine getrieben wird. Die Pumpen sind einfachwirkende, stehende Rittinger-Pumpen. Der Antrieb derselben erfolgt durch Kunstkreuze und Gestänge und ihre Förderhöhe beträgt 12,0 m. Sie haben freie Ringventile und ihre Kolben haben 715 mm Durchmesser und 1,2 m Hub. Jede der Maschinen liefert bei 18 Umdrehungen pro Minute in der Stunde 1026 cbm Wasser, wovon 126 cbm für Condensationszwecke benutzt werden, und es hat jede Maschine demnach eine Nutzleistung von 46,4 PS.

Das Zwischenreservoir, in welches diese Pumpen fördern, ist gemauert, in den Boden versenkt und überwölbt. Es misst im Lichten 14,5 m im Quadrat und fasst bei 3,0 m Wasserhöhe 600 cbm Wasser. Die Maschinen für die Schöpfpumpen sind Verbundmaschinen mit Receiver und Condensation. Ihre Cylinder haben 400 mm resp. 690 mm Durchmesser, und ihre Dampfkolben haben 1,2 m Hub.

In dem Maschinenraume waren Anfangs ferner noch 3 Maschinen für die Druckpumpen aufgestellt, und es war der Platz für eine vierte Maschine vorgesehen. Es sind dies gleichfalls liegende Verbundmaschinen mit Schwungrädern, Receiver und Condensation. Hinter jedem der Cylinder einer jeden dieser Maschinen liegt, direct mit jeder Kolbenstange gekuppelt, eine doppeltwirkende Pumpe mit freien Ringventilen und mit Plungern von 265 mm Durchmesser (System Girard). Die kleinen Dampfcylinder haben 640 mm Durchmesser und die grossen 1100 mm Durchmesser. Die Maschinen haben Ventilsteuerung und zwar für die kleinen Cylinder Sulzer-

Steuerung. Sie arbeiten mit 24 Umdrehungen pro Minute, und es liefert jede von ihnen 300 cbm Wasser pro Stunde auf 86,0 m Höhe bei einem Arbeitsdrucke von 113,3 m mittels einer Druckleitung von 550 mm Durchmesser zur Pumpstation Haan. Es entspricht das einer Leistung von 126 PS.

Auf der Pumpstation Haan hat das Zwischenreservoir die gleiche Grösse wie auf der Pumpstation Benrath und ist auch in gleicher Weise ausgeführt. Sein Wasserspiegel liegt auf 132,5 m + 0. Es sind hier 3 einander völlig gleiche Maschinen, welche mit denen für die Druckpumpen auf der Station Benrath völlig übereinstimmen, aufgestellt. Deren Pumpen arbeiten bei einem gleichen Arbeitsdrucke wie diese auf eine effective Förderhöhe von 100,0 m. Auch hier war in dem Maschinenraume noch Platz für eine vierte Maschine vorgesehen. Ferner ist auf dieser Station eine Kühlvorrichtung für das Condensationswasser angelegt. Die Maschinentheilung ist auf den beiden Stationen so getroffen, dass bei 4 Druckmaschinen von je 300 cbm stündlicher Leistung auf jeder der beiden Stationen je eine von diesen Maschinen in Reserve bleiben kann, wenn eine der Schöpfmaschinen auf der Station Benrath 900 cbm nach Abzug der 126 cbm für die Condensation pro Stunde fördert. Es verbleibt sonach dann auch eine der beiden Schöpfmaschinen in Reserve.

Das Kesselhaus in Benrath ist für 9 Kessel eingerichtet. Anfangs war es mit 6 Kesseln belegt. Das Kesselhaus in Haan ist für 8 Kessel bestimmt und Anfangs waren hier 5 Kesseln aufgestellt. Die Kessel sind sämmtlich Siederohrkessel mit Hauptkesseln von 1,5 m Durchmesser und 8,8 m Länge, deren jeder mit 2 Siederohren von 10,0 m Länge und 0,8 m resp. 0,7 m Durchmesser durch je 3 konische Stutzen von 400 mm resp. 450 mm Durchmesser mit den Hauptkesseln verbunden ist. Die Rostfläche jedes Kessels beträgt 2,8 qm und die Heizfläche 70 qm. Als Dampfdruck sind 5 Atm. concessionirt.

Die Leitung von der Station Haan hat bis zu dem Reservoire Bolthausen und von hier bis zu dem Tunnelreservoire am Nützenberge, ebenso wie die zwischen den beiden Stationen, 550 mm Durchmesser. Als Wandstärken für diese Rohre sind, entsprechend dem statischen Drucke, dem sie ausgesetzt sind, 13 mm, 16 mm, 19 mm und 22 mm für einen Wasserdruck von 25,0 m, 50,0 m, 75,0 m und 100,0 m gewählt.

Das Reservoir Bolthausen ist aus Trassmauerwerk hergestellt. Es liegt bis zu seiner, 4,0 m betragenden Wasserhöhe unter Terrain und ist überwölbt und mit Erde überfüllt. Es bildet 2 Abtheilungen, deren jede in der Grundfläche 22 m im Quadrat im Lichten misst und bei 4,0 m Wasserhöhe 1740 cbm Inhalt hat, so dass der Gesammtinhalt 3480 cbm beträgt. Der höchste Wasserspiegel liegt auf 228,0 m + 0.

Das Tunnelreservoir am Nützenberge hat seine Form dem Wunsche verdankt, mit dem Speiserohre auf einem kürzesten Wege in das Versorgungsgebiet zu gelangen. Das Reservoir resp. der Tunnel hat eine lichte Länge von 705 m und kann bei einer Wasserhöhe von 2,0 m (entsprechend 213,5 m + 0) 4500 cbm Wasser aufnehmen. Die lichte Breite des Tunnels beträgt auf 60,0 m Länge 4,7 m und im übrigen Theile 3,2 m.

Ausser diesen beiden Versorgungsreservoiren für die Stadt Elberfeld ist noch ein drittes Reservoir, welches zwischen beiden liegt, hergestellt, welches ausschliesslich für die Versorgung des Ortes Vohwinkel dient. Es misst im Lichten 10,0 m im Quadrat und hat bei 3,0 m Wasserhöhe 300 cbm Inhalt. Es ist gemauert und überwölbt und wird direct aus der Fallrohrleitung gespeist, wobei der Zufluss zu demselben mittels eines Schwimmers regulirt wird.

Die 7 Dampfmaschinen und Pumpen für diese erste Anlage sind sämmtlich von der Märkisch-Schlesischen Maschinenbau-Actiengesellschaft, vormals Egells in Berlin, geliefert. In die Lieferung der 11 vorerwähnten, sowie der später noch angeschafften 4 Flammrohrkessel haben sich die Gutehoffnungshütte in Oberhausen, J. Piedboeuf in Düsseldorf, J. H. Becker in Elberfeld und Siller & Jamart in Barmen-Rittershausen getheilt.

Die Kosten der im Vorstehenden beschriebenen Anlangen excl. des Stadtrohrnetzes und der Zuleitungen, der Wassermesser etc. haben nach der Bauabrechnung betragen für:

Grunderwerb	M.	104 000
Saugebrunnen	»	70 300
Saugeleitungen	»	76 000
Maschinen, Pumpen und Kessel . . .	»	546 000
Druck- und Fallrohrleitungen	»	1 234 500
Reservoire (excl. Vohwinkel)	»	413 700
Maschinen-, Kessel- etc. Gebäude . . .	»	390 600
Telegraphenleitungen	»	20 400
zusammen	M.	2 855 500
dazu die Kosten des Stadtrohrnetzes in seiner ersten Ausführung incl. Schieber und Hydranten	»	712 000
ferner für Insgemein und Bauzinsen . .	»	495 400
Betrag im Ganzen	M.	4 062 900

b) Spätere Erweiterungen der Pumpstationen, Reservoire etc.

Ende der 80er Jahre und im Laufe der 90er Jahre erfuhren die Wasserwerksanlagen in ihren Pumpstationen, sowie die Druck- und Fallrohrleitungen und die Reservoiranlagen wesentliche Erweiterungen, durch welche die Leistungsfähigkeit des Werkes jetzt auf 25 000 cbm pro Tag erhöht ist. Diese Ausführungen sind nach den Projecten und unter der Leitung des Directors der Gas- und Wasserwerke Hemme ausgeführt.

Die Zahl der Brunnen in Benrath ist von 4 auf 7 vermehrt. Die 3 neuen Brunnen sind, ebenso wie 2 von den alten, aus gusseisernen Tübings hergestellt und haben gleiche Dimensionen wie diese erhalten. Später sind ferner noch 2 Zwischenbrunnen ausgeführt und durch Heberleitungen mit den vorhandenen Brunnen verbunden.

Auf der Station Benrath ist eine Schöpfpumpanlage neu erbaut. In dieser befinden sich 3 Pumpmaschinen, 2 von je 4 PS. und eine von 10 PS. Die von diesen Maschinen betriebenen, stehenden Pumpen liefern pro Stunde zusammen 630 cbm Wasser. Ferner ist in den alten Maschinenraum eine vierte Druckpumpmaschine eingebaut, deren Plungerpumpen 310 mm Durchmesser erhalten haben, so dass diese Maschine 420 cbm Wasser pro Stunde liefert, während die alten eine jede nur 300 cbm liefern. In das Kesselhaus sind in den früher offen gelassenen Raum noch 2 Zweiflammrohrkessel eingelegt.

Auf der Station Haan ist gleichfalls eine vierte Maschine für eine stündliche Leistung von 420 cbm im Maschinenraume aufgestellt, und es sind 2 fernere Zweiflammrohrkessel in das Kesselhaus eingelegt.

Zwischen den beiden Pumpstationen, sowie von der Station Haan bis zum Hochreservoire Bolthausen ist ferner eine zweite Druckleitung von 550 mm und von dem Reservoire Bolthausen aus ist eine zweite Fallrohrleitung von 600 mm Durchmesser verlegt. Bei Bolthausen ist endlich neben dem Hochreservoire von 3480 cbm Inhalt ein zweites Hochreservoir von 10 254 cbm Inhalt aus Beton hergestellt, so dass hier jetzt im Ganzen ein Wasserraum für 13 738 cbm vorhanden ist.

Auf dem Hahner Berge, dessen Anwohner mit in die Wasserversorgung mittels einer besonderen Hochdruckzone einbezogen sind, ist ein 30,0 m hoher, gemauerter Thurm erbaut, in welchem ein schmiedeeisernes Reservoir von 120 cbm Inhalt aufgestellt ist. Eine durch einen Gasmotor betriebene Pumpe entnimmt das Wasser aus der Hauptleitung und fördert es auf diese Höhe.

c) Rohrnetz und Wasservertheilung.

Das Vertheilungsrohrnetz wurde Anfangs von dem Reservoire am Nützenberge aus durch ein Rohr von 550 mm Durchmesser, das direct zur Stadt führt, gespeist. Dieses theilt sich an der Ecke der Königs- und Brückenstrasse in 2 Arme von je 450 mm Durchmesser, von denen der eine auf der Königsstrasse weiter bis zum Rathhause entlang geht, wo sich dessen Durchmesser auf 300 mm reducirt. Der andere Arm führt der Wupper zu und durchkreuzt diese, nachdem er sich gleichfalls auf 300 mm Durchmesser reducirt hat. Im Jahre 1880 bestand das städtische Rohrnetz im Ganzen aus 63 171 lfd. m Rohren, die folgende Durchmesser und Längen hatten:

Rohrdurchmesser .	mm	550	450	300	250	200	150
Rohrlänge . . .	m	678	1281	1833	152	1666	8434
	mm	125	100	80			
	m	23285	24388	1454.			

Damit waren 160 Schieber und 650 Hydranten verbunden. Die Rohrverlegungen innerhalb der Stadt hat damals J. & A. Aird & Mark in Berlin, und die der 24 260 m langen Druck- und Fallrohrleitungen hat die Firma Hermann & Mannes in Berlin ausgeführt. Die Hauptrohre sind von der Friedrich-Wilhelmshütte in Mülheim a. d. Ruhr, der Kölnischen Maschinenbau-Actiengesellschaft in Bayenthal und der Actiengesellschaft für Giesserei in Duisburg, sowie die kleineren Rohre von G. & J. Jäger in Elberfeld geliefert. Ausser diesen Giessereien haben später auch der Schalker Gruben- und Hüttenverein in Gelsenkirchen, R. Böcking & Comp. in Halbergerhütte und P. Stühlen in Deutz Rohre für den weiteren Ausbau geliefert. Die Schieber und Hydranten sind Anfangs von L. Strube in Buckau-Magdeburg geliefert. Die Hydranten sind Unterflurhydranten mit selbstthätiger Entleerung; sie sind innerhalb der Stadt in ca. 72 m Entfernung von einander aufgestellt.

Die Länge der gesammten Rohre von 600 mm bis 50 mm Durchmesser und deren Inhalt, sowie die Zahl der öffentlichen Schieber, Hydranten, Springbrunnen, Laufbrunnen und Pissoire gibt in jedem der letzten 6 Jahre die Tabelle 347 an.

Es sind 88 Lufthähne auf den Hauptleitungen angebracht. Zum Rinnsteinspülen dienen 246 Kastenspüler mit Kaliberscheiben-Regulirung. Letztere ist auch bei den Pissoiren angewendet. Zu den Zuleitungen für die Privaten werden Bleirohre verwendet, die in der Regel 20 mm Durchmesser haben. Die Absperrhähne dafür stehen in den Kellern. Die Wasserabgabe erfolgt ausschliesslich durch Wassermesser. Am 31. März 1897 waren im Ganzen 6036 Messer eingebaut, von denen 2416 von Siemens & Halske, Berlin, 1026 von H. Meinecke, Breslau, 2543 von Dreyer, Rosenkranz & Droop, Hannover und 51 von Wolff & Schreiber, Breslau geliefert waren. Diese setzten sich im Ganzen aus folgenden Grössen zusammen:

Tabelle 347.

Jahr	1891/92	1892/93	1893/94	1894/95	1895/96	1896/97
Rohrlänge in m	127 123	131 306	150 692	152 879	158 447	161 895
Rohrinhalt in cbm	5 254	5 497	5 712	5 893	5 951	5 987
Schieber	396	413	466	477	505	522
Hydranten	956	979	1 004	1 025	1 057	1 080
Springbrunnen	5	5	5	6	5	5
Laufbrunnen	4	4	4	4	4	5
Pissoire	13	13	13	17	19	19

Durchmesser	mm	13	20	25	33	40	50	80	100	125
Stückzahl .	m	1173	4223	286	76	35	113	103	21	6.

Die gesammten Baukosten der sämmtlichen Anlagen haben sich ohne Berücksichtigung der Abschreibungen am 31. März 1897 auf M. 7 095 805 belaufen.

d) Betrieb und Wasserabgabe.

Den Betrieb des Wasserwerkes leitet der Director der Gas- und Wasserwerke Hemme unter Assistenz des Inspectors Rudolph.

Die Tabelle 348 (S. 424) gibt für jedes der Jahre von 1884/85 bis 1896/97 (mit Ausnahme der Zeit 1885/88) die Grösse der Wasserförderung, wie sie in das Hochreservoir erfolgt ist, und den Kohlenverbrauch der beiden Pumpstationen an. Ferner ist unter Annahme einer mittleren gesammten Arbeitshöhe von 240,0 m in der Tabelle die Leistung in m $\times$ kg pro kg Kohle und der Kohlenverbrauch pro PS.-Stunde und pro 100 cbm Wasser angegeben. Die verbrauchten Kohlen sind westfälische Steinkohlen.

Die Fördermengen auf der Tabelle 348 sind diejenigen, welche für die städtische Versorgung verwendet sind, während die Schöpfmaschinen der Station Benrath auch das Speise- und das Condensationswasser für den Betrieb, sowie das für den Hausbedarf der Pumpstation etc. zu fördern hatten. Die Tabelle 349 (S. 424) gibt für die 3 letzten Jahre die durch die Schöpfmaschinen geförderten und die für die Stadt verwendeten Mengen, sowie als Differenz das für den Betrieb benutzte Quantum und dessen Verhältniss zu den beiden anderen Mengen an.

Tabelle 348.

Jahr	Wasserförderung cbm	Kohlenverbrauch kg	Leistung pro 1 kg Kohle m kg ×	kg Kohlen pro PS.-Stunde	kg Kohlen pro 100 cbm Wasser	Maschinen-Arbeitsstunden im Jahre	cbm Wasser pro Maschinen-Betriebsstunde
1884/85	3 056 196	6 479 800	113 000	2,38	212	—	—
1888/89	4 360 691	9 372 900	111 600	2,42	215	40 771	107
1889/90	4 685 210	10 436 600	108 000	2,51	223	43 278	108
1890/91	4 945 527	11 249 100	106 000	2,56	228	41 674	119
1891/92	5 661 034	13 200 600	103 600	2,62	233	45 973	123
1892/93	5 789 932	13 408 800	103 000	2,61	232	53 680	108
1893/94	5 418 395	11 587 300	113 000	2,41	214	52 649	103
1894/95	5 034 788	11 109 450	109 000	2,48	221	45 990	109
1895/96	5 895 884	13 814 730	102 300	2,64	235	56 178	105
1896/97	6 347 691	13 992 658	102 400	2,47	220	—	—

Tabelle 349.

Jahr	1894/95	1895/96	1896/97
cbm Wasser durch die Schöpfmaschinen gefördert . . .	7 427 876	8 164 379	9 008 973
cbm Wasser für die Stadt .	5 034 788	5 895 884	6 347 691
% vom Geschöpften . . .	69,1	72,2	70,5
cbm Wasser für den Betrieb etc.	2 393 088	2 268 495	2 661 282
% vom Geschöpften . . .	30,9	27,8	29,5
% vom Wasser für die Stadt	44,7	38,5	42,0

In den beiden letzten Jahren hat die Tagesmenge des geschöpften resp. des in der Stadt verwendeten Wassers die in der Tabelle 350 angegebene Grösse erreicht.

Tabelle 350.

Wasser	mittlerer Tag	Maximaltag	Minimalarbeitstag	Minimalsonntag
1895/96 Wasser geschöpft cbm	22 295	32 111	17 195	11 504
desgl. Wasser verbraucht »	16 097	24 117	13 859	7 752
desgl. in % des geschöpften	72,2	75,1	80,6	67,4
1896/97 Wasser geschöpft cbm	24 683	32 020	16 334	10 148
desgl. Wasser verbraucht »	17 392	23 940	12 641	7 621
desgl. in % des geschöpften	70,5	70,5	77,4	75,1

Für die beiden Stationen sind schliesslich noch, getrennt für die beiden letzten Jahre, die Angaben für den Kohlenverbrauch und für die Leistung in Millionen m × kg in der Tabelle 351 zusammengestellt.

Tabelle 351.

Jahr	1895/96	1896/97
Station Benrath: Millionen m × kg .	797 714	867 886
» » Kohlenverbrauch kg	8 601 000	8 512 600
» » m × kg pro kg Kohle	92 747	101 953
Station Haan: Millionen m × kg . .	612 860	659 016
» » Kohlenverbrauch kg .	5 213 730	5 480 058
» » m × kg pro kg Kohle .	117 547	120 257
Zusammen: Millionen m × kg . . .	1 410 574	1 526 902
» Kohlenverbrauch	13 814 730	13 992 658
» m × kg pro kg Kohle . .	102 107	109 012

Der Gasverbrauch für den Motor der Station Hahnerberg hat im Jahre 1894/95 1437 cbm und im Jahre 1895/96 13034 cbm betragen.

Die Tabelle 252 (S. 425) gibt für die einzelnen Jahre von 1888/89 bis 1896/97 die Wasserabgabe im Ganzen und getrennt nach der Abgabe durch Messer und ohne Messer und nach der für Private und für öffentliche Zwecke, sowie letztere wieder nach den verschiedenen Verbrauchszwecken getrennt, an; ferner ist die Zahl der Anschlüsse und der Wassermesser, sowie die Jahresabgabe für jeden derselben und auch der Verbrauch am mittleren und am Maximal- und am Minimaljahrestage im Ganzen, sowie pro Kopf angegeben. Auch sind für diese verschiedenen Werthe einige Verhältnisszahlen angeführt.

Wie die Abgabe nach Messern sich für Fabriken und für Wohnhäuser, sowie für die städtischen Gebäude vertheilt, gibt die Tabelle 353 für die 3 letzten Jahre im ganzen Jahre und nach Procenten der Gesammtmenge an.

Tabelle 353.

Jahr	1894/95	1895/96	1896/97
Messerconsum für Fabriken cbm	2 934 892	3 635 604	4 032 812
in % der Wasserabgabe . .	68,4	70,6	71,8
desgl. für Wohnhäuser cbm	1 268 787	1 422 285	1 499 930
in % der Wasserabgabe . .	29,6	27,6	26,7
desgl. für städtische Gebäude . . . . cbm	85 022	89 344	89 021
in % der Wasserabgabe . .	2,0	1,8	1,6
Messerconsum gegen 100 cbm des Vorjahres:			
für Fabriken . . . . cbm	—	123,8	110,1
für Wohnhäuser . . »	—	112,1	104,6
für städtische Gebäude »	—	104,8	99,1
im Ganzen . . . . . »	—	120,0	109,2

Die Vertheilung des Wassers, welches in den 3 letzten Jahren ohne Messer abgegeben ist, ergibt sich, soweit nicht schon auf der Tabelle 352 dafür etwas angegeben ist, für die verschiedenen Verbrauchszwecke aus der Tabelle 354.

Ausser der Stadt Elberfeld mit den Vororten Sonnborn und Hahnerberg werden die Stadt Hilden und die Orte Benrath, Haan und Vohwinkel aus der Elberfelder Wasserleitung versorgt.

Die Wasserverrechnung findet nur nach Wassermessern statt. Mindestens ist aber im Jahre M. 30 oder im Monate M. 2,50 als Wassergeld zu zahlen, ausgenommen für Häuser, welche nur ein Erdgeschoss, event. mit Kniestock enthalten, für welche M. 15 resp. M. 1,25 zu zahlen ist. Dafür werden 200 cbm

Tabelle 352.

Jahr	1888/89	1889/90	1890/91	1891/92	1892/93	1893/94	1894/95	1895/96	1896/97
Einwohnerzahl	120 300	125 000	135 000	137 000	142 000	144 000	150 000	153 000	155 000
Gesammte Abgabe pro Jahr cbm	4 360 489	4 683 123	4 966 749	5 659 992	5 781 260	5 420 185	5 111 251	5 891 409	6 348 257
desgl. gegen 100 cbm des Vorjahres . . . . cbm	—	107,1	106,1	114,0	111,9	93,9	94,3	115,1	107,8
Liter pro Kopf pro Tag im Mittel	99	103	98	113	112	103	93	105	112
desgl. am Maximaltage	144	161	132	139	159	154	134	158	154
Zahl der Anschlüsse	4 511	4 769	4 959	5 254	5 497	5 712	5 896	6 097	6 323
cbm pro Anschluss im Jahre	966	980	1 001	1 079	1 053	948	870	966	1 004
Tagesabgabe am									
mittleren Jahrestage . . cbm	11 947	12 830	13 306	15 464	15 839	14 850	14 003	16 097	17 392
Maximaltage »	17 375	20 090	17 879	19 159	22 581	22 242	20 183	24 117	23 940
Minimaltage »	5 375	5 561	5 523	6 688	8 365	6 653	7 486	7 752	7 621
Von 100 cbm am mittleren Jahrestage am									
Maximaltage des Jahres »	145,2	155,9	134,0	123,9	142,1	149,9	143,9	149,8	137,6
Minimaltage des Jahres »	45,0	43,4	41,5	43,2	52,8	44,9	53,4	48,1	43,8
Wasser für öffentliche Zwecke »	1 021 605	1 053 322	1 101 500	1 356 885	1 438 654	1 150 148	822 550	744 176	726 494
davon Strassensprengen »	—	—	3 800	62 600	57 000	21 360	17 542	30 347	23 658
» Springbrunnen »	9 555	8 541	7 744	14 366	10 414	2 482	3 383	—	—
» Laufbrunnen »	7 300	8 500	8 500	8 500	14 500	14 500	14 496	—	—
» Rinnsteinspülen »	165 375	3 150	37 200	—	63 700	—	—	72	—
» Kanalspülen »	25 600	255 200	256 200	287 400	450 000	355 025	9 223	5 036	5 387
» Bedürfnissanstalten »	97 840	113 440	121 150	145 000	370 794	356 300	291 159	273 796	224 738
» Bewässern öffentlicher Anlagen »	—	—	2 000	7 000	5 000	3 192	12 749	13 252	15 660
» Feuerlöschen »	697	5 955	337	652	1 710	345	550	2 003	1 680
» Diverses »	715 238	658 536	664 519	831 367	465 536	396 944	473 448	419 670	455 371
Von 100 cbm für öffentliche Zwecke für:									
Strassensprengen »	—	—	0,3	4,6	4,0	1,8	2,1	4,1	3,2
Springbrunnen »	0,9	0,8	0,7	1,0	0,7	0,2	0,4	—	—
Laufbrunnen »	0,7	0,8	0,7	0,6	1,0	1,3	1,7	—	—
Rinnsteinspülen »	16,2	0,3	3,4	—	4,4	—	—	0	—
Kanalspülen »	2,5	24,2	23,3	21,2	31,3	30,8	1,1	0,7	0,7
Bedürfnissanstalten »	9,6	10,8	11,0	10,7	25,8	31,0	35,4	36,8	31,1
Bewässern öffentlicher Anlagen »	—	—	0,2	0,5	0,3	0,3	1,5	1,8	2,2
Feuerlöschen »	—	0,5	—	—	0,1	—	0,1	0,3	0,2
Diverses »	70,1	62,6	60,4	61,4	32,4	34,6	57,7	56,3	62,6
Wasser für Private »	3 338 884	3 629 801	3 865 249	4 303 107	4 342 606	4 270 037	4 288 701	5 147 233	5 621 763
davon nach Messern »	3 338 884	3 628 955	3 864 592	4 302 199	4 341 931	4 269 168	4 288 701	5 147 233	5 621 763
Zahl der Messeranschlüsse	4 458	4 683	4 885	5 109	5 363	5 544	5 663	5 852	6 036
Abgabe pro Messeranschluss cbm	747	776	793	841	809	770	816	879	933
Wasser ohne Messer für Private »	—	846	657	908	675	869	—	—	—
Zahl der Anschlüsse ohne Messer	53	86	74	145	134	168	—	—	—
Gesammtabgabe ohne Messer »	1 021 605	1 054 168	1 102 157	1 357 793	1 439 329	1 151 017	822 550	744 176	726 494
Von 100 cbm Gesammtabgabe für öffentliche Zwecke . cbm	23,5	22,5	22,2	24,0	24,8	21,2	16,1	12,6	11,5
für Private »	76,5	77,5	77,8	76,0	75,2	78,8	83,9	87,4	88,5
Wasserabgabe von 100 cbm der Privatabgabe . . . . . cbm	76,6	77,4	77,8	76,0	75,1	78,8	90,2	100,0	100,6
desgl. Abgabe ohne Messer »	23,4	22,6	22,2	24,0	24,9	21,2	9,8	—	—

resp. 100 cbm im Jahre geliefert und für den Mehrverbrauch ist ferner pro cbm 15 Pf. zu zahlen. Dieser Preis gilt bis zu einer jährlichen Abnahme von 3000 cbm und für das darüber hinausgehende jährliche Quantum ist zu zahlen:

	bis zu cbm 20000;	mehr bis 50000;	mehr bis 100000	und mehr
pro cbm Pf.	13	11	9	7

Die monatliche Messermiethe einschliesslich der Unterhaltungskosten beträgt je nach der Grösse:

Durchmesser mm	13	20	26	30	40	50	80	100	125
Pfennig	55	60	85	105	120	140	220	270	350

Tabelle 354.

Jahr	1894/95	1895/96	1896/97
Für die in der Tabelle 352 specialisirten, eigentlichen »öffentlichen Zwecke« cbm	410 422	324 506	271 123
ferner von als »Diverses« aufgeführt:			
für Rohrspülen . . . cbm	24 080	16 210	21 850
für Frosthähne an Brückenleitungen . . »	51 181	63 528	64 862
für unrichtige Messer und Zuleitungsschäden »	241 027	219 068	320 589
für Rohrbrüche . . . »	95 840	120 864	48 070
Diverses zusammen . cbm	412 128	419 670	455 371
oder von 100 cbm der Privatabgabe . . . . »	9,6	8,1	8,1
ferner für den Selbstgebrauch des Werkes »	2 393 088	2 268 495	2 661 282
zusammen incl. Diverses cbm	2 805 216	2 688 165	3 116 653
oder von 100 cbm der Privatabgabe . . . »	65,4	52,2	53,7
desgl. der Gesammtabgabe »	54,9	45,6	47,5
desgl. der geschöpften Menge . . . . . . »	37,6	32,9	33,5

Als Resultat der letzten Wasseruntersuchung ist gefunden in 1 ccm 9 bis 12 nicht pathogene Keime und im Liter Wasser:

Trockenrückstand	237,6 mg
Chlor	16,9 »
Salpetersäure	Spur
Ammoniak, salpetrige Säure	Null
Kaliumpermanganat zur Oxydation der organischen Substanz	3,6 mg

26. r. Emmerich. (E. 10019.)

Für die Wasserversorgung der Stadt Emmerich ist für deren Rechnung im Jahre 1887 nach dem Projecte und unter Leitung des Ingenieurs H. Scheven in Bochum eine einheitliche Anlage für eine tägliche Leistung von 1440 cbm hergestellt, welche in der ersten Ausdehnung M. 230 000 gekostet hat. Die Pumpmaschinen dafür sind von der Emmericher Maschinenfabrik und Eisengiesserei und die Rohre von P. Stühlen in Deutz und von dem Schalker Gruben- und Hüttenvereine in Gelsenkirchen geliefert. Den Betrieb des Werkes leitet der städtische Gas- und Wasserwerksdirector Meissner.

Oestlich vom Rheine und ca. 2 km von dessen Ufern entfernt, sind in einer Dünenablagerung dicht an der Holländischen Grenze für die Wassergewinnung 3 Rohrbrunnen von 175 mm Durchmesser und 8,0 m Tiefe aus theilweise geschlitzten Rohren von Schmiedeeisen hergestellt. In einer daneben erbauten Pumpstation sind 2 stehende Bockmaschinen von 265 mm Cylinderdurchmesser aufgestellt, deren jede, direct mit der Kolbenstange gekuppelt, eine doppeltwirkende Plungerpumpe von 155 mm Durchmesser antreibt. Der gemeinschaftliche Hub beträgt 0,55 m, und bei 50 Doppelhüben pro Minute liefert jede Pumpe pro Stunde 60 cbm Wasser. Für die Dampfbereitung dienen 2 Siederohrkessel.

Eine Druckleitung von 165 m Länge und 225 mm Durchmesser führt zu einem Hochreservoire von 500 cbm Inhalt, das aus Schmiedeeisen (System Intze) besteht und ca. 2000 m von der Stadt entfernt ist. Es ist auf einem künstlichen Unterbaue 33,0 m hoch über Terrain, ummantelt und unter Dach aufgestellt, und sein Wasserspiegel liegt 40,0 m hoch über dem Mittelwasser der Gewinnungsstelle. Von dem Reservoire führt eine 2200 m lange Fallrohrleitung von 225 mm Durchmesser zum Vertheilungsnetze, welches nach dem Circulationssysteme ausgeführt ist und unter einem einheitlichen, constanten Drucke von im Mittel 35,0 m steht. Die Länge der anfänglich verlegten Rohrleitungen betrug 11 407 lfd. m, mit welchen 56 Schieber verbunden waren. Nach den Durchmessern setzten sich wie folgt zusammen:

Durchmesser . mm	225	200	175	150	125	100	80
Rohrlänge . . m	2448	335	476	64	505	1703	5876
Schieberzahl . . .	6	1	1	3	1	8	36.

Es waren 84 Hydranten in 80 m bis 100 m Entfernung von einander aufgestellt.

Die Zuleitungen haben 13 mm, 20 mm und 25 mm Durchmesser und bestehen, ebenso wie die Hausleitungen, aus Bleirohren. Bis Ende 1895 waren 600 Wassermesser geliefert und zwar 38 von Lux, Ludwigshafen, 2 von H. Meinecke, Breslau und 560 von Dreyer, Rosenkranz & Droop, Hannover. Nach der Grösse vertheilen sich diese Messer wie folgt:

Durchmesser mm	12	13	15	20	25	50	70	80
Stückzahl . . .	264	2	13	273	44	1	2	1.

Die Wasserabgabe findet nur nach Messern statt, und es beträgt der Preis pro cbm je nach der jährlichen Abnahme:

bis cbm im Jahre	300	600	1000	2000
pro cbm Pf. . .	15	14	13	12.

Bei grösserer Abnahme wird ferner ein besonderer Rabatt gewährt. Die jährlich zu leistende Mindestzahlung steigt mit der Höhe des jährlichen Gebäudesteuer-Nutzungswerthes und beträgt:

Nutzungswerth bis M.	150	240	300	600	darüber
Minimalzahlung M. .	10	15	20	30	40.

Als Wassermessermiethe ist einschliesslich der Reparaturkosten je nach der Grösse der Messer pro Jahr zu zahlen:

Durchmesser mm	13	20	26
Mark	3	4	5.

Für grössere Messer findet eine besondere Vereinbarung über den Miethpreis statt.

Das Wasser ist im Allgemeinen gut, aber sehr eisenhaltig; trotzdem ist eine Enteisenungsanlage bislang nicht geplant.

27. g. Essen. (E. 96 123.)

a) Geschichtliches.

Schon vor mehr als 300 Jahren besass die Stadt Essen für ihre öffentlichen Brunnen eine künstliche Zuleitung, die Kaupenleitung genannt. Sie wurde aus einer südlich von der Stadt entspringenden Quelle mit natürlichem Gefälle gespeist. Diese Quelle ist bereits im Jahre 1881 versiegt. Ausserdem waren in der Stadt Privatbrunnen in grosser Zahl vorhanden, welche aber der schon in den 40 er Jahren dieses Jahrhunderts sich dort rasch entwickelnde Bergbau im Laufe der Zeit immer mehr zum Versiegen brachte. Namentlich in trockenen Jahren (z. B. 1857) wurde der Wassermangel so gross, dass solches zeitweise der Stadt mit 6 Pferden zugefahren werden musste.

Alle Versuche, in der Nähe der Stadt durch Bohrungen auf der Südseite derselben Wasser in grösseren Mengen zu erschliessen, blieben erfolglos und wenn auch auf der Nordseite der Stadt die Anlage eines Schachtes vielleicht die Möglichkeit zu einer Wassergewinnung nicht völlig ausschloss, so liess doch die Unsicherheit eines genügenden und bleibenden Erfolges selbst von dem Versuche eines so kostspieligen Unternehmens Abstand nehmen. Eine städtische Commission, welcher die Vorarbeiten für eine bessere Versorgung der Stadt übertragen waren, entschied sich daher schon im Anfange der 60er Jahre für das Project, das Wasser aus der Ruhr direct oder indirect zu entnehmen und künstlich mit Dampfkraft in ein auf der Wasserscheide zwischen Ruhr und Emscher zu erbauendes Hochreservoir zu heben, von wo es der Stadt dann durch ein Vertheilungsnetz zufliessen sollte.

b) Erste Anlage.

1. Allgemeines.

Am 21. October 1864 ist ein nach diesen Gesichtspunkten erbautes städtisches Wasserwerk dem Betriebe übergeben worden, welches nach den Plänen des Oberbauraths Moore in Berlin und von diesem als Generalunternehmer für eine tägliche Leistungsfähigkeit von 1400 cbm für die Summe von M. 350000 hergestellt war. Zu dessen Baukosten hatte die Stadt M. 211410 aus eigenen Mitteln gezahlt und ferner waren dafür M. 60000 von Friedr. Krupp und M. 80970 von verschiedenen Bürgern als freiwillige und vorläufig unverzinsliche Darlehen der Stadt überwiesen. Die ersten Anlagekosten des Werkes vertheilten sich auf:

Grunderwerb	M.	11050
Maschinen, Pumpen und Kessel	»	30700
Gebäude	»	14800
Hochreservoir und Rohrleitungen	»	293450
zusammen	M.	350000

»Es war die höchste Zeit, dass die Frage der Beschaffung von hinreichendem Wasser, welche so lange geschwebt hat, endlich beseitigt ist« heisst es in dem städtischen Verwaltungsberichte vom Jahre 1864 und nur die Frage, »ob der von der Stadtvertretung angenommene Grundsatz, dass von der Errichtung öffentlicher Brunnen und Springbrunnen vorläufig ganz abzusehen ist und das Wasser nur gegen Bezahlung verabreicht wird und dem entsprechend über die Einnahme und Ausgabe des Wasserwerkes eine getrennte Rechnungsführung stattfindet,« als richtig und gerecht anzusehen ist, veranlasste den damaligen Bürgermeister Lindemann, jetzt Oberbürgermeister in Düsseldorf, vor 34 Jahren zu folgenden weiteren Aeusserungen in diesem Berichte, die, wenn sie auch heute nur noch von historischem Interesse sind, doch hier erwähnt werden mögen:

»Man behauptet, dass die Errichtung zahlreicher öffentlicher Brunnen eine Nothwendigkeit ist. Ohne der Entscheidung über diese Frage vorgreifen zu wollen, gestatte ich mir hier nur die Bemerkung, dass bei Erörterung der Frage nicht ausser Acht zu lassen ist, dass die jährlichen Betriebskosten des Wasserwerkes sehr bedeutend sind und die Errichtung zahlreicher, öffentlicher Brunnen nothwendig die Rentabilität des Werkes unmöglich machen und in Folge dessen die Uebernahme der Betriebskosten auf die Communalcasse erfordern wird. Da es nun aber an sich nicht Sache der Gemeinde ist, für den Wasserbedarf der Einzelnen zu sorgen und weil zugleich die Vortheile des Wasserwerkes denjenigen Eingesessenen, welche ausserhalb des Bereiches der Rohrleitungen liegen, nicht zu Gute kommen können, so würde es sich meines Erachtens nicht rechtfertigen lassen, wenn man von den letzteren Beiträge zu den Kosten dieser, ihnen nicht zu Gute kommenden Einrichtung einziehen wollte. Es würde daher in diesem Falle nothwendig sein, eine Disparität der Steuern dahin einzuführen, dass die bemerkten Eingesessenen entsprechend erleichtert würden. Ob dies nach der Städteordnung zulässig ist, möchte zweifelhaft sein. Die königl. Regierung hat auf meine desfallsige Anfrage die Einrichtung einer ungleichen Besteuerung als unzulässig hingestellt. Auf der anderen Seite ist es als richtig anzuerkennen, dass die Gemeinde es den weniger Bemittelten möglich machen muss, sich mit dem erforderlichen Wasser zu versorgen. Dies war bisher sehr häufig schwierig, nicht sowohl, weil die vorhandenen, öffentlichen Brunnen zu wenig zahlreich gewesen wären, sondern weil dieselben nur zu bestimmten Tageszeiten Wasser gaben, und es ist daher als Nothwendigkeit anzuerkennen, dass dafür gesorgt werde, dass an diesen vorhandenen Brunnen stets Wasser zu haben ist. Dafür ist denn auch bereits durch Verbindung mehrerer derselben mit dem neuen Wasserwerke Sorge getragen.«

Das Wasser ist nach dem ersten Tarife zu 8 Pf. pro cbm bis zu einem täglichen Verbrauche von 30 cbm und zu 6,4 Pf. pro cbm bei grösserem Verbrauche abgegeben, und für den Hausbedarf war Anfangs pro Jahr zu zahlen für jeden bewohnten Raum, jede Küche, jede Badeeinrichtung und jedes Watercloset M. 2,25 etc. Nach dem Abschlusse des ersten vollen Betriebsjahres 1865 ergaben sich als Einnahmen M. 33537 und als Ausgaben M. 22297. Es war also ein Ueberschuss von M. 13240 vorhanden, trotzdem in den Ausgaben schon M. 7582 als Amortisation enthalten waren, so dass eine Verzinsung des Anlagekapitals mit $3^2/_3$% bereits möglich war. Die Zahl der Anschlüsse, welche am Ende des Jahres 1864 280 betragen hatte, war am Ende des Jahres 1865 auf 866 gewachsen und von dem während des Jahres geförderten Wasserquantum von 431816 cbm waren 233302 cbm nach Messern abgegeben und für technische Zwecke verwendet, während 208514 cbm, nach Discretion abgegeben, für den Hausgebrauch gedient hatten. Diese Zahlen beweisen, ein wie grosses Bedürfniss für die Bürgerschaft das Wasserwerk war und wie richtig die Grundsätze des Tarifs für die Wasserabgabe damals gewesen sind.

2. Specielle Beschreibung.

In der Gemeinde Bergerhausen, ca. 4 km von der Stadt entfernt, ist an der Ruhr gleich unterhalb der Spillenburger Schleuse die Pumpstation für das Wasserwerk erbaut, welche aus einem Maschinen- und Kesselhause bestand. In dem Kesselraume lagen 2 Zweiflammrohrkessel von 6,6 m Länge und 1,6 m Durchmesser in ihren Mänteln und von 0,6 m Durchmesser in ihren Feuerrohren, und es war noch ein Platz für einen dritten Kessel vorgesehen. In dem Maschinenraume befand sich eine liegende, eincylindrige Maschine von 1,42 m Hub und 471 mm Cylinderdurchmesser mit Meyer'scher Expansionssteuerung von einer Leistung von 22 PS. Sie arbeitete mit Schwungrad und ohne Condensation. Deren verlängerte Kolbenstange betrieb eine doppeltwirkende Pumpe mit einem Scheibenkolben von 222 mm Durchmesser und mit Lederklappenventilen (Californien-Pumpe), welche bei 12,5 Umdrehungen pro Minute 78 cbm Wasser pro Stunde auf 62,0 m Höhe förderte.

Am Ufer der Ruhr waren zur Wassergewinnung 160 lfd. m durchlochte Thonrohre von 230 mm Durchmesser verlegt. Diese mündeten in einem gemauerten Brunnen von 3,57 m Durchmesser, der 2,3 m tief unter das Flussbett hinabreichte und in seinem Mantel theilweise durchlässig war. Aus diesem Brunnen entnahm das Saugerohr der Pumpe das Wasser, und deren Druckrohr

54*

von 235 mm Durchmesser und 2715 m Länge führte es einem Hochreservoire zu, das auf dem Steeler Berge erbaut ist und dessen Sohle 58,0 m über dem mittleren Ruhrwasserstande liegt. Das Reservoir ist gemauert, überwölbt, halb in den Boden versenkt und 1,0 m hoch mit Erde überfüllt. Bei 4,0 m Wasserstand hat es einen Inhalt von 3000 cbm.

Von dem Reservoire führte Anfangs eine Leitung von 314 mm Durchmesser zum Stadtrohrnetze, welches bei der Eröffnung des Werkes 10 290 m Länge hatte und aus folgenden Durchmessern bestand:

Rohrdurchmesser	mm	314	261	235	209	183	157
Rohrlänge . . .	m	40	140	480	220	270	900
	mm	130	104	78			
	m	1070	2150	5020.			

Mit demselben waren 47 Schieber und 145 Hydranten verbunden.

c) Weiterer Ausbau der Gewinnungs- etc. Anlagen.

1. Periode 1865.

Bereits während des ersten vollen Betriebsjahres 1865 erfuhr das städtische Rohrnetz eine Verlängerung von 5375 lfd. m oder um mehr als 50%. Der schon im ersten Jahre auf 431 816 cbm angewachsene Jahresconsum veranlasste ferner die Anschaffung des dritten Kessels, der bei sonst gleichen Dimensionen, wie die beiden ersten, 8,74 m Länge erhielt. Endlich wurde auch eine zweite, der ersten gleiche Maschine aufgestellt, welche mit ihr das Schwungrad theilte, wodurch die beiden Maschinen zu einer Zwillingsmaschine, Nr. I genannt, geworden sind. Diese gekuppelte Maschine konnte schneller als ihre frühere Hälfte, die erste Maschine, laufen und daher 180 cbm Wasser pro Stunde liefern. Sie ist in beiden Theilen von der Essener Maschinenfabrik, später Union in Essen ausgeführt.

2. Periode 1869.

Im Jahre 1869 erfuhr die Pumpstation nach den Plänen des derzeitigen Stadtbaumeisters Schülke in Essen, jetzt Stadtbaurath in Barmen eine fernere Vergrösserung durch die Aufstellung einer Corlissmaschine, Nr. II genannt, und den Einbau eines Field'schen Kessels. Sowohl für die Maschine als für den Kessel wurden neue Gebäude aufgeführt, welche Platz für fernere Vergrösserungen boten. Auch musste damals schon eine zweite Druckleitung zum Hochreservoire und eine zweite Fallrohrleitung zur Stadt, beide von 392 mm Durchmesser, hergestellt werden. Die Corlissmaschine ist von der Maschinenfabrik Ewald Hilger in Essen und der Field'sche Kessel ist von Ew. Berninghaus in Duisburg geliefert.

Schon während dieser Ausführungen kam man in der Wassercommission zu der Ueberzeugung, dass sie eigentlich ganz ungenügend wären und man beschloss, sofort noch eine zweite Corlissmaschine Nr. III und 2 fernere Field'sche Kessel, welche die neuen Gebäude füllten, bei den früher genannten Lieferanten zu bestellen. Diese neuen Anlagen haben zusammen M. 96 000 gekostet. Gleichzeitig wurde auch die Wassergewinnungsanlage, nachdem ein zweiter Brunnen mit Filterrohren, der in gleicher Weise wie der erste bereits im Jahre 1866 hergestellt war, nicht mehr genügte, durch einen dritten Brunnen von 4,0 m Durchmesser mit gusseisernen Filterrohren von 315 mm Durchmesser und 160 m Länge vergrössert.

Die beiden Corlissmaschinen sind unabhängig von einander und symmetrisch zu einander aufgestellt. Sie sind eincylindrig und haben Dampfkolben von 630 mm Durchmesser und 0,94 m Hub. Sie sind mit Schwungrädern, mit Condensation und mit liegenden Luftpumpen versehen. Es treibt eine jede der Maschinen eine an ihre Kolbenstange direct gekuppelte, doppeltwirkende, liegende Druckpumpe mit Scheibenkolben von 295 mm Durchmesser und mit Glockenventilen an. Jede Maschine macht 20 Umdrehungen pro Minute bei einer Leistung von 34 PS. und liefert 150 cbm Wasser pro Stunde.

Die 3 Field'schen Kessel stimmten mit einander fast völlig überein. Ihr äusserer Durchmesser betrug 2,5 m und ihre Höhe 4,2 m. Ihre Feuerbüchsen hatten 1,7 m Durchmesser und 2,6 m Höhe. In jeder derselben hingen 236 Field'sche Rohre, die 64 mm äusseren und 32 mm inneren Durchmesser hatten. Diese waren bei den beiden letzten Kesseln 1,7 m lang, während sie bei dem ersten Kessel etwas kürzer waren. Die inneren Rauchrohre in den Kesseln hatten 0,5 m Durchmesser und die Heizfläche betrug bei den letzten Kesseln je 87 qm und bei dem ersten 82 qm. Der concessionirte Dampfdruck betrug 6 Atm.

3. Periode 1874.

Im Jahre 1872 waren die Wasserförderungsanlagen schon wieder an der Grenze ihrer Leistungsfähigkeit angelangt, so dass abermals weitere Vergrösserungen nöthig wurden, welche dann im Laufe des Jahres 1874 in Betrieb gekommen sind. Das Project dafür ist von dem derzeitigen Director der Gas- und Wasserwerke Nöldecke aufgestellt. Es ist damals ein drittes Maschinen- und Kesselhaus gebaut, welches für 2 Maschinen und 4 Kessel ausreichte. In demselben sind vorläufig eine Maschine und 2 Kessel aufgestellt. Diese Maschine, Nr. IV genannt, ist gleichfalls eine eincylindrige, liegende Corlissmaschine und ist von van den Kerkhove in Gent gebaut. Sie hat einen Dampfkolben von 624 mm Durchmesser und 1,22 m Hub und betreibt durch die verlängerte Kolbenstange eine doppeltwirkende Plungerpumpe von 330 mm Durchmesser mit Tellerventilen. Die Pumpe liefert bei 20 Doppelhüben pro Minute in der Stunde 250 cbm Wasser.

Die beiden neuen Kessel sind Cornwallkessel von 2,3 m Durchmesser und 9,3 m Länge, jeder mit 2 Feuerrohren von 0,85 m Durchmesser. Sie sind für einen Dampfdruck von 6 Atm concessionirt. Weil die beiden ältesten Kessel bereits unbrauchbar geworden waren, so sind im Sommer 1874 auch noch 2 neue, den vorstehenden gleiche Kessel in dem alten Kesselhause aufgestellt.

Zur Sicherung der zuletzt aufgestellten Maschine IV, welche bei niedrigem Ruhrwasser eine Saughöhe von mehr als 7,0 m zu überwinden hatte, ist im Jahre 1875 ferner ein neuer Brunnen erbaut, und über demselben ist eine Schöpfpumpe aufgestellt. Diese bestand aus 3, an einer Kurbelachse hängenden, einfachwirkenden Plungerpumpen, die von einer liegenden, eincylindrigen Dampfmaschine mit Meyer'scher Expansionssteuerung angetrieben wurde. Die Maschine hob das Wasser in ein neben dem Brunnen aufgestelltes Blechreservoir von 49 cbm Inhalt, aus dem es dann der Maschine IV zufliessen konnte. Diese Anlage ist im Sommer 1876 in Benutzung gekommen.

4. Periode 1879/81.

In Folge des Baues der Eisenbahnstrecke von Steele nach Rellinghausen im Jahre 1877 war die Verlegung einer Strecke des Bettes der Ruhr bei Spillenburg nöthig, wodurch die vorhandenen Wassergewinnungsanlagen des Wasserwerkes zum Theil unbrauchbar wurden. Die Rheinische Eisenbahngesellschaft, welche diese Bahn baute, musste deshalb auf ihre Kosten für das städtische Wasserwerk 2 neue Sammelbrunnen am linksseitigen Ufer der Ruhr für eine neue Wassererschliessung herstellen. Von diesen Brunnen sind 2 schmiedeeiserne Rohre von 400 mm Durchmesser und je 200 m Länge als Saugerohre durch den Fluss nach dem anderen Ufer gelegt. Sie sind hier innerhalb eines dafür gemauerten Schachtes vertikal in die Höhe geführt und direct mit den Saugerohren der Pumpen verbunden. Diese Anlage ist im Jahre 1878 ausgeführt und im Frühjahre 1879 in Betrieb gekommen.

Im Jahre 1881 sind die 3 Field'schen Kessel, welche im Jahre 1870 angeschafft waren, nachdem sie bereits längere Zeit unbenutzt gestanden hatten, schliesslich verkauft. Auch der noch vorhandene älteste Cornwallkessel ist damals entfernt. Auf der Stelle, wo das Haus für die Field'schen Kessel gestanden hat, ist dann ein neues Kesselhaus erbaut, welches für 6 Kessel ausreicht. Es ist mit seinen Rauchkanälen so hoch über dem höchsten Ruhrwasserspiegel gelegt, dass Betriebsstörungen durch Hochwasser, wie sie früher vorgekommen waren, ausgeschlossen sind. Vorläufig sind damals in diesem Kesselhause 2 Seitrohrkessel mit Wellrohren von Schulz, Knaudt & Comp. in Essen aufgestellt. Diese Kessel haben 2,2 m Durchmesser im Mantel und 10 m Länge. Jeder derselben hat 86 qm Heizfläche und ist für 6 Atm. Dampfdruck concessionirt. Die Kessel selbst sind von Carl W. Lange & Comp. in Essen geliefert und im Frühjahr 1883 in Benutzung genommen.

5. Periode 1884.

Im Jahre 1883 ist, um den immer weiter steigenden Ansprüchen an Wasser genügen zu können, abermals die Anschaffung einer neuen Maschine, Nr. V genannt, und ferner, weil die Bebauung in dem höher liegenden, südlichen Stadttheile immer mehr zunahm und das alte Hochreservoir für dessen Versorgung zu niedrig lag, der Bau eines neuen Hochreservoires und einer neuen Druckleitung zu diesem neuen Reservoire beschlossen, wozu dann ergänzend noch die Herstellung einer neuen Fallrohrleitung und eines Schieberhauses gekommen ist.

Die neue Maschine macht 50 Umdrehungen pro Minute und hat eine Leistung von 102 PS. bei einer Lieferung von 300 cbm Wasser pro Stunde auf 102,0 m Höhe. Sie ist von van den Kerkhove in Gent geliefert und in der Form einer Verbund-Receiver-Maschine mit Corlisssteurung und mit Condensation in liegender Anordnung gebaut. Der grosse und der kleine Dampfcylinder von 762 mm resp. 457 mm Durchmesser und 0,762 m Kolbenhub liegen parallel neben einander in einem Abstande von 2,74 m von Mitte zu Mitte und hinter jedem Cylinder liegt, von deren verlängerten Kolbenstangen getrieben, je eine doppeltwirkende Plungerpumpe von 229 mm Durchmesser. Die verlängerte Kolbenstange einer jeden Pumpe ist durch eine Lenkstange mit einem einarmigen Hebel verbunden, dessen Drehpunkt 1,9 m tief unter den Cylindermitten liegt. Von dem oberen Ende jedes dieser 3,8 m langen Hebel führen Lenkstangen zu je einer der Kurbeln, die einen Kreis von 1,53 m Durchmesser beschreiben und auf den Enden einer Schwungradwelle stecken, welche quer über den Pumpencylindern und mit ihrer Mitte 1,90 m hoch über diesen Cylindermitten liegt. Zwischen den beiden Pumpencylindern reicht das Schwungrad von 5,6 m Durchmesser nach unten zwischen den Cylindern hindurch. Die Pumpen saugen das Wasser durch eine 225 m lange Saugeleitung an und drücken es in das 3100 m entfernt liegende Hochreservoir auf 87,0 m Höhe durch ein Druckrohr von 500 mm Durchmesser. Die Pumpenventile sind Corliss'sche Patent-Gruppenventile, die aus einer grossen Zahl kleiner Ventile mit Federbelastung bestehen.

Das neue Hochreservoir ist an der von Essen nach Steele führenden Chaussee auf demselben Grundstücke, auf welchem das alte Hochreservoir liegt, erbaut. Es besteht aus Schmiedeeisen und ruht auf einem 20,0 m hohen, massiven Unterbaue. Der Inhalt desselben beträgt 2000 cbm. Das Reservoir ist massiv umbaut und überdacht. Es hat einen 6,22 m hohen cylindrischen Mantel von 18,0 m Durchmesser, der in einer nach unten frei hinabhängenden Kugelcalotte von 4,0 m Tiefe seinen Boden findet. Das Reservoir ist von F. A. Neumann in Aachen nach den Plänen des Professors Intze in Aachen ausgeführt, während der Wasserthurm von dem bauleitenden Ingenieur Peters construirt ist und seine Fassade durch den Architecten Nordmann in Essen erhalten hat. Als Oberleiter dieses Baues hat der Oberingenieur Diechmann, später in Berlin, fungirt.

Diese letzten Erweiterungsbauten sind im Sommer 1884 in Betrieb gekommen. Die Maschine Nr. V hat sich in den folgenden Jahren in Betreff des Kohlenverbrauchs etc. vorzüglich bewährt. Leider aber haben die in den Jahren 1887 und 1890 durch Bruch nöthig gewordenen Reparaturen jedesmal eine mehrmonatliche Unterbrechung der Benutzung derselben zur Folge gehabt, und auch die Pumpenconstruction hat sich für Reparaturen als durchaus ungeeignet erwiesen.

6. Periode 1890/92.

Im Jahre 1889 zeigten sich zwischen den Buhnen am rechten Flussufer im Untergrunde Ablagerungen, die verdächtig erschienen und eine Prüfung des Wassers der hier liegenden und damals noch benutzten alten Brunnen veranlassten. Das Resultat dieser Untersuchungen war ein solches, dass man so schnell als möglich die alten Brunnen für die Wasserentnahme aufzugeben suchen musste. Durch Landankauf am linken Flussufer war es möglich, bereits im Jahre 1890 einen hier inzwischen hergestellten, dritten Brunnen in Betrieb zu nehmen und damit die Wassergewinnungsanlagen am rechten Ufer ganz aufzugeben.

Im Laufe des Jahres 1890 mussten die vorhandenen Anlagen wieder mit dem Maximum ihrer Leistung beansprucht werden und abermals mussten, namentlich auch in Rücksicht auf neuere Abmachungen mit einem Consumenten, dem gegenüber die Stadt sich zu einer jährlichen Abgabe von bis zu 800000 cbm Wasser verpflichtet hatte, schleunigst Erweiterungen geplant und ausgeführt werden, bei welchen es sich auch abermals um eine Steigerung des Druckes für einen Theil des Versorgungsgebietes handelte. Letzteres Bedürfniss hatte sich im südlichsten Stadttheile, sowie für 2 Aussengemeinden schon seit längerer Zeit eingestellt und war ein immer dringenderes geworden. Die Projecte für diese Bauten sind von dem jetzigen Director der städtischen Gas- und Wasserwerke Gersdorf aufgestellt, in dessen Händen auch deren Ausführung, für welche am 14. Juli 1891 die Summe von M. 1100000 bewilligt wurde, gelegen hat.

Es handelte sich dabei um die Herstellung einer neuen Wassergewinnungsanlage am linken Ruhrufer, ferner um den Bau einer neuen Pumpstation neben der alten Pumpstation und um den Bau eines neuen Hochreservoires auf der Bredeney'er Höhe neben dem Hochreservoire des Krupp'schen Wasserwerkes, sowie endlich um eine neue Druckleitung und eine neue Fallrohrleitung für das hochliegende Versorgungsgebiet, also eigentlich um ein ganz neues Wasserwerk mit Ausnahme der Vertheilungsleitungen. Am 5. August 1892 konnte bereits ein Theil dieser neuen Anlagen in Benutzung genommen werden.

Auf dem linken Ufer der Ruhr, ca. 75 m vom Fluss entfernt, ist ein Sammelkanal von 100 m Länge von einem eiförmigen Querschnitte, der 1,4 m lichte Höhe und 0,93 m grösste lichte Weite hat und 8,0 m tief unter Terrain liegt, aus Beton hergestellt. Die Wandungen desselben sind zum Durchlassen des Wassers mit Schlitzen versehen. In der Mitte seiner Länge ist der Kanal durch einen Brunnen von 5,0 m Durchmesser unterbrochen, aus dem eine schmiedeeiserne Heberleitung von 1,0 m Durchmesser und 190 m Länge zum anderen Ufer des Flussesführt. Die Ausschachtungen für die Herstellung des Kanals sind wieder mit gewaschenem Kies ausgefüllt, auf welchen oben Sandschichten gebracht sind, die eine Decke von Lehmboden zum Abhalten des Hochwassers und des Tageswassers erhalten haben.

Die neue Pumpstation besteht aus einem Maschinen- und einem Kesselhause, sowie aus einem Saugebassin für die sämmtlichen Pumpen, also auch der alten Anlagen, deren Saugeleitungen in dieses Bassin eingeführt sind, weil die beiden alten, den Fluss kreuzenden Saugeleitungen nach Fertigstellung der neuen Heberleitung ausser Benutzung gestellt werden sollten. Dieses Bassin hat einen kreisrunden Querschnitt von 10,0 m Durchmesser und 9,34 m Tiefe. Es ist aus Mauerwerk hergestellt und oben abgedeckt. Das Heberrohr mündet mit einem nach unten gerichteten Knie in dieses Reservoir ein. Das Maschinenhaus hat im Lichten eine Grundfläche von 500 qm und liegt mit seiner Flur 3,0 m tiefer als das Terrain. Es ist vollständig in eine wasserdichte Umschliessung aus Beton zum Schutze vor Hochwasser eingeschlossen. Der Raum ist für 2 Maschinen von je 540 cbm Wasserlieferung pro Stunde bestimmt, von denen vorläufig die eine Maschine, Nr. VI genannt, ausgeführt und am 30. Juni 1892 in Betrieb gesetzt ist. Die zweite Maschine, No. VII genannt, welche der ersten völlig gleich ist, ist dann im Laufe des folgenden Jahres in Betrieb gekommen. Es sind liegende Verbundmaschinen mit Ventilsteuerung und mit Schwungrädern. Jede ist von einer Leistung von 250 PS. bei 40 Umdrehungen pro Minute. Sie haben Dampfkolben von 620 mm resp. 940 mm Durchmesser und 1,25 m Hub. Die verlängerte Kolbenstange jedes der Dampfkolben betreibt 2 einfachwirkende, hintereinander liegende Plungerpumpen von 250 mm Durchmesser mit Gruppenventilen, die in 8 Etagen über einander stehen. Die Arbeitshöhe der Pumpen beträgt 117,0 m resp. 130,0 m. Die Maschinen sind von der Maschinenbaugesellschaft Union in Essen geliefert. In dem an das Maschinenhaus anstossenden Kesselhause liegen 5 Wellrohrkessel von je 94 qm Heizfläche, die von C. W. Lange & Comp. in Essen geliefert sind. Dieselben sind für 8 Atm. Dampfdruck concessionirt.

Die Druckleitung zum neuen Hochreservoire hat 500 mm Durchmesser und ca. 5500 m Länge erhalten. Im Jahre 1893 ist von der neuen Pumpstation auch eine Verbindung mit der alten Druckleitung hergestellt, um deren Maschinen auch für die alten Hochreservoiranlagen eventuell mitbenutzen zu können. Die Sohle des neuen Hochreservoires liegt 105 m höher als die Flur des Maschinenraumes. Das Reservoir ist zweitheilig ausgeführt und fasst im Ganzen 7500 cbm. Es ist ganz aus Stampfbeton hergestellt, überwölbt und überdeckt. Von demselben führt eine ca. 4000 m lange Leitung von 600 mm Durchmesser zum Versorgungsgebiete.

7. Uebersicht über Umfang und Betrieb der Anlagen nach 1892.

Bei der Vielartigkeit der Pumpstationsanlagen ist eine Zusammenstellung der Hauptdimensionen etc. der Maschinen und Pumpen, wie sie die Tabelle 354 gibt, von Interesse. Der Vollständigkeit wegen ist darin die Zwillingsmaschine I mit aufgenommen, wenngleich sie, ohne eine Möglichkeit ihrer Benutzung, heute noch pietätvoll als Ausstellungsobject erhalten ist. Für den Betrieb war sie ebenso wie die erste Druckleitung bereits seit Jahren cassirt.

Das Essener Wasserwerk hat nach dem Vorstehenden am 1. April 1895 über 6 Dampfpumpmaschinen von 1830 cbm stündlicher Leistung bei 734 PS. Nutzarbeit und über 11 Dampfkessel von 992 qm Heizfläche mit einem concessionirten Dampfdrucke von 6 und von 8 Atm. verfügt.

Tabelle 354.

Maschinennummer	I	II	III	IV	V	VI	VII
Jahr der Inbetriebnahme	1864 & 65	1869	1870	1874	1883	1892	1893
Maschinensystem	Zwilling	Eincylindermaschinen			Verbundmaschinen		
Steurung	Meyer	Corliss	desgl.	desgl.	desgl.	Ventil	desgl.
Pumpenkolbenart		Scheibenkolben			Plungerkolben		
Ventilconstruction	Lederkl.	Glockenventile		Tellerv.	Gruppenventile		
Dampfkolben-Durchmesser mm	2 à 471	630	630	624	457 rs 762	620 rs. 940	620 rs. 940
Pumpenkolben mm	2 à 222	1 à 295	1 à 295	1 à 330	2 à 229	490	2 à 250
Hub beider m	1,42	0,94	0,94	1,219	0,762	2 à 250	1,25
Umdrehungen pro Minute	12 bis 15	20	20	20	50	1,25	40
cbm Wasser pro Stunde	144	150	150	250	300	540	540
Förderhöhe m	57	57	57	57 rs. 85	57 rs. 85	112 rs. 126	112 rs. 126
Nutzarbeit PS.	44	34	34	64	102	250	250

In 3 Hochreservoiren waren zusammen 12200 cbm Wasser aufzuspeichern und zwar in einer Höhe über dem mittleren Wasserstande der Ruhr:

in dem Reservoire I 3000 cbm auf 57,0 m Höhe,
» » » II 2000 » » 82,0 » »
» » » III 7200 » » 107,0 » »

Direct neben dem Reservoire III ist auf dem Bredenei'er Berge für die Versorgung des Dorfes Bredenei noch ein viertes Hochreservoir hergestellt. Dasselbe besteht aus einem Blechreservoire von 100 cbm Inhalt, das auf einem als Standrohr ausgebildeten Unterbaue von 15,0 m Höhe 121,0 m hoch über dem Mittelwasser der Ruhr aufgestellt ist. Seine Füllung erfolgt durch zeitweise Drosselung der zum Reservoir III führenden Druckleitung.

Der Druck in den Versorgungsleitungen schwankt nach der Ortslage des Abgabebezirkes zwischen 10,0 m und 65,0 m. Das am niedrigsten liegende Reservoir I versorgt den nördlichen Theil der Stadt und den Bahnhof Berge-Borbeck. Das Reservoir II versorgt die innere Stadt und einen Theil von Rellinghausen. Das

Reservoir III versorgt den südlichen Theil der Stadt, die Bürgermeisterei Altendorf, die Gemeinde Rüttenscheidt und den anderen Theil von Rellinghausen. Das Vertheilungsnetz für die 3 Reservoire bildet ein Ganzes, in welchem die einzelnen Zonen durch Absperrschieber nach Bedürfniss räumlich begrenzt werden.

Die Maschinen II und III können nur in das Hochreservoir I fördern. Die anderen 4 Maschinen können entweder in das Reservoir I oder in das Reservoir II fördern. Die Maschinen VI und VII sind die einzigen, welche für die Speisung der Reservoire III und IV zu benutzen sind. Ferner kann aber auch das Reservoir I aus den Reservoiren II und III und das Reservoir II aus dem Reservoire III direct gespeist werden.

8. Entwicklung der Wassergewinnungsanlagen nach 1892.

Die neue Wassergewinnungsanlage am linken Flussufer hat den gehegten Erwartungen nicht völlig entsprochen. Man hatte gehofft, dass sie für einen Höchstbedarf von 20000 cbm pro Tag genügend sein würde. Bei dem allerdings selten eintretenden, niedrigen Wasserstande der Ruhr von 52,5 m + 0 hat sie aber nur noch 8000 cbm in 24 Stunden gegeben. Auch eine im Herbst 1892 ausgeführte Erweiterung der Wassergewinnung, welche die Herstellung von 2 neuen Brunnen aus gusseisernen Tübings von 4,0 m Durchmesser am linken Ufer umfasste, aus denen das Wasser durch Heberleitungen in den Sammler am rechten Ufer übergeführt wird, hat den Zustand nicht erheblich gebessert. Man hat damals auch den einen der beiden, im Jahre 1877 von der Rheinischen Bahn hergestellten Brunnen, welche seit längerer Zeit ausser Benutzung gewesen waren, für die Maschine IV wieder in Gebrauch genommen, nachdem man ihn gründlich gereinigt und das mehrfach gebrochene Saugerohr reparirt hatte. Aber auch damit hat man nicht viel erreicht. Endlich hat man versucht, durch die im Jahre 1894 erfolgte, obligatorische Einführung von Wassermessern das Wachsen des Consums, wenigstens für einige Jahre, zurückzuhalten, bis neue Versorgungsquellen erschlossen sein würden.

Schon im Jahre 1892 hielt es daher die Stadtverwaltung für geboten, bevor sie ihre Genehmigung zur Aufstellung von umfassenderen Projecten für neue Wassergewinnungsanlagen glaubte ertheilen zu können, eine genaue hydrologische Untersuchung des für diesen Zweck am nächsten liegenden Theiles des Ruhrthales vornehmen zu lassen. Sie beauftragte mit dieser Arbeit den Baurath Thiem in Leipzig, welcher mit seinen Bohrungen und Messungen Anfangs des Jahres 1893 begonnen hat. Das nach längeren Arbeiten erreichte Resultat bestand darin, dass an dem linken Ufer des Flusses in dem bislang benutzten Theile des Thales auf neue, grössere Erschliessungen nicht zu rechnen sein würde. Man machte sich daher mit dem Gedanken vertraut, dass, wenn man die vorhandenen Pumpenanlagen völlig ausnutzen wollte, man auf eine ausschliessliche Benutzung von Grundwasser verzichten müsse und der Ruhr direct entnommenes und künstlich durch Sand filtrirtes Flusswasser mit zur Versorgung heranziehen müsse. Für eine solche Anlage sind damals auch Projecte ausgearbeitet, deren Kosten in Bau und Betrieb aber von ihrer Ausführung abschreckten. Man beschäftigte sich dann sowohl mit der Idee der Herstellung einer Thalsperre, als auch mit der Idee, Grundwasser künstlich durch Infiltration in den Untergrund aus künstlich bewässerten Landflächen, ebenso wie in Chemnitz, Leipzig, Remscheid etc. für das Wasserwerk zu erzeugen.

Inzwischen ergaben die Thiem'schen Untersuchungen des Ruhrthales oberhalb und unterhalb der im Jahre 1892 ausgeführten Wassergewinnungsanlage, dass hier eine dauernde Wasserentnahme in grösserer Menge würde stattfinden können, ohne die in Benutzung befindliche Anlage zu beeinflussen. Weil die letztere Anlage selbst bei dem niedrigsten Ruhrwasserstande noch 8000 cbm im Tage sicher lieferte, so handelte es sich um die zeitweis ergänzende Gewinnung von ca. 12000 cbm im Tage. Diese Wassermenge hoffte Thiem durch 5 neue Filtergallerien ganz ähnlich der vorhandenen aus gelochten Rohren von 500 mm und aus je einem Sammelbrunnen von 2,0 m Durchmesser, durch die natürliche Filtration von Ruhrwasser erschliessen zu können. Eine dieser Sammelgallerien von 80 m Länge hat er nördlich um die 4 anderen südlich von der alten Gallerie angenommen und letztere in 120 m, 100 m, 50 m und 50 m Länge projectirt. 2 Heberleitungen sollen das Wasser vom Norden und vom Süden dem Sammelbrunnen der alten Gallerie zuführen. Die Durchmesser der Heberleitungen sind nach den der Projectirung vorausgegangenen Beobachtungen für eine gesammte Ergiebigkeit von ca. 10000 cbm aus den 4 südlichen und von ca. 2500 cbm aus der nördlichen Gallerie berechnet. Nach seinen Beobachtungen und Berechnungen glaubt er, eine Absenkung der neuen Gallerien von bis zu 5,0 m als zulässige Grenze bezeichen zu können, bei welcher die Durchlässigkeit der Flussufer im Laufe der Zeit eine Minderung nicht erleiden wird. Um diese Absenkung zu ermöglichen, will er die neuen Gallerien mit ihrer Sohle tiefer, als die der alten Gallerie liegt, legen, und es ist daher auch eine Vertiefung des vorhandenen Sammelbrunnens der letzteren und die Herstellung eines neuen Saugebassin am anderen Flussufer, sowie die tiefere Hinunterführung der vertikalen Arme der vorhandenen, den Fluss kreuzenden Heberleitung von 1000 mm Durchmesser nothwendig, damit die neuen Sammelgallerien tiefer abgesenkt werden können. Die sich hieraus für die Maschinenpumpen ergebende Saugehöhe übersteigt aber das Maass ihrer Leistungsfähigkeit, wenn sie aus dem neuen Saugebassin bis zu der als nöthig angenommenen Tiefe saugen sollen und es ist daher die Einschaltung von Vorpumpen erforderlich, welche das Wasser aus dem neuen Saugebassin in das alte Saugebassin, in welches bislang die Heberleitung mündete, auf eine grössere Höhenlage überführen, damit für die Maschinenpumpen die bisherige Grösse der Saugehöhe nicht geändert wird.

Die projectirten Erweiterungen der Wassergewinnungsanlagen im Ruhrthale sind ohne Grunderwerbskosten im Ganzen zu M. 260000 veranschlagt und am 24. April 1896 von der Stadtverordnetenversammlung genehmigt, und Thiem ist gleichzeitig mit der Leitung der erforderlichen Bauarbeiten, mit welchen am 18. Mai begonnen ist, beauftragt.

Für die Aufstellung der Vorpumpen ist ein an das neue Maschinenhaus sich anschliessender Anbau hergestellt, in welchem 2, durch Dampfmaschinen betriebene Centrifugalpumpen aufgestellt werden sollen, um, wenn es nöthig wird, das Wasser aus dem neuen Saugebassin in das alte Saugebassin zu überführen, nachdem vorher der in das alte Saugebassin mündende Schenkel des Heberrohres abgesperrt ist, während bei höheren Wasserständen die Vorpumpen ausser Betrieb bleiben werden. Die durch die Vorpumpen mögliche, grössere Senkung im neuen Saugebassin überträgt sich dann auch auf den Wasserstand im Sammelbrunnen der alten Sammelgallerie und gleichfalls auf die beiden neuen Heberrohre der nördlichen und der südlichen neuen Sammelgallerien und damit auf diese Sammelgallerien selbst.

Weil die Ausführung dieser umfassenden Neuanlagen, resp. Aenderungen erfolgen muss, ohne den Betrieb des Wasserwerkes zu stören und zu benachtheiligen, so ist sie mit manchen kostspieligen und zeitraubenden Provisorien verbunden. Dass der Erfolg dieser neuen Anlagen das Wasserwerk dauernd voll wird ausnutzen lassen können, ist wohl mit Sicherheit nach dem Ergebniss des mehrmonatlichen Probepumpens aus der ersten südlichen Gallerie anzunehmen, aus welcher 10000 cbm bis 12000 cbm pro Tag schon bei einer Absenkung von 1,0 m bis 1,5 m geschöpft werden konnten.

d) Vertheilungsleitungen. etc.

Auf der Tabelle 358 (S. 433) ist die Länge der Rohrleitungen für das Ende eines jeden der 32 Betriebsjahre von 1865 bis zu 1897 in der sechsten Columne aufgeführt. Diese Länge ist danach vom Jahre 1864 von 10299 lfd. m bis zum Jahre 1897 auf 105452 lfd. m also auf mehr als das 10fache gewachsen. Die Zahl der Schieber ist während derselben Zeit von 47 auf 500 und die Zahl der Hydranten von 145 auf 653 gestiegen.

Die Tabelle 356 gibt für jedes der letzten 9 Jahre 1888/89 bis 1896/97 einen Ueberblick über die Länge der Hauptrohre bis 80 mm Durchmesser abwärts und über die Zahl der öffentlichen Schieber, Hydranten, Springbrunnen, Laufbrunnen, Pissoire und Aborte, sowie über die Zahl der eingebauten Wassermesser.

Die Hydranten sind meistens Unterflurhydranten mit Selbstentwässerung. Sie sind in ca. 80 m mittlerer Entfernung aufgestellt.

Die Wasserabgabe erfolgt seit dem 1. April 1894 auschliesslich nach Wassermessern, sofern nicht ausnahmsweise für vorübergehende Zwecke oder bei Privathydranten für Feuerlöschzwecke davon abgesehen wird. Bis Ende des Jahres 1895 waren im Ganzen überall 5976 Messer geliefert und zwar 1831 von H. Meinecke, Breslau, 2129 von Dreyer, Rosenkranz & Droop, Hannover, 2010 von Siemens & Halske, Berlin, 4 von C. A. Spanner, Wien-Aachen und 2 von Lux, Ludwigshafen. Nach der Grösse vertheilen sich diese, sowie die am 1. April 1897 eingebaut gewesenen 5533 Messer wie folgt:

Tabelle 356.

Jahr	1888/89	1889/90	1890/91	1891/92	1892/93	1893/94	1894/95	1895/96	1896/97
Rohrlänge m	62 016	65 554	68 306	71 081	88 603	92 996	95 932	101 504	105 452
Schieber	267	298	309	350	387	440	477	553	590
Hydranten	395	404	414	420	444	527	557	616	653
Springbrunnen	4	3	3	7	7	7	7	7	7
Laufbrunnen	2	2	2	2	2	2	2	2	2
Pissoire	7	9	9	17	18	18	18	18	18
Aborte	2	2	3	3	3	3	3	3	3
Wassermesser	335	398	431	591	802	4 319	4 875	5 256	5 548

Durchmesser . mm	10	12	13	15	20	25	30	40
Stückzahl geliefert	51	586	1441	1	3291	342	6	46
eingebaut	—	1632		—	3510	252	—	31
mm	50	65	75	80	100	125	150	200
geliefert	59	2	36	48	46	6	12	3
eingebaut	28	—	—	45	23	1	11	—.

Die Zuleitungen von 20 mm und 25 mm Durchmesser bestehen, ebenso wie die gewöhnlichen Hausleitungen, aus Bleirohren. Erstere haben vor den Messern Hähne mit Plombenverschluss.

e) Baukosten und Buchwerth.

Die Tabelle 357 gibt die gesammten, wirklichen Baukosten und die Summe der bis zum 1. April 1896 erfolgten Abschreibungen, sowie den damaligen Buchwerth im Ganzen und für die einzelnen Titel an. Die Kosten für die neuen Wassererschliessungen sind in diese Beträge nicht einbegriffen. Am 1. April 1897 haben die Baukosten M. 4186248, die Abschreibungen M. 1782640 und die Buchwerthe M. 2403608 betragen.

Tabelle 357.

Am 1 April 1896	Neuwerth M.	Abschreibungen u. Abgänge M.	Buchwerth M.
1 Grundbesitz	102 658	415	102 243
2 Brunnen und Filter	61 641	6 312	55 329
3 Gebäude	109 397	116 878	92 519
4. Maschinen, Pumpen, Kessel	480 330	384 485	95 845
5. Reservoire, Rohrleitungen	1 199 697	688 142	511 555
6. Wasserthüren, Schieberhaus und Druckleitung	395 543	181 019	214 524
7. Neue Anlage von 1892	1 309 299	189 791	1 119 508
8. Wassermesser	241 278	73 224	168 054
9. Werkzeuge und Geräthe	15 351	8 609	6 742
10 Mobilien	4 852	3 910	942
11. Telegraphen	3 523	3 055	468
Summa	3 923 575	1 655 840	2 367 729

f) Betrieb und Wasservertheilung.

Das Versorgungsgebiet des Wasserwerkes der Stadt Essen hat sich schon bald nach dem Beginne seines Betriebes nicht auf das eigentliche Stadtgebiet allein beschränkt. Bis zum Jahre 1876 war Friedr. Krupp ein allerdings sehr variabler Consument desselben, welcher noch im Jahre 1875 ein Drittel der Gesammtförderung der Stadt verbrauchte, aber nach Erbauung seines eigenen Wasserwerkes an der Ruhr seine Wasserabnahme aus dem städtischen Werke Jahre lang fast ganz einstellte. Vom Jahre 1881 bis 1885 wurde Friedr. Krupp nach dem Versiegen der Kaupenleitung sogar Wasserlieferant für die Stadt und zwar bis zu einem jährlichen Quantum von ca. 64000 cbm. Im Jahre 1892 schloss er dann wieder als Grossconsument mit der Stadt einen Vertrag ab, der ihn zu einer jährlichen Abnahme von mindestens 800000 cbm Wasser (annähernd zum Selbstkostenpreise) verpflichtete.

Im Jahre 1875 haben sich an die Essener Wasserleitung verschiedene Werke in der Gemeinde Borbeck angeschlossen. Im Jahre 1879 fand der Anschluss der Gemeinde Altenessen, sowie der einiger benachbarter Werke statt. Dann erfolgte weiter im Jahre 1885 der Anschluss der Gemeinde Altendorf bei Essen, im Jahre 1886 der der Gemeinde Rellinghausen, im Jahre 1891 der der Gemeinde Rüttenscheid etc. Im Jahre 1887 verlor die Stadt die Gemeinde Altenessen und einen Theil von der Gemeinde Borbeck als Consumenten, weil diese sich an das Wasserwerk des nördlichen westfälischen Kohlenreviers anschlossen. Im Jahre 1895 hat Friedr. Krupp aus dem Essener Wasserwerke 1249911 cbm erhalten und ferner sind daraus ausser der Stadt selbst die Bürgermeisterei Altendorf, die Gemeinden Rellinghausen, Rüttenscheid und Bredenei und ein Theil der Gemeinde Borbeck mit Wasser versorgt.

Die Tabelle 358 gibt für die 32 Jahre 1865 bis 1896/97 die jährliche Wasserförderung im Ganzen und in Procenten des Vorjahres und den Kohlenverbrauch für die Dampfkessel im Ganzen und pro 100 cbm Wasser an. Es darf dabei die Verschiedenheit der Arbeitshöhen für die Pumpen je nach den verschiedenen Höhen der Reservoire nicht übersehen werden. Ferner sind in der Tabelle für die einzelnen Jahre die Längen der gesammten Rohrleitungen und endlich die erlangten Verkaufspreise pro 1000 cbm Wasser in M. im Ganzen, sowie nach Messern und ohne Messer abgegeben, aufgeführt.

Tabelle 358.

Essen Jahr	Wasserförderung cbm	desgl. pro 100 cbm im Vorjahre	Kohlenverbrauch kg	desgl. pro 100 cbm Wasser	Rohrlängen im Ganzen m	Einnahme pro 100 cbm Wasser in M. im Ganzen	nach Messern	ohne Messer
1865	431 816	—	—	—	19 665	81,0	73,6	89,4
1866	484 240	111,9	645 000	133,1	21 010	78,0	67,6	92,0
1867	539 424	111,3	710 500	131,7	25 057	70,0	76,0	67,0
1868	770 931	143,1	1 028 800	133,4	26 373	60,0	69,9	57,0
1869	930 027	120,9	1 300 500	139,7	33 069	62,0	67,7	58,6
1870	1 308 125	140,7	1 235 500	94,4	34 651	66,0	58,3	85,5
1871	1 579 438	120,8	1 312 500	83,1	36 465	64,0	56,6	85,0
1872	2 217 379	140,5	2 389 750	107,7	37 759	60,0	56,8	69,5
1873	2 818 768	127,3	3 587 400	127,2	39 940	57,0	58,3	53,4
1874	3 185 000	113,1	3 940 050	124,0	40 810	53,0	58,6	44,3
1875	3 284 000	103,1	3 135 800	95,4	41 755	54,0	59,0	47,2
1876	2 137 700	65,0	1 928 400	90,2	41 912	58,0	68,6	50,6
1877	2 397 700	112,2	2 089 100	87,1	42 269	56,0	69,3	45,0
1878	2 492 000	104,0	2 161 600	86,7	43 946	58,0	69,3	47,0
1879	2 446 000	98,2	2 115 500	86,4	45 996	58,0	69,2	48,7
1880	2 581 610	105,5	2 081 700	80,7	46 370	57,0	69,0	45,0
1881	2 813 400	109,0	2 283 600	81,1	48 850	54,0	69,0	40,0
1882 $^5/_4$ J.	3 229 875	114,9	2 577 200	79,8	49 162	48,0	66,0	33,0
1883/84	4 603 700	142,5	3 591 300	75,8	51 361	47,0	65,0	30,0
1884/85	3 693 505	80,3	2 752 250	74,5	56 737	53,0	66,0	39,0
1885/86	3 754 565	101,7	2 493 000	66,4	57 756	52,0	66,0	38,0
1886/87	4 625 245	123,1	3 051 000	65,9	58 977	46,0	66,0	29,0
1887/88	4 802 115	103,9	3 274 200	68,2	60 394	43,0	66,0	27,0
1888/89	4 490 075	93,4	2 699 375	60,1	62 016	44,0	66,0	29,0
1889/90	5 032 005	112,0	3 011 800	59,8	65 554	41,0	63,0	27,0
1890/91	5 673 955	112,9	4 128 325	72,8	68 306	40,0	63,6	24,0
1891/92	5 863 125	103,4	4 459 120	76,1	71 081	42,0	70,1	27,0
1892/93	6 700 080	114,1	5 023 300	75,0	88 604	42,0	61,4	26,0
1893/94	6 753 808	101,0	5 738 500	85,0	92 996	58,1	70,1	—
1894/95	6 018 415	89,2	4 402 000	73,1	95 932	62,1	72,9	—
1895/96	6 351 910	105,5	4 376 000	68,9	101 504	62,4	71,6	—
1896/97	6 720 000	105,8	4 791 500	71,0	105 452	62,3	74,1	—

Die Tabelle 359 (S. 434) gibt für die 32 Jahre von 1865 bis 1896/97 die Abgabe am mittleren, am grössten und am kleinsten Consumtage und am mittleren Tage des grössten und kleinsten Monatsconsums, sowie deren Verhältniss in Procenten zu dem mittleren Jahrestage an.

Die Tabelle 360 (S. 435) gibt die Abgabe nach Messern und ohne Messer, sowie deren Verhältniss zur Gesammtabgabe, ferner die Zahl der Anschlüsse überhaupt, sowie die Zahl derjenigen mit Messern und ohne Messer getrennt und endlich die jährliche Abgabe für jede der verschiedenen Anschlussarten an.

Von der Abgabe ohne Messer entfallen im Jahre 1895/96 resp. 1896/97 für städtische Zwecke 309082 cbm resp. 32098 cbm und zwar für:

im Jahre	1895/96	1896/97
6 Bedürfnissanstalten	27 771 cbm	32 098 cbm
Strassensprengen	9 997 »	5 745 »
4 Springbrunnen	67 605 »	28 430 »
Friedhof und Leichenhalle	1 133 »	2 619 »
Denkmalspülen	577 »	588 »
den Fuhrpark	1 210 »	857 »
die Kläranlage	2 414 »	1 784 »
die Badeanstalt	72 854 »	85 392 »
das Stadttheater	9 995 »	5 356 »
den Schlacht- und Viehhof	77 824 »	78 184 »
Stadthaus, Krankenhaus, Dienstwohnungen	12 400 »	13 686 »
Schulen	25 292 »	19 074 »

Als Private ohne Messer erhielten das Wasser 16 Selterswasserbuden und 2 kleine Zechenhäuschen.

Die Tabelle 361 (S. 434) gibt für die einzelnen Monate der 6 Betriebsjahre 1891/92 bis 1896/97 die Procente des Monatsconsums getheilt in den Consum nach Messern und in den Consum ohne Messer an.

Tabelle 359.

Jahr	Tagesabgabe am			Mittlerer Monatstag im		Von 100 cbm am mittleren Jahrestag am			
	mittleren Jahrestage cbm	Maximaltage cbm	Minimaltage cbm	Maximalmonate	Minimalmonate	Maximaltage	Minimaltage	Maximalmonatst.	Minimalmonatst.
1865	1 196	—	—	—	—	—	—	—	—
1866	1 349	2 697	440	2 030	744	200,0	32,6	150,8	55,2
1867	1 482	2 779	374	1 888	936	187,3	25,2	127,4	63,2
1868	2 112	3 772	507	2 601	1 249	178,8	24,0	123,1	59,1
1869	2 555	4 623	757	3 571	2 055	181,1	29,6	139,8	80,4
1870	3 584	—	—	4 099	3 116	—	—	114,3	86,8
1871	4 327	—	—	—	—	—	—	—	—
1872	6 057	9 310	—	8 978	—	153,6	—	148,2	—
1873	7 744	—	—	9 210	6 531	—	—	119,0	84,4
1874	8 726	12 020	4 001	10 272	6 221	137,5	45,9	117,8	71,4
1875	8 997	11 237	8 146	9 999	8 399	125,1	90,5	111,1	93,4
1876	5 856	7 654	3 700	8 098	4 747	130,9	63,1	138,1	81,0
1877	6 569	9 049	4 272	7 399	5 630	137,8	65,0	112,5	85,7
1878	6 828	9 582	4 954	7 857	5 651	140,4	72,6	115,0	82,8
1879	6 701	9 302	4 894	7 700	5 937	138,8	73,0	115,0	88,5
1880	7 073	10 367	4 644	8 173	6 609	146,5	65,6	115,5	93,5
1881	7 708	11 697	4 830	8 991	6 786	151,4	62,6	116,7	87,9
1882	8 848	12 280	5 810	10 612	7 211	138,9	65,7	120,2	81,7
1883/84	10 236	15 060	6 580	11 871	8 970	147,1	64,1	115,9	87,7
1884/85	10 153	16 455	6 105	10 737	9 053	162,0	60,4	105,9	89,4
1885/86	10 286	13 070	5 400	10 445	9 514	127,0	52,6	101,8	92,7
1886/87	12 671	19 745	7 090	14 957	11 990	155,9	56,0	118,0	94,5
1887/88	13 156	21 995	6 540	17 992	12 031	167,0	49,7	136,7	91,5
1888/89	12 301	18 045	7 800	13 776	12 277	146,5	63,4	111,9	99,8
1889/90	13 786	20 090	7 540	15 292	12 120	145,1	54,7	111,0	88,2
1890/91	15 545	21 605	7 400	18 060	13 188	138,9	47,6	116,2	84,9
1891/92	16 019	22 330	9 555	18 885	14 841	139,3	59,5	117,9	92,6
1892/93	18 357	27 710	7 625	22 968	13 830	151,0	41,5	125,1	75,4
1893/94	18 559	32 112	8 295	24 093	14 403	173,1	44,6	129,7	77,7
1894/95	16 484	26 315	8 475	21 089	15 194	159,5	51,5	127,9	92,2
1895/96	17 357	28 760	7 745	20 043	15 303	165,7	44,6	115,5	88,2
1896/97	18 411	25 760	10 515	20 473	16 448	140,0	57,1	111,2	89,4

Tabelle 361.

Monat	% des Monatsconsums nach Messern						% des Monatsconsums ohne Messer					
	1891/92	1892/93	1893/94	1894/95	1895/96	1896/97	1891/92	1892/93	1893/94	1894/95	1895/96	1896/97
April	44,74	39,54	62,35	82,31	92,95	89,80	55,26	60,46	37,65	17,69	8,05	10,20
Mai	41,02	32,46	55,64	78,83	78,78	83,57	58,98	67,54	44,36	21,17	21,22	16,43
Juni	42,08	40,67	54,43	89,54	89,83	88,18	57,92	59,33	45,57	10,46	10,17	11,82
Juli	41,45	35,76	56,41	83,88	83,49	87,34	58,55	64,24	43,59	16,12	16,51	12,66
August	37,12	35,00	54,13	81,63	86,94	85,77	62,88	65,00	45,87	18,37	13,06	14,23
September	47,54	53,34	57,75	81,38	88,15	79,18	52,46	46,66	42,25	18,62	11,85	20,82
October	38,79	48,29	55,90	86,19	82,05	90,32	61,21	51,71	44,10	13,81	17,95	9,68
November	41,22	53,79	59,75	87,85	87,32	85,83	58,78	46,21	40,26	12,15	12,68	14,17
December	37,46	54,21	73,66	87,86	90,29	82,91	62,54	45,79	26,34	12,14	9,71	17,09
Januar	37,49	53,24	59,98	88,92	87,22	71,33	62,51	46,76	40,02	11,08	12,78	28,67
Februar	36,51	70,65	68,50	91,98	85,67	82,27	63,49	29,35	31,50	8,32	14,33	17,73
März	45,44	60,02	72,43	85,59	84,06	81,20	54,56	39,98	27,57	14,41	15,94	18,80
im Jahre	41,02	46,69	60,72	85,20	87,18	84,02	58,98	53,31	39,28	14,80	12,82	15,98

Die Tabelle 362 (S. 435) gibt für die Jahre 1890/91 bis 1892/93, sowie 1894/95 bis 1896/97 für 100 cbm verkauftes Wasser in Pfennigen die Betriebskosten, die Nebeneinnahmen, die Selbstkosten, den Verkaufswerth und den Reingewinn an.

Als Wassergeld ist für jede Anschlussleitung einschliesslich der Messermiethe monatlich M. 1 zu zahlen. Der Einheitspreis pro cbm beträgt nach der Höhe des monatlichen Verbrauches:

bis cbm	1000	5000	10 000	20 000	darüber
Pf. . .	10	9,5	9	8,5	8.

Chemische und bacteriologische Untersuchungen des Wassers finden regelmässig alle Monate statt. Ausserdem wird in besonderen Fällen, namentlich bei starken Aenderungen des Grundwasserstandes, eine ausserordentliche Controle vorgenommen. Die Untersuchung vom 5. Mai 1895 ergab im Liter Wasser:

Abdampfrückstand	210	mg
Glührückstand	160	»
Chlor	28	»
Oxydirbarkeit (übermangansaures Kali)	2,5	»
Salpetersäure	Spur	
Ammoniak, salpetrige Säure	Null.	

Tabelle 360.

Jahr	Zahl der Anschlüsse	Abgabe pro Anschluss im Jahre cbm	Abgabe nach Messern cbm	desgl. von 100 cbm Gesammtabgabe	Zahl der Abnehm nach Messern	Abgabe pro Messer im Jahre cbm	Abgabe ohne Messer cbm	desgl. von 100 cbm Gesammtabgabe	Zahl der Abnehmer ohne Messer	Abgabe pro Abnehmer ohne Messer im Jahre cbm
1865	866	499	233 302	51,7	—	—	208 514	48,3	—	—
1866	1 075	450	262 030	54,1	86	3 049	222 210	45,9	989	225
1867	1 383	389	188 674	35,0	99	1 908	350 750	65,0	1 284	273
1868	1 494	516	271 045	35,2	103	2 635	499 886	64,8	1 391	358
1869	1 584	587	394 598	42,4	109	3 621	535 429	57,6	1 475	363
1870	1 656	790	918 415	70,2	120	7 653	389 710	29,8	1 536	254
1871	1 801	875	1 136 930	71,9	132	8 613	442 508	28,1	1 669	265
1872	2 002	1 109	1 569 490	70,7	137	11 456	647 889	29,3	1 865	347
1873	2 165	1 300	1 841 380	65,3	150	12 274	977 388	34,7	2 015	486
1874	2 364	1 349	1 933 743	60,7	166	11 649	1 251 257	39,3	2 198	571
1875	2 488	1 318	2 022 700	61,6	198	10 215	1 261 300	38,4	2 290	551
1876	2 591	824	970 554	45,4	209	4 643	1 167 146	54,6	2 382	489
1877	2 634	910	1 093 459	45,6	210	5 207	1 304 241	54,4	2 424	537
1878	2 681	914	1 235 959	49,6	202	6 118	1 256 041	50,4	2 479	507
1879	2 723	899	1 217 597	49,8	213	5 246	1 228 403	50,2	2 510	489
1880	2 825	914	1 283 355	49,7	228	5 628	1 298 255	50,3	2 597	500
1881	3 055	922	1 325 312	47,1	255	5 197	1 488 088	52,9	2 800	532
1882	3 205	1 009	1 393 860	42,7	291	4 790	1 867 471	57,3	2 914	640
1883/84	3 257	1 415	2 084 208	44,6	293	7 113	2 583 452	55,4	2 964	872
1884/85	3 402	1 084	1 955 687	52,8	304	6 433	1 750 298	47,2	3 098	565
1885/86	3 466	1 081	1 902 740	50,7	296	6 428	1 851 825	49,3	3 170	585
1886/87	3 549	1 301	2 122 708	45,9	305	6 960	2 502 537	54,1	3 244	770
1887/88	3 664	1 310	1 971 174	41,1	318	6 198	2 830 941	58,9	3 346	845
1888/89	3 809	1 180	1 769 121	39,4	355	4 983	2 720 954	60,6	3 474	784
1889/90	3 952	1 275	1 941 547	38,6	398	4 878	3 090 458	61,4	3 554	870
1890/91	4 094	1 389	2 166 894	38,2	431	5 027	3 507 061	61,8	3 663	957
1891/92	4 340	1 351	2 404 970	41,0	595	4 042	3 457 815	59,0	3 745	922
1892/93	4 751	1 410	3 128 277	46,7	802	3 900	3 572 103	53,3	3 949	904
1893/94	4 507	1 500	4 113 106	60,9	4 319	953	2 640 702	39,1	188	11 532
1894/95	4 890	1 230	5 032 959	83,8	4 875	1 031	975 456	16,2	15	65 030
1895/96	5 271	1 205	5 538 451	87,2	5 256	1 054	814 259	12,8	15	54 286
1896/97	5 548	1 212	5 646 562	84,0	5 548	1 018	1 073 438	16,0	—	—

Tabelle 362.

Pfennig pro 100 cbm Wasser	1890/91	1891/92	1892/93	1894/95	1895/96	1896/97
Betriebskosten.						
Kohlen	135,5	136,7	97,7	75,7	66,4	78,2
Maschinen- und Pumpen-Reparatur	24,9	39,6	18,4	28,0	11,3	10,1
Reservoir- und Rohrnetz-Reparatur	80,7	78,6	83,1	94,4	59,9	51,4
Wassermesser-Reparatur	3,1	5,1	5,8	5,0	6,5	6,9
Diverse Reparaturen	13,2	12,1	15,4	14,0	10,9	18,4
Geschäftsunkosten	29,0	25,2	29,4	38,8	31,0	32,2
Löhne	44,8	54,0	48,4	50,5	46,6	42,7
Gehälter	52,5	51,9	50,6	47,9	49,2	50,7
Pensionen	9,3	8,5	7,1	3,1	—	—
Zinsen und Abschreibungen	291,7	259,5	359,5	415,4	391,1	397,2
zusammen	684,7	671,2	715,4	772,8	672,9	687,8
Nebeneinnahmen aus Messermiethe	16,8	18,3	19,8	53,7	53,0	56,7
» Privatanlagen	11,6	10,1	19,1	46,4	18,0	16,8
» Diversen	20,0	28,5	15,6	15,7	16,3	11,6
zusammen	48,4	56,9	54,5	115,8	87,3	85,1
Differenz Selbstkosten	636,3	614,3	660,9	657,0	585,6	602,7
Einnahme aus **Wasserverkauf**	700,7	701,0	671,3	728,9	716,1	741,4
Bleibt **Reingewinn**	64,4	86,7	10,4	71,9	130,5	138,7

28. s. **Feld.** (E. 4136.)

Die Wasserversorgung des Ortes Feld erfolgt durch das Remscheider Wasserwerk.

29. g. **Frillendorf.** (E. 641.)

Die Wasserversorgung des Ortes Frillendorf erfolgt aus dem Wasserwerke des nördlichen westfälischen Kohlenreviers.

30. h. **Geldern.** (E. 5972.)

Die Wasserversorgung der Stadt Geldern erfolgt bislang ausschliesslich aus gesenkten Brunnen von ca. 5,0 m Tiefe, deren 22 öffentliche und ca. 300 auf Privatgrundstücken vorhanden sind. Im Jahre 1897 hat der Ingenieur H. Ehlert in Düsseldorf für eigene Rechnung mit dem Baue eines Wasserwerkes für die Stadt begonnen, welches er als Concessionar betreiben wird.

Das Wasser wird durch einen gemauerten Brunnen von 3,0 m Durchmesser und 8,0 m Tiefe aus dem Grundwasser erschlossen. Von dem Mantel des Brunnens ist nur der untere, 3,0 m hohe Theil durchlässig. In einer Pumpstation sind 2 liegende Dampfmaschinen von 175 mm Cylinderdurchmesser und 0,3 m Kolbenhub aufzustellen, deren jede eine doppeltwirkende Plungerpumpe von 155 mm Durchmesser antreibt, welche direct mit der Kolbenstange der Maschine gekuppelt ist. Den Dampf liefern 2 Einflammrohrkessel von 20 qm Heizfläche. Bei 60 Doppelhüben pro Minute liefert jede Pumpe 36 cbm Wasser pro Stunde auf 35,0 m Höhe in ein unmittelbar neben der Pumpstation aufgestelltes Hochreservoir, das aus Schmiedeeisen (System Intze) besteht und 150 cbm Inhalt hat. Dieses ist auf einem künstlichen Unterbaue 25,0 m hoch über Terrain aufgestellt.

Das Vertheilungsnetz steht unter einem constanten Drucke, der je nach der Ortslage zwischen 20,0 m und 25,0 m schwankt. Es wird nach dem Circulationssysteme hergestellt und hat ca. 6000 m Länge von Rohren von 150 mm bis 60 mm Durchmesser. Es sind damit 40 Unterflurhydranten mit Selbstentleerung verbunden. Die Zuleitungen und die Hausleitungen werden aus Bleirohren hergestellt. Etwa 200 Hausanschlüsse standen schon während des Baues in Aussicht. Es ist dafür die ausschliessliche Abgabe nach Wassermessern beabsichtigt.

31. d. **Gerresheim.** (E. 9047.)

Die Wasserversorgung der Stadt Gerresheim erfolgt durch den Anschluss an die Wasserleitung der Stadt Düsseldorf.

32. g. **Gerschede.** (E. 1789.)

Die Wasserversorgung des Ortes Gerschede erfolgt aus dem Wasserwerke des nördlichen westfälischen Kohlenreviers.

33. b. **Goch.** (E. 7825.)

Die Wasserversorgung der Stadt Goch erfolgt bislang ausser aus der die Stadt durchfliessenden Niers aus gegrabenen Brunnen von ca. 6,0 m Tiefe, deren 24 für die allgemeine Benutzung dienen. Für eine einheitliche Versorgung der Stadt ist ein Project des Ingenieurs H. Ehlert in Düsseldorf bearbeitet, und es steht dessen baldige Ausführung bevor.

34. u. **Gräfrath.** (E. 6896.)

Für die Wasserversorgung der Stadt Gräfrath dienen ausser den Brunnen, welche Grundwasser liefern, 3 Brunnen für Quellwasser, welches durch gusseiserne Leitungen mit natürlichem Gefälle künstlich zugeführt wird. 2 davon geben dieses Wasser unter Druck als Laufbrunnen ab, während für den dritten Brunnen eine Pumpe aufgestellt ist.

In dem der Stadt Solingen zugekehrten Theile von Gräfrath sind Anschlussleitungen an die Solinger Wasserleitung hergestellt. Im Jahre 1895/96 bezogen hier 27 Consumenten durch einzelne Wassermesser 5207 cbm oder jeder 193 cbm im Jahre. In den anderen Theilen der Stadt, welche die Wasserleitung der Stadt Wald durchzieht, sind an diese gleichfalls Anschlussleitungen in grösserer Zahl hergestellt.

35. k. **Grevenbroich.** (E. 2133.)

Die Wasserversorgung der Stadt Grevenbroich erfolgt aus Brunnen, die aus den Broichgründen gespeist werden und ein schlechtes Trinkwasser liefern, so dass das Bedürfniss nach besserem Wasser schon lange Zeit empfunden ist. In neuerer Zeit ist man der Frage der Anlegung einer Wasserleitung näher getreten.

36. n. **Haan.** (E. 7492.)

Die Wasserversorgung des Ortes Haan erfolgt aus dem Elberfelder Wasserwerke.

37. s. **Hasten.** (E. 867.)

Die Wasserversorgung des Ortes Hasten erfolgt durch das Remscheider Wasserwerk.

38. q. **Heerdt.** (E. 4397, W. 571 mit je 7,7 B.)

Die Wasserversorgung der Gemeinde Heerdt erfolgt ausschliesslich aus Brunnen von 3,0 m bis 14,0 m Tiefe. Zum Theil sind diese Rohrbrunnen. Das Wasser ist meistens gut und ist in stets genügender Menge vorhanden.

39. g. **Heisingen.** (E. 2769.)

Die Wasserversorgung des Ortes Heisingen erfolgt durch die für Kupferdreh erbaute Pumpstation. Die Rohrleitungen und das dafür hergestellte Reservoire gehören dem Orte Heisingen,

40. p. **Heissen.** (E. 5229.)

Die Wasserversorgung des Ortes Heissen erfolgt durch das Wasserwerk der Stadt Mülheim a. d. Ruhr.

41. n. **Heiligenhaus.** (E. 2040.)

Die Wasserversorgung des Dorfes Heiligenhaus erfolgt durch das Wasserwerk der Stadt Velbert und zwar mittels einer an die Druckleitung desselben angeschlossenen Zweigleitung.

42. d. **Hilden.** (E. 9489.)

Die Wasserversorgung der Stadt Hilden erfolgt aus der Wasserleitung der Stadt Elberfeld.

43. u. **Höhscheid.** (E. 12836, W. 1664 mit je 7,7 B.)

Die Wasserversorgung der Stadt Höhscheid erfolgt überwiegend aus gegrabenen Brunnen, welche stets gutes und genügendes Wasser geben. Nur der

Theil der Stadt, welcher an die Stadt Solingen grenzt, wird aus deren Wasserleitung versorgt. Im Jahre 1895/96 waren hier 37 Consumenten angeschlossen, welche 11102 cbm Wasser oder durchschnittlich 300 cbm durch je einen Einzelmesser entnommen hatten.

44. m. **Hückeswagen.** (E. 4087, W. 350 mit je 10,7 B.)

Für die Wasserversorgung der Stadt Hückeswagen ist für städtische Rechnung im Jahre 1890 ein Wasserwerk nach dem Projecte des Wasserwerksdirectors Disselhoff in Hagen für eine tägliche Leistung von 600 cbm erbaut. Die Anlage hat M. 120000 im Ganzen oder M. 29,36 pro Kopf gekostet.

Das Wasser wird aus einem gemauerten Brunnen von 3,0 m Durchmesser und 10,0 m Tiefe gewonnen, der durch das Alluvium hindurch bis zum Lenneschiefer hinunter reicht. Durch die Brunnensohle hindurch sind auf 30,0 m Tiefe Bohrlöcher bis in eine in den Schiefer eingelagerte Kalkschicht getrieben, aus der das Wasser in dem Brunnen emporsteigt. Ueber dem Brunnen sind 2 stehende Eincylindermaschinen aufgestellt, die mit Expansion und mit Condensation arbeiten und von Langen & Mundhausen in Grevenbroich geliefert sind. Jede derselben betreibt 2 stehende, einfachwirkende Plungerpumpen, die 45 Hübe pro Minute machen. Die Dampfkolben haben 265 mm und die Plunger 166 mm Durchmesser und beide 0,452 m Hub. 2 Cornwallkessel von je 56 qm Heizfläche liefern den Dampf von 6 Atm. Spannung. Sie sind von Siller & Jamert in Barmen-Rittershausen geliefert.

Hinter dem Versorgungsgebiete ist ein zweitheiliges Hochreservoir von 200 cbm Inhalt aus Beton hergestellt. Es liegt ca. 3 km von der Gewinnungsstelle entfernt und mit seinem Wasserspiegel 60,0 m hoch über dem dortigen, mittleren Wasserstande. Die Druckleitung hat 150 mm Durchmesser und die Gesammtlänge der Rohre beträgt ca. 8000 lfd. m. Ein Theil davon war schon früher für eine alte Quellwasserleitung benutzt. Es sind jetzt 41 Unterflurhydranten aufgestellt. Die Zuleitungen und die Hausleitungen bestehen aus Bleirohren; erstere haben 15 mm und 20 mm Durchmesser. Bis Ende 1895 waren 210 Wassermesser geliefert und zwar 5 von H. Meinecke, Breslau und 205 von Dreyer, Rosenkranz & Droop, Hannover. Diese haben folgende Grössen:

Durchmesser mm	11	15	20	25	30	50
Stückzahl . . .	3	187	81	3	6	1.

Im Jahre 1894/95 sind 64000 cbm Wasser im Ganzen oder 175 cbm am mittleren Jahrestage abgegeben. Die Betriebsleitung ist mit der des Gaswerkes vereinigt und liegt in den Händen des Directors Carl Bremer.

Nach einer Untersuchung des Chemikers Dr. Will in Elberfeld ist das Wasser frei von Ammoniak und von Salpeter- und salpetriger Säure. Es hat nur einen geringen Gehalt von Chlor und von organischer Substanz. Bacterien sind darin nicht gefunden.

45. d. **Kaiserswerth.** (E. 2371, W. 280 mit je 8,4 B.)

Die Wasserversorgung der Stadt Kaiserswerth erfolgt aus gemauerten, gesenkten und gebohrten Brunnen, deren 10 der allgemeinen Benutzung dienen. Für die Diakonissenanstalt mit ihren 900 Insassen ist am Mühlenthurme unmittelbar am Rheine in der Nähe der Stadt eine Pumpe aufgestellt, welche Wasser in ein 25,0 m hoch aufgestelltes, eisernes Reservoir fördert. Die Pumpe wird durch einen Windmotor betrieben.

46. l. **Kaldenkirchen.** (E. 3436.) Ohne Antwort.

47. l. **Kempen.** (E. 5825, W. 453 mit je 12,8 B.)

Für die Wasserversorgung der Stadt Kempen dienen gemauerte Brunnen, von welcher 126 Stück vorhanden sind. Diese haben eine Tiefe bis zu 35,0 m. Ein von dem Samica-Bache abgeleiteter Mühlgraben, der die Stadt berührt, durchfliesst diese und wird zur directen Entnahme benutzt. Er führt aber meistens nur wenig Wasser, das kaum für gewerbliche Zwecke genügt. Das Brunnenwasser ist im Allgemeinen mangelhaft und die meisten Brunnen müssen jährlich gereinigt werden, um ihr Wasser überall geniessbar zu machen. Von einer beabsichtigten Verbesserung der Versorgung ist nichts bekannt.

48. g. **Kettwig.** (E. 6016.)

Zur Wasserversorgung der Stadt Kettwig hat im Jahre 1884 für deren Rechnung der Wasserwerksdirector Disselhoff in Hagen nach seinem Projecte ein Wasserwerk erbaut, welches für eine tägliche Leistung von 1200 cbm bestimmt ist. Die Anlagekosten haben M. 100000 oder M. 16,62 pro Kopf betragen.

Das Wasser wird im Ruhrthale durch einen gemauerten Brunnen von 3,0 m Durchmesser und 8,0 m Tiefe aus dem Grundwasser erschlossen. Zur Förderung des Wassers diente Anfangs eine Dampfpumpmaschine, welche in der Fabrik des Commerzienraths Scheidt aufgestellt war und aus den Kesseln für dessen Fabrik den Dampf für ihren Betrieb erhielt. Diese Maschine war von der Friedrich-Wilhelmshütte in Mülheim a. d. Ruhr geliefert.

Als nach einigen Jahren die dortige Privatgasanstalt in städtischen Besitz überging, ist in der Nähe des Brunnens eine Pumpstation mit Gasmotorenbetrieb erbaut, und die Dampfmaschine ist später verkauft. Es sind hier 2 Gasmotoren von 16 resp. 8 PS. aufgestellt, welche die Deutzer Gasmotorenfabrik in Deutz geliefert hat. Jeder derselben betreibt eine liegende, doppeltwirkende Kolbenpumpe von 210 mm resp. 170 mm Durchmesser und 0,6 m resp. 0,4 m Hub. Erstere macht 24 und letztere 28 Doppelhübe pro Minute. Erstere hat Etagenringventile und letztere hat Tellerventile und beide Ventilarten haben Lederdichtungen. Die Pumpen sind von der Maschinenbauanstalt Humboldt in Kalk geliefert.

Hinter dem Vertheilungsnetze und 2,5 km von der Pumpstation entfernt liegt ein aus Cementstampfbeton hergestelltes Hochreservoir, das 300 cbm Inhalt hat und überwölbt und in die Erde versenkt ist. Sein Wasserspiegel liegt 64,0 m hoch über der Gewinnungsstelle. Die Druckleitung zwischen beiden hat 150 mm Durchmesser und ca. 2600 m Länge. Die Länge der gesammten Rohrleitungen bis zu 80 mm Durchmesser abwärts beträgt ca. 6000 lfd. m. Damit sind 18 Schieber und 43 Unterflurhydranten mit Handentleerung verbunden. Die Rohre sind von der Friedrich-Wilhelmshütte in Mülheim a. d. Ruhr geliefert. Bis Ende des Jahres 1895 waren 487 Wassermesser und zwar 355 von Wolff & Schreiber, Breslau und 132 von Dreyer, Rosenkranz & Droop, Hannover geliefert, die sich nach der Grösse wie folgt vertheilen:

Durchmesser mm	13	20	25	50	60	80
Stückzahl . . .	184	209	18	2	3	1.

49. g. **Kray.** (E. 5871.)

Die Wasserversorgung des Ortes Kray erfolgt aus dem Wasserwerke des nördlichen westfälischen Kohlenreviers.

50. g. **Kupferdreh.** (E. 5227.)

Für die Wasserversorgung der Gemeinde Kupferdreh ist für deren Rechnung im Jahre 1893/94 nach dem Projecte des Wasserwerksdirectors Disselhoff in Hagen ein Wasserwerk erbaut, welches für eine tägliche Leistung von bis zu 2000 cbm bestimmt ist und zu M. 135 000 veranschlagt war. Schon während des Baues hat eine Vereinbarung zwischen der Gemeinde Kupferdreh und den beiden Nachbargemeinden Heisingen und Byfang dahin stattgefunden, dass Kupferdreh diesen Gemeinden das Wasser durch die von letzteren selbst herzustellenden Rohrleitungen in die gleichfalls von ihnen herzustellenden Hochreservoire zu liefern hat, so dass die Anlage damit zu einer Gruppenversorgung für ca. 10 000 Personen geworden ist.

Das Wasser wird am linken Ufer der Ruhr aus dem Grundwasser durch einen Brunnen von 3,0 m Durchmesser und 7,0 m Tiefe erschlossen. Daneben ist eine Pumpstation erbaut, in welcher 2 liegende Eincylindermaschinen von einer Leistung von je 40 PS. bei 45 Umdrehungen pro Minute aufgestellt sind. Sie haben eine vom Regulator verstellbare Expansion und eine abstellbare Condensation. Jede Maschine treibt direct durch ihre verlängerte Kolbenstange eine doppeltwirkende Plungerpumpe mit freien Ringventilen an, die 50 cbm Wasser pro Stunde fördert. Die Dampfkolben haben 375 mm und die Plunger 135 mm Durchmesser, und beide haben 0,6 m Hub. 2 Einflammrohrkessel mit Gallowayrohren liefern den Dampf von 6 Atm. Spannung. Die Maschinen, Kessel, Rohrleitungen und Armaturen hat die Friedrich-Wilhelmshütte in Mülheim a. d. Ruhr geliefert.

Auf verschiedenen Terrainpunkten des Versorgungsgebietes sind in verschiedenen Höhen im Ganzen 5 Hochreservoire für die Wasservertheilung erbaut. Das eine, für Kupferdreh bestimmte Reservoir hat 200 cbm Inhalt, und es liegt dessen Wasserspiegel 70,0 m hoch über Pumpenmitte. Eine ca. 1800 m lange Druckleitung von 200 mm Durchmesser führt zu diesem Reservoire.

3 Reservoire dienen für die Versorgung der Gemeinde Byfang. Eins davon hat 150 cbm Inhalt und versorgt die nördliche, untere Zone des Ortes. Sein Wasserspiegel liegt 70,0 m über Pumpenmitte und es wird durch eine ca. 2000 m lange Druckleitung von 100 mm Durchmesser gespeist. Für die obere Zone von Byfang dient das zweite Reservoir von 300 cbm Inhalt, dessen Wasserspiegel 99,5 m über Pumpenmitte liegt. Zu diesem führt eine ca. 2600 m lange Druckleitung von 200 mm Durchmesser. Von diesem Reservoire geht eine Fallrohrleitung von ca. 2000 m Länge und 100 mm Durchmesser ab, welche zu dem dritten Reservoire für Byfang führt, das mit seinem Wasserspiegel 75,0 m hoch über Pumpenmitte liegt und für die Versorgung des südlichen Theiles der unteren Zone des Ortes dient.

Heisingen liegt am rechten Ufer der Ruhr, welche hier durch einen Düker von 150 mm Durchmesser gekreuzt wird. Das Druckrohr führt dann auf ca. 2700 m Länge weiter bis zu dem für diesen Ort erbauten Hochreservoire, das 200 cbm Inhalt hat und dessen Wasserspiegel 123,6 m über Pumpenmitte liegt.

Die Länge der sämmtlichen Rohrleitungen beträgt für Kupferdreh 20 000 m, für Byfang 22 000 m und für Heisingen 8000 m, also im Ganzen 50 000 lfd. m. Anschlüsse daran sind ca. 300 für Kupferdreh, 200 für Byfang und 150 für Heisingen, also im Ganzen für 650 Häuser hergestellt. Die Zuleitungen sind aus geschwefelten Bleirohren von 15 mm bis 30 mm Durchmesser ausgeführt. Wassermesser sind im Ganzen 312 eingebaut, von welchen 204 von Siemens & Halske, Berlin und 108 von Dreyer, Rosenkranz & Droop, Hannover geliefert sind. Diese vertheilen sich nach der Grösse wie folgt:

Durchmesser mm	15	16	20	25	30	65	80	125
Stückzahl . . .	70	95	126	15	1	1	1	2.

Die tägliche Wasserabgabe beträgt im Durchschnitt 500 cbm. Die Gemeinde Heisingen erhält durch das Wasserwerk im Jahre bis zu 50 000 cbm Wasser gegen Zahlung von rund M. 3000, wovon sie an die Zeche Heisinger Tiefbau bis zu 20 000 cbm für M. 1200 wieder abgibt und sich ferner bei etwaigem Mehrbedarfe von der Zeche $7\frac{1}{2}$ Pf. pro cbm bezahlen lässt.

Die Mindestzahlung für Wasserabnehmer beträgt in Kupferdreh pro Quartal M. 3,60, wofür monatlich bis zu 6 cbm abgegeben werden. Bei Mehrverbrauch ist zu zahlen:

für monatlich cbm	6 bis 12	12 bis 20	über 20
pro cbm Pf. . . .	15	$12\frac{1}{2}$	11.

Die Wassermessermiethe im Jahre beträgt M. 5 für 15 mm, M. 6 für 20 mm und M. 8 für 25 mm Messer-Durchmesser.

51. u. **Laichlingen.** (E. 5758, W. 1062 mit je 5,4 B.)

Die Wasserversorgung der Stadt Laichlingen erfolgt aus gegrabenen Brunnen, deren 6 öffentliche und ca. 80 private vorhanden sind. Die Brunnen liefern, ausgenommen bei einem etwaigen Hochwasser der Wupper, in der Regel gutes Wasser.

Die Anlage einer Quellwasserleitung wird schon längere Zeit beabsichtigt. Nach einem Projecte des Wasserwerksdirectors Disselhoff in Hagen sollen 3 hochgelegene Quellen, mit deren Erschliessung man beschäftigt ist, für den niedrigen Theil der Stadt, der im Ueberschwemmungsgebiete liegt, nutzbar gemacht werden; dabei ist es event. in Aussicht genommen, das Wasser durch künstliche Hebung auch den hochliegenden Theilen der Stadt zuzuführen.

52. n. **Langenberg.** (E. 9079, W. 600 mit je 15,0 B.)

Die Wasserversorgung der Stadt Langenberg erfolgte früher aus innerhalb der Stadt vorhandenen Brunnen und aus den beiden, durch die Stadt fliessenden Bächen. Der häufige Mangel an Wasser in den Brunnen und die schlechte Qualität des überhaupt vorhandenen Wassers hat schon im Jahre 1874 zu dem Plane geführt, eine Wasserleitung von der Ruhr her anzulegen. Die dafür erforderlichen, hohen Anlagekosten veranlassten später, eine Versorgung durch die damals das Hattinger Wasserwerk betreibende Actiengesellschaft ins Auge zu fassen. Aber auch das gab man im Jahre 1882 auf und versuchte seitdem die ca. 4 km von der Stadt entfernt entspringenden Richrather Quellen für die Wasserversorgung der Stadt zu erwerben. Als gütliche Verhandlungen über deren Ankauf nicht zum Ziele führten, war die Stadt gezwungen, das Expropriationsrecht dafür nachzusuchen, welches im Februar 1885 auch ertheilt wurde. Die Einschätzung des Quellgebietes der Donnersprings- und der Buschquelle ergab für eine Fläche von 1,71 ha eine Werthsumme von M. 15 845.

Die Arbeiten für die Quellenfassungen und die Ausführung des ganzen Werkes sind in den Jahren 1884/85 nach dem Projecte und unter der Leitung des Wasserwerkdirectors Disselhoff in Hagen erfolgt, und am 21. August 1885 ist das erste Wasser aus den Quellen der Stadt zugeführt. Für die höher gelegene Donnerspringsquelle ist ein ausgemauerter Stollen von 14,5 m Länge zur Fassung der kleinen Spaltenquellen hergestellt, während die tiefer gelegene Buschquelle geschlossen aus einem Spalt hervortritt und durch ein Rohr direct gefasst werden konnte. Das Wasser beider Quellen ist durch Rohrleitungen in einem Sammelschachte vereinigt.

Von diesem Schachte aus ist das Wasser mit natürlichem Gefälle durch eine 3825 m lange Rohrleitung von 200 mm Durchmesser einem Hochreservoire von 600 cbm Inhalt zugeführt, dessen Wasserspiegel 6,0 m tiefer als der Wasserstand im Sammelschachte liegt. Das Reservoir liegt unmittelbar vor dem Beginne des Vertheilungsnetzes auf dem Schellenberger Felde. Es ist aus Ziegelmauerwerk hergestellt und besteht aus 2 Abtheilungen. In das Terrain ist es 5,75 m tief versenkt, überwölbt und mit Erde überfüllt. Die von dem Reservoire zur Stadt abgehende Fallrohrleitung hat 175 mm Durchmesser.

Das Vertheilungsnetz ist nach dem Verästelungssysteme ausgeführt. Der Leitungsdruck in dem tiefsten Versorgungspunkte der Stadt beträgt 70,0 m. Die Leitungen haben eine gesammte Länge von 14 989 lfd. m, und es sind damit 59 Schieber verbunden. Nach den Durchmessern vertheilen sich die Rohre und Schieber wie folgt:

Rohrdurchmesser mm	200	175	150	125	100	80
Rohrlänge . . . m	3825	690	163	468	1717	8127
Schieberzahl . . .	11	6	0	4	2	36.

Mit dem Rohrnetze sind 106 Unterflurhydranten und 27 Rinnsteinspüler verbunden. Die Zuleitungen und die Hausleitungen bestehen aus geschwefelten Bleirohren. Erstere haben 15 mm bis 25 mm Durchmesser und Ventilhähne zur Absperrung. In den im Jahre 1896 angeschlossenen 370 Häusern waren ca. 1500 Zapfhähne in Benutzung. Die Abgabe des Wassers erfolgt nur durch Wassermesser, deren 455 von Dreyer, Rosenkranz & Droop, Hannover bis Ende 1895 geliefert sind. Diese, sowie die im Jahre 1896 eingebauten Messer vertheilen sich nach der Grösse wie folgt:

Durchmesser mm	13	15	20	25	30	70
Stückzahl geliefert	45	213	170	20	6	1
dsgl. eingebaut .	0	198	155	14	3	0.

Die Wasserabgabe durch Messer hat im Jahre 1895 im Ganzen 63 363 cbm oder 174 cbm am mittleren Jahrestage und im Jahre im Durchschnitte 171 cbm aus einem Messer betragen. Der grösste Monatsconsum hat 6314 cbm und der geringste 3711 cbm betragen.

Den Betrieb der Anlage leitet der Bürgermeister Frowein. Die Anlagekosten haben sich ursprünglich auf M. 187 635 belaufen und zwar wie folgt auf die einzelnen Titeln vertheilt:

Grunderwerb und sonstige Entschädigungen .	M.	32 842
Quellenfassung	»	6 833
Rohrleitungen incl. eines Theiles der Privatanschlüsse	»	99 260
Hochreservoir	»	19 116
Wassermesser	»	10 108
Bauleitung	»	9 810
Bauzinsen	»	7 670
Verschiedenes	»	1 996

Die Anlagekosten belaufen sich jetzt auf M. 230 000 im Ganzen oder M. 25,33 pro Kopf.

Als Minimalwasserpreis, einschliesslich der Messermiethe, ist monatlich M. 2,50 bei Anwendung von Messern bis zu 20 mm Durchmesser zu zahlen. Dieser Preis steigert sich auf M. 4,00 bei 25 mm, auf M. 4,50 bei 30 mm und auf M. 5,00 bei 50 mm Durchmesser des Messers. Dafür werden bis zu 8 cbm Wasser im Monat abgegeben. Bei Mehrverbrauch kostet 1 cbm 20 Pf. für den Hausgebrauch und 15 Pf. für gewerbliche Zwecke.

Das Wasser ist nach einer Untersuchung vom October 1893 frei von Ammoniak und von salpetriger Säure. Im Liter sind 5,9 mg Salpetersäure enthalten, und zur Oxydation der organischen Substanz sind 3,0 mg Kaliumpermanganat erforderlich.

53. g. **Leithe i. Rhl.** (E. 428.)

Die Wasserversorgung des Ortes Leithe erfolgt aus dem Wasserwerke des nördlichen westfälischen Kohlenreviers.

54. m. **Lennep.** (E. 8896.)

Für die Versorgung der Stadt Lennep diente früher, ausser dem Wasser aus Brunnen innerhalb der Stadt, von denen 5 öffentliche waren, eine künstliche Zuleitung, welche aus 600 m Entfernung Quellwasser lieferte, das an einem öffentlichen Laufbrunnen ausfloss. Wenn auch ein eigentlicher Wassermangel niemals eintrat, so beschloss die Stadtvertretung doch bereits im Jahre 1882, mit dem Baue eines Wasserwerkes und mit der Ausführung einer städtischen Kanalisation vorzugehen. Im Jahre 1883 wurde in Folge dessen nach dem Projecte des Wasserwerksdirectors Disselhoff in Hagen und unter dessen Leitung ein städtisches Wasserwerk erbaut. Der Betrieb dieses Werkes liegt jetzt in den Händen des städtischen Gas- und Wasserwerksdirectors Lenke. Die Anlage hat in den Maschinen eine tägliche Leistung von 1200 cbm. Sie hat M. 430 000 im Ganzen oder M. 48,23 pro Kopf gekostet.

Das Wasser wird südöstlich von der Stadt und ca. 3 km davon entfernt in dem Panzerthale, einer flachen Thalmulde, die in nordöstlicher Richtung in das Lennepethal einmündet, durch eine Staumauer aus dem Oberflächenwasser gesammelt. Die Wasserfläche dieses Sperrreservoirs beträgt in gefülltem Zustande 32 000 qm, und es hat dasselbe bei einer Wassertiefe von 10,0 m einen Inhalt von 118 000 cbm. Die Kosten des Reservoirs haben M. 83 000 betragen, was 70,3 Pf. pro cbm Wasserinhalt entspricht. Die Sperrmauer ist nach dem Projecte des Professors Intze in Aachen ausgeführt. Sie ist aus Bruchsteinen aus dem Lenneschiefer in Trassmörtel hergestellt und hat 115 m Länge. Im Grundrisse ist sie nach einem Radius von 1,43 m gekrümmt. In der Sohle hat sie 7,5 m Stärke über dem Fundamente, und in 12,5 m Höhe darüber hat sie 1,5 m Stärke in der Krone. Das Mauerwerk dafür hat im Ganzen 3000 cbm Inhalt. Innerhalb des Reservoirs ist ein Sandfilter von 30 qm Fläche eingelegt, das jährlich einmal gereinigt wird. An die Sperrmauer ist aussen ein 6 m breiter Damm direct angeschüttet, der als Fahrstrasse dient.

In der Nähe des Staureservoirs ist eine Pumpstation erbaut. In dieser sind 2 liegende Eincylindermaschinen von je 14 PS. und 2 Dampfkessel aufgestellt, deren jeder 30 qm Heizfläche hat. Jede Maschine treibt direct durch ihre verlängerte Kolbenstange eine doppeltwirkende Pumpe an, die bei 35 Doppelhüben pro Minute 30 cbm Wasser pro Stunde auf 115,0 m Höhe fördert. Die Maschinen hat die Firma Böche & Gross in Hückeswagen und die Kessel die Firma Siller & Jamert in Rittershausen geliefert.

Das Wasser wird durch eine Druckrohrleitung von ca. 6000 m Länge und 150 mm Durchmesser durch das Lenneper Versorgungsgebiet geführt und, soweit es hier nicht direct zur Abgabe gelangt, weiter nach einem gemauerten Hochreservoire geleitet, welches auf einer 60,0 m hohen Hügelkette, nordöstlich von der Stadt und 1,5 km von dieser entfernt, liegt. Das Reservoir hat 400 cbm Inhalt und ist aus Mauerwerk hergestellt und überwölbt. Sein Wasserspiegel liegt 115,0 m über dem des Staureservoirs und ca. 60,0 m über dem mittleren Stadtniveau. Von dem Reservoire geht eine Fallrohrleitung von 125 mm Durchmesser ab, welche für die Versorgung der Stadt Lüttringhausen dient.

Das Rohrnetz für Lennep hat ca. 12000 m Länge von 150 mm bis 80 mm Durchmesser, und es sind damit 70 Ueberflurhydranten verbunden. Der Versorgungsdruck beträgt je nach der Ortslage 25,0 m bis 100,0 m. Es sind in Lennep 470 Hausanschlüsse in Benutzung, und die tägliche Wasserabgabe beträgt ca. 450 cbm.

55. m. **Lüttringhausen.** (E. 10791.)

Die Wasserversorgung der Stadt Lüttringhausen erfolgt durch das Wasserwerk der Stadt Lennep. Es sind in Lüttringhausen ca. 10000 lfd. m Vertheilungsleitungen verlegt und ca. 300 Anschlussleitungen mit Wassermessern in Benutzung.

56. s. **Menninghausen.** (E. 1458.)

Die Wasserversorgung des Ortes Menninghausen erfolgt durch das Remscheider Wasserwerk.

57. n. **Mettmann.** (E. 8000.)

Die Wasserversorgung der Stadt Mettmann erfolgt ausser aus dem Mettmanner Bache und dem Hammerbache, die in die Düssel ausfliessen, ausschliesslich aus Privatbrunnen, die meistens gegraben und zum Theil bis auf 30,0 m Tiefe gebohrt sind.

Trotzdem das Wasser gut und in stets genügender Menge vorhanden ist, schweben seit längerer Zeit die Erwägungen über die Ausführung eines einheitlichen Wasserwerkes, für welches ein Project vom Ingenieur H. Ehlert in Düsseldorf vorliegt.

58. t. **Meiderich.** (E. 25824, W. 2500 mit je 10,3 B.)

Für die Wasserversorgung der Stadt Meiderich ist fast bei jedem Hause ein gegrabener Brunnen vorhanden, welcher stets genügendes Wasser liefert. Trotzdem erfolgt die Versorgung der Stadt grössten Theils durch 2 industrielle Werke aus deren Wasserwerken, welche diese eigentlich für ihren Fabrikationsbetrieb angelegt haben. Sie bedurften aber der Concession der Stadt Meiderich, um deren Strassen für ihre Rohrlegungen benutzen zu dürfen und diese Gelegenheit hat die Stadt benutzt, um beide Gesellschaften durch Verträge zur Abgabe eines bestimmten Wasserquantums zum Preise von 4,5 Pf. pro cbm dauernd zu verpflichten. Diese Wasserwerke gehören dem Rheinischen Stahlwerk in Ruhrort und der Firma Thyssen & Comp. in Mülheim a. d. Ruhr.

Das erstere Werk hat der Stadt auf Verlangen bis zu 90 cbm Wasser pro Stunde zu liefern und das andere ist zu einer jährlichen Lieferung von bis zu 150000 cbm verpflichtet, so dass die Stadt über durchschnittlich 2500 cbm Wasser pro Tag disponirt, wovon sie zur Zeit etwa die Hälfte verbraucht. Das Wasser ist von den Werken in das von der Stadt für städtische Kosten hergestellte städtische Rohrnetz zu überführen. Mit der Herstellung des letzteren hat die Stadt im Jahre 1889 begonnen und dasselbe, den wachsenden Bedürfnissen folgend, später weiter ausgedehnt. Die städtischen Einrichtungen stehen unter der Leitung des Stadtbaumeisters Heising. Das jetzige Verhältniss der Versorgung genügt den Interessen der Stadt vollständig, wenngleich sie sich vorbehalten hat, eventuell mit der Erbauung eines eigenen Wasserwerkes vorzugehen.

Das städtische Rohrnetz hatte am 1. April des Jahres 1896 ca. 30750 lfd. m Länge. Das grösste der Rohre hat 200 mm und das kleinste 50 mm Durchmesser. In den städtischen Strassen liegen ferner für die beiden Werke 2 Rohre von je 400 mm Durchmesser. Mit den städtischen Rohren waren damals 142 Schieber und 122 Hydranten verbunden und 1288 Häuser hatten Anschlussleitungen an das Rohrnetz. Die Anlagekosten hatten bis dahin für die Stadt M. 235000 betragen. Es waren 181 Wassermesser aufgestellt, von welchen 147 von Siemens & Halske, Berlin und 34 von Wolff & Schreiber, Breslau geliefert sind. Dieselben haben folgende Grössen:

Durchmesser mm	12	13	15	16	20	25
Stückzahl . . .	24	11	21	57	38	12
mm	30	50	75	100	200	
Zahl	5	3	4	2	4.	

Im Jahre 1895/96 sind im Ganzen 387884 cbm oder am mittleren Jahrestage 1060 cbm oder 18 Lit. pro Kopf abgegeben. Davon entfallen 285006 cbm oder 73,5 % auf die Abgabe nach Messern und 102878 cbm oder 26,5 % auf die Abgabe ohne Messer.

Die Wasserzahlung wird durch Schätzung nach der Scala von M. 2,50 im Jahre pro Raum von mehr als 6 qm Grundfläche festgestellt. Ferner ist zu zahlen pro Badewanne M. 8, pro Closet M. 6, pro Pissoir M. 9 für jeden Stand oder M. 12 pro m Länge, pro Pferd M. 3, pro Stück Rindvieh M. 2 etc. Nach Messern ist als Monatsminimum und darüber pro cbm zu zahlen bei einem Monatsgebrauche von:

cbm bis	100	500	1000	2000	5000	darüber
pro cbm Pf.	13	12	11	10	9	8
Minimum pro Monat M.	3	13	60	110	200	450

Als Messermiethe ist je nach der Grösse der Messer zu zahlen:

Durchmesser mm	13	20	25	30	40	50
pro Monat M. . .	1,00	1,25	1,75	2,20	2,50	3,50.

59. d. **Mintard.** (E. 720.)

Die Wasserversorgung des Dorfes Mintard erfolgt zum Theil durch das Wasserwerk der Stadt Mülheim a. d. Ruhr.

60. o. **Moers.** (E. 5838, W. 701 mit je 8,3 B.)

Die Wasserversorgung der Stadt Moers erfolgt ausschliesslich aus gemauerten Brunnen, deren fast jedes Haus einen besitzt. Ausserdem sind 15 öffentliche Brunnen vorhanden.

61. p. **Mülheim a. d. Ruhr.** (E. 31431.)

Für die Wasserversorgung der Stadt Mülheim a. d. Ruhr lag Anfangs der 70 Jahre ein vom Ingenieur E. Bethge in Dortmund ausgearbeitetes Project vor Nach längeren Beratungen darüber, ob die Stadt das Unternehmen einer Actiengesellschaft übertragen oder besser selbst in die Hand nehmen würde, entschied die Stadtverwaltung sich im Jahre 1874 für das letztere und beschloss, den Bau für städtische Rechnung auszuführen. Der Bau des Werkes wurde, nachdem das erste Project mannigfachen Abänderungen unterworfen war, der Firma J. & A. Aird in Berlin in Generalentreprise zum Preise von ursprünglich M. 450000 übertragen. Diese Kosten haben sich durch den Grunderwerb und durch Mehrausführungen wesentlich gesteigert, so dass die erste Anlage M. 618000 gekostet hat. Mit der Ausführung ist in dem Jahre 1875 begonnen, und das Jahr 1876/77 ist das erste Betriebsjahr des Werkes gewesen. Stadtseitig führte beim Baue der Ingenieur Pahde, jetzt Gas- und Wasserwerksdirector in Witten, die Aufsicht. Der jetzige Betriebsleiter ist der Director Lampe.

Das Werk ist anfänglich für eine tägliche Maximalleistung von 6000 cbm bestimmt gewesen. In den ersten Jahren ist, wie es auch vorausgesehen war, die Entwickelung des Consums eine sehr langsame gewesen, und die Einnahmen reichten noch nicht zur Zinsdeckung aus. Im

Juni 1879 trat aber eine erfreuliche Besserung durch den Anschluss der Gutehoffnungshütte bei Oberhausen ein. Auf Grund eines 10jährigen Vertrages mit der Stadt verpflichtete sich letztere zu einer jährlichen Wasserlieferung von bis zu 700000 cbm an die Hütte. Die im Laufe der Jahre wachsende Wasserabgabe, namentlich auch an auswärtige Consumenten, hat in den Jahren 1888 und 1893 bedeutende Erweiterungen der Anlagen veranlasst, so dass deren tägliche Leistung zur Zeit 22000 cbm beträgt. Aus dem Werke werden ausser der Stadt Mülheim jetzt die Orte Broich, Speldorf, Saarn und Winkhausen (seit 1888/89), Osterfeld und Heissen (seit 1889/90), sowie Theile der Bürgermeistereien Styrum, Oberhausen, Borbeck (seit 1885/86) und der Ort Mintard im Regierungsbezirke Düsseldorf versorgt. Die Anlagekosten haben am 31. März 1897 im Ganzen M. 1518140 oder pro Kopf der Stadtbevölkerung M. 48 betragen.

a) Beschreibung der Anlage.

Das Wasser wird aus den ausgedehnten Kieslagern des Gebietes der Ruhr innerhalb des äusseren Stadtbezirkes und oberhalb der eigentlichen Stadt auf der von dem Schleussenkanale und der Ruhr gebildeten Insel gewonnen. Am rechten Flussufer ist ursprünglich nur ein Brunnen hergestellt, der mit Filterrohren verbunden ist. Derselbe besteht aus Cementmauerwerk und hat 3,0 m Durchmesser. Er liegt 20 m vom Flussufer entfernt, und seine Sohle, die unten offen ist, liegt 4,5 m unter Terrain. In seine Wände münden 2 Filterrohrstränge ein, von denen der eine 100 m Länge hat und aus Thonrohren von 314 mm Durchmesser besteht. Der andere ist aus geschlitzten Eisenrohren von 520 mm Durchmesser hergestellt und hat 125 m Länge. Später ist hier ein zweiter Brunnen von 3,5 m Durchmesser und 5,0 m Tiefe hergestellt. Von diesen beiden Brunnen führen 2 Zuleitungen, welche den Schleussenkanal durch schmiedeeiserne Rohre kreuzen, zu der am rechten Ufer des Kanals gelegenen Pumpstation und münden hier in je einen von den beiden, vor derselben gelegenen Pumpenbrunnen ein. Die erste Zuleitung hat 178 m Länge und 523 mm Durchmesser, und die zweite hat die gleiche Länge und 750 mm Durchmesser. Die Pumpenbrunnen sind mit eisernen Kesseln ausgefüttert. In diese reichen die Saugerohre der einzelnen Maschinenpumpen hinab, und es beträgt die grösste Saugehöhe 6,5 m.

Die ersten beiden Maschinen I und II sind liegende Woolf'sche Maschinen mit Schwungrädern und mit Condensation. Deren Dampfcylinder liegen neben einander und zwischen diese sind die Ventile für die Steuerung gelegt. Die Kurbeln beider Maschinenhälften sind um 180° gegen einander versetzt. Hinter jedem der Dampfcylinder liegt bei jeder Maschine eine von der verlängerten Kolbenstange getriebene, einfachwirkende Plungerpumpe mit Doppelsitzventilen von Rothguss. Die beiden neueren Maschinen III und IV sind liegende Verbundmaschinen. Die von beiden zuletzt aufgestellte Maschine IV ist etwas grösser als die erste. Sie haben Receiver, Schiebersteuerung und Schwungräder und arbeiten mit Condensation. Jede von diesen Maschinen betreibt 2 doppeltwirkende, resp. 4 einfachwirkende Plungerpumpen mit freien, mehrsitzigen Etagenventilen. Die Hauptmaasse etc. der 4 Maschinen und Pumpen gibt die Tabelle 363 an.

Die Förderhöhe beträgt für die Maschinen I und II 60,0 m und für die Maschinen III und IV 95,0 m. Die gesammte Maschinenleistung repräsentirt 250 PS. bei einer gesammten stündlichen Förderung von 825 cbm. Anfangs waren 2 und jetzt sind 4 Dampfkessel vorhanden.

Tabelle 363.

Gegenstand	Maschine I u. II je	Maschine III	Maschine IV
Durchmesser des kleinen Cylinders mm	350	500	550
desgleichen des grossen Cylinders mm	670	850	925
Kolbenhub m	1,0	1,0	1,0
Pumpendurchmesser mm	250	245	245
Umdrehzahl pro Minute	20	25	25
Wasserlieferung pro Stunde cbm	150	255	270

Es sind Cornwallkessel mit je 2 Feuerrohren von 0,78 m Durchmesser und mit Hauptrohren von 2,2 m Durchmesser und 9,4 m Länge. Sie haben zusammen 345 qm Heizfläche und sind für 4,5 Atm. Dampfdruck concessionirt. Die Maschinen sind von der Friedrich-Wilhelmshütte in Mülheim a. d. Ruhr und die Kessel von Gebr. Lange in Dortmund und von der Gutehoffnungshütte in Oberhausen geliefert.

Die Woolf'schen Maschinen arbeiten durch ein 600 m langes Druckrohr von 314 mm Durchmesser in ein gemauertes Reservoir, welches am Kahlenberge in der Gemeinde Holthausen liegt. Dasselbe besteht aus 2 Kammern von im Lichten je 22,0 m im Quadrat und 3,5 m Nutzhöhe. Der gesammte Inhalt beträgt 3200 cbm. Das Reservoir ist 2,0 m tief in das Terrain versenkt, überwölbt und 1,0 m hoch mit Erde überfüllt. Sein Hochwasserstand liegt auf 60,0 m + 0 des Mülheimer Pegels. Von demselben führt eine Fallrohrleitung von 392 mm Durchmesser zur Stadt. Ausserdem führt noch eine Leitung von 157 mm Durchmesser von der Pumpstation direct zur Stadt, die mit deren Vertheilungsnetze verbunden ist.

Die Verbundmaschinen arbeiten in eine ca. 4000 m lange Druckleitung, die in ihrer ersten Hälfte 400 mm Durchmesser hat und sich dann in 2 Rohrleitungen von je 300 mm Durchmesser gabelt. Das nicht direct aus der einen dieser Leitungen abgegebene Wasser gelangt in ein Ausgleichsreservoir, das an der Grenze der Gemeinden Mellinghofen und Winkhausen im Kreuzfelde erbaut ist. Dasselbe hat 1000 cbm Inhalt und besteht aus Schmiedeisen (System Intze). Es steht auf einem 10,0 m hohen Backsteinunterbaue, und sein Wasserspiegel liegt 95,0 m hoch über dem Mittelwasser der Ruhr.

Das Vertheilungsrohrnetz war Anfangs für einen einheitlichen Druck angelegt und erst im Jahre 1889 ist es in 2 Zonen getrennt, für deren jede eins der beiden Hochreservoire dient. Das Netz der unteren Zone, aus dem die eigentliche Stadt versorgt wird, ist nach dem Circulationssysteme ausgeführt. Das der oberen Zone dient ausschliesslich für die Aussengemeinden und ist nach dem Verästelungssysteme hergestellt.

Im ersten Betriebsjahre setzten sich die Rohrleitungen aus folgenden Durchmessern und Längen zusammen:

Rohrdurchmesser	mm	78	105	131	157
Rohrlänge	m	1900	7647	1121	2075
	mm	209	263	392	
	m	526	152	1909.	

Die Tabelle 364 (S. 442) gibt für die Jahre 1877, 1882 und 1888/89 bis 1896/97 die Länge der bei jedem

Tabelle 364.

Jahr	1877	1881	1888/89	1889/90	1890/91	1891/92	1892/93	1893/94	1894/95	1895/96	1896/97
Rohrlänge m	15 330	28 610	60 401	75 001	82 360	77 900	79 050	80 848	81 505	83 173	88 212
Schieber . .	60	103	182	205	216	197	203	209	211	230	241
Hydranten .	102	162	264	275	283	246	252	258	261	265	284
Pissoire . .	—	—	6	6	6	6	6	6	6	7	7

Jahresschlusse vorhanden gewesenen Rohre von 400 mm bis 50 mm Durchmesser, sowie die Zahl der Schieber, Hydranten und öffentlichen Pissoire an:

In den 21 Jahren ist die Rohrlänge im Ganzen auf das 5,8fache, die Schieberzahl auf das 4,0fache und die Hydrantenzahl auf das 2,8fache angewachsen.

Die Hydranten stehen im Stadtbezirke in 80 m bis 100 m und in den Aussenbezirken in ca. 100 m Entfernung von einander. Es sind Unterflurhydranten mit Selbstentleerung. Die Zuleitungen für Private bestehen, ebenso wie die Hausleitungen, aus Bleirohren. Erstere werden nur durch das Wasserwerk ausgeführt, und es sind deren Kosten von den Consumenten zu vergüten. Bis Ende 1895 waren nach Angabe der verschiedenen Firmen 1144 Wassermesser geliefert und zwar 774 von H. Meinecke, Breslau, 6 von Wolff & Schreiber, Breslau, 363 von Siemens & Halske, Berlin und einer von Lux, Ludwigshafen. Nach der Grösse stellen diese sich wie folgt zusammen:

Durchmesser mm	10	12	13	15	20	25	30
Stückzahl . . .	33	233	467	1	211	87	18
mm	40	50	75	80	100	125	150
Zahl	4	27	5	28	10	11	9.

Die ersten Anlagekosten haben sich nach dem Vertrage mit dem Generalunternehmer belaufen auf:

Gebäude	M.	57 750
Brunnen und Sammelleitungen	»	25 550
Maschinen und Kessel	»	88 350
Hochreservoir mit Zuleitung	»	84 450
Gesammtrohrnetz	»	194 250
Insgemein	»	16 150
zusammen	M.	466 500
dazu für Grundstücke	»	56 500
ferner für Erweiterungen bis 1876/77 . .	»	94 973
also Summe der ersten Anlagekosten . .	M.	617 973
ferner Erweiterungsbauten bis zum 31./3 1896	»	877 069
daher Gesammtkosten	M.	1 495 042

Im Jahre 1896/97 hat ferner eine Erweiterung der Rohrleitungen etc. eine Ausgabe von M. 24179 verlangt, so dass das Anlagekapital am 31. März 1897 im Ganzen M. 1519221 betragen hat.

b) Betrieb und Wasserabgabe.

Die Tabelle 365 gibt für die 20 Jahre von 1877/78 bis 1896/97 die geförderte Wassermenge im Jahre, sowie am mittleren Jahrestage und für jedes Jahr dessen Verhältniss zu 100 cbm des Vorjahres an.

Die Tabelle 366 gibt für die Jahre 1881/82 und 1888/89 bis 1896/97 den Verbrauch an Brennmaterial (Steinkohlen) für die Dampfkessel im Ganzen, pro 100 cbm gefördertes Wasser und pro PS.-Stunde, unter Berücksichtigung des wechselnden Verhältnisses der beiden Arbeitshöhen von 63,0 m und 100,0 m, sowie die Leistung pro kg Kohle in m × kg an.

Tabelle 365.

Jahr	Wasserförderung im Ganzen cbm	Wasserförderung im Tage im Mittel cbm	Förderung geg. 100 cbm d. Vorjahres cbm
1877/78	287 980	789	—
1878/79	282 842	775	98,2
1879/80	412 050	1 129	145,7
1880/81	1 138 630	3 800	336,6
1881/82	1 836 300	5 031	132,4
1882/83	1 409 750	3 862	76,7
1883/84	1 146 585	3 141	81,3
1884/85	1 151 195	3 154	100,4
1885/86	1 518 704	4 161	125,6
1886/87	1 651 743	4 525	108,7
1887/88	2 078 770	5 695	125,8
1888/89	2 546 790	6 977	122,5
1889/90	2 919 430	7 998	114,2
1890/91	3 433 320	9 406	117,9
1891/92	4 110 990	11 243	119,9
1892/93	4 842 430	13 267	117,9
1893/94	5 171 366	14 171	107,0
1894/95	5 036 442	13 798	97,4
1895/96	5 136 921	14 035	117,2
1896/97	5 895 087	16 151	114,8

Tabelle 366.

Jahr	Kohlenverbrauch kg	desgl. pro 100 cbm kg	desgl. pro PS.-Stde. kg	pro kg Kohlen m × kg
1881/82	738 350	53,0	1,95	138 500
1888/89	1 111 750	43,6	1,87	144 300
1889/90	1 517 120	52,0	1,90	142 100
1890/91	2 042 740	59,6	1,82	148 300
1891/92	2 470 000	60,0	1,86	145 200
1892/93	2 840 000	58,6	1,78	151 700
1893/94	3 150 815	60,9	1,74	155 200
1894/95	3 079 950	61,1	1,80	150 000
1895/96	3 083 300	60,0	1,99	135 815
1896/97	3 656 800	62,0	2,36	114 400

In den letzten 4 Jahren hat die gesammte Fördermenge sich nach der Hochdruckzone und der Niederdruckzone, wie die Tabelle 367 angibt, getheilt:

Tabelle 367.

Jahr	1893/94	1894/95	1895/96	1896/97
Wasser für Hochdruck . . cbm	3 162 017	3 309 672	3 310 222	3 507 975
Wasser für Niederdruck . . cbm	2 010 359	1 726 770	1 825 299	2 387 112

Die Schwankungen der Wasserförderung in den einzelnen Monaten der 4 letzten Jahre gibt die Tabelle 368 (S. 443) an, welche die Wasserabgabe am mittleren Monatstage und deren Verhältniss zu 100 cbm am mittleren Jahrestage anführt.

Tabelle 368.

Monat	am mittleren Monatstage cbm im Ganzen				desgl. cbm gegen 100 cbm am mittleren Jahrestage			
	1893/94	1894/95	1895/96	1896/97	1893/94	1894/95	1895/96	1896/97
April	12 919	12 984	12 191	15 248	91	94	87	94
Mai	13 931	14 191	13 261	15 806	98	103	95	98
Juni	15 475	15 470	13 751	16 818	109	112	98	104
Juli	15 977	14 482	13 986	17 414	112	105	100	108
August	15 793	14 615	13 981	16 808	111	106	100	104
September	15 508	13 979	14 328	17 061	109	101	102	106
October	13 856	13 972	14 311	16 799	98	101	102	104
November	13 436	13 095	13 826	15 789	95	95	99	98
December	12 819	12 608	14 089	15 109	90	91	101	94
Januar	14 078	13 124	14 790	15 310	99	95	105	95
Februar	13 429	13 910	15 362	15 573	95	101	109	96
März	12 779	12 888	15 063	16 030	90	93	107	99
Mittlerer Tag	14 171	13 798	14 035	16 150	100	100	100	100

Die Tabelle 369 (S 444) gibt für die Jahre 1881/82 und 1888/89 bis 1896/97 die Einwohnerzahl im Versorgungsgebiete, den Consum pro Kopf und für den mittleren, den höchsten und den niedrigsten Jahrestag, ferner die Abgabe für öffentliche Zwecke und für Private, letztere getrennt, ob durch Messer oder ohne Messer, ferner die Zahl der Consumenten und deren Consum im Jahre im Ganzen und getrennt, ob durch Messer oder ohne Messer, und endlich verschiedene Verhältnisszahlen an.

Die Zahl der am 1. April in den letzten 4 Betriebsjahren eingebaut gewesenen Wassermesser und die daraus durchschnittlich im Laufe des Jahres abgegebene Wassermenge ergibt folgende Aufstellung:

Jahr	1894	1895	1896	1897
Messerzahl	708	806	905	1002
cbm pro Messer	5375	4682	4299	4411.

Nach Wassermessern sind im Jahre 1896/97 abgegeben: für Fabriken 3 625 814 cbm, für Gerbereien 80 400 cbm, für Brauereien 42 839 cbm, für Brennereien 5674 cbm, für Gärtnereien 2453 cbm, für Eisenbahnen 87 719 cbm und für öffentliche Anstalten und für diverse Private 574 866 cbm. Eingeschätzt waren in diesem Jahre 16 322 Wohnräume, Werkstätten, Läden etc., 139 Badewannen, 59 Closets, 6 Pissoire, 90 Pferdestände, 49 Rindviehstände, 4 lfd. m Krippen, 5 Personenwagen, 377 a Gartenflächen, 7851 qm Strassenflächen, 12 Feuerhähne, 42 qm Treibhäuser und ein Zimmerspringbrunnen.

Die Ausgaben (excl. Amortisation und Verzinsung) und die Einnahmen für 100 cbm gefördertes Wasser haben in den 4 letzten Jahren die in der Tabelle 370 angegebene Höhe erreicht.

Seit dem Jahre 1887 ist durch Ortsstatut der Zwangsanschluss an die Wasserleitung innerhalb des Stadtgebietes vorgeschrieben. Für die Wasserabgabe ist jährlich nach Tarif M. 2,20 für jeden bewohnbaren Raum, jede Küche etc., M. 4,00 für jede Badewanne, jedes Closet oder jedes Pissoir mit Wasseranschluss, M. 3,00 für ein Pferd, ein Rindvieh oder einen Esel etc. zu zahlen. Bei Abgabe des Wassers durch Messer ist je nach dessen Grösse eine Messermiethe und ein Mindestsatz des Wassergeldes pro Monat zu zahlen, nämlich:

Durchmesser mm	10 u. 13	20	25	30	40	50	80	100
Messermiethe M.	0,50	1,75	2,00	2,20	2,75	3,50	5,00	7,00
Wassergeld M.	2,00	3,00	4,00	8,00			15,00	

Der Wasserpreis beträgt bis monatlich 250 cbm pro cbm 10 Pf., bis 500 cbm $9\frac{1}{2}$ Pf., bis 1000 cbm 9 Pf., bis 2000 cbm 8 Pf., bis 6000 cbm $7\frac{1}{2}$ Pf. und darüber 7 Pf.

Tabelle 370.

Pfennige pro 100 cbm	1893/94	1894/95	1895/96	1896/97
Ausgaben.				
Kohlen	42,9	51,8	51,0	54,8
Beleuchtung	3,2	4,2	4,5	4,0
Schmiermaterial	3,5	3,0	3,4	3,1
Putzmaterial	0,8	0,5	0,7	0,7
Löhne	29,9	31,0	29,8	25,5
Reparaturen	25,4	17,4	12,8	13,0
Betriebsunkosten	1,5	1,7	1,7	0,9
Allgemeine Unkosten	11,5	9,7	15,5	9,9
Geräthe	—	0,3	0,5	0,7
Gehälter	15,1	16,8	18,7	16,5
zusammen	133,8	136,4	138,6	129,1
Einnahmen.				
Wassergeld u. Wassermiethe	487,7	507,1	558,0	495,7
Magazin und Werkstelle	8,0	10,6	8,9	4,3
Diverses	0,4	0,9	0,7	1,6
zusammen	496,1	518,6	567,6	501,6
Ueberschuss excl. Amortisation und Zinsen	362,3	382,2	429,0	372,5

Die Beschaffenheit des Wassers wird monatlich durch den Stadtchemiker chemisch und bacteriologisch geprüft. Am 13. November 1895 ist im neuen Brunnen 46,1 mg und im alten Brunnen 39,0 mg Chlor im Liter gefunden. Ammoniak, Salpetersäure und salpetrige Säure fehlten in beiden. Die Keimzahl war normal.

62. i. **München-Gladbach.** (E. 53 666.)

Für die Wasserversorgung der Stadt München-Gladbach ist im Jahre 1879/80 für städtische Rechnung nach dem Projecte des Ingenieurs H. Scheven in Bochum und des dortigen Stadtbauraths Schmidt ein Wasserwerk erbaut, das M. 366 607 gekostet hat und für eine tägliche Leistung von 2000 cbm bestimmt war. Die dann später für die weitere Entwicklung erforderlichen Anlagen sind von dem Stadtbaurath Schmidt, der als Wasserwerksdirector dessen Betrieb leitet, allein projectirt und ausgeführt. Die gesammten Baukosten haben am 1. April 1896 die Höhe von M. 695 355 oder M. 12,95 pro Kopf erreicht.

Die erste Pumpstation ist bei Dahl, ca. 1700 m von der Stadt entfernt, erbaut. Die in derselben aufgestellten beiden Pumpmaschinen entnehmen das Wasser

Tabelle 369.

Jahr	1881/82	1888/89	1889/90	1890/91	1891/92	1892/93	1893/94	1894/95	1895/96	1896/97
Einwohnerzahl . . .	22 146	56 000	58 000	60 000	62 000	65 000	67 000	87 000	90 000	95 000
Liter pro Kopf pro Tag im Mittel	171	124	137	156	181	204	212	158	158	170
desgl. am Maximaltage	—	155	175	192	212	257	262	199	192	199
Zahl der Anschlüsse (incl. Broich) . . .	620	1 503	1 781	2 006	2 022	2 140	2 232	2 368	2 545	2 679
cbm pro Anschluss im Jahre . . . . cbm	2 239	1 695	1 635	1 711	2 033	2 262	2 317	2 127	2 015	2 197
Abgabe am										
Maximaltage . »	6 503	8 714	10 171	11 502	13 162	16 749	17 575	17 377	17 289	18 895
Minimaltage . »	1 209	4 115	3 943	4 997	7 246	6 760	7 768	7 443	5 772	8 891
Von 100 cbm am mittleren Jahrestage am										
Maximaltage . cbm	171,0	125,1	127,3	122,2	116,1	126,2	124,0	126,0	123,2	117,5
Minimaltage . »	31,8	59,0	49,4	53,1	64,9	51,0	53,9	54,0	41,1	55,0
Wasser für öffentliche Zwecke . . . cbm	9 000	127 340	145 970	171 670	205 550	242 120	258 618	160 501	129 916	267 602
Wasser für Private »	1 377 300	2 419 450	2 773 460	3 261 650	3 905 440	4 600 310	4 913 758	4 875 941	5 007 012	5 627 485
davon nach Messern cbm	1 230 587	1 713 099	2 308 615	2 663 819	3 287 693	3 665 158	3 825 618	3 774 121	3 890 742	4 419 765
Zahl der Abnehmer nach Messern . . .	84	353	448	601	505	589	612	695	801	898
cbm pro Abnehmer im Jahre . . . . cbm	14 665	4 850	5 150	4 439	6 510	6 235	6 251	5 430	4 857	4 966
Wasser für Private ohne Messer . »	146 713	706 351	464 845	597 831	617 747	935 152	1 088 140	1 101 820	1 116 260	1 207 720
Zahl der Abnehmer ohne Messer . . .	536	1 150	1 333	1 405	1 517	1 551	1 620	1 673	1 744	1 781
cbm pro Abnehmer im Jahre . . . . cbm	274	614	348	425	406	603	672	658	640	678
Von 100 cbm für Private										
nach Messern . »	89,4	70,7	83,3	81,7	84,2	79,7	77,9	77,4	77,7	78,4
ohne Messer . »	10,6	29,3	16,7	18,3	15,8	20,3	22,1	22,6	22,3	21,6
Auf 100 Anschlüsse kommen										
Messeranschlüsse .	13,5	23,4	25,2	30,0	24,9	27,5	27,4	29,4	31,5	33,5
Anschlüsse ohne Messer	86,5	76,6	74,8	70,0	75,1	72,5	72,6	70,6	68,5	66,5
Von 100 cbm Gesammtabgabe für										
öffentl. Zwecke cbm	0,6	5,0	5,0	5,0	5,0	5,0	5,0	3,2	2,5	4,5
Private . . . »	99,4	95,0	95,0	95,0	95,0	95,0	95,0	96,8	97,5	95,5
Gesammtabgabe ohne Messer . . . cbm	155 413	833 691	610 815	769 501	823 297	1 177 272	1 346 758	1 262 321	1 246 179	1 475 322
desgl. von 100 cbm Gesammtabgabe . cbm	11,2	32,7	20,9	22,4	20,0	24,1	26,0	25,1	24,2	25,0
Gesammtabgabe nach Messern von 100 cbm Gesammtabgabe »	88,8	67,3	79,1	77,6	80,0	75,9	74,0	74,9	75,8	75,0

aus dem Grundwasser durch einen gemauerten Brunnen von 5,0 m Durchmesser und 14,0 m Tiefe mittels je einer Hebepumpe. Diese Hebepumpen giessen es in 2 Vorpumpbassins aus, welche von kreisrunder Grundfläche und von 7,0 m Tiefe aus Mauerwerk hergestellt sind und je 14 cbm Inhalt haben. Im Jahre 1885 ist ein zweiter Brunnen von 3,0 m Durchmesser zur Wassergewinnung hergestellt.

Die Maschinen und die Pumpen sind von der Firma Gebr. Meer in Gladbach und die für diese beschafften 2 Dampfkessel von F. A. Neumann in Aachen geliefert. Es sind Bouilleurkessel, deren Hauptkessel 9,4 m Länge und 1,2 m Durchmesser und deren Vorwärmer 8,0 m Länge und 0,7 m Durchmesser haben. Sie sind für 6 Atmosphären Dampfdruck concessionirt. Ein jeder Kessel hat 35,5 qm Heizfläche. Die im Jahre 1880 zuerst aufgestellte Maschine ist, ebenso wie die im Jahre 1885 aufgestellte zweite Maschine, eine liegende Eincylindermaschine mit Ridersteuerung, mit Condensation und mit Schwungrad. Jede dieser Maschinen betreibt mittels Lenkstangen von der Schwungradwelle aus eine stehende Hebepumpe mit Scheibenkolben und, direct mit der Kolbenstange gekuppelt, eine liegende, doppeltwirkende Plungerpumpe mit Dreietagenventilen.

Für die erste Anlage ist ca. 1100 m von der Pumpstation und 700 m von der Stadt entfernt ein schmiedeeisernes Hochreservoir von 600 cbm Inhalt aufgestellt, das auf einem gemauerten, 5,0 m hohen Unterbaue ruht und einen durchhängenden, freitragenden Kugelboden hat. Das Reservoir ist ummantelt und überdacht. Im Jahre 1888 ist ein zweites Hochreservoir mit einem um 20,0 m höher liegenden Wasserspiegel erbaut, weli die genügende Versorgung der Stadt die Theilung in 2 Druckzonen verlangte. Dieses Reservoir ist gleichfalls von Schmiedeeisen und hat 500 cbm Inhalt. Es steht 30 m hoch über Terrain auf einem massiven Unterbaue.

Zur Wasserförderung auf diese Höhe ist eine zweite Pumpstation am Birkenweiher erbaut, in welcher eine liegende Eincylindermaschine mit Ridersteuerung aufgestellt ist, die mit der verlängerten Kolbenstange eine doppeltwirkende Plungerpumpe direct antreibt. Diese Maschine ist gleichfalls von den Gebr. Meer in Gladbach geliefert und ähnlich wie die früher gelieferten Maschinen ausgeführt. Für diese Maschine ist ein Einflammrohrkessel mit 6 Gallowayrohren von F. A. Neumann in Aachen geliefert, der 9,7 m lang ist und 1,75 m resp. 0,8 m Durchmesser und 57,5 qm Heizfläche hat.

Die Pumpstation am Birkenweiher ist im Jahre 1894 nach der Erbauung der dritten Pumpstation vorläufig ausser Betrieb gesetzt. Letztere liegt in Helenabrunn bei Viersen, ca. 3500 m von dem Vertheilungsnetze entfernt. Für die Gewinnung von Grundwasser sind hier 12 schmiedeeiserne Rohrbrunnen von 0,3 m Durchmesser und 14,0 m Tiefe hergestellt, welche durch eine Heberleitung verbunden sind, deren Durchmesser von 350 mm allmählich auf 500 mm anwächst und in einen gemauerten Sammelbrunnen von 4,0 m Durchmesser mündet. Neben diesem Brunnen ist ein Pumpenschacht hergestellt, in welchem 2 stehende Plungerpumpen mit Differentialkolben aufgestellt sind. Die Pumpen haben flache Ringventile und ihre Kolben werden durch die Kolbenstange einer darüberstehenden Verbundmaschine direct angetrieben, welche ein Schwungrad und Meyer'sche Schiebersteuerung hat. Für deren Betrieb dienen 2 Zweiflammrohrkessel von 8,0 m Länge und 2,2 m resp. 0,8 m Durchmesser und von je 68 qm Heizfläche. Die Kessel sind für 7 Atm. Dampfdruck concessionirt und von Dupuis & Comp. in Gladbach geliefert, während die Maschine und die Pumpen die Hannoversche Maschinenbau-Actiengesellschaft, vormals G. Egestorff, in Linden bei Hannover geliefert hat. Die Hauptdimensionen etc. der 4 Maschinen sind in der Tabelle 371 angegeben.

Tabelle 371.

Aufstellungsort	Dahl M. I	Dahl M. II	Birkenweiher M III	Helenabrunn M IV
Dampfkolbendurchm. mm	335	475	335	500 & 750
» Hub m	0,6	0,8	0,6	0,7
PS.-Leistung	28	48	28	95
Druckpumpendurchm. mm	200	254	200	216 & 305
Doppelhübe pro Minute	40	38	40	45
cbm Wasser pro Stunde	85	170	85	312
Arbeitshöhe m	47,0	47,0	68,0	72,0
Hebepumpendurchm. mm	310	280	—	—
Hub m	0,6	0,8	—	—
Förderhöhe m	12,5	12,5	—	—
cbm Wasser pro Stunde	115	225	—	—

Das Rohrnetz ist nach dem Circulationssysteme hergestellt. Die beiden Druckrohrleitungen haben 300 mm resp. 425 mm Durchmesser und 700 m resp. 3600 m Länge, und die beiden Verbindungsleitungen haben 250 mm Durchmesser und 1000 m resp. 600 m Länge. Die Länge der gesammten Rohrleitungen betrug Ende 1894 47061 lfd. m, die mit 280 Schiebern verbunden sind. Die Rohre setzen sich aus folgenden Durchmessern und Längen zusammen:

Rohrdurchmesser mm	425	400	300	275	250	225	200
Rohrlänge . . . m	3350	120	965	320	2294	390	844

mm	175	150	100	80
m	1878	5738	16077	15105.

Für das Ende jedes der Betriebsjahre von 1888/89 bis 1895/96 ist die Länge der Rohre bis 50 mm Durchmesser abwärts und die Zahl der Schieber, Hydranten, öffentlichen Laufbrunnen und öffentlichen Pissoire in der Tabelle 372 angegeben.

Tabelle 372.

Jahr	1888/89	1889/90	1890/91	1891/92	1892/93	1893/94	1894/95	1895/96
Rohrlänge m	36 680	38 851	40 537	41 932	43 165	43 874	46 324	49 666
Rohrinhalt cbm	492	512	521	530	540	586	588	1 098
Schieberzahl	195	210	205	215	221	239	242	291
Hydranten	258	275	300	306	317	317	322	342
Laufbrunnen	7	8	8	9	9	9	10	11
Pissoire	3	4	4	4	4	4	5	5

Die Hydranten sind Unterflurhydranten und stehen in ca. 100 m Entfernung von einander. Es sind 12 Rinnsteinspüler und 2 Springbrunnen mit den Strassenleitungen verbunden. Die Zuleitungen für die Häuser bestehen aus Bleirohren von 15 mm, 20 mm und 25 mm Durchmesser. Grössere Zuleitungen sind aus Eisenrohren hergestellt. Es waren am 1. April 1896 2753 Wassermesser eingebaut und bis Ende 1895 waren im Ganzen 2766 Stück Messer geliefert und zwar 138 (145) von H. Meinecke, Breslau, 142 (141) von Wolff & Schreiber, Breslau, 379 (369) von Dreyer, Rosenkranz & Droop, Hannover und 2107 (2098) von Siemens & Halske, Berlin, wobei die Zahlen in Klammern die gestellten Messer angeben. Nach der Grösse vertheilen sich die gelieferten Messer wie folgt:

Durchmesser . mm	10	12	13	15	20	25	30	40	50
Stückzahl	319	942	435	77	814	118	18	1	22

mm	75	100	150.
Zahl	10	6	3.

Die Tabelle 373 gibt für die 8 Jahre von 1888/89 bis 1895/96 die jährlich geförderte Wassermenge und den Kohlenverbrauch im Ganzen, pro 100 cbm Wasser und pro PS.-Stunde bei 65,0 m mittlerer Arbeitshöhe, sowie die Leistung pro kg Kohlen in m × kg an.

Tabelle 373.

Jahr	Wasserförderung cbm	Kohlenverbrauch kg	desgl. pro 100 cbm	desgl. pro PS.-Sde.	pro kg Kohle m × kg
1888/89	709 361	568 750	80,18	3,34	80 800
1889/90	865 632	776 000	89,65	3,73	72 400
1890/91	880 824	803 500	91,21	3,79	71 200
1891/92	850 000	775 000	91,12	3,79	71 200
1892/93	996 978	904 500	90,72	3,77	71 600
1893/94	1 045 388	950 000	90,87	3,78	71 400
1894/95	1 019 460	885 000	86,32	3,39	79 700
1895/96	1 092 905	829 650	75,91	3,01	89 782

Die Tabelle 374 gibt für dieselben Jahre die Wasserabgabe im Ganzen und getrennt nach der für öffentliche Zwecke, für den Selbstverbrauch, für Private und für den nicht nachweisbaren Verlust, sowie erstere getrennt nach den verschiedenen Gebrauchszwecken; ferner die tägliche Abgabe im Ganzen und pro Kopf für den Tag des mittleren, des grössten und des geringsten Tagesconsums; ferner die Zahl der Anschlüsse und Wassermesser, sowie deren jährliche Abgabemenge und endlich verschiedene Verhältnisszahlen an.

Im Jahre 1895/96 hat die grösste resp. die geringste Abgabe betragen in einem Monate 100067 cbm resp. 64646 cbm, in einer Woche 23349 cbm resp. 15085 cbm und in einer Stunde 135 cbm resp. 52 cbm.

Tabelle 374.

Jahr	1888/89	1889/90	1890/91	1891/92	1892/93	1893/94	1894/95	1895/96
Einwohnerzahl	46 447	47 811	49 600	50 000	51 300	52 200	53 313	54 406
Gesammte Wasserabgabe . . . . . cbm	709 361	865 632	880 824	850 000	996 978	1 045 388	1 019 460	1 092 903
desgl. gegen 100 cbm des Vorjahres ›	—	121,9	101,8	96,5	117,3	104,9	90,1	107,2
Liter pro Kopf pro Tag im Mittel	41	49	52	50	50	55	52	55
› am Maximaltage	78	82	76	80	98	97	82	92
› am Minimaltage	18	24	25	40	27	28	24	23
Zahl der Anschlüsse	1 667	1 827	1 850	2 000	2 211	2 366	2 477	2 611
cbm pro Anschluss im Jahre . . . cbm	425	474	476	425	451	442	412	390
Tagesabgabe am								
mittleren Jahrestage ›	1 918	2 371	2 600	2 500	2 731	2 864	2 793	2 986
Maximaltage ›	3 640	3 936	3 780	4 000	5 020	5 060	4 400	4 988
Minimaltage ›	851	1 195	1 230	2 100	1 400	1 440	1 089	1 253
Von 100 cbm am mittleren Jahrestage am								
Maximaltage . . . cbm	189,7	166,1	145,4	160,0	183,8	176,7	164,7	167,0
Minimaltage ›	44,3	50,4	47,4	84,0	51,3	50,3	39,0	41,9
Abgabe für öffentliche Zwecke ›	74 780	149 891	110 314	104 966	227 500	240 800	231 800	283 000
Davon für Laufbrunnen ›	16 600	18 500	18 500	19 000	24 000	27 000	26 000	27 000
› › Rinnsteinspülen ›	1 300	1 500	1 500	1 500	2 500	4 800	4 800	5 000
› › Bedürfnissanstalten ›	26 000	35 000	35 000	35 000	42 000	42 000	42 000	42 000
› › öffentliche Anlagen ›	1 000	1 000	1 000	1 000	6 000	6 000	6 000	6 000
› › Feuerlöschen ›	1 500	1 500	1 500	1 500	3 000	3 000	3 000	3 000
› › Diverses ›	28 380	92 391	106 000	102 000	150 000	158 000	150 000	200 000
Von 100 cbm für öffentliche Zwecke								
für Laufbrunnen ›	22,2	12,4	11,3	11,8	10,6	11,2	11,2	9,5
› Rinnsteinspülen ›	1,7	1,0	1,3	1,4	1,1	2,0	2,0	1,8
› Bedürfnissanstalten ›	34,7	23,3	31,7	33,3	18,5	17,4	18,0	14,8
› öffentliche Anlagen ›	1,3	0,7	0,9	0,9	2,6	2,5	2,6	2,1
› Feuerlöschen ›	1,4	1,0	1,3	1,4	1,3	1,3	1,3	1,1
› Diverses ›	38,7	71,6	53,5	51,2	65,9	63,5	64,9	70,7
Wasser für Private nur nach Messern ›	608 581	673 241	717 324	690 000	692 515	717 890	701 000	708 140
Zahl der gestellten Messer	1 662	1 821	1 975	2 100	2 286	2 472	2 620	2 753
Abgabe pro Messer . . . cbm	366	369	363	329	303	294	267	257
Wasser für das Wasserwerk ›	6 000	6 500	7 000	7 000	7 000	8 000	8 000	10 000
Wasser als Verlust nicht nachweisbar ›	20 000	36 000	46 182	48 034	69 963	78 698	78 660	90 752
Von 100 cbm Gesammtabgabe für								
öffentliche Zwecke ›	10,6	17,3	12,5	12,4	22,8	23,0	22,8	25,9
Wasserwerk ›	0,9	0,8	0,8	0,8	0,7	0,8	0,8	0,8
Verlust ›	2,8	4,2	5,2	5,6	7,1	7,5	7,7	8,3
Private ›	85,7	77,7	81,5	81,2	69,4	68,7	68,7	65,0
Gesammtabgabe ohne Messer ›	100 780	192 391	163 500	160 000	304 463	327 498	318 460	384 766
oder von 100 cbm im Ganzen	14,3	22,3	18,5	18,8	30,6	31,3	31,3	35,0

Die Wasserabgabe erfolgt im Allgemeinen nach Messern, und es ist für jedes Grundstück mindestens M. 6 pro Vierteljahr als Wassergeld zu zahlen. Der Einheitspreis pro cbm beträgt bei einem Jahresconsum bis 2000 cbm 15 Pf., bis 18 000 cbm 10 Pf. und darüber 9 Pf. Als jährliche Messermiethe wird erhoben bei einer Durchflussweite bis 13 mm M. 6, bis 20 mm M. 8, bis 25 mm M. 12 und bis 30 mm M. 14,40. Für grössere Messer ist pro mm Weite 40 Pf. als Miethe zu bezahlen.

Jährlich wird das Wasser 2 mal chemisch und bacteriologisch vom städtischen Chemiker untersucht. Letztere Untersuchung ergab im Jahre 1895 70 bis 90 Keime im ccm; erstere ergab im Liter 2,9 resp. 2,7 resp. 2,4 mg organische Substanz und 14,9 resp. 21,3 resp. 28,4 mg Chlor.

63. q. **Neuss.** (E. 25032, W. 1926 mit je 13,0 B.)

Für die Wasserversorgung der Stadt Neuss ist in dem Jahre 1880/81 von dem Ingenieur H. Scheven in Bochum nach seinem Projecte und für seine Kosten ein Wasserwerk erbaut, dessen Herstellung M. 255 000 gekostet hat. Nachdem Schevern Anfangs den Betrieb desselben auf eigene Rechnung geführt hatte, ist das Werk am 1. April 1883 in den Besitz der Stadt übergegangen. Die tägliche Leistungsfähigkeit der Anlage beträgt, nach der Grösse der Pumpstation bemessen, ca. 2000 cbm. Den Betrieb derselben führt unter directer Leitung des Bürgermeisters der Maschinenmeister Kehr.

Das Wasser wird ca. 400 m von der Stadt entfernt aus einem im Kiesbette des Rheinthales abgeteuften Brunnen gewonnen, der 4,0 m Durchmesser und 14,0 m Tiefe hat. Er ist auf einem gusseisernen Schuhe in Mauerwerk durch Senken hergestellt. In einer daneben erbauten Pumpstation sind 2 liegende Eincylinder-Dampfmaschinen mit Condensation und mit Becker'scher Steuerung, jede von 20 PS., aufgestellt, welche 45 Umdrehungen pro Minute machen. Jede von ihnen betreibt eine direct gekuppelte, doppeltwirkende Plungerpumpe, die in der Stunde 80 cbm Wasser auf 38,0 m Höhe fördert. 2 Dampfkessel mit darunter liegenden Vorwärmern haben ein jeder 36 qm Heizfläche. Sie sind für 6 Atm. Dampfdruck concessionirt. Die Maschinen und Pumpen sind von Gebr. Meer in München-Gladbach und die Kessel von der Gewerkschaft Orange in Blumke bei Gelsenkirchen geliefert.

In der Stadt selbst ist ein schmiedeeisernes Hochreservoir von 415 cbm Inhalt in 1300 m Entfernung von der Pumpstation auf einem künstlichen Unterbaue unter Dach und ummantelt aufgestellt. Der einheitliche Wasserdruck in dem nach dem Verästelungssysteme hergestellten Rohrnetze beträgt 20,0 m bis 30,0 m je nach der Grösse des Consums. Die Rohrleitungen haben im Ganzen 17 371 lfd. m Länge und setzen sich aus folgenden Durchmessern und Längen zusammen:

Rohrdurchmesser .	mm	250	200	150	125	100	80
Rohrlänge . . .	m	721	2168	2008	573	5621	6280.

Es sind damit 93 Schieber, sowie 115 öffentliche und 43 private Hydranten verbunden. Auch werden daraus 13 öffentliche Ventilbrunnen und ein öffentlicher Springbrunnen gespeist. Von den eingebauten 920 Wassermessern sind 23 von Siemens & Halske, Berlin und 897 von C. A. Spanner, Wien-Aachen, geliefert.

Die Tabelle 375 gibt für die 5 Jahre 1882/83, 1889/90, und 1894/95 bis 1896/97 die Gesammtabgabe im Jahre und am mittleren, sowie am Maximal- und am Minimaltage, ferner die Abgabe mit Messern und ohne Messer,

Tabelle 375.

Jahr		1882/73	1889/90	1894/95	1895/96	1896/97
Gesammtabgabe	cbm	206 513	434 341	543 196	557 817	517 724
am mittleren Jahrestage	»	566	1 100	1 488	1 524	1 419
am Maximaltage	»	800	2 098	2 984	2 424	2 500
am Minimaltage	»	400	783	708	671	617
Von 100 cbm am mittleren Tage						
am Maximaltage	»	141,4	197,3	200,0	137,1	176,2
am Minimaltage	»	70,7	71,2	47,9	44,0	43,4
Abgabe nach Messern	»	62 936	307 900	368 290	409 493	401 374
desgl. von 100 cbm der Gesammtabgabe .	»	30,5	70,9	67,8	73,4	77,5
Zahl der Messer		336	632	914	920	978
Abgabe pro Messer	cbm	187	487	403	445	419
Abgabe ohne Messer	»	143 577	126 441	174 906	148 324	116 350
desgl. von 100 cbm der Gesammtabgabe .	»	69,5	29,1	32,2	26,6	22,5
Abgabe für Private	»	193 990	387 641	453 796	499 493	456 374
davon nach Schätzung	»	131 054	79 741	85 502	90 000	55 000
oder pro 100 cbm der Privatabgabe . . .	»	67,0	20,6	18,8	18,1	12,0
also nach Messern desgl. pro 100 cbm . .	»	33,0	79,4	71,2	71,9	88,0
Privatabgabe pro 100 cbm der Gesammtabgabe	»	93,9	89,2	83,6	89,2	88,1
Abgabe für öffentliche Zwecke	»	12 523	46 700	89 400	58 324	61 350
oder pro 100 cbm der Gesammtabgabe . .	»	6,1	10,8	16,4	10,8	11,8
Von der Abgabe für öffentliche Zwecke:						
für Spülungen von Strassen und Kanalen .	»	—	—	12 000	4 000	5 000
desgl. von Rinnsteinen	»	18 327	28 500	15 000	18 000	20 000
desgl. von Rohrleitungen	»	—	2 000	15 000	8 324	7 850
für Feuerlöschen	»	4 196	3 000	400	1 000	1 500
» Laufbrunnen	»	—	10 500	35 000	24 000	24 000
» Springbrunnen	»	—	2 700	12 000	3 000	3 000

die Abgabe für öffentliche und für private Zwecke, letztere getrennt, ob durch oder ohne Messer, ferner die Zahl der Anschlüsse und der Wassermesser, sowie endlich verschiedene Verhältnisszahlen an.

Das Wasser wird mindestens 2 mal jährlich untersucht. Bei einer Untersuchung im Juli 1895 ist im Liter Wasser gefunden:

Gesammtrückstand	301,4	mg
Glührückstand	264,1	»
Chlor	14,2	»
Salpetersäure	12,1	»
Schwefelsäure	50,5	»
Ammoniak, salpetrige Säure	Null.	

64. n. **Neviges.** (E. 4109, W. 300 mit je 13,7 B.)

Für die Wasserversorgung des Ortes Neviges ist am 1. Januar eine Anlage in Betrieb gekommen, welche von dem Ingenieur H. Müller in Bochum für seine Kosten und nach seinem Projecte erbaut ist und welche er auch als Concessionar betreibt. Deren tägliche Leistung beträgt 500 cbm und deren Anlagekosten haben rund M. 85000 oder M. 20,69 pro Kopf betragen.

Das Wasser wird, 4 km vom Orte entfernt, in der Gemeinde Obensiebeneick in dem Thale des Hardenbergbaches gewonnen. In einem bis auf den undurchlässigen Felsen hinuntergebrachten Einschnitte von 60 m Länge, der sich in der Thalrichtung hinzieht, sind Filterrohre in die Geröllschichten eingelegt und mit Schotter umhüllt. In der Querrichtung dazu sind verschiedene, wasserdichte Lettendämme in Anschluss an die Thalsohle und an deren seitliche Böschungen hergestellt, um den dahinter liegenden Untergrund zur zeitweisen Ansammlung von Wasservorräthen auszunutzen, die im Bedürfnissfalle abgezapft werden können.

Von den beiden Sammelbrunnen, in welche die Filterleitungen münden, wird das Wasser mit natürlichem Gefälle durch eine 5190 m lange Leitung von 150 mm Durchmesser durch das Versorgungsgebiet hindurch bis zu einem auf dessen anderer Seite gelegenen Hochreservoire geführt, soweit es nicht vorher abgenommen ist. Das Reservoir ist gemauert, überwölbt und 1,5 m hoch mit Erde überdeckt. Es ist in 2 Abtheilungen von zusammen 100 cbm Inhalt getheilt. Das Stadtrohrnetz besteht aus 3303 lfd. m Rohren, von denen 90 m von 100 mm, 2552 m von 80 mm und 742 m von 50 mm Durchmesser sind. Damit sind 19 Schieber und 28 Hydranten verbunden.

210 Häuser waren im Jahre 1896 mit Anschlussleitungen versehen. In 170 derselben sind Wassermesser eingebaut, welche von H. Meinecke, Breslau geliefert sind, und von denen 110 von 13 mm, 56 von 20 mm, 3 von 25 mm und 1 von 30 mm Durchmesser sind.

Der Wasserpreis beträgt 15 Pf. pro cbm, und die Messermiethe darf monatlich nicht höher als zu M. 0,75 für 15 mm, M. 0,80 für 20 mm und M. 1,20 für 25 mm Durchmesser der Messer berechnet werden. Die monatliche Mindestzahlung incl. Messermiethe beträgt bis 15 mm Durchmesser des Messers für die Höchstabgabe von 8 cbm Wasser im Monat M. 2,25 und für Häuser von nur 4 Räumen ist mindestens M. 1,50 pro Monat zu zahlen.

65. p. **Oberhausen.** (E. 30176.)

Der grösste Theil der Stadt Oberhausen hat sehr schlechtes Brunnenwasser und wird bereits seit dem Jahre 1875 durch die Actiengesellschaft »Oberhausener Wasserwerk« mit Wasser versorgt. Die Anlage war ursprünglich für eine Maximalleistung von 4700 cbm pro Tag hergestellt und hat damals M. 360000 gekostet. Später ist sie auf eine tägliche Leistung von 10000 cbm erhöht. Betriebsleiter des Werkes ist der Ingenieur J. Reinhard.

Die Wassergewinnungsanlage liegt, südlich von der Stadt und 2550 m von dieser entfernt, im Thale der Ruhr. Ca. 100 m von deren Ufer entfernt sind 2 Brunnen von 5,0 m Durchmesser und 7,5 m Tiefe hergestellt, an welche sich 120 lfd. m Filterrohre von 500 mm Durchmesser anschliessen. In einer daneben erbauten Pumpstation sind 2 liegende Eincylindermaschinen mit Farcotsteuerung und mit Condensation aufgestellt, deren jede direct mit einer liegenden, doppeltwirkenden Pumpe mit freien Ringventilen verbunden ist, welche 15 Doppelhübe pro Minute macht und 192 cbm Wasser pro Stunde auf 40,5 m Höhe fördert. Es sind für die Maschinen 3 Walzenkessel mit darunter liegenden Vorwärmern vorhanden, von welchen jeder 55 qm Heizfläche bei 7 Atm. concessionirtem Dampfdrucke hat.

In ca. 4000 m Entfernung von der Gewinnungsstelle sind 2 schmiedeeiserne Hochreservoire (eins im Jahre 1885 und eins im Jahre 1891) aufgestellt, welche zusammen 440 cbm Inhalt haben und auf 25,0 m hohen, künstlichen Unterbauten ruhen. 2 Druckleitungen, die eine von 300 mm und die andere von 325 mm Durchmesser, verbinden sie mit der Pumpstation. Die Wasserabgabe erfolgt continuirlich und unter einheitlichem Drucke. Das Vertheilungsnetz ist nach dem Circulationssysteme hergestellt. Die Tabelle 376 gibt die Rohrlängen und die Zahl der angeschlossenen Schieber und Hydranten am Ende verschiedener Betriebsjahre an.

Tabelle 376.

	1888	1889	1891	1892	1893	1894	1895	1896
Rohrlänge	22481	26177	33603	40126	43632	45198	48238	49477
Schieberzahl	69	82	93	106	115	117	123	127
Hydranten	35	40	48	59	64	78	82	84

Die Zuleitungen und die Hausleitungen bestehen aus Bleirohren. Bis Ende 1895 waren im Ganzen 258 Wassermesser geliefert und zwar 3 von H. Meinecke, Breslau, 16 von Siemens & Halske, Berlin und 239 von Dreyer, Rosenkranz & Droop, Hannover, die sich nach der Grösse wie folgt vertheilen:

Durchmesser . mm	10	13	20	25	30	40	50	60	65	75	80
Stückzahl	5	98	94	22	7	6	3	1	1	2	9

mm	100	125	150
Zahl	7	2	2.

Die während einiger der letzten Jahre geförderte Wassermenge und der Kohlenverbrauch für die Kesselheizung gibt die Tabelle 377 (S. 449) an, welche ausserdem den Kohlenverbrauch pro 100 cbm gefördertes Wasser und pro PS.-Stunde bei 43,0 m Arbeitshöhe, sowie die Leistung pro kg Kohle in m $\times$ kg anführt.

Tabelle 378 (S. 449) gibt die Wasserabgabe pro mittleren Jahrestag, sowie für den Tag des grössten und des geringsten Consums im Ganzen und in Procenten des mittleren Jahrestages, ferner die Zahl der Anschlüsse im Ganzen, sowie getrennt, ob mit Messern oder ohne Messer und deren mittleren Jahresconsum, die Abgabe für Private und für den Selbstverbrauch, erstere getrennt, ob nach Messern oder ohne Messer, sowie die gesammte Abgabe ohne Messer und endlich verschiedene Verhältnisszahlen an.

Tabelle 377.

43 m Arbeitshub	1888	1889	1891	1892	1893	1894	1895	1896
Wasserförderung cbm . . .	1 066 600	1 045 500	1 296 000	1 420 600	1 325 000	1 421 800	1 367 000	1 573 000
Kohlenverbrauch kg	715 500	635 318	915 400	1 005 700	837 500	998 500	855 000	975 200
desgl. pro 100 cbm kg . . .	67,08	60,77	70,86	70,94	63,21	70,23	62,55	62,0
desgl. pro PS.-Stunde kg . .	4,01	3,82	4,42	4,45	3,97	4,41	3,38	3,35
m × kg pro kg Kohle . . .	67 300	70 600	61 100	60 700	68 000	61 200	855 000	862 000

Tabelle 378.

Jahr	1882	1889	1891	1892	1893	1894	1895	1896
Tagesabgabe am								
mittleren Jahrestage . . . . . cbm	2 659	2 864	3 550	3 881	3 375	3 895	3 745	4 299
Maximaltage . . . . »	3 997	3 815	4 423	5 280	4 922	5 276	4 874	6 100
Minimaltage . . . . »	1 552	1 526	2 021	2 319	1 877	2 186	1 803	2 151
Von 100 cbm am mittleren Jahrestage am								
Maximaltage des Jahres . . . . cbm	150,3	133,2	124,6	136,0	145,9	135,5	130,1	141,9
Minimaltage » » »	58,4	53,3	56,9	59,7	55,6	56,1	48,1	42,0
Wasser für Private . . . . »	969 466	947 602	1 196 926	1 250 827	1 231 890	1 327 586	1 326 820	1 566 153
Davon nach Messern . . . . . . »	879 829	841 053	1 051 471	1 082 137	1 028 869	1 096 131	1 073 444	1 289 846
Zahl der Messeranschlüsse	119	125	170	176	199	219	230	310
Wasser für Private ohne Messer . cbm	89 637	106 549	145 455	168 690	203 021	231 455	253 376	276 307
Zahl der Anschlüsse ohne Messer . . .	280	340	445	587	673	779	795	917
Von 100 cbm für Private								
nach Messern . . . . cbm	90,8	88,8	88,0	86,5	83,5	82,6	80,9	82,4
ohne Messer . . . . »	9,2	11,2	12,0	13,5	16,5	17,4	18,1	17,6
Auf 100 Anschlüsse kommen:								
Messeranschlüsse	29,8	26,9	27,7	23,1	22,8	22,0	22,4	25,3
Anschlüsse ohne Messer	70,2	73,1	72,3	76,9	77,2	78,0	77,6	74,7
Wasser für das Wasserwerk								
incl. Spülen, Verlust . . . . . cbm	97 134	97 898	99 074	169 773	93 110	94 214	40 180	7 347
Von 100 cbm Gesammtabgabe für								
Private . . . . »	90,9	90,7	92,4	88,0	93,0	93,4	97,1	98,9
das Wasserwerk . . . . »	9,1	9,3	7,6	12,0	7,0	6,6	2,9	1,1
Gesammtabgabe ohne Messer . . . . »	186 771	204 447	244 527	338 463	296 021	325 669	293 556	351 993
Desgl. von 100 cbm Gesammtabgabe »	17,5	19,5	18,8	33,8	22,3	22,9	21,5	22,4
Abgabe nach Messern von 100 cbm desgl. . . . . »	82,5	80,5	81,2	77,2	77,7	77,1	78,5	77,6
Zahl der gesammten Anschlüsse	399	465	615	763	872	998	1 025	1 227
Jahresconsum pro Anschluss . . . cbm	2 673	2 250	2 150	1 861	1 519	1 425	1 294	1 282
desgl. pro Anschluss mit Messer . »	7 393	6 728	6 773	6 148	5 170	5 005	4 667	4 160
desgl. pro Anschluss ohne Messer »	320	314	327	287	302	297	319	301

Die Oberhauser Actiengesellschaft versorgt auch die Bahnhöfe in Oberhausen, in Frintrop und in Osterfeld mit Wasser. Dagegen werden bislang die Gutehoffnungshütte und noch einige andere Werke in Oberhausen durch das Wasserwerk der Stadt Mülheim a. d. Ruhr mit Wasser versorgt. Die Gutehoffnungshütte hat in neuester Zeit für ihre Fabrikzwecke mit dem Baue eines eigenen Wasserwerkes begonnen.

Als Mindestbetrag für Wasser pro Monat und als Messermiethe pro Jahr ist je nach der Messergrösse zu zahlen:

Durchmesser mm . . .	10	13	20	25	30
M. für Wasser pro Monat	3,00	3,75	5,00	6,50	8,00
M. Messermiethe pro Jahr	9,00	12,00	15,00	21,00	26,40
mm . . .	40	50	80	100	
pro Monat	9,00	10,00	15,00	20,00	
pro Jahr	33,00	42,00	60,00	84,00.	

Als Einheitspreis pro cbm ist 11,4 Pf. zu zahlen, wobei ein Rabatt gewährt wird bei einem Jahresconsum von 10 000 bis 50 000 cbm von 10%, bis 100 000 cbm von 15% und darüber von 20%.

Nach Schätzung ist jährlich zu zahlen für jeden Raum M. 2,20, für eine Badewanne M. 6, für ein Closet M. 4,50, für ein Pissoir M. 4, für ein Pferd, ein Rindvieh oder einem Esel M. 3 etc.

66. i. **Odenkirchen.** (E. 12 832, W. 1598 mit je 8,0 B.)

Die Wasserversorgung eines Theiles der Stadt Odenkirchen erfolgt aus der Wasserleitung der Stadt Rheydt durch ein von der Stadt Odenkirchen hergestelltes Vertheilungsnetz von 6316 lfd. m Länge. Davon sind 393 m Rohre von 125 mm, 3800 m von 100 mm und 2123 m von 80 mm Durchmesser. Der Wasserverbrauch hat im Jahre 1895 im Ganzen 37 491 cbm oder 103 cbm pro Tag, was 8 Lit. pro Kopf der Gesammtbevölkerung entsprechen würde, betragen. Demnach hat die Hauptversorgung immer noch aus Brunnen stattgefunden, deren 18 öffentliche und eine grosse Zahl von privaten vorhanden sind, die stets ein quantitativ genügendes und meist auch gutes Trinkwasser liefern.

251 Anschlüsse sind mit der städtischen Wasserleitung hergestellt, für welche sämmtlich Wassermesser eingebaut sind, die von Wolff & Schreiber, Breslau geliefert wurden. Diese haben folgende Dimensionen:

Durchmesser	mm	15	20	25	33	80
Stückzahl	. . .	2	235	11	1	2.

Die von der Stadt Odenkirchen aufgewendeten Baukosten für die Rohrleitungen haben M. 48000 betragen. Die Verwaltung der Anlage besorgt der Stadtsekretär Scholz.

67. u. **Ohligs.** (E. 17095, W. 2200 mit je 7,7 B.)

Als Vorarbeiten für eine Wasserversorgung für die Stadt Ohligs sind im Jahre 1895 Bohrversuche in der Rheinniederung bei Hilden angestellt. Im Jahre 1896/97 ist dann für städtische Rechnung ein Wasserwerk erbaut, das M. 540000 im Ganzen oder M. 31,58 pro Kopf gekostet hat.

Das Wasser wird durch Brunnen gewonnen und durch ein Dampfpumpwerk von 60 PS., das pro Tag bis zu 2000 cbm auf 197 + ,0 m Höhe fördert, einem gemauerten Hochreservoire zugeführt, dessen Wasserspiegel 81,0 m über dem Stadtterrain liegt und ca. 4000 m von der Stadt entfernt ist.

Die verlegten Rohrleitungen haben im Ganzen ca. 35000 m Länge von 250 mm bis 80 mm Durchmesser abwärts. Damit sind 290 Hydranten verbunden, und ca. 640 Häuser haben bislang Anschlüsse erhalten.

68. u. **Opladen.** (E. 3902.)

Die Wasserversorgung der Stadt Opladen erfolgt ausschliesslich aus Brunnen in der Stadt. Für eine einheitliche Versorgung liegt schon längere Zeit ein Project des Ingenieurs H. Ehlert in Düsseldorf vor, zu dessen Ausführung aber vor der Hand keine Neigung besteht.

69. m. **Radvormwald.** (E. 10332.)

Für die Versorgung der Stadt Radvormwald liegt das Project vor, das Wasser aus dem ca. 5200 m von derselben entfernt geplanten Staureservoire der Wassergenossenschaft im Wupperbezirke im Bruckerthale zu entnehmen, welches ausser für eine bessere Ausnutzung der vorhandenen Wasserkräfte auch für die Versorgung von Hückeswage bestimmt ist und früher zugleich für die Versorgung von Barmen in Aussicht genommen war, wofür jedoch jetzt das Staureservoire bei Herbinghausen in Bau begriffen ist.

70. d. **Ratingen.** (E. 7879, W. 758 mit je 13,9 B.)

Die Wasserversorgung der Stadt Ratingen erfolgte früher aus Brunnen, deren Wasser meistens schlecht und häufig ungenügend war. Nach mehrjährigen Verhandlungen, die eine Verbesserung dieses Zustandes bezweckten, ging die Stadt im Jahre 1891 zur Erbauung eines städtischen Wasserwerkes über, für welches der Civilingenieur H. Ehlert in Düsseldorf das Project aufgestellt hatte und dessen Bauleitung ihm auch übertragen wurde. Die Anlage war für eine tägliche Leistung von 1125 cbm bestimmt und hat M. 166000 im Ganzen oder M. 21,07 pro Kopf gekostet.

Das Wasser wird aus den Kiesablagerungen des Rheinthales durch einen gemauerten Brunnen von 16,0 m Tiefe gewonnen, der oben 2,0 m Durchmesser hat und sich unten auf 3,0 m Durchmesser erweitert. Derselbe liegt, ebenso wie die daneben erbaute Pumpstation, ca. 600 m von der Stadt entfernt. Die Kiesschichten, in welche er hinabreicht, haben eine Mächtigkeit von 20,0 m. In der Pumpstation sind 2 eincylindrige, liegende Dampfmaschinen von je 12 PS. aufgestellt, deren jede eine doppeltwirkende Plungerpumpe betreibt. Die Dampfkolben haben 250 mm Durchmesser und 0,4 m Hub. Sie machen 40 bis 50 Doppelhübe pro Minute. Die Förderhöhe des Wassers beträgt 65,0 m. Die Maschinen sind von der Firma Nöckel & Wellenstein und die beiden vorhandenen Röhrenkessel von der Firma Dürr & Comp., beide in Ratingen, geliefert. Jeder der Kessel hat 16,3 qm Heizfläche.

Für das Wasser, soweit es nicht direct aus der Druckleitung entnommen wird, ist ein aus Beton hergestelltes Hochreservoir von 400 cbm Inhalt, welches hinter dem Versorgungsgebiete liegt, vorhanden. Das Wasser gelangt mit einheitlichem Drucke durch das Druckrohr und ein nach dem Verästelungssysteme hergestelltes Rohrnetz zur Vertheilung. Die Rohrleitungen haben 9904 m Länge und sind mit 24 Schiebern verbunden. Die Rohre und die Schieber haben die folgenden Durchmesser:

Rohrdurchmesser	mm	175	100	80
Rohrlänge	. . m	4400	1920	3584
Schieberzahl	. . .	7	5	12.

Es sind 71 Unterflurhydranten vorhanden. Die Rohre sind von Haniel & Lueg in Düsseldorf geliefert. Es waren im Jahre 1896 360 Anschlussleitungen aus Bleirohren von 20 mm und 25 mm Durchmesser in Benutzung. In 117 derselben waren Wassermesser, die von Dreyer, Rosenkranz & Droop, Hannover, geliefert sind, eingebaut, welche, ausser dem einen Messer von 50 mm Durchmesser, sämmtlich 20 mm Durchmesser haben.

71. r. **Rees.** (E. 3921, W. 587 mit je 6,7 B.)

Die Wasserversorgung der Stadt Rees erfolgt ausschliesslich aus Brunnen im Orte, deren 15 der allgemeinen Benutzung dienen. Einzelne Häuser haben auch hochaufgestellte Reservoire, welche mittels Handpumpen gefüllt werden.

72. g. **Rellinghausen.** (E. 5275.)

Die Wasserversorgung der Gemeinde Relling'hausen erfolgt seit dem Jahre 1886 aus der Wasserleitung der Stadt Essen. Die ursprünglich für Rechnung der Gemeinde hergestellten Vertheilungsleitungen von im Ganzen 8325 m Länge, die sich wie folgt zusammensetzen:

Rohrdurchmesser .	mm	125	80	50	19
Rohrlänge	. . . m	3042	4814	358	111,

hat die Stadt Essen im Jahre 1892 käuflich übernommen. Die Wasserabgabe erfolgt seitdem nach dem Tarife der Stadt Essen. Es sind 35 Wassermesser, von denen 32 von 20 mm, einer von 25 mm, 2 von 80 mm und einer von 150 mm Durchmesser sind, eingebaut, welche von Dreyer, Rosenkranz & Droop, Hannover geliefert wurden.

73. s. **Remscheid.** (E. 46500, W. 4300 mit je 10,3 B.)

a) Geschichtliches.

Eine Wasserversorgung, wie sie für die auf einem wasserleeren Felsen liegende Stadt Remscheid noch im Anfange der 80er Jahre bestand, erscheint heute fast als unglaublich. Es wurde damals das Wasser von den Dächern sorgfältig in gemauerten Regenwassercysternen für dessen Benutzung während der Sommermonate gesammelt.

Denn nur wenige von den allerdings zahlreichen Hausbrunnen lieferten, ausser während der Regenmonate, über all noch Wasser und diese versiegten meistens nicht nur in trockenen Sommern, sondern auch mitunter im Winter. In der wasserarmen Zeit fand dann vor Sonnenaufgang ein Wettrennen der Bevölkerung nach den Thalgründen statt, um in Eimern von dem geringen Vorrathe der Bäche, der sich über Nacht gesammelt hatte, wenn auch, gleichgültig, ob das Wasser trübe und lehmig war, nur noch den letzten Rest zu erhaschen, weil man dieses andernfalls von den wenigen Besitzern von Wasser für 3 oder 5 Pfg. pro Eimer erstehen musste.

Schon zu wiederholten Malen hatte die Bürgerschaft Geld zusammengeschossen, um Untersuchungen darüber vornehmen zu lassen, wie diesem Uebelstande abzuhelfen sei. Aber immer gelangte man zu dem Resultate, dass die dafür erforderlichen Anlagekosten unerschwingliche sein würden. Als dann im Jahre 1881 die Gasanstalt einmal unerwartete Ueberschüsse gemacht hatte, wurden diese sofort für Vorstudien im Interesse der Wasserversorgung verwendet. Die die Stadt umgebenden Thäler wurden nochmals in ihrer geognostischen Beschaffenheit geprüft und auch die zu Tage fliessenden Wassermassen und die fallenden Regenmengen wurden bestimmt.

Man gelangte damals zu den 3 Möglichkeiten für eine Lösung, nämlich: das Wasser durch Tiefbohrungen aus dem festen Gebirge oder durch Zusammenleiten der in den Thälern fliessenden Bäche oder durch das Abfangen des die Bäche speisenden Grundwassers zu gewinnen. Man überzeugte sich aber, dass sowohl das erste als das zweite Mittel im Erfolge sehr unsicher sein würde und erkannte nur in dem Ansammeln von Bachwasser in einem Staureservoire, wie solches auch schon vor 50 Jahren von den Besitzern der Wasserbetriebswerke im Eschbachthale, allerdings nur für deren Zwecke, projectirt war, eine sichere Lösung der Aufgabe.

Zur Begutachtung dieser Anschauung forderte die Stadt im Jahre 1881 den Oberbergrath Heusler in Bonn und den Director Hegener in Köln auf und beide erklärten den Bau einer Thalsperre als die einzig richtige und daher beste Lösung der Wassergewinnungsfrage für Remscheid. Trotzdem glaubte die Stadt wegen der Kostspieligkeit einer solchen Anlage und wegen der Schwierigkeit der Abfindung der Wasserberechtigten zur Zeit von einem dahingehenden Plane noch Abstand nehmen müssen und sich vorläufig auf die Benutzung von Grundwasser beschränken zu sollen. Allgemein betrachtete man von vornherein die Anlage einer Grundwasserversorgung nur als den Vorläufer einer späteren Wassergewinnung aus dem Eschbachthale durch eine Staumauer und stimmte der ersteren Anlage nur insoweit zu, als die dafür geschaffenen Theile auch für die spätere definitive Anlage eine dauernde Benutzung finden konnten.

Für diese Grundwassererschliessung war man gleichfalls auf das Gebiet des Eschbachthals mit seinem 14 qkm umfassenden Niederschlaggebiete angewiesen. Auf ein Nebenthal desselben, das Borner Thal, das schon früher wegen der Kürze des für einen eventuellen Abschluss nöthigen Dammes als ein demnächstiges Staureservoir ins Auge gefasst war, fiel die Wahl für die Erschliessungs- und Hebeanlagen des zuerst erbauten, provisorischen Werkes. Man konnte das Grundwasser des Eschbachthales entweder an den Rändern des Quellengebietes durch Fassen der austretenden Wasserfäden mittels weit verzweigter Rohrnetze sammeln oder man konnte das Wasser, nachdem es auf die Thalsohle hinabgesunken war, vor seinem event. Austritte in den Eschbach durch eine Sammelgallerie, welche dem rechten Ufer des Baches entlang geführt werden, gewinnen. Man wählte für die vorläufige Anlage das letztere Mittel und hat unterhalb der Mebusmühle am rechten Ufer des Eschbaches eine 800 m lange Leitung aus Schlitzrohren von 250 mm Durchmesser hergestellt, welche in 6,0 bis 7,0 m Tiefe auf den Schichtköpfen des undurchlässigen Lenneschiefers liegt und die dem darüberliegenden Gerölle das Wasser entziehen sollte. Nachdem man auch in trockener Zeit am Ende dieser Leitung die Abflussmenge längere Zeit gemessen hatte, glaubte man damit auf 800 cbm bis 1000 cbm Wasser pro Tag sicher rechnen zu können. Die chemische Unterstützung des hier gefassten Wassers zeigte, dass es allen Ansprüchen genügte, und so konnte dann mit dem Baue selbst begonnen werden.

b) Erste Anlage.

Der Wasserwerksdirector Disselhoff in Hagen hat damals von der Stadtverwaltung den Auftrag zur Ausarbeitung eines Projectes für ein Wasserwerk auf dieser Grundlage erhalten. Am 4. Juli 1882 ist das Project von der Stadtverordnetenversammlung mit einem Kostenanschlage von M. 500000 angenommen, und es ist Disselhoff die Bauausführung übertragen. Als das erforderliche Tagesquantum pro Kopf war 40 Lit. festgesetzt und demnach für die damalige Bevölkerung auf dem Bergkegel von im Ganzen 21000 Seelen ca. 1000 cbm und für die in 25 Jahren eventuell doppelte Bevölkerung 2000 cbm pro Tag als nöthig angenommen.

Das vorerwähnte Sammelrohr mündet in einen Pumpenbrunnen von 3,0 m Durchmesser und von 6,0 m Wassertiefe, dessen Sohle auf 200,0 m NN. liegt. Vor dem Brunnen ist auf demselben Ufer des Baches eine Pumpstation erbaut. In dieser sind 2 liegende, eincylindrige Dampfmaschinen mit Ridersteuerung, mit Schwungrädern und mit Condensation aufgestellt, deren jede eine doppeltwirkende Plungerpumpe mit freien Ringventilen direct antreibt. Jede der Pumpen fördert bei 44 Doppelhüben pro Minute 35 cbm Wasser pro Stunde unter 192,0 m resp. 150,0 m Arbeitsdruck. Die Dampfcylinder haben 500 mm, die Plunger 135 mm Durchmesser, und der Kolbenhub beider beträgt 0,75 m. Die Maschinen sind von der Friedrich-Wilhelmshütte in Mülheim a. d. Ruhr geliefert. 2 Seitrohrkessel, die für 6 Atm. Ueberdruck concessionirt sind, liefern den nöthigen Dampf. Sie haben 8,0 m Länge und 1,8 m Manteldurchmesser. Deren Feuerrohre sind aus Wellblech hergestellt und haben 1,1 m resp. 1,2 m Durchmesser. Jeder der Kessel hat 55 qm Heizfläche.

Von der Pumpstation führt eine Druckleitung von 250 mm Durchmesser und ca. 3700 m Länge durch die Stadt nach dem Schützenplatze, an dessen Ende in einem Thurme ein schmiedeeisernes Hochreservoir von 400 cbm Inhalt (System Intze) aufgestellt ist. Dieses hat 7,5 m Durchmesser und 10,4 m Höhe und dessen höchster Wasserspiegel liegt auf 380,0 m + 0. Das Versorgungsgebiet besteht aus der eigentlichen Stadt, welche als Centrum mit einem Ringstrange umgeben ist und aus 2, durch Abzweige versorgten Stadttheilen, von denen der im Norden gelegene mit den Ortschaften Bremen, Feld, Hasten und Büchel zusammen und der im Süden gelegene, nämlich Schüchtendelle und Büchten, mit den Ortschaften Bruch und Vieringhausen zusammen versorgt wird. Vor der Stadt geht ferner noch vom Druckrohre ein Abzweig zur Versorgung der Ortschaften Menninghausen und Bliedinghausen ab. In den nördlichen Abzweig ist ein kleines, gemauertes Nebenreservoir, das aus 2 Kammern von je 50 cbm Inhalt besteht, eingeschaltet, dessen Wasserspiegel auf 290,0 m + 0 liegt.

Das Wasserwerk ist in diesem Umfange am 1. März 1884 eröffnet. Das gesammte Rohrnetz bestand damals aus 26849 lfd. m Rohren, welche die Friedrich-Wilhelmshütte in Mülheim a. d. Ruhr geliefert hatte. Diese Rohre hatten folgende Durchmesser und Längen und waren mit 166 Hydranten, sowie mit der angegebenen Zahl von Schiebern verbunden:

Rohrdurchmesser mm	250	125	100	90	80
Rohrlänge . . m	3926	4202	1868	1087	15 765
Schieberzahl	1	6	5	2	61.

Es waren damals schon 800 Anschlussleitungen aus geschwefelten Bleirohren von zusammen 9744 m Länge hergestellt, die sämmtlich mit Wassermessern versehen waren.

Als Wasserpreis ist Anfangs monatlich incl. Messermiethe M. 2,00 für die Häuser unter 100 qm Grundfläche und M. 3,00 für die grösseren Häuser gezahlt worden. Dafür durften bis zu 6 cbm Wasser im Monate entnommen werden. Der Mehrverbrauch war pro cbm mit 30 Pf. für den Hausgebrauch und mit 15 bis 20 Pf. für den Gewerbebetrieb zu bezahlen.

Die Anlagekosten der Anlagen stellten sich am 1. April 1884 wie folgt:

Grunderwerb, Wegeanlagen etc. . . .	M.	55 499
Wassergewinnung	»	88 847
Maschinen- und Kesselhaus	»	32 146
Maschinen und Kessel	»	48 816
Wasserthurm Schützenplatz	»	43 369
Hochbehälter Feld Hasten	»	9 252
Rohrleitungen, Anschlussleitungen . .	»	274 668
Wassermesser und Probirstation . .	»	22 752
Bauleitung, Bauaufsicht und Diverses .	»	30 565
Telegraphenleitungen	»	3 841
zusammen	M.	609 755.

Schon während des ersten Betriebssommers zeigte es sich, dass die erwartete tägliche Wassermenge von 800 cbm bis 1000 cbm in trockener Zeit nicht zu erhalten war. Man kaufte daher die oberhalb der Pumpstation liegende Mebusmühle für M. 50000 an und ging schon im Herbst 1884 mit weiteren Erschliessungsarbeiten vor, die sich am linken Bachufer bis hinauf vor die Walkmühle erstreckten. Man hoffte, dass eine Verlängerung des Schlitzrohres um 120 m und ferner ein ausgemauerter Stollen von 300 m Länge eine tägliche Minimalwassermenge von 1000 cbm bis 1200 cbm ergeben würden. Diese Arbeiten haben M. 50 953 gekostet, und es am 5. Juni 1885 konnte dieses neue Wasser durch die frühere Leitung mit zur Pumpstation gelangen. Aber schon im August desselben Jahres trat wieder Mangel an Wasser ein, und man entschloss sich daher am 31. August dazu, auch die Walkmühle für M. 39000 anzukaufen, um darüber hinaus weitere Erschliessungsarbeiten vornehmen zu können.

Im Verlaufe der Diskussion über die Art, wie das Wasser aus dem neuen Terrain zu gewinnen sein möchte, bildete sich bei der Wasserwerks-Commission die Ansicht heraus, dass ein weiteres Vorgehen in der bisherigen Weise in seinem Erfolge stets unsicher bleiben würde und dass die Zeit für die Inangriffnahme der definitiven Wassergewinnung mittels des Eschbachthal-Reservoires nunmehr gekommen sei.

c) Erweiterte Anlage.

1. Einleitendes.

Die Stadt setzte sich daher für diesen Zweck mit dem Professor Intze in Aachen in Verbindung und übertrug ihm die nöthigen Vorarbeiten, sowie die Aufstellung eines Projectes für die Herstellung der Thalsperre und die Wasserwerks-Erweiterungsbauten. Bereits am 4. December 1894 konnte die Stadtverordnetenversammlung Kenntniss von der Intze'schen Arbeit nehmen und bewilligte die Summe von M. 643000 für die Ausführung der Anlage nach diesem Projecte unter Intze's Oberleitung.

Vor der speciellen Besprechung der Anlagen mögen hier einige Mittheilungen über die früheren und während der Bauzeit fortgesetzten Messungen eingeschaltet werden. Die aus dem Borner Thale und dem Lenneper Thale abfliessenden Wassermengen sind seit dem 1. December 1887 durch einen selbstregistrirenden Apparat mittels Messen der Höhen an einem Poncelet-Ueberfalle oberhalb der Walkmühle fortlaufend aufgenommen. Ebenso sind die Regenhöhen, die Regentage und die procentuale Abflussmenge aus den Niederschlagsmengen bestimmt. Dadurch sind die Zahlen der Tabelle 379 für die Jahre 1888 bis 1892, denen auch diejenigen für die späteren Jahre bis 1896 hinzugefügt sind, ermittelt.

Tabelle 379.

Jahr	Jährliche Abflussmenge cbm	Jährliche Regenhöhe mm	Regentage über 0,2 mm Regenhöh.	% d. Abflussm. v. d. Niederschlagm.
1888	3 842 564	1 259,6	188	67,8
1889	3 102 370	1 036,5	219	66,5
1890	3 795 193	1 214,7	192	69,4
1891	3 836 519	1 263,9	196	67,5
1892	2 995 570	935,6	166	71,2
1893	3 319 425	1 130,5	134	65,3
1894	4 367 920	1 376,6	203	70,5
1895	3 672 780	1 241,0	190	65,8
1896	2 731 240	971,3	186	62,5
Durchschnitt der ersten 5 Jahre	3 500 000	1 142,0	192	68,5
desgl. der 9 Jahre	3 518 175	1 159,9	191	67,4

Die Regenhöhen haben in den 6, den Messungen vorhergehenden Jahren betragen:

Jahr	1882	1883	1884	1885	1886	1887
mm	2071,8	1589,5	1360,1	1117,1	1444,0	994,5.

Als Durchschnitt der 15 Jahre ergibt sich hiernach 1297,0 mm. Nach den Monatsgruppen getrennt, entfallen im Durchschnitt die auf der Tabelle 380 angegebenen

Tabelle 380.

Monat	Periode Jahr	Abflussmenge	Periode Jahr	Niederschlagsmenge resp. Regenhöhe
December, Januar, Februar	9	37,2 %	15	27,6 %
März, April, Mai .	»	24,0 %	»	18,2 %
Juni, Juli, August .	»	15,0 %	»	26,1 %
September, October, November . . .	»	23,8 %	»	28,1 %
Winter	»	1 308 833 cbm	»	349,8 mm
Frühling	»	845 177 »	»	230,5 »
Sommer	»	527 126 »	»	330,2 »
Herbst	»	837 039 »	»	356,5 »
im Ganzen	9	3 518 175 cbm	15	1 267,0 mm

Procentsätze der gesammten Abflussmengen resp. der Regenhöhen und, nach den Jahreszeiten getrennt, die angegebenen absoluten Abflussmengen.

Die Abflussmengen sind in den Sommermonaten bedeutend geringer als in den Wintermonaten und haben als Minimum im August 1893 nur 5,1 % von den Niederschlagsmengen betragen, während sie in den Wintermonaten bedeutend stärker sind. Die Zuflussmengen zum Reservoire haben an einzelnen Tagen von 65 cbm bis zu 252500 cbm und in einzelnen Stunden von 4 cbm bis zu 14500 cbm variirt. Die Maximalregenmenge eines Tages, am 28. Juli 1888, hat 95 mm betragen.

Nach dem von der Stadt mit den 20 Wasserkraftwerksbesitzern, die unterhalb der Walkmühle im Eschbachthale Wasserkraftbetriebe besitzen, am 20. März 1888 abgeschlossenen Vertrage haben diese sich mit der Anlage eines Staureservoirs zur Benutzung des Wassers des Eschbachthales durch die Stadt einverstanden erklärt, wenn dieses Reservoir 1000000 cbm Fassungsraum erhält.

Die Stadt ist nach dem Vertrage berechtigt, aus demselben soviel Wasser zu entnehmen, als zur Completirung des früher vom städtischen Wasserwerke benutzten Stollenwassers bis zur Ermöglichung einer Förderung für einen täglichen Durchschnittsconsum von 4500 cbm, also bis zu einem totalen Jahresconsume von 1642500 cbm, nöthig ist. Es darf aber die Stadt dabei nicht über einen monatliche Maximalentnahme von 180000 cbm aus dem Stollen und dem Stauweiher hinausgehen. Die Werksbesitzer haben das Mitbenutzungsrecht des Stauweihers und dürfen diesem an jedem Arbeitstage 6000 cbm entnehmen. Eine eingesetzte Commission kann aber auch bestimmen, dass das jeweilig monatlich den Werksbesitzern zur Verfügung stehende Quantum von 150000 cbm an den 25 Arbeitstagen in verschiedenen Quantitäten zum Abflusse gelangt, z. B. 10 Tage à 4000 cbm, 10 Tage à 6000 cbm und 5 Tage à 10000 cbm.

Damit die Stadt stets gesichert ist, ihr Quantum zu erhalten, so hört das Wasserbezugsrecht der Werksbesitzer auf, wenn am 1. Juni eines Jahres nur noch 375000 cbm, am 1. Juli nur noch 325000 cbm, am 1. August nur noch 275000 cbm und am 1. October nur noch 175000 cbm Wasser im Staureservoire vorhanden sind. Stellt es sich später heraus, dass den Werken mehr als 6000 cbm pro Tag zur Verfügung bleiben sollten, so kann auch auf Grund einer zutreffenden Vereinbarung das Maximalquantum der Stadt über 4500 cbm pro Tag hinaus so gesteigert werden, dass sie 500 cbm für jede 1000 cbm, welche die Werksbesitzer mehr abnehmen dürfen, gleichfalls mehr am Durchschnittstage erhalten kann.

Nach dem Vertrage war die Stadt ferner noch verpflichtet, für M. 25000 Actien der damals projectirten Schmalspurbahn von Wermelskirchen nach Burg zu kaufen, falls sie für ihr Wasserwerk zum Kohlenbezuge einen Anschluss würde erhalten können, was auch der Fall gewesen ist und was ihr schon für die Bauzeit gute Dienste geleistet hat.

Das Staureservoir hat bei einem Inhalte von 1000000 cbm Wasser eine Wasserfläche von 13,4 ha. Die Grösse der angekauften Terrainfläche beträgt 35 ha, während das ganze Niederschlagsgebiet 45 ha umfasst.

2. Staureservoir.

Die Bodenuntersuchungen in der Linie der zu erbauenden Sperrmauer haben in 7,0 m Tiefe völlig geschlossenen Felsen gezeigt. Das dortige Steinmaterial hat sich auch als sehr geeignet für den Bau erwiesen. Es hat 2,4 specifisches Gewicht, ist frost- und wetterbeständig und hat eine Festigkeit von 1350 kg pro qcm rechtwinklich und 850 kg parallel zur Schichtung. Die innere und die äussere Wandfläche der Sperrmauer hat eine Grauwackenverblendung erhalten. Als Mörtel ist ein solcher von 6 Theilen Fettkalk, 4 Theilen Rheinsand und 4 Theilen Plaidter Trass durch Versuche als der beste und wasserdichteste befunden. Nach einigen Monaten erreicht derselbe eine Druckfestigkeit von 160 kg pro qcm.

Die Sperrmauer bildet im Grundrisse einen Kreisbogen von 125 m Radius und hat eine Kronenlänge von 160 m. Der höchste Stau in der Thalsohle beträgt über der Felsoberfläche 21,0 m und über Terrain 17,0 m. Die Dicke der Mauer in der Fundamentsohle beträgt 15,0 m und die geringste Dicke in der Krone 4,0 m. Von der Fundamentsohle bis zur Mauerkrone hat die Mauer ohne die 1,0 m hohe Brüstungsmauer als grösste Höhe 25,0 m. Die Wasserseite der Sperrmauer hat eine Vormauerung von Ringofenziegeln in Cementmörtel und einen Putz von Mörtel aus 1 Theil Cement und 2 Theilen Sand erhalten.

Am rechten Thalhange ist ein Ueberlauf von 20 m Kronenlänge hergestellt, der pro Stunde 200000 cbm Wasser abführen kann. Er mündet in einen Ueberlaufkanal und aus diesem wird das Wasser durch eine in den Felsen eingesprengte Cascade von 5 m Breite in den Eschbach überführt. In der Sperrmauer sind in der Sohlhöhe des Beckens 2 Stollen-Oeffnungen angelegt, nämlich ein Ablassstollen auf der nördlichen Seite der Mauer und ein Betriebsstollen in der Mitte der Mauer. In dem Ablassstollen liegt ein Rohr von 500 mm Durchmesser mit doppelten Schieberverschlüssen, welches in den Ueberfallkanal zur Entleerung des Reservoirs mündet.

Die Mauerarbeiten haben die Unternehmer C. Vering in Hannover und O. Wolf in Düsseldorf ausgeführt. Am 4. Mai 1889 ist mit den Arbeiten für die Sperrmauer angefangen, und im November 1891 ist mit dem Füllen des Reservoirs begonnen. Am 3. Januar 1892, also nach 50 Tagen, war das Reservoir vollständig gefüllt und zeigte eine Wasserfläche von 13,4 ha.

Speciell für die Wasserversorgung der Stadt ist in erster Linie das Wasser in's Auge gefasst, welches die beiden vorerwähnten Bäche, die aus dem Lenneper Thale und aus dem Borner Thale kommen, führen und die in den beiden, der Sperrmauer gegenüberliegenden Ecken in das Reservoir einmündeten. Es sind zu diesem Zwecke an beiden Bacheinläufen oberhalb des höchsten Wasserspiegels des Reservoirs kleine, massive Wehrbauten errichtet, und das Bachwasser ist hier zunächst in Brunnenstuben eingeleitet. Aus diesen wird es durch Thonrohrleitungen, die mit Reinigungsschächten versehen sind, mit geringem Gefälle an beiden Hängen entlang geführt und bis in die Nähe der Thalsperre gebracht. Von dort aus wird es durch gusseiserne Fallrohrleitungen von 250 mm Durchmesser unter Druck innerhalb des Thalbeckens von beiden Seiten nach dessen Tiefpunkte geführt. In dem Thalbecken selbst ist in 11,0 m Entfernung von der Sperrmauer und vor deren Mitte innerhalb des Reservoires ein Schacht aus Beton hergestellt, der von dem Reservoirboden bis auf 5,0 m Höhe über den Wasserspiegel des Reservoirs thurmartig emporreicht und überdacht ist. Dieser Schacht hat unten 4,0 m und oben 3,0 m Durchmesser und ist in der Höhe der oberen Fläche der Sperrmauer mit dieser durch eine eiserne Brücke verbunden. In den Schacht münden die beiden Leitungen für das Bachwasser, nachdem sie ausserhalb kurz vor dem Schachte zu einem Rohre vereinigt und durch einen Schieber abstellbar gemacht sind, über einem 2,0 m tiefen, halbkugelförmigen Schlammsacke, der den Boden des Schachtes bildet, ein. Dieser Einmündung gegenüber geht in gleicher Höhe aus dem Schachte ein Rohr von 250 mm Durchmesser ab, welches das Bachwasser zu der neuerbauten, zweiten Pumpstation des städtischen Wasserwerkes führt.

In der Höhe von 2,5 m über diesen Ein- und Austrittsrohren liegt quer durch den Schacht ein Rohr, von dem in der Mitte ein T-Stück mit einem Schieber abgeht, während die Enden des Rohres auf dem äusseren Mantel des Schachtes, der hier 5,0 m Durchmesser hat, ausmünden. Als Kreisausschnitt von 1,8 m Durchmesser sind vor den Schachtmantel und vor diese Rohröffnungen brunnenartig 2 Mauern mit geschlitzten Wänden gesetzt, welche aussen, ebenso wie der ganze äussere Mantel des Schachtes, bis auf 4,0 m Höhe mit einer Kiesschicht umgeben sind, die abgeböscht auf der Tahlsohle ruht. Durch das erwähnte Rohr kann Wasser aus dem Schachte in das Reservoir abgelassen werden. Es kann aber auch in umgekehrter Richtung Wasser aus dem Reservoire in den Schacht und von hier zur Pumpstation gelangen. In dem letzteren Falle soll die erwähnte Kiesschicht dann eine Filtration des Reservoirwassers bewirken.

Innerhalb des Reservoires steigt zwischen der Sperrmauer und dem Schachte eine Ueberfallleitung von dem Thalboden empor, welche aus teleskopartig in einander greifenden, beweglichen Blechrohren zusammengesetzt ist. Diese Rohre haben von unten nach oben einen von 500 mm, auf 615 mm, auf 700 mm und auf 805 mm wachsenden Durchmesser und greifen mit Tassen ineinander. An dem oberen dieser Rohre ist am oberen Rande ein Schwimmkasten befestigt, so dass durch dieses Teleskoprohr das Wasser immer nur dicht unter der Wasseroberfläche des Beckens abgeführt wird. Unten ist dieses Rohr durch ein T-Stück mit einem Rohre von 500 mm Durchmesser verbunden, das auf dem Reservoirboden ruht und, ebenso wie das Rohr von 350 mm Durchmesser, zur zweiten Pumpstation führt. Der andere Schenkel des T-Stückes ist mit einem zweiten Rohre verbunden, das durch ein Ventil abstellbar ist und in den unteren Theil des Beckens mündet, damit event. auch von hier unfiltrirtes Wasser in das erwähnte Abflussrohr von 500 mm Durchmesser zur Pumpstation gelangen kann.

Beide Rohre, das von 350 mm und das von 500 mm Durchmesser, sind durch den vorerwähnten Betriebsstollen geführt, der 13 m Länge hat und die Sperrmauer mit einem Querschnitte von 1,8 m mal 2,0 m durchschneidet. Wasserseitig sind die Rohre auf 3 m Länge geschlossen eingemauert, und landseitig mündet der Stollen in ein vor die äussere Sperrmauerwand gesetztes Schieberhäuschen ein, in welchem die Absperrschieber beider Leitungen stehen.

3. Neue Pumpstation.

Der alten Pumpstation gegenüber ist auf der anderen Seite des nach Remscheid führenden Weges die neue Pumpstation für die städtische Versorgung erbaut. Der Platz für den 18,5 m langen und 16 m breiten Raum musste durch Sprengen von 3000 cbm Felsen geschaffen werden. In der Pumpstation sind 2 Turbinen von verschiedenen Grössen und eine Dampfmaschine als Motoren für 2 doppeltwirkende liegende Pumpen, die unter 90° gekuppelt sind, aber auch einzeln arbeiten können, aufgestellt. Die Pumpen haben 175 mm Plungerdurchmesser und 0,65 m Hub. Sie machen 60 Doppelhübe pro Minute und fördern dabei zusammen 195 cbm Wasser pro Stunde auf 200,0 m resp. 158,0 m Höhe. Die Ventile sind freie Doppelringventile mit äusserer Federbelastung; sie arbeiten noch bei 70 bis 75 Doppelhüben pro Minute vollständig ruhig.

Eine Dampfmaschine ist desshalb aufgestellt, weil angenommen ist, dass die vorhandene Wasserkraft für die Turbine nicht immer völlig zum Betriebe der Pumpen ausreicht. Die Maschine ist eine liegende Verbundmaschine mit Condensation und mit Schwungrad. Sie macht 78 Umdrehungen pro Minute und hat eine Leistung von 170 PS. (event. auch 250 PS.). Ihre Dampfkolben haben 425 mm resp. 700 mm Durchmesser und 0,8 m Hub. Die Maschine ist im Jahre 1894 von der Görlitzer Maschinenbau-Actiengesellschaft in Görlitz geliefert. Zu den in der ersten Pumpstation vorhandenen 2 Dampfkesseln ist ein dritter Kessel von 97,5 qm Heizfläche in das dafür vergrösserte Kesselhaus gelegt, so dass die Dampfversorgung für die neue Maschine von der alten Anlage aus mit erfolgen kann. Diese 3 Dampfkessel sind sämmtlich von Siller & Jamart in Rittershausen geliefert.

Von den Turbinen erhält die grössere, welche mit Nr. II bezeichnet wird, das Aufschlagwasser aus dem Reservoire durch das vorhin erwähnte grosse Teleskoprohr von 500 mm Durchmesser, welches das Wasser von oben aus dem Reservoire ableitet. Das Abwasser dieser Turbine fliesst in den neben der Pumpstation liegenden Hammerteich ab und wird aus diesem den Werksbesitzern zur Verfügung gestellt. Das Nutzgefälle dieses Aufschlagwassers bewegt sich je nach dem Stande des Reservoires zwischen 25,0 m und 34,5 m.

Die kleinere Turbine, Nr. I genannt, erhält ihr Aufschlagwasser durch das Rohr von 350 mm Durchmesser aus dem im Reservoire stehenden Schachte, welchem es aus den beiden Bächen zufliesst. Das Nutzgefälle für die Turbine schwankt zwischen 18,0 m und 34,5 m, weil das Abwasser von dieser Turbine in den 16 m von der alten Pumpstation entfernten Sammelschacht der letzteren geführt wird, der aus der alten Sammelanlage gespeist wird. Aus diesem Schachte entnehmen sowohl die alten, als auch die neuen Pumpen das Wasser zur Versorgung der Stadt. Für letztere dient eine zum Schachte führende Saugeleitung von ca. 40 m Länge und 400 mm Durchmesser.

Beide Turbinen sind Girard-Turbinen mit horizontalen Achsen und mit radialer Beaufschlagung und machen 120 Umdrehungen pro Minute. Es ist die Turbine I für 140 Sec.-Lit. Aufschlagwasser bei 25,5 m Nutzgefälle und die Turbine II für 300 Sec.-Lit. Aufschlagwasser bei 25,5 m Nutzgefälle bemessen, während sie normal mit 70 Sec.-Lit. resp. 150 Sec.-Lit. Aufschlagwasser arbeiten. Sie würden demnach 32 PS. resp. 76 PS. leisten können, während sie normal nur mit 20 PS. resp. 40 PS. beansprucht werden.

Eine im Maschinenraume montirte Achse von 22 m Länge trägt an einem Ende die beiden Turbinenräder und am anderen Ende eine Seilscheibe für die Uebertragung der Arbeit der Dampfmaschine. In der Mitte ist ferner eine Seilscheibe angebracht, von der aus der Antrieb einer Achse durch eine dritte Seilscheibe erfolgt, deren auf ihre Enden gesteckte Kurbeln die Pumpenkolben bewegen. Zu beiden Seiten der Antriebscheibe sind auf der gemeinschaftlichen Achse für die Motoren Klauenkuppelungen angebracht, so dass man entweder die Turbinen oder die Dampfmaschine ausschalten, aber auch beide gemeinschaftlich laufen lassen kann.

Von der neuen Pumpstation geht hinter einem schmiedeeisernen Druckwindkessel, der 3,5 m Höhe und 0,7 m Durchmesser hat, ein gemeinschaftliches Druckrohr ab, das sich vor dem Ausgange aus dem Gebäude in 2 Rohre von je 250 mm Durchmesser theilt. Das eine davon ist mit dem Druckrohre verbunden, welches bereits früher bis zu dem Wasserthurme am Schützenplatze in der Stadt verlegt war und für die Hochdruckzone dient. Das zweite Druckrohr ist dem ersten Rohre parallel bis in die Nähe des Handweisers auf ca. 1500 m Länge verlegt. Hier ist ein zweiter Wasserthurm erbaut, auf dessen 8,0 m hohem, massiven Unterbaue ein schmiedeisernes Reservoir (System Intze) von 600 cbm Inhalt aufgestellt ist, dessen Wasserspiegel 12,0 m hoch über dem Terrain liegt und das für die untere Zone dient. Das Reservoir ist überdacht und durch einen einfachen Fachwerksbau umschlossen, während der erste Wasserthurm architektonisch reich ausgebaut ist.

d) Wasservertheilung.

Die Wasserversorgung erfolgt durch diese beiden Hochreservoire in 2 getrennten Zonen, wesshalb auch für die Pumpen 2 verschiedene Förderhöhen angegeben wurden. Es ist eine Hochdruckzone für die eigentliche Stadt und eine Niederdruckzone für das Aussengebiet eingerichtet. Ausser dem einen schon früher erwähnten

Tabelle 381.

Jahr	1888/89	1889/90	1890/91	1891/92	1892/93	1893/94	1894/95	1895/96	1896/97
Rohrlänge m	52 425	55 115	55 364	61 180	67 346	74 202	77 782	79 101	83 976
Schieber	136	141	143	151	166	176	183	184	193
Hydranten	275	284	285	291	301	325	337	344	369

Nebenreservoire sind für einzelne der Versorgungstheile zur Verminderung des hohen Druckes noch ferner 4 Nebenreservoire erbaut, welche mit dem früher erwähnten zusammen 300 cbm Inhalt haben. Die gesammte Rohrlänge von 77 780 lfd. m am 1. April 1895 setzte sich aus folgenden Durchmessern und Längen zusammen:

Rohrdurchmesser mm	250	150	125	100	90	80
Rohrlänge . . . m	6467	1940	4263	1867	3591	59652.

Die Tabelle 381 gibt für das Ende eines jeden der Betriebsjahre 1888/89 bis 1896/97 die am 31. März vorhandenen Rohrlängen von 250 mm bis 80 mm Durchmesser und die Zahl der Schieber und Hydranten an.

Die Hydranten stehen in 80 m mittlerem Abstande von einander. Aus den Leitungen werden 3 öffentliche Springbrunnen gespeist. Die gusseisernen Rohre sind ausser von der Friedrich-Wilhelmshütte in Mülheim a. d. Ruhr von dem Schalker Gruben- & Hüttenvereine in Gelsenkirchen geliefert. Auch sind Mannesmann-Rohre von dem deutsch-österr. Mannesmann-Röhrenwerke in Remscheid mehrfach zur Verwendung gekommen, welche zu gleichem Preise wie die gusseisernen Rohre abgegeben wurden. Die Zahl der am Ende der verschiedenen Betriebsjahre eingebauten Wassermesser im Ganzen und getrennt nach den Lieferanten derselben gibt die Tabelle 382 an.

Tabelle 382.

1. April Jahr	im Ganzen	Siemens & Halske, Berlin	C. A. Spanner, Wien-Aachen	Wolff & Schreiber, Breslau	J. Stoll, Düsseldorf	Dreyer etc., Hannover	H. Meinecke, Breslau	Verschiedene
1885	903	—	—	—	—	903	—	—
1886	1 438	—	—	—	—	1 438	—	—
1887	1 608	—	—	—	—	1 608	—	—
1888	1 766	—	194	—	—	1 572	—	—
1889	1 881	71	222	—	—	1 588	—	—
1890	2 033	76	242	—	—	1 715	—	—
1891	2 165	91	242	—	—	1 831	—	1
1892	2 281	121	243	8	—	1 908	—	1
1893	2 459	203	245	77	4	1 929	—	1
1894	2 668	237	248	110	4	2 067	1	1
1895	2 771	243	249	103	5	2 164	6	1
1896	2 885	270	239	102	3	2 261	6	4
1897	3 055	291	243	100	2	2 358	56	5

Die am 31. März 1897 eingebaut gewesenen Messer vertheilen sich nach ihrer Grösse wie folgt:

Durchmesser mm	13	15	20	25	30	40	50
Stückzahl . . .	1778	757	445	50	2	6	6

Durchmesser mm	80	100	125
Stückzahl . . .	7	1	3.

e) Kosten der erweiterten und der Gesammtanlage.

Die gesammten Kosten der Erweiterung der Anlage durch den Stauweiher und die damit in Zusammenhang stehenden Theile waren auf M. 700 000 veranschlagt und haben in Folge weiterer Ausdehnungen und durch Preisdifferenzen M. 993 131 betragen. Sie setzen sich aus folgenden Posten zusammen:

Grunderwerb für den Stauweiher	M.	108 324
Ankauf der Walkmühle	»	39 433
Stauweiheranlage: Sperrmauer	»	383 004
Filter- und Bacheinlässe	»	32 690
Schacht und Brücke . .	»	11 999
Rohrleitung von dem Schachte zum Turbinenhause	»	85 907
Turbinenhaus (zweite Pumpstation) . . .	»	27 568
Meisterwohnhaus und Kesselhauserweiterung	»	8 863
Pumpen und Turbinen	»	39 299
Verbundmaschine und dritter Dampfkessel	»	55 275
Actien-Schmalspurbahn	»	25 000
Wasserthurm II, Handweiser	»	46 203
Neue Druckleitung zur Stadt	»	55 275
Restaurationslocal	»	28 088
Diverses, Wege, Gartenanlagen	»	7 105
Bauleitung etc.	»	47 088
zusammen	M.	993 131

Ferner sind Kosten entstanden nach dem ersten Neubaue bis zu dem Erweiterungsbaue:

Ankauf der Mebusmühle . .	M.	60 417
Wassergewinnungsanlagen . .	»	50 736
Nebenreservoire	»	25 618
Erweiterungen der Rohrleitungen	»	140 031
Wassermesser	»	75 123
zusammen	M.	351 925
dazu die Kosten der ersten Anlage mit . .	»	609 755
Gesammtkosten der sämmtlichen Anlagen	M.	1 954 811

f) Betrieb und Wasserabgabe.

Die Leitung des Wasserwerksbetriebes ist mit der des städtischen Gaswerkes vereinigt und liegt in den Händen des Directors Carl Borchard.

Wie aus der vorhergehenden Beschreibung sich ergibt, ist die Zahl der Pumpen des Wasserwerkes durch die Erweiterungen wohl vermehrt, aber ihr localer Wasserentnahmepunkt nicht verändert. Der früher nur durch die Sammelrohrleitung, die am Eschbachufer entlang führt, gespeiste Pumpenschacht hat seitdem allerdings einen grösseren Zufluss durch das Grundwasser oder Bachwasser erhalten, welches ihm aus dem Borner Thale und dem Lenneper Thale zufliesst. Dieses Wasser hätte die Stadt gewiss in einfacherer Weise, als durch den Schacht in dem Staureservoire gewinnen können, wenn die Werksbesitzer die Herstellung des Reservoirs nicht als Gegenleistung beansprucht hätten.

Die Opfer für diese Nothlage hat die Stadt für sich allerdings dadurch weniger empfindlich gemacht, dass sie die Druckhöhe des aufgestauten Wassers, auf welche die Wasserwerksbesitzer keinen Anspruch hatten, für motorische Zwecke des städtischen Wasserwerkes nutzbar macht und den Werksbesitzern das dafür benutzte Wasser, wenigstens zum Theil, in derselben Höhenanlage, aus der es ihnen früher zugeflossen ist, zurückgibt. Weil bei dem für die Kraftnutzung des Wassers vorhandenen Gefälle zum Heben von 1 cbm Leitungswasser auf die erforderliche Höhe 12 cbm bis 13 cbm Kraftwasser nöthig sind, so können mit dem den Werksbesitzern laut Vertrag jährlich zugesprochenen Wasserquantum von 2 160 000 cbm nur ca. 170 000 cbm Wasser für das Wasserwerk gehoben werden, so dass von den jährlich 1 642 500 cbm der Stadt zugesprochenem Wasser noch 1 472 500 cbm oder 90 % eines anderen Motors bedürfen, weil hierfür noch ferner jährlich 2 840 000 cbm Kraftwasser nöthig sein würden.

Wenn nun die Stadt die ihr pro Jahr zugesprochenen 1 642 500 cbm aus dem Staureservoire wirklich einmal entnimmt, so kann sie dieses Wasser auch als Kraftwasser benutzen und damit noch 131 000 cbm Wasser für ihr Wasserwerk pumpen. Allerdings ist in dem ihr zugesprochenen Wasser auch das Wasser eingeschlossen, welches sie bislang, durch die Sammelleitung erschlossen, benutzte und dessen Quantum im Jahre fast 500 000 cbm betragen hat. Dieses Wasser fällt natürlich von dem obigen Kraftwasser aus, soweit es noch auf dem bisherigen Wege gewonnen wird, und es können im Ganzen durch 3 300 000 cbm Kraftwasser 260 000 cbm Wasser für das Wasserwerk gepumpt werden, so dass nach den vorherigen Annahmen 82 % des Jahresconsums der Stadt von 1 642 500 cbm für das Wasserwerk noch eines anderen Motores bedürfen werden.

Die Turbinenanlage mit Kraftwasserbetrieb hat eine Theilung danach erfahren, ob dieses Wasser aus dem Staureservoire entnommen und als Abwasser in den Teich für die Werksbesitzer ausfliesst oder ob es aus dem Schachte innerhalb des Staureservoirs entnommen und als Abwasser in den Sammelschacht des Wasserwerkes ausfliesst. Es setzt das voraus, dass das dem Schachte im Staureservoire entnommene Wasser qualitativ für das Wasserwerk direct verwendbar ist und als Ergänzung des durch die alte Sammelleitung gelieferten Wassers dienen kann. Weil die beiden Zuflüsse von Bachwasser als Abwasser von der Turbine I mit dem Grundwasser im Sommer 1897 für die Pumpen des Wasserwerkes nicht mehr genügten, ist aus dem Staureservoire in den darin stehenden Schacht Wasser eingelassen, welches das früher erwähnte Kiesfilter durchflossen, sich aber als ungeeignet für die städtische Versorgung gezeigt hat. Man hat provisorisch dadurch Abhülfe geschaffen, dass man Reservoirwasser, ähnlich wie bei dem Chemnitzer Wasser, in künstliches Grundwasser umgewandelt hat, indem man es aus dem Entleerungsstollen über die Wiesen laufen liess und so dem Sammelrohre am Ufer des Eschbaches zuführte. Es ist wohl nur eine Zeitfrage, wann es nöthig werden wird, in der Nähe der Pumpstation eine vorschriftsmässige Filtration anzulegen und damit wird wohl die vorherige Benutzung des Leitungswassers als Kraftwasser eine Einschränkung erfahren.

Die Verhältnisse des Wasserwerkes nach den angedeuteten Richtungen hier weiter zu verfolgen, entzieht sich der vorliegenden Aufgabe. Die vorstehenden Andeutungen sind aber geeignet, eine Beurtheilung des etwas complicirten Gesammtmechanismus zu erleichtern. Wesentlich einfacher wird sich der Betrieb des vom Director Reese für das Dortmunder Wasserwerk projectirten Staureservoirs gestalten, welches nicht nur Oberflächenwasser als Kraftwasser, sondern durch Hinunterführen der Sperrmauer auf die undurchlässigen Schichten auch aufgestautes Grundwasser für den Pumpenbetrieb liefern soll. Hier ist es wohl nicht anzunehmen, dass von letzterem einmal weniger vorhanden sein könnte, als von ersterem gepumpt werden kann.

Ausser für die Wasserversorgung bietet das Staureservoir der Stadt Remscheid noch besondere Vortheile in anderer Beziehung. Es hat sich in dem Reservoire die Fischzucht, unterstützt durch eine Fischbrutanstalt für Forellen, so bedeutend entwickelt, dass von Anfang Mai bis Ende August der Forellenfang eifrig betrieben wird. Die grosse Wasserfläche mit ihrer herrlichen Umgebung ist ferner ein ständiger Ausflugsort für Einheimische und Fremde, unterstützt durch eine Restauration, die M. 8000 jährliche Pacht einbringt, geworden und das Reservoir wird auch für den Ruder- und Eissport eifrig benutzt.

Die Tabelle 383 gibt für die 5 Jahre 1892/93 bis 1896/97 die gesammte Wassermenge, welche dem Staureservoire entnommen ist, sowie deren Vertheilung zwischen der Stadt und den Werksbesitzern im Ganzen und pro 100 cbm der Gesammtmenge an:

Tabelle 383.

Jahr	Gesammtmenge cbm	Stadt cbm	Werksbesitzer cbm	von 100 cbm der Gesammtmenge: Stadt	von 100 cbm der Gesammtmenge: Werksbesitzer
1892/93	2 721 240	—	—	—	—
1893/94	2 904 630	224 250	2 680 380	7,7	92,3
1894/95	3 598 200	47 850	3 550 350	1,3	98,7
1895/96	3 447 980	119 290	3 328 670	3,5	96,5
1896/97	3 085 190	171 700	2 923 490	5,6	94,4

Die Tabelle 384 (S. 456) gibt für jedes der Vorjahre von 1888/89 bis 1894/95 den Kohlen- und Cokeverbrauch für die Kesselheizung im Ganzen, pro 100 cbm Wasser und pro PS.-Stunde, sowie die jährlichen Betriebsstunden der Dampfmaschinen und der Turbinen an.

Die Tabelle 385 (S. 457) gibt für die 13 Jahre von 1884/85 bis 1896/97 für jedes Jahr die Zahl der mit Wasser versorgten Personen, die gesammte Wasserabgabe und deren Verhältniss gegen 100 cbm des Vorjahres, die Abgabe pro Tag pro Kopf und am mittleren, sowie am stärksten und am geringsten Consumtage und endlich die Zahl der Anschlüsse und den Consum pro Anschluss im Jahre an.

Tabelle 384.

Jahr	1888/89	1889/90	1890/91	1891/92	1892/93	1893/94	1894/95	1895/96	1896/97
kg Kohlen im Ganzen	682 780	857 000	916 199	928 853	592 356	752 700	569 820	632 500	618 171
» Coke desgl.	—	—	92 917	51 233	231 685	279 000	402 875	208 107	295 914
» pro 100 cbm Wasser	245	255	255	260	230	210	207	170	154
» pro PS.-Stunde	3,68	3,83	3,80	4,04	3,58	3,25	3,16	2,61	2,38
Betriebsstunden im Jahre:									
Dampfmaschinen	6 215	7 438	8 170	8 566	7 922	10 642	4 698	5 260	5 789
Turbinen	—	—	—	1 206	2 054	2 052	3 144	4 126	5 732

Tabelle 385.

Jahr	Zahl der versorgt. Personen	Gesammtabgabe im Jahr cbm	desgl. gegen 100 cbm d. Vorjahr.	Liter pro Kopf pro Tag im Mittel	Liter pro Kopf pro Tag als Maximum	Zahl der Anschlüsse	cbm pro Anschlus im Jahr	Abgabe am mittl. Jahrest. cbm	Abgabe am Maxim.-tage cbm	Abgabe am Minim.-tage cbm	pro 100 cbm d. mittl. Jahr.-tages am Maxim.-tage	pro 100 cbm d. mittl. Jahr.-tages am Minim.-tage
1884/85	9 300	130 991	—	38	65	720	182	350	600	—	171,4	—
1885/86	9 500	168 452	128,8	48	82	903	187	460	780	—	169,5	—
1886/87	15 000	209 786	124,5	38	76	1 438	146	575	1 135	—	197,8	—
1887/88	18 000	229 634	109,5	35	70	1 608	143	625	1 250	—	200,0	—
1888/89	21 700	278 322	121,2	35	58	1 946	143	760	1 270	380	167,1	50,0
1889/90	27 000	335 638	120,5	34	56	2 110	159	920	1 515	407	164,8	44,3
1890/91	29 000	395 660	117,9	37	55	2 247	176	1 084	1 593	319	147,0	29,4
1891/92	31 000	463 340	117,2	41	62	2 378	195	1 269	1 909	361	150,5	28,5
1892/93	35 500	550 083	118,8	42	65	2 568	214	1 507	2 293	590	152,1	39,2
1893/94	38 000	685 704	124,7	49	81	2 808	244	1 879	3 067	888	163,5	47,4
1894/95	38 000	701 479	102,2	51	76	2 920	240	1 922	2 904	1 044	151,2	54,4
1895/96	41 000	752 769	107,3	50	78	3 037	248	2 056	3 212	897	156,2	43,7
1896/97	43 200	836 301	112,0	53	75	3 205	261	2 291	3 452	893	150,7	39,0

Tabelle 387.

Monat	a. Von 100 cbm gefördert durch Dampfkraft	a. Wasserkraft	b. Für das Wasserwerk entnommene cbm: für Berieselung	b. aus T. I in Pumpenschacht	b. im Ganzen	c. Den Wasserkraft-Werksbesitzern durch den Eschbach: aus Turb. I cbm	c. aus Turb. II cbm	c. direct cbm	c. im Ganzen cbm	d. Verdunstet cbm	e. Reservoirinhalt am Monatsanfange cbm	f. Niederschlagsmenge cbm	g. Zuflussmenge im Ganzen cbm	g. vom Niederschlage %
1895 April	61,8	38,2	—	—	—	110 300	187 710	5 500	303 510	7 220	1 065 000	339 750	270 730	79,7
Mai	68,0	32,0	—	2 000	2 000	91 900	161 170	4 650	257 720	14 220	1 025 000	532 800	266 940	50,1
Juni	78,3	21,7	—	22 900	22 900	75 900	154 200	4 500	234 600	20 980	1 018 000	314 100	65 480	20,8
Juli	77,8	22,2	—	22 700	22 700	89 000	193 200	4 650	286 850	17 250	805 000	624 600	135 800	21,7
August	74,3	25,7	6 100	11 500	17 600	108 700	210 900	3 750	323 350	17 640	614 000	423 450	236 590	55,8
Septbr.	75,1	24,9	39 570	—	39 570	65 900	124 050	3 000	192 950	14 360	492 000	89 100	12 880	14,5
Octbr.	74,7	25,3	9 300	2 000	11 300	49 300	100 390	2 000	151 690	2 810	258 000	652 500	180 300	27,6
Novbr.	83,9	16,1	—	3 220	3 220	30 700	64 670	4 500	99 870	—	272 500	587 700	457 090	77,7
Decbr.	21,9	78,1	—	—	—	204 640	301 820	4 650	511 110	—	626 500	999 450	718 610	71,9
1896 Januar	44,1	55,9	—	—	—	145 150	216 600	4 650	366 400	—	834 000	261 450	380 900	145,7
Febr.	66,5	33,5	—	—	—	91 840	136 200	4 350	232 390	—	848 500	61 200	97 890	160,0
März	54,5	45,5	—	—	—	103 920	220 480	43 850	368 250	—	714 000	778 050	659 250	84,7
April	65,9	34,1	—	—	—	124 370	189 200	4 500	318 070	10 040	1 005 000	353 700	339 110	95,9
Mai	75,7	24,3	500	9 300	9 800	62 260	103 200	4 650	170 110	32 790	1 016 000	99 000	61 700	62,3
Juni	75,6	24,4	59 500	—	59 500	57 080	84 420	4 500	146 000	43 080	865 000	183 150	18 080	9,9
Juli	79,8	20,2	62 000	—	62 000	49 750	76 600	4 650	131 000	41 160	634 500	542 700	33 660	6,2
August	87,7	12,3	40 400	—	40 400	39 000	58 900	3 390	101 290	26 950	434 000	491 400	69 640	14,2
Septbr.	91,3	8,7	—	—	—	42 500	64 400	2 290	109 190	11 270	335 000	523 800	274 460	47,2
Octbr.	76,7	23,3	—	—	—	101 200	151 700	3 360	256 260	6 290	462 000	591 750	388 550	65,7
Novbr.	70,7	29,3	—	—	—	113 240	170 220	3 890	287 350	520	588 000	278 100	309 870	111,4
Decbr.	74,8	25,2	—	—	—	83 770	164 090	3 770	251 630	—	610 000	206 550	125 130	60,6
1897 Januar	76,5	23,5	—	—	—	—	243 390	4 010	247 400	—	483 500	417 150	220 900	53,0
Febr.	29,4	70,6	—	—	—	8 480	417 490	3 890	429 860	—	457 000	673 200	970 860	144,2
März	32,4	67,6	—	—	—	57 380	408 300	9 650	475 330	—	998 000	417 150	506 830	121,5
1895/96	65,9	34,1	54 970	64 320	119 290	1 167 250	2 071 390	90 050	3 328 690	94 480	—	5 664 150	3 482 460	61,5
1896/97	70,9	29,1	162 400	9 300	171 700	739 030	2 131 919	52 550	2 923 490	172 100	—	4 777 650	3 318 790	68,9

Die Tabelle 386 gibt für die beiden letzten Jahre den Verbrauch von Kraftwasser für 100 cbm von den Turbinen gehobenes Wasser im Mittel des Jahres und des grössten und kleinsten Betriebsmonats, die Nutzleistung pro cbm Kraftwasser in m $\times$ kg und den erzielten Nutzeffect in Procenten an.

Tabelle 386.

Kraftwasser	pro 100 cbm gepumptes Wasser cbm	Leistung in m × kg pro cbm Kraftwasser	Nutzeffect in %
1896/97 Mittel	1 285	13 523	47,9
Maximalm. . .	1 954	8 823	28,1
Minimalm. . .	882	19 870	75,1
1895/96 Mittel	1 295	13 532	47,2
Maximalm. . .	1 746	9 773	33,0
Minimalm. . .	719	24 354	80,0

Die Tabelle 387 (S. 457) gibt für jeden Monat der Jahre 1895/96 und 1896/97, sowie für jedes Jahr im Ganzen an, a) wie viel Wasser von 100 cbm durch Dampfkraft und wie viel durch Wasserkraft gefördert ist; b) wie viel Wasser das Wasserwerk bezogen hat: durch Wiesenberieselung, durch die Turbine I und im Ganzen; c) wie viel Wasser die Wasserwerksbesitzer an dem Enschbache erhalten haben durch die Turbine I, durch die Turbine II, durch den Springbrunnen vor der Sperre und vom Ueberlaufe, sowie im Ganzen; d) wie viel Wasser aus dem Staureservoire verdunstet ist; e) welche Wassermenge im Reservoire am Monatsanfange enthalten gewesen ist und f) wie gross die Niederschlagsmenge gewesen ist und g) wie gross der Zufluss im Ganzen und in Procenten von der Niederschlagsmenge gewesen ist.

Die Tabelle 388 gibt für das städtische Wasserwerk die Vertheilung der Wasserabgabe für die 9 Jahre von 1888/89 bis 1896/97 für die einzelnen Zwecke im Ganzen und im Verhältniss zur Gesammtabgabe, sowie die Zahl derr Messe und die Abgabe pro Messer etc. an.

Tabelle 388.

Jahr	1888/89	1889/90	1890/91	1891/92	1892/93	1893/94	1894/95	1895/96	1896/97
Wasser für öffentliche Zwecke cbm	25 570	24 350	44 150	64 100	64 600	91 600	101 100	70 101	56 100
davon für Springbrunnen »	1 090	1 200	2 000	1 100	1 100	1 100	1 100	1 100	—
» » Diverses . . »	24 480	23 150	42 150	63 000	63 500	90 500	100 000	69 000	—
Von 100 cbm für öffentl. Zwecke für Springbrunnen . . cbm	4,3	4,9	4,5	1,7	1,7	1,2	1,2	1,5	—
» Diverses . . . . . »	95,7	95,1	95,5	98,3	98,3	98,8	98,8	98,5	—
Wasser für Private . . . »	225 526	285 079	301 646	333 931	414 699	492 644	467 357	591 745	696 060
davon für Hausgebrauch »	152 203	171 442	176 311	190 521	207 974	237 968	236 621	264 097	282 400
» » Gewerbe . . »	73 323	113 637	125 335	143 410	206 725	254 676	230 736	327 648	413 660
Wasser für das Wasserwerk incl. Spülen, Verlust etc. . cbm	27 226	26 209	49 864	65 309	70 784	101 460	133 022	90 684	84 141
Von 100 cbm im Ganzen für öffentliche Zwecke . . cbm	9,1	7,2	11,2	13,8	11,8	13,3	14,4	9,3	6,7
für Private . . . . . »	81,0	85,0	76,2	72,1	75,4	71,9	66,6	78,6	83,2
davon für Hausgebrauch »	54,7	51,0	44,6	41,1	37,8	34,7	33,7	35,1	33,8
» » Gewerbe . . »	26,3	34,0	31,6	31,0	37,6	37,2	32,9	43,5	49,4
für das Wasserwerk . . »	9,9	7,8	12,6	14,1	12,8	14,8	19,0	12,1	10,1
Gesammtabgabe ohne Messer cbm	52 796	50 559	94 014	129 409	135 384	193 060	234 122	160 784	140 241
desgl. von 100 cbm Gesammtabgabe	19,0	15,1	23,7	27,9	24,6	28,2	33,3	21,4	16,8
Zahl der aufgestellten Messer .	1 881	2 033	2 165	2 281	2 459	2 668	2 771	2 885	3 055
Abgabe pro Messer i. Jahre cbm	120	140	139	146	168	184	169	205	227

Die Minimalzahlung pro Monat einschliesslich der Messermiethe beträgt jetzt je nach der Messergrösse:

Durchmesser bis mm	20	25	30	50	80	125
M. pro Monat . . .	3,50	4,50	5,00	5,50	7,50	10,50.

Dafür werden wie früher (S. 452) bis zu 6 cbm abgegeben, und bei Mehrverbrauch ist für Wasser für den Hausgebrauch pro cbm 30 Pf. zu zahlen. Bei Häusern mit mehr als 2 Arbeiterfamilien oder bei solchen von nicht über 100 qm Grundfläche wird auf Antrag der Monatspreis auf M. 2,50 reducirt. Unter der Verpflichtung zu einer gleichmässigen Monatsabnahme ist pro cbm zu zahlen bei einer Abnahme innerhalb dreier Monate von:

cbm . .	500 bis 1000	bis 2000	bis 3000	bis 6000	darüber
pro cbm Pf.	20	19	18	17	16	15.

Monatlich werden einmal Wasseruntersuchungen durch einen beeideten Chemiker vorgenommen. Die Mittelwerthe der Resultate in den letzten 4 Jahren und im Jahre 1893 auch für das Staureservoir gibt die Tabelle 389 pro Liter Wasser an.

Tabelle 389.

Mittelwerte mg	1893		1894	1895	1896
	Stauw.	Stauw.	Stauw.	Stauw.	Stauw.
Gesammtrückstand . .	696	690	800	528	595
Kaliumpermanganat zur Oxydation organ Subst.	86,6	40,2	22,1	11,2	23,0
Organische Substanz .	43,1	19,8	3,4	1,98	16,3
Salpetersäure	12,2	8,7	5,7	6,5	5,3
Chlor	9,0	9,7	53,1	70,8	78,7
Schwefelsäure	6,9	10,0	96,6	55,8	80,3
Ammoniak, salpet. Säure	—	—	—	—	—
Ges. Härte deutsch. Grad	1,31	1,36	1,12	0,84	0,88
Bleibende Härte . . .	1,14	1,20	desgl.	desgl.	desgl.
In ccm Zahl der Keime	—	73	123	100	84
» » Arten	—	2	3	4	4

74. i. **Rheindalen.** (E. 6735, W. 1120 mit je 6,0 B.)

Die Wasserversorgung der Stadt Rheindalen erfolgt ausschliesslich aus dem Grundwasser im Orte durch Brunnen, die gebohrt und gesenkt sind und 3,0 bis 16,0 m Tiefe haben. Von den 278 vorhandenen Brunnen dienen 38 der allgemeinen Benutzung. Das Wasser ist anhaltend gut und genügend, so dass an eine Aenderung nicht gedacht wird.

75. i. **Rheydt.** (E. 30 096, W. 3150 mit je 9,6 B.)

Für die Wasserversorgung der Stadt Rheydt ist in den Jahren 1888 bis 1890 für städtische Rechnung nach dem Projecte des Professors Intze in Aachen ein Wasserwerk erbaut, das eine Maximalleistung von 2500 cbm pro Tag hat. Die Anlagekosten haben M. 524 000 betragen. Durch dasselbe Werk wird seit dem Jahre 1892 auch die Stadt Odenkirchen mit Wasser versorgt. Der Betriebsleiter der Anlage ist der Stadtbaumeister Muskewitz. Die Pumpmaschinen dafür sind von Oskar Recke in Rheydt, die Kessel von Dürr & Comp. in Ratingen, die Rohre von der Kölnischen Maschinenbau-Actiengesellschaft in Bayenthal und von dem Schalker Gruben- und Hütten-Vereine in Gelsenkirchen und die Schieber und Hydranten von H. Breuer & Comp. in Höchst geliefert.

Das Wasser wird durch einen gemauerten Brunnen von 5,0 m Durchmesser und 9,0 m Tiefe aus dem Grundwasser gewonnen. In einer daneben erbauten Pumpstation sind 2 Eincylindermaschinen mit Schwungrädern, mit Recke-Steuerung und mit Condensation aufgestellt, deren jede eine doppeltwirkende Plungerpumpe mit Zwangssteuerung (Patent Riedler) direct antreibt. Jede Pumpe fördert bei 48 Doppelhüben pro Minute 108 cbm pro Stunde auf 57,0 m Höhe. 2 Circulationsröhrenkessel (System Dürr) liefern den Dampf. Sie haben je 64 qm Heizfläche und sind für 8 Atm. Dampfdruck concessionirt.

Eine Druckleitung von 445 m Länge und 350 mm Durchmesser führt zu einem Hochreservoire von 600 cbm Inhalt, welches aus Schmiedeeisen (System Intze) besteht. Dasselbe ist auf einem massiven Unterbaue mit seinem Boden 25,0 m hoch über Terrain aufgestellt, ummantelt und überdacht. Sein Wasserspiegel liegt 57,0 m hoch über dem Mittelwasserstande des Brunnens und ca. 50 m über dem Niveau des Versorgungsgebietes, das in ca. 660 m Entfernung vom Reservoire beginnt. Die Wasserabgabe erfolgt unter einem einheitlichen Drucke.

Die Länge der Rohre und die Zahl der Schieber und Hydranten gibt die Tabelle 390 für verschiedene Jahre an.

Tabelle 390.

Ende des Jahres	1892/93	1893/94	1894/95	1896/97
Rohrlänge m	23 839	25 032	26 234	30 348
Schieberzahl	110	113	118	138
Hydranten	179	189	196	240

Im Jahre 1894/95 vertheilten sich die Rohre und Schieber, nach den Durchmessern getrennt, wie folgt:

Rohrdurchmesser	mm	350	300	250	225	200	150
Rohrlänge	m	1511	503	583	91	933	2528
Schieberzahl		2	5	3	1	3	7
	mm	125	100	80			
	m	3377	6948	9229			
	Zahl	13	33	51.			

Die Hydranten sind Unterflurhydranten mit Selbstentleerung. Ihre Entfernung von einander beträgt ca. 100 m. Die Zuleitungen haben 13 mm, 20 mm, 25 mm und 30 mm Durchmesser. Sie bestehen aus Bleirohren und haben auf der Strasse Haupthähne und innerhalb der Gebäude Privathaupshähne. Die Hausleitungen bestehen aus geschwefelten Bleirohren. Ein öffentlicher Springbrunnen, sowie ein Laufbrunnen und 3 öffentliche Pissoire sind an das Rohrnetz angeschlossen.

Die geförderte Wassermenge und der Kohlenverbrauch für die Dampfkessel im Ganzen, pro 100 cbm Wasser und pro PS.-Stunde bei 57,0 m Arbeitshöhe, sowie die Leistung pro kg Kohle in m × kg in 4 verschiedenen Jahren gibt die Tabelle 391 an.

Tabelle 391.

Jahr	1892/93	1893/94	1894/95	1896/97
Wasserförderung . . . cbm	225 044	312 494	311 542	486 920
Kohlenverbrauch . . . kg	178 650	260 580	258 675	343 938
desgl pro 100 cbm	79,38	83,39	83,03	70,63
desgl. pro PS.-Stunde	3,75	3,95	3,93	3,34
Leistung pro kg Kohlen in m × kg	71 792	68 348	68 639	80 685

Die Wasserabgabe nach Messern für den Privatgebrauch, sowie nach Schätzung für öffentliche Zwecke, für den Selbstverbrauch und als Verlust, ferner die Zahl der Abnehmer und der gestellten Messer, sowie deren Jahresconsum und die Tagesabgabe am Tage des mittleren, des grössten und des kleinsten Consums gibt die Tabelle 392 für verschiedene Jahre an:

Tabelle 392.

Jahr	1892/93	1893/94	1894/95	1896/97
Abgabe nach Messern cbm	187 029	253 575	275 468	425 493
Desgl. von 100 cbm der Gesammtabgabe »	83,1	81,1	88,4	87,3
Zahl der Abnehmer	905	1 030	1 093	1 203
cbm Abgabe für jeden	207	248	252	354
Zahl der Wassermesser	932	1 039	1 107	1 291
cbm Abgabe für jeden	202	244	249	330
cbm Abgabe ohne Messer	38 015	58 919	36 074	61 427
Desgl. von 100 cbm der Gesammtabgabe . . . cbm	16,9	18,9	11,6	12,7
Abgabe f. öffentl. Zwecke »	1 800	4 200	5 790	14 110
davon f. Strassensprengen »	400	1 500	2 400	6 700
» Springbrunnen »	—	—	380	400
» Laufbrunnen »	400	500	600	800
» Feuerlöschen etc. »	1 000	2 200	2 400	6 210
Selbstverbrauch des Werkes »	800	3 900	4 050	8 050
Wasserverlust »	34 215	49 619	25 084	37 417
oder in % der Ges.-Abgabe	15,2	15,9	8,0	10,0
Abg. am mittl. Jahrestage cbm	617	856	854	1 334
desgl. am Maximaltage »	1 528	2 085	1 928	2 584
» am Minimaltage »	144	240	240	352
von 100 cbm am mittl. Tage: am Maximaltage . . cbm	247,6	243,6	225,7	193,7
am Minimaltage »	23,3	28,0	28,0	26,4

Von den Messern sind 51 von H. Meinecke, Breslau, 390 von Dreyer, Rosenkranz & Droop, Hannover, 835 von Wiesenthal & Comp., Aachen und 15 von Verschiedenen geliefert.

Die Wasserabgabe findet nur nach Messern statt. Einschliesslich der Miethe für einen Messer von 13 mm Durchmesser ist für den Hausbedarf vierteljährlich zu zahlen:

bis cbm	40	60	150
mindestens M.	7,20	10,20	24,00
pro cbm darüber Pf.	18	17	16.

und bei der Abgabe für gewerbliche Zwecke:

bis cbm	250	500	1000	15000	30000
mindestens M.	22,50	40,00	70,00	975	1800
pro cbm Pf.	9	8	7	6	5,5.

Bei grösseren Messern als 13 mm ist ferner als Miethe vierteljährlicht extra zu zahlen:

Durchmesser mm	20	25	30	40	50
Mark	0,50	1,00	1,50	2,00	3,00.

76. m. **Ronsdorf.** (E. 12208, W. 973 mit je 12,5 B.)

Für die Versorgung der Stadt Ronsdorf ist im Herbst 1897 mit dem Baue eines Wasserwerkes begonnen, welches Mitte October 1898 in Betrieb gesetzt werden soll. Die Ausführung erfolgt nach dem Projecte des Geh. Bauraths Intze in Aachen durch den bauleitenden Ingenieur Johann Sohlberg. Die Anlage ist zu M. 500000 im Ganzen oder M. 40,95 pro Kopf veranschlagt. Ihre Leistung ist auf bis zu 1200 cbm in 12 Stunden angenommen. Auf Grund der auf M. 22000 berechneten, jährlichen Betriebskosten ist vorläufig als Wasserpreis 20 Pfg. pro cbm festgestellt.

Das Wasser soll aus Quellen gesammelt und einem Saugereservoire von 300 cbm Inhalt zugeführt werden, aus welchem es durch Pumpen in ein Hochreservoir gefördert wird. Bei einem Ungenügen des Quellwassers soll als Ergänzung Bachwasser, das in einem Staureservoire im Salbachthale aus einem Niederschlagsgebiete von 87 ha Fläche gesammelt wird, benutzt werden. Innerhalb des Reservoires wird ein Kiesfilter von 200 qm Fläche angelegt, und das Wasser soll von hier aus auf ein direct unterhalb der Sperrmauer hergestelltes Rieselfeld geleitet werden, das in 1,5 m Tiefe unter der Oberfläche ein Drainagesystem von Thonrohren erhalten hat, in welches das Wasser durch eine Kies- und Sandschicht von 30 cm Dicke eindringen soll, um dann nach dem Saugereservoire der Pumpstation, das 50 m Länge und 3 m mal 2 m im Querschnitte hat, abgeleitet zu werden.

Mit der Herstellung der Sperrmauer für das Staureservoir ist bereits im Jahre 1897 begonnen. Sie wird aus Bruchsteinen (Grauwacke resp. Lenneschiefer) mit Trassmörtel durch den Bauunternehmer E. Lange in Ronsdorf ausgeführt. Die Kosten des Reservoirs sind zu M. 200000 veranschlagt, was 66 Pfg. pro cbm gestautes Wasser entspricht. Das Reservoir wird bei 19,28 m Stauhöhe 41000 qm Wasserfläche und 300000 cbm Fassungsraum haben. Die Staumauer ist nach einem Radius von 125 m gekrümmt und hat ca. 170 m Länge. Ihre Kronbreite beträgt 3,5 m. Die Mauer hat an der tiefsten Stelle eine Höhe von 23,5 m und eine untere Breite von 15,0 m.

In der Pumpstation werden 2 liegende Zwillingspumpen aufgestellt, deren jede durch Transmissionen von einem Elektromotor von 40 PS., der 600 Umdrehungen in der Minute macht, angetrieben wird, welcher den Strom von dem städtischen Elektricitätswerke erhalten soll. Jede Pumpe hat 2 doppeltwirkende Innenplunger von 110 mm Durchmesser und 0,3 m Hub und liefert bei 60 Doppelhüben pro Minute in der Stunde 40 cbm Wasser bei 132,0 m Arbeitshöhe. Für die Pumpen dient ein gemeinschaftlicher Windkessel von 0,75 m Durchmesser und 3,5 m Höhe, von welchem eine ca 3300 m lange Druckleitung von 200 mm Durchmesser bis zu dem Hochreservoire führt, das aus Schmiedeeisen (System Intze) von F. A. Neumann in Eschweiler hergestellt ist und 300 cbm Inhalt hat. Dieses Reservoir ist 11,0 m hoch über Terrain auf einem massiven Unterbau unter Dach und ummantelt aufgestellt. Sein Wasserspiegel liegt auf 362,0 m + 0 und die Sohle des Schöpfbrunnens liegt auf 233,0 m + 0.

Die Druckleitung ist direct auf 300 m Länge als Fallrohrleitung zum Vertheilungsnetze fortgeführt. Letzteres ist in der Hauptsache nach dem Circulationssysteme ausgeführt und steht unter einem Drucke von im Mittel 70,0 m. Die Rohre sind von P. Stühlen in Deutz geliefert und von Friedrich von Hof in Bremerhaven verlegt. Die Armaturen hat die Firma Pröringer & Schindler in Zweibrücken geliefert. Die Rohre und die Schieber setzen sich nach folgenden Durchmessern zusammen:

Rohrdurchmesser mm	200	100	80	zusammen
Rohrlänge m	3600	12842	6431	22873
Schieberzahl	7	27	37	71.

Es werden 90 Ueberflurhydranten mit Selbstentleerung in ca. 100 m Entfernung von einander aufgestellt. Für die Zuleitungen, deren Anfangs ca. 500 angemeldet waren, werden verzinkte, schmiedeeiserne Rohre von 25 mm Durchmesser benutzt.

Eine Untersuchung des Quellwassers hat das folgende Resultat im Liter Wasser ergeben:

Gesammtrückstand	80,0 mg
Organische Substanz	2,2 »
Chlor	8,5 »
Salpetersäure	0,5 »
Ammoniak und salpetrige Säure	Null
Gesammthärte, deutsche Scala	1,5°.

Im ccm sind 168 Keime gezählt.

77. g. **Rotthausen.** (E. 13305.)

Die Wasserversorgung des Ortes Rotthausen erfolgt aus dem Wasserwerke des nördlichen westfälischen Kohlenreviers.

78. g. **Rüttenscheidt.** (E. 6330.)

Die Wasserversorgung der Gemeinde Rüttenscheidt erfolgt seit dem Jahre 1891 aus der Wasserleitung der Stadt Essen. Die Vertheilungsleitungen in Rüttenscheidt hat die Stadt Essen auf ihre Kosten hergestellt. Sie gibt das Wasser den Consumenten nach dem Essener Tarife ab.

79. t. **Ruhrort.** (E. 11700, W. 800 mit je 14,6 B.)

Die Wasserversorgung der Stadt Ruhrort am Rhein war aus Flachbrunnen stets leicht und in immer genügender Menge zu erreichen. Das Wasser der meisten dieser Brunnen ist jedoch schlecht, weil sie nicht mit genügender Sorgfalt ausgeführt sind, und es war daher nach jedem Hochwasser eine merkliche Verunreinigung des Wassers derselben durch organische Stoffe zu constatiren. Nach dem Hochwasser des Winters 1882/83 stellte sich sogar eine förmliche Calamität ein, weil sich das Wasser aller Brunnen so stark verunreinigt zeigte, dass, ein nur leidliches Trinkwasser zu erlangen, fast unmöglich war.

Die damals von der Stadtverwaltung eingeleiteten Verhandlungen mit den Städten Duisburg und Mülheim a. d. Ruhr zur Erlangung von Wasser aus deren Wasserwerken führte im April 1883 zu einem Abschlusse mit der Stadt Duisburg. Letztere Stadt hat dann für ihre Rechnung eine ca. 2500 m lange Leitung von 275 mm

Durchmesser vom Kuhthore aus bis zum linken Ufer der Ruhr bei Ruhrort verlegt und gibt seitdem von hier aus Wasser durch einen Hauptwassermesser an die Stadt Ruhrort ab.

Die Leitung durch die Ruhr, sowie die durch die beiden Häfen von Ruhrort, ebenso wie das Rohrnetz in Ruhrort selbst hat die Stadt für ihre Kosten hergestellt und sie verkauft das Wasser direct an ihre Einwohner. Ende des Jahres 1883 ist diese Versorgung in Benutzung gekommen und seitdem sind sämmtliche Brunnen in der Stadt geschlossen, weil alle Häuser sehr rasch an die Leitung angeschlossen waren. Die Stadt hat ausser dem Vertrage mit der Stadt Duisburg noch einen anderen mit den Rheinischen Stahlwerken in Meiderich abgeschlossen, nach welchem diese für den Fall, dass die Duisburger Leitung einmal versagen sollte, der Stadt Ruhrort Wasser aus ihrem Wasserwerk zu liefern sich verpflichtet haben.

Die in den einzelnen Jahren von 1884/85 bis 1896/97 von der Stadt aus dem Duisburger Wasserwerke bezogene Wassermenge, sowie deren Zunahme gegen jedes Vorjahr und deren Verhältniss zu dem von dem Duisburger Wasserwerke überall geförderten Wasserquantum gibt die Tabelle 393 an.

Tabelle 393.

Jahr	cbm Wasser im Ganzen	cbm Wasser pro mittl. Tag	Gegen 100 cbm des Vorjahres	% von der Förderung in Duisburg
1884/85	100 016	274	—	4,6
1885/86	187 530	514	187,5	8,0
1886/87	245 691	673	131,0	10,6
1887/88	262 903	720	107,0	9,8
1888/89	270 426	741	102,9	8,9
1889/90	279 494	766	103,3	7,6
1890/91	307 235	842	109,9	8,4
1891/92	336 321	921	109,4	8,6
1892/93	363 456	1 007	108,1	8,8
1893/94	398 798	1 093	109,7	10,3
1894/95	407 922	1 117	102,3	10,5
1895/96	439 139	1 176	107,6	11,1
1896/97	489 755	1 342	111,3	10,9

Für die Wasserabgabe sind 388 Wassermesser, welche von Siemens & Halske, Berlin, bezogen sind, eingebaut. Diese haben folgende Grössen:

Durchmesser mm	12	20	25	40	50	75	100	200
Stückzahl	64	274	32	5	4	4	4	1.

80. p. Saarn. (E. 4090.)

Die Wasserversorgung des Ortes Saarn erfolgt durch das Wasserwerk der Stadt Mülheim a. d. Ruhr.

81. g. Schonnebeck. (E. 4742.)

Die Wasserversorgung des Ortes Schonnebeck erfolgt aus dem Wasserwerke des nördlichen westfälischen Kohlenreviers.

82. g. Siebenhonschaften. (E. 4266, W. 447 mit je 9,6 B.)

Für die Wasserversorgung der Gemeinde Siebenhonschaften, welche bei Werden am linken Ufer der Ruhr liegt und die Dörfer Fischlaken, Heidthausen, Holsterhausen und Ham umfasst, ist im Jahre 1896 für deren Kosten ein Wasserwerk von dem Wasserwerksdirector Disselhoff in Hagen nach dessen Projecte zur Ausführung gekommen, welches für eine tägliche Leistung von vorläufig 800 cbm und später für 1500 cbm pro Tag bestimmt ist. Die Baukosten waren auf M. 350 000 oder M. 82,00 pro Kopf veranschlagt. Die maschinellen Anlagen, Rohrleitungen etc. hat die Friedrich-Wilhelmshütte in Mülheim a. d. Ruhr geliefert.

Das Wasser wird durch einen im Thale der Ruhr abgeteuften Brunnen von 3,0 m Durchmesser und von 5,3 m Tiefe erschlossen und in einer Pumpstation mit Dampfkraft in 3 verschiedene Hochreservoire gefördert, von welchen eines für die obere Zone dient und 200 cbm Inhalt hat, während die beiden anderen 150 cbm resp. 200 cbm Inhalt haben und für die niedere Zone bestimmt sind. Der Wasserspiegel in dem ersteren liegt auf 148,0 m Höhe und der in den beiden anderen auf 65,7 m Höhe über der Pumpstation. Die Reservoire sind sämmtlich aus Beton hergestellt, überwölbt und mit Erde überdeckt.

In der Pumpstation befinden sich 2 liegende Eincylinderpumpmaschinen mit Expansion und mit abstellbarer Condensation. Sie haben 375 mm Dampfkolbendurchmesser und 0,6 m Hub und machen 45 Doppelhübe pro Minute. Jede Maschine betreibt eine direct gekuppelte, doppeltwirkende Pumpe mit Plungern von 150 mm Durchmesser. Den Dampf liefern zwei Einflammrohrkessel mit Gallowayrohren von je 45 qm Heizfläche.

Die Druckleitung zu dem Reservoire für die obere Zone hat ca. 4500 m Länge und 150 mm Durchmesser. Für die beiden unteren Zonen dient ein gemeinschaftliches Druckrohr von 660 m Länge und 150 mm Durchmesser, das sich in ein Rohr von 125 mm Durchmesser und ca. 1000 m Länge, welches zu dem einen und in ein Rohr von 150 mm Durchmesser und ca. 1600 m Länge, welches zu dem anderen Niederdruckreservoire führt, gabelt.

Die Vertheilungsleitungen haben zusammen ca. 40 000 m Länge von 150 mm bis 80 mm Durchmesser. Sie sind mit 50 Schiebern und 120 Hydranten verbunden. Für 300 angemeldete Hausanschlüsse waren bereits beim Baue 20 000 lfd. m geschwefelte Bleirohrleitungen von 15 mm bis 30 mm Durchmesser in Aussicht genommen. Die Wasserentnahme ist obligatorisch für jedes Haus, und zwar durch Wassermesser abzugeben, eingeführt worden. Von letzteren sind 300 Stück von J. Stoll & Comp., Düsseldorf geliefert.

83. p. Speldorf. (E. 5326.)

Die Wasserversorgung des Ortes Speldorf erfolgt durch das Wasserwerk der Stadt Mülheim a. d. Ruhr.

84. u. Solingen. (E. 40 860.)

Für die Wasserversorgung der Stadt Solingen ist seit dem 1. Januar 1883 ein Wasserwerk in Betrieb, welches nach dem Projecte und ursprünglich auch für Rechnung des Ingenieurs H. Scheven in Bochum erbaut und betrieben ist. Dasselbe ist dann bald in den Besitz der Stadt übergegangen, welche sich das Ankaufsrecht für den Fall gesichert hatte, dass das Anlagekapital sich mit 5 % verzinsen würde. Die ersten Anlagekosten haben M. 350 000 betragen, und der Buchwerth des Werkes hat sich am 1. April 1895 auf M. 1 052 931 im Ganzen oder M. 25,77 pro Kopf belaufen. Die Leitung des Wasserwerkes besorgt gemeinschaftlich mit dem des städtischen Gaswerkes der Director C. Klose.

Das Wasser wird 4 km von der Stadt entfernt im Wupperthale bei Müngsten am Ende des Mörsbachthales theils aus dem Grundwasser und theils indirect aus dem Morsbache entnommen. Für die Wassergewinnung sind gemauerte Sammelkanäle und Filterrohre angelegt, aus denen das Wasser in einem Schachte zusammengeleitet wird, welcher neben einer hier erbauten Pumpstation liegt. Durch diese wird es in eine Hochreservoiranlage gefördert, die auf dem Krahenberge liegt und sich in 3 km Entfernung von der Pumpstation und in 2 km Entfernung von dem Vertheilungsnetze befindet.

Das zeitweise Ungenügen der Wassergewinnungsanlagen hat schon vor mehreren Jahren die Veranlassung zur Aufstellung des Projectes für ein Staureservoir gegeben, nach welchem im Senkbachthale bei Glüdern und Witzfelden eine Staumauer nach dem Projecte des Geh. Bauraths Intze in Aachen ausgeführt werden sollte. Die für das Reservoir erforderlichen Grundstücke sind im Jahre 1897 bereits angekauft, und es ist am 10. Mai 1898 der Bau eines Reservoirs beschlossen, das einen Fassungsraum von 3 000 000 cbm erhalten wird.

In der Pumpstation sind 3 Verbundpumpmaschinen von je 40 PS. mit Schwungrädern, mit Receiver und mit Condensation, sowie mit Rundschiebersteuerung aufgestellt. Mit einer der Kolbenstangen jeder Maschine ist eine doppeltwirkende Plungerpumpe mit Tellerventilen direct gekuppelt. Die Dampfcylinder haben 250 mm resp. 430 mm, und die Plunger 115 mm Durchmesser. Der Hub sämmtlicher Kolben beträgt 0,5 m, und die Zahl ihrer Doppelhübe pro Minute beträgt 44. Jede Maschine fördert pro Stunde 50 cbm Wasser auf 162,6 m Höhe bei 168,6 m Arbeitsdruck. Die Pumpen entnehmen das Wasser aus dem erwähnten, 10,0 m tiefen Sammelschachte mit 5,0 m Wasserstand. Dieser hat einen rechteckigen Querschnitt und fasst 140 cbm Wasser. Zur Dampfbereitung dienen 3 Walzenkessel mit darunter liegenden Vorwärmern. Ein jeder von ihnen hat 42 qm Heizfläche, und sie sind für 8 Atm. Dampfdruck concessionirt. Die Maschinen und die Kessel hat die Kölnische Maschinenbau-Actiengesellschaft in Bayenthal geliefert.

Es sind zwei gemauerte Hochreservoire, jedes von 1000 cbm Inhalt, angelegt, welche überwölbt und in den Boden versenkt sind. Zu diesen führen 2 Druckleitungen, die eine von 175 mm und die andere von 250 mm Durchmesser. Beide Leitungen haben zusammen ca. 5500 m Länge. Von den Reservoiren gehen 2 Fallrohrleitungen von 225 mm und von 250 mm Durchmesser ab. Der Wasserspiegel der Reservoire liegt ca. 50,0 m hoch über dem mittleren Stadtterrain. Die Länge der Rohrleitungen hat am 1. April 1895 im Ganzen 44 032 lfd. m betragen. Diese setzten sich aus folgenden Durchmessern und Längen zusammen:

Rohrdurchmesser mm	250	225	200	175	150	125
Rohrlänge . . . m	5654	1036	1095	2115	778	1414
mm	100	80	50	40		
Länge m	2631	27313	10224	819.		

Damit waren 193 Schieber und 197 Unterflurhydranten, die in ca. 100 m Entfernung von einander stehen, verbunden. Die Zuleitungen haben 13 mm bis 38 mm Durchmesser und sind mit Anbohrschellen und Ventilen angeschlossen. Am 1. April 1896 waren 2048 Wassermesser eingebaut und bis Ende 1895 waren im Ganzen 2119 Messer geliefert, und zwar 425 von Dreyer, Rosenkranz & Droop, Hannover und 1694 von Siemens & Halske, Berlin. Diese vertheilen sich nach der Grösse wie folgt:

Durchmesser mm	10	12	13	20	25	40	50	75	80
Stückzahl . . .	1	463	82	1457	85	1	12	12	7.

Die Tabelle 394 gibt für die 7 Betriebsjahre 1889/90 bis 1895/96 die geförderte Wassermenge und den Kohlenverbrauch im Ganzen, pro 100 cbm Wasser und pro PS.-Stunde bei 168,6 m Arbeitshöhe, sowie die Leistung in m × kg pro kg Kohlen an.

Tabelle 394.

Jahr	geförderte Wassermenge cbm	Kohlen im Ganzen kg	Kohlen pro 100 cbm Wasser kg	Kohlen pro PS.-Stunde kg	pro kg Kohle m × kg
1889/90	575 459	670 000	116,4	1,85	145 900
1890/91	659 657	810 000	122,8	1,96	137 800
1891/92	664 334	822 050	123,7	1,98	136 400
1892/93	676 907	805 000	119,0	1,90	146 500
1893/94	789 916	900 000	113,9	1,82	148 300
1894/95	713 058	870 000	122,0	1,95	138 300
1895/96	783 364	940 000	120,0	1,92	140 500

Die Tabelle 395 gibt für dieselben Jahre die Wasserabgabe in jedem Jahre im Ganzen, sowie am mittleren Tage und am Tage des grössten und des kleinsten Consums, ferner die Abgabe für das Wasserwerk und für Private, ferner die Zahl der Consumenten im Ganzen und deren mittleren Consum im Jahre und endlich verschiedene Verhältnisszahlen an.

Die Gemeindegrenzen von Solingen stossen mit denen der Gemeinden Gräfrath, Wald und Höchscheidt zusammen, während die geschlossenen Städte Wald und Gräfrath eine Stunde von Solingen entfernt liegen. Es sind aber neue Strassen an der Solinger Grenze entstanden, deren Anwohner auf der einen Seite in Solingen und auf der anderen Seite in einer Nachbargemeinde wohnen, und ein Theil von Höchscheidt hängt ganz mit Solingen zusammen. Es erhalten daher diese Bewohner der fremden Gemeinden von Solingen Gas und Wasser. Im Jahre 1895/96 wurden an 126 solcher Consumenten zusammen 36 304 cbm Wasser abgegeben.

Im Jahre 1894/95 hat die grösste resp. die kleinste Abgabe des Wasserwerkes in einer Woche 17 000 cbm resp. 10472 cbm, und in einem Monate 76 900 cbm resp. 42 490 cbm betragen.

Das Wasser wird monatlich einer Untersuchung durch den Dr. Wenzlik unterzogen. Das Resultat vom Januar 1895 war folgendes im Liter Wasser:

Gesammtrückstand	91,2 mg
Chlor	6,1 »
Organische Substanz	2,5 mg
Kalk	8,0 »
Thonerde	2,0 »
Schwefelsäure	5,0 »
Salpetersäure	Spur
Ammoniak, Salpetrige Säure	Null

Deutsche Härtegrade total 10,32, permanent 4,28.

Für den Hausgebrauch ist als vierteljährliches Wassergeld in Solingen zu zahlen: bei 100 qm Etagenfläche für $13\frac{1}{2}$ cbm M. 3, bei $133\frac{1}{3}$ qm für 18 cbm M. 4 und darüber für $22\frac{1}{2}$ cbm M. 5 als Mindestbetrag. Für die Abnehmer ausserhalb der Stadt ist der Preis für 45 cbm M. 9,90 oder M. 10,80, je nachdem dasselbe Rohr auch Einheimische mit versorgt oder nicht. Der Wasserpreis pro cbm von 22 Pf. reducirt sich bei über $22\frac{1}{2}$ cbm im Vierteljahre wie folgt:

bis cbm	250	ferner mehr bis:	750	1500	2500
Pf. . .	15		14	13	12,5
bis cbm	2500	2500	darüber		
Pf. . .	12	11,5	11.		

Tabelle 395.

Jahr	1889/90	1890/91	1891/92	1892/93	1893/94	1894/95	1895/96
Einwohnerzahl	36 500	37 700	38 300	39 000	40 000	40 800	40 800
Gesammtabgabe im Jahr . . . . . cbm	575 459	659 657	664 334	676 907	789 916	713 058	783 364
Desgl. gegen 100 cbm des Vorjahrs »	—	114,7	100,9	101,9	116,6	90,4	109,8
Liter pro Kopf pro Tag im Mittel	43	48	47	48	54	48	52
Desgl. am Maximaltage	—	—	—	83	88	86	86
Zahl der Anschlüsse	1 532	1 580	1 688	1 780	1 890	1 969	2 047
cbm pro Anschluss im Jahre . . . cbm	376	417	394	380	417	363	382
Tagesabgabe am							
mittleren Jahrestage . . . . . cbm	1 577	1 807	1 815	1 855	2 164	1 954	2 140
Maximaltage »	—	—	—	3 200	3 500	3 500	3 500
Minimaltage »	—	—	—	600	1 400	1 000	1 400
Von 100 cbm am mittleren Jahrestage am							
Maximaltage des Jahres . . . . cbm	—	—	—	172,5	161,5	179,1	162,6
Minimaltage des Jahres . . . . »	—	—	—	32,4	64,6	51,3	65,4
Wasser für Private nur nach Messern »	453 914	523 658	541 924	582 172	597 514	566 586	640 646
Wasser für das Wasserwerk, incl. Spülen, Verlust etc. . . . . . »	121 545	135 999	122 410	94 735	192 402	146 472	142 718
Von 100 cbm Gesammtabgabe für:							
Private »	78,9	79,4	81,6	86,0	75,6	79,5	84,3
das Wasserwerk etc. »	21,1	20,6	18,4	14,0	24,4	20,5	15,7
Gesammtabgabe ohne Messer . . . . »	121 545	135 999	122 410	94 735	192 402	146 472	142 718
Desgl. von 100 cbm Gesammtabgabe »	21,1	20,6	18,4	14,0	24,4	20,5	15,7
Gesammtabgabe nach Messern . . . »	453 914	523 658	541 924	582 172	597 514	566 586	640 646
desgl. von 1000 cbm Gesammtabgabe »	78,9	79,4	81,6	86,0	75,6	79,5	84,3
Zahl der aufgestellten Messer	1 532	1 580	1 688	1 780	1 890	1 969	2 048
Abgabe pro Messer im Jahre . . cbm	296	332	321	327	316	288	3,12

An vierteljährlicher Wassermessermiethe ist je nach der Grösse des Messers zu zahlen:

Durchmesser mm	13	20	25	50	80
Mark	1,00	1,50	2,00	5,00	7,50.

Die Consumenten ausserhalb der Stadtgemeinde zahlen im Allgemeinen 10% resp. 20% mehr

85. g. Steele. (E. 10069.)

Die Wasserversorgung der Stadt Steele erfolgte seit dem Jahre 1872 durch eine damals vom Ingenieur W. Dittmar in Bochum für Rechnung der Stadt hergestellte Anlage, die M. 92700 gekostet hat und für 1000 cbm tägliche Leistung bestimmt war.

Statt des ursprünglich aus der Ruhr entnommenen und durch ein besonderes Pumpwerk in ein Reservoir, das 52,0 m hoch über dem Ruhrwasserspiegel aufgestellt war, geförderten Wassers ist später das Wasser einer benachbarten Zeche dem Reservoire direkt zugeführt.

Ende der 80er Jahre stellte die Stadt den Betrieb, soweit es die Wassergewinnung für ihre eigene Versorgung betrifft, ein, und es ist ihr Rohrnetz seitdem ausschliesslich von dem Wasserwerke des nördlichen westfälischen Kohlenreviers gespeist.

Im Jahre 1898 ist nun nach dem Projecte des städtischen Gasdirectors W. Fischer in Steele mit dem Baue eines neuen Wasserwerkes für Rechnung der Stadt Steele begonnen, welches ausser für die Stadt für die Versorgung der Gemeinden Huttrop (2549 E.), Frillendorf (654 E.), Stoppenberg (4755 E.) und Schonnebeck (4740 E.), also zusammen einschliesslich der Stadt Steele für ca. 21750 Einwohner bestimmt ist und eine tägliche Leistungsfähigkeit von 6000 cbm erhalten wird. Die Baukosten sind auf M. 400000 veranschlagt. In diese sind die Kosten des bereits vorhandenen Rohrnetzes der Stadt Steele nicht eingeschlossen, während die Kosten für die Rohrnetze der 4 genannten Gemeinden darin einbegriffen sind, welche diese jedoch eine jede selbst zurückzuzahlen haben werden. Innerhalb des Vertheilungsgebietes wird auf einem 20,0 m hohen, gemauerten Unterbaue ein schmiedeeisernes Hochreservoir (System Intze) aufgestellt, welches 1000 cbm Inhalt hat. Die Wasserentnahme wird durch Dampfpumpmaschinen aus Brunnen im Ruhrthale erfolgen.

86. g. Stoppenberg. (E. 4755.)

Die Wasserversorgung des Ortes Stoppenberg erfolgt aus dem Wasserwerke des nördlichen westfälischen Kohlenreviers.

87. p. Styrum. (E. 7493.)

Die Wasserversorgung des Ortes Styrum erfolgt durch das Wasserwerk der Stadt Mülheim a. d. Ruhr.

88. l. Süchteln. (E. 8103, W. 1361 mit je 6,0 B.)

Die Wasserversorgung der Stadt Süchteln erfolgt ausschliesslich aus gegrabenen und gesenkten Brunnen, deren 11 für die allgemeine Benutzung dienen und von welchen ca. 1000 sich auf Privatgrundstücken befinden. Das Wasser ist in der Regel gut, ausgenommen bei hohen Grundwasserständen und ist immer in genügender Menge vorhanden, so dass ein Bedürfniss nach einer Aenderung nicht vorliegt.

89. g. Ueberruhr. (E. 2951.)

Die Wasserversorgung der Gemeinde Ueberruhr erfolgt durch einen Anschluss an das Hochreservoir der benachbarten Gemeinde Altendorf. Das Versorgungsgebiet von Ueberruhr liegt 30,0 bis 80,0 m tief unter dem Wasserspiegel des Reservoires. Die Anlagen sind nach dem Projecte des Wasserwerksdirectors Disselhoff in Hagen ausgeführt und haben einschliesslich der Anschlussleitungen M. 80000 im Ganzen oder M. 27,00 pro Kopf gekostet.

Das Vertheilungsnetz hat eine Länge von 15000 lfd. m von 200 mm bis 80 mm Durchmesser. Das Rohrnetz besitzt an allen Stellen eine Leistungsfähigkeit von 6 Sekundenlitern, wobei der Druck nicht unter 25,0 m sinkt.

90. c. Uerdingen. (E. 5242, W. 550 mit je 9,5 B.)

Zur Versorgung der Stadt Uerdingen ist im Jahre 1896 von dem Ingenieur H. Ehlert in Düsseldorf für städtische Rechnung ein Wasserwerk für eine tägliche Leistung von 1920 cbm erbaut. Die Anlage hat M. 165000 im Ganzen oder M. 31,48 pro Kopf gekostet. Den Betrieb der Anlage leitet der Director der städtischen Gas- und Wasserwerke Jos. Oster.

Das Wasser wird einem gemauerten Brunnen von 2,5 m Durchmesser und 12,0 m Tiefe entnommen. In einer daneben erbauten Pumpstation sind 2 Dampfpumpmaschinen und 2 Dampfkessel aufgestellt. Die Maschinen sind liegende Eincylindermaschinen von 225 mm Kolbendurchmesser und 0,45 m Hub. Jede von ihnen hat 30 PS. Dieselben treiben durch Riemenübertragung 2 Pumpen an, deren jede 40 cbm pro Stunde auf 50,0 m Höhe fördert. Die Dampfkessel sind Cornwallkessel, jeder von 40 qm Heizfläche.

Eine 250 m lange Druckleitung von 200 mm Durchmesser führt das Wasser zu einem schmiedeeisernen Hochreservoire, das auf einem gemauerten Unterbaue in 33,0 m Höhe unter Dach und ummantelt aufgestellt ist. Es hat einen Inhalt von 250 cbm und liegt vor dem Vertheilungsnetze.

Die Versorgung erfolgt constant und unter einem einheitlichen Drucke. Das Vertheilungsnetz hat ca. 8200 m Länge von Rohren von 200 mm bis 80 mm Durchmesser. Es waren im Jahre 1897 300 Hausanschlüsse mit Zuleitungen aus Bleirohren von meistens 20 mm Durchmesser in Benutzung. Die Hausleitungen bestehen aus verzinnten Bleirohren.

91. n. Velbert. (E. 16606.)

Für die Wasserversorgung der Stadt Velbert dient ein Wasserwerk, welches im Jahre 1891 nach dem Projecte und unter Leitung des Civilingenieurs H. Ehlert in Düsseldorf für städtische Kosten erbaut ist. Es ist für eine tägliche Leistung von 1200 cbm eingerichtet und hat M. 410000 im Ganzen oder M. 24,75 pro Kopf gekostet. Durch dasselbe wird das benachbarte Dorf Heiligenhaus gleichfalls versorgt. Den Betrieb des Werkes leitet das Stadtbauamt.

Das Wasser wird am Ufer der Ruhr bei Kettwig vor der Brücke in der Gemeinde Lampendahl durch einen gemauerten Brunnen gewonnen, welcher bei 7,2 m Tiefe oben 2,0 m Durchmesser hat und sich unten auf 3,0 m erweitert. Neben dem Brunnen ist eine Pumpstation erbaut, in welcher eine Verbunddampfmaschine von 60 PS. aufgestellt ist, die zwei doppeltwirkende Plungerpumpen von 113 mm Kolbendurchmesser direct antreibt. Die Dampfcylinder haben 360 mm und 620 mm Durchmesser, und deren Kolben haben 0,65 m Hub. Den Dampf liefern 2 Röhrenkessel von je 60 qm Heizfläche. Die Maschine und die Kessel sind von der Maschinenbau-Actiengesellschaft Humboldt in Kalk geliefert.

Die Druckleitung hat 11500 m Länge und 200 mm Durchmesser. Sie führt zu einem auf der Hardenberger Haide erbauten Hochreservoire, dessen Wasserspiegel 244,0 m über der Gewinnungsstelle liegt. Trotz dieses ausserordentlichen Druckes ist die Druckleitung aus Muffenröhren hergestellt und hat sich vorzüglich bewährt. Die Rohre hierfür, sowie die für das Vertheilungsnetz, sind von dem Schalker Gruben- und Hüttenvereine in Gelsenkirchen geliefert und von dem Unternehmer Pechstein in Barmen verlegt. Die Vertheilungsleitungen haben 7296 m und die gesammten Leitungen 18800 m Länge und bestehen aus folgenden Durchmessern:

Rohrdurchmesser mm	200	150	100	80
Rohrlänge . . . m	12736	800	1760	3500.

Die Schieber und die Hydranten sind von H. Breuer & Comp. in Höchst geliefert. Das Hochreservoir besteht aus Schmiedeeisen und ist nach dem Intze'schen Systeme von F. A. Neumann in Eschweiler geliefert. Es ist in 31,0 m Höhe auf einem massiven Unterbaue unter Dach und ummantelt aufgestellt. Es hat 250 cbm Inhalt. 650 Anschlussleitungen, die meistens von Bleirohren von 20 mm Durchmesser hergestellt sind, sind in Benutzung. Für das Werk sind im Ganzen 443 Wassermesser bislang geliefert und zwar 244 von Dreyer, Rosenkranz & Droop, Hannover und 197 von H. Meinecke, Breslau. Diese haben folgende Grössen:

Durchmesser mm	13	20	25	30
Stückzahl . . m	388	34	5	14.

92. s. Vieringhausen. (E. 712.)

Die Wasserversorgung des Ortes Vieringhausen erfolgt durch das Remscheider Wasserwerk.

93. i. Viersen. (E. 22804, W. 3200 mit je 7,1 B.)

Für die Wasserversorgung der Stadt Viersen dienten früher ausschliesslich Brunnen, deren fast jedes Haus einen besitzt, welche auch stets genügendes und gutes Wasser geben. Für einen Theil der Stadt, welcher 15500 Einwohner in 2000 Wohnhäusern umfasst, ist im Jahre 1890 eine einheitliche Wasserversorgung auf Kosten der Stadtgemeinde hergestellt, welche für eine tägliche Lieferung von bis zu 2500 cbm bestimmt ist. Das Project für dieses Wasserwerk hat der Civilingenieur H. Ehlert in Bochum aufgestellt, der auch den Bau geleitet hat. Die anfänglich veranschlagten Anlagekosten von M. 300000 haben sich durch Erweiterungen der Wassergewinnungsanlage und des Rohrnetzes bis Ende 1894 auf M. 323000 im Ganzen oder M. 20,84 pro Kopf der Einwohner des Versorgungsgebietes gestiegen. Davon waren damals bereits M. 25463 abgeschrieben, so dass noch M. 297527 als Buchwerth verblieben. Die Leitung des Betriebes ist dem Bürgermeister direct unterstellt.

Das Wasser wird aus dem Grundwasser durch einen Filterbrunnen aus gusseisernen Rohren von 1,8 m Durchmesser und von 15,0 m Tiefe gewonnen, in dessen unterem, geschlitzten Theile ein Messingdrahtfilter in den Mantel eingesetzt ist. Den Brunnen umgibt aussen in 4,0 m Durchmesser ein Kranz von 8 kleinen Filterbrunnen, die mit dem grossen Brunnen verbunden sind. In der Pumpstation sind 2 liegende Eincylindermaschinen von je 14 PS. mit

Condensation, von denen jede eine doppeltwirkende Plungerpumpe direct betreibt, aufgestellt. Deren Dampfkolben haben 300 mm und deren Plungerkolben haben 170 mm Durchmesser, und der Hub beider beträgt 0,7 m. Sie machen pro Minute 41 Doppelhübe und fördern das Wasser auf 45,2 m Höhe. Die Maschinen und die Pumpen sind von der Maschinenfabrik Grevenbroich und die beiden vorhandenen Dampfkessel sind von der Firma Dürr & Comp. in Ratingen geliefert. Es sind Röhrenkessel von je 50 qm Heizfläche.

Das Wasser wird einem schmiedeeisernen Hochreservoire (System Intze) zugeführt, das 100 m von der Gewinnungsstelle entfernt auf einem massiven Unterbaue 19,0 m hoch über Terrain unter Dach und ummantelt aufgestellt ist. Das Reservoir hat 500 cbm Inhalt und ist von F. A. Neumann in Eschweiler geliefert. Die Druck-, sowie die Fallrohrleitung haben 300 mm Durchmesser. Der Leitungsdruck im Versorgungsgebiete schwankt je nach der Ortslage zwischen 20,0 m und 30,0 m. Das Vertheilungsnetz ist nach dem Circulationssysteme ausgeführt. Die Länge der Rohrleitungen beträgt 22 600 lfd. m von 300 mm bis 80 mm Durchmesser. Es sind damit 137 Schieber, 20 Rinnsteinspüler und 192 Unterflurhydranten verbunden.

Im Jahre 1896 waren 844 Anschlussleitungen in Benutzung, welche aus Bleirohren hergestellt sind. Die Wasserabgabe erfolgt nur durch Messer und hat im Jahre 1894/95 im Ganzen 158 999 cbm oder 436 cbm am mittleren Jahrestage betragen. Im Maximalmonate sind 16 544 cbm und im Minimalmonate 8861 cbm abgegeben. Wassermesser waren bis Ende 1895 im Ganzen 923 Stück geliefert und zwar 365 von Wolff & Schreiber, Breslau, und 558 von H. Meinecke, Breslau. Nach der Grösse vertheilen sich diese wie folgt:

Durchmesser mm	10	13	20	25	30	33	40	80
Stückzahl . .	340	455	92	25	2	5	1	2.

Der Wasserpreis beträgt für den Hausgebrauch 15 Pf. und für gewerbliche Zwecke 10 Pf. pro cbm.

94. g. **Vogelheim.** (E. 5566.)

Die Wasserversorgung des Ortes Vogelheim erfolgt aus dem Wasserwerke des nördlichen westfälischen Kohlenreviers.

95. n. **Vohwinkel.** (E. 6193.)

Die Wasserversorgung des Ortes Vohwinkel erfolgt aus dem Elberfelder Wasserwerke.

96. u. **Wald.** (E. 15 054.)

Für die Wasserversorgung der Stadt Wald ist für städtische Rechnung nach dem Projecte des Civilingenieurs Ehlert in Düsseldorf ein Wasserwerk erbaut, welches für eine tägliche Leistung von 400 cbm stimmt ist. Dessen erste Anlagekosten haben M. 420 000 betragen und einschliesslich späterer Rohrnetzerweiterungen belaufen die Kosten sich heute auf M. 459 200 im Ganzen oder M. 30,50 pro Kopf. Den Betrieb leitet der städtische Gas- und Wasserwerksdirector H. Kraatz.

Das Wasser wird in einem Niederschlaggebiete von 12 qkm Grösse aus dem Grundwasser durch 2 gemauerte Brunnen von 2,0 m und 1,5 m Durchmesser gewonnen und durch eine Heberleitung einem Sammelbrunnen zugeführt, in welchen ferner ein ca. 100 m langer Stollen, der mit Sickerleitungen von gleicher Länge verbunden ist, einmündet. In der Pumpstation befinden sich 2 liegende Eincylindermaschinen mit Condensation von je 26 PS., deren jede eine doppeltwirkende Plungerpumpe direct antreibt. Die Dampfkolben haben 400 mm und die Plunger 128 mm Durchmesser und beide haben 0,7 m Hub. Jede Maschine fördert bei 48 bis 52 Umdrehungen pro Minute ca. 45 cbm Wasser pro Stunde auf 158,0 m Höhe. Die Maschinen und die Plunger sind von der Firma Langen & Hundhausen in Grevenbroich geliefert. 2 vorhandene Röhrenkessel, von der Röhrenkesselfabrik in Ratingen geliefert, haben 51,25 qm Heizfläche und sind für 8 Atm. Dampfdruck concessionirt.

Hinter dem Vertheilungsnetze, das in 688 m Entfernung von der Pumpstation beginnt, liegt, von letzterer 4744 m entfernt, ein Hochreservoir. Dieses steht auf einem 5,2 m hohen künstlichen Unterbaue und hat 400 cbm Inhalt. Es ist von F. A. Neumann in Eschweiler geliefert. Die Verbindungsleitung zwischen der Pumpstation und dem Hochreservoire hat auf 1832 m Länge 225 mm, auf 356 m Länge 200 mm und auf 2556 m Länge 150 mm Durchmesser. Das Vertheilungsnetz ist nach dem Verästelungssysteme ausgeführt und schliesst sich direct an die gleichfalls zur Abgabe dienende Druckleitung an. Der Leitungsdruck variirt je nach dem Stadtniveau zwischen 12,0 m und 125,0 m. Das Gesammtrohrnetz hat 33 776 lfd. m Länge und ist mit 106 Schiebern verbunden. Es setzt sich in seinen Rohren und Schiebern aus folgenden Durchmessern zusammen:

Rohrdurchmesser	mm	225	200	150	100	80
Rohrlänge . . .	m	1842	360	2561	11450	17563
Schieberzahl . .		3	1	5	23	74.

Damit sind 202 Unterflurhydranten mit Selbstentwässerung verbunden. Die Rohre sind von dem Schalker Gruben- und Hüttenvereine in Gelsenkirchen geliefert und von dem Unternehmer Kunath in Crefeld verlegt. 676 Anschlussleitungen waren am 1. April 1894 in Benutzung. Sie sind aus Bleirohren von 13 mm bis 30 mm Durchmesser, die mit Strassenventilen verbunden sind, hergestellt. Es waren bis Ende 1895 698 Wassermesser, und zwar 614 von H. Meinecke, Breslau und 84 von Dreyer, Rosenkranz & Droop, Hannover geliefert, welche folgende Grössen haben:

Durchmesser mm	13	20	25	30	50	65	80
Stückzahl . . .	324	301	60	10	1	1	1.

Ausser dieser Versorgung wird ein Theil des Stadtgebietes, das sich an der Grenze der Stadt Solingen entlang zieht, durch die Solinger Wasserleitung versorgt. Es sind 62 Consumenten der Stadt Wald an diese Leitung angeschlossen, welche das Wasser durch die ihnen von dem Wasserwerke Solingen gestellten Messer beziehen. Deren Consum hat im Jahre 1895/96 19 995 cbm oder 325 cbm per Anschluss betragen.

Die Wasserabgabe aus den Leitungen der Stadt Wald findet nur durch Wassermesser statt. Als monatliche Messermiethe und als Mindestpreis für Wasser ist je nach der Messergrösse pro Monat wie folgt zu zahlen, wofür das dabei angegebene Wasserquantum im Monate entnommen werden kann:

Messerdurchmesser mm .	20	26	30	50	80
Wassergeld M. pro Monat	3,00	3,50	4,00	5,00	6,00
bis cbm pro Monat . . .	7,5	10	15	20	25
Messermiethe Pf pro Monat	50	75	100	125	150.

Für eingeschossige Häuser, welche nur von einer Familie bewohnt werden und im Erdgeschosse nicht mehr als 150 cbm Rauminhalt haben, kann die Monatszahlung auf M. 2 und das Höchstquantum auf 5 cbm, sowie die Messermiethe auf 30 Pf. ermässigt werden. Fabriken haben mindestens M. 5 pro Monat zu zahlen. Der Mehrverbrauch wird pro cbm mit 25 Pf. berechnet, wobei ein Rabatt gewährt wird, der, je nach dem Jahresverbrauche, wie folgt bestimmt wird.

cbm pro Jahr	501 bis 1000	bis 5000	bis 10000
Rabatt % . .	10	20	30

cbm	bis 25000	darüber
%	40	50.

Eine Untersuchung des Wassers des Wasserwerkes der Stadt Wald hat im Liter ergeben:

Gesammtrückstand	151,0 mg
Organische Substanz	1,7 »
Salpetersäure	1,0 »
Schwefelsäure	3,0 »
Chlor	6,4 »
Kalk	61,0 »
Magnesia	9,7 »
Eisen	2,1 »
Salpetrige Säure, Ammoniak . . .	Null.

97. g. **Werden a. d. Ruhr.** (E. 9421.)

Die Wasserversorgung der Stadt Werden erfolgte früher nur aus Brunnen, die im Orte liegen und von denen 16 öffentliche sind, sowie durch die directe Entnahme aus der Ruhr. Im Juli 1895 beschloss die städtische Vertretung auf Grund von Vorarbeiten, für welche sie bereits früher M. 5000 bewilligt hatte, ein definitives Project für ein städtisches Wasserwerk durch den Director der rheinischen Wasserwerksgesellschaft, Thometzeck in Bonn, ausarbeiten zu lassen und übertrug ihm, nachdem sie das Project genehmigt hatte, dann auch die Leitung des auf städtische Rechnung mit einem Kostenaufwande von M. 250000 im Ganzen oder M. 26,54 pro Kopf ausgeführten Baues. Am 4. November 1887 ist die Anlage in Betrieb gesetzt.

Das Wasser wird in einer Wiese aus einem ca. 20 m von der Ruhr entfernten, gemauerten Brunnen von 3,0 m Durchmesser gewonnen, in welchen eine Filterrohrleitung von 400 mm Durchmesser und 60 m Länge einmündet. Dieses Rohr ist rechtwinklig zu dem Flusse in 3,5 m Tiefe unter Terrain verlegt worden. Es besteht aus Gusseisen und ist mit Schlitzen in den Wänden versehen. Von dem Sammelbrunnen führt ein 100 m langes Heberrohr von 300 mm Durchmesser zu einem wasserdichten Pumpenbrunnen, der gleichfalls 3,0 m Durchmesser hat und aus dem die Pumpen in der daneben erbauten Pumpstation das Wasser entnehmen.

Es sind hier 2 stehende Verbundmaschinen mit Receiver aufgestellt, und es ist noch Platz für eine dritte Maschine vorgesehen. Die Dampfkolben haben 310 mm resp. 436 mm Durchmesser und 0,65 m Hub. Jede der verlängerten Kolbenstangen treibt direct den Plunger einer einfachwirkenden Pumpe mit freien Etagen-Ringventilen an. Die Plunger haben 195 mm Durchmesser und machen pro Minute 50 Hübe. Jede der Maschinen liefert bei 81,4 m Arbeitshöhe 90 cbm Wasser pro Stunde. Es sind 2 Dampfkessel, Patent Prégardien, mit vertikalen und gebogenen Siederohren vorhanden. Jeder Kessel hat 42 qm Heizfläche. Der concessionirte Dampfdruck derselben beträgt 7 Atm.

Von der Pumpstation führt eine Druckleitung von 225 mm Durchmesser durch die Stadt und dient hier direct als Versorgungsrohr. Hinter derselben ist die Leitung zu einem gemauerten, zweitheiligen Hochreservoire von 500 cbm Inhalt, das überwölbt und in die Erde versenkt ist, weiter geführt. Die Vertheilungsleitungen stehen unter einem je nach der Ortslage zwischen 25,0 m und 70,0 m schwankenden Drucke und hatten Anfangs im Ganzen eine Länge von 8036 lfd. m. Damit waren 38 Schieber und 52 Hydranten verbunden. Nach dem Durchmesser getrennt setzten sich die Rohre wie folgt zusammen:

Durchmesser mm	300	225	200	125	100	80	60
Rohrleitung m	100	1832	788	116	1960	1940	300.

Bis Ende 1895 waren im Ganzen 365 Wassermesser geliefert, und zwar 86 von H. Meinecke, Breslau, 252 von Siemens & Halske, Berlin, und 27 von Dreyer, Rosenkranz & Droop, Hannover. Nach der Grösse vertheilen diese sich wie folgt:

Durchmesser mm	10	12	13	20	25	30	50	65	75
Stückzahl . . .	1	130	73	132	24	1	5	1	3.

Die Wasserabgabe hat im Jahre 1889 im Ganzen 160000 cbm oder 438 cbm pro Tag betragen. Die Anlagekosten des Werkes beliefen sich bei der Betriebseröffnung auf M. 249639, wovon entfallen:

auf Wassergewinnung	M. 13278
» Pumpstation und Wohnhaus . . .	» 44024
» Dampfkessel und Maschinen . . .	» 39800
» Rohrleitungen	» 81512
» Hochreservoir	» 16143
» Hausanschlüsse und Wassermesser .	» 31819
» Diverses, Grunderwerb etc.	» 23063.

Im Jahre 1890 ist eine Rohrleitung von 125 mm Durchmesser über die Kettenbrücke zur Versorgung des am anderen Ufer liegenden Vorortes Buir hergestellt, deren Kosten bei 120 m Länge M. 3600 betragen haben.

98. m. **Wermelskirchen.** (E. 13454.)

Zur Wasserversorgung der Stadt Wermelskirchen ist im Jahre 1897 mit dem Baue eines Wasserwerkes für städtische Rechnung nach dem Projecte des Ingenieurs H. Ehlert in Düsseldorf und unter dessen Leitung begonnen, welches zu M. 300000 veranschlagt war und vorläufig für eine tägliche Leistung von 700 bis 800 cbm bestimmt ist.

Die Wassergewinnung soll durch einen Stollen erfolgen, der vorläufig in einer Länge von 400 m ausgeführt wird, aber später auf 1200 m Länge ausgedehnt werden soll. Das Wasser wird durch Pumpen, über deren Betriebskraft eine definitive Entscheidung noch aussteht, auf 114,0 m Höhe gehoben und in ein schmiedeeisernes Hochreservoir von 400 cbm Inhalt (System Intze), welches auf einem künstlichen Unterbaue 25,0 m hoch über Terrain aufgestellt ist und 2200 m entfernt von der Gewinnungsstelle liegt, geführt. Die Druckleitung erhält 200 mm Durchmesser. Die Länge der Rohrleitungen ist zu 17500 lfd. m von 200 mm bis 80 mm Durchmesser projectirt. Damit werden 77 Schieber und 131 Stück Unterflurhydranten verbunden werden.

99. r. **Wesel.** (E. 22258, W. 1805 mit je 12,3 B.)

Für die Wasserversorgung der Stadt Wesel waren stets zahlreiche Brunnen innerhalb der Stadt, von denen 52 öffentliche waren, vorhanden, welche stets ausreichendes und auch qualitativ entsprechendes Wasser lieferten, wenngleich das Schwanken ihres Wasserspiegels mit dem des Rheins um 3,0 m bis 4,0 m für die Qualität des Wassers nicht ganz ohne Bedenken erschien. Ein an die Stadt im Jahre 1884 von einem Consortium gerichtetes Gesuch um die Ertheilung einer Concession zum Baue und Betriebe eines Wasserwerkes veranlasste die Stadt, selbst einem solchen Plane näher zu treten und sie beauftragte daher den Civilingenieur H. Ehlert, damals in Bochum, mit der Ausarbeitung eines Projectes für ein städtisches Wasserwerk. Im Jahre 1886 wurde der

Bau beschlossen und Ehlert die Bauleitung des für eine tägliche Leistung von 1482 cbm bestimmten Werkes übertragen. Der damalige Kostenanschlag belief sich auf M. 270000, wogegen die Anlagekosten im Jahre 1896 im Ganzen M. 356000 oder M. 16,00 pro Kopf betragen haben. Der Betrieb des Werkes ist dem Stadtbaurath Schulz unterstellt.

Das Wasser wird 2 km oberhalb der Stadt in der Nähe der Lippe aus dem Grundwasser gewonnen. Ausser einem Brunnen von 1,25 m Durchmesser, der Anfangs zu Versuchen und dann für das definitive Werk mit benutzt ist, ist ein Hauptbrunnen von 5,0 m Durchmesser hergestellt. Beide Brunnen sind gemauert und haben 10,0 m Tiefe. In der daneben erbauten Pumpstation sind 2 liegende Dampfpumpmaschinen von je 20 PS. und 2 Dampfkessel aufgestellt. Die Maschinen sind Eincylindermaschinen, deren jede eine doppeltwirkende Plungerpumpe direct antreibt. Die Dampfkolben haben 275 mm und die Plunger 170 mm Durchmesser und beide 0,5 m Hub. Die Maschinen machen 60 bis 75 Umdrehungen pro Minute. Jede Pumpe fördert pro Stunde 77 cbm bis 105 cbm Wasser auf 53,5 m Höhe. Die Dampfkessel sind Zweiflammrohrkessel von je 40 qm Heizfläche. Sie sind für 6 Atm. Dampfdruck concessionirt. Die Maschinen hat die Firma Erhardt & Sehmer in Schleifmühle und die Kessel Carl Schäfer in Oberhausen geliefert.

In 2 km Entfernung von der Pumpstation ist ein schmiedeeisernes Hochreservoir (System Intze) auf einem massiven Unterbaue von 32,5 m Höhe unter Dach und ummantelt aufgestellt. Dasselbe hat 600 cbm Inhalt und ist von F. A. Neumann in Eschweiler geliefert. Es liegt in unmittelbarer Nähe seitlich vom Vertheilungsnetze und ist durch eine 2000 m lange Druckleitung von 225 mm Durchmesser mit der Pumpstation verbunden. Eine zweite solche Leitung von 175 mm, die sich allmählich bis auf 100 mm Durchmesser reduciren soll, ist in Ausführung begriffen.

Das Vertheilungsnetz ist nach dem Circulationssysteme hergestellt und steht unter einem constanten Drucke von 40,0 m. Ende des Jahres 1894 hat es eine Länge von 19608 m Rohren von 300 mm bis 80 mm Durchmesser gehabt und ist mit 150 Schiebern und 126 Unterflurhydranten mit Selbstentleerung, die in 80 mm bis 100 mm Entfernung von einander stehen, verbunden gewesen. Die Rohre sind von dem Schalker Gruben- und Hüttenvereine in Gelsenkirchen und die Schieber und Hydranten von H. Breuer & Comp. in Höchst geliefert. Die Zuleitungen bestehen aus Bleirohren und haben überwiegend 20 mm Durchmesser. Sie sind mit Absperrhähnen auf der Strasse und mit Absperrventilen innerhalb der Häuser verbunden. Die Wasserabgabe findet nur durch Wassermesser statt. Ende des Jahres 1895 waren davon 1360 Stück eingebaut und 1392 Stück im Ganzen geliefert und zwar je 9 von C. A. Spanner, Wien-Aachen und von Siemens & Halske, Berlin, 41 von Dreyer, Rosenkranz & Droop, Hannover und 1325 von H. Meinecke, Breslau. Nach der Grösse vertheilen sich diese wie folgt:

Durchmesser . . mm	12	13	20	25	30	40	65	150
Stückzahl	3	1023	278	70	13	2	1	2.

Die Tabelle 396 gibt für die Jahre 1894, 1895 und 1896/97 die Wasserabgabe im Ganzen und für den Tag des mittleren, des grössten und des kleinsten Consums, sowie an letzteren beiden in Procenten des ersteren und ferner die Abgabe nach Messern und ohne Messer im Ganzen und in Procenten der Gesammtabgabe an.

Tabelle 396.

Jahr	1894	1895	1896/97
Gesammtabgabe . . . cbm	423 234	464 971	517 927
am mittleren Jahrestage »	1 160	1 273	1 414
am Maximaltage . . . . »	1 684	2 330	3 131
oder % vom mittleren Tage	145,2	183,0	221,4
am Minimaltage . . cbm	686	480	500
oder % vom mittleren Tage	59,1	37,7	35,4
Abgabe nach Messern cbm	348 214	319 869	341 267
oder in % der gesammten Abgabe	82,3	68,8	65,9
Abgabe ohne Messer cbm	75 020	145 102	176 660
oder in % der ges. Abgabe	17,7	31,2	34,1

Von der Messerabgabe im Jahre 1894 entfielen für den häuslichen Gebrauch 128895 cbm oder 36 %, für gewerblichen Zwecke 216197 cbm oder 62 %, für die Eisenbahn 2032 cbm und für vorübergehende Zwecke 1090 cbm. In demselben Jahre hat der grösste resp. der kleinste Consum in einem Monate 36423 cbm resp. 25520 cbm und in einer Woche 8998 cbm resp. 5976 cbm betragen. Im Jahre 1895 resp. 1896/97 sind im Ganzen 274220 kg resp. 371320 kg Kohlen zur Kesselfeuerung oder 58,98 kg resp. 71,70 kg für 100 cbm gefördertes Wasser oder 3,12 kg resp. 3,79 kg für eine PS.-Stunde verwendet und pro kg Kohle ist eine Leistung von 86500 resp. 71200 m × kg entwickelt.

Der für das Wasser im Jahre zu zahlende Minimalpreis beträgt nach dem Nutzungswerthe der Gebäude:

Nutzungswerth M.	bis 400	bis 500	bis 1000	darüber
Minimalzahlung M.	7	15	20	30.

Der Einheitspreis pro cbm beträgt bei einer jährlichen Entnahme:

bis cbm . .	1000	5000	10000	15000	20000
pro cbm Pf.	15	14	13	12	11
bis cbm . .	25000	40000	60000	80000	darüber
cbm Pf.	10	8	7	6	5.

Als Messermiethe ist pro Jahr ferner zu zahlen je nach der Grösse: M. 3 für 13 mm, M. 5 für 20 mm und M. 7 für 25 mm Durchmesser.

Eine Untersuchung des Wassers im Juni 1895 hat im Liter Wasser ergeben:

Gesammtrückstand	285 mg
Chlor	21 »
Salpetersäure	Spur
Ammoniak, salpetrige Säure	Null.

Jährlich wird das Wasser 2 mal untersucht.

100. k. **Wevlinghofen.** (E. 3054.) Ohne Antwort.

101. p. **Winkelhausen.** (E. 1458.)

Die Wasserversorgung des Ortes Winkelhausen erfolgt durch das Wasserwerk der Stadt Mülheim a. d. Ruhr.

102. n. **Wülfrath.** (E. 7226.)

Die Wasserversorgung der Stadt Wülfrath erfolgte bislang aus gegrabenen und gesenkten Brunnen, die stets ausreichendes, aber theilweise schlechtes Wasser liefern. Ferner ist eine Zuleitung von Quellwasser für einige Laufbrunnen vorhanden. Im Jahre 1897 ist mit dem Baue einer einheitlichen Versorgung für städtische Rechnung unter Leitung des Ingenieurs H. Ehlert in Düsseldorf nach dessen Pojecte begonnen. Die Anlage ist auf M. 150000 veranschlagt und für eine tägliche Abgabe von 1040 cbm bei 10 stündiger Maschinenarbeit bestimmt.

Mit derselben wird zugleich die Anlage eines Elektricitätswerkes in der Weise verbunden werden, dass letzteres die Elektromotoren für den Betrieb der beiden Pumpen speisen wird.

Das Wasser soll durch einen artesischen Brunnen aus den Quellen des Angerbaches entnommen und auf 44,0 m Höhe einem Hochreservoire von 200 cbm Inhalt durch eine Druckleitung von 150 mm Durchmesser und 1100 m Länge zugeführt werden, welches innerhalb des Rohrnetzes, von der Gewinnungsstelle 1100 m entfernt, liegen wird. Es wird aus Beton hergestellt, überwölbt und zur Hälfte in den Boden versenkt.

Das Rohrnetz wird 12500 lfd. m Rohre von 150 mm bis 80 mm enthalten und mit 40 Schiebern und 73 Unterflurhydranten verbunden werden. Der Anschluss von 350 Häusern ist vorläufig in Aussicht genommen.

103. o. **Xanten.** (E. 3435.)

Die Wasserversorgung der Stadt Xanten erfolgt aus gegrabenen Brunnen, deren 15 für die öffentliche Benutzung vorhanden sind.

Anhang.

104. **Friedr. Krupp, Wasserwerke in Essen a. d. Ruhr.**

a) Geschichtliches.

Die Wasserwerke der Friedr. Krupp'schen Gussstahlfabrik dienen ausser für deren Fabrikationszwecke auch für die häusliche Versorgung der zahlreichen Arbeiterwohnungen und die sonstigen sanitären etc. Anlagen dieser Werke und sind, abgesehen davon, auch wegen ihrer Ausdehnung und Eigenartigkeit von allgemeineren Fachinteresse.

Noch bis Anfangs der 60er Jahre standen der Gussstahlfabrik ausser einer Anzahl von Brunnen von geringer Ergiebigkeit in dem überall wasserarmen Untergrunde nur die abfliessenden Grubenwässer der an das Werk anstossenden Steinkohlenzeche Sälzer & Neuack zurVerfügung. Dieses Wasser wurde von den Wasserhaltungsmaschinen der Zeche in einen von Krupp auf seinem Terrain hergestellten, grossen Teich gefördert, der für eine oberflächliche Klärung des Wassers und als Reserve bestimmt war und floss von hier in 2 überwölbten Kanälen durch das Fabrikterrain, aus denen es an einzelnen Stellen in Schächte abgezweigt wurde, um, durch Pumpen gehoben, für die Speisung von Dampfkesseln etc. verwendet zu werden. Das nicht benutzte Wasser floss mit den Abwässern von der Fabrik zusammen auf der entgegengesetzten Seite des Terrains auf dem Segeroth in einen offenen Graben aus, der es schliesslich der Emscher zufürte.

Ende der 50er Jahre wurde zur Erlangung eines besseren Wassers auf dem Fabrikterrain mit der Abteufung eines Schachtes von 45,0 m Tiefe begonnen. Von dessen Sohle aus ist dann ein 280 m langer Querschlag, der ausgemauert und mit Wasserschlitzen versehen ist, zur Wassererschliessung hergestellt. Eine kurz vor dem Eintritte des Querschlages in den Schacht eingebaute Dammthür gestattet, durch deren Schliessen im Querschlage 420 cbm Wasser aufzustauen. Ueber dem Schachte erhebt sich 53,0 m hoch über Terrain ein massiver Thurm, in dem unter Dach und mit Holz umkleidet, ein schmiedeeisernes Hochreservoir aufgestellt ist. Im unteren Geschosse des Thurmes sind Dampfmaschinen aufgestellt, welche mittels Gestängen die in den Schacht eingebauten Pumpen betreiben.

Für die Vertheilung des Wassers aus diesem Wasserschachte ist in den Jahren 1863/65 ein sich über die Fabrik ausdehnendes Leitungsnetz für Hochdruck hergestellt, welches für die Versorgung mit Trinkwasser und mit Wasser für Feuerlöschzwecke, aber auch für Wasser zu Fabrikationszwecken, bestimmt war. Das erschlossene Wasser ist sehr hart und entsprach auch quantitativ den daran geknüpften Hoffnungen nicht, weil das Maximum der täglichen Ergiebigkeit des Schachtes nur ausnahmsweise 2200 cbm erreichte. Später hat das Wasser auch qualitativ einen so zweifelhaften Charakter angenommen, dass im Jahre 1869 auf dessen Verwendung als Trinkwasser ganz verzichtet werden und dafür eine besondere Leitung mit einem Anschlusse an das Essener Wasserwerk hergestellt werden musste.

Der Anfangs der 60er Jahre beginnende und rasch zunehmende Betriebsumfang des Werkes verlangte bald grössere Mengen von Betriebswasser, als es die eine Zeche liefern konnte, und es wurden daher 1862 und in den folgenden Jahren Zuleitungen von den weiter entfernten Zechen Ver. Hagenbeck, Schöllerpadt und Ver. Hoffnung zu dem vorerwähnten Teiche hergestellt. Für die Klärung dieser Grubenwässer wurden auf den einzelnen Zechen grössere, gemauerte Bassins angelegt. An 2 verschiedenen Stellen des Werkes sind damals auch grössere Pumpmaschinen aufgestellt, welche das Zechenwasser in hoch aufgestellte Blechreservoire förderten, aus denen es dann durch besondere Leitungen den verschiedenen Bedarfsstellen zufloss.

Ein schon im Jahre 1864 aufgestelltes Project, welches die Herstellung einer Pumpstation an der Ruhr bezweckte, um dem Werke besseres und reichlicheres Wasser zuzuführen und eine einheitliche Versorgung zu erreichen, musste aus finanziellen Gründen vorläufig zurückgestellt werden. Es wurde aber inzwischen die durch den im Jahre 1865 ausgeführten Bau des städtischen Wasserwerkes für die Stadt Essen gebotene Gelegenheit benutzt, durch Bezug von Ruhrwasser aus diesem Werke sich von dessen Vorzügen für die Speisung der Dampfkessel gegenüber dem Zechenwasser zu überzeugen. Auch für andere Zwecke und zur Beseitigung vorübergehenden Wassermangels ist das städtische Wasserwerk wechselnd und nicht unbedeutend von der Fabrik in Anspruch genommen, und in einzelnen der folgenden Jahre hat Krupp eine Million cbm Wasser und mehr von der Stadt durch verschiedene Centralmesser bezogen.

Die immer mehr erkannte Nothwendigkeit einer einheitlichen Versorgung der Fabrik mit Betriebswasser — wenn es auch vorläufig nur Zechenwasser war — führte in den Jahren 1864/65 dazu, eine grössere Pumpsation dafür, die Centralwasserstation genannt, zu erbauen. Abgesehen von deren Bedeutung für die Zeit bis zum Baue eines eigenen Ruhrwasserwerkes, hat diese Anlage nicht nur später als Reserve einen dauernden Vortheil geboten, sondern sie konnte dann auch noch immer eine fortlaufende Benutzung finden, um das in der Fabrik für Kühl-, Härte- etc. Zwecke in grossen Mengen benutzte Wasser, gesammelt und abermals gepumpt, wieder verwenden zu können. Aus dem vorerwähnten Teiche für Zechenwasser wurde das Wasser einem Pumpenbrunnen in der Centralwasserstation zugeführt, um hier, den stark wechselnden Bedürfnissen entsprechend, durch 10 kleinere Dampfpumpmaschinen in ein schmiedeeisernes Reservoir gefördert zu werden, das in einem darüber errichteten thurmartigen Aufbaue aufgestellt ist. Von hier aus ist ein einheitliches Rohrnetz, die Niederdruckleitung, über das Fabrikterrain geführt, um daraus an allen Stellen Betriebswasser unter Druck entnehmen zu können.

Im Jahre 1873 entschloss Alfred Krupp sich zum Bau des eigenen Wasserwerkes an der Ruhr und am 15. December 1875 wurde dieses in theilweiser Ausführung in Betrieb gesetzt. Ende des Jahres 1883 war der Ausbau des Werkes in dem ursprünglich projectirten Umfange mit 6 Pumpmaschinen in seinem heutigen Zustande vollendet. Das von der Ruhr zugeführte Wasser wird in die beiden Rohrnetze für Hochdruck und für Niederdruck zur Abgabe vertheilt. Im Jahre 1892 hat Krupp von einer weiteren Vergrösserung seines Wasserwerkes, auf welchem für 2 neue Maschinen ein Gebäude bereits seit 10 Jahren fertig stand, Abstand genommen und statt dessen mit der Stadt Essen einen Vertrag geschlossen, nach welchem er zu einer jährlichen Abnahme von mindestens 800000 cbm verpflichtet ist. Dieses letztere Wasser wird, ausser für die Fabrikwohnungen, auch mit für technische Zwecke verwendet.

b) Beschreibung der einzelnen Pumpstationen.

1. Wasserschacht.

An Stelle der anfänglich für den Wasserschacht benutzt gewesenen Maschinen sind in dem Jahre 1884/85 2 neue Maschinen aufgestellt, von denen die eine als Reserve dient. Es sind eincylindrige, einfach und direct wirkende Wasserhaltungsmaschinen mit Kataraktsteuerung. Dieselben haben 730 mm resp. 540 mm Durchmesser und 2,8 m resp. 2,3 m Hub für ihre Dampfkolben und betreiben je eine einfachwirkende Plungerpumpe von gleichem Hube und von 356 mm resp. 320 mm Durchmesser, welche 5,5 resp. 5,0 Doppelhübe pro Minute machen und das Wasser bis auf 90,0 m Höhe fördern. Die grosse Maschine hat einen Gegenbalancier und liefert pro Stunde 92 cbm, während die kleinere Maschine 56 cbm liefert. Das früher erwähnte Reservoir in dem Thurme, das 255 cbm Inhalt hat, steht mit einem flachen Boden 45,75 m hoch über Terrain und ist mit der Hochdruckleitung verbunden.

2. Centralwasserstation.

Von dem vorhin erwähnten Teiche, der 13000 cbm Inhalt bei 4900 qm Wasserfläche hat, führt ein Rohr von 630 mm Durchmesser zu dem Pumpenbrunnen der Centralwasserstation, der in der Mitte eines achteckigen Thurmes liegt, in welchem 27,5 m über Flur ein schmiedeeisernes Hochreservoir mit flachem Boden aufgestellt ist. An 4 von den inneren Thurmwänden sind 8 Wandmaschinen mit Auspuff aufgestellt, deren jede, direct gekuppelt, eine doppeltwirkende Pumpe mit Scheibenkolben und mit armirten Lederklappenventilen betreibt. In dem an den Thurm sich anschliessenden Kesselhause sind ferner 2 gleiche Dampfpumpen, aber in liegender Anordnung, aufgestellt. Ueber dem Brunnen steht auf 4 Säulen ein für die 10 Maschinen gemeinschaftlicher, schmiedeeiserner Druckwindkessel von 6,5 cbm Inhalt, und jedes Maschinenpaar hat einen gemeinschaftlichen, gusseisernen Saugewindkessel.

Die Maschinen sind mit Schiebersteuerung und mit je 2 Schwungrädern versehen. Die Pumpenkolben haben 314 mm Durchmesser und 0,524 m Hub. Sie machen 13,5 Doppelhübe pro Minute, und es fördert jede Pumpe in der Stunde 60 cbm Wasser. Von den stehenden Pumpmaschinen können 2 von dem gemeinschaftlichen Windkessel abgesperrt werden, um dann direct in die Hochdruckleitung zu arbeiten. Für diesen Zweck waren sie mit einem 52,0 m hoch über Maschinenflur durch das Dach des Thurmes frei emporragenden, offenen Standrohre von Schmiedeeisen verbunden, welches kürzlich als überflüssig beseitigt ist, weil diese Anordnung nur zur Unterstützung des Wasserschachtes für mögliche, grössere Brände getroffen war und nach dem Baue des Ruhrwasserwerkes als entbehrlich erschien. Die Dampfkolben dieser letzteren Maschinen haben 590 mm und die der übrigen 8 Maschinen haben 375 mm Durchmesser.

In dem Kesselhause waren Anfangs 6 Zweiflammrohrkessel von je 72 qm Heizfläche aufgestellt. Später ist die Dampfleitung von diesen Kesseln mit der allgemeinen Dampfleitung der Fabrik verbunden, damit für den Pumpenbetrieb jederzeit beliebige Dampfmengen zur Verfügung sind. Die Druckleitung von der Ruhr war Anfangs direct mit der Hochdruckleitung des Werkes verbunden, und es diente das Reservoir über dem Wasserschachte als Druckregeler dafür. Mit der Niederdruckleitung war gleichzeitig eine Verbindung der ersteren in der Centralwasserstation hergestellt und es fand hier der Abfluss in das in deren Thurme aufgestellte Reservoir, wie später angegeben wird, statt.

3. Ruhrwasserwerk.

Die Pumpstation des Ruhrwasserwerkes liegt am rechten Ufer des Flusses oberhalb der am linken Ufer liegenden Stadt Werden und am Fusse des Höhenzuges, der die Wasserscheide zwischen Ruhr und Emscher bildet, auf dem hier die Krupp'sche Villa Hügel bei Bredenei erbaut ist. Die Pumpstation besteht aus einem parallel der Ruhr und 35 m von ihrem Ufer entfernt liegenden Maschinenhause von im Lichten 44 m mal 26 m Grundfläche bei 26,0 m Höhe von der Pumpenflur bis zum Dachauflager gemessen, über der sich 4,5 m hoch die eigentliche Maschinenflur erhebt, während die Fundamente noch theilweise bis auf 8,0 m Tiefe unter die Pumpenflur hinabgehen. An das Maschinenhaus schliesst sich an die eine Schmalseite ein 31,0 m langes Kesselhaus an, an welches direct eine für die Villa etc. bestimmte Gasfabrik stösst, und an die andere Schmalseite schliesst ein 26 m langer und ebenso tiefer Raum an, der für eine Vergrösserung der Maschinenanlage bestimmt ist. Hieran stösst ferner ein zweites Kesselhaus von 26 m Länge, vor dem ein Elektricitätswerk für die Villa liegt.

In dem Maschinenhause stehen neben einander in einer Linie mit den Schwungradachsen 6 Woolf'sche Balanciermaschinen, von welchen im Jahre 1875 die 3 ersten und in den Jahren 1880 und 1883 wieder eine resp. 2 aufgestellt sind. Für deren Pumpen ist in der Mitte der einen Langseite in dem Maschinenraume ein wasserdichter Pumpenschacht von 5,0 m Durchmesser und 9,0 m Tiefe hergestellt, zu dessen Seiten 2 gusseiserne Saugewindkessel von je 15 cbm Inhalt und 2 schmiedeeiserne Druckwindkessel von je 2,2 m Durchmesser und 10,0 m Höhe, je einer für je 3 der Maschinen, stehen. Der Pumpenschacht ist durch ein Rohr von 850 mm Durchmesser mit einem in der Achse des Maschinenhauses liegenden und 20 m von dem Flusse entfernten Schieberbrunnen von 3,0 m Durchmesser und 9,0 m Tiefe verbunden. Dieser ist auf einem schmiedeeisernen Schuhe gesenkt und in ihn mündet, mit Schiebern absperrbar, eine Leitung von 850 mm Durchmesser, die in die Ruhr führt und zu beiden Seiten davon je eine Filterleitung, die aus gusseisernen, geschlitzten Rohren von 750 mm Durchmesser besteht und 300 m Länge parallel zum Flusse hat.

Jede Maschine betreibt 2 einander gegenüber an denselben Balancierarmen aufgestellte, einfachwirkende Plungerpumpen, deren Sauge- und Druckrohre direct verbunden sind. Die Pumpen haben theils freie Glockenventile (Metall und Holz) und theils freie Ringventile (Leder und Gusseisen). Die Dampfcylinder haben Dampfmäntel sowie Böden und Deckel mit Dampfheizung. Sie sind mit Kolbensteuerungen mit variabeler Expansion versehen, die durch unrunde Scheiben bewegt werden. Die Luftpumpen, die Kaltwasserpumpen und die Speisepumpen sind sämmtlich einfachwirkende, stehende Plungerpumpen. Die Kolben der Dampfcylinder haben 615 mm resp. 1041 mm Durchmesser und 1,796 m resp. 2,514 m Hub und die der Druckpumpen haben 393 mm Durchmesser und 1,257 m Hub. Jede Maschine fördert bei 16 Umdrehungen pro Minute in der Stunde 277 cbm Wasser bei ca. 120 m Arbeitsdruck. In den Kesselhäusern liegen 12 Zweiflammrohrkessel, von denen 10 Gallowayrohre haben. Sie haben 8,8 m Länge und 2,36 m Durchmesser in den Mänteln und 0,83 m in den Feuerrohren. Zusammen haben sie 1020 qm Heizfläche. Sie sind für 5 Atm. Dampfdruck concessionirt.

Von jedem der Druckwindkessel führt eine ca. 1500 m lange Druckleitung von 425 mm Durchmesser zu einem auf dem Bredenei'er Höhenzuge liegenden offenen Hochbassin von 6700 cbm Inhalt. Dieses hat einen kreisrunden Grundriss und geböschte Wände, die, ebenso wie der Boden des Bassins, über einer eingestampften Thonschicht mit Ziegelsteinen abgepflastert sind. Der Austritt aus dem Bassin findet durch automatische Schwimmerrohre mittels zweier Fallrohrleitungen statt, in deren eine eine selbstthätige Absperrvorrichtung (Armstrong) für den Fall eines Rohrbruches eingeschaltet ist. Neben dem Bassin ist im Freien ein schmiedeeiserner, calibrirter Wasserkasten von 135 cbm Inhalt so aufgestellt, dass sein Wasserspiegel 10,0 m höher als der des Bassins liegt. Dieser Kasten ist mit einer der Druck- und einer der Fallrohrleitungen verbunden und dient zur regelmässigen Messung der Leistung jeder einzelnen der Pumpen, deren Hubzähler durch Wechselräder, die dem jeweiligen Wirkungsgrade der Pumpe angepasst sind, direct das geförderte Wasserquantum ablesen lassen. Der Kasten gestattet auch das zeitweise Ausschalten des grossen Bassins mit seinem Wasserspiegel, der um 111,0 m über dem mittleren Ruhrwasserstande liegt und erlaubt auch, damit vorübergehend eine Drucksteigerung auf 121,0 m zur Erhöhung der Abflussmenge aus den Fallrohrleitungen zu erreichen.

Das ursprüngliche Project, auf dem Plateau bei Bredenei für den zur häuslichen Versorgung der Fabrikwohnungen bestimmten Theil des Wassers eine künstliche Sandfiltration herzustellen, ist nicht ausgeführt. Es sind hier nur 2 kleine, überwölbte Sandfilter von 122 qm Fläche für den Wasserbedarf der Villa ausgeführt, durch welche im Jahre ca. 270000 cbm Ruhrwasser gereinigt werden. Von den beiden, zur Fabrik führenden Fallrohrleitungen hat eine jede 450 mm Durchmesser. Die eine hat ca. 6000 m und die andere hat ca. 5800 m Länge. Das Wasser für den Hausgebrauch der Fabrikwohnungen ist später von dem Essener Wasserwerke bezogen, und es findet seitdem das von dem Krupp'schen Wasserwerke geförderte Wasser fast ausschliesslich für Fabrikzwecke Benutzung. Die vorerwähnte Filterrohrleitung ist daher auch nicht so weit verlängert, dass sie den gesammten Bedarf für die Pumpstation decken kann, und es muss directes Ruhrwasser in grossem Maasse stets mit benutzt werden.

4. Leistung etc. der 3 Pumpstationen.

Die in den vorstehenden 3 Abschnitten beschriebenen Pumpstationen: Wasserschacht, Centralwasserstation und Ruhrwasserwerk haben mit ihren 18 Pumpmaschinen zusammen eine stündliche Lieferungsfähigkeit von 2250 cbm Wasser bei einer Kraftentwicklung von ca. 800 PS., die sich, wie es die Tabelle 397 angibt, vertheilt.

Tabelle 397.

Station	Maschin.-Zahl	cbm pro Stunde	m Arbeitshöhe	PS.
Wasserschacht	2	138	53,0	30
Centralwasserstat.	8	480	28,5	60
	2	120	52,0	30
Ruhrwasserwerk	6	1512	120,0	680

Von den Maschinen für das Ruhrwasserwerk sind die ersten 3 von der Firma Simpson & Comp. in London, Groswenor Road und die 3 anderen von der Sächsischen Maschinenfabrik, vorm. Rich. Hartmann in Chemnitz geliefert. Die 10 Maschinen in der Centralwasserstation hat die Friedrich-Wilhelmshütte in Mülheim a. d. Ruhr und die 2 Maschinen im Wasserschachte hat die Maschinenfabrik Union in Essen geliefert.

Die sämmtlichen Projecte und Ausführungen der Wasserversorgungs- und Vertheilungsanlagen von 1862 bis Ende 1883 sind, mit Ausnahme der ersten Anlage des Wasserschachtes, welche von den Ingenieuren P. Stühlen und A. Nonne herrührt, unter der Leitung des Ingenieurs E. Grahn als damaligen Dirigenten der Kruppschen Gas- und Wasserwerke entstanden.

c) Wasservertheilung.

Die Wasservertheilung erfolgt, wie schon vorhin erwähnt, durch 3 verschiedene Rohrnetze: die Hochdruckleitung, die Niederdruckleitung und die Trinkwasserleitung. Diese sind sämmtlich unabhängig von einander und in constanter Benutzung. Sie haben zusammen eine Gesammtlänge von ca. 83000 lfd. m.

In der Hochdruckleitung beträgt der Druck im Mittel 50,0 m über dem Fabrikterrain. Dieselbe hat ca. 33100 m Länge und ist nach dem Circulationssysteme ausgeführt. Mit ihr sind 424 Überflurhydranten verbunden, welches System hier zuerst fast ausschliesslich und nach der bereits im Jahre 1862 von Grahn entworfenen Construction aus örtlichen Gründen*) Anwendung gefunden hat. Ferner sind 40 Unterflurhydranten aufgestellt. Jeder Hydrant dient für je 2 Schläuche von 55 mm Durchmesser. Die Entfernung der Hydranten beträgt 50 m bis 80 m. Im Anschlusse an die Hochdruckleitung wurden in den verschiedenen Gebäuden ferner 464 innere Feuerhähne für Schläuche von 30 mm Durchmesser angebracht.

In der Niederdruckleitung beträgt der Versorgungsdruck im Mittel 24,0 m. Dieselbe hat eine Länge von ca. 16500 m und ist nach dem Verästelungssystem ausgeführt. Mit ihr sind 34 Nothbrunnen für Löschzwecke verbunden, deren jeder 4 Schlauchverschraubungen für Schläuche von 55 mm Durchmesser als Zubringer für die Feuerspritzen hatte.

In der Trinkwasserleitung beträgt der Druck im Mittel 45,0 m. Dieselbe hat eine Länge von circa 31000 m und ist nach dem Circulationssystem ausgeführt. Mit dieser Leitung sind auch Abgabestellen für technische Zwecke verbunden, während sie für die Trinkwasserhähne innerhalb der Fabrik und die 558 Wohnhäuser der Firma mit ihren 3454 Haushaltungen und 40867 Bewohnern hauptsächlich bestimmt ist.

Während die Trinkwasserleitung nur durch den Anschluss an das Essener Wasserwerk gespeist wird, er-

*) Diese Ueberflurhydranten sind ohne jede Mitwirkung des erst 1865 in Krupp'sche Dienste getretenen Feuerwehrchefs Kayser, der sie fertig bei Krupp vorfand, entstanden und wohl die älteste Construction nach diesem Systeme.

folgt die Versorgung der anderen beiden Leitungen ausser durch die vorhandenen Pumpstationen: Wasserschacht resp. Centralwasserstation und deren Hochreservoire hauptsächlich mittels der Fallrohrleitungen von dem Hochreservoire bei Bredenei durch die Pumpstation an der Ruhr und zwar durch die Einstellung von Regulirschiebern. Diese Einstellung erfolgt auf Grund fortlaufender Beobachtungen der nach den Verbrauchsmengen sehr stark wechselnden Manometerstände in diesen beiden Leitungsnetzen, wofür die Einrichtungen in der Centralwasserstation angebracht sind. Bei einem eventuellen Ungenügen des Zuflusses von der Ruhr her kann diese Station durch directes Pumpen in das eine oder in das andere Rohrsystem sofort abhelfend eingreifen.

Die Tabelle 398 gibt für die 10 Jahre von 1887/88 bis 1896/97 die Länge und den Inhalt der Hauptleitungen von 630 mm bis incl. 100 mm Durchmesser an, ferner die Zahl der Schieber, Hydranten, Laufbrunnen, Closets, gespülten Pissoire (1894/95 120 Stück mit 321 Ständen), Wannen- und Brausebäder, Springbrunnen, Strahlapparate, Wassermotoren und hydraulischen Aufzügen an, welche auf der Fabrik und in den Colonien derselben am Ende eines jeden der Jahre in Benutzung gewesen sind.

Tabelle 398.

Jahr	1887/88	1888/89	1889/90	1890/91	1891/92	1892/93	1893/94	1894/95	1895/96	1896/97
Hauptrohrlänge m	53 559	60 258	62 595	60 289	70 549	72 291	75 121	79 000	82 999	86 769
Inhalt cbm	2 640	3 530	3 588	3 474	3 844	3 875	3 912	4 021	4 083	4 218
Schieber	713	757	819	833	968	1 033	1 062	1 101	1 159	1 261
Hydranten, Feuerhähne, Nothbrunn.	892	919	945	969	1 000	1 023	1 043	1 064	1 080	1 080
Laufhähne öffentl. u. Fabriken	113	126	138	138	156	191	197	196	200	200
Pissoire	88	91	103	109	115	120	121	120	130	130
Closets	75	80	97	119	118	119	116	121	144	175
Wannenbäder	91	96	109	125	132	142	141	167	171	} 261
davon mit Brausen	84	87	107	124	130	136	140	153	153	
Brausebäder	—	—	—	—	3	23	29	31	31	
Zahl ihrer Brausen	—	—	—	—	18	92	129	137	137	
Springbrunnen	14	14	18	19	18	18	18	18	17	17
Strahlapparate	5	5	8	9	11	11	11	11	10	13
Wassermotoren	7	7	7	1	1	1	1	1	4	2
Hydraulische Aufzüge	—	—	—	5	5	5	5	5	5	7

Ende des Jahres 1894/95 waren in der Fabrik und in deren Colonien 8485 Entnahmestellen für Wasser vorhanden und davon waren 6558 mit Zapfhähnen versehen. Für die Wohnhäuser sind nur für einzelne Häusergruppen Wassermesser gestellt, und es sind deren bis Ende 1894/95 31 Stück von Siemens & Halske, Berlin, geliefert und in Benutzung gewesen.

Tabelle 399.

Jahr	Wasserabgabe im Ganzen cbm	pro Tag cbm	desgl. gegen 100 cbm d. Vorjahres cbm
1867	2 158 300	5 910	—
1868	2 233 800	6 120	103,5
1869	2 750 640	7 536	123,1
1870	2 769 160	7 587	100,7
1871	3 048 480	8 352	110,1
1872	3 415 160	9 356	112,0
1873	3 666 800	10 060	107,5
1874	3 942 000	10 800	107,3
1875	4 493 880	12 312	114,0
1876	4 622 940	12 663	102,8
1877	4 688 200	12 844	101,5
1878	5 074 630	13 903	108,3
1879	4 826 650	13 220	95,1
1880	5 574 320	15 272	115,5
1881	7 693 986	21 079	138,0
1882/83	7 775 290	21 302	101,0
1883/84	7 888 250	21 612	101,4
1884/85	7 296 110	19 989	92,5
1885/86	7 296 110	19 989	100,0
1886/87	7 896 310	21 634	108,2
1887/88	8 518 520	23 337	107,9
1888/89	8 305 476	22 755	97,5
1889/90	9 255 920	25 360	111,5
1890/91	9 502 430	26 034	102,6
1891/92	8 825 270	24 178	92,9
1892/93	9 172 410	25 130	103,9
1893/94	9 230 560	25 288	100,6
1894/95	9 043 920	24 778	98,0
1895/96	9 805 291	26 866	108,4
1896/97	11 702 033	32 063	119,3

d) Wasserabgabe.

Die Tabelle 399 gibt ein Bild von dem Wasserverbrauche in den 30 Jahren von 1867 bis 1896/97 durch die Zahlen für den Jahres- und für den mittleren Tagesverbrauch, sowie durch die Verhältnisszahlen des Verbrauches eines jeden Jahres gegenüber dem Vorjahre.

Für jedes der 10 Jahre von 1887/88 bis 1896/97 gibt die Tabelle 400 die Abgabe am Tage des grössten und des kleinsten Consums im Ganzen und pro 100 cbm von dem Consume am mittleren Jahrestage an. Auch die Zahl der angeschlossenen Haushaltungen ist darin aufgeführt.

Tabelle 400.

Jahr	Maximaltag		Minimaltag		Angeschlossen. Haushaltungen
	im Ganzen cbm	p. 100 cbm a. mittl. Tage	im Ganzen cbm	p. 100 cbm a. mittl. Tage	
1887/88	29 275	126,0	8 597	36,9	3 045
1888/89	29 903	131,5	9 721	42,8	3 080
1889/90	30 770	121,3	9 874	38,9	3 122
1890/91	32 509	124,8	11 099	42,5	3 209
1891/92	28 154	116,4	8 266	34,3	3 262
1892/93	33 939	135,0	12 329	49,2	3 384
1893/94	30 085	118,0	11 298	44,6	3 401
1894/95	31 233	126,2	13 107	41,9	3 454
1895/96	37 207	138,5	16 817	62,8	—
1896/97	46 186	144,0	17 282	53,9	—

Die Tabelle 401 gibt für die 10 Jahre 1887/88 bis 1896/97 die Vertheilung der gesammten jährlichen Verbrauchsmenge auf die verschiedenen Bezugspunkte an.

Tabelle 401.

Jahr	Ruhrwasserwerk cbm	Centralwasserstation cbm	Wasserschacht cbm	Essener Wasserwerk cbm	Zusammen cbm	
					aus der Ruhr	und ferner
1887/88	6 939 698	1 172 272	406 550	—	6 939 698	1 578 822
1888/89	7 835 741	79 779	389 956	—	7 835 741	469 735
1889/90	8 846 317	52 350	357 255	—	8 846 317	409 603
1890/91	9 135 940	74 102	292 389	—	9 135 940	366 490
1891/92	8 541 679	23 465	256 056	4 037	8 545 716	279 554
1892/93	8 145 371	31 464	198 455	797 116	8 942 487	229 923
1893/94	7 890 751	22 694	187 333	1 129 782	9 020 533	210 027
1894/95	7 522 713	19 479	251 818	1 249 911	8 772 624	271 296
1895/96	7 908 222	239 373	250 000	1 407 696	9 315 918	489 373
1896/97	9 612 710	819 362		1 266 843	10 879 553	819 362

Ueber den Kohlenverbrauch (magere Stückkohle) des Ruhrwasserwerkes im Ganzen und pro 100 cbm gefördertes Wasser, ferner über die mittlere Arbeitshöhe und den Kohlenverbrauch pro PS., sowie über die Leistung in m $\times$ kg pro kg Kohle und endlich über die Betriebsstunden der vorhandenen Maschinen im Jahre im Ganzen und durchschnittlich pro Maschine pro Tag gibt die Tabelle 402 für dieselben Jahre Auskunft.

Tabelle 402.

Jahr	Kohlenverbrauch kg	desgl. pro 100 cbm Wasser	desgl. pro PS.-Stunde	mittlere Arbeitshöhe m	Leistung in m $\times$ k pro kg Kohle	Maschinen-Arbeitsstunden	
						im Jahre	pro Maschine pro Tag
1887/88	6 132 300	88,4	2,01	118,7	134 300	31 526	14,4
1888/89	7 309 000	92,6	2,10	119,1	128 600	34 305	15,6
1889/90	8 364 200	94,5	2,12	120,6	127 400	38 943	17,8
1890/91	9 132 867	100,0	2,25	120,2	120 000	39 438	18,0
1891/92	8 141 300	95,3	2,14	120,2	126 000	36 529	16,7
1892/93	7 422 200	91,6	2,05	120,4	131 700	36 284	16,6
1893/94	7 108 400	90,1	2,02	119,9	131 600	35 164	16,0
1894/95	6 492 850	86,3	1,96	118,7	137 700	33 062	15,1
1895/96	7 117 400	89,9	2,02	120,0	133 392	34 814	15,9
1896/97	9 132 109	95,0	2,09	122,8	129 146	42 668	19,5

105. Friedr. Krupp, Wasserwerk in Rheinhausen.

Für die von Friedr. Krupp im Kreise Moers bei Rheinhausen erbauten Hüttenwerke ist in den Jahren 1896/98 nach dem Projecte seiner Techniker ein Wasserwerk in Regie erbaut, dessen Wassererschliessungsanlage in dem Winkel liegt, welcher von dem linken Rheinufer und südöstlich von der Eisenbahnlinie Hochfeld – Crefeld begrenzt wird. Die Anlage ist für 30000 cbm Tagesleistung bestimmt, aber vorläufig nur für die Hälfte ausgebaut.

Die Wassererschliessung erfolgt aus 2 Brunnen, die im Vorgelände des Rheines liegen, nämlich einem Filterbrunnen und einem Pumpenbrunnen. Ersterer hat 4,0 m Durchmesser und 14,0 m Tiefe und ist in der Sohle und in seinen Wänden durchlässig. Die spätere Herstellung von ferneren Brunnen stromabwärts ist, ebenso wie eventuell stromaufwärts, vorgesehen. Der Pumpenbrunnen hat 5,0 m Durchmesser und 15,0 m Tiefe. Er hat wasserdichte Wände und eine durchlässige Sohle. Er ist durch eine 200 m lange Heberleitung von 700 mm Durchmesser, die sich vor dem Pumpenbrunnen auf 800 mm erweitert, mit dem Filterbrunnen verbunden. Von dem letzteren führt ferner eine Heberleitung von 700 mm Durchmesser und 50 m Länge direct als Nothverbindung zum Rheinhafen, aus welchem im laufenden Betriebe auch das Wasser für die Condensation der Pumpmaschinen entnommen wird.

Dicht an dem Banndeiche liegt, mit seiner Mittelachse 27,2 m von der Mitte des Pumpenbrunnens entfernt, das Maschinenhaus von 12 m mal 26 m lichtem Grundrisse für 3 Pumpmaschinen, von denen vorläufig 2 aufgestellt sind. Eine besondere Kesselanlage ist für die Maschinen überflüssig, weil die Kessel des Hüttenwerkes den erforderlichen Dampf von 9 Atm. Pressung abgeben können. Die Stellung der Pumpen ist so gewählt, dass bei ca. 7,0 m Saugehöhe eine Senkung der Sammelbrunnen von 4,78 m eintreten kann, wenn der Fluss seinen tiefsten Stand hat. Beim mittleren Wasserstande hat bei Versuchen mit dem Filterbrunnen eine Entnahme von 570 cbm pro Stunde eine Senkung von 1,8 m, und eine Entnahme von 1200 cbm eine solche von 3,6 m zur Folge gehabt. Die Maschinen sind stehende Verbundmaschinen mit Balanciers und Schwungrädern. Sie sind von der Gutehoffnungshütte in Sterkerade geliefert. Die Cylinder haben 660 mm resp. 410 mm Durchmesser und ihre Kolben haben 0,8 m Hub. Jeder Kolben ist mit der gemeinschaftlichen Schwungradwelle durch einen besonderen Balancier verbunden. Eventuell können die Maschinen auch ohne Condensation arbeiten, und es kann auch jede Hälfte einer Maschine allein arbeiten. Unter jedem Dampfcylinder steht eine einfachwirkende Plungerpumpe von 400 mm Durchmesser, die direct mit der verlängerten Kolbenstange verbunden und mit freien Ringventilen versehen ist. Jede Maschine fördert bei 65 Umdrehungen in der Minute pro Stunde 732 cbm Wasser bei 44,0 m Arbeitshöhe und leistet demnach 119 PS. Nutzarbeit. Beim gleichzeitigen Betriebe beider Maschinen soll die stündiche Leistung zusammen 120,0 cbm nicht übersteigen.

Die Pumpen saugen direct aus dem Sammelbrunnen und haben jede einen Saugewindkessel unter den Saugeventilen, sowie für jede Maschine einen gemeinschaftlichen Druckwindkessel. Von letzteren führen von den einzelnen Maschinen Druckleitungen zu einem Centralwindkessel, von welchem dann ein gemeinschaftliches Druckrohr von 600 mm Durchmesser zu dem schmiedeeisernen Hochreservoire (System Intze) abgeht, dessen Mitte 65 m von dem Maschinenhause entfernt liegt. Das Reservoir hat 500 cbm Inhalt und steht auf einem 21,5 m hohen, massiven Unterbaue. Es steht unter Dach, ist aber nicht ummantelt und hat 11,0 m Durchmesser und 6,65 m Höhe. Seine Ueberfallkante liegt 27,92 m hoch über dem Gelände.

An die vom Reservoire abgehende Fallrohrleitung von 700 mm Durchmesser sind 3 Anschlüsse, einer von 400 mm und 2 von je 500 mm Durchmesser, vorgesehen, von welchen vorläufig nur der eine von 500 mm Durchmesser für den Anschluss des Vertheilungsnetzes benutzt wird. Letzteres besteht aus Rohren von 500 mm bis 150 mm Durchmesser abwärts und ist, ebenso wie die übrigen Leitungen, aus besonderen Gründen von schmiedeeisernen Rohren hergestellt. Diese sind über der Erde mit Flanschen verbunden und bestehen unter der Erde aus schlichten Rohren, die mit gusseisernen Doppelmuffen verbunden sind. Die Rohre haben im Inneren einen Emailanstrich. Aussen sind die in der Erde liegenden Rohre mit einer Juteumhüllung versehen, auf der ein Asphaltanstrich angebracht ist.

Eine Untersuchung des Wassers hat folgendes Resultat im Liter ergeben:

Chlor	14,2 mg
Eisenoxyd	0,24 »
Salpetersäure	Spur
Ammoniak, salpetrige Säure	Null
Gesammthärte, deutsche Scala	11,2°

Im ccm sind 24 Bacterienkeime gezählt.

106. Gutehoffnungshütte, Oberhausen, Wasserwerk.

Für die Wasserversorgung der Gutehoffnungshütte in Oberhausen wird in nächster Zeit an die Stelle des früheren Bezuges aus dem städtischen Wasserwerke in Mülheim a. d. Ruhr eine solche aus der selbstständigen Anlage des Hüttenwerkes treten, welche zugleich die im Hüttenbezirke liegenden Wohnhäuser mit versorgen soll. Die Anlage ist für eine Tagesleistung von 28000 cbm bestimmt, und mit ihrer vorläufigen Theilausführung für 14000 cbm pro Tag wurde bereits im Jahre 1897 begonnen. Das Project dafür ist von der Firma H. Scheven in Bochum aufgestellt und auf ca. M. 1000000 veranschlagt. Die Betriebsleitung des Werkes wird der Ingenieur Heimann unter der Oberleitung des Oberingenieurs Dickmann in Oberhausen führen.

Das Wasser wird in der Nähe der Ruhr an deren rechtem Ufer bei der Ackerfähre im Gebiete der Stadt Meiderich durch Brunnen gewonnen, von denen vorläufig 8 Stück von 0,3 m Durchmesser und 8,0 m Tiefe aus schmiedeeisernen Schlitzrohren mit Kiesumhüllung hergestellt sind, während 4 fernere Brunnen noch ausgeführt werden sollen. Das Wasser wird in einem Sammelschachte von 4,5 m Durchmesser und 6,0 m Tiefe durch Heberrohre zusammengeleitet, aus dem es 3, in einer daneben erbauten Pumpstation aufgestellte Pumpen entnehmen, deren Zahl später verdoppelt werden wird. Jede Pumpe fördert 1240 cbm Wasser pro Stunde auf 70,4 m Höhe. Zum Antriebe jeder Pumpe dient ein Elektromotor. Der Strom wird den letzteren aus 8 km Entfernung durch ein Kabel von der Eisenhütte Oberhausen her zugeführt, wo die Dynamomaschinen aufgestellt sind. Deren Betriebsmaschinen erhalten den Dampf von Kesseln, welche durch Hüttengase geheizt werden.

Von der Pumpstation werden demnächst 2 Druckleitungen von je ca. 7000 m Länge und 400 mm resp. 550 mm Durchmesser das Wasser einem schmiedeeisernen Hochreservoire (System Intze) von 1000 cbm Inhalt zuführen, das auf einem massiven Unterbaue unter Dach und ummantelt aufgestellt ist und von dem das Vertheilungsnetz abzweigt.

Die Maschinenanlagen führt die Allgemeine Elektricitäts-Gesellschaft in Berlin und die Gutehoffnungshütte in Sterkerade, welche auch die Pumpen liefert, aus, während die Rohre die Firma Haniel & Lueg in Grafenberg bei Düsseldorf liefert.

107. Rheinisches Stahlwerk, Ruhrort, Wasserwerk.

Für die Wasserversorgung des Rheinischen Stahlwerkes in Ruhrort diente früher eine Pumpstation, welche das Wasser in unmittelbarer Nähe des Nordhafens von Ruhrort aus einem Brunnen entnahm. Das wachsende Wasserbedürfniss des Werkes und die sich verringernde Durchlässigkeit des dortigen Terrains, sowie der zunehmende Chlorgehalt dieses Wassers hat die Gesellschaft veranlasst, im Jahre 1889 eine Neuanlage herzustellen.

Das Wasser dafür wird am Ufer der Ruhr in 2 km Entfernung von der früheren Gewinnungsstelle aus Filterbrunnen entnommen. 2 Heberrohrleitungen von 400 mm Durchmesser und je 1000 m Länge führen es zu einem Pumpenbrunnen in der neuen Pumpstation, die am Damme des Kaiserhafens erbaut ist. Hier sind 2 liegende Eincylindermaschinen von je 50 PS. mit Condensation und mit Schiebersteuerung aufgestellt, welche die Gutehoffnungshütte in Sterkerade geliefert hat.

Die beiden Maschinen betreiben jede eine Zubringerpumpe und eine Druckpumpe. Erstere beiden sind in einem gemeinschaftlichen Schachte und 10,0 m tief unter Maschinenflur aufgestellt. Sie sind einfachwirkend und haben Plunger von 0,7 m Hub und 470 mm Durchmesser und freie Gummiklappenventile. Die Plunger werden von der einen Stirnkurbel auf der Schwungradachse angetrieben, während an die andere Kurbel die von dem Kolben der Dampfmaschine bewegte Lenkstange angreift. Dieser hat 450 mm Durchmesser und 0,85 m Hub, und dessen verlängerte Kolbenstange bewegt direct eine liegende, doppeltwirkende Pumpe mit einem Plunger von 280 mm Durchmesser. Die 4 Ventile (System Riedler) der Pumpe werden durch Kniehebel von einer schwingenden Scheibe aus geschlossen, welche durch die verlängerte Schieberstange des Grundschiebers der Dampfmaschine bewegt wird. Die Zubringerpumpen fördern das Wasser in ein offenes Standrohr neben den Druckpumpen, aus dem es in deren Saugewindkessel übergeht.

Jede Maschine liefert bei 50 Umdrehungen pro Minute in der Stunde 300 cbm Wasser auf 11,0 m Höhe mit der Zubringerpumpe und ein gleiches Quantum auf 39,0 m Höhe mit der Druckpumpe. Ein gemeinschaftliches Druckrohr für beide Maschinen von 400 mm Durchmesser und ca. 1200 m Länge führt in ein Hochreservoir. Dasselbe hat einen Inhalt von 200 cbm und ist aus Schmiedeeisen (System Intze) von F. A. Neumann in Eschweiler ausgeführt. Es ist auf einem 25,0 m hohen, massiven Unterbaue unter Dach und ummantelt aufgestellt.

Die Anlage versorgt, wie früher angegeben, ausser dem Stahlwerke zum Theil auch die Stadt Meiderich.

108. Ruhrwasserwerke, Stauanlagen.

Die Beschreibungen der Wasserversorgungsanlagen in den Regierungsbezirken Arnsberg und Düsseldorf lassen die grosse Bedeutung, welche das Ruhrthal als Wasserquelle für städtische Versorgungen spielt, erkennen. Ausser den 4 in diesem Anhange aufgeführten, grossen industriellen Werken mit einem jährlichen Wasserquantum von ca. 25 Millionen cbm wurden, wie in den Beschreibungen von 207 Orten mit ca. 1 600 000 Einwohnern mitgetheilt ist, ca. 85 Millionen cbm, also im Ganzen 110 Millionen cbm Wasser in dem letzten Jahre oder durchschnittlich 3,5 Sec.-cbm aus dem Ruhrgebiete entnommen, während früher bei Mülheim a. d. Ruhr bei sehr niedrigem Wasserstande der Ruhr eine Durchflussmenge von 7,0 Sec.-cbm gemessen ist, also nur das Doppelte des aus dem Gebiete entnommenen Quantums.

Es ist daher erklärlich, dass schon seit Jahren und in stets wachsendem Maasse die Triebwerksbesitzer im Ruhrgebiete gegen die neuen Concessionen zur directen oder indirecten (mittels Brunnen in der Nähe des Flussbettes) Wasserentnahme für Versorgungszwecke Protest erhoben haben. Trotzdem ist aber das so entnommene Quantum jährlich gewachsen, und die Ertheilung neuer Concessionen wird jetzt um so mehr beschränkt werden müssen, weil die grösste Menge des entnommenen Wassers, in andere Flussgebiete überführt, nicht wieder in die Ruhr gelangt, so dass aus der übermässigen Entnahme ernste Missstände auch für die bestehenden Wasserwerke entstehen. Bei einzelnen derselben ist daher der Gedanke aufgetaucht, der sich für Dortmund schon zu einem fertigen Projecte, das vor der Ausführung steht, gestaltet hat, durch die Anlage von Staureservoiren Abhülfe zu schaffen.

Können sich auch einzelne grosse und günstig gelegene Werke auf diese Weise selbst helfen, so wird es doch des Zusammenwirkens aller Wasserinteressenten bedürfen, um Anlagen, durch welche dem zeitweisen Wassermangel im Allgemeinen vorgebeugt wird, zu schaffen. Diese Anschauung und das Drängen der Wasserkraftinteressenten hat die Präsidenten der Königl. Regierungen in Düsseldorf (v. Rheinbaben) und Arnsberg (Winzer) veranlasst, am 10. Januar 1898 nach Essen sämmtliche Wasserwerksinteressenten zu einer Versammlung einzuladen, an der auch der Professor Intze (Aachen) und der Baurath Hamel (Düsseldorf) theilgenommen haben. Als Berathungsgegenstand war die »Anlegung von Thalsperren« im Flussgebiete der Ruhr und ihrer Nebenflüsse (speciell Lenne) bezeichnet, und es wurde zur weiteren Bearbeitung der technischen und wirthschaftlichen Fragen in der Versammlung eine Commission von 10 Mitgliedern gewählt. Ueber die technischen Verhältnisse gibt folgende kurze Notiz eine Auskunft.

Auf das Niederschlagsgebiet der Ruhr von 4000 qkm fällt bei 500 mm jährlicher Regenhöhe im Jahre eine Regenmenge von 2000 Millionen cbm oder im Mittel 64 Sec.-cbm nieder. Die trockene Zeit fällt nun mit der des grössten Consums der Wasserwerke zusammen und währt im Ganzen ca. 150 Tage, während welcher die Wasserwerke in der Regel ihren halben Jahresconsum, also jetzt 55 Millionen cbm, abgeben. Während der Zeit des schädlichen Hochwassers im Ruhrgebiete fällt ca. ein Drittel der jährlichen Regenmenge oder 670 Millionen cbm nieder, aus denen durch theilweise Aufspeicherung die Deckung der fehlenden 55 Millionen cbm erfolgen kann. Zu der Gewinnung einer solchen Wassermenge sind nach den örtlichen Verhältnissen die Niederschläge von 150 bis 200 qkm von den vorhandenen 4000 qkm oder 3 bis 4 % des ganzen Niederschlaggebietes nöthig. Weil die Staureservoire aber für die trockene Zeit im Jahre während der Hochwasserzeit sicher $1^1/_2$ bis 2 mal gefüllt werden können, so ist für dieselben ein Inhalt von 30 Millionen cbm im vorliegenden Falle ausreichend. Rechnet man als Herstellungskosten pro cbm Reservoirinhalt 40 Pf., so kosten diese Reservoire 12 Millionen Mark. Rechnet man ferner als Zinsen dieser Summe $3^1/_2$% und für deren Amortisation 1 %, so sind jährlich M. 560 000 für diese Anlagen aufzubringen. Uebernimmt der Staat davon die Hälfte, so haben die Wasserwerke M. 270 000 zu decken, was, wenn sie im Jahre überall 110 Millionen cbm abgeben, pro cbm ein Viertel Pfennig ausmacht.

109. Thyssen & Comp., Mülheim a. d. Ruhr, Wasserwerk.

Das Wasser für die Versorgung der Fabriken von Thyssen & Comp. bei Mülheim a. d. Ruhr wird am Ruhrufer ca. 20 m vom Flusse entfernt auf einer Wiese in Styrum aus 3 Brunnen geschöpft, welche 5,0 m Durchmesser haben und mit Filterrohren von 800 mm Durchmesser und 204 m Länge verbunden sind. Von dem mittleren Sammelbrunnen führen 2 Saugerohrleitungen von 400 mm Durchmesser und von je 160 m Länge zu einer Pumpstation, in welcher 2 Dampfpumpmaschinen und 2 Dampfkessel sich befinden. Jede Maschine fördert pro Stunde 250 cbm Wasser. Eine gemeinschaftliche Druckleitung von 400 mm Durchmesser und 900 m Länge führt von hier zu einem Hochreservoire, das auf dem Hofe des Schlosses Styrum auf einem massiven Unterbaue aufgestellt ist. Dieses Reservoir ist aus Schmiedeeisen (System Intze) von F. A. Neumann in Eschweiler hergestellt und hat 500 cbm Inhalt. Eine Fallrohrleitung von ca. 1300 m Länge führt von hier nach dem Versorgungsgebiete, zu dem auch ein Theil der Stadt Meiderich gehört.

Auf den Werken der Firma sind 48 Hydranten aufgestellt. Die Ausführung der Brunnen und Rohrleitungen hat in der Hauptsache der Ingenieur H. Müller in Bochum besorgt.

110. Wassergenossenschaft im Wupperbezirke.

Die Wassergenossenschaft im Wupperbezirke ist eine öffentliche Genossenschaft, welche sich auf Grund eines Gesetzes vom 19. Mai 1891 gebildet hat. Nach dem Gesetze sind sämmtliche Interessenten, die das Wasser der Wupper und ihrer Zuflüsse benutzen, zum Beitritte zu dieser Genossenschaft gezwungen. Die Genossenschaft umfasst 43 industrielle Werke, sowie die Städte Barmen und Elberfeld und bezweckt, eine möglichst vollständige Nutzbarmachung des Wassers der Wupper durch einheitliche Anlagen sowohl für die sämmtlichen Mitglieder, als auch für einzelne Interessentengruppen zu erreichen. Das Project für die gesammten Anlagen, die auf M. 1 600 000 veranschlagt sind, ist von dem Geh. Rath, Professor Intze in Aachen entworfen, und mit der Bauausführung ist bereits im Jahre 1896 unter der speciellen Leitung des Baumeisters A. Schmidt in Lennep begonnen.

Es sind für die Wassersammlung 2 verschiedene Staureservoiranlagen, die eine im Beverthale und die andere im Bruchertbale angenommen. Durch diese soll es ermöglicht werden, selbst in den trockensten Monaten eine Wassermenge von 2 500 000 cbm bis 3 000 000 cbm ablassen zu können. Gegen den früheren Zustand wird dadurch in einem mittleren Regenjahre an den trockensten Tagen eine Erhöhung des jetzigen Quantums auf das 6 bis 7 fache eintreten. Um den verschiedenen Werken das nöthige Wasser während der 12 Arbeitsstunden eines jeden Tages zuführen zu können, ist ausser den 2 Staureservoiren ferner die Ausführung von 4 grösseren

Zwischenreservoiren von zusammen 140000 cbm Inhalt zum Consumausgleiche in Aussicht genommen. Von diesen wird das eine oberhalb Wipperfürth angelegt werden und 20000 cbm Inhalt erhalten. Ein anderes wird bei Dahlhausen liegen und soll 30000 cbm Inhalt erhalten. Das dritte ist bei Beyenburg für 46000 cbm Inhalt in Aussicht genommen, und das vierte soll bei Buchenhofen ausgeführt werden und 64000 cbm Inhalt erhalten.

Das in Ausführung genommene Staureservoir liegt im Beverthale bei Hückeswagen und soll im Herbste 1898 vollendet sein. Es ist im Ganzen zu M. 777600 bei 3500000 cbm Inhalt, also zu 27 Pfg. pro cbm Inhalt veranschlagt, Davon entfallen M. 522000 für Erd- und Mauerarbeiten. Die Staumauer wird eine Wasserfläche von 50 ha Grösse abschliessen. Sie wird aus Grauwacke (Lenneschiefer) hergestellt und erhält in ihrem Mauerkörper 30000 cbm Inhalt. Sie ist 250 m lang und bildet im Grundrisse einen Bogen von 250 m Radius. Oben hat sie 4,5 m und unten 17,0 m Dicke bei einer Höhe von 27,0 m von der Sohle bis zur Krone. Die Stauhöhe beträgt 17,5 m und ein Wasserablass von 56 m Breite liegt in der Mitte der Mauer. Ein Hochwasserschutzraum ist durch einen 1,0 m hohen und 1,5 m breiten Schlitz vorgesehen. Der für die Mauer verwendete Mörtel besteht aus 1 Theil Fettkalk, $1^1/_2$ Theil Trass und $1^3/_4$ Theil Rheinsand. Das gesammte Niederschlagsgebiet für das Reservoir hat 22 qkm Fläche. 75 % bis 77,5 % der Niederschlagsmenge sind als Abflussmenge angenommen, so dass im Jahre 16000000 cbm Wasser werden zum Abflusse gelangen können. Bei Hochfluth werden 1000000 cbm bis 1500000 cbm Wasser in 24 Stunden in das Reservoir eintreten.

Das Reservoir im Brucker Thale ist nur für 750000 cbm Inhalt projectirt. Das Niederschlagsgebiet für dasselbe umfasst 7 qkm. Dessen Regenhöhe betrug in den Jahren 1888 bis 1896 jährlich 1054 mm. Als Zahl der Hochwassertage ist 120, sowie als grösste Hochwassermenge 48500 cbm und als geringste Hochwassermenge 1600 cbm im Tage beobachtet. Der gesammte Wasserabfluss im Jahre ist zu 3670000 cbm angenommen, für welche ein Gefälle bis nach Opladen 230,0 m vorhanden ist. Die Staumauer soll 125 m Länge erhalten und nach einem Radius von 125 m gekrümmt werden. Sie wird aus Grauwacke hergestellt werden und 8000 cbm Steinmasse erhalten. Die Stauhöhe wird 11,0 m und die Mauerhöhe 16,0 m bei 3,0 m oberer und 11,0 m unterer Breite betragen.

Das Wasser soll sowohl für motorische als auch für nichtmotorische Zwecke Verwendung finden. Man hofft ferner, dadurch eine wesentliche, sanitäre Verbesserung der Wupper zu erzielen. Das veranlasste auch Barmen und Elberfeld, einen Jahresbeitrag von Anfangs M. 20000 und später M. 10000 zuzusagen. Jährlich werden für die Anlagen M. 64000 für Zinsen und Amortisation und M. 7000 für Betrieb und Unterhaltung, also M. 71000 im Ganzen zu verausgaben sein, so dass M. 51000 durch den Wasserkauf zu decken sind. Dafür ist gerechnet auf M. 36000 für Kraftwasser (450 PS. je M. 80) und M. 15000 (30000 cbm pro Tag und pro cbm 0,15 Pf. oder pro Jahr 50 Pf.) für anderes Wasser. Weil wahrscheinlich demnächst 1000 PS. disponibel sein werden, so sind diese Preise nach völliger Amortisation auf $^1/_{10}$ bis $^1/_{20}$ zu reduciren, wenn dann auch die städtischen Beiträge fortfallen.

XXXIII. Regierungsbezirk Köln.

(Rheinprovinz.)

a) Bergheim 3. — **b)** Bonn 5 (Endenich 10, Friesdorf 13, Godesberg 14, Kessenich 20, Lannersdorf 22, Plittersdorf 25, Poppelsdorf 26, Rungsdorf 31, Schweinheim 32, Wallerberg 37). — **c)** Euskirchen 11 (Zülpich 41). — **d)** Gummersbach 15 (Hesselbach 16, Ober-Derschlag 24, Rebbelroth 27, Ründeroth 30, Vollmershausen 36, Windhagen 39). — **e)** Köln 1 (Brühl 6, Frechen 12, Kalk 19). — **f)** Mülheim a/Rhein 23 (Bensberg 2, Bergisch-Gladbach 4, Buchheim 7, Stammheim 34). — **g)** Rheinbach 28 (Rhöndorf 29). — **h)** Siegkreis (Dollendorf 8, Eitorf 9, Hohenhonnef 17, Honnef 18, Königswinter 21, Siegburg 33). — **i)** Waldbröl 38 (Unter-Derschlag 35). — **k)** Wipperfürth 40.

Anhang: 41. Gruppenversorgungen, Rheinische Wasserwerksgesellschaft. (b) Wasserwerk Mülheim a/Rhein, (c) Wasserwerk Bonn.)

---

1. e. Regierungshauptstadt **Köln.** (E. 320371.)

a) Geschichtliches.

Als im Jahre 50 v. Chr. an der Stelle, auf der sich jetzt die Stadt Köln ausdehnt, eine römische Colonie entstanden war, wurde dieser das Trinkwasser durch einen Aquäduct zugeführt, von dem sich noch bis zum Jahre 1566 in der Strasse »Am Marsilstein« eine Bogenstellung mit einem Kanalreste erhalten hatte. Erst im Jahre 1745 sind deren letzte Spuren beseitigt. Das Wasser wurde von den Höhen der Eifel beim Dorfe Nettenheim durch einen unterirdischen, 0,73 m breiten und 1,17 m hohen, gemauerten Kanal bis zum Dorfe Hermülheim geführt und vereinigte sich hier mit den Quellen des Hürther Baches, deren Wasser von dem Dorfe Hürth her durch einen unterirdischen, gemauerten Kanal von 0,37 m Breite und 1,04 m Höhe zufloss.

Ein 0,57 m weiter, unterirdischer Kanal führte dieses Wasser dann zusammen weiter an dem Laufe des jetzigen Duffesbaches entlang bis zum Dorfe Etteren. Hier hat damals der Aquäduct begonnen, auf welchem das Wasser oberirdisch bis zu einem wahrscheinlich innerhalb der Stadt erbauten Vertheilungsreservoire geflossen ist. Durch Rohre aus Blei und aus Thon ist das Wasser von hier in der Colonia Agrippinensis zur Vertheilung gelangt. Davon haben später im Dome und in öffentlichen und in Privathäusern aufgefundene Reste von Leitungen und von Badeeinrichtungen noch Zeugniss gegeben.

Nach der Zerstörung des Aquäductes durch die Franken im vierten Jahrhundert ist bis über die Mitte des heutigen Jahrhunderts hinaus die Bevölkerung der Stadt zur Erlangung von Trinkwasser ausschliesslich auf Brunnen innerhalb der Stadt und am Rheinufer, auf die sogenannten Putze, beschränkt gewesen. Solche Brunnen lagen theils auf den öffentlichen Strassen und Plätzen und waren für die allgemeine Benutzung der Umwohner bestimmt oder sie dienten, auf Privatgrundstücken angelegt, ausschliesslich den Bedürfnissen von deren Besitzern. Schon im 13. Jahrhundert war für die Erhaltung der öffentlichen Brunnen stadtseitig die Anordnung getroffen, dass aus dem Kreise der Benutzer sich Brunnensteuer-Gemeinschaften bilden mussten, welche die Kosten dafür aufzubringen hatten. Das Wasser des Rheins und namentlich das des die Stadt durchfliessenden Duffesbaches, der später überwölbt ist, fand für Gewerbszwecke, letzteres namentlich zum Waschen und Färben, damals umfassende Benutzung.

Diese Zustände haben sich bis über die Mitte des jetzigen Jahrhunderts hinaus erhalten, und erst das Jahr 1872 hat der Stadt eine andere, einheitliche Versorgung gebracht, nachdem allmählich durch lange und schwere Kämpfe die allgemeine Erkenntniss gereift war, dass der Bau und der Betrieb eines solchen Werkes am besten in den Händen der Stadt selbst liegen würde. Es war nämlich seit den 50er Jahren eine grosse Zahl von Concessionsgesuchen für den Bau und Betrieb einer Wasserversorgungsanstalt an die Stadt herangetreten.

Den Anfang damit machten Friedrich Esch und J. B. Madden und diesen folgten Lueg aus Sterkerade in Verbindung mit Niclas Harwey aus Cornwall, ferner Bécomt & Comp. aus Paris, die Gebrüder Puricelli aus Rheinböllerhütte, Sir Morton Peto aus London, Ingenieur und Oberbaurath John Moore aus Berlin, Henry Grissel & Docwra aus London und noch manche Andere. Nach vielen Verhandlungen über diese Offerten, die sich bis zum Jahre 1864 hinzogen, entschloss die Stadt sich endlich, mit der Ausarbeitung eines speciellen Projectes den Oberbaurath Moore für ihre Kosten zu beauftragen.

Nachdem dessen Project sammt Kostenanschlag im Jahre 1865 eingegangen und gebilligt war, wurde im November desselben Jahres beschlossen, auf Grund desselben ein Wasserwerk für städtische Rechnung zu erbauen. Die Anlage war für eine tägliche Leistung von 15460 cbm berechnet, und es sollte das Wasser oberhalb der Stadt am Rheinufer an der Alteburg durch natürliche Filtration, der event. noch eine künstliche Filtration anzuschliessen in's Auge gefasst war, gewonnen werden.

Der Krieg im Jahre 1866 verzögerte damals den Beginn der Ausführung, und es fand in Folge dessen der Ingenieur Prunier aus Lyon im Winter 1866 die Gelegenheit, der Stadt, abweichend von Moore's Projecte, Anerbietungen zur Gewinnung von Wasser mittels Rohrbrunnen aus dem Grundwasser im Rheinkies zu machen. Dieses Project wurde damals durch Karl Jost und durch den Dr. Ewich in Köln warm befürwortet und führte schliesslich zur Entsendung des damaligen Obermaschinenmeisters Weidtmann in Dortmund nach Lyon, um Studien über die dort gemachten Ausführungen anzustellen und sich demnächst über das Prunier'sche Project der Stadtvertretung gegenüber gutachtlich zu äussern. Das Resultat davon war, dass Weidtmann schliesslich, die Ablehnung des Projectes empfahl, und die Stadt stimmte dem auch zu.

Im September 1867 schloss die Stadt dann definitiv mit Moore einen Vertrag ab, der ihm die specielle Bauleitung nach seinem Projecte übertrug. Gleichzeitig wurde von ihr der Ingenieur Dittmar, damals in Eschweiler, für die Wahrung der städtischen Interessen beim Baue zum Techniker der städtischen Wasserleitungscommission ernannt. Dieser hat auch in dem ersten Jahre den Betrieb des Werkes geleitet. Die Anschlagssumme der zur Ausführung bestimmten Anlagetheile war nach einem modificirten Kostenanschlage auf M. 1982853 festgesetzt.

Aber erst im September 1868 konnte nach Erledigung mancher personeller und sachlicher Vorfragen endlich mit der Ausführung des Baues begonnen werden, und vielfache Schwierigkeiten und Hindernisse, die sich während der Bauausführung einstellten, gestatteten es erst am 27. Februar 1872, also nach $3^1/_2$ jähriger Bauthätigkeit, den Betrieb des Werkes zu eröffnen. Die wirklichen Herstellungskosten der damaligen Anlage haben sich auf M. 2697842 belaufen. Nach einem auf Veranlassung der Stadtverwaltung im Mai 1873 von dem Director Hegener, damals in Essen, und dem Civilingenieur Kley in Bonn erstatteten Gutachten über das Werk zeigte dasselbe trotzdem noch manche, recht empfindliche Mängel. Die schrittweise Beseitigung derselben, sowie die durch die wachsenden Bedürfnisse der städtischen Versorgung sich als nöthig ergebenden Erweiterungsbauten auf dem Wasserwerke Alteburg sind dann nach den Projecten und unter der Leitung des im Mai 1873 in den Dienst der Stadt Köln als Gas- und Wasserwerksdirector eingetretenen, früheren Director der Essener Gas- und Wasserwerke August Hegener (späteren General-director der Maschinenbau-Actiengesellschaft Humboldt in Kalk) im Laufe der folgenden Jahre ausgeführt.

In Folge der Stadterweiterungen vermochte das Wasserwerk Alteburg schon im Jahre 1881 den Bedarf kaum mehr zu decken, und es ist daher in den Jahren 1883 bis 1885 nach Hegener's Projecte ein neues, zweites Werk, das Wasserwerk Severin am Zugwege erbaut. Bei dessen Ausführung lag die specielle Leitung für den maschinellen Theil in den Händen des Ingenieurs Froitzheim und für den baulichen Theil in den Händen des Ingenieurs Machendorff. Die Erweiterungsbauten, welche nach dem Abgange Hegener's im Jahre 1891 auf den Werken etc. nöthig wurden, sind nach den Projecten und unter der Leitung seines Nachfolgers, des jetzigen Directors Franz Joly erfolgt.

Inzwischen hatte der Wasserverbrauch in der sich immer weiter ausdehnenden Stadt trotz der im Jahre 1892 obligatorisch erfolgten Einführung von Wassermessern für die Privatabgabe in solchem Maasse zugenommen, dass schon Mitte der 90er Jahre die beiden Pumpstationen dem Maximum ihrer Leistungsfähigkeit nahe gerückt wurden, so dass die Direction sich mit Plänen für die Erweiterung der vorhandenen resp. für die Errichtung neuer Anlagen beschäftigen musste. Im Jahre 1896 schlug sie als geeignete Grundstücke dafür solche an der Marienburg, sowie ferner eine Geländestrecke in der Nähe von Godorf und ein Grundstück zwischen Widdig und Uldorf vor. Nach der Ansicht der als Gutachter Berufenen: Civilingenieur Walter Pfeffer in Halle a. d. Saale und Director Thometzek in Bonn, ist am linken Rheinufer südlich von der Stadt das Gelände zwischen Urfeld und Widdig für die Anlage eines neuen Wasserwerkes äusserst günstig, und Pfeffer hielt es auch das südwärts von Widdig gegen Hersel zu gelegene Gelände für sehr geeignet.

Im Jahre 1897 hat die Direction auf Grund eines Credites von M. 20000 dahingehende Untersuchungen vorgenommen, die noch nicht zum völligen Abschlusse gekommen sind. Es ist jedoch die Absicht, in längstens 3 bis 4 Jahren ausserhalb der Gemeindegrenze eine vollständig neue Wassergewinnungsanlage für eine tägliche Leistung von 100000 cbm auszuführen. Deren Maschinenanlage soll jedoch nur aus Schöpfpumpen bestehen, welche das Wasser der Pumpstation Severin zuführen sollen. Auf dieser soll aber schon jetzt mit dem Baue eines Betonreservoirs von 20000 cbm Inhalt für dieses neue Wasser begonnen und ein neues Maschinenhaus für 6 Druckpumpmaschinen, jede von 1250 cbm stündlicher Lieferung, ausgeführt werden. Vorläufig ist die Aufstellung von 2 solchen Maschinen beabsichtigt.

b) Pumpstation Alteburg.

1. Erster Ausbau.

Die Pumpstation Alteburg in Bayenthal, welche 1870/72 von Moore erbaut ist, liegt ca. 2500 m von der Grenze der damaligen Stadt entfernt. Sie bestand aus 2 Brunnen und einem sogenannten Saugebassin, sowie aus einem Maschinen- und Kesselhause mit Schornstein. Ferner war von Moore für die Wasservertheilung in der inneren Stadt in der Färbergasse auf einem thurmartigen Unterbaue ein Hochreservoir aufgestellt, das in das Rohrnetz, wie es von ihm zur Vertheilung des Wassers ausgeführt war, eingeschaltet ist.

Der eine der Brunnen, Sammelbrunnen genannt, liegt ca. 60 m vom Rheine entfernt und ist zur Gewinnung von natürlich filtrirtem Flusswasser aus den Kiesschichten am Rheinufer mittels Sammelgallerien, die aber damals und auch später nicht ausgeführt wurden, bestimmt gewesen. Er hat im Lichten 3,2 m Durchmesser und eine Tiefe von 4,7 m. Der andere Brunnen, nach seiner Bauart »Kölner Brunnen« genannt, liegt ca. 40 m weiter landeinwärts und ist ein gesenkter Tiefbrunnen, der nur in seiner Sohle durchlässig ist. Er ist zur Gewinnung von Grundwasser bestimmt und hat im Lichten 5,0 m Durchmesser und eine Tiefe von 16,6 m, wovon 6,23 m unter Pegel Null hinabreichen. Zwischen dem Kölner Brunnen und dem Maschinenhause liegt ein wasserdicht gemauertes Saugebassin, dessen Sohle auf 1,89 m unter Pegel Null hinabreicht.

Das Maschinenhaus war für 3 Maschinen bestimmt, von denen jedoch Anfangs nur 2 ausgeführt sind. In dem sich an das Maschinenhaus anschliessenden Kesselhause war Platz für 6 Kessel, von denen Anfangs 4 eingelegt sind. Die Kessel sind Cornwallkessel von 9,42 m Länge und 1,88 m Durchmesser. Sie haben je ein Feuerrohr von 1,02 m Durchmesser. Jeder Kessel hat 67 qm Heizfläche und ist für 3,5 Atm. Dampfdruck concessionirt.

Die Maschinen sind doppeltwirkende Woolf'sche Balanciermaschinen von je 133 PS. mit Kataraktsteuerung und ohne Schwungräder. Sie machen im Mittel 10 Doppelhübe pro Minute, und es liefert jede der Maschinen auf 55,0 m Höhe bei 9 Hüben pro Minute 500 cbm und bei 12 Hüben 660 cbm Wasser pro Stunde. Die hinter einander unter dem einen Balancierarme stehenden Dampfcylinder einer jeden Maschine haben Kolben von 824 mm resp. 889 mm Durchmesser mit 2,04 m resp. 2,825 m Kolbenhub. Am anderen Arme jedes Balancirs hängen ausser der Kaltwasserpumpe etc. 2 einfachwirkende Plungerpumpen, nämlich eine Schöpfpumpe von 810 mm Durchmesser und 2,02 m Hub und eine Druckpumpe von 628 mm Durchmesser und 2,825 m Hub. Diese Pumpen haben sämmtlich Glockenventile.

Das Saugebassin mündet in den Maschinenraum direct unter den Pumpen ein und ist durch eine 63 m lange Leitung von 968 mm Durchmesser mit dem sog. Sammelbrunnen verbunden. Weil dieser Brunnen aber wegen der Qualität seines Wassers überall nicht für die Wassergewinnung benutzbar war, so ist er überhaupt nur als Senke für das Überlaufwasser des Saugebassins, das ihm durch die Verbindungsleitung zugeführt wird, verwendet worden. Sobald in dem Kölner Brunnen das Wasser genügend hoch steht, fliesst es aus diesem mittels zweier Leitungen von 785 mm Durchmesser, die auf 0,63 m — 0 liegen, direct in das Saugebassin über. Bei einem tieferen Wasserstande findet aber durch dieselben Rohre mittels der Schöpfpumpen ein Überheben des Wassers aus dem Brunnen in das Bassin statt.

2. Spätere Aenderungen und Erweiterungen.

Sowohl die verschiedenen Saugehöhen, die sich bei einer möglichen Brunnenabsenkung zwischen den Grenzen 4,0 m — 0 bis 7,0 m + 0 bewegen konnten und bei einem flotten Maschinengange Schwankungen bis zu 5,0 m erfuhren, als auch die schwankenden Druckhöhen, die durch das seitlich eingeschaltete Hochreservoir wohl nach oben auf 51,5 m + 0, aber nicht nach unten, auch ohne dass ein Rohrbruch eingetreten sein muss, begrenzt sind, machten die Regulirung des Ganges der einfachwirkenden Maschinen sehr schwierig. Es war daher wünschenswerth, eine ausgiebigere Brunnenanlage zu schaffen, sowie ferner die Einschaltung eines Standrohres in das Druckrohr mit getrenntem Steige- und Fallrohren und den Einbau einer Rückschlagklappe in das Druckrohr vorzunehmen. Ferner war der Ersatz der einfachwirkenden Schöpfpumpe durch eine doppeltwirkende oder die Aufstellung einer Schöpfpumpe mit von den Druckpumpen getrenntem Betriebe nöthig. Auch war eine Verbindung mit dem Saugebassin herzustellen, welche überall eine Zugänglichkeit zu den Pumpen gestattet, durchaus erforderlich. Es sind das alles Aenderungen, welche ein gesicherter Betrieb unumgänglich verlangen musste.

Um den Saugeschacht für die etwa nöthigen Pumpenreparaturen überall entleeren zu können und um auch ein Anfüllen des Rohrnetzes stets vor der Inbetriebsetzung der grossen Maschinen zu ermöglichen, ist im Jahre 1875 eine doppeltwirkende Wand-Zwillingspumpmaschine, welche auch später für den laufenden Betrieb vortheilhaft mit Verwendung gefunden hat, aufgestellt. Sie hat Dampfkolben von 314 mm Durchmesser und einen Hub von 0,63 m und entwickelt bei 40 Umdrehungen pro Minute 25 PS. Sie treibt mittels ihrer verlängerten Kolbenstangen 2 Pumpen mit Liderkolben an, welche 170 mm Durchmesser haben.

Im Jahre 1874 ist die Herstellung eines zweiten Kölner Brunnens in gleichem Abstande vom Rheine wie der erste und in 56,0 m Entfernung von diesem durch die Firma J. & A. Aird in Berlin in Angriff genommen. Er hat einen Durchmesser von 5,5 m erhalten. Zum Schöpfen des Wassers aus diesem Brunnen ist damals provisorisch eine 25 pferdige Lokomobile beschafft, durch welche mittels Vorgelege durch Gestänge und Kunstkreuz 2 stehende Pumpen mit Liderkolben von 550 mm Durchmesser und 0,8 m Hub betrieben wurden. Aus jedem der beiden Brunnen können dauernd pro Stunde ca. 500 cbm Wasser bei einer Depression von etwa 4,0 m entnommen werden.

Bei den beiden Balanciermaschinen sind die einfachwirkenden Schöpfpumpen durch doppeltwirkende Pumpen mit Liderkolben von 810 mm Durchmesser und 2,02 m Hub ersetzt. Eine dritte Balanciermaschine, welche im Jahre 1876 in Betrieb gekommen ist, hat überall keine Schöpfpumpe erhalten. Für diese Maschine ist ein schmiedeeiserner Balancier gewählt, während die beiden anderen Maschinen solche von Gusseisen haben. Im Übrigen stimmt die dritte Maschine mit den anderen überein. Gleichzeitig mit der dritten Maschine sind 2 neue Dampfkessel von 9,42 m Länge und 2,0 m Durchmesser mit je 2 Feuerrohren von 0,78 m Durchmesser aufgestellt. Jeder dieser Kessel hat 77 qm Heizfläche.

Die Anlage des zur Completirung der Pumpstation Alteburg vorhin als nöthig bezeichneten Standrohres, sowie einige andere, für dieses Werk als erforderlich erkannte Ergänzungsanlagen mussten aus Betriebsrücksichten so lange zurückgestellt werden, bis der zunehmende Consum der Stadt die Anlage einer zweiten Pumpstation verlangte, weil eine Ausserbetriebsetzung der ersten

Pumpstation während der Ausführung dieser Arbeiten nöthig war.

Anfangs glaubte man, den Termin für einen Neubau durch eine eventuell obligatorische Einführung von Wasermesssern zur Reduction des wesentlich nur auf Vergeudung zurückzuführenden, auffallend stark wachsenden Wasserverbrauches um einige Jahre hinausschieben zu können. Aber mit Rücksicht darauf, dass mit der im Jahre 1881 begonnenen Stadterweiterung zweifellos ein bedeutendes Wachsen der Zahl der Consumenten eintreten musste, erschien ein neues Werk so wie so unter allen Umständen in kürzester Zeit erforderlich. Man hat daher damals vorläufig von der allgemeinen Einführung von Wassermessern, die ja auch nur über wenige Jahre hätte hinweghelfen können, Abstand genommen. Vorgreifend mögen die zur Zeit des Neubaues und nach dem Neubau der Pumpstation Severin ausgeführten Erweiterungen der Pumpstation Alteburg hier jedoch schon erledigend beschrieben werden.

Das Gebäude für das aufgestellte Standrohr ist zwischen den beiden Kölner Brunnen aufgeführt. Das Standrohr selbst besteht aus 2 vertikalen Rohren von 900 mm Durchmesser, welche in der Höhe von 52,5 m + 0 durch einen geschlossenen Kasten aus Schmiedeeisen mit einander verbunden sind. Darüber hinaus erhebt sich noch ein einfaches Rohr auf 14,0 m Höhe und von gleichfalls 900 mm Durchmesser. Aus diesem zweigt in der Höhe von 65,2 m + 0 ein Überlaufrohr von 400 mm Durchmesser ab, das durch ein Abfallrohr nach unten verlängert ist. Die unteren beiden Rohre stehen in einem gemauerten Schachte von quadratischer Grundfläche von 5,0 m Seite, der auch das obere, einfache Rohr umschliesst und bis zur Höhe der Doppelrohre mit einem ca. 8,0 m aussen im Quadrat messenden, gemauerten Mantel so umgeben ist, dass zwischen den Wänden von Schacht und Mantel eine Treppe zum Besteigen des Thurmes eingelegt werden konnte. Im oberen Teile des Schachtmauerwerkes, welches hier achteckig ist, führt eine eiserne Wendeltreppe bis zur Rohrmündung hinauf.

Etwa 55 m landeinwärts vom zweiten Brunnen ist ferner ein dritter Kölner Brunnen hergestellt. In der Mitte zwischen diesen beiden Brunnen ist ein besonderes Maschinenhaus für eine Schöpfmaschine erbaut. Letztere ist eine Woolf'sche Balanciermaschine mit Schwungrad und Condensation. Sie hat Kolben von 450 mm resp. 680 mm Durchmesser nnd 1,53 m resp. 2,0 m Hub und betreibt eine stehende, doppeltwirkende Schöpfpumpe, welche einen Liderkolben von 630 mm Durchmesser und 2,0 m Hub hat. Zu dieser Schöpfpumpe führen von jedem der beiden benachbarten Brunnen Saugerohre von 500 mm Durchmesser, welche 10,0 m tief unter Terrain verlegt sind. Bei 15 Doppelhüben pro Minute liefert die Pumpe nach Abzug des Condensationswassers für die Maschine 990 cbm Wasser pro Stunde auf 10,0 m Höhe. Von der Pumpe führt ein Druckrohr zu dem Pumpenschachte der Druckpumpen im Maschinenhause.

Das alte Kesselhaus ist für die Einlegung von 2 neuen Kesseln verlängert, so dass dasselbe jetzt 8 Kessel enthält. Ferner sind ein Wohnhaus für einen Obermaschinisten, sowie für 2 Heizer und für 2 Maschinisten und eine Reparaturwerkstelle ergänzend auf der Pumpstation erbaut.

Die Gesammtleistungsfähigkeit der Pumpstation Alteburg beträgt in ihrem derzeitigen Zustande bei dem Betriebe der sämmtlichen Maschinen 1350 cbm in der Stunde. Die Anlagekosten für diese Station haben sich im Ganzen belaufen auf:

1. Grunderwerb	M.	30 826
2. Gebäude und Brunnenanlagen	»	530 158
3. Maschinen und Pumpen . .	»	502 111
4. Standrohr	»	168 288
5. Allgemeine Bauunkosten . .	»	744 010
zusammen	M.	1 975 393.

c) Pumpstation Severin.

Schon am 17. November 1881 hat Hegener das generelle Project für die zweite Pumpstation, die nach ihrem gesammten Ausbaue für eine Maximalleistung von 48 000 cbm im Tage bestimmt war, vorgelegt. Ohne dass von ihm dafür schon ein Bauplatz in Aussicht genommen war, war bei dem Projecte doch angenommen, dass, ebenso wie bei der Station Alteburg, Grundwasser durch Tiefbrunnen aus den Kiesschichten gewonnen werden sollte, welches dem Rheinufer zufliesst. Schöpfmaschinen sollten das Wasser in ein Saugebassin heben, aus dem es dann Druckmaschinen zu entnehmen hatten.

Nachdem durch eingehende Untersuchungen auf einem Terrain vor dem Severin-Thore nachgewiesen war, dass hier ein qualitativ geeignetes Wasser in der beabsichtigten Weise und in genügender Menge zu beschaffen sei, wurde hier ein Grundstück in einer Grösse von 190 a angekauft, und am 27. Juli 1882 ist dann stadtseitig auf Grund des speciellen Projectes und der Kostenanschläge der Bau der Pumpstation Severin beschlossen. Das Werk ist am 8. Juli 1885 eröffnet worden.

Auf dem Grundstück sind Anfangs 4 Tiefbrunnen, denen später noch 2 hinzugefügt sind, in einem Abstande von ca. 50 m von einander und von der Grundstücksgrenze, hergestellt, welche im Mittel 800 m von dem Rheine entfernt liegen. Sie haben 5,5 m Durchmesser und ihre durchlässige Sohle liegt auf 8,0 m — 0 und 20,0 m tief unter Terrain. Sie sind gemauert und auf einem eisernen Brunnenkranze gesenkt. Jeder der Brunnen liefert 350 bis 400 cbm Wasser pro Stunde.

Von jedem Brunnen geht ein besonderes Saugerohr von 500 mm Durchmesser ab. Diese Rohre sind in 10,0 m Tiefe unter Terrain verlegt und führen von je 3 Brunnen zu je einem der von einander getrennt erbauten, beiden Schöpfmaschinenräume. Die 3 Rohre für eine jede der Anlagen vereinigen sich hier in je einem eisernen Sammelkasten, über welchem sich der Saugewindkessel erhebt, mit dem die hier aufgestellte Schöpfpumpe selbst direct verbunden ist. Die Maschinen für die Schöpfpumpen sind Woolf'sche Balanciermaschinen mit Condensation und mit Schwungrädern. Ihre Dampfcylinder haben 680 mm resp. 450 mm Durchmesser, und ihre Kolben haben 2,0 m resp. 1,53 m Hub. Die Schöpfpumpe einer jeden Maschine ist doppeltwirkend und hat einen Liderkolben von 700 mm Durchmesser und 2,0 m Hub. Jede Pumpe liefert bei 15 Doppelhüben pro Minute 1260 cbm Wasser in der Stunde auf eine Maximalförderhöhe von 15,0 m. Das Wasser von jeder der beiden Maschinen ergiesst sich in ein gemauertes und überwölbtes Reservoir von 1400 cbm Inhalt, welches unterirdisch hinter dem Maschinenhause für die Druckmaschinen angeordnet ist.

Von hier gelangt das Wasser in den Saugeschacht für die beiden Druckmaschinen, welche in einem Maschinenhause gemeinschaftlich aufgestellt sind. Diese Maschinen für die Druckpumpen sind gleichfalls Woolf'sche Balanciermaschinen mit Schwungrädern und mit Condensation. Deren Dampfcylinder haben 1090 mm resp. 720 mm Durchmesser, und deren Kolben haben 3,0 m resp. 2,294 m Hub. Jede Maschine betreibt 2 einfachwirkende Plungerpumpen von 720 mm Durchmesser und 1,50 m Hub, die, wie in dem Krupp'schen Ruhrwasserwerke, rechts und links vom Drehpunkte des Balanciers stehen, also beide zusammen wie eine doppeltwirkende Pumpe arbeiten. Sie haben Fernisventile. Bei 15 Schwungradumdrehungen pro Minute und 90% Nutzeffect der Pumpen liefert jede Maschine 990 cbm Wasser pro Stunde.

Die Disposition der 3 Maschinenräume zu einander ist so getroffen, dass die eine Schmalseite des Druckmaschinenhauses mit 2 Langseiten der Schöpfmaschinenhäuser eine Flucht bildet, so dass der Grundriss die Form eines T hat, dessen lange Seite dadurch noch verlängert erscheint, dass auf der einen Ecke in einem kleinen Abstand das Kesselhaus liegt und an die andere Ecke das Gebäude für das im Jahre 1890 erbaute Elektricitätswerk anschliesst. Im Lichten misst das Druckmaschinenhaus im Grundrisse 20,5 m mal 13,5 m und jedes der beiden Schöpfmaschinenhäuser 15,5 m mal 7,0 m.

In dem Kesselhause sind 6 Cornwallkessel, jeder von 92 qm Heizfläche, aufgestellt. Jeder Kessel hat 9,50 m Länge und 2,2 m Durchmesser. Die beiden Feuerrohre der Kessel haben im vorderen Theile 900 mm resp. 800 mm Durchmesser und sind aus Wellrohren hergestellt, während die hinteren Theile derselben 700 mm Durchmesser haben und aus schlichten Rohren bestehen. Ferner sind für das Wasserwerk 2 Wasserröhrenkessel (System Steinmüller) von je 212 qm Heizfläche und 4,9 qm Rostfläche in dem Kesselhause für das Elektricitätswerk aufgestellt, welche für 10 Atm. Dampfdruck concessionirt sind, aber mit 6 Atm. betrieben werden. Jeder Kessel hat 140 Wasserrohre, 14 nebeneinander und 10 über einander, von 95 mm äusserem und 88 mm innerem Durchmesser und 5 m Länge, die vorn und hinten mit je einer Wasserkammer verbunden sind. Letztere sind mit einem freiliegenden Oberkessel von 6,5 m Länge und 1,3 m Durchmesser verbunden.

Seit der Inbetriebsetzung des Elektricitätswerkes, für welches 6 Wasserröhrenkessel von der gleichen Grösse wie die vorstehend angegebenen angelegt sind, wird der Dampf für die Pumpstation meistens nur aus diesen Wasserröhrenkesseln entnommen. Es sind daher die 6 Cornwallkessel des Wasserwerkes meistens ausser Betrieb. Die Benutzung der gemeinschaftlichen Kesselanlage für 2 verschiedene Betriebsanlagen, für die die Maxima und Minima der Leistung weder im Tage noch im Jahre zusammenfallen, bietet gewiss manche Vortheile.

Die stündliche Leistungsfähigkeit der Pumpstation Severin mit 2 Schöpf- und 2 Druckmaschinen beträgt 1980 cbm. Die Anlagekosten dieses Werkes haben sich ursprünglich belaufen auf:

1. Grunderwerb	M.	520 106,66
2. Gebäude und Brunnen .	»	693 878,66
3. Maschinen und Pumpen	»	638 711,74
zusammen	M.	1 852 697,06.

Die Tabelle 403 gibt eine übersichtliche Zusammenstellung der Hauptdimensionen der auf beiden Pumpstationen vorhandenen Maschinen.

Tabelle 403.

Ort der Aufstellung	Station Alteburg					Station Severin	
Dampfmaschine System . .	Woolf, Balanciermaschine ohne Schwungrad		Woolf, Balanciermaschine m. Schwungr.	stehend Zwilling	liegend Locomobile	Woolf, Balanciermaschine mit Schwungrad	
Steuerung	Katarakt	Katarakt	Ventilst.	Schieber	Schieber	Ventilst.	Ventilst.
Maschinenzahl	2	1	1	1	1	2	2
Dampfcylinder Durchm. mm	824 & 889	824 & 889	450 & 680	314	?	720 & 1090	450 & 680
Kolbenhub m	2,04 & 2,825	2,04 & 2,825	1,53 & 2,0	0,63	?	2,294 & 3,0	1,53 & 2,0
Hübe resp. Umdreh. p. Min.	12	12	15	40	Pumpe 25	15	15
Druckpumpenzahl	1 einfachw.	1 einfachw.	—	—	—	2 einfachw.	—
Pumpenkolbenart	Plungerk.	Plungerk.	—	—	—	Plungerk.	—
Ventile	Glockenv.	Glockenv.	—	—	—	Fernis Ringv.	—
Kolbendurchmesser mm . .	628	628	—	—	—	720	—
Hub m	2,825	2,825	—	—	—	1,5	—
Förderhöhe m	56,0	56,0	—	—	—	56,0	—
cbm Wasser per Std. Max. .	600	600	—	—	—	1 080	—
Hebepumpenzahl	1 doppeltw.	—	1 doppeltw.	2 doppeltw.	2 einfachw.	—	1 doppeltw.
Pumpenkolbenart	Scheibenk.	—	Scheibenk.	Scheibenk.	Plungerk.	—	Plungerk.
Ventile	Klappenv.	—	Etagenklapp.	Klappenv.	Klappenv.	—	Etagenkl.
Kolbendurchmesser mm . .	810	—	630	170	550	—	700
Hub m	2,02	—	2,0	0,63	0,80	—	2,0
Förderhöhe Max. m . . .	15,0	—	15,0	15,0	15,0	—	15,0
cbm Wasser pro Std. . . .	650	—	990	?	?	—	1 260
PS.-Leistung pro Maschine .	133	133	60	25	25	200	80

d) Hochreservoir.

Das Hochreservoir in der Färbergasse ist aus gusseisernen Platten zusammengesetzt, welche auf ihren inneren, mit Wasser berührten Eisenflächen ursprünglich mit einer dünnen Betonschicht überzogen waren. Das Reservoir hat einen Durchmesser von 32,33 m und eine Höhe von 5,0 m, wovon 4,6 m für das Wasser nutzbar sind. Eine innere Ringwand von 23,0 m Durchmesser theilt das Reservoir in getrennte Kammern, und eine andere kleinere Ringwand schneidet in der Mitte einen cylindrischen Raum für eine durch das Reservoir hochgeführte Treppe aus. Der gesammte Nutzinhalt des Reservoirs beträgt 3738 cbm.

Die Bodenplatten ruhen auf gusseisernen Trägern und diese wieder auf den Wänden eines thurmartigen Aufbaues von 30,0 m Höhe über Terrain, dessen

Mauern um das Reservoir aussen ringförmig hochgeführt sind und ein mit Zinkblech eingedecktes Dachgerüst tragen.

Das Reservoir liegt mitten in der Altstadt in einer Entfernung von 4050 m von der Pumpstation Alteburg und von 1600 m von der Pumpstation Severin. Der höchste Wasserstand des Reservoirs liegt auf 51,46 m + 0. Ein Zuleitungsrohr von 780 mm Durchmesser, das mit dem Stadtrohrnetz verbunden ist, gabelt sich zu 2 Einlässen in eine jede der Reservoirhälften und dient zugleich als Ausfluss aus denselben. Mit einem Überfallrohre von 525 mm Durchmesser sind Schieber zur Entleerung der beiden Reservoirhälften verbunden.

Das Project zur Herstellung eines zweiten Hochreservoirs von Eisenblech liegt schon längere Zeit vor, ist aber noch nicht zur Ausführung gelangt. Die Kosten des vorhandenen Reservoirs incl. der später erforderlich gewordenen Herstellung einer Bühne unter dessen Boden, um etwaige Reparaturen daran vornehmen zu können, haben betragen:

Grunderwerb	M.	110 671
Wasserthurm	»	398 550
zusammen	M.	509 221.

e) Rohrnetz und Vertheilung.

Bei der ersten Anlage des Werkes ist ein Rohr von 705 mm Durchmesser von der Pumpstation Alteburg parallel zum Rhein nach der Stadt und durch die Altenburgerstrasse, die Silvanstrasse und die Severinstrasse weitergeführt. Am Weidenmarkte geht von diesem Hauptrohre ein Rohr von 780 mm Durchmesser zum Hochreservoir ab, während ersteres mit allmählich verringertem Durchmesser weiter geführt ist. Von ihm aus werden durch Verästelungsleitungen die verschiedenen Teile des Versorgungsgebietes erreicht.

Später ist von der Pumpstation Severin eine Verbindung des von dieser ausgehenden Druckrohres von 700 mm Durchmesser mit der alten Leitung am Severinthore hergestellt. Das neue Rohr geht dann weiter von Süden nach Norden peripherisch durch die neuen Ringstrassen um die alte Stadt herum. Am Eigelsteinthore trifft das Rohr, das allmählich auf einen Durchmesser von 500 mm reducirt ist, mit dem alten Rohre, das hier 315 mm Durchmesser hat, zusammen und bildet somit mit den alten Leitungen einen gemeinschaftlichen, geschlossenen Ring. Sowohl bei den alten als bei den neuen Leitungen ist das Circulationssystem auch innerhalb des Ringes möglichst durchgeführt. Im Leitungsnetze ist ein Druck von 30,0 m bis 35,0 m je nach der Ortslage vorhanden.

Das ganze Rohrnetz hatte im Jahre 1875 eine Länge von 75 700 lfd. m und setzte sich aus folgenden Durchmessern und Längen zusammen:

Rohrdurchmesser mm	524	472	367	315	262	236	210	184	157	131	106
Rohrlänge . . . m	270	140	340	970	2550	3200	4860	3490	780	6320	50 110.

Die Zuleitungen haben nicht unter 20 mm Durchmesser und sind, ebenso wie die Hausleitungen, bis zu 30 mm Durchmesser aus Bleirohren hergestellt. Für grössere Durchmesser werden starkwandige, verzinkte Schmiedeeisenrohre oder asphaltirte gusseiserne Rohre verwendet. Die Zahl der am 31. März 1897 eingebaut gewesenen verschiedenen Wassermesser beträgt 18 031 und diese vertheilen sich nach den Lieferanten und nach den Grössen, wie es die Tabelle 404 angiebt.

Tabelle 404.

System	Wassermesser-Durchmesser in mm 10	13	20	26	33	40	50	80	100	150	200	250	Zusammen
A. Flügelradmesser.													
1. Trockenläufer.													
Siemens & Halske . . .	4	1 265	3 758	506	189	205	80	106	90	4	2	1	6 210
H. Meinecke	—	3 940	6 253	437	48	43	—	—	—	—	—	—	10 721
Dreyer, Rosenkranz & Droop	—	94	148	48	—	—	—	—	—	—	—	—	290
Valentin	—	—	1	—	—	—	—	—	—	—	—	—	1
Ketterer	—	—	11	—	—	—	—	—	—	—	—	—	11
Lux	—	—	389	—	—	—	—	—	—	—	—	—	389
Bopp & Reuther . . .	—	—	10	—	—	—	—	—	—	—	—	—	10
zusammen	4	5 299	10 570	991	237	248	80	106	90	4	2	1	17 632
2. Nassläufer.													
H. Wiesenthal & Comp. .	—	13	196	—	—	—	—	—	—	—	—	—	209
C. A. Spanner	—	—	9	—	—	—	—	—	—	—	—	—	9
zusammen	—	13	205	—	—	—	—	—	—	—	—	—	218
B. Scheibenmesser.													
Thomson	—	19	160	1	—	—	—	—	—	—	—	—	180
Beck & Comp. . . .	—	—	1	—	—	—	—	—	—	—	—	—	1
zusammen	—	19	161	1	—	—	—	—	—	—	—	—	181
Im Ganzen	4	5 331	10 936	992	237	248	80	106	90	4	2	1	18 031

Die Tabelle 405 gibt für jedes der 15 Jahre 1873/74 bis 1887/88 eine Zusammenstellung der verschiedenen öffentlichen, und die Tabelle 406 für jedes der 14 Jahre von 1874/75 bis 1887/88 eine solche der verschiedenen, privaten Wasserabgabeeinrichtungen, soweit darüber Notizen zu sammeln gewesen sind.

Tabelle 405.

Jahr	Hydranten	Spring-brunnen	Zapfstellen	Pissoire	Rinnstein-spüler	Sprenghähne
1873/74	902	—	9	—	—	—
1874/75	1 006	—	9	—	—	—
1875/76	1 110	1	13	15	—	—
1876/77	1 116	1	13	14	64	—
1877/78	1 116	1	12	14	64	10
1878/79	1 117	1	11	14	64	10
1879/80	1 120	2	10	19	64	10
1880/81	1 122	2	10	23	64	10
1881/82	1 125	2	10	20	62	12
1882/83	1 173	2	10	20	62	12
1883/84	1 223	2	11	23	62	12
1884/85	1 285	4	11	27	62	38
1885/86	1 356	6	11	25	62	40
1886/87	1 430	6	9	26	62	43
1887/88	1 472	6	9	28	62	66

Tabelle 406.

Jahr	Badeeinrichtungen	Closets	Pissoire	Spring-brunnen	Kühl-apparate	Wasser-motoren	Bauzweck-Anschlüsse	Feuerlösch-einrichtung
1874/75	460	1 200	470	210	—	10	—	—
1875/76	490	1 320	480	250	80	10	—	—
1876/77	660	1 698	721	328	96	13	—	—
1877/78	698	1 937	815	362	181	14	46	40
1878/79	747	2 082	833	389	198	19	50	43
1879/80	791	2 209	909	416	213	22	55	47
1880/81	838	2 284	968	438	199	20	89	49
1881/82	890	2 426	1 026	458	229	18	80	49
1882/83	941	2 557	1 119	465	243	17	150	51
1883/84	956	2 667	1 149	495	250	21	210	52
1884/85	1 016	2 975	1 239	535	255	20	291	54
1885/86	1 077	3 903	1 415	545	237	12	250	57
1886/87	1 123	4 631	1 661	567	212	13	575	60
1887/88	1 207	5 713	1 814	572	214	9	480	62

Die Tabelle 407 gibt für das Ende der Jahre von 1888/89 bis 1896/97 die Länge und den Inhalt der Rohre bis 100 mm Durchmesser abwärts und die Zahl der öffentlichen Schieber, Hydranten, Spring- und Laufbrunnen und Pissoire und der privaten Feuerlöscheinrichtungen an.

Die Hydranten stehen in der Stadt in ca. 60 m und in den Vororten in ca. 80 m Entfernung von einander. Mit Ausnahme von 18, in den letzten Jahren aufgestellten Überflurhydranten sind sämmtliche Hydranten Unterflurhydranten. Von den im Jahre 1896/97 angegebenen 25 Zapfstellen sind 5 Laufbrunnen zum Trinken, 8 Druckständer, 5 Zapfstellen für Schiffe, 4 Schneefuhrschächte und 3 Füllständer für Sprengwagen. Hydraulische Aufzüge waren in Benutzung:

Am 1. April	1894	1895	1896	1897
Stückzahl	90	120	143	182.

Tabelle 407.

Jahr	Rohrleitungen		Schieber	Hydranten	Spring-brunnen	Zapfstellen	Pissoire	Feuerlösch-einrichtung
	Länge m	Inhalt cbm						
1888/89	137 796	6 188	837	1 820	6	3	28	64
1889/90	142 403	6 252	873	1 852	6	3	28	65
1890/91	146 826	6 287	916	1 903	6	3	26	65
1891/92	155 947	6 637	994	1 995	6	3	26	72
1892/93	175 588	6 994	1 182	2 216	6	12	27	75
1893/94	191 775	7 225	1 293	2 365	7	13	29	79
1894/95	202 072	7 384	1 377	2 482	8	17	29	79
1895/96	220 194	—	1 559	2 648	9	23	31	83
1896/97	238 829	—	1 689	2 860	9	25	31	88

Die zunehmende Benutzung derselben in unmittelbarem Anschlusse an das Wasserrohrnetz hat die Veranlassung gegeben, am 22. Februar 1894 besondere Bestimmungen für deren Zulassung festzustellen, deren wesentlicher Inhalt im Nachfolgenden mitgetheilt ist:

Es bedarf in jedem Falle dazu besonderer Genehmigung, die nur unter Vorbehalt jederzeitiger Rücknahme ertheilt wird, und vorheriger Einsendung der Zeichnung ($^1/_{100}$) des Gesammtaufzuges mit Lage und Grösse des Windkessels und ($^1/_{10}$) der Steuerungsvorrichtung. Ein Rückschlag in der Leitung durch die Steuerung darf 6 Atm. nicht übersteigen. Das Verhältniss des Inhaltes des Windkessels zum Durchmesser des Zuleitungsrohres soll betragen:

Rohrdurchmesser mm . . .	20	26	40	50	60
Liter Inhalt des Windkessels	50	80	200	300	450
mm	70	80	100		
Liter	600	750	1200.		

Der Windkessel muss eine Vorrichtung zum Anfüllen mit Luft und ein Wasserstandsglas mit 10theiliger Scala haben. Rückschlagventile und Sicherheitsventile in der Leitung sind gestattet, aber nicht vorgeschrieben. Der Steuerungsapparat muss einen Verdränger oder eine ähnliche Vorrichtung zur Vermeidung schädlicher Rückstösse in die städtische Leitung haben. Mindestens allmonatlich findet eine Revision gelegentlich der Messeraufnahme statt, und es wird dabei die Prüfung des Windkesselstandes und ein Messen des Rückschlages durch ein Controlemanometer bewirkt.

f) Lieferanten, Anlagekosten und Verwaltung.

Die sämmtlichen Pumpmaschinen und ein Theil der Dampfkessel sind von der Kölnischen Maschinenbau-Actiengesellschaft in Bayenthal, die übrigen Dampfkessel von Jacques Piedboeuf in Aachen, Jos. Prégardien in Kalk und L. & C. Steinmüller in Gummersbach geliefert.

Die Tabelle 408 (S. 482) gibt eine Zusammenstellung der Anlagekosten nach den verschiedenen Titeln im Ganzen, sowie die Höhe der bis zum 1. April 1897 erfolgten Abschreibungen und Tilgungen und den wirklichen Buchwerth an diesem Tage an.

Die Verwaltung der Wasserwerke erfolgt gemeinschaftlich mit dem der Gas- und Elektricitätswerke durch den Director Franz Joly. Jedes der 3 Werke hat zur speciellen Leitung einen Inspector; für die Wasserwerke bekleidet diesen Posten der Oberingenieur Froitzheim.

g) Wasserabgabe und Betrieb.

Die Tabelle 409 (S. 482) gibt für jedes der Jahre 1873/74 bis 1896/97 die Wasserabgabe im Ganzen, sowie am mittleren und am grössten Consumtage im Jahre im

Tabelle 408.

Titel	Anlagekosten	Abgeschrieben	Buchwerth 1/IV. 1897
	M.	M.	M.
1. Grundbesitz Alteburg	30 826	10 826	20 000
Gebäude u. Brunnen dsgl.	530 158	500 158	30 000
Maschinen u. Pumpen dsgl.	502 111	492 111	10 000
zusammen 1. Alteburg	1 063 095	1 003 095	60 000
2. Grundbesitz Severin	520 107	240 107	280 000
Gebäude u. Brunnen dsgl.	693 879	563 879	130 000
Maschinen u. Pumpen dsgl.	638 712	588 712	50 000
zusammen 2. Severin	1 852 698	1 392 698	460 000
3. Grundbesitz Hochreservoir	143 343	63 343	80 000
Hochreservoir	394 550	379 550	15 000
Standrohr	168 288	168 288	—
zusammen 3. Reservoir etc.	706 181	611 181	95 000
4. Rohrsystem Altstadt	1 087 467	937 467	150 000
dsgl. Neustadt	1 278 897	978 897	300 000
dsgl. Vororte	671 491	531 491	140 000
Wassermesser	807 247	504 138	303 109
zusammen 4. Rohrsystem etc.	3 845 102	2 951 993	893 109
5. Werkzeuge	28 332	26 332	2 000
Mobiliar	1 925	1 625	300
Allgemeine Bauunkosten Alteburger Werk	744 010	744 010	—
zusammen 5. Diverses	774 267	771 967	2 300
Gesammtsumme M.	8 241 343	6 730 934	1 510 409

Tabelle 409.

Jahr	Einwohnerzahl	Ganze Wasserabgabe im Jahre cbm	Ganze Wasserabgabe gegen 100 cbm des Vorjahres	Tagesabgabe pro Kopf Mittel Lit.	Tagesabgabe pro Kopf Max. Lit.	Zahl der Anschlüsse	Abgabe pro Anschluss im Jahre cbm	Aufgestellte Messer	Anschlüsse ohne Messer	Tagesabgabe im Mittel cbm	Tagesabgabe im Max. cbm	Von 100 cbm am mittleren Jahrestage am Maximaltage
1873/74	132 800	1 876 929	—	39	79	3 421	546	208	3 213	5 095	10 489	206,0
1874/75	134 300	3 260 181	173,7	67	104	4 450	732	246	4 204	8 846	13 871	157,0
1875/76	136 000	3 515 118	107,9	71	123	5 225	672	257	4 968	9 537	16 795	176,0
1876/77	137 900	2 927 851	83,3	78	161	5 790	505	248	5 542	9 927	22 088	222,8
1877/78	139 700	3 546 146	121,0	70	127	6 027	588	268	5 804	9 621	17 712	184,2
1878/79	141 600	3 714 797	104,7	72	136	6 384	582	279	6 163	10 068	19 262	191,2
1879/80	143 500	3 716 432	100,1	71	105	6 720	552	291	6 480	10 073	15 034	149,5
1880/81	145 300	4 341 073	116,9	82	129	7 059	615	293	6 786	11 778	18 792	159,5
1881/82	147 200	4 576 335	105,5	85	157	7 404	618	427	7 104	12 417	23 217	187,0
1882/83	149 900	4 941 416	107,9	90	141	7 762	636	479	7 367	13 407	20 202	150,7
1883/84	152 600	5 067 900	102,6	91	135	8 135	623	527	7 635	13 751	20 651	150,1
1884/85	157 400	6 484 963	128,0	113	176	9 881	656	609	9 295	17 596	27 719	157,8
1885/86	163 100	7 594 954	117,2	128	181	10 400	730	637	9 840	20 606	30 560	148,1
1886/87	168 000	8 255 131	108,8	135	213	10 864	759	685	9 937	22 399	35 770	159,8
1887/88	173 000	9 340 423	113,1	147	209	11 223	832	679	10 423	25 343	36 240	143,1
1888/89	236 600	10 400 654	111,5	121	175	11 656	892	745	10 806	28 218	42 277	149,8
1889/90	243 700	12 024 747	115,6	135	202	12 009	1 001	807	11 176	32 627	49 151	150,7
1890/91	252 000	13 296 204	110,5	145	191	12 408	1 071	2 084	11 578	36 039	48 093	133,7
1891/92	258 000	14 314 266	107,8	152	199	14 050	1 018	4 204	9 504	38 839	51 230	131,8
1892/93	278 000	14 275 337	99,6	141	211	15 000	951	9 423	5 469	38 733	58 596	151,5
1893/94	286 100	11 685 902	81,9	112	180	15 470	755	15 435	37	32 016	51 580	161,2
1894/95	292 400	9 014 880	77,2	84	135	16 155	557	16 222	1	24 698	39 430	159,5
1895/96	301 900	10 142 460	112,5	92	128	17 001	596	17 083	—	27 712	38 670	139,6
1896/97	310 700	11 522 670	113,6	102	147	17 952	642	18 031	—	31 569	45 730	144,9

Tabelle 410.

Jahr	1895/96				1896/97			
Monat	Durchschnittstag cbm	Maximaltag cbm	Minimaltag Werktag cbm	Minimaltag Sonntag cbm	Durchschnittstag cbm	Maximaltag cbm	Minimaltag Werktag cbm	Minimaltag Sonntag cbm
April	24 942	31 920	22 590	16 720	27 282	32 940	25 660	20 730
Mai	27 379	32 780	24 780	19 400	29 657	35 553	27 678	21 656
Juni	30 291	38 120	27 460	20 730	35 654	43 510	32 490	26 230
Juli	30 785	36 810	28 360	22 530	37 340	45 730	32 920	27 560
August	30 586	38 670	27 460	22 530	33 937	40 430	30 690	25 760
September	32 207	38 570	27 010	23 806	32 317	36 890	30 240	26 640
October	28 142	33 290	27 030	22 080	31 731	35 560	30 690	26 640
November	26 603	31 470	23 430	21 630	30 511	36 440	29 340	25 760
December	25 165	29 220	24 760	19 830	30 157	34 680	29 340	26 640
Januar	24 795	31 510	23 880	20 280	30 217	35 990	29 340	23 340
Februar	25 178	29 200	24 760	21 180	29 921	33 350	29 340	24 880
März	28 227	30 630	24 760	20 300	30 926	35 110	30 160	24 000

Ganzen und pro Kopf der Einwohner im Bereiche des Wasserrohrnetzes, ferner die Zahl der Anschlüsse überhaupt, sowie der mit Messern und der ohne Messer und deren Consum im Jahre und endlich verschiedene Verhältnisszahlen an.

Für die beiden letzten Betriebsjahre 1895/96 und 1896/97 gibt die Tabelle 410 (S. 482) für den Tag eines jeden Monats die mittlere und die grösste, sowie die geringste Fördermenge an einem Wochentage und an einem Sonntage an.

Die nachfolgende Tabelle 411 gibt für die 17 Jahre von 1881/82 bis 1894/95 die Wasserabgabe nach Messern und ohne Messer im Ganzen und in Procenten der Gesammtabgabe, sowie die Abgabe pro Messer im Jahre an und die Procente der Anschlüsse mit und ohne Messer von der Gesammtzahl.

Tabelle 411.

Jahr	cbm Abgabe ohne Messer		cbm Abgabe nach Messern			Von 100 Anschlüssen sind	
	im Ganzen	in % von d. Ges.-Abg.	im Ganzen	in % von d. Ges.-Abg.	pro Messer	ohne Messer	mit Messern
1880/81	4 179 153	96,2	161 920	3,8	552	95,8	4,2
1881/82	3 933 600	85,9	642 735	14,1	1 505	94,2	5,8
1882/83	4 198 140	84,9	743 276	15,1	1 551	93,8	6,2
1883/84	4 246 415	83,8	821 485	16,2	1 559	93,5	6,4
1884/85	5 457 163	84,1	1 027 800	15,9	1 687	93,9	6,1
1885/86	6 605 564	86,9	989 390	13,1	1 553	93,9	6,1
1886/87	7 212 416	87,4	1 042 715	12,6	1 523	93,7	6,3
1887/88	8 084 030	86,5	1 256 393	13,5	1 850	93,5	6,5
1888/89	8 988 917	86,4	1 411 737	13,6	1 895	93,4	6,6
1889/90	10 499 521	86,9	1 525 226	13,1	1 890	93,3	6,7
1890/91	11 573 921	87,1	1 722 283	12,9	827	83,2	16,8
1891/92	12 358 355	86,3	1 955 911	13,7	465	70,1	29,9
1892/93	9 671 955	67,8	4 603 382	32,3	488	37,2	62,8
1893/94	5 670 964	48,5	6 014 938	51,5	389	0,2	99,8
1894/95	2 528 593	28,0	6 486 287	72,0	399	0,0	100,0
1895/96	3 090 659	30,5	7 051 801	69,5	413	0,0	100,0
1896/97	4 135 974	35,9	7 386 698	64,1	410	0,0	100,0

Die Tabelle 412 gibt für die 6 Jahre 1891/92 bis 1896/97 die Wasserabgabe für den Privatgebrauch und für den Selbstverbrauch des Wasserwerkes einschliesslich der Verluste aus den Leitungen bei Rohrbrüchen, durch das Rohrspülen etc., durch die Differenzen bei den Messerangaben, durch den Überlauf des Hochreservoirs etc., ferner die Wasserabgabe für öffentliche Zwecke im Ganzen und im Vergleiche zu 100 cbm von der Ge-

Tabelle 412.

Jahr		1891/92	1892/93	1893/94	1894/95	1895/96	1896/97
Wasser für den Selbstverbrauch	cbm	1 990 474	1 986 149	1 574 990	1 497 107	2 085 659	2 501 672
desgl. von 100 cbm im Ganzen	»	15,6	13,9	9,7	16,6	20,6	21,7
Wasser für öffentliche Zwecke	»	1 153 500	1 236 300	1 189 850	910 000	1 005 000	1 634 300
desgl. von 100 cbm im Ganzen	»	8,1	8,7	10,2	10,1	9,9	14,2
Wasser für Privatgebrauch	»	10 152 230	11 052 888	11 510 497	6 607 773	7 051 801	7 386 698
desgl. von 100 cbm im Ganzen	»	76,3	77,4	80,6	73,3	69,5	64,1
Wasser für öffentliche Zwecke für:							
Strassensprengen	»	113 500	73 850	159 500	80 400	105 000	95 100
Springbrunnen	»	} 125 000	} 170 300	} 336 550	141 000	310 000	542 000
Laufbrunnen	»				195 200	195 000	231 400
Rinnsteinspülen	»	—	50 000	—	—	—	—
Kanalspülen	»	450 000	450 000	46 450	38 500	49 000	61 500
Bedürfnissanstalten	»	255 000	261 000	345 150	194 500	128 000	146 300
Bewässern öffentlicher Anlagen	»	210 000	230 500	305 100	260 000	217 000	557 000
Feuerlöschen	»	—	650	3 100	400	1 000	1 000
Von 100 cbm für öffentliche Zwecke für:							
Strassensprengen	cbm	9,8	6,0	13,4	8,8	10,5	5,8
Springbrunnen	»	} 10,8	} 13,8	} 28,4	15,5	30,7	33,1
Laufbrunnen	»				21,5	19,4	14,2
Rinnsteinspülen	»	—	4,0	—	—	—	—
Kanalspülen	»	39,1	36,5	3,9	4,2	4,9	3,8
Bedürfnissanstalten	»	22,1	21,1	29,3	28,6	12,8	8,9
Bewässern öffentlicher Anlagen	»	18,2	18,6	25,7	21,4	21,6	34,1
Feuerlöschen	»	0,0	0,0	0,3	0,0	0,1	0,1

sammtförderung und endlich die Vertheilung des Wassers für öffentliche Zwecke nach der Verwendungsart im Ganzen und im Verhältnisse zu 100 cbm des für öffentliche Zwecke überall verwendeten Quantums an.

Im Jahre 1896/97 sind von dem Wasser für das Bewässern öffentlicher Anlagen 379 300 cbm zum Füllen des Stadtwaldteiches und mithin für andere Zwecke eigentlich nur 177 700 cbm verwendet. Im Jahre 1888 fand am 1. April die Eingemeindung der um Köln liegenden Vororte und der Stadt Deutz in die Stadtgemeinde statt. Während die letztere mit ihren 28 320 Einwohnern wie bisher weiter von der Rheinischen Wasserwerksgesellschaft versorgt wird, sind seitdem die Vororte Ehrenfeld, Lindenthal mit Melaten und Sulz, Bayenthal und Zollstock, sowie Nippes und Riehl aus dem städtischen Wasserwerke mitversorgt. Am Ende jedes der folgenden 9 Betriebsjahre hat sich die Zahl der Hausanschlüsse auf die alte Stadt und die Neustadt Köln und auf die einzelnen Vororte, wie es die Tabelle 413 angibt, vertheilt.

Tabelle 413.

Jahr	Köln, Alt- u. Neustadt	Bayenthal, Zollstück	Ehrenfeld	Lindenthal, Melaten, Sülz	Nippes, Riehl	Vororte zusammen	Im Ganzen
1888/89	11 092	29	290	—	245	564	11 656
1889/90	11 094	40	386	—	489	915	12 009
1890/91	11 269	62	581	—	496	1 139	12 408
1891/92	12 633	64	740	—	613	1 417	14 050
1892/93	12 989	72	949	208	782	2 011	15 000
1893/94	13 110	91	1 067	288	924	2 360	15 470
1894/95	13 340	160	1 186	436	1 043	2 815	16 155
1895/96	13 621	200	1 450	602	1 128	3 380	17 001
1896/97	13 909	248	1 742	802	1 251	4 043	17 952

Die folgende Tabelle 414 gibt für die 3 letzten Betriebsjahre, für die Stadt und für die 4 Vororte getrennt, die Einwohnerzahl und den privaten Wasserverbrauch im Ganzen und für 100 cbm der Gesammtabgabe, sowie pro Kopf und Tag der Einwohner in Liter an.

Tabelle 414.

Jahr	Abnahme-Bezirk	Einwohnerzahl	Wasserverbrauch cbm im Ganzen	pro 100 cbm d. Ges.-Abg.	Liter p. Kopf pro Tag	Zunahme geg. 100 cbm des Vorjahrs
1894/95	Alt- und Neustadt	212 580	5 828 260	64,65	75,1	—
	Bayenthal etc.	5 900	69 302	0,77	32,2	—
	Ehrenfeld	32 260	332 644	3,69	28,3	—
	Lindenthal etc.	13 340	68 129	0,76	14,0	—
	Nippes etc.	28 320	187 526	2,08	18,1	—
	zusammen	292 400	6 485 861	71,95	60,8	—
	incl. 121 912 cbm ohne Messer		6 607 773	73,30	61,8	—
1895/96	Alt- und Neustadt	217 870	6 243 798	61,56	78,3	107,13
	Bayenthal etc.	6 400	67 706	0,67	28,9	—
	Ehrenfeld	33 940	415 051	4,09	33,4	124,77
	Lindenthal etc.	14 610	89 958	0,89	16,8	132,04
	Nippes etc.	29 080	235 288	2,32	22,1	125,47
	zusammen	301 900	7 051 801	69,53	63,8	108,73
1896/97	Alt- und Neustadt	223 450	6 399 926	55,55	78,5	102,50
	Bayenthal etc.	6 430	74 392	0,65	31,7	109,88
	Ehrenfeld	35 830	527 382	4,58	40,3	127,06
	Lindenthal etc.	15 220	131 125	1,14	23,6	145,76
	Nippes etc.	29 770	253 873	2,20	23,4	107,90
	zusammen	310 700	7 386 698	64,12	65,1	104,75

Für die Heizung der Dampfkessel werden westfälische Kohlen, mit Cokeabfall gemischt, verwendet. Die Tabelle 415 gibt für die 9 Betriebsjahre von 1888/89

Tabelle 415.

Jahr	Kohlen kg	Cokeabfall kg	Kohlen plus 1/2 Cokeabfall kg	desgl. pro 100 cbm Wasser	desgl. pro PS.-Stunde	m × kg pro kg Kohle plus 1/2 Coke
1888/89	3 490 900	3 420 250	5 201 075	50,0	2,41	112 000
1889/90	4 033 600	3 601 085	5 834 143	48,5	2,34	115 400
1890/91	5 248 900	3 833 230	7 165 515	53,9	2,60	103 800
1891/92	5 360 135	3 561 500	7 140 885	49,9	2,40	112 300
1892/93	5 070 621	3 401 409	6 771 325	47,4	2,28	118 000
1893/94	3 749 036	3 749 036	5 623 555	48,2	2,32	116 000
1894/95	3 045 556	3 045 556	4 568 325	50,6	2,44	110 700
1895/96	3 998 249	1 588 930	4 792 705	47,2	2,28	118 500
1896/97	4 493 095	1 511 790	5 248 990	45,6	2,20	122 900

bis 1896/97 den jährlichen Verbrauch von beiden Materialien an. Für die Berechnung der Leistung ist als Kohlengewicht dem Kohlengewichte die Hälfte desjenigen des Cokeabfalles addirt, und hiernach ist der Brennmaterialverbrauch pro 100 cbm gefördertes Wasser und bei 56,0 m Arbeitshöhe pro PS.-Stunde, sowie die Leistung pro kg davon in m × kg bestimmt.

Die Tabelle 416 gibt für die 3 letzten Betriebsjahre die Leistung der beiden Stationen sowohl in der Förderung, als in dem wie vorstehend berechneten Brennmaterialverbrauche getrennt an.

Tabelle 416.

Jahr	1894/95	1895/96	1896/97
1. Station **Alteberg.**			
Wasserförderung . . . cbm	2 700 000	2 858 700	5 273 264
desgl. von 100 cbm im Ganzen . . . . . »	29,95	28,19	45,76
Brennmaterial . . . kg	1 545 700	1 643 360	2 523 771
desgl. pro 100 cbm . . »	57,25	57,48	47,86
desgl. pro PS.-Stunde . »	2,76	2,77	2,30
m × kg pro kg Brennmaterial	97 800	97 500	117 400
Arbeitszeit im Jahre, Stunden	5 999	6 348	11 937
pro Tag für je eine der 3 Maschinen, Stunden . . .	5,5	5,8	10,9
2. Station **Severin.**			
Wasserförderung . . . cbm	6 314 880	7 283 760	6 249 408
desgl. von 100 cbm im Ganzen . . . . . »	70,05	71,81	54,24
Brennmaterial . . . . kg	3 022 625	3 149 345	2 725 219
desgl. pro 100 cbm . . »	47,86	43,24	43,60
desgl. pro PS.-Stunde . »	2,30	2,08	2,10
m × kg pro kg Brennmaterial	117 400	129 800	128 600
Arbeitszeit im Jahre, Stunden	7 176	8 277	7 193
pro Tag für je eine der beiden Maschinen, Stunden . .	9,8	11,4	9,9

h) Betriebskosten und Abgabepreis.

Die Tabelle 417 gibt für die letzten 3 Jahre 1894/95 bis 1896/97 und für 3 Jahre, welche 20 Jahre früher liegen, nämlich 1874/75 bis 1876/77, die Ausgaben und die Einnahmen pro 1000 cbm gefördertes Wasser in Mark im Ganzen und nach den einzelnen Positionen getrennt an und gestattet, Vergleiche über die Kosten in den Zeiten sonst und jetzt anzustellen.

Als durchschnittlicher Verkaufspreis im Jahre pro cbm Wasser in Pfennigen ist in den einzelnen Jahren seit 1873/74 erzielt:

1873/74	74/75	75/76	76/77	77/78	78/79	79/80	80/81
7,42	5,86	6,46	6,53	7,66	7,88	8,24	7,43
1881/82	82/83	83/84	84/85	85/86	86/87	87/88	88/89
7,40	7,21	7,60	6,53	6,17	6,13	6,90	7,02
1889/90	90/91	91/92	92/93	93/94	94/95	95/96	96/97
7,10	6,74	6,62	6,41	8,68	10,92	9,69	8,93.

Diese Zahlen lassen seit der obligatorischen Einführung der Wassermesser vom Jahre 1893 an eine wesentliche Steigerung der im Mittel pro cbm Wasser erfolgten Zahlung erkennen. Trotzdem ist dadurch aber die Gesammteinnahme für Wasser einschliesslich der Wassermessermiethe nur wenig geändert, und die jährliche Durchschnittszahlung des einzelnen Abnehmers ist durch die Zunahme der Zahl der Abnehmer sogar ständig gesunken, wie die Tabelle 418 (S. 486) erkennen lässt, welche die Zahlen für die letzten 7 Jahre von 1890/91 bis 1896/97 angibt.

Tabelle 417.

Jahr	1874/75	1875/76	1876/77	1894/95	1895/96	1896/97
	M.	M.	M.	M.	M.	M.
Ausgaben.						
Kohlen	10,66	7,61	7,00	5,16	4,86	5,24
Löhne	3,74	3,55	3,71	3,45	3,06	2,82
Gehälter, Pensionen	2,57	2,80	2,61	5,46	4,72	4,48
Unkosten	1,64	0,54	0,54	2,15	2,03	1,66
Reparaturen	2,71	1,15	1,03	1,87	2,12	0,74
Unterhaltungskosten für das Rohrsystem .	2,64	1,09	1,15	5,01	5,36	5,54
desgl. für Maschinen etc.	2,52	2,70	2,66	2,04	2,09	1,71
zusammen	26,48	19,44	18,70	25,14	24,24	22,19
ferner Messerunterhaltung	—	—	—	1,99	1,81	2,12
» Beleuchtung	—	—	—	0,68	0,67	0,53
» Botenlöhne etc. etc.	—	—	—	0,72	0,88	0,71
Selbstkosten im Ganzen	26,48	19,44	18,70	28,52	27,61	25,55
dazu Zinsen	26,48	25,93	25,48	10,61	8,10	6,06
Abschreibungen	13,21	12,83	11,99	32,72	30,31	27,81
Gesammtausgaben	66,17	58,20	56,17	71,85	66,02	59,42
Einnahmen pro 1000 cbm berechnet						
für Wasser	58,55	64,55	65,32	109,20	96,91	89,31
» Messermiethen	0,09	0,12	0,16	13,02	12,21	11,40
» Privatleitungen	5,64	5,65	4,77	2,33	1,51	0,91
Gesammteinnahmen	64,28	70,32	70,25	124,55	110,63	101,62
pro 100 cbm als Ueberschuss	minus 1,89	12,12	14,08	52,70	44,61	42,20

Tabelle 418.

Jahr	M. Einnahmen Wassergeld und Messermiethe		Zahl der Abnehmer
	im Ganzen	pro Anschl. im Mittel	
1890/91	1 017 751	83,36	12 209
1891/92	1 084 787	82,00	13 229
1892/93	1 047 452	72,11	14 525
1893/94	1 106 653	72,64	15 235
1894/95	1 101 810	69,68	15 813
1895/96	1 106 619	66,46	16 652
1896/97	1 160 608	66,09	17 562

Im Jahre 1887 ist der zwangsweise Anschluss sämmtlicher Wohnhäuser, soweit für diese nicht der Nachweis einer qualitativ entsprechenden Wasserversorgung durch Hausbrunnen etc. erbracht werden kann, durch Ortsstatut eingeführt. Am 1. April 1892 ist ein neuer Tarif für die Wasserabgabe in Kraft getreten, nach welchem die Abgabe durch Wassermesser obligatorisch gemacht ist, wofür jedoch eine dreijährige Uebergangsfrist, also bis zum 1. April 1895, bewilligt wurde. Mit diesem Tage ist zugleich eine neue Gebührenordnung in Kraft getreten, deren wesentliche Punkte nachfolgend angegeben sind.

Die Höhe der Minimalzahlung für das Wasser zum Hausgebrauche wird nach der Höhe der Gebäudesteuer bestimmt, und es ist vierteljährlich in Mark zu zahlen bei einer Gebäudesteuer bis zu der angegebenen Höhe in Mark:

Steuer M.	12	16	20	25	30	35	40	45
Wasser M.	0	0,50	1,00	1,50	2,00	2,50	3,00	3,50
Steuer M.	50	60	70	80	90	100	120	160
Wasser M.	4,00	5	6	7	8	9	10	14
Steuer M.	180	200	250	300	350	400	450	500
Wasser M.	16	18	20	25	30	35	40	45
Steuer M.	600	700	800	900	1000	1200	1400	1600
Wasser M.	50	60	70	80	90	100	120	140
Steuer M.	1800	2000	2200	2400	2600	2800	3000	darüber
Wasser M.	160	180	200	220	240	260	280	300.

Bis zur Minimalzahlung von M. 3,00 pro Vierteljahr werden 20 cbm Wasser pro Vierteljahr unentgeltlich abgegeben, und für den Mehrverbrauch ist extra zu zahlen. Steuerfreie Grundstücke zahlen 4% resp. 2% ihres Nutzungswerthes. Gebäude für Kirchen-, Schul- und Wohlthätigkeitszwecke zahlen 2% davon.

Der Preis pro cbm Wasser variirt nach der Höhe der vierteljährlichen Abnahme und beträgt für die ersten 100 cbm für sämmtliche Consumenten 15 Pf. Bei einem höheren Consum ist für das zwischen den folgenden Consumgrenzen liegende Wasser das Fixum und das überschiessende Quantum nach dem angegebenen Einheitspreise zu bezahlen, nämlich:

bis zu cbm	300	600	1000	1500	2000	3000
als Fixum M.	15	43	82	130	185	235
und was mehr als cbm	100	300	600	1000	1500	2000
pro cbm mit Pf. . . .	14	13	12	11	10	9

bis zu cbm	5000	10 000	20 000	30 000
als Fixum M.	325	485	835	1435
und was mehr als cbm	3000	5000	10 000	20 000
pro cbm mit Pf. . . .	8	7	6	5.

Für Wasser, das für gewerbliche, für landwirthschaftliche und für Bauzwecke entnommen wird, ist eine vierteljährliche Minimalzahlung zu leisten, welche durch die Messergrösse bedingt ist und je nach dem Durchmesser des Messers beträgt:

Durchmesser mm	13	20	26	33	40	50	80	100	125	150
Mark	5	6	8	10	15	20	30	40	50	60.

Als Messermiethe ist endlich pro Vierteljahr zu zahlen je nach der Messergrösse:

Durchmesser mm	13	20	26	33	40	50
Mark	1,50	1,80	2,60	3,40	4,00	5,50
mm	80	100	125	150	200	250
M.	8,00	10,50	13,00	15,00	20,50	27,50.

Für die bereits aufgestellten, hydraulischen Aufzüge ist für deren dauernde Beaufsichtigung im Voraus ein jährlicher Betrag von M. 6 zu entrichten; gleiches gilt für solche, welche im Laufe eines Geschäftsjahres aufgestellt werden. Auch sind die Reparaturkosten der Manometer, soweit sie durch äussere Beschädigungen entstanden sind, dem Wasserwerke zu ersetzen.

i) Wasseruntersuchungen.

Die einzelnen Brunnen, aus welchen auf den beiden Pumpstationen das Wasser entnommen wird, werden in regelmässigen Zwischenräumen einer chemischen Untersuchung unterworfen, deren monatliches Durchschnittsresultat im Liter Wasser für beide Stationen getrennt die Tabelle 419 (S. 487) für die letzten 3 Betriebsjahre 1894/95 bis 1896/97 angibt. Der Gehalt an Ammoniak und an salpetriger Säure ist stets Null gewesen und desshalb in der Tabelle nicht mit aufgeführt. Die unter dem gleichen Monate in der Tabelle 419 angegebenen Zahlen sind natürlich nicht sämmtlich aus an demselben Tage entnommenen Proben bestimmt. Die angegebenen Wasserstände beziehen sich auf den Kölner Pegel.

In den gleichen Zwischenräumen werden auch regelmässig bacteriologische Untersuchungen des Wassers aus dem Rheine und aus den 3 Brunnen der Station Alteburg und aus den 6 Brunnen der Station Severin vorgenommen. Die folgende Tabelle 420 gibt für die 3 letzten Jahre für jedes Jahr die Mittelzahl, sowie die Maximal- und die Minimalzahl der gezählten Keime an:

Tabelle 420.

Entnahmepunkt	Jahr	Mittelzahl	Maxim.	Minimum
Rhein	1894/95	5 512	16 800	1 136
»	1895/96	4 870	9 540	1 160
»	1896/97	5 500	24 500	680
Alteburg	1894/95	13	43	0
»	1895/96	7	19	0
»	1896/97	10	36	0
Severin	1894/95	7	41	0
»	1895/96	9	24	0
»	1896/97	9	34	0

2. f. **Bensberg.** (E. 2600.)

Die Wasserversorgung des Ortes Bensberg erfolgt ausschliesslich aus Brunnen innerhalb des Ortsgebietes. Für die dortige Cadettenanstalt ist eine Wasserleitung hergestellt, über welche eine Auskunft jedoch nicht vorliegt.

3. a. **Bergheim.** (E. 1279.) Ohne Antwort.

4. f. **Bergisch-Gladbach.** (E. 10029, W. 1450 mit je 6,9 B.)

Für eine Verbesserung der Wasserversorgung der Stadt Bergisch-Gladbach, welche bis dahin ausschliesslich aus gegrabenen Brunnen stattgefunden hat, ist nach mehrjährigen Vorarbeiten von den städtischen Behörden am 9. September 1895 der Bau eines einheitlichen Wasserwerkes nach dem Projecte des Ingenieurs H. Ehlert in Düsseldorf beschlossen und diesem die Bauleitung auf Grund eines Kostenanschlages von M. 420000 oder M. 42,00 pro Kopf übertragen. Im December 1896 ist das Werk in Betrieb gekommen.

Tabelle 419.

Jahr und Monat	Station Alteberg (3 Brunnen)								Station Severin (6 Brunnen)						
	Rheinstand, Station Alteburg m + 0	Versuchsbrunnen dsgl. 270 m vom Flusse m + 0	Gesammtrückstand mg	Härte deut. Grade	Chlor mg	Chlornatrium mg	Salpetersäur. mg	Kaliumpermanganat mg	Versuchsbr. Stat. Severin m + 0	Gesammtrückstand mg	Härte deut. Grade	Chlor mg	Chlornatr. mg	Salpetersäure mg	Kaliumpermanganat mg
1894															
April	2,50	3,02	368,0	13,4	26,6	43,9	22,1	1,44	2,13	439,4	16,2	26,5	43,4	34,2	2,08
Mai	2,74	2,81	341,0	12,4	27,2	44,8	12,4	1,73	2,30	429,3	16,5	28,4	46,8	33,1	2,46
Juni	3,79	3,67	313,6	12,0	23,1	38,0	12,5	2,26	2,78	465,3	15,7	24,3	40,0	22,1	2,24
Juli	3,15	3,31	361,3	12,0	25,4	41,9	11,5	1,85	2,36	489,7	15,7	26,6	43,5	25,6	2,30
August	3,95	3,85	340,8	11,7	23,1	38,0	10,0	2,04	2,70	460,7	15,3	25,4	41,9	28,2	1,87
September	2,87	3,38	378,5	12,2	22,4	37,1	18,3	1,55	2,60	448,5	15,3	24,6	40,5	29,9	1,84
October	5,10	4,12	393,3	12,8	24,8	40,9	16,3	1,93	2,85	465,7	15,4	26,0	42,9	30,7	1,77
November	3,37	3,94	324,2	12,1	23,7	39,0	11,3	1,66	3,30	465,4	15,0	26,3	43,4	30,1	1,68
December	3,00	3,12	376,0	13,1	25,4	41,9	18,7	1,25	2,68	421,8	15,6	25,7	42,4	32,0	1,75
1895															
Januar	4,25	4,40	267,5	11,5	23,1	38,0	10,2	1,52	3,30	430,8	14,8	24,2	39,9	30,7	1,81
Februar	1,94	2,81	378,0	13,1	23,1	38,0	21,8	1,77	2,10	447,4	15,4	24,8	40,8	28,8	1,84
März	6,86	4,74	325,8	10,9	23,6	39,0	9,0	2,10	3,50	466,8	15,3	25,4	41,6	21,9	1,99
April	3,70	4,04	356,5	12,2	24,3	40,0	24,9	2,48	3,47	455,2	15,4	26,9	44,4	35,6	2,02
Mai	4,39	4,18	337,0	11,9	24,3	40,0	18,8	1,46	3,26	426,4	15,2	25,2	41,4	29,3	2,44
Juni	3,50	3,81	348,0	12,0	22,5	37,1	20,0	1,64	3,40	473,2	15,8	25,7	42,4	33,0	2,01
Juli	2,76	3,20	393,8	14,2	21,9	36,1	21,7	2,06	2,80	480,3	15,9	23,4	38,6	31,9	2,17
August	2,87	3,27	388,8	13,6	18,9	31,2	20,8	1,91	2,58	462,0	15,7	22,7	37,4	29,1	2,11
September	1,75	2,51	402,7	12,7	21,3	35,1	21,5	1,87	2,10	478,4	15,5	22,4	36,8	28,4	1,87
October	1,54	2,14	386,8	12,8	22,5	37,1	20,6	2,15	1,60	492,6	15,6	22,7	37,4	32,8	1,94
November	2,58	3,22	377,3	12,0	21,3	35,1	16,8	1,81	2,60	471,7	15,5	21,3	35,1	31,0	1,89
December	4,23	4,42	335,3	10,8	22,5	37,1	12,6	1,63	3,51	471,0	15,3	22,4	36,8	31,5	1,31
1896															
Januar	3,85	3,79	385,0	13,4	21,9	36,1	16,8	1,44	2,90	432,2	15,6	21,7	35,7	31,9	1,29
Februar	1,76	2,74	403,3	13,3	21,9	36,1	23,8	1,52	2,20	457,4	16,0	23,4	38,5	34,2	1,66
März	5,14	5,18	292,7	10,3	17,7	29,2	11,9	2,10	5,20	412,8	15,1	20,4	33,6	28,6	2,00
April	4,07	4,30	354,0	12,1	18,9	31,2	23,1	1,90	3,60	366,3	13,3	17,5	28,8	23,4	2,79
Mai	2,84	3,62	323,3	11,8	20,7	34,1	13,1	1,80	3,20	433,0	14,6	21,3	35,1	27,2	2,04
Juni	3,94	4,05	347,0	11,4	18,9	31,2	18,4	2,24	3,25	433,7	14,9	21,0	34,6	28,2	1,86
Juli	3,55	3,96	351,3	12,0	22,5	37,0	17,7	1,59	3,15	467,2	14,9	26,3	43,4	32,0	2,06
August	4,13	4,15	413,3	11,9	19,5	32,2	15,9	1,46	3,50	489,1	14,9	24,6	40,5	28,2	1,91
September	3,92	3,98	354,7	12,4	23,1	38,0	17,7	1,96	3,40	460,1	15,2	23,9	39,5	34,7	1,84
October	5,61	4,87	336,3	11,3	24,3	39,9	23,7	1,87	3,85	453,6	15,5	26,0	48,7	31,4	2,09
November	3,43	4,12	368,0	11,9	24,8	40,9	23,3	1,56	3,70	455,8	15,3	26,0	48,7	39,1	2,02
December	3,25	3,96	354,1	11,9	26,0	42,9	20,6	1,55	3,18	451,8	15,5	26,0	48,7	37,1	2,09
1897															
Januar	1,85	2,82	356,7	12 1	22,5	37,0	19,7	1,58	2,59	454,1	15,7	24,6	40,5	33,8	1,93
Februar	4,83	5,15	318,7	11 4	20,7	34,1	13,0	1,97	4,70	513,2	15,8	26,9	44,4	34,1	1,56
März	4,38	4,86	315,0	10,5	21,9	36,1	12,2	1,89	4,27	466,7	15,6	27,2	44,8	41,8	2,06

Das Wasser wird 7,5 km von Gladbach entfernt in der Rheinebene, unterhalb Delbrück und 3 km östlich von Mülheim a. Rhein, aus einem Brunnen von 15,5 m Tiefe und 4,0 m Durchmesser entnommen. Durch die Brunnensohle ist noch ein 9,0 m langes, mit Schlitzen versehenes Brunnenrohr von 400 mm Durchmesser getrieben. In einer daneben erbauten Pumpstation sind 2 Verbundmaschinen aufgestellt, welche von der Maschinenfabrik Grevenbroich in Grevenbroich geliefert sind. Sie machen 60 Umdrehungen pro Minute, und es betreibt eine jede, direct gekuppelt, 2 Pumpen, welche pro Stunde 180 cbm Wasser auf 96,0 m Höhe fördern. 2 von Prégardien in Kalk gelieferte Dampfkessel dienen für die Dampferzeugung und haben je 60 qm Heizfläche.

Hinter dem Versorgungsgebiete und ca. 7500 m von der Gewinnungsstelle entfernt ist ein Hochreservoir von 1000 cbm Inhalt aus Beton erbaut, das überwölbt und in den Boden versenkt ist. Sein Wasserspiegel liegt 96,0 m hoch über dem Mittelwasser der Gewinnungsstelle. Die zu diesem Reservoire führende Druckleitung hat 350 mm Durchmesser. Die Vertheilungsleitung beginnt direct hinter der Pumpstation. Sie hat 11 475 m Länge und ist mit 40 Schiebern verbunden. Nach den Durchmessern getrennt setzen sich diese Leitungen wie folgt zusammen:

Rohrdurchmesser	mm	250	200	150	125	100	80
Rohrlänge . . .	m	30	1645	800	3000	3000	3000.

Das Vertheilungsnetz ist nach dem Verästelungssysteme hergestellt und steht unter einem constanten und einheitlichen Drucke, der je nach der Ortslage bis zu 100,0 m beträgt. Mit den Leitungen sind 160 Unterflurhydranten verbunden. Die gusseisernen Rohre sind von P. Stühlen in Deutz geliefert. Die Zuleitungen, deren Ende 1896 im Ganzen 650 ausgeführt waren, sind mit Wassermessern verbunden, welche H. Meinecke, Breslau, geliefert hat. Die Zuleitungen bestehen, ebenso wie die Hausleitungen, aus Bleirohren. Den Betrieb der Anlage leitet der Stadtbaumeister Kopf.

Eine am 14. Juli 1894 vorgenommene Wasseruntersuchung hat für 1 Liter Wasser folgendes Resultat ergeben:

Gesammtrückstand	295,6 mg
Glührückstand	263,0 »
Kohlensaurer Kalk	99,4 »
Kohlensaure Magnesia	14,0 »
Schwefelsaurer Kalk	58,8 »
Schwefelsäure	42,4 »
Kieselsäure	18,8 »
Thonerde und Eisenoxydul	2,1 »
Chlornatrium	22,1 »
Chlor	13,4 »
Organische Substanz	5,1 »
Salpetersäure	8,0 »
Ammoniak und salpetrige Säure	Null
Deutsche Härtegrade	8°.

5. b. **Bonn.** (E. 44 560.)

Die Wasserversorgung der Stadt Bonn erfolgt seit dem Jahre 1875 aus dem Wasserwerke Bonn, welches Eigenthum der Rheinischen Wasserwerksgesellschaft ist.

6. e. **Brühl.** (E. 4600, W. 620 mit je 7,4 B.)

Für die Wasserversorgung der Gemeinde Brühl ist auf deren Kosten in dem Jahre 1893/94 ein Wasserwerk nach dem Projecte des Ingenieurs H. Ehlert in Düsseldorf und unter dessen Leitung erbaut. Dieses ist am 1. October 1894 in Betrieb gekommen und ist für eine tägliche Leistung von 1740 cbm bestimmt. Die Anlage hat im Ganzen M. 233 000 oder M. 50,65 pro Kopf gekostet. Den Betrieb derselben leitet der Stadtingenieur Debruck.

Die Pumpstation liegt im alten Rheinbette, etwa 2 km von dem jetzigen Flusslaufe entfernt. Aus den grobkörnigen Kiesschichten des Untergrundes ist das Grundwasser durch einen gemauerten Brunnen von 3,0 m Durchmesser und 14,6 m Tiefe erschlossen. 2 liegende Eincylindermaschinen ohne Condensation mit vom Regulator beeinflusster Ridersteuerung von je 12 PS. betreiben, direct damit gekuppelt, 2 einfachwirkende Plungerpumpen mit freien Ringventilen. Die Dampfkolben haben 250 mm und die Plunger 185 mm Durchmesser, während beide 0,4 m Hub haben. Bei 60 Umdrehungen der Maschinen pro Minute liefert jede derselben 36 cbm Wasser pro Stunde auf 57,0 m Höhe bei 59,1 m Arbeitsdruck. 2 Einflammrohrkessel von je 20 qm Heizfläche, die für 6 Atm. Dampfspannung concessionirt sind, dienen für die Dampfbereitung. Sie haben Feuerungen für Braunkohlen nach dem Systeme von Rudlitz in Prag. Die Maschinen und die Kessel sind von der Maschinenfabrik Grevenbroich in Grevenbroich geliefert.

In 50 m Entfernung von der Pumpstation ist ein schmiedeeisernes Hochreservoir (System Intze) von 350 cbm Inhalt auf einem 32,0 m hohen, massiven Unterbaue unter Dach und ummantelt aufgestellt, dessen Wasserspiegel 55,0 m hoch über dem Mittelwasserstande des Brunnens liegt. Das Reservoir ist von F. A. Neumann in Eschweiler geliefert. Die Druckleitung, welche von der Pumpstation abgeht, hat 200 mm Durchmesser und führt direct zu dem 2500 m entfernt liegenden Versorgungsgebiete. Das Reservoir ist als Regulator seitlich in diese Leitung eingebunden.

Das Rohrnetz ist nach dem Circulationssysteme ausgeführt und steht unter einem einheitlichen, constanten Drucke. Die Rohrleitungen haben im Ganzen 12 753 m Länge und sind mit 65 Schiebern verbunden. Nach den Durchmessern getrennt, sind vorhanden:

Rohrdurchmesser mm	200	175	150	125	100	80
Rohrlänge . . . m	3137	184	333	496	2105	6498
Schieberzahl	6	2	4	3	9	41.

Die Rohre sind von dem Schalker Gruben- und Hüttenverein in Gelsenkirchen geliefert. Es sind 17 Rinnsteinspüler und 103 Unterflurhydranten aufgestellt. Letztere sind von H. Breuer & Comp. in Höchst geliefert und stehen in ca. 80 m Entfernung von einander. Für die Zuleitungen und für die Hausleitungen sind Bleirohre benutzt. Erstere haben 20 mm, 25 mm und 30 mm Durchmesser. In diese sind sowohl Strassenhähne, als auch Privathähne vor den Messern, von denen am 1. April 1895 600 Wassermesser eingebaut waren, eingeschaltet. Es sind davon 310 von H. Meinecke, Breslau, 230 von Wiesenthal & Comp., Aachen, 40 von Wolff & Schreiber, Breslau und 20 von Jul. Stoll, Düsseldorf, geliefert. Nach der Grösse verheilen sie sich wie folgt:

Durchmesser mm	13	20	25	30	75
Stückzahl . . .	2	540	30	26	2.

Am 1. April 1897 waren 40 Badeeinrichtungen, 20 Closets, 18 Springbrunnen, 4 Sprenghähne, ein hydraulischer Aufzug und ein Wasserstrahlapparat mit den Privatleitungen verbunden, und von den eingebauten Wassermessern waren 404 von H. Meinecke, 188 von Wiesenthal & Comp., 2 von Dreyer, Rosenkranz & Droop, 60 von Wolff & Schreiber und 21 von Verschiedenen geliefert.

Für die Dampfkesselheizung sind in den beiden ersten Jahren minderwerthige Braunkohlen benutzt, während im letzten Jahre ausser diesen auch Briketts verwendet sind. Die Tabelle 421 gibt für jedes Jahr das verwendete Brennmaterial im Ganzen, pro 100 cbm gefördertes Wasser und pro PS.-Stunde, sowie ferner pro kg Brennmaterial die Leistung in m × kg und die Zahl der Arbeitsstunden der Maschinen im Ganzen und durchschnittlich von je einer Maschine pro Tag an.

Tabelle 421.

Jahr	1894/95	1895/96	1896/97
Brennmaterial im Ganzen kg	424 000	478 600	187 440
desgl. pro 100 cbm Wasser »	557,2	582,4	212,0
desgl. pro PS.-Stunde »	25,5	26,6	9,7
Leistung pro kg Kohle in m × kg	10 589	10 151	27 929
Betriebsstunden pro Maschine im Jahre	2 114	2 266	2 413
desgl. im Mittel pro Tag	3,5	3,1	3,3

Tabelle 422 (S. 489) gibt für die 3 verflossenen Betriebsjahre die Wasserabgabe im Ganzen und am Tage des mittleren, des grössten und des kleinsten Consums, sowie pro Kopf an. Ferner ist darin die Abgabe für Private, für öffentliche Zwecke, für das Wasserwerk etc. angegeben. Auch sind verschiedene Verhältnisszahlen angeführt.

Der Normalpreis des Wassers, dessen Abgabe nur nach Messern erfolgt, beträgt bei einem jährlichen Consum:

bis zu cbm . . .	1000	2000	3000	4000	5000	darüber
pro cbm Pf. . .	15	14	13	12	11	10.

Tabelle 423.

Jahr	1894/95 10 Monate	1895/96	1896/97
Einwohner	4 600	4 700	4 800
Gesammtabgabe . . . cbm	76 100	82 179	88 544
Liter pro Tag pro Kopf im Mittel	54	49	50
desgl. am Maximaltage	121	150	105
Zahl der Anschlüsse	600	605	659
pro Anschluss im Jahre cbm	152	136	135
Tagesabgabe am			
mittleren Jahrestage »	250	225	242
Maximaltage »	558	677	505
Minimaltage »	152	95	90
Von 100 cbm am mittleren Jahrestage am			
Maximaltage »	223,2	300,9	208,7
Minimaltage »	60,8	42,2	37,2
Wasser f. öffentl. Zwecke »	5 800	10 200	5 150
davon für:			
Rinnstein- u. Kanalspül. »	4 300	10 000	5 000
Feuerlöschen »	250	100	50
sonstige Zwecke »	1 250	100	100
Desgl. von 100 cbm für öffentl. Zwecke für:			
Rinnsteinspülung »	74,2	98,2	97,0
Feuerlöschen »	4,3	0,9	1,0
sonstige Zwecke »	21,5	0,9	2,0
Wasser für Private nur nach Messern »	51 795	61 413	70 210
Wasser für das Wasserwerk			
incl. Verlust etc. »	18 505	10 563	13 184
Abgabe ohne Messer »	24 305	20 763	18 334
Von 100 cbm Gesammtabgabe			
nach Messern . . . cbm	68,1	74,7	79,3
ohne Messer »	31,9	25,3	20,7
für öffentl. Zwecke »	0,8	1,2	0,6
für Private »	68,1	74,7	79,3
für das Wasserwerk »	31,1	24,1	20,1
Zahl der gestellten Messer	600	605	675
Jährliche Abgabe pro Messer . . . . . cbm	86	102	104

Ferner ist eine monatliche Wassermessermiethe, und ein monatlicher Mindestpreis für Wasser zu zahlen, welcher je nach dem Nutzungswerthe der Gebäude pro Jahr beträgt:

Nutzungswerth bis M.	300	500	700	900	1200	darüber
Monatszahlung M.	1,25	1,83	2,33	3,00	3,67	5,00
monatliche Messermiethe M.	0,50	0,50	0,50	0,50	0,67	1,00.

Die angegebene Miethe gilt für Messer bis zu 20 mm Durchmesser und ist für grössere Messer höher.

Die Beschaffenheit des Wassers ist im Juni 1893 untersucht und es war im Liter Wasser enthalten:

Gesammtrückstand	469	mg
Kieselsäure	14	»
Kohlensaurer Kalk	203	»
Schwefelsaurer Kalk	73	»
Kohlensaure Magnesia	48	»
Chlornatrium	74	»
Salpetersäure	4,3	»
Permanganat zur Oxydation	2,7	»
Salpetrige Säure, Ammoniak	Null	
Härtegrade, deutsche	12,1.	

7. f. **Buchheim.** (E. 1769.)

Die Wasserversorgung des Dorfes Buchheim erfolgt durch die Rheinische Wasserwerksgesellschaft aus deren Wasserwerk Mülheim a. Rhein.

8. h. **Dollendorf.** (E. 735.)

Die Wasserversorgung des Ortes Dollendorf erfolgt aus dem städtischen Wasserwerke von Königswinter durch eine Abzweigung von 100 mm Durchmesser.

9. h. **Eitorf a. d. Sieg.** (E. 2321, W. 250 mit je 9,3 B.)

Für die Wasserversorgung der Gemeinde Eitorf hat im Jahre 1892 der Ingenieur Max Hessemer in Ems für seine Rechnung eine Gravitationsleitung hergestellt, welche für 150 cbm Wasser pro Tag bestimmt ist und M. 60000 im Ganzen oder M. 25,85 pro Kopf gekostet hat. Bis zum 1. August 1895 hat auch der Erbauer für eigene Rechnung den Betrieb geleitet, der dann an das Bürgermeisteramt überging, indem die Anlage von der Gemeinde übernommen wurde. Die Rohre für die Leitungen sind von R. Böcking & Comp. in Halbergerhütte geliefert.

Das Wasser wird aus 7 Quellen durch Sickerrohre von Thon, die 150 mm Durchmesser haben, gesammelt und mit natürlichem Gefälle einem ca. 100 m entfernt liegenden Hochreservoire von 160 cbm Inhalt zugeführt, das in Mauerwerk ausgeführt, überwölbt und in den Boden versenkt ist. Zur Zuleitung des Wassers dienen 2 Rohre von 80 mm und 60 mm Durchmesser, und als Fallrohrleitung ist ein Rohr von 125 mm Durchmesser und ca. 150 m Länge vorhanden, an welches sich das Vertheilungsnetz anschliesst, in dem der Druck ca. 35,0 m beträgt.

Die Leitungen von 125 mm bis 60 mm Durchmesser haben im Ganzen ca. 5000 m Länge, und es sind damit 40 Schieber und 20 Unterflurhydranten verbunden. 180 Zuleitungen waren Ende 1896 in Benutzung. Diese sind aus Bleirohren von 25 mm und 20 mm Durchmesser, mit denen Strassenabsperrhähne verbunden sind, hergestellt. Die Hausleitungen bestehen aus geschwefelten Bleirohren und es waren damit 280 Zapfhähne, 5 Badeeinrichtungen und ein Springbrunnen verbunden. 30 von den Zuleitungen haben Wassermesser, welche von C. A. Spanner, Wien-Aachen, geliefert sind. Davon haben 17 Stück 13 mm und 13 Stück 20 mm Durchmesser. Die Wasserabgabe im Jahre 1894 hat 24000 cbm oder 66 cbm pro Tag betragen.

Der Wasserpreis beträgt 20 Pf. pro cbm.

10. b. **Endenich.**

Die Wasserversorgung der Gemeinde Endenich erfolgt aus dem Wasserwerke Bonn durch die Rheinische Wasserwerksgesellschaft.

11. c. **Euskirchen.** (E. 9586, W. 1371 mit je 7,0 B.)

Für die Wasserversorgung der Stadt Euskirchen ist für deren Rechnung im Jahre 1886 nach dem Projecte und unter der Leitung des Ingenieurs H. Scheven in Bochum ein Wasserwerk für eine tägliche Leistung von 1500 cbm erbaut. Die Anlagekosten haben M. 151000 im Ganzen oder M. 15,75 pro Kopf betragen. Der Betrieb wird vom Betriebsführer Wilh. Cremer geleitet.

Das Wasser ist ca. 6 km von der Stadt entfernt durch die Fassung von Quellen erschlossen und wird mit natürlichem Gefälle 2 gemauerten Hochreservoiren von zusammen 1100 cbm Inhalt zugeführt. In dem Vertheilungsnetze beträgt der Druck ca. 40,0 m. Die Länge der Rohrleitungen belief sich am 1. April 1895 auf 13 880 lfd. m. Damit waren 60 Schieber und 66 öffentliche, sowie 8 private Unterflurhydranten verbunden. Für die damals vorhandenen 870 Zuleitungen sind bis zu 25 mm Durchmesser Bleirohre mit Anbohrhähnen und für grössere Dimensionen gusseiserne Rohre verwendet. Es waren derzeit für 168 Zuleitungen Wassermesser eingebaut. Messer sind im Ganzen bis Ende 1895 235 geliefert und zwar 222 von Siemens & Halske, Berlin, 12 von Wolff & Schreiber, Breslau, und einer von einem anderen Lieferanten. Nach der Grösse vertheilen sich diese Messer wie folgt:

Durchmesser mm	12	13	20	25	33	40	75	80	100
Stückzahl . . .		20	7	175	23	1	1	6	1	2.

Die Wasserabgabe hat im Jahre 1894/95 im Ganzen ca. 400 000 cbm oder 1096 cbm am Durchschnittstage betragen.

Der jährliche Wasserpreis wird nach Schätzung pro qm der Etagenfläche bestimmt. Er beträgt bis zu 90 qm pro qm 13,3 Pf. und reducirt sich bis zu 500 qm allmählich bis auf 7,8 Pf. Ausserdem ist für eine Badeeinrichtung oder ein Pissoir M. 3, für ein Closet M. 6, für ein Pferd M. 1,80 etc. im Jahre zu zahlen.

Nach Messern entnommen, müssen alle Häuser von mehr als 500 qm Etagenfläche 15 Pf. pro cbm, aber mindestens M. 39 im Jahre bezahlen. Der Einheitspreis pro cbm reducirt sich bei einem jährlichen Bezuge von 400 cbm und mehr wie folgt:

bis zu cbm	600	1000	2000	5000	10 000	15 000	20 000	darüber
pro cbm Pf.	14	13	12	11	10	9	7	5.

Die monatliche Messermiethe beträgt 40 Pf. für 13 mm, 50 Pf. für 20 mm und 60 Pf. für 25 mm Messerdurchmesser.

12. e. **Frechen.** (E. 4361.)

Für die Wasserversorgung des Ortes Frechen ist im Jahre 1895 ein Wasserwerk erbaut, welches durch Dampfkraft gehobenes Grundwasser liefert. Es sind in der Pumpstation 2 liegende Eincylindermaschinen mit Ridersteuerung aufgestellt, die je eine stehende Differentialpumpe mit Etagenventilen antreiben. Jede Maschine fördert pro Stunde 60 cbm Wasser auf 80,0 m Höhe bei 86,0 m Arbeitsdruck in ein Hochreservoir von 300 cbm Inhalt. Den Dampf liefern 2 Zweiflammrohrkessel von je 80 qm Heizfläche, welche für 8 Atm. Dampfspannung concessionirt sind.

Die Rohrleitungen von 200 mm bis 80 mm Durchmesser hatten Ende 1896 im Ganzen 8241 lfd. m Länge und 115 cbm Inhalt. Damit waren 15 öffentliche Laufbrunnen, 25 Schieber und 21 Hydranten verbunden; letztere stehen in 150 m bis 200 m Entfernung von einander. Von 180 Zuleitungen waren 100 mit Messern versehen, von denen 16 von Wiesenthal & Comp., Aachen, 12 von C. A. Spanner, Wien-Aachen, 36 von Lux, Ludwigshafen, 21 von Dreyer, Rosenkranz & Droop, Hannover, 14 von Wolff & Schreiber, Breslau und einer von Siemens & Halske, Berlin, geliefert waren. Mit den Privatleitungen waren 7 Badeeinrichtungen, 7 Closets, 2 Springbrunnen und 3 Wasserstrahlapparate verbunden.

Die Wasserabgabe hat im Jahre 1896 im Ganzen 84 000 cbm und 230 cbm am mittleren, sowie 480 cbm am stärksten und 110 cbm am geringsten Consumtage betragen. Pro Kopf sind pro Tag 46 Lit. im Mittel und 96 Lit. resp. 22 Lit. am Maximal- resp. am Minimaltage abgegeben. Von der Gesammtabgabe sind 67 200 cbm nach Messern und 16 800 cbm nach Schätzung bestimmt. Für die Laufbrunnen sind 20 600 cbm und für Private 58 200 cbm, und zwar 41 400 cbm nach Messern und 16 800 cbm nach Schätzung abgegeben, während 5200 cbm auf den Selbstverbrauch des Wasserwerkes entfallen. Für den Kesselbetrieb dienen Braunkohlen, und es sind die Maschinen im Jahre 1896 zusammen 2100 Stunden, oder jede Maschine ist durchschnittlich 2,9 Stunden im Tage in Betrieb gewesen.

Der Wasserpreis beträgt pro cbm zwischen 20 Pf. und 5 Pf. und für die Stadt 10 Pf.

13. b. **Friesdorf.** (E. 1545.)

Für die Wasserversorgung des Pfarrdorfes Friesdorf lag schon längere Zeit ein Project des Wasserwerksdirectors Disselhoff in Hagen vor, das für eine tägliche Leistung von 300 cbm bis 350 cbm bestimmt war. Im Jahre 1896 soll dieses zur Ausführung gekommen sein.

Das Wasser wird aus dem linksseitigen Rheinthalgehänge durch in Kies eingebettete Schlitzrohre gesammelt und in ein 24,0 m tiefer und ca. 335 m davon entfernt projectirtes Hochreservoir von 150 cbm, das aus Stampfbeton auszuführen beabsichtigt war, überführt werden. Von hier sollte es durch eine 1300 m lange Fallrohrleitung von 100 mm Durchmesser dem 30,0 m bis 55,0 m tiefer liegenden Orte mit natürlichem Gefälle zufliessen und hier durch 1800 lfd. m Rohre von 80 mm Durchmesser, mit denen 28 Hydranten und ca. 200 Hausanschlüsse verbunden werden sollten, zur Vertheilung gelangen. Die Anlagekosten waren auf M. 40 000 oder M. 25,82 pro Kopf veranschlagt.

14. b. **Godesberg.** (E. 3844.)

Die Wasserversorgung der Gemeinde Godesberg erfolgt aus dem Wasserwerke Bonn der Rheinischen Wasserwerksgesellschaft.

15. d. **Gummersbach.** (E. 2635, W. 269 mit je 10,0 B.)

Die Stadt Gummersbach besitzt für ihre Wasserversorgung seit dem Jahre 1880 ein für ihre Kosten erbautes Wasserwerk, welches in seiner ersten Anlage durch den Unternehmer H. Müller in Bochum ausgeführt ist und M. 30 000 gekostet hat. Diese Wasserversorgung war für eine Tagesleistung von 100 cbm bestimmt. Im Jahre 1889 ist dieselbe, weil sie unzureichend geworden war, durch neue Anlagen mit einem Kostenaufwande von M. 90 000 erweitert.

Das Wasser wird aus den Quellen des Grotenbaches und aus denen der sogenannten Thalbecke, welche beide in 1000 m resp. 5000 m Entfernung von Gummersbach entspringen, entnommen. In dem hergestellten Sammelbrunnen, sowie in dem Hochreservoire findet eine Klärung des zugeleiteten Wassers statt, das dann mit natürlichem Gefälle dem Versorgungsgebiete zufliesst. In demselben sind 250 Häuser an die Leitung angeschlossen. Davon erhalten 76 das Wasser durch Wassermesser, welche von Siemens & Halske, Berlin, geliefert sind. Von diesen Messern haben 31 Stück 12 mm, 41 Stück 20 mm, und 3 Stück 50 mm und ein Stück 65 mm Durchmesser. Nähere Mittheilungen über den Consum waren nicht zu erlangen.

16. d. **Hesselbach.** (E. 314.)

Für die Wasserversorgung des Ortes Hesselbach besteht eine Gravitationsleitung, deren Herstellung M. 5000 gekostet hat.

17. h. Sanatorium **Hohenhonnef.**

Für das Sanatorium Hohenhonnef, welches auf einem Vorsprunge des Siebengebirges oberhalb der Stadt Honnef liegt, hat der Wasserwerksdirector Disselhoff in Hagen im Jahre 1890 eine Wasserversorgung ausgeführt.

Das Wasser wird aus einem 10,0 m tiefen Brunnen entnommen, in welchen 3 Querschläge einmünden, von denen der eine in der Thalrichtung und die beiden anderen quer zu dieser liegen. Die Ergiebigkeit der Wasserfassung beträgt 400 bis 500 cbm in 24 Stunden. Eine neben dem Brunnen aufgestellte Dampfpumpe fördert das Wasser durch eine Druckleitung von 100 mm Durchmesser in ein Hochreservoir, das 25,0 m oberhalb der Anstaltsgebäude aufgestellt ist. Von hier findet die Vertheilung statt.

18. h. **Honnef a. Rhein.** (E. 4921, W. 950 mit je 5,2 B.)

Die Bürgermeisterei Honnef umfasst die Stadt Honnef und die Orte Rhöndorf, Beuel, Rommersdorf, Bondorf und Selhof, welche am Fusse des Siebengebirges und zum Theil in höherer Lage am Gebirge selbst liegen. Im Jahre 1888/89 ist für Rechnung der Stadt Honnef nach einem Kostenvoranschlage von M. 160000 durch den Wasserwerksdirector F. Thometzeck in Bonn ein Wasserwerk erbaut, welches in seiner Pumpenleistung bei 12stündigem Betriebe für 1000 cbm bestimmt ist. Verwaltet wird die Anlage durch den Betriebsleiter Julius Haarhaus.

Weil die Möglichkeit, Quellen für die Wasserversorgung zu benutzen, ausgeschlossen war, so ist dafür das Grundwasser aus den Kiesablagerungen des Rheinthales benutzt. In ca. 30,0 m Entfernung vom Flussufer ist dafür ein gemauerter Brunnen von 3,0 m Durchmesser hergestellt, der 14,5 m tief unter Terrain und 4,0 m unter Pegel Null hinabreicht. Beim Probepumpen lieferte dieser 90 cbm Wasser pro Stunde bei 0,2 Absenkung; das Wasser hatte eine Temperatur von 10° C.

In der Pumpstation ist eine stehende Zwillingsdampfmaschine von 310 mm Kolbendurchmesser und 0,65 m Hub aufgestellt, welche ohne Condensation arbeitet. Sie betreibt direct 2 einfachwirkende Plungerpumpen von 195 mm Kolbendurchmesser mit freien Etagenringventilen. Die beiden Theile der Maschine sind unter 180° gekuppelt und können auch getrennt arbeiten. Die Umdrehzahl beträgt 40 pro Minute. Die Maschine und die Pumpen haben Gebr. Meer in M.-Gladbach und die 2 Kessel hat F. A. Neumann in Aachen geliefert. Jeder Kessel hat 26 qm Heizfläche und ist für 8 Atm. Dampfdruck concessionirt. Er besteht aus zwei Walzenkesseln von 1,0 m resp. 0,8 m Durchmesser, welche durch 4 Stutzen mit einander verbunden sind.

Von der Pumpstation führt ein Druckrohr von 200 mm Durchmesser und 2800 m Länge zu einem aus Cementbeton hergestellten Hochreservoire, das aus 2 Kammern von zusammen 240 cbm Inhalt besteht. Dessen Wasserspiegel liegt 70,5 m über der Gewinnungsstelle und 20,0 m bis 60,0 m über den verschiedenen Punkten des Versorgungsgebietes. Die Rohrleitungen hatten Anfangs 12626 m Länge und waren aus folgenden Durchmessern zusammengesetzt:

Rohrdurchmesser mm	200	150	125	100	80
Rohrlänge . . . m	2796	760	2400	1730	4940.

Damit waren 30 Schieber und 57 Hydranten verbunden. Am 1. April 1895 hat die Länge der Rohre 15552 lfd. m betragen, und es waren 55 Schieber und 73 Hydranten damit verbunden. Letztere sind Unterflurhydranten mit Selbstentwässerung. Die Rohre hat die Kölnische Maschinenbau-Actiengesellschaft in Bayenthal geliefert. Für die Zuleitungen, deren am 1. April 1895 580 ausgeführt waren, sind Bleirohre von 13 mm bis 30 mm Durchmesser mit Strassenhähnen verwendet. Von diesen waren 135 mit Wassermessern verbunden, von welchen Dreyer, Rosenkranz & Droop, Hannover bis dahin überall 141 Stück an die Stadt geliefert hatten. Von diesen hatten 82 Stück 13 mm, 35 Stück 20 mm, 19 Stück 25 mm und 5 Stück 30 mm Durchmesser.

Im Jahre 1894/95 sind im Ganzen 93632 cbm Wasser oder 257 cbm im Mittel pro Tag abgegeben. Die Abgabe am Tage des grössten resp. des kleinsten Consums hat 576 cbm resp. 220 cbm oder 224,1% resp. 85,6% von dem am mittleren Consumtage betragen. Vom Gesammtconsum sind 83962 cbm oder 89,7% an Private abgegeben und 9670 cbm oder 10,3% sind für öffentliche etc. Zwecke verwendet, und zwar 2300 cbm für Strassenspülen, 1200 cbm für Rohrspülen, 1000 cbm für Rinnsteinspülen, 1000 cbm für Freibrunnen und 3500 cbm für Feuerlöschen, so dass 670 cbm als Verlust verbleiben. Von dem Privatconsume sind 56200 cbm oder 66,9% nach Schätzung, und 27762 cbm oder 34,1% nach Messern abgegeben. Die Abgabe pro Messer hat somit im Jahre im Durchschnitt 206 cbm betragen. Im Monate des grössten resp. des kleinsten Consums sind 9920 cbm resp. 6780 cbm verbraucht.

Die wirklichen Herstellungskosten der ersten Anlage haben M. 141980 oder M. 31,50 pro Kopf der damaligen Bevölkerung betragen, und zwar:

für die Brunnenanlage	M. 3325
» das Maschinen- und Kesselhaus . . .	» 15905
» das Wohnhaus	» 6000
» die Maschinen und Pumpen . . .	» 20600
» die Dampfkessel	» 5500
» das Hochreservoir mit seinem elektrischen Wasserstandszeiger	» 13950
» das Rohrnetz mit Schiebern und Hydranten	» 67500
» die Bauleitung etc.	» 9200.

Die späteren Erweiterungen haben M. 20000 gekostet, so dass die Gesammtkosten jetzt M. 161980 oder M. 32,90 pro Kopf betragen.

Der Wasserpreis pro cbm beträgt 15 Pf.

19. e. **Kalk.** (E. 15569.)

Die Wasserversorgung der Stadt Kalk erfolgt aus dem Wasserwerke Mülheim a. Rhein durch die Rheinische Wasserwerksgesellschaft.

20. b. **Kessenich.**

Die Wasserversorgung der Gemeinde Kessenich erfolgt aus dem Wasserwerke Bonn durch die Rheinische Wasserwerksgesellschaft.

21. h. **Königswinter.** (E. 3556.)

Für die Stadt Königswinter war das Bedürfniss nach einer allgemeinen Wasserversorgung schon seit Jahren empfunden, aber stets mit der Hoffnung verschoben, dass man dafür einmal Quellen mit einer ausreichenden Menge von Wasser und in einer gewünschten Höhe würde finden können. Als endlich die Unmöglichkeit einer Erlangung von Wasser auf diesem Wege zweifellos erkannt war, entschloss die Stadt sich dazu, ein Wasserwerk nach dem Projecte des Wasserwerksdirectors Thometzeck in Bonn erbauen zu lassen, welches Wasser aus den Kiesschichten im Rheinthale liefert.

In 150 m Entfernung vom Flussufer und in ca. 1000 m Entfernung von der Stadt ist ein gemauerter Brunnen von 2,5 m Durchmesser und 17,0 m Tiefe hergestellt, der während des Versuchspumpens pro Stunde 85 cbm Wasser bei 0,57 m Absenkung geliefert hat. In der daneben erbauten Pumpstation ist eine stehende Zwillingsmaschine ohne Condensation und mit variabler Expansion aufgestellt, welche mit ihren verlängerten Kolbenstangen 2 einfachwirkende Plungerpumpen mit freien Etagenringventilen antreibt, die in einem 6,6 m tiefen Schachte aufgestellt sind. Die Kolben der Dampfcylinder haben 290 mm und die der Pumpen 186 mm Durchmesser und sämmtlich 0,65 m Hub. Die Maschine macht 25 bis 50 Umdrehungen pro Minute. Bei 40 Doppelhüben pro Minute liefern die beiden Pumpen zusammen 80 cbm Wasser auf 61,5 m Höhe. 2 Dampfkessel von je 28 qm liefern den Dampf von 7 Atm. Maximalspannung.

Ein aus Cementbeton ausgeführtes Hochreservoir hat 400 cbm Inhalt bei 4,0 m Wasserhöhe. Die Länge der Rohrleitungen beträgt 9735 lfd. m. Damit sind 57 Schieber und 55 Hydranten verbunden. Nach den Durchmessern getrennt setzen sich die Rohrlängen wie folgt zusammen:

Rohrdurchmesser mm	175	150	125	100	80
Rohrlänge . . . m	1086	1135	764	2396	4355.

Die ersten Anlagekosten haben M. 160017 im Ganzen oder M. 44,97 pro Kopf betragen und zwar:

für den Brunnen	M.	4 836
» die Kessel- etc. Gebäude	»	20 319
» das Wohnhaus	»	8 112
» 2 Dampfkessel	»	6 000
» die Dampfpumpmaschinen	»	22 000
» das Hochreservoir mit Wasserstandszeiger	»	10 500
» die Rohrleitungen mit Schiebern und Hydranten	»	611 420
» die Hausanschlüsse	»	17 730
» Bauleitung und Diverses	»	9 100.

Es sind 148 Wassermesser und zwar 124 von H. Meinecke, Breslau und 24 von Dreyer, Rosenkranz & Droop, Hannover geliefert, welche folgende Grössen haben:

Durchmesser mm	13	20	25	30	50	60	125
Stückzahl . . .	69	49	15	8	5	1	1.

22. b. **Lannesdorf.** (E. 944.)

Für Rechnung der Dorfgemeinde Lannesdorf hat der Wasserwerksdirector Disselhoff in Hagen nach seinem Projecte im Jahre 1894 eine Wasserversorgung ausgeführt, welche M. 43000 im Ganzen oder M. 45,55 pro Kopf gekostet hat. Die erschlossene Wassermenge beträgt 500 cbm im Tage. Die Rohrverlegungen hat der Unternehmer Kritzler jun. in Gummersbach ausgeführt.

An den linksseitigen Rheingehängen in den sogenannten Husennichers wird aus dem Diluvialkiese Quellwasser durch 2 Sammelanlagen erschlossen und in eine gemeinschaftliche Sammelstube überführt. Aus dieser fliesst es mit natürlichem Gefälle durch ein Rohr von 100 mm Durchmesser einem ca. 2000 m entfernten und 30,0 m tiefer liegenden Hochreservoire von 200 cbm Inhalt zu, das in 2 Abtheilungen aus Cementbeton, überwölbt und in den Boden versenkt, hergestellt ist. Eine Fallrohrleitung von ca. 400 m Länge und 100 mm Durchmesser führt von hier zu dem 55,0 bis 60,0 m tiefer liegenden Versorgungsgebiete. Innerhalb desselben sind 3300 lfd. m Rohrleitungen, von denen 800 m einen Durchmesser von 100 mm und 2500 m einen solchen von 80 mm Durchmesser haben, verlegt und mit 17 Schiebern und 25 Unterflurhydranten verbunden. Die Zuleitungen und Hausleitungen bestehen aus geschwefelten Bleirohren.

23. f. **Mülheim a. Rhein.** (E. 3600.)

Die Wasserversorgung der Stadt Mülheim a. Rhein erfolgt seit dem Jahre 1875 durch das der Rheinischen Wasserwerksgesellschaft gehörende Wasserwerk in Mülheim a. Rhein.

24. d. **Ober-Derschlag.** (E. 979.)

Für die Wasserversorgung des Ortes Ober-Derschlag ist eine Gravitationswasserleitung ausgeführt, welche M. 17000 gekostet hat.

25. b. **Plittersdorf.**

Die Wasserversorgung der Gemeinde Plittersdorf erfolgt aus dem Wasserwerke Bonn der Rheinischen Wasserwerksgesellschaft.

26. b. **Poppelsdorf.** (E. 5187.)

Die Wasserversorgung der Gemeinde Poppelsdorf erfolgt aus dem Wasserwerke Bonn durch die Rheinische Wasserwerksgesellschaft.

27. d. **Rebbelroth.** (E. 473.)

Für die Wasserversorgung des Dorfes Rebbelroth dient eine Gravitationswasserleitung, zu deren Herstellungskosten die Stadt Gummersbach einen Zuschuss beigesteuert hat.

28. g. **Rheinbach.** (E. 2189.)

Für die Wasserversorgung der Stadt Rheinbach ist im Jahre 1887 für städtische Rechnung eine Anlage geschaffen, welche M. 90000 gekostet hat. Das Wasser wird südlich von der Stadt und ca. 1000 m davon entfernt durch einen Brunnen erschlossen und durch ein Dampfpumpwerk von 16 cbm stündlicher Leistung in ein eisernes Hochreservoir von 150 cbm Inhalt gehoben, dessen Wasserspiegel 30,0 m über dem städtischen Terrain liegt.

Es sind ca. 5000 lfd. m Rohre von 100 mm Durchmesser verlegt, mit welchen 40 Hydranten verbunden sind. 330 Häuser haben Anschlussleitungen. Der tägliche Wasserverbrauch beträgt ca. 80 cbm.

29. g. **Rhöndorf.** (E. 476.)

Die Wasserversorgung des Dorfes Rhöndorf erfolgt durch einen Anschluss an das Wasserwerk der Stadt Honnef.

30. d. **Ründeroth.** (E. 3179.)

Zur Wasserversorgung der Gemeinde Ründeroth ist für deren Rechnung im Jahre 1892 von dem Wasserwerksdirector Disselhoff in Hagen nach seinem Projecte eine Gravitationsleitung ausgeführt. Das Wasser wird aus dem Grundwasser entnommen, das sich in dem Alluvium und in den oberen, zerknickten Schichtenköpfen des Lenneschiefers bewegt. Es wird durch eine ein Thal durchkreuzende, gemauerte Sammelanlage, die vorläufig auch als Reservoir dient, abgefangen und durch eine Fallrohrleitung von 650 m Länge und 100 mm Durchmesser mit natürlichem Gefälle dem Orte zugeführt. Dort wird es durch ca. 1000 lfd. m Rohre von 80 mm Durchmesser vertheilt.

31. b. **Rungsdorf.**

Die Wasserversorgung der Gemeinde Rungsdorf erfolgt aus dem Wasserwerke Bonn durch die Rheinische Wasserwerksgesellschaft.

32. b. **Schweinheim.** (E. 143.)

Für die Wasserversorgung des Dorfes Schweinheim und für die Luftkuranstalt Godeshöhe mit ca. 150 Bewohnern liegt ein Project des Wasserwerksdirectors Disselhoff in Hagen vor, welches in nächster Zeit ausgeführt werden wird. Dessen Herstellungskosten sind auf M. 21500 veranschlagt.

Als erforderliches Wasserquantum ist 85 cbm pro Tag angenommen, und es soll dasselbe aus 3 Brunnen gewonnen werden. Eine doppeltwirkende Pumpe, die von einem Benzinmotor von 2 PS. angetrieben werden wird, soll pro Stunde 12 cbm Wasser in ein eisernes Hochreservoir fördern, das 72,0 m hoch über dem Gewinnungspunkte und 15,0 m hoch über dem Versorgungsgebiete auf einem gemauerten Unterbaue aufgestellt werden wird und 20 cbm Inhalt erhalten soll. Die Druck- und die Vertheilungsleitungen sollen 80 mm Durchmesser und 700 m resp. 300 m Länge erhalten.

33. h. **Siegburg.** (E. 10840, W. 1350 mit je 8 B.)

Die Stadt Siegburg hat stets eine reichliche und grösstentheils auch eine gute Versorgung mit Wasser aus den fast bei jedem Grundstücke vorhandenen Privatbrunnen und aus 6 öffentlichen Brunnen gehabt. Ausserdem durchfliesst den Ort ein aus der Sieg abgeleiteter Mühlenkanal, der, Wasser für gewerbliche Zwecke zu entnehmen, gestattet. Trotzdem war die Bürgerschaft von dem Vortheile einer centralen Versorgung so überzeugt, dass sie im Jahre 1885/86 ein Wasserwerk für städtische Rechnung zu erbauen beschloss, für welches der Civilingenieur Grahn, damals in Coblenz, die Vorarbeiten geleitet und das Project aufgestellt hat, während die specielle Bauleitung dem dortigen Gasdirector F. Fusshöller zufiel. Die Anlage ist für eine tägliche Leistung von 1400 cbm bestimmt, und es hat das Werk in seiner ersten Ausdehnung M. 193000 gekostet. Spätere Erweiterungen im Werthe von M. 50000 haben die heutigen Kosten der Anlage auf M. 243000 oder auf M. 22,41 pro Kopf erhöht. Der Betrieb des Werkes liegt in den Händen des vorgenannten Directors Fusshöller.

Nachdem die ursprünglich für eine Wassergewinnung in Aussicht genommenen Quellen sich als nicht ergiebig genug gezeigt hatten und verschiedene Bohrungen an den Ufern des Nebenflusses der Sieg, der Agger, ergeben hatten, dass die hier den Untergrund in völliger Unregelmässigkeit durchsetzenden Thonschichten ein geeignetes Grundwasser nicht erschliessen lassen konnten, bohrte man auf der entgegengesetzten Seite der Stadt unterhalb des Wolfsberges in der Nähe der Sieg und zwar oberhalb der Stadt vor dem hier eingebauten Wehre. Hier liess sich auch aus den mächtigen Kiesschichten der Sieg eine reichliche Wassermenge von vorzüglicher Qualität leicht erschliessen. Schon bei einer nur geringen Entfernung vom Flusse landeinwärts zeigte aber auch dieses Wasser sich wesentlich durch die hier den Boden durchziehenden Thonschichten beeinflusst.

Es ist daher ein gemauerter Brunnen von 3,0 m Durchmesser und 9,5 m Tiefe kurz vor dem Damme der Sieg direct an deren Ufer durch Senken hergestellt. In 14,0 m Entfernung davon ist landeinwärts hinter dem Damme eine Pumpstation erbaut, in der 2 Dampfpumpmaschinen und 2 Dampfkessel aufgestellt sind. Ueber dem Maschinenraume ist eine Wohnung für den Maschinisten eingerichtet. Die Maschinen sind liegende Eincylindermaschinen mit Ridersteuerung und mit Schwungrädern. Sie arbeiten ohne Condensation. Jede Maschine ist mit einer direct gekuppelten, liegenden Doppelplungerpumpe verbunden, welche freie Etagenringventile (Leder auf Eisen) hat. Die Dampf- resp. die Pumpenkolben haben 250 mm resp. 135 mm Durchmesser, und beide haben 0,5 m Hub. Die Maschinen machen 40 bis 60 Umdrehungen pro Minute, und es fördert eine jede 30 cbm bis 45 cbm Wasser pro Stunde auf 45,1 m Höhe.

Die Kessel sind Siederohrkessel. Jeder derselben hat ein Hauptrohr von 4,86 m Länge und 0,9 m Durchmesser und ein Siederohr von 4,0 m Länge und 0,75 m Durchmesser. Die Heizfläche jedes Kessels beträgt 15,6 qm und der concessionirte Dampfdruck 6 Atm. Die Maschinen und die Kessel sind von der Friedrich-Wilhelmshütte in Mülheim a. d. Ruhr geliefert.

Von der Pumpstation führt eine 310 m lange Druckleitung von 150 mm Durchmesser zu dem Wolfsberge, in dessen Kuppe ursprünglich ein aus Mauerwerk herzustellen angenommenes Hochreservoir, dessen Wasserspiegel 44,3 m hoch über der Sieg liegt, eingelassen werden sollte. Bei den dafür vorgenommenen Aussprengungen zeigten sich aber bedeutende Klüftungen bei dem tieferen Eindringen in den Felsen, die sich hier zu grossen Hohlräumen erweiterten und in die Tiefe hinabreichten. Es ist daher von dem Mauern des eigentlichen Reservoires Abstand genommen, und die bereits geschaffene Aushöhlung ist zu einem oben mit Gewölben geschlossenen Keller ausgebaut, in welchem 2 schmiedeeiserne Reservoire von 7,5 m Durchmesser und 5,8 m Höhe mit flachen Böden auf einer eingebrachten und entwässerten Kiesschicht von 0,3 m bis 0,5 m Dicke aufgestellt sind. Diese Reservoire haben zusammen 468 cbm Inhalt. Sie sind von der Kölnischen Maschinenbau-Actiengesellschaft in Bayenthal geliefert.

Vom Hochreservoire führt eine 700 m lange Fallrohrleitung von 225 mm Durchmesser bis zum Vertheilungsnetze der Stadt. Letzteres ist nach dem Circulationssysteme mit einzelnen Verästelungen hergestellt. Es steht unter einem einheitlichen und constanten Drucke von 20,0 m über dem höchsten Punkte des Versorgungsgebietes. Die Länge der gesammten Rohrleitungen von 225 mm bis 80 mm Durchmesser und die Zahl der Schieber und Hydranten am Ende der 5 Betriebsjahre 1888/89 und 1893/94 bis 1896/97 gibt die Tabelle 424 an.

Tabelle 424.

Jahr	Rohrlänge m	Schieber	Hydranten
1888/89	10272	37	49
1893/94	11988	48	63
1894/95	12257	52	64
1895/96	16031	73	121
1896/97	16384	78	123

Nach den Durchmessern vertheilte sich am 1. April 1895 die Länge der Rohre und die Zahl der Schieber wie folgt:

Rohrdurchmesser	mm	225	175	150	125	100	80
Rohrlänge . . .	m	675	1159	2857	1454	2176	2936
Schieberzahl . . .		1	2	10	6	10	23.

Die Hydranten sind Unterflurhydranten mit selbstthätiger Entleerung. Sie stehen in 80 m bis 160 m Entfernung von einander. Die gusseisernen Rohre sind von der Friedrich-Wilhelmshütte in Mülheim a. d. Ruhr und von der Kölnischen Maschinenbau-Actiengesellschaft in Bayenthal und die Schieber und Hydranten von H. Breuer & Comp. in Höchst geliefert. Die Zuleitungen und Hausleitungen bestehen grösstentheils aus Bleirohren. Erstere haben 13 mm bis 40 mm Durchmesser und Messingabsperrhähne. Einige grössere Zuleitungen von 50 mm bis 125 mm Durchmesser sind aus gusseisernen Rohren hergestellt. Es waren am 1. April 1895 im Ganzen 657 Stück Wassermesser eingebaut, von welchen 5 Untermesser für Miether sind. Geliefert waren bis Ende 1895 überall 821 Messer und davon 808 von Dreyer, Rosenkranz & Droop, Hannover und 13 von H. Meinecke, Breslau. Diese vertheilen sich nach der Grösse wie folgt:

Durchmesser	mm	10	13	15	20	25	30	40	50	80	125
Stückzahl . . .		115	462	146	76	10	3	2	3	2	2.

Die Tabelle 425 gibt für jedes der 9 Jahre von 1888/89 bis 1896/97 die gesammte Wasserabgabe, sowie am mittleren Jahrestage und pro Kopf, ferner die Abgabe für öffentliche Zwecke, zum Selbstverbrauche und für Private im Ganzen, sowie getrennt, ob mit Messern oder ohne Messer, ferner die Zahl der Abnehmer im Ganzen, und die Zahl der eingebauten Messer und deren Jahresconsum und endlich verschiedene Verhältnisszahlen an.

Tabelle 425.

Jahr	1888/89	1889/90	1890/91	1891/92	1892/93	1893/94	1894/95	1895/96	1896/97
Einwohnerzahl	7 500	8 000	8 300	8 500	9 500	11 000	11 000	11 000	11 000
Gesammte Abgabe im Jahre cbm	45 464	53 211	53 799	54 206	63 436	84 829	91 336	105 790	119 559
desgl. gegen 100 cbm des Vorjahres . . . . . »	—	117,2	100,9	100,8	116,9	133,9	107,8	115,8	113,1
Liter pro Kopf pro Tag im Mittel	17	18	18	17	17	21	23	26	30
Zahl der Anschlüsse	360	381	398	422	460	559	648	781	837
pro Anschluss im Jahre . cbm	126	140	135	128	138	152	141	135	143
Tagesabgabe am mittl. Jahrestage cbm	125	146	147	148	174	232	250	289	327
Wasser für öffentliche Zwecke »	1 953	3 526	2 683	2 487	3 373	3 330	3 569	2 999	3 241
davon für Strassensprengen »	87	80	16	—	48	168	88	24	—
für Feuerlöschen . . . »	30	30	30	30	430	30	100	200	100
für Diverses . . . . . . »	1 836	3 416	2 637	2 457	2 895	3 132	3 381	2 775	3 141
Von 100 cbm für öffentliche Zwecke für:									
Strassensprengen . . . »	4,4	2,3	0,6	—	1,4	5,0	2,4	0,8	—
Feuerlöschen . . . . . »	1,5	0,8	1,1	1,2	12,8	1,0	2,8	6,6	3,1
Diverses . . . . »	94,1	96,9	98,3	98,8	85,8	94,0	94,8	92,6	96,9
Wasser für Private . . . . »	31 290	39 370	38 970	40 137	53 298	74 826	77 895	91 978	106 228
davon nach Messern . . »	30 506	37 832	38 020	38 637	51 298	64 826	71 895	87 911	103 322
Wasser f. Private ohne Messer »	784	1 538	950	1 500	2 000	10 000	6 000	4 067	2 906
Von 100 cbm für Private nach Messern . . . . »	97,5	96,9	97,8	96,3	98,2	86,6	92,3	95,6	97,3
desgleichen ohne Messer »	2,5	3,1	2,2	3,7	3,8	13,4	7,7	4,4	2,7
Wasser für das Wasserwerk incl. Spülen, Verlust etc. »	12 221	10 315	12 146	11 582	6 765	6 673	9 872	10 813	10 090
Von 100 cbm Gesammtabgabe für öffentl. Zwecke »	4,3	6,6	5,0	4,6	5,3	3,9	3,9	2,8	2,7
für Private . . . . . »	68,8	74,0	72,4	74,0	82,9	88,3	85,3	87,0	88,9
für das Wasserwerk . . »	26,9	19,4	22,6	21,4	10,8	7,8	10,8	10,2	8,4
Gesammtabgabe ohne Messer »	7 813	9 671	9 198	2 636	4 646	16 635	15 841	14 937	12 826
desgl. von 100 cbm der Gesammtabgabe . . . »	17,2	18,2	17,1	4,8	7,3	19,6	17,3	14,1	10,8
Gesammtabgabe nach Messern »	37 651	43 540	44 601	51 570	58 790	68 194	75 495	90 853	106 733
desgl. von 100 cbm der Gesammtabgabe . . . »	82,8	81,8	82,9	95,2	92,7	80,4	82,7	85,9	89,2
Zahl der aufgestellten Messer .	363	384	401	425	463	562	657	792	844
Abgabe pro Messer im Jahr cbm	104	113	111	121	127	121	115	115	127

Die Tabelle 426 gibt für dieselben Jahre den Kohlenverbrauch der Dampfkessel (melirte Fettkohle) im Ganzen, pro 100 cbm Wasser und pro PS.-Stunde bei 45,1 m Arbeitshöhe, die Arbeitsstunden der Maschinen im Jahre im Ganzen und durchschnittlich für jede Maschine im Tage und endlich die Leistung in m × kg pro kg Kohlen an:

Tabelle 426.

Jahr	1888/89	1889/90	1890/91	1891/92	1892/93	1893/94	1894/95	1895/96	1896/97
Kohlenverbrauch kg	63 775	78 425	100 875	89 750	101 200	118 200	133 550	157 250	171 500
desgl. pro 100 cbm kg	140,5	147,0	187,5	165,5	160,0	139,5	146,1	148,5	143,0
desgl. pro PS.-Stunde kg	8,40	8,80	11,21	9,90	9,57	8,34	8,74	8,89	8,60
pro kg Kohle m × kg	32 140	30 700	24 100	27 300	28 200	32 400	30 900	30 367	31 433
Arbeitsstunden im Jahr	1 289	1 532	1 853	1 654	1 922	2 402	2 576	2 929	3 309
desgl pro Tag pro Maschine	1,8	2,1	2,5	2,3	2,6	3,3	3,5	4,0	4,5

Die Wasserabgabe erfolgt ausser für Bauzwecke, wofür pro qm bebaute Fläche eine Taxe erhoben wird, nur nach Wassermessern, und es ist pro cbm zu zahlen bei einer Jahresabgabe bis:

im Jahre cbm	200	500	1000	2000	3000	5000	10 000
pro cbm Pf.	25	23	22	20	18	16	14
im Jahre cbm	15 000	20 000	25 000	30 000	darüber		
pro cbm Pf.	12	11	10	9	8.		

Nach einer Untersuchung des Wassers durch den Professor Stutzer in Bonn am 11. August 1894 ist dieses von grosser Reinheit und für alle Zwecke brauchbar. Der Befund von 24 bis 50 Keimen im ccm veranlasste ihn, das Wasser als ein solches »von vorzüglicher Qualität« zu bezeichnen.

34. f. Stammheim. (E. 1008.)

Die Wasserversorgung der Stadt Stammheim erfolgt aus dem Wasserwerk Mülheim a/Rhein durch die Rheinische Wasserwerksgesellschaft.

35. i. Unter-Derschlag. (E. 519, W. 8 mit je 6,5 B.)

Für das Dorf Unter-Derschlag im Kreise Waldbröl hat der Wasserwerksdirector Disselhoff in Hagen im Jahre 1889 eine Wasserversorgungsanlage auf Gemeindekosten ausgeführt, welche einschliesslich der Hausanschlüsse M. 14 300 im Ganzen oder M. 27,55 pro Kopf gekostet hat.

Das Wasser wird aus dem Alluvium der Mausemirke oberhalb Derschlag durch eine Sammelanlage erschlossen, deren Stollen von 35 cbm Inhalt zugleich als Hochreservoir dient. Von hier führt eine ca. 1000 m lange Rohrleitung von 90 mm Durchmesser dem 20,0 m tiefer liegenden Versorgungsgebiete zu. Im Dorfe findet die Vertheilung durch 1080 m Rohre von 90 mm und 80 mm Durchmesser statt, mit welchen 2 Schieber und 13 Hydranten verbunden sind.

36. d. Vollmerhausen. (E. 586, W. 60 mit je 9,5 B.)

Für Rechnung des Fabrikbesitzers W. Krawinkel hat der Wasserwerksdirector Disselhoff in Hagen im Jahre 1891 eine Wasserversorgung für das Dorf Vollmerhausen angelegt, welche für eine tägliche Lieferung von 350 cbm bestimmt ist.

Das Wasser wird durch eine ca. 100 m lange Sammelanlage im Lenneschiefer aus dem Grundwasser erschlossen. Diese ist theils ausgemauert und dient mit seinem Hohlraume, der 52 cbm Inhalt hat, als Hochreservoir. Von hier führt eine Fallrohrleitung von ca. 2000 m Länge und 100 mm Durchmesser zu dem 40,0 m tiefer liegenden Versorgungsgebiete. Dort wird das Wasser durch 500 lfd. m Rohre von 80 mm Durchmesser, mit welchen 4 Schieber und 6 Unterflurhydranten verbunden sind, vertheilt.

37. b. Walberberg. (E. 1246.)

Für die Wasserversorgung des Dorfes Walberberg ist im Jahre 1894/95 von dem Wasserwerksdirector Disselhoff in Hagen nach dessen Projecte eine Anlage hergestellt, welche für täglich 400 cbm Wasser bestimmt ist und M. 27 000 oder M. 21,67 pro Kopf gekostet hat. Die Rohrleitungen dafür hat W. Kritzler in Gummersbach ausgeführt.

Das Wasser wird durch Erschliessen von Grundwasser mittels einer Sammelanlage von 20 m Länge gewonnen und von hier mit natürlichem Gefälle einem 10,0 m tiefer und 30 m davon entfernt liegenden Hochreservoire zugeführt, das in 2 Abtheilungen aus Cementstampfbeton, in den Boden versenkt und überwölbt, hergestellt ist. Es hat 108 cbm Inhalt. Von diesem Reservoire führt eine Fallrohrleitung von 100 mm Durchmesser zu dem 46,0 m bis 62,0 m tiefer liegenden Versorgungsgebiete. Hier sind 2595 lfd. m Rohrleitungen und zwar 1365 m von 100 mm und 1230 m von 80 mm Durchmesser mit 11 Schiebern und 14 Unterflurhydranten verlegt. Für die Zuleitungen und für die Hausleitungen sind geschwefelte Bleirohre verwendet.

38. i. Waldbröl. (E. 5396.)

Die Wasserversorgung des Ortes Waldbröl erfolgt seit dem Jahre 1888 durch eine Quellwasserleitung, welche auf Gemeindekosten mit einem Aufwande von M. 28 000 hergestellt ist. Das Wasser wird 600 m von der Stadt entfernt aus einer Quelle im Eichborn erschlossen, welche eine Ergiebigkeit von 1000 cbm bis 1500 cbm, hat und ohne Anwendung eines Hochreservoirs mit natürlichem Gefälle zugeleitet. Es sind 4450 lfd. m Rohre von 100 mm bis 50 mm Durchmesser verlegt, mit denen 6 Hydranten verbunden sind. 115 Häuser haben Anschlussleitungen.

39. d. Windhagen. (E. 375.)

Für die Wasserversorgung des Dorfes Windhagen besteht eine Gravitationsleitung, zu deren Kosten die Stadt Gummersbach einen Zuschuss geleistet hat.

40. k. Wipperfürth. (E. 5532, W. 248 mit je 22,3 B.)

Für die Wasserversorgung der Stadt Wipperfürth dienten früher Brunnen innerhalb der Stadt, von denen 2 öffentliche waren, und ferner war eine kleine Quellwasserleitung vorhanden, welche aus einer Thaleinsenkung hinter dem Kosterberge Wasser mit natürlichem Gefälle in ein innerhalb der Stadt aufgestelltes Reservoir von 14 cbm Inhalt führte.

Im Jahre 1889 ist dann für Rechnung der Stadt eine einheitliche Anlage nach dem Projecte und unter der Leitung des Wasserwerksdirectors Disselhoff in Hagen ausgeführt, welche M. 80000 gekostet hat und für eine Abgabe von 600 cbm pro Tag bestimmt ist.

Das Wasser wird durch einen ausgemauerten Stollen von 1,5 m Höhe mit einem anschliessenden Brunnen aus den Schiefer- und Kalkschichten gesammelt, und es bilden diese Sammelanlagen zugleich das Reservoir für die Versorgung, wofür im Ganzen ein Raum von 300 cbm Inhalt zur Verfügung steht. Ca. 2 km davon entfernt beginnt die Abgabe bei den ersten, ca 7,0 m tiefer als diese Sammelanlage liegenden Häusern, während das eigentliche Versorgungsgebiet in 37,0 m bis 47,0 m Tiefe unter der Gewinnungsstelle liegt. Die Rohrleitungen haben im Ganzen 4485 m Länge und bestehen aus folgenden Durchmessern:

Rohrdurchmesser mm	150	125	100	80
Rohrlänge . . . m	2035	250	700	1500.

Die Rohre sind von der Friedrich-Wilhelmshütte in Mülheim a. d. Ruhr geliefert. Mit denselben sind 18 Schieber und 31 Unterflurhydranten, die in ca. 100 m Entfernung von einander stehen, verbunden und von H. Breuer & Comp. in Höchst geliefert sind. Die Zuleitungen und die Hausleitungen bestehen aus Bleirohren. Erstere sind von 15 mm bis 25 mm Durchmesser. Mit letzteren sind 600 Zapfhähne, 5 Badeeinrichtungen und 10 Privatspringbrunnen verbunden. 28 von den Zuleitungen haben Wassermesser, welche von H. Meinecke, Breslau geliefert sind.

Die Wasserabgabe hat im Jahre 1894 57475 cbm oder 157 cbm pro mittleren Jahrestag betragen. Davon sind 21000 cbm oder 36,5 % für den Hausgebrauch und 36475 cbm oder 63,5 % für allgemeine Zwecke etc. verwendet. Von der ersteren Abgabe sind 17316 cbm nach Schätzung und 3684 cbm nach Messern abgegeben.

Der Wasserpreis pro Jahr beträgt M. 24 für eine Abgabe bis 300 Lit. pro Tag und M. 44 für eine solche bis 600 Lit. pro Tag. Für Mehrverbrauch ist 15 Pf. pro cbm zu zahlen. Das Wasser für gewerbliche Zwecke kostet pro cbm 13,3 Pf. Die jährliche Messermiethe beträgt M. 4.

Anhang.

Rheinische Wasserwerksgesellschaft, 2 Gruppenversorgungen.

a) Einleitung.

Im Anfange der 70er Jahre hat sich die Actiengesellschaft Rheinische Wasserwerksgesellschaft zum Bau und Betriebe von Wasserwerken mit einem Anlagekapitale von nominell bis M. 4500000 gebildet. Die Gesellschaft war Anfangs in Köln domicilirt und ist später nach Bonn übergesiedelt. Im Jahre 1874 hat sie ihr Anlagekapital auf die Hälfte reducirt.

Der erste technische Leiter der Gesellschaft war Valentin Schneider, der jetzige Director der Gas- und Wasserwerke in Breslau. Später trat der Civilingenieur Thometzeck in Breslau als Mitdirector ein und ist seit Schneider's Abgang im Jahre 1876 alleiniger technischer Leiter. Ausser verschiedenen Projecten und Bauausführungen von Gas- und Wasserwerksanlagen hat die Gesellschaft die Concessionen für den Bau und Betrieb von Wasserwerken für die Stadt Bonn und für die Stadt Mühlheim a. Rhein erworben, und es haben sich diese beiden Werke im Laufe der Zeit zu 2 grossen Gruppenversorgungen ausgedehnt.

Das Wasserwerk Mülheim a. Rhein versorgt ausser dieser Stadt die Stadt Kalk und den Ort Stammheim, ferner die frühere Stadt Deutz, die jetzt in Köln eingemeindet ist und das Dorf Buchheim. Es hat im Jahre 1894 im Ganzen zusammen an 73700 Personen 2073237 cbm Wasser geliefert. Das Wasserwerk Bonn versorgt ausser der Stadt Bonn die Ortschaften Poppelsdorf, Endenich, Kessenich, Godesberg, Plittersdorf und Rüngsdorf. Es hat im Jahre 1894 im Ganzen zusammen an 58200 Personen 2092922 cbm Wasser geliefert. Es ergibt das zusammen eine Vorsorgung für 131900 Personen mit 5166159 cbm Wasser im Jahre oder 14164 cbm am mittleren Jahrestage. Die dafür verwendeten, eisernen Rohrleitungen bis 80 mm Durchmesser abwärts hatten auf beiden Werken im Jahre 1880 zusammen eine Länge von 72465 lfd. m. Im Jahre 1896 waren im Ganzen Rohre von 163176 lfd. m Länge und von einem Inhalt von 1815 cbm vorhanden, durch welche in diesem Jahre 4757370 cbm Wasser für 9056 Grundstücke oder 529 cbm pro Grundstück abgegeben sind.

b) Wasserwerk Mülheim a. Rhein.

Die Rheinische Wasserwerksgesellschaft hat mit der Stadt Mülheim a. Rhein im Jahre 1873 einen 25jährigen Vertrag für die Erbauung und den Betrieb eines Wasserwerkes abgeschlossen. Das Werk ist am 1. Januar 1876 in Betrieb gekommen. Das Project war von dem Director Schneider aufgestellt. Es war für eine Tagesleistung von im Ganzen 12000 cbm bestimmt. Die Ausführung war in den Maschinen und Kesseln vorläufig für 9000 cbm Tagesleistung beschränkt. Die ersten Anlagekosten haben ca. M. 600000 betragen.

Die Wasserentnahme findet am rechten Rheinufer, 1000 m unterhalb der Stadt Mülheim, bei dem Orte Stammheim aus dem Grundwasser im Kiesbette der Rheinebene statt. In 40 m Entfernung vom Ufer war dafür Anfangs ein gemauerter Brunnen hergestellt, dem später ein zweiter gefolgt ist. Die Brunnen haben 5,8 m Durchmesser und reichen bis auf 15,5 m Tiefe mit geschlossenen Wänden unter Terrain hinab. Deren offene Sohle liegt 5,5 m tief unter Null des dortigen Pegels. In 12 m Entfernung von den Brunnen ist eine Pumpstation erbaut, welche Raum für 4 Maschinen und 4 Kessel bietet.

Anfangs sind 3 Maschinen und 2 Kessel, welche von der Kölnischen Maschinenbau-Actiengesellschaft in Bayenthal geliefert sind, eingebaut. Später ist ein dritter Kessel und im Jahre 1891 ist eine vierte Maschine hinzugekommen. Die Maschinen sind sämmtlich liegende Eincylindermaschinen von je 24 PS. bei 30 bis 40 Umdrehungen pro Minute. Sie haben Schwungräder, Condensation und Meyer'sche Schiebersteuerung. Jede der 3 ersten Maschinen liefert pro Stunde 120 cbm Wasser und betreibt durch Winkelhebel eine stehende Hebepumpe und, direct mit der verlängerten Kolbenstange gekuppelt, eine liegende Druckpumpe. Die Hebepumpen stehen in einem gemeinschaftlichen Schachte, der in der Mitte des Maschinenraumes liegt. Sie saugen einfachwirkend und drücken doppeltwirkend und haben vereinigte Ventil- und Plungerkolben (System Kirchweger). Die Druckpumpen sind doppeltwirkende Plungerpumpen. Die Ventile der Pumpen sind freie Etagenringventile (System Thometzeck) mit Eisen auf

Lederdichtungen. Die Dampfcylinder haben 470 mm, die Druckpumpen 235 mm und die Hebepumpen 450 mm resp. 307 mm Durchmesser. Die liegenden Kolben haben 0,78 m und die stehenden Kolben haben 0,53 m Hub. Die 4 Maschinen fördern zusammen 624 cbm Wasser pro Stunde auf 62,0 m Höhe bei 70,0 m Arbeitsdruck. Die Kessel bestehen aus cylindrischen Oberkesseln von 10 m Länge und 1,3 m Durchmesser mit je 2 Siedern von 8,0 m resp. 7,5 m Länge und von 0,84 m Durchmesser. Sie sind für 6 Atm. Dampfdruck concessionirt und haben je 75 qm Heizfläche und 2,5 qm Rostfläche.

Der Bau einer neuen Pumpstation neben der alten ist im Jahre 1897 in Angriff genommen. Sie ist für 2 Maschinen und 3 Dampfkessel bestimmt. Vorläufig werden eine Maschine und 2 Kessel eingebaut werden. Die alte Brunnenanlage ist auch für die neue Station vorläufig als ausreichend angenommen. Die Maschine ist eine Verbundmaschine mit Dampfkolben von 380 mm und 600 mm Durchmesser und 0,9 m Hub. Sie wird bei 20% Füllung im Hochdruckcylinder und bei 7,5 Atm. Anfangsdruck 120 bis 130 effective Pferdekräfte entwickeln. Die Umdrehzahl pro Minute wird sich zwischen 40 und 70 bewegen, und durch den Regulator soll eine plötzliche Abstellung ermöglicht werden. Die Maschine betreibt eine Schöpfpumpe mit einem Plunger von 460 mm Durchmesser und 0,7 m Hub und eine Druckpumpe mit 2 Plungern von 280 mm Durchmesser und 0,9 m Hub. Sie liefert bei 60 Maschinenumdrehungen pro Minute in einer Stunde 360 cbm Wasser auf 75,0 m Höhe. In die Leitung zwischen der Druckpumpe und dem Rohrnetze ist ausser einem mit der Pumpe verbundenen Windkessel noch ein später für beide Maschinen bestimmter Windkessel von 5,0 m Höhe und 2,0 m Durchmesser, der 3,5 cbm Luftinhalt hat, eingeschaltet, um direct in das Rohrnetz mit Umgehung des Hochreservoirs arbeiten zu können. Die Maschine wird von Gebr. Sulzer in Winterthur geliefert.

Die neuen Dampfkessel sind für 8 Atm. Dampfspannung concessionirt. Es sind Wellrohrkessel von 10 m Länge und 2,2 m Durchmesser im Hauptkessel mit je einem Feuerrohre von 1,25 m resp. 1,35 m Durchmesser. Jeder Kessel hat 86 qm Heizfläche und 2,58 qm Rostfläche. Der Schornstein hat 40,0 m Höhe und 1,3 m oberen Durchmesser im Lichten. Von den Kesseln ist der eine von der Kölnischen Maschinenbau-Actiengesellschaft in Bayenthal, und der andere von Theod. Lammine in Mülheim a. Rhein geliefert.

In ca. 50 m Entfernung von der Gewinnungsstelle ist auf einem massiven Unterbaue von 27,0 m Höhe ein schmiedeeisernes Hochreservoir von 580 cbm Inhalt aufgestellt, welches einen flachen Boden und einen cylindrischen Mantel hat. Es war anfangs nicht überdacht und stand ganz frei. Im Jahre 1895 ist über demselben ein zweites Reservoir von 800 cbm Inhalt (System Intze) aufgestellt, welches auf eisernen Stützen, die das erste Reservoir umgeben, ruht und überdacht ist. Es hat 13,0 m Durchmesser und 5,7 m Höhe in seinem cylindrischen Theile. Sein Wasserspiegel liegt 41,0 m hoch über dem Terrain, das auf 9,64 m + 0 liegt. Die Belastung des Thurmes beträgt in seiner Fundamentfläche 3,98 kg und im Mauerwerke 7,56 kg pro qcm als Maximum. Der Thurm mit dem alten Reservoire hat M. 54 400 gekostet, und die Kosten für die Aufstellung des zweiten Reservoires haben M. 39 500, also die Gesammtkosten für die Reservoiranlage M. 93 900 betragen. Das neue Reservoir ist von F. A. Neumann in Eschweiler geliefert.

Von der alten Pumpstation gehen 2 Druckleitungen, die eine von 300 mm und die andere von 400 mm Durchmesser, von einem Windkessel von 2,8 m Durchmesser und 8,0 m Höhe ab. Die Vertheilungsnetze innerhalb der einzelnen, versorgten Orte sind nach dem Circulationssysteme hergestellt. Sie stehen sämmtlich unter einem einheitlichen Drucke, der je nach der Ortslage variirt. Die Länge der gesammten Leitungen von 400 mm bis 80 mm Durchmesser, sowie die Zahl der Schieber, Hydranten, Springbrunnen und öffentlichen Pissoire hat am Ende jedes der 8 Jahre von 1889 bis 1896 die in der Tabelle 427 angegebene Grösse erreicht.

Tabelle 427.

Jahr	1889	1890	1891	1892	1893	1894	1895	1896
Rohrlänge m	38 117	41 594	43 378	46 780	54 804	57 200	59 228	63 634
Inhalt in cbm	776	830	880	898	1 143	1 226	—	—
Schieber	135	162	162	174	205	222	241	265
Hydranten	185	192	204	217	230	238	279	294
Springbrunnen	—	—	1	1	1	1	1	1
Laufbrunnen	—	—	—	—	1	1	1	1
Oeffentliche Pissoire	2	2	2	3	4	4	3	3

Die Hydranten sind Unterflurhydranten und stehen in ca. 90 m Entfernung von einander. Die Zuleitungen haben meistens 13 mm, 20 mm und 25 mm Durchmesser und sind, ebenso wie die Hausleitungen, aus Bleirohren hergestellt. Ueber die Lieferung der Wassermesser sind beim Wasserwerke Bonn die Angaben mit enthalten, weil der Bezug der Messer ein gemeinsamer für beide Werke ist.

Die Tabelle 428 (S. 498) gibt für das gesammte Abgabegebiet des Wasserwerkes Mülheim für jedes der 8 Jahre 1889 bis 1896 die abgegebene Wassermenge im Ganzen und getrennt nach der für öffentliche Zwecke, für den Selbstverbrauch und für Private, letztere getrennt ob durch und ohne Messer, ferner die Zahl der Anschlüsse im Ganzen und der mit Messern und ohne Messer und den durchschnittlichen Consum einer jeden Art, ferner die Abgabe am Tage des mittleren, des grössten und des kleinsten Consums und endlich verschiedene Verhältnisszahlen an.

Die Tabelle 429 (S. 498) gibt für jedes der 8 Jahre von 1889 bis 1896 den Verbrauch an Kohlen für die Dampfkessel im Ganzen, pro 100 cbm gefördertes Wasser und pro PS.-Stunde bei Annahme der angeführten, mittleren Arbeitshöhen für die Pumpen, ferner die Leistung pro kg Kohlen in m × kg, die Arbeitsstunden der Maschinen im Jahre, die Maschinenzahl und endlich die Zahl der mittleren Arbeitsstunden pro Tag im Jahre pro Maschine an.

Für das Wasser zum Hausbedarf ist jährlich pro qm Etagenfläche 15 Pf. bis zu 500 qm Gesammtfläche, und, wenn diese 500 bis 1000 qm beträgt, 12,5 Pf. und, wenn sie mehr als 1000 qm beträgt, 10 Pf. zu zahlen. Ferner ist zu zahlen im Jahre für jede Badeeinrichtung, jedes Closet und jeden Pissoirstand

Tabelle 428.

Jahr	1889	1890	1891	1892	1893	1894	1895	1896
Gesammtabgabe im Jahre . . . . cbm	1 543 400	1 566 730	1 748 584	2 022 007	2 143 645	2 073 237	2 315 888	2 449 515
desgl. gegen 100 cbm des Vorjahrs »	—	101,5	111,7	115,9	106,0	96,7	111,8	105,7
Liter pro Kopf pro Tag im Mittel . . .	211	68	114	130	84	127	141	146
desgl. am Maximaltage	330	90	164	211	140	196	208	218
Zahl der Anschlüsse	2 011	2 179	2 193	2 609	2 872	3 009	3 225	3 448
cbm pro Anschluss	767	720	797	775	747	690	718	710
Tagesabgabe am								
mittleren Jahrestage . . . . . cbm	4 245	4 292	4 790	5 540	5 873	5 680	6 349	6 711
Maximaltage . . . . »	6 641	5 694	6 904	9 022	9 703	8 786	9 398	9 728
Minimaltage . . . . »	2 450	2 688	3 259	3 602	3 986	3 122	3 246	3 756
Von 100 cbm am mittl. Jahrestage am								
Maximaltage des Jahres . . . . »	156,4	132,6	144,1	162,8	165,2	154,5	148,0	144,9
Minimaltage des Jahres . . . . »	57,7	62,7	68,0	65,0	67,8	55,1	51,3	56,0
Wasser für öffentliche Zwecke . . . »	1 700	1 840	1 870	4 500	4 550	4 950	5 923	6 000
Wasser für Private . . . . »	1 538 400	1 555 730	1 736 584	1 997 207	2 118 095	2 037 557	2 269 965	2 409 515
davon nach Messern . . . . . »	887 186	869 945	928 924	1 089 502	989 502	854 406	940 559	1 060 124
Zahl der Messeranschlüsse	407	432	449	483	494	534	553	578
Wasser für Private ohne Messer . cbm	651 214	685 785	807 660	907 705	1 128 593	1 183 151	1 329 406	1 348 391
Zahl der Anschlüsse ohne Messer . . .	1 604	1 747	1 744	2 126	2 378	2 475	2 672	2 870
Von 100 cbm für Private								
nach Messern . . . . cbm	57,7	55,9	53,5	54,5	46,7	42,0	41,4	44,0
ohne Messer . . . . »	42,3	44,1	46,5	45,5	53,3	58,0	58,6	56,0
Auf 100 Anschlüsse kommen								
Messeranschlüsse	20,2	19,9	20,5	18,5	17,2	17,8	17,2	16,8
Anschlüsse ohne Messer	79,8	80,1	79,5	81,5	82,8	82,2	82,8	83,2
Wasser für das Wasserwerk incl. Spülen, Verlust etc. . . . . . cbm	10 500	9 160	12 000	20 300	21 000	30 730	40 000	34 000
Von 100 cbm Gesammtabgabe für								
öffentliche Zwecke . . . . »	0,1	0,1	0,1	0,2	0,2	0,2	0,2	0,2
Private . . . . »	99,3	99,3	99,3	98,8	98,9	98,3	98,1	98,4
das Wasserwerk . . . . »	0,6	0,6	0,6	1,0	0,9	1,5	1,7	1,4
Gesammtabgabe ohne Messer . . . . »	662 214	696 785	819 660	932 505	1 154 143	1 218 831	1 375 329	1 388 391
desgl. von 100 cbm Gesammtabgabe »	42,7	44,5	46,9	46,2	53,9	58,8	59,4	56,8
Gesammtabgabe nach Messern von 100 cbm Gesammtabgabe . . . . »	57,3	55,5	53,1	53,8	46,1	41,2	40,6	43,2
Abgabe pro Messer . . . . »	2 180	2 010	2 070	2 252	2 001	1 600	1 700	1 834
Abgabe pro Anschluss ohne Messer von der Privatabgabe ohne Messer »	406	393	463	427	475	479	497	458

Tabelle 429.

Jahr	Kohlenverbrauch kg	desgl. pro 100 cbm kg	desgl. pro PS.-Stunde kg	Arbeitshöhe m	Leistung pro kg Kohle m × kg	Arbeitsstunden im Jahr	Zahl der Maschinen	Mittlere tägl. Arbeitszeit pro Maschine Stunden
1889	1 060 590	68,6	3,09	60	87 400	13 082	3	11,9
1890	1 014 003	64,8	2,78	63	97 000	13 242	3	12,1
1891	1 104 632	63,0	2,50	68	108 000	14 259	4	9,8
1892	1 285 441	63,5	2,52	68	107 100	16 231	4	11,1
1893	1 453 200	67,9	2,62	70	103 100	16 349	4	11,2
1894	1 646 185	79,5	3,07	70	88 000	15 961	4	10,9
1895	1 615 710	69,8	2,69	70	100 333	17 839	4	12,2
1896	1 684 665	70,0	3,06	62	88 183	17 900	4	12,3

M. 3,00, für jeden lfd. m Pissoirrinne M. 6,00, für ein Pferd M. 3,00, für Höfe, Gärten etc. pro qm 2,5 Pf. bis 5 Pf. etc.

Nach Messern ist mindestens zu zahlen für Gewerbebetrieb M. 90 pro Jahr und für den Hausgebrauch mindestens vierteljährlich:

bei einem Verbrauche bis cbm	40	50	75	100	125
im Ganzen M.	10,00	12,00	16,50	18,00	20,00.

Der Wasserpreis pro cbm beträgt je nach dem Jahresconsum:

bis cbm	1000	5000	10000	30000	40000	50000	darüber
pro cbm Pf.	15	12,5	10	9	8,5	8	7,5.

An jährlicher Wassermessermiethe ist 15% des Neuwerthes zu zahlen und zwar je nach der Grösse:

Durchmesser mm	13	20	25	30	40	50	75	100
Mark pro Jahr	7	8	12	16	18	24	36	48.

c) Wasserwerk Bonn.

Die Rheinische Wasserwerksgesellschaft hat mit der Stadt Bonn im Jahre 1873 einen Vertrag für die Erbauung und zum Betriebe eines Wasserwerkes abgeschlossen, nach welchem die Stadt nach 15, 25, 35 etc. Jahren das Werk zu einem Preise ankaufen kann, der sich aus der Kapitalisirung der erzielten Rente nach gewissen Sätzen ergibt.

Mit dem Baue dieses Werkes ist noch in demselben Jahre nach dem Projecte und unter Leitung des Directors Schneider begonnen, und dessen Betriebseröffnung hat am 1. April 1895 stattgefunden. Die erste Anlage war für eine Tagesleistung von 4000 cbm bestimmt und hat M. 1260000 gekostet. Die späteren Erweiterungen des Werkes sind vom Director Thometzeck ausgeführt.

Das Wasser wird in der Gemeinde Kessenich, 2200 m von Bonn entfernt, aus einem ca. 15 m vom Rheine entfernt abgeteuften, gemauerten Brunnen von 5,8 m Durchmesser und von 14,0 m Tiefe unter Terrain gewonnen. Dessen offene Sohle liegt 3,5 m unter dem niedrigsten Wasserstande des Rheins. Die Seitenwände des Brunnens sind in den unteren 3,0 m durchlässig. Bei einer stündlichen Entnahme von 621 cbm erfährt der Brunnen nur eine Absenkung von 1,35 m.

In der am Rheine liegenden Pumpstation waren Anfangs 2 Dampfpumpmaschinen, welche von Gebr. Sulzer in Winterthur geliefert sind, und 2 Dampfkessel aufgestellt. Die Maschinen sind liegende Eincylindermaschinen mit Schwungrad und mit Condensation und haben Sulzer'sche Ventilsteuerung. Jede der Maschinen betreibt mittels eines Kunstkreuzes eine stehende, einfachwirkende Hebepumpe und eine liegende, doppeltwirkende Plungerpumpe (System Girard), welch letztere direct mit der verlängerten Dampfkolbenstange gekuppelt ist. Die Druckpumpen haben Etagenringventile. Die Hubpumpen sind 10,0 m tief in dem Brunnen aufgestellt. Sie haben Ventilkolben mit Lederklappen und werfen das Wasser in einen über dem Brunnen aufgestellten Wasserkasten aus, von welchem es durch eine Rohrleitung in ein Reservoir im Maschinenhause fliesst. Aus diesem wird es dann von den Druckpumpen entnommen. Die Dampfcylinder haben 520 mm, die Druckpumpen 300 mm und die Hebepumpen 460 mm Durchmesser. Der Hub der sämmtlichen Kolben beträgt 1,047 m. Die Maschinen machen normal 25 Umdrehungen pro Minute, und es fördert eine jede dabei 180 cbm Wasser in der Stunde auf 64,8 m Höhe bei 69,6 m Arbeitsdruck.

Im Jahre 1893 sind die Hebepumpen in Reserve gestellt und statt derselben ist eine Centrifugalpumpe in Benutzung genommen, welche durch eine stehende Verbundmaschine mit Schiebersteuerung und mit Condensation angetrieben wird. Im Jahre 1891 ist ferner eine stehende Woolf'sche Maschine mit Schiebersteuerung aufgestellt, deren verlängerte Kolbenstangen je eine einfachwirkende Druckpumpe betreiben, welche Plungerkolben und Etagenringventile hat. Die Pumpen fördern pro Minute 200 cbm Wasser, und es kann die stündliche Gesammtförderung ohne Reserve zur Zeit 558 cbm betragen. Die frühere Förderhöhe der Druckpumpen von 64,8 m ist im Jahre 1890 auf 72,5 m erhöht, und gleichzeitig ist der Arbeitsdruck auf 86,0 m gestiegen.

Die beiden zuerst beschafften Dampfkessel waren Walzenkessel von 10 m Länge und 1,3 m Durchmesser mit je 2 Vorwärmern von 7,3 m Länge und von 0,84 m Durchmesser. Jeder dieser Kessel hat 63 qm Heizfläche und 3 qm Rostfläche und ist für einen Dampfdruck von 5 Atm. concessionirt. Später ist ein Zweiflammrohrkessel von 85 qm Heizfläche und im Jahre 1891 ist als vierter Kessel ein Wellrohrkessel von 87 qm Heizfläche hinzugekommen, der ein Flammrohr hat. Die gesammte Heizfläche der 4 Kessel beträgt zur Zeit 295 qm.

Das zuerst hergestellte Hochreservoir hat einen Nutzinhalt von 2700 cbm. Es liegt auf der der Pumpstation entgegengesetzten Seite der Stadt auf dem Venusberge und 5300 m von der Stadt entfernt. Es ist gemauert, überwölbt und mit Erde überfüllt. Im Jahre 1888 ist in 5400 m Entfernung von der Pumpstation ein zweites Hochreservoir von 800 cbm Inhalt speciell für die Versorgung von Godesberg hergestellt. Dieses ist in Cementbeton ausgeführt, überwölbt und mit Erde überfüllt.

Von der Pumpstation führte eine Druckleitung von 303 mm Durchmesser zu dem einen und eine andere von 250 mm Durchmesser zu dem anderen Hochreservoire. Im Jahre 1895 ist ferner noch eine dritte Druckleitung von 303 mm Durchmesser ausgeführt, die nach dem Hochreservoire auf dem Venusberge führt. Die Tabelle 430 (S. 501) gibt für das gesammte Abgabegebiet die gesammte Länge der Rohrleitungen von 303 mm bis 75 mm Durchmesser und die Zahl der Schieber, Hydranten, Springbrunnen, Laufbrunnen und öffentlichen Pissoire, sowie die Zahl der bei den Consumenten vorhandenen Badeeinrichtungen, Closets, Strahlapparate, Motoren und hydraulischen Aufzüge für das Ende von 12 verschiedenen Betriebsjahren in der Zeit von 1875 bis 1896 an.

Die Hydranten stehen in ca. 90 m Entfernung von einander. Die gusseisernen Rohre sind von der Kölnischen Maschinenbau-Actiengesellschaft in Bayenthal geliefert. Für die Anschluss- und Hausleitungen werden Bleirohre verwendet.

Wassermesser sind bis zum Ende des Jahres 1895 im Ganzen (für die beiden Wasserwerke zusammen) bezogen 3227 Stück und zwar von H. Meinecke, Breslau 2702, von Siemens & Halske, Berlin 225, von Dreyer, Rosenkranz & Droop, Hannover 202, von Bopp & Reuther, Mannheim 51 und von C. A. Spanner, Wien-Aachen 47 Stück. Diese vertheilen sich nach der Grösse wie folgt:

Durchmesser mm	7	10	12	13	15	20	25	40	50
Stückzahl	6	127	26	1297	52	1268	58	51	39

mm	65	70	75	80	100	125
Zahl	2	1	9	37	26	1.

Eingebaut waren Ende des Jahres 1894 auf beiden Werken zusammen 2985 Messer.

Die Tab. 431 (S. 500) gibt für jedes der 9 Jahre von 1888 bis 1896 für das gesammte Abgabegebiet des Wasser-

Tabelle 431.

Jahr	1888	1889	1890	1891	1892	1893	1894	1895	1896
Gesammte Abgabe . . . . cbm	1 358 762	1 470 863	1 659 268	1 794 987	1 968 135	2 252 720	2 092 922	2 342 710	2 307 854
desgl. gegen 100 cbm des Vorjahres . . . . . . »	—	108,1	112,8	108,3	109,7	114,3	93,0	111,9	97,5
Liter pro Kopf pro Tag im Mittel	103	91	91	95	116	110	99	99	—
desgl. am Maximaltage . . .	229	172	158	150	242	223	189	162	—
Zahl der Anschlüsse	3 525	3 755	3 987	4 259	4 538	4 796	5 043	5 296	5 608
cbm pro Anschluss im Jahre .	385	392	416	421	435	470	415	456	412
Tagesabgabe am									
mittleren Jahrestage . . cbm	3 712	4 030	4 546	4 918	5 392	6 172	5 734	6 418	6 257
Maximaltage . . . . . »	8 259	7 592	7 963	7 793	11 240	12 520	10 975	10 488	11 945
Minimaltage . . . . . . »	2 426	2 355	2 415	3 318	3 351	3 606	3 800	3 704	3 955
Von 100 cbm am mittleren Jahrestage am:									
Maximaltage des Jahres »	222,2	188,3	175,1	158,4	208,4	202,8	191,5	163,4	199,0
Minimaltage des Jahres. »	65,3	58,4	53,2	67,4	62,2	58,4	66,4	57,7	63,2
Wasser für öffentl. Zwecke »	41 190	60 551	47 209	55 163	70 735	61 116	62 610	72 486	—
davon für Strassensprengen »	12 251	12 330	12 625	13 220	21 539	26 147	26 147	33 496	—
» Springbrunnen . . »	2 650	2 650	3 940	3 940	3 940	3 940	3 940	3 940	—
» Laufbrunnen . . »	—	5 625	2 879	4 696	9 852	11 373	11 192	10 823	—
» Rinnsteinspülen . »	21 840	26 250	24 045	29 190	27 510	11 614	11 614	14 785	—
» Kanalspülen . . »	—	—	580	770	1 505	1 600	3 389	2 750	—
» Bedürfnissanstalten »	—	8 200	2 640	2 847	5 693	5 642	5 528	5 032	—
» Feuerlöschen . . »	—	3 200	500	500	750	800	950	1 200	—
» verschied. Zwecke »	4 449	2 296	—	—	—	—	—	460	—
Von 100 cbm für öffentliche Zwecke für:									
Strassensprengen . . . . »	29,8	20,4	26,7	24,0	30,4	42,8	41,8	46,2	—
Springbrunnen . . . . »	6,4	4,4	8,3	7,1	5,6	6,4	6,4	5,4	—
Laufbrunnen . . . . . »	0,0	9,3	6,1	8,5	14,0	18,6	17,8	14,9	—
Rinnsteinspülen . . . »	53,0	43,4	51,0	53,0	39,0	19,0	18,6	20,4	—
Kanalspülen . . . . . »	0,0	0,0	1,2	1,4	2,1	2,6	5,5	3,8	—
Bedürfnissanstalten . . »	0,0	13,5	5,6	5,1	7,9	9,2	9,0	7,0	—
Feuerlöschen . . . . »	0,0	5,2	1,0	0,9	1,0	1,3	1,6	1,7	—
verschiedene Zwecke . »	10,8	3,8	0,0	0,0	0,0	0,0	0,0	0,6	—
Wasser für Private . . . »	1 317 572	1 390 322	1 592 259	1 720 424	1 882 283	2 172 378	1 996 310	2 245 224	—
davon nach Messern . »	612 899	636 341	801 660	821 827	912 338	1 042 518	959 788	1 093 073	—
Zahl der Messeranschlüsse . .	1 410	1 478	1 751	1 751	1 842	2 111	2 432	2 492	2 664
Privatabgabe ohne Messer cbm	704 673	753 981	790 599	898 597	969 945	1 129 860	1 036 522	1 152 151	—
Zahl der Anschlüsse ohne Messer	2 115	2 277	2 236	2 508	2 696	2 685	2 611	2 804	2 944
Von 100 cbm für Private									
nach Messern	46,5	45,8	50,4	47,8	48,4	48,0	48,1	48,7	—
ohne Messer	53,5	54,2	49,6	52,2	51,6	52,0	51,9	51,3	—
Auf 100 Anschlüsse kommen									
Messeranschlüsse	40,0	39,4	43,9	41,1	40,7	44,0	48,3	47,0	47,5
Anschlüsse ohne Messer . .	60,0	60,6	56,1	58,9	59,3	56,0	51,7	53,0	52,5
Wasser für das Wasserwerk incl. Spülen und Verlust etc. cbm	—	20 000	19 800	19 400	15 117	19 226	20 167	25 000	—
Von 100 cbm Gesammtabgabe									
für öffentl. Zwecke . . »	3,0	4,1	2,8	2,8	3,6	2,7	2,7	3,2	—
» Private . . . . . »	97,0	94,6	95,9	96,1	95,7	96,5	96,4	95,7	—
» das Wasserwerk . . »	0,0	1,3	1,3	1,1	0,7	0,8	0,9	1,1	—
Gesammtabgabe ohne Messer »	745 863	820 697	852 089	973 160	1 040 306	1 189 247	1 133 134	1 223 152	—
desgl. pro 100 cbm der Gesammtabgabe . . . »	54,9	56,7	51,7	54,2	53,6	53,7	54,1	54,5	—
Messerabgabe pro 100 cbm der Gesammtabgabe . »	45,1	43,3	48,3	45,8	46,4	46,3	45,9	45,5	—
Abgabe pro Messer . . . »	435	440	461	470	504	503	395	439	—
Abgabe pro Anschluss ohne Messer . . . . »	333	331	354	358	360	420	397	411	—

Tabelle 430.

Jahr	Rohrlänge m	Schieber	Hydranten	Springbrunnen	Laufbrunnen	Oeffentl. Pissoire	Badeeinrichtungen	Closets	Strahlapparate	Motoren	Hydr. Aufzüge
1875	32 000	—	—	—	—	—	—	—	—	—	—
1877	40 600	81	150	2	2	—	39	140	—	2	—
1882	—	—	150	2	2	2	369	1 424	—	—	—
1888	65 137	199	191	3	6	3	—	—	—	4	—
1889	69 168	212	207	3	6	3	—	—	—	4	—
1890	71 168	258	210	3	7	2	425	3 600	—	4	9
1891	75 641	299	249	3	7	2	425	3 600	—	4	9
1892	78 278	318	253	3	15	2	—	3 437	6	4	9
1893	81 778	342	268	3	18	2	950	3 562	6	4	9
1894	85 798	377	275	3	18	4	—	3 680	7	5	10
1895	92 733	418	302	3	18	4	985	3 960	7	5	10
1896	99 942	475	318	—	—	—	—	—	—	—	—

werkes Bonn die Wasserabgabe im Ganzen, für öffentliche Zwecke, für Private und für den Selbstverbrauch an. Ferner ist die Abgabe für den mittleren, den grössten und den geringsten Consumtag und pro Kopf pro Tag angegeben. Für die Privatabgabe ist die nach Messern und die ohne Messer getrennt und ferner die Zahl der resp. Abnehmer und deren mittlerer Consum angeführt. Endlich gibt die Tabelle entsprechende Verhältnisszahlen an.

Die Tabelle 432 gibt für jedes der 9 Jahre 1888 bis 1896 den Kohlenverbrauch für die Kessel und für 100 cbm

Tabelle 432.

Jahr	1888	1889	1890	1891	1892	1893	1894	1895	1896
Kohlenverbrauch kg	855 700	926 700	1 123 800	1 063 100	1 105 800	1 322 800	1 675 450	1 933 550	1 719 000
Förderhöhe m	64,8	64,8	64,8	71,5	72,5	72,5	72,5	72,5	59,4
Reibungshöhe m	4,8	7,5	13,8	7,1	13,5	13,5	13,5	13,5	6,8
Arbeitshöhe m	69,6	72,3	78,6	78,6	86,0	86,0	86,0	86,0	66,2
Stunden Arbeitszeit	6 568	7 331	8 058	10 056	11 675	13 235	11 370	11 782	10 990
Maschinenzahl	2	2	2	3	3	3	3	3	4
Stunden pro Tag pro Maschin.	9,0	10,4	11,0	9,2	10,6	12,1	10,4	10,8	7,4
Kohlen pro 100 cbm kg	63,0	63,0	68,0	59,4	56,2	58,8	80,0	82,53	74,0
Kohlen pro PS.-Stunde kg	2,44	2,42	2,34	2,04	1,76	1,85	2,51	2,93	3,04
Leistung pro kg Kohle m × kg	110 800	114 900	115 800	132 500	153 000	146 100	107 500	91 996	88 877

Tabelle 433.

Jahr	1895 im Ganzen M.	1895 pro 1000 cbm M.	1896 im Ganzen M.	1896 pro 1000 cbm M.
A. Ausgaben.				
Allgemeine Betriebsunkosten	90 593	19,45	101 014	21,23
Betriebsmaterialien	48 845	10,48	47 094	9,90
Reparaturen	9 288	1,99	12 632	2,65
Krankenkasse etc.	3 033	0,65	3 310	0,70
zusammen	151 759	32,57	164 050	34,48
ferner Steuern und Abgaben	18 727	4,02	19 573	4,11
» Abschreibungen	51 864	11,13	65 598	13,80
» Erneuerungsfondszugang	4 420	0,95	4 420	0,93
» Reservefondszugang	25 161	5,40	31 705	6,66
» Tantièmen	22 516	4,83	24 276	5,10
» 9 % Dividende	202 500	43,46	213 750	44,94
Summe der Ausgaben	476 947	102,36	523 372	110,02
B. Einnahmen.				
Diverse Zinsen	5 578	1,20	5 914	1,24
Durch die Wasserwerke	471 369	101,17	517 457	108,78
Summe der Einnahmen	476 947	102,37	523 371	110,02

gefördertes Wasser, die mittlere Arbeitshöhe der Pumpen, deren Arbeitszeit in Stunden, die Zahl der vorhandenen Pumpmaschinen und die durchschnittlichen Arbeitsstunden für je eine Maschine pro Tag im Jahre, sowie den Kohlenverbrauch pro PS.-Stunde und die Leistung pro kg Kohlen (westfäl.) in m $\times$ kg an.

Der jährliche Wasserpreis nach Schätzung beträgt für das Wasser zum Hausbedarfe pro qm Etagenfläche 10 Pf., ferner für eine Badeeinrichtung oder ein Closet M. 6,00, für ein Pissoir pro Stand M. 3,00 oder pro lfd. m Rinne M. 4,50, für ein Pferd M. 3,00, für Höfe und Gärten pro qm 25 Pf. etc.

Bei der Abgabe nach Messern ist zu zahlen für Gewerbebetriebe beim Mindestverbrauch von 900 bis 1080 cbm pro cbm 10 Pf. und beim Jahresverbrauch von mindestens 9000 cbm 8 Pf. Für den Hausgebrauch, für Gärten etc. ist bei Aufstellung eines Messers für einen Mindestverbrauch von 3 cbm pro Tag 10 Pf. pro cbm resp. beim jährlichen Mindestverbrauch von 200 cbm im Jahre M. 40, von 300 cbm M. 50, von 700 cbm M. 80 und ausserdem für den Mehrverbrauch 10 Pf. pro cbm extra zu zahlen. Als Messermiethe pro Jahr ist je nach der Grösse zu zahlen:

Durchmesser mm	13	20	25	40	50	75	100
Mark . . . : .	7	8	12	18	24	36	48.

d) Schluss.

Für die beiden Betriebsjahre 1895 und 1896, in welchen die gesammte Wasserförderung auf den beiden Werken zusammen 4 658 598 cbm resp. 4 757 369 cbm betragen hat, stellen sich die Kosten des Betriebes etc. im Ganzen und pro 1000 cbm der Förderung wie es die Tabelle 433 (S. 501) angibt.

Der Buchwerth der Anlagen und die Höhe des Reservefonds hat am Schlusse der 3 letzten Betriebsjahre betragen:

Ende 1894 M. 2 506 366 resp. M. 284 486
» 1895 M. 2 454 502 resp. M. 309 647
» 1896 M. 2 525 771 resp. M. 341 352.

XXXIV. Regierungsbezirk Trier.

(Rheinprovinz.)

a) Bernkastel 3 (Wehlen 24). — b) Bitburg 4 (Neuerburg 13). — c) Daun 5. — d) Merzig 11. — e) Ottweiler 15 (Neunkirchen 14). — f) Prünn 17. — g) Saarbrücken 18 (Dudweiler 6, Friedrichsthal 7, St. Johann 9, Malstadt-Burbach 10, Sulzbach 22, Völklingen 23). — h) Saarburg 19. — i) Saarlouis 20. — k) Trier 1. — l) St. Wendel 25. — m) Wittlich 26 (Altrich 2, Heidweiler 8, Monzel 12, Plein 16, Salmrohr 21).

1. k. Regierungshauptstadt **Trier.** (E. 39 118, W. 2900 mit je 13,8 B.)

a) Geschichtliches.

Die alte römische Kaiserstadt, Augusta Trevirorum, das heutige Trier, hatte schon im dritten Jahrhunderte eine künstliche Wasserversorgung, und sie ist von allen deutschen Städten jedenfalls die gewesen, welche sich am frühesten dieser Wohlthat, wenn auch nicht in dem heutigen Sinne, erfreut hat.

Das Wasser wurde dem Flüsschen Riveris entnommen, das sich zwischen Morscheid und Waldrach in die Ruwer, die ein Nebenfluss der Mosel ist, der an deren rechtem Ufer in diese einmündet, ergiesst. Durch einen 12 km langen Kanal wurde das Wasser mit natürlichem Gefälle zum Amphitheater, von dort zum Kaiserpalaste, dann zu den grossen Bädern geleitet und endlich in die Mosel abgeführt. Von dem Kanale sind heute noch mehrere kurze Strecken erhalten. Er hatte im Lichten 1,8 m Höhe und 1,25 m Breite. Oben war er mit einem flachen Gewölbe abgedeckt und hatte auf den inneren Wänden einen blanken Cementputz. Nicht als grosser Kunstbau, wie die mächtigen Aquäducte erregt er heute noch unser Interesse, sondern durch das gleichmässige Gefälle, mit welchem er von Anfang bis zu Ende den Terrainformationen folgte und in grossen Schlangenlinien an den Hügelabhängen sich entlang gezogen hat.

Wahrscheinlich ist der Kanal schon zu Anfang des Mittelalters verfallen gewesen, wenn auch erst vom Ende des 15. Jahrhunderts Nachrichten über eine andere, künstliche Wasserleitung für die Stadt zu uns gelangt sind. Oberhalb der Stadt auf dem ansteigenden rechten Moselufer fliesst in der Nähe des jetzigen Vorortes Heiligkreuz noch heute eine Quelle, der Taufborn, welche schon vor 400 Jahren zur Versorgung der Stadt gedient hat. Im Jahre 1473 gestattete der Kaiser Friedrich III. den Mönchen der Karthause St. Albert, von dem Ueberlaufe dieser Quelle eine Ableitung nach ihren 3 Fischgruben zu machen, und im Jahre 1494 ertheilte er der Stadt die dauernde Concession, das Wasser der Quelle in die Stadt zu leiten, um einen auf dem grossen Marktplatze anzulegenden Brunnen damit zu speisen.

Die Stadt hat damals in der Nähe der Quelle einen Stollen hergestellt, der ihre Ergiebigkeit so stark vermehrte, dass sie schon im Jahre 1503 einzelnen Klöstern und später auch einigen öffentlichen Anstalten den Anschluss an ihre Wasserleitung, die damals bis zu dem Marktbrunnen führte, gestatten konnte.

Als im Jahre 1673 die Karthause zerstört wurde, trat die Stadt in den alleinigen Besitz der Quelle. Der Stadtrath liess damals das Bassin für die Sammlung des Wassers mit einer Brunnenstube umbauen und setzte oben darauf ein geräumiges Zimmer, das mit Wappen von Trierschen Kurfürsten, sowie von hohen Beamten und hervorragenden Bürgern geschmückt wurde und den Rathsherren Jahrhunderte lang als Vergnügungslokal gedient hat. Seitdem hat die Quelle den Namen Herrenbrunnchen erhalten. In jener Zeit sind auch die hölzernen Wasserleitungen innerhalb der Stadt verlängert, und 4 neue Brunnen: der Neptunsbrunnen, der Kornmarktbrunnen, der Herkulesbrunnen und der Viehmarktsbrunnen sind dann an diese angeschlossen. Damals haben auch eine grössere Zahl von Privaten Wasseranschlüsse erhalten. Bei der wechselnden Ergiebigkeit des Herrenbrunnchens ist daraus Jahrhunderte hindurch unter den Wasserberechtigten die Veranlassung zu Streit und zu Processen entstanden.

Im Jahre 1853 wurde die alte, defecte, hölzerne Zuleitung zur Stadt mit einem Kostenaufwande von M. 7260 durch eine gusseiserne Rohrleitung von 125 mm Durchmesser ersetzt, und kurze Zeit darauf erhielt die Stadt einen Ueberfluss an Wasser. Die in dieser Zeit täglich zugeleiteten 350 cbm sanken aber schon im Jahre 1857 wieder auf 80 cbm hinunter. Man glaubte dafür eine Beschädigung des alten Stollens vom Jahre 1494 als Ursache ansehen zu müssen. Nach einer Untersuchung desselben durch den Bergrath Leuschner bestätigte sich das aber nicht. Dieser erklärte vielmehr den Rückgang aus dem Wechsel der atmosphärischen Niederschläge und empfahl der Stadt, einen artesischen Brunnen zur Deckung des Wassermangels herzustellen.

Von anderer Seite wurde trotzdem ein solches Unternehmen als aussichtslos bezeichnet, so dass die Ausführung unterblieben ist. Im Jahre 1863 beschloss der Magistrat dann in seiner Noth, den Abbé Richard zu berufen, der damals als berühmter Quellenfinder sich eines hohen Rufes erfreute, um ihn zu befragen, wo neue Quellen in der Gegend der Stadt für Trinkwasser überall zu finden sein möchten. Nach eingehender Besichtigung schlug dieser vor, aus dem Schiefergebirge oberhalb des Herrenbrunnchens in ca. 700 m Entfernung von demselben neues Wasser zu erschliessen und dem Brunnen zuzuführen. Er bezeichnete dort 5 Stellen als dazu geeignet, von denen 2 an der Zwick'schen Bleiche und 3 am Ende der Ruhetrift liegen. Ferner erklärte er die beim Mariahofe gelegenen Quellen auf dem von Nell-schen Terrain als für die Stadtversorgung geeignet.

In Folge dessen hat die Stadt damals die Wassererschliessung an den vorhin zuerst genannten 2 Stellen ausführen lassen, und es sind hier auch ca. 70 cbm Wasser im Tage gefunden worden. Bei der Ausführung eines Stollens für die Zuleitung dieses Wassers zum Herrenbrunnchen kreuzte man einen in der Richtung zwischen Mariahof und dem Amphitheater sich hinziehenden alten römischen Zuflusskanal, den man nach dessen Aufräumung dann gleichfalls an die Zuleitung angeschlossen hat. Die tägliche Wassermenge wurde damit im Jahre 1867 im Ganzen um ca. 170 cbm erhöht, und sie hat inschliesslich des alten Stollens, der damals wieder 500 cbm lieferte, vorübergehend bis zu 670 cbm betragen.

Das veranlasste, eiligst die Zahl der öffentlichen Brunnen auf 11 zu vermehren und, weil die Leitung von dem Herrenbrunnchen zur Stadt für ein solches Wasserquantum nicht gross genug erschien, so discutirte man zugleich über die Herstellung einer neuen Zuleitung. Aber im folgenden Jahre schon ging das Wasserquantum wieder so weit hinunter, dass man im Jahre 1869 beschloss, statt dessen für den Herrenbrunnchen am Rothenbachthale und bei Mariahof 8 neue Quellen, die 100 cbm bis 120 cbm im Tage liefern sollten, zu erschliessen. Dieses Wasser wird auch seit dem Jahre 1871 durch eine ca. 2000 m lange Leitung aus Thonrohren mit 80,0 m Gefälle dem Herrenbrunnchen zugeführt.

Die Anlagekosten dafür haben einschliesslich einiger Rohrveränderungen in der Stadt bis Ende des Jahres 1873 im Ganzen M. 26000 betragen. Trotzdem wurden die aus dem starken Wechsel des Zuflusses sich ergebenden Kalamitäten damit keineswegs beseitigt, und es wurde für eine genügende Versorgung der Stadt die Zuführung immer grösserer Wassermengen allseitig als ein dringendes Bedürfniss betrachtet. Freudig wurde daher von der Stadtverwaltung einem im Juni 1873 eingegangenen Gesuche eines Ingenieurs Carl Meyer in Köln zugestimmt, ihm Vorstudien für eine Wasserversorgung der Stadt zu gestatten, weil man darin die Aussicht auf eine Hülfe von Aussen erblickte. Nach verschiedenen Verhandlungen mit Meyer, der sich in deren Verlauf eventuell geneigt zeigte, für eigene Kosten eine Versorgungsanlage für Trier herzustellen und zu betreiben, bewilligte die Stadtvertretung ihm einen Termin von 6 Monaten zur Einreichung seines Projectes, und dem hat er auch rechtzeitig entsprochen.

Das Vorgehen Meyer's erregte in der Stadtvertretung die weitere Hoffnung, für den gleichen Zweck auch noch von anderen Fachleuten in so einfacher Weise Vorlagen zur Auswahl erhalten zu können, und man erliess daher im Februar 1874 einen öffentlichen Aufruf zur Einreichung von Projecten für ein städtisches Wasserwerk. Weil die verschiedenen Personen, welche sich zur Ausführung einer solchen Arbeit eventuell bereit erklärten, aber vorher von der Stadt die Zusage eines Honorars, dessen Höhe zwischen $1\frac{1}{2}$ % und $2\frac{1}{2}$ % der Anschlagssumme schwankte, forderten, so beschloss die Stadt im Juli 1874, sich vorläufig mit nur einem zweiten Projecte zu begnügen und beauftragte die damalige Firma Hermann & Mannes in Berlin mit dessen Ausarbeitung. Gleichzeitig wurde noch beschlossen, dieses Project und das Meyer'sche Project demnächst dem Baurath Hobrecht in Berlin und dem Baurath Salbach in Dresden zur Begutachtung vorzulegen.

Inzwischen traten die Gebrüder Horst & Comp. in Köwenbruck mit dem Vorschlage an die Stadt heran, für die Versorgung der Stadt das Wasser von den Ahlbacher Mühlen bei Erdorf durch eine 32 km lange Leitung, die an dem Bahnkörper entlang gelegt werden sollte, zuzuführen. Um dieselbe Zeit legte der Mühlenbesitzer Forstmann in Ruwer der Stadt ein Project des Ingenieurs Krakow in Coblenz vor, nach welchem das Wasser aus der Riveris, die ja schon die Römer versorgt hatte, der Stadt wieder zufliessen sollte. Diese und noch mehrere ähnliche Projecte, welche die verschiedensten Bezugspunkte in's Auge fassten, veranlassten die Stadt schliesslich dazu, dem Gas- und Wasserwerksdirector Rothenbach in Bern die Frage vorzulegen, ob und wie die Stadt überall mit Quellwasser würde versorgt werden können.

Rothenbach erstattete in Folge dessen im August 1875 ein eingehendes Gutachten, das darauf hinausging, dass die Stadt auf eine Gravitationsleitung überall würde verzichten müssen. In der Umgegend der Stadt fehle es überhaupt an einer frei zu Tage austretenden Quelle, die dafür in Frage kommen könne. Die Quellen im Gebiete des Sirzenicher Baches wären für einige öffentliche Brunnen vielleicht wohl zu benutzen. Der Helenenbrunnen bei Euren liege zu tief für eine Zuführung mit natürlichem Gefälle. Das Schiefergebirge am rechten Moselufer schliesse einen Quellenreichthum naturgemäss aus, und am linken Moselufer hätten die Schichten des bunten Sandsteins und damit das Wasser ein Einfallen in den Berg hinein, und es sei hier auch das Niederschlagsgebiet für den vorliegenden

Zweck überall viel zu gering. Die Quellen der Ruwer lägen dafür zu zerstreut und zu weit von der Stadt entfernt. Selbst Bachwasser, oberhalb des Dorfes Riveris entnommen und künstlich filtrirt, biete keine Garantie des steten Genügens. Es würde das auch eine 15 km lange Zuleitung verlangen und das Wasser müsse wegen seiner Temperatur immer minderwerthig erscheinen, sowie auch in seiner Qualität stets hinter gutem Grundwasser zurückbleiben. Ausserdem würden vorher 14 Mühlen wegen Wasserentziehung zu entschädigen sein. Am rechten Moselufer liege die alte Bezugsquelle der Römer bei Walderach jedenfalls für die jetzigen Bedürfnisse zu tief, und es wären unterhalb der Entnahmestelle gleichfalls viele Mühlen zu entschädigen. Der bei Kurenz hinuntergehende Bach habe ein zu geringes Speisegebiet und der Oewiger Bach müsse für die Gerbereien reservirt bleiben. Das Wasser, das aus dem Thale bei Conzerbrück in die Saar eintritt, habe für einen dauernden Bezug einen viel zu schnellen Ablauf. Das Thal des Matheiser Sauerbrunnen sei zu beschränkt und der Matheiser Wald liege mit seinen Quellen zu tief etc.

Rothenbach entschied sich daher, wie vorhin bereits angedeutet ist, für eine Versorgung mit künstlich gehobenem Grundwasser. Für dessen Erschliessung hielt er das Terrain am rechten Ufer der Mosel unterhalb Euren für nicht passend. Auch am linken Ufer erscheint ihm das Terrain bei Ruwer dafür weniger passend, als das zwischen Conzerbrück und Merzlich liegende. Hobrecht und Salbach waren in ihrem Gutachten vom Juni 1895 gleichfalls zu dem Resultate gekommen, dass für eine Versorgung der Stadt nur Grundwasser in Frage kommen könne. Meyer hatte als Gewinnungsstelle den Thalauslauf bei Feyen und eventuell das Ufer bei St. Mathias in's Auge gefasst. Hermann & Mannes dagegen hatten die Gegend zwischen Merzlich und Conzerbrück dafür gewählt, welche die beiden Gutachter, Hobrecht und Salbach, auch für geeigneter hielten, als die von Meyer bezeichnete Gegend, weil sie weiter von der Bebauung abgerückt liegt und eine grössere Ausdehnung hat.

Sie hielten ferner Meyer's Annahme von 20000 Einwohnern mit je 100 Lit. Wasserverbrauch pro Tag, also 2000 cbm pro Tag im Ganzen und für dessen Zuleitung ein Rohr von 200 mm Durchmesser für nicht ausreichend. Sie stimmten dagegen dem anderen Projecte zu, das für 30000 Einwohner pro Tag 150 Liter pro Kopf oder 4500 cbm im Ganzen pro Tag als erforderlich angenommen hatte. Sie wünschten jedoch eine um 11,5 m höhere Lage des Hochreservoirs und verlangten Druck- und Fallrohre zu und von demselben von 350 mm und 400 mm Durchmesser, sowie statt der einen Maschine des Projectes deren 2 und zwar jede für 4500 cbm Leistung in 24 Stunden. Das im August 1875 von Hermann & Mannes durch ihren Ingenieur Feistel dementsprechend geändert vorgelegte Project haben Hobrecht und Salbach schliesslich der Stadt zur Ausführung empfohlen.

Trotzdem beschloss die Stadtverordneten-Versammlung im März 1876 die Abstimmung über einen dahingehenden Antrag, dass die Ausführung des Projectes durch die Baucommission, eventuell unter Zuziehung des Civilingenieurs, jetzigen Geh. Bauraths Veitmeyer in Berlin erfolgen sollte, zu vertagen. Der ursprünglich von Hermann & Mannes aufgestellte Kostenanschlag von M. 562770 war durch die angenommenen Aenderungen auf M. 684790 gestiegen. Im März 1877 nahmen sie in Folge des Rückganges aller Baupreise eine nochmalige Revision des Anschlages vor und gelangten dabei zu den Summen von M. 435545 resp. Mark 505634. Aber trotzdem ist ein Beschluss zum Baue nicht gefasst. Als dann einige Jahre später der Bau der Mosel bahn in Angriff genommen wurde, nahmen die ausgedehnten Eisenbahnwerkstätten bei Conzerbrück das für die Wassergewinnung in Aussicht genommene Grundstück völlig in Anspruch, und damit war dann das ganze Project für immer begraben.

Gelegentlich der Verhandlungen im März 1876 über den vorstehend erwähnten Antrag waren bei der Stadtvertretung sogar Zweifel darüber laut geworden, ob es überhaupt nöthig sei, dass die bisherige Wasserversorgung der Stadt durch eine andere Anlage ersetzt oder ergänzt werde. In Verfolg davon wurde daher, eingehende Erhebungen über den Zustand der vorhandenen Privatbrunnen vorzunehmen, beschlossen. Es ergab sich dabei, dass im Ganzen 743 Privatbrunnen in der Stadt vorhanden waren und dass nach Angabe der Eigenthümer derselben 509 davon gutes Wasser gaben, während das Wasser der anderen 234 Brunnen von ihren Besitzern als schlecht bezeichnet wurde. In Folge dessen wurde im October 1876 durch den Professor Dr. Sonnenschein in Berlin eine Untersuchung einzelner Privatbrunnen veranlasst, von denen ohne Rücksicht darauf, ob sie für gut oder schlecht galten, beliebig 13 herausgegriffen wurden. Das Resultat war, dass Sonnenschein sie sämmtlich als schlecht bezeichnete. Dadurch angeregt, liess die Stadt im Jahre 1877 von ihm auch das Wasser der 27 öffentlichen Brunnen, welche nicht aus dem Herrenbrunnchen gespeist werden, untersuchen, und es ergab sich, dass nach den damaligen Grenzzahlen des Professors Reichardt in Jena kein einziger von diesen Brunnen ein gutes Trinkwasser lieferte.

Im März 1878 trat dann abermals an die Stadt von Aussen eine Anregung zur Lösung der Wasserfrage heran. Ein Herr J. G. Schomburg in London fragte nämlich an, ob die Stadt vielleicht bereit sei, einem englischen Consortium die Concession für den Bau und Betrieb eines Wasserwerkes für die Stadt zu übertragen. Diese Anfrage wurde vorläufig von der Stadt ebensowenig verneinend abgewiesen, als eine im Mai 1879 an dieselbe gerichtete gleiche Anfrage des Ingenieurs A. F. Lindemann in Dürkheim.

Um dieselbe Zeit theilte der Geh. Bergrath Henoch in Gotha der Stadt mit, er sei bereit, der Wasserfrage in Trier näher zu treten. Natürlich acceptirte die Stadt das Anerbieten mit bestem Danke. In einer im Juni 1879 von Henoch der Stadt erstatteten, gutachtlichen Aeusserung erklärte dieser, dass das aus dem Versuchsbrunnen bei Merzlich entnommene und s. Z. in dem pharmakologischen Institute in Berlin von Dr. Gongoard untersuchte Wasser auf Grund der sog. Grenzzahlen für eine städtische Versorgung ganz ungeeignet sei, und er fand es räthselhaft, dass man für ein solches Wasser überall ein Project habe ausarbeiten lassen können. Aber noch räthselhafter, sagte er, erschiene es ihm, dass man dieses Project habe zustimmend begutachten können. Auf Grund seiner vorläufigen Untersuchungen sprach er sich weiter dahin aus, die Stadt würde ihre Bedürfnisse durch eine Quellwasserleitung mit natürlichem Drucke nicht nur völlig befriedigen könne, sondern sie sei auch in der selten glücklichen Lage, eine solche Befriedigung Anfangs mit sehr geringen Mitteln beginnen und durch succesive Erweiterungen die Anlage dem allmählich wachsenden Consume bis zu voraussichtlich fernen Zeiten stets anpassen zu können.

Es würde hier zu weit führen, das von Henoch vorgeschlagene Project und dessen Begründung im Einzelnen zu verfolgen, und es mag daher genügen, nur einige Punkte daraus kurz zu erwähnen. Nach seiner Ansicht kann freilich das Ruwerthal für eine Versorgung überall erst 12 km oberhalb des Dorfes Ruwer bei Suterath wegen der zu geringen Höhenlage in Frage kommen, und selbst hier ist die Ruwer schon mit den Effluvien einer ganzen Reihe von Ortschaften belastet. Dagegen kann ihr Nebenarm, die Riveris, 2 km oberhalb ihres Eintrittes in die Ruwer, also ca. 8 km oberhalb des Dorfes Ruwer beim Dorfe Riveris in vorzüglicher Weise gefasst werden. Dieser Zufluss würde selbst bei Kleinwasser der Stadt für längere Jahre genügen. Allerdings würden die Einsprüche der darunter liegenden Mühlenbesitzer die Ausführung Jahre lang aufhalten können.

Nach seiner Meinung hat die Kyll nächst dem ersten Eisenbahntunnel, ca. 1,5 km oberhalb Ehrang, eine völlig ausreichende Höhe, um von hier eine Fallrohrleitung zur Stadt legen zu können, welche ca. 15 km Länge erhalten muss und in die dann ein durch die Mosel geführter Düker einzuschalten wäre. Diese Leitung wird nach seiner Ansicht eine ausreichende Speisung durch Sammelleitungen erhalten können, welche in dem Hauptthale und in den Nebenthälern, allmählich dem wachsenden Bedürfnisse voraneilend, immer höher hinauf zu führen sind. Weil die Fallrohrleitung die Orte Pallien und Riveris berühren muss, so können diese gleichzeitig leicht mit versorgt werden, und als Gegenleistung kann dafür von ihnen das Benutzungsrecht der Quellen des Sirzenicher und des Aacher Baches beansprucht werden, deren Wasser, in genügender Höhe gesammelt, in die Fallrohrleitung mit einzuführen ist. Vielleicht wird dieses Wasser für die ersten Jahre nach Henoch's Ansicht überhaupt allein genügen, und es ist dann vorläufig nicht nöthig, die Fallrohrleitung über Biewer hinauszulegen; sie kann vorläufig hier überhaupt erst beginnen. Vielleicht sind nach seiner Ansicht auch am linken Moselufer die Quellen des Zwener und des Eurener Baches und am rechten Moselufer die Quellen im Matheiser und im Albeler Walde in genügender Höhe zu fassen und durch entsprechende Zuleitungen in die Fallrohrleitung zu überführen, ehe es nöthig wird, bis zur Kyll hinauszugehen. Wenn aber schliesslich einmal auch die Quellen der Kyll völlig für die Versorgung nutzbar gemacht sein sollten, so bleibt nach Henoch für eine spätere Vermehrung des Wasserquantums noch immer die Möglichkeit, das Wasser des Riverbaches bei Ruwer über die Mosel zu leiten und bei Ehrang in die Kyllthal-Leitung zu überführen.

Als Schluss dieser geschichtlichen Entwicklung ist die folgende Concessionsertheilung anzusehen.

b) Concessionsertheilung.

1. Vertragsabschluss.

Dass die Widersprüche in den Anschauungen der Sachverständigen, wie sie vorstehend mitgetheilt sind, bei manchem Stadtleiter ähnliche Gefühle wie das Mühlrad bei Faust's Schüler hervorrufen mussten, ist leicht erklärlich, und das um so mehr, weil das letzte Gutachten alle Zweifler an dem steten Vorhandensein genügender Wassermengen auf den Eintritt von regenarmen Zeiten vertröstete, indem erst dann der sichere Beweis zu erbringen sei, und weil diese Zeiten sich leider nicht einstellen wollten.

Das wiederholte Drängen Lindemann's, ihm die Concession für den Bau und den Betrieb eines städtischen Wasserwerkes zu ertheilen, musste vielen der maassgebenden Herren daher als die einzige Hoffnung, sich von diesem drückenden Alp befreien zu können, erscheinen, und es ist erklärlich, dass die Stadtverordneten schliesslich am 22. November 1882 ihre Zustimmung zu dem mündlich zwischen dem Oberbürgermeister de Nys und dem Ingenieur Lindemann verabredeten Concessionsvertrage gern ertheilten. Dieser kam dann am 12. Januar 1883 zum Abschlusse, trotzdem Lindemann sich über die bislang so viel umworbene Wassergewinnungsfrage völlig ausschwieg und der Vertrag dafür nur vorschrieb, dass 4 Monate nach Vertragsabschluss der Concessionar sich erklären müsse, ob er das Wasserwerk ausführen wolle und dass er 6 Monate später mit dem Baue beginnen und vom Tage der definitiven Vertragsabschliessung ab innerhalb 2 Jahren den Betrieb eröffnen müsse.

Wegen des um diese Zeit fast 8 Monate lang anhaltenden und jede zuverlässige Bodenuntersuchung unmöglich machenden, starken Regenfalles wurde der Termin zur Entscheidung über die Vertragsannahme um 2 Monate, also bis auf den 12. Juli 1884 verlängert. Lindemann trat dann die ihm ertheilte Concession an A. Marshall, einem englischen Finanzmann, ab, der schon früher in Pirmasens und in Speier ähnliche Concessionen erworben hatte. Dieser übertrug dann die Vorarbeiten sowie die Projectirung und Bauausführung des Werkes, das im April 1895 in Betrieb kam, dem Civilingenieur H. Gruner in Basel.

Der Vertrag ist für 40 Jahre abgeschlossen und endet mit dem kostenfreien Uebergange sämmtlicher Anlagen etc. an die Stadt. Die letztere kann aber auch nach einer ein halbes Jahr vorher erfolgten Kündigung schon nach 20 Jahren das Werk ankaufen. Als Kaufpreis ist dann der 25fache Betrag des jährlichen Reingewinnes nach dem Durchschnitte der letzten 3 Jahre und zwar binnen Jahresfrist nach der Uebergabe zu zahlen und bis dahin mit 5% zu verzinsen.

2. Hauptpunkte des Vertrages.

Während der Vertragszeit darf die Stadt in ihrem ganzen Gebiete weitere Concessionen nicht ertheilen und den Concessionar selbst keine Concurrenz bereiten, soweit nicht bereits andere Concessionen bestehen (Stadtbach, Herrenbrunnchen). Ausgenommen davon sind ferner Wasserleitungen für solche Orte, an welche der Concessionar zu den vereinbarten Preisen und nach den sonstigen Bedingungen Wasser nicht abgeben will. Er hat jedoch das Recht, auch nach den Vorstädten Wasser abzugeben, soweit die Stadt in ihren Rechten, namentlich in Rücksicht auf den Bezug des Wassers, nicht geschmälert wird.

Das in die Stadt geleitete Wasser muss allen Anforderungen an ein gesundes Trinkwasser entsprechen und in solcher Menge geliefert werden, dass es den Bedürfnissen des gesammten Anwesens aller Consumenten genügt. Der Concessionar ist dabei verpflichtet, einen Rohrstrang zu legen, wenn ihm die Verzinsung des betreffenden Anlagekapitales für diese Ausführung mit 5% garantirt wird.

Bei der Nichterfüllung des Vertrages seitens des Concessionars, speciell wenn er nicht im Stande ist, das von der Stadt benöthigte Wasser zu beschaffen, hat diese nach vorheriger, gerichtlicher Zustellung das Recht, bis zu deren Erfüllung das Wasserwerk auf Kosten des Concessionars und nach den zuletzt geltenden Tarifen bis zu deren Erfüllung zu betreiben, und bei fortgesetzter Weigerung sogar die Concession zu entziehen und das Werk nach Abschätzung zu übernehmen.

Für Brandfälle erhält die Stadt das Wasser kostenfrei. Die Kosten für die in 80 m bis 100 m Entfernung zu stellenden Hydranten zahlt die Stadt zur Hälfte; ferner zahlt sie jährlich M. 3000, wofür bis zu 30000 cbm Wasser an den von der Stadt bezeichneten Stellen durch die von dem Concessionar nach seinen Plänen gelegten Rohrleitungen aus Hydranten oder aus speciell von der Stadt aufgestellten den Brunnen von einer vom Concessionar genehmigten Construction abzugeben ist. Für etwaigen Mehrbedarf der Stadt sind von ihr höchstens 10 Pf. pro cbm zu zahlen.

Für die Bestimmung des Wasserpreises der Privaten soll die bebaute Fläche jeder Etage mit höchstens 15 Pf. pro qm pro Jahr die Grundlage bilden. Der Maximalsatz für ein ganzes Haus soll höchstens M. 20 pro Jahr betragen. Weist der Concessionar nach, dass in einzelnen Fällen mehr Wasser, als dem gezahlten Preise bei Berechnung von höchstens 15 Pf. pro cbm entspricht, verbraucht wird, so kann er die Aufstellung eines Messers fordern.

Der Concessionar hat das alleinige Recht, Leitungen für öffentliche und private Zwecke bis zur Hausgrenze zu legen. Von den Anlagen innerhalb der Häuser ist ihm vor der Ausführung Anzeige zu machen, und er hat dauernd das Recht, diese Anlagen zu controliren etc.

c) Erste Wasserwerksanlage.

Die für die Betriebseröffnung des Wasserwerkes nach dem Vertrage eingeräumte, kurze Frist wurde für die eigentliche Bauausführung noch durch die vorher vorzunehmenden Vorarbeiten wesentlich beschränkt, weil die Frage der Wassergewinnung bislang noch eine offene war. Gruner verzichtete natürlich darauf, durch Felsbohrungen Quellen künstlich erschliessen zu wollen. Auch von einer Benutzung der offenen Quellen im Saarthale, im Gebiete des Biewerbaches, im Kyllthale (Eifel) und im Ruwerthale (Hundsrücker Hochwald) nahm er von vornherein Abstand, weil er nicht nur eine ungenügende Ergiebigkeit, sondern auch zu grosse Kosten fürchtete. Seine Hoffnung war vielmehr ausschliesslich auf das Grundwasser in den Diluvialschichten der Trier'schen Thalmulde gerichtet, in dem er ein gutes Trinkwasser sicher zu finden erwartete.

Seine Untersuchungen nach dieser Richtung bestanden aus zahlreichen Bohrungen, die er auf die ganze Umgegend von Trier ausdehnte. Diese erstreckten sich auf im Ganzen 6 verschiedene Gebiete, von denen 4 auf das Moselthal und je eins in die Nebenthäler des Ruwer und der Kyll entfielen. Die beiden letzteren boten, trotzdem sie am Ausgange von 2 sehr umfangreichen Niederschlagsgebieten der Mosel liegen, für eine Grundwassererschliessung eine noch geringere Aussicht, als eine solche überhaupt für Quellwasser existirte, indem hier schon in 3,0 m bis 4,0 m Tiefe die wasserdurchlassende Schicht liegt. Besser sah es im Moselthale selbst aus, wo sich mächtige, wasserführende Schichten, die unten aus Kies und oben aus einem allerdings feinen Sande bestehen, finden. Es kam dafür die Landspitze zwischen der Mosel und der Saar bei der Saarmündung, sowie das linke Moselufer oberhalb und unterhalb von Trier in Frage. Aber das hier gefundene Wasser enthält so bedeutende Mengen von Ammoniak und von Salpetersäure, dass man darauf vollständig verzichten musste. Es blieb demnach nur das letzte Gebiet, welches das rechte Moselufer unterhalb von Trier bildet, für eine mögliche Benutzung übrig. Die Qualität dieses Wassers zeigte sich nach der Analyse recht brauchbar, indem im Liter Wasser bestimmt sind:

Gesammtrückstand	190,0 mg
Kaliumpermanganat zur Oxydation	3,8 »
Ammoniak	0,06 »
Albuminoidammoniak	0,04 »
Salpetersäure	15,3 »
Chlor	7,1 »
Salpetrige Säure	Null
Deutsche Härtegrade	5,3°.

Das für diese Wassererschliessung in Frage kommende Feld bildet eine sich leicht zur Mosel hinneigende Ebene von dreieckigem Grundrisse, die 3 bis 4 km Länge und ca. 700 m grösste Breite hat. Links begrenzt es die Mosel, und rechts fallen die Abhänge des Grünberges (Schiefer) steil in die Ebene ab. An der Spitze des Dreiecks tritt der Höhenzug hart an die Mosel heran und bildet hier einen Damm, der dem höher als das Flusswasser liegende Grundwasser die Möglichkeit der Fortbewegung thalabwärts abschneidet und es nothwendiger Weise zwingt, sich in den Fluss zu ergiessen. Im südlichen Theile, an der Basis des Dreiecks, überwiegt der Sand und im nördlichen Theile der Fläche überwiegt der Kies in den wasserführenden Schichten, und es war die Aussicht auf die Wasserergiebigkeit in dem letzteren Theile daher eine grössere.

Im März 1884 hat Gruner in dem Schwerpunkte des Dreiecks einen Versuchsbrunnen abgeteuft, den er wegen der kurzen Zeit, die bis zum Termine der vertragsgemässen Eröffnung des Werkes blieb, zugleich als den definitiven Brunnen für den Werksbetrieb benutzen wollte. In 50 m Entfernung landeinwärts von diesem Brunnen und an dem in der Richtung der Mosel von Trier nach Ruwer führenden Wege, westlich von der nach Coblenz führenden Eisenbahn, legte er die Pumpstation an, welche aus einem Maschinen- und Kesselhause und einem Wohnhause besteht. Weil man Anfangs gehofft hatte, der Versuchsbrunnen, der in ca. 500 m Abstand von der Mosel liegt, würde allein für das Werk genügen, so hat man ihn in 4,0 m Durchmesser und 10,0 m Tiefe mit 0,5 m starken, durchlässigen Wänden auf einem gusseisernen Brunnenkranze abgesenkt. Beim Versuchspumpen lieferte er bei 2,34 m Depression nur 28 cbm pro Stunde, und es sind daher südlich und nördlich davon je 2 fernere Brunnen hergestellt, welche aus gusseisernen, im unteren Theile geschlitzten Rohren von 900 mm Durchmesser von 3,0 m bis 5,0 m Länge bestehen, auf die sich bis über Terrainhöhe reichende, gemauerte Schächte von 1,25 m Durchmesser setzen. Die Entfernung zwischen den beiden äussersten Brunnen beträgt 1238 m. Die 5 Brunnen sind mit einander und direct mit dem Saugewindkessel der Pumpen durch eine Saugerohrleitung verbunden, die in von 1,51 m bis 8,67 m wechselnder Tiefe verlegt ist und sich nach ihren Durchmessern wie folgt zusammensetzt:

Rohrdurchmesser	mm	350	300	250	200	125
Rohrlänge . . .	m	302	271	311	307	74.

Beim Probepumpen bis zu einer ihre Benutzungsmöglichkeit begrenzenden Depression, haben die beiden südlichen Brunnen pro Stunde 25 cbm (2,46 m Depr.) und 50 cbm (1,71 m Depr.) und die beiden nördlichen Brunnen 49 cbm (3,39 m Depr.) und 154 cbm (3,23 m Depr.) gegeben, so dass also alle 5 Brunnen zusammen bei dem damaligen Grundwasserstande ca. 300 cbm Wasser pro Stunde liefern konnten.

Im Kesselraume liegen 2 Zweiflammrohrkessel von 5,5 m Länge und von 1,7 m resp. 0,6 m Durchmesser im Hauptkessel resp. in den Flammrohren. Jeder Kessel hat 35 qm Heizfläche und 1,3 qm Rostfläche und ist für 6 Atm. Dampfdruck concessionirt. Hinter den Kesseln ist ein Green'scher Vorwärmer eingebaut.

Im Maschinenhause befinden sich 2 liegende Eincylindermaschinen mit Condensation, mit Schwungrädern und mit Rider-Steuerung. Ihre Dampfkolben haben 425 mm Durchmesser und 0,3 m Hub. Durch Kunstkreuz und Gestänge treibt jede Maschine eine stehende, doppeltwirkende Rittinger-Pumpe an, die einen Saugkolben von 315 mm und einen Druckkolben von 210 mm Durchmesser und freie Ringventile hat. Jede Pumpe liefert bei 20 Doppelhüben pro Minute 102 cbm Wasser pro Stunde. Beide Pumpen stehen in einem bis auf 8,0 m Tiefe unter Maschinenflur hinabreichenden, wasserdichten Schachte.

Die Druckrohre beider Maschinen münden in einen gemeinschaftlichen, schmiedeeisernen Windkessel von 1,1 m Durchmesser und 5,5 m Höhe, von dem ein gemeinschaftliches Druckrohr von 300 mm Durchmesser abgeht. Dieses hat bis zur Stadtgrenze 2405 lfd. m Länge und führt dann mit 2671 m Länge durch die Stadt als Abgaberohr und schliesslich bis zum Hochreservoire als Druck- resp. als Fallrohr weiter. Das Reservoir hat bei 3,0 m Wasserhöhe 1000 cbm Nutzinhalt. Sein Wasserspiegel liegt 33,7 m über Maschinenflur und 47,9 m über der mittleren Saugehöhe der Pumpen. Es ist aus Bruchsteinmauerwerk mit innerer Ziegelbekleidung hergestellt, überwölbt und mit Erde überfüllt.

d) Zweite Wasserwerksanlage.

Im Jahre 1892/93 ist nach dem Projecte des jetzigen Directors des Wasserwerkes M. W. Jackson eine zweite Pumpstation erbaut, welche bei Ehrang am linken Moselufer und ca. 120 m entfernt von der Kyll, einem Nebenflusse der Mosel, liegt. Die Station Ehrang ist von der Station Pfalzel 3570 m entfernt, und es mündet das von ersterer abgehende Druckrohr, das auf 2828 m Länge 200 mm und auf 740 m Länge 250 mm Durchmesser hat, an der Station Pfalzel in das von dieser ausgehende Druckrohr von 300 mm Durchmesser direct ein.

Die Pumpstation besteht aus einem Maschinenhause mit der darüber liegenden Wohnung des Maschinenmeisters und einem daran anstossenden Kesselhause. Weil das dort erschlossene Wasser eisenhaltig ist, so ist die Herstellung einer Enteisenungsanlage nöthig gewesen, welche aus einem Rieselerhause und aus 3 offenen Sandfiltern, sowie aus einem überwölbten Reinwasserreservoire besteht.

Für die Wassergewinnung sind 4 Brunnen an dem Ufer der Kyll, sowie ein Brunnen, der Landbrunnen genannt, landeinwärts hergestellt. Diese 5 Brunnen sind mit einem neben dem Maschinenhause liegenden, wasserdichten Sammelschachte von 3,0 m Durchmesser und 8,0 m Tiefe, aus dem die Pumpmaschine das Wasser entnimmt und der der Centralbrunnen genannt wird, durch 4 Heberrohrleitungen (für 2 der Brunnen dient eine Leitung) verbunden. Die Brunnen sind auf gusseisernen Senkschuhen aus Monier-Rohren von 1,5 m Durchmesser, deren unterstes durchlocht ist, hergestellt, über welchen sich gemauerte Schächte bis über Terrainhöhe erheben. Der Landbrunnen liegt in 165 m Entfernung vom Centralbrunnen. 3 von den Brunnen, der sog. Kyllbrunnen, der Mittelbrunnen und der Fränkelbrunnen genannt, liegen ca. 12 m vom rechten Flussufer und ca. 100 m von einander, sowie ca. 160 m vom Centralbrunnen entfernt Der fünfte Brunnen, der Ostbrunnen genannt, liegt ca. 290 m flussabwärts von dem sog. Kyllbrunnen und ca. 32 m von der Kyll entfernt. Die Länge der Heberleitungen bis zum Centralbrunnen beträgt im Ganzen 1171 lfd. m und zwar 172 m für den Landbrunnen, 167 m für den Kyllbrunnen, 238 m für den Mittelbrunnen, 337 m für den Fränkelbrunnen und 257 m für den Ostbrunnen.

Der Maschinenraum hat eine um 2,0 m gegen das äussere Terrain versenkte Flur, über der eine liegende Verbundmaschine aufgestellt ist, welche Schwungrad, Condensation und eine Gehrauer-Steuerung hat. Die verlängerte Kolbenstange eines jeden der beiden Dampfcylinder treibt je eine liegende, doppeltwirkende Plungerpumpe mit freien Ringventilen direct an. Die Dampfkolben haben 300 mm und 450 mm und die Plunger haben 205 mm und 185 mm Durchmesser; der erstere ist der für die Rohwasserpumpe und der letztere der für die Pumpe für das filtrirte Wasser. Der gemeinschaftliche Hub aller Kolben beträgt 0,5 m. Die Saugleitung für die Rohwasserpumpe kommt von dem Centralbrunnen und ihre Druckleitung mündet in dem Rieselergebäude über den Rieselern. Die Saugeleitung der Reinwasserpumpe kommt von dem Reinwasserreservoire und ihre Druckleitung mündet in die Druckleitung, die von der Station Pfalzel abgeht.

In dem Kesselhause liegen 2 Seitenrohrkessel von 6,7 m Länge und von 1,6 m resp. 0,8 m Durchmesser im Mantel- resp. im Feuerrohre. Jeder Kessel hat 45 qm Heizfläche und 1,85 qm Rostfläche. Die Kessel sind für 6 Atm. Dampfspannung concessionirt. Die Maschinen und die Kessel für die beiden Stationen sind von der Dingler'schen Maschinenfabrik in Zweibrücken geliefert.

Das Rieselerhaus misst 10 m mal 17 m im Grundrisse und besteht unter Flur aus einem 2,0 m tiefen, wasserdichten Bassin, das in 9 verschiedene Abtheilungen für das belüftete Wasser getheilt ist. Ueber 4 von diesen Abtheilungen stehen 4 Cokerieseler in Form von eisernen, zweitheiligen Mänteln von 2,25 m mal 4,0 m im Grundrisse und von 2,8 m Höhe, über welchen Siebkästen und Vertheilungskästen für das Rohwasser aufgestellt sind.

Die Bassins für die 3 Sandfilter sind mit einer 0,15 m dicken Betonschicht und darüber mit einer 50 mm dicken Monierschicht direct auf der Ausschachtung der schrägen Wände und der Böden bekleidet. In den Bassins liegt eine 0,6 m dicke Kiesschicht und darüber eine 0,6 m dicke Sandschicht für die Filtration. Die 3 Filter sind annähernd von gleicher Grösse und haben zusammen ca. 800 qm Filterfläche. Das Reinwasserreservoir ist zweitheilig und auf eisernen Trägern überwölbt. Es fasst 50 cbm Wasser.

e) Der Wasserprocess.

In Folge der grossen Trockenheit im Sommer 1891 war der Grundwasserstand an der Mosel so stark gesunken, dass die Pumpstation Pfalzel verschiedene Tage nicht im Stande war, das Wasserbedürfniss der Stadt Trier in dem gewünschten Umfange zu befriedigen. Fussend auf die Vertragsbestimmung, die der Stadt das Recht einräumt, wenn das Wasserwerk nicht im Stande ist, das von der Stadt und von den Consumenten benöthigte Wasser zu liefern, nach vorheriger, gerichtlicher Zustellung an den Concessionar dessen Wasserwerk auf seine Kosten so lange zu betreiben, bis dieser Concessionar seine Pflichten erfüllt hat, hatte die Stadt damals diesen Weg betreten und in Folge des Widerspruches des Wasserwerkes, dass Wasser genug vorhanden sei, wurde im Jahre 1892 auf Grund des Vertrages ein Schiedsgericht zur Entscheidung dieses Rechtsstreites zwischen den Parteien berufen. Dessen Schiedsspruch lautete derart, dass das Wasserwerk sich gezwungen sah, eiligst für neue Wasserquellen zu sorgen

In Folge dessen ist damals von dem Concessionare die Pumpstation Ehrang in grösster Eile erbaut und auch schon am 15. Juni 1893 in Betrieb gesetzt worden. Bald nachdem Wasser von dieser Station zur Stadt gegeben war, erklärten deren Vertreter unter Mitwirkung des Kreiswundarztes Dr. Boller und des Kreisphysikus Dr. Griesan in Trier, dass das von der Pumpstation Ehrang gelieferte Wasser ungeniessbar sei und dass der Kyllbrunnen Flusswasser enthalte. Auf Grund der von den Medicinalbeamten vorgelegten Untersuchungsresultate über den Befund dieses Wassers wurde dann am 24. August 1893 die polizeiliche Schliessung der Kyllbrunnen vollzogen.

Der Concessionar bestritt die Befürchtungen, welche bei dieser Gelegenheit in Betreff einer Benutzung des Wassers aus dem Kyllbrunnen ausgesprochen waren und suchte die Unrichtigkeit der vorgelegten Gutachten durch Gegengutachten von den Professoren Migula in Karlsruhe und Fränkel in Marburg zu beweisen. Die Stadt verlangte gleichzeitig abermals, dass der Betrieb des Wasserwerks ihr bis auf Weiteres eingeräumt und der Kyllbrunnen gänzlich ausgeschaltet würde, während der Concessionar die Unschädlichkeit des Wassers aus dem Kyllbrunnen behauptete. Zur Entscheidung dieses Rechtstreites wurde abermals ein Schiedsgericht berufen, das aus dem Professor Dr. Gärtner in Jena und dem Baurath Salbach in Dresden bestand, denen als Obmann der Rechtsanwalt Dr. Brüggemann in Saarbrücken hinzutrat.

Der am 8. Januar 1894 verkündete Schiedsspruch ging dahin:

a) dass der Antrag der Stadt, ihr den Betrieb des Wasserwerkes bis auf Weiteres zu überweisen, ebenso wie deren Antrag auf gänzliche Ausschaltung des Kyllbrunnens abzuweisen sei;

b) dass das Wasserwerk die Brunnen an der Kyll unter den folgenden Vorsichtsmaassregeln weiter benutzen dürfe

1 Nach jeder Pause in der Benutzung eines Brunnens sind mindestens 3000 cbm Wasser vor dem Windkessel der Station Pfalzel abzupumpen.

2. Die Brunnen sind um 0,5 m über das Hochwasser der Kyll zu erhöhen; diese Erhöhung ist zu ummauern; die Mauern sind mit einem Steinkranze abzudecken und in flachem Winkel zum Terrain anzuschütten und zu befestigen.

3. Der Concessionar hat durch eventuelle Anschüttungen dafür zu sorgen, dass der Abstand zwischen den Brunnen und dem Flussbette sich nicht verringert.

4. Ferner hat er während des Betriebes regelmässig die folgenden Beobachtungen für die Kyll- und für die sonstigen Brunnen zu veranlassen:

α) täglich: geförderte Wassermenge, Wasserstand, Temperatur;

β) wöchentlich: Härte und Chlorgehalt;

γ) monatlich und ausserdem je am zweiten Tage nach eingetretenem Hochwasser bacteriologische Untersuchungen;

δ) jährlich: chemische Untersuchungen.

c) Die halben Kosten der Untersuchungsarbeiten des Dr. Gärtner fallen der Gesellschaft und alle übrigen Kosten fallen der Stadt zur Last.

Zur Erlangung der Freigabe der polizeilich geschlossenen Brunnen bedurfte es noch einer besonderen Klage des Concessionars, welche am 8. September 1894 zur Wiederfreigabe der Brunnen geführt hat, wobei sein auf einen Schadenersatz gerichteter Antrag damit abgewiesen wurde, dass er die später von Dr. Gärtner vorgenommenen Untersuchungen schon vor der Benutzung der Brunnen hätte anstellen müssen.

Nachdem die Pumpstation Ehrang 2 Jahre hindurch auf Grund der unter Nr. 4 vorgeschriebenen Untersuchungen von Dr. Gärtner als stets einspruchsfrei anerkannt ist, sind von ihm die erforderlichen, fortlaufenden, regelmässigen Untersuchungen bis auf Weiteres während der Folgezeit, wie nachstehend angegeben ist, für die Brunnen und für die Kyll beschränkt:

a) wöchentlich einmal. Temperatur- und Wasserstandsbestimmungen im Betriebe und während der Ruhe, desgleichen während der Zeiten von Hochwasser täglich Wasserstandsbestimmungen;

b) monatlich einmal Bestimmung der Härte und des Chlorgehaltes der Brunnen;

c) monatlich einmal und 24 bis 48 Stunden nach jedem Hochwasser: bacteriologische Untersuchungen der Brunnen;

d) jährlich einmal im Reinwasser Eisenbestimmung und für alle Brunnen eine Generaluntersuchung;

e) jährlich vor der Benutzung des Werkes: die Brunnen zu reinigen, die Wände mit scharfen Bürsten abzubürsten und zuerst 2000 cbm bis 3000 cbm die eine Hälfte direct in die Kyll und die andere Hälfte nach der Station Pfalzel zu schicken.

Von den schiedsrichterlichen Arbeiten in Ehrang hat Dr. Gärtner in einem Vortrage, den er unter dem Titel »Wasserprocess« am 22. Mai 1896 in Jena vor den sächsisch-thüringischen Gas- und Wasserfachmänner-Vereine gehalten hat, ein Bild entwickelt, aus dem Einiges hier wiedergegeben werden mag. Erscheint eine nochmalige Ausführung einer solchen Arbeit, wie sie mit einem gleichen Aufwande von Zeit, Fleiss und Scharfsinn bislang wohl kaum jemals bei einem Brunnen durchgeführt ist, auch nicht wahrscheinlich, so wird der Fachmann von den dabei leitend gewesenen Gesichtspunkten doch gern belehrende Kenntniss nehmen.

Nach Gärtner's Mittheilungen hat der eine von den Gutachtern, die das fragliche Wasser vor ihm untersucht haben, daraus, dass das Wasser von Ehrang eine grössere Zahl von Bacterien enthielt, als das Wasser von Pfalzel, geschlossen, dass ersteres im Zusammenhange mit dem Flusse stehe, ohne zu beachten, dass das Wasser von Ehrang im Verlaufe des Enteisenungsprocesses vorher belüftet, filtrirt und magazinirt gewesen ist und daher Zeit gehabt hat, um eine grosse Vermehrung der Bacterienzahl erfahren zu können. Der andere der früheren Gutachter hat aus der geringeren Zahl der verschiedenen Bacterienarten im Brunnenwasser gegenüber dem Kyllwasser geschlossen, dass beide Wasser nicht im Zusammenhang mit einander stehen und dabei der Verschiedenheit der localen Verhältnisse, als Temperatur, Ruhe und Bewegung etc. keine Rechnung getragen. Nach Gärtner's Ansicht kann die Bacteriologie, abgesehen von dem Nachweise besonders wichtiger Bacterien, z. B. Krankheitserreger etc., nur Auskunft über die Filtrationsleistung, der das Wasser, sei es künstlich oder natürlich, unterworfen gewesen ist, geben. Daher kann bei der Untersuchung von Brunnen nicht das Gesammtwasser mit seinem Keimgehalte, sondern nur das direct in den Brunnen eintretende Wasser ein richtiges Resultat für die Beurtheilung geben.

Die Stadt Trier hatte behauptet, das Wasser aus dem Kyllbrunnen sei directes Flusswasser, während der Vertrag mit dem Concessionar vorschrieb, dass das gelieferte Wasser »allen Anforderungen eines gesunden Trinkwassers entspreche«, also gut und vor jeder Infectionsgefahr geschützt sei. Nach diesen beiden Richtungen sind die Untersuchungen Gärtner's daher ausgedehnt worden, und er gelangt dadurch zu dem Schlusse, dass der Brunnen überhaupt kein directes Flusswasser oder wenigstens doch nur in so geringen Mengen aufnimmt, dass es durch die möglichen Untersuchungsmethoden nicht mehr nachweisbar ist und dass das Brunnwasser als keimfrei anzusprechen sei, weil er nur 32 bis 9 Keime im ccm nachweisen konnte, trotzdem seine Vorgänger 1200 und 400 Keime gefunden hätten. Er sagt, »es sei erklärlich, dass man wohl in einem

Wasser mehr, aber niemals weniger Bacterien finden könne, als hineingehören.«

Das Wasser der Brunnen ist nach seinen Untersuchungen chemisch sehr rein und weich. Sie stehen in einem früher sumpfigen Terrain, unter dem das Wasser aber desshalb nicht schlecht sein muss, weil der Sumpf ja auf eine undurchlässige Schicht nahe unter der Oberfläche schliessen lässt, unter der das Wasser gut ist, weil diese Schicht das Tageswasser abhält, wenn der Brunnen wasserdicht an diese Schicht angeschlossen ist. Soll der Fluss sein Wasser an die Brunnen abgeben, so kann dies nur durch den unteren Theil des Flussbettes erfolgen, weil die Seitenwände aus Lehm bestehen und so gut wie undurchlässig sind. Freilich ist auch der Boden des Flusses, dessen Wasser feine Thon- und Eisentheilchen mit sich führt, so verschlammt, dass seine Poren völlig geschlossen sein werden. Die obere Bodenschicht besteht auf 3,0 m bis 4,0 m Stärke aus einer undurchlässigen Schicht von Lehm und feinem Sand; dann kommt eine Schicht Sand, Kies und Lehm; dann folgt eine Kiesschicht mit Sandsteinbrocken, ein Geröll, welches der Kyll eigen ist; darunter liegt Schotter und weisser Sand, welche beide der in ca. ein km Entfernung vorbeiströmenden Mosel angehören und aus denen die Brunnen gespeist werden. Die geologischen Verhältnisse lassen schliessen, dass nur minimale Mengen Flusswasser in das Brunnenterrain eindringen können.

Gewöhnlich steht das Wasser in den Kyllbrunnen höher als im Flusse. Steigt das Wasser im Flusse, so steigt es auch in den 12 m vom Ufer entfernten Brunnen, aber innerhalb 24 Stunden auch ebenso hoch in dem 200 m entfernten Landbrunnen. Das Steigen in sämmtlichen Brunnen erklärt sich daher nicht aus dem Eindringen von Flusswasser, sondern aus dem Eindringen von Stauwasser. Durch Abpumpen ist der Brunnenspiegel in kurzer Zeit um 2,0 m bis 3,0 m unter den Flussspiegel zu senken, und er hält sich dann auf diesem Niveau, was bei grösseren Verbindungen mit dem Flusse nicht möglich wäre.

Wenn auch im October 1893 das Brunnen- und das Flusswasser gleiche Temperaturen gezeigt haben sollen, so hat das letztere Wasser sich später doch stets erheblich kühler oder wärmer als ersteres gezeigt, und die Temperatur des ersteren ist der des letzteren erst um mehrere Wochen später gefolgt. Temperatursprünge durch rasches Steigen oder Fallen des Flusses zeigen sich nie bei den Brunnen. Diese scheinen nach den 2jährigen Temperaturbeobachtungen aus einem Grundwasserstrome gespeist zu werden, der unter oder neben dem Flusse herläuft. Der Spiegel eines am anderen Ufer der Kyll geschlagenen Rohrbrunnens sank bei starkem Pumpen aus dem sog. Kyllbrunnen um 0,09 m, und dennoch sank bei 17tägigem Pumpen dessen Temperatur ebenso wie die des Brunnens von 15° auf 12,5° bei einer Flusstemperatur von 7°. In dem letzteren Brunnen, dessen Spiegel 2,0 m unter dem Flusswasser stand, hätte das Eindringen von Flusswasser die Kühlung erklären können, nicht aber in dem Rohrbrunnen, weil sein Spiegel höher als der des Flusses stand.

Die chemischen Untersuchungen haben einen merklichen Unterschied zwischen dem Wasser der Kyllbrunnen und des Landbrunnens gezeigt; ersteres ist dem Flusswasser sehr ähnlich, enthält aber wesentlich weniger organische Substanz als letzteres, was auf einen langen Weg, den das erstere im Boden zu durchlaufen hat, schliessen lässt. Das bestätigt auch die Constanz des chemischen Befundes des Brunnwassers, welche sowohl vor einem 3 Wochen andauernden Abpumpen, als auch während dieses Abpumpens und endlich nach dem Einstellen des Pumpens festgestellt worden ist.

Für die bacteriologischen Untersuchungen des in die Brunnen eintretenden Wassers war es schwer, die fremden Bacterien, die sich in dem Wasser finden, welches in den Brunnen stangirt hat, oder die den Brunnenwänden und der Pumpe entstammen oder die mit hineingefallener Erde und anderen Gegenständen zufällig in denselben gelangt sind, auszuschalten. »Denn nicht das Finden, sondern das Nichtfinden von Bacterien ist bei derartigen Untersuchungen die Aufgabe«, wie Gärtner sagt, und das ist nur durch ein sorgfältiges Vermeiden aller der zahlreichen Fehlerquellen möglich. Um bei den Probenahmen zu dem wirklich eintretenden Wasser zu gelangen, sind verschiedene Methoden von ihm angewendet, deren Verfolgung hier aber über den vorliegenden Zweck hinausgehen würde.

f) Wasservertheilung und Abgabe.

Die Versorgung der Stadt erfolgt unter einem einheitlichen und constanten Drucke, der je nach der Ortslage 25,0 m bis 40,0 m beträgt. Das Rohrnetz ist gemischt nach dem Circulations- und nach dem Verästelungssysteme angeordnet. Ende des Jahres 1897 hatte das Stadtrohrnetz, einschliesslich des zur directen Wasserabgabe dienenden Druckrohrstranges innerhalb des Versorgungsgebietes, eine Länge von 34188 m mit 175 Schiebern. Ausserdem betrug die Länge der ausschliesslichen Druckleitungen 5973 mit 7 Schiebern und die der Heber-, Sauge- etc. Leitungen auf der Pumpstation Pfalzel 1281 m mit 10 Schiebern und auf der Station Ehrang 1808 m mit 48 Schiebern. Es gibt das im Ganzen 43250 lfd. m Rohrleitungen mit 233 Schiebern, die sich nach den verschiedenen Durchmessern wie folgt vertheilten:

Rohrdurchmesser mm .	350	300	250	225	200	175
Rohrlänge m	302	5347	1481	3692	1894	977
Schieberzahl	1	14	3	8	16	6

mm	150	125	100	80	70
m	4112	2476	18579	2430	1960
Zahl	25	11	108	35	6.

Die Tabelle 434 gibt für das Ende von 9 verschiedenen Betriebsjahren die Länge des Rohrnetzes und die Zahl der Schieber und Hydranten an.

Tabelle 434.

Jahr	Rohrlänge m	Schieber	Hydranten
1885	26558	166	203
1889	30073	175	240
1890	31397	178	250
1891	34940	191	272
1892	35506	193	278
1893	41677	222	287
1894	41900	224	289
1895	43091	230	302
1896	43250	233	303

Die Hydranten sind Unterflurhydranten mit Selbstentwässerung und stehen in ca. 100 m Entfernung von einander. Sie sind, ebenso wie die Schieber, von Bopp & Reuther in Mannheim bezogen. Die gusseisernen Rohre sind von R. Böcking & Comp. in Halbergerhütte geliefert. Die Zuleilungen sind aus schmiedeeisernen Rohren von 20 mm bis 40 mm Durchmesser hergestellt. Sie haben Rohrschellen (Patent Bopp & Reuther) und Haupthähne in den Kellern. Ein Springbrunnen und ein öffentliches Pissoir sind an die Leitungen angeschlossen. Ende 1894 befanden sich auf

Privatgrundstücken 6200 Zapfhähne, 200 Closets, 150 Badeeinrichtungen, 20 Hausreservoire und ein Schmid'scher Motor von 2,5 PS. in Benutzung.

Bis Ende 1895 waren einschliesslich der Messer für die Städte Bernkastel und Bitburg, deren Wasserwerke gleichfalls Marshall gehören, im Ganzen von C. A. Spanner, Wien-Aachen 1176 und von H. Meinecke, Breslau 5 Wassermesser, also zusammen 1181 Stück geliefert, welche sich nach der Grösse wie folgt vertheilen:

Durchmesser mm	7	13	20	25	30	40	50	65	125
Stückzahl . . .	2	755	279	93	21	24	5	3	1.

Die Zahl der Consumenten hat am 1. October 1897 im Ganzen 1770 betragen, wobei die Stadt Trier, die Garnisonsverwaltung und das Eisenbahnbetriebsamt, trotzdem diese eine grosse Zahl von Anschlüssen haben, nur als je ein Consument gezählt sind. Die Tabelle 435 gibt für die 8 Betriebsjahre 1889 bis 1896 die Wasserabgabe im Ganzen und am Tage des mittleren, sowie des grössten und geringsten Consums und pro Einwohner, die Zahl der Anschlüsse im Ganzen, sowie getrennt nach denen mit Messern und ohne Messer und deren durchschnittliche Abgabe im Jahre und endlich verschiedene Verhältnisszahlen an.

Tabelle 435.

Jahr	1889	1890	1891	1892	1893	1894	1895	1896
Einwohnerzahl	30 408	33 000	36 000	37 600	38 400	39 800	39 993	40 000
Gesammtabgabe im Jahre . . . . . cbm	424 772	411 201	502 950	600 559	585 340	613 323	631 224	672 876
Desgl. gegen 100 cbm des Vorjahres »	—	96,8	122,0	119,4	97,4	104,7	102,9	106,6
Liter pro Kopf pro Tag im Mittel .	38	34	38	43	45	42	43	47
Desgl. als Maximum	79	61	66	97	104	108	86	96
Zahl der Anschlüsse	927	1 045	1 281	1 381	1 463	1 550	1 641	1 712
cbm pro Anschluss im Jahre . . cbm	457	394	412	501	400	396	384	393
Tagesabgabe am								
mittleren Jahrestage . . . . . cbm	1 164	1 127	1 378	1 641	1 604	1 680	1 730	1 838
Maximaltage des Jahres . »	2 400	2 001	2 393	3 663	3 736	4 349	3 444	3 796
Minimaltage des Jahres . »	500	354	463	538	600	633	702	811
Von 100 cbm am mittleren Jahrestage am								
Maximaltage des Jahres . . . . cbm	206,1	177,4	173,9	223,2	233,2	258,1	199,0	205,9
Minimaltage des Jahres . . . . »	20,8	31,4	33,6	32,8	37,4	37,7	40,6	44,3
Abgabe nach Messern . . . . . »	215 000	210 000	336 000	320 000	306 000	319 257	330 641	390 824
von 100 cbm der Gesammtabgabe »	50,5	51,1	66,8	53,5	52,2	52,0	52,3	57,7
Zahl der gestellten Messer	542	601	691	722	768	813	854	906
Abgabe pro Messer . . . . . cbm	397	349	486	443	399	392	387	431
Abgabe ohne Messer . . . . . »	209 772	201 201	166 950	280 559	279 340	294 066	300 583	282 050
von 100 cbm der Gesammtabgabe »	49,5	48,9	33,2	47,5	47,8	48,0	47,7	42,3
Zahl der Anschlüsse ohne Messer . .	385	444	590	659	695	737	787	806
Auf 100 Anschlüsse kommen								
Anschlüsse mit Messer	58,5	57,5	54,0	52,4	52,5	52,4	52,0	52,9
Anschlüsse ohne Messer	41,5	42,5	46,0	47,6	47,5	47,6	48,0	47,1

Die Tabelle 436 gibt für die Jahre 1888 bis 1896 den Kohlenverbrauch (Saarkohlen) im Ganzen, pro 100 cbm Wasser und pro PS.-Stunde bei 49,0 m Arbeitshöhe der Pumpen, die Leistung in m $\times$ kg pro kg Kohle und die Stunden Arbeitszeit der Maschinen im Ganzen und pro Maschin pro Tag im Durchschnitt an.

Tabelle 436.

Jahr	Kohlenverbrauch kg	desgl. pro 100 cbm Wasser	desgl. pro PS.-Stunde	Leistung pro kg Kohle m × kg	Arbeitsstunden im Ganzen	Arbeitsstunden pro Tag pro Maschine
1888	219 050	66,2	3,64	74 180	—	—
1889	276 370	65,1	3,58	75 250	4 315	5,9
1890	283 032	68,9	3,79	71 100	4 120	5,7
1891	383 733	76,4	4,21	64 200	5 074	7,0
1892	450 747	75,0	3,97	68 000	6 193	5,6
1893	545 625	93,2	4,94	54 750	6 958	6,4
1894	554 025	90,4	4,79	64 200	8 523	7,8
1895	539 800	85,5	3,94	64 463	6 795	6,2
1896	535 150	79,5	3,67	73 570	6 734	6,2

Die Tabelle 437 (S. 511) gibt für die 6 Jahre von 1891 bis 1896 die Wasserabgabe für öffentliche Zwecke und dessen verschiedene Verwendungen, ferner die Abgabe für Private im Ganzen, sowie mit Messern und ohne Messer und für den Selbstverbrauch, sowie verschiedene Verhältnisszahlen an.

Als Wassergeld ist pro qm bebaute Grundfläche jeder Etage pro Jahr nach Tarif 15 Pf. zu zahlen, ferner für eine Badeeinrichtung oder ein Watercloset M. 8, für ein Pferd, einen Ochsen, eine Kuh oder einen Wagen M. 4, für Gärten pro qm 8 Pf. resp. 4 Pf. etc. Nach Messern abgegeben ist zu zahlen pro Quartal bis zu 100 cbm Abgabe mindestens M 15 und pro cbm Mehrverbrauch 15 Pf.

Als jährliche Messermiethe ist zu zahlen je nach dem Durchmesser:

Durchmesser mm	13	20	25	30	40
M. pro Jahr . .	10	12	15	17	23.

Das Wasser der Pumpstation Pfalzel wird jährlich einmal chemisch und 12 mal bacteriologisch bei gleichzeitiger Bestimmung der Härte und des Chlorgehaltes und im Vergleiche mit dem Wasser der Mosel untersucht. Für das Wasser der Pumpstation Ehrang finden dieselben Bestimmungen für die einzelnen Brunnen und die Kyll, sowie für das Mischwasser und das

Tabelle 437.

Jahr		1891	1892	1893	1894	1895	1896
Wasser für öffentliche Zwecke	cbm	13 000	22 766	24 998	18 960	23 638	24 235
davon Strassensprengen	»	6 500	16 000	15 331	9 600	13 905	14 070
» Laufbrunnen	»	600	1 600	1 604	1 350	949	949
» Rinnstein- und Kanalspülen	»	1 200	2 000	3 300	3 000	3 083	2 400
» Bedürfnissanstalten	»	1 800	1 800	2 400	2 400	2 400	2 400
» Bewässern öffentlicher Anlagen	»	—	—	—	1 000	1 000	694
» Feuerlöschen	»	400	100	100	100	100	100
» Diverses	»	2 500	1 266	2 263	1 510	2 200	3 622
Von 100 cbm für öffentliche Zwecke:							
für Strassensprengen	cbm	50,0	70,3	61,4	50,6	58,8	58,1
» Laufbrunnen	»	4,6	7,0	6,4	7,1	4,0	3,9
» Rinnsteinspülen	»	9,2	8,8	13,2	15,8	13,1	9,9
» Bedürfnissanstalten	»	13,9	7,9	9,6	12,7	10,2	9,9
» Bewässern öffentl. Anlagen	»	—	—	—	5,3	4,2	2,9
» Feuerlöschen	»	3,1	0,4	0,4	0,5	0,4	0,4
» Diverses	»	19,2	5,6	9,0	8,0	9,3	14,9
Wasser für Private	»	450 000	547 793	516 992	524 672	556 708	626 786
davon nach Messern	»	330 000	314 000	300 000	309 777	325 709	385 559
davon ohne Messer	»	120 000	233 793	216 992	214 895	230 999	241 227
Auf 100 cbm für Private:							
nach Messern	»	73,4	57,3	58,0	59,0	58,5	61,5
ohne Messer	»	26,6	42,7	42,0	41,1	41,5	38,5
Auf einen Anschluss ohne Messer	»	204	354	312	292	294	425
Wasser für den Selbstverbrauch	»	39 950	30 000	43 350	69 691	50 878	49 286
Von 100 cbm im Ganzen:							
für öffentliche Zwecke	»	2,6	3,8	4,2	3,1	3,8	2,6
für Private	»	89,5	91,2	88,4	85,5	88,2	90,1
für Selbstverbrauch	»	7,9	5,0	7,4	11,4	8,0	7,3

Tabelle 438.

Datum	Mischwasser			Moselwasser		
	Chlor	Härtegrade	Bact. in ccm	Chlor	Härtegrade	Bact. in ccm
29./1	14,5	12,3°	3	33,0	11,2	9 120
28./2	14,5	12,9°	5	59,0	14,0	5 300
14./3	15,5	15,1°	13	15,0	9,5	4 326
18./4	14,0	12,3°	2	26,0	10,6	verflüss.
12./5	14,0	12,9°	2	42,0	11,5	?
8./10	13,5	12,3°	4	50,0	10,6	verflüss.
6./11	15,5	14,8°	2	24,5	10,6	3 400
30./12	27,5	8,1°	1	40,0	14,0	5 656

Tabelle 439.

Datum	Bestimmung	Reinwasser	Rohwasser	Landbrunn.	Kyllbrunnen	Fränkelbr.	Mittelbrunn.	Kyllfluss
11./5	Härtegrade	17,9°	17,9°	19,6°	14,6°	14,6°	14,6°	9,0°
	Chlor mg.	12	13	22	8	10	10	6
	Bacterienzahl	142	2	11	1	3	3	verflüss.
25./6	Härtegrade	14,6°	14,6°	21,3°	11,6°	11,2°	11,2°	11,6°
	Chlor mg.	12	12	23	8	8	8	7
	Bacterienzahl	500	11	25	4	9	9	verflüss.
11./8	Härtegrade	15,1°	14,6°	21,7°	10,1°	10,1°	10,1°	11,6°
	Chlor mg.	12	12	25	7	8	8	6
	Bacterienzahl	1	4	1	6	6	6	verflüss.
28./8	Härtegrade	14,0°	13,4°	18,5°	9,1°	11,2°	10,1°	7,8°
	Chlor mg.	12	11	23	8,5	8	8	5
	Bacterienzahl	4	4	96	0	1	4	verflüss.

Reinwasser statt. Die Chlor- und die Härtebestimmungen finden wöchentlich statt. Der Eisengehalt des Wassers der Kyllbrunnen hat im Jahre 1892 im Liter 5 mg betragen und ist im Jahre 1896 auf 3,5 mg hinuntergegangen. Im Landbrunnen sind in denselben Jahren 20 mg resp 13 bis 14 mg Eisen bestimmt, so dass in beiden Brunnenanlagen eine wesentliche Abnahme des Eisengehaltes constatirt ist.

Die bacteriologischen Untersuchungen, sowie die Bestimmungen des Chlorgehaltes und der deutschen Härtegrade auf der Station Pfalzel haben im Jahre 1896 die auf Tabelle 438 (S. 511) angegebenen Werthe ergeben.

Auf der Station Ehrang sind die in der Tabelle 439 (S. 511) angegebenen Werthe dafür im Jahre 1896 bestimmt.

Die Brunnen der Station Ehrang hatten bis zum 4. Mai 1896 seit Ende August des vorhergehenden Jahres unbenutzt gestanden und sind dann wieder in Betrieb genommen. Die Resultate der bacteriologischen Untersuchungen am 4. Mai vor dem Beginne des Pumpens und an den folgenden Tagen während des Abpumpens gibt die Tabelle 440 an

Tabelle 440.

Monat Mai Datum	Im Ganzen abgepumpt cbm	Keime in ccm		
		Land-brunnen	Kyll-brunnen	Mittel-brunnen
4.	—	832	520	768
6.	2 116	—	39	24
7.	—	38	22	—
8.	—	28	16	14
9.	4 500	22	19	—
11.	7 250	11	1	3

Die Tabelle 441 gibt die Resultate der chemischen Untersuchungen des Wassers in mg pro Liter auf den beiden Stationen für die verschiedenen Brunnen etc. an.

Tabelle 441.

Entnahmestelle	Abdampfrückstand	Glühverlust	Glührückst.	Chlor	Kochsalz	Gesammte Härte D. G.	Bleibende Härte D. G.	Kalk	Schwefelsäure	Metall. Eisen	Salpetersäure	Salpetr. Säur.	Ammoniak	Organische Substanz
Station Ehrang. 28./8 1896														
Reinwasser	333	142	191	12	19,8	14	8,4	105	50	0	0	0	0	3,98
Rohwasser (Rieseler)	325	137	188	11	18,1	13,4	8,1	98	48	4,5	0	0	0	3,66
Landbrunnen	515	215	300	23	37,9	18,5	11,2	155	78	14,0	D. Spur	0	0	3,76
Fränkelbrunnen	275	120	155	8	13,2	11,2	7,6	94	38	3,5	0	0	0	3,00
Mittelbrunnen	260	85	145	8	13,2	10,3	7,3	73	38	1,75	0	0	0	3,00
Kyllbrunnen	230	100	130	8,5	14,0	9,8	8,1	64	44	3,5	0	0	0	3,50
Kyllfluss	140	70	70	5	8,25	7,8	5,9	51	40	0,5	0	0	0	22,40
Station Pfalzel. 6./11 1896														
Brunnen I	315	145	170	12	—	14,6	10,6	77,3	50	—	} zieml. viel 10 mg	0	0	0,32
» II	260	135	125	9	—	11,2	7,8	55,4	42	—	desgl.	0	0	4,27
» III	265	120	145	14	—	11,2	11,0	55,4	58	—	noch mehr	0	0	0,63
» IV	230	110	120	9	—	9,0	8,4	38,0	46	—	N. Spur	0	0	3,06
» V	375	140	235	19	—	17,9	12,3	95,0	64	—	zieml. viel	0	0	1,58
Mischwasser	330	145	185	16	—	14,0	9,0	81,6	56	—	desgl.	0	0	1,26
Moselfluss	285	135	150	24	—	10,6	9,5	58,0	66	—	N. Spur	0	0	12,0

2. m. **Altrich.** (E. 784.)

Die Wasserversorgung der Gemeinde Altrich erfolgt seit dem Jahre 1891 durch eine für deren Rechnung hergestellte Quellwasserleitung, welche der Ingenieur H. Scheven in Bochum ausgeführt hat. Das Wasser fliesst mit natürlichem Gefälle einem Hochreservoire zu, das nach dem Monier-Systeme ausgeführt ist. Die Maximalergiebigkeit der Quelle beträgt im Tage 80 cbm.

3. a. **Bernkastel a. d. Mosel.** (E. 2392.)

Für die Wasserversorgung der Stadt Bernkastel besteht seit dem Jahre 1886 eine Anlage, welche Eigenthum des Besitzers des Wasserwerkes Trier, A. Marshall in London ist und welche von diesem auf Grund eines mit der Stadt am 1. Februar 1886 abgeschlossenen Vertrages, der eine Dauer von 50 Jahren hat, betrieben wird. Das Werk geht nach Ablauf des Vertrages, also im Jahre 1936, kostenfrei in den Besitz der Stadt über, kann aber vom Jahre 1926 ab nach einer ein halbes Jahr vorher von der Stadt erfolgten Kündigung von dieser nach einem von Experten festgestellten Schätzwerthe oder, falls das Werk in den letzten 5 Jahren eine Rente abgeworfen hat, gegen einen Werthsatz, welcher der Capitalisirung der Rente entspricht, übernommen werden. Als täglich von dem Unternehmer zu lieferndes Maximalquantum sind 60 Lit. pro Kopf der jeweiligen Bevölkerung der Stadt im Vertrage festgestellt. Der Unternehmer hat das ausschliessliche Recht erhalten, sämmtliche Rohrleitungen mit Ausnahme derjenigen innerhalb der Häuser zu legen.

Für Rechnung des Unternehmers ist die erste Anlage dieses Werkes nach dem Project des Ingenieurs H. Gruner in Basel ausgeführt. Diese hat M. 50000 gekostet und war für 350 cbm Wasser pro Tag bestimmt. Der Betrieb wird jetzt von dem Director des Wasserwerkes Trier, M. W. Jackson geleitet, nach dessen Projecte und unter dessen Leitung auch später die Enteisenungsanlage für das Werk ausgeführt ist.

Das Wasser wird in dem am linken Moselufer und von der Stadt stromabwärts auf einem Höhenzuge liegenden Cueserwalde aus Quellen entnommen, welche in 258,0 m NN. Höhe entspringen. Deren Wasser floss früher in einem Bache, der sich noch jetzt in einer Schlucht auf der Grenze zwischen der Banncueser und Andeler Flur hinunterzieht und die Weiher-Wiesen kreuzt, ab und gelangte in 0,7 km Entfernung unterhalb der Stadt in die Mosel. Jetzt wird es in einer 723 m langen gusseisernen Leitung von 80 mm Durchm. abgeleitet, welche in ein in den Weiher-Wiesen erbautes Hochreservoir einmündet, dessen Wasserspiegel auf 168,8 m + 0 liegt. Von hier führt eine Fallrohrleitung von 1104 m Länge und 125 mm Durchmesser bis zur Grenze der Stadt, deren Terrainhöhe zwischen 110,8 m + 0 und 125,0 m + 0 schwankt. Später ist in ca. 200 m Entfernung von der Quelle durch eine 225 m lange Leitung von 60 mm Durchmesser auch das Wasser aus einem alten Stollen, das früher in 230,0 m + 0 Höhe frei abfloss, in die Leitung von 80 mm Durchmesser eingeführt.

Das Hochreservoir hat einen Inhalt von 136 cbm bei 2,8 m Wasserhöhe. Es hat im Lichten 12,5 m Länge und 4,8 m Breite und ist von Mauerwerk ausgeführt, in den Boden versenkt, überwölbt und mit Erde überfüllt. Später ist noch ein directer Einlauf in das Reservoir von Wasser aus dem vorerwähnten Bache hergestellt, in welchen für den Zweck ca. 10 m oberhalb des Reservoirs und in 174,8 m + 0 Höhe ein gemauerter Einbau zum Aufstau seines Wassers eingesetzt ist. Eine Leitung von 80 mm Durchmesser führt von hier das Wasser zu einem sogenannten Bachfilter, das im Freien vor dem Reservoire liegt und aus 3 neben einander aufrechtstehend eingegrabenen und in ihren Böden geschlossenen Monier-Rohren besteht. 2 von diesen Rohren haben 1,0 m Durchmesser und 4,0 m Höhe und sind bis auf 1,0 m Höhe über ihrem Boden mit Filtermaterial gefüllt, während das dritte Rohr, mit seiner Oberkante um 1,0 m tiefer aufgestellt, 0,5 m Durchmesser bei 3,0 m Höhe hat und als Reinwasserreservoir dient. Eine Leitung von 50 mm Durchmesser verbindet dieses Reservoir mit dem Hochreservoire, während die beiden Filter nach Belieben zur Reinigung ein- und ausgeschaltet werden können.

Das Wasser der Quellen hat einen, wenn auch nicht bedeutenden Eisengehalt, der aber doch dessen Verkauf erschwerte und mitunter auch Verstopfungen der Leitungen veranlasst hat. Vor einigen Jahren ist daher auf einem ca. 80 m vor dem Reservoire in 188,2 m + 0 hergestellten Plateau, das nur 7 m im Quadrat misst, eine kleine Enteisenungsanlage hergestellt. Diese besteht aus einem Gebäude, das einen Werkzeugsraum und eine Sandkammer, jeder Raum von 2 m im Quadrat im Grundrisse, enthält. Davor sind im Freien und zum Theil in den Boden eingelassen 4 Filter und 4 Reinwasserreservoire, welche gleiche Dimensionen wie die Reservoire für das Bachfilter haben und ebenfalls aus unten geschlossenen Monier-Rohren bestehen, aufgestellt. Als Waschwasser für den Sand wird Wasser aus dem Bache benutzt, das durch eine ca. 40 m lange Leitung zugeführt wird. Die Rohrverbindungen mit den Filtern und Reinwasserreservoiren sind aus schmiedeeisernen Rohren von 40 mm Durchmesser mit 16 Ventilen hergestellt. Diese Anlage functionirt vorzüglich und bedarf nur zum eventuellen Reinigen der Filter ausnahmsweise einer kurzen Arbeit.

Die Vertheilungsleitungen in der Stadt haben im Ganzen 2554 m Länge und sind mit 17 Schiebern und 24 Hydranten verbunden. Alle vorhandenen Leitungen haben überhaupt 4649 m Länge und setzen sich, ebenso wie die mit ihnen verbundenen 43 Absperrungen, nach den Durchmessern wie folgt zusammen:

Durchmesser	mm	125	100	80	60	50	40
Rohrlänge	m	2199	495	1687	225	11	32
Schieberzahl		9	6	10	—	2	16.

Die heutigen Anlagekosten belaufen sich im Ganzen auf M. 90000 oder M. 37 pro Kopf. Die jährlichen Einnahmen betragen ca. M. 6000, und die jährlichen Betriebsausgaben stellen sich auf M. 1700.

Die Stadt hat für das Wasser für städtische und gemeinnützige Zwecke 10 Pf. und, falls sie das Wasser zum Aichen von Fässern benutzen will, 5 Pf. pro cbm zu zahlen. Bei der Wasserabgabe ohne Messer gilt für die Mindestzahlung die tägliche Abgabemenge von 175 Lit. pro Anschluss als Norm, und es ist monatlich als Wassergeld zu zahlen je nach der geschätzten Tagesabgabe bis zu

Liter pro Tag	175	270	360	460	700
M pro Monat	1,50	2,15	2,75	3,50	4,75.

Bei der Abgabe nach Messern, deren Aufstellung sowohl der Consument als der Lieferant verlangen kann, zahlen Industrielle als Maximum 20 Pf. pro cbm. Andere Private zahlen bei einem täglichen Verbrauche bis zu

Liter pro Tag	200	300	400	500	750	1000
Pf. pro cbm	25	24	23	22	21	20.

4. b. **Bitburg.** (E. 2745.)

Für eine Wasserversorgung der Stadt Bitburg hat die Stadt mit dem Besitzer des Wasserwerkes Trier, A. Marshall im Juli 1887 einen Vertrag abgeschlossen, der ihm für 50 Jahre, vom 1. Januar 1888 ab gerechnet, die ausschliessliche Concession zur Benutzung der städtischen Strassen etc. für das Verlegen von Wasserleitungsrohren und zur Abgabe von Wasser einräumt. Mit Ablauf des Vertrages soll das Werk kostenlos in den Besitz der Stadt übergehen. Vorher kann die Stadt, sobald das Werk 5 % oder mehr Rente abwirft, nach vorheriger, halbjähriger Kündigung dasselbe käuflich zu einem Kaufpreise, der dem 25fachen Reinertrage nach der Durchschnittsrente der 3 Vorjahre entspricht, erwerben. Die Anlage sollte laut Vertrag Anfangs für eine Leistung von 200 cbm pro Tag erbaut werden und später in seiner Leistung verdoppelt werden können.

Das Wasserwerk ist nach dem Projecte und unter der Leitung des damaligen Directors B. Klahr des Wasserwerkes Trier ausgeführt. Das Wasser wird im Nimsthale oberhalb der Steinbrücke aus dem Grundwasser durch einen Brunnen gewonnen und mittels einer durch Dampfkraft getriebenen Pumpe in ein auf dem Rathhausthurme aufgestelltes Hochreservoir von 150 cbm Inhalt durch eine Druckleitung von 125 mm Durchmesser auf 110,0 m Höhe gefördert. Die Pumpstation besteht aus einem Kesselhause von 10 m Länge und 6,5 m Breite und einem Maschinenraume von im Lichten 9 m Länge bei 5 m Breite und 4,0 m Höhe, dessen Flur 1,5 m tief unter Terrain hinabreicht und über welchem eine Wohnung für den Maschinenwärter liegt.

Der Brunnen besteht aus einem durchlochten, gusseisernen Brunnenrohre von 0,8 m Durchmesser und 4,0 m Länge, das mit seiner Oberkante bis auf 3,0 m Tiefe unter Terrain abgesenkt und aussen auf 2,0 m Durchmesser in 1,7 m Höhe mit einer Kiesschüttung umgeben ist, auf welche sich eine 0,2 m dicke Lehmbekleidung und darüber ein 0,8 m dicker Betonklotz setzt. Darauf steht, 0,8 m hoch und bis zur Oberkante des Brunnenrohres reichend, ein Mauerklotz, über welchem sich ein 1,5 m hoher Einsteigeschacht von 1,25 m Durchmesser, der in Mauerwerk ausgeführt ist, erhebt und über Terrain mit einem abgepflasterten Erdkegel umgeben und oben bis auf eine Einsteigeöffnung geschlossen ist. Zum Maschinenhause führt von hier eine Saugeleitung von 125 mm Durchmesser und 75 m Länge.

In der Pumpstation befinden sich 2 Kessel von je 17 qm Heizfläche, die für 6,5 Atm. Dampfdruck concessionirt sind. Es sind Einflammrohrkessel von 1,3 m Durchmesser der Hauptkessel und 0,65 m Durchmesser der Feuerrohre; beide Kessel haben 4,3 m Länge. In dem Maschinenraume ist eine liegende Eincylindermaschine aufgestellt, und es ist hier noch Platz für eine zweite Maschine vorhanden. Vor dem einen Ende des Dampfcylinders liegt die Kurbelachse mit 2 Schwungrädern, und vor dem anderen Ende liegt die direct von der verlängerten Kolbenstange angetriebene Druckpumpe und weiter dahinter die Luftpumpe. Die Druckpumpe ist eine doppeltwirkende Plungerpumpe mit freien, zweisitzigen Ringventilen. Der Dampfkolben hat 275 mm und der Plunger 110 mm Durchmesser, und beide haben 0,4 m Hub. Die Maschine macht bis zu 60 Umdrehungen pro Minute und kann pro Stunde 23 cbm Wasser liefern. An die Druckleitung von 125 mm Durchmesser ist seitlich ein schmiedeeiserner Windkessel von 0,6 m Durchmesser und 2,4 m Höhe angekuppelt. Die Kessel und die Maschine sind von der Dingler'schen Maschinenfabrik in Zweibrücken geliefert.

Für das schmiedeeiserne Hochreservoir ist als 11,0 m hoher Unterbau der alte, aber umgebaute Thurm des Rathhauses benutzt. Das Reservoir (System Intze) hat in dem cylindrischen Theile 5,5 m Durchmesser und 5,4 m Höhe und unten einen 1,5 m hohen abgestumpften Kegel von 3,0 m unteren Durchmesser und oben eine conische Zusammenziehung auf 4,0 m Durchmesser von 0,5 m Höhe. Es steht unter Dach und ist mit Rabitz-Cementputz mit Drahtgeflecht ummantelt.

Die Druckleitung hat bis zur Stadtgrenze 1261 m Länge. Das Stadtrohrnetz hat 3029 lfd. m Länge und ist mit 20 Schiebern und 15 Hydranten verbunden. Die gesammten Rohrleitungen haben 4540 m Länge mit 25 Schiebern und setzen sich, nach den Durchmessern getrennt, wie folgt zusammen:

Rohrdurchmesser mm	125	100	80	70
Rohrlänge . . . m	1969	276	1223	622
Schieberzahl . . .	8	6	5	6.

Ende des Jahres 1895 waren 47 Messer von 13 mm und 6 von 20 mm Durchmesser in Benutzung, die von C. A. Spanner, Wien-Aachen geliefert sind.

Die Anlagekosten haben ca. M. 100000 betragen, und die jährlichen Einnahmen stellen sich auf ca. M. 18300 gegenüber den Betriebsausgaben von ca. M. 5300.

Die Maximalzahlung für das Wasser beträgt je nach dem jährlichen Wasserbezuge:

cbm bis zu	200	300	400	500	750	1000
Pf. pro cbm	25	24	23	22	21	20

cbm	2000	5000	darüber
Pfg	18	16	15.

Dabei ist eine Vorauszahlung pro Quartal vorgeschrieben, welche je nach dem voraussichtlichen täglichen Bezuge beträgt:

pro Tag bis Liter	200	300	400	500
M. pro Quartal	6,00	7,50	9,30	11,25.

Der Unternehmer kann die Aufstellung von Messern jederzeit verlangen. Als jährliche Wassermessermiethe ist je nach der Grösse zu zahlen:

Durchmesser mm	10	13	15	20	25	50
M. pro Quartal	9	13	15	18	21	24.

Das Wassergeld wird für den Unternehmer von der Stadt einkassirt. Die Stadt erhält das Wasser für Feuerlöschen unentgeltlich und zahlt für das sonstige Wasser für öffentliche Zwecke, für öffentliche Anstalten etc. den niedrigsten, sonst von Privaten überall gezahlten Preis.

5. c. **Daun.** (E. 950.) Ohne Antwort.

6. g. Dudweiler. (E. 13467.)

Zur Wasserversorgung der Gemeinde Dudweiler ist für deren Rechnung im Jahre 1897 mit dem Baue eines Wasserwerkes nach dem Projecte und unter der Leitung des Ingenieurs H. Ehlert in Düsseldorf begonnen. Die Anlage ist für eine tägliche Leistung von 2100 cbm bestimmt und war auf M. 440000 oder M. 32,66 pro Kopf veranschlagt.

Das Wasser wird aus einem gemauerten Brunnen von 2,0 Durchmesser und 10,0 m Tiefe, der im Buntsandsteingebirge abgeteuft ist, entnommen. Eine liegende Verbundmaschine, von welcher event. die eine Hälfte allein arbeiten kann, betreibt 2 liegende, doppeltwirkende Plungerpumpen, welche direct mit deren Kolbenstangen gekuppelt sind. Die Dampfkolben haben 250 mm und 395 mm Durchmesser und 0,5 m Hub. Jede Pumpe fördert pro Stunde 86 cbm Wasser bei 120,0 m Arbeitshöhe. Die Maschine hat die Firma Ehrhard & Sehmer in Schleifmühle und die beiden Zweiflammrohrkessel von je 50 qm Heizfläche die Firma Poensgen & Pfahler in St. Ingbert geliefert.

In 2,5 km Entfernung von der Pumpstation ist ein Hochreservoir von 600 cbm Inhalt hergestellt, dessen Wasserspiegel 110,0 m über der Gewinnungsstelle liegt. 2 Druckleitungen, die eine von 125 mm Durchmesser und 2400 m Länge und die andere von 200 mm Durchmesser und 2800 m Länge dienen zugleich als Versorgungsleitungen. Das Vertheilungsnetz wird nach dem Verästelungssysteme ausgeführt und steht unter einem einheitlichen, constanten Drucke. Es sind ca. 30000 lfd. m Rohre von 200 mm bis 80 mm Durchmesser projectirt, die mit 161 Schiebern und 220 Hydranten verbunden werden. Für die Zuleitungen sollen verzinkte, schmiedeeiserne Rohre verwendet und für die erwarteten 1000 Hausanschlüsse sollen Wassermesser von Lux, Ludwigshafen, bezogen werden.

7. g. Friedrichsthal. (E. 6964.)

Der Ort Friedrichsthal, welcher mit dem Weiler Bildstock zusammen eine Gemeinde bildet, ist bislang durch Quellwasser versorgt, das mit natürlichem Gefälle zugeführt wird. Damit werden 16 Laufbrunnen und 7 Ventilbrunnen, die zur allgemeinen Benutzung dienen, gespeist.

Anfangs 1898 ist mit dem Baue einer Anlage für eine allgemeine Versorgung begonnen, die auf M. 340000 im Ganzen oder M. 48,82 pro Kopf veranschlagt ist und für welche der Ingenieur H. Ehlert in Düsseldorf das Project aufgestellt hat. Das Wasser wird in 6,7 km Entfernung von Friedrichsthal bei der Spieser-Mühle durch gebohrte Brunnen erschlossen und mittels eines in einer daneben erbauten Pumpstation aufgestellten Dampfpumpwerkes von 50 PS. auf 150,0 m Höhe in ein Hochreservoir von 600 cbm Inhalt in der Nähe des Ortes gefördert werden, das aus Stampfbeton ausgeführt wird und dessen Wasserspiegel auf 48,0 m Höhe über dem tiefsten Punkte des Versorgungsgebietes liegt. Die Ergiebigkeit der Erschliessung beträgt 1500 cbm im Tage, und es wird vorläufig auf eine tägliche Abgabe von 400 bis 500 cbm gerechnet. Die Rohrleitungen werden ca. 8000 m Länge von 200 mm bis 80 mm Durchmesser erhalten, und es werden damit ca. 70 Hydranten verbunden werden. 800 Häuser sind bereits zum Anschlusse angemeldet.

8. m. Heidweiler. (E. 254.)

Für die Wasserversorgung des Ortes Heidweiler dient eine Quellwasserleitung, welche der Ingenieur Max Hessemer in Ems hergestellt hat.

9. g. St. Johann a. d. Saar. (E. 16776, W. 1030 mit je 16,2 B.)

Für die Wasserversorgung der Stadt St. Johann a. d. Saar dienten früher ausschliesslich 5 verschiedene, kleine Quellwasserleitungen, von denen die eine schon seit Ende des vorigen Jahrhunderts in Benutzung ist. Die Quellen liegen in der nächsten Umgebung der Stadt und ca. 9,0 m höher als deren Terrain, so dass das Wasser mit natürlichem Gefälle aus 24 öffentlichen Laufbrunnen zum Ausflusse gelangt. Die Rohre für die Zuleitungen bestanden früher aus Holz und Steingut; sie sind aber vor längeren Jahren durch solche aus Gusseisen ersetzt und haben ca. 2000 lfd. m Länge. Zuleitungen zu Privatgrundstücken bestanden früher nicht.

Wenngleich die öffentlichen Brunnen stets ein gutes Trinkwasser liefern, so genügte dessen Menge und die Art der Versorgung doch für die Bedürfnisse der wachsenden Bevölkerung schon seit langer Zeit nicht mehr, und das veranlasste die Stadt auf Vorschlag des damaligen städtischen Gasdirectors Bonnet, schon vor längeren Jahren verschiedene Quellen im Scheidter Thale anzukaufen. Der Kaufpreis betrug M. 13350, und die Ergiebigkeit der Quellen war auf 1400 cbm im Tage festgestellt. Sie entspringen in 6,5 km bis 12 km Entfernung von der Stadt und in 4,3 m bis 20,0 m Höhe über dem städtischen Marktplatze. Bonnet hat später für die Verwerthung des Wassers der Quellen zu einer städtischen Versorgung 3 Projecte anfgestellt, bei welchen sämmtlich eine künstliche Hebung angenommen war. Von diesen waren das Nasselbüsch- und das Rentrisch-Schafbrücke-Project ein jedes auf M. 450000 und das Scheidt-Schafbrücke-Project auf M. 380000 veranschlagt. Der hohen Kosten wegen ist nach langen Verhandlungen damals Abstand von jeder Ausführung genommen worden.

Zur vorläufigen Aushülfe hat die Stadt dann für die Befriedigung des Wasserbedürfnisses einiger Einwohner im Jahre 1887 einer Privatgesellschaft die Concession zum Legen von Rohrleitungen in einigen städtischen Strassen ertheilt. Diese Leitungen wurden an die Wasserleitung der Nachbarstadt Malstadt-Burbach angeschlossen, und es erhielten ca. 200 Häuser in St. Johann a. d. Saar Anschlüsse daran. Später hat die Stadt diese Rohrleitungen käuflich erworben und nach und nach das Leitungsnetz über sämmtliche, städtische Strassen als Theilausführung für ein später herzustellendes Hochdruckwasserwerk ausgedehnt, wenngleich die derzeitige Versorgung daraus eine völlig ungenügende war, weil weder das Quantum, noch der Druck des von Malstadt-Burbach bezogenen Wassers den Ansprüchen in der Stadt genügte. Dadurch wurde aber eine wesentliche Beschleunigung der Vorarbeiten für das Zukunftswerk angeregt, und im Jahre 1892 konnte bereits dem Baurath Thiem in Leipzig ein dafür ausgearbeitetes Project zur Begutachtung vorgelegt werden.

Auf Grund dieses Gutachtens übertrug die Stadt dann die specielle Projectirung und später auch die Bauausführung des Werkes dem Ingenieur H. Ehlert in Düsseldorf, und es ist dasselbe am 11. Juni 1893 in Betrieb gekommen. Die Anlage war auf M. 330000 veranschlagt und für eine maximale Tagesleistung von 3015 cbm mit Berücksichtigung einer eventuell später auszuführenden Verdoppelung bestimmt. Das Wasser wird den vorerwähnten Rentrischen Quellen bei St. Ingbert entnommen. Diese entspringen in dem Buntsandsteine, der das Kohlengebirge überlagert und haben nach den Messungen des jetzigen Gas- und Wasserwerksdirectors Tormin eine Ergiebigkeit von 48 Sec.-Lit. Die Wasserfassung erfolgt durch einen Brunnen, der ca. 9000 m von der Stadt entfernt liegt und neben welchem eine Pumpstation erbaut ist.

In letzterer befinden sich 2 liegende Eincylindermaschinen von je 24 PS. mit Condensation und mit Ridersteuerung, deren jede direct gekuppelt eine doppeltwirkende Plungerpumpe mit freien Glockenventilen antreibt. Die Maschinen sind von der Firma Ehrhard & Sehmer in Schleifmühle geliefert. Die Dampfkolben haben 275 mm und die Plunger 175 mm Durchmesser, und beide haben 0,5 m Hub. Jede Maschine liefert bei 52 Umdrehungen pro Minute 84 cbm Wasser pro Stunde auf 53,0 m Höhe. 2 Zweiflammrohrkessel von 5,1 m Länge und 1,3 m resp. 0,6 m Durchmesser in den Hauptkesseln resp. in den Feuerrohren haben je 21 qm Heizfläche und liefern Dampf von 6,5 Atm. Spannung.

Die Druckleitung zu dem hinter dem Rohrnetze und 1000 m von der Stadtmitte entfernt liegenden Hochreservoire hat 7300 m Länge und 275 mm, und die Fallrohrleitung vom Reservoire bis zur Stadt hat 300 mm Durchmesser. Das Reservoir hat 600 cbm Inhalt. Es ist gemauert, überwölbt und 1,2 m hoch mit Erde überfüllt. Der Versorgungsdruck in der Stadt beträgt im Mittel 42,0 m. Die Rohrleitungen hatten am 31. März 1897 im Ganzen 25235 lfd. m Länge von zusammen 825 cbm Inhalt. Davon entfallen 9263 m von 275 mm Durchmesser auf die Druckleitung und 15972 lfd. m auf die Vertheilungsleitungen, welche letztere sich aus folgenden Durchmessern und Längen zusammensetzen:

Durchmesser	mm	350	300	275	250	225	200	175	150
Rohrlänge .	m	1088	160	572	127	383	200	427	776
	mm	125	100	80	60				
	m	220	3696	8148	215.				

Es waren damit 146 Unterflur- und 2 Ueberflurhydranten und 5 öffentliche Pissoire verbunden, sowie 850 Anschlüsse daran hergestellt. Die Zuleitungen bestehen aus galvanisirten Eisenrohren und haben meistens 13 mm und 20 mm Durchmesser. Bis Ende 1895 waren im Ganzen 791 Wassermesser geliefert und zwar 363 von Dreyer, Rosenkranz & Droop, Hannover, 423 von C. A. Spanner, Wien-Aachen und 5 von verschiedenen Lieferanten. Nach der Grösse vertheilen diese sich wie folgt:

Durchmesser .	mm	7	10	13	20	25	30	40	50	60	80
Stückzahl		1	2	270	280	99	13	10	7	1	5
	mm	100	150								
	Zahl	1	1.								

Bei den 850 Wasserabnehmern im Jahre 1897 waren 884 Wassermesser aufgestellt, während im Jahre 1896 bei 793 Abnehmern 806 Wassermesser aufgestellt waren. Der Jahresverbrauch aus der Hochdruckleitung hat in den 11 Jahren von 1888 bis 1897 die in der Tabelle 442 (S. 516) angegebene Grösse im Ganzen, gegen 100 cbm des Vorjahres und pro Kopf der Bevölkerung gehabt, und es war in jedem Jahre die angegebene Zahl von Wassermessern eingebaut.

Für jedes der 3 Jahre 1894/95 bis 1896/97 gibt die Tabelle 443 (S. 516) die Wasserabgabe im Ganzen und getrennt nach Hochdruck und nach Niederdruck (alte Leitungen), die Abgabe für öffentliche und private Zwecke, sowie die am mittleren Jahrestage und am Tage des grössten und kleinsten Consums und endlich verschiedene Verhältnisszahlen an.

Für die Kesselfeuerung sind im Jahre 1895/96 einschliesslich Anheizen 135100 kg Saarkohle verbraucht,

Tabelle 442.

Jahr	Einwohner	Wasserabgabe im Jahre im Ganzen cbm	geg. 100 cbm des Vorj. cbm	pro Kopf cbm	pro Tag pro Kopf Liter	Zahl der Wasser-messer	Abgabe pro Messer cbm
1888	13 700	48 400	—	3,5	9,6	282	172
1889	14 000	54 640	113,0	3,9	10,7	304	180
1890	14 300	64 550	118,5	4,5	12,3	340	190
1891	14 600	70 070	108,0	4,8	13,2	372	188
1892	14 800	113 540	162,0	7,7	21,1	412	275
1893	15 000	154 560	136,5	10,0	27,4	520	297
1894	15 300	209 018	136,0	13,7	37,5	580	360
1895	16 400	240 078	115,0	14,6	40,0	640	375
1896	17 000	275 974	114,9	16,2	44,4	806	342
1897	18 200	375 103	136,5	20,6	54,8	884	424

Tabelle 443.

Jahr	1894/95	1895/96	1896/97
Gesammtabgabe . . . cbm	515 730	528 645	606 606
davon Hochdruck . ›	212 780	275 974	375 103
› Niederdruck . ›	302 950	252 651	231 503
oder von 100 cbm im Ganzen			
für Hochdruck . . cbm	41,3	52,2	61,8
für Niederdruck . . ›	58,7	47,8	38,2
Für öffentl. Zwecke . ›	332 030	319 511	284 250
für Private nach Messern ›	183 700	209 134	322 356
oder von 100 cbm im Ganzen			
für öffentl. Zwecke . cbm	64,3	60,4	53,1
für Private . . . . ›	35,7	39,6	46,9
Vom Wasser für öffentliche Zwecke			
für Strassensprengen cbm	8 820	10 995	11 877
› Laufbrunnen . . ›	302 950	277 231	231 503
› Bedürfnissanstalten ›	14 620	21 085	21 737
› Rohrspül. u. Verlust ›	5 640	10 200	19 133
Von 100 cbm für öffentliche Zwecke			
für Strassensprengen cbm	2,6	3,4	4,2
› Laufbrunnen . . ›	91,3	86,8	81,5
› Bedürfnissanstalten ›	4,4	6,6	7,6
› Rohrspülen etc. ›	1,7	3,2	6,7
Abgabe am			
mittleren Jahrestage ›	583	758	1 275
Maximaltage . . . ›	1 320	1 554	4 897
Minimaltage . . . ›	380	386	425
Von 100 cbm am mittl. Tage			
am Maximaltage . . cbm	226,4	205,0	148,9
am Minimaltage . . ›	65,2	50,1	33,3

was 55 kg für 100 cbm Wasser oder 3,98 kg pro PS.-Stunde entspricht. Es sind demnach pro kg Kohle 67 800 m × kg Nutzleistung entwickelt. Die Maschinen haben im Jahre 3207 Stunden oder es hat jede pro Tag im Durchschnitt 8,8 Stunden gearbeitet.

Die Anlagekosten haben im Jahre 1895 M. 341 000 betragen. Dazu M. 50 000 als die Kosten des bereits vorhandenen Rohrnetzes gerechnet, stellen sich die Gesammtkosten auf M. 391 000 oder M. 23,30 pro Kopf.

Die Einnahmen und die Ausgaben haben in dem Betriebsjahre 1895/96 betragen:

Einnahmen:	Wassergeld	M. 47 600
	Diverse	» 23 700
	zusammen	M. 71 300
Ausgaben:	für den Betrieb	M. 13 027
	» Amortisation	» 14 045
	» Zinsen	» 15 095
	» Erweiterungen etc. . .	» 23 985
	zusammen	M. 66 152
Ueberschuss:	Differenz	» 5 148.

Als Wasserpreis ist nach der Höhe des Jahresconsums zu zahlen:

bis zu cbm	1000	2000	5000	10 000	15 000	darüber
pro cbm Pf.	20	18	16	14	12	10.

Als Messermiethe ist halbjährlich zu zahlen je nach der Messergrösse:

Durchmesser mm	13	20	25	30	40	50	60
M. pro $^1/_2$ Jahr	2,00	2,60	3,60	4,00	5,00	8,00	9,00
mm	80	100					
Jahr	12,00	16,00.					

10. g. Malstadt-Burbach. (E. 23 677, W. 1472 mit je 16,1 B.)

Die Wasserversorgung der Stadt Malstadt-Burbach erfolgte früher aus gegrabenen Brunnen, deren 7 öffentliche und ca. 280 private vorhanden waren, die aber meistens schlechtes Wasser lieferten, und ferner durch 4 kleine Quellwasserleitungen, welche 9 öffentliche Laufbrunnen speisten. Die Stadt hat daher schon im Jahre 1881 für ihre Rechnung eine allgemeine Versorgungsanlage von dem Ingenieur Klöwel in Zweibrücken nach dessen Projecte ausführen lassen, welche für eine Abgabe von 700 cbm bis 800 cbm pro Tag bestimmt war und M. 150 000 gekostet hat. Durch spätere Erweiterung ist ihre Leistung durch ihren Betriebsleiter, den Stadtbaumeister Jansen, auf 1200 cbm pro Tag gesteigert, und es haben sich die Anlagekosten dadurch jetzt auf ca. M. 200 000 erhöht. Durch die rasch zunehmende Bevölkerung und die wachsende Bebauung in den oberen Theilen der Stadt ist die jetzige Anlage aber für die heutigen Bedürfnisse nicht mehr genügend, und es liegt ein Project für ein neues Wasserwerk vor, mit dessen Bau baldigst begonnen werden wird.

Das jetzt benutzte Wasser wird zum Theile Quellen entnommen, die im Stadtgebiete liegen, und zum Theil in 4 km bis 5 km Entfernung von der Stadt aus 2 Quellgebieten erschlossen, die ca. 600 m von einander entfernt sind. Letztere sind in solcher Höhe gefasst, dass ihr Wasser mit natürlichem Gefälle einem ca. 900 m von der Stadt entfernten Hochreservoire zufliesst, dessen Wasserspiegel 45,0 m hoch über den niedrigsten, aber in derselben Höhe mit den höchsten Theilen der Stadt liegt. Das Wasser ist aus 18 einzelnen Quellen in einer Sammelstube zusammengeleitet, von der eine 2500 m lange Leitung zum Reservoire führt Die anfängliche Lieferung der Quellen hat 250 cbm im Tage betragen; sie ist aber später durch fernere Fassungen verdoppelt. Das Reservoir ist gemauert, überwölbt und in den Boden versenkt. Anfangs hatte es 300 cbm Inhalt; es ist jedoch später auf 750 cbm Inhalt vergrössert.

Das Wasser der anderen Quellen, die in den tiefsten Stellen des Stadtgebietes entspringen, bedarf einer künstlichen Hebung. Dieses Wasser ist in einem Sammelschachte gefasst, neben welchem die Pumpen zum Heben desselben aufgestellt sind. Anfangs war nur eine Pumpe, die von einem Gasmotor von 4 PS. angetrieben wird, vorhanden, welche das Wasser 50,0 m hoch durch eine 1650 m lange Druckleitung von 150 mm Durchmesser zum Reservoire fördert. Später ist noch eine grössere Pumpe mit einem Motor von 8 PS. aufgestellt, welche bis 800 cbm Wasser im Tage fördert. Die Pumpen hat die Firma Ehrhard & Sehmer in Schleifmühle und die Motoren hat die Deutzer Motorenfabrik in Deutz geliefert.

Die Länge der Rohrleitungen von 200 mm bis 40 mm Durchmesser beträgt jetzt ca. 60000 m, und es sind damit 110 Schieber, 250 Hydranten und 25 öffentliche Ventilbrunnen verbunden. Zur Zeit haben 1450 Wohnhäuser Zuleitungen, welche meistens aus gusseisernen Rohren von 40 mm Durchmesser hergestellt sind. Zu den Hausleitungen, mit welchen über 3000 Zapfhähne verbunden sind, werden galvanisirte schmiedeeiserne Rohre verwendet. Im Jahre 1895 wurden im Ganzen 116842 cbm Wasser und zwar ausschliesslich durch Wassermesser abgegeben, deren damals 1065 Stück eingebaut waren, was einer durchschnittlichen Abgabe von 110 cbm pro Messer im Jahre entspricht. Von diesen Messern waren 361 von C. A. Spanner, Wien-Aachen, 603 von Dreyer, Rosenkranz & Droop, Hannover, 52 von Bopp & Reuther, Mannheim, 25 von Wolff & Schreiber, Breslau, 3 von Lux, Ludwigshafen und einer von H. Meinecke, Breslau geliefert. Nach der Grösse vertheilen diese Messer sich wie folgt:

Durchmesser mm	10	13	15	20	25	30	50	100
Stückzahl . . .	7	863	3	59	5	1	5	2.

Der Wasserpreis beträgt 15 Pf. pro cbm.

Eine Wasseruntersuchung im Laboratorium der Burbacher Hütte hat im Liter Wasser ergeben:

Gesammtrückstand	165,0 mg
Glühverlust	25,0 »
Kohlensäure	157,0 »
Salpetersäure	11,2 »
Chlor	17,5 »
Organische Substanz	0,9 »
Salpetrige Säure, Ammoniak . . .	Null.

11. d. Merzig a. d. Saar. (E. 5782.)

Für die Wasserversorgung der Stadt Merzig ist im Jahre 1896 für Rechnung der Stadt mit einem Kostenaufwande von M. 170000 eine Anlage nach dem Projecte des Ingenieurs O. Smrecker in Mannheim hergestellt, für welche die Rohrleitungen von der Friedrich-Wilhelmshütte in Mülheim a. d. Ruhr und von R. Böcking & Comp. in Halbergerhütte geliefert sind.

Das Wasser wird aus Quellen entnommen und ist durch gelochte Sammelrohre von Steingut, welche 200 mm und 250 mm Durchmesser haben, einer Sammelstube zugeführt. Eine 9975 m lange Leitung führt es von hier mit natürlichem Gefälle zu einem Hochreservoire von 200 cbm Inhalt, das aus Beton ausgeführt, überwölbt und in den Boden versenkt ist. Von der Zuleitung zum Reservoire haben 1100 lfd. m Rohre einen Durchmesser von 200 mm und 8875 lfd. m Rohre einen solchen von 175 mm. Das Vertheilungsnetz hat ca. 5000 m Länge und steht je nach der Ortslage unter einem Drucke von 25,0 m bis 30,0 m.

12. m. Monzel. (E. 564.)

Für die Wasserversorgung des Dorfes Monzel ist für dessen Kosten im Jahre 1892 von dem Ingenieur H. Scheven in Bochum eine Quellwasserleitung angelegt. Das Wasser wird mit natürlichem Gefälle in einer geschlossenen Leitung einem Hochreservoire zugeführt, das nach dem Monier-Systeme ausgeführt ist. Die Maximallieferung der Quelle beträgt 60 cbm pro Tag.

13. b. Neuerburg a. d. Eifel. (E. 1363.)

Für die Wasserversorgung der Stadt Neuerburg ist im Jahre 1894 für deren Rechnung von dem Ingenieur F. Alberty in Frankfurt a. Main nach dessen Projecte eine Anlage hergestellt, welche 80 cbm im Tage liefert und M. 21000 im Ganzen oder M. 15,40 pro Kopf gekostet hat.

Das zugeführte Wasser besteht aus Quellwasser und aus Grundwasser. Ersteres fliesst in einem offenen Graben von seinem Ursprunge her aus 800 m Entfernung einer Sammelstube zu und vereinigt sich hier mit dem Grundwasser, das durch eine, ein enges Thal abschliessende Sperrmauer, die aus Beton hergestellt ist, aufgestaut wird. Von der Sammelstube aus wird das Wasser mit natürlichem Gefälle durch eine gusseiserne Leitung zu einem 50 m entfernt liegenden Hochreservoire von 80 cbm Inhalt geleitet, das nach dem Monier-Systeme ausgeführt ist. Sein Wasserspiegel liegt 40,0 m höher als der Marktplatz.

Die nach dem Verästelungssysteme hergestellten Rohrleitungen haben 1400 m Länge von 80 mm Durchmesser und sind mit 10 Schiebern, 6 öffentlichen Ventilbrunnen und 8 Unterflurhydranten verbunden, welche letzteren in ca. 100 m Entfernung von einander stehen. 31 Anschlussleitungen sind aus galvanisch verzinkten, schmiedeeisernen Rohren von 20 mm Durchmesser hergestellt und mit 31 Wassermessern verbunden. Diese sind von C. A. Spanner, Wien-Aachen geliefert und haben 13 mm Durchmesser. Die gusseisernen Rohre sind von R. Böcking & Comp. in Halbergerhütte geliefert.

14. e. Neunkirchen. (E. 22674, W. 1497 mit je 15,2 B.)

Die Wasserversorgung der Gemeinde Neunkirchen erfolgt seit dem Jahre 1876 durch eine einheitliche Anlage, welche eine tägliche Leistung von 2000 cbm hat. Diese ist für Rechnung der Gemeinde von der Firma Hermann & Mannes in Berlin mit einem Kostenaufwande von M. 481000 hergestellt. Die Anlagekosten betragen jetzt ca. M. 600000 oder M. 26,47 pro Kopf. Das Werk wird von dem Gemeindebaumeister Debusmann verwaltet.

Das Wasser wird aus 8 Quellen gesammelt, welche südwestlich und ca. 3 km entfernt von Neunkirchen aus dem bunten Sandsteine entspringen. Die am weitesten westlich gelegene liegt auf bayerischen Terrain. Die 7 anderen sind einzeln durch gemauerte Brunnen erschlossen. Diese haben Ueberfall- und Entleerungsrohre und eine verschliessbare Thür an jedem derselben gestattet, nach dessen vorheriger Absperrung von der gemeinschaftlichen Sammelleitung, eine Reinigung jedes Brunnens, die jährlich einmal vorgenommen wird. Die Sammelleitung besteht aus Thonrohren von 1832 m Länge, deren Durchmesser von 150 mm auf 230 mm allmählich anwächst. Sie führt das Wasser mit natürlichem Gefälle in eine Hauptsammelstube, der auch das Wasser der erstgenannten Quelle durch eine besondere Leitung von 150 mm Durchmesser und 775 m Länge zugeführt wird.

Die Hauptsammelstube ist theils aus Mauerwerk und theils aus Beton hergestellt; sie ist überwölbt und 1,5 m hoch mit Erde überdeckt und besteht aus 2 Abtheilungen, welche zusammen 1200 cbm Inhalt haben. Daneben ist eine Pumpstation erbaut, in der sich 2 ältere und eine neue Dampfpumpmaschine befinden. Die ersteren dienen nur noch als Reserve. Es sind liegende Eincylindermaschinen mit Condensation und mit Expansion. Jede dieser Maschinen hat eine Leistung von 25 PS. Sie haben Dampfkolben von 480 mm Durchmesser und 0,8 m Hub. Die direct mit deren Kolbenstangen verbundenen, doppeltwirkenden Pumpen haben Scheibenkolben von 210 mm Durchmesser und Glockenventile. Es liefert jede von ihnen bei 25 Doppelhüben pro Minute 70 cbm Wasser in der Stunde. Die neue Maschine, welche ebenso wie die alten von der Dingler'schen Maschinenfabrik in Zweibrücken geliefert ist, ist eine Verbundmaschine von 60 PS., welche 70 Umdrehungen pro Minute macht. Sie treibt direct mit ihren Kolbenstangen 2 doppeltwirkende Plungerpumpen mit Tellerventilen und Zwangssteuerung an, welche in der Stunde 156 cbm Wasser unter 104,0 m Arbeitsdruck fördern. Anfangs waren 2 Bouilleurkessel vorhanden, deren Oberkessel bei 10,0 m Länge 1,1 m und deren Unterkessel bei 8,2 m. Länge 0,78 m Durchmesser hatten. Jeder von ihnen hatte 40 qm Heizfläche. Jetzt sind 2 Feuerrohrkessel, einer von 40 qm und einer von 52 qm Heizfläche vorhanden, welche für 8 Atm. Dampfdruck concessionirt und von Eduard Böcking in Neunkirchen geliefert sind.

Die Druckrohrleitung hat 250 mm Durchmesser und bis zum Vertheilungsnetze 2441 m Länge. Seitlich ist in dieselbe ein Hochreservoir eingebunden, das 2 km von der Gewinnungsstelle entfernt liegt. Die Fallrohrleitung von hier hat 300 mm Durchmesser. Der Wasserspiegel des Reservoirs liegt über der Quelle 86,0 m hoch und über dem Versorgungsgebiete je nach der Ortslage 10,0 m bis 80,0 m hoch. Das Reservoir besteht aus 2 Kammern von je 400 cbm Inhalt. Es ist aus Ziegeln in Cementmörtel gemauert, überwölbt und 1,5 m hoch mit Erde überfüllt, deren obere Fläche 3,5 m hoch über Terrain emporsteigt.

Das Rohrnetz hat ca. 21 000 lfd. m Länge von Rohren von 300 mm bis 70 mm Durchmesser. Der entfernteste Versorgungspunkt, die Grube Dechen, liegt in 4,5 km Entfernung vom Reservoire. Mit dem Vertheilungsnetze, das gemischt nach dem Verästelungs- und dem Circulationssysteme hergestellt ist und am 31. März 1897 aus 15 133 lfd. m Rohren bestand, sind 115 Schieber, 20 öffentliche Ventilbrunnen und 147 Unterflurhydranten verbunden, welch letztere in ca. 100 m Entfernung von einander stehen. Die Zuleitungen bestehen aus gusseisernen und die Hausleitungen aus galvanisirten, schmiedeeisernen Rohren, mit welchen ca. 3000 Zapfhähne verbunden sind. Bis Ende 1895 waren im Ganzen 1237 Wassermesser geliefert und zwar 234 von Lux, Ludwigshafen, 13 von H. Meinecke, Breslau, 140 von Wolff & Schreiber, Breslau, 651 von Bopp & Reuther, Mannheim, 33 von C. A. Spanner, Wien-Aachen, 15 von Siemens & Halske, Berlin und 152 von Dreyer, Rosenkranz & Droop, Hannover. Nach der Grösse vertheilen sich diese Messer wie folgt:

Durchmesser . mm	12	13	15	20	25	30	33	40	50	65
Stückzahl . . .	2	20	1076	94	16	18	2	3	8	3

mm	70	80	100
Zahl	2	3	2.

Im Jahre 1897 waren im Ganzen 1533 Wassermesser für ebenso viele Anschlüsse eingebaut und zwar 302 von H. Meinecke, Breslau, 13 von C. A. Spanner, Wien-Aachen, 565 von Bopp & Reuther, Mannheim, 287 von Lux, Ludwigshafen und 111 von Wolff & Schreiber, Breslau.

Die Gesammtförderung des Werkes hat im Jahre 1891 355 900 cbm, im Jahre 1894 604 148 cbm und im Jahre 1896/97 558 490 cbm betragen. Die Maximal- resp. die Minimalabgabe im Jahre 1894 belief sich in einem Monate auf 62 074 cbm resp. 37 054 cbm und an einem Tage auf 2697 cbm resp. 780 cbm, gegenüber 50 346 cbm im mittleren Monate und 1655 cbm am mittleren Jahrestage. Im Jahre 1896/97 war der Tagesconsum im Mittel 1530 cbm und betrug 1867 cbm resp. 1252 cbm am Maximal- resp. am Minimaltage. In diesem Jahre sind 347 601 cbm nach Messern und 210 879 cbm ohne Messer, wovon 32 399 cbm für öffentliche Zwecke entfallen, abgegeben. Für die Wasserförderung sind in diesem Jahre im Ganzen 647 230 kg Saarbrücker Förderkohlen benutzt, was pro 100 cbm Wasser 116 kg und pro PS.-Stunde 3,13 kg, sowie einer Leistung von 86 287 m × kg pro kg Kohle entspricht.

Der Wasserpreis beträgt 20 Pf. pro cbm.

15. e. **Ottweiler.** (E. 5554.)

Die Wasserversorgung der Stadt Ottweiler erfolgt durch verschiedene kleinere Quellwasserleitungen, die mit natürlichem Gefälle das Wasser zuführen. Die längste von diesen Leitungen kommt aus 4 km Entfernung zur Stadt. Die Leitungen bestehen aus gusseisernen Rohren. Ausser der directen Znleitung des Wassers aus den Brunnenstuben findet auch ein Zufluss zur Stadt aus 4 Ausgleichreservoiren statt.

In der Stadt sind verschiedene Laufbrunnen für die allgemeine Benutzung aufgestellt. Der grösste Theil der Einwohner hat aber Hausanschlüsse an die Leitungen. Die Zahlung einer Wassergebühr ist auch für die Häuser, welche keinen Anschluss haben, vorgeschrieben. Die Benutzung von Messern für die Wasserabgabe ist gestattet, und es ist in dem Falle 20 Pfg. pro cbm zu zahlen. Die obligatorische Einführung der Messer wird geplant, um der maasslosen Verschwendung vorzubeugen und eine gleichmässige Vertheilung der Lasten zu erreichen. Ende 1895 waren im Ganzen 26 Wassermesser, 6 von 15 mm und 20 von 20 mm Durchmesser, welche von Lux, Ludwigshafen geliefert sind, eingebaut.

16. m. **Plein.** (E. 243.)

Für die Wasserversorgung des Ortes Plein hat der Ingenieur Max Hessemer in Ems eine Quellwasserleitung ausgeführt.

17. f. Prünn a. d. Eifel. (E. 2743.)

Für die Stadt Prünn ist im Jahre 1891 von dem Ingenieur H. Scheven in Bochum für seine Rechnung eine Wasserversorgung hergestellt, welche er als Concessionar betreibt. Das Wasser wird aus Quellen und durch Brunnen aus dem Grundwasser entnommen. Ersteres Wasser fliesst mit natürlichem Gefälle zu, während letzteres mittels einer Dampfpumpmaschine künstlich gehoben werden muss und nur zur Aushülfe dient.

Die Leistungsfähigkeit der Anlage beträgt 600 cbm im Tage, und der Consum schwankt zwischen 200 cbm und 350 cbm. Die Quellen entspringen bei Weinsheim aus der Grauwacke, die auf dem Eifler Kalke ruht und liefern 120 cbm bis 500 cbm im Tage. Ihr Wasser ist durch eine 200 m lange Sammelgallerie gefasst. Die Brunnenanlage liegt 57,0 m tiefer bei Damfeld in der Mitte zwischen den Quellen und der Stadt in einer Thalmulde. Sie liefert als Minimum 300 cbm im Tage. Die Pumpmaschine fördert 12 cbm Wasser pro Stunde auf 47,0 m Höhe in das gemeinschaftliche Hochreservoir, dessen Wasserspiegel 10,0 m tiefer als die Weinsheimer Quellen liegt. Es fasst 100 cbm Wasser und ist in der Form einer auf flachem Boden aufstehenden Halbkugel nach dem Monier-Systeme ausgeführt.

Die Länge der Rohrleitungen beträgt ca. 8000 lfd. m von 125 mm bis 60 mm Durchmesser. Damit sind 229 Anschlussleitungen verbunden. In 63 derselben sind Wassermesser eingebaut, die von Siemens & Halske, Berlin geliefert sind. Davon haben 25 Stück 12 mm, 20 Stück 20 mm und 18 Stück 25 mm Durchmesser.

18. g. Saarbrücken. (E. 17081.)

Schon im 16. Jahrhundert bestand in der Stadt Saarbrücken eine vom Grafen von Saarbrücken hergestellte Wasserleitung, welche aus Quellen, die im St. Johanner Stadtwalde in 3 km Entfernung von der Stadt entspringen, gespeist wurde. Das Wasser war mittels 7 verschiedener Stollen erschlossen und floss durch 7 Rohrleitungen mit natürlichem Gefälle zur Stadt. Das dadurch gelieferte Wasserquantum betrug im Tage zwischen 130 und 140 cbm.

Im Jahre 1873 ist nach dem Projecte des Ingenieurs Rothenbach in Bern eine neue Trinkwasserversorgung für die Stadt ausgeführt, welche M. 258000 gekostet hat und für täglich 1000 cbm Maximallieferung bestimmt ist. Das Wasser wird auf einem Terrain, das zwischen der Stadt und dem Dorfe Gersweiler, ca. 2 km von ersterer entfernt, liegt, durch 21 Bohrlöcher von ca. 31,0 m Tiefe aus dem bunten Sandsteine erschlossen und tritt in gemauerten Brunnenstuben zu Tage. Aus diesen wird es durch natürliches Gefälle mittels Cementrohrleitungen von im Ganzen 2650 m Länge einem Sammelreservoire zugeführt, aus dem es durch ein Pumpwerk in ein 200 m entfernt gelegenes, zweitheiliges Hochreservoir auf 40,0 m Höhe gefördert wird. Dessen Wasserspiegel liegt 50,0 m höher als der tiefste Niveaupunkt der Stadt, und eine Fallrohrleitung von 180 mm Durchmesser und ca. 1700 m Länge führt das Wasser von hier dem Vertheilungsnetze zu. Das Reservoir ist gemauert und überwölbt und hat 850 cbm Inhalt

In der Pumpstation sind 2 doppeltwirkende Plungerpumpen von 185 mm Durchmesser und 0,28 m Hub aufgestellt, deren jede bei 33 Doppelhüben pro Minute 24 cbm Wasser in der Stunde liefert. Für den Betrieb der Pumpen dient eine horizontale Girard-Partialturbine von 600 mm mittlerem Durchmesser und 80 mm radialer Breite der Leitradkanäle, welche 180 Umdrehungen pro Minute macht. Die Bewegung wird mittels conischer Räder auf eine liegende Welle, welche 124 Umdrehungen pro Minute macht und in gleicher Weise von dieser auf eine solche, die 80 Umdrehungen macht, übertragen. Von letzterer findet dann die Uebertragung durch Zahnräder auf die Kurbelwelle der Pumpen statt. Das Kraftwasser fliesst durch ein Rohr von 400 mm Durchmesser der Turbine zu. Es stehen dafür 100 Sec.-Lit. mit 5,56 m Gefälle zur Verfügung. Als Reserve war noch eine provisorische Dampfmaschinenanlage für den Pumpenbetrieb vorhanden.

Durch die im Laufe der Jahre erfolgte Ausdehnung der Stadt genügte das disponible Wasserquantum, trotzdem es durch spätere Erschliessung von 8 neuen Quellen mit den früheren Bohrlöchern zusammen täglich im Mittel 835 cbm betrug, nicht mehr und auch die Höhenlage des Hochreservoirs war für die höhergelegenen, allmählich bebauten Theile der Stadt nicht mehr ausreichend. Im Herbst 1893 ist daher der Ingenieur H. Ehlert in Düsseldorf von der Stadt beauftragt worden, neue Wasserquellen aufzusuchen. Auf seinen Vorschlag ist im Jahre 1894 parallel zum Styringer Bache in gleicher Lage wie die alten Quellen, aber in 10,0 m Tiefe unter Terrain und in 7,0 m Tiefe unter dem Wasserspiegel des Baches ein 302 m langer Stollen im bunten Sandsteine hergestellt, durch welchen 1200 cbm Wasser im Tage erschlossen sind. Dieses Wasser wird durch eine gusseiserne Leitung von 300 mm Durchmesser einem Saugebrunnen für die vergrösserte Pumpstation zugeführt, welcher 14 cbm Inhalt hat.

In der Pumpstation sind dafür ferner im Jahre 1894 2 liegende Eincylindermaschinen mit Condensation aufgestellt, welche 275 mm Cylinderdurchmesser und 0,5 m Kolbenhub haben. Jede der Maschinen treibt direct mit der verlängerten Kolbenstange eine doppeltwirkende Plungerpumpe von 122 mm Durchmesser an und liefert 60 cbm Wasser pro Stunde auf 80,0 m Höhe. Den Dampf liefern 2 Zweiflammrohrkessel von 7,0 m Länge und 2,0 m resp. 0,7 m Durchmesser. Die Maschinen und die Kessel sind von der Firma Ehrhard & Sehmer in Schleifmühle geliefert. Gleichzeitig ist auch die Turbine durch ein rückschlächtiges Wasserrad von 7,4 m Durchmesser und 1,2 m Breite ersetzt.

Hinter dem Vertheilungsnetze ist in ca. 500 m Entfernung für die neu geschaffene Hochdruckzone auf dem alten Exercirplatze ein neues, zweites Hochreservoir von 600 cbm Inhalt aus Cementbeton hergestellt, welches durch eine 1800 m lange Druckrohrleitung von 250 mm Durchmesser mit der Pumpstation verbunden ist. Das Vertheilungsnetz hatte im Jahre 1876 im Ganzen 6350 m Länge und war mit 15 Freibrunnen und 102 Hydranten verbunden. Zur Zeit ist die Länge der Leitungen von 250 mm bis 70 mm Durchmesser auf ca. 16000 m gewachsen und die Zahl der Hydranten beträgt jetzt 253, unter denen sich auch ein Ueberflurhydrant befindet. Ferner sind ein öffentliches Pissoir und 10 Ventilbrunnen mit dem Rohrnetze verbunden.

Die Zuleitungen sind aus verzinkten, schmiedeeisernen Rohren von 20 mm bis 35 mm Durchmesser hergestellt. Sie haben auf den Strassen und in den Häusern vor den Messern Absperrungen. Bis Ende 1895 waren 916 Wassermesser geliefert und zwar 10 von H. Meinecke, Breslau, 47 von Lux, Ludwigshafen, 44 von Dreyer, Rosenkranz & Droop, Hannover und 810 von C. A. Spanner, Wien-Aachen. Nach der Grösse vertheilen sich diese wie folgt:

Durchmesser	mm	10	13	20	25	30	40	50	70	80	100
Stückzahl . . .		53	58	556	165	15	21	19	5	5	12
	mm	125	250	175	200						
	Zahl	8	1	1	1.						

Die Verwaltung des Werkes besorgt der Stadtbaumeister Knipper.

19 h. **Saarburg.** (E. 2234, W. 333 mit je 6,7 B.)

Die Wasserversorgung der Stadt Saarburg erfolgt durch eine Quellwasserleitung, welche aus einem Brunnen in Cahren in dem Distrikte Sauerwiese gespeist wird. Von den täglich disponiblen 475 cbm Wasser werden ca. 200 cbm in der Stadt verbraucht.

Das Wasser fliesst mit natürlichem Gefälle in ein gemauertes Hochreservoir von 300 cbm Inhalt aus und wird von hier aus durch ca. 1000 lfd. m gusseiserne Rohre von 100 mm bis 65 mm Durchmesser vertheilt. Es werden damit 6 öffentliche Brunnen gespeist, und 250 Häuser sind an die Leitungen angeschlossen.

Die Anlage ist im Jahre 1888 mit einem Kostenaufwande von M. 65000 oder M. 29,10 pro Kopf ausgeführt.

20. g. **Saarlouis.** (E. 7465.)

Die Wasserversorgung der Stadt Saarlouis erfolgte bislang aus gebohrten und gegrabenen Brunnen innerhalb der Stadt, deren ca. 200 vorhanden sind, sowie durch Einleiten von Quellwasser, das aus 4 km Entfernung mit natürlichem Gefälle durch eiserne und hölzerne Rohre zugeleitet wird. Letzteres Wasser wird nur durch öffentliche Brunnen zur allgemeinen Benutzung gestellt, und es finden keine Ableitungen davon für Private statt.

Im Jahre 1896 ist für städtische Rechnung mit dem Baue eines einheitlichen Wasserwerkes nach dem Projecte des Ingenieurs H. Ehlert in Düsseldorf, dem auch die Bauleitung übertragen wurde, begonnen, welches auf M. 200000 veranschlagt war. Das Wasser wird durch einen Stollen und einen Brunnen im Buntsandsteine erschlossen. In der Pumpstation sind 2 liegende Eincylindermaschinen, deren jede eine direct gekuppelte, doppeltwirkende Plungerpumpe antreibt, aufgestellt. Die Dampfcylinder haben 250 mm Durchmesser und 0,5 m Hub. Jede Pumpe fördert bei 60 Doppelhüben pro Minute 57 cbm Wasser in der Stunde auf 45,0 m Höhe. Die Maschinen haben die Gebrüder Pfeiffer in Kaiserslautern und die beiden vorhandenen Kessel hat die Firma Poensgen & Pfahler in St. Ingbert geliefert. Es sind Einflammrohrkessel von je 25 qm Heizfläche.

In 1,2 km Entfernung von der Gewinnungsstelle ist seitlich in das Rohrnetz ein Hochreservoir von 400 cbm Inhalt eingeschaltet. Dieses ist aus Beton hergestellt, überwölbt und in den Boden versenkt. Die zu demselben führende Druckrohrleitung hat 200 mm Durchmesser. Das Vertheilungsnetz ist nach dem Circulationssysteme hergestellt und steht unter einem einheitlichen, constanten Drucke. Es hat ca. 9000 m Länge und ist mit 82 Schiebern verbunden. Für die Zuleitungen und für die Hausleitungen werden verzinkte, schmiedeeiserne Rohre verwendet. 300 Anschlussleitungen sind angemeldet. Von der Aufstellung von Wassermessern ist vorläufig Abstand genommen.

21. m. **Salmrohr.** (E. 637.)

Die Wasserversorgung des Ortes Salmrohr erfolgt durch eine vom Ingenieur Max Hessemer in Ems hergestellte Quellwasserleitung.

22. g. **Sulzbach.** (E. 13275, W. 1292 mit je 10,3 B.)

Die Wasserversorgung des Ortes Sulzbach erfolgte seit dem Jahre 1874 durch eine Quellwasserleitung, deren Lieferquantum durch den fortschreitenden Bergbau allmählich bis auf 430 cbm im Tage hinuntergegangen war, so dass sie der wachsenden Bevölkerung nicht mehr genügte. Im Jahre 1895 hat die Stadt daher für ihre Rechnung mit einem Kostenaufwande von M. 430000 oder M. 32,46 pro Kopf ein Wasserwerk von dem Ingenieur H. Ehlert in Düsseldorf nach dessen Projecte erbauen lassen. Den Betrieb des Werkes leitet der Gemeindebaumeister E. Schmidt.

Das Wasser wird im Scheidter Thale aus dem Quellgebiete des Scheidter Baches auf Grund eines mit der Firma R. Böcking & Comp. in Halbergerhütte abgeschlossenen Vertrages, nach welchem der Gemeinde auf die Dauer von 25 Jahren die Entnahme von 1200 cbm Wasser pro Tag gestattet ist, gewonnen. Es ist für die Wassererschliessung ein gemauerter Brunnen von 2,0 m Durchmesser und 7,5 m Tiefe hergestellt. In einer daneben erbauten Pumpstation befindet sich eine liegende Verbundmaschine, welche die Firma Ehrhardt & Sehmer in Schleifmühle geliefert hat. Diese Maschine hat Dampfkolben von 350 mm und 550 mm Durchmesser und 0,7 m Hub. Sie betreibt direct gekuppelt 2 Plungerpumpen von 120 mm Durchmesser. Diese fördern bei 40 bis 70 Doppelhüben pro Minute in der Stunde 72 cbm bis 126 cbm Wasser unter einem Arbeitsdrucke von 161,7 m auf 152,0 m Höhe. 2 Zweiflammrohrkessel von je 70 qm Heizfläche, welche von der Dingler'schen Maschinenfabrik in Zweibrücken geliefert sind, liefern den Dampf von 7 Atm. Spannung.

Auf dem Gipfel des Gehler Berges ist ein Hochreservoir von 600 cbm Inhalt aus Beton hergestellt. Dieses ist überwölbt und in den Boden versenkt. Sein Wasserspiegel liegt 152,0 m hoch über dem Gewinnungspunkte des Wassers. Zu dem Reservoire führt eine 2150 m lange Druckrohrleitung von 225 mm Durchmesser und von demselben geht eine 4250 m lange Fallrohrleitung von 250 mm Durchmesser ab. Das Vertheilungsnetz ist nach dem Circulationssysteme hergestellt und steht unter einem constanten, einheitlichen Drucke, der in der Stadt 120,0 m bis 130,0 m beträgt. Die Rohrleitungen haben im Ganzen 26441 lfd. m Länge und setzen sich aus folgenden Durchmessern und Längen zusammen:

Rohrdurchmesser .	mm	250	225	200	175	150	125
Rohrlänge	m	4250	2150	1616	225	1000	2000
	mm	100	80				
	m	4200	11000.				

Es sind damit 150 Unterflur- und 20 Ueberflurhydranten verbunden, welche in 150 m Entfernung von einander stehen. Die Rohre sind von R. Böcking & Comp. in Halbergerhütte geliefert. 1200 Hausanschlüsse sind durch galvanisirte, schmiedeeiserne Rohre hergestellt. Solche werden auch für die Hausleitungen verwendet. Es sind bislang 1215 Wassermesser von Dreyer, Rosenkranz & Droop, Hannover von folgenden Grössen geliefert:

Durchmesser .	mm	13	15	20	25	30
Stückzahl		890	180	20	16	10.

Die monatliche Mindestzahlung für das Wasser ist nach dem Nutzungswerthe der Gebäude für eine bestimmte, monatliche Höchstlieferung von Wasser wie folgt festgestellt:

Nutzungswerth des Gebäudes	M.	135	210	300	500	darüber
Monatliche Mindestzahlung	M.	1,00	1,50	2,00	2,50	3,00
für höchstens monatlich cbm		4	6	8	10	12.

Mehrverbrauch wird mit 25 Pf pro cbm berechnet und es ist jeder Rabatt auch bei grösserer Abnahme ausgeschlossen. Als Wassermessermiethe wird 15% des Anschaffungspreises erhoben und zwar je nach der Grösse

Durchmesser mm:	13	15	20	25	32
Pf. pro Monat	20	30	40	50	70.

23. g. Völklingen. (E. 9017.)

Im Jahre 1893 ist für die Gemeinde Völklingen gleichzeitig ein Wasserwerk und ein Gaswerk hergestellt. Letzteres ist von dem Ingenieur Aug. Klönne in Dortmund erbaut und liefert dem ersteren, für welches das Project vom Ingenieur O. Smrecker in Mannheim aufgestellt ist, das Gas für den Betrieb der Gasmotoren, welche dessen Pumpen betreiben. Diese Pumpen haben nur für die obere Versorgungszone das Wasser zu heben und es beträgt der Wasserconsum dafür täglich 300 cbm, während das Wasser für die untere Zone, für welche 650 cbm im Tage erforderlich sind, mit natürlichem Gefälle zufliesst.

Es sind 2 Gasmotore, jeder von 8 PS. vorhanden, welche von der Deutzer Gasmotorenfabrik in Deutz geliefert sind. 2 horizontale Plungerpumpen fördern eine jede 30 cbm Wasser pro Stunde auf 38,0 m Höhe. Für jede Zone ist ein Hochreservoir von 200 cbm Inhalt aus Beton hergestellt. Bis Ende 1895 waren im Ganzen 698 Wassermesser von C. A. Spanner, Wien-Aachen geliefert, welche folgende Grössen haben:

Durchmesser mm	7	10	13	15	20	25	30	40
Stückzahl . . .	89	360	120	60	25	2	5	5.

24. a. Wehlen. (E. 1098.)

Für die Wasserversorgung der Gemeinde Wehlen ist im Jahre 1897 für deren Rechnung von dem Ingenieur Max Hessemer in Ems nach dessen Projecte eine Quellwasserleitung für eine tägliche Lieferung von 50 cbm mit einem Kostenaufwande von M. 31 000 im Ganzen oder M. 30 pro Kopf ausgeführt.

Das Wasser ist durch eine Sammelgallerie erschlossen und wird mit natürlichem Gefälle einem Hochreservoire zugeführt, das aus Beton hergestellt ist und 150 cbm Inhalt hat. Die Wasservertheilung erfolgt unter einem Drucke von 30,0 m durch ca. 3500 lfd. m Rohre von 100 mm bis 60 mm Durchmesser, mit welchen 25 Schieber und 22 Unterflurhydranten verbunden sind. Es sind 2 öffentliche Ventilbrunnen aufgestellt und für die Zuleitungen und für die Hausleitungen werden geschwefelte Bleirohre benutzt.

25. l. St. Wendel. (E. 5238.) Ohne Antwort.

26. m. Wittlich a. d. Mosel. (E. 3649, W. 400 mit je 10,9 B.)

Die Wasserversorgung der Stadt Wittlich erfolgt seit dem Jahre 1894 durch ein Wasserwerk, welches der Ingenieur Max Hessemer in Ems für seine Rechnung erbaut hat und als Concessionar betreibt. Dasselbe ist für eine tägliche Leistung von 200 cbm angelegt und hat M. 130000 oder M. 35,63 pro Kopf gekostet.

Das Wasser wird durch Filterleitungen von ca. 200 m Länge und 200 mm Durchmesser aus dem Grundwasser erschlossen. Aus einem Schachte von 200 cbm Inhalt wird es dann durch eine liegende Dampfpumpmaschine von 12 PS. in ein Hochreservoir gefördert. Diese Maschine ist von Wegelin & Hübner in Halle a. d. Saale geliefert. Sie betreibt direct eine doppeltwirkende Plungerpumpe, welche 25 cbm Wasser in der Stunde bei 50 Doppelhüben pro Minute fördert. Den zugehörigen Dampfkessel mit Siederohren, der 20 qm Heizfläche hat, hat die Kölnische Maschinenbau-Actiengesellschaft in Bayenthal geliefert. Eine zweite Maschine und ein zweiter Kessel sind in Ausführung begriffen.

Das Hochreservoir liegt ca. 800 m von der Pumpstation entfernt. Es hat 400 cbm Inhalt und ist aus Beton ausgeführt, überwölbt und in den Boden versenkt. Die Druckrohrleitung zum Reservoire hat 125 mm Durchmesser. Der constante Versorgungsdruck in der Stadt beträgt 42,0 m. Die gesammten Rohrleitungen haben ca. 6500 lfd. m Länge von 150 mm bis 60 mm Durchmesser und sind mit 70 Schiebern und 45 Unterflurhydranten verbunden. 350 Hausanschlüsse sind durch Bleirohrleitungen von 20 mm und 25 mm Durchmesser, mit Strassenhähnen absperrbar, angeschlossen. Die Hausleitungen bestehen aus geschwefelten Bleirohren und mit ihnen sind 580 Zapfhähne, 20 Closets, 2 Pissoirstände, 10 Badeeinrichtungen und ein Privatspringbrunnen verbunden. Es sind 109 Wassermesser, welche C. A. Spanner, Wien-Aachen geliefert hat, eingebaut. Von diesen haben 65 Stück 13 mm, 32 Stück 20 mm und 12 Stück 25 mm Durchmesser.

Im Jahre 1894 wurden im Ganzen 48 000 cbm Wasser abgegeben.

Der Wasserpreis beträgt pro cbm 20 Pf.

Das Wasser hat 8 deutsche Härtegrade.

XXXV. Regierungsbezirk Aachen.

(Rheinprovinz).

a) Aachen 1 (Burtscheid 2, Büsbach 3, Eilendorf 5, Eschweiler 8, Forst 9, Pannesheide 16, Stolberg 18). — **b)** Düren 4. — **c)** Erkelenz 6. — **d)** Eupen 7. — **e)** Geilenkirchen 10. — **f)** Heinsberg 12. — **g)** Jülich 13. — **h)** Malmedy 14. — **i)** Montjoie 15. — **k)** Schleiden 17 (Gemünd 11).

---

1. a. Regierungshauptstadt **Aachen.** (E. 110489).

a) Geschichtliches.

Für die Wasserversorgung der Stadt Aachen bestanden schon vor mehreren Jahrhunderten 6 verschiedene Wasserleitungen, welche aus den höher als die Stadt gelegenen Bachthälern im Umkreise der Stadt durch Quellen gespeist wurden. Das Wasser floss in gedeckten Kanälen mit natürlichem Gefälle zur Stadt und wurde hier durch Bleirohrleitungen zu öffentlichen Laufbrunnen geführt, sowie auch einigen Privaten für gewerbliche Zwecke zugeleitet. Diese Leitungen waren die Marktleitung, die Krämerleitung, die Kreuzbruderleitung, die Bergleitung, die Passleitung und die Seilgrabenleitung.

Für die eigentliche häusliche Versorgung dienten aber hauptsächlich Pumpenbrunnen, deren 34 öffentliche und 2566 private innerhalb der Stadt bis zur Eröffnung der einheitlichen Versorgung im Jahre 1880 in Benutzung waren. Diese hatten sämmtlich einen stark schwankenden Wasserstand und versiegten zum Theil vorübergehend auch vollständig. Das Wasser aus denselben war durch das Eindringen von Fäkalien und von Thermalwasser theilweise mindestens verdächtig und die Versorgung der Stadt war auf diese Weise überhaupt eine ganz ungenügende.

Für gewerbliche Zwecke und namentlich für die ausgedehnte Tuchindustrie, die von Alters her in Aachen in grossem Umfange betrieben wird und für welche viel Wasser erforderlich ist, dienten damals und dienen noch heute die 5 Bäche: der Johannisbach, der Paubach, der Ponellbach, der Wurmbach und der Beverbach, welche sämmtlich die Stadt durchfliessen. Namentlich das Wasser des Paubaches ist als das weichste von den Wäschereien stets sehr gesucht gewesen. Die Berechtigung zur Wasserentnahme aus diesem Bache wird nur aus sogenannten »Concessionslöchern« ertheilt. Der Paubach speist auch die Kapitelswasserleitung, welche für ca. 30 städtische und private Grundstücke dient. Diese verschiedenen Bäche haben aber nicht immer, wenn auch nur zeitweise, der wachsenden Industrie die verlangte Wassermenge liefern können und auch die Qualität des Wassers derselben hat unter der wachsenden Bebauung der Stadt merklich gelitten. Eine gründliche Aenderung aller bestehenden Einrichtungen für den Wasserbezug war daher von allen Seiten bereits seit langen Jahren als ein dringendes Bedürfniss erkannt.

Schon seit Anfang der 60er Jahre beschäftigten sich die städtischen Behörden daher eingehend mit Plänen für eine ausreichende Central-Versorgung der Stadt mit gutem und genügendem Wasser. Trotzdem dafür weder Flussläufe noch ergiebige Quellen in's Auge gefasst werden konnten, waren die Versuche zur Lösung der Aufgabe doch recht mannigfaltige. Der von der Stadt um Rath befragte Oberbaurath Moore in Berlin schlug vor, am Südabhange des Aachener Waldes das Wasser aus dem Untergrunde fassen zu lassen und mit Maschinenkraft über den Berg zu heben. Nach dem Projecte des Ingenieurs Klinkenberg sollten Schächte im Mergel bei Lemiers abgeteuft und das hier erschlossene Wasser auf den Orsbacher Berg gepumpt werden. Der Ingenieur Donkier wollte das Oberflächenwasser des hohen Venns, eines südlich von Burtscheid gelegenen Ausläufers der Eifel, im Vichtbachthale durch eine Staumauer in ein grosses Bassin verwandeln und aus diesem der 15 km davon entfernt liegenden Stadt das Wasser durch gemauerte Aquädukte und Stollen zuführen etc. Nur dieser letztere Plan hatte sich für längere Zeit eines grossen Beifalls zu erfreuen, während alle anderen Projecte überhaupt wenig Beachtung fanden. Er musste aber doch schliesslich auch wegen der zu hohen Kosten aufgegeben werden.

Es blieb nunmehr nur noch die Möglichkeit übrig, das Wasser unterirdisch aus dem Kalkgebirge auf bergmännische Weise zu gewinnen, ein Project, das zuerst vom Bergmeister Baur in Eschweiler aufgestellt ist. Dieser schlug vor, in dem südlich von Aachen auftretenden Kohlenkalke Schächte abzuteufen und durch Querschläge mit einander zu verbinden. Das dadurch gewonnene Wasser wollte er dann auf eine Berghöhe in ein Reservoir gepumpt wissen. Nachdem in gleichem Sinne verschiedene ähnliche Projecte aufgetaucht und wieder verworfen waren, wurde schliesslich vom Bergmeister Honigmann der Stadt ein Vorschlag unterbreitet, nach welchem das durch einen Stollen aus dem Kohlenkalke erschlossene Wasser der Stadt durch natürliches Gefälle sollte zugeführt werden können.

Das Plateau des hohen Venns besteht aus Schichten des Unterdevons und wird an seinem nordwestlichen Abhange von den Devonischen Grauwackenschiefern und Kalken, die von Südwest nach Nordost streichen, überlagert. Dieser Devonische Kalk, Eifelkalk genannt, bildet eine weite Mulde, die sich von den Orten Schmidthof und Hahn aus nach Nordwesten zu ausdehnt. Sie tritt dann in Burtscheid und in Aachen in der Form eines Doppelsattels wieder zu Tage. In diese Schichten sind die jüngeren Grauwacken (Oberdevon- oder Verneuilischiefer), der Kohlenkalk und der Kohlenschiefer eingelagert. Die beiden letzteren bilden darin vielfache Sättel und Mulden und sind stellenweise durch verschieden gefärbte Thone bis zu 15,0 m Dicke überdeckt. Die sehr klüftigen Kalkschichten füllen sich bis zu der Höhe, in der ein natürlicher Quellenaustritt den Abfluss in die Bäche gestattet, von oben her mit Meteorwasser an. Die von Honigmann für die Versorgung der Stadt Aachen in's Auge gefassten Quellen, die aus dem Eicher- und Nütheimer Kalkzuge entspringen, liegen nun ausserhalb des Speisegebietes der Bäche von Aachen und Burtscheid und ausserdem auch bedeutend höher als das mit Wasser zu versorgende Gebiet. Er schlug daher vor, unter dem Niveau dieser Quellen einen Stollen zu treiben und damit das Wasser zu lösen, um es dann mit natürlichem Gefälle der Stadt zu zuleiten.

b) Erste Ausführung und erste Betriebsperiode bis 1887/88.

I. Stollen.

Dieses Honigmann'sche Project fand auch die Genehmigung des Gemeinderathes der Stadt, und am 13. Juli 1871 wurde vom damaligen Bürgermeister Dahmen der erste Spatenstich zur Ausführung desselben gethan. Die Herstellung des Stollen hat dann im Auftrage der Stadt Aachen der Markscheider Siedamkrotzky in 9 Jahren, also bis Mitte des Jahres 1880, vollendet. Das Mundloch dieses Stollens liegt 5 km südlich von Aachen unweit des oberen Heidelbender Weihers und an dem Forst-Hitfelder Gemeindewege. Der Stollen ist in 217,5 m Höhe über Amsterdamer Pegel angesetzt und hat 2318 m Gesammtlänge erhalten.

Bei 2000 m Entfernung vom Stollenmunde ist in der Eicher Schiefermulde ein grösserer Schacht neben der Stollenlinie niedergebracht, der 5,0 m unter Stollensohle im Kohlenkalke steht. Von diesem Schachte aus ist, in einem spitzen Winkel gegen die Stollensohle geneigt, nach beiden Seiten eine Strecke von 5 m Länge getrieben, um damit das Wasser während der Arbeiten aus dem südlichen Kalkflügel abzuziehen. Die dafür aufgestellte Wasserhaltungsmaschine hat später wieder eine definitive Verwendung für die Wasserversorgung gefunden.

Der Stollen liegt vom Mundloche bis auf 925 m Länge im Kohlenschiefer. Die geringen Wasseraufschlüsse in diesem Theil zeigten sich eisenhaltig und getrübt und sind daher wasserdicht vermauert. Bei 650 m Entfernung vom Mundloche ist ein Luftschacht hergestellt. — Von 925 m bis 1100 m Länge liegt der Stollen im Kohlenkalke. Hier fand sich Wasser in reichlicher Menge, das aber meist thonhaltig war und daher, mit Ausnahme von 4 Quellen mit gutem Wasser, gleichfalls abgemauert ist. — Von 1100 m bis 1406 m Länge liegt der Stollen im Verneuilischiefer. Das Wasser war auch hier von geringer Menge und eisenhaltig, und es ist die ganze Strecke auch schon wegen geringer Festigkeit des Gebirges ausgemauert. Bei 1180 m Länge ist ein zweiter Luftschacht ausgeführt. — Von 1406 m bis 1960 m Länge liegt der Stollen im Kohlenkalke. Hier war Wasser sehr reichlich vorhanden; jedoch nur das aus 6 Quellen war ein gutes. Das übrige Wasser ist thonhaltig und wurde daher abgemauert. In 1940 m steht ein dritter Luftschacht. — Von 1960 m bis 2130 m liegt der Stollen im Kohlenschiefer. Darin ist nur eine Quelle mit gutem Wasser gefunden, und es ist die ganze Strecke ausgemauert. — Von 2130 m bis 2318 m liegt der Stollen im Kohlenkalke und hier bringen ihm 2 Quellen viel Wasser zu. In 2280 m steht ein vierter Luftschacht. Auch in dieser Strecke sind die thonhaltigen Klüfte und die losen Stollen vermauert.

Der Stollen hat 1,9 m Breite und 2,2 m Höhe. Seine Sohle steigt mit 1 : 2000 an. Im Ganzen sind von dem Stollen 956,5 lfd. m Länge mit Mauerung versehen. In 377 m Entfernung vom Mundloche ist in dem Stollen in einer festen Schieferbank ein Damm von 2,5 m Stärke eingemauert, in welchen 2 Abflussrohre mit Schiebern eingebaut sind, um das Wasser in wasserreicher Zeit im Stollen und auch im Gebirge selbst zeitweise aufstauen zu können. Das eine der beiden Rohre dient zur völligen Entleerung des Stollens und an das andere schliesst sich die Versorgungsleitung, die zur Stadt führt, an. Letztere hat 500 mm Durchmesser. Am Stollenmundloche ist diese Leitung durch ein eingeschaltetes Bassin unterbrochen, das zur Beobachtung des Wasserzuflusses dient. Die Leitung führt dann aus dem Bassin auf 1500 m Entfernung mit stetem Gefälle weiter zu einem Hochreservoire, das bei Schönforst an der Aachen-Trierer Staatsstrasse hergestellt ist.

2. Hochreservoir und Leitungen.

Dieses Hochreservoir und die Wasservertheilungsleitungen in Aachen sind gleichzeitig mit den Arbeiten im Stollen ausgeführt, so dass die Versorgung der Stadt schon am 1. Juli 1880 nach Vollendung des Stollens beginnen konnte. Die Projecte für diese letzteren Arbeiten sind von der Rheinischen Wasserwerksgesellschaft, die derzeit in Köln domicilirt war, aufgestellt. Sie sind damals nach durch den Professor Intze in Aachen vorgenommenen Modificationen auch unter Leitung dieser Gesellschaft zur Ausführung gelangt. Die späteren Rohrleitungen sind in Regie ausgeführt.

Das Hochreservoir hat im Ganzen 5200 cbm Inhalt. Es ist gemauert, überwölbt, in den Boden versenkt und mit Erde überdeckt. Seine Sohle liegt auf 213,0 m + 0 und sein Hochwasserstand liegt in 50,0 m Höhe über dem mittleren Stadtniveau. Das Reservoi ist in 4 gleichgrosse Kammern von je 17,5 m Seitenlänge des quadratischen Gesammtgrundrisses getheilt. Von diesen sind je 2 durch eingemauerte Rohre mit Schiebern direct mit einander verbunden. Die beiden hierdurch gebildeten Vorkammern sollten event. für eine künstliche Sandfiltration benutzt werden können, was sich jedoch als unnöthig gezeigt hat. Das Reservoir wird überall nur in 2 Abtheilungen von je 2000 cbm Inhalt benutzt, von denen abwechselnd die eine sich füllt, während die andere sich entleert. Von dem Reservoire führte Anfangs nur eine Fallrohrleitung von 500 mm Durchmesser längs der Aachen-Trierer Staatsstrasse zur Stadt. Im Jahre 1884/85 ist noch eine zweite Fallrohrleitung von 300 mm Durchmesser und 3255 m Länge verlegt.

Das Vertheilungsrohrnetz ist nach dem Circulationssysteme hergestellt und die Versorgung erfolgt constant unter einem Drucke von 40,0 m bis 50,0 m je nach der Ortslage des Versorgungspunktes. In das Versorgungsgebiet ist von Anfang an auch die jetzt eingemeindete Stadt Burtscheid und die Landgemeinde Forst und später auch das Dorf Laurensberg einbezogen. Die gesammte Rohrlänge hat am 1. Januar 1880 56 769 lfd. m betragen, und es waren damit 247 Schieber und 422 Hydranten verbunden. Am 1. Januar 1881 waren 60 810 lfd. m Rohrleitungen vorhanden, von denen 12 859 m einen Durchmesser von 500 mm, 400 mm und 300 mm und 47 951 m einen solchen von 150 mm bis 80 mm hatten. In die ersteren Rohre waren 27 und in die letzteren 231 Schieber eingeschaltet. 15 Theilkasten, 451 Hydranten, 19 Lufthähne, 2 Drosselklappen, 21 Spülhähne und 5 Rinnsteinspüler waren damals vorhanden. Im Jahre 1887 bestand das Rohrnetz aus 83 710 lfd. m Rohre mit 346 Schiebern und 580 Hydranten.

3. Anschlüsse und Anlagekosten.

Die Zahl der Anschlüsse an die Leitungen war während der ersten Betriebsperiode die nachfolgend angegebene, und es hat der Wasserverbrauch pro Kopf und Tag der Bewohner auf den angeschlossenen Grundstücken in Lit. betragen:

Jahr	1880/81	1881/82	1882/83	1883/84	1884/85
Anschlüsse	805	1263	1598	2059	2525
Lit. pro Kopf	?	61,6	61,9	82,8	81,0

Jahr	1885/86	1886/87	1887/88
Anschlüsse	2840	3158	3475
Lit. pro Kopf	62,3.	59,0	?

Die Wasserabgabe an Private hat von Anfang an nur nach Wassermessern stattgefunden, welche von der damals vereinigten Firma Spanner & Wiesenthal, Aachen und später allein von C. A. Spanner Wien-Aachen geliefert sind. Die Betriebsleitung hat bei der Eröffnung des Werkes der Erbauer des Stollens G. Siedamgrotzky als Wasserwerksdirector übernommen, und bis zu seinem am 13. December 1890 erfolgten Tode hat er dieselbe geführt. Alle bis dahin ausgeführten Erweiterungsbauten sind nach seinen Plänen und unter seiner Leitung entstanden

Die Anlagekosten des Werkes haben bis zum Juni 1880 betragen:

Vorarbeiten	M.	6 901
Grunderwerb	»	33 669
Stollenanlage	»	425 115
Schacht- und Maschinenanlage	»	228 617
Hochreservoir	»	117 843
Rohrnetz	»	723 658
Telegraphenanlage	»	3 900
Bauleitung	»	134 572
Bauzinsen	»	160 076
zusammen	M.	1 834 351.

Sie haben sich im Laufe der folgenden 8 Jahre nur um M. 61 249, also auf M. 1895 600 erhöht.

Die Beschaffenheit des Wassers ist monatlich aus dem Hochreservoire und aus der Leitung vom Professor Dr. Classen in Aachen untersucht und es sind dafür als Grenzzahlen im Liter gefunden:

Tabelle 444.

Ort der Probenahme	Hochreservoir	Stadt
Kohlensaurer Kalk	150 bis 175 mg	154 bis 173 mg
Kohlensaure Magnesia	28 » 75 »	36 » 75 »
Schwefelsaurer Kalk	17 » 37 »	16 » 26 »
Abdampfrückstand	266 » 315 »	270 » 280 »
Eisenoxydul und Thonerde	Spur bis 5 »	Spur bis 8 »
Härtegrade, deutsche	11,5 bis 13,6	11,5 bis 13,3

4. Stollenergiebigkeit.

Die Stollenanlage hatte während der letzten Baujahre täglich im Durchschnitte 6700 cbm Wasser geliefert. Im Jahre 1882 hat der Aufstau im Stollen, der im Sommer 1881 auf 29,8 m Höhe gehalten werden konnte, gelegentlich einer vorgenommenen Reinigung einen Ueberschuss von 120000 cbm über den Gebrauch ergeben, ohne dass später das Wasser wieder auf die frühere Stollenhöhe gesunken ist.

Dagegen aber ist in den Jahren 1883 und 1884 ein zeitweise sehr bedeutendes Sinken des Wasserstandes im Stollen eingetreten und im August 1884 ist der Stollen sogar fast ganz leer geflossen, so dass im October eine Beschränkung der Wasserabgabe in der Stadt angeordnet werden musste. Gleiches wiederholte sich in den folgenden Jahren und der messbare Stollenzulauf betrug nunmehr nur noch 4000 bis 4900 cbm im Tage. Dieser Rückgang der Stollenlieferung hat dann in den folgenden Jahren fortlaufend zugenommen, so dass schliesslich überall nur noch auf ca. 4000 cbm Wasser pro Tag gerechnet werden konnte.

Gleichzeitig konnte eine dauernde Steigerung des Wassergusses in die das Quellenwasser oberirdisch abführenden Bäche festgestellt werden, so dass es ganz zweifellos erscheint, dass der zeitweise Aufstau im Stollen das Wasser andere Ausflüsse hat suchen und finden lassen. Nach Siedamgrotzky's Ansicht soll auch durch Niederschläge aus dem aufgestauten Wasser die Durchlässigkeit der darunter liegenden und über dem Stollen lagernden Schichten in Folge der dadurch gewachsenen mechanischen Widerstände für den Durchtritt des Wassers sich verringert haben.

c) Zweite Ausführung und spätere Betriebsperiode.

1. Schächte und Pumpstation.

Die Stadt stand somit schon nach wenigen Jahren vor der Nothwendigkeit, neue Wassermengen eiligst herbeischaffen zu müssen, wenn sie nicht Gefahr laufen wollte, gezwungen zu werden, in absehbarer Zeit den Betrieb vielleicht vollständig einstellen zu müssen. Die Idee, den Stollen zu verlängern, um aus dem Eicher Kalke in den Nütheimer Kalk oder gar in den Eifelkalk zu gelangen, musste aufgegeben werden, weil die Ausführung des dafür nöthigen 4328 lfd. m langen Stollens mindestens eine 6 jährige Bauzeit und einen Kostenaufwand von M. 1 330000 nach dem Projecte Siedamgrotzky's verlangt haben würde. Ebenso liess man das andere Project fallen, nach welchem die jetzige Anlage ausschliesslich für die häusliche Versorgung reservirt werden und für das Industriewasser eine besondere Anlage geschaffen werden sollte. Hätte man einen Bau für den letzteren Zweck auch den Interessenten überlassen können, so musste der Schritt doch auch dann für die Stadt nur als eine vorübergehende Hülfe erscheinen, weil nicht zu übersehen war, wie lange die damalige Anlage selbst unter der eingeführten Beschränkung genügt haben würde. Abgesehen davon, fehlte aber auch über die Art, wie die Herstellung einer Industrieversorgung erfolgen sollte, jeder mögliche Anhalt.

Nach den gemachten Erfahrungen erschien es unbedingt geboten, eine neue Wassererschliessung ganz unabhängig von der bestehenden Stollenanlage zu machen, wenn auch die Einleitung des neu zu erschliessenden Wassers in das vorhandene Hochreservoir bei Schönforst als wünschenswerth betrachtet werden musste. Vor allem war aber in kürzester Zeit Hülfe zu schaffen, weil man anderenfalls den grössten Calamitäten entgegen gehen musste, und man acceptirte daher das von Siedamgrotzky im Jahre 1886 aufgestellte, zweite Project zur sofortigen Ausführung. Nach demselben sollte das fehlende Wasser aus dem Nütheimer Kalke durch einen abzuteufenden Schacht direct erschlossen und mit Dampfkraft gehoben werden.

Der Schacht ist unweit der Kreuzung der Wege Lichtenbusch-Schmidthof und Nütheim-Langfeld in einer Höhe von 260,0 m + 0 und 15 m von der Kontaktlinie des Kohlenkalkes entfernt, abgeteuft, und daneben ist die heutige Pumpstation Brandenburg erbaut. Schon im October 1888 konnte dieselbe in Betrieb kommen.

Der Schacht hat 2,7 m mal 3,8 m Querschnitt erhalten. Er ist auf 61,0 m Tiefe im Verneuilschiefer niedergebracht. Von hier ist eine 4 m lange Füllortsstrecke, sowie von hier aus nördlich ein 109 m langer und südlich ein 76 m langer Querschlag getrieben. In den beiden Querschlägen sind gemauerte Dämme mit je einem Entleerungs- und einem Ableitungsschieber hergestellt. Ferner ist in jeden Damm eine eiserne Sperre angebracht, um die Querschläge bei einer späteren Verlängerung abschliessen zu können.

Zur Wasserförderung ist die früher erwähnte Wasserhaltungsmaschine sammt ihren Kesseln, welche für den Stollenbau auf dem Schachte Eich benutzt war, nach hier versetzt. Für die Aufstellung einer zweiten und einer dritten Maschine ist im Jahre 1890 ein zweiter Schacht niedergebracht, der 6,0 m von dem ersten entfernt und 7 m vom Querschlage ab nach Norden zu gerückt ist. Während der Montage der ersten Maschine für diesen zweiten Schacht stellte sich schon wieder ein Wassermangel in der Stadt ein und in Folge dessen ist der nördliche Querschlag gleich auf 150 m Länge vorgetrieben. Dabei konnten aber beide Maschinen — eine in jedem Schachte — zusammen das Wasser nicht mehr halten. Im Jahre 1893 ist daher eine zweite Maschine in dem zweiten Schachte, also die dritte Maschine im Ganzen aufgestellt, weil bereits im Sommer 1892 regelmässig 2 Maschinen arbeiten mussten und es sonach schon damals an einer Reserve fehlte.

Alle 3 Maschinen sind liegende Eincylindermaschinen ohne Condensation und ohne Schwungräder. Die erste hat eine einfache Ventilsteuerung und eine selbstthätige Stillsetzung, die durch einen Regulator mittels unrunder Scheibe eingeleitet wird. Die beiden anderen Maschinen haben von Hand verstellbare Schiebersteuerungen. Die erste Maschine bewegt durch 2 einfache Kunstkreuze die beiden Pumpengestänge für die beiden Paare von Hebe- und Druckpumpen. Die Hebepumpen giessen 16,0 m unter Hängebank in einem eisernen Kasten aus und die Gestänge gehen durch die Steigerohre der Pumpen indurch. Aus dem Kasten entnehmen die Druckpumpen das Wasser und führen es durch eine Leitung von 400 mm Durchmesser nach dem neu erbauten Hochreservoire.

Der Schacht für die beiden anderen Pumpen hat 3,0 m mal 4,0 m im Querschnitt und ist in seinem unteren Theile auf 10,0 m Länge einseitig auf 6,325 m mal 5,0 m Querschnitt erweitert. Jede dieser Maschinen betreibt eine einfach saugend und doppelt drückend wirkende Pumpe mit Differentialplunger Die eine Pumpe hat 2 übereinander liegende, ringförmige Tellerventile und die andere Pumpe hat stufenförmige Ringventile. Die Bewegung der Pumpen erfolgt durch belastete Gestänge mittels eines Kunstkreuzes, das eine belastete Rückverlängerung hat. Die Gestänge haben bei der einen von diesen beiden Maschinen nicht schliessende Nothführungen und bei der anderen haben sie zur Vermeidung des klappernden Geräusches schliessende Rundführungen für die Schlösser erhalten. Aus einem für beide Pumpen gemeinsamen Druckwindkessel steigt ein Druckrohr von 400 mm Durchmesser in dem Schachte empor.

Neben dem ersten Schachte ist noch eine vierte liegende Maschine von 30 PS. mit Schwungrad und mit Ridersteuerung, die gleichfalls ohne Condensation arbeitet, aufgestellt, welche durch Riemenübertragung einen Förderhaspel bewegt und früher ausserdem auch noch 2 Abteufpumpen durch ein Schwungradvorgelege und ein Kunstkreuz betrieben hat. Die Hauptdimensionen dieser 4 Maschinen sind die in der Tabelle 445 angegebenen.

Tabelle 445.

Maschinen Nr.	I	II & III jede	IV
Dampfcylinderdurchm. . mm	900	790	300
Kolbenhub m	1,8	1,0	0,6
Saugkolbendurchmesser mm	400	480	2 à 165
Druckkolbendurchmesser mm	283	340	
Kolbenhub der Pumpen m .	1,36	1,10	0,925
Doppelhübe pro Minute .	14	18	60
Leistung pro Stunde . cbm	230	230	42

Die Maschine I kann eventuell auch 13 Hübe pro Minute machen und liefert dann 300 cbm pro Stunde. Die Förderhöhe für die sämmtlichen Maschinen beträgt 84,7 m. In dem gemeinschaftlichen Kesselraume liegen 3 einfache Zweiflammrohrkessel von je 100 qm Heizfläche mit einem concessionirten Dampfdrucke von 5,5 Atmosphären. Die Maschinen II und III sind von dem Professor Gutermuth in Aachen projectirt. Die sämmtlichen Maschinenanlagen hat die Maschinenfabrik von C. Mehler in Aachen geliefert.

2. Rohrleitungen und Reservoir.

Die Steigeleitungen aus beiden Schächten sind in einer Schieberkammer kurz hinter dem Maschinenhause durch 5 über Kreuz gestellte Schieber zur beliebigen Auswechslung unter einander verbunden. Beide Leitungen führen zu dem vorerwähnten zweiten Hochreservoire Lichtenbusch, dessen Sohle auf 280,0 m + 0 oder 20,0 m hoch über der Flurhöhe der Pumpstation und 81,0 m hoch über der Querschlagsohle liegt. Das Reservoir ist 1600 m von der Pumpstation entfernt und hat die Form eines in der Achse der Leitung liegenden und zugleich die Leitung ersetzenden Stollenreservoirs, welches durch die Wasserscheide zwischen dem Wurm- und dem Münsterbachgebiete hindurch führt und 350 m Länge bei 1,5 m Breite und 2,17 m Höhe hat. Es ist mit einer halbkreisförmiger Wölbung vollständig ausgemauert und mit Cement geputzt. Seine Sohle hat eine Neigung von 1 : 1000 gegen den Ausfluss zu. Von diesem Reservoire geht ein Rohr von 300 mm Durchmesser und 5500 m Länge bis zu dem alten Reservoire Schönforst, dessen Reservoirsohle auf 213,0 + 0 liegt, so dass diese neue Fallrohrleitung bis dahin 67,0 m Gefälle hat.

Das gesammte Rohrnetz hat am 1. April 1896 aus 23 173 lfd. m Hauptrohren von 500 mm bis 300 mm Durchmesser und aus 78 347 lfd. m kleinerer Versorgungsrohren von 150 mm bis 80 mm Durchmesser bestanden. Von ersteren sind 1626 lfd. m Druckrohre von 400 m und 5514 lfd. m Fallrohre von 300 mm Durchmesser. Die übrigen 16 033 lfd. m Hauptrohre liegen in Aachen selbst und dienen als Versorgungsleitungen.

Die angeführten, 78 347 lfd. m von kleineren Versorgungsleitungen, sowie die Theilkästen, Schieber, Hydranten, Lufthähne, Spülhähne und Entleerungsrohre vertheilen sich zur Zeit auf die verschiedenen Versorgungsgebiete, wie es die Tabelle 446 angibt.

Die Gesammtrohrlängen und die Zahl der vorhandenen Schieber, Hydranten, Springbrunnen und öffentlichen Pissoire am 1. April der 8 Jahre von 1889 bis 1897 gibt die Tabelle 447 (S. 526) an.

Die Hydranten sind Unterflurhydranten ohne Selbstentwässerung. Sie stehen in ca. 90 m Entfernung von einander. Die Anschlussleitungen von 80 mm bis 50 mm

Tabelle 446.

Versorgungsgebiet.	Aachen	Burtscheid	Laurenburg	Forst	Verschiedene
Versorgungsrohre von 150 mm bis 50 mm Durchmesser lfd. m . .	63 561	11 313	773	2 700	—
Schieberzahl bis 300 mm Durchm. . .	32	—	—	3	3
dsgl. von 150 mm bis 50 mm Durchm.	312	56	—	16	5
Hydranten .	583	110	3	20	4
Lufthähne . . .	13	—	—	3	—
Theilkästen	15	—	—	—	—
Entleerungsrohre lfd. m . .	618	—	—	4	47
Spülhähne Stück . . .	13	3	—	—	—

Tabelle 447.

Jahr	1889/90	1890/91	1891/92	1892/93	1893/94	1894/95	1895/96	1896/97
Rohrlänge m	88 170	90 620	92 750	94 740	95 650	98 883	101 152	103 228
Schieber	354	365	375	390	400	405	420	436
Hydranten	607	620	640	655	670	687	705	729
Oeffentl. Springbrunnen	5	5	5	5	2	2	2	2
» Pissoire	11	11	11	11	11	12	12	15

Durchmesser bestehen aus Gusseisen und diejenigen von 40 mm bis 13 mm Durchmesser bestehen, ebenso wie die meisten Hausleitungen, aus Bleirohren.

Die am 1. April 1896 vorhanden gewesenen 6490 Anschlussleitungen vertheilen sich nach ihren Dimensionen und nach ihrer zunehmenden Zahl seit dem Jahre 1890 in jedem Jahre wie es die Tabelle 448 angibt. Darin ist auch am Schlusse für jede der Dimensionen der Preis angegeben, zu welchem das Wasserwerk pauschal die rsp. Leitungen ohne Rücksicht auf ihre Länge ausführt.

Tabelle 448.

Durchmesser mm	Bleirohr					Eisenrohr				
	13	20	25	30	40	50	60	80	100	zusamm.
1891 1. IV. Bestand	2 070	1 916	354	70	15	58	5	69	1	4 558
Zugang 1891/92	254	120	18	2	—	6	—	3	—	403
» 1892/93	488	187	15	17	—	4	—	4	—	705
» 1893/94	210	125	12	7	—	ab 1	—	6	—	359
» 1894/95	102	83	8	2	—	2	—	4	—	201
» 1895/96	135	109	10	—	—	5	—	5	—	264
1896 1. IV. Bestand	3 259	2 540	417	88	15	74	5	91	1	6 490
Pauschalpreis p. Stück M.	60	70	90	115	150	200	250	300	?	—

Die Gesammtlänge der Anschlussleitungen hat am 1. IV. 1896 55468 lfd. m oder pro Anschluss im Durchschnitt 8,6 m betragen. Davon bestanden 53 230 lfd. m aus Bleirohren und 2238 lfd. m aus gusseisernen Rohren. Von den Anschlüssen entfallen 5624 auf Aachen, 754 auf Burtscheid, 110 auf Forst und 2 auf Laurensberg.

Tabelle 449.

Durchm. mm	7 u. 10	13	20	25	30	40	50	65	80	zusamm.
Spanner	9	1898	1792	349	72	14	44	8	50	4236
Wiesenthal	2	1607	848	78	25	2	28	—	18	2608
Diverse	—	3	5	3	—	—	—	—	—	11
zusammen	11	3508	2645	430	97	16	72	8	68	6855
Lagerbestand	4	109	114	22	11	3	4	3	5	275
also eingebaut	7	3399	2531	408	86	13	68	5	63	6580

Die Wassermesser, welche, wie vorhin bemerkt, schon seit Eröffnung des Werkes obligatorisch eingeführt sind, wurden bis zum 1. April 1890 von C. A. Spanner, Wien-Aachen und werden seitdem ausschliesslich von Wiesenthal & Comp., Aachen, abgesehen von Probemessern, bezogen. Die Vertheilung der Messer nach ihrer Grösse und Zahl, sowie nach den Lieferanten gibt die nebenstehende Tabelle 449 an.

d) Gesammte Baukosten.

Die Baukosten für die Anlage zu Brandenberg im Nütheimer Kalkzuge haben bis zum 1. April 1895 im Ganzen betragen . . . . M. 1 334 400
dazu die Baukosten für die erste Anlage M. 1 895 600
gibt als gesammte Baukosten . . . . M. 3 240 000

Diese Kosten vertheilen sich nach den einzelnen Titeln, wie es die Tabelle 450 angibt.

Tabelle 450.

Titel	Ursprüngl. Anlage	Spätere Erweiterung	Anlagekosten zusammen am 1. April 1895	Buchwerth am 1. April 1896
	M.	M.	M.	M.
Grunderwerb	33 669	67 474	101 143	92 057
Gebäude	51 525	171 606	223 131	135 272
Stollen, Schächte und Querschläge	533 972	140 614	674 586	297 381
Maschinenanlagen	114 464	277 517	391 981	224 552
Rohrnetz	807 719	299 673	1 107 392	613 166
Hochreservoire	129 026	45 869	174 895	156 348
Wassermesser	52 827	203 911	256 738	134 513
Bauzinsen und Diverses	172 398	128 736	291 134	191 027
zusammen	1 895 600	1 334 400	3 240 000	1 844 316

Im Jahre 1895/96 sind bei den Anlagekosten für Rohrleitungen, Wassermesser etc. M. 25 289 in Zugang gekommen, so dass die Gesammtkosten am 1. April 1896 M. 3 265 289 betragen haben und bis dahin also von den Anlagekosten M. 1 420 973 abgeschrieben sind.

e) Betrieb und Wasserabgabe.

Nach dem Tode Siedamgrotzky's bestand die Wasserwerksverwaltung aus dem Director Beermann und dessen Stellvertreter, dem Ingenieur Deubel und ferner aus 27 technischen Betriebsbeamten und 9 kaufmänni-

Tabelle 451.

Jahr	1888/89	1889/90	1890/91	1891/92	1892/93	1893/94	1894/95	1895/96	1896/97
Einwohnerzahl	117 000	119 000	120 500	122 000	123 000	125 000	128 000	132 300	136 570
Gesammte Wassermenge im Jahre cbm	1 640 100	1 939 900	2 169 100	2 242 200	2 507 400	2 699 400	2 522 760	3 214 840	3 266 550
desgl. gegen 100 cbm des Vorjahres »	—	118,1	112,0	103,5	111,9	107,5	93,6	127,5	101,6
Liter pro Kopf pro Tag im Mittel	29	39	43	44	49	52	47	66	66
desgl. am Maximaltage	64	78	71	69	93	107	86	88	92
Zahl der Anschlüsse	3 770	4 270	4 610	4 970	5 730	6 133	6 340	6 620	6 840
cbm pro Anschluss im Jahre	435	454	470	451	437	440	398	485	477
Tagesabgabe am									
mittleren Jahrestage cbm	3 392	4 650	5 200	5 375	6 005	6 471	6 046	8 808	8 949
Maximaltage »	7 500	9 240	8 540	8 400	11 400	13 600	11 000	11 720	12 620
Minimaltage »	2 380	2 900	3 880	3 700	4 500	5 300	5 200	5 700	6 000
Von 100 cbm am mittleren Jahrestage am									
Maximaltage des Jahres »	221,2	198,9	164,2	156,2	189,9	210,0	182,0	133,0	141,0
Minimaltage des Jahres »	70,2	62,4	74,6	68,9	74,9	81,9	86,1	64,7	66,0
Wasser für öffentl. Zwecke »	111 900	93 050	88 800	91 600	105 500	91 600	92 500	113 843	135 765
davon Strassensprengen »	13 000	10 300	8 100	8 400	18 300	16 000	13 140	24 559	13 428
» Springbrunnen »	52 700	28 700	17 100	14 800	10 100	6 000	13 690	20 820	21 900
» Kanalspülen »	—	—	—	3 100	3 600	2 300	—	—	—
» Bedürfnissanstalten »	44 100	51 200	59 400	62 500	63 900	63 000	64 168	66 629	93 294
» Bewässern öffentlicher Anlagen »	80	—	—	110	2 900	3 100	660	988	3 362
» Feuerlöschen »	430	850	800	190	1 200	1 200	842	847	1 241
» Diverses »	1 590	2 000	3 400	2 500	5 500	—	—	—	2 540
Von 100 cbm für öffentliche Zwecke für									
Strassensprengen »	11,6	11,1	9,1	9,6	17,4	17,5	14,2	21,6	9,9
Springbrunnen »	47,2	30,8	19,3	16,1	9,6	6,5	14,8	18,3	16,1
Kanalspülen »	—	—	—	3,4	3,4	2,5	—	—	—
Bedürfnissanstalten »	39,5	55,0	66,9	68,2	60,6	68,8	69,4	58,5	68,7
Bewässern öffentlicher Anlagen »	—	—	—	—	2,7	3,4	0,7	0,9	2,5
Feuerlöschen »	0,3	0,9	0,9	—	1,1	1,3	0,9	0,7	0,9
Diverses »	1,4	2,1	3,8	2,7	5,2	—	—	—	1,9
Wasser für Private (nach Messern) »	1 323 200	1 604 300	1 809 100	1 870 300	2 088 400	2 268 300	2 112 500	2 401 852	2 392 132
Wasser für das Wasserwerk incl. Spülen etc. »	205 500	243 060	271 150	280 800	313 400	337 400	315 360	689 145	737 835
Von 100 cbm im Ganzen für:									
öffentliche Zwecke cbm	6,8	4,8	4,1	4,1	4,2	3,4	3,7	3,5	4,1
Private »	80,7	82,7	83,4	83,3	83,4	84,1	83,8	75,1	73,3
das Wasserwerk »	12,5	12,5	12,5	12,5	12,5	12,5	12,5	21,4	22,6
Gesammtabgabe ohne Messer cbm	317 400	336 110	359 950	372 400	418 900	429 000	407 860	812 988	874 418
desgl. von 100 cbm Gesammtabgabe »	19,3	17,3	16,5	16,6	16,7	15,9	16,2	24,9	26,7
Gesammtabgabe nach Messern »	1 323 200	1 604 300	1 809 100	1 870 300	2 088 400	2 268 300	2 112 500	2 401 852	2 392 132
desgl. von 100 cbm Gesammtabgabe »	80,7	82,7	83,5	83,4	83,3	84,1	83,8	75,1	73,3
Zahl der aufgestellten Messer	3 668	4 160	4 550	4 940	5 670	6 060	6 280	6 580	6 815
Abgabe pro Messer cbm	361	385	398	379	368	375	336	364	351

schen und Verwaltungsbeamten. Unter den ersteren waren 2 Ingenieure und ein Zeichner, 1 Werkmeister, 3 Rohrmeister und ein Materialverwalter, ein Messercontroleur mit 15 Gehülfen, ein Maschinenmeister und 2 Hochreservoirwächter. Nach dem am 16. December 1895 erfolgten Tode Beermann's hat Deubel provisorisch die Directionsgeschäfte geführt, bis im folgenden Jahre der Director Savelsberg die Leitung des Werkes übernahm.

Für jedes der 9 Jahre von 1888/89 bis 1896/97 gibt die Tabelle 451 (S. 527) die Wassermenge im Ganzen, sowie vertheilt auf die für Private, für öffentliche Zwecke und für das Wasserwerk, ferner pro Kopf und für den mittleren, den stärksten und den schwächsten Verbrauchstag im Jahre, ferner für die Einzelverwendungen zu öffentlichen Zwecken, ferner die Zahl der Anschlüsse und Wassermesser und die Wassermenge für jeden Anschluss etc., sowie endlich verschiedene Verhältnisszahlen an.

Im Jahre 1894/95 hat die Abgabe am mittleren Tage des Maximalmonates resp. des Minimalmonates 7870 resp. 6575 cbm und des Maximal- resp. Minimalmonatstages 8491 resp. 6209 cbm betragen. Der grösste Consum einer Tagesstunde belief sich auf 750 cbm, und der geringste auf 140 cbm, sowie der durchschnittl. Stundenconsum bei Nacht auf 135 cbm.

Die Tabelle 452 gibt für jedes der 5 letzten Betriebsjahre die in der Pumpstation Brandenburg gepumpte Wassermenge, deren Verhältniss zu der im Ganzen abgegebenen Wassermenge, den Kohlenverbrauch zur Wasserhebung, einschliesslich desjenigen für Ventilations-, Förder- etc. Zwecke, sowohl im Ganzen, als pro 100 cbm Wasser und pro PS.-Stunde bei 84,7 m Förderhöhe und die Leistung in m × kg pro kg Kohlen (Wurmrevier) an.

Die Schwankungen, welche in den verschiedenen Monaten sowohl, als auch im Jahre 1895/96 im Consum und im

Tabelle 452.

Jahr	1892/93	1893/94	1894/95	1895/96	1896/97
Künstlich gehobene Wassermenge cbm	1 920 000	2 038 900	1 397 700	1 851 650	1 812 827
oder pro 100 cbm der Gesammtabgabe	76,5	75,5	55,4	57,6	55,5
Kohlenverbrauch im Ganzen . kg	1 534 700	1 656 556	955 000	1 342 350	1 152 750
(Nussgrusskohle u. theils Brikets)					
desgl. pro 100 cbm Wasser . . kg	79,9	81,2	68,4	72,5	64,0
desgl. pro PS.-Stunde . . . . »	2,55	2,60	2,19	2,80	2,52
Leistung pro kg Kohle . . . m × kg	105 900	103 800	123 300	96 300	106 937

Verhältnisse des künstlich gehobenen und des mit natürlichem Gefälle zugeführten Wassers stattgefunden haben, lässt die Tabelle 453 erkennen, welche die tägliche Durchschnittsmenge der 3 Wassermengen für jeden Monat und das Verhältniss der gepumpten zur gesammten Wassermenge angibt.

In dieser Tabelle ist ferner für dieselbe Zeit die Regenmenge und der Durchschnittswasserstand in jedem Monate im Stollen angeführt. Der höchste Wasserstand im Stollen betrug 17,0 m am 14. März 1896 und der niedrigste 1,0 m am 19. Juni 1895.

Tabelle 453.

Wassermenge cbm	Durchschnitt pro Tag aus dem Stollen	Durchschnitt pro Tag von der Pumpstation	Durchschnitt pro Tag im Ganzen	von 100 cbm im Ganzen von der Pumpstation	Regenhöhe mm	m Wasserstand im Stollen im Durchschnitt
1895 April	6 078	1 945	8 023	24,2	74,3	3,06
Mai	4 089	4 639	8 728	53,2	52,0	5,00
Juni	3 078	6 330	9 408	67,3	60,7	6,08
Juli	2 696	7 267	9 963	73,0	95,9	5,35
August . . .	3 026	6 786	9 812	69,2	42,4	5,18
September . .	2 607	7 418	10 025	74,0	10,7	4,33
October . . .	2 256	6 707	8 963	74,8	84,5	4,80
November . .	2 453	5 889	8 342	70,6	85,8	5,65
December . .	4 947	3 045	7 992	38,1	130,9	8,24
1896 Januar . . .	4 190	3 787	7 977	47,4	38,1	9,10
Februar . . .	3 520	4 597	8 117	56,6	10,5	7,12
März	5 339	2 690	8 029	33,5	125,0	8,16
Im Mittel	3 690	5 091	8 781	57,6	810,8	6,00

Für die Abgabe des Wassers ist, wie schon erwähnt, die Anwendung von Messern seit dem Bestehen des Werkes obligatorisch. Es ist pro cbm Wasser 15 Pf. im Kleinconsum und im Vierteljahre mindestens M 6,00 zu zahlen. Die Berechnung als Grossconsum beginnt mit der Garantie einer Vierteljahrs-Abnahme von 100 cbm und es kostet dann ein cbm 14 Pf., bei 300 cbm garantirt 13 Pf., bei 1000 cbm garantirt 12 Pf., bei 2500 cbm garantirt 11 Pf. und bei 4000 cbm garantirt 10 Pf. Dabei gilt die garantirte Wassermenge stets für die Berechnung der Minimalzahlung. Als Messermiethe ist ferner vierteljährlich zu zahlen je nach der Grösse für Messer von:

mm	13	20	25	30	40	50	65	80
M.	1,50	2,00	3,00	3,50	4,00	4,50	6,25	7,50

Für Nebenmesser ist, einschliesslich der Kosten für deren regelmässige Aufnahme durch die Stadt, ausser der Miethe noch M. 0,50 pro Quartal extra zu zahlen.

Die Beschaffenheit des Wassers wird vierteljährlich durch eine chemische und alljährlich durch eine bacteriologische Untersuchung durch einen vereideten Chemiker, jetzt Dr. Schridde, geprüft. Das Wasser ist regelmässig bacterien frei gefunden und hat im Jahre 1895/96 bei den 4 Untersuchungen im Liter die in Tabelle 454 (S. 529) aufgeführten Resultate ergeben.

Die Durchschnittszahlen aus den Temperaturmessungen am Hochreservoire und in der Stadt (Probirstation)

Tabelle 454.

Datum	22/6. 95	5/10. 95	23/12. 95	30/3. 96
	mg	mg	mg	mg
Schwefelsaurer Kalk .	36,6	34,3	37,3	36,8
Kohlensaurer Kalk .	134,6	134,1	139,1	142,1
Kohlensaure Magnesia	69,1	67,7	71,1	69,2
Chlornatrium	8,8	8,5	8,4	9,5
Schwefelsaures Natron	3,0	6,3	5,0	1,3
Schwefelsaures Kali .	3,6	2,4	2,9	2,4
Eisenoxydul, Thonerde	1,2	1,2	1,1	0,9
Kieselsäure	6,7	6,9	7,3	6,0
Organische Substanz .	6,0	7,2	5,8	7,2
Salpetersäure, salpetrige Säure, Ammoniak	Null	Null	Null	Null
Feste Bestandtheile zusammen	269,6	268,6	278,0	275,4
Berechnete Härte, deutsche Grade . . .	13,65	13,44	14,06	14,08

sind in Graden Celsius in den verschiedenen Monaten des Jahres 1895/96 in der Tabelle 445 angegeben.

Tabelle 455.

Monat	+ 0 C. Hochreservoir	+ 0 C. Stadt
1895 April	8,5	8,7
Mai	9,0	9,9
Juni	9,7	11,0
Juli	9,8	11,3
August	9,9	11,4
September	10,0	11,4
October	9,0	10,8
November	9,4	10,0
December	8,5	8,8
1896 Januar	8,5	8,5
Februar	8,9	8,6
März	8,9	8,5
Höchste Temperatur (Sept.)	10,0	11,7
Niedrigste Temperatur (Jan.)	8,0	8,2
Grösste Differenz	2,0	3,5

2. a. **Burtscheid.** (E. 15 856.)

Für die Wasserversorgung der Stadt Burtscheid besteht seit alter Zeit eine Gravitationsleitung, die aus ca. 1000 m Entfernung von der Stadt das Wasser der Rothbender Quelle, welche am nordwestlichen Abhange des Burtscheider Waldes hervortritt, zur Stadt führt. Im Jahre 1874 sind die hölzernen Rohre der Leitung durch gusseiserne ersetzt und gleichfalls solche für 14 öffentliche Abgabestellen in der Stadt verlegt. Diese Leitungen werden aus einem Reservoire von 30 cbm Inhalt gespeist.

Seit dem Jahre 1880 erfolgt die Versorgung der Stadt, welche 1897 in die Stadt Aachen eingemeindet wurde, aus der Wasserleitung der letzteren Stadt. Am 1. April waren in Burtscheid im Jahre 1895 703 und 1896 776 Anschlüsse in Benutzung. Die Länge der dortigen Rohrleitungen von 150 mm bis 50 mm Durchmesser betrug 11 313 lfd. m, und es waren damit 58 Schieber, 110 Hydranten und 3 Spülhähne verbunden.

3. a. **Büsbach.** (E. 5827).

Die Wasserversorgung der Bürgermeisterei Büsbach erfolgt zum Theil durch die Stollberger Wasserwerksgesellschaft.

4. b. **Düren.** (E. 24 356).

Die Versorgung der Stadt Düren mit Trinkwasser erfolgte früher aus gegrabenen Brunnen. Nach den eingehenden Untersuchungen des Dr. Caspary im Jahre 1881 zeigte es sich, dass in allen Brunnen das Wasser in erschreckender Weise durch Ammoniak und Chlor, sowie durch salpetrige, Salpeter-, Schwefel- und Phosphorsäure verunreinigt war. Eine Aenderung des damaligen Zustandes erschien daher als ein dringendes Bedürfniss. Die Frage, wie für eine Bevölkerung von demnächst 30000 Köpfen 3000 cbm, also 100 Lit. pro Tag pro Kopf, gutes Wasser zu beschaffen sei, rief natürlich viele Projecte hervor, von denen jedoch nur 4 einer eingehenden Prüfung unterworfen worden sind.

Bei dem ersten Projecte waren die oberhalb Birgel bei Düren entspringenden 7 Quellen, welche 80,0 m bis 90,0 m hoch über der Stadt liegen und vorzügliches Wasser liefern, in's Auge gefasst. Dieses Wasser sollte mit natürlichem Gefälle durch eine ca. 10 km lange Leitung zugeführt werden. Die Messungen der Quellen, welche vom December 1881 bis zum Mai 1882 ausgeführt wurden, ergaben aber ein Hinabgehen der Lieferung derselben bis auf 1526 cbm im Tage, so dass man, abgesehen von den hohen Kosten für deren Erwerb und die Zuleitung, darauf verzichtete.

Nach einem zweiten Projecte sollte neben der Roer bei Maubach Wasser durch einen Stollen erschlossen werden, dessen Zuleitung aber eine Länge von 14 km verlangt hätte. Weil zwischen der Stadt und der Gewinnungsstelle nur ein Gefälle von 35,0 m vorhanden ist, so würde für das Wasser ferner eine künstliche Hebung ergänzend nöthig geworden sein, so dass auch dieses Project wegen seiner hohen Kosten aufgegeben wurde.

Nach dem dritten Projecte sollte 4 km östlich von Düren Grundwasser erschlossen werden, das in Folge seiner Höhenlage vor allen schädigenden Einflüssen durch die Stadtjauche bewahrt erschien. Aber die in diesem Wasser gefundenen Spuren von salpetriger Säure, sowie die Befürchtung eines zu beschränkten Niederschlagsgebietes liessen auch hiervon Abstand nehmen.

Nach dem vierten Projecte, das schliesslich auch ausgeführt ist, war gleichfalls Grundwasser für die Versorgung in Aussicht genommen. Dieses wird jedoch in unmittelbarer Nähe der Stadt am rechten Ufer der Roer aus einer 4,3 m starken Kiesschicht erschlossen, die auf einer fast 10,0 m starken Thonschicht ruht, auf welcher der Grundwasserstrom von der Roer sich in der Richtung zur Stadt hin bewegt, so dass eine Beeinträchtigung dieses Wassers durch das von den unterhalb der Schöpfstelle gelegenen Fabriken abgelassene Wasser ausgeschlossen ist. Eingehende Vorarbeiten, die mit umfassenden Pumpversuchen verbunden waren, hat der Director der städtischen Gasanstalt Ph. Lenze dafür ausgeführt und von ihm ist auch das Project für das Wasserwerk aufgestellt, welches dann unter seiner Leitung in den Jahren 1883/85 zur Ausführung gelangt und dessen Betrieb am 25. Juli 1885 eröffnet ist. Die Anlagekosten waren zu M. 370000 im Ganzen oder M. 21,30 pro Kopf der damals 17 368 Einwohner veranschlagt und auf die einzelnen Titel wie folgt vertheilt:

Maschinenhaus, Maschinen, Pumpen, Wasserthurm	M.	155 000
Brunnen und Sammelleitungen	»	25 000
Rohrleitungen, Schieber, Hydranten	»	123 000
Vorarbeiten, Wassermesser, Zuleitungen	»	67 000
zusammen	M.	370 000
Sie haben in Wirklichkeit betragen	»	400 000
und ferner sind für die Erweiterungen bis zum 1. April 1897 verausgabt	»	164 924
Das gibt als Gesammtkosten am 1./4. 1897	M.	564 924
oder pro Kopf M. 23,20. Davon sind bis jetzt abgeschrieben	»	161 146
so dass als Buchwerth am 1./4. 1897 bleibt	M.	403 778.

Die Wassergewinnung findet auf einem Grundstücke von 5,2 ha Fläche durch gusseiserne Schlitzrohre statt, welche 300 mm und 400 mm Durchmesser haben und 30 m vom Ufer der Roer entfernt 1,0 m bis 1,5 m tief unter deren mittleren Wasserstande und 4,0 m tief unter Terrain auf 350 m Länge verlegt und mit einem gemauerten Brunnen von 4,0 m Durchmesser verbunden sind, der dicht am Maschinenhause liegt. Ein ausserdem in 20 m Entfernung vom Bette der Roer verlegter Sammelrohrstrang ist durch Schieber von dem Brunnen absperrbar und nur für eventuelle Fälle bei Niederwasser etc. zur Benutzung bestimmt.

In der neben dem Brunnen erbauten Pumpstation sind 2 liegende Zwillings-Gasmotoren von je 40 PS. zum Pumpenbetriebe aufgestellt. Es ist die Stadtverwaltung in Düren der erste Besteller bei der Deutzer Motorenfabrik in Deutz und in Deutschland wohl überhaupt von Gasmotoren für den Betrieb eines städtischen Wasserwerkes gewesen. Jeder der Motoren betreibt durch Zahnradübersetzung eine liegende, doppeltwirkende Plungerpumpe mit freien Etagenringventilen, deren Plunger 260 mm Durchmesser und 0,76 m Hub haben. Diese machen 28 Doppelhübe pro Minute bei 140 Umdrehungen der Motoren. Jede Pumpe liefert in der Stunde 125 cbm Wasser auf 50,0 m Höhe. Die Pumpenanlage hat die Maschinenbauanstalt Humboldt in Kalk geliefert. Für den Antrieb der grossen Motoren ist ein kleiner Motor von 2 PS. aufgestellt, welcher durch eine Transmission mittels einer Reibungskuppelung nach Auskuppelung der Pumpe jeden der grossen Motoren in Rotation setzt und dann nach eingetretener Zündung desselben selbstthätig ausgerückt wird.

Die Druckleitung von 350 mm Durchmesser führt von dem gemeinschaftlichen Windkessel der Pumpen zu einem danebengelegenen Hochreservoire, das aus Schmiedeeisen (System Intze) ausgeführt ist und 550 cbm Inhalt hat. Das Reservoir ist auf einem massiven Unterbaue, ummantelt und überdacht, so hoch aufgestellt, dass sein Wasserspiegel 45,0 m hoch über Terrain liegt. Die Architektur des Thurmes ist vom Professor Damert in Aachen entworfen. Das Fallrohr vom Reservoire hat 300 mm Durchmesser, und dieses ist, ebenso wie das Druckrohr, innerhalb des Thurmes von Schmiedeeisen hergestellt. Es theilt sich dann in 2 Leitungen von 250 mm und von 200 mm Durchmesser, welche beide in das Vertheilungsnetz münden. Dieses ist nach dem Circulationssysteme ausgeführt.

Für den 1. April eines jeden der 12 Jahre von 1886 bis 1897 gibt die Tabelle 456 die Länge der Rohrleitungen und die Zahl der vorhandenen Schieber, Hydranten und Anschlussleitungen an.

Die jährlich während der 11 Betriebsjahre 1886/87 bis 1896/97 geförderte Wassermenge, sowie die für den Motorenbetrieb gebrauchte Gasmenge im Ganzen, pro 100 cbm gefördertes Wasser und pro PS.-Stunde und die Leistung pro cbm Gas in m × kg gibt die Tabelle 457 an.

Tabelle 456.

Bestand am 1. April	lfd. m Rohre	Schieber	Hydranten	Anschlüsse
1886	12 302	60	105	413
1887	12 302	60	105	476
1888	12 302	60	105	530
1889	12 422	61	105	622
1890	13 479	64	114	707
1891	15 486	72	124	805
1892	16 814	78	128	923
1893	19 052	87	147	1 109
1894	21 130	96	159	1 207
1895	21 927	101	163	1 334
1896	23 453	110	179	1 770
1897	24 237	116	188	2 032

Tabelle 457.

Jahr	Förderung cbm	Gasverbrauch cbm im Ganzen	p. 100 cbm Wasser	pro PS.-Stunde	Leistung pro cbm Gas m × kg
1886/87	143 577	31 867	22,19	1,198	226 500
1887/88	178 500	41 411	23,20	1,253	215 500
1888/89	168 150	40 974	24,34	1,314	205 500
1889/90	213 147	51 044	23,94	1,293	208 800
1890/91	216 665	54 433	25,12	1,356	199 100
1891/92	293 102	69 965	23,87	1,287	209 800
1892/93	358 526	82 485	23,01	1,242	217 400
1893/94	406 385	88 406	22,75	1,228	219 800
1894/95	368 515	79 883	21,68	1,170	230 800
1895/96	436 964	95 603	21,43	1,157	233 400
1896/97	443 928	97 712	22,01	1,188	227 300

Bis Ende 1895 waren 1095 Wassermesser und zwar 874 von C. A. Spanner Wien-Aachen, 215 von Dreyer, Rosenkranz & Droop, Hannover und 6 von Wolff & Schreiber, Breslau geliefert. Diese vertheilen sich nach der Grösse wie folgt:

Durchmesser mm	13	20	25	30	40	50
Stückzahl	872	142	45	13	18	5.

Als Wassergeld ist für jedes Haus mindestens vierteljährlich M. 4 excl. Messermiethe zu zahlen. Bei Gebäuden, welche weniger als M. 10 Gebäudesteuer zahlen, ermässigt sich dieser Minimalsatz unter sonst gleichen Bedingungen auf M. 2 pro Quartal.

Der Wasserpreis beträgt für den Hausgebrauch, wofür Wassermesser obligatorisch sind, 17 Pf. pro cbm und reducirt sich bei einem vierteljährlichen Verbrauche von über:

cbm	250	1 250	2 500	5 000	7 500
auf Pf. pro cbm	14	11	9,5	8	7.

Als Messermiethe ist pro Jahr M. 6 für 13 mm, M. 7 für 20 mm, M. 8,40 für 25 mm und M 12,60 für 40 mm Durchmesser zu zahlen.

5. a. Eilendorf. (E. 5040).

Die Wasserversorgung des Dorfes Eilendorf erfolgt zum Theil durch die Stolberger Wasserwerksgesellschaft.

6. c. Erkelenz. (E. 4177).

Die Wasserversorgung der Stadt Erkelenz erfolgt ausschliesslich aus Brunnen in der Stadt.

7. d. **Eupen.** (E. 15036).

Für die Wasserversorgung der Stadt Eupen dienten früher gegrabene Brunnen, deren 24 zur allgemeinen Benutzung standen. Ferner waren 2 kleinere Zuleitungen von Quellwasser für 3 öffentliche Laufbrunnen vorhanden, die aus der Nähe der Stadt in gusseisernen Rohren das Wasser mit natürlichem Gefälle zuführten und von derem Ueberschuss auch Wasser auf Privatgrundstücke überführt wurde. Die sich verschlechternde Qualität des Brunnenwassers und das wachsende Ungenügen des Quellwassers veranlassten die Stadt, im Jahre 1884 für ihre Kosten von dem Ingenieur H. Scheven in Bochum nach dessen Projecte für eine Maximalleistung von 1500 cbm im Tage eine Gravitationsleitung für das Wasser von Quellen, die aus den Abhängen der Veen hervortreten, ausführen zu lassen. Diese Quellen hatte die Stadt schon früher vom Fiscus erworben und bereits vorher gefasst und gemessen.

Die Quellen liegen 70,0 m hoch über dem tiefsten Punkte des Stadtterrains- Sie haben auch während langer Jahre für die ausschliessliche Versorgung der Stadt allein genügt. Sowohl der zunehmende Consum in der Stadt, als auch der im Sommer zeitweise eintretende Rückgang der Quellen hatten aber in dem Anfange der 90er Jahre zur Folge, dass monatelang ein grosser Theil der Stadt ganz ohne Wasser war und dass dem übrigen Theile der Stadt nur jeden zweiten Tag ein kleines Quantum davon geliefert werden konnte. Als Resultat der Berathungen über eine Aenderung dieses Zustandes unter Zuziehung von verschiedenen Sachverständigen ergab sich, dass die Anlage einer Thalsperre wohl als die günstigste, örtliche Lösung der Wasserfrage zu betrachten sei. Die dafür nöthigen Vorverhandlungen mit der belgischen Regierung und mit den Anliegern an den bestehenden Wasserläufen wegen etwiager Entschädigungen und auch die Lösung der Kostenfrage mussten aber zweifellos einen solchen Zeitaufwand beanspruchen, dass die Nothlage der Stadt, trotzdem die Lösung durch ein Thalsperrenproject als die beste und auch für die Zukunft gewiss auszuführende erschien, doch ein sofortiges, wenn auch nur vorläufiges Vorgehen in anderer Richtung unbedingt verlangte.

Die Stadt entschloss sich daher Ende September 1893 dazu, unter der Leitung des Wasserwerksdirectors Disselhoff in Hagen Bohrversuche im Ettersten-Thale im Westen von der Stadt ausführen zu lassen, um aus dem Schiefergebirge unter dem Devonkalke Wasser zu erschliessen. Nach einem günstigen Erfolge der Bohrungen ist hier mit dem Abteufen eines Schachtes begonnen, der bereits auf eine Tiefe von 52,0 m hinunter gebracht ist. Zwischen 55,0 m und 60,0 m Tiefe ist eine stark wasserführende Kluft erbohrt, die in 1,5 m Mächtigkeit mit Sand und Kies ausgefüllt erscheint. Ob man von hier durch einen Querschlag den Schiefer erreichen oder noch um 20,0 m bis 30,0 m tiefer mit dem Schachte in den Schiefer hinuntergehen muss, um das als erforderlich erachtete Wasserquantum von 2000 cbm bis 3000 cbm pro Tag zu erhalten, wird die Zukunft lehren. Es wird sich in diesem Falle dann ferner noch um die Errichtung eines Pumpwerkes und um den Bau eines Hochreservoires, durch welches die jetzt bestehenden Vertheilungsleitungen gespeist werden könnten, handeln.

8. a. **Eschweiler.** (19480, W. 2463 mit je 8,0 B.)

Die Wasserversorgung der Stadt Eschweiler erfolgte früher ausschliesslich aus gegrabenen Pumpenbrunnen von ca. 9,0 m Tiefe, die freilich nur zum Theil ein brauchbares Wasser liefern. Im Jahre 1887/88 ist für Rechnung der Stadt nach dem Projecte des Wasserwerksdirectors Siedamgrotzky in Aachen eine allgemeine Wasserversorgung für die Stadt erbaut, welche dann im Jahre 1894 durch eine neue Stollenanlage eine Erweiterung erfahren hat. Die tägliche Leistung des Werkes beträgt 2000 cbm, und die Anlagekosten, einschliesslich der Erweiterungen, belaufen sich zur Zeit auf ca. M. 350000 im Ganzen oder M. 18,00 pro Kopf. Das Werk wird von dem Wasserwerksdirector Schröteler geleitet.

Die Wassergewinnungsanlage und die Pumpstation liegen in dem westlichen Theile des Versorgungsgebietes und zwar am Fusse des Kalkzuges, welcher von Röhe-Eschweiler über Glücksburg in der Richtung des Nirmen-Tunnels der früheren Rheinischen Eisenbahn führt. Dieser Kalkzug tritt nur an wenigen Stellen zu Tage aus und ist häufig durch Verwerfungen unterbrochen. Die Wassergewinnungsanlage besteht aus einem Schachte von 22,0 m Tiefe, der einen quadratischen Querschnitt von 3,0 m Seitenlänge hat. Von demselben zweigt in 14,0 m Tiefe ein ausgemauerter Stollen von 1,5 m mal 1,75 m lichtem Querschnitte und 94 m Länge ab. Der Stollen ist mit einer Cementrohrleitung von 200 mm Durchmesser und 167 m Länge verbunden, die als Ueberfalleitung des Wassers aus dem Schachte in die dort vorbeifliessende Inde dient. Die Wassererschliessung findet innerhalb des Schachtes selbst statt, und der erwähnte Stollen dient nur als ein Reservoir für dieses Wasser. Der Stollen steht auf 30 m seiner Länge im Kalk und in seinem übrigen Theile im Schiefer. Seine Sohle liegt wagrecht, und sie ist mit einer dichten Rollschicht gepflastert. Zur Erweiterung der Wassergewinnungsanlagen ist ferner oberhalb der Pumpstation und in 620 m Entfernung davon in einer Tiefe von 22,0 m ein zweiter 59 m langer Stollen durch eine Verwerfung hindurch getrieben. Er hat einen Querschnitt von 1,0 m mal 1,5 m und liegt auf 24 m Länge im Kalk. Die übrigen 35 m desselben liegen im Thon und im Schiefer und sind ausgemauert.

Das Wasser wird aus dem Schachte durch 2 Hebepumpen, deren Ventile unter dem Scheitel des Stollens eingebaut sind, in ein kleines Vorbassin gehoben, das zweitheilig ist und 24 cbm Inhalt hat. Daraus entnehmen es 2 doppeltwirkende Plungerpumpen und führen es direct in das Vertheilungsnetz, an dessen äusserstem Ende, 2000 m von der Pumpstation entfernt, ein Hochreservoir liegt, welches als Verbrauchsregulator dient. Die 4 Pumpen werden durch eine liegende Verbundmaschine mit Receiver betrieben, welche eine Leistung von 40 PS. hat. Sie ist so eingerichtet, dass sie sowohl mit dem kleinen, als auch mit dem grossen Cylinder allein arbeiten kann. Sie hat Dampfkolben von 380 mm resp. 525 mm Durchmesser und 0,6 m Hub und macht 40 Umdrehungen pro Minute. Die Druckpumpen werden direct durch die Kolbenstangen der Dampfcylinder angetrieben und haben Etagen-Ringventile. Deren Plunger haben 150 mm Durchmesser, und sie fördern 45 cbm Wasser pro Stunde auf 40,0 m Höhe. Die Hebepumpen fördern das Wasser auf 20,0 m Höhe. Sie haben 285 mm Kolbendurchmesser und 1,2 m Hub und machen 11,5 Hübe pro Minute. Sie werden von der Schwungradwelle aus durch Riemenübertragung und mittels eines Kunstkreuzes bewegt.

Für die Dampfbereitung sind 2 Dampfkessel von je 40 qm Heizfläche, welche für 6 Atm. Dampfdruck concessionirt sind, vorhanden. Die Maschine und die Pumpen sind von C. Mehler in Aachen und die Kessel von W. Dohmen in Eschweiler geliefert. Die Druckleitung von 200 mm Durchmesser geht im Maschinenraume von einem Windkessel von 0,6 m Durchmesser und 3,0 m Höhe ab. Das Rohrnetz und die Wassergewinnungsanlagen sind von dem Ingenieur H. Scheven in Bochum ausgeführt.

Das Hochreservoir hat 1200 cbm Inhalt und ist aus Ziegelmauerwerk mit Trassmörtel hergestellt. Es ist überwölbt, 1,0 m hoch mit Erde überfüllt und 2,5 m tief in den Boden versenkt. Sein Wasserspiegel liegt bei 4,0 m Füllung 60,0 m hoch über der Gewinnungsstelle und ebenso gross ist der mittlere Druck in dem Versorgungsgebiete. Für dieses ist eine Ringrohrleitung von 7256 m Länge von 200 mm Durchmesser verlegt, welche zugleich das Reservoir und die Pumpstation verbindet. Das Rohrnetz ist auch in seinen anderen Theilen nach dem Circulationssysteme hergestellt. Die Leitungen haben im Ganzen 22 700 m Länge und sind mit 59 Schiebern verbunden. Nach den Durchmessern vertheilen sich die Rohre und Schieber wie folgt:

Rohrdurchmesser mm	200	150	100	80
Rohrlänge m . . .	7256	3310	6907	5227
Schieberzahl . . .	12	7	14	26.

Es sind 150 Unterflurhydranten, die keine Selbstentleerung haben, mit 80 mm Durchmesser für die Anschlüsse in ca. 100 m Entfernung von einander aufgestellt. Diese sind von L. Strube in Buckau-Magdeburg geliefert. Bei Privaten befinden sich ferner noch 13 Ueberflurhydranten. 12 öffentliche Zapfstellen sind in den ärmeren Districten eingerichtet. Die Zuleitungen haben 13 mm bis 25 mm Durchmesser und bestehen, ebenso wie die Hausleitungen, aus geschwefelten Bleirohren. Ausser einem Anbohrhahne haben erstere einen Haupthahn vor und einen Privathahn hinter dem Wassermesser. Mit den Hausleitungen waren im Jahre 1896 1740 Zapfhähne, 60 Closets, 25 Pissoirstände, 40 Badeeinrichtungen und 25 Privatspringbrunnen verbunden. Es waren ferner 835 Wassermesser, von denen 5 Untermesser sind, eingebaut, welche Wiesenthal & Comp., Aachen, geliefert hat. Diese haben folgende Grössen:

Durchmesser mm	10	13	20	25	50	80	100
Stückzahl . . .	269	361	171	25	2	5	2.

Die Wasserabgabe hat im Jahre 1894/95 im Ganzen 242 263 cbm oder 665 cbm am mittleren Jahrestage betragen. Im Maximalmonate sind 25 266 cbm und im Minimalmonate 12 868 cbm Wasser gefördert. Im Ganzen sind 400 cbm für Feuerlöschzwecke und 182 420 cbm oder 500 cbm im Tage oder 75 % der Gesammtförderung durch Messer abgegeben, was einer Abgabe pro Messer von 218 cbm im Jahre entspricht. Davon entfallen 66 420 cbm auf den gewerblichen und 115 600 cbm auf den Hausgebrauch. 59 842 cbm oder 25 % der Gesammtförderung sind als Verlust zu rechnen, der dadurch entsteht, dass an den Enden des Rohrnetzes Anbohrungen gemacht sind, durch deren jede man täglich ca. 15 cbm Wasser constant abfliessen lässt, um eine wegen des Eisengehaltes des Wassers nöthig erachtete, fortwährende Spülung des Rohrnetzes zu bewirken.

Als Wassergeld ist vierteljährlich mindestens M. 5, resp. M. 2,50 zu zahlen, letzteres, wenn der Hausbesitzer nur M. 6 oder gar keine Einkommensteuer zahlt. Dafür wird ein Wasserquantum abgegeben, das pro cbm einem Preise von 17 Pf. entspricht. Zu dem gleichen Einheitspreise wird auch der Mehrverbrauch berechnet. Der Einheitspreis reducirt sich aber bei einem vierteljährlichen Verbrauche von:

cbm . . .	200	500	1 000	5 000	10 000	20 000	30 000
auf Pf. pro cbm	16	15	14	13	12	11	10.

Aus den vorerwähnten, öffentlichen Zapfstellen entnehmen 235 Haushaltungen das Wasser und es zahlt eine jede dafür pro Monat 35 Pf. Als Messermiethe wird pro Quartal je nach der Grösse berechnet:

Durchmesser mm	10	13	20	25	50	80	100
M. pro Quartal .	1,00	1,25	1,50	2,50	6,75	9,00	11,25.

Eine Untersuchung des Wassers findet monatlich durch den Sanitätsrath Dr. Zander statt und es zeigen sich dabei nur geringe Schwankungen. Eine Anfangs von einem Chemiker ausgeführte Analyse hat im Liter Wasser ergeben:

Gesammtrückstand	518,0 mg
Schwefelsaurer Kalk	131,0 »
Kohlensaurer Kalk	235,0 »
Kohlensaure Magnesia	78,0 »
Chlornatrium	42,0 »
Chlorcalcium	57,0 »
Eisenoxydul und Thonerde	0,9 »
Organische Substanz	8,6 »
Härte, deutsche Grade	23,8°
Salpeter- u. salpetrige Säure . . .	Null.

9. a. **Forst.** (E. 4649).

Die Wasserversorgung der Landgemeinde Forst erfolgt durch einen Anschluss an die Wasserleitung der Stadt Aachen. Am 1. April 1896 waren hier 110 Anschlussleitungen in Benutzung und es sind dafür 2700 lfd. m Rohre bis zu 50 mm Durchmesser abwärts verlegt, mit welchen auch 3 Hydranten verbunden sind.

10. e. **Geilenkirchen.** (E. 3925).

Die Wasserversorgung der Stadt Geilenkirchen erfolgt ausschliesslich aus gemauerten Brunnen im Orte, von denen 5 für die allgemeine Benutzung dienen.

11. k. **Gemünd.** (E. 1628.)

Für die Wasserversorgung der Stadt Gemünd ist im Jahre 1896 eine Quellwasserleitung hergestellt worden, welche M. 40 000 im Ganzen oder M. 24,56 pro Kopf gekostet hat. Das Wasser wird östlich von der Stadt und in ca. 3 km Entfernung von dieser aus Quellen erschlossen, welche im Tage 300 cbm liefern, wovon ca. 200 cbm benutzt werden.

Das Wasser fliesst mit natürlichem Gefälle einem gemauerten Hochreservoire von 50 cbm Inhalt zu, welches nahe der Stadt und 35,0 m höher als das Ortsniveau liegt. Es sind ca. 6000 lfd. m Rohre von 90 mm bis 50 mm Durchmesser verlegt. Damit sind 15 Hydranten und 2 öffentliche Laufbrunnen verbunden. 196 Häuser haben Anschlussleitungen erhalten.

12. f. **Heinsberg.** (E. 2243.) Ohne Antwort.

13. g. **Jülich.** (E. 5397).

Die Wasserversorgung der Stadt Jülich erfolgt ausschliesslich aus gegrabenen Brunnen von 5,0 m bis 10,0 m Tiefe, deren 12 zur allgemeinen Benutzung dienen. Wasser ist stets genügend vorhanden und es ist als Trinkwasser auch stets gut, so dass man an eine Aenderung nicht denkt.

14. h. **Malmedy.** (E. 4413).

Für die Wasserversorgung der Stadt Malmedy ist im Jahre 1896 von einer Actiengesellschaft »Malmedyer Wasserwerk« eine Anlage hergestellt, welche von ihr als Concessionar betrieben wird. Die Anlagekosten betragen, einschliesslich der Kosten für die Privatanschlüsse bis zur Eigenthumsgrenze, M. 130 000 oder pro Kopf M. 29,46.

Das Wasser wird, 3 km von der Stadt entfernt, aus Quellen im Bousserie-Thale entnommen. Diese liefern täglich mindestens 600 cbm Wasser, wovon durchschnittlich die Hälfte benutzt wird. Das Wasser wird in einem gemauerten Hochreservoire von 360 cbm Inhalt gesammelt, das ca. 3000 m von der Stadt entfernt ist, und dessen Wasserspiegel 30,00 m höher als das mittlere Ortsniveau liegt. Die Zuleitung erfolgt mit natürlichem Gefälle durch gusseiserne Rohre von 150 mm Durchm. 300 Häuser haben Anschlussleitungen, und es sind 44 Hydranten aufgestellt.

18. i. **Montjoie.** (E. 2002, W. 309 mit je 6,5 B.)

Für die Wasserversorgung der Stadt Montjoie dienen Brunnen im Orte, deren 12 zur allgemeinen Benutzung stehen. Ferner ist seit Mitte des vorigen Jahrhunderts eine primitive Quellwasserleitung vorhanden, welche einzelne Wohnhäuser und Etablissements mit Wasser versorgt. Eine bessere Versorgung der Stadt ist ein dringendes Bedürfnis und man geht schon längere Zeit mit dem Gedanken um, eine einheitliche Anlage herzustellen.

16. a. **Pannsheide.** (E. 7298.)

Die Wasserversorgung der Gemeinde Pannsheide erfolgt ausschliesslich aus Brunnen im Orte.

17. k. **Schleiden a. d. Eifel.** (E. 562).

Für die Wasserversorgung der Stadt Schleiden hat der Ingenieur H. Scheven in Bochum im Jahre 1893 eine Quellwasserleitung ausgeführt, deren Maximalergiebigkeit ca. 100 cbm im Tage beträgt. Das Wasser fliesst mit natürlichem Gefälle einem gemauerten Hochreservoire zu und gelangt von hier zur Vertheilung.

18. a. **Stolberg.** (E. 13 553.)

Die Wasserversorgung der Stadt Stolberg erfolgte früher ausschliesslich aus gegrabenen Brunnen von ca. 6,0 m Tiefe, deren 23 für die öffentliche Benutzung dienten. Diese liefern stets ein gutes und auch immer genügendes Wasser, so dass die Stadt kein Bedürfniss, für ihre Kosten ein Wasserwerk zu erbauen, empfand.

Im Jahre 1888 ertheilte sie daher einer Actiengesellschaft die Concession zum Baue und zum Betriebe eines Wasserwerkes, welches im Jahre 1889 nach dem Projecte des Wasserwerksdirectors Siedamgrotzky in Aachen ausgeführt und seit dem 1. April 1890 als »Stolberger Wasserwerksgesellschaft« das Geschäft des Wasserverkaufes sowohl in der Stadt, als in den angrenzenden Bürgermeistereien betreibt. Das Wasserwerk hat eine tägliche Leistungsfähigkeit von 3000 cbm, und die gesammten Baukosten desselben, einschliesslich der späteren Rohrnetzerweiterungen, betragen zur Zeit M. 420 000. Die Leitung des Geschäftes liegt in den Händen des Gesellschaftsvorstandes Oelmann.

Die Wassergewinnungsanlage liegt in der Bürgermeisterei Cornelimünster, 3 km südlich von Stolberg entfernt. Das Wasser wird aus dem Kalkgebirge durch einen 23,0 m tiefen Schacht in Verbindung mit einem darin einmündenden Stollen gewonnen. In der Pumpstation ist eine von der Firma Mehlen in Aachen gelieferte, stehende Verbundmaschine aufgestellt, welche so eingerichtet ist, dass jeder Dampfcylinder mit einer der Pumpen für sich allein arbeiten kann. Die Dampfkolben haben 500 mm und 800 mm und die Plunger der Pumpen 250 mm Durchmesser; sämmtliche Kolben haben 0,8 m Hub. Die Pumpen fördern zusammen bei 20 bis 30 Doppelhüben pro Minute und bei Annahme von 90 % Wirkungsgrad pro Stunde 168 bis 252 cbm Wasser auf 59,0 m Höhe. Es sind 2 Zweiflammrohrkessel von je 55 qm Heizfläche, welche die Firma Keller & Comp. in Stolberg geliefert hat, für die Dampfbereitung vorhanden.

Auf demselben Grundstücke mit der Pumpstation liegt, 250 m südlich vom Pumpenschachte entfernt, ein gemauertes, überwölbtes und in den Boden versenktes Hochreservoir von 1500 cbm Inhalt. Die Verbindungsleitung von der Pumpstation mit dem Reservoire hat 350 mm Durchmesser und das Vertheilungsnetz beginnt mit einem Rohre von 300 mm Durchmesser. Dieses Rohrnetz ist nach dem Circulationssysteme hergestellt und steht unter einem einheitlichen und constanten Drucke, der je nach der Ortslage wechselt und bis zu 90,0 m steigt. Die Länge der Rohre von 350 mm bis 80 mm Durchmesser und die Zahl der Schieber, Hydranten und Anschlussleitungen am Ende der 6 Betriebsjahre von 1891/92 bis 1896/97 gibt die Tabelle 458 an.

Tabelle 458.

Jahr	1891/92	1892/93	1893/94	1894/95	1895/96	1896/97
Rohrlänge m . . .	20 620	22 426	23 776	24 594	25 500	25 654
Zahl der Schieber .	80	84	88	90	95	100
» der Hydranten	125	133	138	139	142	144
» der Anschlüsse	480	633	675	710	750	770

Die Hydranten sind Unterflurhydranten ohne Selbstentleerung und stehen in ca. 100 m Entfernung von einander. Die Zuleitungen bis zu 25 mm Durchmesser sind aus Bleirohren und die von 50 mm Durchmesser und mehr sind aus gusseisernen Rohren hergestellt. Die Rohre sind vom Schalker Gruben- und Hüttenvereine in Gelsenkirchen und die Schieber und Hydranten von Bopp & Reuther in Mannheim geliefert. Die Wassermesser sind bislang sämmtlich von Wiesenthal & Comp. in Aachen bezogen. Aus den Anschlussleitungen werden zur Zeit 107 Closets, 61 Badeeinrichtungen, 16 Privatspringbrunnen und 9 hydraulische Hebevorrichtungen gespeist. Im Jahre 1893/94 ist eine 221 m lange Verbindungsleitung von 80 mm Durchmesser für eventuelle Nothfälle mit der Wasserleitung der Stadt Eschweiler hergestellt.

Die Tabelle 459 gibt für die 3 letzten Jahre den Kohlenverbrauch zum Pumpenbetriebe im Ganzen, pro 100 cbm Wasser und pro PS.-Stunde, sowie die Leistung in m × kg pro kg Kohle an.

Tabelle 459.

Jahr	1894/95	1895/96	1896/97
Kohlen im Ganzen kg	305 000	300 000	310 000
» pro 100 cbm »	91,9	86,0	77,0
» pro PS.-Stunde »	3,93	3,87	3,47
pro kg Kohle m × kg	65 900	69 800	77 800

Die Tabelle 460 gibt für die 3 letzten Betriebsjahre die gesammte Wasserabgabe, sowie die Abgabe für Private, für öffentliche Zwecke, für den Selbstverbrauch und für Spülzwecke, ferner die Abgabe am Tage des mittleren, des grössten und des kleinsten Verbrauches und endlich die Zahl der Abnehmer und der gestellten Messer an.

Tabelle 460.

Jahr	1894/95	1895/96	1896/97
Gesammte Abgabe . cbm	332 536	348 705	402 108
gegen 100 cbm des Vorjahres »	—	104,9	115,3
Zahl der Abnehmer . . .	634	702	770
pro Abnahme im Jahre cbm	524	497	522
Abgabe für Private . . »	298 943	319 566	360 830
Abgabe für öffentl. Zwecke »	2 300	2 305	3 431
für Selbstverbrauch »	3 000	3 000	3 000
für Verluste . . »	28 293	23 834	34 847
von 100 cbm im Ganzen »			
für Private . . . »	89,9	91,6	89,9
für öffentliche Zwecke »	0,7	0,7	0,8
für Selbstverbrauch »	0,9	0,8	0,7
für Verlust . . »	8,5	6,9	8,6
Zahl der Wassermesser .	769	805	873
Abgabe pro Messer im Jahre	388	347	413

Als Wasserpreis ist mindestens M. 4,50 pro Quartal zu zahlen, und es wird dafür, sowie für den Mehrverbrauch, pro cbm 17 Pf. berechnet. Der Wasserpreis beträgt bei einem Quartalsconsume über:

cbm . . .	500	2000	5000	10 000	20 000
Pf. pro cbm	12	10	8	7	6.

Eine Untersuchung des Wassers erfolgt jährlich mindestens einmal durch den Chemiker Dr. Schridde in Aachen. Das Resultat vom 1. April 1895 im Liter Wasser war folgendes:

Gesammtrückstand . . .	310,0 mg
Schwefelsaurer Kalk	74,0 »
Kohlensaurer Kalk . .	153,0 »
Kohlensaure Magnesia	57,0 »
Chlornatrium	13,0 »
Schwefelsaures Kali und Natron .	6,3 »
Kieselsäure	5,4 »
Eisenoxydul und Thonerde .	1,3 »
Organische Substanz . . .	6,4 »
Härte, deutsche Scala	15,38°
Salpetrige und Salpetersäure . . .	Null
Keime in ccm gezählt	16.

XXXVI. Sigmaringen.

(Hohenzollern.)

1. Sigmaringen, Stadt. — 2. Schloss Sigmaringen. — 3. Hechingen.

1. Sigmaringen. (E. 4311.)

Die Wasserversorgung der Stadt Sigmaringen fand früher für die eine Seite der Stadt durch das alte Gorheimer Pumpwerk, sowie aus 6 öffentlichen Brunnen im Ganzen mittels zusammen 22 continuirlich laufender öffentlicher und 7 privater Ausflüsse statt, während die andere Seite der Stadt das Wasser durch 5 Rohrbrunnen aus den Quellen des Brunnenberges erhielt. Für das Gorheimer Wasser war ein in einem Thurme aufgestelltes, metallenes Reservoir von 50 cbm Inhalt vorhanden, von dem gusseiserne Rohre zur Vertheilung des Wassers abgingen. Im Ganzen lieferten sämmtliche Ausläufe der Stadt im Tage 378 cbm Wasser, wovon jedoch nur ca. 20% zur Benutzung kamen, während das übrige Wasser aus den Brunnentrögen nutzlos abfloss.

Das Ungenügen dieser Versorgungsart und der Mangel an Wasser für den Löschdienst sowohl, als für die hochgelegenen Theile der Stadt, varanlasste die Stadtverwaltung, im Jahre 1876 den Baurath C. Kröber in Stuttgart mit der Ausarbeitung eines Projectes für eine bessere Versorgung der Stadt zu beauftragen, welches er auch im Frühjahre 1877 zur Vorlage brachte. Nach demselben sollte statt des alten Pumpwerkes ein neues und für die ganze Wasserkraft der Gorheimer Quelle bestimmtes Pumpwerk dicht beim Pumpwerke des Klosters Gorheim erbaut werden. Ein massiv zu erbauendes Reservoir am Abhange des Josephsberges sollte das vom Pumpwerke geförderte Wasser aufnehmen, und von hier sollte es durch ein Strassenrohrnetz zur Vertheilung gelangen. Die tägliche Lieferung der Anlage war zu 460 cbm angenommen und die Anlagekosten waren auf ca. M. 100000 berechnet.

Weil diese Kosten für die Stadt unerschwinglich erschienen, so entstand ein zweites Project, bei welchem als höchster Versorgungspunkt der Ochsenberg angenommen war und auf diesem war dafür ein kleines Reservoir geplant. Im Uebrigen sollte das alte Pumpwerk nur ausgebessert werden. Ferner war dabei ein Tieferlegen der alten Vertheilungsleitungen und die Aufstellung von Ventilbrunnen statt der Laufbrunnen vorgesehen. Die Kosten dafür waren auf M. 40000 veranschlagt, und sie erschienen um so mehr zu hoch, weil dadurch die Wassermenge ebenso wenig wie der Leitungsdruck vergrössert worden wäre. Im Jahre 1880 brachte Kröber eine Vereinfachung seines früheren Projectes in Vorschlag, wodurch die Anlagekosten auf M. 60000 reducirt wurden, und im Frühjahre 1881 wurde auch dessen Ausführung beschlossen und Kröber, dem die Oberleitung der Ausführung übertragen war, konnte die neue Anlage am 10. November 1881 dem Betriebe übergeben.

Es ist das neue Pumpwerk dicht unterhalb des Gorheimer Quellenteiches zur Ausnutzung auch des Ueberlaufes desselben verlegt. Eine Wiederbenutzung des alten, rückschlächtigen Zellenrades hat trotzdem stattgefunden und es sind 2 neue, stehende, einfachwirkende Plungerpumpen, welche durch Lenkstangen von den Kurbeln des Rades aus bewegt werden, dafür beschafft. Die Pumpen entnehmen das Wasser aus 2 Saugeschächten, welche aus dem eigentlichen Quellenschachte gespeist werden. In diesen tritt das Wasser aus einer quer durch das Maschinenhaus hindurchgehenden Felsspalte über. Die Pumpen liefern dieselbe Wassermenge wie früher und auch zum Theil unter Benutzung der alten Steigerohrleitung; sie fördern es aber auf eine 36,0 m grössere Höhe in das neue Hochreservoir am Josephsberge, wie solches bereits im Jahre 1877 projectirt war. Das Reservoir hat einen Inhalt von 270 cbm und ist aus Mauerwerk und überwölbt hergestellt und mit Erde umfüllt. Zur Vergrösserung des Wasserquantums ist ferner die Fassung der Brunnenquellen verbessert, und deren alte Fallrohrleitung ist mit dem Stadtrohrnetze verbunden. Letzteres hat einen nur theilweisen Neubau, allerdings unter Ermöglichung späterer Erweiterungen, erfahren, wobei jedoch die Laufbrunnen durch Ventilbrunnen ersetzt sind.

Sowohl die Druckleitung vom Pumpwerke, als auch die Fallrohrleitung von den Quellen münden direct in das Stadtrohrnetz ein; gleiches ist mit der Fallrohrleitung vom Hochreservoire der Fall, so dass ein Consumausgleich von allen 3 Punkten aus stattfindet. Mit dem Rohrnetze, dessen Gesammtlänge Anfangs aus 5900 lfd. m gusseisernen und 1700 lfd. m schmiedeeisernen Rohren, letztere für die 170 Anschlussleitungen, bestand, sind jetzt 43 Hydranten und 9 Ventilbrunnen, sowie 360 Hausanschlüsse verbunden.

Das Wasserrad hat 90 Sec.-Liter Aufschlagwasser von 3,38 m Gefälle und fördert pro Stunde 86 bis 97 cbm auf 48,1 m Höhe. Der Tagesconsum betrug im Jahre 1881 207 bis 233 cbm aus dem Pumpwerke und 130 bis 200 cbm aus den Quellen, also im Ganzen 337 bis 403 cbm oder pro Tag 80 bis 100 Lit. pro Kopf. Jetzt werden pro Tag im Durchschnitt 600 cbm verbraucht. Der Wasserdruck in der Stadt schwankt je nach der Ortslage zwischen 44,0 m und 7,0 m. Die Rohrleitungen und die maschinellen Arbeiten für die Anlage sind von der Firma Gebr. Benkiser in Pforzheim hergestellt. Die Hydranten hat die Firma Gebrüder Sulzer in Winterthur geliefert.

2. Schloss Sigmaringen.

Die Wasserversorgung des Schlosses Sigmaringen, das hart am rechten Ufer der Donau, umgeben von der Stadt Sigmaringen, auf einem 35,0 m hohen Felsrücken liegt, erfolgte früher aus einer am anderen Ufer entspringenden Quelle, welche sowohl das Versorgungswasser als auch für ein Wasserrad das Aufschlagswasser lieferte, das eine Pumpe betrieb. Diese förderte das Wasser durch ein Druckrohr von 100 mm Durchmesser bis zur Sockelhöhe der oberen Gebäude des Schlosses in 3 dort aufgestellte, gusseiserne Wasserkästen, aus denen 5 Laufbrunnen und einige sonstige Ausläufe gespeist wurden.

Seit October 1876 ist ein nach dem Projecte des Baurathes C. Kröber in Stuttgart ausgeführtes, neues Wasserwerk für das Schloss in Betrieb, für dessen Herstellung wesentlich die Möglichkeit, bei Feuersgefahr genügendes Wasser zum Löschen unter Druck zur Verfügung zu haben, bestimmend gewesen ist. Durch diese Anlage wird das Wasser derselben Quelle, welche früher dafür gedient hat, benutzt. Um eine grössere Druckhöhe für die Pumpen erreichen zu können, ist jedoch an die Stelle des Wasserrades eine Wassersäulmaschine getreten und ein neues Pumpwerk erbaut, durch welches das Wasser in ein Hochreservoir gefördert wird, das in dem alten Römerthurme, 26,5 m höher als der frühere Auslauf lag, aufgestellt ist. Sein Wasserspiegel liegt 61,97 m über dem Donauspiegel und 55,93 m über der Quelle. Es ist aus Schmiedeeisen und von 6,0 m Höhe und 3,5 m Durchmesser hergestellt und hat 55 cbm Inhalt.

Als normale Wasserlieferung ist dabei pro Tag mindestens 160 cbm angenommen. Der Minimalerguss der Quelle beträgt pro Minute 2,94 cbm, und es bleibt daher nach Abzug des zu fördernden Wassers als Kraftwasser 2,85 cbm pro Minute mit 4,0 m Gefälle übrig. Die Maschinenanlage ist von der Firma Gebr. Sulzer in Winterthur geliefert. Sie besteht aus 2 Wassersäulmaschinen, deren jede einen Treibcylinder von 400 mm Durchmesser hat, von dem direct ein Plungerkolben von 83 mm Durchmesser angetrieben wird. Es beträgt der Hub beider Kolben 1,0 m, und sie machen 10,8 Hübe pro Minute. Das Aufschlags- und das Förderwasser fliesst durch ein 18 m langes Rohr von 300 mm Durchmesser zu. Die Anlage hat bei einem Versuche 6,6 cbm Wasser pro Stunde mit 44,5 Sec.-Lit. Kraftwasser bei 3,25 m Gefälle geliefert.

Von dem Hochreservoire führen 2 Leitungen in den Dachböden der Gebäude mit Abzweigen in die darunter liegenden Räume entlang, und eine dritte Leitung geht als Erdleitung von dem Thurme ab. Diese Leitungen beginnen eine jede mit 120 mm Durchmesser und reduciren sich bis auf 60 mm abwärts. Als Druckleitung von den Maschinen dient die alte Leitung mit einer entsprechenden Verlängerung. Es sind in den Gebäuden 31 einfache und 6 doppelte Schlauchventile und auf den Höfen etc. sind 7 Hydranten aufgestellt. 4 laufende Brunnen und ein Ventilbrunnen werden aus den Leitungen gespeist.

3. Hechingen. (E. 3759.)

Die Wasserversorgung der Stadt Hechingen erfolgt seit dem Jahre 1894 durch eine Quellwasserleitung aus einer Quelle, die bei Maria Zell aus dem Zellerhorn entspringt und deren Wasser der Stadt mit natürlichem Gefälle zufliesst. Das Project dafür ist von dem Baurath C. Kröber in Stuttgart aufgestellt und unter seiner Oberleitung mit einem Kostenaufwande von M. 172000 im Ganzen oder M. 45,72 pro Kopf für städtische Rechnung ausgeführt. Die Ergiebigkeit des der Stadt gehörenden Theiles der Quelle schwankt, je nach der Jahreszeit, zwischen 260 cbm und 660 cbm im Tage.

Das Wasser der Quelle tritt 5 km von der Stadt entfernt aus Schichten des Weissjurakalkes hervor und hat trotzdem nur eine Härte von 14,7 deutschen Graden. Miteigenthümer der Quelle sind die fürstlich Hohenzoller'sche Verwaltung zu $^1/_3$ und die Brauerei St. Lutzen zu $^1/_6$ des Ertrages, so dass für die Stadt nur die Hälfte von letzterem verbleibt. Die Theilung des Wassers erfolgt in einer Theilkammer mittels 2 Ueberfallplatten aus Bronze mit rechteckigen, scharfkantigen Einschnitten von 120 mm im Quadrat in getrennte Theilkästen, aus welchen für die Stadt resp. für die anderen Besitzer je ein Rohr von 80 mm Durchmesser abzweigt.

Der Wasserspiegel der Theilkammer liegt 693,0 m über Meeres-Null, während der höchste Punkt der bebauten Oberstadt auf 539,0 m + 0 und der tiefste der Unterstadt auf 475,0 m + 0 liegt. Es ist daher am schwach geneigten Hange des Hohenzollern ein Hochreservoir in der Höhe von 560,4 m + 0 mit seiner Sohle und in 2,5 km Entfernung von der Stadt hergestellt. Dasselbe ist zweitheilig und ganz aus Beton ausgeführt, sowie überwölbt und mit Erde überdeckt. Bei 3,27 m Wasserhöhe fasst es im Ganzen 300 cbm Wasser.

Die Speiseleitung zu diesem Reservoire war im Jahre 1868 für die schon früher stattgehabte Benutzung der Quelle hergestellt. Sie hat 2230 m Länge und 80 mm Durchmesser, so dass bei der geringen Wassermenge und dem Gefälle von 129,3 m, welches die Leitung vom

Theilkasten bis zum Reservoire besitzt, ein Abdrosseln vor dem Wasseraustritte nöthig ist, damit die lange Zuleitung stets gefüllt bleibt. Von dem Reservoire führt eine Fallrohrleitung von 200 mm Durchmesser und 1850 m Länge mitten durch die Oberstadt, in welcher der Wasserdruck an den verschiedenen Stellen zwischen 21,0 m und 43,0 m wechselt und dann in die Unterstadt, in welcher der statische Druck zwischen 43,0 m und 89,0 m beträgt. Das Rohr wird dabei allmählich bis auf 80 mm Durchmesser reducirt. Das eigentliche Vertheilungsnetz der Oberstadt ist von dem der Unterstadt getrennt und beide sind nach dem Circulationssysteme ausgeführt.

Die Länge des Strassenrohrnetzes betrug Anfangs 9400 lfd. m. Der Strazfluss wird an 5 Stellen von den Leitungen durch Unterführungen gekreuzt. Jetzt sind im Ganzen 13380 lfd. m Rohre von 200 mm bis 40 mm Durchmesser abwärts verlegt. Damit sind 2 laufende und 6 Ventilbrunnen, sowie 70 Hydranten (System Kröber) verbunden, und es haben 542 Privatgrundstücke Anschlussleitungen. Diese Anschlussleitungen sind sämmtlich auf städtische Kosten aus gusseisernen Rohren von 40 mm Durchmesser ausgeführt, deren Länge in obiger Zahl für die gesammte Rohrlänge mit enthalten ist. Die Hausleitungen bestehen dagegen sämmtlich aus verzinkten, schmiedeeisernen Rohren. Der Wasserverbrauch beträgt zur Zeit durchschnittlich pro Tag 140 cbm oder 37 Lit. pro Kopf. Die Wasserabgabe findet nur durch Wassermesser statt, von welchen bis Ende 1895 im Ganzen 512 Stück von Lux, Ludwigshafen geliefert waren. Davon waren 480 von 15 mm, 14 von 20 mm, 7 von 25 mm, 2 von 40 mm und einer von 60 mm Durchmesser.

Der Preis des Wassers beträgt 15 Pf. pro cbm.

Anhang.

Alphabetische Verzeichnisse.

A. Verzeichniss der Städte- und Ortsnamen.

(Städtenamen sind fett gedruckt; ( ) bedeutet, dass keine künstliche Zuleitung vorhanden ist; * bedeutet, dass keine Auskunft zu erhalten war. Orte mit 2 Seitenzahlen werden aus Gruppenversorgungen gespeist. R. bedeutet Regierungsbezirk und die Zahl dahinter die laufende Nummer der Orte desselben.)

B. Verzeichniss der in den Anhängen beschriebenen Wasserwerke.

1. Fiscalische und Gruppenversorgungen.

2. Wasserwerks-Gesellschaften und private Wasserwerke.

C. Verzeichniss von tabellarischen Angaben, nach verschiedenen Materien für die Städte geordnet.

(Die Nummer ist die laufende Nummer der Tabellen im Text. Die Angaben No. 0 haben im Text keine Nummer.)

1. Rohrlängen, Hydranten- und Schieberzahl, Wassermesser, Anschlüsse etc.

2. Maschinen und Kessel, Zahl, Dimensionen etc.

3. Kohlen- resp. Gasverbrauch für den Pumpenbetrieb.

	No.	für		Seite
Potsdam	No. 40	für 5	Betr.-Jahr	42
»	» 41	» 6	»	42
Quedlinburg	» 112	» 8	»	152
Remscheid	» 384	» 9	»	457
»	» 386	» 1	»	458
Rendsburg	» 146	» 2	»	208
Rheydt	» 391	» 4	»	459
Sagan	» 95	» 3	»	122
Schweidnitz	» 88	» 4	»	107
Siegburg	» 426	» 9	»	495
Soest	» 242	» 2	»	314
Solingen	» 394	» 7	»	462
Stade	» 173	» 8	»	242
Stettin	» 59	» 8	»	68
Stolberg	» 459	» 3	»	533
Stralsund	» 67	» 7	»	78
Trier	» 436	» 9	»	510
Verden	» 178	» 3	»	246
Wandsbeck	» 149	» 4	»	210
W.-W. des nördl. westf. Kohlenrev.	» 256	» 8	»	327
do.	» 257	» 3	»	327
Witten	» 252	» 9	»	323

4. Dauer und Lieferung der Sandfilter.

	No.	für		Seite
Altona	No. 135	für 8	Betr.-Jahr	191
Berlin	» 31	» 8	»	36
Breslau	» 79	» 20	»	96
Frankf. a. O.	» 54	» 6	»	60
Königsberg	» 4	» 5	»	6
Magdeburg	» 101	» 8	»	141
Posen	» 72	» 6	»	83
Stettin	» 60	» 8	»	69
Wandsbeck	» 149	» 4	»	210

5. Wasserförderung, Abgabe und Vertheilung.

	No.	für		Seite
Aachen	No. 451	für 9	Betr.-Jahr	527
»	» 453	» 1	»	528
Altenbochum	» 194	» 4	»	268
Altona	» 136	» 33	»	191
»	» 137	» 3	»	191
»	» 138	» 8	»	192
Baak	» 195	» 3	»	270
Barmen	» 320	» 3	»	404
»	» 321	» 13	»	404
»	» 322	» 12	»	404
»	» 323	» 12	»	405
»	» 324	» 9	»	405
Baukau	» 196	» 3	»	270
Berlin	» 24	» 39	»	33
»	» 25	» 11	»	34
»	» 26	» 5	»	34
»	» 27	» 2	»	34
»	» 32	» 39	»	36
»	» 33	» 39	»	37
»	» 34	» 21	»	38
Berlin, Ost-Vororte	» 50	» 3	»	57
Bielefeld	» 143	» 6	»	261
Bochum	» 200	» 26	»	275
»	» 202	» 26	»	275
»	» 203	» 24	»	276
»	» 204	» 9	»	276
»	» 205	» 9	»	276
»	» 206	» 2	»	276
»	» 207	» 5	»	277
»	» 208	» 8	»	277
Bonn, W.-W.	» 431	» 9	»	500
Breslau	» 75	» 13	»	91
»	» 80	» 8	»	97
Breslau	No. 81	für 25	Betr.-Jahr	98
Brieg	» 86	» 2	»	101
Brühl	» 423	» 3	»	489
Charlottenb. W.-W.-G.	» 48	» 8	»	56
Cleve	» 328	» 7	»	409
»	» 329	» 4	»	410
Coblenz	» 296	» 10	»	378
Crefeld	» 334	» 20	»	413
»	» 335	» 9	»	414
Danzig	» 7	» 5	»	13
»	» 9	» 9	»	14
»	» 10	» 3	»	14
»	» 12	» 8	»	15
Dortmund	» 215	» 24	»	286
»	» 216	» 24	»	287
»	» 217	» —	»	287
Düsseldorf	» 308	» 26	»	395
»	» 309	» 26	»	395
»	» 310	» 24	»	396
»	» 311	» 3	»	396
»	» 313	» 2	»	397
Duisburg	» 338	» 21	»	417
»	» 343	» 21	»	419
»	» 344	» 21	»	420
Eickel	» 218	» 4	»	288
Einbeck	» 158	» 1	»	227
Elberfeld	» 349	» 3	»	424
»	» 350	» 2	»	424
»	» 352	» 9	»	425
»	» 353	» 3	»	424
»	» 354	» 3	»	426
Eppendorf	» 219	» 3	»	288
Erfurt	» 129	» 7	»	181
»	» 130	» 2	»	182
»	» 131	» 4	»	182
Essen	» 359	» 33	»	434
»	» 360	» 33	»	435
»	» 361	» 5	»	434
» (Friedr. Krupp)	» 399	» 30	»	471
» »	» 400	» 10	»	471
» »	» 401	» 10	»	472
Flensburg	» 141	» 8	»	195
Frankf. a. M.	» 285	» 2	»	363
»	» 286	» 7	»	363
»	» 287	» 4	»	363
»	» 288	» 8	»	364
»	» 289	» 7	»	364
»	» 290	» 4	»	365
Frankf. a. O.	» 52	» 8	»	59
Geestemünde	» 177	» 2	»	244
Görlitz	» 94	» 5	»	116
Göttingen	» 162	» 2	»	229
»	» 163	» 9	»	229
Grünnigfeld	» 220	» 3	»	290
Grumme	» 221	» 3	»	291
Hagen	» 225	» 3	»	294
»	» 228	» 9	»	295
Halle a. d. S.	» 122	» 26	»	169
»	» 123	» 3	»	169
»	» 124	» 8	»	170
Hamm	» 230	» 8	»	297
Hamme	» 232	» 3	»	298
Hanau	» 266	» 6	»	337
Hannover	» 153	» 8	»	217
Harburg	» 170	» 4	»	239
Herne	» 233	» 3	»	300
Hildesheim	» 155	» 3	»	224
Höchst	» 291	» 1	»	368
»	» 292	» 1	»	368
Höntrop	» 234	» 3	»	300
Hörde	» 235	» 3	»	300
Hofstede	» 236	» 3	»	300
Homburg	» 293	» 3	»	369
Hordel	No. 237	für 3	Betr.-Jahr	302
Inowrazlaw	» 74	» 2	»	88
Kiel	» 144	» 20	»	204
»	» 145	» 8	»	205
Köln	» 409	» 24	»	482
»	» 410	» 2	»	482
»	» 411	» 17	»	483
»	» 412	» 6	»	483
»	» 413	» 9	»	484
»	» 414	» 3	»	484
Königsberg	» 6	» 5	»	7
Laer	» 238	» 3	»	305
Liegnitz	» 90	» 3	»	111
Magdeburg	» 103	» 16	»	142
»	» 104	» 16	»	143
»	» 105	» 16	»	143
»	» 106	» 6	»	143
»	» 107	» 3	»	144
Merseburg	» 117	» 7	»	159
Minden	» 190	» 8	»	258
Münster	» 186	» 8	»	253
Mülheim am Rhein, Rh. W.-W.-G.	» 428	» 8	»	498
Mülheim a. d. Ruhr	» 365	» 20	»	442
»	» 367	» 4	»	442
»	» 368	» 4	»	443
»	» 369	» 10	»	444
München-Gladbach	» 374	» 8	»	446
Neuss	» 375	» 5	»	447
Neuwied	» 299	» 7	»	386
Norderney	» 183	» 1	»	251
Oberhausen	» 378	» 7	»	449
Osnabrück	» 180	» 5	»	248
»	» 181	» 3	»	248
Posen	» 73	» 8	»	83
Quedlinburg	» 113	» 8	»	153
Reichenbach	» 87	» 1	»	106
Remscheid	» 383	» 5	»	456
»	» 385	» 13	»	457
»	» 387	» 2	»	457
»	» 388	» 9	»	458
Rendsburg	» 147	» 2	»	208
Rheydt	» 392	» 4	»	459
Riemke	» 239	» 3	»	311
Ruhrort	» 393	» 13	»	461
Sagan	» 96	» 2	»	122
Schönebeck	» 114	» 2	»	154
Schweidnitz	» 89	» 5	»	108
Sevinghausen	» 240	» 3	»	312
Siegburg	» 425	» 9	»	494
Soest	» 241	» 2	»	314
Solingen	» 395	» 7	»	463
Sorau	» 55	» 5	»	66
Stade	» 174	» 8	»	242
Stettin	» 62	» 30	»	69
»	» 63	» 6	»	69
»	» 64	» 8	»	70
Stiepel	» 243	» 3	»	315
St. Johann a. d. Saar	» 442	» 10	»	516
»	» 443	» 3	»	516
Stolberg	» 460	» 3	»	534
Stralsund	» 66	» 7	»	78
Unna	» 245	» 3	»	316
Wandsbeck	» 150	» 4	»	211
Weissenfels	» 127	» 4	»	176
Weitmar	» 247	» 3	»	318
Wesel	» 396	» 3	»	467
Westenfeld	» 248	» 3	»	319
W.-W. des nördl. westf. Kohlenrev.	» 259	» 7	»	328

www.ingramcontent.com/pod-product-compliance
Lightning Source LLC
LaVergne TN
LVHW081345011026
849161LV00013BB/3010